DEUTSCHES THEATER-LEXIKON

BIOGRAPHISCHES
UND BIBLIOGRAPHISCHES HANDBUCH

VON

WILHELM KOSCH

ZWEITER BAND

1960

VERLAG FERD. KLEINMAYR
KLAGENFURT UND WIEN

ABKÜRZUNGEN

Diss.	=	Dissertation
Ps.	=	Pseudonym, Künstlername
o. J.	=	ohne Jahresangabe
s d.	=	siehe dort
A. D. B.	=	Allgemeine Deutsche Biographie
Biogr. Jahrbuch	=	Biographisches Jahrbuch und Deutscher Nekrolog
Brümmer	=	Franz Brümmer, Lexikon der deutschen Dichter und Prosaisten des 19. Jahrhunderts
Eisenberg	=	Ludwig Eisenberg, Großes Biographisches Lexikon der Deutschen Bühne im 19. Jahrhundert
H. B. L. S.	=	Historisch-Biographisches Lexikon der Schweiz
Reallexikon	=	Paul Merker und Wolfgang Stammler, Reallexikon der Deutschen Literaturgeschichte
Riemann	=	Hugo Riemann, Musik-Lexikon
Wurzbach	=	Constantin Wurzbach, Biographisches Lexikon des Kaisertums Österreich

BEMERKUNGEN

Ä, Ö und Ü werden als Ae, Oe und Ue eingeordnet, also z. B. Äschylus vor Agamemnon. Die unter C vermißten Artikel s. unter K oder Z. Das Deutsche Bühnen-Jahrbuch wird als Quelle nicht besonders zitiert.

Hurka, Friedrich Franz, geb. 23. Febr. 1762 zu Merklin in Böhmen, gest. 10. Dez. 1805 zu Berlin, wurde in Prag zum Sänger ausgebildet (zuerst Baß, dann Tenor) u. betrat 1784 in Leipzig die Bühne, wirkte 1788 in Schwedt (Kammersänger), dann in Dresden u. seit 1789 in Berlin. Seine Zeitgenossen zählten ihn zu den bedeutendsten Künstlern. Dirigent u. Gesangspädagoge, auch Verfasser einer Oper „Das wütende Heer".
Literatur: Robert *Eitner*, F. F. Hurka (A. D. B. 13. Bd.) 1881.

Hus (**Huß**), Johannes (Jan), geb. 1369 zu Husinec in Böhmen, gest. 6. Juli 1415 zu Konstanz (nach seiner Verurteilung durch das Konzil als Ketzer verbrannt), tschechischer Fanatiker, mitbeteiligt an der Vertreibung der deutschen Professoren u. Studenten aus Prag unter König Wenzel. H. wurde lange, vor allem in der 1. Hälfte des 19. Jahrhunderts, als tragischer Held gefeiert, solange man sich einerseits in Kreisen der Romantiker für die gemeinsame böhmische Vergangenheit begeisterte, anderseits in antikatholischer Kulturkampfstimmung die zerstörenden Wirkungen der husitischen Lehre u. seiner Anhänger (Husiten) übersah.
Behandlung: Johann *Agricola,* Tragedia Johannis Hus 1537 f.; August v. *Kotzebue,* Die Hussiten vor Naumburg (Schauspiel) 1803; Chr. D. *Schier,* J. H. (Dramat. Gemälde) 1819; O. T. *Gies,* J. H. (Trauerspiel) 1846; Hermann *Daum,* J. H. (Schauspiel) 1852; Karl *Ernst,* J. H. (Trauerspiel) 1853; E. v. *Tempeltey,* J. H. (Tragödie) 1853; Konrad v. *Diepenbrock,* J. H. Sein Tod in Konstanz (Tragödie) 1861; G. *Hick,* H. u. Hieronymus (Tragödie) 1868; Karl v. *Gerstenberg,* J. H. (Trauerspiel) 1872; Max *Leythäuser,* Hussitentrilogie (Dramen) 1876; Otto *Adam,* Die Hussiten (Schauspiel) 1890; Adolf *Schafheitlin,* J. H. (Tragödie) 1902; Fritz *Bertram,* Unterm Hussitenschwert (Heimatspiel in Lauban) 1928; Julius *Hay,* Gott, Kaiser u. Bauer (Drama) 1932.

Husistein, Toni, geb. 24. Jan. 1904 zu Luzern, war Architekt das. Regisseur u. Darsteller der Luzerner Spielleute u. auch Bühnenschriftsteller.
Eigene Werke: Es chlys Wienechtsspil (Übertragung eines Weihnachtsspiels von Josef Hinz in Luzerner Mundart) 1944; Es geischtet um d'Madlee (Lustspiel) 1945; Advokate-Fueter (Lustspiel in Anlehnung an Die Gans von Hans Steguweit) 1945; Florine

u. Florian (Biedermeierkomödie, Nachgestaltung von A. J. Lippls Messer Pomposo de Frascati) 1948; Aerger als de Tüüfel (Spiel) 1949; D Himmelflue-Erbe (Einakter) 1950; Quittierti Rächnig (Lustspiel) 1951.

Husiten s. Hus, Johannes.

Huß, Matthäus, geb. um 1855, gest. 27. Juni 1919 zu Frankfurt a. M., wirkte als Erster Komiker an verschiedenen Bühnen u. viele Jahre als Theaterdirektor in Frankfurt.

Hussa, Marie s. Greve, Marie.

Hussina (Ps. Hild), Lori, geb. 1850 zu Budapest, gest. 19. Nov. 1894 zu Bielitz, war Operettensängerin u. Soubrette in Wien, Brünn, Graz u. a., zuletzt Komische Alte.

Hussina, Sidonie (Ps. Sidi Hild, Geburtsdatum unbekannt), gest. 7. April 1910 zu Berlin, Tochter der Sängerin Lori Hild (s. d.), wirkte als Schauspielerin u. a. in Nürnberg, Oldenburg, Mainz, Posen, Krefeld u. a.

Husslik, Irene, geb. 15. Febr. 1910 zu Hohentauern (Österreich), gest. 15. März 1941 zu Wien, war seit 1931 Sängerin am Stadttheater das., hierauf wirkte sie am Theater an der Wien, an der Volksoper, an den Kammerspielen u. zuletzt am dort. Raimundtheater, wo sie noch vor ihrem Tode die Rolle der Steffi Oberfellner in der Operette „Salzburger Nockerln" kreierte.

Husterer, Georg, geb. 17. Dez. 1834 zu Großmehring bei Ingolstadt, gest. um 1907, war Verwalter der Sparkasse in Meran. Vorwiegend Dramatiker.
Eigene Werke: Nothburga (Dramat. Legende) 1885; Tirol im Jahre 1809 (Volksschauspiel) 1892 (mit anderen); Der Herr Expositus (Drama) 1894 (mit Hans Neuert).

Huth, Käthe, geb. 27. Aug. 1871 zu Wien, Tochter von C. A. *Friese* (s. d.), spielte frühzeitig Kinderrollen, wirkte dann als Soubrette am Theater an der Wien, Carltheater in Wien u. Zentraltheater in Berlin, 1890 bis 1891 am Thaliatheater in Neuyork u. seither am Stadttheater in Leipzig an der Seite ihres Gatten, des Folgenden. Hauptrollen: Komtesse Guckerl, Rößlwirtin, Chansonette („Der Opernball") u. a.

Huth, Karl, geb. 2. Aug. 1867 zu Mörse, gest. 3. Juni 1948 zu Leipzig, Sohn eines Gutsinspektors, studierte zuerst Medizin in Berlin, wandte sich jedoch bald der Bühne zu, die er als Schauspieler in Potsdam betrat, kam dann nach Heidelberg, Hamburg (Thaliatheater) u. 1897 nach Leipzig (Stadttheater), wo er (zuletzt als Ehrenmitglied) blieb u. eine vielseitige Tätigkeit als Bonvivant, Charakterdarsteller u. Komiker, ja selbst in der Operette entfaltete. Gatte der Vorigen. Hauptrollen: Aegeon („Die Komödie der Irrungen"), Justizrat („Relegierte Studenten"), Kottwitz („Der Prinz von Homburg") u. a.

Hutschenreiter, Ernst, geb. 28. Okt. 1869 zu Wien, gest. 13. April 1948 das., Kaufmannssohn, war Buchhalter der Papierfabrik in Andritz bei Graz u. lebte zuletzt als freier Schriftsteller in Wien. Vorwiegend Dramatiker, F. Dahn (s. d.) nahestehend.
Eigene Werke: Eriola (Drama) 1892; Moderne Faustszenen, 2 Teile 1895 f.; Die Möve (Operntext nach M. Gorki, Musik von M. Szudolski) 1912.

Hutt, Anna (Ps. Ernesta Delsarta), geb. 22. Aug. 1875 zu München, gest. 30. Jan. 1946 zu Frankfurt a. M., Tochter von Ernst v. Possart (s. d.) u. Gattin des Kammersängers Robert H., war Opernsängerin an der Metropolitan-Oper in Neuyork, in Berlin u. als Gast an bedeutenden Bühnen in Deutschland: Hauptrollen: Pamina, Cherubin, Freia, Lustige Witwe u. a.

Hutt, Johann, geb. 14. Okt. 1774 zu Wien, gest. 29. Sept. 1809 das. als Kanzlist der dort. Polizeidirektion. Lustspieldichter (im Burgtheater wiederholt aufgeführt).
Eigene Werke: Lustspiele (Das war ich — Der rechte Weg — Hab' ich recht? — Der Buchstabe — Die Probe — Die Wendungen) 2 Bde. 1805—12.
Literatur: Wurzbach, J. Hutt (Biogr. Lexikon 9. Bd.) 1863.

Hutt, Robert, geb. 8. Aug. 1878 zu Karlsruhe, gest. 5. Febr. 1942 zu Berlin, begann seine Laufbahn als Heldentenor in Düsseldorf, ging dann nach Frankfurt a. M. u. war später Mitglied der Staatsoper in Berlin. Hauptsächlich Wagner- u. Verdi-Interpret. Gatte von Ernesta Delsarta. Hauptrollen: Parsifal, Raoul, Tamino, Lohengrin, Stolzing, Don José u. a.

Hutten, Ulrich von (1488—1523), streitbarer Humanist, Anhänger Luthers, fand nach

einem unsteten Wanderleben ein tragisches Ende. Sein Wahlspruch „Ich hab's gewagt" wurde Geflügeltes Wort u. Titel eines Dramas. Bühnenheld.
Behandlung: Adolf *Pichler,* Ulrich von Hutten (Schauspiel) 1839; Rudolf *Gottschall,* U. v. H. (Drama) 1843; E. *Hobein,* U. v. H. (Tragödie) 1845; Hans *Koester,* U. v. H. (Drama) 1846; Gotthold *Lange,* U. v. H. (Trauerspiel) 1848; A. E. *Fesca,* U. v. H. (Oper, Text von Adalbert Schröder) 1849; E. *Ulrich,* U. v. H. oder Revolution u. Reformation (Trauerspiel) 1851; Karl *Nissel,* U. v. H. (Drama) 1861; Karl *Berger,* U. v. H. (Drama) 1864; Hermann *Eye,* U. v. H. (Drama) 1870; Gustav *Adolphi,* U. v. H. (Drama) 1872; K. O. *Teuber,* U. v. H. (Drama) 1873; Adolf *Wechssler,* U. v. H. (Tragödie) 1875; Wilhelm *Henzen,* U. v. H. (Drama) 1884; Manfred *Wittich,* U. v. H. (Festspiel) 1887; Johann *Jakobi,* U. v. H. (Drama) 1887; Johann *Otto,* U. v. H. (Säkularschauspiel) 1888; August *Bungert,* H. u. Sickingen (Festspiel) 1888; L. *Seeger an der Lutz,* U. v. H. (Schauspiel) 1888; C. W. *Marschner,* Ich hab's gewagt (Drama) 1889; F. E. *Helf,* U. v. H. (Trauerspiel) 1892; M. *Albert,* U. v. H. (Drama) 1893; Julius *Riffert,* Huttens erste Tage (Schauspiel) 1897; Karl *Weiser,* H. (Drama) 1898; Johanna *Preßler-Flohr,* U. v. H. (Drama) 1909; H. H. *Wilhelm,* U. v. H. (Schauspiel) 1934; F. F. *v. Unruh,* H. 1935; Hans *Harnier,* Kampf um Huttens deutsche Sendung (Drama) 1936; Erich *Bauer,* Laßt H. nicht verderben! (Festspiel) 1938; Hellmut *Schilling,* Die Würfel sind gefallen (Drama, Uraufführung in Bern) 1949; Otto *Cierski,* U. v. H. (Drama) 1949 u. a.

Hutter, Franz, geb. 16. Mai 1874 zu Weiz in der Steiermark, studierte in Graz (Doktor der Theologie) u. war Pfarrer, Dechant u. Geistl. Rat in Schöder (Steiermark). Volks- u. Bühnenschriftsteller.
Eigene Werke: Die verräterische Schwammerlsuppe (Volksschwank) 1907; Die Weltennacht (Weihnachtsspiel) 1921; Sternschnuppen (Volksstück) 1922 u. a.

Hutterus, Martin, geb. 28. Juli 1810 zu Brakel in Westfalen, gest. 3. Dez. 1865 (geistesumnachtet durch Selbstmord), studierte in Bonn, wurde Stempelfiskal in Trier u. später Regierungsrat das. Lyriker, Erzähler u. Dramatiker.
Eigene Werke: David (Drama) 1851; Die Montenegriner (Trauerspiel) 1853; Jephtha u. seine Tochter (Dramat. Gemälde) 1857.

Literatur: L. *Kellner,* M. Hutterus (A. D. B. 13. Bd.) 1881.

Huttig, Alfred, geb. 15. Jan. 1882 zu Wien, gest. 28. Mai 1952 das., Sohn eines k. u. k. Ökonomieverwalters, erhielt vom Hofschauspieler Leo Friedrich dramatischen Unterricht u. begann seine Bühnenlaufbahn am Jantschtheater in Wien, kam dann über Regensburg, Czernowitz, Wiener-Neustadt, Mährisch-Ostrau u. München (Schauspielhaus) ans Deutsche Theater in Prag, wo er als Erster Bonvivant u. Regisseur wirkte. Seit 1920 Leiter des Stadttheaters in Aussig u. a. Bühnen, nach 1945 Schauspieler am Volkstheater in Wien, Oberregisseur am Bürgertheater das. u. Intendant der Vereinigten Städt. Bühnen, hierauf bis zu seinem Tod am Burgtheater tätig. Herausgeber des „Österreichischen Theater-Almanachs" 1949. *Literatur:* R. *H(olzer),* A. Huttig (Die Presse Nr. 1096) 1952.

Hutzelmann, Bertha s. Hochschild, Bertha.

Huwart, Heinrich, geb. 29. Dez. 1822 zu Berlin, gest. 20. Dez. 1873 zu Petersburg (an der Cholera), war zuerst Mitglied der Bastéschen Theatergesellschaft, spielte Liebhaber- u. Heldenrollen seit 1851 in Berlin (bei Kroll), Riga, Frankfurt a. M., Hamburg, Breslau u. kam 1863 ans Hoftheater in Petersburg, wo er in das Charakterfach überging. Hauptrollen: König Philipp („Don Carlos"), Soliman („Zriny"), König („Zopf u. Schwert") u. a.

Hymmen, Friedrich Wilhelm, geb. 8. Juni 1913 zu Soest in Westfalen, Sohn eines Oberkonsistorialrats, wuchs im Ruhrgebiet auf, studierte in Münster u. wurde Bannführer in der Reichsjugendführung sowie stellvertretender Hauptschriftleiter von „Wille u. Macht" in Berlin. Später ließ er sich in Bielefeld nieder. Vorwiegend Dramatiker. *Eigene Werke:* Der Vasall (Tragödie) 1937; Beton (Drama) 1938; Die Petersburger Krö-

nung (Trauerspiel) 1939; Die sieben Schönsten (Spiel) 1944. *Literatur:* Franz *Lennartz,* F. W. Hymmen (Die Dichter unserer Zeit 4. Aufl.) 1941; *Hd.,* F. W. H. (Progr. Stadttheater Iglau 3. Jahrg.) 1941; F. W. *Hymmen* über sich selbst (Markwart Nr. 2) 1942.

Hynek, Franz, geb. 8. Nov. 1837 zu Prag, gest. 25. Febr. 1905 das., war Opernsänger in Leipzig, zuletzt Regisseur am Tschechischen Nationaltheater in Prag. Hauptrollen: Ferrando („Der Troubadour"), Selva ("Die Stumme von Portici"), Eremit („Der Freischütz"), Vasco („Das Nachtlager von Granada") u. a.

Hysel, Franz Eduard, geb. 1766 in der Steiermark, gest. 15. Sept. 1841 zu Graz, wirkte als Dirigent 1801—36 u. als Direktor 1813—19 am dort. Theater, besonders um die Aufführung Mozartscher Opern bemüht. Auch Komponist u. Gesangslehrer. Gatte der Schauspielerin Louise Kaffka.

Hysel, Franz Eduard, geb. 10. Sept. 1801 zu Graz, gest. 22. Sept. 1876 zu Nürnberg, wurde von seinem Vater (dem Vorigen) ausgebildet u. wirkte, nachdem er in Raab, Linz, Agram, Laibach u. Bozen engagiert war, 1826 in Nürnberg, ging hierauf nach Budweis, Pilsen, Karlsbad u. Prag, kehrte 1829 nach Nürnberg zurück u. gehörte bis zu seinem Bühnenabschied (1870) dem dort. Theater an. Er schrieb „Das Theater in Nürnberg 1612—1863 nebst einem Anhange über das Theater in Fürth" 1864.

Hysel, Josef, geb. 28. Dez. 1808 zu Graz, gest. 5. März 1877 zu Frankfurt a. M., Bruder des Vorigen, war 1836—44 Tenor in Zürich, dann in Petersburg, wirkte 1844—58 als Gesangslehrer an der dort. kaiserlichen Theaterschule u. 1858—77 in Frankfurt a. M. Gatte der Schauspielerin Emilie Fußgänger.

Hysel, Marie s. Karl, Marie.

I

Ibach, Alfred, geb. 26. Dez. 1902 zu Saarbrücken, gest. 17. Juni 1948 als stellvertretender Direktor u. Dramaturg des Josefstädtertheaters in Wien. Verfasser u. a. der Biographie „Die Wessely. Skizze ihres Lebens" 1943.

Literatur: Franz Theodor *Csokor,* In memoriam A. Ibach (Die Presse, 3. Juli) 1948.

Iban, Carl, geb. 26. Juli 1875 zu Berlin, gest. 5. Okt. 1940 in Frankreich (während einer

Wehrmachtstournee), war Schauspieler u. Gesangskomiker in Leipzig, Colmar, Rudolstadt, Aachen, Zittau, Metz, Flensburg, Bern, Basel, Koblenz, Dramaturg u. Spielleiter an der Volksbühne in Berlin, 1934 Pächter, Leiter u. Darsteller der Kammerspiele in Leipzig u. später wieder in Berlin. Hauptrollen: Habakuk, Giesecke, Wehrhahn, Weigelt, Hasemann, Miller, Attinghausen, Kottwitz u. a.

Ibele, Maria, geb. 7. Juni 1891 zu München, lebte das. Erzählerin u. Dramatikerin.

Eigene Werke: Schminke (Lustspiel) 1921; Die dritte Tasse (Einakter) 1921; Der kurierte Hochzeiter (Einakter) 1949; Wer andern eine Grube gräbt (Einakter) 1949; Die fremde Frau (Volksstück) 1950; Die Kur (Einakter) 1950; Das Weihnachtswunder (Spiel) 1950.

Ibsen, Henrik (1828—1906), norwegischer Dramatiker, bahnbrechend für den Naturalismus auch in Deutschland, hielt sich seit 1864 in Italien auf, lebte dann in Dresden u. seit 1875, von Reisen abgesehen, bis 1891 in München. John Grieg, der Bruder des Komponisten, übersetzte 1866 die „Kronprätendenten" ins Deutsche (unveröffentlicht). 1876 folgte „Brand" in Siebolds Verdeutschung, ferner „Bund der Jugend" u. „Kronprätendenten" in Strodtmanns Übersetzung. Die Meininger führten zuerst Stücke Ibsens in Deutschland auf. Reclams Universalbibliothek sorgte für weitere Verbreitung. Um Verdeutschung einzelner Dramen bemühten sich in der Folge Hoffory, Morgenstern u. a. Eine deutsche Ausgabe besorgten Brandes, Elias u. Schlenther 10 Bde. 1898—1904, dazu Nachgelassene Schriften, herausg. von Elias u. Koht 4 Bde. 1909 (2. Aufl. 1924), Volksausgabe 5 Bde. 1911 (wiederholt aufgelegt). *Literatur:* Lou *Andreas-Salomé,* Ibsens Frauengestalten 1892 (4. Aufl. 1925); Emil *Reich,* Ibsens Dramen 1893 (14. Tsd. 1924); Roman *Woerner,* H. I. 2 Bde. 1900—10 (3. Aufl. 1923); Philipp *Stein,* I. auf den Berliner Bühnen 1876—1900 (Bühne u. Welt 3. Jahrg.) 1901; Eugen *Wolff,* Die deutsche I.-Literatur 1872—1902 (Ebda. 5. Jahrg.) 1903; H. *Landsberg,* I. u. die Schauspielkunst (Deutsche Bühnengenossenschaft Beilage Nr. 18) 1906; L. *Bauer,* I. u. das Theater (Münchner Neueste Nachrichten Nr. 281) 1906; S. *Kalischer,* I. u. Brahm (Deutsche Theaterzeitschrift Nr. 24—26, 28—29) 1909; Josef *Collin,* I. 1910; W. H. *Eller,* I. in Germany (1870—1900) 1918; M. *Jacobs,* Ibsens Bühnentechnik 1920; Gustav *Neckel,* I. u.

Björnson 1921; Josef *Wihan,* I. u. das deutsche Geistesleben 1925; A. v. *Winterfeld,* I. 1925; C. *Heine,* Mein Ibsentheater (Velhagen u. Klasings Monatshefte 40. Jahrgang) 1925; R. *Krauß,* H. I. auf dem Stuttgarter Hof- u. Landestheater (Schwäbische Thalia 9. Jahrg.) 1928; F. *Meyen,* I.-Bibliographie 1928; Franz *Servaes,* I. in Deutschland (Die Deutsche Bühne 20. Jahrg.) 1928; F. *Wallner,* Die erste Berliner Gespenster-Aufführung (Das Theater 9. Jahrg.) 1928; W. *Möhring,* I. u. Kierkegaard 1928; Marianne *Thalmann,* I., ein Erlebnis der Deutschen 1928; G. *Wethly,* Ibsens Werk u. Weltanschauung 1934; E. *Horbach,* Ibsens Dramen als Erlebnisdichtung (Diss. Nymwegen) 1934; J. *Kröner,* Die Technik des realistischen Dramas bei I. u. Galsworthy 1935; Mathilde *Sayler,* Die Entwicklung des Symbolismus in Ibsens Gesellschaftsstücken (Diss. Tübingen) 1937; E. J., I. in Deutschland (Köln. Zeitung Nr. 507) 1941; Rosmarie *Zander,* Der junge G. Hauptmann u. H. I. (Diss. Frankfurt) 1947; Fritz *Kürbisch,* Die feindlichen Brüder: H. I. u. P. Ernst (Austria Nr. 1) 1948; Eugen *Kalkschmidt,* Mit I. von Leipzig durch die Lande (Vom Memelland bis München) 1948; Marianne *Bonwit,* Effi Briest u. ihre Vorgängerinnen Emma Bovary u. Nora Helmer (Monatshefte Nr. 8, Madison) 1948; Ludwig *Binswanger,* H. I. u. das Problem der Selbstrealisation in der Kunst 1949; Kurt *Benesch,* I. am Wiener Theater 1906—49 (Diss. Wien 1949); C. *Stuyver,* Ibsens dramatische Gestalten. Psychologie u. Symbolik (Diss. Amsterdam) 1952.

Icarus (griech. Ikaros), Sohn des Daedalus, griechischer Sagenheld, beim Flug über das Meer verunglückt, da seine wachsgeklebten Flügel in der Sonnennähe schmolzen. Bühnenfigur.

Behandlung: Hans *Joachim,* Ikarus (Schauspiel) 1940; Fritz *Dietrich,* Daidalos (Drama) 1949.

Ichhäuser (Ps. Josephi), Josef, geb. 15. Juli 1852 zu Krakau, gest. 8. Jan. 1920 zu Berlin, Sohn eines Tuchhändlers, besuchte die Technische Hochschule in Wien, wandte sich jedoch gegen den väterlichen Willen der Bühne zu, die er 1873 am Theater in Rudolfsheim in Wien betrat, ging 1874 als Jugendlicher Held u. Liebhaber an das Theater in Groß-Kanisza, dann nach Marburg an der Drau, war 1876—78 auch als Sänger in Graz beschäftigt, wirkte in Breslau, Chemnitz,

1878—80 am Ringtheater in Wien u. kam
nach zweijähriger Tätigkeit am Carltheater
das. ans Theater an der Wien, wo er seitdem als Operettentenor zu den vielseitigsten Mitgliedern dieser Bühne gehörte.
1900 folgte er einem Ruf ans Friedrich-Wilhelmstädtische Theater in Berlin. Seit 1901 gehörte er dem dort. Metropoltheater als Mitglied an.
Literatur: Eisenberg, J. Josephi (Biogr.
Lexikon) 1903.

Ichon, Eduard, geb. 27. Dez. 1879 zu Bremen,
gest. 19. Jan. 1943 das. (verunglückt), stu-
dierte in Heidelberg, München u. Berlin
(Doktor der Philosophie). Mitbegründer des
Schauspielhauses in Bremen (1910) u. später
Direktor desselben.

Ide, Wilhelm, geb. 18. Febr. 1887 zu Kassel,
war Staatsarchivar u. ließ sich zuletzt bei
Marburg an der Lahn nieder. Verfasser von
Bühnenstücken.
Eigene Werke: Ein Frühlingslied (Lust-
spiel) 1925; Drei Schwarzenbörner Streiche
(Spiel) 1937; Drei grüne Blätter (Festspiel)
1947.

Ideendrama s. Drama.

Idomeneo, Oper in drei Akten von W. A.
Mozart, Text von Giambattista Varesco,
deutsch von Leopold Lenz (1845). Neufassung von Lothar Wallerstein u. Richard
Strauß. Weitere Bearbeitungen von Arthur
Rother, Willy Meckbach u. Ermanno Wolf-
Ferrari (1931). Uraufführung 1781 in München. Das mißglückte Textbuch, dessen
Schwächen der Oper Eintrag taten, behandelt die griechische Sage vom Kreterkönig
Idomeneus, der mit seiner Schar vor Troja
kämpfte. Im Senat hatte er gelobt, wenn ihm
die Heimkehr glücken sollte, dasjenige zu
opfern, was ihm bei der Ankunft zuerst begegnen würde. Dies war sein Sohn Idamanthes, den er jetzt dadurch zu retten sucht,
daß er ihn außer Land schickt. Doch nur die
Liebe Ilias, der Tochter des Trojerkönigs
Priamos, die sich für Idamanthes opfern will,
vermag die erzürnte Gottheit zu versöhnen.
Idomeneo dankt ab, sein Sohn besteigt den
Thron u. Ilia wird seine Gattin. Musikalisch
eröffnet das Stück die Reihe der für die
Bühne geschaffenen Meisterwerke Mozarts.

Iffert, August, geb. 31. Aug. 1859 zu Braunschweig (Todesdatum unbekannt), wurde in
Berlin u. Hannover für die Bühne ausgebil-

det u. wirkte als Sänger u. Schauspieler an
mehreren Theatern, 1884—91 als Gesangslehrer in Leipzig, dann an den Konservatorien Köln, Dresden u. Wien. Professor
das. Hauptrollen: Egeus („Ein Sommernachtstraum"), Lorenzo („Der Kaufmann von
Venedig"), Fernando („Fidelio"), Valentin
(„Margarete") u. a.
Eigene Werke: Sprechschule für Schauspieler u. Redner 1910 u. a.

Iffland, August Wilhelm, geb. 19. April 1759
zu Hannover, gest. 22. Sept. 1814 zu Berlin,
Sohn eines Registrators bei der Kriegskanz-
lei, von der Bühne frühzeitig leidenschaftlich erfaßt, verließ heimlich das Elternhaus
u. wanderte zu Fuß nach Gotha zu Ekhof
(s. d.), der ihn prüfte u. spielen ließ. Er hatte
Erfolg, wurde 1777 Mitglied des Hoftheaters
in Gotha, kam 1779 nach Mannheim, wo er
Schiller nahetrat, wurde 1796 Direktor des
Nationaltheaters in Berlin u. 1811 Generaldirektor der dort. Kgl. Schauspiele. Hervorragender Charakterspieler, auch Dichter. I.
legte gegenüber der deklamatorischen Weimarer Richtung das Hauptgewicht auf ein
möglichst natürliches Spiel. Auf der Bühne
herrschte unmittelbar vor I. die klassische
Schule Weimars, ihr stark gesangartiger u.
pathetischer Ton, mehr konventionell, feierlich, würdig, vornehm als natürlich, urwüch-
sig, leidenschaftlich oder gar burschikos.
Gang, Haltung, Bewegung erschien ebenso
antik abgemessen wie der Stil der Dichter-
sprache etwa in der „Braut von Messina"
oder in der „Iphigenie". Der Gedanke, die
unbedingte Schönheit der poetischen Form,
die durchaus bewußte Herrschaft über den
künstlerischen Stoff, das war es, was den
Schauspielern von Goethe u. Schiller immer
wieder eingeprägt wurde. Schon die Wahl
für antike Stoffe, die Vorliebe fürs griechische u. römische Altertum oder zumindest
den antiken Faltenwurf, die antike Pose
bei Stücken aus späteren Zeiten kennzeichnete die Absichten dieser Stilrichtung. Dagegen erhob nun I. zuerst bescheiden u. zurückhaltend, dann immer offenherziger u.
beredter seine Warnerstimme. 1803 schrieb
er an Schiller: „Es ist mit den griechischen
Stücken eine eigene Sache, die hohe Einfalt
taucht in die leeren Köpfe vollends unter, und
deren ist legio. Die Stürme der Leidenschaften in anderen Stücken reißen sie mit fort,
machen sie zu leichten Teilen u. erheben
sie gegen Wissen u. Willen. Die Stücke aus
der römischen Geschichte weichen wegen
der Autorität der Sitten, des Starrsinns, in

den Charakteren vollends ganz zurück, und ich werde blaß, wenn ich Plebejer, Senatoren u. Zenturionen auf den ersten Bogen angekündigt finde. Sollte nicht die deutsche Geschichte aus jener Zeit der Reformation ein historisches Schauspiel liefern?" I. als frommer Protestant mag für diesen Abschnitt der Weltgeschichte besondere Neigung gehabt haben, sicherlich wollte er das klassische Theater zu einem mehr bodenständigen, zu einem mehr nationalen machen. Nicht umsonst war daher seine glänzendste Heldenrolle die des Oktavio Piccolomini, trotzdem auch die Wallenstein-Trilogie bewußt antikisiert. I. ging von der idealen Schule Weimars aus, aber ihre ganze Strenge nahm er nicht an. Als Direktor des Berliner Nationaltheaters, von tüchtigen Kräften umgeben, brach er der unverkünstelten Natur wieder freie Bahn. Umbarmherzig wurde selbst der jambische Rhythmus verletzt. Auf eine Silbe mehr oder weniger kam es nicht an. Die Dichter mußten sich das ohne weiters gefallen lassen, denn der Eindruck einer völlig zwanglosen Rede sollte das Hauptziel des Schauspielers bilden. In einem Brief Schillers an Körners Vater liest man die bezeichnende Stelle: „Madame Unzelmann spielt Maria Stuart mit Zartheit u. großem Verstande, ihre Deklamation ist schön u. sinnvoll, aber man möchte ihr noch mehr Schwung u. tragischen Stil wünschen. Das Vorurteil des beliebten Natürlichen beherrscht sie noch zu sehr, ihr Vortrag nähert sich dem Konversationston u. alles wurde mir zu wirklich in ihrem Munde. Das ist Ifflands Schule, u. es mag in Berlin Mode sein. Da wo die Natur graziös u. edel ist, wie bei Madame Unzelmann, mag man sichs gern gefallen lassen, aber bei gemeinen Naturen muß es unausstehlich sein, wie wir schon in Leipzig bei der Vorstellung der Jungfrau gesehen haben". In diesen wenigen Sätzen ist der Unterschied zwischen der neuen Berliner u. der alten Weimarer Richtung deutlich ausgesprochen. Man charakterisierte ihn noch schärfer mit den Worten: In Weimar würde die Tragödie mehr deklamiert als gespielt, in Berlin mehr gespielt als deklamiert. Außerdem gewann die Bildhaftigkeit. Auch in anderer Hinsicht wirkte I. bahnbrechend. Ihm verdankte Berlin die erste Aufführung des „Hamlet" in Schlegels Übersetzung (1799), lange bevor Weimar dem wirklichen großen Shakespeare seinen Tribut zollte. Die französische Herrschaft u. das zunehmende Alter lähmten die Unternehmungslust u. den Kunstsinn Ifflands in

den letzten Jahren beträchtlich. Er gab immer mehr dem Geschmack des Publikums nach, statt es zu seinem ursprünglichen emporzuziehen. Für Kleist besaß er gar kein Verständnis. Und dieser hatte daher allen Grund, sich über den grau werdenden rationalistischen Zopf aufzuhalten, der als Vater des bürgerlichen Rührstückes ganz anders die Herzen zu gewinnen wußte als der herbe Schöpfer des „Zerbrochenen Kruges". Seine zahlreichen Stücke, darunter „Die Hagestolzen", erwiesen lange Zeit ihre Zugkraft. Seine „Jäger" beeinflußten noch Otto Ludwigs „Erbförster". Dagegen verspottete ihn Tieck u. auch Klemens Brentano lehnte ihn ab. Unter seinen Leuten herrschte der vielseitige Mann, dem später Charlotte Birch-Pfeiffer in dem Schauspiel „Iffland" (1858) ein poetisches Denkmal setzte, bis ans Ende als Generalissimus. Er führte den gesamten Briefwechsel des Theaters, er prüfte alle einlaufenden Bühnenhandschriften, er bildete sein Personal aus, er leitete alle Proben u. wählte die Kostüme u. Dekorationen, überwachte auch sämtliche Vorstellungen, trat mehrmals in der Woche selber auf, dichtete u. übersetzte. Dieser großartige Bühnenpraktiker hatte auch eine eigene Art des Memorierens für sich erfunden. Rollen auswendig zu lernen hatte er meist nur auf dem Wege ins Theater oder nach Hause die Zeit. Dabei nahm er einen alten Theaterinspektor mit, der grenzenlos falsch zu betonen pflegte. Dieser las ihm nun die Rollen vor, u. I. behielt die Worte infolge der wunderlichen Akzentuierung leichter als wenn er sie sich selbst vorgetragen hätte. Goethe schätzte den Schauspieler I. hoch u. äußerte sich über ihn: „Groß war der Einfluß seiner Gegenwart, seines belehrenden, hinreißenden, unschätzbaren Beispiels, denn jeder Mitspielende mußte sich an ihm prüfen, indem er mit ihm wetteiferte, auch gab seine Anwesenheit Grund zur Aufführung bedeutender Stücke, zur Bereicherung des Repertoires u. Anlaß, das Wünschenswerte näher kennen zu lernen . . . Iffland zeichnet sich als ein wahrhafter Künstler aus. An ihm ist zu rühmen die lebhafte Einbildungskraft, wodurch er alles, was zu seiner Rolle gehört, zu entdecken weiß, dann die Nachahmungsgabe, wodurch er das Gefundene u. gleichsam Erschaffene darzustellen versteht, u. zuletzt der Humor, womit er das Ganze von Anfang bis zu Ende lebhaft durchführt. Die Absonderung der Rollen von einander durch Kleidung, Gebärde, Sprache, die Absonderung der Situation u. Distinktion derselben wieder in sensible kleine Teile ist fürtrefflich". — Der als Auszeichnung für den besten lebenden Schauspieler gestiftete Iffland-Ring wurde von seinem letzten Träger Albert Bassermann 1935 dem Museum der Österr. Bundestheater in Wien geschenkt. — Iffland-Zimmer im Leibniz-Haus zu Hannover. Erinnerungen an ihn auch im Theater-Museum der Stadt Mannheim.

Eigene Werke: Albert von Thurneisen (Trauerspiel) 1781; Verbrechen aus Ehrsucht (Familiengemälde) 1784; Die Mündel (Schauspiel) 1785; Die Jäger (Sittengemälde) 1785; Liebe um Liebe (Schauspiel) 1785; Fragmente über Menschendarstellung auf den deutschen Bühnen 1785; Bewußtsein (Schauspiel) 1786; Der Magnetismus (Nachspiel) 1786; Vaterfreude (Vorspiel) 1787; Reue versöhnt (Schauspiel) 1789; Figaro in Deutschland (Lustspiel) 1790; Luassan, Fürst von Garisene (Prolog) 1790; Friedrich von Österreich (Schauspiel) 1791; Die Kokarden (Trauerspiel) 1791; Frauenstand (Lustspiel) 1791; Der Herbsttag (Lustspiel) 1792; Elise von Valberg (Schauspiel) 1792; Der Eichenkranz (Dialog zur Eröffnung der Frankfurter National-Schaubühne) 1792; Die Hagestolzen (Lustspiel) 1793; Die Verbrüderung (Schauspiel) 1793; Alte Zeit u. neue Zeit (Schauspiel) 1794; Allzu scharf macht schartig 1794; Scheinverdienst (Schauspiel) 1795; Die Aussteuer (Schauspiel) 1795; Die Reise nach der Stadt (Lustspiel) 1795; Dienstpflicht (Schauspiel) 1795; Der Vormund (Schauspiel) 1796; Das Vermächtnis (Schauspiel) 1796; Die Advokaten (Schauspiel) 1796; Der Veteran (Schauspiel) 1798; Meine theatralische Laufbahn (neuherausg. von Hugo Holstein, Deutsche Literaturdenkmale des 18. u. 19. Jahrhunderts 1886 u. von Eduard Scharrer-Santen 1915) 1798; Achmet u. Zenide (Schauspiel) 1799; Der Komet (Posse) 1799; Hausfrieden (Lustspiel) 1799; Leichter Sinn (Lustspiel) 1799; Das Gewissen (Trauerspiel) 1799; Erinnerung (Schauspiel) 1799; Die Geflüchteten (Schauspiel) 1799; Der Spieler (Schauspiel) 1799; Der Mann von Wort (Schauspiel) 1800; Der Fremde (Lustspiel) 1800; Die Künstler (Schauspiel) 1801; Die Höhen (Schauspiel) 1801; Das Vaterhaus (Schauspiel) 1802; Die Familie Lonau (Lustspiel) 1802; Dramat. Werke 16 Bde. 1798 bis 1802; Das Erbteil des Vaters (Schauspiel) 1802; Die Hausfreunde (Schauspiel) 1805; Wohin? (Schauspiel) 1806; Almanach fürs Theater 5 Bde. 1806—11; Die Marionetten (Lustspiel) 1807; Beiträge für die deutsche Schaubühne in Übersetzungen u. Bearbeitun-

gen ausländischer Schauspieldichter 1807; Der Taufschein (Lustspiel nach Picard) 1807; Die Nachbarschaft (Lustspiel nach dems.) 1807; Die erwachsenen Töchter (Lustspiel nach dems.) 1807; Der Oheim (Lustspiel) 1807; Neue dramat. Werke 1 Bd. 1807; Die Brautwahl (Lustspiel) 1808; Heinrichs V. Jugendjahre (Lustspiel nach Duval) 1808; Picards Duhautcours oder Der Vergleichscontract (Schauspiel, deutsch) 1808; Neue Beiträge für die deutsche Schaubühne 1809 bis 1812; Der Flatterhafte oder Die schwierige Heirat 1809; Frau von Sévigné (Schauspiel) 1809; Die Einung (Schauspiel) 1811; Der Müßiggänger (Lustspiel) 1812; Der Haustyrann (Schauspiel) 1812; Der gutherzige Polterer (Lustspiel) 1812; Liebe u. Wille (Ländl. Gespräch) 1814; Theorie der Schauspielkunst 2 Bde. 1815; Briefe (an seine Schwester Luise u. a. 1772—1814) 2 Bde. herausg. von Ludwig Geiger 1904 f. (Schriften der Gesellschaft für Theatergeschichte 5. u. 6. Bd.); Iffland-Briefe, Dokumente aus dem Besitz des Theaterwiss. Instituts der Freien Universität Berlin 1951 u. a.

Behandlung: August *Klingemann,* Ifflands Totenfeier. Prolog (Zeitung für die Elegante Welt Nr. 254) 1819; Charlotte *Birch-Pfeiffer,* Iffland (Schauspiel) 1858; Karl v. *Holtei,* Der letzte Komödiant (Roman) 1863; Theodor *Fontane,* Schach von Wuthenow (Roman) 1883; Gustav *Höcker,* I. (Erzählung: Die großen Vorbilder der deutschen Schauspielkunst) 1899.

Literatur: K. A. *Böttiger,* Entwicklung des Ifflandischen Spiels 1796; C. A. *v. Gruber,* Über Ifflands Mimik 1801; C. W. *Becker,* Briefe über Ifflands Spiel in Leipzig 1804; (Johann Friedrich *Schütze*), Dramaturgisches Tageblatt über Ifflands Gastspiel in Hamburg 1805; A. *Bäuerle,* Über I. als theatralischen Künstler (Wiener Theater-Zeitung Nr. 20) 1806; (Wilhelm, Friedrich, August u. Moritz *Henschel),* Ifflands mimische Darstellungen für Schauspieler u. Zeichner 20 Hefte 1808—19 (Teilweise Neuausgabe von Heinrich Härle: Ifflands Schauspielkunst. Ein Rekonstruktionsversuch auf Grund der etwa 500 Zeichnungen u. Kupferstiche Wilhelm Henschels u. seiner Brüder 1925); Johannes *Schulze,* Über Ifflands Spiel auf dem Weimarischen Hoftheater 1810; Ludwig *Wieland,* Über Ifflands Darstellungen in Weimar 1812; Z. *Funck,* Aus dem Leben zweier Schauspieler (I. u. L. Devrient) 1838; Wilhelm *Dorow,* I. als Theaterdirektor im Vergleich zur späteren Zeit (Krieg. Literatur u. Theater) 1845; C. *Duncker,* I. in seinen Schriften als Künstler, Lehrer und Direktor der Berliner Bühne 1859; W. *Koffka*, I. u. Dalberg 1865; Ferdinand *Gleich*, A. W. I. (Aus der Bühnenwelt 1. Bd.) 1866; O. *Devrient*, Briefe von I. u. F. L. Schröder an den Schauspieler Werdy, herausg. 1881; Joseph *Kürschner*, A. W. I. (A. D. B. 14. Bd.) 1881; A. *Stiehler*, Das Ifflandische Rührstück, ein Beitrag zur Geschichte der dramat. Technik (Theatergeschichtl. Forschungen 16. Bd.) 1898; Karl *Lampe*, Studien über I. als Dramatiker 1899; Wilhelm *Altmann*, Ifflands Rechtfertigung seiner Theaterverwaltung vom 27. Juli 1813 (Archiv für Theatergeschichte 1. Bd.) 1904; Ludwig *Geiger*, I. u. Julius Voß (Ebda. 2. Bd.) 1905; Hans *Devrient*, Ein Brief Ifflands nach Weimar (Ebda.) 1905; L. *Geiger*, Ifflands Gastspiel in Hamburg 1796 (Zeitung für Literatur, Kunst u. Wissenschaft, Beilage des Hamburg. Correspondenten Nr. 13) 1905; ders., I.-Studien (Vossische Zeitung, Sonntagsbeilage Nr. 2) 1905; E. A. *Regener*, I. (Das Theater 10. Bd.) 1905; R. *Kohlrausch*, Das I.-Haus in Hannover (Bühne u. Welt 7. Jahrg.) 1905; Paul *Legband*, Von I. bis Barnay (Zeitgeist, Beilage zum Berliner Tageblatt Nr. 3) 1906; L. *Geiger*, Briefe Ifflands (Bühne u. Welt 8. Jahrg.) 1906; Heinrich *Stümcke*, I. u. das Berliner Nationaltheater (Ebda.) 1909; F. A. *Mayer*, Ein Stammbuchblatt Ifflands (Zeitschrift f. Bücherfreunde, Neue Folge 1. Jahrg.) 1909; W. *Widmann*, Ifflands Beziehungen zu München (Münchner Neueste Nachrichten Nr. 181) 1909; ders., Bericht Ifflands über die Entstehung des Mannheimer Nationaltheaters (Mannheimer Tageblatt Nr. 113) 1909; ders., Ifflands Beziehungen zu Leipzig (Leipziger Tageblatt Nr. 163) 1910; Hans *Knudsen*, Ifflands Freundschaft mit Heinrich Beck. Briefe (Mannheimer Geschichtsblätter Nr. 9—10) 1914; ders., Aus Briefen der Mad. Meyer an Ifflands Schwester 1788—92 (Ebda. Nr. 6) 1914; C. *Normann*, Ifflands, Schillers op Goethes inflydelse paa skulspilkunsten i slutningen 1914; L. *Geiger*, Unbekannte Briefe Ifflands (Archiv für das Studium der neueren Sprachen u. Literaturen) 1915; Max *Lederer*, Zeitgenössische Urteile über I. (Ebda.) 1915; L. *Geiger*, Eine Denkschrift über das Berliner Theater (Nord u. Süd Nr. 151) 1915; Adolph *Kohut*, Goethe u. I. (Monatshefte der Comenius-Gesellschaft) 1915; H. *Knudsen*, Briefe an I. (Hamburger Nachrichten Nr. 4) 1916; Georg *Franz*, I. u. die linksrheinische Pfalz (Monatsschrift des Frankenthaler Altertumsvereins 25. Jahrg.) 1917; Werner *Deetjen*, I. u. Weimar (Han-

noversche Geschichtsblätter Nr. 4) 1918; R. *Krauß*, Ifflands Beziehungen zum Stuttgarter Hoftheater (Ludwig-Geiger-Festgabe) 1918; W. *Lazarus*, Ifflands schauspielerische Behandlung der Monologe 1919; Bernhard *Seuffert*, Ifflands Jäger — Ludwigs Erbförster (Euphorion 25. Bd.) 1924; H. *Knudsen*, Zwei unbekannte I.-Briefe (Kleine Schriften der Gesellschaft für Theatergeschichte 7. Heft) 1924; Ungedruckte Briefe von u. nach Weimar (Blätter der Bücherstube am Museum in Wiesbaden, August) 1924; Luise *Meyer*, Die deutsche Familie nach den Dramen Ifflands (Diss. Köln) 1924; H. *Hirschberg*, Unbekannte I.-Briefe 1924; H. *Härle*, Zur Ikonographie der Berliner Schauspielkunst der I.-Zeit (Theaterwissenschaftl. Blätter 1. u. 2. Bd.) 1925; ders., Ifflands Schauspielkunst 1925; Walter *Schmidt*, I. als Dramaturg in Mannheim (Diss. Heidelberg) 1926; Eberhard *Moes*, Ifflands erstes Auftreten in Berlin (Die Szene 16. Jahrg.) 1926; A. *Bassermann*, Ifflands Ring (Uhu, Beilage zum Berliner Tageblatt, Okt.) 1927; E. *Widdeke*, Ifflands Kampf gegen die Theaterkritik der Berliner Presse (Zeitungs-Verlag 15. Juli) 1927; Georg *Droescher*, K. Jagemann, I., Kirms (Jahrbuch der Goethe-Gesellschaft 15. Bd.) 1929; R. *Weil*, Das Berliner Theaterpublikum unter Ifflands Direktion (1796—1814) 1932; A. *Reimers*, Die Gefährdung der Familiengemeinschaft durch den Individualismus in Ifflands Dramen 1781—1811 (Diss. Kiel) 1933; S. *David*, Ifflands Schauspielkunst (Diss. Heidelberg) 1933; Erwin *Kliewer*, A. W. I. (Germanische Studien 195. Heft) 1937; H. *Knudsen*, Zu Ifflands Nachruhm 1940; Julius *Petersen*, Schillers Piccolomini auf dem Nationaltheater in Berlin u. Ifflands Regiebuch zur Erstaufführung 1941; S. *Troizkij*, Iffland. Die Anfänge der realist. Schauspielkunst (Diss. Wien) 1949; Erich *Nußbaumer*, Eine I.-Aufführung in Spittal (Kärnten) im Jahre 1804 (Carinthia 142. Jahrg.) 1952; Hans *Ermauff*, I. an der Rampe (Der Tagesspiegel, Berlin Nr. 1918) 1952; Wolfgang *Drews*, Wer bekommt den I.-Ring? (Die Neue Zeitung Nr. 133) 1952.

Iglau, Theater der alten deutsch-mährischen Bergstadt, veranstaltete schon seit Jahrhunderten Aufführungen, wurde als selbständige Bühne 1850 von Johann Okonsky gegründet, 1940 umgebaut u. erweitert u. bestand bis zur Austreibung der Sudetendeutschen.
Literatur: Christian *d'Elvert*, Geschichte der Stadttheater in Mähren u. Österr.-Schle-

sien (1600—1852) 1852; *Anonymus,* Neunzig Jahre Iglauer Stadttheater 1940.

Ihering, Herbert s. Jhering, Herbert.

Ihle, Auguste s. Reh-Caliga, Auguste.

Ihlee, Johann Jakob, geb. 8. Okt. 1762 zu Elmarshausen in Hessen, gest. 11. Juli 1827 zu Frankfurt a. M., Sohn eines Amtmannes, kam als wandernder Handwerksbursche zum Theater, begann als Souffleur, war dann Kassier, Ökonom u. Theaterdichter u. übernahm 1805 die Leitung der Bühne in Frankfurt, die er bis 1822 innehatte. Das deutsche Theater verdankt I. eine große Anzahl übersetzter u. bearbeiteter Operntexte aus dem Französischen u. Italienischen, von denen „Palmira" von Salieri, „Der Wasserträger" von Cherubini u. „Johann von Paris" von Boieldieu am bekanntesten wurden. *Eigene Werke:* Joseph II. in der Geisterwelt (Dram. Phantasie mit Gesang) 1790; Die Weinlese oder das Fest der Winzer (Oper von Ämilius Kunzen) 1793; List u. Liebe (Singspiel nach dem Französischen) 1804; Hinterlassene Werke 3 Bde. 1828 (darin: Dramaturgisches). *Literatur:* E. Mentzel, J. J. Ihlee (A. D. B. 50. Bd.) 1905.

Ihßen, Henriette, geb. 23. Jan. 1827 zu Straßburg, gest. 2. Sept. 1903 zu Dessau. Schauspielerin.

Ikaros s. Icarus.

Ilg, Paul, geb. 14. März 1875 zu Salenstein (Thurgau), anfangs Kaufmann, war 1895 bis 1896 Sekretär der Landesausstellung in Genf, 1900—02 Redakteur der „Woche" in Berlin u. ließ sich 1903 als freier Schriftsteller in Uttwil (Thurgau) nieder. Nicht nur Erzähler u. Lyriker, sondern auch Dramatiker. *Eigene Werke:* Der Führer (Drama) 1918; Mann Gottes (Tragikomödie) 1924; Das kleine Licht (Drama) 1934; Drei Brüder bauen ein Haus (Drama) 1946; Ga Llama (Komödie) 1948.

Ilgener, Johann Christian (Geburtsdatum unbekannt), gest. 1782, Prinzipal der Löpper-Ilgenerschen Truppe, die 1770 in Frankfurt a. M. u. dann in der Pfalz spielte.

Ilgener, Peter Florenz, geb. um 1730, gest. 1788 zu Gautsch bei Leipzig, ging 1750 zur Bühne, gründete 1755 eine eigene Theater-

truppe, mit der er bis 1775 am Rhein, in Franken u. Württemberg u. in kleineren Fürstentümern Mitteldeutschlands spielte. 1775—79 leitete er die Theater in Rostock u. Schwerin. Auch als Verfasser von Bühnenstücken trat er hervor. *Eigene Werke:* Der sächsische Prinzenraub (Trauerspiel) 1774; Eugenia von Amynt (Trauerspiel) 1777; Das Elysium oder Das Gespräch im Reich der Toten (Oper) o. J.

Ilgenstein, Heinrich, geb. 3. Juni 1875 zu Memel, gest. 5. April 1946 zu Gentilina bei Lugano, Kaufmannssohn, studierte in Berlin, München u. Tübingen (Doktor der Philosophie), lebte in Berlin, Freiburg im Brsg. Herausgeber von Zeitschriften. Dramatiker. *Eigene Werke:* Die Wahrheitssucher (Drama) 1908; Fiat Justitia (Groteske) 1911 (mit Lothar Schmidt); Europa lacht (Lustspiel) 1911; Kammermusik (Lustspiel) 1912; Der Arzt seiner Ehe (Lustspiel) 1913; Der Herr von Oben (Lustspiel) 1916; Marias Hochzeit (Schauspiel) 1918; Liebfrauenmilch (Lustspiel) 1924; Skandal um Olly (Lustspiel) 1927; Teufelsfinale (Lustspiel) 1934.

Ilgeny, A. s. Gayelin, Johann.

Ilges, F. Walter, geb. 31. Mai 1870 zu Breslau, gest. 22. Febr. 1941 zu Berlin. Bühnenschriftsteller. *Eigene Werke:* Das weiße Kätzchen (Lustspiel) 1925; Die Laterne (Drama) 1925; Babylon (Drama) 1925; Gräfin Dubarry (Schauspiel) 1927; Türkisches Kabinett (Komödie) 1929; Casanova revanchiert sich (Komödie) 1938 u. a.

Ilic, Danica (Ps. Daniza Illitsch), geb. 21. Febr. 1912 zu Belgrad, wirkte 1938 u. 39 als Gast an der Staatsoper in Wien, 1943 bis 1951 als Mitglied das. u. ging hierauf auf Gastspielreisen. Hauptrollen: Tosca, Cho-cho-san („Madame Butterfly"), Marie („Die verkaufte Braut") u. a.

Ilitsch, Daniza s. Ilic, Danica.

Ille, Eduard, geb. 17. Mai 1823 zu München, gest. 18. Dez. 1900 das., besuchte die dort. Kunstakademie unter J. Schnorr v. Carolsfeld, war Illustrator der Münchner „Fliegenden Blätter" u. „Münchner Bilderbogen". Gatte von Marie Beeg. Dramatiker. *Eigene Werke:* Kaiser Josef II. (Dramat. Lebensbild) 1850; Mozarts Tod (Trauerspiel) o. J.; Herzog Friedel mit der leeren Tasche

(Oper, Musik von Nagiller) 1859; Kunst u. Leben (Schauspiel) 1872; Der Staberl u. Hanswurst (16 Bilder mit Text) o. J.
Literatur: Hyazinth *Holland*, E. Ille (Biographisches Jahrbuch 5. Bd.) 1903.

Ille-Beeg, Marie (Ps. Maria Beeg), geb. 14. Sept. 1855 zu Fürth, gest. 28. Nov. 1927 zu München, Schülerin ihres späteren Gatten Eduard I. Jugend-, auch Bühnenschriftstellerin.
Eigene Werke: Zweierlei Mädchen. Lieschen u. Gretchen (Lustspiel) 1900; Das Fräulein Köchin (Dramat. Scherz) 1900; Die Faulkrankheit (Lustspiel) 1907; Beim Neujahrspunsch (Dramat. Szene) 1907; Fratzrusius (Lustspiel) 1907.

Illenberger, Ernst, geb. 1. Jan. 1833 zu Coburg, gest. 1. Jan. 1899 zu Rehau in Oberfranken, Sohn von Ferdinand I., Enkel von Ferdinand Andreas I. u. Ernestine Dobler, wirkte als Schauspieler u. Sänger 1855—57 in Straubing u. Ingolstadt, hierauf am Hoftheater in Meiningen in lyrischen Tenorpartien u. Charakterrollen, dann (unter Ps. Emauschek) in Ulm u. schließlich wieder unter seinem eigenen Namen als Heldendarsteller, Tenor u. Regisseur in Danzig, Posen, Chemnitz, Bern, Regensburg u. zuletzt 1878 bis 1880 in Ulm.

Illenberger, Ernestine, geb. 1764 zu Hildburghausen (Todesdatum unbekannt), Tochter des Theaterprinzipals Karl August Dobler, war Schauspielerin, der man besondere Schönheit, natürliches Mienenspiel u. eine zu Herzen dringende Stimme nachrühmte. Gattin des Folgenden.

Illenberger, Ferdinand Andreas, geb. 1746 zu Salzburg oder Linz a. d. D., gest. 1825, Prinzipal einer eigenen Gesellschaft, die er nach dem Tod seiner ersten Frau aufgab, schloß sich 1778 der Doblerschen Truppe in Gießen an, spielte u. a. 1780 in Straßburg, heiratete 1782 Ernestine Dobler u. war zuletzt Mitglied des Hoftheaters in Darmstadt.

Illgen (geb. Scheffler), Ida, geb. 16. Okt. 1872 zu Leipzig, gest. 29. Dez. 1937 zu Magdeburg. Schauspielerin.

Illgen, Rudolf, geb. 1862, gest. 1. Mai 1939. Theaterkapellmeister. Gatte der Vorigen.

Illiger, Hans, geb. 3. Febr. 1877 im Forsthaus Haterbeck bei Preußisch-Eylau, gest.

5. Dez. 1945 zu Weimar, wurde vom Hofschauspieler Elimar Striebeck für die Bühne ausgebildet, die er 1893 als Jugendlicher Held u. Liebhaber in Danzig betrat. Von hier kam er 1895 nach Krefeld, 1896 nach Barmen, 1897 nach Zürich, 1900 nach Königsberg, 1902 nach Karlsruhe u. 1909 nach Weimar. Hauptrollen: Max Piccolomini, Dietrich („Die Quitzows"), Lumpazi („Lumpazivagabundus"), Hermann („Hermannsschlacht"), Heinrich („Die versunkene Glocke"), Siegfried („Die Nibelungen"), Mercutio („Romeo u. Julia"), Fernando („Stella"), Benedikt („Viel Lärm um nichts") u. a.

Illing, Arthur (Geburtsdatum unbekannt), gest. 24. April 1933 (durch Selbstmord im Eisenbahnzug Berlin-Beuthen), leitete das Stadttheater Graudenz verbunden mit dem Kurtheater in Bad Helmstedt, die Stadttheater in Kiel u. Stettin u. seit 1927 als Generalintendant das Oberschlesische Landestheater in Beuthen.

Illing, Meta s. Merzbach, Meta.

Illing, Vilma, geb. 25. Juni 1871 zu Villach in Kärnten, gest. 21. Jan. 1903 zu Breslau, Apothekerstochter, begann 1891 in Baden bei Wien ihre Bühnenlaufbahn, setzte diese in Abbazia, Marburg, Bielitz, Reichenberg u. Mainz fort, kam als Charakterdarstellerin 1896 nach Breslau u. 1902 ans Lessingtheater in Berlin. Hauptrollen: Hedda Gabler, Rebekka West, Hilde Wangel, Frau vom Meere u. a.
Literatur: Erich Freund, V. Illing (Bühne u. Welt 5. Jahrg.) 1903; *Eisenberg,* V. I. (Biogr. Lexikon) 1903.

Illner, Ignaz, geb. am Beginn des 19. Jahrhunderts zu Oels im böhmischen Riesengebirge, gest. 2. Nov. 1861 bei Prag (durch Selbstmord), Lehrerssohn, studierte in Prag die Rechte, wandte sich aber bald hier der Bühne zu u. trat zunächst als Bariton das. auf, wirkte dann am Hoftheater in Coburg, kehrte 1846 nach Prag zurück u. errichtete nach seinem Bühnenabschied eine Gesangsschule, daneben eine Schwimmschule, mit denen er jedoch ebenso wenig Erfolg wie mit seinen Erfindungen hatte, so daß er schließlich sich u. seine zahlreiche Familie der größten Not preisgegeben sah u. keinen Ausweg mehr wußte. Er war mit der Schauspielerin Gabriele Allram (s. d.) verheiratet.
Literatur: Wurzbach, I. Illner (Biogr. Lexikon 10. Bd.) 1863.

Illner, Marie, s. Allram, Josef.

Illusionsbühne erweckt durch gemalte Hintergründe die Vorstellung einer Landschaft oder einer Örtlichkeit im Gegensatz zu der mittelalterlichen Marktbühne, die in ihren „Häusern" die Umgebung real andeutete. Sie kam zur Zeit der Renaissance auf. Größte Genauigkeit vor allem bei der Wiedergabe historischer Lokale strebte das Theater der Meininger (s. d.) an. Die letzten künstlerischen Steigerungen erreichte Max Reinhardt (s. d.). Gegen die I. wandte sich die Stilbühne (s. d.).
Literatur: M. *Martersteig,* Stilbühne u. Illusionsbühne (Kongreß für Ästhetik u. allg. Kunstwissenschaft) 1914; H. *Knudsen,* I. (Reallexikon 2. Bd.) 1926—27; Eberhardt Johs. *Eckardt,* Übergang von der Simultanbühne zur Bühne der Neuzeit im deutschen Theaterwesen des 16. Jahrhunderts (Diss. Leipzig) 1931; Johannes *Bemmann,* Die Bühnenbeleuchtung vom geistlichen Spiel bis zur frühen Oper als Mittel künstlerischer Illusion (Diss. Leipzig) 1933.

Ils, Jakob (Ps. Leo Fechtil), geb. 31. März 1854 zu Scheer bei Saulgau, gest. nach 1934, war Oberlehrer in Ochsenhausen (Württemberg). Bühnenschriftsteller u. Komponist.
Eigene Werke: Die Wanderwaise (Melodrama) 1907; Drei Weihnachtsabende (Volksstück) 1910; Der Lärchenhof (Volksstück) 1911; Eine Kriegerfamilie im Weltkrieg (Melodrama) 1925 u. a.

Iltz, Bruno Walter, geb. 17. Nov. 1886 zu Praust bei Danzig, humanistisch gebildet, war 1902—21 Schauspieler u. Regisseur, seit 1913 beim Kgl. bzw. Staatlichen Schauspielhaus in Dresden, 1924—27 Generalintendant in Gera, 1927—37 in Düsseldorf, 1938—44 am Deutschen Volkstheater u. an der Komödie in Wien u. seit 1945 am Staatstheater in Braunschweig. Hauptrollen: Karl VII. („Die Jungfrau von Orleans"), Fortinbras („Hamlet"), Malcolm („Macbeth"), Ferdinand („Kabale u. Liebe").

Iltz (Ps. Forti-Iltz), Helena, geb. 25. April 1886 zu Berlin, gest. 19. Mai 1942 zu Wien, begann ihre Bühnenlaufbahn als Naive u. Sentimentale in Dessau, wo man ihre Stimme entdeckte u. sie durch Karl Scheidemantel in Dresden ausbilden ließ. Der Herzog von Anhalt berief sie hierauf als Opernsängerin nach Dessau zurück, doch blieb sie nicht lange u. kam über Berlin nach Prag u.

1911 nach Dresden. Besonderen Ruf genoß sie als Wagnersängerin. Gattin des Vorigen. Hauptrollen: Senta, Elisabeth, Venus, Elsa, Eva, Sieglinde, Aida, Pamina, Micaëla, Leonore u. a.

Imdahl, Joseph, geb. 12. März 1889 zu Luxemburg-Limpertsberg, war Eisenbahnsekretär das. Bühnenschriftsteller im Dialekt.
Eigene Werke: Stûrem (Drama) 1912; Arme Leit's Kröschtdâg (Weihnachtsspiel) 1913; Sein Associé (Lustspiel) 1913; D'Joffer-Marie-Madeleine (Operette) 1916; D'Wichtelcher vu Beggen (Schauspiel) 1918; Blanne Manöver (Operette) 1925; De vum Jeweschten Haff (Volksoper) 1926.

Imhof, Adolf, geb. 2. Aug. 1906 zu Brig (Schweiz), studierte in Rom u. Innsbruck, war seit 1933 Rektor in Glis, seit 1939 Kaplan in Brig. Bühnenschriftsteller.
Eigene Werke: Heimatland (Singspiel) 1942; Im Gantertal (Volksstück) 1947; Hauptmann Gerwer (Historisches Volksstück) 1952.

Imhoff, Fritz s. Jeschke, Friedrich.

Imhoff, Otto, geb. 12. Dez. 1889 zu Wuppertal, besuchte das dort. Konservatorium, war dann Schauspieler u. Sänger bzw. Oberspielleiter in Memel, Kowno, Libau, Trier, Wuppertal, Hamburg, Mülhausen, Oberhausen, Plauen, Kaiserslautern, seit 1945 wieder in Oberhausen u. hierauf Intendant des Landestheaters in Kaiserslautern.

Immermann, Karl Lebrecht, geb. 24. April 1796 zu Magdeburg, gest. 25. Aug. 1840 zu Düsseldorf, studierte in Halle die Rechte, nahm am Krieg gegen Napoleon teil, bekämpfte jedoch die Deutsche Burschenschaft („Ein Wort zur Beherzigung" 1817 u. „Letztes Wort über die Streitigkeiten der Studierenden zu Halle" 1817), trat 1818 als Auskultator zu Aschersleben in den preuß. Staatsdienst, wurde Auditeur in Münster (Beziehungen zu Elisa v. Lützow, geb. Gräfin v. Ahlefeldt), 1827 Landgerichtsrat in Düsseldorf (Verkehr mit Schadow, Schnaase, Uechtritz, Beer) u. Leiter einer Musterbühne das. (1835—38), für die er auch Grabbe heranzog. Trotz des ausgewählten Spielplans, z. B. Calderon, erlitt sie infolge mangelnder Teilnahme des Publikums ein Fiasko. Gleichwohl bleibt ihre große Bedeutung für die Entwicklung des Theaters unbestritten. I., der, nachdem seine ˈPrivatvorlesungen in Tieckscher Art lebhaften Beifall gefunden hatten, zunächst Dramaturg u. dann völliger Leiter des Theaters wurde, betrachtete seine Bühne als eine „Epigonie der Weimarischen" u. wollte vor allem die Verbindung mit der Literatur wahren. Ein harmonisches Zusammenspiel aller war ihm wichtiger, als daß einzelne „Sterne" glänzten. Mit fester Hand griff er überall ein, sachlich wie persönlich. Seine Ehrfurcht vor dem Dichter war groß, aber nicht so groß, um der Spielleitung ihr natürliches Recht zu versagen, Abstriche u. Hinzufügungen je nach Bedarf vorzunehmen. So richtete er die ganze Wallensteintrilogie in fünf Akte für einen Abend ein. Voll eiserner Disziplin hielt er das Theatervölkchen bei der Stange. Die sorgfältige Methode des Einstudierens, die später Laube übernahm, zeitigte die schönsten Früchte. Natürlich konnte sie nur bei wenigen Stücken des reichen Spielplans durchgeführt werden. Im Übrigen mußte sie in Anbetracht, daß Düsseldorfs Publikum als ein einziger kleiner Kreis beständig Abwechslung verlangte, Theorie bleiben. I. las darnach das Stück, das gegeben werden sollte, den Schauspielern zuerst vor. „Dann hielt ich", so sagt er selbst, „mit jedem einzelnen Spezialleseproben, aus denen sich die allgemeine Leseprobe aufbaute. Ertönten in dieser noch Disparitäten des Ausdrucks, so wurden die schadhaften Stellen so lange ausgebessert, u. wo nichts anderes half, vorgesprochen, bis das Ganze in der Rezitation als fertig gelten konnte. Die Aktion stellte ich darauf zuerst in Zimmerproben fest, die oft nur einzelne Akte, zuweilen nicht mehr als ein paar Szenen umfaßten, damit der Darsteller in den nackten, nüchternen Wänden seine Phantasie um so mehr anspannen lernte, u. die falschen Geister, die jetzt durch jeden deutschen Theaterraum flattern, die Dämonen des gespreizten Rhetorischen oder der hohlen Handwerksmäßigkeit, nicht verwirrend auf ihn einwirkten. Stand das Gedicht so, ohne alle illusorische Notbrücke, fertig da, dann ging ich mit den Leuten erst aufs Theater. Gegeben wurde das Stück nicht eher, als bis jeder, bis zum anmeldenden Bedienten herab, seine Sache nicht wenigstens so gut machte, wie Natur u. Fleiß ihm nur irgend verstatteten". Als Dramatiker begann I., der als Erzähler in der Literaturgeschichte keine geringere Rolle denn in der Theatergeschichte spielte, wie Grabbe unter dem Einfluß Tiecks. Sein an diesem u. Schiller geschultes Drama „Das Tal von Ronceval" entnahm den Stoff der

Rolandssage. Der folgende Einakter „Der Verschollene" knüpfte an eine Ballade aus „Des Knaben Wunderhorn" an. Ein Drama „Petrarca" wetteiferte mit Goethes „Tasso". Das Lustspiel „Die Prinzen von Syrakus" zeigte ihn von Aristophanes u. der Schicksalstragödie angeregt. „König Periander u. sein Haus" schöpfte aus Herodot, während zur Komödie „Das Auge der Liebe" wieder Tieck u. Shakespeare Pate standen. Das Trauerspiel „Cardenio u. Celinde" schloß sich an das gleichnamige Werk von Gryphius u. Arnims „Halle u. Jerusalem" an. Das Alexandriner-Lustspiel „Die schelmische Gräfin" erinnert an die galanten Theaterstücke in französischer Manier u. zeigte gleichfalls noch keine rechte Selbständigkeit. Die mondbeglänzte Zaubernacht der Tieckschen Romantik leuchtete ihm noch einmal in, dem Hohenstaufendrama „Friedrich II.", während er mit dem „Trauerspiel in Tirol" später umgearbeitet u. „Andreas Hofer" betitelt, den nationalen u. freiheitlichen Gehalt der jüngsten Vergangenheit ausschöpfen wollte. Der russischen Geschichte entnahm I. den Stoff zu seiner Trilogie „Alexei". Indem er einen großartigen geschichtlichen Vorgang zugleich mit einer Familientragödie, dem Kampf zwischen Vater u. Sohn, verwob, wollte er die Idee der Staatsraison, wie sie später Hebbel mit Vorliebe aufgriff, des Unnatürlichen entkleiden u. den menschlichen Schicksalsprozeß im Sinne des Schillerschen Charakterdramas möglichst unangetastet lassen. Der eigentliche Held ist Zar Peter, nicht der arme schwächliche Alexei. Er, der Große, bricht im ersten Stück den Stab über die morsche Welt der Vergangenheit, baut im zweiten ein staatliches Kunstwerk ersten Ranges, sieht jedoch im dritten dessen Verfall, eben weil das neue Rußland die Kunstschöpfung eines einzelnen, nicht das Ergebnis des gesamten Volkswillens darstellt. Den Gipfel seines dramatischen Schaffens erklomm I. in „Merlin". In dem Helden fand er ein Sinnbild für das Grundleiden der ganzen menschlichen Gesellschaft, die Unerlöstheit, das ewige u. dabei eigentlich hoffnungslose Sehnen nach letzter u. höchster Erkenntnis, letzter und höchster Selbstbefriedigung. Die Verwandtschaft mit dem ersten Teil von Goethes „Faust" leuchtet sofort ein. Merlin scheitert wie Faust, er muß scheitern, weil er ein Zwiespältiger ist, der gesuchte Gral aber bedeutet das Symbol für eine völlige Harmonie u. Einheit mit sich selbst. Der zweite

Teil von Goethes „Faust" wirkte deshalb nicht ein, weil er zur Zeit der Entstehung von Immermanns „Merlin" noch nicht erschienen war. Auf der Bühne blieb das Stück jahrelang unbeachtet. Erst 1918 wagte Friedrich Kayßler (s. d.) den Versuch einer Aufführung, sie hatte einen glänzenden Erfolg. In der dramatischen Satire „Der romantische Ödipus" wurde I. als „Nimmermann" von Platen als Typus des romantischen Bühnendichters verspottet, während das Junge Deutschland u. vor allem Heine ihn hochschätzten.

Eigene Werke: Die Prinzen von Syrakus (Lustspiel) 1821; Trauerspiele (Das Tal von Ronceval — Edwin — Petrarca) 1822; Ein ganz frisch schön Trauerspiel von Pater Brey dem falschen Propheten in zweiter Potenz 1823; König Periander u. sein Haus (Trauerspiel) 1823; Cardenio u. Celinde (Trauerspiel) 1826; Über den rasenden Ajax des Sophokles 1826; Die schelmische Gräfin (Lustspiel) 1828 (metrische Umarbeitung 1830); Das Trauerspiel in Tirol 1828; Die Verkleidungen (Lustspiel) 1828; Kaiser Friedrich II. (Trauerspiel) 1828; Die Schule der Frommen (Lustspiel) 1828; Der im Irrgarten der Metrik umherstrauchelnde Kavalier (Literar. Tragödie) 1829; Merlin (Schauspiel) 1832; Alexei (Die Bojaren — Das Gericht von St. Petersburg — Eudoxia) 1832; Das Opfer des Schweigens (Trauerspiel) 1839; Sämtl. Werke, herausg. von R. Boxberger (Hempels Klassiker-Ausgaben) 20 Bde. 1883; Werke, herausg. 4 Bde. von Max Koch (Kürschners Deutsche Nationalliteratur 159. u. 160. Bd.) 1887 f.; Werke, herausg. von Harry Maync (Auswahl des Bibliogr. Instituts) 5 Bde. 1906; Werke, herausg. von Werner Deetjen (Bongs Goldene Klassiker-Bibliothek) 3 Bde. 1908 u. a.

Literatur: Chr. D. *Grabbe,* Das Theater zu Düsseldorf mit Rückblicken auf die übrige deutsche Schaubühne 1835; F. v. *Uechtritz,* Blicke in das Düsseldorfer Kunst- u. Künstlerleben 1839; G. v. *Putlitz,* K. Immermann, sein Leben u. seine Werke, aus Tagebüchern u. Briefen an seine Familie zusammengestellt 2 Bde. 1870; Richard *Fellner,* Geschichte einer deutschen Musterbühne 1888; K. *Jahn,* Immermanns Merlin (Palaestra 3. Bd.) 1899; Th. *Zielinski,* Die Tragödie des Glaubens (Betrachtungen zu Immermanns Merlin) 1901; August *Leffson,* Immermanns Alexei 1904; Werner *Deetjen,* Immermanns Jugenddramen 1904; Ottokar *Fischer,* Zu Immermanns Merlin 1909; Heinrich *Grudzinski,* I., Heine u. Platen (Jahresbericht der Lese- u. Redehalle

der deutschen Studenten in Prag) 1911; Oskar *Wohnlich,* Tiecks Einfluß auf I. (Sprache u. Dichtung 11. Bd.) 1913; Walter *Küper,* Immermanns Verhältnis zur Frühromantik unter besonderer Berücksichtigung seiner Beziehungen zu Tieck (Diss. Münster) 1913; Richard *Wittsack,* I. als Dramaturg (Diss. Greifswald) 1914; W. E. *Thormann,* I. u. die Düsseldorfer Musterbühne (Bundesschriften, herausg. vom Bühnenvolksbund) 1920; Harry *Maync,* I., der Mann u. sein Werk im Rahmen der Zeit- u. Literaturgeschichte 1921; Herbert *Eulenberg,* I. (Gestalten u. Begebenheiten) 1924; Walter *Brecht,* Heine, Platen, I. (Germanist. Forschungen, Festschrift) 1925; Hermann *Hamann,* Das Rätsel in Immermanns Merlin (Neue Jahrbücher für Wissenschaft u. Jugendbildung 1. Jahrg.) 1925; Karl *Schultze-Jahde,* Zu Immermanns Merlin (Zeitschrift für Deutschkunde, 39. Jahrg. der Zeitschrift für den deutschen Unterricht) 1925; H. *Eulenberg,* I. als Beleuchter (Bühnentechnische Rundschau 10. Jahrg.) 1926; H. W. *Keim,* Immermanns Maskengespräche 1926; W. *Tappe,* I. als Regisseur (Baden-Badener Bühnenblätter 7. Jahrg.) 1927; Friedrich *Rosenthal,* I., ein deutsches Theaterschicksal (Die Szene 18. Jahrg.) 1928; K. *Schultze-Jahde,* Kritische Studien zu Immermanns Merlin (Euphorion 28. Bd.) 1928; P. *Gellberg,* Immermanns Andreas Hofer (Diss. Münster) 1928; W. *Deetjen,* Zu Immermanns Erstlingsdrama (Euphorion 31. Bd.) 1930; E. *Schulz,* Immermann-Bibliographie (Imprimatur 2. Jahrg.) 1931; F. *Kayser,* I. u. das Elberfelder Theater 1935; M. *Weller,* Die fünf großen Dramenvorleser 1939; C. *Nießen,* Deutsches Theater u. Immermanns Vermächtnis 1941.

Immessen, Arnold, lebte im 15. Jahrhundert vermutlich als Geistlicher oder Schulrektor in oder bei Einbeck, in dessen Nachbarschaft sich das Dorf Immsen befindet, dem die Familie entstammt. Verfasser eines Doppeldramas, das mit dem Fall Luzifers, Adams u. Evas beginnt u. mit der Opferung Mariens endigt. Beigefügt sind rhetorische Einlagen u. ein komisches Intermezzo. Neudruck: Der Sündenfall u. Marienklage, Zwei niederdeutsche Schauspiele, herausg. von O. Schönemann 1855.

Literatur: L. *Wolff,* A. Immessen (Verfasser-Lexikon 2. Bd.) 1936.

Immisch, Ernst, geb. 21. Aug. 1871 zu Weimar, gest. 11. Sept. 1935 zu Rostock, begann seine Bühnenlaufbahn in Weimar, war 1891

Jugendlicher Held in Freiburg im Brsg. u. kam dann über Ratibor, Ulm, Cottbus 1925 an das Stadttheater in Rostock, das er zehn Jahre als Intendant leitete. Hauptrollen: Bassanio („Der Kaufmann von Venedig"), Moritz („Der Stabstrompeter"), Robert („Die Ehre"), Reinhardt („Der Veilchenfresser"), Franz („Der Meineidbauer") u. a.

Immisch, Marie, geb. 2. Juni 1868 zu Weimar, Tochter eines Musiklehrers, wurde von Paul Brock (s. d.) für die Bühne ausgebildet u. kam unter Otto Devrient (s. d.) als Elevin ans Hoftheater in Oldenburg. Seit 1888 wirkte sie in Danzig, seit 1890 in Leipzig, seit 1896 am Theater des Westens in Berlin u. später am Deutschen Landestheater in Prag als Erste Tragische Liebhaberin. Hauptrollen: Jungfrau von Orleans, Maria Stuart, Klärchen, Julia u. a.

Impekoven, Anton (Toni), geb. 21. Juni 1878 zu Köln, gest. 6. Mai 1947 zu Frankfurt a. M., sollte nach dem Wunsch seines Vaters Geistlicher werden, wandte sich jedoch der Bühne zu u. debütierte in Spandau, kam von dort nach Berlin u. 1914 nach Frankfurt a. M., wo er zuletzt Intendant war. Von seinen Bühnenstücken wurden zahlreiche aufgeführt.

Eigene Werke: Die grüne Neune (Volksstück) 1911; Hochherrschaftliche Wohnungen (Posse) 1913; Alles klappt (Volksstück) 1914; Was werden die Leute sagen (Lustspiel) 1915 (mit Otto Schwarz); Die Diener lassen bitten (Schwank) 1915; Junggesellendämmerung (Lustspiel) 1919 (mit Carl Mathern); Die drei Zwillinge (Schwank mit dems.) 1919; Luderchen (Lustspiel) 1920; Das Ekel (Schwank) 1924 (mit Hans Reimann); Hamlet in Krähwinkel (Schwank) 1924 (mit C. Mathern); Liebe in Not (Lustspiel) 1933 (mit Paul Verhoeven); Das kleine Hofkonzert (Singspiel mit dems.) 1936; Herr Vielgeschrey (Lustspiel nach Holberg) 1938; Die beiden Schützen (Kom. Oper) 1940; Die fröhlichen Vier (Singspiel) 1941 u. a.

Impekoven, Leo, geb. 3. Juni 1873 zu Köln, gest. 10. Mai 1943 zu Berlin, kam mit 16 Jahren nach Berlin, wo er zeitlebens blieb. Nach Ausbildung an der dort. Akademie schuf er auf den Gehalt der einzelnen Bühnenstücke gut abgestimmte Bühnenbilder, so zum „Kaufmann von Venedig", „Pelleas u. Melisande" u. a.

Impekoven, Toni s. Impekoven, Anton.

Improvisation (franz., bez. nach dem lat. ex improviso), Stegreifdichtung, zu produzieren, war stets auch auf der deutschen Bühne beliebt. Schon im 16. u. 17. Jahrhundert trugen Reimsprecher u. Pritschmeister (s. d.) bei höfischen u. bürgerlichen Festen Stegreifgedichte vor. Neben diesen monologischen Darbietungen einzelner, die von O. L. B. Wolff (s. d.) besonders glücklich vorgetragen wurden, improvisierten bedeutende Künstler gern auch durch eigenwillige Zusätze in Dramen, Opern, Operetten usw. Ebenso spielt im modernen Kabarett die I. eine Rolle. Die Tradition führt auf die ital. Commedia dell'arte zurück, während in England u. Deutschland bloß die komische Person (Pickelhäring, Hanswurst) als Improvisator in Erscheinung tritt.

Literatur: Hermann *Schultze,* Theater aus der Improvisation. Gedanken zu einer schöpferischen Wiedergeburt der Bühnenkunst 1952.

Imre, Violet Esther (Ps. Esther Réthy), geb. 22. Okt. 1912 zu Budapest, war seit 1937 ein hervorragendes Mitglied der Staatsoper in Wien. Hauptrollen: Evchen („Die Meistersinger"), Sophie („Der Rosenkavalier"), Tochter („Die Kluge") u. a.

Im weißen Rößl, Singspiel in drei Akten von Ralph Benatzky, Haupttext frei nach dem Lustspiel von Oskar Blumenthal u. Gustav Kadelburg (1898) von Hans Müller, Text der Gesänge von Robert Gilbert, musikalische Einlagen von Bruno Granichstaedten, Robert Gilbert u. Robert Stolz. Uraufführung 1930 in Berlin. Schauplatz des heiteren, revueartigen Sommerfrischenstückes, in dem die heiratslustige Wirtin zwar nicht den von ihr begehrten Rechtsanwalt gewinnt, wohl aber schließlich ihrem unersetzlichen Oberkellner die Hand reicht u. sogar der volkstümliche alte Kaiser Franz Joseph im Hintergrund auftaucht, ist der bekannte Gasthof „Im weißen Rößl" am Wolfgangsee im Salzkammergut.

Incidenzmusik, weder Ouvertüre noch Zwischenaktsmusik, nennt man eine musikalische Darbietung im Drama, die auf offener Szene bei Aufzügen, Tänzen, Ständchen, Märschen u. dgl. (z. B. „Wohlauf Kameraden, aufs Pferd, aufs Pferd" in „Wallensteins Lager" von Schiller) oder hinter der Szene zur Belebung der Illusion gebraucht wird.

In diesen heil'gen Hallen, Anfang der Arie

des Sarastro im 2. Akt von Mozarts „Zauberflöte", Text von E. Schikaneder (s. d.) 1791.

In Ewigkeit Amen, Gerichtsstück in einem Akt von Anton Wildgans 1913. Uraufführung in der Wiener Volksbühne 1913. In dem naturalistisch erfaßten Gerichtssaalmilieu stehen ein brutaler, geradezu sadistischer Untersuchungsrichter, der einen armseligen seelisch zugrundegerichteten alten Zuchthäusler ein neues kleines Vergehen als Verbrechen aus Mordabsicht suggerieren will, und ein edler, aber hilfloser jüdischer Schriftführer als Wahrer der Gerechtigkeit gegenüber. Die Tendenz des Erstlingsdramas von Wildgans lief auf eine Reform des veralteten damaligen Gerichtsverfahrens hinaus u. besaß erhebliche Aktualität.

Inera, Elsa s. Lindemann, Elsa.

Inez de Castro s. Castro, Inez de.

Ingolstadt, Theater der oberbayrischen Stadt.
Literatur: C. M. *Haas,* Das Theater der Jesuiten in Ingolstadt (Diss. München) 1948.

Inhelder, Gustav (genannt Waller), geb. 22. Okt. 1828 zu Zürich, gest. 19. Okt. 1877 das. Schauspieler u. Sänger.

Innerkofler, Adolf, geb. 18. Dez. 1872 zu Sexten in Südtirol, gest. 9. Okt. 1942 zu Wien, Nachkomme der bekannten Bergführerfamilie, studierte in Brixen, trat 1892 in den Redemptoristenorden ein u. setzte 1896 seine Studien in Wien fort, wirkte dann als Lehrer an den Ordensschulen in Katzelsdorf u. Mautern, als Seelsorger in Leoben, Grulich, Innsbruck u. Wien sowie als Missionsprediger im In- u. Ausland. Reorganisator der Passionsspiele in Erl (s. d.) 1909.
Eigene Werke: Ein Krippeng'spiel nach dem Muster alter Volksschauspiele 1907; Passionsspiel von Erl bei Kufstein, bearbeitet 1911 (mit A. Dörrer); Ein Leiden-Christi-Spiel, bearbeitet 1923; Mariabrunner Wallfahrtsspiel, bearbeitet 1925; Ein Volksspiel vom Leiden Christi, bearbeitet 1926; Ein Festspiel zu Ehren des Hl. Franziskus 1926; Langegger Wallfahrtsspiel 1927; Das Muttergottesspiel 1928; Freiwaldauer Passion 1928 u. a.

Innfelder, Norbert, geb. 14. März 1871 zu Ödenburg, gest. 30. Jan. 1920 zu Graz, von Otto Kracher u. F. Mitterwurzer (s. d.) ausgebildet, betrat 1891 am Deutschen Volkstheater in Wien die Bühne u. wirkte als Bonvivant, später in Charakterrollen in Regensburg, Halle, Prag, Köln, Bern u. a. Auch Regisseur u. Theaterdirektor des Residenztheaters in Weimar u. der Kurtheater in Bad Gleichenberg u. Steyr. Gatte der Sängerin Therese Keßler. Hauptrollen: Bolz, Veilchenfresser, Martin Schalanter, Wurzelsepp u. a.

Innfelder (geb. Keßler), Therese, geb. 7. Aug. 1883 zu Graz, begann ihre Bühnentätigkeit 1902 am Stadttheater das. u. wirkte als Opernsoubrette in Olmütz, Graz, Bern u. a. Hauptrollen: Mignon, Nedda, Undine, Micaëla, Regimentstochter u. a.

Innsbruck, die Hauptstadt Tirols, lange Zeit Residenz habsburgischer Regenten, kannte bereits im Mittelalter Theateraufführungen. 1568 widmete der Pritschmeister Benedikt Edelpök seinem Herrn, dem Erzherzog Ferdinand II. von Tirol, eine „Comedie von der freudenreichen Geburt unseres einigen Trost und Heiland Jesu Christi" u. schrieb in der Vorrede, die Tiroler hätten von altersher sonderlich Lieb u. Neigung besessen, Komödien u. a. Spiele in Reimen zu verfassen u. darin zu agieren. Unter Ferdinand II. gelangte das Bühnenwesen in I. zu besonderer Blüte. 1580 wurde der Dillinger Jesuit Jakob Pontanus zur Inszenierung an den dort. Hof berufen. 1581 führte man an der Nordseite der alten Burg ein eigenes Ballhaus mit Bühne aus. 1589 traf Alois Spinoza aus Mantua mit einer Compagnia recitanti in commedia, bestehend aus 13 Männern u. 2 Frauen in I. ein. Erzherzog Leopold V. schuf 1627 ein Opernhaus, vermutlich das älteste auf deutschem Boden entstandene Theatergebäude. Den größten Aufschwung erreichte die italienische Oper zur Zeit des Erzherzogs Ferdinand Karl. 1653—55 ließ er durch Christoph Gumpp ein neues Komödienhaus erbauen. Als Königin Christine von Schweden, die in I. zur katholischen Kirche übertrat, in Tirol eine zeitlang verweilte, veranstaltete man 1655 eine glänzende Festvorstellung der ital. Oper „L'Argia", die von 9 Uhr abends bis 3 Uhr morgens dauerte. 1658 kamen unter Ernst Hofmann deutsche Schauspieler nach I., die bis 1667 als „Innsbrucker Komödianten" auch an anderèn Orten geschätzt waren. Verschiedene Truppen lösten einander ab, wie die Gesellschaften von Anton Feer, Franz Gerwaldi von Wallerotti, Johann Schulz, Johann Bergopzoomer, Leopold Scholz, Elisabeth Kettner u. a. Unternehmer traten als Pächter auf. Unter Kaiser Joseph führte die Bühne den Titel „Hof- u. Nationaltheater". Große finanzielle Schwierigkeiten hemmten die Entwicklung im 19. Jahrhundert. Immerhin gelang es, ihrer Herr zu werden. 1886 trat die Bühne als Stadttheater in eine neue glückhafte Periode ein, diese konnte auch durch die beiden Weltkriege nicht aufgehalten werden. Die Innsbrucker Theaterausstellung 1935 verschaffte ihr einen neuen Auftrieb. Ein Innsbrucker Osterspiel, dessen Handschrift aus dem Jahre 1391 die Universität Innsbruck verwahrt, gelangte in der Bearbeitung von Eduard Horst 1952 in München u. 1953 in I. zur Aufführung, Wilhelm Killmayer schrieb dazu die Musik. Neuen Ruf gewann I. durch die Exl-Bühne.

Literatur: M. *F.,* Theatererinnerungen aus Alt-Innsbruck (Innsbrucker Nachrichten Nr. 23) 1904; F. *Schneider,* Ein Rückblick über meine Innsbrucker Theatererinnerungen (Ebda. Nr. 63) 1904; C. *Böhm,* Die Redoute, in Innsbruck vor 125 Jahren (Innsbrucker Nachrichten Nr. 34) 1905; Conrad *Fischnaler,* Innsbrucker Chronik 1929 ff.; H. *Lederer,* Aus der Geschichte des Innsbrucker Theaters 1935; E. *Hartl,* Textkritisches zum Innsbrucker Osterspiel (Zeitschrift für deutsches Altertum 74. Jahrg.) 1937; Elisabeth *Keppelmüller,* Die künstlerische Tätigkeit der Exlbühne in I. u. Wien (Diss. Wien) 1947.

Insel, Wilhelm, geb. um 1862 zu Magdeburg, gest. Anfang Dez. 1896 zu Chicago (durch Selbstmord), wirkte als Charakterdarsteller 1893 am Nationaltheater in Berlin, 1894 in Petersburg, 1895 in Rostock u. zuletzt in Milwaukee. Hauptrollen: Franz Moor („Die Räuber"), Spalding („Im Forsthause"), François („So sind sie alle") u. a.

Inspizient wurde als Titel 1779 im Burgtheater für denjenigen Mitarbeiter eingeführt, dem die Leitung, Auswahl der Stücke, Kostüme u. Dekorationen, Regie u. Vorstellungsaufsicht oblag. Später nahm die Bedeutung des Inspizienten oder Spielwarts allgemein zu, der als Vertreter des Regisseurs seinen Aufgabenkreis noch erweiterte. Von einem Inspizientenpult, wo das Textbuch oder der Klavierauszug aufliegt u. das mit Schaltbrettern für Klingelzeichen u. Lichtsignale versehen ist, dirigiert er die Aufführung. Er muß bedacht sein, daß die Darsteller sich rechtzeitig in den Ankleideräumen einfinden, daß der Dekorationsaufbau klappt, die Statisten in genügender Anzahl zur Verfügung stehen u. sich schon bei den Proben einfinden, überwacht den Beleuchter, verständigt rechtzeitig Vorhangzieher, Kapellmeister usw.

Inszenierung (nach dem franz. mise en scène = in Szene setzen) ist die Durchführung aller Maßnahmen, die zur Vorstellung eines Stückes nötig sind, sie erfolgt durch den Regisseur bzw. Inspizienten. S. auch **Bühnenbild.**

Literatur: C. H. *Kaulfuß-Dietsch,* Die Inszenierung des deutschen Dramas an der Wende des 16. u. 17. Jahrhunderts. Ein Beitrag zur älteren deutschen Bühnengeschichte (Probefahrten 7. Bd.) 1905; A. *Köster,* Das Bild an der Wand. Eine Untersuchung über das Wechselverhältnis zwischen Bühne u. Drama (Abhandlungen der Sächs. Gesellschaft der Wissenschaften) 1909; W. *Klette,* Über Theorien u. Probleme der Bühnenillusion (Diss. Erlangen) 1910; C. *Heine,* Illusion der Bühne (Deutsche Theaterzeitschrift, Berlin Nr. 8—13) 1910; A. *Kutscher,* Die Ausdruckskunst der Bühne. Grundriß u. Bausteine zum neuen Theater 1910.

Intendant (auch Generalintendant) ist der Titel eines obersten Leiters von Staats- bzw. Stadttheatern (in eigener Regie). 1922 wurde eine „Vereinigung deutscher Theater-Intendanten" geschaffen.

Literatur: R. *Biedrzynski,* Schauspieler, Regisseure, Intendanten 1944; Heinrich K. *Strohm,* Der Intendant (Mimus u. Logos = Festschrift Carl Niessen) 1952.

Interlaken (Schweiz) veranstaltete 1912 erstmals Tell-Freilichtaufführungen. Bis 1952 fanden etwa 160 Vorstellungen statt, an denen Besucher aus aller Welt teilnahmen.

Literatur: Gre, Tell-Freilichtspiele in Interlaken (National-Zeitung, Basel Nr. 329) 1950; Jakob *Streit,* Vierzig Jahre Tellspiele I. (Der Hochwächter Nr. 7) 1952.

Intrige, Ränkespiel, in Theaterstücken zur Steigerung der Spannungselemente beliebt, beschleunigt in der Tragödie den Untergang, im Lustspiel das glückliche Ende.

Literatur: Nikolaus *Mende,* Die Intrige in Schillers Dramen (Diss. Münster) 1949.

Iphigenie (Iphigeneia), in der griech. Heldensage Tochter des Agamemnon u. der Klytämnestra, Schwester des Orestes (s. d.), sollte bei der Abfahrt des Griechenheeres von Aulis nach Troja durch ihren Opfertod die erzürnte Göttin Artemis versöhnen. Diese aber entrückte sie vom Opferaltar ins Land der Taurier (auf der Krim). Die Erinyen hetzten sie von Ort zu Ort, bis sie endlich von Orestes als Artemis-Priesterin in Tauris aufgefunden u. von dort in die Heimat zurückgebracht wurde. Aeschylos, Sophokles u. Euripides brachten sie auf die Bühne, in neuerer Zeit Racine (1674) u. Gluck (in den Opern „Iphigenie in Aulis" 1774, neubearbeitet von R. Wagner 1847 u. W. Jarosch 1942, u. „Iphigenie in Tauris" 1779, neubearbeitet von R. Strauß 1894).

Behandlung: Euripides, Iphigenie in Aulis, übersetzt von Schiller 1788; *Goethe*, I. auf Tauris 1779—87; J. V. *Widmann*, I. in Delphi 1865; Gerhart *Hauptmann*, I. in Delphi 1941; ders., I. in Aulis 1943.

Iphigenie auf Tauris, Schauspiel in fünf Aufzügen von J. W. Goethe, reicht in seinen Anfängen bis 1776 zurück. Die erste Fassung entstand in der Zeit vom 14. Febr. bis 28. März 1779 in Prosa. 1780 wurde eine Umarbeitung in freien Jamben versucht, der 1781 eine zweite wieder in Prosa folgte. 1786 kam in Italien die maßgebende Fassung im Blankvers zustande, 1802 die Uraufführung derselben in Weimar (unter Mitwirkung Schillers), nachdem die erste Fassung 1779 auf der Ettersburg zur Darstellung gelangt war. Für die Hauptgestalt hatte der Dichter Züge der Frau von Stein entlehnt. Die wichtigste Quelle bot ihm Euripides.

Literatur: Jacob *Bächtold*, Goethes Iphigenie in vierfacher Gestalt 1883; Hans *Morsch*, Vorgeschichte von Goethes I. (Deutsche Vierteljahrsschrift 4. Bd.) 1891; Heinrich *Düntzer*, Goethes I. (Erläuterungen zu den deutschen Klassikern 1. Abt. 14. Bd.) 1899; Kuno *Fischer*, Goethes I. (Goethe-Schriften 1. Heft 3. Aufl.) 1900; Hermann *Grimm*, Goethes I. (Fragmente 1. Bd.) 1900; F. *Désonay*, Le personage d'I. chez Goethe 1933; E. *Lüdtke*, Vom Wesen deutscher u. franz. Klassik. Versuch einer Stildeutung von Goethes I. u. Racines Mithridate 1933; R. *Petsch*, I. (Goethe 2. Bd.) 1937; R. A. *Schröder*, Goethes I. (Schriften, Aufsätze u. Reden 1. Bd.) 1939; Joachim *Müller*, Goethes I. (Zeitschrift für Deutschkunde 54. Bd.) 1940; Helmut *Eldam*, Goethes I. im deutschen Urteil (Diss. Frankfurt) 1940; Ilse *Appel-*baum, Goethes I. u. Schillers Braut von Messina (Publications of the English Goethe-Society 17. Bd.) 1948; E. M. *Manasse*, I. u. die Götter (Modern Language Quarterly Nr. 4) 1952.

Ira Pera s. Schätzler-Perasini, Gebhard.

Iracema-Brügelmann, Hedwig (Hedy), geb. 16. Aug. 1881 zu Porto Allegre in Brasilien, gest. 9. April 1941 zu Karlsruhe, Tochter deutscher Eltern, wurde am Konservatorium in Köln gesanglich ausgebildet u. von Max v. Schillings (s. d.) der Bühne zugeführt, die sie an der Stuttgarter Oper erstmals betrat. Ein Leiden erzwang ihren frühzeitigen Bühnenabschied. Kammersängerin u. Gesangspädagogin. Hauptrollen: Gräfin („Figaros Hochzeit"), Aida, Tosca, Marschallin, Ariadne, Elisabeth, Senta, Brünnhilde u. a.

Iran (von Biberstein), Theodor, geb. 1896, gest. 10. Juni 1952 zu Berlin, wirkte als Lyrischer u. Jugendlicher Tenor am Stadttheater in Hagen, an der Städt. Oper in Berlin u. a. In den letzten Jahrzehnten nur mehr gastierend.

Irl, Eduard, geb. 7. Sept. 1888 zu München, war Abteilungsleiter der „Münchner Neuesten Nachrichten" u. Verfasser von Komödien (z. B. „Der Volksliebling", „Das Schutzengelband", „Wilder Wein", „Der Feuersalamander").

Irmler, Hanns, geb. 1880, gest. 13. März 1928 zu Bautzen, war u. a. Direktor in Freiberg in Sachsen, seit 1923 des Stadttheaters in Bautzen. Mit seinem Ensemble gab er auch Gastspiele in Löbau, Pirna u. a.

Irmler, Karl, geb. 10. Juni 1882 zu Straßburg im Elsaß, gest. 17. Aug. 1942 zu Cronberg im Taunus, studierte in Münster (Doktor der Philosophie) u. lebte als Studienrat in Dortmund. Dramatiker.

Eigene Werke: Über den Einfluß von Zacharias Werners Mystik auf sein dramat. Schaffen (Diss.) 1906; Golgatha (Drama) 1924; Die Gesteinigten (Drama) 1924; Das Licht um Elinor (Schauspiel) 1924; Die Mühlen Gottes (Trauerspiel) 1927; Das Mysterium von Heisterbach (Spiel) 1930; Stöpsel bummelt durch die Welt (Märchenspiel) 1932; Volk ohne Gott (Trauerspiel) 1932; Luthers Kampf u. Sieg (Schauspiel) 1933; Wolgadeutsche rufen (Trauerspiel) 1935; Indianer (Jugendspiel) 1940 u. a.

Literatur: Karl-Irmler-Bibliographie (Mitteilungen der Stadt- u. Landesbibliothek Dortmund 10. Bd.) 1932.

Iro, Otto, geb. 10. Aug. 1890 zu Eger, studierte die Rechte u. Musikwissenschaften in Wien, Gesang in Frankfurt a. M., Darmstadt, München u. war seit 1916 Gesangspädagoge in Wien. Bühnenschriftsteller.
Eigene Werke: Die ominöse Ecke (Lustspiel) 1914; Das Mitleid (Komödie) o. J.; Der amputierte Tenor (Novelle) 1915; Stimmbildung. Blätter für Kunstgesang 1919 ff.; Diagnostik der Stimme 1923.

Irrgang, Georg, geb. 31. März 1860 zu Klein-Naundorf bei Dresden, humanistisch gebildet, wurde Beamter der sächs. Staatsbahn u. später Redakteur des „Dresdner Anzeigers". Auch Bühnenschriftsteller.
Eigene Werke: Leonore (Schauspiel) 1886; Brüder (Schauspiel) 1886; Pelopidas (Trauerspiel) 1886; Der gefährliche Vetter (Lustspiel) 1886; Das verschleierte Bild (Schauspiel) 1887; Die Wiege der Liebe (Schauspiel) 1887; Intrepidus (Trauerspiel) 1888; Mädchenträume (Schauspiel) 1888; Die kleine Diplomatin (Lustspiel) 1888; Künstler unter sich (Fastnachtsfestspiel) 1907; Um Stadt u. Krone (Vaterländ. Schauspiel) 1913 u. a.

Irschik, Magda s. Perfall, Magda Freiin von.

Irwin, Julius, geb. 4. März 1857 zu Altona, gest. 12. Juli 1907 das., war Schauspieler u. Oberregisseur in Ratibor, Heidelberg u. a., zuletzt am Neuen Theater in Halle a. S. Hauptrollen: Faust, Hamlet, Othello, Lumpazi, Raskolnikow u. a.

Isaak s. Abraham.

Isabella I. die Katholische Königin von Spanien (1451—1504), Begründerin des spanischen Nationalstaates, förderte bes. seit 1492 die Entdeckungsreisen des Kolumbus. Bühnenheldin.
Behandlung: H. H. *Ortner,* Isabella von Spanien (Drama) 1939.

Isailovits, Michael, geb. 15. Okt. 1868 zu Kalafat in Rumänien, wurde in Graz für die Bühne ausgebildet u. wirkte als Charakterdarsteller u. a. in Leitmeritz, Budweis, Innsbruck, Olmütz. Hauptrollen: König Lear, Franz Moor, Jago u. a.

Ischl, der Kurort im Salzkammergut, besaß im franzisko-josephinischen Zeitalter eine Bühne von internationalem Ansehen, weil der Kaiser alljährlich daselbst Aufenthalt nahm u. zahlreiche Kräfte der größten Wiener Theater nachzog. Die Vorgeschichte spielte sich allerdings schon einige Jahrzehnte vor der Thronbesteigung Franz Josephs (1848) ab. Seit 1823 kamen die ersten Kurgäste nach Ischl, darunter Fürst Metternich u. Gentz, für die von einer Wandertruppe aus Steyr Theater gespielt wurde. 1827 eröffnete man ein eigenes Theatergebäude mit Kotzebues Lustspiel „Der blinde Gärtner". Der nachmals in Berlin berühmt gewordene Begründer des Wallner-Theaters Franz Wallner begann hier als Komiker seine Laufbahn. Der Spielplan war sehr reichhaltig. Neben dem Sprechstück pflegte man auch die Oper. Infolge der Kleinheit des Ortes war das Theater häufig notleidend. Doch es kam vor, daß ein Erzherzog (Franz Karl, der Vater des Kaisers) die Gagen eines ganzen Monats bezahlte u. die Theaterkarten an das Gefolge verschenkte. Daß ferner z. B. eine Künstlerin wie Mathilde Wildauer (s. d.) einen Fürsten Liechtenstein zum Gatten gewann, erregte weiter kein Aufsehen. Unter den Gastspielern der Fünfziger- u. Sechzigerjahre ragten Nestroy, Zerline Gabillon, Charlotte Wolter hervor, später Josephine Gallmeyer, Girardi, Hartmann, Sonnenthal, Reimers, Hansi Niese u. v. a. Seit 1885 war Josef Jarno als Jugendlicher Held u. Liebhaber Mitglied des Ischler Ensembles, das Direktor Ignaz Stiaßny (genannt Wild) 18 Jahre hindurch glücklich zusammenhielt u. immer wieder erneuerte. Ein großer Teil der Operetten von Johann Strauß, einem häufigen Sommergast, wurde in I. niedergeschrieben. Lehár, der I. besonders liebte, ließ sich hier auch als Dirigent sehen. Die geschichtlichen Ereignisse seit 1914 veränderten freilich das Bild des Theaterlebens in I. vollständig. Vergebens suchte 1920 Jarno als Direktor zu retten, was noch zu retten war. Im Zweiten Weltkrieg wurde das Haus überhaupt geschlossen. Eine sehr bescheidene Nachblüte beschied ihm 1945—46 die Ischler Künstlergemeinschaft.
Literatur: Helga *Freese-Eberstaller,* Das Ischler Theater (Diss. Wien) 1948.

Isemann, Bernd, geb. 19. Okt. 1881 zu Schiltigheim bei Straßburg im Elsaß, einer pfälz. Beamtenfamilie entstammend, studierte in München, Straßburg u. Heidelberg, lebte bis zum Ersten Weltkrieg als freier Schriftsteller in Kolmar u. Ober-Schleißheim bei München, seit 1938 als Lehrer im Landeserziehungsheim Reichersbeuern bei Bad Tölz in Bayern. Vorwiegend Erzähler, aber auch Dramatiker.

Eigene Werke: Lukrezia (Einakter) 1906; Die Mitternacht (Weihnachtsspiel) 1908; Christus (Drama) 1921 u. a.

Ising, Wilhelm, geb. 10. Aug. 1821 zu Delmenhorst in Oldenburg, gest. 10. Okt. 1892 zu Kassel, Sohn eines Hauptmanns, wurde Offizier, quittierte 1844 seinen Militärdienst, betätigte sich dann als Reisender u. zog sich 1868 als freier Schriftsteller nach Kassel zurück. Dramatiker.

Eigene Werke: Himmel u. Erde (Dramat. Gedicht) 1858; Robespierre (Trauerspiel) 1859; Michael Kohlhaas (Trauerspiel) 1861; Narr u. Sänger (Szene) 1862; Johanna d'Arc (Drama) 1868.

Islaub, Hans, geb. im Jan. 1868 zu Frankfurt a. M., gest. 20. Mai 1953 zu Oberstdorf in Bayern, begann seine Bühnenlaufbahn als Sänger 1891 am neueröffneten Stadttheater in Zürich, ging 1892 nach Dortmund, hierauf nach Würzburg, Mainz, Altenburg, Freiburg, Reichenberg, Neustrelitz, Stuttgart, Lübeck, Köln u. wirkte 1914—27 als Intendant am Stadttheater in Mainz. Hauptrollen: Figaro („Figaros Hochzeit"), Syndham („Zar u. Zimmermann"), Rocco („Fidelio"), Bassi („Stradella"), Zacharias („Der Prophet") u. a.

Isler, Leopold, geb. 8. März 1881 zu Wien, studierte das. (Doktor der Medizin) u. wurde Arzt. Bühnenschriftsteller.

Eigene Werke: Verabschiedet (Der Liebeshof, lyr. Spiel — Rauthgundis, Drama — Gisela, Schauspiel) 1901.

Isolani, Eugen, geb. 21. Okt. 1860 zu Marienburg, gest. 16. Okt. 1932 zu Berlin, Kaufmannssohn, folgte anfangs dem väterlichen Beruf, betätigte sich seit 1884 in Dresden als Journalist, später als freier Schriftsteller in Berlin. Vorwiegend Erzähler, aber auch um das Bühnenwesen bemüht.

Eigene Werke: Aus dem Reich der Schminke 1887; Vor u. hinter dem Vorhang 1895; Um einen Kuß (Dramat. Plauderei) 1895; Josef Kainz (Biographie) 1910.

Isolde s. Tristan u. Isolde.

Israel, Samuel, geb. in der 2. Hälfte des

16. Jahrhunderts zu Straßburg im Elsaß, gest. 1633, war Organist in Lahr (Baden), seit 1599 Pfarrhelfer u. seit 1610 Pfarrer in Münster im Gregorienthal. Dramatiker.

Eigene Werke: Sehr lustige neue Tragödia von der großen unaussprechlichen Liebe zweier Menschen Pyrami u. Thysbes 1604; Susanna 1607.

Istel, Edgar, geb. 23. Febr. 1880 zu Mainz, studierte in München (Doktor der Philosophie), war seit 1913 Dozent für Musikästhetik u. lebte seit 1920 als Musikschriftsteller u. Komponist in Madrid. Gatte der amerikanischen Opernsängerin Janet Wylie.

Eigene Werke: Das deutsche Weihnachtsspiel u. seine Wiedergeburt aus dem Geiste der Musik 1900; J. J. Rousseau als Komponist seiner lyr. Szene (Diss.) 1900; R. Wagner im Lichte eines zeitgenössischen Briefwechsels 1902; Peter Cornelius 1906; Die Entstehung des deutschen Melodramas 1906; Die Komische Oper 1906; Der fahrende Schüler (Kom. Oper) 1906 (umgearbeitet als: Der Maienzauber 1918); Die Blütezeit der musikalischen Romantik 1909 (2. Aufl. 1921); Das Kunstwerk Richard Wagners 1910 (2. Aufl. 1918); Die moderne Oper seit dem Tod R. Wagners 1915 (2. Aufl. 1923); Des Tribunals Gebot (Kom. Oper) 1916 (umgearbeitet als: Verbotene Liebe 1919); Das Buch der Oper 1. Teil 1919; Endlich (Kom. Oper) 1920; Wenn Frauen träumen (Musikal. Lustspiel) 1920; Bizet u. Carmen 1927; Wie lernt man lieben? (Kom. Oper) 1931 u. a.

Literatur: Riemann, E. Istel (Musik-Lexikon 11. Aufl.) 1929.

Italiaander, Rolf, geb. 20. Febr. 1915, Herausgeber des „Gerhart-Hauptmann-Jahrbuchs" 1948 u. des „Hamburger Jahrbuchs für Theater u. Musik" 1950 f. Bühnenschriftsteller.

Eigene Werke: Spiel mit dem Rekord (Schauspiel) 1949; Chevalier d'Eon (Komödie) 1951.

Itter, Käthe, geb. 2. Juni 1907 zu Berlin, wurde am Hochschen Konservatorium in Frankfurt a. M. ausgebildet u. wirkte das. 1928—29 als Soubrette, 1929—30 als Salondame in Heidelberg, 1930—31 in Hamburg, 1931—33 als Soubrette u. Salondame in Chemnitz, 1933—34 in Nürnberg (Schauspielhaus), seit 1934 in München (Volkstheater). Hauptrollen: Luise, Solveig, Pasadoble („Ball im Savoy"), Bessie („Blume von Hawai") u. a.

Ivers, Carl, geb. 6. Juni 1902 zu Danzig, wirkte als Schauspieler u. Dramaturg am Deutschen Theater in Wiesbaden, zuletzt als Chefdramaturg am Hessischen Staatstheater das. Bühnenschriftsteller.
Eigene Werke: Bob macht sich gesund (Lustspiel) 1933; Konsul Michael (Komödie) 1934; Spiel an Bord (Lustspiel) 1935; Held seiner Träume (Lustspiel) 1936; Parkstraße Nr. 17 (Kriminalstück) 1937; Zwei im Busch (Lustspiel) 1939; Der gute Geist des Hauses (Lustspiel) 1941.

Ivogün, Maria s. Raucheisen, Maria.

Iwald, Leopold (Geburtsdatum unbekannt), gest. 24. Aug. 1938, war lange Jahre Schauspieler an bedeutenden Berliner Bühnen (Residenztheater, Schillertheater u. a.), später am Deutschen Volkstheater in Wien. Hauptrollen: Roger („Die Welt, in der man sich langweilt"), Guerissac („Die Dame vom Maxim"), Chiltern („Ein idealer Gatte"), Tellheim („Minna von Barnhelm") u. a.

J

Jablonski, Albert, geb. 20. März 1898 zu Preußisch-Holland in Ostpreußen, gest. 26. April 1937 zu Berlin. Opernsänger.

Jaccard, Léon, geb. 12. Sept. 1880 zu Yverdon, in Zürich ausgebildet, ging 1902 in Frankfurt a. M. zur Bühne u. wirkte in Väter- u. ersten Chargenrollen in Kaiserslautern, Basel, Kolmar, Lodz u. a. Hauptrollen: Salarino („Der Kaufmann von Venedig"), Kolonitzky („Die Försterchristl"), Seekatz („Der Königsleutnant"), Ruitersplat („Die geschiedene Frau") u. a.

Jachmann-Wagner, Johanna, geb. 13. Okt. 1828 zu Hannover, gest. 16. Okt. 1894 zu Würzburg, Tochter des Sängers u. Schauspielers Albert Wagner, eines Bruders von Richard Wagner, begann ihre Bühnenlaufbahn in Kinderrollen bei Wandergesellschaften, denen ihre Eltern angehörten, kam 1842 nach Bernburg, fand sowohl im musikalischen wie im Sprechstück Verwendung, ging aber unter dem Einfluß ihres Oheims 1844 in Dresden zur Oper über. R. Wagner schrieb für sie die Rolle der Elisabeth im „Tannhäuser", die sie 1845 kreierte. 1846 bildete sie sich bei Garcia in Paris gesanglich weiter aus. 1849 folgte sie einem Ruf nach Hamburg, 1851 einem solchen an die Hofoper in Berlin. 1856 sang sie in London. 1876 nahm sie an den ersten Nibelungen-Aufführungen in Bayreuth teil. Ihre majestätische Erscheinung u. ihre gewaltige Stimme verhalfen ihr schon rein äußerlich zum Eindruck einer großen Tragödin ersten Ranges. Hauptrollen: Elisabeth, Ortrud, Fides, Macbeth, Romeo u. a.
Literatur: Hermann *Ritter*, J. Jachmann-Wagner (Neuer Theater-Almanach, herausg.

von der Genossenschaft Deutscher Bühnen-Angehöriger 7. Jahrg.) 1896; *Eisenberg*, J. Wagner (Biogr. Lexikon) 1903.

Jackstaedt-Kronfels, Elsa, geb. (Datum unbekannt) zu Fürstenberg an der Oder, gest. 13. Juli 1914 zu Altona, gehörte als Schauspielerin dem dort. Schillertheater seit seinem Bestehen (1905) an.

Jacob, Heinrich Eduard, geb. 7. Okt. 1889 zu Berlin, lebte als Redakteur u. Journalist das. u. in Wien, später emigrierte er nach Amerika. Erzähler u. Dramatiker.
Eigene Werke: Beaumarchais u. Sonnenfels (Schauspiel) 1919; Der Tulpenfrevel (Schauspiel) 1921.

Jacob, Nathan (Ps. N. J. Anders), geb. 25. April 1835 zu Berlin, gest. 1. Dez. 1916 zu Charlottenburg, erlernte das Buchbindergewerbe, ging dann auf Wanderschaft u. kehrte 1856 nach Berlin zurück, wo er sich, durch den Theateragenten A. Heinrich angeregt, haupts. Bühnenarbeiten widmete.
Eigene Werke: Starker Tabak (Posse) 1863 (mit Eduard Jacobsen); Blumenkäthchen (Soloszene) 1867; Närrischkeiten (Posse) 1870 (mit O. Mylius); Schönröschen (Soloscherz) 1876; Leo (Kom. Liederspiel) 1877; Im Dienst (Schwank) 1877 (mit A. Oppenheim); Der schwarze Kater (Schwank) 1883; Makkabäer (Soloszene) 1875; Der fidele Bäckerjunge (Soloszene) 1883; Der Flüchtling (Dramat. Gedicht unter dem Ps. Felix Frey) 1883; Er geht (Soloscherz) 1885; Spielereien (Soloscherz) 1885; Lohengrin (Parodist. Posse) 1888; Groß-Feuer (Posse) 1889; Gut Heil! (Schwank) 1890; Kasernenabenteuer (Schwank) 1900.

Jacobelli, Josef, geb. um 1729, gest. 3. Febr. 1801 zu Graz, namhafter Ballettmeister u. Theaterunternehmer, war 1763 in Preßburg tätig, gab in Prag Pantomimen, leitete 1764 das Theater in Brünn, 1766—67 das in Preßburg, 1772 wirkte er als Ballettmeister in Graz u. übernahm 1774 das dort. Theater, das er bis 1778 führte u. das unter seiner Direktion 1776 als Nationaltheater eröffnet wurde. 1778—83 hatte er die Leitung des Hetztheaters in Graz inne u. trat daneben auch in Preßburg auf.

Jacobi, Bernhard von, geb. 27. Dez. 1880 zu Hannover, gest. 25. Okt. 1914 zu Douai (an einer bei Arras erlittenen Verwundung), einem alten hannoveranischen Geschlecht entstammend, studierte in München (Doktor der Philosophie), war Schauspieler am Deutschen Theater in Berlin, seit 1909 Jugendlicher Held u. Liebhaber am Hoftheater in München. Hervorragender Darsteller. Hauptrollen: Doktor Rank („Nora"), Oswald („Gespenster"), Arnold Kramer („Michael Kramer"), Golo („Genoveva"), Alfons („Die Jüdin von Toledo") u. a.
Literatur: Max *Halbe,* Gedächtnisrede auf B. v. Jacobi (Süddeutsche Monatshefte 12. Jahrg.) 1915; Alfred v. *Mensi-Klarbach,* B. v. J. (Alt-Münchner Theater-Erinnerungen) 1924.

Jacobi, Franz, geb. 27. Dez. 1864 zu Lichtenfels in Oberfranken, gest. 17. Okt. 1942 zu Unterhaching bei München, Sohn eines Bahnmeisters, wurde zuerst in Weimar zum Lehrer ausgebildet, nahm Schauspielunterricht bei Jocza Savits (s. d.), vertrat 1883 bis 1887 das Fach Jugendlicher Liebhaber am Hoftheater in Weimar, kam 1887 nach Breslau, 1888 nach Berlin, wo er an verschiedenen Bühnen (Kgl. Schauspielhaus, Deutsches-, Lessing- u. Berliner Theater) bis 1894 Helden spielte, hierauf war er bis 1904 Mitglied des Hoftheaters in Kassel u. 1904 bis 1934 Heldenvater in München. Kammerschauspieler u. Ehrenmitglied des Bayr. Staatstheaters. Seit 1909 auch Professor an der Staatl. Akademie der Tonkunst, seit 1910 Vorstandsmitglied der Klara-Ziegler-Stiftung. Seine Erfahrungen als Darsteller u. Lehrer fanden in seinem Buch „Kultur der Aussprache" 1927 ihren Niederschlag. Hauptrollen: Präsident Walter, Wilhelm Tell, Erbförster, Richter von Zalamea, König Lear, Götz, Brackenburg, Philotas, Attinghausen u. a.
Literatur: Alfred v. *Mensi-Klarbach,* F.

Jacobi (Alt-Münchner Theater-Erinnerungen) 1924.

Jacobi, Franziska, geb. (Datum unbekannt) zu Kassel, gest. 7. Juli 1952 zu Augsburg (durch Unfall), Tochter von Franz J., war Schauspielerin in München, Basel, Freiburg, Krefeld, Bielefeld, Straßburg u. 1938 bis 1952 am Stadttheater in Augsburg, wo sie ihre letzten Rollen als Jessie Dill („Venus im Licht"), Georgette („Colombe") u. Therese („Die begnadete Angst") fand.

Jacobi, Gertrude s. Jacobi, Katharina.

Jacobi, Hermann, geb. 19. April 1837 zu Berlin, gest. 6. März 1908 das., Kaufmannssohn, ursprünglich für den Handelsstand bestimmt, betrat, seiner Neigung folgend, erstmals in der Urania in Berlin die Bühne, wirkte als Charakterdarsteller in Görlitz, Oldenburg u. Lübeck, kam 1860 nach Meiningen, 1862 nach Aachen, 1863 nach Hamburg (Thaliatheater) u. von hier nach Mannheim, wo er bis zu seinem Abschied 1905 tätig war. Sein Repertoire umfaßte mehr als 200 Rollen u. a. Falstaff, Shylock, Mercutio, Jago, Malvolio, Franz Moor, Buttler, Richter von Zalamea, Narziß, Mephisto. Auch als Spielleiter verdienstvoll. Seit 1867 Gatte der Schauspielerin Katharina Bußler.
Literatur: B. K., H. Jacobi (Almanach der Genossenschaft Deutscher Bühnenangehöriger 1. Jahrg.) 1873; Ernst *Jacobi,* H. J. (Neue Badische Landeszeitung, März) 1908.

Jacobi, Johann Georg, geb. 2. Sept. 1740 zu Düsseldorf, gest. 4. Jan. 1814 zu Freiburg im Brsg., war seit 1766 Professor der Philosophie in Halle u. seit 1784 Professor der Ästhetik in Freiburg im Brsg. Auch Dramatiker.
Eigene Werke: Apollo unter den Hirten (Vorspiel) 1770; Elysium (Vorspiel) 1770; Die Dichter (Oper) 1772; Phaedon u. Naide (Singspiel) 1788; Der Tod des Orpheus (Singspiel) 1790; Theatralische Schriften 1792; Sämtl. Werke 8 Bde. 1807—22.
Literatur: Daniel *Jacobi,* J. G. Jacobi (A. D. B. 13. Bd.) 1881.

Jacobi, Johannes, geb. (Datum unbekannt) zu Zwickau, war um 1700 Pfarrer in Marienthal u. Mitglied des Schwanenordens. Vorwiegend Dramatiker.
Eigene Werke: Der um unserer Missetat willen verwundete u. um unserer Sünd willen zugeschlagene u. gekreuzigte Jesus

(Trauerspiel) 1680; Der auferstandene u. triumphierende Jesus (Drama) 1707; Der in Fleisch u. Blut geoffenbarte Sohn Gottes Jesu (Drama) 1708.

Jacobi, Johannes Otto (Ps. Johannes Otto), geb. 24. Juni 1838 zu Schneeberg in Sachsen, gest. 22. Juni 1897 zu Bremen, 1866 u. 1870—71 Kriegsteilnehmer, studierte in Berlin, bereiste Europa, Nordamerika u. wurde 1878 jurist. Konsulent der Bremer Gewerbekammer. Dramatiker.
Eigene Werke: Ulrich von Hutten (Drama) 1887; Prinz Louis Ferdinand (Schauspiel) 1890; Herzog Bernhard (Drama) 1896.

Jacobi (geb. Goldberg), Lucy von, geb. 8. Sept. 1887 zu Wien, betrat nach dem Tode ihres Gatten Bernhard von J. die Bühne u. gehörte 1915—20 den Münchner Kammerspielen u. hierauf bis 1926 dem Bayer. Staatsschauspiel an. Auch Schriftstellerin.

Jacobi, Karl (Geburtsdatum unbekannt), gest. 7. Nov. 1933 zu Berlin-Charlottenburg, war Opernsänger in Essen, Berlin u. a.

Jacobi (geb. Bußler), Katharina, geb. 4. Nov. 1837 zu Berlin, gest. 24. Juni 1912 zu Mannheim, Enkelin des Heldentenors der Berliner Hofoper K. A. Bader, wurde von Minona Frieb-Blumauer (s. d.) ausgebildet u. debütierte 1858 am Thalia-Theater in Hamburg, wirkte in Meiningen, Weimar, Berlin, Leipzig, Halle u. 1866—1901 in Mannheim. Gattin des Charakterdarstellers Hermann J. Zunächst Erste Liebhaberin, später Salondame, zuletzt Charakterdarstellerin u. Komische Alte. Auch als dramatische Lehrerin u. Verfasserin von Bühnenstücken („Weihnachten" 1880, „Das verwunschene Königskind" u. a.) trat sie hervor. Hauptrollen: Thekla, Amme („Romeo u. Julia"), Bärble („Stadt u. Land"), Frau Heineke („Die Ehre") u. a. Auch ihre Tochter Gertrude J. war als Schauspielerin u. a. in Zürich u. Posen tätig. Sie heiratete den Preuß. Kommissionsrat Hugo Gerlach, der die Direktion des Provinzialtheaters in Posen führte.
Literatur: Eisenberg, Catherine Jacobi (Biogr. Lexikon) 1903.

Jacobi (Ps. v. Ravensberg), Otto, geb. 1803 zu Bielefeld, gest. 1855 zu Berlin als Stadtgerichtsrat das. Dramatiker.
Eigene Werke: Buendelmonte (Tragödie) 1833; König Hiarne (Tragödie) 1835; Richardet (Lustspiel) 1838; Mansfeld u. Tilly

(Tragödie) 1840; Gustav Adolf u. Wallenstein (Tragödie) 1840; König Erich von Schweden (Tragödie) 1856 u. a.

Jacobine, Fritz, geb. um die Jahrhundertwende, war seit 1921 Schauspieler in Bremen, Görlitz, Rostock, Trier, Gotha-Eisenach, Kassel u. am Schloßtheater in Celle. Charakterkomiker. Hauptrollen: Polonius („Hamlet"), Tschu-Tschu („Der Kreidekreis"), Herzog („Die Komödie der Irrungen") u. a.

Jacobowski, Ludwig, geb. 21. Jan. 1868 zu Strelno in Posen, gest. 2. Dez. 1900 zu Berlin, Sohn eines kleinen jüdischen Kaufmanns, kam frühzeitig nach Berlin, studierte hier u. in Freiburg im Brsg. (Doktor der Philosophie). Seit 1898 Leiter der Zeitschrift „Die Gesellschaft" u. im Vorstand der Berliner „Neuen Deutschen Volksbühne" tätig. Nicht nur Lyriker u. Erzähler, sondern auch Dramatiker u. Kritiker.
Eigene Werke: Klinger u. Shakespeare, ein Beitrag zur Shakespearomanie der Sturm- u. Drangperiode (Diss.) 1891; Dyab, der Narr (Komödie) 1895; Arbeit (Drama) 1900; Glück (Akt in Versen) 1900.

Jacobs, Conrad, geb. 4. Jan. 1873 zu Berlin, gest. 15. Febr. 1906 zu Essen, war Schauspieler u. Spielleiter an den Stadttheatern in Leipzig u. Essen. Hauptrollen: Kerim („Kismet"), Ippelmeyer („Robert u. Bertram"), Weithold („Die zärtlichen Verwandten"), Wagner („Faust") u. a.

Jacobs, Ernst, geb. 4. Jan. 1873 zu Berlin, gest. 15. Febr. 1906 zu Essen als Spielleiter u. Schauspieler am dort. Stadttheater.

Jacobs, Fritz, geb. 2. Aug. 1876 zu Altenessen, lebte als Bühnenschriftsteller u. Vortragskünstler in Mülheim an der Ruhr.
Eigene Werke: Die Musterung auf dem Meeresgrund (Drama) 1902; Bei Dijon oder Die Fahne der Einundsechziger (Drama) 1903; Eine tolle halbe Stunde (Drama) 1903; Zu viel oder Frauentreue (Drama) 1904; Die gefürchtete Alte (Drama) 1904 u. a.

Jacobs, Karl (Geburtsdatum unbekannt), gest. 3. Jan. 1936 zu Leipzig, wirkte als Ausstattungsleiter zuletzt an der Städt. Oper das. u. erwarb sich mit seinen Inszenierungen von Mozarts „Entführung aus dem Serail", der „Zauberflöte", „Figaros Hochzeit", Wagners „Ring des Nibelungen" u.

um die Erneuerung des Ausstattungswesens überhaupt große Verdienste.

Jacobs, Karl, geb. 1. Juni 1906 zu Essen, wirkte als Oberstudiendirektor das. Dramatiker.

Eigene Werke: Retter Till (Spiel) 1924; Der weiße Ritter (Spiel) 1926; Mummenschanz (Spiel) 1927; Spanische Schwänke (Spiel) 1928; Meier Helmbrecht (Spiel) 1930; Das Jesuskind in Flandern (Spiel nach Felix Timmermans) 1932; Pietje Booms (Komödie) 1934; Die sanfte Kehle (Komödie) 1936 (mit F. Timmermans); Pieter Breughel (Schauspiel) 1943 (mit dems.); Die unsichtbare Hand (Komödie) 1944; Fünfe ziehen nach Bremen (Märchenspiel) 1945; Schneider Siebenstreich (Märchenkomödie) 1948; König Drosselbart (Märchenkomödie) 1948.

Jacobs, Monty (Montague), geb. 5. Jan. 1875 zu Stettin, gest. 29. Dez. 1945 zu London, Sohn eines engl. Kaufmanns u. einer deutschen Mutter, übersiedelte 1888 nach Berlin, studierte 1893—97 in München, Berlin u. Heidelberg (Schüler Erich Schmidts, Doktor der Philosophie), wurde 1905 Theaterreferent des „Berliner Tageblatts" u. wirkte in gleicher Stellung seit 1914 an der „Vossischen Zeitung". 1937 erhielt er Schreibverbot, blieb jedoch noch bis Febr. 1939 in Deutschland, worauf er nach London flüchtete. Vorwiegend Theaterkritiker.

Eigene Werke: Gerstenbergs Ugolino (Berliner Beiträge zur germ. u. roman. Philologie) 1898; Maeterlinck 1901; Deutsche Schauspielkunst 1913; Ibsens Bühnentechnik 1920; Paul Wegener 1921.

Jacobs-Baumeister, Anna, geb. 11. Aug. 1884, gest. 11. Sept. 1944 zu Darmstadt (als Kriegsopfer), studierte in Magdeburg Gesang u. begann hier ihre Laufbahn als Konzert-, später Bühnensängerin, wirkte 1908 bis 1912 als Altistin am Stadttheater in Magdeburg u. seither am Landestheater in Darmstadt. Hauptrollen: Azucena, Suzuki, Fatime, Fricka, Floßhilde, Waltraute u. a.

Jacobs-Monnard, Liese Marit, geb. 13. Mai 1889, gest. 23. März 1931 zu München, war Erste Salondame u. Charakterdarstellerin am Intimen Theater in Nürnberg, am Neuen Theater in Hamburg, am Stadttheater in Plauen u. am Rosetheater in Berlin.

Jacobsen (Ps. Jensen), Eugen, geb. 28. Jan. 1871 zu Wien, Sohn eines Kaufmannes,

folgte zuerst dem väterlichen Beruf, wurde von Ludwig Gabillon (s. d.) in seinen schauspielerischen Anlagen erkannt u. von Leo Friedrich (s. d.) ausgebildet, debütierte 1893 als Leander in Bukarest, schloß sich der Barescu-Tournee an, wirkte seit 1894 in Dresden (Residenztheater), Olmütz u. Graz, seit 1896 als Charakterliebhaber u. Bonvivant am Raimundtheater in Wien, hierauf am Josefstädtertheater, mehrere Jahrzehnte am Volkstheater, an der Neuen Wiener Bühne u. abermals am Raimundtheater das., ging 1938 in die Schweiz u. gab Gastspiele in Zürich, Basel u. Bern. Gatte der Schauspielerin Rosa Monati u. später der Schauspielerin Alice Lach.

Literatur: Eisenberg, E. Jensen (Biogr. Lexikon) 1903.

Jacobsohn, Siegfried, geb. 28. Jan. 1881 zu Berlin, gest. 3. Dez. 1926 das., Kaufmannssohn, studierte in Berlin, war 1901—04 Herausgeber der dort. „Welt am Montag", seit 1905 der „Schaubühne" (seit 1918 „Weltbühne", linksradikal). Seine darin veröffentlichten Theaterberichte erschienen 1911—21 in Jahresbänden als „Jahr der Bühne". Kritiker.

Eigene Werke: Das Theater der Reichshauptstadt 1904; Max Reinhardt 1910; Das Jahr der Bühne 10 Bde. 1911—21; Der Fall Jacobsohn 1913 u. a.

Jacobson, Benno, geb. 1859 zu Berlin, gest. 9. Mai 1912 das. Kritiker u. Redakteur am „Berliner Börsen-Courier". Possen- und Schwankdichter.

Eigene Werke: Treffer (Schwank) 1897; Zum Einsiedler (Lustspiel) 1899; Das Trikot-Theater 1901 u. v. a.

Jacobson, Eduard, geb. 10. Nov. 1833 zu Groß-Strelitz in Oberschlesien, gest. 29. Jan. 1897 zu Berlin, Sohn eines Rabbiners, studierte in Berlin (Doktor der Medizin) u. lebte das. Bühnenschriftsteller. Es gab eine Zeit, wo die Berliner Theater fast ausschließlich durch J. mit Possen u. Schwänken versorgt wurden u. sein Name täglich auf allen Berliner Theaterzetteln zu finden war.

Eigene Werke: Possen u. Vaudevilles (Meine Tante, deine Tante — Verwandlungen — Faust u. Gretchen — Bei Wasser u. Brot — Lady Beefsteak — Wer zuletzt lacht) 1861; Lehmanns Jugendliebe 1862; Backfische oder Ein Mädchenpensionat (Posse) 1864; Seine bessere Hälfte (Posse) 1864; Narziß im Frack (Posse) 1865; Singvögelchen

(Spiel) 1867; Humor verloren, alles verloren (Posse) 1867; Kammerkätzchen (Schwank) 1869; 1733 Taler 22 ein halb Silbergroschen (Posse) 1870; Die Galoschen des Glücks (Posse) 1876 (mit Otto Girndt); Die Lachtaube (Posse) 1883; Der jüngste Leutnant (Posse) 1883; Die kleine Schlange (Schwank) 1885; Was den Frauen gefällt (Spiel) 1887; Ein gemachter Mann (Posse) 1887; Der Nachbar zur Linken (Spiel) 1887; Ein weißer Rabe (Posse) 1888 (mit O. Girndt); Polterabendkomödien 1888; Beckers Geschichte oder Am Hochzeitstage (Spiel) 1891; Der Mann im Monde (Posse) 1892.
Literatur: Ludwig *Fränkel,* E. Jacobson (A. D. B. 50. Bd.) 1905.

Jacobson, Grete, geb. 9. Okt. 1898 zu Wien, wirkte 1919—26 als Schauspielerin an den Kammerspielen in München, hierauf am dort. Schauspielhaus, später in Wien u. dann wieder in München. Seit 1922 Gattin von Erwin Faber (s. d.). Mutter der Schauspielerin Monika Faber (geb. 6. Dez. 1926 zu Berlin).

Jacobson, Leopold, geb. 30. Juni 1878 zu Czernowitz in der Bukowina, Chefredakteur des „Neuen Wiener Journals", Theaterkritiker u. Bühnenschriftsteller (Verfasser von Textbüchern).
Eigene Werke: Der Walzertraum 1907; Der tapfere Soldat 1908; Auf Befehl der Kaiserin 1914; Eine Ballnacht 1918; Die Tanzgräfin 1921; Lady Hamilton o. J. u. a.

Jacoby, Carl, geb. 10. Aug. 1871 zu Halle a. d. S., gest. 28. Sept. 1951 zu Görlitz, ging nach Besuch des Realgymnasiums zur Bühne u. wirkte seit 1893 u. a. an den Stadttheatern in Lübeck u. Stettin, übernahm 1900 die Direktion des Hoftheaters in Neustrelitz, 1904 die des Stadttheaters in Reval, des Deutschen Theaters in Dorpat u. trat seit 1905 wieder als Schauspieler in Lübeck u. Stettin auf. Später ließ er sich als freier Schriftsteller in Sachsenhausen nieder. Hauptrollen: Doktor Fleischer („Der Biberpelz"), Folgen („Krieg im Frieden"), Ebert („Kyritz-Pyritz"), Marmeladoff („Hille Bobbe") u. a.
Eigene Werke: Eine Ehe (Drama) 1911; Das Rätsel Weib (Drama) 1912; Roms rote Rosen (Drama) 1913; Das Volk steht auf — der Sturm bricht los (Schauspiel) 1913; Loulou — kleine süße Loulou (Lustspiel) 1914; Stärker als der Tod (Drama) 1915; Germanische Frauenehre (Drama) 1916; Eine Frau

ohne Herz (Drama) 1919; Arme Suse (Drama) 1920; Die Bredenkamps (Drama) 1921; Mörder Mann (Drama) 1923; Friedemann Bach (Schauspiel) 1925; Die Guillotine (Lustspiel) u. a.

Jacoby, Louis, geb. 4. Febr. 1840 (Todesdatum unbekannt), begann 1863 seine Laufbahn als Opernsänger (Baß) in Stettin u. war später Oberspielleiter, zeitweise auch Direktor in Königsberg, Amsterdam, Augsburg, Berlin, (Viktoria-, Woltersdorff- u. Kroll-Theater), Metz, Chemnitz, Düsseldorf, Bremen, St. Gallen, Bern, Sondershausen, Posen, Potsdam, Kolmar u. a. Hauptrollen: Paul („Die Haubenlerche"), Lindmüller („Hans Huckebein"), Geier („Flotte Bursche") u. a.

Jacoby (Ps. Rökk), Marika, geb. zu Beginn des Jahrhunderts zu Kairo als Kind ungarischer Eltern, begann ihre Laufbahn als Tänzerin beim Zirkus, unternahm Gastspielreisen durch Europa u. Amerika, betrat als Schauspielerin 1934 in Wien die Bühne, wandte sich später jedoch ausschließlich der Filmtätigkeit zu. Gattin des Filmregisseurs Georg Jacoby.

Jacoby, Wilhelm, geb. 8. März 1855 zu Mainz, gest. 20. Febr. 1925 zu Wiesbaden, Sohn eines Verlagsbuchhändlers, war seit 1875 Redakteur des „Niederschlesischen Anzeigers" in Glogau u. 1878—91 des „Mainzer Tageblatts", seither freier Schriftsteller in Wiesbaden. Verfasser von Operntexten (mit F. Deutschinger, A. Lippschitz u. a.) sowie zahlreicher Schwänke.
Eigene Werke: Die Kaisertochter 1882; Frauenlob (Oper) 1882; Hammerstein 1883; Ingo 1883; Die Fürstin von Athen (Oper) 1883; Der Dukatenprinz (Oper) 1885; Das Schützenfest (Schwank) o. J.; Pension Schöller (Schwank) o. J. u. a.

Jacquet s. Jaquet.

Jadlowker, Hermann, geb. 5. Juli 1878 zu Riga, gest. 14. Mai 1953 zu Tel Aviv, Kaufmannssohn, besuchte das Wiener Konservatorium, erhielt von August Stoll (s. d.) dramatischen Unterricht, begann 1899 in Köln als Jugendlicher Heldentenor seine Bühnenlaufbahn, kam 1900 nach Stettin, 1901 nach Riga u. 1903 nach Breslau. Viele Gastspiele führten ihn ins Ausland, u. a. 1909—12 an die Metropolitan-Oper in Neuyork, wo er neben Caruso auf der Bühne stand. Bis 1919 gehörte er dem Verband der Berliner Hofoper an, worauf er wieder an die Metropolitan-Oper zurückkehrte. 1929 nahm er vom Theater Abschied u. wurde Oberkantor an der Synagoge in Riga. Später übersiedelte er nach Israel u. gab in Tel Aviv Gesangunterricht. Hauptrollen: Faust, Don José, Raoul, Wilhelm Meister, Erik, Troubadour, Bacchus (kreierte diesen 1912 bei der Uraufführung der „Ariadne auf Naxos" in Stuttgart) u. a.

Jadwiga (Hedwig), **Königin von Polen** (1370 bis 1399), 1384 zu Krakau gekrönt, seit 1386 mit Jagello von Litauen vermählt, um den Aufschwung ihres Landes u. die Erneuerung der Universität Krakau verdient. Bühnenheldin.
Behandlung: M. *Dornheim*, Jadwiga, Königin von Polen (Dramat. Gedicht) 1857; F. *v. Woringen*, J. (Trauerspiel) 1870.

Jäckel-Stursberg, Antonie, geb. 5. Sept. 1876, wirkte seit 1900 als Schauspielerin in Berlin u. nach dem Zweiten Weltkrieg am dort. Schiffbauerdamm-Theater.

Jaedicke, Karl, geb. 12. Mai 1879 zu Berlin, von Heinrich Oberländer (s. d.) ausgebildet, betrat als Schauspieler in Görlitz erstmals die Bühne u. wirkte dann in Neustrelitz, Aachen, am Deutschen Theater in Berlin u. a. Hauptrollen: Robert („Der Bibliothekar"), Lutz („Alt-Heidelberg"), Bellmaus, Zwirn u. a.

Jaeger, Adolf, geb. 9. Febr. 1882, war Heldentenor in Magdeburg, Posen, Münster u. lange Jahre in Frankfurt a. M. Hauptrollen: Radames („Aida"), Chateauneuf („Zar u. Zimmermann"), Raoul („Die Hugenotten"), Haushofmeister („Der Rosenkavalier") u. a.

Jaeger, Albert, geb. um 1825, gest. 19. Jan. 1914 zu Stuttgart, war 1855—85 Lyrischer Tenor am Hoftheater das. u. zog sich, als er in das Buffofach übergehen sollte, von der Bühne zurück. Hauptrollen: Tamino, Oktavio u. a.

Jäger, Anna s. Scheff, Anna.

Jäger, Antonie s. Schickh, Antonie.

Jäger, Elsa, geb. 25. Juli 1871 zu Schwerin, Tochter von Ferdinand J., war 1890—91 Mitglied des Burgtheaters, 1892 des Hof-

theaters in Meiningen u. 1893—94 abermals des Burgtheaters.

Jäger, Ferdinand, geb. 25. Dez. 1838 zu Hanau, gest. 13. Juni 1902 zu Wien, von Hofschauspieler Ferdinand Heine (s. d.) für die Bühne ausgebildet, war seit 1865 Opernsänger in Dresden, Köln, Hamburg u. seit 1876 in Bayreuth, wo er als bedeutender Wagnersänger seinen Ruhm begründete. Von Wagner an die Wiener Hofoper empfohlen, kreierte er hier den Siegfried, ebenso in Bayreuth. Hierauf wirkte J. längere Zeit in Stuttgart u. München, kehrte immer wieder nach Wien zurück u. ließ sich hier später dauernd nieder. Gatte der Dramatischen Sängerin u. Gesangsmeisterin Aurelia Wilczek. Auch seine Kinder waren bühnentätig, so Ferdinand J. u. Else J. Hauptrollen: Parsifal, Siegfried, Siegmund u. a.

Jäger, Ferdinand, geb. 19. Jan. 1874 zu Dresden, Sohn des Vorigen, studierte zuerst Maschinenbau in seiner Vaterstadt, dann Medizin in Leipzig, wandte sich jedoch bald der Bühne zu u. wurde 1897 durch die Empfehlung von Felix Mottl (s. d.) als Lyrischer u. Spielbariton ans Hoftheater in Karlsruhe engagiert. Hauptrollen: Almaviva, Don Juan, Wolfram, Barbier u. a.

Jäger, Franz, geb 1796 zu Wien, gest. 10. Mai 1852 zu Stuttgart, wurde in seiner Vaterstadt zum Tenor ausgebildet, sang 1820 an der dort. Hofoper, 1824—28 am Königstädtischen Theater in Berlin u. wirkte dann als Mitglied des Hoftheaters in Stuttgart, seit 1836 als Lehrer an der dort. Gesangschule.
Literatur: Wurzbach, F. Jäger (Biogr. Lexikon 10. Bd.) 1863.

Jäger, Franz, geb. 1822 zu Baden bei Wien, gest. 6. Okt. 1867 zu Stuttgart, Sohn des Vorigen, war von 1843—84 als Lyrischer Tenor am Stuttgarter Hoftheater tätig. Bruder der Opernsänger Albert u. Siegmund J. Vater der Schauspielerin Olga Lange (s. d.). Hauptrollen: Max, Tamino, Graf Almaviva, Tybalt („Romeo u. Julia") u. a.

Jäger, Heinrich, geb. 1843, gest. 2. Juli 1901 zu Marienbad als Sänger u. Schauspieler das.

Jäger, Hermann (Geburtsdatum unbekannt), gest. 4. Juni 1901 zu Hannover, war Direktor des dort. Stadt- u. Union-Theaters, zuletzt des Stadttheaters in Harburg, vorher Sänger (Baß) in Olmütz.

Jäger, Ida s. Sulkowsky, Ida Fürstin.

Jäger, Johann Martin (Ps. Fritz Klaus), geb. 5. Aug. 1853 zu Martinshöhe in der Pfalz, gest. um 1923 zu Edenkoben, Lehrerssohn, studierte in München, wirkte in der Seelsorge an verschiedenen Orten der Pfalz, seit 1885 als Pfarrer in Kirchmohr, Zweibrücken u. zuletzt in Edenkoben. Verfasser u. a. von Theaterstücken.

Eigene Werke: Itzig Veit (Schwank) 1889; Der Wucherer (Lustspiel) 1890; Pietro der Wilderer (Volksstück) 1893; Der Herr im Haus (Lustspiel) 1904; Etwas vom Theater 1905; Der Gladiator (Drama) 1906; Der Grenadier von Pirmasens (Schauspiel) 1906; Alles heiratet (Lustspiel) 1906; Der Peter vun Bermesens (Lustspiel) 1910.

Jäger, Matthias, geb. 1846 zu Altenmarkt, gest. 1901 zu Salzburg, Professor am dort. Borromäum, gab 1899 das alte Volksspiel „Comedy vom Jüngsten Gericht" heraus.

Jäger, Meta, geb. 15. Sept. 1867 zu Breslau, gest. 25. April 1940 zu Berlin, Kaufmannstochter, bei den Herrnhutern in Gnadenfrei erzogen u. in ihrer Vaterstadt dramatisch ausgebildet, begann ihre künstlerische Laufbahn als Schauspielerin am Lobetheater das., kam 1893 ans Hoftheater in Altenburg u. 1895 nach Berlin, wo sie ein Jahrzehnt als Nachfolgerin von Rosa Albach-Retty (s. d.) wirkte. Hauptrollen: Alma („Die Ehre"), Helene („Das Glück im Winkel"), Annchen („Jugend") u. a.

Jäger, Richard, geb. 1. Febr. 1878 zu Chemnitz, lebte als Schriftsteller in Berlin. Dramatiker.

Eigene Werke: Villa Benkendorf (Schwank) 1905; Der Goldfisch (Libretto) 1906; Witwe Brenner (Komödie) 1907; Keuschheitsklub (Schwank) 1908; Die Hexe (Text u. Musik) 1910; Wenn die Sonne untergeht (Schauspiel) 1911; Monica Vogelsang (Oper) 1913; Wenn die Liebe nicht wäre (Operette) 1920; Frau Helga (Oper) 1921; Die kleine Schwarze (Schwank) u. a.

Jäger-Westphal, Martin, geb. 8. April 1894 zu Neudamm in der Neumark, gest. 14. Okt. 1941 in Sizilien (während einer Tournee), war Schauspieler am Lessingtheater in Berlin, besonders vortrefflich in komischen u.

ernsten Charakterrollen z. B. als Bunjes im „Etappenhasen" oder als Musikus Miller in „Kabale u. Liebe".

Jähnig, Max, geb. um 1885, gest. 9. Mai 1944 zu Dresden, war jahrzehntelang Spielleiter u. Schauspieler am dort. Albert-Theater, vorher in Zwickau u. Neiße. Hauptrollen: Brandt („Die Ehre"), Mehlmeyer („Mein Leopold"), Ulrich („Der Rattenfänger von Hameln"), Möller („Der Erbförster") u. a.

Jähns, Friedrich Wilhelm, geb. 2. Jan. 1809 zu Berlin, gest. 8. Aug. 1888 das., wirkte als Gesanglehrer in seiner Vaterstadt, bildete sich zum Opernsänger aus, war seit 1849 Kgl. Musikdirektor u. seit 1881 auch Lehrer der Rhetorik an Scharwenkas Konservatorium. J. brachte die große Sammlung: C. M. v. Weber zustande, die sich heute im Besitz der Staatsbibliothek in Berlin befindet. Weber-Forscher u. Komponist.

Eigene Werke: C. M. v. Weber in seinen Werken 1871 (Thematischer Katalog in chronologischer Ordnung mit kritischen Anmerkungen); C. M. v. Weber 1873.

Literatur: Riemann, F. W. Jähns (Musik-Lexikon 11. Aufl.) 1929.

Jänicke, Fritz (Geburtsdatum unbekannt), gest. 27. Dez. 1915 zu Chemnitz, wirkte als Charakterdarsteller am dort. Stadttheater, hierauf in Danzig, Königsberg, Graz, Krefeld u. kehrte dann wieder nach Chemnitz zurück. Vertreter des Intrigantenfaches. Später auch als Regisseur u. Humoristischer Vater tätig. Hauptrollen: Riccaut, Nickelmann, Tartüffe u. a.

Jaenicke, Heinrich Martin, geb. 8. März 1818 zu Oranienburg bei Berlin, gest. 28. Jan. 1872 zu Dresden. Erzähler u. Dramatiker.

Eigene Werke: Dramat. Werke 3 Bde. (Fürstin u. Hirtin, Schauspiel — Die Bettlerin, Schauspiel — Der Hofrat in der Klemme, Lustspiel — Moderne Wirtschaft, Lustspiel — Reginald u. Kunigunde, Lustspiel) 1871 f.

Jänicke, Karl, geb. 31. Mai 1834, gest. 9. April 1903 zu Berlin. Opernsänger.

Jaenicke, Karl, geb. 13. Nov. 1849 auf Schloß Kopojno in Russisch-Polen, gest. 11. Okt. 1903 zu Breslau, Nachkomme eines alten märkischen Waffenschmiedegeschlechts, Sohn eines Gutspächters u. späteren Rittergutsbesitzers, stand 1870 als Freiwilliger im Feld, studierte dann in Breslau u. Berlin, wurde Richter in Guhrau, 1879 Stadtrat u. 1902 Zweiter Bürgermeister in Breslau. Vorwiegend Erzähler u. Dramatiker.

Eigene Werke: Der Lebenskünstler (Schauspiel) 1887; Die Witwe von Ephesus (Lustspiel) 1888; Glück (Lustspiel) 1893; Schlößchen Ried (Lustspiel) 1894; Die Falkenburg (Lustspiel) 1899 u. a.

Literatur: Friedrich *Schmidt,* K. Jaenicke (Schlesische Lebensbilder 3. Bd.) 1928.

Jaensch, Gerhard, geb. 10. Febr. 1875 zu Berlin, wirkte im Fach humoristischer u. Heldenväter in Halle a. S. u. an verschiedenen Bühnen Berlins (Friedrich-Wilhelmstädtisches Theater, Metropol- u. Palasttheater). Hauptrollen: Präsident („Kabale u. Liebe"), Brabantio („Othello"), Paulet („Maria Stuart") u. a.

Jaff (geb. Prager, 'Ps. Braga), Hermine, geb. 4. Juli 1859 zu Groß-Kanisza (Todesdatum unbekannt), war 1878—88 Opernsängerin an der Hofoper in Wien.

Jaffé, Julius, geb. 17. August 1823 zu Marienwerder, gest. 11. April 1898 zu Berlin, studierte zuerst die Rechte, nahm aber bald Gesangsunterricht in Berlin u. Wien, trat als Baß erstmals 1844 in Troppau auf, kam über Lübeck, Halle, Magdeburg u. Köln 1847 nach Bremen, wo er vom Charakterdarsteller der Oper zum Sprechstück überging u. jetzt erst den Weg zu einer höchst erfolgreichen Bühnenlaufbahn seit 1848 in Weimar, seit 1853 in Breslau, seit 1856 in Braunschweig u. seit 1864 als Nachfolger Dawisons in Dresden fand. Hier war er drei Jahrzehnte tätig, zuletzt noch in Väterrollen glänzend. Die Kritik urteilte über ihn: „Jaffé war ein Mann von mittelgroßer Gestalt, das Gesicht ausdrucksvoll, das Auge sprechend. Fülle u. Modulationsfähigkeit des Organs, ruhige Würde in Gang u. Bewegung u. eine vielseitige wissenschaftliche Bildung vereinigten sich zu harmonischem Ganzen u. befähigten ihn, die Tiefe u. Klarheit der Auffassung in entsprechender Weise zur Erscheinung zu bringen. Er blendete nicht, aber er fesselte vom ersten Augenblick seines Auftretens an, u. steigerte sich sein Einfluß auf die Zuschauer bis zum letzten Moment der Rolle. Was den Künstler ganz besonders vorteilhaft auszeichnete, war der unverkennbare Stempel von Seelenadel, verbunden mit einer reichen Ausbildung des Verstandes. Niemals

verirrte sich sein Spiel zum ungezügelten Naturalismus. Seine Individualität wies ihn vorzugsweise auf solche Rollen hin, in denen geistige Klarheit mit sittlicher Würde sich einigt. Neben diesen auch das Feld der dämonischen Charaktere, wie ganz besonders auf die Shakespeareschen Gestalten". Hauptrollen: Mephisto, Marinelli, Jago, Polonius, Attinghausen, Nathan, Shylock u. a.

Literatur: Adolph *Kohut,* J. Jaffé (Das Dresdner Hoftheater in der Gegenwart) 1888; *Eisenberg,* J. J. (Biogr. Lexikon) 1903; H. A. *Lier,* J. J. (A. D. B. 50. Bd.) 1905.

Jaffé, Richard, geb. 15. Febr. 1861 zu Posen, gest. 2. Juli 1920 zu Berlin, Sohn eines Kommerzienrates, humanistisch gebildet, studierte in Leipzig, Halle u. Berlin (Doktor der Rechte) u. ließ sich als Rechtsanwalt das. nieder. Bühnenschriftsteller.

Eigene Werke: Das Bild des Signorelli (Schauspiel) 1890; Ohne Ideale (Schauspiel) 1891; Die Höllenbrücke (Schwank) 1893; Fastnacht (Schauspiel) 1899; Der Außenseiter (Lustspiel) 1899; Der Pacemacher (Lustspiel) 1904.

Jagdfeld, Ferdinand (Geburtsdatum unbekannt), gest. 16. Febr. 1915 (gefallen in Frankreich), war Opernsänger in Trier, Saalfeld, Colmar u. Bamberg. Hauptrollen: Stefan („Der fidele Bauer"), Hans („Die Dollarprinzessin"), Meister („Mignon"), Belmonte („Die Entführung aus dem Serail") u. a.

Jagels-Roth, Emma, geb. 15. Juni 1828, gest. nach 1908, Primadonna. Kammersängerin. Lebte zuletzt als Gesangspädagogin in Friedenau bei Berlin.

Jagemann (geb. Baumeister), Antonie von, geb. 23. Nov. 1842 zu Hamburg, gest. 29. Okt. 1902 zu Friedenau bei Berlin, wurde von Adele Glaßbrenner-Peroni (s. d.) für die Bühne ausgebildet u. wirkte seit 1858 in Hamburg, Wiesbaden, Kassel, Nürnberg, Breslau, Stettin, Petersburg u. Leipzig, zuletzt am Berliner Theater in Berlin u. am Kgl. Theater in Hannover. Später besonders als Darstellerin Komischer Alten ausgezeichnet.

Jagemann, Caroline (nachmals Frau v. Heygendorf), geb. 25. Jan. 1777 zu Weimar, gest. 10. Juli 1848 zu Dresden, Tochter eines Bibliothekars, wurde von Iffland u. Beck ausgebildet, debütierte 1797 als Oberon in der gleichnamigen Oper von Wranitzky, entwickelte sich zur Künstlerin großen Stils, trat im Trauer- u. Lustspiel auf. Als Geliebte des Herzogs Karl August wurde sie in den Adelsstand erhoben zur Frau v. Heygendorf, blieb aber bis 1828, dem Tode des Herzogs, Mitglied des Theaters in Weimar. Goethes vorzeitiger Rücktritt von der Leitung dess. fällt ihr zur Last. Obwohl sie persönlich durch ihre Intrigen seine Widersacherin war, erkannte er ihr Bühnentalent ohneweiters an. Ihre Darstellung der Thekla fand seinen vollen Beifall: „Eine edle Simplizität", äußerte er sich, „bezeichnete ihr Spiel u. ihre Sprache, u. beides wußte sie, wo es nötig war, auch zu tragischer Würde zu erheben". Später lebte sie verabschiedet in Mannheim, Berlin u. Dresden.

Behandlung: Kurt *Stahlschmidt*, K. Jagemann (Singspiel) 1936.
Literatur: E. *Pasqué*, Goethes Theaterleitung in Weimar 2 Bde. 1863; Eduard v. *Bamberg*, Die Erinnerungen der K. Jagemann (nebst zahlreichen unveröffentlichten Dokumenten aus der Goethezeit) 1926; B. Th. *Satori-Neumann*, Kapellmeister u. Primadonna (Die Scene 18. Jahrg.) 1928; Georg *Droescher*, K. J., Iffland, Kirms (Jahrbuch der Goethe-Gesellschaft 15. Bd.) 1929.

Jagow, Eugen, geb. 6. März 1849 zu Aulosen in der Altmark, gest. 5. Jan. 1905 zu Paris humanistisch gebildet, wurde Offizier u. nach seinem Abschied vom Militär freier Schriftsteller in Paris u. Korrespondent der Berliner „Kreuzzeitung". Erzähler u. Dramatiker.
Eigene Werke: Der Ammeister von Straßburg (Drama) 1890; Ratibor (Drama) 1893; Prometheus (Bühnendichtung) 1894; Rübezahl (Satyrspiel) 1896; Getreu bis in den Tod (Dramat. Stimmungsbild) 1903.

Jagsthausen, Ort in Württemberg, Heimat des Ritters Götz von Berlichingen (s. d.), besitzt seit 1950 „Götz-von-Berlichingen-Festspiele" auf der „Götzenburg", angeregt von seinem Nachkommen Wolf Götz von Berlichingen.
Literatur: Anselm *Heyer*, Götz' Nachfahr lädt zum Götz v. Berlichingen (Die Neue Zeitung, München Nr. 175) 1950.

Jahn, Clara, geb. 1825 zu Leipzig, gest. 16. Dez. 1882 zu München, war Naive Liebhaberin u. Charakterdarstellerin zuerst am Hoftheater in Kassel u. 1848—79 am Hoftheater in München. Zuletzt auch im komischen Fach tätig. Hauptrollen: Gretchen, Franziska („Minna von Barnhelm"), Janthe („Des Meeres u. der Liebe Wellen"), Irmgart („Die zärtlichen Verwandten"), Mirandolina u. a.

Jahn, Friedrich Ludwig (1778—1851), eröffnete 1811 auf der Hohenheide bei Berlin den ersten Turnplatz (daher „Turnvater"). Bühnenheld.
Behandlung: Wilhelm *Henzen*, Turnvater Jahn (Festspiel) 1908; G. *Storiedl-Horst*, F. L. J. (Volksdrama) 1940.

Jahn, Hermann Eduard (Ps. Hermann Hain, A. Westphal u. A. von der Warnow), geb. 13. Aug. 1857 zu Klein-Vielen, gest. 19. Aug. 1933 zu Berlin, Sohn eines Rittergutsbesitzers, humanistisch gebildet, lebte als freier Schriftsteller in Rostock, Gohlis bei Leipzig, Greifswald, Mecklenburg u. seit 1890 in Berlin. Verfasser u. a. von Theaterstücken.
Eigene Werke: Arbues de Epila (Dramat. Skizze) 1879; König Erich (Tragödie) 1880; Agnes Bernauer (Tragödie) 1880; Die letzte Stunde der Madame Roland (Dramat. Satire) 1880.

Jahn, Marie, geb. 18. Febr. 1865 zu Wien, gest. 26. Okt. 1934 zu Hannover, besuchte das Konservatorium ihrer Vaterstadt, betrat 1887 die Bühne in Dresden u. gehörte dem Verbande der dort. Hofoper bis 1890 an, wirkte dann als Opernsängerin in Magdeburg u. an der Metropolitan-Oper in Neuyork. Nach Europa zurückgekehrt, ging sie 1891 nach Hannover, wo sie bis zu ihrem Bühnenabschied 1905 blieb. J. vertrat das gesamte jugendlich-dramatische Fach. Hauptrollen: Senta, Elisabeth, Elsa, Pamina, Euryanthe, Jolanthe, Micaëla, Eurydike u. a.

Jahn, Max, geb. 1878, gest. 25. Sept. 1931 zu Berlin-Schmöckwitz, begann seine Bühnenlaufbahn als Sänger u. Schauspieler in Sondershausen u. wirkte u. a. in Stralsund, Ulm, Pforzheim, Basel, Heilbronn, Bamberg, Liegnitz, Guben, Cottbus u. seit 1930 in Brieg. An mehreren Bühnen führte er auch die Regie. Hauptrollen: Bürgermeister („Die deutschen Kleinstädter"), Haushofmeister („Der Trompeter von Säckingen"), Danilo („Die lustige Witwe"), Vincenz („Der fidele Bauer") u. a.

Jahn, Ottilie, geb. 1824 zu Breslau, gest. 26. Febr. 1891 zu Liegnitz. Schauspielerin.

Jahn, Wilhelm, geb. 24. Nov. 1835 zu Hof in Mähren, gest. 21. April 1900 zu Wien, begann als Sänger u. Schauspieler 1852 seine Bühnenlaufbahn in Temeschwar, wirkte 1856 bis 1857 als Kapellmeister an der Deutschen Oper in Amsterdam, 1859 am Deutschen Landestheater in Prag, stand 1864—81 an der Spitze der Kgl. Oper in Wiesbaden u. leitete seit 1881 die Hofoper in Wien. 1897 trat er in den Ruhestand. Ihm verdankt das Chor- u. Ballettpersonal die Einführung der Spielgelder, das Orchester die Unfallversicherung, Alterszulage u. a.

Jahnke, Hermann, geb. 20. April 1845 zu Wintersfelde in Pommern, gest. 12. Dez. 1908 zu Pötzscha bei Wehlen in der Sächs. Schweiz, Sohn eines Gutsbesitzers, war seit 1870 Lehrer in Berlin, gründete 1891 den „Deutschen Lehrerschriftstellerbund" u. ließ sich zuletzt in Pötzscha nieder. Bühnenschriftsteller.
Eigene Werke: Bühne u. Kanzel (Novellen) 1874; Neue Lorelei (Schauspiel) 1874; Dörchleuchting (Schauspiel nach Reuter) 1867; Nawer Bismarck (Plattdeutsches Genre-Bild) 1875; Tante Voss (Schwank) 1876; Kein Hüsung (Volksschauspiel) 1891; Gold u. Eisen (Volksschauspiel) 1893; Die Schwestern (Plattdeutsches Festspiel) 1900.

Jahnn, Hans Henny, geb. 17. Dez. 1894 zu Stellingen bei Hamburg, lebte 1915—18 als Orgelbauer in Norwegen, erweiterte seine Tätigkeit in Hamburg u. wurde außerdem 1921 Verlagsleiter das. 1933 Emigrant. Später erwarb er den Hof Bondegaard auf Bornholm, der ihm jedoch nach dem Krieg verloren ging, worauf er sich neuerdings in Hamburg niederließ. Vorwiegend Dramatiker u. Erzähler.
Eigene Werke: Pastor Ephraim Magnus (Drama) 1920; Die Krönung Richards III. (Drama) 1921; Der Arzt, sein Weib, sein Sohn (Drama) 1923; Der gestohlene Gott (Drama) 1923; Medea (Schauspiel) 1925; Neuer Lübecker Totentanz (Festspiel) 1930; Straßenecke (Drama) 1931; Armut, Reichtum, Mensch u. Tier (Drama) 1948; Die Spur des dunklen Engels (Drama) 1951.
Literatur: L. *Weltmann,* H. H. Jahnn (Die Literatur = Das literar. Echo 32. Jahrg.) 1930—31.

Jahrbeck, Gustav, geb. 22. Juni 1891, kam

über Hildesheim, Dessau, Berlin, Wien u. Neuyork 1929 nach Düsseldorf als Operettensänger u. Schauspieler. Hauptrollen: Giesecke („Im weißen Rößl"), Cunlight („Viktoria u. ihr Husar"), Sebastiano („Preziosa"), Hennings („Der Prinz von Homburg"), John („Der Bibliothekar") u. a.

Jahrbuch der Gesellschaft für Wiener Theaterforschung, seit 1946 im Auftrag des Instituts für Theaterwissenschaft an der Universität Wien, herausg. von Prof. Eduard Castle das.

Jahrmarktsfest von Plundersweilern, Das, s. Jahrmarktsspiel.

Jahrmarktsspiel, volkstümliche theatralische Darbietung auf Jahrmärkten (Puppenspiel, Schattenspiel, Kasperltheater). Goethes „Jahrmarktsfest von Plundersweilern" (1774) setzt ihm ein künstlerisches Denkmal. 1915 wurde das Stück am Deutschen Theater in Berlin in der ursprünglichen, für die Aufführung im Ettersburger Park 1778 berechneten Gestalt mit der Musik von Herzogin Anna Amalie in Szene gesetzt. Bis dahin brachte man auf den meisten Bühnen die zur Bearbeitung Emil Pohls geschriebene Musik von August Conradi. Andere Vertonungen schufen Karl Reinthaler u. Adolf Gunkel. Verwandte Spiele: J. P. *Praetorius,* Der Hamburger Jahrmarkt (Oper) 1725; C. G. *Wend,* Der Jahrmarkt von St. Germain (Oper) 1738; J. W. *Goethe,* Das Neueste von Plundersweilern (Puppenspiel) 1780; J. D. *Falk,* Der Jahrmarkt zu Plundersweilern (Fastnachtsspiel gegen die Romantiker) 1801; Walter *Harlan,* Jahrmarkt in Pulsnitz (Lustspiel) 1904.
Literatur: Max *Herrmann,* Das Jahrmarktfest von Plundersweilern 1900.

Jahrow, Else, geb. 1884 (?) zu Leipzig, Tochter des Dirigenten Alfred J., trat zuerst in Konzerten auf u. lebte später in Dresden als Schauspielerin, Sängerin u. Gesangspädagogin.

Jaide-Schlosser, Louise, geb. 21. März 1842 zu Darmstadt, gest. 2. Jan. 1914 das., wirkte seit 1859 als Opernsängerin am Hoftheater in Darmstadt, am Stadttheater in Bremen, in Rotterdam u. a. 1876 war sie die erste Erda u. Waltraute bei den Bayreuther Festspielen. Hessische Kammersängerin. 1892 nahm die Künstlerin ihren Bühnenabschied.

Jakob oder Israel, dritter Stammvater der Israeliten, Sohn Isaaks u. Rebekkas, Bruder Esaus, mit dem er im Streite lag u. dem er das Recht der Erstgeburt abgewann, heiratete Lea u. dann Rahel, die ihm 12 Söhne schenkte, darunter Josef. Seine Abenteuer wurden wiederholt dramatisiert. *Behandlung*: Joachim *Greff* u. Georg *Major*, Jakob u. seine 12 Söhne lieblich u. nützbarlich Spiel 1534; Hans *Sachs*, Comedia vom J. u. seinem Bruder Esau 1550; Thomas *Brunner*, Biblische Historia vom hl. Patriarchen J. 1566; Adam *Zach*, Puschmanns Comedia von dem Patriarchen J., Joseph u. seinen Brüdern 1592; Christian *Weise*, Esau u. J. 1695; J. J. *Bodmer*, J. u. Joseph 1751; ders., J. u. Rahel 1752; F. A. *Schumann*, J. u. die schöne Rachel 1795; Karoline *Pichler*, Rebecca 1812; Wilhelm *Schäfer*, J. u. Esau (Drama) 1896; Richard *Beer-Hofmann*, Jaakobs Traum (Dramat. Dichtung) 1918.

Jakob I. König von Großbritannien (1566 bis 1625), bekannt u. a. als scharfer Bekämpfer des Tabakgenusses. Bühnenfigur. *Behandlung*: Hippolyt *Schaufert*, Schach dem König (Preisgekröntes Burgtheater-Lustspiel) 1869.

Jakobäa von Baden, auch Jakobe oder Jakobine (1558—97), Tochter des Markgrafen Philibert von Baden, 1585 mit dem letzten Herzog von Jülich-Kleve Johann Wilhelm vermählt, von ihrer herrschsüchtigen Schwägerin Sibylla des Ehebruchs angeklagt u. 1597 in Düsseldorf ermordet. Bühnenheldin. *Behandlung*: Franz *Kugler*, Jakobäa (Tragödie) 1850.

Jakobäa von Bayern, auch von Holland (1401—36), Erbtochter Wilhelms II. von Bayern, Grafen von Holland, Seeland u. Hennegau. Ihre wechselvollen ehelichen u. politischen Schicksale wurden in Dramen vorgeführt. *Behandlung*: U. J. v. *Guttenberg*, Jakobine von Bayern, Gräfin von Holland (Schauspiel) 1801; Ernst *Raupach*, Jakobine von Holland (Drama) 1832; Gustav v. *Berneck*, J. von B. (Tragödie) 1853; Friedrich *Marx*, J. von B. (Schauspiel) 1869.

Jakowitz-Jantsch (Ps. Jantsch), Heinz, geb. 13. Dez. 1901 zu Proschwitz bei Reichenberg in Böhmen, war Fabrikant das. Vorwiegend Dramatiker.

Eigene Werke: Das Ideal (Drama) 1927; Satans Ende (Drama) 1929; Elsi (Drama) 1929.

Jaksch, Erik, geb. 7. Jan. 1904 zu Wien, besuchte die Akademie für Musik u. darstellende Kunst das., wurde kommerzieller Beamter in der Film-, dann in der Schwerindustrie u. betätigte sich daneben als Komponist. *Eigene Werke:* Die Millionenhochzeit (Operette) 1941; Veronika (Operette) 1944; Tratsch (Musikal. Lustspiel) 1947; Ein Strauß Rosen (Musikal. Komödie) 1949; Das Paradies ohne Männer (Operette) 1951 u. a.

Jaksch, Friedrich, geb. 4. April 1894 zu Budweis in Böhmen, studierte in Prag, wirkte 1919—20 als Dramaturg in Aussig an der Elbe, war zeitweilig Redakteur der Zeitschrift „Die Bühne" u. übersiedelte später nach Bad Berka in Thüringen. Bühnenschriftsteller. *Eigene Werke:* Eltern (Trauerspiel) 1916; Sklavin (Dramat. Gedicht) 1920; Die bildstilistischen Turbulenzerscheinungen in F. Hebbels Werken 1923; Bühnenkunst u. Bühnendekoration der Zukunft (Essay) 1925; Christkindl-Spiel des Böhmerwaldes 1929 u. a.

Jaksch von Wartenhorst, Auguste, geb. 11. Mai 1823 zu Berlin, gest. 8. März 1911 zu Rom, wuchs auf dem Gut ihrer Eltern von Bärndorff zu Bauerhorst in der Nähe Berlins auf, wurde von Charlotte von Hagen (s. d.) der Bühne zugeführt u. von Auguste Crelinger (s. d.) ausgebildet. Zuerst am Kgl. Schauspielhaus in Berlin u. am Hoftheater in Oldenburg tätig, kam sie bald an das Deutsche Theater in Petersburg u. 1857 an das Hoftheater in Hannover, wo sie 1868 ihren Abschied nahm u. worauf sie nur mehr Gastspiele gab. Ihre größten Triumphe feierte sie in klassischen Stücken u. im Lustspiel. Sie war zweimal verheiratet, das erste Mal mit einem Freiherrn von Schoultz in Petersburg u. nach dessen Tod mit dem Prager Universitätsprofessor Anton Jaksch Ritter von Wartenhorst. Zum zweiten Mal verwitwet, lebte sie seit 1887 in Baden-Baden. Ihr lebensgroßes Bildnis von Rosa Petzel befindet sich im Museum zu Hannover, ihr Grabdenkmal von Seeböck auf dem protest. Friedhof am Monte Testaccio in Rom. *Literatur: Eisenberg,* A. v. Bärndorff (Biogr. Lexikon) 1903; Martin *Berger,* A. v.

Baerndorff (Biographisches Jahrbuch 16. Bd.) 1914.

Jalowetz, Heinrich, geb. 3. Dez. 1882 zu Brünn, Kaufmannssohn, studierte Medizin u. Musikwissenschaft in Wien, Musiktheorie u. Komposition bei Arnold Schönberg das. (Doktor der Philosophie) u. wirkte seit 1908 als Opernkapellmeister in Regensburg, Danzig, Stettin, Prag, Wien u. seit 1925 in Köln.

Jamrath, Edith, geb. 1879, gest. 8. Juni 1950 zu Dresden, kam als Schauspielerin über Hamburg, Berlin, Brieg, Frankfurt u. Chemnitz während des Zweiten Weltkriegs nach Dresden, wo sie bis 1949 wirkte. Hauptrollen: Leontine („Im grünen Rock"), Elisabeth („Glück im Winkel"), Rottin („Glaube u. Heimat"), Agnes („Krieg im Frieden"), Elize („Pygmalion"), Mizzi („Wie einst im Mai") u. a.

Janac, Josef, geb. 1868, gest. 25. Mai 1904 zu Wien, war als Komponist u. Musiker Mitglied des Carltheaters das.

Janatsch, Helmuth, geb. 12. Okt. 1918 zu Braunau in Oberösterreich, wuchs in Rumänien auf, kam 1937 nach Wien, besuchte das Reinhardt-Seminar, wurde im Zweiten Weltkrieg zur Wehrmacht eingezogen, wirkte während seiner Fronturlaube unter Heinz Hilpert (s. d.) am Josefstädtertheater, seit 1946 unter Leon Epp (s. d.) in der Insel u. seit 1951 am Burgtheater, wo er als Kosinsky in den „Räubern" erfolgreich debütierte. Hauptrollen: von Stahl („Die beiden Klingsberg"), Polyneikes (Oedipus auf Kolonnos"), Johannes („Das Apostelspiel"), Priester („Mord im Dom") u. a.
Literatur: Elg, J. Janatsch (Weltpresse, 20. Juni) 1950.

Janauschek, Franziska Magdalena (Fanny), geb. 20. Juli 1829 zu Prag, gest. 30. Nov. 1904 zu Brooklyn, von tschechischer Herkunft, Tochter eines Schneiders u. einer Theaterwäscherin (nach Eisenberg) oder eines verarmten Kaufmanns (nach Wurzbach), erhielt bei Carl Friedrich Baudius (s. d.) dramatischen Unterricht u. begann in Prag ihre Bühnenlaufbahn, spielte in kleineren Orten Sachsens u. Württembergs u. lernte in Heilbronn Justinus Kerner (s. d.) kennen, ohne sich ihrer annahm, aber ohne Erfolg. Erst durch Vermittlung von Roderich Benedix (s. d.) gelang es ihr, in Frankfurt am Main 1848 festen Fuß zu fassen. Hier

blieb sie als Jugendliche Liebhaberin bis 1860, kam dann an das Hoftheater in Dresden, gab aber seit 1861 nur mehr Gastspiele, im Fach der Heldinnen u. Heldenmütter zu internationalem Ruf gelangend. In einer zeitgenössischen Kritik heißt es: „Ihr gewisse Höhepunkte der Rolle scharf hervorhebendes Spiel hat ganz entschieden etwas von der Manier der französischen Tragödin (Rachel) an sich. Nicht bloß im plastischen Teile, sondern auch dem inneren Wesen nach ist ihr Spiel vollendete Majestät. In historischen Charakteren hat, was sie gibt, nicht bloß künstlerische u. psychologische, sondern auch historische Wahrheit". 1867 spielte sie mit größtem Erfolg in Neuyork, hierauf in allen bedeutenden Städten Amerikas, 1873 wieder in Deutschland, später neuerdings in Amerika, nunmehr auch in englischer Sprache. Doch verlor sie bei finanziellen Unternehmungen ihr großes Vermögen u. starb am Ende gelähmt u. völlig mittellos im St. Mary Hospital in Brooklyn. Hauptrollen: Gretchen, Klärchen, Iphigenie, Medea, Maria Stuart, Desdemona, Phädra u. a. 1861 veröffentlichte sie „Illustrationen der neuesten Geschichte des Frankfurter Theaters unter der Leitung des Herrn v. Guaita".
Literatur: Wurzbach, F. M. R. Janauschek (Biogr. 10. Bd.) 1863; *Eisenberg, F. J.* (Biogr. Lexikon) 1903; *J., F. J.* Erinnerungen an ihre amerikanische Zeit (Frankfurter Zeitung Nr. 352) 1904.

Jancke, Oskar, geb. 3. Febr. 1898 zu Aachen (Doktor der Philosophie), war Spielleiter u. Dramaturg am dort. Stadttheater u. beschäftigte sich besonders mit Shakespeare.

Janda, Ignaz, geb. 2. Febr. 1858 in Böhmen, gest. 14. Sept. 1944 zu Dresden, wirkte als Charakterdarsteller 1877 in Braunau, 1878 in Wien, 1879 in Znaim, 1880 in Leoben, 1881 in Warasdin, 1882—83 in Graz, 1884 in Laibach, 1885 in Troppau u. Triest, 1886 in Iglau, 1887 in Preßburg, 1888 in Wien u. hierauf als langjähriges Mitglied des Residenz- u. Central-Theaters in Dresden. Mit dem Ensemble des Josefstädtertheaters in Wien unternahm er Gastspiele ans Gärtnerplatztheater in München, nach Augsburg, Berlin, Leipzig u. a. Hauptrollen: Milanescu („Mein Freund Jack"), Yoshikawa („Taifun"), Müller („Der Störenfried") u. a.

Janda, Therese, geb. 29. Sept. 1827 zu Wien, gest. 2. Okt. 1884 das., Opernsängerin

(Altistin) an der Wiener Hofoper 1848—49, trat dann in Hannover auf u. war zuletzt Gesangslehrerin am Wiener Konservatorium. In erster Ehe mit Heinrich Marschner, in zweiter mit Kapellmeister Otto Bach verheiratet.

Janecke, Carl, geb. 4. Dez. 1848, gest. 26. Dez. 1936 zu Warmbrunn im Riesengebirge, wurde von Otto Lehfeld (s. d.) ausgebildet, begann seine Bühnenlaufbahn in Berlin u. trat in scharf gezeichneten Charakterrollen am dort. Ostend-, Wallner-, National- u. Deutschen Theater hervor, später in Riga, Posen, Graudenz, Flensburg, Rostock, Bochum, Bremerhaven, Glogau, Gablonz, Hirschberg, Bad Warmbrunn u. Berlin-Charlottenburg (hier auch als Theaterleiter tätig). Um 1921 nahm J. seinen Bühnenabschied u. ließ sich in Warmbrunn nieder.

Janecke, Max, geb. 27. Okt. 1881 zu Berlin, gest. 8. Sept. 1908 zu Dessau. Schauspieler.

Janetzki, Paul, geb. 1884, gest. 14. März 1945 zu Dessau, war zuerst Chorsänger in Bremen u. seit 1911 Schauspieler u. Szenerie-Inspektor am Friedrich-Theater in Dessau.

Janisch, Antonie s. Arco-Valley, Antonie Gräfin (s. Nachtrag).

Janisch, Michael, geb. 21. Juli 1927 zu Wien, einer Schauspielerfamilie entstammend, besuchte nach dem Gymnasium die graphische Lehr- u. Versuchsanstalt das., wandte sich dann der Bühne zu, absolvierte das Reinhardt-Seminar, begann als Jugendlicher Liebhaber am Landestheater in Salzburg u. kam von hier an das Burgtheater, wo er anfangs in kleineren Rollen auftrat, bis er an Stelle seines erkrankten Kollegen Fred Liewehr (s. d.) den Bolingbroke in „Richard II." übernahm. Hauptrollen: Christian von Neuvilette („Cyrano de Bergerac"), Herbott („König Ottokars Glück u. Ende"), Antonio („Was ihr wollt"), Schlag („Der Färber u. sein Zwillingsbruder") u. a.
Literatur: Anonymus, M. Janisch (Mein Film Nr. 43) 1951.

Janischfeld, Erwin s. Lustig-Prean, Karl.

Janke, Carola (Ps. Janke-Caròla), geb. 24. Dez. 1824 zu Cöslin, gest. 31. Okt. 1911 zu Clarens in der Schweiz, Tochter eines Regierungsrates, lebte als freie Schriftstel-

lerin in der Schweiz. Verfasserin von Theaterstücken.
Eigene Werke: Vier Lustspiele (Der Neffe als Erbe — Kleine Neckerei — Studentenstreiche — Mein Mann ist aus) 1866; Der alte Brummbär (Lustspiel) 1898; Ännchens Absagebrief (Lustspiel) 1899.

Janke (Ps. Richard), Emil, geb. 22. Juni 1857 zu Danzig, gest. im Febr. 1908 zu Stralau bei Berlin, am Gymnasium u. an der Handelsakademie seiner Vaterstadt ausgebildet, folgte seiner Neigung zur Bühne u. wirkte als Schauspieler in Marienwerder, Danzig, Posen, Rostock, Essen u. Bremerhaven, kam als Direktor nach Riga, Dorpat, Mitau, als Regisseur u. Komiker nach Bremen, Danzig, Mainz, Straßburg, Schwerin, Hamburg (Thalia-Theater), Berlin (Wallner-Theater) u. schließlich an das Hoftheater in Stuttgart. Gastspiele führten ihn auch ins Ausland. Zuletzt Direktor des Sommertheaters in Riga. Reuter-Interpret. Hauptrollen: Zettel, Just, Klosterbruder, Hasemann u. plattdeutsche Rollen.

Janke, Erich (Ps. Eja Görl), geb. 25. Nov. 1879 zu Berlin, Sohn des Verlegers Gustav J., studierte in Göttingen (Doktor der Philosophie) u. war dann Redakteur das. Außer Erzählungen u. Gedichten schrieb er auch Bühnenstücke.
Eigene Werke: Das Geisterschloß (Lustspiel) 1902; Die Sarazenin (Trauerspiel) 1905; Paulinzelle (Trauerspiel) 1908; Antinous (Trauerspiel) 1913; Rübezahl u. die schöne Emma (Lustspiel) 1932.

Janke, Hans, geb. 18. März 1872 zu Berlin, gest. 23. Febr. 1941 zu Bamberg, war Schauspieler in Zürich, Königsberg, Dortmund u. a. Hauptrollen: Welser („Die Rabensteinerin"), Erhard („John Gabriel Borkman"), Max („Wallensteins Tod"), Lorenzo („Der Kaufmann von Venedig") u. a.

Janko, Emil von, geb. 13. Febr. 1888 zu Brünn, lebte als freier Schriftsteller in Wien, leitete die „Wiener Märchenspiele" u. war Verfasser zahlreicher Zaubermärchen.
Eigene Werke: Aladin u. die Wunderlampe 1923; Johannisnacht 1924; Kinder kommt, wir reisen ins Märchenland (Lustige Revue) 1929; Die Hexe u. die Königskinder 1930; Dornröschen u. die Pfifferlinge 1932 u. a.

Janko, Josef, geb. 19. März 1897, wirkte als

Opernsänger u. a. in Köln u. seit 1940 in Graz.

Jankowitz, Bernhard, geb. 16. März 1847 zu Rietschen in der Lausitz (Todesdatum unbekannt), war Kaufmann, später Schriftsteller in Berlin, Hamburg u. Leipzig. Dramatiker.
Eigene Werke: Die Landesboten (Histor. Schauspiel) 1877; Dion (Trauerspiel) 1879; Liebe u. Grünspan (Humoreske) 1882.

Jann, Franz Xaver, geb. 25. Nov. 1750 zu Weißenhorn in Bayern, gest. 19. Juni 1828 das., Jesuit, war nach Aufhebung seines Ordens 1776—1807 Gymnasiallehrer in Augsburg. Schuldramatiker.
Eigene Werke: Etwas wider die Mode: Gedichte u. Schauspiele ohne Caressen u. Heurathen, für die studierende Jugend 6 Bde. 1782—1803; Trauer- u. Schauspiele 1821.

Jannings, Emil, geb. 23. Juli 1884 zu Rorschach am Bodensee, gest. 2. Jan. 1950 zu Strobl am Wolfgangsee, verlebte seine frühe Jugend in Zürich u. Görlitz, verließ das Elternhaus, arbeitete als Zimmerkellner auf einem kleinen Frachtdampfer, floh jedoch nach Ankunft des Schiffes in London u. kehrte nach Hause zurück. Zuerst sollte er Ingenieur werden, ging jedoch wieder davon, führte jahrelang ein Wanderleben, begann 1910 seine Bühnenlaufbahn im „Goldenen Lamm" des böhmischen Städtchens Burgstein, kam über Gardelegen nach Bremen, Leipzig, Nürnberg, Mainz, Darmstadt, schließlich nach Berlin zu Max Reinhardt, wo er alle Klassiker u. moderne Autoren spielte, war 1925—34 ausschließlich im Film tätig, wandte sich aber dann wieder der Bühne zu. Menschendarsteller ersten Ranges, Meister der Verwandlungskunst. In seiner letzten Lebenszeit vertiefte er sich in den Kult der kath. Kirche. In zweiter Ehe mit der Schauspielerin Lucie Höflich (s. d.), in dritter mit der Schauspielerin Gussie Holl verheiratet. Hauptrollen: Richter von Zalamea, Fuhrmann Henschel, Dorfrichter Adam („Der zerbrochene Krug"), Othello, Wehrhahn („Der Biberpelz"), Mephisto, Löffler („Kollege Crampton"), Huhn („Und Pippa tanzt"), Starschensky („Elga") u. a.
Eigene Werke: Theater, Film — Das Leben u. Ich (Autobiographie, geschrieben 1939, bearbeitet von C. C. Bergius) 1951.
Literatur: Joseph *Gregor,* E. Jannings (Meister deutscher Schauspielkunst) 1939; Herbert *Ihering,* E. J., Baumeister seines

Lebens u. seiner Filme 1941; Gustav *Maschner,* E. J. u. sein erster Direktor (Klagenfurter Zeitung Nr. 2) 1950; Paul *Fechter,* Abschied von einer Generation: F. Kayßler, E. J. usw. (Westermanns Monatshefte Nr. 3) 1950; Alexander *Lernet-Holenia,* Nachruf auf E. J. (Die Presse Nr. 371) 1950.

Jánosi-Engel, Joseph (Ps. J. E. de Sinoja), geb. 20. Nov. 1851 zu Fünfkirchen (Todesdatum unbekannt), studierte in Wien, war jahrelang Mitarbeiter des für R. Wagner sich einsetzenden Leipziger „Musikalischen Wochenblatts" u. lebte später als Literat in seiner Vaterstadt. Bühnenschriftsteller.
Eigene Werke: Richard Wagners Das Judentum in der Musik (Apologie der jüd. Komponisten) 1869; Die Marannen (Tragödie) 1900; Im Beichtstuhl (Drama) 1903; Der Kabbalist (Trauerspiel) 1909.

Janotta, Leopold (Geburtsdatum unbekannt), gest. 27. März 1944 zu Fürth als Schauspieler am dort. Stadttheater.

Jansen, Christian, geb. 21. Nov. 1887 zu Delhoven (Kreis Neuß), lebte als Studienrat in Krefeld. Dramatiker.
Eigene Werke: Elslein von Kaub (Schauspiel) 1949; Der blaue Ratsherr (Lustspiel) 1950.

Jansen, Ferdinand, geb. 13. Aug. 1859 zu Kiel, gest. 30. Sept. 1931 zu Berlin, Kaufmannssohn, war zuerst Hauslehrer, seit 1883 Theaterreferent für verschiedene Blätter in Kiel u. seit 1900 Leiter des „Berliner Musik- u. Theaterblattes". Bühnenschriftsteller.
Eigene Werke: Der Sohn der Sterne (Drama) 1905; Raphael (Drama) 1917; Eroica (Drama) 1922; Menandra (Oper) 1924; Raffael (Oper) 1927.

Jansen, Fritz s. Jansen, Ludwig.

Jansen, Ludwig, geb. 20. Sept. 1828 zu Hamburg, gest. 7. Jan. 1886 das., debütierte als Bariton 1853 in seiner Vaterstadt u. sang dann in Stettin, Danzig, Riga, Mainz, Lübeck u. a. Bruder von Fritz J. (gleichfalls Bariton).

Jansen-Mara, Anna, geb. 22. Juli 1894 zu Kiel, Gattin des Schriftstellers Ferdinand J., lebte in Neukölln. Bühnenschriftstellerin.
Eigene Werke: Die Knochenmühle (Sozial. Drama) 1920; Freie Bahn dem Tüchtigen (Operette) 1920; Ut de Tüt (Plattdeutsche Komödie) 1921.

Janson, Arthur, geb. 7. Juli 1859 zu Breslau (Todesdatum unbekannt), war Bonvivant u. Komiker in Petersburg, Riga, Hamburg, Kiel, Berlin, Görlitz, Stralsund, Posen, Warmbrunn, Neiße, Altenburg u. a. Hauptrollen: Klobig („Kyritz-Pyritz"), Alfred („Pension Schöller"), Salberg („Die Anna-Liese") u. a.

Janson, Emil, geb. im letzten Viertel des 19. Jahrhunderts, kam 1900 als Erster Held u. Bonvivant an das Stadttheater in Rostock, dann über Basel u. Altenburg 1909 an das Neue Stadttheater in Chemnitz, nach Riga, Lübeck, Straßburg im Elsaß, Nürnberg u. Mainz. Später wirkte er an verschiedenen Bühnen Berlins, seit 1933 als Heldenvater u. Spielleiter am Stadttheater in Harburg. Hauptrollen: Kesselflick-Wolf („Glaube u. Heimat"), Meinrad („Die Brüder von St. Bernhard"), Prinz („Kean"), Garceran („Die Jüdin von Toledo") u. a.

Janssen, Albrecht, geb. 8. Jan. 1886 zu Binguen in Ostfriesland, Sohn eines Malermeisters, wurde Lehrer u. 1947 Dozent am Pädagogischen Institut in Hamburg. Nicht nur Erzähler, sondern auch Dramatiker (im Dialekt).
Eigene Werke: Almuth Folkerts (Drama) 1920; De Diekrichter (Drama) 1922; Niederdeutsche Jugend- u. Volksbühne, herausg. 12 Bde. 1922; Fief to Null (Komödie) 1950 u. a.

Janssen, Hein, geb. 2. Febr. 1856 zu Altenberg bei Aachen, gest. nach 1941, schrieb u. a. mundartliche Theaterstücke u. Singspiele (1893 ff.) für die Volksbühne, auch förderte er die Wiederbelebung des Puppenspiels.

Janssen, Herbert, geb. um die Jahrhundertwende zu Köln, wirkte als Heldenbariton an der Staatsoper in Berlin. Gastspiele führten ihn nach Barcelona, Zoppot, Bayreuth u. Paris. Hauptrollen: Wolfram, Amfortas, Gunther, Kothner, Donner u. a.

Janssen, Julia, geb. 10. Dez. 1908 zu Dortmund, Tochter eines Musikdirektors, Pianisten u. Komponisten, begann ihre Bühnenlaufbahn in Oberhausen, kam als Jugendliche Liebhaberin nach Dortmund u. 1927 ans Burgtheater. Hauptrollen: Gretchen, Luise, Thekla, Miranda, Ophelia, Cordelia, Solveig u. a.

Janssen, Theodor, geb. 21. Aug. 1883 zu Winschotern (Provinz Groningen in Holland),

war Regierungsbau- u. Reichsbahnrat u. lebte zuletzt in Marburg an der Lahn. Dramatiker.
Eigene Werke: Demetrius (Drama) 1950; Kaiser u. Katharina (Schauspiel) 1951.

Janssen, Walter, geb. 7. Febr. 1887 zu Krefeld, studierte in Marburg, erhielt in Frankfurt a. M. dramatischen Unterricht, wirkte seit 1906 als Schauspieler in Frankfurt a. M., Kassel, wieder in Frankfurt, 1915—18 am Hoftheater in München u. Staatstheater in Berlin (auch als Regisseur), seit 1919 am Deutschen Theater (unter M. Reinhardt) u. Lessingtheater das., unternahm Gastspielreisen nach London u. Wien, war 1941 künstlerischer Leiter der Kammerspiele das., seit 1943 in verschiedenen Stellungen in Prag, Wien, München u. 1949 als Direktor des Theaters „Das Atelier" das. Hauptrollen: Hortensio („Der Widerspenstigen Zähmung"), Heffterdingk („Heimat"), Rudenz („Wilhelm Tell"), Patrick („Der Bibliothekar") u. a.

Jantsch, Heinrich, geb. 7. März 1845 zu Wien, gest. 5. Febr. 1899 das., entstammte einer Schuhmacherfamilie, leitete nach gymnasial. u. technischen Studien 1862—66 das „Stenographische Wochenblatt", wandte sich jedoch der Bühne zu u. wirkte seit 1866 als Jugendlicher Held in Marburg (Steiermark), Ödenburg, Karlsbad, Linz u. Ulm, 1869 am Hoftheater in Meiningen, 1870—71 als Gast am Stadttheater in Halle (Erster Held u. Liebhaber), hierauf am Deutschen Theater in Budapest u. 1874 am Stadttheater in Mainz. 1875 übernahm er die Leitung des Viktoria-Theaters in Frankfurt a. M., 1880 ging er als Oberregisseur an das Stadttheater nach Breslau, 1882 leitete er das Stadttheater in Danzig, 1886—89 das in Halle a. S. u. 1890 bis 1892 das in Königsberg, überall auch als Schauspieler tätig. 1892 wurde J. Eigentümer des ehemaligen Fürsttheaters im Wiener Prater. 1893 vereinigte er die Direktion des Stadttheaters in Troppau mit der des Jantschtheaters in Wien. J. war in erster Ehe mit Margarethe v. Ziegler, in zweiter mit Olga Lohse verheiratet. Hauptrollen: Karl („Götz von Berlichingen"), Waldemar („Graf Waldemar"), Hartwig („Das Stiftungsfest") u. a. Auch Bühnenschriftsteller.
Eigene Werke: Kaiser Joseph u. die Schusterstochter (Volksschauspiel) 1874; Ein Exkommunizierter (Volksschauspiel) 1874; Der Herrgottsbruder (Volksstück) 1876; Ferdinand Raimund (Gemälde aus der Kulissen-

welt) 1892; Prinzessin Hirschkuh (Feenspiel mit Gesang u. Tanz) 1896 u. a.
Literatur: Eisenberg, H. Jantsch (Biogr. Lexikon) 1903.

Jantsch, Heinz s. Jakowitz-Jantsch, Heinz.

Jantsch (geb. v. Ziegler), Margarethe, geb. 18. Febr. 1854 zu Rybnik, gest. 28. März 1878 zu Prag, wirkte 1869 als Schauspielerin in Meiningen, heiratete 1870 Heinrich J., betrat dann erst 1873 wieder die Bühne u. spielte in Worms, Mainz, Köln, Hamburg, Leipzig u. Prag. Hauptrollen: Maria Stuart, Jungfrau von Orleans, Deborah, Marquise Pompadour u. a.

Jantsch (geb. Lohse), Olga, geb. 27. Juli 1866 zu Tharand bei Dresden, gest. 12. Nov. 1890 zu Königsberg, betrat fünfzehnjährig, von Julius Jaffé (s. d.) ausgebildet, die Bühne in Bromberg, gab 1882 mit den Meiningern Gastspiele in Berlin, Nürnberg u. Leipzig. heiratete im selben Jahr Heinrich J. u. entsagte, nachdem sie noch einige Jahre in Danzig als Schauspielerin gewirkt hatte, 1889 endgültig der Bühne. Hauptrollen: Jungfrau von Orleans, Luise, Thekla, Maria Stuart, Ophelia u. a.

Jantsch, Werner (Geburtsdatum unbekannt), gest. 25. Febr. 1948 zu Bremen, war als Schauspieler u. Spielleiter zuletzt an den dort. Kammerspielen tätig.

Jantschge, Georg, geb. 25. März 1870 zu Wien, Sohn eines Hauptmanns, humanistisch gebildet, wurde 1888 durch Martin Greif (s. d.) in die Literatur eingeführt, diente 1890 bis 1902 als Offizier, wandte sich dann dem Lehrberuf u. journalistischer Tätigkeit zu, gründete 1903 den Theater-Verlag „Literatur-Anstalt-Austria" u. gab die „Austria. Neue Wiener Theater Zeitung" heraus, bis er unter Hitler gezwungen war, zurückzutreten. Auch Dramatiker.
Eigene Werke: Die Künstlerin (Schauspiel) 1891; Das preisgekrönte Lustspiel (Schwank) 1891; Er heiratet (Schwank) 1892; Alte Schuld (Schauspiel) 1893; Arbeit (Schauspiel) 1893; Ein Idealist (Schauspiel) 1894; Die Befreiung (Schauspiel) 1902; Messias (Dichtung für die deutsche Bühne bearbeitet) 1904; Der Einbrecher (Groteske) 1909 (mit V. Zimmermann); Verdrehte Welt (Lustspiel) 1909 (mit E. Stilgebauer).

Januskiewicz, Hans, geb. 17. Jan. 1855 zu

Stettin (Todesdatum unbekannt), zuerst kaufmännisch tätig, war seit 1877 Theaterkritiker der „Stettiner Zeitung" u. des „Stettiner Tageblatts", dann Redakteur in Coburg u. Kiel, schließlich Bühnenschriftsteller im Ostseebad Zingst u. in Berlin.
Eigene Werke: Dramatisches Allerlei (Das gnädige Fräulein oder Blumenduft, Lustspiel — Kombinationen, Lustspiel — Theaterklatsch, Satire) 1880; Marotten (Lustspiel) 1881; In eigener Schlinge (Schwank) 1883; Alte Briefe (Lustspiel) 1885; Eßbukett (Lustspiel) 1885; Kapituliert (Lustspiel) 1888; Die Sitte (Schauspiel) 1891; Fromme Lügen (Lustspiel) 1892; Der neue Herr (Prolog u. Festspiel) 1894; Eifersucht (Schauspiel) 1894; Noblesse oblige (Schauspiel) 1897; Saisonliebe (Schwank) 1896; Das Geheimnis (Schauspiel) 1896; Kampf (Schauspiel) 1903; Seine Perle (Schwank) 1903.

Jaquet, Karl, geb. 1726 zu Wien, gest. 25. Jan. 1813 das., debütierte 1750 in Wien, spielte in Linz a. d. Donau, Salzburg u. a., bis er 1760 wieder nach Wien kam, wo er bis zu seiner Pensionierung 1793 blieb (mit seiner Frau Theresia u. seiner Tochter Maria Anna, nachmaliger Adamberger). Besonders gelangen ihm Komische Väter, Juden u. alte Soldaten.

Jaquet, Katharina, geb. 1. März 1760, gest. 31. Jan. 1786 zu Wien, Tochter von Karl J., trat 1770 in Kinderrollen erstmals auf. 1774 bis 1785 als Jugendliche Tragödin Mitglied des Burgtheaters. Eine ihrer Hauptrollen war Ophelia. Als Elwine im Trauerspiel „Percy" begründete sie ihren Ruf.
Literatur: Wurzbach, K. Jacquet (Biogr. Lexikon 10. Bd.) 1863; *J. F. Schink,* K. J. (Zusätze u. Berichtigungen zu der Gallerie von Teutschen Schauspielern u. Schauspielerinnen: Schriften der Gesellschaft für Theatergeschichte 13. Bd.) 1910.

Jaquet, Nanni s. Adamberger, Maria Anna.

Jaray, Hans, geb. 24. Juni 1906 zu Wien, besuchte das Theresianum, dann die Akademie für Musik u. darstellende Kunst das. (Schüler von R. Beer s. d.), kam 1923 ans Deutsche Volkstheater in Wien, 1930 ans dort. Josefstädter Theater (unter M. Reinhardt), wirkte 1938—48 in Neuyork u. wurde 1949 ans Volkstheater in Wien zurückberufen. Charakterdarsteller (Hamlet, Pfarrer von Kirchfeld u. a.) u. Bühnenschriftsteller, auch Erzähler.

57*

Eigene Werke: Ein feiner Herr (Lustspiel) 1932; Ist Geraldine ein Engel? (Lustspiel) 1933; Christiane zwischen Himmel u. Hölle (Schauspiel) 1934; Ping Pong (Lustspiel) 1935; Liebesheirat (Lustspiel) 1937 u. a.
Literatur: Oskar *Karlweis,* H. *Jaray* (Neues Österreich 8. Juni) 1950; *Anonymus,* Der J. (Die Presse 10. Dez.) 1950.

Jariges, Karl Friedrich (Ps. Beauregard-Pandin), geb. 7. Sept. 1773 zu Berlin, gest. 22. Juni 1826 das., studierte hier die Rechte, wurde Gerichtsreferendar, wandte sich nach weiten Reisen literarischem Schaffen zu, ließ sich in Weimar nieder, wurde jedoch wegen seiner scharfen Theaterkritiken ausgewiesen u. kehrte schließlich wieder nach Berlin zurück. Um das Theater machte J. sich mit einer Reihe Shakespeare-Übersetzungen verdient („Troilus u. Cressida" 1824, „Komödie der Irrungen" 1824, „König Lear" 1824).

Jaritz, Hermann, geb. 8. Nov. 1848 auf Schloß Lichtenegg im Schwarzwald (Todesdatum unbekannt), Sohn eines Landwirts, begann seine Bühnenlaufbahn 1869 als Bonvivant in Meiningen, kam nach Beendigung des Deutsch-Französischen Krieges, an dem er aktiv teilnahm, 1871 nach Altenburg, 1873 nach Freiburg im Brsg., 1874 nach Mannheim, 1880 nach Bremen, 1881 nach Berlin, 1882 nach Kassel u. leitete seit 1895 das Stadttheater in Hanau (verbunden mit dem Stadttheater in Offenbach u. dem Kurtheater in Homburg). Hauptrollen: Röcknitz, Graf Thorane, Bolz u. a.

Jarius, Wolfgang, geb. 7. Febr. 1906 zu Berlin, ausgebildet am Sternschen Konservatorium das., war Theaterkapellmeister in Coburg, Berlin u. a.

Jarius-Werner, Willi, geb. 1869, gest. 2. Aug. 1937 zu Darmstadt, war Schauspieler am dort. Landestheater.

Jarno, Georg, geb. 3. Juni 1868 zu Budapest, gest. 25. Mai 1920 zu Breslau, war Theaterkapellmeister in Bremen, Gera, Halle, Metz, Liegnitz, Chemnitz, Magdeburg u. auch Opernregisseur in Kissingen, Breslau u. Wien. Später ausschließlich Komponist von Bühnenstücken.
Eigene Werke: Die schwarze Kaschka (Oper) 1895; Der Richter von Zalamea (Oper) 1899; Der zerbrochene Krug (Oper) 1903; Der Goldfisch (Operette) 1907; Die Förster-Christl (Operette) 1907; Das Musikantenmädel (Operette) 1910; Die Marine-Gustl (Operette) 1912; Das Farmermädchen (Operette) 1913 u. a.

Jarno (geb. Niese), Hansi, geb. 10. Nov. 1875 zu Wien, gest. 4./5. April 1934 das., Tochter eines Fabrikanten, begann ihre Bühnenlaufbahn zwölfjährig als Franzi („Hasemanns Töchter") gelegentlich der Aufführung einer Wandertruppe, die in Speising bei Wien spielte, u. endgültig 1890 in Znaim. Von hier kam sie über Abbazia u. Gmunden 1891 nach Czernowitz, wo sie auch in Operetten auftrat, 1892 nach Karlsbad, dann wieder nach Czernowitz, 1893 ans Raimundtheater nach Wien, anfänglich nur als Naive verwendet, stieg aber bald nach ihrer Verheiratung mit Josef Jarno (s. d.) am Josefstädtertheater mit ihrer vielseitigen urwüchsigen Begabung, vor allem als Charakterkomikerin, die würdigste Nachfolgerin einer Therese Krones u. Josefine Gallmeyer, zum Liebling des Wiener Publikums u. internationalen Berühmtheit auf, zuletzt auch in tragischen Rollen z. B. Anzengrubers u. Gerhart Hauptmanns durch ihre einzigartige naturhafte Gestaltungskraft. Hauptrollen: Madame Sans Gêne, Rosl („Der Verschwender"), Loni („Der Herrgottsschnitzer von Ammergau"), Schuster („Lumpazivagabundus"), Anny („Abschiedssouper"), Rose Bernd, Mutter John („Die Ratten"), Mutter Wolff („Der Biberpelz"), Frau Vogl („Sturm im Wasserglas") u. a. Ehrengrab im Wiener Zentralfriedhof. Denkmal beim Volkstheater in Wien (seit 1952).
Literatur: Anton *Lindner,* H. *Niese* (Bühne u. Welt 6. Jahrg.) 1904; Julius *Bab* u. Willi *Handl,* H. N. (Deutsche Schauspieler) 1908; Maria *Czelechowski,* H. N. (Diss. Wien) 1947; Otto *Basil,* Sonnenthal u. die N. (Neues Österreich 6. Juni) 1949; Edwin *Rollett,* Das war die N. (Ebda. 5. Nov.) 1950; Blanka *Glossy,* Unvergeßliche H. N. (Wien u. die Bühne Nov.) 1950; Rudolf *Holzer,* Die Urwienerin (Die Presse 15. Juni) 1952; Maximilian *Gottwald,* Das war die N. (Arbeiterzeitung 15. Juni) 1952.

Jarno, Hansi, geb. 1901, gest. 20. März 1933 zu Wien, Tochter von Hansi Niese u. Josef J., wirkte als Soubrette im komischen Rollenfach zuletzt in Berlin.

Jarno (ursprünglich Cohner), Josef, geb. 24. Aug. 1866 zu Budapest, gest. 11. Jan. 1932 zu Wien, zuerst Kaufmann, wandte sich aber 1885 der Bühne zu, wirkte zuerst als Schauspieler in Ischl, wo er bis 1899 jeden

Sommer gastierte, dann in Laibach, seit 1887 als Liebhaber u. Bonvivant am Deutschen Theater in Budapest, 1889—94 am Residenztheater in Berlin, 1894—97 am dort. Deutschen Theater, hierauf wieder am Residenztheater. Daneben Leiter des Sommertheaters in Aussee. Auch am Neuen u. am Lessingtheater in Berlin spielte er, bis er 1899 die Leitung des Josefstädtertheaters in Wien übernahm. Im gleichen Jahr heiratete er die Volksschauspielerin Hansi Niese. Schließlich führte er insgesamt drei Theater, trat daneben weiter als Schauspieler auf u. betätigte sich als ausgezeichneter Regisseur. Auf seinen Bühnen gab es nicht nur den bis dahin üblichen Spielplan, sondern auch literarische Abende, in denen er seinem Publikum problematische moderne Theaterstücke zur Kenntnis brachte. Nach dem Ersten Weltkrieg zwang ihn wirtschaftliche Not der Theater aufzugeben. Hauptrollen: Kaplan von Schigorski („Jugend"), Gustav (Strindbergs „Gläubiger") u. a. Auch Bühnenschriftsteller.

Eigene Werke: Momentaufnahmen (Komödie) 1896; Der Rabenvater (Schwank) 1897 (mit H. F. Fischer); Die Wahrsagerin (Schwank) 1899 (mit G. Rickelt) u. a.
Literatur: Stefan *Großmann,* J. Jarno (Bühne u. Welt 11. Jahrg.) 1909; P. *Wilhelm,* Bei J. J. (Neues Wiener Journal 31. Aug.) 1910; Joseph *Gregor,* Das Theater der Wiener Josefstadt 1924; Eugenie *Werner-Reithoffer,* J.-Kainz (Die Maske 1. Jahrg.) 1935; R. *H(olzer),* Das Leben J. Jarnos (Die Presse Nr. 977) 1952; Gustav *Tellheim,* Vor zwanzig Jahren starb J. J. (Arbeiter-Zeitung, Wien Nr. 9) 1952.

Jarosch, Herbert von, geb. 1899, gest. 19. Sept. 1942. Spielleiter u. Schauspieler.

Jarzebowska (geb. Stegemann), Jenny von, geb. 1856, gest. 19. März 1909 zu Breslau, spielte Anstandsdamen u. Komische Mütter in Mitau, Reval u. a. Hauptrollen: Katharine („Philippine Welser"), Marquise („Die Regimentstochter"), Röschen („Sie wird geküßt"), Helene („Kean") u. a.

Jaskewitz, Josef Franz, geb. 5. Jan. 1805 zu Wien, gest. 8. März 1888 zu Wiesbaden, war Bariton, später Baßbuffo u. Opernregisseur in Wien (Theater an der Wien), Agram, Pest, Graz, Mainz, 1835 in Wiesbaden, 1839 in Frankfurt a. M. u. 1840—78 Mitglied des Hoftheaters in Wiesbaden. Hauptrollen: Zampa, Scherasmin, Bartolo u. a.

Jason s. Medea.

Jatho, Heinz, geb. 1889, gefallen im Aug. 1917, Sohn des freisinnigen Theologen Karl J., debütierte als Schauspieler u. war dann als Hilfsdramaturg u. Regieassistent unter Max Martersteig (s. d.) in Köln am Rhein tätig.

Jauch, Fritz, geb. 1897 zu Basel, lebte das. Verfasser von Lustspielen.
Eigene Werke: Rohkoscht 1928; Dr Prolog 1929; Damebedienig 1930; D Buchwälle 1931; Meine Tante — deine Tante 1932; Chez Lucie (Singspiel, Musik von Othmar Jauch) 1950.

Jauer, Stadt in Preußisch-Schlesien, besaß seit 1875 eine der modernsten Bühnen des Ostens, die 1925 völlig umgebaut als Niederschlesisches Landestheater eröffnet wurde u. im Zweiten Weltkrieg verloren ging.

Jauner (geb. Krall), Emilie, geb. 1832 zu Wien (Todesdatum unbekannt), wurde das. ausgebildet, debütierte an der Hofoper ihrer Vaterstadt, wirkte 1854—55 in Darmstadt, 1856—71 in Dresden u. nahm hierauf ihren Bühnenabschied. Als Gast sang sie in Hannover, Hamburg, Berlin, London, Manchester, Dublin u. a. Seit 1895 Gattin Franz v. Jauners. Ihren Lebensabend verbrachte sie in Wien. Hauptrollen: Zerline, Pamina, Martha, Rosine, Regimentstochter u. a.

Jauner, Franz Ritter von, geb. 14. Nov. 1832 zu Wien, gest. 23. Febr. 1900 das., Sohn eines als „Wiener Benvenuto Cellini" gerühmten dort. Hofgraveurs, war zuerst Hofbeamter, wandte sich aber der Bühne zu u. kam 1854, von Laube gefördert, ans Burgtheater, wo er zunächst kleinere Rollen spielte, aber schon 1855 als Oberon im „Sommernachtstraum" seinen Abschied nahm, von hier aus Amalie Haizinger u. Luise Neumann bei deren Gastspielen im Ausland begleitete u. 1856 einem Ruf nach Hamburg folgte. Vorübergehend trat er 1858 wieder in Wien auf, wirkte jedoch bis 1871 als Jugendlicher Held u. Liebhaber ständig am Hoftheater in Dresden. In diesem Jahr übernahm er die Direktion des Carl-Theaters in Wien u. 1878 die der dort. Hofoper. Um beide Bühnen erwarb er sich große Verdienste, auch R. Wagner verdankte ihm viel. Beim Rücktritt von der Leitung der Hofoper bekam er den Orden der Eisernen Krone, mit dem die Erhebung in den erblichen Rit-

terstand verbunden war. Tragisch war sein
Ende. Am 8. Dez. 1881 brannte das von ihm
geleitete neue Ringtheater völlig ab, wobei
386 Menschen den Tod fanden. Er wurde
wegen Vergehens gegen die Sicherheit des
Lebens angeklagt, später nach Verbüßung
einer kurzen Freiheitsstrafe vom Kaiser be-
gnadigt, allein er blieb jetzt ein gebrochener
Mann. Zwar beteiligte er sich 1884 an der
Direktion des Theaters an der Wien, dirigierte 1892 die Aufführungen bei der Internationalen Theater- u. Musikausstellung in
Wien, eröffnete 1894 neuerdings das dort.
Carl-Theater, trat mitunter selbst als Schauspieler u. am Dirigentenpult in Erscheinung,
bewährte bis zuletzt seine Kunst als Regisseur, vor allem im Ausstattungsstück unübertrefflich, unternahm erfolgreiche Gastspielreisen bis nach Rußland, ohne jedoch
finanzieller Schwierigkeiten Herr zu werden,
so daß er schließlich verzweifelt zur töd-
lichen Waffe griff, um sich von diesem Leben zu befreien, aus dem er keinen Ausweg
fand. Seit 1856 Gatte von Emilie Krall.
Literatur: Ludwig *Klinenberger*, F. v. Jauner (Bühne u. Welt 2. Jahrg.) 1900; *Eisenberg*, F. v. J. (Biogr. Lexikon) 1903; R. *Heuberger*, F. J. (Biogr. Jahrbuch 6. Jahrg.) 1904;
Siegfried *Loewy*, F. J., ein Theaterfeldherr
(Neue Freie Presse 25. Febr.) 1925; Adelaide
v. *Sardagna*, Mein Vater F. v. J. (Neues
Wiener Journal 7. Dez.) 1931; A. D., J.—Portrait einer Epoche (Neues Österreich
23. Febr.) 1950.

Jauz, Dominik, geb. 1737 zu Prag, gest.
22. Dez. 1806 zu Wien, war 1772—93 Schauspieler am dort. Nationaltheater.

Jauzat (geb. Peche), Therese de, geb. 12. Okt.
1806 zu Prag, gest. 16. März 1882 zu Wien,
Tochter eines österr. Offiziers u. einer Fran-
zösin, war Tragische Liebhaberin u. Salon-
dame 1820—24 in Prag, dann in Bonn, wo A.
W. Schlegel sie kennen lernte, 1826—27 in
Köln, 1827—28 in Hamburg, 1828—30 am
Hoftheater in Darmstadt u. 1830—67 am
Burgtheater. Seit 1840 Gattin des Franzosen
Vimal de Jauzat. A. W. Schlegel prophezeite
frühzeitig, „daß sie bald auf den größten
Schauplätzen als eine Schauspielerin genannt
sein wird, die den Ruhm einer Unzelmann
erneuert", Saphir urteilte u. a.: „Sie ist die
Besitzerin der Kunst, die Schönheit der Ge-
staltungen in ihren Rollen dadurch rein u.
klar hervortreten zu lassen, daß sie dem Ge-
fühle die Bildsamkeit, zur Empfindung das
Maß u. zur Leidenschaft die Grenze hinzu-

setzen weiß". Und Laube meinte: „Die
Minauderien der Peche, welche für historisch
angeschimmert gelten konnten, entzückten
das Publikum". Hauptrollen: Klärchen, Julie,
Recha, Thekla, Ophelia, Emilia Galotti, Kö-
nigin („Don Carlos"), Marie („Der Müller u.
sein Kind") u. a.
Literatur: Wurzbach, Th. Peche (Biogr.
Lexikon 21. Bd.) 1870; *Eisenberg,* Th. P.
(Biogr. Lexikon) 1903.

Jeanne d'Arc s. Johanna von Orleans.

Jedermann, mittelalterliches Spiel, in England (Everyman) u. in den Niederlanden (Peter van Diests Elckerlijc) seit Ende des
15. Jahrhunderts häufig aufgeführt. Altes
Erzählgut (Indische Sage von Barlaam u.
Josaphat, weitverbreitet in einem spätgrie-
chischen Roman u. Petrus' „Alfonsis Dis-
ciplina clericalis") bildet die Grundlage. Die
Handlung stellt die guten Werke als die einzigen dem Menschen auch im Tod getreuen
Freunde dar, während alles andere, die
Liebste, Verwandte, Geld u. Gut den „Jedermann" auf seiner Reise ins Jenseits nicht
begleiten wollen. Jaspar von Gennep behandelte den Stoff niederdeutsch 1540. Hans
Sachs schrieb seine „Comedi von dem reichen
sterbenden Menschen, der Hecastus genannt"
1549. Andere Bearbeitungen folgten. Des niederländischen Bruders vom gemeinsamen
Leben Georg Macropedius (1475—1558) „Hecastus" wurde 1557 durch die Jesuiten in
Wien aufgeführt, später auch in Tirol u.
Salzburg. Thomas Naogeorgus schrieb einen
„Mercator" (1540) mit protestantischer Tendenz, worin er gegen die Werkgerechtigkeit
u. die katholische Geistlichkeit polemisierte.
Dramatische Nachbildungen des Stoffes sind
bis ins 20. Jahrhundert herauf nachweisbar.
Terramares Verdeutschung des „Everyman"
kam 1923 bei den Wiener Schattenspielen
auf die Bühne. Richard v. Kralik verfaßte im
Anschluß an Hans Sachs 1925 einen „Aller-
mann". Die schönste Erneuerung jedoch verdanken wir Hugo v. Hofmannsthal, dessen
„Jedermann", von Max Reinhardt inszeniert,
am 22. Aug. 1922 die Salzburger Festspiele
eröffnet hat. Franz Löser übertrug das Stück
1921 in den Salzburger Dialekt. Einen Kärntner Jedermann gab Georg Graber 1922
heraus.
Behandlung: Friedrich *Torberg,* Der neue
Salzburger Jedermann (Eine apokryphe
Szene: Die Presse Nr. 1145) 1952.
Literatur: Karl *Goedeke,* Every-Man 1865;
Walther *Brecht,* Die Vorläufer von Hof-

mannsthals Jedermann (Österr. Rundschau 20. Jahrg.) 1924; Leopold *Schmidt*, Einiges über das Jedermannsspiel (Karpathenland 5. Jahrg.) 1932; Attila *Hörbiger*, Meine Auffassung vom J. (Die Maske 1. Jahrg.) 1935; L. *Schmidt*, Vom österr. J. (Austria Nr. 2) 1948.

Jedrzejewski, Alfons, geb. 10. Dez. 1864 zu Ossowo in Westpreußen, Bruder des Folgenden, war Amtsgerichtssekretär. Bühnenschriftsteller.

Eigene Werke: Tante Malchens erste Liebe (Schwank) 1902; Die Wahrheit (Komödie) 1902; Das Wiedersehen (Schauspiel) 1904; Der verwechselte Schwiegersohn (Schwank) 1904 u. a.

Jedrzejewski (Ps. Theophil), Franz, geb. 14. Dez. 1859 zu Schönsee in Westpreußen, gest. 25. Febr. 1931 zu Schweidnitz, wirkte seit 1879 in verschiedenen Orten seiner heimatlichen Provinz, seit 1902 in Siemianowitz-Laurahütte in Oberschlesien u. war während des Ersten Weltkriegs bei der Deutschen Zivilverwaltung in Polen tätig. Als nach Kriegsende ein Teil Oberschlesiens polnisch wurde, flüchtete er nach Breitenhaim bei Schweidnitz. Vorwiegend Dramatiker.

Eigene Werke: Nette Freier (Schwank) 1897; Der gnädige Herr bin ich (Lustspiel) 1897; Bei Justinus Kerner in Weinsberg (Einakter) 1898; Hol' der Kuckuck die Neujahrskarten (Posse) 1902; Moderne Menschen (Drama) 1902; Größenwahn (Drama) 1903; Isabella Klappenmayer (Schwank) 1907; Zwillinge, die nicht da sind (Schwank) 1908; Verlobung im Lehrer-Amtszimmer (Schwank) 1909 u. a.

Jegerlehner, Johannes, geb. 9. April 1871 zu Thun, gest. 17. März 1937 zu Bern, studierte Philosophie u. Sprachwissenschaft (Doktor der Philosophie) u. war Lehrer am Städt. Gymnasium in Bern. Außer Erzähler auch Bühnenschriftsteller.

Eigene Werke: Frymanns Hermine (Lustspiel, dramatische Bearbeitung von Gottfried Kellers Fähnlein der sieben Aufrechten) 1923; Türliwirli (Märchenspiel) 1924; Pängsion zur schöne Bellevue (Heitere Szene) 1926; Madrisa (Volksoper, Musik von Hans Haug) 1934.

Jeglinsky (Ps. Hofer), Hans, geb. 24. Okt. 1873 zu Breslau, gest. 17. Juli 1913 zu Chemnitz, wirkte als Schauspieler in Breslau, Stettin, Beuthen, Lübeck, Düsseldorf, Bremen

u. Chemnitz, hierauf als Erster Held u. Liebhaber am Stadttheater in Halle a. d. S., besonders im modernen Schauspiel ausgezeichnet. Hauptrollen: Karl Moor, Leicester („Maria Stuart"), Reinhold („Die relegierten Studenten"), Claudius („Hamlet"), Rabensteiner („Die Rabensteinerin") u. a.

Jehli, Johann, geb. 24. Dez. 1878 zu Unterrealta, war 1920—30 Lehrer, seither freier Schriftsteller. Auch Dramatiker.

Eigene Werke: Die Priesterin der Göttin Aventicum (Trauerspiel) 1935; Hirten u. Herren (Trauerspiel) 1935; Katharina von Schwarzburg 1935; Im Zuge der Zeit (Schauspiel) 1936; Semper apertus (Schauspiel) 1936.

Jehli(y), Matthias, geb. 1822 zu Bludenz in Vorarlberg, gest. 29. Dez. 1892 das., war seit 1850 in der Komparserie u. 1872—82 in Chargenrollen am Burgtheater beschäftigt.

Jeitteles, Alois, geb. 20. Juni 1794 zu Brünn, gest. 16. April 1858 das., studierte in Prag, Brünn u. Wien (Doktor der Medizin, Mitglied der „Ludlamshöhle"), bereiste Deutschland u. Westeuropa, wurde Arzt u. 1848 Schriftleiter der „Brünner Zeitung" u. schrieb mit J. F. Castelli (s. d.) die Parodie auf die Schicksalstragödie „Der Schicksalsstrumpf". Seine Lustspiele wurden viel gespielt, auch auf dem Burgtheater. Sein Liederzyklus „An die ferne Geliebte" veranlaßte Beethoven zu einer Komposition. Von seinen Übersetzungen gilt Calderons „Fegefeuer des hl. Patricius" als die beste.

Eigene Werke: Der Schicksalsstrumpf (Tragödie in 2 Akten von den Brüdern Fatalis) 1818; Moretos Macht des Blutes, deutsch (nur aufgeführt) 1821; Calderons Fegefeuer des hl. Patricius, deutsch 1824; Auge u. Ohr (Schauspiel) 1837; Der Liebe Wahn u. Arbeit 1842; Moderne Walpurgisnacht 1848.

Literatur: C. L. *Heidenreich*, Der vergessene Brünner Freund Beethovens (Tagesbote für Mähren u. Schlesien Nr. 320) 1935.

Jelenko, Siegfried, geb. 19. April 1857 zu Wien (Todesdatum unbekannt), verbrachte seine Kindheit mit seinen ausgewanderten Eltern in Amerika, war nach seiner Rückkehr zuerst Versicherungs- u. Bankbeamter, ging aber, von A. Sonnenthal (s. d.) ermuntert, zur Bühne, die er im Wiener Sulkowskytheater erstmals betrat, spielte 1876 in Gleichenberg u. Sigmaringen, 1877 in Bremen,

1878 am Ostend-Theater in Berlin u. kam dann über Mödling, Olmütz, Teplitz, Pest, Brünn, Kissingen, Würzburg u. Marienbad als Liebhaber, Held u. Bonvivant 1883 ans Hoftheater in Karlsruhe, wo er sich zum Charakterkomiker entwickelte. Seit 1888 wirkte er am Berliner Theater, seit 1890 hier auch Regie führend, 1894—96 am dort. Residenztheater, 1897—98 wieder am Berliner Theater u. seit 1899 als Oberregisseur am Stadttheater in Hamburg, dem er mehr als drei Jahrzehnte angehörte. Seit 1931 lebte er in Wien. Hauptrollen: Mack („Der Königsleutnant"), Klosterbruder („Nathan"), Fleck („Flotte Bursche"), Cuff („Essex"), Sittig („Bürgerlich u. Romantisch") u. a.

Jelenska, Irma s. Levi, Irma.

Jellinek (geb. Kafka), Eugenie (Jenny), geb. 14. Okt. 1860 zu Wien (Todesdatum unbekannt), debütierte als Sentimentale Liebhaberin u. Salondame am Burgtheater, wirkte dann in Bremen, Hamburg (Stadttheater), Wien (Carltheater), seit 1865 in Berlin (Residenztheater), hierauf in Breslau (Stadttheater) u. ließ sich um die Jahrhundertwende in Linz nieder. Hauptrollen: Cyprienne, Denise, Preziosa u. a.

Jellinek, Josef, geb. 10. Sept. 1874 zu Olmütz, Kaufmannssohn, ließ sich nach kurzen Universitätsstudien als freier Schriftsteller in Berlin nieder. Vorwiegend Erzähler u. Dramatiker.
Eigene Werke: Über den Zeiten (Dramat. Dichtung) 1902; Kunstkaufleute (Roman aus der Theater- u. Journalistenwelt) 1906; Die Theatergründung (Komödie) 1907; Karten (Drama) 1909; Weltbeglücker (5 Einakter) u. a.

Jellouschegg, Adolf, geb. 31. Jan. 1874 zu Leoben (Steiermark), gest. 14. Okt. 1939 zu Braunschweig, Schüler des Mozarteums in Salzburg, war zuerst Bratschist u. betrat 1899 als Sänger die Bühne in Braunschweig, wo er verblieb. 1935 nahm er seinen Abschied. Sein Rollengebiet war sehr groß u. beschränkte sich nicht auf ein bestimmtes Fach (Baßbuffo, Seriöser- u. Lyrischer Tenor). Hauptrollen: Kaspar („Der Freischütz"), Daland („Der fliegende Holländer"), Figaro („Figaros Hochzeit"), Mikado („Der Mikado") u. a.
Literatur: Anonymus, A. Jellouschegg (Almanach des Herzogl. Braunschweig. Hoftheaters) 1909.

Jelusich, Mirko, geb. 12. Dez. 1886 zu Semil in Böhmen, Sohn eines kroatischen Eisenbahners u. einer sudetendeutschen Mutter, studierte in Wien (Doktor der Rechte), nahm am Ersten Weltkrieg als Artillerie-Offizier teil, wurde 1916 invalid, u. war dann als Filmdramaturg, Bankbeamter u. Journalist, schließlich nach dem Einzug Hitlers vorübergehend als Burgtheaterdirektor tätig. Erzähler u. Dramatiker.
Eigene Werke: Das große Spiel (Schauspiel) 1912; Abisag von Sunem (Schauspiel) 1915; Die Prinzessin von Lu (Schauspiel) 1916; Der gläserne Berg (Schauspiel) 1917; Don Juan (Trauerspiel) 1918; Die schöne Dame ohne Dank (Komödie) 1921; Cromwell (Schauspiel) 1934; Samurai (Schauspiel) 1942.

Jena, Universitätsstadt in Sachsen-Weimar, besaß seit 1872 ein Stadttheater, das 1947 umgebaut u. 1950 mit dem Deutschen Nationaltheater in Weimar verbunden wurde. Seit 1904 verfügte die Stadt im Volkshaus daneben über eine zweite Bühne. Bekannt auch durch seine Lutherfestspiele.
Literatur: Gustav Richter, Das Jenaer Lutherfestspiel 1889.

Jenatsch, Georg (genannt Jürg Jenatsch, 1596—1639), protest. Prediger u. militärpolitischer Führer in Graubünden, erschlug seinen Gegner Pompejus Planta, das Haupt der kath. Partei im Engadin u. Verbündeten der Spanier, erkämpfte sich u. den Seinen die Heimat, indem er, katholisch geworden, mit Hilfe der ehemaligen Gegner die Franzosen zum Abzug zwang, wurde jedoch schließlich selbst das Opfer eines Mordanschlages, an dem Plantas Sohn teilnahm. Bühnenheld.
Behandlung: P. C. v. *Planta,* Ritter Rudolf Planta (Schauspiel) 1849; ders., Rhätische Parteigänger (Trauerspiel) 1864; Arnold v. *Salis,* G. Jenatsch (Drama) 1868; Th. v. *Saussure,* J. oder Graubünden während des Dreißigjährigen Kriegs (Drama) 1893; Richard *Voss,* J. J. (Trauerspiel) 1893; Rudolf *Balm,* G. J. (Trauerspiel) 1894; P. C. v. *Planta,* G. J. (Trauerspiel: Vermischte Dichtungen) 1897; Samuel *Plattner,* J. J. (Trauerspiel) 1901; Robert an der *Thur* (= R. Löhrer), Herzog Heinrich von Rohan (Trauerspiel) 1911; Gaudenz v. *Planta,* J. u. Lucretia (Drama) 1914; Heinrich *Brantmay,* J. J. (Trauerspiel) 1927; Heinrich *Kaminslai,* J. J. (Opern-Drama) 1929; Otto *Rombach,* J. J. (Drama) 1932; Hans *Mühlestein,* Der

Diktator u. der Tod (Tragödie) 1933; Herbert *Eckert*, J. J. (Drama) 1935; Rudolf *Joho*, J. J. (Drama) 1936.
Literatur: Balzer *Gertmann*, G. Jenatsch in der Literatur (Diss. Bern) 1946.

Jenbach, Bela, geb. 1. April 1871 zu Miskolcz in Ungarn, lebte als Operettenlibrettist in Wien.
Eigene Werke: Die Csardasfürstin 1915 (mit Leo Stein); Das Hollandweibchen 1920 (mit dems.); Die blaue Mazur 1920 (mit dems.); Paganini 1925 (mit Paul Knepler); Der Zarewitsch 1927 (mit Heinz Reichert) u. a.

Jenckel, Helga, geb. um 1925 zu Hamburg, besuchte das Konservatorium in Köln, sang 1951 die Pauline in „Pique Dame" u. die Vera Boronel im „Konsul", ging 1952 nach Wiesbaden u. kehrte 1953 wieder nach Köln zurück. Weitere Hauptrollen: Cherubin („Figaros Hochzeit"), Hänsel („Hänsel u. Gretel"), Schwertleite („Die Walküre"), Fatima („Oberon") u. a.

Jendersky, Karl von, geb. 20. Juli 1835 in Galizien, gest. 9. Mai 1886 zu Prag, einem 1683 geadelten, in Polen beheimateten Geschlecht entstammend, studierte in Leipzig die Rechte, wandte sich jedoch bald der Bühne zu, die er 1855 in Halle betrat u. wirkte dann als Held in Stettin, Elbing, Rostock, Weimar, Oldenburg, Petersburg, Köln, ferner auch als Regisseur in Graz, Amerika, Berlin (Nationaltheater), 1874—79 in Stuttgart (Hoftheater), 1879—80 wieder in Berlin (Belle-Alliance-Theater), 1881—82 in Köln (Stadttheater), 1882—84 in Leipzig, hierauf am Deutschen Theater in Moskau u. schließlich am Deutschen Landestheater in Prag. Auch als Novellist u. Übersetzer fremdländischer Bühnentexte trat er hervor.
Literatur: Eisenberg, K. v. Jendersky (Biogr. Lexikon) 1903.

Jenichen, Adolfine, geb. 16. Juli 1823 zu Gotha, gest. 30. Nov. 1905 das., wirkte als Komische Alte u. in Mütterrollen in Zwickau, Marienwerder, Jauer, Sagan u. a.

Jenicke, Hildegard s. Obrist, Hildegard.

Jenke, Antonie s. Rodius-Jenke, Antonie.

Jenke, Carl, geb. 29. März 1809 zu Grünberg in Preuß.-Schlesien, gest. 6. Mai 1886 zu

München, war Komiker u. Charakterdarsteller zuerst bei Wandertruppen, seit 1832—34 in Kassel, 1834—37 unter Immermann in Düsseldorf, 1837—57 in Oldenburg (seit 1854 hier auch Direktor), 1857—62 Schauspieler u. Regisseur in Wiesbaden, 1862—63 Opernregisseur in Rotterdam u. 1863—79 Regisseur des Hoftheaters in München. Gastspiele führten ihn nach Hamburg, Weimar, Braunschweig, Stuttgart, Berlin. Bearbeiter Byrons u. Shakespeares. Hauptrollen: Truffaldino („Der Diener zweier Herren"), Bückling („Frei nach Vorschrift"), Schelle („Die Schleichhändler"), Deveroux („Wallenstein") u. a. Gatte von Veronika Meisselbach.

Jenke, Elisabeth (Ella), geb. 16. Sept. 1857 zu Wiesbaden, gest. 11. März 1937 zu München, Tochter von Carl J. u. Schwester von Antonie Rodius-J., war bis 1878 Schauspielerin am Stadttheater in Augsburg, 1878—90 am Gärtnerplatz in München u. 1889—90 bei den „Münchnern" (s. d.). Hauptrollen: Klärchen, Pfefferrösel u. a.

Jenke, Heinrich, geb. 1822, gest. 7. Aug. 1906 zu Salzburg, war 60 Jahre bühnentätig, davon ein halbes Jahrhundert in Salzburg als Komiker u. Charakterliebhaber, zeitweise auch als Leiter des dort. Stadttheaters u. des Kurtheaters Ischl.

Jenke, Jenny s. Dessoir, Ferdinand.

Jenke (geb. Meisselbach), Veronika, geb. 1811 zu Stettin, gest. 20. März 1841 zu Oldenburg, Schauspielerkind, begann ihre Bühnenlaufbahn in Lübeck, wirkte dann als Sängerin u. Schauspielerin seit 1828 in Magdeburg u. Leipzig, 1832 in Frankfurt a. M., 1833—35 in Kassel, 1835—37 unter Immermann in Düsseldorf u. 1837—40 in Oldenburg. Gastspiele, auch gemeinsam mit ihrem Gatten Carl J., führten sie u. a. nach Berlin, Meiningen, Hamburg, Kopenhagen. Hauptrollen: Ännchen, Zerline, Fidelio, Medea, Agathe, Lady Milford, Königin Elisabeth u. a.
Literatur: Eisenberg, V. Jenke (Biogr. Lexikon) 1903.

Jenny, Albert (Geburtsdatum unbekannt), gest. 20. April 1906 zu Znaim, wirkte als Bühnenleiter in Czernowitz, Iglau, Leitmeritz, zuletzt am Stadttheater in Znaim.

Jenny, Dorit, geb. um 1904, gest. 2. März 1929 zu Breslau (durch Selbstmord), der Familie des Vorigen zugehörig, wirkte als Operettensängerin am Breslauer Stadttheater.

Jenny, Hermann, geb. 1843, gest. 9. Juli 1905 zu Baden bei Wien, war Schauspieler in Freiberg (Sachsen) u. a.

Jenny (geb. Liebner, verwitw. Ludwig), Marie, geb. 3. Mai 1861 zu Breslau, gest. 17. Febr. 1917 zu Basel. Schauspielerin.

Jenny, Rudolf Christoph, geb. 23. Mai 1858 zu Stuhlweißenburg in Ungarn, gest. 18. Febr. 1917 zu Graz, Sohn eines aus Tirol stammenden Steuerbeamten, war zuerst Offizier, dann Schauspieler in Linz, hörte an der Deutschen Universität Prag Vorlesungen u. kam über Wien 1898 nach Innsbruck, wo er zuerst Schriftleiter der „Innsbrucker Nachrichten" u. 1900 Herausgeber der journalistisch-satir. Wochenschrift „Der Tiroler Wastl" wurde. Erzähler u. Dramatiker. *Eigene Werke:* Das Leiden Christi oder Das Passionsspiel (Dramat. Gedicht) 1888; Oswald v. Wolkenstein (Drama) 1891; Die Heimkehr (Singspiel) 1892; Not kennt kein Gebot (Volksstück); Die Künstlerkneipe (Drama) 1895; Weihnachtsmärlein (Volksstück) 1896; Der Nornengünstling (Märchendrama) 1898; Das Heimchen am Herd = 's Hoamele (Märchenspiel nach Dickens) 1899; Die Sünden der Väter (Volksstück) 1902 u. a.

Jensen, Eugen s. Jacobsen, Eugen.

Jensen, Heinrich, geb. um 1878, gest. 3. März 1942 zu Wien, war Schauspieler u. a. am Wiener Operettentheater u. verschiedenen Bühnen das.

Jensen, Paul, geb. 20. März 1850 zu Königsberg in Preußen, gest. 22. März 1931 zu Karlsruhe, entstammte einer Musikerfamilie, begann seine Bühnenlaufbahn als Schauspieler in Görlitz, kam über Freiburg im Brsg. u. Königsberg 1870 ans Thaliatheater in Hamburg, dessen Mitglied er elf Jahre war. Von Eugen Gura (s. d.) für die Oper entdeckt, fand er sein erstes Engagement als Bariton 1881 in Köln, wirkte 1882—96 am Hoftheater in Dresden, dessen Leitung er 1896—97 innehatte u. war gleichzeitig seit 1886 auch Lehrer am dort. Konservatorium. 1900 übernahm er die Leitung des Frankfurter Opernhauses u. führte sie bis 1921 als Intendant. Hauptrollen: Alberich, Beckmesser, Papageno u. a.

Jensen, Walter, geb. 23. Mai 1887 zu Gernsbach im Schwarzwald, war Regisseur am Stadttheater in Basel u. verfaßte parodistische Opernlibretti u. Kindermärchenspiele. *Eigene Werke:* Operndämmerung (Parodist. Opernführer in Reimen) 1924; Der Kreuzfahrer (Opernlibretto) o. J. u. a.

Jensen, Wilhelm, geb. 15. Febr. 1837 zu Heiligenhofen in Holstein, gest. 14. Nov. 1911 zu Thalkirchen bei München, Sohn eines Landvogts auf Sylt, studierte in Kiel, Würzburg u. Breslau u. betätigte sich als Journalist u. a. in Stuttgart u. Flensburg. Seit 1888 lebte er abwechselnd in München, Florenz u. am Chiemsee in Bayern. Vorwiegend Erzähler, aber auch Dramatiker. *Eigene Werke:* Dido (Trauerspiel) 1870; Juana von Kastilien (Trauerspiel) 1871; In Wettolsheim (Dramat. Gedicht) 1884; Der Kampf fürs Reich (Trauerspiel) 1884; Der Ulmenkrug (Schattenspiel) 1908.

Jentson, Mary, geb. (Datum unbekannt) zu Dorpat, gest. 25. Okt. 1916 auf Schloß Meretinzen bei Pettau in der Steiermark (an Flecktyphus als Kriegerpflegerin), war Schauspielerin am Intimen Theater in Nürnberg. Hauptrollen: Marfa („Die Macht der Finsternis"), La Mariotte („Die Knospe"), Betty („Das Exempel"), Rose („Noblesse oblige"), Frosine („Der Geizige") u. a.

Jephtha, nach dem Alten Testament Richter in Israel (aus Gilead), rettete sein Volk vor den Ammonitern (Moabitern), worauf jedoch seine Tochter einem Gelübde zufolge den Opfertod auf dem Altar fand. Der tragische Widerstreit von Gehorsam, Gelübde u. Liebe regte viele Dramatiker an. *Behandlung:* Hans Sachs, Der Jepte mit seiner Tochter (Tragödie) 1555; G. Buchanan, Jephthes (lat. Tragödie) 1557; J. C. *Luminaeus,* Jephthe (lat. Tragödie) 1613 (2. Bearbeitung 1628); J. *Balde,* Jephthes (lat. Tragödie) 1654; Christian *Weise,* Der Tochtermord, welchen J. unter dem Vorwande eines Opfers begangen hat (Tragödie) 1679; L. F. *Hudemann,* Das Schicksal der Tochter Jephthes (Tragödie) 1767; A. *Jais,* Das Opfer des Jephthe (Singspiel) 1778; J. L. *Gericke,* Die Opferung Jephthes (Tragödie) 1785; J. S. v. *Rittershausen,* Die Tochter Jephthae (Trauerspiel) 1790; K. G. *Prätzel,* Jephthas Gelübde (Tragödie) 1805; J. L. *Ewald,* Mehala, die Jephthaidin (Schauspiel mit Chören) 1808; A. *Schreiber,* Das Gelübde des J. (Text zu Meyerbeers Oper)

1812; K. L. *Kannegießer*, Mirza, die Tochter Jephthas (Tragödie) 1818; Ludwig *Robert*, Die Tochter Jephthas (Trauerspiel) 1820; F. A. v. *Seubert*, Die Tochter Jephthas (Oper) 1841; J. M. *Hutterus*, J. u. seine Tochter (Trauerspiel) 1856; E. *Kreuzhage*, Die Tochter Jephthas (Lyr. Tragödie) 1861; Ludwig *Freytag*, J. (Dramat. Gedicht) 1871; Katharina *Diez*, Jephthas Opfer (Tragödie) 1875; A. *Barnstorff*, J. (Tragödie) 1883; Theodor *Sylvester*, J. (Tragödie) 1890; Ferdinand *Ruh*, J. (Schauspiel) 1920; Ernst *Lissauer*, Das Weib des J. (Schauspiel) 1928; Ludwig *Hammerschmidt*, J. (Trauerspiel) 1928.
Literatur: Joseph *Pohl*, Jephthas Tochter (Untersuchungen u. Quellen zur german. u. röm. Philologie-Festschrift J. v. Kelle 2. Teil) 1908; Johannes *Porwig*, Der Jephtha-Stoff in der deutschen Dichtung (Diss. Breslau) 1932.

Jeremias, alttestamentarischer Prophet in Jerusalem, weissagte die Zerstörung der Stadt, verließ diese dann mit den übriggebliebenen Bewohnern, zog nach Ägypten u. wurde dort gesteinigt. Dramatischer Held.
Behandlung: Thomas *Naogeorg*, Hieremias (lat. Tragödie) 1551 (deutsch von Wolfarth Spangenberg 1603); Hans *Sachs*, Der Prophet Jeremias samt der Gefängnis Juda (Tragödie) 1556; Michael *Pharetratus*, J. propheta captivus (lat. Tragikomödie) 1598; H. *Weber*, Jeremia (Bibl. Drama) 1889.
Literatur: P. *Staude*, Jeremia in Malerei u. Dichtkunst (Pädagog. Magazin 316. Heft) 1907.

Jeremias, Ludwig s. Arnsburg, Ludwig.

Jerger, Alfred, geb. 9. Juni 1889 zu Brünn, besuchte das dort. Gymnasium u. das Konservatorium in Wien, wurde 1914 Kapellmeister in Zürich, 1915 Schauspieler, 1917 Opernsänger, kam 1919 an die Staatsoper in München u. folgte 1921 einem Ruf von Richard Strauß an die Hofoper in Wien. 1934 Kammersänger, später auch Regisseur u. Direktionsrat das. Hauptrollen: Hans Sachs, Fliegender Holländer, Wotan, Don Juan, Figaro, Bartolo u. a
Literatur: Karl *Marilaun*, Gespräch mit A. Jerger (Neues Wiener Journal 23. Sept.) 1922; J., H. Roswaenge u. A. J. (Die Presse, Wochenausgabe 14. März) 1953.

Jerichow (geb. v. Hohenstein), Lydia, geb.

1879 zu Neuyork, gest. 29. Mai 1907 zu Altona, war am dort. Schillertheater als vielseitige Soubrette tätig. Gattin des Kapellmeisters J.

Jeritza, Maria s. Seery, Maria.

Jérôme, König von Westfalen (1784—1860), Bruder Napoleons I., führte von 1807 bis zum Sturz seiner Herrschaft 1813 in Kassel einen üppigen Hofhalt, weshalb er den Spitznamen „König Lustik" erhielt. Bühnenfigur.
Behandlung: Erich *Riede*, König Lustik (Oper, Text von Reinhold Scharnke) 1951.

Jerrmann, Eduard, geb. 1798 zu Berlin, gest. 4. Mai 1859 das., zuerst Landwirt, dann Buchhändler in Leipzig, wandte sich 1819 in Würzburg der Bühne zu, kam nach München u. erregte als Charakterdarsteller seit 1821 in Leipzig durch sein leidenschaftliches Spiel immer mehr Aufsehen. 1824—30 wirkte er in Augsburg, Wien u. Königsberg, studierte hierauf beim berühmten Talma in Paris u. trat schließlich auch im Théâtre français auf. Seit 1832 spielte er in den größten Städten Deutschlands, Rußlands u. riß das Publikum zu Begeisterungsstürmen hin. Längeren Aufenthalt nahm er nur in Mannheim (1836—42), hier auch als Regisseur tätig, u. wirkte seit 1850 ständig als Mitglied des Hoftheaters in Berlin. Auch literarisch trat er hervor. Mitarbeiter an der „Deutschen Reform". Publizist, Dramatiker, Erzähler u. Übersetzer. Hauptrollen: Franz Moor, Karl Moor, Lear u. a.
Eigene Werke: Pariser Fragmente aus meinem Theaterleben 1833; Das Wespennest oder Der Kölner Karneval. Fragmente aus meinem Theaterleben 1833; Reue u. Bekenntnisse 1836; Die Armen von Paris (Schauspiel) o. J. u. a.
Literatur: Gosch, Abgedrungene Notwehr des Schauspielers Jerrmann gegen verleumderische u. unsittliche Schmähungen, dem Publikum in Form von Theaterkritiken übergeben (Beilage zur Eos, München Nr. 43) 1832; Bernhard *Rave*, Köln u. E. J. 1836; *Eisenberg*, E. J. (Biogr. Lexikon) 1903; H. A. *Lier*, E. J. (A. D. B. 51. Bd.) 1906.

Jerrmann, Elisabeth, geb. 1. Sept. 1839 zu Mannheim, gest. 30. Juli 1916 zu Hamburg-Uhlenhorst, war Heroine u. Anstandsdame u. a. in Freiburg im Brsg., Kiel, Zürich, Stettin u. Hamburg. Hauptrollen: Olga („O, diese Männer"), Athenais („Das Kind des Glücks"), Angelika („Wenn man im Dunkeln küßt") u. a.

Jerschke, Oskar, geb. 17. Juli 1861 zu Lähn in Preuß.-Schlesien, gest. 3. Aug. 1928 zu Bozen-Gries, Sohn eines Festungsbaumeisters, studierte in Berlin u. Straßburg die Rechte u. ließ sich hier, später in Berlin, als Rechtsanwalt nieder. Bühnenschriftsteller. S. auch Holz, Arno.
Eigene Werke: Traumulus (Tragikomödie) 1904 (mit Arno Holz); Gaudeamus (Festspiel) 1908 (mit dems.); Büxl (Komödie) 1911 (mit dems.); Mein deutsches Vaterland (Schauspiel) 1916.

Jerwitz, Louise, geb. 4. Sept. 1862, gest. 31. März 1949, einer alten Theaterfamilie entstammend, betrat schon als vierjähriges Kind die Bühne, wirkte dann als Schauspielerin in Altenburg, Braunschweig, Kassel, Heidelberg, Bremen, Hamburg, Leipzig, Chemnitz u. Dresden. Gastspiele führten sie nach Rußland u. Rumänien. Ihre letzte Wirkungsstätte war Berlin. Hauptrollen: Liese („Deborah"), Wilhelmine („Der Registrator auf Reisen"), Albertine („Hasemanns Töchter"), Armgard („Wilhelm Tell"), Frau Kulicke („Ums goldne Kalb") u. a.

Jerwitz (geb. Cischefsky), Mathilde, geb. 24. Juni 1817, gest. 23. April 1898 zu Leipzig, war Schauspielerin in Berlin u. a.

Jeschke (Ps. Arnold), Ernst, geb. 12. Febr. 1892 zu Wien, Bruder des Folgenden, begann als Gesangskomiker 1912 am Stadttheater in Reichenberg, war 1914—19 Operettensänger u. Komiker am Stadttheater in Graz u. seit 1919 am Carltheater u. a. Operettentheatern in Wien. Auch Komponist von Wiener Liedern. Hauptrollen: Kilian, Eisenstein, Straubinger u. a.

Jeschke, Friedrich Arnold Heinrich (Ps. Fritz Imhoff), geb. 6. Jan. 1891 zu Wien, Bruder des Vorigen, besuchte die Handelsakademie, bildete sich dann für die Operette aus, begann seine Bühnenlaufbahn in Troppau, war 1913—14 in Baden bei Wien, 1916—19 in Brünn u. seither im Theater an der Wien u. a. Bühnen in Wien tätig. Gastspiele führten ihn durch ganz Deutschland u. Holland, nach Prag, Budapest, Paris u. mit Richard Tauber auch in die Schweiz u. nach Italien. 1945—48 Leiter des Raimundtheaters in Wien.

Jesnitzer, Selma s. Erdmann-Jesnitzer, Selma.

Jesse (geb. Reinecke), Mathilde, geb. 13. Juli 1839 zu Hannover, gest. 17. Mai 1895 zu München, wirkte an der Theaterdirektion ihres ersten Gatten Theodor Ulrichs (geb. 20. Sept. 1833 zu Peine, gest. 21. Aug. 1874 zu Kiel) mit u. leitete 1874—76 selbständig das Stadttheater in Kiel bis zur Übernahme durch ihren zweiten Gatten Richard J.

Jesse, Richard, geb. 7. Sept. 1848 zu Neusalz an der Oder, gest. 14. Febr. 1936 zu Kolberg, humanistisch gebildet, begann seine Bühnenlaufbahn am Urania-Theater in Berlin, war dann Held u. Jugendlicher Liebhaber das., in Amsterdam, Altenburg u. Kiel, wo er 1876 die Leitung des Stadttheaters führte, 1879—82 Theaterdirektor in Lübeck u. 1882—88 in Posen, während der Sommerspielzeit auch in Kolberg. 1889—1909 leitete er das Theater in Chemnitz u. übernahm hierauf die Intendanz des dort. neuerbauten Opernhauses.

Jessel, Leon, geb. 22. Jan. 1871 zu Stettin, gest. 1942 zu Berlin, humanistisch gebildet, studierte Musik u. war Kapellmeister an den Theatern in Bielefeld, Kiel, Stettin, Chemnitz, Lübeck u. a. Operettenkomponist.
Eigene Werke: Die beiden Husaren 1913; Schwarzwaldmädel 1917; Verliebte Frauen 1920; Die Postmeisterin 1921; Schwalbenhochzeit 1921; Des Königs Nachbarin 1924; Die goldene Mühle 1936 u. a.

Jessen, Colla s. Jürgensohn, Nikolaus.

Jessen, Hermann, geb. 12. Dez. 1870 zu Wien, ausgebildet am dort. Konservatorium, betrat 1898 in Troppau die Bühne, wirkte als Heldenbariton in Graz, Riga u. seit 1904 wieder in Graz, 1907—11 als Gast an der Hofoper in Wien u. a. Hauptrollen: Hans Sachs, Wotan, Holländer, Wolfram, Telramund, Heiling, Don Juan, Nelusko u. a.

Jessen, Hugo, geb. 29. Aug. 1867 zu Glückstadt in Holstein, gest. 8. Jan. 1906 zu Göttingen, Sohn eines Sanitätsrats, direkter Nachkomme Martin Luthers, studierte in München Medizin, nahm dann bei August Niemann (s. d.) dramatischen Unterricht u. debütierte 1889 als Ferdinand in „Kabale u. Liebe" in Lübeck, wo er bis 1892 blieb, ging dann als Bonvivant u. Jugendlicher Liebhaber ans Deutsche Volkstheater in Wien u. war 1894—1904 am Hoftheater in Stuttgart tätig. Hauptrollen: Bolz, Veilchenfresser, Reif-Reiflingen, Naukleros u. a.

Jessen, Paul (Ps. Jan Günn), geb. 9. März 1896 zu Kiel, lebte in Brandsbek. Erzähler u. Dramatiker.

Eigene Werke: De Bur op'n Wittenhoff (Spiel) 1937; Napolium (Spiel) 1938; Dat Kind o. J. u. a.

Jessen-Tondeur, Margarethe s. Tondeur, Elisabeth.

Jeßner, Leopold, geb. 3. März 1878 zu Königsberg in Preußen, gest. 30. Okt. 1945 zu Hollywood, war zuerst Schauspieler an verschiedenen Bühnen, 1905—15 Oberspielleiter am Thaliatheater in Hamburg, 1915—19 Direktor des Neuen Schauspielhauses in Königsberg, 1919—30 Intendant u. schließlich Generalintendant der Staatl. Schauspiele in Berlin u. Direktor der dort. Schauspielschule. Eigenartig durch seine Inszenierungskunst, aus der Idee eines Stückes heraus durch symbolische Mittel ihre Wirkung zu vertiefen, z. B. indem er eine Treppe als Spielfläche für gesteigerte Bewegungen benützte. Aufsehen erregten seine Inszenierungen von Richard III., Wilhelm Tell, Marquis von Keith u. a. Nach Hitlers Machtergreifung sah er sich gezwungen, Deutschland zu verlassen.

Literatur: M. *Berg,* Das deutsche Theater u. L. Jeßner (Deutsche Kunstschau 1. Jahrgang) 1924; I. *Tanneberger,* L. J. als Regisseur (Baden-Badener Bühnenblätter 7. Jahrgang) 1927; J. *Bab,* L. Jeßners theatralische Sendung 1927—28; K. Th. *Bluth,* L. J. 1928; Felix *Ziege,* L. J. u. das Zeit-Theater 1928; F. *Engel,* Die neuen 5 Jahre. J. bleibt (Berliner Tageblatt Nr. 277) 1929; Emil *Pirchan,* Erinnerungen an L. J. (Die Neue Zeitung Nr. 44) 1951.

Jester, Ernst, geb. 9. Okt. 1743 zu Königsberg in Preußen, gest. 14. April 1822 das., Beamtensohn, studierte in Königsberg (u. a. bei Kant), wurde in Berlin mit Lessing bekannt, war preuß. Gesandtschaftssekretär in Wien, dann Bibliothekar an der Universitätsbibliothek, Kriegs-, Domänen- u. Präsidialrat u. schließlich Oberforstmeister in seiner Vaterstadt. Komödiendichter, Verfasser von Operntexten u. Übersetzer.

Eigene Werke: Das Duell (Lustspiel) 1768; Die junge Indianerin (Lustspiel) 1877; Vier

Narren in einer Person (Parodie) 1781; Die erzwungene Einwilligung (Lustspiel) 1781; Der Dorfprediger (Schauspiel) 1782; Der Wunder-Igel (Kom. Oper) 1793 u. a.

Literatur: E. *Hess,* F. E. Jester (A. D. B. 13. Bd.) 1881; Carl *Diesch,* F. E. J. (Altpreuß. Biographie 1. Bd.) 1941.

Jesuiten, Mitglieder der Gesellschaft Jesu, sind seit Gründung des Ordens immer wieder, aber zumeist mit polemischer Tendenz, auch in Dramen usw. gestaltet worden.

Behandlung: J. F. *Hagemeister,* Die Jesuiten (Schauspiel) 1787; J. W. *Christern,* Der J. (Drama) 1845; P. *Erdt,* Der J. (Schauspiel) 1846; Joseph *Pape,* Friedrich v. Spee (Trauerspiel) 1857 (Neuausgabe als: Berta Maria); Paul *Wichmann,* Die Tochter des J. (Tragödie) 1878; J. *Kuoni,* Der Jesuitenstreit (2 Dramen) 1881; R. *Werner,* Der Jesuit (Tragödie) 1891; Fritz *Droop,* Der Mannheimer J. (Drama) 1927; F. Th. *Csokor,* Gottes General (Drama) 1939; Fritz *Hochwälder,* Das heilige Experiment (Drama) 1947.

Jesuitendrama s. Jesuitentheater u. Ordensdrama.

Jesuitentheater, die Bühne eines Gymnasiums der Gesellschaft Jesu, zur Aufführung anfangs ausschließlich lateinischer, später auch deutscher Stücke durch Angehörige der Anstalt, prunkhaft im Barockstil ausgestattet. Den lat. Stücken war gewöhnlich ein summar. Bericht in deutscher Sprache beigegeben.

Literatur: Karl v. *Reinhardstöttner,* Zur Geschichte des Jesuitendramas in München (Jahrbuch für Münchner Geschichte 3. Bd.) 1889; Jakob *Zeidler,* Studien u. Beiträge zur Geschichte der Jesuitenkomödie u. des Klosterdramas (Theatergeschichtliche Forschungen 4. Bd.) 1891; P. *Bahlmann,* Das Jesuitendrama der niederrheinischen Ordensprovinz 1895; G. *Lühr,* Vierundzwanzig Jesuitendramen der niederrheinischen Ordensprovinz (Altpreußische Monatsschrift 38. Bd.) 1901; N. *Nessler,* Das Jesuitendrama in Tirol (Progr. Brixen) 1906; Willi *Harring,* A. Gryphius u. das Drama der Jesuiten (Hermaea 5. Bd.) 1907; Alfred *Fritz,* Florentinus (1690) u. Theophilus (1722), zwei unbekannte Aachener Jesuitendramen (Zeitschrift des Aachener Geschichtsvereins 30. Bd.) 1908; Ewald *Reinhard,* Ein Beitrag zur Geschichte der Jesuitenbühne (Zeitschrift des Vereins für rhein. u. westfäl.

Volkskunde 6. Bd.) 1909; E. *Hövel*, Der Kampf der Geistlichkeit gegen das Theater in Deutschland im 17. Jahrhundert (Diss. Münster) 1916; Josef *Ehret*, Das J. in Freiburg in der Schweiz 1921; Alfred *Happ*, Die Dramentheorie der Jesuiten (Diss. München) 1923; Willi *Flemming*, Geschichte des Jesuitentheaters in den Landen deutscher Zunge (Schriften der Gesellschaft für Theatergeschichte 32. Bd.) 1923; ders., Jesuitendrama (Reallexikon 2. Bd.) 1926—28; ders., Jesuitentheater (Ebda.) 1926—28; Johannes *Müller*, Das Jesuitendrama in den Ländern deutscher Zunge vom Anfang (1555) bis zum Hochbarock (1665) 2 Bde. 1930 (Schriften zur deutschen Literatur 7. u. 8. Bd.); H. *Schiffers*, Die Heiligtumsdramen der Jesuiten (In: Kulturgeschichte der Aachener Heiligtumsfahrt) 1930; F. *Rediger*, Zur dramat. Literatur der Paderborner Jesuiten (Diss. Münster) 1935; H. *Becher*, Die geistige Entwicklungsgeschichte des Jesuitendramas (Deutsche Vierteljahrsschrift 19. Jahrg.) 1941; Hermann *Pschorn*, Der Jesuitenorden als Stoffquelle moderner Dramendichtung (Deutsche Vierteljahrsschrift 19. Jahrg.) 1947; C. M. *Haas*, Das Theater der Jesuiten in Ingolstadt (Diss. Münster) 1948; Leopold *Kretzenbacher*, Jesuitendrama im Volksmund (Volk-u.-Heimat-Festschrift V. v. Geramb) 1949; Albert *Carlen*, 250 Jahre Studententheater im deutschen Wallis 1950; Wilhelm *Jerger*, Zur Geschichte des Jesuitentheaters in Luzern (Heimatland Nr. 12, Beilage zum Vaterland, Luzern) 1952.

Jesus Christus, seine Lebens- u. Leidensgeschichte, ganz oder teilweise, wurde seit Beginn der deutschen Literatur unaufhörlich dichterisch behandelt, im Mittelalter zumeist in dramatischer Form (Passionsspiele).

Behandlung: Ludus de nativitate domini u. *De passione domini* von *Benediktbeuren* o. J.; *St. Gallener* u. a. Passionsspiele im 13. u. 14. Jahrhundert; Heinrich *Knaustinus*, Spiel von der Geburt Jesu 1541; Jakob *Ruof*, Geistl. Spiel von der Geburt Christi 1552; S. *Wild*, Geburt, Passion u. Auferstehung Christi 1566; H. *Hirtzwigius*, Jesulus (lat. Schauspiel) 1613; K. *Dedekind*, Sterbender Jesus u. Siegender Jesus (Geistl. Schauspiel) 1670; B. *Krüger*, Spiel von dem Anfang u. Ende von Jesus Christus 1679; J. *Jacobi*, Der um unserer Missetat willen verwundete Jesus (Trauerspiel) 1680; J. G. *Scharff*, Passions- u. Jesusspiel 1719; J. S. *Patzke*, Die Leiden Jesu (Schauspiel) 1780; Otto *Consentius*, Jesus (Tragödie) 1840;

Otto *Ludwig*, Christus (Schauspiel, Fragment) um 1840; C. S. *Wiese*, Jesus (Schauspiel) 1844; Richard *Wagner*, Jesus von Nazareth (Tragödie) 1848 (gedr. 1887); Albert *Dulk*, Jesus der Christus (Schauspiel) 1865; O. F. *Gensichen*, Der Messias (Trilogie) 1869; N. Graf *Rehbinder*, Jesus von Nazareth (Tragödie) 1875; Oskar *Linke*, Jesus Christus (Drama) 1880; Friedrich v. *Hindersin*, Jesus (Schauspiel) 1887; Viktor v. *Hardung*, Die Kreuzigung Christi (Schauspiel) 1889; Ludwig *Kelber*, Jesus Christus (Schauspiel) 1894; H. Th. *Bauer*, Christ ist geboren u. a. Weihnachtsspiele 1895; Rudolf v. *Prochazka*, Christus (Melodrama) 1901; J. *Wiegand*, Golgatha (2 Dramen) 1904; Hermann *Kurz*, Jesus Christus (Schauspiel) 1905; J. A. *Feddersen*, Jesus (Dramat. Dichtung) 1906; Daniel *Greiner*, Jesus (Drama) 1907; Wilhelm *Koppelmann*, Jesus (Drama) 1910; Otto *Krause*, Bruder Jesus (Drama) 1910; Walter *Nithack-Stahn*, Das Christusdrama 1912; Georg *Fuchs*, Christus (Passionsspiel) 1916; Georg *Lange*, Jesus Christus (Drama) 1918; Bernd *Isemann*, Christus (Drama) 1921; Max *Mell*, Das Nachfolge-Christi-Spiel 1927; August *Schmidlin*, Jesus von Nazareth (Dichtung) 1928; Jakob *Klaesi*, Christus (Dramat. Messe) 1946 u. a.

Literatur: K. *Weinhold*, Weihnachtsspiele 1853; W. *Pailler*, Weihnachtslieder u. Krippenspiele aus Oberösterreich 2 Bde. 1881; Theodor *Kappstein*, Die Gestalt Jesu in der modernen Dichtung (Bühne u. Welt 8. Jahrgang) 1906; Arthur *Luther*, Jesus u. Judas in der Dichtung 1910; Paul *Friedrich*, Das Christusdrama der Gegenwart (Bühne u. Welt 14. Jahrg.) 1912; Dorothea *Lange*, Das Christusdrama des 19. u. 20. Jahrhunderts (Diss. München) 1921; K. V. Chr. *Schmidt*, Die Darstellung von Christi Höllenfahrt in den deutschen u. ihnen verwandten Spielen des Mittelalters (Diss. Marburg) 1925; Heinrich *Spiero*, Die Heilandsgestalt in der neueren deutschen Dichtung 1926; Hermann *Beckh*, Das Christuserlebnis im Dramatisch-Musikalischen von R. Wagners Parsifal 1930; Karl Wilhelm *Reusler*, Christusdramen (Das deutsche Drama 4. Bd.) 1932.

Jhering, Herbert, geb. 29. Febr. 1888 zu Springe bei Hannover, einer alten ostfriesischen Familie entstammend, studierte in Freiburg im Brsg., München u. Berlin, wurde Mitarbeiter an der „Schaubühne" Siegfried Jacobsohns, während des Ersten Weltkriegs Dramaturg u. Regisseur der Volksbühne in Wien, dann Theaterkritiker des Berliner „Börsencouriers". 1933 wirkte er noch kurze Zeit am „Berliner Tageblatt", wurde aber bald von der Reichspressekammer ausgeschlossen. Seit 1946 Chefdramaturg des „Deutschen Theaters" in Berlin.

Eigene Werke: Albert Bassermann 1921; Regisseure u. Bühnenmaler 1921; Der Kampf ums Theater 1922; Aktuelle Dramaturgie 1924; Die vereinsamte Theaterkritik 1928; Der Volksbühnenverrat 1928; Reinhardt, Jessner, Piscator oder Klassikertod? 1929; Die getarnte Reaktion 1930; Wir u. das Theater 1932; Emil Jannings 1941; Die Zwanziger Jahre 1948 u. a.

Jicha, Susanne s. Steinberg-Jicha, Susanne.

Jirka, Karl, geb. 21. Mai 1884 zu Wien, war Schauspieler am Deutschen Volkstheater u. an der Komödie das.

Joachim (geb. Schneeweiß, Ps. Weiß), Amalie, geb. 10. Mai 1837 zu Marburg in der Steiermark, gest. 3. Febr. 1899 zu Berlin, begann 1853 ihre Bühnenlaufbahn als Altistin in Troppau, kam 1855 über Hermannstadt an die Hofoper in Wien, 1862 nach Hannover, nahm nach ihrer Verheiratung mit dem Musikdirektor Josef J. 1863 ihren Bühnenabschied u. wirkte schließlich nur mehr als Konzert- u. Oratoriensängerin. Hauptrollen: Azucena, Fides, Orpheus u. a.
Literatur: Eisenberg, A. Joachim (Biogr. Lexikon) 1903.

Joachim, Jörg s. Niedlich, Joachim Kurd.

Joachim, Marie, geb. 31. Jan. 1868 zu Hannover, Tochter von Amalie J., Schülerin von Louise Héritte-Viardot, begann ihre Bühnenlaufbahn 1889 in Elberfeld, kam 1894 nach Dessau, 1896 nach Weimar u. 1897 nach Kassel. Besonders als Wagnersängerin anerkannt. Hauptrollen: Donna Anna, Aida, Santuzza, Fidelio, Elisabeth, Ortrud, Sieglinde, Senta u. a.

Job (auch Hiob), alttestamentarischer Held, der namenloses Leid im festen Gottesglauben als Prüfung erduldete. Seinen Seelenkampf schildert das bibl. Buch J. zur Belehrung u. zum Trost für leidende Gerechte, vor allem von Dramatikern wiederholt verwertet.
Behandlung: Anna Rupertina *Fuchs,* Hiob (Drama) 1714; Kurt *Eggers,* Job der Deutsche (Drama) 1933; H. J. *Haecker,* Hiob

(Spiel) 1937; F. J. *Weinrich,* Das Gastmahl des J. (Spiel: Begegnung Nr. 6) 1948.
Literatur: J. R. *Bünker,* Der geduldige Job, ein obersteir. Volksschauspiel (Zeitschrift für Volkskunde 11. Ergänzungsband) 1915; Josef *Hügelsberger,* Der Duldner Hiob in der deutschen Literatur (Diss. Graz) 1930.

Job, Eva s. Job, Hermann.

Job, Hermann, geb. 12. Mai 1872, war zuerst Schauspieler, seit 1898 jahrzehntelang Direktor einer eigenen Bühne in Köln, die verschiedenen Namen trug, wie Job-Stadtfeld-, Job-Classen-Theater u. nach dem Ersten Weltkrieg Jobs Lustige Bühne. Seine Gattin Eva J. wirkte als Schauspielerin seit 1892 an seiner Seite.

Jobs, Held des komischen Epos „Jobsiade, Leben, Meinungen u. Taten des Hieronimus Jobs" (1778). Bühnenfigur.
Behandlung: Otto *Hausmann,* Kandidat Jobs im Examen (Operette) 1868 (Neubearbeitung 1881); Richard *Euringer,* Die Jobsiade (Ein Luder-, Lust- u. Laienspiel) 1933; Kurt *Eggers,* Spiel von Jobs dem Deutschen 1934; Joseph *Haas,* Die Hochzeit des J. (Kom. Oper, Text von Ludwig Andersen) 1944.

Jobst (geb. Hasenclever), Julia, geb. 8. Dez. 1853 zu Remscheid - Ehringhausen, gest. 16. Jan. 1935 zu Eberswalde, entstammte einem alten Handelsgeschlecht, lebte in Köln, Naugard (Pommern) u. Eberswalde. Bühnenschriftstellerin.
Eigene Werke: Er liquidiert (Komödie) 1910; Die Wahrsagerin (Einakter) 1913; Oh, diese Kassen (Einakter) 1914; Wer führt die Braut heim (Lustspiel) 1922; Als Kurier des Königs (Lustspiel) 1926.

Jochheim, Amalie, geb. 5. Febr. 1839 zu Groß-Steinheim bei Hanau, gest. 1. Sept. 1874 zu Darmstadt, Tochter des Apothekers Karl Römheld, Gattin des Arztes J. Verfasserin von Singspielen.
Eigene Werke: Die Liebe macht alles gleich o. J.; Eine Szene aus dem Zigeunerleben o. J.

Jochum, Eugen, geb. 1. Nov. 1902 zu Babenhausen, wurde an der Staatl. Akademie der Tonkunst in München ausgebildet u. wirkte als Kapellmeister 1926—29 in Kiel, 1929—30 in Mannheim, 1930—32 als Generalmusik-

direktor in Duisburg-Hamborn, seit 1932 in Berlin, 1934 in Hamburg u. zuletzt in München.
Literatur: Kurt *Blaukopf,* E. Jochum (Große Dirigenten unserer Zeit) 1953.

Jodok s. Gumppenberg, Hans Freiherr von.

Jöhnssen, Guy, geb. 10. Febr. 1872, gest. 28. Sept. 1931 zu Berlin, Heldendarsteller u. a. in Eisenach, Göttingen, Philadelphia, Riga, Dresden u. Reval, inszenierte zuletzt die Manege-Schauspiele im Zirkus Busch in Hamburg, Berlin u. Breslau. Hauptrollen: Egmont, Appiani („Emilia Galotti"), Werner („Der Trompeter von Säckingen"), Karl Moor, Hunold („Der Rattenfänger von Hameln"), Hamlet, Orest u. a.

Joël, Käte, geb. 12. Mai 1862 zu Berlin, gest. Ende Febr. 1947 zu Schwendibach bei Thun in der Schweiz, wo sie jahrzehntelang ansässig war. Verfasserin von Bühnendichtungen.
Eigene Werke: Sonntagskinder (Märchenspiel) 1899; Unter Christkindleins Schutz (Weihnachts-Drama) 1905; Bei den Osterhasen (Singspiel) 1906; Frühlingseinzug (Singspiel) 1906; Ein Küchenabenteuer (Lustspiel) 1906; In der Rumpelkammer (Lustspiel) 1906; Jahreswende (Einakter) 1906; Vier kleine Einakter 1906; Das Goldkrönlein (Märchen-Singspiel) 1907; Die Schildträger der Jungfrau (Märchenspiel) 1908; Aschenputtel (Märchenspiel) 1908; Im deutschen Märchenwald (Märchenspiel) 1915; Vier Wuche verhüratet (Schwank) 1923; Im Redaktionsbureau (Schwank) 1923; Die Wunderblume (Märchenspiel) 1925; Allerhand Gratulanten (Gedichte u. Theaterstücke) 1929 u. a.

Jönsson, Carl, geb. 3. Okt. 1870 zu Hamburg, gest. 5. Mai 1949 zu Wembley in England, war Schauspieler in Bremen u. langjähriges Mitglied des Deutschen Theaters in Berlin, zuletzt in Chargenrollen. Hauptrollen: Ekdal („Wildente"), Landrat („Die Kaiserjäger"), Oberst („Der Feldherrnhügel"), Korb („Die Journalisten") u. a.

Jörger, Johann Benedikt, geb. 16. Aug. 1886 zu Pfäfers in der Schweiz, studierte in Basel, Florenz u. Zürich (Doktor der Medizin) u. war Leiter der Heilanstalt Waldhaus bei Chur. Auch Verfasser von Bühnenstücken.
Eigene Werke: Ein Weihnachtsspiel 1919;

Die Theateraufführung oder Erich, der letzte Ritter (Lustspiel) 1925; Ein deutsches Weihnachtsspiel 1929; Miggi oder Der Mord auf dem Dach (Komödie) 1933; Der Meisterdieb (Komödie) 1933; Der Umzug (Burleske) 1933; Der Geburtstag (Komische Szene) 1933; Ein kleines Tellenspiel (Vorspiel mit drei Szenen) 1934; Tante Eulalia (Moritat für ein Kasperltheater) 1937; Der Hasabrota (Lustspiel) 1938; Das Familienbild (Burleske) 1943; Der Familienabend (Burleske) 1945; St.-Pirminsberg (Freilichtspiel) 1948.

Jörger, Karl, geb. 1894 zu Baden-Baden, war Lehrer in Gengenbach, seit 1925 Hauptlehrer in Baden u. schrieb u. a. Theaterstücke.
Eigene Werke: Der Führer (Spiel) 1926; Schulbühnenspiele 1928; Des Kaisers Halskettlein (Lustspiel) 1931.

Jörn, Karl, geb. 5. Jan. 1873 zu Riga, gest. 19. Dez. 1947 zu Denver (Colorado), Sohn eines Schuhmachermeisters, wirkte als Lyrischer u. Spieltenor 1896 in Freiburg im Brsg., 1898 in Zürich, seit 1899 in Hamburg, Berlin u. am Coventgarden in London. An zahlreichen Gastspielen u. großen Operntourneen nahm er hervorragend teil. Vertreter sämtlicher Rollen des lyrischen u. des größten Teils des Heldenfaches. In den letzten zwei Jahrzehnten lebte er in Denver. Hauptrollen: Lorenzo („Fra Diavolo"), Alfonso („Die Stumme von Portici"), Alfred („Die Fledermaus") u. a.

Johann von Leiden (eigentlich Jan Beukelszoon, Bokelson, auch Bockold genannt, 1509 bis 1536), Führer der Wiedertäufer in Münster in Westfalen („König von Sion"), nach dem Fall der Stadt hingerichtet. Dramenfigur. S. auch Wiedertäufer.
Behandlung: Giacomo *Meyerbeer,* Der Prophet (Oper) 1849; Heinrich *Brinckmann,* Johann von Leiden, der König der Wiedertäufer in Münster (Schauspiel) 1855; Ernst *Mevert,* Der König von Münster (Tragödie) 1869; Ludwig *Schneegans,* Jan Bockhold (Drama) 1877; Wilhelm *Pollack* u. Fritz *Vesthoff,* Der Prophet J. v. L. (Kom. Operetten-Quatrologie) 1884; Gisbert v. *Vincke,* J. v. L. (Schauspiel) 1885; Ferdinand *Wildermann,* Der König der Wiedertäufer (Schauspiel) 1895; Josef *Cüppers,* Der König von Sion (Drama) 1900.

Johann Sobieski III. König von Polen (1624 bis 1696), beteiligte sich 1683 an der Befreiung Wiens. Bühnenfigur.

Behandlung: F. A. *Gebhard,* Johann Sobieski (Schauspiel) 1839.

Johann Erzherzog von Österreich (1782 bis 1859), Sohn Kaiser Leopolds II., trat in den napoleonischen Kriegen, später auch als Mäzen u. Vorkämpfer der deutschen Einheit, vom Frankfurter Parlament zum Reichsverweser gewählt, hervor u. wurde besonders volkstümlich durch seine Ehe mit der Postmeisterstochter Anna Plochl in Aussee. Bühnenheld.

Behandlung: Hans *Fraungruber,* Erzherzog Johann (Volksstück) 1929; Eduard *Hofer,* Unser Erzherzog (Heimatspiel) 1934; Paula *Grogger,* Die Hochzeit von Gstatt (Volksschauspiel) 1936.

Johanna, Päpstin (Frau Jutta), Titelheldin einer mittelalterlichen Fabel aus dem 13. Jahrhundert. Von englischen Eltern in Mainz geboren, kam sie der Sage nach in männlicher Kleidung nach Paris u. Rom, wo sie 855 als Johann VIII. den päpstlichen Thron bestiegen haben soll u. diesen behielt, bis durch ihre Niederkunft bei einer Prozession ihr wahres Geschlecht aufkam. Bühnengestalt.

Behandlung: Dietrich (Theodoricus) *Schernberg,* Ein schön Spiel von Frau Jutten 1480 (verfaßt), herausg. u. interpoliert von Hieronymus Tilesius (Eisleben) 1565 (Neudruck von Edward Schröder, Kleine Texte Nr. 67 1911); Achim v. *Arnim,* Päpstin Johanna (Schauspiel) 1823; F. *Lüdecke,* Die P. J. (Trauerspiel) 1874; Adolf *Bartels,* P. J. (Trauerspiel) 1891.

Johanna die Wahnsinnige Königin von Kastilien (1479—1554), Mutter Kaiser Karls V. u. Großmutter von Don Carlos, Schwester Julia Gonzagas, die mit Vespasiano Colonna verheiratet war (von Grillparzer 1829 als Bühnenfigur ins Auge gefaßt), wurde, ein Opfer der Inzucht (Doppelgeschwisterkind), 1506 geistesgestört u. lebte 46 Jahre lang als Staatsgefangene auf Schloß Tordesilla. Dramengestalt.

Behandlung: Ernst *Rauscher,* Johanna von Castilien (Drama) 1865; Franz Graf *Dubsky,* Johanna die Wahnsinnige (Tragödie) 1953.

Johanna von Orleans, eigentlich Jeanne d'Arc (1412—31), Hirtenmädchen aus Domrémy in der Champagne, stellte sich während des Hundertjährigen Krieges gegen England in der größten Not, durch Visionen

ermutigt, an die Spitze der Verzagten, befreite Orleans, ermöglichte die Krönung Karls VII. in Reims, wurde jedoch vor Paris verwundet u. verlassen, 1430 gefangen u. schließlich von den Engländern als Ketzerin verbrannt. 1909 selig, 1920 heilig gesprochen. In Frankreich lange verkannt, wurde sie in Deutschland durch Schillers Drama volkstümlich. Ihr Schicksal fand immer wieder, vor allem dramatische Gestaltung. Auch G. Hauptmann hinterließ eine Dramenskizze.

Behandlung: J. G. *Bernhold,* Johanna, die Heldin von Orleans (Trauerspiel) 1752; Franz *Kienast,* Johanna d'Arc (gespielt) 1770 in Dachau (herausg. von Oskar Brenner: Altbayr. Possenspiele 1893); Friedrich *Schiller,* Die Jungfrau von Orleans (Schauspiel) 1801; F. W. A. *Held,* J. d'Arc (Trauerspiel) 1836; Wilhelm v. *Ising,* J. d'Arc (Schauspiel) 1868; Adolf *Wechssler,* Jeanne d'Arc (Trauerspiel) 1871; Margarete v. *Gottschall,* Die J. von O. (Spiel) 1921; E. A. *Glogau,* Die Gottesmagd Jeanne d'Arc (Drama) 1940 u. a.

Literatur: Rudolf *Benfey,* Schauspielerische Behandlung der Jungfrau von Orleans (Almanach der Genossenschaft Deutscher Bühnen-Angehöriger 2. Jahrg.) 1874; W. *Widmann,* Die J. von O. in der dramat. Dichtung (Der Sammler Nr. 4, Beilage zur Augsburger Abendzeitung) 1912; Wilhelm *Grenzmann,* Die J. von O. in der Dichtung (Stoff- u. Motivgeschichte der deutschen Literatur 1. Bd.) 1929; Gerhard *Storz,* Jeanne d'Arc u. Schiller 1946; Walter *Hartmann,* Dramaturgische Beobachtungen an Jeanne-d'Arc-Dramen (Diss. Wien) 1949.

Johanna Balk, Oper in drei Akten von Caspar Neher (nach Johann Leonhards Drama „Frau Balk"), Musik von Rudolf Wagner-Regény 1941. Uraufführung in Wien im gleichen Jahr. Der historische Stoff, die Geschichte der Frau des Kaufmanns Johannes Balk in Hermannstadt in Siebenbürgen, die 1612 in den Auseinandersetzungen des Fürsten Gabriel Bathori mit dem Führer der Widerstandsbewegung Grafen Bethlen eine Rolle spielt, findet sich in der Chronik des Schäßburger Stadtschreibers Georg Krauß in „Fontes rerum Austriacarum" sowie in den Aufzeichnungen des Kronstädter Stadtrichters Michael Weiß.

Johannes der Täufer, Vorläufer Christi, taufte ihn mit dem Wasser des Jordans u. predigte in der Wüste, wurde wegen seiner Prophezeiung des kommenden Reiches auf

Befehl des Herodes Antipas gefangen genommen u. auf Wunsch von dessen Schwägerin Herodias u. deren Tochter Salome enthauptet. Seit dem Mittelalter vor allem dramatisch gestaltet. S. auch Herodias u. Salome.

Behandlung: J. *Krüginger,* Herodes u. Johannes der Täufer (Tragödie) 1545; J. *Aal,* Spiel von J. dem T. um 1545; Jakob *Schoepper,* Johannes decollatus (Trauerspiel) 1546; Solothurner Tragödie Johannes des Heiligen 1549; Daniel *Walther,* Historia von der Enthauptung J. 1559; D. W. *v. Vacha,* Historia von der Enthauptung J. Baptistan 1559; Hans *Sachs,* Tragedia von der Enthauptung J. 1560; Andreas *Meyenbrunn,* Tragedia von der Enthauptung J. des heiligen Vorläuffers 1575; J. *Sander,* Tragoedia von dem Anfang, Mittel u. Ende des heiligen J. des Täuffers 1588; L. F. *Hudemann,* Der Tod J. des Täufers (Trauerspiel) 1770; F. A. *Krummacher,* J. (Schauspiel) 1815; Ludwig *Dreyer,* J. der T. (Schauspiel) 1879; Gottfried *v. Böhm,* Herodias (Schauspiel) 1883; Hans *v. Basedow,* J. (Trauerspiel) 1888; Otto *Wissig* (= Servatus), J. der T. (Passionsspiel) 1893; Hermann *Sudermann,* J. (Trauerspiel) 1898; Karl *Weiser,* Der Täufer (Drama) 1906.

Literatur: Reimarus *Secundus,* Geschichte der Salome von Cato bis O. Wilde 3 Bde. 1907—09; Ludwig *Gombert,* Johann Aals Spiel von Johann dem Täufer u. die älteren Johannes-Dramen (Diss. Marburg = German. Abhandlungen 31. Bd.) 1908; Oskar *Thulin,* Johannes der T. im geistl. Schauspiel des Mittelalters u. der Reformationszeit (Studien über christl. Denkmäler 19. Heft) 1930.

Johannes von Nepomuk (1340—93), Generalvikar in Prag, nach der Legende auf Befehl des Königs Wenzel IV., weil er als Beichtvater der Königin das Beichtgeheimnis nicht verletzen wollte, in der Moldau ertränkt u. 1729 heilig gesprochen. Volkstümlicher Brückenheiliger u. Schutzpatron von Böhmen. Bühnengestalt.

Behandlung: Anonymus, J. v. Nepomuk (Prager Jesuitendrama) 1689; *Anonymus,* J. v. N. (Haupt- u. Staatsaktion) 1689 (fälschlich J. A. Stranitzky zugeschrieben); *Anonymus,* J. v. N. (Trauerspiel) 1780 (später im Böhmerwald u. a. Volksschauspiel geworden, Neudruck bei J. J. Ammann, Volksschauspiele); *Anonymus,* Das Spiel vom hl. J. v. N. (in der Budweiser Sprachinsel) o. J. (Neudruck bei dems.); Wenzel *Heilek,* Johannesspiel (aus Hirschberg) o. J.; F.

Freih. de la *Motte-Fouqué,* Des Hl. Johannis Nepomuceni Märtyrertod (Dramat. Spiele) 1804; J. N. A. *Zimmermann,* J. Nepomucenes (Trauerspiel: Monatsschrift des Vaterländ. Museums in Böhmen 3. Jahrg.) 1829; Betty *Fischer* (= E. Rutenberg), St. N. (Trauerspiel) 1884; Ilse *v. Stach* (= I. Wackernagel), Der hl. N. (Einakter) 1909; Johannes *Ledroit,* St. J. N. (Drama) 1924.

Literatur: Franz *Thürmer,* Die deutschböhmischen Johann - von - Nepomuk - Volksschauspiele (Diss. Prag) 1925; Leopold *Schmidt,* Ein Volksschauspiel vom hl. J. v. N. (Volk u. Volkstum 2. Bd.) 1937.

Johannes Parricida (Johann von Schwaben), gest. 1313 zu Pisa, ermordete Kaiser Albrecht I. (seinen Oheim) 1308 bei Rheinfelden, weil dieser ihm seinen Anteil an den habsburgischen Besitzungen vorenthalten hatte. Hierauf zog er als Mönch verkleidet nach Rom, vergeblich vom Papst Begnadigung erflehend. Schiller läßt ihn zum Schluß seines „Wilhelm Tell" auftreten.

Behandlung: A. G. *Meissner,* Johann von Schwaben (Drama) 1780; J. L. am *Brühl,* Hans von Schwaben (Schauspiel) 1784; Fr. *Dörne,* Johann von Schwaben (Trauerspiel) 1830; Moritz *Blanckarts,* J. v. Sch. (Schauspiel) 1863; Julius *Grosse,* Johann von Schwaben (Drama) 1870; Wilhelm *Walloth,* J. v. Sch. (Trauerspiel) 1886; Josef *Waibel,* Der Königsmörder (Trauerspiel) 1929.

Johannes, Gustav, geb. 21. März 1837 zu Nauen bei Berlin, gest. 3. Juli 1901 (auf der Reise von Lomnitz im Riesengebirge nach Breslau), wurde von Anton Ascher (s. d.) ausgebildet u. wirkte im Fach gesetzter Heldenväter seit 1857 in Königsberg, Oldenburg, Stettin, Brünn, Zürich, Straßburg, Leipzig (1876—82), Berlin (Deutsches Theater), Petersburg u. Riga. Hauptrollen: Wallenstein, Tell, Othello, Macbeth, Bolingbroke, Götz u. a.

Johannesson, Adolf (Geburtsdatum unbekannt), gest. 10. Dez. 1934 zu Hamburg, betrat 1914 als Schauspieler die Bühne, war in Kiel, Neumünster, Hamburg u. lange Zeit als Erster Charakterdarsteller an der Niederdeutschen Bühne das. tätig. J. wirkte auch längere Zeit als Dozent der Hamburger Volkshochschule.

Johannisfeuer, Schauspiel in vier Akten von Hermann Sudermann 1900. Die Handlung spielt auf einem Gut in Preuß.-Litauen gegen

Ende des 19. Jahrhunderts u. geht auf eine vom Dichter geplante Novelle zurück, in der ein Notstandskind das Glück einer kurzen Liebe am Ende mit einem schweren Leben in der Fremde zu zahlen bereit ist.

Johannsen, Ebba, geb. 17. Dez. 1899 zu Reutlingen, war 1926—28 unter Otto Falckenberg am Schauspielhaus in München u. seit 1928 in Wien tätig. Hauptrollen: Perdita („Das Wintermärchen"), Isabella („Maß für Maß"), Königin („Don Carlos"), Kaiserin Josephine („Metternich") u. a.

Johannsen, Johann Ingwer, geb. 12. Aug. 1900 zu Langenhorn bei Husum, lebte in Ulzburg (Holstein). Dramatiker im Dialekt.

Eigene Werke: De Kuckuck (Lustspiel) 1941; Dat Testament (Lustspiel) 1942; De Friewarwer (Lustspiel) 1943 u. a.

John, Eugenie (Ps. E. Marlitt), geb. 5. Dez. 1825 zu Arnstadt in Thüringen, gest. 22. Juni 1887 das., gehörte in ihrer Jugend einige Zeit als Schauspielerin dem Theater an. Moderoman - Schriftstellerin, deren Werke vielfach von Bearbeitern für die Bühne benutzt wurden.

John, Hermann, geb. 18. Juni 1875 zu Hannover, gest. 9. April 1910 zu Wien, begann 1893 seine Bühnenlaufbahn als Liebhaber u. Charakterdarsteller in Görkau, spielte 1895 bis 1896 in Flensburg, dann in Stettin, Prag (Deutsches Landestheater), Berlin u. schließlich in Wien (Bürgertheater). Hauptrollen: Jaromir, Flachsmann u. a.

John, Karl, (Geburtsdatum unbekannt) zu Köln am Rhein, studierte an der Technischen Hochschule in Berlin u. Danzig Architektur, besuchte dann die Staatl. Schauspielschule in Berlin u. wirkte als Charakterdarsteller in Bunzlau, Dessau, Kassel, Königsberg, seit 1938 am Deutschen Theater in Berlin, seit 1945 an der Schaubude in München, später am Schauspielhaus in Hamburg u. seit 1947 wieder in Berlin (Renaissance-Theater, Tribüne, Komödie). Hauptrollen: Graf Wetter vom Strahl, Prinz von Homburg u. in modernen Stücken.

John, Katharina s. Korntheuer, Friedrich Joseph.

John, Richard s. Jonas, Richard.

John-Boehme, Emma, geb. 1858, gest.

58*

16. Sept. 1901 zu Berlin als Schauspielerin am dort. Casino-Theater.

Johnmeyer-Nollet, Emma, geb. 27. Juli 1846, gest. 21. Okt. 1938 zu München, wurde von Marie Seebach (s. d.) ausgebildet u. betrat mit 17 Jahren in Mainz als Königin in „Don Carlos" die Bühne, wirkte als Tragödin großen Stils am Deutschen Landestheater in Prag, unter Laube am Burgtheater, dann am Thalia-Theater in Hamburg u. am Hoftheater in Stuttgart. 1873 zog sie sich von der Bühne zurück, um den Generaldirektor der Hapag J. zu heiraten. Schwester von Georg, Paul u. Julius Nollet.

Johnson, Hanni, geb. 10. Nov. 1866 zu Danzig, gest. 3. Nov. 1925 zu Bielefeld als Schauspielerin am dort. Stadttheater.

Joho, Rudolf, geb. 12. April 1898 zu Großhöchstetten in der Schweiz, Sohn eines Spenglers, folgte zuerst dem väterlichen Beruf, studierte dann am Polytechnikum in Cöthen, später in Leipzig u. Berlin, gründete in Friedrichshagen ein Theater, war hierauf Schauspieler, Regisseur u. Dramaturg an verschiedenen Orten, leitete während des Zweiten Weltkriegs die Kammerspiele des Staatstheaters in Braunschweig, erhielt 1944 die Leitung des gesamten Schauspiels das. u. kehrte schließlich in seine Schweizer Heimat zurück. Dramatiker (auch im Dialekt).

Eigene Werke: Jürg Jenatsch (Schauspiel) 1937; Tod Guiskards des Normannen (Vollendung des Kleistschen Fragments) 1942; Sägesse sing! (Berndeutsches Mysterienspiel) 1945; Der Strom (Festspiel) 1946; Die guldigi Waag (Festspiel) 1947; Eifach gärnha (Volksstück) 1947; Die schwarzi Spinnele (Versdrama) 1949; Der Fall Liechti (Berndeutsches Schauspiel) 1949; Die Technik des Dramas 1950; Verzeichnis der schweizerischen Bühnenwerke für das Volkstheater (1900—52) 1953.

Literatur: Berner Schrifttum der Gegenwart (1925—50) 1949.

Johst, Hanns, geb. 8. Juli 1890 zu Seerhausen bei Dresden, Sohn eines Volksschullehrers, bäuerlicher Herkunft, studierte in Leipzig, Wien, München u. Berlin zuerst Medizin, dann Philosophie u. Kunstgeschichte, lebte in Berlin u. München u. später in Oberallmannshausen am Starnberger See. Unter Hitler Präsident der Reichsschrifttumskammer, Preuß. Staatsrat u. a. Erzähler u. Dramatiker.

Eigene Werke: Stunde der Sterbenden (Szene) 1914; Stroh (Komödie) 1915; Ausländer (Lustspiel) 1915; Der junge Mensch (Ekstat. Szenarium) 1916; Der Einsame (Drama) 1917; Der König (Schauspiel) 1919; Propheten (Schauspiel) 1922; Wechsler u. Händler (Komödie) 1923; Die fröhliche Stadt (Schauspiel) 1925; Thomas Paine (Schauspiel) 1927; Komödie am Klavier 1928; Schlageter (Drama) 1932.
Literatur: W. E. *Schäfer,* Der Dramatiker H. Johst (Deutsches Volkstum) 1933; Bernhard *Diebold,* Schlageter (Frankfurter Zeitung Nr. 304—06) 1933; Albert *Soergel,* H. J. 1934; Siegfried *Casper,* Der Dramatiker H. J. 1935; Hans *Franke,* H. J. (Die Neue Literatur) 1935 (mit Bibliographie von Ernst Metelmann); W. *Herbst,* H. J. u. sein dramat. Schaffen (Der Hammer Nr. 811) 1937; H. *Heering,* Idee u. Wirklichkeit bei H. J. (Diss. Münster) 1938; *Anonymus,* H. J. Weg u. Werk (Die Bühne 10. Juli) 1940.

Jokaste s. Ödipus.

Jokl, Fritzi, geb. 28. März 1895 zu Wien, wirkte in Frankfurt a. M., Berlin, 1926—32 als Koloratursopran an der Staatsoper in München u. 1933 in Darmstadt. Hauptrollen: Konstanze („Die Entführung aus dem Serail"), Königin der Nacht („Die Zauberflöte"), Gilda („Rigoletto"), Zerbinetta („Ariadne auf Naxos") u. a.

Jollifous, Joris (Geburts- u. Todesdatum unbekannt), war 1649—59 Prinzipal der Hochdeutschen Komödiantenkompagnie. Zu seiner Truppe gehörten Hans Ernst Hoffmann (s. d.), Peter Schwarz u. a.

Jollin-Joschinke, Lydia, geb. 1902, gest. 28. Febr. 1949 zu Berlin, war Schauspielerin u. Sängerin das.

Joly, Ferdinand (Geburtsdatum unbekannt), gest. 20. Okt. 1823 im Einödhof Elsenloh bei Tittmoning in Bayern, Sohn eines fürsterzbischöfl. Kammerdieners in Salzburg, Volksdichter, zog in seiner Heimat u. Oberbayern als „Fahrender" umher. Lyriker, Dramatiker, Komponist u. Maler zugleich.
Eigene Werke: Volksschauspiele, herausg. von A. Hartmann 1880.

Jommelli, Niccolo, geb. 10. Sept. 1714 zu Aversa bei Neapel, gest. 25. Aug. 1774 zu Neapel, italienischer Opernkomponist, wirkte · 1753—63 als Hofkapellmeister in Stuttgart, auf das musikalische Leben Deutschlands bedeutenden Einfluß übend.
Literatur: Hermann *Abert,* N. Jommelli als Opernkomponist 1908.

Jona, Laura (Lore), geb. 9. Aug. 1852, gest. nach 1932, begann mit 18 Jahren ihre Bühnenlaufbahn am Hoftheater in Hannover, wirkte dann vier Jahre in Riga u. kam von da nach Wien an das Ring- u. Carltheater. Hier sang sie mit Josef Josephi (s. d.) als Partner die Eurydice in Offenbachs „Orpheus" u. kreierte im Theater an der Wien 1882 die Bronislawa im „Bettelstudenten". Millöcker war von ihr so begeistert, daß er noch nachträglich für die Partie der Bronislawa das zündende Hungercouplet komponierte. Auch Sonnenthal, Mitterwurzer, Baumeister, Kainz u. a. zollten der Künstlerin große Anerkennung. Hauptrollen: Ännchen, Rosalinde, Marzelline, Venus u. a.

Jonas, Prophet des Alten Testaments, um 790 v. Chr., erlitt wegen seines Widerstands, in Ninive zu predigen, Schiffbruch, wurde jedoch durch einen Fisch gerettet. Davon berichtet das Buch J. In der Literatur des 16. u. 17. Jahrhunderts wiederholt dramatisiert.
Behandlung: Bornhusius, Jonas 1591, herausg. von Carl Niessen 1917.
Literatur: J. *Bolte,* Unbekannte Schauspiele des 16. u. 17. Jahrhunderts (Sitzungsberichte der Preuß. Akademie der Wissenschaften) 1933.

Jonas (geb. Groß), Adele, geb. 28. April 1853 zu Wien (Todesdatum unbekannt), trat als Schauspielerin erstmals 1869 in Laibach auf, kam als Muntere Liebhaberin u. Lustspielsoubrette 1870 nach Prag, 1871 an das Strampfertheater in Wien, 1872 an das dort. Theater an der Wien, wirkte 1880—82 am Germaniatheater in Neuyork, beteiligte sich mit F. Haase u. F. Ellmenreich an einer großen Amerika-Tournee. u. zog sich dann von der Bühne zurück. Gattin von Richard John.

Jonas, Alfred, geb. 15. Sept. 1874 zu Königsberg, wirkte als Regisseur, Schauspieler u. Bühneninspektor in Königsberg, Detmold, Elberfeld, Augsburg, Bremen, Meiningen, Wiesbaden, Gera u. a. Hauptrollen: Kellermann („Alt-Heidelberg"), Löffler („Kollege Crampton"), Straubinger („Bruder Straubinger") u. a.

Jonas, Emil, geb. 14. Juli 1824 zu Schwerin

in Mecklenburg, gest. 6. Jan. 1912 zu Berlin, war seit 1846 Redakteur der „Flensburger Zeitung", trat dann in den dänischen Staatsdienst (Wirkl. Kammerrat) u. ließ sich im Ruhestand als Schriftsteller in Berlin nieder. Auch Verfasser von Bühnenstücken.

Eigene Werke: Während der Wiener Ausstellung (Schwank) 1837; Unser Taugenichts (Schwank) 1874; Schloß Kronberg (Histor. Drama nach einem dramat. Gedicht König Oskars II. von Schweden) 1881.

Jonas (Ps. John), Richard, geb. 7. März 1845 zu Berlin, gest. 13. März 1928 (durch Selbstmord) zu Wien, Sohn eines Buchhändlers, war zuerst Kaufmann in Berlin, Leipzig u. Neuyork, ging 1872 zur Bühne, debütierte in Kassel u. wirkte als Schauspieler, nachdem er bei Theodor Döring (s. d.) u. Franz Deutschinger (s. d.) dramatischen Unterricht erhalten hatte, in Rostock, Leipzig, Breslau u. Neuyork, vornehmlich in humoristischen Charakterrollen, seit 1889 am Deutschen Volks-, Raimund- u. Jubiläumsstadttheater in Wien u. seit 1900 am Deutschen Schauspielhaus in Hamburg. Hauptrollen: Truffaldino („Prinzessin Turandot"), Geistlicher Blank („Über unsere Kraft"), Kommerzienrat Schmitz („Rosenmontag") u. a. Gatte der Schauspielerin Adele Groß.

Jonassohn, Johann Franz, geb. 1748 zu Wien (Todesdatum unbekannt), spielte bei der Gesellschaft Brunian 1776 in Prag, dann in Dresden, Braunschweig u. Münster, später bei der Böhmischen Gesellschaft in Mainz, dort noch 1798 nachweisbar. Hauptrollen: Hamlet, Beaumarchais u. a.

Jonen, Hans, geb. 30. Nov. 1892 zu Köln am Rhein, lebte das. Bühnenschriftsteller.

Eigene Werke: Und Hellas Sonne (Drama) 1918; Das Lied ist aus (Volksstück) 1919; Freie Liebe (Drama) 1920; Meister Klein (Volksstück) 1922; Kumedemächer (Köln. Volksdrama) 1923; D'r Bäumann (Köln. Volksschauspiel) 1925; De Heinzelmänncher vun Kölle (Sagenspiel) 1925; Die Rutschbahn (Lustspiel) 1927; Der Hausheilige (Lustspiel) 1928; Fastelovens (Lustspiel) 1928; Träck im e paar (Lustspiel) 1929; Anno dazumal (Lustspiel) 1930; Der treue Husar (Lustspiel) 1931; Welle Knollendorf (Revue-Operette) 1935; Tausend lachende Herzen (Revue-Operette) 1937; Liebe u. Maske (Revue-Operette) 1938; Sonne fürs Herz (Revue-Operette) 1945; Aschenbrödel (Singspiel) 1946; Meine Frau soll sich ver-

loben (Lustspiel) 1946; Das Verlobungsschiff (Operette) 1946.

Jonge, Moritz de, geb. 3. Nov. 1864 zu Köln (Doktor der Rechte), war seit 1888 auch als Schriftsteller tätig. Vorwiegend Dramatiker.

Eigene Werke: Der Große Kurfürst u. sein Sohn 1909; Napoleon-Trilogie (Napoleons Sonnenwende 1813 — Napoleons Sturz 1814 — Napoleons Rückkehr) 3 Bde. 1909; Julius Cäsar 1910.

Jonson, Ben (1573—1637), englischer Dramatiker, verdeutscht von W. Graf v. Baudissin 2 Bde. 1838 u. M. Mauthner 1912. Nach seinem Drama „Epicoene or the silent woman" (deutsch Lord Spleen von Hugo Koenigsgarten 1930) schrieb Stefan Zweig das Textbuch zur Oper „Die schweigsame Frau" von Richard Strauß (1935).

Joost, Johann Ferdinand, geb. 9. Juli 1810 zu Leisnig in Sachsen, gest. 20. März 1897 zu Detmold. Sänger u. Schauspieler.

Jordan, Adolf, geb. in der 2. Hälfte des 19. Jahrhunderts, gest. 8. Juli 1929 zu Darmstadt, war als Schauspieler insgesamt 50 Jahre bühnentätig u. a. in Leipzig, Dresden, Oldenburg, Krefeld, Darmstadt u. Meiningen. Hauptrollen: Kellermann („Alt-Heidelberg"), Tanzmeister („Madame Sans-Gêne"), Pankratius („Der Wildschütz"), Wirt („Minna von Barnhelm") u. a.

Jordan, Egon, geb. 19. März 1902 zu Dux in Böhmen, studierte die Rechte in Wien u. nahm dramatischen Unterricht bei Josef Danegger (Vater), begann als Schauspieler seine Bühnenlaufbahn am Deutschen Volkstheater in Wien, wirkte 1925—30 an verschiedenen Bühnen in Berlin, 1933—35 am Theater an der Wien u. seit 1935 wieder am Deutschen Volkstheater in Wien. Hauptrollen: Kaiser Franz Joseph („Sissy"), Kronprinz Rudolf („Kaiserin Elisabeth") u. a.

Jordan, Fritz (Geburtsdatum unbekannt), gest. 18. Jan. 1946 zu Berlin, war Schauspieler u. Inspizient, zuletzt am dort. Metropoltheater.

Jordan, Robert, geb. 11. Sept. 1885 zu Holzminden, 1919—20 Feuilletonredakteur der „Braunschweigischen Morgenzeitung", 1920 bis 1921 Hauptschriftleiter am „Braunschweigischen Kurier" u. seit 1923 Theater- u. Kunstkritiker der „Braunschweigischen

Staatszeitung". Herausgeber der „Jahrbücher des Braunschweiger Landestheaters" (1931—33). Vorwiegend Dramatiker.

Eigene Werke: Kyzikos (Komödie) 1908; Der wilde Kulmbacher (Bühnenspiel) 1917; Abgeschminkt (Theatersilhouetten) 1928; Maushake hat's hintern Ohren (Komödie) 1933; Espriella (Lustspiel) 1934; Aufruhr am Bäckerklint (Komödie) 1935; Die nahrhafte Eva (Komödie) 1935; Wetterfahnen (Komödie) 1936; Restaurant Böckstiegl (Komödie) 1938; Der Censor (Komödie) 1943; Vesuv (Schauspiel) 1944.

Literatur: Ewald *Lüpke,* R. Jordan 1950.

Jordan, Wilhelm, geb. 8. Febr. 1819 zu Insterburg in Ostpreußen, gest. 25. Juni 1904 zu Frankfurt a. M., studierte in Königsberg Theologie u. Philosophie, ließ sich 1845 als freier Schriftsteller in Leipzig nieder, erhielt dort 1846 wegen Preßvergehens die Ausweisung u. wirkte hierauf als Lehrer u. Journalist in Bremen, Paris u. Berlin. 1848 liberales Mitglied des Frankfurter Parlaments. In der Folge reisender Rhapsode (seiner eigenen Dichtungen) diesseits u. jenseits des Ozeans. Epiker u. Übersetzer u. a. von Shakespeare-Dramen für die Dingelstedt-Ausgabe (1865 ff.). Auch als Dramatiker trat er hervor.

Eigene Werke: Das Interim (Prologszene) 1855; Die Liebesleugner (Lustspiel) 1856; Die Witwe des Apis (Trauerspiel) 1859; Tragödien des Sophokles, deutsch 1862; Arthur Arden (Schauspiel) 1873; Sein Zwillingsbruder (Lustspiel) 1883; Tausch enttäuscht (Lustspiel) 1884; Festspiel zur 100jährigen Feier der Brüder J. u. W. Grimm 1885; Liebe, was du lieben darfst (Schauspiel) 1892.

Literatur: Arnulf *Sonntag,* W. Jordan (Biogr. Jahrbuch 10. Bd.) 1907; M. R. *v. Stern,* W. J. 1910.

Jordan-Bender, Anna, geb. 26. April 1878 zu Berlin, gest. 14. Juli 1919 zu Lindau, war zuerst Choristin in Dresden, dann auch Schauspielerin in Bielefeld u. a.

Jores, Friedrich, geb. 1873 zu Salzburg, gest. 20. April 1953 das., Nachkomme einer alten dort. Bürgerfamilie, Sohn eines Gastwirts, wirkte als Schauspieler in fast allen größeren Städten Österreichs u. war ein Förderer der Volksbühnen-Bewegung. Auf seine Anregung entstand das Jedermannspiel in Mondsee u. das Bergwaldtheater im Drachenloch (Salzburg).

Joseffy, Josephine, geb. 13. Febr. 1870 zu Wien, begann ihre Bühnenlaufbahn in Teschen, ging 1889 als Charakterdarstellerin u. Salondame ans neugegründete Deutsche Volkstheater in Wien, später in Mütterrollen an das Stadttheater in Krems a. d. Donau u. schließlich wieder zurück nach Wien (Josefstädtertheater).

Joseph, Sohn Jakobs (s. d.) u. Rahels, dem biblischen Bericht zufolge von seinen Brüdern nach Ägypten verkauft, wo er sich durch Tugend (Versuchung durch Frau Potiphar) u. Klugheit (Traumdeutung am Hofe Pharaos) auszeichnete u. als Beamter zu hohen Würden aufstieg, er verzieh auch seinen Brüdern u. gewährte deren Nachkommen gute Ansiedlungsplätze in Ägypten. Seine wechselvollen Schicksale wurden schon im Reformationszeitalter häufig dramatisiert.

Behandlung: Cornelius *Crocus,* Joseph (Geistl. Spiel, lat.) 1535; Thiebold *Gart,* J. (Schauspiel) 1540; Andreas *Diether,* J. (lat. Komödie) um 1542; Georg *Macropedius,* Josephus (lat. Tragödie) um 1544; Christian *Zyrl,* Die ganze Historia vom J. (Komödie) 1573; Martinus *Balticus,* J. (lat. Komödie) 1579; Nikolaus *Frischlin,* J. (Schauspiel) 1585; Aegidius *Hunnius,* J. (lat. Komödie) 1586 (deutsch von M. Höe, J. Götze u. a.); A. Z. *Puschmann,* Comedia von dem Patriarchen Jakob, J. u. seinen Brüdern 1592; J. *Schlayss,* J. 1593; Cornelius *Schonaeus,* Josephus (lat. Komödie) um 1596; Andreas *Gassmann,* J. (Schauspiel) 1610; Theodor *Rode,* Josephus venditus (Schauspiel) 1615; ders., Josephus servus (Schauspiel) 1615; ders., Josephus princeps (Schauspiel) 1615; Balthasar *Voidius,* Josephus (Geistl. Komödie) 1619; J. J. *Bodmer,* Der erkannte u. der keusche J. (Schauspiel) 1754; Rudolf *Behrle,* J. u. seine Brüder (Schauspiel) 1858; Rudolf *Hasert,* J. u. seine Brüder (Drama) 1859; Anton *Conrad,* J. u. seine Brüder (Schauspiel) 1861; B. *Ponholzer,* Der ägyptische J. (Schauspiel) 1862; Josef *Schwabl,* J. u. seine Brüder (Schauspiel) 1884; J. *Becks,* Der ägyptische J. (Schauspiel) 1890; Mathäus *Schwägler,* Der ägyptische J. (Drama) 1893 u. a.

Literatur: A. v. *Weilen,* Der ägyptische Joseph im Drama des 16. Jahrhunderts 1886; H. *Priebatsch,* Die Josephsgeschichte in der Weltliteratur 1937; Anton *Dörrer,* Das Absamer Josefspiel (Die Furche Nr. 37) 1948.

Joseph II. Römisch-Deutscher Kaiser (1741

bis 1790), ältester Sohn der Kaiserin Maria
Theresia, seit 1765 ihr Mitregent, volkstümlich u. daher wiederholt auch als Bühnenfigur gestaltet, war selbst für das Theater
sehr interessiert.
Behandlung: Eduard *Ille,* Kaiser Joseph II.
(Dramat. Lebensbild) 1848; H. *Mirani,* Ein
Lehrer zur Zeit Josephs II. (Schauspiel)
1870; Anton *Langer,* Gevatter von der
Straße (Volksstück) 1870; Georg *Frank,*
Incognito (Lustspiel) 1870; H. *Jantsch,* Kaiser J. II. u. die Schusterstochter (Schauspiel)
1880; Leopold v. *Sacher-Masoch,* Der Mann
ohne Vorurteil (Lustspiel) 1880; G. Graf
Leutrum-Ertingen, Kaiser J. II. (Schauspiel)
1882; Otto *Weddigen,* Kaiser J. II. (Trauerspiel) 1893; Bernhard *Buchbinder,* Die
Försterchristl (Operette von Georg Jarno)
1907; Maria E. *Geuss,* Wiener Kinder (Volksstück) 1932; Rudolf *Henz,* Kaiser J. II.
(Schauspiel) 1937.
Literatur: R. *Payer v. Thurn,* Joseph II.
als Theaterdirektor 1920; Anton *Böhm,* J. II.
im Drama (Schönere Zukunft Nr. 30) 1936
bis 1937; (W. *Kosch),* Kaiser J. II. im Burgtheater (Der Wächter 19. Jahrg.) 1937.

Joseph von Arimathia, neutestamentliche
Gestalt auf der Bühne.
Behandlung: Florian *Reichssiegel,* Der
veränderte Joseph v. Arimathia (Singspiel)
1770.

Josephi, Anna Christina Sophia, geb. 1764
zu Hannover (Todesdatum unbekannt), Tochter von Karl J., Erste Liebhaberin in der
Operette, 1780 bei der Seylerschen Gesellschaft in Frankfurt a. M., 1780 bei der Großmannschen Gesellschaft in Mainz u. seit 1785
bei ihrem Vater in Münster.

Josephi, Josef s. Ichhäuser, Josef.

Josephi, Karl, geb. 1727, gest. 1798, war zuerst Schauspieler, dann Gastwirt, wandte sich
1774 endgültig der Bühne zu. wirkte in München, Nymwegen, Düsseldorf u. a. rheinischen
Städten, auch als Prinzipal, wurde 1784 Theaterdirektor in Münster, beschloß jedoch sein
Leben in bitterer Not. Auf der Bühne gab er
mit Vorliebe Juden, Soldaten u. Alte in der
Operette. Seine Gattin Sophia war ebenfalls
bühnentätig. Vater von Anna Christina
Sophia J.

Jost, Charlotte, geb. 2. Mai 1902 zu Berlin,
war Schauspielerin in Bonn, Düsseldorf,
Darmstadt, Zürich, Essen, Krefeld u. a.

Jost, Eduard, geb. 21. Juli 1837 zu Trier, gest.
15. März 1902 zu Neustadt an der Haardt,
Sohn eines Militärbeamten, humanistisch gebildet, war 1857—60 Expedient in Trier,
wandte sich dann der Bühne zu u. wirkte als
Opernsänger in Kleve, Duisburg u. Erfurt.
Zuletzt Redakteur verschiedener Blätter.

Jost, Franz, geb. 13. Okt. 1874 zu Geschinen
im Wallis, gest. 10. Nov. 1938 zu Brig,
wirkte als Professor am Kolleg das. Vorwiegend Dramatiker.
Eigene Werke: Der Schwyzer Freiheits-
kampf 1798 (Drama) 1923; Der Held der
Alpen (Drama) 1925; Mauritius (Drama)
1927; Antichrist u. Weltgericht (Geistl. Spiel)
1930; Cenodoxus (Spiel) 1932; Das Spiel
von der Schöpfung 1937.

Jost, Johann Karl Friedrich, geb. 1789 in
einem Dorf bei Brieg in Preußisch-Schlesien,
gest. 25. Aug. 1870 zu München, studierte zuerst Medizin, wandte sich jedoch bald der
Bühne zu, anfangs als Wanderkomödiant unter dem Ps. Carly, fand endlich in Danzig ein
festes Engagement, wirkte dann in Hamburg
u. kam als Charakterdarsteller 1837 ans Hoftheater in München, wo er eine vielseitige
Tätigkeit entfaltete u. bis ans Lebensende
blieb. Gatte der Sängerin Theophile Neumann. Hauptrollen: Jago, Franz Moor,
Shylock, Mephisto u. a.

Jost, Richard, geb. 7. Okt. 1898 zu Burgbrohl,
gest. 2. Nov. 1930 zu Koblenz, studierte in
Bonn Philologie, Volkswirtschaft u. Theaterwissenschaft, war dann Schauspieler das., in
Hannover, Augsburg, Berlin u. München,
gründete das „Rheinische Städtebundtheater
Neuß" u. machte es als sein Leiter zu
einer namhaften Wanderbühne Deutschlands.
1928 wurde er als Intendant an das Stadttheater in Koblenz berufen.

Jost (geb. Neumann), Theophile, geb.
23. Febr. 1798 zu Königsberg, gest. 9. Mai
1890 zu Altona, war zuerst Mitglied des
Kärntnertortheaters, 1826—28 Opernsängerin
in Hamburg u. 1839—47 in München. Gattin
von Johann Karl Friedrich J.

Jost, Wilhelm, geb. 17. Juli 1849 zu Altona,
gest. 19. März 1916 zu Dresden, begann 1877
seine Bühnenlaufbahn am Stadttheater in
Hamburg als Chorsänger (Baß), wurde bald
Solosänger in Bremen, wo er bis 1882 blieb,
sang seit 1883 in Leipzig u. Königsberg Erste
Partien, mußte jedoch krankheitshalber

schon 1888 seinen Bühnenabschied nehmen.
Hauptrollen: Mathisen („Der Prophet"), Basilio („Der Barbier von Sevilla"), Raimondo
(„Rienzi"), Lefort („Zar u. Zimmermann")
u. a.

Journalisten im Drama.

Behandlung: Anonymus, Die Zeitungen
(Lustspiel) 1761; Johann Jakob *Bodmer*,
Gottsched oder Der parodierte Cato 1765;
Johann Wolfgang *Goethe*, Die Mitschuldigen
1769; J. W. *Goethe*, Clavigo 1774; Lukas
Johann *Boer* (Ps. Lukas Booger), Der
dramatische Anti-Kritikus 1775; Chr. *Gotthold*, Wieland u. seine Abonnenten (Musikalisches Drama) 1775; *Anonymus*, Parnaß
1776; Augustin *Zitte*, Die Zeitungsschreiber
1780; Friedrich Ludwig *Schröder*, Die Heurath durch ein Wochenblatt 1786; *Anonymus*, Die Verbündeten oder Aus der Heurath
wird Nichts 1788; Veit *Weber*, Rezensentenkitzel 1788; P. C. *B.-w.* (= P. L. *Bunsen*),
Siegfried von Lindenberg (Lustspiel nach
J. G. Müllers Roman) 1790; Nikolaus *Vogt*,
Fust, der Erfinder der Buchdruckerkunst
1792; *Anonymus*, Die Patrioten in Deutschland oder Der Teufel ist los! 1793; Friedrich
Ludwig Wilhelm *Meyer*, Der Schriftsteller
1793; Johann Nepomuk *Komareck*, Faust
von Mainz 1793; Ignaz Johann *Gnad*, Dillert
Graf von Brückenhann, der Wochenblattschreiber 1793; Albert *Reuth*, Der nach Verdiensten gezüchtigte Rezensent 1795; August
Friedrich *Kotzebue*, Fragmente über Rezensentenunfug 1797; Josef *Socher*, Der Streit
der Literaturzeitungen 1804; Karl *Courths*,
Der Streit der Literaturzeitungen 1804;
Johann Stephan *Schütze*, Die Journalisten
1806; G. H. *Mahnke*, Johann von Gutenberg
1809; N. *Vogt*, Der Färberhof oder Die Buchdruckerei in Mainz 1809; Adolf *Bäuerle*, Die
falsche Primadonna in Krähwinkel 1810;
A. F. *Kotzebue*, Das arabische Pulver 1810;
A. *Bäuerle*, Die Rezensenten 1817; Franz H.
Karl *Gewey*, Pygmalion oder Die Musen
bey der Prüfung 1817; A. *Bäuerle*, Die
falsche Prima Donna (Die falsche Catalani)
1820; Graf August v. *Platen*, Marats Tod
1850; Karl *Meisl*, 1723, 1823, 1923 (Zeitgemälde) 1823; Johann v. *Ploetz*, Der Stadttag in Krähwinkel 1824; Ludwig *Rellstab*,
Henriette oder Die schöne Sängerin 1826;
Christian Dietrich *Grabbe*, Scherz, Satire,
Ironie u. tiefere Bedeutung 1827; Karl
Lebrun, Zeitungstrompeten 1827; Ernst *Raupach*, Kritik u. Antikritik 1827; Karl Christian Friedrich *Niedmann*, Die Berliner Kritik auf dem Olymp 1828; Moritz *Saphir*,
Der getötete u. dennoch lebende Saphir
1828; K. Ch. F. *Niedmann*, Die Verschwörung im Krähwinkel 1829; Eduard Maria
Oettinger, Der Journalist 1835; ders., Die
gefoppte Redaktion 1835; Eduard *Silesius*
(= Eduard von Badenfeld), Hanswursts Verbannung 1836; August *Schumacher*, Das
Gutenbergfest in Mainz 1837; K. *Gutzkow*,
Richard Savage oder Der Sohn einer Mutter
1838; Karl Ferdinand *Holm*, Die Zeitungsbraut 1838; Annette *von Droste-Hülshoff*,
Perdu oder Dichter, Verleger u. Blaustrümpfe
1840; J. v. *Ploetz*, Der Ruf oder die Journalisten 1840; L. Hermann *Wolfram*, Gutenberg
1840; Josef Freih. *von Eichendorff*, Das Incognito 1841; Roderich *Benedix*, Doktor
Wespe 1843; Karl Rudolf *Gottschall*, Ulrich
von Hutten 1843; Robert *Prutz*, Ulrich von
Hutten 1843; Heinrich *Smidt*, Juan Maiquez
1843; Karl *Fuchs*, Gutenberg (Oper, Text
von Otto Prechtler) 1844; K. R. *Gottschall*,
Robespierre 1845; Heinrich *Laube*, Gottsched
u. Gellert 1845; Eduard *Hobein*, Ulrich von
Hutten 1845; H. *Köster*, Ulrich von Hutten
1845; Gotthold *Lange*, Ulrich von Hutten
1848; Hermann *Semming*, Robert Blum 1848;
Anonymus, Im Geiste der Zeit oder Das
Boudoir eines Journalisten 1848; Johann
Nestroy, Freiheit im Krähwinkel 1849; Ferdinand v. *Heinemann*, Robespierre 1850;
Friedrich *Kaiser*, Die Schule des Armen
oder Zwei Millionen 1850; Ludwig F. *Deinhardstein*, Die rote Schleife 1851; Robert
Griepenkerl, Robespierre 1851; E. *Ulrich*,
Ulrich von Hutten 1851; Gustav *Freytag*,
Die Journalisten 1852; R. *Benedix*, Konzert
1854; Ferdinand *Stolte*, Gutenberg 1856;
Wilhelm *von Ising*, Robespierre 1859; Max
Ring, Scarrons Liebe 1860; L. *Eckardt*, Palm,
ein deutscher Bürger 1860; Ludwig *Stolte*,
Faust 1860; Karl *Nissel*, Ulrich von Hutten
1861; J. L. *Klein*, Voltaire 1862; Karl *Berger*,
Ulrich von Hutten 1864; Alexander *Rost*,
Berthold Schwarz oder Die deutschen Erfinder 1864; Karl Gotthelf *Häbler*, Graf Mirabeau 1866; G. F. *Nahrdt*, Die Preisaufgabe
1866; H. *Laube*, Böse Zungen 1868; ders.,
Der Statthalter von Bengalen 1868; Alexander *Rost*, Johann Gutenberg 1868; Robert
Hamerling, Danton u. Robespierre 1870;
Julius *Werther*, Mazarin 1871; Adolph
L'Arronge, Der Registrator auf Reisen 1872;
O. *Gensichen*, Robespierre 1873; K. O.
Teubner, Ulrich von Hutten 1873; Martin
Greif, Walthers Rückkehr in die Heimat
1874; Adolf *Wilbrandt*, Durch die Zeitung
1874; A. M. *Mels*, Das letzte Manuskript
1875; Adolf *Wechssler*, Ulrich von Hutten

1875; Franz *von Werner*, Mirabeau 1875; Moritz *Smets*, Lessing 1878; Ferdinand *Groß*, Die neuen Journalisten 1880 (mit Max Norden); Ludwig *Dreyer*, Lessing u. Goeze 1881; Franz *Keim*, Der Meisterschüler 1881; Gustav *von Moser*, Der Hypochonder 1882; Alfred *Börckel* Gutenberg 1883; Wilhelm *Henzen*, Ulrich von Hutten 1884; F. *Hilpert*, Schubart 1886; Ludwig *Wolff-Kassel*, Pietro Aretino 1886; Heinrich *von Zimmermann*, Schubart 1886; Johann *Jacobi*, Ulrich von Hutten 1887; R. *Erhardt*, Johannes Gutenberg 1887; Manfred *Wittich*, Ulrich von Hutten 1887; August *Bungert*, Ulrich von Hutten u. Franz von Sickingen 1888; Paul *Herrmann*, Schubart 1888; Ludwig *Seeger*, Ulrich von Hutten 1888; Friedrich *Duckmeyer*, Pietro Aretino 1889; Dora *Zollikofer*, Gutenberg 1890; Wilhelm *von Polenz*, Heinrich von Kleist 1891; F. E. *Helf*, Ulrich von Hutten 1892; P. J. *Siebold*, Gutenberg 1892; Ernst *von Wolzogen*, Das Lumpengesindel 1892; Michael *Albert*, Ulrich von Hutten 1893; Rudolf *von Gottschall*, Gutenberg 1893; C. E. *Klopfer* u. Carl *Pander*, Walther von der Vogelweide 1893; Eugen *Raaben* (= Eugen Wrany), Voltaire u. Lessing 1893; Benno *Rauchenegger*, In der Redaktion 1893; Gerhard Graf *Leutrum*, Schubart 1895; Karl *Schultes*, Fust u. Gutenberg 1895; E. *Hlatky*, Weltenmorgen 1896; Arno *Holz*, Sozialaristokraten 1896; Otto Erich *Hartleben*, Ein Ehrenwort 1897; Julius *Riffert*, Huttens erste Tage 1897; Heinrich *Welker*, Robespierre 1897; Hermann *Bahr*, Das Tschaperl 1898; Wilhelm *Meyer-Förster*, Der Vielgeprüfte 1898; H. *Schöne*, Reklame 1898; Fritz *Stoffel*, Agrarier 1898; Karl *Weiser*, Hutten 1898; Lothar *Schmidt* (= Lothar Goldschmidt), Der Leibalte 1899; Fr. *Fleischmann*, Die Huldigung der Völker 1900; Otto Helmut *Hopfen*, Heinrich von Kleist 1900; Elsa *Kroll*, Gutenberg 1900; Paul *Lindau*, Ein Erfolg 1900; Karl *Renzow*, Gutenberg 1900; Fr. *Vollbach*, Fest-Cantate zur 500. Geburtstagsfeier des Joh. Gutenberg 1900; Otto *Ernst*, Die Gerechtigkeit 1902; Karl Maria *Klob*, Christian Schubart 1902; Wolfgang *Madjera*, Helden der Feder 1902; H. *Bahr*, Der Meister 1903; Hans *Rolf*, Die neue Zeit 1903; Hans *Bauer*, Die Redactrice 1904; Dietrich *Eckart*, Familienväter 1904; Karl August *Specht*, Die Zeitungsschreiber 1904; Otto Julius *Bierbaum*, Zwei Stilpe-Komödien 1905; Julius *Lehmann*, Das Lied vom braven Mann 1906; H. *Bahr*, Die gelbe Nachtigall 1907; Karl *Böttcher*, Wegen Pressevergehen 1907; Arnim *Brunner*, Das Frühlingsfest 1907;

Lion *Feuchtwanger*, Der Fettich 1907; Rudolf *Rittner*, Narrenglanz 1907; Rudolf *Presber*, Salamander 1908; Frank *Wedekind*, Der Erdgeist 1908; ders., Oaha 1908; Karl *Hauss*, Eulogius Schneider 1909; Johanna *Pressler-Flohr*, Ulrich von Hutten 1909; Richard *Skowronnek*, Hohe Politik 1910; Hans *von Wentzel*, Buchhändler Palm 1912; Otto *Ernst*, St. Yoricks Glockenspiel 1913; Ludwig *Hatvany*, Die Berühmten 1913; Otto *Knapp*, Der Kenner 1913; Karl *Sternheim*, Der Kandidat 1914; Bernhart *Rehse*, Der Ehrenbürger 1916; Hermann *Sudermann*, Die gutgeschnittene Ecke 1916; Arthur *Schnitzler*, Fink u. Fliederbusch 1917; Herbert *Eulenberg*, Der Irrgarten 1918; Harry *Kahn*, Krach 1919; Rudolf *Lothar*, Das Morgenblatt 1919; Irmgard *Ecke*, Heinrich von Kleist 1920; Moritz *Heimann*, Armand Carell 1920; Rudolf *König*, Die Todeslitanei 1920; Friedrich *Sebrecht*, Kleist 1920; Alexander *Zinn*, Schlemihl 1920; Leo *Weismantel*, Totentanz 1921; Wilhelm *Platz*, Wieland 1922; Karl Hans *Strobl*, Sand 1926; Walther *Hasenclever*, Mord 1926; Hans *Johst*, Thomas Paine 1927; H. *Eulenberg*, Huldigung an Gutenberg 1928; Clara *Meller*, Johannes Gutenberg 1928; Robert *Huber*, Fliegen am Markt 1929; Robert *Grötzsch*, Journalist über Bord 1930; Ernst *Toller*, Berlin, letzte Ausgabe 1930; Hermann *Kesser*, Rotation 1931; Eleonore *Kalkowska*, Zeitungsnotizen 1932; Hans Ludwig *Linkenbach*, Johanniswunder (Gutenberg-Festspiel) 1932; Robert *Walter*, Gutenberg oder Die Geburt des Buches 1936; Günther *Birkenfeld*, Die Schwarze Kunst 1937; B. *Ständer*, Gutenberg 1937; Wilhelm *Biermann*, Empörung 1939 u. a.

Literatur: Karl d'*Ester*, Die Presse u. ihre Leute im Spiegel der Dichtung 1941.

Journalisten, Die, Lustspiel in vier Akten von Gustav Freytag, Uraufführung in Breslau 1852. Aus der politischen Lage nach 1848 mit ihrer Preßfreiheit entstanden, zeichnet das Stück Zeitungsleute verschiedener Art, wobei jedoch die politischen Gegensätze eigentlich nicht die Hauptsache bilden, wohl aber die rein menschlich erfaßten Charaktere. Die Atmosphäre ist politisch geschwängert, der Handlung aber fehlt jegliche Parteitendenz, sie wird von rein menschlich erfaßten Charakteren bestritten. Die Journalisten selbst, vor allem die Hauptgestalt des Idealisten Bolz, wirken, ob sie nun da oder dort stehen, sympathisch, nur Schmock, der Typus eines skrupellosen minderwertigen Pressevertreters, der von sich sagt: „Ich habe

geschrieben links u. wieder rechts. Ich kann schreiben nach jeder Richtung", erscheint verächtlich. Die heute übliche Bedeutung des Wortes „Schmock" ist auf ihn zurückzuführen. „Die Journalisten" gehören seit einem Jahrhundert zum eisernen Bestand der deutschen Bühne.
Literatur: Georg *Droescher*, G. Freytag in seinen Lustspielen (Diss. Berlin) 1919; Christa *Barth*, G. Freytags Journalisten (Diss. München) 1949.

Juan s. Don Juan.

Juan d'Austria, Don s. Don Juan d'Austria.

Jubisch, Fritz (Ps. Dagobert), geb. 11. Sept. 1888 zu Leipzig, lebte das. Bühnenschriftsteller.
Eigene Werke: Kreuzigt ihn! (Karfreitagsspiel) 1920; Der Fall Beyer (Schauspiel) 1929; Das Märlein von der goldenen Gans (Traumspiel) 1929 u. a.

Jucker, Werner, geb. 5. Sept. 1893 zu Lyß, studierte in Heidelberg (Doktor der Philosophie), war im Kurt-Wolff-Verlag in München sowie im Rotapfel-Verlag in Zürich tätig u. seit 1927 Bibliothekar an der Stadtbibliothek in Bern. Bühnenschriftsteller.
Eigene Werke: Der Friedenspfarrer (Schauspiel) 1935; David u. Goliath (Schauspiel) 1936; Verchehrti Wält (Schauspiel) 1936; Festspiel zur Laupenschlachtfeier von 1939 sowie im (mit Musik von Heinrich Sutermeister) 1939; E frömde Fötzel (Schauspiel) 1942.

Judas Iskariot, einer der Apostel, der den Herrn um 30 Silberlinge verraten hat u. daher für ewig verflucht ist, wie Ahasver von Dichtern in alter u. neuer Zeit häufig behandelt, auch symbolisch erfaßt. In vielen Passionsdramen spielt er seit dem Mittelalter, z. B. im Drama des Augsburger Meistersingers Sebastian Wild (s. d.), besonders in den Donaueschinger Spielen u. a., eine Hauptrolle. Psychologische Vertiefung erfährt er erst im 19. Jahrhundert.
Behandlung: Thomas *Kirchmair* (= Naogeorgus), Judas Iskariot tragoedia 1552 (deutsch von J. M. Morsheimer 1556); Elise *Schmidt*, J. Iskariot (Trauerspiel) 1848; Viktor v. *Strauß* u. *Torney*, J. I. (Osterspiel) 1856; Emanuel *Geibel*, J. I. (Monodrama) um 1860; O. F. *Gensichen*, Der Messias (Schauspielfolge: Jesus von Nazareth — J. I. — Die Zerstörung Jerusalems) 1869; Joseph *Seeber*, Judas (Trauerspiel) 1887;

C. *Grunert*, J. I. (Schauspiel) 1888; Martin *Maack*, J. (Schauspiel) 1889; Paul *Walter*, J. I. (Dramat. Bild) 1892; Heinrich *Driesmanns*, J. (Drama) 1897; Georg von der *Gabelentz*, J. (Drama) 1911; Gerd v. *Bassewitz*, J. (Drama) 1911; Egon *Friedell*, Judastragödie 1920; Otto *Müller*, J. I. (Trauerspiel) 1924; Adelheid v. *Sybel-Petersen*, J. I. (Drama) 1936; Gertrud *Gillis*, Der dunkle Bruder (Drama) 1938; Jakob *Bührer*, J. Ischariot (Drama) 1944; Eugen *Linz*, Dein Bruder J. (Drama) 1946 u. a.
Literatur: Wilhelm *Creizenach*, Judas Ischarioth in Legende u. Sage des Mittelalters (Braunes Beiträge 2. Bd.) 1876; A. *Wünsche*, Die Judasdramen in der neueren deutschen Literatur (Internationaler Literaturbericht 8. Jahrg.) 1901; K. *Kinzenbach*, Das Judasdrama in der neueren deutschen Literatur (Das Pfarrhaus 19. Jahrg.) 1903; A. *Büchner*, Judas Ischariot in der deutschen Dichtung vom Mittelalter bis zur Gegenwart 1920; J. J. *Breitenbucher*, Die Judasgestalt in den Passionsspielen (Ohio State Univ. Abstracts of Doctors' Dissertations Nr. 16) 1935.

Jud Süß (eigentlich Süß Oppenheimer, 1698 bis 1738), jüdischer Finanzmann, seit 1732 Vertrauter des Herzogs Karl Alexander von Württemberg, erregte durch seine Wirtschaft den Unmut des Landes u. wurde nach dem plötzlichen Ableben des Herzogs hingerichtet. Otto Ludwig faßte ihn in mehreren dramatischen Entwürfen als Bühnenfigur auf.
Behandlung: Albert *Dulk*, Lea (Schauspiel) 1848; Lion *Feuchtwanger*, Jud Süß (Drama) 1918; Paul *Kornfeld*, J. S. (Schauspiel) 1930; Eugen *Ortner*, J. S. (Volksstück) 1933.

Jude, Der Ewige s. Ahasverus.

Jude von Konstanz, Der, Trauerspiel in fünf Aufzügen von Wilhelm v. Scholz 1905 (2. Aufl. 1913 mit Anhang einer älteren Fassung). Der Held, ein jüdischer Arzt, wird weder aus religiösen noch aus geschäftlichen Gründen Christ, sondern bloß, um befreit vom Fluch des Ghettos Mensch unter Menschen zu sein. Das mißdeuten jedoch sowohl Christen wie Juden. Und so endet sein Schicksal tragisch. Der geschichtliche Stoff der Handlung ist nebensächlich. Seelische Vorgänge, das Allgemeinmenschliche herausstellend, bilden den eigentlichen Inhalt des Stückes.

Judeich, Johanna, geb. 26. Okt. 1863 zu Dresden, war Studienrätin das. Bühnenschriftstellerin.

Eigene Werke: Ein Schulmeistermärchen (Schwank) 1888; Neugermanien (Schwank) 1903; Die singende Seele (Mysterienspiel) 1921; Auf der Himmelswiese (Märchenspiel) 1925; Ruprechts u. Christkinds Weihnachtsfahrt (Märchenspiel) 1925; Mitternachtsspuk im Zwinger (Szene) 1929.

Juden kamen seit den Passionsspielen des Mittelalters frühzeitig auf die Bühne, aber erst im 18. Jahrhundert traten sie stärker hervor. Lessing schuf ihnen durch das Toleranzdrama „Nathan der Weise" eine klassische Bühnendichtung. Doch machten sich immer wieder bis zur jüngsten Vergangenheit antisemitische Tendenzen bemerkbar. S. auch alttestamentarische Namen.
Behandlung: Ludwig *von Holberg*, Die Maskeraden 1743; ders., Das arabische Pulver 1743; ders., Diederich Menschenschröck 1744; ders., Ulysses von Ithaka 1745; ders., Der 11. Junius 1745; G. E. *Lessing*, Die Juden 1749; L. *von Holberg*, Das Hausgespenst 1755; *Anonymus*, Die gestraften Betrüger 1765; Gottlieb *Stephanie* (der Jüngere), Die abgedankten Offiziere 1770; Johann Jakob *Engel*, Der Diamant 1772; Johann *André*, Der Töpfer 1773; Christian Gottlob *Stephanie* (der Ältere), Der neue Weiberfeind u. die schöne Jüdin 1774; F. G. *von Nesselrode*, Der adelige Tagelöhner 1773; Josef *Pauersbach*, Der redliche Bauer u. der großmüthige Jude 1774; G. *Stephanie* (der Jüngere), Der Eigensinnige 1774; *Anonymus*, Das Trentleva 1774; Karl *Plümicke*, Der Volontär 1775; Heinrich Leopold *Wagner*, Die Reue nach der Tat 1775; G. *Stephanie* (der Jüngere), Sie lebt in der Einbildung 1776; Johann Michael Reinhard *Lenz*, Die Soldaten 1776; Salomo Friedrich *Schletter*, Der glückliche Geburtstag 1777; Friedrich Ludwig *Schröder*, Der Kaufmann von Venedig 1777; Josef *Richter*, Der Gläubiger 1777; Friedrich *Müller* (= Maler Müller), Fausts Leben 1778; Friedrich Wilhelm *Gotter*, Der Jahrmarkt 1779; Gotthold Ephraim *Lessing*, Nathan der Weise 1779; Johann Karl *Wezel*, Die seltsame Probe 1779; Jakob *Bischoff*, Der Judenfeind 1780; Carl Theodor *von Traitteur*, Das Purschenleben 1780; J. F. *K.*, Albertine, ein Muster weiblicher Treue 1781; *Anonymus*, Welche ist die beste Nation 1782; Ben David *Arnstein*, Eine jüdische Familienscene 1782; J. *v. R.*, Sie fehlen alle 1783; Klement *von Törring-Seefeld*, Der teure Ring 1783; Karl *Lotich*, Wer war wohl

mehr Jude 1783; Karl *von Eckardtshausen*, Der Hofrat 1783; Heinrich *Reinicke*, Nathan der Deutsche 1784; August Wilhelm *Iffland*, Verbrechen aus Ehrsucht 1784; *Anonymus*, Die falschen Banknoten 1787; Karl *Ditter von Dittersdorf*, Das rote Käppchen 1788; David *Beil*, Armut u. Hoffart 1789; Johann Christian *Brandes*, Rahel oder Die schöne Jüdin 1789; Carl August *Seidel*, Netto 56 Ahnen 1789; *Anonymus*, Die Berliner Weiber 1790; Christian August *Vulpius*, Liebesproben; ders., Serafina 1790; Johann Gottfried *Dyck*, Spielerglück 1790; Julius *von Soden*, Die Negerin 1790; G. *Stephanie* (der Jüngere), Gerader Sinn u. Hinterlist 1791; J. C. *Brandes*, Der Landjunker in Berlin 1791; Chr. Fr. *von Bonin*, Der Postmeister 1792; F. v. *B.*, Weltklugheit u. Herzensgüte 1792; *Anonymus*, Vorurteil u. Liebe 1792; Carl Friedrich *Hensler*, Das Judenmädchen von Prag 1793; ders., Die israelitische Braut 1793; E. F. *F.*, Friedrich Ehrenwert oder Die gescheiterte Kabale 1794; Aug. Wilh. *Iffland*, Dienstpflicht 1795; A. W. *Gotter*, Die Basen 1795; Richard *Cumberland*, Der Jude 1795; Gustav *Hagemann*, Der Fürst u. sein Kammerdiener 1796; August *von Kotzebue*, Der Opfertod 1798; F. W. *Ziegler*, Seelengröße oder Der Landsturm in Tirol 1799; J. *Bischoff*, Dina, das Judenmädchen aus Franken 1802; Aug. *Mahlmann*, Herodes vor Bethlehem 1803; Christlieb Georg Heinrich *Arresto-Burchardi*, Soldaten 1804; *Anonymus*, Der wuchernde Jude am Pranger 1804; Julius *von Voss*, Der travestierte Nathan 1804; ders., Die Griechheit 1807; ders., Gemälde von Berlin im Winter 1806/07 (Anhang: Die Sauvegarde, Scene XVI, Scene VIII) 1808; ders., Prozeß in Südpreußen 1808; ders., Künstlers Erdenwallen 1810; ders., Beförderung nach Verdienst 1811; ders., Der Jude u. der Grieche 1811; ders., Die Emporkömmlinge oder Harlekin als Gespenst 1811; Achim *von Arnim*, Halle u. Jerusalem 1811; Karl Borromäus Alexander *Sessa*, Unser Verkehr (erregte sehr großes Aufsehen) 1815; L. T. H. W. *Wichmann*, Edelmut u. Schlechtsinn 1815; Karl Ludwig *Wunder*, Theatralische Miscellen: Der Jude im Fasse 1815; J. v. *Voss*, Die Frankfurter Messe 1816; ders., Das Märchen von der Tonne 1816; Johann Ferdinand *Treu* (Ps. Leps), Die Ohnmacht 1816; Joseph Alois *Gleich*, Die Musikanten am Hohen Markt 1816; J. v. *Voss*, Euer Verkehr 1816; ders., Jüdische Romantik u. Wahrheit (darin: Scene im Saale bei Kämpfer) 1817; *Anonymus*, Jakobs Kriegstaten u. Hochzeit 1817; Simon *Höch-*

heimer, Spiegel für Israeliten 1817; Anonymus, Judith u. Holofernes 1817; Anonymus, Mordje u. Estherleben 1817; Anonymus, Die Judenschaft in der Klemme 1818; J. v. Voss, Des Fahnenjunkers Treue 1819; Kakadäus (Ps.), Der reiche Moyses in der Klemme 1819; Anonymus, Aaron in der Klemme 1819; Adolf Bäuerle, Die falsche Primadonna 1820; Carl Lebrun, Der Sylvesterabend oder Die Nachtwächter 1820; J. v. Voss, Böse Beispiele verderben gute Sitten 1822; ders., Das 10. Ortsnamen Rätsel-Spiel 1823; Heinrich Heine, Almansor 1823; Johann Nikolaus Bärmann, Kwatern 1823; Michael Beer, Der Paria 1823; J. v. Voss, Der Waisenknabe 1825; August Klingemann, Der ewige Jude 1825; K. Lebrun, Die Fledermäuse 1825; J. v. Voss, Das kluge Städtchen 1826; ders., Schuhmachers Hochzeit 1826; ders., Das Judenkonzert in Krakau 1826; ders., 100.000 Mark blanko 1827; Karl Immermann, Die Verkleidungen 1828; Adolf Müllner, Die Zurückkunft aus Surinam 1828; Wilhelm August Wohlbrück, Der Templer u. die Jüdin (Oper, Musik von Heinrich Marschner) 1829; Oskar Ludwig Bernhard Wolff, Der ewige Jude 1829; Ernst Christoph Freiherr von Houwald, Der Zigeunerbube 1829; K. Goldschmidt (Ps. J. E. Mand), Demoiselle Beck 1829; Ernst Raupach, Der Wechsler 1830; Christian Dietrich Grabbe, Napoleon oder die hundert Tage 1831; J. Treuherz (der Jüngere), Die Verlobung oder Der Bräutigam im Felleisen 1832; Bernhard Neustädt, Ben David, der Knabenräuber 1832; Karl Malß, Das Stelldichein im Tivoli 1832; Ernst Houwald, Der Schuldbrief 1833; Johann Nepomuk Nestroy, Lumpazivagabundus 1833; Itzik Greif, Der Papiermarkt zu Frankfurt am Main 1834; Karl Töpfer, Der Krieg mit dem Onkel 1835; Johann Heinrich David, Eine Nacht auf Wache 1838; Franz Albini, Die gefährliche Tante 1838; Friedrich Hebbel, Judith 1840; Alexander Cosmar, Die Versucherin 1840; Karl Gutzkow, Die Schule der Reichen 1842; F. Hebbel, Genoveva 1843; Karl Hugo, Das Schauspiel der Welt 1844; K. Gutzkow, Uriel Acosta 1846; Gustav von Struve, Die Verfolgung der Juden durch Emicho 1847; F. Hebbel, Der Diamant 1847; David Kalisch, 100.000 Thaler 1848; Albert Dulk, Lea 1848; Heinrich Smidt, Wo ist mein Lustspiel 1848; Charlotte Birch-Pfeiffer, Der Pfarrherr 1848; Salomon Mosenthal, Deborah 1848; J. Nestroy, Judith u. Holofernes 1849; Karl von Holtei, Zum grünen Baum 1849; Franz Kugler, Jakobäa 1850; August Weirauch, Wenn Leute Geld haben 1850; Otto Ludwig, Dra-

matische Entwürfe über Jud Süß um 1850; D. Kalisch, Mardochai, der Erfinder der Rheumatismusketten 1851; Gustav Freytag, Die Journalisten 1852; Karl Aug. Görner, Alles durch Magnetismus 1852; Anonymus, Meyer in Spanien 1854; J. Böhm, Die falsche Pepita 1854; Rudolf Hahn, Senore Pepita 1854; Adolf Bahn, Das Urbild der Fenella 1854; Roderich Benedix, Der Ruf 1855; Rudolf Hahn, Wie man Raben fängt 1855; Alfred Meißner, Der Prätendent von York 1857; Wilhelm Wolfsohn, Die Osternacht 1859; .Theodor Gaßmann, Die Juden von Worms 1860; Johann Georg Krüger, Neue Sololustspiele (darin: Herrn Merseburgers Ehestandsexerzitien) 1860; ders., Lebende Bilder bei Herrn Hersch 1861; W. Drost, Heimann Levi auf der Alm 1861; G. Sanftleben, Pipenmeister 1861; R. Hahn, Die Rekrutierung in Krähwinkel 1861; Friedrich Tietz, Nur Feinde 1861; Robert Karwe, Ein Billet an Pauline Lucca o. J.; A. Theobald, Banquier Müller auf dem Lande 1862; Carl Aug. Görner, Meines Onkels Schlafrock 1862; Leopold Stein, Haus Ehrlich oder die Feste 1863; ders., Der Knabenraub zu Carpentras 1863; Martin Schleich, Das Heiratsversprechen 1863; Paul Heyse, Hans Lange 1864; Rudolf v. Gottschall, Pitt u. Fox o. J.; Gustav Raeder, Robert u. Bertram 1865; Arthur Müller, Auf dem Exerzierplatz 1867; Friedrich Kaiser, Neu-Jerusalem 1869; Carl Aug. Görner, Ein kleiner Commiswitz 1870; Carl Görlitz, Subhastiert 1870; A. Bahn, Man sucht einen Erzieher 1870; Carl Aug. Görner, Die Heirat durch einen Hut 1870; Ad. Wilbrandt, Wege des Glücks 1872; Max Bauermeister, In sicherer Hut 1872; Peter Norrenberg, Hans Grundmann 1873; Franz Grillparzer, Die Jüdin von Toledo (Aus dem Nachlaß) 1873; Luise Gutbier (= Jean-Christ), Eleazar 1873; Paul Lindau, Ein Erfolg 1874; Alfred Lindolf, Moses Mendelssohn 1874; Nikolaus Stieglitz, Moses Mendelssohn 1874; Otto Girndt, Meine Mutter hats gewollt 1874; Ernst Wichert, Die Realisten 1874; Heinrich Jantsch, Ein Excommunicierter 1874; Freiherr v. Graßhoff (= Ps. W. Wilhelmi), Kurfürst Joachim Hektor u. der Münzjude 1875; Otto Girndt, Drei Buchstaben 1875; E. Wichert, Die Frau für die Welt 1876; Friedrich Gustav Triesch, Reine Liebe 1877; August Dirking, Der Schelm im Gasthof 1877; Anonymus, Heimann Levy als Soldat 1877; Felix Geber, Kinder der Zeit 1877; Karl Heigel, Freunde 1878; Josef Becks, Wohltun bringt Glück 1879; Franz Graf Pocci, Der Karfunkel 1879;

Adolph *L'Arronge*, Wohltätige Frauen 1879; Richard *Voß*, Magda 1879; Wilhelm *Mannstädt*, Das Milchmädchen von Schöneberg 1879; Gustav v. *Moser*, Der Bojar o. J.; ders., Hektor o. J.; Walter *Gottheil*, Die Politik der Liebe o. J.; Otto *Teich*, Graf Luftikus o. J.; A. *L'Arronge*, Pastor Brose o. J.; Bernhard *Stavenow*, Das Halstuch o. J.; Ludwig *Anzengruber*, Aus dem gewohnten Gleis 1880; J. *Becks*, Wurst wider Wurst 1880; *Anonymus*, Der verhängnisvolle Ring 1880; Wilhelm *Kaiser*, Meister Pott 1880; Wendelin *Kiefer*, Das große Los oder Der Hausknecht als Associé o. J.; J. *Becks*, Heute mir, morgen dir 1880; Joh. *Petersen*, Rahel 1881; H. *Smidt*, Der 5-Nummern-Teufel 1881; J. *Becks*, Not bricht Eisen 1881; ders., Unrecht Gut gedeiht nicht 1881; ders., An Gottes Segen ist alles gelegen o. J.; Wilhelm *Kayser*, Wirrwarr oder das verlorene Testament 1881; Emil *Pohl*, Goldonkel 1882; ders., Unruhige Zeiten 1882; W. *Kayser*, Hauptmann Ratzius 1883; A. *Rheinländer*, Träume sind Schäume o. J.; J. *Boventer*, Der geprellte Jude o. J.; W. *Kayser*, Die Geduldprobe o. J.; J. *Becks*, Frisch gewagt ist halb gewonnen o. J.; Hermann *Salingré*, Des Friseurs letztes Stündlein 1886; Joseph *Schweizer*, Der Heiratsvermittler 1886; Rudolf v. *Gottschall*, Der Spion von Rheinsberg 1886; A. *L'Arronge*, Über Nacht o. J.; Hermann *Riotte*, Lippold der Hofjude 1887; Arthur *Fitger*, Die Hexe 1887; C. v. *Berg*, Ein Offiziersbursche 1887; Fritz *Volger*, Isaak Silberstein als Rekrut 1887; L. *Remmo*, Unliebsame Verwechslungen 1887; Richard *Bertram*, Maler u. Komponist 1887; F. *Nesmüller*, Moses Salomon 1888; A. v. *B.*, Die Compagnie sucht einen Schneider 1888; Fritz *Claus*, Itzik Veit 1889; H. *Bahr*, Die große Sünde 1889; Karl *Bleibtreu*, Der Erbe 1889; Ferdinand *Bronner*, Familie Wawroch 1889; Ferdinand *Knie*, Der Kolonialschwärmer 1890; Robert *Wild-Quelsner*, Ein Flankenangriff 1891; P. *Sturm*, Die schönste Nase 1891; E. *Kaan*, Die Madonna der Juden 1892; Richard *Voß*, Der Väter Erbe 1892; Basilius *Reichardt*, St. Joseph 1892; Fritz *Claus*, Pietro, der Wilderer 1893; Gustav *Körner*, Sabbatei, der Judenmessias 1893; L. *Anzengruber*, Der Meineidbauer 1893; Friedrich *Weiser*, Rabbi David 1894; R. *Voß*, Daniel Danieli 1894; P. *Bernhard*, Der Gewinn in der Preußischen 1895; Fritz *Rödiger*, Schultheiß Wengi 1895; Georg *Hirschfeld*, Die Mütter 1896; ders., Agnes Jordan 1896; Fritz *Pfudel*, Klassisch jebildet 1896; Theodor *Aster*, Die kurze u. die lange Hose 1897; P. *Bernhard*, Die Revolution in

Puffersdorf 1897; Hermann *Sudermann*, Johannes 1898; Max *Nordau*, Doktor Cohn 1898; Adolf *Rosée*, Der sterbende Ahasver 1898; E. *Schlack*, Die Krebse 1898; Adolf *Antrum*, Haste gesehn 1898; A. *Degens*, Der erwischte Dieb 1899; C. *Karlweiß* (= Karl Weiß), Onkel Toni 1900; Ed. *Linderer*, Die goldene 110 1900; ders., Die Amazonen-Insel 1900; Jak. Hub. *Schütz*, Itzig der Wucherer 1900; W. *Steffen*, Das verhexte Rasiermesser 1900; Hubert v. *Trützschler*, Sie kennt ihren Vater 1900; Josef *Engel de Janosy*, Die Marannen 1900; Felix *Renker*, Bursche Stümper 1901; Georg *Hirschfeld*, Der junge Goldner 1901; Karl *Sternheim*, Judas Ischariot 1901; Gerhart *Hauptmann*, Der rote Hahn 1901; Ernst *Otto*, Die Revolverjournalisten 1902; Franz *Lehár*, Der Rastelbinder 1902; Arthur *Lambert*, Der Theaterdirektor 1902; Hubert v. *Trützschler*, Die Luftschiffer 1902; Karl *Bleibtreu*, Die Edelsten der Nation 1902; Heinrich *Grünzweig*, Exil 1902; Johann *Schulte*, Ein schlimmer Tag oder Der Offiziersbursche als Arzt 1903; P. *Sutter*, Der Triumph des Kreuzes 1903; Frank *Wedekind*, Die Büchse der Pandora 1903; Hermann *Sudermann*, Sturmgeselle Sokrates 1903; Emil *Cohn* (Ps. Emil Bernhardt) Amtsgerichtsrat David Markus 1903; Martin *Langen*, Von Falkenberg bis Cohn 1903; O. *Erler*, Die Ehekünstler 1904; Richard *Beer-Hofmann*, Der Graf von Charolais 1904; Arno *Holz*, Traumulus 1904 (mit O. Jerschke); Dietrich *Eckart*, Familienväter 1904; Heinrich *Houben*, Dunkle Existenzen 1904; Albert *Geßmann* (der Jüngere), Das Fremdvolk 1904; W. *Steffen*, Die verfehlte Heiratsspekulation o. J.; E. *Heyer*, Ein echter Studentenulk o. J.; Joseph *Löhr*, Die verhexten Pantoffel o. J.; ders., Der pfiffige Bauer o. J.; Franz *Langer*, Die Hexenlinde im Dohlengrund o. J.; Joseph *Löhr*, Der lästige Zimmernachbar o. J.; ders., Einer, der Pech hat o. J.; ders., Abraham u. Isaak auf der Jagd o. J.; ders., Die mißlungenen Betrügereien o. J.; Joh. *Radermacher*, Die Nordpolexpedition o. J.; Paul *Delfossée*, In des Waldes tiefsten Gründen o. J.; Joseph *Röhrig*, Studio Bummel o. J.; Karl *Schwienhorst*, Ende gut, alles gut 1905; H. *Diebäcker*, Über eine Million 1905; ders., Am Rande des Verderbens 1905; ders., Das verwechselte Weihnachtsgeschenk 1905; N. *Olinger*, Der Gauner als Hauptmann 1905; Robert *Saudek*, Die Judenjungens 1905; Ferdinand *Bronner*, Schmelz der Nibelunge 1905; Karl *Rößler*, Der reiche Jüngling 1905; Wilhelm v. *Scholz*, Der Jude von Konstanz 1905; Carl *Schoeneseiffen*, Hans der verliebte Offiziersbursche

1905; Max *Rosenfeld*, Der kleine Salomon 1906; Rudolf *Presber*, Venus Anadyomene 1906; Karl Gustav *Vollmoeller*, Der deutsche Graf 1906; Erich *Mühsam*, Hochstapler 1906; W. *Büring*, Correspondenz 1906; Th. *Alwin*, Der bekehrte Studentenvater o. J.; Peter *Heines*, Bis hierher u. nicht weiter 1906; Fritz *Lunzer*, Das Spuk-Quartier 1906; Leo *Stein*, Die von Hochsattel 1907 (mit Ludwig Heller); H. *Bahr*, Die gelbe Nachtigall 1907; Jaques *Burg*, Gelbstern 1907; Georg *Hirschfeld*, Mieze u. Maria 1907; Schalom *Asch*, Gott der Rache 1907; Max *Bernstein*, Herthas Hochzeit 1907; E. *Peschkau*, Jehovah 1907; Rudolf *Lothar*, Das große Gemeinde 1908 (mit Leopold Lippschütz); W. A. *Pannek*, Tippelkunden 1908; ders., Der Damenimitator 1908; Sch. *Asch*, Sabbatai Zewi 1908; Arthur *Holitscher*, Der Golem 1908; Henry *Bernstein*, Israel 1908; Hermann *Reichenbach*, Ketten 1908; R. *Lothar*, Kavaliere 1909 (mit Robert Saudek); Josef *Oberhuber*, Die Millionen-Note 1909; Henry *Nathansen*, Die nackte Frau 1909; Oskar *Waldeck*, Der ewige Jude 1909; J. *Engel de Janósy*, Der Kabbalist 1909; Sch. *Asch*, Familie Großglück 1909; A. *Holz*, Frei 1909 (mit Oskar Jerschke); Richard *Dehmel*, Der Mitmensch 1909; Georg *Engel*, Der scharfe Junker 1910; Paul *Ernst*, Es lebe die Marine 1910; Paul *Faßbender*, Der falsche Onkel 1910; Rudolf *Descher*, Das steinerne Herz 1910; Th. *Fenger*, Der Offiziersbursche als Ehestifter 1910; Joseph *Eckerskorn*, Hausieren u. betteln ist verboten 1910; Hermann *Reichenbach*, Unterm Schwert 1813 1910; H. *Bahr*, Wienerinnen 1911; G. *Davis*, Levi das Lämmchen 1911 (mit L. Lippschütz); Fritz *Friedmann-Frederich*, Meyers 1911; Markus *Bollag*, Benjamin Kahn, die Seele des Geschäfts 1911; Otto *Ernst*, Die Liebe höret nimmer auf 1911; Gerhart *Hauptmann*, Peter Brauer 1911; Hans *Röth*, O alte Burschenherrlichkeit 1911; Hans *Kyser*, Titus u. die Jüdin 1911; Georg *Kaiser*, Die jüdische Witwe 1911; Franz *Molnar*, Liliom 1911; F. *Friedmann-Frederich*, Die Vergnügungsreise 1912; H. *Bahr*, Das Tänzchen 1912; Siegfried *Philippi*, Die Liebesbrücke 1912; H. *Nathansen*, Hinter Mauern 1912; Leo *Birinski*, Narrentanz 1912; G. *Hauptmann*, Gabriel Schillings Flucht 1912; Hermann *Scheffauer*, Der neue Shylock 1912; Georg *Hirschfeld*, Der Überwinder 1912; Karl *Sternheim*, Die Hose 1912; Ludwig *Ganghofer*, Der Pflaumenhandel 1913; Anton *Wildgans*, In Ewigkeit Amen 1913; Karl *Rößler*, Im Klubsessel 1913; Josef *Hernicke*, Bob, der kluge Neger 1913; Julius *Mann*, Auwaih geschrien 1913; Alois *Buch-*

mann, Schwiegervater 1913; Fritz *Müller*, Moses u. die Studenten 1913; Sch. *Asch*, Bund der Schwachen 1913; Georg H. *Borchardt* (Ps. Georg Hermann), Jettchen Gebert 1913; Hans Heinz *Ewers*, Die toten Augen (Oper, Musik von D'Albert) 1913; ders., Das Wundermädchen von Berlin 1913; Arnold *Zweig*, Abigail u. Nabal 1913; A. *Schnitzler*, Professor Bernhardi 1913; Heinrich *Bohrmann-Riegen*, Ben Judah 1914; Arnold *Zweig*, Der Ritualmord in Ungarn 1914; Rudolf *Presber*, Die Scheidungsreise 1915 (mit Leo Walther Stein); Ernst *Hardt*, König Salomo 1915; Franz *Dülberg*, Karrinta von Orrelanden 1915; Georg H. *Borchardt* (Ps. Georg Hermann), Henriette Jacoby 1915; Walther *Harlan*, In Kanaan 1915; Herbert *Eulenberg*, Der Frauentausch 1915; F. C. *Reichert*, Der bestrafte Gierschlung 1915; B. *Ponholzer*, Der Doktor Pfiffikus 1916; Hermann *Sudermann*, Die gutgeschnittene Ecke 1916; Julius *Bittner*, Das höllisch Gold 1916; A. *Schnitzler*, Fink u. Fliederbusch 1917; Hermann *Haller*, Die Gulaschkanone 1917 (mit Willi Wolff); Anton *Dietzenschmidt*, Mord im Hinterhaus 1917; R. *Lothar*, Die Metternichpastete 1918; Lion *Feuchtwanger*, Jud Süss 1918; Max *Brod*, Eine Königin Esther 1918; R. *Beer-Hofmann*, Jaakobs Traum 1918; Werner *Tannheim*, Kriegslieferanten 1918; Karl *Schönherr*, Narrenspiel des Lebens 1918; Edmund *Braune*, Wieder Daheim 1919; Stefan *Zweig*, Jeremias 1919; Harry *Kahn*, Krach 1919; Walther *Hasenclever*, Die Entscheidung 1919; Heinrich Eduard *Jacob*, Beaumarchais u. Sonnenfels 1919; A. *Dietzenschmidt*, Jeruschalajims Königin 1919; Ernst *Toller*, Die Wandlung 1919; Josef *Eisenburger*, Der geprellte Jude 1920 (nach J. P. Hebel); H. *Bahr*, Ehelei 1920; L. *Anzengruber*, Der ewige Jude 1920; Theodor *Herzl*, Das neue Ghetto 1920; Egon *Friedell*, Judastragödie 1920; Alexander *Zinn*, Schlemihl 1920; Ferdinand *Ruh*, Jephtha 1920; Karl *Sternheim*, Der entfesselte Zeitgenosse 1920; Toni *Impekoven*, 1919 (mit Carl Mathern) 1920; K. *Schönherr*, Der Kampf 1920; Carl *Siber*, Hochmut kommt vor dem Fall 1921; H. *Eulenberg*, Mächtiger als der Tod 1921; A. *Holz*, Büxl 1922 (mit Oskar Jerschke); Ludwig *Thoma*, Dichters Ehrentag 1922; Moritz *Heimann*, Das Weib des Akiba 1922; Leo *Weismantel*, Das Spiel vom Blute Luzifers 1922; Walther *Hasenclever*, Gobseck 1922; K. *Sternheim*, Der Nebbich 1922; Theodor *Tagger*, Esther Gobseck o. J.; R. *Lothar*, Mexiko-Gold 1922 (mit Hans Bachwitz); Paul *Altenberg*, Eigentum 1923;

Georg *Kaiser*, Der Geist der Antike 1923;
Hanns *Johst*, Propheten 1923; Franz *Werfel*,
Juarez u. Maximilian 1924; Peter *Kaser*,
Levi Silberstein in der Klemme 1925; Emil
Bernhardt, Jagd Gottes 1925; H. *Eulenberg*,
Alles um Geld 1925; Hans *Rehfisch*, Nickel
u. die 36 Gerechten 1925; Karl *Zuckmayer*,
Der fröhliche Weinberg 1925; G. *Haupt-
mann*, Die schwarze Maske 1925; Eberhard
Wolfgang *Möller*, Bauern 1925; O. *Ernst*,
Der Herr u. der Mann 1926; Demetrius
Schrutz, Ein glücklicher Gewinner 1926;
F. P. *Baege*, Das siebte Gebot 1926; Emil
Bernhardt, Das reißende Lamm 1926; Franz
Werfel, Paulus unter den Juden 1926; Fer-
dinand *Lion*, Der Golem 1926 (Musik von
D'Albert); Paul *Morgan*, Der Hofbanquier,
1926; Willi *Schäferdiek*, Mörder für uns
1927; Arnold *Zweig*, Die Umkehr 1927;
Alfred *Brust*, Cordatus 1927; Else *Jerusalem*,
Die Steinigung in Sakya 1928; Hermann
Ungar, Der rote General 1928; Ernst *Lissauer*,
Das Weib des Jephtha 1928; Willi *Wolff*, Jett-
chen Gebert 1928 (Musik von Walter Kollo)
1928; Stefan *von Kamare*, Leinen aus Irland
1928; Rolf Herbert *Kunze*, Vererbte Schuld
1929; Arthur *Sakheim*, Zaddik 1929; Walter
Mehring, Der Kaufmann von Berlin 1929;
Walther *Großmann*, Apollo Brunnenstraße
1930 (mit Franz Hessel); Arnold *Zweig*,
Sergeant Grischa 1930; Fritz *von Unruh*,
Phaea 1930; Alfred *Neumann*, Haus Danieli
1930; Rudolf *Bernauer*, Das Konto X 1930
(mit Rudolf Österreicher); Paul *Kornfeld*,
Jud Süß 1930; A. *Kühlwein*, Wohltun bringt
Zinsen 1930; Eberhard Wolfgang *Möller*,
Panama-Skandal 1930; Hans *Hackl*, Seine
letzte Fahrt 1931; Willi *Wolff*, Zur goldenen
Liebe 1931 (Musik von R. Benatzky); E. *Lis-
sauer*, Der Weg des Gewaltigen 1931; Leo
Lenz, Ständchen bei Nacht 1931; Fritz Peter
Buch, Schwengels 1931; Hans *Saßmann*,
Haus Rothschild 1931; Curt *Goetz*, Zirkus
Aimé 1932 (Musik von R. Benatzky); Louise
Maier, Disraeli 1932 (mit Arthur Rundt)
1932; Friedrich *Graebke*, Die Glockenweihe
zu Kretelbeck 1933; Dietrich *Loder*, Kon-
junktur 1933; Eugen *Ortner*, Jud Süß 1933;
Lothar *Sachs*, Gleichschaltung 1933; E. W.
Möller, Rothschild siegt bei Waterloo 1934;
Axel *Delmar*, Feine Leute 1935; E. W. *Möl-
ler*, Die graue Eminenz 1936; H. *Rehberg*,
Der Siebenjährige Krieg 1937; Eberhard
Wolfgang *Möller*, Der Untergang Karthagos
1938; Gerhard *Schumann*, Die Entscheidung
1938; Sigmund *Graff*, Die Prüfung des Meisters Tilmann 1939.
Literatur: H. *Carrington*, Die Figur des

Juden in der dramatischen Literatur des
18. Jahrhunderts (Diss. Heidelberg) 1898;
Kurt *Sabatzky*, Der Jude als Bühnenfigur
1931; H. C. *Holdschmidt*, Der Jude auf dem
Theater des deutschen Mittelalters (Diss.
Köln = Die Schaubühne 12. Bd.) 1935; Elisabeth *Frenzel*, Judengestalten auf der deutschen Bühne 1940.

Judenburg in der Steiermark besaß im
18. Jahrhundert ein Jesuitentheater, auf dem
die üblichen lateinischen Stücke von Schülern gegeben wurden, woran auch der Dichter Denis beteiligt war. Nach der Aufhebung
des Jesuitenordens stellten sich Wandertruppen ein, so Ignaz Bartsch 1782 u. Felix
Berner mit seiner Kindertruppe 1784. Die
theaterlustigen Judenburger gründeten dann
ein Privattheater, zu dessen Aufführungen
gelegentlich auch Berufsschauspieler herangezogen wurden.

Judenspiel, Endinger, Rinner u. Trienter,
volkstümliche Dramen, anknüpfend an die
Ritualmordaffären zu Endingen im Breisgau
(1462) u. a., in verschiedenen Bearbeitungen.
Ausgabe des Endinger Judenspiels von Karl
v. Amira (Neudrucke deutscher Literatur-
werke des 16. u. 17. Jahrhunderts Nr. 41)
1883.
Literatur: Anton *Dörrer*, Judenspiel (Verfasserlexikon 2. Bd.) 1936 (ausführl. Abhandlung mit Bibliographie).

Judis, Edith, geb. 3. Mai 1905 zu Ballingen
in Lothringen, war Tänzerin, seit 1931 auch
Schauspielerin in Graz, Brünn, Dortmund
u. a.

Judith, jüdische Nationalheldin aus dem
7. Jahrhundert v. Chr., die nach biblischem
Bericht den assyrischen Feldherrn Holo-
fernes durch List tötete u. so ihre Heimat
Bethulia u. Jerusalem rettete. Dramenfigur.
Behandlung: Hans *Sachs*, Die Judith mit
Holofernes 1533; Joachim *Greff*, Tragedia
des Buches J. 1536; Sixt *Birck*, J. 1539; Cor-
nelius *Schonaeus*, Terentii Christiani Judita
1542; Wolfgang *Schmeltzl*, Comoedia J. 1542;
Hans *Sachs*, Comedi J. 1551 (gedr. 1554);
Anonymus, Ein schön Biblisch Spyl 1564;
Samuel *Hebel*, J. (Spiel) 1566; Martin
Boehme, Vom Holoferne u. der J. 1618;
Martin *Opitz*, J. 1635; *Anonymus*, Von
Holoferne (Ingolstädter Jesuitendrama von)
1642; Andreas *Tscherning*, J. 1646; Christian
Rose, Holofernes 1648; *Anonymus*, Juditha et
Holofernes (Landshuter Jesuitendrama) 1654;

Anonymus, Victrix Fiducia Bethuliae (Münchener Jesuitendrama) 1679; *Anonymus,* Victrix Fiducia Bethuliae (Augsburger Jesuitendrama) 1693; *Anonymus,* Judithae de Holoferne iustitiae de impietate triumphus (Heidelberger Jesuitendrama) 1720; J. *Beccau,* Holofernes 1720; J. P. *Kunzen,* Der Blutige Untergang des Assyrischen Feld-Hauptmanns Holofernis 1737; Isaak *Pfaler,* Die heldenmütige Jüdin oder J. 1771; L. G. *Gruber,* J. 1795; Heinrich *Keller* (= H. v. Itzenloe), J. 1809; *Anonymus,* J. u. Holofernes 1818; Friedrich *Hebbel,* J. 1840; Johann *Nestroy,* J. u. Holofernes (Parodie auf Hebbel) 1849; Rudolf *Kulemann,* J. 1863; Julius *Grosse,* J. 1870; S. H. *Mosenthal,* J. (Oper, Musik von Doppler) 1871; August *Schmitz,* J. 1876; *Anonymus,* J. u. Holofernes (Volksschauspiel aus der Steiermark, herausg. v. Anton Schlossar) 1891; Georg *Kaiser,* Die jüdische Witwe 1911; *Anonymus,* J. (Dramatische Spiele für die Jugend) o. J.; Anna *Sartory,* J., die Heldin von Bethulia 1907; Bartholomäus *Ponholzer,* J., die Heldin von Israel (Schauspiel mit Gesang) 1907; Otto *Burchard,* J. u. Holofernes 1915; Sebastian *Wieser,* J. 1919; Richard *Wetz,* J. (Oper) 1919; E. N. *v. Reznicek,* Holofernes (Oper) 1923; Max *Frisch,* J. (Drama) 1948.

Literatur: Edna *Purdie,* The story of Judith in German and English Literature 1927; O. *Baltzer,* J. in der deutschen Literatur (Stoff- u. Motivgeschichte 7. Heft) 1930; M. *Sommerfeld,* J.-Dramen des 16. und 17. Jahrhunderts (Literar.-histor. Bibliothek 8. Bd.) 1933.

Judith, Tragödie in fünf Akten von Friedrich Hebbel, zum ersten Mal aufgeführt am Hoftheater in Berlin 1840, dann in Hamburg. Im Vorwort zum Druck von 1841 erklärte der Dichter selbst seine Umdeutung des biblischen Stoffes: „Das Faktum, daß ein verschlagenes Weib vor Zeiten einem Helden den Kopf abschlug, ließ mich gleichgültig, ja es empörte mich in der Art, wie die Bibel es zum Teil erzählt. Aber ich wollte in Bezug auf den zwischen den Geschlechtern anhängigen großen Prozeß den Unterschied zwischen dem echten, ursprünglichen Handeln u. dem bloßen Sich-Selbst-Herausfordern in einem Bilde zeichnen, und jene alte Fabel, die ich fast vergessen hatte u. die mir in der Münchner Galerie von einem Gemälde des Giulio Romano einmal an einem trüben Novembermorgen wieder lebendig wurde, bot sich mir als Anleh-

nungspunkt dar. Auch reizte mich nebenbei im Holofernes die Darstellung einer jener ungeheuerlichen Individualitäten, die, weil die Civilisation die Nabelschnur, wodurch sie mit der Natur zusammenhingen, noch nicht durchschnitten hatte, sich mit dem All fast noch als Eins fühlten, und, aus einem dumpfen Polytheismus in die frevelhafteste Ausschweifung des Monotheismus stürzend, jeden ihrer Gedanken ihrem Selbst als Zuwachs vindicierten u. alles, was sie ahnten, zu sein glaubten".

Literatur: O. *Eckelmann,* Schillers Einfluß auf Hebbels Jugenddramen: Die Jungfrau von Orleans 1906; Edgar *Wallberg,* Hebbels Stil in seinen ersten Tragödien Judith u. Genoveva 1909; Heinrich *Meyer-Benfey,* J. (Hebbels Jugenddramen) 1913; Th. *Bieder,* Hebbels J. in der zeitgenössischen Beurteilung Hamburgs (Dithmarschen 12. Jahrg.) 1936; Johannes *Klein,* Frauenbild u. Mannesschuld bei Hebbel (Das große Frauenbild) 1951.

Judtmann, Fritz, geb. 15. Juni 1899 zu Wien, Sohn eines Oberrechnungsrates, erwarb sich im Ersten Weltkrieg als Fähnrich eine Tapferkeitsmedaille, studierte in seiner Vaterstadt Architektur (Doktor der Technischen Wissenschaften), wurde Assistent an der Technischen Hochschule das. u. besorgte dann zahlreiche Entwürfe für Bauten u. Bühnen (vornehmlich für das Burgtheater), z. B. „Der Verschwender", „Sappho", „König u. Bauer", „Das Mädl aus der Vorstadt", „Elga", „Hedda Gabler", „Das heilige Experiment", „Jedermann"). Seine Inszenierungen zeichnen sich durch Wiedergabe stilechten Milieus u. innenarchitektonische Exaktheit aus.

Literatur: Helmut *Schwarz,* Gestaltung u. Gestalter des modernen Bühnenbildes: Judtmann, Manker, Meinecke (Diss. Wien) 1950.

Jüchtzer, Alwin, geb. 1. März 1835 zu Dresden, gest. 6. Aug. 1893 das., war Opernsänger u. Regisseur in Königsberg, Lübeck u. a., zuletzt in Trier. Hauptrollen: Basilio, Jaquino, Spärlich u. a.

Jüdin von Toledo, Die, historisches Trauerspiel in fünf Aufzügen von Franz Grillparzer, von einer Komödie Lope de Vegas angeregt, 1824 entworfen, um 1848 wieder aufgenommen u. Mitte der Fünfzigerjahre äußerlich vollendet, gelangte 1872 am Landestheater in Prag zur Uraufführung u. 1873 ans Burgtheater. Titelheldin ist die sagenhafte Geliebte Alfonsos VIII., Königs von Kastilien (um 1195). Hauptquellen boten der spanische Historiker Juan Mariana, der Dichter Lope de Vega u. der französische Modeschriftsteller Jacques Cazotte, dessen den Stoff behandelnde Novelle 1790 verdeutscht worden war. Die Liebesgeschichte des Königs Ludwig I. von Bayern mit der exotischen Tänzerin Lola Montez scheint den Dichter daneben in mehrfacher Hinsicht beeinflußt zu haben, doch wirkten eigene Erlebnisse mit dem weiblichen Geschlecht bei der Ausarbeitung dieses alle Wesenselemente desselben in einer Gestalt zusammenfassenden Stückes wohl am stärksten auf ihn ein. Desgleichen spielt auch das Rassenproblem eine Rolle, freilich ohne Tendenz, denn die Juden sind darin nicht mehr schuldig als andere. Und Esther, die Schwester der tragisch endenden Rahel, meint am Schluß: „Wir stehn gleich jenen in der Sünder Reihe, Verzeihn wir denn, damit uns Gott verzeihe". Das psychologisch tiefbohrende bühnenwirksamste Nachlaßdrama Grillparzers setzte sich jedoch erst lange nach dem Tode des Dichters auf dem Theater durch, nachdem Josef Kainz (s. d.) als König von Kastilien ihm 1888 in Berlin zu einem triumphalen Erfolg verholfen hatte.

Literatur: Elie *Lambert,* Eine Untersuchung der Quellen der Jüdin von Toledo (Jahrbuch der Grillparzer-Gesellschaft 19. Bd.) 1910; Max *Milrath,* Das goldene Vließ, Libussens Geschmeide u. Rahels Bild (Ebda. 20. Bd.) 1911; S. *Aschner,* Zur Quellenfrage der J. von T. (Euphorion 19. Bd.) 1912; Emil *Reich,* Die J. von T. (Grillparzers dramat. Werk) 1937; Irmgard *Knaur,* Grillparzers Frauenzeichnung u. Frauenpsychologie (Diss. München) 1946.

Jügelt, Max, geb. 1849, gest. 7. Juni 1883 (während der Eisenbahnfahrt zwischen Dresden u. Leipzig), war Schauspieler in Stettin, Petersburg, Kassel, Berlin u. zuletzt am Stadttheater in Brünn. Hauptrollen: Walter („Der zerbrochene Krug"), Caillard („Die Grille"), Holbach („Narziß") Osipp („Fatinitza") u. a.

Jülllg, Karl Hans, geb. 17. Dez. 1888 zu Wien, lebte das. als Schriftsteller. Auch Dramatiker.

Eigene Werke: Bumerang (Dramat. Gedicht) 1918; Der Christusfilm (Volksstück) 1925; Lienhard u. Gertrud (Volksstück nach H. Pestalozzi) 1928.

Jüncke, Marie s. Pollert, Marie.

Jünger, Johann Friedrich, geb. 15. Febr. 1759 zu Leipzig, gest. 25. Febr. 1797 zu Wien, Kaufmannssohn, studierte in seiner Vaterstadt, wurde Prinzen-Erzieher, lernte 1785 durch den Buchhändler Göschen Schiller kennen u. ging 1787 nach Wien, wo er 1789—94 am Burgtheater als Dramaturg u. Hoftheaterdichter wirkte. In seinen Stücken ahmte er vor allem Molière, Destouches u. Marivaux nach.

Eigene Werke: Lustspiele (Die Badekur — Freundschaft u. Argwohn — Der Strich durch die Rechnung — Der offene Briefwechsel — Verstand u. Leichtsinn — Der doppelte Liebhaber — Das Kleid aus Lyon — Der Revers — Dank u. Undank — Der Wechsel) 5 Bde. 1785—89; Komisches Theater (Die Entführung — Der Ton unserer Zeit — Das Ehepaar aus der Provinz — Er mengt sich in alles — Die unvermutete Wendung — Die Geschwister vom Lande — Maske für Maske — Die Komödie aus dem Stegreif) 2 Bde. 1792—95; Theatralischer Nachlaß 2 Bde. 1803—04.

Jüngst, Hans Ernst, geb. 30. Mai 1888 zu Scheessel (Hannover), humanistisch gebildet, besuchte eine Schauspielschule in München, war Darsteller, Regisseur u. Dramaturg in Flensburg, Plauen u. a., seit 1933 freier Schriftsteller u. seit 1945 auch Redakteur. Bühnenschriftsteller. Hauptrollen: Klaus („Die deutschen Kleinstädter"), Grabert („Die Wildente"), Thibaut („Die Jungfrau von Orleans") u. a.

Eigene Werke: Achill unter den Weibern (Schauspiel) 1940; Das Mädchen mit dem Apfel (Komödie) 1943; Die Witwe von Gerona (Schauspiel) 1947.

Jüngstes Gericht in mittelalterlichen Dichtungen, vor allem in Spielen (z. B. im „Tegernseer Antichrist") behandelt. Bedeutend war das Luzerner Spiel „Vom Jüngsten Gericht" (1549), ferner die „Comedy vom Jüngsten Gericht", die auf dem Horner Feld bei Radstadt im Salzburgischen 1755—81 immer wieder gespielt wurde. Matthias Jäger (s. d.) gab es 1899 heraus. In neuester Zeit sind Schilderungen wie der Traum Franz Moors in Schillers „Räubern" bemerkenswert.

Behandlung: A. *Ausserer,* Das kleine Altenmarkter Spiel vom Jüngsten Gericht, nach der großen Comedy bearbeitet 1924 (Aufführung in Radstadt).

Literatur: K. *Reuschel,* Die deutschen

Weltgerichtsdichtungen (Diss. Leipzig) 1895; ders., Die deutschen Weltgerichtsspiele des Mittelalters u. der Reformationszeit (Teutonia 4. Bd.) 1906; G. *Grau*, Quellen u. Verwandtschaften der älteren germanischen Darstellungen des Jüngsten Gerichts 1908; L. *Darnedde*, Die deutschen Sibyllenbühnen (Diss. Greifswald) 1933.

Jürgan, Heinrich, geb. 21. Aug. 1829 zu Berlin, gest. 20. Febr. 1887 zu Dalldorf (im Irrenhaus), war Held u. Liebhaber 1852—56 am Burgtheater, 1857—59 am Stadttheater in Breslau u. hierauf in Leipzig u. Nürnberg.

Jürgas, Richard, geb. 3. März 1865, gest. 28. März 1932 zu Darmstadt, ausgebildet von M. Frieb-Blumauer (s. d.) u. Heinrich Oberländer (s. d.), wirkte als Schauspieler u. Sänger in Sondershausen, Düsseldorf, Metz, Breslau (Lobetheater), Berlin, Frankfurt a. d. O., dann wieder in Berlin (Lessingtheater u. a.), hierauf am Landestheater in Darmstadt vorbildlich als Chargenspieler, so als Totengräber in „Hamlet" u. Kammerdiener in „Spiel im Schloß". Andere Rollen: Hektor, Gasparone, Reif-Reiflingen, Nanon u. a.

Jürgens, Annemarie, geb. 5. Juli 1910, an der Reinhardtschule in Berlin ausgebildet, wirkte als Sentimentale u. Naive seit 1928 in Bochum, 1930 in Berlin (Staatstheater), 1931 in Düsseldorf, 1932 in Köln, 1933 in Leipzig u. a. Seit 1949 Mitglied des Gärtnerplatztheaters in München. Schwester von Helmuth J. Hauptrollen: Gretchen, Emilia Galotti, Thekla, Luise u. a.

Jürgens, Curd, geb. 15. Dez. 1912 zu München, war Journalist u. Schauspieler in Dresden, Berlin, dann am Deutschen Volkstheater in Wien, seit 1940 am Burgtheater u. 1946—48 am Bayer. Staatsschauspiel. 1947 nahm er auch an den Salzburger Festspielen teil. Hauptrollen: Pylades, Theseus, Illo, Peter Abel („Der Schlaf der Gefangenen") u. a. Gatte von Judith Holzmeister.

Juergens, Erika, geb. 22. Sept. 1906, gest. 3. März 1936 zu Berlin-Charlottenburg. Schauspielerin.

Jürgens, Helmut, geb. 19. Juni 1902 zu Höxter a. d. Weser, wirkte als Bühnenbildner u. a. an der Staatsoper in München u. als Gast am Opernhaus in Düsseldorf. Bruder von Annemarie J.

Jürgens, Judith, geb. 14. Febr. 1920 zu Innsbruck, Tochter des Architekten Clemens Holzmeister, wurde am Reinhardtseminar u. von Tilla Durieux (s. d.) ausgebildet, wirkte in Linz a. d. Donau, u. dann drei Jahre am Deutschen Volkstheater in Wien u. wurde 1947 Burgtheatermitglied. Seit 1948 nahm sie auch an den Salzburger Festspielen hervorragenden Anteil. Gattin des Burgschauspielers Curd J. Hauptrollen: Minna von Barnhelm, Maria Stuart, Schönheit („Das Salzburger Große Welttheater"), Titania („Ein Sommernachtstraum"), Olivia („Was ihr wollt"), Helena („Faust II"), Isabella („Der Ritter vom Mirakel"), Rune („Ringelspiel"), Madeleine Robin („Cyrano von Bergerac") u. a.

Literatur: Ernst *Wurm*, Schönheit als Bühnenschicksal (Neue Wiener Tageszeitung Nr. 248) 1950; ders., J. Holzmeister (Ebda. Nr. 147) 1953.

Jürgens, Karl, geb. 12. Dez. 1853 zu Kiel (Todesdatum unbekannt), war Arzt in Hamburg-Barmbeck. Bühnenschriftsteller.

Eigene Werke: Eine Finanzoperation (Schauspiel) 1885; Flottenmanöver (Lustspiel) 1887; Skat-Kruse (Plattdeutsches Lustspiel) 1894.

Jürgens, Wladimir, geb. 1862 zu Petersburg, gest. 12. Aug. 1932 zu Bremen, ausgebildet u. a. von Heinrich Oberländer (s. d.), war Bonvivant u. Liebhaber in Dessau, Trier, Straßburg, Lübeck u. seit 1889 am Residenztheater in Hannover, später in Königsberg, 1914—15 in Bremen, seit 1916 in Weimar u. zuletzt wieder in Bremen. Auch Oberspielleiter u. Dramaturg. Bearbeiter von Bühnenstücken. Hervorragender Goethe-, Schiller- u. Shakespeare-Darsteller. Hauptrollen: Gratiano, Mercutio, Petruchio, Bolz, Reif-Reiflingen u. a.

Jürgensen, Adolf, geb. 9. April 1850 zu Joinville, gest. 14. Sept. 1925 zu Kassel, wurde in Brasilien (Dona Francisco) erzogen, von Ferdinand Stolte (s. d.) für die Bühne ausgebildet, begann seine Theaterlaufbahn als Charakterdarsteller in Hamburg u. wirkte dann in Meiningen, Oldenburg, Halle, Barmen-Elberfeld, Berlin (Nationaltheater), Hannover (Residenztheater), Posen, wieder in Hannover (Hoftheater) u. seit 1885 in Kassel. Hauptrollen: Tartüffe, Narziß, Shylock, Mephisto, Marinelli, König Philipp, Talbot u. a. Gatte der Folgenden.

Jürgensen (geb. Barteldes), Cilli, geb. 30. Nov. 1866 zu Dresden, Tochter eines Kaufmanns, wurde von Carl Löber (s. d.) für die Bühne ausgebildet u. begann ihre Laufbahn als Schauspielerin u. Sängerin in Zwickau, kam über Görlitz 1890 ans Hoftheater in Stuttgart, 1891 ans Adolf-Ernst-Theater in Berlin u. 1893 ans Hoftheater in Kassel, wo sie vor allem als Derbe Soubrette u. Komische Alte großen Erfolg hatte. Hauptrollen: Rosl („Der Verschwender"), Orlowski („Die Fledermaus"), Elfriede („Der Obersteiger"), Daja („Nathan") u. a. Gattin des Vorigen.

Jürgensen, Wilhelm, geb. 5. März 1789 zu Schleswig, gest. 5. April 1827 das., studierte in Kiel u. Göttingen die Rechte u. war seit 1812 Advokat in seiner Vaterstadt. Seine Lustspiele, besonders „Warum?", hielten sich lange auf der Hamburger Bühne.

Eigene Werke: Die Brüder (Trauerspiel) 1821; Mutterliebe (Dramat. Spiel) 1826; Künstlerstolz (Lustspiel) 1826; Ob? oder Der Eigenwillige (Lustspiel) 1826; Sultan Mammud oder Die beiden Veziere (Dramat.-kom. Märchen mit Gesang) 1827; Warum? (Lustspiel) 1827 (im Almanach dramat. Spiele 25. Bd.).

Jürgensohn, Nikolaus (Ps. Colla Jessen), geb. 15. Febr. 1869 zu Riga, gest. 20. Juli 1928 zu Salzburg, humanistisch gebildet, war zuerst Landwirt, unternahm eine Weltreise, erhielt dann in Berlin bei Heinrich Oberländer (s. d.) dramatischen Unterricht u. begann 1890 seine Bühnenlaufbahn in Meran, kam 1891 als Held u. Charakterdarsteller nach Innsbruck, 1894 nach Bremen, 1895 nach Altenburg, 1897 nach Berlin (Berliner Theater u. Theater des Westens) u. 1898 nach Breslau. 1902—04 wirkte er unter der Direktion Stollberg (s. d.) als einer der bedeutendsten Darsteller des Schauspielhauses in München u. gab fast alle führenden Rollen in den Dramen von Ibsen (Brand, Arnold, Rubek, Doktor Stockmann, Baumeister Solness), Wedekind (Morosini, Reisner, Der vermummte Herr, Doktor Klenke), B. Shaw, Schnitzler, Bahr u. a. Weitere Hauptrollen: Dr. Niemeyer („Traumulus"), Schmied von Kochel (Titelrolle), Streckmann („Rose Bernd") u. a.

Juffinger, Josef, geb. 1860, gest. im April 1917 als Spielleiter u. Christusdarsteller der Schlierseer Passionsspiele.

59*

Jugel, Paul, geb. 9. Mai 1859 zu Chemnitz (Todesdatum unbekannt), wirkte als Bassist seit 1888 in Glogau, Brieg, Altenburg, Halberstadt, Bremerhaven, Königsberg (1890) u. Amsterdam.

Jugend, Liebesdrama in drei Aufzügen von Max Halbe. Uraufführung 1893 im Residenztheater in Berlin. Unter der Obhut des gütigen Pfarrers Hoppe leben die Kinder seiner verstorbenen Schwester, das unehelich geborene Ännchen u. ihr Stiefbruder Amandus. Kaplan Schigorski sucht vergeblich Ännchen zu überreden, in einem Kloster den Fehltritt ihrer Mutter zu sühnen. Ein auf der Durchreise nach Heidelberg im Pfarrhaus einkehrender Vetter Hartwig erscheint als Retter aus seelischer Bedrängnis. Die jungen Leute verlieben sich. Ännchen gibt sich dem Studenten willig hin. Der Kaplan muß jetzt auf seinen Plan endgültig verzichten. Pfarrer Hoppe, der dem Zeloten die ganze Schuld an allem gibt, fordert nun, Hartwig müsse nach vollendetem Studium Ännchen heiraten, was dieser verspricht. Da fällt ein Schuß. Der tückische Amandus will den Studenten niederstrecken, trifft jedoch statt ihm die unglückliche Braut, die sich dazwischen geworfen hat. Stimmungsreichtum, starke dramatische Effekte u. vor allem die im Zeitalter des Naturalismus vorherrschende Tendenz nach Befreiung von althergebrachten Fesseln u. Vorurteilen sicherten dem Stück den außerordentlich starken Erfolg, der freilich über die zeitbedingten Schwächen auf die Dauer nicht hinwegtäuschen konnte.

Literatur: H. *Weber,* Die Stimmungskunst in M. Halbes Gegenwartsdramen (Diss. Halle) 1932.

Jugend auf der deutschen Bühne.

Literatur: Adolf *Bartels,* Das Weimarische Hoftheater als Nationalbühne für die deutsche Jugend 1907; Ludwig *Pallat* u. Hans *Lebede,* Jugend u. Bühne 1925; Friedrich *Bonn,* Jugend u. Theater 1939; Hermann *Schultze,* Das deutsche Jugendtheater, seine Entwicklung vom deutschsprachigen Schultheater bis zu den deutschen Jugendspielbewegungen der jüngsten Gegenwart (Diss. Berlin) 1941.

Jugert, Rudolf, geb. 30. Sept. 1907 zu Hannover, besuchte die Universitäten Tübingen, Göttingen, Greifswald, Hamburg u. Leipzig, war zuerst Regieassistent am dort. Schauspielhaus u. 1934—38 Chefdramaturg und Regisseur daselbst. Seit 1947 Filmregisseur.

Jugurtha König von Numidien (118—104 v. Chr.), von den Römern gefangen, wurde im Kerker hingerichtet. Tragischer Held.
Behandlung: Franz *Trautmann*, Jugurtha 1837; Eugen *Ruland*, J. 1861; Wilhelm *Goldschmidt*, J. 1868; K. *Lotze*, König J. 1894; E. A. *Zündt*, J. (Ebbe u. Flut) 1894; Hans *Reidemeister*, J. 1896.

Juhn, Arnold, geb. 1892, gest. 31. Mai 1935 zu Wien, war als Oberspielleiter, Schauspieler u. Sänger in Marburg an der Drau, Zwickau, Heidelberg u. a., zuletzt am dort. Stadttheater tätig.

Juhnke, Carl (Geburtsdatum unbekannt), begann 1896 am Friedrich-Wilhelmstädtischen Theater in Berlin seine Laufbahn als Schauspieler, wirkte dann in Cottbus, Petersburg, München-Gladbach, Posen, Graudenz, Luzern, Gießen, Neuheim u. Göttingen.

Juin, Karl s. Guigno, Karl.

Juker, Werner, geb. 5. Sept. 1893 zu Lyß in der Schweiz, studierte in Bern u. Heidelberg (Doktor der Philosophie), Berlin, Breslau, Dresden u. Göttingen, arbeitete im Kurt-Wolff-Verlag in München u. im Rotapfel-Verlag in Zürich u. wurde 1927 Stadt- u. Hochschulbibliothekar in Bern. Dramatiker (auch in der Mundart).
Eigene Werke: Die Theorie der Tragödie in den Poetiken des 17. Jahrhunderts (Diss. Heidelberg) o. J.; Der Friedenspfarrer (Berndeutsches Schauspiel) 1935; David u. Goliath (Bernd. Schauspiel) 1936; Verchehrti Wält (Bernd. Schauspiel) 1936; Festspiel zur Laupenschlachtfeier 1938; E frömde Fötzel (Drama) 1942; Der Blick hinüber (Schauspiel) 1944; Die Hochzeit des Mönchs (Schauspiel) 1944.
Literatur: Berner Schrifttum der Gegenwart (1925—50) 1949.

Jules, Anton s. Julisch, Anton.

Jules, Erna, geb. 1867 zu Wien, studierte am dort. Konservatorium, Schülerin von J. Gänsbacher, war als Sängerin in Baden, Budapest, am Carltheater in Wien, in Ischl, 1890—91 wieder am Carltheater u. dann am Stadttheater in Brünn tätig.

Jules, Hermine s. Julisch, Hermine.

Julianus Apostata (= der Abtrünnige), Neffe Konstantins des Großen, der, 361—63 n. Chr. römischer Kaiser, neuerdings das Heidentum einzuführen suchte. Dramatischer Held, auch Schiller plante eine Bearbeitung.
Behandlung: Hans *Sachs*, Julianus (Komödie) 1556; K. L. v. *Kettenburg*, J. Apostata (Trauerspiel) 1812; Karl v. *Schirach*, Julian (Schauspiel, in Gardthausens Eidora) 1825; Wilhelm *Molitor*, J., der Apostat (Schauspiel) 1867; J. *Wieser* v. *Mährenheim*, Kaiser J. (Trauerspiel) 1876; Adam *Trabert*, Kaiser J. der Abtrünnige (Schauspiel) 1894; Wilhelm *Huber*, Julian der A. (Drama) 2 Teile 1926 f.
Literatur: Käte *Philip*, Julianus Apostata in der deutschen Literatur (Stoff- u. Motivgeschichte der deutschen Literatur 3. Bd.) 1929.

Julisch (Ps. Jules), Anton, geb. 14. Aug. 1860 zu Brünn (Todesdatum unbekannt), Sohn eines Tanzlehrers, betrat 1879 die Bühne seiner Vaterstadt als Statist, kam dann zum Ballett u. als Charakterkomiker über Klagenfurt, Pest, Olmütz, Reichenberg u. a. 1888 nach Graz, wo er ein Jahrzehnt verblieb u. dann einem Ruf ans Carltheater in Wien folgte. Seit 1900 wirkte er am dort. Raimundtheater.

Julisch (Ps. Jules), Hermine, geb. 1850 zu Brünn, gest. 24. Juni 1901 das., Schwester des Vorigen, betrat schon im jugendlichen Alter die Bühne, unternahm als Schauspielerin u. Soubrette eine Tournee nach Amerika, war dann in Wien (unter Laube) am Stadttheater u. am Theater an der Wien tätig, später lange Zeit in Brünn, vor allem als Komische Alte unübertrefflich, u. 1898 bis 1900 am Deutschen Volkstheater in Wien.

Julius Caesar s. Caesar, Gaius Julius.

Julius II. Papst (1443—1513), Franziskaner, größter Förderer der Renaissance (Bramante, Michelangelo, Raffael), als Feldherr u. Politiker gleich ausgezeichnet. Dramatischer Held.
Behandlung: W. M. *Mund*, Der Tod Papst Julius II. 1952.

Julius, Friedrich s. Kleist, Julius Friedrich von.

Julius, Klara, geb. 1819, gest. 23. Nov. 1882 zu Olmütz. Schauspielerin.

Julius, Ludwig s. Bauch, Ludwig Julius.

Juncker von Ober-Conreut (Ps. E. v. Weitra), Elisabeth, geb. 12. März 1870 zu Gumbinnen, Tochter eines hohen preuß. Staatsbeamten, trat frühzeitig mit dramatischen Arbeiten hervor u. wurde 1905 mit dem Schillerpreis des Großherzogs von Sachsen-Weimar ausgezeichnet.

Eigene Schriften: Die trauernde Madonna (Kulturhistor. Einakter) 1903; Lebenskampf (Einakter) 1907; Rübezahls Tochter (Märchenspiel) 1910; Der Bärengraf (Trauerspiel) 1911; Die Herzogin will es . . . (Schauspiel) 1912; In der Herberge zu Worms (Lutherspiel) 1916; Blüchersieg (Dramat. Spiel) 1924 u. a.

Jung, Anna Maria Elisabeth s. Jung, Georg.

Jung, Franz, geb. 26. Nov. 1888 zu Neiße in Preuß.-Schlesien, lebte als Dramaturg in Berlin, später in Neuyork. Erzähler u. Dramatiker.

Eigene Werke: Saul (Drama) 1916; Kanaker (Drama) 1921; Wie lange noch? (Drama) 1921; Annemarie (Drama) 1923 u. a.

Jung, Franz Herbert Max, geb. 6. Nov. 1899 zu Dresden, führte als Generalmusikdirektor die musikalische Oberleitung der Städt. Bühnen in Erfurt.

Jung, Georg, geb. 1760 zu Mannheim, gest. vermutlich 1796 zu Preßburg (oder Umgebung), war seit 1776 bühnentätig, seit 1787 in Österreich. Hier stellte er eine Truppe zusammen, mit der er wiederholt (1788 u. 1792) in Krems u. (1792) in Hainburg spielte. 1793 übernahm er als Nachfolger von Konstantin von Paraskovics die Leitung des Theaters in Preßburg. Den Schwerpunkt seiner Vorstellungen bildete das Ballett, außerdem bot er seinem Publikum immer die letzten Neuigkeiten der Wiener Bühne. Auch veranstaltete er in der Preßburger Au Freilichtaufführungen. Seinem Verhältnis mit Anna Maria Elisabeth Pirngruber (aus der bekannten Linzer Familie), die er der Bühne zuführte (1793 ist ihr Auftreten im Landstrasser Theater in Wien nachweisbar), entsprang 1786 die berühmte Marianne Willemer (s. d.), Goethes Suleika.

Literatur: Jolantha *Pukánszky-Kádár*, Geschichte des deutschen Theaters in Ungarn 1933; G. *Gugitz*, Zu Suleikas Bühnenlaufbahn (Chronik des Wiener Goethevereins 54. Bd.) 1950.

Jung, Ilse, geb. 21. Jan. 1921, lebte als Redakteurin in Weimar. Bühnenschriftstellerin.

Eigene Werke: Wo ist der Weg? (Schauspiel) 1946; Der goldene Löffel (Schauspiel) 1949.

Jung, Josef, geb. 5. Juni 1867 zu Kohlstadt bei Reichenberg in Böhmen, trat als Theaterkind schon frühzeitig auf u. war an vielen Bühnen Deutschlands u. der Schweiz als Charakterdarsteller u. Regisseur des Schauu. Lustspiels tätig, bis ihn ein Halsleiden 1899 zwang, seinen Abschied zu nehmen. Er lebte als freier Schriftsteller in Stuttgart, später in Lauchröden bei Eisenach u. in Erfurt. Von seinen zahlreichen Dramen gelangten „Der Gamskönig" 1891 u. „Tyrolerblut" 1892 zur Aufführung.

Eigene Werke: Nanette 1901; Der Teufelssteg 1902; Der weiße Rabe 1903; Tyrolerblut 1904; Sektquartier 1905; Die Ausgestoßenen 1906; Heiratsfieber 1909 u. a.

Jung, Karl, geb. 4. März 1839 zu Mainz, gest. 23. Sept. 1919 zu Weimar, war Schauspieler u. Sänger in Berlin (Luisenstädtisches Theater u. a.). Hauptrollen: Montano („Othello"), Dumont („Der Verschwender"), Gottschalk („Das Käthchen von Heilbronn"), Baumgarten („Wilhelm Tell") u. a.

Jung, Karl, geb. 9. April 1867 zu Herrnbaumgarten, gest. 1907 zu Wien. Dramatiker.

Eigene Werke: Äthiopiens Königstochter 1897; Mutter u. Kind 1900.

Jung, Marianne s. Willemer, Marianne von.

Jung, Theodora, geb. 1. April 1913 (?) zu Gera, wirkte als Schauspielerin da. seit 1928, hierauf u. a. in Gotha, Bunzlau u. Kiel. Hauptrollen: Klärchen („Im weißen Rößl"), Rosalinde („Wie es Euch gefällt"), Franziska („Minna von Barnhelm").

Jung, Walther (Geburtsdatum unbekannt), gest. 23. Sept. 1950 zu Hamburg, war Charakterdarsteller am Stadttheater in Kassel, Heilbronn u. a., zuletzt viele Jahre am Deutschen Schauspielhaus in Hamburg. Hauptrollen: Sülzheimer („Im weißen Rößl"), Franz („Onkel Bräsig"), Karl Heinz („Alt-Heidelberg") u. a.

Jung-Alsen, Kurt, geb. 18. Juni 1915 zu Tutzing in Oberbayern, Sohn des Intendanten Paul Eger (s. d.) u. der Schauspielerin Herta Alsen (gest. 15. Juli 1949 zu Altenburg, tätig gewesen in Darmstadt, Düsseldorf, Chemnitz, Hannover u. Berlin), besuchte das Scala-Seminar in Wien, war dann Schauspieler u. Spielleiter das., Salzburg u. Dresden, seit 1945 Oberspielleiter in Gera u. später Intendant der Deutschen Volksbühne in Erfurt.

Junge-Swinborne, Carl, geb. 20. Mai 1878, gest. 12. Dez. 1950 zu Berlin, war Schauspieler am Stadttheater in Bromberg u. an verschiedenen Bühnen in Berlin. Hauptrollen: Fernand („Mamselle Nitouche"), Prunelles („Cyprienne"), Rambow („Onkel Bräsig"), Herzog („Der grüne Kakadu"), Prinz („Kean") u. a.

Jungermann, Reinhold, geb. 14. Juli 1884 zu Berlin, gest. 2. Juni 1936 zu Essen, kam als Schauspieler über Allenstein, Memel, Aschaffenburg, Stade, Lüneburg, Rostock, Regensburg, Metz, Flensburg, Schwerin u. abermals Rostock nach Essen, wo er zuletzt neun Jahre wirkte. Hauptrollen: Babberley („Charleys Tante"), Mehlmeyer („Mein Leopold"), Pascha („Fatinitza"), Rümpel („Pension Schöller") u. a.

Jungfern vom Bischofsberg, Die, Lustspiel in fünf Akten von Gerhart Hauptmann 1907, nach des Dichters eigenem Bekenntnis Shakespeares „Sommernachtstraum" nachgebildet, bedeutete zwar eine entschiedene Abkehr vom Naturalismus, konnte jedoch infolge der banalen Handlung mit verbrauchten Schwankmotiven, die den Reigen von vier Schwestern umranken, zu keinem dauernden Erfolge führen.

Jungfrau von Orleans s. Johanna von Orleans.

Jungmann, Adele (Geburtsdatum unbekannt), begann 1895 ihre Bühnenlaufbahn als Soubrette am Stadttheater in Hamburg, wirkte dann am dort. Operettenhaus, am Apollotheater in Berlin, am Residenztheater in Kassel u. in Riga. Tourneen führten sie durch ganz Deutschland. Gattin des Theaterdirektors J. Zuletzt Souffleuse in Schweidnitz u. Liegnitz.

Jungwirth, Johann, geb. 4. April 1818 zu Wien, gest. 29. Mai 1896 das., war 1834—40 Statist am Burgtheater, dann Schauspieler am Leopoldstädtertheater in Wien bis 1848,

hierauf am Stadttheater in Olmütz u. seit 1856 am Josefstädtertheater wieder in Wien.

Jungwirth, Manfred, geb. 4. Juni 1919 zu St. Pölten in Niederösterreich, wirkte als Bassist seit 1949 am Stadttheater in Zürich.

Jungwirth, Nora, geb. 5. März 1920 zu Scharnstein bei Salzburg, gehörte 1949—52 als Erste Operettensoubrette dem Gärtnerplatztheater in München an u. gab Gastspiele in Wien, Hamburg u. a. Hauptrollen: Saffi („Der Zigeunerbaron"), Fürstin („Paganini"), Bozena (Titelrolle in der Uraufführung der Operette von Oskar Straus) u. a.

Junior, Willy, geb. 26. Dez. 1875, wirkte als Bariton am Residenztheater in Wiesbaden, später in Dortmund, Essen, Aachen, Mainz, Hof, Mannheim u. a., 1904—28 in Freiburg im Brsg. Hauptrollen: Hans Sachs, Kurwenal, Telramund, Escamillo u. a.

Junk, Viktor, geb. 18. April 1875 zu Wien, gest. 5. April 1948 zu Frohnleiten in der Steiermark, Sohn eines Baumeisters u. Baurats, studierte in Wien, habilitierte sich 1906 für deutsche Sprache u. Literatur das. u. wurde 1925 ao. Professor. Auch Opernkomponist („Die Wildfrau", „Don Pablo von Saragossa", „Sawitri").

Eigene Werke: Goethes Fortsetzung der Mozartschen Zauberflöte 1899; Die Bedeutung der Schlußkadenz im Musikdrama 1926; Handbuch des Tanzes 1930.

Literatur: E. H. *Müller,* V. Junk (Zeitschrift für Musik 102. Jahrg.) 1935.

Junker, August, geb. 28. Mai 1871 zu München, gest. 17. April 1946 das., wirkte als Volkssänger, Lokalkomiker u. Schauspieler 1906—22 am dort. Apollotheater, sowie als Gast an verschiedenen Bühnen seiner Vaterstadt.

Junker, Fritz, geb. 1890, gest. 12. Okt. 1933 zu Krefeld als langjähriger Schauspieler am dort. Stadttheater.

Junker, Konrad, geb. 25. Dez. 1849 zu Frankfurt a. M., gest. im Juli 1892 zu Königstein im Taunus, wirkte als Schauspieler u. Regisseur in Dresden (Residenztheater), Hamburg (Thaliatheater), dann an verschiedenen Bühnen Berlins u. zuletzt in Neuyork.

Junker, Kurt, geb. um 1875, gest. 27. Febr. 1953 zu Stuttgart, war Schauspieler am

Deutschen Theater in Berlin u. gehörte dann jahrzehntelang dem Hof- u. späteren Staatstheater in Stuttgart an. Hauptrollen: Ridgeon („Der Arzt am Scheideweg"), Brentendorpf („Husarenfieber"), Schummrich („Die zärtlichen Verwandten"), Brubo („Die Ratten") u. a.

Junker-Schatz, Johanna (Geburtsdatum unbekannt), gest. 4. Dez. 1922 zu Potsdam, kam als Soubrette 1873 ans Carl-Schultze-Theater in Hamburg, 1876 ans Woltersdorff-Theater in Berlin, 1878 ans dort. Thalia-Theater, 1879 wieder ans Woltersdorff-Theater, 1880 ans Residenztheater in Dresden, 1881 ans Belle-Alliance-Theater in Berlin, war dann bis 1892 in Amerika, hauptsächlich in Neuyork, seit 1894 am Volkstheater u. seit 1896 am Stadttheaer in Hamburg, 1898—1902 am Thalia-Theater in Berlin u. später am dort. Metropol-Theater, zuletzt als Komische Alte, tätig.

Junkermann, August, geb. 15. Dez. 1832 zu Bielefeld, gest. 15. Mai 1915 zu Berlin, Sohn, eines Stadtsekretärs, betrat 1851 in Münster (Westfalen) die Bühne, wirkte dann in Trier, St. Gallen, Wien (Carl-Theater), Pest (Deutsches Theater), Stettin, Bremen, Nürnberg, Weimar, Amsterdam, Oldenburg, Breslau u. kam 1870 ans Hoftheater in Stuttgart, wo er 17 Jahre blieb. Seit 1887 unternahm er nur mehr Gastspiele in ganz Deutschland, Holland, Belgien, der Schweiz, Rußland u. Amerika. 1899 gründete er in London das Deutsche Theater. Berühmt als Darsteller Reuterscher Charaktere, z. B. Onkel Bräsig. Andere Hauptrollen: Weigelt („Mein Leopold"), Knieriem („Lumpazivagabundus"), Valentin („Der Verschwender"), Falstaff („Heinrich IV"). J. war in zweiter Ehe mit der Berlinerin Rosa Le Seur verheiratet, die als erste Soubrette 1866—87 am Viktoriatheater in Berlin, am Hoftheater in Meiningen, in Bremen, Breslau, Nürnberg, Amsterdam, Neuyork u. Stuttgart wirkte. *Eigene Werke:* Memoiren eines Hofschauspielers 1886 u. a. *Literatur:* Ernst Edgar *Reimérdes,* A. Junkermann (Die Deutsche Bühne 4. Jahrg.) 1912; Rudolf *Krauß,* A. J. (Württembergischer Nekrolog) 1915.

Junkermann, Hanns, geb. 24. Febr. 1872, gest. 12. Juni 1943 zu Berlin, sollte Offizier werden, verließ jedoch die militärische Vorbereitungsschule, um zur Bühne zu gehen, u. spielte zuerst bei einer Wandertruppe.

1893 trat er unter dem Ps. Ferdinand Hansen im „Onkel Bräsig" in Berlin auf. Als Charakterkomiker fand er sowohl in seiner Vaterstadt (Trianontheater u. a.) wie auf Gastspielreisen in Amerika reichen Beifall. Seit 1939 preuß. Staatsschauspieler. Sohn des Vorigen.

Junkermann, Karl, geb. 1860, gest. 29. Aug. 1926 zu Berlin, Sohn August Junkermanns aus erster Ehe, war Direktor verschiedener Bühnen, u. a. des Deutschen Theaters in London, zeitweilig auch Manager des italien. Tenors Enrico Caruso.

Junkermann, Rosa s. Junkermann, August.

Junkers, Herbert, geb. 6. Mai 1909 zu Krefeld, war seit 1927 Dramaturg in München-Gladbach, 1929—30 auch Schauspieler in Görlitz, studierte gleichzeitig Theaterwissenschaft u. promovierte 1933 mit einer Dissertation über „Niederländische Schauspieler im 17. u. 18. Jahrhundert in Deutschland" zum Doktor der Philosophie. Hierauf u. a. Regisseur, Schauspieler u. Dramaturg in Krefeld u. Oberregisseur der Oper des Theaters am Goetheplatz in Bremen. 1943 bis 1950 Intendant der Bühnen in Krefeld u. Dortmund.

Jurberg, Gisela, geb. um 1875 zu Wien, begann ihre Bühnenlaufbahn 1895 am Stadttheater in Wiener-Neustadt, kam über Reichenberg u. Ischl als Sentimentale Liebhaberin ans Stadttheater in Breslau, 1899 ans dort. Deutsche Theater, 1901 ans Theater an der Wien, kehrte im gleichen Jahr nach Berlin zurück u. wirkte seit 1902 als Muntere u. Naive Liebhaberin in Leipzig u. später in Hannover. Hauptrollen: Lucie („Stella"), Sabine („Großstadtluft"), Peppi („Lumpazivagabundus") u. a.

Jurinac, Sena, geb. 24. Okt. 1921 zu Travnik in Jugoslawien, Tochter eines kroatischen Vaters u. einer Wienerin, humanistisch gebildet, trat als Mimi („Bohème") 1942 in Agram auf, wurde 1944 an die Staatsoper in Wien berufen, nahm an den Festspielen in Salzburg teil u. gastierte in Edinburgh u. a. Kammersängerin. Hauptrollen: Evchen („Die Meistersinger"), Marie („Die verkaufte Braut"), Antonia u. Stella („Hoffmanns Erzählungen"), Dorabella („Cosi fan tutte"), Ighino („Palestrina") u. a. Seit 1953 Gattin des Sängers Bruscantini. *Literatur:* —ert, Ihre Mutter war eine

Wienerin (Neue Wiener Tageszeitung Nr. 281) 1951.

Jurjewskaja, Zinaida, geb. (Datum unbekannt) in Rußland, gest. 3. Dez. 1925 zu Andermatt (durch Selbstmord), wirkte als Solistin an der Staatsoper in Berlin.

Just, Carl, geb. 21. Dez. 1808 zu Breslau, gest. 4. April 1861 zu Wien, Sohn eines Souffleurs, humanistisch gebildet, war Bassist u. Baßbuffo in Berlin u. a., 1831—60 an der Wiener Hofoper. Hauptrollen: Sarastro, Kaspar, van Bett, Bartolo, Cajus („Die lustigen Weiber von Windsor") u. a. Seine Tochter Therese (geb. 1831 zu Wien), gehörte 1831—47 dem Ballett der Hofoper in Wien an.

Just, Johann Karl Ludwig (Ps. L. Recht), geb. 22. März 1826 zu Clettstedt bei Langensalza, gest. 26. Juli 1902 zu Eisenach, war 1864 bis 1899 Pfarrer in Langula. Verfasser wiederholt aufgeführter Bühnenstücke. *Eigene Werke:* Graf Wigger (Dramat. Zeitbild) 1890; Hoppenstedts Meisterstück (Festspiel) 1891; Müller u. Schulze u. das Gauturnfest in Starkenheim (Lustspiel) 1891; Time is money (Festspiel) 1891; Eile mit Weile (Festspiel) 1891; Die Blaue Blume (Festspiel) 1895; Das erste Reformationsjahr in Langula (Volksstück) 1897.

Just (Ps. Stepanek), Lilly, geb. 18. Juli 1912 zu Wien, besuchte 1928—30 die Akademie für Musik u. darstellende Kunst, begann ihre Bühnenlaufbahn als Sentimentale in Brünn, wirkte dann als Jugendliche Liebhaberin in Solothurn, Salzburg u. Linz u. kam 1936 an das Burgtheater. Von ihren Bühnenstücken gelangten „Die geliebten Frauen" 1941, „Der Garten am Meer" 1946 zur Aufführung, ihre Theatergeschichten „Malina" wurden 1947 veröffentlicht. Hauptrollen: Paula Clothilde („Vor Sonnenuntergang"), Hyppolita („Ein Sommernachtstraum"), Gertrud („Der Färber u. sein Zwillingsbruder") u. a.

Just-Loeber, Frida, geb. 1876, gest. 23. Sept. 1923 zu Göttingen, war Schauspielerin u. Sängerin in Aachen u. a., zuletzt am Stadttheater in Göttingen.

Just-Justinus, Georges, geb. 1878 zu Riga, gest. 18. Febr. 1932 zu Berlin, wirkte als Schauspieler in Schleswig, Berlin u. a., zuletzt am Stadttheater in Krefeld. Hauptrollen: Orsino („Was ihr wollt"), Harold („Rosenmontag"), Asterberg („Alt-Heidelberg") u. a.

Justinus, Oskar s. Cohn, Oskar Justinus.

Jutta, Frau s. Johanna, Päpstin.

K

Kaan, Ferdinand (Ps. Eduard Dorn), geb. 30. Aug. 1826 zu Wien, gest. 14. Juli 1908 das., war 1864 bis 1866 Schauspieler an bedeutenden Bühnen Deutschlands u. eine Zeitlang Direktor des Josefstädtertheaters in Wien. 1879 brachte er das Schauspiel „Ein Faustschlag" von L. Anzengruber auf die Bühne, das als eines der ersten Stücke in Österreich den Kampf zwischen Arbeitgebern u. Arbeitnehmern behandelt. Auch regte er Anzengruber zur Abfassung des Volksstücks „Das vierte Gebot" an. Er selber trat ebenfalls als Dramatiker hervor. *Eigene Werke:* Die beiden Parteien 1850; Edelmann u. Bauer 1853; Ein Don Juan der modernen Welt 1854; Im Globus 1855; Anno damals 1858; In Sünden 1860; Eine Million 1870; Direktor Shakespeare 1870; Die Schrecken des Krieges 1870; Kindereien 1870; Aus Cayenne 1872; Vater Radetzky 1874; Das letzte Aufgebot 1875; Messenhauser

1876; Ehre für Liebe 1876; Die Sündflut 1876; Die Madonna der Juden 1892 u. a.

Kaase, Ludwig (Geburtsdatum unbekannt), gest. im Mai 1917 (gefallen in Frankreich), war Schauspieler, zuletzt am Stadttheater in Zürich.

Kabale und Liebe, Schillers bürgerliches Trauerspiel, Uraufführung am 13. April 1784 in Frankfurt a. M. (zwei Tage später in Mannheim), erhielt seinen jetzt gebräuchlichen Titel von Iffland (s. d.) u. hieß ursprünglich „Luise Millerin". Dieses soziale Jugenddrama, eine Anklage gegen den verkommenen Adel seiner Zeit, Absolutismus u. Despotismus, spielt in einer deutschen Residenz u. verwertet Jugendeindrücke des Dichters. Ferdinand, der Sohn des allmächtigen Staatspräsidenten, liebt Luise, ein braves Mädchen bürgerlichen Standes, die Tochter des Stadtmusikanten Miller, eines Biedermanns voll echter Religiosität, soll jedoch auf Wunsch seines Vaters die Lady Milford, eine ehemalige Maitresse des Landesherrn, heiraten u. weigert sich. Intrigen eines schurkischen Sekretärs mit dem bezeichnenden Namen Wurm verwirren den Konflikt noch mehr, so daß Ferdinand u. Luise in den Tod gehen. Aber die Gerechtigkeit siegt am Ende, denn der Präsident u. Wurm können sich ihr nicht entziehen. In Charakterschilderung u. Linienführung bedeutet das Stück einen großen Fortschritt gegenüber den früheren Dramen „Die Räuber" u. „Die Verschwörung des Fiesko". Es fand stürmischen Beifall, in französischer Übersetzung von La Mantellière 1825—26 auch in Paris. Hebbels freie Tragödie des Bürgertums „Maria Magdalene" ging einen Schritt weiter als Schiller, knüpfte jedoch deutlich an ihn an. 1828 schrieb Bäuerle (s. d.) eine Parodie „Kabale u. Liebe". Jiddisch verfaßte „nouch Schillerche" 1854 Manscha Worscht das Schauspiel „Koppelche u. Libetche".

Literatur: Heinrich *Düntzer*, Schillers Kabale u. Liebe erläutert (Neuausgabe) 1878; Ernst *Müller*, Schillers K. u. L. 1892; Arthur *Eloesser*, Das bürgerliche Drama 1898; A. *Kontz*, Les drames de la jeunesse de Schiller 1899; Arturo *Farinelli*, Un dramma d'amore e morte dello Schiller (Rivista di Letteratura Tedesca 2. Bd.) 1908; Nikolaus *Menke*, Die Intrige in Schillers Dramen (Diss. Münster) 1949.

Kabarett (französ. Cabaret = Schenke), der vom Schweizer Maler Rudolphe Salis auf dem Mont-Martre in Paris als „Chat noir" (Schwarzer Kater) seit 1881 bestehenden Künstlerkneipe mit deklamatorischen Darbietungen nachgebildete Kleinkunstbühne für den Vortrag unterhaltsamer, vielfach satirischer Lieder, Prosastücke u. dramatischer Satiren, häufig frivol, auch der erotischen Tagesliteratur dienstbar. Das älteste K. in Deutschland war das seit 1901 blühende Berliner „Überbrettl" Ernst v. Wolzogens (s. d.). Zu ihm gesellte sich „Die Brille" in der Lessingstraße, wo Chr. Morgenstern (s. d.) im Kreis der „Galgenbrüder" seine „Galgenlieder" dichtete. Ein anderes Berliner K. war „Schall u. Rauch" mit Max Reinhardt (s. d.), von dessen kleiner Bühne später eine neue Theaterepoche ihren Ausgang nahm. Am ursprünglichsten erhielt sich das K. in München („Elf Scharfrichter", gegründet 1901 im „Goldenen Hirschen", Türkenstraße 28, „Simplizissimus"

u. „Serenissimus" in Schwabing). Dem Kreis der „Scharfrichter" gehörten zeitweilig an: Otto Falckenberg, Frank Wedekind, Max Halbe, Arno Holz, Hermann Bahr u. a. Hier begannen auch drei Münchner Studenten: Helmut Käutner, Bobby Todd u. K. E. Heyne in ihrem K. „Die Nachrichter" die Tradition fortzusetzen. Gleich den „Scharfrichtern" erweiterten sie ihre Tätigkeit zu einem Doppelbetrieb, dem reinen K. u. dem kabarettistischen Theater. Nach dem Zweiten Weltkrieg erfolgte eine Wiedergeburt, besonders in der Schweiz. So entstand z. B. das neue Wege weisende Basler K. „Kikeriki".

Literatur: H. H. *Ewers*, Das Cabaret 1904; Kabarett-Jahrbuch 1921 u. 1922; K. E. *Heyne*, Die Kunst des Cabarets (National-Zeitung, Basel Nr. 560) 1950; Ernst *Penzoldt*, Die elf Scharfrichter (Süddeutsche Zeitung, München Nr. 85) 1951; W. N., Die großen Elf aus der Türkenstraße (Die Neue Zeitung Nr. 88) 1951.

Kabitz, Ulrich, geb. 22. März 1920 zu Witten, lebte als Journalist in Nürnberg. Verfasser von Theaterstücken.

Eigene Werke: Das Dombaumeisterspiel 1947; Krippenballade 1947; Spielmann vor der Kirchentür 1948; Troßbuben 1948; Kolonne Tobias 1949; Friedensstraße 8 1950; Ali Baba u. die 40 Räuber 1950; Das Osterpflügen 1951.

Kacha, Eduard, geb. 21. Sept. 1866, war 1893—1911 Schauspieler am Central- u. Metropoltheater in Berlin, 1922 bis 1931 Rechnungsführer an verschiedenen Bühnen das. Zuletzt lebte er im Ruhestand in Gmund am Tegernsee.

Kachel-Bender, Luise, geb. 7. Dez. 1843 zu Karlsruhe, gest. 27. Okt. 1916 zu München, wurde von Eduard Devrient (s. d.) entdeckt u. ausgebildet, begann 1860 ihre Bühnenlaufbahn als Jugendliche Liebhaberin in Karlsruhe, kam 1865 nach Frankfurt a. M., 1868 nach Freiburg im Brsg., 1869 nach Wiesbaden, 1870 nach Braunschweig, 1874 nach Halberstadt, zog sich zeitweilig zurück, ging jedoch nach dem Tode ihres Gatten, des Direktors der Kunstgewerbeschule in Karlsruhe, Professor Kachel, wieder zur Bühne u. wirkte später bis zu ihrem Abschied 1909 in München.

Literatur: Eugen *Kilian*, L. Kachel-Bender (Der Neue Weg Nr. 49) 1916.

Kadach, Eleonore (Ellie), geb. 16. Sept. 1894

zu Straßburg im Elsaß, Tochter des Kaufmanns Julius Nérac-Fischer, Gattin des Kaufmanns Ernst K., besuchte das Lehrerinnenseminar in Darmstadt u. war dann als Jugendliche Charakterdarstellerin in Eisenach, Graz, Wien (Kammerspiele) u. München (Kammerspiele), besonders in Stücken Strindbergs u. Wedekinds tätig. Seit 1925 Mitarbeiterin am „Simplizissimus", an den „Fliegenden Blättern", der „Muskete" u. a. Journalen.

Kadelburg, Gustav, geb. 26. Juli 1851 zu Pest, gest. 11. Sept. 1925 zu Berlin, Bruder des Folgenden, nahm in Wien bei Alexander Strakosch u. a. dramatischen Unterricht u. trat als Schauspieler 1868 in Halle auf, war 1869—71 in Leipzig, dann in Berlin (Wallnertheater) tätig, 1878 als Bonvivant F. Teweles Nachfolger am Stadttheater in Wien, hierauf wieder in Berlin (Wallnertheater), in Hamburg (Stadttheater) u. 1884 neuerdings in Berlin (Deutsches Theater unter L'Arronge). Größten Erfolg erzielte er mit seinen Schwänken u. Lustspielen, die er allein oder in Gemeinschaft mit O. Blumenthal oder F. v. Schönthan verfaßte. Seinen Haupterfolg fand er „Im weißen Rößl" durch die Operettenbearbeitung Ralph Benatzkys (s. d.). Erstes Mitglied der Genossenschaft Deutscher Bühnen-Angehöriger seit der Gründung 1871.
Eigene Werke: Goldfische 1886 (mit F. v. Schönthan); Großstadtluft 1891 (mit O. Blumenthal); In Zivil 1893; Im weißen Rößl 1898 (mit O. Blumenthal); Dramat. Werke (1. Bd. Goldfische, 2. Bd. Die berühmte Frau, 3. Bd. Der Herr Senator, 4. Bd. Zwei glückliche Tage — Als ich wiederkam) 1902 (mit F. Schönthan); Das Pulverfaß 1903; Das schwache Geschlecht 1903; Hans Huckebein 1905 (mit O. Blumenthal); Zwei Wappen 1905 (mit dems.); Orientreise 1905 (mit dems.); Der Familientag 1906; Husarenfieber 1906 (mit Richard Skowronek); Familie Schimek o. J. u. a.

Kadelburg, Heinrich, geb. 14. Febr. 1856 zu Budapest, gest. 13. Juli 1910 zu Marienbad, Bruder des Vorigen, war seit 1875 Liebhaber u. Bonvivant in Königsberg, Karlsruhe, Petersburg, Berlin, Neuyork, San Franzisko u. a., seit 1889 am neugegründeten Deutschen Volkstheater in Wien, wo er später ausschließlich als Regisseur wirkte. Zuletzt Mitdirektor des dort. Carl-Theaters.

Kaderzabe(c)k (Ps. Kräuser), Martin, geb.

29. Juni 1839 zu Prag, gest. 9. Juni 1898 zu Wien, studierte zuerst Medizin, wandte sich jedoch der Bühne zu, trat 1863 erstmals in Reichenberg auf u. wirkte seit 1865 als Komiker am Fürsttheater im Wiener Prater u. seit 1875 am Josefstädtertheater u. am Theater an der Wien, besonders erfolgreich durch die Hauptrolle in dem Zappertschen Stück „Ein Böhm' in Amerika". Mit Vorliebe stellte er Figuren aus dem tschechischen u. jüdischen Volksleben dar. Eine zeitgenössische Kritik rühmte ihm nach: „Über welche Fülle von Humor mußte er verfügen, wenn er in der Ausgestaltung dieser stereotypen Figuren nicht monoton wurde, immer neu, immer originell erschien! Dabei verwendete er die einfachsten Mittel. Er arbeitete nicht mit ‚Händen u. Füßen', mit grotesken Grimassen, Wortverdrehungen u. sonstigem komischem Handwerkszeug, sondern sprach ganz einfach, wie absichtslos, aber mit überrumpelnder Selbstverständlichkeit, u. sein ganzes Spiel bestand darin, daß er hier u. da die Achseln zuckte u. den Hut verlegen in den Händen herumdrehte, oder scheinbar nicht wußte, wohin er seine Handschuhe u. seinen Stock geben wollte. Und dieses Minus von Aktion löste wahrhafte Lachkrämpfe aus. K. konnte aber nicht nur Typen, sondern auch Charaktere schaffen u. wäre gewiß in anderen Bühnenverhältnissen u. in einem anderen künstlerischen Werdegang nicht nur ein drolliger Komiker, nein, auch ein bedeutender Schauspieler geworden".
Literatur: Eisenberg, M. Kräuser (Biogr. Lexikon) 1903.

Kadisch, Max, geb. 27. Jan. 1867 zu Berlin, gest. 18. Juni 1912 das., zuerst Kaufmann, seit 1893 Dirigent in Wilhelmshaven, Lüneburg u. a., schließlich wieder Kaufmann.

Kadow, Manes (Ps. Peter Bevelius), geb. 24. März 1905 zu Beuel am Rhein, war Redakteur in Frankfurt a. M. Verfasser u. a. von Bühnen- u. Jugendspielen.
Eigene Werke: St. Nikolaus u. die Räuber 1928; Futurrummel 1928; Pontius Pilatus Prokurator 1932; Das Kabarett des Teufels 1932; Das Gespenst auf der Nachtredaktion 1946; Roboter 1947; Der mißglückte Selbstmord 1947; Der unglückliche Thomas 1951.

Kähler, Friedrich (Fritz), geb. 5. Juni 1873 zu Klink bei Waren, lebte als Bürgermeister in Laage (Mecklenburg). Dramatiker (vorwiegend im Dialekt).

Eigene Werke: De Ollsch mit de Lücht (Schwank) 1909; De Halwswestern (Weihnachtsspiel) 1910; De Wedderschien (Trauerspiel) 1911; Führe uns nicht in Versuchung (Schauspiel) 1914; Fürst Blücher in Laage (Einakter) o. J.

Kämmerer, Erich, geb. 1873, gest. 14. Febr. 1936 zu Berlin, war Schauspieler am Stadttheater in Hannover u. a., später lange Zeit am Lustspielhaus in Berlin. Hauptrollen: Wasil („Fatinitza"), Michel („Robert u. Bertram"), Wilhelm („Die Geschwister"), Georg („Die Anna-Liese") u. a.

Kämpf, Johann, geb. 14. Mai 1726 zu Zweibrücken, gest. 29. Okt. 1787 zu Hanau, studierte in Basel, wurde Leibarzt am Hof zu Homburg, wirkte dann in Bad Ems u. Darmstadt u. schließlich wieder in Homburg als Geh. Rat das. Er schrieb „Peter Squenz oder Die Welt will betrogen sein, ein medizinisches Lustspiel" 1775 (wiederholt gedruckt).

Kaempfer, Hans, geb. 21. Dez. 1896 zu Braunschweig, Fabrikantensohn, bis 1927 Besitzer eines Steinbruch- u. Bildhauereibetriebes in Weißenburg in Bayern, lebte in Berlin-Friedenau. Nicht nur Erzähler, sondern auch Dramatiker.
Eigene Werke: Werlhof (Schauspiel) 1927; Kamerad Larsen (Schauspiel) 1932; Die echte Rosita (Lustspiel) 1936.

Kaergel, Hans Christoph, geb. 6. Febr. 1889 zu Striegau in Preuß.-Schlesien, gest. 9. Mai 1946 zu Breslau, Sohn, Enkel u. Urenkel eines Lehrers, wurde zuerst Volksschullehrer in Weißwasser in der Oberlausitz u. 1925 in Dresden Leiter des Bühnenvolksbundes für Sachsen. Im gleichen Jahr unternahm er eine Vortragsreise nach Amerika. Später ließ er sich in Hain im Riesengebirge als freier Schriftsteller nieder. Vorwiegend Erzähler u. Dramatiker.
Eigene Werke: Deutsche irren durch die Welt 1930; Bauer unterm Hammer 1932; Andreas Hollmann 1933; Nickel stirbt zum ersten Male 1933; Hockewanzel 1934; Rübezahl 1936; Hans von Schweinichen 1937; Der böhmische Wind 1940; Kurier des Königs 1942.
Literatur: Ch. *Niesel-Lessenthien,* H. Chr. Kaergel (Die Literatur 35. Jahrg.) 1932—33; H. Chr. *Kaergel,* Vom Wandern meines Lebens (Kreuz-Zeitung Nr. 64) 1933; ders., Heimat u. Ahnen (Die Neue Literatur Nr. 4)

1936; H. *Herse,* H. Chr. K. (Ebda. Nr. 2) 1939 (mit Bibliographie von E. Metelmann).

Kaesbach (geb. Kinz), Franziska, geb. 21. Febr. 1897 zu Kufstein, Schülerin von Fritz Basil, kam 1922 über Zürich zu Max Reinhardt an das Deutsche Theater nach Berlin, wo sie bis 1933 tätig blieb. Hierauf wirkte sie bis 1935 am Landestheater in Darmstadt, 1935—36 am Staatstheater in München u. spielte seither als Gast in Wien, Berlin u. a. Hauptrollen: Iphigenie, Maria Stuart, Penthesilea, Rose Bernd, Weibsteufel u. a.
Literatur: H. E. *Weinschenk,* F. Kinz (Schauspieler erzählen) 1941.

Kaeser-Kesser (Ps. Kesser), Hermann, geb. 4. Aug. 1880 zu München, gest. im April 1952 zu Basel, studierte in Zürich (Doktor der Philosophie), wurde Lehrer an der dort. Musik-Akademie u. lebte seit 1913 als freier Schriftsteller (u. a. Dramatiker) in Deutschland u. der Schweiz.
Eigene Werke: Kaiserin Messalina (Drama) 1919; Summa Summarum (Drama) 1920; Die Brüder (Drama) 1921; Die Reisenden (Drama) 1923; Beate (Einakter) 1924; Rotation (Drama) 1931; Der Mann, der Napoleon schlug (Drama) 1938 u. a.
Literatur: Walter *Behrend,* H. Kesser 1920; Oskar *Walzel,* H. K. (Köln. Zeitung 25. Sept.) 1924; R. H. *Grützemacher,* H. K. (Die schöne Literatur) 1929 (mit Bibliographie von E. Metelmann); Emil *Belzner,* H. Kessers Rotation (Neue Badische Landeszeitung 9. März) 1931.

Käß, Anton u. Franz s. Keeß, Anton u. Franz.

Kässmayer, Moritz, geb. 1831 zu Wien, gest. 9. Nov. 1884 das., war zuerst Orchestermusiker der dort. Hofoper, später erster Ballettdirigent. Komponist einer komischen Oper „Das Landhaus von Meudon" (Text von S. Mosenthal) 1867.

Käthchen von Heilbronn oder Die Feuerprobe. Historisches Ritterschauspiel in fünf Akten von Heinrich v. Kleist 1808. Uraufführung im Theater an der Wien in Wien 1810. Die Heldin, Tochter eines Waffenschmieds in Heilbronn, voll demütiger Hingabe in ihr Ideal, den Grafen Wetter vom Strahl, verliebt, läßt sich von niemandem u. durch nichts abhalten, ihm ihre Treue u. Ergebenheit zu bekunden, sie ist sein guter

Engel u. steht ihm bei in jeder Not u. Gefahr, bis er endlich, von seiner dämonischen ursprünglichen Braut enttäuscht, sein Herz ihr zuwendet, wobei am Ende offenbar wird, daß Käthchen in Wirklichkeit des Kaisers Tochter ist, er also eine Prinzessin heimführt. Als eine richtige Märchenfigur erscheint sie, umrahmt von romantischen Elementen u. Gestalten (Femgericht, Einsiedelei, Köhler, Nachtwächter u. dgl.), ein geheimnisvolles Traummotiv spielt auf die Nachtseiten der Natur an. Sprunghaft in der Technik, sprunghaft in der Sprache, die zwischen gebundener u. ungebundener Rede wechselt, hat das Stück nach den Schwierigkeiten der ersten Aufführungen sich dennoch dauernd auf der Bühne lebendig erhalten. E. Th. A. Hoffmann, der es in Bamberg zur Darstellung brachte, äußerte sich begeistert: „Nur drei Stücke haben auf mich einen gleichen tiefen Eindruck gemacht — das Käthchen, Die Andacht zum Kreuz u. Romeo u. Julia — sie versetzten mich in eine Art poetischen Somnambulismus, in dem ich das Wesen der Romantik in mancherlei herrlichen leuchtenden Gestaltungen deutlich wahrzunehmen u. zu erkennen glaubte". „K. v. H." wurde bald so volkstümlich, daß sich das Leopoldstädtertheater in Wien eine lustige Parodie „Kathi von Hollabrunn" erlauben durfte, die mit ihrem Ritter Donnerwetter von Blitzstrahl paradierte. Außerdem gab es Operntexte unter dem Titel „K. v. H." von Otto Prechtler (1841), M. Bulthaupt (1881), C. Reinthaler (1890) u. a. Stanislaus Graf Grabowski schrieb 1861 den Roman „Das Käthchen von Heilbronn", Hans Schoenfeld 1937 eine Erzählung „Der Ritt zum Käthchen von Heilbronn", ferner Hans Pfitzner 1905 die Musik zu Kleists Drama.
Literatur: Reinhold *Stolze*, Kleists Käthchen von Heilbronn auf der deutschen Bühne (German. Studien 27. Heft) 1923; Karl *Glossy*, Kleist u. sein Käthchen (Wiener Studien u. Dokumente) 1933.

Käutner, Helmut, geb. 25. März 1908 zu Düsseldorf, studierte in München Theaterwissenschaft u. Kunstgewerbe, war 1935 bis 1938 Regisseur u. Schauspieler in München, Leipzig, Berlin, wandte sich dann dem Film zu, blieb aber trotzdem als Spielleiter der Bühne erhalten, u. a. nach dem Zweiten Weltkrieg in Hamburg u. Berlin. S. auch Kabarett.
Literatur: Otto *Hermann*, H. Käutner (Der Theater-Almanach, herausg. von Alfred Dahlmann) 1947.

Kaffee (französ. ausgesprochen Café), Gaststätte, vornehmlich in Wien beheimatet, bildete besonders im 19. Jahrhundert einen Mittelpunkt des Literatur- u. Theaterlebens. Das älteste wurde von Georg Franz Kolschitzky 1684 im Schlossergaßl nächst dem Graben in Wien eingerichtet. Es entwickelte sich immer mehr zu einem Lesekabinett u. schließlich auch zu einem Literatur-Kaffee. Berühmte Lokale dieser Art waren Neuners „Silbernes Kaffeehaus" in der Plankengasse, wo Grillparzer, Raimund, Bauernfeld verkehrten, dann um die letzte Jahrhundertwende das Kaffee Griensteidl, später Kaffee Central in der Herrengasse mit Bahr, Hofmannsthal u. a. als Stammgästen. Ein ausgesprochenes Theaterkaffee war das dem Theater an der Wien benachbarte Kaffee Beer, später Dobner geheißen, unter welchem Namen es heute noch besteht. Zu den ältesten Stammgästen zählte Girardi, ein leidenschaftlicher Billardspieler. Hier verkehrten fast alle, die mit jener Bühne damals zu tun hatten, vom besten Raimund-Spieler seiner Zeit Karl Rott bis zum berühmten Direktor Franz v. Jauner, Librettisten wie Karl Costa u. Julius Bittner, Komponisten wie Karl Millöcker u. Franz v. Suppé u. v. a.
Literatur: Gustav *Gugitz*, Das Wiener Kaffeehaus, Kultur- u. Lokalgeschichte 1940; Josef *Taferner*, Im Dobner (Beilage zur Wiener Zeitung Nr. 233) 1952.

Kaffka, Franziska s. Wolschowsky, Franziska.

Kaffka (ursprünglich Engelmann), Johann Christoph, geb. 1747 zu Regensburg, gest. 29. Jan. 1815 zu Riga, von seinen Eltern für den geistlichen Stand bestimmt, studierte eine Zeitlang bei den Augustinern, schrieb daneben Theaterstücke, wurde 1773 Novize bei den Zisterziensern, es u. mitunter ganze Stellen aus Lessings „Emilia Galotti" u. a. Schauspielen in seine Probe-Predigten einflocht, trat jedoch noch vor Beendigung des Noviziats zurück, wurde Kanzleipraktikant, spielte gleichzeitig auf der Bühne, ging 1775 als Musikdirektor an das Deutsche Theater in Prag, wirkte in Nürnberg (Moser), Frankfurt (Marchand), Leipzig u. Dresden (Bondini), Berlin (Döbbelin) u. kam 1789 nach Riga, bald wieder nach Dresden, 1797 nach Dessau, 1800 nach Petersburg, 1801 neuerdings nach Riga, jetzt als Buchhändler tätig, begab sich 1812 über Stockholm u. Kopenhagen nach Graz, wo er Regisseur am dort.

Theater wurde. Zuletzt kehrte er wieder nach Riga zurück. Verfasser von Bühnenstücken.

Eigene Werke: Albert der Erste oder Adeline (Schauspiel) 1775; Die Verfolgten (Schauspiel) 1776; Der Transport (Lustspiel) 1777; Sechs Freier u. keine Braut (Lustspiel) 1787; Die Rückkehr aus Ostindien (Lustspiel) 1787; Wer ist nun betrogen? (Lustspiel) 1789; Die Günstlinge (Schauspiel) 1791; Die belohnte Vaterlandsliebe (Schauspiel) 1794; Die Tempelherren (Trauerspiel) 1796; Hugo Graf von Almanka (Trauerspiel) 1797; Polyhymnia oder Vaterländische Singbühne (Das Reich der Unmöglichkeiten — Die junge Indianerin — Ignez del Monte oder Trennung u. Wiedersehen — Die Ehestandskandidaten oder Die Parodie aus dem Stegreif) 2 Bde. 1805.

Kaffka, Louise s. Hysel, Franz Eduard.

Kaffka, Therese s. Polawsky, Therese.

Kafka, Franz, geb. 3. Juli 1883 zu Prag, gest. 3. Juni 1924 zu Kierling bei Wien, Nachkomme altböhmischer jüd. Familien, studierte in Prag (Doktor der Rechte) u. lebte als Beamter in Wien. Seine vielbeachteten Romane wurden nach seinem Tode dramatisiert.

Kafka, Heinrich,, geb. 25. Febr. 1844 zu Strazowitz in Böhmen, gest. im April 1917 zu Wien, war seit 1875 Musiklehrer das. u. schrieb mehrere Opern („Melisande", „König Arthur" u. a.).

Kafka, Jenny s. Jellinek, Eugenie.

Kafka, Richard, geb. 28. Okt. 1847 zu Halle an der Saale, gest. 26. Sept. 1894 zu Friedrichshagen bei Berlin, war Schauspieler u. Regisseur u. a. auch in Amsterdam, bekannt durch seine Inszenierung des Lutherspiels von H. Herrig (s. d.) in verschiedenen Städten Deutschlands. Hauptrollen: Karl Moor, Jason, Dunois, Starke („Mein Leopold") u. a.

Kagelmacher, Willi, geb. 24. Jan. 1899 zu Hamburg, war Schauspieler u. Regisseur an der Württembergischen Landesbühne, dann in Hamburg, zuletzt an der dort. Jungen Bühne. Dramatiker.

Eigene Werke: Rapunzel (Märchenspiel) 1928; Dat Schannschipp (Kammerspiel) 1932; Die Liebesinsel (Festspiel) 1941; Drei im Zelt (Komödie) 1949.

Kahane, Arthur, geb. 2. Mai 1872 zu Wien, gest. 7. Okt. 1932 zu Berlin, war hier Dramaturg bei Max Reinhardt (s. d.). Herausgeber der „Blätter des deutschen Theaters" u. der Zeitschrift „Das junge Deutschland".

Eigene Werke: Der Schauspieler (Roman) 1925; Tagebuch des Dramaturgen (Essays) 1928; Die Thimigs, Theater als Schicksal einer Familie 1930.

Literatur: Franz *Horch,* Reinhardts Dramaturg (Die Scene 22. Jahrg.) 1932.

Kahl, Heinrich, geb. 31. Jan. 1839 zu München, gest. 6. Aug. 1892 zu Berlin, besuchte das Konservatorium seiner Vaterstadt, kam 1857 als Violonist u. Korrepetitor ams Hoftheater in Wiesbaden, wirkte seit 1866 als Theaterkapellmeister in Riga, Stettin u. Aachen u. seit 1872 als Chordirektor an der Hofoper in Berlin, hier seit 1874 auch als Musikdirektor bzw. Kapellmeister.

Kahl, Rudolf (Geburtsdatum unbekannt), gest. 25. Febr. 1933 zu Berlin. Schauspieler, Sänger u. Regisseur.

Kahle, Ida, geb. im letzten Viertel des 19. Jahrhunderts, betrat 1902 die Bühne u. wirkte als Opernsängerin in Darmstadt, Mainz u. a. Hauptrollen: Amneris, Azucena, Fides, Carmen, Mignon, Ortrud, Adriano u. a.

Kahle (geb. Keßler), Marie, geb. 17. Nov. 1844 zu Weißenfels in Sachsen, gest. 10. Aug. 1896 zu Berchtesgaden, Schwester von Oskar Keßler, begann 1859 ihre schauspielerische Tätigkeit unter der Direktion ihres Vaters Albert Keßler (s. d.), wirkte 1860—64 als Jugendliche Liebhaberin am Hoftheater in Hannover, von Karl Devrient gefördert, 1864—66 am Deutschen Landestheater in Prag u. schließlich drei Jahrzehnte als Liebhaberin, Salondame bzw. Humoristische Mutter am Kgl. Schauspielhaus in Berlin, zuletzt zum Ehrenmitglied ernannt. Seit 1880 Gattin des Folgenden. Hauptrollen: Gretchen, Minna von Barnhelm, Madame Pompadour, Lady Milford, Beatrice („Viel Lärm um Nichts"), Adelheid („Die Journalisten") u. a.

Literatur: Paul *Schlenther,* M. Kahle (Biogr. Jahrbuch 1. Bd.) 1897; *Eisenberg,* M. K.-Keßler (Biogr. Lexikon) 1903; Th. *Fontane,* M. K.-K. (Causerien über Theater) 1905.

Kahle, Richard, geb. 21. Juni 1842 zu Berlin,

gest. 16. Mai 1916 zu Schlachtensee, Kaufmannssohn, studierte in Berlin Philosophie, spielte jedoch bereits als Gymnasiast in einer Schulaufführung die Titelrolle des „Philoktet" in griechischer Sprache und wirkte später in Studentenaufführungen mit, bis er am Liebhabertheater Urania in Berlin sich auf der Bühne versuchte u. 1865 in Budapest als Manfred in der „Braut von Messina" debütierte. Hier blieb er bis 1869. Seit 1869 Charakterdarsteller in Leipzig unter Laube u. seit 1871 am Hoftheater in Berlin unter F. Haase. 1899 nahm er vielgefeiert seinen Abschied. Laube hatte ihn frühzeitig erkannt u. in seinem Buch „Das norddeutsche Theater" 1871 trefflich charakterisiert: „Bei Kahle blieb alles fest bestehen, Form, Wendung, Haltung, Betonung, wenn es einmal festgestellt u. errungen war. Die geistige Vermittelung erwies sich als dauernder Mörtel. Das Schwierigste bleibt immer die Besiegung des Akzentes, welchen man von Jugend auf gesprochen. In solchem Akzente liegen tief eingehüllt alle starken u. schwachen Eigenschaften des Stammes, welcher sich den Akzent gebildet hat. Er hat ihn ja eben aus seiner Eigentümlichkeit herausgebildet. Der Berliner — Kahle ist einer — ist am leichtesten zum Lustspiele verwendbar. Art u. Ton nimmt die Dinge leicht u. dreist. Sehr schwer zur Tragödie; die tiefere Hingebung widerstrebt ihm. Der Ton ist sogleich geneigt zum Deklamieren, sehr spröde aber zum tieferen Ausdrucke des Gefühls. Kahle überwand diese Schwierigkeit vollständig, u. in erster Linie sein Erwachen aus dem Wahnsinne, die rührendste Gefühlsäußerung, gelang ihm außerordentlich. Ich hatte diese Töne von Anschütz noch im Ohre; die Töne von Kahle erreichten sie. Der Erfolg war groß". Seit 1880 Gatte der Vorigen. Hauptrollen: Richard III., König Lear, Shylock, Menenius, Franz Moor, Mephisto, Riccaut, Marinelli, Narziß u. a.
Literatur: Josef *Lewinsky,* R. Kahle (Theatralische Carrièren) 1881; Theodor *Fontane,* R. K. (Causerien über Theater) 1905.

Kahler, Margarethe (Geburtsdatum unbekannt), gest. 14. Juni 1927 zu Barmen, sang hochdramatische Partien an den Vereinigten Theatern in Elberfeld-Barmen u. lebte zuletzt als Gesangspädagogin das. Hauptrollen: Ortrud, Kundry, Isolde u. a.

Kahlert, Karl Friedrich (Ps. Bernhard Stein),

geb. 25. Sept. 1765 in Breslau, gest. 8. Sept. 1813 zu Glogau, war Stadtgerichtsdirektor das. Dramatiker.
Eigene Werke: Die Waffenbrüder (Trag. Sittengemälde) 1792; Die Tempelherren (Trauerspiel) 1796; Maria von Schwaningen (Trauerspiel) 1797; Hugo Graf von Ilmanka (Trauerspiel) 1797.

Kahlo, Gerhard, geb. 29. Dez. 1893 zu Magdeburg, studierte in Göttingen (Doktor der Philosophie), wurde Studienassessor, später Rektor in Uslar (Solling) u. trat u. a. auch als Bühnenschriftsteller hervor.
Eigene Werke: Der Komet (Lustspiel nach Iffland) 1923; Turnvater Jahn (Festspiel) 1928; Banausia (Operette) 1930; Der verwechselte Liebhaber (Operette) 1930; Ihr Mädchenname (Lustspiel) 1931; Der Stadtfrack (Singspiel) 1932; Der rettende Engel (Operette) 1934; Der Regenschirm (Posse) 1948; Wie sag' ich's meinem Kinde? (Lustspiel nach Arnim) 1949 u. a.

Kahn, Edgar, geb. 22. Jan. 1903 zu Kehrenbach, war Verlagsleiter in Berlin-Lichterfelde. Verfasser von Bühnenstücken.
Eigene Werke: Langemarck (Schauspiel) 1933; Spatzen in Gottes Hand (Lustspiel) 1934 (mit Ludwig Bender); Wie der Hase läuft (Volkskomödie) 1936; Devisen aus Kapstadt (Lustspiel) 1937; Die Sache mit Gustchen (Volksstück) 1938.
Literatur: Heinz *Schlötermann,* Das deutsche Weltkriegsdrama (1919—37) 1944.

Kahn, Ernst, geb. 26. Juni 1893, gest. 8. Juni 1926 zu Frankfurt a. M. als Schauspieler am Neuen Theater das., nachdem er früher an den dort. Städt. Bühnen u. am Frankfurter Künstlertheater tätig gewesen war.

Kahn, Harry, geb. 11. Aug. 1883 zu Mainz, Dramaturg bei Reinhardt in Berlin, war in Hollywood tätig, lebte dann in den meisten Hauptstädten Europas, zuletzt in Massanga im Tessin. Übersetzer u. Bühnenschriftsteller.
Eigene Werke: Der Ring (Komödie) 1914; Krach (Komödie) 1918.
Literatur: N. O. *Scarpi,* Der Übersetzer H. Kahn (Die Neue Zeitung Nr. 187) 1953.

Kahn, Karl, geb. 7. Nov. 1854 zu Kamenz in Sachsen, gest. 23. Dez. 1916 zu Tuttlingen, wirkte als Schauspieler u. a. in Wesel u. Stuttgart (Residenztheater). Hauptrollen: Tom („Onkel Toms Hütte"), Hirt („König

Oedipus"), Lorenzo („Romeo u. Julia"), Carderousse („Der Graf von Monte Christo"), Wagner („Kabale u. Liebe") u. a.

Kaibel, Emil, geb. 1811, gest. 12. Nov. 1863 zu Illenau in Baden, war Hofschauspieler in Kassel 1845—46 u. Weimar 1856—63. Vater von Emma Elise Kattner (s. d.) u. Sohn von Karl Ludwig K. Verfasser des Textes zur Operette „Der Savoyard", Musik von Heinrich Enckhausen, aufgeführt 1830 in Hannover. Hauptrollen: Mephisto, Franz Moor, Narziß u. a.

Kaibel, Franz (Ps. Pasquino), geb. 16. Jan. 1880 zu Leipzig, war u. a. Schauspieler, verließ jedoch in St. Gallen die Bühne, ging nach München, wo er am „Simplizissimus", an den „Elf Scharfrichtern" u. am „Münchner Montagsblatt" wirkte u. ließ sich 1906 als freier Schriftsteller in Weimar nieder. Gatte von Martha Kaibel-Schiffel. Vor allem Dramatiker u. Übersetzer (Molières, Lope de Vegas, Beaumont-Fletchers).

Eigene Werke: Demetrius (Drama) 1905; Der Mönch von Sendomir (Operntext) 1906; Mohammed (Schauspiel) 1907; Wenn Verliebte schwören! (Lustspiel) 1907; Die andre Hälfte (Drama) 1907; Der große Thespis (Satire) 1911; Die Sands u. die Kotzebues (Polit. Drama) 1914; Hochverrat (Schauspiel) 1919; Roter Faden durch Goethes Faust 1932; Indizienbeweis (Drama) 1932.

Kaibel, Karl Ludwig, geb. in der 2. Hälfte des 18. Jahrhunderts, gest. 1864 (?), unbekannter Herkunft, war 1802 Schauspieler in Breslau, 1805—20 in Mannheim, später in Hannover, Kassel u. Freiburg im Brsg. Klingemann äußerte sich über sein Spiel lobend, Costenoble abfällig (er nennt ihn „kalt u. steif"). Vater von Emil K. Verfasser dramatischer Arbeiten, die größtenteils ungedruckt blieben u. Übersetzer französischer Stücke.

Eigene Werke: Gefunden (Lustspiel) 1806 (aufgeführt in Hamburg 1808); Die verheirateten Junggesellen (Lustspiel) 1808 (aufgeführt in Mannheim); Die Schildwache (Schauspiel) 1809 (aufgeführt in Mannheim, gedruckt im Taschenbuch dramatischer Blüten für das Jahr 1825 von G. Harrys); Die Jubelfeier (Ländl. Drama) 1816 (aufgeführt in Mannheim); Die Dummköpfe (Lustspiel nach dem Französischen) o. J.; Das befreite Deutschland (Kantate, Musik von M. Frey) 1816 (aufgeführt in Mannheim).

Kaibel-Schiffel, Martha, geb. 13. Juni 1872, gest. 9. Juni 1936 zu Weimar, wirkte 35 Jahre als vielseitige Schauspielerin am Deutschen Nationaltheater das. Glanzrollen fand sie in Dramen Shakespeares, Oscar Wildes, Gerhart Hauptmanns u. a. Gattin von Franz K.

Literatur: H. S. *Ziegler,* M. Kaibel-Schiffel (Deutsches Bühnen-Jahrbuch 48. Jahrg.) 1937.

Kain, im Alten Testament erstgeborener Sohn Adams, erschlug seinen Bruder Abel aus Neid u. irrte seitdem verflucht unstet umher. Tragische Figur besonders im Schuldrama des 16. u. 17. Jahrhunderts (moralisierend), aber auch später verwertet (Typus der modernen Zerrissenheit seit Byron).

Behandlung: Henricus *Knaustinus,* Tragedia von Verordnung der Stende oder Regiment u. wie Kain Abel erschlagen 1539; *Anonymus,* K. u. Abel (Deutsche Komödie) 1562; Michael *Johanssen,* K. der Brudermörder (Trauerspiel) 1652; Constantin *Dedekind,* Märtyrer Abel 1676; Chr. H. *Postel,* K. u. Abel (Oper) 1689; Christian *Weise,* K. (Trauerspiel) 1704; J. Chr. *Männling,* Der gerechte Abel um 1710; L. F. *Hudemann,* Der Brudermord des K. 1761; Friedrich *Müller* (Maler), Der erschlagene Abel 1775; Franz *Hedrich,* K. (Schauspiel) 1851; Heinrich *Smidt,* Bruder K. (Schauspiel) 1852; Ludwig *Weber,* K. (Trauerspiel) 1896; Heinrich *Bulthaupt,* K. (Musikdrama) 1897; Paul v. *Wichmann,* K. (Trauerspiel) 1897; C. *Hilm,* K. (Schauspiel) 1904; Martin *Frehsee,* K. (Drama nach Byron) 1912; Anton *Wildgans,* K. (Myth. Gedicht) 1920; Hans *Multerer,* K. (Dramat. Szene: Der Ackermann aus Böhmen 1. Jahrg.) 1933; Friedrich *Schmidtmann,* K. (Oper) 1950.

Literatur: J. *Rothschild,* Kain u. Abel in der deutschen Literatur 1933; Auguste *Brieger,* K. u. Abel in der deutschen Dichtung (Stoff- u. Motivgeschichte 14. Heft) 1934; E. *Eyberg,* Die Zwillinge: K. u. Abel in der Goethe-Zeit 1947.

Kainz, Josef, geb. 2. Jan. 1858 zu Wieselburg, gest. 20. Sept. 1910 zu Wien, Sohn des ursprünglich Linzer Heldenliebhabers u. späteren Bahnbeamten Josef Alexander K., verließ das Gymnasium, um frühzeitig seiner Theaterleidenschaft frönen zu können, begeisterte sich für Fritz Krastel u. die andern Größen des Burgtheaters, begann seine Bühnenlaufbahn als Erster Liebhaber in Marburg an der Drau, erregte jedoch durch seine eigenwillige Eckigkeit u. draufgängerische Art lebhaften Widerspruch, so daß er sein erstes Engagement aufgeben mußte. Bald darauf war er Hofschauspieler in Meiningen u. damit begann sein Aufstieg in jeder Hinsicht. Im Sturmschritt des Genies vervollkommnete er die Kunst seiner Darstellung, beseitigte er die Lücken seiner Bildung u. entwickelte er seine körperlichen Fähigkeiten. Als Fechter, Schlittschuhläufer u. Turner stand er keinem erstklassigen Sportsmann nach. Seine realistische Sprechtechnik, auf musikalische Regeln aufgebaut, bekundete frühzeitig einen meisterhaften Virtuosen. Auf den Gastspielreisen der Meininger erregte er als Phaon, Leander, Prinz von Homburg, Oswald u. a., also ebenso in klassischen wie in modernen Stücken, Aufsehen. Nur die Heimat verstand ihn noch nicht. So schrieb Ludwig Speidel, als die „Meininger" 1879 in Wien auftraten: „Von ihren Schauspielern überragt höchstens Herr Kainz das Mittelmaß, aber auch sein Talent ist noch so herb wie ein frischgepflückter Holzapfel". 1880 fand K. am Schauspielhaus in München eine Wirkungsstätte. König Ludwig II. erwies ihm kurze Zeit besondere Huld, ähnlich der Freundschaft, die den schwärmerischen Romantiker einst mit Richard Wagner verband. Doch sie genügte, auch den Grandseigneur in K. zu wecken, der er fortan blieb. Großberlin bot ihm die Möglichkeit, sich als Mensch u. Künstler auszuleben u. so suchte er seit 1883 am Deutschen Theater in der Reichshaupt- u. Residenzstadt als Neuerer unter Neuerern seine große Begabung zu voller ungehemmter Entfaltung zu bringen. Rollen, in denen er keine Beziehung zur eigenen Persönlichkeit erblickte, lehnte er ab. Niemals spielte er ihm wesensfremde Charaktere, immer jedoch im letzten Grunde sich selbst (Küchenjunge Leon, Romeo, Don Carlos, König Alfons, Richard III., Franz Moor, Cyrano von Bergerac, Fritzchen u. a.). Die ersten Berliner Jahre bedeuteten für ihn einen Aufstieg von Stufe zu Stufe, nicht aber für die Bühne, an der er wirkte. Daher gelang es Ludwig Barnay leicht, ihn für das 1888 neugegründete Berliner Theater zu gewinnen. Die 1886 mit der Deutschamerikanerin Sarah Hutzler geschlossene Ehe hatte dem Ruhelosen wenigstens ein behagliches Heim verschafft. Doch die beruflichen Anstrengungen u. Aufregungen nahmen kein Ende. War ihm am Deutschen Theater die ganze Last des Spielplans zugefallen, so bereitete ihm das Ensemble des Berliner Theaters die ärgste künst-

lerische Enttäuschung. Er wurde kontraktbrüchig u. hetzte, vom Bühnenverein ausgeschlossen, als Gastspieler u. Rezitator von Amerika bis Rußland, und erst als Adolf L'Arronge aus jenem austrat, um ihm die Rückkehr zu ermöglichen, bekam er wieder festen Boden unter den Füßen. Dabei freilich ließ ihn die Sehnsucht nach Wien nicht los. Nach einigen Gastspielen das. kam er Ende 1899 als Mitterwurzers Nachfolger endgültig ans Burgtheater. Sein Tasso, Mephisto u. Hamlet erreichten hier die letzte Vollendung. Leider gab er den Hang zu einem Virtuosen u. einem Wanderleben auch als Hofschauspieler nicht auf. Nur ein frühzeitiger Tod brachte seine leidenschaftlichdämonische Natur zur Ruhe. Otto Treßler (s. d.) nahm die Totenmaske ab. Alexander Jaray schuf eine Marmorbüste für das Burgtheater u. eine Bronzestatue von K. als Hamlet, die in den Türkenschanzanlagen in Wien zur Aufstellung gelangte. K. bearbeitete u. a. Byrons „Sardanapal" 1897, Beaumarchais' „Barbier von Sevilla" 1907 u. hinterließ mehrere dramatische Bruchstücke u. Entwürfe („Absalom", „Berenice", „Saul", „Themistokles" u. a.). E. Hardt, H. v. Hofmannsthal u. a. verherrlichten ihn in Gedichten.

Behandlung: V. *Klemperer,* Die beiden Cyranos (Gedicht: Bühne u. Welt Nr. 8 f.) 1919; Jakob *Wassermann,* Christian Wahnschaffe (Roman mit der K. porträtierenden Figur Edgar Lorm) 1919.

Literatur: Ferdinand *Gregori,* J. Kainz 1905; ders., J. K. als Vorleser (Bühne u. Welt 12. Jahrg.) 1910; Paul *Wilhelm,* J. K. u. das Burgtheater 1910; Ludwig *Klinenberger,* J. K. als Mensch (Bühne u. Welt 12. Jahrg.) 1910; Eugen *Isolani,* J. K. 1910; Hermann *Bang,* J. K. 1910; Otto *Brahm,* J. K., Gesehenes u. Erlebtes 1910; Wolf *Berthold,* J. K. (Der neue Weg 39. Jahrg.) 1910; K. *Falke,* K. als Hamlet 1911; Heinrich *Stümcke,* J. K. (Bühne u. Welt 13. Jahrg.) 1911; Wilhelm *Rullmann,* J. K. in Acht u. Bann (Ebda.) 1911; Hermann *Kienzl,* Die K.-Literatur (Ebda.) 1911; Alexander v. *Weilen,* Geschichte des k. k. Hofburgtheaters 1911; Friedrich *Kayßler,* Worte zum Gedächtnis an J. K. (Gedenkrede im Deutschen Theater zu Berlin, abgedruckt in Hintergrund, Besinnungen u. Schauspielernotizen) 1911; Julius *Bab,* J. K. (Der neue Weg 40. Jahrg.) 1911; Georg *Brandes,* Erinnerung an J. K. (Merker 2. Jahrg.) 1911; Konrad *Loewe,* Kainzens geistige Persönlichkeit (Ebda.) 1911; Arthur *Eloesser,* Der junge

K. Briefe an seine Eltern 1912; Felix *Philippi*, Ludwig II. u. J. K. 1913; Jakob *Minor*, J. K. (Biogr. Jahrbuch 15. Bd.) 1913; Hermann *Bahr*, Briefe von J. K. 1921; Gustav *Michaelis*, Meine Erinnerungen an J. K. 1930; Paul *Schlenther*, J. K. (Schriften der Gesellschaft für Theatergeschichte 40. Bd.) 1930; Helene *Richter*, J. K. (Neue Österr. Biographie 7. Bd.) 1931; dies., J. K. 1931; Eugenie *Werner-Reithoffer*, Jarno-K. (Die Maske 1. Jahrg.) 1935; Heinrich *Glücksmann*, Lewinsky, K. u. ihre Werkgenossen (Ebda.) 1935; ders., K. im Dienste Grillparzers (Jahrbuch der Grillparzer-Gesellschaft) 1936; ders., K. als Darsteller Goethescher u. Schillerscher Gestalten (Chronik des Wiener Goethe-Vereins 41. Jahrg.) 1936; Max *Bing*, Ein Wiedersehen mit J. K. (Die Bühne) 1937; P. *Wiegler*, J. K. 1941; B. *Niederle*, Der Nachlaß K. (Katalog nach den Beständen der Wiener Nationalbibliothek) 1942; Hans *Maurer*, Im Schatten eines Großen, Erinnerungen an J. K. (Wiener Tageszeitung Nr. 16) 1947; Max *Osborn*, J. K. (Der Bunte Spiegel) 1947; Rudolf *Kaßner*, Berliner Eindrücke (Die zweite Fahrt) 1947; Erich *Kober*, J. K. Mensch unter Masken 1948; Friedrich *Sebrecht*, Erinnerungen an große Schauspieler (Saarbrücker Zeitung Nr. 160) 1953; Marie *Mautner-Kalbeck*, Kainz (Brevier) 1953; B. *Niederle*, J. K. Seine letzten drei neuen Rollen im Burgtheater u. sein letztes Erscheinen am Vortragstische (Das Antiquariat Nr. 15—18) 1953.

Kainz, Josef Wolfgang, geb. 23. Okt. 1773 zu Salzburg, gest. im Febr. 1855, das., wurde in der Kapelle des dort. Benediktinerstiftes St. Peter musikalisch ausgebildet, begann seine Bühnenlaufbahn in seiner Vaterstadt, wirkte dann als Bassist in Innsbruck, Linz, Wien (Kärntnertortheater u. Theater an der Wien) u. Prag (hier auch als Mitglied der Direktion 1824—34 u. Oberregisseur), an der Blütezeit der dort. Oper beteiligt. Gatte der Folgenden, Vater von Marianne Holland-Kostelot.

Kainz, Katharina, geb. 26. Juni 1767 in Bayern (Todesdatum unbekannt), Gattin des Vorigen. Man rühmte sie sowohl als Sängerin wie auch als bedeutende Klavier- u. Geigenkünstlerin.

Kainz, Marianne s. Kostelot, Marianne.

Kainz-Hutzler, Sarah, geb. 26. März 1853 zu St. Louis (Missouri), gest. 24. Juni 1893 zu

Berlin, Tochter eines deutschen Kaufmanns namens Valentin, seit 1886 Gattin von Josef K., schrieb außer Romanen u. Jugendbüchern eine Plauderei für die Bühne „Beim Tee" o. J.

Kainz-Prause, Clotilde Emilie, geb. 9. Juni 1834 zu Mährisch-Ostrau, gest. 18. Jan. 1914 zu Graz, Tochter eines Fürstlich Liechtensteinschen Beamten Prause, bildete sich in Wien für die Bühne aus u. trat in kleinen Rollen am dort. Kärntnertortheater auf, kam als Koloratursängerin 1856 nach Brünn, 1857 nach Braunschweig, 1858 nach Prag, wo sie sich gleichzeitig auch als Dramatische Sängerin hervortrat, später für kurze Zeit nach Rotterdam, wirkte dann wieder in Prag u. seit 1866 an den Hofopern in Wien u. Dresden. Kammersängerin. 1882 nahm sie ihren Abschied, lebte zuerst in Olmütz, dann in Graz. Hauptrollen: Lucia, Martha, Valentine, Leonore, Fidelio, Aida, Norma u. a.

Kaiser, Emil, geb. 7. Febr. 1853 zu Coburg (Todesdatum unbekannt), besuchte das Konservatorium in Leipzig, wurde Chordirigent der Bühnen in Dortmund, Aachen, Basel, Salzburg, Olmütz, Brünn, später Militärkapellmeister in Prag u. Wien u. 1903 Direktor des Kaimorchesters in München. Hier schrieb er mit Konrad Dreher (s. d.) für das Schlierseer Bauerntheater mehrere Volksstücke, nachdem er sich schon früher als Opernkomponist einen Namen gemacht hatte. 1921—25 war K. Kapellmeister am Volkstheater in München.

Eigene Werke: Karabiniere des Königs 1879; Der Trompeter von Säckingen 1882; Andreas Hofer 1886; Der Kornett 1886; Rodenstein 1891; Das Hexenlied 1895 u. a.

Literatur: Riemann, E. Kaiser (Musik-Lexikon 11. Aufl.) 1929.

Kaiser, Emil, geb. 5. Okt. 1868 zu Köln-Ehrenfeld, gest. 7. Dez. 1916 zu Köln, besuchte die Kunstakademie das. u. in Stuttgart u. wurde Maler u. Schriftsteller. Theaterkritiker der „Rheinischen Zeitung".

Eigene Werke: Johann der Bildner (Drama) 1898; An der Grenze (Schauspiel) 1902; Wara (Drama) 1911; Richmondis von Aducht (Drama) 1913; Scherben (Drama) 1913; Simon von Kyrene (Drama) 1916.

Kaiser, Friedrich, geb. 3. April 1814 zu Biberach in Württemberg, gest. 7. Nov. 1874 zu Wien, studierte das., beabsichtigte zuerst

in das Chorherrenstift Klosterneuburg ein-
zutreten, wurde aber, da er keine innere Berufung dazu fühlte, Praktikant beim Hofkriegsrat. Daneben suchte er Beziehungen
zu dem Theaterdirektor Carl anzuknüpfen u.
schrieb frühzeitig mehrere Stücke. Bereits
1833 war er Mitarbeiter am „Wanderer" u.
„Sammler". 1838 gab er die Beamtenlaufbahn auf u. betätigte sich immer ausschließlicher als volkstümlicher Bühnendichter.
1839 verpflichtete ihn Carl für sein eben
erworbenes Theater in der Leopoldstadt.
1840 gründete K. die ältere „Concordia" als
Ersatz für die aufgelöste „Ludlamshöhle",
der Grillparzer u. a. bedeutende Wiener
Zeitgenossen angehört hatten. 1846 gab er
vorübergehend das satirische Blatt „Der
Kobold" heraus. Auch spielte K. zeitweilig
selbst auf der Bühne. Im Revolutionsjahr
1848 stand er als Offizier des Akademiker-
korps wiederholt im Feuer. Nach einem für
ihn ungünstig auslaufenden Prozeß mit Carl
war er noch mehr auf diesen angewiesen u.
lieferte ihm bis zu dessen Tod (1854)
25 Stücke, außerdem eine Reihe für Nestroy.
1859 trat er beim Theater an der Wien ein,
wo er 1860 die Aufführung seines 100. Bühnenwerkes erlebte. Später wandte er sich
dem Theaterdirektor Treumann zu. Alle
seine Schöpfungen kamen mehr oder minder lebhaft dem Zeitgeschmack des Publikums entgegen. Verfasser der Biographien
„Theaterdirektor Carl" 1854 u. „Friedrich
Beckmann" 1866.
Eigene Werke: Wer wird Amtmann?
(Drama) 1842; Der Zigeuner in der Stein-
metzwerkstätte (Drama) 1842; Ein Abenteuer (Posse) 1845; Die Schule des Armen
(Drama) 1850; Der Rastelbinder (Posse) 1850;
Ein Fürst (Drama) 1850; Junker u. Knecht
(Drama) 1850; Männerschönheit (Drama) 1850;
Eine Posse als Medizin 1850; Mönch u. Sol-
dat (Drama) 1850; Des Schauspielers letzte
Rolle (Drama) 1851; Ein Traum — kein
Traum oder Der Schauspielerin letzte Rolle
(Posse) 1851; Der Schneider als Naturdichter
(Posse) 1851; Dienstbotenwirtschaft (Posse)
1852; Zwei Pistolen (Posse) 1852; Zum
erstenmal im Theater (Posse) 1853; Müller
u. Schiffmeister (Posse) 1853; Doktor u.
Friseur (Posse) 1853; Im Dunkeln (Posse)
1853; Der letzte Hanswurst (Posse) 1853;
Ein Sylvesterspaß (Posse) 1854; Ein neuer
Monte Christo (Drama) 1854; Etwas Kleines
(Lustspiel) 1861; Die Frau Wirtin (Drama)
1861; Eine Feindin u. ein Freund (Posse)
1862; Unrecht Gut! (Lustspiel) 1862; Ein
Lump (Posse) 1862; Zwei Testamente (Lust-

spiel) 1862; Der Billeteur u. sein Kind (Lustspiel) 1862; Des Krämers Töchterlein (Lustspiel) 1862; Verrechnet (Lustspiel) 1862;
Palais u. Irrenhaus (Drama) 1863; Künstler
u. Millionär (Posse) 1864; Jagdabenteuer
(Posse) 1864; Naturmensch u. Lebemann
(Lustspiel) 1864; Der Soldat im Frieden
(Lustspiel) 1865; Nichts (Posse) 1865; Gute
Nacht, Rosa! (Lustspiel) 1865; Lokalsängerin
u. Postillon (Posse) 1865; Auf dem Eis u.
beim Christbaum 1866; Der Mensch denkt
(Drama) 1866; Leute von der Bank (Lustspiel) 1867; Haus Röhrmann (Lustspiel)
1867; Blumen-Nettel (Lustspiel) 1867; Flücht-
ling in der Heimat (Lustspiel) 1868; Der
bayrische Hiesel (Volksstück) 1868; Alte
Schulden 1868; Tischlein, deck dich! (Lust-
spiel) 1868; Was ein Weib kann (Volks-
stück) 1870; Pater Abraham a Santa Clara
(Volksstück) 1870; Unser fünfzehn Theaterdirektoren (Bunte Bilder) 1871; Stadt u.
Land (Posse) 1872; Schlechtes Papier
(Volksstück) 1873; General Laudon (Volksstück) 1874; Ausgew. Werke, herausg. von
Otto Rommel (Deutsch-Österr. Klassiker-
Bibliothek) 1914; 1848 (Memoiren aus dem
Nachlaß), herausg. von F. Hadamowsky
1948 u. a.
Literatur: Wurzbach, F. Kaiser (Biogr.
Lexikon 10. Bd.) 1863; E. K. *Blümml* u. G.
Gugitz, Alt-Wiener Thespiskarren 1925;
dies., Die Frühzeit der Wiener Vorstadt-
bühnen 1925; Anton *Schlossar,* F. K. (A. D.
B. 15. Bd.) 1882; W. *Pöll,* F. K. (Diss. Wien)
1947; Otto *Rommel,* Die Alt-Wiener Volks-
komödie 1952.

Kaiser, Georg, geb. 25. Nov. 1878 zu Magdeburg, gest. 5. Juli 1945 zu Ascona in der
Schweiz, Kaufmannssohn, zuerst Kaufmannslehrling, zog dann nach Südamerika,
durchquerte die Pampa bis zu den Anden,
war im Jahre infolge von Malaria ans
Krankenlager gefesselt teils in Argentinien
u. Brasilien, teils in Spanien, lebte heimgekehrt aber hauptsächlich wieder in Magdeburg. Von Frank Wedekind beeinflußt,
schrieb er Stücke wie „Rektor Kleist", der
ebenso wie jenes Dichters „Frühlings
Erwachen" Anstoß bei der Zensur erregte.
Zeitweilig spielte er mit Selbstmordgedan-
ken, fühlte sich jedoch zu schwach, um
diese auszuführen. Zur Zeit der national-
sozialistischen Herrschaft Emigrant in der
Schweiz. Sein umfangreiches, vorwiegend
dramatisches Schaffen sicherte ihm einen
bleibenden Platz unter den führenden Expressionisten seiner Zeit. 1951 wurde in

München eine Georg-Kaiser-Gesellschaft unter dem Vorsitz Arthur Müllers gegründet.

Eigene Werke: Die jüdische Witwe (Bühnenspiel) 1911; König Hahnrei (Tragödie) 1913; Der Fall des Schülers Vehgesack (Szenen einer kleinen deutschen Komödie) 1914; David u. Goliath (Drama) 1914; Die Bürger von Calais (Schauspiel) 1914; Europa (Spiel u. Tanz) 1915; Von morgens bis mitternachts (Stück) 1916; Der Zentaur (Lustspiel) 1916; Die Koralle (Schauspiel) 1917; Die Sorina (Komödie) 1917; Die Versuchung (Tragödie) 1917; Rektor Kleist (Tragikomödie) 1918; Das Frauenopfer (Schauspiel) 1918; Gas (Erster Teil, Schauspiel) 1918; Claudius — Friedrich u. Anna — Juana (3 Einakter) 1918; Der Brand im Opernhaus (Nachtstück) 1919; Hölle, Weg, Erde (Stück in 3 Teilen) 1919; Gas (Zweiter Teil, Schauspiel) 1920; Der gerettete Alkibiades (Stück) 1920; Der Protagonist (Einakter) 1920; Kanzlist Krehler (Tragikomödie) 1922; Noli me tangere (Stück) 1922; Der Geist der Antike (Komödie) 1923; Die Flucht nach Venedig (Schauspiel) 1923; Gilles u. Jeanne (Bühnenspiel) 1923; Nebeneinander (Volksstück) 1923; Kolportage (Komödie) 1924; Gats (3 Akte) 1925; Zweimal Oliver (Stück) 1926; Der mutige Seefahrer (Komödie) 1926; Papiermühle (Lustspiel) 1927; Der Präsident (Komödie) 1927; Der Zar läßt sich photographieren (Operntextbuch) 1927; Oktobertag (Schauspiel) 1928; Die Lederköpfe (Schauspiel) 1928; Hellseherei (Gesellschaftsspiel) 1929; Zwei Krawatten (Revuestück) 1930; Mississippi (Schauspiel) 1930; Der Gärtner von Toulouse (Schauspiel) 1938; Der Schuß in die Öffentlichkeit (4 Akte) 1939; Rosamunde Floris (Schauspiel) 1940; Der Soldat Tanaka (Schauspiel) 1940; Alain u. Elise (Schauspiel) 1940; Das Floß der Medusa (Nachgelassenes Drama: Die Wandlung) 1948 u. a.

Literatur: M. F. *Cyprian,* Der Dramatiker G. Kaiser (Hochland 15. Jahrg.) 1917; Monty *Jacobs,* Der Bühnendichter G. K. (Das literar. Echo 20. Jahrg.) 1917—18; Gustav *Landauer,* Fragment über G. K. (Der werdende Mensch) 1921; W. *Omankowski,* G. K. u. seine besten Bühnenwerke 1922; H. *Rosenthal,* Der Bürger von Calais. Eine Studie zu dem Bühnenspiel G. Kaisers (Diss. Hamburg) 1923; Bernhard *Diebold,* Der Denkspieler G. K. 1924; Max *Freyhan,* G. Kaisers Werk 1925; Ludwig *Lewin,* Die Jagd nach dem Erlebnis: Ein Buch über G. K. 1926; H. F. *Koenigsgarten,* G. K. 1928 (mit einer Bibliographie von

Alfred Löwenberg); M. J. *Fruchter,* The social Dialectic in G. Kaisers Dramatic Works 1933; W. *Beer,* Untersuchungen zur Problematik des express. Dramas unter bes. Berücksichtigung der Dramatik G. Kaisers (Diss. Breslau) 1934; L. M. *Linick,* Der Subjektivismus im Werke G. Kaisers (Diss. Zürich) 1937; *Anonymus,* Zu G. Kaisers 60. Geburtstag (Maß u. Wert Nr. 3) 1939; Paul *Zech,* Der Dramatiker G. K. (Deutsche Blätter, Santiago Nr. 26) 1945; *Anonymus,* G. Kaisers dramat. Sendung (Schweizer Annalen Nr. 9—10) 1945; E. A. *Fivian,* G. K. u. seine Stellung im Expressionismus 1946 (mit Bibliographie); H. F. *Koenigsgarten,* G. Kaisers Vollendung (Die Weltwoche Nr. 741) 1948; F. W. *Kaufmann,* Zum Problem der Arbeit bei G. K. (Monatshefte, Madison Nr. 6) 1948; Adolf *Schütz,* Der Nachlaß G. Kaisers (Diss. Bern) 1949; Viktor *Fürdauer,* G. Kaisers dram. Gesamtwerke (Diss. Wien) 1950; H. F. *Koenigsgarten,* In einem Haus ohne Bücher-Erinnerungen an G. K. (Die Neue Zeitung Nr. 13) 1952; Blanche *Dergau,* Erinnerungen an G. K. (Ebda. Nr. 280) 1952.

Kaiser, Josepha s. Kaiser, Josephine.

Kaiser, Josephine, geb. 1795, gest. 8. Mai 1829 zu Lemberg, war als Sängerin 1810—12 Mitglied des Kärntnertortheaters in Wien, hierauf bis 1823 des Josefstädtertheaters das., zuletzt in Lemberg. Nicht zu verwechseln mit Josepha Kaiser (Kayser), verehel. Ernst (gest. 1873 zu Budapest), wirkte seit 1867 als Opernsängerin das., nachdem sie 1842—44 u. 1847—48 in Wien (Kärntnertortheater u. Theater an der Wien) u. a. tätig gewesen war.

Kaiser, Louis, geb. 1842, gest. 30. Sept. 1907 zu Leipzig, Begründer u. Leiter des dort. Battenberg-Theaters.

Kaiser, Ludwig, geb. 5. Dez. 1876 zu Wien, gest. 20. Febr. 1932 das., Sohn des Musikpädagogen Karl K., studierte in seiner Vaterstadt Musikwissenschaft (Doktor der Philosophie), wurde als Assistent von F. Mottl 1907 an die Hofoper in München berufen, wirkte 1908—13 als Korrepetitor an der Wiener Hofoper, hierauf als Erster Kapellmeister am Stadttheater in Hamburg, seit 1914 als Direktor der von seinem Vater begründeten Musikschule K. in Wien u. seit 1917 als Kapellmeister an der dort. Volksoper.

Kaiser, Ludwig Maria, geb. 1765 zu Stans in der Schweiz, gest. 28. Febr. 1840 das., studierte in Mailand, Pavia u. Modena, nahm 1793—98 als Grenadierhauptmann der Schweizer an den Operationen in Spanien teil, spielte zur Zeit der Helvetischen Republik, 1802 zu Napoleon abgeordnet, eine bedeutende Rolle u. war seit 1818 Landamman u. seit 1822 Bannerherr. Verfasser von Dramen, die er in Stans aufführte, als Schauspieler u. Direktor in einer Person.
Eigene Werke: Arnold von Winkelried oder Die Schlacht bei Sempach (Eidgenöss. Trauerspiel) 1791; Der Neujahrstag 1308 zu Unterwalden (Schauspiel, aufgeführt) 1807.
Literatur: Robert *Durrer,* L. L. Kaiser (H. B. L. S. 4. Bd.) 1927.

Kaiser, Oskar, geb. 12. April 1864, gest. 5. Mai 1942 zu Wiesbaden, promovierte in Leipzig zum Doktor der Philosophie („Dualismus Ludwig Tiecks als Dramatiker u. Dramaturg"), wurde von Max Grube (s. d.) für die Bühne ausgebildet u. ging 1885 als Charakterdarsteller an das Hoftheater in Oldenburg, hierauf nach Reichenberg, Altenburg, Hof, Straßburg, Baden-Baden u. Köln. 1895 bis 1899 wirkte er am Nationaltheater in Mannheim, kehrte dann wieder nach Köln zurück u. leitete später sieben Jahre das Stadttheater in Hagen, auch zeitweilig die Sommertheater in Godesberg, Gladbach, Koblenz u. Kreuznach. Zuletzt dramatischer Lehrer. Hauptrollen: Shylock, Tartüffe, Franz Moor, Narziß, Jago, Richard II. u. a.

Kaiser, Vinzenz, geb. 10. Juni 1884 zu Graz, war Charakterdarsteller u. Regisseur am Raimundtheater in Wien.

Kaiser, Wilhelm, geb. 29. Aug. 1813 zu Berlin, gest. 21. Aug. 1892 zu Sigmaringen, Sohn eines Hofrats, war zuerst Kaufmann, wandte sich jedoch bald der Bühne zu, die er 1836 in Dessau betrat, spielte in Glogau, Teplitz, Altenburg u. Gera, wirkte 1839—43 vornehmlich in Charakterrollen in Hannover. 1854 Gast in München. Seit 1857 an den Kgl. Schauspielen in Berlin. 1869 wurde er von Eduard Devrient als Hoftheaterdirektor nach Karlsruhe berufen. 1872—79 unternahm er mehrfache Kunstreisen. Seinen Lebensabend verbrachte er in Sigmaringen. Hauptrollen: Diego, Werner, Saladin, Wagner, Jago, Mephisto, Odoardo, Alba u. a.
Literatur: Eisenberg, W. Kaiser (Biogr. Lexikon) 1903.

Kaiser-Buchi, Olga, geb. 6. März 1897 in Lohn, gest. 24. März 1947 zu Biberist, besaß einen Damenfrisiersalon das. Erzählerin u. Dramatikerin.
Eigene Werke: Heimat in Not (Volksstück) 1933; Das St. Joderglöcklein von Gsteig (Volksstück) 1937; Feuer über der Bretagne (Volksstück) 1937; S verheite Bei (Pfadfinderstück) 1941; Die „vom Stein" (Volksstück) 1945.

Kaiser-Randow, Richard, geb. 27. Jan. 1862 zu Dresden, gest. 1. April 1939 zu Bad Salzbrunn, studierte Gesang u. Musik u. wurde Opern- u. Operettenkapellmeister. Verfasser einer Broschüre über Sologesang u. einer Geschichte volkstümlicher Erlebnisse an Theatern in Schlesien.

Kaiser-Titz, Erich, geb. 1878, gest. 22. Nov. 1928 zu Berlin, wollte Architekt werden, ging jedoch zur Bühne u. wirkte als Liebhaber u. Bonvivant in Kolberg, Hannover, Bremen u. an verschiedenen Bühnen in Berlin. Später wandte er sich dem Film zu u. verkörperte über 360 Rollen, u. a. Melchthal („Wilhelm Tell"), Rank („Nora"), Lucentio („Der widerspenstigen Zähmung"), Southampton („Graf Essex") u. a.

Kaiserslautern, Stadt in der Rheinpfalz, besaß seit 1868 ein eigenes Stadttheater, das im Zweiten Weltkrieg vollkommen zerstört wurde. Seither fand als Behelfstheater ein Kino Verwendung. Intendant Joachim Klaiber (s. d.) wurde 1946 von Otto Imhoff (s. d.) abgelöst, dieser 1949 von Heinz Huber. Das Ensemble spielte auch in Orten der Umgebung, wie in Bad Kreuznach, Ludwigshafen, Pirmasens, Speyer, Zweibrücken u. a. 1950 fand mit einer Vorstellung von „Fidelio" die Eröffnung eines Neubaus statt. Die Intendanz wurde Heinz Roberts übertragen.

Kaitan, Gustav, geb. 26. April 1871 zu Znaim in Mähren, Sohn eines Landesgerichtsdirektors, humanistisch gebildet, begann seine Bühnenlaufbahn 1891 in Brünn, kam dann als Bariton nach Innsbruck u. ans Theater an der Wien, wirkte, nachdem sich seine inzwischen ausgebildete Stimme zum Tenor geändert hatte, seit 1894 als Sänger u. Schauspieler in Teplitz, Innsbruck, Czernowitz, Olmütz, München, Hannover, Bremen, Kiel, Berlin (Operntheater des Westens), seit 1900 am Friedrich-Wilhelmstädtischen Theater das., hierauf in Reichenberg u. seit 1912 wieder

in Brünn. Hauptrollen: Veit, Georg, Vogelhändler, Obersteiger, Eisenstein u. a.

Kaizl (die Ältere), Christine, geb. 1847 zu
Wien, gest. im Juli 1922 das., Tochter von
Friedrich u. Christine Hebbel, war Schau-
spielerin. Gattin des Hofrats Alfred K. in
Wien.

Kaizl (die Jüngere, Ps. Hebbel), Christine,
geb. 20. März 1870 zu Wien, gest. 12. Sept.
1893 zu Sagrado, Tochter der Vorigen, debütierte 1890 am Burgtheater u. blieb bis 1891
dessen Mitglied. Enkelin von Friedrich Hebbel.

Kaizl, Therese s. Seutter v. Loetzen, Therese.

Kalbeck (ursprünglich Karpeles), Max (Ps.
Jeremias Deutlich), geb. 4. Jan. 1850 zu
Breslau, gest. 4. Mai 1921 zu Wien, stu-
dierte in Breslau, betätigte sich besonders
als Theaterkritiker u. Librettist seit 1875 in
Breslau u. (durch E. Hanslicks Vermittlung)
seit 1880 in Wien. Gegner R. Wagners.
Eigene Werke: Wagners Nibelungen 1876;
Das Bühnenfestspiel zu Bayreuth 1877; Wag-
ners Parsifal 1882; Wiener Opernabende
1885; Mozarts Don Giovanni, deutsch 1886;
Die Maikönigin (Schäferspiel) 1887; Jakuba
(Oper) 1895; Glucks Orpheus, deutsch 1896;
Das stille Dorf (Oper) 1897; Nubia (Oper)
1898; Opernabende 2 Bde. 1898; Decius der
Flötenspieler (Oper) 1899; Hochzeit zu Ulfosa
(Oper) 1900.
Literatur: Riemann, M. Kalbeck (Musik-
Lexikon 11. Aufl.) 1929; Anton *Würz,* M. K.
(Zeitschrift für Musik Nr. 1) 1950.

Kalbeck, Paul, geb. 15. Juli 1884 zu Wien,
gest. 5./6. Nov. 1949 zu Bern, Sohn des Vorigen, besuchte das Konservatorium seiner
Vaterstadt, begann seine Laufbahn als Schauspieler in Meiningen u. war dann Regisseur
bei E. Lessing in Berlin, Otto Falckenberg
in München, Max Reinhardt in Berlin u.
Wien (Theater in der Josefstadt), hier auch
Lehrer am Schönbrunner Regie- u. Schau-
spielseminar u. seit 1938 in Bern. Hauptrollen: von Trast („Die Ehre"), Mercutio
(„Romeo u. Julia"), Flemming („Flachsmann
als Erzieher"), Hamlet, Karl Moor.
Eigene Werke: Ulenspiegel in Flandern
(Dramat. Gedicht) 1922; Wir sagen uns alles
(Komödie) 1927; Die Szene wird zum Tribu-
nal (Schauspiel) 1935; Das Mädchen mit der
Kirsche (Volksstück) 1936; Monika u. die
liebe Frau (Mirakelspiel) 1945.

Kalbfuß, Friedrich, geb. 28. Juli 1903 zu
Braunschweig, gest. 21. Juni 1946 zu Bad
Schwalbach (Braunschweig), lebte als Büh-
nenbildner u. Dramatiker in Darmstadt u.
Kassel.
Eigene Werke: Panne des Herzens (Lust-
spiel) 1931 (mit Richard Wilde); Das grüne
Revier (Komödie) 1934; Die Welt ist be-
trogen sein (Komödie) 1935; Ein Hundeleben
(Lustspiel) 1936.

Kalbo, Adolf, geb. 1834, gest. 20. Sept. 1898
zu Berlin, war Direktor des dort. Prater-
Theaters, das 1863 von den Brüdern Kalbo
eröffnet wurde. Zuerst Hermann u. dann
Louis Kalbo (gest. 28. Dez. 1889 zu Berlin)
waren seine Mitdirektoren. Das Unternehmen, das anfänglich „Berliner Prater" hieß,
war eines der größten Sommertheater der
Reichshauptstadt. Es bot ein reiches Programm: Lustspiele, Possen, Ausstattungs-
stücke u. a. Die Vorstellungen dauerten fast
sieben Stunden u. brachten jeweils Einlagen
höchstrangiger Künstler.

Kalbo, Paul, geb. 26. März 1861, gest.
12. Nov. 1901 zu Berlin, aus der Familie des
Vorigen, war ebenfalls Direk-
tor des Prater-Theaters das., das seine Gattin Martha K. nach seinem Tode weiterführte.

Kalchberg, Johann Ritter von, geb.
13. März 1765 auf Schloß Pichl im Mürztal
(Steiermark), gest. 3. Febr. 1827 zu Graz,
studierte das., trat 1785 vorübergehend in
den Staatsdienst. Freund des Erzherzogs Jo-
hann u. dessen Gehilfe bei der Begründung
des nachmaligen „Joanneums". Vorwiegend
Dramatiker.
Eigene Werke: Agnes von Habsburg
(Schauspiel) 1786; Die Tempelherren (Dramat.
Gedicht) 1788; Die Ritterempörung (Andreas
Baumkircher) 1793; Maria Theresia (Dramat.
Gedicht) 1793; Ges. Werke 2 Bde. 1793—95;
Attila (Dramat. Gedicht) 1806; Sämtl. Werke
9 Bde. 1816; Gesammelte Schriften, herausg.
von Anton Schlossar 4 Bde. 1879 f.
Literatur: Anton *Schlossar,* J. Ritter v.
Kalchberg (A. D. B. 15. Bd.) 1882; O. *Schissel
v. Fleschenberg,* Zu einer krit. Kalchberg-
Ausgabe 1908.

Kalenberg, Harry, geb. 3. März 1921 zu
Köln, Sohn von Josef K., wirkte als Schauspieler am Landestheater in Linz.

Kalenberg, Josef, geb. 7. Jan. 1886 zu Köln-

Ehrenfeld, Vater des Vorigen, war seit 1928 Mitglied der Staatsoper in Wien. Kammersänger. Hauptrollen: Loge, Erik, Tannhäuser, Siegfried, Walter von Stolzing, Tristan, Parsifal, Florestan, Don José, Radames, Turridu u. a.

Kaler, Adele von, geb. 5. Aug. 1840 zu Berlin, gest. 1. Juli 1897 zu Wiener-Neustadt, Tochter des Bassisten C. A. v. K., spielte Tragische Heldinnen, später Anstandsdamen u. Mütter u. a. in Reval, Neuyork, Elbing u. Königsberg. Hauptrollen: Judith („Uriel Acosta"), Fortuna („Lumpazivagabundus"), Ida von Felseck („Dorf u. Stadt") u. a.

Kalff, Peter, vermutlich Verfasser des 1464 in Hof-Redentin, einer Besitzung des Klosters Doberan in Mecklenburg, vollendeten „Redentiner Osterspiels". Ausgaben von R. Froning, Das Drama des Mittelalters (Kürschners Deutsche Nationalliteratur 14. Bd.) 1892, A. Freybe, Die Handschrift des Redentiner Osterspiels in Lichtdruck mit einigen Beiträgen zu einer Geschichte u. Literatur 1892, C. Schröder, Das Redentiner Osterspiel nebst Einleitung u. Anmerkungen (Niederdeutsche Denkmäler 5. Bd.) 1893, W. Stammler 1925 u. W. Krogmann 1937. Übersetzungen von M. Gümbel-Seiling 1918, G. Struck 1920, W. Krogmann 1931, A. E. Zucker 1941.

Literatur: E. *Spener,* Die Entstehung des Redentiner Osterspiels (Diss. Marburg) 1922; W. *Gehl,* Metrik des R. O. (Diss. Rostock) 1923; G. *Rosenhagen,* Das R. O. im Zusammenhang mit dem geistl. Schauspiel seiner Zeit (Niederdeutsches Jahrbuch 51. Bd.) 1925; W. *Krogmann,* Die zweite weibliche Rolle im R. O. (Zeitschrift für deutsche Philologie 53. Bd.) 1928; L. *Wolff,* P. Kalff (Verfasserlexikon 2. Bd.) 1936; Eduard *Hartl,* Das Drama des Mittelalters 1. u. 2. Bd. (Konkordanzen) 1937 (Deutsche Literatur in Entwicklungsreihen); Gabriele *Schieb,* Zum R. O. (Beiträge 70. Bd.) 1948. S. auch Osterspiele.

Kalidasa, größter Dichter der Inder, lebte im 5. Jahrhundert u. schrieb vor allem das weltberühmte Schauspiel „Sakontale oder Der entscheidende Ring" mit Erläuterungen von Georg Forster 1791, eine zweite von J. G. v. Herder besorgte Ausgabe erschien 1803. Seither wiederholt verdeutscht. Die beste Bearbeitung des Dramas stammt von L. v. Schroeder (1903). Goethe schätzte es

hoch. Dichtungen Kalidasas übersetzten auch F. Rückert, A. v. Schack u. a.

Kalinka (Ps. Kalinke), Ferdinand, geb. 7. Dez. 1821 zu Breslau, gest. 4. Jan. 1880 zu Altona, wurde zum Lehrer ausgebildet, ging jedoch 1839 zur Bühne u. wirkte in Düsseldorf, Berlin, Dessau, Neustrelitz, Köln, Wiesbaden u. seit 1861 als Inspizient in Altona.

Kalinke, Ferdinand s. Kalinka, Ferdinand.

Kalis, Ludwig Emil, geb. 1806 zu Frankfurt a. M., gest. 1855 zu Pest, wirkte als Bonvivant 1825 in Mainz, hierauf in Würzburg, Bamberg, Freiburg im Brsg. u. 1836—55 in Pest. Seit 1830 Gatte von Philippine Padjera.

Kalis (geb. Padjera), Philippine, geb. 1814 zu Frankfurt a. M. (Todesdatum unbekannt), wurde von Elise Bürger (s. d.) ausgebildet u. wirkte als Tragödin in Frankfurt a. M. u. 1836 bis zu ihrem Bühnenabschied 1848 in Pest. Hauptrollen: Jungfrau von Orleans, Eboli, Orsina u. a. Gattin des Vorigen.

Kalisch, David, geb. 23. Febr. 1820 zu Breslau, gest. 21. Aug. 1872 zu Berlin, entstammte einer gebildeten jüd. Familie, mußte infolge wirtschaftlicher Gründe das Gymnasium verlassen u. wurde zuerst Geschäftslehrling u. Filialleiter, reiste 1844 nach Paris (Verkehr mit Heine, Herwegh, Marx, Proudhon), arbeitete dann als Buchhalter in Straßburg, hier bereits literarisch tätig, u. wurde 1846 Kommis eines Berliner Speditionsgeschäftes. Seine Schwänke u. Possen fanden großen Beifall, so daß er bald als freier Schriftsteller leben konnte. 1848 gründete er das Witzblatt „Kladderadatsch", anfangs ein rechtes Sorgenkind, das ihm wegen seines liberal-demokratischen Charakters in der Reaktionszeit nur Verfolgungen eintrug. Schöpfer des Berliner Lokalstücks. Vater des Kammersängers Paul K.

Eigene Werke: Berliner Volksbühne 4 Bde. 1864; Lustige Werke (Hunderttausend Taler — Berlin bei Nacht — Junger Zunder, alter Plunder — Der Markt der Ideen — Doktor Peschke — Ein gebildeter Hausknecht — Der Aktienbudiker — Berlin, wie es weint u. lacht — Einer von unsere Leut' — Unser Verkehr — Otto Bellmann — Gräfin Guste — Berliner auf Wache — Die Bummler von Berlin — Er verlangt sein Alibi — Herr Karoline — Der Mützenmacher — Auf der Eisenbahn — Aurora in Öl — Berlin wird

Weltstadt — Ein Abenteuer mit Jenny Lind — Tannhäuser oder Der Sängerkrieg auf der Wartburg — Namenlos) 5 Bde. 1870 f. *Literatur:* Max *Ring,* D. Kalisch 1873; Joseph *Kürschner,* D. K. (A. D. B. 15. Bd.) 1882; Adolf *Gerstmann,* Aus den Tagen der Alt-Berliner Posse (Beiträge zur Literatur- u. Theatergeschichte, Festgabe L. Geiger) 1918; Mario *Krammer,* D. K. (Schles. Lebensbilder 2. Bd.) 1926.

Kalisch, Hermann (Geburtsdatum unbekannt), gest. 23. Juli 1906 zu Dessau, war Schauspieler u. Sänger u. a. am Luisenstädtischen Theater in Berlin. Hauptrollen: Gratiano („Othello"), Mönch („Dietrich von Quitzow"), Werni („Wilhelm Tell") u. a.

Kalisch, Lilli, geb. 24. Nov. 1848 zu Würzburg, gest. 17. Mai 1929 zu Berlin, Tochter des Heldentenors Karl August Lehmann u. seiner Gattin, der Sängerin Maria Theresia L. (s. d.), deren Schülerin sie war, Schwester der Sängerin Marie L. (s. d.), begann ihre Bühnenlaufbahn 1867 am Deutschen Landestheater in Prag, kam dann nach Danzig u. Leipzig, wirkte seit 1870 an der Hofoper in Berlin, 1886—92 in Amerika, wo sie 1888 Paul K. heiratete, u. lebte seit 1892 wieder in Berlin. Doch ging sie wiederholt auf Gastspielreisen nach Amerika, sang in Bayreuth, London u. Skandinavien. Vor allem als Mozart- u. Wagner-Sängerin gefeiert, zuletzt fast ausschließlich in Konzerten als Interpretin klassischer u. romantischer Lieder in verschiedenen Sprachen auftretend u. Gesangspädagogin. In Berlin u. Wien mit dem Titel einer Kammersängerin ausgezeichnet. Wertvoll sind ihre literarischen Arbeiten. Hauptrollen: Pamina, Donna Anna, Aida, Fidelio, Leonore, Brünnhilde, Walküre, Isolde u. a. *Eigene Werke:* Meine Gesangskunst 1902; Studie zu Fidelio 1904; Mein Weg 1913. *Literatur:* Josef *Lewinsky,* L. Lehmann (Theatralische Carrièren) 1881; Paul *Ertel,* L. L. (Bühne u. Welt 2. Jahrg.) 1899; M. *Burckhard,* L. L. über Schauspielkunst (Neue Freie Presse Nr. 14808) 1905; *Anonymus,* L. L. (Neue Musikzeitung Nr. 23) 1906; J. H. *Wagemann,* L. Lehmanns Geheimnis der Stimmbänder 1906 (2. Aufl. 1926); L. *Andro,* L. L. 1907.

Kalisch, Paul, geb. 6. Nov. 1854 zu Berlin, gest. nach 1935, Sohn des Schriftstellers David K., studierte zuerst Architektur, ließ sich jedoch bald in Italien von Leoni u. Lamperti

gesanglich ausbilden u. trat seit 1879 in Rom, Florenz, Venedig, Mailand, Barcelona u. a. als Heldentenor auf. Später sang er in München, Berlin, Wien, Hamburg, Leipzig, Köln, Neuyork, wo er vor allem in den Werken Wagners Triumphe feierte. Gastspiele führten ihn nach Paris, London u. a. Zuletzt war er in Wiesbaden tätig. Kammersänger. Gatte von Lilli Lehmann. Hauptrollen: Florestan, Tamino, Raoul, Faust u. a. *Literatur:* Carlos *Droste,* P. Kalisch (Bühne u. Welt 8. Jahrg.) 1906.

Kalischer, Alfred Christlieb (Ps. A. Christlieb), geb. 4. März 1842 zu Thorn, gest. 9. Okt. 1909 zu Berlin, Kaufmannssohn, studierte romanische Philologie, beschäftigte sich seit 1883 vorwiegend mit Beethoven u. war seit 1884 Dozent an der Humboldt-Akademie in Berlin. Dramatiker. *Eigene Werke:* Der Untergang des Achilleus (Trauerspiel) 1892; Spartakus (Soziale Tragödie) 1899. *Literatur:* *Riemann,* A. Kalischer (Musik-Lexikon 11. Aufl.) 1929.

Kalkbrenner, Christian, geb. 22. Sept. 1755 zu Minden, gest. 10. Aug. 1806 zu Paris, war zuerst Chorist der Oper in Kassel, kam 1788 als Kapellmeister der Königin von Preußen nach Berlin, lebte seit 1796 in Neapel, dann in Paris, wo er 1799 Korrepetitor der Großen Oper wurde. Seinen eigenen Opern war kein Erfolg beschieden. *Literatur:* *Riemann,* Ch. Kalkbrenner (Musik-Lexikon 11. Aufl.) 1929.

Kalkum, Georg Rosina, geb. um 1878, gest. 3. Nov. 1951 zu Berlin-Halensee, war Bühnensänger in Münster u. a., Gesangspädagoge u. Komponist.

Kallab, Camilla, geb. 22. Dez. 1912 zu Brüx in Böhmen, Tochter eines Juristen u. Hofrats, besuchte die Hochschule für Musik in Frankfurt a. M., begann ihre Bühnenlaufbahn (Alt u. Mezzosopran) unter Joseph Krips (s. d.) in Karlsruhe, wirkte dann ein Jahr unter Fritz Busch (s. d.) an der Staatsoper in Dresden, 1935—45 am Opernhaus in Leipzig, unternahm Gastspielreisen durch ganz Deutschland u. Österreich, Holland, Belgien u. Portugal bis Buenos Aires u. Rio de Janeiro u. a., sang wiederholt in Bayreuth u. war seit 1945 am Staatstheater in Wiesbaden u. seit 1949 an der Komischen Oper in Berlin tätig. Besonders rühmte man ihre Carmen „stimmlich überragend . . .

nach Tiefe u. Höhe weitausladend". Andere Hauptrollen: Eboli, Amneris, Brangäne, Kundry, Ortrud, Fricka, Waltraute, Erda, Klytämnestra, Herodias, Adelaide, Penthesilea, Marzelline u. a.

Kalle (geb. Gläßner), Erika, geb. 28. Febr. 1896, Tochter des Kunstmalers Gottfried G., seit 1926 Gattin des Ministerialdirektors Arnold K., wirkte als Schauspielerin seit 1914 unter ihrem Mädchennamen in Halberstadt, Frankfurt a. M. u. Berlin (an den Meinhard-, Bernauer-, Saltenburg-, Barnowsky- u. Rotterbühnen).

Kallenbach, Franz s. Callenbach, Franz.

Kallenberg, Siegfried, geb. 3. Nov. 1867 zu Schachen bei Lindau am Bodensee, gest. 8. Febr. 1944 zu München, besuchte das Konservatorium in Stuttgart u. die Akademie der Tonkunst in München, wirkte als Musiklehrer u. Komponist in Stettin, Königsberg, Hannover u. München. Er schrieb u. a. Opern („Sun Liao", „Das goldene Tor") u. Pantomimen.
Literatur: Riemann, S. Kallenberg (Musik-Lexikon 11. Aufl.) 1929.

Kallenberger, Gustav, geb. 2. März 1870 zu Mannheim, sollte Bautechniker werden, wandte sich jedoch der Bühne zu u. trat als Anfänger am Hoftheater seiner Vaterstadt auf, ging 1890 nach Holland, dann nach Weißenfels, war fünf Jahre Schauspieler in Heidelberg, drei Jahre in Rostock, neun Jahre wieder in Mannheim, drei Jahre am Schauspielhaus in Hamburg, ein Jahr in Frankfurt a. M., bis er 1915 ans Stadttheater nach Straßburg u. 1919 nach Freiburg im Brsg. kam, wo er jahrzehntelang blieb. Hauptrollen: Wirt („Minna von Barnhelm"), Lane („Bunbury"), Kapuziner („Wallensteins Lager") u. a.

Kallensee, Olga, geb. im letzten Viertel des 19. Jahrhunderts, wirkte seit 1903 als Koloratursängerin in Kassel, Karlsruhe u. a. Hauptrollen: Rosine, Regimentstochter, Gilda, Traviata u. a.

Kallensee-Struensee, Paul (Geburtsdatum unbekannt), gest. 2. Jan. 1931 zu Berlin, wirkte als Heldentenor in Koblenz, Altenburg, Essen, Magdeburg, zuletzt als Chorsänger in Königsberg u. Berlin. Hauptrollen: Falke („Die Fledermaus"), Haushofmeister („Der Trompeter von Säckingen"), Zorn

(„Die Meistersinger von Nürnberg"), Pygmalion („Die schöne Galathee") u. a.

Kallina, Anna s. Witroffsky, Anna.

Kallina-Werner, Elisabeth s. Werner, Elisabeth.

Kalliwoda, Johann Wenzel, geb. 21. Febr. 1801 zu Prag, gest. 3. Dez. 1866 zu Karlsruhe, studierte am Konservatorium in Prag Musik, wurde 1822 Kapellmeister in Donaueschingen u. trat 1866 in den Ruhestand. Seit 1822 Gatte der Sängerin Therese Brunetti.
Literatur: Karl Strunz, Johann Wenzel Kalliwoda (Vorträge u. Abhandlungen, herausg. v. d. Leo-Gesellschaft 32. Heft) 1910.

Kalliwoda (geb. Brunetti), Therese, geb. 28. Jan. 1803 zu Prag, gest. 28. März 1891 zu Karlsruhe, Tochter der Sängerin Therese Brunetti (geb. Frey, Freundin Karl Maria v. Webers), Mutter des Hofkapellmeisters Wilhelm K., Gattin des Komponisten Johann Wenzel K., trat bis zu ihrer Verheiratung als Sängerin in Prag zusammen mit ihrer Jugendfreundin Henriette Sontag auf.

Kalliwoda, Wilhelm, geb. 19. Juni 1826 zu Donaueschingen, gest. 8. Sept. 1893 zu Karlsruhe, Sohn von Johann Wenzel K. u. Therese K. (geb. Brunetti), war Komponist u. Theaterkapellmeister in Karlsruhe.

Kálmán, Emerich, geb. 24. Okt. 1882 zu Siófok in Ungarn, gest. 30. Okt. 1953 zu Paris, studierte an der Landesakademie in Budapest, wurde Advokaturskandidat, dann auch Musikkritiker das. u. betätigte sich hierauf hauptsächlich in Wien als vielgefeierter Operettenkomponist. 1938 emigrierte er nach Amerika, kehrte jedoch schließlich wieder nach Wien zurück.
Eigene Werke: Ein Herbstmanöver 1908; Der Zigeunerprimas 1912; Die Czárdásfürstin 1915; Fräulein Luise 1915; Die Faschingsfee 1917; Das Hollandweibchen 1920; Die Bajadere 1921; Gräfin Mariza 1924; Die Zirkusprinzessin 1926; Die Herzogin von Chicago 1928; Das Veilchen vom Montmartre 1930; Kaiserin Josefine 1936; Ronacher 1950; Arizona Lady 1953 u. a.
Literatur: J. Bistron, E. Kálmán 1932; Eberhard Otto, E. K. (Zeitschrift für Musik Nr. 10) 1952.

Kalmann, Meta, geb. 15. Jan. 1856 zu Hamburg, gest. 11. Aug. 1895 zu Köln, war

Opernsängerin (Soubrette) in Stettin, Hamburg u. seit 1881 am Opernhaus in Köln. Hauptrollen: Zerline, Ännchen, Carmen u. a. *Literatur:* Julius *Hofmann,* M. Kalmann (Neuer Theater-Almanach, herausg. von der Genossenschaft Deutscher Bühnenangehöriger 7. Jahrg.) 1896.

Kalmar, Anna (Annie), geb. 14. Sept. 1877 zu Frankfurt a. M., gest. 3. Mai 1901 zu Hamburg, wurde von Rosa Beutel-Keller (s. d.) ausgebildet, wirkte als Schauspielerin (Naive) seit 1895 am Deutschen Volkstheater in Wien u. seit 1900 am Deutschen Schauspielhaus in Hamburg, bekannt auch durch ihre Beziehungen zu Karl Kraus (s. d.). *Literatur:* Werner *Kraft,* K. Kraus' Gedicht an A. Kalmar (Das Silberboot Nr. 1) 1951; Unveröffentlichte Briefe an A. K., K. Kraus, D. v. Liliencron u. A. v. Berger (Ebda.) 1951.

Kalnei-Kalnberg, Heinrich, geb. 1867, gest. 21. März 1946 zu Berlin, war Schauspieler, zuletzt am Volkstheater Süden das.

Kalser, Erwin, geb. 22. Febr. 1883 zu Berlin, studierte das. (Doktor der Philosophie), wandte sich 1911 der Bühne zu u. gehörte bis 1922 als hervorragendes Mitglied dem Lustspielhaus (den späteren Kammerspielen) an. 1923 berief ihn Leopold Jeßner (s. d.) an das Berliner Staatstheater, 1933 verließ er Deutschland u. ging nach Zürich, 1939 nach Amerika, von wo er nach dem Kriege wieder an das Schauspielhaus nach Zürich zurückkehrte. In zahlreichen Stücken von Strindberg, Wedekind, Georg Kaiser u. a. hatte er tragende Rollen oder führte Regie. Er war der erste Student in Otto Falckenbergs berühmter Uraufführung von Strindbergs Gespenstersonate (1915), der erste Kassierer in Georg Kaisers „Von morgens bis mitternachts" u. der erste Sekretär in dessen „Koralle". Weitere Hauptrollen: Moritz Stiefel („Frühlings Erwachen"), Dichter („Der Bettler"), Lehrer Gottwald („Hanneles Himmelfahrt") u. a.

Kalser (Ps. Maasfeld), Leo, geb. 4. Febr. 1888 zu Salzburg, war Beamter der Pensionsanstalt für Angestellte das. Vorwiegend Dramatiker. *Eigene Werke:* Des Kaisers Marschall (Schauspiel) 1913; Der Tod eines Unsterblichen (Schauspiel) 1916; Morgenrot (Schauspiel) 1920; Lagunenzauber (Operette) 1923; Was bist du, Weib? (Spiele) 1926; Ehr' sei dem Handwerk (Volksstück) 1931; Sein

Avancement (Spiel) 1932; Die beiden Schachspieler (Drama) 1932; Madonna von Czenstochau (Spiel) 1932; Der Mann im Mond (Märchenspiel) 1932; Schön Rosmarie (Festspiel) 1933; Der schwarze Handschuh (Spiel) 1933; Ein Spiel von der Geburt des Herrn 1933; Der Kuß im Belvedere (Freilichtspiel) 1936; Der Dorfheiland (Schauspiel) 1936; Vom Hansel, der die Wahrheit suchen ging (Freilichtspiel) 1937; Auf Befehl der Obrigkeit (Freilichtspiel) 1937; Wolf Dietrich v. Raytenau (Schauspiel) 1938; Salzburger Glockenspiel 1938.

Kaltenbach, Anny, geb. 11. Aug. 1879 zu Steyr, wurde am Konservatorium in Wien ausgebildet, ging 1902 zur Bühne u. wirkte als Opernsängerin in Heidelberg, Mainz u. a. Hauptrollen: Adriano, Brangäne, Ortrud, Venus, Erda, Carmen, Mignon, Frau Reich u. a.

Kaltenbrunner, Karl Adam, geb. 30. Dez. 1804 zu Enns in Oberösterreich, gest. 6. Jan. 1867 zu Wien, wurde 1823 Praktikant der Staatsbuchhaltung in Linz, 1842 Direktionsadjunkt der Hof- u. Staatsdruckerei in Wien u. 1859 Vizedirektor ders. Besonders geschätzt als Dialektdichter, aber auch als Dramatiker erfolgreich. *Eigene Werke:* Konstantin XI., der letzte griechische Kaiser (Trauerspiel, mit einem Vorspiel: Der Streit um die Krone) 1836; Kaiser Heinrich IV. (Trauerspiel) 1844; Ulrike (Drama) 1845; Die drei Tannen (Volksdrama) 1862; Die beiden Vormoser (Volksdrama) o. J.; Die Weißen u. die Schwarzen (Charakterbild) o. J.; Die Ankunft des Bräutigams (Posse) o. J.; Der Welf (Histor. Drama) o. J. *Literatur:* F. F. *Krackowizer* u. F. *Berger,* K. A. Kaltenbrunner (Biogr. Lexikon des Landes Österreich ob der Enns) 1931.

Kaltenhauser, Franziska (Fanny), geb. 12. Dez. 1863 zu Wien, gest. um 1940, Kaufmannstochter, verlebte ihre Jugend in Oberösterreich, der Heimat ihres Vaters, u. wohnte seit 1920 in Simbach am Inn, später in Enns. Erzählerin u. Volksdramatikerin (von der Exl-Bühne) aufgeführt. *Eigene Werke:* D'Herrgotts Christl (Volksstück) 1903; Zweierlei Tuch (Volksstück) 1903; Der Rieder Toni (Bauernkomödie) 1906; Die Dorfrebellen (Bauernkomödie) 1906; Das Kind (Drama) o. J.

Kaltnecker von Wahlkampf, Hans, geb.

2. Febr. 1894 zu Temeschwar im Banat, gest. 29. Sept. 1919 zu Gutenstein in Niederösterreich, Sohn eines höheren österr. Offiziers. Expressionistischer Dramatiker.
Eigene Werke: Die Opferung (Tragödie) 1918; Das Bergwerk (Drama) 1921; Die Schwester (Mysterium) 1924; Dichtungen u. Dramen 1925.
Literatur: F. W. *Illing,* Zu H. Kaltneckers letzten Werken (Die Literatur 33. Jahrg.) 1930—31.

Kalwoda, Karl, geb. 18. Juli 1896 zu Wien, gest. 16. Okt. 1951 das., war Schauspieler am dort. Volkstheater.

Kalypso, eine Nymphe im Ozean, bei der Odysseus auf seiner Irrfahrt jahrelang Unterkunft fand, als Bühnenheldin. S. auch Odysseus.
Behandlung: Johann Philipp *Praetorius,* Calypso (Oper, Musik von Georg Philipp Telemann) 1727; Franz Theodor *Csokor,* K. (Drama) 1942.

Kamann, Karl, geb. 19. Okt. 1899 zu Köln am Rhein, war seit 1938 Bariton der Staatsoper in Wien. Hauptrollen: Wotan, Wanderer, Hans Sachs, Pizarro, Amonasro, Faninal, Jochanaan u. a.

Kamare, Stephan von (eigentlich Stephan Čokorač von Kamare), geb. 22. Juni 1885, gest. 7. April 1945 zu Wien-Hadersdorf (durch Selbstmord), studierte in Wien (Doktor der Rechte) u. war Direktor in einem Industriekonzern. Dramatiker.
Eigene Werke: Die Fremden (Drama) 1917; Leinen aus Irland (Lustspiel) 1929; Knorpernato (Schauspiel) 1930; Der junge Baron Neuhaus (Histor. Lustspiel) 1933; Mister Gregorius (Drama) 1936; Kühe am Bach (Drama) 1941.

Kamer, Paul, geb. 22. Dez. 1919 zu Schwyz, wurde Priester in Chur, studierte dann in Neuenburg, Zürich, England u. Freiburg (Doktor der Philosophie) u. betätigte sich als Lehrer am Kollegium in Schwyz. Dramatiker.
Eigene Werke: Der Schwyzerkönig (Schauspiel) 1938; Gevatter Tod (Spiel) 1947; Wie auch wir vergeben (Gleichnis) 1948.

Kaminsky, Klara s. Schröder-Kaminsky, Klara.

Kamm, Adolf (Ps. Alexander Adolfi), geb.

13. Sept. 1869 zu Friedrichsruh im Sachsenwald, Sohn eines Postmeisters, begann 1889 in Marienburg seine Bühnenlaufbahn, kam dann (als Bonvivant) nach Kiel, Breslau, Berlin (Residenztheater), Bonn, Mainz u. Darmstadt (Hoftheater) u. wirkte hierauf als Oberspielleiter am Hoftheater in Coburg bis 1918. Zuletzt übernahm er mit seinen Brüdern die Direktion des Hoftheaters in Rudolstadt. Hauptrollen: Babberley (,,Charleys Tante"), Neumeister (,,Der Raub der Sabinerinnen"), Keller (,,Heimat") u. a.

Kamm (geb. Baum, geschiedene Caßmann), Amalie, geb. 31. Aug. 1836 zu Groningen, gest. 7. Febr. 1895 zu Hamburg, Schwester von Karl Baum (s. d.), war Soubrette u. Komische Alte, zuletzt Souffleuse in Hamburg.

Kamm, Heinrich, s. Kamm-Sturm, Otto.

Kamm-Sturm, Otto, geb. 28. Nov. 1871, gest. 31. Jan. 1941 zu Rudolstadt, Patenkind des Fürsten Otto v. Bismarck, betrat 1895 die Bühne in London, wo sein Bruder Heinrich K. mit dem Hamburger Ensemble Gastspiele gab, wirkte nach einigen Wanderjahren als Charakterkomiker in Bromberg, Kiel, Berlin (Thalia- u. Belle-Alliance-Theater), seit 1911 am Hoftheater Coburg u. Gotha zusammen mit seinen Brüdern (Heinrich u. Adolf) u. übernahm mit ihnen 1918 die Direktion des Theaters Rudolstadt, Sondershausen u. Arnstadt, gleichzeitig auch die des Sommertheaters in Bad Schandau. 1922 gab er seine Bühnentätigkeit auf u. ließ sich in Rudolstadt nieder. Hauptrollen: Onkel Bräsig, Zettel, Frosch, Fideler Bauer, Hasemann.

Kammeroper nennt man eine zum Unterschied von der großen Oper bzw. dem Musikdrama auf intime Wirkung eingestellte, sich kleinerer instrumentaler u. vokaler Mittel bedienende Oper, z. B. ,,Ariadne" von R. Strauß (s. d.).
Literatur: Riemann, Kammeroper (Musik-Lexikon 11. Aufl.) 1929.

Kammerspiele, Schauspielhäuser mit verhältnismäßig kleinem Zuschauerraum (etwa 300 bis 500 Personen fassend), ohne trennendes Orchester u. möglichst ohne Galerie, zur Aufführung von Stücken, die mehr seelische Innenwirkung bezwecken, als auf der großen Dekorationsbühne erreicht wird. Vorbildlich waren die 1906 mit Ibsens ,,Gespenstern" eröffneten Kammerspiele des

Deutschen Theaters in Berlin u. die Münchner Kammerspiele seit 1911.

Literatur: Rita *Prandl,* Wiener Kammerspielbühnen u. ihre Vorläufer (Diss. Wien) 1948.

Kammeyer, Carl, geb. um 1866, gest. 21. März 1941 zu Schwerin, war Schauspieler u. Vortragskünstler. Als Wegbereiter der Niederdeutschen Bühne besonders verdient.

Kammsetzer, Gustav, geb. 9. Juni 1867 zu Dresden, gest. 10. April 1904 zu Berlin, war Schauspieler in Hanau, Breslau (Lobetheater) u. a., 1897—1902 Direktor des Central-Theaters in Dresden, 1902—04 des Wintergartens in Berlin u. zuletzt des Theaters auf Helgoland. Gatte der Folgenden. Hauptrollen: Conti („Emilia Galotti"), Freundlich („Lorbeerbaum u. Bettelstab"), Gustav („Die Kameliendame"), Frei („Der Erbförster") u. a.

Kammsetzer, Käthe, geb. um 1874, gest. 6. Juli 1919 zu Dresden, entstammte der Schauspielerfamilie Basté, Schwester von Charlotte B., begann 1890 ihre Bühnenlaufbahn am Lessing-Theater in Berlin, spielte dann im dort. Wallner-Theater u. im Lobe-Theater in Breslau, worauf sie Gastspielreisen unternahm. Gattin des Vorigen, nach dessen Tod sie 15 Jahre das Kurtheater auf Helgoland leitete. Hauptrollen: Ännchen („Jugend"), Frau Käthe („Einsame Menschen"), Rosi („Schmetterlingsschlacht") u. a.

Kamp, Otto, geb. 9. Aug. 1850 zu Koblenz, gest. 15. Febr. 1922 zu Bonn am Rhein, zuerst Kaufmann, studierte dann in Bonn u. Tübingen (Doktor der Philosophie) u. widmete sich dem höheren Schuldienst in Frankfurt a. M., wo er um 1900 als Professor in den Ruhestand trat. Außer Gedichten schrieb er auch Theaterstücke.

Eigene Werke: Der Volkszähler (Lustspiel) 1881; Wen wählen Sie? (Lustspiel) 1882; Einweihung des Niederwalddenkmals (Festspiel) 1883; Auf der Patentjagd (Dramat. Zeitbild) 1884; Die Kampfgenossen (Festspiel) 1885.

Kampers, Fritz, geb. 14. Juli 1891 zu München, gest. 1. Sept. 1950 zu Garmisch-Partenkirchen, Sohn eines Hotelbesitzers in Partenkirchen, Enkel des Schauspielers Franz Herz (s. d.), Neffe von Fritz u. Ernst Herz, von Richard Stury (s. d.) für die Bühne unterrichtet, debütierte zusammen mit Eugen Klöpfer

(s. d.) an einer Vorstadtbühne in München, ging dann als Anfänger nach Karlsruhe, wo er vom Jugendlichen Komiker bis zum Heldenvater sämtliche Rollen spielte. Dann wirkte er als Jugendlicher Held, Liebhaber u. Bonvivant in Luzern, am Hoftheater in Rudolstadt, Arnstadt u. Sondershausen sowie in Aachen u. kehrte wieder nach München zurück, wo er am Volkstheater nicht nur Bonvivants, sondern auch Erste Helden gab. 1920 Mitglied des Deutschen Theaters in Berlin, bald darauf des Kleinen Schauspielhauses unter der Direktion von Gertrud Eysoldt (s. d.), in der Folge an fast allen Bühnen Berlins, unter Eugen Klöpfer (s. d.) seit 1936 an der dort. Volksbühne. Staatsschauspieler. Für den Film trat er in etwa 350 Stücken auf. Hauptrollen: Faust, Tell, Wolff („Der Biberpelz"), Rott („Glaube u. Heimat") Streckmann („Rose Bernd") u. a.

Literatur: H. E. *Weinschenk,* F. Kampers (Wir von Bühne u. Film) 1939; Ludwig *Körner,* F. K. (Deutsches Bühnenjahrbuch 53. Jahrg.) 1942; W. M., F. Kampers zum Gedenken (Hamburger Allg. Freie Presse 9./10. Sept.) 1950.

Kampfmüller, Karl, geb. 1851, gest. 1910, war Theaterkritiker der „Preßburger Zeitung". Dramatiker.

Eigene Werke: Der Dorfgänger 1878; Auf krummen Wegen 1878; Der vierte Stand 1887.

Kampl oder Das Mädchen mit Millionen u. die Nähterin, Posse mit Gesang in vier Akten von Johann Nestroy. Uraufführung 1852 im Carltheater in Wien. Der Stoff stammt aus des Franzosen Eugen Sue aufregend sensationellem Roman „Die sieben Hauptsünden". Doch sind die Charaktere durchaus selbständig gestaltet, alle echte Wiener, die von der unverbrauchten ursprünglichen Kraft des zutiefst österreichischen Dramatikers zeugen. Der scharf hervorgehobene Gegensatz zwischen Arm u. Reich wird dabei nirgends zu billiger Tendenz mißbraucht, um etwa auf solche Weise beim Vorstadtpublikum Beifallssalven auszulösen. Diese stellten sich von selbst ein in allen Kreisen, weil auch die bitteren Wahrheiten des Stückes niemals bloß nach der einen Seite, sondern gerecht nach allen Klassen ausgeteilt werden. Der geistreiche Dialog, dabei im höchsten Grad gemeinverständlich, wird in seiner Wirkung dadurch nur noch gesteigert.

Kamps, Heinrich, geb. 28. Juli 1828 zu Otterndorf in Hannover, gest. 25. Okt. 1896 zu Berlin-Treptow. Schauspieler (Komiker).

Kandaules König von Lydien als Bühnenheld. S. Gyges u. sein Ring.
Behandlung: G. W. *Schmidt,* Candaules (Trauerspiel) 1758.

Kanehl, Oskar, geb. 1889, gest. 28. Mai 1929 zu Berlin, war Schauspieler u. a. am dort. Kleinen Theater.

Kanisch, Edgar, geb. 14. März 1883 zu Berlin, gest. 23. März 1940 das., trat zuerst als Schauspieler an verschiedenen Bühnen Deutschlands auf, kehrte dann in seine Vaterstadt zurück u. wirkte über zwei Jahrzehnte an fast allen dort. Bühnen in komischen Rollen. Auch Regisseur. Hauptrollen: Knauer („Hans Huckebein"), Mittersteig („Komtesse Guckerl"), Northumberland („Richard II"), Pomuchels Kopp („Onkel Bräsig") u. a.

Kanitz, Georg August (Ps. Gustav Tellheim), geb. 1. Sept. 1874 zu Wien, Sohn der Folgenden, war zuerst Schauspieler, dann Journalist das. Verfasser kleiner Theaterstücke wie „Die weiße Nelke", „Die Rache ist mein", „Die Rosenjungfrau" u. a.

Kanitz (geb. Bettelheim, Ps. Tellheim), Karoline, geb. 20. Nov. 1842 zu Wien, gest. 14. März 1906 das., Base der Altistin Gomperz-Bettelheim, kam als Soubrette 1862 ans Carltheater u. noch im gleichen Jahr 1863 als Dramatische Sängerin (Ännchen im „Freischütz", Zerline in „Fra Diavolo" u. a.) an die Hofoper in Wien, kehrte jedoch 1871 wieder zur Operette ans Carltheater zurück u. kreierte den Prinzen Raphael in Offenbachs „Prinzessin Trapezunt" (von ihr über 100 mal gespielt). 1872 heiratete sie, verabschiedete sich u. nahm ihre Bühnentätigkeit erst 1874 wieder auf, zeitweilig auch am Theater an der Wien wirkend. Zuletzt nur noch Konzertsängerin.
Literatur: Eisenberg, K. Tellheim (Biogr. Lexikon) 1903.

Kannappel (Ps. Brando), Ernst, geb. 31. März 1829 zu Tapiau in Ostpreußen, gest. 24. März 1894 zu Frankfurt a. M., Lehrerssohn, begann 1848 in kleinen Rollen seine Bühnenlaufbahn in Königsberg, kam dann nach Lübeck, Görlitz, Kiel, Chemnitz, Berlin (Kroll), Bamberg u. Freiburg, 1866 als Jugendlicher Liebhaber an das Stadttheater

in Köln, wo er unter dem Ps. Brando auftrat, 1876 ging er vom Belle-Alliance-Theater in Berlin nach Braunschweig u. 1879 an das Stadttheater in Frankfurt a. M. Hauptrollen: Lips („Robert u. Bertram"), Camillo („Das Wintermärchen"), Du Chatel („Die Jungfrau von Orleans"), Trompeter („Wallensteins Lager") u. a.

Kanne, Friedrich August, geb. 8. März 1778 zu Delitzsch in Sachsen, gest. 16. Dez. 1833 zu Wien, Sohn eines Gerichtshalters, studierte in Leipzig Medizin, in Wittenberg Theologie, war dann Sekretär des Herzogs von Anhalt-Dessau, seit 1801 Student u. auch Lehrer der Musik u. lebte seit 1808 in Wien. In der von ihm 1821—24 redigierten „Allg. Musikalischen Zeitung" warb für Beethoven, der einen Operntext von ihm zu erhalten wünschte. Hochbegabt, aber haltlos u. daher in großer Not. Vor allem Bühnendichter u. Komponist.
Eigene Werke: Orpheus (Oper) 1807; Miranda oder Das Schwert der Rache (Oper) 1811; Padmana (Trauerspiel) 1818; Schloß Theben oder Der Kampf der Flußgötter (Zauber-Oper) 1818; Die Spinnerin am Kreuz (Volksmärchen nebst einem Vorspiel: Das Lösegeld) 1822; Beethovens Tod 1827.
Literatur: H. *Laube,* Beethoven u. Kanne (Bäuerles Allg. Theater-Zeitung Nr. 48) 1848; J. N. *Vogl,* Von einem Verschollenen (Vogls Volkskalender) 1862; *Wurzbach,* F. A. K. (Biogr. Lexikon 10. Bd.) 1863; E. *Neumann,* F. A. K. 1928.

Kannée, Sophie, geb. um 1856, gest. 28. Jan. 1936 zu Braunschweig, kam 1909 nach langjährigem Wirken in Riga an das Hoftheater in Braunschweig, wo sie bis 1916 das Fach der Komischen Alten vertrat. Hauptrollen: Juliane („Hedda Gabler"), Selma („Das Schwert des Damokles"), Marthe Schwerdtlein u. a.

Kannegießer, Karl Ludwig, geb. 9. Mai 1781 zu Wendemark in der Altmark, gest. 14. Sept. 1861 zu Berlin, Sohn eines Predigers, besuchte das Graue Kloster in Berlin, studierte in Halle, wurde 1814 Rektor am Gymnasium in Prenzlau, 1822 Direktor in Breslau, 1823 Privatdozent für neuere Literaturgeschichte das. Dramatiker. Epiker u. Übersetzer.
Eigene Werke: Beaumonts u. Fletchers dramat. Werke, deutsch 2 Bde. 1808; Dramat. Spiele 1810 (mit A. Bode); Mirza, die Tochter Jephthas (Trauerspiel) 1818; Der

arme Heinrich (Schauspiel) 1836; Isenbart, der erste Graf von Hohenzollern (Drama) 1843; Iphigenia in Delphi (Schauspiel) 1843; Schauspiele für die Jugend 12 Bde. 1844 bis 1849.
Literatur: H. *Palm,* K. F. Kannegießer (A. D. B. 15. Bd.) 1882.

Kanow-Thalburg, Cäcilie s. Thalburg, Cäcilie.

Kanowski, Friedrich Hermann, geb. 31. Okt. 1853 zu Gumbinnen, gest. 11. Mai 1915 zu München, lebte als freier Schriftsteller u. a. in Hannover, Regensburg, München, Wien u. seit 1907 wieder in München. Verfasser von Theaterstücken.
Eigene Werke: Frauen u. Poeten (Lustspiel) 1884; Mira, die Polenbraut (Oper) 1886; Verfehlte Werbung (Schwank) 1886; Unterm Pantoffel (Schwank) 1886; Die Ehebrecherin (Trauerspiel) 1887; Kasia (Trauerspiel) 1888; Die beiden Oberstein (Oper) 1890; Verhängnisvolle Ständchen (Schwank) 1890; Eine jungfräuliche Frau (Liebesdrama) 1897; Der falsche Assistenzarzt (Schwank) 1898; Ballett-Magnetismus (Schwank) 1901; Isabella Ganganelli (Drama) 1902; Verrufene Liebe (Schauspiel) 1903; Eine vergnügte Walze (Schwank) 1907; Der Wildgraf von Ammersee (Oper) 1913; Fürstentalent (Schwank) 1913.

Kant, Immanuel (1724—1804), seit 1770 Professor der Philosophie in Königsberg, in seinen Beziehungen zur Bühne.
Literatur: W. *Kuhn,* Kant u. das deutsche Theater 1912.

Kanzenel, Oskar, geb. 18. April 1881 zu München, gest. 6. Juli 1950 zu Dessau, Schüler von Richard Stury (s. d.), debütierte 1900 u. kam über Luzern u. Regensburg 1905 ans Volkstheater in München, wo er bis 1911 als Komiker wirkte. Über das Schauspielhaus in Frankfurt a. M. ging er 1915 an das Friedrichtheater in Dessau, wo er bis zu seinem Bühnenabschied 1940 als bedeutende Kraft galt. Hauptrollen: Rodrigo ("Othello"), Leuthold ("Wilhelm Tell"), Robert ("Robert u. Bertram"), Babberley ("Charleys Tante"), Liliom (Titelrolle), Frosch ("Die Fledermaus"), Hauptmann von Köpenick u. a.

Kanzler, Amanda s. Hellwig, Amanda.

Kanzler, Ernst, geb. 26. Dez. 1836 zu Bromberg, gest. 28. April 1901 zu Hamburg,

wirkte seit 1858 als Liebhaber in Berlin (Kroll), dann in Dessau (Hoftheater), Hamburg (Stadttheater), Wandsbek u. a., zuletzt als Väter- u. Charakterdarsteller am Casino-Theater in Hamburg-Barmbeck. Hauptrollen: Dorneck ("Witwe Mandlhuber"), Joh. Wald ("Das böse Fräulein"), Falkner ("Die Fremde"), Eduard ("Heydemann u. Sohn") u. a.

Kapf, Karl Gottlieb, geb. 20. April 1772 auf dem Blaufarbenwerk bei Kloster Wittichen in Schwaben, gest. 14. Aug. 1839 zu Breslau, war Aktuar in Eßlingen, dann Schauspieler u. hierauf wieder Aktuar. Seit 1793 Sekretär eines preuß. Landrats, später Kreiskalkulator in Breslau u. schließlich Regierungssekretär das. Dramatiker u. Erzähler.
Eigene Werke: Lina v. Waller (Trauerspiel nach Schillers Kabale u. Liebe) 1790 (anonym); Die schwarzen Frauen (Lustspiel nach dem Französischen) 1792 (anonym); Sie finden sich als Schauspieler (Lust-, Schau- u. Trauerspiel) 1795; Die Schwaden (Bergmännisches Schauspiel nebst Liedern für Bergleute, größtenteils von F. Kapf) 1798; Theaterberichte über die Breslauer Bühne (4. Jahrg.) 1805 u. a.

Kapff, Ernst, geb. 17. April 1863 zu St. Gallen in der Schweiz, einem alten württembergischen Geschlecht entstammend, Sohn eines Schulmannes, studierte in Tübingen, Bonn u. Leipzig (Doktor der Philosophie), wurde Mittelschulrektor in Witzenhausen an der Werra, übernahm 1902 die Leitung der Deutschen Nationalschule für Söhne Deutscher im Auslande in Wertheim (Baden) u. wirkte seit 1907 als Gymnasialoberlehrer in Ulm. Vorwiegend Dramatiker.
Eigene Werke: Kanzel u. Schaubühne (Histor. Lustspiel) 1889; Kolumbus (Schauspiel) 1893; Alt-Ulm (Festspiel zur Vollendung des Ulmer Münsters) 1894; Jephtha (Oratorium) 1905; Ein Besuch bei Wilhelm Hauff (Bühnenspiel) 1905.

Kapherr (geb. Heberlein), Katharina Freifrau von, geb. 20. Dez. 1868 zu Dresden, wurde von Albrecht Marcks (s. d.) dramatisch ausgebildet u. begann 1885 ihre Laufbahn als Jugendlich-tragische Liebhaberin am Hoftheater in Dresden. Seit 1889 am Hoftheater in Hannover. Hauptrollen: Gretchen, Klärchen, Thekla, Emilia Galotti, Kreusa u. a.
Literatur: Adolph *Kohut,* K. Heberlein

(Das Dresdner Hoftheater in der Gegenwart) 1888.

Kapp, Julius, geb. 1. Okt. 1883 zu Steinbach bei Lahr, Doktor der Philosophie, lebte als Theaterschriftsteller in Berlin-Charlottenburg. Auch Dramaturg der Berliner Staatsoper.
Eigene Werke: Frank Wedekind 1908; R. Wagner u. F. Liszt 1908; F. Liszt (Biographie) 1909; Lisztbrevier 1910; R.-Wagner-Biographie 1910; Der junge Wagner 1910; Liszt u. die Frauen 1911; Niccolo Paganini 1913; Hector Berlioz 1917; Das Dreigestirn 1919; C. M. v. Weber 1922; Das Opernbuch 1922; Die Oper der Gegenwart 1923; Die Berliner Staatsoper 1919—25 1925; Johanna Jachmann-Wagner 1926; 185 Jahre Staatsoper 1928; R. Wagner im Bild 1933; R. Wagner u. die Berliner Oper 1933; Geschichte der Staatsoper 1938; R. Strauß u. die Berliner Oper 1939; 200 Jahre Staatsoper im Bild 1942; Aus dem Reich der Oper 1950 u. a.

Kappel, Gertrud, geb. 1. Sept. 1885 zu Halle a. S., war Opernsängerin, u. a. 1926—32 an der Staatsoper in München. Hauptrollen: Ortrud, Isolde, Kundry, Tosca, Aida, Martha u. a.

Kapri (geb. Freiin Guretzky von Kornitz), Mathilde von, geb. 1832 bei Neapel, gest. 4. Okt. 1889 zu Wien. Dramatikerin.
Eigene Werke: Wittekind (Drama) 1873; Der Freund der Frauen (Lustspiel) 1874.

Kaps, Agnes s. Leyrer, Agnes.

Kaps, Amandus, geb. 25. Sept. 1810 zu Bärdorf in Oberschlesien, gest. 6. März 1900 zu Polzin in Pommern, studierte zuerst Theologie in Breslau, wandte sich jedoch bald der Bühne zu u. trat als Max im „Freischütz" 1839 in Wilna auf, kam dann über Berlin, Ballenstedt, Altenburg u. Riga 1843 als Heldentenor (besonders als Buffotenor geschätzt) ans Stadttheater in Hamburg (der erste Barbarino in „Alessandro Stradella" 1844) u. verbrachte nach seinem Bühnenabschied (1871) seinen Lebensabend in Köln am Rhein. Vater von Agnes, Richard u. Robert K.

Kaps, Napoleon, geb. 22. Sept. 1859, gest. 22. Febr. 1946 zu Weimar (Insasse des Marie-Seebach-Stifts), war Schauspieler u. Sänger in Leipzig, Aachen, Görlitz (hier auch

Oberregisseur) u. a. Hauptrollen: Jochen („Onkel Bräsig"), Beppo („Der Bajazzo"), Ruiz („Der Troubadour"), Veit („Undine"), Lothar („Der Walzertraum") u. a.

Kaps, Richard, geb. 25. Juni 1845 zu Hamburg, gest. 15. Febr. 1876 das., Sohn von Amandus K., Bruder des Folgenden, von seinem Vater für die Bühne ausgebildet, wirkte als Tenorbuffo am Stadttheater in Hamburg.

Kaps, Robert, geb. 24. Dez. 1847 zu Hamburg, gest. 11. März 1911 zu Straßburg im Elsaß, Sohn von Amadeus K., Bruder des Vorigen, von seinem Vater ausgebildet, begann seine künstlerische Laufbahn 1871 in Görlitz, wirkte dann in Zittau, Bautzen, Hamburg, Altenburg, Freiburg, Danzig, Königsberg, 1886—91 in Köln, anschließend in Düsseldorf u. 1892—96 in Kassel. Zuletzt bis 1908 Mitglied des Stadttheaters in Straßburg. Hervorragender Vertreter des Baßbuffofaches, besonders originell in der Rolle des Naiven Naturburschen. Hauptrollen: Basilio („Figaros Hochzeit"), Barbarino („Stradella"), Wenzel („Die verkaufte Braut"), Veit („Undine"), Georg („Der Waffenschmied"), David („Die Meistersinger von Nürnberg"), Mime („Siegfried") u. a.

Karajan, Herbert, geb. 5. April 1908 zu Salzburg, einem alten mazedonischen Geschlecht entstammend, Urenkel des Germanisten Th. G. v. K., Sohn eines Hofrats u. Primararztes in Salzburg, besuchte das Mozarteum, studierte an der Universität Wien Musikwissenschaft (bei Lach) u. an der Akademie für Musik u. darstellende Kunst (bei Schalk) das., war 1927—34 Dirigent in Ulm, dann Operndirigent in Aachen, wirkte in Wien, Berlin (1941 Leiter in der dort. Staatskapelle) u. a. 1948 u. 1949 Dirigent der Salzburger Festspiele. Gastspiele führten ihn nach Buenos Aires, London u. a.
Literatur: Kurt *Blaukopf,* H. Karajan (Große Dirigenten unserer Zeit) 1953.

Karchow, Ernst, geb. 23. Sept. 1892, gest. 7. Okt. 1953 zu Berlin-Grunewald, Schüler des Reinhardt-Seminars in Berlin, wurde Mitglied des dort. Deutschen Theaters, wirkte dann als Gast in Wien u. nach Rückkehr aus dem Ersten Weltkrieg in Frankfurt am Main, seit 1923 in Berlin (Lessingtheater, Theater in der Königgrätzerstraße u. Volksbühne), ferner als Regisseur am Deutschen Theater u. als Direktorstellvertreter an den

Kammerspielen das. Seit 1945 Oberregisseur u. Schauspieler in Frankfurt a. M., Direktor der Kammerspiele in Bremen u. Gastregisseur in Westdeutschland, u. a. in Stuttgart. Seit 1950 Leiter des Theaters am Kurfürstendamm in Berlin. Hauptrollen: Osrick („Hamlet"), Kerkermeister („Komödie der Irrungen"), Melchior („Frühlings Erwachen") u. a.

Karchow-Necker, Bertha, geb. 1848, gest. im Dez. 1925 zu Dresden, war Schauspielerin am Residenztheater in Berlin, 1872—74 am Burgtheater, hierauf wieder in Berlin, gastierte wiederholt mit F. Haase (s. d.) in Amerika u. verbrachte ihren Lebensabend in Dresden.

Karczag (geb. Kopacsi), Julie, geb. 13. Febr. 1867 zu Komorn, wirkte als Operettensoubrette 1889 in Debrezin, 1891—94 am Volkstheater in Budapest, 1894—96 am Carltheater in Wien, gab Gastspiele in Berlin, Amerika, Rußland, Prag u. a. u. war schließlich wieder in Wien tätig. Gattin des Folgenden. Hauptrollen: Die schöne Helena, Lady Hamilton, Königin von Gamara u. a.

Karczag, Wilhelm, geb. 28. Aug. 1857 zu Karczag in Ungarn, gest. 11. Okt. 1923 zu Wien, lebte seit 1894 als Bühnenschriftsteller u. Journalist das., wurde 1901 Direktor des Theaters an der Wien, dem er zu neuer Blüte verhalf. Gatte der Operettendiva Julie Kopacsi. Schwiegervater von Hubert Marischka (s. d.).
Literatur: Rudolf *Holzer,* Die Wiener Vorstadtbühnen 1951; Anton *Bauer,* 150 Jahre Theater an der Wien 1952.

Karg-Bebenburg, Hans Baron von (Ps. John Hugo Karg), geb. 1. Juni 1906 zu Temeschwar, Sohn eines Offiziers, besuchte die Staatsakademie in Wien, begann 1938 seine Bühnenlaufbahn in Linz an der Donau, kam dann nach Dortmund u. unternahm Gastspielreisen nach England, Spanien, nach der Schweiz u. a. Hauptrollen: Holländer, Kurwenal, Amfortas, Johannes („Der Evangelimann") u. a. Auch als Verfasser von Lyrikbänden trat er hervor.

Kargus, Heinz, geb. 22. Jan. 1900 zu Aschaffenburg, war Schauspieler, u. a. 1947—50 am Volkstheater in München, hierauf am Schauspielhaus u. zuletzt an den Kammerspielen das.

Karichs, Therese, geb. 1826, gest. 24. Nov. 1903 zu Hain bei Zittau, war Schauspielerin, später Theaterdirektorin in Halberstadt.

Karl der Große Römischer Kaiser (742—814), 800 in Rom gekrönt, als Bühnenheld.
Behandlung: F. A. *Märker,* Karl der Große (Trauerspiel) 1861; Karl *Kösting,* Zwei Könige (Histor. Trauerspiel) 1863; F. W. *Gubitz,* K. der G. (Drama) 1864; E. v. *Wildenbruch,* Die Karolinger (Trauerspiel) 1882; K. v. *Höfler,* Der Anfang vom Ende (Drama) 1889; ders., Das Ende der Karolinger (Tragödie) 1890; F. F. *Oellerich,* K. der G. (Schauspiel) 1892; Johann *Horn,* Ludwig der Fromme (Trauerspiel) 1892; J. *Horn,* Arnulf von Kärnten (Trauerspiel) 1893; Wolfgang *Kirchbach,* Eginhard u. Emma (Schauspiel) 1895; Richard v. *Kralik,* Rolands Tod (Heldenspiel) 1898; Mathilde v. *Millesi,* Arnulf von Kärnten (Drama) 1899; Gerhart *Hauptmann,* Kaiser Karls Geisel (Legendenspiel) 1908; Ernst v. *Wolzogen,* König K. (Trauerspiel) 1913; Moritz *Heimann,* Kaiser Karls Sohn spielt Schach (Dramenfragment, Vossische Zeitung Nr. 117) 1928; Friedrich *Forster,* Der Sieger (Drama) 1934; Adolf *Paul,* Das Schwert Karls des Großen (Schauspiel) 1935; Josef *Nowak,* Spuren im Schnee (Drama) 1942.

Karl V. Römisch-Deutscher Kaiser (1500 bis 1556) als Bühnenheld.
Behandlung: Wilhelm *Nienstädt,* Karl der Fünfte (Tragödie) 1826; Laura *Steinlein,* K. V. (Drama) 1857; K. A. *Tetzer,* K. V. (Trauerspiel) 1861; Th. *Schlemm,* K. V. (Schauspiel) 1862; K. *Güntra,* K. V. (Drama) 1867; Franz *Bicking,* K. V. (Drama) 1873; Otto *Weddigen,* K. V. (Schauspiel) 1880; Emil *Ebrich,* K. V. vor Metz (Schauspiel) 1888; K. v. *Höfler,* Karls V. erste Liebe (Dramat. Idylle) 1888; ders., Kaiser Karls V. Ende (Drama) 1889; Joachim *von der Goltz,* Das Meistermädchen (Komödie) 1938; Karl *Zuchardt,* Held im Zwielicht (Drama) 1941; Hans *Rehberg,* K. V. (Schauspiel) 1943; Reinhold *Schneider,* Las Casas vor K. V. (Schauspiel) 1952; Eduard *Stäuble,* Das Gericht (Einakter) 1953.

Karl VI. Römisch-Deutscher Kaiser (1685 bis 1740), theatergeschichtlich bekannt durch die Förderung der italienischen Oper in Wien. Auch Bühnengestalt.
Behandlung: Martin *Greif,* Prinz Eugen (Schauspiel) 1880; V. O. *Ludwig,* Ein Leopolditag Kaiser Karls VI. (Festspiel) 1936.

Karl I. Stuart König von England (1600 bis 1649), heiratete die katholische Tochter Heinrichs IV. von Frankreich u. machte sich dadurch u. durch seinen Absolutismus mißliebig. In der Revolution verlor er Thron u. Leben (Hinrichtung auf dem Schafott). Tragischer Held.

Behandlung: Andreas *Gryphius*, Ermordete Majestät oder Carolus Stuardus (Tragödie) 1657; Peter *Lohmann*, Karl Stuarts Ende (Trauerspiel) 1870; Siegfried *Heckscher*, König K. I (Schauspiel) 1908; Marie Luise *Haindl*, K. St. (Tragödie) 1945.

Karl XII. König von Schweden (1682 bis 1718), regierte seit 1697, begründete die schwedische Großmacht, indem er siegreich gegen Dänemark, Polen, Rußland u. Sachsen kämpfte, wurde jedoch 1709 bei Poltawa geschlagen, floh mit dem Rest seines Heeres zu den Türken u. zog, als die Lage daheim bedrohlich wurde, 1714 nordwärts (abenteuerlicher Ritt von der Türkei bis Stralsund in 16 Tagen). Er fiel bei der Eroberung Norwegens vor Friedrichshall. Vorwiegend tragischer Held.

Behandlung: F. *Fleischer*, Karl XII. bei Bender (Schauspiel) 1800; Karl *Töpfer*, K. XII. auf der Heimkehr (Lustspiel) 1830; R. v. *Gottschall*, K. XII. (Trauerspiel) 1865; Werner *Deubel*, Der Ritt ins Reich (Drama) 1936; Georg *Basner*, Der Thron im Nebel (Dramat. Ballade) 1937; Heinrich *Lilienfein*, Die Stunde Karls XII. (Drama) 1938.

Karl Erzherzog von Österreich (1540 bis 1590), jüngster Sohn Kaiser Ferdinands I., regierte seit 1564 in Innerösterreich (Steiermark, Kärnten u. Krain). Bühnengestalt.

Behandlung: Ignaz *Kollmann*, Erzherzog Karl von Steiermark oder Der Wundertag im Erzgebirge (Schauspiel) 1833.

Karl Erzherzog von Österreich (1771 bis 1847), jüngerer Bruder Kaiser Franz' I., besiegte Napoleon 1809 bei Aspern. Bühnengestalt.

Behandlung: Hermann *Bredehöft*, Die Nacht auf der Lobau (Schauspiel) 1934.

Karl der Kühne Herzog von Burgund (1433 bis 1477), regierte seit 1467, vergrößerte sein Reich, im Kampf mit Ludwig XI. von Erfolg begleitet, wurde von den Schweizern jedoch bei Grandson u. Murten besiegt u. fiel vor Nancy. Vorwiegend Tragischer Held.

Behandlung: Josua *Wetter*, Des Herzogs Karl von Burgund Krieg u. Untergang (Schauspiel) 1663; J. J. *Bodmer*, K. von B. (Trauerspiel) 1771; J. J. *Hottinger* der Ältere, K. von B. (Schauspiel) 1793; Heinrich *Keller*, K. der Kühne (Trauerspiel) 1813; Wilhelm v. *Schütz*, K. der K. (Trauerspiel) 1821; Ludwig *Rellstab*, K. der K. (Trauerspiel) 1824; F. *Metellus*, K. d. K. (Trauerspiel) 1828; Joseph *Kopp*, Herzog K. von B. (Schauspiel) 1859; C. S. *Wiese*, K. der K. u. die Eidgenossen (Trauerspiel) 1870; Karl *Weiser*, K. der K. u. die Schweizer (Schauspiel) 1873; G. H. *Ayrer*, K. der K. (Trauerspiel) 1890; E. *Heller*, Ein Cäsarentraum (Tragödie) 1892; Adolf *Wilbrandt*, Die Eidgenossen (Drama) 1896; Arnold *Ott*, K. der K. u. die Eidgenossen (Schauspiel) 1897.

Karl August Herzog (seit 1815 Großherzog) **von Sachsen-Weimar,** Freund Goethes, Förderer Schillers, bemühte sich um die Entwicklung des Theaters in Weimar u. Umgebung sehr.

Literatur: Otto *Francke*, Carl August u. das Weimarer Hoftheater (Bühne u. Welt 9. Jahrg.) 1907; Wilhelm *Bode*, Der weimarische Musenhof (1756—81) 1918.

Karl Eugen Herzog von Württemberg (1728 bis 1793), Schöpfer der Hohen Karlsschule, aus der u. a. Schiller hervorging, berüchtigt jedoch durch Verkauf von Landeskindern in ausländische Dienste, als Bühnenfigur.

Behandlung: Heinrich *Laube*, Die Karlsschüler (Schauspiel) 1847; Bruno *Frank*, Zwölftausend (Schauspiel) 1927.

Karl, D. s. Karl, Marie.

Karl, Engelbert, geb. 5. Mai 1841 zu München, gest. 11. Okt. 1891 zu Dresden, Sohn eines Kapellensängers, begann seine Bühnenlaufbahn 1859 am Volkstheater in der Isarvorstadt, kam 1864—66 vor allem als Komiker ans Stadttheater in Regensburg, 1867 bis 1869 fand er einen größeren Wirkungskreis am Gärtnerplatztheater in München, dann am Josefstädtertheater in Wien u. nach dem Deutsch-Französischen Krieg, den er als Unteroffizier mitgemacht hatte, als Regisseur u. Schauspieler in Graz u. Brünn, 1873—78 am Residenztheater in Dresden, dessen Direktion er 1879 übernahm u. die er unter 1884 bis 1885 ununterbrochen behielt. In den Sommermonaten leitete er sechs Jahre hindurch das Thaliatheater in Chemnitz. Aus seiner Ehe mit der Schauspielerin Magdalena Kindermann gingen neun Kinder hervor, von denen das älteste Ernst K. mit der Mutter die Direktion des Dresdner Residenztheaters weiterführte. Auch Bühnenschriftsteller („Mädel mit Geld", „Jesuit u. General", „Wo ist das Kind" u. a.). Hauptrollen: Mehlmeier („Mein Leopold"), Schwiebus („Drei Monate nach Dato"), Blind („Die Fledermaus") u. a.

Karl, Ernst, geb. 1872, gest. 15. Nov. 1925 zu Milwaukee, Sohn des Vorigen, Theaterkapellmeister u. Mitdirektor des Residenztheaters in Dresden.

Karl, Friedrich, geb. (Datum unbekannt) zu Wien, gest. 20. Nov. 1924 zu Breslau, wirkte neben Girardi, Josephi, Stelzer u. a. in der Glanzzeit der Operette in Wien, dann lange als Oberspielleiter am Stadttheater in Leipzig u. am Schauspielhaus in Breslau.

Karl, Heinrich, geb. 30. Juli 1849 zu Prag, gest. 19. Juli 1914 zu Erfurt, war Direktor des Stadttheaters in Zittau u. Glogau sowie der Kurtheater in Ems, Kreuznach u. a. Zuletzt jahrzehntelang Leiter des Sommertheaters in Erfurt.

Karl, Leopoldine (Poldi), geb. 5. Okt. 1870, Schülerin von Charlotte Wolter (s. d.), kam bereits mit sechzehn Jahren an das Hoftheater in Schwerin, dann nach Dresden u. Steyr, nach dem Tode ihres Mannes, der als Kapellmeister wirkte, nach Hamburg, wo sie Naive, Liebhaberinnen u. Salondamen sowie Charakterrollen am Centralhallen-, Schiller-, Thalia- u. Carl-Schultze-Theater, an der Volksoper u. am Operettenhaus spielte.

Karl, Magdalena (Madeleine), geb. 1848 zu München, gest. 30. Juni 1924 zu Dresden, Tochter des großen Schauspielers August Kindermann, Schwester der berühmten Sängerin Hedwig Reicher-Kindermann (s. d.) u. Gattin von Engelbert K., war Schauspielerin u. 1891—1908 Mitdirektorin des Residenztheaters in Dresden.

Karl (geb. Hysel), Marie, geb. 19. Sept. 1844 zu Riga, gest. 1. Dez. 1891 zu Glogau, Tochter des Regisseurs Josef Hysel (s. d.), wirkte als Koloratursängerin in Basel, Brünn, Augsburg, Rotterdam, Breslau, Barmen u. a. Gattin des Direktors D. Karl, der seit 1873 die Leitung des Stadttheaters in Marburg in Hessen, später die der Vereinigten Stadttheater in Zittau u. Bautzen sowie die Oberregie der Oper u. Operette führte.

Karl, Willy, geb. 1877, gest. 18. Juli 1930 im Bad Altheide (Preuß.-Schlesien), war Opernbariton in Regensburg, Mülhausen im Elsaß, Königsberg u. a., ging dann an das Residenztheater in Dresden, wo er zu den vielseitigsten Darstellern hauptsächlich in charakterkomischen Rollen gehörte. 1911 bis 1917 Leiter des Thalia-Theaters in Chemnitz.

Karlob, Wolfgang s. Klob, Karl Maria.

Karlowa, Emil Hermann, geb. 23. April 1835 zu Bückeburg, gest. 9. Jan. 1889 zu Braunschweig (durch Selbstmord), Sohn eines Regierungsrates, humanistisch gebildet, betrat auf Empfehlung Liszts erstmals die Bühne in Weimar 1851 als Schüler im „Faust". 1852—54 wirkte er als Jugendlicher Held u. Liebhaber am Hoftheater in Braunschweig, 1854—55 am Stadttheater in Leipzig, seither am Kgl. Schauspielhaus in Berlin, wo er 1876 krankheitshalber pensioniert wurde. Hauptrollen: Don Carlos, Mortimer, Melchthal, Brackenburg, Max Piccolomini, Romeo, Fiesco, Posa, Struensee, Othello u. a.

Karlsbad, der bekannte Badeort in Böhmen, beherbergte schon im frühen 18. Jahrhundert kleine Wandertruppen. 1765 gelangte eine Oper „L'amore in musica" zur Aufführung. 1774 wurde gegenüber der „Wiese" in der Puppischen Allee für Aufführungen eine Bretterbude errichtet. Man gab vorwiegend Trauerspiele. 1787 erfolgte die Grundsteinlegung zu einem ständigen Theater, das mit Mozarts „Figaro" 1788 eröffnet wurde. 1790 besuchte Kotzebue das Theater. Josef Lutz, der 1829—49 die Direktion führte, baute eine Arena. Allmählich kamen auch bedeutende Gastspiele zustande, so trat z. B. hier Josephine Gallmeyer auf. 1868 übernahm Karl Haag die Theaterleitung, der besonders Offenbach pflegte. 1872 entstand in K. eine neue Bühne u. 1895 führte die Stadt einen abermaligen Neubau durch. Nach dem Zweiten Weltkrieg fiel auch dieses deutschsprachige Theater den politischen Verhältnissen zum Opfer. *Literatur:* A. *Löw,* Chronik der Badestadt Karlsbad 1874.

Karlsruhe, die badische Haupt- u. Residenzstadt, tritt eigentlich erst am Ende des 18. Jahrhunderts in die Theatergeschichte ein. 1784 erlangte der Prinzipal Appelt die erste Bühnenstätte im markgräflichen Orangeriehaus u. den Titel eines Hofschauspielers. Allein er konnte nur mehrere Monate im Jahr Vorstellungen geben. Ein Prinzipal folgte dem andern. Immerhin kam es zu Gastspielen Ifflands, der sogar daran dachte, seinen Berliner Posten mit einem solchen in K. zu vertauschen, nachdem 1810 ein Hoftheater das. errichtet worden war. Es ging auch jetzt nur sehr langsam vorwärts. Vergeblich suchte der als Dramatiker bekannte Joseph v. Auffenberg zweimal die Entwicklung in feste Bahnen zu weisen. Tüchtige Kräfte wie Karl Devrient, Ludwig Dessoir, Luise Neumann blieben K. nicht dauernd erhalten. Der Theaterbrand von 1847, der 62 Menschenleben kostete, bedeutete ein neues Verhängnis. Da führte endlich Eduard Devrient, 1852 im neuen Haus zum Hoftheaterdirektor ernannt, den großen Aufschwung herbei. Er bedeutete für Karlsruhe dasselbe was Iffland für Berlin u. Laube für Wien war. Sowohl der Spielplan wie die künstlerische Beschaffenheit der Vorstellungen zeugten von seiner vorbildlichen Reformtätigkeit. Ein besonderes Augenmerk richtete er auf Shakespeare. 1864—65 gelangten 20 Stücke desselben als Zyklus zur Aufführung. Daneben blieb Schiller bevorzugt. Nicht minder ausgezeichnet entwickelte sich die Oper. Gluck, Mozart, Wagner, Weber waren im Vordergrund. Überhaupt war Devrient stets darauf bedacht, seinem Theater einen nationalen Charakter zu wahren u. ausländische Einflüsse nirgends überwuchern zu lassen. Er legte den Grund zur Blüte, die K. in den folgenden Jahrzehnten beschieden blieb. Ihm folgten 1870 Wilhelm Kaiser, 1872 Georg Köberle, 1873 Gustav zu Putlitz, 1880 Oswald Hancke als Leiter. 1898 entstand ein umfassender Umbau des Bühnenhauses. Die maschinelle Neueinrichtung erfolgte durch F. Brandt (s. d.). Das Theatergebäude selbst fiel freilich dem Zweiten Weltkrieg zum Opfer. Das städtische Konzerthaus mußte in der Folge als Behelfstheater dienen. Daneben wurde 1949 durch die Stadt ein neues Schauspielhaus geschaffen.

Literatur: Wilhelm *Kafka,* Die Karlsruher Hofbühne in der ersten Zeit ihrer Reorganisation 1855; Wilhelm *Harder,* Das Karlsruher Hoftheater (nebst einem Anhang: Die Karlsruher Oper von J. Siebenrock) 1889; Eugen *Kilian,* Beiträge zur Geschichte des Karlsruher Hoftheaters 1893; L. *Schidermair,* Die Oper an den badischen Höfen des 17. u. 18. Jahrhunderts (Sammelband der Internat. Musik-Gesellschaft 14. Bd.) 1903; Albert *Herzog,* Das Karlsruher Hoftheater (Bühne u. Welt 5. Jahrg.) 1903; E. *Kilian,* Mein Austritt aus dem Verbande des Karlsruher Hoftheaters 1906; R. K. *Goldschmit,* E. Devrients Bühnenreform am Karlsruher Hoftheater (Theatergeschichtl. Forschungen 32. Bd.) 1921; Günther *Haaß,* Geschichte des ehemal. Großherzogl.-Badischen Hoftheaters K. (Diss. Karlsruhe) 1934.

Karlsschüler, Die, Schauspiel in fünf Akten von Heinrich Laube 1846, in der Buchausgabe, die von allen Laubeschen Werken die höchste Auflagenziffer erreichte, der Burgschauspielerin Luise Neumann (s. d.) gewidmet. Die Uraufführung, der Richard Wagner, damals Kapellmeister in Dresden, beiwohnte, fand am dort. Hoftheater statt. Held des Stückes ist der Regimentsfeldscher Schiller in der Stuttgarter Karlsschule 1782, Dichter der „Räuber", der einem strengen Gericht verfallen soll, aber fliehen darf, als aus Mannheim der gewaltige Bühnenerfolg des Dramas berichtet wird. Bezeichnend für die zeitliche u. nationale Fernwirkung desselben ist, daß bei Einführung des ersten deutschsprachigen Staatstheaterensembles in Rumänien 1953 zu Temeschwar „Die Karlsschüler" gespielt wurden.

Karlstadt in Siebenbürgen sah wie alle Grenz- u. Garnisonsstädte Wandertruppen in seinen Mauern, so 1789—90 die der Elisabeth Göttersdorf. 1844 wurden sogar Opern aufgeführt. Bei dem niedrigen Niveau der fahrenden Komödianten kam es jedoch zu keiner gedeihlichen Entwicklung.

Karlstadt, Liesl s. Valentin, Karl.

Karlweis, C. s. Weis, Karl.

Karlweis, Oscar, geb. 10. Juni 1894 zu Hinterbrühl bei Wien, besuchte die Theresianische Akademie, stand im Kriegsdienst, wurde Schauspieler u. a. am Josefstädtertheater in Wien, am Theater am Kurfürstendamm in Berlin, Neuyork u. nahm 1950 an den Salzburger Festspielen teil. Hauptrollen: Prinz Orlowsky, Jakubowsky u. a.

Karly, Franziska, geb. 1772 zu Krems an der Donau, gest. 27. Okt. 1811 zu Hannover, Tochter des Schauspielers Simon Friedrich Koberwein, war von Kindheit an bis 1795 Mitglied der Gesellschaft ihres Vaters, dann Erste Sängerin u. später Schauspielerin in Mütterrollen in Bremen.

Karma, Josef, geb. 15. Febr. 1883 zu Wien, war Schauspieler in Wiener-Neustadt u. a., 1916—20 Mitglied der Kammerspiele in Wien.

Karnauke, Kurt, geb. 29. April 1866 zu Kottbus, war prakt. Arzt in Stremberg in der Lausitz. Reiseschriftsteller, aber auch Verfasser von Bühnenstücken.

Eigene Werke: Der Spielmann (Oper) 1936; Der letzte Wendenkönig (Oper) 1938; Der Marquis von Porquerolles (Oper) 1938; Lesbia (Oper) 1938; Das versunkene Dorf (Singspiel) 1938; Die Nebelhöhle (Singspiel) 1938 u. a.

Karnowsky, Friedrich (Geburtsdatum unbekannt), gest. 2. Mai 1945 zu Berlin (durch Selbstmord). Schauspieler u. Regisseur.

Karoly, Lilli s. Klausner, Natalie.

Karpath, Ludwig, geb. 27. April 1866 zu Budapest, gest. 8. Sept. 1936 zu Wien, Piaristen- u. Prämonstratenserzögling, studierte am Konservatorium seiner Vaterstadt, wurde in Wien Opernkritiker sowie Konsulent des Unterrichtsministeriums u. der Gemeinde für Musik u. Theater, zuletzt mit dem Titel eines Professors u. Hofrats ausgezeichnet.

Eigene Werke: Siegfried Wagner als Mensch u. Schriftsteller 1902; Zu den Briefen Richard Wagners an eine Putzmacherin 1906; R. Wagner, der Schuldenmacher 1914; R. Wagners Briefe an Hans Richter 1924 u. a.

Karsten, Carl, geb. 1792, gest. 16. Jan. 1877 zu Bromberg, war langjähriges Mitglied des Stadttheaters in Posen unter der Direktion Ernst Vogt. Als eine seiner hervorragendsten Rollen galt König Friedrich Wilhelm I. in K. Gutzkows „Zopf u. Schwert".

Karsten, Emilie s. Rudelius, Emilie.

Karsten, Julius, geb. 4. Okt. 1881, begann seine Bühnenlaufbahn als Schauspieler am Hebbeltheater in Berlin, war lange Mitglied des Komödienhauses in Frankfurt a. M., der Städt. Bühnen in Leipzig u. des Landestheaters in Altenburg. 1923 kam er ans Burgtheater, wo er dauernd blieb.

Kartellverband deutscher Bühnen s. Bühnenverein, Deutscher.

Kartousch, Louise, geb. 17. Aug. 1886 (?) zu Linz an der Donau, wurde an der dort. Musikschule bei A. Göllerich u. in Wien ausgebildet, trat in Kinderrollen am Landestheater ihrer Vaterstadt auf, wirkte seit 1902 als Zweite Soubrette in Graz, wo sie auch in der Oper (z. B. als Walküre) Verwendung fand u. seit 1907 am Theater an der Wien in Lehár-, Fall- u. Kálmán-Operetten als brillante Charaktertänzerin u. Sängerin. Sie trat immer wieder für die leichte Muse ein u. wehrte sich gegen die „Götterdämmerung-Musik" in der Operette: „Ein bisserl mit den Füßen strampeln ist den Leuten lieber, als wenn ich griechische Vasenbilder tanze". Auch im Schauspiel bewährte sie sich aufs beste, so als Horlacherlies, als Toni Weber in Schnitzlers „Vermächtnis" u. a. Die Presse bezeichnete die Künstlerin als „Soubrette von Rasse u. Temperament" u. hob immer wieder ihre Spiel- u. Tanzfreudigkeit hervor. Hauptrollen verkörperte sie in „Zigeunerliebe", „Herbstmanöver", „Wo die Lerche singt", „Der Graf von Luxemburg", „Die Dollarprinzessin", „Das Land des Lächelns", „Auf Befehl der Kaiserin", „Madame Pompadour" u. a.

Literatur: R. *Holzer,* L. Kartousch (Die Wiener Vorstadtbühnen) 1951.

Karutz, Karl, geb. 11. Febr. 1832 zu Magdeburg, gest. 20. März 1893 zu Berlin, war zuerst Mitglied reisender Gesellschaften, wirkte dann als Charakterkomiker in Weimar, Breslau, Wien, Olmütz, Posen, Brünn, Troppau u. 1867—75 am Woltersdorf- u. Viktoria-Theater in Berlin. Zeitweilig auch Theaterdirektor. Ihm ist mit einigen Kollegen die Gründung der ersten Kranken- u. Unterstützungskasse für deutsche Schauspieler zu verdanken.

Karutz, Otto, geb. 21. Juni 1837, gest. 18. Juli 1889 zu Swinemünde, war Charakterkomiker am Thaliatheater in Hamburg, dann in Magdeburg, am Carltheater in Wien, wieder in Magdeburg (Wilhelmtheater), in Reval, Krefeld u. zuletzt in Stettin u. Swinemünde.

Karzau, Sonja s. Liebig, Sonja.

Kasack, Hermann, geb. 24. Juli 1896 zu Potsdam, Sohn eines Sanitätsrats, studierte in Berlin u. München u. ließ sich als freier Schriftsteller in Potsdam nieder. Seit 1941 literar. Berater des Verlags Suhrkamp in Berlin, u. a. auch Dramatiker.

Eigene Werke: Die tragische Sendung (Drama) 1920; Die Schwester (Drama) 1920; Vincent (Schauspiel) 1924; Archimedes (Drama) 1935.

Kaschau in Ungarn erhielt 1641 den ersten Besuch deutscher Wandertruppen, 1762 spielte Gertrud Bodenburg mit ihrer Gesellschaft das., dann folgten 1774—84 Josef Hilverding, Mayer u. Dittel, 1786—87 Barbara Göttersdorf. 1789 wurde ein geräumiges Theater auf dem Platz erbaut. Heinrich Bulla eröffnete es u. spielte mit seiner Truppe bis 1791, dann übernahmen Karl Steinhard, 1793—1800 Joh. Kuntz, Philipp Berndt u. J. Stöger, 1800—13 Andreas Hornung, Wenz, Michule, Josef Holzmann, 1813 bis 1816 Philipp Zöllner die Führung. 1817 bis 1818 wurden unter Graf Palffy auch Opern gegeben. 1819—20 hatte wieder Phil. Zöllner die Leitung inne. Der allmähliche Verfall der Bühne war jedoch nicht aufzuhalten, so daß 1847 ungarische Kräfte in madjarischer Sprache die Weiterführung übernahmen.
Literatur: Kata *Florian,* Geschichte des Kaschauer Theaters (bis 1816) 1927; Jolantha *Pukanszky-Kadár,* Geschichte des deutschen Theaters in Ungarn (Schriften der Deutschen Akademie 4. Heft) 1933.

Kaschinsky, Paul, geb. 25. Dez. 1858 zu Breslau, gest. 24. Jan. 1885 zu Brieg, war Jugendlicher Liebhaber u. Naturbursche in Waldenburg, Mühlhausen in Thüringen, Metz u. Brieg.

Kaschka, Johann Baptist, geb. 1821, gest. im Dez. 1903 zu Wien, war als Schauspieler F. Raimunds Zeitgenosse u. Kollege von Nestroy, Scholz, Treumann, Rott u. a.

Kaschke, Karl, geb. 11. Jan. 1823 zu Wien, gest. 16. Mai 1907 zu Weimar, zuerst Schauspieler, Opernsänger u. jahrelang Musikdirektor in Neisse, wirkte zuletzt in Münster.

Kaschowska, Felicie, geb. 12. Mai 1872 zu Warschau, studierte u. a. in Wien (Konservatorium), Paris u. Mailand, begann ihre Bühnenlaufbahn an der Oper ihrer Vaterstadt, kam bald für erste Sopranrollen an die Metropolitan-Oper in Neuyork, sang in Boston, St. Louis, Buffalo u. a., überall mit größtem Erfolg, nahm 1893 einen Ruf an die Hofoper in Budapest an, wirkte dann in Breslau, Düsseldorf, Leipzig u. seit 1897 in

Darmstadt. Vor allem gefeierte Wagner-Sängerin (in verschiedenen Sprachen). Hauptrollen: Fidelio, Valentine, Recha, Norma, Carmen, Aida, Brünnhilde u. a.
Literatur: Eisenberg, F. Kaschowska (Biogr. Lexikon) 1903; Carlos *Droste,* F. K. (Bühne u. Welt 9. Jahrg.) 1907.

Kase, Alfred, geb. 28. Okt. 1877 zu Stettin, gest. 13. Jan. 1945 zu Stadtroda in Thüringen, Sohn eines Graveurs, humanistisch gebildet, war zuerst Kupferstecher, studierte, nachdem man seine Stimme entdeckt hatte, an der Akademie der Tonkunst in München, wirkte als Bariton seit 1902 in Kassel u. kam 1907 nach Leipzig (Kammersänger), wo er bis 1920 blieb. Hierauf unternahm er Gastreisen u. betätigte sich als Gesangspädagoge. Hauptrollen: Orest, Agamemnon, Figaro, Don Juan, Rigoletto, Wolfram, Hans Sachs, Falstaff, Amfortas, Heiling, Tell u. a. Auch als Lyriker trat K. hervor („Gereimtes u. Geträumtes"). Gatte der Folgenden.
· *Literatur: Riemann,* A. Kase (Musik-Lexikon 11. Aufl.) 1929.

Kase (Kase-Ellmenreich), Ella, geb. 1. Mai 1873 zu Neuyork, gest. 11. Dez. 1933 zu Leipzig, Tochter des Schauspielers August Ellmenreich (s. d.), erhielt von Emil Hahn (s. d.) dramatischen Unterricht, betrat 1892 in Stuttgart erstmals die Bühne, kam dann ans Deutsche Theater in Berlin, hierauf als Muntere Liebhaberin ans Kurtheater in Baden-Baden, ans Nationaltheater in Mannheim u. von dort 1894 als Erste Liebhaberin ans Hoftheater in Kassel. 1907 nahm sie ihren Abschied. Hauptrollen: Gretchen, Klärchen, Hero, Thekla, Judith, Rößlwirtin u. a. Gattin des Vorigen.
Literatur: Eisenberg, E. Ellmenreich (Biogr. Lexikon) 1903.

Kaselitz (geb. Böhm), Charlotte Henriette, geb. 1760 zu Dresden (Todesdatum unbekannt), wirkte als Schauspielerin mit ihrem Gatten Gottfried Christian K. 1785—87 in Weimar u. ging dann mit ihm nach Berlin.

Kaselitz, Gottfried Christian Günther, geb. 1759 zu Sondershausen, gest. 2. Sept. 1818 zu Berlin, war Schauspieler 1781 in Stralsund, 1782 bei der Tillyschen Gesellschaft, debütierte 1785 als Karl Moor in Weimar bei der Bellomoschen Gesellschaft u. ging 1787 nach Berlin, wo er auch als Sänger wirkte. Gatte der Vorigen.

Kaser, Ludwig, geb. 14. Febr. 1842 zu Salzburg, gest. 24. Aug. 1916 zu Stuttgart, Sohn eines österr. Bezirkshauptmanns, studierte in Graz (Doktor der Rechte) u. wirkte hier bei Studentenaufführungen so erfolgreich mit, daß ihn Luise Neumann (s. d.) an Holtei empfahl, der ihn unterrichtete u. ihm ein Probespiel am Burgtheater ermöglichte. Das zurückhaltende Urteil Laubes bestimmte ihn jedoch, sein Jusstudium zu vollenden u. sich in Steyr für die Laufbahn eines Rechtsanwalts vorzubereiten, dann versuchte er es neuerdings mit der Bühne u. spielte 1870 mit Erfolg als Jugendlicher Held in Olmütz, kam über Köln u. Graz 1875 nach Stuttgart, wo er vor allem im Fache der Bonvivants u. Komischen Liebhaber, später in dem Humoristischer Väter, 1880—95 auch als Regisseur hervorragend wirkte. 1915 nahm er seinen Bühnenabschied. Hauptrollen: Schiller („Die Karlsschüler"), Kalb, Malvolio, Zwirn, Dusterer, Reif-Reiflingen u. a.
Literatur: Edmund *Richter*, L. Kaser (Neuer Theater-Almanach, herausg. von der Genossenschaft deutscher Bühnenangehöriger 13. Jahrg.) 1902; *Eisenberg*, L. K. (Biogr. Lexikon) 1903.

Kaser, Peter, geb. 22. März 1888 zu Refrath, lebte als Förster in Hardt bei Bensberg. Dramatiker.
Eigene Werke: Ulrich der Wilderer (Schauspiel) 1920; Wolf von Falkenstein (Schauspiel) 1922; Aus Liebe zur Mutter (Schauspiel) 1924; Die Rache der Entehrten (Schauspiel) 1925; Die Tochter des Wilderers (Schauspiel) 1925; Fatima (Schauspiel) 1925; Entlarvt (Drama) 1925; Schwergeprüft (Drama) 1925; Die Tochter des Geächteten (Drama) 1925; Levi Silberstein in der Klemme (Lustspiel) 1925; Der schwarze Graf (Schauspiel) 1926; Bis zum Tode getreu (Trauerspiel) 1926; Dämon Haß (Drama) 1926; Um Ehre u. Liebe (Schauspiel) 1926; Der rote Hiesel (Schauspiel) 1927 u. v. a.

Kaskel, Karl Freiherr von, geb. 10. Okt. 1866 zu Dresden, von Reineck u. Jadassohn in Leipzig u. Wüllner (s. d.) in Köln musikalisch ausgebildet, lebte in München. Vorwiegend Opernkomponist.
Eigene Werke: Hochzeitsmorgen 1893; Ljula 1895; Die Bettlerin vom Pont des arts 1899; Der Dusle u. das Babeli 1903; Der Gefangene der Zarin 1910; Die Nachtigall 1910; Die Schmiedin von Kent 1916 u. a.

Kasper, Willy, geb. 1900, gest. 6. Okt. 1935 zu Bremen als Opernsänger am dort. Staatstheater.

Kasperl (Kasper), komische Gestalt, um 1764 von dem Wiener Schauspieler Johann Laroche (s. d.) eingeführter Nachfahr des Hanswurst (s. d.). Das Leopoldstädtertheater, an dem Laroche seit 1781 sich betätigte, wurde danach auch Kasperltheater genannt. Eine Unzahl von Kasperliaden entstand. Später galt der Ausdruck Kasperltheater verallgemeinert ausschließlich für Handpuppenbühnen, in denen K. die ständige lustige Hauptfigur bildete. Das in der zweiten Hälfte des 19. Jahrhunderts bedeutendste Kasperltheater, von Franz Graf Pocci (s. d.) in München begründet u. von Joseph Schmid („Papa Schmid") mit Kasperlstücken dess. 1858 eröffnet, entwickelte sich in besonderer Eigenart mit allgemeinem Spielplan zu einem Unternehmen von internationaler Anerkennung. S. auch Hanswurst, Komische Person, Puppenspiele.
Behandlung (neueste): Erich *Kästner*, Kasperle u. das Goethe-Jahr (Die Neue Zeitung, München Nr. 135) 1949.
Literatur: J. E. *Rabe*, Kaspar Putschenelle, Historisches über die Handpuppen u. Hamburgischen Kasperlspiele 1912 (2. Aufl. 1914); Gustav *Gugitz*, Der weiland K. Ein Beitrag zur Theater- u. Sittengeschichte Alt-Wiens 1921; Leo *Weismantel*, Das Kasperlbuch der Puppenspiele 1926; Engelbert *Wittich*, Fahrende Kasperlspieler in der Pfalz (Pfälz. Museum 46. Jahrg.) 1929; Gerda *Lehnhoff*, K. soll nicht sterben (Münchner Allg. Zeitung Nr. 5) 1949; M. M., K. u. die Theaterkrise (Arbeiter-Zeitung, Wien Nr. 123) 1950; Alois *Hahn*, München baute dem K. ein Haus. Seit 50 Jahren Marionettentheater (Süddeutsche Zeitung Nr. 254) 1950; Otto *Rommel*, Die Alt-Wiener Volkskomödie, ihre Geschichte vom barocken Welt-Theater bis zum Tode Nestroys 1952.

Kassandra, in der griech. Sage die Seherin, die den Untergang ihrer Vaterstadt Troja voraussagte, ohne bei ihren Landsleuten Glauben zu finden, als Bühnenfigur.
Behandlung: Karl v. *Nordeck*, Cassandra (Trauerspiel mit Chören) 1823; Heinrich *Zirndorf*, Kassandra (Trauerspiel) 1856; Friedrich *Geßler*, K. (Trauerspiel) 1877; Herbert *Eulenberg*, K. (Drama) 1903; Paul *Ernst*, K. (Schauspiel) 1915; Otto *Brües*, Der Spiegel der Helena (Schauspiel) 1925; Wilhelm *Becker*, K. (Tragödie) 1941; Hans *Schwarz*,

K. (Tragödie) 1941; Gerda *Hagenau*, K. (Drama) 1948.

Literatur: H. J. *Meessen*, Kassandra als Endform in Paul Ernsts religiöser Dramatik (Monatshefte, Madison Nr. 4/5) 1951.

Kassel, die alte hessische Residenzstadt, besaß zu Beginn des 17. Jahrhunderts ein eigenes Hoftheater, das Landgraf Moritz der Gelehrte, selbst ein Dichter, u. sein Sohn Otto für Sprechstücke u. musikalische Darbietungen bereithielten. Die ersten Künstler des Ottoneums (um 1600 von dem Holländer Willem Vernuycken, dem Erbauer der Bogenhalle des Kölner Rathauses, errichtet, der erste Theaterbau Deutschlands) waren zumeist Zöglinge der dort. Ritterschule. Alsbald zogen Englische Komödianten ein. Leider bereitete der Dreißigjährige Krieg solchen Bemühungen ein frühes Ende. Erst ein Jahrhundert später erwachte das Theaterleben zu neuer Blüte. 1722 wurde von J. A. Birkenstock ein musikalisches Drama „Die jubelnden Flüsse Hessens" in deutscher Sprache gegeben. Vor allem aber waren es Italiener wie seit 1725 Fortunato Chelleri, die der Oper Glanz verliehen. Zum Schauplatz diente ein dem Schloß gegenüber gelegenes Reithaus. Bald darauf erfolgte neuerdings ein Rückschlag. In der zweiten Hälfte des Jahrhunderts setzten sich französische Schauspieler mit der Gunst des Hofes unumschränkt durch. Auch an der Spitze der Kapelle stand ein Ausländer, Ignazio Fiorillo aus Neapel, der seine Opern zur Aufführung brachte. Endlich (1785) erschien eine beachtenswerte deutsche Theatergesellschaft in Kassel, die das fremde Bühnenunwesen durch bodenständige Leistungen beseitigen half. Dramen Schillers machten den Anfang. Auch Goethe u. Lessing lernte man kennen, ebenso Mozart u. a. neue Sterne am Theaterhimmel. Als jedoch 1807 „König Lustik", der Bruder Napoleons, in Kassel, der neuen Hauptstadt Westfalens, eingezogen war, herrschten auf der Bühne wieder ausschließlich Franzosen. Bei der Rückkehr des Kurfürsten Wilhelm I. 1814 mußte das deutschsprachige Theater neuerdings von vorne beginnen. Carl Feige (s. d.) hieß sein Wiedererwecker. Als Schauspieler, Regisseur, Dramaturg u. Generaldirektor ausgezeichnet, trat er erst 1849 in den Ruhestand u. konnte so die unter seiner Leitung stehende Bühne zu voller Entfaltung bringen. Seydelmann, Löwe, Eßlair, Schröder, Devrient, Spohr u. a. glänzende Namen

leuchten unter ihm das. auf. Das Repertoire war würdig den besten Spielplänen anderer Hoftheater. Dann führte jahrzehntelang Freiherr von u. zu Gilsa die Intendanz, im neuen Jahrhundert Graf Georg von Hülsen-Häseler. Nach dem Ersten Weltkrieg übernahm das Land Hessen die Obsorge über die Bühne. Das Ottoneum wurde im Zweiten Weltkrieg zerstört, seit 1953 aber wiederhergestellt. Außer dem heutigen Staatstheater gibt es in Kassel-Wilhelmshöhe eine Waldbühne für Freilichtaufführungen.

Behandlung: Reinhold *Scharnke*, König Lustik (Komische Oper von Erich *Riede*) 1950.

Literatur: W. *Lynker*, Geschichte des Theaters u. der Musik in Kassel 1865; W. *Bennecke*, Das Hoftheater in K. von 1814 bis zur Gegenwart 1906; *Anonymus*, Flugschrift der Zentralstelle zur Förderung der Volksbildung u. Jugendpflege im Volksstaate Hessen über volkstümliche Theater- u. Kunstpflege 1924; P. *Ottenheimer*, Theaterpflege im Volksstaat Hessen (Der Bühnenvolksbund 1. Jahrg.) 1926; Hans *Hartleb*, Deutschlands erster Theaterbau. Eine Geschichte des Theaterlebens u. der Englischen Komödianten unter Landgraf Moritz dem Gelehrten von Hessen-K. 1936.

Kassing, Helmuth, geb. 23. Mai 1896 zu Thorn, gest. 30. Juli 1941 zu Berlin, war jahrelang Schauspieler in Potsdam.

Kassner, Katharina (Käte), geb. 18. Sept. 1903 zu Hannover, nahm das. Schauspiel- u. Gesangsunterricht, spielte 15jährig Naive an der dort. Schauburg u. seit 1924 in Berlin (Lustspielhaus, Residenztheater, Kleines Theater, Theater des Westens u. a.).

Kasten, Albert, geb. 5. Febr. 1851 zu Stettin, gest. 4. Dez. 1909 zu Neustrelitz, war Schauspieler, Sänger u. Regisseur in Breslau, Freiburg im Brsg. u. a. Hauptrollen: Arragon („Der Kaufmann von Venedig"), Tuch („Der Templer u. die Jüdin"), Borella („Die Stumme von Portici"), Prediger („Das Glöckchen des Eremiten") u. a.

Kasten (geb. Göhrs), Dorothea, geb. 28. März 1863 zu Hannover, wurde von H. Danielsohn u. Franz v. Milde (s. d.) für die Bühne ausgebildet, wirkte als Soubrette 1887—95 am Stadttheater in Leipzig, 1896—98 am Zentraltheater in Berlin, 1899 am Thaliatheater in Hamburg u. kehrte dann wieder

nach Leipzig zurück, in der Oper wie im
Sprechstück bewährt. Seit 1899 mit dem
Kaufmann Paul Kasten verheiratet. Hauptrollen: Papagena („Die Zauberflöte"), Marie
(„Zar u. Zimmermann"), Nandl („Das Versprechen hinter'm Herd"), Puck („Ein Sommernachtstraum") u. a.

Kasten, Karl Otto, geb. 1902 zu Leipzig,
gest. 3. Dez. 1929 zu Prag (durch Selbstmord), war Lyrischer Tenor in Görlitz u.
als Schauspieler in kleinen Rollen am Deutschen Theater in Prag tätig.

Kastner, Bruno, geb. 3. Jan. 1890 zu Soest
in Westfalen, gest. 10. Juni 1932 zu Kreuznach (durch Selbstmord), wollte zuerst
Zoologie studieren, nahm aber dann in
Berlin Schauspielunterricht (Schüler von
Paul Biensfeldt), wurde an das Theater
in Harburg engagiert, wirkte einige Zeit
noch an kleineren Bühnen u. kam hierauf
nach Berlin, wo er am Berliner Theater
mehrere Jahre vor allem als Partner von
Maria Orska (s. d.) auftrat. Später verließ
er die Bühne u. ging zum Film.

Kastner, Emerich, geb. 29. März 1847 zu
Wien, gest. 5. Dez. 1916 das., lebte als Redakteur der „Wiener Musikal. Zeitung" u.
des „Richard-Wagner-Kalenders" (1881—83,
später „Parsifal") in seiner Vaterstadt.
Eigene Werke: Richard-Wagner-Katalog
1878; Bayreuth 1884; Wagneriana 1885;
Neuestes u. vollständigstes Tonkünstler- u.
Opernlexikon 1. Bd. (A-Azzoni) 1889; Die
dramat. Werke R. Wagners 1899; Beethovens Sämtl. Briefe, herausg. 1911 u. a.
Literatur: Riemann, A. Kastner (Musik-
Lexikon 11. Aufl.) 1929.

Kastner, Leo s. Eckelmann, Christian.

Kastner, Willy, geb. 18. Dez. 1861 zu
Schwerin, war Redakteur der „Thorner
Presse", dann Theaterkritiker in Altenburg
u. seit 1894 Leiter eines Übersetzungsbüros
in Leipzig. Vorwiegend Dramatiker.
Eigene Werke: Narzissus (Lustspiel) 1882;
Sommerurlaub (Drama) 1889; Der Rhapsode
von Venedig (Trauerspiel) 1894; Mathilde
von Hohenfels (Schwank) 1904; Eine Früh-
lingsnacht (Drama) 1904; Die Seele der Frau
(Lustspiel) 1905; Das Urbild des Ischarioth
(Drama) 1912.

Kastner - Michalitschke, Else s. Braum,
Else.

Kastropp, Gustav, geb. 30. Aug. 1844 zu Sal-
münster, gest. im Sept. 1925, Sohn eines
Apothekers, folgte zuerst dem väterlichen
Beruf, wurde aber 1874 Musiklehrer an der
Orchesterschule in Weimar u. hielt sich seit
1878 u. a. in Gotha, Darmstadt, Sonders-
hausen, Hannover u. Hildesheim auf. Epiker
u. Dramatiker.
Eigene Werke: Helene (Trauerspiel) 1875;
Suleika (Dramat. Gedicht) 1876; Dornröschen
(Dramat. Märchen) 1877; Das vierblättrige
Kleeblatt (Lustspiel) 1879 (mit Richard
Roltsch); Agamemnon (Trauerspiel) 1890.

Kastrup (geb. Schmidtgen), Bertha, geb.
3. März 1829 zu Stettin, gest. 7. Jan. 1889
zu Plauen, begann ihre Bühnentätigkeit als
Dramatische Sängerin 1847 am Hoftheater
in Dresden u. wirkte bis zu ihrem Bühnenabschied 1885 in Schwerin, Rotterdam, Altenburg u. a.

Katastrophe (griech. = Wendung, Umsturz),
im Drama die entscheidende Lösung des
Konflikts in Charakteren u. Handlung am
Ausgang des Stückes.
Literatur: H. *Schauer,* Katastrophe (Real-
lexikon 2. Bd.) 1926—28.

Kater s. Gestiefelte Kater, Der.

Kater Murr s. Knopf, Julius.

Katharina II. Zarin von Rußland, geb. 2. Mai
1729 zu Stettin, gest. 9. bzw. 17. Nov. 1796
zu Zarskoje Selo, Prinzessin Sophie Auguste von Anhalt-Zerbst, heiratete 1745 den
Großfürsten Peter von Rußland, den sie ein
Jahr nach seinem Regierungsantritt (1761)
vom Throne stieß, wurde 1762 Alleinherr-
scherin („Die Semiramis des Nordens" oder
„Die Große" genannt). Auch literarisch, vor
allem mit Theaterstücken, trat sie hervor.
Bühnenheldin.
Eigene Werke: Der Betrüger (Komödie)
1786 (gegen Cagliostro); Der Verblendete
(Komödie) 1786 (gegen Cagliostro); Der
sibirische Schaman (Lustspiel) 1788; Drei
Lustspiele wider Schwärmerei u. Aberglauben 1788 (mit einem Vorwort von F. Nicolai); Der Familiengeist (Lustspiel) 1789.
Behandlung: J. R. *Lenz-Kühne,* Katharina II. u. ihr Hof (Lustspiel) 1835; Albert
Lindner, K. II. (Trauerspiel) 1868; Charlotte
Birch-Pfeiffer, K. II. u. ihr Hof (Schauspiel)
1877; Zdenko v. *Kraft,* Matuschka (Drama)
1935; Rudolf *Kattnig,* Kaiserin K. (Operette)
1935; Hans *Gobsch,* Der Thron zwischen

den Erdteilen (Drama) 1938; J. Chr. F. v. *Langermann*, Im Namen der Kaiserin (Drama) 1939; Karl Erdmann *Michel*, Quadrille (Schauspiel) 1939; Friedrich Wilhelm *Hymmen*, Petersburger Krönung (Schauspiel) 1940; Richard *Langer*, K. (Operette, Text von Hans Danz) 1953 u. a.

Katharina von Medici s. Mediceer.

Katharinen-Spiel, Märtyrerdrama mit eingefügten lat. Hymnen, erhalten in einer Mühlhauser Handschrift des 14. Jahrhunderts. Ausgabe von O. Beckers (Germanist. Abhandlungen 24. Bd.) 1905.

Kathan, Robert, geb. 1854 zu München (Todesdatum unbekannt), lebte das. als Postbeamter u. verfaßte zahlreiche Lustspiele u. Schwänke, die auf Liebhaber- u. Vereinsbühnen zur Aufführung gelangten (u. a. die Komödie „Der schönste Platz" 1897).

Katharsis (griech. = Reinigung), nach Aristoteles im Drama die Reinigung der Leidenschaften durch Furcht u. Mitleid. Goethe in seiner „Nachlese zu Aristoteles' Poetik" erblickt in ihr die „aussöhnende Abrundung" des dramat. Kunstwerks, ohne Rücksichtnahme auf Moralität.
Literatur: F. *Knoke*, Über die Katharsis der Tragödie bei Aristoteles (Progr. Osnabrück) 1908; H. *Otte*, Kennt Aristoteles die sog. tragische K.? 1912; M. J. *Wolff*, Zur K. des Aristoteles (Zeitschrift für franz. u. engl. Unterricht 13. Jahrg.) 1914; K. *Tischendorf*, Der wahre Sinn der griech. K. (Die neue Schaubühne 1. Jahrg.) 1919; H. *Schauer*, K. (Reallexikon 2. Bd.) 1925—26.

Katsch, Adolf, geb. 21. April 1813 zu Berlin, gest. Ende Jan. 1906 zu Oppenau im Schwarzwald, Sohn eines Kanzleirats, studierte zuerst Medizin in Berlin, wandte sich aber bald der Bühne zu, die er in Dessau betrat u. wirkte dann als Hofschauspieler in Berlin, bis ihn 1840 ein Kehlkopfleiden zwang, seinen Abschied zu nehmen. Hierauf war er Steuerberater in verschiedenen Orten, zuletzt bis 1877 Oberzollinspektor in Danzig, auch literarisch unermüdlich tätig.

Katsch, Hermann, geb. 10. Sept. 1853 zu Eisenach, gest. 18. Nov. 1924 zu Frankfurt a. M. als Kunstmaler das. Bühnenschriftsteller.
Eigene Werke: Sein Patent (Posse) 1898;

Die Kollegin (Schauspiel) 1901; Die Siegesfeier (Lustspiel) 1902; Modell (Lustspiel) 1905.

Katsch, Kurt s. Katz, Isser.

Katte, Hans Hermann (1704—30), preuß. Leutnant, wurde wegen Beihilfe beim Fluchtversuch des von seinem Vater in Küstrin gefangengesetzten Kronprinzen Friedrich II. von Preußen hingerichtet. Bühnenheld.
Behandlung: Heinrich *Laube*, Prinz Friedrich (Schauspiel) 1854; Emil *Ludwig*, Friedrich Kronprinz von Preußen (Drama) 1914; Hermann *Burte* (= H. Strübe), Katte (Schauspiel) 1914; Paul *Ernst*, Preußengeist (Schauspiel) 1915; Hermann *Klasing*, K. (Trauerspiel) 1933.
Literatur: Kurt *Uthoff*, H. Klasings Katte (Velhagen u. Klasings Monatshefte 48. Jahrg.) 1933/34.

Kattner, Emma Elise, geb. 8. Dez. 1844 zu Köln am Rhein (Todesdatum unbekannt), Tochter des Schauspielers Emil Kaibel (s. d.), von diesem für die Bühne ausgebildet, bei der sie jedoch nur kurze Zeit blieb, heiratete den Schriftsteller E. Kattner u. war in Berlin, Breslau u. Leipzig literarisch tätig. Auch als Dramatikerin trat sie hervor.
Eigene Werke: Fräulein Doktor (Lustspiel) 1882; Die Tochter des Arbeiters (Volksstück) 1883; Magdalene (Soziales Schauspiel) 1894.

Kattner, Ida, geb. im letzten Viertel des 19. Jahrhunderts, war seit 1904 jahrzehntelang Mitglied des Residenztheaters in Dresden als Operettensängerin u. Schauspielerin. Hauptrollen: Prochaczek („Der Walzerkönig"), Czipra („Der Zigeunerbaron"), Bloquet („Der gelbe Prinz"), Palmatica („Der Bettelstudent") u. a.

Kattnig, Rudolf, geb. 9. April 1895 zu Treffen in Kärnten, studierte in Graz die Rechte, nahm am Ersten Weltkrieg teil, war an der Staatsakademie für Musik in Wien Schüler von Marx, Mandyczewski u. a., wirkte 1922—28 als Korrepetitor u. Kapellmeister das., 1928—34 als Dirigent in Innsbruck, 1934—38 als Gastdirigent u. Komponist in verschiedenen Städten Deutschlands, der Schweiz u. Österreichs, leitete als Professor 1938—45 u. seit 1948 den Lehrgang für Operette, Ballett usw. an der Akademie für Musik in Wien.

Eigene Werke: Kaiserin Katharina (Operette) 1935; Der Prinz von Thule (Operette) 1935; Balkanliebe (Operette) 1936; Tarantella (Ballett) 1942; Bel ami (Operette) 1949.

Katz, Isser (Ps. Kurt Katsch), geb. 18. Jan. 1893 zu Wien, war Schauspieler in Berlin (Deutsches Theater), Wien (Raimundtheater), Hamburg (Stadttheater), München (Kammerspiele), Zürich (Stadttheater), wieder in Berlin (Saltenburg-Bühnen) u. in Frankfurt a. M. (Schauspielhaus). In Büchners „Wozzek" verkörperte er die Hauptrolle.

Katzianer, Carl von, geb. (Datum unbekannt) zu Pest, gest. im Juni 1864 das., wirkte als Heldendarsteller 1820—34 am Hoftheater in Hannover. Hauptrollen: Tell, Karl Moor u. a.

Katzmayr (Ps. Galfy), Hermine s. Godeffroy, Hermine.

Katzorke, Emil, geb. 31. Okt. 1858 zu Braunschweig, gest. 17. März 1904 zu Kiel, wandte sich bald nach Beginn seiner Theaterlaufbahn (1878) am Stadttheater in Leipzig dem komischen Fach zu u. war in Schauspiel u. Operette an verschiedenen Bühnen als Charakterkomiker tätig u. a. in Trier u. seit 1901 am Stadttheater in Kiel.

Kauders, Albert, geb. 20. Jan. 1854 zu Prag, gest. 27. April 1912 zu Wien, studierte in seiner Vaterstadt die Rechte, war seit 1882 Redakteur der dort. „Extrapost" u. seit 1885 des „Wiener Fremdenblattes", später der „Wiener Allgemeinen Zeitung" u. des „Neuen Wiener Journals". Kunst- u. Musikkritiker. Komponist selbstgedichteter Singstücke.
Eigene Werke: Die Strohwitwe (Operette) o. J.; Der Schatz des Rampsinit (Oper) 1887; Walter von der Vogelweide (Romantische Oper) 1896.

Kauer, Ferdinand, geb. 18. Jan. 1751 zu Klein-Tajax in Mähren, gest. 13. April 1831 zu Wien, Sohn eines Lehrers, studierte zuerst Medizin, widmete sich dann aber ausschließlich der Musik, wurde 1795 Erster Violinist im Theaterorchester bei Marinelli in Wien u. Leiter der Singschule dess., kam jedoch aus schwierigen Verhältnissen nie heraus u. beschloß sein Leben als Bratschist am Wiener Leopoldstädter Theater. Komponist von über hundert Singspielen u.

kleinen Opern, von denen die Märchenposse „Das Donauweibchen" einen durchschlagenden Erfolg erzielte.
Eigene Werke: Der Waffenschmied 1789; Das Donauweibchen 1800; Grauhüttchen 1809; Die Sündflut oder Noahs Versöhnungsopfer 1809 u. v. a.
Literatur: Wurzbach, F. Kauer (Biogr. Lexikon 11. Bd.) 1864; Moritz *Fürstenau,* F. K. (A. D. B. 15. Bd.) 1882; *Riemann,* F. K. (Musik-Lexikon 11. Aufl.) 1929.

Kauer, Franz (Geburtsdatum unbekannt), gest. 13. Dez. 1924 zu Frankfurt a. M., war Schauspieler u. Spielleiter u. a. in Bern, zuletzt am Künstler-Theater, Neuen- u. Operettentheater in Frankfurt a. M. Hauptrollen: Gremio („Der Widerspenstigen Zähmung"), Ansorge („Die Weber"), Meister Anton („Maria Magdalene"), Hobelmann („Lumpazivagabundus"), Tybalt („Romeo u. Julia") u. a.

Kauffmann, Conrad, geb. 11. Nov. 1854 zu Graudenz (Todesdatum unbekannt), zuerst Buchhandelslehrling in Leipzig, nahm jedoch bald dramatischen Unterricht u. kam über Dortmund, Zürich u. Augsburg zu den „Meiningern", 1881 als Erster Gesetzter Held ans Hoftheater in Stuttgart, 1892 ans Schillertheater in Berlin u. leitete 1896 bis 1901 das Stadttheater in Stralsund, hierauf gastierte er an namhaften Bühnen Deutschlands. Hauptrollen: Egmont, Tasso, Faust, Orest, Posa, Karl Moor, Fiesko, Hamlet, Othello u. a.

Kauffmann, Hedwig s. Sanza Gunnaraes, Hedwig de.

Kauffmann, Severin, geb. 31. März 1853 zu Prag, gest. 16. Okt. 1905 zu Köln, war Opernsänger u. a. in Rotterdam u. Aachen. Hauptrollen: Simeon („Josef in Ägypten"), Plumkett („Martha"), Kühleborn („Undine"), Oberthal („Der Prophet") u. a.

Kauffungen, Kunz von, Vogt u. Amtmann auf Schloß Altenburg, tapferer Kriegsmann, am meisten bekannt durch seinen im Juli 1455 zu Altenburg an den beiden Söhnen des Kurfürsten Friedrich II. von Sachsen verübten Prinzenraub, wurde vom später geadelten Köhler Georg Schmidt bei Grünhain gefangen u. in Freiburg sofort hingerichtet. Den abenteuerlichen Stoff verwerteten vor allem Dramatiker.
Behandlung: Anonymus, K. v. Kauffungen

(Komödie, herausg. von B. Stübel) 1585;
Nikolaus *Roth*, K. v. K. (Schauspiel) 1589;
Daniel *Cramer*, Plagium. Comoedia de
Alberto et Ernesto Friderici II.
electoris Saxoniae inclyti filiis inclytis, astu et fastu
surreptis, abductis, sorte et vi receptis,
reductis 1593 (in deutschen Reimen von
Johannes Sommer 1597); *Niquander*, K. v.
K. (Schauspiel) 1728; J. Chr. *Neumann*, K.
v. K. oder Der sächsische Prinzenraub
(Schauspiel) 1789; J. A. *Gleich*, K. v. K.
(Schauspiel) 1808; J. A. *Apel*, K. v. K.
(Trauerspiel) 1809 (anonym); Johannes
Minckwitz, Der Prinzenraub (Schauspiel)
1839; Roderich *Anschütz*, K. v. K. (Trauerspiel) 1863; Rudolf *Kleinpaul*, Der Prinzenraub (Drama) 1884; K. A. *Findeisen*, Spiel
vom Prinzenraub (Drama) 1937.
Literatur: P. *Franz*, Der sächsische Prinzenraub im Drama des 16. Jahrhunderts
1891.

Kaufmann, Julius, geb. 21. März 1881 zu
Wien, gest. 17. Sept. 1914 in Serbien (gefallen), war Operettensänger am Gärtnerplatztheater in München (1906—14).

Kaufmann, Oskar, geb. 2. Okt. 1873, schuf
große Theaterbauten in Berlin u. erwarb
sich um die Weiterbildung der Theater-
architektur Verdienste.

Kaufmann, Will, geb. 19. Aug. 1886 zu
Kolberg, war Schauspieler u. Intendant
u. lebte in Berlin. Vorwiegend Bühnen-
schriftsteller.
Eigene Werke: Liebesschlummer (Lust-
spiel) 1920; Frische Brise (Lustspiel) 1933;
Heimliche Sehnsucht (Lustspiel) 1936 (mit
Paula Keune); Die große Kanone (Musikal.
Schwank) 1936; Die verliebten Frauen
(Operette) 1937; Schäfchen im Trocknen
(Lustspiel) 1938; Der schöne Florian (Musi-
kal. Schwank) 1939 (mit W. M. Espe); Fräu-
lein Professor (Lustspiel) 1942 (mit Paula
Keune); Ferienzauber (Operette) 1949; Der
kleine Teufel (Operette) 1951.

Kaufung, Clemens, geb. 23. Nov. 1867 zu
Engers am Rhein, gest. 21. Juni 1921 zu Ber-
lin, begann als Heldentenor in Lübeck seine
Bühnenlaufbahn, wirkte in Essen, Köln,
Hamburg (Stadttheater), Prag, Mülhausen
u. a., zuletzt trat er nur mehr als Gast auf.
Bedeutender Wagnersänger. Weitere Haupt-
rollen: Evangelimann, Samson, Canio, Don
José, Faust, Florestan, Max, Troubadour,
Prophet, Raoul, Robert u. a.

Kaul, Adalbert, geb. zu Berlin, gest. 10. Dez.
1916 (gefallen), war Schauspieler in Dortmund u. a. Hauptrollen: Der alte Moor,
Miller, Attinghausen u. a.

Kaul, August, geb. 6. Mai 1848, gest. nach
1928, war Schauspieler u. Sänger am Stadttheater in Königsberg.

Kaula, Emma (Geburtsdatum unbekannt),
gest. 23. Febr. 1929 zu Weimar (im Marie-
Seebach-Stift). Schauspielerin.

Kaula, Johann Ludwig, geb. 10. Jan. 1843
zu Schluckenau in Böhmen, gest. 5. Okt.
1920 zu Weimar (im Marie-Seebach-Stift),
begann seine Laufbahn als Eleve in Wien,
wirkte später als Baßbuffo u. a. in Dessau,
Rostock, Düsseldorf, Aachen, Würzburg,
Barmen, Basel, Mainz, Magdeburg, Halle,
Augsburg, Metz, Kiel u. Oldenburg. Haupt-
rollen: Eremit („Der Freischütz"), Papageno
(„Die Zauberflöte"), Biterolf („Tannhäuser"),
Hans („Undine"), Don Fernando („Fidelio"),
Kantschukoff („Fatinitza"), Rynberg („Der
Rattenfänger von Hameln") u. a.

Kaulbach, Ida Malwine s. Staegemann, Ida
Malwine.

Kaulich, Josef, geb. 27. Nov. 1827 zu
Floridsdorf bei Wien, gest. 22. Juli 1901 zu
Wien, studierte am dort. Konservatorium u.
war 1854—85 Kapellmeister u. Bühnenkomponist an der Hofoper das.

Kaulich - Lazarich, Louise s. Lazarich,
Louise.

Kaun, Hugo, geb. 21. März 1863 zu Berlin,
gest. 2. April 1932 zu Berlin-Zehlendorf,
lebte 1887—1901 in Milwaukee als Lehrer,
Dirigent u. Komponist, nachher in Berlin,
seit 1922 als Lehrer am dort. Klindworth-
Scharwenka-Konservatorium. Auch Opernkomponist.
Eigene Werke: Der Pietist o. J.; Sappho
(aufgeführt) 1917; Der Fremde (aufgeführt)
1920; Menandra (aufgeführt) 1926.
Literatur: W. *Altmann*, H. Kaun (Monographien moderner Musiker) 1906; G. R.
Kruse, H. K. (Die Musik) 1909/10; *Riemann*,
H. K. (Musik-Lexikon 11. Aufl.) 1929.

Kaunitz, Wenzel Anton Graf (seit 1764
Fürst, 1711—94), Hof- u. Staatskanzler Maria
Theresias, später Josephs II., als Bühnen-
gestalt.

Behandlung: Franz *Karmel,* Kaunitz liebt für Österreich (Komödie) 1947.

Kaus, Gina (eigentlich Zinner-Kranz, Ps. Andreas Eckbrecht), geb. 21. Okt. 1894 zu Wien, lebte in Hollywood u. schrieb außer Romanen auch Bühnenstücke.
Eigene Werke: Diebe im Haus (Lustspiel) 1919; Der lächerliche Dritte (Lustspiel) 1927; Toni (Drama) 1927.

Kautsky, Ferdinand, geb. 13. Aug. 1875 zu Frankfurt a. M., gest. 5. März 1915, begann seine Bühnenlaufbahn 1896 am Hoftheater in Meiningen, wirkte 1897—1902 als Erster Held u. Liebhaber in Bromberg, Koblenz, St. Gallen, Metz u. Aachen, später in Stralsund, Göttingen, Frankfurt a. d. Oder, Nürnberg u. Halle a. S. Seine letzte Rolle war Othello. Andere Hauptrollen: Faust, Hamlet, Tell, Marcus Antonius.

Kautsky, Hans, geb. 29. Febr. 1864 zu Wien (Todesdatum unbekannt), Sohn von Johann u. Minna K., war 1903—20 Ausstattungsvorstand für sämtliche preuß. Hof- u. Staatstheater, seither in Wien tätig, schuf die Dekorationen u. a. für den Nibelungen-Zyklus in Neuyork, London, Wiesbaden u. besorgte Arbeiten für das Ausstellungstheater in London, die Hoftheater in Dresden, Hannover u. a.
Literatur: H. *Ihering,* H. Kautsky (Regisseure u. Bühnenmaler) 1921.

Kautsky, Johann, geb. 13. Sept. 1827 zu Prag, gest. 2. Sept. 1896 zu St. Gilgen, war seit 1863 Hoftheatermaler in Wien. Gatte der Folgenden.

Kautsky, Minna, geb. 11. Juni 1835 zu Graz, gest. 20. Dez. 1912 zu Berlin-Friedenau, Tochter des Theatermalers Anton Jaisch, trat als Schauspielerin gegen dessen Willen in Prag auf u. wandte sich nach ihrer Verheiratung mit Johann K. völlig der Bühne zu, wirkte zuerst in Olmütz, dann am Deutschen Landestheater in Prag, seit 1860 in Sondershausen, Berlin u. wieder am Deutschen Landestheater in Prag. Wegen Krankheit mußte sie jedoch bereits 1862 der Bühne entsagen u. widmete sich schriftstellerischen Arbeiten. Mutter des sozialistischen Publizisten Karl K.
Eigene Werke: Madame Roland (Histor. Drama) 1878; In der Wildnis (Lustspiel) 1882; Sie schützt sich selbst (Lustspiel) 1892; Die Eder-Mitzi (Volksstück) 1895.

Kautsky (Ps. Linda), Pauline, geb. 8. Mai 1875 zu Prag, Tochter eines Güterverwaltungsdirektors, wurde von der Opernsängerin Antonie Plodek vom Deutschen Landestheater in Prag für die Bühne ausgebildet u. wirkte als Soubrette seit 1898 in Leipzig u. Breslau, seit 1906 in München (Gärtnerplatztheater). Hauptrollen: Adele („Die Fledermaus"), Fichtenau („Der Obersteiger"), Laura („Der Bettelstudent"), Molly („Der arme Jonathan") u. a.

Kautsky, Robert, geb. 26. Okt. 1895 zu Wien, übersiedelte 1913 nach Berlin, studierte an der Kunstgewerbeschule u. Kunstakademie das., nahm am Ersten Weltkrieg teil u. wirkte seit 1921 als Bühnenbildner an der Staatsoper in Wien, mit dem Titel eines Professors ausgezeichnet. Schöpfer von Bühnenausstattungen für die Mailänder Scala, Buenos Aires, Philadelphia, München u. Wien.

Kawaczynski, Friedrich Wilhelm von, geb. 4. Mai 1806 zu Warschau, gest. 30. Nov. 1876 zu Coburg, war Zweiter Tenor in Dresden u. Bremen, ging dann als Charakterdarsteller zum Sprechstück über, gastierte in Berlin u. Coburg, spielte bei der Schäfferschen Gesellschaft in Bamberg, Bayreuth, Hof, Gera, Altenburg, Naumburg, Erfurt u. a., heiratete nach dem Tode Franz Schäffers dessen Gattin Henriette (geb. v. Pieglowski) u. führte mit ihr eine Zeitlang die Gesellschaft weiter, kam 1834 als Gesetzter Held nach Coburg, wurde 1844 Regisseur, 1848 Oberregisseur, 1868 Technischer Direktor, 1870 Herzogl. Rat u. wirkte 1873—76 als Hofbibliothekar das. Außer einem Band „Gedichte" 1835 schrieb er viele dramaturgische u. theatergeschichtliche Artikel (vor allem über das Coburg-Gothaische Hoftheater) u. war Mitarbeiter des Theaterlexikons von Blum-Herloßsohn-Margraff. Hauptrollen: Hamlet, Faust, Egmont, Wallenstein, Essex, Götz u. a.
Literatur: L. *v. Alvensleben,* F. W. v. Kawaczynski (Biogr. Taschenbuch deutscher Bühnenkünstler u. Künstlerinnen 1. Jahrg.) 1836.

Kawaczynski, Henriette Louise von, geb. 22. April 1790 zu Gardelegen in der Altmark, gest. 25. Sept. 1864 zu Coburg, Tochter eines Hauptmanns v. Pieglowski, bereiste in früher Jugend mit der Nuthschen Theater- u. Kindergesellschaft Deutschland u. die Schweiz, wirkte dann als Erste Liebhaberin u. Erste Solotänzerin u. a. in Freiburg im Brsg., wo sie 1816 in erster Ehe den Schauspieldirektor Franz Schäffer heiratete, u. kam 1834 als Heldin u. Salondame ans Hoftheater in Coburg. Hier war sie zuletzt in Mütterrollen bis 1850 tätig. Nach dem Tod ihres ersten Mannes (1831) Gattin des Vorigen. Hauptrollen: Sappho, Maria Stuart, Orsina, u. a.

Kay, Juliane s. Baumann, Erna.

Kayser, Charles Willy, geb. 28. Jan. 1881 zu Metz, gest. 10. Juli 1942, Schüler des Konservatoriums in Wien, war zunächst Opernsänger (Bariton), dann Jugendlicher Held in Wien (Raimundtheater), Karlsbad, Neuyork, Hannover, Breslau, Berlin, Riga, Amsterdam, 1911—14 Mitglied des Burgtheaters, später Leiter des Deutschen Schauspielhauses in Riga u. ging nach dem Ersten Weltkrieg zum Film. Gatte der Operettensängerin Betty Szalok.

Kayser, Johann Karl, geb. 1844, gest. 20. Nov. 1877 zu Halle, studierte das., ging aber dann zur Bühne u. wirkte als Bassist am dort. Stadttheater.

Kayser, Josepha s. Kaiser, Josephine.

Kayser, Marie, geb. 1867 zu Speyer, wurde an der Musikschule in Würzburg ausgebildet u. wirkte als Opernsoubrette 1888 in Bayreuth, Lübeck u. seit 1889 am Hoftheater in Weimar. Hauptrollen: Papagena, Ännchen, Zerline u. a.

Kayser, Wilhelm, geb. 21. März 1848 zu Illingen bei Soest (Todesdatum unbekannt), wurde 1868 Lehrer in Niederbonsfeld, später in Weimar u. 1878 in Schalke bei Gelsenkirchen. Verfasser von Theaterstücken. *Eigene Werke:* Der Sanitätsrat oder Die beiden Dorfbarbiere (Posse) 1879; Der betrogene Wirt (Lustspiel) 1879; Es bleibt beim Alten (Lustspiel) 1879; Kuriert (Lustspiel) 1879; Das gestörte Jawort (Schauspiel) 1879; Schwache Nerven (Lustspiel) 1880; Meister Pott (Lustspiel) 1880; Der Hexenmeister (Lustspiel) 1880; Meister Martin (Schauspiel) 1880; Die erste Exerzierstunde (Posse) 1881; Kanut oder Gelübde u. Schwur (Schauspiel) 1881; Schmachtkuchen (Posse) 1881; Die beiden Hauptleute (Schauspiel) 1881; Wirrwarr oder Das verlorene Testament (Lustspiel) 1881; Vergriffen (Posse) 1882; Georg Johann Drüppel im Verhör (Posse) 1883; Haupt-

mann Ratzius (Posse) 1883; Der Komet (Posse) 1883; Eine Geduldsprobe oder Der verwechselte Offiziersbursche (Posse) 1884; Leonore (Posse) 1884; Doktor Wunderlich oder Der Universalerbe (Posse) 1884; Der erste Zank (Lustspiel) 1884; Der gemütliche Hausdiener (Posse) 1886; Der Ritter von Rabenstein u. Falkenhorst (Schauspiel) 1886; Dünnbein u. Knickebein (Posse) 1886; Die heilige Genofeva (Schauspiel) 1888; Die Beatushöhle (Schauspiel) 1888; Starker Tabak (Komödie) 1889; Die Träne oder Das ist Geschäftsprinzip (Schauspiel) 1889; Ein toller Streich (Posse) 1890; Die Lästerzunge (Ländl. Szene) 1891; Der Räsonör oder Der Schneider als Bürgermeister auf Probe (Schwank) 1891; Die Osterfeier (Schauspiel) 1891; Das Namenstagsgeschenk (Posse) 1893; Das Gnadenbild im Walde (Schauspiel) 1894; Lutz von Rothenburg (Schauspiel) 1894; Zriny (Trauerspiel) 1894; Ein Stündchen bei Hauptmann Trapp (Kom. Szene) 1895; Gloria in excelsis Deo! (Weihnachtsstück) 1895; Vorbedeutungen (Posse) 1896; Grenadier u. Matrose (Volksstück) 1906; Am heiligen Abend (Volksstück) 1907; Hirlanda oder Sieg der Tugend u. Unschuld (Volksstück) 1907; Die letzte Gerichtssitzung in Glücksdorf (Kom. Gerichtsszene) 1907; Studentenleben (Volksstück) 1907; Der Deserteur (Volksstück) 1907; Die Kapelle auf dem Berge oder Antonius, unser Schutzpatron (Schauspiel) 1907; Onkel Treugold oder Die halsstarrige Nichte (Schwank) 1907; Auf nach China! oder Der verwechselte Gemeindevorsteher (Schwank) 1907; Maria, Maienkönigin (Schauspiel) 1907; Der nichtsnutzige Nichtsnutz (Volksstück) 1908; Der Bauer in der Klemme (Posse) 1908 u. a.

Kayser, Wilhelm, geb. 1. Febr. 1874 zu Berlin, ging 1904 zur Bühne, wirkte als Lyrischer- u. Operettentenor am Theater des Westens in Berlin-Charlottenburg, am Residenztheater in Köln, in Wiesbaden u. a. Hauptrollen: Almaviva, Basilio, Max, Manrico u. a.

Kayßler, Christian, geb. 14. Juni 1898 zu Breslau, gest. 10. März 1944 zu Berlin, Sohn von Friedrich K. u. Helene Fehdmer, war Schauspieler am Deutschen Theater das. u. am Staatstheater in Stuttgart. Gatte von Mila Kopp.

Kayßler, Friedrich, geb. 7. April 1874 zu Neurode in Preuß.-Schlesien, gest. 24. April 1945 zu Kleinmachnow bei Berlin (Opfer eines Bombenangriffs), Sohn eines Stabsarztes, Nachkomme des Breslauer Philosophieprofessors Adalbert K., wurde während seiner Universitätsstudien in München u. Breslau besonders durch ein Gastspiel der „Meininger", dem er 1890 beiwohnte, angeregt, Schauspieler zu werden. Otto Brahm (s. d.) sah ihn bei einer Vorstellung des Akademisch-dramatischen Vereins in München u. berief ihn 1895 an sein Deutsches Theater in Berlin. 1897 kam K. nach Görlitz, 1898 nach Breslau, kehrte jedoch 1900 wieder nach Berlin zurück, wo er am Deutschen Theater, Lessingtheater u. a. lebenslang tätig war, seit 1934 als Preuß. Staatsschauspieler. Ehrenmitglied der Bühnengenossenschaft. Seit 1905 Gatte der Folgenden. Seine Bedeutung für das Berliner Theater des neuen Jahrhunderts war außerordentlich groß. Literarisch vielseitig begabt, hervortretend als Lyriker, Dramatiker, Ästhetiker u. Essayist, bewies er, daß er nicht nur als genialer Schauspieler, sondern auch als idealer Bühnenleiter (Direktor der Berliner Volksbühne) keiner Zeitmode pflichtig war, stets auf die Weiterbildung edelster überlieferter Kunst bedacht, aus dem immer chaotischer werdenden Alltag in die Ewigkeit strebte. In den zerrütteten Bühnenvortrag brachte er wieder Stil, in den Tagen des Naturalismus suchte er unablässig die Geistigkeit zu bewahren, in der Zeit des Expressionismus die Erdnähe u. das wirkliche Leben. Hauptrollen: Don Carlos, Prinz von Homburg, Graf Wetter vom Strahl, König Lear, Faust, Wallenstein u. a.

Eigene Werke: Simplicius (Drama) 1905; Schauspielernotizen 3. Bde. 1910—29; Worte zum Gedächtnis an Josef Kainz 1911; Goethes Götz von Berlichingen (für die Bühne neu bearbeitet), herausg. 1916; Jan der Wunderbare (Lustspiel) 1917; Shakespeares Cymbeline (für die Bühne neu bearbeitet), herausg. 1923; Der Brief (Lustspiel) 1927; Gesamtausgabe 3 Bde. 1929; Von Menschentum zu Menschentum (Vorträge über Schauspielkunst) 1933; Wandlung u. Sinn (Vermehrte Vorträge) 1940.

Behandlung: Ernst *Wurm,* Lorbeer u. Leid (Erzählung) 1950.

Literatur: Julius *Bab,* F. Kayßler (Die Schaubühne 3. Jahrg.) 1907; Hans *Land,* F. K. (Reclams Universum 27. Jahrg.) 1911; Franz *Fischer,* F. K., der Dichter (Der neue Weg 39. Jahrg.) 1911; Friedrich *Düsel,* F. K. (Das Theater 2. Jahrg.) 1911; Walter *Turszinsky,* F. K. (Bühne u. Welt 11. Jahrg.) 1912; K. *Witte,* Kunstwollen u. Kunstforderung F. Kayßlers (Diss. Greifswald) 1940; Paul *Fechter,* Abschied von einer Generation; F. K. u. a. (Westermanns Monatshefte Nr. 3) 1950.

Kayßler, Helene, geb. 18. Jan. 1872 zu Königsberg in Preußen, gest. 12. August 1939 zu Eibsee in Oberbayern, Tochter des Königsberger Malers Fehdmer, unter welchem Namen sie 1896 in Berlin am Lessingtheater ihre Bühnenlaufbahn begann, war alsbald Mitglied des Neuen- u. Residenztheaters das., 1898—1900 des Josefstädter-Theaters in Wien, dann wieder in Berlin, 1904—09 des Deutschen Theaters, später des Theaters in der Königgrätzerstraße u. der Volksbühne das. Gastspielreisen führten sie wiederholt nach Rußland. Hervorragende Charakterdarstellerin. Hauptrollen: Die Dame („Nach Damaskus"), Frau John („Ratten"), Laura („Schmetterlingsschlacht"), Goneril („König Lear"), Tora Parsberg („Über unsere Kraft") u. a. Gattin des Vorigen.

· *Literatur:* Julius *Bab,* H. Fehdmer (Die Volksbühne 6. Jahrg.) 1925; ders., Schauspieler u. Schauspielkunst 1926.

Kayßler (geb. Kopp), Mila, geb. 20. Okt. 1904 zu Wien, begann als Sentimentale 1923 in Pilsen ihre Bühnenlaufbahn, spielte 1924—25 in Prag, hierauf lange Zeit am Staatstheater in Stuttgart, 1938—41 am Schauspielhaus in München, später in Göttingen, von wo aus sie wieder nach Stuttgart zurückkehrte. Gattin von Christian K.

Keddy, Erich, geb. um 1900, war seit 1927 Schauspieler u. Regisseur in Mainz, seit 1935 in Gladbach-Rheydt, Königsberg u. zuletzt am Theater der Freien Hansestadt in Bremen, gleichzeitig auch künstlerischer Leiter der Niederdeutschen Bühne das.

Keeß (auch Käß), Anton u. Franz, Prinzipale u. Schauspieler, spielten bereits 1776 in Wien auf der Landstraße u. am Neuen Markt, bezogen im August dess. Jahres das Freihaus u. legten damit den Grundstein zu dem nachmals berühmten Schikanederschen Freihaustheater (Theater auf der Wieden). Franz K. verunglückte im Alter von 28 Jahren am 3. Juli 1778 tödlich auf diesem Theater. Sein Tod führte 1779 zum Zusammenbruch dess. Anton K., der sich mit Georg Wilhelm (s. d.) vereinigte u. mit ihm zusammen bis 1780 auftrat, ist 1785 noch nachweisbar. Anton u. Franz K. waren vermutlich die Söhne des Ferdinand Anton Käß aus Wien, der sich Prinzipal der Wiener Komödianten nannte u. 1720—22 Burlesken u. Marionettenvorführungen in Mähren u. Nürnberg gab.

Keeß (auch Kees, Käß), Nikolaus (nannte sich zu Ehren seines vorgenannten Vaters Franz), geb. 6. Dez. 1776 zu Wien, war 1782 bis 1786 zusammen mit seinen Schwestern Katharina u. Sabina Mitglied des berühmten Bernerschen Kindertheaters, hierauf des Josefstädter- u. seit 1805 des Leopoldstädtertheaters in Wien, später auch kurze Zeit in Pest tätig. Er zeichnete sich besonders durch seine Pantomimen aus.
Eigene Werke: Harlekin auf der Insel Liliput oder Das Laternfest der Chineser 1806; Die Mondkönigin oder Die bezauberte Schneiderwerkstatt 1806; Andraßek u. Jurašek 1807; Tag u. Nacht oder Die Zeichenschule 1807; Der Zauberdrache 1810; Der lebendige Postillonstiefel oder Die Luftreise des Arlequin u. der Columbina 1810; Harlekins 32 Zaubereien oder Pierrot als Uhrzeiger 1811; Der Schneider Wetz Wetz auf Reisen oder Die Zigeunerhochzeit 1811; Der Zauberkampf oder Harlekin in seiner Heimat 1812; Das Sternenmädchen oder Die bezauberte Windmühle 1813; Nicht immer bekommt es der, dem es vermeint ist 1816.

Kegel, Hugo (Ps. Hartwig Köhler), geb. 27. Dez. 1852 zu Zalenze bei Kattowitz, gest. 24. Aug. 1895 zu Greiz, Sohn eines Wirtschaftsinspektors, wurde 1876 Schriftleiter der „Kattowitzer Zeitung", lebte dann in Berlin u. Leipzig, übernahm hierauf die Schriftleitung der „Greizer Zeitung", 1881 die der „Altenburger Landeszeitung" u. siedelte 1893 nach Berlin über. Außer Gedichten schrieb er Bühnenstücke.
Eigene Werke: Festspiel zur Feier des 80jährigen Geburtstages des Freih. v. Liliencron, Intendanten des herzogl. Hoftheaters 1885; Leute von damals (Volksstück) 1885; Das Dorfgenie (Lustspiel) 1890; Der einzige Leutnant (Lustspiel) 1894; Der Damenschneider (Lustspiel) 1895 u. a.

Keil, Arno, geb. 17. Aug. 1900, kam als Komiker über Görlitz, Leipzig, Berlin u. Bremerhaven, 1935 auch als Regisseur an das Staatstheater in Braunschweig. Hauptrollen: Gisecke („Im weißen Rößl"), Striese („Der Raub der Sabinerinnen"), Balthazare („Ihr 106. Geburtstag"), Anto-

nio („Zwei Herren aus Verona"), Siebenhaar („Fuhrmann Henschel") u. a.

Keilberth, Joseph, geb. 1908 zu Karlsruhe, Sohn eines Orchester-Musikers, begann seine Bühnenlaufbahn als Korrepetitor, wirkte 1940—45 als Dirigent der Prager Philharmoniker, dann als Chefdirigent der Staatsoper in Berlin u. seit 1951 als Generalmusikdirektor in Hamburg.

Keilholz, Adolf, geb. 1761 zu Adorf im Vogtland, gest. 1808 (Ort unbekannt), Sohn von Philipp Christian K. u. Bruder von Christine Elisabeth Haßloch (s. d.), war Sänger (Tenor) u. Schauspieler in Hamburg, dann Mitglied der Tillyschen Gesellschaft, 1788 Leutnant der holländischen Armee, kehrte wieder nach Hamburg zum Theater zurück, wirkte 1789 in Schwerin, 1794 in Kassel u. 1806—08 in Mannheim. Gatte von Henriette K., der Mutter Sophie Schröders.

Keilholz, Christiane Elisabeth s. Haßloch, Christiane Elisabeth.

Keilholz, Elisabeth s. Keilholz, Philipp Christian.

Keilholz, Henriette s. Keilholz Adolf.

Keilholz, Philipp Christian, geb. 1733 zu Pirna, gest. um 1800 in Kassel, Vater von Adolf K. u. Christiane Elisabeth Haßloch (s. d.), war seit 1766 mit seiner ganzen Familie Mitglied des Theaters in Hamburg, 1795 Direktor einer eigenen Gesellschaft u. 1797 Mitglied der Haßlochschen Truppe in Kassel. Gatte von Elisabeth Brückmann.

Keim, Franz, geb. 28. Dez. 1840 zu Alt-Lambach (Stadl-Paura) an der Traun, gest. 26. Juni 1918 zu Brunn am Gebirge in Niederösterreich, Benediktinerzögling in Kremsmünster, studierte in Wien u. Zürich (u. a. bei F. Th. Vischer), wurde Gymnasialprofessor in St. Pölten u. verbrachte seinen Ruhestand in u. bei Wien. Vorwiegend Dramatiker (Nachfahr Hebbels u. Anzengrubers). Denkmal von F. Hänlein in Wien (Meidling).
Eigene Werke: Sulamith (Drama) 1875; Der Königsrichter (Drama) 1879; Der Meisterschüler (Drama) 1881; Die Brüder von Marathon (Drama) 1887; Die Spinnerin am Kreuz (Schauspiel) 1891; Der Schenk von Dürnstein (Schauspiel) 1891; Mephistopheles in Rom (Drama) 1892; Der Schmied von Ro-

landseck (Volksschauspiel) 1892; Das Stein-feldmärchen (Schauspiel) 1892; Der Schelm vom Kahlenberg (Komödie) 1893; Der Weg zum Glück (Schauspiel) 1897; Münchhausens letzte Lüge (Lustspiel) 1898; Die Amelungen [Heldenspiel] 1904; Fridolin, ein Donau-märchen (Schauspiel) 1907; Die Sünde von Gottestal (Schauspiel) 1908; Der Büsser von Göttweih (Schauspiel) 1908; Gesammelte Werke (mit Selbstbiographie) 5 Bde. 1912. *Literatur: A. Draxler*, F. Keim (Progr. Wels) 1916; Gerhard *Ressel*, F. Keims Leben u. Schaffen (Diss. Prag — Jahrbuch der philos. Fakultät der deutschen Universität Prag) 1926; O. *Scholz*, K. als Dramatiker (Diss. Wien) 1928; Franz *Taucher*, Histor. Provin-zialismus (Frankfurter Zeitung Nr. 666/7) 1940.

Keindl, Othmar, geb. 29. Dez. 1877 zu Prag, war 1900—11 Theatersekretär u. Dramaturg am Thalia-Theater in Hamburg, hierauf bis 1918 am Deutschen Theater in Berlin, 1920 bis 1922 Direktor-Stellvertreter am Klei-nen Schauspielhaus Berlin-Charlottenburg, 1925 am Berliner Theater, 1926—27 Verwal-tungsdirektor des Deutschen Künstlerthea-ters, Lessingtheaters, Lustspielhauses u. Theaters am Kurfürstendamm in Berlin. Seit 1928, der Gründung des Theaters in der Behrenstraße, war K. als Verwaltungs-direktor das. tätig.

Keiser (auch Keyser), Reinhard, geb. 1673 bei Leipzig, gest. 12. Sept. 1739 zu Hamburg, ließ sich 1693 als Kapellmeister das. nieder, leitete dort 1700—06 ein ausgezeichnetes Orchester mit berühmten Solisten, wandte sich 1717 nach Kopenhagen, später nach Stuttgart u. kehrte 1728 als Kantor am Dom wieder nach Hamburg zurück. Als Kompo-nist zahlreicher Opern (26 mit handschriftl. Partitur erhalten) u. Textdichter war er der berühmteste seiner Zeit, dessen Melodien-reichtum u. sichere Formgestaltung all-gemeine Anerkennung fanden. *Eigene Werke:* Basilius 1694; Adonis 1697; Janus 1698; Ismene 1699; Claudius 1703; Nebukadnezar 1704; Masaniello furioso 1705; Oktavia 1705; Almira 1706; Helena 1709; Heliatus u. Olympia (nach Mattheson) 1709; Krösus 1710 (herausg. in den Denk-mälern deutscher Tonkunst 37./38. Bd.); Jodelet 1726 (herausg. in den Publikationen der Gesellschaft für Musikforschung 20. bis 22. Jahrg.); Circe 1734 u. a. *Literatur: Lindner*, Die erste stehende deutsche Oper 2 Bde. 1855; Friedrich *Chry-*

sander, R. K. (A. D. B. 15. Bd.) 1882; F. A. *Voigt*, R. K. (Vierteljahrsschrift für Musik-wissenschaft 6. Jahrg.) 1890; H. *Leichtentritt*, R. K. in seinen Opern (Diss. Berlin) 1901; H. J. *Moser*, R. K. (Musikgeschichte in hun-dert Lebensbildern) 1952.

Kelch, Werner, geb. 27. Jan. 1909 zu Zossen bei Berlin, studierte das. (Doktor der Phi-losophie), war seit 1933 Dramaturg u. Regis-seur für Oper u. Schauspiel u. seit 1945 Oberspielleiter an der Städt. Oper in Berlin-Charlottenburg.

Keldorfer, Robert, geb. 10. Aug. 1901 zu Wien, Sohn von Hofrat Prof. Viktor K., Chormeister des Wiener Männergesangs-vereines u. des Wiener Schubertbundes, studierte an der Staatsakademie für Musik u. darstellende Kunst u. an der Technischen Hochschule das., war 1918—25 Organist u. Korrepetitor in Wien, 1925—30 Musik-direktor in Bielitz, 1930—39 Direktor des Bruckner-Konservatoriums in Linz u. seit 1941 des Kärntner Landeskonservatoriums in Klagenfurt. Auch Dirigent u. Opern-komponist (nach eigenem Text). *Eigene Werke:* Verena (in Klagenfurt uraufgeführt) 1951; Nanette o. J.

Keler, Marga s. Raulien, Margarete.

Kellberg, Louise s. Schmidt, Bernhard.

Keller, Adalbert, geb. 1845 zu Berlin, gest. 13. Sept. 1870 zu Hamburg, war seit 1867 Bariton in Hannover.

Keller, Adelbert (von), geb. 5. Juli 1812 zu Pleidelsheim in Württemberg, gest. 18. März 1883 zu Tübingen, war seit 1844 o. Professor für deutsche u. romanische Philologie das., seit 1849 Präsident des 1839 begründeten Stuttgarter Literar. Vereins, in dessen Publikationen eine Reihe seiner Ausgaben erschien. Mit diesen machte er sich auch um die Theatergeschichte ver-dient. *Eigene Werke:* Shakespeares Dramat. Werke, deutsch u. erläutert 1843 (mit M. Rapp); Alte gute Schwänke, herausg. 1847; Fastnachtspiele aus dem 15. Jahr-hundert 3 Bde. 1851—53; Nachlese zu den Fastnachtspielen 1858; Beiträge zur Schil-ler-Literatur 1859 (Nachlese 1860); Ayrers Dramen 5 Bde 1864—65; Hans Sachs 14 Bde. 1871—82 (13. u. 14. Bd. mit E. Götze); Uhland als Dramatiker 1876.

Literatur: W. L. *Holland,* A. von Keller (A. D. B. 17. Bd.) 1883.

Keller, Friedrich Wilhelm, geb. 27. Mai 1823 zu Hannover, gest. 16. März 1885 zu Schwerin, einer Schauspielerfamilie entstammend, mit Theophil Döbbelins Nachkommen verwandt, war zuerst Mitglied der Döbbelinschen Gesellschaft, debütierte 1860 am Hoftheater in Schwerin u. blieb hier bis 1869. Dann spielte er in Bremen u. kam 1870 als Nachfolger Carl Grunerts (s. d.) als Charakterdarsteller u. Heldenvater an das Hoftheater in Stuttgart, wirkte 1874—82 in Wiesbaden, Graz, Berlin (Residenztheater), Prag, Nürnberg u. seit 1883 wieder in Schwerin. Erster Gatte von Rosa Beutel-Keller. Hauptrollen: Franz Moor, König Lear, Jago, Nathan u. a.

Keller, Gottfried, geb. 19. Juli 1819 zu Zürich, gest. 15. Juli 1890 das., Sohn eines Drechslers, wuchs in dürftigen Verhältnissen auf, kam, 1834 aus der Schule gewiesen, zu einem Landschaftsmaler in die Lehre, ergriff 1839 in dem Aufstand der konservativen Bauern gegen den nach Zürich berufenen radikal freisinnigen Theologen D. F. Strauß innerlich für diesen Partei u. begab sich zu weiterer Ausbildung nach München, wo er jedoch in große Not geriet. Dies alles schildert sein später entstandener großer autobiographischer Roman „Der Grüne Heinrich", der ihm Weltruhm sicherte, während es ihm nicht gelang, auf der Bühne Fuß zu fassen. Nach einem längeren Aufenthalt in der Heimat zog er 1848 wieder nach Deutschland, blieb in Heidelberg u. Berlin bis 1850, neuerdings um Theater u. Drama bemüht. Doch war ihm auch jetzt kein Erfolg beschieden. Er kehrte heim u. bekam hier 1861 den Posten eines Ersten Staatsschreibers. Schon 1837 entwarf er nach dem Vorbild von Lessings „Emilia Galotti" ein Drama „Der Freund" mit der republikanischen Tendenz Lessings. 1838 bis 1839 trat die berühmte Sängerin Vial auf der Bühne Birch-Pfeiffer (s. d.) in Zürich auf, was viel Staub aufwirbelte. K. nahm dazu als Kritiker Stellung. 1844 beschäftigte ihn der Plan eines großen vaterländischen Schauspiels mit politischem Hintergrund, doch kam er über drei Bruchstücke nicht hinaus. 1849 arbeitete K. im Verkehr mit dem Ästhetiker Hettner eifrig an seiner theoretischen Ausbildung als Dramatiker, studierte die Schriften von Lessing bis Rötscher u. las die Dramatiker des Altertums

in guten Übersetzungen. Nach Berlin ging er eigentlich nur des Theaters wegen. Bis in kleinste Einzelheiten reichende Beobachtungen über das Drama der Klassiker u. das neue zu schaffende Schauspiel, über die Mittel dramatischer Wirkung, über die zukünftige Komödie, über dramatische Motive u. einzelne Dramatiker, über die Leistungen der Schauspieler usw. teilte er Hettner brieflich mit, die dieser in seinem Buch „Das moderne Drama" verwertete. Im Gegensatz zur Intrigentechnik der Jungdeutschen hielt er „Einfachheit u. Klarheit" der Handlung für die Hauptsache. Das umfangreichste dramatische Fragment, das wir von ihm besitzen, „Therese", beruht auf einer traurigen Familiengeschichte aus seiner Verwandtschaft. Er begann es, wahrscheinlich angeregt von Hebbels „Maria Magdalene" 1849—50 noch in Heidelberg, beschäftigte sich jedoch damit noch 1880. In den Jahren 1893, 1908 u. 1919 gelangte der Torso in Zürich zur Aufführung. Eine Ausarbeitung des Stückes unternahm J. U. Allenspach (Handschrift auf der Zürcher Zentralbibliothek). Zwei Lustspielfragmente „Die Roten" (als Charakterposse gedacht) u. „Jedem das Seine" (1851—54) u. eine ganze Reihe von dramatischen Plänen reiften gleichfalls nicht, wenn auch K. immer wieder solche aufzugreifen suchte. 1874 schrieb der mit Romanen u. Novellen ununterbrochen beschäftigte Dichter an E. Kuh, er gedenke „mit dem Erzählungswesen abzuschließen u. dann auf dem frischen Tische das Drama vorzunehmen". Außer weiteren Plänen wurde nichts daraus, wohl aber schöpfte die Nachwelt aus einer seiner Legenden einen Bühnentext. 1952 brachte Münster die Oper „Claudia Amata" (Text von Bettina Brix nach Kellers „Eugenia") zur Uraufführung.

Literatur: M. *Preitz,* G. Kellers dramatische Bestrebungen 1909; Emil *Ermatinger,* G. Kellers Leben 1949 (darin das Kapitel: Das Ringen ums Drama); Günter *Schab,* Oper nach G. Keller (Die Neue Zeitung Nr. 279) 1952.

Keller, Hans, geb. 8. Juni 1865 zu Düsseldorf, gest. 23. Jan. 1942 zu Konstanz, kam als Seriöser Baß über Sondershausen, Halle, Breslau u. Dresden 1898 unter Felix Mottl ans Hoftheater in Karlsruhe, wirkte 1901 bei den Festspielen in Bayreuth, war später jahrelang Intendant in Kaiserslautern u. übte nach seinem Bühnenabschied an seiner Gesangs- u. Opernschule in Konstanz, wo er sich niedergelassen hatte, eine erfolgreiche Tätigkeit aus. Hervorragender Wagnersänger. Hauptrollen: König Heinrich, Pogner, Fasolt, Hunding, Hagen, Wotan, Sarastro, Leporello, Don Juan u. a.

Keller, Hans Wilhelm, geb. 2. Juli 1897 zu Schaffhausen, zuerst Korrespondent, war seit 1920 Journalist u. Schriftsteller, 1925 bis 1945 Redakteur in der Schweiz. Depeschenagentur in Basel, hierauf Leiter der Zürcher Filiale. Bühnenautor.

Eigene Werke: De Chöbi isch wieder im Land (Spiel in Schweizer Mundart) 1939; Furt mit Schade (Komisches Spiel in ostschweizer Mundart) 1939; Bravo Paulet (Volksstück mit F. Burau, Musik von Hans Vogt) 1940 u. a.

Keller, Hedwig, geb. 22. Okt. 1868 zu Wien, gest. 27. Aug. 1943 das., wirkte als Schauspielerin am Deutschen Volkstheater u. anderen dort. Bühnen. Ihr Zeitgenosse O. M. Fontana rühmt in seinem Buch „Wiener Schauspieler" (1948) die Eigenart ihrer Mädchengestalten.

Keller, Heinrich, geb. 1758 zu Oettingen, gest. 26. Aug. 1788 zu Prag, studierte evang. Theologie u. wirkte als freier Schriftsteller. Hauptsächlich Dramatiker.

Eigene Werke: Das hätte Friedel wissen sollen (Lustspiel) 1780; Die Räuber (Eine Szene aus dem Menschenleben) 1780; Algar u. Lilli oder Der Sieg echter Liebe (Schauspiel) 1784; Die Nationaltracht oder Fort mit dem Plunder nach Teutschland (Lustspiel) 1784; Lieber heut als morgen (Lustspiel) 1785; Karl der Kühne, Herzog von Burgund (Schauspiel) o. J.

Keller, Heinrich, geb. 1771 zu Zürich, gest. 1832 zu Frascati bei Rom, lebte als Bildhauer das. seit 1794. Dramatiker.

Eigene Werke: Franzeska u. Paolo 1808; Ines del Castro 1808; Judith 1809; Vaterländische Schauspiele (Karl der Kühne — Waldmann, Bürgermeister von Zürich — Die Heimkehr in die Alpen — Die Eroberung von Byzanz — Johanna I., Königin von Neapel) 3 Bde. 1813—16.

Keller, Iso, geb. 1. Juli 1920 zu Herisau in der Schweiz, Doktor der Rechte, leitete die Christoferus-Spielgemeinde in Zürich. Verfasser u. a. von Bühnenstücken. Sein Laienspiel „Tanz um Seelen" war eine moderne

Wiedererweckung des alten Totentanzmysterienspiels.

Eigene Werke: Requiem für die jungen Gefallenen aller Nationen (Spielfeier) 1944; Tanz um Seelen (Totentanz) 1948; Erneuerung des Bundesschwurs (Festspiel) 1948; Stark wie der Tod ist die Liebe (Dramat. Märchen) 1949; Sankt Georg (Pfadfinderspiel) 1949; Ein Spiel vom freudereichen Rosenkranz (Kirchl. Spielfeier) 1949; Das vorletzte Gericht (Festspiel zur 1500-Jahrfeier des Bistums Chur) 1950.

Keller (geb. Dessoir), Jeanette, geb. 1806 zu Posen, gest. 18. Mai 1871 zu Frankfurt, Schwester von Rudolf u. Ludwig Dessoir (s. d.), ging ebenfalls zum Theater, wo sie sich als Darstellerin u. Bühnenleiterin auszeichnete. In erster Ehe Gattin von J. C. Lobe, dessen Gesellschaft sie nach seinem Tode zusammenhielt, in zweiter des Regisseurs u. Heldendarstellers Josef Keller, mit dem sie die Direktion in Schlesien weiterführte u. später das Theater in Posen übernahm. Mutter von Theodor Lobe (s. d.), dem sie bei der Führung des Breslauer Theaters zur Seite stand, u. von Fritz Lobe, mit dem sie u. ihr zweiter Gatte das Thalia-Theater in Frankfurt a. M. errichteten.

Keller, Josef, geb. (Datum unbekannt) zu Frankfurt, gest. 8. Aug. 1877 zu Breslau, war Schauspieler u. Sänger, lange Jahre Leiter der vorwiegend Schlesien bereisenden Lobeschen Schauspielertruppe, zwölf Jahre Direktor des Stadttheaters in Posen u. 1867 neben seinem Stiefsohn Theodor Lobe (s. d.) Mitdirektor des Stadttheaters in Breslau. Nach dem mißlungenen Versuch, in seiner Vaterstadt ein neues Theater zu gründen, kehrte K. 1872 nach Breslau zurück, wo er die artistische Leitung bis zu L'Arronges (s. d.) Antritt führte.

Keller, Julius, geb. 1. April 1860 zu Berlin, gest. 9. Okt. 1918 das., verfaßte gemeinsam mit Louis Herrmann (s. d.), Fritz Brentano (s. d.) u. a. zahlreiche Berliner Possen u. war seit 1883 auch Theaterkritiker am Berliner „Lokal-Anzeiger".

Eigene Werke: Ein Kater (Schwank) o. J.; Mädel sei schlau (Lustspiel) o. J.; König Krause (Lustspiel mit L. Herrmann, Musik von Victor Hollaender) o. J.; Der Trompeter von Säckingen (Lustspiel) 1885; Der Hungerleider (Lustspiel) o. J.; Ein Mann für alles (Posse) 1887 u. a.

Keller, Karl, geb. 7. Sept. 1815 zu Hannover, gest. 6. Sept. 1885 zu München, war 1850—80 Schauspieler am dort. Hoftheater, wo er hauptsächlich in bürgerlichen Stücken Verwendung fand. Hauptrollen: Bernhardi („Ultimo"), Mistifax („Lumpazivagabundus"), Silva („Rosamunde"), Kent („Maria Stuart"), Wilm (Zu ebener Erde u. erster Stock") u. a.

Keller, Leo von s. Kellersperg, Leo Freiherr von.

Keller, Otto, geb. 5. Juni 1861 zu Wien, gest. 26. Okt. 1928 zu München, Schüler E. Hanslicks u. A. Bruckners, lebte als Beamter in seiner Vaterstadt. Musik- u. Theaterhistoriker.
Eigene Werke: Beethoven 1885; Goldmark 1901; Suppé 1905; Die Operette 1926; Mozart 2 Bde. 1926 f.; Ill. Musikgeschichte 5. Aufl. 1926 u. a.
Literatur: Riemann, O. Keller (Musik-Lexikon 11. Aufl.) 1929.

Keller, Pauline s. Guthery (der Ältere), Robert.

Keller, Wilhelm, geb. 1809, gest. 23. Nov. 1881 zu Warmbrunn in Preuß.-Schlesien, war 1857—81 Oberregisseur des Wallnertheaters in Berlin.

Keller, Wilhelm, geb. 1874 zu München, gest. 7. Sept. 1906 zu Kitzbühel, Sohn des Schweriner Hofschauspielers Friedrich Wilhelm K. u. der Münchner Heroine Rosa Frauenthal (s. Beutel-Keller, Rosa), wirkte als Tenor in Koblenz u. Würzburg u. starb unmittelbar vor Antritt eines langjährigen Engagements am Hoftheater in Wiesbaden (an den Folgen einer Speisevergiftung).

Keller-Frauenthal, Rosa s. Beutel-Keller, Rosa.

Keller-Lötsch, Ferdinande (Geburtsdatum unbekannt), gest. 9. Sept. 1904 zu Eggenburg. Schauspielerin.

Keller-Nebrl, Kurt (Geburtsdatum unbekannt), gest. 21. Okt. 1946 zu Berlin, war Schauspieler u. Sänger u. a. an der Komischen Oper in Berlin, am Komödienhaus in Dresden u. zuletzt an den Berliner Künstlerbühnen.

Keller-Schleitheim, Franz Freiherr von (Ps.

Philaleth u. Philocharis), geb. 5. Dez. 1767 zu Wien (Todesdatum unbekannt), war zuerst Sekretär des Fürsten Dietrichstein-Proskau, seit 1805 Registrator bei der General-Post-direktion in Regensburg, seit 1808 Ministerialsekretär bei der Post in Mannheim, 1820 Universitätsbibliothekar in Heidelberg u. lebte schließlich wieder in Mannheim. Vorwiegend Dramatiker.
Eigene Werke: Ein Tag auf Hohenstaufen oder Die schwäbischen Pilger (Dramat. Skizze) 1813 u. 1823; Das Hohe Lied (dramatisiert) 1814 (anonym); Athenais (Trauerspiel) 1827; Das Geständnis (Drama) 1828.

Keller-Weber, Klara, geb. um 1862, gest. 17. Dez. 1919 zu Frankfurt a. M., war Opernsängerin in Dresden u. 30 Jahre am Opernhaus in Frankfurt. Altistin. Hauptrollen: Fides („Der Prophet"), Magdalena („Der Evangelimann"), Nancy („Martha") u. a.

Kellerer, Josef, geb. 17. Okt. 1853 zu München (Todesdatum unbekannt), lebte als Bühnenschriftsteller das. (z. B. „Der alte Sünder", Posse — „Eine, von der man spricht", Volksstück — „Am Blumenfeste der Madonna", Oper — „Im Garten der Venus", Operette — „Phryne", Zeitbild u. a.).

Kellerhals, Richard, geb. 4. Juli 1893, gest. 25. Nov. 1925 zu München (durch Selbstmord), humanistisch gebildet, besuchte die Schauspielschule König in München u. wirkte vor allem als Komiker seit 1915 an den dort. Kammerspielen u. seit 1919 am Staatsschauspiel das. Vorwiegend Raimunddarsteller.
Literatur: Alfred *v. Mensi-Klarbach,* R. Kellerhals (Alt-Münchner Theater-Erinnerungen) 1924.

Kellermann, Hellmut, geb. 10. Febr. 1891 zu München, Sohn des Liszt-Schülers u. Akademieprofessors Berthold K., studierte Philosophie, Literaturgeschichte, Kunst- u. Theaterwissenschaft in seiner Vaterstadt, bereiste Italien, Frankreich u. Belgien, war nach dem Ersten Weltkrieg zunächst als Musikdirektor u. Leiter einer Musikschule in Siebenbürgen, dann als Erster Kapellmeister an der Staatsoper in Klausenburg, am Landestheater in Rudolstadt u. an den Staatstheatern in Saarbrücken u. Zittau tätig. Auch Komponist, Schriftsteller u. Vortragender auf dem Gebiete des Kulturwesens. Seit 1941 Musikdirektor in Recklinghausen. 1953 ließ er sich in Wiesbaden nieder. K. schrieb die Musik zu H. v. Hofmannsthals Schauspiel „Der Tor u. der Tod", St. Zweigs Schauspiel „Volpone" u. zu E. H. Bethges Märchenspiel „Die Traumgeige".

Kellersberg (Ps. von Keller), Leo Freiherr von, geb. 10. Mai 1876 zu Prag, gest. 1. Febr. 1940 zu Graz, einem altösterr. Adelsgeschlecht entstammend, Sohn des seinerzeitigen Statthalters von Böhmen, wurde zunächst Offizier, studierte dann Gesang u. nahm als Tenor in Heidelberg, Troppau, Wien (Theater an der Wien), Meran, Stettin, Straßburg, Amsterdam, Hannover u. Posen Engagements an. Vor allem Mozartinterpret. Der Verlust seines Gehörs im Ersten Weltkrieg zwang ihn, sich von der Bühne zurückzuziehen. Seinen Lebensabend verbrachte er auf Schloß Tausendlust in der Steiermark.

Kellner, Anna s. Wegern, Anna von.

Kellner, August, geb. 13. Okt. 1851 zu Frankfurt a. M., gest. 14. Juni 1910 zu Heidelberg, war Konsul u. lebte später als freier Schriftsteller in Heidelberg, auf das dort. künstlerische Leben großen Einfluß ausübend. Vorwiegend Dramatiker.

Eigene Werke: Der Diplomat (Lustspiel) 1868; Eine Stunde vor der Hochzeit (Lustspiel) 1869; Der Küchendragoner (Lustspiel) 1872; Blühende Jungfrauen (Lustspiel) 1872; Die Töchter des Freiherrn (Schauspiel) 1873; Ritter Melchior (Lustspiel) 1874; Heliotrop (Lustspiel) 1874; Der verräterische Kuß (Lustspiel) 1879; Der Theaterteufel (Schwank) 1880; Das Feuer der Vesta (Lustspiel) 1882; Sizilianische Bauernehre (Cavalleria rusticana, frei nach dem Italienischen) 1884; Der Edelfalke (Dramat. Gedicht nach Boccaccio) 1890.

Kellner, Johann Martin, geb. 1755 zu Frankfurt a. M. (Todesdatum unbekannt), debütierte 1776 bei der Doblerschen Gesellschaft u. war 1783—90 Mitglied der Koberweinschen Truppe, bei der er das Fach komischer Bedienter vertrat. Auch Verfasser von Bühnenstücken.

Eigene Werke: Die Sonne scheint 1777; Julie oder Der kurze Irrtum 1777; Die Kirmeß oder Die Eifersucht auf dem Lande o. J ; Der Frühling oder Das Fest der Flora (Singspiel) o. J. u. a.

Kelly, Michael, geb. um 1762 zu Dublin,

gest. 9. Okt. 1826 zu Margate (London), berühmter englischer Sänger, war 1784—87 Mitglied der Hofoper in Wien. Freund Mozarts, dessen Basilio u. Curzio er das. kreierte. Seine Memoiren „Reminiscences of M. Kelly of the King's Theatre" gab er 1826 heraus, ein Auszug erschien 1880 in der „Allgemeinen Musikalischen Zeitung."
Literatur: Riemann, M. Kelly (Musik-Lexikon 11. Aufl.) 1929.

Kelterborn, Rudolf, geb. 17. Juni 1843 zu Basel, gest. 23. März 1909 das. als Realschullehrer. Vorwiegend Dramatiker.
Eigene Werke: Auf der Alp (Lustspiel) 1878; Elias Ewigmeier (Lustspiel) 1881; Gut getroffen (Lustspiel) 1887; Der Planetenstand (Lustspiel) 1888; Die gestörte Kaffeevisite (Schwank) 1890; Der Camogasker (Romant. Oper) 1892.

Kemlitz, Otto, geb. 16. Febr. 1847 zu Berlin (Todesdatum unbekannt), wirkte seit 1865 als Tenorbuffo u. a. in Rostock, Rotterdam, Köln, Danzig, Berlin (Kroll), Königsberg, Hannover u. zuletzt in Neuyork. Hauptrollen: Georg („Der Waffenschmied"), Veit („Undine"), Mime, David u. a.

Kemp, Barbara s. Schillings, Max von.

Kemp, Paul, geb. 20. Mai 1889 zu Godesberg, gest. 13. Aug. 1953 zu Bonn, ursprünglich zum Architekten bestimmt, besuchte nach dem Ersten Weltkrieg die Schauspielschule Dumont in Düsseldorf, war dann an den Kammerspielen in Hamburg tätig, wo er mit G. Gründgens (s. d.) Freundschaft schloß u. sich unter seiner Regie zum vollendeten Komiker entwickelte. Seine weitere Laufbahn führte ihn nach Berlin zu den Saltenburg- u. Reinhardtbühnen sowie zum Schillertheater. Stücke wie „Charleys Tante", „Der keusche Lebemann", „Dreigroschenoper" boten ihm glänzende Hauptrollen. Später wandte er sich als begeistert aufgenommener Star dem Film zu. In seinem Nachlaß fanden sich Memoiren „Blühender Unsinn" (1954).
Literatur: H. E. *Weinschenk,* P. Kemp (Wir von Bühne u. Film) 1939; —*ser,* Erinnerungen an Paulchen (Hamburger Anzeiger Nr. 188) 1953; *ff,* P. K. gestorben (Die Neue Zeitung Nr. 192) 1953.

Kempe, Rudolf, geb. 14. Juni 1910 zu Niederpeuritz in Sachsen, studierte an der Orchesterschule der Staatskapelle in Dresden unter Fritz Busch (s. d.), wurde 1929 Erster Oboist am Gewandhausorchester, dann Dirigent, wirkte seit 1949 als Generalmusikdirektor an der Staatsoper in Dresden u. leitete als Gast Vorstellungen in Weimar, Wien, Berlin u. a., 1952—54 Generalmusikdirektor an der Bayer. Staatsoper in München (als Nachfolger von Georg Solti u. Vorgänger von Hans Knappertsbusch).

Literatur: Christl *Arnold-Schönfeldt*, Vom Oboisten zum Generalmusikdirektor (Neue Wiener Tageszeitung Nr. 234) 1951.

Kempert, Otto (Geburtsdatum unbekannt), gest. im Aug. 1946 (in russischer Gefangenschaft), war seit 1917 Schauspieler u. Regisseur in Kiel, Aachen, Kattowitz u. zuletzt an den Städt. Bühnen in Breslau.

Kempf, Otto, geb. 11. März 1879, wirkte als Sänger u. Spielleiter am Stadttheater in Bochum, Kiel u. jahrzehntelang an der Pfalzoper in Kaiserslautern. Hauptrollen: Georg („La Traviata"), Escamillo („Carmen"), Figaro („Der Barbier von Sevilla"), Dapertutto („Hoffmanns Erzählungen") u. a.

Kempf, Wilhelm, geb. 4. Mai 1863 zu Basel, gest. 11. Juni 1912 zu Karlsruhe, Sohn eines Postbeamten, zuerst Kaufmann, betrat als Autodidakt 1887 in Bern die Bühne, kam 1888 nach Augsburg u. 1890 ans Hoftheater in Karlsruhe. Charakterspieler. Hauptrollen: Lerse, Terzky, Attinghausen, Derwisch, Wachtmeister, Pastor Manders (kreierte diese Rolle bei der Erstaufführung von Ibsens Gespenstern in Bern) u. a.

Kempfe, Johannes Eberhard (Ps. Hans Eberhard), geb. 6. Jan. 1891 zu Magdeburg, gest. 1951 zu Garmisch-Partenkirchen, studierte in Berlin (Doktor der Philosophie), war 1911 bis 1925 Schauspiel- u. Opernregisseur, dann bis 1929 Verlagsleiter u. später Journalist. Seit 1945 Kunstkritiker u. seit 1946 künstlerischer Leiter der Kammerspiele in Garmisch-Partenkirchen. Erzähler, Dramatiker u. Librettist.

Eigene Werke: Zeuge Meier (Schauspiel) 1927; Achtung, Ihr Mann (Schauspiel) 1938; Taras Bulba (Oper) 1939; Maria Stuart (Oper) 1939; Die Richterin (Oper) 1939 u. a.

Kempis, Theobald a. s. Sieg, Arthur.

Kempner, Friederike, geb. 25. Juni 1836 zu Opatow in Polen, gest. 23. Febr. 1904 auf Schloß Friederikenhof bei Reichthal, beteiligte sich viel an humanitären Bestrebungen (seit 1851 Krankenpflegerin) u. schrieb Dramen u. Erzählungen.

Eigene Werke: Berenice (Trauerspiel) 1860; Rudolf II. oder Der Majestätsbrief (Trauerspiel) 1867; Antigonos (Trauerspiel) 1880; Jahel (Drama) 1886; Der faule Fleck im Staate Dänemark oder Eine lustige Heirat (Lustspiel) 1888.

Kempner, Hans, geb. 1. Mai 1889, lebte als Rechtsanwalt in Breslau. Bühnenschriftsteller.

Eigene Werke: Frank Wedekind als Mensch u. Künstler 1911; Der lockere Zeisig (Schwank) 1920; Die Rosen der Korinna (Lustspiel) 1921; Institut Himmelreich (Schwank) 1924.

Kempner-Hochstädt, Max, geb. 5. März 1863 zu Breslau, gest. 22. Jan. 1934 zu Genua, lebte zuletzt in Rapallo (Italien). Vorwiegend Bühnenschriftsteller. (Librettist von Operetten).

Eigene Werke: Warbeck (Trauerspiel) 1891; König Rhamsinit (Operette) 1894; Medea (Schauspiel) 1895; Harakiri (Schwank) 1895; P. Krafft (Lustspiel) 1897; Der Herr von Pilsnitz (Schwank) 1898; Die Jahreszeiten (Dramat. Gedicht) 1899; Dorawskys Eheglück (Lustspiel) 1899; Die Bacchantin (Schauspiel) 1902; Die Schatten leben (3 Einakter) 1908; Der Kammervirtuose (Schwank) 1912; Scirocco (Schwank) 1912; Serafinchens Strickleiter (Schwank) 1912; Mamsell Taroc (Vaudeville) 1912; Der schwarze Filippo (Schauspiel) 1912; Die Verba auf mi (Einakter) 1912; Was ist Wahrheit? (Grotesk-Reimspiel) 1913; Abisag (Schauspiel) 1913; Die Knute (Schauspiel) 1914; Sankt Irene (Einakter) 1915; Böhmst-Schnackenburg-Waltershude (Komödie) 1915; Wenn du zum Weibe gehst! (Schauspiel) 1915; Die Unruhe (Lustspiel) 1915; Die Hausdame (Lustspiel) 1915; Alterserscheinungen (Lustspiel) 1916; Die Einzige u. ihr Eigentum (Lustspiel) 1917; Münchhausen (Operette) 1918; Der Stärkere (Schauspiel) 1918; Graziella (Oper) 1919; Der Vetter aus Dingsda (Lustspiel) 1919; Abälard u. Heloise (Drama) 1920; Das Haar der Berenike (Lustspiel) 1921; Joujou (Lustspiel) 1922; Fabrikant Lentner (Tragikomödie) 1923; Erziehung zur Liebe (Operette) 1924; Phryne (Lustspiel) 1924; Die Entzückungen des Reichtums (Tragikomödie) 1925.

Kempter, Lothar, geb. 5. Febr. 1844 zu Lauingen in Bayern, gest. 14. Juli 1918 zu Vitz-

nau bei Luzern, studierte zunächst in München die Rechte, seit 1868 Musik (u. a. bei Bülow, Rheinberger u. Wüllner), wurde 1870 Korrepetitor am dort. Hoftheater, 1871 Musikdirektor in Magdeburg, dann in Straßburg u. 1875 Operndirigent in Zürich, wo er sich besonders für Wagner einsetzte. Als Komponist schuf er u. a. zwei Opern „Das Fest der Jugend" (1895) u. „Die Sansculottes" (1900). 1914 nahm er seinen Bühnenabschied. Ehrendoktor der Philosophie von Zürich. Gatte von Karoline Leonoff.
Literatur: Riemann, L. Kempter (Musik-Lexikon 11. Aufl.) 1929.

Kempter-Leonoff, Karoline (Geburtsdatum unbekannt), gest. 18. Mai 1888 zu Zürich, war 1868—71 Opernsängerin am Hoftheater in München, dann in Magdeburg, Straßburg u. Zürich. Gattin von Lothar K. Hauptrollen: Undine, Baronin Freimann („Der Wildschütz"), Anna („Hans Heiling"), Ännchen („Der Freischütz") u. a.

Kenkel, Heinrich, geb. 27. Jan. 1825 zu Versta in Oldenburg, gest. 10. Juni 1908 zu Milwaukee, war Hauptmann im amerikanischen Sezessionskrieg. Schauspieler.

Kenter, Heinz Dietrich, geb. 26. Nov. 1896 zu Bremen, war Oberspielleiter u. Leiter des Regieseminars am Deutschen Theater in Berlin, Schauspieldirektor u. a. in Wiesbaden, seit 1951 in Heidelberg u. seit 1954 Oberspielleiter in Essen. Dramaturg. Als Bühnenschriftsteller verfaßte er gemeinsam mit Hans Fallada ein Drama „Bauern, Bonzen u. Bomben" o. J. Gatte von Maj Gunnel von Nordenswan.

Kenter (Ps. von Nordenswan), Maj Gunnel, geb. 17. Mai 1917 zu Leipzig, wirkte unter Otto Falckenberg 1941—44 am Schauspielhaus in München, später als freie Schriftstellerin das. Gattin von Heinz Dietrich K.
Eigene Werke: Prinzessin Eigensinn (Märchenspiel) o. J.; Hänsel u. Gretel (Märchenspiel) o. J.

Kepich, Werner, geb. 14. Nov. 1891, Schüler von Eduard v. Winterstein (s. d.), war Schauspieler in Prag, Frankfurt a. M., Königsberg u. Berlin (Deutsches Theater). Tourneen zusammen mit Alexander Moissi (s. d.), Else Heims (s. d.) u. a. führten ihn an große Bühnen Deutschlands, nach Holland u. in die Schweiz. Seit 1933 um den Bühnennach-

wuchs bemüht, wurde er 1951 Lehrer an der Staatsschauspielschule in Berlin.

Kepler, Johannes (1571—1630), Astronom, zeitweilig am Hof Kaiser Rudolfs II. in Prag, entdeckte die Gesetze der Planetenbewegung u. erfand das astronomische Fernrohr. Wallenstein, auf den er große Hoffnung gesetzt hatte, enttäuschte ihn. Bühnenheld.
Behandlung: Arthur *Müller,* Kepler (Schauspiel) um 1860; Adolf *v. Breitschwert,* J. K. (Drama) 1867; Arthur *Fitger,* J. K. (Festspiel) 1872; Hans *Rehberg,* J. K. (Schauspiel) 1933; Max *Diez,* Keplers Mutter (Schauspiel) 1939; Arthur *Fischer-Colbrie,* J. K. (Drama) 1950.

Kepner, Friedrich, geb. 1745 zu Brodswinden bei Ansbach, gest. 11. Sept. 1820 zu Wien, war Bibliothekar u. Professor an der Militärakademie in Wiener-Neustadt. Nicht nur Erzähler, sondern auch Dramatiker.
Eigene Werke: Der Westindier (Schauspiel aus dem Englischen) 1774; Der Menschenfeind (Schauspiel aus dem Französischen) 1775; Alzire (Schauspiel aus dem Französischen) 1775; Die Abbassiden (Schauspiel) 1775; Der Schriftsteller (Lustspiel) 1775; Der Negotiant (Lustspiel aus dem Englischen) 1776 u. a.
Literatur: Wurzbach, F. Kepner (Biogr. Lexikon 11. Bd.) 1864.

Keppler (geb. Glenk), Anna, geb. 25. Jan. 1849 zu Ellingen (Todesdatum unbekannt), wurde von Constanze Dahn (s. d.) für die Bühne vorgebildet, begann ihre Laufbahn als Jugendliche u. Naive Liebhaberin 1866 in Nürnberg, kam 1867 ans Hoftheater in München, 1868 ans Thaliatheater in Hamburg u. 1869 ans Hoftheater in Stuttgart. Drei Jahre später heiratete sie u. trat dann fast ausschließlich in Gastspielen auf. Gattin von Dr. F. Keppler, Hauptrollen: Anna-Liese, Puck, Aschenbrödel u. a.

Keppler, Ernst, geb. 10. August 1883 zu Stuttgart, gest. 25. Jan. 1943 zu Berlin, war Schauspieler am dort. Staatstheater u. stellvertretender Leiter der Abteilung Theater im Reichsministerium in Berlin.
Literatur: R. Schlösser, Ministerialrat E. Keppler (Deutsches Bühnenjahrbuch 55. Jahrgang) 1944.

Keppler, Hannes, geb. 26. Okt. 1915 zu Breslau, war 1935—38 Mitglied des Schauspielhauses in München u. hierauf bis 1950 des dort. Volkstheaters.

Keppler, Heinrich s. Kripgans, Heinrich.

Keppler, Wolfgang, geb. 26. Dez. 1903 zu Stuttgart, war 1927—30 Mitglied des Schauspielhaus in München.

Kerausch, Joseph (Ps. Sepp Heimfelsen), geb. 19. Aug. 1859 zu Imst in Tirol, gest. 12. Nov. 1934 zu Innsbruck, war Offizier bei den Tiroler Kaiserjägern u. Lehrer an Militärschulen, seit 1892 Journalist u. a. in Riva, Fiume u. Sarajewo. Nach dem Ersten Weltkrieg ließ er sich als freier Schriftsteller in Innsbruck nieder. Vorwiegend Dramatiker.
Eigene Werke: Andreas Hofer (Dramat. Festspiel) 1891 f.; Der Großberghofer (Volksstück) 1894; Die Generalshose (Schwank) 1896; Zu spät (Drama) 1896; Heimkehr (Vorspiel mit 3 Einaktern: Der Loisl, 's Jörgele, 's Mariele) 1920; Die sich wieder finden (Volksstück) 1920; Es tagt (Schauspiel) 1926; Rummel auf der Sonnenwendalm (Volksstück) 1930.

Kerb, Martin, geb. 28. Dez. 1880 zu Berlin, gest. 12. April 1953 zu Berlin-Dahlem, zuerst Spielleiter in Berlin, wirkte seit 1926 als Leiter des neuerbauten Schauspielhauses in Essen. Seine in Verbindung mit Caspar Neher (s. d.) geschaffenen Inszenierungen bildeten heftigen Diskussionsstoff im Ruhrgebiet, der in der Folge zu Kerbs Rücktritt führte.

Kerber, Erwin, geb. 30. Dez. 1891 zu Salzburg, gest. 24. Febr. 1943 das., Sohn des dort. Verlagsbuchhändlers Hermann K., studierte in Wien (Doktor der Rechte), wirkte, nachdem er 1914—18 im Kriegsdienst war, seit der Gründung der Salzburger Festspiele, an deren Aufbau u. administrativer Führung maßgeblich beteiligt, seit 1933 unter Clemens Krauß als Direktionsrat der Staatsoper in Wien, seit 1935 als Verwaltungsdirektor u. nach Berufung von Clemens Krauß nach Berlin, als Operndirektor das. Seit 1942 Intendant des Salzburger Landestheaters. K. machte sich durch viele Neuinszenierungen verdient. Herausgeber des Werkes „Ewiges Theater. Salzburg u. seine Festspiele" (1935).

Kerbler, Eva, geb. 2. Jan. 1933 zu Wien, begann 1949, nach Ausbildung am Rein-

hardt-Seminar, ihre Bühnenlaufbahn als Karoline in Carl Zuckmayers „Barbara Blomberg" am Josefstädtertheater in Wien, nahm dann an einer großen Deutschlandtournee mit Paula Wessely (s. Hörbiger-Wessely) teil, gehörte 1950 den Kammerspielen im Schauspielhaus in München als Mitglied an u. wirkte, nach Wien zurückgekehrt, am Volks- u. Josefstädtertheater, sowie als Gast am Burgtheater. Weitere Hauptrollen: Dortka („Elga"), Mädchen („Meine Freunde, deine Freunde"), Angelique („Der eingebildete Kranke"), Hero („Viel Lärm um nichts") u. a. Gattin des Bühnenbildners H. Glück.
Literatur: p. p., Plauderei mit Eva (Neue Wiener Tageszeitung 4. Sept.) 1953.

Kerecz, Berthold (Geburtsdatum unbekannt), gest. 19. Juli 1944 zu Reichenberg, war Schauspieler am dort. Stadttheater, vorher in Komotau, Eger, Bodenbach u. a.

Kerer (geb. Keil), Mathilde, geb. 1853, gest. 28. Aug. 1929 zu Innsbruck, wirkte als Opernsängerin viele Jahre am Hoftheater in München u. von R. Wagner geschätzt in Bayreuth. Seit ihrem Bühnenabschied lebte sie als Gesangspädagogin in Innsbruck. Hauptrollen: Ännchen („Der Freischütz"), Marie („Der Waffenschmied"), Cherubin („Figaros Hochzeit"), Inez („Der Troubadour"), Leonore („Alessandro Stradella") u. a.

Kerkhoven (geb. Rospini), Wilhelmine van der, geb. 1818 zu Wien, gest. 20. Mai 1884 zu Braunschweig, wurde das. ausgebildet, betrat 1835 die Bühne des dort. Hoftheaters u. blieb Mitglied dess. bis 1849, ihrer Verehelichung mit dem Hoftheatermeister Fr. van der K. Hauptrollen: Das Mädchen von Marienburg, Elise („Pariser Taugenichts") u. a.

Kerll (auch Kerl, Kherl, Cherll, Cherle), Johann Kaspar (seit 1664) von, geb. 9. April 1627 zu Adorf im Vogtland, gest. 13. Febr. 1693 zu München, Sohn des Orgelmachers Kaspar K., in Wien musikalisch ausgebildet, studierte auch noch in Rom, wo er katholisch wurde, kam 1656 als Kapellmeister nach München, wurde 1677 Organist bei St. Stephan in Wien u. zuletzt Hofkapellmeister wieder in München. Verfasser von Opern u. Jesuitendramen.
Eigene Werke: Oronte (Dramma musicale, Texte von Alcaini) 1657; L'Erinto

(Text von Bissari) 1661; L'amor della patria 1665; Le pretensioni de Sole (Text von Gisberti, aufgeführt) 1667; I colori geniali torniamento di luce 1868; Pia et fortis mulier in S. Natalia, S. Adriani Martyris (Schuldrama) 1868; Amor tiranno 1672. *Literatur:* C. F. *Pohl*, J. K. Kerl (A. D. B. 15. Bd.) 1882; Robert *Eitner*, J. K. K. (Quellen-Lexikon 5. Bd.) 1901; *Riemann*, J. K. K. (Musik-Lexikon 11. Aufl.) 1929; O. *Ursprung*, J. K. K. (Lexikon für Theologie u. Kirche 5. Bd.) 1933.

Kern, Adele, geb. 25. Nov. 1901 zu München, war zuerst Ballett-Tänzerin, ging 1923 zur Oper über (Schülerin von Hermine Bosetti, s. d.), wirkte an der Staatsoper in München bis 1925, hierauf bis 1928 in Frankfurt a. M., 1928—36 an der Staatsoper in Wien, 1936—38 in Berlin u. 1938 bis 1944 wieder in München. 1927—36 nahm sie an den Festspielen in Salzburg teil. Hauptrollen: Papagena, Zerline, Sophie („Der Rosenkavalier"), Zerbinetta ("Ariadne"), Adele („Die Fledermaus"), Mimi („Die Bohème") u. a.

Kerner, Justinus, geb. 18. Sept. 1786 zu Ludwigsburg, gest. 21. Febr. 1862 zu Weinsberg in Württemberg, studierte in Tübingen (mit Uhland) u. lebte seit 1818 als Arzt in Weinsberg. Berühmt durch seine Gedichte u. seine Bemühungen um die Erforschung der übersinnlichen Welt, versuchte er sich auch im Drama u. schrieb u. a. das erste Fliegerstück. Auch Bühnenfigur. *Eigene Werke:* Rino (Fragment) 1809; Reiseschatten. Von dem Schattenspieler Luchs (mit den Nachspielen: König Eginhard — Der Totengräber von Feldberg — Das Krippenspiel von Nürnberg u. a.) 1810; Der Bärenhäuter im Salzbade (Farce) 1811; Ein ärztliches Spiel (Satire) o. J. (alle abgedruckt in Kerners Werken, herausg. von Raimund Pissin, Bongs Klassiker-Bibliothek) 1912. *Behandlung:* Franz Jedrzejewski (= Franz Theophil), Bei J. Kerner in Weinsberg (Einakter) 1898. *Literatur:* Ernst *Martin*, J. Kerners Fliegerdrama (Der Wächter 3. Jahrg.) 1920.

Kerner, Max, geb. 17. Febr. 1900 zu Kiel, begann seine Bühnenlaufbahn als Baß u. Baßbuffo 1923 das., wirkte dann in Bielefeld, Gera, 1931 an der Staatsoper in Berlin, 1932 in Graz, 1933 in Essen u. a., zuletzt am Staatstheater in Braunschweig. Hauptrollen:

Beckmesser, Ochs von Lerchenau, Bartolo, Figaro u. a.

Kernic, Beatrix, geb. 2. Sept. 1870 zu Glina (Ungarn), Tochter eines Offiziers u. Stadtnotars, wurde von ihrem Großvater, Kapellmeister J. Wendel, auf die Bühnenlaufbahn hingewiesen, in Agram u. Wien (Konservatorium) gesanglich ausgebildet, kam 1892 nach Breslau, im gleichen Jahr nach Leipzig (hier mit dem Rechtsanwalt Göhring verheiratet) u. 1897 ans Hoftheater in München. 1899 wirkte sie als „Eva" bei den Festspielen in Bayreuth. Zuletzt war sie Mitglied der Städt. Bühnen in Hannover. Hauptrollen: Mignon, Nedda, Zerline, Marie („Zar u. Zimmermann" u. „Der Waffenschmied") u. a.

Kernmayr, Hans Gustl, geb. 10. Febr. 1900 zu Graz, Sohn eines Handwerkers, war nach einer wechselvollen Laufbahn in verschiedenen Berufen u. Orten, u. a. Dramaturg in Babelsberg u. ließ sich schließlich als freier Schriftsteller in seiner Vaterstadt nieder. Verfasser von Unterhaltungsromanen u. Theaterstücken. *Eigene Werke:* Tatort Schauspielhaus (Roman) 1936; Der Wanderpreis (Komödie) 1939; Wachsfigurenkabinett (Wolkenreiters Panoptikum, Theaterstück) 1940; Hans u. seine drei Frauen (Komödie) 1940; X für ein U (Theaterstück) 1941; Was sagen Sie zu diesem Herrn? (Musikal. Lustspiel) 1944; Vorstadtkaffee (Musikal. Lustspiel) 1944; Jam u. Honig (Komödie) 1950 u. a.

Kernreuter, Ehrenfried (Geburtsdatum unbekannt), gest. 2. Nov. 1906 zu Berlin, begann seine Bühnenlaufbahn 1890 in Krems an der Donau, kam dann über Budweis, Iglau, Steyr u. Pilsen 1895 als Operettenkomiker ans Theater an der Wien, hierauf nach Czernowitz, Graz u. 1900 nach Leipzig. Zuletzt Schauspieler u. Sänger am Zentraltheater in Berlin. Hauptrollen: Menelaus, Ollendorf, Czupan u. a.

Kerr (ursprünglich Kempner), Alfred, geb. 24. Dez. 1867 zu Breslau, gest. 12. Okt. 1948 zu Hamburg, einer aristokratischen Judenfamilie entstammend, deren Männer in den letzten vier Generationen Weinhändler oder Prediger waren, studierte in Breslau u. Berlin (bei Erich Schmidt), unternahm große Reisen in vier Erdteilen, war 1909 bis 1919 Theaterkritiker am „Tag" in Berlin u. seit 1920 Theaterkritiker am „Berliner Tageblatt". Unter Hitler emigrierte er ins Ausland, kehrte aber nach dem Krieg wieder nach Deutschland zurück. Sein ursprüngliches Ps. Kerr wurde 1911 durch die preuß. Regierung als bürgerlicher Name bestätigt. Bühnenschriftsteller.

Eigene Werke: Das neue Drama 1904; (4. Aufl. 1912); Schauspielkunst 1904; Die Welt im Drama 5 Bde. 1904—17; Die Welt im Licht 2 Bde. 1920; Der Krämerspiegel (mit Musik von R. Strauß) 1922; New York u. London 1923; O Spanien! 1924; Yankeeland 1925; Es sei wie es wollte, es war doch so schön 1927; Spanische Reden vom deutschen Drama 1930; Was wird aus Deutschlands Theater? Dramaturgie der späteren Zeit 1932; Fritz Kortner (Die Kunst der Bühne, herausg. von Hans u. Heinz Ludwig 3. Bd.) 1941 u. a.

Literatur: M. *Meyerfeld,* A. Kerr (Neue Zürcher Zeitung Nr. 77) 1905; Alfred *Polgar,* A. K. (Frankfurter Zeitung Nr. 80) 1905; L. *Rein,* A. K. (Ost u. West, Berlin) 1906; Walter *Turszinsky,* Der Theaterkritiker A. K. (Berliner Theater) 1906; J. *Chapiro,* A. K. 1928; Wolfgang *Goetz,* G. Hauptmann u. K. Das Ende einer Freundschaft (Deutsche Zukunft) 1933; Franz *Berger,* A. K. (Welt u. Wissen Nr. 6) 1948; Walther *Kiaulehn,* Ein Leben für die Theaterkritik (Die Neue Zeitung Nr. 89) 1948; Victor *Wittner,* A. K. (Basler Nachrichten Nr. 436) 1948; E. *K(orrodi),* A. K. (Neue Zürcher Zeitung, Fernausgabe Nr. 238) 1949; Robert *Faesi,* A. K. (Die Neue Rundschau Nr. 13) 1949; C. F. W. *Behl,* Gruß an A. K. (The Gate Nr. 3/4) 1949; ders., A. K. (Deutsche Rundschau Nr. 10) 1949; Max *Rychner,* A. K. (Merkur Nr. 4) 1949; Herbert *Kirnig,* A. K. — Alfred Polgar (Diss. Wien) 1950.

Kerrl, Friedrich Adolf, geb. 7. März 1873 zu Hannover, Lehrerssohn, folgte dem väterlichen Beruf, studierte nach fünfjährigem Schuldienst in Göttingen Theologie u. Philologie (Doktor der Philosophie), wurde Oberlehrer am Lehrerinnenseminar in Neuenburg u. lebte im Ruhestand in Hannover. Vorwiegend Dramatiker.

Eigene Werke: Jarst (Drama) 1918; Die Galgenfrist (Histor. Komödie) 1921; Friesisch Recht (Drama) 1935; Die sieben Herzöge (Histor. Lustspiel) 1936; Kleinstadtkomödie (Lustspiel) 1936; Hie guet deutsch Waidewerk allewege (Festspiel) 1937.

Kersebaum, Friedrich, geb. 1855, gest. 18. Juni 1926 zu Mannheim, war Theaterdirektor in Karlsruhe, Pforzheim u. jahrelang Leiter des Colosseum-Theaters in Mannheim.

Kersten, Änne, geb. 26. Nov. 1895 zu Mannheim, Schülerin von Louise Dumont in Düsseldorf, wirkte seit 1920 in München, zuerst an den Kammerspielen, seit 1932 am dort. Residenztheater. Bedeutende Darstellerin im hochdramatischen Fach. Hauptrollen: Iphigenie, Isabella, Elisabeth, Phädra, Elektra u. a.

Literatur: Rudolf *Bach,* Ä. Kersten (Blätter des Bayer. Staatsschauspiels 1. Jahrgang) 1949.

Kersten, Theobald (Ps. Willy Werner), geb. 13. April 1850 zu Dobitschen (Todesdatum unbekannt), Doktor der Philosophie, lebte als Rektor der Luisenschule in Magdeburg. Bühnenschriftsteller.

Eigene Werke: Grober Unfug (Lustspiel) 1891; Ingrid (Oper) 1892; Pagenstreiche (Operette) 1893; Zirkusfee (Oper) 1893; Heinrich von Brügge (Oper) 1893; Fiorita (Oper) 1894; Hergard (Oper) 1894 u. a.

Kerszt, Alexander, geb. 23. Febr. 1924 zu Kralup in Böhmen, nahm Schauspielunterricht bei Fred Liewehr (s. d.), wirkte am Kleinen Theater im Konzerthaus in Wien, dann am Burgtheater, 1952 am Volkstheater das. u. kam 1954 an das Landestheater in Kassel. Hauptrollen: Ur-Faust, Tambourmajor (,,Wozzek"), König (,,Das Wintermärchen"), Herzog (,,Schwanenweiß"), Derry (,,Gemachte Leut") u. a.

Kessel, Werner, geb. 22. März 1907 zu Pritzwalk, ausgebildet in Berlin, betrat 1925 als Jugendlicher Liebhaber die Bühne in Dortmund, wirkte in Hannover, 1927—30 auch als Komiker in Wilhelmshaven, 1930—34 an den Rotterbühnen in Berlin, am dort. Zentral-, Wallner-, Schiller- u. Volkstheater, zuletzt als Schauspieler u. stellvertretender Direktor am Kleinen Schauspiel u. den Berliner Künstler-Puppenspielen. Hauptrollen: Jakob (,,Der Strom"), Emil (,,Familie Hannemann"), Meiners (,,Krach um Jolanthe") u. a.

Kesselmann, Clemens (Geburtsdatum unbekannt), gest. 4. Okt. 1920 zu Basel. Opernsänger.

Kessenich, Jakob, geb. 1891 zu Bonn, gest. 2. Okt. 1938 zu Plauen, war Schauspieler u.

Sänger seit 1909 in seiner Vaterstadt, dann in Hildesheim, Coburg, Magdeburg, Krefeld, Straßburg, Wilna, München, Dresden, Berlin, Potsdam, Duisburg u. Hof, zuletzt auch Oberregisseur am Stadttheater in Plauen.

Kesser, Hermann s. Kaeser-Kesser, Hermann.

Keßler, Albert, geb. 3. Jan. 1819 zu Berlin, gest. 6. Mai 1890 das., war Charakterspieler u. Heldendarsteller 1842—57 in Stettin, Mannheim, Detmold u. Halle, 1857—62 in Flensburg, 1862—83 in Chemnitz, Hannover, Elberfeld u. am Deutschen Theater in Neuyork, zeitweilig auch Oberregisseur in Flensburg) u. Direktor (am Thalia-Theater in Hannover). Vater von Oskar K. u. Marie Kahle (s. d.).

Keßler, Heinrich, geb. 4. Mai 1839 zu Weimar, gest. 4. Febr. 1903 zu Freyburg an der Unstrut (durch Selbstmord), war Schauspieler u. Spielleiter in Hamburg, Gießen, Göttingen u. zuletzt wieder in Gießen.

Keßler, Marie s. Kahle, Marie.

Keßler, Oskar, geb. 9. März 1846 zu Detmold, gest. 6. März 1923 zu Berlin, Sohn von Albert K., humanistisch gebildet, zuerst Kaufmann, ergriff gegen den Willen seines Vaters die Bühnenlaufbahn u. trat 1865 als Schauspieler erstmals in Aachen auf, kam dann nach Frankfurt a. M. u. Wiesbaden, von wo er mit der Tragödin Fanny Janauschek (s. d.) eine Tournee nach Amerika unternahm. Zurückgekehrt wirkte er in Hamburg, Beuthen u. Riga, 1870—80 am Hoftheater in Petersburg, seit 1881 an den Kgl. Schauspielen in Berlin als Bonvivant u. Komischer Vater (Nachfolger Theodor Liedtkes) u. seit 1897 auch als Regisseur des Lustspiels. 1913 nahm er seinen Bühnenabschied.

Literatur: Eisenberg, O. Keßler (Biogr. Lexikon) 1903; *Anonymus,* O. K. (Berliner Börsen-Courier 9. März) 1906.

Keßler, Richard, geb. 6. Juli 1875 zu Berlin, Sohn eines Rentners, studierte zuerst Medizin, wandte sich aber dann literarischem Schaffen u. der Bühne zu u. wirkte zeitweilig als Direktor u. Dramaturg u. a. am Thaliatheater in Berlin. Verfasser von Theaterstücken.

Eigene Werke: Manöversegen (Lustspiel)

1909; Der Regimentspapa (Schwank) 1912; Nur nicht drängeln! (Gesangsposse) 1912; Deutsche Mütter (Einakter) 1915; Die Regimentsmama (Schwank) 1917 (mit Stobitza); Inkognito (Operette) 1918; Der doppelte Emil (Schwank) 1919 (mit Kraatz); Der verjüngte Adolar (Musikschwank) 1920; Der Scheidungsanwalt (Lustspiel) 1920; Die Perle der Frauen (Schwank) 1920; Der Günstling der Zarin (Operette) 1921; Der Marmorgraf (Operette) 1921; Der blonde Engel (Schwank-Operette) 1921; Der geizige Verschwender (Operette) 1922; Der Schildpattkamm (Lustspiel) 1922; Die Schönste der Frauen (Operette) 1923; Die Löwin u. ihr Junges (Lustspiel) 1923 (mit Zumpe); Die tanzende Prinzessin (Operette) 1924; Hochzeitsnacht (Lustspiel) 1924; Die Frau ohne Kuß (Lustspiel) 1924; Anneliese von Dessau (Operette) 1924; Der letzte Kuß (Operette) 1925; Monsieur Trulala (Satir. Schwank) 1925; Der alte Dessauer (Operette) 1926; Die offizielle Frau (Operette) 1926 (mit Jungk); Donnerwetter, ganz famos! (Musikschwank) 1927 (mit Steinberg); Zu Befehl, schöne Frau (Operette) 1928; Fräulein Mama (Vaudeville) 1928; Herzdame (Vaudeville) 1929; Das kommt doch alle Tage vor (Lustspiel) 1929; Der Tenor der Herzogin (Operette) 1930; Die weiße Herrin (Operette) 1931; Eine Million u. ein Mädel (Lustspiel) 1931; Liselott' (Singspiel) 1932; Klein Dorrit (Singspiel) 1933; Spiel nicht mit der Liebe (Lustspiel mit Musik) 1934; Heirat nicht ausgeschlossen (Lustspiel mit Musik) 1935; Prinzessin Prinz (Singspiel für Kinder) 1937; Hochzeit in Samarkand (Operette) 1938; Der Herr mit dem Zylinderhut (Schwank) 1938; Man soll keine Briefe schreiben! (Lustspiel mit Musik) 1941; Wir Frauen unter uns! (Lustspiel nach Scribe) 1950 u. a.

Keßler, Therese s. Innfelder, Therese.

Keßner, Fritz, geb. 12. Febr. 1889 zu Leipzig, Sohn eines Musikers des dort. Gewandhausorchesters, besuchte das Gymnasium in Regensburg u. das Konservatorium seiner Vaterstadt, war Kapellmeister (vorwiegend Operettendirigent) in Bielitz, Kattowitz, Salzburg, Klagenfurt, Karlsruhe, Mannheim u. am Zentraltheater in Dresden. Bearbeiter alter u. neuer Operetten.

Kesten, Hermann, geb. 28. Jan. 1900 zu Nürnberg, studierte in Erlangen u. Frankfurt a. M., war dann Lektor des Verlags Gustav Kiepenheuer in Berlin, verließ im

März 1933 Deutschland, lebte bis Mai 1940 in Paris, Brüssel, Nizza, London u. Amsterdam (Leiter des Verlags Albert de Lange in Amsterdam) u. ließ sich hierauf als freier Schriftsteller in Neuyork nieder. Vorwiegen Erzähler u. Dramatiker.

Eigene Werke: Maud liebt beide (Komödie) 1927; Admet (Tragikomödie) 1928; Babel (Schauspiel) 1929; Einer sagt die Wahrheit (Komödie) 1929; Die heilige Familie (Schauspiel) 1931.

Literatur: Josef *Breitbach*, H. Kesten (Die Literatur 32. Jahrg.) 1929—30; Heinrich *Mann*, H. K. (Die Literar. Welt, Berlin 1. Mai) 1931.

Kette, Hermann (Ps. Karl Heinrich), geb. 13. Febr. 1828 zu Einwinkel in der Altmark, gest. 29. Dez. 1908 zu Berlin-Steglitz, studierte in Berlin (Ehrendoktor der Rechte) u. war zuletzt Wirkl. Geh. Oberregierungsrat u. Generalkommissions-Präsident das. Dramatiker.

Eigene Werke: Don José von Tavora (Drama) 1852; Saul (Trauerspiel) 1860; Der Artillerist in der Küche (Schwank) 1874; Karolina Brocchi (Schauspiel) 1876; Nach zehn Jahren (Schauspiel) 1877; Nur keinen Studierten (Schwank) 1877; Friedrichs des Großen Schwurgericht (Schauspiel) 1883; Der Tugendpreis (Lustspiel) 1886; Vier Einakter 1905; Neumann oder Schulze (Schwank) 1909 u. a.

Kettel (geb. Höpfner v. Brendt), Aloisia, geb. 1803 zu Brünn, gest. 26. Mai 1867 zu Stuttgart, wirkte zuerst als Jugendliche Liebhaberin am Theater an der Wien u. am Josefstädtertheater in Wien, 1826—29 in Braunschweig, seit 1829 in Stuttgart, seit 1839 wieder in Braunschweig, 1841—43 in Hannover u. 1855—65 abermals in Stuttgart, in tragischen u. komischen Mütterrollen. Gattin des Folgenden.

Kettel, Johann Georg, geb. 1789 zu Brünn, gest. 7. Nov. 1862 zu Stuttgart, studierte in Wien, wandte sich dann der Bühne zu u. kam als Jugendlicher Liebhaber 1814 nach Breslau, 1816 ans Burgtheater, 1826 nach Braunschweig, wo er 1840 zum Fach der Charakterdarsteller überging, 1856 nach Köln u. wirkte von 1857 bis zu seinem Tod als Regisseur am Hoftheater in Stuttgart. Auch literarisch trat er hervor durch mehr als 25 Bearbeitungen französischer, englischer u. älterer deutscher Stücke. Gatte der Vorigen.

Literatur: Eisenberg, J. G. Kettel (Biogr. Lexikon) 1903.

Kettl, Hans, geb. 1869, gest. 3. Okt. 1938 zu Augsburg, war Schauspieler in Minden, Bielefeld, Charlottenburg, Ansbach, Konstanz u. München, machte sich 1894 als Theaterdirektor selbständig u. gab mit seiner Truppe Gastspiele in Hallein, Reichenhall, Landsberg am Lech u. a. 1903—22 leitete er das Volkstheater in Augsburg u. veranstaltete gemeinsam mit Direktor Hans Wilhelmy in Süddeutschland Passionsaufführungen.

Kettmann, Arno, geb. 7. Okt. 1897 zu Bernburg, Sohn eines Prokuristen, studierte in Halle u. trat als Bühnenschriftsteller mit Dramen („Die letzte Schlacht", „Theodor Körners letzte Tage", „Das Paradies"), Operettenrevuen („Wenn Frauenblicke mich umschmeicheln") u. verschiedenen Essays („Tanzkunst u. Kunsttanz" u. a.) hervor.

Kettnacker, Richard (Ps. Julius Stürmer), geb. 24. März 1843 zu Schussenried in Württemberg, gest. 21. Juli 1897 zu Stuttgart, war Postmeister in Bopfingen u. lebte zuletzt in Stuttgart. Erzähler u. Dramatiker.

Eigene Werke: Eberhard der Erlauchte von Württemberg (Schauspiel) 1882; Maximilian oder Unter Palmen u. Dornen (Trauerspiel) 1883; Der Schutzgeist (Drama) 1889.

Kettner (geb. Knapp), Elisabeth, geb. 1758 zu Wessely in Böhmen, gest. 23. Febr. 1793 zu Wien, debütierte 1776 als Schauspielerin u. wirkte anfangs mit ihrem Gatten bei Wahr in Prag. 1780 war sie Liebhaberin in Esterhaz, 1781 bei der Hilverdingschen Gesellschaft in Pest u. Kaschau, 1784 in Lemberg, 1786 bei der Truppe Friedels, spielte mit ihr in Triest, Klagenfurt u. Laibach u. seit 1788 im Freihaustheater in Wien. 1790 machte sie sich selbständig, führte das Theater in Innsbruck, 1791 das in Laibach u. 1792 das auf der Landstraße in Wien.

Literatur: E. K. *Blümml* u. G. *Gugitz,* Alt-Wiener Thespiskarren 1925.

Kettner, Josef, geb. 1758 zu Prag (Todesdatum unbekannt), debütierte 1778 als Schauspieler in Prag bei der Wahrschen Gesellschaft, trat 1779 bei Scherzer in Wien in Liebhaber- u. Tyrannenrollen, 1781 in Pest u. Kaschau bei der Hilverdingschen Gesellschaft u. 1784 in Lemberg auf. Als Held u. Liebhaber kam er 1786 zur Truppe

Johann Friedels in Klagenfurt u. Laibach u. zog mit ihr 1788 nach Wien, wo er im Theater auf der Wieden noch bis 1790 wirkte. 1791 übernahm er die Leitung des Theaters auf der Landstraße in Wien, die 1792 auf seine Frau Elisabeth überging. Nach deren Tode wandte er sich nach Graz, nachdem er vergebens versucht hatte, im Burgtheater unterzukommen, spielte 1795 in Regensburg u. kehrte unter Schikaneder an das Wiedner Theater zurück. Seit 1805 verschollen. Seine wertvolle Hinterlassenschaft in Wien wurde 1810 versteigert, ohne daß sich ein Erbe meldete.
Literatur: E. K. *Blümml* u. G. *Gugitz,* Alt-Wiener Thespiskarren 1925.

Keußler, Gerhard von, geb. 23. Juni 1874 zu Schwanenburg in Livland, gest. im Sept. 1949 zu Niederwartha bei Dresden, Pfarrerssohn, studierte in Dorpat u. Leipzig (Doktor der Philosophie), war Dirigent, lebte in Hamburg u. Stuttgart. Komponist u. a. symphonischer Dramen.
Eigene Werke: Wandlungen (Musikdrama) 1904; Gefängnisse (Musikdrama) 1913; An den Tod (Melodrama) 1922; Die Geißelfahrt (Musikdrama) 1923; Die Berufsehre des Musikers 1927.
Literatur: Riemann, G. Keußler (Musik-Lexikon 11. Aufl.) 1929.

Keyl, Woldemar, geb. 27. Febr. 1857 zu Dresden, gest. 17. Dez. 1916 zu Berlin-Steglitz, Sohn eines Kammermusikers, begann seine Bühnenlaufbahn 1876 am Hoftheater in Altenburg, wirkte 1877—79 am Hoftheater seiner Vaterstadt, dann in Dorpat u. Reval, bis ihn ein Kopfleiden zwang, von der Bühne abzugehen. 1887 trat er in den Dienst der Genossenschaft Deutscher Bühnen-Angehöriger.

Keyserling, Eduard Graf, geb. 15. Mai 1858 zu Pelss - Paddermin in Kurland, gest. 29. Sept. 1918 zu München, wo er einen großen Teil seines Lebens verbrachte. Erzähler u. Dramatiker.
Eigene Werke: Ein Frühlingsopfer (Schauspiel) 1899; Der dumme Hans (Trauerspiel) 1901; Peter Hawel (Drama) 1904; Benignens Erlebnis (Drama) 1906.
Literatur: Adalbert *Muhr,* E. Graf Keyserling als Dramatiker (Neues Wiener Tagblatt Nr. 80) 1943.

Keyserling, Margarete Gräfin, geb. 22. Febr. 1846 zu Berlin (Todesdatum unbekannt),

Tochter des Universitätsprofessors u. Diplomaten Wilhelm v. Dönniges, lebte mit diesem u. a. in München u. Genf, dann mit ihrem Gatten Eugen Grafen K. in Glogau u. Breslau. Erzählerin u. Dramatikerin.
Eigene Werke: Sordello (Histor. dramat. Gedicht) 1899; Ein Todesurteil (Einakter) 1908; Auf Sturmeshöhen (Shakespeare-Drama) 1909.

Khalß, Hermann, geb. 1830 zu Salzburg, gest. 8. Sept. 1887 zu Frankfurt a. M., war Spiel- u. Heldentenor in Innsbruck, Würzburg, Basel, Posen, Freiburg im Brsg. u. a. Hauptrollen: Fabio („Preciosa"), Dubois („Das Urbild des Tartüffe"), Silhouett („Narziß"), Franzel („Der Alpenkönig u. der Menschenfeind") u. a.

Kiaulehn, Walther, geb. 4. Juli 1900 zu Berlin, zuerst Elektromonteur, seit 1924 Redakteur beim „Berliner Tageblatt" u. der „B. Z. am Mittag", stand 1939—45 im Wehrdienst, trat dann in die Redaktion der „Neuen Zeitung" in München u. wirkte seit 1946 als Schauspieler das. (Staatstheater, Schaubude, Kleine Komödie, Kammerspiele).

Kiedaisch, Anna, geb. 17. Dez. 1854 zu Stuttgart, gest. 14. Okt. 1899 zu München, war schon mit 16 Jahren bühnentätig, zuerst am Hoftheater in Stuttgart u. 1875—80 als Operettensängerin am Gärtnerplatztheater in München. Gattin des dort. Verlagsbuchhändlers Kaspar Braun. Hauptrollen: Lydia („Fatinitza"), Ganymed („Die schöne Galathee"), Adele („Die Fledermaus") u. a.

Kiedaisch, Friedrich, geb. 14. Mai 1832 zu Stuttgart, gest. 9. Juni 1906 das., Sohn eines Veteranen von 1813 u. späteren Rendanten des dort. Hoftheaters, wurde 1854 Privatsekretär des Intendanten Baron von Gall, 1875 Kanzleirat, 1889 mit der Führung der Intendanz betraut u. 1891 Geh. Hofrat u. Hoftheaterintendant. Im gleichen Jahr trat K. in den Ruhestand. Mit Christian Kiedaisch verfaßte er das Drama „Der Tod des Tiberius" 1862. Vater des Folgenden.

Kiedaisch, Friedrich Eduard, geb. 4. April 1872 zu Stuttgart, Sohn des Vorigen, war seit 1893 Helden- u. Charakterdarsteller am Stadttheater in Innsbruck, dann in Kiel, Hamburg, Riga, Berlin (Luisenstädtisches Theater), Würzburg, Augsburg, Potsdam u. a. Auch Oberregisseur. Hauptrollen: Othello, Karl Moor, Tell, Hamlet, Essex, Faust, Posa, Don Carlos, Verschwender u. a.

Kiedaisch (geb. Schmidt), Mathilde, geb. 20. Juni 1833 zu Stuttgart, gest. 6. Juni 1901 das., wirkte als Schauspielerin am dort. Hoftheater.

Kiefer, Wendel, geb. 3. Mai 1858 zu Merzig bei Trier, war Kaufmann in Köln u. schrieb zahlreiche Stücke für Vereinsbühnen. *Eigene Werke:* Die Exzellenz im Forsthaus 1886; Am 1. April 1886; Die Prozeßlustigen 1888; Das große Los 1888; Die Geheimpolizisten 1889; Der kurierte Weinfälscher 1889; Der Sturz vom Pegasus 1890; Der Wunderdoktor 1890; Der verhängnisvolle Frack 1890; Die lebendige Bildsäule 1891; Das geplagte Schneiderlein 1892; Ein kleines Mißverständnis 1893; Ein unblutiges Duell 1894; Puffke vor Gericht 1895; Der Vetter von Amerika 1903; Peter in der Fremde 1904; Der Bergsteiger 1905; Der Nachtwächter von Bunzelwitz 1906 u. v. a.

Kiefersfelden besitzt das älteste Dorftheater Deutschlands u. steht damit an der Spitze der 1950 durch amtliche Statistik erfaßten 246 Laientheater in Bayern. Die Anfänge des Theaters in K. gehen auf das Jahr 1618, nach andern Quellen sogar auf 1515 zurück. *Literatur:* Johannes *Baier*, Theaterspielen liegt ihnen im Blute (Süddeutsche Zeitung Nr. 143) 1950; G. *Thi.*, Seit 300 Jahren spielt man in Kiefersfelden Ritterdramen (Die Neue Zeitung Nr. 174, Bildbeilage) 1953.

Kiehne, Hermann, geb. 10. April 1855 zu Wernigerode im Harz (Todesdatum unbekannt), Sohn eines Kunstdrechslers, wurde Lehrer. Herausgeber des „Jahrbuchs deutscher Lyrik" seit 1903 u. der „Miniaturen deutscher Dichtung" seit 1904. Auch Dramatiker. *Eigene Werke:* Ildico (Trauerspiel) 1889; Das Fest zu Mainz (Festspiel) 1893; Fahrende Leut' (Dramat. Dichtung) 1895; Der Pfalzgraf (Histor. Drama) 1912 u. a.

Kiel, die Hauptstadt von Schleswig-Holstein, beherbergte bereits um die Mitte des 17. Jahrhunderts ein Theater im alten Rathaus. Seit 1671 wurde im Ballhaus gespielt, das, 1677 zu einem Opern- u. Komödienhaus umgebaut, erst 1840 dem neuen Stadttheater Platz machte. Englische Komödianten, 1638 nachweisbar, waren die ersten Berufsschau-

spieler in K. Ihnen folgten niederländische Wandertruppen. Um 1660 traf die Gesellschaft Kaspar Stillers aus Hamburg (darunter mit weiblichen Kräften) ein, 1671 sein Landsmann Karl Andreas Paulsen, dänischer Hofschauspieler, die Tradition fortsetzend. Ihm verdanken wir mutmaßlich die erste deutsche Fassung von Shakespeares „Hamlet". 1701 u. 1702 fand sich Andreas Elenson, ein geborener Wiener, ursprünglich Mitglied der berühmten 1676 dagewesenen Veltenschen Truppe, als Prinzipal ein. Andere namhafte Unternehmer u. Schauspieler statteten K. ihren Besuch ab, so 1736 u. 1738 Karoline Neuber, später Konrad Ekhof u. F. L. Schröder. Auch die Oper, 1694 durch Gastspiele aus Hamburg eingeführt, wurde in der zweiten Hälfte des 18. Jahrhunderts durch Franzosen u. Italiener gepflegt. Zur Zeit der dänischen Herrschaft nahmen sich zunächst die Studenten der Universität K. der deutschen Schaubühne an. Dann traten wieder Berufsschauspieler auf den Plan. Unter Abel Seylers Leitung öffnete 1787 das neue Hoftheater seine Pforten, mußte diese jedoch 1806 schließen. Mit dem Grafen Carl Friedrich v. Hahn-Neuhaus erfuhr die Bühne in K. seit 1841 einen neuen Aufschwung. Zur Blüte brachte sie freilich erst der ehemalige Kapellmeister der Hamburger Oper F. L. Witt mit seiner als Sängerin gefeierten Gattin. Das Gesamtgastspiel der Kieler 1861 bei Kroll in Berlin verlieh dem Theater neuen Glanz u. konnte auch später nicht mehr überboten werden. 1907 erfolgte ein allen modernen Ansprüchen genügender Neubau des Hauses. Er fiel dem zweiten Weltkrieg zum Opfer, doch leitete man alsbald seine Wiederherstellung ein u. eröffnete ihn 1953. *Literatur:* William Freih. v. *Schröder,* Die Vereinigten Städt. Theater in Kiel unter dem Intendanten Georg Hartmann sen. (Theaterwissenschaftl. Blätter 1. Jahrg.) 1925; Gottfried *Junge,* Überblick über die Geschichte des Theaters in K. (Ebda.) 1925; ders., Die Geschichte des Theaters in K. unter der dänischen Herrschaft bis zur Errichtung einer stehenden Bühne 1774—1841 (Mitteilungen der Gesellschaft für Kieler Stadtgeschichte Nr. 34) 1928.

Kiel, Franziska s. Cornet, Franziska.

Kiel, Ludwig Adolf, geb. 1802 zu Wiesbaden (Todesdatum unbekannt), war Heldentenor in Rostock (1834) u. dann am Hoftheater in Schwerin. Hauptrollen: Masaniello, Fra Diavolo, Raoul, Tamino, Florestan, Robert u. a.

Kiel, Tobias, geb. 29. Okt. 1584 zu Ballstaedt (Gotha), gest. 1627 das., Sohn eines Lehrers u. Predigers, studierte in Jena u. ergriff den Beruf seines Vaters. Dramatiker.
Eigene Werke: Joseph (Schauspiel, ungedr.) o. J.; Rebekka (Schauspiel, ungedr.) o. J.; Davidis aerumnosum Exilium et gloriosum Effugium (Die beschwerliche Flucht u. herrliche Ausflucht Davids...) 1620.

Kieling, Wolfgang, geb. 16. März 1924 zu Berlin, wirkte als Schauspieler das. (Hebbel-Theater, Tribüne u. a.), gastierte am Schauspielhaus in München, kam 1953 an das Stadttheater in Basel u. 1954 als Gast nach Wien. Gatte von Gisela Uhlen. Hauptrollen: Engelmann ("Herbert Engelmann"), Don Juan ("Don Juan oder Die Liebe zur Geometrie") u. a.

Kieling-Uhlen, Gisela, geb. 16. Mai 1918 (?) zu Leipzig, in dritter Ehe Gattin des Vorigen, war Schauspielerin in Bochum, Leipzig, Berlin (Schiller-Theater, Schloßpark-Theater Steglitz, Theater am Nollendorfplatz u. a.), Wiesbaden, Heidelberg (Festspiele), Stuttgart, Frankfurt a. M. u. zuletzt in Basel. Hauptrollen: Nora, Maria Magdalene, Antigone, Ines ("Der Richter von Zalamea"), Katharina ("Der Teufel u. der liebe Gott") u. a.

Kielmann, Heinrich, geb. 31. Jan. 1581 zu Wien, gest. 13. Febr. 1649 zu Stettin, studierte in Leipzig, Halle und Jena, war zuerst Rechtsanwalt in Leipzig u. hierauf Gymnasialprofessor in Stettin. Dramatiker.
Eigene Werke: Venus (lat.) 1613; Tetzelocramia 1617 (nach W. Scherer „vielleicht die beste dramat. Behandlung der Reformation", A. D. B. 15. Bd. 1882).

Kien, Paul, geb. um 1880, betrat 1899 die Bühne als Mitglied einer ost- u. westpreuß. Wanderbühne, kam dann nach Berlin, Rostock, Leipzig, Essen, Krefeld, Saarbrücken u. Regensburg, war seit 1909 auch Spielleiter, später Oberspielleiter u. stellvertretender Direktor, zuletzt am Landestheater in Stendal.

Kiendl, Anthes, geb. 24. Aug. 1903 zu Regensburg, Spielleiter u. Dramaturg, lebte zuletzt in München. Bühnenschriftsteller.
Eigene Werke: Eisenbeton (Schauspiel)

1931; Nothelfer (Schauspiel) 1935; Ein Festspiel für drei Tage 1939; Bärbel von Straßburg (Schauspiel) 1947; Die Kometenhex (Lustspiel) 1948; Der Waldraub (Volksstück) 1950; Malaria (Schauspiel) 1951.

Kiendl, Elisabeth, Schauspielerin, von 1781 bis 1794 am Leopoldstädter Theater in Wien nachweisbar, spielte Rollen in den Kasperlstücken von Laroche u. Perinet. Gattin des Folgenden.

Kiendl, Nikolaus, geb. um. 1754 vermutlich zu Wien, gest. 28. Mai 1791 das., war Schauspieler am dort. Leopoldstädter-Theater. Hauptrollen in Kasperlstücken. Gatte der Vorigen.

Kienlen, Johann Christoph, geb. 1784 zu Ulm, gest. 1830 zu Dessau, Sohn des gleichnamigen Ulmer Stadtmusikers, trat bereits mit sieben Jahren als Klavierspieler u. Sänger öffentlich auf, wurde in Paris Schüler Cherubinis, dann Stadtmusikdirektor in seiner Vaterstadt, wirkte seit 1811 in Wien u. als Theaterkapellmeister in Baden u. Preßburg, seit 1823 in Berlin u. seit 1827 wieder in Ulm. Sein Lebensabend war von Armut u. Gemütskrankheit verdüstert. Komponist u. a. von Theaterstücken.
Eigene Werke: Claudine von Villa Bella (Singspiel, Text von Goethe) 1811; Die Kaiserrose (Zauberoper, Text von Menner) 1816; Petrarca u. Laura (Oper) 1816; Germanicus (Tragödie, Text von Riesch) 1816; Donna Laura (Tanz-Lustspiel) 1821 u. a.
Literatur: Riemann, J. Chr. Kienlen (Musik-Lexikon 11. Aufl.) 1929.

Kiennast, Franz, geb. 1728, gest. 1783, Dechant in Dachau (Oberbayern), leitete die dort. Volksbühne. Dramatiker.
Eigene Werke: Altbairische Possenspiele (darin Hirlanda, Die hl. Itta, Johanna d'Arc), herausg. von Oskar Brenner 1893.
Literatur: Oskar *Brenner,* Zu Kiennasts Dachauer Possenspielen (Bayerns Mundarten 2. Bd.) 1895.

Kienscherf, Otto, geb. 7. April 1868 zu Magdeburg, ausgebildet an der Theaterschule in Berlin von J. Kainz, A. von Hanstein u. a., begann seine Bühnenlaufbahn als Jugendlicher Liebhaber 1888 in Krefeld, war seit 1889 Erster Held u. Bonvivant in Magdeburg, Wesel, Lodz, Essen, Gera, Bremerhaven, Leipzig (Stadttheater), Stettin (Bellevuetheater), 1898 in Milwaukee, 1899 bis 1905 in Wiesbaden (Residenztheater), 1905—08 Oberspielleiter in Köln u. bis 1934 Schauspieler, Dramaturg u. Regisseur in Karlsruhe. Auch Bühnenschriftsteller u. um Ausbildung des Nachwuchses bemüht. Hauptrollen: Pastor Manders, Oranien, Miller, Polonius u. a.

Kienzl (geb. Lehner, verwitwete Bauer), Helene, geb. 11. Dez. 1876 zu Wien, lebte als Schriftstellerin u. Witwe Wilhelm Kienzls (s. d.) in Aussee. Verfasserin u. a. der Texte zu Kienzls Opern „Hassan, der Schwärmer" u. „Sanctissimum".

Kienzl, Hermann, geb. 22. Juni 1865 zu Graz, gest. 13. Mai 1928 zu Berlin, Sohn des Bürgermeisters von Graz Wilhelm K., studierte das., in Innsbruck u. Leipzig, wirkte seit 1889 als Journalist zuerst in Wien, dann in Berlin, war 1897—1904 Hauptschriftleiter am „Grazer Tagblatt" u. kehrte schließlich wieder nach Berlin zurück. Vorwiegend Theaterkritiker.
Eigene Werke: Dramen der Gegenwart 1905; Die Bühne, ein Echo der Zeit 1907; Der rote Leutnant (Schauspiel) 1907 (mit E. Goldbeck); Brautnacht (Schauspiel) 1908; Die Insel im See (Oper) 1910; Peter Schlemihl (Oper) 1912; Totenvolk (Oper) 1915; Die Kammerwahl (Lustspiel) 1917 (mit Mite Kremnitz); Eulalia (Lustspiel) 1918; Im Tal der weißen Lämmer (Drama) 1920; Karl Schönherr (Monographie) 1922; Hahn im Dorf (Lustspiel) 1923.
Literatur: Anonymus, H. Kienzl (Deutsche Bühne 20. Bd.) 1928.

Kienzl, Marie, geb. 24. Juni 1902 zu Wien, gest. 13. Sept. 1939 das. Opernsängerin.

Kienzl, Pauline (Lilly), geb. (Datum unbekannt) zu Linz a. d. Donau, gest. 3. Nov. 1919 zu Bad Aussee, Tochter des Rechtsanwalts Emmerich Hoke in Linz, war Dramatische Sängerin in Ulm, Reichenberg u. auch bei den Festspielen in Bayreuth. Erste Gattin von Wilhelm K. seit 1886.

Kienzl, Wilhelm, geb. 17. Jan. 1857 zu Waizenkirchen in Oberösterreich, gest. 3. Okt. 1941 zu Wien, Bruder von Hermann K., studierte in Graz, Leipzig u. Wien (Doktor der Philosophie), ging 1879 zu Wagner nach Bayreuth, hielt dann Musikvorträge in München, war seit 1893 Opernkapellmeister u. Musikkritiker in Wien, Hamburg, Amsterdam, Krefeld, München u. Graz, bis er sich

1917 in Wien niederließ. Als Komponist Erbe R. Wagners. Textdichter seiner v. R. Wagner ausgehenden Musikdramen, unter denen der „Evangelimann" volkstümlichen Ruhm gewann.
Eigene Werke: Die musikalische Deklamation 1880; Urvasi 1886; Heilmar, der Narr 1892; Der Evangelimann 1895; Don Quixote 1898; Aus Kunst u. Leben 1904; Die Gesamtkunst des 19. Jahrhunderts — R. Wagner 1904; In Knecht Ruprechts Werkstatt 1907; Betrachtungen u. Erinnerungen 1909; Der Kuhreigen 1911; Das Testament 1916; Erlebtes, Erschautes, Erstrebtes (Erinnerungen) 1925; Hassan, der Schwärmer 1925; Sanctissimum 1925; Meine Lebenswanderung 1926 u. a.
Literatur: Riemann, W. Kienzl (Musik-Lexikon 11. Aufl.) 1929; E. H. *Müller,* W. K. (Deutsches Musiker-Lexikon) 1929; Hans *Maurer,* K. — der große Österreicher (Wiener Tageszeitung Nr. 70) 1947; Hans *Sachs,* P. Rosegger an W. K. Unveröffentlichte Briefe aus vier Jahrzehnten (Die Furche Nr. 26) 1948; Karoline *Trambauer,* W. Kienzls Opernstoffe. Dramaturgischer Vergleich der Libretti mit ihren literarischen Vorbildern (Diss. Wien) 1950; Helene *Tuschak,* Kienzliaden (Die Presse Nr. 897) 1951; Kurt *Eigl,* Wo der Evangelimann spielt (Neue Wiener Tageszeitung Nr. 226) 1951 (Göttweig); Henny *Kienzl,* Kleine Begebenheiten aus einem reichen Leben (Wiener Zeitung, Sept. Okt.) 1951 (in Fortsetzungen); Alexander *Witeschnik,* Besuch bei W. K. (Neue Wiener Tageszeitung Nr. 167) 1951; Hans *Littner,* Kienzl—Rosegger. Kienzls Lebenswanderung u. Briefwechsel mit Rosegger 1953.

Kiepert, Adolf, geb. 7. Febr. 1845 zu Breslau, gest. im März 1911 zu Hannover, Sohn eines Predigers, war Buchhändler in Neisse, Breslau u. Freiburg im Brsg. u. wurde 1891 Generalsekretär der nationalliberalen Partei in Hannover. Festspieldichter.
Eigene Werke: Lichtenstein (Romantische Oper) 1891; Bismarck (Festspiel) 1899; Das deutsche Lied (Festspiel) 1901; Für Gott u. Volk (Historisches Drama) 1901; Festspiel zur Feier des 50jährigen Bestehens des Kgl. Schauspielhauses in Hannover 1902.

Kiepura, Jan, geb. 16. Mai 1902 zu Sosnowiece in Polen, studierte zuerst die Rechte, dann Musik, wirkte als bedeutender Tenor an der Mailänder Scala, in London, Kopenhagen, Paris, 1931—32 an der Staatsoper in Wien (Kammersänger), 1934 an der Staatsoper in Berlin u. a., später meist nur gastierend. Gatte der Schauspielerin Martha Eggerth.

Klepura (geb. Eggerth), Martha, geb. 17. April 1912 zu Budapest, Tochter eines dort. deutschen Bankdirektors, trat erstmals mit 13 Jahren an der Oper in Budapest in einer Puppenrolle auf, später in Wien u. Hamburg. Seither hauptsächlich im Film tätig. Gattin von Jan K.

Kierschner, Eduard, geb. 5. April 1825 zu Lemberg, gest. 1. März 1879 zu Berlin, humanistisch gebildet, studierte in Wien technische Wissenschaften, wandte sich aber bald der Bühne zu, die er 1843 am Josefstädtertheater in Wien betrat, wirkte als Schauspieler in Preßburg u. Ödenburg u. kam 1844 als Zweiter Liebhaber ans Burgtheater, dem er bis zu seiner Pensionierung 1871 angehörte. Hierauf war er bis 1876 artistischer Direktor des Residenztheaters in Berlin. Nebenbei leitete er wie schon in Wien eine Theaterschule. Auch als Dichter trat K. hervor. Erster Gatte der Schauspielerin Marie Weishappel (s. Liedtke, Marie). Hauptrollen: Hermann („Die Räuber"), Bertrand („Wildfeuer"), Sekretär („Maria Magdalene"), Baron Rietberg („Aus der Gesellschaft" von Bauernfeld) u. a.
Literatur: Eisenberg, E. Kierschner (Biogr. Lexikon) 1903.

Kierschner, Franz, geb. 21. April 1833 zu Wien, gest. 28. Sept. 1931 zu Neuyork, begann 1849 in seiner Vaterstadt die Bühnenlaufbahn u. kam als Jugendlicher Liebhaber nach Graz, Prag, Brünn, Linz u. Troppau u. debütierte 1856 am Burgtheater, dem er 17 Jahre lang angehörte. Gastspiele führten ihn an zahlreiche Bühnen. 1874 wirkte er in Neuyork, 1878 in Berlin u. Breslau. Nach abermaligem Aufenthalt in Amerika war er am Deutschen Theater in Berlin als Regisseur tätig, leitete dann eine Theaterschule u. ging schließlich noch einmal nach Amerika, wo er ein Engagement am Irving-Place-Theater annahm.

Kierschner, Marie s. Liedtke, Marie.

Kiesau, Georg, geb. 1. Dez. 1881 zu Königsberg, gest. 8. Juni 1940 zu Dresden, war zuerst im Buchhandel tätig, besuchte dann die Schauspielschule von Marie Seebach (s. d.) in Berlin, begann in Köln seine

Bühnenlaufbahn u. wirkte das. auch als Spielleiter. Seit 1922 Mitglied des Schauspielhauses in Dresden, seit 1925 auch Oberspielleiter u. zeitweiliger Direktor das.
Literatur: Hartwig Lievers, Hebbels Maria Magdalene auf der Bühne 1933.

Kiesekamp, Hedwig, geb. 21. Juli 1846 auf Schloß Heinrichenburg in Westfalen, gest. 12. März 1919 zu Münster, schrieb außer Erzählungen u. Gedichten auch Theaterstücke.
Eigene Werke: Die Liebe siegt! (Lustspiel) 1898; Heinrich (Drama) 1898; Der Prinz kommt (Lustspiel) 1898.

Kiesel, Otto (Ps. Ulrich Pfungst), geb. 7. Nov. 1880 zu Hamburg, ursprünglich dem väterlichen Schneiderberuf folgend, studierte später in Kiel u. Lausanne u. wurde dann Redakteur am „Hamburger Fremdenblatt". Vorwiegend Erzähler, aber auch Dramatiker.
Eigene Werke: Der Demagog (Schauspiel) 1905; Zöfchen (Schwank) 1913; Christine (Schauspiel) 1918; Rode ist anderer Meinung (Schauspiel) 1940; Der Wortbruch von Carnarvon (Schauspiel) 1942; Eva vor Canossa (Lustspiel) 1943; Das Mädchen Wah-Ta-Wah (Lustspiel) 1943.

Kiesler, Bernhard, geb. 20. Juni 1851 zu Buttlar in Sachsen-Weimar (Todesdatum unbekannt), war Lehrer seit 1871 in Bockenheim bei Frankfurt a. M., seit 1874 in Düsseldorf u. trat 1908 in den Ruhestand. Verfasser u. a. von Theaterstücken.
Eigene Werke: Der Hofdichter (Lustspiel) 1894 (mit H. Wehner); Simon von Cyrene (Schauspiel) 1902; Filz und Fuchs (Lustspiel) 1902 u. a.

Kieslich, Ottomar, geb. 3. Nov. 1835 zu Weißenfels, gest. 5. Oktober 1905 zu Berlin, war Opernsänger, Schauspieler u. Inspizient am Kroll- u. Wallnertheater das.

Kiesling, Ellen, geb. zu Beginn des 20. Jahrhunderts zu Frankenthal in der Rheinpfalz, ausgebildet an der städt. Akademie in Darmstadt, begann 1927 ihre Bühnenlaufbahn als Lyrische Sängerin das., wirkte seit 1930 in Ulm, seit 1932 in Oldenburg, seit 1934 in Krefeld, seit 1938 in Bremen, 1941 in Oberhausen, 1942 in Kolberg u. seit 1943 in Ingolstadt.

Kieslinger, Marie s. Gluth, Marie.

Kiessig, Georg, geb. 17. Sept. 1885 zu Leipzig, besuchte das dort. Konservatorium, war bis 1910 Solorepetitor an der Oper das., dann Theaterkapellmeister in Arnstadt u. Rudolstadt u. schrieb, seit 1911 ganz der Komposition zugewandt, seit 1920 die Schauspielmusiken für das Alte Theater in Leipzig, so zu Shakespeares „Der Widerspenstigen Zähmung", Goethes „Faust", Werfels „Spiegelmensch" u. a. Komponist der komischen Oper „Münchhausen im Vogelsberg" (1921) u. „Anselm" (1918).
Literatur: Riemann, G. Kiessig (Musik-Lexikon 11. Aufl.) 1929.

Kießlich, Josef, geb. 18. (15. ?) Okt. 1883 zu Wien, wirkte als Jugendlicher Liebhaber seit 1905 in Köln, Colmar u. a. Hauptrollen: Rudenz, Kosinsky, Hans („Jugend"), Jakob („Strom") u. a.

Kießling, Ernst, geb. 5. Sept. 1860 zu Potsdam, ging 1887 zur Bühne, spielte u. a. in Stettin, Hannover, Schleswig, Neisse, Freiberg, Bielefeld u. Essen. Hauptrollen: Wurm, Franz Moor, Hinzelmann („Im weißen Rößl") u. a.

Kießling, Ferdinand (Ps. Ferdinand v. Döbeln), geb. 21. Juli 1835 zu Döbeln in Sachsen (Todesdatum unbekannt), wandte sich der Bühne zu, die er jedoch bald wieder verließ, schrieb in England u. Amerika für verschiedene deutsche Zeitungen, nahm am Krieg 1870/71 teil u. war dann als Feuilletonist in Leipzig tätig. 1876 ließ er sich in Dresden nieder, wo er die „Saxonia" u. den „Patriotischen Hausschatz" redigierte. Bühnenschriftsteller.
Eigene Werke: Ein Tag aus Shakespeares Leben (Schauspiel) 1862; Nur ein Reiter (Lustspiel) 1868; Schriftlich (Lustspiel) 1869; Ein Geburtstagsgeschenk (Lustspiel) 1869; Deutschlands Erhebung (Drama) 1870; Christfest im Felde (Lustspiel) 1871; Fr. Haase auf Kunstreise (Schwank) 1875; Königs Geburtstag (Schauspiel) 1879.

Kietz, Ernst Benedikt, geb. 1814 zu Leipzig, gest. 31. Mai 1890 zu Dresden, bedeutender Bildnismaler, der Bühnengrößen wie Heinrich Laube, Richard Wagner, Wilhelmine Schröder-Devrient u. a. porträtierte.

Kietzmann, Carl, geb. 21. Mai 1856 zu Posen (Todesdatum unbekannt), Sohn eines Steuerbeamten, wurde in Berlin für die Bühne ausgebildet, betrat diese erstmals

1878 in Darmstadt u. kam über Elberfeld, Straßburg, Zürich u. Graz 1886 als Jugendlich-heroischer, Lyrischer- u. Spieltenor ans Hoftheater in Kassel, wo er bis 1908 wirkte. Hauptrollen: Tamino, Lyonel, Fra Diavolo, Don José, Evangelimann u. a.

Kiewert, Walter s. Schröder, Walter.

Kilchenmann, Eduard, geb. 3. April 1884 zu Oberoesch in der Schweiz, gest. 11. Nov. 1940 zu Bern, war Mittelschullehrer das. (Doktor der Philosophie). Bühnenschriftsteller.
Eigene Werke: Ds Dorngrüt (Schauspiel, berndeutsche Übertragung des gleichnamigen Stücks von Hans Corrodi) 1929; Das Lager der Einsamen (Volksstück) 1929; Michels Brautschau (Lustspiel) 1930; Karis Mueter (Heimatspiel) o. J.

Kilchner, Ernst s. Bernoulli, Karl Albrecht.

Kilian, Heiliger, vermutlich irischer Glaubensbote, verbreitete zur Zeit der Merowinger das Christentum in Franken u. erlitt mit zwei Gefährten in Würzburg den Märtyrertod. Bühnenheld.
Behandlung: Alo Heuer, Die Entscheidung (Festspiel in Würzburg) 1952.
Literatur: kfk., Kilianfestspiel, Die Entscheidung (Fränkisches Volksblatt Nr. 62) 1952.

Kilian, Eugen, geb. 10. Nov. 1862 zu Karlsruhe, gest. 24. Juli 1925 zu München, war zuerst Lehrer, ging dann zur Bühne, begann seine Laufbahn am Hoftheater seiner Vaterstadt, wo er viele Jahre als Oberspielleiter u. Dramaturg wirkte, kam hierauf nach München u. inszenierte vorwiegend Klassiker. Nach dem Ersten Weltkrieg sah er sich bei seiner Rückkehr aus dem Felde trotz seiner großen Verdienste von jugendlichen Neuerern aus dem Amte verdrängt. Dafür konnte ihm eine Dozentur für Bühnen u. Regiekunde an der Universität Kiel keinen vollen Ersatz bieten. Verfasser theatergeschichtl. Schriften, Bearbeiter u. Herausgeber von Theaterstücken.
Eigene Werke: Goethes Götz u. die neueingerichtete Münchner Bühne 1890; Beiträge zur Geschichte des Karlsruher Hoftheaters unter Eduard Devrient 1893; Das einteilige Theater. Wallenstein 1901; Dramaturgische Blätter 1905; Mein Austritt aus dem Verbande des Karlsruher Hoftheaters 1906; Goethes Faust auf der Bühne 1907;

Schillers Wallenstein auf der Bühne 1908; Aus der Praxis der modernen Dramaturgie 1914; Goethes Egmont auf der Bühne 1925; Aus der Theaterwelt, Erlebnisse und Erfahrungen 1925; Aus der Werkstatt des Spielleiters (Der Dramaturgischen Blätter 3.. Reihe) 1931. *Literatur: Anonymus*, E. K. als künstlerische Persönlichkeit 1918; Alfred v. *Mensi-Klarbach*, E. Kilian (Alt-Münchner Theater-Erinnerungen) 1924.

Kilian-Fischer, Emma, geb. 7. Aug. 1853 zu Berlin, gest. 27. Okt. 1902 zu Bonn, war Schauspielerin in Metz, Lübeck, Hamburg u. a. Hauptrollen: Traudl („Der Herrgottsschnitzer von Ammergau"), Uraca („Don Cesar"), Frau Schwarze („Heimat"), Barbara („Die beiden Reichenmüller") u. a.

Killer, Ruth, geb. 18. April 1920 zu Graz, wirkte 1940—50 als Schauspielerin am Volkstheater in München. Hauptrollen: Frau Fischer („Einen Jux will er sich machen") u. a.

Killitschy, Josephine s. Schulze, Josephine.

Kimmel (Ps. Marlow), Klara (Geburtsdatum unbekannt), gest. 5. Dez. 1906 zu Berlin, betätigte sich als Schauspielerin in Sondershausen u. a. Hauptrollen: Emilie („Hasemanns Töchter"), Marie („Der Registrator auf Reisen"), Josepha („Im weißen Rößl"), Minna („Mein Leopold") u. a.

Kinast, Elisabeth (Lisl), geb. 20. Jän. 1918 zu Wien, wirkte als Schauspielerin am dort. Josefstädtertheater.

Kinateder, Lisl, geb. 16. März 1918 zu Wien, war Schauspielerin am Volkstheater das. u. a.

Kinau, Johann (Ps. Gorch Fock), geb. 22. Aug. 1880 zu Finkenwärder, gest. 31. Mai 1916 in der Seeschlacht am Skagerak, Sohn eines Hochseefischers, zuerst Kaufmannslehrling, dann Gehilfe in einem Speditionsgeschäft in Bremerhaven, Buchhalter in Meiningen, Bremen u. Halle, schließlich in Hamburg, seit 1907 an der dort. Hamburg-Amerika-Linie. Hervorragender Lyriker u. Erzähler. Seine Dramen sind alle in plattdeutscher Sprache abgefaßt. „Cilli Cohrs" zählt zu den ergreifendsten u. wirksamsten Stücken der niederdeutschen Bühne überhaupt.

Eigene Werke: Woterkant (Posse) 1911 (mit Hinrich Wriede); Keunigin von Honolulu (Posse) 1913 (mit dems.); Cilli Cohrs (Drama) 1913; Doggerbank (Drama, abgeschlossen 1911, gedruckt) 1918. *Literatur:* C. *Borchling*, G. Fock (Deutsches Biogr. Jahrbuch 1. Überleitungsband) 1925.

Kind, Friedrich (Ps. Oscar), geb. 4. März 1768 zu Leipzig, gest. 25. Juni 1843 zu Dresden, Sohn eines Stadtrichters, mit seinem Freund A. Apel (s. d.) als Gehilfe in der Ratsbibliothek verwendet, studierte in Leipzig (Doktor der Rechte) u. wurde 1793 Advokat in Dresden. Später nur mehr literarisch tätig. 1817 bearbeitete er die Freischützsage nach A. Apel als Text für C. M. v. Webers Oper „Der Freischütz". 1818 wurde er durch Webers Vermittlung Sachsen-Coburgischer Hofrat. Seit 1817 Herausgeber der „Abendzeitung", später „Dresdener Morgenzeitung" (gemeinsam mit Th. Hell, s. d.). Führendes Mitglied des spätromantischen Dichterkreises in Dresden. Vorwiegend Erzähler u. Dramatiker. Volkstümlich wurden verschiedene Lieder aus dem „Freischütz".

Eigene Werke: Dramat. Gemälde (Vergeltung — Prinz Incognito — Die beiden Dohlen) 1802; Das Schloß Aklam (Dramat. Gedicht) 1803; Wilhelm der Eroberer (Schauspiel) 1806 (nach D. Hume); Van Dycks Landleben (Schauspiel) 1817; Der Weinberg an der Elbe (Festspiel) 1817; Theaterschriften, 4 Bde. 1821—27; Der Freischütz (Romant. Oper) 1822; Schön Ella (Volkstrauerspiel) 1825. *Literatur:* E. v. *Komorzynski*, Zwei Vorläufer von Webers Freischütz (Zeitschrift für deutschen Unterricht 15. Jahrg.) 1901; ders., Ein Vorfahr des Freischütztextes (Ebda.) 1901; H. A. *Krüger*, Pseudoromantik: F. Kind und der Dresdner Liederkreis 1904; Felix *Hasselberg*, Der Freischütz, Kinds Operndichtung und ihre Quellen, herausg. 1921; H. R. *Doering-Manteuffel*, Dresden und sein Geistesleben im Vormärz 1935; O. *Daube*, Die Freischützsage und ihre Wandlungen 1941; D., Bei des Zauberers Hirngebein (Frankfurter Zeitung Nr. 218—9) 1943.

Kinder, Friederike, geb. 26. Juli 1828 zu Goslar, gest. 1905 zu Hannover, war lange Schauspielerin in Hamburg.

Kinder, Heinrich, geb. 26. Juli 1833 zu Kirchbarkau in Holstein, gest. 20. Dez. 1907 zu Hamburg, kam als Schauspieler erst nach vielen Versuchen zu seiner Eigenart, der Darstellung plattdeutscher Charaktere. 1866 bis 1875 Mitglied des Carl-Schultze-Theaters in Hamburg, wo er mit C. Schultze, Lotte Mende u. a. zu den besten Darstellern zählte u. auf Gastspielreisen in ganz Norddeutschland große Erfolge hatte. 1875 bis 1895 wirkte er am Hamburger Stadttheater, hier auch im höheren Schauspiel u. Konversationsstück. Hauptrollen: Andreas Doria, Kapuziner, Gordon, Piepenbrink, Onkel Bräsig u. a.

Kindermann, August, geb. 6. Febr. 1817 zu Potsdam, gest. 6. März 1891 zu München, Sohn eines Webers, zuerst Buchhandelslehrling, dann Chorist am Hoftheater in Berlin (unter Spontini), ging 1839 als Zweiter Baß nach Leipzig, wo er Lortzing kennen lernte u. bis 1846 blieb. Dieser schrieb für ihn die Titelrolle des „Hans Sachs" (Uraufführung anläßlich der Gutenbergfeier 1840) u. den Grafen Eberhard im „Wildschütz" (Uraufführung 1842 ebenfalls in Leipzig). 1846 berief ihn König Ludwig I., zahlte zur Lösung des vorher geschlossenen Wiener Kontraktes 4000 Gulden Konventionalstrafe u. fesselte so den Künstler dauernd an München. 1887 trat er als Kammersänger u. Ehrenmitglied des dort. Hoftheaters in den Ruhestand. Trotzdem er am liebsten in Opern der klassisch-romantischen Zeit auftrat, schenkte er ebenso Wagner volle Aufmerksamkeit u. kreierte z. B. Wotan bei den Erstaufführungen von „Rheingold" u. „Walküre" 1869 u. 1870. Auch an den Festspielen in Bayreuth nahm er teil. Vater des Sängers August Kindermann (Hoftheater in Weimar u. Stadttheater in Hamburg), der Schauspielerin Magdalena Karl (s. d.) sowie der Sängerinnen Franziska Kindermann u. Hedwig Reicher-Kindermann (s. d.). Hauptrollen: Almaviva, Figaro, Tell, Stadinger, Pizarro, Titurel u. a.
Literatur: H. *Lier,* A. Kindermann (A. D. B. 51. Bd.) 1906; Alfred v. *Mensi-Klarbach* (Alt-Münchner Theater-Erinnerungen) 1924.

Kindermann, Franziska s. Kindermann, August.

Kindermann, Hans s. Lewald, August.

Kindermann, Hedwig s. Reicher-Kindermann, Hedwig.

Kindermann, Heinz, geb. 8. Okt. 1894 zu

Wien, Sohn eines Buchhändlers, studierte in Wien u. Berlin, war 1919—26 im österr. Unterrichtsministerium als Referent für Volksbüchereiwesen u. Kunsterziehung sowie als Referent für das Burgtheater tätig. 1924 habilitierte er sich in Wien, wurde 1926 ao. Professor für Literaturgeschichte u. Ästhetik an der Wiener Akademie der bildenden Künste. 1927 o. Professor in Danzig, 1936 in Münster, 1943—45 u. seit 1954 wieder Professor für Theaterwissenschaft in Wien.
Eigene Werke: J. M. R. Lenz u. die deutsche Romantik 1924; Das literarische Antlitz der Gegenwart 1930; Goethes Menschengestaltung 1932; Goethes Weg zum faustischen Menschen 1932; Die Commedia dell'arte und das deutsche Volkstheater 1938; Das Burgtheater 1939; Sturm- und Drangdramatik, herausgegeben 1939; Shakespeare u. das deutsche Volkstheater (Shakespeare-Jahrbuch 72. Jahrgang) 1939; Ferdinand Raimund 1940; Grillparzers Werke, herausgegeben 6 Bde. (Volksausgabe) 1941; Theater und Nation 1943; Hebbel und das Wiener Theater seiner Zeit 1943; Hölderlin u. das deutsche Theater 1943; Die europäische Sendung des deutschen Theaters 1944; Theatergeschichte der Goethezeit 1948; Lexikon der Weltliteratur (mit M. Dietrich) 1950; Meister der Komödie von Aristophanes bis Shaw 1952; Das Goethebild des 20. Jahrhunderts 1953; Hermann Bahr, Ein Leben für das europäische Theater 1954.
Literatur: Johannes *Günther,* Pionier der Theaterwissenschaft (Oberösterr. Nachrichten 5. Okt.) 1944; Ernst *Holzmann,* Lebendige Theaterwissenschaft (Essener Allgemeine Zeitung 8. Okt.) 1944; O. *Rommel* u. a.; H. Kindermann (Freude an Büchern 1. Jahrg. Nr. 1 ff.) 1951 ff.

Kinderschauspiele, Schauspiele für Kinder, bezeichnend einerseits für die lehrhaftphilanthropischen Absichten des Aufklärungszeitalters, anderseits für die bis in den häuslichen Kreis der Familie eingedrungene Theaterliebhaberei, wurden im 18. Jahrhundert lebhaft gepflegt. G. A. Pfeffel war mit „Dramatischen Kinderspielen" 1769 vorangegangen, Chr. F. Weiße, M. Claudius u. a. folgten.
Literatur: Gertraude *Dieke,* Die Blütezeit des Kindertheaters (1740—1820) 1934.

Kindertheater, d. h. Theater, dessen Personen von Kindern dargestellt wurden,

tauchten zuerst in Italien u. Frankreich auf u. fanden bei aller ihrer Unnatürlichkeit in Deutschland im 18. Jahrhundert bald Nachahmung. Besonders die berühmte Kindertruppe von Philipp Nicolini, die „piccoli Hollandesi", die in der ersten Hälfte des 18. Jahrhunderts mit ihren Pantomimen, Burlesken u. Balletten großen Zulauf erfuhren, hatten auch in Wien 1747, wo sie vom Hof reich beschenkt wurden, Erfolg. Ebenso rief die Kindertruppe von Felix Berner (s. d.), der Deutschland, die Schweiz u. Österreich seit 1758 mit ihr bereiste, überall Bewunderung u. Beifall hervor. Diese Kleinen verstiegen sich selbst zu Aufführungen des „Hamlet" u. der „Räuber". Mit dem Tod Berners (1787), der noch in seinem Testament diese Kinder wie seine eigenen befürsorgte, zerfiel die Truppe. Unvergleichlich waren die Leistungen der von Friedrich Horschelt (s. d.) im Theater an der Wien eingeführten Kinderballette seit 1814, die in den Glanzstücken „Der Berggeist" u. „Das Waldmädchen" gipfelten. 1819 verbot sie der Kaiser wegen unsittlicher Affären. Obwohl man sich bemühte, das Verbot rückgängig zu machen, mußte H. mit seiner Truppe 1821 Wien endgültig verlassen u. sich nach München begeben, wo er freundliche Aufnahme fand. Noch um die Mitte des 19. Jahrhunderts trat Josephine Weiß, die Ballettmeisterin des Josefstädtertheaters in Wien mit ihrem Kinderballett in allen bedeutenden Städten Europas u. auch in Amerika auf. In neuester Zeit 1953 wurde von den Bühnen der Stadt Lübeck ein ständiges Kindertheater eingeführt. Den Spielplan bestimmten maßgeblich Eltern, Lehrer u. Geistliche. Ebenfalls 1953 gelangte im Eutiner Schloßtheater eine Weihnachtsoper „Das Licht der Liebe" der zwölfjährigen Angelika Kraft zur Uraufführung. Die sechzig Darsteller des 117 Seiten umfassenden Märchenspiels waren Kinder zwischen sechs und sechzehn Jahren. Auch das Orchester wurde von Schülern gestellt.
Literatur: Gertraude *Dieke*, Die Blütezeit des Kinder-Theaters (1740—1820) 1934.

Kindesmörderin, Die, Trauerspiel in fünf Akten von Heinrich Leopold Wagner 1776, von der Wahrischen Gesellschaft in Preßburg aufgeführt im gleichen Jahr, umgearbeitet als „Evchen Humbrecht" 1778 in Frankfurt a. M. Als Nebentitel fügte er hinzu: „Ihr Mütter, merkt's euch". Das Motiv des verführten Mädchens weist auf Goethes „Faust" einerseits u. auf Schillers „Kabale u. Liebe" anderseits hin. Lessings Bruder Karl arbeitete das Stück für die Bühne um u. veranlaßte dadurch weitere Aufführungen.
Literatur: J. M. *Rameckers,* Der Kindesmord in der Literatur der Sturm- und Drang-Periode 1927.

Kindler, Josef, geb. 1795 zu Wien, gest. 24. Jan. 1847 zu Berlin, war 1838—42 Mitglied des Burgtheaters, später Schauspieler u. Regisseur am Königstädtischen Theater in Berlin.

Kindschi, Paul, geb. 1869 zu Davos in der Schweiz, gest. 30. April 1936 zu Zürich, war Buchhalter das. Dramatiker.
Eigene Werke: Die beiden Müllerskinder (Volksschauspiel) 1903; Verbrecher in Gedanken (Volksschauspiel) 1906; Ein verlorenes Leben (Volksdrama) 1908; Auf dem Hospiz (Singspiel) 1909 u. a.

Kinkel, Albertus, geb. 25. Febr. 1900 zu Hamburg, gest. im Aug. 1952 zu Wilhelmshaven, wirkte als Schauspieler 1919 in Münster, 1920—25 in Oldenburg, hierauf bis 1933 auch als Spielleiter der Operette in Altenburg, als Oberspielleiter in Fürth u. a., schließlich als Charakterdarsteller, Oberspielleiter u. zuletzt als Intendant des Neuen Theaters in Wilhelmshaven.

Kinkel, Gottfried, geb. 11. Aug. 1815 zu Oberkassel bei Bonn, gest. 12. Nov. 1882 zu Zürich, Sohn eines evangel. Pfarrers, wurde 1837 Privatdozent in Bonn, 1846 ao. Professor das., beteiligte sich 1849 am badisch-pfälzischen Aufstand, emigrierte nach London u. lebte seit 1866 als Professor der Kunstgeschichte in Zürich. Lyriker u. Epiker, aber auch Dramatiker.
Eigene Werke: Friedrich Rotbart in Suza oder Vasallentreue (Lieder- und Lustspiel) 1841; Die Assassinen (Schauspiel) 1842; König Lothar von Lothringen (Trauerspiel) 1842; Nimrod (Trauerspiel) 1857.
Literatur: Adolf *Strodtmann,* G. Kinkel, 2 Bde. 1850 f.; Otto *Henne,* G. K. 1883; Otto *Mausser,* G. K. (A. D. B. 55. Bd.) 1910.

Kinsky, Ilka Gräfin, geb. 21. Sept. 1864 zu Kaschau (Todesdatum unbekannt), Tochter eines Ingenieurs v. Palmay, trat unter diesem Namen als Schauspielerin u. Sängerin in Kaschau, Budapest u. Klausenburg auf, erlernte die deutsche Sprache u. wirkte seit

63*

1890 als Soubrette im Theater an der Wien, kam 1893 ans Lindentheater in Berlin, ging dann auf Gastspielreisen u. a. mit dem Ensemble des Coburger Hoftheaters nach London, zog sich jedoch später von der Bühne zurück u. heiratete nach dem Tod ihres ersten Gatten, des Schauspielers Josef Szigheti, den Grafen Eugen Kinsky. Hauptrollen: Schöne Helena, Briefchristl, Mamsell Nitouche u. a.
Literatur: Eisenberg, I. v. Palmay (Biogr. Lexikon) 1903; Ilka *Kinsky*, Meine Erinnerungen (deutsch von H. Glücksmann) 1911.

Kinsky (geb. Pölzl, Ps. Renard), Marie Gräfin, geb. 18. Jan. 1864 zu Graz, gest. 19. Okt. 1939 das., begann ihre Bühnenlaufbahn als Azucena („Der Troubadour") in Graz, ging dann nach Prag, wirkte seit 1888 an der Wiener Hofoper u. nahm, nachdem sie geheiratet hatte, 1900 ihren Abschied. Hagemann schreibt: „... sie wurde in Wien während der Glanzzeit der Oper eine Charaktersängerin großen Stils u. unangefochtener Beliebtheit. Die Manon in Massenets damals vielgespielter Oper hob sie in ihrer gesanglich u. darstellerisch bestrickenden Gestaltung weit über die recht banale Salonmusik des Franzosen hinaus. Diese ihre sehr persönliche Leistung als charmanteste aller Opernspielerinnen war Jahre lang die Wonne der Wiener." Weitere Rollen: Mignon, Carmen, Rosalinde u. a.
Literatur: D. Berger, M. Renard (Bühne und Welt, 2. Jahrgang) 1901; Carl *Hagemann*, M. R. (Deutsche Bühnenkünstler um die Jahrhundertwende) 1940.

Kinz, Franziska s. Kaesbach, Franziska.

Kinzler, Friedrich, geb. um die Jahrhundertwende, war seit 1924 Schauspieler in Hamburg, Wiesbaden, Mannheim u. a., seit 1951 an den Städt. Bühnen in Köln. Hauptrollen: Paulet („Maria Stuart"), Hauptmann („Die Höllenmaschine"), Dominik („Einen Jux will er sich machen"), Malmstein („Schluck u. Jau") u. a.

Kipnis, Alexander, geb. 1891 in Polen, am Konservatorium in Warschau ausgebildet, wirkte als bedeutender Bassist in Hamburg, Wiesbaden, Berlin, Wien (1936—38) u. gab zahlreiche Gastspiele in Chicago, Buenos Aires, Paris, London u. in vielen deutschen Städten. Er sang auch mehrere Jahre bei den Festspielen in Bayreuth u. 1929 bei den Wagnerfestspielen in München. Hauptrol-

len: König Marke, König Heinrich, Gurnemanz, Titurel, Hagen, Pogner, Daland, Philipp, Rocco u. a.

Kipper, Heinrich, geb. 16. Dez. 1875 zu Illischestie in der Bukowina, Sohn eines schwäbisch-pfälzischen Siedlers, studierte in Czernowitz u. Wien, war Professor an der Lehrerinnenbildungsanstalt in Czernowitz u. kam nach dem Ersten Weltkrieg (schwer verwundet) in gleicher Eigenschaft an die Lehrerbildungsanstalt in Hollabrunn (Niederösterreich). Erzähler u. Dramatiker.
Eigene Werke: Der Dickvetter als Hexenmeister (Schwank) 1922; Die gezähmten Schwiegerväter (Schwank) 1922; Die Teufelsschmiede (Volksstück) 1923; Geschwister (Schauspiel) 1924; Die Meistergeige (Schauspiel) 1925; Der bekehrte Prahlhans (Märchenspiel) 1926; Das alte und das neue Jahr (Silvesterspiel) 1926; Der Alte im Barte (Schauspiel) 1928; Neujahr (Szenen) 1928; Josef Hieß und sein Rassendrama 1929; Die Liebeswette (Operettenlibretto) 1940; Das Königskind (Opernlibretto) 1943; Die Zaubermelodie (Schauspiel) 1943; Der Impresario (Schauspiel) 1944; Die Wiener Nachtigall (Schauspiel) 1945 u. a.

Kipper, Hermann, geb. 27. Dez. 1826 zu Koblenz, gest. 25. Okt. 1910 zu Köln, lebte als Theaterkritiker der „Kölnischen Volkszeitung" das. Auch Musikreferent u. Komponist humoristischer Operetten („Der Quacksalber", „Inkognito", „Kellner u. Lord").

Kirch, Richard, geb. 16. Juni 1867 zu Hamburg, gest. 16./17. Dez. 1912 zu Frankfurt a. M., Kaufmannssohn, wurde von Robert Buchholz (s. d.) als Schauspieler ausgebildet u. betrat als Charakterdarsteller in Meiningen die Bühne, kam dann nach Stuttgart, Petersburg, wirkte seit 1889 in Elberfeld, Neuyork u. Mainz, seit 1893 in Dresden, Prag, Wien (Deutsches Volkstheater), seit 1899 in Hamburg (Stadttheater) u. seit 1902 in Frankfurt a. M. Gastspielreisen führten ihn nach London u. Paris. Gatte der Sängerin Emma Moerdes. Hauptrollen: Coriolan, Marc Anton, Orest, Hamlet, Othello, Faust u. a.
Literatur: Eisenberg, R. Kirch (Biogr. Lexikon) 1903; R. *Kirch*, Mein erstes Debut (Frankfurter Zeitung Nr. 43) 1905.

Kirch-Moerdes, Emma, geb. 7. Okt. 1865 zu Straßburg, gest. 6. April 1898 zu Wien,

Schülerin von Anna Possart (s. d.) debütierte 1884 als Ännchen im „Freischütz" in München, wurde im gleichen Jahr Mitglied des Stadttheaters in Augsburg, hierauf des Hoftheaters in Stuttgart, wirkte 1887—88 in Petersburg u. 1888—91 in Hannover. Als Gast sang sie in Gotha, Kassel, Straßburg, Mainz u. Prag, auch in Amerika. Seit 1887 Gattin von Richard Kirch. Schwester der ersten Gattin von Ferdinand Bonn (s. d.). Hauptrollen: Rosalinde, Carmen, Zerline, Cherubin u. a.

Kirchbach, Wolfgang, geb. 18. Sept. 1857 zu London, gest. 8. Sept. 1906 zu Nauheim, studierte seit 1877 in Leipzig u. München Philosophie u. Geschichte, hielt sich 1682 in Italien auf, seit 1888 in Dresden, wo er bis 1890 das „Magazin für Literatur" leitete, u. seit 1896 in Berlin. Vorwiegend Dramatiker. Wichtiger Vorläufer des Naturalismus. *Eigene Werke:* Kosmopolitische Originale (Dramat. Farce) 1878; Der Menschenkenner (Lustspiel) 1884; Waiblinger (Trauerspiel) 1886; Die letzten Menschen (Bühnenmärchen) 1890; Des Sonnenreichs Untergang (Kulturdrama) 1894; Gordon Pascha (Zeitdrama) 1895; Eginhard u. Emma (Schauspiel) 1895; Jung gefreit (Lustspiel) 1896; Wein (Schauspiel) 1896; F. Schiller, der Realist u. Realpolitiker 1905; Gesammelte poet. Werke 8 Bde. 1908 ff. u. a. *Literatur:* Marie Luise *Kirchbach* u. K. M. Freih. *v. Levetzow,* W. Kirchbach in seiner Zeit 1910.

Kirchberg, Louis s. Kirchner, Louis.

Kirche in ihrer Beziehung zum Theater. *Literatur:* Heinrich *Alt,* Theater u. Kirche in ihrem gegenseitigen Verhältnis historisch dargestellt 1846; G. W. *Lehmann,* Das Theater vom christlichen Standpunkt angesehen 1872; F. *Sell,* K. u. Theater. Darstellung ihres geschichtl. Verhältnisses u. ein Ausblick in die Zukunft 1903; St. *Nithack,* Theater u. K., ihr geschichtl. Verhältnis (Protestantenblatt 37. Jahrg. Nr. 16 ff.) 1904 u. a.

Kirchhöfer, Johann Georg (Geburtsdatum unbekannt), gest. 1804 zu Mannheim, kam als Schauspieler u. Dekorationsmaler mit der Seylerschen Truppe dahin, spielte in der Uraufführung der „Räuber" den alten Moor, im „Fiesko" den Andreas Doria u. verfertigte die Schattenrisse der ersten Darsteller in diesen Stücken.

Kirchhofer, Hermine s. Kleiber, Hermine.

Kirchhoff, Anna (Geburtsdatum unbekannt), gest. 27. Nov. 1943 zu Lübeck. Schauspielerin.

Kirchhoff (Ps. Hofer), August, geb. 1864, gest. 15. Mai 1931 zu Lübeck, begann seine Bühnenlaufbahn als Chorsänger, wirkte später als Darsteller u. in Solopartien an den Stadttheatern in Magdeburg u. Lübeck, zuletzt als Bürochef am dort. Hansa-Theater. Hauptrollen: Heiner („Der Bärenhäuter"), Tobias („Undine"), Nachtigall („Die Meistersinger von Nürnberg"), Walter („Der Verschwender") u. a.

Kirchhoff, Friedrich (Fritz), geb. 10. Dez. 1901 zu Hannover, gest. 25. Juli 1953 zu Berlin, von Louise Dumont (s. d.) ausgebildet, begann seine Bühnenlaufbahn 1926 als Regieassistent u. Dramaturg am Schauspielhaus in Düsseldorf, ging 1928 nach Halberstadt, 1930 nach Osnabrück, 1931 nach Augsburg, wurde 1932 Intendant in Königsberg, wirkte 1933—34 in Berlin u. hierauf in Wuppertal als Oberspielleiter. Zuletzt leitete er ein Schauspielstudio in Berlin u. gründete 1948 die Pontus-Film, eine eigene Produktionsgemeinschaft.

Kirchhoff, Fritz, geb. 16. Okt. 1891, betrat 1910 in Nürnberg die Bühne, wurde Mitglied des Max-Reinhardt-Ensembles, mit dem er Tourneen nach London, Wien u. Paris unternahm, wirkte dann an vielen namhaften Bühnen Deutschlands, gründete 1923 die Pommersche Landesbühne Köslin u. war später Mitglied des Stadttheaters in Meißen, wo er vom Schauspieler zum Intendanten aufrückte.

Kirchhoff, Gustav Friedrich, geb. 1725 zu Halle a. d. S., gest. 1764 zu Frankfurt a. M., Sohn eines Organisten, schloß sich als Schauspieler 1746 der Schönemannschen Truppe an, 1757 der Schuchischen, wurde 1758 Prinzipal in Altona, ging 1759 mit seiner Frau Barbara Heydenschild nach Mitau, 1760 nach Wien, 1761 nach Prag, 1762 nach Mainz u. zuletzt nach Frankfurt a. M.

Kirchhoff, Herbert, geb. 5. Mai 1911 zu Braunschweig, besuchte Universität u. Kunstakademie, war 1933—45 Bühnenbildner für Oper u. Schauspiel an den Städtischen Bühnen in Düsseldorf, am Staatl.

Schauspielhaus in Hamburg, nach 1945 an der Jungen Bühne u. den Kammerspielen das., hierauf in Hannover, Frankfurt a. M. u. an der Städt. Oper in Berlin-Charlottenburg. Zuletzt Chefarchitekt der Real-Film-GmbH. in Hamburg.

Kirchhoff, Walter, geb. 17. März 1879 zu Berlin, gest. 29. März 1951 zu Wiesbaden, ursprünglich Kavallerieoffizier, wurde von Lilli Lehmann u. dann in Mailand gesanglich ausgebildet, wirkte 1906—20 als Heldentenor an der Staatsoper in Berlin u. gab Gastspiele in allen Kontinenten. An der Verbreitung der Musikdramen Wagners maßgebend beteiligt. Auch Bayreuther Sänger. 1926 wurde er für sechs Jahre an die Metropolitan-Oper in Neuyork verpflichtet. Hauptrollen: Lohengrin, Siegfried, Tristan, Tannhäuser, Stolzing, Canio („Der Bajazzo"), Alfred Germont („La Traviata"), José („Carmen") u. a.

Kirchmair, Robert, geb. 12. Juli 1878 zu München, studierte das. Germanistik u. Literaturgeschichte, war Lehrer in Schweinfurt, Lübeck (hier auch Theater- u. Musikkritiker), München, Ludwigshafen u. a. Bühnenschriftsteller.

Eigene Werke: Zum Preise des Sports (Melodramat. Dichtung) 1899; Harmonie (Festspiel) 1902; Ambros Worbacher (Schauspiel) 1905; Die Pate des Sandwirts (Volksstück) 1905; Anna Herbert (Drama) 1908; Ein zerstörtes Leben (Drama) 1912; Käthe (Drama) 1915; Kußbazillen (Lustspiel) 1915; Ketten (Drama) 1916.

Kirchmair (Kirchmayer), Thomas (Ps. Naogeorgus), geb. 1511 zu Hubelschmeiß bei Straubingen, gest. 29. Dez. 1563 zu Wiesloch bei Heidelberg, studierte in Tübingen (?), wurde 1535 Pastor in Sulza, 1541 in Kahla, geriet in Widerstreit mit dem alternden Luther u. zog dann in Süddeutschland u. der Schweiz unstet von Ort zu Ort. Seine lat. Dramen, vielfach verdeutscht, bekämpften den alten Glauben u. das Papsttum sehr scharf.

Eigene Werke: Tragoedia nova Pammachius 1538, neuherausg. von J. Bolte u. E. Schmidt (Lat. Literaturdenkmale 1891, deutsch von Justus Menius 1539); Tragoedia nova Mercator seu judicium 1540, deutsch (Der bekehrte Kaufmann) 1540—95 (Neudruck von J. Bolte: Drei Schauspiele vom sterbenden Menschen, Bibliothek des Literar. Vereins in Stuttgart 269./70. Bd.

1927); Incendia seu Pyrgopolinices 1541 (verdeutscht Der Mordbrand 1541); Hamanus (Tragödie) 1543, deutsch von J. Chryseus 1546; Hieremias (Tragödie) 1552, deutsch von W. Spangenberg 1603; Regnum Papsticum 1553, deutsch 1555.

Literatur: Erich *Schmidt,* Th. Naogeorgus (A. D. B. 23. Bd.) 1886; F. *Wiener,* Naogeorg im England der Reformationszeit (Diss. Berlin) 1907; Leonhard *Theobald,* Leben u. Wirken von Th. N. seit seiner Flucht aus Sachsen (Quellen u. Darstellungen zur Geschichte der Reformation 4. Bd.) 1908.

Kirchner, Franz, geb. 25. Mai 1870 zu Köln, gest. 14. Okt. 1919 zu Milwaukee, begann seine Bühnenlaufbahn in Wiesbaden u. wirkte als Bonvivant u. Regisseur das., in Chemnitz, Stuttgart, Zürich u. seit 1908 in Milwaukee. Hauptrollen: Bolz („Die Journalisten"), Reif („Krieg im Frieden"), Rank („Nora"), Flemming („Flachsmann als Erzieher") u. a.

Kirchner, Gustav (Geburtsdatum unbekannt), gest. 14. Sept. 1927 zu Hamburg als Oberspielleiter u. Schauspieler am dort. Thaliatheater, war vorher Intendant in Oldenburg. Hauptrollen: Benesch („König Ottokars Glück u. Ende"), Polonius („Hamlet"), Warwick („König Heinrich IV."), Gollwitz („Der Raub der Sabinerinnen"), Dromio („Komödie der Irrungen"), Raoul („Die Jungfrau von Orleans") u. a.

Kirchner, Hugo, geb. 17. Nov. 1861 zu Berlin, gest. 27. Dez. 1918 zu Breslau, war 21 Jahre Opernsänger u. Oberregisseur am Stadttheater in Breslau. Auch an den Bayreuther Festspielen nahm er teil. Hauptrollen: Rhynberg („Der Rattenfänger von Hameln"), Gil Perez („Der schwarze Domino"), Tristan („Martha"), Adelhof („Der Waffenschmied"), Bartolo („Figaros Hochzeit") u. a.

Kirchner, Lorenz, geb. 19. Aug. 1874 zu Hamburg, gest. 7. April 1931 zu Berlin, Schüler von Hans Buchholz (s. d.), begann seine Bühnenlaufbahn als Schauspieler in Hamburg, wirkte u. a. in Augsburg, Würzburg, Aachen, Trier, Hannover, Bern, Basel, Posen u. Regensburg auch als Regisseur. Als Direktor war K. am Deutschen Theater in Reval, am Freilichttheater in Lößnitz u. fünf Sommer an einem Kurtheater in der Tschechoslowakei tätig. Hauptrollen: Mephisto, Shylock, König Philipp, Wallenstein,

Vogelreuter („Johannisfeuer") u. a. Auch Bühnenschriftsteller.

Kirchner (Ps. Kirchberg), Louis, geb. 6. Juli 1840 zu Weimar, gest. 5. Sept. 1897 zu Hamburg als Schauspieler u. Sänger am dort. Stadttheater.

Kirchner, Otto, geb. 22. Jan. 1890 zu Elberfeld, von Ferdinand Gregori (s. d.) ausgebildet, war vor dem Ersten Weltkrieg Bühnenbildner an bedeutenden Instituten des In- u. Auslandes, seit 1919 Schauspieler u. Regisseur in Hirschberg, Düsseldorf, Berlin u. Stettin, führte 1921—24 die Direktion der Volksbühne Norden in Berlin, 1924—25 die des Schloßparktheaters Berlin-Steglitz, gleichzeitig seit seiner Begründung das Theater der höheren Schulen Berlins, 1925 bis 1929 das Landes-Jugendtheater, ging dann kurze Zeit als Direktor nach Hannover, leitete im In- u. Ausland Ensemble-Gastspiele, u. wurde später Intendant der Deutschen Musikbühne in Berlin u. in gleicher Eigenschaft am Stadttheater Elbing u. Aachen. Herausgeber der „Blätter des Stadttheaters Aachen".

Kirke (lat. Circe), Zauberin, die bei Homer die Gefährten des Odysseus (s. d.) in Tiere verwandelt, aber durch einen Gegenzauber überwunden wird, als Bühnenfigur.
Behandlung: Hans Sachs, Die Göttin Circes (Comödie) 1850; C. Dorer, Circe u. Ulysses (Schauspiel) 1884; August Bungert, Kirke (Oper) 1898.

Kirms, Franz, geb. 1750, gest. 1826, war Goethes wertvollster Gehilfe bei der Direktion des Weimarer Hoftheaters seit 1791.
Literatur: Georg Droescher, K. Jagemann, Iffland, Kirms (Jahrbuch der Goethe-Gesellschaft 15. Bd.) 1929.

Kirpal, Joseph, geb. 1770 zu Prag, gest. 22. Febr. 1823 das. als Kriminalrat. Dramatiker.
Eigene Werke: Die Ehrenerklärung (Schauspiel) 1794; Die Jugendfreunde (Schauspiel) 1795.

Kirsch (Ps. Korff), Arnold, geb. 2. Aug. 1868 zu St. Louis, gest. um 1930, begann seine Bühnenlaufbahn in England, kam 1894 nach Europa, spielte zuerst in Olmütz, seit 1897 am Carltheater in Wien u. 1899—1913 am Burgtheater, ausgezeichnet im Fache der Bonvivants u. eleganten Figuren im Konver-

sationsstück. Hauptrollen: Dörmann . („Der ledige Hof"), Graf („Der tolle Tag") u. a.

Kirsch, Arnold, geb. 15. Mai 1873 zu Wien, gest. 26. April 1910 das., war Schauspieler am Deutschen Volkstheater das. u. am Berliner Theater in Berlin.

Kirsch, Auguste s. Wanner-Kirsch, Auguste.

Kirsch, Otto, geb. 6. März 1862 zu Wien, gest. 27. März 1932 zu Plauen im Vogtland, zuerst in einem Speditionsgeschäft tätig, wandte sich jedoch 1885 der Bühne zu u. wirkte als Erster Held u. Liebhaber 1886 in Magdeburg, 1887 in Halle, 1888 in Graz, 1889—90 in Stuttgart, dann am Deutschen Volkstheater in Wien, 1891—93 am Burgtheater, 1894—95 am Deutschen Theater in Berlin, 1896—1911 in Meiningen u. 1911—13 in Plauen, wo er seinen Bühnenabschied nahm, um sich auf eine dort. Verlagsanstalt zu betätigen. Hauptrollen: Borowsky („Der Stabstrompeter"), Lucien („Buridans Esel"), Probst Hall („Wenn der junge Wein blüht"), Sandperger („Glaube u. Heimat"), Barnau („Die zärtlichen Verwandten"), Herzog („Was ihr wollt") u. a.

Kirsch, Richard, geb. um 1860, gest. 31. März 1924 zu Berlin, war Schauspieler u. a. in Gera, 1887—90 am Gärtnerplatztheater in München u. zuletzt in Berlin. Hauptrollen: Neumeister („Der Raub der Sabinerinnen"), Jack („Charleys Tante"), Kasimir („Die Quitzows"), Bolingbroke („Ein Glas Wasser"), Peter („Glaube u. Heimat") u. a.

Kirschner, Cornelius, geb. 28. Mai 1858 zu Wien, gest. im März 1931 das., Sohn eines Waffenfabrikanten, studierte zuerst Chemie, wandte sich aber 1875 der Bühne zu, spielte in Mödling bei Wien, Wels, Olmütz, Budapest, Berlin u. Wien, wo er als Komiker am Raimund- u. Carl-, seit 1910 am Deutschen Volkstheater großen Beifall fand. Hauptrollen: Adam, Vansen, Dusterer, Hasemann, Striese u. a.

Kirschner, Max, geb. 5. Nov. 1861 zu Chemnitz, gest. 16. Febr. 1913 zu Neu-Zittau, war seit 1878 bei reisenden Theatergesellschaften tätig, dann in Chemnitz, Rostock, Olmütz, Basel, Liegnitz, Görlitz, Kiel, Krefeld u. Danzig, wo er sieben Jahre im Schau- u. Lustspiel, in Posse u. Operette wirkte. Seit 1899 als Charakterkomiker am Kgl. Schauspielhaus in Berlin, seit 1901 am dort.

Schillertheater. Hauptrollen: Herr Senator, Maurerpolier Gluck, Kollege Crampton u. a.

Kirstein, Paul, geb. 24. Juni 1869 zu Berlin, war zuerst Kaufmann u. dann freier Schriftsteller das., der u. a. auch Theaterstücke verfaßte.

Eigene Werke: Zerstörtes Glück (Schauspiel) 1895; Junge Ehe (Schauspiel) 1896; Erkenntnis (Schauspiel) 1897; Der Herr Klavierlehrer (Schwank) 1897; Das Ende (Drama) 1901; Das bunte Band (Schauspiel) 1904.

Kiß von Itebe, Katharina, geb. 11. Sept. 1855 zu Baden bei Wien, gest. 17. April 1940 das., Enkelin des Badener Arztes Johann Chrysostomus Schratt, wurde von Alexander Strakosch (s. d.) in der Kierschnerschen Theaterschule in Wien für die Bühne ausgebildet, kam als Jugendliche Naive zuerst ans Hoftheater in Berlin, 1873 ans Stadttheater in Wien (unter Laube), wirkte 1874 bis 1875 am Hoftheater in Petersburg, 1875 bis 1879 wieder am Stadttheater in Wien (unter Laube), unternahm dann längere Gastspielreisen u. kehrte 1880 zum dritten Male dahin zurück. Seit 1883 Mitglied des Burgtheaters u. seit 1887 Hofschauspielerin, bis sie 1900 ihren Rücktritt nahm. Schon Laube rühmte ihrem „Käthchen von Heilbronn" nach: „Wie herkömmlich warf man ihr bereits die Schönheit vor, welcher ihr Talent nicht gleichkomme. Da entdeckte ich, daß reale Aufgaben, naiv komische, kurz, was die Franzosen une ingénue nennen, eine Fülle von Talent in ihr wirkten. In diesem Fache wurde sie dann binnen kurzer Zeit eine nahezu erste Schauspielerin". Und ein anderes Mal: „Ihr Spiel war voller Energie, sie wagte viel, und wagte mit Glück. Ergötzlich brachte sie jede Ausartung wildgewachsener Weiblichkeit, mit kecker Laune ließ sie die maßlosen Unarten des großen Kindes über die Bühne schwirren, aber über aller Wildheit lag ein Anhauch schlummernder weiblicher Anmut". Begeistert aber äußerte sich Fontane gelegentlich eines Gastspiels der Schratt in Berlin: „Wer wäre auch so vergällt, daß er Lust oder auch nur die Fähigkeit haben könnte, sich dem Zauber dieser Erscheinung zu entziehen! Ein Zauber, an dem die Kunst mindestens ebenso vielen Anteil hat wie die Natur. Szenenlang keine Bewegung, auch einer Fingerspitze nur, die jenseits der Schönheitslinie gelegen hätte! Unser plastischer Sinn hielt einen wahren Festtag. Eines mag für alles Zeugnis ablegen. Der

Ellenbogen, dies Sturmkap, an dem die Schönheit auch der Schönsten zu scheitern pflegt, hier gab es kein Promontorium, und die Armlinie lag da wie die geschwungene Linie am Golf von Neapel". 1879 heiratete sie den Ungar Nikolaus Kiß v. Itebe, von dem sie später getrennt lebte. Seit 1886 war sie mit Kaiser Franz Joseph befreundet. Als sie 1903 am Deutschen Volkstheater in Wien in Franz v. Schönthans „Maria Theresia" die Hauptrolle spielte, widmete ihr Hermann Bahr einen Essay, in dem er nicht nur sie, sondern auch das Wienertum charakterisiert: „Es gibt Schauspieler, die gar nicht erst den Umweg über ihre Kunst brauchen, sondern unmittelbar, schon durch die bloße Macht ihres Wesens, dadurch allein, daß sie da sind, auf das Publikum wirken, sei es, daß diese sie als besondere, an Schönheit oder Leidenschaft oder Güte ungemeine Exemplare der Menschheit verehrt, sei es, was ihm vielleicht noch lieber ist, daß es in ihnen seine eigene Natur wiederzufinden glaubt, so rein u. mit solcher Anmut dargestellt, daß es Ursache hat, stolz zu sein. Diese, jeder Stadt willkommen, weil man sich überall gern in einem verschönenden Spiegel sieht, sind es nirgends mehr als in der unseren, die, was sie auch räsonieren u. über sich raunzen mag, doch, gestehen wir es nur, recht eigensinnig in sich verliebt ist u. sich, wie bereit sie sei, Fremdes zu bewundern, Neues aufzufassen, in ihrer altgewohnten Art immer noch am wohlsten fühlt. Wir sind nun einmal auch im Theater nicht ‚objektiv', wir schauen durch die Rolle gleich nach der Person aus, diese soll uns wert u. lieb sein, was doch jedem Menschen schließlich nur ist, wer ihm gleicht. Und so ringt sich in Wien kein Schauspieler durch, der uns nicht irgendwie fast familiär anzuheimeln weiß. Wir fragen viel weniger, was oder wie er spielt, als ob er uns gemütlich verwandt berührt, u. eigentlich entscheidet zuletzt doch immer nur, ob man in den Logen u. im Parkett Lust bekommt, mit ihm bekannt u. intim zu werden. Das scheint einst das Geheimnis Korns u. Fichtners, der Luise Neumann, der Haizinger u. auch wohl der Rettich gewesen zu sein; man hatte offenbar das Gefühl: hier spielt uns einer oder eine von uns unser eigenes Temperament vor. Und das ist das große Geheimnis der Schratt, die jetzt in der Gunst der Stadt neben Girardi steht: weil an ihr die Wienerin sich selbst zu erblicken glaubt, wie sie ist oder doch gern wäre, u. weil an ihr der Wiener seine liebsten Wünsche anmutig behaglich erfüllt sieht. Sie hat einst im Burgtheater die Frau Wahrheit gespielt, u. von diesen tüchtigen, derben, resoluten Frauen des Hans Sachs stammt ja die Wienerin wesentlich ab, nur daß der deutschen Redlichkeit u. dem breiten Behagen in unseren Ländern noch ein Schuß von Übermut u. ein vielleicht keltischer Zug von geistiger Beweglichkeit u. argloser List beigemischt ist, der nun gar in dieser merkwürdigen Wiener Stadt noch seinen besonderen südlichen Glanz hat. Die Wienerin ist zugleich trotziger u. herber, aber doch auch wieder sinnlicher u. wärmer als ihre bajuvarische Schwester, in ihre deutsche Grundfarbe spielt es bald slawisch, bald romanisch schillernd herein. Dem Norddeutschen kommt sie verwegener vor als sie ist, weil ihn ihre unbefangene Munterkeit u. die Lust an kleinen Gefahren täuscht, die sich doch durch das Gewicht ihres klaren u. eigentlich ganz unleidenschaftlichen Sinnes gesichert weiß. Der Romane hinwieder findet sie eher spröde u. kalt, weil er eben ihre kreuzbrave Seelenruhe nicht verstehen kann. Daß sie beides ist, sinnlich keck u. im Grunde doch ernst, launisch u. doch verläßlich, bei jenem Philinenzug, der Hebbel so gefiel, doch eigentlich fast philiströs, das macht ihren Zauber aus, der sich lustig zwischen Leidenschaft u. Verstand wiegt, manchmal fast bis an jene gerät, aber sich sogleich immer wieder auf diesen besinnt u. zuletzt beide in einer gemächlichen Heiterkeit, der es an kleinem Eigensinn u. einem fast komischen Trotz nicht fehlt, sanft auszugleichen u. fröhlich zu beruhigen weiß. So ist die Wienerin u. genau so ist die Schratt u. daß man das im Theater spürt u. daß die Wienerin sich an ihr erkennt, das ist ihr Reiz. Dazu stimmt nun bei ihr alles ein. Gleich wenn sie kommt, man hat sie noch kaum erblickt u. schon ist das Ohr betört, so freundlich klingt uns diese helle u. resche Stimme an, in der alle kleinen Teufel der Wiener Laune lauern, gutmütiger Spott, Verschlagenheit u. unsere böse Lust am Frozzeln, alle bereit, bunt durcheinander loszufahren. Aber jetzt schlägt sie die Augen auf, diese unglaublichen Augen, fern u. still, wie ein weit weg glitzernder Stern, Augen einer Melusine, die sich nach dem tiefen Wasser sehnt, verträumt, unirdisch, entrückt, zu denen nun der fröhlich gesprächige Mund eigentlich gar nicht paßt, um den es, sehr weltlich, sehr irdisch, hausfraulich verständig, von tätiger Entschlossenheit u. munterer Verwegenheit blitzt. Dem Wiener wird

warm, er denkt unwillkürlich gleich, wie nett es sein muß, wenn sie sich ,giftet' u. die Zähne zeigt, danach gelüstet ihn, wie ihm denn immer ein versöhnlicher Zank, lustig, kriegerisch geführt, im Grunde das liebste Verhältnis zur Frau ist. Er ist kein Troubadour, er betet nicht gern an, höchstens über die Gasse, u. zur schweren u. verhaltenen nordischen Leidenschaft taugt er schon gar nicht. Sein ,Ideal' muß am häuslichen Herd stehen, bonne menagère u. bereit, treibt er es zu arg, auch einmal mit dem Kochlöffel auf ihn loszugehen, worauf ihm das Essen erst noch viel besser schmeckt. Diese ideale Wiener Frau, Melusine mit dem Kochlöffel, der schon in der schnadahüpfelnden Stimme, ja sogar schon in ihrem behaglich kampfbereiten Gange droht, das ist die Schratt. Als Rosel im ,Verschwender', als Anzengrubers Vroni, in allen Rollen, die zeigen, wie frohen, starken, unanfechtbar in sich ruhenden Naturen im Leben nichts geschehen kann, u. die einen Tropfen von unserer altösterreichischen Lust am Spotte haben, ist sie ganz unvergleichlich. Sicherheit des Herzens, die nicht zu verwirren ist, u. ein Gefühl der eigenen Kraft, das manchmal fast in Hochmut oder Trotz ausarten könnte, aber durch Wohlwollen beschwichtigt wird, geben ihr eine seltsame Art von verschämter Güte, die sich sträubt, die sich wehrt, die, kaum ertappt, schon wieder in einen Spaß entwischt. Dieser scheint ihr eigentliches Element zu sein, aber es ist ja hübsch, wie sie sich nun aus ihm allmählich, durch Übung u. mit Takt, zur Dame hinaufspielt u. (man denke nur an die Königin im ,Glas Wasser') einen scharmanten Ton des Salons gewonnen hat, der uns am meisten entzückt, wenn er dann wieder unversehens plötzlich seinen Wiener Schnabel verrät. Bei uns plaudert man ja nicht, bei uns plauscht man; unser ,Esprit', sonst dem Pariser so verwandt, hat immer doch eben erst den Kochlöffel weggelegt u. sich an der Schürze abgewischt. Das ist nicht zu erlernen u. ist kaum zu beschreiben, auch fangen wir ja selbst jetzt schon dies Talent, das vielleicht nur in einer kleinen Stadt unter stillen, zusammengerückten Menschen seinen leisen Zauber spinnen kann, allmählich zu verlieren an. Die Schratt ist vielleicht die letzte Meisterin der alten Wiener Kunst des Plauschens, in der noch einmal alle guten Geister unserer gemütlichen Eleganz versammelt sind". Hauptrollen: Käthchen von Heilbronn, Minna von Barnhelm, Franziska

("Minna von Barnhelm"), Katharina ("Der Widerspenstigen Zähmung"), Lorle ("Dorf u. Stadt"), Katharina von Rosen ("Bürgerlich u. Romantisch"), Königin Elisabeth ("Don Carlos"), Rosl ("Der Verschwender"), Vroni ("Der Meineidbauer"), Claire ("Der Hüttenbesitzer"), Nandl ("Das Versprechen hinter'm Herd"), Adelheid ("Die Journalisten"), Maria Theresia (Frz. Schönthans "Maria Theresia") u. a.

Behandlung: Joachim v. *Kürenberg,* Kaiserin ohne Krone (Roman) 1950. *Literatur: Eisenberg,* K. Schratt (Biogr. Lexikon) 1903; Theodor *Fontane,* K. Sch. (Causerien über Theater) 1905; Hermann *Bahr,* Glossen. Zum Wiener Theater 1907; Siegfried *Loewy,* Aus Wiens großer Theaterzeit 1921; Jean de *Bourgoing,* Briefe Kaiser Franz Josephs an Frau K. Sch. 1949; Margarete *Berner-Eisenmenger,* K. Sch. (Neue Wiener Tageszeitung Nr. 78) 1950; A. *Lorenzoni,* Die fünf Katharinen (Neue Wiener Tageszeitung Nr. 210) 1953.

Kissingen, berühmtes deutsches Bad in Franken, erhielt 1852 ein ständiges Kurtheater. Ein Neubau im Stile Balthasar Neumanns, ausgestattet mit allen Hilfsmitteln moderner Bühnentechnik, wurde unter der Direktion von Otto Reimann, das bis zum Ende des Zweiten Weltkriegs tätig war, mit Leoncavallos "Bajazzo" 1905 eröffnet. *Literatur: Heilmann* u. *Littmann,* Das königl. Theater in Bad Kissingen 1905.

Kißner, Karl, geb. 22. Febr. 1815, gest. nach 1905, war zuerst Bassist, dann Theaterkapellmeister u. Gesangslehrer in Würzburg u. lebte zuletzt in Marburg a. d. Lahn. Gatte der Folgenden.

Kißner-Scheurich, Babette, geb. 14. Mai 1819 zu Krumau in Böhmen, gest. 1. Juni 1896 zu Zürich, wirkte als Soubrette 1836 bis 1837 in Basel u. Straßburg, 1837—42 in Koblenz, Frankfurt a. M., Nürnberg, Aachen, 1842—43 in Würzburg, 1843—46 am Thalia-Theater in Hamburg, 1846—48 in Bremen, hierauf in Wiesbaden u. Mainz, dann wieder in Würzburg u. 1858—59 in Basel. Ihren Lebensabend verbrachte sie in Zürich. Als vielseitiges Talent in Oper, Lustspiel u. Posse geschätzt. Gattin des Musikdirektors Karl Kißner.

Kistenmacher Arthur, geb. 28. Juni 1882 zu Stettin, Sohn eines Großkaufmannes, stu-

dierte in Freiburg im Brsg., gab Konzerte in der Schweiz, Italien und Frankreich, wirkte seit 1910 als Lyrischer Tenor in Osnabrück, Luzern, Zürich, Mailand (Scala), Weimar, Hamburg u. Bremen, 1918—21 als Intendant in Norderney, Wilhelmshaven, Lüdenscheid u. Emden, war 1921 Gast der Staatsoper in Berlin, dann Erster Tenor des dort. Metropoltheaters. Zuletzt betätigte er sich als Komponist u. Gesangspädagoge. Kammersänger. Hauptrollen: Prinz Boris ("Der Gauklerkönig"), Prinz Radjami ("Die Bajadere"), Oberst Tschernitscheff ("Die Abenteurerin") u. a.

Kisting, Henriette s. Arnold, Karl.

Kistler, Cyrill, geb. 12. März 1848 zu Groß-Aitingen bei Augsburg, gest. 1. Jan. 1907 zu Kissingen, war 1867—76 Elementarlehrer, studierte dann bei Joseph Rheinberger (s. d.) in München Musik u. ließ sich 1885 in Kissingen als Musiklehrer u. Komponist nieder. *Eigene Werke:* Das Passionsspiel in Oberammergau 1880; Kunihild (Romant. Oper) 1884; Jenseits des Musikdramas 1888; Eulenspiegel (Kom. Oper) 1889 (von H. Levi als Einakter umgearbeitet); Arm-Elslein (Oper) 1902; Röslein im Hag (Oper) 1903; Der Vogt auf Mühlstein (Oper) 1904; Baldurs Tod (Oper) 1905; Die deutschen Kleinstädter (Oper) o. J. *Literatur:* F. *Bauer,* Kistlers Kunihild epochemachend? Nein 1893; H. *Ritter,* Führer durch Kistlers Kunihild o. J.; *Riemann,* C. Kistler (Musik-Lexikon 11. Aufl.) 1929.

Kistner, Anna (Ps. Anny Albert), geb. 24. Nov. 1834 zu Celle, gest. 2. Juli 1911 zu Hannover, Tochter eines Offiziers namens Gudewill, seit 1856 Gattin eines Hauptmanns Kistner, begab sich auf weite Reisen u. nahm an der Frauenbewegung führend teil. Außer Romanen schrieb sie auch Theaterstücke. *Eigene Werke:* Ein Abenteuer (Lustspiel) 1877; Der Herr Graf (Lustspiel) 1877; Die Ehestandspädagogen (Schwank) 1878; Ein Schatz fürs Haus (Lustspiel) 1883; Hut ab! (Dram. Scherz) 1883; Eine eroberte Schwiegermutter (Schwank) 1883; Keine Hochzeitsreise (Lustspiel) 1885; Eine wie die andere (Lustspiel) 1886.

Kitke, Bernhard, geb. 1828 zu Breslau, gest. 9. Nov. 1904 zu Triest, war Opernsänger, später Musikkritiker.

Kittel, Bruno, geb. 26. Mai 1870 im Forsthaus Entenbruch in Posen, bildete sich in Berlin musikalisch aus, war 1896—1901 Geiger der Hofkapelle u. 1901—07 Dirigent am Berliner Hoftheater.
Literatur: Riemann, B. Kittel (Musik-Lexikon 11. Aufl.) 1929.

Kittel, Hermine s. Haydter, Hermine.

Kittel, Josef, geb. 25. April 1869 zu Obernburg, gest. 25. März 1929 zu Würzburg, war Doktor der Rechte u. Hofrat. Verfasser von Volksstücken.
Eigene Werke: Barbarossa 1909; Die Uhr vom Grafen Eckard Turm 1910; Marschall Schurlemurle 1911; Unser Lieben Frauen Berg 1914.

Kittl (Ps. Destinn), Emmy, geb. 6. Febr. 1878 zu Prag, gest. 28. Jan. 1930 zu Budweis, nannte sich nach ihrer Lehrerin Marie Löwe-Destinn, begann als Sängerin (Sopran) ihre Laufbahn am Operntheater des Westens in Berlin, wurde 1898 Mitglied der dort. Hofoper, wo sie bis 1908 als Kammersängerin wirkte, dann, international berühmt geworden (u. a. 1901 als Senta in Bayreuth u. 1907 als Salome in Paris) an der Metropolitan-Oper in Neuyork, am Coventgarden in London u. in Prag. Zuletzt gastierte sie 1911 bei Kroll u. 1913 in der Kurfürstenoper in Berlin. Sie trat auch literarisch hervor (u. a. mit einem Drama „Rahel").
Literatur: H. A. *Revel,* E. Destinn (Bühne u. Welt 6. Jahrg.) 1904; L. *Brieger-Wasservogel,* E. D. u. Maria Labia 1908; Else *Lasker-Schüler,* E. D. (Das Theater 1. Jahrg.) 1910.

Kittl, Johann Friedrich, geb. 8. Mai 1806 auf Schloß Worlik in Böhmen, gest. 20. Juli 1868 zu Polnisch-Lissa, Sohn eines Justizbeamten, studierte die Rechte, wandte sich aber bald der Musik zu (Schüler Tomascheks), wurde später Direktor des Konservatoriums in Prag u. zog sich 1865 ins Privatleben zurück. Mehrere seiner Opern wurden in Prag aufgeführt.
Eigene Werke: Daphnis' Grab o. J.; Die Franzosen vor Nizza (= Bianca u. Giuseppe, Text von R. Wagner) 1848; Waldblume 1852; Die Bilderstürmer 1854.
Literatur: Wurzbach, J. F. Kittl (Biogr. Lexikon 11. Bd.) 1864; E. *Rychnowsky,* J. F. K. 2 Bde. 1904 f.; *Riemann,* J. F. K. (Musik-Lexikon 11. Aufl.) 1929.

Kitzing, Hanns Friedrich, geb. im letzten Viertel des 19. Jahrhunderts, gest. 30. März 1915 (gefallen in Frankreich), begann 1910 am Stadttheater in Rostock seine Bühnentätigkeit u. kam 1911 über Beuthen nach Cottbus als Heldendarsteller, Regisseur u. Dramaturg. Hauptrollen: Oktavio („Wallensteins Tod"), Tybalt („Romeo u. Julia"), Guido („Monna Vanna"), Asterberg („Alt-Heidelberg") u. a.

Kitzing, Pauline s. Kitzinger, Rosine.

Kitzinger, Rosine (Ps. Pauline Kitzing), geb. 1876, gest. im Aug. 1904 zu Dalldorf bei Berlin. Schauspielerin.

Kiurina, Bertha s. Leuer, Bertha.

Kiurina, Hubert Michael, geb. 21. Aug. 1908 zu Wien, wirkte in kleineren Rollen am Residenztheater in München u. zuletzt am Staatstheater in Kassel. Hauptrollen: Posa, Cornelius („Mit meinen Augen") u. a.

Kjerda, Martha, geb. um 1880, Schülerin von Frau Marchesi (s. d.), ging 1897 zur Bühne, war u. a. in Dortmund, Posen u. Chemnitz engagiert, gastierte seit 1903 u. betätigte sich auch als Gesangspädagogin. Hauptrollen: Aida, Mignon, Margarete, Carmen, Elsa, Nedda, Undine u. a.

Klaar, Alfred, geb. 7. Nov. 1848 zu Prag, gest. 4. Nov. 1927 zu Berlin, studierte in Wien u. Prag, wurde Journalist, Hauptschriftleiter der „Bohemia", 1873 Privatdozent für Literaturgeschichte das., 1898 ao. Professor u. 1901 Redakteur der „Vossischen Zeitung" in Berlin. Essayist, Kritiker, Literarhistoriker u. Dramatiker.
Eigene Werke: Die fahrenden Komödianten (Lustspiel) 1876; Das moderne Drama in seinen Richtungen u. Hauptvertretern 3 Bde. 1882 f.; König Ottokars Glück u. Ende 1886; Der Empfang (Geschichtl. Festspiel) 1888; Diskretion (Lustspiel) 1890; F. Grillparzer als Dramatiker (Studie) 1891; Wer schimpft, der kauft (Lustspiel) 1892; Der Faust-Cyklus 1899; Schauspiel u. Gesellschaft (Studie) 1902; Grillparzers Leben u. Schaffen 1903; Schiller u. Goethe (Studie) 1905; Probleme der modernen Dramatik 1912; Ludwig Fulda (Leben u. Lebenswerk) 1922.
Literatur: Josef *Bayer,* A. Klaar (Neues Wiener Tagblatt Nr. 307) 1908; Freundesgrüße an A. K. 1908.

Klaar (geb. Eberty), Paula, geb. 8. Sept. 1869 zu Berlin, gest. 5. Febr. 1929 das., war Schauspielerin am dort. Deutschen Theater, kreierte im „Biberpelz" die Adelheid, spielte im „Fuhrmann Henschel" die Franziska Wermelskirch, in den „Ratten" die dicke Madame u. a. Gattin von Alfred Klaar.

Klabund s. Henschke, Alfred.

Kladzig, Auguste von s. La Roche, Auguste.

Kläger, Wilhelm, geb. 25. Dez. 1814 zu Berlin, gest. 4. Aug. 1875 zu Braunschweig, sollte evang. Theologie studieren, wandte sich jedoch der Bühne zu u. debütierte in komischen Rollen am dort. Theater, führte zunächst das Leben eines Wanderkomödianten, kam 1835 nach Hamburg, wo er ins Charakterfach überging, von hier 1837 nach Kassel, Mannheim, Breslau, Leipzig, Pest, 1857 nach Berlin (Friedrich-Wilhelmstädtisches Theater) u. 1858 nach Darmstadt. Seit 1868 spielte er in Krefeld, Braunschweig, Bremen, Hamburg, Graz, Wien u. a., immer jedoch wegen seiner Trunksucht nur kurze Zeit, von Stufe zu Stufe sinkend, zuletzt größtem Elend verfallen. Hauptrollen: Franz Moor, Shylock u. a. Auch Bühnenschriftsteller. Gatte der Schauspielerin Albertine Spahn (gest. 12. Febr. 1865). Vater der Schauspielerin Emilie K., verehl. Beese.
Eigene Werke: Der Präsident (Lustspiel) 1863; Ludwig Devrient oder Die Macht des Genies (Lustspiel) 1869; Ein Küchenroman (Lustspiel) 1870; Eine Kellergeschichte (Lustspiel) 1870; Im Boudoir einer Künstlerin (Soloszene) 1872; Geld auf Pfänder (Posse) 1872; Blumengift (Lustspiel) 1876; Johann Maria Farina in Köln (Lustspiel) 1877; Er macht sich verdächtig (Posse) 1879 u. a.
Literatur: J. Kürschner, F. W. Kläger (A. D. B. 16. Bd.) 1882; *Eisenberg,* W. K. (Biogr. Lexikon) 1903.

Klähr, Karl (Ps. Karl Fero), geb. 12. Mai 1773 zu Dresden, gest. 16. Mai 1842 zu Meißen, war 1793—1828 bei der dort. Porzellan-Manufaktur angestellt. Dramatiker.
Eigene Werke: Die Friedensfeier (Schauspiel) 1809; Dramat. Ephemeren (Die geliebten Feinde — Die Lotterielisten — Die Rettung) 1811; Neue Lustspiele (Das Wechselrecht — Die ungewisse Hochzeit) 1814; Theaterspiele 1816; Neue Theaterspiele 1817; Bühnenspiele 1819; Zwei neue Lustspiele (Von sieben die Häßlichste — Wachtmantel u. Schlafrock) 1834.

Klär, Luise s. Gerlach, Luise.

Klafft, Hugo, geb. 1875, gest. 19. Mai 1938 zu Soldin, war 38 Jahre als Schauspieler u. Regisseur bühnentätig, zuletzt am Landestheater in Rudolstadt u. lebte seit 1936 im Ruhestand im Altersheim von Einbeck.

Klafsky, Katharina s. Lohse, Katharina.

Klagenfurt, die Landeshauptstadt von Kärnten, besitzt eine Theatertradition, die bis ins 17. Jahrhundert zurückreicht. Das blühende Schultheater im Kollegium der Jesuiten brannte 1723 ab, doch wurde die Bühne 1724 neu errichtet. J. M. Denis berichtet noch 1752 über ihre Tätigkeit. Daneben war auch im Hof des ständischen Landhauses mitunter gespielt worden. Bereits 1613 ist ein Spiel „Der verlorene Sohn" nachweisbar. 1616 gelangte ein Drama „David von Saul verfolgt" zur Aufführung. 1644 ließen die Landstände eine Komödie zu Ehren des Landesheiligen Domitian in Szene setzen. Alttestamentarische Stoffe erfreuten sich besonderer Vorliebe. 1650 folgte Franz Xaver Markovich mit einem lat. Drama „Fritlandus". Auch nach Aufhebung des Jesuitenordens wurde das Schuldrama im Klagenfurter Gymnasium gepflegt. Langsam entwickelte sich daneben eine selbständige Bühne. Um 1737 bauten die Stände das Ballhaus in ein Theater um. Hier wurden nun besonders gern, namentlich auf Veranlassung des musikfreundlichen Adels, durch Wandertruppen Opern aufgeführt, so 1740 „Lucio Vero" (Text bei Kleinmayr gedruckt). Daneben erschienen auch italienische Schauspieler mit ihren Komödien, beispielsweise 1760 zu Ehren der Braut Josephs II. 1765 ergötzte die in K. zu Besuch weilende kaiserliche Familie eine Opera buffa. Die adeligen Herren u. Damen vereinigten sich oft zu musikalischen Darbietungen; 1766 gaben sie die Oper „Thalestris". Im allgemeinen aber diente dieses Ballhaustheater, obwohl man durch den Maler Gfall in Wien hübsche Dekorationen hatte anfertigen lassen, recht minderwertigen Vorstellungen vom Rang eines Kreuzertheaters. 1768 erschien Berner mit seiner berühmten Kindertruppe, im gleichen Jahr kamen italienische Komödianten, um die in K. anwesende Königin beider Sizilien zu unterhalten. 1770 bildete sich der nachmals vielgenannte Schauspieler Josef Anton Christ (s. d.) in K. zum Tänzer aus, sonst aber sah sich das dort. Theaterleben dem Verfall preisgegeben. Erst das Gastspiel Emanuel Schikaneders (s. d.) u. seiner Truppe (1780) leitete einen Aufschwung ein, der über die Josephinische Zeit anhielt. 1785—86 spielte die Gesellschaft Ernst Kühne, 1786—87 Eleonore Schikaneder mit Johann Friedel (s. d.), 1787—88 Friedrich Zöllner (s. d.). Im Sommer 1788 veranstaltete Joseph Bertolini erfolgreich Opernaufführungen (darunter „Cosa rara" allein zehnmal). Weitere Direktoren waren: 1788 bis 1789 Friedrich Häußler, 1789—90 Franz X. Felder, 1790—91 Philipp Berndt, 1791—92 Georg Wilhelm, unter dem der bekannte Charakterdarsteller Johann Karl Liebich (s. d.) spielte. Außerdem gab damals Franz X. Gewey (s. d.) mit Dilettanten Wohltätigkeitsvorstellungen. 1794—95 leitete Anton Vanini, 1795—96 August Kurz u. 1796—99 Franz Jansekowitsch mit seiner Schwester das Theater. Mit Vorliebe führte man Ritterdramen heimischer Autoren auf, ebenso Parodien zur Erheiterung des Publikums. Im Sommer 1800 wurden die Opern der Gesellschaft Giovanni Bassi gern aufgenommen. Es folgten nun die Truppen von Georg Schantroch (1800—02), Lorenz Lauser (1802 bis 1803), wieder Schantroch (1803—06), der selbst Hofschauspieler gastieren ließ, Franz Vaßbach (1806—07), Wilhelm Frasel u. Josepha Scholz (1807—08) u. diese allein (1808—10). 1811 gab die Regierung endlich die Erlaubnis zum Bau des neuen Ständischen Theaters. Unter den Direktoren der Folgezeit ragte Max Weidinger (1815—17) hervor, dem der berühmte Komiker Wenzel Scholz (s. d.) zur Seite stand, während früher schon (1803) kein Geringerer als Friedrich Joseph Korntheuer (s. d.) in K. sich die Sporen verdient hatte. Im Repertoire erschienen neben Klassikern („Die Räuber" zählten zu den Lieblingsstücken) auch die Modeautoren Schröder, Iffland, Kotzebue u. a. Auch die Oper war reichlich vertreten. Unter der Direktion von Karl Mayer (1821—29) gab es eine große Spektakelvorstellung im Freien mit Schikaneders Stück „Der Riese Kracko und Hans Dollinger". Sein Nachfolger Ferdinand Türk (1829 bis 1839) legte wieder viel Gewicht auf Oper u. Singspiel, gewann aber auch den namhaften Helden Wilhelm Kunst (s. d.) für zwölf Gastrollen. Eine Periode abermaligen Verfalls ging erst zu Ende, als in den Fünfzigerjahren Hermann Sallmeyer (s. d.),

ein vorzüglicher Charakterdarsteller, an die Spitze des Theaters trat, der sich als Dramaturg bewährte u. auch der Operette sein Augenmerk zuwandte. 1868 kam die Bühne unter die Obsorge der Stadtgemeinde Klagenfurt, die jedoch nicht früher als 1910 in der Lage war, dem Theater ein würdiges Heim zu schaffen. Am 22. Nov. 1910 konnte das neue Haus unter der Leitung Karl Richters mit der Festvorstellung des „Wilhelm Tell" eröffnet werden. Die nun folgenden Jahrzehnte brachten unter den Direktoren Hermann Roché (1912—1918), Ludwig Gibiser (s. d.) in Zusammenarbeit mit Musikdirektor Karl Frodl, Karl Krois und Leopold Schwarz (bis 1930) eine Ära künstlerischer Leistungen von zum Teil hohem Niveau: Oper, Operette und Sprechstück wurden gepflegt, interessante Uraufführungen wie Alexander Lernet-Holenias (s. d.) „Ollapotrida" (1926, gleichzeitig mit Berlin), Josef Wenters (s. d.) „Heinrich IV." (1927), Friedrich Schreyvogels (s. d.) „Der Mensch" (1927) u. a. gebracht und wertvolle Gastspiele veranstaltet. Die 1930 einsetzende Weltwirtschaftskrise zwang zur Einstellung des Theaterbetriebes und erst 1938 konnte dieser unter dem Intendanten Gustav Bartelmus (s. d.) wieder aufgenommen werden, dem 1941 Wilh. Meyer-Fürst folgte. 1944 mußte das Theater aus kriegsbedingten Gründen neuerlich geschlossen werden. Sofort nach Kriegsende wurde von verantwortungsvollen Kräften versucht, den künstlerischen Betrieb, wenn auch in beschränktem Umfang, aufzunehmen und endlich konnte das Theater von der Stadtgemeinde wieder in eigener Regie übernommen werden. Seit 1948 leitete Theo Knapp (s. d.) die Geschicke der Bühne. Dem Stadttheater angegliedert wurden seither eine Freilicht- und eine Kammerspielbühne.

Literatur: Rainer *Graf,* Das Klagenfurter Jesuitendrama (Progr. Klagenfurt) 1852; A. *Egger,* Schuldramen der Jesuiten in Klagenfurt (Carinthia Nr. 7/8) 1857; Max *Pirker,* Geschichte des Stadttheaters (Klagenfurter Stadtbuch) 1928; Max *Leyrer,* W. Scholz u. Klagenfurt (Klagenfurter Zeitung Nr. 22) 1950.

Klages, Adolf, geb. 29. April 1862 zu Hannover, war 1889—98 Musikreferent am „Hannoverschen Courier" u. 1893—1922 Gesangslehrer am Realgymnasium in Hannover. Komponist u. Textdichter vorwiegend von Märchenstücken.

Eigene Werke: Goldener 1892; Fabian u.

Sebastian (Kom. Oper) 1894; König Drosselbart 1896; Gänseliesel 1899; Die Zwerge im Hübichenstein 1899; Prinzessin Marzipania 1903; Der Talismann 1906 u. a.

Klages, Erich, geb. 18. Juni 1899 zu Hannover, begann 1926 seine Bühnenlaufbahn als Schauspieler, Sänger, Dramaturg u. Spielleiter am Deutschen- u. Mellini-Theater das., kam über Magdeburg 1931 an das Neue Operettentheater in Leipzig u. 1933 wieder an das Deutsche Theater in Hannover. Hauptrollen: Weidenbauer ("Flachsmann als Erzieher"), Brasett ("Charleys Tante"), Eunuch ("Das Land des Lächelns") u. a.

Klaiber, Joachim, geb. 7. März 1908 zu Stuttgart, war seit 1926 Regievolontär das., seit 1932 Dramaturg u. Spielleiter in Lübeck, seit 1933 auch stellvertretender Intendant in Stettin sowie Lehrer für Literatur- u. Theatergeschichte an der dort. Volkshochschule, später u. a. in Ludwigsburg, Aachen, Hannover u. Mannheim Oberspielleiter.

Klaj (Clajus der Jüngere), Johann, geb. 1616 zu Meißen, gest. 1656 zu Kitzingen a. M., studierte in Wittenberg, gründete in Nürnberg mit G. Ph. Harsdörffer den Pegnesischen Hirten- u. Blumenorden, wurde Lehrer an der dort. Sebaldusschule u. 1650 Pfarrer in Kitzingen. Vorwiegend Dichter dramat. Oratorien.
Eigene Werke: Höllen- u. Himmelfahrt Jesu Christi (Drama) 1644; Der leidende Christus (Trauerspiel) 1645; Herodes der Kindesmörder (Trauerspiel) 1645; Der Engel- u. Drachenstreit (Drama) 1645; Die Geburt Jesu Christi, herausg. von W. Flemming (Deutsche Literatur, Barockdrama 6. Bd.) 1934.
Literatur: Julius *Tittmann,* Die Nürnberger Dichterschule 1847; Wilhelm *Creizenach,* J. Klaj (A. D. B. 16. Bd.) 1882; Albin *Franz,* J. K. 1908; Herbert *Cysarz,* J. K. (Der Ackermann aus Böhmen 4. Jahrg.) 1936.

Klang, Dominik, geb. 1836 oder 1845, gest. im Aug. 1898 zu Graz, wirkte als Schauspieler in Wien (Theater an der Wien), 1879—81 als Direktor des Stadttheaters in Brünn u. zuletzt wieder als Schauspieler u. Oberregisseur an den Städt. Bühnen in Graz.

Klanitza (Ps. Braun), Anton, geb. 4. Dez.

1830 zu Brünn, gest. 20. Juni 1894 zu Stuttgart, war Heldentenor in Schwerin, seit 1868 in Stuttgart (hier der erste Lohengrin), 1873—74 am Alstertheater in Hamburg u. dann wieder am Hoftheater in Stuttgart. Hauptsächlich Wagner-Sänger.

Klante, Paul, geb. 4. April 1863, gest. 23. Nov. 1939 zu Freiburg im Brsg., begann als Schauspieler u. Sänger 1884 seine Bühnenlaufbahn in Dortmund, wirkte dann in Bremen, Danzig, Straßburg u. Freiburg, wo er 1938 seinen Bühnenabschied nahm. Hauptrollen: Jarno ("Mignon"), Wulkow ("Der Biberpelz"), Marcellus ("Hamlet"), Krapp ("Die Stützen der Gesellschaft") u. a.

Klapp, Michael, geb. 1836 zu Prag, gest. 26. Febr. 1888 zu Wien, Journalist das. Erzähler u. Bühnenschriftsteller. Ein seinerzeit vielbeachteter Artikel über die Kaiserin Elisabeth war wohl die Ursache, daß K. sein Stück "Rosenkranz u. Güldenstern" anonym durch den Schauspieler Sonnenthal beim Burgtheater einreichte. Es wurde hier 1878 bis 1888 dreiundsiebzigmal aufgeführt.
Eigene Werke: Rosenkranz u. Güldenstern (Lustspiel) 1878; Der selige Paul (Lustspiel) 1888 u. a.
Literatur: Alfred *Klaar,* Das moderne Drama 1884; Theodor *Fontane,* Causerien über Theater 1905.

Klaproth, Arthur, geb. 29. Sept. 1895 zu Leipzig, gest. 6. April 1945 das. (durch Kriegseinwirkung), begann als Operettenkomiker 1907 in Breslau, kam 1911 nach Nürnberg, 1912 nach Magdeburg, 1917 nach Hamburg (hier auch Spielleiter), 1918 nach Dresden, 1922 nach Nürnberg, 1924 nach Elberfeld, war seit 1926 jahrelang am Neuen Operettentheater in Leipzig tätig u. zuletzt als Schauspieler u. Regisseur am Metropoltheater in Berlin.

Klara, Winfried, geb. 1906, gest. 24. Febr. 1936 zu Berlin, studierte das. (Doktor der Philosophie) u. machte sich mit einer Arbeit "Schauspielkostüm u. Schauspieldarstellung, Entwicklungsfragen des deutschen Theaters im 18. Jahrhundert" (1931) u. der Katalogisierung der großen Theatersammlung Louis Schneiders in Berlin wie durch die Schrift "Vom Aufbau einer Theatersammlung" (1936) um die Theaterwissenschaft verdient.

Klarmüller, Fritz, geb. 1876 zu Gablonz in Böhmen, zuerst für das dort. Kunstgewerbe ausgebildet, erntete seine ersten gesanglichen Erfolge als Liedersänger im Gefolge des „Wagnerorchesters" seiner Heimat. Der Großindustrielle Riedl aus Polau ermöglichte ihm eine Gesangsausbildung am Dresdener Konservatorium. Später vertiefte er sich in der italienischen Gesangstechnik bei Giuseppe Laura in Mailand. 1901 wurde er als Lyrischer Tenor an das Hoftheater in Altenburg berufen, wirkte 1903—07 an der Oper in Wiesbaden, dann als Heldentenor in Mainz. Hierauf gehörte K. dem Opernensemble an, mit dem Richard Strauß den Kontinent bereiste u. sang z. B. in Paris abwechselnd mit Burian die 'Partie des Herodes u. Naraboth aus „Salome". Engagements an den großen Opernhäusern des Rheinlandes schlossen sich an, bis er kurz vor dem Ersten Weltkrieg zum Ersten Helddentenor an der Dresdener Staatsoper ernannt wurde. Die Nachkriegsverhältnisse zwangen ihn, seinen früheren Beruf wieder aufzunehmen, doch trat er, besonders als Wagnersänger in Reichenberg, Gablonz u. a. immer wieder auf. Zuletzt lebte K. als Vertriebener in Waldhof bei Kassel.

Klarwein, Franz, geb. 8. März 1914 zu Garmisch-Partenkirchen, war, von Richard Strauß zum Gesangsstudium nach Berlin empfohlen, seit 1942 an der Staatsoper in München engagiert. Hauptrollen: Lyonel („Martha"), Raskolnikoff (Titelrolle), José („Carmen"), Lohengrin u. a.

Klasen, Franz, geb. 7. Jan. 1852 zu Halle an der Ems bei Papenburg in Hannover, gest. 23. Nov. 1902 in der Isartalbahn bei München (an Herzschlag), Sohn eines Senators, studierte in Würzburg u. München (Doktor der Theologie), wurde Stadtpfarrprediger bei St. Ludwig in München, 1898 Hauptschriftleiter des „Bayerischen Kuriers" u. schrieb außer theol. Arbeiten Schauspiele, die auf dem Hoftheater in München zur Aufführung gelangten.
Eigene Werke: Heinrich *Raspe* (Drama) 1894; Friedrich der Freidige (Drama) 1900.
Literatur: Friedrich *Lauchert,* F. Klasen (Biogr. Jahrbuch 7. Bd.) 1905.

Klasing, Hermann, geb. 7. Sept. 1859 zu Bielefeld, studierte in Tübingen, Leipzig u. Göttingen u. wirkte seit 1893 als Rechtsanwalt in Detmold. Vorwiegend Dramatiker.
Eigene Werke: Gesammelte Werke 1930; *Katte* (Trauerspiel) 1933.
Literatur: Kurt *Uthoff,* H. Klasings Katte

(Velhagen u. Klasings Monatshefte 48. Jahrg.) 1933—34.

Klaß, Gert von, geb. 3. Febr. 1892 zu Öls in Preußisch-Schlesien, Offizierssohn, studierte Theologie in Greifswald, wurde dann ebenfalls Offizier u. machte als solcher den Ersten Weltkrieg mit, hierauf Kaufmann, später Journalist in Frankfurt a. M., Berlin u. Magdeburg, zuletzt freier Schriftsteller in Wiesbaden. Vorwiegend Dramatiker.
Eigene Werke: Fahnen in Gottes Wind (Drama) 1935; Die Weiber von Weinsberg (Komödie) 1936; Der ewige Narr (Drama) 1937; Die große Entscheidung (Drama) 1941.
Literatur: Franz *Lennartz,* G. v. Klaß (Die Dichter unserer Zeit 4. Aufl.) 1941.

Klatscher, Alfred, geb. 19. Aug. 1858 zu Wien, gest. 11. April 1903 das., kam 1882 an das Harmonie-Theater in Triest u. machte mit diesem Kunstreisen durch ganz Italien, wirkte 1887—88 am Carltheater in Wien, unternahm als Impresario eine größere Reise durch Österreich u. war dann wieder in Wien am Josefstädtertheater u. Theater an der Wien als Charakterkomiker tätig.

Klatte, Wilhelm, geb. 1869 zu Bremen, gest. 25. Juli 1930 zu Berlin, war unter Richard Strauß Musiker am Hoftheater in Weimar, wirkte 1904 als Lehrer für Theorie am Sternschen Konservatorium in Berlin u. erhielt 1925 einen Lehrauftrag an der dort. Staatl. Akademie. Ehrendoktor der theol. Fakultät Königsberg. Langjähriger Musikreferent des „Berliner Lokalanzeigers".

Klauer (geb. de Bruin), Marie, geb. 1816 zu München, gest. 2. Aug. 1840 das., wurde zur Lehrerin ausgebildet, wandte sich jedoch der Bühne zu, die sie in Regensburg betrat, wirkte seit 1835 als Jugendliche Liebhaberin u. Tragödin in Koblenz, Köln, Aachen u. Schwerin, heiratete den Rentner August Klauer in Aachen u. gab später nur noch Gastspiele in Hamburg, Dresden, Leipzig, München u. Berlin. Hauptrollen: Maria Stuart, Luise, Gretchen, Klärchen, Käthchen, Griseldis u. a.

Klaunig, Mathilde Agnes s. Zinn, Mathilde Agnes.

Klaunig, Oswald, geb. 17. Mai 1841 zu Mittel-Laginweik bei Beuthen, gest. 7. Dez. 1915 zu Neustrelitz, wirkte als Opernsänger in

Koblenz, Colmar u. Dortmund, später als Inspizient u. im Chor lange Zeit am Hoftheater in Neustrelitz.

Klaus, Bruder s. Nik(o)laus von Flüe.

Klaus, Fritz s. Jäger, Johann Martin.

Klausner, Horst s. Neese, Wilhelm.

Klausner, Ludwig, geb. 2. Jan. 1840 zu Exin in Posen (Todesdatum unbekannt), studierte in Berlin, war dann Privatlehrer u. Korrespondent in England u. gründete 1875 eine Korrespondenz für Provinzblätter in Berlin. Dramatiker u. Erzähler.

Eigene Werke: Zwei Welten (Schauspiel) 1895; Sternenwärts (Schauspiel) 1895 (nebst einem Vorwort: Theater auf dem Papier); Franz Romberg (Schauspiel) 1896; Jakob (Bibl. Charakterdrama) 1897; Moses (Drama) 1898.

Klausner, Natalie (Ps. Lily Karoly), geb. 6. Sept. 1885, wirkte als Schauspielerin einige Jahre am Stadttheater in Bielitz, kam 1914 nach Wien, zuerst ans Josefstädtertheater u. dann ans Burgtheater. Hauptrollen: Marthel („Rose Bernd"), Gran („Was glänzt, ist Gold"), Frau Kielbake („Die Ratten"), Resei („Traube in der Kelter"), Mutter Gérald („Die begnadete Angst"), Elisabeth („König Ottokars Glück u. Ende") u. a. *Literatur:* Oskar Maurus *Fontana,* L. Karoly (Wiener Schauspieler) 1948.

Klausner, Thomas s. Thurmair, Georg.

Klauwell, Otto, geb. 7. April 1851 zu Langensalza, gest. 12. Mai 1917 zu Köln, Doktor der Philosophie, war seit 1875 Lehrer am Konservatorium das., seit 1894 Professor u. seit 1905 Direktor. Musikschriftsteller u. Opernkomponist („Das Mädchen vom See" [1889], „Die heimlichen Richter" [1902], beide in Köln u. Elberfeld aufgeführt). *Literatur: Riemann,* O. Klauwell (Musik-Lexikon 11. Aufl.) 1929.

Klawunde, Edith, geb. 8. Nov. 1914 zu Berlin, wirkte als Operettensängerin 1938—41 am Gärtnerplatztheater in München u. hierauf als Schauspielerin an den Kammerspielen in Wien.

Klebe, Friedrich Albert, geb. 21. Sept. 1769 zu Bernburg, gest. 1. Jan. 1843 zu München, Sohn eines Schloßhauptmanns, studierte in Halle u. Wien Medizin, wirkte zuerst als Arzt, seit 1803 als Professor in Würzburg u. seit 1806 in München. Herausgeber verschiedener Zeitschriften wie der „Rheinländischen-, Fränkischen- u. Gelehrten"- u. der „Bayerischen National-Zeitung". Auch schrieb er ein Lustspiel „Dies Haus ist zu verkaufen" (1802) u. ein Festspiel zur Eröffnung des neuen Hoftheaters in München (1818) „Die Weihe" mit Musik von Ferdinand Fränzl. Die Zeitschrift „Eos" brachte 1822 in der Beilage Nr. 116 seine Auseinandersetzung mit Charlotte Birch-Pfeiffer.

Klebsch, Hugo, geb. 1851, gest. 15. Nov. 1908 zu Frankfurt a. M., war Theaterdirektor in Greifswald, Münster u. a., zuletzt Souffleur am Schauspielhaus in Frankfurt a. M.

Kleebeck, Katharina, geb. 30. April 1856 zu Münster in Westfalen (Todesdatum unbekannt), war Lehrerin in Coesfeld u. Münster. Vorwiegend Dramatikerin u. Erzählerin.

Eigene Werke: Der Auszug aus Ägypten (Schauspiel) 1895; Widukind (Schauspiel) 1896; Die Zerstörung Jerusalems (Trauerspiel) 1897; Ruth, die gute Schwiegertochter (Schauspiel mit Gesang) 1902; Königin Esther (Schauspiel) 1911; Catharina von Alexandrien (Schauspiel) 1926.

Kleediz, Karl Rudolph Heinrich, geb. 2. Juni 1771 zu Görlitz, gest. 17. Nov. 1812 als Oberamts-Advokat das. Dramatiker.

Eigene Werke: Die beiden Veroneser (nach Shakespeare) 1802; Die Bleidächer oder Die Staats-Inquisition in Venedig 1803.

Literatur: Gisbert Freih. *v. Vincke,* Die beiden Veroneser in alter Bearbeitung (Shakespeare-Jahrbuch 21. Bd.) 1886.

Kleefeld, Katharina Magdalena s. Brückner, Katharina Magdalena.

Kleefeld, Wilhelm, geb. 2. April 1867 zu Mainz, gest. 2. April 1933 zu Berlin, studierte Naturwissenschaften, wandte sich dann dem Musikstudium zu. war 1891 bis 1896 Kapellmeister in Mainz, Trier, München u. Detmold, promovierte 1897 in Berlin mit einer Arbeit über „Das Orchester der Hamburger Oper 1678—1738" zum Doktor der Philosophie, betätigte sich 1896 als Lehrer am Klindworth-Scharwenka-Konservatorium das., später als Privatdozent in Greifswald u. ließ sich später in Berlin nieder. Übersetzer u. Herausgeber von Opern-

Ausgaben unter dem Titel „Opernrenaissance" („Don Pasquale", „Der Wasserträger", „Beatrice u. Benedict" u. a.).
Eigene Werke: Amarella (Oper) 1896; Landgraf Ludwig von Hessen-Darmstadt u. die deutsche Oper 1904; Richard-Wagner-Studien 1905.
Literatur: Riemann, W. Kleefeld (Musik-Lexikon 11. Aufl.) 1929.

Kleemann, Elise, geb. 1830, gest. 15. Dez. 1918 zu Altona, war jahrelang Schauspielerin in Eger u. a. Noch mit 80 Jahren ging sie in ein Sommerengagement. Hauptrollen: Sophie („Kabale u. Liebe"), Marthe Schwerdtlein u. a.

Kleemann, Emma s. Wigand, Emma.

Kleemann, Karl, geb. 9. Sept. 1842 zu Rudolstadt, gest. 18. Febr. 1923 zu Gera, wurde 1882 Operndirigent in Dessau u. 1889 Hofkapellmeister in Gera. Er komponierte u. a. die Oper „Der Klosterschüler von Mildenfurth" 1898, ein Weihnachtsmärchen „Das Marienkind" 1917, die symphonische Dichtung „Des Meeres u. der Liebe Wellen" u. a.
Literatur: Riemann, K. Kleemann (Musik-Lexikon 11. Aufl.) 1929.

Kleemann (geb. Wagner), Therese, geb. 9. Sept. 1820 zu Wien, gest. 26. Dez. 1852 zu Altona, Tochter eines Beamten, Schwester des Burgtheaterschauspielers Josef Wagner (s. d.), Gattin des Preßburger Schauspielers K., debütierte am Theater an der Wien, ging dann nach Preßburg, spielte ohne festes Engagement an verschiedenen österr. Bühnen, später in Mannheim, Köln, Düsseldorf, Mainz u. a. Tragische Liebhaberinnen, Heldinnen u. Jugendliche Anstandsdamen. Hauptrollen: Deborah, Maria Magdalene, Lady Milford, Jungfrau von Orleans u. a.

Klees (eigentlich Lößl), Karl, geb. 2. Aug. 1770 zu Wien (Todesdatum unbekannt), war zuerst Schauspieler bei Schikaneder, Regisseur am Theater an der Wien u. 1811 Mitglied des Burgtheaters. Bühnenschriftsteller.
Eigene Werke: Emma von Falkenstein (Schauspiel, verboten) 1802; Die Probe (Lustspiel, aufgeführt) 1803; Die deutschen Söhne in Hessen (Militär. Schauspiel, aufgeführt) 1814; Staberls Dienstfertigkeit oder Die Braut von ungefähr (Lustspiel, aufgeführt) 1820.

Kleffel, Arno, geb. 4. Sept. 1840 zu Pößneck

in Thüringen, gest. 15. Juli 1913 zu Berlin, war 1863—67 Dirigent der Musikalischen Gesellschaft in Riga, dann Theaterkapellmeister in Köln, Amsterdam, Görlitz, Breslau, Stettin, Berlin (1873—80 am Friedrich-Wilhelmstädtischen Theater), Augsburg, Magdeburg u. a., 1897—1904 in Köln (Stadttheater), seither wieder in Berlin, wo er sich als Lehrer am Sternschen Konservatorium u. seit 1911 als Leiter der Opernschule an der Kgl. Hochschule betätigte. Komponist einiger Opern, von denen „Des Meermanns Harfe" 1865 erfolgreich in Riga gegeben wurde.
Literatur: Riemann, A. Kleffel (Musik-Lexikon 11. Aufl.) 1929.

Kleffner, August, geb. 31. Okt. 1888 zu Elberfeld, wirkte als Opernsänger in Koblenz u. Mainz u. gehörte als Spielbariton 1924 bis 1930 der Staatsoper in München an.

Kleffner, Hans Wilhelm, geb. 1903 zu Essen, gest. 11. Juli 1935 (auf einer Dienstreise im Auto tödlich verunglückt), humanistisch gebildet, in seiner Vaterstadt dramatisch unterrichtet, war Schauspieler an zahlreichen deutschen Bühnen (Würzburg, Sondershausen, Münster u. a.), Spielleiter in Münster, Oberspielleiter in Göttingen u. künstlerischer Leiter der Tecklenburger Freilichtbühne.

Klefisch, Wilhelm, geb. 1. Okt. 1909, war Landwirt in Kalterherberg bei Monschau in der Eifel. Dramatiker.
Eigene Werke: Dimitri (Schauspiel) 1937; Alkibiades (Schauspiel) 1939; Marotten (Komödie) 1939; Die Büchsen des Schützenvereins (Volksstück) 1942; Das Leben ist nichts wert, aber nichts ist das Leben wert (Komödie) 1951.

Kleiber, Erich, geb. 5. Aug. 1890 zu Wien, Sohn eines Gymnasialprofessors, studierte in Prag am Konservatorium u. Musikgeschichte an der Universität, war zuerst Korrepetitor an dort. Deutschen Landestheater, dann Kapellmeister 1912—18 am Hoftheater in Darmstadt, 1918—20 an den Theatern in Barmen u. Elberfeld, hierauf Operndirektor in Düsseldorf u. Mannheim u. seit 1923 Generalmusikdirektor der Staatsoper in Berlin. 1933 zum Staatskapellmeister ernannt, blieb er bis 1935 das. u. wurde Dirigent der Mailänder Scala. Gastspielreisen führten ihn bis nach Amerika, wo er u. a. als Dirigent der Deutschen Oper in Buenos

Aires hervortrat, u. an die Brüsseler u. Moskauer Philharmonie.

Literatur: Kurt *Blaukopf,* E. Kleiber (Große Dirigenten unserer Zeit) 1953.

Kleiber (geb. Kirchhofer), Hermine, geb. 10. April 1843 zu Wien (Todesdatum unbekannt), wirkte als Possensoubrette u. Schauspielerin 1872—92 am Fürsttheater das. u. später am dort. Carltheater. Gattin des Kapellmeisters Karl K.

Kleiber, Karl, geb. 21. Dez. 1838 zu Weißkirchen, gest. 15. Juni 1902 zu Wien, war 25 Jahre Erster Kapellmeister des Fürst-Theaters im Wiener Prater u. Komponist der Bühnenmusik zu Stücken, die das. zur Aufführung gelangten. Nach dem Tode J. Fürsts (s. d.) unternahm er mit einer eigenen Gesellschaft Gastspielreisen. 1883 wurde er Mitglied des Josefstädtertheaters u. 1889 des Carl-Theaters in Wien. Gatte der Possensoubrette Hermine Kirchhofer.

Kleimann, Paul Alexander (Ps. Paul Alexander), geb. 14. Aug. 1863 zu Hamburg, gest. im Mai 1934 das., war Dramaturg am dort. Thalia-Theater. Durch Gründung des „Hansischen Theaterarchivs" das. um die Theatergeschichte verdient. Schauspielkritiker der „Hamburger Nachrichten". Vorwiegend Dramatiker.

Eigene Werke: Erdenglück (Märchendrama) 1894; Der Prophet von Memphis (Dramat. Gedicht) 1897; Der Spielteufel (Schwank) 1903; Der Ehrenmann (Dramat. Plauderei) 1904; Der klassische Zeuge (Einakter) 1905; Vom Regen in die Traufe (Burleske) 1905; Spätsommer (Komödie um Victor Stephany) 1907; Das Recht auf Liebe (Schauspiel) 1908; Mann, Frau u. Teufel (Hans-Sachsiade) 1911; Inez de Castro (Schauspiel) 1911; Junges Volk (Spiel) 1912; Schwache Seelen (Schauspiel) 1915; Das Recht der Jugend (Lustspiel) 1921 (mit W. Berndt) u. a.

Klein, Adolf, geb. 15. Aug. 1847 zu Wien, gest. 11. März 1931 zu Berlin, betrat 1865 in Baden bei Wien erstmals die Bühne, führte dann ein künstlerisches Wanderleben, bis er am Nationaltheater in Berlin ein Engagement erhielt, wirkte in Königsberg u. seit 1873 am Stadttheater in Leipzig. 1876 folgte er einem Ruf nach Berlin u. trat im gleichen Jahr dem Verbande des dort. Hoftheaters bei. 1880—83 Mitglied des Burgtheaters, 1884—85 des Thalia-Theaters in Hamburg,

1885—86 spielte er in Moskau, 1886—89 am Hoftheater in Dresden u. seit 1892 wieder in Berlin, 1896—97 am Kgl. Schauspielhaus, 1898—1906 am Lessingtheater, 1907—09 am Neuen Schauspielhaus. 1910 übernahm er die Direktion des Deutschen Theaters in Lodz. K. war gleich bedeutend im klassischen Drama u. modernen Konversationsstück. 1889 kreierte er den Grafen Trast in Sudermanns „Ehre" u. den Oberstleutnant Schwartze in dessen „Heimat". Weitere Hauptrollen: Mephisto, Marinelli, Wallenstein, Meineidbauer, Narziß u. a. Gatte der Schauspielerin Jenny Frauenthal.

Literatur: Josef *Lewinsky,* A. Klein (Theatralische Carrièren) 1888; Adolph *Kohut,* A. K. (Das Dresdner Hoftheater in der Gegenwart) 1888; *Eisenberg,* A. K. (Biogr. Lexikon) 1903; Georg *Malkowsky,* A. K. (Bühne u. Welt 9. Jahrg.) 1907; Max *Grube,* A. K. (Deutsches Bühnen-Jahrbuch 43. Jahrg.) 1932.

Klein, Alexander, geb. um 1852, gest. 24. Okt. 1901 zu Zürich, war Operettentenor am Friedrich-Wilhelmstädtischen Theater, am Walhalla-Theater u. am Theater Unter den Linden in Berlin, auch in Neuyork.

Klein, Anton von, geb. 12. Juni 1746 zu Molshein im Elsaß, gest. 5. Dez. 1810 zu Mannheim, seit 1764 Jesuit, nach Aufhebung seines Ordens Professor das. Vorwiegend Dramatiker.

Eigene Werke: Der jüngste unter den sieben makkabäischen Helden (Trauerspiel) 1769; Das triumphierende Christentum im großmongolischen Kaiserbund (Trauerspiel) 1770; Günther von Schwarzburg (Singspiel) 1777; Tod der Dido (Drama) 1779; Neue Schaubühne der Ausländer 1. Bd. 1781; Kaiser Rudolf von Habsburg (Trauerspiel) 1787; Der Sieg der Tugend oder Die schöne Nürnbergerin (Schauspiel) 1794.

Literatur: J. *Franck,* A. v. Klein (A. D. B. 16. Bd.) 1882; Karl *Krühl,* Leben u. Werke des elsäss. Schriftstellers A. v. K. 1901.

Klein, Antonie, geb. um 1807 zu Magdeburg (Todesdatum unbekannt), zuerst verheiratet mit Alexander Cosmar (s. d.), leitete nach dessen Tod den „Berliner Modenspiegel", gründete später den „Bazar", die jahrzehntelang führende Berliner Frauenzeitschrift. Zuletzt verehelichte Klein in Dresden. Vorwiegend Dramatikerin u. Erzählerin.

Eigene Werke: Die Ehrendame (Lustspiel) 1836; Der König von 16 Jahren (Lustspiel) 1837; Drei Frauen auf einmal (Posse) 1837; Der Wundertrank (Dramat. Aufgabe) 1837; Vierundzwanzig Stunden Bedenkzeit (Lustspiel) 1837; Der Gefangene wider Willen (Dramat. Aufgabe) 1837; Die Eröffnungsrede (Lustspiel nach Rougemont) 1839; Drei Ehen u. eine Liebe (Lustspiel) 1839; Frauenwert (Lustspiel) 1839; Scribes Ein Glas Wasser, deutsch 1841.

Klein, Arthur von, geb. 1890, gest. 14. Okt. 1948 zu Rostock, war zuletzt Oberspielleiter am Stadttheater in Güstrow (Mecklenburg).

Klein, Bernhard, geb. 6. März 1793 zu Köln, gest. 9. Sept. 1832 zu Berlin, Schüler Cherubinis in Paris, wurde Musikdirektor am Dom in Köln u. 1820 Lehrer für Musik an der Universität Berlin. Außer Oratorien u. a. schrieb er die Opern „Dido" (1823), „Ariadne" (1825) u. zwei Akte einer dritten „Irene" (Text von Raupachs „Erdennacht").
Literatur: C. *Koch,* B. Klein (Diss. Rostock) 1902; *Riemann,* B. K. (Musik-Lexikon 11. Aufl.) 1929.

Klein, Bertha s. Christians, Rudolf.

Klein, Cesar, geb. 1877 zu Hamburg, gest. 13. März 1954 zu Pansdorf bei Lübeck, wirkte seit 1919 als namhafter Bühnenbildner von Weltruf zuletzt in Hamburg. Professor. K. gehörte 1910 zu den Mitbegründern der Neuen Sezession in Berlin u. 1918 der Novembergruppe. Während seiner fast vierzigjährigen Tätigkeit als Bühnenbildner arbeitete er vorwiegend mit Jürgen Fehling (s. d.) zusammen. Die gemeinsame Don-Carlos-Inszenierung in Hamburg ging in die Theatergeschichte ein. Nach 1945 schuf er das. die Entwürfe zu Purcells Oper „Dido u. Aeneas", Hindemiths „Nobilissima Visione" u. 1949 zu Camus „Caligula".
Literatur: H. *Ihering,* C. Klein (Regisseure u. Bühnenmaler) 1921.

Klein, Charles s. Klein, Karl Friedrich.

Klein, Cilly (Geburtsdatum unbekannt), gest. 5. Aug. 1911 zu Berlin, war Muntere Liebhaberin in Braunschweig, Berlin (Wallnertheater), Königsberg, Danzig u. a.

Klein, David, geb. 10. Sept. 1816 zu Mainz, gest. 4. Febr. 1884 zu Wiesbaden, wirkte als Seriöser Baß in Darmstadt, Hannover, Hamburg u. 1862—81 in Wiesbaden. Hauptrol-

len: Pedro („Don Juan"), Bassi („Alessandro Stradella"), Minister („Fidelio"), Eremit („Der Freischütz") u. a.

Klein, Demeter, geb. 8. Jan. 1875 zu Tirga, gest. 4. Juni 1928 zu Helmstedt, wurde von Rudolf Christians (s. d.) für die Bühne ausgebildet u. betrat diese 1898 in Heidelberg, spielte in Luzern, Stettin, Posen, Oldenburg vorwiegend komische Charakterrollen u. wirkte seit 1912 auch als Spielleiter für Oper u. Operette. Hauptrollen: Bellmaus („Die Journalisten"), Kurt („Ehre"), Leopold („Im weißen Rößl") u. a.

Klein, Elisabeth, geb. 30. Juni 1868 zu Liegnitz, war 1888—91 Opernsängerin am Hoftheater in Coburg u. Gotha, später am Stadttheater in Magdeburg. Auch bei den Bayreuther Festspielen wirkte sie mit. Hauptrollen: Elsa, Elisabeth, Senta, Evchen, Mignon, Undine u. a.

Klein (geb. Hruby), Elisabeth, geb. 29. Juni 1871 zu Dresden, trat als Jugendliche Liebhaberin zuerst in Meiningen auf, kam dann nach Coburg u. Gotha, hierauf ans Berliner Theater u. 1891 ans Burgtheater, wo sie bis 1898 blieb. 1900 folgte sie einem Ruf A. v. Bergers (s. d.) ans Deutsche Schauspielhaus in Hamburg. Seit 1898 Gattin von Joseph K. Hauptrollen: Klärchen, Kordelia, Thekla, Luise, Donna Clara („Zwei Eisen im Feuer"), Rahel Sang („Über unsere Kraft") u. a. Tochter der Tänzerin Ottilie Hruby u. Schwester von Margarete Marr (s. d.).

Klein, Emanuel, geb. 1812 zu Pest, gest. im Jan. 1887 zu Baltimore. Opernsänger (Tenor).

Klein (Ps. Friedrich), Emil, geb. 27. Aug. 1867 zu Eßlingen, Sohn eines Arbeiters, humanistisch gebildet, schrieb schon mit zwölf Jahren eine Posse „Immer nur lustig u. pfiffig oder Der geprellte Jude", die er mit Kameraden zur Aufführung brachte. 1883 wurde er Notariatsgehilfe, 1893 Polizeibeamter in Eßlingen u. 1908 Bezirksnotar in Heilbronn. Vorwiegend Dramatiker.
Eigene Werke: Weihnachten vor Paris (Dramat. Gedicht) 1888; Weihnachten zu Hause (Dramat. Gedicht) 1888 (2. Aufl. als: Kriegers Heimkehr 1905); Feindesliebe im Feindesland (Dramat. Gedicht) 1888 (2. Aufl. als: Des deutschen Kriegers Christgeschenk 1905); Nach Bethlehem (Weihnachtsspiel) 1898; Meister Pech (Dramat. Gedicht) 1898;

64*

Die Söhne des Arbeiters (Schauspiel) 1898; Die Verstoßenen (Sozial. Volksstück) 1898; Die Entscheidung (Dramat. Gedicht) 1899; Die alten Jungfern (Dramat. Szene) 1899; Dramatische Werke 1899; Nach Golgatha (Schauspiel) 1902; Tells Tod (Drama) 1903 u. a.

Klein, Emil (Geburtsdatum unbekannt), gest. 11. April 1921 zu Bamberg als Opernsänger das.

Klein, Gisela, geb. 28. Jan. 1873 zu Wien, gest. 13. Juni 1919 zu Prag, Tochter eines Kaufmanns, betrat frühzeitig in Iglau die Bühne, kam 1892 ans Deutsche Landestheater in Prag (unter Angelo Neumann s. d.) u. spielte besonders komische Charaktere. Hauptrollen: Marketenderin („Wallensteins Lager"), Lotti („Die Jammerpeppi"), Creszenz („Der ledige Hof"), Frau Berger („Der junge Medardus"), Frau Schimek („Familie Schimek"), Frau Wolff („Der Biberpelz"), Rosa („Der Raub der Sabinerinnen"), Ulrike Sprosser („Pension Schöller") u. a.

Klein (Ps. Cornelli), Heinrich, geb. 12. Dez. 1849 (Todesdatum unbekannt), wurde am Konservatorium in Wien u. Pest zum Operettentenor ausgebildet, wirkte 1869 in Berlin, später in Hamburg, Frankfurt a. M., Graz, Hannover u. München, 1880—82 als Direktor in Linz an der Donau, 1886—87 in Dresden (Residenztheater) u. seit 1887 am Friedrich-Wilhelmstädtischen Theater in Berlin. Hauptrollen: Folgen („Reif-Reiflingen"), Cervantes („Das Spitzentuch der Königin"), Pygmalion („Die schöne Galathee") u. a.

Klein, Hugo (Ps. Domino), geb. 21. Juli 1853 zu Szegedin in Ungarn, gest. am 29. Juni 1915 zu Karlsbad, war Theaterkritiker des „Neuen Pester Journals", zog 1883 nach Wien u. arbeitete hier als Redakteur des Familienblattes „An der schönen blauen Donau". Feuilletonist, Erzähler u. Verfasser von Theaterstücken.
Eigene Werke: Das Rendezvous in Monaco (Lustspiel) 1883; Der Blaustrumpf (Lustspiel) 1883; Der liebe Augustin (Operette) 1887; Der Hexenpfeiler (Märchenspiel) 1900 u. a.

Klein, Josef, geb. 12. Nov. 1870 zu Wien, gest. 13. Sept. 1933 das., einer Musikerfamilie entstammend, Schüler Bruckners u. Hellmesbergers (s. d.) am dort. Konservatorium, war seit 1899 Primgeiger u. Bal-

lettmusikdirigent der Wiener Staatsoper. Komponist von Operetten, Balletten, Pantomimen u. a.
Eigene Werke: Die roten Dominos 1898; Der 18. Lenz 1918; Faun u. Nymphe 1921; Die Faschingshochzeit 1921 (nach Motiven von Johann Strauß).
Literatur: Riemann, J. Klein (Musik-Lexikon 11. Aufl.) 1929.

Klein, Joseph, geb. 1863 zu Brünn, gest. 24. Sept. 1927 zu Berlin, begann seine Laufbahn in Klagenfurt, wirkte in Preßburg u. Budapest, gehörte den Meiningern an, kam dann ans Raimundtheater nach Wien, wo er als Charakterdarsteller großen Beifall fand, 1900 nach Berlin (Lessing-, Kleines u. Neues Theater), später nach Düsseldorf u. 1926 wieder nach Berlin ans Deutsche Theater. Gatte der Burgschauspielerin Elisabeth Hruby. Hauptrollen: Othello, Petruccio, Holofernes, Karl Moor, Uriel Acosta, Wurzelsepp, Bolz u. a. Bruder von Rudolf Klein-Rohden (s. d.).

Klein, Julius Leopold, geb. 1808 (nach Glatzel) zu Miskolcz in Ungarn, gest. 2. Aug. 1876 zu Berlin, studierte in Wien Medizin, bereiste Italien u. promovierte in Berlin, ging dann nochmals nach Italien u. später nach Griechenland, war vorübergehend Arzt in Berlin u. widmete sich schließlich völlig der Literatur u. dem Theater. 1838 Schriftleiter der „Baltischen Blätter". Dramatiker, wichtiger aber durch seine grundlegende, wenn auch wissenschaftlich unzureichende „Geschichte des Dramas", die er aber nur bis Shakespeare fortzuführen vermochte.
Eigene Werke: Maria von Medici (Trauerspiel) 1841; Luines (Trauerspiel) 1842; Zenobia (Drama, für die Bühne bearbeitet von Wilhelm Buchholz) 1844; Die Herzogin (Lustspiel) 1848; Kavalier u. Arbeiter (Trauerspiel) 1850; Ein Schützling (Lustspiel) 1850; Maria (Trauerspiel) 1860; Alceste (Drama) 1860; König Albrecht (Trauerspiel) 1860; Strafford (Trauerspiel) 1862; Moreto (Drama) 1862; Voltaire (Lustspiel) 1862; Geschichte des Dramas (1.—13. Abt.) 1865—76; Heliodora (Trauerspiel) 1867; Richelieu (Drama) 1871; Gesamtausgabe 7 Bde. 1871 f.
Literatur: Joseph *Trostler,* Briefe von J. L. Klein an Varnhagen von Ense (Ungarische Rundschau) 1914; M. *Glatzel,* J. L. K. als Dramatiker (Breslauer Beiträge, Neue Folge 42. Bd.) 1914.

Klein, Julius, geb. 1865, gest. 5. Juli 1944 zu Mindelheim, war Maschineriedirektor am Staatstheater in München. Führend in der deutschen Bühnentechnik.

Klein, Karl Friedrich (Ps. Charles Klein), geb. 29. Jan. 1898 zu Andernach-Namedy am Rhein, war Filmregisseur in Berlin. Auch Bühnenschriftsteller.

Eigene Werke: Safari (Schauspiel) 1931; Tapfere kleine Frau (Schauspiel) 1937; Wettlauf mit dem Tode (Schauspiel) 1940; Cleopatra aus Kopenhagen (Musikal. Komödie) 1941.

Klein, Lilly s. Klein, Willy.

Klein, Martin, geb. 27. März 1864 zu Szereth an der Waag in Ungarn, gest. 3. Nov. 1924 zu Berlin, Sohn eines Weingroßhändlers, studierte Musik am Konservatorium in Wien u. begann seine Laufbahn als Gesangskomiker in Wiener-Neustadt, kam über Landshut, Posen, Budapest, Karlsbad, Breslau, Halle, Wien (Deutsches Volkstheater), Danzig, Köln u. Stuttgart ans Hoftheater in München sowie ans dort. Schauspielhaus (als Oberregisseur) u. brachte es auch als Tenorbuffo zu hervorragenden Leistungen. Gastspielreisen führten ihn bis Moskau. In der Folge leitete er das Sommertheater in Baden-Baden, das Friedrichsbautheater in Stuttgart, das Stadttheater in Czernowitz u. das Luisentheater in Königsberg. Hauptrollen: Czupan, Mime, Beckmesser u. a.

Klein, Oskar, geb. 7. Juni 1852 zu Ratibor in Preußisch-Schlesien (Todesdatum unbekannt), humanistisch gebildet, wurde Kaufmann, gab aber diesen Beruf auf u. lebte seit 1881 als Direktor des „Literar. Instituts" in Berlin. Vorwiegend Bühnenschriftsteller.

Eigene Werke: Mikosch (Posse) 1888; Eine feine Familie (Posse) 1889; Das Hufeisen (Volksstück) 1890; Auf Reisen (Lustspiel); Der Frack als Ehestifter (Schwank) 1901; Unsere Einzige (Posse) 1902; Sein Zwilling (Posse) 1902; Medea (Posse mit Gesang) 1904; Pastors Rieke (desgl.) 1904; Das Skelett im Hause (desgl.) 1904; Die Loreley (desgl.) 1906; Unsere Käte (desgl.) 1907; Nimm mich mit (desgl.) 1908; Prinz Wendelin oder Pechmieze (desgl.) 1908 u. a.

Klein, Peter, geb. 25. Jän. 1907 zu Zündorf bei Köln, besuchte das dort. Konservatorium

u. fand mit 17 Jahren sein erstes Engagement am Reichshallentheater das., wirkte dann als Opernsänger (hauptsächlich in Charakter- u. jugendlichen Partien des Spieltenorfaches) in Düsseldorf, Köln, Kaiserslautern, Zürich, Hamburg u. seit 1941 an der Staatsoper in Wien. Gastspielreisen führten ihn nach Berlin, Amsterdam, Antwerpen, Brüssel, Paris, Barcelona, Florenz, Rom, Agram, Oslo, London, Zürich, Genf u. Neuyork. Seit 1945 auch an den Salzburger Festspielen beteiligt. Hauptrollen: Mime, David, Georg („Der Waffenschmied"), Goro („Madame Butterfly"), Gaston („La Traviata"), Tanzmeister („Ariadne auf Naxos"), Peter Iwanow („Zar u. Zimmermann") u. a.

Klein, Regine s. Heine-Geldern, Regine Freifrau von.

Klein, Rudolf, geb. 1879, gest. 2. März 1954 zu Berlin, war Technischer Direktor der Charlottenburger Oper u. fast zwanzig Jahre des Staatstheaters in Berlin.

Klein, Tim, geb. 7. Jan. 1870 zu Fröschweiler im Elsaß, gest. 27. April 1944 zu Planegg bei München, Sohn des Schriftstellers Karl K., studierte in Straßburg im Elsaß (Doktor der Philosophie) u. wurde Redakteur der „Münchner Neuesten Nachrichten" u. Mitherausgeber der Monatsschrift „Zeitwende". Kritiker u. Dramatiker.

Eigene Werke: Veit Stoß (Schauspiel) 1912; Der Fremde (Schauspiel) 1919; Thomas Münzer (Trauerspiel) 1925; Dennoch bleib' ich (Drama) 1928; Sergeant Wiggers (Schauspiel) 1930; Der Tod des Mirabeau (Trauerspiel) 1930; Das Karl-Valentin-Buch 1932.

Klein (Ps. Klein-Ellersdorf), Ullrich, geb. 28. Aug. 1912 zu Königsberg, lebte als Theaterdirektor u. Dramaturg in Stuttgart. Bühnenschriftsteller.

Eigene Werke: Der Störenfried (Lustspiel nach Roderich Benedix) 1946; Eine Franziskus-Legende (Spiel) 1948; Wunder des Kreuzes (nach Calderon) 1950.

Klein, Willy, geb. 1865, gest. 19. Okt. 1924 zu Weimar, war Schauspieler u. a. in Nürnberg u. lange am Deutschen Nationaltheater in Weimar. Gatte der Kammersängerin Lilly Herking, die 1923 beim Theaterbrand in Dessau ums Leben kam. Während ihres langen Wirkens das. sang sie die Marzelline im „Barbier von Sevilla", die Eglantine in der „Euryanthe", die Elvira im „Don Juan", die Suzuki in „Madame Butterfly", die Brangäne in „Tristan u. Isolde", die Magdalena in den „Meistersingern" u. a.

Klein, Wolfgang (Geburtsdatum unbekannt), gest. 1944 in Rumänien als Teilnehmer am Zweiten Weltkrieg, war Schauspieler an mehreren Bühnen in Berlin, zuletzt am Deutschen Theater das.

Klein-Ellersdorf, Ullrich, s. Klein, Ullrich.

Klein-Erl, Theo, geb. 1890, gest. 11. Juli 1926 (durch Motorradunfall), war Tenorbuffo am Stadttheater in Chemnitz.

Klein-Fischer, Lotte, geb. 13. Juni 1883, wirkte als langjähriges Mitglied unter Intendant Willy Maertens (s. d.) am Thalia-Theater in Hamburg. Hauptrollen: Frau Holt („Die Stützen der Gesellschaft"), Olga („Geliebter Schatten"), Madame Pernelle („Der Tartüff"), Altes Weib („Roter Mohn") u. a.

Klein-Hamburg, Karl, geb. 6. Nov. 1843 zu Treptow an der Tollense in Pommern (Todesdatum unbekannt), Sohn eines Bäckers, wurde Schneider, sah in Kiel 1867 erstmals ein Schauspiel, worauf er sich entschloß, Dramatiker zu werden, gab sein Handwerk auf u. lebte in Hamburg seinen literarischen Neigungen.
Eigene Werke: Dichtertraum (darin: Amazonen-Rencontre, Lustspiel — In Feindes Land, Dramat. Gedicht — Herz u. Ehre, Trauerspiel) 1879.

Klein-Rogge, Rudolf, geb. 24. Nov. 1888 zu Köln am Rhein, gest. im April 1945 zu Berlin (durch Kriegseinwirkung), Sohn eines Kriegsgerichtsrates, humanistisch gebildet, von Burgschauspieler Hans Siebert (s. d.) für die Bühne ausgebildet, wirkte als Charakterliebhaber in Halberstadt, Kiel, Aachen u. nach dem Ersten Weltkrieg in Nürnberg u. Berlin. Hauptrollen: Senden („Die Journalisten"), Cuff („Graf Essex"), Marinelli („Emilia Galotti"), Lucien („Buridans Esel"), Hotham („Zopf u. Schwert") u. a.

Klein-Rohden (Ps. Krona-Klein), Claire, geb. 28. Jan. 1866 zu Dresden, gest. 15. März 1949 zu Berlin, Tochter eines Fuhrwerksbesitzers, betrat 1891 in Kissingen erstmals die Bühne, kam als Liebhabe-

rin u. Salondame über Kiel, Karlsbad, Gera, Görlitz, Breslau u. Düsseldorf 1901 ans Deutsche Theater in Hannover, später nach Hamburg, Wien, wieder nach Breslau, Prag u. Berlin, wo sie zuletzt am Kleinen Theater u. Lessingtheater tätig war. Hauptrollen: Magda, Francillon, Madame Sans-Gêne u. a. Gattin des Folgenden.

Klein-Rohden, Rudolf, geb. 27. Jan. 1871 zu Ober-Gerspitz bei Brünn, gest. 5. Jan. 1936 zu Berlin-Lichterfelde, Sohn eines Braumeisters, begann seine Bühnenlaufbahn als Jugendlicher Held in Czernowitz, kam über kleine Bühnen 1892 ans Wallnertheater in Berlin, begleitete die „Münchener" (s. d.) auf ihren Gastspielreisen, wirkte seit 1894 in Wien (Raimundtheater), München (Deutsches Theater), Graz, 1899—1900 als Jugendlicher Held u. Konversationsliebhaber in Neuyork, hierauf in Düsseldorf, Hannover (Deutsches Theater u. Residenztheater) u. a., zuletzt am Lessing- u. Kleinen Theater in Berlin. Zu seinen besten Charakterrollen zählte Barthel Turaser, der Held im gleichnamigen Stück seines Landsmanns Philipp Langmann (s. d.). Bruder von Joseph Klein, Gatte der Vorigen.

Kleinecke, Georg, geb. 20. Febr. 1852 zu Jüterbog, gest. 20. Okt. 1900 zu Hannover, betrat als Autodidakt die Bühne in Düsseldorf u. wirkte dann als Charakterdarsteller u. Held in Sondershausen, Magdeburg, Zürich, Graz, Breslau, Köln, Danzig, Hamburg, Dessau u. seit 1896 am Residenztheater in Hannover. Hauptrollen: Präsident Walter, Wallenstein, Tell, Faust u. a. Auch literarisch trat er hervor mit wiederholt aufgelegten humoristischen Dichtungen „Schelmenlieder eines wandernden Komödianten" 1892 u. „Neue Schelmenlieder" 1900.
Literatur: Adalbert *Stefften,* G. Kleinecke (Deutsche Bühnen-Genossenschaft 29. Jahrgang) 1900.

Kleinert, Friedrich Peter Paul, geb. 1. Aug. 1833 zu Breslau, gest. 19. Juni 1875 zu Mitau, war Schauspieler, zuletzt Regisseur in Riga.

Kleinfercher (Ps. Fercher von Steinwand), Johann, geb. 22. März 1828 zu Steinwand in Kärnten, gest. 7. März 1902 zu Wien, wo er als freier Schriftsteller lebte, erhielt für sein Trauerspiel „Dankmar" 1867 den Literaturpreis des Österr. Reichsrates (Neudruck

in den Sämtlichen Werken, herausg. von
J. Fachbach u. E. Lohnbach 1903).
Literatur: Emil *Winkler,* Fercher von
Steinwand 1928.

Kleinke, Fritz, geb. 9. März 1869 zu Polzin
in Pommern, gest. 11. Jan. 1940 zu Königsberg in Preußen, war zuerst Mitglied des
Philharmonischen Orchesters in Dresden,
wandte sich aber dann dem Schauspiel zu
u. wirkte als Charakterkomiker in Hannover, Berlin, Neuyork, Altenburg, Dresden,
Wiesbaden u. jahrelang in Königsberg. Seit
1925 gab er nur mehr Gastspiele. Hauptrollen: Bellmaus, Wehrhahn, Reif-Reiflingen, Spiegelberg u. a.

Kleinkunstbühne s. Kabarett.
Literatur: H. *Knudsen,* Kleinkunstbühne
(Reallexikon 2. Bd.) 1925—26.

Kleinmayr, Hugo von, geb. 1. Nov. 1882 zu
Marburg an der Drau, Nachkomme von
Staatsbeamten u. Verlagsbuchhändlern,
Sohn eines Kais. Rats, studierte in Graz u.
Wien, war zuerst Gymnasiallehrer, dann
Dozent in Budapest u. Graz u. seit 1946
o. Professor für deutsche Literaturgeschichte
in Graz, beschäftigte sich u. a. mit Theorie
u. Geschichte des Dramas.
Eigene Werke: Zur Theorie der Tragödie
1906; Zu A. W. Schlegels Ion (Progr.
Znaim) 1912; R. Wagner u. das Junge
Deutschland (Festschrift Gymnasium Znaim)
1924.

Kleinmayr, Walter von, geb. 4. Nov. 1893
zu Klagenfurt, gest. 22. Febr. 1952 das., Inhaber der seit 1688 im Familienbesitz befindlichen Offizin, begann 1951 die Herausgabe des „Deutschen Theater-Lexikons".

Kleinmichel, Hermann, geb. 26. Mai 1817,
gest. 29. Mai 1894 zu Hamburg, war Kapellmeister am dort. Stadttheater. Vater des
Komponisten Richard K. u. des Schauspielers Hugo Hermann K. (Ps. Hans Hansen).

Kleinmichel, Hugo Hermann (Ps. Hans Hansen), geb. 28. Aug. 1851 zu Potsdam, gest.
5. Nov. 1911 zu Stuttgart, war Schauspieler
am Hoftheater in Karlsruhe, am Thalia-
Theater in Berlin u. zuletzt bis 1909 vorwiegend Charakterkomiker u. Regisseur
am Stadttheater in Reichenberg. Hauptrollen: Werren („Maria u. Magdalena"), Dörf-
ling („Friedrich von Homburg"), Knieriem
(„Lumpazivagabundus"), Bader („Der Mein-

eidbauer"), Weigelt („Mein Leopold"),
Midas („Die schöne Galathee") u. a.

Kleinmichel (geb. Hartmann, Ps. Hansen),
Josefine, geb. 17. Febr. 1856 zu Wien, gest.
16. Juli 1891 zu Berg bei Stuttgart, war
Schauspielerin am Hoftheater in Karlsruhe.
Gattin von Hans Hansen. Hauptrollen:
Estrella („Das Leben ein Traum"), Katha-
rina („Bürgerlich u. Romantisch"), Adelheid
(„Die Journalisten") u. a.

Kleinmichel, Richard, geb. 21. Sept. 1846 zu
Posen, gest. 18. Aug. 1901 zu Berlin, Sohn
des Kapellmeisters Hermann K., war bis
1890 Dirigent am Stadttheater in Hamburg
u. ließ sich dann als Komponist in Berlin
nieder. Gatte der Koloratursängerin- Clara
Monhaupt. Neubearbeiter von Lortzings
„Regina" u. „Opernprobe", Referent der
Wochenzeitschrift „Signale für die musika-
lische Welt" u. nach dem Tode des Haupt-
verlegers Barthold Senff dessen Redakteur.
Opernkomponist.
Eigene Werke: Schloß de l'Orme 1883;
Der Pfeifer von Dusenbach 1891.
Literatur: Riemann, R. Kleinmichel (Musik-
Lexikon 11. Aufl.) 1929.

Kleinoschegg, Willi, geb. (Datum unbekannt) zu Graz, wurde an der Reicherschen Schauspielschule in Berlin (Schüler
von A. Strakosch) ausgebildet, wirkte in
Bielefeld, Jena, Aachen, Wien, Dresden,
Breslau u. seit 1915 jahrzehntelang wieder
in Dresden bis zu seinem Bühnenabschied
1950.

Kleinschmidt (Ps. Erich), Heinz (Geburts-
datum unbekannt), gest. 24. Sept. 1917 zu
Köln, war Operettensänger, Schauspieler u.
Regisseur in Beuthen, Bremerhaven, Kiel
u. zuletzt am Metropoltheater in Köln.
Hauptrollen: Frosch („Die Fledermaus"),
Kagler („Wiener Blut)" u. a.

Kleinschmidt (geb. Kosegarten), Johanna,
geb. 1816 (Todesdatum unbekannt), wirkte
als Opernsoubrette seit 1833 in Altona, am
Hoftheater in Braunschweig, in Magdeburg,
Düsseldorf u. a. Hauptrollen: Zerline („Don
Juan u. Fra Diavolo"), Fatime („Oberon"),
Oskar („Ein Maskenball"), Madelaine („Der
Postillon von Lonjumeau"), Agathe („Der
Freischütz") u. a.

Kleinstädter, Die deutschen, Lustspiel in
vier Akten von August v. Kotzebue, er-

zielte gleich bei seinem Erscheinen 1803 einen sehr starken Erfolg, der durch die Jahrzehnte seither bis zur Gegenwart anhielt. Es ist des auch sonst vielgespielten u. selbst von Goethe geschätzten Theaterdichters bestes Stück. Der Ort der Handlung Krähwinkel in der Bedeutung eines lächerlichen Klatschnestes wurde literaturfähig. Reich an derbkomischen Einfällen u. possenhaften Situationen, stofflich Picards „La Petite Ville" nachgebildet, wirkte das Lustspiel, zumal es auf die sonst bei Kotzebue üblichen Frivolitäten verzichtet, durch seinen urwüchsigen Humor geradezu volkstümlich. Es fand viele Nachahmungen, auch Nestroy folgte seinen Spuren.

Literatur: Ernst *Jäckh,* Studien zu Kotzebues Lustspieltechnik 1899; Jakob *Minor,* K. als Lustspieldichter (Bühne u. Welt 13. Jahrg.) 1911.

Kleist, Heinrich von, geb. 18. Okt. 1777 zu Frankfurt an der Oder, gest. 21. Nov. 1811 zu Potsdam, trat nach dem frühen Tod seiner Eltern (Vater preuß. Stabsoffizier) in die Garde zu Potsdam ein, machte 1793 bis 1794 den Rheinfeldzug mit (Kamerad Fouqués) u. nahm 1799 seinen Abschied, um in Frankreich philosophische, mathematische u. staatswissenschaftliche Studien zu betreiben. Seit 1801 (kurzer Aufenthalt in Paris) nirgends seßhaft. Dann folgten zwei Reisen in die Schweiz. 1803 weilte er als Gast Wielands in Osmannstädt (Besuch Goethes u. Schillers in Weimar). 1804—07 als Staatsbeamter in Königsberg tätig, in Berlin von den Franzosen verhaftet. 1807—09 Redakteur des „Phöbus" in Dresden, 1810 in Berlin. Die von ihm (und Adam Müller) geleiteten „Berliner Abendblätter" scheiterten jedoch. Das persönliche Mißgeschick u. die Not des Vaterlandes trieben K. in den Tod, den er gemeinsam mit einer ebenfalls unglücklichen Frau (Henriette Vogel) am Wannsee bei Potsdam fand. K. wird vielfach eher zu den Klassikern als zu den Romantikern gezählt, von denen er einigen (L. Tieck, G. H. v. Schubert) persönlich nahetrat. In Wahrheit stand er einsam. Seinem innersten Wesen entsprach mehr die Antike als das Mittelalter, Sophokles u. Goethe fesselten ihn stärker als etwa Shakespeare u. Calderon. Auch Kant beeinflußte ihn. Sein starkes nationales Empfinden einerseits, seine Vorliebe für geheimnisvoll dunkle Vorgänge des Seelenlebens anderseits verknüpften ihn jedoch unlösbar wieder mit der Romantik seiner Zeitgenos-

sen. Kleists dramatisches Erstlingswerk „Die Familie Schroffenstein" erinnert (antikisierender Chor u. Motiv des blinden Zufalls) an Schillers „Braut von Messina" u. die Schicksalstragödie. Sein „Robert Guiskard", das vielleicht sein gewaltigstes Drama geworden wäre, blieb Fragment. In der „Penthesilea", dem herben, mehr episch gehaltenen Amazonenstück, entfernt er sich am meisten von der Romantik. Nachdem er Molières übermütig-frivole Komödie „Amphitryon" ins mystisch-romantische Deutsch seiner Zeit übertragen hatte, bedeuteten das märchenhafte vollromantische Ritterschauspiel „Käthchen von Heilbronn" u. das patriotische Preußenstück „Der Prinz von Homburg" die Gipfel seines dramatischen Schaffens, obwohl gerade hier seine träumerische Mystik das Krankhafte streift. Allzustark modernisiert erscheint die antinapoleonische „Hermannsschlacht". Das derbfrische Lustspiel „Der zerbrochene Krug" mit seiner lebenswahren Realistik gehört zum eisernen Bestand der deutschen Bühne. Große Wirkungen erzielte K. als Novellist. Die künstlerische Geschlossenheit seiner Meistererzählung „Michael Kohlhaas" blieb vorbildlich. Sie wurde von Rudolf Holzer („Hans Kohlhase") 1915 u. Arnolt Bronnen 1947 dramatisiert, seine Novelle „Die Marquise von O." von Ferdinand Bruckner (= Theodor Tagger) 1933, Alfred Günther („Hauptmann Fabian") 1935 u. Wilhelm Heim 1947. 1920 entstand in Frankfurt a. d. O. eine „Kleist-Gesellschaft", die seit 1921 ein eigenes „Jahrbuch" herausgab.

Eigene Schriften: Gesammelte Schriften, herausg. von L. Tieck 1. Bd. Die Familie Schroffenstein (Trauerspiel) 1803 — Das Käthchen von Heilbronn oder Die Feuerprobe (Histor. Ritterschauspiel) 1810 — Amphitryon (Lustspiel nach Molière) 1808, 2. Bd. Penthesilea (Trauerspiel) 1808 — Der zerbrochene Krug 1811 — Der Prinz von Homburg 1821 — Die Hermannsschlacht 1821 (für die Bühne bearbeitet von R. Genée 1875), 3. Bd. Robert Guiskard 1821, 3 Bde. 1826; Werke und Briefe, histor.-krit. Ausgabe von G. Minde-Pouet, R. Steig u. E. Schmidt (Meyers Klassiker-Ausgaben) 5 Bde. o. J.

Behandlung: Wilhelm v. *Polenz,* H. v. Kleist (Drama) 1891; O. H. *Hopfen,* H. v. K., ein Dichterleben (Drama) 1900; Franz *Servaes,* Der neue Tag (Drama) 1903; Ernst *Prossnigg,* K. (Drama) 1916; Stefan *Markus,* Die Tragödie des Genies (Drama) 1917; Friedrich *Sebrecht,* K. (Drama) 1920; Otto

Sander, K. (Drama) 1923; Kurt *Liebmann*, K. (Dramat. Vision) 1932; Uli *Klimsch*, Kleists Tod (Drama) 1933; Hans *Heyck*, K. (Drama) 1933; Hans *Franck*, K. (Spiel) 1933; Hans *Schwarz*, Prinz von Preußen (Drama) 1934; Josef *Buchhorn*, H. v. K. (Tragödie) 1935; Josef *Handl*, Kleist-Tragödie 1938; Friedrich *Forster*, Verschwender (Spiel von Kleist, Hölderlin u. a.) 1941; Rolf *Bongs*, Schüsse 1811 = H. v. K. (Drama) 1943; Rudolf *Jungnickel*, Kleists Tod (Drama) 1948. *Literatur:* Georg *Minde-Pouet*, H. v. Kleist (Seine Sprache u. sein Stil) 1897; Franz *Serges*, H. v. K. 1902; W. *Holzgrafe*, Schillersche Einflüsse bei H. v. K. 1902; Eugen *Kilian*, Kleists Schroffensteiner auf der Bühne (Bühne u. Welt 5. Jahrg.) 1903; M. *Lex*, Die Idee im Drama bei Goethe, Schiller, Grillparzer u. K. 1904; B. *Schulze*, Neue Studien über H. v. K. 1904; G. *Minde-Pouet*, K. als Bühnenheld (Bühne u. Welt 7. Jahrg.) 1905; H. *Krynska*, Der sprachliche Ausdruck der Affekte in Kleists dramatischen Werken (Diss. Bern) 1909; J. H. *Senger*, Der bildliche Ausdruck in den Werken H. v. Kleists 1909; Hanna *Hellmann*, H. v. K. (Das Problem seines Lebens u. seiner Dichtungen) 1911; A. M. *Wagner*, Goethe, K., Hebbel u. das religiöse Problem ihrer dramat. Dichtungen 1911; H. *Meyer-Benfey*, Das Drama H. v. Kleists 2 Bde. 1911—13; Walter *Kuhn*, H. v. K. u. das deutsche Theater 1912; O. *Fischer*, K. a jeho dilo 1912 (tschechisch); ders., Kleists Guiskardproblem 1912; F. *Röbbeling*, Kleists Käthchen von Heilbronn (Bausteine zur Geschichte der deutschen Literatur 12. Bd.) 1913; M. *Corssen*, Kleists u. Shakespeares dramat. Sprache (Diss. Berlin) 1919; O. *Fraude*, Kleists Hermannsschlacht auf der deutschen Bühne 1919; K. *Lowien*, Die Bühnengeschichte von Kleists Penthesilea (Diss. Kiel) 1922; R. *Stolze*, Kleists Käthchen von Heilbronn (Diss. Kiel) 1922; Walter *Silz*, H. v. Kleists Conception of the Tragic 1923; Franziska *Füller*, Das psychologische Problem in Kleists Dramen 1924; Hanna *Hellmann*, Kleists Amphitryon (Euphorion 25. Bd.) 1924; Friedrich *Braig*, H. v. K. 1925; Wolf v. *Gordon*, Die dramat. Handlung in Sophokles' König Oedipus u. Kleists Zerbrochenem Krug (Bausteine zur Geschichte der deutschen Literatur 20. Bd.) 1926; Lutz *Weltmann*, Die verdeckte Handlung bei K. (Die Szene 17. Jahrg.) 1927; Josef *Körner*, Recht u. Pflicht, Studie über Kleists Michael Kohlhaas u. Prinz Friedrich von Homburg 1927; Ch. *Schilakowski*, Kleists Überar-

beitung seiner Dramen (Diss. Kiel) 1928; Gerhard *Fricke*, Gefühl u. Schicksal bei H. v. K. (Neue Forschungen 3. Bd.) 1929; Gerhard *Gleißberg*, Kleists Prinz von Homburg u. seine Stellung in der Romantik (Diss. Breslau) 1929; Meta *Corssen*, K. u. Shakespeare (Forschungen zur neueren deutschen Literaturgeschichte 61. Bd.) 1930; Hans *Badewitz*, Kleists Amphitryon (Bausteine zur Geschichte der deutschen Literatur 27. Bd.) 1930; G. *Hempel*, H. v. Kleists Hermannsschlacht (Diss. Erlangen) 1931; W. v. *Einsiedel*, Die dramat. Charaktergestaltung bei H. v. K., bes. in seiner Penthesilea (German. Studien 109. Heft) 1931; R. *Dorr*, Kleists Amphitryon (Forschungen zur Literatur- u. Theaterwissenschaft 7. Bd.) 1931; E. *Dosenheimer*, Zu Kleists Amphitryon (Zeitschrift für deutsche Bildung 8. Jahrg.) 1932; Helene *Schneider*, Sprache u. Vers von Kleists Amphitryon u. seine französ. Vorlage (Diss. Frankfurt) 1933; K. *Semela*, Frauen-Erleben u. Frauen-Gestalten bei K. (Diss. Berlin) 1934; H. *Ziegelski*, K. im Spiegel der Theaterkritik des 19. Jahrhunderts bis zu den Aufführungen der Meininger (Diss. Erlangen) 1934; A. *Ortloff*, K. u. das deutsche Nationaldrama (Diss. Würzburg) 1935; K. *Schultze-Jahde*, Kleists Gestaltentyp (Zeitschrift für deutsche Philologie 60. Bd.) 1935; Oskar *Walzel*, K. als Tragiker 1936; C. *Hohoff*, Komik u. Humor bei K. (German. Studien 134. Heft) 1937; J. *Heimreich*, Das Komische bei K. (Diss. Berlin) 1937; H. *Stock*, Kleists Dramenbruchstück Robert Guiskard (Diss. Bonn) 1937; B. *Schwarz*, Dichtung u. Sprache in Prinz Friedrich von Homburg (Zeitschrift für deutsche Bildung 15. Jahrg.) 1939; H. *Rieschel*, Tragisches Wollen (Diss. Göttingen) 1939; W. *Psaar*, Schicksalsbegriff u. Tragik bei Schiller u. K. (Diss. Berlin) 1940; E. *Busch*, Das Wesen des Tragischen in Kleists Drama (Germanisch-Romanische Monatsschrift Nr. 10/ 12) 1940; Joachim *Müller*, Kleists Robert Guiskard (Zeitschrift für Deutschkunde 55. Jahrg.) 1941; G. *Fischer-Klamm*, Kleists Schrift über das Marionettentheater (Der Tanz Nr. 4) 1941; B. *Schwarz*, Kleists Hermannsschlacht (Zeitschrift für deutsche Bildung 18. Jahrg.) 1942; P. *Hoffmann*, Kleists Der zerbrochene Krug (Germanisch-Romanische Monatsschrift 30. Jahrg.) 1942; Rudolf *Joho*, Meine Vollendung des Kleistschen Fragmentes Robert Guiskard (Deutsche Dramaturgie 2. Jahrg.) 1943; Franz *Stoeßl*, Amphitryon (Trivium 2. Jahrg.)

1944; Tino *Kaiser*, Vergleich der verschiedenen Fassungen von Kleists Dramen (Sprache u. Dichtung 70. Heft) 1945; L. F. *Peck*, Die Familie Schroffenstein (Journal of English and Germanic Philology) 1945; H. W. *Nordmeyer*, Kleists Amphitryon (Monatshefte, Madison) 1946; H. H. J. de *Leeuwe*, Molières u. Kleists Amphitryon (Neophilologus 31. Jahrg.) 1947; L. W. *Kahn*, Goethes Iphigenie, Kleists Amphitryon u. Kierkegaard (Monatshefte, Madison) 1947; Ingrid *Kohrs*, Das Wesen des Tragischen im Drama Kleists (Diss. Hamburg) 1948; E. L. *Stahl*, The Dramas of K. 1948; Amalie *Rohrer*, Das Kleistsche Symbol der Marionette u. sein Zusammenhang mit dem Kleistschen Drama (Diss. Münster) 1948; R. F. *Wilkie*, A new Source for Kleists Der Zerbrochene Krug (The Germanic Review Nr. 4) 1948; William H. *McClain*, K. and Molière as Comic Writers (Ebda.) 1949; Benno v. *Wiese*, Der Tragiker K. u. sein Jahrhundert (Vom Geist der Dichtung — Gedächtnisschrift R. Petsch) 1949; Robert *Mühlher*, Die Mythe vom Zerbrochenen Krug (Dichtung der Krise) 1951; Ingrid *Kohrs*, Das Wesen des Tragischen im Drama Heinrichs v. K., dargestellt an Interpretationen von Penthesilea u. Prinz von Homburg (Probleme der Dichtung 8. Heft) 1951; Martin *Lintzel*, Liebe u. Tod bei K. 1951; John T. *Krumpelmann*, Kleists Krug and Shakespeare Measure for Measure (The Germanic Review Nr. 1) 1951; Georg *Lukacs*, Die Tragödie Kleists (Deutsche Realisten des 19. Jahrhunderts) 1952; A. R. *Neumann*, Goethe and Kleists Der zerbrochene Krug (Modern Language Quarterly Nr. 1) 1952; G. *Fricke*, Kleists Prinz von Homburg (Germanisch-Romanische Monatsschrift 33. Bd.) 1952.

Kleist, Julius Friedrich von (Ps. Friedrich Julius), geb. 1776, gest. 1860 zu Dresden (durch Selbstmord), dem Geschlecht der Dichter v. K. entstammend, war zuerst Offizier in der preuß. Armee, legte jedoch 1794 den adeligen Namen ab u. wandte sich in Breslau der Bühne zu. Seit 1817 wirkte er als Held u. Liebhaber in Leipzig, dann in Dresden bis zu seiner Pensionierung 1833. Tieck rühmte seine Meisterschaft in feinen Rollen des Lustspiels. Den Lebensabend verbrachte er zurückgezogen als Menschenfeind. Hauptrollen: Tellheim, Romeo, Prinz von Homburg, Marinelli u. a.
Literatur: Eisenberg, F. Julius (Biogr. Lexikon) 1903.

Klemm, Christian Gottlob, geb. 11. Nov. 1736 zu Schwarzenberg, gest. 2. Jan. 1802 zu Wien, studierte in Leipzig u. Jena Theologie u. Jura, begründete 1759 in Wien das erste Wochenblatt „Die Welt" sowie die Wochenblätter „Der österreichische Patriot" (1760), „Dramaturgie, Literatur u. Sitten" (1769), „Wider die Langeweile" (1774), „Wiener Allerlei" (1774), leitete auch 1774 die Wiener „Realzeitung", wurde 1770 Bibliothekar u. 1771 Normalschullehrer. Anhänger der Hanswurstkomödie. Dramatiker.
Eigene Werke: Beiträge zum deutschen Theater 1767; Wienerische Dramaturgie 1767; Der auf dem Parnaß erhobene grüne Hut (Lustspiel, Satire gegen Sonnenfels) 1767; Theateralmanach von Wien, herausg. 1772—74; Vermischte Schriften 1774 u. a.
Literatur: Wurzbach, Ch. G. Klemm (Biogr. Lexikon) 1903.

Klemm, Hermann (Ps. Georg Reinhardt), geb. 7. Dez. 1862 zu Meerane in Sachsen, Sohn eines Gutsbesitzers, wurde Lehrer in seiner Vaterstadt u. 1887 in Dresden, wo er Vorlesungen Adolf Sterns (s. d.) besuchte u. im „Dramatischen Leseverein" starke Anregungen für sein Bühnenschaffen erhielt.
Eigene Werke: Schillers Flucht (Histor. Stück) 1905; Germania in Freud' u. Leid (Vaterländ. Festspiel) 1906; Der Regimentsarzt von Stuttgart (Histor. Schauspiel) 1910.

Klemm, Johannes, geb. 7. April 1889 zu Dresden, wurde das. zum Schauspieler u. Ballett-Tänzer ausgebildet, wirkte 1909 am dort. Volkstheater, 1910—14 in Zürich, Genf u. Mailand, nach Kriegsteilnahme (1914 bis 1916) in Krefeld, kam 1919 nach Königsberg, 1921 nach Baden-Baden, 1924 nach Duisburg u. Bochum, 1926 nach München (Schauspielhaus, Volkstheater u. Kammerspiele) u. 1928 nach Dresden, wo er jahrzehntelang, zuletzt als Inspizient, am Staatstheater tätig war.

Klemm (geb. Voß), Klara, geb. 20. April 1893 zu Gotha, gest. 7. Aug. 1925 das., war lange Schauspielerin in Baden-Baden.

Klemperer, Otto, geb. 15. Mai 1885 zu Breslau, besuchte das Hochsche Konservatorium in Frankfurt a. M., war dann in Berlin u. a. Schüler von Hans Pfitzner, kam auf Empfehlung G. Mahlers als Kapellmeister ans Deutsche Landestheater in Prag, 1909 als Theaterkapellmeister nach Hamburg, später nach Straßburg, 1917 nach Köln (1923 Generalmusikdirektor das.), 1924 als Operndirigent nach Wiesbaden u. 1927 als Leiter der Preuß. Staatsoper nach Berlin. 1933 emigrierte K. nach den Vereinigten Staaten, wo er das Philharmonische Orchester in Los Angeles leitete. Nach seiner Rückkehr in die Heimat wirkte er 1948 wieder in Berlin. *Literatur: Riemann*, O. Klemperer (Musik-Lexikon 11. Aufl.) 1929; Kurt *Blaukopf*, O. K. (Große Dirigenten unserer Zeit) 1953.

Klemperer, Paul, geb. 12. Sept. 1875 zu Wien, Nachkomme einer Prager Patrizierfamilie, studierte in Wien (Doktor der Rechte) u. war seit 1906 als Rechtsanwalt das. tätig (u. a. Syndikus der Deutschen u. Österr. Bühnengenossenschaft). K. trat 1911 in einer Artikelserie der Wiener „Neuen Freien Presse" für eine gesetzliche Regelung des sog. Künstlerlohnrechts ein. Der von ihm gemachte Entwurf wurde 1927, allerdings in geänderter Fassung, zum Gesetz erhoben u. ist in Fachkreisen als lex K. bekannt. 1938 emigrierte er nach Neuyork. Dramatiker u. Memoirenschreiber.
Eigene Werke: Aus meiner Mappe 1945; Genie u. Verstand retten die Welt (Trilogie) 1947 u. a.
Literatur: F. B., P. Klemperer (Wiener Zeitung Nr. 211) 1950.

Klenau, Paul August von, geb. 11. Febr. 1883 zu Kopenhagen, einer preuß. Generalsfamilie entstammend, humanistisch gebildet, studierte Musik in Berlin u. München, wurde Bühnendirigent 1907 in Freiburg im Brsg., 1908 (unter Max Schillings) in Stuttgart, 1914 wieder in Freiburg im Brsg. u. später Leiter der Wiener Konzerthausgesellschaft in Wien. Komponist.
Eigene Werke: Sulamith (Oper) 1913; Klein Idas Blumen (Tanzspiel) 1916; Kjartan u. Gudrun (Oper) 1918 (umgearbeitet als: Gudrun auf Island 1924); Die Lästerschule (Oper) 1926; Michael Kohlhaas (Oper) 1933; Rembrandt van Rijn (Oper) 1936 u. a.
Literatur: Riemann, P. A. v. Klenau (Musik-Lexikon 11. Aufl.) 1929.

Klenke, Hermann, geb. 1887, gest. 27. Juli 1952 zu Göppingen, war Schauspieler in Luzern, Essen u. Heilbronn, hauptsächlich auch im Ruhrgebiet u. in Berlin. Theaterdirektor u. Gastspielleiter der Unterländer Volksbühne in Bruchsal.

Kleopatra (68—30 v. Chr.), letzte ägyptische Königin, Geliebte von Cäsar u. Antonius, tötete sich nach des Letzteren Untergang angeblich selbst durch Schlangenbiß. Vor allem Shakespeares Drama „Antonius u. Kleopatra", von Ayrenhoff (s. d.) im französ. Stil bearbeitet, wirkte auf spätere Benutzer dieses Stoffes ein.
Behandlung: Hans *Sachs*, Cleopatra mit Antonio (Schauspiel) 1560; D. C. v. *Lohenstein,* C. (Trauerspiel) 1661; Christoph *Anschütz,* C. (Oper, verlorengegangen, aufgeführt in Darmstadt) 1686; F. Chr. *Feustking*, Kleopatra (Oper) 1704; C. H. v. *Ayrenhoff,* C. u. Antonius 1776 (im 2. Bd. der Sämtl. Werke 1813); Leopold *Neumann*, K. (Trauerspiel) 1780; F. J. Graf v. *Soden,* K. (Trauerspiel) 1793; J. F. E. *Albrecht,* K., Königin von Ägypten (Schauspiel) 1796; K. A. *Horn,* Antonius u. K. (Trauerspiel) 1796; August v. *Kotzebue,* Oktavia 1801; Franz *Kugler,* K. (Monodrama) 1850; Oswald *Marbach,* Agamemnon u. K. (Drama) 1860; Georg Prinz von Preußen (G. *Conrad),* K. (Trauerspiel) 1870; F. A. *Bicking,* K. (Schauspiel) 1873; Richard v. *Meerheimb,* K. vor Aktium (Psychodrama) um 1880; Bernd *Schormann,* Casanova u. C. (Drama) 1951.
Literatur: G. H. *Müller,* Die Auffassung der Kleopatra in der Tragödienliteratur 1888; ders., Beiträge zur dramat. Literatur (Progr. Schweinfurt) 1907; S. *Vrancken,* Das Antonius-K.-Motiv in der deutschen Dichtung (Diss. Bonn) 1930.

Klerr, Anna (Geburtsdatum unbekannt), gest. 25. Sept. 1876 zu Wien, Tochter von Ludwig K., war Schauspielerin am dort. Strampfer-Theater.

Klerr (geb. Calliano), Antonia, geb. 1826, gest. 24. Jan. 1887 zu Baden bei Wien. Opernsoubrette. Gattin des Folgenden.

Klerr, Johann Baptist, geb. 1830 zu Baden bei Wien, gest. 24. Sept. 1875 das., wirkte als Kapellmeister am Carltheater in Wien unter der Direktion Treumanns (s. d.), später am dort. Theater an der Wien, leitete 1867—68 das Harmonietheater das. u. die Theater in Baden bei Wien u. Wiener-Neustadt. Operettenkomponist („Das war ich" u. „Fidelio"). Gatte der Vorigen.

Klerwin, Gabriele s. Winkler, Gabriele.

Klesheim, Anton Freiherr von, geb. 9. Febr. 1809 (n. a. 1812 oder 1816) zu Peterwardein, gest. 6. Juli 1884 zu Baden bei Wien, wirkte trotz seiner Mißgestalt als Schauspieler unter dem Ps. Platzer in Wien u. Preßburg, bereiste als Vortragender seiner eigenen Dialektdichtungen Deutschland, war, nach Wien zurückgekehrt, Sekretär verschiedener Vorstadtbühnen (Josefstädtertheater u. a.) das. u. in Graz. Auch Theaterdichter.

Eigene Werke: 's Alraunl (Romantisches Märchen mit Musik von Franz v. Suppé, aufgeführt) 1829; Des Lebens höchste Gabe (Alleg. Spiel, aufgeführt) 1838; Der Graf von Syvry (Posse nach dem Franz. des Bayard, aufgeführt) 1847; Peterwardein (Märchen mit Musik von A. M. Storch, aufgeführt) 1849; Bubnstückln (Ländliches Scherzspiel mit Musik von Ad. Müller, aufgeführt) 1849; Märchen (Bilder mit Musik von Franz v. Suppé, aufgeführt) 1855 (enthält im 3. Teil das phantastische Märchen: Prinz Liliput u. das Schneiderlein); Der Kaiserbrief (Szenen) o. J.; Das Waldkonzert (Schauspiel) o. J.; Die Naßwalder (Festspiel) o. J.; Vater Ferdinand (Szene) o. J.; Der Musikant u. sei Liab (Einakter aus dem Nachlaß 1891) u. a.

Literatur: Wurzbach, A. Freiherr von Klesheim (Biogr. Lexikon 12. Bd.) 1864.

Klettner, Kamilla, geb. 1840 zu Prag, gest. 30. April 1891 zu Graz, wirkte in Soubretten-, Koloratur- u. Jugendlich-dramat. Partien 1860—64 in Neustrelitz, Augsburg, Graz u. 1864—71 in Stuttgart, dann wieder in Graz. Württembergische Kammersängerin. Hauptrollen: Philine, Dinorah, Susanne, Zerline, Rose Friquet, Violetta, Undine, Senta u. a.

Kley, Anny, geb. im letzten Viertel des 19. Jahrhunderts, begann ihre Bühnenlaufbahn 1912 am Hoftheater in Braunschweig, kam über Bern u. Zürich als Jugendliche Dramatische Sängerin an die Volksoper in Wien (1915—22) u. war seit 1939 Mitglied der Staatsoper in Berlin.

Kleydorff, Franz Freiherr von (Ps. Franz Egénieff), geb. 31. Mai 1874 zu Niederwalluf im Rheingau, Sohn des Prinzen Emil zu Sayn-Wittgenstein-Berleburg (aus morganatischer Ehe mit einer Freifrau v. Kleydorff), war zuerst Kavallerie-Offizier, wurde von Lilli Lehmann u. a. gesanglich ausgebildet u. trat dann als Erster Bariton in Amerika auf. 1905—10 Mitglied der Komischen Oper in Berlin, 1910—11 der dort. Hofoper u. seither gastierend.

Literatur: Apa, F. Egénieff (Das Theater 3. Jahrg.) 1912.

Klickermann (geb. Knauer), Charlotte (Geburtsdatum unbekannt), gest. 25. Jan. 1924 zu Friedrichshagen bei Berlin, war Schauspielerin in Krefeld u. wirkte seit 1883 als Komische Alte am Hoftheater in Neustrelitz. Gattin von Karl K.

Klickermann (geb. Töldte), Ida, geb. 22. April 1838, gest. 26. Okt. 1922 zu Potsdam, war Schauspielerin u. Sängerin an versch. Bühnen in Deutschland. Ihren Lebensabend verbrachte sie in Potsdam.

Klickermann, Karl, geb. 1839 zu Berlin, gest. 18. Mai 1904 zu Neustrelitz, Sohn eines Arztes, für den Kaufmannsstand bestimmt, wandte sich der Bühne zu u. war Schauspieler in Liegnitz, Danzig, Görlitz, Königsberg, Chemnitz, Halle, Magdeburg u. seit 1883 in Neustrelitz, wo er als Charakterkomiker bis 1903 wirkte.

Klieba, Michael, geb. 25. Sept. 1874 zu Wien, gest. 23. Dez. 1943 zu Texing in Niederösterreich, war Fortbildungsschuldirektor u. Regierungsrat in Wien. Lyriker, Erzähler u. Dramatiker.

Eigene Werke: Adalbert Stifter (2 dramat. Bilder) 1912; Der liebe Augustin u. der Tod (Allerseelenspiel) 1930; Charlotte von Stein (Drama) 1933.

Literatur: Anton *Simonić,* M. Klieba (Chronik des Wiener Goethe-Vereines) 1947.

Klietsch, Erwin, geb. 6. Nov. 1903 zu Berlin, in der Reicherschen Schauspielschule in Berlin ausgebildet, begann seine Bühnenlaufbahn 1924 in Kolberg, wirkte in Cottbus, Trier u. Gladbach, kehrte 1926 nach Kolberg zurück, spielte dann in Würzburg, 1927—30 in Dresden, am Deutschen Theater in Berlin, in Erfurt u. Bremen, 1931 in Chemnitz, 1932 an den Kammerspielen in München, am Schauspielhaus in Bremen u. a., zuletzt in Baden-Baden.

Kliewer, Carl, geb. 5. Nov. 1885 zu Kairo, ausgebildet in Dresden bei Senff-Georgi (s. d.), betrat 1905 die Bühne u. wirkte als Charakterdarsteller in Gera u. a. Hauptrollen: Leicester, Mortimer, Tellheim, Othello, Tell u. a.

Klimetsch, Franziska, geb. 1789, gest. 25. April 1868, wirkte als Opernsängerin in Darmstadt u. als Schauspielerin in Budapest, seit 1847 am Theater an der Wien in Wien.

Klimsch, Uli, geb. 22. Nov. 1895 zu Berlin-Charlottenburg, Sohn des Bildhauers Fritz K., humanistisch gebildet, lebte als freier Schriftsteller in Saig bei Titisee im Schwarzwald. Verfasser von Bühnenstücken. *Eigene Werke:* Die Schillerschen (Schauspiel) 1923; Sommerfrische (Spiel) 1927; Der Toten Heimkehr (Trauerspiel) 1929; Hutten (Schauspiel) 1933; Kleists Tod (Schauspiel) 1933.

Klinder, Albert, geb. nach 1880 zu Berlin, studierte Musik u. Gesang, nahm gleichzeitig auch Schauspielunterricht u. war seit 1910 bühnentätig. Sein erstes Engagement fand er in Thorn, dann kam er ans Hoftheater in Neustrelitz, wirkte in der Folge am Stadttheater in Posen, mehrere Jahre am Landestheater in Altenburg in Thüringen u. am Stadttheater in Münster, acht Jahre in Königsberg u. seit 1933 am Stadttheater in Görlitz als Opernsänger.

Klinder, Charlotte s. Otto, Charlotte.

Klinder, Paul, geb. 1846 zu Berlin, gest. 5. Juli 1917 das., war seit seinem 18. Lebensjahr bühnentätig u. wirkte an vielen Theatern Deutschlands als Bonvivant, zuletzt am Stadttheater in Stettin.

Klindworth, Karl, geb. 25. Sept. 1830 zu Hannover, gest. 27. Juli 1916 zu Stolpe bei Oranienburg, Schüler von Liszt, ausgezeichneter Pianist, Gründer der „Klavierschule" in Berlin, die, seit 1893 mit dem Scharwenka-Konservatorium vereinigt, zum Ausbildungsinstitut vieler namhafter Künstler wurde. Herausgeber der Klavierauszüge von R. Wagners Nibelungen-Tetralogie.

Klingberg, Max, geb. 16. Juni 1899, war Schauspieler u. Spielleiter in Bremen, Crimmitschau u. a.

Klinge, Johann Gottfried, geb. 1742, gest. um 1793, debütierte 1769 u. kam als Schauspieler u. Sänger von der Seylerschen Gesellschaft 1777 nach Dresden u. Leipzig, 1779 zur Kochschen Gesellschaft das. u. 1780 zur Wäserschen in Breslau. Etwa 1785 nahm er seinen Bühnenabschied. Er verkörperte vor allem Rollen von Vätern u. Vertrauten.

Klingemann, August (Ernst August Friedrich), geb. 31. Aug. 1777 zu Braunschweig, gest. 25. Jan. 1831 das., studierte in Jena (u. a. bei Fichte, Schelling u. A. W. v. Schle-

gel), war mit Brentano persönlich bekannt, gab 1800 die Zeitschrift „Memnon" heraus, wirkte dann als Dramaturg u. Theaterdirektor in Braunschweig (1814) bis ans Ende erfolgreich, vorübergehend auch als Professor am Collegium Carolinum. Vorwiegend Bühnenautor. Seine älteste Tochter Mathilde K. aus erster Ehe (geb. 25. Febr. 1803 zu Braunschweig, gest. 19. Aug. 1837) heiratete 1827 in Breslau den Schauspieler Louis Isidor Haas (1803—31) u. hatte ein Liebesverhältnis mit Heinrich Laube, dem die (Anna) Cornelia Haas (s. d.) entsproß. Beide waren Schauspielerinnen. Klingemanns Töchter aus zweiter Ehe, Auguste (geb. 3. Dez. 1810 zu Braunschweig, gest. 15. Nov. 1880 zu Augsburg, verheiratet mit dem Schauspieler Karl Beurer, s. d.) u. Elise (geb. 2. Jan. 1812 zu Braunschweig, gest. 1892 zu Darmstadt) wandten sich gleichfalls der Bühne zu. 1829 veranstaltete K. die Uraufführung des 1. Teils von Goethes „Faust" im alten Braunschweiger Hoftheater. *Eigene Werke:* Die Asseburg (Histor.-romant. Gemälde, dramatisiert) 2 Bde. 1796 f.; Die Maske (Trauerspiel) 1797; Selbstgefühl (Trag. Charaktergemälde) 1800; Über Schillers Tragödie: Die Jungfrau von Orleans 1802; Was für Grundsätze müssen eine Theaterdirektion bei der Auswahl der aufzuführenden Stücke leiten? 1802; Der Lazzaroni oder Der Bettler von Neapel (Schauspiel) 1805; Heinrich von Wolfenschießen (Trauerspiel) 1806; Theater 3 Bde. (Heinrich der Löwe — Martin Luther — Leisewitz' Totenopfer — Cromwell — Die Entdeckung der neuen Welt — Columbus — Alphonso der Große — Das Vehmgericht — Oedipus u. Jokaste) 1808—20; Schill oder Das Deklamatorium zu Krähwinkel (Posse) 1812; Moses (Dram. Gedicht) 1812; Faust (Trauerspiel) 1815; Don Quixote u. Sancho Pansa oder Die Hochzeit des Camacho (Dramat. Spiel) 1815; Shakespeares Hamlet, bearbeitet 1815; Deutsche Treue (Histor. Schauspiel) 1816; Die Grube zu Dorothea (Schauspiel) 1817; Über das Braunschweiger Theater u. dessen jetzige Verhältnisse 1817; Dramat. Werke (Rodrigo u. Chimene — Die Witwe von Ephesus — Heinrich der Finkler — Das Kreuz im Norden — Ferdinand Cortez) 2 Bde. 1817 f.; Vorlesungen für Schauspieler 1818; Gesetzliche Ordnungen für das Nationaltheater in Braunschweig 1818; Kassan oder die Launen des Glücks (Oper) 1818 (Musik von Riotte); Allg. Deutscher Theater-Almanach 1822; Ahasver (Trauerspiel) 1827; Melpomene (Die Braut von Kynast oder Der Ritt um den Kynast — Bianca di Sepolcro) 1830.

Literatur: Joseph *Kürschner,* E. A. F. Klingemann (A. D. B. 16. Bd.) 1882; H. *Kopp,* Die Bühnenleitung A. Klingemanns (Theatergeschichtl. Forschungen 17. Bd.) 1901; Fritz *Hartmann,* Sechs Bücher braunschweigischer Theatergeschichte 1905; P. A. *Merbach,* Briefwechsel zwischen A. K. u. A. Müllner (Braunschweiger Theater-Jahrbuch) 1919—20; Paul *Zimmermann,* Aus den Briefschaften A. Klingemanns (Braunschweig. Magazin) 1923 u. 1924; P. A. *Merbach,* Eine bisher ungedr. dramaturgische Vorlesung u. Abhandlung A. Klingemanns: Einige Andeutungen über die tragische Kunst im allgemeinen u. Raupachs Die Fürstin Chawansky insbesondere (Euphorion 26. Bd.) 1925; Valentin *Hanck,* E. A. K. als Dramatiker (Diss. Würzburg) 1926; W. *Wagner,* K. u. Goethe (Braunschweigisches Magazin 35. Jahrg.) 1929; Hans *Jenkner,* A. Klingemanns Anschauung über die Funktionen des Theaters (dargestellt nach seinem Hauptwerk Kunst u. Natur) 1929; Emma *Gruber,* A. K. als Dramatiker (Diss. Wien) 1930; Hugo *Burath,* A. K. u. die deutsche Romantik 1948.

Klingemann, Auguste s. Klingemann, August.

Klingemann, Elise (Charlotte Elisabeth Gertrud), geb. 17. März 1785 zu Magdeburg, gest. 26. Juli 1862 zu Heidelberg, Tochter eines Büchsenmachers u. Gewehrfabrikanten namens Anschütz, war Tragische Liebhaberin u. Heldin bei der Gesellschaft Sophie Walther in Hannover u. Braunschweig. Seit 1810 (zweite) Gattin von August K. Gastspiele führten sie nach Frankfurt a. M., Karlsruhe, München, Wien (Burgtheater) u. a. Nach dem Tode ihres Gatten spielte sie noch 1834 bis 1836 mit ihren Töchtern Elise u. Auguste in Zürich, zog sich aber um 1840 von der Bühne zurück u. lebte in Heidelberg. Hauptrollen: Jungfrau von Orleans, Maria Stuart, Lady Macbeth, Orsina, Medea, Sappho, Elise von Valberg u. a.

Literatur: Anonymus, E. Klingemann (Deutscher Bühnenalmanach) 1863; Hugo *Burath,* E. Anschütz-Klingemann (August Klingemann u. die deutsche Romantik) 1948.

Klingemann, Herbert, geb. 1. Sept. 1890, gest. 5. Aug. 1915 (gefallen in den Vogesen), begann seine Bühnenlaufbahn 1910 am Kurtheater in Wernigerode u. kam über Kassel

(Residenztheater) u. Berlin (Friedrich-Wilhelmstädtisches Theater) 1912 ans Hoftheater in Neustrelitz, wo er als Jugendlicher Held u. Liebhaber bis 1914 wirkte.

Klingemann-Beurer, Auguste s. Klingemann, August.

Klingemann-Haas, Mathilde s. Klingemann, August.

Klingen, Carola s. Dietzsche, Carola.

Klingenbeck, Fritz, geb. 22. April 1904 zu Brünn, zuerst Kaufmann, besuchte Malschulen in Dresden u. Wien, betrieb Tanzstudien in Hellerau, Hamburg, Würzburg u. Berlin, wurde Solotänzer bei Laban aus., dann Ballettmeister in Berlin, Prag u. Wien, nahm 1930 u. 1931 an den Festspielen in Bayreuth teil, war seit 1932 Lehrer am Reinhardt-Seminar in Wien, 1939 Regisseur an der dort. Volksoper, 1940 Intendant in Baden bei Wien, stand auch im Kriegsdienst u. wirkte seit 1945 in Linz u. Innsbruck. Seit 1948 Inhaber u. Leiter des Theaters für Vorarlberg u. schließlich Direktor der Bregenzer Festspiele (Besucherzahl 1953 fast 60.000 Personen).

Eigene Werke: Die Tänzerin Rosalie Chladek 1936; Unsterblicher Walzer 1940; Laßt Blumen sprechen 1942 u. a.

Klingenberg, Heinz, geb. 6. April 1905 zu Bielefeld, studierte in Tübingen u. München, wurde von Fritz Basil (s. d.) ausgebildet u. war Schauspieler 1927 in Wuppertal, 1928 in Kiel, 1929 in Münster in Westfalen, 1930 am Schauspielhaus in Leipzig, 1931—33 in Köln, 1933—35 am Deutschen Theater u. an der Volksbühne in Berlin, 1935—46 am Staatstheater in Dresden, anschließend am Landestheater in Darmstadt u. später am Schauspielhaus in Hamburg. Hauptrollen: Tasso, Ferdinand, Karl Moor, Prinz von Homburg u. a.

Klingenbrunner (Ps. Blum u. Schmidt), Wilhelm, geb. 27. Okt. 1782 zu Wien (Todesdatum unbekannt), war Liquidator beim Niederösterreichischen Landschaftsobereinnehmeramt u. seit 1820 Theaterdichter des Leopoldstädtertheaters.

Eigene Werke: Die Putzsucht oder Was wirkt nicht oft ein Stubenmädchen (Gemälde, aufgeführt) 1815; Der lebendig tote Hausherr (Posse mit Gesang, Musik von Wenzel Müller, aufgeführt) 1815; Thaddädl

auf der Zwergeninsel (Kom. Zauberoper, Musik von dems., aufgeführt) 1816; Das moderne Hauswesen (Posse, aufgeführt) 1816; Die Büchse der Pandora (Parodie mit Gesang, Musik von J. Fuß) 1818; Die Ausspielung des Theaters (Posse, Musik von Wenzel Müller, aufgeführt) 1820; Die Komponisten (Seitenstück zu Wilhelm Vogels Schauspieler) 1820; Das Schwert der Gerechtigkeit (Trauerspiel nach Schikaneder) 1820; Die Pilgerinnen u. die Troubadours (Komisches Singspiel) 1821; Der Freund in der Not auf eine andere Art (Posse nach Kotzebue, aufgeführt) 1821; Die Unterhaltung auf dem Schloßtheater oder Apollo mit dem Violon (Kom. Szenenpanorama, Musik von Franz Volkert, aufgeführt) 1821; Die beiden Peter (Lustspiel, Aufführungsverbot) 1823; Die Silbermaske (Melodramat. Schauspiel) 1823; Die Ehen werden im Himmel geschlossen (Posse, aufgeführt) 1824; Der alte Mantel (Lustspiel nach Gustav Schilling, aufgeführt) 1826; Ritter Roststaub (Lustspiel nach Maltitz, aufgeführt) 1828; Der Vampyr (Posse nach Scribe, aufgeführt) 1828; Fee Rosentritt u. Zauberer Sturmschritt oder Die Zauberdose u. das Zaubertuch (Märchen mit Musik von P. J. Riotte, aufgeführt) 1831 u. a.
Literatur: Wurzbach, W. Klingenbrunner (Biogr. Lexikon 12. Bd.) 1864.

Klinger, Arthur, geb. 1896, gest. 14. Dez. 1938 zu Berlin, war 1924—33 Leiter des Landestheaters in Berlin, veranstaltete 1936—38 eigene Gastspiele am dort. Renaissancetheater u. betätigte sich zuletzt als Verwaltungsdirektor u. stellvertretender Intendant des Theaters am Nollendorfplatz.

Klinger, Friedrich Maximilian (nach 1780) von, geb. 17. Febr. 1752 zu Frankfurt a. M., gest. 3. März 1831 zu Dorpat, Sohn eines städt. Konstablers, Goethes Jugendfreund, studierte in Gießen, lernte 1778 den Grafen F. L. Stolberg kennen, wurde in Leipzig Theaterdichter u. fand Anschluß an den Maler Müller, Heinse u. So. Goethes Schwager Schlosser, der ihm eine Leutnantsstelle verschaffte. Dann war er Offizier in russ. Diensten. In Petersburg brach er mit dem gärenden Leichtsinn seiner frivolen Jugend, machte infolge seiner Begabung, Selbstzucht u. Ehrenhaftigkeit eine glänzende Laufbahn u. wurde geadelt. 1803 Kurator der Universität Dorpat, 1811 Generalleutnant. Fruchtbarster Dramatiker u. Romanschriftsteller unter den Kraftgenies des Sturm- u. Drang-

zeitalters, das nach seinem Drama „Sturm u. Drang" den Namen führt. Sein Pathos übernahm der junge Schiller.
Eigene Werke: Otto (Trauerspiel) 1775 (Neudrucke deutscher Literaturdenkmale des 18. u. 19. Jahrhunderts Nr. 1 1881); Das leidende Weib (Trauerspiel) 1775; Theater (Konradin, Trauerspiel 1784 — Die Zwillinge, Trauerspiel 1774 — Die falschen Spieler, Lustspiel 1780 — Der Schwur gegen die Ehe, Lustspiel 1783 — Die neue Arria, Trauerspiel 1775 — Sturm u. Drang, Schauspiel 1775 — Das Schicksal [Medea], Trauerspiel — Der Derwisch, Lustspiel 1779 — Stilpo u. seine Kinder, Schauspiel 1777 — Der verbannte Göttersohn, Drama 1777 — Der Günstling, Trauerspiel 1785 — Simsone Grisaldo, Schauspiel 1775 — Elfriede, Trauerspiel 1782) 4 Bde. 1786 f.; Neues Theater (Aristodemus, Trauerspiel — Roderiko, Trauerspiel — Damokles, Trauerspiel — Die zwei Freundinnen, Lustspiel) 2 Bde. 1790; Oriantes (Trauerspiel) 1790; Werke 12 Bde. 1809—16 u. 12 Bde. 1842; Ausgew. Werke 8 Bde. 1878—80; Dramatische Jugendwerke, herausg. von Hans Berendt u. Kurt Wolff 3 Bde. 1913.
Literatur: O. *Erdmann,* Über F. M. Klingers dramat. Dichtungen (Progr. Königsberg) 1877; Erich *Schmidt,* Lenz u. K. (Zwei Dichter der Geniezeit) 1878; M. *Rieger,* K. in der Sturm- u. Drangperiode 2 Bde. 1880 f.; E. *Schmidt,* F. M. K. (A. D. B. 16. Bd.) 1882; Ludwig *Jacobowski,* K. u. Shakespeare 1891; G. *Deile,* Klingers u. Grillparzers Medea miteinander u. mit den antiken Vorbildern verglichen (Progr. Erfurt) 1901; Richard *Philipp,* Beiträge zur Kenntnis von Klingers Sprache u. Stil (Diss. Freiburg im Brsg.) 1909; Irene *Barrasch-Haas,* Die neue Arria 1911 (französisch); E. *Vermeil,* Simsone Grisaldo 1913 (französisch); Louis *Brun,* L'Oriantes de F. M. K. 1914; A. *Keller,* Die literar. Beziehungen zwischen den Erstlingsdramen Klingers u. Schillers (Diss. Bern) 1914; Elsa *Sturm,* F. M. Klingers philos. Dramen (Diss. Freiburg im Brsg.) 1916; Helmut *Ziegler,* Zeittendenzen u. Charaktere in Klingers Dramen (Diss. Breslau) 1921; Hilde *Wahn,* Die Medea-Dramen von F. M. K. (Diss. Greifswald) 1924; Felix *Bieger,* Der Wortschatz in F. M. Klingers Jugenddramen (Diss. Greifswald) 1924; O. E. *Palitzsch,* Erlebnisgehalt u. Formprobleme in Klingers Jugenddramen (Hamburgische Texte u. Untersuchungen 2. Reihe) 1925; Fred *Heinsen,* Klingers Neue Arria (Diss. Erlangen) 1928; Hinrich *Zempel,* Erlebnis-

gehalt u. ideelle Zeitverbundenheit in F. M. Klingers Medeendramen (Hermaea 23. Bd.) 1929; Luise *Kolb*, Klingers Simsone Grisaldo (Bausteine zur Geschichte der deutschen Literatur 26. Bd.) 1929; W. *Wiget*, Eine unbekannte Fassung von Klingers Zwillingen 1932; Ilse *Münch*, Schillers Räuber u. Klingers Zwillinge (Zeitschrift für Deutschkunde) 1932; Kurt *May*, F. M. Klingers Sturm u. Drang (Deutsche Vierteljahrsschrift 11. Jahrg.) 1933; A. *Schalast*, F. M. Klingers Stellung zur Geschichte u. Staat (Diss. Breslau) 1938; H. M. *Waidson*, Klingers Stellung zur Geistesgeschichte seiner Zeit (Diss. Leipzig) 1939; H. *Steinberg*, Studien zu Schicksal u. Ethos bei K. (German. Studien 234. Heft) 1941; M. *Lanz*, K. u. Shakespeare (Diss. Zürich) 1941; G. F. *Hering*, F. M. K. (Porträts u. Deutungen) 1948.

Klinger, Gustav s. Buchbinder, Bernhard.

Klinger, K. L. W. Ps. für Dräxler (-Manfred), Karl.

Klinger, Paul, geb. zu Beginn des 20. Jahrhunderts in Essen, studierte in München, war Schauspieler das., dann in Koblenz, Oldenburg, Breslau, Düsseldorf u. an verschiedenen Bühnen Berlins, zuletzt am Schloßparktheater Berlin-Steglitz.

Klinghammer, Waldemar, geb. 21. Mai 1857 zu Rudolstadt, gest. 1. April 1931 das., wirkte als Jugendlicher Liebhaber an verschiedenen Bühnen in Deutschland, Franz Liszt wollte ihn dann zum Sänger ausbilden lassen, K. aber wandte sich der Juristenlaufbahn zu u. ließ sich in seiner Vaterstadt als Advokat nieder. Theateranwalt das., auch Heimatdichter.

Klingmann, Philipp, geb. 30. Nov. 1762 zu Berlin, gest. 5. Nov. 1824 zu Wien, Sohn eines preuß. Husaren, zuerst Friseurlehrling, schloß sich auf der Wanderschaft in Prag einer Schattenspielergesellschaft an, war dann Kammerdiener, ging aber schließlich doch zur Bühne, zuerst bei Döbbelin, hierauf bei Seyler u. Schröder in Hamburg tätig, u. kam schließlich durch Brockmanns (s. d.) Vermittlung 1791 ans Burgtheater, wo er, von einer kurzen Unterbrechung u. Gastspielreisen abgesehen, vorwiegend als repräsentativer Charakterdarsteller, später auch als Regisseur, bis 1822 wirkte. Hofschauspieler. Hauptrollen: Hamlet, Don Carlos, Ferdinand u. a.

Literatur: Wurzbach, Ph. Klingmann (Biogr. Lexikon 12. Bd.) 1864; Joseph *Kürschner,* Ph. K. (A. D. B. 16. Bd.) 1882; *Eisenberg,* J. Ph. K. (Biogr. Lexikon) 1903.

Klingner, L. s. Crelinger, Ludwig.

Klinke, Elsa (Geburtsdatum unbekannt), gest. 21. Dez. 1912 zu Altona. Schauspielerin.

Klinkhammer, Thessa, geb. 1859 zu Oravica, gest. 21. Nov. 1935 zu Frankfurt am Main, Tochter eines Eisenbahn-Oberingenieurs, wurde von Leo Friedrich (s. d.) für die Bühne ausgebildet u. betrat diese 1877 als Magdalena (im „Urbild des Tartüffe") am Hoftheater in Sigmaringen, kam 1878 ans Residenztheater in Berlin, 1879 ans Hoftheater in Dresden, 1880 ans Stadttheater in Frankfurt a. M., 1887 ans Thaliatheater in Hamburg, dann ans Berliner Theater u. später wieder an das Stadttheater in Frankfurt a. M., wo sie 1896 auch eine Theaterschule gründete u. bis 1931 dauernd tätig blieb. Gastspielreisen führten sie durch ganz Deutschland, nach Wien, Amsterdam, Brüssel u. a. bis nach Amerika. Ihre vielseitige Begabung bekundete sie als Jugendliche Liebhaberin, Salondame wie als Mutter in ernsten u. heiteren, alten u. modernen Stücken. Hauptrollen: Grille, Lorle, Cyprienne, Magda, Madame Sans-Gêne, Nora u. a.

Klinkicht, Else, geb. 26. Febr. 1880 zu Nürnberg, gest. 23. Dez. 1944 zu München, wirkte als Schauspielerin in kleineren Rollen 1900—25 am Gärtnerplatztheater das.

Klinkicht, Robert, geb. 19. Aug. 1841 zu Dresden, gest. 31. März 1900 zu Nürnberg als langjähriges Mitglied des Stadttheaters das. (Sänger u. Inspizient).

Klinkowström, Erich von, geb. 5. Nov. 1860 zu Schneidemühl, Sohn eines preuß. Geh.-Rates, diente zuerst bei der Marine, wandte sich aber 1884 in Krefeld als Autodidakt der Bühne zu, spielte Liebhaber u. Helden 1886—87 in Chikago, 1887—89 in Philadelphia, dann in Gera, Königsberg, Freiburg im Brsg. u. führte seit 1901 die Direktion des Theaters in Konstanz. Hauptrollen: Karl Moor, Egmont, Essex, Graf Thorane, Bolz u. a.

Klinkwort, Nannette (Nanni), geb. 11. Juli 1816, gest. 1. Aug. 1895 zu Essen, wirkte vier Jahrzehnte in Mütterrollen u. als Komische Alte unter der Direktion von Ferdinand Basté, dem Gatten ihrer Schwester Bernardine Friederike Auguste Klinkwort (s. Basté, Theodor), am Stadttheater in Oberhausen.

Klippel, Fritz, geb. 29. Febr. 1900 zu Brüx in Böhmen, wurde an der Reicherschen Schauspielschule in Berlin unterrichtet u. war dann Jugendlicher Held in Königsberg, Mannheim, Berlin (Staatstheater, Theater am Schiffbauerdamm) u. a. Hauptrollen: Max Piccolomini, Karl Moor u. a.

Klipstein (geb. Biebl), Elisabeth von, geb. 8. Mai 1915 zu München, fand schon als Kind an der Staatsoper das. Verwendung u. wurde zur Tänzerin ausgebildet. Nach Gesangsstudien kam sie als Operettensoubrette über das Stadttheater Fürth 1940 an das Gärtnerplatztheater in München. Gattin von Ernst v. K.

Klipstein, Ernst von, geb. 3. Febr. 1908 zu Posen, Oberstenssohn, Schüler von Franz Jacobi (s. d.), fand sein erstes Engagement an der Naturbühne in Wunsiedel, kam hierauf als Jugendlicher Held nach Regensburg (unter dem Ps. Ernst Vollrath), an das Landestheater in Meiningen, an die Vereinigten Bühnen in Bochum-Duisburg, an das Schauspielhaus in Frankfurt a. M., nach Köln, Kassel, an das Alte Theater in Leipzig u. nach Hamburg. Auch im Kabarett u. Film tätig. Gatte der Operettensängerin Elisabeth Biebl. Hauptrollen: Romeo, Ferdinand, Kosinsky, Don Carlos, Max Piccolomini u. a.
Literatur: H. E. *Weinschenk,* E. v. Klipstein (Unser Weg zum Theater) 1941.

Klischnigg, Eduard von, geb. 12. Okt. 1812 (oder 13) zu London, gest. 17. März 1877 zu Wien, trat seit 1830 in Deutschland als „Joko, der brasilianische Affe" auf, kam 1836 ans Carltheater in Wien, wo er besonders in Nestroys Posse „Der Affe als Bräutigam" erfolgreich spielte. In kurzer Zeit entstanden eine Menge Theaterstücke mit Rollen für den Affendarsteller. K. bereiste viele deutsche u. österreichische Theaterstädte, verscholl dann u. tauchte erst 1862 wieder in Wien auf, ohne jedoch den früheren Beifall erwerben zu können. Aus einer Bilderbeilage zu Bäuerles „Theaterzeitung"

geht hervor, daß der Tiermimiker auch als Frosch aufgetreten ist.
Literatur: Eugen *Isolani,* Ein berühmter Affendarsteller (Bühne u. Welt 2. Jahrg.) 1900; e. h. (= Eduard *Hoffmann),* Ein berühmter Affenmime (Neues Wiener Tagblatt 10. Mai) 1925; Johannes *Ziegler,* So ein Affentheater (Volkszeitung, Wien 12. April) 1942.

Klitsch, Eduard, geb. 1888, gest. 5. Febr. 1942 zu Wien, war Komiker u. Sänger das., in Wiener-Neustadt, Baden bei Wien u. a.

Klitsch, Wilhelm, geb. 25. Nov. 1882 zu Wien, gest. 24. Febr. 1941 das., Sohn eines Hofmeerschaumdrechslers, humanistisch gebildet, debütierte 1901 als Flottwell im „Verschwender" am Raimundtheater, wirkte dann in Wiener-Neustadt, 1904—05 am Kaiser-Jubiläums-Stadttheater in Wien u. 1906 bis 1929 am dort. Deutschen Volkstheater, hier seit 1927 auch als Regisseur. Meister höchster Schauspielkunst. Eine Auswahl seines reichen Programms, das vorwiegend österreichische Dichter berücksichtigte, wurde in dem Vortragsbuch „Ohne Maske" (1930) gesammelt. Erfolgreiche Gastspielu. Vortragsreisen führten ihn in alle Kulturzentren Europas. Seit 1932 Professor an der Staatsakademie für Musik u. darstellende Kunst in Wien. Auch Rezitator. Hauptrollen: Karl Moor, Egmont, Wilhelm Tell, Posa, Götz, Peer Gynt u. a.
Literatur: Iron, Gespräch mit W. Klitsch (Neues Wiener Journal 27. Okt.) 1925; *Anonymus,* W. K. u. das Volkstheater (Neues Wiener Tagblatt 15. Febr.) 1940; Friedrich *Speiser,* W. K. (Völkischer Beobachter, Wien 26. Febr.) 1941; Franz *Ginzkey,* Künstler, Mensch u. Lehrmeister (Volkszeitung, Wien 4. März) 1941.

Klitscher, Gustav, geb. 25. Febr. 1868 zu Stettin, gest. 24. Jan. 1910 zu Berlin-Schlachtensee, studierte in Freiburg im Brsg., Leipzig, Heidelberg u. Breslau (Doktor der Philosophie) u. lebte als Journalist u. freier Schriftsteller in Berlin. Verfasser von Bühnenstücken.
Eigene Werke: O diese Silberhochzeit! (Lustspiel) 1898; Im Stöckelschuh (Frühlingsspiel) 1901; Apothekerschnaps (Schwank) 1902; Aufsichtsrat (Drama) 1904.

Klix, Emma s. Walldorf, Emma.

Klob, Karl Maria (Ps. Wolfgang Karlob),

geb. 18. Mai 1873 zu Olmütz, gest. 1. Okt. 1932 zu Wien, studierte das., trat in den Sparkassendienst u. widmete sich seit 1898 dem Beruf eines freien Schriftstellers. Herausgeber der Zeitschrift „Neue Bahnen". Dramatiker, Erzähler u. Kritiker.

Eigene Werke: Der Uhrmacher von Olmütz (Schauspiel) 1897; Im Hexenwahn (Dramat. Sittengemälde) 1898; Drei Fastnachtsspiele von Hans Sachs, neu bearbeitet 1898; Prinz Habezwirn (Dramat. Märchen) 1900; Christian Schubart (Volksschauspiel) 1902; Aus der Provinz (Drama) 1902; Beiträge zur Geschichte der deutschen Komischen Oper 1904; Die Komische Oper nach Lortzing 1904; Karl Eugen (Schauspiel nach einem Roman A. E. Brachvogels) 1905; Der Rothenburger (Histor. Trauerspiel) 1907; Musik u. Oper (Kritische Gänge) 1909; Literatur u. Theater 1909; Die Oper von Gluck bis Wagner 1912.

Klobuschitzky, Johann Nepomuk, geb. 1825, gest. 7. April 1903 zu Baden bei Wien, war Jahrzehnte lang Schauspieler (Väter- u. Chargenrollen) u. Sänger das.

Kloeffel, Oskar, geb. 18. April 1893 zu Neuenbuch (Kreis Marktheidenfeld), gest. 25. Jan. 1953 zu Eußenheim bei Karlstadt am Main, Lehrerssohn, studierte in München u. Berlin (Doktor der Philosophie), war 1927 Kunstschriftleiter in Würzburg, 1928—34 Leiter des Bühnenvolksbundes das., 1942—45 Leiter der dort. Volksbildungsstätte, wurde 1945 ausgebombt u. ließ sich dann in Eußenheim nieder. Vorwiegend Dramatiker.

Eigene Werke: Sieben Schmerzen (Drama) 1923; Die Schlacht bei Bergtheim (Drama) 1923; Die Fee Frankonia (Festspiel) 1928; Yuccan (Drama) 1928; Entfeßlung (Drama) 1931; Varena (Drama) 1932; Tarzisius (Drama) 1934; Händel (Drama) 1935; Der hohe Mut (Drama) 1943.

Literatur: O. S., In memoriam O. Kloeffel (Fränkisches Volksblatt Nr. 21) 1953; Eduard *Jaime,* O. K. (Neue Literar. Welt Nr. 7) 1953.

Klöpfer, Eugen, geb. 10. März 1886 zu Talheim-Rauenstich bei Heilbronn, gest. 3. März 1950 zu Wiesbaden, Sohn eines Sägemühlenbesitzers, humanistisch vorgebildet, war zuerst Kaufmannslehrling, kam nach zwei Wanderjahren 1909 an das Volkstheater in München, 1910 nach Colmar, hierauf nach Erfurt, Bonn, Frankfurt a. M. u. 1918 nach Berlin (Lessingtheater, Deutsches Theater,

Volksbühne, Staatl. Haus am Gendarmenmarkt). Gastspiele führten ihn nach ganz Deutschland, Südamerika, Belgrad, Riga, Dorpat, Reval u. a. 1934 Staatsschauspieler. 1936 Generalintendant mehrerer Berliner Bühnen. 1948 vom Entnazifizierungsausschuß in Bonn-Land entlastet, spielte er mit eigenem Ensemble in Neustadt in der Pfalz u. wohnte zuletzt in Bad Neuenahr. Bedeutender Helden- u. Charakterdarsteller. Hauptrollen: Götz von Berlichingen, Florian Geyer, Egmont, Gustav Wasa, Oliver Cromwell, Falstaff, Mephisto, Wozzek, Faust, Just, Michael Kramer u. a.

Literatur: Heinz *Kuntze,* E. Klöpfer (Deutsches Bühnenjahrbuch 48. Jahrg.) 1937; Joseph *Gregor,* E. K. (Meister der Schauspielkunst) 1939; *Anonymus,* Der künstlerische Werdegang E. Klöpfers (Volkszeitung, Wien 17. Jan.) 1941; Herbert *Ihering,* E. K. (Von J. Kainz bis P. Wessely) 1942; Paul *Fechter,* Abschied von einer Generation: F. Kayßler, H. George, E. Jannings u. E. K. (Westermanns Monatshefte Nr. 3) 1950; *K.,* E. K. (Frankfurter Allg. Zeitung Nr. 55) 1950.

Klöpfer, Viktor, geb. 17. März 1869 zu Zürich, gest. 24. Juli 1904 zu Tegernsee (durch Unfall), Sohn eines Möbelfabrikanten, übernahm zunächst das väterliche Geschäft, studierte dann in München beim früheren Lyrischen u. Buffo-Tenor Hermann Gesang u. wurde 1896 Mitglied der dort. Hofoper. In den Münchner Wagner- u. Mozart-Festspielen erntete er als Fafner, Hunding, Marke, Komtur u. in anderen Rollen durch seine klangvolle Baßstimme u. sein edles Spiel starken Beifall, auch auf Gastspielreisen in London u. a. gefeiert. Kammersänger.

Literatur: Alfred Freih. v. *Mensi,* V. Klöpfer (Biogr. Jahrbuch 9. Bd.) 1906.

Klöß, Hermann, geb. 26. Sept. 1880 zu Mediasch in Siebenbürgen, Sohn eines Rechtsanwalts, studierte in Berlin, wurde Seminarlehrer in Hermannstadt, dann evangel. Pfarrer in Hammersdorf bei Hermannstadt. Lyriker u. Dramatiker.

Eigene Werke: Die Braut von Norwegen (Tragödie) 1918; Die Nachfolge Christi (Drama) 1919; Untergang (Drama) 1920.

Literatur: K. K. *Klein,* H. Klöß (Ostlanddichter) 1926.

Klötzel, Jacques, geb. 3. Nov. 1881 zu Odessa, wirkte als Jugendlicher Held u. Bonvivant in Eger, Ulm, Zürich, Salzburg u. a. Hauptrollen: Mortimer, Jakob („Der Strom"), Didier („Die Grille") u. a.

Klokow, Ida, geb. 24. Okt. 1840 zu Daber in Pommern, gest. 19. März 1912 zu Berlin, wo sie seit früher Jugend lebte. Vorwiegend Dramatikerin.

Eigene Werke: Gefährlicher Nebenbuhler (Lustspiel) 1874; Königin Bertha (Histor. Lustspiel) 1898; Verfehlter Beruf (Komödie) 1905; Hypatia (Histor. Trauerspiel) 1910.

Klopsch, Otto, geb. 30. März 1886 zu Görlitz, gest. 12. Febr. 1941 zu Berlin, war Schauspieler, Sänger u. Regisseur in seiner Vaterstadt, nahm dann am Ersten Weltkrieg teil u. wirkte hierauf in Libau, Hagen, Hannover, zuletzt am Lessingtheater in Berlin. Hauptrollen: Armand („Der Graf von Luxemburg"), Rudolph („Onkel Bräsig"), La Hire („Die Jungfrau von Orleans") u. a.

Klopstock, Friedrich Gottlieb, geb. 2. Juli 1724 zu Quedlinburg, gest. 14. März 1803 zu Hamburg, Sohn eines Rechtsanwalts, studierte in Jena u. Leipzig (Mitglied des Kreises der sogenannten Bremer Beiträger), folgte 1750 einer Einladung Bodmers (s. d.) nach Zürich, 1751 einem Ruf nach Kopenhagen, wo ihm König Christian V. in Würdigung seines großen Epos „Messias" einen Ehrengehalt aussetzte, wohnte jedoch seit 1775 dauernd in Hamburg. Bedeutend als Odendichter. Seine dramatischen Versuche zerfallen in biblische Stücke, teils in Jamben, teils in Prosa, u. sog. Bardiete vaterländischen Inhalts (Prosa mit eingelegten Gesängen).

Eigene Werke: Der Tod Adams 1757 (Neudruck 1924); Salomo 1764; Hermanns-Schlacht 1769; David 1772; Hermann u. die Fürsten 1784; Hermanns Tod 1787; Sämtl. Werke 11 Bde. 1844 f.; Auswahl von Franz Muncker 4 Bde. 1887.

Behandlung: Max Morold, Klopstock in Zürich (Drama) 1893; Otto Rüdiger, K. in der Mädchenschule (Dramat. Zeitbild) 1898.

Literatur: F. Muncker, Klopstock, Geschichte seines Lebens u. seiner Schriften 1888 (2. Aufl. 1900); Konrad Witzmann, Klassizismus u. Sturm u. Drang in den Hermannsdramen Klopstocks usw. (Diss. Jena) 1924; K. H. Kröplin, Klopstocks Hermannsdramen in theatergeschichtl. u. dramaturgischer Beleuchtung (Diss. Rostock) 1934; W. Stapel, Klopstocks Hermannstrilogie (Deutsches Volkstum 17. Jahrg.) 1935;

F. Beißner, Klopstocks vaterländische Dramen 1942 u. a.

Klose, Margarete, geb. 6. Aug. 1899 zu Berlin, besuchte Lyzeum u. Konservatorium Klindworth-Scharwenka das., kam dann als Hochdramatische Sängerin nach Ulm, Mannheim, Berlin (Staatsoper u. Städt. Oper), Wien u. nahm auch an den Bayreuther Festspielen teil. Gastspiele führten sie bis nach Amerika. Preuß. Kammersängerin. Bedeutend in den großen Mezzosopran- u. Altpartien der Oper. Hauptrollen: Brangäne, Venus, Amneris, Eboli, Azucena, Herodias u. a.

Literatur: Ernst Wurm, M. Klose (Neue Wiener Tageszeitung Nr. 20) 1953.

Kloss, Erich (Ps. Julius Erich), geb. 19. Febr. 1863 zu Görlitz, gest. 1. Nov. 1910 zu Berlin als Chefredakteur das. Biograph u. Herausgeber, besonders um R. Wagner verdient.

Eigene Werke: 20 Jahre Bayreuth 1896; Wagner, wie er war u. ward 1901; Seine Freundin vom Brettl (Roman) 1904; Ein Wagner-Lesebuch 1904; R. Wagner in seinen Briefen 1908; Wagner-Anekdoten 1908; Künstlerbriefe R. Wagners 1908; R. Wagner über Lohengrin 1908; Wagnertum in Vergangenheit u. Gegenwart 1909; R. Wagner im Liede 1909; R. Wagner u. seine Freunde 1909; Hans v. Bülow als Künstler u. Mensch 1909; Von Brettl u. Manege 1909 u. a.

Literatur: Hans v. Wolzogen, Erinnerung an E. Kloß.

Klostermaier, Johann s. Hiepe, Ludwig.

Klostermeyer, Matthias s. Hiesel, Der bayerische.

Klosterneuburger Osterspiel, herausg. von Eduard Hartl 1937, dürfte mit den von Wilhelm Meyer (Fragmenta Burana 1901) herausgegebenen Benediktbeurer Fragmenten auf eine gemeinsame Vorlage zurückgehen. Das Spiel selbst ist aus dem 13. Jahrhundert, weist aber durch die vielen Bühnenanweisungen auf eine alte Tradition.

Literatur: H. Pfeiffer, Klosterneuburger Osterspiel (Jahrbuch des Stifts Klosterneuburg 1. Bd.) 1908; Hermann Maschek, Ein Beitrag zur Geschichte des mittelalterlichen Dramas (Neophilologus 22. Jahrg.) 1937.

Klott, Julius, geb. 17. März 1865 zu Horben, gest. 25. April 1916 zu Nürnberg, war Schauspieler u. a. viele Jahre in Riga, Lodz u. seit

Eröffnung des Neuen Stadttheaters in Nürnberg ununterbrochen dessen Mitglied. Hauptrollen: Brasett („Charleys Tante"), Bertrand („Die Jungfrau von Orleans"), Frosch („Faust"), Unteregger („Glaube u. Heimat") u. a.

Klotz, Hulda Emilie s. Paulmann, Hulda Emilie.

Klotz, Klara s. Böhm, Hans.

Klotz, Ottilie (Geburtsdatum unbekannt), gest. 30. Okt. 1890, war Sentimentale u. Muntere Liebhaberin in Chemnitz, Wiesbaden, Potsdam u. Mühlhausen.

Klotz, Otto (Geburtsdatum unbekannt), gest. 11. April 1893 zu Frankfurt a. M., war Schauspieler u. Regisseur in Weimar, Leipzig, Bremen, Altenburg, Trier u. a. Hauptrollen: Morin („Der Pariser Taugenichts"), Friedeborn („Das Käthchen von Heilbronn"), Duval („Die Cameliendame"), Strominger („Die Geier-Wally"), Antonio („Der Kaufmann von Venedig") u. a.

Klotzsch, Katharina Magdalena s. Brückner, Katharina Magdalena.

Klucke, Walther Gottfried, geb. 20. Juli 1899 zu Wattenscheid in Westfalen, gest. 29. Sept. 1951 das., Lehrerssohn, geriet im Ersten Weltkrieg an der Oise in Gefangenschaft, war später Bankbeamter, Reklameschriftsteller, Reisevertreter u. Rezitator. Sein Wohnsitz blieb Wattenscheid. Dramatiker u. Erzähler.
Eigene Werke: Einsiedel (Drama) 1928; Ein wunderbares Land (Drama) 1935; Verrat in Tilsit (Drama) 1936; Kämpfer u. Träumer (Schauspiel) 1936; Eine Frau, die denkt! (Lustspiel) 1936; Das Konzert des Teufels (Drama) 1936; Das Wappen der Prosöhns (Komödie) 1937; Alja u. der Deutsche (Dramat. Gedicht) 1938; Durch die Blume (Komödie) 1942; Begegnung in Dresden (Drama) o. J.

Klüfer, Hans Heinz, geb. 22. Sept. 1902 zu Krefeld, wirkte 1918—19 als Schauspieler in Posen, 1919—21 in Lübeck u. Braunschweig, 1921—24 in Krefeld, 1924—25 als Spielleiter in Hamburg, 1925—30 in Frankfurt a. M., 1930—31 in Berlin, 1931—33 in Wien, hierauf wieder in Krefeld u. a. Nach dem Zweiten Weltkrieg Oberspielleiter in Aachen, Hildesheim u. Bonn. Vor allem Komiker.

Klug, Eugen, geb. 6. Aug. 1861 zu Berlin, gest. 31. März 1916 zu Dortmund, war Schauspieler u. a. in Detmold, Chemnitz, Krefeld, Rostock, Magdeburg, Breslau, Königsberg u. zuletzt zwölf Jahre am Stadttheater in Dortmund. Hauptrollen: Bader („Glaube u. Heimat"), Kellermann („Alt - Heidelberg"), Schladebach („Traumulus"), Rohrland („Die Stützen der Gesellschaft") u. a.

Kluge, Kurt, geb. 29. April 1886 zu Leipzig, gest. 26. Juli 1940 inmitten des Forts Eben Eymael bei Lüttich, war Bildhauer u. Erzgießer, später Professor der bildenden Künste in Berlin. Erzähler u. bodenständiger Dramatiker.
Eigene Werke: Ewiges Volk (Schauspiel) 1933; Die Ausgrabung der Venus (Komödie) 1933; Gold von Orlas (Schauspiel) 1937.
Literatur: Johannes Granan, K. Kluge (Die neue Literatur Nr. 8—9) 1942 (mit Bibliographie von E. Metelmann).

Klughardt, August, geb. 30. Nov. 1847 zu Köthen, gest. 3. Aug. 1902 zu Dessau, Sohn eines Staatsbeamten, wurde in Dresden musikalisch ausgebildet u. kam als Kapellmeister nach Posen, hierauf als Operndirigent nach Neustrelitz u. 1882 nach Dessau. Opernkomponist.
Eigene Werke: Dornröschen 1867; Mirjam 1871; Iwein 1879; Gudrun 1882; Die Hochzeit des Mönchs 1886 u. a.
Literatur: Riemann, A. Klughardt (Musik-Lexikon 11. Aufl.) 1929.

Klupp, Robert, geb. 4. Dez. 1891, war lange Schauspieler u. Spielleiter in Berlin, hierauf mehrere Jahre Direktor des Theaters in Baden-Baden, mußte 1933 Deutschland verlassen, kehrte 1945 wieder zurück u. arbeitete seither am Rundfunk im amerikanischen Sektor von Berlin.

Klutmann, Rudolf, geb. 30. März 1883 zu Berlin, Doktor der Rechte, war Universitätsdozent in Hamburg u. Theaterkritiker der „Norddeutschen Nachrichten". Vorwiegend Dramatiker.
Eigene Werke: Meister Grobian (Oper) 1918; Anselm u. Angela (Drama) 1921; Der Tanzbär (Tragikomödie) 1922; Das Recht auf den Vater (Lustspiel) 1923; Messalina (Drama) 1927; Mostrich (Komödie) 1929; Ein Kind will helfen (Drama) 1931; Tauben fliegen zurück (Drama) 1933; Maikur (Komödie) 1934; Mein Doppelgänger — ein Dieb! (Komödie) 1938; Die Nordwand (Drama) 1939;

Britta (Komödie) 1940; Ludereit (Komödie) 1943; Gericht über Meinhardi (Drama) 1944; Die gelbe Blume (Drama) 1947; Niebetag (Drama) 1949 u. a.

Klytämnestra, Gemahlin des Königs Agamemnon, ließ diesen nach seiner Heimkehr aus Troja von ihrem Geliebten Ägisthos töten, worauf Orestes, ihr Sohn, sie erschlug. S. auch Agamemnon. Tragische Figur.
Behandlung: Hans *Sachs,* Die mörderische Königin Klytämnestra 1554; G. A. v. *Halem,* Agamemnon 1796; Michael *Beer,* K. 1819; Eduard *Tempeltey,* K. 1857; Georg *Siegert,* K. 1871; Theodor *Seemann,* Agamemnon 1872; F. A. *Ehlert,* K. 1881; Gustav *Kastropp,* Agamemnon 1890; Eberhard *König,* Klytämnestra 1901; Ernst *Hammer,* K. 1919; F. *Forster,* K. 1925; Ilse *Langer,* K. 1948.

Kmentt (geb. Kratochwill, Ps. Thalborn), Beatrix (Geburtsdatum unbekannt), gest. 27. Juli 1903 zu Maiernigg am Wörther See, wirkte als Schauspielerin zuletzt in Temeschwar. Gattin des Schauspielers Max K., der als Held, Liebhaber u. Bonvivant in Klagenfurt, Preßburg, Graz, Görlitz, Sigmaringen, Potsdam, Berlin (Ostend-, National- u. Viktoriatheater) u. später als Direktor in Preßburg, Temeschwar u. Budapest sich betätigte.

Kmentt, Max s. Kmentt, Beatrix.

Knaack, Hans, geb. 3. Juni 1876 zu Hamburg, gest. 29. Juli 1951 zu Bonn, Kaufmannssohn, war als Schauspieler zuerst bei einer reisenden Gesellschaft in Mecklenburg tätig, kam dann über Jena, Konstanz, Bochum, Halle u. Hamburg nach Bonn, wo er über 25 Jahre wirkte u. 1950 seinen Abschied nahm. Hauptrollen: Riedel (,,Der Feldherrnhügel"), Grizol (,,Der Hüttenbesitzer"), Molvik (,,Die Wildente") u. a.

Knaack, Karl, geb. 1880 zu Wien, gest. 15. Jan. 1944 zu Königsberg, Enkel des Folgenden, kam als Spielleiter, Schauspieler u. Sänger über Breslau nach Königsberg.

Knaack, Wilhelm, geb. 13. Febr. 1829 zu Rostock, gest. 29. Okt. 1894 zu Wien, debütierte als Schauspieler 1846 in seiner Vaterstadt, doch brach sich seine Begabung als Komiker bald Bahn, so daß er in Stralsund, Greifswald, Güstrow, Lübeck (1849—50) u. Danzig (1850—52) Aufnahme fand u. dann

an das Friedrich-Wilhelmstädtische Theater in Berlin kam, hier vor allem als Piepenbrink in den ,,Journalisten" gefeiert. 1856 wirkte er am Deutschen Landestheater in Prag, 1857 folgte er einem Ruf Nestroys an das Carltheater in Wien, wo er später zum Teil dessen Rollen übernahm u. sich trotz seiner norddeutschen Abkunft neben den bodenständigen Kräften wie Carl Blasel (s. d.) u. Josef Matras (s. d.) glänzend behauptete. 1882 verließ er das Carltheater, kehrte aber später wieder dahin zurück u. spielte nach einer Amerikatournee am Stadttheater in Wien u. als Gast in vielen deutschen Städten. K. war ausgesprochener Groteskkomiker. Hauptrollen: Geier (,,Flotte Bursche"), Cäsar (,,Monsieur Herkules"), Schneider Fips (Titelrolle von Kotzebue), Schauspieler Pitzl (,,Umsonst" von Nestroy), Kantschukoff (,,Fatinitza") u. a.
Literatur: J. *Grünstein,* W. Knaack (Wiener Theaterchronik 10., 15. u. 20. Aug.) 1867; *Eisenberg,* W. K. (Biogr. Lexikon) 1903; H. A. *Lier,* W. K. (A. D. B. 51. Bd.) 1906; Heinrich *Glücksmann,* Der alte K. (Neues Wiener Journal 17. Juli) 1924.

Knapitsch, Siegfried, geb. 20. Okt. 1883 zu Laibach in Krain, studierte in Wien (Doktor der Rechte), war Journalist, dann Rechtsanwalt u. Weingutsbesitzer das. Vorwiegend Dramatiker.
Eigene Werke: Der Dorfschulmeister (Schauspiel) 1916; Das Lied der Freiheit (Schauspiel) 1920; Karl Ludwig Sand (Tragödie) 1942; Ferdinand Waldmüller (Schauspiel) 1943; Der Fürst von Salzburg (Schauspiel) 1944; Die Kaiser-Krone (Schauspiel) o. J. u. a.

Knapp, August, geb. 15. Aug. 1844 zu Homburg vor der Höhe, gest. 25. Juli 1898 zu Mannheim, war Tapezierergehilfe in Homburg u. Mannheim, wo seine Stimme entdeckt wurde u. er 1866 als Chorsänger ans dort. Hoftheater kam. Bald wirkte er jedoch als Solist das. Hervorragender Vertreter des Baritonfaches. Kammersänger. Hauptrollen: Peter (,,Zar u. Zimmermann"), Nelusko (,,Die Afrikanerin"), Bourdon (,,Der Postillon von Lonjumeau"), Agamemnon (,,Iphigenie in Aulis"), Don Juan, Hans Sachs u. a.
Literatur: Julius *Neumann,* A. Knapp (Neuer Theater-Almanach 10. Jahrg.) 1899.

Knapp, Elisabeth s. Kettner, Elisabeth.

Knapp, Felix, geb. 25. Febr. 1830 zu Trier, gest. 19. März 1892 zu Halberstadt, wirkte insgesamt 42 Jahre als Schauspieler an den Stadttheatern in Basel, Halle, Hanau, Bern u. a., zuletzt in Halberstadt.

Knapp, Hans, geb. 1858, gest. 10. Mai 1938 zu Wiesbaden, übernahm nach mehrjähriger Tätigkeit als Schauspieler 1886 die Leitung der Vereinigten Bühnen Wismar u. Güstrow u. führte 1901—24 die Direktion des Theaters in Beuthen.

Knapp, Josef, geb. 4. März 1906 zu Klagenfurt, zunächst Schauspieler, bildete sich aber bald am Konservatorium in Wien gesanglich aus, war seit 1937 an der Staatsoper in München tätig u. gab zwischendurch auch Gastspiele, u. a. in Wien, wo er seit 1952 ständig wirkte. Hauptrollen: Silvio („Der Bajazzo"), Sharpless („Madame Butterfly"), Marcel („Die Bohème"), Figaro („Der Barbier von Sevilla"), Papageno („Die Zauberflöte") u. a.

Knapp, Theo, geb. 9. Nov. 1894 zu Kleinbuch in Kärnten, Sohn eines Zimmermanns, begann seine Bühnenlaufbahn am Stadttheater in Klagenfurt, war 1914—18 Soldat, wirkte 1919—44 als Charakterkomiker in der Operette, seit 1920 auch als Regisseur in Solothurn, Karlsruhe, Znaim, Winterthur, Innsbruck, Beuthen, Kattowitz, Gleiwitz, Brüx, Bielitz, Gablonz u. schließlich wieder in Klagenfurt. Seit 1948 Theaterdirektor das. Hauptrollen: Czupan, Tschöll, Racz u. a.

Knappe-Thanhäuser, Hugo, geb. 1871, gest. 3. Febr. 1928 zu Krefeld, war Charakterdarsteller, auch Sänger u. Spielleiter an verschiedenen Bühnen (Rostock, Heidelberg), u. a. sechs Jahre am Landestheater für die Pfalz in Kaiserslautern.

Knappertsbusch, Hans, geb. 12. März 1888 zu Elberfeld, studierte zuerst in Köln Philosophie, besuchte dann das Konservatorium das., dirigierte 1912 u. 1918 die Wagner-Festspiele in Holland, war ferner Generalmusikdirektor 1913—18 in Elberfeld, 1919 bis 1920 in Leipzig, 1920—22 in Dessau, 1922—35 Erster Kapellmeister u. Operndirektor des Staatstheaters in München (zuletzt Ehrenmitglied), seit 1936 an der Staatsoper in Wien u. seit 1945 Gastdirigent im In- u. Ausland. 1954 wurde er zum Leiter der Staatsoper in München ernannt.

Literatur: Roland *Tentschert,* H. Knappertsbusch (Neues Wiener Tagblatt 11. April) 1942.

Knaster, Simon s. Weber, Karl Maria von.

Knauer, Charlotte s. Klickermann, Charlotte.

Knauer (Wagener-Knauer), Hilde, geb. 26. Sept. 1904 zu Hannover, in Berlin ausgebildet, fand ihr erstes Engagement am Deutschen Theater in Hannover, kam dann ans Lessingtheater nach Berlin, gastierte in Wien (Neue Wiener Bühne, Renaissance-Theater, Kammerspiele) u. wirkte seit 1924 am Burgtheater. Seit 1933 Kammerschauspielerin. Initiatorin des Hilfswerks „Künstler helfen Künstlern" zur Linderung notleidender Kollegen. Hauptrollen: Julia, Jüdin von Toledo, Nora, Elga, Hedda Gabler, Anna Karenina u. a.

Literatur: O. M. *Fontana,* H. Wagener (Wiener Schauspieler) 1948.

Knauff, Marie, geb. 30. April 1841 zu Schmargendorf bei Berlin, gest. 8. Febr. 1895 zu Berlin, Tochter eines wirkl. Geh. Kriegsrats, war Heldin u. Salondame in Königsberg, Weimar, Coburg u. Gotha, Meiningen, Freiburg i. Brsg., Bremen, Leipzig u. a. 1866 nahm sie von der Bühne Abschied. Hauptrollen: Jungfrau von Orleans, Eboli, Madame Pompadour, Donna Anna u. a. Auch Bühnenschriftstellerin.

Eigene Werke: Die vergessenen Ballschuhe (Schwank) 1876; Wer zuletzt lacht (Schwank) 1876; Redaktionsgeheimnisse (Lustspiel) 1887; Die Nachkur (Lustspiel) 1889; Ein gemütlicher Abend (Lustspiel) 1890; Durchs Loch im Vorhang (Lustige Kulissengeheimnisse) 1890; Von den Brettern, die die Welt bedeuten (Geschichten) 1893.

Knaust, Heinrich Theodor, geb. 14. Febr. 1805 zu Braunschweig, gest. 16. März 1865 zu Weimar, war Heldentenor anfangs am Hoftheater in Braunschweig, 1827—34 am Stadttheater in Bremen u. hierauf am Hoftheater in Weimar. Bereits 1842 nahm er krankheitshalber seinen Abschied. Hauptrollen: Othello, Max, Hüon, Florestan u. a.

Kneidinger, Karl, geb. 30. Aug. 1882 zu Wien, gest. 14. April 1952 das., betrat schon als Kind die Bühne, begann seine eigentliche künstlerische Laufbahn 1900 u. wirkte

als Schauspieler u. Oberspielleiter am Josefstädtertheater das. Namhafter Nestroy- u. Anzengruberdarsteller. Vater der Schauspielerin Lola Urban-Kneidinger u. Großvater der Schauspielerin Maria Urban.
Literatur: Karl *Weidlich,* K. Kneidinger (Neuigkeitsweltblatt 26. Okt.) 1941; *Anonymus,* Der Volksschauspieler K. K. (Österr. Zeitung 7. Sept.) 1948.

Kneidinger (geb. Moser), Marie, geb. 21. Februar 1855 zu Wien, gest. 15. Aug. 1908 das., wurde hier für die Bühne ausgebildet u. war dann Schauspielerin in Graz, Leoben, Znaim, Marburg an der Drau, Teplitz, 1889 bis 1891 am Josefstädtertheater in Wien, nahm an einer Tournée dess. nach München, Augsburg, Berlin u. Leipzig teil u. war seit 1891 Mitglied des Carltheaters in Wien. Gattin von Rudolf K. Hauptrollen: Orest, Boccaccio, Prinz Orlofsky, Ganymed u. a.

Kneidinger, Rudolf, geb. 22. Jan. 1862 zu Wien, wirkte 1883 in Leoben, 1884—85 in Jägerndorf, Znaim, Marburg an der Drau, 1886 in Teplitz, seit 1887 in Wien am Josefstädtertheater u. Rudolfsheimer Theater, mit dessen Ensemble er 1891 eine Gastspielreise nach München, Augsburg, Berlin u. Leipzig unternahm. Gatte der Schauspielerin Marie Moser. Hauptrollen: Melchthal, Jago, Ferdinand, Valentin, Leicester u. a.

Kneiff, Eduard, geb. 10. Febr. 1810 zu Keula in Schwarzburg-Sondershausen, gest. im Nov. 1836 zu Straßburg, Sohn eines Pharmazeuten, verlebte seine Jugend im Elsaß, studierte anfangs protest. Theologie in Straßburg, war dann im Redaktionsbüro der „Zeitung des Ober- u. Niederrheins" tätig u. schrieb deutsch u. französisch. Philhellene. Lyriker u. Dramatiker.
Eigene Werke: Notis Botzaris oder Die Erstürmung von Missolonghi (Trauerspiel) 1830; Prolog bei Eröffnung des Deutschen Theaters (in Straßburg) 1833; Hinterlassene poet. Schriften (darin: Robert der Teufel, Oper nach dem Französischen, Musik von Meyerbeer) 1837.

Kneip, Gustav, geb. 3. April 1905 zu Beningen in Lothringen, besuchte das Konservatorium in Köln u. war 1924—27 Schauspielkapellmeister in Bonn. Komponist von Bühnenstücken.
Eigene Werke: Heliodor 1927; Des Pudels Kern 1928; Joda 1928.

Kneisel (geb. Vaders), Henriette, geb. 29. Jan. 1835 zu Hamburg, gest. 23. Mai 1906 zu Kattowitz. Schauspielerin u. Soubrette. Gattin des Folgenden.

Kneisel, Rudolf, geb. 8. Mai 1832 zu Königsberg in Preußen, gest. 17. Sept. 1899 zu Berlin-Pankow, Sohn des Sängers Wilhelm K., kam als Jugendlicher Komiker 1850 nach Dresden, 1851 nach Altona, 1853 nach Flensburg, 1854 zur Bredeschen Gesellschaft nach Mecklenburg, 1857 nach Magdeburg, wo er schon als Kind zusammen mit seinen Eltern gewirkt hatte, wurde 1859 Regisseur in Dresden, übernahm 1861 die Direktion einer reisenden Gesellschaft, spielte mit ihr in Sachsen, Hannover, u. lebte seit 1886, von der Bühne zurückgezogen, in Pankow. Gatte der Vorigen. Dramatiker.
Eigene Werke: Die Lieder des Musikanten (Volksstück) 1886; Der Herr Stadtmusikus u. seine Kapelle (Volksstück) 1872; Fürst u. Kohlenbrenner (Lustspiel) 1872; Die Anti-Xantippe (Lustspiel) 1872; Gretchens Polterabend (Schwank) 1876; Der liebe Onkel (Schwank) 1876; Das böse Fräulein (Schauspiel) 1876; Die Witwe Mandelhuber (Lustspiel) 1876; Blindekuh (Lustspiel) 1876; Die Philosophie des Herzens (Lustspiel) 1877; Die Kuckucks (Lustspiel) 1881; Emmas Roman (Lustspiel) 1883; Sein einziges Gedicht (Lustspiel) 1885; Papageno (Posse) 1889; Sie weiß etwas (Schwank) 1894; Der Stehauf (Lustspiel) 1894; Chemie fürs Heiraten (Schwank) 1894; Der selige Blasekopp (Posse) 1898 u. a.
Literatur: A. *Flinzer,* R. Kneisel (Leipziger Illustr. Zeitung 105. Bd.) 1895; Ludwig *Fränkel,* R. K. (Biogr. Jahrbuch 4. Bd.) 1900; ders., R. K. (A. D. B. 51. Bd.) 1906.

Kneisel (geb. Demmer), Thekla, geb. 1802 zu Frankfurt a. M., gest. 23. Aug. 1832 zu Wien, war 1817—24 als Sängerin am Kärntnertortheater tätig, hierauf bis 1826 Mitglied des Burgtheaters u. schließlich Lokalsoubrette am Leopoldstädtertheater, wo sie sich neben Therese Krones (s. d.) behaupten konnte. Schwester des Schauspielers Friedrich Demmer (s. d.).

Kneisel, Wilhelm (Geburtsdatum unbekannt), gest. 19. Jan. 1885 zu Einbeck in Hannover, Mitglied der Bethmannschen Gesellschaft, später Baßbuffo in Magdeburg. Vater von Rudolf K. u. Gatte von Mathilde Koch (gest. 29. Nov. 1877).

Kneiß, Ludwig, geb. 11. Nov. 1830 zu Bundenthal in der Rheinpfalz, gest. 25. April 1900 zu München, ausgebildet von Adolf Christen (s. d.), war Sänger (Baß, Bariton u. Tenor) u. Schauspieler 1853 in Innsbruck, 1854—55 in Linz, 1856—58 in Ischl u. Salzburg, 1858—59 am Carltheater in Wien, 1860 in Agram, 1861 in Gmunden, 1864 am Hoftheater in München, 1867 in Frankfurt a. M., dann in Nürnberg, Amsterdam, 1869 bis 1870 in Aachen, 1870—71 in Freiburg, Dessau u. seit 1872 am Gärtnerplatztheater in München.

Kneisser, Hippolyt (Ps. Erik Neßl), geb. 1831 zu Wien, gest. 28. April 1883 das., studierte in seiner Vaterstadt die Rechte, wurde Magistratsbeamter u. 1868 Registraturdirektor. Er schrieb Operettentexte (wie „Liebchen am Dache") u. Lustspiele (z. B. „Brennende Herzen" u. „Vaterfreude"), die als Manuskript gedruckt erschienen.

Kneschke, Emil, geb. 4. Nov. 1835 zu Leipzig, gest. nach 1913, Sohn des Ophthalmologen Ernst Heinrich K., studierte in Leipzig u. Berlin, war 1858—68 Redakteur der „Europa" u. Bühnenreferent des „Leipziger Tageblatts", dann Hauptschriftleiter des „Berliner Tageblatts", leitete 1873 den Hamburger „Freischütz" u. lebte später in den Rheinlanden u. schließlich wieder in Berlin als freier Schriftsteller. Theaterhistoriker.
Eigene Werke: Das deutsche Lustspiel in Vergangenheit u. Gegenwart 1861; Zur Geschichte des Theaters u. der Musik 1864; Emil Devrient (Biogr. krit. Studie) 1868.

Kniel, Ernst (Geburtsdatum unbekannt), gest. 12. Okt. 1905 zu Bonn, wirkte als Schauspieler in Görlitz u. a., zuletzt in Bonn. Hauptrollen: Auber („Die Stützen der Gesellschaft"), Direktor („Der Probekandidat"), Körner („Hasemanns Töchter"), Burgund („Die Jungfrau von Orleans") u. a.

Knierlinger, Urban, geb. 3. Jan. 1874 zu Wien, gest. 25. Mai 1898 das. (eines gewaltsamen Todes), gehörte als Schauspieler u. Opernsouffleur dem Stadttheater in Teplitz an.

Kniese, Julius, geb. 21. Dez. 1848 zu Roda, gest. 22. April 1905 zu Dresden, war Musikdirektor der Bayreuther Festspiele u. Leiter der dort. Bühnengesangsschule.

Knigge, Adolf Freiherr von, geb. 16. Okt. 1752 auf Schloß Bredenbeck bei Hannover, gest. 6. Mai 1796 zu Bremen, studierte in Göttingen, trat 1777 als Kammerherr in Weimarische Dienste, ließ sich dann in Hanau, 1780 in der Nähe Frankfurts a. M. u. 1783 in Heidelberg nieder. Seit 1790 braunschweigisch-lüneburgischer Oberhauptmann u. Erster Scholarch der Domschule in Bremen. Auch Dramatiker.
Eigene Werke: Theaterstücke (Der Richter — Warder — Etwas über vaterländ. Schauspiele — Louise — Die beiden Geizigen) 2 Bde. 1779 f.; Sammlung ausländ. Schauspiele 2 Bde. 1784 f.; Die Gefahren der großen Welt (Schauspiel nach dem Französischen) 1785; Der Unbesonnene (Lustspiel nach dem Französischen) 1785; Gemälde vom Hofe (Lustspiel nach dem Französischen) 1786; Dramaturgische Blätter 1788 f.; Doktor Bahrdt mit der eisernen Stirn oder Der deutsche Urian gegen Zimmermann (Schauspiel) 1790 (Neudruck 1907).
Literatur: Karl Goedeke, A. Freih. v. Knigge 1844.

Knigge, Sophie Freifrau von, geb. 15. Mai 1842 zu Sigmaringen, gest. 6. Okt. 1921 zu Harkerode in der Prov. Hannover, Tochter eines Lehrers namens Stehle, wurde vom Komponisten Franz Lachner u. Elisabeth Seebach (s. d.) unterrichtet, debütierte 1860 am Hoftheater in München u. entwickelte sich das. rasch zu einer großen dramatischen Sängerin, so kreierte sie u. a. unter R. Wagners Leitung die Senta. Auch König Ludwig II. zählte zu ihren Verehrern. Eduard Hanslick (s. d.) schrieb gelegentlich eines Gastspiels an der Wiener Hofoper: „Ein Talent von Gottes Gnaden. Ihre Stimme ist ein weicher, voller, jugendlicher Sopran, dessen dunkler, an manche Altstimme erinnernder Timbre etwas Eigentümliches, Gewinnendes u. Überzeugendes hat. Von unschätzbarem Werte ist Stehles korrekte, in jeder Silbe deutliche Aussprache, ein Vorzug, den wir in solcher Ausbildung kaum bei einer andern Sängerin antrafen. Hand in Hand mit der siegreichen Beredsamkeit ihres musikalischen Vortrages geht eine schauspielerische Begabung u. Entwicklung, wie sie bei Opernsängern nur äußerst selten vorkommt". Gastspielreisen führten sie auch nach Berlin, Paris u. London. Aber kein noch so lockendes Angebot konnte sie verführen, die Münchner Hofoper, die Geburtsstätte ihres Ruhmes, zu verlassen. Nur infolge ihrer Heirat mit Wilhelm Freiherrn v.

Knigge nahm sie 1874 Abschied von der Bühne. Hauptrollen: Agathe, Iphigenie, Margarete, Brünnhilde, Fricka, Pamina u. a. Der Bruder der Künstlerin Hofrat Karl Ritter v. Stehle war vier Jahrzehnte Verwaltungsbeamter des Hoftheaters in München, zuletzt Vorstand der dort. Intendanz. Das Bild der Künstlerin (Gemälde von Albert von Keller) hängt in der von Possart begründeten Ahnengalerie der Bayer. Staatstheater.
Literatur: Eisenberg, S. Stehle (Biogr. Lexikon) 1903.

Knirsch, Augustin, geb. 4. Juli 1852 zu Reichenberg in Böhmen, gest. 4. Jan. 1908 zu Steyr, war Schauspieler (Naturbursche u. Bonvivant) u. Sänger (Tenor) in Zittau, Teplitz u. a., später Direktor des Stadttheaters in Reichenberg.

Knispel, Hermann, geb. 26. Dez. 1855 zu Worms, gest. 26. Okt. 1919 zu Darmstadt, Oberstenssohn, studierte das. Ingenieurwissenschaften, wurde aber nicht Techniker, sondern Schauspieler, debütierte 1874 in Hanau u. kam, von Emil Werner (s. d.) u. Agnes Eppert (s. d.) dramatisch ausgebildet, bereits im folgenden Jahr 1875 ans Hoftheater in Darmstadt. Als Charakterdarsteller verfügte er allmählich über mehr als 400 Rollen. Wegen seiner Beherrschung der Darmstädter bzw. Pfälzer Mundart wirkte er daneben als Rezitator mit großem Beifall. Hauptrollen: Attinghausen, Maximilian von Moor, Hofmarschall Kalb, Riccaut u. v. a. Auch als Theaterhistoriker trat er hervor.
Eigene Schriften: Geschichte des Darmstädter Hoftheaters von 1810—1890 1894; Schillers Dramen auf dem Hoftheater in Darmstadt 1894; Bunte Bilder aus dem Kunst- u. Theaterleben 1900; Schiller u. seine Werke in Darmstadt 1905.
Literatur: Eisenberg, H. Knispel (Biogr. Lexikon) 1903.

Knitl, Max, geb. 4. Juni 1849 zu Duschlberg in Bayern, gest. um 1914 zu Freising, studierte in München (Doktor der Philosophie), wurde Reallehrer in Freising, Studienrat u. zuletzt Rektor der Realschule in Neumarkt bei Nürnberg. Verfasser von Theaterstücken.
Eigene Werke: Der Torschmied von Neumarkt (Volksschauspiel) 1899; Die Winterveilchen (Weihnachtsmärchenspiel) 1905; Schneewittchen (Weihnachtsmärchenspiel) 1907.

Knitschke (geb. Axmann), Marie, geb. 3. Mai 1857 zu Mährisch-Schönberg, gest. nach 1929, lebte das. Verfasserin von Theaterstücken.
Eigene Werke: Die Tante aus der Provinz (Schwank) 1892; Johannistrieb (Schwank) 1893; Fräulein Doktor (Schwank) 1893; Eine Neujahrsnacht (Szene mit Gesang) 1893; Auf ungewöhnlichem Wege (Schwank) 1894; In die Falle gegangen (Schwank) 1895; Am Telephon (Humorist. Soloszene) 1895; Eine Vorprüfung im Mädchenpensionat (Kom. Szene) 1907; Dilettantenbühne (7 Schwänke) o. J. u. a.

Knittel, Hermann (genannt John), geb. 24. März 1891 zu Dharwar in Indien, war zuerst Kaufmann in England, dann freier Schriftsteller in La-Tour-de-Peilz, seit 1933 in Ain Shem bei Kairo, später in Maienfeld in der Schweiz. Verfasser exotischer Romane, aber auch von Dramen.
Eigene Werke: Protektorat (Drama) 1935; Via mala (nach seinem Roman dramatisiert) 1937; Sokrates (Drama) 1941; Therese Etienne (Drama) 1950.

Knittel, John s. Knittel, Hermann.

Knize (geb. Frei), Therese, geb. 24. Dez. 1782 zu Wien, gest. 15. Mai 1864 zu Prag, begann ihre Bühnenlaufbahn bei der Gesellschaft Guardasoni u. wirkte seit 1798 am Prager Ständischen Theater, wo sie zum Sprechstück als Liebhaberin u. Tragödin überging. Unter der Direktion Liebich (s. d.) erreichte sie den Gipfel ihrer künstlerischen Entwicklung, wenngleich sie auch später meisterhaft vor allem Mütter zur Darstellung brachte. 1834 nahm sie ihren Abschied. Hauptrollen: Elisabeth („Maria Stuart"), Marie („Clavigo") u. a. Mit K. M. v. Weber war sie nahe befreundet. Die meisten Kompositionen, die zum Teil in ihrer Wohnung entstanden, las er ihr nach der Niederschrift vor, weil er auf ihr Urteil höchsten Wert legte. 1797 heiratete sie den Prager Ballettmeister Brunetti u. nach dessen Tod den Liederkomponisten K. Mutter von Therese Kalliwoda (s. d.).
Literatur: Eisenberg, Th. Brunetti-Knize (Biogr. Lexikon) 1903.

Knobbe, Georg, geb. 22. April 1861 zu Kiel, gest. 16. Jan. 1891 zu Frankfurt a. O., war Inspizient u. Schauspieler das.

Knobelsdorff-Brenkenhoff (geb. von Eschstruth), Nataly, von, geb. 16. Mai 1860 zu Hofgeismar, seit 1890 mit dem preuß. Offizier Franz von K.-B. verheiratet, schrieb zuerst Dramen, später vorwiegend Romane. *Eigene Werke:* Pirmasenz oder Karl Augusts Brautfahrt (Lustspiel) 1881; Der kleine Rittmeister (Schauspiel) 1882; In des Königs Rock (Drama) 1882; Die Sturmnixe (Schauspiel) 1883; Der Eisenkopf (Schauspiel) 1884; Die Order des Grafen von Guise (Schauspiel) 1884; Sie wird geküßt (Schwank) 1888; Dramen (Sturmnixe — Die Obotriten — Der kleine Rittmeister — Pirmasenz) 1895.

Knobloch, Hilde, geb. 21. Dez. 1890 zu Marburg a. d. Drau, lebte als Schriftstellerin in Graz. Verfasserin des Dramas „Die Judasglocke", die im Nov. 1918 als letzte Aufführung am Kgl. Schauspielhaus in Berlin, hernach auf mehr als hundert anderen Bühnen u. als erste deutsche Aufführung nach dem Ersten Weltkrieg in Neuyork gebracht wurde.

Knöbl-Gollbach, Reinhold, geb. 10. März 1878 zu Breslau, gest. 19. Juli 1918 zu Constanza. Theaterdirektor u. Oberspielleiter.

Knöfler, Fritz (Geburtsdatum unbekannt), gest. 4. Dez. 1935 zu Weimar, war Sänger u. Schauspieler am Nationaltheater das., später Bibliothekar.

Knöfler, Margarete, geb. 1861 zu Leipzig, gest. 26. Sept. 1931 das., wirkte an der Seite ihres Gatten Max K. als Schauspielerin u. Sängerin am Stadttheater in Riga. Hauptrollen: Minerva („Orpheus in der Unterwelt"), Beatrice („Boccaccio"), Inez („Der Troubadour") u. a.

Knöfler, Max, geb. 4. Jan. 1861 zu Weimar, gest. 17. Nov. 1900 zu Riga, wurde in Weimar musikalisch ausgebildet, wirkte in seiner Vaterstadt, seit 1881 als Konzertmeister am Hoftheater in Neustrelitz, Stralsund, Heidelberg u. seit 1887 als Kapellmeister am Stadttheater in Riga. Komponist einer Oper „Alrune", einer Operette „Abdallah" u. der Musik zu Görners „Hänsel u. Gretel" u. „Prinzessin Dornröschen". Gatte von Margarete K., geb. Gebhard.

Knöller, Fritz, geb. 13. Jan. 1898 zu Pforzheim, Sohn eines Geschäftsinhabers, studierte in Heidelberg, Freiburg im Brsg. u. München (Doktor der Philosophie), lebte dann als freier Schriftsteller das. u. seit 1945 in Tutzing am Starnberger-See. Wander-

bühnendramatiker u. Erzähler. Bearbeiter Goldonis. *Eigene Werke:* So u. so, so geht der Wind (Komödie) 1926; Liebesqualen (Komödie) 1929; Bataillone des Himmels (Komödie) 1929; Das Tausendjährige Reich (Tragikomödie) 1946. *Literatur:* F. *Knöller,* Selbstbiographie (Starnberger-See-Stammbuch) 1950.

Knoll, Josef Leonhard, geb. 6. Nov. 1775 zu Grulich in Böhmen, gest. 27. Dez. 1841 zu Wien, studierte das., wurde 1806 Professor der Allg. Geschichte (zeitweilig auch der Klass. Philologie) in Krakau, 1810 in Olmütz, 1832 in Prag, 1838 in Wien. Das Wartburgfest regte ihn zu einer Wiedergeburt der Olympischen Spiele auf österr. Boden an. *Literatur:* Josef *Pfitzner,* J. L. Knoll (Sudetendeutsche Lebensbilder 3. Bd.) 1934.

Knoll (geb. Hug), Katharina, geb. 1796 zu Ravensburg in Württemberg, gest. 1873 zu Stuttgart, war seit 1814 Choristin das., aber bald Solistin, ging 1823 zur weiteren Ausbildung nach Mailand, heiratete 1825 einen Kaufmann K. u. lebte u. wirkte seither wieder in Stuttgart, wo sie die erste Agathe sang. 1853 nahm sie ihren Bühnenabschied.

Knoll, Siegfried, geb. um 1902, gest. 20. Febr. 1930 zu Leipzig als Schauspieler.

Knoller, Jakob, geb. 1836, gest. 4. April 1906 zu Wiener-Neustadt, war Schauspieler u. Sänger in Brünn, Reichenberg, Breslau u. a., zuletzt in Wiener-Neustadt. Hauptrollen: Arthur („Die Kameliendame"), Heinrich („Tannhäuser"), Spärlich („Die lustigen Weiber von Windsor") u. a.

Knopf, Julius (Ps. Kater Murr), geb. 1. Jan. 1863 zu Driesen in Brandenburg, gest. 7. Mai 1935 zu Berlin, Sohn eines Fabrikanten, humanistisch gebildet, wurde Theaterkritiker der „Berliner Allg. Zeitung". Verfasser von Bühnenstücken. *Eigene Werke:* Politik (Lustspiel) 1893; Ehrliche Leute (Drama) 1902; Der kritische Tag (Volksstück) 1908; Der nervöse Redakteur (Lustspiel) 1912; Die Flucht vor der Frau (Schwank) 1920; Das Haar in der Ehe (Lustspiel) 1927.

Knopp (geb. Widtun, Wittun, auch Witthuhn), Auguste, geb. 20. Febr. 1822 zu Berlin, gest. 27. Sept. 1877 zu Weimar, trat bereits mit

14 Jahren als Konzertsängerin auf, wurde von Spontini gefördert u. nach Ausbildung in Dresden an die Berliner Hofoper engagiert, entzog sich jedoch bald dem beschränkten Kreis ihrer dort. Tätigkeit u. ging nach Stettin, wo sie es zu großen Erfolgen brachte. Von hier kam sie 1846 nach Hamburg, 1849 nach Prag, 1851 nach Weimar, 1855 nach Königsberg, 1859 nach Kassel u. 1860 wieder nach Weimar. Nicht nur Sängerin, sondern auch Schauspielerin, besonders komische Partien beherrschend. Vorübergehend Gattin des Heldendarstellers August Fehringer (gest. 1859 zu Lauterberg im Harz), in zweiter Ehe des Opernsängers Karl K. Hauptrollen: Donna Anna, Elvira, Recha, Fides, Norma, Fidelio, Ortrud u. a. Die Kritik stellte sie einhellig neben Wilhelmine Schröder-Devrient.
Literatur: Joseph *Kürschner,* A. Knopp (A. D. B. 16. Bd.) 1882; *Eisenberg,* A. K. (Biogr. Lexikon) 1903.

Knopp, Gabriel (genannt Karl), geb. 9. Sept. 1823 zu Pest, gest. 22. Okt. 1905 zu Weimar, Schüler von Sebastian Binder (s. d.), betrat 1843 in seiner Vaterstadt die Bühne, war dann in Temeschwar, Graz, 1847 in Hamburg u. 1848—51 in Prag Opernsänger u. gehörte hierauf 37 Jahre lang dem Hoftheater in Weimar an, zuletzt als Ehrenmitglied. 1888 nahm er seinen Bühnenabschied. Auch als Schauspieler hervorragend. Hauptrollen: Joseph, Erik, David, Max, Stradella, Oktavio, Jago, Schufterle, Spiegelberg u. a. Gatte der Vorigen.

Knopp, Karl s. Knopp, Gabriel.

Knorr, Hilmar, geb. 21. Jan. 1847 zu Glauchau, gest. 15. Nov. 1919 zu München, war ursprünglich für den Kaufmannsstand bestimmt, wandte sich jedoch der Bühne zu u. debütierte 1868 in Zürich, kam von dort als Liebhaber u. Held nach Würzburg, 1869 nach Meiningen, dann nach Augsburg, 1870 ans Hoftheater in München, 1871 nach Stettin, 1872 nach Altenburg, 1873 nach Breslau, 1874 wieder ans Hoftheater in München, 1885 neuerdings nach Meiningen u. wirkte 1889 bis 1891 als Theaterdirektor in Altenburg, worauf er zahlreiche Gastspielreisen bis Belgien, Holland, Schweden, Rußland u. Amerika unternahm u. sich 1895 ins Privatleben zurückzog. Hauptrollen: Jason, Egmont, Romeo, Karl Moor, Faust, Tell, Wallenstein, Tellheim, Beaumarchais u. a.
Literatur: Felix *Philippi,* H. Knorr (Das

Münchener Hofschauspiel) 1884; *Eisenberg,* H. K. (Biogr. Lexikon) 1903.

Knorr, Iwan, geb. 3. Jan. 1853 zu Mewe in Westpreußen, gest. 22. Jan. 1916 zu Frankfurt a. M., Schüler des Konservatoriums in Leipzig, wurde 1883 Lehrer für Theorie u. Komposition am Hochschen Konservatorium in Frankfurt a. M. u. 1908 Leiter der Anstalt. Auch Opernkomponist.
Eigene Werke: Dunja 1904; Die Hochzeit 1907; Durchs Fenster 1908.
Literatur: M. *Bauer,* I. Knorr 1916.

Knote, Heinrich, geb. 26. Nov. 1870 zu München, gest. 12. Jan. 1953 zu Garmisch-Partenkirchen, Sohn eines Versicherungsbeamten, begann seine Laufbahn als Tenorbuffo 1892 an der Hofoper in München, wechselte bald zum Heldenfach über u. galt als einer der größten Wagnersänger des neuen Jahrhunderts. Er sang u. a. neben Caruso in der Metropolitan-Oper in Neuyork. 1930 nahm er seinen Bühnenabschied. Hauptrollen: Tannhäuser, Erik, Stolzing, Tristan, Siegfried, Siegmund u. a.
Literatur: Carlos *Droste,* H. Knote (Bühne u. Welt 13. Jahrg.) 1911; *Anonymus,* Gespräch mit H. K. (Neues Wiener Journal 21. Mai) 1922; Alexander *Dillmann,* H. K. zum 80. Geburtstag (Blätter der Bayer. Staatsoper 3. Jahrg., 4. Heft) 1950; Max *Rimböck,* Erinnerungen an H. K. (Ebda. 5. Jahrg., 8. Heft) 1953.

Knotek, Hansi s. Staal, Johanna.

Knotek, Robert, geb. 4. Mai 1900 zu Wien, studierte das. (Diplom-Ingenieur), trat in den Landesbaudienst u. wurde Oberbaurat in Wien. Lyriker, Erzähler u. Dramatiker.
Eigene Werke: Spiel vom Hl. Klemens Maria Hofbauer 1929; Was einem nicht einfällt (Lustspiel) 1936; Der Ewigkeitskandidat (Lustspiel) 1936; Der letzte Tag (Schauspiel) 1946.

Knoth, Hilde, geb. 1889, gest. im Jan. 1934 zu Hannover, war jahrelang Schauspielerin am Hoftheater das. u. an versch. Bühnen in Hamburg. Hauptrollen: Camilla („Lumpazivagabundus"), Suzanne („Die Welt, in der man sich langweilt"), Isidora („Robert u. Bertram"), Luise („Kabale u. Liebe"), Emilia („Emilia Galotti"), Gretchen („Faust") u. a.

Knothe-Wolf, Margarete, geb. 1875, gest.

2. März 1940 zu Dresden, war Opernsängerin, später Gesangslehrerin.

Knudsen, Hans, geb. 2. Dez. 1886 zu Posen, Sohn eines städt. Beamten, studierte in Greifswald u. Berlin (Schüler von Max Herrmann), war 1923—25 Generalsekretär der „Gesellschaft für Theatergeschichte", 1926 bis 1934 Archivar der „Vereinigung künstl. Bühnenvorstände", 1919—43 Dozent am Deutschen Institut für Ausländer an der Universität Berlin, 1943 Professor für Theaterwissenschaft das. u. später an der dort. Freien Universität.

Eigene Werke: Schiller u. die Musik 1908; Die Hauptepoche der Geschichte des deutschen Theaters in Posen 1912; Heinrich Beck 1912; Büchner u. Grabbe 1921; Das Studium der Theaterwissenschaft in Deutschland 1925 (2. Aufl. 1927); Theaterkritik 1928; Theater u. Drama 17 Bde. 1931 ff.; Goethes Welt des Theaters herausg. 1949; Theaterwissenschaft. Werden u. Wertung einer Universitätsdisziplin 1950; Theaterwissenschaft u. lebendiges Theater 1951 u. a.

Literatur: Kurt *Raeck*, Bibliographie H. Knudsen (als Privatdruck dargebracht von der Gesellschaft für Theatergeschichte in Berlin) 1951.

Knüpfer, Paul, geb. 21. Juni 1865 zu Halle an der Saale, gest. 5. Nov. 1920 zu Berlin, Sohn eines Domkantors u. Musikdirektors in Halle, besuchte das Konservatorium in Sondershausen u. wurde von Günsburger (s. d.) weitergebildet, begann dann am dort. Hoftheater seine Laufbahn als Bassist mit so glänzendem Erfolg, daß ihn Direktor Staegemann (s. d.) an das Stadttheater in Leipzig verpflichtete, von wo er 1898 nach Berlin berufen wurde u. dort zwei Jahrzehnte wirkte. Gastspiele führten ihn u. a. nach London u. Bayreuth. Hauptrollen: Bartolo, Landgraf, Figaro, Leporello, Hunding, Sarastro, Gurnemanz, Falstaff, König Marke, Van Bett, Rocco, Barbier von Bagdad, Ochs von Lerchenau u. a.

Literatur: Erich *Kloß*, P. Knüpfer (Bühne u. Welt 10. Jahrg.) 1908.

Knüpfer-Egli, Marie, geb. 17. Okt. 1872 zu Graz, gest. 7. Aug. 1924 zu Bayreuth, von ihrem Vater Georg Egli (s. d.) ausgebildet, war als Sopranistin 1894 in Darmstadt, 1895 bis 1900 an der Hofoper in Berlin tätig, außerdem auch bei den Festspielen in Bayreuth. Kammersängerin. Gattin des Vorigen. Hauptrollen: Marie („Der Trompeter von

Säckingen"), Micaëla („„Carmen"), Mignon (Titelrolle), Alice („Robert der Teufel"), Louise („Der Bärenhäuter") u. a.

Knuth, Gustav, geb. 7. Juli 1901 zu Braunschweig, Sohn eines Zugführers, war Lehrling in einer Eisenbahnwerkstatt, nahm gleichzeitig heimlich Schauspielunterricht bei seinem Förderer Casimir Paris, betrat 1918 die Bühne in Hildesheim, kam nach Harburg an der Elbe, ans Stadttheater in Basel, vorerst als Jugendlicher Komiker, später als Charakterdarsteller, wirkte hierauf in Altona, Hamburg, Berlin u. zuletzt am Schauspielhaus in Zürich. 1950 kreierte er in München bei der Uraufführung von Paul Burkhards „Feuerwerk" den Zirkusdirektor. Hauptrollen: Egmont, Peer Gynt, Robert Guiskard, Jago, Wozzek, Wehrhahn u. a.

Literatur: H. E. *Weinschenk*, G. Knuth (Unser Weg zum Theater) 1941; Herbert *Ihering*, Junge Schauspieler 1948.

Kobald, Karl, geb. 28. Aug. 1876 zu Brünn, aus alter Tiroler Familie stammend, studierte in Wien Musik, Rechtswissenschaft, Kunst- u. Musikgeschichte, wurde Doktor der Rechte, später Kunstreferent u. Ministerialrat im dort. Unterrichtsministerium. Seit 1933 Präsident der Staatsakademie für Musik u. darstellende Kunst. Vorsitzender des österr. Volksliedunternehmens u. des Wiener Bruckner-Bundes, Mitglied der leitenden Kommission zur Herausgabe der Denkmäler der Tonkunst in Österreich. Neben Gedichten u. Novellen schrieb er kulturhistor. Werke, die das Kunst-, Musik- u. Theaterleben Alt-Wiens behandeln.

Eigene Werke: Künstlerfrühling (Roman) 1917; Alt-Wiener Musikstätten 1918; Wiens theatralische Sendung 1920; Das Schönbrunner Schloßtheater 1924 (mit anderen); Johann Strauß 1925; Beethoven, seine Beziehungen zu Wiens Kunst u. Kultur, Gesellschaft u. Landschaft 1926; Mozarts Schauspieldirektor 1931; Mozart u. Schönbrunn 1931; Joseph Haydn 1932; Wo unsterbliche Musik entstand 1950.

Literatur: Riemann, K. Kobald (Musik-Lexikon 11. Aufl.) 1929.

Kobel, Adolf, geb. 1856, gest. 22. Aug. 1903 zu Berlin (durch Selbstmord), war Schauspieler an versch. Bühnen das. (Metropoltheater u. a.), vorher in Köslin.

Kobelka-Stöger, Georg, geb. 9. Aug. 1865

zu Grafensulz bei Wien, gest. 30. Okt. 1935 zu Döbeln in Sachsen, wirkte als Sänger u. Schauspieler in Klagenfurt, Meran, Laibach u. a.

Kober, Gustav, geb. 21. April 1849 zu Wien, gest. 3. Sept. 1920 zu Wiesbaden, Kaufmannssohn, debütierte 1868 in Stettin, schloß sich dann einer wandernden Schauspielergesellschaft an, mit der er in Schlesien auftrat, wirkte seit 1872 als Charakterdarsteller am Thaliatheater in Hamburg, am Hoftheater in Meiningen, am Residenztheater in Berlin, am Carl- u. Stadttheater in Wien, 1884—86 abermals am Thaliatheater in Hamburg, 1886—89 am Deutschen Landestheater in Prag, schließlich wieder in Berlin (Lessing-Theater, Berliner Theater, Theater des Westens). 1898 gastierte er in Holland, Amerika u. a. Hauptrollen: König Philipp, Shylock, Jago, Mephisto, Marinelli, Franz Moor, Wurm, Steinklopferhans, Meineidbauer u. a.
Literatur: Eisenberg, G. Kober (Biogr. Lexikon) 1903.

Kober, Julius, geb. 17. Aug. 1894 zu Suhl in Thüringen, lebte das. Doktor der Philosophie. Heimatdichter. Auch Verfasser von Theaterstücken.
Eigene Werke: Rennsteigzauber (Märchenspiel) 1925; Flammen (Histor. Festspiel) 1927; Der letzte Schulze von der Lütsche (Volksstück) 1934; Tatzelwurm in Thüringen (Volksstück) 1936; Dieters u. Dietlindes Rennsteigfahrt (Märchenspiel) 1940.

Kober, Tobias, geb. zu Görlitz (Geburtsdatum u. Todesdatum unbekannt), 1593 Student der Medizin in Leipzig, 1595 Doktor der Medizin in Helmstedt, hierauf kais. Feldarzt in Ungarn, 1607 in Löwenberg (Schlesien). Dramatiker in lat. u. deutscher Sprache.
Eigene Werke: Troja (Tragödie) 1593; Palinurus (Tragödie) 1593; Hospitia (Komödie) 1594; Anchises exul (Tragödie) 1594; Sol s. Marcus Curtius (Tragödie) 1595; Idea militis vere christiani (Tragödie) 1607 u. a.
Literatur: C. *Pietsch,* T. Kober (Diss. Breslau) 1934.

Koberstein, Karl, geb. 15. Febr. 1836 zu Schulpforta, gest. 15. Sept. 1899 zu Berlin-Wilmersdorf, Sohn des Literarhistorikers August K., humanistisch gebildet, ging, nachdem er seiner Militärpflicht genügt hatte, zur Bühne, trat in Stettin als Jugend-

licher Held u. Liebhaber auf, kam dann an das Hoftheater in Karlsruhe (unter E. Devrient) u. 1862 an das Hoftheater in Dresden, dem er bis 1883 angehörte. 1892 übersiedelte er nach Berlin, wo er seinen Lebensabend verbrachte. Hauptrollen: Gianettino Doria, Bolingbroke, Buckingham u. a. Als Schriftsteller vor allem Dramatiker.
Eigene Werke: Florian Geyer (Trauerspiel) 1863; König Erich XIV. (Trauerspiel) 1869; Was Gott zusammenfügt, das soll der Mensch nicht scheiden oder Um Nancy (Lustspiel) 1872.
Literatur: A. *Hinrichsen,* K. Koberstein (Das literar. Deutschland) 1891; Ludwig *Fränkel,* K. J. W. K. (A. D. B. 51. Bd.) 1906.

Koberwein, Auguste s. Demuth, Auguste.

Koberwein, Elisabeth s. Fichtner, Elisabeth.

Koberwein, Franziska s. Karly, Franziska.

Koberwein, Josef s. Koberwein, Joseph.

Koberwein, Joseph, geb. 1774 zu Kremsier in Mähren, gest. 30. Mai 1857 zu Wien, Sohn des Schauspielers Simon Friedrich K. u. seiner Gattin Franziska (geb. Sartori), spielte schon als Kind auf der väterlichen Wanderbühne, kam 1796 mit den Eltern nach Wien u. sofort als Munterer Liebhaber u. Naturbursche ans Burgtheater, dem er, später als Held u. Heldenvater, bis 1846 angehörte. Besonders in komischen Rollen zeichnete er sich aus. Jahrelang war ihm auch die Regieführung anvertraut. Sein Bild wurde in die Ehrengalerie des Burgtheaters aufgenommen. Hauptrollen: Ferdinand, Don Cäsar, Leicester, Wallenstein, Correggio u. a. Gatte der Schauspielerin Sophie Bulla. Ein Sohn war der bekannte Porträtmaler Georg K., erster Gatte der Schauspielerin Auguste Anschütz (s. Demuth, Auguste), ein anderer Sohn Josef K. (frühverstorben) gehörte ein Jahr dem Burgtheater als Mitglied an. Seine Tochter Elisabeth, ebenfalls bühnentätig, heiratete den Hofschauspieler Karl Fichtner (s. Fichtner, Elisabeth).
Literatur: Wurzbach, J. Koberwein (Biogr. Lexikon 12. Bd.) 1864; J. *Kürschner,* J. K. (A. D. B. 16. Bd.) 1882; *Eisenberg,* J. K. (Biogr. Lexikon) 1903; Emilie *Koberwein,* Erinnerungen eines alten Hofburgtheaterkindes 1909.

Koberwein, Simon Friedrich, geb. 26. Sept. 1733 zu Wien, gest. nach 1808, Sohn eines

Weinhändlers, zuerst Juwelier - Lehrling, dann im kurfürstl. Kupferstichkabinett in München beschäftigt, wurde 1753 Wanderkomödiant u. gründete in Petersburg 1760 (mit anderen) eine eigene Gesellschaft, bereiste an deren Spitze Deutschland, wirkte in Rastatt als markgräfl. Hofschauspieldirektor, spielte 1771—74 in Schönbrunn u. Laxenburg vor Kaiserin Maria Theresia, 1780 in Straßburg, 1790 während der Kaiserkrönung Leopolds II. in einem eigenen Haus u. gab seine Truppe später an Friedrich Hermann Hunnius ab. Gatte von Franziska Sartori, einem früheren Mitglied seiner Gesellschaft. In erster Ehe war er mit Edmunda, einer Tochter von Felix Kurz, dessen Gesellschaft er übernahm, verheiratet.
Literatur: S. F. Koberwein, Meine Biographie 1803; J. Kürschner, S. F. Koberwein (A. D. B. 16. Bd.) 1882.

Koberwein, Sophie, geb. 5. März 1783 zu Mannheim, gest. 20. Jan. 1842 zu Wien, Tochter des Theaterdirektors Franz Bulla (s. d.) u. seiner Frau Edmunda B. (s. d.), betrat schon als Kind die Bühne u. zeichnete sich als Mitglied des Burgtheaters (1803 bis 1841) durch eine vielseitige bedeutende Tätigkeit aus (zuerst Liebhaberin im munteren u. ernsten Fach, dann Heroine u. zuletzt Komische Alte). Ihr Bild schmückt die Ehrengalerie des Burgtheaters. Hauptrollen: Luise („Kabale u. Liebe"), Kathinka („Das Mädchen von Marienburg"), Elise von Valberg u. a. Gattin von Joseph K.
Literatur: Anonymus, S. Koberwein (Almanach für Freunde der Schauspielkunst 7. Jahrg.) 1843; J. Kürschner, S. K. (A. D. B. 16. Bd.) 1882.

Kobierska, Wanda von, geb. 15. Dez. 1916 zu Wien, wirkte als Erste Operettensängerin in Basel u. seit 1952 am Gärtnerplatztheater in München. Hauptrollen: Die lustige Witwe, Lisa („Das Land des Lächelns") u. a.

Koblenz erhielt, nachdem schon früher Englische Komödianten u. andere Schauspielergesellschaften die Stadt besucht hatten, 1787 ein eigenes Theatergebäude, das, eine Nachbildung des Schloßtheaters in Spa, geschaffen vom klassizistischen Architekten Peter Joseph Krohe, als Juwel rheinischer Baukunst sich bis zur Gegenwart erhielt. Protektor war Kurfürst Clemens Wenzeslaus, Erzbischof von Köln. Die Direktion führte

Johann Heinrich Böhm. Als Eröffnungsvorstellung wurde „Die Entführung aus dem Serail" gegeben. Das Bühnenhaus erfuhr unter der Direktion von F. R. Werkhäuser 1937 eine Erneuerung, nachdem die Stadt 1927 das Theater selbst übernommen hatte. Im Zweiten Weltkrieg beschädigt, erstand es 1947 vollständig wiederhergestellt.
Literatur: C. Dommershausen, Das Stadttheater in Koblenz 1887; W. J. Becker, Forschungen zum Theaterwesen von Coblenz im Rahmen der deutschen, namentlich der rheinischen Theatergeschichte bis 1815 (Diss. Gießen) 1915; ders., Gesammelte Beiträge zur Literatur- u. Theatergeschichte von C. 1920; F. R. Werkhäuser, 150 Jahre Theater der Stadt K. 1937; Walter Kordt, Das Theater zu K. (Theater am Rhein) 1938.

Koboth, Irma, geb. 13. Aug. 1875 zu Regensburg, gest. 7. Mai 1948 zu Tegernsee, Tochter eines Juweliers, betrat 1897 als Pamina die Bühne des Hoftheaters in München, empfing von Julius Stockhausen (s. d.) ihre höhere musikalische Ausbildung, so daß sie als Hochsopran bald zu den tragenden Kräften dieses Hauses zählte. Kammersängerin. Hauptrollen: Agathe, Elisabeth, Iphigenie, Norma, Rheintochter, Schöne Galathee u. a. 1909 nahm K. ihren Bühnenabschied u. begründete in München ein Opernstudio.
Literatur: Eisenberg, I. Koboth (Biogr. Lexikon) 1903.

Koburg s. Coburg.

Koch (Ps. Rott), Carl Matthias, geb. 23. Febr. 1807 zu Wien, gest. 10. Febr. 1876 das., war zuerst Sängerknabe, trat in den Chor des Kärntnertortheaters ein, ging dann als Cellist ans Theater in Preßburg, schrieb zu Nestroys erstem Stück die Musik, wandte sich jedoch bald als Schauspieler dem Sprechstück zu, wurde 1832 Mitglied des Josefstädtertheaters in Wien u. 1847 des Theaters an der Wien. Bedeutender Komiker, besonders in Volksstücken.

Koch, Caspar, geb. 1889 zu Köln, gest. Anfang Dez. 1952 das., am dort. Konservatorium ausgebildet, wirkte als Heldentenor in Köln u. Berlin, 1927 auch in Bayreuth u. seit 1928 als Gesangspädagoge u. Konzertsänger. Hauptrollen: Max („Der Freischütz"), Turridu („Cavalleria rusticana"), Canio („Der Bajazzo"), Hugo („Undine"), Oedipus („Oedipus rex"), Tannhäuser, Parsifal u. a.

Literatur: G., C. Koch — der erste König Oedipus (Köln. Rundschau Nr. 189) 1953.

Koch (geb. Merleck), Christiane Henriette, geb. 1731 zu Leipzig, gest. 11. April 1804 zu Berlin, zweite Gattin von Heinrich Gottfried K., wirkte an der Seite ihres Gatten zuerst in Soubrettenrollen, später im Lustspiel, aber auch im Tragischen Fach mit großem Beifall. Anton Graff porträtierte sie. Nach dem Tode ihres Mannes führte sie bis April 1775 die Direktionsgeschäfte weiter u. verkaufte dann Theater u. Inventar gegen eine Jahresrente an Döbbelin.
Literatur: J. *Kürschner,* H. Koch (A. D. B. 16. Bd.) 1882.

Koch, Egmont, geb. 28. Juni 1906 zu Hannover, war Opernsänger (Bariton) u. wirkte u. a. 1948—50 an der Staatsoper in München, seither in Kassel. Hauptrollen: Kurwenal, Kothner, Faninal („Der Rosenkavalier"), Borromeo („Palestrina") u. a.

Koch, Elisabeth s. Roose, Elisabeth.

Koch (geb. Gieranek), Franziska Romana, geb. 1748 zu Dresden, gest. 1796 das., begann ihre Laufbahn als Tänzerin bei der Kochschen Gesellschaft, heiratete 1766 den Ballettmeister Friedr. Karl K. u. wandte sich 1769 dem Schauspiel zu. An der Seite ihres Gatten leistete sie sowohl in Oper wie im Schauspiel an der Hofbühne in Gotha Bedeutendes. Ihre Darstellung der Alceste begeisterte Wieland zu dem Gedicht „An Madame Koch". 1777—87 war sie Mitglied der Bondinischen Gesellschaft. Mutter der Schauspielerinnen Sophie u. Marianne K. sowie der berühmten Sophie Friederike Krickeberg (s. d.). Schwester von Karoline Gieranek, verehelichte Henisch.
Literatur: J. *Kürschner,* F. R. Koch (A. D. B. 16. Bd.) 1882.

Koch, Friedrich (Geburtsdatum unbekannt), gest. 27. Juni 1878 zu Weimar, war seit 1843 Schauspieler am dort. Hoftheater, seit 1849 Inspizient u. Bibliothekar u. seit 1868 Inspektor das.

Koch, Friedrich Karl, geb. vor 1740 zu Kosanken in Preußen, gest. 19. Febr. 1794 zu Berlin, ging 1756 in Hamburg zur Bühne, wirkte als Solotänzer bei Ackermann, später bei Koch u. Seyler, kam 1771 nach Weimar, 1774 nach Gotha, wo er von Ekhof (s. d.) für das Lustspiel engagiert wurde u. ließ sich

nach Kunstreisen 1787 in Berlin als Kastellan des Kgl. Komödienhauses nieder. Gatte von Franziska Romana Gieranek. Auch Bühnenschriftsteller.
Eigene Werke: Vorfälle des deutschen Theaters für Schauspieler 1. Bd. 1780; Die drei Pächter (Lustspiel) 1781; Der lahme Husar (Kom. Oper) 1784.
Literatur: J. *Kürschner,* F. F. Koch (A. D. B. 16. Bd.) 1882.

Koch (Ps. Siebenhoff), Georg Ferdinand, geb. 23. Okt. 1832 zu Siebenhofen in Sachsen, gest. 8. Jan. 1881 zu Darmstadt, war zuerst Lehrer, wandte sich aber bald der Bühne zu, die er 1858 als Kosinsky in Weimar betrat, wirkte dann in Chemnitz, Reval, Detmold, Königsberg, Zürich, Berlin (Viktoria- u. Stadttheater), Magdeburg, Graz u. zuletzt in Darmstadt als Liebhaber, Heldendarsteller u. Regisseur der Oper u. des Schauspiels. Auch als Bühnenschriftsteller trat er hervor, sein erfolgreichstes Drama war „Friederike von Sesenheim".

Koch, Gustav, geb. 8. Dez. 1846 zu Kassel, gest. 16. Nov. 1893 zu Würzburg, Lehrerssohn, wirkte als Schauspieler u. Regisseur u. a. in Potsdam, Düsseldorf, Breslau (Lobe-Theater), 1887—92 in Gera u. schließlich in Würzburg, besonders in Väterrollen. Gatte der Schauspielerin Marie Egger. Hauptrollen: Holofernes, Präsident von Walter, Mehlmeier („Robert u. Bertram"), Stein („Relegierte Studenten"), Pieper („Hypochonder") u. a.

Koch, Heinrich Gottfried, geb. 1703 zu Gera, gest. 3. Jan. 1775 zu Berlin, Kaufmannssohn, studierte in Leipzig die Rechte, wandte sich aber bald dem Militär, hierauf der Bühne zu u. wurde 1728 Mitglied der Neuberschen Gesellschaft, der er nicht nur als Schauspieler, sondern auch als Theaterdichter u. Dekorationsmaler die wertvollsten Dienste leistete. Lessing schätzte ihn hoch. 1749 gründete er eine eigene Gesellschaft in Leipzig. 1756 brachte er u. a. Lessings „Miss Sarah Sampson" das. zur Uraufführung. Nach Auflösung seiner Truppe trat er sofort an die Spitze einer anderen in Hamburg, der auch Ekhof (s. d.) angehörte. Nach Leipzig zurückgekehrt, eröffnete K. das neue Schauspielhaus mit Elias Schlegels „Hermann". 1768 folgte er einem Ruf der Herzogin Amalie nach Weimar. Goethe sah ihn zweimal, u. zw. in Schlegels „Hermann" u. als „Crispin", wo er trotz seines Alters „noch eine trockene Heiterkeit u. eine gewisse künstlerische Gewandtheit zu zeigen wußte". Seit 1771 wirkte er in Berlin. Als Bühnenreformator ein Vorläufer Ifflands, suchte er das Theater in jeder Hinsicht zu einer Kunstanstalt zu entwickeln. Statt der früher beliebten Burlesken mit niedriger Komik führte er sog. Intermezzi oder Zwischenspiele, kurze musikalisch-dramatische Darstellungen zur Entspannung des unterhaltungsbedürftigen Publikums ein. Auch brachte er 1752 in Leipzig die erste komische Operette „Der Teufel ist los" von Christian Felix Weiße auf die Bühne, mit der er stärksten Beifall erzielte, während Gottsched sie durchaus ablehnte. Seine letzte Tat war eine Aufführung von Goethes „Götz" 1774 in Berlin. K. schrieb selbst mehrere Pro- u. Epiloge sowie verschiedene Theaterstücke.

Literatur: Anonymus, Vergleichung der Ackermann- u. Kochischen Schauspielergesellschaften 1769; Moritz *Fürstenau*, Der Prinzipal H. G. Koch (Almanach der Genossenschaft Deutscher Bühnenangehöriger 3. Jahrg.) 1875; J. *Kürschner*, H. G. K. (A. D. B. 16. Bd.) 1882; Elisabeth *Prick*, K. u. seine Schauspielergesellschaft (Diss. Frankfurt) 1923.

Koch, Johann Adam, geb. 3. März 1777 zu Lauterbach in Hessen, gest. 24. Sept. 1820 zu Coburg als städt. Bauinspektor das. (seit 1807). Dramatiker u. Erzähler.

Eigene Werke: Dramat. Gemälde (Das Marienbild — Das Mißverständnis — Die Invaliden — Der Wahrsager) 1805.

Koch, Johann August Christoph s. Koch, Juliane Caroline.

Koch, Johannes Rudolf (Ps. Horst Waldheim), geb. 29. Nov. 1868 zu Osterburg in der Altmark (Todesdatum unbekannt), studierte Philosophie u. Theologie u. wurde Vikar in Zerbst. Dramatiker.

Eigene Werke: Grete Minden (Trauerspiel) 1897; Grete Minden (Altmärk. Volksspiel der Stadt Tangermünde) 1902; Friedemann Bach (Trauerspiel nach A. E. Brachvogels Roman) 1900.

Koch (geb. Planer), Josefine, geb. 22. Okt. 1808 zu Wien, gest. im Juli 1895 in der Hinterbrühl bei Wien, Nichte von J. F. Castelli (s. d.), war anfangs Mitglied des Kinderballetts von Horschelt im Theater an der Wien u. wirkte später als Schauspielerin am

Josefstädtertheater in Wien, nahm jedoch schon 1849 ihren Bühnenabschied.

Koch, Juliane Caroline, geb. 1758 zu Hamburg, gest. 20. Juni 1783 zu Berlin, Tochter von Johann August Christoph K., der 1765 bis 1780 die Direktion der Komischen Oper in Potsdam führte u. vorher als Schauspieler u. Bassist wirkte, war Dramatische Sängerin an der Kgl. Oper in Berlin 1774—83.

Koch, Julie s. Bossenberger, Julie.

Koch, Julius (Ps. Johannes Meinen), geb. 11. Juli 1870 zu Bremen, Kaufmannssohn, humanistisch gebildet, folgte das. dem väterlichen Beruf. Dramatiker u. Lyriker.

Eigene Werke: Ein Bruderkuß 1893; Die Gerechten 1904; Versailles 1905; Das Rätsel 1908; Tibeta Vasmer 1910; Diesseits der Berge 1918; Die Mühle am Deich 1918.

Koch, Julius Christian, geb. 1792 zu Köln, gest. 18. Dez. 1860 zu Dresden, Sohn des Schauspielerpaares Kellner, änderte seinen Namen, um der französischen Konskription zu entgehen, 1812 in Koch, nachdem er bereits 1808 in Bremen als Schauspieler aufgetreten war, wirkte in Braunschweig, 1812 bis 1817 bei Seconda in Dresden, dann bis 1832 in Leipzig, gab hierauf Gastspiele u. a. in Magdeburg, Kassel, Hannover u. zeichnete sich 1836—60 am Hoftheater in Dresden, vor allem als Komischer Alter, aus.

Literatur: Eisenberg, J. Ch. Koch (Biogr. Lexikon) 1903.

Koch, Karl (Geburts- u. Todesdatum unbekannt), war 1801—03 Schauspieler in Hamburg. Bühnendichter.

Eigene Werke: Heinrich Raugraf von Meiningen (Trauerspiel) 1798; Zwei Lustspiele (Der Weiberfeind — Die Männerfeindin) 1803.

Koch, Karl, geb. um 1806, gest. 30. März 1869 zu Wien, wirkte als Sänger u. Schauspieler am Josefstädtertheater u. seit 1840 als Baßbuffo am Kärntnertortheater das. 1834 kreierte er den Bettler in Raimunds „Verschwender".

Koch, Karl Albert (Ps. Alberty), geb. 1845 zu Leutschau in der Zips, gest. 30. Nov. 1895 zu Leitmeritz, gehörte elf Jahre dem dort. Stadttheater als Charakterkomiker an.

Koch, Karl Wilhelm, geb. 16. Jan. 1785 zu
Wien, gest. 10. Mai 1860 das., studierte an
der dort. Akademie der bildenden Künste u.
wurde Uhrblattstecher. Bald hernach besaß
er ein großes Handelsgeschäft in Gold, Sil-
ber u. Juwelen. Herausgeber des „Dramatischen Almanachs" (1838—41). Mitarbeiter
an Bäuerles „Theaterzeitung". Schwiegervater Deinhardsteins (s. d.).
Eigene Werke: Dramat. Beiträge für das
Hofburgtheater (Das Testament einer alten
Frau — Er bezahlt alle — Die Vorleserin)
1836; Dramat. Almanach, herausg. von Kur-
länder 1811—37, fortgesetzt von K. W. Koch
(Das geraubte Kind — Haß u. Liebe — Das
Gespenst — Der Erbe — Die Seiltänzerin
— Herz u. Ehre — Der letzte Starhemberg
— Der Militärbefehl — Der Seekapitän —
Das Jagdschloß — Fester Wille — Das
letzte Bild — Die Jugendfreundinnen —
Der Student u. die Dame — Qualen des
Wahnes — Hans Michel — Diana von
Chivri) 1838—41.
Literatur: Wurzbach, K. W. Koch (Biogr.
Lexikon 12. Bd.) 1864.

Koch, Karoline s. Lanius, Karoline.

Koch, Klaus-Dietrich, geb. 4. Juni 1901 zu
Berlin, gest. Anfang Mai 1953 zu Bremen,
studierte das. (Doktor der Rechte u. Dipl.-
Ingenieur), wandte sich, von Ferdinand
Gregori (s. d.) ausgebildet, der Bühne zu,
war 1925—26 Hilfsspielleiter in Rostock,
1927—29 Spielleiter der Oper in Chemnitz,
1929—32 Oberspielleiter in Bern, 1932—33
in Hagen, 1933—35 in Hannover u. a., 1942
bis 1945 Intendant des Stadttheaters in
Erfurt u. nach dem Zweiten Weltkrieg
Oberspielleiter in Bremen.

Koch (geb. Egger), Marie, geb. 2. Febr. 1846
zu Troppau in Österr.-Schlesien, gest.
27. Febr. 1907 zu Stettin, war Schauspielerin
in Berlin, Dortmund, Gera, Würzburg u. a.
Hauptrollen: Forchheimer („Robert u.
Bertram"), Adelgunde („Relegierte Studenten"), Emma („Hypochonder") u. a. Gattin
von Gustav K.

Koch, Mathilde s. Kneisel, Wilhelm.

Koch, Max, geb. 22. Dez. 1855 zu München,
gest. 19. Dez. 1931 zu Breslau, studierte in
München, Paris u. Berlin, habilitierte sich
1879 in Marburg an der Lahn für deutsche
Literaturgeschichte, wurde 1885 ao. Professor das. u. 1890 o. Professor in Breslau. Be-

arbeiter der Goethe- u. Schiller-Kapitel in
Goedekes „Grundriß zur Geschichte der
deutschen Dichtung" 1891 f. Verfasser von
Übersichten neuerer Goethe- u. Schiller-
literatur in den „Frankfurter Hochstifts-
berichten" 1889—1901. Auch Berichterstatter über das Breslauer Schauspiel in der
„Schlesischen Zeitung" 1895—1914. Um die
Geschichte des Dramas verdient. Bedeutender Wagner-Biograph.
Eigene Werke: Shakespeare (Biographie)
1885; Was kann das deutsche Volk von R.
Wagner lernen? 1888; Einführung in
Shakespeares Königsdramen 1891; Grillparzer (Charakteristik) 1891; König Sig-
mund (Festspiel) 1896; Ein Frühlingsfest
(Festspiel) 1900; Studien zur ersten Jahr-
hundertfeier von Schillers Todestag,
herausg. 1905; Zu Ehren Schillers (Akad.
Festrede) 1905; R. Wagner (Biographie)
3 Bde. 1907—14; Graf Platens Leben u.
Schaffen 1909; Volkskundliches bei A.
Gryphius 1911; R. Wagners Parsifal,
herausg. 1913; R. Wagners Stellung in der
Entwicklung der deutschen Kultur 1913;
Schillers Malteserdichtungen u. ihre Bedeutung für die deutsche Gegenwart 1923; R.
Wagners geschichtl. völkische Sendung
1927.

Koch, Robert, 1843—1910, berühmter Arzt
u. Bakteriologe, Entdecker des Tuberkel-
bazillus, als Dramenfigur.
Behandlung: G. Weisenborn, Die guten
Feinde (Schauspiel) 1938; *Gerhard Menzel,*
Der Unsterbliche (Schauspiel) 1940.

Koch, Siegfried Gotthilf s. Eckardt, Siegfried Gotthilf.

Koch, Sophie Friederike s. Krickeberg,
Sophie Friederike.

Koch, Walter, geb. 1911, gest. 17. Mai 1949
zu Oehningen, war lange Mitglied des
Schauspielhauses in Bremen, zuletzt Dramaturg u. Direktorstellvertreter am Stadttheater in Konstanz.

Koch, Wilhelm (Ps. Karl von der Orla u.
Koch-Conradi), geb. 2. Juni 1825 zu Herrn-
stadt in Preußisch-Schlesien, gest. 1904 zu
Berlin, Doktor der Philosophie. Vorwiegend
Erzähler u. Dramatiker.
Eigene Werke: Eine hübsche Geschichte
(Lustspiel) 1853; Des Sängers Weh (Drama)
1854; Der Mutter Geist (Drama) 1856; Der
weibliche Chevalier (Lustspiel) 1879.

Kochanska-Sembrich, Marcella s. Stengel, Praxede Marcelline.

Kochba s. Bar-Kochba.

Kock, Ellen, geb. 29. Aug. 1916 zu Duisburg, begann ihre Bühnenlaufbahn als Choristin in Düsseldorf, kam 1942 als Solistin nach Jauer, 1943 nach Ulm u. war 1948—51 Mitglied der Staatsoper in München. Hauptrollen: Ännchen, Gretel („Hänsel u. Gretel") u. a. Seit 1950 verehel. Brixner.

Kock, Karl Theodor, geb. 28. Nov. 1820 zu Quedlinburg, gest. 4. Juni 1901 zu Weimar als Gymnasialdirektor a. D. Dramatiker u. Übersetzer (z. B. der „Iphigenie" Goethes ins Griechische).
Eigene Werke: Merope (Trauerspiel) 1882; Elektra in Delphi (Schauspiel) 1902.

Köberle, Georg, geb. 21. März 1819 zu Nonnenhorn am Bodensee, gest. 7. Juni 1898 zu Dresden, Sohn eines Landwirts, studierte kurze Zeit in Rom (bei den Jesuiten), dann in München, begann seine literarische Laufbahn mit anti-katholischen Streitschriften (seit 1845 in Leipzig), stand 1848 als Publizist auf der äußersten Linken u. widmete sich nachher fast ausschließlich dramat. Schaffen (in München u. Stuttgart). 1853—56 Theaterdirektor in Heidelberg. Zur Zeit des vatikanischen Konzils trat er nochmals als religiös-politischer Schriftsteller auf, auch schrieb er damals einen dreibändigen Verbrecherroman u. die in allen Bühnenkreisen vielbeachtete Reformschrift „Die Theaterkrise im neuen Deutschen Reiche". Hierauf berief ihn der Großherzog von Baden zur Leitung des Hoftheaters nach Karlsruhe, wo er sich jedoch nicht lange behaupten konnte. Jene Schrift, der er noch weitere zur Theaterfrage folgen ließ, verschaffte ihm bei seinen Anhängern den Titel „Dramaturgischer Lessing der Gegenwart". K. war Mitarbeiter am Organ der Deutschen Bühnengesellschaft „Deutsche Dramaturgie". Seinen Lebensabend verbrachte er in Wien u. Dresden, mit F. Avenarius u. dem „Kunstwart" verbündet.
Eigene Werke: Der letzte Agilolfinger (Trauerspiel) 1842; Die Prätendenten (Trauerspiel) 1843; Die rätselhafte Gattin (Lustspiel) 1844; Der erstürmte Parnassus u. der gestutzte Pegasus (Tragikomödie) 1846; Ludwig der Gebartete (Schauspiel) 1849; Der Held von Etampes (Schauspiel) 1849; Die Medizäer (Drama) 1849; Heinrich der

Vierte von Frankreich (Trauerspiel) 1851; Die Verkannten (Schauspiel) 1851; Die Ehestandslotterie (Lustspiel) 1853; Bruderherz (Schauspiel) 1860; Der erste Bourbon auf Frankreichs Thron (Trauerspiel) 1861; Dumbar (Drama) 1865; Über die moderne Bühne u. ihre Reform 1867; Theaterkrisis im neuen Deutschen Reiche 1872; Dramatische Werke 2 Bde. (Des Künstlers Weihe, Festspiel — Zwischen Himmel u. Erde, Vorspiel — George Washington, Schauspiel — Die Heldin von Yorktown, Tragödie u. a.) 1873 f.; Meine Erlebnisse als Hoftheaterdirektor 1874; Berliner Leimruten u. deutsche Gimpel 4 Hefte 1875; Der Verfall der deutschen Schaubühne u. die Bewältigung der Theaterkalamität 1880; Brennende Theaterfragen 1887; Das Drangsal der deutschen Schaubühne 1890; Die Welt-Tragödie der Hebräer (Schauspiel) 1892; Der Löwe von Bearn (Trauerspiel) 1896.
Literatur: H. A. *Lier,* G. Köberle (A. D. B. 51. Bd.) 1906.

Koebke, Benno, geb. 26. Febr. 1849 zu Halle a. d. S., gest. 12. Mai 1927 zu München, Sohn eines Großkaufmanns, wurde in Leipzig, Mailand u. Berlin ausgebildet, wirkte zuerst an der Deutschen Oper in Rotterdam, kam 1877 nach Regensburg, 1880 nach Königsberg, 1882 nach Zürich, 1883 nach Straßburg, 1884 nach Coburg u. Gotha (Kammersänger), 1885 nach Köln, 1886 nach Halle (hier auch Direktor des Neuen Stadttheaters), 1890 nach Neustrelitz, 1895 nach Zwickau, 1904 nach Erfurt, leitete 1905 die Sommeroper bei Kroll u. später bis 1916 das Stadttheater in Bern. Hauptrollen: Tamino („Die Zauberflöte"), Raoul („Die Hugenotten"), Wilhelm Meister („Mignon"), Octavio („Don Juan"), Georg („Die weiße Dame") u. a.

Köbner, Arthur, geb. 1841 zu Altona, gest. 22. Dez. 1891 zu Philadelphia, wirkte als Schauspieler an deutsch-amerikanischen Bühnen, besonders als Reuterdarsteller.

Köchel, Ludwig Ritter von, geb. 14. Jan. 1800 zu Stein an der Donau, gest. 3. Juni 1877 zu Wien, studierte das. die Rechte u. war 1828—42 Erzieher kaiserlicher Prinzen. Verfasser bedeutender bibliographischer Werke wie des „Chronologisch-thematischen Verzeichnisses sämtlicher Tonwerke W. A. Mozarts" (Köchel-Verzeichnis) 1862, der Schrift „Über die musikalische Produktivität W. A. Mozarts" 1862 u. „Die k. k. Hof-

Musikkapelle in Wien" 1868. Auch schrieb er „Die kais. Hofmusikkapelle in Wien (1853—67)" 1869.

Köchy, Karl, geb. 26. Okt. 1800 zu Braunschweig, gest. 11. Mai 1880 zu Leipzig, studierte in Göttingen u. Berlin (Doktor der Philosophie), wurde durch den Verkehr mit Grabbe, Heine u. Uechtritz literarisch stark beeinflußt, gab sich jedoch, nachdem er auch das jurist. Staatsexamen bestanden hatte u. Advokat geworden war, nach Aufgabe seiner Anwaltskanzlei seiner Bühnenleidenschaft hin. 1830 begründete er die „Rheinische Theaterzeitung" in Mainz, 1831 wurde er nach Klingemanns Tod Theaterdichter u. Sekretär in Braunschweig, 1842 Leiter des Schauspiels u. 1843 Intendanturrat das. Seit 1874 lebte er in Weimar, Coburg u. Leipzig. In seinen „Poetischen Werken" 1832 finden sich u. a. „Phantasus, ein Frühlingsspiel zur Eröffnung des Mainzer Theaters" u. eine Novelle „Die Schauspielerin". Verschiedene dramatische Dichtungen wie die Schauspiele „Der Schmuck" u. „Das Ritterschwert", die Lustspiele „Der Triumph des Berufs" u. „Die Taube", das Trauerspiel „Rochester" blieben ungedruckt. 1855 schrieb er mit Wilhelm Floto das Schauspiel „Das Haus Holberg".
Literatur: J. *Kürschner,* K. Köchy (A. D. B. 16. Bd.) 1882.

Köchy, Max, geb. 19. Febr. 1846 zu Braunschweig, gest. 14. Nov. 1915 zu Wiesbaden, Sohn des Vorigen, humanistisch gebildet, nahm als Charakterdarsteller u. Oberspielleiter in Schwerin (1865—67), Meiningen (1867—69), Kassel (1869—72) u. seit 1880 jahrzehntelang im Bühnenleben Wiesbadens eine hervorragende Stellung ein. Hauptrollen: Jago, Mercutio, Mephisto, Lear, Wallenstein, Nathan, Shylock, Richter von Zalamea, Macbeth, Thorane, Tartüffe u. a.

Köck, Eduard, geb. 27. Febr. 1882 zu Innsbruck, einem alten Pustertaler Bauerngeschlecht entstammend, spielte schon als Innsbrucker Student unter dem Ps. Rainer u. gehörte seit deren Gründung der Exlbühne an. Teilnehmer ihrer Gastspiele im In- u. Ausland. K. zählte zu den bedeutendsten bäuerlichen Darstellern u. widmete sich vor allem der Volksbühne. Besonders in Stücken Schönherrs, Kranewitters u. Anzengrubers hervorragend. Hauptrollen: Pfarrer Hell („Der Pfarrer von Kirchfeld"), Dusterer („Der G'wissenswurm"), Sandperger

(„Glaube u. Heimat"); Der alte Grutz („Erde"), Rappelkopf („Der Alpenkönig u. der Menschenfeind"), Ferner („Der Meineidbauer") u. a.
Literatur: Anonymus, Ein Leben für das Volksstück (Neues Wiener Tagblatt 22. Dez.) 1941; Ernst *Wurm,* E. Köck (Völkischer Beobachter, Wien 9. Dez.) 1942; E. *Köck,* 40 Jahre Exl-Bühne 1942; Maria *Riha,* E. Köck (Diss. Innsbruck) 1948; E. *Wurm,* E. K. (Neue Wiener Tageszeitung Nr. 80) 1953.

Köckeritz, Gustav, geb. 8. April 1855 zu Leipzig (Todesdatum unbekannt), wirkte seit 1875 zuerst am Hoftheater in Neustrelitz u. später am Battenbergtheater in Leipzig als Schauspieler u. Oberregisseur. Hauptrollen: Meineidbauer, Alba, Geßler, Striese, Hasemann, Weigelt u. a.

Köckeritz, Margarete, geb. 15. Okt. 1888 zu Minden, Schülerin ihres Vaters Gustav K., war seit 1904 in Leipzig, Potsdam, Neustrelitz, Breslau, Wien u. a. bühnentätig. Hauptrollen: Anna-Liese, Preziosa, Valeska, Elsa („Krieg im Frieden") u. a.

Kögel, Josef, geb. 18. März 1836 zu Niederrieden in Bayern, gest. 1. Jan. 1899 zu Blankenburg in Thüringen, namhafter Bassist, gehörte 1874—84 der Hamburger Oper an. Gatte von Minna Borée. Hauptrollen: Zacharias („Der Prophet"), Bertram („Robert der Teufel"), Landgraf („Tannhäuser"), Jacob („Joseph in Ägypten").

Kögel-Borée, Minna, geb. 8. Dez. 1846 zu Elbingerode, gest. 18. Sept. 1890 zu Gauting bei München, war Altistin 1868—73 in Leipzig, 1876—77 in Prag u. 1877—84 am Stadttheater in Hamburg. Gattin des Vorigen. Hauptrollen: Ortrud, Fides, Orpheus, Azucena u. a.

Kögl, Ferdinand, geb. 17. Mai 1890 zu Linz an der Donau, studierte Musik in Salzburg u. Wien, war bis 1933 Musiker in bedeutenden Orchestern, dann Redakteur u. erhielt 1947 den Titel Professor. Seit 1946 Generalsekretär des „Verbandes der demokratischen Schriftsteller u. Journalisten Österreichs" in Wien. Erzähler u. Dramatiker.
Eigene Werke: Schmiere (Komödie) 1926; Johannes (Trauerspiel) 1930; Krüppel (Schauspiel) 1933; Die Besessenen der Maske (Roman) 1934.
Literatur: Edwin Rollett, F. Kögl (Wiener Zeitung Nr. 114) 1950.

Köhler, Angelika (Geburtsdatum unbekannt), gest. 29. April 1881 zu Magdeburg, wirkte in dramatischen Partien u. Mütterrollen am Hoftheater in Coburg u. Gotha, seit 1871 in Chemnitz.

Köhler, Bernhard, geb. 22. Dez. 1847 zu Deutz im Rheinland (Todesdatum unbekannt), Sohn eines Gesangslehrers u. einer Schauspielerin, debütierte 1864 in Koblenz u. war als Opernsänger in Rotterdam, Linz, Brünn, Nürnberg, Köln, Darmstadt, Königsberg, Leipzig (1883—91), dann wieder in Köln tätig. Gastspielreisen führten ihn nach Amsterdam, Wiesbaden, Elberfeld u. a. Hauptrollen: Ottokar, Figaro, Mephisto, Alberich, Beckmesser, Leporello u. a.

Köhler, Bruno, geb. 5. Nov. 1855 zu Greiz, gest. 25. Mai 1925 zu Berlin, Sohn des Hoftheaterdirektors Friedrich K., humanistisch gebildet, debütierte 1875 in Lübeck u. war Schauspieler (Naturbursche, Komiker) u. Tenorbuffo in Altenburg, Königsberg, Düsseldorf, Augsburg, Basel u. Berlin. Seit Begründung des Deutschen Theaters (1883) auch Kostümzeichner, seit 1897 Regisseur, seit 1904 in gleicher Eigenschaft am Lessingtheater das. tätig. Viele Jahre Obmann der Pensionsanstalt der Genossenschaft Deutscher Bühnenangehörigen. Auch Bühnenschriftsteller.
Eigene Werke: Ein pikanter Roman (Lustspiel) 1881; In den Strudel (Lustspiel) 1886; Der Dreizehnte (Lustspiel) 1887; Das Orakel (Lustspiel) 1887; Trachtenbilder für die Bühne 2 Bde. 1890—91; Das Schoßkind (Lustspiel) 1897; WM (Schwank) 1900; In Vormundschaftssachen (Schwank) 1902; Antje (Schauspiel) 1903; Der Ehekäfig (Lustspiel) 1905; Der Lebenskünstler (Lustspiel) 1910.

Köhler, Eduard, geb. 1815 zu Frankfurt an der Oder, gest. 12. Dez. 1880 zu Berlin, erlernte das Schmiedehandwerk, ging aber 1836 zur Bühne, wirkte als Erster Tenor in Schwerin, Petersburg, Riga, Köln, Mannheim, Braunschweig u. Lübeck, verlor auf einer Gastspielreise in Dänemark u. Schweden seine Stimme, worauf er seit 1849 nur mehr als Opernregisseur u. Schauspieler wirkte. Hauptrollen: Stradella, Robert, Masaniello, Tamino u. a.

Köhler, Florentin, geb. 1835, gest. 22. April 1881 zu Ratibor, war Schauspieler, Sänger u. Regisseur in Meißen u. a. Gatte von Isa-

bella Egloff. Hauptrollen: Mahlmann („Monsieur Herkules"), Philipp II. („Don Carlos"), Burleigh („Maria Stuart"), Strambach („Robert u. Bertram"), Fernando („Preciosa"), Kronau („Relegierte Studenten") u. a.

Köhler, Friedrich Albert, geb. 29. April 1860 zu Birkigt (Saalfeld), gest. 2. Aug. 1926 zu Gera, Schulrektor, schrieb zahlreiche Bühnenwerke, von denen die Einakter „Burenblut" 1907, „Schatzhauser" 1918 u. „Die Hochzeit" 1921 erfolgreich aufgeführt wurden.

Köhler, Georg, geb. 8. Aug. 1874 zu Osnabrück, Sohn eines Hofmusikers, von Otto Devrient (s. d.) für die Bühne ausgebildet, betrat diese in Rudolstadt, wirkte als Jugendlicher Held u. Liebhaber in Halle, Freiburg im Brsg., Berlin (Theater des Westens) u. jahrzehntelang am Nationaltheater in Mannheim. Zuletzt dessen Ehrenmitglied. Hauptrollen: Romeo, Don Carlos, Hamlet, Cyrano u. a.

Köhler, Hans, geb. 19. Nov. 1842 zu Prag, gest. 2. Sept. 1880 zu Sonnenstein bei Pirna (im Irrenhaus), Sohn eines Professors, studierte zuerst Chemie, wandte sich jedoch bald der Bühne zu, kam als Bassist 1864 ans Hoftheater in Meiningen, 1866 nach Frankfurt a. M. u. wirkte 1868—78 an der Hofoper in Dresden. Hauptrollen: Kaspar, Mephistopheles, Sarastro, Daland u. a.

Köhler, Heinrich, geb. 5. Nov. 1814 zu Oberlosa bei Plauen, gest. 3. Jan. 1910 zu Hannover, Lehrerssohn, humanistisch gebildet, besuchte das Lehrerseminar in Plauen, betrat 1838 als Opernsänger am Stadttheater in Leipzig erstmals die Bühne, blieb hier bis 1844, war dann Erster Lyrischer Tenor bei der Gesellschaft Wilhelm Löwe u. wurde nach mehrjährigem Wanderleben 1854 Mitglied des Hoftheaters in Braunschweig. Später ging er zum Schauspiel über, ohne jedoch das Singen ganz aufzugeben. 1898 trat er in den Ruhestand u. ließ sich in Hannover nieder. Auch als Gesangslehrer war K. geschätzt.

Köhler, Heinrich Georg, geb. 29. Juli 1814, gest. 30. Okt. 1893 zu Oldenburg, war seit 1860 Intendant des Hoftheaters das.

Köhler (geb. Schindler, Ps. Egloff), Isabella, geb. 10. Mai 1837, gest. 6. Juni 1908 zu Düsseldorf, war 1854—1902 als Schauspielerin

u. a. seit 1890 in Krefeld im ernsten Mütterfach tätig. Hauptrollen: Frau Klinkert („Hasemanns Töchter"), Natalia („Mein Leopold"), Frau Dikson („Der Bibliothekar") u. a. Gattin von Florentin K.

Köhler, Louis, geb. 5. Sept. 1820 zu Braunschweig, gest. 17. Febr. 1886 zu Königsberg in Preußen, studierte in Braunschweig u. Wien Musik (Schüler Simon Sechters), begann seine Laufbahn als Kapellmeister in ost- u. westpreußischen Städten wie Marienburg, Elbing u. a. Seit 1847 Musikdirektor am Stadttheater in Königsberg. Opernkomponist („Prinz u. Maler", „Maria Dolores" 1844, „Gil Blas von Salamanca") u. Verfasser theoretischer Schriften („Die Melodie der Sprache" 1853, „Die neue Richtung der Musik" 1854 u. a.).

Köhler, Ludwig, geb. 6. März 1819 zu Meiningen, gest. 4. Aug. 1862 zu Hildburghausen, studierte in Leipzig u. Jena (Burschenschafter), wurde später als Redakteur des „Deutschen Volksboten" wegen seiner polit. Haltung mit Gefängnis bestraft u. ließ sich in der Folge als Mitarbeiter an Meyers „Konversations-Lexikon" in Hildburghausen nieder. Vorwiegend Erzähler, aber auch Dramatiker.
Eigene Werke: Das St. Johannisfest (Dramat. Gedicht) 1840; Bürger u. Edelmann (Drama) 1859; König Mammon (Drama) 1860; Die Dithmarsen (Histor. Drama) 1861; Ein berühmter Badegast (Lustspiel) 1869.

Köhler, Luise, geb. 27. Okt. 1835 zu Leipzig, gest. 20. Dez. 1904 zu Berlin, wirkte als Sängerin u. Schauspielerin in Arnheim, Berlin, Neuyork u. a.

Köhler, Max Carlo, geb. 22. Jan. 1882 zu Küstrin, gest. 31. Jan. 1942 zu Berlin. Schauspieler u. Sänger.

Koehler, Oskar (Geburtsdatum unbekannt), gest. 12. Juli 1944 zu München, war Schauspieler u. Bühnenbildner des Tegernseer Bauerntheaters in Rosenheim.

Köhler, Sophie, geb. 29. Nov. 1839 zu Bremen, gest. 17. Febr. 1907 zu Weimar, war Schauspielerin u. a. in Straßburg. Hauptrollen: Gora („Medea"), Daja („Nathan der Weise"), Sybilla („Reif-Reiflingen") u. a.

Köhler, Unico, geb. 28. Juni 1831 zu Breslau, gest. 20. Febr. 1899 zu Hamburg, war Theaterkapellmeister in Mainz, Bremen, Kiel, Rostock u. a. Auch Komponist.

Köhler, W. Alexander (Ps. Alexander Charbonnier), geb. 8. Febr. 1885 zu Dresden, gest. 12. Juni 1931 das. Bühnenschriftsteller.
Eigene Werke: Sünde (Drama) 1912; Unverbesserlich (Lustspiel) 1913; Europa in Flammen (Schauspiel) 1915; Mammon (Drama) 1918; Mensch u. Meer (Drama) 1919; Golgotha (Drama) 1920; Skandal (Komödie) 1922; Edom u. Israel (Schauspiel) 1923; Um die Erde rundherum (Posse) 1924; Groteske (Komödie) 1924; Frühlings-Evangelium (Lustspiel) 1925; Der König u. die Nachtigall (Komödie) 1925; Akademische Jugend (Lustspiel) 1926; Das Paradies (Lustspiel) 1927; Der Sonnenwirt (Hörspiel) 1927; Der Graf von Monte Christo (Puppenspiel) 1927; Grenzvolk (Komödie) 1929.

Köhler-Helffrich, Heinrich, geb. 9. Juli 1904 zu Karlsruhe, wandte sich nach Universitätsstudien der Bühne zu, war 1927—29 Regisseur in Mainz, 1929—32 in Saarbrücken, München, Altona, wieder in Mainz, Mannheim, Breslau u. Berlin, 1945 Landes-Kulturreferent, später Intendant in Heidelberg u. organisierte auch die Schwetzinger Festspiele. Zuletzt Staatsintendant in Wiesbaden.

Koehne, Ernst, geb. 13. Dez. 1856 zu Berlin, gest. 14. März 1933 zu Hamburg, einer Kaufmannsfamilie entstammend, gründete mit Franziska Ellmenreich, Robert Nhil u. a. das Schauspielhaus in Hamburg 1900 u. war dessen langjähriger Direktor, zuerst mit Alfred Freih. v. Berger (s. d.) u. seit 1910 allein. 1925 schrieb er „Ein Vierteljahrhundert Deutsches Schauspielhaus in Hamburg."

Koehre, Otto Paul, geb. 12. Okt. 1870 zu Wurzen in Sachsen, wurde Ingenieur, daneben Mitarbeiter an verschiedenen Tageszeitungen, 1894 Redakteur der „Neuen Wurzener Zeitung" u. betätigte sich seit 1896 als freier Schriftsteller. Auch Dramatiker.
Eigene Werke: Stürme (Drama) 1902; Der Demonstrant (Drama) 1904; Kampf u. Liebe (Schauspiel) 1909.

Köhrer, Erich, geb. 1. Juni 1883 zu Aachen, gest. 12. Febr. 1927 zu Berlin, Gründer der Zeitschrift „Das Theater", leitete einige Zeit die Pressestelle der Städt. Oper in Berlin. Bühnenschriftsteller. Gatte der Primaballerina der Berliner Staatsoper Evy Peter.

Eigene Werke: Grabbe (Essay) 1908; Joe Jenkins (Komödie) 1917 (mit Paul Rosenhayn); Grabbes Don Juan u. Faust, bearbeitet 1917.

Kökert, Alexander, geb. 1821 zu Teplitz in Böhmen, gest. 18. Aug. 1869 zu Miltitz bei Leipzig, debütierte in Budweis u. kam über Klagenfurt 1843 nach Dresden, das er schon 1844 wegen nicht genügender Beschäftigung verließ. Breslau u. Prag waren die nächsten Stationen seiner Bühnenlaufbahn, bis er als Charakterspieler u. Held 1846 nach Kassel kam. 1849 ging er nach Hamburg, wo er bis 1855 blieb, wirkte bis 1858 in Frankfurt am Main, hierauf in Leipzig, gab seit 1861 Gastspiele in Dresden, Prag, Hamburg, Bremen, Aachen u. a., nahm dann wieder ein festes Engagement in Mannheim u. 1863 in Petersburg an. Hauptrollen: Hamlet, Faust, Egmont, Wallenstein, Essex, Götz u. a. Vater des Folgenden.

Kökert, Alexander, geb. 1859, gest. 22. Nov. 1926 zu München, begann seine Bühnenlaufbahn als Charakterspieler 1884 in Bochum, wirkte in Leipzig (Carolatheater), Glogau, Oldenburg, Berlin (Deutsches Theater), Wien (Burgtheater), Straßburg, Weimar u. seit 1894 bis zu seinem Tode in Mannheim. Hauptrollen: Wermelskirch („Fuhrmann Henschel"), Wehrhahn („Der Biberpelz"), Prunelles („Cyprienne"), Max („Episode"), Marcellus („Hamlet"), Hahnenfuß („Fiedelhans"), Weidenbaum („Flachsmann als Erzieher") u. a. Sohn des Vorigen.

Kökert, Alexander, geb. 28. Juni 1889, gest. 30. Aug. 1950 zu Berlin, der Familie der Vorigen entstammend, war bis 1945 Schauspieler am dort. Staatstheater.

Kölbel, Victor Moritz, geb. 1810 zu Freiberg in Sachsen, gest. 6. Sept. 1871 zu Leipzig, Sohn eines Stadtrichters, leitete mehrere Jahrzehnte die von A. v. Alvensleben 1831 gegründete Theaterchronik u. Agentur.

Kölla, Nina s. Gned, Nina.

Koelle (geb. Murjahn), Magdalene (Geburtsdatum unbekannt), gest. 30. April 1904 zu Karlsruhe, war 1868—71 Koloratursängerin am dort. Hoftheater.

Köller, Eduard, geb. 29. März 1825 zu Regenwalde in Pommern (Todesdatum unbekannt), Sohn eines Bürgermeisters, studierte in Berlin die Rechte, schloß sich dann einer reisenden Theatergesellschaft an, wurde Bühnendichter u. lebte seit 1850 in Berlin.

Eigene Werke: Vollprecht (Trauerspiel) 1855; Winckelmann (Lebensbild) 1857; Wie es sich treibt (Drama) 1860; Die Gemeinen (Lustspiel) 1865; Prida (Volksschauspiel) 1883.

Köllisch, Hein, geb. 1858 zu Hamburg, gest. 18. April 1901 zu Rom, Sohn eines Schuhwichserzeugers, zuerst Schlosser, durchwanderte Süddeutschland, die Schweiz, Italien u. begeisterte nach seiner Heimkehr mit seinen Liedern, Parodien u. kleinen Theaterstücken im Dialekt ganz Hamburg. Seit 1892 trat er als Sänger an der dort. „Walhalla" auf. 1893 gründete er ein eigenes Unternehmen „Universum" in St. Pauli das.

Literatur: Heinrich *Deiters*, H. Köllisch, der Sänger von St. Pauli (Hamburger Freie Presse Nr. 87) 1951.

Köllner, Hans, geb. 23. Mai 1896 zu Dresden, lebte als Regisseur u. Bühnenschriftsteller in Berlin.

Eigene Werke: Diagramm der Zeit (Theaterstück) 1946; Die wunderschöne Galathee (Musikal. Lustspiel) 1949; Stern von Rio (Revue-Operette) 1949.

Köllner, Ludwig, geb. 1809 zu Berlin (Todesdatum unbekannt), begann seine Bühnenlaufbahn als Chorist am dort. Königstädtischen Theater, kam 1828 nach Breslau, wo er als Ersatz erfolgreich den Komtur im „Don Juan" sang u. bereits 1830 das gesamte Erste Baßfach vertrat. 1832 gastierte er in Braunschweig, 1833 in Hamburg, wirkte dann in Mannheim u. Karlsruhe, 1836 in Amsterdam, seit 1837 in Hannover u. nahm hier, in den letzten Jahren als Schauspieler tätig, 1862 seinen Bühnenabschied. Bedeutend auch als Komiker. Hauptrollen: Bartolo, Sarastro, Rocco, Osmin, Van Bett, Cyprian u. a.

Köln am Rhein verzeichnet, wenn man von den auch anderswo üblichen mittelalterlichen Vorführungen in der Kirche absieht, erst mit einer Schulaufführung eines „Ludus Martius" von Hermannus Schottenius 1526 das Erscheinen eines wirklichen Dramas. An den Laurentianer- u. Montanerbursen fand die lat. Humanistenkomödie eifrige Pflege. Aber auch die Bürger beteiligten sich am Theaterspiel. So wurde 1539 „Homulus oder Der Sünden Loin ist der Toid" des Kölner Buchdruckers Jaspar von Gennep gegeben, in den nächsten Jahrzehnten versuchte man es mit weiteren Stücken. Seit 1592 tauchten Englische Komödianten als erste Berufsschauspieler in K. auf. Am liebsten zeigten sie ihre Kunst zur Zeit der großen Stadtkirmeß, der sog. Freiheit, die im Anschluß an die Prozession der Gottestracht die dritte Woche nach Ostern ausfüllte, u. zw. auf offener Straße. 1648 spielte eine englische Gesellschaft im Ballhaus an der Apostelstraße, 1651 im städtischen Haus Quatermarkt. Niederländische Komödianten, die nach der Mitte des 17. Jahrhunderts oft nach K. kamen, bauten ebenso wie allmählich auftretende deutsche Truppen auf dem Heumarkt ihre Hütte auf. 1699 sind in K. Badische Hofkomödianten nachweisbar, später Polnisch-Sächsische Komödianten u. a. Wandertruppen, darunter 1757 K. Th. Döbbelin (s. d.). 1784 wurde ein steinernes Spielhaus an der Komödienstraße errichtet. In der Zeit der Fremdherrschaft entstand, zumal die Kölner an dem französischen Spielplan des Stadttheaters keinen Gefallen fanden, das bodenständige Hänneschen, das Stücke in rheinischer Mundart zur Aufführung brachte. 1827 bezog die städtische Bühne ein neues Haus, das 1859 ebenso wie 1869 der Ersatzbau abbrannte. 1872 eröffnete ein neues Haus seine Pforten, 1902 daneben ein eigenes Opernhaus. Beide fielen dem Zweiten Weltkrieg zum Opfer. Unter Max Martersteig (s. d.) erlebte das Kölner Theater seine Glanzperiode. Keiner der Direktoren vor u. nach ihm kam dem sowohl als Schauspieler wie als Regisseur, Leiter u. Theaterhistoriker hervorragenden genialen Initiator gleich. S. auch Hänneschen Theater.

Literatur: J. J. *Merlo*, Zur Geschichte des Kölner Theaters im 18. u. 19. Jahrhundert (Annalen des Histor. Vereins für den Niederrhein 50. Heft) 1890; J. *Wolter*, Chronologie des Theaters der Reichsstadt K. (Zeitschrift des Bergischen Geschichtsvereins 32. Bd.) 1896; Albert *Rosenberg*, Die Bühneneinrichtung des neuen Kölner Stadttheaters 1905; M. *Dankler*, Die Kölnische Volksbühne (Welt u. Haus 4. Jahrg.) 1905; E. L. *Stahl*, Das Theaterwesen in K. (Theaterkalender) 1914; Carl *Niessen*, Dramatische Darstellungen in K. von 1526 bis 1700 (Veröffentlichungen des Köln. Geschichts-

vereins) 1917; Otto *Kasten*, Das Theater in K. während der Franzosenzeit (Diss. Köln = Die Schaubühne 2. Bd.) 1927; Carl *Niessen*, Das Kölner Hännschen Theater 1927; Martin *Jacob*, Kölner Theater im 18. Jahrhundert bis zum Ende der reichsstädtischen Zeit (Diss. Köln = Die Schaubühne 21. Bd.) 1938; C. *Niessen*, Die Theaterstadt K. (Theater am Rhein) 1938; Karl *Jacobs*, Beim Kölner Hänneschen (Neues Wiener Tagblatt 7. Mai) 1942; Arnold *Haubrich*, Zur Hundertfünfzigjahrfeier des Kölner Hänneschen (Alt-Köln, Beilage Nr. 13 der Köln. Rundschau Nr. 271) 1952; A. *H.*, Erinnerung u. Mahnung aus dem alten Köln (Köln. Rundschau Nr. 242 a) 1952; ders., SilberJubiläum beim Hänneschen. Spielleiter Karl Funck 25 Jahre bei den Puppenspielen (Ebda. Nr. 174) 1953; agr., Heitere Theaterepisode aus dem alten Köln (Ebda. Nr. 2) 1954.

Kölwel, Gottfried, geb. 16. Okt. 1889 zu Beratzhausen in Bayern, studierte in München, lebte dann als freier Schriftsteller das., später in Gräfelfing bei München u. in Fischbachau u. schrieb u. a. Theaterstücke.

Eigene Werke: Der Hoimann (Schauspiel) 1933; Musikantenkomödie 1935; Franziska Zachez (Schauspiel) 1936.

Kömle, Anton, geb. 16. Mai 1844 zu Wien, gest. 29. Juli 1900 zu Ischl, debütierte 1862 am Theater in Meidling in Wien, wirkte später als Schauspieler in Graz, Odessa, Prag, am Gärtnerplatztheater in München, am Theater an der Wien, 1881—91 am Carltheater in Wien u. hierauf am dort. Raimundtheater. K. trat auch literarisch hervor, u. a. mit einem Buch „Wiener Komiker" 1890. 1892 gehörte er dem Ensemble des Hanswurst-Theaters an, das bei der Internationalen Musik- u. Theaterausstellung in Wien Vorstellungen gab u. mit dem er im darauffolgenden Jahr in allen Hauptstädten Deutschlands u. Österreichs spielte. Hauptrollen: Lorenz („Ihr Korporal"), Bauchinger („Der Lumpenball"), Radlinger („Theatralischer Unsinn") u. a.

Koenen (geb. Leopold), Antonie, geb. 9. Jan. 1824 zu Posen, gest. im Febr. 1914 zu Rom, begann als Jugendliche Liebhaberin ihre Bühnenlaufbahn, ging aber bald ins Fach der Komischen Alten u. Mütter über, wirkte dann u. a. in Halle, Stettin, Köln, Düsseldorf, Mannheim, Nürnberg, Freiburg u.

Heidelberg. Hauptrollen: Hanna („Maria Stuart"), Olivarez („Don Carlos"), Mutter Barbeaud („Die Grille") u. a. Schwester von Marie u. Pauline Leopold, der Gattin des Schauspielers Isoard.

König, Amalie s. König-Häckel, Amalie.

König (geb. Lindner), **Amanda,** geb. 7. Juli 1868 zu Leipzig, gest. 18. April 1951 zu Berlin-Charlottenburg, spielte zuerst Kinderrollen (z. B. Walter Tell), nahm dann Schauspielunterricht, debütierte in Leipzig, kam von da nach Coburg, Meiningen u. 1890 nach Berlin. Hier trat sie vor allem in klassischen, aber auch in Konversationsstücken auf. 1911 Ehrenmitglied des Berliner Hoftheaters. Um die Ausbildung des Bühnennachwuchses bemüht. Hauptrollen: Klärchen, Gretchen, Sappho, Jungfrau von Orleans, Porzia, Julia, Iphigenie, Mirandolina u. a. Gattin von Doktor August König.
Literatur: E. *Vely,* A. Lindner (Bühne u. Welt 3. Jahrg.) 1901; H. *Berg,* A. L. (Reclams Universum 28. Jahrg.) 1911.

König, Anton Leo, geb. 6. Jan. 1816 zu Preßburg, gest. 4. Dez. 1892 zu Frankfurt a. M., war als Sänger u. Schauspieler über 45 Jahre bühnentätig.

König, Eberhard, geb. 18. Juni 1871 zu Grünberg in Schlesien, gest. 26. Dez. 1949 zu Berlin, studierte in Berlin u. Göttingen, war zeitweilig Dramaturg in Berlin u. ließ sich schließlich als freier Schriftsteller in Frohnau in der Mark nieder. Vorwiegend Dramatiker u. Erzähler.
Eigene Werke: Filippo Lippi (Drama) 1899; Gevatter Tod (Drama) 1900; Klytämnestra (Drama) 1901; Herbort u. Hilde (Operndichtung) 1902; König Saul (Drama) 1903; Der Sackpfeifer von Neisse (Operndichtung) 1903; Frühlingsregen (Drama) 1904; Meister Josef (Drama) 1906; Riquet mit dem Schopf (Operndichtung) 1906; Wieland der Schmied (Dramat. Heldengedicht) 1906; Stein (Vaterländ. Festspiel) 1906; Der Waldschratt (Singspiel) 1909; Don Ferrante (Drama) 1910; Alkestis (Drama) 1910; Albrecht der Bär (Festspiel) 1911; Teukros (Drama) 1915; Weihespiel vom Kriege 1916; Dietrich von Bern (Dramat. Trilogie: Sibich — Herrat — Rabenschlacht) 1917—21; Die Soester Fehde (Heimatspiel) 1924; Meister Josef (Drama) 1940; Aurona (Dramat. Legende) 1939—42; Kolonos (Drama) 1943;

Der verlorene Sohn (Dramat. Legende) 1945; Allhaia (Drama) 1946 u. a.
Literatur: H. *Hart,* E. König (Das literar. Echo 1. Jahrg.) 1898—99; Martin *Treblin,* Der Dichter E. K. 1919; Karl *Konrad,* E. K. zum Gruß! (Fortunatus Nr. 10) 1931; Franz *Lüdtke,* E. K. (Ostdeutsche Monatshefte 16. Jahrg.) 1935—36; K. *Konrad,* E. K. (Sudetendeutsche Monatshefte 9. Heft) 1937.

König (geb. Polzer), **Elisabeth,** geb. 1830 zu Wien, gest. 30. März 1882 zu Frankfurt am Main, war viele Jahre in Dresden als Sängerin u. Schauspielerin tätig.

König, Hanns, geb. um 1693 zu München, Sohn von Otto K. (s. d.), war 1912—14 Mitglied der dort. Kammerspiele, nahm dann am Ersten Weltkrieg teil u. wirkte seit 1920 wieder als Schauspieler in München (Lustspielhaus) u. a., zuletzt auch als Oberspielleiter am Stadttheater in Memmingen u. Trier.

König, Hans Walter, geb. 6. März 1894 zu Hildesheim, gest. im Febr. 1945 zu Wilhelmshaven, studierte in Göttingen u. Straßburg Philologie, wandte sich jedoch dann der Bühne zu, die er 1915 in Düsseldorf als Jugendlicher Komiker erstmals betrat, wirkte hierauf in Hannover, Karlsruhe u. 1927—31 in Riga am dort. Deutschen Theater. Gastspiele führten ihn nach Dorpat, Reval, Helsingfors, Libau u. Mitau. Später spielte K. in Nordhausen, Koblenz, Stralsund u. 1939 in Coburg. Zuletzt führte er die Regie am Stadttheater in Wilhelmshaven.

König, Heinrich Joseph, geb. 19. März 1790 zu Fulda, gest. 23. Sept. 1869 zu Wiesbaden, wurde Schreiber, 1832 hessischer Landtagsabgeordneter, 1833 Obergerichtssekretär u. nahm 1847 seinen Abschied. Romanschriftsteller, aber auch Dramatiker.
Eigene Werke: Wyatt (Tragödie) 1818; Ottos Brautfahrt (Schauspiel) 1826; Dramatisches (Der Bischofsritter — Die Stiftung — Womit wir scheiden) 1829; Die Bußfahrt (Trauerspiel) 1836.
Literatur: Julius *Riffert,* H. J. König (A. D. B. 16. Bd.) 1882.

König, Herbert, geb. 1820 zu Dresden, gest. 13. Juni 1876 zu Niederlößnitz bei Dresden, wirkte in Liebhaber- u. Charakterrollen an verschiedenen Bühnen in Österreich, Bayern u. Norddeutschland. K. war auch bekannt als Karikaturenzeichner der Münchner „Fliegenden Blätter".

Koenig, Herbert, geb. 14. Aug. 1920 zu Bonn, war Oberspielleiter, Dramaturg u. Schauspieler, lebte in München als Verfasser von Hörspielen u. Filmstücken.

König, Johann Ulrich (seit 1740) von, geb. 8. Okt. 1688 zu Eßlingen in Schwaben, gest. 14. März 1744 zu Dresden, Sohn eines Ministerialbeamten, studierte in Tübingen u. Heidelberg u. besuchte als Reisebegleiter eines Grafen Brabant u. Hamburg. 1729 Hofrat u. Zeremonienmeister. Vom König von Polen geadelt. Typischer Hofdichter des Barockzeitalters, vor allem um die Bühne bemüht.
Eigene Werke: Die gekrönte Würdigkeit (Serenata, Musik von Keiser) 1711; Die Österreichische Großmut oder Carolus V. (Musikal. Schauspiel) 1712; Die wiederhergestellte Ruhe oder Die gekrönte Tapferkeit des Heraclius (Singspiel) 1712; Theatralische, geistliche, vermischte u. galante Gedichte 1713; L'inganno fedele oder Der getreue Betrug (Schäferspiel) 1714; Die gekrönte Tugend (Musikal. Schauspiel, Musik von Keiser) 1715; Die römische Großmut oder Calpurnia (Musikal. Schauspiel) 1716; Die durch Verachtung erlangte Gegenliebe oder Zoroaster (Schauspiel) 1717; Die getreue Alceste (Oper) 1719; Heinrich der Vogler (Singspiel) 1719; Rhea Sylvia (Singspiel) 1720; Der geduldige Socrates (Musikal. Lustspiel) 1721; Cadmus (Musikal. Schauspiel) 1725; Regulus (Trauerspiel aus dem Französischen des Pardon) 1725; Die verkehrte Welt (Lustspiel) 1725; Sancio oder Die siegende Großmut (Singspiel) 1727 u. a.
Literatur: Erich *Schmidt,* J. U. v. König (A. D. B. 16. Bd.) 1882; M. *Rosenmüller,* J. U. K. 1896; M. *Zobel* v. *Zobeltitz,* Die Ästhetik des Dresdner Hofpoeten (Dresdner Geschichtsblätter 30. Jahrg.) 1932.

König, Josef, geb. 1876, gest. 26. Febr. 1938 zu Wien, Gesangskomiker, wirkte am Deutschen Volkstheater u. später lange Zeit am Apollotheater in Wien.
Literatur: Julius *Stern,* Der Gesangskomiker J. König (Volkszeitung, Wien 6. März) 1938.

König, Karl, geb. 14. Aug. 1882 zu München, gest. 5. Okt. 1938 das., war 1905—25 Sänger u. Schauspieler am Gärtnerplatztheater in München (mit Unterbrechung).

König, Otto, geb. 2. Febr. 1862 zu Hannover, gest. 25. Jan. 1946 zu Starnberg bei München, Sohn eines Kammermusikers, von August Grube (s. d.) für die Bühne ausgebildet, begann seine Schauspielerlaufbahn 1881 am Hoftheater seiner Vaterstadt, wirkte dann in Halle, Breslau, Potsdam, Krefeld, Hanau, Stuttgart, St. Gallen, Regensburg, Augsburg u. übernahm 1889 das Fach der Humoristischen u. Ernsten Väter am Hoftheater in München, hier bis zu seinem Bühnenabschied 1930 bleibend. Begründer der Schauspielschule König das. Vater von Hanns K. (s. d.). Hauptrollen: Odoardo, Just, Buttler, Squenz, Frosch u. a.

König, Sigmund, geb. 14. April 1846 zu Wien, gest. 28. Mai 1881 zu Frankfurt am Main, begann zum Bariton ausgebildet, seine Laufbahn 1871 in Preßburg als Graf Luna im „Troubadour", wirkte dann in Olmütz, wurde 1873 ans Hoftheater in München berufen u. erzielte mit seinen Glanzrollen als Nelusko in der „Afrikanerin" u. als Jäger im „Nachtlager von Granada" größten Beifall. Um sich zum Tenor umzubilden, ging er auf Kosten des Königs von Bayern nach Karlsruhe, kehrte hierauf nach München zurück u. sang neben Nachbaur u. Vogl erste Tenorrollen (Faust, Max u. a.), war 1877 in Basel u. später in Hamburg tätig, wo er als Florestan, Siegmund, Lohengrin, Faust u. a. Triumphe feierte. Zuletzt Mitglied der Oper in Frankfurt a. M.
Literatur: Julius *Meixner,* S. König (Almanach der Genossenschaft deutscher Bühnen-Angehöriger, herausg. von Gettke 10. Jahrg.) 1882; *Eisenberg,* S. K. (Biogr. Lexikon) 1903.

König, Sophie, s. Schütz, Sophie.

König, Sophie, geb. in Budapest, betrat bereits mit fünfzehn Jahren die Bühne in Wien, wirkte dann am Friedrich-Wilhelmstädtischen Theater in Berlin, am Theater an der Wien in Wien (in Vertretung der Gallmeyer), hierauf in Dresden, Leipzig u. seit 1881 in Frankfurt a. M., wo sie infolge ihrer Vielseitigkeit in allen Fächern Verwendung fand, als Opernsängerin, Soubrette, Schauspielerin, in klassischen Komödien, Possen u. Schwänken. 1894 ging sie gänzlich zum Schauspiel über u. übernahm gleichzeitig das Fach Komischer Alten. 1931 trat sie in den Ruhestand. Hauptrollen: Eurydice („Orpheus in der Unterwelt"), Papagena

(„Die Zauberflöte"), Nandl („Das Versprechen hinter'm Herd") u. a.
Literatur: Adolph *Kohut,* S. König (Die größten u. bedeutendsten deutschen Soubretten des 19. Jahrhunderts) 1890; *Eisenberg,* S. K. (Biogr. Lexikon) 1903.

König Ottokars Glück und Ende, Trauerspiel von Franz Grillparzer in fünf Aufzügen, 1823 in der Handschrift beendet. Uraufführung im Burgtheater 1825. Die Tragödie, in der sich der Dichter erstmals nicht mehr sagenhaften Stoffen, sondern einem geschichtlichen zuwendet u. eine große Idee auf weltgeschichtlichem Hintergrund entwickelt, soll zeigen, wie eine beginnende europäische Großmacht, das Reich des Przemysliden Ottokar stürzt u. den übermütigen Despoten unter ihren Trümmern begräbt. Dieses speziell österreichische Stück war aus einer Geschichtsauffassung geboren, die ein Österreich ohne Deutschland, ohne den mächtigen Rückhalt des in Rudolf von Habsburg verkörperten Römischen Reiches für undenkbar hielt, eher das Gegenteil. Man sah, wie der beste Grillparzer-Kenner August Sauer bemerkt, Ottokar u. Rudolf, Margarete u. Kunigunde entsprechend dem Standpunkt der damaligen Geschichtsschreibung, aber man glaubte zugleich die Geschichte der jüngsten Vergangenheit zu sehen, deren gleichartige Grundzüge in dem Wachsen u. dem Untergang des Böhmenkönigs vorgebildet schienen. Der absoluten Despotie, die auf Gewalt gegründet nicht einmal das eigene Haus rein erhalten kann, folgt der Zusammenbruch und, nachdem er sich noch einmal aufgerafft hat, seine völlige Vernichtung. Aber obwohl das Drama ein Trauerspiel ist, läßt es am Ende weder Melancholie noch Pessimismus Raum, freudige Weltbejahung grüßt uns aus dem Werk entgegen. Ottokar, der Sonnenkönig, fällt, aber die habsburgische Dynastie wird begründet, Wien strebt zur Reichshaupt- u. Residenzstadt empor. In Rudolf von Habsburg hat der Dichter vielfach den Erzherzog Karl, den Sieger von Aspern, gezeichnet. Die Gestalt des Haupthelden aber erinnert mehr als einmal an Grillparzers größten Zeitgenossen, an Napoleon. In des Dichters Selbstbiographie lesen wir darüber: „Das Schicksal Napoleons war damals neu u. in jedermanns Gedächtnis. Ich hatte mit beinahe ausschließlicher Begierde alles gelesen, was über den außerordentlichen Mann von ihm selbst u. von anderen geschrieben worden war. Es tat mir leid, daß das weite Auseinanderliegen der entscheidenden Momente nicht allein für jetzt, sondern wohl auch für die Zukunft eine poetische Behandlung dieser Ereignisse unmöglich macht. Indem ich, von diesen Eindrücken voll, meine sonstigen historischen Erinnerungen durchmusterte, fiel mir eine, wohl entfernte Ähnlichkeit mit dem Böhmenkönige Ottokar II. in die Augen. Beide, wenn auch in ungeheurem Abstande, tatkräftige Männer, Eroberer, ohne eigentliche Bösartigkeit, durch die Umstände zur Härte, wohl gar Tyrannei fortgetrieben, nach vieljährigem Glück dasselbe traurige Ende, zuletzt der traurige Umstand, daß den Wendepunkt von beider Schicksal die Trennung ihrer ersten Ehe u. eine zweite Heirat gebildet hat. Wenn nun zugleich aus dem Untergange Ottokars die Gründung der habsburgischen Dynastie in Österreich hervorging, so war das für den österreichischen Dichter eine unbezahlbare Gottesgabe. Es war also nicht Napoleons Schicksal, das ich in Ottokar schildern wollte, aber schon eine entfernte Ähnlichkeit begeisterte mich." Grillparzer hat trotzdem mehr von Napoleon übernommen, als er sich selbst eingestehen will. Ottokar wünscht auf der Höhe seiner Macht gleich dem großen Korsen einen Sohn. Auch der Böhmenkönig verschenkt die Staaten der Feinde seines Bundesgenossen in hochmütiger Großmut, auch er verliert die letzte Schlacht, da ein Teil seiner Getreuen abfällt, auch er sitzt endlich wie ein Bettler vor der Tür. „Wenn ich ihm etwas Zerfahrenes u. Wachstubenmäßiges gegeben habe", schreibt Grillparzer, „so war es, weil mir der Kaiser Napoleon vorschwebte".

Literatur: Alfred *Klaar,* König Ottokars Glück u. Ende. Eine Untersuchung über die Quellen der Grillparzerschen Tragödie 1885; Jakob *Zeidler,* Ein Zensurexemplar von Grillparzers König Ottokars Glück u. Ende (Ein Wiener Stammbuch) 1898; Kurt *Vancsa,* Das Leitmotiv bei Grillparzer = K. O. G. u. E. (Archiv 162. Bd.) 1932; Berta *Rauch,* Das österr. Staatsproblem in Grillparzers Dramen (Diss. Erlangen) 1945; Emil *Staiger,* K. O. G. u. E. (Trivium 4. Jahrg.) 1946.

König und Bauer, Lustspiel in drei Aufzügen von Friedrich Halm (nach dem Spanischen des Lope de Vega) 1839. Uraufführung im Burgtheater 1841. Grillparzer schätzte das Original außerordentlich hoch u. erkannte auch den Wert der Arbeit von Halm, der den Bedürfnissen der Zeit u. des heutigen Theaters entsprechend manches modifizieren mußte u. mehreren Personen andere Namen gab, durchaus an. Der König von Frankreich lernt auf einer Jagd unerkannt einen reichen Bauer kennen, der sich in seinem Bereich selbst als König fühlt, aber bereit ist, seinem Landesherrn das größte Opfer zu bringen. Dieser stellt ihn auf die Probe. Der Bauer besteht sie u. wird nun fürstlich belohnt. Grillparzer rühmt die Mannigfaltigkeit, die Lope in die Charaktere u. in den gegen dessen sonstige Gewohnheit etwas doktrinären Stoff hineinzubringen wußte u. bemerkt zum Schluß: „Was dabei vorfällt, der Gesang, der Tanz, die gesellschaftlichen Spiele, das alles ist so mannigfaltig u. wahr, daß man seiner Bewunderung kein Ende findet. Ich wollte, Lessing hätte Calderon u. Lope de Vega gekannt, er hätte vielleicht gefunden, daß ein Mittelweg zwischen beiden dem deutschen Geiste näher stehe als der gar zu riesenhafte Shakespeare". Das Stück hatte 1841 einen glänzenden Erfolg, gehört zum eisernen Bestand des Burgtheater-Spielplans u. wurde 1935 anläßlich des Lope-de-Vega-Jubiläums unter rauschendem Beifall wiederholt gegeben.

Literatur: H. *Schneider*, Halm u. das spanische Drama 1909.

König-Häckel, Amalie, geb. 24. Mai 1853 zu Marienbad in Böhmen, gest. 30. Juli 1923 zu Karlsruhe, war Erste Operettensoubrette am American-Theater in Berlin, später Mütter-Darstellerin u. a. am Stadttheater in Krefeld. Hauptrollen: Ulrike („Pension Schöller"), Millerin („Kabale u. Liebe"), Mutter („Glaube u. Heimat") u. a.

Königin von Saba, Die, Oper in vier Akten von Karl Goldmark. Text nach der Bibel von S. H. Mosenthal. Uraufführung 1875 in der Wiener Hofoper. Den biblischen, von der Legende ausgeschmückten Stoff behandelte schon Ch. F. Gounod (1862). Die Liebestragödie zwischen Assad, Sulamit u. der beim König Salomo zu Besuch weilenden Königin von Saba endet, indem jener in der Wüste mit dem Leben büßt. Das Stück gilt als Goldmarks bestes Werk. Die Glut u. Farbenpracht der üppigen Tonsprache, das schwermütige Pathos u. das echt orientalische Kolorit trugen wesentlich zu seinem Erfolg bei.

Königk-Tollert, Alexander Franz Napoleon von s. Lysarch-Königk, Alexander Franz Napoleon von.

Königsberg. Das Theater der ehemals preußischen Stadt hatte eine alte Tradition. Der Hamburger Dramatiker Johann Rist berichtet, daß 1646 Andreas Gärtner mit Königsberger Studenten in die Hansestadt gekommen sei u. außerordentlichen Beifall gefunden habe. Umgekehrt brachte Carl Theophil Döbbelin (s. d.) 1767 den Hamburger Spielplan nach K., nachdem Konrad Ackermann (s. d.) noch vor Ausbruch des Siebenjährigen Krieges ein eigenes Schauspielhaus das. errichtet hatte. Später setzte sich die Nachkommenschaft der Schuchschen Truppe fest, sie vererbte das Theater 1787 auf eine Enkelin des alten Stammherrn Franz Schuch, die so beliebt war, daß die Bevölkerung, als 1797 das Schauspielhaus abbrannte, es ihr ermöglichte, 1800 ein neues Haus zu eröffnen. 1815 finden wir August v. Kotzebue als Theaterdirektor in K. Ein Jahrhundert später nahm der Gedanke an ein zweites Theater in K. greifbare Gestalt an. 1910 wurde das „Neue Schauspielhaus" eröffnet. Moderne Stücke, mit dem Naturalismus beginnend, fanden hier ihre Heimstatt. Berühmte Gäste wie Agnes Sorma, Hermine Körner, Tilla Durieux, Gertrud Eysoldt, Alexander Moissi, Paul Wegener waren um Aufschwung u. Geltung der jungen Bühne bemüht. 1915—19 leitete sie Leopold Jessner u. brachte sie zu großer Blüte. 1927 bezog sie ein eigenes prächtiges Haus, das mit dem Stadttheater im Zweiten Weltkrieg sein tragisches Ende fand.

Literatur: Johann Friedrich *Lanson,* Über die Döbbelinsche Schauspielergesellschaft 1769; Königsberger Theaterblatt 1815—26; E. A. *Hagen,* Geschichte des Theaters in Preußen, vornehmlich der Bühnen in Königsberg u. Danzig von ihren Anfängen bis zu den Gastspielen L. Devrients 1854; Arthur *Woltersdorff,* Geschichte des Königsberger Theaters 1856; E. *Moser,* Königsberger Theatergeschichte 1902; F. *Deibel,* Aus Königsberger Theatergeschichte (Königsberger Allg. Zeitung Nr. 571—575) 1909; Hans *Landsberg,* Zur Geschichte des Königsberger Theaters (Die Deutsche Bühne 1. Jahrg.) 1909; G. *Wyneken,* Aus Königsberger Theatergeschichte (Königsberger Allg. Zeitung Nr. 585, 587, 599, 611) 1909 u. (Ebda. Nr. 15, 17, 62) 1910; Ludwig *Goldstein,* Das neue Schauspielhaus K. 1927; Ida *Peper,* Das Theater in Königsberg 1750—1811 (Diss. Königsberg) 1928; E. Kurt *Fischer,* Königsberger Hartungsche Dramaturgie. 150 Jahre Theaterkultur im Spiegel der Kritik 1932; Erhard *Roß*, Geschichte des Königsberger Theaters (Diss. Königsberg) 1935.

Königsberg, Alfred, geb. 1. Sept. 1829 zu Brünn, gest. 13. April 1895 zu Wien, studierte das. (Doktor der Rechte), war hier kurze Zeit Advokat u. später freier Schriftsteller. Dramatiker.
Eigene Werke: Deutsche Kämpfe (Drama) 1862; Manlius (Trauerspiel) 1864; Der Sekretär des Generals von Tauentzien (Lustspiel) 1866.

Königsberger, Josef, geb. 24. Jan. 1879 zu Krakau, lebte in Berlin als Operettenkomponist („Der Glückspilz", „Spielzeug Ihrer Majestät", „Kean" u. a.).

Königsbrunn-Schaup, Franz von s. Schaup, Franz Xaver Joseph von.

Königskinder, Musikmärchen in drei Akten von Engelbert Humperdinck, Text von Ernst Rosmer. Uraufführung in der Urfassung als Melodram 1897 am Hoftheater in München, in der Opernfassung 1910 an der Metropolitan-Oper in Neuyork. Der frei erfundene Stoff mit den typischen Märchengestalten (Königssohn, Gänsemagd, Hexe, Spielmann, Besenbinder) verwertet alte Motive u. bekundet gleichwohl Eigenart. Tiefsinnige Symbolik hebt ihn aus der traditionellen Sphäre hinaus. Der nach hohen Zielen strebende Mensch geht an der materialistischen Welt zugrunde. Nur die einfältige Kinderseele vermag das Reich, das nicht von dieser Welt ist, zu ahnen. Dem lyrisch-elegischen Grundton des Ganzen entspricht die Musik.
Literatur: Rudolf *Kloiber*, Königskinder (Taschenbuch der Oper) 1952.

Königsleutnant, lieutenant du roi, unter den Bourbonen der Stellvertreter des Königs, u. a. im Kriegsfall mit der obersten Polizeigewalt im besetzten Gebiet betraut. Am bekanntesten wurde der „Königsleutnant" François de Theas Thoranc (seit 1762 Reichsgraf), bekannt als Graf Thoranc, der während des Siebenjährigen Krieges seinen Sitz in Frankfurt a. M. hatte u. im Elternhaus Goethes wohnte. Von ihm (fälschlich Thorane genannt) berichtet „Dichtung u. Wahrheit". Gutzkow (s. d.) machte ihn 1849 zum Helden eines Lustspiels „Der Königsleutnant". Uraufführung in Frankfurt a. M. 1849. Die Charakteristik der Personen stimmt

nur teilweise mit „Dichtung u. Wahrheit" überein. Die Liebesaffäre ist frei erfunden. Jakob Hans Lußberger (s. d.), der dem Stück durch eine gründliche Bearbeitung zu Bühnenerfolg verhalf, Bogumil Dawison (s. d.) u. Friedrich Haase (s. d.) spielten die Rolle des Thorane (so heißt er auch bei Gutzkow) mit Vorliebe.

Königsmarck, Marie Aurora Gräfin von, geb. 8. Mai 1662 zu Stade, gest. 16. Febr. 1728 zu Quedlinburg, berühmt durch Schönheit u. Bildung, zeitweilig Geliebte des Königs August des Starken, Mutter des Marschalls Moriz von Sachsen u. seit 1700 Pröpstin des Reichsstiftes Quedlinburg, verfaßte Schauspiele u. Gedichte in französischer u. deutscher Sprache, so ein Schauspiel von den drei Töchtern des Kekrops.

Königstein, Louise, geb. 17. März 1867 zu Wien, gest. 1944 das., Tochter des Generalintendanten Friedrich v. Ehrenstein, wurde von der Sängerin Pauline Lucca ermuntert, die Bühnenlaufbahn zu betreten, von Frau Niklas-Kempner für die Oper ausgebildet, kam 1888 ans Hoftheater in Berlin, aber schon 1889 zurück nach Wien, wo sie bis 1901 in ersten Rollen (Elisabeth, Elsa, Senta, Leonore, Margarethe, Afrikanerin u. a.) an der Hofoper wirkte. Kammersängerin. Auch in Italien, Spanien u. Südamerika fand sie großen Beifall. Zuletzt betätigte sie sich als Gesangspädagogin in Wien. Gattin des Musikschriftstellers J. R. Königstein.
Literatur: Eisenberg; L. v. Ehrenstein (Biogr. Lexikon) 1903.

Königswarter, Margarethe, Baronin, geb. 13. Sept. 1869 zu Berlin, gest. 3. Febr. 1942, Tochter der Schauspielerin Clara Schüler, Adoptivkind von Ernst Formes (s. d.), trat unter dessen Namen 1886 als Naive am Thaliatheater in Hamburg auf, wirkte 1889 am Burgtheater u. später am Stadttheater in Frankfurt a. M. Seit 1890 Gattin eines Barons Königswarter. Hauptrollen: Blanche („Furcht vor der Freude"), Jolanthe („Die Schachpartie"), Martha („Der letzte Brief") u. a.

Koennecke, Fritz, geb. 19. Juni 1876 zu Neuyork, Sohn deutscher Eltern, kam sechzehnjährig nach München, war zuerst kaufmännisch tätig, wandte sich jedoch als Schüler von Rheinberger, Thuille u. a. der Musik zu. Komponist von Bühnenstücken.
Eigene Werke: Cagliostro (Oper) 1907 (Text von Albert Sexauer); Shakespeares

Sturm (neubearbeitet) 1909; Der fahrende Schüler im Paradeis (Fastnachtsspiel nach Hans Sachs) 1913; Rokoko (Schäferspiel) 1915; Magdalena (Oper) 1919 (Text von H. H. Hinzelmann) u. a.
Literatur: Riemann, F. Koennecke (Musik-Lexikon 11. Aufl.) 1929.

Könnemann, Arthur (Ps. Rudolf Neustein), geb. 12. März 1861 zu Baden-Baden, gest. 1934, Sohn des Baden-Badener Kurorchesterdirektors Miloslav K., humanistisch gebildet, wurde u. a. von seinem Vater musikalisch unterrichtet u. wirkte dann als Kapellmeister an den Stadttheatern in Brandenburg, Paderborn, Greifswald, Osnabrück, Wesel, Münster u. später als Direktor der Musikbildungsanstalt in Mährisch - Ostrau. Musikdramatiker.
Eigene Werke: Gawrillo 1882; Der Bravo 1886; Vineta 1888; Rascher zum Ziel 1892; Die versunkene Stadt 1895; Der tolle Eberstein 1897; Die Madonna mit dem Mantel 1909.
Literatur: Riemann, A. Könnemann (Musik-Lexikon 11. Aufl.) 1929.

Köpenick s. Hauptmann von Köpenick.

Köppe, Gottlieb (Geburtsdatum unbekannt), gest. 1771 zu Erfurt, war seit 1755 bei der Schuchschen Gesellschaft als Schauspieler tätig, wirkte 1760—61 in Brünn, 1763 in Leipzig, hierauf abermals bei Schuch u. führte seit 1770 als Prinzipal eine eigene Gesellschaft in Augsburg, Köln u. Düsseldorf, wo er sie auflösen mußte.

Koeppen, Arnold (Ps. Hermann Arno), geb. 18. April 1875 zu Brandenburg an der Havel, gest. 12. Febr. 1940 zu Berlin, Sohn eines Hauptlehrers, war 1895 bis 1897 Lehrer in Ziesar, dann Bürgerschullehrer in seiner Vaterstadt, seit 1903 Konrektor in Pyritz u. ließ sich zuletzt in Berlin nieder. Vorwiegend Dramatiker u. Erzähler.
Eigene Werke: Die Kraft des Glaubens (Schauspiel) 1898; Germania (Festspiel) 1900; Das Heimatfest (Schauspiel) 1914; Eleonore Prohaska (Schauspiel) 1919; Dornröschen (Singspiel) 1926; Der kleine Seydlitz (Lustspiel) 1927; Die Theatergemeinde 1929; Zwischen zwei goldenen Stühlen (Lustspiel) 1933; Das Schwedter Hoftheater 1936.

Koeppke, Margarete, geb. 5. Febr. 1902 zu Düsseldorf, gest. 16. Sept. 1930 zu Wien (durch Selbstmord), Tochter eines Rhein-

schiffers, an der Dumontschule in Düsseldorf ausgebildet, begann ihre Bühnenlaufbahn in Zürich, ging dann nach Berlin u. wirkte als bedeutende Schauspielerin im Fache der Naiven u. Jugendlichen Liebhaberinnen in Wien, zuerst am Raimundtheater u. später am Deutschen Volkstheater unter der Direktion Beer. Ihre Gipfelleistung war Catherine in Georg Kaisers „Oktobertag".

Körber, Henriette s. Wasowicz, Henriette.

Körber, Hildegard (Hilde), geb. 3. Juli 1906 zu Wien, besuchte die dort. Akademie für darstellende Kunst u. Musik, war dann Schauspielerin in Berlin, 1928—29 in München (Schauspielhaus), ihre bedeutendste Rolle hier „Lulu" in Otto Falckenbergs Inszenierung des Dramas von Wedekind. 1946—53 Mitglied der Stadtverordnetenversammlung in Berlin. Auch literarisch trat sie hervor. Weitere Hauptrollen: Lady Macbeth, Sappho, Agnes Bernauer u. a.
Eigene Werke: Umwege, Irrwege, Auswege 1941; Du meine Welt 1946; Kindheit u. Jugend der Gegenwart 1948.
Literatur: H. E. *Weinschenk,* H. Körber (Wir von Bühne u. Film) 1939.

Körber, Paul, geb. 20. Jan. 1876 zu Bleicherode am Harz, gest. 1. April 1943 zu Waldshut, Sohn eines Schuhmachermeisters, war Dentist in Freiburg im Brsg., Elberfeld, Bonndorf u. schließlich in Waldshut. Heimaterzähler, Dialektdichter u. Verfasser von Theaterstücken.
Eigene Werke: Jägersleut (Drama) 1906; Der Herrenbur (Volksstück) 1908; Mutter Agnes (Soz. Einakter) 1909; Alles durch Liebe (Schauspiel) 1912; Sein Sohn (Schauspiel) 1912; Meister Hartkopf (Volksstück) 1913; Der neue Knecht (Volksstück) 1913; Der große Lug (Drama) 1913; Puppenliesel (Singspiel) 1918; Im Gasthaus zum Posthörnle (Volksstück) 1925; Die Heiratsanzeig' (Volksstück) 1925; Der Ritter von Balm (Histor. Schauspiel) 1926; Kolumban Kayser (Freilichtspiel) 1934; Salpeter (dass.) 1935; Die Glaserbürin (dass.) 1938.

Körner, Alice, geb. 9. Juli 1895 zu Karlsruhe, gest. 22. April 1941 das. als Schauspielerin u. Vortragsmeisterin.

Körner, Asta s. Träger, Asta.

Körner, Gustav, geb. 20. Sept. 1850 zu Leipzig (Todesdatum unbekannt), Sohn eines

Buchhändlers, humanistisch gebildet, folgte dem väterlichen Berufe u. wurde außerdem Redakteur. Dramatiker.

Eigene Werke: Armin (Histor. Drama) 1875; Luise, Königin von Preußen (Histor. Schauspiel) 1888; Keine Rose ohne Dornen (Lustspiel) 1890; Er ist angekommen (Lustspiel) 1890; Wieland der Schmied (Schauspiel) 1891; Aus Weimars schönen Tagen. Bei Schiller u. Goethe in Weimar (Lustspiel) 1892; Sabbatai, der Juden Messias (Trauerspiel) 1893.

Körner, Hans s. Meunier, Willi.

Körner, Hermine s. Stader, Hermine.

Körner, Johann, geb. 1743 zu Prag (Todesdatum unbekannt), war Schauspieler in seiner Vaterstadt, vorwiegend in niedrigkomischen Rollen. Gatte der Schauspielerin Sophie K.

Koerner, Johannes, geb. 22. Juli 1858 zu Berlin, gest. 11. Mai 1935 das., betrat 1879 in Halle die Bühne, war dann 1880—82 Charakterdarsteller in Breslau (Lobetheater), 1882—87 in Köln, hierauf in Bremen, Leipzig, Hamburg (Thaliatheater), München (Schauspielhaus u. Gärtnerplatztheater), wieder in Köln u. 1908—09 am Residenztheater in Berlin. 1898 wirkte er auch an den Düsseldorfer Mustergastspielen mit. Hauptrollen: Buttler, Narziß, Shylock, Marinelli, Flachsmann, Wehrhahn u. a. Mitbegründer u. seit 1910 Leiter der Rechtsschutzstelle für Deutsche Bühnenangehörige.

Körner, Julius, geb. 9. Febr. 1793 zu Baiersdorf bei Werdau in Sachsen, gest. 1873 zu Schneeberg, war seit 1816 Diakonus u. später Archidiakonus das. Auch Dramatiker.

Eigene Werke: Niobe (Trauerspiel) 1819; Agnes Bernauer (Trauerspiel) 1820; Die beiden Bräute (Trauerspiel) 1823; Shakespeares sämtl. Werke in einem Band 1838 (mit anderen übersetzt u. herausgegeben).

Körner, Lotte, geb. zu Beginn des 20. Jahrhunderts zu Breslau, wurde hier für die Bühne ausgebildet u. betrat diese erstmals in ihrer Vaterstadt, kam dann als Sentimentale u. Jugendliche Heldin 1923 nach Eisenach, 1925 als Salondame u. Charakterdarstellerin nach Heidelberg, 1926 nach Halle u. 1928 nach Berlin (Kunstbühne, Berliner Theater u. a., zuletzt Kleines Schauspiel u. Veranstaltungsring für West-

berlin). Hauptrollen: Penthesilea, Maria Magdalene, Julia, Hedda Gabler, Elga u. a.

Körner, Ludwig, geb. 22. Dez. 1890 zu Duisburg-Großenbaum, betrat 1912 die Bühne am Stadttheater in Memel u. kam über verschiedene kleinere Bühnen als Erster Held u. Charakterliebhaber nach Breslau, hierauf ans Deutsche Theater in Berlin, übernahm dann die Direktion des Josefstädtertheaters in Wien u. später das dort. Modernen Theaters. Auch im Burgtheater war er als Spielleiter tätig. 1928 kehrte er nach Berlin zurück, zuerst als Mitdirektor des Theaters in der Königgrätzerstraße, des Komödienhauses am Schiffbauerdamm u. des Deutschen Künstlertheaters. Seit 1939 Präsident der Reichstheaterkammer. Verfasser des Bühnenwerkes „Winnetou" (nach Karl May), das seit 1952 im Felsenfreilichttheater (Bad Segeberg) zur Aufführung gelangte.

Körner, Paul, geb. 6. Jan. 1863 zu Darkehmen in Ostpreußen, gest. 5. Juli 1900 zu Straßburg im Elsaß, war Bonvivant am dort. Stadttheater, vorher Jugendlicher Held in Elbing u. Danzig.

Literatur: Albert *Borée,* P. Körner (Neuer Theater-Almanach 12. Jahrg.) 1901.

Körner, Paul, geb. 11. Febr. 1880 zu Berlin, gest. 1918 (im Ersten Weltkrieg gefallen), war Schauspieler an verschiedenen Bühnen in Berlin u. a. am Wilhelmstädtischen Theater, zuletzt am Lustspielhaus. Hauptrollen: Dönhoff („Leutnantsmündel"), Fritz („Die grüne Neune"), Kleist („Der Registrator auf Reisen") u. a.

Körner, Rudolf (Ps. Liberat Korn), geb. 17. Dez. 1904 zu Marburg an der Drau, lebte als Redakteur in Graz. Dramatiker.

Eigene Werke: Drei Regenbogen (Schauspiel) 1940; Das Auge der Flora (Komödie) 1941; Seil zwischen Wolken (Schauspiel) 1946; Glühende Gleise (Komödie) 1947 u. a.

Körner, Sophie, geb. 1751 (Todesdatum unbekannt), begann 1769 ihre Bühnenlaufbahn u. war eine vielgerühmte Schauspielerin u. a. in Prag (1783 ff.). Gattin des Schauspielers Johann K.

Körner, Theodor, geb. 23. Sept. 1791 zu Dresden, gest. 26. Aug. 1813 im Gefecht bei Gadebusch u. in der Nähe des Dorfes Wöbbelin beerdigt (unter der später sog. Körner-Eiche), Sohn des mit Schiller befreundeten

Oberappellationsgerichtsrats Christian Gottfried K., studierte in Freiburg (an der Bergakademie beim Geologen Werner) u. in Leipzig (die Rechte), Landsmannschafter, schließlich in Berlin (Geschichte u. Philosophie). In Wien von Wilhelm v. Humboldt, Friedrich Schlegel u. Adam Müller in die Gesellschaft eingeführt (Bekanntschaft u. a. mit Eichendorff), seit 1812 Burgtheaterdichter, mit der Schauspielerin Toni Adamberger (s. d.) verlobt, 1813 Lützower Jäger (Lützows Adjutant s. Lützow). Bedeutender Befreiungslyriker. Seine rhetorischen, an Schiller geschulten Tragödien u. seine Lustspiele in Alexandrinern wurden seinerzeit wiederholt aufgeführt. Goethe schätzte sie u. bevorzugte sie bei Festlegung des Spielplans am Weimarer Hoftheater. Auch in Dramen tritt uns Körners Gestalt entgegen. *Eigene Werke:* Sämtl. Werke (darin die Dramen: Die Sühne — Zriny — Rosamunde — Toni — Hedwig — Joseph Heyderich — Die Braut — Der grüne Domino — Der Nachtwächter — Der Vetter aus Bremen — Die Gouvernante — Der vierjährige Posten — Das Fischermädchen — Die Bergknappen — Alfred der Große — Der Kampf mit dem Drachen), herausg. von Karl Streckfuß 1834; Werke, herausg. von Augusta Weldler-Steinberg (Bongs Klassiker-Bibliothek) 1908. *Behandlung:* Friedrich *Förster*, Die Körnereiche 1815; Adolf v. *Schaden*, Körners Tod (Dramat. Gedicht) 1817; Georg *Zimmermann*, Th. K. (Geschichts-Schauspiel) 1863; Robert *Rösler*, Th. K. in Leipzig (Dramat. Szene) 1865; Luise *Otto*, Th. K. (Operntext) 1867; Wendelin *Weißheimer*, Th. K. (Oper) 1872; Adolf *Calmberg*, Th. K. (früher: Leyer u. Schwert, Schauspiel) um 1877; Friedrich *Poths-Wegner*, Th. K. (Drama) 1909; A. *Keiser*, Th. K. (Musikal. Schauspiel) 1912; Ottomar *Enking*, Th. Körners Flucht aus Leipzig (Drama) 1913; Ernst *Steffen* u. Paul *Knepler*, Die Toni aus Wien (Singspiel) 1931; Paul *Beyer*, Geist der Freiheit (Drama) 1933; Erich *Gower*, Th. K. (Spiel) 1934; Hans *Reh*, Aufbruch 1813 (Drama) 1934; Wilhelm *Zentner*, Die Stunde ruft (Schauspiel) 1938. *Literatur:* H. *Bischoff*, Körners Zriny u. Körner als Dramatiker 1891; G. *Feierfeil*, Die Verlobung in St. Domingo von H. v. Kleist u. Th. Körners Toni (Progr. Braunau) 1892; H. K. v. *Schaden*, Th. K. u. seine Braut 1896; Hans *Zimmer*, Th. K. u. die Wiener Bühnen (Bühne u. Welt 1. Jahrg.) 1898; G. E. *Reinhard*, Schillers Einfluß auf Th. K. (Diss. Leipzig) 1899; E. *Zeiner*, K. als Dramatiker (Progr. Stockerau) 1900; J. *Strucker*,

Beiträge zur krit. Würdigung der dramat. Dichtungen Körners 1910; Karl *Berger*, Th. K. 1912; Eugen *Isolani*, Körners Zriny (Die Deutsche Bühne 4. Jahrg.) 1912; H. *Zimmer*, Th. Körners Braut (Lebens- u. Charakterbild) 1918; G. G., K. als Textdichter (Sudetendeutsche Monatshefte Nr. 9) 1937; Johann *Töpfle*, Th. K. (Diss. Wien) 1943.

Körner-Froetel, Paul, geb. 30. Mai 1864 zu Breslau, ausgebildet das., wirkte als Heldenspieler u. Charakterdarsteller in seiner Vaterstadt.

Körner-Hofmann, Elisabeth, geb. 15. Jan. 1873, gest. 26. Febr. 1947 zu Weimar (Insassin des Maria-Seebach-Stifts). Schauspielerin.

Körnig, Margarete s. Bauer, Margarete.

Köselitz, Heinrich (Ps. Peter Gast), geb. 10. Jan. 1854 zu Annaberg in Sachsen, gest. 15. Aug. 1918 das., Kaufmannssohn, studierte in Basel bei J. Burckhardt u. F. Nietzsche, wurde dessen Sekretär u. Freund. Komponist u. a. von Bühnenstücken. *Eigene Werke:* Scherz, List u. Rache (Singspiel nach Goethe) 1881; Der Löwe von Venedig (Oper) 1901 (aufgeführt in Danzig 1891 als Die heimliche Ehe). *Literatur: Riemann,* P. Gast (Musik-Lexikon 11. Aufl.) 1929.

Kößler, Katharina s. Wirth, Katharina.

Köster, Albert, geb. 7. Nov. 1862 zu Hamburg, gest. 29. Mai 1924 zu Leipzig, studierte zuerst Geschichte, wurde dann Schüler Erich Schmidts in Berlin, 1692 Professor der deutschen Literaturgeschichte in Marburg u. 1899 in Leipzig. Hervorragender Theaterhistoriker. *Eigene Werke:* Schiller als Dramaturg 1891; Das Bild an der Wand (Über das Wechselverhältnis zwischen Bühne u. Drama, Abhandlungen der Sächs. Gesellschaft der Wissenschaften 27. Bd.) 1909; Die Meistersingerbühne des 16. Jahrhunderts 1921; Faust, eine Weltdichtung 1924. *Literatur:* Friedrich *Schulze*, A. Köster u. seine Schule (Leipziger Neueste Nachrichten Nr. 226) 1941.

Köster, Charles Adolf (Geburtsdatum unbekannt), gest. 13. Nov. 1908 zu Nürnberg. Schauspieler.

Köster, Hans, geb. 16. Aug. 1818 zu Kritzow in Mecklenburg, gest. 6. Sept. 1900 zu Ludwigslust in Mecklenburg, studierte in Berlin, Bonn u. München, bereiste Italien u. Frankreich, bewirtschaftete sein Gut Bagenz in der Mark, vertrat 1867—76 die konservative Partei im Parlament u. lebte dann auf seinem Gut Schlichow, zuletzt in Neuzelle. Gatte der Folgenden. Vorwiegend Dramatiker.
Eigene Werke: Schauspiele (Maria Stuart — Konradin — Luisa Amidei — Paolo u. Franzeska) 1841; Heinrich IV. von Deutschland (Trilogie) 1844; Ulrich von Hutten (Trauerspiel) 1846; Luther (Trauerspiel) 1847; Vaterländ. Schauspiele (1. Bdchn. Der Große Kurfürst) 1851; Hermann der Cherusker (Drama) 1861; Liebe im Mai oder Calandrino im Fegefeuer (Komödie) 1866; Der Tod des Großen Kurfürsten (Trauerspiel) 1866; Der Maler von Florenz (Lustspiel) 1873; Alcibiades (Trauerspiel) 1899.

Köster (geb. Schlegel), Luise, geb. 22. Febr. 1823 zu Lübeck, gest. 2. Nov. 1905 zu Schwerin, in Leipzig ausgebildet, betrat 1838 als Pamina am dort. Stadttheater die Bühne, wo sie bis 1840 blieb, gab zwischendurch Gastspiele in Dresden, Hamburg u. Berlin, wurde Mitglied der dort. Hofoper, kam dann nach Schwerin, wo sie den Vorigen heiratete, wirkte 1844—45 in Breslau, zog sich jedoch hierauf von der Bühne zurück, bis es K. Th. Küstner (s. d.) 1847 gelang, die Künstlerin dauernd für das Berliner Hoftheater neuerdings zu gewinnen. 1862 nahm sie als Ehrenmitglied u. Kammersängerin ihren Bühnenabschied, trat aber bis 1863 immer wieder auf, später mit ihrem Gatten in Neuzelle bei Guben wohnend. K. war mit Lortzing in Leipzig, kreierte in der Aufführung von „Camaro oder Das Fischerstechen" 1839 die Partie der Rosaura u. sang 1849 die erste Jungfer Anna Reich in Nicolais Oper „Die lustigen Weiber von Windsor". Weitere Hauptrollen: Alceste, Eurydice, Königin der Nacht, Konstanze, Fidelio, Vestalin, Agathe, Euryanthe, Recha u. a.
Literatur: Eisenberg, L. Köster (Biogr. Lexikon) 1903; B. W., L. K.-Schlegel (Bühne u. Welt 8. Jahrg.) 1906.

Kösting, Karl, geb. 3. Febr. 1842 zu Wiesbaden, gest. 17. Dez. 1907 zu Dresden, war zuerst Kaufmannslehrling, wurde 1862 in Stuttgart von Vischer u. Mörike gefördert, studierte 1863 in München, wo ihm Boden-

stedt beistand, u. lebte hierauf in Berlin, Wiesbaden, Frankfurt a. M. u. Dresden. Vorwiegend Dramatiker.
Eigene Werke: Kolumbus (Trauerspiel) 1863; Zwei Könige (Histor. Trauerspiel) 1863; Shakespeare, ein Winternachtstraum (Dramat. Gedicht) 1864; Hermann, der Befreier (Schauspiel) 1873; Im großen Jahr (Schauspiel) 1874; Moses u. Thermutis oder Das gelobte Land (Trauerspiel) 1894; Ausgew. Werke, herausg. von Friedrich Kummer 3 Bde. 1909.
Literatur: F. Kummer, K. Kösting 1919.

Köstlin, Reinhold, geb. 11. Okt. 1876 zu Heilbronn, humanistisch gebildet, sollte Kaufmann werden, wandte sich jedoch der Bühne zu, die er 1896 in Frankfurt a. M. betrat u. kam als Jugendlicher Bonvivant u. Komiker 1897 nach Lübeck, 1898 nach Altenburg u. 1899 nach Berlin, wo er am Schillertheater, zuletzt am Staatl. Schauspielhaus tätig war. Hauptrollen: Spiegelberg, Bellmaus, Schüler u. Baccalaureus („Faust"), Lanzelot („Der Kaufmann von Venedig"), Robert („Robert u. Bertram"), Reif („Krieg im Frieden"), Babberley („Charleys Tante") u. a.
Literatur: Eisenberg, R. Köstlin (Biogr. Lexikon) 1903.

Koeth, Carl (Geburtsdatum unbekannt), gest. 29. Mai 1876 zu Lohr, war Charakterdarsteller an norddeutschen Provinztheatern u. am Hoftheater in Dessau. Gatte von Rosa Schäfer.

Koeth (geb. Schäfer), Rosa, geb. 18. Juni 1842 zu Blieskastel (Saarland), gest. 24. Dez. 1912 zu Weimar, begann ihre Bühnentätigkeit als Sängerin in Köln, ging später zum Schauspiel über u. wirkte in Mütterrollen in Wiesbaden, Oldenburg, Zürich, Freiburg, Breslau, Magdeburg, Bremen, Leipzig, Berlin u. Dresden. Gattin des Vorigen.

Köthe, Karoline s. Ernst, Karoline.

Kött, Mimi (Geburtsdatum unbekannt), gest. 10. Febr. 1931 zu Wien (durch Selbstmord), kam vor dem Ersten Weltkrieg als Soubrette an das Theater in Olmütz u. hierauf nach Wien (Theater an der Wien, Raimundtheater, Bürger- u. Carltheater). Sie verlieh auch den landläufigsten Rollen Originalität u. persönlichen Reiz.

Köttschau, Martha s. Schütte, Martha.

Koffka, Eduard Julius, geb. 19. März 1814 zu Breslau, gest. 10. April 1849 zu Bremen, Kaufmannssohn, studierte in Breslau u. Berlin Medizin, spielte in Berlin an einem Liebhabertheater u. nahm 1836 ein Engagement als Souffleur in Posen an, heiratete 1839 die Schauspielerin Josephine Gned, ging nach Leipzig, gründete 1841 ein Theaterbüro u. gab auch eine Theaterzeitung (später die „Theaterlokomotive") heraus. 1848 Direktor des Stadttheaters in Bremen.
Literatur: Anonymus, E. J. Koffka (Almanach der Freunde der Schauspielkunst 14. Jahrg.) 1850.

Koffka, Friedrich, geb. 22. April 1888 zu Berlin, gest. 1951 zu London, war Kammergerichtsrat in Berlin u. emigrierte unter Hitler nach England. Vorwiegend Dramatiker.
Eigene Werke: Kain 1918; Herr Olaf 1920.

Koffka, Julius, geb. (Datum unbekannt) zu Leipzig, gest. 27. März 1904 zu Nürnberg, Sohn eines Musikers, wirkte als Kapellmeister u. a. in Dorpat, Prag, Straßburg, Hamburg u. 10 Jahre am Stadttheater in Nürnberg.

Koffka, Wilhelm (Geburtsdatum unbekannt), gest. 6. März 1877 zu Darmstadt, Herausgeber der theatralischen Zeitung „Theaterlokomotive", Verfasser verschiedener Theatererinnerungen u. eines Werkes über die klassische Periode des Weimarer Theaters „Iffland u. Dalberg" 1865.

Koffmane, Robert, geb. 7. Juni 1912 zu Köln, besuchte das Konservatorium seiner Vaterstadt, wurde vom Kammersänger Michael Bohnen in Berlin weitergebildet u. kam als Lyrischer Bariton an die dort. Städt. Oper. Hauptrollen: Graf von Luna („Der Troubadour"), Valentin („Margarete"), Wolfram („Tannhäuser"), Faninal („Der Rosenkavalier") u. a.

Kofler, Betty, geb. 4. Dez. 1874 (?) zu Wien, gest. 5. Nov. 1933 zu Mannheim, debütierte 1892 in Linz a. d. D., kam dann über Basel u. Nürnberg nach Mannheim, wo sie mehrere Jahrzehnte als Altistin (Mezzosopran) wirkte. Kammersängerin. Hauptrollen: Carmen, Ortrud, Amneris, Acuzena, Magdalene („Die Meistersinger"), Kathinka („Die verkaufte Braut"), Gräfin („Der Bettelstudent"), Knusperhexe („Hänsel u. Gretel"), Giovanna

(„Rigoletto"), Marquise („Die Regimentstochter"), Lucia („Cavalleria rusticana") u. a.

Kofler, Herbert, geb. 1913 zu Innsbruck, gest. 18. Febr. 1942 (gefallen im Osten), kam 1938 als Operettenkapellmeister an das Landestheater in Innsbruck, bildete sich an der Staatsakademie für Tonkunst in München weiter aus u. mußte, ehe er wieder seinen Beruf aufnehmen konnte, in den Wehrdienst treten. Seine Operette „Schwabenstreiche" wurde 1938 in Innsbruck uraufgeführt.

Kogel, Gustav, geb. 16. Jan. 1849 zu Leipzig, gest. 13. Nov. 1921 zu Frankfurt a. M., wurde am dort. Konservatorium ausgebildet u. wirkte als Theaterkapellmeister in Nürnberg, Dortmund, Gent, Aachen, Köln u. Leipzig. Gastspiele führten ihn nach Madrid, Barcelona, Petersburg, Moskau u. Neuyork. Seit 1908 war er in Wiesbaden tätig. Herausgeber von Opern-Klavierauszügen (Spohrs „Jessonda", Nicolais „Lustige Weiber von Windsor", Lortzings „Zar u. Zimmermann" u. a.).

Koglgruber, Johann Nepomuk (mit Ordensnamen Kajetan), geb. 14. Mai 1817 zu Wartberg in Oberösterreich, gest. 13. Nov. 1907 zu Schlägl, Prämonstratenser des dort. Stiftes, wirkte an verschiedenen Orten des Mühlviertels in der Seelsorge u. war 1863 bis 1880 Kellermeister usw. im Stifte selbst. Dramatiker u. Dialektdichter. Mitarbeiter an Fellöckers „Kripplgsangl und Kripplgspiel".
Eigene Werke: Die hohe Braut kommt (Drama) 1881; Das Vermählungspräsent (Drama) 1882; Köchin Regina (Lustspiel) 1882; Die Schwester des Missionärs (Drama) 1882; Der Kuckuck als Prophet (Lustspiel) 1883; Predigtauszüge (Lustspiel) 1884; Die entschuldigte Gouvernante (Lustspiel) 1884; Das Gespenst wider Willen (Lustspiel) 1885; Das Glück der Verfolgten (Drama) 1885; Wiens Belagerung u. Entsatz (Drama) 1885 u. a.
Literatur: Krakowizer—Berger, K. Koglgruber (Biogr. Lexikon des Landes Österreich ob der Enns) 1931.

Kohfahl, Richard, geb. 1891, gest. 22. Aug. 1941 zu Lüneburg, war Schauspieler, Sänger u. Inspizient in Altona (Schillertheater), Hamburg (Neues Operettentheater), Döbeln, Neumünster in Holstein (hier auch Regisseur), Hamburg (Komödienhaus), Harburg u. wieder in Hamburg (Richter-Bühnen u. Volksoper).

Kohl, Anton, geb. 27. Mai 1886 zu Eger, war seit 1905 bühnentätig, u. a. als Theaterdirektor in Bad Gleichenberg, 1918 Spielleiter in Kiel, 1919—21 Oberspielleiter in Osnabrück, 1922—26 Direktor des Stadttheaters in Eger (verbunden mit dem Deutschen Theater in Pilsen u. dem Städt. Opernhaus in Bayreuth), 1927—28 Leiter der Deutschen Volks-Passionsspiele in Freiburg im Brsg., gründete 1928 das Altmärkische Landestheater in Stendal u. leitete es bis 1933. Hierauf wurde er als Intendant nach Annaberg berufen u. wirkte zuletzt wieder in Freiburg im Brsg.

Kohl, Paula s. Kuhnert, Paula.

Kohl, Willi, geb. um 1890, begann seine Bühnenlaufbahn als Schauspieler 1910 in Mühlhausen in Thüringen, setzte sie am Residenztheater in Kassel fort, wirkte nach Kriegsteilnahme 1918—20 in Flensburg, gehörte 1920—38 dem Stadttheater in Krefeld an u. kehrte hierauf wieder nach Flensburg zurück.

Kohl von Kohlenegg, Leopold Karl Dietmar (Ps. Poly Henrion), geb. 13. Dez. 1834 zu Wien, gest. 1. Mai 1875 zu Saalfeld, Offizierssohn, wandte sich nach kurzer Dienstzeit im österr. Heer dem Theater zu, debütierte 1860 am Thaliatheater in Hamburg, spielte am Hoftheater in Stuttgart, war 1862 Regisseur am Stadttheater in Mainz, gab seit 1863 Gastspiele in Berlin, Köln, Frankfurt a. M., Pest, Königsberg, Prag, nahm dann seinen Bühnenabschied u. betätigte sich als Bühnenschriftsteller. *Eigene Werke:* In der Bastille (Dramolet) 1865; Hohe Gäste (Schwank) 1868 (mit Georg Belly); Gesammelte dramatische Bluetten (Die Liebesdiplomaten — Mylord Cartouche — Ein unschuldiger Diplomat — Kastor u. Pollux — Paragraph drei u. a.) 2 Bde. 1872 u. a.

Kohlhardt, Friedrich, geb. um 1688 bei Magdeburg, gest. 1741 zu Leipzig, Sohn eines Predigers, spielte 1711 bei der Gesellschaft Haack, 1728 bei der Neuberschen Truppe, sowohl im Tragischen wie im Komischen ausgezeichnet. Hauptrollen: Brutus, Cato, Der eingebildete Kranke u. a.

Kohlhase, Hans (nicht Michael, wie ihn H.

v. Kleist in seiner Novelle nennt), Berliner Produktenhändler (bei Kleist Pferdehändler), bekannt durch seine Fehde mit Kursachsen 1532, am 22. März 1540 vor dem Georgentor in Berlin gerädert. Vorwiegend tragischer Held.

Behandlung: G. A. Freih. v. *Maltitz,* Hans Kohlhas (Trauerspiel) 1828; Wilhelm v. *Ising,* M. K. Kohlhaas (Trauerspiel) 1863; K. R. *Proelß,* M. K. (Trauerspiel) 1863; A. L. *Schenk,* M. K. (Trauerspiel) 1866; Paul *Graff,* M. K. (Trauerspiel) 1871; Hermann *Riotte,* M. K. (Romant. Trauerspiel) 1887; A. *John,* K. oder Der Kampf ums Recht (Trauerspiel) 1891; Richard *Zoozmann,* Ums Recht (Trauerspiel) 1895; Gertrud *Prellwitz,* M. K. (Trauerspiel) 1905; Rudolf *Holzer,* M. K. (Schauspiel) 1905 (spätere Fassung: Justitia 1941); Ernst *Geyer,* M. K. (Trauerspiel) 1910; Walter *Gilbricht,* M. K. (Drama) 1935; Hermann *Klasing,* M. K. (Drama) 1940.

Literatur: E. *Wolff,* Der Michael-Kohlhas-Stoff auf der Bühne (Bühne u. Welt 2. Jahrg.) 1899; P. A. *Merbach,* M.-K.-Dramen (Brandenburgia 24. Jahrg.) 1915; *Ruppersberg,* M. K. in der Dichtung u. Geschichte (Wannseebuch) 1927.

Kohlmetz, Hermann, geb. 31. Aug. 1863 zu Berlin, gest. 9. Okt. 1913 das., humanistisch gebildet, war Sänger, Charakterdarsteller, Regisseur u. Dramaturg in Aachen, Straßburg, Breslau, Düsseldorf, Riga, Bremen, Berlin (Belle-Alliance-Theater) u. Dresden (Zentraltheater). Gastspielreisen führten ihn nach dem Balkan, nach Rußland, Belgien, Holland u. Amerika. Hauptrollen: Amtsrichter Wehrhahn („Der Biberpelz"), Heinrich („Ehre"), Ahle („Die Haubenlerche"), Klosterbruder („Nathan der Weise") u. a. K. trat auch literarisch, vor allem mit Theaterstücken hervor.

Eigene Werke: Ansichtspostkarten oder Der falsche Waldemar (Schwank) 1901; Die Verlobungsfalle (Schwank) 1902; Die rote Nase (Schwank) 1905; Sie betrügt ihren Mann (Schwank) 1906; Wenn Frauen sprechen (Schwank) 1906; Er wird kuriert (Silvesterschwank) 1907; Klärchens Schwärmerei (Schwank) 1908; Er bemüht sich selbst oder Alles ums Trinkgeld (Schwank) 1908.

Kohlweck (Ps. Arden), Josef, geb. 14. April 1850 zu Berlin, gest. 27. Okt. 1894 zu Bremen, empfing seine Ausbildung am Sternschen Konservatorium in Berlin, kam 1890 als Baßbuffo von der Metropolitan-Oper in Neuyork nach Bremen. Hauptrollen: Abul

Hassan („Der Barbier von Bagdad"), Beckmesser („Die Meistersinger von Nürnberg"), Kellermeister („Undine") u. a.

Kohn (Ps. Kuhn), Leopold, geb. 26. Aug. 1861 zu Wien, gest. 17. Jan. 1902 das., war seit 1890 Direktor des Kurtheaters in Bad Hall in Oberösterreich, seit 1895 Kapellmeister am Theater an der Wien in Wien u. seit 1896 am Thaliatheater in Berlin. 1898 übernahm er die Direktion des Stadttheaters in Czernowitz, die er aber wegen Krankheit bald abgeben mußte. Komponist u. a. der Musik zur Posse „Das arme Mädel".
Literatur: Rheinhardt, L. Kuhn (Biographien der Wiener Künstler u. Schriftsteller 1. Bd.) 1902.

Kohn, Nathan s. Kortner, Fritz.

Kohn-Speyer, Antonie, geb. 19. Nov. 1833 zu Petschau, gest. 1. Aug. 1894 zu Königstein im Taunus, Tochter des Karlsbader Musikdirektors Josef Labitzky (gest. 18. Aug. 1881), gehörte 1856—71 dem Stadttheater in Frankfurt a. M. als Opernsängerin an. Seit 1871 Gattin des Frankfurter Theaterausschuß-Präsidenten Sigismund K.-Sp. Hauptrollen: Zerline, Regimentstochter, Ännchen, Rose Friquet u. a.

Kohne, Gustav, geb. 19. Dez. 1871 zu Brelingen in Hannover, einer uralten Bauernfamilie der Lüneburger Heide entstammend, wirkte als Lehrer u. Schulrektor in Hannover u. ließ sich später als freier Schriftsteller in Oegenbestel bei Schwarmstedt nieder. Erzähler u. Dramatiker.
Eigene Schriften: Bürgermeister Markstein (Volksstück) 1907; Der Vorsteher von Holtebank (Schauspiel) 1907; Konrad Barko (Schauspiel) 1908; Um das Gewissen (Schauspiel) 1909; Der Vorsteher von Holtebank (Komödie) 1909.
Literatur: Richard Dohse, G. Kohne, der Mann u. sein Werk 1928.

Kohrs, Eduard Gotthelf, geb. 1780 zu Kohussen, gest. 25. Nov. 1864 zu München, war 1811—22 Charakterdarsteller am Isartortheater u. 1826—48 am Hoftheater das.

Kohut, Adolph, geb. 10. Nov. 1848 zu Mindszent in Ungarn, gest. 22. Sept. 1917 zu Berlin, besuchte das jüd.-theol. Seminar in Breslau, dann die Universität das. u. in Wien, war seit 1872 als Redakteur in Breslau, Düs-

seldorf tätig u. erhielt 1910 den Titel eines kgl. ungar. Rats. Als Publizist beschäftigte er sich wiederholt auch mit dem Theater.
Eigene Werke: Tragische Primadonnen-Ehen (Skizzen) 1887; Leuchtende Fackeln (Beiträge zur Kultur-, Theater- u. Kunstgeschichte der letzten Jahrhunderte) 1887; Das Dresdener Hoftheater in der Gegenwart (Skizzen) 1875; Leuchtende Fackeln 1888; Die größten u. berühmtesten Soubretten des 19. Jahrhunderts 1890; Carl Helmerding 1892; Die Freier (Soloszenen) 1908 u. a.
Literatur: Brümmer, A. Kohut (Lexikon 6. Aufl. 4. Bd.) 1913.

Kohut-Mannstein, Elisabeth, geb. 3. Mai 1843 zu Dresden, gest. 29. Nov. 1926 zu Berlin-Grunewald, ausgebildet von Hermann Mannstein, wirkte als Opernsängerin in Petersburg, Düsseldorf, Berlin (Krolloper) u. nach ihrem Bühnenabschied als Gesangspädagogin das. Hauptrollen: Leonore, Donna Anna, Frau Fluth, Euryanthe u. a.

Kokoschka, Oskar, geb. 1. Okt. 1886 zu Pöchlarn bei Melk an der Donau, Maler (Schüler Klimts), trat 1906 mit Jugendbildnissen hervor, wirkte seit 1908 als Gewerbeschullehrer in Wien, lebte dann in der Schweiz, in Berlin u. wurde 1918 Professor an der Akademie der Künste in Dresden. Später ließ sich K. in London nieder. Expressionist. Dramatiker.
Eigene Werke: Sphinx u. Strohmann 1907 (später: Hiob 1919); Hoffnung der Frauen (Einakter, später: Mörder, Hoffnung der Frauen) 1909 (vertont von P. Hindemith 1921); Der brennende Dornbusch 1911; Dramen u. Bilder 1913; Orpheus u. Eurydike 1926 (vertont von E. Křenek).
Literatur: P. Westheim, O. Kokoschka 1925; H. *Heilmaier,* O. K. (Paris) 1930; Edith *Hoffmann,* O. K. Life and Work 1947 (mit Bibliographie); Niels v. *Holst,* O. K. Maler u. Dramatiker (Das literar. Deutschland Nr. 3) 1951.

Kolá, Adrienne s. Kolakiewicz von Kostin, Adrienne.

Kolakiewicz von Kostin (Ps. Kolá), Adrienne, geb. 14. Dez. 1866 zu Czernowitz, gest. 7. März 1922 zu Wien, Tochter eines Majors, von Leo Friedrich (s. d.) für die Bühne ausgebildet, debütierte am Stadttheater in Leipzig, wirkte als Sentimentale Liebhaberin 1884—88 am Hoftheater in Wiesbaden, 1888—93 u. 1904—05 am Burgtheater u. gab dann nur mehr Gastspiele.

Hauptrollen: Maria Stuart, Iphigenie, Sappho, Medea, Magda, Rebekka West, Hedda Gabler u. a.

Kolář (geb. Manetinska), Anna, geb. 1817 in Ungarn, gest. 9. Juli 1882 zu Prag, Tochter eines Schauspielers, wirkte in ihren jüngeren Jahren auf deutschen Bühnen u. seit ihrer Verheiratung mit dem tschechischen Schauspieler u. Dramatiker Jan Jiři K. in Prag.

Kolbe, Alexandrine, geb. 6. Nov. 1870 zu Halle, Schauspielerkind, stand bereits mit drei Jahren als Schneewittchen auf der Bühne u. war seit 1896 unter E. v. Possart (s. d.) bis 1932 Lustspielsoubrette am Hoftheater in München. Hauptrollen: Lise („Der zerbrochene Krug"), Therese („Heimat"), Lucy („Die törichte Jungfrau") u. a.
Literatur: K. *Arnsperger,* Die Nachwelt flocht ihr keinen Kranz (Süddeutsche Zeitung Nr. 4) 1951.

Kolbe, Amand, geb. 29. Okt. 1851 zu Bazdorf (Österr.-Schlesien), gest. 24. Mai 1892 zu Budapest, war Schauspieler u. Regisseur das., an der Komischen Oper in Wien u. Oberregisseur bei den „Münchnern" unter Max Hofpauer. Auch Bühnenschriftsteller, dessen Bauernkomödie „Der Nothelfer" in Berlin u. Wien aufgeführt wurde.

Kolbenheyer, Erwin Guido, geb. 30. Dez. 1878 zu Budapest, einer alten Zipser Pastorenfamilie entstammend, Sohn eines Architekten von deutsch-ungarischer Herkunft u. einer Karlsbaderin, studierte in Wien (Doktor der Philosophie), ließ sich als freier Schriftsteller in Tübingen nieder, zog 1932 nach Solln bei München, später nach Wolfratshausen bei München u. trat nicht nur als vielbeachteter Erzähler u. philos. Schriftsteller, sondern auch als Dramatiker hervor.
Eigene Werke: Giordano Bruno (Trauerspiel) 1903; Heroische Leidenschaften (Trauerspiel) 1928; Die Brücke (Drama) 1929; Jagt ihn — ein Mensch! (Drama) 1929; Das Gesetz in Dir (Drama) 1931; Gregor u. Heinrich (Schauspiel) 1934; Götter u. Menschen (Dramat. Tetralogie) 1944.
Literatur: Albrecht *Dietrich,* Kolbenheyers dramat. Werk (Deutsche Akademikerzeitung Nr. 6) 1912; Kurt *Lehmann,* Das dramat. Schaffen Kolbenheyers (Die Neue Literatur) 1934; ders., Gregor u. Heinrich (Ebda.) 1934; Rudolf *Müller-Erb,* Gregor VII. im neuen

Drama Kolbenheyers u. in der Geschichte (Hochland 31. Jahrg.) 1934; Heinz *Kindermann,* Tradition der Erhebung. Ein Wort zu Gregor u. Heinrich (Völkische Kultur) 1934; K. A. *Lepmeier,* Kolbenheyers Zeitdramen (Monatshefte, Wisconsin 27. Jahrg.) 1935; Leopold *Schmidt,* K. als Dramatiker (Werk u. Wille Nr. 8—9) 1936; L. *Schlöttermann-Kullner,* Kolbenheyers Dritte Bühne (Diss. Jena) 1939; H. *Wehring,* Kolbenheyers Verhältnis zum Drama mit Rücksicht auf seine philos. Weltanschauung (Diss. Hamburg) 1941; Franz *Koch,* Der weltanschauliche Gehalt von Kolbenheyers Heroischen Leidenschaften (Zeitschrift für Deutsche Bildung Nr. 9—10) 1941; ders., E. G. Kolbenheyer 1953.

Kolberg, die Hafen- u. Bäderstadt im östlichen Pommern, besaß im 19. Jahrhundert ein blühendes Theater. Die heldenhafte Verteidigung Kolbergs (1807) durch Nettelbeck u. Gneisenau behandelt 'Paul Wends Schauspiel „Kolberg 1807 oder Heldensinn u. Bürgertreue" 1863, Paul Heyses Drama „Die Belagerung von Kolberg" 1865 u. Heinrich Stünkels Heimatspiel „Joachim Nettelbeck, Bürger zu Kolberg" 1935.
Literatur: M. *Christiani,* Zur Geschichte des Kolberger Theaters (1868—93) 1893.

Kolisko, Robert, geb. 1. Febr. 1891 zu Wien, wirkte 1920—21 als Kapellmeister in Klagenfurt, 1921—23 als Operndirektor in Ulm a. d. Donau, 1923—25 als Opernkapellmeister in Dortmund, 1925—27 wieder als Operndirektor in Teplitz-Schönau, 1927—29 am Deutschen Theater in Prag, 1929—34 in Zürich u. 1936—38 als Gastdirigent an der Staatsoper in Wien.

Kolkwitz, Paul, geb. 9. Febr. 1890 zu Hamburg, gest. 7. März 1939 zu München, war jahrelang Theater-Intendant in Innsbruck sowie Schauspieler u. Regisseur an verschiedenen Bühnen. 1936 übernahm er die Leitung des Landestheaters in Schleswig u. wurde 1937 in die Bühnenvermittlung nach München berufen.

Koll, Carlo, geb. 7. März 1879 zu Wien, gest. 9. Aug. 1919 zu Köthen, war Schauspieler u. Sänger in Marburg an der Drau, Iglau, Wien (Raimund- u. Jantschtheater), Salzburg, Jena, Stralsund, Kattowitz u. a. Hauptrollen: Riemann („Flachsmann als Erzieher"), Schauspieler („Hamlet"), Ali Bey („Die Fledermaus"), Josef („La Traviata") u. a.

Kollar, Sophie, geb. 3. Mai 1862 (?), gest. 13. Juli 1912 zu Brünn, war 1885 als Hochdramatische Sängerin in Königsberg, 1894 bis 1898 in Brünn, 1899 in Hamburg tätig u. kehrte 1901 wieder nach Brünn zurück, wo sie sich als Gesangslehrerin niederließ. Zahlreiche Gastspiele gab sie an der Hofoper in Wien, in Budapest u. in Amsterdam. Hauptrollen: Elsa, Venus, Adriano, Desdemona u. a.

Kolle, Theodor, geb. 15. Juli 1844 zu Hamburg (Todesdatum unbekannt), wurde am Konservatorium in Dresden ausgebildet u. wirkte als Seriöser Baß in Ulm, Regensburg u. a. Seit 1885 Gesangspädagoge in Dresden. Hauptrollen: Sarastro, Eremit, Plumkett u. a.

Kollecker, Alexander, geb. 12. Sept. 1892, gest. 22. Okt. 1948 zu Berlin. Opernsänger.

Kollege Crampton, Komödie in fünf Akten von Gerhart Hauptmann 1894. Der Held, Professor an der Kunstakademie in Breslau, ist nach einem Modell gezeichnet, ein Potator u. Schuldenmacher, wird von seiner Frau verlassen, findet jedoch an dem Gatten seiner Tochter Gertrud, seinem Herzblättchen, einen neuen Halt. Im technischen Aufbau, den übrigens alle Naturalisten vernachlässigen, schwach, ist das Stück ohne eigentliche dramatische Bewegung. Aber als Charakterdrama erweist es sich wirksam. Crampton zeigt sich in gemütvoller Lebenswahrheit, er verficht keine Tendenz u. bleibt trotz seiner Schwächen ohne Übertreibung im Grunde ein richtiger Mensch. *Literatur:* H. David-Schwarz, Zur Psychologie u. Pathologie von G. Hauptmanns Kollege Crampton (Psychol. Rundschau 2. Jahrg.) 1930.

Kollendt, Frieda s. Herrmann, Gustav.

Koller, Benedikt Josef von, geb. 26. Aug. 1767 zu Biendorf in Anhalt-Köthen, gest. 4. Sept. 1817 zu Stuttgart als kais. Legationsrat das., nachdem er wegen seiner Beziehungen zu den Illuminaten Bayern hatte verlassen müssen. Vorwiegend Dramatiker. (Alle Quellen lassen eine Verwechslung mit dem Folgenden offen.) *Eigene Werke:* Verbrechen aus Liebe (Dramat. Gemälde) 1793; Obrist von Steinau (Lustspiel) 1796; Convenienz u. Pflicht (Dramat. Gemälde) 1796; Der Kammerhusar (Schauspiel) 1796; Der Oculist (Lustspiel) 1800; Conrad von Zähringen (Schauspiel)

1800; Dramatische Beiträge 1803; Liebe ist die beste Lehrmeisterin (Lustspiel nach dem Französischen) 1809; Der Spuk (Lustspiel) 1809; Das Debüt (Posse) 1809; Die wechselseitige Überraschung (Lustspiel) 1809; Der Almanach (Trauerspiel) 1809; Der Zauberstein (Posse) 1809. *Literatur:* Wurzbach, B. J. v. Koller (Biogr. Lexikon 12. Bd.) 1864; Anton *Schlossar,* B. J. M. v. K. (A. D. B. 16. Bd.) 1882.

Koller, Benedikt Josef Maria von, geb. 1769 zu Straubing, gest. 6. Dez. 1797 zu Linz an der Donau, studierte die Rechte, wurde Beamter im Dominikanerkloster in Wien u. zuletzt Stabsauditor in Linz. Lyriker u. Dramatiker. *Eigene Werke:* Herkules (Travestie) 1786; Der Invalid oder Der Geburtstag (Drama) 1794; Kinderschauspiele 1794 (mit F. K. Sannens); Pflicht u. Leidenschaft oder Der weibliche Timon (Schauspiel) 1797. *Literatur:* Wurzbach, B. J. M. v. Koller (Biogr. Lexikon 12. Bd.) 1864; Anton *Schlossar,* B. J. M. v. K. (A. D. B. 16. Bd.) 1882.

Koller, Julius (Geburtsdatum unbekannt), gest. 15. Okt. 1878 zu Wien (durch Selbstmord), war 30 Jahre Mitglied des Burgtheaters. Oberinspizient. Durch die Anlage eines gewissenhaft geführten Repertoirebuches machte er sich um die Geschichte u. Chronik des Burgtheaters verdient.

Koller, Max, geb. 25. Jan. 1893 zu Darkehmen in Ostpreußen, lebte in Berlin. Verfasser von Bühnenstücken (Asien droht, Schauspiel — Dicht unter dem Himmel, Lustspiel — Ehen um Johanna, Komödie — Liebe auf Jamaica, Operette mit Musik von H. Ziel u. a.).

Kollmann, Ignaz, geb. 16. Jan. 1775 zu Graz, gest. 16. März 1837 das., Sohn des dort. Armenhausverwalters, Redakteur der „Grazer Zeitung", für die er die Literaturbeilage „Der Aufmerksame" einrichtete, u. Skriptor am Joanneum, war zuerst Gutsbeamter, dann Sekretär eines Fürsten in Italien u. Magistratsbeamter in Triest. Dramatiker. *Eigene Schriften:* Der Graf von Ortenburg oder Das Hospital in St. Florenz (Schauspiel, aufgeführt) 1811; Der Essighändler oder Ein Bankerott macht alle glücklich (Operette, frei nach der italien. Musik von Simon Mayer) 1814; Haß allen Männern oder Die Koketten auf dem Dorfe (Oper, aufgeführt) 1816; Maximilian (Trauerspiel)

1819; Der Barbier von Sevilla (Oper nach Cesar Sterbini, aufgeführt) 1819; Zacharias Werners Kunigunde, bearbeitet 1820; Der Brief aus der Alpenhütte (Operette, aufgeführt) 1822; Donna Violanta (Kom. Oper, Musik von Pavesi) 1824; Dante (Dramat. Gedicht) 1826; Die beiden Vizeköniginnen oder Armella (Kom. Oper, Musik von Anselm Hüttenbrenner, aufgeführt) 1827; Die Drachenhöhle bei Röthelstein oder Der Hammer um Mitternacht (Ritterschauspiel, Musik von Franz Skraup, aufgeführt) 1831; Der vereitelte Raub oder Der stumme Maler (Schauspiel, aufgeführt) 1832; Erzherzog Karl von Steiermark oder Der Wundertag im Erzgebirge (Schauspiel, Musik von Adolf Müller) 1833; Die glühende Kette oder Die Doppelgängerin (Schauspiel, aufgeführt) 1833; Romeo u. Julia (Oper, Musik von Nicola Vaccai, aufgeführt) 1833; Die blaue Maske oder Corea, die Improvisatorin (Romant. Schauspiel) 1833; Imelda oder Barbarei u. Liebe (Oper, Musik von Donizetti, aufgeführt) 1834; Vorakt zur Oper nach Bürgers Ballade Leonore von K. G. v. Leitner 1837 u. a.

Kollo, Walter, geb. 28. März 1878 zu Neidenburg in Ostpreußen, gest. 30. Sept. 1940 zu Berlin, musikalisch in Sondershausen u. Königsberg ausgebildet, war seit 1901 Kapellmeister in Berlin. Operettenkomponist. Vater von Willi K.

Eigene Werke: Wie einst im Mai 1913; Der Juxbaron 1913; Die tolle Komteß 1917; Drei alte Schachteln 1917; Marietta 1923; Die Frau ohne Kuß 1924; Drei arme kleine Mädels 1927; Lieber reich — aber glücklich 1933; Mädel ahoi 1936 u. a.

Kollo, Willi, geb. 1905 zu Berlin, Sohn des Vorigen, schrieb teilweise die Texte zu den Werken seines Vaters u. Bühnenstücke wie „Schminke", „Soldat des Zaren", „Jungfrau gegen Mönch" 1935 u. a.

Kolloden, Alexander, geb. 2. Sept. 1847 in Preuß.-Schlesien (Todesdatum unbekannt), Sohn eines Gutsbesitzers, machte 1866 den Feldzug in Böhmen mit, widmete sich nach Universitätsstudien der Landwirtschaft, ließ sich jedoch 1888 als freier Schriftsteller in Wien nieder u. war seit 1909 Dramaturg des Stadttheaters in Mährisch-Ostrau. Verfasser verschiedener als Manuskript gedruckter Dramen wie „Nach der Redoute" (Komödie), „Mara Michalaty" (Schauspiel), „Die von Strebersdorf" (Sittenkomödie) u. a.

Kolmar im Elsaß spielte schon im Theaterleben des ausgehenden Mittelalters u. der beginnenden Neuzeit eine Rolle. Eine moderne Bühne erhielt K. im ständigen Stadttheater 1840, das 1903 völlig erneuert unter Leitung von Otto Ockert 1904 eröffnet wurde.

Literatur: Johannes *Bolte,* Das Schauspiel in Kolmar (Bibliothek des Literar. Vereins Stuttgart 232. Bd.) 1903.

Kolniak, Angela, geb. (Datum unbekannt) zu Wien, an der Akademie für Musik u. darstellende Kunst das. ausgebildet, kam über Aussig nach Dresden, wo sie bis 1950 an erster Stelle wirkte. Kammersängerin.

Kolumbus s. Columbus.

Komarek, Johann Nepomuk, geb. 1757 zu Prag, gest. nach 1819, war Schauspieler u. später Buchhändler in Pilsen. Dramatiker, u. a. Bearbeiter von Schillers Wallenstein-Stoff.

Eigene Werke: Albrecht Waldstein, Herzog von Friedland (Trauerspiel) 1789; Kleiner Beitrag zur deutschen Bühne 1791; Marie von Montalban (Trauerspiel) 1792; Graf von Thurn (Schauspiel) 1792; Ida oder Das Vehmgericht (Schauspiel) 1792; Krok (Trauerspiel) 1793; Die Versöhnung oder Die Liebe macht alles gut (Schauspiel) 1793; Przemysl (Schauspiel) 1793; Faust von Mainz (Drama) 1793; Schauspiele 1. Bd. 1793.

Literatur: Ernst *Kraus,* J. N. Komarek (Beilage zur Bohemia Nr. 359) 1888.

Komik (nach dem griech. Komos = Lustiges Gelage) spielt auch im Theater eine große Rolle, vor allem in der Komödie, bzw. im Lustspiel, in Schwänken u. Possen, schon während des Mittelalters, dann zur Zeit des Barocks u. im 19. Jahrhundert.

Literatur: Otto *Rommel,* Die wissenschaftl. Bemühungen um die Analyse des Komischen (Deutsche Vierteljahrsschrift für Literaturwissenschaft u. Geistesgeschichte 21. Jahrgang) 1943; Ingeborg *Schenk,* Komik im deutschen Barocktheater (Diss. Wien) 1946; Heinz *Kindermann,* Trost des komischen Theaters (Wiener Tageszeitung Nr. 1) 1950.

Komische Person, stehende Figur der Weltliteratur, im deutschen Theater des Mittelalters bereits in den ersten Dialogisierungen der bibl. Geschichte vorhanden, deren Späße Ursache zur Entfernung solcher Spiele aus der Kirche boten. Fortsetzungen stellen dar:

der dumme geprellte Teufel des Marktspiels, der bäuerliche Vielfraß des Hans Sachs, der Spaßmacher in den Schauspielen der Englischen Komödianten, der aus Italien stammende, aus dem Arlecchino der Commedia dell'arte (s. d.) erwachsene Harlekin, der auf Betreiben Gottscheds 1737 auf der Leipziger Bühne feierlich verbrannt wurde u. in der Folge für Mittel- u. Norddeutschland zu bestehen aufhörte, oder Hanswurst (s. d.) der Wiener Volkskomödie, der bei Raimund u. Nestroy seine klassische Verkörperung fand, damit verwandt der Kasperl (s. d.) des Kasperltheaters usw.

Literatur: G. *Wustmann,* Die Verbrennung des Harlekin (Schriften des Vereins für die Geschichte der Stadt Leipzig 2. Bd.) 1878; R. M. *Werner,* Die komische Figur in den wichtigsten deutschen Dramen bis zum Ende des 17. Jahrhunderts 1890; X. *Flock,* Hanswurst u. seine Erben 1892; O. *Driessen,* Der Ursprung des Harlekin 1904; H. *Knudsen,* Komische Person (Reallexikon 2. Bd.) 1926 bis 1928; E. M. *Flasdieck,* Harlekin. Germanischer Mythos in romanischer Wandlung 1937; Heinz *Kindermann,* Die Commedia dell'arte u. das Volkstheater 1938; Herbert *Hohenemser,* Pulcinella, Harlekin, Hans-Wurst (Die Schaubühne 33. Bd.) 1940; Otto *Rommel,* Die großen Figuren der Alt-Wiener Volkskomödie 1946; ders., Harlekin, Hans Wurst u. Truffaldino 1950.

Komitsch (geb. Schaffner), Friederike, geb. 1792, gest. 25. Febr. 1869 zu Berlin, war Schauspielerin am dort. Hoftheater. In erster Ehe mit Ludwig Devrient verheiratet. Mutter der Schauspielerin Marie Stieber.

Komitsch, Marie s. Stieber, Marie.

Komödianten s. Englische Komödianten.

Komödianten als Dramenfiguren.
Behandlung: Philipp *Hafner,* Die reisenden Komödianten oder Der gescheite u. dämische Impressario (Lustspiel) 1774 (unter dem Titel Die Schwestern von Prag von Joachim Perinet bearb. 1795); G. F. *Treitzschke,* Die wandernden K. (Singspiel) 1808; S. H. von *Mosenthal,* Die deutschen K. (Schauspiel) 1863 u. a.

Komödie s. Lustspiel.

Komorowska, Grete s. Molenar, Grete.

Komorzynski, Egon Ritter von, geb. 7. Mai

1878 zu Wien, Sohn eines Schriftstellers, studierte in Wien, Würzburg, Breslau, Leipzig u. Berlin (Doktor der Philosophie) u. war 1904—34 Professor an der Handelsakademie in Wien. Theater- u. Literaturhistoriker, auch Erzähler.

Eigene Werke: Emanuel Schikaneder (Biographie) 1901; Mozarts Kunst der Instrumentation 1906; Pamina, Mozarts letzte Liebe (Novelle) 1941; Der Vater der Zauberflöte, Schikaneders Leben (Biographie) 1948; E. Schikaneder (Beitrag zur Geschichte des deutschen Theaters) 1951.

Konen (eigentlich Konén), Raoul, geb. 30. Juni 1880 zu Köln, väterlicherseits Nachkomme eines Franzen. Emigranten, mütterlicherseits Rheinländer, Sohn eines Rentners, studierte in Löwen, Paris u. Köln (Doktor der Philosophie) u. ließ sich das. als freier Schriftsteller nieder. Vorwiegend Dramatiker.

Eigene Werke: Tilly 1903; Die Johanniter 1903; Thomas Becket 1904; Flavius Stilicho 1914; Der junge König 1918.

Literatur: B. *Stein,* Dramatiker der Gegenwart 1909; Karl *Menne,* R. Konens neueste Bühnendichtung: Der junge König u. der Kölner Theaterskandal (Die Bücherwelt, Mai) 1919; Alexander *Baldus,* R. K. (Wanderer im Morgenrot) 1922; H. W. *Beutler,* R. K. (Rhein. Heimat Nr. 7) 1926.

Konetzni, Anni s. Wiedmann-Konetzni, Anni.

Konetzni, Hilde s. Vrbancic, Hilde.

Konewsky, Alexander (Geburtsdatum unbekannt), gest. 18. Juli 1919 zu Coburg, wirkte als Seriöser Baß in Osnabrück u. a., seit 1916 am Landestheater in Coburg. Hauptrollen: Sarastro u. a.

Kongehl (Kongell), Michael, geb. 18. oder 19. Aug. 1646 zu Creuzburg in Ostpreußen, gest. Nov. 1710 zu Königsberg, Sohn eines Brauers, studierte in Königsberg u. Jena, wurde 1696 Ratsherr u. 1710 Bürgermeister das. Einer der vielseitigsten u. fruchtbarsten Dichter seiner Zeit, der u. a. auch sechs Dramen verfaßte, darunter „Andromeda" (Ein Mischspiel) 1695.

Literatur: H. W. *Heimcke,* M. Kongehl, Leben u. Werk (Diss. Königsberg) 1939.

Konquistadoren, die spanischen u. portugiesischen Eroberer Amerikas (Cortez, Pizarro u. a.), wurden wegen ihrer abenteuerlichen Schicksale wiederholt als Bühnengestalten vorgeführt.

Behandlung: Paul *Weidmann*, Pizarro oder Die Amerikaner (Trauerspiel) 1772; F. J. Graf *Soden*, Francesco Pizarro (Schauspiel) 1793; August v. *Kotzebue*, Die Spanier in Peru oder Rollas Tod (Schauspiel) 1796; H. J. v. *Collin*, Balboa (Trauerspiel) 1806; E. A. *Klingemann*, Ferdinand Cortez (Schauspiel) 1818; J. Freih. v. *Auffenberg*, Pizarro (Trauerspiel) 1823; B. J. *Tschischwitz*, Der letzte Inka oder Pizarros Tod (Trauerspiel) 1868; Friedrich *Schnake*, Montezuma (Schauspiel) 1870; Gerhart *Hauptmann*, Der weiße Heiland (Schauspiel) 1920.

Konrad III., Deutscher König (1093—1152), regierte als erster Hohenstaufer seit 1138, im Kampf mit Heinrich dem Löwen unternahm er den Zweiten Kreuzzug. Bühnengestalt. Vgl. ferner Hohenstaufen.
Behandlung: Heinrich *Rogge*, König Konrad (Drama) 1936; H. F. *Anders*, Der König reitet (Schauspiel) 1936.

Konrad, Karl, geb. 26. Nov. 1881 zu Jutroschin bei Rawitsch in Posen, studierte in Breslau (Doktor der Philosophie), wurde Studienrat das. u. ließ sich nach der Vertreibung der Deutschen aus Schlesien in Gräfenthal bei Saalfeld in Thüringen nieder. Vor allem Theater- u. Studentenhistoriker.
Eigene Schriften: Die deutschen Studenten u. das Theater 1909; Die deutsche Studentenschaft in ihrem Verhältnis zu Bühne u. Drama 1912; Sessas Judenschule, herausg. 1936.

Konradi, Inge, geb. 27. Juli 1924 zu Wien, humanistisch gebildet, besuchte das Reinhardt-Seminar das., wurde 1941 Mitglied des dort. Volkstheaters u. nahm 1950 auch an den Salzburger Festspielen teil. Hauptrollen: Hl. Johanna (in Shaws Stück), Franziska, Ophelia, Jugend, Rosl u. a.
Literatur: f. *l.*, Eine neue Hansi Niese? (Neue Wiener Tageszeitung Nr. 240) 1950.

Konradi, Julius, geb. 1810 zu Breslau (Todesdatum unbekannt), war Heldendarsteller u. Bonvivant seit 1830 bei einer reisenden Gesellschaft in Schlesien, dann in Posen, Frankfurt a. d. Oder, Altona, Schleswig, Brünn, Laibach, Linz, Lemberg, Wien (Theater in der Josefstadt) u. Graz. Hauptrollen: Karl Moor, Ferdinand u. a.

Konradin, (ital. Verkleinerungsform für Konrad), Sohn Konrads IV., der letzte Hohenstaufer (1252—68), zog mit 16 Jahren, begleitet von seinem Freunde Friedrich von Baden (s. d.) nach Italien, um sein Erbe Sizilien, das ihm Karl von Anjou entrissen hatte, zurückzuerobern, wurde jedoch von diesem 1268 bei Tagliozzo geschlagen, durch Verrat gefangen u. auf Befehl des grausamen Usurpators mit seinem Freunde in Neapel hingerichtet. Lieblingsheld zahlreicher Dramatiker. S. auch Hohenstaufen.
Behandlung: K. Chr. *Beyer*, Commedia von der Histori Herzog Conrads Schwaben 1585; Nicolaus *Vernulaeus*, Conradinus (Tragoedia) 1628; *Anonymus*, Tragödien von Conradin, der Schwaben letzter Herzog (Münchner Spiel) 1644; *Anonymus*, Konradinus letzter Herzog in Schwaben (Dillinger Spiel) 1650; *Anonymus*, Conradinus Bavaro Suevus et Fredericus Austriacus (Hildesheimer Spiel) 1666; *Anonymus*, Rhetor habuit declamationem de Conradino Suevorum duce (Münchner Spiel) 1666; J. *Arnold*, Infamia belli alea in Conradino Suevo et Frederico Austriaco principibus scenice adumbrata (Glatzer Spiel) 1684; *Anonymus*, Conradinus (Kremser Spiel) 1722 u. 1733; *Anonymus*, Crudelis ex Triumpho Ambitio olim a Carolo Andegaviae comite provinciale in Conradino et Frederico insontibus Germaniae duculis post fata genitorum ad bella lacessita expressa (Glatzer Spiel) 1734; Paulus *Spiller*, Ludentis fortunae fata in Conradino Sueviae eiusque Agnato Austriae ducibus tragice adumbrata 1752; J. A. *Leisewitz*, K. (Fragment) 1776; Chr. A. *Clodius*, K. (Fragment) 1776; C. Ph. *Conz*, K. von Schwaben 1782; Beda *Mayr*, K., Herzog von Schwaben 1783; F. M. *Klinger*, K. 1784; F(riedrich) *J(ahn)*, Laura Mollise oder Der Gang des Schicksals 1796; K. H. L. *Giesebrecht*, K. 1800; F. A. C. *Werthes*, K. von Schwaben 1800; A. F. *Blech* (= A. Berger), K. von Schwaben 1803; *Anonymus*, K. 1806; Theodor *Körner*, K. (Fragment) 1810; Joseph Freih. v. *Eichendorff*, K. (Fragment) um 1812; August Graf v. *Platen*, K. (Fragment) vor 1815; J. Chr. G. *Zimmermann*, K. von Schwaben 1816; J. O. *Rauscher*, K. 1817; Karl *Schröckinger*, Der Fall der Hohenstaufen (ungedr.) o. J.; F. v. *Heyden*, K. 1818; Ludwig *Uhland*, K. 1819; A. v. *Blomberg*, K. von Schwaben 1820; Wilhelm *Nienstädt*, Die Hohenstaufen 1820; K. A. Graf v. *Dyhrn*, Konradins Tod 1827; F. Freih. v. *Maltzahn*, K. 1835; Ph. J. *Düringer*, K. 1835; Ernst *Raupach*, Die Hohenstaufen 1837; W. M. *Nebel*, Des Hauses Ende 1837; M. J. *Schleiß*,

Konradins, des letzten Hohenstaufen, Tod 1840; Wilhelm *Rueß*, K., der letzte Hohenstaufe 1841; Hans *Koester*, K. 1842; F. *Lindner*, K. 1842; K. G. *Körte*, K., der letzte Hohenstaufe 1843; Karoline *Pierson*, K. von Schwaben (Oper) um 1845; A. *Bacmeister*, K. 1849; G. H. *Ayrer*, Der letzte Hohenstaufe 1850; B. W. *Scholz*, K. von Schwaben 1852; Heinrich *Baumgärtner*, Der letzte Hohenstaufe 1859; Leonhart *Wohlmuth*, Die letzten Hohenstaufen 1876; E. del Buffalo Della *Valle-Zagrabia*, K. von Hohenstaufen 1871; A. *Kohls*, K. 1875; P. M. *Mainländer* (= Batz), Die letzten Hohenstaufen 1882; J. *Kreiß*, K. o. J.; H. *Herrig*, K. 1880; G. F. *v. Gambsberg*, K. von Hohenstaufen 1883; H. R. P. *Schröder*, K. von Schwaben 1884; H. *Tyroll*, König K. 1887; Georg *Conrad* (= Prinz von Preußen), K. 1887; Arnold *Ott*, K. 1887; Gerhart *Hauptmann*, K. (Fragment) um 1888; Martin *Greif*, K., der letzte Hohenstaufe 1889; Wilhelm *Gaedeke*, K. von Staufen 1890; Moritz *v. Guttmann*, K., der letzte Hohenstaufe 1891; Gustav *Kleinjung*, K., der letzte Hohenstaufe oder Liebe u. Rache 1892; Albert *Baumann*, K. 1892; Georg *Ruseler*, König K. 1893; Philipp *Bourg*, Papst u. Fürst 1899; A. *August*, K. 1902; Paul *Hoffmann*, K. 1905; M. *Carnot*, Der letzte Hohenstaufe 1908; Raoul *Konen*, Der junge König 1918; A. *Drexel*, K. 1925; Fritz *Lützkendorf*, Der Alpenzug 1936; Konrad *Weiß*, K. von Hohenstaufen 1938; Rudolf *Jungnickel*, K. 1944—49 u. a.
Literatur: Gabriel *Alexis*, Friedrich v. Heyden 1900 (darin Übersicht über K.-Dramen); Will *Sauer*, Konradin im deutschen Drama (Diss. Marburg = Abhandlung über 94 deutsche K.-Dramen) 1926.

Konstantin der Große (286 oder 287—337), römischer Kaiser, seit 323 Alleinherrscher, Förderer des Christentums (Konzil von Nicäa 325), hervorragender Gesetzgeber, erklärte 330 Byzanz zur Hauptstadt des Reiches (daher Konstantinopel) u. ließ sich vor seinem Tode taufen. Unter dem letzten Konstantin (XI.) fiel die Stadt an die Osmanen (1453). Beide dramatische Helden.
Behandlung: K. A. *Kaltenbrunner*, Konstantin XI. (Tragödie) 1836; Fedor *Wehl*, K. oder Der Sieg des Christentums (Schauspiel) 1865; Albrecht *Schaeffer*, Konstantin der Große (Trauerspiel) 1924; Ernst *Bacmeister*, Konstantins Taufe (Tragödie) 1932.

Konstantin, Leopoldine, geb. 12. Mai 1890

zu Brünn, Tochter eines Fabriksdirektors, erzielte als Schauspielerin (vor allem als Salondame) am Deutschen Volkstheater u. Josefstädtertheater in Wien ihre ersten großen Erfolge, kam dann unter M. Reinhardt ans Deutsche Theater in Berlin u. trat in verschiedenen Städten als Gast auf. 1938 emigrierte sie nach Amerika, wo sie zuerst als Fabriksarbeiterin sich weiterbrachte u. später als Star im Fernsehstudio eine neue Etappe ihrer Laufbahn erreichte. Zu ihren Glanzrollen gehörte „Iphigenie". Im Übrigen spielte sie mit Vorliebe Damen in erotischen Situationen oder majestätische Gestalten von der Art der Königin Elisabeth in Bruckners Drama. In erster Ehe war sie mit ihrem Lehrer Alexander Strakosch verheiratet, später vorübergehend mit dem Journalisten u. Bühnenschriftsteller Geza Herczeg.
Literatur: O. M. *Fontana*, L. Konstantin (Wiener Schauspieler) 1948; C. W. *Hampe*, Wiedersehen mit L. K. (Neue Wiener Tageszeitung Nr. 178) 1950.

Konta, Robert, geb. 12. Okt. 1880 zu Wien, gest. 19. Okt. 1953 zu Zürich, studierte in Wien (Doktor der Philosophie), wurde 1913 Direktor am dort. Neuen Konservatorium, machte bei den Kaiserschützen den Ersten Weltkrieg mit u. ließ sich 1938 in Zürich nieder. Opernkomponist.
Eigene Werke: Das kalte Herz 1908; Der bucklige Geiger 1910; Jugunde 1912; Der Kohlenmunkpeter 1913; Syanarell 1925 u. a.

Konversationsstück nennt man das in der höheren Gesellschaft spielende sogenannte Gesellschaftsstück (Schau- u. Lustspiel), dessen Wirkung hauptsächlich in der geistvollen Unterhaltung beruht. Der besonders im Salon gepflegte Konversationston gab ihm die entsprechende Note. Im Repertoire des Burgtheaters spielte das Konversationsstück vornehmlich seit H. Laube, von E. v. Bauernfeld (s. d.) meisterhaft entwickelt, eine große Rolle. Einer seiner letzten Vertreter war H. Bahr (s. d.).

Konzert, Das, Lustspiel in drei Akten von Hermann Bahr 1909. Uraufführung im Berliner Lessingtheater 1909. Ein berühmter Konzertpianist reist, wie er seiner Frau angibt, zu einem Konzert, hat jedoch mit einer verheirateten Schülerin, die ihn verehrt, ein Stelldichein in einer Gebirgshütte. Die verlassenen Ehepartner kommen freilich auf die Spur u. erreichen die beiden, wobei sie ihnen glauben machen, selbst ineinander verliebt zu sein. In geistreichen Dialogen wird schließlich der Sachverhalt aufgeklärt u. die legitimen Paare reichen sich versöhnt die Hände. Das falsche Konzert findet nicht statt, aber das Konzert der Ehe ist wieder hergestellt. Das Stück gilt als Bahrs beste Komödie u. hat jedenfalls einen Welterfolg erzielt.

Kopacsi, Julie s. Karczag, Wilhelm.

Kopf, Maximiliane (Liane), geb. 15. Dez. 1904 zu München, Schülerin der dort. Schauspielschule König, war seit 1931 Mitglied des Bayer. Staatsschauspiels das. Besonderen Erfolg hatte sie als Darstellerin in Bauerndramen u. Dialektstücken (Raimund, Anzengruber, Ludwig Thoma u. a.). Hauptrollen: Franziska („Minna von Barnhelm"), Rosa („Der Raub der Sabinerinnen"), Aase („Peer Gynt") u. a.

Kopfauf (geb. Noë), Aurelie, geb. 1867, gest. 6. Jan. 1912 zu Wien, war zuerst Choristin in Brünn, später Opernsängerin u. a. an den Stadttheatern in Karlsbad, Preßburg u. zuletzt am Hoftheater in Karlsruhe. Hauptrollen: Anna („Die lustigen Weibei von Windsor"), Cherubin („Die Hochzeit des Figaro"), Hirt („Pan im Busch") u. a.

Kopfmüller, Johann, geb. 1746 zu Wien, gest. 27. Okt. 1817 das., wirkte 1773—76 als Schauspieler am dort. Kärntnertortheater u. hierauf bis zu seinem Bühnenabschied 1814 in Chargenrollen am Burgtheater.

Kopka, Adolf (Geburtsdatum unbekannt), gest. 1876. Heldentenor. Gatte der Sängerin Friederike Echtermeyer. Vater von Franziska u. Martha K.

Kopka, Franziska, geb. um 1860, Tochter des Sängerpaares Adolf u. Friederike K., galt als musikalisches Wunderkind, erzielte am Woltersdorffftheater 1877 ihren ersten großen Bühnenerfolg u. wirkte dann als Opernsängerin am Friedrich-Wilhelmstädtischen Theater in Berlin bis 1891. Später lebte sie in Paris. Hauptrollen: Aida, Carmen, Mignon, Elsa, Königin von Saba u. a.

Kopka (geb. Echtermeyer), Friederike, geb. 4. Okt. 1821 zu Ermsleben, gest. 19. Dez. 1888 zu Paris, Opernsängerin u. Schau-

spielerin. Gattin des Heldentenors Adolf K. Mutter von Franziska u. Martha K.

Kopka, Gustav, geb. 11. Dez. 1823 zu Berlin, gest. 22. Febr. 1902 zu Riga, war Schauspieler am dort. Stadttheater, früher auch Sänger am Friedrich-Wilhelmstädtischen Theater in Berlin.

Kopka, Martha, geb. 11. März 1860 zu Berlin, gest. 7. April 1906 zu Neu-Babelsberg, Tochter des Sängerpaares Adolf u. Friederike K., begann ihre Bühnenlaufbahn als Possensoubrette am Wallnertheater in Berlin, kam, nachdem sie sich am Sternschen Konservatorium weiter ausgebildet hatte, ans Stadttheater in Leipzig u. 1879 an die Hofoper in Berlin, wo sie als Sopran eine vielseitige Tätigkeit entfaltete. Hauptrollen: Agathe, Venus, Marzelline, Elisabeth u. a.

Kopp, Erwin, geb. 3. Juli 1877 zu Berlin, gest. 24. April 1928 das., begann seine Bühnenlaufbahn als Charakterliebhaber an kleinen Bühnen, ging dann in das Fach der Charakterkomiker über, wirkte 1900 in Greiz, kam über Liegnitz u. Stuttgart als Regisseur nach Riga u. nach kurzer Tätigkeit am Märkischen Landestheater sowie am Schiller-Theater in Berlin an das dort. Deutsche Theater zu Max Reinhardt. Während des Ersten Weltkrieges spielte K. am Fronttheater in Lille u. Saarbrücken, nachher wieder in Berlin, wo er an fast allen dort. Bühnen als Gast auftrat. Hauptrollen: Riccaut, Polonius u. a.

Kopp, Josef Eutychius, geb. 25. April 1793 zu Beromünster, gest. 25. Okt. 1866 zu Luzern, war 1819—64 Lyzeallehrer das., 1828 bis 1831 Mitglied des Großen Rates, 1831 u. 1841 Verfassungsrat u. 1841—45 Regierungsrat. Historiker. Auch Dramatiker. *Eigene Werke:* König Albrecht I. (Drama) 1824; Dramat. Gedichte (Graf Bero von Lenzburg — Das Lager von Basel — Rudolf von Habsburg — Harald u. Sigrith — Herzog Karl von Burgund — König Manfred — Die Fischer — Rot u. Schwarz — Kindleins Mord) 4 Bde. 1855—66. *Literatur:* Wurzbach, J. E. Kopp (Biogr. Lexikon 12. Bd.) 1864; *Lütolf*, J. E. K. 1868; *Meyer v. Knonau,* J. E. K. (A. D. B. 16. Bd.) 1882.

Kopp, Karl (Borromäus), geb. 8. Mai 1854 zu München, gest. 20. März 1917 das., Sohn eines Opernsängers, Bruder der Folgenden, urspr. für den Kaufmannsstand bestimmt, ließ sich jedoch von Franz Herz u. Heinrich Richter (s. d.) für die Bühne ausbilden, die er in Freising betrat, kam dann nach Innsbruck, Linz, Graz u. Magdeburg, 1893 als Gesangs- u. Charakterkomiker ans Theater an der Wien, 1895 ans Residenztheater in Dresden, 1896 nach Breslau, 1897 nach Regensburg, 1898 ans Deutsche Landestheater in Prag, auch als Spielleiter ans Volkstheater in München. Hauptrollen: Wirt („Minna von Barnhelm"), Valentin („Der Verschwender"), Ollendorf („Die Journalisten"), Dusterer („Der G'wissenswurm"), Steinklopferhans („Die Kreuzelschreiber"), Habelmann („Die Logenbrüder") u. a.

Kopp, Maria, geb. 22. Nov. 1861 zu München, gest. 28. Sept. 1933 das., wirkte 1882 bis 1890 am dort. Gärtnerplatztheater. Schwester des Vorigen. Hauptrollen: Martha („Der Schwabenstreich"), Ludmilla („Sodom u. Gomorrha"), Else („Klein-Däumling") u. a.

Kopp, Mila s. Kayßler, Mila.

Koppe, Hans s. Koppenhöfer, Hans.

Koppe, Karoline s. Feige, Karoline.

Koppe, Marianne s. Nachly, Marianne.

Koppel, Ernst, geb. 22. April 1850 zu Hamburg, gest. 11. Jan. 1920, Kaufmannssohn, studierte an verschiedenen Universitäten (Doktor der Rechte) u. lebte vorwiegend in Florenz u. Rom. Dramatiker.
Eigene Werke: Iphigenie in Delphi (Schauspiel) 1874; Savonarola (Trauerspiel) 1875; Gedichte 1876; Merlin (Drama) 1877; Der Schatz (Schauspiel) 1882; Raskolnikow (Schwank) 1890; Der Kirchgang (Schauspiel) 1897; Die Karthagerin (Drama) 1902.

Koppel-Ellfeld, Franz, geb. 7. Dez. 1838 zu Eltville im Rheinland, gest. 16. Jan. 1920 zu Dresden, studierte in Tübingen, Leipzig u. Heidelberg, wurde 1871 Privatdozent für Kulturgeschichte an der Technischen Hochschule in Dresden, 1876 ao. Professor das., 1877 Feuilletonredakteur der „Dresdener Nachrichten", 1890 Hoftheaterdramaturg u. Intendanzrat u. schrieb auch Tragödien sowie mit Franz v. Schönthan (s. d.) zugkräftige Lustspiele.
Eigene Werke: Das Ende des Schill (Trauerspiel) 1864; Auf Kohlen (Lustspiel)

1873; Spartakus (Trauerspiel) 1876; Welcher Meier? (Schwank) 1876; Gorilla oder Schimpanse (Schwank) 1877; Ein Don-Juan-Examen (Schwank) 1881; Marguerite (Schauspiel) 1887; Der alte Adam (Schwank) 1888; Albrecht der Beherzte (Vaterländ. Schauspiel) 1889; Hans im Glück (Schauspiel) 1889 (mit M. Grube); Die spanische Wand (Schwank) 1890; Die Feuertaufe (Festspiel) 1894; Hochzeitsmorgen (Operntext) 1894; Renaissance (Lustspiel) 1897 (mit F. Schönthan); Die goldene Eva (Lustspiel) 1902 (mit dems.); Komtesse Guckerl (Lustspiel) 1902 (mit dems.); Helgas Hochzeit (Lustspiel) 1902 (mit dems.); Frau Königin (Spiel) 1902 (mit dems.); Florio u. Flavio (Lustspiel) 1902 (mit dems.).

Koppenhöfer (Ps. Koppe), Hans, geb. 22. Juni 1872 zu Stuttgart, gest. 12. April 1935 zu München, Bruder der Operettensängerin Marie K., wirkte bis 1903 u. 1906—20 als Operettentenor am Gärtnerplatztheater u. 1903—06 als Buffotenor unter F. Mottl an der dort. Hofoper.

Koppenhöfer, Maria, geb. 11. Dez. 1901 zu Stuttgart, gest. 29. Nov. 1948 zu Heidelberg, Tochter eines Hotelbesitzers, wurde 1917 Schülerin der Schauspielerin Emmy Remolt, die sie zu Otto Falckenberg an die Kammerspiele in München brachte (1922—25), kam dann nach Köln u. Berlin (1925—45, Deutsches Theater, Komödie am Kurfürstendamm u. Staatstheater). Seit 1934 preuß. Staatsschauspielerin. 1945—48 wirkte sie wieder am Schauspielhaus in München. Mit unvergleichbar vielseitiger Begabung gelang ihr die Darstellung aller Typen des weiblichen Geschlechts, sie spielte virtuos eine Teufelin, eine Heilige, Geliebte, Mutter, Amazone, Diana, Zofe, Königin, Kupplerin, Zigeunerin, Bauernmagd, kurz alles. Den außerordentlichen Schnitt ihres unschönen Gesichtes versteckte sie hinter hundert Masken. Das Spiel ihrer Augen kannte keine Grenzen, sie drangen in den Kern der Dinge u. Menschen. Die letzten Worte, die K. auf der Bühne sprach, bevor sie einem zu spät erkannten Krebsleiden erlag, waren die der „Irren von Chaillot" bei einer Vorstellung in den Münchner Kammerspielen: „Gut, dann gehen wir nach oben. Wir wollen uns den wichtigeren Dingen zuwenden. Kinderglanz! Beschäftigen wir uns fortan mit den Wesen, die es wert sind". Hauptrollen: Lady Milford, Brunhilde, Iphigenie, Elektra, Eurydike, Mariamne, Marthe Schwerdtlein, Königin

("Hamlet"), Königin Elisabeth ("Maria Stuart"), Klara Hühnerwadel ("Musik"), Zigeunermutter ("Preciosa") u. a.
Literatur: Rudolf *Bach*, M. Koppenhöfer (Die Frau als Schauspielerin) 1937; H. E. *Weinschenk*, M. K. (Wir von Bühne u. Film) 1939; Walther *Kiaulehn*, Ein weiblicher Magier (Die Neue Zeitung, München Nr. 109) 1948; Paul *Fechter*, M. K. (An der Wende der Zeit) 1949; Günter *Blöcker*, Verführung u. Askese (Die Neue Zeitung, München 11. Dez.) 1951.

Koppenhöfer, Marie, geb. 31. März 1877 zu Sigmaringen, gest. 1. Okt. 1947 zu München, Schwester von Hans K., wirkte in Colmar u. a., beteiligte sich als Erste Operettensängerin 1906 an der großen Operettentournee von Karl Ferenczi nach Südamerika u. sang 1915—18 am Gärtnerplatztheater in München. Hauptrollen: Georgette ("Das Glöckchen des Eremiten"), Frinke ("Flotte Bursche"), Zerline ("Fra Diavolo"), Rosalinde ("Die Fledermaus"), Laura ("Der Bettelstudent"), Saffi ("Der Zigeunerbaron") u. a.

Koppmayer, Gisela s. Staudigl-Koppmayer, Gisela.

Kopps, Ben s. Kopps, Raute.

Kopps (Ps. Armbrüster), Raute, geb. 6. Aug. 1922 zu Benediktbeuern in Bayern, Tochter eines Uhrmachermeisters, humanistisch gebildet, für die Bühne vorbereitet von Annette de Vries in München, kam als Schauspielerin 1941 nach Innsbruck, 1942 nach Thorn, 1947 nach Hannover, 1950 nach Lübeck, 1952 nach Wuppertal u. hierauf nach Dortmund. Seit 1943 mit dem Regisseur Ben Kopps verheiratet. Hauptrollen: Ophelia ("Hamlet"), Königin ("Ein Glas Wasser"), Orinthia ("Der Kaiser von Amerika") u. a.

Kopsch, Julius, geb. 6. Febr. 1887 zu Berlin, studierte das., kam 1920 als musikalischer Oberleiter an das Landestheater in Oldenburg u. war seit 1924 Dirigent in Berlin. Er komponierte u. a. eine symphonische Dichtung "Komödianten".

Korb, Adam, geb. 20. Mai 1847 zu Wien, gest. 3. Dez. 1916 das., war Heldenliebhaber in Memel, Berlin, Potsdam, Wien (Stadttheater), Stuttgart u. a. Hauptrollen: Faust, Kean, Ortmann ("Robert und Bertram") u. a.

Korb, Christian Gottlob (Geburts- u. Todesdatum unbekannt), war um 1796 Hofbuchdrucker in Neubrandenburg. Vorwiegend Dramatiker.
Eigene Werke: Johanna oder Unschuld u. Liebe (Drama) 1781 (anonym); Der ehrliche Räuber (Schauspiel mit Gesang) 1785; Vermischte Gedichte (nebst einem Schauspiel) 1809.

Korb, Jenny, geb. 30. Okt. 1874 zu Wien, Tochter eines Kaffeehausbesitzers, besuchte das Wiener Konservatorium u. kam als Jugendlich-hochdramatische Sängerin 1896 nach Wiesbaden, 1899 an die Hofoper in Wien, 1901 nach Leipzig, abermals nach Wien (Volksoper), Graz u. a. Hauptrollen: Aida, Elisabeth, Senta, Elsa, Santuzza, Sulamith, Recha, Valentine u. a.

Korbel, Johanna, geb. 1857 zu Wien, gest. 13. Nov. 1881 zu München, war Opernsoubrette in Leipzig, am Hoftheater in Karlsruhe u. 1881 an der Hofoper in München. Hauptrollen: Margarethe ("Faust") u. a.

Kordt, Walter, geb. 13. Okt. 1899 zu Düsseldorf, Sohn eines Architekten, studierte in Gießen, Frankfurt a. M., München u. Köln (Doktor der Philosophie), wurde 1922 Dramaturg u. Hilfsregisseur am Düsseldorfer Schauspielhaus, betätigte sich dann abwechselnd als Journalist in Düsseldorf, Schauspielregisseur in Neuß, Aachen u. Godesberg, später bis 1933 als Theaterkritiker wieder in Düsseldorf, 1939—44 als Oberspielleiter in Münster, seit 1949 als Gastregisseur in Trier, Wuppertal, München u. als Intendant der Städt. Bühnen in Aachen. Seit 1950 freier Schriftsteller in Linz am Rhein. Er bearbeitete für die Bühne Eichendorffs "Wider Willen" 1935, Brentanos "Valeria oder Vaterlist" 1941 u. Hölderlins "Empedokles" 1946.

Koréh, Endre, geb. 13. April 1906 zu Sepsiszentgyörgy in Ungarn, besuchte die Hochschule für Bodenkultur u. Musikhochschule in Budapest, wurde 1928 Mitglied der dort. Staatsoper u. 1946 Staatsopernsänger in Wien. Hauptrollen: Osmin, König Marke ("Zaubertrank"), Fürst Gremin ("Eugen Onegin") u. a.

Korell, Bruno, geb. 27. Juni 1885 zu Gumbinnen, gest. 4. Nov. 1947 zu Berlin, wirkte als Opernsänger in Kassel, Königsberg,

Danzig, Hamburg, Berlin u. auch in Philadelphia an der Grand Opera Company. Heldentenor. Kammersänger. Zuletzt beschäftigte er sich literarisch.

Korény-Scheck, Dora, geb. 24. März 1901 in Ungarn, gest. 15. Juni 1940 zu Stuttgart, wo sie als Schauspielerin wirkte.

Korény-Scheck, Fritz, geb. 1874, gest. 30. März 1912 zu Riga, war Erster Kapellmeister am dort. Stadttheater. Komponist von Operetten u. Weihnachtsmärchen („Madame Rokoko") u. a.

Korff, Arnold s. Kirsch, Arnold.

Korff, Heinrich, von, geb. 5. Juni 1868 zu Wien, studierte Philosophie u. Germanistik, wirkte als Dramaturg 1900—04 am Stadttheater in Elberfeld, 1904—06 als Regisseur in Essen u. Dortmund, 1906—09 als Oberregisseur u. künstlerischer Leiter des Raimundtheaters in Wien, 1909—14 als Oberregisseur am Stadttheater in Nürnberg u. wandte sich dann dem Film zu.

Kormann, August s. Müller, August.

Kormart, Christophorus (Geburtsdatum unbekannt), gest. zwischen 1718 u. 1722, war Magister in Leipzig. Dramatiker.

Eigene Werke: Polyeuctus oder Christl. Märtyrer 1669 (in diesem von Schülern aufgeführten, zum Teil nach Corneille gedichteten Stück trat Veltheim auf, der dadurch zu seiner Bühnenlaufbahn angeregt wurde); Maria Stuart oder Gemarterte Majestät 1672 (nach Vondel); Die verwechselten Prinzen oder Heraclius u. Marian unter dem Tyrannen Phocas 1675.

Korn, Liberat s. Körner, Rudolf.

Korn, Maximilian, geb. 12. Okt. 1782 zu Wien, gest. 23. Jan. 1854 das., einer gutbürgerlichen Familie entstammend, studierte die Rechte in seiner Vaterstadt, betrat aber bereits 1799 eine dort. Privatbühne, debütierte 1802 am Burgtheater als Cynthia in Kotzebues „Rächendem Gewissen", wurde engagiert u. entwickelte sich rasch zum Jugendlichen Held u. Liebhaber. 1811 Regieadjunkt, 1812 Regisseur. Gastspiele führten ihn 1823 nach München, Prag, Brünn, Graz, 1825 nach Leipzig, Berlin u. Hamburg. Viele Jahre hindurch gastierte er für wohltätige Zwecke in Preß-

burg u. erhielt daher 1827 das Ehrenbürgerrecht das. 1850 nahm er als Giulio Romano in „Correggio" seinen Bühnenabschied. K. gehörte zu den Größen des Burgtheaters. Kaiser Ferdinand ließ ihm zu Ehren 1842 eine Denkmünze prägen. Dichter wie Heinrich v. Collin, Otto Prechtler, Johann Gabriel Seidl u. a. huldigten seiner Kunst. Sein Kollege Heinrich Anschütz rühmte ihm in seinen „Erinnerungen" nach: „Dieses leichtblütige Temperament, diese schmiegsamen Körperformen, dieser sichere Takt für alles, was in der feineren Gesellschaft bon ton genannt wird, machte ihn für seine Sphäre wie geschaffen. Er war selbst der feine Weltmann, den er auf der Bühne so hinreißend darstellte, dem Klingsberg, wie er ihn repräsentierte, verzieh man die Fehler um seiner Liebenswürdigkeit willen. Korn konnte mit einem Blick, einer Handbewegung, einem Lächeln, Räuspern eine ganze Situation beherrschen. Er war der überzeugende Darsteller des täglichen Lebens, der frohen Gegenwart. Im Charakterfache hatte Korn Leistungen aufzuweisen, wie sie nur den großen Schauspielern gelingen. Ich habe wenige Marinelli u. Carlos in ‚Clavigo' kennen gelernt, die über Korn stehen u. sein Giulio Romano in ‚Correggio' bleibt unerreichbar". Heinrich Laube aber charakterisierte in seiner Schrift „Das Burgtheater" K. mit folgenden Worten: „Das Vermeiden von Unschicklichkeiten u. das weite Bereich der empfehlenden Negative, kurz alles, was zum geselligen Takte gehört, war ihm von Natur eigen. Ein elegantes Äußere, dazu eine interessante Physiognomie u. ein geschmackvolles Verständnis für alle Details szenischer Wirkung machten ihn zum angenehmsten Typus einer Frackfigur. Er wußte vortrefflich zu schweigen u. bloß anzudeuten, so vortrefflich wie eine Schöne zu reizen weiß, indem sie ihre Reize halb versteckt u. nur in schüchternem Maße enthüllt. Wenn man den eigentlichen Inhalt seines Wesens bloßlegen wollte, da würde man erstaunen über die Geringfügigkeit desselben an Wissen, Geist u. Gemüt. Aber wie sich eines zum anderen verhielt, das machte ihn anziehend. Die ganze Macht der bestechenden Form war ihm zugeteilt u. hielt ihn vierzig Jahre lang in der verdienten Gunst des Publikums. Ordentlich, fleißig, sorgfältig u. immer diplomatisch war er außerdem ein anmutiger Staatsmann des Theaters, wie es kaum einen zweiten gegeben. Geschmack war die Summe seines

Wesens, Vorsicht u. Behutsamkeit die
Leiterin all seiner Schritte, ‚le semblant' —
unser Wort ‚Schein' ist zu grob — das Ziel
all seiner Bestrebungen". Hauptrollen: Tellheim, Don Carlos, Posa, Fiesko, Romeo,
Clavigo, Tasso, Phaon, Klingsberg, Bolingbroke, Mortimer u. a. K. war seit 1806 mit
der Folgenden verheiratet.
Literatur: F. K. *Weidmann,* M. Korn. Sein
Leben u. künstlerisches Wirken 1857; *Wurzbach,* M. K. (Biogr. Lexikon 12. Bd.) 1864; Joseph *Kürschner,* M. K. (A. D. B. 16. Bd.)
1882.

Korn, Wilhelmine, geb. 17. Dez. 1786 zu
Wien, gest. 13. Sept. 1843 das., Tochter des
Künstlerpaares Gottlieb Stephanie der Jüngere u. Anna, geb. Mika, kam nach sorg-
fältiger Vorbildung als Jugendliche Liebhaberin 1802 ans Burgtheater, heiratete
1806 den Vorigen, spielte später Anstandsdamen u. trat 1830 in den Ruhestand. Ihr
Bild als Melitta schmückt die Ehrengalerie
des Burgtheaters. Der Weg zu ihrer Glanzrolle, für die ihr Kollegen falsche Ratschläge erteilt hatten, war nicht leicht.
Laube berichtet darüber: „Grillparzer sitzt
bei der vorletzten Probe im dunklen Parterre u. leidet sehr von der deklamierenden
Melitta. Endlich tritt sie ab u. überrascht
ihn mit ihrer Nachbarschaft im dunklen
Parterre u. mit der schüchternen Frage, ob
er zufrieden sei mit ihrer Auffassung. Er
weicht aus mit der Antwort, und sie ruft:
‚Ich hab' mir's gedacht! Ich selbst bin gar
nicht zufrieden, morgen werd' ich sie
sprechen, wie ich mir's denke!' — Tat's u.
wurde die naive, hinreißende Melitta, welche im Angedenken der Wiener das Ideal
dieser liebenswürdigen Rolle geblieben ist".
Literatur: Wurzbach, W. Korn (Biogr.
Lexikon 12. Bd.) 1864; Joseph *Kürschner,* W.
K. (A. D. B. 16. Bd.) 1882.

Kornau, Eduard s. Korngold, Eduard.

Kornel, Hans, geb. 1866, gest. 22. Mai 1908
zu München als Schauspieler u. Theaterdirektor das.

Korner, Joseph s. Nissel, Joseph.

Korner, Leopoldine s. Blasel-Korner, Leopoldine.

Korneuburg, Stadt in Niederösterreich, sah
im 16. Jahrhundert Schulkomödien, die auf
dem Rathaus zur Darstellung gelangten.

1652 u. 1660 wurden in der Pfarrkirche
Passionsspiele gegeben, wie man ein solches auch noch 1702 in der ehemaligen
Nikolauskapelle neben dem Stadtturm aufführte. Seit 1786 diente diese Kapelle
Dilettanten u. Wandertruppen. 1823 spielte
das Privattheater von Josef Fischer.

Kornfeld, Paul, geb. 11. Dez. 1889 zu Prag,
gest. im Jan. 1942 in einem Konzentrationslager zu Lodz, lebte als freier Schriftsteller
in Frankfurt a. M. u. Berlin. Expressionistischer Dramatiker.
Eigene Werke: Die Verführung (Trauerspiel) 1917; Himmel u. Hölle (Tragödie) 1920;
Der ewige Traum (Komödie) 1922; Palme
oder Die Gekränkte (Komödie) 1924; Sakun-
tala des Kalidasa (Schauspiel) 1925; Kilian
oder Die gelbe Rose (Komödie) 1926; Jud
Süß (Trauerspiel) 1930 u. a.
Literatur: Victor *Wittner,* Zum Tode
zweier führender Expressionisten (Basler
Nachrichten Nr. 489) 1945.

Korngold (Ps. Kornau), Eduard, geb. 1863
zu Brünn, wurde von Carl Adolf Friese
(s. d.) für die Bühne ausgebildet, die er
1880 in Lemberg betrat, kam dann ans
Carltheater u. Josefstädtertheater in Wien,
worauf er ohne festes Engagement Gastspielreisen unternahm. Auch Verfasser von
Possen (wie „Der Herr Zinsel", „Nach dem
dritten Läuten", „Contra").

Korngold, Erich Wolfgang, geb. 29. Mai
1897 zu Brünn, Sohn des Musikschriftstellers Julius K., lenkte schon mit elf Jahren
als musikalisches Wunderkind die öffentliche Aufmerksamkeit auf sich, bildete sich
in Wien musikalisch aus, wurde 1921
Kapellmeister der Hamburger Oper, 1928
Professor an der Akademie für Musik u.
darstellende Kunst in Wien, später Dirigent
an der dort. Staatsoper, am Stadttheater in
Hamburg u. an der Metropolitan-Oper in
Neuyork. 1943 erwarb er die Staatsbürgerschaft der Vereinigten Staaten von Nordamerika. Seinen Wohnsitz nahm er in
Hollywood. Bühnenkomponist.
Eigene Werke: Der Schneemann (Pantomime) 1908; Schauspiel-Ouvertüre 1911;
Violanta (Oper) 1916; Der Ring des Poly-
krates (Oper) 1916; Die tote Stadt (Oper)
1920; Das Wunder der Heliane (Oper) 1927;
Die Kathrin (Oper) 1939 u. a.
Literatur: R. St. *Hoffmann,* E. W. Korngold 1923; *Riemann,* E. W. K. (Musik-Lexikon 11. Aufl.) 1929.

Korngold, Julius, geb. 24. Dez. 1860 zu Brünn, gest. nach 1937, studierte in Wien (Doktor der Rechte) u. bildete sich am dort. Konservatorium musikalisch aus. Als Kollege u. später Nachfolger E. Hanslicks war er 1902—34 der einflußreiche Musikreferent der „Neuen Freien Presse". Vater des Vorigen.

Eigene Werke: Deutsches Opernschaffen 1921; Die Romanische Oper der Gegenwart 1922.

Kornmann, Rupert, geb. 22. Sept. 1757 zu Ingolstadt, gest. 23. Sept. 1817 zu Kumpfmühl bei Regensburg, studierte in Salzburg u. wurde 1790 (letzter) Abt des Benediktinerstifts Prüfening (Priefling) bei Regensburg. Mitglied der Bayer. Akademie der Wissenschaften. Hervorragender Publizist. Auch mit Theaterstücken trat er hervor.

Eigene Werke: Der Ritter in der Höhle an der Donau 1790; Zween Schullehrer in einem Dorfe (Sittl. Gemälde in drei Aufzügen) 1790; Die guten Untertanen (Ländl. Sittengemälde mit Gesang, anonym) 1793; Das Fest der Greisen 1797; Die Versteigerung oder Keiner will sie haben u. Alle wollen sie haben (Operette) o. J.; Die Huldigung der Jäger (Singstück) 1806. *Literatur:* H. *Reusch,* R. Kornmann (A. D. B. 16. Bd.) 1882.

Korntheuer, Friedrich Joseph, geb. 15. Febr. 1779 zu Wien, gest. 28. Juni 1829 das., Sohn eines Wachshändlers, war zuerst Beamter, wandte sich aber bald der Bühne zu, die er 1803 in Klagenfurt betrat, debütierte 1804 in Charakterrollen am Burgtheater, ging 1807 zu Schikaneder nach Brünn, wirkte seit 1811 hauptsächlich an dem mit dem Burgtheater verbundenen Theater an der Wien u. übernahm 1813 die Leitung der Bühne in Brünn, die er bis 1815 führte. Dann hielt er sich in Pest, Wien (Theater an der Wien), Stuttgart, wieder in Wien, Graz, Preßburg u. Pest auf. 1821—28 war er am Leopoldstädter Theater tätig (neben Raimund, Schuster u. der Krones) als einer der größten Komiker seiner Zeit. In mehr als einer Hinsicht erinnerte er an seinen Kollegen Raimund, auch durch sein tragisches Lebensschicksal. Er spielte mit seiner riesig langen Gestalt gern martialische Rollen, ferner solche in der Art Staberls, ebenso die Pantoffelhelden des Lokalstücks. Castelli charakterisierte ihn in seinen Memoiren treffend: „An Korntheuers Körper war alles lang: Gesicht,

Nase, Füße, Arme, Hände, u. er verstand es besonders, das erste u. die letzteren durch Ausdehnung noch länger zu machen, als sie waren. In seinem Vortrage lag etwas Langsames, Schleppendes, Faules, in seinen Bewegungen ein unbeschreibliches Phlegma, u. er ließ sich immer gehen, wie es ihm eben behagte. Man hätte glauben können, K. spiele gar nicht für die Zuseher, sondern für sich selbst. Daher geschah es öfters, daß er, während die anderen Schauspieler auf der Bühne sprachen, ganz ruhig in einer Ecke stand u. sich einen aparten Spaß machte. Seinen Mitschauspielern mag das wohl nicht recht gewesen sein, da er dadurch die Aufmerksamkeit von ihnen ab auf sich lenkte; aber dem Publikum, welches sich nur mit ihm unterhielt, war es sehr willkommen, u. auch die mit ihm Beschäftigten mußten oft mitlachen. Er stand z. B. in einer Ecke der Bühne, hielt sich seine beiden Hände vor die Augen u. schien erraten zu wollen, wer ihm das tue; oder er foppte sich selbst, indem er sich mit der rechten Hand auf die linke Schulter tippte, sich dann umsah u. sich nicht wenig verwundert zeigte, niemand hinter sich zu erblicken. Ich habe gesehen, wie er während einer Liebesszene alle Knöpfe seines ganzen Anzuges, an Rock, Beinkleid u. Weste, zusammenzählen wollte u. damit nicht zu Ende kommen konnte. Die vorzüglichsten Rollen Korntheuers waren ganz bornierte alte Ehemänner, welche unter dem Pantoffel stehen, u. sehr karikierte Charaktere. Er extemporierte sehr viel u. machte sich — wie der Kunstausdruck bei den Schauspielern lautet — seine Rollen selbst zurecht, d. h. er modelte sich die Konstruktionen so, wie sie ihn zu Munde paßten, u. schrieb sich Späße hinein. Ich war einst Zeuge einer Darstellung von ihm, bei welcher er nicht zehn Worte von denen sprach, die in der Rolle vorgeschrieben waren . . . Sein Geisterkönig im ,Diamant des Geisterkönigs', sein Gisperl in ,Gisperl u. Fisperl', sein Geselle in der ,Ballnacht' waren Hogarth'sche Karikaturen, welche von einem geschickten Maler festgehalten zu werden verdient hätten. K. war, wie wenige Bühnenkomiker, auch ein sehr unterhaltender Gesellschafter, u. verstand die Kunst, die Eigentümlichkeiten fast aller in Wien beliebten Schauspieler, besonders in Ton u. Sprache, so täuschend nachzuahmen, daß man dieselben wirklich zu hören glaubte". Wenig bedeutend dagegen war K. als Dramatiker. Außer einem belanglosen Ritterstück verfaßte er

Lustspiele, darunter nach französischer Vorlage das zugkräftige „Alle sind verheiratet", das Urbild der 1858 von David Kalisch in Berlin gestalteten Posse „Der gebildete Hausknecht", in der Nestroy die Hauptrolle spielte. K. war mit der Schauspielerin Wilhelmine Unzelmann (s. Werner, Wilhelmine) verheiratet. Die Ehe wurde 1824 geschieden. In seiner letzten Lebenszeit betreute ihn die Schauspielerin Katharina John, die unter dem Namen Böhm am Leopoldstädtertheater wirkte.
Literatur: Karl *Gladt,* F. J. Korntheuer, sein Leben u. Schaffen (Diss. Wien) 1934 (grundlegend); Otto *Rommel,* Die Alt-Wiener Volkskomödie 1952.

Korompay, Joseph, geb. zu Brünn (Geburts- u. Todesdatum unbekannt), war Schauspieler u. Dramatiker.
Eigene Werke: Siegbert u. Eliane (Schauspiel) 1783; Sandiny von Walburg (Trauerspiel) 1789; Wer ist sie denn? oder Wette man nur mit Frauenzimmer (Lustspiel) 1789; Rudolf von Felseck oder Die Schwarzthaler Mühle (Ritterschauspiel) 1794; Anna Boleyn (Trauerspiel) 1794.
Literatur: Wurzbach, J. Korompay (Biogr. Lexikon 12. Bd.) 1864.

Korossy, Cäsar, geb. 31. Jan. 1881, wirkte als Bühnenbildner der Schauspiele in Baden-Baden.

Korsch, Bernhard, geb. 1911 zu Berlin, gest. im Aug. 1953 zu Blankenburg, gehörte seit 1934 als Tenorbuffo u. a. den Bühnen in Heilbronn, Halberstadt, Rudolstadt, Erfurt u. seit 1948 der Komischen Oper in Berlin an.

Korschen, Richard, geb. 5. Dez. 1852 zu Beraun in Böhmen (Todesdatum unbekannt), war zuerst Regimentsmusiker, 1870 Orchesterdirektor am Theater in Temeschwar, 1873 am Deutschen Theater in Budapest (zugleich auch Chorsänger), 1874 Orchestermusiker u. Opernsänger in Ödenburg, wirkte 1876 ebenso in Karlsbad, 1877 als Erster Baß in Olmütz, kam 1878 nach Teplitz, 1879 nach Amsterdam, 1880 als Operettensänger nach Dresden (Residenztheater), 1885 nach Berlin (Walhallatheater), 1886 nach Petersburg, 1887 nach Breslau, 1888 nach Brünn (hier auch als Regisseur) u. 1893 nach Frankfurt a. M., wo er jahrzehntelang tätig blieb. Hauptrollen: Figaro, Beckmesser, Graf („Der Wildschütz") u. a.

Literatur: Eisenberg, R. Korschen (Biogr. Lexikon) 1903.

Korte, Ernst, geb. 1882, gest. 1. Nov. 1908 zu Charlottenburg, Doktor der Philosophie, war Opernsänger am Theater des Westens in Berlin, vorher an der Volksoper in Wien.

Korth, Heinrich Ludwig, geb. 28. Okt. 1901 zu Rees am Rhein, wirkte seit 1929 als Konzertsänger u. Gesangspädagoge u. betrat 1934 als Lyrischer Tenor die Bühne am Stadttheater in Krefeld. Später auch Spielleiter u. a. in Königswinter u. 1950 am Pfalztheater in Kaiserslautern.

Korth, Walter, geb. 7. Mai 1880, gest. 29. Okt. 1936 zu Köln, begann seine Laufbahn als Schauspieler 1899 in Stralsund, wirkte in Posen, Nürnberg, Karlsruhe, Breslau, Prag und als Erster Charakterkomiker in Köln, wo er kurz vor seinem Tode seinen Bühnenabschied nahm. Auch ernste Rollen wie Miller, König Etzel u. a. vertrat er hervorragend. In einer Kritik hieß es: „Ein Talent, das die beiden mächtigsten Pole umspannte, den Humor u. nicht geringer die Tragik".

Kortner, Fritz (bis 1916 bürgerl. Name Nathan Kohn), geb. 12. Mai 1892 zu Wien, begann seine Laufbahn als Charakterdarsteller 1910 in Mannheim, kam 1911 ans Deutsche Theater in Berlin, spielte dann in Wien, wieder in Berlin, in Dresden u. Hamburg, wurde 1919 Staatsschauspieler in Berlin u. emigrierte unter Hitler nach Amerika. Nach dem Zweiten Weltkrieg wirkte er abermals in Berlin, verließ es jedoch 1950 u. ging auf Gastspielreisen. Jeglicher Pathetik, von der romantischen bis zur naturalistischen, stellte er seine verstandesmäßig beherrschte Sprache entgegen, scharf u. klar mit seinen Stimmitteln einen neuen Vortragsstil zum Ausdruck bringend. Nicht minder bedeutend als Regisseur. Hauptrollen: Franz Moor, Mortimer, Geßler, Macbeth, Shylock, Othello, Richard III., Professor Bernhardi, Oswald u. a. Auch Verfasser von Bühnenstücken (u. a. „Donauwellen" 1949).
Literatur: Heinz *Ludwigg,* F. Kortner 1928; O. M. *Fontana,* F. K. (Wiener Schauspieler) 1948; Herbert *Pfeiffer,* Ein Phänomen der Stimme (Der Tagesspiegel Nr. 2027) 1952; Felix *Hubalek,* Begegnung mit F. K. (Arbeiter-Zeitung, Wien Nr. 54) 1953; Wolfgang *Drews,* F. K. (Die großen Zauberer) 1953; Julius *Bab,* F. K. (Kränze dem Mimen) 1954.

Kos (Ps. Koswitz), Hans, geb. 25. April 1863 zu Brünn, gest. 9. März 1926 zu Chemnitz, Sohn eines Gerichtsbeamten, trat frühzeitig in Kinderrollen auf, begann seine eigentliche Bühnenlaufbahn als Tenor 1886 in Marburg (Steiermark), kam dann über Krems, St. Pölten, Hermannstadt, Wiener-Neustadt u. Nürnberg nach Hannover, Wiesbaden, Dresden u. Bremen u. wirkte seit 1899 als Gesangs- u. Charakterkomiker sowie als Regisseur am Carl-Schultze-Theater in Hamburg. 1910 ging er in gleicher Eigenschaft nach Chemnitz, wo er 1925 das Charakterfach im Schauspiel übernahm. Hauptrollen: Obersthofmeister („Die Försterchristl"), Esterhazy („Das Musikantenmädel"), Baron („Der Vogelhändler"), Kantschukoff („Fatinitza") u. a.
Literatur: Eisenberg: H. Kost(!)witz (Biogr. Lexikon) 1903.

Kosch, Wilhelm, geb. 2. Okt. 1879 zu Drahan in Mähren, Sohn eines k. k. Hofrats, studierte in Wien, Breslau u. Prag u. wurde Professor für deutsche Literaturgeschichte 1906 in Freiburg (Schweiz), 1911 in Czernowitz u. 1923 in Nymwegen (Holland). Auch Theaterhistoriker u. Theaterlexikograph.
Eigene Werke: Das deutsche Theater u. Drama seit Schillers Tod 1913 (3. Aufl. Das deutsche Theater u. Drama im 19. u. 20. Jahrhundert 1939); Deutsches Theaterlexikon 1951 ff. u. a.

Koschat, Thomas, geb. 8. Aug. 1845 zu Viktring bei Klagenfurt, gest. 19. Mai 1914 zu Wien als Mitglied der dort. Hofmusikkapelle (1878—1913), Sohn eines Färbermeisters, studierte in Wien zuerst Naturwissenschaften, war seit 1867 Mitglied der Hofoper u. seit 1874 des Domchors das., verfaßte volkstümliche Lieder im Dialekt, Männerquartette u. Theaterstücke. 1876 wurde er von R. Wagner für die Bayreuther Festspiele verpflichtet. Sein Liederspiel „Am Wörthersee" erzielte häufige Aufführungen. Seit 1904 Gatte der Schauspielerin Paula Massek. Er wurde in einem Ehrengrab der Stadt Klagenfurt beigesetzt. 1919 Gründung des Männer-Gesangvereines „Koschatbund" und 1934 Eröffnung des Koschat-Museums in Klagenfurt.
Eigene Werke: Am Wörther See (Liederspiel) 1882; Aus den Kärntner Bergen (Singspiel) 1891; In der Sommerfrische (Schwank) o. J.; Der Bürgermeister von St. Anna (Singspiel) 1893; Der Schreckens-

schuß (Singspiel) 1894; Die Rosentaler Nachtigall (Volksstück) o. J. u. a.
Behandlung: Marian Stürmer, Bua sei gescheit (Singspiel) 1935.
Literatur: O. *Schmid,* Th. Koschat 1887; K. *Krobath,* Th. K. 1912; E. *Pluch,* Th. K. u. sein Museum (Klagenfurter Zeitung Nr. 20) 1951.

Koschate, Paul, geb. 28. Dez. 1865 zu Oswitz bei Breslau, war Hauptlehrer u. Chordirektor in Klein-Tschansch (Preuß.-Schlesien). Lyriker u. Dramatiker.
Eigene Werke: Am Peterstein (Märchenstück) 1904; Im Forsthause (Singspiel) 1906; Im Morgenrot der Freiheit (Festspiel) 1913; Die Jubelkrone (Märchenspiel) 1914; Am Scheideweg (Melodrama) 1924; Ins Leben hinaus (Volksstück) 1925 u. a.

Kosegarten, Johanna s. Kleinschmid, Johanna.

Kosel, Hermann Klemens (Ps. Armin Clementi), geb. 22. Nov. 1867 zu Dunkelthal im böhm. Riesengebirge, lebte als Photograph in Wien. Herausgeber u. a. des „Österr. Künstler- u. Schriftsteller-Lexikons" 2 Bde. 1902 f. Erzähler u. Bühnenschriftsteller.
Eigene Werke: Der Theaterfeind (Szen. Prolog) 1902; Die deutsche Venus (Schauspiel) 1927; Silbervenus (Dürer-Schalk-Stück) 1927 u. a.

Kosel, Siegmund, geb. um 1840, gest. im Febr. 1918 zu Frankfurt am Main. Opernsänger.

Koselka, Fritz, geb. 24. Juli 1905 zu Graz, lebte als Bühnendichter in Rekawinkel bei Wien.
Eigene Werke: Seltsamer Fünfuhrtee (Lustspiel) 1936; Hahn im Korb (Lustspiel) 1938; Liebe ist zollfrei (Lustspiel) 1941 u. a.

Koser, Alfred (?), geb. 1835, gest. 7. April 1880 zu Berlin, wirkte als Tenorbuffo in Düsseldorf, Lübeck, Königsberg u. Berlin (Friedrich-Wilhelmstädtisches Theater u. Hofoper).

Kosleck, Eleonora, geb. um 1900 zu Berlin, gest. um 1950 zu Neuyork (durch Selbstmord), Tochter des dort. Bankiers v. Mendelssohn, Großnichte des Komponisten Mendelssohn-Bartholdy, Patenkind von

Eleonora Duse, wirkte als Schauspielerin bei Luise Dumont in Düsseldorf u. später bei Max Reinhardt am Deutschen Theater in Berlin, kam 1933 ans Josefstädtertheater in Wien u. emigrierte 1938 nach Amerika. In erster Ehe mit dem Pianisten Edwin Fischer, in dritter mit dem Schauspieler u. Maler Martin Kosleck verheiratet. Tragödin. Hauptrollen: Maria Stuart u. a.

Kosmas s. Castelli, Ignaz Franz.

Koss, Karl, geb. um 1864, gest. 5. Nov. 1944 zu Graz, war 35 Jahre Sänger u. Spielleiter am dort. Landestheater, trat mehr als 5000 Mal auf, am meisten als Vater Tschöll im „Dreimäderlhaus", David in den „Meistersinger" u. Mime im „Siegfried".

Koß, Poly, geb. 1880, gest. 15. April 1943 zu Wien, wirkte als Soubrette, u. a. am Apollo-, Carl- u. Stadttheater das. Gattin von Emil Guttmann (1879—1934, s. d.).

Kossegg, Edmund, geb. 15. Aug. 1889 zu Thörl in der Steiermark, gest. 29. Juli 1939 zu Wiesbaden, gehörte als Schauspieler u. a. den Bühnen in Gablonz, Zittau, Lodz, Breslau u. Aachen an u. war seit 1922 Inspizient am Deutschen Theater in Wiesbaden.

Kossel, Karl, geb. 24. März 1845 zu Brandies, gest. 16. Dez. 1899 zu Wien (durch Selbstmord), war Kapellmeister am Burgtheater.

Koßmaly, Karl, geb. 27. Juli 1812 zu Breslau, gest. 1. Dez. 1893 zu Stettin, Schüler u. a. Zelters in Berlin, war Opernkapellmeister in Wiesbaden, Mainz, Amsterdam (1838), Bremen (1841), Detmold u. Stettin (1846—49). Musikschriftsteller.
Eigene Werke: Schlesisches Tonkünstler-Lexikon 1846—47; Mozarts Opern 1848; Über R. Wagner 1874 (gegen W. gerichtet) u. a.
Literatur: Riemann, K. Koßmaly (Musik-Lexikon 11. Aufl.) 1929.

Koßmann, Robby (Ps. K. Gedan), geb. 22. Nov. 1849 zu Danzig, gest. 29. Sept. 1907 zu Berlin, Sohn eines Rechtsanwalts, studierte in Heidelberg, Jena, Leipzig, Straßburg u. Göttingen, habilitierte sich 1873 in Heidelberg für Naturwissenschaften, wurde 1877 ao. Professor das. u. 1892 prakt. Arzt in Berlin. Literarisch trat er u. a. auch mit Dramen hervor.
Eigene Werke: Francesco Caraccilo

(Histor. Trauerspiel) 1889; Egbert (Schauspiel) 1891; Ein Mörder (Schauspiel) 1891.

Kostelot (auch Kesteloot), Marianne von, geb. 19. Mai 1800 zu Innsbruck, gest. 21. März 1866 zu Brünn, Tochter des Opernsängerpaares Josef Wolfgang Kainz u. Katharina (geb. Schröffel), debütierte 1817 in Prag, begab sich 1819 auf Kunstreisen, war 1821 in Florenz u. Mailand als Koloratursängerin tätig u. trat nach 1825 in Hannover, Kassel, Stuttgart, Dresden, Leipzig u. a. auf, überall bejubelt u. Henriette Sontag (s. d.) gleichgestellt. Um 1831 zog sie sich von der Bühne zurück. In erster Ehe mit Constantin Holland (s. d.), in zweiter mit dem Direktor des Stadttheaters in Wilna v. K. verheiratet. Mutter von Marie Holland (s. d.).

Koster, Auguste s. Koster, Franz.

Koster, Franz, geb. 14. März 1862, gest. 4. Dez. 1911 zu Meiningen, war Regisseur u. Charakterdarsteller in Bern, Lübeck u. a., seit 1898 am Hoftheater in Meiningen. Hauptrollen: Gerichtspräsident („Taifun"), Kraft („Das vierte Gebot"), Montague („Romeo u. Julia"), von Passarge („Alt-Heidelberg") u. a. Gatte der Hofschauspielerin Auguste K. (gest. 17. März 1907 zu Meiningen).

Kostia (Ps. Costa), Karl, geb. 2. Febr. 1832 zu Wien, gest. 11. Okt. 1907 das., war zuerst Beamter der Lotto-Gefällsdirektion, dann Schriftleiter der von Anton Langer herausgegebenen volkstümlichen Wochenzeitung „Hans Jörgel von Gumpoldskirchen", heiratete die Schauspielerin Rosa Goldstern, führte zeitweilig die Direktion des Wiener Josefstädtertheaters u. verfaßte eine Reihe vielgespielter Volksstücke.
Eigene Werke: Ein Kreuzer 1875; Das Geheimnis des Hauses Dachinger 1891; Bruder Martin 1895; Fechtbrüder 1898; Onkel Sanders 1906 u. a.

Kostia (Ps. Costa), Martin, geb. 12. Okt. 1895 zu Wien, Sohn des Vorigen, humanistisch gebildet, besuchte die Akademie für Musik u. darstellende Kunst in Wien, war Schauspieler u. Regisseur 12 Jahre in Breslau, Dresden, Frankfurt a. M., drei Jahre in Prag u. kam dann nach Wien, wo er bis 1942 den Kammerspielen als Mitglied angehörte. Schon während des Ersten Weltkrieges als Gefangener in Sibirien versuchte er sich mit literarischen Arbeiten. Nach seinem Ausschluß aus der Nationalsozialist. Künstlerkammer (1942) konnte er sich ihnen eifriger widmen u. schrieb in der Folge Lokalstücke, die viel Beachtung fanden.

Eigene Werke: Der Hofrat Geiger (Lustspiel) 1942; Die Fiakermilli (Volksstück) 1943; Gspassetteln (Posse) 1946; Wiener Musik (Singspiel) 1947 (mit Peter Herz); Der rosarote Fürst de Ligne (Lustspiel) 1948; Der alte Sünder (Wiener Stück) 1948; Gute Erholung (Volksstück) 1950 u. a.

Kostin, Adrienne von s. Kolakiewicz von Kostin, Adrienne.

Kostüm s. Bühnenkostüm.

Koswitz, Hans s. Kos, Hans.

Kothe, Georg, geb. 23. Jan. 1866 zu Melsungen (Todesdatum unbekannt), war Schauspieler seit 1888 in Kassel u. seit 1912 in Leipzig. Auch seine Gattin Jenny Haacke wirkte als Heroine u. Salondame am Hoftheater in Kassel. Hauptrollen: Don Carlos, Max, Ferdinand, Phaon u. a.

Kothé, Richard, geb. 1. Nov. 1872 zu Crivitz, gest. 19. Juli 1914 zu Schwerin, Sohn eines Amtsrichters, sollte die Rechte studieren, ging aber nach dem Tode seines Vaters zur Bühne, begann seine Laufbahn als Opernsänger am Stadttheater in Magdeburg u. kam über Lübeck, Nürnberg, Berlin (Theater des Westens) 1907 nach Riga, wo er bis 1911 blieb. Dann gab er an verschiedenen Bühnen nur noch Gastspiele. Hauptrollen: Sarastro, Osmin, Marcel u. a.

Kothe-Haacke, Jenny s. Kothe, Georg.

Kottaun (geb. Calliano), Anna, geb. um 1819 zu Mödling bei Wien, gest. 9. Juli 1881 zu Baden bei Wien, Tochter des Fabrikanten u. späteren Theaterdirektors Anton Calliano, ging frühzeitig zur Bühne u. wirkte unter dem Ps. Falkner als Jugendliche Sentimentale, später im älteren Fach. Seit 1842 Gattin des Komikers Leopold K.

Kottaun, Leopold, geb. 8. Sept. 1814 zu Wien (Todesdatum unbekannt), betrat 1831 die Bühne das. u. wirkte mehrere Jahre an verschiedenen österreichischen Bühnen, bis er 1847 die Direktion in Ödenburg übernahm. 1853 ging er als Regisseur an das Josefstädtertheater in Wien, dann nach Laibach,

führte 1855 abermals die Leitung des Theaters in Ödenburg, die er 1857 für kurze Zeit mit der Preßburgs verband, hatte 1866 die Direktion des Josefstädtertheaters neben den Bühnen in Ödenburg u. Baden bei Wien inne, übergab diese Sallmayer, kam zu seinem Schwager Joh. Bapt. Klerr (s. d.) an das Harmonietheater in Wien, dann nach Wiener-Neustadt u. war bis zu seinem Bühnenabschied 1875 Oberregisseur in Baden bei Wien. Gatte von Anna Calliano.

Kottenkamp, Walther, geb. 1889 zu Bielefeld, gest. 16. Juli 1953 zu Stuttgart, erhielt Schauspielunterricht beim Oberregisseur Fritz Basil (s. d.) in München, begann seine Bühnenlaufbahn 1906 in Bielefeld u. kam über Bochum, Iserlohn, Eutin, Apolda u. Jena 1912 nach Halberstadt, 1915 nach Köln, 1919 nach Bochum, wirkte 1925—45 als Schwerer Held u. Heldenvater am Stadttheater in Dresden u. seit 1947 als ständiger Gast am Staatstheater in Stuttgart. Hauptrollen: Paulus (Lagerkvists „Barrabas"), Lord (Wildes „Eine Frau ohne Bedeutung"), Tell, Götz, König Lear, Falstaff, Richter von Zalamea, Kottwitz u. a.

Literatur: H. M(issenharter), Zum Tode Kottenkamps (Stuttgarter Nachrichten Nr. 165) 1953.

Kottow, Hans, geb. 1875, gest. 1. Jan. 1932 zu Wien, war Schauspieler, Librettist u. Lustspieldichter das. Zeitweilig auch Theaterdirektor in Berlin.

Kottwitz von Kortschak, Gottfried Alexander Viktor (Ps. Gottfried Alexander), geb. 20. Mai 1857 zu Korneuburg in Niederösterreich (Todesdatum unbekannt), lebte als Offizier in Krakau u. Graz. Dramatiker.

Eigene Werke: Sozialisten (Drama) 1884; Haß u. Liebe (Schauspiel) 1884; Der Feudaldemokrat (Lustspiel) 1887; Im Schoße der Erde (Drama) 1887; Aus der Gesellschaft (Schauspiel) 1887; Die schlimme Jugend (Lustspiel) 1887; Weitmoser (Trauerspiel) 1887.

Kotz, Julius, geb. 7. Okt. 1836, gest. nach 1916, wirkte als Baßbuffo, Komiker u. Spielleiter in Köln u. jahrzehntelang am Stadttheater in Ulm. Hauptrollen: Komtur („Don Juan"), Fernando („Der Troubadour"), Bijou („Der Postillon von Lonjumeau"), Eremit („Der Freischütz"), Marquis („Madame Favart"), Hortensio („Die Regimentstochter") u. a.

Kotzebue, August (seit 1785) von, geb.
3. Mai 1761 zu Weimar, gest. 23. März 1819
zu Mannheim (vom Studenten Karl Sand
aus polit. Gründen erstochen), Sohn eines
Legationsrats, besuchte das Weimarer Gymnasium, studierte in Jena u. Duisburg, beschäftigte sich an beiden Orten mit der
Bühne u. mit der Einrichtung von
Liebhabertheatern, wurde 1780 Rechts-
anwalt in Weimar, 1781 Sekretär des
Generalingenieurs Böwe u. Direktor des
Deutschen Theaters in Petersburg, 1783
Gerichtsassessor in Reval, 1785 Präsident
des Gouvernementsmagistrats von Estland
(geadelt), gab 1790 anläßlich eines Aufenthalts im Bad Pyrmont unter dem Namen
A. v. Knigges (s. d.) eine viel erörterte
Satire gegen J. G. Zimmermann „Doktor
Bahrdt mit der eisernen Stirn" heraus. Hier-
auf übernahm er die Bewirtschaftung seines
Landgutes Friedenthal bei Reval. 1797
Theaterdichter in Wien, 1799 in Weimar,
1800 in Rußland verhaftet u. nach Sibirien
verschickt, jedoch bald wieder zurückberufen, mit einem Krongut in Livland be-
lehnt u. zum Theaterdirektor u. Hofrat in
Petersburg ernannt. 1802 in Berlin, Herausgeber des „Freimütigen", Kanonikus u. Mitglied der Akademie der Wissenschaften.
Nach 1806 wieder in Rußland, Herausgeber
der antinapoleonischen Zeitschriften „Die
Biene" (1808 f.) u. „Die Grille" (1811 f.).
1813 russ. Generalkonsul in Königsberg.
Gleichzeitig leitete er das dort. Theater,
wobei er sich des später als Possendichter
bekannten Louis Angely (s. d.) als Regisseur bediente. 1816 Staatsrat in Petersburg.
1817 mit einem hohen russ. Jahresgehalt
nach Deutschland entsendet, um „über alle
neuen Ideen, welche über Politik, Statistik,
Finanzen, Kriegskunst, öffentl. Unterricht
usw. in Deutschland u. Frankreich in Um-
lauf kämen" unmittelbar dem Zaren Alexander I. zu berichten. Hierauf lebte K. in
Berlin, Weimar, München u. Mannheim. Der
radikale Teil der Deutschen Burschenschaft
hielt ihn für einen Spion u. Verfolger ihrer
freiheitlichen Tendenzen. Daher Sands Tat.
Literarisch war K. ungemein fruchtbar.
Seine possenhaften, vielfach pikant-fri-
volen, technisch jedoch gewandten u. gern
übersetzten Komödien hielten sich lange
auf der deutschen Bühne. Seine „Deutschen
Kleinstädter" blieben Repertoirestück.
Rascher verging der Ruhm seiner Tragödien, Erzählungen u. übrigen Schriften. Von
der Beliebtheit Kotzebues als Theaterdichter zeigt, daß z. B. von 4156 Spieltagen

des Hoftheaters in Weimar unter Goethes
Leitung 658 auf ihn entfielen, obwohl er zu
dessen Gegnern zählte. Goethe äußerte sich
1809: „Wenn dieser K. den gehörigen Fleiß
in der Ausbildung seines Talents u. bei der
Ausfertigung seiner dramatischen Sachen
angewendet hätte, so könnte er unser
bester Lustspieldichter werden". 1857
schrieb Hermann Marggraff in den „Blättern für literar. Unterhaltung" von K.: „Sein
Name war gewiß nicht so geachtet wie
der Schillers oder Goethes, aber gewiß
noch bekannter, sein Einfluß ausgedehnter".
Nietzsche urteilte („Menschliches u. Allzu-
menschliches"): „Das eigentliche Theater-
talent der Deutschen war K.". 1950—51
wurden „Die beiden Klingsberg" im Burgtheater über 175 mal gespielt. Kein zeit-
genössisches Zugstück konnte sich damit
vergleichen. Der alte G. Hauptmann
schätzte K. hoch u. hielt ihn für „zu Unrecht mißachtet". — Kotzebue-Sammlungen
im Theater-Museum in Mannheim u. in der
dort. Schloßbücherei.
Eigene Werke: Der Eremit auf Formentera
(Schauspiel) 1784; Die väterliche Erwartung
(Schauspiel mit Gesang) 1788; Adelheid
v. Wulfingen, ein Denkmal der Barbarei des
13. Jahrhunderts (Trauerspiel) 1789; Menschenhaß u. Reue (Schauspiel) 1789; Die
Indianer in England (Lustspiel) 1789 (gedruckt 1790, darin die Gurli, Lieblingsfigur
in Claurens Hauptromanen); Doktor Bahrdt
mit der eisernen Stirn oder Die Deutsche
Union gegen Zimmermann (Schauspiel)
1790 (Neudruck Deutsche Literaturpasquille
1. Bd. 1907); Das Kind der Liebe (Schauspiel) 1790; Die Sonnenjungfrau (Schauspiel) 1791; Bruder Moritz, der Sonderling
(Lustspiel) 1791; Der weibliche Jakobiner-
klub (Polit. Lustspiel) 1791; Der Papagoy
(Schauspiel) 1792; Die edle Lüge (Schauspiel, Fortsetzung von Menschenhaß u.
Reue) 1792; Die jüngsten Kinder meiner
Laune 6 Bde. 1793—97; Sultan Wampum
oder Die Wünsche (Scherzspiel mit Gesang)
1794; Der Mann von vierzig Jahren (Lust-
spiel nach dem Französischen) 1795; Graf
Benjowsky oder Die Verschwörung auf
Kamtschatka (Schauspiel) 1795; Armut u.
Edelsinn (Lustspiel) 1795; Die Spanier in
Peru oder Rollas Tod (Trauerspiel) 1796;
Die Witwe u. das Reitpferd 1796; Die
Negersklaven (Hist. Drama) 1796; Der Ver-
läumder (Schauspiel) 1796; Der Bruderzwist
(Schauspiel) 1797; Schauspiele 5 Bde. 1797;
Der Wildfang (Lustspiel) 1798; Das Dorf im
Gebirge (Schauspiel mit Gesang) 1798; Der

Graf von Burgund (Schauspiel) 1798; Falsche Scham (Schauspiel) 1798; La Peyrouse (Schauspiel) 1798; Die Versöhnung (Schauspiel) 1798; Die Verwandtschaften (Schauspiel) 1798; Die Unglücklichen (Schauspiel) 1798; Der Opfertod (Schauspiel) 1798; Neue Schauspiele 1798—1820; Der alte Leibkutscher Peters des Dritten (Schauspiel) 1799; Der hyperboräische Esel oder Die heutige Bildung (Drast. Drama u. philos. Lustspiel für Jünglinge) 1799 (A. W. Schlegel beantwortete diese antiromantische Satire durch Ehrenpforte u. Triumphbogen für den Theaterpräsidenten v. Kotzebue bei seiner gehofften Rückkehr ins Vaterland 1800, eine Neuausgabe besorgte F. Blei 1907); Die silberne Hochzeit (Schauspiel) 1799; Die Corsen (Schauspiel) 1799; Üble Laune (Lustspiel) 1799; Johanna von Montfaucon (Romant. Gemälde) 1800; Das Schreibepult oder Die Gefahren der Jugend (Schauspiel) 1800; Der Gefangene (Lustspiel) 1800; Lohn der Wahrheit (Schauspiel) 1801; Das Epigramm (Lustspiel) 1801; Die kluge Frau im Walde oder Der stumme Ritter (Zauberspiel) 1801; Bayard (Schauspiel) 1801; Die Zurückkunft des Vaters (Vorspiel) 1801; Das neue Jahrhundert (Posse) 1801; Die beiden Klingsberg (Lustspiel) 1801; Oktavia (Trauerspiel) 1801; Gustav Wasa (Schauspiel) 1801 (Neudruck Deutsche Literaturdenkmale des 18. u. 19. Jahrhunderts Nr. 15); Der Besuch oder Die Sucht zu glänzen (Lustspiel) 1802; Des Teufels Lustschloß (Zauberoper) 1802; Almanach dramat. Spiele (Cleopatra, Tragödie — Unser Fritz, Schauspiel — Die schlaue Witwe oder Die Temperamente, Posse — Der Hahnenschlag, Schauspiel — Ariadne auf Naxos, Tragikom. Triodrama) 1803; Die Kreuzfahrer (Schauspiel) 1803; Die französischen Kleinstädter (Lustspiel nach Picard) 1803; Der Wirrwarr oder der Mutwillige (Posse) 1803; Hugo Grotius (Schauspiel) 1803; Der Schauspieler wider Willen (Lustspiel nach dem Französischen) 1803; Der Freimütige (Trauerspiel) 1803; Die deutschen Kleinstädter (Lustspiel) 1803 (Ort der Handlung ist das von K. aufgegriffene Krähwinkel); Don Ranudo de Colibrados (Lustspiel) 1803; Die Hussiten vor Naumburg im Jahre 1432 (Vaterländ. Schauspiel mit Chören) 1803; Almanach dramat. Spiele (Das Urteil des Paris, Komödie — Die Tochter Pharaonis, Lustspiel — Rübezahl, Schauspiel — Incognito, Posse — Die Uhr u. die Mandeltorte, Posse — Sultan Bimbambum oder Der Triumph der Wahrheit,

Komödie) 1804; Pagenstreiche (Posse) 1804; Eduard von Schottland oder Die Nacht eines Flüchtlings (Hist. Drama) 1804; Der tote Neffe (Lustspiel) 1804; Der Vater von ungefähr (Lustspiel) 1804; Almanach dramat. Spiele (Die hübsche kleine Putzmacherin, Lustspiel — Der Gimpel auf der Messe, Posse — Die Sparbüchse oder Der arme Kandidat, Lustspiel — Hygea, Vorspiel — Mädchenfreundschaft oder Der türkische Gesandte, Lustspiel — Der Trunkenbold, Lustspiel) 1805; Heinrich Reuß von Plauen oder Die Belagerung von Marienburg (Trauerspiel) 1805; Die Stricknadeln (Schauspiel) 1805; Fanchon, das Leiermädchen (Vaudeville nach Bouilly) 1805; Almanach dramat. Spiele (Die Beichte, Lustspiel — Die gefährliche Nachbarschaft, Lustspiel — Das Köstlichste, Schauspiel — Eulenspiegel, Schwank — Die Brandschatzung, Lustspiel — Das verlorene Kind, Schauspiel) 1806; Das Schmuckkästchen oder Der Weg zum Herzen (Schauspiel) 1806; Die Organe des Gehirns (Lustspiel) 1806; Blinde Liebe (Lustspiel) 1806; Carolus Magnus (Lustspiel) 1806; Der Russe in Deutschland (Lustspiel) 1806; Almanach dramat. Spiele (Der Samtrock, Lustspiel — Das liebe Dörfchen, Dramatisierte Idylle — Der Kater u. der Rosenstock, Lustspiel — Kaiser Claudius, Schauspiel — Das Lustspiel am Fenster, Posse — Das Standrecht, Schauspiel) 1807; dass. (Das Posthaus in Treuenbrietzen, Lustspiel — Der Leineweber, Schauspiel — Der Stumme, Lustspiel — Die Erbschaft, Schauspiel — Der Graf von Gleichen, Spiel für lebendige Marionetten — Der Deserteur, Posse) 1808; Das Gespenst (Schauspiel) 1808; Die Unvermählte (Drama) 1808; Ubaldo (Trauerspiel) 1808; Almanach dramat. Spiele (Die englischen Waren, Posse — Die Seeschlacht u. die Meerkatze, Posse — Das Landhaus an der Heerstraße, Fastnachtspiel — Der kleine Deklamator, Schauspiel — Der Hagestolz u. die Körbe, Intermezzo — Die Abendstunde, Drama) 1809; Das Intermezzo oder Der Landjunker zum erstenmale in der Residenz (Lustspiel) 1809; Die kleine Zigeunerin (Schauspiel) 1809; Der blinde Gärtner oder Die blühende Aloe (Liederspiel) 1809; Das Theater von Kotzebue 1810—20; Almanach dramat. Spiele (Herr Gottlieb Merks, Burleske — Pandorens Büchse, Burleske — Die Zerstreuten, Posse — Der häusliche Zwist, Lustspiel — Des Esels Schatten oder Der Prozeß in Krähwinkel, Lustspiel — Der Harem, Lustspiel) 1810; Der verbannte Amor oder Die

argwöhnischen Eheleute (Lustspiel) 1810;
Sorgen ohne Not u. Not ohne Sorgen (Lust-
spiel) 1810; Das arabische Pulver (Posse
nach Holberg) 1810; Pachter Feldkümmel
von Tippelskirchen (Fastnachtsposse) 1811;
Almanach dramatischer Spiele (Die Feuer-
probe, Lustspiel — Blind geladen, Lustspiel
— Der arme Minnesinger, Schauspiel —
Die Komödianten aus Liebe, Lustspiel —
Das zugemauerte Fenster, Lustspiel — Die
Glücklichen, Lustspiel) 1811; Die Belagerung
von Saragossa oder Pachter Feldkümmels
Hochzeitstag (Lustspiel) 1811; Die neue
Frauenschule (Lustspiel nach dem Französischen) 1811; Max Helfenstein (Lustspiel)
1811; Almanach dramat. Spiele (Feodora,
Singspiel — Die alten Liebschaften, Lust-
spiel — Das Thal von Almeria, Schauspiel
— Der Lügenfeind, Lustspiel — Die Quäker,
Schauspiel — Das unsichtbare Mädchen, In-
termezzo) 1812; Die Ruinen von Athen
(Nachspiel) 1812; Der Flußgott Niemen u.
Noch Jemand (Freudenspiel in Knittelversen
mit Gesang) 1812; Ungerns (!) erster Wohltäter (Vorspiel mit Chören zur Eröffnung des neuen Theaters in Pest, Musik
von Beethoven) 1812; Almanach dramat.
Spiele (Die Rosen des Herrn von Males-
herbes, Lustspiel — Die beiden Auvergna-
ten, Drama — Die Masken, Schauspiel —
Der arme Poet, Schauspiel — Das geheilte
Herz, Lustspiel — Die respektable Gesell-
schaft, Lustspiel) 1813; Ein Brief aus Cadix
(Drama) 1813; Belas Flucht (Schauspiel)
1813; Almanach dramat. Spiele (Der Fluch
eines Römers, Schauspiel — Die Nachtmütze
des Propheten Elias, Posse — Die seltene
Krankheit, Posse — Zwei Nichten für Eine,
Lustspiel — Braut u. Bräutigam in einer
Person, Posse) 1814; Noch Jemand's Reise-
Abenteuer (Tragikomödie, Seitenstück zum
Flußgott Niemen u. Noch Jemand) 1814;
Opernalmanach für das Jahr 1815 (Die Prinzessin von Cacambo — Pervonte oder Die
Wünsche — Die Alpenhütte — Hans Max
Giesbrecht von der Humpenburg oder Die
neue Ritterzeit — Der Käficht) 1815; Almanach dramat. Spiele (Der Kosak u. der Freiwillige, Liederspiel — Bäbbel oder Aus
zweien Übeln das kleinste, Posse — Der
schelmische Freier, Lustspiel — Die Rückkehr der Freiwilligen oder Das patriotische
Gelübde, Lustspiel — Wer weiß, wozu das
gut ist, Schwank — Der Shawl, Lustspiel)
1815; Almanach dramat. Spiele (Die Groß-
mama, Lustspiel — Der Verschwiegene
wider Willen, Lustspiel — Die Seelenwanderung oder Der Schauspieler wider

Willen, Lustspiel — Der Rehbock oder Die
schuldlosen Schuldbewußten, Lustspiel —
Der Schutzgeist, Dramat. Legende) 1816;
Der Westindier (Lustspiel) 1816; Rudolph
von Habsburg u. König Ottokar von Böh-
men (Hist. Schauspiel) 1816; Des Hasses u.
der Liebe Rache (Schauspiel) 1816; Der
Vielwisser (Lustspiel) 1817; Der Rothmantel
(Bühnenmärchen) 1817; Opernalmanach für
das Jahr 1817 (Die Brilleninsel — Der Kiff-
häuser Berg — Alfred — Die hölzernen
Säbel); Der Capitain Belronde (Lustspiel
nach Picard) 1817; Almanach dramat. Spiele
(Der Ruf, Dramat. Lehrgedicht — Der
Zitherschläger u. das Gaugericht, Lustspiel
— Die Bestohlenen, Lustspiel — Der gerade
Weg der beste, Lustspiel) 1817; Gisela
(Schauspiel) 1818; Das Taschenbuch (Drama)
1818; Der deutsche Mann u. die vornehmen
Leute (Sittenbild) 1818; Almanach dramat.
Spiele (Die Wüste, Drama — Der Frei-
maurer, Lustspiel — U.A.w.g. oder Die
Einladungskarte, Schwank — Marie, Dra-
mat. Idylle — Der Spiegel oder Laß das
bleiben, Lustspiel — La Peyrouse, Schau-
spiel) 1818; Neue Schauspiele (Hermann u
Thusnelda, Oper — Menschenhaß u. Reue,
umgearb. — Der entlarvte Fromme oder
Ein Pröbchen vom Zeitgeiste, Lustspiel —
Pfalzgraf Heinrich, Trauerspiel) 1819; Almanach dramat. Spiele (Die Verkleidungen,
Posse — Der fürstliche Wildfang oder Fehler u. Lehre, Lustspiel — Die Rosen-
mädgen, Kom. Oper — Selbstmörder, Drama) 1819; dass. (Die eifersüchtige Frau,
Lustspiel — Verlegenheit u. List, Lustspiel — Die Frau vom Hause, Lustspiel)
1820; Sämtl. dramat. Werke 44 Bde. 1827—
1829; Theater 40 Bde. 1840 f. (mit biogr.
Nachrichten); Auswahl dramat. Werke
10 Bde. 1867 f.

Behandlung: Ludwig *Hiepe*, Kotzebue u.
Sand (Versuch einer dramat.-mimischen
Darstellung) 1820; Heinrich Freih. v. *Stein*,
S. (Geschichtl. Szene) o. J.; Franz *Kaibel*,
Die Sands in die Kotzebues (Pol. Drama)
1907; K. H. *Strobl*, Sand (Tragödie) 1926;
E. *Penzoldt*, Sand (Schauspiel) 1931.

Literatur: Ludwig *Geiger*, A. v. Kotzebue
(A. D. B. 16. Bd.) 1882; Wilhelm v. *Kotzebue*, A. v. K. Urteile der Zeitgenossen u.
der Gegenwart 1884; Jakob *Minor*, Über K.
1894; Ernst *Jäckh*, Studien zu Kotzebues
Lustspieltechnik 1899; G. *Rabany*, K., sa
vie et son temps, ses oeuvres dramatiques
1903 (dazu J. Minor in den Göttinger Gelehrten Anzeigen 1894); Guido *Glück*,
Kotzebues Schutzgeist u. seine Bearbeitung

durch Goethe (Progr. Lundenburg) 1907;
ders., Kotzebues Rudolf von Habsburg
(Ebda.) 1910; Gerhard *Stenger*, Goethe u. K.
(Breslauer Beiträge 22. Bd.) 1910; J. *Minor*,
K. als Lustspieldichter (Bühne u. Welt
13. Jahrg.) 1911; Hermann *Kienzl*, Ein Brief
der F. Bethmann-Unzelmann an K. (Bei-
träge zur Literatur- u. Theatergeschichte =
Festgabe L. Geiger) 1918; Karl *Konrad*,
Erscheinungen an Herrn v. Kotzebues
Leiche u. bei K. Sand (Burschenschaftl.
Blätter 38. Jahrg.) 1924; L. F. *Thompson*,
A. K. Survey of his Progress in France and
England 1929; J. *Prinsen*, Het Drama in de
18. eeuw in West-Europa 1931; Albert *Lud-
wig*, K. u. Delavigne (Herrigs Archiv
162. Bd.) 1932; Karl *Schultze-Jahde*, Zur
Verfasserfrage der Kotzebueana (Ebda.
163. Bd.) 1933; A. E. *Coleman*, K. in tsche-
chischer Übertragung (Zeitschrift für slav.
Philologie 11. Bd.) 1934; A. W. *Holzmann*,
Family relationship in the drama of K.
(London) 1936; R. L. *Kahn*, K. His Social
and Political Attitudes: The Dilemma of a
Popular Dramatist in Times of Social
Change (Diss. Toronto) 1950; Heinrich
Röttinger, Rostands Cyrano u. K. (Der
Wächter Nr. 1) 1952 u. a.

Kotzky, Josef Friedrich, geb. 21. Aug. 1856
zu Karlsbad, gest. 18. Dez. 1917 zu Goslar,
einer ursprünglich Kotzian heißenden
Theaterfamilie entstammend, Sohn des in
Karlsbad, Innsbruck, Linz u. Salzburg
tätigen Theaterdirektors Josef K. u. seiner
Gattin, der in Köln geb. Schauspielerin
Luise Maria Detroit, Großneffe Heinrich
Marschners (s. d.), wurde am Mozarteum in
Salzburg musikalisch ausgebildet u. wirkte
1882 als Kapellmeister in Graz, 1884 als
Operndirigent in Augsburg, 1886 wieder in
Graz u. 1887 in Hannover, wo er, um die
künstlerische Entwicklung des dort. Hof-
theaters sehr verdient, 1908 seinen Ab-
schied nahm.
Literatur: Th. W. *Werner*, J. Kotzky
(Niedersächs. Lebensbilder 1. Bd.) 1939.

Koudelka-Hamm, Laura s. Hamm, Adolf.

Koutensky, Richard, geb. 9. Okt. 1883 zu
Wien, gest. 30. Dez. 1925 zu München, war
Naturbursche, Komiker u. Sänger, 1914—25
am Volkstheater in München. Hauptrollen:
Zwirn („Lumpazivagabundus"), Kissling
(„Pension Schöller"), Sterneck („Der Raub
der Sabinerinnen"), Waacknitz („Husaren-
fieber") u. a.

Kowa, Viktor de s. Kowalski, Viktor.

Kowalski (Ps. de Kowa), Viktor, geb.
8. März 1904 zu Hohkirch-Görlitz in Preuß.-
Schlesien, Sohn eines sächs. Ministerialbeamten, humanistisch unterrichtet, bildete
sich zum Plakat- u. Modezeichner u. beim
Staatsschauspieler Erich Ponto für die
Bühne aus, debütierte am Waldtheater in
Schland an der Spree, dann am Staatstheater in Dresden u. kam über Frankfurt a. M.
u. Hamburg 1929 nach Berlin, wo er an den
Rotter- bzw. Barnowskybühnen spielte u.
a. neben Heinrich George. 1945 eröffnete
er die dort. „Kleine Tribüne". 1949 unternahm er eine Gastspielreise nach Argentinien. Auch literarisch trat er hervor u. a.
mit Bühnenstücken. Hauptrollen: John
Worthmann (Wildes „Bunbury"), Figaro
(in Beaumarchais' „Ein toller Tag"), Lord
Göring (Wildes „Ein idealer Gatte") u. a.
K. war in erster Ehe mit der Schauspielerin
Ursula Grabley, in zweiter mit der Schauspielerin Luise Ullrich u. in dritter mit der
japanischen Sängerin Michiko Tanaka verheiratet.
Eigene Werke: Schön ist die Welt (Lust-
spiel) 1938; Allerlei von Liebe — Vom Mai
— Eifersucht ist eine Leidenschaft (Komö-
dien) 1940; Florian ist kein schlechter Kerl
(Komödie) 1941.
Literatur: Hans Joachim *Schlamp*, V. de
Kowa (Künstlerbiographien 9. Bd.) o. J.;
H. E. *Weinschenk*, V. de K. (Schauspieler
erzählen) 1941; W. *K.*, V. de K. fünfzig (Der
Tagesspiegel, 1. Beiblatt 7. März) 1954.

Kowalsky, Eduard, geb. 1830 zu Berlin,
gest. 20. April 1887 zu Lauchstädt, war
Schauspieler in Dessau 1858—63, Braunschweig 1863—69, Stettin 1869—70, Düsseldorf 1870—71, Bremen 1871—77 u. a.
Hauptrollen: Soest („Egmont"), Ruodi
(„Wilhelm Tell"), Habelmann („Drei Monate nach Dato"), Brimborius („Das Stiftungsfest") u. a.

Kraatz, Curt, geb. 12. Sept. 1856, gest.
30. April 1925 zu Wiesbaden. Bühnenschriftsteller.
Eigene Werke: Bocksprünge (Schwank)
o. J.; Logenbrüder (Schwank) o. J.; Der
Hochtourist (Schwank) o. J.; Die Hamburger
Filiale (Schwank) o. J.; Die Frau, von der
man spricht (Lustspiel) o. J. u. a.

Kracher, Ferdinand, geb. 13. Okt. 1846 zu
Wien (Todesdatum unbekannt), betrat be-

reits 1863 als Schauspieler die Vorstadtbühne Meidling bei Wien, kam 1865 nach
Komorn, dann nach Tyrnau, Innsbruck u.
Würzburg, 1869 ans Carltheater in Wien u.
1881 ans Burgtheater. Außerdem wirkte er
seit 1892 am dort. Konservatorium. Auch
als Verfasser von Volksstücken trat er hervor. Seine Tochter Marianne K. war Opernsängerin in Linz a. d. Donau.
Eigene Werke: Maria Theresia u. der Pandurenoberst Trenck (Volksschauspiel) 1892;
Feldmarschall Laudon oder Der Krämer von
Hadersdorf (Histor. Zeitbild) 1892.

Kracher, Marianne s. Kracher, Ferdinand.

Krack, Walter, geb. 13. Mai 1884 zu Königsberg in Preußen, gest. 19. Dez. 1914
(gefallen im Osten), humanistisch gebildet,
zuerst Kaufmannslehrling, ließ sich dann in
seiner Vaterstadt für die Bühne ausbilden,
begann seine Laufbahn mit 19 Jahren als
Charakterdarsteller am Neuen Schauspielhaus das. u. ging drei Jahre später nach
Milwaukee (hier auch Spielleiter). Auf dem
Waldfriedhof des Ostseebades Cranz
wurde ihm ein Denkmal gesetzt mit seinem
Wahlspruch als Inschrift: „Wem nicht immer etwas mehr wert ist als das Leben,
dem ist das Leben nichts wert". Hauptrollen: Shylock, Harpagon, Konsul Bernick
u. a.

Kraefft, Hermine (Ps. Minnie Cortese), geb.
1872 zu Chicago, gest. 7. Juli 1903 zu
Wien, Tochter eines Großindustriellen, debütierte 1894 in Wien u. war 1895—99 Mitglied der Hofoper in Berlin. Hauptrollen:
Manon, Rosine u. a.

Krägel, Antonie s. Lanius, Christian.

Krägel, Josef, geb. 25. Jan. 1853 zu Oettingen in Bayern, gest. um 1930 zu Wien,
Sohn eines Theaterdirektors, begann seine
Bühnenlaufbahn 1874 in Ingolstadt, kam
als Jugendlicher Liebhaber im Sprechstück
u. Baßbuffo in Oper u. Operette über Kaufbeuren, Posen, Görlitz, Freiburg im Brsg.,
Budapest, Salzburg, Linz, Teplitz u. Augsburg 1886 ans Gärtnerplatztheater in München, 1887 ans Hoftheater in Mannheim,
kehrte 1888 wieder nach München zurück
u. wirkte hier zuerst am Hoftheater, dann
am Gärtnerplatztheater, wo er auch Regie
führte. 1892 erhielt er einen Ruf ans Carltheater in Wien, 1893 ans dort. Raimundtheater, wo er selbst Charakter- u. Väter-

rollen übernahm. Seit 1898 war er Mitglied
des Kaiser-Jubiläums-Stadttheaters das. K.
trat auch als Komponist von Operetten
(„Die Zuaven", „Die Dorfschwalbe") hervor.
Literatur: Eisenberg, J. Krägel (Biogr.
Lexikon) 1903.

Kräger, August, geb. 1880, gest. im April
1927 zu Essen, war viele Jahre Opernsänger das. sowie in Regensburg u. a.
Hauptrollen: Bartolo, Beckmesser, Alcindor
(„Die Bohème"), Reich („Die lustigen Weiber von Windsor"), Jarno („Mignon"),
Wangenheim („Der Bettelstudent") u. a.

Kraehe, Julius (Geburtsdatum unbekannt),
gest. 15. Okt. 1906 in der Irrenanstalt Niet-
leben, wirkte u. a. als Hofschauspieler in
Weimar. Hauptrollen: Hohenzollern („Prinz
Friedrich von Homburg"), Attalus („Weh
dem, der lügt"), Hell („Der Pfarrer von
Kirchfeld"), Karl („Die Jungfrau von Orleans") u. a.

Krähl, Alfred, geb. 16. Dez. 1841 zu Brünn,
gest. 20. Mai 1909 zu Blankenhain, war
Schauspieler u. a. in Oldenburg. Hauptrol-
len: Barbeaud („Die Grille"), Azur („Der
Verschwender"), Antonio („Was ihr wollt"),
König („Der Traum ein Leben"), Friedrich
Wilhelm („Zopf u. Schwert") u. a.

Krähmer, Adalbert, geb. 3. Okt. 1857 zu
Augsburg, gest. 21. März 1895 zu Regens-
burg, wirkte als Opernsänger in Basel,
Chemnitz u. a., zuletzt am Stadttheater in
Regensburg. Hauptrollen: Bassi („Ales-
sandro Stradella"), Sarastro („Die Zauber-
flöte"), Bertram („Robert der Teufel"),
Orovist („Norma").

Krähmer, Christian (Geburtsdatum unbe-
kannt), gest. 26. Nov. 1923, war Sänger in
Bremen, Braunschweig, Berlin (Kroll-Thea-
ter), zuletzt auch Oberspielleiter der Oper
in Frankfurt a. M. Hauptrollen: Masetto
(„Don Juan"), Brander („Faust"), Tobias
(„Undine"), Bassi (Alessandro Stradella"),
Diego („Die Afrikanerin") u. a.

Krähwinkel, Schauplatz von Jean Pauls
„Das heimliche Klaglied der jetzigen Männer" 1801, von Kotzebue in seinem Lustspiel „Die deutschen Kleinstädter" 1803
aufgegriffen, in seiner Schrift „Des Esels
Schatten oder Der Prozeß in Krähwinkel"
(Almanach dramat. Spiele für 1810) aber-

mals gebraucht, setzte sich seither als Bezeichnung für ein Klatsch- u. Spießernest allgemein durch.

Krämer, Alfons (Ps. Hans Tröpfle), geb. 21. Jan. 1865 zu Kleinkötz in Bayern, war jahrzehntelang Lehrer bzw. Bezirksoberlehrer in Kempten. Lyriker u. Dramatiker.

Eigene Werke: Weihnachtsmärchen (Schauspiel für Kinder) 1900; Die Heinzelmännchen (Märchenspiel) 1904; Vermißt (Oberbayr. Volksstück) 1906; Ein Maskenfest (Lustspiel) 1909; Frau Schule (Festspiel) 1909; Vor Paris (Festspiel) 1910; Unterm Christbaum (Weihnachtsspiel) 1910.

Kraemer, August, geb. 21. Aug. 1841 zu Wien (Todesdatum unbekannt), Sohn eines Realitätenbesitzers, studierte in Halle, war dann landwirtschaftlicher Beamter, wollte sich jedoch der Bühne zuwenden, erhielt seine gesangliche Ausbildung in Wien u. Mailand u. trat 1878 als Opernsänger („Faust") in ital. Sprache in Turin auf. Sein weiterer Weg führte ihn über Brünn, Graz, Rotterdam, Haag, Amsterdam, Neuyork, Chicago, Cleveland, St. Louis u. Moskau zuletzt wieder nach Graz, wo er 1887—95 an der dort. Bühne vorwiegend lyrische Tenorpartien übernahm u. zuletzt eine Schule für Opern- u. Konzertgesang leitete. Hauptrollen: Tamino, Belmonte, Don Octavio, Lyonel, Max u. a. Gatte der Sängerin Marie Widl.

Kraemer, Emanuel geb. 2. März 1857, gest. 12. April 1929 zu Krefeld, war seit 1874 bühnentätig u. a. in Troppau, Olmütz, seit 1899 am Stadttheater in Krefeld. Mitschüler von Josef Kainz. Hauptrollen: Korff („Der Probekandidat"), Pfarrer („Die versunkene Glocke"), Egeus („Ein Sommernachtstraum"), Attinghausen („Wilhelm Tell") u. a.

Krämer, Karl Heinrich, geb. 31. Jan. 1918 zu Düsseldorf, Sohn eines Oberingenieurs, studierte in Bonn u. Frankfurt Germanistik u. Staatswissenschaften, war jahrelang Soldat u. promovierte dann in Bonn zum Doktor der Philosophie. Seit 1946 lebte er in Mehlem am Rhein. Außer Gedichten u. Erzählungen verfaßte er Laienspiele.

Eigene Werke: Bruder Tod 1948; Die Zaubergeige 1950; Der Weg zum Glück 1950; Die Flamme Gottes 1951; Das Licht über der Düne 1951.

Krämer (Krämer-Helm), Max, geb. 17. April 1861, begann seine Bühnenlaufbahn 1892 in Düsseldorf, wirkte 1893—96 in Bremen, 1897 bis 1898 in Leipzig, 1899—1900 in Brünn u. seit 1891 in Mainz, war um die Jahrhundertwende einer der gefeiertsten Heldentenöre in Europa, sang bei der Uraufführung der „Salome" in Dresden den Narraboth u. war noch mit 90 Jahren als Gesangslehrer in Wien tätig. Hauptrollen: Siegfried, Siegmund, Masaniello, Florestan, Faust, Othello, Raoul, Radames, Evangelimann, Max, Turiddu u. a.

Kraemer, Maximilian, geb. 25. März 1863 zu Breslau, gest. 5. Juni 1896 das., war Redakteur der „Lustigen Blätter" in Berlin. Bühnenschriftsteller.

Eigene Werke: Cavalleria Berolina (aufgeführt) 1891; Mann mit 100 Köpfen (aufgeführt) 1891; Yvette (mit C. Laufs, aufgeführt) 1892.

Krämer-Helm, Max s. Krämer, Max.

Kraemer-Widl, Marie, geb. 3. Febr. 1860 zu Znaim, gest. 1. April 1926 zu Graz, Tochter eines Realitätenbesitzers, besuchte das Konservatorium in Wien, debütierte 1876 als Elisabeth im „Tannhäuser" das., kam 1877 nach Leipzig, dann nach Hamburg, Rotterdam u. Amerika, trat 1888—93 als Gast in Graz auf, wo sie August K. (s. d.) heiratete u. an seiner Gesangschule teilnahm. Hauptrollen: Brünnhilde, Walküre, Elsa, Ortrud, Venus, Senta, Fidelio, Donna Anna, Pamina, Agathe, Norma u. a.

Kräpelin, Karl, geb. 5. Okt. 1817 zu Wittenburg in Mecklenburg-Schwerin, gest. 8. Aug. 1882 zu Potsdam, Sohn eines Rektors, humanistisch gebildet, studierte in Berlin zuerst Theologie, dann Musik, war seit 1839 Opernsänger (Baß) u. Väterdarsteller am Hoftheater in Neustrelitz u. nach dessen Auflösung Musiklehrer u. Konzertsänger das. Als Reuter-Vorleser seit seinem ersten Auftreten in Hamburg 1863 allgemein anerkannt.

Literatur: C. F. *Müller,* K. Kräpelin (A. D. B. 17. Bd.) 1883.

Kraetky, Meta (Geburtsdatum unbekannt), gest. im Mai 1919 zu Coburg, war zuerst Choristin am Krollschen Theater in Berlin, 1894 in Düsseldorf u. seit 1896 als Schauspielerin langjähriges Mitglied des Hof- bzw. Landestheaters in Coburg.

Kraetzer, Adolf, geb. 31. Okt. 1879 zu Darmstadt, studierte in Bonn u. Berlin (Doktor der Rechte), organisierte 1914—18 Opern- u. Konzertaufführungen in Berlin, Brüssel, Bukarest u. a., war hierauf Intendant des Hoftheaters in Darmstadt u. 1921 bis 1924 des Nationaltheaters in Mannheim. Theaterkritiker verschiedener Berliner Tageszeitungen, 1921—23 Herausgeber der Zeitschrift „Rheinische Thalia" in Mannheim.

Kräuser, Martin s. Kaderzabe(c)k, Martin.

Krafft, Edmund, geb. 17. Febr. 1822 zu Berlin, gest. 7. Okt. 1898 zu Sondershausen, Sohn eines Kassenbeamten, ging frühzeitig zur Bühne u. spielte neben Grobecker u. L'Arronge am Königstädtischen Theater in Berlin Jugendliche Rollen, kam dann über Posen, Breslau, Bremen u. Aachen nach Leipzig, wo er das Vaudeville-Theater leitete u. schließlich nach Sondershausen. Gatte der Soubrette Marie Lange.

Krafft-Lortzing, Albert, geb. 10. April 1893 zu Breslau, Sohn des Folgenden, Urenkel Albert Lortzings, trat 1913 erstmals in Steyr bei Linz auf, 1915—16 am Stadttheater in Dortmund, 1916—17 als Erster Opernbuffo in Augsburg, 1917—18 am Hoftheater in Karlsruhe, drei Jahre als Operettensänger in München, hierauf in Köln, Berlin (Nollendorftheater) u. in Braunschweig, wo er die Leitung des Operettentheaters Wilhelmsgarten übernahm. Hauptrollen: Wenzel („Die verkaufte Braut"), Zitterbart („Der Evangelimann"), Basilio („Figaros Hochzeit"), Beppo („Fra Diavolo"), Pietro („Boccaccio") u. a.

Krafft-Lortzing, Carl (Geburtsdatum unbekannt), gest. 21. Juli 1923 zu München, Enkel Albert Lortzings, war Kapellmeister u. Opernkomponist. Vater des Vorigen.

Eigene Werke: Die Löwenbraut 1886; Die drei Wahrzeichen (Das Turnier zu Kronstein) 1891; Der Goldschuh 1905; Frau Hitt 1909.

Krafft-Lortzing, Caroline, geb. 8. März 1828 zu Münster, gest. im Sept. 1917 zu München-Pasing, Tochter von Albert L., Mutter des Kapellmeisters Carl K.-L., wirkte in ihrer Jugend als Schauspielerin.

Kraft, Amalie, geb. 1840 zu Dresden, gest. 13. Aug. 1869 zu Pötzleinsdorf bei Wien, betrat mit 16 Jahren in Hamburg erstmals die Bühne, wirkte 1858—60 als Soubrette am Friedrich-Wilhelmstädtischen Theater in Berlin, sang dann Opernpartien am Hoftheater in Kassel, wandte sich jedoch 1862 ausschließlich der Operette zu, zuerst am Thaliatheater in Hamburg u. vor allem seit 1864 am Carltheater in Wien war sie der unbestrittene Liebling des Publikums. In Stücken Offenbachs fand sie ihr eigentliches Betätigungsfeld. Suppé schrieb für sie „Die schöne Galathee". Leider bereitete ein leichtsinniges Leben ihrem Dasein ein frühes Ende. Tochter des Folgenden.

Literatur: Wurzbach, A. Kraft (Biogr. Lexikon 13. Bd.) 1865; *Eisenberg,* A. K. (Biogr. Lexikon) 1903.

Kraft, Andreas, geb. 27. Okt. 1811 zu Eichenbarleben, gest. 8. Nov. 1881 zu Berlin, war Schauspieler am Reunionstheater das. Vater der Vorigen.

Kraft, Angelika s. Kindertheater.

Kraft, Carl, geb. um die Jahrhundertwende, kam von Duisburg-Bochum über Düsseldorf als Chefmaskenbildner 1939 an die Staatstheater in Berlin, wo er bis 1945 tätig blieb u. leitete seit 1950 die Maskenabteilung am Braunschweigischen Staatstheater. Auch Mitarbeiter der Bayreuther Festspiele, sowie Lehrer an der Immermann-Schauspielschule in Düsseldorf u. an der Opernschule in Berlin.

Kraft, Josef, geb. 1838, gest. 24. Juli 1903 zu Danzig, gehörte als Schauspieler seit 1861 österr. Bühnen an, seit 1887 dem Stadttheater in Danzig. Hauptrollen: Volk („Das bemooste Haupt"), Just („Minna von Barnhelm"), Paulet („Maria Stuart"), Embden („Uriel Acosta") u. a.

Kraft, Zdenko von, geb. 7. März 1886 zu Gitschin in Böhmen, Offizierssohn, studierte an der Technischen Hochschule in Wien, betätigte sich zwei Jahre als Statist am Burgtheater u. seit 1912 unter Ganghofers Einfluß als freier Schriftsteller. Weite Reisen führten ihn durch Europa von Island bis Italien. 1915—18 nahm er am Ersten Weltkrieg teil. Hierauf ließ er sich in Wien, dann in Oberösterreich u. schließlich in Württemberg nieder, 1921 in Stuttgart, später in Beuren u. 1936 im benachbarten Neckartailfingen. Erzähler u. Dramatiker.

Eigene Werke: Starke Herzen (3 Einakter)

1910; Richard Wagner (Roman-Trilogie: Barrikaden — Liebestod — Wahnfried) 1920 bis 1922; Wanderer (Schauspiel) o. J.; Drei Wetten um Eva (Lustspiel) o. J.; Frau — um jeden Preis (Lustspiel) 1933; Steht das im Programm? (Lustspiel) 1933; Zwischen Abend u. Morgen (Schauspiel) 1934; Maria Garland (Schauspiel) 1935; Matuschka (Schauspiel) 1936; Grabbe kehrt heim (Novelle) 1936; Große Rosinen (Lustspiel) 1937; Zweimal van Gogh (Komödie) 1938; Das Todeslied (Schauspiel) 1939; Die drei Jungfrauen von Orleans (Lustspiel) 1940; Welt u. Wahn (Volksauszug der Wagner-Triologie 1. Bd.) 1940; Kabinettskrise in Ischl (Lustspiel) 1941; Frau Ajas Puppenspiele (Lustspiel) 1944.

Kraftmeier im Drama.
Literatur: Karoline *Urstadt,* Der Kraftmeyer im deutschen Drama von Gryphius bis zum Sturm u. Drang (Diss. Leipzig) 1926.

Kraftstelle in Goethes Götz (Urfassung vom September 1771, 3. Akt, 4. Szene: Im Arsch' lecken).
Literatur: F. A. *H.,* Die Kraftstelle des Götz in der Literatur (Jahrbuch der Sammlung Kippenberg 7. Bd.) 1927.

Krahl, Hilde s. Liebeneiner, Hilde.

Krahn, Maria s. Hinrich, Maria.

Krahner, Karl, geb. 13. Jan. 1902 zu Berlin, lebte das. als Buchhändler u. Schriftsteller. Auch Verfasser von Bühnenstücken.
Eigene Werke: Armer Bajazzo (Drama) 1924; Dämon Schicksal (Drama) 1925; Der Doppelgänger (Schwank) 1925; Die Stimme des Gewissens (Schauspiel) 1927; An die falsche Adresse (Schwank) 1927; Der ewige Student (Lustspiel) 1927; Frühlingsgewitter (Schauspiel) 1927; Augen auf! (Posse) 1929; Waldeslust (Volksstück) 1930; Schwarzbrot u. Schokoladentorte (Märchenspiel) 1947; Sie kommen mir so bekannt vor (Schwank) 1947; Goldelse (Schauspiel) 1950; Die Klippe (Schauspiel) 1951 u. a.

Kraiger, Grete, geb. 6. Febr. 1906 zu Klagenfurt, gest. 14. Sept. 1953 zu Hannover, Kaufmannstochter, besuchte die Akademie für Musik u. darstellende Kunst, begann ihre Laufbahn als Opernsängerin in Brünn, wirkte dann in Magdeburg, Königsberg, Hannover, Bayreuth u. gab Gastspiele in vielen Städten des deutschen Sprachgebiets.

Hauptrollen: Leonore, Isolde, Brünnhilde, Marschallin, Gertrud, Aida, Senta u. a.

Krakau, Hauptstadt Polens, sah schon Ende des 18. Jahrhunderts deutsche Wandertruppen. 1790 spielte Karl Wothe das., 1797 bat Franz Scherzer um Anweisung eines Gebäudes für seine Gesellschaft. Die Zuzüge deutscher Theatertruppen, die hauptsächlich mit dem Besuch der Garnison u. der deutschen Beamtenschaft rechneten, dauerten lange fort. Seit 1842 führte Graf Stanislaus Skarbeck die Verwaltung des Theaters, der in der Woche viermal deutsche u. dreimal polnische Aufführungen veranstaltete. 1848 bis 1851 leitete es Jos. Pellet, hierauf Carl Gaudelius, 1854 A. Varzy, 1855—58 Jos. Glöggl u. bis 1865 Wilhelm Schmid. 1872 wurde die letzte deutsche Vorstellung unter der Direktion von Anna Löwe in K. gegeben.
Literatur: *Anonymus,* Theatergesetze des K. K. Theaters zu Krakau unter Direktion des Herrn Carl Gaudelius 1854.

Kraks, Andreas (Ps. Andreas Einer, Daten unbekannt), wirkte als namhafter Liebhaber u. Held 1786—89 in Weimar bei der Bellomoschen Gesellschaft, 1790—91 bei der Wäserschen Gesellschaft u. 1791—92 unter Goethes Leitung.

Kralik Ritter von Meyrswalden, Heinrich, geb. 27. Jan. 1887 zu Wien, Sohn des Folgenden, studierte in Wien (Doktor der Philosophie), wurde 1912 Musikreferent der „Wiener Zeitung" u. 1918 des „Neuen Wiener Tagblatts".
Eigene Werke: Opern- u. Musikführer für sämtliche klass. u. romant. Opern (Tagblatt-Bibliothek) o. J.; Aus Eduard Hanslicks Wagner-Kritiken 1947.

Kralik Ritter von Meyrswalden, Richard (Ps. Roman), geb. 1. Okt. 1852 zu Eleonorenhain im Böhmerwald, gest. 5. Febr. 1934 zu Wien, studierte 1870 das. (die Rechte), in Bonn (Philologie) u. Berlin (Geschichte), wurde Doktor der Rechte u. ließ sich als freier Schriftsteller dauernd in Wien nieder. Polyhistor u. Dichter. In Verbindung mit der „Österr. Leo-Gesellschaft" suchte er seit 1893 den Festspielgedanken, offenbar in einer Art Übereinstimmung mit dem von ihm verehrten R. Wagner, doch durchaus volkstümlich durchzuführen.
Eigene Werke: Die Türken vor Wien (Schauspiel) 1883; Adam (Schauspiel) 1883;

Deutsche Puppenspiele 1884; Maximilian (Schauspiel) 1885; Kraka (Lustspiel) 1893; Weihnachtsspiel (Mysterium) 1893; Osterfestspiele 3 Bde. 1894; Volksschauspiel von Doktor Faust, erneuert 1895; Kaiser Marc Aurelius in Wien (Drama) 1897; Veronika (Drama) 1898; Rolands Tod (Trauerspiel) 1898; Rolands Knappen (Lustspiel) 1898; Die Erwartung des Weltgerichts (Drama) 1898; Schatzung in Bethlehem (Drama) 1900; Der Dichtertrank (Drama) 1904; Medelika (Festspiel) 1904; Das Veilchenfest zu Wien (Drama) 1905; Die Ähren der Ruth (Drama nach Calderon) 1905; Donaugold (Drama) 1905; Geheimnisse der Messe (Drama nach Calderon) 1906; Rettung der Heimat (Drama) 1907; Revolution (7 Dramen) 1908; Der hl. Parnaß (Drama nach Calderon) 1909; Der hl. Gral (Drama) 1912; Der letzte Ritter (Drama) 1912; Merlin (Drama) 1913; Shakespeare 1916; Tage u. Werke (Lebenserinnerungen) 1922; Kaiser Julianus (nach Hans Sachs) 1923; u. der Wiener Kaspar 1925; Die Eherne Schlange (nach Calderon) 1926; Der halbe Freund (nach Hans Sachs) 1927; Prinzessin Gottesminne (Drama) 1927; Das Herz für Maria (Drama) 1927; Das große Welttheater (nach Calderon) 1927; Der wahre Samaritan (Drama) 1927; Gehet zu Josef (Drama) 1927; Neue Tage u. neue Werke (Fortsetzung der Lebenserinnerungen) 1927 u. a.
Literatur: A. *Innerkofler,* R. v. Kralik 1900 (2. Aufl. 1912); H. M. *Truxa,* R. v. K. 1905; Josef *Nadler,* K. der Dichter (Der Gral 4. Jahrg.) 1909 f.; Edith *Raybould,* Kraliks Bemühungen um deutsche Heldensage u. deutsches Mysterienspiel (Schönere Zukunft Nr. 41) 1937—38; Margarete *Clauss,* Die Hinwendung zum Mysterienspiel bei neueren deutschen Dichtern 1938; Maria *Dobrawsky,* R. K. u. das Puppenspiel (Diss. Wien) 1952.

Krall, Carl, geb. 1862, gest. 9. Febr. 1907 zu Frankfurt a. M., wirkte als Komiker in Amsterdam, Oldenburg, Hamburg, am Trianon- u. Lessingtheater in Berlin, zuletzt am Stadttheater in Frankfurt a. M. Hauptrollen: Sebastian („Preziosa"), Selbitzer („Jägerblut"), Artemidorus („Julius Caesar"), Basque („Der Misanthrop") u. a.

Krall, Emilie, geb. 12. Aug. 1843 zu Loschwitz bei Dresden, gest. 21. Juni 1900 zu Wien, war Schauspielerin in St. Gallen, am Deutschen Volkstheater in Wien u. am dort. Raimundtheater. Hauptrollen: Asta („Der Hypochonder"), Sabine („Großstadt-

luft"), Elisabeth („Don Carlos"), Elsa („Reif-Reiflingen"), Agnes („Die Jungfrau von Orleans") u. a.

Krall, Max, geb. 13. Juli 1877, gest. 12. Jan. 1913 zu Wien, war Sänger an zahlreichen österreichischen Bühnen wie Bielitz, Olmütz, Kronstadt, Innsbruck, Teplitz, Czernowitz u. a. Hauptrollen: Tristan („Martha"), Pali („Der Zigeunerbaron"), Bourdon („Der Postillon von Lonjumeau") u. a.

Kramer, Elise s. Hirschberg, Elise.

Kramer, Ferdinand, geb. 1816 zu Bamberg, gest. 29. April 1888 zu Dresden, Sohn u. Schüler des Schauspielers Ludwig K., begann seine Bühnenlaufbahn 1833 in Wurzen bei Leipzig, zog dann mit der Wandertruppe seines Oheims Friedrich K. in Sachsen umher, bis er 1838 als Erster Liebhaber u. Bonvivant nach Magdeburg berufen wurde. Seit 1841 wirkte er am Hoftheater in Dresden. Hauptrollen: Borachio („Viel Lärm um Nichts"), Wieprecht Born („Relegierte Studenten"), Brabantio („Othello"), Just („Minna von Barnhelm"), Berg („Die Journalisten") u. a.
Literatur: Adolph *Kohut,* F. Kramer (Das Dresdner Hoftheater in der Gegenwart) 1888.

Kramer, Friedrich s. Kramer, Ferdinand.

Kramer, Ludwig s. Kramer, Ferdinand.

Kramer, Karl, geb. 13. Nov. 1905 zu Hamburg, wurde das. für die Bühne ausgebildet u. war Komiker u. Charakterdarsteller 1924 in seiner Vaterstadt, 1925 in Neubrandenburg, 1926—28 in Guben, 1928—29 in Landsberg an der Weser, 1929—30 in Krefeld, 1930—31 in Schwerin, 1932—33 abermals in Landsberg, 1933—35 in Flensburg, 1936—37 in Memel, 1938—42 in Halberstadt, 1943 in Görlitz u. nach dem Zweiten Weltkrieg am Floratheater in Hamburg.

Kramer, Leopold, geb. 29. Sept. 1869 zu Prag, gest. 29. Okt. 1942 zu Wien, Kaufmannssohn, von Ferd. Kracher (s. d.) für die Bühne ausgebildet, betrat diese 1894 auf dem Wiener Vorstadttheater in Rudolfsheim, kam dann nach Olmütz, Halle u. 1897 als Bonvivant u. Liebhaber ans Deutsche Volkstheater in Wien, wo er bis 1914 blieb, vor allem in modernen Stücken durch seine stilvolle Sicherheit in Gebärde, Haltung u.

Sprache ausgezeichnet. 1918—27 war er Direktor des Deutschen Landestheaters in Prag. Gatte der Schauspielerin Josephine Kramer-Glöckner. Paul u. Attila Hörbiger (s. d.), Maria Müller (s. d.), Maria Gerhart (s. d.), Paula Hörbiger-Wessely (s. d.) u. a. verdankten ihm mannigfache Förderung. Hauptrollen: Graziano („Der Kaufmann von Venedig"), Henri („Der grüne Kakadu"), Ströbel („Moral") u. a.
Literatur: Eisenberg, L. Kramer (Biogr. Lexikon) 1903; Otto Zausmer, Herr K. debütiert (Volkszeitung, Wien Nr. 19) 1934; Margarete Neidl, P. Kramer-Glöckner erzählt ihre Theatererinnerungen 1948.

Kramer, Maria s. Lehmann, Maria.

Kramer, Oskar, geb. 15. Jan. 1820 zu Köln am Rhein, gest. 12. Febr. 1894 zu Temeschwar, Sohn des Schauspielers Ludwig K., Bruder von Ferdinand K., war Erster Held u. Liebhaber. Leiter der Bühnen in Heidelberg, St. Gallen, Stralsund u. Bromberg.

Kramer, Philipp, geb. 1. Mai 1815, gest. 12. Juni 1899 zu Köln, wirkte als Schauspieler u. Theaterdirektor 1834—71 in Sankt Gallen, Basel, Zürich, Mainz, Amsterdam, München (Gärtnerplatztheater), Landshut u. a. Auch Verfasser von Bühnenstücken.

Kramer-Glöckner, Josephine (Pepi), geb. 17. Jan. 1874 zu Berlin, gest. 21. Febr. 1954 zu Wien, Tochter von Josef Matras (s. d.) u. Bertha Glöckner (s. d.), wurde in einem ungarischen Kloster erzogen, in Wien musikalisch u. dramatisch ausgebildet, begann ihre Bühnenlaufbahn am Sulkovskytheater u. als Erste Naive am Deutschen Theater in Budapest, kam 1889 ans Wallnertheater in Berlin, 1890 nach Dresden, 1891 wieder nach Berlin, nunmehr mit der Schöpfung großer Operettenrollen beschäftigt, u. ging 1892 ans Deutsche Volkstheater in Wien, wo sie, abgesehen von zahlreichen Gastspielreisen, bis 1918 blieb. Dann wirkte sie in Prag u. Brünn, schließlich abermals in Wien, zuletzt Mütterrollen spielend. Als Soubrette in der Darstellung urwüchsiger Volkstypen erwarb sie sich große Beliebtheit. Auch literarischen Wert besitzen ihre Memoiren „Pepi Kramer-Glöckner erzählt ihre Theater-Erinnerungen", mitgeteilt von Margarete Neidl 1948. Hauptrollen: Annerl („Pfarrer von Kirchfeld"), Rosl („Der Verschwender"), Försterchristl, Therese Krones, Mamsell Nitouche u. a.

Literatur: H. St. G., Besuch bei J. Glöckner-Kramer (Wiener Zeitung Nr. 302) 1952.

Kramer-Marcks, Hedwig (Geburtsdatum unbekannt), gest. 22. Febr. 1920 zu Kiel, begann 1911 als Choristin in Essen ihre Bühnenlaufbahn, wirkte 1912 in Krefeld, 1913 in Zwickau, als Opern- u. Operettensoubrette 1915—18 in Stettin, 1919 in Riga u. zuletzt an den Vereinigten Theatern in Kiel. Hauptrollen: Ortlinde („Die Walküre"), Emma („Mein Leopold"), Bronislawa („Der Bettelstudent"), Hannerl („Das Dreimäderlhaus"), Franzl („Ein Walzertraum") u. a.

Kramm, Margarethe s. Mandl, Margarethe.

Krammer (Ps. Waldemar), Richard, geb. 3. Mai 1869 zu Wiener-Neustadt, gest. 27. Dez. 1946 zu Wien, wurde an der Theaterschule Otto das. ausgebildet, begann 1890 als Jugendlicher Operettenkomiker u. Schauspieler seine Laufbahn am Stadttheater in Troppau u. kam über München u. Wiesbaden 1893 wieder zurück nach Wien, wo er 14 Jahre am Carl-Theater u. an fast allen dort. Bühnen u. Varietés auftrat. Gastspiele führten ihn in zahlreiche Städte der ehem. österr.-ungarischen Monarchie. Hauptrollen in „Polenblut", „Schützenliesel", „Walzertraum", „Zigeunerliebe", „Zirkusprinzessin" u. a.

Krammer, Therese s. Schmidt, Therese.

Krampe, Friederike s. Krampe, Johann Christian.

Krampe, Henriette s. Krampe, Johann Christian.

Krampe, Johann Christian, geb. 14. Jan. 1774 zu Schwerin, gest. 6. April 1849 zu Rostock, Sohn eines Küsters, trat seit 1793 in Rostock als Sänger (Baß-Buffo) u. Schauspieler (vor allem Komiker) erfolgreich auf. 1795 heiratete er die Schauspielerin Henriette Meyer (geb. Neumann), 1798—1802 waren beide Mitglieder des Stadttheaters in Magdeburg, wirkten 1802—09 in Danzig, hierauf in Reval, wo K. unter Kotzebue Vizedirektor wurde u. Henriette sich zu einer vorzüglichen Komischen Alten entwickelte. Auch beider Tochter, Friederike K., war Schauspielerin das. Für sie schrieb Kotzebue den „Schutzgeist". 1816 verließ K. Reval, gastierte in Riga, Königsberg, Stettin u. a., gründete 1821 ein eigenes Unternehmen in Pommern u. trat schließlich an die Spitze des Hoftheaters in Schwerin. 1835 nahm er in Wismar seinen Abschied. *Literatur: Anonymus,* J. Ch. Krampe (Almanach für Freunde der Schauspielkunst 14. Jahrg.) 1850.

Krampert, Fritz, geb. 25. Mai 1871 zu Weilheim, gest. 3. Jan. 1945 zu Weimar, humanistisch gebildet, Schüler von Wilhelm Schneider (s. d.), wirkte als Schauspieler bis 1899 in der Provinz, bis 1903 am Schauspielhaus in München, 1903—05 am Deutschen Theater in Hannover, dann wieder am Schauspielhaus in München, wo er in Max Halbes „Jugend" die Rolle des Amandus kreierte u. von dem Dichter selbst als bester Interpret dieser Gestalt bezeichnet wurde. Den Lebensabend verbrachte er im Marie-Seebach-Stift in Weimar. Andere Hauptrollen: Justizrat Lange („Der Pfeffersack"), Seibl („Die beiden Reichenmüller"), Mitteldorf („Der Biberpelz"), Engstrand („Gespenster") u. a.

Kranewitter, Franz, geb. 18. Dez. 1860 zu Nassereith in Tirol, gest. 4. Jan. 1938 das., Franziskanerzögling in Hall, studierte in Innsbruck Germanistik u. lebte hier später auch als freier Schriftsteller. Als Dramatiker von der Exl-Bühne gefördert. *Eigene Werke:* Um Haus u. Hof (Volksstück) 1898; Michel Gaißmayr (Trauerspiel) 1899; Andre Hofer (Schauspiel) 1902; Wieland der Schmied (Schauspiel) 1905; Die sieben Todsünden (Einakterzyklus: Der Naz — Der Joch — Der Gafleiner — Der Gigl — Der Med — Der Seastaller — Die Eav) 1905—25; Die Teufelsbraut (Schwank) 1911; Das Liebesmahleln (Komödie) 1918; Der Honigkrug (Komödie) 1918; Bruder Ubaldus (Trauerspiel) 1919; Das Eßkörbl (Komödie) 1919; Emle (Drama) 1922; Gesammelte Werke, herausg. von H. Lederer im Auftrag der Adolf-Pichler-Gemeinde in Innsbruck 1933 (mit Selbstbiographie des Dichters). *Literatur:* M. *Hechenblaikner,* Zwei Tiroler Dichter: Schönherr u. Kranewitter (Allg. Rundschau 16. Jahrg.) 1919; G. *Manz,* F. Kranewitters Andre-Hofer-Drama (Tägl. Rundschau 13. Okt.) 1927; Anton *Dörrer,* F. K., Der Tiroler Tragödienbildschnitzer (Roseggers Heimgarten 51. Jahrg.) 1927; ders., Der Tiroler Dramatiker F. K. (Tiroler Anzeiger, 18. Dez.) 1930; ders., Dem Tiroler Dramenbildschnitzer F. K. zur Vollendung seines 70. Lebensjahres (Literar. Beilage zur Augsburger Postzeitung Nr. 52) 1930; J.

Wick, Der Tiroler Dramatiker F. K. (Diss. Wien) 1937; F. *Wagerer,* F. K. (Diss. Wien) 1947.

Kranz, Friedrich (Fritz), geb. 5. Dez. 1884, wirkte seit 1904 als Schauspieler in Kaiserslautern, Hannover (Deutsches Theater), Basel, Mülhausen, 1910—12 in Amsterdam, 1912—14 u. nach Kriegsteilnahme seit 1918 als Direktorstellvertreter an den Kammerspielen in München, hierauf als Verwaltungsdirektor am dort. Schauspielhaus, gründete 1923 das Kleine Lustspielhaus in Hamburg, leitete dieses bis 1927 u. seit 1929 das Leipziger Komödienhaus, das er jedoch 1932 schließen mußte. 1934 kam er als Verwaltungsdirektor an das Stadttheater nach Harburg-Wilhelmsburg.

Kranz, Fritz, geb. 15. Juni 1897 zu Aachen, Schüler von Louise Dumont (s. d.), war 1918—22 Schauspieler u. Hilfsregisseur am Schauspielhaus in Düsseldorf, 1922—23 in Herne, 1923—24 in Bonn, 1924—25 am Staatstheater in München, 1925—28 Intendant-Stellvertreter in Bonn, 1928—30 Intendant in Neuß u. hierauf Generalintendant in München-Gladbach u. Rheydt.

Kranz, Heinrich, geb. 20. Mai 1885, lebte als freier Schriftsteller in Wien. Lyriker, Dramatiker, Theaterkritiker u. Übersetzer vor allem amerikanischer Bühnenstücke. *Eigene Werke:* Die Japanerin (Schauspiel) 1927; Man trägt wieder Herz (Komödie) 1930; Währinger Gürtel (Komödie) 1931; Der gordische Knoten (Komödie) 1932; General Garibaldi (Schauspiel) 1933; Der Herr aus Venedig (Komödie) 1936.

Kranzhoff, Ferdinand s. Kranzhoff, Wilhelm.

Kranzhoff, Wilhelm (Ps. W. v. Büsbach, W. Böhmer, M. W. Heinrich), geb. 25. Febr. 1875 zu Büsbach im Rheinland, lebte in Aachen, war Redakteur u. Verleger. Als Leiter einer größeren Privatgesellschaft begründete er mit seinem Bruder Ferdinand K. eine Bühne, die zu ganz billigen Preisen „Volksvorstellungen" veranstaltete. Vorwiegend Dramatiker. *Eigene Werke:* Die Zerstörung Speyers (Schauspiel) 1900; Die Bockreiter (Schauspiel) 1903; Vendetta (Drama) 1903; Die Räuber am Niederrhein (Schauspiel) 1904; Wenn man zu höflich ist (Schwank) 1904; Schill u. seine Offiziere (Trauerspiel) 1908; Der Bettler von St. Annen (Schauspiel) 1908; Der tote Gast (Drama) 1909; Eine mißglückte Spekulation (Schwank) 1910.

Krapp, Annemarie s. Maschlanka, Annemarie.

Krasa, Rudolf, geb. 16. Jan. 1859 zu Elbogen in Böhmen, gest. 24. Juli 1936 zu Berlin-Charlottenburg, Sohn eines Schneiders, besuchte zunächst die Gewerbeschule in seiner Vaterstadt, bildete sich dann in Berlin gesanglich aus u. betrat erstmals in Gera die Bühne, wirkte u. a. in Darmstadt, Zürich u. war seit 1886 Mitglied des Hof- u. späteren Staatstheaters in Berlin. Als vielseitiger Baß beherrschte er eine große Rollenzahl. 1927 nahm er seinen Bühnenabschied. Hauptrollen: Alberich, König Heinrich, Biterolf, Beckmesser, Stadinger („Der Waffenschmied"), Lefort („Zar u. Zimmermann"), Graf von Ceprano („Rigoletto"), Baron Douphal („La Traviata") u. a.

Krasselt, Rudolf, geb. 1879, gest. 12. April 1954 zu Andernach am Rhein, wirkte 1912 bis 1923 als Erster Kapellmeister am Deutschen Opernhaus in Charlottenburg u. seither als Operndirektor in Hannover.

Krastel, Friedrich (Fritz), geb. 6. April 1839 zu Mannheim, gest. 12. Febr. 1908 zu Wien, Sohn eines Chorsängers, der ihn zum kath. Geistlichen bestimmt hatte, wandte sich jedoch der Bühne zu, fand zuerst im Ballett des Hoftheaters in Karlsruhe Verwendung, bis Eduard Devrient auf ihn aufmerksam geworden, sich seiner annahm. Seit 1861 wirkte er als Jugendlicher Held u. Liebhaber das, 1865 holte ihn Laube ans Burgtheater u. gewann in ihm den echten Helden, den ungestümen Liebhaber, den er gesucht hatte. Seit 1888 vertrat er das Helden- u. Heldenväterfach. Jakob Minor rühmte ihm nach: „Für die liebenswürdige grüne Jugend war er der prädestinierte Darsteller. Seine feste, muskelstarke u. von Gesundheit strotzende Erscheinung, der runde Kopf mit den feurigen Augen, der spitzigen Nase, dem keck herausspringenden Kinn u. dem hübschen, beim Reden etwas schief nach rechts gezogenen Munde, u. das helle, zwischen Bariton u. Tenor schwebende Organ, das in den unteren Registern gepreßt klang, in der Höhe aber eine siegreiche Kraft u. Fülle entfaltete — alles das war ein Verein u. eine Bildung, auf die der Gott der Jugend selber sein Siegel gedrückt

zu haben schien. Frische u. frohe, dreiste u. verwegene Jugend, die alles wagt u. alles gewinnt, wird auf den deutschen Bühnen, auf denen die Liebhaber immer eine kostbare Sache waren, selten eine so überzeugende Verkörperung gefunden haben als in Fritz Krastel." Hauptrollen: Don Carlos, Karl Moor, Max Piccolomini, Melchthal, Tell, Ottokar, Jaromir, Faust, Götz, Othello, Brutus, Graf Wetter vom Strahl u. a. Auch literarisch trat K. mit einem Drama „Der Winterkönig" (1884) hervor.

Literatur: Ludwig *Speidel,* F. Krastel (Neuer Theater-Almanach, herausg. von der Genossenschaft Deutscher Bühnen-Angehöriger 17. Jahrg.) 1906; Ludwig *Klinenberger,* F. K. (Bühne u. Welt 10. Jahrg.) 1908; Jakob *Minor,* F. K. (Biogr. Jahrbuch 13. Bd.) 1910; Heinrich *Glücksmann,* Vom Ballettkomparsen zum Heldenspieler (Neues Wiener Tagblatt, 12. Febr.) 1938.

Kratochwill, Beatrix s. Kmentt, Beatrix.

Kratt, Wilhelm, geb. 1. Juli 1869 zu Karlsruhe, wirkte als Jugendlicher Held u. Liebhaber das., in Baden-Baden, seit 1891 in Neustrelitz, Koblenz u. a. Hauptrollen: Ferdinand, Don Carlos, Romeo, Mortimer u. a.

Kratter, Franz, geb. 1758 zu Oberdorf am Lech, gest. 8. Nov. 1830 zu Lemberg als Theaterdirektor im Ruhestand u. Gutsbesitzer, studierte in Dillingen, kam dann nach Wien u. Lemberg, wo er sich ganz der Bühne zuwandte. A. W. v. Schlegel verspottete ihn in einem Sonett aus der „Triumph- u. Ehrenpforte" für den aus Sibirien zurückkehrenden Theaterpräsidenten". Vorwiegend Dramatiker.
Eigene Werke: Der Kriegskamerad (Lustspiel) 1791; Das Mädchen von Marienburg (Drama) 1795; Die Verschwörung wider Peter den Großen (Trauerspiel) 1795; Der Vizekanzler (Schauspiel) 1795; Schauspiele 1795 bis 1804; Der Friede am Pruth (Schauspiel) 1799; Eginhard u. Emma (Schauspiel) 1799; Die Familie Klinger (Schauspiel) 1802; Die Sklavin von Surinam (Schauspiel) 1803 u. a.
Literatur: Wurzbach, F. Kratter (Biogr. Lexikon 13. Bd.) 1865; Joseph *Kürschner,* F. K. (A. D. B. 17. Bd.) 1883; G. *Gugitz,* F. K. (Jahrbuch der Grillparzer - Gesellschaft 24. Jahrg.) 1913.

Kratz, Anna s. Drahtschmidt-Brückheim, Anna von.

Kratz, Josefine s. Lohse, Josefine.

Kratzmann, Heinz s. Burkart, Heinz.

Kratzsch (geb. Merlitz), Emma, geb. 31. Mai 1851 zu Dresden, gest. 19. Mai 1890 das., war Schauspielerin am Hoftheater in Altenburg.

Krauer (Crauer), Franz Regis, geb. 5. Juli 1739 zu Luzern, gest. 5. Okt. 1806 das. als Chorherr des dort. Stifts St. Leodegar, Sohn einer Luzerner Bürgerfamilie, trat 1756 zu Landsberg (Bayern) in den Jesuitenorden ein, wurde 1768 Gymnasiallehrer in seiner Heimat u. wirkte zuletzt in Luzern. Vorwiegend Dramatiker.
Eigene Werke: Herzog Berchtold von Zähringen 1778; Kaiser Albrechts Tod 1780; Die Grafen von Toggenburg 1784; Julia Alpinula oder Die Gefahr der Sicherheit 1792; Brutus (nach Voltaire) 1800 u. a.
Literatur: F. *Fiala,* F. R. Krauer (A. D. B. 17. Bd.) 1883; Josef *Troxler,* F. R. K. (H. B. L. S. 4. Bd.) 1927.

Kraus, Adrienne s. Kraus-Osborne, Adrienne von.

Kraus, Ernst, geb. 8. Juni 1863 zu Erlangen, gest. 6. Sept. 1941 zu Walchstadt am Wörthsee in Bayern, zuerst Bierbrauer, von Heinrich Vogel gesanglich vorgebildet, debütierte 1893 als Tamino in Mannheim u. wurde 1896 Nachfolger von Albert Niemann (s. d.) in Berlin, wo er bis 1922 wirkte. Seit 1899 war er daneben auch in Bayreuth tätig. Ferner gab er Gastspiele in Wien, Petersburg, London u. Neuyork. Hervorragender Wagnersänger (Erik, Lohengrin, Siegfried, Stolzing, Siegmund, Tristan). Andere Hauptrollen: Max, Faust, Evangelimann, Dalibor. Gatte von Margarete Hofmann, Tochter des Schauspielers Jean H. u. der Auguste Baison.
Literatur: Eisenberg, E. Kraus (Biogr. Lexikon) 1903; Wilhelm *Kleefeld,* E. K. (Bühne u. Welt 6. Jahrg.) 1904.·

Kraus, Felix von, geb. 3. Okt. 1870 zu Wien, gest. 30. Okt. 1937 zu München, Sohn eines Generalstabsarztes, studierte in Wien (Doktor der Philosophie), wurde von Julius Stockhausen (s. d.) gesanglich kurz vorgebildet, entwickelte sich dann als Autodidakt zu einem bedeutenden Vertreter des deutschen Lied- u. Oratorienstils u. Opernsänger. Seit 1899 nahm er wiederholt an den Bayreuther Festspielen teil, gastierte am Covent-Garden u. an der Hofoper in Wien (Kammersänger). 1908—35 wirkte er als Professor an der Akademie der Tonkunst in Wien. Hauptrollen: Hagen, Gurnemanz, Titurel, Landgraf, König Marke, König Heinrich u. a. Seit 1894 Gatte der Altistin Adrienne Osborn. Carl Hagemann schreibt über K. in seinem Buche „Deutsche Künstler um die Jahrhundertwende" 1940: „Einer der edelsten Sänger seiner Zeit war F. K., . . . ein tiefschürfender Gestalter vor allem schwermütiger Lyrik. Der Vortrag des feinnervigen, mit untrüglichem Stilempfinden u. seltenem Einfühlungsvermögen begabten Künstlers packte den Zuhörer stets durch eigene, nie aber eigenwillige Auffassung. K. hat in Bayreuth . . . einen wundervollen Gurnemanz gesungen!"
Literatur: Carlos *Droste,* F. u. Adrienne v. Kraus (Bühne u. Welt 10. Jahrg.) 1908; Wilhelm *Zentner,* F. v. K. (Köln. Volkszeitung Nr. 304) 1937.

Kraus, Hans Adalbert, geb. 23. Nov. 1911 zu Köln, das. ausgebildet, war als Held u. Naturbursche 1931—33 in Chemnitz, seither als Liebhaber am Schauspielhaus in Bremen u. a., nach dem Zweiten Weltkrieg in Münster und Flensburg tätig.

Kraus, Joseph Martin, geb. 20. Juni 1756 zu Miltenburg bei Mainz, gest. 15. Dez. 1792 zu Stockholm, studierte in Mainz, Erfurt u. Göttingen die Rechte, wandte sich jedoch bald ausschließlich der Musik zu, wurde 1778 Operndirektor in Stockholm, begleitete den König von Schweden auf weiten Reisen u. nahm seit 1788 die Stelle eines Hofkapellmeisters ein. Komponist u. a. von Opern.
Eigene Werke: Alzira 1777; Proserpina 1780; Soliman II. 1788; Aeneas in Karthago 1790.
Literatur: K. F. *Schreiber,* Biographie über den Odenwälder Komponisten J. M. Kraus 1928; *Riemann,* J. M. K. (Musik-Lexikon 11. Aufl.) 1929.

Kraus, Karl, geb. 28. April 1874 zu Gitschin in Böhmen, gest. 12. Juni 1936 zu Wien, Sohn eines Papierfabrikanten, studierte zeitweilig die Rechte u. Philosophie in Wien, trat zuerst nach schauspielerischen Versuchen mit Vorträgen an die Öffentlichkeit, ging aber bald zur Journalistik über. Durchaus selbständiger Kritiker. Die von ihm herausgegebene u. verfaßte Zeitschrift „Die

Fackel" (1899—1936), die sich auch mit dem Theater beschäftigte, fand weiteste Verbreitung u. machte ihn als „Fackel-Kraus" berühmt. Zu seinen Mitarbeitern gehörten u. a. Strindberg u. Werfel. Auch als Dramatiker u. Shakespeare-Übersetzer trat K. hervor.

Eigene Werke: Nestroy u. die Nachwelt 1912; Die letzten Tage der Menschheit (Tragödie) 1918 f. (Neuausgabe 1945); Literatur (Drama) 1921; Traumtheater 1922; Traumstück 1922; Wolkenkuckucksheim (Drama) 1923; Die Unüberwindlichen (Drama) 1927; Shakespeares Dramen, deutsch 1934 f.

Literatur: Berthold *Viertel,* K. Kraus (Die Schaubühne 13. Bd.) 1921; Fritz *Kreuzig,* K. K. Rede bei der Festaufführung von Traumtheater u. Traumstück in der Neuen Wiener Bühne 1924; Richard *Flatter,* K. K. als Nachdichter Shakespeares 1933; Edwin *Rollett,* K. K. (in Nagl-Zeidler-Castle, Deutsch-Österr. Literaturgeschichte 4. Bd.) 1937; Hans Heinz *Hahnl,* K. K. u. das Theater (Diss. Wien) 1947; Paul *Schick,* Briefe von K. K. an A. v. Berger (Das Silberboot 5. Jahrg.) 1951.

Kraus, Konrad, geb. 25. Okt. 1833 zu Mainz, gest. 20. Mai 1886 das., Sohn eines Kreisrichters, wurde Architekt, führte in Darmstadt größere Bauten auf (u. a. das dort. großherzogl. Palais) u. trat später als Erzähler u. Lustspieldichter hervor.

Eigene Werke: Eine Notlüge 1880; Wer war's? 1882; Der Herr Direktor 1883.

Kraus, Lambert, geb. 17. Sept. 1728 zu Pfreimd in der Oberpfalz, gest. 27. Nov. 1790 zu Metten, Benediktiner des dort. Stifts (seit 1747), Chorregent, Pfarrer, Prior u. seit 1770 Abt das. Auch Dramatiker.

Eigene Werke: Die bestrafte Trunkenheit (Fastnachtspiel) 1759; Titus Manlius Torquati filius oder Scharf bestrafter kindlicher Ungehorsam (Trauerspiel) 1770 u. a.

Literatur: August *Lindner,* L. Kraus (Die Schriftsteller des Benediktiner-Ordens in Bayern 2. Bd.) 1880.

Kraus, Leo, geb. 22. Mai 1890 zu Wien, studierte in Berlin, debütierte als Dirigent 1913 an der dortigen Kroll-Oper, war dann Erster Kapellmeister am Stadttheater in Posen u. kam nach langer Frontdienstleistung im Ersten Weltkrieg 1919 unter Felix Weingartner an die Volksoper in Wien, wo er nahezu tausend Aufführungen dirigierte. Nicht nur die Namen von Weltruf wie Bat-

tistini, Bonci, Fleta, Baklanoff, Vera Schwarz u. v. a. standen unter seiner Leitung auf dem Programm, sondern auch die kommenden Größen, deren ersten Versuchen auf der Bühne er ein sorgsamer Helfer war, wie Ludwig Weber, Emanuel List, Anna Konetzni, Maria Reining. Nach Weingartners Ausscheiden ging K. als Erster Dirigent an das Deutsche Opernhaus in Berlin, wo er besonders mit der Wiedergabe italienischer Werke große Erfolge erzielte. Hierauf übernahm er die Direktion der Volksoper in Wien, die er bis 1933 führte, wirkte in der Folge als Gastdirigent, emigrierte jedoch 1939 nach Buenos Aires.

Literatur: Dr. *L.,* L. Kraus (Wiener Zeitung Nr. 146) 1953.

Kraus, Richard, geb. um die Jahrhundertwende, Sohn des Wagner-Sängers Ernst K., begann seine Laufbahn als Assistent des Dirigenten Erich Kleiber an der Staatsoper in Berlin, kam dann über Kassel, Hannover, Stuttgart, Halle u. Düsseldorf als musikal. Oberleiter der Oper 1949 nach Köln u. 1953 an die Städt. Oper nach Berlin.

Kraus, Robert (vor der Taufe Ignaz), geb. 13. Juni 1812 zu Wien, gest. 20. Aug. 1866 zu Brünn, Fabrikantenssohn, wurde 1833 Kantor der jüd. Gemeinde seiner Vaterstadt, kam dann als Tenor an die dort. Hofoper, 1846 an die Hofoper in Berlin, kehrte 1851 nach Wien zurück u. betätigte sich hierauf immer mehr als Porträtmaler u. Zeichner. Hauptrollen: Sever, Eleazar, Othello, Belisar u. a.

Kraus, Sigmund, geb. 1887, gest. 12. Nov. 1939 zu Nürnberg, war Schauspieler in Flensburg, Stettin, Krefeld u. Nürnberg. Hauptrollen: Kurfürst („Der Prinz von Homburg"), Stauffacher („Wilhelm Tell"), Wilhelm v. Oranien („Egmont"), Kandaules („Gyges u. sein Ring") u. a.

Kraus, Wilhelm, geb. 22. Jan. 1862 in Böhmen, ausgebildet am Wiener Konservatorium als Schüler Baumeisters u. Mitterwurzers, wirkte als Jugendlicher Liebhaber u. Naturbursche in Olmütz, Linz, Preßburg, Brünn, Marienbad, Pest, Wiesbaden u. kam 1889 ans Deutsche Theater nach Berlin, wo er unter L'Arronge mit Josef Kainz, Agnes Sorma u. a. als Schauspieler tätig war. Eine glänzende Karriere vor sich sehend, verließ K. dennoch die Bühne, um Verleger volkstümlicher illustrierter Zeitungen zu werden.

Literatur: Anonymus, W. Kraus —
90 Jahre (Die Presse Nr. 988) 1952.

Kraus-Osborne, Adrienne von, geb. 2. Dez.
1873 zu Buffalo, gest. 13. Juni 1951 zu Zell
am Ziller. Kammersängerin, wirkte in Leipzig u. a. Gattin des Wagner-Sängers Felix
v. K.
Literatur: Carlos *Droste,* Felix u. A.
Kraus (Bühne u. Welt 10. Jahrg.) 1908.

Kraus-Wranitzky, Anna, geb. 27. Aug. 1801
(nach Wurzbach 1798) zu Wien, gest.
23. Juni 1851 zu Wiesbaden, Tochter u.
Schülerin des Kapellmeisters Paul Wranitzky, von Salieri gesanglich weiter ausgebildet, Schwester der Sängerin Karoline
Seidler-Wranitzky (s. d.), wirkte als Opernsängerin 1818—21 an der Hofoper ihrer Vaterstadt, unternahm dann Gastspielreisen,
war seit 1829 in Hamburg, später wieder in
Wien (Josefstädtertheater u. Theater an der
Wien) tätig u. zog sich 1836 von der Bühne
zurück. Hauptrollen: Norma, Desdemona,
Iphigenia, Medea u. a.
Literatur: Wurzbach, A. Kraus-Wranitzky
(Biogr. Lexikon 13. Bd.) 1865.

Krause, Ernst, geb. 20. Nov. 1842 zu Ber-
lin, gest. 4. April 1892 das., Sohn eines
Lokomotivführers, zuerst Kupferschmied,
kam 1863 in Köthen auf die Bühne, 1868 als
Charakterdarsteller nach Halle, von wo ihn
Laube 1869 nach Leipzig berief. Seit 1870
am Hoftheater in Berlin tätig, hier auch seit
1891 Präsident der „Genossenschaft Deut-
scher Bühnenangehöriger". Gatte der Schau-
spielerin Emilie Bissinger. Hauptrollen:
Franz Moor, Kapuziner, Just, Schmock,
Adam, Polonius u. a.
Literatur: Eisenberg, E. Krause (Biogr.
Lexikon) 1903.

Krause, Gerhard, geb. 25. Nov. 1905 zu
Danzig, Theater- u. Musikkritiker, Privat-
dozent an Musikakademien, Verfasser thea-
tergeschichtlicher Arbeiten.
Eigene Werke: Rund um das unbekannte
Theater Europas 1934; Das Theater der
Randstaaten 1934; Jugoslawien als Musik-
u. Theaterland 1934 u. a.

Krause, Gert, geb. 11. Jan. 1896 zu Berlin,
ausgebildet von Maria Moissi, wirkte als
Schauspielerin u. a. an den Kammerspielen
in München u. bei M. Reinhardt in Berlin.
Hauptrollen: Puck („Ein Sommernachtstraum"), Amme („Romeo u. Julia") u. a.

Krause, Hans, geb. 14. Febr. 1892 zu Bitburg, war seit 1933 Intendant in Erfurt, später als Bühnenbildner das., seit 1944 in Liegnitz u. nach 1945 in Eisenach tätig.

Krause, Julius, geb. 27. März 1810 zu Berlin, gest. 18. März 1881 das., Fabrikantenssohn, studierte zuerst Theologie, betrat aber
dann als Sänger 1835 erstmals die Bühne
am dort. Opernhaus, wirkte 1836—38 in
Braunschweig, 1839 an der Wiener Hofoper,
1839—40 in Graz, hierauf bis 1844 in München u. seither an der Hofoper in Berlin.
1870 nahm er seinen Abschied. Hervorragender Baß, besonders als Interpret Mozarts, Webers, Spontinis u. Donizettis.
Hauptrollen: Leporello, Papageno, Jäger
(„Das Nachtlager von Granada"), Bertram
(„Robert der Teufel") u. a.
Literatur: Eisenberg, J. Krause (Biogr.
Lexikon) 1903.

Krause, Karl, geb. 6. Juni 1854 zu Magdeburg, gest. 30. Jan. 1909 zu Ilmenau, wirkte
als Held, später in humoristischen Väterrollen in Münster, Heidelberg, Liegnitz,
Aachen, Mainz u. 1889—1902 am Stadttheater in Leipzig. Hauptrollen: Kaiser
(„Hans Sachs"), König („Der Traum
ein Leben"), Philostrat („Ein Somernachts-
traum"), Schwarz („Die Journalisten")
u. a.

Krause, Karl (Geburtsdatum unbekannt),
gest. 12. Mai 1914 zu Danzig, war zuerst
seit 1882 als Schauspieler tätig, später
hauptsächlich als Regisseur, wirkte über ein
Jahrzehnt in Essen auch als Direktorstellvertreter, dann in Königsberg, seit 1909 als
Oberregisseur in Oldenburg u. 1911—12 in
Danzig, worauf er seinen Bühnenabschied
nahm. Hauptrollen: Gilva („Uriel Acosta"),
Spittigue („Charleys Tante"), Dorfrichter
Adam, Shylock u. a.

Krause, Otto Hermann (Ps. Nemo), geb.
26. März 1870 zu Budapest, gest. im Nov.
1910 zu Pomaz in Ungarn, entstammte einer
in Alt-Ofen ansässigen, schwäbischen Wein-
bauernfamilie u. schrieb, durch schwere
Krankheit frühzeitig in seinem Schaffen be-
einträchtigt, außer Gedichten rationalistisch
erklügelte Dramen.
Eigene Werke: Rabbi Jesua (Trauerspiel) 1893; Bruder Jesus (Drama) 1910; Königin Goldhaar (Drama) 1910; Das Meer-
gespenst (Drama) 1910; Chrysanthema (Tragödie) 1910.

Krause, Valeska (Geburtsdatum unbekannt), gest. 30. Dez. 1908 zu Berlin als Operettensängerin am dort. Apollotheater.

Krauseneck, Johann Christoph, geb. 16. Juni 1738 zu Zell bei Bayreuth, gest. 7. Juni 1799 zu Bayreuth, studierte in Erlangen, wurde 1783 Kammerregistrator u. 1792 Kammersekretär das. Vorwiegend Dramatiker.

Eigene Werke: Fatime oder Das Tributmädchen (Lustspiel) 1770; Zama oder Die junge Marokkanerin (Lustspiel) 1770; Die Goldmacher (Lustspiel) 1772; Die Werbung für England (Lustspiel) 1776; Die Fürstenreise (Lustspiel) 1777; Albert Achilles Markgraf zu Brandenburg (Schauspiel) 1790; Die ländliche Feier des Fürstentages (Dorfgemälde in einer Handlung) 1791 u. a.

Krauspe, Caroline (Ps. Lotte Medelsky), geb. 18. Mai 1880 zu Wien, Tochter des Kassierers bei der dort. englischen Gasgesellschaft Medelsky, Nichte des Tischlermeisters Josef Werkmann-Medelsky, dessen Stück „Der Kreuzwegstürmer" am Raimundtheater das. aufgeführt wurde, nahm frühzeitig, durch Goethes „Lotte" beeindruckt, den Namen Lotte an, besuchte das Konservatorium für Musik u. darstellende Kunst in Wien, wo u. a. Fritz Krastel (s. d.) ihr Lehrer war. 1897 entdeckte sie M. E. Burckhard für das Burgtheater, dem sie fortan zeitlebens angehörte. Denn ihr erstes Auftreten neben F. Mitterwurzer u. A. Sandrock als Hedwig Ekdal in Ibsens „Wildente" bedeutete den Beginn einer triumphalen Laufbahn. Bald spielte sie das Rautendelein in Hauptmanns „Versunkener Glocke", Puck in Shakespeares „Sommernachtstraum", Luise in Schillers „Kabale u. Liebe", Gretchen in Goethes „Faust" u. a. J. Bab (s. d.) erklärte: „Sie war das beste Gretchen, das je diese Rolle gespielt hat". Mit 19 Jahren zur Hofschauspielerin ernannt, entwickelte sich M. in der Folge zur klassischen Sentimentalen, Charakterdarstellerin großen Stils u. schließlich zur einzigartigen Mütterspielerin. Immer aber war u. blieb sie auf der Bühne Wienerin im eigentlichsten Wortsinn. 1937 feierte sie ihr vierzigjähriges Burgtheaterjubiläum u. erhielt den Ehrenring der Stadt Wien. 1947 wurde sie Professor. 1948 trat sie als Ehrenmitglied des Burgtheaters in den Ruhestand. Gastspielreisen führten sie durch ganz Österreich, Deutschland u. die Schweiz. An den Salzburger Festspielen wirkte sie alljährlich mit. Ihr großes Rollenmaterial schöpfte sie nicht nur aus den Stücken der Weimarer Klassiker, Lessings, Grillparzers, Raimunds u. Hebbels, Äschylus', Shakespeares usw., sondern auch aus modernen z. B. Schnitzlers u. aus Volksstücken z. B. Anzengrubers. Seit 1900 Gattin des Schauspielers Eugen Frank (eigentlich Krauspe). Zuletzt lebte sie in Nußdorf am Attersee.

Literatur: Paul *Wilhelm,* L. Medelsky (Bühne u. Welt 1. Jahrg.) 1899, Leo *Schidrowitz,* L. M. 1921; Erhard *Buschbeck,* Die M. 1922; Lieselott *Strentzsch,* L. M. (Diss. Wien) 1947; Oskar Maurus *Fontana,* L. M. (Wiener Schauspieler) 1948; Rudolf *Holzer,* L. M. (Die Presse Nr. 482) 1950; Edwin *Rollett,* L. M. (Wiener Zeitung Nr. 116) 1950.

Krauspe (Ps. Frank), Eugen, geb. 14. April 1876 zu Wünschendorf in Sachsen, gest. 1942 zu Wien (geistesumnachtet), Sohn eines Landwirts, humanistisch gebildet, begann seine Laufbahn als Jugendlicher Held in Heidelberg u. kam 1898 ans Burgtheater, wo er Hofschauspieler wurde. Hauptrollen: Rudenz, Romeo, Bellmaus u. a. Gatte von Lotte Medelsky.

Literatur: Eisenberg, E. Frank (Biogr. Lexikon) 1903.

Krauspe (Ps. Frank), Hans, geb. 5. Dez. 1901 zu Wien, Sohn von Eugen u. Caroline K. (Lotte Medelsky), nahm beim Burgschauspieler Franz Herterich dramatischen Unterricht, begann seine Bühnenlaufbahn als Jugendlicher Liebhaber in Aussig u. kam dann über Breslau, Bremen, Dresden u. Berlin ans Deutsche Volkstheater in Wien. K. betätigte sich auch als Bühnenschriftsteller, sein Artistenstück „Die Thompson Brothers" gelangte 1937 im Wiener Akademietheater zur Uraufführung.

Krauspe (Ps. Frank-Medelsky), Liselotte, geb. 17. Sept. 1907 zu Wien, Tochter von Eugen u. Caroline K. (Lotte Medelsky), empfing vom Burgschauspieler Max Paulsen (s. d.) dramatischen Unterricht u. kam als Schauspielerin ans Josefstädter-Theater, dann ans Deutsche Volkstheater in Wien u. 1936 ans Burgtheater.

Krauß, Clemens, geb. 31. März 1893 zu Wien, gest. 16. Mai 1954 zu Mexico-City, Sohn der Schauspielerin u. Sängerin Clementine K. u. des bekannten Parforcereiters Hektor Baltazzi, Oheims der in Mayerling mit Kronprinz Rudolf verstor-

benen Maria Vetsera, besuchte in seiner Vaterstadt die Akademie für Musik u. darstellende Kunst, war mit 19 Jahren Chordirigent am Stadttheater in Brünn, 1913—15 Kapellmeister in Riga u. Nürnberg, 1916 in Stettin, 1921 Opernchef in Graz, 1922 Erster Kapellmeister der Staatsoper in Wien, 1924 bis 1929 Intendant der Oper in Frankfurt a. M., 1929 Direktor der Wiener Staatsoper u. nach zweijährigem Wirken an der Staatsoper in Berlin Generalintendant in München u. Direktor des Mozarteums in Salzburg, 1947 wieder Dirigent an der Wiener Staatsoper. Generalmusikdirektor. K. schrieb für Richard Strauß das Libretto zu dessen letzter Oper „Capriccio". Gatte der Staatsopernsängerin Viorica Ursuleac.
Literatur: Joseph *Gregor,* C. Krauß 1953; Fritzi *Beruth,* C. K. (Wiener Zeitung Nr. 200) 1953; Ernst *Wurm,* C. K. (Neue Wiener Tageszeitung Nr. 87) 1953; Felix *Hubalek,* C. K. u. der widerspenstige Unterrichtsminister (Arbeiter-Zeitung, Wien 11. Jan.) 1953; Kurt *Blaukopf,* C. K. (Große Dirigenten unserer Zeit) 1953; Alexander *Witeschnik,* C. K. (Neue Wiener Tageszeitung Nr. 114) 1954; Joseph *Marx,* C. K. (Wiener Zeitung Nr. 164) 1954.

Krauß, Clementine s. Krauß, Clemens.

Krauß, Emil, geb. 1. Juni 1840 zu Schäßburg in Ungarn, gest. 1. Sept. 1889 zu Hamburg, Sohn eines Obergerichtsrats, wurde Doktor der Medizin u. betrat erst im vorgerückten Alter die Bühnenlaufbahn, sang 1869 an der Hofoper in Wien, wo er 1870 ein festes Engagement erhielt, gastierte in Zürich, wirkte 1878—81 am Stadttheater in Köln u. seither in Hamburg. Hauptrollen: Wolfram, Amonasro, Nevers u. a.

Krauß, Emmi, geb. 20. Okt. 1862 zu Leipzig, gest. 5. Dez. 1894 das., war erste Liebhaberin u. Salondame in Stettin, Basel, zuletzt in Görlitz. Hauptrollen: Emilie („Zu ebener Erde u. erster Stock"), Elisabeth („Richard III."), Madelon („Die Grille"), Gretchen („Faust") u. a.

Krauß, Friedrich, geb. 7. Okt. 1859 zu Przega in Slavonien, gest. nach 1935, studierte in Wien (Doktor der Philosophie), wurde Sekretär der „Israelitischen Allianz" das. Verfasser vorwiegend ethnographischer Schriften, aber auch von Bühnenstücken.
Eigene Werke: Billige Bräute (Lustspiel) 1895; Die Braut muß billig sein! (Bosnisches

Singspiel) 1903; Künstlerblut (Schauspiel) 1903 (mit L. Norberg); Kaiser Philipp von Schwaben-Hohenstaufen (Drama) 1908.
Literatur: Brümmer, F. S. Krauß (Lexikon 6. Aufl. 4. Bd.) 1913.

Krauß, Fritz, geb. 16. Juni 1883 zu Lohenhammer, debütierte als Opernsänger 1911 u. kam über Kassel u. Köln 1921 als Heldentenor an die Staatsoper in München, wo er bis 1939 blieb. Kammersänger. Sein Repertoire umfaßte mehr als 100 Partien. Hauptrollen: Lohengrin, Stolzing, Palestrina, Radames, Kalaf („Turandot"), Cavaradossi („Tosca"), Rudolf („Bohème"), Johnson („Das Mädchen aus dem goldenen Westen") u. a. Zuletzt lebte K. in Überlingen am Bodensee.

Krauß, Fritz, geb. 6. März 1884 zu Breslau, gest. 3. Mai 1919 zu Bunzlau, war Schauspieler u. Regisseur u. a. in Barmen, dann am Württembergischen Städtebundtheater, das unter der Direktion von Richard Erdmann (s. d.) in Ravensburg, Reutlingen, Göppingen, Günzburg, Ludwigsburg u. Neu-Ulm spielte. Hauptrollen: Gaudenzdorf („Hoheit tanzt Walzer"), Shaftesbury („Maria Stuart"), Wagner („Faust") u. a.

Krauß, Gabriele, geb. 24. März 1842 zu Wien, gest. 6. Jan. 1906 zu Paris, Tochter eines Staatsbeamten, besuchte das Konservatorium ihrer Vaterstadt, war zuerst Choristin am dort. Josefstädtertheater u. wirkte 1860—68 an der Hofoper das. (Kammersängerin), gab Gastspiele in Italien, kam als Hochdramatische Primadonna an die Große Oper in Paris, zog sich 1888 von der Bühne zurück u. betätigte sich zuletzt als Gesangspädagogin in Paris. Hauptrollen: Norma, Donna Anna, Aida, Elvira, Fidelio, Desdemona u. a. Großtante von Clemens K.
Literatur: Eisenberg, G. Krauß (Biogr. Lexikon) 1903.

Krauß, Helmut (Geburtsdatum unbekannt), gest. 21. April 1945 (durch Kriegseinwirkung) zu Hamburg als Spielleiter u. Schauspieler am dort. Thalia-Theater.

Krauß, Helmuth, geb. 22. April 1905 zu Wien, wirkte als Burgschauspieler u. dramat. Lehrer das. Hauptrollen: Mortimer, Dauphin, Karl V. („Sickingen") u. a.

Krauß, Ingo Arthur Richard, geb. 2. Jan. 1878 zu Berlin, Kaufmannssohn, studierte in

Berlin u. Erlangen (Doktor der Philosophie), wirkte als Schauspieler 1901—02 in Wiesbaden, 1903—05 in Zürich, 1905—06 in London, 1906—08 in Graz, 1908—09 in Coburg, 1910 in Frankfurt a. M. (empfohlen durch J. Kainz), 1913 in Berlin (Kgl. Schauspiele), 1914—15 in Schwerin, Hamburg (Thalia-Theater) u. Düsseldorf, kam im Ersten Weltkrieg an die Front, 1918 ans Deutsche Theater in Berlin, 1919 nach Altona, war 1922 bis 1929 als Oberregisseur u. Dramaturg in Coburg tätig u. nach einem Ostasienaufenthalt 1931—34 wieder in Coburg, wo er blieb. Hauptrollen: Hamlet, Romeo, Don Carlos, Franz Moor u. a. Auch Dramatiker.

Eigene Werke: Judas Ischarioth (Trauerspiel) 1905; Nur ein Mensch (Trauerspiel) 1905; Lucifer (Trauerspiel) 1905—06; Der Kaiser von Rom (Schauspiel) 1909; Die Hochzeit des Mozart (Drama) 1912 (mit Otto Schwarz); Der Stadtschultheiß von Frankfurt (Drama) 1913; Die Stimme der Natur (Drama) 1914; Wer ein Liebchen hat gefunden (Schauspiel) 1915; Die Frösche (Komödie nach Aristophanes) 1915; Der Sohn der Sonne (Drama) 1916; Michangiolo (Drama) 1923; Königsberg (Festspiel) 1930 u. a.

Krauß, Konrad (Geburtsdatum unbekannt), gest. 6. März 1919 zu Heilbronn, leitete über drei Jahrzehnte mit seinem Schwager Wilhelm Steng das dort. Stadttheater. Vater von Otto u. Richard K.

Krauß, Max, geb. 2. Febr. 1887 zu Sodingen bei Herne in Westfalen, Sohn eines Bergwerksdirektors, studierte Rechtswissenschaft in Paris, Genf u. München, nahm hier auch Gesangs- u. Schauspielunterricht, betrat 1911 die Bühne in St. Gallen, wirkte in Aachen u. Hannover, gab Gastspiele in München, Berlin, Dresden, Wien, Bukarest, Brüssel, Madrid, Basel, Genf, Zürich u. a. Seit 1932 Operndirektor u. Intendant in Lübeck, Kassel, Saarbrücken, Reichenberg, 1949—52 in Coburg. Hauptrollen: Hans Sachs, Wotan, Fliegender Holländer u. a.

Krauß, Michael, geb. 11. April 1897 zu Pancsova in Ungarn, studierte an der Hochschule für Musik in Budapest u. komponierte Operetten, die in Wien u. Berlin aufgeführt wurden.

Eigene Werke: Bajazzos Abenteuer 1923; Pusztaliebchen 1924; Glück in der Liebe 1927; Eine Frau von Format 1927; Yvette u. ihre Freunde 1927; Die Frau von Gold 1928.

Literatur: Riemann, M. Krauß (Musik-Lexikon 11. Aufl.) 1929.

Krauß, Otto, geb. 17. Okt. 1886 zu Leipzig, lebte in Berlin. Dramatiker.

Eigene Werke: Circe (Trauerspiel) 1913; Heilige Flammen (Schauspiel) 1915; Francesca u. Paolo (Trauerspiel) 1915; Weihnachtswintermärchen (Dramat. Dichtung) 1918; Die Belagerten (Trauerspiel) 1919; Moritz Herzog von Sachsen (Trauerspiel) 1922; Der Liebesmagister (Kom. Oper) 1923; Kosmas u. die Phantome (Dramat. Dichtung) 1929; Astralus Illusioni (Phantast. Oper) 1931; Die Fechterin (Tanzspiel) 1931; Bagrad Georgjewitsch Grusinoff (Drama) 1935; Der goldene Apfel (Komödie) 1935; Donna Elisenda (Trauerspiel) 1938; Zweimal Herzschuß (Lustspiel) 1941 u. a.

Krauß, Otto, geb. 5. April 1890 zu Heilbronn, Sohn des Theater-Intendanten Konrad K., bildete sich in Weimar, Frankfurt a. M. u. München musikalisch aus, nahm als Offizier am Ersten Weltkrieg teil u. war dann Oberspielleiter in Heilbronn, Rostock, Nürnberg, Karlsruhe u. Charlottenburg, 1933—37 Intendant in Stuttgart, seit 1937 in Düsseldorf u. nach 1945 Generalintendant in Koblenz, mit dem Titel eines Professors ausgezeichnet. Komponist von Singspielen („Die Tante Marquise", „Die liebe Liebe").

Krauß, Paula, geb. 19. Nov. 1875 zu Wien, Tochter des Schauspielerpaares Johann u. Josefine K., von Olga Lewinsky (s. d.) für die Bühne ausgebildet, betrat diese 1889 in Preßburg, kam als Sentimentale Liebhaberin u. Jugendliche Salondame 1893 ans Raimundtheater in Wien u. 1902 ans dort. Josefstädtertheater, wo sie bis 1904 wirkte. Hauptrollen: Bertha, Melitta, Desdemona u. a.

Krauß, Richard, geb. 10. Okt. 1879 zu Heilbronn, war Bühnenleiter in Heilbronn, Augsburg, Bayreuth, Wildbad, Sohn von Konrad K. u. Bruder von Otto K., übernahm nach dem Tod seines Vaters die Leitung des neuen Stadttheaters in Heilbronn. 1936 trat er als Intendant in den Ruhestand.

Krauß, Rudolf, geb. 14. März 1861 zu Cannstatt bei Stuttgart, gest. 1943 das., studierte in Tübingen u. Leipzig (Doktor der Philosophie), war Gymnasiallehrer in Stuttgart u. Ulm. Seit 1892 am Geh. Haus- u. Staatsarchiv tätig. Seit 1919 als Geh. Archivrat im Ruhestand. Dichter, Literar- u. Theaterhistoriker.

Eigene Werke: Esther (Ergänzung von Grillparzers Fragment) 1903; Modernes Schauspielbuch 1907 (wiederholt aufgelegt); Das Stuttgarter Hoftheater 1908; Klassisches Schauspielbuch (wiederholt aufgelegt) 1920; Schauspielergeschichten, herausg. 1922.

Krauß, Siegmund, geb. 20. Mai 1859 zu Biblis in Hessen, gest. 4. Sept. 1925 zu Dessau, Kaufmannssohn, zuerst Lehrer an einer Mädchenschule in Darmstadt, wurde von Paul Zademack u. Benno Stolzenberg (s. d.) für die Bühne ausgebildet, die er als Heldentenor 1887 in Wiesbaden betrat, kam 1890 ans Hoftheater in Berlin, 1892 nach Köln u. 1894 wieder nach Wiesbaden. Seit 1904 am Hoftheater in Dessau tätig (Kammersänger) u. seit 1911 Spielleiter der dort. Oper. Hauptrollen: Siegfried, Max, Turiddu, Faust, Robert u. a.

Krauß, Werner, geb. 23. Juni 1884 zu Gestungshausen bei Coburg, einer Pfarrersfamilie entstammend, sollte Lehrer werden, ging aber mit 20 Jahren zum Theater als Mitglied einer Wandertruppe, die im sächsischen Erzgebirge ihre Vorstellungen gab, erhielt 1908 sein erstes festes Engagement am Stadttheater in Guben, kam über Bromberg u. Aachen nach Nürnberg u. 1913 an das Deutsche Theater in Berlin (hier zunächst noch in kleinen Rollen beschäftigt), war 1924—26 Mitglied des dort. Staatstheaters, kehrte hierauf wieder an das Deutsche Theater zurück u. gastierte von da aus am Burgtheater, dessen Mitglied er 1929 wurde. K. galt als Typus des sich stets Verwandelnden, nie vertrat er nur ein Fach, sondern spielte mit gleicher Vollendung Helden u. Charaktere, komische u. tragische Partien. Preußischer Staatsschauspieler, österreichischer Kammerschauspieler. Hauptrollen: Mephisto, Peer Gynt, Falstaff, Richard III., Philipp II., Rudolf II., Macbeth, Julius Cäsar, Wallenstein, Napoleon, Kottwitz, Cyrano von Bergerac, Michael Kramer, Hauptmann von Köpenick u. a. Gatte u. a. von Maria Bard (s. Nachtrag). Träger des Iffland-Ringes 1954.

Literatur: Alfred *Mühr*, W. Krauß (Das Schicksal der Bühne) 1933; Joseph *Gregor*, W. K. (Meister deutscher Schauspielkunst) 1939; Ernst *Wurm*, W. K. (Neue Wiener Tageszeitung Nr. 235) 1950; Paul *Fechter*, Der Schauspieler W. K. (Westermanns Monatshefte Nr. 1) 1953; Wolfgang *Drews*, W. K. (Die großen Zauberer) 1953; Julius *Bab*, W. K. (Kränze dem Mimen) 1954; Siegfried *Melchinger*, Genie der Schauspielkunst (Salzburger Nachrichten 23. Juni) 1954.

Krauß-Adema, Cornelia, geb. 22. Jan. 1885 zu Amsterdam, besuchte das dort. Konservatorium u. wirkte seit 1913 als Dramatische Sängerin in Heidelberg, später in Amsterdam. 1914 heiratete sie den Schriftsteller Ernst Krauß.

Krauß-Ursuleac, Viorica, geb. 26. März 1899 zu Czernowitz, war 1929—41 Opernsängerin in Wien u. bis 1944 an der Staatsoper in München. Gattin von Clemens Krauß. Hauptrollen: Senta, Sieglinde, Fidelio, Ariadne, Arabella, Ägyptische Helena u. a. *Literatur:* Joseph *Gregor*, Cl. Krauß (enthält Angaben über V. Ursuleac) 1953.

Krauße, Maximilian (Max), geb. 11. Mai 1860 zu Leipzig-Borna, gest. 26. Dez. 1910 zu Mülheim an der Ruhr, Kaufmannssohn, besuchte das Konservatorium in Leipzig u. begann 1886 seine Laufbahn als Tenorbuffo am Hoftheater in Weimar, kam dann nach Mainz, Aachen, Nürnberg, Berlin (Kroll), Riga, Stuttgart, Stettin, München u. war zuletzt Mitglied des Stadttheaters in Mülheim. 1892 sang er in Bayreuth den David in den „Meistersingern". Weitere Hauptrollen: Chapelou („Der Postillon von Lonjumeau"), Fenton („Die lustigen Weiber von Windsor"), Thibaut („Das Glöckchen des Eremiten"), Peter Iwanow („Zar u. Zimmermann") u. a.

Kraußneck, Arthur s. Müller, Arthur.

Krauth, Louise s. Schönfeld, Louise.

Kray, Elsa s. Hofmann, Adam.

Kraze, Eni s. Kraze, Heinrich.

Kraze, Heinrich, geb. 14. Mai 1842 zu Lissa, gest. 25. Juli 1917 zu Mannheim, wirkte als namhafter Bariton seit 1869 in Breslau, Königsberg, Bremen, Leipzig, Kassel, Darmstadt u. seit 1885 in Mannheim. Hauptrollen: Heiling, Holländer, Tell, Kühleborn, Escamillo, Hans Sachs u. a. Seine Gattin Agläe Lenke-Kraze, bedeutende Dramatische Sängerin, starb am 17. Juli 1917 zu Mannheim. Sein Sohn Eni K. gehörte als Lyr. Tenor dem Hoftheater in Schwerin an.

Kraze-Lenke, Agläe s. Kraze, Heinrich.

Krebs, Carl August, geb. 16. Jan. 1804 zu Nürnberg, gest. 16. Mai 1880 zu Dresden, Adoptivsohn von Joh. Bapt. K., wirkte 1827 bis 1850 als Kapellmeister am Stadttheater in Hamburg u. hierauf als Nachfolger Richard Wagners am Hoftheater in Dresden. 1872 trat er in den Ruhestand. Gatte der Opernsängerin Aloysia Michalesi. Komponist der Opern „Sylva" 1830 u. „Agnes Bernauer" 1833 (neubearbeitet 1858).

Krebs, Emmeline, geb. 11. Okt. 1850, gest. 13. Dez. 1880 zu Breslau, Schwester von Hugo K. (s. d.), war Soubrette u. Muntere Liebhaberin in Glogau, Landsberg an der Weser, Ratibor u. a., zuletzt in Breslau. Hauptrollen: Karoline („O, diese Männer"), Ernestine („Das Milchmädchen von Schöneberg"), Minna („Die vollkommene Frau") u. a.

Krebs, Gustav, geb. 1861, gest. 20. Dez. 1931, war Inspizient in Brieg, Chargenschauspieler in Norden, Aurich, Emden u. a., Leiter der Vereinigten Stadttheater in Heide-Itzehoe u. später einer Hamburger Gastspielbühne.

Krebs, Helmut, geb. am Beginn des 20. Jahrhunderts zu Dortmund, besuchte die Hochschule für Musik in Berlin, war 1937—41 Sänger an der Volksoper in Berlin, stand 1941—45 im Militärdienst u. wirkte 1946—47 als Tenor an den Städtischen Bühnen in Düsseldorf, hierauf an der Städtischen Oper in Berlin-Charlottenburg.

Krebs, Hugo, geb. 17. Mai 1847 zu Brieg, gest. 10. Dez. 1890 zu Dessau, Sohn des Schriftstellers Julius K., humanistisch gebildet, ging 1867 zur Bühne nach Ratibor, wo auch seine Schwester Emmeline K. als Soubrette tätig war, wirkte seit 1879 in Breslau, dann bis 1884 in Petersburg, lebte hierauf als freier Schriftsteller in Kaukehmen (Ostpreußen) u. war zuletzt Redakteur am „Anhalter Tageblatt" in Dessau. Dramatiker.
Eigene Werke: Der Bürgermeister von Breslau (Preisgekröntes Trauerspiel) 1878; Kaiser Otto III. (Trauerspiel) 1880; George Washington (Trauerspiel) o. J.

Krebs, Johann Baptist, geb. 12. April 1774 zu Villingen in Baden (nach anderer Angabe zu Uberannchen), gest. 2. Okt. 1851 zu Stuttgart, studierte zuerst in Freiburg kath.

Theologie, wandte sich jedoch bald als Heldentenor der Bühne zu u. wirkte 1795—1823 hervorragend am Hoftheater in Stuttgart. Sein Stimmumfang betrug zweieinhalb Oktaven. 1823—49 war er Regisseur u. bis zuletzt Gesangspädagoge das. Auch als Übersetzer italien. Opern u. mit einer ästhetischen Schrift über Musik sowie als Komponist trat er hervor. Hauptrollen: Belmonte, Romeo, Achilles, Titus, Cortez („Die Vestalin") u. a.
Literatur: Joseph *Kürschner,* J. B. Krebs (A. D. B. 17. Bd.) 1883; *Eisenberg,* J. B. K. (Biogr. Lexikon) 1903.

Krebs, Kathinka s. Fischer, Karl.

Krebs, Oskar von, geb. 16. Juni 1850 zu Fellin in Livland, gest. 13. Nov. 1913 zu Dessau, Sohn eines Kreisschulinspektors, sollte Apotheker werden, ging jedoch, nachdem er das Dresdner Konservatorium besucht u. dann Unterricht vom Hofopernsänger Wilhelm Risse (s. d.) erhalten hatte, 1872 zur Bühne, die er am Hoftheater in Schwerin erstmals betrat u. zwei Jahre später nach Dessau, wo er bis zu seinem Ruhestand als Baß-Bariton verblieb. Kammersänger das. Hauptrollen: Telramund, Holländer, Liebenau, Hans Heiling, Petrucchio, Zar u. a.

Krebs-Michalesi, Aloysia, geb. 29. Aug. 1824 zu Prag, gest. 5. Aug. 1904 zu Strehlen, Tochter des Sängerpaares Wenzel u. Josephine Michalesi, von ihrer Mutter ausgebildet, wirkte als Altistin 1843—46 in Brünn, 1846—50 am Stadttheater in Hamburg u. 1850—70 am Hoftheater in Dresden. Kammersängerin. Sie war die erste deutsche Fides in Meyerbeers Oper „Der Prophet". Ihre anderen Glanzrollen fand sie als Klytämnestra, Eglantine, Azucena, Ortrud, Adriano u. a. Gattin des Kapellmeisters Carl A. Krebs, Mutter der Pianistin Mary Krebs.
Literatur: Eisenberg, A. Krebs-Michalesi (Biogr. Lexikon) 1903; M. *Steuer,* A. K.-M. (Signale für die musikalische Welt, Aug.) 1904.

Krefeld, die Stadt am Niederrhein, wurde in den letzten Jahrzehnten des 18. Jahrhunderts, obwohl sie damals bloß etwas über 6000 Einwohner zählte, von wandernden Schauspielgesellschaften besucht. Die Prinzipalin Marianne Böhm führte 1799 auch. Oper u. Singspiel ein. 1825 kam ein eigenes Theatergebäude zustande. 1836 brachte K.

L. Zimmermann sein Düsseldorfer Ensemble nach Krefeld u. führte hier „Faust", „Wallensteins Tod" u. „Das Leben ein Traum" auf. Trotz weiterer berühmter Gäste wie Klara Ziegler, Otto Devrient u. a. blieb die Entwicklung des Theaterwesens in K. lange aus verschiedenen Gründen stark gehemmt. 1885 war wenigstens ein Umbau des alten Hauses ermöglicht worden. Aber erst unter der Direktion des bisherigen Düsseldorfer Schauspiel-Oberregisseurs Anton Otto, der 1887 das Theater übernahm, gelang es, der Krefelder Bühne in ganz Deutschland u. darüber hinaus Ansehen u. Geltung zu verschaffen. Seit 1912 sorgte die Stadt für den weiteren Ausbau derselben. Das Gebäude selbst, im Zweiten Weltkrieg vollkommen zerstört, konnte erst viel später ersetzt werden.

Literatur: Roman *Bach*, Das Krefelder Stadttheater in seiner Entwicklung (Theater am Rhein) 1938; Carl *Niessen*, Theater am Rhein 1938.

Krehan, Hermann, geb. 13. Nov. 1890 zu Weimar, zuerst Architekt, wurde 1919 Bühnenbildner u. schuf vor allem Dekorationen für das Theater in der Königgrätzer-Straße, das Deutsche Theater u. das Große Schauspielhaus in Berlin. Meister in der Ausführung romantischer u. humoristischer Motive.

Literatur: Anonymus, H. Krehan (Westermanns Monatshefte 128. Bd.) 1920.

Kreibich, Emma s. Kreibich, Josef.

Kreibich (Ps. Haine), Josef, geb. 22. Juni 1844 zu Aussig in Böhmen, gest. 28. Juni 1895 zu Hamburg, war Väter- u. Chargenspieler in Straßburg, Köln u. Meiningen, wirkte am Sommertheater in Bernburg als Regisseur, leitete kleine Schauspielunternehmen in Tondern, Rendsburg, Itzehoe u. a. Zuletzt Beamter der Direktion Pollini (s. d.) in Hamburg. Seine Gattin Emma Peter war unter dem Ps. Haine ebenfalls am dort. Stadttheater als Schauspielerin tätig. Hauptrollen: Mystifax („Lumpazivagabundus"), Abraham („Romeo u. Julia"), Francisco („Hamlet"), Oberrichter („Das Wintermärchen") u. a.

Kreibig, Anna, geb. 1849, gest. 1871 zu Graz, Tochter von Eduard K., betrat mit 15 Jahren die dort. Bühne u. wirkte an ihr als Muntere u. Naive Liebhaberin bis zu ihrem Tode. Hauptrollen: Preziosa, Anna („Der Pfarrer von Kirchfeld") u. a.

Literatur: Dr. Kosjek, A. Kreibig (Deutscher Bühnen-Almanach, herausg. von A. Entsch 36. Jahrg.) 1872.

Kreibig, Edmund, geb. 1851 zu Hermannstadt, gest. 13. Nov. 1894 zu Frankfurt a. M., Sohn des Theaterdirektors Eduard K., Bruder der der Vorigen, war 1887—88 Opernregisseur am Stadttheater in Hamburg, seither am Opernhaus in Frankfurt a. M.

Kreibig, Eduard, geb. 1. Juli 1810 zu Prag, gest. 24. April 1888 zu Graz, Sohn des Theaterdirektors Josef K., betrat mit 16 Jahren als Anton in Kotzebues „Verwandtschaften" erstmals die Bühne, sang jugendlich-komische Partien u. spielte Liebhaber, Naturburschen u. a., später Jugendliche Helden (Ferdinand, Jaromir u. a.). Hierauf wirkte er erfolgreich als Bonvivant u. Konversationsschauspieler in Hermannstadt u. Temeschwar. Als Perin in „Donna Diana" beschloß er in Linz seine Schauspielertätigkeit, um sich der Leitung verschiedener Bühnen zu widmen. 1838—54 Direktor in Temeschwar, Arad u. Hermannstadt, 1854—57 in Preßburg, 1857—64 in Linz (mit Stifter befreundet, der ihn in einem Brief als ausgezeichneten Bühnenleiter rühmt). 1864—76 führte er das Stadttheater in Graz u. 1876—86 das Landestheater in Prag, von wo er wieder nach Graz zurückkehrte.

Kreibig, Josef s. Kreibig, Eduard.

Kreidemann, Franz, geb. 29. Mai 1871 zu Brandenburg, gest. 10. Okt. 1953 zu Hamburg, Sohn des Folgenden, zuerst Kaufmann, von Oberregisseur Emil Haas (s. d.) für die Bühne ausgebildet, debütierte 1890 in Krefeld u. kam über Hildesheim, Rostock, Basel, Braunschweig, wieder Basel, Mainz u. Darmstadt nach Hannover, 1906 unter der Leitung des Freiherrn Alfred v. Berger als Naturbursche, Bonvivant u. Komiker ans Deutsche Schauspielhaus in Hamburg, wo er sich zum bedeutenden Charakterdarsteller entwickelte. Vorübergehend auch Mitglied der dort. Kammerspiele, des Thalia-Theaters u. des Altonaer Stadttheaters. Hauptrollen: Ferdinand, Reif-Reiflingen, Zwirn, Valentin, Wallenstein, Mephisto, Heinrich VI., Richard III., Jago, Nathan, Baumeister Solneß u. a. K. schrieb außer Romanen auch zahlreiche Aufsätze über seinen Beruf.

Literatur: Eisenberg, F. Kreidemann (Biogr. Lexikon) 1903.

Kreidemann, Gustav, geb. 1836, gest. 11. Jan. 1905 zu Mainz, war 27 Jahre Bürochef des dort. Stadttheaters. Verfasser des Einakters „Reisebekanntschaften" u. der Weihnachtskomödie „Das Märchenreich u. seine Wunder". Vater des Vorigen.

Kreiml-Baumberg, Antonie, geb. 24. April 1859 zu Baumgartenberg in Oberösterreich, gest. 15. April 1902 zu Wien (durch Selbstmord aus Verzweiflung über mißliche Verhältnisse), Tochter eines Gutsbesitzers, zog mit ihrem Gatten Arthur Kreiml nach Wien. Dramatikerin, mit dem Bauernfeldpreis ausgezeichnet (am Jubiläums-Stadttheater häufig gespielt) u. Erzählerin.
Eigene Werke: Trab-Trab (Posse) 1898; Eine Liebesheirat (Dramat. Lebensbild) 1900; Familie Bollmann (Volksstück) 1901; Das Kind (Volksstück) 1901; Der Nachtwächter von Schlurn (Drama) 1901 (mit G. v. Berlepsch); Max Wiebrecht (Komödie) 1902.

Kreiner, Artur, geb. 1893 zu Amberg, väterlicherseits einem altbayr. Bürger-, mütterlicherseits einem fränkisch-schwäb. Beamten- u. Pfarrergeschlecht entsprossen, studierte Theologie in Leipzig, Kunstwissenschaft u. Philosophie in Würzburg (Doktor der Philosophie). Dramatiker u. Erzähler.
Eigene Werke: Alt-Nürnberg (Festspiel) 1923; Dürers Auferstehung (Festspiel) 1928; Deutscher Frühling (Burschenschaftsspiel, Jahresbericht der Oberrealschule Amberg) 1931; Das Spiel von Kaiser Ludwig dem Bayern 1935.

Kreipl, Joseph, geb. 1805, gest. im Mai 1886 zu Wien, wirkte als Tenor 1839—42 in Graz, dann in Preßburg, Olmütz, Salzburg u. Chemnitz. Auch Liederkomponist (u. a. des zum Volkslied gewordenen „Mailüfterl").

Kreis, Nina, geb. 3. Nov. 1903 im Rheinland, gest. 18. Mai 1940 zu Berlin, gehörte als Sängerin u. a. den Bühnen in Lübeck u. Dessau an. Ihre Glanzrolle fand sie als Frau Fluth in den „Lustigen Weibern von Windsor".

Kreiser, Kurt, geb. 4. Juni 1891 zu Dresden, studierte zuerst Chemie das., dann in Leipzig Musikwissenschaft (u. a. bei Hugo Riemann), promovierte 1917 mit einer Diss.

über Karl Gottlieb Reißiger (s. d.) zum Doktor der Philosophie u. wurde Lehrer am Konservatorium u. a. Anstalten in Dresden. Dirigent u. Komponist (der Operetten-Ouvertüre „Der Graf von Rüdesheim", des Melodramas „Der kleine Melchior" u. verschiedener Orchesterzwischenspiele zu Dramen).
Literatur: Riemann, K. Kreiser (Musik-Lexikon 11. Aufl.) 1929.

Kreisler, Fritz, geb. 2. Febr. 1875 zu Wien, besuchte das dort. Konservatorium (Schüler von Joseph Hellmesberger), machte sich als Konzertgeiger bekannt u. schuf für die Bühne zwei Operetten, „Apfelblüten" 1919 u. „Sissy" um 1930 nach dem Text von Ernst u. Hubert Marischka. 1938 wurde K. französischer Staatsbürger, 1940 ließ er sich in Neuyork nieder.

Kreisler, Karl, geb. 29. Nov. 1882 zu Wien, studierte das. (bei J. Minor u. R. F. Arnold, Doktor der Philosophie), anfangs Gymnasiallehrer in Korneuburg u. Kremsier, seit 1909 Gymnasialprofessor in Brünn. Erzähler, Dramatiker u. Theaterkritiker.
Eigene Werke: Der Ines-de-Castro-Stoff im roman. u. german. Drama 1908; Savitri, ein altes Spiel von Tod u. Treue in einem neuen Rahmen (Dichtung) 1923; Psychoanalyse (Lustspiel) 1927; Gefühl mit fünf Buchstaben (Lustspiel) 1928; Kino (Sketch) 1929 u. a.

Kreisler-Bühne nannte man die 1922 im Berliner Theater an der Stresemannstraße gebrauchte Simultanbühne mit mehrfacher Unterteilung u. drei Stockwerken zur Vorstellung des nach E. Th. A. Hoffmann gestalteten Stücks „Die wunderlichen Geschichten des Kapellmeisters Kreisler". Eine Vorrichtung zur Aufnahme von Lichtbildern trat ergänzend hinzu. Die Szenenfolge wickelte sich, abwechselnd aufleuchtend, teils nacheinander, teils nebeneinander ab. Eine Fortsetzung fand die K.-B. in der ähnlich aufgebauten, nach dem Regisseur E. Piscator benannten Piscator-Bühne seit 1923 im Nollendorf-Theater in Berlin. Ubrigens wurde schon früher eine horizontal oder vertikal geteilte Bühne bei Stücken, die ein Nebeneinander der Handlung zur Darstellung brachten, verwendet.

Kreißel, Richard, geb. 16. Aug. 1859 zu Brüx in Böhmen, gest. 17. Okt. 1902 zu Aarau als Schauspieler an den Vereinigten

Stadttheatern in Aarau u. Chur, wirkte vorher als Jugendlicher Liebhaber u. Bonvivant in Offenbach, Biberach u. a.

Kreith, Hans s. Kreith-Lanius, Frieda.

Kreith-Lanius, Frieda, geb. 6. Mai 1865 zu Augsburg, gest. 9. Nov. 1929 zu Wien, entstammte einer alten Theaterfamilie, Tochter des Theaterdirektors Christian Lanius u. dessen Frau, der Schauspielerin Antonie Krägel, in einem Kloster erzogen, begann 1884 ihre Bühnenlaufbahn auf kleinen ostpreuß. Theatern, wirkte seit 1887 in Preßburg, Linz u. Graz, 1893 in Breslau, 1894—95 am Raimundtheater in Wien als Erste Liebhaberin u. Salondame, nebenher auch im Volks- u. Bauernstück, 1895—97 am Schillertheater in Berlin, dann am Thaliatheater in Hamburg, 1898—99 auf einer Gastspieltournee in Siebenbürgen, 1900—03 am Kaiserjubiläums-Theater in Wien, anschließend am Burgtheater, das sie jedoch wegen ungenügender Beschäftigung verließ, kehrte hierauf wieder an das Kaiserjubiläums-Theater zurück, spielte 1906—12 in Brünn u. war schließlich bis 1916 als Gast tätig. Gattin des 1893—98 in Liebhaberrollen am Raimundtheater tätigen Schauspielers Hans Kreith (gest. 1925). Von der Wiener Presse wurde sie als die „Klara Ziegler Österreichs" bezeichnet. Hauptrollen: Medea, Sappho, Eboli, Maria Stuart, Goneril, Donna Diana u. a.

Kreker, Erwin (Ps. Peter Pogge), geb. 23. Febr. 1907 zu Hildesheim, war Filmregisseur u. lebte u. a. in Hannover. Bühnenschriftsteller.
Eigene Werke: Inkognito (Einakter) 1932; Ganz recht, Herr Kollege (Einakter) 1933; Wer hätte das gedacht! (Einakter) 1933; Schlaf wohl! (Einakter) 1933; Prominente privat (Einakter) 1934; Erstens kommt es anders (Einakter) 1934; M. m. M. (Kurz-Operette) 1934; Der Zauberer (Lustspiel) 1934; Volltreffer ins Glück (Lustspiel) 1934; Die Flucht ins Leben (Schauspiel) 1935; Fragen Sie Frau Christine (Einakter) 1937; Spuk in der Westentasche (Einakter) 1937; Die löblichen Verwandten (Einakter) 1938; Der Scheidungsanwalt (Einakter) 1938; Leitung gestört (Einakter) 1938; Rydahls Raritätenladen (Lustspiel) 1941; Der ehrliche Verlierer (Einakter) 1950.

Kreklow, Friedrich, geb. 29. Mai 1876, lebte in Neu-Zittau. Bühnenschriftsteller.

Eigene Werke: Marschall Vorwärts (Vaterländisches Lustspiel) 1905; Franzosenlied (Vaterländisches Schauspiel) 1905; Sonnenwende (Lustspiel) 1905; Die drei Rosen (Laienspiel) 1905; Im eigenen Netz (Laienspiel) 1905; Gewitter über Groten Bäbelin (Bauernkomödie) 1936; Blank Hans (Drama) 1937; Achtern groten Diek (Schauspiel) 1937; Klaas Jesup (Drama) 1938; Spöök in Herrenhuus (Niederdeutsches Lustspiel) 1939; En nimoodsche Deern (Niederdeutsches Lustspiel) 1940; Hypotheken möten sien (Niederdeutsches Lustspiel) 1941; De lustigen Wiver von Windbarg (Niederdeutsches Lustspiel) 1942.

Kremer, Eduard, geb. um 1884, gest. 31. Jan. 1952 zu Augsburg, war seit 1918, vom Stadttheater in St. Gallen kommend, bis 1944 Lyrischer Bariton in Augsburg. Hauptrollen: Papageno, Barbier, Graf Luna, Rigoletto, Kühleborn, Telramund, Cardillac u. a.

Kremer, Martin, geb. um die Jahrhundertwende zu Geisenheim am Rhein, ausgebildet in Wiesbaden u. Mailand, wirkte als Tenor in Stettin, Kassel, Wiesbaden, seit 1929 an der Staatsoper in Dresden u. nach 1945 wieder in Wiesbaden. Kammersänger. Als Gast trat er in Genf, Nizza, Barcelona, Amsterdam, London, Berlin u. a. auf. K. nahm auch an den Bayreuther Festspielen (Froh u. David) teil.

Krempien, Fritz, geb. 12. Juni 1871 zu Berlin, gest. 9. Dez. 1915 das., Neffe des Possendichters Emil Pohl (s. d.) u. des Kammersängers Theodor Reichmann (s. d.), studierte einige Zeit Philosophie in seiner Vaterstadt, wandte sich aber hierauf der Bühne zu u. trat unter dem Ps. Kent 1894 bis 1901 als Schauspieler in Aachen, Riga u. Hamburg (Thalia-Theater) auf, war bis 1905 Dramaturg in Erfurt, unternahm dann mit Rudolf Jaffé eine Tournee in Deutschland u. im Ausland, war 1908—09 Mitglied des Neuen Schauspielhauses in Berlin u. später des Stadttheaters in Bern. 1910 mußte K. wegen Krankheit die Bühne verlassen.

Kremplsetzer, Georg, geb. 20. April 1827 zu Vilsbiburg (Niederbayern), gest. 6. Juni 1871 das., Sohn eines Tuchmachers, folgte zuerst dem väterlichen Beruf, bildete sich jedoch als Autodidakt musikalisch aus, wurde nach dem Tod seines Vaters (1856) Dirigent des Akad. Gesangvereins in München, 1865 Kapellmeister am dort. Aktien-Volkstheater (später Gärtnerplatztheater), 1868 in Görlitz, 1869 in Berlin u. 1870 in Königsberg. Denkmal in Vilsbiburg. Komponist außer von Liedern u. a. auch von Bühnenstücken, für die teilweise sein Freund Wilhelm Busch den Text schrieb. *Eigene Werke:* Der Onkel aus der Lombardei (Operette) 1861; Hänsel u. Gretel (Märchenspiel) o. J.; Medea (Posse) o. J. (Text von F. v. Ziegler); Der Vetter auf Besuch 1863; Die Kreuzfahrer (Oper) 1865; Das Orakel in Delphi (Operette) 1867; Die Geister des Weins (Operette) 1867; Der Rotmantel (Märchenspiel) 1868 (Text von P. Heyse); Die Franzosen in Gotha (Kom. Oper) o. J. (Text von K. Heigel) u. a. *Literatur:* Hyazinth *Holland*, G. Kremplsetzer (A. D. B. 17. Bd.) 1883; K. Th. *Heigel*, G. K. (Essays aus neuerer Geschichte) 1892; G. *Huber*, G. K. 1925; G. J. *Wolf*, G. K. (Das Bayerland 40. Bd.) 1929; Joseph *Hiedl*, Ein vergessener Münchener Musiker (Die Propyläen Nr. 10, Beilage zur Münchener Zeitung) 1936.

Krems, die alte niederösterreichische Stadt, führte sich mit geistlichen Spielen schon im 16. Jahrhundert in die Theatergeschichte ein. Protestanten u. Jesuiten nahmen daran regen Anteil. Mit 1772 melden sich Wandertruppen, als erste die des Josef Geisler, dann David Herzaus (1726) u. Karl Josef Nachtigalls (1734). Gespielt wurde im Kielmannseggischen Haus in der oberen Landstraße. Nach einer Reihe von Prinzipalen, darunter wieder Nachtigall (1746, 56 u. 57), Franz Josef Moser (1757), Josef Schulz (1760) u. a. erscheint Felix Berner wiederholt (1770, 75 u. 85) mit seiner berühmten Kindertruppe u. besonders der vielgewanderte Georg Wilhelm (1778, 87 u. 89). 1798 spielte auch Josef Georg Jung, der Vater der berühmten Marianne Willemer, hier. 1791 wurde die alte Dominikanerkirche zum Theatergebäude bestimmt, das Josef Ehrenberger als Erster bezog. Es folgte nun eine Reihe unbedeutender Prinzipale. Seit 1832 zeichnete sich Ludwig Groll (eigentlich Hodor v. Kezdi-Selck) besonders aus. Sein Personal war vielseitig beschäftigt. So teilte er z. B. in „Lumpazivagabundus" 19 Schauspielern 41 Rollen zu, er selbst gab drei. 1854 wirkte er zum letztenmal in K. Einen neuen Tiefstand erreichte das Theater in der Folgezeit. 1861 machte der junge Schauspieler Ludwig Anzengruber hier eine bittere Leidenszeit durch. Einen leichten Auf-

schwung führte Julius Böhm (1866—67 u. 1869—70) herbei. Unter ihm vollzog in K. Girardi mit größtem Erfolg (1869) den Übergang vom Sprechstück zur Operette. Bald erschienen jetzt Gäste wie Hohenfels, Bassermann u. a. Eine Glanzzeit bedeutete die Direktion unter Ignaz u. Josef Siege (1883—84), die sich mit ihrem Repertoire dem des Burgtheaters anschlossen, wie sich auch die Nachfolger nach dem Spielplan der Wiener Bühnen richteten. Bedeutende Schauspieler wie Baumeister, Baudius, Maran, Niese kamen nach K. Aber auch aus der Schar einheimischer Kräfte ragte ein namhafter Künstler hervor, Franz Anton Gatto (s. d.). Trotzdem konnte sich das Theater aus finanziellen Gründen nicht halten u. mußte schließlich einem Kino Platz machen. *Literatur:* A. *Baran*, Zeno. Ein vollständiges Theaterstück aus der Zeit des Jesuitengymnasiums in Krems 1697 (Progr. Krems) 1901; Kurt *Vancsa*, Das Kremser Theater u. Anzengruber (Unsere Heimat, Neue Folge 1. Bd.) 1928; H. *Pemmer*, Das Kremser Theater (E. Stepan, Das Waldviertel 7. Bd.) 1937; R. M. *Prosl*, Zur Geschichte des Bühnenwesens in Niederdonau 1941; Kremser Zeitung: 80 Jahre Festblatt 1948.

Kremser, Eduard, geb. 10. April 1838 zu Wien, gest. 26. Nov. 1914 das., Chormeister u. Konzertdirektor, Komponist von Operetten („Der Botschafter" — „Der Schlosserkönig" — „Eine Operette" 1874 — „Der kritische Tag" 1891).

Kremser, Rudolf, geb. 29. Mai 1902 zu Wien. Erzähler u. Dramatiker. *Eigene Werke:* Der Komet (Schauspiel) 1939; Spiel mit dem Feuer (Komödie) 1940; Der rote Salon (Komödie) 1944.

Kremsmünster, Ortschaft mit altem Benediktinerstift in Oberösterreich, kannte schon 1561 von Handwerkern aufgeführte Fastnachtspiele. Der Schulmeister von Pettenbach gab in den Tafelstuben 1615 eine Komödie u. der Ludimoderator Stephan Twenger die Tragödie von Kain u. Abel. 1651 setzten die Aufführungen im Stiftstheater ein, das vom Prälaten Placidus Buechauer (1644—69) um diese Zeit im zweiten Stock des Kanzleitraktes eingerichtet wurde. Im ganzen haben sich von 1651 bis beiläufig 1780 beinahe 100 Stücke erhalten, die von den Schülern gespielt wurden. Unter Abt

Erenbert II. Schrevogl (1669—1703) wurde das Theater vergrößert, das nun eine prachtvolle Einrichtung u. eine reiche Garderobe besaß. Seit 1755 erfolgten öfters Aufführungen deutscher Stücke, sogar im Volksmund u. seit 1770 wurden durch diese u. italienische Opern die lateinischen beinahe verdrängt. Später gaben auch Bürger Dilettantenaufführungen. 1803 mußte das Theater dem Bau des Konviktes weichen. Erst 1813 gelang es dem Kaufmann Margelik, wieder Unterkunft für eine Bühne in einem Privathause zu finden, die er mit der „Gesellschaft der Theaterfreunde" durch fast drei Jahrzehnte hauptsächlich mit Dilettanten betrieb. Doch kamen sogar Hofschauspieler gelegentlich als Gäste, so K. Moreau. Später bemühte sich neuerdings die Stiftsgeistlichkeit um die Bühne, die neben den Klassikern bisweilen Modedramatiker zur Aufführung brachte. Gespielt wurde nur für wohltätige Zwecke. Seit 1892 nahmen sich Karl Fischer-Colbrie u. sein Bruder mit viel Glück dieser einzigartigen hundertjährigen Dilettantenbühne an.
Literatur: Tassilo *Lehner,* Ein Blatt zur Kulturgeschichte der Heimat. Das Stiftstheater in Kremsmünster 1910; (Ludwig *Fischer-Colbrie),* Denkschrift über das Theater zu K. Zur Feier u. zum Gedächtnis seines hundertjährigen Bestandes von seinem derzeitigen Leiter 1912.

Krèn, Adele, geb. 29. Okt. 1860 zu Darmstadt, gest. 22. März 1882 zu Meran, Tochter von Josef K. (s. d.), kam als Muntere u. Naive Liebhaberin mit kaum 15 Jahren ans Stadttheater in Elberfeld, dann ans Wallnertheater in Berlin, wandte sich hierauf in Mainz der Operette u. der Oper zu, wirkte in Zürich, Hamburg u. seit 1877 am Friedrich-Wilhelmstädtischen Theater in Berlin. Hauptrollen: Anna-Liese, Preziosa, Käthchen von Heilbronn, Adele („Die Fledermaus"), Marie („Zar u. Zimmermann") u. a.
Literatur: Rudolf *Elcho,* A. Krèn (Almanach der Genossenschaft Deutscher Bühnen-Angehöriger 11. Bd.) 1883; Adolph *Kohut,* A. K. (Die größten u. berühmtesten deutschen Soubretten des 19. Jahrhunderts) 1890; *Eisenberg,* A. K. (Biogr. Lexikon) 1903; Ludwig *Fränkel,* A. K. (A. D. B. 52. Bd.) 1906.

Kren, Jean (Geburtsdatum unbekannt), gest. 11. Sept. 1922 zu Berlin, führte jahrzehntelang zusammen mit Alfred Schön-

feld u. a. die Direktion sowie die Oberregie des dort. Thaliatheaters u. Neuen Operettenhauses. Nach dem Ersten Weltkrieg leitete er das Corsotheater in Zürich u. das Liebigtheater in Breslau.

Krèn, Josef, geb. 24. Sept. 1824 zu Stampfen in Ungarn, gest. 15. April 1891 zu Berlin, war Opernsänger (Baß) u. Regisseur in Zürich, Dortmund (hier auch Väterdarsteller im Schauspiel) u. a. Vater von Adele K. Hauptrollen: Falstaff, Armand („Richelieu"), Van Bett („Zar u. Zimmermann"), Stephan („Hans Heiling"), Totengräber („Hamlet") u. a.

Křenek, Ernst, geb. 23. Aug. 1900 zu Wien, Abkömmling einer böhmischen Familie, Sohn des gleichnamigen Generalintendanten in Wien, studierte das. u. in Berlin (u. a. bei Franz Schreker), wurde 1925 Kapellmeister am Staatstheater in Kassel, lebte dann wieder in Wien (hier auch Mitarbeiter der „Wiener Zeitung") u. zog 1937 nach Amerika (Hameline University, Saint Paul, Minnes). Als Komponist Vorkämpfer einer auf der Zwölftontechnik begründeten polyphonen Musik. Zu seinen Opern schrieb er selbst den Text. Gatte der Tochter Gustav Mahlers (s. d.).
Eigene Werke: Der Sprung über den Schatten 1924; Jonny spielt auf 1924; Der Diktator o. J.; Das geheime Königreich o. J.; Schwergewicht oder Die Ehre der Nation 1927; Das Leben des Orest 1930; Über neue Musik 1937; Pallas Athene 1954 u. a.

Krenger, Rudolf, geb. 1854 zu Schwarzenburg in der Schweiz, gest. 1925 zu Interlaken, war Lehrer in Biglen, Kirchberg, Lützelflüh, Steffisberg u. 1886—1923 in Interlaken. Komponist u. a. von Singspielen („Bärgdorfet uf Mägisalp", „Menk u. Vreni", „Leonhardus der Harder").
Literatur: H. *Spreng,* R. Krenger (H. B. L. S. 4. Bd.) 1927.

Krenn, Fritz, geb. 11. Dez. 1887, wirkte als Bassist an der Volksoper in Wien, 1918 in Reichenberg u. seit 1919 an der Staatsoper wieder in Wien. Kammersänger. Hauptrollen: Ochs von Lerchenau („Der Rosenkavalier"), Kothner („Die Meistersinger von Nürnberg") u. a.

Krenn, Leopold, geb. 1850 zu Wien (Todesdatum unbekannt), war das. als Mitverfasser zahlreicher erfolgreicher Lokalpossen tätig.

Eigene Werke: Ein nasses Abenteuer 1904 (mit V. Chiavacci); Immer oben auf 1908 (mit B. Buchbinder); Paule macht alles 1909 (mit dems.); Die Frau Gretel 1909 (mit dems.); Die tolle Therese (Operette) 1913 (mit Julius von Ludassy) u. a.

Krenn, Robert, geb. 18. Febr. 1871 zu Wien, Sohn des Konzertpianisten Emil K., besuchte das Konservatorium seiner Vaterstadt, wurde jedoch Beamter, weil er wegen eines Halsleidens auf die Bühnenlaufbahn verzichten mußte. Verfasser von Theaterstücken.

Eigene Werke: Aberglaube (Bauerndrama) 1898; Elsi (Schauspiel) 1899; Der Sträfling (Posse) 1909; Verfehlte Wirkung (Posse) 1904; Husarenlist (Posse) 1906; Am Scheideweg (Volksschauspiel) 1907; Des Spielers Ende (Dramat. Szene) 1907; Im Seebad (Schwank) 1909; Zu spät (Schauspiel) 1910; Fräulein Tantalus (Schwank) 1910; Am Liebeshof (Lustspiel) 1910; Ein Nachtmanöver (Schwank) 1910; Amor in der Küche (Posse) 1910; Die Zwillinge (Singspiel) 1910 u. a.

Krepp, Felix, geb. 25. Febr. 1830 zu Trier, gest. 19. März 1892 zu Halberstadt, war Liebhaber, später Heldenvater in Plauen u. zuletzt Direktor des Stadttheaters in Bochum, hier auch Vertreter erster Repräsentations- u. Charakterrollen.

Kreß, Wilhelm (1836—1913), Erfinder des ersten Drachenfliegers mit Luftschraube. Bühnenheld.

Behandlung: Friedrich *Schreyvogl,* Der Mann in den Wolken (Schauspiel) 1937.

Kretschmann, Karl Friedrich, geb. 4. Dez. 1738 zu Zittau, gest. 15. Jan. 1809 das., war Advokat u. machte sich unter dem Ps. Rhingulph der Barde als Hauptvertreter der Bardenpoesie bekannt. Auch Lustspieldichter.

Eigene Werke: Fünf ausgesuchte Lustspiele aus dem Théâtre italien des Gherardi 1762; Die Familie des Antiquitätenkrämers (aus dem Italienischen des Goldoni) 1767; Die seidnen Schuhe 1780; Die Familie Eichenkron oder Rang u. Liebe 1786; Die Belagerung 1786; Die Hauskabale oder Die Schwiegermutter u. Schwiegertochter 1787 (die vier letztgenannten Stücke erschienen in seinen Sämtl. Werken 6 Bde. 1784—99, darin auch Bemerkungen über das Drama).

Literatur: Erich *Schmidt,* K. F. Kretschmann (A. D. B. 17. Bd.) 1883.

Kretschmann (eigentlich Krečman), Theobald, geb. 1. Sept. 1850 zu Vinos bei Prag (Todesdatum unbekannt), war Cellist in Salzburg u. Breslau, seit 1881 Solocellist der Hofoper in Wien u. 1907 Kapellmeister der dort. Volksoper. Komponist von Bühnenstücken.

Eigene Werke: Die Brautschau (Oper) 1895; Salome die Zweite (Burleske) 1906; Tempi passati 2 Bde. 1910—13.

Literatur: Riemann, Th. Kretschmann (Musik-Lexikon 11. Aufl.) 1929.

Kretschmer, Albert, geb. 27. Febr. 1825 zu Berghof bei Schweidnitz, gest. 8. Juli 1891 zu Berlin, besuchte die Kunstakademie das. u. wurde am dort. Hoftheater beschäftigt. K. entwarf die Kostümierung neuer Opern u. Dramen u. war seit 1851 Technisches Mitglied des Hoftheaters.

Kretschmer, August, geb. 22. April 1863 zu Wien, gest. 30. Juli 1920 zu Berlin, war zuerst Sänger u. Schauspieler in Troppau, dann viele Jahre Mitglied des Stadttheaters in Graz u. schließlich Oberregisseur u. Sänger am Neuen Operettentheater in Leipzig. Vor allem Komiker. Hauptrollen: Schneehahn („Leipzig bei Nacht"), Esterházy („Das Musikantenmädel") u. a.

Kretschmer, Edmund, geb. 31. Aug. 1830 zu Ostritz in der Oberlausitz, gest. 13. Sept. 1908 zu Dresden, Sohn eines Realschuldirektors, wurde 1854 Organist an der dort. Hofkirche, 1863 Hoforganist u. 1892 Professor das. Komponist von Messen u. a., vor allem aber von Opern.

Eigene Werke: Die Folkunger 1874; Heinrich der Löwe 1874 (von ihm auch gedichtet); Der Flüchtling 1881; Schön Rotraut 1887.

Literatur: Otto *Schmid,* E. Kretschmer 1890; *Riemann,* E. K. (Musik-Lexikon 11. Aufl.) 1929.

Kretzenbacher, Leopold, geb. 13. Nov. 1912 zu Leibnitz in der Steiermark, Sohn eines Bahnbeamten, studierte in Graz, habilitierte sich das. 1939, war 1943—44 Gastprofessor in Agram u. seit 1950 Privatdozent in Graz, gleichzeitig auch Kustos am dort. Volkskundemuseum. Theaterhistoriker.

Eigene Werke: Jesuitendrama im Volksmund (Festschrift Geramb) 1949; Lebendiges Volksschauspiel in Steiermark 1951; Passionsbrauch u. Christi-Leiden-Spiel in den Südostalpenländern 1952; Frühbarockes Weihnachtsspiel in Kärnten u. Steiermark (Archiv für vaterländ. Geschichte u. Topographie 40. Bd.) 1952.

Kretzer, Max, geb. 7. Juni 1854 zu Posen, gest. 15. Juli 1941 zu Berlin, einer Posener Bürgerfamilie entstammend, war anfangs Fabriksarbeiter, dann Malergehilfe in Berlin, bildete sich, nachdem er auf einem Bau verunglückt war, als Autodidakt literarisch aus u. galt bald als führender naturalistischer Erzähler. Auch Verfasser von Bühnenstücken.

Eigene Werke: Bürgerlicher Tod (Drama) 1888; Der Millionenbauer (Volksstück) 1891; Der Sohn der Frau (Schauspiel) 1898; Die Kunst zu heiraten (Schwank) 1900; Die Verderberin (Schauspiel) 1900; Leo Lasso (Schauspiel) 1907; Das Pendelkind oder Erziehung der Eltern (Tragikomödie) 1938. *Literatur:* J. E. *Kloss,* M. Kretzer 1896 (2. Aufl. 1905); Günther *Keil,* M. K. A Study in German Naturalism 1929.

Kretzschmer, Eleonore, geb. 30. Aug. 1858 zu Berlin (Todesdatum unbekannt), Tochter eines Hauptmanns von Ribbentrop, heiratete 1880 den Hauptmann Hans K., den sie nach Trier, Metz u. Straßburg begleitete u. mit ihm nach Eintritt dess. in den Ruhestand nach Naumburg a. S. übersiedelte. Verfasserin von Theaterstücken.

Eigene Werke: Gustav Reitter (Dramat. Charakterbild) 1904; Die Spinne (Lustspiel) 1905; Drahtlose Telegraphie (Lustspiel) 1906; Kuriert (Dramat. Lebensbild aus dem Jahre 2004) 1907; Was der Weihnachtsbaum erzählt (Dramat. Märchen) 1908; Meine Tante — deine Tante (Schwank) 1909; Das Kavalier-Verleih-Institut (Einakter) 1910.

Kreuder, Peter, geb. 26. März 1870 zu Köln, gest. 5. Nov. 1930 zu Hamburg (während einer Rheingold-Aufführung als Mime), ursprünglich für den Handelsstand bestimmt, nahm in seiner Vaterstadt Gesangsunterricht u. begann seine Bühnenlaufbahn in Aachen, kam dann an die Komische Oper in Berlin, wo er sieben Jahre als Tenorbuffo wirkte, folgte 1912 einem Ruf nach Hamburg u. trat das. fast in jeder Oper auf. Neben meist komischen u. grotesken Partien sang er auch ernste. Hauptrollen: Beck-

messer, Doktor Bartolo, Pedro („Tiefland"), Wenzel („Die verkaufte Braut") u. a.

Kreuder, Peter, geb. 18. Aug. 1905 zu Aachen, Sohn des gleichnamigen Opernsängers, in früher Jugend Schauspieler bei einer Wanderbühne, studierte in München, bestand das Staatsexamen als Kapellmeister das., wurde Ballett-Korrepetitor in Hamburg, dann Kapellmeister am Deutschen Theater in München u. a., später musikalischer Leiter des Deutschen Theaters in Berlin, 1938 Musikdirektor der Bayer. Staatsoperette, erwarb 1945 die österr. Staatsbürgerschaft u. dirigierte seit 1945 in der Schweiz, Brasilien u. Argentinien. Hierauf hauptsächlich für den Film u. als Komponist tätig, vorwiegend in München.

Kreuttner, Franz Xaver, geb. 1832, gest. 5. Okt. 1907 zu Mannheim, war Opernsänger 1865 in Regensburg, 1866 in Graz u. seit 1867 in Mannheim.

Kreutz, Heinrich, geb. 22. Aug. 1891 zu München, wurde an der dort. Akademie für Tonkunst ausgebildet u. wirkte seit 1921 als Opernsänger in Ulm, Sondershausen, Zwickau, Würzburg, Halle, seit 1930 als Regie-Assistent von Siegfried Wagner in Bayreuth, später als Intendant des Harzer Bergtheaters in Thale, als Spielleiter in Zittau, dann als kommissar. Leiter das. 1952 Oberspielleiter am Stadttheater in Greiz.

Kreutz, Rudolf s. Křiž, Rudolf.

Kreutzberg, Harald, geb. 11. Dez. 1902 zu Reichenberg in Böhmen, Enkel eines Zirkusdirektors u. Panoptikumbesitzers, Sohn eines Textilkaufmanns, kam schon als Kind auf die Bühne, besuchte jedoch zunächst die Kunstgewerbeschule in Dresden, wurde Modezeichner das., debütierte als Seiltänzer in der „Verkauften Braut" am Hoftheater in Hannover, erhielt vom Ballettmeister Max Terpis weitere Ausbildung, ging als Solotänzer mit diesem an die Staatsoper in Berlin u. erzielte hier 1926 als „kahlköpfiger Marabu" in der Pantomime „Don Morte" (Musik von Friedrich Wilckens) einen Riesenerfolg. Max Reinhardt schuf ihm 1927 eine Rolle in Gozzi-Vollmöllers „Turandot" bei den Salzburger Festspielen. 1928 tanzte u. spielte K. in Neuyork (im „Jedermann" u. im „Sommernachtstraum"). Zahlreiche Reisen quer durch Amerika bis nach Japan verschafften ihm überall großen

Zulauf. An der Universität Wisconsin u. a. Hochschulen hielt er Vorträge über Choreographie. Zu seinem ständigen Wohnsitz wählte er Seefeld in Tirol.
Literatur: H. Wille, H. Kreutzberg 1930; E. Pirchan, H. K. 1930 (2. Aufl. 1950); O. Witow, Ein neuer K. (Die Neue Zeitung, München Nr. 167) 1949.

Kreutzer, Cäcilie, geb. 1820 zu Wien (Todesdatum unbekannt), Tochter von Konradin K., wirkte 1839 an der Hofoper in Wien, in Braunschweig, Köln, 1841 in Leipzig u. später in Riga.

Kreutzer (laut Taufschein Kreuzer), Konradin, geb. 22. Nov. 1780 zu Meßkirch in Baden, gest. 14. Dez. 1849 zu Riga, ursprünglich für den geistlichen Stand bestimmt, studierte in Freiburg im Brsg. zuerst die Rechte, dann Musik, komponierte damals das (1800 auch aufgeführte) Singspiel „Die lächerliche Werbung", zog hierauf nach Konstanz u. 1804 zu Albrechtsberger (s. d.) nach Wien, wo er sich als Opernkomponist rasch entwickelte. Nach der Aufführung „Konradins von Schwaben" wurde er 1812 Hofkapellmeister das. 1816 weilte er in Schaffhausen, 1817 folgte er einem Ruf des Fürsten v. Fürstenberg nach Donaueschingen. Seit 1822 wieder in Wien als Kapellmeister am Kärntnertor- u. Josefstädtertheater. Hier vertonte K. u. a. Grillparzers „Melusine" 1833 für Berlin. 1840 bis 1846 Kapellmeister in Köln, 1846—49 neuerdings in Wien, zuletzt in Riga. Von seinen eigenen 30 Opern blieb am lebendigsten das melodienreiche „Nachtlager von Granada" (1834). Seine Musik zu Raimunds „Verschwender" (1833) zeigte ihn von seiner volkstümlichen Seite.
Literatur: Wurzbach, C. Kreutzer (Biogr. Lexikon 13. Bd.) 1865; H. Giehne, K. K. (Badische Biographien 1. Bd.) 1875; Fürstenau, K. K. (A. D. B. 17. Bd.) 1883; W. H. Riehl, K. K. (Musikalische Charakterköpfe 1. Bd.) 1890; H. Burkard, K. Kreutzers Ausgang (Schriften zur Geschichte der Baar 14. Bd.) 1920; Riemann, K. K. (Musik-Lexikon 11. Aufl.) 1929; Erich Munk, Zur Erinnerung an K. K. (National-Zeitung, Basel Nr. 579) 1949.

Kreutzkamp, Heinrich, geb. 27. Nov. 1841 zu Berlin, gest. 5. April 1916 zu Charlottenburg, war Schauspieler u. a. in Magdeburg, Meiningen, Königsberg, Oldenburg, Berlin (Nationaltheater), Stettin, Hamburg (Stadt-

theater), Danzig, Bremen u. Riga. 1900 mußte er wegen Krankheit seinen Bühnenabschied nehmen. Nachdem er bereits in Bremen die „Erste Bremische Redekunstschule" u. eine „Akademische Theaterschule" eröffnet u. geleitet hatte, übernahm er 1901 eine Theateragentur in Berlin. Hauptrollen: Wallenstein, Götz, Othello, Lear, Macbeth, Nathan, Narziß u. a.

Kreuzelschreiber, Die, Bauernkomödie mit Gesang in drei Akten von Ludwig Anzengruber 1872. Uraufführung im Theater an der Wien 1872. Es ist des Dichters übermütigstes Stück. Ein bayrisches Bauerndorf bildet die Szene. Die Weiber, allen religiösen Neuerungen abhold, stehen mit ihren Männern u. Brüdern im Krieg. Die Verehrer Döllingers, die nach dem Vatikanischen Konzil eine Adresse an den berühmten Bekämpfer des Unfehlbarkeitsdogmas gerichtet haben, müssen zur Buße eine fromme Wallfahrt unternehmen. Da kommt dem Steinklopferhans, dem Dorfphilosophen, ein rettender Gedanke. Er gibt den Dirndeln den Rat, mitzupilgern. Einer hats wagen dürfen, durch ein listiges Ränkespiel die Versöhnung anzubahnen, der Verlassenste in der Gemeinde, eben jener Steinklopferhans, dem „nix g'schehn" kann.
Literatur: E. Spröhnle, Die Psychologie der Bauern bei Anzengruber (Diss. Tübingen) 1930.

Kreuzer, Elisabeth s. Cabisius, Arno.

Kreuzer, Heinrich, geb. 1817 zu Wien, gest. 26. Okt. 1900 zu Baden bei Wien, zuerst Tempelsänger, besuchte das Konservatorium seiner Vaterstadt, trat 1836 als Erster Tenor in Laibach auf, kam dann nach Brünn, Frankfurt a. M., Köln, Mannheim u. war 1849 bis 1856 Mitglied des Hofoperntheaters in Wien, besonders in lyrischen Partien tätig. Infolge langwieriger Behandlung einer Stimmbändererschlaffung mußte er vorübergehend die Bühne verlassen, trat jedoch 1866 wieder auf. 1867 übernahm er die Leitung des Hoftheaters in Coburg, 1870 die Direktion des Stadttheaters in Koblenz, worauf er sich in den Ruhestand zurückzog. K. war zweimal verheiratet. Seine beiden Töchter Elisabeth u. Marie zeichneten sich als Sängerinnen aus. Hauptrollen: Eleazar, Florestan, Max, Pamino, Gomez u. a.
Literatur: Eisenberg, H. Kreuzer (Biogr. Lexikon) 1903.

Kreuzer, Konradin s. Kreutzer, Konradin.

Kreuzer, Marie s. Robert, Marie.

Kreuzzüge u. ihre Helden kommen im Drama wiederholt vor.
Behandlung: G. E. *Lessing,* Nathan der Weise 1779; Chr. G. *Neumann,* Gottfried von Bouillon (Schauspiel) 1788; W. *Einzinger v. Einzig,* Die Eroberung der Stadt Jerusalem (Schauspiel) 1790; H. G. *Schmieder,* Die Tempelherren (Trauerspiel) 1791; Christoph *Engelmann,* Die Tempelherren (Trauerspiel) 1796; K. F. *Kahlert,* Die Tempelherren (Trauerspiel) 1796; J. Ritter *v. Kalchberg,* Die deutschen Ritter in Akkon (Dramat. Gedicht) 1796; F. W. *Ziegler,* Jolanthe von Jerusalem (Tragödie) 1799; August *v. Kotzebue,* Die Kreuzfahrer von Nicäa (Schauspiel) 1803; Zacharias *Werner,* Die Söhne des Thals (Die Templer auf Cypern — Die Kreuzbrüder) 1803; *Schillers* Nachlaßfragmente 1805; W. *Gerhard,* Sophronia oder Die Eroberung des heiligen Grabes (Drama) 1822; B. *v. Auffenberg,* Der Löwe von Kurdistan (Schauspiel) 1827; Ernst *Raupach,* Friedrich II. im Morgenland (Drama) 1837; Otto *Haupt,* Die Malteser (Schauspiel) 1864; G. *v. Meyern-Hohenberg,* Die M. (Schauspiel) 1876 u. a.

Krickeberg, Karl Ludwig s. Krickeberg, Sophie Friederike.

Krickeberg, Sophie Friederike, geb. 24. Dez. 1770 zu Hannover, gest. 17. Mai 1842 zu Berlin, Tochter des Künstlerpaares Friedrich Karl u. Franziska Romana Koch (s. d.), betrat als Kind 1775 erstmals die Bühne in Gotha, wo ihr Konrad Ekhof (s. d.) ersten Unterricht erteilte, kam über Dresden 1787 ans Hoftheater in Berlin u. hierauf ans Hoftheater in Schwerin, wo sie sowohl im Sprechstück wie in Oper u. Singspiel Verwendung fand u. den Schauspieler Karl Ludwig K. (gest. 1818) heiratete. Die nächsten Stationen ihrer Bühnenlaufbahn waren Hamburg, Kassel u. Lübeck, 1811 wieder Hamburg, dann Königsberg u. seit 1816 abermals Berlin. Hier wirkte sie bis zu ihrem Abschied 1842, zuletzt im Fach der Mütter. Auch als Übersetzerin französischer Stücke trat sie hervor. Der König von Preußen verlieh ihr die Große Goldene Medaille für Kunst u. Wissenschaft.
Literatur: Joseph *Kürschner,* S. F. Krickeberg (A. D. B. 17. Bd.) 1883.

Krieblitzsch, Johanna (Geburtsdatum unbekannt), gest. 15. Mai 1945 zu Berlin-Spandau. Schauspielerin in Mühlhausen in Thüringen u. Vortragskünstlerin in Berlin.

Krieg, Franz, geb. 10. Mai 1841 zu Baden-Baden, gest. 20. März 1908 zu Berlin, war Opernsänger (Baß) u. Regisseur u. a. in Graz u. am Stadttheater in Halle. Hauptrollen: Prediger („Das Glöckchen des Eremiten"), Bijou („Der Postillon von Lonjumeau"), Beckmesser u. a.

Krieg, Hieronymus, geb. 1802, gest. 5. Febr. 1890 zu Heidelberg, wirkte als Opernsänger (Baß) u. Schauspieler am Hoftheater in Kassel. K. beteiligte sich auch an der Gründung einer deutschen Saisonoper in London. Seit 1872 lebte er in Heidelberg.

Krieg, Pauline, geb. 1835 zu Bremen, gest. 25. Febr. 1907 zu Heidelberg, Tochter des vorgenannten Sängers Hieronymus K., war Muntere Liebhaberin u. Salondame am Hoftheater in Kassel, Königsberg u. am Thaliatheater in Hamburg. 1872 nahm sie ihren Bühnenabschied u. ließ sich in Heidelberg nieder.

Krieg den Philistern, Dramatisches Märchen in fünf Abenteuern von Josef Freiherr v. Eichendorff (in Buchform) 1824. In der Art von Tiecks „Zerbino" greift das heitere Spiel die Narrheiten der Zeit auf u. geißelt sie u. ihre Vertreter mit ergötzlich überlegenem, aber niemals sarkastischem Spott. Das erkannte schon die zeitgenössische Kritik, nachdem das Stück in den Breslauer „Deutschen Blättern" 1823 erstmals veröffentlicht wurde. Eine Inhaltsangabe der lose aneinandergereihten Szenenfolge ist kaum möglich: Die Partei der Poetischen bekämpft die Partei der Philister, die ins Hintertreffen geraten. Schließlich aber gehen beide unter. Der Dichter treibt die Selbstverspottung so weit, daß er seinen Doppelgänger, den Narren, der auf der Bühne allein bleibt, das Schlußwort sprechen läßt. Als Eichendorff 1823 in Berlin weilte, stellte er fest, daß die Dichtung den allgemeinen Gesprächsstoff bildete. Der Titel wurde zum Geflügelten Wort.
Literatur: Hilda *Schulhof,* Die beiden Elegants in Eichendorffs Krieg den Philistern (Eichendorff-Kalender 11. Jahrg.) 1920.

Krieg-Hochfelden (geb. Gräfin Salburg-Falkenstein, Ps. E. Salburg), Edith Freifrau von, geb. 14. Okt. 1868 auf Schloß Leonstein in Oberösterreich, gest. 3. Dez. 1942 zu Dresden. Vorwiegend Erzählerin, trat aber auch mit Theaterstücken hervor.

Eigene Werke: Julian (Drama) 1884; Hochmeister von Marienburg (Schauspiel) 1888; Cäsar (Trauerspiel) 1890; Der Maier im Baumgarten (Volksstück) 1890; Mirabeau (Schauspiel) 1897.

Krieger, Arnold, geb. 1. Dez. 1904 zu Dirschau in Westpreußen, lebte als freier Schriftsteller in Stettin u. Berlin, dann in Misdroy, später Oberstdorf im Allgäu, Liebefeld bei Bern u. seit 1951 in Riazzino bei Locarno. Vorwiegend Dramatiker u. Erzähler.

Eigene Werke: Christian de Wet (Schauspiel) 1936; Aufbruch nach Deutschland (Schauspiel) 1937; Ninon Gruschenka (Schauspiel) 1938; Die Spur (Schauspiel) 1938; Fjodor u. Anna (Schauspiel) 1941.

Krieger, Ernest (Geburtsdatum unbekannt), gest. 25. Febr. 1944 (gefallen im Osten), war 1940 Schauspieler an den Kammerspielen in Wien, 1941 in Troppau u. seit 1942 auch Oberspielleiter am Stadttheater in Komotau.

Krieger, Ida s. Schiff, Ida.

Krieger, Johann Franz, geb. 1802 zu Königsberg in Preußen, gest. 7. Febr. 1842 zu Weimar, war zuerst Kaufmannslehrling, ging aber gegen den Willen der Eltern 1818 zur Bühne, auf der er anfangs mit den größten Schwierigkeiten zu kämpfen hatte, spielte in kleinen Rollen in Memel, bereiste mit einer Wanderbühne Tilsit, Wilna u. a., fand in Reval ein Engagement als Zweiter Liebhaber u. wechselte dann ins komische Fach über, in dem seine Begabung sich bald glänzend entfaltete. Nach Gastspielen in Petersburg u. Moskau wirkte er in Königsberg, Schwerin, Altona, Freiburg im Brsg., Aachen, 1833 bei der Schäffer-Kawaczynskischen Gesellschaft (s. d.) u. 1834—42 am Hoftheater in Weimar. Hauptrollen: Mephisto, Franz Moor, Kalinsky u. a.

Krieger, Johann Philipp von, geb. 25. Febr. 1649 zu Nürnberg, gest. 7. Febr. 1725 zu Weißenfels, zog 1653 nach Kopenhagen, wurde 1670 Kammerorganist in Bayreuth, unternahm 1673 eine Studienreise nach Italien, wirkte seit 1677 in Halle u. seit 1680 als Hofkapellmeister in Weißenfels, das sich unter ihm zu einer Hauptpflege-

stätte der deutschen Oper entwickelte. Anläßlich eines Konzerts in Wien von Kaiser Leopold I. geadelt. Komponist u. a. von zahlreichen Opern u. Singspielen, die bis auf mehrere Arien verloren gegangen sind.

Literatur: Riemann, J. Ph. v. Krieger (Musik-Lexikon 11. Aufl.) 1929.

Kriegsteiner, Joseph Ferdinand s. Kringsteiner, Joseph Ferdinand.

Kriehn, Paul, geb. um 1875, begann seine Bühnenlaufbahn als Schauspieler 1899, wirkte bei einer Wanderbühne in Ost- u. Westpreußen, später u. a. in Berlin, Rostock, Leipzig, Essen, Krefeld, Saarbrücken, Regensburg u. Stendal. Auch Spielleiter u. stellvertretender Direktor. Hauptrollen: Heindorf („Krieg im Frieden"), Kramer („Michael Kramer"), Stein („Der Erbförster"), Philipp II. („Don Carlos"), Jago („Othello"), Günther („Nora") u. a.

Kriemhild (Chriemhild), in der Nibelungensage Siegfrieds Gattin, nach dessen Ermordung mit dem Hunnenkönig Etzel vermählt, rächte ihren ersten Gemahl, wurde aber am Ende von Hildebrand (s. d.) erschlagen. Tragische Gestalt. S. auch Brunhilde, Kudrun u. Nibelungen.

Behandlung: August *Kopisch,* Chriemhild (Trauerspiel) 1825 (gedruckt 1856); Friedrich *Hebbel,* Kriemhilds Rache (Trauerspiel) 1860; Wilhelm *Hosäus,* K. (Trauerspiel) 1866; *Arnd-Kürenberg,* K. (Trauerspiel) 1874; Reinhold *Sigismund,* K. (Trauerspiel) 1877; Adolf *Wilbrandt,* K. (Trauerspiel) 1877; Georg *Siegert,* K. (Trauerspiele: Siegfrieds Tod — Kriemhilds Rache) 1887 f.; Wilhelm *Meyer-Förster,* K. (Schauspiel) 1891; K. W. *Reusler,* K. (Trauerspiel) 1933.

Literatur: K. Hunger, P. Ernsts Brunhild u. Chriemhild (Zeitschrift für deutsche Bildung Nr. 1/2) 1941.

Krienitz, Willy, geb. 10. Juni 1882, gest. 16. Jan. 1954 zu München, Doktor der Philosophie, war 1905—11 Privatsekretär von Felix Mottl (s. d.), dessen Biographie er verfaßte, machte sich um die Wagner-Forschung besonders verdient.

Krienke (Ps. Uhde), Gerhard, geb. 7. Aug. 1902 zu Thorn, wurde Spielleiter u. ließ sich in Heidenheim an der Brenz (Württemberg) nieder. Bühnenschriftsteller u. Erzähler.

Eigene Werke: Die goldene Gans (Märchenkomödie) 1932; Kristall aus Sieben (Geschichte einer Schauspieltruppe) 1932.

Kriesi, Hans, geb. 10. Nov. 1891 zu Winterthur, studierte in München, Zürich u. London u. wurde 1917 Lehrer an der Kantonsschule in Frauenfeld. Dramatiker.
Eigene Werke: Das Chilbischießen (Festspiel) 1923; Die Gründung der Eidgenossenschaft (Schauspiel) 1934; Die Siegelung des Bundesbriefes (Schauspiel) o. J. (selbständig ausgearbeiteter Teil des Vorigen); Die Heimkehr des Propheten (Schauspiel) 1933 (Uraufführung in St. Gallen als: Theater in Stratford); Die Bundesfeier (Festspiel) 1935; Festspiel zur Neunhundertjahrfeier von Grüningen 1938; Freiheitsmorgen (Schauspiel) 1941 (Umarbeitung der Gründung der Eidgenossenschaft); Festspiel zur Siebenhundertjahrfeier von Frauenfeld 1946; Der neue Bund (Festspiel) 1948; Schwaderloh (Festspiel) 1949.

Kriete, Auguste, geb. 24. April 1847, gest. nach 1931, betrat schon mit vier Jahren die Bühne u. wirkte später in Berlin als gefeierte Soubrette (Wallnertheater u. a.). Gattin des Folgenden.

Kriete, Fritz, geb. 29. Nov. 1844 zu Niemes in Böhmen, gest. 2. Juli 1903 zu Warmbrunn in Preuß.-Schlesien, Sohn des Künstlerpaares Hans Georg u. Henriette K. (geb. Wüst), war zum Forstbeamten bestimmt, betrat aber ebenfalls die Bühnenlaufbahn, wirkte zunächst bei Wandertruppen u. seit 1868 am Wallnertheater in Berlin in Chargen u. Episodenrollen. Ausgezeichneter Darsteller von zugeknöpften Beamten, Registratoren, Wachtmeistern u. ä. Typen. Gatte der Vorigen.

Kriete, Hans Georg, geb. 6. April 1800 zu Hannover, gest. 1868 zu Dresden, war Tenor u. Naturbursche in Sondershausen, 1820 bis 1825 in Breslau, 1825—27 in Magdeburg u. 1827—47 in Dresden. Gatte der Opernsängerin Henriette Wüst.

Kriete (geb. Wüst), Henriette, geb. 12. Dez. 1816 zu Berlin, gest. 14. Dez. 1892 zu Dresden, betrat 1832 in Leipzig die Bühne u. kam über Breslau ans Hoftheater in Dresden. 1842 sang sie bei der ersten Rienzi-Aufführung die Irene, später als Nachfolgerin der Schröder-Devrient den Adriano. Weitere Hauptrollen: Prinzessin („Die

Stumme von Portici"), Elvira („Don Juan"), Weiße Dame, Lucrezia Borgia u. a. Obwohl sie 1858 in Pension ging, trat sie bis 1866 immer wieder auf, auch in Sprechrollen. Gattin d. Schauspielers Hans Georg K.

Krille, Otto, geb. 5. Aug. 1878 zu Börnersdorf in Sachsen, lebte als freier Schriftsteller in München, später in Zürich. Dramatiker u. Erzähler.
Eigene Werke: Aus der guten alten Zeit (Lustspiel) 1904; Anna Barenthin (Drama) 1911; Die Flut (Schauspiel) 1914; Frühlingssturm (Sprechchor) 1930; Die Weihe, Erlösung (Prologspiel) 1930.

Krilling, Fritz, geb. 1855, gest. nach 1937, einer alten Theaterfamilie entstammend, wirkte als Schauspieler in Hannover, Osnabrück, Flensburg, Essen, Kiel, Magdeburg u. Hamburg. Gatte der Folgenden.

Krilling, Robertine, geb. um 1864, betrat schon als fünfjähriges Kind die Bühne u. spielte, seit 1887 mit dem Vorigen verheiratet, später an der Seite ihres Gatten.

Kringsteiner (Kriegsteiner), Joseph Ferdinand, geb. 1776 (?) zu Wien, gest. 16. Juni 1810 das., schrieb 1797—1810 zugkräftige Lokalstücke für das von Marinelli begründete, später von K. F. Hensler geleitete Leopoldstädter Theater in Wien, darunter auch Travestien.
Eigene Werke: Der Zwirnhändler aus Oberösterreich (Lustspiel, aufgeführt) 1801; Der Rotmantel (Schauspiel, aufgeführt) 1801; Felix oder Laune u. Zufall (Lustspiel, aufgeführt) 1802; Der Jude von Frankfurt (Lustspiel, aufgeführt) 1803; Der Bräutigam nolens volens (Lustspiel, aufgeführt) 1803; Die chinesischen Laternen oder Das Namensfest (Lustspiel) 1803; Der Damenschneider (Lustspiel, aufgeführt) 1804; Die schwarze Redoute (Komisches Singspiel, aufgeführt) 1804; Die Braut in der Klemme (Posse mit Gesang, aufgeführt) 1804; Der Lumpenkrämer (Oper, Musik von W. Müller, aufgeführt) 1805; Der Desparationsball (Oper, Seitenstück der Schwarzen Redoute, aufgeführt) 1805; Die Kreuzerkomödie (Posse, aufgeführt) 1805; Werthers Leiden (Lokale Posse, aufgeführt) 1806; Othello, der Mohr von Wien (Posse, aufgeführt) 1806; Die alten u. die neuen Dienstboten (Seitenstück zu Schildbachs Dienstboten in Wien, aufgeführt) 1806; Die Faschingswehen (Oper,

Musik von F. Kauer, aufgeführt) 1807; Der Tanzmeister (Lustspiel, aufgeführt) 1807; Romeo u. Julie (Quodlibet, aufgeführt) 1808; Die elegante Bräuermeisters-Witwe (Posse, aufgeführt) 1808; Orpheus u. Euridice (Posse mit Gesang, aufgeführt) 1808; Gutes u. Übles (Gelegenheitsstück, aufgeführt) 1809; Hans in Wien (Lustspiel, aufgeführt) 1809; Hans in der Heimat (Lustspiel, aufgeführt) 1810; Der Perückenmacher (Posse mit Gesang, aufgeführt) 1811; Faust, der Erfinder der Buchdruckerkunst (Schauspiel, aufgeführt) 1811; Barthel der reisende Schustergeselle (Musikal. Quodlibet, mit Liedern von Perinet, aufgeführt) 1811; Das Mädchen an der Silberquelle (Zauberoper, Musik von F. Kauer, aufgeführt) 1813; Hans Heiling (Märchen mit Gesang, Musik von Franz Volkert, aufgeführt) 1818.

Literatur: Wurzbach, Kriegsteiner, auch Kringsteiner (Biogr. Lexikon 13. Bd.) 1865; Egon v. *Komorzynski,* K. (A. D. B. 51. Bd.) 1906; Gustav *Gugitz,* Das Werther-Fieber in Österreich. Eine Sammlung von Neudrucken 1906; Otto *Rommel,* F. K. (Deutsche Literatur: Reihe Barocktradition 3. Bd.) 1937.

Kripgans (Ps. Keppler), Heinrich, geb. 21. Juni 1851 zu Lübeck, gest. 3. Juli 1895 zu Kufstein, humanistisch gebildet, zuerst Buchhandelslehrling, begann 1871 seine Bühnenlaufbahn in Oberhausen, kam 1872 nach Leipzig u. im gleichen Jahr als Bonvivant, Charakter- u. Väterdarsteller ans Residenztheater in Berlin, wirkte hier 1878 als Regisseur u. 1879—81 als stellvertretender Direktor. Hierauf folgte er einem Ruf ans Hoftheater in München u. blieb das. bis zu seinem Tode. Gatte der Schauspielerin Marie Ramm, Schwester von Mathilde Beckmann-Ramm (s. d.). Ein Bildnis Kepplers vom Maler Rudolf Wimmer befindet sich in Possarts „Ahnengalerie". Hauptrollen: Bolingbroke („Ein Glas Wasser"), Petrucchio („Der Widerspenstigen Zähmung"), Prunelles („Cyprienne"), Derblay („Der Hüttenbesitzer") u. a.

Literatur: Felix *Philippi,* H. Keppler (Das Münchner Hofschauspiel) 1884; *Anonymus,* H. K., Lebenserinnerungen eines Frühvollendeten. Aus Briefen u. Tagebüchern. Gesammelt von Sohnes- u. Freundeshand 1895.

Kripgans, Marie s. Kripgans, Heinrich.

Krippel, Sarolta von s. Rettich-Pirk, Sarolta von.

Krippenspiel, seit dem Mittelalter besonders im kath. Süden gepflegte Abart des geistl. Dramas, soviel wie Weihnachtsspiel (s. d.). Die eigenartigste Erneuerung des K. im 20. Jahrhundert stammt von Max Mell (s. d.).

Literatur: W. *Pailler,* Weihnachtslieder u. Krippenspiele aus Oberösterreich u. Tirol 2 Bde. 1883; Gustav *Gugitz,* Alt-Wiener Krippenspiele 1924 (mit E. K. Blümml).

Krips, Josef, geb. 8. April 1902 zu Wien, bildete sich das. bei E. Mandyczewski u. F. Weingartner musikalisch aus, war 1921 bis 1924 Korrepetitor, Chordirektor u. Dirigent der dort. Volksoper, Opernchef 1924 in Aussig, 1925 in Dortmund, 1926 bis 1933 Generalmusikdirektor in Karlsruhe, 1933—38 Erster Dirigent der Staatsoper in Wien u. Professor an der Akademie für Musik u. darstellende Kunst das. 1938—39 Gastdirigent der Oper in Belgrad. Unter Hitler wurde über ihn Spielverbot verhängt. Nachher beteiligte er sich an dem Wiederaufbau der Wiener Staatsoper, den Salzburger Festspielen u. a. 1949 übernahm er die Leitung der Kapellmeisterschule in Wien.

Literatur: Kurt *Blaukopf,* J. Krips (Große Dirigenten unserer Zeit) 1953.

Kriwat, Adalbert, geb. 1882 zu Berlin, begann am Rosetheater das., wirkte in Bautzen, dann wieder in Berlin, Danzig, Halle, 1921 als Oberspielleiter u. Bonvivant in Altona u. unternahm 1924 mit einer Truppe in eigener Regie eine Tournee durch Deutschland. Seit 1933 Mitglied des Thaliatheaters in Hamburg.

Kritik des Theaters kann sich sowohl auf dargestellte Stücke wie auf darstellende Künstler beziehen.

Literatur: Ferdinand *Gregori,* Schauspieler u. Kritik (Kritik der Kritik Nr. 1) 1905; Julius *Bab,* K. der Bühne 1908; F. *Hopf,* Beiträge zum Recht der Theaterkritik (Diss. Erlangen) 1910; S. v. *Lempicki,* K. (Reallexikon 2. Bd.) 1926 f.; H. *Knudsen,* Theaterkritik 1928; ders., Wesen u. Grundlage der Theaterkritik 1935; Gerhard *Riesen,* Die Erziehungsfunktion der Theaterkritik 1935; Karl *Bohla,* Paul Schlenther als Theaterkritiker 1935; Oskar *Koplowitz,* Otto Brahm als Theaterkritiker; M. W. *Sauermann,* Kritik u. Publikum 1936; Kurt *Kersting,* Wirkende Kräfte in der Theaterkritik des ausgehenden 18. Jahrhunderts (Theater u. Drama 8. Bd.) 1937; Annemarie *Schwerdt,*

Theater u. Zeitung 1700—1850 (Entwicklungsstufen der Theaterkritik) 1938; Rüdiger R. *Knudsen,* Der Theaterkritiker Theodor Fontane 1942; Wiltrud *Hainschink,* Die witzige Kritik, dargestellt an dem als ihren Gründer verschrieenen M. G. Saphir unter Berücksichtigung seiner Beeinflussung durch L. Börne (Diss. Wien) 1948; Herbert *Nedomansky,* Der Theaterkritiker Hermann Bahr (Diss. Wien) 1949; Edwin *Rollett,* Der Theaterkritiker u. sein Amt (Festschrift 250 Jahre Wiener Zeitung) 1953 u. a.

Křž (Ps. Kreutz), Rudolf Jeremias, geb. 21. Febr. 1876 zu Rozdalowitz in Böhmen, gest. 3. Sept. 1949 zu Grundlsee in der Steiermark, deutschböhmischen Bürgerfamilien entstammend, wurde Berufsoffizier u. beschäftigte sich daneben auch literarisch. 1933 erfolgte das Verbot seiner Schriften in Deutschland, 1944 seine Verhaftung. Satiriker, Verfasser u. a. auch von Bühnenstücken.

Eigene Werke: Halbblut (Komödie) 1927; Benno der Sieger (Lustspiel) 1929; Ein perfekter Edelmann (Lustspiel) 1930; Alter schützt . . . (Komödie) 1931; Der Graf u. das Mädchen (Komödie) 1931; Der befohlene k. u. k. Roman (Komödie) 1932; Die Attrappe (Komödie) 1932 (mit Hans Homma); Der Heldenberg (Komödie) 1933; Bildhauer Stammel (Schauspiel) 1935.

Literatur: Hub, R. J. Kreutz (Arbeiter-Zeitung, Wien Nr. 209) 1940; *R(ollett),* R. J. K. (Wiener Zeitung Nr. 208) 1949.

Křížek (Ps. Ewald), Richard, geb. 16. Dez. 1851 zu Brünn (Todesdatum unbekannt), Sohn eines Uhrenfabrikanten, wandte sich, von Rudolf Tyrolt (s. d.) gefördert, der Bühne zu, trat als Gesangs- u. Charakterkomiker zuerst 1872 in Bielitz auf, kam 1888 nach Graz, 1890 nach Brünn, 1891 ans Josefstädtertheater in Wien, 1893 ans Friedrich-Wilhelmstädtische Theater in Berlin, 1894 nach Hamburg, 1895 ans Gärtnerplatz-Theater in München, 1897 ans Thalia-Theater in Berlin, 1900 ans Theater an der Wien in Wien, 1901 nach Magdeburg u. schließlich nach Stettin. Auch als Regisseur machte er sich verdient. Hauptrollen: Zsupan, Oberst Ollendorf, Valentin, Gaspard u. a.

Literatur: Eisenberg, R. Ewald (Biogr. Lexikon) 1903.

Krocker, Hans, geb. 21. Nov. 1872 zu Zeulenroda, lebte in Berlin. Bühnenschriftsteller.

Eigene Werke: Eberhardt von Danckelmann (Histor. Schauspiel) 1906; Liebes Erwachen (Spiel) 1907; Die Jungfrau von . . . (Singspiel) 1907; Germanen seid einig (Histor. Schauspiel) 1932.

Kröck-Schneider, Emmy, geb. um 1889, gest. 20. März 1935 zu Düsseldorf, an der Schauspielschule in Köln ausgebildet, begann ihre Bühnentätigkeit an den dort. Städt. Bühnen als Naive, wirkte dann als Tragische u. Muntere Liebhaberin in Bonn, Nürnberg u. am Schauspielhaus in Hannover. 1922 nahm sie ihren Bühnenabschied, um sich zu verheiraten. Hauptrollen: Marie („Mein Leopold"), Myrrha („Der Bettler von Syrakus"), Alberta („Wenn der junge Wein blüht"), Luise („Onkel Bräsig"), Prinzessin („Zopf u. Schwert") u. a.

Kröger, Margarete, geb. 10. Jan. 1849 zu Barmstedt, gest. 28. März 1912 zu Utersen, war Schauspielerin in Lüneburg, Freiburg i. Brsg., Breslau, Dortmund u. a. Hauptrollen: Elsbeth („Wilhelm Tell"), Christiane („Onkel Bräsig"), Hebenstreit („Die Ehre") u. a.

Kröller, Heinrich, geb. 25. Juli 1880 zu München, gest. 25. Juli 1930 das., Solotänzer in Dresden u. a., gehörte seit 1928 dem Bayer. Staatstheater auch als Opernregisseur an u. erreichte mit seinen Inszenierungen Weltruf. In Budapest gelangte sein Ballett zu einer Musik von Couperin, bearbeitet von Richard Strauß, in Wien eines zur Musik C. M. v. Webers „Die Nixe von Schönbrunn" zur Aufführung.

Krössing, Adolf, geb. 1848, gest. 28. Jan. 1933 zu Prag, gehörte dem Nationaltheater das. als Tenorbuffo lange an.

Krössing, Katharina s. Ruthardt, Julius.

Krösus (563—546 v. Chr.), letzter König von Lydien, durch seinen Reichtum berühmt, vom Perserkönig Kyros besiegt. Tragischer Held.

Behandlung: Paul *Crusius,* Croesus (lat.), deutsch von Isaak Fröreysen 1611; L. v. *Bostel,* Krösus (Oper) 1684; A. H. *Petiscus,* K. (Schauspiel) 1811; J. A. *Overbeck,* K. (Trauerspiel) 1844; Wilhelm *Becker,* K. (Drama) 1914.

Kröter, Ferdinand Anton, geb. 30. Dez. 1846, gest. nach 1927, wirkte als Charakterdarsteller in Magdeburg, Stettin, Freiburg im Brsg., Zürich u. seit 1880 mehrere Jahrzehnte am Hoftheater in Dessau. Hauptrollen: Shylock, Narziß, Macbeth, Jago, Nathan, Richard III. u. a. Der Anhalt. Staatsanzeiger brachte 1916 zu seinem 70. Geburtstag folgende Kritik: „Mit nachspürender Kraft geht K. der Psychologie der Gestalten, die er darstellt, nach u. mit sicherem Griff weiß er die Ausdrucksmittel, über die er reichlich verfügt, zu rechter Verwertung zu wählen. Wie oft haben seine Schurken Jago, Franz Moor, Muley Hassan den Groll u. Ingrimm der Naiven u. die Bewunderung der Sehenden u. Verstehenden geweckt! Mit u. durch K. erleben wir die Qualen des Narziß u. die Pein eines Shylock. Wärmend strahlte aus seinem Nathan Güte u. Duldsamkeit, . . . unvergessen ist sein Richard III., sein Vansen, Wurm u. Flachsmann. Schmunzelndes Behagen weckt die Erinnerung an Striese, Piepenbrink u. Leberecht Müller."

Krohn, Gottfried, geb. 28. Juli 1836 zu Hamburg, gest. 19. Okt. 1900 zu Lübeck, war jahrzehntelang Schauspieler am Hoftheater in Sigmaringen. Hauptrollen: Gratiano („Othello"), Weithold („Die zärtlichen Verwandten"), Hoertel („Das Mädchen aus der Fremde") u. a.

Kroll, Auguste s. Engel, Josef Karl u. Kroll-Oper.

Kroll, Elsa s. Sprengel, Elsa.

Kroll, Herbert, geb. 29. Nov. 1902 zu Oppeln, war Schauspieler u. Inspizient in Berlin u. seit 1935 in München (Schauspielhaus).

Kroll, Josef, geb. 1800 oder 1802, gest. 15. April 1848 zu Berlin, eröffnete 1844 unter dem Protektorat Friedrich Wilhelms IV. den Krollschen Wintergarten das. (S. auch Kroll-Oper).

Kroll, Karl, geb. 5. Sept. 1893 zu Wien, wirkte als Schauspieler u. Sänger am dort. Raimundtheater, 1919—20 als Spielleiter in Aussig, 1920—31 am Opernhaus in Nürnberg, 1931—32 wieder in Aussig, 1932—33 in Graz u. 1933—34 als Intendant in Hof. Auch Bühnenschriftsteller.

Kroll-Oper. In dem von Josef Kroll in Berlin gegründeten Wintergarten sowie im Königssaal gab man seit 1850 Theatervorstellungen u. Opern. Lortzings „Waffenschmied" u. „Undine" erlebten hier ihre Berliner Erstaufführungen, E. Brachvogel war das. als Dramaturg tätig. Viele Künstler wurden von Kroll aus bekannt: Wachtel, Bötel, Nachbaur, Formes u. a. 1848 übernahm Krolls Tochter Auguste die Leitung des Etablissements, 1852 deren Gatte Josef Karl Engel (s. d.) u. nach dessen Tod 1888 sein Sohn Josef. Dieser verpachtete es an eine Aktiengesellschaft, die es bloß als Konzerthaus benutzte, bis 1895 die Generalintendanz der Kgl. Schauspiele die Pacht, im nächsten Jahr das ganze Grundstück erwarb u. das Krolltheater als Neues Kgl. Opernhaus wiedereröffnete.

Literatur: Anonymus, Das Kroll'sche Etablissement (Deutscher Bühnenalmanach, herausg. von A. Entsch 34. Jahrg.) 1870; Allwill *Raeder,* Geschichte Krolls 1894; Otto *Weddigen,* Neues Kgl. Opernhaus — Das Krollsche Etablissement in Berlin (Geschichte der Theater in Deutschland 1. Bd.) o. J.

Krolop, Franz, geb. 5. Sept. 1839 zu Troja in Böhmen, gest. 30. Mai 1896 zu Berlin, Sohn eines Gutsverwalters, studierte in Prag die Rechte u. wurde anfangs Staatsbeamter, wandte sich jedoch, von Louis Appé u. Richard Levi (s. d.) ausgebildet, 1863 in Troppau als Opernsänger der Bühne zu, war 1864—65 Bassist in Linz, 1866 Gast in Hannover, Gothenburg u. Köln, 1867 bis 1870 Mitglied des Stadttheaters in Bremen, hierauf in Leipzig, wirkte 1871—72 bei der italienischen Gastspieloper B. Pollinis u. schließlich an der Hofoper in Berlin, wo er vorwiegend das komische Fach vertrat. In erster Ehe mit der Opernsängerin Vilma v. Voggenhuber verheiratet. Hauptrollen: Figaro, Leporello, Van Bett, Escamillo, Barbarino u. a.

Literatur: Anonymus, F. Krolop (Der Bär 10. Jahrg.) 1884; H. A. *Lier,* F. K. (A. D. B. 51. Bd.) 1906.

Krolop (geb. v. Voggenhuber), Vilma, geb. 17. Juli 1841 zu Pest, gest. 11. Jan. 1888 zu Berlin, Kaufmannstochter, ausgebildet vom Sänger Peter Stoll, gastierte 1862 an der Hofoper in Berlin, 1864—65 in Stettin, 1865 bis 1867 in Köln, 1867—68 in Bremen u. seither dauernd wieder an der Hofoper in Berlin als Hochdramatischer Sopran. Für ihre Darstellung der ersten Isolde in Berlin wurde sie zur Kammersängerin ernannt. Seit 1870 Gattin des Vorigen. Hauptrollen:

Brünnhilde, Fidelio, Medea, Donna Anna, Leonore u. a.
Literatur: Eisenberg, V. v. Voggenhuber (Biogr. Lexikon) 1903.

Krome, Hermann (Ps. Fred Ralph), geb. 27. Mai 1888 zu Berlin, humanistisch gebildet, war bis 1932 Theaterkapellmeister in Berlin, München, Gera, Stettin u. Halle u. widmete sich seither hauptsächlich der Komposition von Operetten u. Ouvertüren. *Eigene Werke:* Der Weiberfeind (Singspiel) 1914; Das Veilchenmädel (Singspiel) 1916; Eine Frau wie Du (Operette) 1918; Wenn ich Dich nur hab' (Operette) 1922; Flucht um die Erde (Operette) 1923; Die erste Sünde (Operette) 1923.

Kromer, Joachim, geb. 12. Juli 1861 zu Frankfurt a. M., gest. 22. Mai 1939 zu Ziegelhausen am Neckar, Sohn eines Musiklehrers, zuerst Kaufmann, besuchte das Hochsche Konservatorium seiner Vaterstadt u. kam als Opernsänger nach Berlin, Altenburg, Stettin, Halle, Basel u. 1895 nach Mannheim, wo er bis 1927 blieb. Er sang lyrische u. dramatische Partien. Unter Cosima Wagner studierte K. für Bayreuth den Alberich ein u. kreierte den Tino Lukas im „Corregidor". Gastspiele führten ihn nach Amsterdam, London, Lissabon u. a. Zuletzt Lehrer an der Hochschule für Musik in Mannheim. Kammersänger. Hauptrollen: Rigoletto, Falstaff, Kurwenal, Tonio, Ottokar, Graf Almaviva, Frank u. a.

Krona, Claire s. Klein-Rohden, Claire.

Krona, Olga s. Biesantz, Albert.

Kronacher, Alwin, geb. 1883 zu Augsburg, gest. im Jan. 1951 zu Berkeley (Kalifornien), machte sich als Regisseur u. Schauspielleiter um die Aufführung von Werken G. Kaisers, F. Werfels, W. Hasenclevers u. a. in Leipzig verdient. Auch die Freilichtvorstellungen auf dem Römer in Frankfurt a. M. („Götz" u. „Urfaust") sind auf seine Initiative zurückzuführen. 1933 emigrierte er nach Amerika. Zuletzt Gastprofessor der Universität Berkeley. Auch Bühnenschriftsteller. *Eigene Werke:* Das Deutsche Theater zu Berlin u. Goethe 1907; Die Kunst des Regisseurs 1913; Dramaturgische Glossen 1916; Die deutsche Sprechbühne in unserer Zeit 1929.

Kronau, Friederike s. Lobkowitz, Friederike Fürstin von.

Krone, Die unheilbringende s. Unheilbringende Krone, Die.

Kroneisler, Adolf Emmerich s. Merkel, Salomon Friedrich.

Kronen, Erich, geb. 16. März 1906 zu Nürnberg, Sohn des Folgenden, besuchte die Kunsthochschule in Hannover, war bis 1932 Ausstattungsleiter u. Schauspieler, 1933 bis 1945 Oberregisseur am Reußischen Theater in Gera, am Stadttheater in Plauen, am Deutschen Opernhaus in Breslau u. am Nationaltheater in Mannheim, hierauf Intendant das. u. später am Opernhaus in Bremen.

Kronen, Franz, geb. 5. Febr. 1872 zu Düsseldorf, gest. 6. Sept. 1953 zu Hannover, begann 1900 seine Bühnenlaufbahn am Stadttheater in Straßburg u. kam über Augsburg (1902), Rostock (1903—05), Nürnberg (1905—08) nach Hannover, wo er als Heldenbariton bis 1928 wirkte. Kammersänger. Hauptrollen: Hans Sachs, Sebastiano, Jago, Tonio, Boris Godunow, Scarpia, Faninal (der erste in Hannover), Almaviva u. a.

Kronenberg, Eugen, geb. 1854 zu Bonn, gest. 30. Aug. 1903 zu Elberfeld, war anfangs Maschinenbauer, begann erst mit 26 Jahren in Köln u. Bonn Gesang zu studieren, wirkte dann als Opernsänger (Heldentenor) in Breslau, Leipzig, Berlin, Augsburg, Nürnberg, Chemnitz u. Elberfeld. Seine Glanzrollen fand er in hochliegenden Partien wie Manrico, Eleazar u. a.

Kronenberg, Karl, geb. 24. Juni 1900 zu Solingen-Ohligs, war Heldenbariton in Aachen, Nürnberg u. Hamburg, 1939—50 Mitglied der Staatsoper in München. Kammersänger. Seit 1951 in Wiesbaden. Hauptrollen: Holländer, Wolfram, Telramund, Kurwenal, Hans Sachs, Tonio, Amonasro, Rigoletto, Luna u. a.

Kronenburger Heimatspiele, bäuerliche Wilhelm-Tell-Darstellungen zu Kronenburg in der Eifel, nach dem Ersten Weltkrieg entstanden.
Literatur: K. *Rick,* Die Kronenburger Heimatspiele (Westmark 21. Jahrg.) 1922.

Kronenwächter, Die, Roman von L. A. v. Arnim 1817, dramatisiert von Otto Prechtler (s. d.) 1844, dessen Nachlaß sich in der Studienbibliothek zu Linz an der Donau befindet.

Kronert, Max (Geburtsdatum unbekannt), gest. 22. Juli 1925 zu Berlin, war lange Jahre Schauspieler u. Regisseur am Deutschen Theater in Breslau, am Stadttheater in Göttingen u. an den Reinhardt-Bühnen, zuletzt am Thalia-Theater in Berlin. Hauptrollen: Pedro („Preciosa"), Jüttner („Alt-Heidelberg"), Moulinet („Der Hüttenbesitzer"), Heinecke („Die Ehre") u. a.

Krones (Krones-Lichtenhausen), Felix, geb. um 1880, debütierte als Schauspieler am Deutschen Volkstheater in Wien, war dann in Heidelberg, München u. Karlsruhe tätig, übernahm 1919 die Leitung der Wiener Volksbühne u. wandte sich zuletzt der Kammermusik zu. Hauptrollen: Zwirn („Lumpazivagabundus"), Artaxerxes („Herodes u. Mariamne"), Arviragus („Cymbeline"), Belkow („Die Quitzows"), Eishofbäuerlein („Erde") u a.

Krones, Josef (Geburtsdatum unbekannt), gest. 1. Juni 1832 zu Wien, Sohn u. Bruder der Folgenden, war Schauspieler bei der von seinem Vater geführten Wandertruppe, gastierte 1826 am Josefstädtertheater in Wien, fand hier ein Engagement u. wirkte seit 1830 mit seiner Schwester am Theater an der Wien. Auch Bühnenschriftsteller. *Eigene Werke:* Der blaue Zwerg (Zauberspiel mit Musik von Josef Drechsler, aufgeführt) 1831; Die Zauberhöhle (im Tulbinger Kogel) oder Der Hausmeister unter den Hottentotten (Zauberposse mit Musik von Adolf Müller, aufgeführt) 1841.

Krones, Joseph (Geburtsdatum unbekannt), gest. 7. Nov. 1839 zu Eisenstadt, Vater von Josef u. Therese K., war Kürschnermeister in Freudenthal in Österr.-Schlesien, verkaufte, vom Theaterteufel besessen, 1807 sein Geschäft u. zog mit seiner Familie als Wanderschauspieler in die Welt. Bald warb er eine kleine Truppe an, mit der er in Olmütz, Brünn, Laibach, Graz, Agram u. Temeschwar nachzuweisen ist. 1817 spielte er in Eisenstadt. Auf seinen Wanderzügen erlitt er großes Elend, durch Erfrierungen an beiden Füssen wurde er zum halben Krüppel. Als 1821 seine Tochter von Triumph zu Triumph eilte, dürfte sie fortan

ihren Vater unterstützt haben, dennoch trat er weiter an verschiedenen Bühnen auf, bis er sich nach dem Tode Theresens 1833 ständig in Eisenstadt niederließ, von der Unterstützung eines Freundes derselben lebend.

Krones, Therese, geb. 7. Okt. 1801 zu Freudenthal in Österreichisch-Schlesien, gest. 28. Dez. 1830 zu Wien, Tochter des Komödianten Joseph Krones, kam über Brünn, Laibach, Graz u. Agram nach Wien, wo sie sich zur gefeierten Soubrette entwickelte u. seit 1821 am Leopoldstädtertheater „das Ideal weiblicher Liebenswürdigkeit" in der Wiener Lokalkomik verkörperte. Sie glänzte vor allem in Stücken Raimunds. Als „Jugend" im „Mädchen aus der Feenwelt" erklomm sie den Gipfel ihrer Volkstümlichkeit. Ihr Bild im Kostüm der Jugend wurde nicht nur durch Kriehubers Stich nach Schwinds Zeichnung verbreitet, sondern auch auf Glas geschliffen, auf Tassen gemalt, auf Seide gewebt, auf Handtäschchen, Kissen u. dgl. gestickt, auf Gratulationskarten angebracht u. selbst zu Ausschneidebogen u. Malvorlagen für Kinder verarbeitet. Schatten auf ihr Leben warf ihre Beziehung zu dem Adeligen Jaroszynski, der als Raubmörder hingerichtet wurde, ohne daß sie jedoch von dessen verbrecherischer Anlage wußte. Als Raimund sich vom Leopoldstädter Theater trennte, übersiedelte sie mit ihm ins Theater an der Wien, kurz vor ihrem Abschied für immer. Grillparzer nannte sie „Die unnachahmliche Krones". Und Bauernfeld schrieb: „Wie läßt sich die Natur einer Krones beschreiben, dieser keck-genialen wienerischen Déjazet? Hoffmanns Gestalten von phantastischen Prinzessinnen, einer ‚Brambilla' u. dgl., schwebten mir beständig vor, wenn ich die schlanke Frau über die Bretter u. sich selber parodieren sah, wenn ich ihre tollen Possen, ihre wilden Gesänge vernahm, die man keinem weiblichen Munde verzeihen konnte als dem ihrigen — denn wie Ophelia Schwermut u. Leid, so war die K. imstande, Zweideutigkeiten, ja offenbare Zötlein in Anmut u. Zierlichkeit umzuwandeln". Wie sehr sie selbst dramatischen Machwerken durch ihr Spiel zu einem Erfolg verhelfen konnte, bezeugt Costenoble, ihr zeitgenössischer Kollege vom Burgtheater: „Diese Künstlerin wußte auch aus Muschelschalen armseliger Lokalskribler die reinsten Perlen gediegener Kunst zu schaffen, u. wie es scheint, ohne Mühe, so wie

die Natur, welche das Herrlichste hervorbringt, weil sie muß u. nicht anders kann". Die Stücke, die unter ihrem Namen auf die Bühne kamen, sollen freilich nicht von ihr verfaßt sein, sondern von ihrem Bruder Josef K. Beweis dafür ist jedoch nicht zu erbringen.
Eigene Werke: Sylphide, das Seefräulein (Zauberspiel, Musik von Josef Drechsler, aufgeführt) 1828; Der Nebelgeist u. der Branntweinbrenner (Zauberspiel, Musik von dems., aufgeführt) 1829; Cleopatra (Travestie, aufgeführt) 1830.
Behandlung: Karl *Haffner*, Th. Krones (Dramat. Genrebild) 1854; ders., Severin v. Jaroszynski oder Der Blaumantel vom Trattnerhof (Dramat. Genrebild mit Gesang u. Tanz) 1856 (mit J. *Pfundheller*); Leopold *Krenn* u. Jul. von *Ludassy*, Die tolle Therese (Operette) 1913; Alfred *Möller*, Ferdinand u. die Frauen (Drama) 1935.
Literatur: A(dolf) *B(äuerle)*, Th. Krones (Allg. Theaterzeitung 4. Jän.) 1831; J. *Seyfried*, Th. K. 1864; *Wurzbach*, Th. K. (Biogr. Lexikon 13. Bd.) 1865; Joseph *Kürschner*, Th. K. (A. D. B. 17. Bd.) 1883; Adolph *Kohut*, Th. K. (Die größten u. berühmtesten Soubretten) 1891; Ludwig *Wegmann*, Das Kroneshäuschen in Heiligenstadt 1901; Alois *Plischke*, Festschrift zur Jubelfeier des 100. Geburtstages der Th. K. in Freudenthal 1901; *Falk*, Th. K., die schöne Volkssängerin 1902; A. M. *Pacher*, Th. K., eine vormärzliche Erinnerung 1906; Fritz *Bruckner*, Ferdinand Raimunds Liebesbriefe 1914; Eduard *Bauernfeld*, Th. K. (Aus Alt- u. Neu-Wien) 1923; Ludwig *Altmann*, Der Raubmörder Severin v. Jaroszinsky 1924; Paul *Wiegler*, Th. K. (Velhagen u. Klasings Monatshefte 42. Jahrg.) 1928; Emil *Aldor*, Th. K. (Diss. Wien) 1931; Anny v. *Newald-Grasse*, Th. K. 1931; Emil *Pirchan*, Th. K. 1942 (mit vollständiger Bibliographie); Flora *Luithlen-Kalbeck*, Wo das K.-Haus stand (Die Presse Nr. 23) 1946; Rudolf *Holzer*, Die K. (Ebda. Nr. 902) 1951; Otto *Rommel*, Die Alt-Wiener Volkskomödie 1952.

Kronfeld, Agnes, geb. 7. Okt. 1819 zu Dresden, gest. 1. Okt. 1900 zu Darmstadt, Tochter eines Regierungsbeamten Eppert, trat unter diesem Namen 1837 am Stadttheater in Brünn auf, nachdem sie bei der Hofschauspielerin Friederike Hartwig (s. d.) dramat. Unterricht genossen hatte, kam 1841 als Muntere u. Naive Liebhaberin nach Graz, 1844 nach Linz an der Donau u. 1848 ans Hoftheater in Darmstadt, wo sie bis zu

ihrem Eintritt in den Ruhestand 1887 blieb. Zuletzt Ehrenmitglied. Auch als Salondame u. in Dialektrollen geschätzt.
Literatur: Eisenberg, A. Eppert (Biogr. Lexikon) 1903.

Kronfeld, Heinrich, geb. 1805 zu Prag, gest. 5. Juni 1878 zu Neuyork, begann seine Bühnenlaufbahn als Schauspieler an norddeutschen Bühnen u. war seit 1857 jahrzehntelanges Mitglied des Hoftheaters in Darmstadt. K. zählte damals zu den ersten Komikern Deutschlands. Nach seiner Pensionierung ließ er sich in Neuyork nieder, wo er auch weiterhin an deutsch-amerikanischen Bühnen auftrat.

Kronser (geb. Fournier), Antonie, geb. 1809 zu Solingen, gest. 24. Jan. 1882 zu Graz, spielte zuerst an kleinen Bühnen, kam 1828 ans Hoftheater in Dresden, 1829 ans Hoftheater in Berlin u. 1833 ans Burgtheater, dem sie bis zu ihrer 1872 erfolgten Pensionierung als Charakterspielerin u. Heroine großen Stils angehörte. Gattin des Wiener Arztes Viktor Nikolaus K. Die zeitgenössische Kritik überhäufte sie mit Lob. So schrieb u. a. schon K. B. Herloßsohn über die junge Schauspielerin: „Ihr Genre ist das Sentimentale, der deutsche Grundcharakter, die Elegie in ihrer schönsten Personifizierung. Sie besitzt einen Wohlklang, eine Biegsamkeit, einen Schmelz des Organs, der in der Rede fast noch mächtiger wirkt als Gesang. Ihre Züge sind mild, sanft, sprechend, ihre Augen eines hinreißenden Ausdrucks fähig. In den mehr passiven, leidenden Charakteren der Tragödie wird sie von keiner deutschen Schauspielerin übertroffen". Hauptrollen: Julie, Johanna d'Arc, Maria Stuart, Lady Milford, Porzia, Bertha u. a.
Literatur: Wurzbach, A. Kronser (Biogr. Lexikon 13. Bd.) 1865; *Eisenberg*, A. Fournier (Biogr. Lexikon) 1903.

Kronstadt, die ehedem deutschsprachige Stadt in Siebenbürgen, besaß eine alte Theaterkultur. So spielte 1790 eine auch in Bukarest tätige Gesellschaft deutsche Stücke. 1794 kam Direktor Franz Xaver Felder nach K. u. eröffnete die Saison mit Ifflands „Jägern". Er setzt trat in der Folge, bezeichnend für den hervorragenden Spielplan, als Karl Moor, Posa u. Hamlet auf. Shakespeare, Goethe, Schiller, Lessing schenkte er besondere Aufmerksamkeit. 1806 ist die Truppe Josef Lippes in K. nachweisbar.

Andere folgten, bis K. ein selbständiges Stadttheater erhielt.

Literatur: Eugen *Filtsch*, Geschichte des deutschen Theaters in Siebenbürgen (Archiv des Vereins für siebenbürg. Landeskunde, Neue Folge Nr. 21—23) 1887; Jolantha *Púkanszký-Kádár*, Geschichte des deutschen Theaters in Ungarn (Schriften der Deutschen Akademie Heft 14) 1933.

Kronthal, Julie s. Bayer-Kronthal, Julie.

Krosch, Gustav, geb. 3. Juni 1868 zu Reichenberg in Böhmen, gest. 28. Okt. 1903 zu Kempen in Posen, war Liebhaber u. Naturbursche an den Vereinigten Stadttheatern von Strigau u. Oels.

Kroseck, Friederike (Daten unbekannt), Tochter von J. Chr. K. u. seiner Gattin Henriette, war Schauspielerin am Burgtheater 1816—23.

Kroseck, Henriette, geb. 1757, gest. 19. Dez. 1815 zu Wien, war Mitglied des Theaters an der Wien das. u. gastierte 1815 am Burgtheater, wo sie mit ihrer Tochter Friederike K. die weiblichen Hauptrollen in Körners „Zriny" erstmals darstellte. Gattin des Folgenden.

Kroseck (Krosek), Johann Christian, geb. 1754 zu Falkenroh, gest. 1836 in Ungarn, war Schauspieler u. a. 1796 in Magdeburg, 1797 in Altona, 1802 in Bamberg, 1805 ff. in Würzburg. Gatte der Vorigen.

Krosegk, Sophie (Geburtsdatum unbekannt), gest. im März 1905 zu Biel, wirkte im Fache Komischer Alten u. Bürgerlicher Mütter 1876—91 in Linz an der Donau.

Kruchen, Alfred, geb. 28. Febr. 1893 zu Düsseldorf, studierte in Leipzig u. Danzig (Doktor der Philosophie), erhielt Schauspielunterricht bei Erich Ponto in Dresden, war Schauspieler, Regisseur u. Dramaturg in Düsseldorf, Meiningen, Karlsruhe, Osnabrück u. Chemnitz, Oberspielleiter des Staatstheaters in Danzig u. Lehrbeauftragter an der dort. Technischen Hochschule, hierauf ein Jahrzehnt Intendant des Stadttheaters in Bielefeld, seit 1945 Leiter des Schauspielhauses in Bad Pyrmont u. seit 1951 Intendant in Oberhausen. Hauptrollen: Florian Geyer, Peer Gynt, Gustav Wasa, Egmont, Tell u. a.

Eigene Schriften: Das Regie-Prinzip bei den Meiningern zur Zeit ihrer Gastspielepoche (1874—90) 1933.

Krückl, Franz s. Krükl, Franz.

Krüger, Anna Feodorowna, geb. 8. Febr. 1792 zu Petersburg, gest. 4. Aug. 1813 zu Pest, Tochter des Theaterdirektors Spengler u. seiner Gattin Karoline, wurde nach deren Heirat mit dem Schauspieler Karl Ludwig Krüger von diesem adoptiert u. frühzeitig der Bühne zugeführt. 1804 trat sie im Theater an der Wien auf, folgte Schikaneder (s. d.) 1808 nach Brünn u. kam 1809 ans Burgtheater. Zu ihren Hauptrollen zählte die Jungfrau von Orleans, von deren Wiedergabe Castelli (s. d.) schrieb: „Diese Darstellung war ein vollendetes Kunstwerk",

Literatur: A. F. *Krüger* (Wiener Hoftheater: Taschenbuch) 1814; J. *Kürschner*, A. F. K. (A. D. B. 17. Bd.) 1883.

Krüger, Auguste s. Goldner Auguste von.

Krüger, Bartholomäus, geb. um 1540 zu Sperenberg in der Mark, 1580 als Stadtschreiber u. Organist in Trebbin nachweisbar, schrieb damals ein geistl. u. ein weltl. Drama: „Eine schöne u. lustige neue Aktion von dem Anfang u. Ende der Welt" (Neudruck bei Julius Tittmann, Schauspiele des 16. Jahrhunderts 2. Bd. 1868) u. „Ein neues weltliches Spiel, wie die bäuerischen Richter einen Landsknecht unschuldig hinrichten lassen" (Neudruck von Johannes Bolte 1884).

Literatur: Wilhelm *Scherer*, B. Krüger (A. D. B. 17. Bd.) 1833; G. *Kuttner*, Wesen u. Formen der deutschen Schauspielliteratur des 16. Jahrh. 1934.

Krüger, Benjamin Ephraim, geb. 22. Dez. 1719 zu Danzig, gest. 18. Mai 1789 das., Kaufmannssohn, studierte in Leipzig (Verkehr mit Gottsched) u. Wittenberg, wurde 1754 Pfarrer in Pröbbernau u. 1761 in Weichselmünde. Dramatiker. Kästner verspottete ihn in einem Epigramm: „Das Lustspiel, das zum Weinen bringt, rühmt Gellert nur, weil er das Loos' geschrieben, soweit hat Krüger nicht sein eigen Lob getrieben, preist er das Trauerspiel, das uns zum Lachen zwingt!"

Eigene Werke: Mahomed IV. (Trauerspiel: Gottscheds Schaubühne 5. Bd.) 1744; Vitichab u. Dankwart, die Alemannischen Brüder (Trauerspiel) 1746.

Literatur: Friedrich *Schwarz*, B. E. Krüger (Altpreuß. Biographie 12. Liefg.) 1941.

Krüger, Bertha, geb. 1819, gest. im Juli 1905 zu Cincinnati. Schauspielerin.

Krüger, Bum, geb. 13. März 1906 zu Berlin, wirkte als Kabarettist u. Schauspieler in München, vor allem in der Kleinen Komödie.

Krüger, Charlotte, geb. 9. Nov. 1897 zu München, war zuerst Ballett-Tänzerin das. u. wurde seit 1919 hier auch im Schauspiel verwendet. Zuletzt Staatsschauspielerin. Darstellerin besonders von Mädchenrollen in Stücken Anzengrubers, später auch Vertreterin des alten Fachs. Hauptrollen: Käthe („Alt-Heidelberg"), Käthchen von Heilbronn, Katharina Knie (Titelrolle in Zuckmayers Drama) u. a.

Krüger, Clara s. Krüger, Georg Wilhelm.

Krüger, Doris s. Gebühr, Doris.

Krüger, Eduard s. Krüger, Georg Wilhelm.

Krüger, Emmy, geb. 27. Jan. 1886 zu Homburg vor der Höhe, wurde am Konservatorium in Frankfurt a. M. ausgebildet u. kam über Zürich 1914 nach München, wo sie bis 1919 blieb, 1920 nach Wien u. wirkte seit 1924 auch bei den Bayreuther Festspielen mit. Kammersängerin. Hauptrollen: Venus, Ortrud, Kundry, Isolde, Oktavian, Fidelio, Amneris u. a.
Literatur: H. W. *D(raber)*, Der Weg einer deutschen Künstlerin. Erinnerungen an E. Krüger 1940.

Krüger, Franz (Geburtsdatum unbekannt), gest. 4. Febr. 1900, war Charakter- u. Väterdarsteller in Zittau, Altona, Schwerin, Sigmaringen, Stralsund, zuletzt auch Regisseur u. Schauspieler in Plauen. Hauptrollen: Polonius („Hamlet"), Saalberg („Die Anna-Liese"), Grillhofer („Der G'wissenswurm"), Fernando („Preciosa"), Friedeborn („Das Käthchen von Heilbronn"), Rank („Nora") u. a.

Krüger, Georg Wilhelm, geb. 15. Febr. 1791 zu Berlin, gest. 4. März 1841 zu Mannheim, Sohn eines Handwerkers, schloß sich in Stendal einer Wandertruppe an, kam 1814 als Jugendlicher Liebhaber ans Stadttheater in Hamburg (von F. L. Schröder gefördert)

u. heiratete hier die Sängerin Auguste Aschenbrenner. Beide wirkten dann auf Gastspielreisen u. in Darmstadt, wo sie sich jedoch scheiden ließen. 1819 unter Kotzebue in Mannheim tätig, hierauf bis 1837 am Hoftheater in Berlin, abgesehen von Fahrten nach Petersburg u. a. Hauptrollen: Orest, Posa, Tasso, Jaromir, Hamlet u. a. Goethe schenkte K. nach der Aufführung der „Iphigenie auf Tauris" ein Prachtexemplar des Schauspiels mit der Inschrift „Dem bewunderungswürdigen Orest" mit einem an ihn gerichteten Gedicht. Vater der in Weimar u. Darmstadt tätigen Sängerin Clara K. u. des als Liebhaber u. Komiker in Berlin wirkenden Schauspielers Eduard K.
Literatur: Anonymus, G. W. Krüger (Almanach für Freunde der Schauspielkunst auf das Jahr 1841, herausg. von L. Wolff) 1842; J. *Kürschner*, G. W. K. (A. D. B. 17. Bd.) 1883; *Eisenberg*, G. W. K. (Biogr. Lexikon) 1903.

Krüger, Gottfried (Geburtsdatum unbekannt), gest. 23. April 1919 zu Bamberg, war Bariton u. a. am Deutschen Opernhaus in Charlottenburg u. zuletzt am Stadttheater in Bamberg.

Krüger, Gustav, geb. im April 1809 zu Dessau, gest. im Juli 1881 das., wurde in Dresden zum Sänger ausgebildet u. wirkte seit 1827 mehr als fünf Jahrzehnte als Mitglied des dort. Hoftheaters. Er sang alle Baßpartien ernster u. komischer Art (Sarastro, Marcel, Osmin, Bartolo, Leporello, Figaro u. a.) Seit 1880 auch als Regisseur der Oper tätig.

Krüger (Ps. Rosée), Hans, geb. 11. Dez. 1875 zu Lübeck, gest. 22. Juli 1905 zu Ems, war Jugendlicher Liebhaber u. Bonvivant in Lüneburg. Hauptrollen: Flitterstein („Der Verschwender"), Piepenberg („Kyritz-Pyritz"), Ruprecht („Der Zerbrochene Krug"), Ferdinand („Philippine Welser") u. a.

Krüger, Hans, geb. 25. Nov. 1904 zu Breslau, war Oberspielleiter an verschiedenen Theatern Deutschlands. Auch Bühnenschriftsteller.
Eigene Werke: Unsterbliches Kabarett 1946; Der weinende Clown (Drama) 1949; Die Circusfee (Lustspiel-Operette) 1950; Menschen vom Circus (Schauspiel) o. J.

Krüger, Hardy, geb. 12. April 1828 zu Berlin, zuerst Bühnenarbeiter, wurde von Fritz

Kortner (s. d.) entdeckt, Schauspieler in Hamburg (Junge Bühne u. a.).

Krüger (Ps. Krüger-York), Harry, geb. 21. Dez. 1901 zu Barth in Pommern. Plattdeutscher Bühnendichter.

Eigene Werke: Heekt mang de Karpen (Schwank) 1938; Hechtin im Karpenteich (Schwank) 1939; Striethamels (Schwank) 1939; De Erpressung (Komödie) 1940; Revolt up U. (Ernstes Spiel) 1940; Fiefhunnert Pund Koppgeld (Lustiges Spiel) 1941; Ein Engel fiel vom Himmel (Schwank) 1949.

Krüger, Hermann Anders, geb. 1. Aug. 1871 zu Dorpat, gest. 10. Dez. 1945 zu Neudietendorf, studierte in Leipzig, wurde Bibliothekar u. Museumsbeamter in Dresden, 1905 Privatdozent, dann Professor der Technischen Hochschule in Hannover u. 1928 Leiter der Thüringer Landesbibliothek. Auch Dramatiker.

Eigene Werke: Waldhüters Weihnacht (Festspiel) 1897; Ritter Hans (Drama) 1897; Pseudoromantik (F. Kind u. a.) 1904; Kritische Studien über das Dresdner Hoftheater 1904; Der Kronprinz (Drama) 1907; Der Graf von Gleichen (Trauerspiel) 1908; Die Pelzmütze (Komödie) 1913; Fridericus-Trilogie 1936.

Literatur: E. *Kammerhoff,* H. A. Krüger 1910; L. *Bäte,* H. A. K. 1941.

Krüger, Hilde, geb. 9. Nov. 1912 zu Köln, ausgebildet von Louise Dumont (s. d.), war Schauspielerin u. Sängerin in Berlin, Wien, Basel, Salzburg (Festspiele) u. a.

Krüger, Hugo s. Gillern, Hugo von.

Krüger, Johann, geb. 17. Nov. 1810 zu Altona, gest. 15. Sept. 1883 zu Hamburg, Sohn eines Handwerkers, Autodidakt, wirkte bis 1849 als Schauspieler an verschiedenen Orten, ließ sich dann in Hamburg nieder u. redigierte 1855—62 das Sonntagsblatt „Amicitia et Fidelitas", das seit 1862 „Hamburger Novellenzeitung" hieß, u. schrieb außer Erzählungen humoristische Theaterstücke.

Eigene Werke: Der Däne in der Mäusefalle (Posse) 1849; Neue Solo-Lustspiele (Ich möchte wohl ein Mann sein — Ein schöner Traum — Nach dem Balle — Der beste Pantoffel — Die Leiden eines jüdischen Christen — Herrn Merseburgers Ehestands-Exerzitien — Des jungen Matrosen Heimkehr — Luftschlösser eines Berliner Stubenmädchens — Das Mädchen vom Dorfe —

Ein sächsischer Schulmeister — Wie soll mein Zukünftiger sein? — Rache an dem Ungetreuen — Die junge Mutter — Lebende Bilder bei Herrn Hersch — Liebes Mütterchen, ich bleibe bei dir — Der Backfisch bei Wasser u. Brot — Leiden einer Berliner Köchin — Das beste Geschenk — Die Frau vor dem Spiegel — Jainkef Katz auf der See — Halb meschugge vor Liebe — Die Waise von Lowood) 3 Bde. 1860—66; Inspektor Bräsig (Lustspiel nach F. Reuter) 1870; Sololustspiele (Die Braut des Matrosen — Der Traum der Großmutter — Die Liebesbriefe einer Soubrette — Das Mädchen vom Dorfe — Männer, aber kein Mann — Der letzte Versuch — Die Geheimnisse einer alten Mamsell — Liebes Mütterchen, ich bleibe bei dir — Die glückliche Braut — Des Berliner Schusterjungen süße Träume) 10 Hefte 1884.

Literatur: Brümmer, J. Krüger (Lexikon 6. Aufl. 4. Bd.) 1913.

Krüger, Johann Christian, geb. 14. Nov. 1723 zu Berlin, gest. 23. Aug. 1750 zu Hamburg, besuchte das Graue Kloster, studierte Theologie in Halle u. Wittenberg, wurde aus Not Schauspieler (bei Schönemann) u. kam mit seiner Truppe nach Leipzig (Verkehr mit Cramer, Giseke, Rabener, Schlegel) u. nach Braunschweig (Freundschaft mit Ebert, Gärtner, Zachariä). Vorwiegend Lustspieldichter, auch Übersetzer.

Eigene Werke: Die Geistlichen auf dem Lande (Lustspiel) 1743; Sammlung einiger Lustspiele (nach Marivaux) 2 Bde. 1747—49; Poetische u. theatralische Schriften (Der blinde Ehemann — Die Kandidaten — Der Teufel ein Bärenhäuter — Herzog Michel — Der glückliche Bankerottierer), herausg. von J. F. Löwen 1763.

Literatur: Erich *Schmidt,* J. Chr. Krüger (A. D. B. 17. Bd.) 1883; W. *Wittelsindt,* J. Chr. K. 1898.

Krüger, Johanna, geb. 1800 zu Berlin, gest. 29. Aug. 1856 das., Tochter von Friedrich u. Therese Eunicke (s. d.), kam, von ihrem Vater für die Bühne ausgebildet, als Dramatische Sängerin (Alt) an die Hofoper in Berlin, wo sie bis zu ihrer Heirat mit dem Hofmaler Professor Krüger 1825 tätig war. Hauptrollen: Fanchon, Zerline u. a.

• **Krüger,** Karl Friedrich, geb. 18. Dez. 1765 zu Berlin, gest. 21. April 1828 zu Wien, Sohn eines Musikers, von Ferdinand Fleck (s. d.) für die Bühne vorgebildet, debütierte

1785 am Hoftheater seiner Vaterstadt, wirkte als Liebhaber 1788—89 in Hannover, 1789—91 in Amsterdam, 1791—95 in ernsten u. komischen Rollen unter Goethes Leitung in Weimar, 1795 wieder in Holland, dann in Prag (hier auch Regisseur), leitete 1798 bis 1799 eine Wandertruppe, 1800 das Theater in Leipzig, kam 1801 nach Brünn u. 1802 ans Burgtheater, wo er eine glänzende vielseitige Tätigkeit entfaltete. Gatte von Karoline K. Hauptrollen: Der alte Klingsberg, Franz Moor, Kalb u. a.
Literatur: Wurzbach, K. F. Krüger (Biogr. Lexikon 13. Bd.) 1865; *J. Kürschner, K. F. K.* (A. D. B. 17. Bd) 1883; *Eisenberg, K. F. K.* (Biogr. Lexikon) 1903.

Krüger, Karl, geb. 1862, gest. 21. Dez. 1906 zu Memel, war Jugendlicher Held u. Liebhaber am Hoftheater in Dresden.

Krüger (geb. Gieranek), Karoline, geb. 1753 zu Dresden, gest. 29. Nov. 1831 zu Wien, wirkte 1802—22 als Zärtliche u. Komische Alte am Burgtheater. In erster Ehe mit dem Schauspieler Karl Franz Henisch (s. d.), in zweiter mit dem Prager Theaterdirektor Spengler u. nach dessen Tod mit Karl Friedrich K. verheiratet.

Krüger, Lissy s. Philippi, Lissy.

Krüger, Martha, geb. 1861, gest. 17. März 1939 zu Berlin, war Soubrette u. a. in Lodz, Zwickau, Liegnitz, später auch Schauspielerin in Liebau, Graudenz, Heidelberg u. (Komische Alte) in Mainz, Krefeld u. Königsberg. Ihren Lebensabend verbrachte sie in Potsdam. Hauptrollen: Marinka („Die Macht der Finsternis"), Babuschka („Der Rastelbinder") u. a.

Krüger, Max, geb. 12. Juni 1884 zu Halle a. d. S., studierte das Kunstgeschichte (Doktor der Philosophie), war 1904—12 Schauspieler, 1912—19 Dramaturg u. Regisseur, 1919—33 Intendant der Stadttheater in Konstanz, Münster, Hagen u. Freiburg im Brsg., 1922—24 außerdem Lehrbeauftragter in Münster, 1945—46 Intendant des Stadttheaters in Berlin-Schöneberg, 1946—47 der Jungen Bühne in Hamburg u. seither Generalintendant der Städt. Bühnen in Leipzig.
Eigene Werke: Über Bühne u. bildende Kunst 1912.

Krüger, Moritz Alexander, geb. 20. April

1833 zu Colditz bei Magdeburg, gest. 23. Juni 1886 zu Graz, Sohn eines Forstmeisters, humanistisch gebildet, wandte sich nach bestandener Lehrzeit in einem Bankhause der Bühne zu u. debütierte 1854 in Ofen-Pest, wurde das. für das Fach Jugendlicher Liebhaber engagiert, wirkte in Elbing, Memel, Riga, Libau, dann wieder in Riga (nunmehr als Gesetzter Liebhaber), in Thorn, Posen, Stralsund, Erfurt, Frankfurt a. d. O., Görlitz, Potsdam, Berlin, Rostock, Hamburg u. seit 1862 in Detmold. 1865 wurde er Direktor der Theater in Münster u. Osnabrück, hierauf in Detmold, Pyrmont, Dortmund u. 1875 in Augsburg, 1880—84 leitete er das Theater in Graz, 1855 in Brünn u. zuletzt wieder in Graz.

Krüger, Wilhelm, geb. um 1875, wirkte als Schauspieler seit 1913 am Schillertheater in Berlin, später an den dort. Staatl. Schauspielbühnen u. seit 1951 neuerdings am wiedereröffneten Schillertheater. Hauptrollen: Kent („Maria Stuart"), Pfeifer („Die Weber"), Stallmeister („König Richard II."), Attinghausen („Wilhelm Tell") u. a.

Krüger-Aschenbrenner, Auguste s. Goldner, Auguste von.

Krüger-Michaelis, Melanie, geb. 25. Sept. 1867 zu Dresden-Strehlen, gest. 18. Aug. 1941 zu Dresden-Bühlau, war Schauspielerin in Aachen, Dresden, Bremen, Schwerin, Hamburg, Straßburg u. seit 1912 am Schauspielhaus in Leipzig, anfangs in klassischen Rollen, später in modernen. Hauptrollen: Rose Bernd, Hanne („Fuhrmann Henschel"), Frau John („Die Ratten") u. a.

Krüger-Rosée, Lina, geb. 22. März 1848 zu Hannover, gest. 26. Febr. 1924 zu Wien, Lehrerstochter, betrat mit 14 Jahren 1862 in Stuttgart die Bühne u. wirkte als Schauspielerin in Hamburg (Stadttheater), Berlin (Viktoriatheater), Stettin, Breslau, Lübeck, Köln u. seit 1899 in Bremen (Stadttheater u. Schauspielhaus). Hauptrollen: Philippine („Der Strom"), Frau Rummel („Die Stützen der Gesellschaft"), Rosa („Der Raub der Sabinerinnen"), Brigitte („Der Pfarrer von Kirchfeld") u. a.

Krüger-York s. Krüger, Harry.

Krüginger (Crigingerus), Johann, Schulmeister 1543 in Crimmitzschau, 1555 Diakonus in Marienberg bei Chemnitz, schrieb

eine „Comödia von dem reichen Mann u. armen Lazaro" (1543, zwei weitere Ausgaben folgten) u. „Herodes u. Johannes" (1545).
Literatur: Wilhelm *Scherer*, J. Krüginger (A. D. B. 17. Bd.) 1883.

Krükl, Franz, geb. 10. Nov. 1841 zu Edlspitz in Mähren, gest. 12. Jan. 1899 zu Straßburg im Elsaß, war seit 1855 Hofkapellensänger in Wien, zeichnete sich frühzeitig musikalisch so sehr aus, daß er u. a. eine Messe komponierte, studierte gleichwohl an der Universität (Doktor der Rechte), trat 1863 in den Staatsdienst, 1864 in eine Advokatenkanzlei, wandte sich aber dann kurz entschlossen der Bühne zu, die er als Bariton in Brünn betrat, wirkte 1868—71 in Kassel, hierauf in Augsburg (hier auch als Regisseur), Hamburg u. Köln, begleitete 1882—83 Angelo Neumann (s. d.) auf seiner Richard-Wagner-Tournee durch Deutschland, Belgien, Holland, Italien u. a. Seit 1883 Lehrer am Hochschen Konservatorium in Frankfurt a. M. Seit 1892 Leiter des Stadttheaters in Straßburg. K. stellte Forderungen für ein Theatergesetz auf, die nachher auch erfüllt wurden. Albert Borée (s. d.) prägte das Wort: „Wenn Barnay der Vater der Genossenschaft genannt werden muß, so war Krükl die Mutter". Verfasser der Schrift „Das Deutsche Theater u. sein gesetzlicher Schutz u. der Vertrag zwischen Direktor u. Mitglied der deutschen Bühne" (1889).
Literatur: C. *R—s,* F. Krükl (Almanach der Genossenschaft Deutscher Bühnenangehöriger, herausg. von E. Gettke 1. Jahrgang) 1873; Albert *Borée,* F. K. (Neuer Theater-Almanach 11. Jahrg.) 1900; M. *Hochdorf,* Die Deutsche Bühnengenossenschaft 1921; *Riemann,* F. K. (Musik-Lexikon 11. Aufl.) 1929.

Krüpl, Anton s. Flamm, Theodor.

Krüsemann, G. s. Kruse, Georg.

Krützner (geb. Neugebauer), Irma, geb. 21. Juli 1884 zu Graslitz im böhm. Erzgebirge, lebte als Notarsgattin in Prachatitz im Böhmerwald. Erzählerin u. Dramatikerin.
Eigene Werke: Der Kunst will sie sich widmen (Lustspiel) 1927; Muttertagsspiele 1928; Der aus der Bachmühl (Volksstück) 1929.

Krug, Friedrich, geb. 5. Juli 1842 zu Kassel,

gest. 3. Nov. 1892 zu Karlsruhe, war Opernsänger (Bariton) u. später Hofmusik-Direktor das. Opernkomponist.
Eigene Werke: Die Marquise 1843; Meister Martin der Küfer u. seine Gesellen 1845 (Text nach E. Th. A. Hoffmann); Der Nachtwächter 1846.

Krug, Gustav s. Krug-Elfgen, Franziska.

Krug, Hermann, geb. 11. Aug. 1866 zu Windelhausen bei Merseburg (nach anderer Angabe zu Bindfelde bei Magdeburg), gest. 8. März 1903 zu Mannheim, war zuerst Musiker in Helsingfors, studierte dann in Sondershausen Gesang, fand 1894 als Opernsänger sein erstes Engagement an den Vereinigten Theatern in Sondershausen u. ging 1895 nach Dresden u. 1897 nach Mannheim, wo er in kurzer Zeit als Nachfolger von Ernst Kraus (s. d.) das gesamte Repertoire des Heldenfachs beherrschte. Vorwiegend Wagnersänger. Hauptrollen: Siegfried, Lohengrin, Tannhäuser, Rienzi, Faust, Max, Fra Diavolo u. a.

Krug (Ps. Krug-Waldsee), Josef, geb. 8. Nov. 1858 zu Waldsee in Württemberg, gest. 8. Nov. 1915 zu Magdeburg, besuchte das Konservatorium in Stuttgart, war u. a. 1889 bis 1892 Chordirektor am Stadttheater in Hamburg, dann Theaterkapellmeister in Brünn u. Augsburg. Später wirkte er als Dirigent in Magdeburg u. wurde 1913 Professor. Komponist u. a. der Ouvertüre zu Schillers „Turandot" u. einiger Opern.
Eigene Werke: Der Prokurator von San Juan 1893; Astorre 1896; Der Rotmantel 1898.
Literatur: Riemann, J. Krug (Musik-Lexikon 11. Aufl.) 1929.

Krug, Johann Heinrich, geb. 1815 zu Karlsruhe, gest. 1. April 1884 zu Frankfurt a. M., war Sänger u. Schauspieler, Mitglied des dort. Stadttheaters seit 1848. Hauptrollen: Thomas („Der Verschwender"), Solanio („Der Kaufmann von Venedig"), Osrik („Hamlet") u. a.

Krug, Karl, geb. 4. März 1860 zu Mährisch-Weißkirchen, gest. 7. Febr. 1919 zu Reichenberg in Böhmen, Sohn eines Steuereinnehmers, wurde vom Burgschauspieler Bernhard Baumeister für die Bühne ausgebildet u. betrat diese in Steyr, wirkte dann in Brünn, kam 1895 ans Raimundtheater in Wien, vornehmlich als Charakterdarsteller

u. in Rollen Komischer Väter u. schließlich ans Stadttheater in Reichenberg, wo er auch Regie u. die Direktion führte. Verfasser wiederholt aufgeführter Stücke. Hauptrollen: Moulinet („Der Hüttenbesitzer"), Heffterdingk („Heimat"), Horkay („Sprechen Sie mit Mama"), Lucien („Nora") u. a.

Krug, Konrad Maria, geb. 21. Aug. 1892 zu Düren im Rheinland, studierte in Bonn (Doktor der Philosophie), wurde Studienassessor in Münster, später Studienrat in Witten-Ruhr, künstlerischer Leiter der Landes-Heimatspiele der Provinz Westfalen u. Oberstudiendirektor. Bühnenschriftsteller. *Eigene Werke:* Zacharias Werner u. die Bühne 1924; Das Laienspiel 1925; Der Tod als Freund (Drama) 1925; Soldat auf eigenen Befehl (Drama) 1932; Geier überm Rhein (Drama) 1933; Memento (Drama) 1933; Gudrun (Drama) 1935.

Krug, Maria (Ps. Alinda Jacoby), geb. 16. Okt. 1855 zu Trier, gest. 15. Mai 1929 zu Mainz, Tochter des Arztes L. J. Bleser, seit 1887 mit dem Fabrikbesitzer F. K. Krug in Mainz verheiratet. Erzählerin u. Dramatikerin. *Eigene Werke:* Saulus (Drama) 1905; Der Hofkoch in Verzweiflung (Histor. Schwank) 1908; Der Schleier der Königin (Schauspiel) 1908; Samson (Drama) 1908; Kaiser Rudolfs Dank (Lustspiel) 1908; Die geheimnisvolle Prinzessin (Schwank) 1908; Gefährliche Strategie (Lustspiel) 1909; Heilsame Tropfen (Lustspiel) 1911; Charlotte Corday (Drama) 1911; Geheimnis des Waldes (Schauspiel) 1912; Martinus von Cochem (Schauspiel) 1912; Winfrid, der Alemannenkönig (Schauspiel) 1912; Weihnachtsfriede (Schauspiel) 1912; Die drei Kreuze (Schauspiel) 1912; Die Nichten der Kastellanin (Schwank) 1912; Die Verlobung durch eine Hutschachtel (Schwank) 1913; Die Flammenzeichen rauchen (Drama) 1913; Der Landgräfin Frühlingsfest (Schauspiel) 1913; Am Hirtenfeuer (Schauspiel) 1914; Himmelsgeige (Schauspiel) 1914; Friede den Menschen (Schauspiel) 1915; Im Zauberkabinett (Lustspiel) 1916; Der Geist im Pensionat (Lustspiel) 1916; Widukind (Drama) 1918; Um die Seele des Königs (Drama) 1924; Im Zauberbann (Drama) 1925.

Krug, Walter, geb. um 1880, gest. im Jan. 1934 zu Bremen, gehörte seit 1921 als Verwaltungsdirektor u. stellvertretender Intendant dem Staatstheater das. an.

Krug, Der zerbrochene s. Zerbrochene Krug, Der.

Krug-Elfgen, Franziska (Geburtsdatum unbekannt), gest. 25. Sept. 1923, war Opernsängerin u. a. in Freiburg im Brsg. u. in Colmar. Gattin des dort. Baritons u. späteren Direktors des Kurtheaters in Bad Oeynhausen Gustav Krug. Hauptrollen: Rosalinde („Die Fledermaus"), Marie („Der Trompeter von Säckingen"), Ines („Die Afrikanerin"), Baronin („Der Wildschütz") u. a.

Krug-Waldsee, Josef s. Krug, Josef.

Kruis, Theodor, geb. 14. Okt. 1840 zu Thierhaupten bei München, gest. 23. Jan. 1916 zu Dresden, Sohn eines Lehrers u. Organisten, besuchte das Konservatorium in München, wirkte als Tenorbuffo in Mannheim, seit 1866 bei Kroll in Berlin, dann in Breslau u. Hamburg, 1873—82 in Hannover u. schließlich am Hoftheater in Dresden. Gastspielreisen führten ihn bis nach Schweden u. Norwegen. Hauptrollen: Fra Diavolo, Figaro, David, Mime, Siegfried u. a.

Krull, Annie s. Flor, Annie (s. Nachtrag).

Krumau im Böhmerwald, die ehemal. Residenz des Fürsten von Schwarzenberg, erhielt 1675 ein neues Schloßtheater, das der Maler Johann Martin Schaumberger vollständig einrichtete. Er wurde zugleich sein erster Prinzipal. Dort spielten abwechselnd Dilettanten, meist aus Adelskreisen, aber auch Wandertruppen. Johann Valentin Petzolds (s. d.) Komödiantenbande zu Beginn des 18. Jahrhunderts hatte ihren Sitz in K. 1768 herrschte bei einer Hochzeit im Fürstl. Schwarzenbergischen Hause ein reges Theaterleben. Man spielte deutsche u. französische Komödien u. brachte eine Oper von Scarlatti zur Aufführung. 1735 erschien Berners Kindertruppe. Noch 1874 führte Direktor Friedrich Wallburg das dort. Sommertheater, wie der Hofschauspieler Heinrich Prechtler in seinen Erinnerungen „Bis ins Burgtheater" (1914) erzählt. *Literatur:* Austriakalender 1850; Jan *Port,* Das Schwarzenbergische Schloßtheater in Krumau (tschechisch, nebst Übersetzung) 1929.

Krupka, Wolfram, geb. 28. Aug. 1903 zu Posen, studierte Theologie, war dann Hauslehrer in Harnecop u. Predigtamtskandidat, seit

1932 nationalsozialist. Wahlkampfredner u. schließlich Landesleiter der Reichsschrifttumskammer in Posen. Vorwiegend Dramatiker.

Eigene Werke: Menschen u. Mächte (Schauspiel um Heinrich den Löwen) 1935; Das brennende Herz (Weihespiel) 1937; Bruder Nirgendwo (Heiteres Traumspiel) 1937; Franz von Sickingen (Trauerspiel) 1938; Esther (Rassen-Tragödie) 1938; Agnes von Böhmen (Trauerspiel) 1939; Leonidas (Dramat. Szenen) 1939; Francesca u. Beatrice (Trauerspiel) 1940; Das Kreuz der Godunows (Schauspiel) 1940—41; Maria Godenboge (Schauspiel) 1941; Gudrun (Dramat. Gedicht) 1942.

Literatur: Franz Lennartz, W. Krupka (Die Dichter unserer Zeit 4. Aufl.) 1941.

Kruse (geb. Pechtel), **Bertha**, geb. 22. Juni 1832 zu Zeitz, gest. 16. Dez. 1917 zu Weimar, Tochter Karl Pechtels (s. d.), gehörte seit ihrer frühesten Kindheit der Bühne an u. vertrat alle Fächer von der Naiven bis zur Komischen Alten. Seit 1854 Gattin des Folgenden, Mutter von Georg Richard K. u. Marie Schäfer (s. d.).

Kruse, **Georg**, geb. 13. Okt. 1830 zu Neustrelitz, gest. 19. Dez. 1908 zu Berlin-Schöneberg, Sohn eines Schloßkastellans, in dessen kunstsinnigem Haus zahlreiche Mitglieder des Hoftheaters verkehrten, war 1847 Freiwilliger bei den Garde-Ulanen in Potsdam, machte 1848 die Berliner Straßenkämpfe mit u. ging, nachdem er im Hotel der Eltern Gerhart Hauptmanns in Salzbrunn als Koch tätig gewesen war, zur Bühne, wurde 1856 selbständiger Theaterdirektor einer Gesellschaft, mit der er in Hirschberg, Bunzlau, Lauban, Zittau, Liegnitz, Görlitz u. a. spielte, trat später in Berlin als Schauspieler auf (National-Theater), leitete 1872 das Herminia-Theater (später Residenz-Theater) in Dresden, 1873—74 die Theater in Essen u. Krefeld, 1878—80 das Theater in Sondershausen, 1881 das Stadttheater in Aachen, 1882 das National-Theater in Berlin u. seit 1884 die Stadttheater in Wismar u. Rostock u. das Sommertheater in Magdeburg. 1891 trat er in den Ruhestand. Gatte der Vorigen. Auch Verfasser von Theaterstücken (unter dem Ps. Silesius), die an zahlreichen Bühnen zur Aufführung gelangten.

Eigene Werke: Kriegsgefangen (Einakter) 1866; Lieb' Vaterland kannst ruhig sein (Volksstück) 1870; Ein Mann aus dem Volke

(Volksstück) 1871; Die Brautschau des Kronprinzen (Lustspiel) 1879; Heimliche Zusammenkünfte (Lustspiel) 1894; Sie weint (Lustspiel) 1894; Roland von Berlin (Schauspiel) 1898; Dichter u. Bauer (Operette) 1901 u. a.

Literatur: Anonymus, G. Kruse (Deutsche Bühnen-Genossenschaft 37. Jahrg. Nr. 52) 1908.

Kruse, **Georg**, geb. 14. Mai 1902 zu Danzig, akademisch gebildet (Doktor), war Schauspieler in München (Kammerspiele), Mannheim, Berlin, Dresden, Oldenburg u. a.

Kruse, **Georg Richard**, geb. 17. Jan. 1856 zu Greiffenberg in Preuß. - Schlesien, gest. 23. Febr. 1944 zu Berlin, Sohn des Vorvorigen, studierte in Bern u. Leipzig, wurde Opernkapellmeister in verschiedenen Städten Deutschlands u. der Vereinigten Staaten, hierauf auch Theaterdirektor in Bern, St. Gallen, Ulm u. ließ sich schließlich in Berlin nieder, wo er sich als Redakteur der „Deutschen Bühnengenossenschaft" betätigte, das Lessing-Museum gründete u. dessen Volksbibliothek bis 1937 leitete. Auch redigierte er die Musik-Bücher des Verlags Reclam u. besorgte u. a. „Reclams Opernführer" 1928 (4. Aufl. von W. Zentner 1950).

Eigene Werke: Die Herzlosen (Lortzing-Biographie) 1899; Lortzings Briefe, herausg. 1901; Anneken von Mönchgut 1904; Falstaff u. Die lustigen Weiber in vier Jahrhunderten 1907; Otto Nicolai (Biographie) 1911; Der Klarinettenmacher (Text zu Weigmanns Oper) o. J. u. a.

Literatur: Riemann, G. R. Kruse (Musik-Lexikon 11. Aufl.) 1929.

Kruse, **Heinrich**, geb. 15. Dez. 1815 zu Stralsund, gest. 12. Jan. 1902 zu Bückeburg, studierte in Bonn u. Berlin, besuchte England, war dann Gymnasiallehrer in Minden, seit 1847 Journalist, 1855 Hauptschriftleiter der „Kölnischen Zeitung" u. 1872—84 deren Vertreter in Berlin. Als Dramatiker Nachfahr der Klassiker.

Eigene Werke: Der Teufel zu Lübeck (Fastnachtsspiel) 1847; Der Wettlauf (Lustspiel) 1854; Die Gräfin (Trauerspiel) 1870; Wullenwever (Trauerspiel) 1870; König Erich (Trauerspiel) 1871; Moritz von Sachsen (Trauerspiel) 1872; Brutus (Trauerspiel) 1874; Marino Faliero (Trauerspiel) 1877; Das Mädchen von Byzanz (Trauerspiel) 1877; Rosamunde (Trauerspiel) 1878; Der Verbannte (Trauerspiel) 1879; Raven Barnekow (Trauerspiel) 1880; Witzlav von Rügen (Trauerspiel) 1881; Alexei (Trauerspiel) 1882; Fastnachtsspiele 1887; Arabella Stuart (Trauerspiel) 1888; Hans Waldmann (Trauerspiel) 1890; Sieben kleine Dramen 1893; Nero (Trauerspiel) 1895; Stieglitz u. Nachtigall oder Die Rostocker Jungen (Lustspiel) 1897; König Heinrich VII. (Trauerspiel) 1898; Lustspiele 1899.

Literatur: F. H. *Brandes,* H. Kruse als Dramatiker 1898; E. *Lange,* H. Kruses pommersche Dramen 1902; Michael *Bernays,* Über H. Kruses Wullenwever (Schriften zur Kritik u. Literaturgeschichte 4. Bd.) 1903; Otto *Zaretzky,* H. K. (Biogr. Jahrbuch) 1905; K. *Buchheim,* H. K. (Pommersche Lebensbilder 1. Bd.) 1934.

Kruse, Karl-Heinz, geb. 11. Jan. 1913, gest. 15. Juli 1948 zu Kiel (durch Selbstmord), begann seine Laufbahn am Deutschen Schauspielhaus in Hamburg u. kam über Danzig, Nordhausen, Döbeln u. verschiedene Bühnen Westdeutschlands wie Gelsenkirchen u. a. nach Kiel. Hauptrollen: Orest, Tempelherr ("Nathan der Weise"), Oberst Eilers ("Des Teufels General") u. a.

Kruse, Laurids, geb. 6. Sept. 1778 zu Kopenhagen, gest. 19. Febr. 1840 zu Paris, studierte in Kopenhagen, bereiste Mitteleuropa, wurde Professor u. ließ sich 1820 in Wandsbeck nieder. Nicht nur Erzähler, sondern auch Dramatiker. Ludwig Hirsch schrieb nach seiner Novelle "Anna-Kapri" 1829 das Drama "Der Morgen auf Capri", Charlotte Birch-Pfeiffer nach dem von ihm verfaßten "Le dragon rouge" 1830 "Die Traube von Cerdron oder Der rote Drache", Carl Haffner nach einer seiner Erzählungen 1841 die Charakterskizze mit Gesang "Der blasse Teufel oder Liebe im Kerker".

Eigene Werke: Das Kloster (Trauerspiel) 1820; Ezzelino, Tyrann von Padowa (Trauerspiel) 1820; Die Witwe (Trauerspiel) 1821; Alma (Oper, Musik von Bernhard Romberg) 1824; Die Wette oder Jeder hat sein Plänchen (Bühnenspiel) 1825 (mit Carl Lebrun); Der Elfenhügel (Drama) 1838 (mit dems.).

Kruse, Leone, geb. 25. Dez. 1898 zu Neuyork, war 1924—27 Mitglied der Staatsoper in München u. 1931—32 des Deutschen Landestheaters in Prag. Hauptrollen: Tosca u. a.

Kruse, Marie s. Schäfer-Kruse, Marie.

Kruse, Wilhelm (Geburtsdatum unbekannt), gest. nach 1931, wirkte seit 1909 am Staatstheater in Schwerin als Lyrischer Bariton. Kammersänger. Hauptrollen: Bretigny ("Manon Lescaut"), Peter ("Hänsel u. Gretel"), Silvio ("Der Bajazzo"), Luna ("Der Troubadour") u. a.

Krutina, Edwin, geb. 10. Juni 1888 zu Karlsruhe, Sohn des Geheimrats Friedrich K., war Standesbeamter in Berlin, später in Karlsruhe. Herausgeber des literarischen Beiblatts der "Badischen Presse" u. Theaterkritiker, auch Bühnenschriftsteller.

Eigene Werke: Der Flieger (Drama) 1915; Abschied auf Ogygia (Drama) 1934; Maria u. das Kind (Drama) 1934; Heimkehr zu den Göttern (Bühnendichtung) 1949.

Krutter, Franz (Ps. Valentin Namenlos), geb. 5. Aug. 1807 zu Solothurn, gest. 15. Nov. 1873 das., studierte in München u. Heidelberg, besuchte Wien u. Paris, wo sein Oheim eidgenössischer Gesandter war, sowie Genf und wirkte nach seiner Heimkehr als Richter u. Parlamentarier. Vorwiegend Dramatiker.

Eigene Werke: Salomon u. Salomeh (Dramat. Märchen) 1841; Schultheiß Wenge von Solothurn (Schauspiel) 1845; Samuel Henzi oder Der Bürgerlärmen in Bern (Drama) 1868; Kaiser Tiberius (Drama) o. J.; Julian u. Francesko (Schauspiel) o. J.

Literatur: Alfred *Hartmann,* F. Krutter (Die illustr. Schweiz) 1874; E. *Fiala,* F. K. (A. D. B. 17. Bd.) 1883.

Kruyswyk, Anny van, geb. 14. April 1894 zu Wien, wirkte als Opernsängerin 1926 in Frankfurt a. M., 1927—30 in Wiesbaden, 1930—32 in Nürnberg u. seither als Koloratursopran an der Staatsoper in München. Hauptrollen: Gilda, Königin der Nacht, Sofie ("Der Rosenkavalier"), Fiakermilli ("Arabella") u. a.

Krzywonos (Ps. Alberti), Werner, geb. 21. Jan. 1861 zu Gnesen, gest. 29. Nov. 1934 zu Berlin, zuerst Kaufmann, dann in einer Berliner Bank tätig, wurde nach der Entdeckung seines strahlenden Tenors von Angelo Neumann (s. d.) 1888 an das Deutsche Landestheater in Prag engagiert, erwarb sich auch im Ausland größte Anerkennung (Petersburg u. Moskau), wirkte 1889 an der Hofoper in Wien, 1902 an der Hofoper in Budapest u. später wieder auf Gastspielreisen. Zuletzt Gesangspädagoge.

Hauptrollen: der erste Turiddu in Berlin (1888), Radames, Lohengrin, Raoul („Die Hugenotten"), Chapelou („Der Postillon von Lonjumeau") u. a.
Literatur: Eisenberg, W. Alberti (Biogr. Lexikon) 1903.

Krzyzanowski, Rudolf von, geb. 5. April 1862 zu Eger, gest. 21. Juni 1911 zu Graz, war Hofkapellmeister in Weimar. Bekannter Wagner-Dirigent. Gatte der Folgenden.

Krzyzanowski-Doxat, Ida, geb. 24. Jan. 1867 zu Senozec in Krain, Tochter eines österr. Bezirkskommissärs, von Louise Dustmann (s. d.) gesanglich ausgebildet, begann als Opernsängerin 1889 in Halle ihre Bühnenlaufbahn, wirkte 1890 in Elberfeld, 1891 bis 1895 in Leipzig, 1895—99 am Stadttheater in Hamburg u. seither am Hoftheater in Weimar. Vor allem Wagner-Sängerin (u. a. auch in London u. Wien). Hauptrollen: Elisabeth, Isolde, Senta, Fidelio, Donna Anna u. a. Gattin des Vorigen.

Kubanedk, Emil, geb. 24. Febr. 1858 zu Liegnitz, geb. 21. April 1913 zu Potsdam, war langjähriges Mitglied des dort. Kgl. Schauspielhauses. Hauptrollen: Du Chatel („Die Jungfrau von Orleans"), Schulze („Der Stabstrompeter"), Krümel („Mein Leopold"), Paulet („Maria Stuart") u. a.

Kubitzky (Ps. Oskar), Otto (Geburtsdatum unbekannt), gest. 10. März 1918 zu Sangerhausen, wirkte als Jugendlicher Komiker in Brieg, Frankfurt a. O. u. als Charakterkomiker am Hoftheater in Weimar. Hauptrollen: Gratiano („Othello"), Baumkirchner („Die Rabensteinerin"), Schalanter („Das Vierte Gebot") u. a.

Kubsch, Hermann Werner, geb. 11. Febr. 1911 zu Dresden, lebte in Werder. Dramatiker.
Eigene Werke: Ende u. Anfang (Schauspiel) 1948; Die ersten Schritte (Das tägliche Brot, Drama) 1949; Saure Wochen — Frohe Feste (Drama) 1951.

Kubsch, Margot, geb. 20. Febr. 1904 zu Magdeburg, wirkte als Schauspielerin u. Opernsoubrette in Hamburg, Berlin u. nach dem Zweiten Weltkrieg wieder in Hamburg. Gattin von Felix Felix (s. d.).

Kuch-Minuschka, Wilhelmine, geb. 28. Dez. 1904 zu Karlsruhe, gest. 11. März 1939 zu Berlin, war Schauspielerin 1929 in Remscheid u. 1932 in Konstanz.

Kuchenmeister (geb. Mancke), Paula, geb. 1866 zu Wandsbeck, gest. 1. Juli 1941 zu Kassel, vom Oberregisseur des Hamburger Stadttheaters Robert Buchholz für die Bühne ausgebildet, betrat diese erstmals am dort. Thaliatheater als Martha in „Hasemanns Töchtern" u. kam dann (unter der Direktion Pollini) ans Stadttheater das. Später wirkte sie in Magdeburg u. Leipzig, wo sie 1902 zurücktrat, um sich dem dramatischen Unterricht zu widmen. Vor allem als Charakterdarstellerin von hinreißendem Temperament sehr geschätzt. Hauptrollen: Luise, Helena, Iphigenie, Sappho, Isabella, Magda u. a.
Literatur: Eisenberg, P. Mancke (Biogr. Lexikon) 1903.

Kuckhoff, Adam, geb. 30. Aug. 1887 zu Aachen, gest. 5. Aug. 1943 zu Berlin als Opfer der Widerstandsbewegung (in Plötzensee hingerichtet), Doktor der Philosophie, überzeugter Sozialist, war Leiter des Frankfurter Künstlertheaters, dann Dramaturg u. Regisseur an den Staatstheatern in Berlin, hierauf Redakteur der Zeitschrift „Die Tat". Vorwiegend Dramatiker.
Eigene Werke: Der Deutsche von Bayencourt (Drama) 1915; Disziplin (Lustspiel) 1917; Zwerg Nase (Märchenspiel) 1919 (mit Marie Paulun); Till Eulenspiegel (Komödie) 1926 (mit ders.).

Kudrna, Therese s. Posinger, Therese.

Kudrun (Gudrun), Heldin der mittelhochdeutschen epischen Dichtung „Kudrun" oder „Gudrun", der Tochter des Königs Hettel von Hegelingen, als dramatische Figur.
Behandlung: Viktor v. Strauß u. Torney, Gudrun (Trauerspiel) 1855; Johann Schöpf, G. (Schauspiel) 1858; O. v. Rutenberg, G. (Schauspiel) 1862; Mathilde Wesendonck, G. (Schauspiel) 1868; Julius Grosse, G. (Schauspiel) 1871; E. Lark-Erwin, G. (Trauerspiel) 1871; Karl Caro, G. (Schauspiel) 1876; Felix Draeseke, G. (Oper) 1885; Georg Erdmann, G. (Schauspiel) 1887; Georg Ruseler, G. (Schauspiel) 1897; Matthias v. Milesi, G. (Schauspiel) 1907; Ernst Hardt, G. (Trauerspiel) 1911; Otto Müller, G. (Schauspiel) 1925; Eugen Geiger, Gudruns Befreiung (Drama) 1929; K. M. Krug, G. (Spiel) 1935; Thilo v. Trotha, G. (Drama) 1935; Wolf-

gang *Schreckenbach*, G. (Schauspiel) 1938; Ludwig *Roselius*, G. (Schauspiel) 1938; Wilhelmine *Siefkes*, G. (Spiel, plattdeutsch) 1939; Wolfram *Krupka*, G. (Dramat. Gedicht) 1942; Gerhard *Schumann*, Gudruns Tod (Drama) 1943.

Küch, Konrad, geb. 18. März 1837 zu Höhnebach, gest. 6. Dez. 1899 zu Halberstadt, war Opernsänger in Freiburg im Brsg., Basel u. a. Hauptrollen: Florestan, Lohengrin, Lyonel („Martha"), Baron („Der Wildschütz"), Johann („Der Prophet"), Manrico („Der Troubadour") u. a.

Küchenmeister-Rudersdorf, Hermine s. Mansfield-Rudersdorf, Hermine.

Küchler, Karl, geb. 12. Jan. 1869 zu Stollberg im sächs. Erzgebirge, Kaufmannssohn, studierte in Kopenhagen, hielt sich dann in London u. Leipzig auf u. wurde später Oberlehrer in Varel (Oldenburg). Außer mit philologischen u. novellistischen Arbeiten trat er auch als Bühnenschriftsteller hervor.
Eigene Werke: Der Grundgedanke in Ibsens Dichtung 1898; Schwert u. Krummstab (Drama) 1890; Die Faustsagen u. der Goethesche Faust 1893 u. a.
Literatur: Brümmer, K. Küchler (Lexikon 6. Aufl. 4. Bd.) 1913.

Küchler, Kurt, geb. 9. März 1883 zu Essen, gest. 1. Mai 1925 zu Nienstedten in Holstein. Bühnenschriftsteller.
Eigene Werke: Ischarioth (Drama) 1906; Des Lebens Possenspiel (Drama) 1909; Sommerspuk (Lustspiel) 1910; Ransis (Drama) 1911; Friedrich Hebbel u. sein Werk 1911; Die goldene Locke (Lustspiel) 1913; Die versilberte Braut (Komödie) 1920.

Küchler-Ming, Rosalia, geb. 3. Jan. 1882 zu Sarnen in der Schweiz, gest. 24. Juni 1946 das., war seit 1904 Gattin des dort. Gerichtspräsidenten Josef Küchler u. trat nicht nur als Erzählerin, sondern auch mit Bühnenstücken hervor.
Eigene Werke: Der Amerikaner (Bauernkomödie) 1923; Das Stauwerk (Drama) 1925; Hans Waldmann (Drama) 1929; Der klassische Milchnapf (Lustspiel) 1931.

Kückelmann, Gertrud, geb. 3. Jan. 1929 zu München, Tochter eines Arztes, war zuerst Mitglied des Balletts an der Staatsoper das. u. kam nach Schauspielunterricht bei Friedrich Domin (s. d.) 1949 an die dort. Kammerspiele. Hauptrollen: Adelheid („Der Biberpelz"), Edith („Geisterkomödie"), Anna („Feuerwerk") u. a.

Kücken, Friedrich Wilhelm, geb. 16. Nov. 1810 zu Bleckede in Lüneburg, gest. 3. April 1882 zu Schwerin, studierte Musik in Berlin, wien (Schüler Simon Sechters) u. Paris. 1847 wurde am Stadttheater in Hamburg sein „Prätendent" zur Aufführung gebracht. Auch andere Opern schuf er, z. B. 1839 „Die Flucht nach der Schweiz", doch mit wenig Erfolg. Dagegen waren seine Chöre u. Lieder bekannt u. geschätzt. Später wirkte er neben Lindpaintner 1851—61 am Hoftheater in Stuttgart u. ließ sich im Ruhestand in Schwerin nieder.

Küderli, Luise s. Lauxmann, Luise.

Kügele, Felix, geb. 8. Febr. 1888 zu Pilchowitz in Oberschlesien, lebte in Berlin. Vorwiegend Dramatiker.
Eigene Werke: Legende um die Unbekannte (Schauspiel) 1935; Stimmen im Moor (Schauspiel) 1935; Der Engel des Maternus (Schauspiel) 1936; Iwan der Schreckliche (Schauspiel) 1938; Halligkinder (Schauspiel) 1938; Rembrandt u. Titus (Drama) 1938; Das Wehr rauscht (Drama) 1940.

Kügler, Gustav, geb. 23. Juni 1846 zu Waltersdorf in Böhmen, gest. nach 1914, Sohn eines Schuldirektors, wirkte als Kaplan u. Pfarrer in verschiedenen Orten seiner Heimat u. ließ sich zuletzt in Rumburg nieder. Verfasser von Theaterstücken.
Eigene Werke: 's Lisl vom Stolzenhof (Volksstück) 1900; Die Mooshütte (Volksschauspiel) 1904; Eine Gemeindewahl (Volksschauspiel) 1904; Das Wunder in Bethanien (Bibl. Drama) 1904.

Kühle, Albert, geb. 15. Aug. 1852 zu Oldenburg, gest. 2. Dez. 1902 zu Hamburg, war 30 Jahre an namhaften deutschen Bühnen als Schauspieler tätig u. a. in Berlin (Deutsches Theater), Wien (Carltheater), wieder in Berlin (Centraltheater) u. zuletzt am Deutschen Schauspielhaus in Hamburg. Hauptrollen: Zappi („Ehrbare Mädchen"), Kollin („Einsame Menschen"), Zangl („Der Doppelselbstmord"), Simmler („Der blaue Brief"), Lux („Der Pfarrer von Kirchfeld") u. a.

Kühle-Catenhusen, Mathilde, geb. 1849 zu

Frankfurt a. M., gest. 22. Febr. 1918 zu Berlin, ging schon sechzehnjährig unter Fanny Janauschek (s. d.) nach Amerika, spielte 1870—72 am Kgl. Schauspielhaus in Berlin Naive, später Liebhaberinnen u. Salondamen in Leipzig u. Wien (Stadttheater), heiratete 1883 Ernst Catenhusen (s. d.) u. lebte nach abermaligem Aufenthalt in Amerika seit 1905 mit ihrem Gatten in Berlin, sich der Ausbildung des Nachwuchses widmend.

Kühle-Strecker, Lina, geb. 25. Nov. 1851 zu Leitmeritz, gest. 1. Juli 1905 zu Basel, einer Schauspielerfamilie entstammend, wirkte im Sprechstück in Bern, Aarau, Colmar u. zuletzt am Bömly-Theater in Basel. Hauptrollen: Eulalia („Othellos Erfolg"), Wittichen („Die versunkene Glocke") u. a.

Kühling, Elsa, geb. 18. Okt. 1867 (?) zu Berlin, war Salondame in Frankfurt a. O., Breslau, Hannover, Berlin (Lessing- u. Wallnertheater), Mainz u. jahrzehntelang in Bremen. Hauptrollen: Anna („Der Pfarrer von Kirchfeld"), Loni („Der Herrgottsschnitzer von Ammergau"), Judith („Uriel Acosta"), Armand („Tartüffe") u. a.

Kühlmann, Jakob u. Anna Barbara aus Bautzen bildeten eine Wandertruppe, die 1666 zuerst in Prag nachweisbar ist. 1669 u. 1670 spielten sie in Wien u. Graz, 1671 in Nürnberg, 1675 in Prag, 1677 in Hamburg, 1685 u. 1687 wieder in Nürnberg, 1693—94 wieder in Prag u. 1697 zum letztenmal in Nürnberg.

Kühn, Erich, geb. 23. Aug. 1887 zu Dresden, gest. 26. April 1938 zu Berlin, Kaufmannssohn, humanistisch gebildet, war Journalist, Korrespondent der „Hamburger Nachrichten", seit 1934 Verwaltungsdirektor u. Direktor-Stellvertreter des Thalia-Theaters in Hamburg. Auch Bühnenschriftsteller.
Eigene Werke: Prinzeß Money (Singspiel) 1910; Aber Hoheit (Lustspiel) 1919 (mit S. Neumann); Gruschke (Schwank) 1920 (mit dems.); Märchenspiele o. J. u. a.

Kühn, Louis, geb. 24. April 1816 zu Glatz, gest. 10. Febr. 1908 zu Berlin, von August Haake (s. d.) dramatisch ausgebildet, wirkte als Charakterdarsteller 1834 in Glatz, 1839 in Königsberg, dann am Königstädtischen Theater in Berlin, bis 1843 am Hoftheater in Braunschweig, hierauf in Kassel, Mannheim u. Bremen, 1847 in Breslau, 1848 in

Hamburg, 1849 in Leipzig, 1851—56 in Darmstadt, 1858 in Petersburg, 1861 in Köln, 1863 in Krefeld, 1865 als Oberregisseur in Nürnberg, 1866 in St. Gallen, 1867 in Konstanz, 1868 in Detmold, schließlich in Berlin, wo er zuerst am Viktoriatheater, 1879—81 am Nationaltheater u. 1885—92 am Deutschen Theater spielte. In London war er neben Emil Devrient als Franz Moor, Mephisto, Wurm u. a. tätig. Als ausgezeichneter Verwandlungskünstler charakterisierte er in dem Stück „Vierzehn sind Einer" eine ganze Reihe von Gestalten.
Literatur: B. W., L. Kühn (Bühne u. Welt 10. Jahrg.) 1908; B. *Held,* L. K. (Deutsche Bühnen-Genossenschaft 37. Jahrg. Nr. 8) 1908.

Kühn, Theodor, geb. 24. Juni 1837 zu Gotha, gest. 3. Juni 1913 das. Opersänger.

Kühne, Albert (Geburtsdatum unbekannt), gest. 7. Jan. 1930 zu Berlin, war Schauspieler u. a. in Weimar, Lübeck, Hamburg (Carl-Schultze-Theater), Berlin (Theater des Westens, Trianon-Theater u. a.). Gründer des „Cabaret zum Klimperkasten" das. Außerdem führte K. auch noch die Direktion anderer Kabaretts. Zuletzt Eigentümer der Bunten Bühne u. des Intimen Theaters in Berlin.

Kühne, Elisabeth s. Gnauck, Elisabeth.

Kühne, Ernst s. Klagenfurt.

Kühne, Erwin, geb. 10. Juni 1878 zu Hofgeismar bei Kassel, gest. 5. Nov. 1914 (gefallen auf dem östl. Kriegsschauplatz), Sohn eines Oberstabsarztes, begann seine Bühnentätigkeit als Darsteller u. Spielleiter in Helgoland, wirkte dann u. a. in Jena, Sondershausen, Pforzheim, Cincinnati u. Nürnberg, wo er 1909 auch die Leitung des Intimen Theaters u. des Volkstheaters inne hatte. Seit 1913 Mitdirektor des Schauspielhauses in Bremen.

Kühne, Gustav, geb. 27. Dez. 1806 zu Magdeburg, gest. 22. April 1888 zu Dresden, Sohn eines Ratszimmermeisters, studierte in Berlin (bei Hegel) u. war dann Redakteur von Zeitschriften in Leipzig. Vielseitiger Schriftsteller der jungdeutschen Bewegung, auch Dramatiker.
Eigene Werke: Isaura von Castilien (Drama) um 1840; Kaiser Friedrich in Prag (Drama) um 1840; Die Rebellen von Irland

(Roman) 3 Bde. 1840 (dramatisiert als: Die Verschwörung zu Dublin 1856); Schillers Demetrius, fortgesetzt 1856.

Kühne, Johann Reinhold s. Lenz, Johann Reinhold von.

Kühne, Julie (Ps. Fr. Masche), geb. 9. Mai 1837 zu Stettin (Todesdatum unbekannt), Tochter eines Reeders, Holzhändlers u. Gutsbesitzers Poll, heiratete den Oberlehrer Dr. K., lebte später von ihm getrennt u. in der Folge in Berlin u. Oliva bei Danzig. Verfasserin von Theaterstücken. *Eigene Werke:* Elfriede Laub oder Weib u. Mensch (Drama) 1873; Die Badegesellschaft (Lustspiel) 1875; Das Rattenschloß oder Der Einzug der Franzosen in Berlin (Lustspiel) 1876; Sie will wie er u. er ihr Glück (Lustspiel) 1882; Gesammelte dramat. Werke 1908.

Kühnelt, Richard, geb. 11. Juli 1877 zu Wien, gest. 6. Okt. 1930 zu Baden bei Wien. Vorwiegend Dramatiker. *Eigene Werke:* Das verfluchte Geld (Schauspiel) 1926; Aber Sascha (Schauspiel) 1928; Puppenspiel (Schauspiel) 1929; Das Wunder einer Nacht (Mysterienspiel) 1930.

Kühnert, Margarete, geb. 21. Juni 1878 zu Hamburg, gest. 26. Dez. 1937 zu Berlin, war Schauspielerin u. Sängerin in Riga u. Berlin (Trianon-Apollotheater u. a.). Hauptrollen: Boccaccio, Hänsel („Hänsel u. Gretel"), Resi („Im weißen Rößl"), Lene („Der Bärenhäuter"), Martha („Großstadtluft") u. a.

Kühns, Adolf Karl, geb. 17. Mai 1869 zu Prag, gest. 1. Juli 1930 zu Berlin, begann seine Laufbahn als Schauspieler am Deutschen Theater in Prag, setzte sie als Jugendlicher Gesangskomiker in Czernowitz, Baden bei Wien, Wiener-Neustadt, Franzensbad, Olmütz, Preßburg, Karlsbad u. Marienbad fort, unternahm eine große Tournee nach Rußland u. ging dann nach Deutschland, wo er in Bremen, Köln u. Berlin (Centraltheater) jahrelang als Komiker u. Spielleiter wirkte. Nach einem Engagement am Irving-Place-Theater in Neuyork spielte er in Hannover am Mellini-Theater u. an der Schauburg das.

Kühns, Friedrich, geb. 1862, gest. 13. März 1925 zu Berlin, wirkte als Jugendlicher Liebhaber u. Held erfolgreich in Bremen, Düsseldorf, Straßburg, Hannover u. Breslau.

Hauptrollen: Melchthal („Wilhelm Tell"), Erbprinz („Zopf u. Schwert"), Hofmeister („Reif-Reiflingen"), Hämon („Antigone") u. a.

Kühns, Johann, geb. 20. Dez. 1856 zu Wien, gest. 11. Mai 1895 das., war seit 1881 Mitglied des Burgtheaters. Chargenspieler.

Kühns, Volkmar, geb. 5. Aug. 1832 zu Berlin, gest. 23. April 1905 zu Braunschweig, Sohn eines Beamten, betrat ohne dramatische Vorbildung 1852 die Bühne in Görlitz, wirkte als Charakterdarsteller 1855 in Dessau, Stettin u. Lübeck, 1856 in Köln, 1858—64 in Leipzig, hierauf bis 1876 am Deutschen Landestheater in Prag, kehrte, nachdem er in Wiesbaden u. drei Jahre am Thalia-Theater in Hamburg gespielt hatte, wieder dahin zurück u. blieb hier bis zu seinem Bühnenabschied 1894. Gastspiele führten ihn u. a. nach Berlin, Stuttgart, Wien (Stadttheater) u. Frankfurt a. M. Hauptrollen: Mephisto, Alba, Talbot, Wurm, Franz Moor, Nathan, Marinelli, Jago, Shylock u. a.

Külb, Karl Georg, geb. 28. Jan. 1901 zu Mainz, Doktor der Rechte, war Regisseur u. Filmproduzent. Auch Bühnenschriftsteller. *Eigene Werke:* Narren des Ruhms 1932; Die Perlenkette 1938; Liebe will gelernt sein 1939; Sensation in Budapest 1941; Nacht mit Casanova 1942; Spanische Romanze 1942; Wo bleibt da die Moral? 1947.

Kümmerlen, Robert, geb. 11. Mai 1902 zu Frankfurt a. d. O., studierte 1923—29 in Berlin u. München (Doktor der Philosophie), wurde an den dort. Kammerspielen u. am Staatstheater in Stuttgart ausgebildet, wirkte seit 1921 als Schauspieler u. Mitbegründer der Deutschen Bühne in Berlin u. seit 1929 als Dramaturg in Stuttgart.

Kuen, Paul, geb. 8. April 1910 zu Sulzberg bei Kempten, Lehrerssohn, war zuerst Klavierbauer. H. Knote (s. d.) entdeckte seine Stimme u. führte ihn der Bühne zu, die er 1932 als Jugendlicher Heldentenor u. Tenorbuffo am Stadttheater in Koblenz betrat. Er kam dann über Bamberg, Königsberg, Nürnberg 1946 an die Staatsoper in München. 1951 nahm er an den Bayreuther Festspielen teil. Hauptrollen: David, Mime, Tamino, Bajazzo, Vogelhändler, Eisenstein, Georg („Der Waffenschmied"), Wenzel („Die verkaufte Braut") u. a.

Literatur: Hermann *Frieß,* P. Kuen (Blätter der Bayer. Staatsoper 3. Jahrg.) 1941.

Kündinger, Else, geb. 5. Mai 1885 zu Mannheim, war zuerst in kleinen Rollen am Deutschen Theater in Berlin tätig, 1911—25 Mitglied der Kammerspiele in München u. später Schauspielerin in Wien, Hamburg u. am Schauspielhaus wieder in München.

Künneke, Eduard, geb. 27. Jan. 1885 zu Emmerich a. Rh., gest. 27. Okt. 1953 zu Berlin, erwies sich siebenjährig bei seinem ersten Auftreten als musikalisches Wunderkind, studierte später in Berlin an der Universität u. an der Hochschule für Musik [Schüler Max Bruchs, s. d.), war zuerst Korrepetitor, dann Chordirektor des Neuen Operettentheaters am Schiffbauerdamm u. Kapellmeister am dort. Deutschen Theater. Den Ersten Weltkrieg machte er als Militärmusiker mit. 1925—26 weilte er in Amerika. Seinen Wohnsitz behielt er nach- wie vorher in Berlin-Charlottenburg. Erfolgreicher volkstümlicher Operettenkomponist.

Eigene Werke: Robinsons Ende (Oper) 1909; Das Dorf ohne Glocke 1919; Der Vielgeliebte 1919; Wenn Liebe erwacht 1920; Der Vetter aus Dingsda 1921; Die Ehe im Kreise 1921; Verliebte Leute 1921; Casinogirls 1923; Die hellblauen Schwestern 1925; Lady Hamilton 1926; Die singende Venus 1928; Der Tenor der Herzogin 1930; Klein-Dorrit 1931; Liselott 1932; Glückliche Reise 1932; Lockende Flamme 1933; Die Fahrt in die Jugend 1933; Herz über Bord 1935; Die Große Sünderin 1935; Zauberin Lola 1937; Hochzeit in Samarkand 1938; Der große Name 1938; Die Paulette 1938; Traumland 1941; Die Wunderbare 1941; Walther von der Vogelweide (Oper) 1948; Hochzeit mit Erika 1949 u. a.

Literatur: Stan *Czech,* E. Künneke (Das Operettenbuch 3. Aufl.) 1950; Elisabeth *Mahlke,* Sein Tag war die Nacht, Erinnerungen (Der Tagesspiegel Nr. 2476) 1953.

Künstlerdrama, ein Drama mit einem Maler, Bildhauer, Musiker, Schauspieler oder Dichter als Helden, der vielfach Gestalt u. Schicksal des Verfassers selbst widerspiegelt. Goethes „Torquato Tasso", von der „Disproportion des Talents mit dem Leben" ausgehend, bot das Vorbild für verwandte Schöpfungen von A. Oehlenschlägers „Correggio", F. Kinds „Van Dycks Landleben", K. Immermanns „Petrarca", L. Deinhardsteins „Hans Sachs" bis auf G. Hauptmanns

„Kollege Crampton". Alle überragte vorher u. nachher Grillparzers „Sappho".

Literatur: W. *Krimitz,* Das deutsche Künstlerdrama in der ersten Hälfte des 19. Jahrhunderts (Diss. Leipzig) 1922; Helene *Goldschmidt,* Das deutsche K. von Goethe bis R. Wagner (Forschungen zur Literaturgeschichte 57. Bd.) 1925; Werner *Deetjen,* K. (Reallexikon 2. Bd.) 1926—28; Erna *Levy,* Die Gestalt des Künstlers im deutschen Drama von Goethe bis Hebbel (Diss. Frankfurt) 1929; K. *Laserstein,* Die Gestalt des bildenden Künstlers in der Dichtung (Stoff- u. Motivgeschichte der deutschen Literatur 12. Bd.) 1931; Lotte *Rausch,* Die Gestalt des Künstlers in der Dichtung des Naturalismus (Diss. Gießen) 1932; W. *Krimitz,* Das K. (Allg. Musikzeitung 64. Jahrg.) 1937; R. St. *Collins,* The Artist in the Modern German Drama (Diss. Baltimore) 1940; Eva *Kalthoff,* Das Literaturdrama: Berühmte Dichter als Dramenhelden (Diss. Münster) 1941.

Küntzel, Wolfgang, nicht näher bekannter Verfasser eines „Christlich lustig Spiel vom König, so mit seinen Knechten rechnen wollte" Nürnberg 1561 u. einer „Histori Esther" Jena 1564 (beide in Reimen).

Künzel, Friedrich, geb. 13. Mai 1825 zu Selbitz in Bayern, gest. 19. Juli 1903 zu Darmstadt, gehörte seit 1858 als Heldentenor dem Hoftheater das. an u. galt als hervorragendster Faustsänger seiner Zeit, von Gounod geschätzt. 1863 traf ihn ein Schlaganfall. Gelähmt verbrachte er 40 Jahre abgeschieden von der Stätte seines Wirkens.

Künzelsauer Fronleichnamsspiel aus der 2. Hälfte des 15. Jahrhunderts, schwäbischen Ursprungs, vermutlich aus einem alten Passionsdrama entstanden, herausg. von A. Schumann 1926.

Literatur: T. *Mansholt,* Das Künzelsauer Fronleichnamsspiel (Diss. Marburg) 1892; Anton *Dörrer,* K. F. (Verfasserlexikon 1. Bd.) 1933; Hiram *Pflaum,* Der allegorische Streit zwischen Synagoge u. Kirche in der europäischen Dichtung des Mittelalters (Archivum Romanicum 18. Bd.) 1934; Eduard *Hartl,* Das Drama des Mittelalters 1. Bd. 1937; A. *Dörrer,* Forschungswende des mittelalterlichen Schauspiels (Zeitschrift für deutsche Philologie 68. Bd.) 1943; Eva *Mason-Vest,* Prolog, Epilog u. Zwischenrede im deutschen Schauspiel des Mittelalters (Diss. Basel) 1949.

Kuenzer, Adolf, geb. 6. Sept. 1879 zu Freiburg im Brsg., Sohn eines Fabrikanten, studierte an der Universität seiner Vaterstadt u. wandte sich später der Bühne zu. Langjähriger Charakterspieler in Frankfurt a. M. u. am Schauspielhaus in Stuttgart. Hauptrollen: Norkitten („Das Leutnantmündel"), Gröller („Kasernenluft"), Herzog („Die törichte Jungfrau") u. a.

Künzi, Heinz, geb. 31. Dez. 1914 zu Madiswil bei Bern, studierte u. betätigte sich als Journalist in Mailand u. Paris, wurde Lehrer 1937 in Madiswil u. 1950 in Ostermündigen. Außer Erzählungen schrieb er Bühnenstücke.
Eigene Werke: Eine Schar im weißen Gewand (Spiel) 1934; Tannflueh (Spiel) 1936; Berndeutsches Spiel 1937; D Hütte uf der Wasserscheid (Ernstes Stück) 1945; Der Linksmähder von Madiswil (Spiel) 1946; Sunnmattwand (Schauspiel) 1947; Barbara (Schauspiel) 1948; Warum einfach? 1950; Hert uf hert (Histor. Schauspiel) 1952.

Küpper, Wilhelm, geb. 1878 zu Elberfeld, gest. 4. Aug. 1913 zu Alzey, war Tenor am Stadttheater in Mainz u. zuletzt am Walhallatheater in Wiesbaden.

Kürenberg, Joachim von, geb. 21. Sept. 1892 zu Königsberg, Sohn eines Rittmeisters, war seit 1918 Dramaturg in Bremen, Brüssel, Düsseldorf u. Wien, dann freier Schriftsteller in Berlin u. Hamburg. Inhaber der Goldenen Medaille für Kunst u. Wissenschaft u. der Goethe-Medaille. Verfasser von Bühnenstücken u. Biographien.
Eigene Werke: Die Rose von St. Jaques (Drama) 1916; Intermezzo (Drama) 1919; Fieber (Ballett-Dichtung) 1920; Mord in Tirol (Drama) 1930; Katharina Schratt 1942; Heinrich v. Kleist 1948; Kaiserin ohne Krone (Schratt-Roman) 1950.

Kürnberger, Ferdinand, geb. 3. Juli 1823 zu Wien, gest. 14. Okt. 1879 zu München, von schwäbischen Vorfahren stammend, studierte in Wien, wurde liberaler Publizist, mußte in der Reaktionszeit nach 1848 ins Ausland flüchten u. kam erst 1864 zurück, hielt sich hierauf in Graz, dann in Wien u. schließlich wieder in Graz auf. 1867—70 Sekretär der Deutschen Schiller-Stiftung, unermüdlich journalistisch tätig. Auch Dramatiker, Erzähler u. Kritiker.
Eigene Werke: Catilina (Drama) 1854; Firdusi (Drama) 1902; Das Pfand der Treue (Bürgerl. Schauspiel) 1902; Dramen (12 Hefte) 1907 (gedruckt, entstanden 1865).
Literatur: Wurzbach, F. Kürnberger (Biogr. Lexikon 13. Bd.) 1865; Anton *Schlossar,* F. K. (A. D. B. 17. Bd.) 1883; Viktor *Klemperer,* F. K. als dramatischer Dichter u. Kritiker (Bühne u. Welt 14. Jahrg.) 1912; O. E. *Deutsch,* Wienerisches bei F. K. (Probe aus dem wiedergefundenen Erstlingswerk Trauerspiel im Böhmerwald. Alt-Wiener Kalender) 1924.

Kürner, Benedikt, geb. 26. Juni 1837 zu St. Peter im Schwarzwald, gest. 13. Sept. 1891 zu Karlsruhe, gehörte dem dort. Hoftheater als Opernsänger drei Jahrzehnte an. 1888 sang er in Bayreuth den Beckmesser. Weitere Hauptrollen: Raimbaud („Robert der Teufel"), Basilio („Der Barbier von Sevilla"), Abu Hassan (Titelrolle), Nevers („Die Hugenotten"), Basilio („Figaros Hochzeit"), Veit („Undine") u. a.

Kürschner, Hans Klaus, geb. 1895, gest. 3. Aug. 1938 zu Halle, wirkte als Sänger in Augsburg u. am Stadttheater in Halle.

Kürschner, Joseph, geb. 20. Sept. 1853 zu Gotha, gest. 29. Juli 1902 zu Matrei in Tirol, wurde neunzehnjährig Theaterkritiker in seiner Vaterstadt, leitete seit 1875 in Berlin verschiedene Korrespondenzen u. die „Neue Zeit', später die „Kollektion Spemann" u. die Monatsschrift „Vom Fels zum Meer" in Stuttgart, wo er die unter dem Namen „Kürschners Deutsche National-Literatur" bekannte monumentale Sammlung kritischer Dichter-Ausgaben (darin viele Dramen) von den Anfängen des deutschen Schrifttums bis in das 19. Jahrhundert begründete (220 Bde.). 1886 gab er das erste „Richard - Wagner - Jahrbuch" heraus sowie eine Reihe lexikalischer Unternehmungen u. Serienbücher. Selbständig verfaßte K. eine Studie über den Schauspieler Konrad Ekhof (1872), ein Bayreuther Tagebuch (1876), Monographien über das Hamburger Stadttheater u. redigierte 1875 bis 1878 die „Bühnengenossenschaft".
Literatur: August *Sauer,* Einleitung zum Katalog der in Leipzig 1904 versteigerten Bücher- u. Handschriften - Sammlungen Kürschners 1904; *Anonymus,* J. K. (Biogr. Jahrbuch 7. Bd.) 1905; A. *Sauer,* Probleme u. Gestalten 1933.

Kürske, Erich, geb. 2. Dez. 1892 zu Schlichtingsheim in Preußisch-Schlesien, wurde in

Cottbus für die Bühne ausgebildet, wirkte als Jugendlicher Liebhaber in Forst, dann als Operetten- u. Groteskkomiker in Berlin (Friedrich Wilhelmstädtisches Theater), Gera, Duisburg, Düsseldorf, Nürnberg (hier auch als Oberregisseur der Operette), als Direktor des Stadttheaters in Stendal, als Darsteller am Deutschen Theater in Berlin u. später als Gastspieldirektor an versch. Orten Deutschlands.

Kürzinger, Ignaz, geb. 1772 zu München, gest. im Juni 1842 das., war Liebhaber, Held u. später Väterdarsteller 1794—1822 am dort. Hoftheater. Hier spielte er den ersten Posa (1802), Leicester (1803) u. Nathan (1814). Andere Hauptrollen: Rudenz, Terzky, Don Manuel.

Kürzinger, Paul, geb. 13. Dez. 1899 zu München, wirkte als Schauspieler u. a. in Konstanz, Eisenach u. auch als Regisseur am Schauspielhaus u. Volkstheater in München.

Küster (geb. Löwe), Lilla Freifrau von, geb. 1817 (Todesdatum unbekannt), ausgebildet von ihrem Vater Ferdinand Löwe (s. d.), spielte 1833—41 in Mannheim Liebhaberinnen, 1841—44 in Petersburg u. 1844—45 am Hoftheater in Hannover. 1845 zog sie sich als Gattin eines Freiherrn von Küster von der Bühne zurück. Hauptrollen: Käthchen von Heilbronn, Preciosa, Donna Diana u. a.

Küsthardt, Friedrich, geb. 13. Mai 1870 zu Hildesheim, gest. 28. April 1905 zu Freiburg im Brsg., war Schauspieler in Petersburg, Erfurt u. a., zuletzt am Stadttheater in Freiburg im Brsg. Hauptrollen: Hinzelmann („Im weißen Rößl"), Waldschratt („Die versunkene Glocke"), Zipfel („Colberg"), Stephan („Dorf u. Stadt"), Philipp („Don Carlos") u. a.

Küstner, Carl s. Küstner, Julius.

Küstner, Joseph s. Reichel, Joseph.

Küstner, Julius, geb. 1818, gest. 6. Febr. 1880 zu Wien (im Irrenhaus), wirkte als Lokalkomiker u. leitete einige Zeit auch das Theater unter den Tuchlauben in Wien. Vater des Leipziger Schauspielers u. Sängers Carl K.

Küstner, Karl Theodor (seit 1837) von, geb. 26. Nov. 1784 zu Leipzig, gest. 28. Okt. 1864

zu Berlin, Kaufmannssohn, nahm als Husarenoffizier an den Befreiungskriegen teil, wurde Jurist, leitete 1817—28 das Stadttheater in Leipzig, 1830—31 das Hoftheater in Darmstadt, war seit 1833 Intendant des Hoftheaters in München u. 1842—51 Generalintendant der Kgl. Schauspiele in Berlin. 1845 setzte er zum Schutz der Bühnenautoren die Tantiemen durch, nachdem Franz v. Holbein (s. d.) sie in Wien eingeführt hatte. 1846 gründete er den „Deutschen Bühnenverein". Auch literarisch trat K. hervor. Sein Bildnis von Max Bärenfanger befindet sich in Possarts „Ahnengalerie".

Eigene Werke: Dramatische Kleinigkeiten (Die Vermählte — Feder u. Schwert — Die Ehemänner als Junggesellen) 1815; Die beiden Jungfrauen von Orleans (Schauspiel) 1819; Die beiden Brüder (Trauerspiel) 1833; Rückblick auf das Leipziger Stadttheater 1836; Reglement für die Kgl. Schauspiele zu Berlin 1845; 34 Jahre meiner Theaterleitung in Leipzig, Darmstadt, München u. Berlin 1853; Taschen- u. Handbuch für Theaterstatistik 2 Bde. 1855—57; Album der Kgl. Schauspiele u. der Kgl. Oper zu Berlin 1858; Theater-Pensions- u. Versorgungsanstalten 1881.

Literatur: Joseph *Kürschner,* K. Th. v. Küstner (A. D. B. 17. Bd.) 1883; Georg *Hartmann,* K. u. das Münchener Hoftheater 1833—42 (Diss. München) 1914; Hans *Knudsen,* K. u. Laube oder Theaterleitung u. Theaterkritik 1933.

Kuettner, Mathilde s. Meske, Mathilde.

Kuffner, Christoph, geb. 28. Juni 1780 (1777 oder 1778) zu Wien, gest. 7. Nov. 1846 das. als Hofsekretär, Sohn eines Advokaten, studierte in Wien u. begann 1803 beim Hofkriegsrat seine Beamtenlaufbahn. Seine Lieder vertonte Schubert. Er schrieb zahlreiche Erzählungen u. vermischte Aufsätze, war jedoch nur als Dramatiker von einiger Bedeutung, vor allem als Übersetzer des Plautus.

Eigene Werke: Sämtl. Lustspiele des Plautus, metrisch übersetzt 5 Bde. 1806; Cervantes in Algier (Schauspiel) 1820; Erzählungen mit Zwischenspielen 2 Bde. 1820; Minutenspiele 2 Bde. 1837—40; Die Malteser (Histor. Schauspiel) 1840; Ulrich Herzog von Württemberg (Histor. Schauspiel) 1840; Sauls Tod (Dramat. Oratorium) 1841; Erzählende Schriften, dramat. u. lyr. Dichtungen 20 Bde. 1843—47 u. a.

Literatur: Wurzbach, Chr. Kuffner (Biogr. Lexikon 13. Bd.) 1865; A. *Horawitz*, Chr. K. (A. D. B. 17. Bd.) 1883; H. *Badstüber*, Chr. K. 1907.

Kugelberg, Emmy, geb. 5. Mai 1852, gest. im Sept. 1935 zu Berlin, älteste Tochter des Opernsängers August Meffert (s. d.), wurde von Franz Liszt musikalisch unterrichtet u. ging als Opern- u. Operettensoubrette in den Achtzigerjahren nach Neuyork, wo sie die Yum Yum in „Mikado", Nanon u. a. Rollen kreierte. Nach Deutschland zurückgekehrt, wirkte sie in Leipzig, Breslau, Kiel, Lodz (auch im Schauspiel) u. als Opernalte in Aachen u. Nürnberg. Gattin von Fritz Kugelberg. Hauptrollen: Marthe („Undine"), Palmatica („Der Bettelstudent"), Petronella („Preciosa"), Kennedy („Maria Stuart") u. a.

Kugelberg, Fritz, geb. 25. Sept. 1853 auf Gut Hannchenthal bei Königsberg, gest. 25. Okt. 1915 zu Elbing, war Charakterdarsteller u. Oberspielleiter u. a. in Danzig, Neu-Strelitz, Kiel, Tilsit u. Düsseldorf, zuletzt am Stadttheater in Elbing. Gatte der Vorigen. Hauptrollen: Riccaut („Minna von Barnhelm"), Schwartze („Heimat"), Gröber („Pension Schöller"), Vincentio („Die Zähmung der Widerspenstigen"), Thorane (dies seine letzte Rolle. Mit den Worten „Adieu, adieu pour toujours" nahm er unbewußt von der Bühne Abschied) u. a.

Kugelmann, Helene, geb. 1. April 1867 zu Hamburg, wurde in Berlin u. bei Viardot-Garcia in Paris ausgebildet u. wirkte als Opernsoubrette in Frankfurt a. M., Düsseldorf, Stuttgart u. a. Hauptrollen: Zerline, Blondchen, Cherubin, Rose Friquet, Undine u. a.

Kugler, Franz, geb. 19. Jan. 1808 zu Stettin, gest. 18. März 1858 zu Berlin, Sohn eines Kaufmanns u. Konsuls, Schwiegervater P. Heyses (s. d.), studierte in Berlin u. Heidelberg, wurde 1833 Professor für Kunstgeschichte in Berlin u. 1843 Geheimrat im dort. Ministerium. Als Dichter versuchte er sich in allen Gattungen, auch im Drama. *Eigene Werke:* Belletristische Schriften (Hans von Baisen, Trauerspiel — Doge u. Dogaressa, Trauerspiel — Die tatarische Gesandtschaft, Schauspiel — Pertinal, Trauerspiel — Kleine Dramen — Jakobäa, Trauerspiel) 1850. *Literatur:* Ehrenfried *Kaletta*, F. Th. Kugler (Sprache u. Kultur der german. u.

roman. Völker. Germanist. Reihe 24. Bd. = Diss. Breslau) 1937.

Kugler, Friedrich, geb. 1818 zu Wien, gest. 4. Nov. 1894 zu Darmstadt, war Opernsänger, Chor- u. Musikdirektor am dort. Hoftheater.

Kugler, Lucy (Geburtsdatum unbekannt), gest. 3. April 1920 zu Hagen in Westfalen, wirkte als Schauspielerin in Halberstadt, Bremerhaven, Lübeck u. seit 1918 in Hagen.

Kuhbler (Ps. Coubier), Heinz, geb. 25. Mai 1905 zu Duisburg, studierte Kunst-, Literatur u. Theaterwissenschaft in München, wurde Dramaturg bzw. Regisseur in Düsseldorf, Regensburg, Köln, Berlin u. lebte daneben als freier Schriftsteller in Ebenhausen bei München. Dramatiker. *Eigene Schriften:* Die Schiffe brennen (Schauspiel) 1937; Aimée oder Der gesunde Menschenverstand (Komödie) 1938; Ivar Kreuger (Trauerspiel) 1939; Millionenbluff (Komödie) 1940; Piratenkomödie 1941; Mohammed (Komödie) 1945; Francisquita (Komödie) 1950.

Kuhlmann, Eberhard, geb. 7. April 1904 zu Brieg, war Oberspielleiter u. Dramaturg an verschiedenen Bühnen Deutschlands, nach dem Zweiten Weltkrieg am Stadttheater in Regensburg. Auch Bühnenschriftsteller. *Eigene Werke:* König Pansolo (Komödie) 1940; Der Briefkasten (Lustspiel) 1941.

Kuhlmann, Theodor, geb. 28. Sept. 1872, gest. 10. Febr. 1936 zu Hamburg als Spielleiter am Ernst-Drucker-Theater das.

Kuhlmann, Wilhelmine, geb. 7. Sept. 1864 zu Dortmund, Schülerin von Otto Devrient (s. d.), wirkte als Tragische Heldin in Weimar, Oldenburg, Leipzig u. a. Gastspiele führten sie an alle bedeutenden deutschen Bühnen. Hauptrollen: Iphigenie, Klärchen, Johanna, Ophelia, Hermione, Luise, Emilia Galotti u. a.

Kuhn, August, geb. 30. Dez. 1784 zu Eckartsberge, gest. 6. Aug. 1829 zu Berlin, Doktor der Philosophie. Gegner der Romantik. Herausgeber der Zeitschrift „Der Freimütige oder Unterhaltungsblatt für gebildete Leser" u. der damit verbundenen „Zeitung für Theater, Musik u. bildende Künste" 1821—23. Auch Bühnenschriftsteller.

Eigene Werke: Hans Jürgens Brautfahrt (Lustspiel) 1822; Die Damascener (Trauerspiel) 1827; Paoli oder Die Befreiung auf Korsika (Drama) 1827.

Kuhn (geb. Brunner), Charlotte, geb. 20. Sept. 1878 zu München, studierte an der dort. Akademie der Tonkunst u. wirkte unter dem Bühnennamen Kuhn-Brunner an der Hofoper ihrer Vaterstadt. 1911 kreierte sie in München die erste Sophie im „Rosenkavalier". Weitere Hauptrollen: Eva, Mimi, Butterfly, Nedda u. a.

Kuhn, Friedrich (Geburtsdatum unbekannt), gest. 18. Aug. 1933 zu Dresden, war Schauspieler in Bamberg, Mainz, Dortmund u. am Albert-Theater in Dresden.

Kuhn, Heinrich, geb. 1885, gest. 20. Febr. 1953 zu Rimsting am Chiemsee, wurde von Joachim Kromer (s. d.) in Mannheim u. an der Musikhochschule in Leipzig ausgebildet, begann seine Bühnenlaufbahn in Heidelberg, wirkte dann als Opernsänger (Baßbuffo) in St. Gallen, Zürich u. kam 1917 nach Darmstadt, wo er bis 1944 tätig blieb. 1926 gründete er die Opernschule in Darmstadt, die er bis 1952 leitete. Hauptrollen: Ochs von Lerchenau, Beckmesser, Alberich, Van Bett u. a. Gatte von Maria Liebel.

Kuhn, Joseph (mit Ordensnamen Kaspar), geb. 8. Nov. 1819 zu Rohrbach in Württemberg, gest. 12. Febr. 1906 zu Ottobeuren, Benediktiner, war 1870 Stiftsbibliothekar u. Gymnasialprofessor in Augsburg. Erzähler u. Dramatiker.
Eigene Werke: Silach oder Die Stiftung des Klosters Ottobeuren (Ritterschauspiel) 1877; Der hl. Alexander u. die Seinigen (Histor. Schauspiel) 1879; Nichts als Hindernisse (Lustspiel) 1879; Otto von Wittelsbach (Drama) 1880; Lustig u. listig (Lustspiel) 1880; Die mißglückte Weiberkur (Lustspiel) 1881; Der hl. Willibald (Drama) 1882; Kolping, der Gesellenvater (Drama) 1887; Esther (Drama) 1891; Der hl. Eustachius (Drama) 1892; Klemens Hofbauer (Drama) 1892; Die Hundstage eines Fortschrittlers (Drama) 1892; Die Kinder des Musikers (Drama) 1892; Das letzte Jahr aus Erdings Schreckenszeit (Histor. Schauspiel) 1898.

Kuhn, Leopold s. Kohn, Leopold.

Kuhn, Leopold, geb. 1861, gest. 16. Jan. 1902 zu Wien, leitete 1890—1900 das Kurtheater

in Bad Hall (Oberösterreich), war 1895 bis 1896 Kapellmeister am Theater an der Wien, 1896—97 am Thaliatheater in Berlin u. übernahm zuletzt die Direktion des Stadttheaters in Czernowitz.

Kuhn (geb. Liebel), Maria, geb. (Datum unbekannt) zu Nürnberg, begann ihre Bühnenlaufbahn als Altistin 1917 in Darmstadt u. blieb das. neben ihrem Gatten Heinrich K. bühnentätig.

Kuhn, Marie s. Möbius-Kuhn, Marie.

Kuhn, Otto Erwin s. Guttmann, Erwin.

Kuhn, Paul, geb. 12. Sept. 1874 zu Schweidnitz in Schlesien, Doktor der Rechte, wirkte als hervorragender Buffotenor 1907—17 an der Hofoper in München. Seit 1925 führte er in München eine Opernschule, verließ 1933 Deutschland u. ließ sich mit seiner Gattin (seit 1908) Charlotte Brunner in Neuyork nieder. Hauptrollen: David, Mime, Pedrillo, Brighella („Ariadne auf Naxos") u. a.

Kuhne, Ernst (Geburts- u. Todesdatum unbekannt), wirkte als Theaterprinzipal 1774 in Wien, 1780 in Temeschwar, 1781 in Preßburg, 1782 in Klagenfurt, 1783—84 in Salzburg, dann in Laibach, Triest, später wieder in Klagenfurt, 1784—85 in Agram, zusammen mit seinem Schwager Ignaz Bartsch, wo er wirtschaftlich zusammenbrach. Er versuchte, mit der Theaterkasse zu fliehen, wurde aber verhaftet. 1793 tauchte er in Preßburg nochmals auf. Seine letzte Spur verliert sich 1799 in Stragonitz.

Kuhnenfeld, Helene von s. Reckhard, Helene.

Kuhnert, Eduard s. Kuhnert, Paula.

Kuhnert, Hans, geb. 11. Mai 1874 zu Tarnowitz in Oberschlesien, Sohn eines Hüttendirektors, wandte sich zuerst dem väterlichen Beruf, dann aber der Bühne zu, die er am Lobetheater in Breslau betrat, kam nach Königsberg u. wirkte hierauf als Erster Liebhaber u. Bonvivant bis 1902 am Neuen Theater in Berlin, bis 1911 am dort. Schillertheater, 1912—14 als Direktor des Bellevue-Theaters in Stettin, später als Intendant der Deutschen Landesbühne wieder in Berlin. 1901 war K. Mitbegründer des Deutschen Bühnenklubs (s. d.), dem er zuletzt als Verwaltungsrat angehörte. Im Ruhestand ließ er sich in Ebenhausen im Isartal nieder.

Kuhnert (geb. Kohl), Paula, geb. 12. Jan. 1836 zu Schweidnitz, gest. 25. März 1900 zu Bitburg (Rheinland), wirkte als Anstandsdame u. Komische Alte am Stadttheater in Lauenburg u. a., zuletzt in Saarlouis. Ihr Gatte Eduard K. gab an denselben Orten Väter- u. Charakterrollen sowie Gesangspartien u. fand auch als Regisseur des Schau- u. Lustspiels Verwendung.

Kuhr, Paul, geb. um 1914 zu Karlsruhe, gest. 5. Nov. 1941 (im Kampf vor Leningrad), fand sein erstes Engagement als Jugendlicher Held in Meiningen, kam dann an das Stadttheater in Zittau, wo er drei Jahre blieb, u. hierauf an das Reussische Theater in Gera.

Kuhreigen, Der, Musikalisches Schauspiel in drei Akten von Wilhelm Kienzl, Text von Richard Batka nach einer Novelle von Rudolf Hans Bartsch „Die kleine Blanchefleur". Uraufführung 1911 in der Wiener Hofoper. Die ergreifende Herzenstragödie eines Schweizer Soldaten zur Zeit der französischen Revolution, der sich vergeblich bemüht, eine adelige Dame vor dem Schafott zu retten, wird mit dem wehmütigen Volkslied „Zu Straßburg auf der Schanz" in Verbindung gebracht u. damit musikalisch Leitmotiv u. Hauptmelodie dieser echten Volksoper von großer Wirkung.

Kujawa, Johannes, geb. 25. Juli 1840 zu Erfurt, gest. 2. April 1900 zu Magdeburg, war zuerst Soldat, dann Versicherungsbeamter u. schrieb außer Geschichten (Humoresken) auch Theaterstücke (mit Vorliebe aus dem Militärleben).
Eigene Werke: Das Armeeverordnungsblatt (Lustspiel) 1893; Der falsche Leutnant (Lustspiel) 1893; Der Einjährige u. sein Putzkamerad (Lustspiel) 1894; Vor Gericht (Posse) 1894; Meister Zunkel (Weihnachtsstück) 1897; Stange u. Lange, die beiden Musketiere (Lustspiel) 1897; Im Militärgefängnis (Lustspiel) 1897; Kuriert (Lustspiel) 1900 u. a.
Literatur: Brümmer, J. Kujawa (Lexikon 4. Bd.) 1913.

Kukus, Schloß u. Bad bei Gradlitz in Böhmen, hatte unter dem großen Mäzen u. Kunstliebhaber, dem Grafen Franz Anton

Spork, zu Ende des 17. u. Beginn des 18. Jahrhunderts ein berühmtes Liebhabertheater, wohin meist im Sommer zahlreiche Wandertruppen für Schauspiel u. Oper verpflichtet wurden. Es spielten dort u. a. Johann Christoph Neumann (1697), der die Bühne eröffnete, Martin Willmann (1721 u. 1722), Franz Anton Defraine (1727), Felix Kurz (1731), gelegentlich auch dilettantische Kräfte, die 1727 bei einer gräflichen Hochzeit die Komödie „Die glückliche u. unzertrennliche Vermählung des tugendhaften Ritters Spinkonasti" gaben. Seit 1724 erschienen auch italienische Operngesellschaften. Der Eintritt war frei u. selbst aus Schlesien strömten Besucher herbei.
Literatur: Wurzbach, F. A. Graf Spork (Biogr. Lexikon 36. Bd.) 1878; Deutsches Vaterland, Wien (Juni-Juli) 1924.

Kulemann, Rudolf, geb. 8. Sept. 1811 zu Lemgo, gest. 21. Juli 1889 zu Dresden, studierte in Jena u. Göttingen, war zuerst Hauslehrer in Kurland, arbeitete 1847—48 in Stuttgart literarisch u. wirkte 1849—56 als Pastor in Lemgo, worauf er sein Amt aufgab. Erzähler u. Dramatiker.
Eigene Werke: Der Bauernkrieg oder Das Trauerspiel in Deutschland (Drama) 1851; Ludwig der Bayer (Schauspiel) 1865; Golo (Trauerspiel) 1883.

Kulenkampff, Gustav, geb. 11. Aug. 1849 zu Bremen, gest. 10. Febr. 1921 zu Berlin, zuerst Kaufmann, studierte an der Berliner Musikhochschule, war längere Zeit Direktor des Schwantzerschen Konservatoriums u. widmete sich später hauptsächlich der Komposition von Opern.
Eigene Werke: Der Papa 1890; Der Mohrenfürst 1892; Die Braut von Zypern 1899; König Drosselbart 1899; Ammarei 1903; Anneliese 1904.
Literatur: Riemann, G. Kulenkampff (Musik-Lexikon 11. Aufl.) 1929.

Kulisch, Walter, geb. 1895, gest. im März 1930 zu Dortmund, wirkte als Heldendarsteller in Darmstadt, Bremen, Gera, Zürich u. Dortmund.

Kulissenbühne setzt sich aus seitlich paarweise angeordneten Wänden, den Kulissen, u. einer Rückwand zusammen. Den Abschluß nach oben bilden Leinwandstreifen, die Soffitten. Hängende Bildteile (Kulissenhänger) ersetzen häufig die Wände. Aus der K. entwickelte sich durch Vereinigung mit der Simultanbühne (s. d.) die Jesuitenbühne. S. auch Bühne.

Literatur: Fr. *Kranich,* 'Bühnentechnik der Gegenwart 1933; Paul *Burghardt,* Von der Shakespearebühne zur Kulissenbühne (Die Wandlung der Szene 1. Bd.) 1944.

Kulke, Eduard, geb. 28. Mai 1831 zu Nikolsburg in Mähren, gest. 20. März 1897 zu Wien, Sohn eines Rabbiners, studierte daselbst u. widmete sich dem Lehrberuf. Anfangs glühender Verfechter R. Wagners. Seit 1859 journalistisch in Wien tätig (Verkehr mit Hebbel). Erzähler, auch Dramatiker. *Eigene Werke:* Don Perez (Histor. Trauerspiel) 1873; Korah (Bibl. Trauerspiel) 1873; Der gefiederte Dieb (Lustspiel) 1876; Erinnerungen an F. Hebbel 1878; R. Wagner, seine Anhänger u. seine Gegner 1884. *Literatur:* Ludwig *Fränkel,* E. Kulke (A. D. B. 51. Bd.) 1906.

Kull, Ludwig, geb. 25. Febr. 1872 zu Karlsruhe, gest. 2. Aug. 1907 das., wirkte als Heldentenor in Olmütz, Regensburg u. Marienbad. Hauptrollen: Erik, Lohengrin, Loge, Siegmund, Siegfried, Rudolf („Die Bohème"), Alfred („Die Fledermaus") u. a.

Kummer, Friedrich, geb. 30. März 1865 zu Dresden, gest. 3. April 1939 das., studierte in Leipzig, Tübingen u. Berlin (Doktor der Philosophie) u. wurde mit dem Professortitel ausgezeichnet. Literatur- u. Theaterhistoriker, auch Dramatiker. *Eigene Werke:* Tarquinius (Drama) 1889; M. Weitmoser (Drama) 1891; Elfriede (Drama) 1892; Karl Kösting (Biographie) 1909; K. Köstings Werke, herausg. 3 Bde. 1909; Richard-Wagner-Annalen 1913; Festschrift zur Eröffnung des Dresdner Kgl. Schauspielhauses 1913; Dresden u. seine Theaterwelt 1938.

Kummer, Johann Jeremias, geb. 27. Febr. 1785 zu Erfurt, gest. 26. Okt. 1859 das., studierte in Jena u. Halle, wurde Hilfsprediger in Erfurt u. 1818 Gymnasiallehrer das. Lyriker, Epiker u. Bühnendichter. *Eigene Werke:* Corneilles Schauspiele, bearbeitet 2 Bde. 1825; Hrabina Pogorska (Modernes Trauerspiel) 1846.

Kummerfeld, Karoline, geb. 30. Sept. 1745 zu Wien, gest. 20. April 1815 zu Weimar, Tochter des Schauspielers Christian Schulze (s. d.) u. einer Adeligen, die sich ebenfalls der Bühne zugewandt hatte, betrat

bereits als Kind in Wien, wo ihr Vater tätig war, die Bühne, spielte zwölfjährig Rollen jugendlicher Liebhaberinnen unter Franz Schuch in Magdeburg, kam dann nach Potsdam, Stettin, Frankfurt a. d. O. u. Freiberg in Sachsen, mit der Döbbelinschen Gesellschaft nach Erfurt, Mainz, Köln, Düsseldorf, mit der Ackermannschen Gesellschaft nach Bern, Luzern, Straßburg, Colmar, Kassel, Braunschweig, Hannover, Göttingen u. Hamburg, überall begleitet von ihrer Mutter, die hier 1766 starb, nachdem der Vater ihnen 1757 durch den Tod entrissen worden war. 1767 verließ sie Hamburg u. ging nach Leipzig. Hier heiratete sie einen Bankbeamten Kummerfeld, entsagte der Bühne, nahm jedoch nach dessen Ableben ihre frühere Tätigkeit 1777 wieder auf, zunächst in Hamburg. Dann begann ihr Wanderleben aufs neue. Seit 1778 waren u. a. Gotha, Mannheim, Innsbruck, Linz a. d. Donau weitere Stätten ihrer Laufbahn. 1785 beschloß sie diese in Weimar, wo sie, von der Herzogin Amalie unterstützt, eine Nähschule gründete, 1792—95 ihre „Denkwürdigkeiten" niederschrieb u. durch die Erfindung des sog. „Kummerfeldschen Waschwassers" ihren Namen, freilich in anderer Weise als früher, weitesten Kreisen in Deutschland nahebrachte. Im „Gothaischen Theaterkalender" (1792) rühmte man ihrem Spiel „Munterkeit, Naivetät, Drolligkeit, Mutwillen auf der einen", „Enthusiasmus der Liebe u. den höchsten Schmerz des Trauerspiels auf der andern Seite" nach. Johanna Schopenhauer berichtete 1828 Holtei, wie großartig ihr Erfolg in Leipzig gewesen sei: „Goethe hat mir erzählt, daß sie damals wirklich Furore gemacht, u. wie er als Student zum Sterben in sie verliebt gewesen u. sich im Leipziger Parterre die Hände fast wund geklatscht habe, wenn sie in dem Weißeschen Trauerspiel (Romeo u. Julia) als Julia auftrat u. in der Szene, ehe sie den Trank nimmt, die Ottern u. Schlangen u. Kröten von ihrem weißatlassenen Reifrock herunterschlenkerte, die sie in ihrer Phantasie daran heraufkriechen sah". Bedeutend sind auch die „Lebenserinnerungen der Karoline Schulze-Kummerfeld", herausg. u. erläutert von Emil Benezé (Schriften der Gesellschaft für Theatergeschichte 23. u. 24. Bd.) 1915. *Literatur:* Joseph *Kürschner,* K. Kummerfeld (A. D. B. 17. Bd.) 1883.

Kumpa, Rudolf, geb. 1885, gest. 12. Mai 1939 zu Wien, war Schauspieler am Carltheater das. Hauptrollen: Kajetan („Zigeunerliebe"), Ferry („Majestät Mimi"), Leutnant Montschi („Ein Walzertraum"), Scrop („Die geschiedene Frau"), Lafleur („Die kleine Freundin"), Hubert („Die keusche Susanne") u. a.

Kumpf, Hubert, geb. um 1756 zu Alt-Öttingen, gest. 12. Nov. 1811 zu Wien, Sohn des Kapellmeisters Ludwig K., in München humanistisch gebildet, trat als Sänger bis 1778 an der Hofoper das. auf u. ging dann nach Österreich, wo er sich als Theaterdirektor u. Sänger in Preßburg betätigte. Nachdem er 1790 das Theater auf der Landstraße in Wien geleitet hatte, trat er in die Dienste der Wiener Polizei, ließ sich aber in die sogen. Jakobinerverschwörung ein, was ihm eine längere Gefängnisstrafe eintrug. Nach seiner Entlassung scheint er Musikdirektor gewesen zu sein. Seine Gattin Magdalena K. war Chortänzerin am Hoftheater in Wien.

Kunath, Edmund, geb. 4. Jan. 1868 zu Chemnitz, gest. 26. April 1928 zu München, Schüler von Alois Wohlmuth (s. d.), wurde 1890 Liebhaber u. Heldendarsteller in Sigmaringen, 1894 in Flensburg, 1897 in Breslau, 1900 in Halle u. wirkte hierauf jahrelang in München, zuletzt als Staatsschauspieler. Hauptrollen: Tell, Karl Moor, Posa, Egmont, Faust, Graf Essex, Graf Appiani, Cyrano von Bergerac u. a.

Kunel, Oskar Friedrich (Ps. Oskar Walther), geb. 15. Juli 1851 zu Regensburg, gest. 7. Mai 1901 zu Unterwasser in Oberbayern, war Dramaturg in München. Dramatiker.
Eigene Werke: Wildes Blut (Schauspiel) 1874; Das Schloß am Meer (Schauspiel) 1875; Dunkle Augen (Schauspiel) 1876; Mit dem Strome (Schauspiel) 1877; Moderne Ideen (Lustspiel) 1879; Der Volksfreund (Volksstück) 1883; Don Cesar (Libretto) 1884; Lorraine (Libretto) 1886; Steffen Langer (Libretto) 1886; St. Cyr (Libretto) 1892; Der Gardehusar (Libretto) 1893; Frl. Doktor (Lustspiel) 1897 (mit Leo Stein); Das Opferlamm (Lustspiel) 1899 (mit dems.); Das Haus des Majors (Lustspiel) 1899 (mit dems.); Die Lustspielfirma (Lustspiel) 1900 mit dems.); Die Herren Söhne (Lustspiel) 1900 (mit dems.).

Kunert, James, geb. 4. Dez. 1863 zu Krotoschin, gest. 6. Sept. 1912 zu Buch bei Potsdam, war Charakterdarsteller, Humoristi-

scher Vater u. Oberregisseur in Norden, Schweinfurt u. a. u. mehrere Jahre auch am Deutschen Schauspielhaus in Hamburg. Hauptrollen: Rank („Nora"), Montpépin („Der Schlafwagenkontrolleur") u. a.

Kunert (geb. Liebhart), Hermine, geb. 28. Okt. 1868 zu Przemysl in Galizien, gest. 7. Febr. 1903 zu Wien, war Opernsängerin am Stadttheater in Reichenberg, Rostock u. a. Hauptrollen: Frasquita („Carmen"), Diana („Orpheus in der Unterwelt"), Rosine („Der Barbier von Sevilla"), Königin der Nacht u. a.

Kunig (geb. Rinach), Martha, geb. 1. April 1898 zu München, begann 1916 ihre Laufbahn am dort. Residenztheater u. kam über verschiedene Bühnen 1935 ans Volkstheater das., wo sie bis 1944 blieb. Seit 1946 am Gärtnerplatztheater als Komische Alte u. Mütterdarstellerin in Operetten tätig. Gattin des Folgenden.

Kunig, Rudolf, geb. 10. Juni 1894 zu München, gest. 1. Aug. 1951 das., begann als Schauspieler 1912 am dort. Volkstheater, nahm 1914—18 am Ersten Weltkrieg teil, wirkte 1922—31 als Operettentenor am Gärtnerplatztheater, 1931—38 am Bayer. Rundfunk u. 1938—44 wieder am Volkstheater das.

Kuniger, Johann (Geburtsdatum unbekannt), gest. 1761 zu Itzehoe, führte als Prinzipal die privilegierte Hochfürstlich Brandenburgische, Culmbachisch-Bayreuthische u. Ansbachische Kunigersche Gesellschaft u. zog in diesen Gegenden mit ihr umher. Er hatte in Bayern seine Laufbahn als Taschenspieler, Seiltänzer u. Marionettenspieler begonnen.

Kunigunde, Heilige (gest. 1033 oder 1039), Gemahlin Kaiser Heinrichs II., als Bühnenheldin.
Behandlung: Zacharias *Werner,* Cunegunde, römisch deutsche Kaiserin (Romant. Schauspiel) 1815; Frances *Grun,* Heinrich u. Kunigundis (Mysterium in 4 Akten) 1950.

Kunikiewicz, Hans von, geb. 6. Jan. 1876 zu Berlin, gest. 16. Okt. 1948 das. Schauspieler.

Kuno (Kunow), Heinrich s. Cuno, Heinrich.

Kunow, Ewald, geb. 18. Jan. 1847 zu Konitz

in Westpreußen, gest. 28. Juli 1909 zu Dramburg in Pommern als Professor das. Dramatiker.

Eigene Werke: Theodorich (Trauerspiel) 1886; Beobachtungen über das Verhältnis des Reims zum Inhalte bei Goethe 1888; Die kaiserlose Zeit (Schauspiel) 1890.

Kunst, Sophie s. Schröder, Sophie.

Kunst, Wilhelm s. Kunze, Wilhelm.

Kuntz, Christoph (Geburts- u. Todesdatum unbekannt), war um 1786 Schauspieler in Wien, leitete eine Gesellschaft, mit der er bis nach Ungarn u. dem Banat kam. 1789 spielte er in Tyrnau, 1798—1802 u. 1807 leitete er das Theater in Preßburg, 1810 die Bühnen in Raab u. Ödenburg, wo Ferd. Raimund zum erstenmal die Bretter betrat. 1822—25 führte er die Direktion in Agram.

Kuntz, Joseph, geb. 1812, gest. 24. Juni 1876 zu Graz, war bis 1852 Bassist am Deutschen Landestheater in Prag.

Kuntze, Ingolf, geb. 1890, gest. 1. Aug. 1952 zu München, wirkte als Schauspieler 1912 in Göttingen, 1913 in St. Gallen, 1914 in Wilhelmshaven, 1915—19 am Residenztheater in Dresden, 1920—21 in Bamberg, in Freiburg i. Brsg. u. a., als Generalintendant zu Straßburg im Elsaß u. zuletzt in der Verwaltung des Schillertheaters in Berlin. Hauptrollen: Robert („Der Erbförster"), Keller („Heimat"), Lenz („Großstadtluft") u. a.

Kuntzen, Friedrich Ludwig Ämilius s. Kunzen, Friedrich Ludwig Ämilius.

Kunz, Alfred, geb. 26. Juni 1894 zu Wien, bildete sich zum Architekten aus u. war als Theaterausstatter 1922—45 an allen Bühnen Wiens für ernste Stücke, Operette u. Revue tätig. Seit 1946 Professor u. Direktor der dort. Modeschule.

Kunz, Erich, geb. 20. Mai 1909 zu Wien, einer dort. alten Bürgerfamilie entstammend, studierte an der Hochschule für Welthandel u. an der Akademie für Musik u. darstellende Kunst in seiner Vaterstadt, begann seine Bühnenlaufbahn in Troppau, kam dann als Baßbuffo über Plauen u. Breslau 1941 an die Staatsoper in Wien u. wirkte auch bei den Bayreuther Festspielen mit. Gastspielreisen führten ihn nach Paris,

Nizza, London, Brüssel, Edinburgh, Buenos Aires u. a. Gatte der Wiener Solotänzerin Friedl Kurzbauer. Hauptrollen: Papageno, Figaro, Guglielmo, Faninal, Giacomo, Beckmesser, Adam u. a.

Literatur: Ernst *Wurm,* E. Kunz (Neue Wiener Tageszeitung Nr. 194) 1953.

Kunz, Ernst, geb. 2. Juni 1891 bei Bern, Kaufmannssohn, besuchte die Akademie der Tonkunst in München, wurde Theaterkapellmeister in Rostock u. München, später Chor- u. Orchesterdirigent in Olten. Komponist u. a. der Oper „Der Fächer".

Kunz von Kauffungen s. Kauffungen, Kunz von.

Kunze, Albert, geb. 4. Sept. 1872 zu Leipzig, Kaufmannssohn, humanistisch gebildet, begann 1893 in Heilbronn seine Bühnenlaufbahn, kam 1894 als Charakterspieler nach Lübeck, vollzog hier seinen Übergang ins komische Fach, ließ sich 1898 in Leipzig von Albert Goldberg (s. d.) für die Oper ausbilden u. wirkte seit 1899 als Baßbuffo in Bremen. Hauptrollen: Franz Moor, Wurm, Shylock, Striese, Baculus, Falstaff, Bartolo, Alberich u. a.

Kunze, Ewald (Geburtsdatum unbekannt), gest. 29. April 1945 zu Berlin-Zehlendorf (durch Kriegseinwirkung), war u. a. Oberspielleiter am Stadttheater in Cottbus.

Kunze (Ps. Kunst), Wilhelm, geb. 2. Febr. 1799 zu Hamburg, gest. 7. Nov. 1859 zu Wien, Sohn eines Flickschusters, begann seine Bühnenlaufbahn als Statist, war dann Soldat u. schloß sich auf seinen Märschen in Münster einer wandernden Theatergesellschaft an. Nach wechselvollen Schicksalen gelang ihm 1819 ein Engagement am Stadttheater in Lübeck, dann kam er über Stettin, Danzig, Bremen, Münster, Pyrmont, Osnabrück, Leipzig, Elberfeld, Koblenz, Mannheim, Düsseldorf, Würzburg u. München als Charakterdarsteller großen Stils ans Carltheater in Wien, von wo er zahlreiche Kunstreisen unternahm. Es war die Glanzzeit seines Lebens u. Schaffens. Aber seine grenzenlose Verschwendungssucht führte seinen Verfall herbei. Hauptrollen: Karl u. Franz Moor, Hamlet, Götz von Berlichingen, Posa, Jaromir u. a. L. Devrient meinte: „Sähe ich den Kerl zu bei seinem göttlichen Karl, so holte der Teufel meinen Franz". Kurze Zeit war K. mit der Tragödin Sophie

Schröder verheiratet. Sein Pflegesohn gleichen Namens (geb. 4. Okt. 1822 zu Hamburg, gest. 4. Sept. 1873 zu Milwaukee) debütierte als Jugendlicher Held u. Liebhaber 1844 in Dessau, wirkte 1846—59 in Braunschweig u. später in Amerika.
Literatur: Hugo *Gottschalk,* W. Kunst (Deutscher Bühnen-Almanach, herausg. von L. Schneider 24. Jahrg.) 1860; *Wurzbach,* W. K. (Biogr. Lexikon 13. Bd.) 1865; Joseph *Kürschner,* W. K. (A. D. B. 17. Bd.) 1883; Heinrich *Stümcke,* Der letzte Komödiant (Bühne u. Welt 12. Jahrg.) 1910; K. L. *Costenoble,* Sophie Schröder u. W. K. (Blätter aus dem Tagebuch von Costenoble, herausg. von H. Stümcke) 1913 u. a.

Kunzen (Kuntzen), Friedrich Ludwig Ämilius, geb. 24. Sept. 1761 zu Lübeck, gest. 28. Jan. 1817 zu Kopenhagen, Sohn des Komponisten Karl Adolf K. u. Enkel des Komponisten (u. a. von Opern in Hamburg) Johann Paul K., studierte in Kiel, ging 1783 nach Kopenhagen, wo seine große Oper „Holger Danske" („Oberon") ihn 1789 mit einem Schlag berühmt machte, dann nach Berlin, war hierauf Theaterkapellmeister in Frankfurt a. M. u. Prag, bis er 1795 einem Ruf als Hofkapellmeister nach Kopenhagen folgte. Hier schrieb er 1798 die Oper „Erik Ejegod" u. außerdem mehrere Singspiele, darunter „Das Fest der Winzer oder Wer führt die Braut heim?", Schauspielmusiken, Ouvertüren u. a.
Literatur: *Riemann,* F. L. Ä. Kunzen (Musik-Lexikon 11. Aufl.) 1929; J. *Hennings* u. W. *Stahl,* Musikgeschichte Lübecks 1. Bd. 1951.

Kupelwieser, Josef, geb. 1792 zu Piesting in Niederösterreich, gest. 2. Febr. 1866 zu Rudolfsheim-Wien, Sohn eines Fabrikanten, älterer Bruder des berühmten Historienmalers Leopold K., besuchte die Orientalische Akademie seiner Vaterstadt, wurde 1813 Soldat, übernahm dann das väterliche Geschäft, trat jedoch bald als Sekretär des Kärntnertortheaters mit der Bühne in Verbindung, betätigte sich in gleicher Eigenschaft u. a. 1825—31 in Preßburg, 1831 bis 1834 in Graz u. 1836—62 in führender Stellung am Josefstädtertheater in Wien. Zuletzt Lottokollektant das. Freund Franz Schuberts. Fruchtbarer Bühnenschriftsteller.
Eigene Werke: Fierrabras (Große heroisch-romant. Oper nach Calderon, Musik von F. Schubert, verfaßt) 1822; Der

treue Diener (Lustspiel) 1824; Das Gesetz zu Java (Drama mit Chören u. Tänzen, verfaßt) 1824; Lisbeth (Drama, aufgeführt) 1824; Der falsche Bart (Posse: Kleine Lustspiele 1. Bdchn., aufgeführt) 1824; Der Hund vom Gotthardberg (Drama mit Musik, aufgeführt) 1824; Liebesproben (Lustspiel: Kleine Lustspiele 1. Bdchn., verfaßt) 1825; Der Polterabend (Posse nach dem Französischen des Desaugier, Benjamin u. Revoli: Kleine Lustspiele 1. Bdchn., aufgeführt) 1825; Die vier Bräute oder Der Heiratskandidat (Posse: Kleine Lustspiele 1. Bdchn., verfaßt) 1825; Die umgeworfenen Kutschen (Kom. Oper nach dem Französischen Dupatys, Musik von Boieldieu, aufgeführt) 1826; Die Kreuzritter in Ägypten (Große Oper nach Rossi, Musik von G. Meyerbeer, aufgeführt) 1826; Isolina (Oper, verfaßt) 1827; Die Belagerung von Korinth (Romant. Oper frei nach dem Französischen, Musik von G. Rossini, aufgeführt) 1828; Das Scherzspiel auf dem Lande (Posse mit Gesang u. Tableaux, aufgeführt) 1828; Der Spion oder Der Findling aus dem Walde (Große Oper nach dem Französischen, aufgeführt) 1829; Anna Boley (Große heroische Oper frei nach dem Italienischen, Musik von G. Donizetti, aufgeführt) 1832; Zampa oder Die Marmorbraut (Große romant. Oper nach dem Französischen des Mélesville, Musik von Herold, aufgeführt) 1832; Die Giftmischerin (Schauspiel nach Scribe u. Castil Blaze, verfaßt) 1832; Die sechs Stufen des Lasters (Drama nach dem Französischen des Théodor u. Benjamin, verfaßt) 1832; Semiramis (Große heroische Oper nach dem Italienischen, Musik von G. Rossini, aufgeführt) 1832; Der Zweikampf (Kom. Oper nach dem Französischen des Planard, Musik von Herold, aufgeführt) 1833; Seltsame Rache (Lustspiel frei nach Scribe, aufgeführt) 1833; Tom Rick oder Der Pavian (Kom. Singspiel mit Tanz-Gruppierungen, Musik von Conradin Kreutzer, aufgeführt) 1834; Der See-Kadett (Kom. Oper nach dem Französischen, Musik von Labarre, aufgeführt) 1837; Der Zauber-See (Feen-Oper nach dem Französischen des Scribe u. Mélesville, Musik von Auber, aufgeführt) 1840; Parisina (Oper nach Romani, Musik von Donizetti, aufgeführt) 1840; Rot, braun u. blond oder Die drei Wittfrauen (Posse mit Gesang nach dem Französischen Bonaventure des Deputy u. F. de Courcy, Musik von K. Binder, aufgeführt) 1841; Die Römer in Melitone (Oper nach Scribe, Musik von G. Donizetti, aufgeführt) 1841; Ein

Glas Wasser (Lustspiel nach dems., aufgeführt) 1841; Eine Heirat aus dem 18. Jahrhundert (Lustspiel nach A. Dumas, aufgeführt) 1841; Ellinor, verfaßt 1841; Die Templer in Sidon (Trag. Oper nach Scribe, Musik von Donizetti, aufgeführt) 1842; Die Perle von Chamounix oder Die neue Fanchon (Schauspiel mit Gesang nebst Vorspiel nach dem Französischen des Dennery u. Lemoine, Musik von H. Proch, aufgeführt) 1842; Die Memoiren des Teufels (Drama nach Etienne, Arago u. Paul Vermond, aufgeführt) 1842; Capitain Charlotte (Vaudeville nach Bayard u. Dumanoir, Musik von K. Binder, aufgeführt) 1843; Die Heirat (Lustspiel, aufgeführt) 1843; Überdruß aus Überfluß oder Der gespenstige Schlosser (Posse nach dem französischen L'homme blasé, Musik von K. Binder, aufgeführt) 1843; Satansstreiche (Drama nebst Vorspiel u. Nachspiel nach dem Französischen, Musik von dems., aufgeführt) 1844; Die vier Haimonskinder (Kom. Oper nach dem Französischen des Leuven u. Brunsvik, Musik von W. M. Balfe, aufgeführt) 1844; Die Müllerin von Burgos (Vaudeville nach einem französischen Sujet, Musik von Franz v. Suppé, aufgeführt) 1845; Traum u. Erwachen oder Die Seherin (Drama mit Musik, verfaßt) 1845; Der Schwiegersohn eines Millionärs (Schauspiel nach dem Französischen des Léonge u. Moléri, aufgeführt) 1845; Der Liebesbrunnen (Kom. Oper nach dem französischen Les puits d'amour, Musik von W. M. Balfe, aufgeführt) 1845; Die Musketiere der Königin (Kom. Oper nach dem Französischen des St. Georges, Musik von M. Haley, aufgeführt) 1846; Das Rosenmädchen (Vaudeville mit Benützung eines französischen Sujets, Musik von A. E. Titl, aufgeführt) 1846; Die Giftmischerin oder Der Apotheker von Verona (Drama nach einer wahren Begebenheit von Scribe u. Blaze, aufgeführt) 1848; Der Lumpensammler (Drama mit einem Vorspiel aus dem Französischen von Felix Pyat, aufgeführt) 1848; Maria von Rohan (Große Oper nach dem Italienischen des Camarano, Musik von G. Donizetti, aufgeführt) 1849; Die Zigeunerin (Oper nach dem Englischen des Alfred Bunn, Musik von M. W. Balfe, verfaßt mit J. Staudigl) 1854.

Kupfer, Cesarine, geb. 28. Dez. 1818 zu Sigmaringen, gest. 7. April 1886 zu Wien, Tochter des Schauspielers u. Dramatikers Cäsar Max Heigel (s. d.), begann ihre Büh-

nenlaufbahn 1834 in Coburg, wirkte seit 1840 in Bremen, Leipzig u. Köln, kam 1844 ans Thaliatheater in Hamburg u. 1872 ans Burgtheater, wo sie bis 1886 tätig war. Anfangs Liebhaberin u. Jugendliche Heldin, später Anstandsdame u. Mutter. 1846 heiratete sie den Schauspieler Gomansky u. nach dessen Tod (1848) im Jahr 1850 den Cellisten K. Hauptrollen: Martha Schwerdtlein, Gertrud („Der Alte vom Berge" von Bauernfeld), Meta („Minister u. Seidenhändler" von Scribe, übersetzt von H. Marr), Frau Hurtig („König Heinrich IV."), Millerin („Kabale u. Liebe") u. a.

Kupfer, Ernst, geb. 6. April 1854 zu Dresden, gest. 27. Aug. 1910 zu Königsberg, wirkte als Theaterkapellmeister in Köln, Lübeck, Düsseldorf, Chemnitz, Braunschweig u. seit 1898 am Stadttheater in Königsberg als Dirigent der Spieloper u. Operette, zugleich auch als Chordirektor.

Kupfer, Hermann, geb. 3. April 1892 zu Wien, wirkte 1916—21 an den Kammerspielen u. 1921—25 am Staatsschauspiel in München. Hauptrollen: Mortimer, Valentin („Urfaust"), Hamlet, Franz Moor u. a.

Kupfer, Margarethe, geb. 10. April 1881 zu Freystadt in Preuß.-Schlesien, gest. 11. Mai 1953 zu Berlin, Tochter des Folgenden, von Gustav Lindemann (s. d.) für die Bühne ausgebildet, begann ihre Laufbahn als Schauspielerin mit 16 Jahren am Theater am Schiffbauerdamm in Berlin, nahm an einer Ibsen-Tournee unter der Direktion K. Heines durch ganz Deutschland teil, spielte 1900—02 am Irving-Place-Theater in Neuyork, 1902—04 am Stadttheater in Bremen, hierauf bis 1922 bei Max Reinhardt am Deutschen Theater in Berlin u. nach weiteren Gastspielen seit 1945 wieder an dort. Theater am Kurfürstendamm. Hauptrollen: Ottilie („Die zärtlichen Verwandten"), Sabine („Großstadtluft"), Gisa („Der Rastelbinder") u. a.

Kupfer, Wilhelm, geb. 10. Febr. 1857 (Todesdatum unbekannt), war Regisseur, Charakterdarsteller u. Theaterdirektor in München-Gladbach u. später Spielleiter des privaten Urania-Theaters in Charlottenburg.

Kupfer-Berger, Ludmilla (Mila), geb. 6. Sept. 1850 zu Wien, gest. 12. Mai 1905 das., Tochter eines Fabrikanten, besuchte das Wiener

Konservatorium, betrat mit 18 Jahren als Gretchen (in Gounods „Faust") in Linz a. d. Donau die Bühne u. kam 1871 an die Hofoper nach Berlin, wo sie bis 1875 blieb u. den Großkaufmann Ernst Kupfer heiratete. Hierauf gehörte sie der Hofoper in Wien bis 1885 als bedeutende Kraft im jugendlich-lich-dramatischen Fach an. Große Gastspielreisen führten sie nach Italien (Mailand, Rom, Neapel), Spanien u. Südamerika. Heimgekehrt wirkte sie als Gesangspädagogin in Wien.

Kupferschmidt, Willy (Geburtsdatum unbekannt), gest. 17. Sept. 1916 (gefallen im Ersten Weltkrieg), war Jugendlicher Held u. Liebhaber zuletzt am Zentraltheater in Mülheim an der Ruhr, vorher am Stadttheater in Schweidnitz. Hauptrollen: Max („Wallensteins Lager" u. „Wallensteins Tod"), Paulus („Die Brüder von St. Bernhard"), General („Das Jungfernstift") u. a.

Kupffer, Elisar von (Ps. Elisarion), geb. 20. Febr. 1872 zu Sophienthal in Estland, studierte in Petersburg, München u. Berlin die Rechte, Geschichte u. Philosophie, wurde nach weiten Reisen Tessiner Staatsbürger u. lebte in Locarno-Minusio (Schweiz). Verfasser u. a. von Dramen.

Eigene Werke: Der Herr der Welt (Tragödie) 1899; Irrlichter (Drama) 1900; Lebenswette (Drama) 1907; Feuer im Osten (Drama) 1908; Aino u. Tio (Drama) 1911; Die gefesselte Aphrodite (Trauerspiel) 1911.

Kupper, Annelies s. Herrmann, Annelies.

Kuppinger, Heinrich, geb. 19. Nov. 1892 zu Hohenwettersbach bei Karlsruhe, wurde von Jan van Gorkom (s. d.) ausgebildet, wirkte als Lyrischer Tenor 1920 in Freiburg im Brsg., bis 1924 in Krefeld, 1925 in Dresden, hierauf in Wiesbaden, 1927—29 an der Staatsoper in Berlin, 1929—31 in Stuttgart, 1931—34 als Heldentenor in Mannheim u. später in München-Gladbach u. Rheydt.

Kurländer, Franz von, geb. 26. Nov. 1777 zu Wien, gest. 4. Sept. 1836 das., Sohn eines Hoftaxators aus altösterreichischer Beamtenfamilie, Schwager von Karoline Pichler (s. d.), studierte in seiner Vaterstadt, schlug ebenfalls die Beamtenlaufbahn ein u. war zuletzt Sekretär der niederösterreichischen Landrechte. Immer mehr jedoch widmete er sich literarischer Tätigkeit, nachdem er

schon seit 1806 mit einer „dramatischen Kleinigkeit aus dem Französischen des Belin", betitelt „Die Überlisteten", Eingang im Burgtheater gefunden hatte. Adeligen Theaterliebhabern, auf deren Privatbühnen Stücke von ihm gespielt wurden, verdankte er weitere Erfolge. Seit 1811 gab er einen „Almanach dramat. Spiele für Gesellschaftstheater" (in der Folge „Dramat. Almanach" bezeichnet) heraus, worin er seine eigenen u. von ihm verdeutschte Schauspiele veröffentlichte. Vom Hoftheaterdirektor Ferdinand Graf Palffy weiter gefördert, trat er vor allem als Bearbeiter damals beliebter französischer Stücke hervor. Diese (teils heiterer, teils ernster Art) spielten hauptsächlich in der Adelsgesellschaft oder in den Kreisen vornehmer Bürger u. erzielten hier auch ihre größten Erfolge. Mit dem Burgschauspieler Max Korn (s. d.) war er nahe befreundet. Obwohl er im kulturellen Leben des vormärzlichen Wien eine nicht unbedeutende Rolle spielte, auch in ganz Deutschland aufgeführt wurde, geriet er, seinerzeit reich u. geehrt, sehr rasch in völlige Vergessenheit.

Behandlung: Alois Berla, Das Grab des Lustspieldichters (Geschichte: Wiener Courier Nr. 297) 1857.

Eigene Werke: Das Porträt der Erbin oder Die zerbrochene Brille (Lustspiel nach Charlemagne) 1811; Das alte Gemälde (Schauspiel nach Marsollier) 1811; Die Überlisteten (Dramat. Kleinigkeit nach Belin) 1811; Dichterfreundschaft (Lustspiel nach dem Französischen) 1811; Der Lügner u. sein Sohn (Posse) 1811; Jenny (Schauspiel nach Pelletier Volmeranges) 1811; Der Abschied (Lustspiel nach Rougemont u. Justin) 1811; Der falsche König Stanislaus (Lustspiel nach Duval) 1812; Wiedervergeltung (Lustspiel nach dem Französischen) 1812; Der verwundete Liebhaber (Lustspiel nach Dupaty) 1812; Pauline Wellenberg (Schauspiel) 1812; Zwei Tage auf dem Lande (Lustspiel nach Baron Steigentesch) 1813; Zufall u. List (Lustspiel) 1813; Liebhaber u. Geliebte in einer Person (Dramat. Kleinigkeit) 1813; Der Oheim als Neffe (Dramat. Kleinigkeit) 1814; Die Schmähschrift (Schauspiel) 1814; Der tote Ehemann (Lustspiel nach dem Französischen) 1814; Das Abenteuer im Gasthofe (Lustspiel nach Desaugier u. Gentil) 1815; Die Folgen des Maskenballs (Lustspiel nach dem Französischen) 1815; Der hohe Besuch (Ländl. Szene) 1815; Abracadabra (Posse) 1815; Die Tante (Lustspiel) 1815; Der Bräutigam wider Willen (Lustspiel) 1815; Das Ideal (Lustspiel) 1815; Die Fremden zu Bagdad (Liederspiel) 1816; Die Eremiten (Singspiel) 1816; Leichtsinn u. Heuchelei (Lustspiel nach Sheridan) 1816; Der blaue u. der rote Domino (Lustspiel nach Gentil) 1816; Das Landgut (Lustspiel) 1817; Schauspieler-Stand (Lustspiel) 1817; Der Großonkel (Lustspiel) 1817; Shakespeare als Liebhaber (Lustspiel nach Duval) 1817; Welche von Beiden? (Dramat. Kleinigkeit) 1818; Die Charade (Lustspiel) 1818; Verschiedene Lebensweise (Lustspiel) 1819; Haß für Haß (Lustspiel nach dem Französischen) 1819; Die Familie Rosenstein (Schauspiel nach Duval) 1819; Das fünfzigjährige Fräulein (Lustspiel) 1819; Der sechzigjährige Jüngling (Lustspiel) 1819; Die seltsame Entführung (Lustspiel) 1821; Der König u. der Hirtenknabe (Lustspiel) 1821; Die Brautwerber (Lustspiel) 1821; Die Liebeserklärung (Lustspiel nach Vial) 1821; Der junge Husaren-Oberst (Lustspiel nach Scribe) 1821; Studenten-Wirtschaft (Lustspiel) 1822; Die Fahrt zum Seehafen von Dieppe (Lustspiel) 1822; Hans am Scheidewege oder Welcher von Beiden? (Ländl. Szene nach Scribe) 1822; Der Vorsichtige (Lustspiel) 1822; Der Lustspieldichter auf dem Lande (Lustspiel) 1822; Die Streitführer ohne Streitsache (Lustspiel nach Etienne) 1823; Eins für Zehn (Lustspiel nach Scribe) 1823; Eine Stunde in Karlsbad (Lustspiel nach dems.) 1823; Mädchen u. Frau (Lustspiel) 1823; Kindliche Liebe (Ländl. Szene) 1823; Der junge Krack (Posse) 1823; Das Gedicht (Lustspiel) 1824; Der großmütige Onkel (Lustspiel nach Scribe) 1824; Das ändert die Sache (Lustspiel) 1824; Die Taubenpastete (Lustspiel) 1825; Der Mechanikus zu Plundershausen (Schwank) 1825; Der philosophische Bediente (Lustspiel nach dem Französischen) 1825; Flattersinn u. Liebe oder Das Porträt (Lustspiel nach dem Französischen) 1825; Der Perückenmacher u. der Friseur (Posse nach Scribe) 1825; Zahlung in gleicher Münze (Lustspiel) 1825; Baron Füret (Lustspiel) 1826; Das Wiedersehen (Ländl. Szene) 1826; Der Tote in Verlegenheit (Lustspiel aus dem Französischen) 1826; Prüfung ehelicher Treue (Lustspiel) 1826; Schüchtern u. dreist (Lustspiel nach Scribe) 1827; Narciß der Zweite (Posse) 1827; Der Roman in Briefen (Lustspiel nach Courcy) 1827; Die Heirat aus Vernunft (Schauspiel nach dem Französischen) 1827; So hassen Damen (Lustspiel nach Scribe) 1827; Neues Mittel Töchter zu verheiraten (Lustspiel

nach Mélesville) 1827; Die Kriegslist (Lustspiel) 1828; Der Zweikampf (Schauspiel) 1828; Die Geldheirat (Charaktergemälde nach Scribe) 1828; Der Hochzeitstag (Lustspiel) 1829; Die Heirat aus Neigung (Schauspiel nach Scribe) 1829; Freuden u. Leiden eines Kranken (Lustspiel) 1829; Vier Jahre darnach (Drama nach Dartois) 1830; Der geheime Briefwechsel (Lustspiel) 1830; Der aufrichtigste Freund (Lustspiel) 1830; Der Ehemann als Bittsteller (Lustspiel nach Waylli) 1830; Das Geheimnis (Schauspiel nach Scribe) 1830; Die kleine Schwärmerin (Lustspiel) 1831; Die Pflegetochter (Lustspiel) 1831; Der Pflegesohn (Lustspiel nach dem Französischen) 1831; Der Rotkopf (Lustspiel) 1831; Die Ehescheidung (Lustspiel) 1832; Erstes u. letztes Kapitel (Gemälde aus dem bürgerl. Leben) 1832; Der Unglücksvogel (Lustspiel) 1832; Damen-Launen oder Gerade wie ehemals (Lustspiel) 1832; Die Freunde als Nebenbuhler (Lustspiel) 1832; Die Schutzfrau (Lustspiel) 1832; Eigensinn aus Liebe (Lustspiel) 1833; Das Gelübde (Lustspiel) 1833; Ewig (Lustspiel nach Scribe) 1833; Siegmund (Schauspiel) 1833; Warum? (Ehestandsszene nach dem Französischen) 1834; Die Altistin (Lustspiel) 1834; Hans als Schildwache (Ländl. Szene) 1835; Haushaltung einer Dichterin (Lustspiel) 1835; Die Tochter des Geizigen (Schauspiel nach dem Französischen) 1835; Das goldene Kreuz (Schauspiel nach dem Französischen) 1835; Sie ist wahnsinnig (Schauspiel) 1836; Eine Hütte u. sein Herz (Lustspiel) 1836; Der achtzigste Geburtstag (Lustspiel nach Scribe) 1836; Geliebt sein, oder Sterben (Lustspiel nach dems.) 1837.

Literatur: Wurzbach, F. A. Kurländer (Biogr. Lexikon 13. Bd.) 1865; Joseph *Kürschner*, F. A. v. K. (A. D. B. 17. Bd.) 1883; Johann *Eder*, F. v. K. (Diss. Wien) 1940.

Kurnik, Max, geb. 1. Nov. 1819 zu Santomyschl in Posen, gest. 8. April 1881 zu Breslau, von G. Freytag u. E. Devrient (s. d.) gefördert, wurde Theaterkritiker der „Breslauer Zeitung", bereiste Frankreich u. a. Länder. Hervorragender Feuilletonist u. Bühnenschriftsteller.

Eigene Werke: Lessings Emilia Galotti 1845; Der Verbrecher aus dem Volke (Drama) 1846; Charlotte Corday (Drama, im Vormärz verboten) 1846; Germania, Borussia, Silesia (Drama) 1847; Goethes Frauen 1849; Ein Mann (Drama) 1852; Sim-

72

son u. die Philister (Drama) 1852; Angela (Schauspielerroman) 2 Bde. 1852; Er will beneidet sein (Lustspiel) 1853; Zwei deutsche Brüder (Drama) o. J.; Karl v. Holtei 1880; Ein Menschenalter Theatererinnerungen (1845—80) 1882.

Literatur: Hans *Jessen*, M. Kurnik, ein Breslauer Journalist 1927.

Kurowsky-Eichen, Friedrich von, geb. 16. Dez. 1780 auf Schloß Eichen bei Königsberg, gest. 16. Juni 1853 zu Magdeburgfort bei Ziesar, russischer Offizier, später Kommissar der Gewehrfabrik im Kloster Saarn bei Mülheim an der Ruhr. Erfinder der Feldfahrküche, über die er eine Schrift veröffentlichte, für die sich Goethe interessierte. Seine dramatische Dichtung „Pruthena" sandte er 1818 im Manuskript an Goethe. An zwei anderen („Aesthya" u. „Baltea"), die mit der „Pruthena" einen Zyklus bilden sollten, arbeitete K. 1820. Dramatiker u. Ästhetiker.

Eigene Werke: Untergang der letzten Odinskirche oder Preußens Aufdämmerung (Dramat. Nationalgedicht) 1825; Der entzweite Liebeshof oder Die Provencalen in Neapel (Lyr.-heiteres Spiel) 1830; Sämtl. Werke 4 Bde. 1830 f.

Kurpfalz s. Pfalz.

Kurt, Fred, geb. 26. Juni 1889 zu Wien, wirkte als Schauspieler u. Liederinterpret u. a. am Volkstheater in München, in Klagenfurt u. an der Insel in Wien.

Kurth, Ferdinand Max, geb. 31. Mai 1879 zu Berlin, gest. 18. Nov. 1937 zu Stuttgart (während einer Dienstreise), Sohn eines Fabrikanten, besuchte die Universität seiner Vaterstadt, dann die Marie-Seebach-Schule u. wirkte als Schauspieler am Kleinen Theater in Berlin, später in Bonn u. Görlitz (auch als Regisseur), war drei Jahre Oberspielleiter am Berliner Theater, hierauf in Bern u. Riga u. 1912—20 Direktor des Stadttheaters in Memel. Zuletzt Leiter der Freilichtspiele im Belvedere bei Weimar. Auch Bühnenschriftsteller.

Eigene Werke: Die Sonne des Todes (Drama) 1901; Das Kunsttheater (1. bis 6. Heft) 1902; Über den Beruf des Bühnenleiters 1910 (3. Aufl. 1925).

Kurth, Hans, geb. 25. März 1894 zu Wien, war mehrere Jahre Schauspieler in Aussig, 1931 in Bielitz (hier auch Regisseur), 1932

in Beuthen, seit 1933 in Linz, 1937—38 in Solothurn, 1939 in Göttingen, 1940 in Breslau, 1941 in Innsbruck u. seit 1942 in Wien (Volkstheater u. Komödie).

Kurth, Marianne Katharina, s. Ernst, Marianne Katharina.

Kurth, Otto, geb. 31. Mai 1912 zu Bremen, wurde von Erich Ziegel (s. d.) u. Mirjam Horwitz (s. d.) für die Bühne ausgebildet, wirkte bis 1933 als Schauspieler u. Dramaturg an den Kammerspielen in Hamburg, dann auch als Regisseur am dort. Thaliatheater, am Stadttheater in Münster, am Schauspielhaus in Bremen u. am Staatstheater in Berlin, 1945—49 als Chefregisseur des Nordwestdeutschen Rundfunks in Hamburg, Berlin u. Köln u. führte daneben Bühnenregie in Berlin u. Düsseldorf. Hierauf war er wieder als Regisseur bei den Kammerspielen in Hamburg tätig.

Kurtheater sind Bühnen, die in Badeorten das leichte Genre des Spielplans pflegen.

Literatur: E. *Schefter,* Das Kurtheater (Die deutsche Bühne 17. Jahrg.) 1925; Karl *Schindler,* Krankes K. (Schlesische Volkszeitung, Breslau, Beilage 4. Sept.) 1932.

Kurtisane, besonders auf der Bühne des empfindsamen Zeitalters beliebte Charakterfigur gleich der Kindesmörderin.

Literatur: F. *Landsittel,* Die Figur der Kurtisane im deutschen Drama des 18. Jahrhunderts (Diss. Heidelberg) 1929.

Kurtscholz, Georg, geb. 1847, gest. 11. Juni 1911 zu Lübeck, leitete 12 Jahre das fürstl. Theater in Gera, seit 1907 das neuerrichtete Stadttheater in Lübeck, das unter seiner Führung sich zu künstlerischer Höhe entwickelte. Intendanzrat.

Kurtz, Joseph von s. Kurz, Joseph Felix von.

Kurulany, Friedrich, geb. 1875, gest. 17. Jan. 1950 zu Stockholm, war bis 1933 Dirigent am Metropol-Theater u. Theater des Westens in Berlin u. am Residenztheater in Dresden. Auch Operettenkomponist („Die Liebesschule", „Marketenderei" u. a.) im Stile Franz Lehárs u. Leo Falls. Nach dem Zweiten Weltkrieg ließ sich K. in Stockholm nieder.

Kurz, August s. Klagenfurt.

Kurz, August, geb. 4. März 1828 zu Oschatz, gest. 20. Dez. 1903 zu München, langjähriges Mitglied des Wallner-Theaters in Berlin, hatte als Spielleiter an den Erfolgen dieser Bühne großen Anteil. Später war er Direktor des dort. Ostend-Theaters u. brachte als solcher E. v. Wildenbruchs „Das neue Gebot" u. „Väter und Söhne" sowie Ibsens „Volksfeind" zur Erstaufführung. Nach Übernahme des Theaters in Liegnitz leitete er noch die Gesamtgastspiele in Hamburg, Dresden u. Prag. Gatte der Schauspielerin Mathilde Preiß.

Kurz, Felix, geb. 1690 zu Landshut, gest. 1760 zu Brünn (?), angeblich von adeliger Herkunft, wirkte seit 1717 als Komiker bei den Haupt- u. Staatsaktionen der Stranitzky u. Genossen in Wien mit, seit 1724 wiederholt in Breslau, Aussig, München, Brünn, Prag u. Preßburg, aber auch in Leipzig nachweisbar. Kgl. polnischer u. kursächsischer Komödiant u. bedeutender Prinzipal. Zu seiner Truppe gehörten außer seiner Frau u. vier Kindern, darunter des nachmals berühmen Bernardon, auch Carl Nachtigall, zeitweilig selbst Prinzipal (gest. 1762 zu Wien).

Kurz, Franz Xaver (Ps. Franz Kurz-Elsheim), geb. 5. Dez. 1873 zu Aachen, gest. 11. Nov. 1905 zu Chemnitz als Chefredakteur das. Bühnenschriftsteller u. Erzähler.

Eigene Werke: Die sieben Schwaben (Lustspiel) 1893; Durchs Schlüsselloch (Lustspiel) 1894; Dämon Geld (Schauspiel) 1899 u. a.

Kurz, Franziska s. Kurz, Joseph Felix von.

Kurz, Hans, geb. 1874 zu Wien, gest. 24. Nov. 1901 zu Gablonz, wirkte als Erster Charakterkomiker u. Regisseur u. a. in Leitmeritz u. Budweis u. zeichnete sich bei Ensemblegastspielen in Gera, Mannheim, Gablonz u. a. besonders aus.

Kurz, Hans, geb. 19. Febr. 1898 zu Paderborn, war Studienrat in Detmold. Vorwiegend Dramatiker.

Eigene Werke: Die ungarischen Sendboten fordern den Tribut (Einakter) 1932; Der Nachtwandler (Trauerspiel) 1933; Einige Szenen aus dem Schauspiel: Um einen Königssohn 1936; Der Ritter ohne Wappen (Schauspiel) 1949; Über die dreiaktige Tragödie Brunhild von Paul Ernst 1950.

72*

Kurz, Hermann, geb. 31. Okt. 1880 zu Basel, gest. 1933, Sohn eines Fabriksbesitzers, lebte als Schriftsteller in Freiburg im Brsg.

Eigene Werke: Jesus Christus (Drama) 1905; Maler Hansen (Schauspiel) 1905; Heidegut (Schauspiel) 1905.

Kurz, Jakob s. Schreiner, Jakob.

Kurz, Johann Nepomuk, geb. 1767 zu Prag, gest. 25. Juni 1795 zu München, wirkte 1789 bis 1795 als Mitglied des dort. Hoftheaters. Hauptrollen: Tamino, Romeo u. a.

Kurz, Josef, geb. 1828, gest. im März 1906 zu Milwaukee, war der Erbauer u. Direktor des dort. ersten deutschen Theaters, dem er auch nach der Verlegung in die Oneida-Street angehörte.

Kurz (Kurtz), Joseph Felix von (genannt Bernardon), geb. 22. Febr. 1717 zu Wien, gest. 20. Febr. 1784 das., Sohn von Felix Kurz (s. d.), Patenkind Stranitzkys u. Hilverdings s. d.), zuerst in der Truppe seines Vaters, spielte mit Prehauser (s. d.) Hanswurstrollen u. a. in Wien u. Prag, 1763—64 in Venedig, 1765—66 in München, seit 1767 in Frankfurt a. M., Mainz, Köln, u. Augsburg, 1770 wieder in seiner Vaterstadt, später mit der Truppe der Witwe Schuch in Breslau u. Danzig, war 1772—81 Theaterdirektor u. Besitzer einer Papiermühle in Warschau, hier auch geadelt. Verfasser von etwa 300 Komödien. Seine zum Ärger der Wittenberger Universität in Frankfurt a. M. aufgeführte „Große Maschinen Comödie" mit dem Untertitel „Das lastervolle Leben u. erschröckliche Ende des weltberühmten u. jedermänniglich bekannten Erzzauberers Doctoris Wittenbergensis" geht auf ein altes Wiener Faust-Spiel zurück. Seine Gattin Franziska gehörte ebenfalls der Bühne an, vornehmlich in komischen Rollen tätig. Er selbst, ein Hauptvertreter der volkstümlichen barocken Schauspielkunst, war für einen richtigen Komödianten schon von der Natur mit den entsprechenden Gaben ausgestattet. Hochgewachsen, schlank, geschmeidig, besaß er scharf geschnittene Züge von lebendigster Ausdrucksfähigkeit, dazu eine vorzüglich wirksame Stimme, deren Umfang ihm erlaubte, z. B. in einem Zwischenspiel der Komödie „Bernardon der Einsiedler", die drei Rollen des Tyrannen Ormedus (Baß), seines Sohnes Cosroe (Tenor) u. eines Feldherrn Pharnaces (Diskant) zu singen.

Wie er zu dem Namen Bernardon kam, ist nicht zuverlässig festzustellen. In zweiter Ehe war K. mit der Sängerin u. Schauspielerin Teresina Morelli verheiratet.

Eigene Werke: Drei Türcken bzw. Seeräuber Ballette 1741; Bernardon u. Lucrino, die zwei ehrlichen Filoux 1742; Die in einer Person zugleich geliebte u. gehaßte Braut oder Bernardon, der rasende Zamor 1752; Bernardon's Reise in die Hölle, mit Hanns Wurst, einem von Teufeln erschreckten, verzauberten, von seinem Herrn geprügelten dummen Diener u. mit Columbinen, einer verschmitzten Kammerjungfer — Bernardon's Reise aus der Hölle — Bernardon's Reise in sein Vaterland (Dreiteilige Maschinenkomödie) 1753; Bernardon, der dreißigjährige ABC-Schütz oder Hanns Wurst, der reiche Bauer u. Pantalon, der arme Edelmann (Komödie) 1754; Bernardon auf der Gelseninsel oder Die Spatzen-Zauberei 1754; Der aufs Neue begeisterte u. beliebte Bernardon 1754; Der sich wider seinen Willen taub u. stumm stellende Liebhaber (Lustspiel nach Gellerts Orakel) 1755; Bernardon, die getreue Prinzessin Pumphia u. Hanns Wurst, der tyrannische Tartar-Kulikan nebst einer Kinderpantomime betitelt: Arlechin der glücklich gewordene Bräutigam 1755 (herausg. von J. Scheible 1856 u. A. Sauer in Wiener Neudrucke 1883); Das zerstörte Versprechen des Bernardons 1756; Bernardon der Einsiedler u. dessen unglückselige Bemühung, seine Braut bei der Göttin Diana zu sehen 1757; Die Macht der Elemente oder Die versoffene Familie des Herrn Baron von Kühnstoks 1757; Die glückliche Verbindung des Bernardons nebst einer Kinder-Pantomime betitelt: Bernardons glücklicher Traum 1758; Bernardons Ehestand nebst einem Lustspiel für Kinder betitelt: Was für Narrheit kann nicht die Eifersucht anstellen o. J.; Die fünf kleinen Luftgeister oder Die wunderlichen Reisen des Hanns Wursts u. Bernardons nach Ungarn, Italien, Holland, Spanien, Türkei u. Frankreich 1758; Die von der Minerva beschützte Unschuld oder Die Vereinigung der Liebesgötter 1758 (gedruckt 1765 in der Deutschen Schaubühne 78. Bd., italienische Fassung gedruckt 1763); Die erschreckliche, entsetzliche u. mit vielen Blut vergossene Weiber u. Buben Bataille des Bernardons oder Hanns Wursts oder Die schmerzliche Tragödie in einer Gesellschaft verliebter Narren (Lustspiel) 1764; Das europäische Wäschermädel

oder Der getreue Jakerl u. die beständige Klumperl 1764; Bernardon, die versoffene Gouvernante 1766; Die Insel der gesunden Vernunft 1766; Bernardon u. Bernardina, die zwei Gleichen in zweierlei Geschlecht oder Die geraubten u. zuletzt glücklich gewordenen Zwillinge 1766; Bernardon im Tollhaus 1767; Bernardon's Hochzeit auf dem Scheiterhaufen oder Ein ehrlicher Mann soll sein Wort halten 1764; Asmodeus, der krumme Teufel (Komische Oper) 1770; Das in dem Gefilde der Freude frohlockende Teutschland (Festspiel zu Ehren der Kaiserin Maria Theresia) o. J.; Die Herrschaftskuchel auf dem Lande, mit Bernardon, dem dicken Mundkoch oder Die versoffenen Köche u. die verliebten Stubenmädel (Lustspiel, gedruckt) 1770; La serva Padrona, die Dienerin einer Frau oder Die vier ungleichen Heiraten (Lustspiel, gedruckt) 1770; Der unruhige Reichtum (Lustspiel, gedruckt) 1770; Die Judenhochzeit oder Der krumme Teufel (nach Lesage, Musik von J. Haydn) 1771 u. a.

Literatur: J. *Kürschner,* J. v. Kurz (A. D. B. 17. Bd.) 1883; E. *Mentzel,* J. F. v. K. (Deutsche Zeitung Nr. 4325 u. 4401) 1884; O. *Teuber,* Joseph Haydn u. der große Bernardon (Wiener Fremdenblatt Nr. 308) 1895; Ferdinand *Raab,* J. F. Kurz 1899; Otto *Rommel,* J. F. v. K. (Deutsche Literatur: Reihe Barocktradition 1. Bd.) 1935; Anna Hilda *Matzner,* Überprüfung der Materialien zur Biographie des J. F. v. K. (Diss. Wien) 1937; Otto *Rommel,* Der Wienerische Bernardon J. F. v. K. (Die Alt-Wiener Volkskomödie. Ihre Geschichte vom barocken Welt-Theater bis zum Tode Nestroys) 1952.

Kurz (geb. Preiß), Mathilde, geb. 5. Dez. 1831 zu Graz, gest. 5. Okt. 1885 zu Berlin, war Schauspielerin u. Sängerin am Wallner-Theater das. Gattin von August K.

Kurz, Selma s. Halban, Selma von.

Kurz-Elsheim, Franz s. Kurz, Franz Xaver.

Kuschar, Rudolf (Ps. Julius Röwen), geb. 15. April 1855 zu Graz, gest. 23. Jan. 1929 zu Schladming, Sohn eines Finanzbeamten, studierte in Graz (Doktor der Rechte) u. war Gerichtssekretär das. Dramatiker.

Eigene Werke: Die Kurzbauer-Rosl (Volksstück) 1892; Der Gargscheite (Volksstück) 1894; Dem Ahnl sei Geist

(Komödie) 1894; Karls XII. Jugendliebe (Dramolett) 1897; Die Lüge ums Glück (Volksdrama) 1900; Die Unehr (Volksdrama) 1904; Die Wirtin zum goldenen Salbling (Komödie) 1904; Im Wunderlande der Lotosblume (Lehr-Drama) 1905 (mit G. W. Geßmann unter dem Kollektiv-Ps. Kama Deva); Die Verlobungsreise (Lustspiel) 1912.

Kusche, Benno, geb. 30. Jan. 1916 zu Freiburg im Brsg., debütierte als Bariton 1936 am Stadttheater in Koblenz u. kam über Augsburg 1947 an die Staatsoper in München, wo er auch als Darsteller erstrangig wirkte. Hauptrollen: Beckmesser, Alberich, Leporello, Figaro, Papageno u. a.

Kuschel-Friese, Karoline, geb. 6. März 1855 zu Kronstadt in Siebenbürgen (Todesdatum unbekannt), Tochter des Schauspielers Carl Adolf Friese (s. d.), begann ihre Bühnenlaufbahn als Tänzerin, war dann Schauspielerin, zog sich jedoch nach ihrer Heirat (1876) von der Bühne zurück. Nach dem Tod ihres Gatten K. eröffnete sie in Wien eine Theater-Agentur u. redigierte die 1905 begründete Theaterzeitung „Thalia". Bühnenschriftstellerin.
Eigene Werke: Verspielt (Dramat. Lebensbild) 1899; Gefundener Hafen 1905 (mit Rudolf Angely-Geyer); Zwischen zwei Eiden (Drama) 1907.

Kußmitsch, Karoline, geb. 12. Juli 1873 zu Mährisch-Kromau, Tochter eines Oberingenieurs, wurde u. a. vom Tenor August Stoll (s. d.) in Wien gesanglich ausgebildet, begann 1895 ihre Bühnenlaufbahn in Brünn, kam 1898 als Sängerin (Alt u. Mezzosopran) an die Hofoper in Wien, wo sie bis 1902 wirkte. Hauptrollen: Azucena, Fides, Inez, Erda, Wellgunde, Prinz Orlofsky u. a.

Kusterer, Arthur, geb. 14. Juli 1898 zu Karlsruhe, besuchte hier das Gymnasium, war 1917—19 Kapellmeister am dort. Hoftheater u. seither freier Komponist u. a. der Opern „Casanova" 1921 u. „Der kleine Klaus" 1927.
Literatur: Riemann, A. Kusterer (Musik-Lexikon 11. Aufl.) 1929.

Kusterer, Karl, geb. 1874 zu Karlsruhe, gest. 10. Jan. 1939 zu Basel, war 1902—38 Schauspieler am dort. Stadttheater. Hauptrollen: Kalb („Kabale u. Liebe"), Rebolledo („Der

Richter von Zalamea"), Klosterbruder („Nathan der Weise"), Korb („Die Journalisten") u. a.

Kusterer-Lehmann, Louise, geb. 20. Febr. 1846 zu Karlsruhe, gest. 27. Okt. 1919 zu Berlin-Kaulsdorf, wirkte als Schauspielerin viele Jahre in Petersburg u. zuletzt am Residenztheater in Berlin. Hauptrollen: D'Epinay („Narziß"), Marchesa („Don Cesar"), Elisabeth („Die Sorglosen") u. a.

Kustermann, Otto, geb. 1. Dez. 1878 zu München, Sohn des Schauspielerpaars Otto K. u. Betty (geb. Wasserburg), Schüler von Matthieu Lützenkirchen (s. d.), begann seine Laufbahn 1900 am dort. Schauspielhaus, war 1903—10 Mitglied des Münchner Volkstheaters, 1910—20 an verschiedenen Bühnen Deutschlands tätig, u. a. auch als Spielleiter am Schauspielhaus in Bremen. Seit 1921 Oberspielleiter u. seit 1925 Intendant der Bayer. Landesbühne. Hauptrollen: Hell („Der Pfarrer von Kirchfeld"), Hjalmar („Die Wildente"), Helmer („Nora"), Jennewein („Der Feldherrnhügel"), Oldendorf („Die Journalisten") u. a.
Literatur: Expeditus *Schmidt,* Die Bayerische Landesbühne unter O. Kustermann (Alte u. Neue Welt) 1934.

Kustermann - Wasserburg, Betty, geb. 3. Sept. 1838 zu Mainz, gest. 25. Juni 1921 zu Gauting bei München, wirkte unter ihrem Mädchennamen 1868—75 am dort. Aktien-Volkstheater als Schauspielerin. Seit 1874 Gattin des Schauspielers Otto Kustermann, Vater des Vorigen.

Kuthan, Julius, geb. 18. Sept. 1882 zu Wien, ging 1900 zur Bühne u. war als Komiker, bzw. Operettentenorbuffo jahrzehntelang an verschiedenen Bühnen in Hamburg tätig, seit 1933 an der Komischen Oper in Berlin. Hauptrollen: Adam („Der Vogelhändler"), Janku („Der Rastelbinder"), Fritz („Rosenmontag") u. a.

Kutscher, Arthur, geb. 17. Juli 1878 zu Hannover, Lehrerssohn, väterlicherseits von Bergleuten im Harz, mütterlicherseits von niedersächsischen Bauern abstammend, studierte in München, Kiel u. Berlin, unternahm weite Reisen nach Österreich, Ungarn, der Schweiz, Italien u. Frankreich. 1907 Privatdozent für deutsche Literaturgeschichte in München, seit 1915 ao. Professor das. Mitbegründer der „Gesellschaft für das süddeutsche Theater" (1926). Zuletzt ließ sich K. in Unterwössen im Chiemgau nieder. Vor allem um die Theaterwissenschaft verdient.

Eigene Werke: Hebbel als Kritiker des Dramas 1907; Schillers Werke, herausg. 8 Bde. 1908; Die Kunst u. unser Leben 1908; Schiller u. wir 1909; Die Ausdruckskunst der Bühne 1910; Hebbel u. Grabbe 1913; Fr. Wedekinds Werke Gesamtausgabe, herausg. 7.—9. Bd. 1920 f.; Frank Wedekind, sein Leben u. seine Werke 1922 ff.; Das Salzburger Barocktheater 1924; Grundriß der Theaterwissenschaft 2 Bde. 1932 bis 1936; Vom Salzburger Barocktheater zu den Salzburger Festspielen 1939; Die Commedia dell'arte in Deutschland 1949 u. a.

Literatur: Herbert *Günther*, Für A. Kutscher, ein Buch des Dankes 1938; Arthur *Kutscher*, Zwischen Kunst u. Wissenschaft: Selbstbildnis eines Professors (Welt u. Wort Nr. 8) 1948; Graf *Klinchowstroem*, A. K. (Die Laterne Nr. 1) 1949; Gustav *Faber*, Der Vater der Theaterwissenschaft (Die Bühnengenossenschaft Nr. 53) 1953; H. *Günther*, A. K. Ein Lebensbild (in der Festschrift für A. K. = Erfülltes Leben) 1953 (mit Bibliographie); Kurt *Ude*, Studentenvater — Dichterfreund (Die Neue Zeitung, Frankfurt a. M. Nr. 167) 1953; Hugo *Hartung*, Dem Theater-K. zum Fünfundsiebzigsten (Die Literarische Welt Nr. 14) 1953.

Kutschera, Tilly, geb. 1890, gest. 27. Juni 1920 zu Wien (durch Selbstmord infolge Sinnesverwirrung), Tochter des Schauspielers Viktor K., gehörte wie ihr Vater dem Deutschen Volkstheater in Wien als Mitglied an u. war seit 1908 Hofburgschauspielerin. Hauptrollen: Leopoldine („Der junge Medardus"), Gerda („Die drei Grazien"), Cherubin („Der tolle Tag") u. a.

Kutschera, Viktor, geb. 2. Mai 1863 zu Wien, gest. 20. Jan. 1933 das., Sohn eines Ingenieurs der Staatsbahnen, Schüler von B. Baumeister (s. d.), F. Mitterwurzer (s. d.) u. des Konservatoriums seiner Vaterstadt, debütierte 1884 bei den Meiningern, spielte bald in deren berühmten Mustervorstellungen u. kam als vielseitiger Schauspieler 1889 an das neugegründete Deutsche Volkstheater in Wien, wo er mit Ausnahme der Jahre 1895—98 (Engagement am Burgtheater) wirkte. K. spielte vorwiegend Helden des klassischen u. modernen Dramas, kreierte den Fritz in „Liebelei" u. Fritzchen

in „Morituri". Insgesamt trat er in 541 Stükken auf. Hauptrollen: Mortimer, Jaromir, Rustan, Don Cäsar, Tell, Demetrius, Marc Anton, Karl Moor, Julius Cäsar, Heinrich von Navarra („Die Bluthochzeit"), Oswald („Gespenster"), Kaplan Schigorski („Jugend") u. a. Seit 1900 Gatte der Meininger Schauspielerin Elsa Sedlmeyer. K. war nach O. M. Fontana „ein Realist, wie es dem Wiener Volkstum entspricht, eben weil er ganz aus dem Volke kam, ein Realist, auch wenn er das gehobene Dasein des klassischen Dramas vergegenwärtigte. Dabei sprach er Verse nicht als Prosa, sondern als echte Verse, aber niemals auf irgendeinem geborgten hohen Kothurn, sondern immer aus dem lebendigen Gefühl heraus. Rosegger, mit dem seine Eltern verschwägert waren, war dem Buben, der alle Sommer in seiner Nähe verbrachte, der erste Lehrmeister zu der großen Erkenntnis: Natura artis magistra. Ja, wahrhaftig die Natur war es, die ihm den Weg zur Kunst wies."

Literatur: Eisenberg, V. Kutschera (Biogr. Lexikon) 1903; H. *Glücksmann*, Festschrift zum Doppeljubiläum Kutscheras 1923; O. M. *Fontana*, V. Kutschera (Wiener Schauspieler) 1948.

Kutscherra, Elise s. Nyß, Elise de.

Kutz, Karina, geb. 13. Sept. 1910 zu Deutsch-Eylau, wurde in Berlin musikalisch ausgebildet u. war seit 1937 Dramatische Sängerin an der Städt. Oper in Berlin-Charlottenburg. Hauptrollen: Salome, Carmen, Fidelio, Aida, Tosca, Circe u. a.

Kutzner, Albert, geb. 2. Okt. 1876 zu Straßburg im Elsaß, gest. 20. Juni 1937 zu Berlin-Charlottenburg, wirkte hervorragend in der Operette an verschiedenen Bühnen in Berlin. Kammersänger. Nach seinem Bühnenabschied war K. Präsident der Pensionsanstalt für Bühne, Film u. Rundfunk.

Kutzschbach, Hermann, geb. 30. Aug. 1875 zu Meißen, gest. 9. Febr. 1938 zu Dresden, am dort. Konservatorium ausgebildet, begann 1895 am Hoftheater das. seine Bühnenlaufbahn, setzte sie in Köln u. an der Hofoper in Berlin fort, kehrte 1898 nach Dresden zurück, ging 1906 nach Mannheim u. wurde schließlich nach Schuchs (s. d.) Tod Erster Kapellmeister an der Oper in Dresden. 1936 nahm er seinen Bühnenabschied.

Kutzschenbach, Hans Erdmann von, geb. 15. April 1884 zu Berlin, Doktor der Philosophie, war 1911—14 Dramaturg in Stuttgart, 1914—17 Kriegsteilnehmer, 1917—18 Intendant u. Oberspielleiter in Metz, 1919 bis 1922 Opernregisseur in Lübeck, 1922—24 Leiter des Bühnenvertriebs Breitkopf u. Härtel in Leipzig, 1924—25 Oberspielleiter in Gotha, 1925—29 Intendant in Kaiserslautern u. hierauf in Liegnitz u. am Sommertheater in Warmbrunn.

Kuzmany, Elfriede, geb. 29. Sept. 1915 zu Rokitnitz in Böhmen, besuchte die Akademie für Musik u. darstellende Kunst in Wien u. wurde Charakterdarstellerin am dort. Josefstädtertheater, am Deutschen Theater in Berlin, dann an den Kammerspielen in Bremen u. am Bayer. Staatsschauspiel in München. Hervorragend in der Wiedergabe aller Elemente des weiblichen Wesens vom Naturkind bis zur Heiligen, Heroine u. dämonischen Frau. Gattin des gleichfalls seit 1949 am Staatsschauspiel wirkenden Schauspielers Hans Joachim Wachsmann, der 1950 starb. Hauptrollen: Käthchen von Heilbronn, Ottegebe („Der arme Heinrich"), Julia („Romeo u. Julia"), Olivia („Was ihr wollt"), Klärchen („Egmont"), Kleopatra („Cäsar u. Kleopatra"), Perdita („Wintermärchen"), Rosalinde („Wie es euch gefällt"), Schwester Constanze („Die begnadete Angst" von Bernanos), Johanna („Die heilige Johanna" von Shaw) u. a.
Literatur: Ernst *Wurm,* E. Kuzmany (Neue Wiener Tageszeitung Nr. 162) 1952.

Kyber, Manfred, geb. 1. März 1880 zu Riga, gest. 10. März 1933 zu Löwenstein, studierte in Leipzig, lebte dann in Berlin u. Stuttgart (u. a. Schauspiel-Kritiker am „Schwäbischen Merkur" das.) u. zuletzt in Heilbronn. Vorwiegend Erzähler, aber auch Bühnendichter.
Eigene Werke: Meister Mathias (Drama) 1906; Drei Mysterien (Drama) 1913; Das wandernde Seelchen — Der Tod u. das kleine Mädchen (2 Märchenspiele) 1921; Höhenfeuer (Drama) 1922.
Literatur: Gertrud *v. Karger,* M. Kyber 1937.

Kyrburg, Fritz von der s. Bilse, Fritz Oswald.

Kyser, Hans, geb. 22. Juli 1882 zu Graudenz in Westpreußen, gest. 21. Okt. 1940 zu Berlin, Sohn des Kaufmanns u. Stadtrats Fritz

K., der sich um den deutschen Männergesang große Verdienste in den Ostprovinzen erworben hatte, studierte in Berlin Philologie, Philosophie, Geschichte u. gehörte dem Friedrichshagener Kreise G. Hauptmanns an. Während des Ersten Weltkriegs Berichterstatter für den russischen Kriegsschauplatz. Später übernahm er die Direktion des Verlages S. Fischer in Berlin. Zuletzt war er Chefdramaturg der Bavaria in München. Vorwiegend Dramatiker.
Eigene Werke: Medusa (Tragödie) 1910; Titus u. die Jüdin (Tragödie) 1911; Erziehung zur Liebe (Ernstes Spiel) 1913; Charlotte Stieglitz (Schauspiel) 1915; Columbus (Schauspiel) 1929; Schicksal um York (Schauspiel) 1929; Abschied von der Liebe (Komödie) 1930; Es brennt an der Grenze (Schauspiel) 1932; Rembrandt vor Gericht (Schauspiel) 1932; Schillers deutscher Traum (Volksschauspiel) 1935; Wolken am Horizont (Schauspiel) 1937; Der große Kapitän (Schauspiel) 1939.
Literatur: Christian *Krollmann,* H. Kyser (Altpreußische Biographie 12. Lfrg.) 1941; Franz *Lennartz,* H. K. (Die Dichter unserer Zeit 4. Aufl.) 1941.

Kyser, Karl, geb. 1891 zu Wien, gest. 9. April 1951 das., begann seine Bühnenlaufbahn 1909 in Marburg a. d. Drau, wirkte dann als Schauspieler am Josefstädtertheater in Wien (unter Jarno), nahm am Ersten Weltkrieg teil, kam an die Wiener Volksbühne, an das Deutsche Landestheater in Prag (auch als Bühnenbildner), nach Düsseldorf, Frankfurt a. M., München (Kammerspiele), wieder nach Wien (Raimund-Theater, Deutsches Volkstheater, Theater in der Josefstadt), zog sich jedoch unter Hitler als Häftling u. Zwangsarbeiter ein Herzleiden zu, so daß er nach 1945 nur noch als Gast auftreten konnte. Er zeichnete sich auch als Maler (Porträt u. Landschaft) aus. Hauptrollen: König Philipp, Geßler, Professor Bernhardi, Flitt („Die Freier"), Hassenreuter („Die Ratten") u. a.

Kyser, Maja, geb. 22. Jan. 1913 zu Murnau, ausgebildet von Intendant Willy Grunwald (s. d.), war seit 1931 Schauspielerin (Sentimentale u. Charakterdarstellerin) am Deutschen Nationaltheater in Berlin, am Naturtheater in Friedrichshagen, am Alten Theater in Leipzig u. seit 1934 wieder in Berlin (Komödienhaus, Theater der Jugend u. a.).

L

Laaser Spiel vom Eigenen Gericht, Text der Vintschgauer Komödianten von 1570, erhalten in einer Abschrift von 1805.
Literatur: Anton *Dörrer,* Das Laaser Spiel vom Eigenen Gericht (Der Schlern 18. Jahrg.) 1937.

Laasner (geb. Hagedorn), Rosa (Therese), geb. 14. Jan. 1858 zu Berlin, gest. 30. Okt. 1910 zu Magdeburg, betrat mit 18 Jahren in Berlin die Bühne, wirkte dann als Naive, Sentimentale, Salondame u. Soubrette in Posen, Lübeck, Basel, Mannheim, hierauf in Amerika u., nach Deutschland zurückgekehrt, in Danzig, wieder in Amerika, schließlich in Halle, Mülhausen im Elsaß u. Magdeburg als Komische Alte. Schwester der Schauspielerin Elisabeth Elsbach-Hagedorn. Hauptrollen: Franziska („Minna von Barnhelm"), Susanne („Der Hüttenbesitzer"), Rieke („Die Quitzows"), Hanna („Miß Sarah Sampson") u. a.

Laaß, Bruno, geb. 1880, gest. 30. Juli 1946 zu Erfurt, war jahrelang Regisseur u. Sänger in Ulm, Mülhausen im Elsaß u. a., zuletzt an den Städt. Bühnen in Erfurt Oberspielleiter der Oper u. Sänger. Hauptrollen: Lothario („Mignon"), Kothner („Die Meistersinger von Nürnberg"), Sharpleß („Madame Butterfly"), Germont („La Traviata"), Kalif („Der Barbier von Sevilla") u. a. Gatte der Sängerin Gertrud Sengstack.

Laban (Ps. Mylius), Adolf, geb. 30. März 1847 zu Preßburg, gest. 29. Dez. 1919 zu Traunstein in Oberbayern, Sohn eines Gutsbesitzers, studierte zuerst an der Universität in Wien, wandte sich jedoch bald der Bühne zu, die er 1867 in Linz a. d. Donau erstmals betrat, kam dann über Krems, Triest, Olmütz, Lemberg, Regensburg, Düsseldorf (1870—72), Würzburg (1873), Straßburg (1874), Bremen (1875—76), Brünn (1877) einem Rufe Laubes folgend als Erster Held u. Liebhaber an das Wiener Stadttheater, 1880 nach Leipzig u. ging hier zum Charakterfach über. 1882—1913 war er Mitglied des Stadttheaters in Hamburg. Hauptrollen: Uriel Acosta, Othello, Bolingbroke, Leicester, Hamlet, Posa, Essex, Franz Moor, Mephisto, Richard III., Alba, Egmont, Shylock, Geßler, Meineidbauer, Grillhofer, Pfarrer Hoppe u. a.
Literatur: Eisenberg, A. Mylius (Biogr. Lexikon) 1903.

Laban von Varalya, Rudolf, geb. 15. Dez. 1879 zu Preßburg, schuf 1910 in München eine neuartige Tanzschule, 1919 die Tanzbühne Laban in Stuttgart, übersiedelte mit dieser 1923 nach Hamburg, wo unter seiner Leitung der erste Laienbewegungschor entstand u. 1924 ein eigenes Kammertanztheater. 1926 begründete er das Choreograpische Institut in Würzburg, das er seit 1928 in Berlin weiterführte, hier 1930—33 Ballettdirektor der preuß. Staatstheater. L. schrieb die Choreographie zu „Don Juan" (Tanzdrama von Gluck), „Terpsichore" (Ballett mit Gesang von Händel), „Josephslegende" (von Richard Strauß) u. Szenen aus „Rheingold" (von Richard Wagner).
Eigene Werke: Die Welt des Tänzers 1920; Gaukelei (Tanzdrama) 1923; Casanova (Tanzkomödie) 1923; Narrenspiegel (Kammerstück) 1926; Gymnastik des Tanzes 1926; Des Kindes Gymnastik u. Tanz 1926; Choreographie 1. Heft 1926; Methodik des Tanzes u. tanzschriftliche Tänze 2 Hefte 1928—30.
Literatur: Fritz *Böhme,* Tanzkunst 1926.

Labatt, Leonard, geb. 4. Dez. 1838 zu Stockholm, gest. 7. März 1897 zu Christiania (Oslo), besuchte das Konservatorium seiner Vaterstadt u. begann hier auch seine Bühnenlaufbahn, kam 1868 ans Hoftheater in Dresden, wirkte 1869—83 als Mitglied der Hofoper in Wien, dann bis 1889 in Rotterdam u. Bremen. Hierauf kehrte er in die Heimat zurück. Hauptrollen: Tannhäuser, Lohengrin, Masaniello, Eleazar, Robert der Teufel u. a.
Literatur: R. *Wallaschek,* Das k. k. Hofoperntheater (Geschichte der Theater Wiens 6. Bd.) 1909.

Laber, Heinrich, geb. 11. Dez. 1880 zu Eßlingen, Sohn eines Rentners, besuchte die Akademie der Tonkunst in München, wurde 1914 Leiter der Fürstl. Reußischen Kapelle in Gera, dann Gastdirigent in Berlin, Dresden, Frankfurt a. M., München, Hannover, Leipzig u. a. 1920 Professor. 1923—25 Erster Kapellmeister am Landestheater in Coburg, daneben 1922—24 auch Leiter der Opernaufführungen in Plauen.

Laber, Louis (Geburtsdatum unbekannt), gest. 26. Dez. 1929 zu Helsingfors (durch Selbstmord), war 1920—27 als Opernsänger (Tenor) u. Regisseur am Neuen Deutschen

Theater in Prag, 1928—29 am Stadttheater in Aussig u. zuletzt an der finnischen Nationaloper in Helsingfors tätig.

Labes, Abraham, geb. 1730 zu Stettin, gest. 1796 zu Berlin, spielte Charakterrollen in Hamburg, 1775—78 bei der Schuchschen u. 1778—96 bei der Döbbelinschen Gesellschaft in Berlin. Auch seine Frau Anna Maria, geb. Fick (1734—1804) trat an seiner Seite auf.

Labitzki, Paul (Geburtsdatum unbekannt), gest. 10. Sept. 1930 zu Berlin, war Schauspieler u. Inspizient in Elbing u. a. Hauptrollen: Scholz („Der Registrator auf Reisen"), Jochem („Onkel Bräsig"), Franz („Der fidele Bauer") u. a. Gatte der Schauspielerin Frieda Mangelsdorf.

Labitzky, Toni s. Kohn-Speyer, Antonie.

Lablache, Luigi, geb. 6. Dez. 1794 zu Neapel, gest. 23. Jan. 1858 das., begann seine Bühnenlaufbahn als Baßbuffo in seiner Vaterstadt, ging dann zum seriösen Fach über u. wirkte mit steigendem Erfolg in Palermo, Mailand, Venedig u. Wien. Als einer der bedeutendsten Bassisten erreichte er seit 1830 in Paris den Gipfel seines Ruhms. Auch R. Wallaschek bezeichnet L. als einen der kräftigsten Bässe, die Wien je hatte bewundern können. Persönlicher Freund u. Bewunderer von Anton Hasenhut (s. d.). *Literatur:* Richard *Wallaschek,* L. Lablache (Die Theater Wiens 6. Bd.) 1909.

Lach, Robert, geb. 29. Jan. 1874 zu Wien, Sohn eines Postbeamten, studierte in seiner Vaterstadt u. in Prag, kam 1911 an die Hofbibliothek in Wien u. wirkte seit 1912 als Vorstand der Musikaliensammlung, 1920 bis 1939 als Professor für Musikwissenschaft, entwickelte auf allen Gebieten derselben eine reiche literarische Tätigkeit u. schrieb u. a. eine „Geschichte der Staatsakademie u. Hochschule für Musik u. darstellende Kunst in Wien" 1927, ein musikdramatisches Gedicht „Astarte", Musikdramen „Totentanz", „Gelimer", „Sappho", „Venus Urania", „Die Lüge", „Die Versuchung des Büßers", Märchenspiele „Hummelsang", „Goldener" u. die Musik zu Schönherrs „Ein Königreich". *Literatur:* Riemann, R. Lach (Musik-Lexikon 11. Aufl.) 1929.

Lachmann, Benedict, geb. 8. Febr. 1878 zu Kulm, lebte in Berlin. Dramatiker.

Eigene Werke: Jeanettes Dunkelkammer (Lustspiel) 1914; Der Schrei nach Ruhe (Lustspiel) 1920; Federigo Confalonieri (Szene) 1921.

Lachmann, Ella, geb. um 1870 zu Hamburg, begann ihre Bühnenlaufbahn als Opernsoubrette u. Koloratursängerin 1890 in Detmold, kam 1891 nach Elberfeld, 1892 nach Königsberg, 1893 nach Nürnberg, 1895 nach Magdeburg, 1896 nach Köln u. wirkte 1899 bis 1902 wieder in Königsberg. Seither Konzertsängerin. Hauptrollen: Ännchen („Der Freischütz"), Leonore („Alessandro Stradella"), Anna („Hans Heiling") u. a.

Lachner, Franz, geb. 2. April 1803 zu Rain in Oberbayern, gest. 20. Jan. 1890 zu München, Bruder der beiden Folgenden, humanistisch gebildet (Schüler von Sechter u. Abt Stadler, Freund Schuberts), wirkte seit 1822 als Organist in Wien, später als Kapellmeister am dort. Kärntnertortheater, kam 1834 in gleicher Eigenschaft nach Mannheim u. 1836 als Hofkapellmeister nach München, wurde 1852 das. Generalmusikdirektor, doch löste R. Wagners Vorherrschaft (seit 1868) seine bis dahin tonangebende Stellung bei Hofe ab. 1872 Ehrendoktor der Philosophie von München. Komponist, außer von Kirchenmusik, Liedern u. Symphonien, auch von Opern („Die Bürgschaft" 1828, „Alidia" 1839, „Catharina Cornaro" 1841 u. „Benvenuto Cellini" 1849) u. Oratorien. Sein Bildnis von Alexander Wagner befindet sich in Possarts „Ahnengalerie". *Literatur:* Otto *Kronseder,* F. Lachner (Altbayer. Monatsschrift 4. Jahrg.) 1903; Anton *Würz,* F. L. als dramatischer Komponist (Diss. München) 1927; *Riemann,* F. L. (Musik-Lexikon 11. Aufl.) 1929.

Lachner, Ignaz, geb. 11. Sept. 1807 zu Rain, gest. 24. Febr. 1895 zu Hannover, Bruder des Vorigen u. des Folgenden, humanistisch gebildet, wurde 1824 als Nachfolger seines Bruders Franz Organist in Wien, 1831 Hofmusikdirektor in Stuttgart, 1836 in München, Erster Kapellmeister 1853 in Hamburg, 1858 in Frankfurt a. M. u. trat 1875 in den Ruhestand. Komponist von romantischen Opern („Der Geisterturm" 1837, „Die Regenbrüder", Text von E. Mörike 1839, „Loreley" 1846) u. Instrumentalmusikwerken. *Literatur:* Hermann *Abert,* I. Lachner (Illustr. Musik-Lexikon) 1927; *Riemann,* I. L. (Musik-Lexikon 11. Aufl.) 1929.

Lachner, Vinzenz, geb. 19. Juli 1811 zu Rain, gest. 22. Jan. 1893 zu Karlsruhe, Bruder der beiden Vorigen, humanistisch gebildet, wurde 1831 als Nachfolger seines Bruders Ignaz Organist in Wien, 1836 als Nachfolger seines Bruders Franz Hofkapellmeister in Mannheim, trat 1873 in den Ruhestand, übernahm jedoch 1884 eine Lehrstelle am Konservatorium in Karlsruhe. Komponist u. a. von Ouvertüren zu Schillers „Turandot" u. „Demetrius".
Literatur: Hermann *Abert,* V. Lachner (Illustr. Musik-Lexikon) 1927; *Riemann,* V. L. (Musik-Lexikon 11. Aufl.) 1929.

Lackinger, Sepp (Ps. Sepp von der Aist), geb. 13. Sept. 1890 zu Schwertberg in Oberösterreich, war Lehrer in Tragwein, Schwertberg in Oberösterreich u. Linz. Mundartdichter. Verfasser von Zeit- u. Volksstücken.
Eigene Werke: Revolution (Schauspiel) 1922; Herzload (Volksstück) o. J.; 's Busserl (Volksstück) o. J.; Sunwendtag (Volksstück) o. J.; Abrüstung (Zeitstück) 1932.

Lackner, Hans, geb. 11. Mai 1876 zu Pötzleinsdorf bei Wien, gest. 16. März 1930 zu Wien, Sohn eines Bankbeamten, studierte an der Wiener Universität, wandte sich jedoch dann, von Konrad Loewe (s. d.) dramatisch ausgebildet, der Bühne zu, die er in Troppau erstmals betrat, kam über Gmunden 1898 ans Raimundtheater in Wien, 1904 nach München u. hierauf ans Burgtheater, wo er sich als Naturbursche u. Charakterdarsteller auszeichnete. Hauptrollen: Valentin („Faust"), Martin („Das vierte Gebot"), Karl („Maria Magdalene"), Jakob („Der Meineidbauer") u. a.

Lackner, Josef s. Lackner, Julie.

Lackner, Julie, geb. 1851, gest. 31. Jan. 1908 zu Hohenstadt in Mähren, wirkte an der Seite ihres Gatten Josef L. als Erste Komische Alte u. in Mütterrollen bei dessen Gesellschaft in Mähren, zuletzt in Sternberg. Dieser war im Schauspiel als Gesetzter Held u. in Väterrollen tätig.

Laddey, Emma, geb. 9. Mai 1841 zu Elbing, gest. 12. April 1892 zu München, Tochter des Tierarztes J. G. Radtke, wurde 1859 vom Schauspieler Hendrichs in Berlin für die Bühne ausgebildet u. trat in Lübeck, Leipzig, Königsberg u. a. auf, mußte jedoch wegen eines Halsleidens die Bühne verlas-

sen, heiratete 1864 den Maler Ernst L. u. lebte dann in Stuttgart, wo sie den „Schwäbischen Frauenverein" gründete u. als Erzählerin wie als Verfasserin einiger Bühnenstücke hervortrat.
Literatur: Christian *Krollmann,* E. Laddey (Altpreuß. Biographie 12. Lfg.) 1941.

Laddey, Gustav Heinrich Leopold, geb. 13. April 1796 zu Königsberg in Preußen, gest. 2. Febr. 1872 zu Mainz, begann 1813 als Liebhaber u. Bonvivant in Memel seine Bühnenlaufbahn, gehörte 1818—20 der Döbbelinschen Gesellschaft in Warschau an, wirkte dann in Brünn u. Ofen (hier auch als Direktor), 1830—35 am Königstädtischen Theater in Berlin, 1837—41 in Danzig, 1841 bis 1844 in Riga u. 1844—57 in Petersburg (in diesen Städten nebenbei teils in der Direktion, teils in der Regie beschäftigt). 1857 trat er in den Ruhestand. Bedeutender Heldenvater u. Charakterdarsteller. Hauptrollen: Wallenstein, Wilhelm Tell u. a. In erster Ehe (1818) mit der Schauspielerin u. Opernsoubrette Christiane Möser geb. Feige, in zweiter (1826) mit der Schauspielerin Ulrike Weinland, in dritter (1847) mit der verwitweten Hofschauspielerin Molly v. Druwanoski (geb. Ogoleit) verheiratet.
Literatur: Satori-Neumann, G. H. L. Laddey (Altpreuß. Biographie 12. Lfg.) 1941.

Laddey (geb. Weinland), Ulrike, geb. 17. April 1798 zu Berlin, gest. 11. Okt. 1841, war zuerst Elevin an der Theatertanzschule in Berlin, betrat im Schauspiel 1820 als Julia in P. A. Wolffs „Casario" die Bühne des dort. Hoftheaters, wirkte dann in Stettin u. Danzig, 1823—25 in Brünn, 1826—31 in Ofen u. heiratete hier den Direktor Gustav L. Hierauf gastierte sie in Wien u. war 1831—36 am Königstädtischen Theater, später in Danzig tätig. Ihre Glanzrolle spielte sie als Lady Marlborough in Scribes „Ein Glas Wasser".

Ladenburg, Max s. Heymann, Robert.

Ladewig, Hermann, geb. 1864, gest. 13. Dez. 1931 zu Berlin, war Schauspieler u. Inspizient das., früher Jugendlicher Liebhaber bei einer reisenden Gesellschaft in Deutsch-Böhmen, die unter Leitung von Ottokar Exner in Falkenau, Graslitz u. a. spielte.

Ladurner, Ignaz Anton Franz Xaver, geb.

1. Aug. 1766 zu Aldein in Tirol, gest. 4. März 1839 zu Massy, Benediktiner-zögling in Benediktbeuren, studierte in München, trat als Reisebegleiter in die Dienste einer Gräfin v. Haimhausen, die in der Champagne begütert war, u. kam 1788 nach Paris, wo er blieb (Lehrer Aubers). 1793 u. 1795 führte die dort. Komische Oper zwei seiner Stücke auf. Hauptsächlich Komponist von Sonaten.
Literatur: Wurzbach, I. A. Ladurner (Biogr. Lexikon 13. Bd.) 1865; Hermann *Abert,* I. A. F. L. (Musik-Lexikon) 1927; *Riemann,* I. A. F. L. (Musik-Lexikon 11. Aufl.) 1929.

Ladwig, Werner, geb. 1900, gest. 22. März 1934 zu Berlin als Generalmusikdirektor das.

Lämmel, Josef (Ps. Karl Heinz), geb. 22. April 1891 zu Waidhofen an der Ybbs, war Verlagsbeamter in Graz. Bühnendichter.
Eigene Werke: Die Probe (Einakter) 1925; Luzie (Drama) 1928.

Längenfeld, Johann Nepomuk s. Lengen-felder, Johann Nepomuk.

Länger, Anton Gregor, geb. 12. März 1824 zu Bautsch in Mähren, gest. 31. Aug. 1892 zu Hamburg, war Schauspieler u. Regisseur an verschiedenen dort. Bühnen, zuletzt Mitglied des Centralhallentheaters.

Läu, Alwin Klaus, geb. 6. Juni 1909, lebte in Hamburg. Dramatiker, vorwiegend im Dialekt.
Eigene Werke: De Backobenslacht (Lust-spiel) 1935; Swienjacks (Volksstück) 1936; Krummholt steiht Kopp (Lustspiel) 1937; De Preesterkoppel (Lustspiel) 1941; Fünf Minuten vor Zwölf (Revue-Operette) 1946.

Läutner, Alfred s. Läutner, Maria.

Läutner, Edmund Alexander s. Lutze, Ernst Arthur.

Läutner (geb. Zelenka), Maria, geb. 28. Juni 1899 zu Wien, besuchte das. die Theater-schule Otto, fand ihr erstes Engagement als Muntere u. Sentimentale Liebhaberin in Linz u. kam hierauf nach Nürnberg, Berlin u. a. Gattin des Operettenkomikers u. Spiel-leiters Alfred L.

Lafite, Carl, geb. 31. Okt. 1872 zu Wien,

gest. 19. Nov. 1944 zu St. Wolfgang in Salz-burg, Sohn des Landschaftsmalers Charles L., Großneffe des Dichters Georg Friedrich Daumer, besuchte das Konservatorium seiner Vaterstadt, unternahm Studienreisen nach Rußland, Italien u. der Türkei, war 1911—23 Generalsekretär der Gesellschaft der Musikfreunde in Wien, schrieb u. a. Opern („Die Stunde", Der Meisenkrieg", „Das kalte Herz"), ein Singspiel „Hirtin u. Rauchfangkehrer", eine Pantomime „Das Lied vom Kaufherrn", „Augustin", „Ein-siedel", setzte 1918 Bertés „Dreimäderl-haus" mit „Hannerl" fort u. komponierte 1918 mit Benützung Beethovenscher u. Mo-zartscher Motive die Operette „Der Kon-greß tanzt".

Lagienka, volkstümliche Gestalt aus dem Singspiel Karl v. Holteis „Der alte Feld-herr" (1826) mit dem Lied „Denkst Du daran mein tapferer Lagienka".

La Grange, Anna de, geb. 1825 zu Paris (Todesdatum unbekannt), in Italien als Opernsängerin ausgebildet, trat in Deutsch-land zuerst in Hamburg auf, kreierte 1850 an der Hofoper in Wien die Fides im „Pro-pheten" u. war das. bis 1853 tätig. Nach einer großen Konzerttournee in Amerika nahm sie 1861 frühzeitig als verehelichte Stankovics ihren Bühnenabschied. Haupt-rollen: Norma, Gilda, Lucia u. a.

Lagrange (geb. Gerlach), Olga, geb. 1. Nov. 1874 zu Metz, gest. 20. Jan. 1949 zu Mün-chen, wirkte sei 1900 als Operettensängerin am Gärtnerplatztheater in München. Gattin des Konzertmeisters u. Dirigenten Max L. seit 1904. Hauptrollen: Page („Nanon"), Czipra („Der Zigeunerbaron") u. a.

La Grua (geb. Funk), Emilie, geb. 15. Mai 1831 zu Palermo (Todesdatum unbekannt), war als Opernsängerin (Sopran) 1853—54 Mitglied der Hofoper in Wien. Gattin eines Obersten Carini.

Lahl, Erika, geb. 1. März 1914 zu Bremen, gehörte seit 1933 als darstellendes Mitglied dem Schauspielhaus das. an.

Laholm, Eyvind, geb. 14. Juni 1894 zu Chaire (Vereinigte Staaten von Amerika), wirkte als Opernsänger u. a. in Wiesbaden, Berlin, Hamburg u. als Gast an vielen be-deutenden Bühnen Deutschlands u. des Aus-landes, u. a. 1932—37 an der Staatsoper in

München, 1935—39 an der Staatsoper in Wien.

Lahusen, Christian, geb. 12. April 1886 zu Buenos Aires, Sohn deutscher Eltern, in Wernigerode u. Bremen humanistisch gebildet, besuchte Universität u. Konservatorium in Leipzig (Schüler H. Riemanns), wurde nach Studienreisen durch Europa 1914 Repetitor am Opernhaus in Charlottenburg, 1918 Kapellmeister an den Kammerspielen in München, betätigte sich dann pädagogisch das. u. in Buchenbach (Baden) u. ließ sich schließlich in Berlin nieder. L. schrieb die Stücke „Der Wald" 1919 u. „Die Hochzeit der Schäferin" 1920 sowie die Bühnenmusik zu Eichendorffs Lustspiel „Die Freier", zu Tirso de Molinas „Don Gil von den grünen Hosen", zu Shakespeares „Komödie der Irrungen" u. a.
Literatur: Riemann, Chr. Lahusen (Musik-Lexikon 11. Aufl.) 1929.

Laibach, Hauptstadt des österreichischen auch von vielen Deutschen bewohnten Kronlandes Krain, kannte bereits seit 1598 deutschsprachige Passionsspiele, die von den Jesuiten veranstaltet wurden. Diese spielten alljährlich Schulkomödien, die ihnen freilich 1768 verboten wurden. Auch die Kapuziner führten seit 1617 Leiden-Christi-Spiele auf. 1600 schwangen sich die Jesuiten sogar zur Darstellung einer Oper zu Ehren des anwesenden Kaisers auf. Zur Aufführung von profanen Schauspielen diente zuerst das Rathaus, dann der Fürst-Auerspergsche Hof. 1765 wurde von den Ständen ein Theater erbaut, das Wandertruppen in Pacht erhielten. Als eine der frühesten Truppen wird die von Georg Wilhelm gemeldet. Schikaneder spielte bis 1780, Johann Friedel (s. d.) 1786 u. 87. 1791 hatte Elisabeth Kettner das Theater inne, nach ihr 1792 die Gesellschaft Hellmann u. Koberwein. Die Wandertruppe Vanini ging hier 1795 zugrunde. Nach längerem Stillstand übernahm der Wirt Zur Sonne die Bühne, der später berühmte Johann Karl Liebich (s. d.) führte 1796—97 die Regie. 1797—98 leitete Johann Georg Dengler das Theater. Ihm folgten 1801—03 Georg Schantroch u. a. Immerhin konnte sich das deutsche Theater das ganze 19. Jahrhundert über halten. Erst mit dem Untergang der Monarchie nach dem Ersten Weltkrieg fand es sein Ende.
Literatur: P. v. Radics, Schiller auf der deutschen Bühne in Laibach 1905; Julius Ritter v. *Ohm-Januschowsky,* Das Kaiser-

Franz-Joseph-Jubiläumstheater in L. 1911; *P. v. Radics,* Die Entwicklung des deutschen Bühnenwesens in L. 1912.

Laienspiel bezeichnet eine nicht von Berufsschauspielern veranstaltete Aufführung bzw. ein für Laienbühnen verfaßtes Theaterstück. Die von Bürgern im Spätmittelalter dargebotenen Mysterien- u. Fastnachtspiele des 15. u. 16. Jahrhunderts können als Vorläufer des modernen, aus der Jugendbewegung seit 1912 erwachsenen, von Martin Luserke (s. d.) geförderten Laienspiels angesehen werden. Die Darsteller, Gemeinschaftsgruppen von Schülern, Studenten, Arbeitern, Landleuten usw., verfolgen zum Unterschied von den ausschließlich zur Unterhaltung spielenden Dilettanten ein religiös-erbauliches, sozial-bindendes oder national-erhebendes, den Passions- u. Festspielen verwandtes Programm. Größere Organisationen z. B. in der Schweiz der Zentralverband schweizer. dramat. Vereine in Olten, die Zentrale für das evangel. Laienspiel in Zürich, für das kath. in Luzern unterstützen es wirksam. Laienspiel-Zeitschriften sind: „Das Volksspiel" (seit 1924), „Der bunte Wagen" (Werkblätter für Fest u. Feier, Mädchen-, Kinder- u. Puppenspiel) u. „Die Kumpanei" (Werkblätter für Volksspiel u. Feier. Neue Folge von „Spiel' u. sing'"), herausg. im Verlag Höfling in München. Texte vermitteln die „Bärenreiter-Laienspiele" des Bärenreiter-Verlags in Kassel u. a.
Literatur: Martin *Luserke,* Jugend- u. Laienbücher 1927; R. *Beitl,* Das Taschenbuch für Laienspieler 1928; Rudolf *Mirbt,* Möglichkeiten u. Grenzen des Laienspiels J. *Gentges* u. a., Das Laienspielbuch 1929; R. *Beitl,* Der Oster- u. Pfingstfestkreis 1933; K. *Ziegler,* Das volksdeutsche L. (Diss. Erlangen) 1937; G. *Brix,* Wesen, Gestaltung u. Wert der jugendlichen Laienbewegung 1918—33 (Diss. Rostock) 1937; Ellynor *Eichert,* Das geistl. Spiel der Gegenwart in Deutschland u. Frankreich 1941; H. *Schultze,* Das deutsche Jugendspiel 1941; Margarete *Franke,* Die Münchner Laienspiele (Diss. Wien) 1942; Karl *Seidelmann,* Das L. 1942; Otto *Lang,* Dramatisches L. u. Berufskunst (in O. Gaillard, Lehrbuch der Schauspielkunst) 1946.

L'Allemand, Marcus Conrad, geb. 26. Nov. 1849 zu Wien, gest. 17. Okt. 1913 das., Schüler von Robert Anschütz (s. d.), kam als Charakterspieler in klassischen u.

modernen Stücken 1873 nach Hanau, 1875 nach Königsberg, dann ans Residenztheater in Berlin, 1883 an das Stadttheater in Frankfurt a. M., später nach Petersburg, Breslau u. London, unternahm 1890 eine Gastspielreise nach Neuyork u. Philadelphia, kehrte 1896 nach Europa zurück, wo er an verschiedenen Bühnen gastierte u. nahm 1900 eine feste Anstellung beim Berliner Theater an. Seit 1906 wirkte er in Nürnberg. Gatte der Folgenden. Hauptrollen: Franz Moor, Mortimer, Brackenburg, Romeo, Hamlet u. a.

Literatur: Eisenberg, C. L'Allemand (Biogr. Lexikon) 1903.

L'Allemand (geb. Elsässer), Pauline, geb. 6. März 1858 zu Syracuse in Amerika (Todesdatum unbekannt), betrat 1874 als Zerline im „Don Juan" in Königsberg erstmals die Bühne, bildete sich am Konservatorium in Dresden, bei Pauline Viardot-Garcia u. Anna de La Grange in Paris als Koloratursoubrette weiter aus, wirkte dann in Frankfurt a. M., Leipzig u. auf Gastspielen in Deutschland u. Rußland, 1887 an der Boston Ideal Opera, vorher u. später an anderen Bühnen Amerikas, seit 1892 bis 1894 in England, Deutschland, Rußland u. Italien. Hauptrollen: Carmen, Rosalinde, Rosine, Regimentstochter, Lala Rookh, Bezähmte Widerspenstige u. a. Gattin des Vorigen.

Lalsky, Gertrud de, geb. 27. Jan. 1880 zu Danzig, begann nach dramat. Unterricht bei E. Possart (s. d.) ihre Bühnenlaufbahn in Neuyork, kam über Leipzig, Hannover, Dresden, Wien (Neue Wiener Bühne) während einer Auslandtournee wieder nach Amerika, dann an das Stadttheater in Hamburg, nach Frankfurt am Main u. 1925 nach München, wo sie Erste Salondamen spielte. Hauptrollen: Beline („Der eingebildete Kranke"), Mathilde („Die treue Magd"), Lona („Die Hausdame"), Susanne („Der Abgott") u. a.

La Mara s. Lipsius, Marie.

Lambach, Benediktinerstift in Oberösterreich, hatte 1557 Passionsspiele zu verzeichnen, die von der Rosenkranzbruderschaft aufgeführt wurden u. sich wohl durch einige Zeit erhielten. Auch die Klosterschule meldet damals schon Aufführungen von Schulkomödien, die dann im 17. Jahrhundert u. zu Beginn des 18. stärker ein-

setzten sowie neben den üblichen erbaulichen Stücken in lat. Sprache auch schon Schäferstücke (um 1721) u. a. Bühnenwerke bereits in deutscher Wiedergabe zur Aufführung brachten. Das regste Theaterleben aber entwickelte sich, als Abt Anselm Schickmayer 1770 das berühmte Barocktheater erbaute, das nun seine Glanzzeit mit den urwüchsigen Stücken eines Maurus Lindemayr erlebte, dem ersten „Der kurzweilige Hochzeitsvertrag", dessen Späße die junge Marie Antoinette auf ihrer Fahrt nach Paris, wo sie in Lambach hielt, köstlich erheiterten. Man scheute sich auch damals nicht mehr, auf diesem Stiftstheater Damen auftreten zu lassen wie die berühmte Sängerin Notburga Kaiser u. Michael Haydns Gattin, ja sie erschienen sogar in Hosenrollen wie in Lindemayrs „Chamäleon des Herrn Rabener". Die Blütezeit der Stiftsbühne, die das ganze musikalische u. theaterlustige Linz zu Besuchen anlockte, währte bis 1782. 1783 erschien Berner (s. d.) mit seinen Kinderkomödien. Ferner wurden wiederholt von einer Dilettantengesellschaft Wohltätigkeitsvorstellungen für das Armeninstitut gegeben. Noch 1814 spielte das Tendlersche Marionettentheater. Später galt die Bühne nur mehr als Sehenswürdigkeit.

Lambertin, Carl (Geburtsdatum unbekannt), gest. 29. Sept. 1949 zu Berlin, war Schauspieler in Berlin, Schleswig u. a.

Lambertz-Paulsen, Harry, geb. 1895 zu Hamburg, gest. 20. Juni 1928 zu Berlin, wirkte als Groteskkomiker an der Volksbühne das. u. auch als Kabarettist.

Lambois, Luise Leonore s. Nissel, Luise Leonore.

Lambrecht, Matthias Georg, geb. 1748 zu Hamburg, gest. 20. Jan. 1826 zu München, war Schauspieler der Döbbelinschen Truppe, seit 1782 am Burgtheater tätig, 1873—85 in München, 1785—86 in Hamburg, 1786—1813 wieder in München (hier auch 1793 Regisseur u. 1793—95 Direktor). Seit 1811 Bibliothekar der dort. Hofbühne. Dramatiker.

Eigene Werke: Neue Schauspiele für das deutsche Theater, bearbeitet 1786; Das sechzehnjährige Mädchen (Schauspiel) 1788; Vergeltung (Schauspiel) 1789; Hirngespinste (Lustspiel) 1792; List gegen Bosheit (Lustspiel) 1799; Liebe u. Freundschaft (Lustspiel) 1801; Die Mitternachtsstunde (Singspiel) 1801; Beiträge zum deutschen Theater 1811; Die alte schlaue Tante u. ihre Erben (Lustspiel) 1815.

Lamey, August, geb. 3. März 1772 zu Kehl, gest. 27. Jan. 1861 zu Straßburg im Elsaß, Kaufmannssohn, besang in Straßburg die Revolution, ging auf Pfeffels Rat 1794 nach Paris u. wurde unter Napoleon Richter in Lüneburg u. verschiedenen Orten des Elsasses. Lyriker u. Dramatiker (auch in französ. Sprache).
Eigene Werke: Marius zu Karthago (Drama) 1797; Catos Tod (Trauerspiel) 1798; Romulus ou l'origine de Rome (Mélodrame) 1808; Elvérine de Wertheim (Mélodrame) 1808; Clitius' Tod (Dramat. Fragment) 1808; Zuza (Melodrama) 1811; Die Weinlese am Vogesus (Lyr. Szene) o. J.
Literatur: Neubauer, A. Lamey (Die Deutsche Literatur im Elsaß) 1871; *Martin,* A. L. (A. D. B. 17. Bd.) 1883; F. *Meißner,* Ein verschollener deutscher Dichter (Beilage des Berichts über das Gymnasium in Basel) 1893; A. *Hirschhoff,* A. L., ein elsässischer Dichter (Elsaß-Lothr. Heimatstimmen 1927) 1927.

Lamey, Ferdinand, geb. 20. Dez. 1852 zu Heidelberg, gest. 5. März 1925 zu Freiburg im Brsg., studierte in Heidelberg (Doktor der Philosophie), war an der Landesbibliothek in Karlsruhe, dann an verschiedenen Mittelschulen u. seit 1922 in Freiburg tätig. Nicht nur Erzähler, sondern auch Bühnenschriftsteller.
Eigene Werke: Der Lotse (Oper von Max Braun) 1896; Morgiane (Oper von dems.) 1897; Idyllen (Szenen zur Hebel-Feier) 1910; Oku-Sama (Lustspiel) 1920.

Lamezan auf Altenhofen, Ferdinand Freiherr von (Ps. Ferdinand v. Alten), geb. 13. April 1885 zu Petersburg, gest. 16. März 1933 zu Dessau (während einer Gastspielreise), entstammte einer Offiziersfamilie, war, ehe er die Bühnenlaufbahn betrat, auch Offizier, kam nach entsprechender Ausbildung 1912 an das Hoftheater in München u. wirkte 1918—33 als Charakterliebhaber in Berlin.

Lami, Johanna, geb. 31. Juli 1791 zu Berlin, gest. 12. Febr. 1843 zu Riga, spielte an bedeutenden Bühnen des Auslandes u. nach Scheidung ihrer Ehe unter ihrem Mädchennamen Göcking u. zeichnete sich in komi-

schen Charakterrollen besonders seit 1837 in Riga unter Karl v. Holtei aus.
Literatur: Anonymus, J. Lami (Almanach für Freunde der Schauspielkunst, herausg. von L. Wolff 8. Jahrg.) 1844.

Lamka, Helmut, geb. 24. April 1924 zu Karlsbad, lebte in Baunach bei Bamberg. Regisseur, Schauspieler u. Bühnendichter.
Eigene Werke: Dornröschen (Operette) 1947; Rübezahl u. der faule Ludwig (Märchenspiel) 1948; Das immerleuchtende Sternlein (Märchenspiel) 1948; Struwelpeter (Märchenspiel) 1949.

Lammert, Minna s. Tamm, Minna.

Lamond-Triesch, Irene, geb. 13. April 1877 zu Wien, gest. um 1950, war Schauspielerin seit 1894 am Residenztheater in Berlin, am Deutschen Theater in München, seit 1898 am Stadttheater in Frankfurt a. M. u. seit 1901 am Lessingtheater u. Deutschen Theater in Berlin. Nach dem Ersten Weltkrieg spielte sie u. a. in München u. Prag. Bedeutende Charakterdarstellerin in klassischen u. modernen Stücken (vor allem Strindbergs u. Ibsens, z. B. Nora, Frau vom Meer). Gattin des Pianisten Fréderic Lamond.

la Motte Fouqué, Friedrich Freiherr de s. Fouqué, Friedrich Freiherr de la Motte.

Lampe, Johann, geb. 1744 zu Wolfenbüttel, gest. um 1800 zu Schwedt, wirkte als Tenor 1779—88 in Hamburg, hierauf am Hoftheater in Schwedt.

Lampel, Joachim Friedrich Martin (Ps. Peter Martin Lampel), geb. 15. Mai 1894 zu Schönborn bei Liegnitz in Preuß.-Schlesien, war im Ersten Weltkrieg Fliegeroffizier, nahm später als Mitglied von „Oberland" an den Kämpfen im Baltikum u. in Schlesien teil, wirkte dann als Oberleutnant bei der Schutzpolizei in Thüringen u. hierauf als Kunstmaler in Berlin u. Neuyork. Nach dem Zweiten Weltkrieg lebte er in Hamburg. Dramatiker.
Eigene Werke: Giftgas über Berlin 1929; Verschwörer 1929; Putsch 1929; Pennäler 1929; Revolte im Erziehungshaus 1929; Wir sind Kameraden 1930; Vaterland 1931; Alarm im Arbeitslager 1932; Eine Stimme ruft: Hört uns! 1951; Flucht vor uns selber 1951; Wir werden nicht gefragt 1951; Vier aus dem Bunker 1951; Billy, das Kind 1951.

Lampel, Peter Martin s. Lampel, Joachim Friedrich Martin.

Lampenfieber heißt der nervöse Erregungszustand, von dem Künstler häufig vor ihrem Auftreten auf der Bühne befallen werden.

Lampert, Nestor, geb. 18. Juni 1882 zu München, gest. 10. Dez. 1950 zu Oberstdorf im Allgäu, war Schauspieler u. a. in Graz, Elberfeld u. Stuttgart u. gehörte 22 Jahre dem Staatsschauspiel in München an. Besonders Bauerndarsteller in Stücken Anzengrubers, Thomas u. a.

Lampert-Arpe, Mieze (Geburtsdatum unbekannt), gest. 26. Aug. 1918 zu Frankfurt am Main als Operettensängerin am dort. Albert-Schumann-Theater.

Lamperti, Giovanni Battista, geb. 1839 in Italien, gest. 19. März 1910 zu Berlin, lebte 30 Jahre in Deutschland (Dresden u. Berlin) als berühmter Gesangspädagoge. Lehrer von Marcella Sembrich, Ernestine Schumann-Heink, Paul Bulß u. a. Gatte der Folgenden.

Lamperti (geb. Werner), Hedwig (Edvige), geb. 14. Aug. 1847, gest. nach 1937, betrat 1865 in Danzig als Schauspielerin die Bühne u. kam über Düsseldorf, Breslau, Köln u. a. als Gast nach Berlin u. ans Burgtheater. Hier entdeckte Mathilde Marchesi ihre Stimme, worauf sie von Giovanni Battista Lamperti in Mailand gesanglich ausgebildet wurde u. diesen 1873 heiratete. Zuletzt trat sie in Konzerten auf u. ließ sich 1907 in Berlin nieder.

Lamprecht, Jakob Friedrich, geb. 1. Okt. 1707 zu Hamburg, gest. 8. Dez. 1744 zu Berlin, war Schriftleiter des „Hamburgischen Correspondenten" (1737—40) u. verfaßte ein von Lessing beachtetes „Schreiben von dem gegenwärtigen Zustande der Oper in Hamburg".

Lamprecht, Julius, geb. 30. Juni 1829 zu Berlin, gest. 27. Nov. 1904 zu Breslau, begann seine Bühnenlaufbahn als Opernsänger 1850 in Berlin, wirkte als Lyrischer Tenor in Ballenstedt u. Sondershausen, hierauf in Tenorbuffopartien u. als Regisseur seit 1856 in Breslau, Königsberg, Würzburg, 1864—70 in Bremen, 1870—72 in Neustrelitz, 1872—74 in Detmold, 1874—75 in Freiburg im Brsg., Zürich, Lübeck u. kehrte 1880,

nunmehr als Schauspieler, nach Breslau zurück. 1900 nahm er das. seinen Bühnenabschied. Hauptrollen: Gobbo („Der Kaufmann von Venedig"), Montano („Othello"), Jetter („Egmont"), Wamba („Der Templer u. die Jüdin"), Christoph („Dorf u. Stadt") u. a.

Lamprecht, Willy, geb. 27. Dez. 1858 zu Berlin, gest. 21. Okt. 1905 zu Greiz, war Opernsänger u. Komiker in Hamburg, Breslau, Gera, Magdeburg, Königsberg, Göttingen u. Stettin. Zuletzt Inspizient am Stadttheater in Plauen. Hauptrollen: Ali Bey („Die Fledermaus"), Mayer („Drei Paar Schuhe"), Gordon („Graf Waldemar") u. a.

Land, Hans s. Landsberger, Hugo.

Land, Helene (Lene), geb. um 1870, gest. im Mai 1918, war Liebhaberin u. Sängerin am Carl-Schultze-Theater in Hamburg, in Lüneburg u. a. Gattin von Paul Flashar (s. d.). Hauptrollen: Amalia („Die Räuber"), Kunigunde („Das Käthchen von Heilbronn"), Philippine („Philippine Welser"), Magda („Flotte Weiber"), Irma („Drei Paar Schuhe"), Leonore („Die Ehre"), Theulinde („Kyritz-Pyritz") u. a.

Landa, Max, geb. 1880 zu Wien, gest. 9. Nov. 1933 zu Veldes (slowenisch Bled), ausgebildet von Karl Arnau (s. d.) in Wien, ging 1899 zur Bühne, wirkte zunächst in Hannover, Berlin, war Erster Held u. Liebhaber in Breslau, unter Viktor Barnowsky (s. Nachtrag) am Kleinen Theater in Berlin, auch Direktor des Sommertheaters in Breslau u. a. Hauptrollen: Schmettau („Moral"), Dr. Zelter („Varieté"), von Ranken („Studentenliebe") u. a.

Landau, Felix, geb. 14. März 1872 zu Hamburg, gest. 12. Aug. 1913 während einer Reise von Antwerpen nach Hamburg, Sohn des Tenors Leopold L., wurde am Konservatorium in Wien ausgebildet u. kam als Kapellmeister über Köln an das Stadttheater in Hamburg.

Landau (Ps. Lenhart), Leo, geb. 11. Okt. 1878 zu Brody in Galizien, gest. 24. Juni 1916 (gefallen in Frankreich), war Mitglied des Stadttheaters in Brünn, Wiener-Neustadt, Linz u. a. als Schauspieler u. Regisseur. Hauptrollen: Derwisch („Nathan der Weise"), Pollinger („Das Konzert"), Helmer („Nora"), Blackhorst („Die Waise von Lowood") u. a.

Landau, Leopold, geb. 21. Juni 1841 zu Varanno in Ungarn, gest. 9. Mai 1894, ursprünglich Tempelsänger, von Marie Lehmann, der Mutter der Kammersängerin Lili u. Marie Lehmann (s. d.) u. Professor Franz Götze in Leipzig ausgebildet, begann das. 1870 seine Bühnenlaufbahn, kam dann über Mainz, Straßburg u. Köln 1876 nach Hamburg, wo er blieb u. mit dessen Ensemble er 1882 in London begeisterten Beifall fand. Hauptrollen: Walter Stolzing, David, Mime, Almaviva, Stradella, Lyonel, Tamino u. a. Vater von Felix L.

Landau, Ludwig, geb. um 1887 zu Berlin, war 1912—15 Mitglied der Kammerspiele in München, dann Kriegsteilnehmer, worauf sich seine Spur verlor.

Landauer, Gustav, geb. 1866, gest. 8. April 1944 zu Nürnberg, begann seine Laufbahn als Opernsänger 1893 in Kolmar, wirkte 1896—97 in Koblenz, 1898—1900 in Basel, Graz u. später in Hannover, Wuppertal u. Nürnberg als langjähriges Mitglied des dort. Opernhauses. Hauptrollen: Alberich, Rigoletto, Van Bett u. a.

Land des Lächelns, Das, romantische Operette in drei Akten von Franz Lehár, Text nach Viktor Léon von Ludwig Herzer u. Fritz Löhner. Uraufführung 1929 im Metropoltheater in Berlin. Die Handlung spielt 1912 in Wien u. Peking. Eine österreichische Aristokratin u. ein chinesischer Prinz, der als Diplomat in Wien weilt, lernen sich hier kennen u. lieben u. sie folgt ihm nach Peking. Beider Ehe verläuft zunächst glücklich, bis eines Tages ein ihr bekannter Offizier aus der alten Heimat, der einst vergeblich um sie geworben hatte, auftaucht. Die Sehnsucht nach ihr erwacht in ihrem Herzen, das zudem von Eifersucht gequält wird. Und so gibt sie der Prinz frei, sie fährt nach Wien zurück, während seine ebenfalls um ihr Liebesglück betrogene Schwester sich mit dem Verlust des Wiener Leutnants abzufinden sucht, sei es mit einem „Lächeln trotz Weh u. tausend Schmerzen". Die Operette wird von manchen Kritikern wegen ihres Melodienreichtums u. ergreifenden Stoffes für die bedeutendste Schöpfung Lehárs gehalten. Auch im Film verschaffte ihr Richard Taubers Stimme einen unvergleichlichen Erfolg.

Landeck, Leo, geb. um 1870, begann seine Bühnenlaufbahn als Liebhaber u. Bonvivant 1891 in Pyrmont u. Bremerhaven, spielte 1892 in Landsberg, 1893 in Frankfurt a. d. Oder, gastierte hierauf, wirkte 1898—99 am Luisentheater in Berlin, 1900 am dort. Neuen Theater u. kam dann ans Stadttheater in Zürich. Hauptrollen: Wehrhahn, Johannes Vockerat, Veilchenfresser, Huckebein, Röcknitz u. a.

Landegg, Carl s. Löwenthal-Landegg, Carl.

Landerich, Nora, geb. 1. Sept. 1899 zu Graz, wurde hier ausgebildet u. wirkte als Opernsängerin (Alt) 1924—29 in Dessau, dann am Nationaltheater in Mannheim, hier auch in späteren Jahren als Schauspielerin u. Opernalte. Hauptrollen: Agricola („Eine Nacht in Venedig"), Giovanna („Rigoletto"), Annina („La Traviata") u. a.

Landerstein, Arthur s. Landsteiner, Karl Borromäus.

Landesberg, Alexander, geb. 15. Juli 1848 zu Großwardein in Ungarn, gest. 1916 zu Wien, war Theaterreferent das., Verfasser von Lustspielen, Possen u. Operetten („Karl der Kühne", „Familie Wasserkopf", „Faschingdienstag") u. a.

Landgrebe, Walter, geb. 10. Febr. 1902, gest. 30. Juli 1930 zu Karlsruhe, Doktor der Philosophie, war Schauspieler, Regisseur u. Dramaturg bis 1927 am Stadttheater in Lübeck, bis 1929 in Baden-Baden, wo er außerdem das Baden-Badensche „Bühnenblatt" redigierte u. hierauf nach Karlsruhe verpflichtet wurde. Gatte von Dr. Irmgard Tanneberger, die das. einen Lehrauftrag an der Schauspiel-Akademie innehatte.

Landhochschule für Bühnenkunst in Nettelstedt bei Lübbecke in Westfalen, begründet 1947 von Dr. Hermann Schultze, bezweckte in der Schul- u. Berufsjugend durch Sprecherziehung, dramatische Lesungen, Bühnenaufführungen, Puppenspiele u. Marionettentheater Verständnis für das Theater zu erwecken. In seiner Schrift „Theater aus der Improvisation" (1952) berichtet er über die geistigen u. schöpferischen Grundlagen dieser Lehr- u. Studioeinrichtung.

Landing, Eveline, geb. 1885 zu Hannover, gest. 24. Aug. 1925 zu Frankfurt a. M.,

Schülerin von Karl Friedrich Peppler (s. d.), gehörte 1907—12 unter Georg Stollberg (s. d.) dem Münchner Schauspielhaus an. Von ihrem Gatten Ernst Dumcke (s. d.) geschieden. Hauptrollen: Franziska („Minna von Barnhelm"), Rahel („Jüdin von Toledo"), Lulu („Erdgeist"), Nora u. a.

Landner, Johann (eigentlich Haubner), geb. im letzten Viertel des 18. Jahrhunderts, gest. 19. Juli 1850 zu Baden bei Wien, war Schauspieler in Wien am Josefstädtertheater, seit 1821 am Leopoldstädtertheater, seit 1829 hier auch Regisseur. Er wirkte im niedrig-komischen Fach im Sing- u. Schauspiel. Auch Bühnenschriftsteller.

Eigene Werke: Ein Tag in Döbling (Lustspiel) 1812; Die Soldaten auf dem Marsche (Lustspiel) 1814; Lirum Larum oder Junker Hans in Paris oder Das Gespenst oder Matz in tausend Ängsten (Lustspiel) 1816; Herr Adam u. Frau Eva (Großes musikal. Quodlibet, Musik von Ferdinand Kauer) 1816 (unter dem Titel: Gespensterfurcht oder Herr Adam u. Frau Everl wiederaufgeführt 1840); Spadifankerl u. Vizlipuzli (Quodlibet mit Gesang) 1817; London, Paris, Konstantinopel oder Der Kampf mit dem Bären u. Pudel (Lustspiel) 1817; Der von einem grimmigen Zauberer verfolgte, durch Jammer u. Elend unglückliche, von der Kavallerie überrittene u. endlich durch die Liebe wieder glücklich gewordene Prinz Poliptschy (Musikal. Quodlibet) 1819; Öl-, Leim- u. Wasserfarben (Musikal. Quodlibet) 1819; Die letzte Ziehung des Theaters (Posse) 1820; Der Fasching unter der Donau (Zauberspiel mit Gesang, Musik von verschiedenen Komponisten) 1829; Die Hortensia oder Die Livreen aus London (Lokalposse) 1830; Faschingskrapfen oder Bunt über Eck (Quodlibet mit Gesang u. Tanz) 1830; Theater-Tivoli oder Szenen-Rutscher über die Bühne (Quodlibet) 1831; Die Nichte aus Brasilien (Posse) 1834; List u. Zufall oder Der Bauchredner aus dem Stegreife (Lokalposse mit Gesang, Musik von Michael Hebenstreit) 1841; Die Schicksalsstiefeln (Zauberspiel mit Gesang) 1842; Die geheime Tür (Posse) 1842; Der Teufel ist los! oder Alle sind verrückt! (Posse mit Gesang) 1848.

Landori, Ludmilla, geb. 27. Mai 1870 zu Pest, wirkte als Sentimentale Liebhaberin 1890 in Köln, 1891 als Gast am Burgtheater, später in Frankfurt a. M. u. a. Haupt-

rollen: Emilia Galotti, Desdemona, Julia, Gretchen u. a.

Landovsky, Berta, geb. 18. Okt. 1912 zu Karlsbad, wirkte seit 1949 im Ensemble des Gärtnerplatztheaters in München als Altistin. Hauptrollen: Czipra („Der Zigeunerbaron"), Manja („Gräfin Mariza") u. a.

Landsberg, Hans, geb. 1. Dez. 1875 zu Breslau, gest. 10. Febr. 1920 zu Berlin, lebte das. (Doktor der Philosophie) als freier Schriftsteller. Theaterkritiker u. Literarhistoriker. *Eigene Werke:* Los von G. Hauptmann! 1900; H. Sudermann 1901; Grabbe 1902; Ibsen 1904; Schnitzler 1904; Hartleben 1905; Theaterpolitik 1905; G. Hauptmann 1906; C. Th. Döbbelin 1907.

Landsberger, Arthur, geb. 26. März 1876 zu Berlin, gest. 4. Okt. 1933 das. (durch Selbstmord), Sohn eines Handelsrichters, studierte in München, Heidelberg, Paris, Greifswald u. Berlin (Doktor der Rechte) u. gründete 1907 mit R. Strauß, H. v. Hofmannsthal u. a. die kritische Zeitschrift „Morgen". Außer als Erzähler trat er mit Theaterstücken hervor.
Eigene Werke: Der Großfürst (Schwank) 1911; Das Kind mit den vier Müttern (Schwank) 1911; Der Impresario (Groteske) 1912.

Landsberger (Ps. Lee), Heinrich, geb. 24. Juni 1862 zu Hirschberg in Preuß.-Schlesien, gest. 1. April 1919 zu Köln-Braunsfeld, schrieb außer Erzählungen auch Bühnenstücke.
Eigene Werke: 2 Uhr 46 (Lustspiel) 1888; Wird er kommen? (Lustspiel) 1890; Schulden (Lustspiel) 1893; Die Reifenkönigin (Drama) 1894; Das Examen (Lustspiel) 1894; Der Schlagbaum (Volksstück) 1894; Der Springer (Lustspiel) 1895; Hans Wurst (Schauspiel) 1896; Busch u. Reichenbach (Schwank) 1899 (mit W. Meyer-Förster); Der zerbrochene Krug (Oper) 1902; Ein Held der Vorstadt (Volksstück) 1902; Hammer u. Amboß (Lustspiel) 1902; Der 70. Geburtstag (Lustspiel) 1903; Sankt Just (Lustspiel) 1903; Schnee (Drama) 1903; Griechisches Feuer (Lustspiel) 1912; Grüne Ostern (Drama) 1912; Nach Berlin (Lustspiel) 1916.

Landsberger, Hugo (Ps. Hans Land), geb. 25. Aug. 1861 zu Berlin, Sohn eines jüd. Theologen, seit 1905 Schriftleiter von Reclams „Universum" u. gleichzeitig Vorsitzender der „Neuen freien Volksbühne" in Berlin, unter Hitler verschollen. Außer mit Romanen u. Novellen trat er auch als Dramatiker hervor. Gatte der Schauspielerin Lola Rameau.

Eigene Werke: Der Skorpion (Drama) 1891; Die heilige Ehe (Sozial. Drama) 1892 (mit F. Holländer); Amor Tyrannus (Drama) 1900.

Landshoff, Else s. Levy, Else.

Landshoff, Ludwig, geb. 3. Juni 1874 zu Stettin, gest. 20. Sept. 1941 zu Neuyork, studierte in München u. Berlin (Doktor der Philosophie), kam 1902 als Theaterkapellmeister nach Aachen, 1912 nach Kiel, 1913 nach Breslau, 1915 nach Würzburg u. wirkte seit 1918 als Dirigent in München. Gatte der Konzertsängerin Philippine L.

Landsittel, Fritz, geb. 27. Okt. 1896 zu Mannheim, nach Erwerbung des Doktorats von Robert Garrison (s. d.) für die Bühne ausgebildet, war 1928—29 Regieassistent u. Dramaturg in seiner Vaterstadt, 1929—31 Spielleiter u. Schauspieler in Frankfurt am Main, 1931—33 in Stettin, hierauf stellvertretender Intendant in Magdeburg, an der Märkischen Landesbühne u. in Düsseldorf. Nach dem Zweiten Weltkrieg wirkte L. seit 1952 als Leiter des künstlerischen Betriebsbüros abermals an den dort. Städt. Bühnen.

Landsknechte, deutsche Söldner des 15. u. 16. Jahrhunderts, im Drama.

Behandlung (neuere): Paul *Rieschel,* Der Fischzug (Schwank) 1935; Franz *Hauptmann,* Bauernkrieg (Schauspiel) 1937; Arthur Max *Miller,* Ritter, Tod u. Teufel (Musikal. Drama um Frundsberg) 1937 u. a.

Landsteiner, Karl Borromäus (Ps. Arthur Landerstein), geb. 30. Aug. 1835 auf Schloß Stoizendorf bei Eggenburg in Niederösterreich, gest. 3. April 1909 zu Nikolsburg, Sohn eines stiftsherrschaftlichen Beamten, wurde Gymnasiallehrer, Gemeinderat in Wien u. später Propst in Nikolsburg. Erzähler, aber auch Dramatiker.

Eigene Werke: Die Landtagskandidaten (Lustspiel) 1867; Ein gemütlicher Mensch (Charakterbild) 1867; Der Segenswunsch der Völker (Dramat. Gedicht) 1881; Der Bürgermeister von Wien (Dramat. Gedicht) 1883; Das Höritzer Osterspiel 1896; Dem hl. Severin (Singspiel) 1896.

Literatur: Karl *Fuchs,* K. Landsteiner (Historisch-politische Blätter 134. Bd.) 1909; Alfreda *Suda,* K. L. (Diss. Wien) 1949.

Landstreicher, Die, Operette in einem Vorspiel u. zwei Akten von Carl Michael Ziehrer, Text von L. Krenn u. C. Lindau. Uraufführung 1899 in Venedig in Wien. Trotz der ziemlich banalen Handlung von einem Hochstaplerpaar, das sich von Szene zu Szene immer wieder aus der Klemme zieht, bis es am Ende, selbst um seine Beute betrogen, nur durch den Gnadenakt eines galanten Fürsten vor einem Daueraufenthalt in einem Gefängnis bewahrt wird, zeichnet sich das Stück dank der graziösen Musik des beliebten Tanzkomponisten so sehr aus, daß es unter seinen 22 hinterlassenen Operetten die lebensfähigste geblieben ist.

Landvogt, Adolf s. Landvogt Anna.

Landvogt, Anna, geb. 5. Mai 1840 zu Wien (Todesdatum unbekannt), war zuerst Balletteuse der Hofoper in Wien (bis 1859), begann als Preziosa in Wiener-Neustadt ihre eigentliche Laufbahn, war dann in Wien tätig u. a. am Carl-Theater, 1865—66 am Kgl. Schauspielhaus in Berlin u. hierauf wieder am Carl-Theater, wo sie Damen der ganzen u. der halben Welt glänzend repräsentierte. 1899 gründete sie eine Anna-Müller-Landvogt-Stiftung für mittellose Schauspieler. Ihr Gatte war der als Jugendlicher Held u. Liebhaber am Burgtheater (1854—57), ferner in Hannover, Petersburg, Berlin, Hamburg u. a. wirkende Schauspieler Adolf L.

Literatur: Eisenberg, A. Müller-Landvogt (Biogr. Lexikon) 1903.

Landwehr, Bertram (Geburtsdatum unbekannt), gest. 12. Mai 1902 zu Berlin, vertrat das Fach der Liebhaber u. Bonvivants am Wallnertheater in Berlin, folgte 1861 einer Berufung an das dort. Kgl. Schauspielhaus, wo er bis zu seinem Bühnenabschied 1887 in Chargen- u. Episodenrollen wirkte. Hauptrollen: Lanzelot („Die Braut von Messina"), Zibo („Fiesko"), Bernardo („Hamlet"), Philipp („Die Dienstboten"), Franz („Das Stiftungsfest") u. a.

Lang, Adolf, geb. 10. Juni 1830 zu Thorn, gest. 15. Mai 1912 zu Oliva bei Danzig, besuchte das Konservatorium in Leipzig, war 1854—67 Kapellmeister am Friedrich-Wil-

helmstädtischen Theater in Berlin, als Dirigent besonders für Lortzing u. Offenbach anerkannt, komponierte zahlreiche Berliner Lokalpossen u. a.
Literatur: Riemann, A. Lang (Musik-Lexikon 11. Aufl.) 1929.

Lang, Anton, geb. 17. Jan. 1875 zu Oberammergau, erlernte das Töpfer- u. Hafnergewerbe u. übernahm das väterliche Geschäft. 1900 wurde er als Christusdarsteller des Oberammergauer Passionsspiels in der ganzen Welt bekannt u. hatte auch 1910 sowie später diese Rolle inne. 1901 bereiste er England, 1911 Ägypten, 1923—24 Nordamerika.
Eigene Werke: Aus meinem Leben, Christus in den Passionsspielen zu Oberammergau 1930.
Literatur: Georg *Queri,* Der Christus-Lang 1910; Ferdinand *Feldigl,* Oberammergau u. sein Passionsspiel 1910; Hermine *Diemer,* Oberammergau u. seine Passionsspiele 1930.

Lang, Arnold, geb. 3. April 1838 zu Egolshofen in der Schweiz, gest. 12. April 1896 zu Bern, war Uhrmacher, dann Postbeamter, Redakteur der „Tagespost" in Bern u. zuletzt des dort. „Neuen Hausfreundes". Dramatiker.
Eigene Werke: Überm Ozean oder Das Schwyzer Alpenrösli (Drama) 1869; Die eifersüchtige Frau (Posse) 1872; Neutral (Schwank) 1872; Der Fabrikler oder Die falsche Freundschaft (Volksdrama) 1872; Winkelrieds Abschied (Drama) 1872; Abschied u. Rückkehr (Vorspiel zu: Die Schweizer in Amerika) 1872; Die Schweizer in Amerika (Schauspiel) 1874; Die Söhne der Berge (Schauspiel) 1874; Die Rose vom Oberland (Schauspiel) 1874; Unfehlbare u. Ketzer im Jura (Lustspiel) 1874; Der Bauernkrieg (Trauerspiel) 1874; Der Schweizer in Neapel (Schauspiel) 1887; D's Schwyzer Alpenrösli (Schauspiel) 1893.

Lang, Elise, geb. 7. März 1766 zu Mannheim, gest. 14. Jan. 1824 zu München, Tochter des Schauspieldirektors Felix Berner (s. d.), war Schauspielerin u. Sängerin in Würzburg, 1782 in Mannheim u. 1789 bis 1822 in München. Sie war seit 1782 mit dem Sänger u. Schauspieler Nicolaus Peierl u. nach dessen Tod (21. Aug. 1800) seit 1801 mit Franz L. verheiratet. Dieser Verbindung entsprang Katharina L., verehelichte Zuccarini. Hauptrollen: Klytämnestra („Iphigenie in Aulis"), Elisabeth („Maria Stuart"),

Gräfin Terzky („Die Piccolomini"), Daja („Nathan der Weise") u. a.

Lang, Ferdinand, geb. 28. Mai 1810 zu München, gest. 30. Aug. 1882 das., Sohn des Hofgeigers Theobald L. u. der Hofopernsängerin Regina Hitzelberger (s. d.), Neffe des Theaterdirektors Carl Bernbrunn (s. d.), wurde in seiner Vaterstadt für die Bühne ausgebildet u. wirkte seit 1827 als Jugendlicher Liebhaber an der dort. Hofbühne. 1830 spielte er bei der ersten Faustaufführung in München den Schüler. 1834 ging er nach einem Gastspiel am Burgtheater, von Raimund, seinem Vorbild begeistert, als Staberl ins komische Fach über u. wirkte bis zu seinem Tode in seiner Vaterstadt. Gastspiele führten ihn nach Berlin, Hamburg, Würzburg u. a. Hauptrollen: Kosinsky, Zoronzo, Staberl, Valentin, Licht, Rappelkopf, Zwirn u. a. An Langs Grabe feierte E. v. Possart seine Verdienste: „L. überraschte nicht, er blendete nicht, aber er verwendete seine Naturgaben, den unwiderstehlichen Blick, den herzlichen Ton, den ungekünstelten Anstand seiner Bewegungen mit so bezwingender Wahrheit u. Einfachheit, daß in wenigen Minuten das schöne Band der Sympathie zwischen Darsteller u. Publikum geschlungen war. Er war ein Komiker, der es wagen durfte, sich mitten in den Rahmen einer hohen Tragödie zu stellen u. den ungeheueren komischen Kredit, der ihn umgab, sobald nur sein Gesicht in der Coulisse sichtbar wurde, machte er vergessen durch die Charakteristik seiner Leistung. Die kleinste Partie erhielt in der Noblesse seiner Darstellungsweise einen wohltuenden Anstrich. Er erteilte selbst der niedrigst-komischen Rolle durch die unerschütterlich diskrete Ausführung den künstlerischen Adelsbrief. F. L. war ein aristokratischer Komiker, u. er besaß den charakteristischen Vorzug des Aristokraten, er war konservativ in seiner Kunst! Niemals hat er sich durch lauten oder durch zu geringen Beifall hinreißen lassen, nur eine Linie über die Grenze zu gehen, die sein künstlerisches Feingefühl ihm steckte. Wie er vor 30 Jahren in dieser oder jener Szene stand u. sprach u. spielte, so, genau so agierte er auch drei Dezennien später, u. die Wirkung war in jungen, wie in alten Tagen die gleiche, unwiderstehlich zündende! Schlichte Wahrheit, rührender Herzenston u. unbestechliche Decenz bildeten die Elemente seiner künstlerischen Eigenart! Sie geht mit ihm verloren! . . ." Ein Bild des Künstlers als Staberl, gemalt von Franz v. Defregger, befindet sich in Possarts „Ahnengalerie" in München.

Literatur: R. *Gadermann,* Fünfzig Jahre eines Künstlerlebens 1877; J. *Kürschner,* F. Lang (A. D. B. 17. Bd.) 1883; *Eisenberg,* F. L. (Biogr. Lexikon) 1903.

Lang, Franz Xaver, geb. 1785, gest. 1853. S. Lang, Martin.

Lang (geb. Stamitz), Franziska, geb. vor 1760, gest. 4. Febr. 1800 zu München, begann ihre Bühnenlaufbahn als Sängerin u. Soubrette im Singspiel u. Schauspiel 1776 am Hoftheater in München u. kreierte das. 1799 die Ariadne in „Ariadne auf Naxos". Erste Gattin von Franz L.

Lang, Georg, geb. 2. Sept. 1839 zu München, gest. 2. Jan. 1909 zu Dießen in Oberbayern, Sohn u. Schüler von Ferdinand L., trat als Schauspieler 1862 am Hoftheater auf, kam als Bonvivant u. Komiker über Bamberg u. Chemnitz nach Königsberg, leitete 1870—79 das Stadttheater in Danzig u. 1879—98 das Gärtnerplatztheater in München, das unter ihm eine Glanzzeit der Operette erlebte, in der seine Gattin Agnes, geb. Ratthey, als Soubrette an der Spitze eines vortrefflichen Ensembles wirkte. Aber auch das Volksstück pflegte L. hier, wie etwa Raimund, Nestroy u. a., wobei sein Vater historisch gewordene Leistungen als Komiker bot. 1897 nahm L. als Intendanzrat seinen Abschied von München, ging noch für zwei Jahre als Direktor ans Theater an der Wien in Wien u. zog sich dann nach Dießen am Ammersee zurück.

Lang, Georg, geb. 7. Jan. 1893 zu Aschaffenburg, ausgebildet in Frankfurt a. M., war 1919—23 Dramaturg u. Spielleiter in Hanau, 1923—25 stellvertretender Direktor u. Oberspielleiter in Aschaffenburg, 1926—28 Oberspielleiter in Frankfurt a. M., 1928—29 wieder in Hanau, seit 1929 in Meiningen u. nach dem Zweiten Weltkrieg Oberspielleiter des Schauspiels am Stadttheater in Plauen.

Lang, Hans, geb. 5. Juli 1908 zu Wien, am Konservatorium das. musikalisch ausgebildet (Schüler von Lafite), komponierte anfangs vorwiegend für das Kabarett, später auch für das Theater (Musik zu „Lisa, benimm Dich", „Drei Paar Schuhe", „Hofrat Geiger", „Die Fiakermilli" u. a.) u. war auch

Kapellmeister an den Kammerspielen in Wien.

Lang, Heinrich s. Hellmann, Heinrich.
Literatur: Anonymus, H. L. (Bühnengenossenschaft Nr. 6) 1955.

Lang, Helene Clara, geb. 11. Juli 1855, gest. 20. Juli 1876 zu Zwickau in Sachsen, war Schauspielerin u. Sängerin in Köln, Krefeld u. zuletzt am Stadttheater in Wesel.

Lang, Johann Baptist, geb. 1800 zu Wien, gest. 27. Nov. 1874 das., ursprünglich Jurist, begann 1824 als Heldendarsteller seine Bühnenlaufbahn, folgte aber bald am Leopoldstädtertheater dem Vorbild Raimunds in vorwiegend komischen Rollen. Er war der erste Amphio in Ferdinand Raimunds Zauberspiel „Die gefesselte Phantasie", ebenso der erste Rappelkopf im „Alpenkönig u. Menschenfeind" 1828. Später auch Regisseur das. sowie am Carltheater (unter Carl, Nestroy u. Treumann). Ein Augenleiden zwang ihn zum frühzeitigen Bühnenabschied. Auch Bühnenschriftsteller.

Eigene Werke: Das Gelübde der Treue oder Der Giftbecher (Schauspiel) 1819; Die Braut durchs Würfelspiel oder Der Wunderspiegel (Zauberspiel, Aufführungsverbot) 1819; Die Abenteuernacht (Kom. Singspiel, aufgeführt) 1826; Die Empfehlungsbriefe (Dramat. Maske nach Lebrün, aufgeführt) 1826; Der Zauberdrache (Posse nach Bauernfeld, aufgeführt) 1848.
Literatur: Joseph *Kürschner,* J. B. Lang (A. D. B. 17. Bd.) 1883.

Lang, Josef August, geb. 1806 zu Braunau in Böhmen, gest. 1. Juni 1888 das., war Schauspieler u. Bühnenschriftsteller („Napoleon III.", „Kaiser Max" u. a.).

Lang, Josefa (Josephine), s. Flerx, Josefa.

Lang, Karl, geb. 24. Juni 1860 zu Waiblingen in Württemberg, Sohn eines Bauinspektors, war Bankdirektor, ging jedoch schließlich seiner Veranlagung u. Neigung entsprechend zur Bühne, trat erstmals 1891 als Max im „Freischütz" am Hoftheater in Karlsruhe auf, kam 1893 nach Breslau, 1894 nach Schwerin u. wurde hier 1899 zum Kammersänger ernannt. Hauptrollen: Tannhäuser, Lohengrin, Siegmund, Stolzing, Canio, Hüon u. a. 1914 nahm er seinen Bühnenabschied.

Lang, Katharina s. Zuccarini, Katharina.

Lang, Lotte s. Lang-Binder, Lotte.

Lang, Ludwig, geb. 30. April 1862 zu München, gest. 20. Dez. 1938 zu Wuppertal, begann seine Bühnenlaufbahn am Hoftheater in München, wirkte 1887—89 in Neustrelitz, 1889—90 in Aachen, 1890—91 in Würzburg, 1891—93 in Görlitz, in Baden-Baden u. schließlich in Wuppertal. Charakterdarsteller u. Komiker. Seit 1934 im Ruhestand. Mit seiner Gattin, der Schauspielerin Kathi Voigt, gründete er in Wuppertal eine Schauspielschule. Hauptrollen: Wilhelm Tell, Geßler, Malvolio, Mephisto, Leopold („Das weiße Rößl") u. a.

Lang, Margarethe s. Bernbrunn, Margarethe.

Lang (geb. Boudet), Marianne, geb. 1764 zu Mannheim, gest. im Aug. 1835 zu Wien, spielte zuerst in ihrer Vaterstadt u. 1778 bis 1821 am Hoftheater in München. Als Tragische Liebhaberin kreierte sie die Königin in „Don Carlos" bei der Münchener Erstaufführung u. Bertha im „Wilhelm Tell" 1806. Zuletzt vertrat sie hauptsächlich Rollen von Anstandsdamen u. bemühte sich um die Heranbildung des Nachwuchses. Mutter der Sängerin u. Schauspielerin Margarethe Bernbrunn (s. d.), Lehrerin der Charlotte v. Hagn (s. d.).

Lang, Martin, geb. 21. Juni 1755 zu Mannheim, gest. 1819 zu München, kam 1778 mit dem Kurfürsten Karl Theodor nach dessen Regierungsantritt das, als Schauspieler aus seiner Vaterstadt an das Hoftheater der bayr. Hauptstadt. Gatte der Schauspielerin Marianne L. Stammvater der Künstlerfamilie L. (Theobald, Franz Xaver, Margarethe, Josephine usw. s. d.).

Lang, Matthias, geb. 18. Febr. 1902 zu Biel, lebte als Rektor in Bernkastel-Kues an der Mosel. Erzähler u. Dramatiker.
Eigene Werke: Der Hof u. die Tochter (Drama) 1950; Wenn es klappt (Lustspiel) 1950; Die Anstandsdame (Lustspiel) 1950; Es brennt (Spiel) 1950; Im grünen Gras beim Osterhas (Spiel) 1950.

Lang, Michael (Michl), geb. 16. Jan. 1899 zu Kempten, Neffe des berühmten Bauerndarstellers u. Komikers Seppl Eringer (s. d.), trat wie dieser seit 1945 bei den Dachauern im „Platzl" in München auf, wirkte seit

1947 am dort. Volks- u. Gärtnerplatztheater u. erlangte besonders als biederer Münchner Bürger Xaver Brumml in den „Brumml-Geschichten" im Rundfunk große Volkstümlichkeit.

Lang, Paul, geb. 3. Okt. 1894 zu Basel, studierte das. (Doktor der Philosophie) u. ließ sich in Küßnacht bei Zürich nieder. Vorwiegend Theaterhistoriker u. Bühnendichter.
Eigene Werke: Die schweizer. Tellspiele 1924; Bühne u. Drama der deutschen Schweiz im 19. u. 20. Jahrhundert 1925; Zeitgenössische Schweizer Dramatiker 1926; Sturmzeit (Drama aus dem Weltkrieg) 1930; Der Einbrecher (Lust. Einakter) 1932; Waldmann von Murten (Einaktiges Festspiel) 1935; Der Sturz Waldmanns (Tragödie) 1935; Giannettina, Giannettina ... (Komödie) 1939; Das Schweizer Drama (1914 bis 1944) 1944; Drei Helden (Vaterländisches Spiel) 1944.

Lang, Regina, geb. 1786 zu Würzburg, gest. 10. Mai 1827 zu München, Tochter von Sabine Hitzelberger (s. d.), die sie gesanglich ausbildete, trat unter ihrem Mädchennamen als Opernsängerin am Hoftheater in München auf, wo sie Napoleon anläßlich seines Aufenthalts 1805 hörte u. vergeblich für Paris zu gewinnen suchte; sie blieb an dieser Bühne bis 1811 u. war seit 1809 mit dem Hofmusikus Theobald L. verheiratet. Mutter von Ferdinand L. (s. d.). Bayr. Kammersängerin.

Lang, Thea s. Harbou, Thea von.

Lang, Theobald, geb. 1783, gest. 1826. S. Lang, Martin.

Lang, Willy, geb. 1. Juni 1869 zu Frankfurt a. M., gest. 16. Juli 1919 zu Lüneburg, war Charakterdarsteller u. a. in Frankfurt a. M., Berlin, Hamburg, Königsberg, leitete die Bühnen in Bielefeld, Herford, Minden, Stade u. das Stadttheater in Lüneburg. Gastspiele führten ihn als Schauspieler nach Petersburg, Konstantinopel u. a.

Lang-Binder, Lotte, geb. 11. Jan. 1900 zu Wien, Tochter des Sektionschefs Prof. A. v. Binder, besuchte die Lehrerinnenbildungsanstalt u. Handelsakademie ihrer Vaterstadt, war nach dem Ersten Weltkrieg vier Jahre Sekretärin beim Psychiater Wagner-Jauregg, bildete sich für die Bühne aus u. wirkte dann als Gesangssoubrette bzw. Schauspielerin in Linz, Hamburg, Brünn, München (Kammerspiele) u. seit 1933 in Wien (Volks- u. Raimundtheater, Kammerspiele, Volks- oper, Theater in der Josefstadt).

Lang-Keck, Pridel, geb. 21. Juni 1889 zu Männedorf in der Schweiz, verbrachte ihre Jugend in Reutlingen in Württemberg u. heiratete 1911 den Schriftsteller Robert L. Seit 1919 lebte sie in Uetikon. Erzählerin, aber auch Verfasserin von Bühnenstücken. *Eigene Werke:* Welle Herr Meier? (Lust- spiel) 1926; S Büro dihäime (Lustspiel) 1927; E gfehlts Tuech (Volksstück) 1928; De Schutz hine-n-use (Schwank) 1934; Bekannt- schaft gesucht (Schwank) 1934; De Lippe- stift (Schwank) 1936; D Finger verbrännt (Schwank) 1937; S Telegramm (Schwank) 1938; Der erscht Ydruck (Schwank) 1947.

Lang-Ratthey, Agnes, geb. 1845 zu Berlin, gest. 23. April 1914 zu Dießen am Ammer- see, von Gustav Berndal (s. d.) ausgebildet, kam als Jugendliche Naive ans Thaliathea- ter in Hamburg, alsbald ans Hoftheater in Hannover, 1866 ans Woltersdorfftheater in Berlin, 1867 an dort. Friedrich-Wilhelm- städtische Theater, wo sie zur Operette überging, hierauf ans Wallnertheater das., 1870 nach Danzig u. 1879 ans Gärtnerplatz- theater in München. Zuletzt wieder haupt- sächlich im Lustspiel tätig, seit 1901 als Ko- mische Alte am Lessingtheater in Berlin u. am dort. Residenztheater. Hauptrollen: Boccaccio, Seekadett, Helma, Violetta, Schöne Galathee, Rosalinde, Cyprienne u. a. Gattin des Schauspielers u. Theaterdirek- tors Georg L. (seit 1870). In der Allgemeinen Theaterchronik von 1871 (Nr. 34) brachte Heinrich Ritter von Seyfried folgende Kri- tik: „Frau R. ist eine blendende Gestalt, mit den wunderbarsten Blauaugen, gemahnend an die unvergeßliche Kraft; sie singt mit einer Verve u. Schönheit u. spielt keck u. frisch, ohne irgend die Grenze des Schönen zu überschreiten; Anmut u. Grazie sind in ihrem steten Gefolge u. auch ein Zug zer- setzender Ironie (welche bei Offenbach- Charakteren unvermeidlich ist) ist bei die- ser trefflichen Soubrette vorhanden." *Literatur: Eisenberg,* A. Lang-Ratthey (Biogr. Lexikon) 1903.

Lang-Voigt, Kathi s. Lang, Ludwig.

Lange, Adolf (Geburtsdatum unbekannt), gest. 4. Sept. 1908 zu Hannover, wirkte als Schauspieler am Stadttheater in Zwickau.

Lange, Aloise Marie Antonie s. Lange, Luise.

Lange, Anna s. Lange, Joseph.

Lange, Arnold, geb. 10. Juni 1872 zu Dan- zig, gest. 13. Dez. 1898 das., gehörte dem dort. Stadttheater seit 1893 als Schau- spieler an.

Lange, Caroline s. Düringer, Caroline.

Lange, Caroline s. Löning, Caroline.

Lange, Emilie s. Aranyi, Emilie.

Lange, Fedor, geb. 1. März 1826 zu Bres- lau, gest. 28. Juni 1917 zu Barnim, gehörte 1852—97 der Bühne an, zuerst im Fache Ge- setzter Liebhaber, in Repräsentations- u. Charakterrollen, später im Fache Ernster u. Humoristischer Väter. Er wirkte in Kö- nigsberg, Halle, Leipzig (Carola-Theater), Potsdam, Zürich, Basel, Nürnberg, Heidel- berg, Trier u. a., zuletzt jahrelang am Kö- nigstädtischen-, bzw. Wallnertheater in Ber- lin. Seinen Lebensabend verbrachte er in Barnim bei Potsdam.

Lange, Franz s. Lange, Olga.

Lange, Frieda s. Lange, Oskar.

Lange, Friedrich, geb. 28. Juli 1891 zu Berne, lebte als Angestellter in Delmen- horst. Verfasser von Bühnenstücken in niederdeutscher Mundart. *Eigene Werke:* De Deerns ut'n Dörp- kroog (Volksstück) 1932; Besök ut de Stadt (Volksstück) 1936; Morgen geit's los (Ko- mödie) 1937; De leßde Danz (Lustspiel) 1940; Große Kinder (Volksstück) 1941; De Hochtietsbitter (Komödie) 1942; Allns ver- dreit (Komödie) 1943; Hochzeitsmorgen (Lustspiel) 1948; Hochtietsgäste (Lustspiel) 1948; De leßde Feriendag (Einakter) 1950 u. a.

Lange, Friedrich, geb. 6. Aug. 1898 zu Flöha in Sachsen, ließ sich in Glauchau nieder, später in Leipzig. Erzähler u. Dramatiker. *Eigene Werke:* Sabotage (Hörspiel) 1939; Der Treibriemen (Schauspiel) 1950; Krach um Goliath (Volksstück) 1951.

Lange, Fritz, geb. 21. April 1872, gest. 6. Aug. 1918 zu Königsberg, begann seine Bühnenlaufbahn als Chargenspieler bei einer reisenden Gesellschaft unter Führung von Julius Peinert, wirkte dann am Stadttheater in Torgau, später auch als Regisseur in Walsrode u. a.

Lange, Fritz, geb. 7. März 1873 zu Wien, gest. 18. Juli 1933 das., wurde 1892 Lehrer in seiner Vaterstadt, daneben Leiter der Opernschule Tschebulz, u. komponierte die Operetten „Die Liebesinsel", „Der Herr Inspektor", „Vereinsmeier", schrieb die Musik zu R. Hawels „Frieden" u. R. Holzers Komödie „Das Ende vom Lied" sowie Bücher, u. a. „Johann Strauß, der Walzerkönig" (Roman) 1925 u. einen Kommentar zu „J. Strauß schreibt Briefe" 1926. *Literatur: Riemann,* F. Lange (Musik-Lexikon 11. Aufl.) 1929.

Lange, Gabriele, geb. 1785 zu Wien, gest. 13. Okt. 1802 das., älteste Tochter von Joseph L., wirkte als Schauspielerin 1802 am Burgtheater, wo sie als Eulalia in „Menschenhaß u. Reue" debütierte.

Lange, Georg, geb. 25. Aug. 1886 zu Berlin, studierte das. (Doktor der Philosophie) u. ließ sich in Hohen-Neuendorf bei Berlin nieder. Vorwiegend Dramatiker.
Eigene Werke: Alexander (Drama) 1911; Rosamunde (Drama) 1912; Wieland (Drama) 1913; Moses (Drama) 1915; Saul (Drama) 1917; Jesus Christus (Drama) 1918; Der Wettstreit (Drama) 1919; Alkestis (Drama) 1920; Ermanarich (Drama) 1925; Euripides' Medea, deutsch 1928; Die Thronfolge (Trauerspiel) 1941.
Literatur: Manfred *Schröder,* G. Lange (Münchner Dichterbuch) 1929.

Lange, George Ernst s. Lüderwald, George Ernst.

Lange, Gottfried, geb. 4. Aug. 1907 zu Danzig, studierte in Berlin Theater- u. Zeitungswissenschaft, war seit 1932 Regieassistent u. dann Regisseur in Berlin u. Hamburg u. seit 1948 Sendeleiter im Rundfunk.

Lange, Hans, geb. 19. Febr. 1878 zu Karlsruhe, Sohn des Schauspielers Rudolf L., war zuerst Zahnarzt, wandte sich 1907 der Bühne zu u. wirkte am Tivoli-Theater in Bremen, dann in Erfurt, Mainz, Stettin, Hannover, Danzig, Schwerin, Karlsruhe u. lange Zeit in Wuppertal als Oberspielleiter der Oper. 1921—26 Kurdirektor u. Leiter der Sommerbühne in Herrenalb u. Liebenzell in

Westfalen, seit 1934 Dramaturg, Schauspieler u. Direktorstellvertreter in Memel. Gatte der Opernsängerin Lotte Bake. Zuletzt lebte L. in Gotha.

Lange, Hanns s. Lange, Johannes.

Lange, Hedwig s. Wrangel, Hedwig Freifrau von.

Lange, Heinrich, geb. 28. Nov. 1827 zu Hamburg, gest. 26. Dez. 1898 das., war jahrzehntelang Mitglied des dort. Varieté-Theaters (Ernst-Drucker-Theater). Erster Heldenvater in Charakter- u. plattdeutschen Rollen sowie in Gesangspartien. Hauptrollen: Barbeaud („Die Grille"), Ziethen („Maria Sulkowska"), Mohr (Krethi u. Plethi") u. a.

Lange, Helene Clara, geb. 11. Juli 1855, gest. 20. Juli 1876 zu Zwickau (Sachsen), wirkte als Schauspielerin u. Sängerin u. a. in Köln, Krefeld u. zuletzt in Wesel.

Lange, Hellmuth Gustav Hippolyt, geb. 10. Febr. 1903 zu Thorn, Diplomkaufmann, lebte in Braunschweig als Herausgeber von Schmalfilmen u. Kleinbuchreihen. Auch Verfasser von Bühnenstücken.
Eigene Werke: Befehl zur Ehe (Komödie) 1939; Kleopatrizia (Komödie) 1939; Bambock (Lustspiel) 1940; Kompromiss der Liebe (Komödie) 1948.

Lange, Herbert, geb. 9. Aug. 1908 zu Dresden, studierte das. u. in Wien u. wurde Lehrer u. Verlagslektor. Für die Bühne schrieb er 1952 den Text zur Oper „Nacht der Verwandlung", Musik von Robert Schollum.

Lange, Horst, geb. 6. Okt. 1904 zu Liegnitz in Schlesien, studierte in Berlin u. Breslau Kunst-, Literatur- u. Theatergeschichte, war seit 1931 freier Schriftsteller, auch Mitarbeiter der „Vossischen Zeitung" u. des „Berliner Tageblatts". Dramatiker.
Eigene Werke: Der Traum von Wassilikowa (Schauspiel aus dem Zweiten Weltkrieg, uraufgeführt in München) 1946; Die Frau, die sich Helena wähnte (Monologstück, uraufgeführt in Wuppertal) 1946; Kephalos u. Prokris (Dramat. Versdichtung) 1949.

Lange, Johanna, geb. 24. April 1825 zu Rendsburg, gest. 27. Sept. 1902 zu Hamburg, wirkte an der Seite ihres Gatten Heinrich

L. am dort. Variététheater als Schauspielerin.

Lange, Johanna, geb. 5. April 1833 zu München, gest. 17. Juni 1884 zu Karlsruhe, Tochter der berühmten Tänzerin Fanni Scherzer, von den Englischen Fräulein in Nymphenburg erzogen, wurde von der Hofschauspielerin Marie Dahn-Hausmann (s. d.) für die Bühne ausgebildet, die sie 1850 in München als Parthenia im „Sohn der Wildnis" betrat, kam dann nach Hannover, Darmstadt u. wirkte seit 1856 als Heroine in Karlsruhe unter Eduard Devrient. Seit 1882 Ehrenmitglied des dort. Hoftheaters. Zweite Gattin des Hofschauspielers Rudolf L. In dem ihr gewidmeten Nachruf des Hoftheater-Intendanten Alois Prasch hieß es: „Die Natur hatte die gottbegnadete Künstlerin mit einem schönen, in allen Registern gleichmäßigen, von edler Wärme beseelten Organ, einer hoheitsvollen Erscheinung ausgestattet. Diese natürlichen Vorzüge, zu denen sich ein jede innere Erregung treffend ausgedrücktes Mienenspiel gesellte, befähigten Johanna L. vorzugsweise zur Darstellung idealer Frauengestalten. Ihre ‚Iphigenie', ‚Antigone', ‚Sappho' wirkten mächtig durch den unvergleichlich edlen Vortrag, durch die Plastik ihrer Bewegungen. Mit herzgewinnender Wahrheit wußte sie die leidenschaftlichen Empfindungen einer ‚Julia', ‚Thekla', ‚Louise', ‚Desdemona' zur Anschauung zu bringen, dasselbe Publikum, welches sie als ‚Minna von Barnhelm' durch ihre bestrickende Anmut im Sturm gefangen nahm, wurde bis ins innerste Mark erschüttert durch die überzeugende Wahrheit, mit welcher sie weibliche Dämone wie ‚Adelheid von Walldorf', ‚Lady Macbeth' verkörperte. Aber auch im modernen Schau- u. Lustspiel entzückte sie durch die Lebenswahrheit ihrer Gestalten, u. als sie später in das Fach der Heldenmütter übertrat, vollzog sie den Übergang in den neuen Wirkungskreis, der so vielen Talenten unüberwindliche Schwierigkeiten bereitet, mit bewunderungswürdiger Leichtigkeit."
Literatur: A. *Prasch,* J. Lange (Almanach der Genossenschaft Deutscher Bühnen-Angehöriger 13. Jahrg., herausg. von Gettke) 1885; *Eisenberg,* J. L. (Biogr. Lexikon) 1903.

Lange, Johannes (Hanns), geb. 6. Okt. 1891 zu Dresden, wurde das. ausgebildet u. wirkte seit 1912 als Tenorbuffo an der dort.

Hof- u. späteren Staatsoper, nahm an den Internationalen Festspielen in Genf, Riga, Zürich u. a. teil u. beschäftigte sich seit 1927 auch als Lehrer u. Leiter der Opernschule am Konservatorium in Dresden. 1945 verließ er die Staatsoper. Seit 1950 Oberspielleiter an der Landesoper der Deutschen Volksbühne Sachsen. Kammersänger. Geschiedener Gatte der Opern- u. Konzertsängerin Helga Petri (s. d.).

Lange, Joseph, geb. 1. April 1751 zu Würzburg, gest. 18. Sept. 1831 zu Wien, Sohn eines Legationssekretärs, besuchte die Akademie der bildenden Künste in Wien, zeigte als Porträtmaler gute Anlagen, nahm jedoch frühzeitig auch an einem Dilettantentheater teil, erregte die Aufmerksamkeit des einflußreichen J. v. Sonnenfels (s. d.) u. kam durch ihn 1770 ans Burgtheater, dem er als gefeierter Heldendarsteller bis zu seinem Bühnenabschied 1821 angehörte. In der Beilage zur „Wiener Allgemeinen Zeitung" (11. Jahrg. Nr. 3) 1818 hieß es: „Dieser gefeierte Veteran ist eine Wundererscheinung am dramatischen Horizonte, denn durch beinahe 50 Jahre dient er der Kunst mit Kraft u. Liebe, u. genießt nun im Greisenalter denselben Beifall, mit dem man in seiner Blütezeit seine artistischen Leistungen krönte. Mit Wahrheit stellt er die Kraftmänner der Vorzeit in die Szene u. verschönert seine Gebilde mit malerischen Attituden. Sein Macbeth, Coriolan, Zar Peter, Ezellino, Othello, Tell, Wallo u. dann in späterer Zeit Zriny u. Borotin sind Schöpfungen, an die sich jeder sinnige Kunstfreund mit Dank erinnert". Nicht minder anerkennend, wenn auch kritisch, beurteilte ihn I. F. Castelli: „L. besaß vor allem ein besonders ausdrucksvolles Gesicht, sehr scharfe, hervortretende Züge u. Tränensäcke an den Augen, wie ich in meinem Leben keine so herabhängenden bei einem Menschen gesehen habe. Er war von mittlerer, kräftiger Statur, aber gut gebaut. Seine Vorzüge waren eine starke, sonore Stimme, Deutlichkeit im Vortrage u. vor allem die Geschicklichkeit, sich in edlen malerischen Stellungen zu präsentieren, welche er durch Drapierung seiner Gewänder in Kostümrollen noch auffallender zu machen verstand. Seine Deklamation war immer pathetisch, aber sehr unrichtig. So wie ein Teig die Form jenes Gefäßes annimmt, in welchem er gebacken wird, so wurde auch jede Rolle, welche er, meistens schlecht, memorierte, nicht der Ausdruck

des Charakters, den er darstellen sollte, sondern er spielte sich immer selbst. Römer u. Griechen, Ritter u. Amtleute, alle waren Langes. Verse konnte er durchaus gar nicht sprechen. Das Pathos hatte er sich so angewöhnt, daß er auch im gesellschaftlichen Leben das Unbedeutendste nicht ohne seinen gewöhnlichen Tonfall sprechen konnte. Ungeachtet aller dieser Fehler brachte es L. bloß durch die Kraft u. das Feuer seiner Rede u. durch seine malerischen Stellungen dahin, daß er der Abgott der Wiener wurde". L. ist auch der Komponist der Operette „Adelheid von Ponthieu" 1796. Sein Selbstbildnis als Hamlet fand in der Ehrengalerie des Burgtheaters Aufnahme. Seine Töchter Anna u. Gabriele L. gehörten als Schauspielerinnen ebenfalls dem Burgtheater an. L. heiratete nach dem Tod seiner ersten Gattin Maria Antonia Schindler die Schwägerin Mozarts Luise Marie Antonie Weber. Sein älterer Bruder Michael, seit 1770 ebenfalls als anerkannter Hofschauspieler tätig, starb schon am 29. Juli 1771.
Literatur: Anonymus (= J. Lange) Biographie des J. L. 1808; *Wurzbach,* J. L. (Biogr. Lexikon 14. Bd.) 1865; Hyazinth *Holland,* J. L. (A. D. B. 17. Bd.) 1883; *Eisenberg,* J. L. (Biogr. Lexikon) 1903; H. *Landsberg,* Ein Hofschauspieler der josefinischen Zeit (Vossische Zeitung, Sonntagsbeilage Nr. 2) 1908; Karoline *Pichler,* Denkwürdigkeiten aus meinem Leben (Neudruck) 1914.

Lange, Karl-Heinz, geb. 26. März 1925 zu Hannover, besuchte die Pädagog. Hochschule u. die Schauspielschule das., war 1943—45 Bankangestellter, seit 1947 Schauspieler u. Regisseur, seit 1951 Lehrer in Riede bei Bremen u. Verfasser von Laienspielen u. Dramen.
Eigene Werke: Die Sternlegende (Drama) 1950; Das Lied vom Zauberberg (Drama) 1951.

Lange, Louise s. Albrecht, Louise.

Lange, Ludwig, geb. 1845, gest. 1869 zu Bützow in Mecklenburg, wirkte als Schauspieler in Hamburg u. Kiel.

Lange, Luise (Aloise oder Aloysia) Marie Antonie, geb. 1759 zu Mannheim, gest. 1830 zu Frankfurt a. M., Tochter des kurfürstl. Sängers, Souffleurs u. Kopisten Fridolin Weber, Mozarts Jugendliebe u. spätere Schwägerin, Base Carl Maria v. Webers, betrat 1779 als Sängerin die Bühne ihrer Vaterstadt, wo sie den Hofschauspie-

ler Joseph L. heiratete, begleitete ihren Gatten auf Gastspielreisen, unternahm mit Mozart 1778 eine Fahrt an den Hof der Fürstin Karoline v. Nassau-Weilburg, u. erzielte u. a. in Berlin großen Erfolg. 1796 war sie mit ihrer Schwester Constanze Mozart wieder auf Reisen u. sang u. a. in Hamburg, 1798 in Amsterdam, kehrte jedoch nicht mehr zu ihrem Gatten zurück u. ließ sich nach ihrem Bühnenabschied in Frankfurt a. M. nieder.
Literatur: Hyazinth *Holland,* Aloise Marie Antonie Lange (A. D. B. 17. Bd) 1883; *Eisenberg,* L. M. A. L. (Biogr. Lexikon) 1903; H. *Lemacher,* Zur Geschichte der Musik am Hofe zu Nassau-Weilburg (Diss. Bonn) 1916.

Lange, Luise, geb. 7. Dez. 1859 zu Dresden, gest. 27. Okt. 1880 zu Stettin (durch Selbstmord), war Schauspielerin am Stadttheater das.

Lange (geb. Schindler), Maria Antonia, geb. 1757 zu Wien, gest. 14. März 1779 das., Tochter des Direktors der Wiener Porzellanmanufaktur Schindler, begann 1770 in Wien ihre Bühnenlaufbahn, heiratete 1775 Joseph L. (s. d.), gehörte in Venedig u. London der Großen Oper an u. kehrte 1778 wieder nach Wien zurück.

Lange (geb. Fomm), Mathilde, geb. 1833 zu München, gest. 13. Nov. 1856 zu Karlsruhe, war Opernsängerin am dort. Hoftheater. Hauptrollen: Agathe, Zerline u. a. Erste Gattin von Rudolf L.

Lange, Michael s. Lange, Joseph.

Lange, Olga, geb. 1867 zu Stuttgart, gest. 8. Sept. 1911 zu Schleiz (beim Baden ertrunken), Tochter des Opernsängers Franz Jäger (s. d.), betrat sechzehnjährig in Heilbronn als Preziosa die Bühne u. wirkte später als Salondame u. Charakterdarstellerin in Memel u. a., zuletzt in Werdau in Sachsen, wo das Dessauer Künstler-Ensemble unter der Direktion u. Oberregie ihres Gatten Franz L. spielte. Dieser vertrat Rollen wie Valentin im „Verschwender", Moulinet im „Hüttenbesitzer", Jüttner in „Alt-Heidelberg" u. a. Hauptrollen: Ines Sparker („Klein-Dorrit"), Frau Holle (Titelrolle), Alraune („Die Hermannsschlacht"), Marthe Schwerdtlein u. a.

Lange, Oskar, geb. 24. März 1890 zu Berlin, gest. 15. März 1935 das., Sohn eines Baumeisters, war seit 1917 Schauspieler in Magdeburg (Stadttheater), seit 1919 auch Regisseur in Breslau (Vereinigte Theater), Berlin (Rotter-Bühnen), mußte jedoch 1924 krankheitshalber der Bühnenlaufbahn entsagen u. dramatisierte in der Folge Grimmsche Märchen, die in vielen Städten Deutschlands u. in Chicago zur Aufführung gelangten. Hauptrollen: Manders, Rosmer u. a. Seine Gattin u. Mitabeiterin Frieda, geb. Kaplaneck (seit 1918) setzte die Aufführung der Märchenstücke mit Berliner Schauspielern fort.

Lange, Otto, geb. 18. Febr. 1894 zu Potsdam, wirkte als Charakterkomiker in Königsberg, Bremen, Riga, Libau, Lodz, Hildesheim, Magdeburg, Berlin, 1926—29 in Beuthen, 1930 in Memel, hierauf am Alberttheater in Dresden u. a.

Lange, Otto Wilhelm, geb. 3. Sept. 1884 zu Großstädteln bei Leipzig, war seit 1911 Dramaturg, Spielleiter u. Direktor-Stellvertreter am Schauspielhaus in Leipzig. Gründer u. Leiter der Volksoper in Berlin u. Leiter des dort. Deutschen Nationaltheaters am Schiffbauerdamm.

Lange, Rudolf, geb. 4. Febr. 1830 zu Potsdam, gest. 3. März 1907 zu Karlsruhe, Sohn eines Majors u. Kanzleidirektors, humanistisch gebildet, betrat 1847 in Magdeburg die Bühne, kam 1848 nach Lübeck, 1849 nach Potsdam, von Theodor Döring (s. d.) in seiner Ausbildung gefördert, 1850 nach Leipzig u. 1852 an das Hoftheater in Karlsruhe. Als Liebhaber, vor allem als Komiker geschätzt, kreierte er hier 1853 Bolz in den „Journalisten", ging später in das Charakterfach über, mit Vorliebe humoristische Väter darstellend. 1896 nahm er als Ehrenmitglied des dort. Hoftheaters seinen Abschied. Hauptrollen: Mercutio, Falstaff, Zettel, Richard III., Mephisto, Franz Moor, Geßler, Wurm, Jago, Tartüffe u. a. L. war in erster Ehe mit Mathilde Fomm u. nach deren Tod (1856) mit Johanna Scherzer verheiratet.
Literatur: Eugen *Kilian,* R. Lange (Biogr. Jahrbuch 12. Bd.) 1909.

Lange, Theodor, geb. 28. Okt. 1825, gest. 25. Okt. 1875 zu Hamburg, war Schauspieler, zuletzt Sekretär u. Bibliothekar am dort. Carl-Schultze-Theater.

Lange, Walter, geb. 6. Jan. 1886 zu Leipzig,

studierte das. (Doktor der Philosophie) u. war Kustos am dort. Museum. Wagner-Forscher u. Dramatiker.
Eigene Werke: Richard Wagner u. seine Vaterstadt Leipzig 1921; Heinrich Laubes Aufstieg, ein deutsches Künstlerleben im papiernen Leipzig 1923; Eike der Spiegler (Schauspiel) 1934; Vom Schatz im Schloß (Rahmenspiel) 1936; Der Königliche Führer (Schauspiel) 1936; Bismarcks Sturz (Schauspiel) 1940; Die Vollendung (Schauspiel) 1940; Heinrich von Ofterdungen (Schauspiel) 1941.

Lange, Willibald, geb. 15. Jan. 1895 zu Bromberg, humanistisch gebildet, an einer privaten Theaterschule für die Bühne vorbereitet, begann als Jugendlicher Charakterdarsteller seine Bühnenlaufbahn in Chemnitz, war nach Einsatz im Ersten Weltkrieg auch Regisseur, wandte sich aber dann vor allem dem Film zu. Hauptrollen: Bertram („Robert u. Bertram"), Striese („Der Raub der Sabinerinnen") u. a.

Lange-Bake, Lotte (Geburtsdatum unbekannt), gest. 29. Juli 1931 zu Berlin, Schülerin ihres Vaters Otto Bake u. der Sängerin Etelka Gerster (s. d.), war Opernsoubrette am Hoftheater in Kassel, Schwerin u. am Landestheater in Karlsruhe. Gattin des Oberspielleiters Hans Lange.

Lange-Hübner, Ruth, geb. 18. Jan. 1915 zu Rabenau bei Dresden, Tochter des Kantors Paul Bernhard Lange, studierte in Dresden u. Berlin Gesang, wirkte als Mezzosopran 1938—39 an der Volksoper in Wien, 1939 bis 1941 in Karlsbad u. Teplitz-Schönau, 1941—45 in Dresden (Theater des Volkes) u. seither an der Staatsoper das. In erster Ehe Gattin des Opernsängers Richard Capellmann, in zweiter mit Musikdirektor Wilhelm Hübner verheiratet.

Lange-Praetorius, Charlotte, geb. 11. Nov. 1855 zu Preußisch-Holland, gest. 3. Aug. 1908 zu Berlin, ausgebildet von M. Frieb-Blumauer (s. d.), C. Kupfer-Gomansky u. a., wirkte als Tragödin großen Stils seit 1877 in Hamburg, Königsberg, Breslau, Berlin, Straßburg, Hannover, Kassel, Frankfurt a. M., Köln u. als Gast an vielen deutschen Bühnen. Hauptrollen: Iphigenie, Sappho, Maria Stuart, Medea, Lady Macbeth, Orsina u. a.

Langefeld, Willy, geb. 24. Dez. 1867 zu Kassel, gest. 2. Febr. 1911 zu Würzburg, zuerst kaufmännisch ausgebildet, besuchte dann das Konservatorium in Leipzig u. kam als Opernsänger über Halle, Posen, Augsburg, Köln u. Essen 1909 an das Stadttheater in Würzburg. Bariton. Hauptrollen: Wotan („Die Walküre"), Pizarro („Fidelio"), Valentin („Margarete"), Sharpless („Madame Butterfly"), Scarpia („Tosca"), Peter („Zar u. Zimmermann"), Fluth („Die lustigen Weiber von Windsor") u. a.

Langemarck, Ort in Westflandern, in dessen Nähe am 10. Nov. 1914 junge deutsche Kriegsfreiwillige feindliche Stellungen erstürmten u. dabei ihr Leben ließen, auf der Bühne.
Behandlung: Heinrich *Zerkaulen,* Jugend von Langemarck (Drama) 1933; Edgar *Kahn,* L. (Schauspiel) 1933 (mit Max Monato).

Langen, Inge, geb. 21. Mai 1924 zu Düsseldorf, gehörte seit 1948 dem Bayer. Staatsschauspiel in München an. Höchst eigenartige u. bedeutende Darstellerin, besonders im modernen Drama („Elektra" von Giraudoux, „Antigone" von Anouilh, „Die Glasmenagerie" von Williams u. a.).

Langen, Martin, geb. 10. Nov. 1866 zu Antwerpen, gest. 8. Sept. 1926 zu Berlin, wurde in Köln erzogen, studierte das. (Doktor der Rechte), stand bis 1892 als Referendar im Staatsdienst u. ließ sich 1893 als freier Schriftsteller in Berlin nieder. Dramatiker.
Eigene Werke: Edith u. Edwin (Drama) 1895; Drei Dramen 1897; Geben u. Nehmen (Schauspiel) 1902; v. Falkenburg-Cohn (Lustspiel) 1903; Don Juan (Trauerspiel) 1908; Julius Cäsar u. seine Mörder (Trauerspiel) 1913; Dunkle Sonne (Trauerspiel) 1915; Ein Kuß (Lustspiel) 1916; Die Erzieherin (Komödie) 1917; Pour le mérite (Schauspiel) 1918; Das Gesicht der Welt (Trauerspiel) 1920.

Langenbeck, Curt, geb. 20. Juni 1906 zu Elberfeld, gest. 5. Aug. 1953 zu München, bereiste nach industrieller Ausbildung in der väterl. Fabrik die Schweiz, Frankreich u. Amerika, wurde nach mehrjährigem Universitätsstudium Chefdramaturg in Kassel, 1938 am Staatstheater in München u. suchte als Dramatiker u. Theoretiker mit neuartiger Behandlung des Chores heroische Ideale zu verfechten.
Eigene Werke: Bianca u. der Juwelier (Drama) 1933; Alexander (Drama) 1934; Der

getreue Johannes (Drama) 1936; Der Hochverräter (Drama) 1938; Wiedergeburt des Dramas aus dem Geist der Zeit (Rede) 1939; Tragödie u. Gegenwart (Rede) 1940; Das Schwert (Drama) 1940.
Literatur: Heinz *Kindermann,* Ein junger Dramatiker (Völkische Kultur) 1935; H. Ch. *Mettin,* Der Dramatiker C. Langenbeck (Das Innere Reich 3. Jahrg.) 1936—37; E. *Przywara,* Tragisch oder Christlich? (Schönere Zukunft Nr. 43/44) 1940; Franz *Grosse-Perdekamp,* Das Tragische als gelebtes Schicksal (Deutscher Kulturwart Nr. 11) 1940; C. *Langenbeck,* Christentum u. Tragödie (Münchner Neueste Nachrichten Nr. 55/56) 1940; ders., Shakespeare — ein Problem für unsere Zeit (Ebda. Nr. 62/63) 1940; J. M. *Wehner,* Der Streit um den Hades (Ebda. Nr. 66) 1940; ders., Götter, Sowohl - auch - Leute u. Shakespeare (Ebda. Nr. 69/70) 1954.

Langendorff, Frieda, geb. 24. März 1867 zu Breslau, gest. im Juli 1947 zu Neuyork. Schülerin u. a. von Mathilde Mallinger, wirkte als Opernsängerin (Sopran) in Straßburg, Prag, an der Metropolitan-Oper in Neuyork, 1914—16 an der Hofoper in Dresden u. lebte hierauf als Gastsängerin u. Gesangspädagogin in Berlin.

Langendorff, Fritz, geb. 1880, gest. 28. März 1943 zu Berlin, wirkte als Schauspieler u. Sänger u. a. in Sondershausen, Leipzig, Mannheim u. a.

Langenhaun, Axinia, geb. 8. Aug. 1843 zu Petersburg, gest. im Dez. 1911 zu Dresden, wurde das. ausgebildet u. wirkte als Tragische Liebhaberin 1856—62 am Hoftheater in Petersburg, hierauf in Dresden als Partnerin Emil Devrients, nach dessen Tod sie ihren Bühnenabschied nahm. Hauptrollen: Gretchen, Eboli, Philippine Welser, Anna-Liese u. a. Tochter der beiden Folgenden.

Langenhaun, Leopold (Geburtsdatum unbekannt), gest. im Dez. 1874 zu Dresden, war Schauspieler u. Bassist u. a. 1827—31 in Riga, u. lange Zeit in Petersburg. Gatte von Marie Anna Dölle, die als Schauspielerin u. Soubrette an seiner Seite wirkte. Vater von Axinia L.

Langenhaun, Marie Anna s. Langenhaun, Leopold.

Langenscheidt, Paul (Ps. Erwin Rex), geb.

25. Nov. 1860 zu Berlin, gest. 30. Sept. 1925 das., studierte hier, in Münster u. London (Doktor der Philosophie), trat 1884 in die Verlagsbuchhandlung seines Vaters ein u. gründete 1888 einen eigenen Verlag. Erzähler u. Dramatiker.

Eigene Werke: Abwärts (Drama) 1895; Eine Mutter (Drama) 1895; Die fünfte Schwadron (Schwank) 1896; Gegen den Strom (Schwank) 1896; Herzogin Agnes (Drama) 1898; Orlow (Drama) 1899.

Langenschwarz, Maximilian (Ps. Karl Zwengsahn), geb. 1801 zu Rödelheim bei Frankfurt a. M., gest. nach 1867, Sohn jüd. Eltern, humanistisch gebildet, wurde 1827 Buchhandlungsgehilfe in Wien, trat 1830 erstmals als Improvisator u. Deklamator in Preßburg auf, dann an verschiedenen Orten Deutschlands, Rußlands u. der Schweiz, ließ sich 1842 als Naturheilarzt Langenschwarz-Rutini in Paris nieder, kehrte 1848 nach Deutschland zurück u. wanderte 1867 nach Neuyork aus, wo sich seine Spuren verloren. Literarisch vielseitig tätig, auch Dramatiker.

Eigene Werke: Die Geschlossenen (Lustspiel) 1847; Tiphonia (Tragödie) 1848; Peter im Frack (Lustspiel) 1849; Dschingiskhan (Trauerspiel) 1849; Drei Fragmente aus Moses (Völkertragödie) 1849; Glück u. Talent (Schauspiel) 1850; Thomas Morus (Schauspiel) 1850 u. a.

Langer, Alfons, geb. 20. Juni 1859 zu Breslau (Todesdatum unbekannt), lebte als Chemiker (Doktor der Philosophie) in Berlin. Dramatiker.

Eigene Werke: Recht der Natur (Schauspiel) 1900; Im Kampf ums Dasein (Schauspiel) 1906; Mirowitsch (Trauerspiel) 1911.

Langer, Anton, geb. 12. Jan. 1824 zu Wien, gest. 7. Dez. 1879 das., Benediktinerzögling im dort. Schottengymnasium (u. a. Schüler des Dialektdichters Berthold Sengschmitt), studierte in Wien, arbeitete an Taschenbüchern wie „Gedenke mein", an Bäuerles „Theaterzeitung" u. a. mit, gründete das Theater „Arena" in Hernals u. 1851 das satirisch-dialektische Volksblatt „Hans Jörgel von Gumpoldskirchen". Volksschriftsteller mit meisterhafter Beherrschung der Mundart u. Dramatiker (von Einfluß auf die Berliner Lokalposse von D. Kalisch u. a.).

Eigene Werke: Ein Judas von Anno Neune (Charaktergemälde mit Gesang) 1855; Der Aktien-Greißler (Posse mit Ge-

sang, Musik von Adolf Müller) 1856; Der Werkelmann u. seine Familie (Lebensbild mit Musik von Franz v. Suppé) 1858; Ein Theaterwürstl (Lebensbild) 1858; Eine Ausspielerin (Lebensbild) 1859; Ein Wiener Freiwilliger (Volksstück) 1859; Ein Hausmeister aus der Vorstadt (Volksstück) 1859; Wiener Volksbühne 4 Bde. 1859—64; Zwei Mann von Heß (Lebensbild mit Gesang, Musik von Julius Hopp) 1860; Zwei Damen von Herz (Lebensbild) 1860; Vom Juristentage (Lustspiel) 1862; Nach Mexiko (Posse) 1864; Prinz Eugen der edle Ritter (Volksstück mit Gesang) 1865; Der Herr Gevatter von der Straße (Genrebild) 1868; Der letzte Jesuit (Volksstück) 1870; D'Nandl von Ebensee (Schwank) 1876; Der letzte Wiener (Lebensbild mit Musik von Max v. Weinzierl) 1876; Eine verfolgte Unschuld (Posse mit Gesang) 1876; Eine Vereinsschwester (Schwank, Musik von Johann Brandl) 1876; Der Feind im Haus (Drama) 1878; Strauß u. Lanner (Lebensbild) o. J.; Prater-Wurstl (Lebensbild) o. J.; Die bösen u. guten Leut (Posse) o. J.; Die Jungfer Tant' (Posse mit Gesang) o. J.; Heydemann u. Sohn (Lebensbild) o. J.; Wolfgang u. Constanze (Charakterskizze mit Gesang) o. J.; Fräulein Schwarz (Volksstück) o. J.; Ein Judas im Frack (Charaktergemälde mit Gesang, Musik von Adolf Müller) o. J.; Das Weib des Buchbinders oder Die Österreicher in Bosnien (Volksstück mit Gesang) o. J.; Kein Tod mehr! (Märchen mit Gesang) o. J. u. a.

Literatur: Wurzbach, A. Langer (Biogr. Lexikon 14. Bd.) 1865; Anton Schlossar, A. L. (A. D. B. 17. Bd.) 1883; Kurt Jagersberger, Der Volksdichter A. L. (Diss. Wien) 1948; Anny Newald-Grasse, Persönliches von A. L. (Wiener Zeitung Nr. 285) 1949.

Langer, Bruno s. Langer-Zlaski, Minna.

Langer, Felix, geb. 18. Juni 1889 zu Brünn, Kaufmannssohn, studierte in Wien (Doktor der Rechte), war zuerst Rechtsanwaltsanwärter, im Ersten Weltkrieg Offizier, lebte dann bis 1933 als Theaterkorrespondent ausländischer Blätter u. Herausgeber der Monatsschrift „Deutscher Bühnenklub" in Berlin, hierauf bis 1939 in der Tschechoslowakei u. begab sich schließlich ins Exil nach London. Vorwiegend Dramatiker u. Kritiker.

Eigene Werke: Das böse Schicksal (Schauspiel) 1914; Lore Ley, die bürgerliche Tragikomödie 1914; Die Schwester (Drama) 1916; Der Obrist (Wallenstein-Drama) 1923;

Banknoten (Komödie) 1924; Das offene Fenster (Schauspiel) 1924; Das goldene Schloß (Komödie) 1924; Krisis der Weiblichkeit (Schauspiel) 1924; Zweikampf (Drama) 1925; Die Verführung des Heiligen (Schauspiel) 1927; Der Kümmerer (Lustspiel) 1927; Was tun Sie, wenn . . . ? (Komödie) 1930 u. a.

Langer, Ferdinand, geb. 21. Jan. 1839 zu Leimen bei Heidelberg, gest. 6. Aug. 1905 zu Kirneck im Schwarzwald, Lehrerssohn, war zuerst Cellist im Hoftheaterorchester in Mannheim u. später Erster Kapellmeister das. Opernkomponist. Bearbeiter der romantischen Oper von C. M. v. Weber „Silvana" 1884.
Eigene Werke: Die gefährliche Nachbarschaft 1868; Dornröschen 1873; Aschenbrödel 1878; Poesie u. Gedichte (Ein Festspiel zur Feier des einhundertjährigen Bestehens des Großherzogl. Badischen Hofu. Nationaltheaters in Mannheim mit Text von Julius Werther) 1879; Murillo 1887; Der Pfeifer von Haardt 1894.

Langer, Franz, geb. um 1875, kam als Volontär 1899 in die Malabteilung des Deutschen Volkstheaters in Wien, hierauf als Theatermaler an das dort. Kaiserjubiläumsstadttheater, ging 1912 nach Breslau u. 1922 an die Bühne in Darmstadt.

Langer, Georg, geb. 15. Juni 1867 zu Breslau, war Richter in oberschlesischen Städten, zuletzt Landgerichtsdirektor in Breslau. Erzähler u. Dramatiker.
Eigene Werke: Die Mädchen von Kosel (Vaterländ. Schauspiel) 1925; Graf Wildhanns Speeth (Drama) 1929.

Langer, Hellmut, geb. um 1891, gest. 23. Mai 1940 zu Berlin-Steglitz. Schauspieler u. Spielleiter.

Langer, Johann, geb. 7. April 1793 zu Wien, gest. 29. Jan. 1858 das., war seit 1816 Mitarbeiter an Bäuerles Theater-Zeitung, verschiedenen Zeitschriften u. Almanachen. Dramatiker.
Eigene Werke: Theatralisches Taschenbuch vom k. k. priv. Theater in der Leopoldstadt (darin u. a. Der Geburtstag, Drama — Prolog bei Eröffnung eines Gesellschafts-Theaters — Prolog bei Eröffnung eines Liebhaber-Theaters — Das Wirtshaus zu Neumarkt, Lustspiel — Das Fest der Freude, Alleg. Spiel — Die Komödie im Zimmer, Gelegenheitsstück) 1817;

Kränze für die Jugend (Sammlung von Gedichten u. Festspielen) 1830.
Literatur: Wurzbach, J. Langer (Biogr. Lexikon 14. Bd.) 1865.

Langer, Maria Theresia, geb. 24. Sept. 1890 zu Breslau, aus der Familie des österr. Malers Hugo L. u. des Volksschriftstellers Anton L. (s. d.) stammend, besuchte die Theaterschule der Vereinigten Theater in ihrer Vaterstadt, trat 16jährig in kleinen Rollen das. auf, wirkte dann in Hannover, auf Gastspielreisen u. seit 1921 hauptsächlich im Film.

Langer (geb. Heydecker), Olga, geb. 19. Jan. 1880 zu Memmingen, Tochter des Komikers u. Theaterdirektors Julius Heydecker u. dessen Gattin, der Soubrette Julie Steppan, wirkte u. a. 1900—07 am Schauspielhaus in München, in Kempten, Sigmaringen, Rudolstadt, Ravensburg, Sondershausen, Leipzig u. am Deutschen Theater in Berlin. Als Gast spielte sie in Prag, Petersburg u. Graz. In erster Ehe mit dem Schauspieler u. Direktor der Erfurter Volksbühne Theo Classens-Falke, in zweiter mit Otto L. verheiratet. Hauptrollen: Mrs. Chevelly („Der ideale Gatte"), Else („Die Schmetterlingsschlacht"), Thekla („Der Störenfried"), Mali („Mutter Sorge"), Frida („Inspektor Bräsig") u. a. Ihre Memoiren veröffentlichte sie unter dem Ps. Heydecker-Langer als „Lebensreise im Komödiantenwagen" 1928.

Langer, Otto (Geburtsdatum unbekannt), war seit 1901 bühnentätig u. gehörte jahrzehntelang als Schauspieler u. Spielleiter dem Landestheater in Graz an.

Langer, Ricco, geb. 1887, gest. 13. Mai 1934 zu Dresden, wirkte über zwei Jahrzehnte als Operettensänger u. Schauspieler in Dresden (Zentral- u. Residenztheater). Hauptrollen: Carnero („Der Zigeunerbaron"), Mihaly („Zigeunerliebe"), Czüstikory („Der Walzerkönig"), Ascanio („Der Liebesgott"), Kitamaru („Taifun") u. a.

Langer, Vinzenz, geb. 28. Febr. 1863 zu Wien, gest. 21. Jan. 1913 zu Zwittau in Mähren, war zuerst Lehrer, bildete sich in seiner Vaterstadt zum Bariton aus u. sang seit 1886 am dort. Theater an der Wien, kam über Klagenfurt, Linz u. Salzburg nach Brünn, wo er sechs Jahre in Oper u. Operette wirkte, trat nach einer schweren Lungenerkrankung in Wiener - Neustadt,

Baden bei Wien u. Reichenberg auf, mußte jedoch wegen seines Leidens nunmehr die Bühne endgültig verlassen. In Zwittau fristete er sein Leben als Marktkommissär mit seiner Familie weiter. Hauptrollen: Egydi („Der Vogelhändler"), Hans („A Räuscherl"), Pommier („Madame Edouard") u. a.

Langer-Zlaski, Minna, geb. 1852 zu Lemberg, gest. 7. April 1891 zu Magdeburg, Tochter des Baritons u. Kapellmeisters M. Wack, von ihrem Vater ausgebildet, betrat 16jährig in Kiel als Benjamin in „Joseph von Ägypten" die Bühne u. wirkte später in Aachen, Barmen, Würzburg u. a. als Opernsängerin. Gattin des Theaterdirektors Bruno L.

Langerhans (geb. Bosler), Christiane Marianne, geb. 19. Jan. 1755 zu Breslau, gest. 19. Jan. 1784 zu Berlin, war als Schauspielerin Mitglied der Wäserschen Gesellschaft u. begleitete ihren Gatten Karl Daniel L. 1776 nach Berlin, wo sie bis 1783 wirkte.
Literatur: Christian Friedrich Ferdinand *Bonin*, Biographie der Ch. M. Bosler, vereh. Langerhanns (Langerhans) 1784.

Langerhans (geb. Bertram), Johanna Sophie Wilhelmine, geb. 1769 zu Braunschweig, gest. 31. Mai 1810 zu Karlsruhe, trat bei der Döbbelinschen Gesellschaft zuerst in Kinderrollen, später als Liebhaberin auf. Hauptrollen: Emilia Galotti, Franziska, Donna Elvira, Papagena, Gurli u. a. Gattin des Schauspielers Karl Daniel L., an dessen Seite sie wirkte.

Langerhans, Karl Daniel, geb. 1748 zu Zörbig in Sachsen, gest. 30. Sept. 1810 zu Karlsruhe, begann seine Bühnenlaufbahn 1772 bei der Wäserschen Gesellschaft, kam 1776 zur Döbbelinschen in Berlin u. 1780 unter F. L. Schröder nach Hamburg, wo er sich als Charakterdarsteller u. Komiker auszeichnete u. nach Schröders Abschied 1798 auch in die Direktion des dort. Theaters eintrat. Gatte der Schauspielerin Christiane Marianne Bosler u. nach deren Tod der Sängerin u. Schauspielerin Johanna Sophie Wilhelmine Bertram. 1783 war er in Berlin der erste Derwisch in Lessings „Nathan".
Literatur: Joseph *Kürschner*, K. D. Langerhans (A. D. B. 17. Bd.) 1883.

Langermann, Johann Christian von, geb.

13. Febr. 1880, Doktor der Staatswissenschaften, lebte in Dessau, später in Nienburg a. d. S. Dramatiker.
Eigene Werke: Der Volkstribun (Drama) 1923; Maria (Drama) 1925; Im Namen der Kaiserin (Drama) 1939; Gefährliche Liebesnächte (Lustspiel) 1942; Macht (Drama) 1942.

Langert, August, geb. 26. Nov. 1836 zu Coburg, gest. 27. Dez. 1920 das., war Operndirigent 1865 in Mannheim, 1867 in Basel, 1868 in Triest, 1872—73 Lehrer am Konservatorium in Genf, dann Hofkapellmeister in Coburg-Gotha. 1897 trat er in den Ruhestand. Opernkomponist.
Eigene Werke: Die Jungfrau von Orleans 1861; Des Sängers Fluch 1863; Die Fabier 1866; Dornröschen 1871; Jean Cavalier 1880; Die Kamisarden 1887; Fiamma 1920.
Literatur: Riemann, J. A. A. Langert (Musik-Lexikon 11. Aufl.) 1929.

Langhans, Karl Ferdinand, geb. 14. Jan. 1782 (nach A. D. B. 1781) zu Breslau, gest. 22. Nov. 1869 zu Berlin, Theaterarchitekt, erbaute 1837 das Theater in Breslau, 1839 das Stadttheater in Liegnitz, 1846 das Stadttheater in Stettin, 1855 das Stadttheater in Dessau, führte in Berlin einen Erweiterungsbau des Opernhauses durch u. vollbrachte mit dem Bau des Neuen Theaters in Leipzig (1864—67) eine bedeutende Leistung.
Eigene Werke: Über Theater oder Bemerkungen über Katakustik in Beziehung auf das Theater 1810; Neues Theater in Breslau 1840; Das Stadttheater in Leipzig 1870.
Literatur: von Donop, K. F. Langhans (A. D. B. 17. Bd.) 1883.

Langhans, Wilhelm, geb. 21. Sept. 1832 zu Hamburg, gest. 9. Juni 1892 zu Berlin, studierte in Heidelberg (Doktor der Philosophie), wirkte als Konzertmeister u. Musikschriftsteller in Düsseldorf u. war zuletzt stellvertretender Direktor des Scharwenka-Konservatoriums in Berlin.

Langheinz, Ernst, geb. im letzten Viertel des 19. Jahrhunderts, betrat 1913 die Bühne, wirkte in Hagen, Königsberg u. kam 1924 aus Darmstadt nach Mannheim, wo er als Erster Charakterkomiker drei Jahrzehnte wirkte. Hauptrollen: Datterich (Titelrolle im Lustspiel von Niebergall), Doolittle („Pygmalion"), Knieriem („Lumpazivagabundus"), Adam („Der zerbrochene

Krug"), Polonius (,,Hamlet"), Muley Hassan (,,Fiesko"), Striese (,,Der Raub der Sabinerinnen") u. a.

Langheinz, Wilhelmine s. Grevenberg, Wilhelmine.

Langheld, Hans Joachim (Geburtsdatum unbekannt), gest. 21. Juni 1949 zu Augsburg als Schauspieler an den dort. Städt. Bühnen.

Langhoff, Ottilie s. Schaeffer - Langhoff, Ottilie.

Langhoff, Wolfgang, geb. 6. Okt. 1901 zu Berlin, war Schauspieler, Regisseur u. Schriftsteller, kam 1933 ins Konzentrationslager, emigrierte 1934 nach der Schweiz, wurde 1945 Generalintendant der Städt. Bühnen in Düsseldorf u. 1946 Intendant des Deutschen Theaters u. der Kammerspiele in Berlin. Als kämpferischer Aktivist verfaßte er u. a. ,,Die Moorsoldaten" (13 Monate Konzentrationslager) 1935 u. wurde für die Kollektivleistung der ,,Brigade Karlau" 1951 mit dem Nationalpreis der ostzonalen Regierung ausgezeichnet.

Langkammer, Karl (Ps. Gustav Axleitner), geb. 4. Aug. 1856 zu Wien (Todesdatum unbekannt), wirkte vor allem als Charakterkomiker in Volks- u. Bauernstücken bei den ,,Münchnern" auf Gastspielreisen, am Carltheater in Wien, seit 1889 am Deutschen Volkstheater u. seit 1893 am Raimundtheater das., hier auch als Regisseur. 1900—01 Leiter des Theaters an der Wien u. seit 1905 Oberregisseur des dort. Bürgertheaters. Später lebte er in Berlin. Verfasser der Posse ,,Die Stiefmutter" u. a. Gatte der Folgenden.

Langkammer (geb. Kolberg), Margarete (Ps. Richard Nordmann), geb. 20. Mai 1866 zu Augsburg, gest. im Okt. 1922 zu Wien, war seit 1883 Gattin des Vorigen, mit dem sie Nordamerika bereiste, u. trat nach ihrer Rückkehr dem Münchner Ensemble bei. Nach einem Gastspiel in Leipzig folgte sie nicht dem Ruf an das Deutsche Volkstheater in Wien, sondern wandte sich ausschließlich literarischer Tätigkeit zu u. arbeitete am ,,Wiener Extrablatt" mit. Joseph Lewinsky schätzte ihre Dramen u. empfahl sie dem Deutschen Theater zur Aufführung. Naturalistische Dramatikerin u. Erzählerin.
Eigene Werke: Gefallene Engel (Volks-

stück) 1893; Die Überzähligen (Volksstück) 1895; Die Liebe (Schauspiel) 1897; Halbe Menschen (Komödie) 1898; Die Winkelhofer (Volksstück) 1901; Der blaue Bogen (Volksstück) 1901.

Langlois, Anton, geb. 24. Dez. 1736 zu Straßburg (Todesdatum unbekannt), debütierte 1774 bei der Marchandschen Gesellschaft, kam mit dieser 1778 nach München u. wirkte hier bis 1790 als Erster Tenor u. dann infolge eines Gehördefektes bis 1813 nur als Schauspieler. Die Kritik rühmte ihm nach: ,,Im Schauspiel hatte er für hochkomische Rollen Talent, spielte besonders französische Chevaliers, feine verschmitzte Bediente u. naive, betrunkene, dumme Jungen fast unnachahmlich".

Langmaack, Hans, geb. 30. Okt. 1870, gest. 15. März 1949 zu Hamburg als Schauspieler u. Ehrenmitglied des dort. Richard-Ohnsorg-Theaters.

Langmann, Philipp, geb. 5. Febr. 1862 zu Brünn, gest. 27. Mai 1931 zu Wien, zuerst Arbeiter, Autodidakt, studierte an der Deutschen Technischen Hochschule in Brünn u. war dann bis 1897 (Erstaufführung seines aufsehenerregenden Dramas ,,Bartel Turaser") Fabriksleiter u. Beamter das., lebte seit 1900 in Wien u. betätigte sich bis 1914 als sozialistischer Journalist. Vorwiegend Dramatiker u. Erzähler.
Eigene Werke: Bartel Turaser 1897; Die vier Gewinner 1898; Unser Tedaldo 1899; Gertrud Antleß 1900; Korporal Stöhr 1901; Herzmarke 1901; Gerwins Liebestod 1904; Anna von Ridell 1904; Die Prinzessin von Trapezunt 1908; Der Statthalter von Seeland 1911.
Literatur: Fritz *Lemmermayer,* Ph. Langmann (Das literar. Echo 2. Jahrg.) 1899 bis 1900; Renate *Riedl,* Ph. L. (Diss. Wien) 1947.

Langner, Ilse s. Siebert, Ilse.

Langowski, Bernhard, geb. 1912, gest. 21. Juni 1942 zu Berlin, war Opernsänger, u. a. am Stadttheater in Iglau.

Lania, Leo s. Herman, Lazar.

Lanius, Antonie s. Kreith-Lanius, Frieda.

Lanius, Christian s. Kreith-Lanius, Frieda.

Lanius, Christian, geb. 7. April 1872, gest.

3. Febr. 1913 zu Althausen in Württemberg, war Schauspieler.

Lanius, Frieda s. Kreith-Lanius, Frieda.

Lanius (geb. Galster), Henriette, geb. 21. März 1852, gest. 28. Juli 1944 zu Weimar (Marie-Seebach-Stift), wirkte als Soubrette 1868—69 am Krolltheater in Berlin, hierauf drei Jahre am Thaliatheater in Hamburg, wo sie ihren Kollegen Robert L. den Älteren heiratete u. gab später 25 Jahre lang Gastspiele als Komische Alte an den ersten Bühnen Deutschlands. Hauptrollen: Mirabella („Der Zigeunerbaron"), Gräfin („Der Graf von Luxemburg"), Frau Miller („Kabale u. Liebe"), Frau Wermelskirch („Fuhrmann Henschel"), Geheimrätin („Der Störenfried") u. a.

Lanius (geb. Koch), Karoline, geb. 20. Juni 1840 zu Graz, gest. 22. Febr. 1898 zu Köln, in Wien ausgebildet, war zuerst an verschiedenen Provinzbühnen in Österreich, dann in Posen, Bremen, Breslau u. Ems, 1879—89 am Stadttheater in Köln tätig. Vertreterin des fein-komischen Mütterfachs. Hauptrollen: Frau Seekatz („Der Königsleutnant"), Cäcilie („Das verlorene Paradies"), Weib („Der Verschwender"), Kathi („Die Wiener in Paris") u. a.

Lanius (geb. Scholz), Louise (Geburtsdatum unbekannt), gest. 12. Mai 1913 zu Althausen in Württemberg. Schauspielerin.

Lanius, Robert, geb. 6. Jan. 1832 zu Regensburg, gest. 10. Juni 1890 zu Hamburg, Sohn des Porzellanmalers Alexander L., begann seine Bühnenlaufbahn 1853, wirkte mehrere Jahre am Stadttheater in Augsburg, dann an den Hoftheatern in Meiningen u. München als Naturbursche, Jugendlicher Liebhaber u. Bonvivant, 1860—62 am Thaliatheater in Hamburg, 1862—64 am Stadttheater in Frankfurt a. M. u. hierauf bis zu seinem Tode wieder am Thaliatheater in Hamburg. Gatte von Henriette Galster u. Vater des Folgenden. Hauptrollen: Marcellus („Hamlet"), Burgund („König Lear"), Sancho („Mädchenrache" von Bauernfeld), Johann („Papas Junge" von A. v. Basedow), Bärenklau („Gebrüder Bock" von L'Arronge), Johann („Die Sorglosen" von dems.) u. a.

Lanius, Robert, geb. 1875, gest. 26. April 1931 (zu Salzuflen?), Sohn des gleichnamigen Charakterdarstellers u. der Schauspielerin Henriette Galster, begann mit 18 Jahren seine Bühnenlaufbahn, war als Jugendlicher Komiker 1895—97 in Riga, 1897—1900 in Bromberg, hierauf in Chemnitz, Görlitz, Magdeburg, Kassel u. 1905 bis 1913 in Braunschweig tätig. Ein Nerven- u. Gehörleiden erzwang seinen frühen Bühnenabschied. Zuletzt lebte er in Pyrmont u. Salzuflen. Hauptrollen: Eduard („Tante Lotte"), Dönhoff („Das Leutnantsmündel"), Franz („Im weißen Rößl"), Bader („Glaube u. Heimat"), Lindeneck („Die relegierten Studenten") u. a.

Lanius-Krägel, Antonie s. Kreith-Lanius, Frieda.

Lank, Elise de, geb. um 1867, gest. 6. Nov. 1929 zu Mannheim, gehörte als Schauspielerin von ihrem ersten Auftreten bis zu ihrem Tode ununterbrochen dem dort. Nationaltheater an u. wirkte, stark stimmbegabt, auch in Operetten u. Singspielen. Sie beherrschte zahlreiche Rollen verschiedener Dialekte. In der Mannheimer Mundart besonders erfolgreich. Hauptrollen: Barbara („Wiener Walzer"), Anna („Doktor Klaus"), Ursula („Der jüngste Leutnant") u. a.

Lanko, Gabriel, geb. 1897, gest. 29. Mai 1952 zu Gießen, gastierte nach seiner Ausbildung zum Opernsänger an verschiedenen Bühnen Berlins, war in Konstanz, Den Haag, Bielefeld u. a., seit 1943 am Stadttheater in Gießen tätig. Gastspiele führten ihn auch ins Ausland. Hauptrollen: Jago, Tonio, Rigoletto, Sebastiano u. a.

Lankow, Anna s. Pietsch. Anna.

Lanner, Kathi, geb. 1831 zu Wien, gest. 15. Nov. 1908 zu London, Tochter des berühmten Komponisten, war 1845—56 Mitglied der Hofoper in Wien, 1856—58 des Stadttheaters in Hamburg, 1866—67 des Viktoriatheaters in Berlin, tanzte in allen großen europäischen Städten, ließ sich daster in London nieder u. übernahm 1877 die Leitung der dort. National Training School of Dancing.

Lanner, Susi, geb. 27. Aug. 1914 zu Wien, Elevin des dort. Deutschen Volkstheaters, wirkte als Schauspielerin an der Komödie u. in Operetten u. Revuerollen am Theater an der Wien, am Burgtheater u. anderen

Bühnen ihrer Vaterstadt. Sie ging jedoch bald gänzlich zum Film über.

Lannoy, Eduard Freiherr von, geb. 3. oder 10. Dez. 1787 zu Brüssel, gest. 28. März 1853 zu Wien, Sohn belgischer Emigranten, die sich in Graz seßhaft machten, wo L. auch seine musikalische Ausbildung erhielt, lebte seit 1813 in Wien. Förderer der Gesellschaft für Musikfreunde u. Vorstand des Konservatoriums das. Auch Komponist von Opern, Singspielen u. Melodramen.

Eigene Werke: Margarethe oder Die Räuber (Oper, aufgeführt) 1814; Die Morlaken (Oper, aufgeführt) 1817; Libussa (Oper, aufgeführt) 1819; Eine Uhr (Melodrama, aufgeführt) 1822; Kätli (Oper, aufgeführt) 1827 u. a.

Literatur: Wurzbach, E. Baron Lannoy (Biogr. Lexikon 14. Bd.) 1865.

Lans, Anna (Geburtsdatum unbekannt), gest. 14. März 1904 zu Kolmar, wirkte als Schauspielerin am Stadttheater das.

Lantz, Adolf, geb. 30. Nov. 1882 zu Wien, studierte das. Philosophie u. Germanistik u. war dann Mitarbeiter der „Frankfurter Zeitung", des „Berliner Tagblatts", der „BZ am Mittag", Dramaturg des Kleinen Theaters in Berlin, des dort. Berliner Theaters, Leiter der Akademischen Bühne, Direktor des Neuen Kgl. Opernhauses (Kroll) u. des Deutschen Schauspielhauses das. 1914 mußte er wegen Zahlungsunfähigkeit die Konzession niederlegen u. wandte sich als Autor u. Produktionsleiter dem Film zu.

Lantzsch, Walter, geb. 15. Mai 1888 zu Taylor (Texas), gest. 30. Dez. 1952 zu München, war als sehr verwendbarer Darsteller, besonders in humoristischen Chargen, seit 1914 bis zu seinem Tode in München tätig, zuerst an den Kammerspielen, seit 1926 am Volkstheater u. unter Otto Falckenberg am dort. Schauspielhaus. In einem Nekrolog der Zeitschrift „Volk u. Kunst" heißt es: „Der Bogen seines Könnens, Empfindens u. Gestaltens reichte von der konfusen Welt des Schwanks bis zur Charakterisierung tragischer Existenzen". Hauptrollen: Wolff („Der Biberpelz"), Zeremonienmeister („König Drosselbart"), Henker („Intermezzo"), Tiger Brown („Die Dreigroschenoper"), Zettel („Ein Sommernachtstraum") u. a.

Literatur: M. C. F., W. Lantzsch (Volk u. Kunst, Febr.) 1953.

Lanz (geb. Ominger), Agathe, geb. 1753 zu München, gest. 1794 (?), trat seit 1774 als Erste Tänzerin u. Soubrette auf. Gattin des Schauspielers Joseph L.

Lanz (geb. Gerber), Fanny, geb. 15. Jan. 1826 zu Kassel, gest. 17. Aug. 1892 zu Liegnitz, Tochter des Schauspielers u. Direktors Johann Christian Gerber (s. d.), wurde von Veronika Jenke-Meiselbach (s. d.) ausgebildet u. betrat als Adele („Fanchon") in Oldenburg die Bühne, war nach weiteren Studien Mitglied des dort. Hoftheaters, wo sie bis 1891 blieb, in den letzten Jahrzehnten das Fach Komischer Alten vertretend. Gattin des Schauspielers u. Bühneninspektors Wilhelm L. Hauptrollen: Ulrike („Die zärtlichen Verwandten"), Marianne („Doktor Klaus"), Frau Schraube („O, diese Männer") u. a.

Lanz, Joseph, geb. 1745, gest. 2. Okt. 1798 zu Berlin, Charakterdarsteller bei der Döbbelinschen Gesellschaft, spielte vor allem komische Väter, „hochherzige, ehrliche Bürger, Bediente u. Bauern". Von ihm wurde 1775 in Berlin das Ballett „Die Fischweiber" u. 1776 „Friedrich im Tempel der Unsterblichkeit" aufgeführt. Gatte der Tänzerin u. Soubrette Agathe Ominger.

Lanz, Karl, geb. 1752 zu Würzburg, gest. um 1804, vertrat bei der Döbbelinschen Gesellschaft das komische Fach.

Lanz, Karl Adolf, geb. 1773 zu Hamburg, gest. 1833, Sohn von Joseph u. Agathe L., war Schauspieler bei der Döbbelinschen Gesellschaft in Berlin u. später Theaterinspektor das. Gatte von Margarete Josefine L.

Lanz, Margarete Josephine, geb. 1779 zu Mainz, gest. 12. Juli 1843 zu Berlin, Tochter des Fagottisten Joh. Nepomuk Hamel, jüngste Schwester von Margarete Schick (s. d.), Gattin des Vorigen, betrat 1792 die Bühne ihrer Vaterstadt, debütierte 1794 am Nationaltheater in Berlin u. wirkte hier als Sängerin bis 1801.

Lanz, Minna s. Männel, Minna.

Lanz, Wilhelm, geb. 1780 zu Berlin, gest. im Jan. 1854 zu Königsberg, spielte als Charakterdarsteller seit 1801 in Berlin, Danzig, Königsberg. Auch Theaterhistoriker u. Leiter einer eigenen Schauspielgruppe. Hauptrollen: Marinelli, Wurm u. a.

Lanz, Wilhelm, geb. zu Berlin (Datum unbekannt), gest. 13. Mai 1876 zu Oldenburg, war lebenslang Schauspieler u. Theaterdirektor, zuletzt auch Inspektor am dort. Hoftheater. Gatte der Schauspielerin Fanny Gerber.

Lanzedelli, Betti s. Vanini, Betti.

Lanzelot, sagenhafte Gestalt aus der Tafelrunde des Königs Artus, als Bühnenfigur.
Behandlung: Karl *Immermann,* Merlin (Drama) 1832; Franz *Bittong,* Lancelot (Romant. Oper, Musik von Theodor Hentschel) 1873; Otto *Roquette,* Lanzelot (Schauspiel) 1896; Eduard *Stucken,* L. (Drama) 1909; Gustav *Grund,* L. u. Sanderein (Schauspiel) 1922.

Lanzlott, Rosa, geb. 26. Okt. 1831 zu München, gest. 16. Okt. 1923 das., gehörte 1849 bis 1912 ununterbrochen dem Hoftheater in München an. Sie begann mit Mädchenrollen in Stücken Raimunds, u. trat seit 1855 in allen bürgerlichen Lustspielen, wie denen von Martin Schleich (s. d.) u. a. auf. Oskar Michaelis malte sie in der Rolle der Nandl („Das Versprechen hinterm Herd") für Possarts „Ahnengalerie." Noch mit 79 Jahren spielte sie 1910 Frau Pollinger in Hermann Bahrs „Konzert". Weitere Hauptrollen: Rosa („Der Verschwender"), Afra („Der Goldbauer") u. a.

Laporte, Raoul s. Laporte-Stolzenberg, Cläre.

Laporte-Stolzenberg, Cläre, geb. 25. Dez. 1865 zu Karlsruhe, Tochter des Kammersängers Benno St., von ihrem Vater ausgebildet, war Koloratursängerin 1886—88 in Freiburg im Brsg., 1889—90 in Magdeburg, 1890—91 in Breslau, 1891—95 in Düsseldorf, 1895—96 in Braunschweig, 1896—1900 in Basel, lebte dann als Gesangspädagogin u. Konzertsängerin in Düsseldorf, wirkte auf Tourneen in der Schweiz u. in Holland, u. 1889—91 auch in Bayreuth. Gattin des Kapellmeister Walter L. u. Mutter des Opernsängers Raoul L. (geb. 3. Jan. 1900). Hauptrollen: Rosine, Nachtwandlerin, Königin der Nacht, Susanne, Regimentstochter, Frau Fluth u. a.

La Roche, Amalie, geb. 1817, gest. 22. Okt. 1881 zu Wien, Tochter von Karl La Roche, gehörte der Bühne als Sängerin an.

La Roche (geb. Kladzig), Auguste (seit

1873) von, geb. zu Beginn des 19. Jahrhunderts, gest. 14. Mai 1875 zu Karlsbad, war Schauspielerin in Weimar, befreundet mit Johann Peter Eckermann. Goethe fand, als sie 1829 für eine Darstellung Gretchens in Frage kam, sie sei als Künstlerin noch nicht ausgereift genug, aber „sie ist schön, sie hat den Wuchs, sie hat die Jugend!" Auch literarisch trat sie hervor. Zweite Gattin von Karl La Roche.

La Roche (geb. Dietz), Clara, geb. 1797, gest. 8. Mai 1870 zu Wien, war Hofschauspielerin das.

Laroche, Johann, geb. 1. April 1745 zu Preßburg, gest. 8. Juni 1806 zu Wien, Sohn eines Lakaien, war zuerst bei einem Barbier-Chirurgen beschäftigt, spielte 1764 in Graz als Mitglied der Brunianschen Truppe den Kasperl u. wirkte dann seit 1769 mit Unterbrechung (1772—76) bei Marinelli in Wien. Durchschnittlich trat er fünfzehnmal im Monat auf. Die Hauptmasse der ihm auf den Leib geschriebenen Stücke waren Burlesken, unter dem Einfluß der Stegreifkomödien entstanden. Sein Vorgänger Hanswurst wie seine Nachfolger Thaddädl u. Staberl hatten keinen größeren Erfolg. In zahllosen Verkleidungen als Lumpen-, Hechel- u. Mausfallenkrämer, Limonihändler, Sesselträger, Anstreicher, Stockmeister, Krautschneider, Totengräber usw. begeisterte Kasperl das Wiener Publikum. I. F. Castelli schilderte ihn in seinen „Memoiren" als einen „gedrungenen Mann, von mittlerer Statur, mit lebhaften Augen u. stark markierten Zügen. Alle seine Bewegungen waren eckig u. wurden eben dadurch lächerlich; sein Dialekt war der gemeine Wiener Dialekt, nur sprach er ihn mehr breit als rund u. hing oft an einzelne Worte, besonders an das Wort ,Er' ein a an, worüber man nicht wenig lachte. Außer der Bühne soll er ein ernster, ja verdrießlicher Mann gewesen sein, wie viele Komiker. Er extemporierte viel, aber meistens nur Spaßiges, niemals Witziges, u. der Beifall galt mehr dem Gesichterschneiden, den Lazzis u. der geschickten Unbehilflichkeit, womit er sich zu benehmen wußte". Dennoch war er der vergötterte Liebling der Wiener, der Magnet des Leopoldstädter-Theaters, den auch kein Fremder versäumte aufzusuchen um ihn, wenn auch nicht zu verstehen, so doch zu belachen.
Literatur: Friedrich Arnold *Mayer,* Kasperl als Benefiziant 1910; Gustav *Gugitz,*

Der weiland Kasperl 1920; Otto *Rommel,* Die Alt-Wiener Volkskomödie. Ihre Geschichte vom barocken Welt-Theater bis zum Tode Nestroys 1952.

La Roche, Julius, geb. 1781 zu Berlin, gest. 11. April 1859 zu Wien, war Schauspieler am Wiedner Theater das. u. 1827—50 am Burgtheater. Bruder des Folgenden. Hauptrollen: Vetorin („Die Familie Schroffenstein"), Frießhardt („Wilhelm Tell"), Stille („Heinrich IV.") u. a.

La Roche, Karl (seit 1873) von, geb. 14. Okt. 1794 (oder 1796) zu Berlin, gest. 20. Sept. 1884 zu Wien, Abkömmling einer Emigrantenfamilie, Sohn eines Polizeiinspektors, studierte zuerst Tierarzneikunde, wandte sich jedoch bald, von Karl Töpfer (s. d.) u. August Wilhelm Iffland, einem Freund des Hauses, in seiner Neigung bestärkt, der Bühne zu u. betrat diese 1811 gelegentlich eines Besuches seiner in Dresden als Sängerin wirkenden Schwester am dort. Hoftheater als Rochus Pumpernikel, nachdem der Komiker, der die Rolle spielen sollte, durchgegangen u. kein Ersatz für ihn vorhanden war. Er bestand das Abenteuer so glänzend, daß er beschloß, bei der Bühne zu bleiben. Sein erstes Engagement erhielt er in Danzig, wo er sowohl als Schauspieler wie als Sänger (Baß) eine vielseitige Tätigkeit entfaltete. Am damals deutschsprachigen Theater in Lemberg fand er 1816 bis 1819 weitere Verwendung. Nach Danzig zurückgekehrt, lernte er Ludwig Devrient als begeistert umjubelten Künstler u. hinreißendes Vorbild kennen. In Königsberg (1819—23) gelangte seine Entwicklung zur Reife. Durch eine Gastspielreise lenkte er auch in Leipzig die Aufmerksamkeit auf sich. Jetzt fühlte er sich stark genug, um in Weimar, von Goethe freundlich aufgenommen, seine Kunst zeigen zu können. Er bekam Rollen wie Figaro, Bartolo, Truffaldino, Leporello, Mephistopheles. Darüber äußerte er sich später: „In der Rolle des Mephisto, wie ich sie gebe, ist jede Gebärde, jeder Schritt, jede Grimasse, jede Betonung von Goethe; an der ganzen Rolle ist nicht soviel mein Eigentum als Platz unter dem Nagel hat". 1833 wurde La Roche unter glänzenden Bedingungen am Burgtheater auf Lebenszeit engagiert. Als seine zweite Gattin begleitete ihn die Weimarer Hofschauspielerin Auguste Kladzig nach Wien. Vergebens hatte man versucht, ihn für das Hoftheater in Berlin zu gewinnen. Hier erweiterte sich

sein Rollenkreis von Jahr zu Jahr bis ins höchste Alter, noch im 90. Lebensjahr wirkte er in voller Aktivität. Seit 1841 führte er daneben auch die Regie. Kaiser Franz Joseph verlieh ihm den Adel. Die Ehrengalerie des Burgtheaters nahm sein Porträt auf. Hauptrollen: Franz Moor, König Philipp, Shylock, Falstaff, Malvolio, Jago, Tartüffe, Dorfrichter Adam, Piepenbrink u. v. a. (etwa 270). — K. Töpfer verglich den jungen La R. frühzeitig mit Iffland: „Seiner Zeit war er die höchste Vollendung. Aber die Schauspielkunst wie die Sprache unterliegt einer verfeinernden Entwicklung. Der Schauspieler, welcher jetzt Charaktere zeichnet, darf nicht über das hinausgehen, was im wirklichen Leben möglich ist. Jetzt verlangt man vor allem Glaubwürdigkeit. Der Mann, den wir durch den Künstler darstellen sehen, muß irgendwo in Deutschland leben — er ist uns nur nicht zu Gesichte gekommen. Dies eben ist La Roches unvergleichliches Verdienst um die Dichter u. um die Schauspielkunst. Seine Gestalten sind lebende Gestalten, nicht Hoffmannsche Automaten, die das Leben täuschend kopieren. An seinen Gestalten fühlt man den Schlag des Herzens u. die Blutwärme. Er macht sich des Dichters Schöpfung so ganz zu eigen, er amalgamiert sie mit seiner inneren Wahrheit so durch u. durch, daß jene in ihm aufgeht u. er in ihr. Daß er aber die außerordentliche Wirkung hervorbringt allein mit der Natur-Wahrheit, ohne Beihilfe erkünstelter Züge, macht ihn zum Iffland unserer Tage. Gibt es nicht in jeder größeren Stadt einen Klingsberg, wie La Roche ihn darstellt? Ist nicht La Roches ‚reicher Mann' überall aufzufinden, wo reiche alte verzärtelte Männer wohnen? Ifflands ‚Kaufmann Herb' war unwiderstehlich komisch; aber es war eine feine Karikatur des Lebens, nicht das Leben selbst. Sein ‚Geiziger' erregte Jubel, eben weil Iffland in seiner Gliederbeweglichkeit eine Ausnahme-Mensch war — er gab Bild über Bild, eines treffender als das andere. Aber einen solchen Geizigen, das fühlt man jetzt, besaß nur die Bühne, nicht die Wirklichkeit. Bei La R. überraschen uns niemals extraordinäre Gliederbewegungen u. Körperhaltungen. Wie er geht, wie er steht, so haben wir schon gehen u. stehen gesehen; sein Wesen ist nicht das eines Ausnahme-Menschen, sondern das Wesen des pikanten Exemplars aus der lebendigen Gattung, in welche der Dichter griff. La R. vervollständigt in dieser Art nicht selten die Gestalt des Dichters, der eben oft nur mit Worten anzeigen kann, was der Darsteller mit seinem Spiel erzeugt. Aber nur der in der Schauspielkunst am höchsten stehende Meister vermag ohne alle theatralische Effektmittel einzig mit das Totale vervollständigenden Einzelheiten eine so überraschende Wirkung hervorzubringen — La R. ist ein solcher Meister — er ist der Iffland unserer Tage. Andere Charakter-Schauspieler ersetzen diese objektiven Einzelheiten durch subjektive — wo Charakter-Wirksamkeit stattfinden soll, tritt eine Schauspieler-Wirksamkeit an ihre Stelle. Eine solche Schauspieler-Wirksamkeit ist übertragbar — sie geht von Vorbild auf Nacheiferer über. Auch Ifflands meisterhafte Schauspielerzüge sind uns von Nachfolgern wiedergegeben worden. Selbst in manchen Rollen des unerreichten Genius Ludwig Devrients waren sie aufzufinden. Aber niemand wird La R. ersetzen in dessen primitiver Erweckung der Gestalten; er ist unkopierbar, weil man ihn nirgend bei einem Zipfelchen Manier anfassen kann; er entschlüpft in seiner Lebensglätte u. scheinbaren naiven Natur allen den Händen, die ihn festhalten wollen. Wer den Klingsberg des La R. kopieren will, muß selbst ein La R. sein, d. h. er muß alle inneren u. äußeren Mittel des Künstlers besitzen. Aber diese besitzt nur Er — darum ist er der Iffland unserer Tage". Von seiner Persönlichkeit entwarf Kajetan Cerri in der „Iris" 1850 ein anschauliches Bild: „Ein schöner Kopf mit hoher, intelligenter Stirne, kühner Adlernase u. geistvollen Zügen, die ungemein lebhaft an Goethe erinnern; kurzes, weiches, kastanienbraunes Haar; lichte, schelmische Augen, u. sein sogenannter Kaiserbart; mittelgroße, behäbige u. doch geschmeidige u. höchst bewegliche Gestalt; der Ausdruck der Miene lächelnd u. satyrisch; herrliches Organ; spricht viel u. mit Witz; zeigt sich freundlich mit Allen, ist gewöhnlich guten Humors u. lacht gerne, wo es Spaß gibt; trefflicher Gesellschafter; edler Gang; hat als unzertrennlichen Begleiter einen merkwürdigen Hund, Peter genannt, der bereits von den ersten Künstlern, wie z. B. von Ranftl, gemalt wurde; übt viel Wohltaten aus, u. hilft gerne im Stillen. Als Mensch vollständig, gebildet, aufgeweckt; auf der Bühne als Charakteristiker u. Komiker unverwüstlich". La R. wurde auch in Gedichten gefeiert, so 1858 von Grillparzer „Dichter nenn' ich Dich gleich mir — Dichten heißt zumeist doch eben: — In fremdem

Dasein eignes Leben — Und da, errötend, weich' ich Dir".

Behandlung: Betty *Paoli,* An C. La Roche (Gedicht) 1873.

Literatur: Wurzbach, K. La Roche (Biogr. Lexikon 14. Bd.) 1865; E. *Mautner,* K. La R. Gedenkblätter 1873; *Eisenberg,* K. La R. (Biogr. Lexikon) 1903; Alexander v. *Weilen,* K. v. La R. (A. D. B. 55. Bd.) 1910.

L'Arronge (eigentlich Aronsohn), Adolf, geb. 8. März 1838 zu Hamburg, gest. 25. Mai 1908 zu Kreuzlingen bei Konstanz, Sohn des Schauspielers Eberhard Theodor L'Arronge, studierte am Konservatorium in Leipzig, war zuerst Musiker u. Kapellmeister seit 1860 in Köln (wo er u. a. die Uraufführung seiner Erstlingsoper „Das Gespenst" dirigierte), dann in Stuttgart u. Pest, leitete seit 1866 die Krolloper in Berlin u. 1869—72 die dort. „Gerichtszeitung", 1874—78 das Breslauer Lobe-Theater u. erwarb 1881 das Friedrich-Wilhelmstädtische Theater in Berlin, das er 1883 als „Deutsches Theater" zu neuem Ansehen brachte. Beliebter Komödienschreiber. Sein Volksstück „Mein Leopold" gehört zum eisernen Bestand der deutschen Bühne. Gatte von Selma L'Arronge.

Eigene Werke: Das große Los (Zaubermärchen) 1866; Die Tannenfee (Weihnachtsmärchen) 1866; Die Sphinx (Lustspiel) 1867; Eine schauerliche Tat (Schwank) 1867; Ein moderner Rasiersalon (Posse) 1867; Schwester Marie (Posse) 1867; Der Neuigkeitsjäger (Schwank) 1868; Rache ist süß (Posse) 1868; Dreizehn oder Onkel Superklug (Posse) 1869; Die Herren Taxater (Oper) 1870; Gebr. Bock (Posse) 1870; Die Spitzenkönigin (Drama) 1871 (mit H. Müller); Kläffer (Posse) 1871 (mit H. Wilken); Papa hat's erlaubt (Lustspiel) 1872 (mit G. Moser); Der Registrator auf Reisen (Posse) 1872 (mit dems.); Mein Leopold (Volksstück) 1873; Alltagsleben (Volksstück) 1873; Hasemanns Töchter (Lustspiel) 1877; Doktor Klaus (Lustspiel) 1878; Wohltätige Frauen (Lustspiel) 1879; Dramat. Werke 8 Bde. 1879 bis 1886; Der Kompagnon (Lustspiel) 1880; Haus Loney (Lustspiel) 1880; Die Sorglose (Lustspiel) 1882; Das Heimchen (Lustspiel) 1883; Der Weg zum Herzen (Lustspiel) 1884; Die Loreley (Lustspiel) 1885; Lolos Vater (Lustspiel) 1893; Pastor Brose (Schauspiel) 1895; Annas Traum (Lustspiel) 1896; Deutsches Theater u. deutsche Schauspielkunst 1896; Mutter Thiele (Lustspiel) 1898; O. Langmanns Witwe (Volksstück) 1899; Der Wohl-

täter (Schauspiel) 1901; Gesamtausgabe 4 Bde. 1908.
Literatur: W. *Asmus* (= Anthony), A. L'Arronge u. das Lobe-Theater 1878; Conrad *Alberti*, Herr L'A. u. das Deutsche Theater 1884; Walther *Turszinsky*, A. L'A. 1908; Viktor *Klemperer*, A. L'A. (Bühne u. Welt) 1908; Karl *Strecker*, L'A. als Bühnenleiter (Tägliche Rundschau Nr. 57) 1908; Ludwig *Barnay*, Zwischenspiel (Beiträge zur Literatur-u. Theatergeschichte = Ludwig-Geiger-Festgabe) 1918; *Raeck*, Das Deutsche Theater zu Berlin unter der Direktion A. L'Arronges 1928; Max *Osborn*, Die Frühzeit des Deutschen Theaters in Berlin (Der Bunte Spiegel) 1945.

L'Arronge, Adolf Martin, geb. 6. April 1807 zu Hamburg, gest. 29. Juli 1887 das., Onkel von Adolf L'A., war Theatersekretär bei seinem Bruder Eberhard Theodor L'A. in Danzig, Köln, Mainz, Ems u. a., 1867—77 am Stadttheater in Hamburg. Mitbegründer der Genossenschaft Deutscher Bühnen-Angehöriger.

L'Arronge (eigentlich Aronsohn), Betty, geb. 24. Sept. 1845 zu Danzig, gest. 5. April 1936 zu Köln am Rhein, Tochter des Folgenden u. Schwester von Adolf L.'A. trat erstmals 1864 als Luise in „Kabale u. Liebe" in Danzig auf, kam später nach München, wo sie bei Jakob Bernays weitere Ausbildung fand, u. über Würzburg, Stettin u. Kiel ans Hoftheater in Altenburg. Nach München zurückgekehrt, spielte sie hauptsächlich Ibsengestalten. Bei späteren Gastspielen wirkte sie wiederholt an der Seite der großen Tragödin Charlotte Wolter (s. d.). Ihren Lebensabend verbrachte sie in Köln-Sülz. Hauptrollen: Frau Wolff („Der Biberpelz"), Frau Vockerat („Einsame Menschen"), Frau Heinecke („Die Ehre") u. a.
Literatur: Josef *Bayer*, Kölner Theatererinnerungen. Die Familie L'Arronge (Köln. Volkszeitung Nr. 575) 1931.

L'Arronge (eigentlich Aronsohn), Eberhard Theodor, geb. 5. Okt. 1812 zu Hamburg, gest. 15. Juni 1878 zu Köln am Rhein, war zuerst Lehrer an der Gemeindeschule seiner Vaterstadt, schloß sich dann einer Wandertruppe an u. spielte tragische Rollen in Lübeck, Bremen, Hamburg u. seit 1839 in Danzig, wo er durch einen glücklichen Zufall zum Fach der Charakterkomiker überging. 1847 kam er an das Königstädtische Theater in Berlin. 1852 übernahm er die

Direktion des Stadttheaters das., dann die der Stadttheater in Danzig u. Düsseldorf. 1858—63 Leiter des Stadttheaters in Köln. Außerdem erbaute L'A. das dort. Viktoria-Theater, wo er während der Sommermonate spielte, u. stand an der Spitze der Theater in Düsseldorf, Bonn u. Mainz sowie des Kurtheaters in Bad Ems. 1861 brachte er Offenbachs „Orpheus in der Unterwelt" erstmals in Köln zur Aufführung, sie wurde etwa 250mal wiederholt. Seine erste Gattin war Rosa Eva Trautmann (aus Würzburg, gest. 1855 zu Düsseldorf) u. seine zweite 1858 die Opernsängerin Hedwig Schnabel (geb. 1836 zu Naumburg, gest. 13. Dez. 1900 zu Elberfeld, Ps. Sury). Aus erster Ehe stammte Adolf L'A. (s. d.) u. die Schauspielerin Betty L'A. (s. d.), aus der zweiten Richard L'A. (s. d.).
Literatur: Josef *Bayer*, Kölner Theatererinnerungen. Die Familie L'Arronge (Köln. Volkszeitung Nr. 575) 1931.

L'Arronge, Eva s. L'Arronge, Richard.

L'Arronge, Gertrud s. L'Arronge, Richard.

L'Arronge, Hans, geb. 18. Jan. 1874 zu Berlin, studierte das. (Doktor der Philosophie), Sohn von Adolf L'A., wurde 1897 Regisseur u. Dramaturg des Berliner Theaters in Berlin u. 1898 Dramaturg am dort. Lessingtheater. Auch Bühnenschriftsteller.
Eigene Werke: Goethe bei Saureur (Dramat. Scherz) 1896; Vor der Ehe (Schauspiel) 1897; Das alte Kind (Schauspiel) 1899; Die Autorität (Lustspiel) 1899; Die Botschaft (Lustspiel) 1900; Der Stärkere (Schauspiel) 1902; Otto der Faule (Lustspiel) 1903; Der Prügeljunge (Versspiel) 1904; Allein (Komödie) 1904; Unter Brüdern (Komödie) 1905; Griseldis (Drama) 1908 u. a.

L'Arronge, Hedwig s. L'Arronge, Eberhard Theodor.

L'Arronge, Richard, geb. 29. Juni 1869 zu Mainz, jüngster Stiefbruder von Adolf L'A., besuchte das Konservatorium in Köln, wurde Korrepetitor u. Chordirektor an der Kroll-Oper in Berlin, 1891 Kapellmeister in Sondershausen, Magdeburg, Stuttgart u. wirkte nach einer Operntournee in Schweden u. Norwegen, wieder als Kapellmeister in Kiel, hierauf in Zürich, Regensburg, Wien (Johann-Strauß-Theater), Metz u. nach dem Ersten Weltkrieg als Operndirigent in Regensburg. Bühnenkomponist. Seine Tochter Eva (geb. 12. April 1907) wurde Schauspielerin, seine Tochter Gertrud (geb. 22. Juni 1908) Sängerin.

Eigene Werke: Musik zu Byrons Kain 1892; Die Falschmünzer (Operette, Text von K. Irmler) 1916; Was sich liebt (Operette, Text von K. Fischer) 1917 u. a.

L'Arronge, Selma, geb. um 1842, gest. 8. Dez. 1926 zu Berlin, einer alten Hamburger Künstlerfamilie entstammend, wirkte bis zu ihrer Verehelichung mit Adolf L'A. als Koloratursängerin an der Kroll-Oper in Berlin.

Larsen, Kurt, geb. (Datum unbekannt) zu Böhringen, gest. 3. Febr. 1923 das., war Schauspieler am Königshof-Theater in Dresden u. a.

Larsén-Todsen, Nanny Isidora s. Todsen, Nanny Isidora.

Laschek, Hans, geb. 1862 zu Plan in Böhmen, zuerst Lehrer, begann in Troppau als Opernsänger seine Bühnenlaufbahn, kam 1888 an die Hofoper in Wien, 1891 nach Bremen, 1893 nach Prag, 1898 nach Dresden, hierauf wieder nach Prag u. ließ sich später in Aberdeen in Schottland nieder.

Lasius, Christoph, geb. zu Straßburg im Elsaß (Datum unbekannt), gest. 25. Aug. 1572 zu Senftenberg, studierte in Straßburg u. Wittenberg, war 1537—43 Rektor in Görlitz, 1543—45 Pfarrer in Greußen (Schwarzburg), dann in Spandau, Superintendent in Lauingen u. zuletzt in Kottbus. Verfasser eines Spiels „Von der Geburt Christi" 1586.

Láska, Gustav, geb. 23. Aug. 1847 zu Prag, gest. 17. Okt. 1928 zu Schwerin, Sohn eines Beamten, besuchte das Konservatorium seiner Vaterstadt, wurde 1868 Kapellmeister am Hoftheater in Kassel, kam 1872 an die Hofkapelle in Sondershausen, dirigierte 1875—76 die Oper in Göttingen, Eisleben u. Halberstadt u. schrieb u. a. die Opern „Der Kaisersoldat", „Advent", „Abu Seid" u. „Sünde".

Literatur: Riemann: G. Láska (Musik-Lexikon 11. Aufl.) 1929.

Laska, Joseph Julius, geb. 13. Febr. 1886 zu Linz, Sohn von Julius L., studierte in München (u. a. bei Felix Mottl), begann 1909 als Kapellmeister am Stadttheater in Teplitz-Schönau seine Laufbahn, wirkte 1910

bis 1911 in Linz, 1911—12 in Mährisch-Ostrau, 1913—14 am Landestheater in Prag u. lebte seit 1936 als Dirigent u. Komponist in Wien. Komponist von Bühnenmusiken („Leonce u. Lena" von Büchner, „Lysistrata" von Aristophanes, „Der Barometermacher auf der Zauberinsel" von Raimund, „Weh' dem, der lügt" von Grillparzer u. a.).

Laska, Julie, geb. um 1860, begann ihre Bühnenlaufbahn in Odenburg, wirkte dann als Soubrette an verschiedenen österreichischen Theatern, 1886 in Petersburg, hierauf neben ihrem Gatten Julius L., kam 1889 ans Deutsche Volkstheater in Wien, beteiligte sich an Tourneen der „Münchner", war 1893—95 am Raimundtheater in Wien tätig u. unternahm schließlich wieder Gastspielreisen.

Laska, Julius, geb. 28. Juni 1850 zu Linz an der Donau (Todesdatum unbekannt), bildete sich zuerst zu einem Kammacher aus, begann aber 1868 in Ried (Oberösterreich) die Laufbahn eines Wanderkomödianten u. trat an zahlreichen Orten Österreichs u. Bayerns auf, bis er als Charakterkomiker ans Carl-Schultze-Theater in Hamburg kam, von da nach Petersburg u. 1884 in seine Vaterstadt, wo er zugleich die Direktion des Landestheaters erhielt. Gastspielreisen führten ihn bis nach Holland. 1900 trat er an die Spitze des Stadttheaters in Innsbruck u. leitete dann bis 1909 das Stadttheater in Regensburg. Seinen Lebensabend verbrachte er in Marienbad (bis 1928 nachweisbar). Gatte der Vorigen.

Laske, Norbert, geb. 17. Okt. 1885 zu Stargard (Pommern), gest. im Nov. 1914 (gefallen im Westen), war am Schauspielhaus in Bremen tätig, vorher in Sondershausen, Bautzen u. Rostock. Hauptrollen: Gross („Der Raub der Sabinerinnen"), Rüder („Alt-Heidelberg"), Salomon („Das Musikantenmädel"), Waldschratt („Die versunkene Glocke") u. a.

Lasker, Julius, geb. 20. Jan. 1811 zu Breslau, gest. 16. Nov. 1876 zu Berlin, studierte das. u. in seiner Vaterstadt (Doktor der Medizin), war Arzt in Breslau, Krotoschin, Posen u. Berlin, 1848—52 Dramaturg in Breslau u. seit 1867 des Viktoria-Theaters in Berlin. Redakteur der „Schlesischen Blätter", der „Breslauer Zeitung", des „Freimütigen" u. a. Journale. Bühnenschriftsteller.

Eigene Werke: Berliner Licht- u. Schattenspiele 1843; Weiberlist (Posse) o. J.; Stibor (Drama) o. J.; Die Industrielle (Lustspiel) o. J.; Verwechslungen (Lustspiel) o. J.; Schiller für alle, alle für Schiller (Festspiel) 1859.

Lasker-Schüler, Else, geb. 11. Febr. 1876 zu Elberfeld, gest. 22. Jan. 1945 zu Jerusalem, Tochter eines Architekten, seit 1904 Gattin des Arztes Lasker, später von ihm geschieden. Ihre Beziehungen zum Bühnenschriftsteller Herwarth Walden (s. d.) änderten an ihrem Namen nichts. Seit 1936 in der Schweiz u. Palästina, seit 1939 endgültig in Jerusalem, wo sie auf dem Ölberg begraben wurde. Vielseitig literarisch tätig, auch auf dem Gebiete des Dramas.
Eigene Werke: Die Wupper (Schauspiel) 1908; Arthur Aronymus u. seine Väter (Schauspiel) 1932.
Literatur: Fanni *Goldstein,* Der expressionistische Stilwille im Werke der E. Lasker-Schüler (Diss. Wien) 1937.

Laskowski, Ernst, geb. 1885, gest. 26. März 1935 zu Berlin, war Schauspieler, zuletzt Direktor der Schauspielertruppe „Erbstrom" in Berlin.

Lassalle, Ferdinand, geb. 11. April 1825 zu Breslau, gest. 31. Aug. 1864 zu Genf, der Mitbegründer der Sozialdemokratie, schrieb ein Drama „Franz von Sickingen" 1859 (für die Bühne eingerichtet von Flüggen 1895). Die Schauspielerin Helene Schewitsch (s. d.), von deren späterem Gatten Yanco v. Racowitza L. im Duell erschossen wurde, veröffentlichte 1879 ihre „Beziehungen zu Ferdinand Lassalle". Auch Bühnenheld.
Behandlung: Jakob *Lippmann,* Helene (Drama) 1896.

Lassen, Eduard, geb. 13. April 1830 zu Kopenhagen, gest. 11. Jan. 1904 zu Weimar, studierte nicht nur in Belgien, sondern auch in Deutschland u. Italien, erregte mit seiner Oper „Landgraf Ludwigs Brautfahrt" die Aufmerksamkeit Liszts, der die Aufführung 1857 in Weimar u. seine Anstellung als Hofmusikdirektor das. erwirkte. Nach Liszts Rücktritt 1858 Hofkapellmeister. 1895 nahm er seinen Abschied. L. schrieb u. a. die Bühnenmusik zu Hebbels „Nibelungen", Sophokles' „Ödipus auf Kolonos", Goethes „Faust" u. „Pandora", Calderons „Über allen Zauber Liebe". Die Universität Jena

ernannte ihn zum Ehrendoktor der Philosophie.
Eigene Werke: Landgraf Ludwigs Brautfahrt 1857; Frauenlob (Text von E. Pasqué) 1860; Der Gefangene (Einakter) 1868.
Literatur: Riemann, E. Lassen (Musik-Lexikon 11. Aufl.) 1929.

Lassenius, Johann, geb. 26. April 1636 zu Waldau in Pommern, gest. 29. Aug. 1692 zu Kopenhagen, der berühmte Prediger u. Schriftsteller, wurde als Gegner der Papisten u. Jesuiten von Kaiserlichen gefangen genommen u. soll auf der Flucht Schauspieler der Traulschen Gesellschaft gewesen sein.
Literatur: H. *Schröder,* Versuch eines Beweises, daß Johann Lassenius Schauspieler gewesen (Schleswig - Holstein - Lauenburgische Provinzialberichte) 1834.

Lasser, Johann Baptist, geb. 12. Aug. 1751 zu Steinkirchen in Niederösterreich, gest. 21. Okt. 1805 zu München, studierte in Wien, wandte sich aber 1781 der Bühne zu u. trat in Brünn als Opernsänger auf, übernahm 1784 die Direktion des Theaters in Linz a. d. D. u. ging 1788 nach Graz, wo er sich auch als Opernkomponist versuchte. 1791 folgte er einem Ruf nach München als Kammersänger. L. gab 1798 eine „Anleitung zur Singkunst" heraus u. schrieb mehrere Operetten („Das wütende Heer" — „Die glückliche Maskerade" — „Der Kapellmeister" — „Die kluge Witwe" — „Die unruhige Nacht" — „Die Modehändlerin" — „Der Jude"), die alle in Graz gegeben wurden. In München komponierte er auch die Oper „Cora u. Alonzo" sowie ein Vorspiel „Die Huldigung der Töne".
Literatur: Wurzbach, J. B. Lasser (Biogr. Lexikon 14. Bd.) 1865; Joseph *Kürschner,* J. B. L. (A. D. B. 17. Bd.) 1883.

Lassner, Oskar, geb. 10. Juli 1888 zu Perchtoldsdorf bei Wien, ausgebildet von Amalia Friedrich-Materna (s. d.), wirkte als Opernsänger 1912—13 in Gablonz, 1914—15 an der Mährisch-Ostrau, 1914—15 an der Volksoper in Wien, 1915—18 in Graz, 1918—28 in Leipzig u. seit 1921 auch als Lehrer am Konservatorium das.

Laßwitz, Emil, geb. zu Breslau (Datum unbekannt), gest. 5. Dez. 1878 zu Chicago, Sohn eines Kommerzienrates u. preuß. Abgeordneten, arbeitete zuerst im Bankfach, ließ sich von G. Berndal (s. d.) dramatisch ausbilden, wirkte als Schauspieler 1864—65 in Bamberg u. kam hierauf nach Nordamerika, wo er sich als Charakterdarsteller u. Theaterunternehmer betätigte.

Laszny von Fokusfodva, Katharina, geb. 1798 (?), gest. 3. Juli 1828 zu Wien, war vor ihrer Heirat als Kathinka Buchwieser 1809—17 eine bekannte Opernsängerin u. Schauspielerin der Kongreßzeit. Vgl. Joseph Schreyvogels Tagebücher (Ausgabe Glossy) 1903. Der junge Eichendorff bewunderte sie 1811 im Theater an der Wien.

La Tour-Albrecht, Georg, geb. im letzten Viertel des 19. Jahrhunderts, wirkte als Sänger u. Schauspieler seit 1908 in Mülhausen, Stargard, Dresden, Ratibor, Zoppot, Bern, Neuyork, auch als Spielleiter in Aachen, Elberfeld, Regensburg, Hagen, Würzburg, Bremen, 1933—36 als Oberspielleiter der Oper am Stadttheater in Bremerhaven u. gab Gastspiele in Dresden, München, Magdeburg, Schwerin, Stettin, Hamburg, Kiel, in England, Amerika u. in der Schweiz. Gründer u. Leiter der Hamburg-Bremer Opernschule u. Gesangsakademie. Zuletzt Intendant in Heidelberg.

Lattermann, Ottilie, geb. 15. Juni 1878 zu Frankfurt a. M., Tochter des Redakteurs Ludwig Metzger, am Sternschen Konservatorium das. ausgebildet, Schülerin u. a. von Emanuel Reicher (s. d.), wirkte 1898 bis 1900 als Opernsängerin in Halle, 1900 bis 1903 in Köln, 1903—15 am Stadttheater in Hamburg, gab 1916—17 Gastspiele in England u. Amerika, wurde 1918 Mitglied der Staatsoper in Dresden u. nahm 1921 ihren Bühnenabschied. Tourneen führten sie auch nach Rußland, Spanien, Skandinavien, Frankreich u. Ungarn. Wiederholt nahm sie an den Bayreuther Festspielen teil. Ihre Stimme reichte vom tiefsten Alt bis zum höchsten Sopran. Hauptrollen: Carmen, Amneris, Fides, Azucena, Dalila, Ortrud, Brangäne, Floßhilde u. a. Zuletzt lebte sie in Berlin-Seehof.
Literatur: E. *Krause,* O. Metzger-Froitzheim (Musikalisches Wochenblatt 36. Jahrgang) 1905; H. *Chevalley,* O. M.-F. (Bühne u. Welt 8. Jahrg.) 1906.

Lattermann, Theodor, geb. 1880, gest. 5. März 1926 zu Seehof bei Berlin-Lichterfelde, Kammersänger (Baß), Mitglied des Stadttheaters in Hamburg, wirkte auch bei den Festspielen in Bayreuth mit, war aber

seit 1918 nur mehr als Gast tätig. Seine Hauptrollen fand er hauptsächlich in R. Wagners Musikdramen (Gurnemanz, Landgraf u. a.). Gatte der Vorigen.

Lattner, Karl Philipp s. Berger, Karl Philipp.

Latzko, Ernst, geb. 9. April 1885 zu Wien, studierte hier (Doktor der Rechte), bildete sich jedoch (u. a. bei E. Mandyzewski) das. u. (bei H. Riemann) in Leipzig auch musikalisch aus, wurde 1908 Korrepetitor an der Hofoper in Dresden, 1913 Kapellmeister am Hoftheater in Weimar u. später daneben Operndramaturg das.
Literatur: Riemann, E. Latzko (Musik-Lexikon 11. Aufl.) 1929.

Lau, Albert (Geburtsdatum unbekannt), gest. 27. Febr. 1906 zu Wismar, wirkte in Eckersförde, Rendsburg, Memmingen u. a. als Liebhaber, Charakterdarsteller u. auch in Gesangspartien. Hauptrollen: Raleigh („Graf Essex"), Claudius („Hamlet"), Odoardo („Emilia Galotti"), Verrina („Die beiden Reichenmüller") u. a.

Laube (Ps. Hassel), Friedrich, geb. 23. April 1815 zu Kassel, gest. 29. Sept. 1884 zu Prag, kam frühzeitig als Chorknabe in seiner Vaterstadt auf die Bühne u. nach Besuch der dort. Hoftheaterschule 1830 als Sänger nach Heiligenstadt, wo er auch im Sprechstück wirkte. Hierauf wandte er sich nach Rostock, 1847 nach Königsberg, 1857 nach Breslau, Bremen u. 1858 nach Prag, wo er vor allem in Väterrollen sehr beliebt war, „Prager La Roche" genannt, u. bis 1882 tätig blieb. Hauptrollen: Don Juan, Figaro, Piepenbrink, Kalb u. a.
Literatur: Eisenberg, F. Hassel (Biogr. Lexikon) 1903.

Laube, Hanns s. Buchner, Hans Dietrich.

Laube, Heinrich, geb. 8. Sept. 1806 zu Sprottau in Pr.-Schlesien, gest. 1. Aug. 1884 zu Wien, studierte anfangs evangel. Theologie in Halle (Burschenschafter) u. Breslau, schwenkte dann zu den Literaten u. in das radikale Lager über, zu dessen Häuptern er zählte. 1833 Redakteur der „Zeitung für die elegante Welt" in Leipzig. Mit Gutzkow bereiste er Italien, wurde später in Sachsen ausgewiesen u. in Berlin verhaftet. Die Strafe verbüßte er im alten Schloß des Fürsten Pückler-Muskau (s. d.). 1839 ging L. nach Paris u. dann nach Algier. 1842—44 war er wieder bei der „Zeitung für die elegante Welt" tätig. 1848 Mitglied des Frankfurter Parlaments (Vertreter der deutschböhmischen Stadt Ellenbogen), 1850 bis 1867 Direktor des Burgtheaters. Später Leiter des Leipziger u. des Wiener Stadttheaters. Bedeutendster Dramaturg des 19. Jahrhunderts. Dramatiker, Erzähler u. Kritiker. Zu seinen Stücken zählte das historische Schauspiel aus dem Zeitalter der englischen Königin Elisabeth „Graf Essex" 1856. L., der durch dieses Drama die Erinnerung an Schillers „Maria Stuart" Szene für Szene deutlich beschwor, vollendete dessen „Demetrius" u. brachte den jungen Schiller selbst in den „Karlsschülern" auf die Bühne. Bei aller Realistik seiner Charakterisierungskunst war klass. Pathos auch ihm eigen. Im modernen Drama ragt sein Schauspiel „Böse Zungen" hervor, das vom Selbstmord des österr. Finanzministers Bruck (1860) u. den begleitenden Nebenumständen ausgeht. Als Dramaturgen kann man L. am deutlichsten in seiner Geschichte des Burgtheaters erkennen. Darin begründet er die Art u. Weise seiner Leitung, erklärt die Aufgaben des Theaterdirektors überhaupt, weist auf den Wert der Probe hin u. stellt Grundsätze für die Bildung des Spielplans auf. Fast alle großen Schauspielkräfte seiner Zeit wie B. Baumeister, L. Gabillon, M. Seebach, H. Schöne, A. Sonnenthal, J. Wagner, Ch. Wolter u. a. suchte er mit Erfolg für das Burgtheater zu gewinnen, das ihm seine schönste Blütezeit verdankt. Niemals gab es so viele neue Stücke, so viele Neuinszenierungen wie unter ihm. Auch um die Wiedergeburt Grillparzers auf der Bühne war er sehr verdient. Eigentlich erst durch Laubes Propaganda setzte sich Österreichs größter Dramatiker auch in ganz Norddeutschland durch. Nach seinem Abschied durfte er mit Recht behaupten: „Mein Ideal war nach einigen Jahren jedem Gaste aus der Fremde sagen zu können: Bleibe ein Jahr in Wien und du wirst im Burgtheater alles sehen, was die deutsche Literatur seit einem Jahrhunderte Klassisches oder doch Lebensvolles für die Bühne geschaffen; du wirst sehen, was Shakespeare uns Deutschen hinterlassen, wirst sehen, was von den romanischen Völkern unserer Denk- u. Sinnesweise angeeignet werden kann. Ich habe dies Ideal nie aus den Augen gelassen. Ob ich's erreicht habe? In dieser sterblichen, mitunter recht ärgerlichen Welt klingt es vermessen von der Erreichung eines Ideals zu sprechen. Aber wir haben uns manchmal eingebildet, ihm nahegekommen zu sein. Den Ruhm des Burgtheaters nehme ich positiv in Anspruch, daß es von 1850 bis 1867 unermüdlich und oft erfolgreich nach diesem Ideale gestrebt hat. Mit Mängeln behaftet sind wir immer geblieben, und wir haben nicht alles gleich gut aufführen können. Aber wir haben jenen großen Kreis, ich darf es sagen, ziemlich gut ausgefüllt. Das Burgtheater hat seit einer Reihe von Jahren das umfassendste Repertoire geboten, nicht nur in Deutschland, sondern in Europa." Nach Laubes Tod urteilte sein erbitterter Gegner aus der Leipziger Zeit Rudolf Gottschall über ihn, bezeichnend für die starke Nachwirkung, die sich nicht auf den Kreis seiner Anhänger beschränkte: „Laube hat auf die Richtung der modernen Bühnen einen maßgebenden Einfluß ausgeübt; die Presse, die Theaterkritik stand und steht heute noch unter dem Einfluß seiner Stichwörter, ebenso der Bühnenregie. Und diese Stichwörter vererbten sich nicht bloß durch die Schauspieler, er hat sie in seinen drei Werken über seine eigenen Bühnenleitungen oft genug angewendet. Man muß Laube in erster Linie zu seinem Lobe nachsagen, daß kein anderer Bühnenarbeiter, kein dramatischer Dichter oder Kritiker Deutschlands in neuer Zeit ein so intimes Interesse für das Theater gezeigt hat; nicht Tieck, nicht Immermann, nicht Dingelstedt, . . . nicht die zahlreichen gebildeten Bühnenlenker, welche einzelnen deutschen Theatern vorstanden und vorstehen. Laube lebte und webte im deutschen Theater, er hatte ein zu hohen Temperaturgraden erhitztes Theaterblut, er war ein Fanatiker der Bühne. Die Aufführungen neuer Stücke versetzten ihn in solche Aufregung, als ob er der Dichter wäre. Jede Aufführung war ihm ein Ereignis. Die Elektrizität, von der er selbst erfüllt war, teilte sich dem Publikum und der Presse mit; das Interesse für das Theater wurde durch ihn wachgehalten. Solchen Einfluß gewonnen und jahrelang behauptet zu haben, ist das Verdienst Laubes." 1895 setzte ihm seine Vaterstadt ein Denkmal. Und noch ein Menschenalter später schrieb der berühmte Burgschauspieler Rudolf Tyrolt: „Dieser vielleicht größte Mann des deutschen Theaters war nach meiner Meinung der bedeutendste reformatorisch wirkende Lehrer dramatischer Darstellungskunst, einer der tüchtigsten Schulmeister der Bühne, eine scharfausgeprägte, unvergeßlich bleibende Persönlichkeit in der deutschen Theaterwelt."

Eigene Werke: Monaldeschi (Trauerspiel) 1845; Rococo oder Die alten Herren (Lustspiel) 1846; Die Bernsteinhexe (Trauerspiel) 1846; Struensee (Trauerspiel) 1847; Gottsched u. Gellert (Lustspiel) 1847; Die Karlsschüler (Drama) 1847; F. Grillparzer (im Familienbuch des Österreich. Lloyd) 1853; Prinz Friedrich (Schauspiel) 1854; Graf Essex (Trauerspiel) 1859; Montrose, der schwarze Markgraf (Trauerspiel) 1859; Das Burgtheater (Beitrag zur deutschen Theatergeschichte) 1868; Der Statthalter von Bengalen (Drama) 1868; Böse Zungen (Schauspiel) 1868; Demetrius (Histor. Trauerspiel) 1872; Das norddeutsche Theater 1872; Grillparzers Sämtl. Werke, herausg. 10 Bde. 1873 ff. (mit J. v. Weilen); Mitten in der Nacht (Posse nach dem Französischen) 1874; Scribes u. Legouvés Damenkrieg, deutsch 1874; Cato von Eisen (Lustspiel) 1875; Nachsicht für alle (Komödie) 1875; Das Wiener Stadttheater 1875; Der Hauptmann von der Scharwache (Lustspiel nach dem Französischen) 1878; F. Grillparzers Lebensgeschichte 1884; Theaterkritiken u. dramat. Aufsätze, herausg. v. A. v. Weilen (Schriften der Gesellschaft für Theatergeschichte 7. u. 8. Bd.) 1906; Gesammelte Werke, herausg. von H. H. Houben (Hesses Deutsche Klassiker-Bibliothek 50 Bde.) 1908 ff.; Charlotte Birch-Pfeiffer u. H. Laube im Briefwechsel (Schriften der Gesellschaft für Theatergeschichte 27. Bd.) 1918.

Behandlung: Walter *Lange*, H. Laubes Aufstieg (Ein deutsches Künstlerleben) 1923; Hans *Nüchtern*, Der Direktor (Skizze: Wiener Zeitung, Ostern) 1949.

Literatur: A. *Schneider*, Ältere Essexdramen 1901; Alexander v. *Weilen*, H. Laube u. das Burgtheater (Bühne u. Welt 7. Jahrg.) 1905; H. H. *Houben*, H. L. (A. D. B. 51. Bd.) 1906; F. *Broßwitz*, L. als Dramatiker (Diss. Breslau) 1906; Heinrich *Stümcke*, Neues von u. über H. L. (Bühne u. Welt 9. Jahrg.) 1907; Eugen *Kilian*, H. L. u. Eduard Devrient (Ebda. 10. Jahrg.) 1908; G. *Altmann*, H. Laubes Prinzip der Theaterleitung (Diss. Jena = Schriften der Literarhistor. Gesellschaft Bonn 5. Bd.) 1908; A. v. *Weilen*, L. u. Shakespeare (Jahrbuch der Shakespeare-Gesellschaft 43. Bd.) 1909; Paul *Przygodda*, H. Laubes literar. Frühzeit (Beiträge zur german. u. roman. Philologie 42. Bd.) 1910; Paul *Weiglin*, Gutzkows u. Laubes Literaturdramen (Palästra 103. Bd.) 1910; Alexander v. *Weilen*, H. L. u. Bayer-Bürck 1911; M. *Moormann*, Die Bühnentechnik H. Laubes (Theatergeschichtl. Forschungen 30. Bd.) 1917; R. *Junack*, H. Laubes

Entwicklung zum Reformator des deutschen Theaters (Diss. Erlangen) 1922; Erich *Kretzer*, Scribes Einfluß auf Laubes Dramatik (Diss. Göttingen) 1922; Walter *Lange*, H. Laubes Aufstieg. Ein deutsches Künstlerleben im papiernen Leipzig 1923; Friedrich *Rosenthal*, L. (Unsterblichkeit des Theaters) 1924; Gerhard *Färber*, Laubes persönliche, literar. u. dramat. Beziehungen zu Grillparzer (Diss. Prag = Jahrbuch der dort. philos. Fakultät) 1925; H. H. *Houben*, Laubes verschollene Jugenddramen (Kleine Blumen, kleine Blätter) 1925; Marie *Kramer*, H. L. (Schlesische Lebensbilder 2. Bd.) 1926; Anton *Heimerl*, L. u. Dingelstedt als Burgtheaterdirektoren (Diss. Prag = Jahrbuch der dort. philos. Fakultät) 1926; Rudolf *Tyrolt*, Theater u. Schauspieler. Aphorismen, Betrachtungen, Kritiken 1927; Walter *Tappe*, H. Laubes Theaterwirksamkeit (Die Scene 10. Jahrgang) 1929; H. *Laube*, Gegen ein stehendes französisches Theater in Wien (Jahrbuch der Grillparzer-Gesellschaft) 1932; Wolfgang *Förster*, H. Laubes dramat. Theorie im Vergleich zu seiner dramat. Leistung 1932; Hans *Knudsen*, Küstner u. L. oder Theaterleitung u. Theaterkritik 1933; S. D. *Stirk*, Kritiken von H. L. 1934; E. *Ziemann*, H. L. als Theaterkritiker 1934; Albert *van Geelen*, Martin Greif als Dramatiker in seinen Beziehungen zu L. (Deutsche Quellen u. Studien 11. Bd.) 1934; F. *Rosenthal*, Laubes Burgtheater (Jahrbuch der Grillparzer-Gesellschaft 33. Jahrg.) 1935; Irene *Weber*, H. L. im Spielplan des Burgtheaters (Diss. Wien) 1935; Friederike *Abeles*, Shakespeare-Aufführungen am Burgtheater unter L. (Diss. Wien) 1935; S. D. *Stirk*, H. Laubes Jugenddrama Gustav Adolf (Zeitschrift für Deutsche Philologie 63. Bd.) 1938; J. K. *Ratislav*, Laubes Kampf um die Subvention des Burgtheaters (Jahrbuch der Gesellschaft für die Wiener Theaterforschung) 1944; Johann *Diviš*, Grillparzer u. Laube (Diss. Wien) 1946; Marianne *Hauser*, H. L. am Scheidewege: Aus unveröffentlichten Briefen des Burgtheaterdirktors (Die Presse Nr. 18) 1948; Melchior *Duerst*, H. L. als unser Lehrer 1951.

Laube, Louise, geb. 6. Mai 1862 zu Oravicza, gest. 28. Mai 1907 zu Wien, wirkte als Schauspielerin an der Seite ihres Gatten Robert L., der als Gesangs- u. Charakterkomiker sowie als Regisseur in Köln, Hermannstadt u. zuletzt auch als Bürochef am Stadttheater in Meran unter Julius Laska (s. d.) engagiert war.

Laube, Robert, geb. 1863, gest. im Sept. 1925 zu Meran. S. Laube, Louise.

Laubell, Karl Theodor de, geb. 10. Okt. 1822 zu Bremen, gest. 18. Febr. 1896 zu Hamburg, war Schauspieler u. Sänger am dort. Stadttheater. Hauptrollen: Winkelried („Wilhelm Tell"), Bauer („Der Prophet"), Müller („Fra Diavolo") u. a.

Laubenthal, Hansgeorg, geb. 12. Juni 1911 zu Köln, humanistisch gebildet, war Schauspieler in Frankfurt a. M., Darmstadt, Hamburg u. Berlin (bis 1945 am Staatstheater u. seither am Deutschen Theater). Charakterdarsteller. Hauptrollen: Karl Moor, Don Carlos, Prinz von Homburg u. a.

Lauber, August s. Ellmenreich, August.

Lauber, Cécile, geb. 13. Juli 1887 zu Luzern, Tochter des Direktionspräsidenten der Gotthardbahn Hermann Dietler, Gattin von Werner L., widmete sich zuerst der Malerei u. Bildhauerei, hielt sich lange in England u. Italien auf, vorwiegend aber in ihrer Vaterstadt. Erzählerin u. Dramatikerin.
Eigene Werke: Die verlorene Magd (Drama) 1925; In der Stunde, die Gott uns gibt (Schauspiel) 1928; Das kleine Mädchen mit den Schwefelhölzchen (Weihnachtsspiel) 1931.

Lauber, Marie s. Ellmenreich, Marie.

Lauber-Versing, Auguste s. Versing, Auguste.

Laubinger, Otto, geb. 11. März 1892 zu Eichenrod, gest. 27. Okt. 1935 zu Berlin, ausgebildet in München, war Schauspieler u. Spielleiter in Innsbruck, Ulm, Oldenburg, Mainz, seit 1930 in Berlin u. seit 1933 Präsident der Reichstheaterkammer u. der Genossenschaft Deutscher Bühnen-Angehörigen.
Literatur: Sigmund Graff, O. Laubinger, der Kämpfer u. Künstler (Die Bühne 1. Jahrg. 1. H.) 1935.

Laubmeyer, Paul, geb. 27. Jan. 1860 zu Potsdam, gest. 6. Sept. 1900 zu Straßburg, war Spielleiter des dort. Variététheaters.

Lauchstädt, Badestädtchen zwischen Halle u. Merseburg, ehemalige Sommerresidenz der Herzoge von Sachsen-Merseburg, besaß seit 1776 ein Theater, von Goethe u. der Weimarer Hofgesellschaft gefördert u. spielte im kulturellen Leben um 1800 eine gewisse Rolle. Direktor Bellomo gab Opern u. Schauspiele. Schillers erste Dramen lockten die ganze Studentenschaft aus Halle herbei. Das Haus selbst sah freilich trostlos aus u. wurde von den Zeitgenossen als „Schafhütte" u. „Quasi-Stall" abschätzig beurteilt. Daher wandte sich Goethe 1797 im Namen der Ober-Direktion der Schauspielergesellschaft an den Kurfürsten von Sachsen mit dem Gesuch für die Bewilligung eines Neubaues. Zur Ausführung gelang dieser freilich erst 1802 (nach den Plänen des Berliner Architekten Heinrich Gentz). Zur Eröffnung gab man Goethes Festspiel „Was wir bringen" u. Mozarts „Titus". In den Kriegsjahren seit 1806 hatte L. sehr stark gelitten. 1908 gründete man einen Lauchstädter Theaterverein zur Pflege der klassischen Überlieferung, der die Bühne wieder eröffnete u. seit 1910 „Berichte" herausgab.
Literatur: M. *Distel,* Zur Erstaufführung der Braut von Messina in Lauchstädt (Studien zur vgl. Literaturgeschichte 5. Jahrg.) 1905; F. *Düsel,* Von L. zu Reinhardt (Westermanns Monatshefte 53. Jahrg.) 1908; A. *Doebber,* L. u. Weimar 1908; Gustav *Wolff,* Das Goethetheater in L. 1908; Paul *Menge,* Bad L. u. sein Goethetheater 1908; H. *Reinhold,* Bad L., seine literar. Denkwürdigkeiten u. sein Goethetheater 1914; A. *Doebber,* L. (Goethe-Handbuch 2. Bd.) 1917; Eduard *Scheidemantel,* Goethes Totenfeier für Schiller in L. 1805 (Beiträge zur Literatur- u. Theatergeschichte = Festgabe L. Geiger) 1918; Hans *Lebede,* Das Goethetheater in L. Zur Feier des 125jährigen Bestehens (Die deutsche Bühne 19. Jahrg.) 1927; Alfred *Hoschke,* Sonnentage im klassischen Bad. L. (Velhagen u. Klasings Monatshefte, Juni) 1936.

Lauckner, Rolf, geb. 15. Okt. 1887 zu Königsberg in Preußen, gest. 27. April 1954 zu Bayreuth, Stiefsohn Hermann Sudermanns, studierte in Lausanne, München, Kiel, Königsberg u. Würzburg (Doktor der Rechte u. Staatswissenschaften), leitete 1919—23 die Zeitschrift „Über Land u. Meer" in Stuttgart, übersiedelte dann nach Wien u. lebte seit 1925 meist in Berlin. Dramatiker u. Lyriker, auch Übersetzer u. Bearbeiter. 1953 erschien sein rund 30 Dramen umfassendes Werk in 6 Bdn.
Eigene Werke: Der Umweg zum Tod (Kleine Dramen. Gespräche) 1915; Christa die Tante (Drama) 1918; Frau im Stein

(Drama) 1918; Der Sturz des Apostels Paulus (Drama) 1918; Predigt in Litauen (Drama) 1919; Wahnschaffe (Drama) 1920; Sonate (Kammerspiel) 1921; Schrei aus der Straße (Szenen) 1922; Die Reise gegen Gott (Drama) 1923; Die Entkleidung des Antonio Carossa (Komödie) 1925; Matumbo (Drama) 1926; Satuala (Oper, Musik von E. N. v. Reznicek) 1927; Verlegenheit im Völkerbund (Lustspiel) 1927; Krisis (Schauspiel) 1928; Nadja (Oper, Musik von Eduard Künneke) 1931; Bernhard von Weimar (Drama) 1933; Der Hakim weiß es (Komödie) 1936; Das Leben für den Staat (Charakterbild Friedrichs des Großen) 1936; Der letzte Preuße (Trauerspiel) 1937; Herkus Monte u. der Ritter Hirzhals (Drama) 1937; Wanderscheidt sucht eine Frau (Komödie) 1938; Der vergebliche Kaiser (Drama) 1941; Der Ausflug nach Dresden (Komödie) 1943; Die Flucht des Michel Angelo (Schauspiel) 1944; Cäsar u. Cicero (Drama) 1947; Hiob (Drama) 1949.

Literatur: Fritz *Engel*, R. Lauckner u. seine Bühnenwerke 1922; M. R. *Möbius*, R. L. (Herdfeuer 10. Jahrg.) 1934—35; ders., Der dramat. Begriff . . . R. Lauckners (Ebda.) 1938 (mit Bibliographie von E. Metelmann); Rolf *Lauckner*, Ahnentafel (Die Neue Literatur Nr. 2) 1938; Paul *Fechter*, Der Stiefsohn von H. Sudermann (Der Tagesspiegel Nr. 2625) 1954.

Laudes, Joseph, geb. 30. April 1742 zu Wien, gest. 1780 das. als Beamter der Hofkammer. Lustspieldichter, auch Verfasser der meisten deutschen Programme zu den Balletten von Noverre u. Angiolini.

Eigene Werke: Die verehelichte Pamela 1763 (nach Goldoni); Der Kavalier von gutem Geschmack 1764 (nach dems.); Die kluge Ehefrau 1764 (nach dems.); Die verliebten Zänker 1764 (nach dems.); Die Verwechslung (aus dem Fransösischen) 1764; Der bestrafte Geck (aus dem Französischen) 1766; Die verstellte Kranke 1767 (nach Goldoni); Die Schnitter 1769 (nach Favart); Nicht alles ist Gold, was glänzt (Lustspiel) 1773; Der Franzos in Wien (Lustspiel) 1776 u. a.

Literatur: *Wurzbach*, J. Laudes (Biogr. Lexikon 14. Bd.) 1865.

Laudien, Max, geb. 15. Okt. 1859 zu Königsberg in Preußen, gest. 8. Jan. 1944 zu Basel, war seit 1884 Theaterkapellmeister in Königsberg, Elberfeld, Kiel u. zuletzt am Stadttheater in Basel. 1929 nahm er seinen Bühnenabschied.

Laudon (volkstümlicher Name für Loudon), Gideon Ernst Freiherr von (1717—90), General, Besieger Friedrichs II. bei Kunersdorf u. Oberbefehlshaber im Türkenkrieg als Dramenheld.

Behandlung: Jakob von *Zepharovich*, Heldenmut u. Vaterlandsliebe oder Laudons u. Koburgs Denkmal (Drama) 1789; Friedrich *Kaiser*, General Laudon (Volksstück) 1874; Ferdinand *Kracher*, Feldmarschall L. oder Der Krämer von Hadersdorf (Volksstück) 1892.

Laue, Ebba s. Laue, Marie.

Laue, Marie, geb. 15. Dez. 1876 zu Luckenwalde in der Mark Brandenburg, Tochter eines ehemaligen Offiziers, wurde im Kloster zum hl. Kreuz in Berlin erzogen, wählte jedoch nicht den für sie in Aussicht genommenen geistlichen Beruf, sondern den einer Schauspielerin u. begann ihre Bühnenlaufbahn als Elevin am Deutschen Landestheater in Prag, von Johanna Neumann (s. d.) u. F. Mitterwurzer (s. d.) gefördert. 1895 kam sie ans Hoftheater in München, 1896 ans Stadttheater in Leipzig, 1902 ans Schauspielhaus in Frankfurt a. M. u. ans Lessingtheater in Berlin. Bedeutende Charakterdarstellerin. Hauptrollen: Desdemona, Hero, Julia, Gretchen, Rautendelein, Claire, Salome u. a. Ihre Schwester Ebba L. eiferte ihrem Beispiel nach, fand 1898 ihr erstes Engagement in Leipzig, wo sie vor allem als Hannele gefiel u. wirkte dann am Hoftheater in Potsdam u. seit 1901 am Hoftheater in Dresden. Weitere ihrer Hauptrollen: Philippine („Das Schwert des Damokles"), Ludmilla („Das Stiftungsfest"), Eucharis („Sappho") u. a.

Lauenstein, Tilly, geb. 28. Juli 1916 zu Homburg vor der Höhe, begann ihre Laufbahn als Schauspielerin in Stuttgart u. kam über Görlitz nach Berlin, wo sie seit 1945 am Hebbel-, Schloßpark- u. Renaissancetheater u. zuletzt am Schiller-Theater wirkte. Hauptrollen: Frau („Der Teufel u. der liebe Gott"), Amalia („Die Räuber"), Diana („Philomena Marturano") u. a.

Lauer, Erich Oskar, geb. 2. Juli 1911 zu Leibenstadt in Baden, lebte als freier Schriftsteller u. Komponist in Murnau in Oberbayern. Für die Bühne schuf er eine Oper „Der gestohlene Dieb", ein Singspiel „Das Marmorbild" u. eine Musik zu „Jedermann".

Lauermann, August, geb. 1838, gest. 9. Jan. 1897 zu Jeßnitz bei Dessau, war Schauspieler u. Regisseur in Hersfeld, Gelsenkirchen u. a.

Laufen, Stadt an der Salzach in Oberbayern, beherbergte Salzschiffer, die im Winter ihren Unterhalt durch Komödienspiel suchten. Das älteste uns bekannte Zeugnis für das Auftreten der Laufner Schiffer als Schauspieler stammt aus dem Jahr 1762. Meistens spielten drei Gesellschaften. In ihrem reichen Repertoire befanden sich Stücke wie „Die Räuber auf Maria Kulm" von H. Cuno, „Der Eremit auf Formentera" von Kotzebue, „Die Waise und der Mörder" von Castelli, „Don Juan" u. „Die Entführung aus dem Serail" (beide Stücke als Schauspiele), „Lumpazivagabundus" u. v. a. Eine große Anzahl der Textbücher blieb erhalten u. befindet sich zum Teil im Salzburger Museum. Gespielt wurde in Oberbayern, Oberösterreich u. Salzburg. Die Laufner Komödianten haben sich bis ins 20. Jahrhundert hinein erhalten.
Literatur: Richard Maria *Werner,* Der Laufner Don Juan (Theatergeschichtl. Forschungen 3. Bd.) 1891.

Laufer, Laura s. Oberländer, Heinrich.

Lauff, Joseph (seit 1913) von, geb. 16. Nov. 1855 zu Köln, gest. 22. Aug. 1933 im Haus Krein bei Bad Kirchen an der Mosel als Major a. D., war 1877—98 Offizier, dann von Kaiser Wilhelm II. als Dramaturg an das Hoftheater in Wiesbaden berufen, seit 1903 freier Schriftsteller. Erzähler u. Dramatiker.
Eigene Werke: Inez de Castro (Trauerspiel) 1894; Der Burggraf (Histor. Schauspiel) 1897; Der Eisenzahn (Histor. Schauspiel) 1899; Rüschhaus (Drama) 1899; Vorwärts (Drama) 1899; Der Herohme (Drama) 1902; Gotberge (Dramat. Gedicht) 1907; Der Deichgraf (Drama) 1907.
Literatur: A. *Schröter,* J. Lauff 1899; W. *Müller-Waldenburg,* J. L. 1905; C. *Spielmann,* J. L. 1915; Job, J. v. L. (Köln. Volkszeitung Nr. 318) 1935.

Laufs, Karl, geb. 20. Dez. 1858 zu Mainz, gest. 13. Aug. 1900 zu Kassel, lebte in Mainz, Göttingen u. Kassel. Dramatiker.
Eigene Werke: Papas Flitterwochen (Schwank) 1883; Ein Hochzeitsmorgen (Lustspiel) 1885; Im goldenen Mainz (Preisgekrönte Lokalposse) 1890; Pension Schöl-

ler (Posse) 1890; Ein toller Einfall (Schwank) 1891; Ein Dummerjungenstreich (Schwank) 1900; Auf Schleichpatrouille (Posse) 1900; Stütze der Hausfrau (Schwank) 1907; Die Logenbrüder (Schwank) 1909 (mit Kurt Kraatz) u. a.

Laugs, Robert, geb. 21. Febr. 1875 zu Saarbrücken, gest. 9. Jan. 1942 zu Kassel, Sohn eines Musikalienhändlers, besuchte das Konservatorium in Köln u. wurde Kapellmeister 1913 an der Hofoper in Berlin, 1914 an der Hofoper in Kassel. Auch als Gastdirigent trat er wiederholt auf. 1927 verlieh ihm die Universität Marburg das Ehrendoktorat der Philosophie.
Literatur: Riemann, R. Laugs (Musik-Lexikon 11. Aufl.) 1929.

Laumen, Max, geb. um 1900 (?), gest. 19. Okt. 1951 zu Dortmund, wirkte zwei Jahrzehnte als Komiker das.

Laun, Friedrich s. Schulze Friedrich August.

Laune des Verliebten, Die, ein Schäferspiel in Versen u. einem Akte von J. W. Goethe, sein dramatisches Erstlingswerk, 1768 vollendet, 1778 am Etterberg im Weimarer Liebhabertheater uraufgeführt u. in der Cottaschen Ausgabe der Werke 1806 erstmals gedruckt. Er knüpfte darin, von seinem Erlebnis mit Käthchen Schönkopf u. seinem Leipziger Jugendfreund Behrisch angeregt, an die Tradition der hergebrachten Schäferspiele an, deren Entwicklung mit diesem Stück seinen schönsten u. besten Abschluß fand. Von der unter dem Titel: „Amine" abgefaßten, verloren gegangenen u. unvollendeten Vorarbeit ist nur der Name in die neue Dichtung aufgenommen worden. Die ganze Handlung beschränkt sich auf zwei Liebespaare, das eine ein stillbeglücktes, das andere durch die Eifersucht des Liebhabers in stete Unruhe versetzt. In Geist u. Form ein edles Produkt der Rokokopoesie hat es bis heute von seinen Reizen nichts eingebüßt. Erwin Dressel (geb. 10. Juni 1909 zu Berlin) setzte das Stück in Musik. Die Uraufführung fand 1949 in Leipzig statt.
Literatur: F. *Rühle,* Das deutsche Schäferspiel des 18. Jahrhunderts 1885; Hubert *Roetteken,* Goethes Amine u. Laune des Verliebten (Vierteljahrschrift 3. Bd.) 1890; K. *Deutsch,* Über das Verhältnis der L. des V. zu den deutschen Schäferspielen des 18. Jahrhunderts (Progr. Sternberg in Mähren) 1903; F. v. *Kozlowski,* Die Schäfer-

poesie u. der junge Goethe (Zeitschrift für deutschen Unterricht 22. Bd.) 1908; (J.) Z(eitler), Die L. des V. (Goethe-Handbuch 2. Bd.) 1917.

Lauppert, Oskar von, geb. 4. Febr. 1858 zu Sluin in Kroatien (Todesdatum unbekannt), besuchte das Konservatorium in Wien u. wirkte als Opernsänger 1882—83 in Graz, 1883—84 in Braunschweig, 1884—85 in Magdeburg, 1885—87 in Straßburg, 1887—88 in Basel, 1888—91 in Stettin u. Köln, hierauf in Chemnitz, wieder in Köln u. ließ sich schließlich in Chemnitz dauernd nieder. L. gastierte u. a. auch in Berlin. Hauptrollen: Don Juan, Graf Luna, Holländer, Figaro u. a. Gatte der Folgenden.

Lauppert-Martin, Isabella von, geb. 30. Okt. 1856 zu Berlin (Todesdatum unbekannt), begann ihre Bühnenlaufbahn als Opernsängerin in Kassel, kam 1879 nach Leipzig, 1882 nach Stettin, 1884 nach Magdeburg, gastierte dann bei Kroll in Berlin, nahm an der Nibelungentournee Angelo Neumanns (s. d.) teil u. ließ sich schließlich als Gesangslehrerin in Chemnitz nieder. Hauptrollen: Donna Anna, Pamina, Agathe, Senta, Elsa, Venus u. a. Gattin des Vorigen.

Laurence, Max, geb. 7. Aug. 1852 zu Berlin, gest. 25. Juni 1926 das., besuchte die Kunstakademie in Berlin u. Düsseldorf, um Maler zu werden, wandte sich jedoch der Bühne zu u. wurde Schauspieler in Magdeburg, Danzig, Nürnberg, Amsterdam, Breslau (Lobetheater), begleitete 1882 F. Haase u. F. Mitterwurzer auf ihren Gastspielreisen in den Vereinigten Staaten von Amerika, kam dann nach Berlin, wo er seit 1893 am Neuen, Central-, Schiller- u. Trianontheater in feinkomischen u. Charakterrollen wirkte, ging bei Beginn des Ersten Weltkriegs zum Kabarett u. war schließlich als Gast viele Jahre auf bedeutenden Kleinkunstbühnen tätig. Hauptrollen: August Oreil („Rose Bernd"), Titus („Alles um Geld" von Rulenberg) u. a.

Laurenze, Ernst, geb. 3. Mai 1908 zu Berlin, Doktor der Philosophie, war 1931—37 Dramaturg u. Spielleiter der dort. Funkstunde u. des Reichssenders, 1937—39 bei den Städt. Bühnen in Kiel, 1939—45 Dramaturg bei der Bavaria Filmkunst in München, 1945—46 Geschäftsführer der dort. Kammerspiele, 1947—49 Chefdramaturg u. Spielleiter der Städt. Bühnen in Heidelberg,

1949—50 Verwaltungsdirektor des Landestheaters in Darmstadt u. seither Leiter beim Südwestfunk in Baden-Baden.

Laurin (eigentlich Luarin), märchenhafter Tiroler Zwergkönig, als Bühnengestalt. *Behandlung:* Franz Graf Pocci, Waldkönig Laurin oder Kasperl unter den Räubern (Puppenspiel) 1859; Hans *Görlich* (= Gerlich), König L. (Libretto) 1901; Ernst v. *Wildenbruch,* König L. (Trauerspiel) 1902.

Lauschek, Bernhard, geb. 7. Juni 1883 zu Regensburg, Sohn des Wiener Komikers Guido L. u. der Schauspielerin Marie gen. Schönchen, kam schon frühzeitig zum Theater u. über Regensburg, Nürnberg, Bromberg, Göttingen, Hannover, Karlsruhe, Baden-Baden, Marienbad, Osnabrück, Innsbruck, Kolmar, Wuppertal u. Essen nach Dortmund. Hauptrollen: Frosch („Die Fledermaus"), Kalchas („Die schöne Helena") u. a.

Lauschek, Guido, geb. 1843, gest. im Juli 1913 zu Regensburg, war insgesamt 50 Jahre bühnentätig, davon 33 Jahre am Stadttheater in Regensburg, wo er gemeinsam mit seiner Gattin Marie wirkte. Charakterkomiker u. Sänger (Buffo). Hauptrollen: Kalchas („Die schöne Helena"), Pietro („Boccaccio"), Würmchen („Der Vogelhändler"), Meyer („Drei Paar Schuhe"), Roller („Die Räuber"), Quantner („Das Versprechen hinter'm Herd") u. a.

Lauschek, Marie, geb. 23. März 1851 zu Wien, gest. 4. Mai 1937 zu Weimar, war seit 1861 Ballettelevin in Wien u. kam nach Schauspielunterricht unter Laube ans Burgtheater. Hierauf wirkte sie 40 Jahre als Mitglied des Stadttheaters in Regensburg. Besonders in Anzengruber-Stücken leistete sie Einmaliges. Gattin von Guido L. Hauptrollen: Frau Pfeiffer („Pension Schöller"), Frau Moldaschl („Die Gigerln von Wien"), Frau Seekatz („Frauenemanzipation"), Frau Alving, Mutter Sorge u. a. In Regensburg wurde sie wegen ihres ausgezeichneten Charakters „Schönchen" genannt.

Lauser, Lorenz s. Klagenfurt.

Lautenburg, Sigmund, geb. 11. Sept. 1851 zu Budapest, gest. 21. Juli 1918 zu Marienbad in Böhmen, Sohn eines Fabrikanten, in Wien humanistisch gebildet, zuerst Bankbeamter, wurde von A. Sonnenthal für die

Bühne unterrichtet u. betrat diese 1871 zu Neusohl in Ungarn, wandte sich aber bald der Regie u. dem ausgesprochenen Charakterfach zu, wirkte seit 1874 in Barmen-Elberfeld, Budapest, Jena, 1878—80 am Ostendtheater in Berlin, 1880—81 am Stadttheater in Wien, wurde 1882 Mitdirektor des Elysiumtheaters in Stettin, leitete 1883—84 die Bühne in Amsterdam, hierauf das Tivolitheater in Bremen, kam 1885 an das Stadttheater in Lübeck, führte 1886—87 die Oberregie am Residenztheater in Hannover u. schließlich die Direktion des Residenz- u. Neuen Theaters in Berlin. Hier pflegte er besonders das französische Drama sowie das moderne im allgemeinen (Ibsen, Strindberg, Tolstoi, Halbe u. a.). Hauptrollen: Franz Moor, Richard III., Shylock, Lear, Mephisto, Marinelli, Riccaut, Nathan u. a. *Literatur: Eisenberg*, S. Lautenburg (Biogr. Lexikon) 1903; J. *Bettelheim*, Ein Rückblick zum 20. Jahrestage der Bühnenleitung Lautenburgs 1909; J. *Landau*, S. L. (Die deutsche Bühne 10. Jahrg.) 1918; E. *Köhrer*, Lautenburgs Erinnerungen, herausg. (Das Theater 6. Jahrg. 6. Heft ff.) 1925.

Lautensack, Heinrich, geb. 15. Juli 1881 zu Vilshofen in Niederbayern, gest. 10. Jan. 1919 zu München, studierte das. an der Technischen Hochschule, gab aber das Studium auf u. wandte sich literarischer Tätigkeit zu, gehörte den „Elf Scharfrichtern", später den „Sieben Tantenmördern" an u. war dann Conférencier u. Rezitator am „Kabarett" in Berlin, Hamburg, Stettin u. a. Bühnenschriftsteller mit antiklerikaler Tendenz.
Eigene Werke: Medusa. Aus den Papieren eines Mönches (Komödie mit einem Vorspiel: Improvisationen der Liebe) 1904; Der Hahnenkampf (Komödie) 1908; Die Pfarrhauskomödie. Carmen sacerdotale (Drei Szenen) 1911; Vitalis u. Valerie (Komödie) 1913; Das Gelübde (Schauspiel) 1916.

Lautenschläger, Antonie s. Theumer, Antonie.

Lautenschläger, Karl, geb. 11. April 1843 zu Bessungen bei Darmstadt, gest. 30. Juni 1906 zu München, Schüler des Bühnentechnikers Karl Brandt (s. d.), war als Maschinenmeister in Darmstadt, Riga, Stuttgart u. 1883—1902 am Hoftheater in München tätig, wo er im Verein mit Josza Savits (s. d.) der Drehbühne (s. d.) 1896 zur Aufnahme verhalf u. außerdem den elektrischen Bühnenbetrieb durchführte. Er schrieb darüber „Die Münch-

ner Dreh-Bühne im Kgl. Residenz-Theater nebst Beschreibung einer neuen Bühneneinrichtung mit elektr. Betrieb" 1906.
Literatur: A. *Oppenheim*, K. Lautenschläger (Bühne u. Welt 8. Jahrg.) 1906; A. Freih. v. *Mensi-Klarbach*, K. L. (Biogr. Jahrbuch 11. Bd.) 1906.

Lauter-Richter, Emma, geb. 31. Aug. 1838 zu Kölleda in Sachsen, gest. 26. Okt. 1926 zu Weißenfels, Lehrerstochter, lebte das. Bühnenschriftstellerin.
Eigene Werke: Aus großen Tagen (Schauspiel) 1896; Die Gnädigen (Lustspiel) 1896; Sigrid (Schauspiel) 1896; Im Hexennest (Lustspiel) 1897; Die Macht der Liebe (Dramat. Märchen in Versen) 1897; Eine Tageskomödie (Lustspiel) 1898; Goethes Iphigenia (Schauspiel) 1898; Doktor Kultur (Lustspiel) 1899; Der Schwur (Lustspiel) 1900; Die natürliche Tochter (Schauspiel) 1900; Der zweite Goethe (Schauspiel) 1901; Um der Ähnlichkeit willen (Lustspiel) 1901; Wenn die Frau in der Sommerfrische ist (Lustspiel) 1901; Ich bin! (Lustspiel) 1901; Kaiser Heinrich u. Prinzessin Ilse (Dramat. Märchen in Versen) 1903; Der Vetter aus Amerika (Lustspiel) 1904; Lord Buller (Lustspiel) 1904; Der rasierte Graf (Lustspiel) 1904; Hermann Gehrhardt (Schauspiel) 1905; Der Schelm im Jungfernkleid (Lustspiel) 1905; Die Liebe siegt (Schauspiel) 1906; Das Ideal (Schauspiel) 1906; Adel u. Bürgertum (Schauspiel) 1906; Komtesse Hildegard (Schauspiel) 1906; Amor als Frau (Lustspiel) 1906.

Lauterbach, Mathilde, geb. 14. Juli 1845 zu Hamburg, gest. 24. Nov. 1901 zu Nürnberg, war Schauspielerin in Leipzig u. a. Hauptrollen: Marthe („Der zerbrochene Krug"), Rätin („Bürgerlich u. romantisch"), Frau Nüßler („Inspektor Bräsig"), Nettchen („Spielt nicht mit dem Feuer") u. a.

Lauterböck, Helene, geb. gegen Ende des 19. Jahrhunderts, begann ihre Bühnenlaufbahn als Schauspielerin in Olmütz, kam über St. Pölten, Baden, Dresden 1917 ans Burgtheater, wo sie bis 1921 wirkte u. war dann an der Wiener Volksbühne, Renaissancebühne, am Lustspieltheater, am Deutschen Volkstheater u. an der Scala in Wien tätig. Hauptrollen: Minna von Barnhelm, Lady Milford, Königin Elisabeth, Kriemhild, Brünhild, Marthe Schwerdtlein, Frau Motes („Der Biberpelz") u. a.

Lauterer, Karl, geb. 30. Mai 1878 zu Frank-

furt a. M., lebte in Kitzingen u. seit 1901 in der Schweiz. L. schrieb u. a. auch Dramen.
Eigene Werke: Zwischen Pflicht u. Recht (Schauspiel) 1899; Friedenskämpfe (Schauspiel) 1908; Der Glaube an die Menschheit (Schauspiel) 1912.

Laux, Ilse, geb. am Beginn des 20. Jahrhunderts zu Frankenthal in der Rheinpfalz, wurde in Mannheim ausgebildet, wirkte seit 1929 als Jugendliche Heldin u. Charakterdarstellerin in Freiburg im Brsg. u. seit 1934 in Gera. Hauptrollen: Viola, Gretchen, Luise u. a.

Laux, Magdalene, geb. 15. Juni 1874 zu Wien, gest. 21. Juni 1901 das. war Schauspielerin u. Sängerin am dort. Theater an der Wien.

Lauxmann, Luise, geb. 6. Sept. 1867 zu Rüschlikon, lebte in Zuffenhausen in Württemberg. Dramatikerin.
Eigene Werke: Aus großer Zeit (Drama) 1895; Die Gründung Freudenstadts (Drama) 1896; Der Denkebacher Jünglingsverein (Volksstück) 1908; Im Weihnachtsschein (Volksstück) 1908; In des Königs Rock (Drama) 1909; Vorwärts! Aufwärts! (Drama) 1909; Und es ist ein Gott (Weihnachtsspiel) 1909; Weihnachten in der grauen Mühle (Drama) 1910.

Lavallade, Franz von, geb. 30. Aug. 1812 zu Berlin, gest. 6. Mai 1883 das., einer französischen Emigrantenfamilie entstammend, begann seine Bühnenlaufbahn 1833 am Königstädtischen Theater in Berlin, wirkte dann als Jugendlicher Liebhaber 1834 bis 1835 in Posen, 1835—1837 in Köln, 1837 bis 1838 in Hamburg u. Mainz, 1838—41 in Frankfurt a. M. u. später in älteren Charakterrollen am Hoftheater in Berlin, seit 1860 auch als Regisseur das. 1868 trat er in Ruhestand. Gatte der Schauspielerin Hulda Erck. Hauptrollen: Ferdinand, Mortimer, Don Carlos, Max Piccolomini u. a.

Lavallade, Hulda von, geb. 10. Jan. 1818 zu Berlin, gest. 24. Mai 1868 das., Tochter eines Garderobebeamten Erck, spielte seit 1825 zuerst Kinderrollen, später unter ihrem Mädchennamen Muntere u. Tragische Liebhaberinnen am Hoftheater ihrer Vaterstadt. Seit 1842 Gattin des Hofschauspielers Franz v. L. Auch an Vorstellungen im kgl. Palais nahm sie wiederholt teil. 1858 ging sie zum Fach der Mütter u. Anstandsdamen über.

Hauptrollen: Käthchen von Heilbronn, Klärchen, Luise, Bertha, Cordelia u. a. 1860 nahm sie ihren Bühnenabschied.
Literatur: L. *Schneider,* H. v. Lavallade (Deutscher Bühnen-Almanach, herausg. von A. Entsch, 33. Jahrg.) 1869.

Lavalle, Susanne, geb. vor 1870, einer Künstlerfamilie entstammend, begann ihre Bühnenlaufbahn als Sängerin (Sopran) 1894 in Mannheim u. war dann 1896—97 in Breslau, 1898 in Riga, 1899 in Barmen u. hierauf in Elberfeld tätig. Hauptrollen: Harriet („Martha"), Nedda („Bajazzo"), Venus („Tannhäuser"), Philine („Mignon"), Phryne (Titelrolle) u. a.

Lavater, Louis s. Spach, Ludwig Adolf.

L'Avedo, Heinz, geb. 1856, gest. 14. April 1919 zu Leipzig, wirkte als Schauspieler u. Regisseur u. a. 1898 in Wurzen, 1899 in Eisleben, 1900 in Bergedorf u. 1901 in Cottbus.

Laven, Hermann, geb. 12. April 1844 zu Trier, gest. 3. Juni 1914 zu Leiwen an der Mosel, Sohn des Schriftstellers Philipp L., war Pfarrer das. Verfasser u. a. von Bühnenstücken.
Eigene Werke: König Olaf (Schauspiel) 1890; Kreuz an der Lahn (Schauspiel) 1891; Der Grünefelder Hof (Drama) 1910; Die tapferen Japaner (Drama) 1910.

Laverrenz, Viktor, geb. 16. Sept. 1862 zu Berlin, gest. 18. Dez. 1910 das., Verlagsbuchhändler, trat literarisch hauptsächlich als Erzähler hervor, aber auch als Bühnenschriftsteller.
Eigene Werke: Jaczo, der Wendenfürst (Schauspiel) 1895; Kaiser Rotbart (Schauspiel) 1896; Ein bürgerliches Schauspielhaus im Westen Berlins (Drama) 1899; Vom Wege ab (Drama) 1899; Klar zum Gefecht (Lustspiel) 1900; Talolo (Schwank) 1900; Einjährigunfreiwillig (Militär. Schwank) 1909.

Lawrence, Thomas Edward, geb. 16. Aug. 1888 zu Tremadoc (Wales), gest. 19. Mai 1935 zu Bovington, war Archäologe u. Agent der britischen Orientarmee im Ersten Weltkrieg, inaugurierte unter den Arabern den Aufstand der Wüste u. nahm nach der Eroberung von Damaskus, zum Oberst ernannt, seinen Abschied. Daß er nach dem Friedensschluß auch noch die Interessen der Araber gegen die europäischen vertrat, brachte ihn in tragische Konflikte. Dra-

matischer Held, dem schon zu Lebzeiten
G. B. Shaw 1932 in „Too true to be Good"
ein Denkmal setzte.
Behandlung: Otto C. A. *zur Nedden,* Th.
E. Lawrence (Lawrence von Arabien), die
Legende seines Lebens für die Bühne ge-
staltet 1954.

Lax, Louis, geb. 1. Nov. 1805 zu Dessau,
gest. 24. Dez. 1872 zu Aachen, studierte in
Berlin, kam 1828 als Theatersekretär nach
Aachen, redigierte 1837 die „Westlichen
Blätter für Unterhaltung, Kunst, Literatur
u. Leben" u. 1842—72 die „Aachener Zeitung". Bühnenschriftsteller, Erzähler u. Übersetzer.
Eigene Werke: Drei Tage aus dem Leben
eines Spielers (Melodrama) 1828; Michel u.
Christine oder Der polnische Grenadier
(Vaudeville) 1829; Bibiana oder Die Kapelle im Walde (Oper von J. P. Pixis) 1829
(nach H. Cunos Drama Die Räuber auf Maria Kulm); Vorspiel zu Mozarts Geburtstagsfeier (Almanach für's Aachener Stadttheater 1829) 1829; Die Stumme von Burtscheid (Parodie zu Aubers Stummen von
Portici) 1830; Engelbrecht, der Bürgermeister von Aachen (Schauspiel) 1830; Lady
Morgan (Dramat. Szenen aus dem wirklichen Leben) 1834; Molières Sämtl. Werke,
herausg. 1838 u. a.

Lay, Nina s. Bellosa, Nina.

Lay, Theodor, geb. 17. Nov. 1825 zu Augsburg, gest. 13. Dez. 1893 zu Döbling bei
Wien, spielte bereits seit 1829 Kinderrollen,
war seit 1847—49 Chorsänger u. Schauspieler
am Stadttheater in Leipzig, seit 1849 Solist in Altona u. dann Erster Bariton in
Temeschwar, Olmütz, Brünn, Hamburg u. a.
Seit 1856 Mitglied der Wiener Hofoper. L.
sang den Beckmesser bei der Erstaufführung
in Wien von Richard Wagner gelobt. Er
spielte diese Rolle über 20 Jahre u. übte
in ihr eine einmalig drastische, aber dennoch maßvolle Komik. 1891 trat er in den
Ruhestand.

Lazansky von Bukowa, Leopold Graf, geb.
1854, gest. 1891 zu Marienbad, einem alten
böhmischen Adelsgeschlecht entstammend,
betrat als Schauspieler unter dem Pseudo-
nym Neuhof die Bühne u. wirkte als Heldenspieler u. Charakterdarsteller in Deutschland, am Stadttheater in Wien u. a., errichtete dann auf seinem Schloß Chiesch in
Böhmen eine eigene Bühne, engagierte hier

deutsche Schauspieler u. wandte sich, nach
Auflösung dieser Truppe, schließlich der
politischen Laufbahn zu.

Lazarich, Louise, geb. 14. Jan. 1856 zu
Wien, gest. 1939 das., Tochter von Josef
Kaulich (s. d.), Gattin des Creditanstalts-
beamten Artur L., besuchte das Konservatorium in Wien u. kam 1874 unter F. v.
Jauner (s. d.) an die dort. Hofoper, wurde
1876 Solosängerin u. entwickelte sich zur
vielseitigsten Kraft des Hauses, dem sie lebenslang angehörte. Ihr Alt u. Mezzosopran
entsprach den Schöpfungen Meyerbeers u.
Gounods ebenso wie denen Wagners. Hauptrollen: Ortrud, Amneris, Marthe, Hexe
(„Hänsel u. Gretel") u. v. a.

Lazarus, im Neuen Testament Bruder
Marthas u. Marias, nach seinem Tod von
Christus in Bethanien zu neuem Leben er-
weckt, zum Unterschied vom sog. Armen La-
zarus des Gleichnisses bei Lukas 16. Kapitel.
Beide wurden im 16. Jahrhundert gern
dramatisiert.
Behandlung: Jakob *Frey,* Comedia von
dem armen Lazarus 1533; Georg *Macro-
pedius,* L. Mendicus (Lat. Schauspiel) 1541;
Joachim *Greff,* L. (Geistl. Spiel nach dem
Lat. des Sapidus von Schlettstadt 1539) 1545;
Hans *Sachs,* Tragedi Die Auferweckung des
Lasari 1551; Jakob *Funkelin,* Lazarusspiel
·um 1552; Jakob *Knoff,* L. (Schauspiel) 1552;
Georg *Rollenhagen,* L. um 1570; Wilhelm
Gazaeus, L. (Lat. Schauspiel) 1589; Joachim
Lonemann, Eine deutsche Aktion vom rei-
chen Mann u. armen L. 1590; J. *Avianus,* L.
mendicus (Lat. Schauspiel) 1607; Jakob
Ayrer, Der reiche u. arme L. (Komödie)
1618; Adolf *Köttgen,* L. von Bethanien
·(Schauspiel) 1807; Hans *Maurer,* Der den
Tod überwand (Evangelienspiel um die
Auferstehung des L.) 1937; Magdalena
Haffter, Das Zürcher Spyl vom rychen Mann
u. armen L. 1946.
Literatur: E. *Nahde,* Der reiche Mann u.
der arme Lazarus im Drama des 16. Jahr-
hunderts (Diss. Jena) 1928.

Lazarus, Gustav, geb. 19. Juli 1861 zu Köln
a. Rh., gest. im Juni 1920 zu Berlin, besuchte
das Konservatorium seiner Vaterstadt u.
leitete später das Scharwenka-Konservatorium in Berlin. Namhafter Pianist u.
Komponist. Er schrieb u. a. die in Elberfeld
1899 aufgeführte Oper „Mandanika" u. eine
zweite „Das Nest der Zaunkönige" (Text
nach G. Freytags Roman).

Lazarus, Johanna (Geburtsdatum unbekannt), gest. im Nov. 1918 zu Würzburg, war Opernsängerin am Stadttheater das.

Lazarus (geb. Sturmhoefel), Nahida Ruth, geb. 3. Febr. 1849 zu Berlin, gest. 17. Jan. 1928 zu Meran, verlebte ihre Kindheit in Südfrankreich, Italien u. auf Sizilien, ging 1866 zur Bühne, debütierte in Breslau, wirkte kurze Zeit in Warmbrunn u. wandte sich dann ausschließlich literarischer Tätigkeit zu. In erster Ehe mit dem Theaterkritiker Max Remy, in zweiter mit dem Psychologen Moritz L. (1824—1903) verheiratet. Vorwiegend Erzählerin u. Dramatikerin.

Eigene Werke: Die Rechnung ohne Wirt (Lustspiel) 1870; Konstanze (Drama) 1879; Die Grafen Eckardstein (Drama) 1880; Schicksalswege (Volksstück) 1880; Domenico (Schauspiel) 1884; Nationale Gegensätze (Drama) 1884; Liebeszauber (Drama) 1887.

Lazary, Anna von s. Lazary, Josef von.

Lazary, Josef von (Geburtsdatum unbekannt), gest. 1861, führte seit 1841 eine eigene Schauspielergesellschaft in Böhmen. Nach seinem Tode übernahm seine Gattin Anna von L. die Leitung der Truppe u. spielte u. a. 1873—85 auch in Oberösterreich (Braunau, Ried, Freistadt, Enns u. a.).

Leander (geb. Gottschalk), Margarete, geb. 19. Feb. 1895 zu Oberlößnitz bei Dresden, debütierte 1915 in Mainz als Opernsängerin u. gehörte 1919—29 dem Ensemble der Staatsoper in München an. Hauptrollen: Butterfly, Tosca, Carmen, Santuzza, Senta, Elsa, Salome, Diemuth, Elektra, Marschallin u. a.

Leander, Raimund s. Lehmann, Ernst Ludwig.

Le Beau, Adolpha, geb. 25. April 1850 zu Rastatt, gest. 2. Juli 1927 zu Baden-Baden, bildete sich in Karlsruhe u. München zu einer ausgezeichneten Pianistin aus u. komponierte u. a. dramatische Kantaten „Ruth" u. „Hadumoth" sowie eine Oper „Der verzauberte Kalif". 1910 schrieb sie „Lebenserinnerungen einer Komponistin".

Lebede, Hans (Ps. E. Ebel u. Hans Unkraut), geb. 2. März 1883 zu Berlin, gest. 2. Mai 1948 das., Sohn eines Obermusikmeisters, studierte in Berlin (bei Erich Schmidt) u. in Würzburg (Doktor der Philosophie) u. war 1906—27 an höheren Schulen in Berlin im

Lehramt tätig. 1920 übernahm er die Kunstabteilung am Zentralinstitut für Erziehung u. Unterricht das. sowie Aufbau u. Direktion des Schloßpark-Theaters in Berlin-Steglitz (zuerst gemeinsam mit Paul Henckels). Seit 1923 Mitglied des Künstler-Prüfungsamtes (Abteilung für Musik) beim Kultusministerium in Berlin, seit 1925 Leiter des Seminars für Sprechkunde. Literatur- u. Theaterhistoriker.

Eigene Werke: Richard Wagners Musikdramen 1914; Klassische Dramen auf der Bühne 1916; Pfitzners Palestrina 1919; Das deutsche Theater, seine Entwicklung u. Bedeutung für die Gegenwart 1920; Faust (Vom Volksbuch zu Goethe) 1921; Abriß der Theatergeschichte 1921; Im Opernhaus 1922; Vom Werden der deutschen Bühne 1923; Theatergeschichtliches Lesebuch 1928; Sprecherziehung 1939—41 u. a.

Leben Jesu s. auch Jesus Christus.
Literatur: Emil *Wolter,* Das Sankt-Gallener Spiel vom Leben Jesu 1912.

Lebende Bilder, von Personen dargestellt, wurden bes. im Goetheschen Kreis wiederholt gegeben. Die Bilderszenen hielten sich an bekannte Gemälde, z. B. „Belisar" von Van Dyk, „Ahasverus u. Esther" von Poussin u. a. Über die historische Entwicklung derartiger Bilderszenen finden wir eine Stelle in der Besprechung des Schlußtableaus der „Proserpina", Melodrama von Goethe, Musik von Eberwein 1815: „Die Tableaus fingen in Klöstern, bei Krippchen, Hirten u. Dreikönigen an u. wurden zuletzt ein gleichfalls für sich bestehender Kunstzweig, der . . . auch sich einzeln auf dem Theater verbreitet hat".
Literatur: (H. Th.) Kr(oeber), Lebende Bilder (Goethe-Handbuch 2. Bd.) 1917.

Leber, Friedrich, geb. 10. Mai 1849 zu Fürth, gest. 20. Jan. 1923 zu Nürnberg, wandte sich 1866 der Bühne zu, nachdem er von Mitgliedern des dort. Stadttheaters dramatischen Unterricht erhalten hatte u. lebte nach Rückkehr aus dem Deutsch-Französ. Krieg als Journalist in Nürnberg. Vorwiegend Bühnendichter.

Eigene Werke: Kaspar Hauser, der Findling von Nürnberg (Drama) 1885; Die Preußen in Nürnberg (Posse) 1887; Influenza (Schwank) 1890; Albrecht Dürer (Oper) 1892; Glücksahnung (Dramat. Gedicht) 1894; Angélique (Drama) 1895; Die neue Mamsell (Opernlibretto) 1900.

Leber, Manfred, geb. 26. Okt. 1894 zu Homburg, in Weimar u. Stuttgart ausgebildet, wurde Volontär an den Kammerspielen in München, wirkte dann als Schauspieler in Allenstein, Landsberg a. d. Weser, Neustrelitz, 1934—35 in Gotha, Sondershausen u. a., nach dem Zweiten Weltkrieg am Landestheater in Coburg.

Leberbauer, Michael, geb. 1766, gest. 31. Okt. 1825 zu Wien, kam mit elf Jahren ans Leopoldstädtertheater das. u. war hier seit 1801 als Komiker tätig.

Lebiodkowski, Alexander, geb. 14. Aug. 1866 zu Breslau, gest. 3. Febr. 1906 zu Alt-Scherbitz, wirkte als Schauspieler in Reichenberg in Böhmen u. a.

Lebius, Aenderly, geb. 6. Dez. 1867 zu Tilsit, gest. 5. März 1921 zu Berlin (durch Selbstmord), Kaufmannssohn, studierte zunächst in Berlin u. Leipzig die Rechte, wandte sich dann der Bühne zu, nahm bei Emanuel Reicher (s. d.) dramat. Unterricht, debütierte in Düsseldorf, kam über Königsberg, Stettin u. Potsdam an das Neue Theater in Berlin, wo er 1899—1901 als Charakterdarsteller auftrat u. dann an das Residenztheater in Hannover. Zuletzt Gast an verschiedenen Bühnen Berlins. Hauptrollen: Königsleutnant, Bolz, Reif-Reiflingen u. a.

Lebrecht, Ferdinand, geb. 1849 zu Magdeburg, gest. 14. Aug. 1874 zu Wien, wirkte im Schauspiel u. in der Operette am dort. Strampfertheater u. 1873—74 am Theater an der Wien. Hauptrollen: Ulan („Dorothea"), Nick („Javotte") u. a.

Lebrün s. Lebrun.

Lebrun, Antonie, geb. 27. Juli 1823 zu Hamburg (Todesdatum unbekannt), Tochter des Künstlerpaares Karl August u. Karoline L., war gleich ihrer Schwester Julinka Schauspielerin seit 1839 in ihrer Vaterstadt u. seit 1845 in Dresden, nahm jedoch nach ihrer Heirat mit dem schottischen Baronet William Henry Don 1847 von der Bühne endgültig Abschied.

Lebrun, Charlotte, geb. um 1802 (Todesdatum unbekannt), Enkelin der Sängerin Franziska L., war seit 1822 Schauspielsoubrette am Hoftheater in München u. trat 1848 in den Ruhestand.

Lebrun, Franziska, geb. 1756 zu Mannheim, gest. 10. Mai 1791 zu Berlin, Tochter des Violoncellisten Innocenz Danzi, Schwester des Komponisten Franz Danzi (s. d.), von beiden musikalisch ausgebildet, debütierte als Opernsängerin 1771 in Mannheim, heiratete 1775 den damals gefeierten Oboëvirtuosen Ludwig August L. u. erzielte 1778 an der Scala in Mailand, 1781 u. 1783 in London, 1785 in München, 1786 u. 1787 in Venedig u. Neapel, 1788 u. 1789 wieder in München u. 1790 in Berlin mit ihrer bis zum dreigestrichenen F reichenden Stimme geradezu triumphale Erfolge. Auch als Klavierspielerin u. Komponistin trat sie erfolgreich hervor. Von ihren hochbegabten Töchtern zeichnete sich besonders Rosine aus.
Literatur: Joseph *Kürschner,* F. Lebrun (A. D. B. 18. Bd.) 1883.

Lebrun, Heinrich s. Bruns, Heinrich.

Lebrun, Julinka s. Lebrun, Antonie.

Lebrun, Karl August, geb. 8. Okt. 1792 zu Halberstadt, gest. 25. Juli 1842 zu Hamburg, Sohn eines französisch-reformierten Predigers, in Berlin ausgebildet u. zuerst kaufmännisch tätig, war seit 1809 beliebter Schauspieler (besonders in feinkomischen Charakterrollen) in Dessau, Memel, Würzburg, Mainz u. Hamburg, wo er seit 1827 auch an der Direktion des dort. Stadttheaters teilnahm. Mit seiner Gattin, der Schauspielerin Karoline Steiger, gastierte er 1826 erfolgreich am Burgtheater. Seit 1837 im Ruhestand. Hauptrollen: Mercutio, Zettel, Habakuk, Posa u. a. Außerdem trat er in den Spuren Scribes u. a. auch als Dramatiker hervor. Seine Geschichte des Hamburger Stadttheaters blieb unvollendet.
Eigene Werke: Die Kunst, wohlfeil zu leben oder Die Eingebildeten (Posse) 1816; Kleine Lustspiele u. Possen (Die diebische Elster oder Der Schein trügt, Schauspiel nach dem Französischen — Die Empfehlungsbriefe, Dramat. Maske — Liebe u. Geheimnis, Lustspiel nach Le Plain — Der Krämerzwist in Fehdingen, Posse nach Langbeins Roman Franz u. Rosalie) 1816; Neue kleine Lustspiele u. Possen (Die Zudringlichen, Lustspiel nach Picard — Weiberlist u. Männertreue, Lustspiel nach Etienne — Alles gefoppt oder Der erste April, Szene — Shakespeare, Spiel in Versen) 1818; Brief u. Antwort (Lustspiel) 1820; Neueste kleine Lustspiele u. Possen (Ich irre mich nie oder Der Räuberhaupt-

mann, Lustspiel — Der Sylvesterabend oder Die Nachtwächter, Schwank nach H. Zschokkes Abenteuer der Neujahrsnacht — Die beiden Philibert, Lustspiel nach Picard — Der Unschlüssige, Lustspiel — Man muß nicht übertreiben, Lustspiel — Der alte Jüngling, Posse) 1820; Der Erzähler (Lustspiel) 1821; Nummer 777 (Lustspiel nach Picard) 1822; Rath- u. Wirtshaus (Kom. Singspiel) 1822; Lustspiele (Pommersche Intriguen oder Das Stelldichein, Lustspiel — Mittel u. Wege oder Still, ich weiß schon, Posse — Lehrer, Schüler u. Korrektor, Lustspiel nach dem Französischen des Vial — Marquis Pomenars, Lustspiel — Er ist sein eigener Gegner, Lustspiel nach Picard — Ninon, Molière u. Tartüffe, Lustspiel — Die Schauspieler, Lustspiel nach Delavigne) 2 Bde. 1822; Der freiwillige Landsturm (Posse) 1823; Die Intrigue aus dem Stegreif (Posse) 1823; Der Weiberfeind (Posse) 1824; Die Fledermäuse oder Klug soll leben! (Schwank) 1825; Sympathie (Lustspiel) 1825; Vielliebchen oder das Tagebuch (Lustspiel) 1825; Neue Bühnenspiele in Original-Lustspielen u. Bearbeitungen (Humorist. Studien, Schwank — Die Wette oder Jeder hat sein Plänchen, Lustspiel mit L. Kruse — Eine Freundschaft ist der andern wert, Lustspiel) 1. Bd. 1825; Die Verstorbenen (Lustspiel) 1826; Lustspiele u. Possen von L. Picard für die deutsche Bühne bearbeitet (Aller Welt Freund, Lustspiel — Aller Welt Vetter, Lustspiel — Der Empfindliche, Lustspiel — Die Verwechslungen, Lustspiel) 1. Bd. 1826; Lustspiele u. Erzählungen (Spiele des Zufalls, Lustpiel — Zeitungstrompeten, Lustspiel — Postwagenabenteuer, Posse — List über List, Lustspiel — Memoiren eines Husarenoffiziers, Lustspiel) 1827; Almanach dramat. Spiele (begründet von Kotzebue, Jahrg. 25 bis 30 herausg. von Lebrun) 1827; Neueste Bühnenspiele (Die Stimme der Natur, Schauspiel, von F. L. Schröder für die Darstellung eingerichtet — Zeitspiegel, Lustspiel nach Picard — Hans Luft, Dramat. Skizze) 1830; Vater Dominique oder Sauer ist süß (Schauspiel nach Mercier) 1832; Vor- u. Nachspiele für die Bühne (Vielliebchen, Lustspiel — Die Fledermäuse, Schwank — Dominique oder Der Besessene, Lustspiel — Brief u. Antwort, Lustspiel — Der Weiberfeind, Posse — Die kinderlose Ehe, Vaudeville — Der freiwillige Landsturm, Posse — Ein Fehltritt, Drama — Poesie u. Prosa oder Der Hausverkauf, Lustspiel — Nummer 777, Lustspiel — Die Verstorbenen, Lustspiel —

Die Intrigue aus dem Stegreif, Posse) 2 Bde. 1833—34; Der Liebe u. des Zufalls Spiel oder Maske für Maske (Lustspiel nach Marivaux u. Jünger) 1834; Lehr-, Wehr- u. Nährstand (Dramat. Anekdote) 1837; Der Wetterableiter (Posse) 1837; Casanova im Fort St. André (Intriguen-Lustspiel) 1837; Spiele für die Bühne (Der Mann mit der eisernen Maske, Drama — Die Drillinge, Lustspiel nach Bonin — Till Eulenspiegel, Lustspiel, von Paul Weidmann neu eingerichtet — Der Elfenhügel, Romant. Drama nach dem Dänischen Heibergs v. Kruse u. Lebrun — Die heimliche Ehe, Kom. Oper mit Musik von Cimarosa — Die Puritanerin oder Der englische Hof im Jahre 1710, histor. Drama — Nachbarliche Späße, Schwank) 2 Bde. 1838; Der tote Gast (Lustspiel nach einer Erzählung Zschokkes) 1838; Lustspiele u. Possen (Casanova im Fort St. Andrä, Lustspiel — Der Wetterableiter, Posse — Der Holländer, Lustspiel — Zwei Namenstage für Einen, Posse) 1839; Bestrafter Ehrgeiz oder Marquis u. Schuhmacher (Drama) 1839; Der Lückenbüßer (Lustspiel) 1839; Erbschaft u. Heirat (Lustspiel) 1840; Album der Weiberlist (Lustspiel) 1840; Eine geheime Leidenschaft (Drama nach Scribe) 1840; Wohl zu bekommen (Lustspiel) 1840; Jahrbuch für Theater u. Theaterfreunde 2 Bde. 1841 (enthält die Geschichte des Hamburger Theaters bis zum Jahre 1817); Drei Backenstreiche (Lustspiel) 1842; Van Bruck, Rentier (Lustspiel) 1842.

Literatur: Chr. A. *Tiedge* (Taufpate Lebruns), Epistel an C. Lebrun (Episteln 1. Teil) 1796; Carl *Lebrün*, der Mann mit der eisernen Maske. Ein Rechtsstreit aus der neueren Zeit, mit Aktenbeilagen, Hamburg 1836; K. G. *Prätzel*, K. A. L. (Almanach für Freunde der Schauspielkunst 7. Jahrg.) 1843; Joseph *Kürschner*, K. L. (A. D. B. 18. Bd.) 1883; *Eisenberg*, C. A. L. (Biogr. Lexikon) 1903.

Lebrun, Karoline, geb. 28. April 1800 zu Hamburg, gest. 22. Jan. 1886 das., Tochter des Schauspielers Anton Steiger, betrat als kleines Kind (Infantin Clara Eugenia im „Don Carlos") 1803 erstmals die Bühne ihrer Vaterstadt, wo sie bis 1852, von einigen Gastspielreisen abgesehen, zuerst als Liebhaberin, später in Charakter- u. Mütterrollen tätig war. Gattin des Schauspielers u. Dramatikers Karl August L. (seit 1822). Hauptrollen: Preziosa, Gräfin Terzky u. a.

Lebrun, Louise, geb. 2. Juni 1822 zu Hamburg (Todesdatum unbekannt), Tochter der Vorigen, von ihrem Vater für die Bühne ausgebildet, wirkte seit 1835 als Schauspielerin am Stadttheater in Hamburg, zog sich jedoch 1849 nach Verheiratung mit dem Sänger u. Schauspieler Friedrich Abiger von der Bühne vollständig zurück.

Lebrun, Rosalie s. Stentzsch, Rosalie.

Lebrun, Sophie s. Leineweber, Theodor.

Lebrun, Theodor s. Leineweber, Theodor.

Lebschmidt, Hans, geb. 25. Sept. 1840 zu Wien, gest. 22. Dez. 1912 das., trat zuerst am dort. Quaitheater auf, war hierauf Schauspieler u. Sänger am Fürsttheater in Wien, 1869—89 Mitglied des dort. Josefstädtertheaters u. dann des Carltheaters das. Hauptrollen: Hübler („Der Lumpenball"), Bulling („Dunkles Geheimnis") u. a.

Lechner, Adele Elise s. Allram, Adele Elise.

Lechleitner, Franz, geb. um 1915 zu Stanzach im Lechtal, studierte in Innsbruck (Doktor der Rechte), wandte sich dann als Opernsänger der Bühne zu, die er in Oldenburg erstmals betrat, kam 1945 an das Landestheater in Innsbruck u. war seit 1946 Mitglied des Stadttheaters in Zürich. Er spezialisierte sich als Wagnersänger, gab in London den Lohengrin, 1951 Parsifal u. weitere Gastspiele in Edinburgh, Brüssel, Berlin u. a.
Literatur: Remo, F. Lechleitner (Tiroler Tageszeitung 17. Jan.) 1953.

Lechner, Anton, geb. 12. Juli 1845 zu Wien, gest. 19. Nov. 1905 zu Brünn, Fabrikantenssohn, von Julius Conradi (s. d.) u. als Eleve am Sulkowskytheater in Wien für die Bühnenlaufbahn ausgebildet, kam von Böhmisch-Budweis 1864 nach Teplitz in Böhmen, 1865 nach Iglau, 1866 nach Marburg an der Drau, 1867 nach Hermannstadt, 1868 nach Kronstadt, 1869 nach Budapest, 1870 wieder nach Marburg, 1871 nach Prag, 1872 nach Klagenfurt, 1874 nach Wien, 1875 nach Olmütz, war Theaterdirektor 1878—89 in Teplitz in Böhmen, 1890—99 in Salzburg u. schließlich in Brünn. Auch als tüchtiger Regisseur trat L. hervor. So inszenierte er 1897 am Nationaltheater in Bukarest „Meister Manole" von Carmen Sylva (s. Elisabeth Königin von Rumänien). Unter seiner Führung begannen u. a. Louis Treumann u. Max Reinhardt ihre

Bühnentätigkeit. Gatte der Schauspielerin Josephine Thal.

Lechner, Gregor, geb. 1819, gest. im Juni 1891 zu Oberammergau, bedeutender Ischariotdarsteller der dort. Passionsspiele, im bürgerlichen Beruf Bildschnitzer.

Lechner, Gustav, geb. 21. Mai 1856 zu Wien (Todesdatum unbekannt), Sohn eines Photographen, zuerst Magistratsangestellter, studierte seit 1878 am Konservatorium seiner Vaterstadt u. war dann in Charakterrollen u. Chargen bis 1889 am Josefstädtertheater, bis 1895 am Carltheater u. schließlich wieder am Josefstädtertheater in Wien tätig.

Lechner, Josephine, geb. 6. Jan. 1845 zu Iglau in Mähren, gest. 9. Sept. 1913 zu Dresden-Blasewitz, Tochter des Schauspielerpaares Joseph u. Julie Blober, von ihrem Vater für die Bühne ausgebildet, betrat diese in Olmütz u. war dann als Soubrette unter dem Ps. Thal in Olmütz, Mainz, Wiesbaden, Karlsbad, Marienbad, Klagenfurt, Wien, Teplitz, Bremen u. Salzburg, zuletzt als Komische Alte bis 1884 tätig. Gattin des Schauspielers u. Theaterdirektors Anton L.

Lechner, Julius (Geburtsdatum unbekannt), gest. 14. Juli 1895 zu Berlin, war 1853—91 Dekorationsmaler am Hoftheater das.

Ledebur (geb. Birnbaum), Josefine Freifrau von, geb. 13. Juni 1842 zu Kassel, gest. 28. Sept. 1907 zu Schwerin, war 1858—60 Jugendliche Liebhaberin am Hoftheater in Stuttgart, wirkte u. a. 1860—64 in Prag, in Berlin (Wallnertheater), Hamburg, 1867 bis 1870 in Graz u. 1870—74 in Leipzig. Gattin des Intendanten Karl Freih. v. L.

Ledebur, Karl Freiherr von, geb. 3. Febr. 1840 zu Berlin, gest. 4. Nov. 1913 zu Schwerin, wirkte nach militärischer Laufbahn als Intendant in Wiesbaden, 1872 als Direktor der Deutschen Genossenschaft dramat. Autoren u. Komponisten in Leipzig, 1874—83 als Leiter des Stadttheaters in Riga u. wurde 1894 Kammerherr u. Generalintendant in Schwerin. Biograph u. Bühnenschriftsteller. Gatte der Vorigen.
Eigene Werke: Aus meinem Tagebuch. Ein Beitrag zur Geschichte des Schweriner Theaters (1883—97) 1897 u. a.

Ledebur, Leopold Freiherr von, geb. 18. Mai

1876, gehörte als Schauspieler dem Staatstheater in Berlin an u. lebte nach dem Zweiten Weltkrieg zu Bockhorn bei Wankendorf in Holstein.

Ledebur, Maria von (geb. Cziszek, Ps. Maria Holst), geb. 2. April 1917 zu Wien, bildete sich in Paris u. Wien für die Bühne aus, gehörte 1938—44 dem Burgtheater an, ging dann nach München u. Stuttgart, war jedoch seit 1940 stark im Film beschäftigt. Zu ihren Hauptrollen gehörte die Buhlschaft in „Jedermann", Königin Karoline in O. Erlers „Struensee" u. a. Gattin des Malers u. Schriftstellers Grafen Eugen L.

Lederer, Asminde, geb. 29. Sept. 1837 zu Hildesheim, gest. 7. Mai 1890 zu Frankfurt a. M., der Schauspielerfamilie Ubrich entstammend, wurde in Paris gesanglich ausgebildet, begann ihre Bühnenlaufbahn in Neustrelitz u. Detmold, war 1856—61 als Opernsoubrette u. Koloratursängerin in Schwerin, 1861—66 in Hannover (Kammersängerin), dann in Darmstadt u. als Gast in Deutschland, Frankreich u. England tätig, 1868—69 nochmals in Darmstadt, worauf sie sich vom Theater zurückzog u. nur noch in Konzerten auftrat. Hauptrollen: Rosine, Dinorah, Margarethe, Lucia, Martha u. a. Gattin des Sängers José L.

Lederer, Else, geb. 31. März 1888 zu Dresden, gest. 14. Sept. 1913 zu Aachen, war Sängerin u. Schauspielerin in Zwickau, Paderborn u. Basel.

Lederer, Felix, geb. 25. Febr. 1877 zu Prag, studierte am dort. Konservatorium u. in Wien, war 1910—22 Erster Kapellmeister am Nationaltheater in Mannheim, 1922—35 Generalmusikdirektor in Saarbrücken, durfte sich später aus politischen Gründen künstlerisch nicht mehr betätigen, wirkte jedoch dann seit 1945 als Professor u. Leiter der Dirigentenabteilung an der Hochschule für Musik in Berlin u. als Gastdirigent.

Lederer, Franz, geb. 6. Sept. 1906 zu Carolinental bei Prag, besuchte das. die Akademie für Musik u. darstellende Kunst u. wirkte als Schauspieler u. Regisseur an zahlreichen deutschen u. österreichischen, nach seiner Emigration auch an amerikanischen Bühnen. Zuletzt lebte er in Kalifornien.

Lederer, Georg, geb. 5. Febr. 1843 zu Marienburg in Westpreußen, gest. 2. Okt. 1910

zu Schlachtensee, Sohn eines Sanitätsrates, zuerst Apotheker in Görlitz, wandte sich jedoch bald der Bühne zu, die er 1868 in Magdeburg als Max im „Freischütz" betrat. Hierauf wirkte er als Helden- u. Spieltenor in Berlin, 1871—73 in Hamburg (hier in einem Konzert zum Besten der Bayreuther Nibelungenaufführungen von R. Wagner ausgezeichnet), dann in Rotterdam, Schwerin (Kammersänger) u. Barmen, 1878—89 in Leipzig, ging in der Folge auf Gastreisen u. war 1891—99 in Zürich tätig. Zuletzt Gesangspädagoge in Berlin. Sein Repertoire umfaßte mehr als hundert Partien. Hauptrollen: Lohengrin, Siegfried, Tristan u. a.

Lederer, Joachim (Ps. Felix Wagner), geb. 28. Aug. 1808 zu Prag, gest. 31. Juli 1876 zu Dresden, Kaufmannssohn, studierte in seiner Vaterstadt (Doktor der Rechte), betätigte sich jedoch als Literat u. schrieb mehrere Lustspiele („Häusliche Wirren", „Geistige Liebe", „Die Wortbrüchigen", „Die weiblichen Studenten" „Eine rettende Tat", „Die kranken Doktoren", dieses mit W. M. Gerle), die im Burgtheater Beifall fanden u. von H. Laube wie der Verfasser selbst geschätzt wurden: „Lederer ist Jude", heißt es in seinem Buch ‚Das Burgtheater' 1867, „so viel ich weiß. Aber er ist österreichischer Jude: die jüdische Witzeader, dem splitterrichtenden Talmudwesen entspringend, ist nur die Veranlassung seines Witzes, der Inhalt seines Witzes ist ein österreichischer Inhalt, u. deshalb sagt er uns zu, u. wir lachen behaglich über ihn. Diese behagliche Wirkung erhält die ‚Häuslichen Wirren' auf unserem Repertoire. Ich freue mich stets, wenn ich nach Dresden komme, wo L. jetzt lebt, u. dem Talmudistischen Lustspielautor erzählen kann, wie die Dinge im Burgtheater sich gestalten. Er kennt alles, er wohnt eigentlich im Burgtheater; er ist nur auf Reisen seit so u. so viel zwanzig Jahren. Er trägt auch noch den dunkelgrünen Rock, den er damals im Burgtheater getragen; Enthusiasten sagen, er trage auch noch denselben Hut —".
Literatur: Wurzbach, J. Lederer (Biogr. Lexikon 14. Bd.) 1865; J. K(ürschner), J. L. (A. D B. 18. Bd.) 1883.

Lederer, José, geb. 8. Sept. (?) 1842 zu Vertes bei Großwardein, gest. 4. Nov. 1895 zu Frankfurt a. M., Kaufmannssohn, diente zuerst beim Militär, kämpfte 1859 in der Schlacht bei Solferino u. wandte sich dann als Tenor der Bühne zu, 1861 in Ofen, 1863

in Olmütz, 1864 am Carltheater in Wien, 1865 in Troppau u. 1866 in Magdeburg auftretend. Nachdem er in Paris u. Mailand seine gesangliche Ausbildung vervollständigt hatte, kam er über Hamburg nach Darmstadt, wo er 1874 zum Kammersänger ernannt wurde. 1874—76 sang er in Rotterdam, 1876—82 in Wiesbaden u. seither in Frankfurt a. M., hier auch als Opernregisseur tätig. Gastspielreisen führten ihn u. a. bis London. Hauptrollen: Lohengrin, Raoul, Eleazar, Fra Diavolo, Almaviva u. a. Gatte der Sängerin Asminde Ubrich.
Literatur: Eisenberg, J. Lederer (Biogr. Lexikon) 1903.

Lederer, Joseph, geb. 15. Jan. 1733 zu Zimmetshausen in Schwaben, gest. 23. Sept. 1796, Augustiner des Stiftes zu den Wengen in Ulm, war Pfarrer u. Professor der Theologie das. Verfasser u. a. von Bühnenstücken.
Eigene Werke: Die Standhaftigkeit oder Thomas Graf von Aquin (Singspiel) 1766; Buß- u. Marterkrone, Siegmund dem Heiligen, König in Burgund, aufgesetzt (Trauerspiel) 1770; Der abgedankte Offizier oder Joseph der Gute (Kom. Oper) o. J.; Licht u. Schatten oder Moritz u. Ismael, ein ungleiches Paar (Operette) 1775; Etwas aus China (Operette) 1777; Die jungen Rekruten (Kom. Operette) 1781; Der Chargen-Verkauf (Militär-Drama) 1781; Das hohe Lied (Singspiel) 1788 u. a.

Lederer, Joseph, geb. 16. Dez. 1877 zu Dresden, war seit 1897 Geiger an der dort. Staatskapelle u. komponierte u. a. die Märchenspiele „Christrosen", „Rübezahls Patenkind", die Oper „Frithjof", das Musikdrama „Der Poanac" („Der Verfemte") u. den Einakter „Unter vier Augen" (aufgeführt in Dresden 1924).
Literatur: Riemann, J. Lederer (Musik-Lexikon 11. Aufl.) 1929.

Lederer-Frey, Hanna s. Frey-Lederer, Hanna.

Lederer-Ubrich, Asminde s. Lederer, Asminde.

Ledermann, Richard, geb. 1875 zu Kaufbeuren, studierte in München (Doktor der Philosophie), trat das. u. in Nürnberg als Theaterkritiker mit der Bühnenwelt in Berührung, lernte ihre Technik u. Kulissenpraxis kennen u. zog daraus für seine spä-

teren dramatischen Arbeiten Nutzen. Er war dann Lehrer an der Realschule in Zweibrücken.
Eigene Werke: Die Fahrt in das Schlaraffenland (Kinderkomödie mit Musik u. Tanz) 1908; Der entführte Prinz (Operette) 1909; König Bauer (Komödie im Dialekt) 1909.

Ledl, Lotte, geb. 16. März 1930 zu Wien, wurde das. im Reinhardt-Seminar in Schönbrunn ausgebildet u. fand ihr erstes Engagement am Volkstheater in Wien, spielte aber auch erfolgreich am dort. Parkringtheater. Hauptrollen: Dorine („„Tartüffe"), Luise („„Liliom") u. a.

Lednicky, Maurus, geb. 1853 zu Lugos (Todesdatum unbekannt), wurde an den Konservatorien in Wien u. Marburg ausgebildet u. wirkte als Opernsänger an der Mailänder Scala sowie an deutschen Bühnen. Musikreferent der „Österr. Musik- u. Theater-Zeitung".

Ledóchowska, Maria Theresia Gräfin (Ps. Alexander Halke), geb. 29. April 1863 zu Loosdorf in Niederösterreich, gest. 6. Juli 1922 zu Rom, Tochter des k. u. k. Rittmeisters Anton Graf L. u. der Schweizerin Josefine Gräfin Salis-Zizers, Nichte des aus dem preuß. Kulturkampf bekannten Erzbischofs von Gnesen-Posen, späteren Kardinals Grafen Mieczislaw Halka-Ledóchowska, verbrachte ihre Jugend in Niederösterreich u. Polen, war dann Hofdame am Großherzogl. Toskanischen Hof in Salzburg u. schließlich Gründerin u. Leiterin der Petrus-Claver-Sodalität. Verfasserin kleiner Bühnenstücke u. Erzählungen.
Eigene Werke: Die heilige Odilia (Schauspiel) 1884; Zaida, das Negermädchen (Schauspiel) 1889; St. Aloysius wacht (Schauspiel) 1891; Das Weinkörbchen (Schauspiel) 1906; Baronesse Mizi (6 dramat. Bilder) 1907; Ein Freiheitlicher am Kongo (Drama) 1910; Von Hütte zu Hütte (Drama) 1910; Die Prinzessin von Uganda (Schauspiel) 1915.
Literatur: V. *Bielak,* M. Th. v. Ledóchowska (polnisch, deutsch von A. Sander) 1931.

Ledroit, Johannes (Ps. Doktor Justus), geb. 27. Sept. 1862 zu Mainz, studierte in Gießen (Doktor der Philosophie), wurde Professor sowie Oberstudienrat in Bensheim an der Bergstraße. Dramatiker u. Erzähler.
Eigene Werke: Die Erbtante (Lustspiel)

1901; Der hl. Bonifatius (Drama) 1911; Dr. Trummels Brautfahrt (Posse) 1912; Im Hause zu Nazareth (Freilichtspiel) 1924; St. Johannes Nepomuk (Drama) 1924; Die Zauberfiedel (Märchenspiel) 1925; Mirandula (Legendenspiel) 1925; Dreikönigs-Singen (Weihnachtsspiel) 1930 u. a.

Ledwinka, Franz, geb. 27. Mai 1883 zu Wien, besuchte das dort. Konservatorium, wurde 1907 Lehrer am Mozarteum in Salzburg, 1914 dessen Leiter u. wirkte zeitweilig auch als Operndirigent am Stadttheater das. Komponist der Oper „Winzer", des Melodramas „Immensee" u. des Singspiels „Maienzauber".

Lee, Hans, geb. 26. Juli 1910 zu Ober-Engstringen in der Schweiz, war kaufmännischer Angestellter, zuletzt in einem Zürcher Warenhaus. Bühnenschriftsteller in Zürcher Mundart.
Eigene Werke: In Pfuselhuuse wird gfilmet (Schwank) 1934; E zwifelhaftes Persönli (Schwank) 1935; Die neue Chraft (Schwank) 1935; S Millionebett (Schwank) 1935.

Lee, Heinrich s. Landsberger, Heinrich.

Leefeld, Jenny s. Nachbaur d. J., Franz.

Leemann, Hans Rudolf, geb. 11. Mai 1921 zu Winterthur, war seit 1945 Gemeinderatsschreiber in Stallikon am Albis. Bühnenschriftsteller im Dialekt.
Eigene Werke: S Fäänli vo de sibe Ufrächte (Spiel nach der Novelle Gottfried Kellers) 1950; Ämtler-Bilderspiil (Festspiel des Bezirkes Affoltern) 1951 (mit W. Kerker).

Leenen, Ernst, geb. 9. Mai 1905 zu Krefeld, studierte am Konservatorium seiner Vaterstadt Musik u. lebte später als Operettenkomponist in Mönchen-Gladbach.
Eigene Werke: Heirat aus Liebe 1932; George Sand 1936; Ihre Majestät die Frau (Musikal. Lustspiel) 1940; Die Himmelsschaukel 1942; Die Frau im Frack 1952.

Leeuwe, Leo de, geb. 15. Nov. 1867, gest. 30. Mai 1955, Tenorbuffo seit 1899, wirkte 1900—01 in Würzburg, 1902 in Metz, 1903 in Freiburg im Brsg., 1904 in Rostock, 1906 in Aachen, 1907 in Stettin, 1908 in Magdeburg, 1909—11 in Darmstadt, 1912 in Wiesbaden u. 1913—34 in Essen. Gatte der Opernsängerin Paula Bauer, geb. 1880. Hauptrollen: Mime („Siegfried"), Spärlich

(„Die lustigen Weiber von Windsor"), Friedrich („Mignon"), Basilio („Die Hochzeit des Figaro"), Remendado („Carmen"), Georg („Der Waffenschmied"), Cochenille („Hoffmanns Erzählungen") u. a.

Leeuwerik, Ruth s. Leuwerik, Ruth.

Lefèbre, Babette s. Lefèvre, Babette.

Lefèvre (auch Lefèbre), Babette (Geburts- u. Todesdatum unbekannt), Ziehtochter von Rosalia Nouseul (s. d.), war 1801—26 Mitglied des Burgtheaters. Hauptrollen: Orsina („Emilia Galotti"), Sophie („Clavigo"), Euphanie („Tancred"), Julia („Fiesko"), Lady Milford („Kabale u. Liebe"), Eboli („Don Carlos") u. a.

Leffler, Hermann, geb. 3. Okt. 1864 zu Quedlinburg, gest. 21. Nov. 1929 zu Berlin, Sohn des zuletzt in Gera tätigen Theaterdirektors gleichen Namens (eines Schülers von Karl v. Holtei u. Hermann Hendrichs), trat zuerst am Uraniatheater in Berlin auf, kam dann als Charakterdarsteller nach Meiningen, Eisenach u. Jena, 1889 nach Gera, 1890 nach Göttingen, 1891 nach Lübeck, 1892 nach Posen, 1893 (unter H. Bulthaupt) nach Bremen, 1897 ans Deutsche Theater in Berlin u. 1899 ans Hoftheater in Wiesbaden. Hauptrollen: Hamlet, Götz, Egmont, Karl Moor, Marquis Posa, Wilhelm Tell, König Ottokar, Glockengießer u. a. Gatte der Sängerin Martha Burckard.

Leffler, Robert, geb. 9. Jan. 1866 zu Aschersleben, gest. 15. März 1940 zu Berlin, Bruder des Vorigen, in Berlin ausgebildet, kam als Opernsänger nach Nürnberg, Lübeck, Riga u. Moskau u. war zuletzt 17 Jahre Oberspielleiter u. Operndirektor am Stadttheater in Düsseldorf. Bassist. Hauptrollen: Giacomo („Fra Diavolo"), Landgraf Heinrich („Tannhäuser"), Ferrando („Der Troubadour"), Plumkett („Martha"), Zuniga („Carmen") u. a.

Leffler, Wolfgang, geb. 26. Dez. 1899 zu Wiesbaden, von seinem Vater Hermann L. ausgebildet, war 1924 Volontär am Schillertheater in Berlin, 1925 Erster Held in Guben, 1926 in Freiberg in Sachsen, 1927—29 in Brieg, 1929—30 in Liegnitz, 1930—31 in Berlin (Berliner Theater u. Komische Oper), 1931—32 in Altona-Harburg, 1932—33 in Tilsit, hierauf Oberspielleiter u. Direktor-Stellvertreter in Elbing, Rudolstadt u. a.

Leffler-Burckard, Martha, geb. 16. Juni 1865 zu Berlin, gest. 14. Mai 1954 zu Wiesbaden, trat, in Dresden als Sängerin (Mezzosopran) ausgebildet, zuerst in Straßburg, Breslau u. Köln auf, gastierte hierauf in Amerika, wirkte dann seit 1894 in Bremen, seit 1898 in Weimar u. seit 1900 in Wiesbaden. Gastspiele führten sie nach London, Neuyork. 1906 sang sie bei den Bayreuther Festspielen die Kundry im „Parsifal". Sächsische Kammersängerin. Hauptrollen: Eva, Elisabeth, Elsa, Senta, Brünnhilde, Isolde, Margarethe, Frau Fluth, Fidelio u. a. In erster Ehe mit dem u. a. viele Jahre in Milwaukee tätigen Heldenvater, Charakterspieler u. Regisseur Hermann Werbke verheiratet, in zweiter mit dem Schauspieler Hermann Leffler.
Literatur: Carlos *Droste*, M. Leffler-Burkkard (Bühne u. Welt 8. Jahrg.) 1906.

Lefler, Heinrich, geb. 7. Nov. 1863 zu Wien, gest. 14. März 1919 das., war 1900—03 unter Gustav Mahler (s. d.), Ausstattungsleiter an der dort. Hofoper, für die er zahlreiche Bühnen- u. Kostümentwürfe schuf.

Legal, Ernst, geb. 2. Mai 1881 zu Schlieben bei Halle a. d. S., gest. 29. Juni 1955 zu Berlin, einer französischen Emigrantenfamilie entstammend, Apothekerssohn, in Schulpforta humanistisch gebildet, war zuerst im Leipziger Buchhandel tätig, besuchte dann die Großherzogl. Theaterschule in Weimar, kam als Schauspieler 1906 ans Schillertheater in Berlin, 1911 ans Hoftheater in Weimar, wirkte 1912—20 auch als Regisseur in Wiesbaden, 1920—24 als Regisseur, Dramaturg u. Schauspieler am Staatl. Schauspielhaus in Berlin, 1924—27 als Generalintendant des Landestheaters in Darmstadt, 1928 als Intendant in Kassel, 1930—32 als Intendant des Staatl. Schauspielhauses in Berlin, 1933 als Direktor des dort. Theaters in der Saarlandstraße u. nach dem Zweiten Weltkrieg als Generalintendant der Staatstheater das. Auch Dramatiker. „Fraglos kam der Schauspieler L. bei dieser weitschichtigen (Direktions-)Tätigkeit etwas zu kurz. Um so erstaunlicher, daß er immer wieder Zeit fand, seine wunderbaren ‚Käuze', seine Querköpfe u. Sonderlinge, seine grundgütigen, schrullig-abgeklärten, weisen u. immer höchst markanten Figuren — sei es auf der Bühne, sei es im Film — in einer Fülle von Variationen u. Abstufungen gewissermaßen nebenbei u. zusätzlich zu erschaffen. So groß war seine

Kapazität, so gebieterisch seine Spielwut." (F. *Schwiefert*.) Auch seine Tochter Marga (geb. 18. Febr. 1908 zu Berlin) gehörte als Schauspielerin der Bühne an.
Eigene Werke: Lätare (Schauspiel) 1913; Bradamante (Komödie) 1916; Ja, ja u. ja (Komödie) 1919; Gott über Göttern (Drama) 1938.
Literatur: H-n, Ein Leben für die Bühne (Tägl. Rundschau Nr. 224) 1949; Fritz *Schwiefert*, In memoriam E. Legal (Der Tagesspiegel Nr. 2980) 1955.

Legal, Marga s. Legal, Ernst.

Le Gaye, Constanze s. Dahn, Constanze.

Legband, Paul, geb. 28. Juni 1876 zu Braunschweig, gest. 1. Mai 1942 zu Hamburg, Nachkomme niedersächsischer Bauern, studierte in München Germanistik, Theaterwissenschaft u. Kunstgeschichte (Doktor der Philosophie), war Theaterkritiker des „Literarischen Echos" (später unter dem Titel „Die Literatur"), 1906—10 Leiter der Schauspielschule des Deutschen Theaters in Berlin, 1911—16 Intendant des Stadttheaters in Freiburg, 1917—18 Oberspielleiter des Schauspiels u. der Oper in Straßburg, 1919—20 Spielleiter der Volksbühne in Berlin, 1921—25 Intendant in Wuppertal, 1926 bis 1927 Oberspielleiter am Schauspielhaus in Stuttgart, 1927—30 Intendant in Gladbach-Rheydt, 1930—33 in Erfurt u. schließlich am Deutschen Volkstheater in Hamburg-Altona. Theaterhistoriker.
Eigene Werke: Münchener Bühne u. Literatur im 18. Jahrhundert 1902; Chr. Schmids Chronologie des deutschen Theaters 1902 (Neuausgabe in den Schriften der Gesellschaft für Theatergeschichte); Das deutsche Theater 1909.

Legendenspiel, dramatisierte Form der Legende, schon im Mittelalter von Hrosvith von Gandersheim (s. d.) u. zu Mysterien- u. Mirakelspielen verarbeitet, fand besonders im Barockzeitalter u. auf der Jesuitenbühne Pflege. Stärkste Beachtung erzielte das L. auch im 20. Jahrhundert. K. Vollmöllers „Mirakel", H. v. Hofmannsthals „Jedermann", M. Mells „Apostelspiel" u. ä. fesselten auch ein weltliches Publikum.
Literatur: Hans *Hansel*, Das Nachleben der Heiligen in der Dichtung u. die stoffliche Darstellung (Volk u. Volkstum 3 Bde.) 1938 (mit reichen Literaturangaben).

Leger, Hans, geb. 21. Febr. 1899 zu Mannheim, wurde an der dort. Hochschule für Musik ausgebildet, wirkte als Kapellmeister 1915—16 in Pforzheim, 1916—20 in Kaiserslautern, 1920—21 als Erster Kapellmeister u. Generalintendant - Stellvertreter in Saarbrücken, hierauf drei Jahre in der Schweiz, 1925—26 in Elberfeld, 1926—33 in Mannheim u. dann wieder in Pforzheim.

Lehár, Franz, geb. 30. April 1870 zu Komorn in der Slowakei, gest. 24. Okt. 1948 zu Bad Ischl, Sohn des Militärkapellmeisters Franz L. (geb. 1840 zu Schönwald am Fuß des Altvaters) u. der Christine Neubrandt (also nicht madjarischer Herkunft), Piaristenzögling in Budapest, besuchte das Konservatorium in Prag, war zuerst Orchestermusiker in Elberfeld-Barmen, dann Militärmusiker in Wien, hierauf Militärkapellmeister 1890 bis 1894 in Losoncy, 1894—96 in Pola, 1896 bis 1898 in Triest, 1898—1900 in Budapest, 1900 bis 1902 in Wien, schließlich Erster Kapellmeister am dort. Theater an der Wien u. 1902 Dirigent des Riesenorchesters Venedig in Wien. Berühmtester österr. Operettenkomponist des 20. Jahrhunderts, von der Oper (ursprünglich erfolglos) ausgehend, näherte er sich am Ende seines Schaffens der Komischen Oper u. dem Singspiel.

Eigene Werke: Rodrigo (Oper) 1893; Kukuschka-Tatjana (Oper) 1896; Arabella, die Kubanerin (Operette, unvollendet) 1901; Der Rastelbinder 1902; Wiener Frauen 1902 (Neufassung: Der Schlüssel zum Paradies 1906); Der Göttergatte 1903 (Neufassung: Die ideale Gattin 1913); Die Juxheirat 1904; Die Lustige Witwe 1905; Mitislaw der Moderne 1906; Peter u. Paul im Schlaraffenland 1906; Der Mann mit den drei Frauen 1908; Das Fürstenkind 1909; Der Graf von Luxemburg 1909; Zigeunerliebe 1910 (Neufassung: Garaboncia, Oper 1943); Rosenstock u. Edelweiß 1910; Eva 1911; Die Spieluhr 1912; Endlich allein 1914; Der Sterngucker 1916; Wo die Lerche singt 1918; Die blaue Mazur 1920; Die Tango-Königin 1921; Frühlingsmädel 1922; Frasquita 1922; La Danza delle Libellule 1922; Die gelbe Jacke 1923; Cloclo 1924; Paganini 1925; Gigolette 1926; Der Zarewitsch 1927; Friederike 1928; Das Land des Lächelns 1929; Schön ist die Welt 1930; Giuditta 1934.

Literatur: Edgar *Pierson,* Die lustige Witwe u. ihr Komponist (Bühne u. Welt 10. Jahrg.) 1908; Ernst *Decsey,* F. Lehár 1924; Festschrift 25 Jahre L. (1903—28) 1928; Gaston *Knosp,* F. L. Une vie d'artiste 1936;

Stan *Czech,* F. L. Sein Leben u. sein Werk o. J.; Alexander *Witeschnik,* F. L. u. Wien (Neue Wiener Tageszeitung Nr. 90) 1950; Erwin *Mittag,* Die Lustige Witwe erobert die Welt. Die abenteuerliche Entstehungsgeschichte der erfolgreichsten Wiener Operette (Die Presse Nr. 430) 1950; Anton Freih. v. *Lehár,* Erinnerungen an meinen Bruder Franz (Die Neue Zeitung, München Nr. 234) 1951; Maria v. *Peteani,* F. L., seine Musik, sein Leben 1952; Stefan *Rechnitz,* Besuch in der Ischler L.-Villa (Die Presse Nr. 1360) 1953.

Lehel, Gabor, geb. 4. Juni 1891, gehörte 1911—12 als Schauspieler dem Burgtheater an (Sergius in „Anna Karenina" u. a. Rollen).

Lehfeld, Clara, geb. 25. Nov. 1822 zu Wittenberg, gest. 1. Nov. 1905 zu Weimar, Tochter eines Baubeamten namens Ramler, wurde von Johann Jakob Graff für die Bühne ausgebildet u. debütierte 1842 als Titania im „Sommernachtstraum" in Weimar, wirkte hier drei Jahre als Jugendlich-Sentimentale Liebhaberin, spielte u. a. in Hamburg, Hannover, Oldenburg, Berlin, Königsberg, Danzig, Breslau, Frankfurt a. M. u. Braunschweig, kehrte 1866 nach Weimar zurück, wo sie 1896 ihren Abschied nahm, zuletzt mit älteren Partien beschäftigt. Hauptrollen: Ophelia, Königin („Don Carlos"), Amelie Pfeiffer („Pension Schöller"), Daja („Nathan der Weise"), Eucharis („Sappho"), Generalin Rieger („Die Karlsschüler"), Martha („Der Zerbrochene Krug") u. a. Gattin des Folgenden seit 1857.

Lehfeld, Otto, geb. 3. Febr. 1825 zu Breslau, gest. 23. Nov. 1885 zu Weimar, Offizierssohn, humanistisch gebildet, war zuerst Heldendarsteller bei Wandertruppen, kam 1847 als Charakterspieler ans Aktientheater in Hamburg, 1848 nach Kiel, 1851 nach Graz, 1855 ans Hoftheater in München, 1857 nach Danzig, 1858 nach Kassel, 1859 nach Frankfurt a. M. u. 1861 nach Weimar, wo er freilich schon 1871 infolge von Schwerhörigkeit in den Ruhestand trat u. dann nur noch Gastspiele geben konnte. Besonders in Dramen Shakespeares ausgezeichnet. Die Kritik rühmte ihm nach ein „gewaltiges Temperament, das zwar wild u. unbezähmbar wie ein tosender Sturzbach dahinschoß, aber doch in seinen leidenschaftlichen Ausbrüchen die großen Konturen der wahren u. echten Künstlerschaft erkennen ließ." Gatte der

Vorigen. Hauptrollen: König Lear, Shylock, Richard II., Mephisto, Götz, Tell, Franz Moor, Wurm, Marinelli, Narziß u. a.
Literatur: n., O. Lehfeld (Allgemeine Theater-Chronik 28. Mai) 1870; Eduard von *Bamberg,* O. L. 1886; H. A. *Lier,* O. L. (A. D. B. 51. Bd.) 1906.

Lehmann, Adele (Geburts- u. Todesdatum unbekannt), war 1867—69 u. 1875—84 Schauspielerin am Burgtheater. Mutter von Hermann Gehrs (s. d.). Hauptrollen: Ernestine („Bürgerlich u. romantisch"), Mary („Graf Essex") u. a.

Lehmann, Anton, geb. um 1900 zu Wien, war seit 1923 als Schauspieler das., in Brünn, Prag, Breslau, München, zehn Jahre in Linz u. seit 1950 in Graz tätig. Charakterdarsteller, Vertreter von Gestalten Raimunds, Nestroys, Calderons, Molières, Strindbergs u. a. Hauptrollen: Mephisto, Jetter, Harpagon, Talleyrand u. a.
Literatur: R. A., Ich will nie ein Komiker sein . . . (Süd-Ost Tagespost Graz 21. Okt.) 1951.

Lehmann, Bertha, geb. 20. Febr. 1819 zu Berlin, gest. nach 1900, Tochter eines schlesischen Gutsbesitzers namens Filhés, Gattin des Philologen Lehmann in Berlin, verfaßte außer Jugendschriften auch Lustspiele.
Eigene Werke: Er hat etwas vergessen 1870; Bergluft 1876; Auf der Flucht 1883; Das Brautexamen 1883; Auf dem Gipfel des Glücks 1884; Zu jung 1884 (mit Elisabeth Ebeling); Vier Herzen u. ein Schlag 1884; Blumensprache 1884 u. a.

Lehmann, Berthold, geb. 6. Jan. 1908 zu Kiel, Sohn des Dichters Wilhelm L., studierte 1916—25 Musik, 1925—27 Schüler Hugo Leichtentritts u. a., kam als Kapellmeister 1928 ans Stadttheater in Kiel, 1934 ans Opernhaus in Duisburg, 1939 ans Stadttheater in Aachen, hierauf als Operndirigent nach Lübeck, 1947 an die Komische Oper nach Berlin u. war seit 1949 Generalmusikdirektor in Hagen in Westfalen.

Lehmann, Elisabeth s. Tondeur, Elisabeth.

Lehmann, Else, geb. 27. Juni 1866 zu Berlin, gest. 6. März 1940 zu Prag, Tochter des Direktors der Versicherungsgesellschaft „Germania" L., von Franz Kierschner für die Bühne ausgebildet, trat 1885 erstmals in Bremen auf, wo sie jedoch nicht gefiel,

war dann in Provinztheatern tätig, wobei sie von Theodor Lobe u. Theodor Lebrun Förderung erfuhr, bis sie 1888 am Wallnertheater in Berlin ein Engagement fand. 1889 erregte sie bei der Uraufführung von Gerhart Hauptmanns „Vor Sonnenaufgang" in der Freien Bühne als Helene Krause Aufsehen, worauf sie Adolf L'Arronge 1891 für sein Deutsches Theater in Berlin gewann. Später wirkte sie unter Otto Brahm am dort. Lessingtheater, seit 1912 kurze Zeit am Deutschen Theater u. bei Max Reinhardt das. Als große naturalistische Darstellerin in aller Welt, besonders auf Gastspielreisen, anerkannt. Ihren Lebensabend verbrachte sie in Prag. Hauptrollen: Mutter Wolffen („Der Biberpelz"), Hanne Schäl („Fuhrmann Henschel"), Frau John („Die Ratten"), Lona Hessel („Die Stützen der Gesellschaft"), Ella Rentheim („John Gabriel Borkman"), Frau Alving („Gespenster") u. a. Paul Schlenther berichtete (Theater im 19. Jahrhundert 1930), daß Brahm von ihr sagte: „Was sie in zwanzig Jahren moderner Entwicklung der deutschen Bühne geworden ist, das wird die Theatergeschichte einst zu verzeichnen haben, auf einem ihrer leuchtendsten Blätter" u. Philipp Stein charakterisierte: „Lautere Natur ist alles, was sie bietet, schlicht u. echt, u. darum voll Größe. Man empfindet stets, hinter ihren Leistungen steht eine Persönlichkeit, ein gesundes, temperamentvolles Naturell, das so reich ist an verschiedenen Strahlungen u. Lichterscheinungen, daß wir in ihren Schöpfungen immer wieder eine andere Gestalt erblicken."
Literatur: Philipp *Stein,* Else Lehmann (Bühne u. Welt 4. Jahrg.) 1902; H. *Kienzl,* E. L. (Hamburger Korrespondent 23. Juli) 1910; K. F. *Nowak,* E. L. (Hilfe 17. Jahrg.) 1911; Julius *Bab,* Schauspielkunst u. Schauspieler 1926; ders., Kränze dem Mimen 1954.

Lehmann, Emma s. Gerlach, Emma.

Lehmann, Ernst Georg, geb. 1882 im Rheinland, gest. 6. Sept. 1935 zu Berlin, war viele Jahre Mitglied der Staatsoper in Berlin, vorher Baß am Stadttheater in Mülhausen (Elsaß). Hauptrollen: Pogner („Die Meistersinger von Nürnberg"), Bonze („Madame Butterfly"), Peter („Undine") u. a. In Bayreuth sang L. die Partien des Hunding u. Titurel, für die sein Organ u. seine charakteristische Vortragsweise besonders geeignet waren.

Lehmann, Ernst Ludwig (Ps. Raimund Leander), geb. 25. Jan. 1901 zu Schwerin, war Studienrat in Bockholmwerk bei Glücksburg (Schleswig-Holstein). Dramatiker u. Übersetzer.

Eigene Werke: Die Brautschau von Sikyon (Komödie) 1940; Tycho Brahe (Drama) 1941; Plautus' Das Hausgespenst, deutsch 1941; dess. Der Maulheld, deutsch 1941; dess. Zwillinge, deutsch 1942; dess. Amphitryon, deutsch 1942; dess. Die Eselskomödie, deutsch 1942; Der Schiffbruch (Komödie) 1942; Aristophanes' Die Vögel, deutsch 1947.

Lehmann, Friedrich Wilhelm, geb. 9. Dez. 1837, gest. 25. Dez. 1869 zu Kiel als Gesangskomiker.

Lehmann, Fritz s. Lehmann, Maria.

Lehmann, Fritz, geb. 17. Mai 1904 zu Mannheim, studierte in seiner Vaterstadt Musik, besuchte die Universitäten Heidelberg u. Göttingen, wurde später Generalmusikdirektor das. u. 1950 gleichzeitig Intendant des dort. Stadttheaters. Seit 1953 Professor an der Hochschule für Musik in München.

Lehmann, Guido, geb. 22. Mai 1826 zu Graz, gest. 13. April 1909 das., trat als Schauspieler 1847 erstmals in seiner Vaterstadt auf, kam als Bonvivant 1848 nach Laibach, dann über Klagenfurt, Pest, Riga, Strelitz u. a. Städte nach Köln, wirkte als bedeutender Charakterdarsteller 1864—71 in Graz, 1871 bis 1895 in Weimar (hier hauptsächlich im Fach der Ernsten u. Humoristischen Väter) u. verbrachte seither den Ruhestand in seiner Geburtsheimat. Ferdinand Kürnberger gedenkt seiner (im „Wiener Lloyd" Nr. 257) 1864 besonders rühmend: „L. in Graz überraschte mich mit einem Philipp, welcher über sich keinen u. die vorzüglichsten neben sich erblicken kann. Ich schreibe dieses Wort mit dem vollen Gefühle seines Gewichtes nieder. Ich würde Reisen machen, um diese Rolle zu sehen". Hauptrollen: Narziß, Richard III., Franz Moor, Holofernes, Jago, König Philipp, Lear, Mephisto, Shylock, Kottwitz, Malvolio, Graf Thorane u. a.

Literatur: Eisenberg, G. Lehmann (Biogr. Lexikon) 1903.

Lehmann, James (Geburts- u. Todesdatum unbekannt), wirkte als Bariton in Leipzig (hier 1869 der erste Hamlet in der gleichnamigen Oper von Thomas), in Bremen,

Straßburg, Braunschweig, Neuyork u. a., seit 1876 als Opernregisseur in Freiburg im Brsg., wo er hauptsächlich das Buffofach vertrat u. zuletzt auch Väterrollen spielte.

Lehmann, Johanna s. Frenzel-Nicolas, Johanna.

Lehmann, Johannes, geb. 3. Juli 1864 zu Ruttersdorf in Sachsen-Altenburg, Pfarrerssohn, studierte in Leipzig Theologie, stellte als Student 1887 u. 1888 bei den Lutherfestspielen die Titelrolle dar u. wurde Pfarrer in Dresden u. Deuben bei Freiberg in Sachsen. Bühnenschriftsteller.

Eigene Werke: Die heilige Nacht (Weihnachtsfestspiel) 1891; Paulus (Kirchl. Festspiel) 1894; Der Trompeter (Märchenspiel) 1895; Hans im Glück (Märchenspiel) 1896; Freiberger Dombau-Festspiel 1903; Der Kaffeetisch (Humorist. Szene) 1904; Wohltätigkeit (Dramat. Szene) 1907; Deutsch u. frei! (Vaterländ. Schauspiel) 1910.

Lehmann, Jon (Ps. Hugo Freund u. Hans Welberg), geb. 19. Sept. 1865 zu Mainz, gest. 4. Dez. 1913 zu Breslau, Doktor der Philosophie, war Herausgeber u. Verleger der „Breslauer Zeitung" u. der „Breslauer Morgen-Zeitung". Vorwiegend Bühnenschriftsteller.

Eigene Werke: Heißhunger (Drama) 1892; Die Flucht vor der Schwiegermutter (Lustspiel) 1894; Die offizielle Frau (Drama) 1896; Kapital (Drama) 1896; Der Blätterpilz (Lustspiel) 1896; Thomas Bekket (Drama) 1901; Steppke (Drama) 1901; Schrippe (Lustspiel) 1901; Mayerchen (Lustspiel) 1901; Stafia (Lustspiel) 1901; Oberarzt II. Klasse (Lustspiel) 1903; Die höchstgeliebte Jungfrau (Komödie) 1904; Augen rechts! (Komödie) 1904; Das Lied vom braven Mann (Lustspiel) 1906; Das Ungeheuer (Lustspiel) 1907; Flammenzeichen (Drama) 1909; Der Flieger (Lustspiel) 1910 (mit H. Brennert); Geisterstunde (Lustspiel) 1912.

Lehmann, Karl, geb. 19. Sept. 1888 zu Krefeld, Doktor der Philosophie, wurde Studienrat u. lebte zuletzt in Düsseldorf-Oberkassel. Theaterschriftsteller.

Eigene Werke: Junge deutsche Dramatiker 1923; Vom Drama unserer Zeit 1924; Deutsche Dramatiker neuerer Zeit 1934.

Lehmann, Konrad, geb. 13. Mai 1881 zu Berlin, gest. 24. April 1954 zu Unteruhldingen, Schauspieler u. Sänger in Oldenburg u. a., ließ sich nach seinem Bühnenabschied in Unteruhldingen am Bodensee nieder. Hauptrollen: Pélégrin („Graf von Luxemburg"), Robert („Mamsell Nitouche"), Gode („Frithjof"), Adam („Die versunkene Glocke") u. a.

Lehmann, Leni, geb. 17. Febr. 1868, gest. 29. Okt. 1911 zu Berlin, wirkte als Schauspielerin u. Soubrette in St. Pölten u. Graz, später als Komische Alte in Wien (Jantsch- u. Carltheater) u. seit 1908 in Berlin (Lustspielhaus u. a.). Hauptrollen: Klytämnestra („Die schöne Helena"), Antimonia („Der Bauer als Millionär"), Clotilde („Der Schritt vom Wege") u. a.

Lehmann, Lilli s. Kalisch, Lilli.

Lehmann, Lotte, geb. 2. Juli 1885 zu Perleberg in der Mark Brandenburg, wurde von M. Mallinger (s. d.) ausgebildet u. wirkte 1910 in Hamburg, seit 1914 25 Jahre an der Staatsoper in Wien. Sie kreierte in R. Strauß' Oper „Ariadne auf Naxos" die Rolle des Komponisten, sang später auch die Titelrolle, war die erste Färbersfrau in „Frau ohne Schatten", die Christine in „Intermezzo", die Marschallin, Arabella, Leonore, Elisabeth, Eva, Sieglinde, Agathe u. a. Auch an den Salzburger Festspielen nahm sie in hervorragender Weise teil. Kammersängerin, Ehrenmitglied der Wiener Staatsoper. Verfasserin der „Verse in Prosa" o. J.
Literatur: Karl Marilaun, L. Lehmann (Neues Wiener Journal 7. Dez.) 1924; Iron, Gespräch mit L. L. (Ebda. 4. Okt.) 1925; Anonymus, L. L. (Die Presse 24. Dez.) 1950.

Lehmann (Ps. Kramer), Maria, geb. 11. Aug. 1906 zu Perchtoldsdorf bei Wien, Tochter eines österreichischen Arztes Kramer u. einer Italienerin, besuchte die Akademie für Musik u. darstellende Kunst in Wien, kam 1928 an das Burgtheater, dem sie später als Kammerschauspielerin angehörte, u. gab wiederholt Gastspiele in der Schweiz, Holland u. a. Hauptrollen: Kreusa („Das goldene Vließ"), Adelheid („Der Biberpelz"), Evelyn („Ein Glas Wasser"), Marie („Liliom") u. a. O. M. Fontana charakterisierte sie („Wiener Schauspieler" 1948): „Was ihr besonders gut gelingt, ist das Ineinander der Gefühle. Weit entfernt von jeder Verwirrung der Gefühle, vertragen sich im Gegenteil auch die extremsten bei ihr auf frauenhafte Art sehr gut. So kann sie aufs reizvollste verwirrt u. verwirrend,

naiv u. raffiniert, schuldig u. unschuldig, naseweis vergnügt u. bedenkenlos grausam in einem sein. Eine Evatochter, wie sie immer war u. sein wird — das sind ihre Gestalten, aber auch die Gleichnisse für eine genäschige Jugend ohne Erfahrung, aber mit viel Lebensappetit." Gattin des Schauspielers Fritz Lehmann, der 1939—49 dem Burgtheater als Schauspieler angehörte (Cléante in Molières „Der eingebildete Kranke", Kaiser in Schnitzlers „Liebelei" u. a. Rollen) u. hierauf als Heldendarsteller in Graz u. Basel wirkte.
Literatur: —te—, Die Salerl von der Ebenen Erde (Neue Wiener Tageszeitung Nr. 134) 1951.

Lehmann (geb. Löw), Maria Theresia, geb. 27. März 1807 zu Heidelberg, gest. 30. Dez. 1883 zu Berlin, dramatische Sängerin, trat 1829 als Agathe in Frankfurt a. M. auf, kam dann nach Magdeburg, Braunschweig, Bremen, Mainz u. Aachen, wirkte 1837—45 in Leipzig, Dresden u. Kassel u. später als Harfenvirtuosin nicht minder ausgezeichnet am Deutschen Landestheater in Prag. Eine innige Freundschaft verband sie mit R. Wagner. Mutter von Lilli u. Marie L. Hauptrollen: Norma, Valentine, Rebecca („Templer u. Jüdin") u. a.

Lehmann Marie, geb. 15. Mai 1851 zu Hamburg, gest. 6. Dez. 1931 zu Berlin, Tochter des Heldentenors Karl August L., Schwester von Lilli L., von ihrer Mutter Maria Theresia Löw, der Sängerin, Harfenvirtuosin u. Gesangspädagogin, unterrichtet, debütierte 1867 als Ännchen im „Freischütz" in Leipzig, kam dann nach Hamburg, Köln u. Breslau, sang 1872 im Konzert anläßlich der Grundsteinlegung des Festspielhauses in Bayreuth, erregte R. Wagners besondere Aufmerksamkeit u. wurde von ihm eingeladen, für die Nibelungen-Aufführung 1876 die Partie einer der Rheintöchter zu übernehmen. 1879—82 wirkte sie am Deutschen Landestheater in Prag, 1882—96 an der Wiener Hofoper, vor allem als Koloratursängerin u. zuletzt als Wagner-Heroine gefeiert. Seit 1896 Kammersängerin. Ihren Lebensabend verbrachte sie in Berlin. Hauptrollen: Margarete, Rosine, Gilda u. a. Über ihre Wiener Tätigkeit schreibt Richard Wallascheck („Das Hofoperntheater" 1909): „Unvergeßlich bleibt das Zusammenwirken mit ihrer Schwester Lilli. Das berühmte Terzen-Duett der beiden in ‚Norma', das mit ungeheurer Akkuratesse gesungen wurde, war von unvergleichlichem

Reiz. Ihre Erfahrungen in Bayreuth u. die große Routine, die sie sich im Theaterleben erwarb, verleiteten sie, ihr Rollenfach nach jeder Richtung hin zu überschreiten. Sie sang die Sieglinde, die Knusperhexe, selbst die Elsa, wenn es sein mußte auch Altpartien oder hochdramatische Rollen, überhaupt alles, was man ihr gab u. womit sie aushelfen konnte . . . In der Folge verlor sie ihre künstlerische Individualität u. bekam in ihrem Auftreten etwas Routiniert-Mechanisches. Nichtsdestoweniger hatte sie in ihrer ursprünglichen eng umgrenzten Stellung eine große künstlerische Bedeutung für die Hofoper."

Lehmann, Moritz, geb. 1819 zu Dresden, gest. 9. Sept. 1877 zu Pest, Dekorationsmaler, arbeitete zuerst für die Bühne seiner Vaterstadt, wurde von Carl Bernbrunn 1834 nach Wien berufen, 1850 das. zum Hofmaler ernannt, übernahm 1861 die Direktion des dort. Carltheaters für wenige Monate u. wandte sich dann wieder als Dekorationsmaler nach Pest.

Lehmann (Ps. Tandar), Oswald, geb. 1862, gest. 14. Juni 1902 zu Schwetz, war mehrere Jahre als Oberregisseur am Stadttheater in Zwickau, kurze Zeit als Dramaturg in Lübeck u. seit 1900 als Direktor des Stadttheaters in Harburg tätig.

Lehmann, Reinhard, geb. 22. Juni 1907 zu Königsberg bei Eger, studierte in Köln zuerst Germanistik, wandte sich aber dann der Bühne zu, war bis 1934 Oberspielleiter in Darmstadt, 1942—43 Intendant in Gera, 1946 Oberspielleiter in Stuttgart, 1948 in Hannover, 1950 in Freiburg im Brsg. u. seither Intendant das. 1948—50 inszenierte er als Gast an der Staatsoper in Hamburg.

Lehmann, Roderich von s. Leman, Roderich von.

Lehmann (geb. Haupt), Therese, geb. 11. Febr. 1864 zu Posen, Tochter eines Mittelschulprofessors, lebte in Stettin u. seit 1901 als Gattin des Universitätsprofessors für alte Geschichte C. F. L. in Berlin, später in Innsbruck u. a. Bühnenschriftstellerin.
Eigene Werke: Vier Weihnachtsbäume (Spiel) 1895; Der Schreihansl u. das Lachprinzeßchen (Dramat. Märchen) 1899; Das häßliche junge Entlein (Dramat. Märchen nach Andersen) 1899; Warum der Frühling kommen mußt'! (Ostermärchen) 1902; Die

Musikschule (Singspiel) 1903; Die neue Jugend (Drama) 1914 u. a.

Lehmann, Zacharias s. Reinhold, Karl Wilhelm.

Lehn (geb. Thumm), Emilie, geb. 15. April 1869 zu Bruchsal, Tochter eines Apothekers, lebte als Pfarrersfrau in Offenbach a. M. Dramatikerin.
Eigene Werke: Die Calvinisten (Schauspiel) 1899; Königin Luise u. Napoleon Bonaparte (Dramat. Szene) 1907; König Wilhelm I. u. Kaiser Napoleon III. (Dramat. Szene) 1907.

Lehndorf, August Adolf Leopold Graf von s. Lehndorff, August Adolf Leopold Graf von.

Lehndorff (Lehndorf), August Adolf Leopold Graf von, geb. 8. April 1771 zu Bandels bei Preußisch-Eylau, gest. 1820, studierte in Erlangen, promovierte in Königsberg zum Doktor der Rechte, wobei Zacharias Werner opponierte, wurde Kammerherr u. später auch Kanonikus von Herford. Erzähler u. Dramatiker.
Eigene Werke: Ulldolini (Schauspiel) 1791; Sympathien (Schauspiel nach dem Französischen) 1792 u. a.
Literatur: Lehnerdt, A. A. L. Graf v. Lehndorff (Altpreuß. Biographie 13. Liefg.) 1941.

Lehner, Franz, geb. 15. Juli 1869 zu Gleiritsch, wurde Stadtpfarrer u. Kreisschulinspektor in Schönsee, später Geistl. Rat u. Dekan in Waldmünchen (Oberpfalz). Epiker u. Dramatiker.
Eigene Werke: Singspiele (Joseph Haydn — Deutsche Treue) 1903; Die Klause (Schauspiel) 1923; Das größere Wunder (Schauspiel) 1931.
Literatur: Matthias Wellenhofer, F. Lehner 1929.

Lehner, Gilbert, geb. 14. März 1844 zu Lemberg (Todesdatum unbekannt), wirkte als Dekorationsmaler seit 1869 am Hoftheater in Darmstadt, seit 1873 an der Komischen Oper in Wien u. an dort. Stadttheater, seit 1883 am Burgtheater. L. war auch zeitweilig mit Arbeiten für die Wiener Hofoper betraut. Von der Kritik wurde besonders der strenge Stil seiner griechischen u. römischen Dekorationen gerühmt.

Lehner, Rudolf Julius, geb. 25. Aug. 1883

zu Wien, gest. 19. April 1922 zu Klosterneuburg, schrieb u. a. Bühnenstücke.
Eigene Werke: Drachenbrut (Drama) 1912; Das dünne Herz (Komödie) 1912; Ruhende Venus (Komödie) 1913; Der goldene Kragen (Schwank) 1913.

Lehner, Siegfried, geb. um 1860, betrat als Schauspieler 1883 die Bühne in Preßburg, war seit 1891 Mitglied des Stadttheaters in Brünn (Inspizient, seit 1906 Inspektionsregisseur) u. nahm nach dem Ersten Weltkrieg seinen Abschied. Hauptrollen: Weinerlich („Hutmacher u. Strumpfwirker"), Kellner („Cyprienne"), Pempflinger („Landfriede"), Kellner („Mein Leopold") u. a.

Lehnert, Julius, geb. 25. Jan. 1871 zu Nikolsburg in Mähren, besuchte das Konservatorium in Wien, war Theaterkapellmeister in Graz, Teplitz, Karlsbad, Rußland, Frankfurt a. M., Czernowitz u. 1903—23 Erster Ballettmusikdirigent am Wiener Opernhaus. Er bearbeitete die Ballettpantomimen „Rübezahl" (nach Delibes), „Die Jahreszeiten der Liebe" (nach Schubert), „Irrlichter" (nach Berlioz), „Die Nixe von Schönbrunn" (nach Weber) u. a.

Lehnert, Siegfried, geb. 21. Febr. 1910 zu Leipzig, gest. 12. April 1941 (gefallen im Südosten), Sohn des Bildhauers Adolf L., studierte Musik am Landeskonservatorium in Leipzig u. trat als Regieassistent u. Kapellmeister dem Verband des Schauspielhauses das. bei.

Lehnert, Wilhelm, geb. 29. Sept. 1880, war Opernsänger in Mülhausen im Elsaß, Bern u. Regensburg (hier auch Spielleiter). Hauptrollen: Hans Sachs („Die Meistersinger von Nürnberg"), Telramund („Lohengrin"), Kühleborn („Undine"), Lothario („Mignon"), Sebastiano („Tiefland"), René („Ein Maskenball") u. a.

Lehnfeldt, Wilhelm (Geburtsdatum unbekannt), gest. 15. Dez. 1876 zu Wien, war Schauspieler am Stadttheater in Lübeck.

Lehnhard, Paul Roderich (Ps. P. Rahnfeldt), geb. 6. Nov. 1859 zu Berlin (Todesdatum unbekannt), war Schauspieler an verschiedenen Bühnen Deutschlands, einige Jahre Dramaturg im G. Dannerschen Theaterverlag in Mühlhausen in Thüringen u. gleichzeitig Redakteur der Monatsschrift „Applaus", die er auch, nachdem er sich als

freier Schriftleiter in Berlin niedergelassen hatte, leitete. Verfasser von zahlreichen Lustspielen, Schwänken u. Festspielen („Die Mördergrube" 1892, „Der Königin Traum" 1893, „Der Badegraf" 1894, „Ein toller Streich" 1895 u. a.).

Lehnhardt, Gustav, geb. 1850, gest. 12. Juli 1900 (ertrunken im Teltower See), war Kapellmeister am Wallner-, Kroll-, Viktoriau. zuletzt am Adolf-Ernst-Theater in Berlin. Auch instrumentierte er die von Emil Pohl unter dem Titel „Großvaters Operetten" zusammengestellten beiden Opern „Die Jagd" (von J. A. Hiller, s. d.) u. „Dorfsängerinnen" (von Val. Fioravanti), die 1890 am Friedrich-Wilhelmstädtischen-Theater in Berlin zur ersten Aufführung gelangten.

Lehr, Friedrich, geb. 1814 zu Michelstadt in Hessen, gest. 10. April 1880 zu Stuttgart, wirkte seit 1834 als Opernsänger, 1841—47 als Erster Baß an der Hamburger Oper, hierauf in Stuttgart, wo er sich seit 1858 ausschließlich dem Sprechstück zuwandte u. vor allem das Fach der Biedermänner vertrat.

Lehr, Simon, geb. 6. April 1867 zu Wien, Kaufmannssohn, studierte an der dort. Technischen Hochschule, war Redakteur der „Bukowiner Rundschau" in Czernowitz, der „Deutschen Zeitung" in Antwerpen, der „Teplitzer Zeitung" u. lebte seit 1900 als Redakteur der „Neuen Zeitung" in Wien. Bühnenschriftsteller.
Eigene Werke: Soziale Streiflichter (Zeitbild) 1894; Es tagt! (Schwank) 1897; Flitterwochen (Schwank) 1899 (mit Max Glaser); Corbeddi (Libretto) 1904 (mit Emil Narini) u. a.

Lehrmann, Guido, geb. 5. April 1870 zu Berlin, begann seine Bühnenlaufbahn 1889 in Elberfeld, kam dann ans Residenztheater in Dresden, 1892 nach Zürich, 1895 nach Freiburg im Brsg., später nach Breslau u. war hierauf jahrtzehntelang Mitglied des Staatstheaters in Wiesbaden. Hauptrollen: Kollege Crampton, Mephisto, Shylock, Wurm, Flachsmann u. a.

Lehrmann, Julie, geb. um 1895, gest. 13. Sept. 1942, Tochter des Folgenden, ging 1914 an die Metropolitan-Oper nach Neuyork, wo sie mit Caruso als Sopranistin wirkte. Während des Weltkrieges in Amerika interniert, kam sie später über Hagen, Duisburg u. München nach Stettin, wo sie 1925—29 am Stadttheater als Erste Operettensängerin wirkte.

Lehrmann, Julius, geb. 1860, gest. 16. Juli 1913 zu Bremen, war 15 Jahre Mitglied des Hoftheaters in Wiesbaden, spielte dann in Amerika u. kam 1908 an das Carl-Schultze-Theater nach Hamburg. Chorist u. Schauspieler.

Leibelt, Hans, geb. 11. März 1885 zu Volkmarsdorf im Erzgebirge, Lehrerssohn, besuchte die höhere Weberschule in Dresden, von E. Bornstedt (s. d.) ausgebildet, kam mit 18 Jahren zur Bühne, erhielt das erste Engagement in Eisenach, ging hierauf als Liebhaber nach Leipzig, spielte dann in Darmstadt, München u. Berlin, wo er sich seit 1928 am Staatsschauspiel betätigte u. 1934 zum Staatsschauspieler ernannt wurde. Hauptrollen: Don Carlos, Güldenstern, Polonius u. a. Gatte der Schauspielerin Jenny Orf.
Literatur: H. E. Weinschenk, H. Leibelt (Wir von Bühne u. Film) 1939.

Leibig, Ludwig, geb. 1841 zu Landshut in Bayern, gest. 23. Juni 1914 zu Wien, war Schauspieler an verschiedenen österreichischen Bühnen (Tetschen, Leitmeritz, Iglau), zuletzt mehrere Jahre wieder in Leitmeritz als Humoristischer Vater u. Charakterkomiker.

Leibold, Karl, geb. 1907, gest. 6. Sept. 1953 zu Dortmund, war Opernsänger (Bariton) an den dort. Städt. Bühnen seit 1938, auch als Darsteller besonders anerkannt. Hauptrollen: Oberpriester („Samson u. Delila"), Faninal („Der Rosenkavalier"), Pedro („Don Pedros Heimkehr"), Marcel („Die Bohème"), Alfio („Cavalleria rusticana"), Silvio („Der Bajazzo") u. a.

Leibrandt, Reinhard, geb. 14. Jan. 1894 zu Kulmsee im Kreis Thorn, lebte als Werk- u. Zeichenlehrer in Diepholz in Hannover. Verfasser von Laienspielen.
Eigene Werke: Ratgeber für das Laienspiel 1930; Das kleine Weihnachtsspiel 1950; Freund Hein u. die Mutter 1951; Die Prinzessin mit dem Bernsteinherzen 1951.

Leichert, Theodor, geb. 12. Okt. 1856 zu Danzig, gest. 16. Febr. 1924 zu Dresden, zuerst im Handel beschäftigt, wandte sich jedoch der Bühne zu u. debütierte 1876 in Kolberg, gastierte als Schüchterner Liebhaber

zeitweilig mit Bogumil Dawison u. Marie Seebach, wirkte 1877 in Hanau, 1878 als Jugendlicher Held in Altenburg u. kam als Lustspielliebhaber u. Bonvivant über Halle, Breslau, Berlin (Stadttheater), Nürnberg u. Köln 1885 ans Hoftheater in Dresden, wo er blieb, später auch in älteren Rollen sowohl des Konversationsstücks wie des klass. Dramas bewährt.

Leichner, Ludwig (Ps. Carlo Rafael), geb. 30. März 1836 zu Mainz, gest. 10. April 1912 zu Berlin-Dahlem, studierte Chemie, ließ sich aber gleichzeitig vom Hofkapellmeister Proch in Wien ausbilden u. gehörte als Heldenbariton den Bühnen in Bamberg, Linz, Lemberg, Magdeburg, Königsberg, Stettin, Köln, Würzburg, Zürich u. Berlin (Krolloper) an, kreierte den Hans Sachs in R. Wagners „Meistersingern", wurde von Wagner persönlich zu seiner Leistung beglückwünscht, beendete aber doch seine chemischen Studien u. brachte 1879 bei der Berliner Gewerbeausstellung eine breifreie bühnenbrauchbare Fettschminke heraus u. in der Folge die weltberühmten Leichner-Präparate. Hauptrollen: Telramund, Holländer, Zampa, Nelusko u. a. Kunstmäzen. L. sorgte für das R.-Wagner-Museum, das in Eisenach eine dauernde Stätte fand u. stiftete das R.-Wagner-Denkmal im Berliner Tiergarten.

Leicht, Wilhelm, geb. 25. April 1871 zu Wien, gest. 1945 das., Sohn des gleichnamigen Variétébesitzers (seit 1870) im Wiener Prater, gehörte als Schauspieler dem Ensemble des Deutschen Volkstheaters an, übernahm dann den väterlichen Betrieb, der ein Kuriosum darstellte. In dem Holzbau des Leicht-Variétés wirkten zahllose namhafte Künstler oder begannen viele, die später berühmt wurden. Albert Bassermann, Maria Eis, Raoul Aslan, Olga Tschechowa, Hans Moser u. a. traten bei ihm auf, Erik Schmedes sang hier u. Josef Kainz sprach Monologe. Im Zuschauerraum saßen oft Mitglieder des Burgtheaters, während Alexander Girardi auf der Bühne stand. Das Leicht-Variété fiel 1945 am gleichen Tag wie die Wiener Staatsoper einem Bombenangriff zum Opfer.
Literatur: W. Leicht, Mein Kollege Werner Krauß (Neues Wiener Journal 6. Nov.) 1938; *Anonymus,* Wiener Theatergeschichte auf einem Bretterzaun im Prater. Wo Werner Krauß, Hans Moser u. Paula Wessely zum erstenmal das Wiener Publikum begeisterten (Volkszeitung 30. Juni) 1940; *Anony-*

mus, Große Kunst auf kleiner Praterbühne. Das Variété Leicht, eine theatergeschichtliche Rarität Wiens (Neuigkeitsweltblatt 23. Juli) 1941; *Anonymus*, Theaterlexikon auf Holzplanken (Wiener Neueste Nachrichten 1. Okt.) 1942; *Anonymus*, Unter einem großen Baum ist eine Bühne. Prominente von Aslan bis Zwerenz beim Leicht. Die originellste Bühne wird wieder aufgebaut (Die Welt am Montag 28. März) 1949; Ludwig *Derka*, Der Musentempel in der Praterbude (Die Presse 7. Aug.) 1955.

Leichtentritt, Hugo, geb. 1. Jan. 1874 zu Pleschen in Posen, lebte als Komponist u. Musikschriftsteller in Berlin u. schuf u. a. die Oper „Der Sizilianer" u. die dramat. Legende „Esther."

Leider, Frieda, geb. 18. April 1888 zu Berlin, wurde hier u. in Mailand ausgebildet, wirkte dann in Rostock, Königsberg, Hamburg, hierauf, von Max Schillings (s. d.) berufen, an der Staatsoper in Berlin, wo sie blieb. Gastspiele führten sie nach London, Mailand, Paris, Chikago, Buenos Aires, Wien u. a. Auch an den Bayreuther Festspielen nahm sie teil. Seit 1934 Kammersängerin. Hauptrollen: Isolde, Brünnhilde, Kundry, Marschallin, Fidelio u. a. Zuletzt Professor für Gesang an der Hochschule für Musik zu Berlin.

Leider, Reinhold, geb. 1893, gest. 16. Okt. 1924 zu Koblenz, war Sänger u. Schauspieler am dort. Stadttheater, vorher in Wandsbek.

Leideritz, Fritz, geb. 1. Okt. 1848 zu Leipzig, gest. 9. Juni 1888 zu London, war Kapellmeister an deutschen Bühnen (u. a. 1874—75 in Würzburg) u. zuletzt Dirigent der Deutschen Liedertafel in London.

Leidholdt-Sigler, Amalie, geb. 16. April 1861, gest. 14. Nov. 1942 zu Berlin, war Schauspielerin u. Sängerin u. a. in Landshut, Greifswald, seit 1921 in Regensburg, später in Freiburg im Brsg., mehrere Jahre in Schöningen u. lebte zuletzt als gastierende Künstlerin in Berlin.

Leiding, Fritz (Geburtsdatum unbekannt), gest. 18. März 1881 zu Magdeburg als Leiter des dort. Wilhelm-Theaters.

Leifer, Betty s. Leifer Therese.

Leifer, Friedrich Wilhelm, geb. 1759, gest.

10. Mai 1834 zu Wien, spielte 1796—1822 am Burgtheater. Auch als Dramatiker trat er hervor. Gatte von Therese v. Perekop.

Leifer (geb. v. Perekop), Therese, geb. 19. April 1771 zu Troppau, gest. 22. Juli 1846 zu Wien, wirkte als Muntere Liebhaberin u. Salondame in Brünn u. 1795 bis 1822 am Burgtheater. Gattin des Vorigen. Auch beider Tochter Betty war 1807—09 Mitglied des Burgtheaters.

Leinauer, Josef, geb. 15. März 1831 zu Affoltern in der Schweiz, gest. 2. Mai 1891 zu Weißenhorn, Bassist, u. a. in Königsberg u. Breslau, nahm 1890 seinen Bühnenabschied. Hauptrollen: Oberpriester („Die Afrikanerin"), Leporello („Don Juan"), Figaro („Figaros Hochzeit"), Wulf („Der Rattenfänger von Hameln"), Basilio („Der Barbier von Sevilla") u. a.

Leinauer (geb. zum Busch), Marie (Geburtsdatum unbekannt), gest. im Juni 1904 zu Groß-Lichterfelde, wirkte als Opernsängerin in dramatischen Partien u. a. in Wiesbaden, Dessau, Köln u. Mainz.

Leiner, Richard, geb. 21. Jan. 1877 zu Saaz in Böhmen, war Dramaturg in München. Vorwiegend Dramatiker.

Eigene Werke: Der verlorene Sohn (Trauerspiel) 1894; Die feindlichen Profaxen (Tragikomödie) 1895; Männertreue (Lustspiel) 1895; Frieden (Drama) 1897; Der schlechte Zweig (Schauspiel) 1898; Buße (Drama) 1899; Abschied (Schauspiel) 1900; Sumpf (Komödie) 1905; Pflicht (Schauspiel) 1906; Anbetung (Komödie) 1912; Takt (Komödie) 1913; Zur Nachahmung empfohlen (Szene) 1914; Der Schlips (Szene) 1915; Ehespiele (Zyklus) 1917; Dr. Clown (Grotesken) 1922 u. a.

Leinert, Friedrich, geb. 10. Mai 1908 zu Oppeln, studierte in Dresden u. Gießen Musik (Doktor der Philosophie), wurde 1938 Kapellmeister am Stadttheater in Troppau, 1940 in Elbing, 1941 auch Dramaturg am Landestheater in Gotha u. Eisenach u. 1947 Intendant des Stadttheaters Hannoversch-Münden. Komponist der Operette „Scherz, List u. Rache" u. eines Balletts „Ulenspiegel."

Leineweber, Sophie s. Leineweber, Theodor.

Leineweber (Ps. Lebrun), Theodor, geb. 24. Jan. 1822 zu Kornitzen in Ostpreußen,

gest. 9. April 1895 zu Hirschberg in Preuß.-
Schlesien, Sohn eines Gutsbesitzers, humanistisch gebildet, trat 1848 am Liebhabertheater Urania in Berlin als Hans Sachs (in der
Titelrolle des Stückes von Deinhardstein)
auf, schloß sich dann einer Wandertruppe
an, kam 1850 ans Hoftheater in Dessau,
1853 nach Stettin, wirkte später in Charakterrollen in Danzig, seit 1856 auch als Regisseur in Breslau, 1857—58 am Hoftheater
in Hannover, 1858—59 wieder in Breslau,
1859—65 in Wiesbaden, übernahm hierauf
die Leitung des Stadttheaters in Riga u. die
des Wallnertheaters in Berlin (1865 erster
Doktor Klaus), 1887—89 Charakterdarsteller
u. Regisseur am Thaliatheater in Hamburg,
Seit 1889 lebte er im Ruhestand in Hirschberg. Hauptrollen: Franz Moor, Shylock,
Jago u. a. Seine Gattin Sophie Härting begann ihre Bühnenlaufbahn als Jugendliche
Liebhaberin in Rostock u. spielte dann in
Riga, Stettin, Danzig, Köln u. Schwerin.
Hauptrollen: Louise, Gretchen, Desdemona,
Julia, Puck u. a.
Literatur: H. A. *Lier,* Th. Lebrun (A. D.
B. 51. Bd.) 1906.

Leinhaas (Leinhus), Johann Ernst, geb. um
1687, gest. 22. Mai 1767 zu Wien, Wanderkomödiant, Komiker, leitete seit 1725 eine
Truppe, die in Böhmen, Sachsen u. a. spielte,
kam 1727 auf Veranlassung Stranitzkys nach
Wien u. nahm in der wahrscheinlich von
ihm geschaffenen Rolle Pantalon (eine Art
Hanswurst) in der Wiener Stegreifkomödie
der Vierzigerjahre eine bedeutende Stellung
ein.
Literatur: J. K(ürschner), J. E. Leinhaas
(A. D. B. 18. Bd.) 1883; Otto *Rommel,* Die
Alt-Wiener Volkskomödie 1952.

Leiningen (geb. Henkel), Marie Gräfin, geb.
1811 zu Wien (Todesdatum unbekannt), gehörte als Sängerin 1830—37 der Wiener
Hofoper an.

Leip, Hans, geb. 22. Sept. 1893 zu Hamburg,
Sohn eines Hafenarbeiters, war Lehrer u.
Graphiker, später freier Schriftsteller in
Hamburg-Blankenese, lebte dann in Überlingen am Bodensee u. zuletzt in Breit-
brunn am Chiemsee. Auch Dramatiker.
Eigene Werke: Blankenese ahoi! (Lustspiel) 1934; Kleine Brise (Komödie) o. J.
(mit Roland Marwitz); Kolonie (Komödie)
o. J.; Idothea (Komödie) 1941; Fodos u.
Biligund (Komödie) 1946; Barabbas (Drama)
1946.

Leipoldt, Oskar, geb. 10. Mai 1859 zu
Plauen im Vogtlande (Todesdatum unbe-
kannt), Sohn eines Drechslermeisters, wurde
Lehrer. Dramatiker.
Eigene Werke: Wahrheit u. Glaube
(Schauspiel) 1898 (neuherausg. als: Wahr-
heit 1906); Im roten Hirsch'n oder Venus'
Durchgang (Lustspiel) 1900; De Hufapothek
(Schwank in vogtländ. Mundart) 1901 u. a.

Leipzig, die alte Universitäts- und Messe-
stadt, besaß bereits im 17. Jahrhundert
einen Ruf auch als Theaterstadt. Hier spielte
zeitweilig der berühmte Johann Velten
(s. d.) mit seiner Truppe. Aber zur Wiege
der modernen Schauspielkunst wurde L. zur
Zeit des jungen Goethe, als Gottsched (s. d.)
u. die Neuberin (s. d.) hier wirksam waren,
die anfangs miteinander verbündet eine Reform des gesamten Bühnenwesens anstreb-
ten. Zunächst sollte das Drama der bewunderten französischen Klassiker ersetzt u. die
bisher bestandene Kluft zwischen höherer
Bildung u. dem eigentlich bloß dem Unter-
haltungsbedürfnis der breiten Masse dienenden volkstümlichen Theater geschlossen
werden. Zu diesem Zweck mußte der Schau-
spielerstand sich den höheren Aufgaben an-
passen u. auch charakterlich diesen entsprechen. In Gottscheds Tragödie „Der sterbende Cato" (1731) glaubte man ein „Muster-
drama gefunden zu haben. Die Leipziger
Schule beseitigte die marionettenhaften
Haupt- u. Staatsaktionen, die formlosen
Stegreifstücke u. Harlekinaden. 1737 wurde
in einer Theaterbude bei Boses Garten der
Harlekin als Puppe dargestellt u. verbrannt.
1739 gerieten Gottsched u. die Neuberin, die
sich seiner Diktatur widersetzte, in lebhaften Streit. 1741 ließ sie diesen auf der
Bühne öffentlich verspotten, durch eine Gestalt in einem Sternenkleid mit Fledermausflügeln, eine Sonne von Flittergold auf dem
Kopfe, eine Blendlaterne in der Hand, womit er Fehler suchte. Die Uraufführung von
Lessings Erstlingsdrama 1747 bedeutete
einen letzten Lichtblick. Von den in der
Folge hier spielenden Gesellschaften hatten
die Kochsche u. die Schönemannsche die
größte Bedeutung. Johann Heinrich Koch
(s. d.) betrieb nach dem Frieden 1763 mit der
Bürgerschaft die Erbauung eines ständigen
Theaters. 1766 erfolgte die Einweihung mit
Johann Elias Schlegels Tragödie „Hermann
der Cherusker". Goethe hätte einen bedeutenden Stoff aus späterer Zeit gewünscht u.
kam so auf die Abfassung des Schauspiels
„Götz von Berlichingen". Als damals schon

höchst interessierter Theaterliebhaber beteiligte er sich eifrig an Dilettantenvorstellungen im Kreise ihm befreundeter Leipziger Familien. Bei Breitkopf, bei Obermann wurde gespielt, bei Schönkopf sicher geprobt. In „Minna von Barnhelm", die am 18. Nov. 1767 zuerst in L. zur Aufführung gelangte, gab Goethe den Just. Im allgemeinen vollzog sich die Entwicklung des dort. Bühnenwesens nur unter Stockungen sehr langsam. Die Bondinische Gesellschaft, die seit 1777 mit kurfürstlichem Privilegium von Ostern bis Oktober hier u. im Winter in Dresden spielte, u. ihre Nachfolgerin, die Secondasche Truppe, pflegte vor allem das bürgerliche Schauspiel u. das konventionelle Lustspiel. Zum Gastspiel des Weimarischen Hoftheaters 1807 dichtete Goethe einen Prolog. 1817 kam endlich ein Neubau des Komödienhauses, jetzt als Stadttheater, zustande, dessen Leitung Karl Theodor Küstner (s. d.) übernahm. Das umgebaute Schauspielhaus selbst blieb bis 1868, in welchem Jahr eine weitere geschaffen wurde, die einzige Bühne. Mit Kräften wie Eduard Stein, Emil Devrient, Christine u. Doris Böhler, seit 1825 Devrients Gattin, Friederike Enke u. a. gelang ein ausgezeichnetes Ensemble. Den Spielplan beherrschte Küstners persönlicher Neigung zufolge das „höhere poetische Drama". Den größten Opernerfolg erzielte C. M. v. Weber. Die späteren Direktoren (seit dem Rücktritt Küstners) Clemens Remie u. Friedrich Sebald Ringelhardt konnten ihn nur teilweise ersetzen. Unter dem Letztgenannten wirkte Albert Lortzing als Opernregisseur u. ausübender Künstler. Dessen eigene Schöpfungen wurden eifrig gespielt. Ein wirklicher Aufschwung erfolgte jedoch erst, als Carl Christian Schmidt 1843 an die Spitze des Theaters trat, von dem hervorragenden Regisseur Heinrich Marr (s. d.) wesentlich unterstützt. Zum Ensemble gehörten u. a. Joseph Wagner u. seine spätere Gattin Bertha Unzelmann. Gutzkows „Urbild des Tartüffe" gelangte 1846 zur Uraufführung. In der Oper bemühte sich Schmidt um Flotow u. R. Wagner. Nach seinem Rücktritt übernahm Bernhard Rudolph Wirsing die Direktion. Neben R. Wagner trat jetzt auch Verdi in den Vordergrund. Unter Wirsings Nachfolger Theodor v. Witte wurde 1867 ein Neubau des Stadttheaters durchgeführt. Zur Oper gesellte sich jetzt auch die Operette Offenbachs u. Suppés. Laubes Bühnenleitung 1869—70 war zu kurz, um mehr als eine Episode bedeuten zu können. Schauspieler

wie Mitterwurzer nahmen ihren Abschied. Gleichwohl gelang es dem damals noch sehr umstrittenen neuen Direktor Friedrich Haase, namhafte Kräfte, z. B. für das Schauspiel Franziska Ellmenreich u. für die Oper Eugen Gura, zu gewinnen. August Förster, ein Lieblingsschüler Laubes, u. Angelo Neumann, der Wagner-Enthusiast, lösten Haase 1876 ab. Damit begann die Glanzperiode der Leipziger Oper. Die Entwicklung seit 1882, in welchem Jahr abermals ein Direktionswechsel stattfand, vollzog sich in normalen Bahnen. Nur Max Martersteig, der 1910 als Intendant seinen Einzug hielt, wies in eine neue Richtung. Es gab schließlich vier städtische Bühnen: Opernhaus, Schauspielhaus, Kammerspiele u. Operettentheater, sie wurden im Zweiten Weltkrieg durch Bomben vollkommen zerstört. Doch wurde in Behelfsbühnen weiter gespielt u. 1946 kam noch das Theater der Jungen Welt hinzu.

Literatur: J. T. *Schulz,* Schreiben an Herrn K. in Z. Die Leipziger Schaubühne betreffend 1753; Adrian *Steger,* Vernunftmäßige Beurteilung zweier Schreiben an Herrn K. in Z., die Leipziger Schaubühne betreffend 1753; J. Chr. *Rost,* Der Teufel an den Kunstrichter der Leipziger Schaubühne 1753; Jacob *Mauvillon,* Freundschaftliche Erinnerungen an die Kochische Schauspielergesellschaft in Leipzig 1766; *Anonymus,* Nachricht von der Eröffnung des neuen Theaters in L. 1766; (Siegmund *v. Schweighausen),* Über die Leipziger Bühne an Herrn J. F. Löwen zu Rostock 1770; Kritik der sämtlichen Personale der Churfürstl. Sächsischen Hofschauspieler vom Verfasser des Klugen Mannes auf dem Theater nebst Beantwortung der gegen ihn erschienenen Flugschriften 1779; F. W. v. *Schütz,* Dramatischer Briefwechsel über das Leipziger Theater (im Sommer 1779) 1780; (J. F. E. v. *Brawe),* Raisonierendes Theaterjournal von der Leipziger Michaelmesse (1783) 1784; Adolph *Wagner,* Verwahrung gegen die Schmähung der Theaterzeitung u. des Freymüthigen in Betreff einer Kritik der Dessauer Schauspieler. Ein Beitrag zur Chronik des Theaterwesens 1808; S. A. *Mahlmann,* Prolog bei Eröffnung des neuen Schauspielhauses in L. (Zeitung für die elegante Welt Nr. 174) 1817; ders., Baurede bei der Richtung des Schauspielhauses in L. (Ebda. Nr. 129) 1817; *Anonymus,* Das neue Theater in L. Ein vorläufiger Bericht an das deutsche Publikum u. die Einwohner von L.

(Ebda. Nr. 84—86) 1817; (Heinrich v. *Blümner),* Geschichte des Theaters in L. Von den ersten Spuren bis auf die neueste Zeit 1818; Costümes des Stadttheaters zu L. unter der Direktion des Hofrats Dr. Küstner H. 1. (mehr nicht erschienen) 1824; K. Th. v. *Küstner,* Rückblick auf das Leipziger Stadttheater 1830; H. L. *Bartels,* Jahrbuch u. Repertorium des Theaters der Stadt L. 1842 f.; S. G. *Schlick,* Herr Rudolf Wirsing u. das Leipziger Stadttheater 1855; W. *Biedermann,* Goethe u. L. 1860; Emil *Kneschke,* Zur Geschichte des Theaters u. der Musik in L. 1864; O. *Marbach,* Dramaturgische Blätter 1866; *Anonymus,* Das neue Theater in L. 1869; Heinrich *Laube,* Das Norddeutsche Theater 1872; *Anonymus,* Leipziger Theater-Xenien 1873; Paul *Wislicenus,* Das Leipziger Stadttheater u. seine Zukunft 1874; Wilhelm *Harder,* Silhouetten Leipziger Bühnenkünstler 1874; H. *Laube,* Erinnerungen (1810—40) 1875; F. G., Unbefangene Briefe eines wahrhaften Theaterfreundes über die Theaterzustände Leipzigs 1877; *Anonymus,* Leipziger Theaterfragen, herausg. vom Verein der Theaterfreunde 1877; Peter *Lohmann,* Deutsche Vorbühne zu L. 1877; *Anonymus,* Der Leipziger Theaterprozeß u. der Fischer-Paynesche Prozeß 1878; *Anonymus,* Leipziger Theaterskandale u. Theaterfreunde 1878; Friedrich *Rüffer,* Geschichte des Leipziger Stadttheaters unter der Direktion Dr. Förster 1880; J. O. *Opel,* Die ersten Jahrzehnte der Oper zu L. (Neues Archiv für Sächs. Geschichte 5. Jahrg.) 1884; E. A. H. *Burckhardt,* Die Goethesche Filialbühne in L. (Leipziger Zeitung Nr. 44) 1886; G. H. *Müller,* Das Stadttheater zu L. (1862—67) 1887; *Anonymus,* Unser Stadttheater durch ungefärbte Gläser gesehen 1889; G. H. *Müller,* Das Stadttheater zu L. (Statistik 1817—91) 1891; Friedrich *Haase,* Was ich erlebte 1898; Max *Wirth,* Herr Staegemann u. seine Gönner 1899; Julius *Vogel,* Goethes Leipziger Studentenjahre 1899; Hans *Merian,* Wo fehlt es unserem Stadttheater? 1899; *Anonymus,* Mitteilungen des Vereins zur Hebung der Leipziger Theaterzustände 5 Hefte 1901; A. *Obermüller,* Aus der Urgeschichte des Leipziger Theaters (Leipziger Tageblatt Nr. 521 u. 657) 1902; *Anonymus,* Die Opernvorstände des Theaters in L. (Neue Musik-Zeitung 26. Jahrg.) 1905; H. *Laube,* Theaterkritiken u. dramaturgische Aufsätze, herausg. von Alexander v. Weilen 1906; K. *Martens,* Ein Stück Leipziger Dramaturgie 1895—98 (Leipziger

Tageblatt Nr. 64 u. 66) 1906; August Salomo *Maurer,* L. im Taumel 1906; R. v. *Gottschall* Die Schauspielkritik des Leipziger Tageblattes seit 1868 (Ebda. Jubiläumsausgabe 30. Juni) 1907; W. *Henzen,* Die neue Aera des Leipziger Stadttheaters (Bühne u. Welt 11. Jahrg.) 1909; F. E. *Hauptvogel,* Intendantur des Leipziger Stadttheaters (Deutsche Theaterzeitschrift Nr. 29 u. 30) 1910; Georg *Witowski,* Zur Geschichte des Theaters in Leipzig (Landsbergs u. Rundts Theaterkalender) 1913; Adolf *Winds,* Die neue Volksbühne in L. (Die Deutsche Bühne 5. Jahrg.) 1913; Hans *Landsberg,* Zur Theatergeschichte Leipzigs (Ebda.) 1913; Friedrich *Schulze,* Hundert Jahre Leipziger Stadttheater. Ein geschichtlicher Rückblick 1917; Walter *Lange,* Richard Wagner u. seine Vaterstadt L. 1921; Hans *Calm,* Gottsched u. die Neuberin (Kulturbilder aus der deutschen Theatergeschichte) 1925; F. *Schulze,* Sechzig Jahre Neues Theater in L. (1868—1928), 1929; H. *Calm,* Briefe des Hoftheaterdirektors Bossann an den Erbprinz von Anhalt-Dessau 1806—09 (Anhalt. Geschichtsblätter) 1930 f.; W. *Humperdink,* Das dramat. Gesamtwerk R. Wagners in L. (Theater der Welt 2. Bd.) 1938.

Leipziger, August Wilhelm von, geb. 30. Okt. 1764 zu Groß-Glogau, gest. 29. April 1829 zu Posen, wurde 1794 Hauptmann, 1797 Staatsgefangener in Graudenz, trat nach seiner Entlassung wieder in den Staatsdienst u. beschloß seine Laufbahn als Regierungsdirektor in Posen. Bühnendichter.

Eigene Werke: Liebe u. Philosophie (Singspiel) 1788; Vernunft u. Modeschwärmereien (Familiengemälde) 1789.

Leis, Heinrich, geb. 22. Juli 1893 zu Wiesbaden, lebte das. Erzähler u. Dramatiker.

Eigene Werke: Der ewige Weg (Drama) 1923; Der König u. der Narr (Schauspiel) 1923; Der Wanderer ins All (Drama) 1925; Soldaten der Freiheit (Schauspiel) 1933; Das Spiel vom Herzog Konradin 1935; Friede über dem Werk (Spiel) 1936.

Leisewitz, Johann Anton, geb. 9. Mai 1752 zu Hannover, gest. 10. Sept. 1806 zu Braunschweig, Sohn eines Weinhändlers, wuchs in Celle auf, studierte in Göttingen Jura (Mitglied des Hains), ließ sich 1775 in Braunschweig nieder (Verkehr mit Lessing, Eschenburg, Mauvillon u. a.), besuchte 1776

Berlin (Nicolai) u. Weimar (Goethe), wurde 1786 Lehrer des Erbprinzen von Braunschweig-Lüneburg, 1790 Mitglied der Regierung, 1801 Geh. Justizrat u. 1805 Präsident des Obersanitätskollegiums. Dramatiker. Die auf sein erstes Werk, mit dem er einerseits den Forderungen Lessings u. des „Sturms u. Drangs" Beachtung schenkte, sich aber anderseits von beiden distanzierte, gesetzten Hoffnungen erfüllten sich nicht. Bei dem Ackermann-Schröderschen Preisausschreiben besiegte ihn Klinger (s. d.) mit den „Zwillingen". Seinen literarischen Nachlaß ließ L. verbrennen. Den Briefwechsel mit seiner Braut Sophie Seyler gab Heinrich Mack 1906 heraus.

Eigene Werke: Julius von Tarent 1776 (Neudruck nebst den dramat. Fragmenten herausg. von R. M. Werner, Deutsche Literaturdenkmale Nr. 32 1889); Sämtl. Schriften, herausg. von Schweiger 1838; Tagebücher, nach den Handschriften herausg. von Heinrich Mack u. Johannes Lochner 2 Bde. 1916—20.

Behandlung: Heinrich *Stilling,* Spiel um Leisewitz (Drama) 1937.

Literatur: E. *Sierke,* Die Hamburger Preiskonkurrenz von 1775 1875; Gregor *Kutschera v. Aichbergen,* J. A. Leisewitz, herausg. von K. Tomaschek 1876; G. *Kraft,* J. A. L. 1894; Walther *Kühlhorn,* Leisewitzens Julius von Tarent (Bausteine 10. Bd.) 1912; E. H. *Zeydel,* Neues zu Leisewitzens Julius von Tarent (Zeitschrift für deutsche Philologie 56. Jahrg.) 1931; Peter *Spycher,* Die Entstehungs- u. Textgeschichte von Leisewitz' Julius von Tarent (Diss. Zürich) 1951.

Leisinger, Bertha, geb. 1825 zu Königsberg in Preußen, gest. 13. Okt. 1913 zu Stuttgart, Tochter des Musikdirektors Würst, Schülerin ihres Vaters, Schwester des Sängers u. Schauspielers Gustav Würst (s. d.), Gattin des württembergischen Oberstabsarztes L., Mutter der Opernsängerin Elisabeth L., debütierte in Königsberg u. kam über Stettin u. Leipzig 1849 an das Hoftheater in Stuttgart, wo sie mit Unterbrechung (1852 bis 1854 in Braunschweig) bis zu ihrem Bühnenabschied 1866 als Sängerin u. Schauspielerin wirkte. Sie galt zu ihrer Zeit als hervorragendstes Mitglied der Stuttgarter Bühne. Kammersängerin. Hauptrollen: Recha („Die Jüdin"), Fides („Der Prophet"), Donna Anna („Don Juan"), Leonore („Fidelio") u. a.

Literatur: Edgar *Reimèrdes,* B. Leisinger-

Würst (Deutsche Bühnen-Genossenschaft 42. Jahrg., Nr. 45) 1913.

Leisinger, Elisabeth s. Mühlberger, Elisabeth.

Leisner, Carl, geb. 31. Okt. 1857 zu Berlin, gest. 21. März 1911 zu Hamburg, begann seine Bühnenlaufbahn 1880 am dort. Zentralhallentheater u. spielte Jugendliche Liebhaber u. Helden 1883 in Lübeck u. 1884—90 in Köln. 1891 kam er nach Hamburg, wo er sich zum Gesetzten Bonvivant u. Charakterkomiker entwickelte. Kurze Zeit in London wirkend, kehrte er 1905 wieder nach Hamburg zurück u. war mit großem Erfolg am dort. Deutschen Schauspielhaus tätig. Hauptrollen: Don Carlos, Romeo, Melchthal, Falstaff, Dorfrichter Adam u. a.

Literatur: M. M., C. Leisner (Der neue Weg, herausg. von der Genossenschaft Deutscher Bühnen-Angehöriger 40. Jahrg., 14. H.) 1911.

Leisner, Emmi, geb. 8. Aug. 1885 zu Flensburg, wirkte 1910—21 als Opernsängerin in Berlin, außerdem in Dresden, Bayreuth, Oslo, Kopenhagen u. unternahm Gastspielreisen bis Amerika. Kammersängerin. Sie lehnte Professuren an Musikakademien ab u. ließ sich in Kampen auf Sylt nieder. Hauptrollen: Brangäne, Fricka, Dalila, Orpheus u. a.

Literatur: S. *Sch.,* Gesang ist Dasein (Hamburger Anzeiger Nr. 180) 1955.

Leisner, Wulf, geb. 21. April 1907 zu Itzehoe, bildete sich in Hamburg zum Schauspieler aus u. war bis 1945 Oberspielleiter in Königsberg, Osnabrück u. Kiel, dann Leiter der dort. Komödie u. zuletzt Intendant in Rendsburg. Auch Verfasser von Bühnenstücken.

Eigene Werke: Don Quijote (Tragikomödie) 1938; Grabbes Scherz, Satire, Ironie u. tiefere Bedeutung, bearb. 1940; Ich bin kein Napoleon (Komödie) 1945.

Leisring, Johann Adolph, geb. 1751 zu Dresden, gest. 1802 zu Breslau, war seit 1774 Mitglied der Wäserschen Gesellschaft. Er war als Intrigant sehr beliebt u. gefiel auch in Opernrollen.

Leiß (Ps. Schönberger), Hans, geb. 6. Dez. 1856 zu Schönberg in Tirol (Todesdatum unbekannt), war Oberrechnungsrat in Innsbruck. Dramatiker.

Eigene Werke: Andreas Hofer (Trauerspiel) 1910; Der Geigenmacher von Absam (Schauspiel) 1910; Peter Siegmayr (Trauerspiel) 1910; Der Wohltäter (Lustspiel) 1913; Die schelmischen Brautwerber (Lustspiel) o. J.

Leißring, Antonie, geb. 1815, gest. 9. März 1862 zu Monroe in Nordamerika, vermutlich Tochter von August L., war Soubrette in Nürnberg u. Bremen, 1837—39 am Hoftheater in Kassel, dann in Magdeburg u. Köthen, 1842—43 in Nürnberg u. 1843—49 in Frankfurt a. M. Nach ihrem Bühnenabschied vermählte sie sich mit Alfred Graf v. Wrisberg. Hauptrollen: Käthchen von Heilbronn, Henriette („Maurer u. Schlosser") u. a.

Leißring, August, geb. 23. Dez. 1777 zu Sangershausen, gest. 1. oder 15. Nov. 1852 zu Frankfurt a. M., Sohn eines Beamten, entfloh 1795 der Thomasschule in Leipzig, wo er zum Theologen ausgebildet werden sollte, um Schauspieler zu werden, kam über Zittau, Chemnitz u. Jena nach Weimar u. wurde hier von Friedrich Malcolmi (s. d.) Goethe empfohlen, der ihn freundlich aufnahm, so daß er 1796 seine Laufbahn als Sänger u. Schauspieler unter dessen Direktion beginnen konnte. Im Hinblick auf seine lange Gestalt erhielt er von Schiller bei der Uraufführung von „Wallensteins Lager" die ihm auf den Leib geschriebene Rolle des Ersten Jägers. Wegen Schulden mußte er jedoch 1799 Weimar verlassen. In Breslau setzte er seine Tätigkeit fort, heiratete 1803 eine reiche Gräfin, worauf er sich von der Bühne zurückzog. Doch wurde die Ehe 1807 geschieden u. so nahm er wieder ein Engagement an, zunächst in Regensburg u. 1808 in Frankfurt a. M. Nach Verlust seiner Gesangstimme war L. jetzt ausschließlich im Sprechstück tätig, vornehmlich als Komiker. 1804—05 gehörte er dem Burgtheater an. 1840 trat er in den Ruhestand. Fr. Belli-Gontard schildert ihn in „Chr. Aug. Joach. Leißring" 1853 als guten Darsteller u. erwähnt „den Klosterbruder in ‚Nathan der Weise', den Scarrabäus, Schelle, Battista . . . den Rochus Pumpernickel in ‚Bär u. Bassa', den Marocco, den Herrn Pappendeckel in den ‚Schwestern von Prag', Basil im ‚Barbier von Sevilla', den Gerichtsdiener in den ‚Wandernden Komödianten, den Lagienka im ‚Alten Feldherrn", alle seien treffliche Charakterbilder von ihm gewesen."

Literatur: Joseph *Kürschner,* Ch. A. J. Leißring (A. D. B. 18. Bd.) 1883; *Eisenberg,* A. L. (Biogr. Lexikon) 1903.

Leistner, Karl Richard, geb. 22. März 1867 zu Fischern in Böhmen, war Volksschullehrer in Waltersdorf-Oberpolitz in Böhmen. Dramatiker.
Eigene Werke: Herdfeuer (Dramat. Gedicht) 1902; Panthea, die Kriegsgefangene (Drama) 1903.

Leitenberger, Friedrich Alfons, geb. 12. Aug. 1905 zu Wien, war Staatsbeamter das. Dramatiker. L. Slezaks Biograph (1948).
Eigene Werke: Wenn die Masken fallen (Drama) 1927; Dollar (Lustspiel) 1928.

Leitenberger, Otto Franz, geb. 16. Aug. 1847 zu Aussig in Böhmen, gest. 22. Juli 1911 zu Wien als Redakteur das. Erzähler u. Bühnenschriftsteller.
Eigene Werke: Zwei Diebe (Lustspiel) 1879; Der Wunderdoktor (Schwank) 1891; Auf sich selbst gestellt (Lustspiel) 1898.

Leitenstorffer (auch Leitersdorffer, Leutersdorffer, Leydensdorf u. a.), Franz Anton von, geb. 14. März 1721 zu Reutte, gest. 24. April 1795 zu Mannheim, wurde 1758 Theatermaler des Kurfürsten Karl Theodor von der Pfalz u. blieb es bis 1764.

Leitgeb, Waldemar, geb. 14. Sept. 1901, humanistisch gebildet, für die Bühnenlaufbahn in Zürich vorbereitet, wirkte seit 1918 als Schauspieler in Luzern, 1919 in Solothurn, 1920 in Bern, später in Zürich, Karlsruhe, 1928 in Hamburg, 1929 am Landestheater in Prag, 1932 in Stuttgart u. seit 1949 wieder am Badischen Staatstheater in Karlsruhe. Auch Spielleiter. Hauptrollen: Egmont, Carlos, Oedipus u. a.

Leithenau, Wilhelmine (Geburts- u. Todesdatum unbekannt), Tochter der Schauspielerin Wilhelmine Rivolla, geb. Dorn, war 1808—10 u. 1813—22 Mitglied des Burgtheaters. Hauptrollen: Sofie („Die Advokaten" von Iffland), Baronin Dürer („Welche ist die Braut" von Joh. Franul v. Weißenthurn) u. a.

Leithner, Eduard, geb. 10. März 1815 zu Wien, gest. 29. April 1874 zu Würzburg, Kaufmannssohn, zuerst Chorknabe an der Peterskirche seiner Vaterstadt, kam als Baß u. Bariton 1836 nach Laibach, 1838 nach

Pest, 1840 nach Hamburg, wirkte 1844—53 an der Hofoper in Wien, 1855—56 in Köln, 1856—57 wieder in Hamburg, dann abermals in Köln u. Riga, seit 1862 in Dessau u. seit 1865 in Würzburg. Kammersänger. Hauptrollen: Don Juan, Jäger („Das Nachtlager in Granada"), Hans Heiling, Vampyr u. a.

Leitich, Albert, geb. 5. Okt. 1869 zu Wien, gest. 27. Juni 1908 das., war Theaterkritiker der dort. „Deutschen Zeitung".

Leitmotiv, ein in einem Werk oder Gesamtwerk eines Dichters sich stets wiederholender Vorwurf, in den Schöpfungen R. Wagners die charakteristische Tonfolge, die an eine gewisse Gestalt z. B. Siegfried oder eine gewisse Örtlichkeit u. ihre Stimmung z. B. Venusberg oder gewisse Gedanken z. B. Erlösung gebunden ist. *Literatur:* Hans v. *Wolzogen,* Thematischer Leitfaden durch die Musik von R. Wagners Festspiel Der Ring des Nibelungen 1876 (wiederholt aufgelegt); E. *Bücken,* Die heroische Oper 1924; *Riemann,* Leitmotiv (Musik-Lexikon 11. Aufl.) 1929.

Leitner, Adolf, geb. um 1891, gest. 23. Okt. 1935 zu Leipzig, war Schauspieler an den dort. Städtischen Bühnen, vorher in Graudenz u. a.

Leitner, Ferdinand, geb. 4. März 1912 zu Berlin (?), besuchte die dort. Hochschule für Musik, war bis 1943 am Staatstheater das., dann als Chefdirigent am Theater am Nollendorfplatz tätig, seit 1945 Operndirektor der Staatsoper in München u. seit 1947 am Staatstheater in Stuttgart, hier auch Chefdirigent u. Generalmusikdirektor des Staatsorchesters.

Leitner (Ps. Heinz), Jenny, geb. 24. Febr. 1879 zu Wien, gest. 6. März 1937 zu München, war Operettensängerin 1903—07 am dort. Volkstheater u. 1907—26 am Gärtnerplatztheater, zuletzt als Vertreterin im Fache der Operettenmütter. Vorübergehend mit dem Kunstmaler Otto Bauriedl verheiratet. Hauptrollen: Friederike („Ein Walzertraum"), Zankl („Der unsterbliche Lump"), Gwendolyne („Das Fürstenkind") u. a.

Leitner, Johann, geb. 6. Jan. 1849 zu Wiener-Neustadt, gest. 12. Juli 1922, Ofensetzer. Dialektdichter. Verfasser von Bühnenstücken (im Manuskript): „Schach dem Wucher" (Volksstück), „s' Julerl" (Volksstück), „Der junge Monarch" (Lustspiel), „Die Geschwister" (Schauspiel).

Leitner, Karl Gottfried Ritter von, geb. 18. Nov. 1800 zu Graz, gest. 20. Juni 1890 das., wurde Gymnasiallehrer in Cilli u. Graz, später Ständesekretär, lebte zeitweilig in Italien u. gehörte lange Zeit dem Kuratorium des von Erzherzog Johann ins Leben gerufenen Joanneums an. Nicht nur Lyriker u. Erzähler, sondern auch Bühnendichter.
Eigene Werke: Styria u. die Kunst (Vorspiel) 1825; König Toredo (Drama) 1830 (Bruchstücke in der Steiermärkischen Zeitschrift 1833); Leonore (Oper) 1835 (Musik von Anselm Hüttenbrenner).
Literatur: Anton *Schlossar,* K. G. v. Leitner (A. D. B. 51. Bd.) 1906; R. M. *Werner,* K. G. v. L. (Vollendete u. Ringende) 1909.

Leitner, Katharina s. Bergopzoom, Katharina.

Leitzmann, Albert, geb. 3. Aug. 1867 zu Magdeburg, gest. 16. April 1950, war seit 1891 Privatdozent in Jena, seit 1898 ao. u. seit 1923 o. Professor für deutsche Literaturgeschichte das. Auch um die Beethoven- u. Mozartliteratur bemüht.
Eigene Werke: Mozarts Briefe 1910; Mozarts Persönlichkeit 1914; Die Hauptquellen zu Schillers Wallenstein 1915; Beethoven. Berichte der Zeitgenossen 2 Bde. 1924; Mozart. Berichte der Zeitgenossen 1926.

Lejeune-Jehle, Mathilde, geb. 12. Febr. 1885 zu Rheinfelden, betätigte sich 1905—15 als Lehrerin, während des Ersten Weltkrieges in mährischen u. schlesischen Lazaretten u. in Berlin als Krankenschwester u. lebte dann mit ihrem Gatten, einem Arzt, in Kölligen im Aargau. Erzählerin u. Bühnenschriftstellerin.
Eigene Werke: Gsetz u. Gwüsse (Schauspiel in Aargauer Mundart) 1914; Pestalozzichinder (Schauspiel im Dialekt) 1946; Der Widersacher (Schauspiel) 1949; D Magd (Schauspiel in Aargauer Mundart) 1950.

Lejo, Lili s. Spillmann, Cäcilie von.

Lell, Johann Karl, geb. 1766 zu Berlin (Todesdatum unbekannt), ging 1786 zum Theater, wirkte als Schauspieler 1790 in Schwerin, 1795 in Stralsund u. Rostock u.

verließ 1798 die Bühne. In erster Ehe war Karoline Friederike Breiß (s. d.) mit ihm verheiratet.

Lemaitre, Franziska s. Lemaitre, Gustav.

Lemaitre, Gustav, geb. 10. Dez. 1839, gest. 25. Okt. 1903 zu Dresden, war Schauspieler u. Regisseur am kgl. Opernhaus in Bayreuth, am Schillertheater in Kiel u. a. (neben seiner Gattin Franziska L.). Hauptrollen: Malte („Der Probekandidat"), Bachelin („Der Hüttenbesitzer"), Mittersteig („Komtesse Guckerl"), Zinnow („Hasemanns Töchter"), Kraus („Das verlorene Paradies") u. a.

Leman, Hugo, geb. 21. März 1875 zu Neukirch in Ostpreußen, von Georg Vogel in Berlin ausgebildet, studierte zuerst die Rechte, wandte sich dann der Bühne zu u. debütierte 1899 am Stadttheater in Libau, spielte 1900 in Dortmund, 1901—03 in Essen, 1903—06 in Danzig, später in Posen u. a. Seriöser Baß. Hauptrollen: Sarastro, Hagen, Mephisto, Stadinger, Figaro u. a.

Leman (Ps. Lehmann), Roderich von, geb. 20. Juli 1808 zu Dessau, gest. 17. März 1873 zu Dresden, war als Komiker bis 1841 in Riga, 1841—44 am Stadttheater in Hamburg, 1844—45 in Königsberg, 1845—67 am Hoftheater in Hannover, 1869—70 in Leipzig u. zuletzt am Stadttheater in Wien tätig. Laube stellte ihn in die erste Reihe der besten Künstler u. rühmte ihm in seinem Buch „Das norddeutsche Theater" eine „klare, einfache Natürlichkeit des Tones", eine „treffende Charakteristik u. humoristische Kraft" nach. Hauptrollen: Valentin, Piepenbrink u. a.

Lembach, Hedda, geb. 24. Aug. 1894 zu Wien, wirkte in Dresden, Nürnberg u. 1930 bis 1944 in München. Staatsschauspielerin. Hauptrollen: Sappho, Lady Macbeth, Maria Theresia („Die Nacht in Siebenbürgen") u. a.

Lemberg, die Hauptstadt Galiziens, hat deutsche Theatertruppen wahrscheinlich erst nach der Einverleibung Galiziens in die österreichischen Staaten (1773) gesehen, wo sie hauptsächlich für die Garnison u. die Beamtenschaft spielten, die aber stets ein zu kleines Publikum boten. 1774 kam zuerst die Gesellschaft Preinfalk um ein Privileg zur Errichtung eines deutschen Theaters ein.

1783—85 spielten die vereinigten Truppen von Franz Anton Göttersdorf u. Josef Hilverding in L., die trotz aller Aushilfe nicht reüssierten. Nun bot sich sogar der berühmte Wiener Buchdrucker Johann Thomas v. Trattner zur Errichtung eines Theaters an, bald nach ihm ebenso der bekannte Schauspieler Johann Baptist Bergopzoom (s. d.), der gegen Beihilfe von 20.000 fl. ein Theater gründen u. übernehmen wollte. Sieger blieb schließlich der Prinzipal Franz Heinrich Bulla, der wohl mit Hilfe der Regierung, der an der Errichtung einer deutschen Bühne lag, nun ein Theater erbaute u. es am 30. Dez. 1789 eröffnete. Er führte es durch mehrere Jahre, am Ende zusammen mit dem bekannten Dramatiker Franz Kratter (s. d.), mit wechselndem Glück. Sie genossen sicher staatliche Unterstützung, doch wurde das Theater 1801 von der Stadt angekauft. Bulla u. Kratter blieben Pächter bis etwa 1821. Unter ihnen wurden aber auch schon gelegentlich polnische Stücke gegeben. 1822—23 übernahm ein gewisser Kaminski das Theater. Die deutsche Bühne befand sich sichtlich im Verfall. Von Ostern 1824 angefangen, bekam Josef Müller das Theater für sechs Jahre sogar gratis in Pacht, doch löste ihn schon 1828 ein Direktor Czabon ab, der ein besseres Personal hatte. Die Eltern des Dichters F. Nissel (s. d.) spielten unter ihm. 1835 wirkte ein Direktor Neufeld, wahrscheinlich der Schauspieler Eduard Neufeld, doch konnte er keinen Aufschwung herbeiführen. Nun nahm Graf Skarbeck, der dem nachmals berühmten Schauspieler Bogumil Dawison (s. d.) die Mittel zu einer Studienreise nach Wien u. Paris verschaffte, die Bühnenunternehmung in die Hand u. erbaute 1841 ein großes Theater, in dem deutsche Schauspieler viermal u. polnische dreimal in der Woche spielen sollten. Ostermontag 1842 wurde es durch Direktor Josef Pellet eröffnet, dem es auch zeitweilig gelang, Hofschauspieler wie Ludwig Löwe zu längeren Gastspielen heranzuziehen. Doch gaben die Polen nicht nach, bis sie das ganze Haus in ihren Händen hatten. Um 1870 war das Deutsche Theater lange Zeit verdrängt.

Literatur: J. *Twardowski,* Das neue Stadttheater in Lemberg (Österr.-Ungarische Revue 30. Jahrg.) 1903.

Lembert, Johann Wilhelm s. Tremler, Wenzel.

Lembert, Karoline s. Tremler, Karoline.

Lembke, Elisabeth, geb. 13. Nov. 1904 zu Wismar, war Schauspielerin 1928—29 in Schwerin, 1929—30 in Helmstedt u. Glogau, 1930—33 in Landsberg a. d. Weser, 1934 in Eisenach u. 1935 in Bad Liebenstein.

Lemcke, Anna (Geburtsdatum unbekannt), gest. 8. Jan. 1897 zu Kassel, war 1848—61 Hofschauspielerin das. u. wirkte dann in Leipzig, Hamburg u. Meiningen. 1873 nahm sie ihren Bühnenabschied u. zog sich nach Kassel zurück.

Lemcke, Friedrich s. Otto-Thate, Karoline.

Lemhémy, Therese von, geb. 1894, gest. 1. Sept. 1928 zu Kassel, war Koloratursängerin am dort. Staatstheater. Hauptrollen: Susanne, Marzelline u. a.

Lemke, Christian, geb. 1771 zu Schwerin, gest. 1855 zu Bremen, wirkte als Bassist 1792—1827 in Ludwigslust. Kammersänger. Gatte von Christine Stolte.

Lemke (geb. Stolte), Christine Wilhelmine Katharina, geb. 1774 zu Minden, gest. im Dez. 1849 zu Bremen, gehörte dem Hoftheater in Ludwigslust 1796—1827 als Sängerin an. Gattin des Vorigen.

Lemke, Margarethe, geb. 1865, gest. 8. Nov. 1887 zu Zoppot, wirkte als Muntere Liebhaberin am Stadttheater in Brieg.

Lemke, Rudolf, geb. 1888, gest. 27. Mai 1930 zu Berlin, war Schauspieler u. Inspizient in Königsberg (Neues Schauspielhaus) u. seit 1919 in Berlin (Volksbühne u. Schillertheater). Hauptrollen: Balthasar („Der Kaufmann von Venedig"), Neumann („Die Weber"), Kunitschek („Der Feldherrnhügel"), Nickel („Das Leutnantsmündel") u. a.

Lemm, Friedrich Wilhelm, geb. 31. Mai 1782 zu Berlin, gest. 16. Juni 1837 das., Sohn eines angesehenen Bürgers, teilweise humanistisch gebildet u. zuerst Schreiber, kam 1799 durch Iffland als Chorist an das Hoftheater seiner Vaterstadt, erhielt später auch Rollen zugewiesen u. wurde als Charakterspieler 1821 auf Lebenszeit angestellt. Gastspielreisen führten ihn nach Wien (Burgtheater) u. a. Seine Bedeutung wurde von den Zeitgenossen u. a. auch von Grillparzer allgemein anerkannt. Die beste Charakteristik dieses großen Künstlers finden wir in der „Geschichte der deutschen Schau-

spielkunst" von Eduard Devrient: „Unverkennbar war in seinem Spiel der Einfluß von Fleck, wie von Ifflands Beispiel, aber er fand seine Selbständigkeit in einer peinlichen Sorgfalt, mit welcher er in seinen Rollen der Natur bis in den letzten Winkel nachspürte. Um das, was er gefunden, gewissenhaft festzuhalten, gab er sich in weitläufigen schriftlichen Auseinandersetzungen Rechenschaft über jedes Motiv, jede Schattierung des Ausdrucks in Rede u. Bewegung, so daß mit diesen schriftlichen Arbeiten die Erfindung seiner Auffassung bis ins leiseste Detail erschöpft war. Jeder Tonfall der Rede, die Abwägung der Haupt- u. Nebenakzente darin, Maß u. Tempo der Bewegungen der einzelnen Gesichtsmuskeln, die Richtung u. der Ausdruck des Blickes, ja ein Zwinkern des Augenlides, alles war in diesen Ausarbeitungen genau angegeben. Es muß als der entschiedenste Beweis von Lemms starkem Talent angesehen werden, daß trotz dieser peinlichen, schriftlichen Studien, sein Spiel so viel Lebenswärme, Innigkeit u. Energie bewahrte. Dabei muß zu Lemms voller künstlerischer Ehre anerkannt werden, daß er in seinem grübelnden u. berechnenden Verfahren niemals auf falsche Effekte, auf gefallsüchtige Momente ausging; er tat dem Publikum gar nichts zu Liebe, ja er nötigte demselben zu Zeiten die eigensinnigsten u. grilligsten Erfindungen auf, die seine eifrigsten Verehrer selbst verdrossen. In seiner Jagd nach dem Natürlichen, wohl auch in Erinnerung an Fleck, mischte er den Ausdruck alltäglicher Wirklichkeit den Rollen von idealer Haltung bei, übertrieb das leichte Hinwerfen gewisser Redeteile bis zur Unverständlichkeit, ebenso das Überstürzen zorniger Reden. Es mangelte ihm feiner Takt u. richtiges Maß für die Anwendung gewagter Naturmotive. So ahmte er in der Sterbeszene des Talbot beim Anblick Burgunds in sprachloser Wut den Kinnbackenkrampf eines Sterbenden mit entsetzlicher Natürlichkeit nach, die auf der Grenze des Lächerlichen stand. Um den schwarzen Ritter darauf gleich einer Nebelgestalt über den Boden hingleiten zu lassen, unternahm er es, mit geschlossenen Füßen seitwärts auf die Bühne zu hüpfen, was bei seinem Mangel an körperlicher Gewandtheit doppelt unglücklich ausfiel. Und trotz dieser schroffen u. störenden Eigenheiten hatten Lemms Darstellungen unübertreffliche Schönheiten, besaßen so viel männliche Würde u. Hoheit, Kraft u. herzgewinnende Innigkeit des Tones, ja oft eine Erhabenheit des Ausdrucks, die sein männlich schöner Kopf unterstützte, daß er den Heroen seines Rollenfaches beigezählt zu werden verdient. Odoardo, Lear, Wallenstein, Nathan waren Schöpfungen ersten Ranges. Hätte Lemm so viel Geschmack als Talent u. Gesinnung besessen, wäre er durch eine verderbliche Krankheit seines Blutes nicht immer finsterer, grilliger u. eigensinniger geworden u. körperlich gehindert gewesen, so würde er zu den berühmtesten Schauspielern zählen". *Literatur:* L. v. *Alvensleben,* Lemm (Biogr. Taschenbuch deutscher Künstler und Künstlerinnen 1. Jahrg.) 1836; Josef *Kürschner,* F. W. L. (A. D. B. 19. Bd.) 1884.

Lemnitz, Tiana, geb. um die Jahrhundertwende, ausgebildet am Hochschen Konservatorium in Frankfurt a. M., wirkte als Dramatische Opernsängerin in Aachen, Hannover, seit 1933 in Dresden u. seit 1934 an der Staatsoper in Berlin. Gastspiele gab sie im In- u. Ausland. Hauptrollen: Elsa, Eva, Sieglinde, Pamina, Agathe, Rosenkavalier u. a.

Lena, Magda, geb. 14. Juni 1883 zu Landsberg am Lech, gest. 22. Jan 1940 zu München, Tochter des Schriftstellers Anton v. Perfall u. dessen Gattin Magda Irschik (s. Perfall), gehörte seit 1914 bis zu ihrem Tode dem Hof-, bzw. Staatstheater in München an. Sie spielte in klassischen, modernen u. bäuerlichen Stücken, besonders in solchen von Ludwig Thoma. Hauptrollen: Sappho, Marthe Schwerdtlein, Judith u. a. Seit 1921 Gattin des Malers Josef Achmann. *Literatur:* Wilhelm *Zentner,* M. Lena (Deutsches Bühnen-Jahrbuch 52. Jahrg.) 1941.

Lenau, Anita s. Dippel, Andreas.

Lenau, Eugenie s. Demuth, Leopold.

Lenau, Nikolaus s. Niembsch, Edler von Strehlenau, Nikolaus.

Lenclos, Anne, genannt Ninon de Lenclos (1620—1705), vornehme Pariser Kurtisane mit einem berühmten Salon, die ihre Schönheit bis ins höchste Alter bewahrte. Bühnenheldin. *Behandlung:* Ernst *Hardt,* Ninon von Lenclos (Schauspiel) 1905; Friedrich *Freksa* (= Kurt Friedrich-Freksa), N. de L. (Drama) 1907; Paul *Ernst,* N. de L. (Drama) 1910.

Lendorff, Gertrud, geb. 13. Mai 1900 zu Lausen bei Basel, studierte Kunstgeschichte (Doktor der Philosophie) das. u. verfaßte außer Romanen auch Bühnenstücke (meist im Dialekt).
Eigene Werke: S Frailain vo Paris (Lustspiel) 1945; D Frau Oberscht (Dialektstück) 1947; D Rattmuus (Dialektstück) 1948; S Silberkännli (Dialektstück) 1948; E Märzli z Basel (Lustspiel mit Vorspiel) 1950; Das Wunder (Spiel) 1950.

Lengbach, Georg, geb. 7. Jan. 1873 zu Wien, gest. 3. Mai 1952 zu Frankfurt a. M., kam 1907 von Wien nach Frankfurt a. M., wo er an den Städt. Bühnen nahezu vier Jahrzehnte als Komiker u. Charakterspieler wirkte. Hauptrollen: Anatol, Liliom u. a. Auch Verfasser der Bühnenstücke „Der blaue Heinrich" 1922 u. „Der Bräutigam meiner Frau" 1934.

Lengenfelder (Längenfeld), Johann Nepomuk, geb. 1753 zu Straubing, gest. 25. Juni 1783 zu München, studierte die Rechte, ging aber bald zur Bühne, die er später krankheitshalber verlassen mußte. Sein Leben beschloß er frühzeitig im größten Elend. Dramatiker.
Eigene Werke: Die neuen Vestalinnen (Schauspiel in Versen) 1777; Ludwig der Vierte, genannt der Bayer (Schauspiel) 1780.

Lenhart, Leo s. Landau, Leo.

Leni, Paul (Geburtsdatum unbekannt), gest. 1929, wirkte als Schauspieler bei Reinhardt in Berlin, wechselte 1919 zum Film über u. ging später nach Amerika.

Lenke-Kraze, Agläe s. Kraze, Heinrich.

Lennek, Lene s. Schindler, Lene.

Lenoir, Jérôme, geb. 1847 zu Kassel, gest. 23. Dez. 1907 das., wirkte 1885—91 als Operettentenor u. Opernbuffo am Carl-Schultze-Theater in Hamburg, hierauf am Residenztheater in Dresden, in Wiesbaden u. zuletzt in Meran.

Lenoir, Rudolf s. Schwarz, Rudolf.

Lenor, Robert von, geb. 8. Juni 1855 zu Wiener-Neustadt (oder Innsbruck), gest. im Juli 1900 zu Wien, entstammte einer adeligen Familie aus Tirol, wurde in Wien ausgebildet u. wirkte als Schauspieler in Brünn, Petersburg, München 1880—83 (Gärtnerplatztheater), Stuttgart u. Leipzig, kehrte dann nach Wien zurück u. blieb bis zu seinem Tode Mitglied des dort. Kaiserjubiläums-Stadttheaters. Hauptrollen: Hartwig („Das Stiftungsfest"), Ottendorf („Das verlorene Paradies"), Hagenbach („Die Geier-Wally"), Reinhold („Die relegierten Studenten") u. a.

Lensing, Theodor s. Lessing, Theodor.

Lentz, Adalbert, geb. 25. Juni 1863 zu Hamburg, gest. 6. Dez. 1924 zu Charlottenburg, war seit 1887 Schauspieler, Gesangskomiker u. Charakterdarsteller in Lübeck, Bremerhaven, Berlin (Belle-Alliance-Theater), Stralsund, Liegnitz, Görlitz, Stettin, Breslau u. a. Gatte der Folgenden. Hauptrollen: Ollendorf, Valentin, Weigelt, Hasemann u. a.

Lentz, Marie, geb. 1861, gest. 25. Nov. 1924 zu Dresden, wirkte als Schauspielerin in Stralsund, Liegnitz, Görlitz, Stettin, Metz u. viele Jahre am Neuen Theater in Dresden. Gattin des Vorigen. Hauptrollen: Mirabella („Der Zigeunerbaron"), Besenbinderliese („Das Sonntagskind"), Gundula („Der gelbe Prinz") u. a.

Lenya, Lotte s. Weill, Kurt.

Lenz, Ada, geb. 1894, gest. 6. März 1926 zu Hanau, war Schauspielerin u. Sängerin am dort. Stadttheater.

Lenz, Albert, geb. 11. Jan. 1884 zu Oranienburg, Sohn eines Musiklehrers, besuchte die Hochschule für Musik in Berlin (Meisterschüler für musik. Komposition bei F. Gernsheim) u. die dort. Akademie der Kunst, begann hier seine Dirigentenlaufbahn (Oper u. Operette) am Theater des Westens, kam dann nach Würzburg, Leipzig, Hannover, Hamburg u. Magdeburg u. übernahm 1909 die musikal. Leitung der Deutschen Operngesellschaft in Brasilien u. Argentinien. Später lebte er in Oranienburg u. Magdeburg.

Lenz, Gottfried, geb. 2. Juli 1830, gest. 6. Aug. 1897 zu Schwerin, wirkte seit 1849 als Lyrischer Tenor u. a. in Bremen, Magdeburg, am Kroll-Theater in Berlin u. vierzehn Jahre am Hoftheater in Schwerin.

Lenz, Hugo s. Rambach, Friedrich Eberhard.

Lenz, Ingeborg (Ps. Inge Borkh), geb.

26. Mai 1921 zu Mannheim, Kaufmannstochter, besuchte das Reinhardtseminar u. die Tanzschule Grete Wiesenthal. Nach einem Engagement in Linz a. d. Donau u. Basel (1937—39) bildete sie sich in Mailand u. am Mozarteum in Salzburg weiter aus. Hierauf wirkte sie als Opernsängerin in Luzern, Bern u. Basel, gab Gastspiele in Zürich, Genf, Wien u. München. Seit 1951 war sie an der Städt. Oper in Berlin u. an der Staatsoper in Hamburg tätig. Hauptrollen: Tosca, Turandot, Elektra, Salome, Fidelio, Aida, Santuzza, Jenufa, Marie („Wozzek") u. a. Gattin des Rechtsanwaltes L. in Basel seit 1947.

Lenz, Jakob Michael Reinhold, geb. 12. Jan. 1751 zu Seßwegen in Livland, gest. 24. Mai 1792 zu Moskau, Predigerssohn, studierte in Dorpat u. Königsberg, wurde Hofmeister livländ. Edelleute in Straßburg (Verkehr mit Goethe, Salzmann u. a., unerwiderte Liebe zu Friederike Brion s. d.), verweilte 1776 in Weimar, vom Hofe, Goethe u. Wieland freundlich aufgenommen, seit 1776 im Elsaß u. in der Schweiz, nachdem er durch eine Satire die Hofgunst verloren hatte. Mit Lavater befreundet. Zuletzt lebte er in Petersburg u. Moskau, wo er elend zugrunde ging. Vorwiegend Dramatiker, typischer Vertreter der Geniezeit.

Eigene Werke: Lustspiel nach dem Plautus für das deutsche Theater 1774; Anmerkungen über Theater nebst angehängten übersetzten Stücken Shakespeares 1774; Über die Theorie des Dramas 1774; Die alte Jungfer (Dramat. Fragment) 1775; Die Wolken (Satir. Komödie gegen Wieland) 1775; Cato (Dramat. Fragment) 1775; Shakespeares Coriolan, deutsch 1775; Catharina von Siena (Dramat. Fragment) 1775 f.; Der tugendhafte Taugenichts (Dramat. Fragment) 1775 f.; Der Magister (Dramat. Fragment) 1775 f.; Die Kleinen (Dramat. Fragment) 1775 f.; Die Freunde machen den Philosophen (Lustspiel) 1776; Der neue Mendoza (Komödie) 1776; Die Soldaten (Lustspiel) 1776 (Opernbearbeitung von Manfred Gurlitt 1931); Der Engländer (Dramat. Fantasey) 1777; Jupiter per Schinznach (Drama per Musica) 1777; Gesammelte Schriften, herausg. von L. Tieck 3 Bde. 1828; Der verwundete Bräutigam, aufgefunden u. herausg. von C. L. Blum 1845; Dramat. Nachlaß, herausg. von Karl Weinhold 1884; Gesammelte Schriften, herausg. von Ernst Levy 4 Bde. 1909; Krit. Gesamtausgabe von F. Blei 5 Bde. 1909—13; Briefe von u. an Lenz,

herausg. von A. Freye u. W. Stammler
2 Bde. 1918.
Behandlung: F. *Geßler,* Lenz (Drama) 1867;
L. *Herzer* u. F. *Löhner,* Friederike (Singspiel
von F. Lehár) 1928; F. *Forster,* Weh um
Michael (Drama) 1929.
Literatur: A. *Stoeber,* Der Dichter Lenz u.
Friederike von Sesenheim 1842; P. *Th.
Falck,* Der Dichter L. in Livland 1878; Erich
Schmidt, L. u. Klinger 1878; ders., J. M. R.
L. (A. D. B. 18. Bd.) 1883; August *Sauer,*
Stürmer u. Dränger 2 Bde. (Kürschners
Deutsche Nationalliteratur 80. Bd.) 1883; C.
Prütze, Die Sprache in Lenzens Dramen
(Diss. Leipzig) 1890; J. *Froitzheim,* L. u.
Goethe 1891; H. *Rauch,* L. u. Shakespeare
1892; F. *Waldmann,* L. in Briefen 1894; W.
Stammler, Der Hofmeister von L. (Diss.
Halle) 1908; N. *Rosanow,* J. M. L. Leben u.
Werke, deutsch von Gütschow 1909; Rudolf
Ballof, L., Goethe u. das Trauerspiel Zum
Weinen (Euphorion 22. Bd.) 1915; H. *Bräu-
ning-Oktavio,* L. (Goethe-Handbuch 2. Bd.)
1917; Ilse *Kaiser,* Lenzens Dramen: Die
Freunde machen den Philosophen — Der
Engländer — Der Waldbruder (Diss. Erlan-
gen) 1917; *Petter,* Das Satirische bei L.
(Diss. Halle) 1920; Berta *Huber-Bindschedler,*
Die Motivierung in den Dramen von L.
(Diss. Zürich) 1922; Heinz *Kindermann,* J.
M. L. u. die deutsche Romantik 1925; E.
Mensing, Jüngstdeutsche Dichter in ihren
Beziehungen zu L. (Diss. München) 1926; F.
Rittmeyer, Das Problem des Tragischen bei
L. (Diss. Zürich) 1927; J. H. *Müller,* Lenz'
Coriolan (Diss. Jena) 1930; P. *Heinrichs-
dorfer,* Lenzens religiöse Haltung (Germa-
nische Studien 117. Heft) 1932; Gerhart
Unger, Lenz' Hofmeister (Diss. Göttingen)
1949; Karl Otto *Conrady,* Zu den deutschen
Plautusübertragungen (Euphorion 48. Bd.)
1954.

Lenz, Johann Reinhold von, geb. 25. Nov.
1778 zu Pernau, gest. 19. Febr. 1854 zu Riga,
einer alten deutsch-russischen Familie entstammend, Sohn eines kais. Kollegienrats.
Neffe des Vorigen, urspr. in die Leibgarde
des Kaisers Paul aufgenommen, verzichtete
auf die militärische Laufbahn u. wandte sich
der Bühne zu, war 1801 als Mitglied der
Miroschen Gesellschaft in Petersburg, seit
1804 in Königsberg (unter Ps. Kühne), seit
1808 in Hamburg (unter F. L. Schröder), seit
1811 in Berlin (hier auch als Regisseur) tätig,
wo er nach dem Tod seiner ersten Gattin, der
Schauspielerin L. Cassini, 1823 die Tochter
des berühmten Fleck u. nach deren Ableben

die Schauspielerin Karoline Schäfer heira-
tete. Er blieb hier bis zum Eintritt in den
Ruhestand 1844 u. nahm dann seinen Wohn-
sitz wieder in Riga. Bedeutender Charakterdarsteller. Hauptrollen: Heinrich VI., Götz,
Karl Moor, Ferdinand, Präsident („Kabale u.
Liebe"), Kurfürst („Der Prinz von Hom-
burg") u. a. Auch als Verfasser gespielter
Bühnenstücke trat er hervor, ferner auch als
dramatischer Vorleser Shakespeares u. Iff-
lands.
Eigene Werke: Schauspiele nach Walter
Scott (Die Flucht nach Kenilworth — Das
Gericht der Templer) 2 Bde. 1825; Lustspiele
(Karl II. oder Der lustige Monarch — Hoch-
mut kommt vor dem Fall — Katharina II. u.
ihr Hof — Margaretha von Valois u. die
Mißvergnügten im Jahre 1579 — Die Nacht
der Irrungen — Die vornehme Welt in der
Bedientenstube) 2 Bde. 1835.
Literatur: Heinrich *Meyer,* J. R. Lenz
(Almanach für Freunde der Schauspiel-
kunst 10. Jahrg.) 1846; Marie *Belli-Gontard,*
Die Biographie eines berühmten Schauspie-
lers 1879; Johann v. *Eckardt,* Decamerone
des Rigaer Stadttheaters 1897; Paul Th.
Falck, Der Stammbaum der Familie Lenz
aus Livland 1907.

Lenz, Josef (Geburtsdatum unbekannt) gest.
1830, war seit 1815 Kanzlist bei der niederösterreichischen Regierung. Seine Stücke
(ungedruckt) wurden vor allem am Josef-
städter- u. Leopoldstädtertheater in Wien
aufgeführt. Dramatiker (Ps. Josef Willmann).
Eigene Werke: Wlasta oder Die kriegerischen Mädchen in Böhmen (Romant. Gemälde) 1817; Der Eiskerker (Schauspiel) 1818;
Scharka, die Retterin Böhmens oder Der
Hunnenkönig (2. Teil des Wlasta, mit Musik
von Ferdinand Kauer) 1818; Margarethe
Panofsky oder Die Tataren in Ungarn
(Romant. Schauspiel) 1818; Drahomira, Herzogin in Böhmen (Histor. Gemälde mit
Musik von Franz Gläser) 1818; Der Wahn-
sinnige auf Wolkenstein (Drama nach dem
Französischen des Caigniez) 1818; Der Wun-
derspiegel von Wien (Schauspiel) 1819; Der
Geisterturm oder Die Verheerung des
Schlosses Lawieska (Romant. Schauspiel)
1819; Der Giftbecher oder Das Gelübde der
Treue (Gemälde der Vorzeit) 1819; Ver-
legenheiten (Lustspiel) 1819; Der Zauber-
guckuck oder Der Ball beim lilafarbenen
Bock (Zauberspiel mit Tanz u. Gesang) 1820;
Ildegerte, die Heldin Norwegens (Romant.
Schauspiel nach Kotzebue) 1820; Der Waffen-

stillstand (Militär. Drama nach Castellis Marschall von Luxemburg, Musik von Franz Volkert) 1820; Das kühne Jägermädchen (Schauspiel) 1820; Erster u. zweiter Stock (Schwank mit Gesang u. Tanz, Musik von F. Volkert) 1820; Die Burgruinen bei Petersdorf (Histor. Schauspiel aus der ersten Türkenbelagerung Wiens) 1820; Die Familie Sucht (Allegor. Gemälde) 1820; Der Haupttreffer einer ausgespielten Herrschaft (Posse) 1820; Zwei Güter u. die Braut (Posse, Musik von F. Volkert) 1821; Die Perlenmuschel oder Kolumbinens Rettung aus der Feuersbrunst (Pantomime) 1822; Die Klause am Waldstrom bei Lichtenstein (Romant. Schauspiel) 1823; Frühling, Sommer, Herbst, Winter (Kom. Zauberspiel, Musik von J. Drechsler) 1824; Der schwarze See oder Der Blasbalgmacher u. der Geist (Parodie des Märchens von Wieland Der Fischer u. der Geist, Musik von Wenzel Müller) 1825; Die Zauberlampe (Feenmärchen, Musik von dems.) 1826; Die Radikalkur durch Erfahrung oder Der Weg auf das Wahre zu kommen (Zauberspiel, Musik von Georg Micheuz) 1829.

Lenz, Julius, geb. 31. März 1881 zu Köln, wurde das. ausgebildet u. wirkte als Seriöser Baß 1908—11 in Krefeld, 1911—13 in Bamberg, 1913—14 in Stettin, 1914—15 in Dortmund, 1916—24 in Köln, seither als Gesangspädagoge. Lehrer von Margarete Teschemacher, Ludwig Suthaus, Peter Klein u. a. Hauptrollen: Moruccio („Tiefland"), Antonio („Figaros Hochzeit"), Moralès („Carmen"), Kothner („Die Meistersinger von Nürnberg") u. a.

Lenz (Lenz-Schwanzara), Leo, geb. 2. Jan. 1878 zu Wien, Sohn eines Generaldirektors, besuchte die Technische Hochschule in Dresden u. wurde sächsischer Regierungsbauführer das., lebte dann in Berlin, später in Eisenach als Präsident des Verbandes Deutscher Bühnenschriftsteller u. Bühnenkomponisten. Verfasser von Theaterstücken. Hausdichter bei Ralph Arthur Roberts (s. d.). *Eigene Werke:* Frost im Frühling (Drama) 1904; Lüge der Liebe (Komödie) 1906; Liebeskämpfe (Lustspiel) 1907; François Villon (Komödie) 1909; Herrenrecht (Lustspiel) 1912; Wieselchen (Lustspiel) 1912; Eine unmögliche Frau (Schauspiel) 1914; Bettinas Verlobung (Lustspiel) 1919; Der letzte Versuch (Lustspiel) 1920; Frauenkenner (Lustspiel) 1922; Kinder des Königs (Lustspiel) 1923; Heimliche Braut-

fahrt (Lustspiel) 1924; Toms Tippmamsell (Lustspiel) 1927; Trio (Lustspiel) 1928; Das Parfüm meiner Frau (Lustspiel) 1928; Ständchen bei Nacht (Lustspiel) 1930; Der stille Kompagnon (Lustspiel) 1931; Der Mann mit den grauen Schläfen (Lustspiel) 1932; Ehe in Dosen (Lustspiel) 1934; Meine Tochter — deine Tochter (Lustspiel) 1934; Hofjagd in Steineich (Lustspiel) 1935; Hochzeitsreise ohne Mann (Lustspiel) 1938; Die kleine Parfümerie (Lustspiel) 1938; Polterabend (Lustspiel) 1939; Für Liebe gesperrt (Lustspiel) 1939; Junggesellensteuer (Lustspiel) 1940; Die unnahbare Frau (Lustspiel) 1942; Fünf Frauen um Adrian (Lustspiel) 1942; Fabian, der Elefant (Lustspiel) 1944; Nächte in Shanghai (Operette) 1944; Eine Frau, die sich lohnt (Lustspiel) 1945 u. a.

Lenz, Leopold, geb. 1804 zu Passau, gest. 19. Juni 1862 zu München, studierte das. die Rechte, wandte sich jedoch, nachdem er wegen seiner hervorragenden Baßbaritonstimme zur Bühnenlaufbahn gedrängt worden war, dieser zu u. trat 1826 erstmals am Hoftheater in München auf, dem er fortan bis zum Eintritt in den Ruhestand (1855) als sehr beliebtes Mitglied angehörte. Auch als Liederkomponist u. Gesangspädagoge wirkte er erfolgreich. Hauptrollen: Rocco u. a.

Lenz, Ludwig, geb. 20. Sept. 1813 zu Berlin, gest. 2. Okt. 1896 das., studierte hier u. leitete 1839—40 die letzten Jahrgänge des von Kotzebue (s. d.) begründeten „Freimütigen", 1841 die „Hamburger Neue Zeitung", später auch andere Organe in Hamburg u. Berlin. Kritiker, Feuilletonist u. Bühnenschriftsteller. *Eigene Werke:* Tausch u. Täuschung (Lustspiel) 1838; Der Kolporteur (Posse) 1838; Das Kunstkabinett (Komödie) 1840.

Lenz, Max Werner s. Russenberger, Max.

Lenz, Richard, geb. 4. Juni 1869 zu Elbing, gest. 13. Mai 1909 zu Dortmund, war Opern- u. Operettensänger u. a. in Stralsund, Sankt Gallen, Magdeburg, Posen u. zuletzt in Essen-Dortmund. Auch Regisseur. Bassist. Hauptrollen: Babekan („Oberon"), Marquis von Corcy („Der Postillon von Lonjumeau"), Fairfax („Geisha"), Hildebrandt („Frühlingsluft"), Veit („Undine") u. a.

Lenz, Theamaria, geb. 23. Sept 1899 zu Mainz, an der Reicherschen Hochschule ausgebildet (Schülerin von Franziska Ellmenreich s. d.), war 1919—20 Erste Heldin in Magdeburg, 1920—22 am Deutschen Theater in Berlin, 1922—25 in Braunschweig, 1925—26 in Basel u. a. Gastspiele führten sie nach Rumänien, in die Tschechoslowakei, Schweiz u. a.

Lenz-Schäfer, Karoline von, geb. 23. April 1808 zu Hamburg, gest. 3. Juni 1897 zu Rostock, Tochter des Schauspielers Heinrich Schäfer (gest. 30. Aug. 1868) u. der Wilhelmine Sch. (geb. Stegmann), dritte Gattin des Heldendarstellers Reinhold v. Lenz, eines Neffen des Dichters L., gehörte seit ihrer frühen Jugend der Hamburger Bühne an, 1827—46 unter dem Namen L. 1840 war sie in Hebbels Drama die erste Judith in Hamburg. In zweiter Ehe seit 1846 Gattin des Gutsbesitzers Heinrich Hartig.
Literatur: Hermann *Uhde,* Das Stadttheater in Hamburg 1879; Theodor *Mehring,* C. Lenz-Schäfer (Deutsche Bühnen-Genossenschaft 26. Jahrg. Nr. 23) 1897.

Lenz-Schwanzara, Leo s. Lenz, Leo.

Lenzburg, Stadt in der Schweiz, Theater von. *Literatur:* F. *Oschwald-Ringier,* Volksschauspiel in Lenzburg 1895.

Leo (urspr. Hatzfeld), Carl Friedrich, geb. vor 1780, gest. 24. Mai 1824 zu Osmannstädt bei Weimar (am Grabe Wielands durch Selbstmord aus Melancholie), von F. L. Schröder für die Bühne ausgebildet, betrat er diese als Liebhaber in Hamburg, kam 1803 nach Mannheim u. 1805 nach Weimar, wo er auf Goethes Rat zum Charakterfach überging. Infolge seiner krankhaften Anlagen geriet er am dort. Hoftheater in eine unhaltbare Lage, wanderte alsbald ruhelos von Bühne zu Bühne, war u. a. auch 1809 bis 1811 bei E. Th. A. Hoffmann in Bamberg, 1815 bei Klingemann in Braunschweig u. kehrte erst 1821 wieder nach Weimar zurück. In Eduard Devrients „Geschichte der deutschen Schauspielkunst" wird er als „der finstre, hagre Leo, der wunderlich geniale Charakterdarsteller" vorgeführt. Carl Ludwig Costenoble schreibt über ihn in seinen „Tagebüchern" (Schriften der Gesellschaft für Theatergeschichte 18. Bd. 1912): „Die Gestalt war zierlich u. hatte das schönste Ebenmaß für einen Liebhaber, aber sein Gesicht war ebensowenig für das Fach geeignet als sein Sprachorgan. Jenes hatte scharf markierte Züge

u. etwas Melancholisches, was vielleicht einem Charakteristiker günstig gewesen wäre; dieses war stumpf u. ohne sonoren Klang. Wer hätte damals ahnen sollen, daß in so unscheinbarer Schlacke eine solche Masse des reinsten Goldes verborgen läge. Wer Carl Leo nicht in späteren Jahren als Menschendarsteller kennen gelernt hat, lese Hoffmanns ‚Phantasiestücke in Callots Manier'; da wird er finden, was u. wer Leo war u. was hätte werden können, wenn nicht ein menschenfeindlicher Dämon der Hypochondrie die Geistesfittiche des großen Künstlers gelähmt u. ihn der künstlichen wie der natürlichen Bühne auf eine traurige Weise entrissen hätte". Auch E. v. Bamberg hebt diese Hypochondrie hervor: „Großes u. Kleines, das ihm in die Quere kam, machte ihn nervös u. konnte ihn zu Exzessen veranlassen, so daß er durch die dem Publikum oder den Mitschauspielern ins Gesicht geworfenen Sottisen bekannter wurde als durch seine Leistungen". Trotzdem bezeichnet ihn E. Th. A. Hoffmann als einen der allerseltensten Künstler: „Dieser Schauspieler, der außer seinem belebten Auge gar nichts hat, was auf die Sinne der Masse zu wirken vermag, packt sie auf unbegreifliche Weise. Mir ist so etwas noch nicht vorgekommen u. alle Herren der Bühne, Iffland nicht ausgenommen, vermochten nie dergleichen mitsamt allen Theatercoups, ohne die sie nicht auszukommen glauben, während jener sie gänzlich verschmäht" (Z. Funk, Erinnerungen). Hauptrollen: Melvil („Maria Stuart"), Kaiser („Das Käthchen von Heilbronn"), Sally („Heinrich IV."), Kurfürst („Der Prinz von Homburg"), Gordon („Wallenstein"), Thibaut („Die Jungfrau von Orleans") u. a.
Literatur: Eduard v. *Bamberg,* K. F. Leo (Drei Schauspieler der Goethezeit: Theatergeschichtl. Forschungen Nr. 36) 1927.

Leo, Friedrich, geb. 1748 zu Hof im Vogtlande, gest. 4. Juni 1811 zu Hamburg, war Charakter- u. Väterdarsteller seit 1784 in Karlsruhe, 1787—95 in Mannheim u. 1795 bis 1811 in Hamburg. Auch Bühnenschriftsteller.
Eigene Werke: Die Universitätsjahre oder Leichtsinn u. Rache (Drama) 1790; Die Wette oder Treue siegt (Lustspiel) 1790; Schulden ohne Geld zu zahlen (Lustspiel) 1791; Der Generalmarsch (Trauerspiel) 1793; Der Eheteufel (Lustspiel) 1799.

Leo, Friedrich August (Ps. August Olfer),

geb. 6. Dez. 1820 zu Warschau, gest. 30. Juni 1898 zu Glion am Genfersee, verteidigte seine Stammesgenossen in der „Vossischen Zeitung" gegen R. Wagners Kampfschrift „Das Judentum in der Musik" (1869). Shakespeare-Forscher, Ubersetzer u. Dramatiker.

Eigene Werke: Henrik Hertz' Drama König Renés Tochter, deutsch 1846; J. L. Heibergs Komödie Eine Seele nach dem Tode, deutsch 1861; Ein Hochverräter (Lustspiel unter Ps. Olfer) 1875; Ein Genie (Lustspiel) 1876 u. a.

Literatur: L. Fränkel, F. A. Leo (A. D. B. 51. Bd.) 1906.

Leo, Karl (Geburtsdatum unbekannt), gest. 12. Febr. 1855 zu Rostock, gehörte 1832 bis 1836 dem Burgtheater als Schauspieler an u. war später Theaterdirektor in Rostock.

Leo, Sebastian s. Mayr, Beda.

Leoben, Bergstadt in der Obersteiermark, dürfte schon in der 2. Hälfte des 18. Jahrhunderts kleine Wandertruppen in seinen Mauern gesehen haben. Festgestellt sind nur die Aufführungen der bekannten Kindertruppe Berner (s. d.) 1769 u. 1784. Erst 1790 wurde durch eine Dilettantengesellschaft unter der Leitung von F. v. Eggenwald eine ständige Bühne gegründet, die bis 1861 von diesem geführt wurde. Doch überließ man das Theater zeitweilig auch verschiedenen berufsmäßigen Theaterdirektoren in Pacht, so 1805—06 Georg u. Theresia Schantroch, 1806—07 Franz Bonnet, 1837—38 K. Domaratius, der einst unter Goethe in Weimar gespielt hatte, u. a. Nach schwierigen Auseinandersetzungen mit der Dilettantengesellschaft übernahm 1861 die Stadt das Theater, die es seit 1891 nur mehr berufsmäßigen Unternehmern überließ, so 1895—98 Friedrich Dorn, später Felix Brühn u. a. Seit 1946 galt das Leobner Theater als Drei- bzw. Vier-Städte-Theater für Bruck, Kapfenberg, Knittelfeld u. war nach Graz die größte ständige Bühne der Steiermark. 1951 wurde in L. eine Jubiläumsausstellung veranstaltet, worüber Rudolf List in einem eigenen Katalog berichtete.

Literatur: Adolf Harpf, Geschichte des Leobener Stadttheaters 1892; 150 Jahre Stadttheater L. 1941.

Leon, Raimund Reichsritter von, geb. 13. Okt. 1865 auf Schloß Trautmannsdorff bei Meran, gest. 25. April 1908 als Gutsbesitzer das. Auch Dramatiker.

Eigene Werke: Um Geld u. Ehre (Bürgerl. Schauspiel) 1894; Savonarola (Trauerspiel) 1902; Deutsche Bauern (Volksstück) 1902; Franzosen in Tirol (Libretto) 1902; Der Bauerndoktor (Volksstück) 1905.

Léon, Rita (Geburtsdatum unbekannt), gest. 28. Aug. 1909 zu Amberg (durch Autounfall), Tochter eines Berliner Konfektionärs, begann ihre Bühnentätigkeit 1892 in Göttingen, kam nach Breslau, 1895 an das Residenztheater in Berlin, dann an das Josefstädtertheater in Wien, nach Hamburg u. schließlich wieder an das Residenztheater in Berlin. Vor ihrer Verehelichung mit einem Baron Radowitz nahm sie ihren Bühnenabschied. Hauptrollen: Crevette („Die Dame von Maxim"), Susanne („Kyritz-Pyritz"), Lieschen („Der Alpenkönig u. der Menschenfeind") u. a.

Léon, Viktor s. Hirschfeld, Viktor.

Leonardi, Anna s. Seuffert, Anna.

Leonardi, Ella s. Nicoletti, Ella.

Leonce und Lena, Lustspiel in drei Akten von Georg Büchner, entstanden 1836, uraufgeführt 1911 in Wien. Die Gesellschaftskomödie, scheinbar in eine romantische Sphäre erhoben, behandelt ein soziales Problem durchaus satirisch. Prinz Leonce soll auf Befehl seines königlichen Vaters die Prinzessin Lena heiraten. Beide wollen sich dem Zwang nicht fügen u. finden sich erst, nachdem sie sich auf der Flucht aus der Sklaverei der herrschenden Gesellschaftsordnung kennen u. lieben gelernt haben. Der Ausblick auf ein künftiges paradiesisches Reich, in dem alle Ketten gefallen sind, stimmt mit den Prophezeiungen des sozialistischen Zukunftsstaates, wie er schon vor 1848 propagiert wurde, überein.

Leonhard (geb. Lehmann), Emilie, geb. 1806, gest. 15. Juni 1891 zu Lübeck, war Schauspielerin in Charlottenburg u. a.

Leonhard, Ernst s. Elsner, Oskar.

Leonhard, Karl Cäsar von, geb. 1779 zu Hanau, gest. 1862 zu Heidelberg als Professor der Geologie das. Verfasser u. a. von Theaterstücken.

Eigene Werke: Dramatische Versuche

(Das Fräulein von Scudery, nach E. Th. A. Hoffmann — Carlo Frontoni — Thomas Wentworth Graf von Strafford) 1847.

Leonhard, Robert, geb. 6. Aug. 1833 zu Heiligenstadt in Schlesien, gest. 26. Dez. 1888 zu Berlin, wirkte seit 1851 bei reisenden Gesellschaften in seiner Heimat als Schauspieler u. kam über zahlreiche Engagements an Provinzbühnen 1877 nach Berlin, wo er bis zu seinem Tode Mitglied des Centraltheaters war.

Leonhard, Rudolf, geb. 27. Okt. 1889 zu Lissa in Posen, studierte in Berlin, ging 1914 als Freiwilliger an die Front, wurde jedoch später, weil radikal links gerichtet, vor ein Kriegsgericht gestellt. 1916 schrieb er ein antimilitaristisches Stück „Die Vorhölle" u. gehörte dem engeren Kreis der „Weltbühne" in Berlin an. Seit 1927 lebte er als freier Schriftsteller in Clamart an der Seine. Nach der Besetzung Frankreichs kam er als Widerstandskämpfer in das Gefängnis von Castres. Seit 1945 in Paris. Expressionistischer Lyriker, Erzähler u. Dramatiker.

Eigene Werke: Segel am Horizont (Schauspiel) 1925; Tragödie von heute (Schauspiel) 1926; Zwillinge (Schauspiel) 1928; Das Floß der Melusa (Schauspiel) 1929; Anonyme Briefe (Schauspiel) 1931; Traum (Schauspiel) 1933; Führer u. Co. (Schauspiel) 1936; Geiseln (Trauerspiel) 1948.

Literatur: Alfred *Kantorowicz,* R. Leonhard (Tägl. Rundschau Nr. 252) 1949.

Leonhardt, Albert, geb. 24. April 1858 zu Schwerin (Todesdatum unbekannt), zuerst Buch- u. Musikalienhändler, wurde vom Kammersänger Karl Hill (s. d.) für die Bühne ausgebildet, die er 1878 am Hoftheater in Kassel betrat, wirkte dann als Spielbaß u. Baßbuffo in Altenburg u. Trier, 1880 bis 1881 in Kiel, 1881—82 in Neustrelitz, 1882—84 in Riga, 1884—85 in Augsburg u. seither in Dessau, von wo er wiederholt Gastspielreisen unternahm, u. an der Berliner Hofoper. Kammersänger. 1919 nahm er seinen Bühnenabschied. Auch als Konzert- u. Oratoriensänger fand er reichen Beifall. Hauptrollen: Wolfram, Fluth, Alberich, Bartolo, Baculus u. a.

Leonhardt, Carl, geb. 11. Febr. 1886 zu Coburg, an der Universität u. am Konservatorium in Leipzig (bei Arthur Nikisch u. Josef Pembauer) ausgebildet, war 1907—20

Erster Kapellmeister an Oper u. Schauspielhaus in Hannover, 1920—22 in Weimar u. bis 1937 Generalmusikdirektor in Stuttgart u. Lehrer an der dort. Hochschule für Musik. Auch Musik-Assistent bei den Bayreuther Festspielen. 1937—51 ao. Professor für Musikwissenschaft in Tübingen.

Leonhardt, Johann, geb. 28. Juli 1859 zu Schäßburg (Todesdatum unbekannt), Doktor der Theologie, evangel. Pfarrer, verbrachte seinen Lebensabend in Graz. Erzähler u. Dramatiker.

Eigene Werke: Ich heirate nicht (Lustspiel) 1890; Frau Balk (Drama) 1896; Die Werberin (Volksstück) 1899; Der Silbergulden (Volksstück) 1902.

Leonhardt, Karoline s. Pierson, Karoline.

Leonhardt, Theo, geb. um 1880, war seit 1909 Schauspieler an den städt. Bühnen in Magdeburg. Zu seinen besten Rollen zählte Krischan („Krach um Jolanthe"). Weitere Hauptrollen: Montano („Othello"), Eduard IV. („Richard III."), Breitenberg („Alt-Heidelberg"), Krüger („Julchens Flitterwochen"), Osrick („Hamlet"), Vater („Des Meeres u. der Liebe Wellen"). u. a.

Leonhardt-Lyser, Karoline s. Pierson, Karoline.

Leonhardt-Schlever, Karl (Geburtsdatum unbekannt), gest. 16. Nov. 1889 zu Köln, gehörte als Sänger u. Schauspieler der Bühne an.

Leonidas, Heldenkönig der Spartaner, hielt 480 v. Chr. den Engpaß der Thermopylen gegen eine gewaltige Übermacht solange, bis alle seine Getreuen gefallen waren. Dramatischer Held.

Behandlung: J. Chr. *Markwort,* Leonidas (Trauerspiel) 1799; Wilhelm *Blumenhagen,* Die Schlacht von Thermophylae (Trauerspiel) 1814; Eduard *v. Erstenberg,* L. (Trauerspiel) 1860; Wolfram *Krupka,* L. (Dram. Szenen) 1939; H. W. *Goßmann,* L. (Tragödie) 1944.

Leonoff, Karoline s. Kempter-Leonoff, Karoline.

Leony, Marie, geb. 29. Aug. 1852 zu Züllichau (Todesdatum unbekannt), lebte als Bühnenschriftstellerin in Charlottenburg.
Eigene Werke: Fallstricke (Lustspiel)

1898; Das Glück (Schauspiel) 1901; Das Gelübde (Lustspiel) 1902; Auf glatter Bahn (Lustspiel) 1905; Romantisch (Lustspiel) 1908; Unter falscher Flagge (Lustspiel) 1908; Irrlichter (Schwank) 1908 u. a.

Leopardi, Graf Giacomo (1798—1837), italienischer Dichter. Bühnenheld.
Behandlung: G. W. *Peters,* Leopardi (Drama) 1904.

Leopold I. Römisch-Deutscher Kaiser (1640 bis 1705), regierte seit 1658 u. war nicht nur ein großer Kunstmäzen, sondern auch eifriger Komponist. So stammen u. a. 155 Arien u. Operneinlagen, neun Feste teatrali u. 17 Ballettsuiten von ihm. Unter seiner Regierung entwickelte sich Wien zur Hauptstätte ital. Opernschaffens u. gelangten über 400 neue Opern zur Aufführung.
Literatur: Riemann, Leopold I. (Musik-Lexikon 11. Aufl.) 1929.

Leopold II. Römisch-Deutscher Kaiser (1747 bis 1792), regierte seit 1790. Bühnenfigur.
Behandlung: Jakob *Baxa,* Madeleine Bianchi (Schauspiel) 1953.

Leopold II. der Schöne, Markgraf von Österreich (1050—96), regierte seit 1075, nahm Partei für Papst Gregor VII. gegen König Heinrich IV., wurde seiner Herrschaft beraubt, gelangte jedoch 1083 wieder zur Regierung. Dramatischer Held.
Behandlung: Joseph Freih. v. *Hormayr,* Leopold der Schöne (Schauspiel) 1806 (uraufgeführt im Burgtheater).

Leopold III. Markgraf von Österreich (1073 bis 1136), Sohn des Vorigen, Gründer von Klosterneuburg u. Heiligenkreuz, wurde 1585 heiliggesprochen. Dramatischer Held.
Behandlung: M. *Pokorny,* Gott will es! (Schauspiel) 1933.

Leopold I. Fürst von Anhalt-Dessau s. Dessauer, Der Alte.

Leopold, Antonie s. Koenen, Antonie.

Leopold (geb. Rostock), Marie, geb. 1821, gest. 16. Nov. 1870 zu Mährisch-Ostrau, wirkte als Schauspielerin am Carltheater in Wien zusammen mit Nestroy u. Scholz.

Leopold, Richard, geb. 1874, gest. 22. Sept. 1929 zu Berlin, wirkte als Komiker u. a.

an den dort. Reinhardtbühnen. Er hatte ein hohes pfeifendes Organ u. eine Fistelstimme. Diese Komik der „pfeifenden Maus" wurde von den Regisseuren immer wieder eingesetzt.

Leopold, Walter, geb. 1893, gest. 27. Mai 1951 zu Bielefeld, wirkte als Schauspieler u. Oberspielleiter in Dresden, Magdeburg, Hannover u. a., zuletzt bis 1949 am Städtebundtheater in Bielefeld.

Leopoldstädtertheater s. Wien.

Lepa, Paula, geb. zu Beginn des 20. Jahrhunderts, studierte zuerst Medizin, wandte sich jedoch bald der Bühne zu u. wirkte als Schauspielerin in komischen u. naiven Rollen in Altona, Hamburg, Berlin (Lessingtheater), 1934 in Hamburg (Stadttheater), 1935 in Harburg-Wilhelmsburg u. seit 1936 in Berlin (Lessingtheater u. Theater am Schiffbauerdamm).

Lepanto, José Maria, geb. 23. März 1853 zu Costarica in Amerika, gest. 12. Aug. 1939 zu Berlin, ausgebildet von A. Strakosch (s. d.) in Wien, war Jugendlicher Held u. Charakterdarsteller in Brünn, Arnstadt, Kiel, Meiningen, Berlin, Stettin, Frankfurt a. M. u. seit 1889 in Stuttgart. Später ließ er sich als Schriftsteller, dramat. Lehrer u. Tonbildner in Berlin nieder. Hauptrollen: Arkas („Iphigenie"), Juan („Viel Lärm um Nichts"), Egeus („Ein Sommernachtstraum"), Wurm („Kabale u. Liebe") u. a.

Lepel, Bernhard von, geb. 27. Mai 1818 zu Meppen, gest. 17. Mai 1885 zu Prenzlau, war Offizier. Freund Th. Fontanes (s. d.). Für die Bühne schuf er Übersetzungen u. Dramen, von denen „König Herodes" (gedruckt 1860) 1857 in Berlin zur Aufführung gelangte.
Literatur: Maria *Richmann,* B. v. Lepel, sein Leben u. seine Dichtungen (Diss. Münster) 1925.

Lepel, Harald Bruno Felix von, geb. 27. Dez. 1899 zu Dresden, Offizierssohn, studierte Musik in Leipzig, Freiburg im Brsg. u. Dresden, lebte als Theater- u. Musikreferent der „Dresdner Nachrichten" das. u. seit 1952 als freier Schriftsteller in Berlin. Kunsthistoriker u. Dramatiker.
Eigene Werke: Auf Mozarts Spuren in Dresden 1932; Auf Goethes Spuren in Dresden 1932; Der Tod des Kaisers Alexias

(Drama) 1933; Opium (Drama) 1933; Die Dresdner Oper als Weltkulturstätte 1942; 400 Jahre Dresdner Hof- u. Staatskapelle 1948; Neues Musik-Lexikon 1948; Meine Erinnerungen an die ehemalige Dresdner Hof- u. Staatsoper 1949; Beiträge zur Musikgeschichte schweizerischer Städte vom Mittelalter bis zur Gegenwart 1949; Robert Prechtls Alkestis 1949; Die Florentiner Edelleute Corsi, Bardi u. die Geburt der Oper 1949; Die Dresdner Staatsoper in der Gegenwart 1951; Mein Leben für die Oper 1954.
Literatur: F. v. *Lepel,* Mein Leben 1952.

Lepel-Gnitz, Bruno von, geb. 16. Juli 1843 zu Neuendorf, gest. 12. Juni 1908 zu Berlin, war seit 1888 Intendant des Kgl. Theaters in Hannover u. wirkte 20 Jahre, besonders um moderne Opernwerke verdient, an dieser Stelle.

Leporello s. Clobes, Heinz Wilhelm.

Leppert, Johann Martin s. Darmstadt.

Leppin, Paul, geb. 27. Nov. 1878 zu Prag, gest. 1945 das., studierte in seiner Vaterstadt u. wurde hier Beamter. Erzähler, Lyriker u. Dramatiker.
Eigene Werke: Der blaue Zirkus (Schauspiel) 1928; Rhabarber (Schauspiel) 1931; Der Enkel des Golem (Schauspiel) 1934; Bunterbart sucht Gespenster (Schauspiel) 1938.

Leps, Johann Ferdinand (Ps. Ferdinand Treu), geb. 1793 zu Zerbst, gest. 29. April 1850 zu Neuruppin als Superintendent das., schrieb die Posse „Die Ohnmacht" 1816, durch Sessas (s. d.) „Unser Verkehr" angeregt.

Lepsius, Johannes, geb. 15. Dez. 1858 zu Berlin, gest. 3. Febr. 1926 zu Meran, war Hilfsprediger in Jerusalem, dann Pfarrer in Friesdorf am Harz u. wirkte seit 1897 für die Befreiung des armenischen Volkes, zuletzt als Vizerektor der Deutschen Orientmission in Potsdam. Dramatiker.
Eigene Werke: Ahasver (Drama) 1895; Totentanz (Drama) 1906; Franz von Assisi (Drama) 1911; John Bull (Polit. Komödie) 1915; Der heimliche König (Drama) 1925.

Lepuschitz (Ps. Paulant), Richard, geb. 20. April 1923 zu Salzburg, lebte das. Doktor der Philosophie. Verfasser von Puppenspielen.

Eigene Werke: Kasperl kuriert einen Faulpelz 1950; Kasperl u. die Wunderblume 1950 u. a.

Lerbs, Karl, geb. 22. April 1893 zu Bremen, gest. 27. Nov. 1947 zu Untertiefenbach bei Sonthofen im Allgäu (durch Selbstmord), war seit 1933 Dramaturg am Schauspielhaus in Bremen. Dramatiker, Übersetzer u. Bearbeiter. Gatte von Renate Lienau.
Eigene Werke: UB 116 (Schauspiel nach Forester) 1931; Atlantikflug (Schauspiel) 1932 (mit Nordahl Grieg); Scampolo (Komödie von Dario Niccodemi, deutsch) 1933; Sensationsprozeß (Schauspiel von E. Wooll, deutsch) 1935; Lady Windermeres Fächer (Schauspiel von Oscar Wilde, deutsch) 1935; Ein idealer Gatte (Komödie vom dems., deutsch) 1935; Ein Mann in den besten Jahren (Komödie) 1940 (mit Johannes Wiegand); Ein Mann für meine Frau (Komödie) 1941 (mit G. Zoch) u. a.

Lerbs (Ps. Lienau), Renate, geb. 8. April 1914 zu Berlin, von Ilka Grüning (s. d.) u. Lucie Höflich (s. d.) ausgebildet, wirkte bis 1940 als Darstellerin am Schauspielhaus in Bremen u. wandte sich dann literarischer Tätigkeit zu. Auch Übersetzerin Shakespeares zusammen mit ihrem Gatten Karl L.

Lerch, Fritz, geb. 1856, gest. 15. Juni 1920 zu Prenzlau, wirkte als Theaterkapellmeister in Posen u. Königsberg u. gründete 1882 eine Musikschule in Berlin.

Lerch, Hans (Ps. Peter Stieglitz), geb. 30. April 1895 zu Frankenhausen am Kyffhäuser, Sohn eines Musikdirektors, studierte in Kiel, wurde 1924 Verlagsschriftleiter u. 1927 Redakteur der „Dresdener Nachrichten". Erzähler u. Dramatiker.
Eigene Werke: Brandung (Schauspiel) 1928; Die Märchengeige (Weihnachtsspiel für die Bühne) 1941; Mädchen mit Geld (Voksstück) 1942; Rosen im Schnee (Märchen für die Bühne) 1942; Sieben aus einem Nest (Lustspiel) 1942; Kunterbunt (5 Einakter) 1942; Feuer überm Krötensuhl (Schauspiel) 1942 u. a.

Lerda, Friedl (Geburtsdatum unbekannt), gest. 25. Nov. 1935 zu Basel, war mehrere Jahre Schauspielerin am Rundfunk in Breslau, zuletzt in Basel.

Lernet-Holenia, Alexander, geb. 21. Okt. 1897 zu Wien, Sohn eines Linienschiffsleutnants (Vorfahren 1570 aus Frankreich u. Belgien eingewandert), war Offizier u. ließ sich nach dem Ersten Weltkrieg in St. Wolfgang (Salzkammergut) nieder. Lyriker, Erzähler u. Dramatiker.

Eigene Werke: Demetrius (Drama) 1926; Ollapotrida (Lustspiel) 1926; Österreichische Komödie (Lustspiel) 1927; Parforce (Lustspiel) 1928; Die nächtliche Hochzeit, Haupt- u. Staatsaktion 1929; Kavaliere (Lustspiel) 1930; Die Frau des Potiphar (Lustspiel) 1934; Die Lützowschen Jäger (Schauspiel) 1955; Das Finanzamt (Lustspiel) 1955 u. a.

Lerse, Friedrich s. Doczkalik, Emerich.

Lert, Ernst Josef Maria, geb. 12. Mai 1881 zu Wien, gest. 30. Jan. 1955 zu Baltimore, studierte in Wien (Doktor der Philosophie), war nach längerer praktischer Tätigkeit an österreichischen Sommerbühnen 1908 Regievolontär am Burgtheater, kam 1909 ans Stadttheater in Breslau, 1910 als künstlerischer Leiter an das Stadttheater in Freiburg im Brsg., 1911 als Oberregisseur an die dort. Oper u. das Schauspiel, später als Direktor des Stadttheaters in Basel, 1920 als Direktor des Opernhauses in Frankfurt a. M., wirkte seitdem zumeist in Mailand u. bereiste 1925 mit einer von ihm geleiteten Mailänder Operntruppe ganz Deutschland. Gatte der Schauspielerin Emmy Eberhardt. 1929 kam L. an die Metropolitan-Oper in Neuyork, als Oberregisseur an die Hippodrome-Oper das., 1935 nach Philadelphia u. 1937 nach Baltimore, wo er seit 1942 auch Lektor für Musikgeschichte war. Als Gastregisseur wirkte er u. a. in Italien, Frankreich, der Schweiz, in Salzburg, Südamerika u. den Vereinigten Staaten. L. schrieb u. a. das Musikdrama „Der Mönch von St. Gallen" („Ekkehard") u. „Mozart auf dem Theater" (1921), sowie eine Monographie „Otto Lohse" (1919).

Lert, Richard, geb. 19. Sept. 1885 zu Wien, Bruder des Vorigen, Schüler Richard Heubergers (s. d.), war zuerst Orchestermusiker, dann Kapellmeister in Düsseldorf, Darmstadt, Frankfurt a. M., Hannover u. Generalmusikdirektor in Mannheim, zugleich Gastdirigent der Berliner Staatsoper.

Lesch, Walter, geb. 4. März 1898 zu Zürich, studierte in Bern, Genf, Berlin u. Zürich (Doktor der Philosophie), arbeitete seit 1924 in Berlin als Kaufmann, Journalist,

Hauslehrer, Filmdramaturg u. Theaterregisseur, seit 1932 als Spielleiter bei der Praesens Film AG in Zürich, gründete 1934 die Kleinkunstbühne „Cornichon", die er zeitweilig leitete u. machte sich durch seine teilweise mit Max Werner Lenz (s. Max Russenberger) gepflegte witzige u. vieldeutige literarische Kleinkunst in weiten Kreisen bekannt. Auch als Dramatiker trat er hervor.

Eigene Werke: Tödliche Ordnung (Schauspiel) 1932; Kasane (Marionettenspiel) 1933; Caesar in Rüblikon (Komödie) 1934; Jedermann (Drama) 1938; Die kleine große Schweiz (Festspiel) 1939; Dienschtmaa 13 (Volksstück) 1939; Hansjoggl im Paradies (Volksstück mit Musik) 1939; Gizzibach-Chicago (Revue) 1940; Stephan der Große (Volksstück) 1942; Das Cornichonbuch 1943 (mit M. W. Lenz) u. a.

Leschen, Christoph, geb. 1816, gest. 4. Mai 1899 zu Wien, war Kassenbeamter, widmete sich jedoch hauptsächlich der Musik u. komponierte u. a. Opern z. B. „Der geraubte Kuß" (aufgeführt 1892 in Teplitz).

Leschetitzky, Alexander Josef, geb. 31. Juli 1885 zu Wien, studierte Musik, war seit 1923 Leiter der Hamburger Chorvereine u. seit 1953 Direktor des Konservatoriums Klein-Flottbek das. Komponist.

Eigene Werke: Das Rauschen vom See (Oper) 1913; Der Rosengarten zu Worms (Oper, aufgeführt in Chemnitz) 1944; G. Verdis Oper Aroldo übersetzt 1954.

Leschetitzky, Josef Ludwig, geb. 22. Sept. 1886 zu Wien, gest. 7. Mai 1951 zu Linz a. d. Donau, zuerst Beamter der Unionbank in Triest, bildete sich am dort. Conservatorio Tartini musikalisch aus, war dann Theaterkapellmeister in Olmütz, Posen, Chemnitz, Königsberg, Braunschweig u. Lübeck, 1933—46 Generalmusikdirektor in Chemnitz u. gab Operngastspiele in Berlin, Kopenhagen, Hannover, Köln, Mannheim, Weimar, Nürnberg, Frankfurt a. M. u. a. Komponist.

Eigene Werke: Die Perle von Arasthan (Oper) 1909; Das Fest auf Solhaug (Symphon. Dichtung) 1909; Zwerg Nase (Märchenspiel nach W. Hauff, aufgeführt in Königsberg) 1926.

Leseberg, Friedrich, geb. zu Lüneburg, gest. 1635 das. als protestantischer Vikar, schrieb, um die Jugend vor den Folgen der

Unsittlichkeit zu warnen, die Schulkomödie „Speculum iuventutis" (Jugendspiegel) 1619.

Literatur: J. Bolte, F. Leseberg (A. D. B. 51. Bd.) 1906.

Leseberg, Joachim, geb. 18. Juni 1569 zu Wunstorf bei Hannover, gest. 1631 das. als Generalsuperintendent, Schüler N. Frischlins (s. d.) in Braunschweig, verfaßte u. a. das Drama „Jesus duodecennis" 1610.

Literatur: J. Bolte, J. Leseberg (A. D. B. 51. Bd.) 1906.

Lesedrama oder Buchdrama, nennt man ein Schauspiel, das nicht bühnenfähig ist, sondern nur als Lektüre in Betracht kommt, z. B. Uhlands „Ludwig der Bayer'. Kutscher hält den Ausdruck „L." für falsch, weil sein Bestandteil „Drama" nicht stimmt. Demnach ist das Wort L. eine literarhistorische Verwaschung von Grundbegriffen, eine Umgehung des einzig richtigen Ausdrucks „Zwitter". Schon im Titel wird dies manchmal absichtslos vom Verfasser angedeutet z. B. „Winterballade" von Gerhart Hauptmann. Demgegenüber muß man freilich berücksichtigen, daß die Grenzen zwischen einem bühnenfähigen u. einem im eigentlichen Wortsinn wenig oder garnicht bühnenwirksamen Stück schwer zu ziehen sind. Die Theaterwissenschaft erhebt vor allem gerade gegen das Ideendrama grundsätzliche Bedenken. Mit dem Hinweis auf das Vorherrschen gedanklicher Elemente bestreitet sie seine Eignung für die Bühne. So spricht Artur Kutscher in seinem „Grundriß der Theaterwissenschaft" (1949) von „Entgleisungen ins Reingeistige, Philosophische, wie sie sich bei Hebbel mehrfach finden", während er in Goethes „Faust" (II) „lyrische u. epische Wucherungen" feststellt.

Literatur: M. Foth, Das Drama in seinem Gegensatz zur Dichtkunst 1902; E. *Dinger,* Dramaturgie als Wissenschaft 1904; O. zur *Nedden,* Drama u. Dramaturgie im 20. Jahrhundert 1940; A. *Kutscher,* Stilkunde der deutschen Dichtung 1952; Otto *Oster,* Bühnendramen u. Lesedramen (Der junge Buchhändler, Beilage zum Börsenblatt des Deutschen Buchhandels, Frankfurter Ausgabe Nr. 1) 1955.

Leseproben von Stücken, die zur Aufführung bestimmt waren, betrachtete man schon im Weimarer Hoftheater unter Goethe als höchst wichtige Einrichtung. Im

„Wilhelm Meister" weist Serlo auf ihren Wert hin u. versichert, „daß er jeder andern Probe, ja, der Hauptprobe nachsehen wolle, sobald der Leseprobe ihr Recht widerfahren sei". Diesen Grundsatz befolgte auch Goethe. Ihm galten die Leseproben als unerläßlich, damit „Ausschweifungen vermieden, die Rollen nicht verfehlt, nicht ohne Leben mit echter Laune vorgetragen" würden u. damit vor allem der Geist der Rollen durchdrungen würde. Die Leseproben waren gewissermaßen die Vorschule für die Bühnenpraxis. Ihre Zahl belief sich bei schwierigen Dramen auf drei, bei den „Piccolomini" sogar auf fünf. Die erste Leseprobe diente gewöhnlich dazu, daß sich die Schauspieler über das ganze Werk orientieren sollten, in der zweiten wurde die Rolle kollationiert u. in der dritten ihrem Charakter gemäß gelesen. Auch wurden in den Leseproben Intonierung, Tempo, Schatten u. Licht festgestellt u. dann erst nach diesen Vorbereitungen die eigentlichen Theaterproben begonnen. Noch größere Bedeutung maß Immermann (s. d.) den L. bei. Ebenso legte Laube (s. d.) auf Leseproben größten Wert. In seinen „Briefen über das deutsche Theater" heißt es: „Bei der ersten Leseprobe verliest der Regisseur zur Einleitung „eine kurze Charakteristik des Stücks, welche ihm der Dramaturg eingehändigt hat, u. welche für eine erste Lesung die Gegenwart des Dramaturgen überflüssig macht, da ohnedies solche erste Lesung durch Korrektur der Rollen ein näheres Eingehen stört. Diese Charakteristik wird durchschnittlich auf einem Quartblatt Raum finden, da sie nichts bezweckt, als den richtigen Ton für das Ganze anzugeben. Der Mensch ist am meisten Sklave seiner selbst: sobald er einmal in einen falschen Weg eingetreten ist, hat er trotz aller Zurechtführung die natürliche Neigung, immer wieder nach jenem falschen, s e i n e m Wege hinzuneigen. Jedes Stück ferner hat seine ganz bestimmte Tonart, und wenn im Schweren wie im Leichten dagegen gefehlt wird, so ist die Harmonie gestört u. keine Virtuosität im Einzelnen kann diesen Verlust im Ganzen wieder ersetzen. Ein Drittel der Stücke wird hierdurch auf dem deutschen Theater unwirksam. Desgleichen hat es, wie jeder Organismus, seine bestimmten Schwerpunkte. Diese von vornherein anzuzeigen u. überhaupt im Großen für die richtige Verteilung des Nachdrucks zu sorgen, ist die Aufgabe jener Charakteristik, mit welcher der

Dramaturg die Schauspieler an das Stück zu führen hat. Dies Thema in kurzer, mündlicher Rede zu wiederholen u. je nach den Szenen oder besser nach den Akten, damit der Fluß des Ganzen so wenig als möglich unterbrochen werde, an den Einzelheiten nachzuweisen, ist des Dramaturgen Aufgabe bei der zweiten Leseprobe. Immer so kurz als möglich, denn die Rede selbst ist nicht der Zweck, sondern der Wink. Überhaupt ist es sehr irrtümlich, den Dramaturgen auf ausführliche Vorträge, auf breite Erörterungen der Theorie anzuweisen. Resultate der Theorie kurz zu entwickeln u. in die Praxis einzuführen oder mit der Praxis zu verbinden, ist die ihm allein erreichbare u. durch die Kürze der Zeit u. die Geneigtheit der Zuhörer allein gestattete Aufgabe. Darum ist der bloße Denker oder Redner oder gar Phraseur in solcher Stellung durchaus unwirksam. Zumal der Zuhörer wegen, welche zum großen Teile selbständige Künstler sind, welche ferner ganz u. gar nicht geneigt sind, Predigten oder Schulmeisterreden anzuhören, ja, welche unter zehnmalen neunmal Einwendungen erheben, Diskussion anknüpfen werden. Wie sorgfältig auch der Schulmeisterton vermieden sei, die Bemerkung wird doch nicht ohne weiteres hingenommen, der Dramaturg muß also des nicht bloß rednerischen, sondern des dialogisch lebendigen Wortes mächtig sein, u. viel wichtiger als manches andere ist es, daß er ohne Verletzung seine Ansicht festzuhalten, daß er einer breiten Debatte auszuweichen, daß er sich zu begnügen wisse, das Nötige einmal ausgesprochen zu haben. Angenommen u. eingeräumt wird es unter solchen Umständen selten, am wenigsten unmittelbar angenommen u. eingeräumt, u. wer da den gebietenden Professor spielen wollte, der würde bei weitem mehr zerstören als aufbauen, denn er hat es ja auch wirklich nicht mit Schülern, sondern mit Leuten zu tun, die ihre spezielle Aufgabe so gut wie er verstehen u. manches richtiger ansehen, als er selbst. Diese zweite Leseprobe, wo die persönliche Tätigkeit des Dramaturgen eintritt, ist die erste Hauptprobe. Also ganz im Gegensatze zur herkömmlichen Praxis, welche die einzige Leseprobe wie einen oberflächlichen Anfang behandelt. Sie soll die Grundsteinlegung sein. Jedermann kennt vor ihrem Beginn das Stück, jedermann kann bereits seine Rolle geläufig lesen, richtig lesen u. mit allen Akzenten u. Wendungen lesen,

welche der Rolle zukommen. Das Stück wird also zum ersten Male vollständig vorgetragen; jetzt ist der Moment, alle Farben anzulegen. Geschieht dies jetzt nicht, sondern erst, nachdem die Rollen eingelernt sind — der gewöhnliche Hergang — dann ist gegen eine bereits gemachte Arbeit einzuschreiten, u. davon gibt man nicht gern etwas auf, davon kann man oft seinem Naturell nach wenig oder nichts aufgeben. Nach Beendigung dieser ersten Hauptprobe, welche den Vortrag des Stükkes im Wesentlichen festsetzt, geht das Stück in die Hände des Regisseurs über".

Literatur: (Valerian) *T(ornius)*, Leseproben (Goethe-Handbuch 2. Bd.) 1917.

Leser, Robert, geb. (Datum unbekannt) zu Basel, gest. 14. Okt. 1882 zu Frankfurt a. M., war 1838—39 Orchestermitglied an der Hofoper in Wien, wandte sich dann als Bassbuffo der Bühne zu u. wurde besonders am Nationaltheater in Mannheim geschätzt. Unter der Direktion Meck-Mühling kam er 1846 nach Frankfurt, wo er bis zu seinem Bühnenabschied 1876 als Sänger u. Schauspieler wirkte. Zu seinen besten Leistungen gehörten u. a. Steidele in „Die Schwäbin" u. Adelhof im „Waffenschmied".

Le Seur, Eduard, geb. 13. Jan. 1873 zu Berlin, von Heinrich Oberländer (s. d.) dramatisch ausgebildet, kam von Görlitz 1893 nach Lübeck, 1895 nach Zürich, 1896 nach Coburg-Gotha, 1901 ans Berliner Theater u. ans Hoftheater in Kassel. Erster Held u. Liebhaber. Hauptrollen: Hamlet, König Heinrich, Othello, Cyrano von Bergerac, Appiani u. a. Verfasser des Schauspiels „Zwei Welten" 1907. Sohn der Folgenden.

Le Seur, Marie, geb. 10. März 1843 zu Riga, gest. 15. April 1898 zu Gotha, wirkte als Sentimentale Liebhaberin 1862—72 in Erfurt, Düsseldorf, Köln, Elbing, Berlin (Viktoriatheater), zuletzt am Hoftheater in Gotha, wo sie das Fach der Anstandsdamen u. Mütter vertrat. Hauptrollen: Luise, Gretchen, Lorle u. a. Mutter des Vorigen.

Le Seur, Rosa s. Junkermann, August.

Lessen, Kurt von, geb. 6. Okt. 1881, begann seine Bühnenlaufbahn in Znaim, kam hierauf ans Josefstädtertheater in Wien, wo er neben Jarno, Niese, Maran u. a. wirkte, später an die Neue Wiener Bühne, die Kammerspiele u. das Deutsche Volkstheater, zuletzt an das Landestheater in Salzburg. In Nestroy- u. Raimundrollen u. als Theaterdirektor Striese im „Raub der Sabinerinnen" besonders geschätzt. Auch als Bühnenautor („Brillanten aus Wien") trat er hervor. Fontana sagte von ihm: „Alles kann er spielen, denn er ist ein großer Virtuose aller komödiantischen Züge, nur nicht das Sentimentale u. die Rührung. Er spielt auch sie, aber indem er sie spielt, merkt man auch schon die Distanz, die sein heller, wacher Geist gegen so unkontrollierte Regungen zieht. Das Kühle, Kalte, ganz Ausgekältete, ja Vereiste ist seine eigentliche Domäne — von der Ironie bis zur Anarchie, vom Herrschenden bis zum Deklassierten. Darum ist er ebenso ein Gouverneur wie Mackie Messer. Seine beiläufig klingende, aber in Wahrheit sehr scharf zielende u. sicher treffende Sprache hat wenig Melodie, aber sehr viel Rhythmus.

Literatur: Ernst *Wurm,* C. v. Lessen (Völkischer Beobachter 13. Okt.) 1940; *Anonymus,* K. v. L. (Volkszeitung 24. Juli) 1944; O. M. *Fontana,* K. L. (Wiener Schauspieler) 1948.

Lessenich, Matthias, geb. um 1890, war seit 1913 bühnentätig, kam als Schauspieler über Limbach ans Apollotheater in Köln, nahm 1914—18 am Ersten Weltkrieg teil, setzte dann seine Bühnenlaufbahn in Frankfurt a. M. fort, 1934 am Schauspielhaus in Stuttgart, später in Kolberg u. am Stadttheater in Guben. Eine seiner besten Rollen war der Steiger Habermann in H. Steguweits „Der Herr Baron fährt ein".

Lesser, Stanislaus, geb. um 1840, gest. 3. Dez. 1907 zu Wien, entstammte einer deutschen Bankiersfamilie in Warschau, widmete sich frühzeitig der Bühne u. wurde Hofschauspieler in Petersburg. Hierauf ging er nach Deutschland, wirkte als Held u. Bonvivant in Leipzig, Prag u. a., leitete die deutsche Bühne in Pest, pachtete dann das Wallnertheater in Berlin, trat aber bald von der Direktion zurück u. übernahm zuletzt die Leitung der Bühne in Olmütz. Gastspiele in Lemberg, Graz, Breslau u. a. Hauptrollen: Ferdinand („Kabale u. Liebe"), Narziß, Hamlet, Uriel Acosta, Petruchio („Der Widerspenstigen Zähmung") u. a. In der „Allgemeinen Theater-Chronik" (Nr. 12, 1871) findet sich folgende Kritik: „Schon seine äußere Erscheinung ist imposant, eine hohe, schlanke Gestalt, edle sympathische

Züge, eine gewinnende Haltung . . . Die Auffassung der von ihm gegebenen Rollen zeugt von eindringlichen Studien u. tiefem Verständnis . . . Er ist mit dem Dichter gleichsam verwachsen. Es entgeht ihm kein psychologisches Moment des Charakters; alles wird zur Gestaltung gebracht. Er ist frei von allem Poltern u. jedem Haschen nach Effekt. Überall herrscht bei ihm Maß u Harmonie . . . Im Ganzen ist sein Spiel von hohem Adel. Unendlich ausgestattet mit einer Fülle geistiger Momente, mit Mannigfaltigkeit u. technischer Vollendung. Der Künstler wird auch von einem glücklichen Organ unterstützt."

Lessig, Lothar, geb. 22. Aug. 1893 zu Borna, ausgebildet von Riza Malata-Eibenschütz (s. d.) u. a., begann 1920 als Konzertsänger (Baß) seine künstlerische Laufbahn, kam 1922 an das Landestheater in Karlsruhe u. wirkte seit 1923 in Essen.

Lessing, Emil, geb. 6. Mai 1857 zu Berlin, gest. 1. Nov. 1921 das., von Heinrich Oberländer (s. d.) für die Bühne ausgebildet, betrat diese als Schauspieler 1880 in Bromberg, kam über Thorn, Mainz, St. Gallen, Elberfeld-Barmen, Lübeck u. Posen 1889 ans Residenztheater in Berlin, hier auch als Regisseur tätig, später an das dort. Lessingtheater, leitete zwei Jahre die Neue Freie Volksbühne u. führte schließlich Regie am Deutschen Theater in maßgebender Weise. Förderer der modernen realistischen Richtung.

Literatur: Eisenberg, E. Lessing (Biogr. Lexikon) 1903.

Lessing, Gotthold Ephraim, geb. 22. Jan. 1729 zu Kamenz in der Lausitz, gest. 15. Febr. 1781 zu Braunschweig, Predigerssohn, besuchte 1746 die Universität in Leipzig (Verkehr mit den Schauspielern der Neuberschen Truppe das.), wurde 1748 in Berlin durch Chr. Mylius (s. d.) bei der „Vossischen Zeitung" (s. d.) angestellt, deren Beilage „Das Neueste aus dem Reiche des Witzes" er seit 1751 herausgab. Mit Mylius veröffentlichte L. „Beiträge zur Historie u. Aufnahme des deutschen Theaters" 1750. Von Voltaire wurde er als Übersetzer herangezogen. 1752 Magister in Wittenberg. 1759 begann L. das kritische Organ „Briefe die neueste Literatur betreffend". 1760 Sekretär des Generals v. Tauentzien in Breslau, 1767 Theaterberichterstatter in Hamburg, 1770 Bibliothekar in

Wolfenbüttel, 1775—76 in Wien, von wo aus er eine Reise nach Italien mit dem Herzog Leopold von Braunschweig unternahm. In seinen Jugenddramen („Der junge Gelehrte", persönliche Charakterzüge widerspiegelnd, „Die Juden", Toleranz lehrend, „Der Freigeist" u. „Samuel Henzi", Fragment in Alexandrinern) ahmte er die Franzosen, Gellert u. Frau Gottsched nach. Das bürgerliche Trauerspiel „Miß Sarah Sampson" (1775) ging bereits auf das englische Drama zurück. Zeitweilig beschäftigte ihn sogar das alte deutsche Volkstheater („Faust", ein Fragment). Das Bruchstück „Kleomnis" u. der Einakter „Philotas" feierten den preußischen Heldengeist in antikem Gewande. „Minna von Barnhelm", eine Frucht des Siebenjährigen Krieges, 1763 in Breslau gedichtet, 1767 in Berlin gedruckt, wurde das erste vorbildliche deutsche Lustspiel (in Prosa), im Helden Tellheim zeichnete er seinen Freund E. Ch. v. Kleist. Es folgten „Emilia Galotti", die Tragödie einer modernen Virginia, u. das dramatische Gedicht im (neuen) Blankvers (fünffüßiger Jambus) „Nathan der Weise", worin die drei Religionen der Christen, Juden u. Mohammedaner (Parabel von den drei Ringen) als gleichberechtigt nebeneinandergestellt werden (Nathan trägt Züge des Dichters u. seines Freundes Moses Mendelssohn). Die großartige „Hamburgische Dramaturgie" (1767—68) machte der bisher tonangebenden französischen Tragödie in Deutschland ein Ende, wobei ihm die Poetik des Aristoteles zu Hilfe kam. Von Shakespeare aus wies er auf das nationale Drama der deutschen Zukunft hin. Glänzender Sprachbildner, bahnbrechender Theoretiker u. Eigenschöpfer auf dramatischem Gebiet, scharfsinniger Dialektiker u. Kritiker. Lessing-Gesellschaft in Frankfurt a. M. (seit 1948). Lessing-Museum im Lessing-Haus in Kamenz, gegründet 1931, enthält Dokumente, Bildnisse u. Bücher von u. über L.

Eigene Werke: Der junge Gelehrte 1747 (gedichtet); Beiträge zur Historie u. Aufnahme des Theaters 1750; Theatralische Bibliothek (meist Übersetzungen) 4 Bde. 1754—58; Miß Sarah Sampson 1755; Das Theater des Herrn Diderot, deutsch 1760; Minna von Barnhelm 1767 (Neuausgabe von H. Blümner 1876); Hamburgische Dramaturgie 2 Bde. 1767—69; Emilia Galotti 1772; Nathan der Weise 1779; Kritische Gesamtausgabe (die erste eines deutschen Klassikers von Karl Lachmann) 13 Bde., 1838 bis

1840 (2. Aufl. von W. v. Maltzahn 12 Bde. 1853—57, 3. Aufl. von Franz Muncker 21 Bde. — mit den Briefen — 1885—1908, Registerband 1924); Gespräche nebst sonstigen Zeugnissen aus seinem Umgang, herausg. von F. Freih. v. Biedermann 1924; Werke, herausg. von J. Petersen u. M. v. Ohlshausen (Bongs Klassiker-Bibliothek) 25 Bde. 1933—35; Auswahl von Walter Hoyer (Klassiker-Ausgabe des Bibliogr. Instituts) 3 Bde. 1952.

Behandlung: F. *Tietz,* Ein Theaterabend vor 100 Jahren (Novelle) 1855; Otto *Girndt,* Lessing u. Mendelssohn (Schauspiel) um 1860; Ludwig *Dreyer,* L. u. Goeze (Drama) 1881; A. *Wohlmuth,* L. in Kamenz (Dramat. Charakterbild) 1886; Eugen *Wrany* (= E. Raaben), Voltaire u. L. (Lustspiel) 1893.

Literatur: Karl Gotthelf *Lessing,* G. E. Lessings Leben 3 Bde. 1793—95 (Neudruck von O. F. Lachmann in Reclams Univ.-Bibliothek); Th. W. *Danzel* u. G. E. *Guhrauer,* G. E. L. 2 Bde. 1850—54 (2. Aufl. von Boxberger u. Maltzahn 1880 f.); D. F. *Strauß,* Lessings Nathan der Weise 1860; Heinrich *Düntzer,* L. als Dramatiker u. Dramaturg 1862; Kuno *Fischer,* Lessings Nathan der Weise, die Idee u. der Charakter der Dichtung dargestellt 1864 (4. Aufl. 1896); Wilhelm *Cosack,* Materialien zu Lessings Hamburg. Dramaturgie 1876 (2. Aufl. 1891); Friedrich *Schröter* u. Richard *Thiele,* Lessings Hamburg. Dramaturgie erläutert 1877; B. *Arnold,* Lessings Emilia Galotti in ihrem Verhältnis zu Aristoteles u. zur Hamburg. Dramaturgie (Progr. Chemnitz) 1880; R. M. *Werner,* Emilia Galotti 1883; Erich *Schmidt,* L. 1. Bd. 1884, 2. Bd. 1892 (3. Aufl. 1909); J. W. *Braun,* L. im Urteile seiner Zeitgenossen 3 Bde. 1884—97; Friedrich *Düsel,* Der dramat. Monolog in der Politik des 17. u. 18. Jahrhunderts u. in den Dramen Lessings 1897; Gustav *Kellner,* Über den religiösen Gehalt von Lessings Nathan 1898; Siegmund *Rindskopf,* Der sprachliche Ausdruck der Affekte in Lessings dram. Werken (Diss. Dresden) 1901; J. *Wihan,* Lessings Minna u. Goldonis Un curiosa accedento 1903; Heinrich *Stümcke,* Die Fortsetzungen, Nachahmungen u. Travestien von Lessings Nathan (Schriften der Gesellschaft für Theatergeschichte 4. Bd.) 1904; Gustav *Kettner,* Lessings Dramen im Lichte ihrer u. unserer Zeit 1904; Hans *Kinkel,* Lessings Dramen in Frankreich 1908; Oskar *Walzel,* Lessings Begriff des Tragischen (Vom Geistesleben alter u. neuer Zeit) 1908; Rudolf *Petsch,* Lessings Faustdichtung 1911; Wolfgang *Lange*, Das Religionsproblem im neueren Drama u. bis zur Romantik 1914; H. *Meyer-Benfey*, Lessings Minna von Barnhelm 1915; Hans *Scheel*, Der mimische Gehalt im Drama Lessings u. seiner Zeitgenossen (Diss. München) 1918; Alfred *Klaar*, Die österreichische Uraufführung von Lessings Nathan (Beiträge zur Literatur- u. Theatergeschichte = Festgabe L. Geiger) 1918; H. *Meyer-Benfey*, Lessings Faustpläne (Germanisch-Romanische Monatsschrift 12. Jahrg.) 1924; Fritz *Brüggemann*, Lessings Bürgerdramen u. der Subjektivismus als Problem (Jahrbuch des Freien Deutschen Hochstifts) 1926; Hans *Schuchmann*, Studien zum Dialog im Drama Lessings u. Schillers (Diss. Gießen) 1927; J. *Clivio*, L. u. das Problem der Tragödie (Wege zur Dichtung 5. Heft) 1928; W. *Mohri*, Die Technik des Dialogs in Lessings Dramen (Diss. Heidelberg) 1929; Theodor *Seelgen*, Lessings jamb. Dramenfragmente (German. Studien 81. Heft) 1930; W. *Dornhardt*, L. u. Corneille (Diss. Münster) 1932; K. *Grunsky*, L. u. Herder als Wegbereiter R. Wagners 1933; J. E. *Hiller*, L. u. Corneille (Roman. Forschungen 47. Bd.) 1933; Willibaldis *Dornhardt*, L. u. Corneille (Diss. Münster) 1934; H. *Rempol*, Tragödie u. Komödie im dramat. Schaffen Lessings 1935; Lotte *Labus*, Minna von Barnhelm auf der deutschen Bühne (Diss. Berlin) 1936; F. O. *Nolte*, Grillparzer, L. and Goethe 1938; Max *Kommerell*, L. u. Aristoteles 1940; R. *Petsch*, Die Matrone von Ephesus (Dichtung u. Volkstum 41. Bd.) 1942; H. *Stolte*, Minna von Barnhelm (Zeitschrift für deutsche Bildung Nr. 3/4) 1942; Irmgard *Hürsch*, Der Monolog im deutschen Drama von L. bis Hebbel (Diss. Zürich) 1947; Bernhard *Ulmer*, The Leitmotiv and Musical Structur in Lessings Dramen (The Germanic Review) 1947; Leo *Spitzer*, Emilia Galotti — eine Gans oder ein Luderchen (Ebda.) 1948; Reinhold *Schneider*, Lessings Drama 1948; Emil *Staiger*, Lessings Minna von Barnhelm (German Life and Letters, Neue Folge 1. Bd.) 1948; S. Etta *Schreiber*, The German Women in the Age of Enlightenment, a Study in the Drama from Gottsched to L. 1948; Benno v. *Wiese*, Die deutsche Tragödie von L. bis Hebbel 2 Bde. 1948 (2. vollständig bearbeitete Aufl. in einem Bd. 1952); Elise *Dosenheimer*, Das deutsche soziale Drama von L. bis Sternheim 1949; Hermann *Schneider*, L. (12 Biogr. Studien) 1951; Joseph *Brosy*, Das Bild der Frau im Werk Lessings (Diss. Zürich) 1951; Stuart *Atkins*, The Parable of

the Rings in Lessings Nathan der Weise (The Germanic Review Nr. 4) 1951; Hilde D. *Cohn*, Die beiden Schwierigen im deutschen Lustspiel: L., Minna von Barnhelm — Hofmannsthal, Der Schwierige (Monatshefte, Madison Nr. 6) 1952; Ch. E. *Borden*, The Original Model for Lessings Der Junge Gelehrte (University of California Publications in Modern Philology Vol. 36, Nr. 3) 1952; Heinz *Kindermann*, Meister der Komödie von Aristophanes bis B. Shaw 1952.

Lessing, Gotthold Ephraim, geb. 27. Sept. 1903 zu Wattenscheid in Westfalen, humanistisch gebildet, besuchte das Konservatorium in Dortmund u. Hagen, war 1921 bis 1924 Solorepetitor u. Kapellmeister in Dortmund, 1924—29 in Duisburg, 1929—33 Erster Kapellmeister der Oper in Danzig, 1933—35 in Coburg, 1935—37 musikalischer Oberleiter am Stadttheater in Plauen, 1937 bis 1945 Generalmusikdirektor in Baden-Baden, 1945—48 Chefdirigent beim dort. Südwestfunk u. seit 1948 Operndirektor in Lübeck. L. schuf u. a. die Neufassung einer reduzierten Orchesterbesetzung von R. Wagners Ring des Nibelungen. Verfasser eines Handbuches des Opernrepertoires 1934 (2. Aufl. 1952).

Lessing, Karl Gotthelf, geb. 10. Juli 1740 zu Kamenz, gest. 17. Febr. 1812 zu Breslau als Münzdirektor das. Bruder u. Biograph von Gotthold Ephraim L. Dramatiker.

Eigene Werke: Ohne Harlekin — Der Wildfang 1769; Der Lotteriespieler 1769; Die Kindermörderin 1777; Der stumme Plauderer 1778; G. E. Lessings Leben 3 Bde. 1793—95; Schauspiele (Die Physiognomistin, ohne es zu wissen — Der stumme Plauderer — Der Wildfang — Der Bankerott — Die Mätresse — Die reiche Frau) 1887 (Neudruck von Eugen Wolff, Deutsche Literaturdenkmale Nr. 28).

Literatur: Eugen *Wolff*, K. G. Lessing 1886.

Lessing (Ps. Lensing), Theodor, geb. 8. Febr. 1872 zu Hannover, gest. 30. Aug. 1933 zu Marienbad, Sohn eines Arztes, promovierte zum Doktor der Medizin u. Philosophie, war Wanderlehrer, Vortragsredner, Kritiker u. Publizist, gründete 1904 als Sozialdemokrat die ersten Arbeiterunterrichtskurse in Dresden u. wirkte dann als Professor der Philosophie an der Technischen Hochschule in Hannover. 1933 emigrierte er nach Böhmen, wo er einem Mord-

anschlag zum Opfer fiel. Auch Bühnenschriftsteller.
Eigene Werke: Komödie 2 Bde. 1891; Im Vorfrühling (Drama) 1895; Die Nationen (Lustspiel) 1895; Das Recht des Lebens (Drama) 1896; Theaterseele, eine Bühnenästhetik 1907.

Leßmann, Daniel, geb. 18. Jan. 1794 zu Soldin in der Neumark, gest. 2. Sept. 1831 zwischen Kropstädt u. Wittenberg (durch Selbstmord), Sohn jüdischer Eltern, nahm am Befreiungskrieg teil, 1813 bei Lützen verwundet, studierte in Berlin, wurde Hofmeister in Wien u. Reisebegleiter in Italien, Frankreich, Spanien u. England. Bekannter u. Nachahmer Heines. Bühnenautor.
Eigene Werke: Aeneas u. Dido (Trauerspiel, in seiner Jugend verfaßt u. später unterdrückt) o. J.; Merciers Essighändler, bearbeitet 1828; Die Schmalkalder (Drama) 1835; Die Maßlosen (Drama) 1847 (Aus dem Nachlaß).
Literatur: Herta *Schumann,* D. Leßmann (Diss. Leipzig) 1920.

Leßmann, Herbert, geb. 19. Juni 1875, debütierte 1898 am Deutschen Theater in Berlin, war dann Schüler von Emil Lessing (s. d.), wirkte nach vollendeter Ausbildung zwei Jahre am Hoftheater in Meiningen, als Erster Charakterdarsteller in Gießen, Koblenz, Riga u. kam 1904 nach München, wo er bis 1920 spielte. Hauptrollen: Hamlet, Mephisto, Narziß, Marinelli, Richard III.

Leßmann, Irmgard, geb. 1882, gest. 4. April 1909 zu Berlin, Tochter des Folgenden, begann ihre Bühnenlaufbahn am Stadttheater in Görlitz u. wirkte als Schauspielerin in Stuttgart, am Neuen Schauspielhaus in Berlin u. zuletzt am dort. Berliner Theater.

Lessmann, Otto, geb. 30. Jan. 1843 zu Berlin, gest. 27. April 1918 zu Jena, Herausgeber der „Allgemeinen Musikzeitung" u. Musikkritiker. Vater der Vorigen.

Leßmüller, Valerie, geb. 16. Jan. 1880 zu Brand bei Freiberg, gest. 30. Mai 1905 zu Dresden, wirkte als Schauspielerin am Stadttheater in Breslau.

Leszinsky, Otto, geb. 1830, gest. 24. Juli 1904 zu Berlin, war Schauspieler u. Opernsänger am dort. Friedrich-Wilhelmstädtischen Theater u. später jahrzehntelang Chorist in Hannover.

Lettinger, Karl, geb. 17. Sept. 1826 zu Wien, gest. 13. Nov. 1906 zu Hamburg, gab sein Universitätsstudium auf, ließ sich am Wiener Konservatorium ausbilden u. betrat erstmals in Hamburg die Bühne, wohin er nach vierzigjähriger Tätigkeit als Opernsänger an vielen Bühnen Deutschlands am Ende zurückkehrte.

Lettinger, Lina, geb. 6. Jan. 1835, gest. nach 1920, war Erste Heldin u. Salondame in Posen, Stettin, Elberfeld, Bremen, Berlin u. Heldenmutter in Hamburg. Zuletzt lebte sie in Berlin.

Lettinger, Marie, geb. um 1870, begann ihre Bühnenlaufbahn unter ihrem Mädchennamen Wendt am Lobetheater in Breslau, kam als Naive Liebhaberin 1893 nach Posen, 1894 ans Residenztheater in Berlin, 1895 wieder nach Breslau, wo sie bis 1901 blieb, in der Folge Gastspielreisen unternehmend. Gattin des Folgenden. Hauptrollen: Beate („Der Probepfeil" von O. Blumenthal), Marcelle („Demi-Monde", von A. Dumas), Henriette („Lorbeerbaum u. Bettelstab"), Clärchen („Im weißen Rößl"), Ludmilla („Das Stiftungsfest") u. a.

Lettinger, Rudolf, geb. 26. Okt. 1865, gest. 21. März 1937 zu Berlin, aus der Familie Karl L. stammend, wandte sich, obwohl für den Kaufmannsberuf bestimmt, der Bühne zu, die er 1883 auf einem kleinen Sommertheater als Kosinsky betrat, wirkte dann in Detmold, Heidelberg, Stettin, Magdeburg, Nürnberg, Zürich, Oldenburg, Breslau u. a. verschiedenen Theatern Berlins. Liebhaber, Charakterspieler, Heldendarsteller u. Regisseur. Hauptrollen: Cyrano de Bergerac (Titelrolle), Geßler („Wilhelm Tell"), Paul Abel („Zwei mal zwei ist fünf"), von Wildau („Kasernenluft") u. a. Gatte der Vorigen.

Lettow, Fritz von (Geburtsdatum unbekannt), gest. 21. Okt. 1888 zu Hamburg, wirkte als Liebhaber u. Bonvivant am Wilhelmtheater das. u. am Kaisertheater in Altona. Hauptrollen: Eduard („Die Spitzenkönigin" von Müller u. L'Arronge), William („Silvesternacht" von Ch. Birch-Pfeiffer), Lormont („Die Zwillinge" von F. P. Trautmann), Born („Drei Paar Schuhe"), Wingen („Großstädtisch") u. a.

Letztergroschen, Elise s. Limley, Elise.

Leube, Ida (Ps. Oskar Herzfriede), geb. 28. Jan. 1868 zu Wien, war als Journalistin das. für verschiedene österr. u. deutsche Zeitungen tätig. Bühnenschriftstellerin. Gattin des Oberspielleiters Wolfgang Quincke. *Eigene Werke:* Gräfin Fritzl (Lustspiel) 1904 (mit R. Thamm); Seine beste Idee (Volksstück) 1904 (mit dems.); Die Folgen der Salome (Schwank) 1906 (mit dems.); Sonnensucher (Libretto) 1907; Übergangsmenschen (Einakter-Zyklus: Ein Hochzeitsabend — Beatrice — Prinz Heinz) 1907; Ein Vater wird gesucht (Schwank) 1908 (mit R. Thamm) u. a.

Leube, Kurt, geb. 1892, gest. 19. März 1919 zu Leipzig, sollte Buchhändler werden, wandte sich jedoch dem Theater zu, ließ sich in Leipzig ausbilden, begann als Schauspieler seine Laufbahn in Konstanz u. kam dann unter Ernst Bornstedt (s. Ernst Strempel) an das Stadttheater in Flensburg.

Leubner, Alfred, geb. 3. Jan. 1883 zu Reichenberg in Böhmen, gest. 28. März 1946 zu Neustrelitz, war Opernsänger in Metz, Coburg u. a., zuletzt am Landestheater in Neustrelitz. Kammersänger. Hauptrollen: Landgraf („Tannhäuser"), König Heinrich („Lohengrin"), Pogner („Die Meistersinger von Nürnberg"), Peter („Undine"), Bonze („Madame Butterfly") u. a. Gastspielreisen führten ihn u. a. nach Holland u. Rumänien.

Leuchert, Eduard, geb. 1823 zu Zuckmantel (Österr.-Schlesien), gest. 8. Dez. 1883 zu Wien, wirkte zuerst als Heldendarsteller u. 1864—83 in Chargenrollen am Burgtheater. Gatte von Marie Spiller.

Leuchert, Eduard von, geb. 28. April 1795 zu Königsberg in Preußen, gest. 14. Okt. 1871 zu Dresden, Sohn eines Regierungsrates, Luetzower, Kamerad Theodor Körners, Schwiegervater von Ferdinand Nesmüller (s. d.), wirkte bei diesem als Schauspieler.

Leuchert (geb. Spiller), Marie, geb. 22. März 1852 zu Wien, gest. 16. Dez. 1894 das., war Sängerin u. Schauspielerin am dort. Josefstädtertheater, in Kronstadt, Pilsen u. a., zuletzt wieder in Wien am Jantschtheater. Gattin des Schauspielers Eduard L.

Leuchsenring, Franz (1746—1827), war hessen-darmstädtischer Prinzenerzieher u. Hofrat, seit 1784 Lehrer des nachmaligen Königs Friedrich Wilhelm III. von Preußen, von Goethe, als ein typischer Vertreter der Empfindsamkeitsduselei im 18. Jahrhundert, wiederholt verspottet. Im „Fastnachtsspiel vom Pater Brey" 1773, das den „falschen Propheten" u. sein Verhältnis zu Herder u. dessen Braut beleuchtet, wird der Allerweltsverbesserer schließlich zu den Säuen geschickt. Das ältere Estherspiel („Triumph der Empfindsamkeit" in der Fassung von 1773) karikiert L. in der Figur Mardochais, was jedoch in der Bühnenbearbeitung von 1778 weniger deutlich in Erscheinung tritt. *Literatur:* (H.) Br(äuning) O(ktavio), Leuchsenring (Goethe-Handbuch 2. Bd.) 1917.

Leuchsenring, Paul (Geburtsdatum unbekannt), lebte als Dramatiker in Schlesien. *Eigene Werke:* Haithabu (Schauspiel, aufgeführt in Hamburg) 1935; Kämpfer ohne Schwert (Drama) o. J.; Regatta (Lustspiel, aufgeführt in Bremen) 1935 (mit Herb. Walter); Freispruch für Barbara (Komödie) 1938.

Leudesdorff, Ernst, geb. 28. März 1865 zu Wuppertal, gest. 7. Sept. 1954 zu Hamburg, betrat 1905 erstmals die Bühne u. wirkte in Barmen, Luzern, Liegnitz, Berlin, Wien u. seit 1915 am Thaliatheater in Hamburg, dessen Ehrenmitglied er wurde. Hauptrollen: Hamlet, Othello, Jago, Macbeth u. a. Die Kritik rühmte L. als einen höchst vitalen Darsteller von besonderer Ausdruckskraft, die vom Behäbig-Gemütlichen bis zum Dämonischen reichte. In erster Ehe Gatte der Folgenden.

Leudesdorff-Tormin, Philine, geb. 1894, gest. 30. April 1924 zu Hamburg, wirkte als hervorragende Schauspielerin am Thaliatheater das. Gatte des Vorigen.

Leuer (Ps. Kiurina), Bertha, geb. 19. Febr. 1882 zu Wien, gest. 3. Mai 1933 das., studierte das dort. Konservatorium (Schülerin von Gustav Geiringer), kam ohne vorherige Provinzlaufbahn sofort an die Wiener Oper, wo Gustav Mahler, ihr überragendes Talent erkennend, ihr von Anfang an ein weites Betätigungsfeld einräumte u. sie 1905—21 u. 1926—27 wirkte. Gattin des Opernsängers Hubert L. Hauptrollen: Leonore („Der Troubadour"), Ännchen („Der Freischütz"), Nuri („Tiefland"),

Nedda („Der Bajazzo"), Arsena („Der Zigeunerbaron"), Anna („Die lustigen Weiber von Windsor"), Zerline („Fra Diavolo") u. a.
Literatur: Marie *Gutheil-Schoder,* Meine Kollegin B. Kiurina (Neues Wiener Journal 5. Mai) 1933.

Leuer, Hubert, geb. 12. Okt. 1880 zu Köln, wurde am dort. Konservatorium musikalisch ausgebildet u. von Gustav Mahler 1904 an die Hofoper in Wien verpflichtet, wo er als David in den „Meistersingern" debütierte, hierauf zahlreiche lyrische Tenorpartien sang u. dann zum Heldenfach überging, in dem er bis 1920 wirkte. Kammersänger. Gastspiele führten ihn nach Budapest, Berlin, Barcelona u. a. Bis 1932 trat er auch an seiner alten Wirkungsstätte immer wieder als Gast auf. Gatte der Vorigen. Hauptrollen: Siegfried, Tristan, Parsifal, Rienzi, Othello, Herodes („Salome"), Menelas („Die ägyptische Helena") u. a.

Leusch, Richard, geb. im letzten Viertel des 19. Jahrhunderts, gest. 15. Sept. 1935 zu Henkenhagen, war Oberspielleiter, Schauspieler u. Direktionsstellvertreter am Stadttheater in Kolberg.

Leuschner, Oskar (Ps. Erich Stark), geb. 9. Mai 1870 zu Großburgk in Sachsen, gest. 3. Febr. 1935 zu Berlin. Lyriker, Erzähler u. Dramatiker.
Eigene Werke: Psychodramat. Vortragsdichtungen 1895; Am Weihnachtsabend (Festspiel) 1895; Die Comitésitzung (Volksstück) 1895; Rübezahl (Märchenspiel) 1904 u. a.

Leutheiser (Ps. Wolf), Hugo, geb. 16. Jan. 1890 zu Metz, gest. 26. Dez. 1943 zu Brandenburg an der Havel, Kaufmannssohn, begann seine Bühnenlaufbahn 1908 in Metz, kam über Guben, Libau u. nach vierjährigem Kriegseinsatz 1919 als Regisseur an das Stadttheater in Heidelberg, dann als Direktor-Stellvertreter an das Stadttheater in Gießen u. an das Kurtheater in Bad Nauheim. 1924—29 Intendant des Stadttheaters in Brandenburg, 1929—30 des Albert-Theaters in Dresden u. seit 1931 Mitbegründer u. stellvertretender Intendant des Deutschen Nationaltheaters in Berlin.

Leuthner, Cölestin, geb. 1695 zu Traunstein (Todesdatum unbekannt), 1733—59 Professor in Salzburg, gab 1736 „Dramata Par-

thenia" (Marien-Dramen) heraus, die 1728 bis 1736 in Salzburg aufgeführt wurden.

Leuthner, Hermine s. Skraup, Hermine.

Leuthold, Henriette s. Pürk, Henriette.

Leuthold, Robert, geb. 24. Dez. 1852, gest. 11. Jan. 1897 zu Bielitz, ausgebildet in Wien, wirkte als Charakterdarsteller 1874—76 in Innsbruck, 1876—78 in Laibach, 1878—81 in Olmütz, 1881—82 in Troppau, 1882—83 in Ulm, später in Reichenberg, Linz, Bern, Klagenfurt u. a. Hauptrollen: Franz Moor, Mephisto, Jago, Wurzelsepp u. a. Auch Regisseur.

Leutiger, Liselotte, geb. 23. März 1906 zu Görlitz, lebte als Lehrerin für Atemschulung in Enger in Westfalen. Verfasserin von Laien- u. Puppenspielen.
Eigene Werke: Des Kaisers neue Kleider 1947; Der Hasenhirt 1948; Kasper im Zauberwald 1949; Die drei Wünsche 1949; Das tapfere Schneiderlein 1950; Das Kräutlein in der Hühnerbrühe 1951.

Leutner, Em. s. Raupach, Ernst.

Leutner, Minna von s. Peschka-Leutner, Minna.

Leutrum von Ertingen, Gerhard Graf, geb. 23. Aug. 1851 zu Karlsruhe (Todesdatum unbekannt), war nach Teilnahme am Deutsch-Französischen Krieg Hofmarschall u. Kammerherr in Stuttgart. Dramatiker.
Eigene Werke: Kaiser Joseph II. (Schauspiel) 1882; Friedrich Wilhelm, Herzog von Braunschweig-Öls (Vaterländ. Schauspiel) 1883; Schubart (Vaterländ.) 1895; Aus alter Zeit (Vaterländ. Schauspiel) 1895; Betrogene Betrüger (Histor. Schauspiel) 1896 u. a.

Leuwerik (auch Leeuwerik), Ruth, geb. nach 1920 zu Essen, besuchte in Münster die Handelsschule, war während des Zweiten Weltkriegs Fräserin in einer Fabrik, dann Stenotypistin u. nach Schauspielunterricht Darstellerin in Bremen, Lübeck u. am Deutschen Schauspielhaus in Hamburg. Hauptrollen: Sally („Das Lied der Taube"), Federle („Eulenspiegel"), Lucille („Dantons Tod"), Manuela („Mädchen in Uniform"), Irma („Die Irre von Chaillot"), Inken Peters („Vor Sonnenuntergang"), Cordelia („König Lear"), Kreusa („Medea"), Isabella („Intermezzo" von Giraudoux) u. a.

Literatur: E. W., Antlitz einer Generation (Wiener Tageszeitung 20. Aug.) 1952.

Leux, Elli, geb. 1898 zu Berlin, gest. 15. April 1929 das., Schwester von Lori Leux, wirkte als gefeierte Soubrette am Großen Schauspielhaus, an der Krolloper, am Staatl. Schauspielhaus u. an der Komischen Oper in Berlin.

Leuze, Ludwig, geb. 11. Okt. 1911 zu Stuttgart-Berg, gest. 15. Juni 1940 (gefallen beim Rheinübergang bei Breisach), war Schauspieler in Stuttgart.

Level, Mathilde, geb. 31. Aug. 1873 zu Paris, gest. 29. Okt. 1904 zu Mainz, begann als Koloratursängerin am Hoftheater in Mannheim ihre Bühnenlaufbahn u. war in Sondershausen, Bern, Zürich u. Mainz bühnentätig. Hauptrollen: Philine („Mignon"), Woglinde („Götterdämmerung"), Petrita („Donna Juanita"), Königin der Nacht („Die Zauberflöte"), Lene („Der Bärenhäuter"), Lisette („Flotte Bursche") u. a.

Levermann, Paula s. Pahlau, Paula.

Levetzow, Karl Michael Freiherr von, geb. 10. April 1871 zu Dobromielitz in Mähren, studierte in Wien, unternahm weite Reisen bis nach Südamerika, verkehrte im „Wiener Dichterkreis" u. beteiligte sich an E. v. Wolzogens „Überbrettl" (s. d.). Lyriker u. Bühnenschriftsteller.
Eigene Werke: Pierrots Leben, Leiden u. Himmelfahrt (Trag. Pantomime) 1902; Der Bogen des Philoklet (Drama) 1908; Ruth (Bibl. Drama) 1920; Der Goldene Pfad (Drama) 1921; Die schwarze Orchidee (Operntext für dens.) 1932; Enoch Arden (Operntext für Othmar Gerster) 1936 u. a.

Levezow, Konrad, geb. 3. Sept. 1770 zu Stettin, gest. 13. Okt. 1835 zu Berlin, war 1804—24 Professor an der dort. Kunstakademie. Bühnenschriftsteller.
Eigene Werke: Iphigenie in Aulis (Trauerspiel) 1805; Über die Wahl des Stoffes zu einem großen histor. Drama. Bruchstück einer Abhandlung über die Frage: Kann Luther in ästhetischer Hinsicht dramatisch dargestellt werden? (Eurynome, Sept.) 1806; Der Fischer bei Colberg (Schauspiel) 1814; Dramaturgisches Wochenblatt in nächster Beziehung auf die Kgl. Schauspiele in Berlin 2 Bde. 1815—17; Des Epimenides Urteil (Festspiel) 1815; Abschied von der Heimat oder Die Heldengräber bei Groß-Beeren (Schauspiel) 1815; Die Baukunst (Monolog dramat. dargestellt) 1816; Ratibor u. Wanda (Schauspiel) 1819; Innocentia (Trauerspiel) 1823.

Levi (geb. Henle), Elise, geb. 10. Aug. 1832 zu München, gest. 18. Aug. 1892 zu Frankfurt a. M., Tochter des Erfinders der polytopischen Uhr u. Schriftstellers Benedikt Henle, war Bühnenschriftstellerin u. lebte in Eßlingen, München u. Frankfurt a. M.
Eigene Werke: Ein Duell (Lustspiel) 1869; Der 18. Oktober (Schauspiel) 1871; Aus Goethes lustigen Tagen (Lustspiel) 1878; Durch die Intendanz (Lustspiel) 1878; Die Wiener in Stuttgart (Lustspiel) 1879; Entehrt (Schauspiel) 1879; Der Erbonkel (Lustspiel) 1887; Backfischchens Theaterfreuden (Lustspiele) 1887; Ruhebedürftig (Schwank) 1891 u. a.

Levi, Hermann, geb. 7. Nov. 1839 zu Gießen, gest. 13. Mai 1900 zu München, Sohn eines Oberrabbiners, galt frühzeitig als musikalisches Wunderkind, wurde mit 13 Jahren Schüler von Vinzenz Lachner in Mannheim, zwei Jahre später des Konservatoriums in Leipzig, dirigierte im dort. Gewandhaus in Gegenwart des Königs von Sachsen zwei Sätze einer eigenen Symphonie, wirkte 1859—61 als Musikdirektor in Saarbrücken, 1861—64 als Kapellmeister der Deutschen Oper in Rotterdam, 1864—72 als Hofkapellmeister in Karlsruhe u. seither als Generalmusikdirektor in München. Als begeisterter Verehrer R. Wagners trug er wesentlich zu dessen allmählicher Anerkennung bei. Er dirigierte 1878 die vollständige Nibelungen-Tetralogie in München u. war 1882 der erste Parsifal-Dirigent in Bayreuth. 1898 bearbeitete er den Text zu Mozarts „Cosi fan tutte", redigierte eine Ausgabe von Kistlers „Eulenspiegel" u. unterzog Grandaurs Verdeutschung des „Don Juan" u. „Figaro" einer Revision. Auch schrieb er „Gedanken aus Goethes Werken" 1900 (3. Aufl. 1903).
Literatur: Ernst Possart, Münchner Erinnerungen an H. Levi 1900; A. Ettlinger, H. L. (Biogr. Jahrbuch 5. Bd.) 1903; Alfred v. Mensi-Klarbach, H. L. (Alt-Münchener-Erinnerungen) 1924.

Levi (geb. von Jelenska), Irma, geb. (Datum unbekannt) in Kroatien, gest. 31. Jan. 1883 zu Barcelona (während ihrer Hochzeits-

reise), begann 1874 am Burgtheater ihre
Laufbahn, spielte dann am Theater an
der Wien, in Prag, Hamburg (Stadttheater)
u. seit 1879 am Hoftheater in Stuttgart.
Hauptrollen: Luise („Kabale u. Liebe"), Judith („Uriel Acosta"), Katharina („Die
Feinde"), Hedwig („Wilhelm Tell") u. a.

Levinsky, Joseph, geb. 1839, gest. 15. Sept.
1924 zu Berlin, Sänger, später Musikkritiker.

Levitschnigg, Heinrich Ritter von, geb.
25. Sept. 1810 zu Wien, gest. 25. Jan. 1862
das., studierte hier u. wurde Kadett u.
Leutnant. Mitarbeiter der „Wiener Zeit-
schrift", des „Humoristen" u. a. Blätter.
Freund Grillparzers u. a. zeitgenössischer
Dichter. 1845 Redakteur der Wiener satir.
Zeitschrift „Der Zeitgeist". Lyriker u. Er-
zähler, aber auch Dramatiker.
Eigene Werke: Adolf Foglárs Lord
Byron — Löwe u. Rose (Dramen, abgedruckt
in den Verworfenen Schauspielen) 1847;
Der Tannhäuser (Dramat. Gedicht, vertont
von F. v. Suppé) o. J. (aufgeführt 1852).
Literatur: Wurzbach, H. Ritter v. Levitsch-
nigg (Biogr. Lexikon 15. Bd.) 1866; Anton
Schlossar, H. Ritter v. L. (A. D. B. 18. Bd.)
1883.

Levy (geb. Landshoff), Else, geb. 30. Juli
1877 zu Stettin, Kaufmannstochter, studierte
in Berlin Gesang, begann 1910 am Stadttheater in Plauen ihre Bühnenlaufbahn, kam
1913 nach Görlitz, 1915 an die Volksoper
in Berlin u. wirkte seit 1917 als Gastsängerin. Gattin des Ingenieurs Edmund L.
Auch ihre Tochter Ruth L. (geb. 7. Jan.
1904) gehörte als Schauspielerin der Bühne
an.

Levy, Ruth s. Levy, Else.

Levy-Diem, Hans, geb. 1. Juli 1908 zu Rorschach, gest. 15. Febr. 1929 zu Berlin (Selbstmord durch Erschießen), einer Schweizer
Familie entstammend, wurde in Berlin musikalisch ausgebildet u. wirkte, von Bruno
Walter (s. d.) gefördert, als Kapellmeister
an der Städtischen Oper das. Komponist
einer Bühnenmusik zu Eulenbergs „Münchhausen".

Levy, Walter (Ps. Peter Munk), geb. 8. April
1914 zu Hamburg, studierte das. u. in Jerusalem u. lebte zuletzt in London. Auch
Bühnenschriftsteller.

Eigene Werke: Der Rabbi von Burgos
1941; Der schwarze Napoleon 1942 (uraufgeführt in London 1953); Der Kampf mit den
Engeln o. J. u. a.

Lewald, August (Ps. Hans Kindermann,
Tobias Sonnabend u. Kurt Waller), geb.
14. Okt. 1792 zu Königsberg in Preußen,
gest. 10. März 1871 zu München, studierte
in Königsberg, machte den Krieg gegen
Frankreich bis 1815 mit, verkehrte später
in Breslau mit K. v. Holtei (s. d.) u. K.
Schall (s. d.), wirkte seit 1818 in Wien,
Brünn u. München als Schauspieler, seit
1824 als Theaterdirektor in Nürnberg, später in Bamberg, hierauf als Theaterdichter
u. Komparseninspektor in Hamburg u. ging
dann nach Paris, München u. Stuttgart, wo
er 1835 die Zeitschrift „Europa, Chronik der
gebildeten Welt" gründete, die er später
nach Karlsruhe verlegte. 1849 in Stuttgart
Schriftleiter der konservativen „Deutschen
Chronik" u. bald darauf Spielleiter des
dort. Hoftheaters bis 1863. Zuletzt Privatmann. Erzähler u. Bühnenschriftsteller von
zeitgeschichtlicher Bedeutung.
Eigene Werke: Der Großpapa (Posse)
1818; Epilog zu Heinrich Schmidts Konrad,
Herzog der Franken 1819; Die Abenteuer
einer Mainacht (Posse) 1820; Der Nachwelt
Huldigung (Vorspiel in Versen) 1820; Der
Liebe List u. Rache (Lustspiel) 1820; Es
ist die rechte Zeit (Lustspiel) 1822; Der
Vatersegen (Drama) 1822; Prolog zur Eröffnung des Kgl. Theaters am Isartor
(Allegor. Festspiel) 1822; Das neue Aschenbrödel (Parodie) 1823; Lieb' u. Treue (Allegor. Festspiel) 1823; Kotzebues Der hölzerne
Säbel, umgearbeitet 1823; Der Diamanten-
raub (Schauspiel nach Hoffmanns Fräulein
von Scuderi) 1823; Fürst Blaubart (Ritterschauspiel) 1823; Henslers Schauspiel Der
alte Überall u. Nirgends, bearbeitet 1823;
Die Königseiche (Festspiel) 1823; Ali Pascha
von Janina (Schauspiel) 1824; Der Paria
(Tragödie nach Delavigne) 1825; Die Hamburger in Wien (Liederposse) 1829; Der
Gärtner von Valencia (Melodrama frei
nach dem Französischen) 1830; Agnes
(Oper) 1833; Beaumarchais Eugenie — Der
Barbier von Sevilla — Die Hochzeit des
Figaro, deutsch 1838; Schauspiele 2 Bde.
1838; Theaterroman 5 Bde. 1841; Die Geheimnisse des Theaters 5 Bde. 1845; Entwurf einer praktischen Schauspielerschule
1846 u. a.
Literatur: Franz *Brümmer,* J. K. A. Lewald (A. D. B. 18. Bd.) 1833; Ulrich *Cruse,*

A. L. u. seine zeitgeschichtliche Bedeutung (Diss. Breslau) 1933.

Lewens, Hans, geb. 1821 zu Ottensen bei Hamburg, gest. 9. Okt. 1896 zu St. Louis, war Schauspieler an der dort. deutschen Bühne.

Lewin, Gustav, geb. 19. April 1869 zu Berlin, zuerst Theaterkapellmeister u. seit 1901 Lehrer an der Musikschule in Weimar. Komponist u. a. der Opern „Der Hainkönig" u. „König Vogelsang" (aufgeführt in Coburg 1928).

Lewinger, Ernst, geb. 28. Dez. 1851 zu Wien (Todesdatum unbekannt), studierte zuerst an der Technischen Hochschule seiner Vaterstadt, wandte sich aber dann der Bühne zu, trat in der Kierschnerschen Theaterakademie auf, kam 1872 als Jugendlicher Held u. Liebhaber ans Hoftheater in Gera, 1873 als Schüchterner Liebhaber u. Naturbursche ans Hoftheater in München, dann als Jugendlicher Held u. Liebhaber nach Aachen, Danzig, Düsseldorf, Posen, Nürnberg u. 1881 ans Stadttheater in Köln, wo er auch Regie führte u. später nebenbei eine Lehrtätigkeit am Konservatorium entfaltete. Seit 1897 gehörte er dem Hoftheater in Dresden an, hier besonders um die Inszenierung u. Bearbeitung klassischer Werke bemüht.

Lewinger, Max, geb. 17. März 1870 zu Sulkow bei Krakau, gest. 31. Aug. 1908 zu Dresden, besuchte das Konservatorium in Krakau u. Lemberg, später in Wien u. wurde 1897 Konzertmeister am Gewandhaus u. Theaterorchester in Leipzig. Seit 1898 war er im Kgl. Orchester in Dresden tätig.

Lewinski, Leopold, geb. 19. Sept. 1886 zu Berlin, wirkte 1917—18 als Tenor in Danzig, 1922—23 in Neiße, 1923—24 in Eisenach, hierauf auch als Schauspieler in Berlin.

Lewinsky, Else, geb. 27. Sept. 1877 zu Wien, Tochter des Folgenden, begann ihre Bühnenlaufbahn als Opernsängerin 1899 in Stettin, kam 1901 nach Altenburg u. gastierte in der Folge in Hamburg, Warschau u. a. Hauptrollen: Agathe, Margarethe, Pamina, Elsa, Elisabeth, Sieglinde u. a.

Lewinsky, Josef, geb. 20. Sept. 1835 zu Wien, gest. 27. Febr. 1907 das., Sohn eines

dort. Kürschnermeisters, Nachkomme schlesischer Bauern, besuchte das Schottengymnasium u. das Polytechnikum seiner Vaterstadt, bildete sich beim Leiter der Burgtheaterkomparserie Wilhelm Just für die Bühne aus, half als Statist in Vorstadttheatern u. spielte seit 1854 in kleinen Rollen am Theater an der Wien, wo er jedoch keinen Erfolg hatte u. bald entlassen wurde. 1855 kam er nach Troppau, 1856 nach Bielitz, Brünn u. 1858 als Charakterdarsteller (vor allem Intrigant) unter Laube ans Burgtheater. Franz Moor, Don Carlos, Wurm, Jago, Richard III. gehörten zu seinen frühesten Glanzrollen. 1865 wurde er wirklicher Hofschauspieler. Auch in Dialektrollen, etwa in Stücken Anzengrubers, als Gast des Theaters an der Wien, fand er größten Beifall. Gastspielreisen führten ihn durch ganz Deutschland bis Petersburg u. Moskau. Er beherrschte etwa 300 Rollen. Die wichtigsten charakterisierte Jakob Minor ausgehend von Lewinskys einzigartigem Franz Moor: „Unter den eigentlichen Helden war er physisch nur einem einzigen gewachsen; dem kleinen Prinzen Eugen, den er porträtähnlich in der unmittelbaren Nachbarschaft des Monumentes zweimal dargestellt hat: im ,Tag von Oudenarde' von Weilen u. in dem Schauspiel von Martin Greif" . . . „Die ersten Rollen, die er aus der Erbschaft La Roches übernahm, sind ihm sauer genug geworden u. machten den Eindruck eines recht gekünstelten u. erzwungenen Spaßes. Ohne einen gewissen Grad trockenen Humors kommt ja auch der Intrigant u. Charakterspieler nicht aus. Als Haman in Grillparzers ,Esther' u. noch mehr als Geiziger hatte L. sogar schon drastische komische Wirkungen erzielt. Mit dem rohen, aber gutmütigen Just u. dem brummigen Weiler hatte es nicht viel Schwierigkeiten, wenn der Nachfolger auch ein paar Schritte hinter dem Meister zurückblieb. Nun ging es in La Roches eigentliche Domäne; es folgten der Polonius im ,Hamlet', der Junker Streithorst im ,Landfrieden', der geadelte Kaufmann, der König im ,Schach dem König', der Marschall in ,Lady Tartuffe', der Graf in den ,Magnetischen Kuren'." . . . „Ergiebiger war für ihn das Bauernstück Anzengrubers, dem Direktor Burckhard seit 1893 ab u. zu das Burgtheater eröffnete, u. für das L. nicht bloß durch seine Mittel geeignet, sondern auch schon vorgeschult war. Hatte er einst den Knecht Henning in seiner ersten, der Intrigantenperiode, zu sehr auf den Böse-

wicht hinausgespielt, so war doch in dem zerlumpten Mathias im ‚Sonnwendhof‘ der rechte Ton getroffen, u. der Müller Reinhold, noch mehr der brummige Weiler waren echte Gestalten aus dem Bauernleben.“ . . . „Auch die allerjüngste Periode, die Zeit des Naturalismus, hat ihn nicht müßig gefunden. Hat er auch nicht wie Mitterwurzer, den er im modernen Stück den Vortritt lassen mußte, den neuen Stil gesucht und gefunden, so hat er doch sein Talent mit Glück in den Dienst der neuen Schule gestellt. Ibsen hat ihm außer dem Bischof in den ‚Kronprätendenten‘ noch den Bürgermeister Stockmann, bei dem L. an die älteren Realisten u. Zyniker anknüpfen konnte, die nicht an die Macht der Idee glauben, u. den geheimen Sünder, den Großhändler Werle, geliefert. G. Hauptmann verdankt er außer wertvollen komischen Episoden im kleinbürgerlichen Genre (Baumeister Seifert im ‚Kollegen Crampton‘, Dorfschneider im ‚Hannele‘) den grotesken Nickelmann“. Ebenso bedeutend am Vortragstisch wie als Bildner eines künstlerischen Nachwuchses u. durch seine „Kleinen Schriften dramaturgischen u. theatergeschichtlichen Inhalts“ (1910) ließ L. auch sonst seine Vielseitigkeit in hellem Licht erstrahlen. Grillparzer u. Hebbel kannte er persönlich. Nach Scheidung seiner Ehe mit der um neun Jahre älteren Jugendfreundin Minna Lauterer heiratete er 1875, Protestant u. ungarischer Staatsbürger geworden, seine Kollegin Olga Precheisen. Nach seinem Ableben hielt Burgtheaterdirektor Paul Schlenther die Grabrede. Im Treppenhaus der Bühne errichtete man ihm ein Denkmal. Zwei Porträts befinden sich in der dort. Ehrengalerie.
Literatur: Willi *Handl,* J. Lewinsky (Die Schaubühne 3. Jahrg.) 1907; A. Freih. *v. Berger,* L. im Himmel (Neue Freie Presse, 20. Mai) 1907; F. *Servaes,* J. L. (Der Tag Nr. 113) 1907; R. *Lothar,* J. L. (Bühne u. Welt 9. Jahrg.) 1907; F. *Gregori,* J. L. (Kunstwart 20. Jahrg.) 1907; H. *Richter,* J. L. (Shakespeare-Jahrbuch 44. Jahrg.) 1907; F. *Lemmermayer,* Einer der Letzten vom alten Burgtheater (Der Türmer, April) 1907; E. *Reich,* J. L. (Jahrbuch der Grillparzer-Gesellschaft 17. Jahrg.) 1907; J. *Minor,* J. L. (Biogr. Jahrbuch 12. Bd.) 1909; ders., Aus dem alten u. neuen Burgtheater 1920; Helene *Richter,* J. L. 50 Jahre Wiener Kunst u. Kultur 1926 (grundlegend).

Lewinsky (geb. Precheisen), Olga, geb.

26. Juli 1853 zu Graz, gest. 1935 zu Wien, Tochter eines Beamten, debütierte 1869 am Theater ihrer Vaterstadt, lernte gelegentlich eines Gastspiels in Klagenfurt Josefine Gallmeyer kennen, die sie Heinrich Laube u. Josef Lewinsky, ihrem späteren Gatten, empfahl. 1871 trat sie als Jungfrau von Orleans im Burgtheater auf u. wurde sofort als Jugendlichtragische Liebhaberin engagiert. Seit 1873 wirkte sie am Deutschen Landestheater in Prag, kam 1879 nach Kassel u. 1884 nach Leipzig, wo sie ihren Übertritt zum Heroinenfach vollzog. 1889—1900 spielte sie wieder am Burgtheater. Seit 1896 wirkl. Hofschauspielerin. 1900—02 Mitglied des Hoftheaters in Stuttgart, dann auf Gastreisen u. schließlich seit 1906 neuerdings am Burgtheater, zuletzt Mütter u. Anstandsdamen darstellend. Hauptrollen: Luise, Julie, Königin Elisabeth, Hedwig u. a. In den Schriften der Gesellschaft für Theatergeschichte (14. Bd.) gab sie 1910 „Kleine Schriften dramaturgischen u. theatergeschichtlichen Inhalts“ von J. Lewinsky heraus.
Literatur: Karl *Marilaun,* Gespräch mit O. Lewinsky (Neues Wiener Journal 28. Juni) 1921; Helene *Richter,* O. L. (Wiener Zeitung 28. Juli) 1935.

Lewinsky (geb. Lauterer), Wilhelmine, geb. 1825, gest. 10. Okt. 1907 zu Wien, erste Gattin von Josef L.

Lewisch, Gertraude, geb. 1929 (?) zu Vöcklabruck, ausgebildet von Lotte Medelsky (s. d.), gehörte 1948—50 als Elevin dem Burgtheater an, wirkte dann drei Jahre in Gelsenkirchen, 1953—54 in Bielefeld u. seither in Freiburg im Brsg. als Naive. Allgemein rühmte die Kritik ihre Sprachkunst, das schöne Spiel u. ihre überzeugende Gestaltungskraft. Hauptrollen: Natalie („Der Prinz von Homburg“), Thekla („Wallenstein“), Gretchen („Faust“) u. a.

Lewitt, Paul, geb. um 1900 zu Prag, von Karl Heinz Martin (s. d.) für die Bühne ausgebildet, wirkte als Schauspieler u. Regisseur u. a. in Königsberg, nach 1933 in Prag u. London, wo er 1943—44 deutschsprachige Uraufführungen im Zimmertheater der Emigranten inszenierte. Nach Beendigung des Krieges kam er an die Volksbühne u. ans Staatstheater in Dresden, hier als Schauspieldirektor tätig.
Literatur: F. R. *S.,* P. Lewitt (Theater der Zeit, Berlin, Ostzone Nr. 12) 1951.

Lex, Josef, geb. am Ende des 19. Jahrhunderts, zu München, das., in Hannover u. Mailand gesanglich ausgebildet, betrat in Oldenburg erstmals die Bühne, sang in Münster u. Hagen u. war seit 1929 Heldenbariton in Dessau, wo er besonders in großen Wagnerrollen Erfolg hatte.

Lexl, Erika s. Lexl, Hans.

Lexl, Hans, geb. um die Jahrhundertwende, entstammte einer Theaterfamilie, die seit 1780 in Oberösterreich ein Wandertheater führte, wirkte seit 1930 als Schauspieler in Krumau, Karlsbad, Linz, Reichenberg, Gablonz u. Erfurt, leitete die oberösterreichische Volksbühne u. fand nach Auflösung dieser während des Zweiten Weltkriegs ein Engagement in Linz u. hierauf in Graz, wo er auch als Inspizient tätig war. Gatte der Schauspielerin Ria Schubert u. Vater von Erika L., die 1955 als Anfängerin erfolgreich an den Kammerspielen in Graz auftrat. Zu seinen liebsten Rollen zählte der Kammerdiener Penizek in der „Gräfin Mariza".

Leydström, Carl, geb. 25. Okt. 1872 zu Stockholm, von Julius Kniese (s. d.) ausgebildet, war u. a. Mitglied der Oper in Frankfurt a. M. Auch Teilnehmer an den Bayreuther Festspielen. Wagnersänger. Hauptrollen: Wotan, Wanderer, Hans Sachs, Klingsor, Holländer, Telramund, Wolfram, Don Juan, Tonio, Kühleborn u. a.

Leyendecker, Hans, geb. 1900, gest. 29. Okt. 1944 zu Mannheim, war Opernsänger am Nationaltheater das.

Leyendecker, Hugo, geb. 10. Mai 1900 zu Gehlert (Westerwald), wurde in Köln ausgebildet u. dann Kapellmeister am Schauspielhaus in Naumburg, 1923—24 an der Komischen Oper in Essen, 1924—26 Operettenkapellmeister in Berlin, 1927—31 in Königsberg, hierauf in Augsburg u. seit 1937 in Dresden.

Leyrer, Agnes, geb. 24. Nov. 1856 zu Hamburg (Todesdatum unbekannt), Tochter von Amandus Kaps (s. d.), Gattin des Folgenden, war Opernsoubrette in Berlin, Nürnberg, Mainz u. a. Hauptrollen: Zanetto („Frou-Frou"), Fritz („Das Schwert des Damokles"), Olympe („Die Kameliendame") u. a.

Leyrer, Rudolf, geb. 19. Aug. 1855 zu Mauer bei Wien, gest. 27. Dez. 1939 zu Wien, Sohn eines Advokaten, humanistisch gebildet, besuchte das Wiener Konservatorium u. war Schüler Bernhard Baumeisters (s. d.), spielte 1877—79 am Burgtheater, kam dann als Jugendlicher Liebhaber u. Bonvivant nach Innsbruck, 1880 nach Brünn, 1881 ans Stadttheater in Wien, 1882 nach Nürnberg, 1883 ans Thaliatheater in Hamburg, 1884 wieder nach Wien u. wirkte seit 1889 in Köln. Auch als Leiter des Rechtsschutzbüros des Deutsch-Österr. Bühnen-Vereines erwarb er sich besondere Verdienste. Hauptrollen: Cassio („Othello"), Kosinsky („Die Räuber"), Feldt („Der Veilchenfresser"), Müller („Von sieben die Häßlichste"), Astolf („Das Leben ein Traum") u. a. Gatte der Vorigen.

Leythäuser, Max, geb. 1853 zu Passau, gest. 11. Okt. 1924 zu München, Sohn eines Regierungsrats, wurde nach Teilnahme am Deutsch-Französischen Krieg Berufsoffizier, lernte in seinem Garnisonort R. Wagner kennen, komponierte eine Oper „Richard Wagners Traum", widmete sich nach seiner Pensionierung vorübergehend dem Forstberuf u. ließ sich später als Musikdirektor u. Lehrer in München nieder. *Eigene Werke:* Astorga (Dramat. Dichtung) 1875; Hussitentrilogie (Dramen: Huß — Ziska — Prokop) 1876; Elisabeth, die Regensburgerin (Drama) 1878; König Heinrichs Rückfahrt nach Canossa (Drama) 1878; Der Pomposaner (Oper) 1885; Eppelein von Gailingen (Kom. Oper) 1886; Die Scheinwelt u. ihre Schicksale. Eine 127jährige Historie der Münchner kgl. Theater 1893 u. a.

L'Hamé s. Hamel, Josef.

Liberati, Carl August Friedrich s. Zieten, Carl August Friedrich von.

Libretto (ital. Verkleinerung von libro = Buch), Textbuch zu Singstücken, vornehmlich Opern u. Operetten. Bis tief ins 18. Jahrhundert wurde im deutschen Sprachgebiet fast ausschließlich die ital. Oper gepflegt. Daher bedienten sich auch Gluck u. Mozart noch ital. Libretti. Allerdings gab es in Hamburg, Wien, Leipzig, Braunschweig u. a. schon im frühen Barockzeitalter Opern mit deutschen Einlagen. Auch Versuche einer niederdeutschen Volksoper wurden unternommen. Chr. F. Weiße u. F. W. Gotter

schufen deutsche Texte komischer Opern.
Der junge Goethe bemühte sich um ein
deutsches Singspiel. Erst Schikaneder aber
gelang mit Mozarts „Zauberflöte" die entscheidende Wendung zur Beseitigung der
bis dahin herrschenden ital. Libretti bzw.
Übersetzungen. Vollends bemächtigte sich
unter Einfluß der Romantik das deutsche L.
der ihm gebührenden Stellung. Von E. Th.
A. Hoffmanns Komposition der „Undine"
über die Schöpfungen Webers, Marschners
u. Lortzings führte der Weg zu R. Wagners
Textbüchern. Daneben u. darüber hinaus
förderten Cornelius, Kienzl, R. Strauss u.
Pfitzner das deutsche L. wesentlich in seiner
selbständigen Entwicklung.
Literatur: P. *Lohmann,* Über die dramat.
Dichtung mit Musik 1861 (3. Aufl. 1886);
Edgar *Istel,* Das Libretto (Wesen, Aufbau u.
Wirkung des Opernbuchs) 1915; M. *Ehrenstein,* die Operndichtung der deutschen Romantik 1918; Th. W. *Werner,* L. (Reallexikon
2. Bd.) 1926 f.; Hans *Pfitzner,* Zur Grund-
frage der Operndichtung (Gesammelte
Schriften) 1926; Otto *Gatschka,* Librettist
u. Komponist, dargestellt an Opern R.
Strauss (Diss. Wien) 1949; Karl *Schönewolf,*
Musik u. L. (Theater der Zeit Nr. 11)
1951.

Libussa, in der altböhmischen Sage die
Tochter des Königs Krokus, Gemahlin des
Landmanns Primislaus, des Ahnherrn des
königl. Přemislidengeschlechts, das mit König Ottokar zu höchster Macht gelangte, bis
es 1306 erlosch. Gründerin Prags. Dramatische Heldin, schon früher in Volksmärchen
verherrlicht. Clemens Brentanos fünfaktiges
historisch-romantisches Drama „Die Gründung Prags" (1815) ist freilich mehr episch
als dramatisch, daher nicht bühnenfähig,
aber von großer poetischer Schönheit. Als
zugleich kosmische Dichtung führt es bei
aller Wahrung der sagenhaften Überlieferung einen universalen Grundgedanken
aus, die aus dem Chaos der Urzeit sich allmählich herauslösende Ordnung der
Menschheit. Grillparzers Trauerspiel in
fünf Aufzügen „Libussa" (1844 vollendet,
1872 aus dem Nachlaß gedruckt) ist ein ausgesprochenes Gedankendrama u. hat wohl
deshalb nicht denselben Bühnenerfolg erzielt wie des Dichters übrige Meisterwerke.
Im Lindern von Not u. Elend, im Bessern,
im Emporziehen erblickt die Titelheldin ihre
Menschenpflicht. Der soziale Gedanke hat
in ihr seine glühende Verfechterin. Eine
patriarchalische Demokratie ist ihr Ziel.

Und noch eine moderne These steht in
ihrem Programm: die Freiheit der Frau.
Aber kein ungezügelter Sturm u. Drang
kann in der Seele Libussas Wurzel fassen.
Sie liebt Primislaus. Und sie billigt am
Ende den Willen ihres Gemahls: Sie läßt
ihn Prag begründen. Die Individualistin
gibt dem kollektivistischen Zukunftsgeist
nach. Umgekehrt erkennt Primislaus viele
Ansichten Libussas als berechtigt an. Die
neue Zeit bringt einen Ausgleich.
Literatur: E. *Grigorowitza,* Libussa in der
deutschen Literatur 1901; Günther *Müller,*
Die L.-Dichtungen Brentanos u. Grill-
parzers (Euphorion 24. Bd.) 1922; H. *Siegel,*
Grillparzers L. als Menschheitsdichtung (Die
Christengemeinschaft, März) 1941; F. M.
Wassermann, Grillparzers L. Selbstbekennt-
nis u. Kulturkritik (Monatshefte, Wisconsin
Nr. 2) 1952.

Lichnowsky, Eduard Maria Fürst von, geb.
19. Sept. 1789, gest. 1. Jan. 1845 zu München, wurde von Kaiser Franz wegen seiner
geschichtlichen Arbeiten zum Historiogra-
phen ernannt. Auch Dramatiker.
Eigene Werke: Zaire (Trauerspiel nach
Voltaire) 1820 (aufgeführt im Burgtheater);
Roderich (Trauerspiel) 1823.

Lichnowsky, Mechtilde Fürstin von, geb.
8. März 1879 auf Schloß Schönburg in Niederbayern, Tochter des Grafen Maximilian
von u. zu Arco-Zinneberg, Ururenkelin der
Kaiserin Maria Theresia, lebte als Gattin
des Fürsten Karl Max L. bis 1914 in London, dann in der Tschechoslowakei, Frankreich u. später wieder in London. Nicht nur
Lyrikerin u. Erzählerin, sondern auch Dramatikerin.
Eigene Werke: Ein Spiel vom Tod 1913;
Der Kinderfreund 1918.

Lichtblau, Adolf (Ps. A. L. Blau), geb. 17. Mai
1844 zu Wien, gest. 10. Mai 1908 das. als
Kais. Rat. Dramatiker.
Eigene Werke: Ein moderner Menelaus
(Lustspiel) 1865; Ein Volksmann (Drama)
1865; Ein moderner Grasel (Drama) 1867;
Die falsche Helena (Drama) 1867.

Lichtenau, Wilhelmine Gräfin von (1753 bis
1820), Tochter des kgl. Forstmeisters Elias
Enke, Geliebte Friedrich Wilhelms II. von
Preußen, unter dessen Nachfolger Friedrich
Wilhelm III. gefangengesetzt, später wieder
freigelassen u. dann Gattin des Schauspielers, Bühnenschriftstellers u. Theaterdirek-

tors Franz Ignaz v. Holbein (s. d.). Bühnenfigur.
Behandlung: Andres *Riem,* Infernale (teilweise dramatisierter 3. Teil einer Geschichte aus Neu Sodom: Der Substitut des Behemot) 1796 (Abdruck in A. Schurig, Das galante Preußen 1910); Albert *Haeger,* Die Gräfin Lichtenau (Schauspiel) 1872.

Lichtenauer, Fritz, geb. 1887, gest. 4. Jan. 1955 zu Berlin, wirkte als Schauspieler u. Spielleiter an verschiedenen dort. Bühnen. Hauptrollen: Lindoberer („Der fidele Bauer"), Frosch („Die Fledermaus") u. a.

Lichtenberg, Wilhelm, geb. 10. Jan. 1892 zu Wien, emigrierte unter Hitler in die Schweiz. Nicht nur Erzähler, sondern auch Bühnenschriftsteller.
Eigene Werke: Die Nacht der Frauen (Lustspiel) 1927 (mit Rolf Lothar); Die Dame mit dem schlechten Ruf (Schwank) 1929; Eva hat keinen Papa (Lustspiel) 1931; Herr über Millionen (Komödie) 1934; Wem Gott ein Amt gibt . . . (Lustspiel) 1938; Fürstenappartement (Lustspiel) 1938; Das Theater des Kaisers (Burgtheater-Roman) 1949.

Lichtenfels, Paula von, geb. 6. April 1869 zu Mödling bei Wien, Tochter des akad. Malers Eduard Ritter von L., von Marianne Brandt (s. d.) gesanglich ausgebildet, begann ihre Bühnenlaufbahn 1894 in Olmütz u. kam über Wiesbaden, Sondershausen u. Halle 1901 nach Nürnberg u. 1905 an das Nationaltheater in Berlin. Hierauf ließ sie sich in Charlottenburg als Gesangslehrerin nieder u. unternahm zeitweilig Gastspielreisen. Koloratursängerin. Hauptrollen: Elvira, Madeleine, Leonore (in „Troubadour" u. „Alessandro Stradella") u. a.

Lichtenow, Wilhelm s. Ritz-Lichtenow, Wilhelm von.

Lichtenstein, Eduard, geb. 1. April 1888 zu Karlsbad, gest. 9. Jan. 1953 zu Hamburg, begann seine Bühnenlaufbahn als Tenorbuffo an der Oper in Hamburg, kam dann nach Wiesbaden, entwickelte sich jedoch bald zum Operettenstar u. feierte vor allem am dort. Carl-Schultze-Theater wahre Triumphe. Später wirkte er in Berlin u. emigrierte 1933 nach Holland, wo er als Gesangslehrer in Amsterdam Betätigung fand. Eine seiner Hauptrollen war Paganini in Lehárs gleichnamiger Operette.

Lichtenstein, Franz, geb. 1. Sept. 1852 zu Weimar, gest. 7. Aug. 1884 im Seebad Binz auf Rügen (durch Ertrinken), war Universitätsprofessor. Namhafter Theaterkritiker.
Literatur: Erich *Schmidt,* F. Lichtenstein (Goethe-Jahrbuch 6. Bd.) 1885.

Lichtenstein, Karl August Freiherr von, geb. 8. Sept. 1767 zu Lahm in Franken, gest. 10. Sept. 1845 zu Berlin, Sohn eines hohen Staatsbeamten, studierte in Göttingen, wurde 1793 nach Kriegsdiensten in England Kammerjunker in Hannover, 1798 Hoftheater-Intendant in Dessau, 1800 in Wien u. 1805 in Berlin, leitete seit 1811 das Theater in Bamberg, ging 1823 wieder nach Berlin, wo er die Regie des Kgl. Schauspiels u. 1825 auch die der Hofoper übernahm. 1832 zog er sich von der Bühne zurück. Textdichter (vielfach bloß Übersetzer) u. Komponist von Singspielen u. Opern, die teilweise jahrzehntelang aufgeführt wurden. Gatte der Schauspielerin Friederike Veltheim.
Eigene Werke: Knall u. Fall (Singspiel) 1795; Bathmendi (Oper) 1798; Die steinerne Braut (Oper) 1799; Der Sang der Musen (Prolog) 1813; Imago, die Tochter der Zwietracht (Oper) 1813; Frauenwerth oder Der Kaiser als Zimmermann (Oper) 1814; Lina, das Mädchen der Versöhnung (Oper) 1815; Vater Max (Dramat. Gemälde) 1821; Das Mädchen aus der Fremde (Oper) 1821; Vorspiel zu Goethes Geburtsfeier 1821; Die Waldburg (Histor.-kom. Oper) 1822; Ferdusi (Musikal. Drama, Musik von Max Eberwein) 1822; Zur guten Stunde oder Die Edelknaben (Singspiel nach einem französ. Lustspiel von Dezède) 1823; Das befreite Jerusalem (Lyr. Drama, Musik von Eberwein) 1824; Nichtchen u. Großonkel (Lustspiel nach dem Französischen des Scribe u. Delavigne) 1824; Der Kostgänger (Lustspiel nach Scribe, Dumeran) 1824; Singethee u. Liedertafel (Singspiel) 1825; Der Hahn im Korbe (Vaudeville nach dem Französischen) 1825; Erste Liebe oder Erinnerungen aus der Kindheit (Lustspiel nach Scribe) 1826; Der Maurer (Lustspiel nach dems., Musik von Auber) 1826; Die arme Molly (Vaudeville nach dem Französischen) 1826; Die Dame auf Avenel (Oper nach Scribe) 1826; Der Vormund (Schauspiel nach dems.) 1827; Der Nachbar (Lustspiel nach dem Französischen des Desaugier) 1827; Die Hochzeit des Gamacho (Kom. Oper mit Ballett, Musik von Mendelssohn-Bartholdy) 1827; Der Hausierer (Oper mit Tanz nach dem Französischen von Planard)

1828; Die Stumme von Portici (Oper nach Scribe, Musik von Auber) 1829; Die Braut (Oper mit Tanz nach dem dems.) 1829; Andreas Hofer (Oper mit Ballett) 1830; Täuschung (Lyr. Drama mit Tanz nach dem Französischen des St. Georges) 1831; Der Gott u. die Bajadere (Oper mit Ballett u. Pantomime nach Scribe) 1831; Der Liebestrank (Oper mit Tanz nach dems.) 1831; Der Teufel in Sevilla (Kom. Oper von Hurtado, Musik von J. M. Gomis), bearbeitet 1832; Gustav oder Der Maskenball (Histor. Oper nach Scribe, Musik von Auber) 1833; Der Zweikampf (Kom. Oper mit Tanz nach dem Französischen des Planard) 1833; Die Deutschen Herren in Nürnberg (Oper nach E. Th. A. Hoffmanns Meister Martin) 1834; Ludovico (Lyr. Drama nach St. Georges, Musik von Herold u. Halévy) 1834; Lestocq oder Intrigue u. Liebe (Oper nach Scribe, Musik von Auber) 1834; Das eherne Pferd (Zauberoper nach dems., Musik von Auber) 1836; Die Puritaner (Oper nach Walter Scott, Musik von Bellini) 1836; Die Jüdin (Oper nach Scribe, Musik von Halévy) 1837; Die Botschafterin (Kom. Oper nach dems. u. St.-Georges, Musik von Auber) 1837; 1717 oder Der Pariser Perruquier (Kom. Oper nach Planard u. F. Duport, Musik von Thomas) 1838; Der schwarze Domino (Kom. Oper nach Scribe, Musik von Auber) 1838; Zum treuen Schäfer (Kom. Oper nach dems. u. St.-Georges) 1838; Der Brauer von Preston (Kom. Oper nach dem Französischen des Leuven u. Brunswick, Musik von A. Adam) 1839; Regine oder Zwei Nächte (Kom. Oper nach Scribe, Musik von A. Adam) 1839; Die Märtyrer (Oper mit Ballett nach dems., Musik von Donizetti) 1840; Die Hamadryaden(Intermezzo von de Colombey u. Paul Taglioni), deutsch 1840; Die Stiefmutter (Lustspiel nach dem Französischen) 1841; Eine Königin für einen Tag (Kom. Oper nach Scribe u. St.-Georges, Musik von Adam) 1841; Die Räuber (Oper von Crescini nach Schiller), deutsch o. J. u. a.
Literatur: Riemann, K. A. v. Lichtenstein (Musik-Lexion 11. Aufl.) 1929.

Lichtenstein, sagenhaftes Schloß in Schwaben. Vor W. Hauffs berühmter Erzählung schrieb F. K. van der Velde einen Geschichtsroman „Die Lichtensteiner" 1820, den J. F. Bahrdt 1834 dramatisierte. 1887 erschien ein Schauspiel „L." von Karl Riesendahl, 1901 ein Schauspiel „L." von Rudolf Lorenz.

Lichterfeld, Friedrich, geb. 7. Mai 1803 zu Mannheim, gest. 29. Dez. 1878 zu Berlin, gab sein Rechtsstudium auf u. wandte sich der Bühne zu, war 1844—55 Chargenspieler am Hoftheater in Mannheim, debütierte als Mathes in den „Jägern" 1855 am Hoftheater in Berlin u. blieb hier bis zu seiner Pensionierung 1876. Nebenbei betrieb er zoologische Studien u. gab 1877 „Illustrierte Tierbilder, Schilderungen u. Studien nach dem Leben" heraus. Auch als Bühnenschriftsteller trat er hervor. Seine Tochter Ottilie L. wurde als Pianistin berühmt.
Eigene Werke: Der politische Koch (Lustspiel nach Xavier u. Varin) 1858; Das Testament des Oheims (Lustspiel nach Ad. Belot) 1860; Zu schön (Lustspiel) 1861; Der letzte Liebesbrief (Lustspiel nach Sardou) 1861; Erlauben Sie, Madame! (Lustspiel nach dem Französischen) 1864; Schuldbewußt (Schauspiel nach Emil Girardins Le supplice d'une femme) 1866 u. a.

Lichtnecker, Friedrich, geb. 1. Aug. 1903 zu Wien, gest. 23. Nov. 1950 das., war Dramaturg am dort. Volkstheater. Dramatiker.
Eigene Werke: Maria Christ 1925; Ja oder nein 1926; Bayrische Königstragödie 1928; Wir sind jung 1929; Eros im Zuchthaus 1929; Atlantic Palace 1930; Pioniere 1931; Draga Maschin 1938; Geheimnis einer Frau 1939; Väter 1940; Damenkapelle 1945 (mit G. Fraser).

Lickl, Ägidius Ferdinand Karl, geb. 1. Sept. 1803 zu Wien, gest. 22. Juli 1864 zu Triest, Sohn des Folgenden, wurde von diesem musikalisch ausgebildet, ließ sich frühzeitig in Triest ständig nieder u. wirkte hier als Orchesterdirektor. Auch Opernkomponist.
Literatur: Wurzbach, Ä. K. Lickl (Biogr. Lexikon 15. Bd.) 1866; *Riemann,* Ä. L. (Musik-Lexikon 11. Aufl.) 1929.

Lickl, Johann Georg, geb. 11. April 1769 zu Korneuburg bei Wien, gest. 12. Mai 1843 zu Fünfkirchen in Ungarn, war zuerst Chorknabe, dann Organist in Korneuburg, ließ sich 1785 in Wien nieder, von Albrechtsberger u. J. Haydn gefördert, u. wurde Organist der Leopoldstädter Karmeliterkirche. Seit 1805 Domorganist in Fünfkirchen. Komponist von Opern, Singspielen (wie „Der dumme Anton", „Die schöne Unbekannte in Karlsbad", „Der Zauberpfeil", „Der Bruder des Korsaren", „Der Durchmarsch", „Fausts Leben, Taten u. Höllenfahrt", „Der ver-

meinte Hexenmeister", „Der Orgelspieler",
„Der Brigitten-Kirchtag" u. a.).
Literatur: Wurzbach, J. G. Lickl (Biogr.
Lexikon 15. Bd.) 1866; R. *Eitner,* J. G. L. (A.
D. B. 18. Bd.) 1883; *Riemann,* J. G. L. (Musik-
Lexikon 11. Aufl.) 1929.

Lieb-Müller, Traute (Geburtsdatum unbekannt), gest. 10. Jan. 1953 zu Oker im Harz
als Schauspielerin, Spielleiterin u. Bühnenlehrerin.

Lieban, Adalbert, geb. 1876, gest. 5. Nov.
1951 zu Berlin, war Opernsänger in Breslau, Düsseldorf, Münster, u. a. auch am
Belle-Alliance-Theater, dem späteren Lort-
zingtheater in Berlin. Zuletzt Bühnenver-
mittler. Bruder des Kammersängers Julius L.

Lieban, Adolf, geb. 1867, gest. 15. April 1924
zu Berlin, der Sängerfamilie Lieban entstammend, war Bassist an der Hofoper in
Berlin. Kammersänger.

Lieban, Julius, geb. 19. Febr. 1857 zu Lundenburg in Mähren, gest. 1. Febr. 1940 zu
Berlin, Sohn eines jüdischen Kantors, lernte
bei Zigeunern das Geigenspiel, besuchte
später das Konservatorium in Wien, kam
zunächst als Violinist ans dort. Theater an
der Wien, sang dann am Stadttheater in
Leipzig u. an der Komischen Oper in Wien
Buffopartien, auch in Operetten. 1881 nahm
er an der Wagner-Tournee Angelo Neumanns in Europa u. Amerika teil, später
auch an den Bayreuther Festspielen. Seit
1883 Mitglied der Hofoper in Berlin, an der
er allein das Fach des Tenorbuffos vertrat,
Kammersänger. Noch 75jährig gab er 1932
an der Staatsoper seine Glanzrolle Mime.
Weitere Hauptrollen: David, Alberich,
Leporello, Pedrillo u. a. Gatte der Sängerin
Helene Globig.

Lieban (geb. Groß), Margarete (Geburtsdatum unbekannt), gest. 1. Jan. 1920 zu
Stettin, war Schauspielerin am dort. Bellevue-Theater.

Lieban, Siegmund (Geburtsdatum un-
bekannt), gest. 9. Febr. 1917 zu Berlin, jün-
gerer Bruder von Julius L., war 23 Jahre
Mitglied des Kgl. Opernhauses in Berlin u.
Operettensänger am dort. Apollotheater.
Hervorragend in Paul Linckes (s. d.).
Operetten.

Lieban-Globig (geb. Globig), Helene, geb.

31. März 1866 zu Berlin, wurde gesanglich
an der dort. Musikhochschule ausgebildet,
wirkte hier 1886—88 an der Hofoper, dann
als Operettensängerin am Friedrich-Wilhelmstädtischen Theater u. seit 1897 wieder
an der Hofoper in Berlin, wo sie bis 1907
auftrat. Hauptrollen: Undine, Yum-Yum,
Rosalinde u. a. Gattin von Julius Lieban.

Liebe, Agnes s. Liebe, Alexander.

Liebe, Alexander, geb. 14. Juni 1828 zu Küstrin, gest. 8. März 1880 zu Berlin, Offizierssohn, folgte zuerst dem väterlichen Beruf,
wandte sich jedoch, von Ludwig Tieck ermuntert, der Bühne zu, die er 1846 als Jugendlicher Liebhaber in Breslau betrat. 1847
bis 1850 spielte er in Hannover, wurde dann
als Charakterdarsteller Emil Devrients Nachfolger in Dresden, unternahm Studienreisen
nach Frankreich, Italien u. Belgien u. kehrte
gereift 1858 ans Hoftheater in Hannover
zurück. Hierauf auf Gastspielreisen u. am
Schauspielhaus in Berlin tätig, 1864—66 am
Hoftheater in Petersburg, dann wieder auf
Gastspielreisen u. seit 1874 endgültig in
Hannover, zum Fach der älteren Helden
übergehend. Hauptrollen: Uriel Acosta,
Hamlet, Faust, Essex u. a. Gatte der Schauspielerin Agnes Bunke, die in Breslau, später in Dresden wirkte, u. der Folgenden.

Liebe (geb. Grünberg), Marie Luise, geb.
1830, gest. im März 1859 zu Dresden, wirkte
in jugendlich-dramatischen Partien am Hoftheater in Schwerin, in Leipzig u. Breslau.
Geschiedene Gattin von Alexander L.

Liebe der Danaë, Die, heitere Mythologie in
drei Akten von Joseph Gregor. Musik von
Richard Strauss. Die Entstehungsgeschichte
reicht bis 1919 zurück, in welchem Jahr
Hugo v. Hofmannsthal sich mit dem Stoff
beschäftigte. 1920 lag Strauss ein Szenarium
vor, das dann jedoch unaufgeführt liegen
blieb u. erst 1933 in der Zeitschrift „Corona" veröffentlicht wurde. Hofmannsthal
war inzwischen gestorben. Ein Jahrzehnt
später legte der Schweizer Musikschriftsteller Willi Schuh dem Komponisten nahe,
den Entwurf aufzugreifen, worauf Gregor
die Aufgabe übernahm, den Text auszuführen. Dies geschah in durchaus freier Weise.
Die in Salzburg 1943 geplante Uraufführung
kam jedoch infolge der gesteigerten Kriegs-
not nicht mehr zustande, sie erfolgte erst
1952 im Rahmen der dort. Festspiele. Held-
din ist die liebliche Danaë, die Jupiters

Gunst u. Goldregen verschmäht u. dem zum armen Eseltreiber zurückverwandelten einstigen König Midas folgt, dem sie ihr Herz geschenkt hat. Dem in Wagners „Ring" tragisch wirkenden Fluch des Goldes wird hier die Überwindung desselben durch die Liebe entgegengesetzt. Auch musikalisch vollzieht sich die Entwicklung zu einer von Mozart inspirierten leicht u. heiter hinfließenden Manier.

Literatur: Dolf *Lindner,* Die Liebe der Danaë 1952; Willi *Schuh,* Geleitwort zur Ausgabe der Urfassung von Hofmannsthal D. 1952; Hans *Rutz,* Das Schicksal der D. (Der Tagesspiegel, Berlin Nr. 2111) 1952; Martin *Hürlimann,* Die L. der D. (Die Tat, Zürich Nr. 225) 1952; Willi *Reich,* Die L. der D. (Salzburger Nachrichten Nr. 190) 1952.

Liebel, Maria s. Kuhn, Maria.

Liebelei, Schauspiel in drei Akten von Arthur Schnitzler. Uraufführung 1895 im Burgtheater. Auf dem Boden der dekadenten Weltstadt Wien um die Jahrhundertwende erwachsen, behandelt das sentimentale Stück das Problem der ungleichen Liebesbeteiligung, wobei der eine Partner nur ein episodisches Verhältnis sucht, während der andere von der großen Liebe gepackt wird u. daran zugrundegeht. Der starke Erfolg erklärt sich aus dem außerordentlich reichen Stimmungsgehalt, der im Zeitalter des nüchternen Naturalismus unerhört war. Über den nichtssagenden Vorgang der Handlung sah man hinweg.

Literatur: Josef *Körner,* Schnitzlers Gestalten u. Probleme 1921.

Liebeneiner (geb. Krahl), Hilde, geb. 10. Jan. 1917 zu Brod an der Sau, war zuerst Elevin am Raimundtheater in Wien, kam über die Wiener Kleinkunstbühne u. Literatur am Naschmarkt als Schauspielerin an die Scala u. das Josefstädtertheater in Wien sowie nach Berlin u. Hamburg u. wandte sich daneben auch dem Film zu. Weitere Wirkungsstätten waren Göttingen, Zürich u. a. Hauptrollen: Eboli, Nora, Klara („Maria Magdalena"), Königin Christine (in Strindbergs gleichnamigem Stück). Gattin des Folgenden.

Literatur: Ernst *Wurm,* H. Krahl (Neue Wiener Tageszeitung Nr. 94) 1952; ders., H. K. (Österr. Neue Tageszeitung Nr. 235) 1955.

Liebeneiner, Wolfgang, geb. 6. Okt. 1905 zu

Liebau in Österr.-Schlesien, Sohn eines Leinenwebereibesitzers, studierte in Innsbruck, München u. Berlin, nahm in München bei Otto Falckenberg Schauspielunterricht, wirkte 1928—32 als Schauspieler an den dort. Kammerspielen, hierauf an den Kammerspielen u. am Deutschen Theater in Berlin u. 1933—34 am Renaissancetheater das. Seit 1945 Regisseur an den Kammerspielen in Hamburg. Hauptrollen: Egmont, Arnold („Michael Kramer") u. a. Gatte von Hilde Krahl.

Liebenhart, Maria Viktoria s. Wilt, Maria Viktoria.

Lieber (geb. Moltz), Käthe, geb. 2. März 1921 zu Strehlowhagen in Pommern, wurde in Berlin musikalisch ausgebildet, wirkte 1945—46 an der Städt. Oper das., 1946—49 am Landestheater in Dessau, 1949—50 in Heidelberg, 1950—53 in Gelsenkirchen u. seit 1954 in Saarbrücken. Koloratursopran. Gattin des Privatdozenten Hans Joachim L. Hauptrollen: Bronislawa („Der Bettelstudent"), Philine („Mignon"), Erika („Saison in Salzburg"), Königin der Nacht u. a.

Lieberkühn, Christian Gottlieb (Geburts- u. Todesdatum unbekannt), stammte aus Potsdam u. war 1757 Feldprediger im Regiment Prinz Heinrich von Preußen. Anakreontischer Dichter, schrieb u. a. Dramen.

Eigene Werke: Die Lissaboner (Trauerspiel) 1758; Die Insel der Bucklichten (Lustspiel, Theater der Deutschen. 4. Bd.) 1767.

Liebermann, Bernhard, geb. 3. Juli 1858 zu Steinbach bei Sonneberg in Thüringen (Todesdatum unbekannt), Sohn eines Landwirts, studierte in Jena (Doktor der Philosophie) u. wurde Pfarrer in Judenbach u. St. Graba (Sachsen-Meiningen). Vorwiegend Bühnendichter.

Eigene Werke: Königin Luise (Volksfestspiel) 1894; Friedele (Dramatisierte wendische Sage) 1895; Elisabeth von Brandenburg (Volksfestspiel) 1906; Gustav Adolf, der Held von Mitternacht (Volksschauspiel) 1910.

Liebermann, Marie, geb. 1. Mai 1875 zu Puszta Zdenci in Slawonien, Tochter eines Gutsdirektors Rosenfeld, in zweiter Ehe mit dem Budapester Arzt Emanuel L. verheiratet, unternahm weite Reisen u. arbeitete teilweise mit ihrem Bruder Alexander unter dem gemeinsamen Ps. Roda Roda auch für die Bühne.

Eigene Werke: Der König von Crucina (Komödie) 1892; Soubrettenliebe (Lustspiel) 1899; Die Schmuggler (Libretto) 1899; Inserate (Lustspiel) 1900.

Liebermann, Rolf, geb. 14. Sept. 1910 zu Zürich, studierte am Konservatorium u. an der Universität das. (Kompositionsschüler Wladimir Vogels u. Dirigentenschüler Hermann Scherchens) u. wurde Leiter der Musikabteilung des Senders Zürich. Komponist der Opern „Leonore 40/45" (uraufgeführt in Basel 1952) u. „Penelope" (uraufgeführt bei den Salzburger Festspielen 1954).
Literatur: Norbert *Tschulik,* R. Liebermann (Neue Wiener Tageszeitung Nr. 182) 1954.

Liebert, Lina, geb. 20. Aug. 1824 zu Altendorf, gest. 1. Mai 1907 zu Weimar, Schauspielerin. Gattin des Tenors Dr. Liebert.

Liebert, Paul, geb. 1879, gest. 17. Sept. 1948 zu Berlin, studierte am Konservatorium in Dresden u. begann seine Bühnenlaufbahn 1910 als Schauspieler in Elberfeld, setzte sie in Dortmund, Münster, Flensburg, Liegnitz, Bochum, Köln, Chemnitz, Frankfurt a. M., Bielefeld, Bonn, Hamborn fort u. wirkte seit 1926 als Spielleiter am Stadttheater in Rostock. Gastspiele führten ihn nach Antwerpen, Brüssel u. a. Hauptrollen: Asterberg („Alt-Heidelberg"), Leopold („Im weißen Rößl"), Mars („Orpheus in der Unterwelt"), von Boden („Doktor Klaus") u. a.

Lieberzelt, Anna, geb. 10. Febr. 1843 zu Wien (Todesdatum unbekannt), Tochter eines Goldschmieds, trat zuerst im Ballett u. in Kinderrollen am Theater an der Wien auf, wirkte 1859—63 am Quai-Theater in Wien, kam 1864 nach Odessa, 1865 nach Pest, 1866 nach Berlin, wo sie bei Kroll zur Operette überging, war 1868—70 Erste Lokalsängerin u. Soubrette in Bremen, 1871 bis 1873 in Prag, dann in Reichenberg, Marienbad, Pilsen, Karlsbad, Budweis u. Preßburg, hier bereits im Fach der Komischen Alten tätig, hierauf in Petersburg u. a. Seit 1898 am Kaiser-Jubiläums-Stadttheater in Wien u. seit 1906 am dort. Bürgertheater. Mit Vorliebe spielte sie in Volksstücken. Hauptrollen: Traudl („Der Herrgottschnitzer von Ammergau"), Frau Fehringer („Frau Sorge"), Amalie („Hahn im Korb"), Lisette („Anno dazumal") u. a.

Liebes (geb. Berthold), Frieda, geb. 27. Febr. 1889 zu Eisleben, gest. 24. März 1921 das. Schauspielerin an den Vereinigten Städt. Theatern in Kiel.

Liebesberg, Else, geb. 3. Okt. 1918 zu Wien, am Konservatorium das. ausgebildet, wirkte seit 1946 als Altistin an der dort. Staatsoper. Seit 1951 Gattin des Dipl.-Ing. Leopold Hannes. Hauptrollen: Nuri („Tiefland"), Marie („Der Waffenschmied"), Marie („Zar u. Zimmermann"), Frascita („Carmen"), Adele („Die Fledermaus"), Bronislawa („Der Bettelstudent") u. a.

Liebeskind, Antonie, geb. 12. Nov. 1872 zu Stuttgart, besuchte das Konservatorium in München, begann unter ihrem Mädchennamen Wizemann als Elevin am Hoftheater in München, bildete sich dann noch weiter in Mailand gesanglich aus u. wirkte 1893 bis 1904 als Jugendlich-Dramatische Sängerin in Schwerin. Hauptrollen: Senta, Gretchen, Aida, Evchen, Elisabeth, Sieglinde u. a. Gattin des Folgenden.

Liebeskind, Ernst, geb. 25. April 1862 zu Pfuhlsborn in Sachsen, gest. im Juli 1918, Lehrerssohn, sollte dem väterlichen Beruf folgen, bildete sich jedoch in München, Köln u. Mailand zum Sänger aus u. begann an der Hofoper in München seine Bühnenlaufbahn, wirkte 1889—91 in Köln u. 12 Jahre in Schwerin. 1903 kam er nach Kassel. Gastspielreisen führten ihn bis Amsterdam u. Rotterdam. Hauptrollen: Max, Tamino, Florestan, Oktavio, Faust, Lohengrin, Josef u. a. Gatte der Vorigen. Sein Bruder Paul (geb. 10. Sept. 1864 zu Pfuhlsborn in Sachsen, gest. 1. Mai 1906 zu Dresden), war Operninspizient am Kgl. Opernhaus in Dresden.

Liebeskind, Paul s. Liebeskind, Ernst.

Liebesverbot, Das oder Die Novize von Palermo. Große Komische Oper in zwei Akten von Richard Wagner. Text nach Shakespeares „Maß für Maß" vom Komponisten. Uraufführung in Magdeburg 1836. Die Handlung spielt im Mittelalter. Der kaiserliche Statthalter von Sizilien, ein sittenstrenger Deutscher, der allen Ausschweifungen ein Ende setzen will, erläßt für die Karnevalszeit ein Liebesverbot u. verhängt über jeden Verstoß die Todesstrafe. Claudio, ein junger Edelmann, soll als erstes Opfer fallen. Seine Schwester,

die Klosternovize Isabella, sucht ihn zu retten u. bittet um Gnade. Dabei verliebt sich der Statthalter in sie, verspricht ihr Ansuchen zu erfüllen, fordert jedoch von ihr die Gunst einer Liebesnacht. Beim verabredeten Stelldichein wird der Lüstling entlarvt u. das Liebesverbot ad absurdum geführt. Musikalisch war Wagners Jugendoper im romantischem Stil, die noch nicht seine Eigenart zu zeigen vermochte, von Donizetti u. Auber, aber auch von Rossini u. Bellini beeinflußt.
Literatur: Kurt *Reichelt,* R. Wagner u. die englische Literatur 1912; Eugen *Kilian,* R. Wagners Liebesverbot u. seine literarische Vorlage (Zeitschrift für Bücherfreunde, Neue Folge 9. Jahrg. 2. Hälfte) 1918.

Liebhaber, Amalie Louise von (Ps. Amalie Louise), geb. 28. Nov. 1781 zu Wolfenbüttel, gest. 11. Mai 1845 zu Berlin, Tochter des Geh. Justizrats Erich Samuel v. L., war Hofdame in Braunschweig, dann Erzieherin in Hannover u. Braunschweig, lebte später mit einer Präbende des Klosters Marienberg bei Helmstedt, zumeist auf Reisen oder in Berlin. Epikerin u. Dramatikerin.
Eigene Werke: Der Apfel von Balsora (Drama, aufgeführt auf dem Königstädtischen Theater in Berlin), ungedruckt o. J.; Harun al Raschid (Trauerspiel, ungedruckt) o. J.; Siegfried (Trauerspiel, ungedruckt) o. J.; Chriemhild (Trauerspiel, ungedruckt) o. J.; Hermann u. Thusnelda (Trauerspiel, ungedruckt) o. J.; Friedrich der Große (Vorspiel zu Maria Theresia, Drama, ungedruckt) o. J. u. a.

Liebhabertheater, Bühne von Dilettanten, zum Unterschied von einem aus Berufsschauspielern bestehenden Theater, besonders an den Höfen vor u. nach 1800, z. B. in Weimar, wo Goethe bei der Uraufführung der „Iphigenie" 1779 den Orest spielte, oder in Berlin, wo Fürst Anton Radziwill 1820 in Goethes „Faust" auftrat. Eine Neubelebung des Liebhabertheaters erfolgte im 19. Jahrhundert durch das Vereinstheater u. im 20. Jahrhundert durch das Laienspiel (s. d.).
Literatur: R. *Falck,* Zur Geschichte des Liebhabertheaters 1887; D. *Schrutz,* Katechismus für Liebhaberbühnen 1898; J. *Wermann,* Kleiner Leitfaden für Dilettantenbühnen sowie deren Regisseure u. Darsteller 1901; P. *Sonnenkalb,* Wie spielt man Theater? Eine Anleitung zu dramat. Aufführungen für Liebhaberbühnen 1901;

E. *Herbst* u. C. F. *Wittmann,* Die Dilettanten-Bühne. Eine Anleitung zu Liebhabertheater-Aufführungen 4. Aufl. 1903; E. K. *Fischer,* Die Laienbühne (mit Auswahl von Stücken) 1920; H. *Knudsen,* L. (Reallexikon 2. Bd.) 1926 f.; Walter *Ullmann,* Adolph Müllner u. das Weißenfelser Liebhabertheater (Schriften der Gesellschaft für Theatergeschichte 46. Bd.) 1934.

Liebhardt, Ida, geb. 16. März 1863 zu Wien, Schwester der Sängerin Anna Baier, mit dem Folgenden verheiratet, erhielt von August Förster (s. d.) dramatischen Unterricht, war zuerst Altistin am Stadttheater in Graz u. kam 1880 an die Wiener Hofoper, der sie jahrzehntelang angehörte. Zu ihren besten Rollen gehörten Pamela in „Fra Diavolo", die Gräfin im „Wildschütz", Magdalena in den „Meistersingern" u. a.
Literatur: Eisenberg, I. Baier (Biogr. Lexikon) 1903.

Liebhardt, Ignaz, geb. 22. Febr. 1850 zu Bösing in Ungarn, gest. 27. Okt. 1900 zu Wien, trat erstmals als humoristischer Charakterspieler in Klagenfurt auf u. war dann in Linz, Sigmaringen, Brünn, Budapest, Graz (1877—80), am Wiener Stadttheater (1880 bis 1882), am Wiener Ringtheater, am Berliner Residenztheater, dann wieder in Brünn u. Budapest tätig, kam hierauf ans Carltheater in Wien u. 1889 an das dort. Deutsche Volkstheater, zuletzt auch in komischen Väterrollen beschäftigt. Gatte der Vorigen. Großoheim von Leopold Lindtberg (s. d.).

Liebhardt, Luise, geb. 31. Juli 1828 zu Ödenburg, gest. 21. Febr. 1899 zu London, zuerst Opernsängerin in ihrer Vaterstadt, war 1845—64 (mit einjähriger Unterbrechung 1849—50 in Kassel) Mitglied der Wiener Hofoper u. wirkte dann in London, besonders als Koloratursängerin gefeiert, zuletzt als Gesangspädagogin das. Hauptrollen: Königin der Nacht, Susanne, Zerline, Marie („Die Tochter des Regiments") u. a.
Literatur: Wurzbach, L. Liebhardt (Biogr. Lexikon 15. Bd.) 1866.

Liebholdt, Zacharias, geb. 1552 zu Saalburg in Thüringen, gest. im Jan. 1626 zu Reichenstein im Böhmerwald als Richter das., schrieb eine Schulkomödie „Historia von einem frommen gottfürchtigen Kaufmann von Padua" 1596.

Literatur: Johannes *Bolte,* Z. Liebholdt (A. D. B. 51. Bd.) 1906.

Liebich, Johann Carl, geb. 5. Aug. 1773 zu Mainz, gest. 21. Dez. 1816 zu Prag, Sohn eines kurfürstl. Substituts-Tanzmeisters, begann seine Bühnenlaufbahn in Passau, wo sein Vater bis zum Tode des Fürstbischofs (1794) am dort. Hoftheater tätig war, wirkte dann in Repräsentations- u. Väterrollen in Laibach, Wien, Klagenfurt, 1798—1806 in Prag u. hierauf als Direktor das. Durch sein witziges Extemporieren erwies er sich als einer der letzten Ausläufer der Stegreifkomödianten. Unvergleichlich war er als Bühnenleiter. L. erhob das damals deutschsprachige Theater durch Heranziehung von Kräften wie Wenzel Müller, dem nach Mozarts Urteil „Erfinder des musikalischen Humors", Karl Maria v. Weber u. a. zu einem der ersten von ganz Deutschland. L. Tieck nannte die Prager Bühne „vielleicht die vorzüglichste" überhaupt. Einen Ruf nach Wien (1812) lehnte L. ab. Cl. Brentano, F. Gentz, Varnhagen v. Ense u. a. waren seine Gastfreunde. Mit Goethe stand er im Briefwechsel. In komischen Rollen stellten ihn manche neben, ja sogar über Iffland. Die deutsche Kultur Böhmens zur Zeit der Romantik verdankte ihm unendlich viel. Die Tage seiner Direktion galten als „das goldene Zeitalter" des Prager Theaters. Nachdem 1813 Deutschlands Stunde der Befreiung geschlagen hatte, wollte L., der 18. Oktober möge in Zukunft „ein Festtag für ganz Deutschland werden u. als ein National-Akt alljährlich gefeiert auf die späteste Nachwelt übergehen". Seit 1803 war er mit der Schauspielerin Johanna Wimmer verheiratet, die nach seinem Tod den Tenor Johann August Stöger (s. d.) ehelichte, doch zumeist unter dem Namen J. Liebich auftrat, zuletzt im Mütterfach. Beiden half sie bei der Direktionsführung wesentlich.
Literatur: W. A. *Gerle,* Des deutschen dramat. Künstlers K. Liebich Totenfeier (Frankfurter Iris Nr. 4) 1818; *G—e,* J. C. L. (Wiener Allg. Theaterzeitung 11. Jahrg.) 1818; *Wurzbach,* J. K. L. (Biogr. Lexikon 15. Bd.) 1866; *Kürschner,* J. C. L. (A. D. B. 19. Bd.) 1884; Siegfried *Siehe,* J. K. L. (Beiträge zur Literatur- u. Theatergeschichte, Festgabe L. Geiger) 1918.

Liebich, Johanna s. Stöger, Johanna.

Liebig, Olga, geb. 25. Febr. 1879 zu Turn-Severin (Rumänien), gest. 19. Nov. 1901 zu Berlin, war als Schauspielerin Mitglied des Residenztheaters u. seit 1900 des Lessingtheaters das.

Liebig, Peter, geb. 6. Okt. 1853 zu Mainz, gest. 10. Juni 1910 zu Wildbad, zuerst Kaufmann, wandte sich jedoch 1878 in Koblenz der Bühne zu, volontierte dann in Mainz, wirkte seit 1879 in Hanau u. Dessau, mit Vorliebe in komischen Rollen u. wurde 1890 Direktor des Hoftheaters in Altenburg, wo er auch die Oberregie führte. Zeitweilig Leiter des Kurtheaters in Wildbad. Hauptrollen: Striese, Hasemann, Piepenbrink u. a.

Liebing, Franziska, geb. 6. Febr. 1899 zu München, wirkte als Darstellerin 1925 bis 1930 am Schauspielhaus in München u. 1931—32 in Meiningen, war hierauf mehrere Jahre ohne Engagement u. schließlich Schauspielerin bei den Berliner Gastspieldirektionen Gustav Bartelmus-Richard Handwerk u. Bernd Königsfeld.

Liebling, Georg, geb. 22. Jan. 1865 zu Berlin, Pianist, Schüler von Liszt, war 1894 bis 1897 Direktor einer Klavierschule in Berlin, hierauf Lehrer an der Guildhall-Musikschule in London, 1890 Hofpianist u. Komponist, lebte seit 1908 als Inhaber einer Musikschule in München u. übersiedelte später in die Schweiz. Komponist u. a. der Oper „Die Wette" (aufgeführt in Dessau) 1908 u. des Mysteriums „Die hl. Katharina" 1908.
Literatur: Riemann, G. Liebling (Musik-Lexikon 11. Aufl.) 1929.

Liebmann, Ernst, geb. 29. März 1866 zu Oppenheim am Rhein, zuerst in der Schäftefabrik seines Vaters beschäftigt, wandte sich dann der journalistischen Laufbahn zu. Auch Bühnenschriftsteller.
Eigene Werke: König Ninus (Trauerspiel) 1886; Barbarossa u. Heinrich der Löwe (Festspiel) 1887; Der Erbonkel oder Ein kalter Wasserstrahl (Genrebild mit Gesang) 1894; Polyxena (Operette) 1894 u. a.

Liebold, Albert, geb. 20. Nov. 1891 zu Langenbernsdorf in Sachsen, lebte als Oberstudiendirektor in Leipzig. Auch Bühnenschriftsteller.
Eigene Werke: Lawinensturz (Drama) 1940; Der Wald (Schauspiel) 1941.

Liebold (eigentlich Balzar), Eduard, geb.

13. Mai 1815 zu Wien, gest. 27. April 1893 das. (in der Irrenanstalt), war Schauspieler, u. a. 1851—91 Mitglied des dort. Theaters an der Wien. Auch Regisseur u. Bühnenschriftsteller. Hauptrollen: Longimanus („Der Diamant des Geisterkönigs"), Don Lopez („Das Schafhaxl"), Lumpazivagabundus u. a. Erster Spielleiter bei der Uraufführung des „Pfarrers von Kirchfeld."

Liebscher, Hieronymus (Geburtsdatum unbekannt), gest. 8. März 1934 zu Koblenz, gehörte seit 1885 der Bühne an u. wirkte als Schauspieler zuletzt in Koblenz.

Liebscher, Otto, geb. 17. Juli 1885 zu Jena, war 1909—11 Schauspieler in Halle, 1911 bis 1918 Spielleiter in Gera, 1918—19 Oberspielleiter in Nürnberg, 1919—21 in München, 1921—25 in Köln, 1925—29 Intendant in Osnabrück, 1929—32 in Lübeck, 1933—34 in Münster u. a., nach dem Zweiten Weltkrieg Oberspielleiter in Cottbus. L. inszenierte außer Shakespeare, Kleist, Mozart und Wagner auch zeitgenössische Werke. Hauptrollen: Leroux („Der Stier von Olivera"), Bilz („Alt-Heidelberg"), Santos („Uriel Acosta"), Marco („Der Kaufmann von Venedig") u. a.

Liebscher-Mandel, Margarete s. Mandel, Margarete.

Liebstoeckl, Hans, geb. 26. Febr. 1872 zu Wien, gest. 26. April 1924 das., einer Würzburger Offiziersfamilie entstammend, Sohn eines Obersten, studierte in Prag u. Wien die Rechte u. Philosophie, wurde Journalist, unternahm weite Reisen bis Norwegen u. Nordafrika u. betätigte sich dann als Chefredakteur der „Bühne" u. Theaterkritiker am „Neuen Wiener Extrablatt". Bühnenschriftsteller (u. a. Bearbeiter von Operntexten).
Eigene Werke: Leipziger Festspiel 1913; Von Sonntag auf Montag (Theaterkritiken) 1922 (Neuausgabe als: Theaterkinder 1925); Aphrodite (Oper von Max v. Oberleithner) 1912; Der Schmuck der Madonna (Oper) o. J.

Liechtenstein, Johanna Sophie Fürstin von, geb. 24. März 1815 zu Ödenburg, gest. 29. Nov. 1866 zu Pest, Tochter des Schauspielers Ferdinand Löwe, erhielt ihre erste musikalische Ausbildung in Frankfurt a. M., setzte diese bei Cicimara in Wien fort, kam 1832 an die dort. Hofoper, unternahm als

gefeierte Koloratursängerin Gastspielreisen nach England, Frankreich u. Italien, zog sich aber nach ihrer Heirat mit dem Fürsten Friedrich von Liechtenstein 1848 von der Bühne zurück. Hauptrollen: Norma, Donna Anna, Elvira, Adelaide u. a.
Literatur: Wurzbach, S. Löwe (Biogr. Lexikon 15. Bd.) 1866; *J. Kürschner, J. S. L.* (A. D. B. 19. Bd.) 1884.

Liechti, Rita, geb. (Datum unbekannt) zu Hochdorf, besuchte die Schauspielakademie in Budapest u. das Reinhardtseminar in Wien, wirkte als Schauspielerin in Zürich, Basel, Bern, am Deutschen Theater in Berlin, am Josefstädtertheater in Wien u. wieder in Zürich. 1952 wurde sie von der brasilianischen „Pro Arte" aufgefordert, in Sao Paolo ein Theater in deutscher Sprache zu gründen. Die erste Aufführung brachte Verneuils Zweirollenstück „Herr Lamberthier". Auch Filmschauspielerin.

Liechti, Werner, geb. 22. Dez. 1902 zu Kestenholz in der Schweiz, studierte Theologie in Luzern, Innsbruck, Solothurn u. wurde Pfarrer in Ramiswil u. Schönenbuch. Bühnenschriftsteller.
Eigene Werke: D Tante verliebt si (Lustspiel) 1938; Es chunnt nume ne Amerikaner i Frog (Lustspiel) 1945; Radar fürs Huus (Lustspiel) 1947; Kreuz u. Kelch (Drama) 1947; So ne Götti (Lustspiel) 1948.

Lieck, Kurt, geb. 16. Febr. 1899 zu Berlin, wurde hier am Deutschen Theater ausgebildet u. wirkte als Schauspieler in Leipzig, Düsseldorf, Karlsruhe, München (Kammerspiele), Wien (Neues Schauspielhaus), Mannheim u. a., zuletzt in Baden-Baden. Auch Spielleiter. Hauptrollen: Präsident („Kabale u. Liebe"), Bettler („Das große Welttheater"), Danton (Titelrolle), Peer Gynt, Urfaust, Karl Moor u. a.

Lieck, Walter (Geburtsdatum unbekannt), gest. 5. Nov. 1944 zu Berlin, war Schauspieler das. (Rosetheater, Volksbühne u. a.). Auch Schriftsteller.

Liedemit, Robert, geb. 1887, gest. 20. Jan. 1939 zu Berlin, war seit 1918 Leiter des Walhallatheaters und des Tauentzien-Variétés in Berlin, des Kristallpalastes u. Battenbergtheaters in Leipzig, des Central-Theaters in Dresden, des Liebich-Theaters in Breslau, des Centralhallentheaters in Stettin u. seit 1925 wieder des Walhalla-

theaters u. des Admiralpalastes in Berlin,
wo er die Operette u. das Schauspiel
pflegte.

Lieder, Fernande s. Liederley, Fernande.

Lieder (geb. v. Schuller), Regine, geb.
1827 zu Schäßburg in Siebenbürgen, gest.
25. Juni 1901 zu Wien, war 1840—66 Mitglied des Burgtheaters. Seit 1844 Gattin des
Porträtmalers F. Lieder.

Liederley (Ps. Lieder), Fernande, **geb.**
15. April 1842 zu Berlin, gest. 15. Nov. 1915
zu Lauban in Preußisch-Schlesien, war
Schauspielerin in Berlin (Reuniontheater),
Breslau (Lobetheater), Freiburg im Brsg. u.
Posen. Liebhaberin, später Heldenmutter u.
Anstandsdame. Hauptrollen: Pompadour
(„Narziß"), Freifrau („Durch die Intendanz"), Ulrike („Pension Schöller"). u. a.

Liederspiel, eine Abart des Singspiels, von
J. F. Reichardt (s. d.) zu Beginn des
19. Jahrhunderts begründet, von Louis
Schneider (s. d.), Karl v. Holtei (s. d.) u. a.
weiterentwickelt, bedeutet eine Übertragung des französ. Vaudevilles auf
deutsche Verhältnisse u. bildet den Übergang zur späteren Posse mit Gesang u.
Tanz.
Literatur: L. *Kraus,* Das Liederspiel in
den Jahren 1800—30 (Diss. Halle) 1923.

Liedtcke, Clara, geb. 24. Jan. 1820 zu Berlin, gest. 1. Okt. 1862 das., Tochter des Berliner Hofschauspielers W. Stich u. der A.
Crelinger (s. d.), von ihrer Mutter für die
Bühne ausgebildet, spielte bereits mit
15 Jahren das „Käthchen von Heilbronn"
auf dem dort. Hoftheater, wo sie mit Unterbrechung durch ein Engagement in
Schwerin (1842) u. Gastspiele am Burgtheater u. a. lebenslang tätig war, zuerst als
Liebhaberin, dann als Tragödin großen
Stils. 1848 heiratete sie den Schauspieler
Franz Hoppé (s. d.) u. nach dessen 1849 erfolgtem Tode 1860 ihren Kollegen Theodor
Liedtcke (s. d.). Hauptrollen: Melitta,
Sappho, Gretchen, Klärchen, Lady Milford,
Minna von Barnhelm, Emilia Galotti, Maria
Stuart, Orsina, Adelheid, Lady Macbeth, Pompadour u. a. Karl Frenzel charakterisierte
sie in seiner „Berliner Dramaturgie" als
eine „Muse der Jugend u. des Mädchentums. Dafür hatte sie das Lächeln u. den
Scherz, alle holdselige Neckerei u. Sinnigkeit. In ihr war etwas von Goethes

Euphrosine; wenn man sie als Prinz Arthur
in ‚König Johann' Hubert anflehen hörte,
ihr das Licht der Augen nicht zu rauben,
war es dem Zuschauer auch, als hätte
Goethe oder Shakespeare sie so sprechen
gelehrt. In solchen Rollen kam ihr alles zu
Hilfe, ihre Gestalt, ihre wohlklingende, gebildete Sprache — das Erbteil ihrer Mutter
wie der Erwerb ihres Fleißes — eine Verbindung von Schüchternheit u. Mut, das zusammen gleich bei ihrem Auftreten die erfreuten Zuschauer mächtig in die Illusion
fortriß. Und auf der anderen Seite, wie sinnig wußte sie Ophelias Wahnsinn u. Desdemonas Leid zu verkörpern. Der eingeborene seelische Hauch jener Gestalten
schien auf sie übergegangen zu sein, die
uns aus dem Liede Desdemonas von der
Weide, aus den abgerissenen Strophen, die
Ophelia im Wahnsinn singt, zaubergewaltig
anklingen".
Literatur: J. *Kürschner,* Auguste Crelinger (A. D. B. 4. Bd.) 1876; *Eisenberg,*
C. Liedtcke (Biogr. Lexikon) 1903.

Liedtcke (geb. Weißhappel), Marie, geb.
1834 zu Wien, gest. 23. Mai 1898 zu Berlin,
in erster Ehe mit Eduard Kierschner (s. d.),
in zweiter mit Theodor L. verheiratet, begann ihre Bühnenlaufbahn als Jugendliche
Liebhaberin in Brünn, setze sie in Pest u.
Hermannstadt fort, war 1854—59 unter H.
Laube Mitglied des Burgtheaters, 1859 bis
1869 des Kgl. Schauspielhauses in Berlin als
Salondame u. in Lustspielrollen. 1869 nahm
sie ihren Bühnenabschied. Gastspiele führten sie nach Petersburg, Riga, Hamburg,
Breslau, Königsberg u. a. Hauptrollen: Gretchen, Mirandolina (Titelrolle), Lucie („Das
Tagebuch"), Leopoldine („Der beste Ton")
u. a.

Liedtcke, Theodor, geb. 23. Okt. 1822 (oder
1823) zu Königsberg in Preußen, gest.
20. Nov. 1902 zu Berlin, Sohn eines Fabrikanten, zuerst Chorist in seiner Vaterstadt
u. in kleinen Opernpartien beschäftigt,
wandte sich jedoch bald auf Wanderbühnen
dem Sprechstück zu, wurde 1845 Erster Liebhaber am Stadttheater in Altona, kam 1846
nach Rostock, 1847 nach Stettin, 1848 nach
Weimar, 1849 nach Dresden u. wirkte dann
als Mitglied des Kgl. Schauspielhauses in
Berlin, wo er bis 1889 besonders im Konversationsstück glänzte u., ein bevorzugter
Liebling des Publikums, keinen Rivalen besaß. Max Martersteig verglich L. mit dem
zeitgenössischen Burgschauspieler Karl

Fichtner, den ganzen Stilunterschied zwischen Berlin u. Wien beleuchtend: „Bei Fichtner noch im Alter die feine Liebenswürdigkeit, der immer unabsichtliche, anspruchslose Humor, streng in der Linie des Ensembles; bei Liedtcke, trotz aller Wärme der Empfindung u. aller Kühnheit der Pointierung, doch die nicht zu überwindende Stillosigkeit, die keine reine Wirkung aufkommen ließ. Fichtner spielte eben, wie alle Burgschauspieler, für einen instinktiven, sicheren Geschmack, der an sich nicht den Gipfel höchster Kunstforderung darstellen mochte, der aber doch Geschmack war, das heißt, sichere u. lebhafte Empfindung für Schönheit der Seele; L. spielte für den Berliner Geist, für den Verstand, für das Behagen am Witz, an der Antithese, an der Ironie. Daraus aber folgte das schlimmere: er spielte nicht mit seinen Partnern, sondern mit u. zu dem Publikum". In erster Ehe mit Clara Hoppé verheiratet, in zweiter mit der Vorigen. Hauptrollen: Don Carlos, Ferdinand, Mortimer, Tellheim, Tasso, Dorfrichter Adam, Falstaff, Bolz, Bolingbroke, Baron Ringelstern, Baron Rautenkranz u. a. *Literatur: Eisenberg,* Th. Liedtcke (Biogr. Lexikon) 1903.

Liedtke, Harry, geb. 12. Okt. 1882 zu Königsberg in Preußen, gest. 28. April 1945 zu Saarow-Pieskow bei Berlin, zuerst Schauspieler in Freiberg in Sachsen, Görlitz, Göttingen, Berlin, Neuyork, gehörte zu den bedeutendsten Kräften der Reinhardtbühnen in Berlin u. wirkte schließlich in Mannheim, wandte sich seit 1912 auch dem Film zu u. bewirtschaftete zuletzt sein Landgut. Verheiratet mit Käthe Dorsch, nach Scheidung (1926) mit Dr. Christa Tordy-Uhlhorn, Schauspielerin bei Reinhardt, die gleich L. beim Einmarsch der Russen in Saarow ein tragisches Ende fand. Hauptrollen: Melchior („Frühlings Erwachen"), Benvolio („Romeo u. Julia"), Dubedat („Der Arzt am Scheideweg"), Globinski („Offiziere"), Geyer („Die Warschauer Zitadelle") u. a. *Literatur: Anonymus,* Der Tod H. Liedtkes (Allg. Zeitung Nr. 262, Mainz) 1953; M. G. *Sarneck,* H. L. (Die Bühnengenossenschaft Nr. 1) 1955.

Liedtke (geb. Dorsch), Käthe, geb. 29. Dez. 1890 zu Nürnberg, betrat mit 15 Jahren als Choristin das Stadttheater ihrer Vaterstadt, kam über Mainz an die Rotterbühnen nach Berlin, wo sie, auch an anderen Theatern u. bei Reinhardt tätig, nicht zuletzt unter dem

Einfluß ihres damaligen Gatten Harry Liedtke (s. d.) von der Operette zum Schauspiel wechselte u. an allen bedeutenden Bühnen in Wien, München, Berlin u. Hamburg mit größtem Erfolg wirkte. Als ungemein vielseitige Begabung beherrschte sie alle Elemente weiblicher Darstellungskunst, bald einfache Volksschauspielerin, bald strenge Tragödin, bald raffinierte Komödiantin, immer u. überall bewährt, in klassischen wie in modernen Stücken. Gastspiele gab sie in ganz Deutschland u. in der Schweiz. Auch im Film fand sie starken Beifall. Bezeichnend für sie war ihre stete Vorliebe für die Natur, die sie schließlich veranlaßte, in Kammer am Attersee einen Landsitz zu erwerben, der einst der Massary (s. d.) gehörte. Kammerschauspielerin des Burgtheaters. Hauptrollen: Boccaccio, Das süße Mädel, Friederike (an der Seite R. Taubers), Gretchen, Maria Stuart, Gräfin Orsina, Minna von Barnhelm, Griselda, Kameliendame, Nora, Madame Sans Gêne, Horlacherlies, Rose Bernd u. a. *Literatur: Lutz Weltmann,* K. Dorsch 1929; Herbert *Ihering,* K. D. 1944; L. *Schinnerer-Kamler,* Besuch bei K. D. (Neue Wiener Tageszeitung Nr. 220) 1950; Ernst *Wurm,* K. D. (Ebda. Nr. 58) 1951; Werner *Knoth,* K. D. (Hamburger Freie Presse Nr. 260) 1951.

Liedtke, Walter, geb. 1892, gest. 17. Sept. 1946 zu Dresden, wirkte als Jugendlicher Held in Tilsit, Beuthen, Reichenberg, Lübeck, Oldenburg, Berlin (Lustspielhaus, Theater am Schiffbauerdamm) u. am Staatstheater in Dresden. Hauptrollen: Lysander („Ein Sommernachtstraum"), Gottfried („Armut"), Hartwig („Das Stiftungsfest"), Max („Kollege Crampton"), Appel („Lottchens Geburtstag") u. a.

Lieffen, Karl s. Lipka, Karl.

Liegnitz, Stadt in Preuß.-Schlesien, wurde erst nach dem Siebenjährigen Krieg von reisenden Schauspielergesellschaften besucht u. erhielt 1842 ein ständiges Theater, das Butenop (s. d.) mit Halms „Sohn der Wildnis" eröffnete. Berühmte Gäste wie Charlotte von Hagn, Wilhelm Kunst, Clara Stich u. v. a. traten hier auf. 1850 gesellte sich zum Stadttheater noch ein Sommertheater u. 1875 das Wilhelmtheater. Besonders unter Bequignolles (s. d.) Leitung konnte sich L. im Hinblick auf Repertoire u. Schauspielerkräfte mit größeren Bühnen messen.

Literatur: C. *Nissel,* Beiträge zur Geschichte des Liegnitzer Theaters (Liegnitzer Tagblatt) 1891; Otto *Weddigen,* Geschichte der Theater Deutschlands o. J.

Lienau, Heinrich Christian, geb. 24. Aug. 1883 zu Neuenmünster in Holstein, war Kaufmann in Flensburg. Erzähler u. Dramatiker (auch im Dialekt).

Eigene Werke: Heidlüchen (Drama) 1917; De Herr vun Hoffsee (Drama) 1919; Gottlieb Pommerenke (Posse) 1920; Oberschieber (Schwank) 1920; Um de Hauw (Drama) 1922; Körung (Komödie) 1948 u. a.

Lienau, Renate s. Lerbs, Renate.

Lienert, Meinrad, geb. 21. Mai 1865 zu Einsiedeln in der Schweiz, gest. 26. Dez. 1933 zu Küßnacht bei Zürich, war Notar, Redakteur u. zuletzt Direktor der Schweizer. Zentrale für Handelsförderung. Vorwiegend Erzähler u. bedeutender Dialektlyriker, aber auch Dramatiker.

Eigene Werke: Der Schellenkönig (Vaterländisches Spiel) 1908 (neubearb. unter dem Titel De Schällechüng von Walter Fischli u. Toni Husistein 1939); Der Weihnachtsstern (Schweizer Krippenspiel) 1917; Der Ahne (Drama) 1922.

Lienert, Otto, geb. 15. Okt. 1897 zu Einsiedeln in der Schweiz, Neffe des Vorigen, war Redakteur verschiedener Zeitschriften u. ließ sich als freier Schriftsteller in Sursee nieder. Auch Bühnenschriftsteller.

Eigene Werke: Nu nüd, aber gly (Lustspiel in Innerschweizer Mundart) 1926; Aes Brunnespili (Spiel zur Einweihung des Heiwili-Brunnens, eines Meinrad-Lienert-Denkmals) 1936.

Lienhard, Friedrich, geb. 4. Okt. 1865 zu Rothbach im Elsaß, gest. 30. April 1929 zu Eisenach, Lehrerssohn, studierte in Straßburg u. Berlin, lebte zunächst hier, 1903 im Thüringerwald, 1906 bis zum Ersten Weltkrieg abwechselnd in Straßburg u. im Thüringerwald, seit 1917 dauernd in Weimar, zuletzt in Eisenach. Ehrenbürger von Weimar, der Wartburg u. der Universität Jena, philosophischer Ehrendoktor der Universität Straßburg, evangel.-theol. Ehrendoktor der Universität Münster in Westfalen u. auch mit dem Professortitel ausgezeichnet. Seit 1920 Herausgeber des „Türmers". Lyriker, Erzähler u. Dramatiker.

Eigene Werke: Naphthali (Drama) 1888;

Weltrevolution (Sozial. Drama) 1889; Till Eulenspiegel (Dramat. Trilogie) 1896—1900; Gottfried von Straßburg (Schauspiel) 1897; Odilia (Drama) 1898; Münchhausen (Lustspiel) 1900; König Arthur (Trauerspiel) (1900); Ahasver (Drama) 1903; Wartburg-Trilogie (Heinrich von Ofterdingen — Die hl. Elisabeth — Luther auf der Wartburg) 1903—06; Wieland der Schmied (Schauspiel) 1905; Odysseus auf Ithaka (Drama) 1911; Einführung in Goethes Faut 1912; Ahasver am Rhein (Drama) 1914; Phidias (Schauspiel) 1918; Gesammelte Werke 3 Reihen 1924—26.

Literatur: Paul *Bülow,* Das Kunstwerk R. Wagners in der Auffassung Lienhards 1920; ders., F. L., der Mensch u. das Werk 1923; Konrad *Dürre,* Harzer Festspielheft (zu Ehren Lienhards) 1925; Wilhelm *Frels,* L.-Bibliographie (Die schöne Literatur 26. Jahrg.) 1925; Werner *Deetjen,* F. L. (Deutsches Biogr. Jahrbuch 11. Bd.) 1932.

Lienhard und Gertrud, Titelhelden von J. H. Pestalozzis berühmter Geschichte (1781—85), auf der Bühne.

Behandlung: Hermann *Hoffmeister,* Lienhard u. Gertrud (Schauspiel) 1894.

Liepe, Emil, geb. 16. Jan. 1860 zu Potsdam, gest. 18. Febr. 1940 zu Berlin, humanistisch gebildet, studierte in Leipzig u. Wien, wirkte seit 1884 als Heldenbariton der Stadttheater in Reval u. Stettin, 1891 u. 1892 bei den Bayreuther Festspielen (Klingsor, Kurwenal, Biterolf), war später Lehrer am Konservatorium in Sondershausen, Konzertmeister u. Kritiker. 1904 Kammersänger, lebte seit 1907 in Berlin. Komponist der Oper „Colomba" (1894) u. Verfasser der Schrift „Zur Frage der Textvarianten in R. Wagners Bühnendichtungen" (1911).

Liepmann, Heinz, geb. 27. Aug. 1905 zu Osnabrück, wirkte als Dramaturg an den Kammerspielen in Hamburg. Auch Bühnendichter.

Eigene Werke: Der Tod des Kaisers Wang-ho (Schauspiel) 1926; Der Diener ohne Gott (Schauspiel) 1926; Die Kammer ist schuld daran (Schauspiel) 1927; Columbus (Schauspiel) 1928; Drei Apfelbäume (Drama) 1933.

Lier, Abraham van, geb. 2. Nov. 1812, gest. 7. Jan. 1887 zu Amsterdam, war zuerst Jugendlicher Gesangskomiker das., übernahm 1853 das dort. deutsche Theater (die „Hoogduitsche Tooneelsocieteit"), an dem er besonders das deutsche Drama pflegte. Er zog Künstler wie Emil Devrient, Bogumil Dawison, Wilhelm Kunst, Otto Lehfeld, Marie Seebach, Friederike Gossmann u. a. als Gäste heran. Neben der deutschen unterhielt er auch eine niederländische Schauspielergesellschaft. Seine Söhne Isouard, Lion u. Joseph van L. führten nach seinem Tod das Unternehmen weiter, das unter dem Namen „Grand Théâtre" zu höchster Blüte kam.

Literatur: Albert *van Geelen,* Deutsches Bühnenleben zu Amsterdam in der zweiten Hälfte des 18. Jahrhunderts (Deutsche Quellen u. Studien 18. Bd.) 1947.

Lier, Wolfrid, geb. 11. Febr. 1917 zu Berlin, war als Darsteller 1950 am Schauspielhaus in München u. seit 1951 in Berlin (Kurfürstendammtheater u. Tribüne) tätig.

Liertz, Maurus, geb. vor der Jahrhundertwende, promovierte zum Doktor der Medizin ehe er sich, von Emmi Teller-Habelmann ausgebildet, der Bühne zuwandte. Als Jugendlicher Held u. Bonvivant debütierte er am Neuen Schauspielhaus in Königsberg u. kam über Hamburg u. Elberfeld-Barmen 1928 nach Wiesbaden, Hauptrollen: Ferdinand, Prinz Gonzaga („Emilia Galotti"), Tasso, Lorenzo, Clavigo, Melchtal u. a.

Liese, Johannes, geb. 28. Mai 1908 zu Landsberg an der Weser, in Berlin ausgebildet, lebte als freischaffender Komponist u. Dirigent das. Für die Bühne schrieb er eine Oper „Die Glocke Barbara" u. eine Schauspielmusik zu „Macbeth" 1936.

Liesegang, Adolf (Geburtsdatum unbekannt), gest. 9. Juni 1920 zu Cleveland in Nordamerika. Kapellmeister u. Operndirigent.

Liesenberg (verehel. von Herdan), Claire, geb. 29. Mai 1873 zu Hamburg, gest. im Mai 1930 zu Wien, war 1902—24 Burgschauspielerin. Schwiegermutter von Carl Zuckmayer (s. d.)

Lieske-Brand, Wilhelm, geb. 13. Nov. 1892, betrat 1913, von Wilhelm Röntz, dem damaligen Oberregisseur des Schillertheaters in Berlin, ausgebildet, als Jugendlicher Held u. Bonvivant die Bühne erstmals in Guben, wirkte nach vierjährigem Frontdienst im Ersten Weltkrieg in Wiesbaden, Meiningen u. an fast allen Bühnen Berlins.

Nach dem Zweiten Weltkrieg lebte er als Regisseur u. Schriftsteller in Italien, zuletzt in Bozen, wo er am Rundfunk für deutschsprachige Sendungen tätig war.

Liessem, Kurt, geb. 2. Juni 1900 zu Hamburg, gest. im Juni 1937 zu Johannisburg, wirkte zuerst als Direktor verschiedener Sommertheater in Deutschland u. der Schweiz, 1926 als Schauspieler u. Regisseur in Schaffhausen-Winterthur, 1927 in Aarau-Chur, seit 1928 wieder als Direktor in Kapstadt u. seit 1929 in Windhoek in Südwest-Afrika.

Lietzau, Hans, geb. um 1915, war Schauspieler am Rosetheater in Berlin (1934), Schleswig (1936), Kiel (1937), Leipzig (1938) u. hierauf auch Hilfsregisseur am Burgtheater (1939—46), ging dann nach Bern u. Hamburg, wo er seit 1953 an den Kammerspielen u. am Rundfunk wirkte. Hauptrollen: Karl („Karl III. u. Anna von Österreich"), Mill („Candida"), Max („Kollege Crampton") Philint („Der Misanthrop") u. a.

Lieven, Albert, geb. 23. Juni 1906 zu Hohenstein in Ostpreußen, war Schauspieler 1928 bis 1930 in Gera, 1931—33 in Königsberg, 1933—34 in Berlin (Staatsschauspielhaus) u. gastierte hierauf an verschiedenen Bühnen das. Später ließ er sich in England nieder.

Lieven, Werner, geb. 15. Okt. 1909 zu Dresden, wirkte 1948—52 als Mitglied des Bayer. Staatsschauspiels in München u. in der Operette am Stadttheater in Plettenberg.

Liewehr, Fred, geb. 17. Juni 1909 zu Neutitschein in Mähren, studierte in Wien u. Prag Germanistik, besuchte das Reinhardtseminar in Wien (unter M. Reinhardt), begann seine Bühnenlaufbahn am dort. Josefstädtertheater, setzte sie am Stadttheater in Graz fort, kam 1933 als Jugendlicher Heldendarsteller ans Burgtheater, wo er sich rasch einen ersten Platz eroberte u. bewies daneben selbst in der Operette der Staatsoper seine vielseitige glänzende Begabung. Seit 1937 nahm er auch an den Salzburger Festspielen hervorragenden Anteil. Hauptrollen: Don Carlos, Ferdinand, Mortimer, Romeo, Rustan, Graf vom Strahl, Karl Moor, Jaromir, Valentin, Orest, Octavius, Bettelstudent, Eisenstein, Boccaccio, Vogelhändler, Adam u. a. Gatte der Sängerin Marta Rohs. O. M. Fontana („Wiener Schauspieler" 1948) hob als stärkstes Mittel seiner Jugendlichkeit die mühelose u. virtuose Beherrschung des Wortes hervor: „Wenn er Jamben spricht, so ist das ein Hochstrahlbrunnen der Rede, aufwallend sich mächtig emporwerfend u. malerisch auch weißen Gischt zeigend. Zuweilen schimmert dieser Hochstrahlbrunnen, festlich illuminiert, sogar in Farben auf, unwirklich, wie sie nur die Jugend erträumen kann." *Literatur: Anonymus*, F. Liewehr (Die Zeit, Prag 19. Nov.) 1937; R. *T.*, Boccaccio einmal ohne Hosenrolle (Neue Wiener Tageszeitung Nr. 136) 1951; *Anonymus*, Ein Zauberer (Die Presse Nr. 1222) 1952; Ernst *Wurm*, F. L. (Neue Wiener Tageszeitung Nr. 286) 1952.

Liewehr (geb. Rohs), Marta, geb. 2. Juni 1909 zu Saarbrücken, war Kammersängerin (Mezzosopran) an der Staatsoper in Dresden, seit 1938 in Wien. Gattin von Fred L. Hauptrollen: Cherubin, Magdalena, Octavian u. a. Herbert Ihering bezeichnete sie („Junge Schauspieler" o. J.) als „eine der ganz wenigen Sängerinnen, die die Ruhe des Händel-Stils u. die Beweglichkeit des Mozart-Stils in sich vereinigen, ohne das eine Mal in Aufgeregtheit oder Hast zu verfallen. Die Musikalität ihres Körpers verhindert solche Übergriffe. Ein Ereignis ist ihr Cherubin: Schlank, adlig, schalkhaft, ohne neckisch zu werden, kühl u. doch hingerissen vom Strom der Melodie".

Lila, Singspiel von J. W. Goethe, 1776 begonnen, in endgültiger Fassung 1790 im 6. Bd. seiner „Schriften" gedruckt, mit Musik von J. F. Reinhardt 1790 u. L. Seidel 1815. Der Inhalt spielt auf die ehelichen Verstimmungen zwischen dem Herzog Karl August u. seiner Gemahlin an, die der Dichter als „moralischer Leibarzt" in dem kleinen für die Weimarer Hofgesellschaft bestimmten Stück heilen wollte. Darin die Arie „Feiger Gedanken bängliches Schwanken" u. a. Gesänge. *Literatur:* H. *Düntzer*, Die älteste Gestalt von Lila (Neue Goethe-Studien) 1861; A. *Rudolf*, Über Goethes Singspiel L. (Herrigs Archiv 71. Bd.) 1884; E. *Reichel*, Goethes L. (Grenzboten Nr. 38, 40, 43) 1886; J. *Zeitler*, L. (Goethe-Handbuch 2. Bd.) 1917.

Lili, eigentlich Anna Elisabeth Schönemann, später verheiratete v. Türckheim (1758 bis 1817), Goethes Jugendgeliebte (1775), von

ihm in Gedichten u. Dramen („Erwin u. Elmire", „Claudine von Villa-Bella" u. „Stella") verewigt. *Literatur:* F. E. Graf v. *Dürckheim*, Lilis Bild 1879 (2. Aufl. von A. Bielschowsky 1894); Max *Koch*, Anna Elisabeth v. Türckheim (A. D. B. 39. Bd.) 1895; Elisabeth *Mentzel*, L. (Goethe-Handbuch 2. Bd.) 1917; J. *Ries*, Goethes L. (Elsaß-Lothring. Jahrbuch 1. Bd.) 1922.

Lilie, Moritz (Ps. M. L. v. Chemnitz u. Moritz Rose), geb. 24. Jan. 1835 zu Chemnitz, gest. 11. Aug. 1904 zu Hildburghausen, Sohn eines Böttchermeisters, war Buchhändler, dann Redakteur, seit 1897 der „Dorfzeitung" in Hildburghausen. Erzähler u. Bühnenschriftsteller. *Eigene Werke:* Thespiskarren (Kleine Lustspiele) 1885—87; Der blutige Pantoffel (Komödie) 1885; Spiritus u. Seifenschaum (Lustspiel) 1885; Ein Uriasbrief (Lustspiel) 1894; Don Guano oder Der steinerne Gastwirt (Oper) 1898.

Lilien, Kurt, geb. im letzten Viertel des 19. Jahrhunderts, gest. zwischen 1939 u. 1945 im Konzentrationslager Auschwitz, war Komiker (Lustspiel u. Operette) des Hallerschen Ensembles im Carl-Schultze-Theater, später Schauspieler in Berlin. Hauptrollen: Joachim („Ein Walzertraum"), Horst („Der fidele Bauer"), Njegus („Die lustige Witwe") u. a.

Liliencron, Adda Freifrau von, geb. 28. Juli 1844 zu Berlin, gest. 23. Jan. 1913 zu Charlottenburg, entstammte dem freiherrl. Geschlecht v. Wrangel, Gattin des Offiziers Karl Freih. v. L., lebte in Danzig, Schwerin, Posen u. zuletzt in Berlin. Erzählerin u. Dramatikerin. *Eigene Werke:* Deutsche Treue (Volksstück) 1899; Irrungen (Volksstück) 1899; Bei der Schutztruppe (Dramat. Kriegsbild) 1906; Der Traum des Soldaten (Schauspiel) 1907; Siegen oder Sterben — Glücksklee-blatt (2 Einakter) 1910; Fürs Vaterland (Drama) 1911.

Liliencron, Friedrich (seit 1883 genannt Detlev) Freih. v. Liliencron, geb. 3. Juni 1844 zu Kiel, gest. 22. Juli 1909 zu Alt-Rahlstedt bei Hamburg, Sohn eines Zollbeamten u. der Tochter des amerikanischen Generals v. Harten, trat in den preußischen Militärdienst, kämpfte 1864 gegen die aufständischen Polen, wurde 1866 bei Nachod in

Böhmen verwundet, ebenso 1870 bei Saint-Rémy, verließ 1875 als Hauptmann die Armee u. versuchte in Amerika erfolglos sein Glück, heiratete 1878 Helene Freiin v. Bodenhausen, wurde 1882 Landvogt auf der Insel Pellworn u. 1884 Kirchspielvogt in Kellinghusen u. lebte zuletzt in Alt-Rahlstedt. Bedeutender Lyriker, auch Erzähler u. Dramatiker.

Eigene Werke: Knut, der Herr (Drama) 1885; Die Rantzow u. die Pogwisch (Schauspiel) 1886; Der Trifels u. Palermo (Trauerspiel) 1886; Die Merowinger (Trauerspiel) 1888; Sämtl. Werke 15 Bde. 1904 ff.; Pokahontas (Trauerspiel) 1904; Gesammelte Werke 8 Bde. 1922.

Literatur: Anonymus, Liliencron als Regisseur (Hamburg. Correspondent Nr. 298) 1909; Heinrich *Spiero*, L., sein Leben u. seine Werke 1913; M. *Thomas*, Die Dramen Liliencrons (Diss. München) 1921.

Liliencron, Friedrich Freiherr von, geb. 11. April 1806 zu Gravendahl in Holstein, gest. 28. Jan. 1893 zu Altenburg, studierte in Heidelberg, Berlin u. Kiel die Rechte, war zuerst im Staatsdienst tätig u. seit 1870 Intendant des Hoftheaters in Altenburg. Verfasser von Theater-Memoiren, einer Abhandlung über die Kostümfrage von Schillers „Räubern" u. Übersetzer aus dem Dänischen.

Literatur: P. *E.*, Baron Friedrich v. Liliencron (Deutsche-Bühnengenossenschaft 22. Jahrg. Nr. 6) 1893.

Lilienfein, Heinrich, geb. 20. Nov. 1879 zu Stuttgart, gest. im Dez. 1952 zu Weimar, Sohn eines Hofrats u. Notars, Nachkomme altschwäbischer Handwerker, Weinbauern u. Pfarrer, studierte in Tübingen u. Heidelberg bei B. Erdmannsdörfer, D. Schäfer, K. Fischer, H. Thode (Doktor der Philosophie), ging 1902 als freier Schriftsteller nach Berlin, heiratete 1905 die Malerin Hanna Erdmannsdörfer u. nach ihrem Tod 1910 deren Schwester Sophie. 1904 brachte das Deutsche Theater in Berlin sein Drama „Maria Friedhammer" zur Uraufführung, dem eine stattliche Reihe von Bühnenwerken folgte. Von seinen Dramen wurde der am Burgtheater uraufgeführte „Hildebrand" am meisten gespielt. Eine Berufung als Dramaturg an das ehemalige Stuttgarter Hoftheater (1910) lehnte L. ab, um ganz seinem Schaffen leben zu können, dagegen folgte er, nach Kriegsdienst 1915 bis 1918, einem Ruf als Generalsekretär der

Deutschen Schiller-Stiftung nach Weimar, wo er ansässig blieb.

Eigene Werke: Kreuzigung (Drama) 1902; Menschendämmerung (Schauspiel) 1903; Maria Friedhammer (Drama) 1904; Der Herrgottswarter (Drama) 1906; Olympias (Drama) 1908; Der schwarze Kavalier (Drama) 1908; Der Stier von Olivera (Drama) 1910 (vertont von Eugen d'Albert); Der Tyrann (Drama) 1913; Die Herzogin von Palliano (Drama) 1914; Hildebrand (Drama) 1918; Die Überlebenden (Drama) 1920; Cagliostro (Komödie) 1922; Die Erlösung des Johannes Parricida (Drama) 1925; Theater (Schauspiel) 1927; Nacht in Polen 1812 (Drama) 1929; Bernhard Besserer (Ulmer Reformationsspiel) 1931; Der große Karaman (Drama) 1933; Annemarie gewinnt das Freie (Lustspiel) 1934; Tile Kolup (Trauerspiel) 1935; Karneval ohne Ende (Schauspiel) 1935; Hildebrand (Drama, Schulausgabe) 1936; Die Stunde Karls des Zwölften (Drama) 1938; Besuch aus Holland (Komödie) 1943 u. a.

Literatur: Theodor *Heuß*, H. Lilienfein (Das literar. Echo 10. Jahrg.) 1907—08; Rudolf *German*, H. L. 1926; Walter *Bähr*, Der Dramatiker L. (Die Deutsche Bühne 21. Jahrgang) 1929.

Lilienfeld (geb. Schulz), Antonie, geb. 8. April 1876 zu Brünn, kam als Schauspielerin über das Kaiser-Jubiläums-Stadttheater in Wien 1900 an das Burgtheater, wo sie 1930 ihren Bühnenabschied nahm. Seit 1914 verehelichte L. Hauptrollen: Josefa („Cyprienne"), Babette („Bürgerlich u. Romantisch"), Angiolina („Die Zwillingsschwester"), Hilde („Die Grazien") u. a.

Lilienthal (Ps. Thal), Wilhelm, geb. 8. Jan. 1865 zu Berlin, gest. 11. April 1906 zu Grasing in Südtirol. Bühnenschriftsteller.

Eigene Werke: Ich versichere Sie (Schwank) 1893; Eine Partie Skat (Posse) 1893; Die lustigen Handwerker (Posse) 1893; Berlins Theater u. die freien Bühnen 1900 u. a.

Limbach, Friedrich, geb. 7. Sept. 1801 zu Braunschweig, gest. 28. Okt. 1887 zu Berlin, Gatte von Mathilde Hildebrandt, war mit dieser unter Immermann 1834—37 als Schauspieler in Düsseldorf tätig, hierauf in Detmold, Leipzig, Mainz, Aachen, Freiburg im Brsg., Oldenburg, Hamburg (Stadttheater), Berlin (Friedrich - Wilhelmstädtisches Theater) u. bis 1863 in Darmstadt. Drei seiner Töchter gehörten der Bühne an, unter ihnen Luise, verehelichte Carnap. Unter Emil Devrient (s. d.) nahm L. am ersten deutschen Gesamtgastspiel in London teil u. wurde das. als der beste Polonius seiner Zeit gerühmt. Auch Theodor-Körner-Darsteller.

Limbach, Luise s. Carnap, Luise.

Limbach (geb. Hildebrandt, verwitwete Hartmann), Mathilde, geb. 1801 zu Dresden, gest. 23. März 1885 zu Berlin, war Schauspielerin in Düsseldorf u. a. bis zu ihrem Bühnenabschied 1859. Gattin von Friedrich L.

Limberger (Ps. Himmighoffen), Jenny, geb. 3. März 1860 zu Frankfurt a. M. (Todesdatum unbekannt), von Paul Zademack (s. d.) für die Bühnenlaufbahn vorbereitet, betrat diese in Meiningen, kam 1884 nach Köln, 1887 nach Riga u. nach abermaliger kurzer Tätigkeit in Meiningen 1891 als anerkannte Tragödin nach Kassel, wo sie auch das Rollenfach einer Salondame übernahm, u. blieb hier bis zu ihrer Verheiratung mit dem Amtsrichter L. tätig. Hauptrollen: Maria Stuart, Lady Milford, Iphigenie, Antigone, Sappho, Arria u. a.

Limley (geb. Letztergroschen), Elise (Ps. Elizza), geb. 6. Jan. 1868 zu Wien, gest. 3. Juni 1926 das., kam vom Carl-Theater in Wien als Opernsängerin nach Olmütz u. von hier 1895 an die Hofoper in Wien, wo sie bis zum Abschied von der Bühne 1919 verblieb. Hauptrollen: Aida, Elvira, Donna Anna, Gretel, Nedda, Agathe, Papagena u. a. Gattin ihres Lehrers Adolf Limley.
Literatur: Eisenberg, E. Elizza (Biogr. Lexikon) 1903; *Anonymus*, Einer großen Opernsängerin zum Gedenken (Wiener Rathauskorrespondenz 30. Mai) 1951.

Linck, Hieronymus, aus Glatz in Schlesien stammend, Priester, vermutlich 1558—65 in Nürnberg, Augsburg u. Wien tätig, war Liederdichter u. Dramatiker. Sein Schauspiel „Von einem jungen Ritter, Julianus genannt, wie er sein Vater u. Mutter erstochen hat" erschien 1564. Andere seiner Dramen sind nur handschriftlich (in der Österr. Nationalbibliothek) vorhanden.
Literatur: Johannes Bolte, H. Linck (A. D. B. 51. Bd.) 1906.

Lincke, Hermann, geb. 19. Juli 1824 zu Berlin, gest. 21. März 1882 zu Tilsit, war Schau-

spieler, Oberregisseur u. seit 1866 auch Direktor an den Vereinigten Stadttheatern in Memel u. Tilsit. Gatte der Folgenden.

Lincke, Minna (geb. von Konopatzki, verwitwete Staerke), geb. 1828, gest. 10. Febr. 1907 zu Memel, war Eigentümerin u. Leiterin des dort. Stadttheaters. Gattin des Vorigen.

Lincke, Paul, geb. 7. Nov. 1866 zu Berlin, gest. 3. Sept. 1946 zu Clausthal-Zellerfeld im Harz, Sohn eines Beamten, wurde Musiker, später Theaterkapellmeister in Berlin (Kroll-, Apollo-, Thalia- u. Metropoltheater) u. Komponist seinerzeit vielgespielter Operetten, Ausstattungsrevuen u. unzähliger Lieder u. Tänze. Denkmal in Hahnenklee. Gatte der Schauspielerin u. Soubrette Anna Müller-L. (s. d.).
Eigene Werke: Venus auf Erden 1897; Im Reiche des Indra 1899; Außer Rand u. Band 1899; Frau Luna 1899; Fräulein Loreley 1900; Das blaue Bild 1900; Nakiris Hochzeit 1902; Lysistrata 1902; Prinzessin Rosine 1905; Donnerwetter — tadellos! 1906; Berliner Luft 1906; Eine lustige Spreewaldfahrt 1908; Bis früh um fünfe 1909; Grigri 1911; Casanova 1913; Der Glückswalzer 1913; Fräulein Kadett 1915; Ein Liebestraum 1940.
Literatur: Edmund Nick, P. Lincke 1953; H. *Bernhard*, Ein Lebensbild P. Linckes, des Königs der Berliner Operette (Illustrierte Berliner Zeitschrift Nr. 8) 1954.

Lincker, Erasmus, geb. 9. Nov. 1796 zu Frankfurt a. M., gest. 1. Sept. 1876 das., war 1819—69 Mitglied der Bühne seiner Vaterstadt. Er fand im Schauspiel als Jugendlicher Liebhaber, Naturbursche u. Chevalier sowie als Sänger vielfache Verwendung, zuletzt auch als Regisseur der Oper.

Lincoln, Abraham (1809—1865), 16. Präsident der Vereinigten Staaten von Amerika, als Dramenfigur.
Behandlung: Walter *Gilbricht*, Abraham Lincoln (Drama) o. J.; Hermann *Luedke*, Präsident L. (Drama) o. J.

Lind, Emil, geb. 14. Aug. 1872, gest. 7. April 1948 zu Wien, begann 1891 seine Bühnenlaufbahn in Salzburg, wirkte 1892 in Preßburg, 1893 in Linz, 1894 in Troppau, 1895 in Reichenberg, 1896—99 in Brünn, 1899 bis 1904 unter Stollberg am Schauspielhaus in München u. hierauf in Berlin, wo er als

Schauspieler, Regisseur u. Dramaturg bei Brahm, Reinhardt, Barnowsky u. Saltenburg (s. d.) tätig war. Auch Lehrer an der Schauspielschule des dort. Deutschen Theaters. 1933 emigrierte er nach Wien. Seit 1914 Verwaltungsratsmitglied der Genossenschaft Deutscher Bühnen-Angehörigen u. Ehrenmitglied ders. Hauptrollen: Gregor („Jugend"), Glyszinski („Mutter Erde"), Lorenzo („La Gioconda"), Kronschabl („Der heilige Rat" von L. Ganghofer) u. a.

Literatur: Erich *Otto,* Emil *Rameau,* Käthe *Dorsch* u. a., Erinnerungen an E. Lind (Deutsches Bühnen-Jahrbuch 57. Jahrgang) 1949.

Lind, Ida, geb. 4. Jan. 1837 zu Danzig, gest. 1. April 1920 das., war Schauspielerin in Oldenburg, Heidelberg u. vertrat zuletzt das Fach der Mütter u. Anstandsdamen am Stadttheater in Kiel. Hauptrollen: Fürstin („Anna-Liese"), Gertrud („Die Quitzows"), Clara („Kinder der Excellenz") u. a.

Lind, Jenny s. Goldschmidt, Jenny.

Lind, Lissy s. Philippi, Lissy.

Lind, Malwine (Geburtsdatum unbekannt), gest. im Sept. 1871 zu Gotha, war Hofschauspielerin das.

Lind, Paula, geb. 24. März 1871 zu Karlsruhe, gest. 7. März 1904 zu Egern am Tegernsee, wirkte als Schauspielerin (Liebhaberin) u. in Gesangspartien am Bauerntheater in Gmund am Tegernsee.

Linda, Pauline s. Kautsky, Pauline.

Lindau, ehemals freie Reichsstadt, seit 1805 bayrisch, auf einer Insel im Bodensee gelegen, begann seine Theatertradition 1601, als ein Kemptener Bürger um die Erlaubnis ansuchte, Darstellungen zu geben. 1603 folgte eine „Straßburgische Comödiantenkompanie". Typische Stücke der protestantischen Schul- u. Bürgerkomödien beherrschten den Spielplan. Im Dreißigjährigen Krieg kam eine kais. Garnison in die Stadt. Jesuiten gründeten eine Lateinschule u. schufen ihrer Bühne Eingang vor einem neuen Publikum. Später bildete sich eine Theatergesellschaft von Handwerkern, die neben dem weiter blühenden protestantischen Schultheater u. den Wanderkomödianten das Schauspiel pflegte. 1714 wurde von Liebhabern erstmals sogar eine Oper

aufgeführt. 1779 kam es zu einer Uraufführung von Goethes „Iphigenie". Die im gleichen Jahr vom Rat erlassene Komödienordnung zeugte, über das ortsgeschichtliche Interesse hinausreichend, von dem Ernst, mit dem die Bürgerschaft ihrer theatralischen Sendung sich bewußt blieb. Die freien bürgerlichen Schauspielergesellschaften wurden 1801—02 von einer statutarisch fest organisierten „Dramatischen Liebhabergesellschaft" abgelöst, die bis 1835 in dem renovierten Zeughaus für die unausgesetzte Entwicklung Sorge trug. Von nun an bestimmten Prinzipale reisender Gesellschaften den Spielplan. 1887 wurde das Schiff der alten Barfüßerkirche zum Theater umgebaut u. nahm die Geschichte des eigentlichen Stadttheaters ihren Anfang.

Literatur: Herbert *Schläger,* Bürgerliches Theaterwesen im alten Lindau (Neujahrsblatt 13 des Museumsvereins Lindau) 1954.

Lindau, Karl, geb. 26. Nov. 1853 zu Wien, gest. 15. Jan. 1934 das., Sohn eines Fabrikanten, trat mit 17 Jahren in klassischen Stücken am Grazer Stadttheater auf, dann in Budapest, Frankfurt a. M., Dresden, 1879 wieder in Graz u. kurze Zeit in Olmütz. 1880 spielte er mit der berühmten Schauspielerin Gallmeyer in Amerika u. hier zeigte sich immer deutlicher, daß seine eigentliche darstellerische Begabung auf dem Gebiet der Komik lag. Seit 1881 entwickelte er als Schauspieler am Theater an der Wien eine glanzvolle Tätigkeit. Daneben schrieb er viele heitere Kleinigkeiten, übersetzte französische Schwänke, schuf hunderte Schlager allein u. mit anderen, zugkräftige Possen usw. Girardi verdankte L. manche erfolgreiche Rolle. Von seinen Schlagern ist mehr als einer noch heute lebendig: „Da fahr'n ma halt nach Nußdorf 'raus", „Margarete, Mädchen ohne gleichen", der „Eiserne Rathausmann", „Hupf, mein Mäderl", „O mein Girl, meines Herzens Perl" u. a.

Eigene Werke: Ein armes Mädel (Volksstück) 1893 (mit L. Krenn); Da Nazi (Schwank) 1895 (mit dems.); Im siebenten Himmel (Schwank) 1896 (mit dems.); Die fesche Pepi (Schwank) 1897 (mit dems.); Künstlerblut (Operettentext) 1906 (mit L. Stein); Der Frauenfresser (Operettentext) 1911 (mit dems.) u. a.

Lindau, Paul, geb. 3. Juni 1839 zu Magdeburg, gest. 31. Jan. 1919 zu Berlin, Sohn eines protestantischen Geistlichen, studierte in Halle, Leipzig u. Paris (Doktor der Philosophie), leitete 1864—65 die „Düsseldorfer Zeitung", 1870 das „Neue Blatt" in Leipzig u. den „Bazar" in Berlin, 1872—81 die „Gegenwart" das. u. seit 1878 auch „Nord u. Süd", ging 1895 als Hoftheater-Intendant nach Meiningen, übernahm 1899 die Direktion des Berliner Theaters u. wurde schließlich Erster Dramaturg der Kgl. Schauspiele in Berlin. Namhafter Feuilletonist, Essayist, Erzähler u. Dramatiker.

Eigene Werke: Theater (Marion, Drama — In diplomatischer Sendung, Lustspiel — Maria u. Magdalena, Schauspiel — Diana, Schauspiel — Ein Erfolg, Schauspiel — Tante Therese, Schauspiel — Der Zankapfel, Schwank — Johannistrieb, Schauspiel — Gräfin Lea, Schauspiel — Verschämte Arbeit, Schauspiel) 4 Bde. 1873 bis 1881; Dramaturgische Blätter 1875; Nüchterne Briefe aus Bayreuth 1876; Wie ein Lustspiel entsteht u. vergeht 1877; Johannistrieb (Drama) 1878; Mariannes Mutter (Drama) 1885; Galeotto (Drama) 1887; Die Schatten (Drama) 1889; Die Sonne (Drama) 1890; Der Komödiant (Drama) 1892; Der Andere (Drama) 1893; Ungeratene Kinder (Drama) 1894; Die Erste (Drama) 1895; Vorspiele aus dem Theater (Dramaturg. Skizzen) 1895; Die Venus von Milo (Schauspiel) 1896; Der Abend (Drama) 1896; Der Herr im Hause (Lustspiel) 1899; Nacht u. Morgen (Drama) 1901; Lucians Satiren (Drama) 1901; . . . so ich Dir (Drama) 1903; Die beiden Leonoren (Lustspiel) 1904; Die Sonne (Schauspiel) 1906; Der Komödiant (Schauspiel) 1906; Ungeratene Kinder (Lustspiel) 1907; Die Brüder (Schauspiel) 1908; Nur Erinnerungen 2 Bde. 1916 u. a.

Behandlung: Elisabeth v. *Schabelsky,* Der berühmte Mann 1891.

Literatur: E. *Hadlich,* P. Lindau als dramatischer Dichter 1876; J. *Fisahn,* P. L. als Kritiker u. das Theater 1876; W. *Goldschmidt,* Notizen zu Schriften von P. L. 1878; *Junius,* P. L. u. das literar. Judentum 1879; J. *Plerr,* Herr Dr. P. L., der umgekehrte Lessing 1880; G. *Köberle,* Der Verfall der deutschen Schaubühne u. die Bewältigung der Theaterkalamität 1880; Franz *Mehring,* Der Fall L. 1890; G. *Hartwich,* P. Lindaus Glück u. Ende 1890; Viktor *Klemperer,* P. L. 1909; Hans *Knudsen,* P. L. (Deutsches Biogr. Jahrbuch 2. Überleitungsband) 1928.

Lindau, Rolf, geb. 21. Aug. 1904 zu Thale im Harz, aus der Familie Paul Lindaus entstammend, war Schauspieler u. Sänger (u. a. am Nelson-Theater in Berlin) u. Filmdarsteller.

Lindberg, Helge, geb. 1. Okt. 1887 zu Helsingfors, gest. 3. Jan. 1928 zu Wien, studierte in München u. Florenz u. wirkte als Opernsänger (Baß) in Stuttgart, München u. Wien. Seine ungewöhnliche Körpergröße zwang ihn, später die Bühnenlaufbahn aufzugeben u. nur mehr im Konzert aufzutreten.

Lindemann (geb. Müller), Caroline, geb. 1806 zu Graz, gest. 17. Jan. 1875 zu St. Louis (Missouri), trat erstmals in ihrer Vaterstadt als Schauspielerin auf. kam nach einigen Engagements an österreichischen Provinzbühnen nach Wien. Unter Charlotte Birch-Pfeiffer (s. d.) wirkte sie in Zürich u. zuletzt in Darmstadt.

Lindemann, Doriane s. Fuchs, Doriane.

Lindemann, Edward, geb. 22. Jan. 1822 zu Seyda bei Wittenberg, gest. 3. März 1886 zu Kassel, Predigerssohn, studierte in Halle, für den geistlichen Stand bestimmt, wandte sich jedoch bald der Bühne zu, die er, in Leipzig als Baß ausgebildet u. von R. Wagner gefördert, 1847 in Dresden betrat. 1849 ging er nach Hamburg, 1855 wieder nach Dresden, 1856 nach München u. 1863 nach Kassel, wo er bis zu seinem Eintritt in den Ruhestand 1883 wirkte. Hauptrollen: Kaspar, Mephisto, Wasserträger, Leporello, Sarastro, Bertram, Figaro, Landgraf, König Heinrich u. a.

Lindemann (geb. Inera), Elsa, geb. 25. Dez. 1882 zu Düsseldorf, war Operettensängerin 1923—28 am Gärtnerplatztheater in München, später in Düsseldorf. Zu Beginn ihrer Bühnenlaufbahn wirkte sie in Krefeld, Basel u. Bremen. Gattin des Sängers u. Schauspielers Martin L.

Lindemann, Ewald, geb. 6. Febr. 1897 zu Dresden, Kaufmannssohn, studierte Musik, wirkte 1919—21 als Kapellmeister am Stadttheater in Dortmund, 1921—23 am Landestheater in Coburg, 1923—24 als Opernleiter des Stadttheaters in Münster, seit 1924 in Freiburg im Brsg., Frankfurt a. M., Augsburg, Königsberg, 1936—45 als Operndirektor in Braunschweig, 1946 an der Staatsoper in Hamburg, 1947—52 in Heidelberg u. seither als Professor an der Musikhochschule in Berlin.

Lindemann, Gustav, geb. 24. Aug. 1672 zu Danzig, humanistisch gebildet, nahm in Berlin Schauspielunterricht, lernte in seinen Anfängen noch das Schmierkomödiantentum kennen, bildete dann ein eigenes Tournee-Ensemble, an das sich seine Gattin Louise Dumont anschloß, gründete mit ihr 1905 das Schauspielhaus in Düsseldorf, an dessen Spitze er trat u. dem beide bald zu einer führenden Stellung in Deutschland verhalfen. Später erwarb es die Stadt. Er selbst blieb bis 1933 Generalintendant. 1930 wurde L. Ehrenmitglied der staatlichen Kunstakademie in Düsseldorf, 1947 Professor u. Ehrendoktor. Das von ihm begründete Dumont-Lindemann-Archiv übernahm 1947 die Stadt. Herausgeber der Theaterzeitschrift „Masken" u. der Aufsätze u. Briefe „L. Dumont, Vermächtnisse" 1932.
Literatur: Rolf *Trouwborst,* G. Lindemann (Die Neue Zeitung Nr. 198) 1952; L. P., Geburtstagsstrauß für G. L. (Köln. Rundschau Nr. 197) 1952.

Lindemann, Hermann, geb. 1881, gehörte seit 1913 dem Hof- u. späteren Staatstheater in Karlsruhe an, zuerst als Chorsänger u. in kleinen Solopartien in Oper u. Operette, wirkte 1923—24 auf einer Tournee in Amerika, viele Jahre als Chormitglied bei den Bayreuther Festspielen u. wurde nach dem Zweiten Weltkrieg in Karlsruhe im Schauspiel übernommen.

Lindemann (Ps. Dumont), Louise, geb. 22. Febr. 1862 zu Köln am Rhein, gest. 16. Mai 1932 zu Düsseldorf, Kaufmannstochter, trat erstmals als Braut von Messina im Berliner Residenztheater auf, kam dann nach Hanau, 1884 ans Deutsche Theater in Berlin, 1885 nach Reichenberg, 1887 ans Burgtheater, 1890 ans Hoftheater in Stuttgart, 1896 ans Lessing-Theater u. 1897 an das Deutsche Theater in Berlin, in klassischen, ebenso in modernen Stücken (z. B. Ibsens) als Darstellerin seelisch komplizierter Frauengestalten ausgezeichnet. Nach der Gründung des Kleinen Theaters (1901—02) durch Reinhardt u. Kayßler (s. d.) unternahm sie mit ihrem Gatten Gustav L. Gastspielreisen. 1905 schuf sie mit ihm das Düsseldorfer Schauspielhaus. Sie hinterließ wegweisende Aufsätze u. Briefe, die Gustav L. 1932 herausgab. Karl Hagemann (Deutsche Bühnenkünstler um die Jahrhundertwende 1940) charakterisiert sie: „Als sozusagen klassische Darstellerin moderner Frauen-Charaktere, als Gestalterin

romantisch-problematischer Dichterfiguren, hat Luise D. auf deutschen Bühnen jahrzehntelang kaum ihresgleichen gehabt. Ihre Frau Alving, Hedda Gabler, Rebekka West, ihre Frau vom Meer, ihre Irene in ‚Wenn wir Toten erwachen' sind maßgebende Schöpfungen der Bühnenkunst, mit denen der naturalistische Stil nach kurzer Herrschaft wieder überwunden u. gleichsam ad absurdum geführt wurde. Eine verhaltene Dämonie einte sich in ihrem Menschen- u. Künstlertum mit einer nervösen Reizsamkeit für alles Unausgesprochene u. Halbbewußte u. befähigte sie ganz besonders zur Ausdeutung irgendwie brüchiger, aber auch krankhaft übersteigerter Figuren."
Literatur: Revel, L. Dumont (Bühne u. Welt 1. Jahrg.) 1899; G. J. *Speckner,* L. Dumonts Lebensfeiertag (Schwäbische Landeszeitung, Augsburg Nr. 47) 1949; Rolf *Trouwborst,* L. D. (Mimus u. Logos-Festschrift Carl Niessen) 1952; Otto *Brües,* L. D. 1955 u. a.

Lindemann, Martin, geb. 14. Nov. 1882 zu Hamburg, gest. 22. April 1954 zu Bochum, war Schauspieler, Sänger u. Regisseur in Bremen, Breslau, Augsburg, Stuttgart, München (Gärtnerplatztheater), Düsseldorf u. Bochum. Gatte der Operettensängerin Elsa Inera. Hauptrollen: Kajetan („Zigeunerliebe"), Danilo („Die lustige Witwe"), Pietro („Boccaccio"), Gustav („Rodelzigeuner"), Hironari („Taifun") u. a.

Lindemann, Otto, geb. 16. Nov. 1879 zu Berlin, Bruder des Folgenden, wirkte 1903—06 als Lehrer am Sternschen Konservatorium, unter der Direktion von Hans Gregor (s. d.) als Kapellmeister an der Komischen Oper u. 1920—21 an den Meinhard-Bernauer-Bühnen. Komponist zahlreicher Bühnenmusiken u. eines Balletts.

Lindemann, Wilhelm, geb. 5. April 1882 zu Berlin, gest. 8. Dez. 1941 das., Bruder des Vorigen, lebte als Komponist u. Kapellmeister in seiner Vaterstadt.
Eigene Werke: Aus Großvaters Zeiten (Singspiel) o. J.; Ein Flötenkonzert in Sanssouci (Rokoko-Oper) 1934; Prinzessin Rokoko (Schäferspiel) 1934; Die Frühlingsfee (Ballettmärchen) 1937.

Lindemayr, Maurus (Taufname Kajetan), geb. 17. Nov. 1723 zu Neunkirchen in Oberösterreich, gest. 19. Juli 1783 das. als Pfarrer, zuerst Sängerknabe im Benediktinerstift Lambach, dann Mitglied u. Prior dess. Bedeutender Dialektdichter, auch Dramatiker.

Eigene Werke: Lustspiele u. Gedichte in oberösterr. Mundart, ausgewählt u. neubearbeitet von Hans Anschober 1930. *Literatur: Wurzbach,* M. Lindemay(e)r (Biogr. Lexikon 15. Bd.) 1866; Moritz *Enzinger,* Zwei Singspiele von M. L. (Euphorion 31. Bd.) 1930.

Lindemer, Adele, geb. 9. Okt. 1887 zu München, war 1915—20 Mitglied der Kammerspiele in München, dann Schauspielerin in Graz, Plauen, Saarbrücken, Wiesbaden u. nach dem Zweiten Weltkrieg in Baden-Baden.

Lindemuth, Ferdinand (Geburtsdatum unbekannt), gest. 10. Febr. 1890 zu Sondershausen, wirkte als Schauspieler u. a. mehrere Jahre in Salzburg, 1885 in Dortmund u. seit 1886 auch als Theatersekretär u. in Chargenrollen am Fürstl. Theater in Sondershausen.

Linden, Clarissa s. Hodenberg, Clarissa Freifrau von.

Linden, Gustav s. Stein, Karl.

Linden, Hermann, geb. 8. Dez. 1896 zu Frankfurt a. M., zuerst Kaufmannslehrling, bildete sich als Autodidakt weiter aus, ließ sich in Berlin nieder u. schrieb u. a. Bühnenstücke.
Eigene Werke: Retter Tod (Einakter) 1921; Schauspieler u. Herzogin (Traumspiel) 1924.

Lindenau, Egon, geb. um 1885, gest. 18. April 1944 zu Königsberg in Preußen, war Schauspieler in Schaffhausen, Meißen, nach dem Ersten Weltkrieg auch Oberspielleiter in Göttingen, Flensburg, Cottbus, Brieg, Landsberg u. zuletzt in Zoppot-Gotenhafen.

Lindenlaub, Adolf (Geburtsdatum unbekannt), gest. 20. Juni 1910 zu Jena, war Schauspieler u. Spielleiter am dort. Stadttheater, vorher in Hanau, Detmold, Luzern, Görlitz, Eisleben. Hauptrollen: Siebenhaar („Fuhrmann Henschel"), Hirschbach („Relegierte Studenten"), Hauser („Moral"), Lorenzo („Romeo u. Julia"), Blumenberg („Die Journalisten") u. a.

Linder, Erwin, geb. 29. Okt. 1903 zu Mannheim, wirkte seit 1940 in Hamburg, zuerst

am Schauspielhaus, in den Kammerspielen u. seit 1949 am Thaliatheater. Hauptrollen: Präsident („Kabale u. Liebe"), Helmer („Nora"), Lebousier („Kiki vom Montmartre"), Verteidiger („Meuterei auf der Caine") u. a.

Linder, Hans, geb. 17. Jan. 1917 zu Wuppertal-Barmen, studierte in Essen u. München Musik, wirkte seit 1939 als Kapellmeister am Stadttheater in Bremerhaven (mit Ausnahme der Kriegsjahre 1939—45) u. schrieb u. a. eine Bühnenmusik zu „Viel Lärm um nichts" 1946.

Linderer, Eduard, geb. 31. Okt. 1837 zu Berlin, gest. 1915 das., Sohn eines Zahnarztes, Bruder von Robert L., humanistisch gebildet, lebte als freier Schriftsteller in seiner Vaterstadt. Verfasser von Couplets, Soloszenen u. a.
Eigene Werke: Polterabend-Helmerding (Bühnenstücke) 1868; Im Reich der Komik 4 Bde. 1871—76; Schlager auf Schlager! (Kom. Szene) 1898; Deutsche Liebhaberbühne 12 Hefte 1900; Das große Coupletbuch 1902; Der Vereinskomiker 1909 u. a.

Linderer, Otto, geb. 8. Nov. 1820 zu Berlin, gest. 7. Aug. 1867 das., studierte in Breslau (Doktor der Philosophie), trat 1848 in die Redaktion der dort. „Vossischen Zeitung" ein u. wurde 1863 deren Chefredakteur. L. schrieb u. a. „Meyerbeers Prophet als Kunstwerk" 1850 u. „Die erste stehende deutsche Oper" 2 Bde. 1854 ff.

Linderer, Robert, geb. 25. Nov. 1824 zu Erfurt, gest. 10. Nov. 1886 zu Berlin, Bruder von Eduard L., war bis 1861 Schriftsetzer, seit 1866 Miteigentümer der R. Franckeschen Theateragentur sowie der dieser angeschlossenen Theaterzeitung „Neue Schaubühne" u. schrieb u. a. auch Bühnenstücke.
Eigene Werke: Portefeuille des Komikers 2 Bde. 1863; Zankteufelchen (Lustspiel) 1885; Der schönste Mann im Regiment (Singspiel) 1886; Unsere Marine (Posse) 1886; Neptun oder der Verräter in Gips (Kom. Singspiel) 1888; Bei der Gaslaterne (Genrebild mit Gesang) 1903; Er ist der Baron oder Im Geheimratsviertel (Schwank) 1908.

Lindheim, George Ernst s. Lüderwald (genannt Lange), George Ernst.

Lindheimer, Friedrich, geb. (Datum unbekannt) zu Frankfurt a. M., gest. 1822 das.,

Doktor der Rechte, war Advokat in seiner Vaterstadt. Vorwiegend Bühnendichter.

Eigene Werke: Die Cremoneser Geige (Lustspiel) 1798; Das Friedensfest (Lustspiel) 1798; Die Leihbibliothek (Lustspiel) 1798; Lustspiele (Das Friedensfest — Das wandernde Körbchen — Der Burggeist — Jovialität u. Liebe) 1798; Das Vogelschießen (Lustspiel) 1804; Seelenadel (Schauspiel) 1805; Neueste dramat. Versuche (Garrick — Hagestolz u. Liebe — Julie v. Löwenstein) 1805.

Lindikoff, Ludwig (Geburtsdatum unbekannt), gest. 23. Aug. 1932 zu Baden-Baden, war Helden- u. Charakterdarsteller seit 1925 in Libau, Sigmaringen, Bremerhaven, Danzig, Elberfeld, Baden-Baden u. a. Hauptrollen: Werner („Minna von Barnhelm"), Nickelmann („Die versunkene Glocke"), Janetzki („Kollege Crampton"), König Lear u. a.

Lindl, Ignaz, geb. 8. Okt. 1774 zu Baindlkirch in Bayern, gest. 31. Okt. 1845 zu Barmen, seit 1818 kath. Pfarrer, führte 1820 in Bessarabien den protestantischen Ritus ein u. trat 1824 in Leipzig zur protestantischen Kirche über. Auch Dramatiker.

Eigene Werke: Religiös-moralische Schau-Bühne zur Erbauung u. Erheiterung (Der Sieg der Religion, Drama — Genovefa, Schauspiel — Gumal u. Lina, Schauspiel) 1812.

Lindlar, Franz, geb. 12. Febr. 1888, gest. 24. Jan. 1931 zu Köln (während einer Aufführung von „Turandot"), an der dort. Opernschule ausgebildet, wirkte seit Beginn seiner Bühnenlaufbahn als Bariton am Kölner Opernhaus. Hauptrollen: Monterone („Rigoletto"), Barak („Turandot"), Minister („Fidelio"), Matteo („Fra Diavolo") u. a.

Lindlar, Josef, geb. 30. Sept. 1890 oder 1892 zu Koblenz, gest. 17. Dez. 1953 zu Frankfurt a. M., Sohn des Musikdirektors Franz L., studierte in' Italien u. a. Köln Gesang, begann das. 1925 seine Bühnenlaufbahn als Heldenbariton, für den er eine imposante Gestalt, eine voluminöse Stimme u. scharfe Charakterisierungskunst mitbrachte, wirkte 1927 bis 1929 in Leipzig, 1931—41 in Düsseldorf u. kam über Saarbrücken zuletzt nach Frankfurt a. M., wo er als Gesangspädagoge niederließ. Gastspiele führten ihn nach Barcelona, Paris, Lille, Antwerpen, Den Haag u. a. Hauptrollen: Wotan, Hollän-

der, Sachs, Scarpia, Kurwenal, Sebastiano u. a.

Lindner, Albert, geb. 24. April 1831 zu Sulza in Thüringen, gest. 4. Febr. 1888 in der Irrenanstalt Dalldorf bei Berlin, studierte in Jena, war seit 1864 Gymnasiallehrer in Rudolstadt, erhielt 1866 für seine 1860 in der Pommerschen Hauslehrerzeit begonnene Tragödie „Brutus u. Collatinus" den Schillerpreis, wirkte 1872 als Bibliothekar des Deutschen Reichstags, wurde 1875 entlassen, war seither der Not preisgegeben u. verfiel 1885 dem Wahnsinn. Dramatiker.

Eigene Werke: Dante Alighieri (Dramat. Gedicht) 1855; William Shakespeare (Schauspiel) 1864; Brutus u. Collatinus (Tragödie) 1866; Stauf u. Welf (Histor. Trauerspiel) 1867; Katharina II. (Trauerspiel) 1868; Der Hund des Aubri (Drama) 1869; Die Bluthochzeit oder Die Bartholomäusnacht (Trauerspiel) 1871; Don Juan d'Austria (Histor. Trauerspiel) 1875; Marino Falieri (Trauerspiel) 1875; Der Reformator (M. Luther, dramat. Gedicht) 1883 u. a. — Nach einem Entwurf Lindners aus dessen Nachlaß schrieb Karl Grube 1901 das Schauspiel Der Kurprinz von Brandenburg.

Literatur: Adalbert v. *Hanstein,* A. Lindner 1888; Hans *Devrient,* A. L. u. E. Devrient, nach ungedr. Briefen u. Tagebuchblättern (Euphorion 11. Bd.) 1904; E. *Schroeder,* A. L. (A. D. B. 51. Bd.) 1906; Franz *Koch,* A. L. als Dramatiker (Forschungen zur neueren deutschen Literatur 47. Bd.) 1915.

Lindner, Amanda s. König, Amanda.

Lindner, Elly, geb. um 1870, gest. 7. Okt. 1926 zu Wiesbaden, Schwester von Amanda L., wurde wie diese zunächst für das Ballett ausgebildet, wandte sich aber bald dem Schauspiel zu u. vertrat seit 1889 in Meiningen das Fach Jugendlicher Sentimentaler. Nach einem Engagement an Ludwig Barnays Berliner Theater ging sie auf Gastspielreisen nach Amerika u. gehörte nach ihrer Rückkehr bis 1903, ihrem Bühnenabschied, dem Hoftheater in Wiesbaden an. Hauptrollen: Lady („Die Puppenfee"), Louise („Onkel Bräsig"), Friederike („Möller Voss"), Ida („Die Journalisten") u. a.

Lindner, Eugen, geb. 11. Dez. 1858 zu Leipzig, gest. 12. Nov. 1915 zu Weimar, war seit 1878 Chordirektor am Stadttheater in

Leipzig, nahm 1884 als Sänger an Angelo Neumanns Wagner-Tournee teil, wurde später Gesangslehrer an der Musikschule in Weimar, 1902 am Konservatorium in Leipzig u. 1913 Professor das. Auch Opernkomponist. Gatte der Schauspielerin Lucy Orban.

Eigene Werke: Ramiro 1885; Der Meisterdieb 1889; Eldena o. J.

Literatur: Riemann, E. Lindner (Musik-Lexikon 11. Aufl.) 1929.

Lindner, Franz s. Lindwurm, Franz.

Lindner, Friedrich (Geburtsdatum unbekannt), gest. 30. Jan. 1955 zu Dresden, wirkte dreißig Jahre am Staatstheater in Dresden, bis er 1943 das. seinen Bühnenabschied nahm. Als Charakterliebhaber u. später als nobler Charakterdarsteller gehörte er zu den Spitzenschauspielern des Ensembles. Ehrenmitglied. Hauptrollen: Questenberg („Die Piccolomini"), Wrangel („Wallensteins Tod"), Rudolf („König Ottokars Glück u. Ende"), Gyges („Gyges u. sein Ring") u. a.

Lindner, Herbert, geb. 28. März 1904 zu Berlin, war Spielleiter u. Dramaturg das. Auch Dramatiker u. Verfasser von Hörspielen.

Lindner, Johann Gotthelf, geb. 11. Sept. 1729 zu Schmolsin bei Stolpe in Pommern, gest. 29. März 1776 zu Königsberg, war Lehrer in Riga, seit 1765 Professor der Dichtkunst in Königsberg. Verfasser von Schuldramen.

Eigene Werke: Abdolonym 1758; Die Krönung Gottfrieds von Jerusalem 1758; Albert oder Die Gründung von Riga 1760; Der wiederkehrende Sohn o. J.

Lindner, Karoline, geb. 1797 zu Chemnitz, gest. 11. Sept. 1863 zu Frankfurt a. M., einer Schauspielerfamilie (urspr. Dieldorf) entsprossen u. 1804—11 in Würzburg in Kinderrollen auftretend, wirkte bis 1816 als Sentimentale u. Liebhaberin das., 1816 bis 1857 in Frankfurt a. M., zuletzt als Anstandsdame u. in Mütterrollen. Gastspiele führten sie nach Hannover, München, Wien (Burgtheater), Stuttgart, Karlsruhe u. Hamburg. Sie war eine der bedeutendsten u. vielseitigsten Schauspielerinnen ihrer Zeit, berühmt durch ihre Nachahmung des Komikers Hasenhut (s. d.). In Frankfurt, wo sie der Liebling aller war, zeichnete sie sich auch durch vollständige Beherrschung der

dort. Mundart in Dialektstücken aus. Hauptrollen: Julia, Klärchen, Gretchen, Maria Stuart, Lady Milford, Orsina, Margarethe („Die Hagestolzen") u. a. Alexander von Weilen („Das Theater Wiens" 2. Bd. 1906) schrieb über ihr Gastspiel in Wien: „Eine der entzückendsten Künstlerinnen, deren wahrer, inniger Ton allenthalben über eine auffallend ungünstige Erscheinung den Sieg errang, gleich hinreißend in rührenden wie in heiteren Rollen, betrat sie im Mai 1824 die Bühne des Hoftheaters, dessen Publikum gerade im Punkte weiblicher Reize sehr kritisch war. Zischen unterbrach bei ihrem Auftreten die wenigen ihr entgegentönenden Applausversuche. Das Publikum war betroffen, man fand sie ‚frei' u. ‚keck' als naives ‚Suschen' im ‚Bräutigam von Mexiko' u. stellte ihr die feine (Betty) Roose entgegen. Bald aber wandelte sich die Stimmung u. der Jubel, der ihr am Schlusse des Abends entgegentönte, war der größte Triumph, den sie wohl je gefeiert."

Literatur: Joseph *Kürschner,* K. Lindner (A. D. B. 19. Bd.) 1884; *Eisenberg,* K. L. (Biogr. Lexikon) 1903; Eduard *Devrient,* Geschichte der deutschen Schauspielkunst (Neuausgabe) 2 Bd. 1905.

Lindner, Mathilde, geb. 23. Dez. 1815 zu Stuttgart, gest. um 1885 zu Coburg, Tochter des Sängers Christian Wilhelm Häser (s. d.), trat, von diesem gesanglich ausgebildet, unter ihrem Mädchennamen 1833 in Weimar auf u. wirkte am Hoftheater in Coburg bis 1864, seit 1838 mit ihrem Kollegen L. verheiratet.

Lindner, Otto, geb. 28. Nov. 1820 zu Breslau, gest. 7. Aug. 1867 zu Berlin, war Musikkritiker u. Schriftsteller.

Eigene Werke: Meyerbeers Prophet als Kunstwerk beurteilt 1850; Die erste stehende Oper 2 Bde. 1855 u. a.

Literatur: Anonymus, Ein Wort der Erinnerung an O. Lindner 1868.

Lindner, Otto, geb. 8. Dez. 1893 zu Falkenstein im Vogtland, lebte in Dresden. Dramatiker.

Eigene Werke: Rokoko soll sterben (Märchenspiel) 1937; Heimkehr aus Luzon (Einakter) 1937; Die Jungen von Nyk (Märchenspiel) 1939; Der Sternenbaum (Märchenspiel) 1942; Prinzessin Tausendschön (Märchenspiel) 1943; Die Nürnberger Nachtigall (Komödie) 1948; Der Schützenkönig (Volksstück) 1950.

Lindner, Wanda, geb. im letzten Viertel des 19. Jahrhunderts, war seit 1901 Charakterdarstellerin, später Erste Komische Alte am Stadttheater in Brieg, in Brandenburg an der Havel u. a.

Lindner, Wilfried, geb. 12. Juni 1929 zu Dresden, studierte 1948—52 an der Musikakademie das. u. war seit 1953 Opernsänger an der Dresdner Staatsoper.

Lindner-Orban, Lucy, geb. 8. Aug. 1865 zu Petersburg, Tochter eines Bankdirektors, kam ohne dramatische Ausbildung schon sechzehnjährig unter August Förster (s. d.) ans Stadttheater in Leipzig, 1883 ans Hoftheater in Meiningen, 1884 ans Stadttheater in Riga, hierauf nach Weimar, 1900 nach Stuttgart u. 1903 nach Leipzig. Tragische Liebhaberin u. Salondame. Seit 1886 Gattin des Komponisten Eugen Lindner. Hauptrollen: Nora, Cyprienne, Madame Sans-Gêne, Rautendelein, Jungfrau von Orleans, Stella, Gretchen u. a.

Lindolf, Alfred s. Stieglitz, Nikolaus.

Lindow, Max, geb. 27. Mai 1875 zu Fahrenwalde bei Prenzlau, lebte das. als Lehrer. Erzähler u. Bühnenschriftsteller.

Eigene Werke: Soldat bleibt Soldat (Lustspiel) 1937; Die Urlauber (Lustspiel) 1937; Sieg auf der ganzen Linie (Lustspiel) 1938; Kampf um die Scholle (Komödie) 1938; Notquartier (Lustspiel) 1939; Der Meistersohn (Lustspiel) 1939; Die Schlacht von Angermünde (Schauspiel) 1939 u. a.

Lindpaintner, Peter Josef von, geb. 9. Dez. 1791 zu Koblenz, gest. 21. Aug. 1856 zu Nonnenhorn am Bodensee, Sohn eines Tenors der kurfürstlichen Kapelle, der dem Kurfürsten Clemens Wenzel, als sich dieser vor den 1784 in Trier einrückenden Franzosen mit seinem Hofstaat nach Augsburg zurückzog, als Kammerdiener folgte, wurde, hier humanistisch u. später in München weiter ausgebildet, mit 21 Jahren Musikdirektor des dort. Zweiten Hoftheaters am Isartor u. 1819 Direktor der Hofkapelle in Stuttgart. Seine romantischen Opern u. a. Schöpfungen, darunter eine Ouvertüre zu Goethes „Faust", wurden von den Zeitgenossen so sehr geschätzt, daß man ihn zeitweilig Mozart u. Beethoven an die Seite setzte.

Eigene Werke: Demophoon 1811; Der blinde Gärtner o. J.; Alexander in Ephesus o. J.; Abrahams Opfer o. J.; Die Prinzessin von Cacambo o. J.; Timantes o. J.; Perronte o. J.; Die Sternenkönigin o. J.; Kunstsinn u. Liebe o. J.; Sulmona o. J.; Giesbrecht o. J.; Der Bergkönig o. J.; Der Vampyr 1828; Die Macht des Liedes 1836; Die Genueserin 1836; Die sizilianische Vesper 1843; Lichtenstein 1846; Die Korsen 1853 u. a.

Literatur: W. *Neumann*, P. J. Lindpaintner; J. W. *Kalliwoda*, P. J. L. (Die Componisten unserer Zeit Nr. 41) 1856; Robert *Eitner*, P. J. v. L. (A. D. B. 18. Bd.) 1883; H. *Abert*, P. J. v. L. (Musik-Lexikon) 1927; Rolf *Häusler*, P. L. als Opernkomponist (Diss. München) 1928; *Riemann*, P. J. v. L. (Musik-Lexikon 11. Aufl.) 1929.

Lindström, Margret, geb. 20. Febr. 1898, wurde 1918—23 in Heidelberg gesanglich ausgebildet, begann ihre Bühnenlaufbahn 1925 am Stadttheater in Plauen als Altistin, kam 1927 nach Leipzig, 1829 nach Sondershausen, 1931 nach Osnabrück u. wirkte zuletzt 1935—38 am Staatstheater in Kassel.

Lindt, Peter, geb. 26. April 1908 zu Wien, gründete 1942 die literar. Rundfunksendungen in den Vereinigten Staaten, war später Direktor der Deutschen Literaturstunde am Sender in Neuyork u. auch Bühnenschriftsteller („Das Leben spielt Komödie", Komödie — „Salzburger Intermezzo", Schauspiel — „Die Ehe des François Beaupré", Komödie u. a.).

Lindtberg, Leopold, geb. 1. Juni 1902 zu Wien, Großneffe von Ignaz Liebhardt (s. d.), studierte das. Germanistik, Kunst- u. Musikwissenschaft, nahm bei Josef Danegger (s. d.) Schauspielunterricht, wirkte als Darsteller in Wien, Berlin u. Düsseldorf u. als Regisseur u. a. an den Piscator-Bühnen u. am Staatstheater in Berlin, in Zürich, als Gast 1934 in Tel-Aviv, 1947 am Burgtheater, 1949 bei den Salzburger Festspielen u. 1954 am Schloßpark-Theater in Berlin.

Lindwurm (Ps. Lindner), Franz, geb. 6. Dez. 1857 zu Würzburg (Todesdatum unbekannt), ausgebildet von Karl Brulliot (s. d.), war als Lyrischer Tenor 1888—89 in Riga tätig u. dann am Stadttheater in Elberfeld, Reval, Würzburg, Colmar, Barmen u. a. Hauptrollen: Lyonel, Faust, Stradella, Turiddu, David, Mime, Max u. a.

Lingelsheim, Georg Michael, Prinzenerzieher am Hof in Heidelberg, führte 1585 eine gereimte Verdeutschung der lat. Tragödie „Baptista" auf.

Literatur: Johannes *Bolte,* Die Heidelberger Verdeutschung von Buchanans Tragödie Baptista (Archiv 162. u. 163. Bd.) 1934.

Lingen, Theo, geb. 10. Juni 1903 zu Hannover, kam als Schauspieler über Halberstadt, Oeynhausen, Frankfurt a. M. nach Berlin, wo er auch für den Film entdeckt wurde, später ans Burgtheater. Regisseur u. Bühnenautor. Neben dem Schauspiel „Römischer Karneval" u. dem mit Siegfried Bernfeld verfaßten Buch zur Operette „Die türkische Puppe" war es vor allem seine gemeinsam mit Franz Gribitz geschriebene Komödie „Theophanes" (1947), die, mit ihm selbst in der Hauptrolle, lebhaften Beifall fand. Vater der Schauspielerin Ursula Lingen. Hauptrollen: Wehrhahn („Der Biberpelz"), Britannicus („Cäsar u. Kleopatra"), Riccaut („Minna von Barnhelm") u. a.

Literatur: Ernst *Wurm,* Theo Lingen. Bühnenkomiker der Gegenwart (Völkischer Beobachter 18. Juni) 1943; Peter *Gerhard,* Th. L. (Mein Film Nr. 2) 1951.

Lingen, Ursula s. Meisel-Lingen, Ursula.

Lingg, Hermann von, geb. 22. Jan. 1820 zu Lindau, gest. 18. Juni 1905 zu München, studierte hier, in Berlin, Prag u. Freiburg im Brsg. (Doktor der Medizin), wurde Militärarzt, 1851 beurlaubt, in München Mitglied des dort. Dichterkreises („Das Krokodil") u. von König Max II. mit einem Jahresgehalt bedacht. Erzähler in Vers u. Prosa, auch Dramatiker.

Eigene Werke: Catilina (Trauerspiel) 1864; Die Walküren (Dramat. Gedicht) 1864; Violante (Trauerspiel) 1871; Der Doge Candiano (Drama) 1873; Die Besiegung der Cholera (Satir. Drama) 1873; Berthold Schwarz (Dramat. Dichtung) 1873; Macalda (Trauerspiel) 1877; Clytia (Szene aus Pompej) 1883; Högnis letzte Heerfahrt (Drama) 1884; Die Bregenzer Klause (Drama) 1887; Die Frauen Salonas (Trauerspiel) 1887; Dramat. Dichtungen 2 Bde. 1897—99; Meine Lebensreise (Autobiographie) 1899.

Literatur: Hyazinth *Holland,* H. Lingg (Biogr. Jahrbuch 10. Bd.) 1907; Frieda *Port,* H. L. 1912.

Link, Adolf, geb. 1851 zu Pest (Todesdatum unbekannt), Sohn eines Geschäftsmanns, trat frühzeitig in Kinderrollen am Burg-

theater auf u. auch im Ballett der Hofoper in Wien. 1870 kam er als Schauspieler u. a. nach Olmütz, 1871 als Jugendlicher Komiker nach Pest, 1873 unter Laube ans Stadttheater in Wien, 1874 ans Lobetheater in Breslau, 1877 ans Carl-Schultze-Theater in Hamburg, dann ans Theater an der Wien u. an die Komische Oper in Wien, 1881 ans Thaliatheater in Neuyork, beteiligte sich mit der berühmten Geistinger (s. d.) 1882 bis 1883 an einer Tournee durch die Vereinigten Staaten, war hierauf am Walhallatheater in Berlin tätig, ging 1887—90 auf Gastspielreisen bis Amerika u. Rußland, spielte seit 1890 wiederholt bei den Meiningern (s. d.), zwischendurch 1893—96 am Irving-Place-Theater in Neuyork u. bis 1915 neuerdings in Meiningen. Von der Operette war er inzwischen zum Charakterfach u. Sprechstück übergegangen. Hauptrollen: Shylock, Isolani, Casca, Klosterbruder u. a. Bruder der Soubretten Antonie u. Sophie Link, die seit 1891 am Hoftheater in München wirkten. Auch seine Schwester Therese, verehelichte Hänsel, war 1874—80 Mitglied des Burgtheaters.

Literatur: Eisenberg, A. Link (Biogr. Lexikon) 1903.

Link, Antonie, geb. 5. Febr. 1853 zu Pest, gest. im Juni 1931 zu Wien, Schwester des Vorigen, in ihrer Vaterstadt gesanglich ausgebildet, trat zuerst in Kinderrollen im Burgtheater auf, kam dann in den Chor der Hofoper in Wien, wurde jedoch bald Erste Operettensängerin unter Jauner am dort. Carltheater. 1879 nahm sie von der Bühne Abschied. Hauptrollen: Prinz Methusalem (Titelrolle), Margot (Titelrolle), Boccaccio (Titelrolle), Wladimir („Fatinitza"), Mademoiselle Lange („Angot") u. a. Gattin des Bankdirektors Adolf Dessauer. Schwester von Sophie Link.

Literatur: Eisenberg, A. Link (Biogr. Lexikon) 1903.

Link, Babette, geb. um 1806, gest. 1893, Tochter von Anton Noderer (s. d.), gehörte auch der Bühne als Schauspielerin an. Mutter von Georg u. Rosa Link (s. d.).

Link, Carl, geb. 5. Jan. 1845 zu Graz, gest. 30. Okt. 1918 das., Sohn eines österr. Landesgerichtsrats, studierte in Graz Medizin, wechselte aber dann zum Theater über u. debütierte, vom Opernsänger Josef Haas in Hannover ausgebildet, 1866 am Landestheater seiner Vaterstadt als Arthur in

„Lucia von Lammermoor", wirkte als Lyrischer- u. Spielbariton bis 1869 in Hannover, bis 1874 in Berlin, 1875—78 in Dresden, 1878—86 in Stuttgart, 1887 in Düsseldorf u. 1887—89 in Coburg u. Gotha. Kammersänger das. Hauptrollen: Raoul, Postillon von Lonjumeau, Manrico, Lyonel, Faust, Almaviva, Lohengrin u. a.

Link, Georg, geb. 25. Sept. 1833 zu Nürnberg, gest. 9. Mai 1903 zu Berlin, Sohn der Schauspielerin Babette L. (geb. Noderer), Enkel des Schauspieldirektors A. Noderer, Bruder der Schauspielerin Rosa Herzfeld-Link (s. d.), von H. Laube für die Bühne ausgebildet, kam über Ansbach, Marburg, Graz, Baden bei Wien ans Theater an der Wien, ans Wallnertheater in Berlin u. wirkte hierauf in Riga, Stettin, Budapest, Leipzig u. seit 1876 am Kgl. Schauspielhaus in Berlin als Charakterdarsteller u. Komiker. Hauptrollen: Kalb, Riccaut de la Marlinière, Malvolio u. a.

Link, Luise, geb. 3. Mai 1823 zu Braunsberg, gest. 18. Okt. 1904 zu Weimar. Schauspielerin. Gattin von Peter L.

Link, Marie, geb. 19. Juli 1848 zu Innsbruck, gest. 15. März 1906 zu Weimar. Schauspielerin am Hoftheater in Dessau. Gattin des Theateragenten u. Souffleurs Carl L. (1846—1907).

Link, Peter, geb. 26. Juni 1830 zu Nürnberg, gest. 4. Sept. 1898 zu Weimar. Schauspieler u. Regisseur. Gatte von Luise L.

Link, Rosa (Babette) s. Herzfeld-Link, Rosa (Babette).

Link, Sophie, geb. 1860 zu Budapest, gest. 1. Okt. 1900 zu Neuyork, Schwester von Adolf u. Antonie L., wirkte als Operettensoubrette in Hamburg u. Wien u. 1891—92 als Opernsängerin in München. Hauptrollen: Carmen, Ännchen, Lola („Cavalleria rusticana") u. a.

Link, Therese s. Link, Adolf.

Linke (Podesta), Anna (Geburtsdatum unbekannt), gest. 15. Dez. 1891 zu Elbing, Tochter der Kasseler Opernsängerin Auguste Podesta (geb. Molendo), Opernsängerin. Gattin des Regisseurs Max L., der auch als Schauspieler seit 1877 der Bühne angehörte.

Linke, Max s. Linke, Anna.

Linke, Oskar, geb. 3. Okt. 1881, gest. 16. Juni 1921 zu Breslau, war Schauspieler in Hamburg (Deutsches Operettentheater), in Berlin (Komische Oper) u. gehörte zuletzt dem Gastspielensemble Jean Kren (s. d.) in Breslau an.

Linke-Lübau, Richard, geb. 30. Sept. 1874 zu Reichenberg in Böhmen, gest. 26. Jan. 1941 zu Jena, Schauspieler, begann in München seine Bühnenlaufbahn u. kam über Danzig nach Gotha (hier auch Regisseur des Lustspiels). 1930 nahm er seinen Abschied. Hauptrollen: Musikus Miller, Wehrhahn u. a.

Linkenbach, Henny, geb. 14. Sept. 1886 zu Wesel am Rhein, Tochter eines Baumeisters, besuchte das Konservatorium in Brüssel, bildete sich später auch in Paris musikalisch weiter aus, war Opernsängerin in Mannheim u. Berlin (Komische Oper), wo sie u. a. die Titelrolle in Puccinis „Manon Lescaut" kreierte, sang auch an der Scala in Mailand u. a. Bühnen Italiens, daneben trat sie in Konzerten in Deutschland, Belgien u. Frankreich auf. Gattin des Orchesterdirigenten u. Komponisten Camillo Hildebrand. Hauptrollen: Traviata, Gilda, Margarethe, Mignon, Butterfly u. a. E. L. Stahl schrieb über sie: „Eine Spezialistin allervorzüglichster Art kam mit Henny L., einer aus französischer Schulung hervorgegangenen Koloratursängerin, die . . . vor allem als Lakme, Violetta, Gilda u. Manon triumphale Erfolge feierte. Es war eine durchaus romanische Art der Gesangs- u. Darstellungskultur: eine prächtige Stimme mit leichtem Tonansatz u. etwas nasaler Resonanz, im Empfindungsausdruck oft matt, aber von soviel spielerischer Anmut im Gesang, daß z. B. auch ihr französisch empfundenes Gretchen die Gounodsche Oper stilistisch sehr viel genußreicher werden ließ als bei Darstellerinnen, die aus Margarethe eine Agathe machen." *Literatur:* E. L. *Stahl,* Das Mannheimer Nationaltheater 1929.

Linker, Conrad, geb. 1806, gest. 18. März 1872 zu Hermannstadt, war Schauspieler u. Opernsänger.

Linkowska, Sylvia, geb. 12. Sept. 1858 (Todesdatum unbekannt), wirkte seit 1875 jahrzehntelang als Schauspielerin. Ihren Lebensabend verbrachte sie in Gottesberg in Preuß.-Schlesien.

Linn, Fritz (Geburtsdatum unbekannt), gest. 25. Dez. 1949 zu Wien, wirkte als Schauspieler an zahlreichen Bühnen Deutschlands, u. a. in Berlin, Mainz u. Mannheim.

Linnbrunner, Max, geb. 11. März 1876 zu Landshut, gest. 28. Mai 1947 zu Regensburg, einer dort. Bäckerfamilie entstammend, trat 1897 erstmals in seiner Vaterstadt Landshut auf, wurde von Konrad Dreher (s. d.) nach Schliersee geholt, kam dann nach Wien (Theater an der Wien) u. auf großen Tourneen nach Nordamerika, Mexiko, San Franzisko, England, Spanien, Italien, überall als großartiger Komiker gefeiert. 1916—17, 1920—24 u. 1933—35 leitete er das Stadttheater in Regensburg. Zwischendurch wirkte er 1924—28 am Gärtnerplatztheater in München.

Linnebach, Adolf, geb. 4. Juni 1876 zu Mannheim, war bühnentechnischer Leiter u. Direktor in Halle, an der Hofoper in Wien, 1909—23 des Hof- bzw. Staatstheaters in Dresden, seither des Staatstheaters in München. Schöpfer der Bühnenbauten in Dresden 1912 (Verbindung von Versenk- u. Schiebebühne), Hamburg 1926, Oberammergau u. a. sowie der bühnentechnischen Beleuchtungsanlagen des neuen Residenztheaters in München. Zuletzt ließ er sich in Gmund am Tegernsee nieder. *Literatur: Kranich,* Bühnentechnik der Gegenwart 1. Bd. 1929.

Linnebach, Georg, geb. 2. Sept. 1880 zu München, gest. 8. Dez. 1950 zu Berlin (durch einen Verkehrsunfall), war 1910 bis 1913 am Deutschen Schauspielhaus in Hamburg, 1913—20 am Städt. Theater in Leipzig, 1920—33 am Staatstheater in Berlin, 1933—45 am Schillertheater u. zuletzt am Hebbeltheater das. als technischer Direktor tätig. Führend in der Bühnentechnik seiner Zeit.

Linsemann, Paul, geb. 26. Febr. 1871 zu Berlin, humanistisch gebildet, wurde Theater- u. Kunstkritiker dort. Blätter, 1902 Direktor der „Berliner Schauspielgesellschaft", mit der er in Hamburg, Dresden u. Leipzig Gastspiele veranstaltete, 1909 Direktor der Komischen Oper in Berlin u. hierauf des Irving-Place-Theaters in Neuyork. Auch Bühnenschriftsteller.

Eigene Werke: Drei Einakter (Die gute Lüge — Aber die Ehe! — In doppelter Bekehrung) 1896; Kleine Stücke (Der letzte Tag, Drama — Opus I, Plauderei — Eheglück, Scherzspiel nach Molière) 1897; Die Theaterstadt Berlin 1897; Finale (Lustspiel) 1898; Nach Hause (Lustspiel) 1898; Junge Leute (Schauspiel) 1902; Der ewige Krieg (Schauspiel) 1909 u. a.

Linten, Valerie von s. Eilers-Linten, Valerie.

Linz an der Donau, die Landeshauptstadt von Oberösterreich, besitzt eine alte Theaterkultur. Die erste Nachricht von der Aufführung eines Stückes stammt aus dem Jahr 1492. Einige Jahre später 1501 fand im Linzer Schloß vor Kaiser Maximilian I. eine Aufführung des Festspiels „Ludus Dianae" von Konrad Celtes statt. Im Landhaus, als Sitz der protestantischen Landschaftsschüler, pflegte man im 16. Jahrhundert die lat. Schulkomödie, so wurde z. B. das Drama „Rudolphus et Ottocarus" gespielt. Ihr folgte das Jesuitendrama. Um 1600 kamen Englische Komödianten. Diese und andere Truppen wie die Eggenbergischen Komödianten 1687 ließen sich auf dem den Ständen gehörigen Reitplatz sehen, bis man zu Beginn des 18. Jahrhunderts einen städtischen Stadel an der Donau als Schauspielhaus einrichtete. Ein richtiges Theater mit einem ständigen Ensemble gab es freilich immer noch nicht. Doch nahm sich später auch der Adel der Bühne an. Landrat Achaz v. Stiebar, Gründer der adeligen „Theater-Sozietät", verbannte von seiner „gereinigten Schaubühne" den Hanswurst, der alsbald wieder seit 1777 ein eigenes Volkstheater besaß u. bis 1802, jahrelang freilich nur als Marionette, die Linzer ergötzte. Auf Stiebars Betreiben wurde 1772/73 auf dem Ballhaus an der Promenade der Redoutensaal aufgestockt, der 1787 eine behelfsmäßige Einrichtung erhielt. Erst unter Kaiser Franz gelang die Herstellung eines eigenen Hauses, das als Gründung oberösterreichischer Stände Landschaftstheater benannt u. nach dem Muster des Theaters an der Wien am 4. Okt. 1804 mit Kotzebues „Oktavia" eröffnet wurde. Die Leistungen der Bühne, die im Lauf des 19. Jahrhunderts mitunter eine bedeutende Höhe erreichten, waren freilich auch früher schon beachtenswert. So ließ sich 1798 die „Allg. Deutsche Theaterzeitung" in Preßburg Monat für Monat über den abwechslungsreichen Linzer Spielplan vernehmen. Unter den aufgeführten Opern befand sich Mozarts „Don Juan". Der Spielplan hob sich zusehends, da auch entsprechende Künstler zur Verfügung standen. Aus der Zahl der bedeutenden Kräfte der Folgezeit verdienen die Sängerin Ida Schuselka-Brüning (s. d.) u. die glänzende Tragödin Betti Weiß (s. d.) besonders hervorgehoben zu werden. Ihre Namen gehören der Linzer Theatergeschichte ebenso an wie die ihrer männlichen Kollegen, etwa F. Stöckl (s. d.), Gatte der Wiener Hofopernsängerin Klara Heinefetter (s. d.), der um die Mitte des 19. Jahrhunderts versuchte, Linz zu einer Opernstadt zu machen. Seine großartige Erstaufführung von Meyerbeers „Prophet" erregte auch außerhalb Österreichs Aufsehen. Einen weiteren Aufschwung nahm die Bühne unter Eduard Kreibig (1857—63), der Wagners „Tannhäuser" im Jahr seines Rücktritts zur Premiere verhalf u. die schöpferische Begegnung Bruckners mit Wagner vermittelte. Spätere Direktoren wie Julius Laska (1884—91), Heinrich Skriwanek (1891—97), Alfred Cavar (1897—1903), Hans Claar u. Max Höller, der durch die Gründung eines zweiten Theaters, der sog. Kleinen Bühne (der späteren Kammerspielbühne) für moderne Stücke sich ein weiteres Verdienst erwarb, setzten das Werk ihrer Vorgänger würdig fort. Am längsten behauptete sich als Direktor Ignaz Brantner (1932—44 u. 1948—52). Von L. aus nahmen viele Bühnenstern ihren Aufstieg, so Maria Müller, Lilly Stepanek, Judith Holzmeister, Ernst Tautenhayn, Fritzi Massary, Carl Blasel, Luise Kartousch, Rudolf Lenoir u. a. Die Schauspielerin Amalie Hybl-Bleibtreu, die Mutter Hedwig Bleibtreus, u. die Operettensoubrette Elisabeth Denemy, die Mutter Richard Taubers, gehörten zeitweilig ebenfalls dem Linzer Theater an, ferner aus jüngster Zeit der um das Theaterwesen in L. sehr verdiente Stefan Zadejan.

Literatur: Karl *Grosser,* Die Linzer Theaterfrage oder: Kann das obderennsische Landschaftstheater mit seit Ostern verminderter Subvention als Kunstinstitut fortbestehen? 1864; Konrad *Schiffmann,* Drama u. Theater in Österreich ob der Enns (bis zum Jahre 1803) 1905; Edmund *Haller,* Linzer Jesuitendramen (Heimatgaue 3. Jahrgang) 1922; Gustav *Gugitz,* Beiträge zur älteren Geschichte des Theaters in L. in den Jahren 1722—1802 (Heimatgaue 8. Jahrg.) 1927; E. *Haller,* Zur älteren Linzer Theatergeschichte (Jahrbuch des oberösterr. Musealvereins 82. Bd.) 1928; Rudolf *Lampl,* 140 Jahre Linzer Landestheater (1803 bis 1943) 1943; Ignaz *Pfeffer,* Baugeschichte des Linzer Theaters (Beiträge zur Linzer Stadtgeschichte 1. Bd.) 1947; G. *Gugitz,* Eine Quelle zur Linzer Theatergeschichte (Jahrbuch der Stadt L.) 1952; Rudolf *Holzer,* Startbühne für viele Stars (Die Presse Nr. 1523) 1953; Arthur *Fischer-Colbrie,* Das Linzer Landestheater (Freude an Büchern 4. Jahrg.) 1953; Hans *Mukarovsky,* Festtage einer mutigen Bühne (Wiener Zeitung 30. Okt.) 1953.

Linz, Eugen, geb. 6. Nov. 1889 zu Budapest, lebte in Dresden, zuletzt in München. Bühnenschriftsteller.

Eigene Werke: Megias (Dramat. Phantasie) 1929; Fauna (Komödie) 1931; Der heilige Esel (Komödie) 1932; Thomas Becket (Drama) 1933; Torso (Komödie) 1934; Alkibiades (Trauerspiel) 1935; Krösus (Drama) 1937; Gleich zu Gleich (Komödie) 1937; Maria von Schottland (Drama) 1938; Das Schiedsgericht (Komödie) 1939; Richard der Ungekrönte (Trauerspiel) 1940; Adrian u. Florian (Komödie) 1941; Corona (Komödie) 1941; Johann von Burgund (Drama) 1942; Der verlorene Sohn (Drama) 1942; Ein unerträglicher Mensch (Komödie) 1943; Barabas (Trauerspiel) 1943; Die Schweigsame (Komödie) 1944; Der Doppelgänger (Tragikomödie) 1945; Der heilige Diamant (Trauerspiel) 1945; Lebendige unter Toten (Dramat. Phantasie) 1946; Drei Einakter 1947; Dein Bruder Judas (Drama) 1947; Die Legende vom Hafen (Spiel) 1948; Das Märchen vom Ende (Spiel) 1949; Das Lebensschiff (Spiel) 1949; Yoricks Wiederkehr (Tragikomödie) 1949; Die sich selbst verdammen (Tragikomödie) 1950 u. a.

Linzel, Hans (Geburtsdatum unbekannt), gest. 28. Febr. 1941 zu Kassel, war langjähriges Mitglied des dort. Staatstheaters. Kammersänger.

Lion, Marga s. Schiffer, Marcellus.

Lipawsky, Joseph, geb. 22. Febr. 1772 zu Hohenmauth, gest. 7. Jan. 1810 zu Wien, studierte das. die Rechte u. wurde Staatsbeamter. Komponist der Opern „Der gebesserte Hausteufel", „Die Nymphen der Silberquelle", „Bernardon", „Der Schatzgräber".
Literatur: Wurzbach, J. Lipawsky (Biogr. Lexikon 15. Bd.) 1866.

Lipiner, Siegfried (urspr. Salomo), geb. 24. Okt. 1856 zu Jaroslau in Galizien, gest. 30. Dez. 1911 zu Wien, studierte hier, in Leipzig, Straßburg u. war dann Bibliothekar des Reichsrates in Wien. Epiker u. Dramatiker.
Eigene Werke: Merlin (Oper) 1886; Adam (Drama) 1911; Hippolytos (Drama) 1911.
Literatur: Wilhelm *Scherer,* S. Lipiner (Kleine Schriften 2. Bd.) 1893.

Lipka (Ps. Lieffen), Karl, geb. 17. Mai 1926 zu Osseg in Böhmen, wirkte 1948—52 am Schauspielhaus in München u. seither an den Städt. Bühnen in Frankfurt a. M.

Lipke, Erik Alfons, geb. 13. Dez. 1900 zu Stargard in Pommern, war Schauspieler in Berlin u. trat auch literarisch hervor.

Lipmann, Heinz, geb. 15. Febr. 1897 zu Königsberg in Preußen, gest. 10. Febr. 1932 zu Berlin, Sohn eines Justizrates, studierte in München (Doktor der Philosophie), trat 1921 in die dramaturgische Abteilung der Staatl. Schauspielhäuser in Berlin ein u. blieb hier bis 1930 tätig. Herausgeber der „Scene", Blätter für Bühnenkunst, Bearbeiter von Bühnenstücken u. Dramatiker („Don Juan u. Werther", „Masaniello", „Die Jungfrau von Paris").

Lipowitz, Alexander, geb. 11. Juni 1866 zu Berlin, gest. 1. Aug. 1908 das., ausgebildet von Franz Kierschner (s. d.), begann seine Bühnenlaufbahn am Deutschen Theater in Berlin u. wirkte als Jugendlicher Liebhaber u. Bonvivant in Riga, Libau, Zittau, Meißen, Liegnitz, Posen, Düsseldorf, Köln, Halle, Hannover u. a. Später Leiter der Lessing-Akademie in Berlin. Hauptrollen: Röcknitz, Veilchenfresser, Romeo, Don Carlos, Demetrius, Mortimer, Ferdinand u. a.

Lipp, Elly, geb. 1884 zu Stuttgart, gest. 15. April 1953 zu Nürnberg, war Schauspielerin 1912—13 in Kiel, hierauf in Wien, 1920 in Bonn, seit 1921 in Breslau, seit 1924 in Duisburg u. Bochum, seit 1927 in Nürnberg u. trat 1952 in den Ruhestand.

Lipp-Willmann, Wilma, geb. 26. April 1925 zu Wien, besuchte zuerst eine Handelsschule, dann die Städt. Musikschule in Wien, erhielt von A. Bahr-Mildenburg u. A. Jerger (s. d.) dramatischen Unterricht, wurde von H. Sindel gesanglich ausgebildet u. kam 1945 an die Wiener Staatsoper,

besonders in Koloraturpartien wie auch in volkstümlichen Operetten sehr geschätzt. Gastspiele führten sie nach Italien, Frankreich, Belgien u. Holland. An den Salzburger Festspielen nahm sie wiederholt teil. Hauptrollen: Königin der Nacht, Konstanze, Gilda, Zerbinetta, Martha, Adele, Christl, Christelflein u. a.
Literatur: Ernst *Wurm,* W. Lipp (Neue Wiener Tageszeitung Nr. 301) 1952.

Lippe, Friedrich, geb. 1796 zu Langenschwalbach in Nassau, gest. 1. Dez. 1873 zu München, war Schauspieler an verschiedenen Bühnen, dann Lehrer am Konservatorium in München, wo er auch eine Theater-Agentur führte.

Lippe-Hoffmann, Johanna, geb. 1890 zu Karlsruhe, debütierte das. 1906, kam 1910 an die Hofoper in München, wo sie bis 1913 sang, hierauf nach Mannheim u. 1924 nach Prag. Hauptrollen: Erda („Das Rheingold"), Annina („Der Rosenkavalier"), Carmen u. a.

Lippert, Adolf, geb. 23. Jan. 1880 zu Berlin, gest. 19. Juni 1914 zu Bukow, war Charakterdarsteller u. Regisseur in Sondershausen, Breslau, Liegnitz, Gießen, Königsberg, Gleiwitz u. a.

Lippert, Albert, geb. 17. Dez. 1901 zu Oldenburg, wirkte 1927—44 als Mitglied des Staatsschauspiels in München u. nach dem Zweiten Weltkrieg als Intendant des Deutschen Schauspielhauses in Hamburg. Hauptrollen: Bassanio („Der Kaufmann von Venedig"), Orlando („Wie es Euch gefällt"), Petrucchio („Der Widerspenstigen Zähmung"), Leicester („Maria Stuart") u. a.

Lippert, Ferdinand, geb. um 1800, gest. 29. Nov. 1875 zu Aussig in Böhmen. Schauspieler.

Lippert, Ferdinand Wilhelm August, geb. 1792 zu Berlin, gest. 1815 zu Wien, Sohn u. Schüler des Folgenden, war seit 1809 in Chor u. Ballett tätig u. 1815 als hochbegabter Liebhaber am Burgtheater.

Lippert, Friedrich Carl, geb. 1758 zu Neuburg an der Donau, gest. 25. Mai 1803 zu Wien, war 1783—88 Mitglied der Großmannschen Gesellschaft u. 1799—1803 des Burgtheaters. Hauptrollen: Marinelli, Mohr u. a. Er schrieb auch ein 1800 im Burgtheater aufgeführtes Lustspiel „Die seltsame

Audienz", ferner „Das Komplott", „Flattersinn u. Liebe" u. „Papirius Praetextatius oder Die römischen Weiber waren auch Weiber".

Lippert, Josef, geb. 16. März 1834 zu Bad Oirschot in Holland, gest. 12. April 1913 zu Graz, Sohn eines Theaterdirektors, begann seine Bühnenlaufbahn in Mecklenburg, kam über Bamberg u. Regensburg nach Köln, Würzburg, hierauf als Jugendlicher Liebhaber u. Regisseur an das von seinem Vater geleitete Theater in Innsbruck, 1860 nach Graz, dann nach Preßburg u. Brünn, trat bis 1871 in Lemberg auf, ging von hier ans Burgtheater u. 1880 wieder zurück nach Graz, wo er bis zu seinem Tode blieb. Hauptrollen: Diego („Donna Anna"), Gotthart („Der Tugendwächter"), Höllerer („Der Meineidbauer"), Rhamnes („Sappho"), Der alte Moor („Die Räuber"), Herzog Karl („Die Karlsschüler") u. a.

Lippert (geb. Werner), Karoline, geb. 1765 zu Berlin, gest. 1831 zu Petersburg, war seit 1786 Burgtheatermitglied, wirkte 1791 bei Schröder u. 1799—1803 in Altona. Seit 1804 verheiratete Ackermann. Hauptrollen: Orsina („Emilia Galotti") u. a.

Lippert-Schroth, Karl, geb. 29. Okt. 1889 zu Saarlautern, der elsässischen Künstlerfamilie Schroth entstammend, Enkel der Direktorin des Thaliatheaters in Mülhausen Karoline Schroth-Collot, die u. a. in Bremen als Schauspielerin tätig gewesen war, kam wie seine Verwandten Emilie, Karl u. Philippine frühzeitig zur Bühne, die er als Schauspieler in Mülhausen betrat, dann nach Freiburg im Brsg., Leipzig u. nach gesanglicher Ausbildung durch den Wagnersänger Jacques Urlus als Jugendlicher Heldentenor nach Augsburg, hierauf wieder nach Freiburg u. zuletzt ans Gärtnerplatztheater in München, wo seine Mutter Phily (s. Schroth, Philippine) am Bayr. Landestheater wirkte. Hauptrollen: Romeo, Gyges, Zigeunerbaron, Lohengrin, Parsifal, Goethe („Friederike") u. a.
Literatur: Hans *Wagner,* K. Lippert-Schroth (Programmheft des Gärtnerplatztheaters Nr. 2) 1955/56.

Lippl, Fra Filippo (1406—69), Karmelitermönch u. Maler in Florenz. Bühnenfigur.
Behandlung: Heinrich *Rustige,* Filippo Lippi (Drama) 1852; Eberhard *König,* F. L. (Drama) 1899.

Lippl, Alois Johannes (Ps. Blondel vom Rosenhag), geb. 21. Juni 1903 zu München, zuerst Bankbeamter, verfaßte eine Reihe von Laienspielen, die er meist selbst leitete, ferner volkstümliche Komödien in der Tradition des bayr. Barocks u. war nach dem Zweiten Weltkrieg bis 1953 Intendant des Staatsschauspiels in München.
Eigene Werke: Totentanz 1923; Das Überlinger Münsterspiel 1924; Das Spiel von den klugen u. törichten Jungfrauen 1925; Introitus, ein Spiel in drei Zeiten 1926; Mareiken von Nymwegen, das große Brabanter Mirakelspiel 1926; Die geruhsame Stadt 1926; Die Quadriga 1926; Messer Pomposo de Frascati 1930; Auferstehung 1931; Der Ritter Unserer Lieben Frau 1931; Der heimliche Bauer 1932; Die Insel 1932; Die Pfingstorgel 1933; Schwefel, Baumöl u. Zichorie (nach Nestroy) 1934; Der Holledauer Schimmel 1937; Der Engel mit dem Saitenspiel 1938 u. a.
Literatur: Johanna *Schomerus-Wagner,* A. J. Lippl (Deutsche kath. Dichter der Gegenwart) 1950.

Lippmann, Jakob, geb. 1851 (oder 53) zu Mainz, gest. nach 1920 das., lebte als freier Schriftsteller in seiner Vaterstadt. Vor allem Bühnenautor.
Eigene Werke: Gewalt (Drama) 1891; Sie lügen alle! (Lustspiel) 1892; Lassalles Ende (Drama; in Buchform Helene) 1896; Ein verbotenes Schauspiel 1898; Die Größen einer kleinen Stadt (Komödie) 1898; Entschleierter Bühnenzauber (Komödianten-Roman) 1902; Die Liebe in der dramat. Literatur (Ein Streifzug durch das Drama der Weltliteratur) 1904; Eine musikalische Familie (Schwank) 1908; Don Juans Ende (Zukunfts-Posse) 1908.

Lippowitz, Jakob, geb. 9. Okt. 1865 zu Leipzig, gest. 4. Juli 1934 zu Wien, Kaufmannssohn, studierte das., wurde 1882 Theaterkritiker des dort. „Allg. Anzeigers" u. später anderer Blätter das., 1888 Chefredakteur des „Hamburger General-Anzeigers" u. 1893 des von ihm begründeten „Neuen Wiener Journals". Bühnenschriftsteller.
Eigene Werke: Der Zähler (Lustspiel) 1885; Ein Unglücklicher (Schauspiel) 1885; Leonie (Schauspiel) 1887.

Lippschitz, Arthur, geb. 27. Sept. 1871 zu Mannheim, Doktor der Philosophie, lebte als freier Schriftsteller in Berlin. Vorwiegend Verfasser von Bühnenstücken zusammen mit R. Keßler (s. d.), Jean Kren (s. d.), F. Friedmann-Frederich (s. d.) u. a.

Eigene Werke: Hinter Papas Rücken (Schwank) 1899 (mit R. Keßler); Der Herr Detektiv (Schwank) 1902; Five o'clock (Schwank) 1904 (mit dems.); Die fromme Helene (Schwank) 1905; Madame Tip-Top (Schwank) 1905 (mit Jean Kren); Duponts Gewissensbisse (Schwank) 1905 (mit Friedmann-Frederich) u. a.

Lips, Eugen s. Lipschitz, Eugen.

Lipschitz (Ps. Lips), Eugen, geb. 2. Jan. 1882 zu Breslau, betrat hier 1898 die Bühne, wirkte als Komischer Väter- u. Chargenspieler, später als Erster Charakterkomiker u. Spielleiter in Gleiwitz, Kattowitz, Graudenz, Dresden, Bromberg, Hannover, Erfurt, Königsberg, Danzig, Schleswig, Freiburg im Brsg., Regensburg, Saarbrücken, Frankfurt a. M., Darmstadt, Kaiserslautern u. schließlich wieder in Breslau. Hauptrollen: Weigelt, Bertram, Giesecke, Schulze („Krach im Hinterhaus"), Ottokar („Spatzen in Gottes Hand") u. a.

Lipschitz, Grete, geb. 1897, gest. 26. März 1927 zu Karlsruhe, wo sie als Schauspielerin u. Souffleuse tätig gewesen ist. Als letzte Rolle spielte sie die Mutter in „Extemporale."

Lipsius, Marie (Ps. La Mara), geb. 30. Dez. 1837 zu Leipzig, gest. 2. März 1927 zu Schmölen bei Wurzen, der bekannten Gelehrtenfamilie entstammend, war Musikschriftstellerin.

Eigene Werke: Musikalische Studienköpfe 5 Bde. 1868—82; Das Bühnenfestspiel in Bayreuth 1877; Musikerbriefe aus fünf Jahrhunderten 2 Bde. 1886 u. a.

Lipski, Antonie s. Titkary, Antonie.

Lipsky, Robert (Geburtsdatum unbekannt), gest. 5. Aug. 1878 zu Zeitz, begann seine Bühnenlaufbahn in Danzig, wirkte 1865 bis 1868 am Woltersdorff- u. Friedrich-Wilhelmstädtischen Theater in Berlin, 1868—71 am dort. Viktoriatheater (als Erster Gesangskomiker) u. 1871 am Königstädtischen Theater das., kam 1872 nach Liegnitz, 1873 ans Stadttheater in Lübeck, 1874 ans Centralhallentheater in Hamburg u. zuletzt ans Wilhelmtheater in Magdeburg.

Liselotte Herzogin von Orleans (1652—1722), Tochter des Kurfürsten Karl Ludwig von der Pfalz, Gattin des Herzogs Philipp von Orleans, Bruder Ludwigs XIV., bekannt durch ihre originelle Ausdrucksweise, als Bühnenfigur.

Behandlung: Rudolf Presber, Liselotte von der Pfalz (Lustspiel) 1921.

Liska (Ps. Renard), Else, geb. 2. Aug. 1882 zu Schlackenwörth in Böhmen, ging 1904 zur Bühne u. wirkte als Opernsängerin in Troppau, Bern u. a. Hauptrollen: Elsa, Elisabeth, Leonore, Margarethe, Micaëla, Marie u. a.

Liska, Th. v. s. Klein, Hugo.

Lissa, Eva s. Schubert, Wilhelmine.

Lissauer, Ernst, geb. 10. Dez. 1882 zu Berlin, gest. 1938 zu Wien, Abkömmling jüd. Kaufleute, studierte in Leipzig u. München, lebte seit 1906 als freier Schriftsteller das., später in Berlin u. zuletzt in Wien. L. trat u. a. auch als Dramatiker hervor.

Eigene Werke: Eckermann (Schauspiel) 1921; York (Schauspiel) 1921; Die drei Gesichte (Einakter) 1921; Gewalt (Komödie) 1924; Das Weib des Jephtha (Drama) 1928; Luther u. Thomas Münzer (Drama) 1929; Der Weg des Gewaltigen (Drama) 1931.

Lissé, Anna, geb. 24. Okt. 1840 zu Gebersdorf, gest. 5. Jan. 1921 zu Weimar, war Opernsängerin, später Schauspielerin (Komische Alte u. Mütterdarstellerin) u. a. 1888 in Aachen, 1889 in Posen, 1890 in Königsberg, 1891 in Magdeburg, hierauf in Chemnitz u. Altenburg. Hauptrollen: Marchese („Die Regimentstochter"), Witwe Brown („Zar u. Zimmermann"), Madame Stehauf („Das Fest der Handwerker"), Frau Wunschel („Die beiden Klingsberg") u. a.

Lissl, Lucie, geb. um 1870 in Österreich, spielte zuerst am Deutschen Theater in Budapest, kam 1888 nach Krems, 1889 nach Gleichenberg, 1890 nach Marburg, 1891 nach Wiener-Neustadt, 1892 nach Olmütz, wirkte 1893—95 in Brünn, 1895—96 am Deutschen Theater in Berlin, seit 1897 am Hoftheater in Mannheim u. bis zum Ende des Ersten Weltkriegs in Dresden, Frankfurt a. M. Köln u. Wiesbaden, vorwiegend als Salondame u. Heroine. Hauptrollen: Fedora, Magda, Orsina, Adelheid, Maria Stuart, Medea u. a. E. L. Stahl schildert sie in seinem Buch „Das Mannheimer Nationaltheater" 1929 als eine „Salondame von pikanter Liebenswürdigkeit u. einer natürlichen warmblütigen Jugendfrische, ein tief im Österreichischen verankerter Temperamentsmensch mit lebhaften Augen in einem klugen Kopf, immer mehr Guckerl als Komtesse, ein ganz großes Komödientalent, das sich über die halbromanhaften Magdas u. Evas allmählich weiterentwickelte zu einer durchaus wesentlichen Trägerin des. . . . Ibsen-Repertoires u. dessen Grenzen erst dort fühlbar wurden, wo die klassische Dichtung mit ihren Forderungen sich meldete."

Lissmann, Franz (Geburtsdatum unbekannt), gest. 8. Jan. 1882 zu Meißen, war Direktor einer reisenden Theatergesellschaft.

Lissmann, Friedrich Heinrich (Fritz), geb. 26. Mai 1847 zu Berlin, gest. 5. Jan. 1894 zu Hamburg, Sohn eines Mühlenbaumeisters, sollte Kaufmann werden, bildete sich jedoch in Berlin für die Bühne aus, die er als Baßbariton 1868 in Zürich betrat. Seit 1869 wirkte er in St. Gallen u. Luzern, kam 1872 nach Lübeck, 1873 nach Leipzig, 1879 nach Bremen u. 1883 als Nachfolger Guras (s. d.) nach Hamburg, wo er blieb. Namhafter Wagnersänger. Hauptrollen: Telramund, Alberich, Hans Sachs, Fliegender Holländer, Wolfram, Figaro, Don Juan u. a. Gatte der Sängerin Anna Marie Gutzschbach.
Literatur: Anonymus, F. H. Lissmann (Neue Berliner Musikzeitung 48. Jahrg.) 1894; H. A. *Lier,* F. H. L. (A. D. B. 53. Bd.) 1906; Meta *Lorenz,* F. L. 1919.

Lissmann, Hans, geb. 19. Sept. 1885 zu Hamburg, Sohn des Vorigen u. der Folgenden, humanistisch gebildet, besuchte das Konservatorium in Leipzig, bildete sich in London u. Mailand musikalisch weiter aus, wirkte dann zwei Jahre an großen Opern in Italien, 1913—14 an der Volksoper in Hamburg u. 1914—33 als Opernsänger am Stadttheater in Leipzig. Gatte der Schauspielerin Margarete Doerpelkus.

Lissmann-Gutzschbach (eigentlich Gutzschebauch), Anna Marie, geb. 22. April 1847 zu Döbeln in Sachsen, gest. 1928 zu Hamburg, Tochter eines Pastors, begann ihre Bühnenlaufbahn als Jugendlich-Dramatische Sängerin u. Soubrette 1871 in Leipzig, war 1879 in Hamburg, 1880—83 in Bremen u. 1883—93 wieder in Hamburg, seitdem als Konzert- u. Oratoriensängerin sowie Gesangspädagogin das. tätig. Haupt-

rollen: Zerline, Ännchen, Cherubin, Frau Fluth, Susanne, Marie („Der Waffenschmied") u. a. Gattin von Friedrich Heinrich Lissmann (seit 1875).

List, Emanuel, geb. 22. März 1890 zu Wien(?), wirkte in den verschiedensten Baßpartien in Berlin, München, Bayreuth, Wien, Neuyork u. a. Hauptrollen: Sarastro, Ochs von Lerchenau, König Marke, Landgraf Heinrich u. a.
Literatur: Elg, E. List (Die Presse 27. Febr.) 1952.

List, Ferdinand, geb. 26. Jan. 1879 zu Nürnberg, Kaufmannssohn, studierte Gesang in Bayreuth, Nürnberg u. Weimar, begann seine Bühnenlaufbahn 1901 als Chorsänger u. Schauspieler am Stadttheater in Lübeck, sang aber schon seit 1902 Solopartien das. u. kam nach weiteren Studien 1913 als Erster Tenor nach Sondershausen, 1914 nach Halle u. nach vierjährigem Kriegseinsatz 1918 nach Bamberg, 1919 nach Erfurt, 1921 wieder nach Lübeck, 1923 nach Tilsit u. 1925 abermals nach Bamberg. Seit 1928 Gastsänger. Nach seinem Bühnenabschied wandte er sich seit 1933 dem väterlichen Beruf zu. Hauptrollen: Tannhäuser, Siegmund, Don José („Carmen") u. a.

List, Friedrich (1789—1846), der berühmte Volkswirt, nahm sich aus Nahrungssorgen selbst das Leben. Tragischer Held.
Behandlung: Walter v. Molo, F. List (Drama) 1933.

List, Guido (von), geb. 5. Okt. 1848 zu Wien, gest. 21. Mai 1919 zu Berlin, zuerst Kaufmann, 1870 Sekretär des „Österr. Alpenvereines", pflegte in zahlreichen, wissenschaftlich freilich stark angefochtenen Büchern die Erforschung u. Wiederbelebung des german. Altertums, die er auch in Bühnenwerken anstrebte.
Eigene Werke: Der Wala Erweckung (Drama) 1894; Das Goldstück (Trauerspiel) 1897; Das Gespenst auf Hohenstein (Drama) 1898; König Vannius (Trauerspiel) 1899; Walpurgis (Operndichtung) 1901; Der Lügenrächer (Lustspiel) 1901; Sonnwend-Feuerzauber (Weihespiel) 1901; Die Blaue Blume (Märchenspiel) 1901.

List, Martin, geb. 1789, gest. 3. Jan. 1857 zu Stuttgart, wirkte als Buffo u. Charakterkomiker bis 1822 in Leipzig, dann am Hoftheater in Kassel, am Königstädtischen

Theater in Berlin u. 1828—57 am Hoftheater in Stuttgart.

Listner, Auguste, geb. 1877 zu Wien, gest. 6. Juni 1901 zu Düsseldorf, besuchte das Konservatorium in ihrer Vaterstadt u. vertrat als Opernsängerin das Fach der Ersten Sopranistin am Stadttheater in Düsseldorf. Hauptrollen: Agathe, Elsa, Santuzza, Leonore („Der Troubadour") u. a.

Liszewsky, Tilmann, geb. 25. Aug. 1872 zu Köln, gest. im Juli 1946 zu Miltenberg am Neckar, zuerst Schlossergeselle, aber auch frühzeitig Sänger im Domchor seiner Vaterstadt, besuchte die dort. Opern- u. Gesangsschule von Richard Schulz-Dornburg, wurde Heldenbariton der Oper das. u. 1927 deren Ehrenmitglied. 1929 nahm er seinen Abschied. Hauptrollen: Hans Sachs, Escamillo, Fliegender Holländer, Bajazzo, Rigoletto u. a.
Literatur: G., In Köln am Rhein ist er geboren (Köln. Rundschau Nr. 278 a) 1953.

Liszt, Franz von, geb. 22. Okt. 1811 zu Raiding im heutigen Burgenland, gest. 31. Juli 1886 zu Bayreuth, als musikalisches Wunderkind zuerst von seinem Vater ausgebildet, bekam von ungarischen Magnaten ein Jahresstipendium, übersiedelte 1821 mit den Eltern nach Wien, hielt sich 1823—35 in Paris auf, kam hier 1825 mit der Operette „Don Sancho" an die Große Oper u. entwickelte sich bereits in den Dreißigerjahren zum musikal. Hauptvertreter der sog. Neudeutschen Schule (neben R. Wagner, seinem späteren Freunde). In der Folge lebte er vorwiegend am Hof in Weimar u. in Rom. Aus den Beziehungen zur Gräfin Marie d'Agoult entsproß Cosima, die nachmalige Gattin v. Bülows u. R. Wagners. Als Komponist großartigen Stils schuf er u. a. die Oratorien „Die Legende von der hl. Elisabeth" 1867 u. „Christus" 1873. Auch mit seinen Phantasien u. Paraphrasen über Opern von Mozart, Bellini, Donizetti, Rossini, Meyerbeer, Verdi u. Wagner trat er der Bühne nahe. Nach Goethe komponierte L. eine Faust-Symphonie (1855). Außerdem schrieb er u. a. „Lohengrin et Tannhäuser" (1851, deutsch 1852). Den Briefwechsel zwischen Wagner u. L. gab E. Kloss heraus (2 Bde. 1887).
Literatur: W. *Weissheimer,* Erlebnisse mit R. Wagner, Liszt u. a. Zeitgenossen 1898; Julius *Kapp,* R. Wagner u. F. L. 1908; Eduard v. *Bamberg,* Liszts Rücktritt von

der Weimarer Opernleitung (Deutsche Rundschau 190. Bd.) 1922.

Litaschek, Marie s. Borchers, Marie.

Literatur- und Theaterzeitung, herausgegeben von Christian August v. Bertram, erschien wöchentlich in Berlin 1778—84. Seit 1781 enthielt sie auch ein Spielplanverzeichnis des Berliner Theaters.
Literatur: Wilhelm *Hill,* Die deutschen Theaterzeitschriften des 18. Jahrhunderts (Forschungen zur neueren Literaturgeschichte Nr. 49) 1915.

Litsch, Josef Georg, geb. 1903, gest. 29. Jan. 1943 zu Bochum, war Schauspieler, seit 1921 in Karlsruhe, Magdeburg, Rostock, Bremen, Mainz, Berlin, Wuppertal, Marburg a. L. u. zuletzt an der Städt. Bühne in Bochum.

Litschel, Johann Wilhelm, geb. 22. Mai 1856 zu Birthälm in Siebenbürgen, gest. 1904, wurde Lehrer u. Rektor an der Volksschule in Michelsberg, später in Pretai, Pirk u. Bistritz u. 1892 evangel. Pfarrer in Reußdorf bei Mediasch. Dramatiker in siebenbürgisch-sächsischer Mundart.
Eigene Werke: Valentinus Greff (Schauspiel) 1889; En vereitelt Kommassation (Komödie) 1889; Der Gemischreiwer (Komödie) 1895; Lisi (Volksstück) 1899.

Litteck, Gustav Adolf, geb. 16. Mai 1895 zu Rodenfelde in Ostpreußen, gest. 17. Aug. 1941 zu Berlin, war Schauspieler u. Regisseur in Bremerhaven, Königsberg, Hamburg (Thaliatheater), Hannover u. Berlin (Renaissancetheater u. a.). Auch Schriftsteller.

Litten, Heinz, geb. 14. Juni 1905 zu Halle an der Saale, studierte in Königsberg u. Berlin (Doktor der Rechte), besuchte die dort. Staatl. Schauspielschule, war bis 1933 Dramaturg am Staatl. Schauspielhaus in Berlin u. Oberspielleiter in Chemnitz, emigrierte dann infolge von polit. Verfolgung, diente mehrere Jahre in der engl. u. amerik. Armee, wirkte zeitweilig als Spielleiter der „Kleinen Bühne" des Freien Deutschen Kulturbundes in London u. seit 1945 als Intendant der Volksbühne in Berlin. Besonders anerkannt wurden seine Inszenierungen von „Was ihr wollt" u. „Amphitryon".

Litter, Ferdinand, geb. 6. Dez. 1856 zu Münstereifel im Rheinland (Todesdatum unbekannt), ausgebildet am Konservatorium in Köln, wirkte hier 1883—91 als Seriöser Baß, dann in Hamburg u. zuletzt in Graz. Hauptrollen: Sarastro, Marcel, Falstaff, König Heinrich u. a.

Litter, Friedrich, geb. 1748 zu Dresden (Todesdatum unbekannt), Schauspieler der Wahrschen Truppe 1777 in Preßburg, kam mit dieser 1779 nach Prag u. trat in Rollen von Liebhabern, Helden, Tyrannen u. Zärtlichen Vätern auf. Gatte der Folgenden.

Litter, Josepha Antonia, geb. 1754 (oder 1760) zu München, gest. 29. Jan. 1786 zu Schwedt (auf einer Reise nach Petersburg), Schauspielerin, nachweisbar in Linz, Augsburg u. Frankfurt a. M. Gattin des Vorigen.

Littitz, Marie s. Dörmann, Marie. Gest. 1923 zu Wien.

Littmann, Josephine (Peppi, Geburtsdatum unbekannt), gest. im Sept. 1930 zu Wien, war als Soubrette in Rußland, in der Tschechoslowakei, in Budapest u. Wien engagiert. Bedeutende Darstellerin im Genre des jüdischen Theaters.

Littmann, Max, geb. 3. Jan. 1862 zu Schloss-Chemnitz, gest. 20. Sept. 1931 zu München, war seit 1885 Architekt das. u. führte zusammen mit Jakob Heilmann (1846—1927) zahlreiche Theaterbauten auf, so 1900—02 das Schauspielhaus u. Prinzregententheater in München, 1905 das Theater in Bad Kissingen, 1905—06 das Schillertheater in Charlottenburg, 1906—08 das Theater in Weimar u. das Münchener Künstlertheater, 1908—09 das Stadttheater in Hildesheim, 1908—12 das Hoftheater in Stuttgart, 1909 bis 1910 das Stadttheater in Posen, 1913—14 das Stadttheater in Bozen u. 1926—28 das Landestheater in Neustrelitz.
Eigene Werke: Das Prinzregententheater in München 1901; Das Charlottenburger Schillertheater 1907; Das großherzogliche Hoftheater in Weimar 1908; Das Münchner Künstlertheater 1908; Die kgl. Hoftheater in Stuttgart 1912.
Literatur: J. A. Lux, Das Stadttheater in Posen 1911; W. *Michel*, M. Littmann (Bühne u. Welt 13. Jahrg.) 1911; Georg Jacob *Wolf*, M. L. 1931.

Litzelmann, Victor, geb. 15. Jan. 1869 zu Poitiers, ausgebildet von Fritz Plank (s. d.), betrat 1899 die Bühne u. wirkte in Aachen, Stettin, Bern u. a. als Heldenbariton. Haupt-

rollen: Don Juan, Rigoletto, Wolfram, Telramund, Wotan u. a.

Litzmann, Berthold, geb. 18. April 1857 zu Kiel, gest. 14. Okt. 1926 zu München, einer Ärztefamilie entstammend, studierte in Bonn, Kiel, Leipzig u. Berlin, habilitierte sich 1883 in Kiel, wurde ao. Professor in Jena, o. Professor für deutsche Literaturgeschichte in Bonn u. emeritierte 1921. Freund E. v. Wildenbruchs. Mitarbeiter an der Weimarer Goethe-Ausgabe u. den „Theatergeschichtl. Forschungen" (33 Bde. 1891—1922). Zuletzt Begründer der „Bühne der Lebenden" in München. Literar- u. Theaterhistoriker, auch Memoirenschreiber. L. war der erste, der in Deutschland die bis dahin nur von Dilettanten betriebene Theatergeschichte mit wissenschaftlicher Methode angefaßt u. ausgebaut hat.
Eigene Werke: Schiller in Jena 1889; F. L. Schröder 2 Bde. 1890—94 (unvollendet); Das deutsche Drama in den literar. Bewegungen der Gegenwart 1894 (5. Aufl. 1912); Ibsens Dramen 1901; Der große Schröder 1904; Goethes Faust 1904; E. v. Wildenbruchs Sämtl. Werke, herausg. 16 Bde. 1911 bis 1924; E. v. Wildenbruch 2 Bde. 1913—16; E. v. Wildenbruch u. der nationale Gedanke 1914; Im alten Deutschland (Erinnerungen) 1923.
Literatur: C. *Enders* u. a., Festschrift Litzmann zum 60. Geburtstag 1921; H. H. *Borcherdt*, Künstler u. Gelehrter, B. L. zum Gedächtnis (Die Einkehr, Beilage der Münchner Neuesten Nachrichten Nr. 74) 1926; Otto *Brües*, B. L. (Grote-Almanach) 1926.

Litzmann, Grete (Ps. G. Herzberg), geb. 3. Sept. 1875 zu Breslau, Tochter des Baurats Alexander Herzberg, Gattin des Vorigen. Erzählerin u. Dramatikerin.
Eigene Werke: Mittagsgewölk (Lustspiel) 1908; Am roten Brook (Drama) 1909; Die weiße Frau (Drama) 1921.

Livermann, August, geb. 1. März 1857 zu Leyden in Westfalen (Todesdatum unbekannt), wirkte als Baß u. Bariton am Hoftheater in München, seit 1891 in Mannheim u. bis 1894 in Düsseldorf. Auch Bayreuther Sänger (Klingsor). Hauptrollen: König Marke, Wotan, Fliegender Holländer, Hagen, Pizzaro, Nelusko, Mephisto u. a.

Ljunberg, Göta s. Stangenberg, Göta.

Llach, Carlos, geb. 15. Aug. 1891 zu Mainz,

gest. nach 1942 zu Cassada in Spanien, Sohn eines Fabriksdirektors, studierte in Mainz, Frankfurt a. M., Köln u. Wiesbaden Gesang u. kam als Opernsänger (Bariton) 1920 an die Volksbühne in Berlin, 1922 ans Stadttheater in Eisenach, 1923 ans Stadttheater in Aschaffenburg u. lebte dann als Gesangspädagoge in seiner Vaterstadt.

Lobe, Johann Christian, geb. 30. Mai 1797 zu Weimar, gest. 27. Juli 1881 zu Leipzig, wurde 1811 Soloflötist am dort. Gewandhaus u. war bis 1842 Flötist, zuletzt Bratschist bei der Hofkapelle in Weimar, mit dem Professortitel ausgezeichnet. Seit 1846 lebte er als Musiklehrer in Leipzig. Komponist u. a. von Opern, für die er die Texte selbst schrieb.

Eigene Werke: Wittekind 1822; Die Flibustier 1830; Die Fürstin von Granada oder Der Zauberblick 1833; Der rote Domino o. J.; König u. Pachter o. J.; Aus dem Leben eines Musikers 1859.

Literatur: Adolph *Kohut,* Goethe u. Lobe (Didaskalia Nr. 125) 1897; Wilhelm *Bode,* Chr. L. (Stunden mit Goethe 8. Bd.) 1911; *Riemann,* J. Chr. L. (Musik-Lexikon 11. Aufl.) 1929.

Lobe, Theodor Eduard, geb. 8. März 1833 zu Ratibor in Oberschlesien, gest. 21. März 1905 zu Niederlößnitz bei Dresden, Sohn des Theaterdirektors Karl L., Neffe mütterlicherseits des berühmten Shakespeare-Darstellers Ludwig Dessoir, verließ das Gymnasium u. das Handelshaus, wo er zunächst ausgebildet werden sollte, u. suchte nach dem Tod seines Vaters auf der von seiner Mutter geleiteten Bühne den Zugang zum Theater zu gewinnen. Dann ging er auf Wanderschaft, wurde in Eisleben erstmals fest angestellt, kam später an das Krollsche Theater in Berlin, 1851 an das Stadttheater in Leipzig, 1853 an das Königstädtische u. 1854 an das Friedrich-Wilhelmstädtische Theater in Berlin, für ein Jahr nach Hamburg u. 1858 an das Deutsche Hoftheater in Petersburg, überall als Komiker sehr beliebt. In der Rolle des Mephistopheles begann er hier seine Entwicklung als Charakterspieler großen Stils. 1867 ging er auf Gastspielreisen u. übernahm schließlich die Direktion des von ihm erbauten Stadttheaters in Breslau. 1869 gründete er hier das nach ihm benannte Lobe-Theater. Infolge wirtschaftlicher Schwierigkeiten verließ er jedoch 1871 Breslau wieder. 1872 übernahm ihn Laube als Charakterdarsteller u. Oberregisseur an sein Wiener Stadttheater. Er spielte u. a. Kaiser Rudolf in Grillparzers „Bruderzwist in Habsburg", den Titelhelden in Lessings „Nathan", folgte Laube 1874—75 in der Direktion nach u. blieb dem Stadttheater treu, auch als Laube, sein Rivale, neuerdings an die Spitze des Unternehmens trat. 1879 löste er diesen als Direktor abermals ab u. gehörte sogar unter der dritten Direktion Laubes 1880 noch der gleichen Bühne an. Erst nach deren Verpachtung trennte er sich von dem ihm liebgewordenen Wien, war unter Emil Claar in Frankfurt a. M. tätig — hier gehörten Mephisto, Richard III., König Lear u. Shylock zu seinen Glanzrollen — u. seit 1885 auf Gastspielreisen am Hamburger Thalia-Theater u. als Oberregisseur am Kgl. Schauspielhaus in Dresden. 1897 zog er sich endgültig auf seinen Landsitz Niederlößnitz zurück.

Literatur: Eisenberg, Th. E. Lobe (Biogr. Lexikon) 1903; E. *Isolani,* Th. L. (Die Zeit Nr. 160) 1903; *Anonymus,* Th. L. (Breslauer Zeitung Nr. 169) 1903; Adolf *Winds,* Th. L. (Bühne u. Welt 7. Jahrg.) 1905; H. A. *Lier,* Th. E. L. (Biogr. Jahrbuch 10. Bd.) 1907 (mit weiteren Angaben); Karl *Schindler,* Th. L. Schlesiens großer Schauspieler (Schles. Volkszeitung 23. Juni) 1937.

Lobe, Trude, geb. um 1875, kam 1896 in Posen zur Bühne, wirkte als Schauspielerin am Schillertheater in Berlin, am Pabsttheater in Milwaukee, am Deutschen Theater in Hannover, am Thaliatheater in Hamburg u. a. Hauptrollen: Cyprienne, Crevette („Die Dame von Maxim"), Adelheid („Die Journalistin"), Hanne („Fuhrmann Henschel"), Alma („Die Ehre") u. a.

Lobedanz, Edmund, geb. 10. Dez. 1820 zu Schleswig, gest. 21. Okt. 1882 zu Kopenhagen (durch Selbstmord), Sohn eines Kanzleirats u. Archivars, studierte Philosophie, unternahm dann als dänischer Stipendiat eine Reise durch Deutschland, war später Beamter der schleswigschen Ständeversammlung u. ließ sich schließlich in Kopenhagen nieder. Vorwiegend Dramatiker u. Übersetzer.

Eigene Werke: Des Bildschnitzers Tochter (Drama) 1844; Kyneburge oder Das Kloster in Irland (Drama) 1847; Shakespeares Romeo u. Julia, deutsch 1847; Sophokles' Antigone, deutsch 1855; Euripides' Iphigenia in Tauris, deutsch 1857; Shakespeares Hamlet, deutsch 1861; Kalidasas Urvasi, deutsch 1861;

Björnsternes Dramatische Werke, deutsch 2 Bde. 1868.

Lobkowitz, Friederike Fürstin von s. Kronau, Friederike von.

Lobkowitz, Joseph Franz Fürst von, geb. 7. Dez. 1772 zu Prag, gest. 15. Dez. 1816 zu Wittingau in Böhmen, Generalmajor, war 1807—11 Mitglied der Theater-Unternehmungsgesellschaft, hatte 1807 auch das Theater an der Wien in Pacht u. stand 1812—13 als Direktor den Hoftheatern vor. Auch Sänger (Bassist). Gatte der Malerin u. Pianistin Karoline Fürstin von Schwarzenberg.

Locher, Jakob (Philomusus), geb. Ende Juli 1471 zu Ehingen an der Donau, gest. 4. Dez. 1528 zu Ingolstadt, studierte in Basel (bei Sebastian Brant), Freiburg im Brsg., Ingolstadt (bei Konrad Celtis), Tübingen u. auf italienischen Hochschulen u. übte dann seine akademische Lehrtätigkeit in Ingolstadt u. Freiburg aus. Von seinen fünf Dramen, meist politisch-patriotischen Inhalts, wurden vier durch seine Schüler zur Aufführung gebracht. Plautusnachahmer.
Literatur: O. *Günther,* Plautuserneuerungen in der deutschen Literatur des 15. bis 17. Jahrhunderts u. ihre Verfasser (Diss. Leipzig) 1885.

Locher-Werling, Emilie, geb. 13. März 1870 zu Zürich, lebte hier bis 1941, dann bei ihrem Sohn in Sao Paulo. Bühnenschriftstellerin, hauptsächlich in Zürcher Mundart.
Eigene Werke: Wie's ä cha gah (Lustspiel) 1904; E Prob mit Hindernisse (Gesangsposse) 1906; Si isch scho verseh (Lustspiel) 1907; Vögeli flüüg us (Schwank) 1908; Es Sächsilüüte (Lustspiel) 1909; D Stüürschrub (Lustspiel) 1910; Manöverläbe (Lustspiel) 1910; De Landvogt vo Gryfesee (Spiel nach G. Kellers gleichnamiger Novelle) 1912; De Messiassänger z Züri (Schauspiel nach Mörikofers Klopstock in Zürich) 1916 u. a.

Lochner, Jakob Hieronymus, geb. 1649 zu Nürnberg, gest. 1700, wurde 1675 Professor der Dichtkunst in Rostock, 1686 Oberpastor am Dom in Bremen u. schrieb ein Trauerspiel „Rosimunda oder Die gerochene Rächerin" (1676) aus dem Stoffkreis der Alboin-Sage. S. Alboin.

Lochner Freiherr von Hüttenbach, Oskar (Ps. Max v. Theuern), geb. 9. Nov. 1868 zu

Regensburg, gest. 8. Juli 1920, studierte in München (Doktor der Philosophie) u. war später Gymnasiallehrer in Eichstätt. Dramatiker.
Eigene Werke: Absalom (Bibl. Trauerspiel) 1896; Herzogin Barbara (Schauspiel) 1896; Die Sklaven des Scheik von Moezzia (Schauspiel) 1901.

Locke (Loccius), Nikolaus (Geburtsdatum unbekannt), gest. 1633 zu Lüneburg als Pastor das., dichtete ein Drama vom „Verlorenen Sohn" (1619) nach dem lat. „Acolastus" des Martinus Bohemus (A. D. B. 3. Bd.). S. Holstein, Das Drama vom Verlorenen Sohn (Progr. Geestemünde) 1880.

Loder, Dietrich, geb. 31. Okt. 1900 zu München, lebte hier als Schriftleiter u. Dramatiker.
Eigene Werke: Konjunktur (Lustspiel) 1933; Die Eule aus Athen (Komödie) 1935; Das Horoskop Seiner Lordschaft (Lustspiel) 1936.

Lodz, Stadt in Polen, verzeichnete seit 1867 ein deutsches Theaterleben, das seit 1890 mit der Tätigkeit Albert Rosenthals eine große Blüte erreichte. Das Thalia-Theater in L. wurde zum Mittelpunkt des gesamten kulturellen Lebens. Adolf Klein (s. d.) setzte, als er 1910 die Leitung übernahm, die Rosenthalsche Tradition fort, ihm folgte Walter Wassermann. Später ging L. dem deutschen Kulturbereich verloren.
Literatur: Kurt *Seidel,* Deutsches Bühnenleben in Lodz (Festprogramm zum zehnjährigen Bestehen der deutschen Bühne in Bromberg, herausg. von Hans Titze) 1930.

Löbel, Bruni, geb. 20. Dez. 1920 zu Chemnitz, wurde bei Sonja Karzau, Lucie Höflich u. Lydia Wegener für die Bühne ausgebildet, wirkte am Kabarett „Ulenspiegel" in Berlin, seit 1951 an der Kleinen Komödie u. als Gast am Schauspielhaus in München. Ihre Hauptrollen fand sie in „Minna von Barnhelm", „Der Mustergatte", „Erster Frühling" u. a.

Löbel, Paul, geb. um 1850 zu Berlin, gest. im Mai 1891 zu Davenport in Nordamerika (durch Selbstmord), wirkte seit 1872 als Komiker an verschiedenen Bühnen Chikagos, später in Baltimore u. wandte sich schließlich der Journalistik zu.

Loebell, Karl, geb. 1875, gest. 24. Dez. 1929

zu Berlin (durch Selbstmord), war Schauspieler, Regisseur u. Sänger in Mährisch-Ostrau, Regensburg, 1914 in Amsterdam, 1915—17 in Mannheim (hier Direktor des Neuen Theaters), 1918 in Teschen, 1919 bis 1920 in Troppau, 1921 in Essen, 1922—23 in Elberfeld u. Karlsruhe u. seit 1924 Gastspieldirektor in Berlin (Theater am Nollendorfplatz u. a.). Hauptrollen: Frank („Die Fledermaus"), Zsupan („Der Zigeunerbaron"), Volland („Flotte Bursche"), Midas („Die schöne Galathee"), Bertram („Robert u. Bertram"), Nasoni („Gasparone"), Gaudenzdorf („Hoheit tanzt Walzer") u. a.

Loeben, Otto Heinrich Graf, geb. 18. Aug. 1786 zu Dresden, gest. 3. April 1825 das. Mitarbeiter verschiedener periodischer Organe, verfaßte auch u. a. das Singspiel „Cephalus u. Procris" 1817 u. nach Lope de Vega das Schauspiel „Stern, Szepter u. Blume" 1824. Der junge L. stand unter dem Einfluß Schillers. 1803 schrieb er eine „romantische" Tragödie „Robert u. Elisa" u. im gleichen Jahr das Trauerspiel „Die Geschwister von Neapolis". Seine Vorbilder fand er vor allem in der „Braut von Messina" u. im „Don Carlos". Aber auch Motive u. Züge aus den „Räubern", der „Jungfrau von Orleans" u. „Maria Stuart" kehrten bei ihm wieder. Selbst sein Stil verriet den Schiller-Epigonen. L. schwelgt in Bildern u. Vergleichen. Schillers Pathos sucht er noch zu steigern. Auch die hier schon zu Tage tretende antikisierende Ausdrucksweise ist auf ihn zurückzuführen. Dabei ist der Grundton seiner Sprache durchaus lyrisch. Der Lyriker L. wählte für seine Poesie nur die Form des Dramas, daher konnte er als Bühnendichter keine entsprechende Wirkung erzielen. *Literatur:* Franz *Muncker*, O. H. Graf v. Loeben (A. D. B. 19. Bd.) 1884; Raimund *Pissin*, O. H. G. v. L. 1905; Max *Hecker*, Der Romantiker Graf L. als Goetheverehrer (Jahrbuch der Goethe-Gesellschaft 15. Bd.) 1929; Herbert *Kummer*, Der Romantiker O. H. G. v. L. u. die Antike (Hermea 25. Bd.) 1929.

Löber, Carl, geb. 20. Aug. 1843 zu Groß-Strehlitz, gest. 22. Aug. 1895 zu Pirna, Sohn des Theatermeisters Gottfried L., diente zuerst in der preuß. Marine, begann 1860 als Autodidakt in Bojanowo als Schauspieler u. Sänger seine Bühnenlaufbahn, war hierauf am Aktientheater in Hamburg u. Thaliatheater in Hannover, später in Aachen (das. auch als Regisseur) u. in Leipzig tätig

u. seit 1875 am Hoftheater in Dresden. Charakterdarsteller u. Komiker. Hauptrollen: Totengräber („Hamlet"), Pater Lorenzo („Romeo u. Julia"), Valentin („Der Verschwender") u. a. *Literatur:* R. *Th.,* C. Löber (Deutsche Bühnengenossenschaft 24. Jahrg. Nr. 35) 1895.

Löber, Klara, geb. 14. Nov. 1823 zu Berlin, gest. 8. Nov. 1895 das., Tochter des Kammermusikers Heinrich Stölzl, des Erfinders der chromatischen Messinginstrumente, war Erste Soubrette, später Komische Alte. Gattin des Schauspielers Oskar L.

Löber, Oskar, geb. 24. Febr. 1849 zu Ratibor, gest. 7. Okt. 1899 zu Berlin-Charlottenburg, gehörte als Komiker u. Sänger versch. Berliner Bühnen an (Walhalla-, Louisenstädtisches- u. Zentraltheater), zuletzt dem Theater des Westens das. Hauptrollen: Baumann („Leichtes Blut"), von Holdern („Leute von Heute"), Säbelknopf („Das lachende Berlin") u. a. Gatte der Vorigen.

Löber-Liebmann, Cläre, geb. 5. Jan. 1879, gest. 27. Dez. 1945 zu Weimar, war Schauspielerin u. a. in Berlin, Leipzig, Flensburg u. St. Gallen (seit 1911). Später auch Souffleuse.

Löbl (Ps. Adolfi), Gustav, geb. 5. April 1838 zu Eidlitz, gest. 13. Okt. 1880 zu Philadelphia, Mitglied des Friedrich-Wilhelmstädt.-Theaters in Berlin. Operettentenor, war später in Hamburg, Frankfurt a. M. u. seit 1879 in Amerika tätig. Hauptrollen: Melchior („Doktor Piccolo" von Ch. Lecocq), Sigismund („Prinz Methusalem" von Joh. Strauss) u. a.

Löck, Carsta, geb. (Datum unbekannt) zu Niebüll in Schleswig-Holstein, betrat in Berlin erstmals die Bühne u. wirkte seit 1929 dauernd an verschiedenen Bühnen das. (Theater des Westens, Staatliches Schauspielhaus, Deutsches Theater u. a.) als Schauspielerin von Ruf.

Loeff (geb. Heise), Friedel (Ps. Georgia Carell), geb. 4. April 1906 zu Osterode, lebte in Berlin-Friedenau als Romanschriftstellerin. Unter ihrem Ps. verfaßte sie auch Bühnenstücke. *Eigene Werke:* Das schlichte Mädchen (Lustspiel) 1942; Aphrodite Nr. 13 (Komödie) 1946.

Löffel, Felix, geb. 25. Juli 1892 zu Oberwangen in der Schweiz, war 1912—18 Lehrer, bildete sich dann gesanglich in Bern, Prag, München u. Mailand aus u. wirkte seit 1921 als Seriöser Baß am Stadttheater in Basel u. Bern in allen großen Rollen seines Faches.

Löffler, Christine, geb. (Datum unbekannt) zu Berlin, gest. 17. Mai 1902 das., wirkte als gefeierte Soubrette am Viktoriatheater in Berlin, später am dort. Wallnertheater, in derben Dienstmädchenrollen mit besonderem Erfolg.

Löffler, Hans, geb. 1857, gest. 17. Dez. 1906 zu Esseg in Kroatien, war zuerst Opernsänger, später Schauspieler, zuletzt auch Spielleiter am dort. deutschen Stadttheater.

Löffler, Karl, geb. 1891, gest. 19. Jan. 1947 zu Gießen, war Bühnenbildner das.

Löffler, Kurt (Geburtsdatum unbekannt), gest. 18. April 1937 zu Nürnberg, wirkte seit 1907 in Detmold, Oldenburg, Gera u. a., seit 1927 in Nürnberg als Schauspieler, Sänger u. Spielleiter. Hauptrollen: Großinquisitor („Don Carlos"), Jean („Rodelzigeuner"), Groberg („Die Wildente"), Lindmüller („Hans Huckebein") u. a.

Löffler, Mathilde s. Ehrenthal, Mathilde von.

Löffler, Paul, geb. 21. Sept. 1887, begann 1906 seine Bühnenlaufbahn u. war in Danzig, Breslau, Stettin, Bielefeld u. Berlin (Rose-, Luisen-, Wallner- u. Thaliatheater, Deutsche Bühne u. Kleine Schauspielbühne) als Sänger u. Schauspieler tätig. Hauptrollen: Hortensio („Der Widerspenstigen Zähmung"), Leander („Die Geierwally"), Zinnow („Hasemanns Töchter"), Lips („Robert u. Bertram") u. a.

Löffler-Scheyer, Luise, geb. 11. März 1894, begann am Hoftheater in Stuttgart ihre Bühnenlaufbahn, sang seit 1923 in Nürnberg, wo sie besonders in Opern R. Wagners stärkste Erfolge erzielte u. 1925—33 als Gast auch in München. Weitere Hauptrollen: Ägyptische Helena, Fidelio, Aida, Tosca, Martha, Färberin („Die Frau ohne Schatten"), Gräfin („Die Hochzeit des Figaro") u. a.

Lögler, Benedikt, geb. 26. Jan. 1790 zu Schuttern in Baden, gest. 20. Febr. 1820 zu Augsburg als Frühmeßprediger das. Dramatiker.

Eigene Werke: Dramatische Werke (Die Grafen von Hohengeroldseck — Die Edelfrau von Bodenstein — Kaiser Heinrich der Vogler — Die Wallfahrt — Das Turnier zu Konstanz — Das Quartieramt — Der Weiße u. der Rote) 2 Bde. 1815 ff.; Der Geist von Hohenkrähen (Drama) 1819; Der Neujahrsmorgen (Schauspiel) 1820; Adelsstolz u. kindliche Liebe (Schauspiel) 1820.

Löhle, Franz Xaver, geb. 3. Dez. 1792 zu Wiesensteig in Württemberg, gest. 29. Jan. 1837 zu München, Sohn eines Organisten am dort. Kanonikatstift, kam als Sängerknabe nach Augsburg, trat hier erstmals in Kinderrollen im Theater auf, wurde in Stuttgart gesanglich weiter ausgebildet u. begann 1812 seine Bühnenlaufbahn am dort. Hoftheater. 1816—17 wirkte er als Erster Tenor in Hannover, 1818 wieder in Stuttgart u. seit 1819 am Hoftheater in München, wo er, von Gastspielreisen abgesehen, dauernd blieb (bis zu seinem Bühnenabschied 1833). Kammersänger. In München kreierte er 1821 den Florestan in „Fidelio", 1822 den Max im „Freischütz" u. 1830 den Masaniello in der „Stummen von Portici". Weitere Hauptrollen: Adolar, Othello, Hüon, Titus, Belmonte u. a. Auch als Musikschriftsteller u. Komponist zeichnete sich L. aus. 1834 trat er außerdem an die Spitze der Zentralgesangschule in München. Gatte einer Tochter des Stuttgarter Hofschauspielers Pauli, die selbst bis zu ihrem Ableben 1832 dem Hoftheater in München als Mitglied angehörte.

Literatur: Eisenberg: F. X. Löhle (Biogr. Lexikon) 1903.

Löhmann, Alexander Wilhelm, geb. 4. Febr. 1821 zu Berlin, gest. 4. April 1895 zu Rödelheim bei Frankfurt a. M., war Schauspieler, später Inspizient am Hoftheater in Berlin. Vater des Opernsängers Alexis L., der als Tenor am Stadttheater in Hamburg u. jahrzehntelang in Leipzig wirkte.

Löhmann, Alexis s. Löhmann, Alexander Wilhelm.

Loehmcke, Conrad, geb. 1882 zu Stargard in Pommern, gest. 5. Juli 1942 zu Wiesbaden, begann seine Bühnenlaufbahn 1907 in Bromberg u. kam über Wiesbaden, Hamburg, Köln u. Halberstadt nach Krefeld, wo er 18 Jahre als Komiker u. Spielleiter tätig war.

Löhn-Siegel, Maria Anna s. Siegel, Maria Anna.

Löhner (Ps. Beda-Löhner), Fritz, geb. 29. Nov. 1883 zu Wildenschwert in Böhmen, gest. 4. Dez. 1942 zu Auschwitz (im Konzentrationslager), war Doktor der Rechte u. freier Schriftsteller. Vorwiegend Librettist.
Eigene Werke: Friederike 1928 (mit L. Herzer); Das Land des Lächelns 1930 (mit V. Léon u. L. Herzer); Schön ist die Welt 1931 (mit L. Herzer); Die Blume von Hawai 1932 (mit A. Grünwald u. E. Földes); Rosen im Schnee 1933 (mit B. Hardt-Walden); Ball im Savoy 1933 (mit A. Grünwald); Der Prinz von Schiras 1934 (mit L. Herzer).

Löhner, Hermann Edler von (Ps. O. F. Scherz), geb. 27. April 1841 zu Wien, gest. 19. Mai 1902 das., war zuerst Journalist u. Buchhändler, dann unter Laube (s. d.) Sekretär des Wiener Stadttheaters, 1876 Schriftleiter der „Süddeutschen Presse" in München, 1878—84 in Italien mit histor. Studien beschäftigt u. seither in Wien Komödiendichter u. Übersetzer.
Eigene Werke: Alte Liebe rostet nicht 1872; Ein Frühstück bei Klytämnestra (Lustspiel) 1873; Molières Tartuffe, deutsch 1882; Goldonis Memoiren, deutsch 1. Bd. 1883; Sardous Theodora, deutsch 1885; Das Recht des Künstlers 1894; Das Maskenfest 1894; Sardous Georgette, deutsch 1896.
Literatur: C. *Siegel*, H. v. Löhner (Biogr. Jahrbuch 8. Bd.) 1905.

Loehr, Willy, geb. um 1870 zu Berlin, Kaufmannssohn, begann seine Laufbahn als Schauspieler in Wismar, kam dann nach Meiningen u. zu Wandergesellschaften, wirkte in Altona, Neiße, Warmbrunn, Schweidnitz u. a., 1894 in Potsdam, 1895 bis 1898 in Braunschweig, 1898—99 am Vereinigten Deutschen Theater in Milwaukee u. Chikago, seither am Hoftheater in Darmstadt. Hauptrollen: Romeo, Don Carlos, König Heinrich IV., Rustan, Oswald, Reif-Reiflingen u. a.

Löhrs, Christine s. Reinhold, Christine.

Löhrs, Johann Karl, (Geburtsdatum unbekannt), gest. 26. Febr. 1802 zu Hamburg, spielte 1783 u. nach einjähriger Unterbre-

chung seit 1785 unter F. L. Schröder Liebhaber u. Chevaliers am dort. Stadttheater neben seiner Gattin, der Schauspielerin Johanna Nätsch.
Literatur: J. *Kürschner*, J. K. Löhrs (A. D. B. 19. Bd.) 1884; C. L. *Costenoble*, Tagebücher (Schriften der Gesellschaft für Theatergeschichte 18. Bd.) 1912.

Löhrs (geb. Nätsch), Johanna Sophie (Geburtsdatum unbekannt), gest. 1847, wirkte als Schauspielerin 1785—1809 in Hamburg. Seit 1787 mit dem Vorigen verheiratet.

Loeltgen, Adolf, geb. 16. April 1881 zu Remscheid, besuchte 1906—08 das Sternsche Konservatorium in Berlin, bildete sich in Köln, Dresden u. Mailand weiter aus u. wirkte als Heldentenor 1908—11 in Barmen, 1911—15 in Dresden, 1915—21 in Breslau, 1922 in Düsseldorf, 1923—25 an der Volksoper in Berlin, 1926—33 in Mannheim u. lebte dann als Gesangspädagoge in Dresden. Kammersänger. Hauptrollen: Tannhäuser, Siegmund, Walter von Stolzing u. a.

Loen, August Friedrich Freiherr von, geb. 27. Jan. 1828 zu Dessau, gest. 28. April 1887 zu Jena, war 1867—1887 als Nachfolger Dingelstedts (s. d.) Generalintendant des Hoftheaters in Weimar. Unter seiner Tätigkeit wurde das Werk Richard Wagners weiter durchgesetzt u. fand u. a. auch die Aufführung beider Teile von Goethes „Faust" in der Einrichtung Otto Devrients (s. d.) statt. Bearbeiter von Julius Leopold Kleins (s. d.) „Heliodora" u. Verfasser des Romans „Bühne u. Leben" 1864.
Literatur: Adolph *Mirus*, Freih. A. v. Loen. Ein Beitrag zur Geschichte des Hoftheaters zu Weimar 1889; A. *Bartels*, Chronik des Weimarischen Hoftheaters (1817 bis 1907) 1908.

Löning (Ps. Lange), Caroline, geb. 1802 zu Braunschweig, gest. nach 1852, Tochter eines Schauspielers Schultz, spielte zuerst Kinderrollen, trat später in Lübeck u. Kopenhagen auf, gastierte in Schwerin, Wismar, Rostock, Hamburg u. Magdeburg u. erhielt schließlich in Bremen ein festes Engagement. Mit einem Rittmeister Löning verheiratet, behielt sie jedoch den Künstlernamen Lange bei. 1822—26 wirkte sie in Breslau, 1826 bis 1829 in Aachen, 1829—32 in Mannheim, 1835—36 am Burgtheater, wo sie zum Fach der Tragischen Mütter u. Anstandsdamen

überging u. 1836—52 am Hoftheater in Stuttgart. Hauptrollen: Elisabeth („Maria Stuart"), Clara („Preziosa"), Gräfin Terzky („Wallenstein") u. a.
Literatur: Eisenberg, C. Lange (Biogr. Lexikon) 1903.

Löper, Christian (Geburtsdatum unbekannt), gest. 19. Mai 1809 zu Gnoien in Sachsen, stammte aus Pommern, lebte in Prag u. Wien, 1776 als Korrektor der Kurzböckischen Universitäts-Druckerei das., kam dann nach Leipzig u. Schwerin. Zuletzt Stadtrichter u. Bürgermeister in Gnoien. Herausgeber des „Theatralischen Wochenblatts" in Prag (1772) u. verschiedener Wiener Wochenschriften.
Eigene Werke: Kinderkomödien 1781 (mit J. F. Schink).

Löscher, Dominik, geb. 30. März 1877 zu Wien, gest. 1. Nov. 1941 zu München, Sohn der Hofballetteuse Leopoldine L. (1850 bis 1928), Vater des Schauspielers Hans L., begann seine Bühnenlaufbahn in Baden bei Wien, gehörte 1909—14 als Erster Charakterkomiker dem Ensemble des Gärtnerplatztheaters, später dem des Volkstheaters in München an u. war auch an den dort. Kammerspielen tätig. Besonders erfolgreich zeigte er sich als Frosch in der „Fledermaus", Graf Leopold in „Alt-Wien", Prunelles in „Eva", Marquis Tourelle im „Puppenmädel", Adolar im „Kleinen Salon", Fürst Esterhazy im „Musikantenmädel". Gastspiele führten ihn auch in andere Städte. Aristokraten u. Lebemänner, kurz die Bonvivants der höheren Lebenskreise brachte er vollendet zur Darstellung.
Literatur: Hans Wagner, D. Löscher (Programmheft Nr. 3 des Theaters am Gärtnerplatz) 1953/54.

Löscher, Friedrich Hermann (Ps. Friedrich Herm), geb. 14. Sept. 1860 zu Annaberg in Sachsen, gest. nach 1939, studierte in Leipzig, wurde 1890 Pfarrer in Zwönitz im Erzgebirge u. verbrachte seinen Ruhestand in Dresden-Bühlau. Verfasser u. a. von Bühnenstücken.
Eigene Werke: Leni oder Um aan Busch'n (Oberbayr. Volksstück) 1885; Weihnachtssegen im Bergmannsheim (Spiel) 1902; Heimkehr (Weihnachts-Festspiel) 1909; Bornkindel (Weihnachtsspiel) 1909; Der Blumen Erwachen (Festspiel) 1914; Die Linde grünt (Festspiel) 1921; Vierzehn Tage vorm Stiftungsfest (Erzgebirgischer

Schwank) 1922; Berg-Ernsts letzte Weihnacht (Christnachtsspiel) 1922 u. a.

Löscher, Hans, geb. 12. April 1911 zu München, Sohn von Dominik L., war Schauspieler an verschiedenen Provinzbühnen u. 1940 am Gärtnerplatztheater in München.

Löser, Franz (Ps. Manfred Gollner). geb. 26. Febr. 1889 zu Neunkirchen in Niederösterreich, gest. im Juli 1953 zu Wien, war Schlosser, Tierbändiger, Boxer, Künstlermodell u. lebte seit 1910 als freier Schriftsteller, von Hermann Bahr gefördert, in Salzburg u. Wien. 1921 bearbeitete er Hofmannsthals „Jedermann" als Volksstück in bayr.-österr. Dialekt.
Eigene Werke: Die Herrgottsbrücke (Volksstück) 1919; Der Jedermann (Mysterienspiel) 1922; Gerücht (Volksstück) 1923; Der Nazarener (Mysterienspiel) 1924; Der sündige Bock (Schwank) 1925; Der Müllermartin (Schauspiel) 1925; Du sollst nicht (Schauspiel) 1927; Die Kosakenfürstin (Operette) 1927; 's borstige Liesel (Einakter) 1928; König Riepel (Lustspiel) 1929; Die streitbaren Weiber (Lustspiel) 1941; Musik in Wien (Volksstück) 1942.

Löser, Ludwig, geb. 24. März 1868 zu Helmstedt, studierte in Göttingen, war Gymnasiallehrer in Wolfenbüttel u. gehörte zum Kreise Wilhelm Raabes. Dramatiker.
Eigene Werke: Frische Luft (Lustspiel) 1896; Der Heidenacker (Drama) 1898; Herostrat von Ephesus (Drama) 1904; Die Krone (Drama) 1909; Das Heim im Walde (Drama) 1912; Komödie im Gutshof 1918; Wer spielt auf? (Bismarck-Lustspiel) 1924.

Lössl, Karl, geb. 1817 zu Wien, gest. 3. Juli 1902 zu Wiener-Neustadt, Sohn des Burgschauspielers Karl L. (der unter dem Ps. Klees wirkte), begann 1834 am Josefstädtertheater in Wien seine Bühnenlaufbahn, übernahm 1854 die Leitung des Theaters in Budweis u. war dann Theaterdirektor in Reichenberg, Marburg, Wiener-Neustadt, Raab, Fünfkirchen, Agram, Pilsen u. Leutschau. 1874 zog er sich von der Bühne zurück u. lebte vom Rollenabschreiben in Wiener-Neustadt.

Loest, Heinrich (Ps. Traugott Walter u. Anselm Friedank), geb. 1778 zu Berlin, gest. 2. Juni 1848 das., Sohn eines Gärtners, studierte in Breslau u. war 1802 Justizrat in Warschau (Freund E. Th. A. Hoffmanns u.

Zacharias Werners), wirkte 1810 als Assessor in Stettin, trat 1813 in die Heeresverwaltung ein, wurde 1815 Intendanturrat in Münster (Verkehr mit Immermann) u. 1830 in Mainz. Seit 1835 Vortragender Rat im preuß. Kriegsministerium. Vorwiegend Dichter von Freimaurerliedern u. Dramen. *Eigene Werke:* Anakreon (Text zu einem Melodrama, vertont von H. C. Ebell) 1807; Tankred (Libretto) o. J.; Die Alpenhirten (Singspiel, Musik von Frieda Wollank) 1810; Clorinde (Tragödie) 1812; Johann von Leyden (Drama) 1824; Geist u. Leben echter Humanität (3 Trilogien) 1847.

Loets, Bruno, geb. 24. Aug. 1904 zu Leer in Ostfriesland, humanistisch gebildet, lebte als freier Schriftsteller seit 1931 in Leipzig u. seit 1944 in Leer. Dramatiker, Herausgeber u. Übersetzer. *Eigene Werke:* Dittersdorfs Lebensbeschreibung, herausg. 1940; Kean (Schauspiel nach Dumas) 1947; Der Herr Neffe (Lustspiel) 1949; Spök (Niederdeutsches Volksstück) 1949 u. a.

Löw, Konrad s. Löwe, Konrad.

Löw, Maria Theresia s. Lehmann, Maria Theresia.

Löwe, Adele, geb. 22. April 1847 zu Hamburg, gest. 8. Febr. 1904 zu Stuttgart, war Dramatische Sängerin 1864—84 in Hamburg, Darmstadt, Leipzig, Prag u. Stuttgart. Kammersängerin. Hauptrollen: Elsa, Senta, Elisabeth, Margarethe, Donna Anna, Fidelio, Undine u. a.

Löwe, Anna s. Potocki, Anna Gräfin.

Löwe, Annemarie, geb. 1892, gest. 31. Jan. 1919 zu Weimar, zuerst Lehrerin, wurde von Albert Heine (s. d.) als Naive u. Sentimentale ausgebildet, wirkte an der Wiener Volksbühne u. kam 1916 ans Nationaltheater in Weimar. Hauptrollen: Adelheid („Der Biberpelz"), Lene („Die Haubenlerche"), Ursula („Luther auf der Wartburg") u. a.

Löwe, Antonie, geb. im letzten Viertel des 19. Jahrhunderts, begann 1907 ihre Laufbahn als Schauspielerin in Dresden, war dann in Münster, Plauen, Leipzig, München, Zürich, Hannover, Jena, Kolberg u. Berlin tätig, kehrte 1925 nach Dresden zurück, wirkte später in Brieg, Hildesheim, Dresden (Alberttheater), Hanau, Tilsit u. seit

1936 wieder in Dresden (Theater des Volkes).

Löwe, Caroline, geb. 1816, gest. 10. Okt. 1901 zu Neuyork, Opernsängerin. Gattin des Theaterdirektors Wilhelm L.

Löwe, Dorothea Friederike, geb. 1779 (oder 1769) zu Schwedt, gest. nach 1820, von ihrem Vater Johann Karl Löwe ausgebildet, wirkte als Opernsängerin in dramatischen Partien 1798 bei der Tillyschen Gesellschaft, dann in Hamburg, Lübeck u. Bremen.

Loewe, Edmund, geb. 16. Sept 1870 zu Wien, Sohn eines Privatbeamten, war zuerst ebenfalls Beamter, wandte sich aber schon 1890 der Bühne zu, die er in Teplitz betrat, worauf er u. a. über Prag ans Friedrich-Wilhelmstädtische Theater in Berlin u. ans Carl-Schultze-Theater in Hamburg kam, gastierte 1896 mit dem Ferenczy-Ensemble in Neuyork, wirkte seit 1897 am Theater an der Wien, 1899—1901 wieder am Carl-Schultze-Theater in Hamburg u. seither neuerdings am Theater an der Wien sowohl als Komiker im Volksstück wie als Operettentenor. Hauptrollen: Eisenstein, Offizier (in „Geisha"), Mucki Viereckl („Das arme Mädel") u. a.

Löwe, Ferdinand, geb. 1787 zu Rathenow (oder Berleburg), gest. 13. Mai 1832 zu Wien, Sohn des Schauspielers Friedrich August L. u. Bruder von Ludwig L., trat zuerst in der Wandertruppe seines Vaters auf, kam dann nach Magdeburg, wo er die Schauspielerin Tost heiratete u. vom Fach des Komikers zu dem des Liebhabers überging, 1812 nach Braunschweig, 1813 nach Düsseldorf, 1816 nach Kassel, 1817 nach Leipzig, 1820 nach Mannheim u. 1827 nach Frankfurt a. M., wo er 1832 einen Ruf als Gast des Burgtheaters erhielt, ohne freilich das ersehnte Engagement das. zu erleben. Hauptrollen: Egmont, Posa, Hamlet, Tell Karl Moor u. a.

Löwe, Franz Ludwig Feodor, geb 5. Jul 1816 zu Kassel, gest. 20. Juni 1890 zu Stuttgart, Sohn des Schauspielers Ferdinand L. Neffe von Ludwig L., studierte in Gießen (Doktor der Philosophie), begann seine Bühnenlaufbahn in Mannheim u. kam dann über Hamburg u. Frankfurt a. M. auf Empfehlung seines Vorbilds u. Freundes A. W. Maurer (s. d.) als Charakterdarsteller nach Stuttgart, wo er seit 1840 auch als Regis-

seur u. später als glänzender Helden-
vater tätig war. Hauptrollen: Posa, Essex,
Hamlet, Karl Moor, Tell, Faust, Egmont u. a.
Auch mit lyrischen Gedichten, Epigram-
men u. Reiseschriften trat er hervor.
*Literatur: Eisenberg, F. F. Löwe (Biogr.
Lexikon) 1903; H. A. Lier, F. L. F. L. (A. D.
B. 52. Bd.) 1906.*

Löwe, Friedrich August Leopold, geb. 1767
zu Schwedt, gest. 28. Okt. 1839 zu Bromberg, Oheim von Ludwig L., verheiratet
mit Therese Mayer aus Bozen, begann
seine Bühnenlaufbahn als Tenor in Braunschweig, bewährte sich jedoch frühzeitig
auch als Komponist von Operetten u.
Singspielen, wobei er z. B. in seiner „Insel
der Versöhnung" die Hauptrolle sang, kam
dann nach Bremen u. kehrte 1790 als Theaterdirektor nach Braunschweig zurück. Später wirkte er als Direktor u. Sänger in
Eschwege, Arolsen u. Lübeck. Hier eröffnete er 1799 die erste stehende Bühne der
Stadt, trat 1810 von der Leitung zurück,
führte sie jedoch 1814—15 nochmals. Dann
zog er zu seinem Bruder nach Bromberg,
wo er als Ratsherr u. Stadtkämmerer tätig
war.
*Literatur: Johann Hennings u. Wilhelm
Stahl, Musikgeschichte Lübecks 1. Bd. 1951.*

Löwe, Fritz, geb. 16. April 1865 zu Finken-
walde bei Stettin, gest. 24. Dez. 1915 zu
Rathenow, studierte in Greifswald, Tübingen u. Berlin, wurde 1892 evangel. Pfarrer
in Brasilien u. später Archidiakonus in
Rathenow. Epiker u. Dramatiker.
Eigene Werke: Aus der Not zur Höhe
(Volksschauspiel) 1897; Friedrich der Stau-
fer (Drama) 1900.

Löwe, Gustav, geb. 22. April 1863 zu Prag,
gest. 13. Mai 1913 zu Dresden, Kaufmannssohn, kam über kleine Provinzbühnen (Leitmeritz, Reichenhall u. a.) 1885 an das Deutsche Landestheater in Prag, wo er bald zu
den volkstümlichsten Bühnenkünstlern gehörte u. bis zu seinem Tode wirkte. Hervorragender Charakterkomiker. Hauptrollen:
Schmock, Striese, Kalb, Zettel u. a., vorwiegend in Stücken Anzengrubers, Nestroys
u. Raimunds. Auch literarisch trat er hervor. Zwei seiner Parodien „Die offizielle
Frau" u. „Qualeria rusticana" wurden wiederholt aufgeführt. Alfred Klaar (Voss.
Zeitung, 16. Mai 1913) schrieb von ihm:
„Erfinderisch-launig u. drollig von Naturell,
klug u. schlagfertig in der Beobachtung

menschlicher Schwächen, komischer Typen
u. Mundarten, glänzte er zunächst im
Volksstück, in der Posse u. Operette. In
den heiteren Stücken Schönthans u. Mosers, Blumenthals u. Kadelburgs stand er
führend im Vordergrunde. L. war ein Komiker in jedem Wortsinne, nicht nur ein
reproduzierender, sondern auch ein produ-
zierender, ein belebendes Element geist-
reicher Geselligkeit, köstlich in seinen mit
Wendungen der Selbstironie u. gemütlichen Ausfällen gespickten Ulkreden im
tschechisch-deutschen Jargon, von schlagen-
dem Witz in den Couplets, die er verfaßte u. die die Runde über viele Bühnen
machten, satirisch-treffend in seinen kleinen
Parodien, von denen manche, wie die Qualeria rusticana, als Flugblätter weit verbreitet u. oft vorgetragen wurden."
*Literatur: Eisenberg, G. Löwe (Biogr.
Lexikon) 1903.*

Löwe, Johann Friedrich s. Löwen, Johann
Friedrich.

Löwe, Johann Karl, geb. 1730 zu Dresden,
gest. 1807 zu Lübeck, Großvater von Ludwig L., Vater von Friedrich August L. u.
der Schauspielerin Dorothea Friederike
Amalie L. (s. d.), begann seine Bühnenlaufbahn zu Dresden, kam frühzeitig zur Schuchschen Gesellschaft nach Berlin, dann nach
Danzig, Königsberg, Breslau, Prag, wirkte
1758—63 wieder in Dresden, hierauf in
Hannover, Leipzig u. Berlin, 1773—84 am
neuen Hoftheater in Schwedt, schließlich
neuerdings in Berlin u. in der Gesellschaft
seines Sohnes Friedrich August Leopold
L. bis 1799, worauf er sich von der Bühne
zurückzog. Gatte der Schauspielerin Katharina Magdalena, geb. Ling.

Löwe, Johanna Sophie s. Liechtenstein, Johanna Sophie Fürstin von.

Löwe, Julie Sophie, geb. zwischen 1786 u.
1790 zu Dresden, gest. 11. Sept. 1852 zu
Wien, Tochter des Sängers Friedrich August Leopold L., Schwester von Ludwig L.,
kam vom Sankt-Georg-Theater in Hamburg
1806 ans Hoftheater in Petersburg, 1812 ans
Theater an der Wien. 1814 nach Prag,
1815 ans Burgtheater, wo sie als glänzende
Salondame u. Tragödin, zuletzt im Fach der
Mütter u. älteren Anstandsdamen bis zu
ihrer Pensionierung 1842 hervorragend
tätig war. Hauptrollen: Maria Stuart, Jungfrau von Orleans, Donna Diana, Gräfin

Oldenhein („Die Lästerschule") u. a. Mutter der Darmstädter Hofschauspielerin Therese L.
Literatur: Wurzbach, J. S. Löwe (Biogr. Lexikon 15. Bd.) 1866.

Löwe, Katharina Magdalena s. Löwe, Johann Karl.

Loewe (eigentlich Löw), **Konrad**, geb. 6. Febr. 1856 zu Proßnitz in Mähren, gest. 11. Febr. 1912 zu Wien, Kaufmannssohn, studierte in Wien die Rechte, wandte sich dann, von Laube ermuntert, der Bühne zu u. kam als Charakterdarsteller von Elbing über Teplitz u. Olmütz 1881 ans Nationaltheater in Berlin, 1882 nach Breslau, 1883 nach Hamburg, 1884 nach Graz, 1888 ans Burgtheater u. 1891 ans Deutsche Volkstheater in Wien, von wo er 1895 als Heldenvater ans Burgtheater zurückkehrte. Hauptrollen: Geßler, Musikus Miller, Karl Moor, Stauffacher, Hamlet, Narziß u. a. Auch als Bühnenschriftsteller trat er hervor. Gatte der Hofopernsängerin Mathilde L., die am Wiener Konservatorium ausgebildet wurde, 1880 ihre Bühnenlaufbahn begann u. in Breslau, Hamburg, Bremen u. a. als Carmen, Pamina, Anna, Margarethe, Cherubin u. Zerline wirkte.
Eigene Werke: Paul Krokoff (Tragödie) 1884; Grabbes Herzog von Gothland, bearbeitet o. J.
Literatur: Eisenberg, C. Loewe (Biogr. Lexikon) 1903; Ludwig Klinenberger, C. L. (Bühne u. Welt 13. Jahrg.) 1911; Stefan Zweig, C. L. (Neue Freie Presse 18. Febr.) 1912.

Löwe, Lila s. Küster, Lila Freifrau von.

Löwe, Ludwig, geb. 29. Jan. 1794 zu Rinteln in Kurhessen, gest. 7. März 1871 zu Wien, Sohn des Schauspielers Friedrich August Leopold L. (s. d.), Bruder von Julie Sophie L. (s. d.) u. Ferdinand L. (s. d.), Oheim von Feodor L. (s. d.), Johanna Sophie Fürstin von Liechtenstein (s. d.) u. Lila Freifrau von Küster (s. d.), schloß sich dreizehnjährig der Nuthschen Kindertruppe an, folgte 1810 seiner Mutter u. seiner Schwester Julie Sophie nach Wien, wo er 1811 am Burgtheater Aufnahme fand. Doch ging er zunächst, da er hier für größere Rollen noch nicht in Betracht gezogen wurde, nach Prag, 1821 nach Kassel u. gehörte endgültig erst 1826 als Mitglied dem Burgtheater an, zu dessen Größen er fortan zählte, anfangs noch als

Jugendlicher, später als Erster Held u. Heldenvater. Auch Grillparzer bewunderte ihn u. schrieb 1861 in dessen Stammbuch: „Wir haben gemeinsam gerungen — Wir haben gemeinsam gesiegt; — Und selbst, wo mirs etwa mißlungen, — Du stehst, wo der Dichter erliegt." Mit den Brüdern Grimm, Cl. Brentano, Iffland, Immermann, Holtei, Klingemann, L. Devrient u. a. stand er in persönlichem Verkehr. Löwes Repertoire umfaßte 283 Rollen. Auch verfaßte er ein Lustspiel „Die beiden Machado", das 1823 in Kassel aufgeführt wurde. Sein Bild kam in die Ehrengalerie des Burgtheaters. K. v. Holtei (s. d.) charakterisierte ihn in seinen Memoiren „Vierzig Jahre" voll Bewunderung, wenn er der Vorstellungen gedachte, denen er beiwohnen durfte: „Das jugendlich-begeisterte Entzücken jener Abende läuft vor mir hin, als ob es gleich dem Vogel Strauß auch Flügel hätte, und ich, ein schon ermüdeter Wanderer, hinke hinter ihm her u. kann's nicht mehr erreichen, wie gern ich ihm auch eine Straußenfeder ausreißen möchte, um mit dieser zu schreiben. Genüg' es, wenn ich sage: ich hatte schon Künstler gesehen, einige große sogar; ich hatte gute Schauspieler gesehen, recht viele sogar; ich hatte darüber gedacht u. verglichen u. meine Theorien an der Praxis geschliffen; aber nichtsdestoweniger hatt' ich noch keinen Schauspieler gesehen, der mir vor Augen gestellt hätte, wie es einen Grad künstlerischer Vollkommenheit geben kann, der sich als reine, natürliche Wahrheit darstellt. Kraft u. Feuer, durch weise Besonnenheit geleitet, hatt' ich schon bewundert; vollkommene Deklamation, den mimischen Ausdruck auf's Innigste verschmolzen, hatt' ich schon gehört; aber niemals war mir ein Tragiker vorgekommen, der, ohne aus dem tragischen Tone, aus der poetischen Haltung zu fallen, doch die Seiten der Naivetät, der treuherzigen Derbheit, des scherzhaften Humors anschlagen. (Ich spreche hier begreiflicher Weise nicht von Löwes ‚Jaromir' allein, sondern ziehe die ganze Reihe seiner Gastrollen in Betrachtung.) Niemals war mir ein Tragiker vorgekommen, der mich so gleichsam mit der Nase darauf hinstieß, daß in dieser Art u. nur auf diese Weise manche Schöpfungen Shakespeares, die ich bis dahin unbegreiflich gefunden, möglich würden. Es war eine Jugendfrische in diesem Manne, ein inneres u. äußeres Leben, eine Hingebung der edelsten Kräfte, eine Glut u. Begeisterung! — Mag Oehlenschläger den ‚Correggio', den ich für ein sehr schönes Gedicht zu halten wage, unbekümmert um noch so viele hochgezuckte Achseln, geschrieben haben — für die Bühne, mindestens für die deutsche, neu gedichtet, reproduziert im vollen Sinne hat ihn Ludwig Löwe. O! sie hatten ihn überall u. Alle sehr, sehr gespielt, mit gelockten Haaren u. seidenen Trikots, mit runden Armen u. auswärtsen Füßen, mit pathetischem Jammer u. predigender Weisheit. Sie hatten sich alle bemüht, einen berühmten Maler in seiner Glorie zu tragieren. Und da kam Meister Ludwig, als Sohn des Dorfes, mit schlichter, einfacher Wahrheit, ein unschuldiges Kind, ein gläubiger Held, und lachte durch die Tränen. — Nein, das kommt nicht mehr wieder. Nicht weil ich damals jung war, erschien es mir so. Umgekehrt: wenn es mir noch einmal erschiene, würd' ich wieder jung werden. Und ich bin es wieder geworden, wenn ich ihn noch lange nachher in seinen besten Rollen, auf dem besten deutschen Theater, vor dem besten Publikum Deutschlands, in Wien sah. Und ich werde wieder jung, wenn ich seiner denke, wobei ich nur Eines immer neu bedaure: daß ich nie dazu gelangen konnte, von ihm den Heinrich Percy zu sehen. Ich kann mir keinen Anderen vorstellen in dieser Rolle, als ihn. Es gibt wenig reine Freuden auf Erden; wenig irdische Genüsse lassen uns die unverkümmerte Seligkeit eines durch's Leben dauernden beglückenden Andenkens nach." Löwes Kollege Heinrich Anschütz schilderte ihn in seinen „Erinnerungen" während der Burgtheaterzeit, die er mit ihm verbrachte: „Löwe hat keinen Vorgänger u. keinen Nachfolger, Löwe ist ein Unikum. In einem kaum mittelgroßen, untersetzten Körper mit edel geformten, von den Blattern zerrissenen Gesichtszügen, haucht die freigebige Natur den belebenden Götterfunken des Prometheus. Mit dieser Glut des Innern, mit diesem ewig prickelnden u. lodernden vulkanischen Feuer wirft sich der Gotterkorene auf die Bahnen der Schauspielkunst. Er flammt am Horizonte auf u. unwillkürlich wendet sich alles dem magischen Glanze zu. Löwe gehört zu jenen Erscheinungen, die nicht nötig haben, einen Platz durch längere Belagerung einzunehmen. Er lief Sturm u. siegte. Wo andere überzeugen müssen, da überwältigte er durch den Zauber seines pulsierenden Naturells, selbst in Fällen, wo man mit ihm nicht ganz einverstanden war. Er hatte in dieser Hinsicht etwas Verwandtes mit Lud-

wig Devrient, so wenig sie sich im Übrigen ähnelten. Mehr als jeder andere war Löwe in seiner Blütezeit der Darsteller seiner eigenen Individualität; diese war aber eine so biegsame u. vielseitige, daß man sie kaum noch als die seinige erkannte. Mit seiner reichen inneren Natur beseelte er die Helden der romantischen Tragödie, aber er war nicht auf sie beschränkt wie seine Nachfolger. Sein bewegliches Temperament schloß den Ausdruck für Geist, Witz, Humor, Freude u. Schmerz u. vor allem für edle, aber sinnliche Liebe mit gleicher Mächtigkeit in sich, und Doktor Heinrich Laube, dieser geistvolle Schriftsteller, der, wie begreiflich, großen Scharfblick für das Seltene beweist, hatte wohl vor vielen Löwes herrliches Talent in seiner ganzen Bedeutung erkannt, als er in dessen Album lange nach dem Erfolge Monaldeschis in Wien die denkwürdigen Worte zeichnete: ‚Ich sage nicht, Gott erhalte uns die Helden, sondern Gott erhalte uns Löwe'. Wer Löwes Correggio gesehen hat, dem genügt schwer ein Späterer; in seiner Darstellung des Fiesco lebten Züge von Größe, Geist u. Anmut, wie sie eben nur dieses Naturell ausdrücken konnte. Löwes immenses Repertoire bildet eine Gedenktafel, die den Grabstein einst entbehrlich macht."

Literatur: Rudolph *Hermann,* Über das Gastspiel des Herrn Löwe 1820; *Wurzbach,* L. L. (Biogr. Lexikon 15. Bd.) 1866; J. *Kürschner,* L. L. (A. D. B. 19. Bd.) 1884; August *Sauer,* Aus Löwes handschriftlichem Nachlaß (Privatdruck) 1888; A. J. *Waltner,* L. L. (Wiener Fremdenblatt Nr. 76) 1895; *Eisenberg,* L. L. (Biogr. Lexikon) 1903; *Anonymus,* L. Löwes Audienz bei Kaiser Franz 1903; Heinrich *Laube,* Theaterkritiken (Schriften der Gesellschaft für Theatergeschichte 8. Bd.) 1906; Herbert *Eulenburg,* L. L. (Neue Freie Presse 22. Aug.) 1920; E. E. *Reimèrdes,* L. L. (Die Deutsche Bühne 13. Jahrg.) 1921; Siegfried *Loewy,* L. L. (Neues Wiener Journal 13. Sept.) 1925.

Löwe, Mathilde s. Löwe, Konrad.

Loewe, Max, geb. 7. Mai 1855 zu Berlin, gest. 10. Dez. 1899 das. wirkte als Schauspieler am dort. Thaliatheater, viele Jahre am Lobe-Theater in Breslau u. war zuletzt Mitdirektor des Neuen Sommertheaters das. Hauptrollen: Mittler („Der Königsleutnant"), Angelo („Emilia Galotti"), Würmchen („Der Vogelhändler"), Pancho („Farinelli"), Panagel („Heißes Blut") u. a.

Loewe, Paula (Geburtsdatum unbekannt), gest. 30. Mai 1918, war Sängerin u. Schauspielerin in Dresden, Salzburg, Essen, Wien, Hamburg, Neuyork (Amberg-Theater) u. a. Hauptrollen: Antonia („Hoffmanns Erzählungen"), Nuri („Tiefland"), Friederike („Der fidele Bauer"), Mignon, Ortlinde („Die Walküre") u. a.

Löwe, Theodor, geb. 5. Mai 1830 zu Dresden (Todesdatum unbekannt), spielte schon mit 15 Jahren den Franz Moor, wirkte einige Jahre bei einer reisenden Gesellschaft in Sachsen, 1853—54 als Charakterdarsteller in Chemnitz, 1855—56 in Mainz, 1856—57 am Thaliatheater in Hamburg, dann in Düsseldorf, Prag, Detmold u. a. 1860 übernahm er die Leitung des Theaters in Elberfeld, war 1863—66 Mitglied des Hoftheaters in Karlsruhe, 1868 Direktor in Freiburg im Brsg. u. 1870—89 in Coburg u. Gotha.

Loewe, Theodor, geb. 9. Sept. 1855 zu Wien, gest. 31. Aug. 1936 zu Breslau, studierte das. (Doktor der Philosophie), wurde 1890 Dramaturg des Stadttheaters in Breslau, 1890 Leiter dess. u. des dort. Thaliatheaters, 1896 außerdem Leiter des Lobetheaters u. übernahm 1911 das Schauspielhaus das. (als Operettenbühne). Neben Bernhard Pollini (= Baruch Pohl s. d.) u. Angelo Neumann (s. d.) gehörte er vor allem auf dem Gebiet der Oper zu den erfolgreichsten Direktoren vor dem Ersten Weltkrieg, unter ihm begannen noch Bruno Walter, Wilhelm Furtwängler, Leo Slezak u. a. ihren Aufstieg. 1929 nahm er in Breslau seinen Bühnenabschied. Auch literarisch trat L. hervor. *Eigene Werke:* Ein Königstraum (Drama) 1884; Die Geschichte des wackeren Leonhard Labesam (Novelle) 1887; Gedichte 1893. *Literatur:* Walter *Meckauer,* Th. Loewe (Die Deutsche Bühne 9. Jahrg.) 1917; ders. u. a., Th. L. zu Ehren (Sonderheft der Monatsschrift Der Osten) 1917; Ernst *Boehlich,* Th. L. zum 70. Geburtstag (Schles. Monatshefte 2. Jahrg.) 1925; Walter *Schimmel-Falkenau,* Th. L. (Der Oberschlesier 7. Jahrg.) 1925; Erich *Freund,* Th. Loewes Abschied (Die Deutsche Bühne 21. Jahrg.) 1929; Julius *Sachs,* Der Theatergewaltige von Breslau (Mitteilungsblatt Tel Aviv 29. Sept.) 1950.

Löwe, Therese s. Löwe, Julie Sofie.

Löwe, Thomas, geb. 1836 zu Wien (Todesdatum unbekannt), Sohn eines jüdischen homöopathischen Arztes, Schüler Simon Sechters, lebte als Komponist das. Gatte von Marie Destinn. *Eigene Werke:* Alma (Oper) 1857; Concino Concini (Oper) 1862 u. a. *Literatur: Wurzbach,* Th. Löwe (Biogr Lexikon 15. Bd.) 1866.

Löwe, Wilhelm, geb. 19. Nov. 1807 zu Lissa, gest. 16. Aug. 1853 zu Baden bei Zürich (durch ein Versehen auf der Bühne erschossen), war Theaterdirektor in Bonn, Düsseldorf, Köln, Aachen u. leitete eine Operngesellschaft, mit der er Reisen nach Holland, Belgien, Elsaß-Lothringen u. der Schweiz unternahm. Unter seiner Direktion fand 1852 in Zürich die von R. Wagner selbst geleitete Aufführung des „Fliegenden Holländers" statt.

Löwe-Destinn (geb. Draeger), Marie, geb. zu Lemberg (Daten unbekannt), wirkte als Dramatische Sängerin 1860 in Pest, 1861 bis 1866 an der Hofoper in Wien u. hierauf bis 1873 in Italien. Lehrerin von Emmy Destinn (s. Kittl, Emmy), seit 1866 Gattin von Thomas Löwe.

Löwe-Meyer, Adele, geb. vor 1850 (Todesdatum unbekannt), begann ihre Bühnenlaufbahn 1864 u. kam als Opernsängerin über Hamburg, Darmstadt, Rotterdam, Leipzig, Prag, Nürnberg 1873 nach Stuttgart, wo sie, 1884 zur Kammersängerin ernannt, ihren Abschied nahm, aber auch als verheiratete Meyer wohnhaft blieb. Hauptrollen: Micaëla („Carmen"), Pamina („Die Zauberflöte"), Gräfin („Figaros Hochzeit"), Adalgisa („Norma") u. a.

Löwen (geb. Schönemann), Eleonore Luise Dorothea, geb. 1738 zu Lüneburg, gest. 6. Sept. 1783 zu Rostock, wirkte als Tragische Liebhaberin 1749—57 bei der Schönemannschen Gesellschaft, heiratete 1757 den Dichter Johann Friedrich L. u. spielte nach zehnjähriger Pause 1867—68 noch ein Jahr in Hamburg. Lessing kritisierte sie im 8. Stück seiner „Hamburgischen Dramaturgie": „. . . Madame Löwen verbindet mit dem silbernen Tone der sonoresten lieblichsten Stimme, mit dem offensten, ruhigsten u. gleichwohl ausdrucksfähigsten Gesichte von der Welt das feinste, schnellste Gefühl, die sicherste, wärmste Empfindung, die sich zwar nicht immer so lebhaft, als es viele wünschen, doch allezeit mit Anstand u. Würde äußert . . ."

Löwen, Eugen s. Löwinsohn, Eugen.

Löwen (Löwe), Johann, Friedrich, geb. 13. Sept. 1727 zu Clausthal, gest. 23. Dez. 1771 zu Rostock, studierte in Göttingen, heiratete Eleonore Luise Dorothea, eine Tochter des Schauspieldirektors Schönemann in Hamburg, wurde 1757 Theatersekretär in Berlin, 1767 Theaterdirektor in Hamburg, wo er, um die Hebung des Theaterwesens bemüht, eine Akademie für junge Schauspieler zu gründen suchte, ohne sich freilich durchsetzen zu können, u. später Registrator in Rostock. Lessing kritisierte Löwens Einakter „Das Rätsel oder Was den Damen am meisten gefällt" im 29. Stück der „Hamburg. Dramaturgie". Theaterhistoriker, Lyriker u. Dramatiker.

Eigene Werke: Die Spröde (Schäferspiel) 1748; Mißtrauen aus Zärtlichkeit (Lustspiel) 1763; Schriften 4 Bde. (darin: Hermes u. Nestor — Ich habe es beschlossen — Der Liebhaber von ohngefähr — Das Rätsel) 1765 f.

Literatur: O. D. *Potkoff,* J. F. Löwe, der erste Direktor eines deutschen Nationaltheaters 1904; Hertha *Rossow,* J. F. L., ein Reformator des deutschen Theaters (Der Neue Weg 40. Jahrg.) 1911; Albert *Schmidt,* Dem Claustaler Löwen gewidmet (Die Deutsche Bühnengenossenschaft 5. Jahrg. Nr. 12) 1954.

Loewenberg, Jakob, geb. 9. März 1856 zu Niederntudorf bei Paderborn, gest. 9. Febr. 1929 zu Hamburg, besuchte das israelit. Lehrerseminar in Münster (Westfalen), studierte später in London, Paris, Marburg u. Heidelberg (Doktor der Philosophie), war 1886—92 Lehrer an der Realschule der evang.-reform. Gemeinde in Hamburg, leitete hierauf eine private höhere Mädchenschule u. trat u. a. auch als Bühnenschriftsteller hervor.

Eigene Werke: Über Otways u. Schillers Don Carlos 1886; Vor dem Feind (Trauerspiel) 1890; Rübezahl (Märchenspiel) 1904; Aelfrida (Trauerspiel) 1919.

Literatur: Ernst *Loewenberg,* J. Loewenberg (Jahrbuch der Jüdischen Literaturvereine) 1930.

Löwenberg (geb. Herrmann), Louise, geb. um 1825, gest. 26. März 1861 zu Wien. Schauspielerin.

Löwenberg, Robert, geb. um 1814, gest. 16. Sept. 1861 zu Leipzig. Schauspieler.

Loewenfeld, Hans, geb. 1875, gest. 18. Mai 1921 zu Wiesbaden, Sohn des Schauspielers Max L., studierte Musik u. Literaturgeschichte (Doktor der Philosophie) u. ging dann als Oberregisseur u. Kapellmeister nach Leipzig u. Stuttgart. Seit 1912 Direktor am Stadttheater in Altona (Nachfolger von Max Bachur). L. bearbeitete u. inszenierte Opern wie Aida, Die Zauberflöte u. a. neu u. hielt die Tradition der Altonaer Bühne mit einem künstlerisch hochwertigen Programm aufrecht.

Literatur: Arthur *Wolff,* H. Loewenfeld (Die Deutsche Bühne 13. Jahrg.) 1921.

Loewenfeld, Heinrich, geb. 1868 zu Hamburg, gest. 10. Dez. 1931 zu Mayville in den Vereinigten Staaten, war Schauspieler in Aschersleben, Düsseldorf, zuletzt in Amerika. Erster Charakterkomiker, Darsteller humoristischer Väter. Auch Spielleiter. Hauptrollen: Samuel („Judith"), Priester („Was ihr wollt"), Oberrichter („So ist das Leben"), Doge („Othello") u. a.

Löwenfeld, Max, geb. 25. März 1848 zu Breslau, gest. 21. Sept. 1906 zu Berlin, war zuerst wie sein Vater Kaufmann, wandte sich aber dann der Bühne zu u. wirkte als Schauspieler 1878—81 in Stuttgart, 1881 bis 1883 in Hamburg, 1884 in Moskau, 1885 in Wien, 1886 in Prag u. 1888—90 in Berlin, ging dann auf Gastspielreisen, gründete 1892 in Berlin das Neue Theater, das er mit „Iphigenie" eröffnete, trat nach einem Jahr von der Leitung zurück u. unternahm schließlich wieder Gastspielreisen. Hauptrollen: Narziß, Richard III., König Lear, Klingsberg, Wehrhahn u. a.

Literatur: Eisenberg, M. Löwenfeld (Biogr. Lexikon) 1903.

Löwenfeld, Raphael, geb. 11. Febr. 1854 zu Posen, gest. 28. Dez. 1910 zu Berlin, studierte das. (Doktor der Philiosophie), habilitierte sich für slavische Sprachen in Breslau, ging dann nach Berlin u. redigierte seit 1888 die „Dramaturgischen Blätter" u. die „Bühnenrundschau". Begründer u. Direktor des dort. Schillertheaters, das er 1894 mit Schillers „Räubern" eröffnete, gliederte 1902 diesem das frühere Friedrich-Wilhelmstädtische Theater an u. rief 1907 das Schillertheater in Charlottenburg ins Leben.

Literatur: Hermann *Kienzl,* R. Löwenfeld (Bühne u. Welt 13. Jahrg.) 1911.

Löwengard, Adolf, geb. 1847, gest. im Aug. 1903 zu Hamburg, Gründer des dort. Volkstheaters, später Leiter des Ernst-Drucker-Theaters u. zuletzt gemeinsam mit Bernhard Pollini (= Baruch Pohl s. d.) des Neuen Theaters (früher Centralhallentheater) das.

Löwengard, Max, geb. 2. Okt. 1860 zu Frankfurt a. M., gest. 19. Nov. 1915 zu Hamburg, zuerst Kapellmeister, lehrte seit 1891 am Konservatorium in Wiesbaden u. am Scharwenka-Konservatorium in Berlin. Auch Musikreferent der „Börsen-Zeitung" u. des „Hamburger Correspondent". Komponist der komischen Oper „Die vierzehn Nothelfer" (Text nach einer Novelle von W. H. Riehl), die 1898 in Berlin am Theater des Westens uraufgeführt wurde.

Löwenherz, Richard s. Richard I. Löwenherz, König von England.

Löwenstuhl, Der, ein jahrelang bis 1813 erwogener Opernplan Goethes, stofflich mit der Ballade „Vom vertriebenen u. zurückkehrenden Grafen" (aus Percys „Reliques of ancient English poetry") übereinstimmend. Entwürfe u. Bruchstücke findet man in der Weimarer Goethe-Ausgabe.
Literatur: J. *Z(eitler),* Der Löwenstuhl (Goethe-Handbuch 2. Bd.) 1917.

Löwenthal, Max Ritter von, geb. 7. April 1799 zu Wien, gest. 12. Juli 1872 zu Traunkirchen, Kaufmannssohn, studierte in seiner Vaterstadt, bereiste Deutschland, Frankreich u. England, trat 1823 in den Staatsdienst, wurde 1849 Ministerialrat u. 1866 Generaldirektor des Post- u. Telegraphenwesens. 1863 wegen seiner Verdienste um die europäische Nachrichtenorganisation geadelt. In seinem Haus verkehrte der Dichter Lenau. Er trat auch literarisch hervor, vor allem mit Dramen, von denen einige im Burgtheater aufgeführt wurden.
Eigene Werke: Die Freunde nach der Mode (Lustspiel nach Murphy) 1822; Die Caledonier (Trauerspiel) 1826; Kandidat u. Rat (Lustspiel) o. J.; Caffo (Dramat. Plan) 1837; Vater u. Richter (Lustspiel) 1838; Die beiden Schauspieler (Lustspiel) 1838; Die Liebhaberjagd (Lustspiel) 1840; Die Versicherung (Drama) 1841; Karl XII. bei Bender (Schauspiel nach dem Dänischen) 1843;

Anna Lovell oder Karls II. Hof (Lustspiel) 1843.
Literatur: Wurzbach, M. Ritter von Löwenthal (Biogr. Lexikon 15. Bd.) 1866; Eduard *Castle,* Lenau u. die Familie L. 1906; ders., Ein Wiener bei Goethe (Österreich. Rundschau 22. u. 30. Bd.) 1910 u. 1912.

Löwenthal (Ps. Alberty), Oskar, geb. um 1829, gest. 13. Dez. 1882 zu Freiburg im Brsg. Schauspieler.

Loewenthal-Landegg (Ps. Landegg), Carl, geb. 3. Okt. 1875 zu Breslau, lebte als Rechtsanwalt in Berlin. Dramatiker.
Eigene Werke: Im Morgengrauen (Szene) 1914; Auf der Schwelle (Schauspiel) 1917; Der Sieger (Schauspiel) 1918; Wenn Menschen richten (Schauspiel) 1919; Atelierluft (Szene) 1920; Ein interessanter Fall (Schauspiel) 1923.

Löwinger, Cilli, geb. 1877, gest. 26. Febr. 1949, war Schauspielerin u. Leiterin der gleichnamigen österreichischen Volksbühne, die später von Paul L. geführt wurde. Dieser trat auch als Bühnenverfasser hervor u. a. mit dem Volksstück „Wastl unter den Räubern" 1937 u. zusammen mit Leo Förster mit dem Singspiel „Komm zurück, Barbara" 1942. Auch andere Mitglieder der Familie L. wie Gretel, Liesel u. Sepp L. gehörten als Sänger u. Schauspieler der Löwinger-Bühne an.
Literatur: Hans *Schimmer,* Theaterabend bei C. Löwinger (Neues Wiener Tagblatt, Wochenausgabe 23. Jan.) 1942; Peter *Acht,* Eine gute österreichische Volksbühne (Österreichische Zeitung, 11. Jan.) 1947; H. L., Die Löwinger im Renaissance-Theater (Wiener Zeitung, 27. Nov.) 1949; Peter *Gerhard,* P. Löwinger (Mein Film 20. Jahrg.) 1950.

Löwinger, Paul s. Löwinger, Cilli.

Löwinsohn (Ps. Löwen), Eugen, geb. 8. Okt. 1857 zu Posen (Todesdatum unbekannt), erlernte zuerst den Buchhandel, studierte dann Philosophie u. Literatur in Berlin, lebte hier u. in Wien, zuletzt als freier Schriftsteller wieder in Berlin. Verfasser von Bühnenstücken.
Eigene Werke: Brauch u. Liebe (Lustspiel) 1883; Die Unschuld siegt (Lustspiel) 1883; Sünder u. Gerechte (Drama) 1896; Auf Kosten des Dritten (Schwank) 1896 u. a.

Löwlein, Hans, geb. 24. Juni 1909 zu Ingolstadt, 1928—32 an der Akademie der Tonkunst in Mannheim ausgebildet, wurde 1934 Kapellmeister am Stadttheater in Stettin, wo er bis zu seiner Einrückung 1941 blieb u. kam 1946 an die Staatsoper u. Komische Oper nach Berlin.

Loewy (Ps. Hartmann-Loewy), Antonie, geb. 24. Juli 1861 zu Wien, spielte zuerst Kinderrollen u. später auch kleine Nebenrollen am Burgtheater, wurde dann gesanglich ausgebildet u. kam 1883 als Dramatische Sängerin nach Troppau u. 1884 ans Theater an der Wien, wo sie sich sowohl in der Operette wie im Sprechstück betätigte. Nach ihrer Verheiratung mit Siegfried L. (s. d.) nahm sie 1889 ihren Bühnenabschied. Hauptrollen: Rosalinde, Arsena, Cheristane u. a.

Löwy, Pauline s. Metzler-Löwy, Pauline.

Loewy, Siegfried, geb. 1. Nov. 1857 zu Wien, gest. 8. Mai 1931 das., lebte als Journalist in seiner Vaterstadt. Gatte von Antonie Hartmann-Loewy. Theaterhistoriker. *Eigene Werke:* Aus Wiens großer Theaterzeit 1921; Deutsche Theaterkunst von Goethe bis Reinhardt 1923; Johann Strauß, der Spielmann von der schönen blauen Donau 1924; Altwiener Familien 1924; Rund um Johann Strauß 1925; Das Burgtheater im Wandel der Zeiten 1926.

Löwy, Siegmund, geb. 3. März 1857 zu Preßburg, gest. 6. Nov. 1874 zu Wien, war Schauspieler u. Souffleur am Carltheater das., vorher in Graz.

Logau, Friedrich von (1604—55), der berühmte Epigrammatiker, vom Dreißigjährigen Krieg schwer heimgesucht, als Bühnenfigur.
Behandlung: Hermann *Riotte*, Logau (Trauerspiel) 1871.

Lohalm, Heinrich, geb. 1882, gest. 12. März 1933 zu Stuttgart, gehörte mit kurzen Unterbrechungen seit 1920 dem Württembergischen Landestheater als Tenorbuffo an, vorher den Stadttheatern in Kolmar, Würzburg u. a. Kammersänger.

Lohan, Robert, geb. 1869, gest. im Juni 1953 zu Oneonta in den Vereinigten Staaten von Amerika, Professor, wirkte als Dramaturg u. Oberspielleiter in Bielitz, Lodz u. a.,

später auch als Mitdirektor am Renaissancetheater in Wien. Zusammen mit W. M. Neuwirth u. V. Trautz gab er 1935 ein österr. Vortragsbuch „Das Herz Europas" heraus.

Lohengrin (Loherangrin, eigentlich Garin le Loherain), der Sage nach (zuerst bei Wolfram von Eschenbach) Sohn Parzivals, angeblich auf der Schwanenburg bei Cleve beheimatet, Gralsritter, im 13. Jahrhundert wiederholt episch behandelt, zuerst in einem zeitgenössischen Epos (herausg. 1858 von Heinrich Rückert, übersetzt von A. Junghans o. J.). L. heiratet die von ihm in einem Gottesgericht beschützte Elsa von Brabant, verbietet ihr jedoch nach seiner Herkunft zu fragen. Da sie das Verbot übertritt, wird er, wie er seinerzeit gekommen war, von einem Schwan wieder abgeholt. Die Sage wurde wiederholt dramatisiert, am großartigsten gestaltet von Richard Wagner. Den Text der dreiaktigen Oper schrieb er 1845, die Vertonung erfolgte 1846 u. 1847, die Partitur wurde 1848 beendet. Die Intendanz des Dresdner Hoftheaters nahm jedoch das Werk des politisch mißliebigen Kapellmeisters nicht an, Wagner mußte wegen Teilnahme an der Revolution sogar fliehen u. so kam „L." erst 1850 durch Vermittlung seines Freundes Liszt in Weimar auf die Bühne. Der Erfolg war groß. Allerdings meldete sich auch sofort die Opposition. Der Wiener Aufführung 1858 wohnte Wagner persönlich bei, der damit „L." erstmals im Theater auf seine Wirkung erproben konnte. Hauptquelle des Textes war das mittelhochdeutsche Gedicht von L. in der Ausgabe von Görres (1818). Daneben schöpfte er aus J. Grimms „Deutschen Sagen", für den kultur- u. rechtsgeschichtlichen Hintergrund aus dessen „Rechtsaltertümern" u. „Weistümern". Durch die vollendete Einheitlichkeit von Dichtung u. Musik im Sinne romantischer Kunstanschauung gelang Wagner ein Meisterwerk, das heute als Gipfel der romantischen Oper gewertet wird. Es ist jedenfalls seine volkstümlichste Schöpfung. Liszt verfaßte 1850 über „L." eine Schrift, worin er den musikalischen Charakter umreißt: „Die Musik dieser Oper hat als Hauptcharakter eine solche Einheit der Konzeption u. des Stils, daß es in derselben keine melodische Phrase u. noch viel weniger ein Ensemblestück oder irgendeine Passage gibt, welche getrennt vom Ganzen in ihrer Eigentümlichkeit u. in ihrem wahren Sinne verstanden werden kann. Alles verbindet, alles verkettet, alles steigert sich. Alles ist mit dem Sujet auf das engste verwachsen u. kann nicht von demselben losgelöst werden. Es würde sogar schwer sein, selbst bedeutende Bruchstücke dieser Tondichtung, in welcher keine Mosaik, nichts eingeschaltet, nichts überflüssig ist, gerecht zu beurteilen; denn alles verkettet sich in derselben u. greift ineinander wie die Maschen eines Netzes. Alles ist hier genau erwogen u. folgerichtig bestimmt, jeder Harmonienfolge geht der mit ihr korrespondierende Gedanke voraus oder folgt ihr eine durch ihre systematische Strenge wesentlich deutsche Prämeditation, die uns von diesem großen Werke sagen läßt, daß es zu den durchdachtesten aller Inspirationen gehört. Übrigens ist es nicht schwer, sich Rechenschaft darüber zu geben, warum jede aus dem Werke herausgenommene Episode an Reiz verlieren muß, wenn man sich das Prinzip in das Gedächtnis zurückruft, nach welchem Wagner durch Musik Charakterrollen u. Ideen personifiziert. Die Anwendung der fünf Hauptmotive — das Heilige-Gral-Motiv der Instrumentaleinleitung; das Gottesurteil-Motiv, welches man bei dessen Verkündigung vernimmt; das Lohengrin-Motiv, das Verbot-Motiv . . ., endlich das Ortrud-Motiv, welches mit ihren unheilgesättigten Drohungen ertönt — sowie die häufigen, aber stets motivierten Wiederholungen der Nebenmotive erlauben natürlich nur dann, dem dramatischen Gedanken vollständig zu folgen u. die Aufregung, welche das Ergebnis dieser so neuen, so bestimmten u. in allen ihren Vor- u. Rückbeziehungen so durchsichtigen Komplikation ist, ganz zu empfinden, wenn man dahin gelangt ist, in alle entwickelten Nuancen dieses schönen Monumentes, sowie in alle in der allgemeinen Anlage seines Planes verborgenen Intentionen eindringen zu können". Gegenüber Wagners „L." sind andere Bearbeitungen des Stoffes wie Friedrich Huchs groteske Komödie „L." (1913) oder Margarete v. Gottschalls Drama „Der Schwanritter vom Rhein" (1927) belanglos, nur Johann Nestroys musikalisch-dramatische Parodie in vier Bildern „L." (1859), in der er selbst am Carl-Theater in Wien die Hauptrolle spielte, verdient Beachtung. Das Stück folgt dem Original Szene für Szene; aber die Karikatur, sonst eine Stärke des Dichters, erwies sich diesmal als zu wenig wirkungsvoll u. so verschwand es bald vom Spielplan. Auch der nach Nestroys Vorgang von

C. Costa u. M. A. Grandjean verfaßten Komischen Operette „Lohengelb oder Die Prinzessin von Dragant" mit der Musik Franz v. Suppés, aufgeführt 1870 im Carl-Theater, war kein Dauererfolg beschieden.

Literatur: Franz *Liszt,* Lohengrin et sa première Représentation à Weimar aux Fêtes de Herder et Goethe 1850; Peter *Cornelius,* Der L. in München (Literar. Werke) 1867; F. *Müller,* L. u. die Gral- u. Schwansage auf Grund der Wort- u. Tondichtung Wagners 1867; Maurice *Kufferath,* L. 1891; André *Himonet,* L'Etude historique et critique 1925; Max *Bührmann,* J. N. Nestroys Parodien (Diss. Kiel) 1933; Friedrich *Scheiner,* R. Wagners L., Analyse des dramat. Aufbaues (Diss. Wien) 1948.

Lohenstein, Daniel Kaspar (seit 1671) von, geb. 25. Jan. 1635 zu Nimptsch in Schlesien, gest. 28. April 1683 zu Breslau, studierte in Leipzig u. Tübingen, bereiste die Niederlande, die Schweiz, Österreich u. Ungarn, wurde 1668 Regierungsrat in Oels, 1670 Syndikus in Breslau, 1675 mit einer Gesandtschaft nach Wien betraut u. Kais. Rat. Seine Heroiden, Liebes- u. Hochzeitsgedichte, innerlich unwahr u. frivol, wurden von seinen blutigen Tragödien u. lüsternen formlos ausgedehnten Romanen noch überboten. Er galt als ein Haupt der sog. Schlesischen Schule. Lohensteinischer Schwulst wurde sprichwörtlich. Immerhin bleibt dem repräsentativen Dramatiker des Spätbarocks ein erster Platz in der Entwicklungsgeschichte des Schauspiels gesichert.

Eigene Werke: Ibrahim Bassa (Trauerspiel) 1653; Kleopatra (Trauerspiel) 1661; Agrippina (Trauerspiel) 1665; Epicharis (Trauerspiel) 1665; Ibrahim Sultan (Trauerspiel) 1673; Sophonisbe (Trauerspiel) 1680; Türkische Trauerspiele, herausg. von K. G. Just (Bibliothek des Literar. Vereins in Stuttgart 292. Bd.) 1953; Römische Trauerspiele, herausg. von dems. (Ebda. 293. Bd.) 1955.

Literatur: W. A. *Passow,* D. K. v. Lohenstein. Seine Trauerspiele u. seine Sprache 1852; A. *Kerckhoffs,* Lohensteins Trauerspiele 1877; K. *Müller,* Beiträge zum Leben u. Dichten D. C. v. Lohensteins (Germanist. Abhandlungen 1. Bd.) 1883; Erich *Schmidt,* D. K. L. (A. D. B. 19. Bd.) 1884; O. *Muris,* Technik u. Sprache in den Trauerspielen von L. (Diss. Greifswald) 1911; Luise *Laporte,* Lohensteins Arminius (German. Studien 48. Heft) 1927; W. *Martin,* Der Stil in den Dramen Lohensteins (Diss. Leipzig)

1927; M. O. *Katz*, Zur Weltanschauung D.
C. v. Lohensteins (Diss. Breslau) 1933; B.
Kâmil, Die Türken in der deutschen Literatur bis zum Barock u. die Sultangestalten
in den Türkendramen Lohensteins (Diss.
Kiel) 1935; O. *Nuglisch*, Barocke Stil-
elemente in der dramat. Kunst von Gryphius u. L. (Diss. Breslau) 1938; Erik *Lun-
ding*, Das schlesische Kunstdrama 1940;
Wolfgang *Kayser*, Lohensteins Sophonisbe
als geschichtl. Tragödie (Germanisch-Romanische Monatsschrift 29. Jahrg.) 1941;
Fritz *Schaufelberger*, Das Tragische in
Lohensteins Trauerspielen (Wege zur Dichtung 45. Bd.) 1945.

Lohfeldt, Rudolf, geb. zu Hamburg (Daten
unbekannt), betrat nach Ausbildung bei
Jeanette Grandjean 1851 die Bühne am
Stadttheater in Altona, kam hierauf als
Bariton an das Hoftheater in Hannover, u.
wirkte dann als Tenorbuffo an verschiedenen Bühnen, bis er 1867 als Schauspieler nach Hamburg kam. 1897 nahm er hier
seinen Bühnenabschied, trat aber noch nach
der Jahrhundertwende bei der Hamburger
Sodtmann-Albertischen Gesellschaft auf.

Lohfing, Max, geb. 20. Mai 1870 zu Blankenhain in Thüringen, gest. 9. Sept. 1953
zu Hamburg, Kaufmannssohn, zum Lehrer bestimmt u. ausgebildet, wandte sich
jedoch der Bühne zu, die er 1895 in
Metz betrat, kam 1896 nach Stettin u. 1898
nach Hamburg, wo er als Seriöser Baß,
später vorwiegend als Baßbuffo bis zu
seiner Pensionierung 1935 wirkte, zuletzt
Ehrenmitglied das. Kammersänger. Gastspielreisen führten ihn bis Neuyork. Daneben
nahm er an den Festspielen in Bayreuth
teil. Zu seiner Zeit der populärste Künstler
der Hamburger Oper. Auch großartiges
Spieltalent zeichnete ihn aus. L. beherrschte
über 170 Partien seines Faches: Sarastro,
Osmin, Ochs von Lerchenau, van Bett, Falstaff, Frosch, Stadinger, Bacculus, Leporello,
Bertram, Bärenhäuter u. a. Bruder des Folgenden.
Literatur: Hortensia *Weiher-Waege,*
Ehrentag M. Lohfings (Hamburger Freie
Presse Nr. 115) 1950; Paul *Möhring*, M. L.
u. die Hamburger Oper 1951; S. *Scheffler*,
M. L. (Hamburger Anzeiger Nr. 211) 1953.

Lohfing, Robert, geb. 1. Okt. 1876 zu Blankenhain in Thüringen, gest. 29. März 1929
zu Berlin, war 20 Jahre als Opernsänger am
Hoftheater in München, seit 1926 an der

Städt. Oper in Berlin tätig. Spielbariton u.
Baß. Bruder des Vorigen. Hauptrollen:
Fiorillo („Der Barbier von Sevilla"), Lutter
(„Hoffmanns Erzählungen"), Notar („Der
Rosenkavalier"), Maurevert („Die Huge-
notten") u. a.

Lohmann, Peter, geb. 24. April 1833 zu
Schwelm bei Elberfeld, gest. 10. Jan. 1907
zu Leipzig, zuerst Buchhändler, seit 1856
Schriftleiter der „Leipziger Illustr. Zeitung"
u. seit 1859 auch der „Neuen Zeitschrift für
Musik". L. wurde bekannt durch seine
eigenartigen Reformideen bei Behandlung
der Dichtung u. Musik im Musikdrama.
Dramatiker.
Eigene Werke: Offa, König der Angel-
sachsen (Trauerspiel) 1855; Tommaso
Aniello (Trauerspiel) 1855; Essex (Trauer-
spiel) 1856; Atalanta Baglioni (Trauerspiel)
1856; Karl Stuart (Trauerspiel) 1856; Giro-
lamo Savonarola (Trauerspiel) 1856; Appius
Claudius (Trauerspiel) 1858; Ein Sieg der
Liebe (Trauerspiel) 1859; Oliver Cromwell
(Trauerspiel) 1859; Der Schmied in Ruhla
(Schauspiel) 1859; Über R. Schumanns Faust-
musik 1860; Über die dramat. Dichtung u.
Musik 1861 (3. Aufl. als: Das Ideal der Oper
1886); Operndichtungen (Durch Dunkel zum
Licht — Die Brüder — Die Rose vom
Libanon — Frithjof — Valmoda — Irene)
1861—65; Dramat. Schriften 2 Bde. 1862;
Wider den Stachel (Dramat. Dichtung) 1871;
Gegen den Strom (Dramat. Dichtung) 1872;
Dramat. Werke 2. Aufl. 4 Bde. 1875—76
u. a.

Lohmeyer (geb. *Müller*), Gerda, geb. 30. Juli
1894 zu Fornienen, gest. 26. April 1951 zu
Berlin, Schülerin von Max Reinhardt, wirkte
als Schauspielerin in Frankfurt a. M., wo
sie Mitbegründerin des sog. „Frankfurter
Stils" wurde. Seit 1945 Mitglied des Deutschen Theaters in Berlin. In erster Ehe mit
dem Dirigenten Hermann Scherchen, in
zweiter mit dem früheren Oberbürger-
meister von Königsberg Dr. Hans Lohmeyer
verheiratet.

Lohmeyer, Julius, geb. 6. Okt. 1834 zu
Neiße in Schlesien, gest. 24. Mai 1903 zu
Charlottenburg, zuerst Apotheker, 1867—72
Schriftleiter des „Kladderadatsch", gründete
in der Folge mehrere Zeitschriften u. schrieb
u. a. auch Bühnenstücke.
Eigene Werke: Künstlerspiele (Albrecht
Dürer — Die Malerhölle — Titiano
Vecellio) 1876; Der Stammhalter (Lustspiel)

1882; Freunde aus der Provinz (Lustspiel) 1883.

Lohmeyer, Kurt, geb. 5. Aug. 1886, gest. 11. Sept. 1918 in Flandern (gefallen an der Kriegsfront), war Schauspieler in Lodz u. a., zuletzt am Stadttheater in Leipzig. Hauptrollen: Graziano („Der Kaufmann von Venedig"), Alcida („Der Königsleutnant"), Waldstätten („Das Käthchen von Heilbronn") u. a.

Lohmeyer, Walter Gottfried, geb. 1. Jan. 1895 zu Levern in Westfalen, Doktor der Philosophie, ließ sich als Filmfachmann in Berlin nieder, später in Bückeburg. Verfasser von Schauspielerbiographien.
Eigene Werke: Das Otto-Gebühr-Buch 1927; Biographien (Viktor de Kowa — Magda Schneider — Gustav Fröhlich — Adolf Wohlbrück) 1934—37.

Lohner, Alfred, geb. um 1900, gehörte als Schauspieler 1924—33 dem Burgtheater an u. wirkte dann in Mährisch-Ostrau, Zürich (Schauspielhaus), Bern u. zuletzt an der Komödie in Basel. Zwischendurch gab er immer wieder Gastspiele in Wien. Hauptrollen: Mortimer („Maria Stuart"), Florizel („Das Wintermärchen"), Lysander („Ein Sommernachtstraum"), Ferdinand („Egmont"), Leander („Des Meeres u. der Liebe Wellen") u. a.

Lohse, Georg s. Lohse, Otto.

Lohse (geb. Kratz), Josefine, geb. 1. Febr. 1876 zu Wien, gest. 13. Juli 1906 zu Köln, Tochter eines Kaufmanns, von Rosa v. Adrassey-Erl ausgebildet, betrat 1895 als Opernsängerin in Totis die Bühne, gehörte seit 1904 dem Stadttheater in Köln als Vertreterin des jugendlich-dramatischen Faches an u. debütierte 1906 in Straßburg als Mignon. Gattin des Kapellmeisters Otto L. Hauptrollen: Carmen, Elsa, Elisabeth Margarethe u. a.

Lohse (geb. Klafsky), Katharina, geb. 19. Sept. 1855 zu St. Johann bei Wieselburg in Ungarn, gest. 22. Sept. 1896 zu Hamburg, Tochter eines Schusters, zuerst Kindsmagd, dann Chorsängerin in Wien (weiter ausgebildet von Josef Helmesberger u. Mathilde Marchesi), Salzburg u. Leipzig, entwickelte sich zur vollendeten Sopranistin u. wirkte als solche seit 1883 in Bremen, seit 1886 an der Oper in Hamburg. Ihr Auf-

enthalt in Nord- u. Südamerika 1895—96 bedeutete eine einzige Triumphfahrt. Gastspiele führten sie nach England, Holland, Rußland u. Italien. Berühmte Wagner-Sängerin (Brünnhilde, Elisabeth, Isolde). In erster Ehe mit einem Kaufmann Liebermann, in zweiter mit dem Sänger Franz Greve (s. d.) u. nach dessen Tod mit dem Kapellmeister Otto L. verheiratet.

Lohse, Otto, geb. 21. Sept. 1858 zu Dresden, gest. 5. Mai 1925 zu Baden-Baden, besuchte das Konservatorium in seiner Vaterstadt, war 1877—79 Cellist in der dort. Hofkapelle, 1880—82 Klavierlehrer an der Musikschule in Wilna, 1882—89 Dirigent in Riga, 1889 bis 1893 Erster Kapellmeister am dort. Stadttheater, wirkte 1894—97 in London u. Amerika, hierauf als Erster Kapellmeister am Stadttheater in Straßburg u. Leiter der deutschen Opernsaison am Coventgarden-Theater in London. 1904 Operndirektor in Köln, 1911 in Brüssel. 1912 in Leipzig. Seit 1916 Kgl. Professor das. Komponist u. a. der Spieloper „Der Prinz wider Willen" 1890. In erster Ehe mit der Gesangslehrerin Mathilde Arboe, in zweiter mit der Opernsängerin Katharina Klafsky, in dritter mit der Opernsängerin Josefine Kratz verheiratet. Vater des seit 1913 am Stadttheater in Chemnitz tätigen Heldentenors Georg L.
Literatur: P. *Hiller,* O. Lohse (Deutsche Theaterzeitschrift Nr. 24) 1909; Ernst *Lert,* O. L. 1919; *Riemann,* O. L. (Musik-Lexikon 11. Aufl.) 1929.

Lohwag, Ernst, geb. 16. Febr. 1847 zu Dobischwald in Österr.-Schlesien, gest. 1. Febr. 1918 zu Wien, Sohn eines Gutsbesitzers, studierte in Wien Philologie u. war später Vorsitzender der „Deutsch-Österr. Schriftsteller-Genossenschaft" das. Vorwiegend Dramatiker.
Eigene Werke: Beim Donauweibchen (Lustspiel) 1873; Anna (Trauerspiel) 1876; Iphigenie in Delphi (Trauerspiel) 1880; Übergangsmenschen (Drama) 1903; Prinz Eugen von Savoyen (Lustspiel) 1905; Planetenkongreß (Drama) 1912.

Loibl (geb. Neuhauser), Maria, geb. 26. Febr. 1906 zu Kienberg-Gaming in Niederösterreich, studierte in Wien (Doktor der Philosophie) und lebte das. Vorwiegend Dramatikerin.
Eigene Werke: Der Hexenpater (Drama) 1937; Bruderkampf (Drama) 1938; Die Heim-

kehr (Drama) 1938; Ikaros (Trauerspiel)
1940; Der Erbe des Dionysos (Komödie)
1940; Madame Lavalette (Schauspiel) 1942;
Lotos (Drama) 1943; Das Labyrinth (Drama)
1946; Die Erfinder (Tragödie) 1951.

Loibner, Eduard, geb. 26. April 1888 zu
Linz an der Donau, wirkte als Charakter-
darsteller in Bielitz, St. Pölten, Klagenfurt,
Linz, Wien (Raimund-, Deutsches Volks-,
Bürger- u. Josefstädtertheater) u. 1941—45
in München (Volkstheater).

Loibner (Ps. Boesch), **Ruthilde**, geb. 9. Jan.
1918 zu Braunau am Inn, Tochter eines
Zahnarztes Boesch, Gattin des Wiener
Staatsoperndirigenten Wilhelm Loibner, studierte an der Staatsakademie in Wien u.
wurde 1946 Sängerin an der dort. Staatsoper. Gastspielreisen führten sie u. a. nach
Italien, Spanien u. England. Hauptrollen:
Susanna („Figaros Hochzeit"), Rosina („Der
Barbier von Sevilla"), Olympia („Hoffmanns Erzählungen"), Musette („Die Bohème") u. a.

Loibner, Wilhelm s. Loibner, Ruthilde.

Loisinger, Johanna s. Hartenau, Johanna
Gräfin von.

Loja, Maria, geb. um 1890, gest. 3. Jan.
1953 zu Berlin, war jahrelang Schauspielerin an den Kammerspielen in Hamburg,
zuletzt an versch. Bühnen in Berlin.

Lokalbahn, Die, Lustspiel in drei Akten von
Ludwig Thoma, gedruckt 1902 u. seither immer wieder allenthalben aufgeführt, die
beste Komödie des im urbayrischen Milieu
aufgewachsenen u. haften gebliebenen
Dichters, dessen dramatische Krähwin-
keliade manche Erinnerung an Kotzebues
„Deutsche Kleinstädter" weckt.

Lokalstück ist ein Volksstück, das Menschen
u. Umwelt einer bestimmten Stadt oder Ge-
gend (z. B. Wien, Frankfurt a. M., Hamburg,
Berlin, Darmstadt u. Elsaß) auf die Bühne
bringt, Sitten u. Bräuche ders. spiegelnd,
dialektisch gefärbt, humoristisch als Lokalposse, als moralisierendes Sittenstück
oder als soziales Volksstück. Im Zusammenhang mit dem Zauberstück entwickelte
sich zur Zeit Raimunds u. Nestroys in Wien
die lokale Zauberposse u. die parodierende
Lokalposse.
Literatur: F. Hanel, Die Frankfurter Lo-

kalstücke 1867; M. *Ring*, David Kalisch 1873;
K. v. *Görner*, Der Hanswurststreit in Wien
u. J. v. Sonnenfels 1884; K. Th. *Gaedertz*,
Das niederdeutsche Schauspiel 1884; F.
Heitmüller, Hamburgische Dramatiker zur
Zeit Gottscheds 1891; H. *Schoen*, Le
Théâtre Alsacien 1903; R. *Fürst*, Raimunds
Vorgänger (Schriften der Gesellschaft für
Theatergeschichte 10. Bd.) 1907; G. *Köhler*,
Das Elsaß u. sein Theater 1907; R. *Roden-*
hauser, A. Glaßbrenner 1912; W. *Müller-*
Rüdersdorf, Altes, lustiges Berlin 1920; K.
Esselborn, E. E. Niebergall 1921; Ernst
Alker, Philipp Hafner 1924; F. *Trojan*, L.
(Reallexikon 2. Bd.) 1926; Otto *Rommel*,
Barocktradition des österr.-bayr. Volks-
theaters 6 Bde. (Deutsche Literatur) 1935 ff.;
ders., Die Alt-Wiener Volkskomödie, ihre
Geschichte von den frühesten Anfängen bis
zum Tode Nestroys 1952.

Lokesch, Arthur, geb. 23. März 1879 zu
Prag, lebte als freier Schriftsteller in Berlin.
Verfasser von Schwänken u. Operetten.
Eigene Werke: In Sachen Purps
(Schwank) 1914; Der Regimentspapa
(Operette) 1914 (mit Keßler u. Stobitzer);
Unsere Feldgrauen (Operette) 1914; Der
Flimmerprinz (Posse) 1915; Einmal kommt
die Stunde (Operette) 1921; Die Dame mit
dem Monokel (Operette) 1923; Das blonde
Wunder (Operette) 1924 (mit Toni Impe-
koven); Das Storchnest (Operette) 1926;
Aber blond muß sie sein (Operette) 1931
(mit Hans Sturm).

Loki, boshafter u. spöttischer Gott aus der
Edda, als Dramenfigur.
Behandlung: A. *Kayser-Langerhannes*,
Loki (Trauerspiel) 1891; Karl *Weiser*, L.
(Schauspiel) 1901.

Lola Montez s. Montez, Lola.

Lommel, Ludwig Manfred, geb. 10. Jan.
1891 zu Jauer, wirkte als Volksschauspieler
in vielen größeren Städten Deutschlands.

Lommel, Ruth, geb. 6. Mai 1918 zu Berlin,
war Schauspielerin u. a. in Berlin (Lustspielhaus des Westens). Verfasserin des
Buches „Erlebtes u. Erzähltes von Kabarett,
Bühne u. Film" 1948.

Lommer, Horst, geb. 19. Nov. 1904 zu Berlin, studierte das., besuchte gleichzeitig die
Staatl. Schauspielschule u. wirkte als Darsteller in Königsberg, Gera, Düsseldorf u.

81*

1929—45 am Staatstheater in Berlin. Als Dramatiker pflegte er vor allem die polit. Satire mit links gerichteter Tendenz.

Eigene Werke: Das unterschlug Homer (Komödie) 1940; Eine Nacht mit Marie Isabell (Lustspiel) 1943; Höllenparade (Polit.-satir. Revue) 1946; Der General (Schauspiel) 1946; Thersites u. Helena (Schauspiel) 1948; Die Arche Noah (Lustspiel) 1950.

London, George, geb. um 1925 in Amerika, debütierte als Escamillo in „Carmen" an der Staatsoper in Wien u. war hier seit 1950 engagiert. Weitere Hauptrollen: Mephistopheles, Boris Godunow u. a. A. Witeschnik rühmte seiner Stimme „dämonische Urkraft u. Schönheit" nach (300 Jahre Wiener Operntheater 1955).

Longinus, römischer Hauptmann, der Christi Seite am Kreuz mit einer Lanze durchstach, dramatische Figur, im Zusammenhang mit den Passionsspielen (s. d.) u. dem Gral (s. d.) zu beachten.

Literatur: Eduard *Hartl,* Das Drama des Mittelalters 1. Bd. 1937; Konrad *Burdach,* Der Gral. Forschungen über seinen Ursprung u. seinen Zusammenhang mit der Longinuslegende 1938.

Longoni, Andreas s. Menzel-Longoni, Helena.

Longoni, Helena s. Menzel-Longoni, Helena.

Looff, Eleonore Sophie s. Looff, Konrad Heinrich.

Looff, Konrad Heinrich, geb. 1750 zu Magdeburg, gest. 1817 zu Riga, wirkte das. seit 1779 als Schauspieler. Auch seine Gattin Eleonore Sophie, geb. Schmahlfeld (geb. 1763 zu Petersburg, Todesdatum unbekannt) spielte an seiner Seite Rollen wie die Amalie in den „Räubern" u. a.

Loor, Friedl, geb. 9. Dez. 1919 zu Karbitz, Böhmen, studierte in Prag Medizin, war im Zweiten Weltkrieg Operationsschwester, mußte 1945 die Heimat verlassen, bildete sich in Wien gesanglich aus u. wurde von Fritz Imhoff (s. Friedrich Jeschke) der Operettenbühne zugeführt. Im Stadttheater u. Bürgertheater das. spielte sie die Hauptrollen in den Stücken „Der Graf von Luxemburg", „Abschiedswalzer", „Der Landstreicher", „Hochzeitsnacht" u. a. Schwe-

ster der Opernsängerin Emmy Loose (s. d.).

Literatur: Dr. *Mll.,* Ich glaub' an Dich u. Deine Liebe . . . (Neue Wiener Tageszeitung Nr. 12) 1951.

Loos (geb. Obertimpfler), Lina, geb. 9. Okt. 1884 zu Wien, gest. 6. Juni 1950 das., einer Familie von Bauern und Geschäftsleuten entstammend, war zuerst Kabarettkünstlerin in Berlin („Unter den Linden"), München („Die elf Scharfrichter") u. Wien („Nachtlicht" u. „Fledermaus"), heiratete den Architekten Adolf Loos, ging nach ihrer Scheidung von diesem nach Amerika, errang in New Haven in Conrieds Truppe als Luise in „Kabale u. Liebe" ihren ersten großen schauspielerischen Erfolg, kehrte dann nach Wien zurück, wo sie von Rudolf Beer engagiert eine reiche Tätigkeit entfaltete. 1938 nahm sie von der Bühne Abschied. 1947 gab sie einen Band erlebter Geschichten aus ihrer Schauspielerinnenzeit als „Buch ohne Titel" heraus. Schwester des Schauspielers Karl Obertimpfler (Ps. Carl Forest).

Literatur: F. Th. *Csokor,* In memoriam L. Loos (Wiener Zeitung Nr. 133) 1950.

Loos, Theodor, geb. 18. Mai 1883 zu Zwingenberg in Hessen, gest. 27. Juni 1954 zu Stuttgart, Sohn eines Uhrmachers, humanistisch gebildet, versuchte sich zuerst im Musikalienhandel u. Kunstgewerbe, ging aber in Leipzig zum Theater, war Schauspieler in Danzig u. Frankfurt a. M., 1912 am Deutschen Theater in Berlin bei M. Reinhardt, durch Vermittlung von J. Kainz am dort. Lessingtheater bei O. Brahm, V. Barnowsky u. am Stadttheater das., nach dem Zweiten Weltkrieg in Tübingen u. Stuttgart. Staatsschauspieler. Hauptrollen: König Philipp II., Prospero, Kaiser Rudolf II., Mephisto, Riccaut, Datterich, Rosmer, Totengräber („Hamlet"), Der Unbekannte („Nach Damaskus") u. a. Seine natürliche Sprechkunst wurde besonders gerühmt, sie war nach Alfred Kerr „erfüllt u. unscheinbar, glaubhaft u. kernecht". Julius Bab charakterisierte ihn in seinem Buch „Schauspieler u. Schauspielkunst" 1926: „Wodurch Th. L. zunächst wirkte, mit seinem schönen, aber nervös gefürchteten u. gelockerten Jünglingsprofil, seiner vibrierend rauhen, nicht sehr klangvoll schönen Stimme, das war die Darstellung problematisch zerrissener, leidvoll lebensunsicherer junger Männer, wie sie Gerhart Hauptmann immer wieder ge-

schaffen hat, von Johannes Vockerat über
den Glockengießer u. Gabriel Schilling bis
zu Telemach, dem Sohn, der den Vater
Odysseus mit so zwiespältigen Gefühlen
heimkehren sieht. Natürlich lag auch Ibsens
Oswald Alving auf diesem Weg . . . u.
Schnitzlers Medardus. Der heldisch glühende
Jüngling, der starke Mann waren nicht für
L. geschaffen; wohl aber gestattete seine
Intelligenz nicht selten Umbildungen seiner
zarten Beweglichkeit ins spukhafte Phantastische u. grotesk Verzerrte . . . Weder
sein Körper noch seine Stimme gibt die
Mittel zu heroischer Steigerung her . . . für
Th. L. geht der geheimnisvolle Weg nach
Innen! Nicht in donnernden Entladungen, in
stillen Überwindungen tut sich seine
menschliche Größe, jenes Heldischwerden
des Problematischen kund, das seinen
inneren u. äußeren Mitteln zugänglich ist.
Mehr für den Heiligen des Himmels als für
den Helden findet er in der Zartheit des
Tons, der Sanftmut der Bewegungen den
reinen Ausdruck."
Literatur: -ws, Komödiant mit Herz (Die
Neue Zeitung Nr. 115) 1953; H. *M(issen-
harter)*, Th. Loos (Stuttgarter Nachrichten
Nr. 113) 1953; ders. Der Letzte von der
alten Garde (Ebda. Nr. 148) 1954; Wilhelm
Ringelband, Letzte Begegnung mit Th. L.
(Hamburger Anzeiger 3. Juli) 1954.

Looschen, Walter (Ps. Nikolaus Neescholl),
geb. 1. Febr. 1895 zu Ruhwarden in Oldenburg, wurde Bankbeamter, zuletzt Reichs-
bankoberinspektor in Kiel. Vorwiegend
Dramatiker im Dialekt.
Eigene Werke: Smuggler (Komödie) 1931;
In'e Kniep (Komödie) 1932; Spökeree (Komödie) 1933; Voß ut Lock (Lustspiel) 1936;
Skagerrak (Schauspiel) 1936; Weltbad Tüm-
pelhagen (Lustspiel) 1937; Volk baben an
(Drama) 1938; Dat anner Leben (Drama)
1938; Goldbutt (Komödie) 1939; Hahn in'n
Korw (Komödie) 1946; Ostenwind (Schauspiel) 1948; Erstens kummt dat anners
(Schwank) 1949; Lütte Prow (Schwank)
1950; Een Mur fallt in (Schwank) 1950; Die
Kassette (Kriminalstück) 1951 u. a.

Loose, Emmy, geb. 22. Jan. 1914 zu Karbitz
in Böhmen, an der Musikakademie in Wien
gesanglich ausgebildet, wurde 1941 Mitglied
der Wiener Staatsoper. Gastspielreisen
führten sie nach London, Neapel, Perugia
u. Paris. Hauptrollen: Susanne, Zerline,
Papagena, Rosina, Gilda, Martha, Adele
u. a.

Literatur: Friedrich *Bayer*, E. Loose (Völk.
Beobachter 1. Okt.) 1943.

Loosli, Paul, geb. 4. März 1897 zu Bern,
studierte das. u. in Zürich Volkswirtschaft
u. war seit 1920 Professor an der Handelsschule in Olten. Für die Bühne übersetzte
er verschiedene Stücke aus der Zürcher in
die Berner Mundart u. schrieb 1945 ein
Schauspiel „Wildi Wasser", eine Umgestaltung von Max Halbes „Strom".

Lope de Vega, Felix (1562—1635), zuerst
Offizier, dann Priester, Begründer des spa-
nischen Dramas, außerordentlich fruchtbar,
von Einfluß auf Grillparzer u. die Romantik.
Auch dramatischer Held.
Behandlung: Adolf *Bartels*, Lope de Vega
(Trauerspiel) 1890.
Literatur: M. *Enk von der Burg*, Studien
über Lope de Vega 1839 (dazu Franz Grill-
parzer, Zur span. Literatur); E. *Dorer*, Die
Lope - de - Vega - Literatur in Deutschland
1877; Albert *Ludwig*, L. de Vegas Dramen
aus dem karolingischen Sagenkreise 1898;
Adalbert *Hämel*, Studien zu L. de Vegas
Jugenddramen nebst chronolog. Verzeich-
nis der comedias von L. de V. 1925; H.
Tiemann, L. de V. in Deutschland 1939.

Lorandt, Josef, geb. 10. Aug. 1895 zu Wien,
gest. 1. Nov. 1947 zu Schwerin, bildete sich
an der Theaterschule Arnau in seiner Vaterstadt aus, ging 1921 als Schauspieler u.
Regisseur nach Deutschland, wirkte in
Oberhausen, Stralsund, München-Gladbach,
Osnabrück, am Deutschen Theater in Rumänien, dann in Berlin u. Düsseldorf. Seit
1933 übte er eine eifrige Lehrtätigkeit für
den Bühnen-Nachwuchs aus, war 1945 als
Intendant des geplanten Neuen Theaters in
Berlin-Spandau vorgesehen, führte dieses
als privates Unternehmen weiter, spielte
1946 am Hebbeltheater in Berlin u. wurde
zuletzt Intendant des Mecklenburgischen
Staatstheaters in Schwerin.

Lorbeer, Hans, geb. 25. Aug. 1901 zu Klein-
Wittenberg, war Bürgermeister in Piesteritz
bei Wittenberg. Als Schriftsteller auch Dramatiker.
Eigene Werke: Die Trinker (Tragikomödie) 1925; Potemkin (Chorwerk) 1927;
Phosphor (Drama) 1931.

Lorbeerbaum und Bettelstab oder Drei
Winter eines deutschen Dichters, Schauspiel in drei Akten (mit einem Nachspiel:

Bettelstab u. Lorbeerbaum) von Carl Holtei, Uraufführung 1833 in Berlin, hierauf in ganz Deutschland unter gewaltigem Beifall immer wieder gespielt u. ins Holländische u. Polnische übersetzt. Es behandelt das tragische Schicksal eines Poeten. „Ach armer deutscher Dichter", heißt darin eine bezeichnende Stelle, „unerkannt u. unverstanden gehst Du durch Dein Volk, nur der Neid spricht von Dir u. die Not ist Deine Gefährtin." Als Urbild schwebte dem Verfasser, der nur ungern auf die ursprüngliche Begleitmusik zu seinem sentimentalen Stück verzichtete, Heinrich v. Kleist vor. Die Hauptrolle spielte Holtei selbst, ebenso wie Nestroy in seiner parodierenden Posse mit Gesang in drei Abteilungen „Weder Lorbeerbaum noch Bettelstab", Uraufführung in Wien 1835.
Literatur: Max *Bührmann*, J. N. Nestroys Parodien (Diss. Kiel) 1933.

Lordmann, Peter, geb. 22. März 1874 zu Köln, gest. 27. Jan. 1955 zu Regensburg, war zuerst als Opernsänger am Hoftheater in Kassel tätig, hierauf lange an den Vereinigten Bühnen in Graz, an der Volksoper in Wien, in Dresden, Wiesbaden u. a. Bassist. Kammersänger. Hauptrollen: Zuniga („Carmen"), Mephisto („Faust"), St. Bris („Die Hugenotten"), Cajus („Die lustigen Weiber von Windsor") u. a.

Lorelei, rheinische Sagengestalt, trat auch als Bühnenfigur in Erscheinung. E. Geibel behandelte sie in einem dramat. Fragment 1846 u. schrieb 1859 einen Operntext für Mendelssohn, der aber nur das Finale des ersten Aktes komponierte u. den Max Bruch, ohne Benutzung der Mendelssohnschen Komposition neu komponierte (Uraufführung 1863 in Mannheim).
Behandlung: Ignaz *Lachner*, Loreley (Oper) 1846; Gustav Adolf *Heinze*, Lorelei (Oper) 1846; Fr. *von Kornatzky*, L. (Oper) 1852; Josef *Neswadba*, L. (Dramatisches Märchen) 1870; G. *Conrad*, L. (Trauerspiel) 1870; Adolf *Mohr*, L. (Oper) 1884; A. *L'Arronge*, Die L. (Lustspiel) 1885.
Literatur: E. *Beutler*, Der König in Thule u. die Dichtungen von der Lorelay 1947.

Lorent, Matthieu, geb. 15. April 1857 zu Köln, gest. im Sept. 1925 zu Hamburg, Sohn eines Dekorationsmalers, wurde in Köln am Konservatorium zum Baritonbuffo ausgebildet, wirkte 1882—87 am dort. Stadttheater u. 1887—1908 in Hamburg. Als Gast sang

L. seit 1884 wiederholt auch am Covent-Garden in London. Hauptrollen: Figaro, Leporello, Papageno, Mephisto, Valentin, Kaspar, Alberich, Heerrufer u. a.

Lorentz, Alfred, geb. 7. März 1872 zu Straßburg, gest. 23. April 1931 zu Karlsruhe, Sohn eines Lithographen, studierte Musik in Straßburg, Paris u. München, wurde bereits 1894 Opernkapellmeister in Straßburg, kam 1899, von Felix Mottl (s. d.) berufen, nach Karlsruhe, wo er bis 1925 blieb. Komponist.
Eigene Werke: Der Mönch von Sendomir (Oper) 1907; Finale (Oper) 1911; Die beiden Automaten (Oper) 1913; Die Mondscheindame (Operette) 1919; Liebesmacht (Oper) 1922; Schneider Fips (Spieloper) 1928.
Literatur: Riemann, A. Lorentz (Musik-Lexikon 11. Aufl.) 1929.

Lorenz, Adolf, geb. 9. Dez. 1864 zu Prag, gest. 17. Juli 1919 das., war Theaterkapellmeister. Sänger in Trier, Klagenfurt, Teplitz-Schönau u. a. Hauptrollen: Telramund („Lohengrin"), Minister („Fidelio"), Saint-Bris („Die Hugenotten"), Brander („Margarete"), Papageno („Die Zauberflöte") u. a.

Lorenz, Alfred Ottokar, geb. 11. Juli 1868 zu Wien, gest. 20. Nov. 1939 zu München, war 1893 Solorepetitor in Königsberg, seit 1894 Theaterkapellmeister u. a. in Elberfeld, 1897 Solorepetitor in München, seit 1898 Kapellmeister das., seit 1904 Kapellmeister in Coburg u. Gotha u. seit 1917 Generalmusikdirektor. 1922 promovierte er in Frankfurt a. M. zum Doktor der Philosophie u. lebte seit 1923 in München. L. schrieb u. a. die Oper „Helges Erwachen" (1896), die dramat. Szene „Ingraban" u. die Musik zur „Oresteia" des Äschylos. Auch Musikschriftsteller u. Wagnerforscher.
Eigene Werke: Die musikal. Formgebung in R. Wagners Ring des Nibelungen (Diss., gedruckt als: Das Geheimnis der Form bei R. Wagner) 1923; Der musikal. Aufbau von Tristan u. Isolde 1926; Alessandro Scarlattis Jugendoper 1927; Musikgeschichte im Rhythmus der Generationen 1928 u. a.
Literatur: Riemann, A. O. Lorenz (Musik-Lexikon 11. Aufl.) 1929.

Lorenz, Barbara, geb. um 1900, gest. 1953 zu Salzburg. Schauspielerin.

Lorenz, Christiane Friederike s. Weidner, Christiane Friederike.

Lorenz, Edmund, geb. 1858 zu Berlin, gest. 27. April 1938 zu Schwerin, kam als Schauspieler von Barmen 1884 nach Potsdam, 1885 nach Köln, 1886 nach Schwerin, wo er bis zu seinem Bühnenabschied 1929 hauptsächlich im komischen Fach tätig war. Hauptrollen: Kurmärker, Reif-Reiflingen, Schulinspektor („Flachsmann als Erzieher"), Truffaldin („Turandot"), Antipholus („Komödie der Irrungen") u. a. Kammerschauspieler.

Lorenz, Franz, geb. 4. April 1805 zu Stein in Niederösterreich, gest. 8. April 1883 zu Wiener-Neustadt, studierte in Wien (Doktor der Philosophie), lebte als Theater- u. Musikkritiker seit 1847 in Wiener-Neustadt. wurde durch Köchels Broschüre „In Sachen Mozarts" zur Ausarbeitung des für die Mozart-Forschung unentbehrlichen Köchel-Verzeichnisses angeregt.

Lorenz, Fr(iedrich?), geb. 1802, gest. im Juli 1878 zu Verden, war seit 1830 Charakterdarsteller u. Schauspieldirektor in Ballenstedt, Bayreuth, Magdeburg u. a. Verfasser einer „Geschichte des deutschen Theaters" o. J. mit Schauspielerkritiken. Seit 1858 lebte er in Verden als Redakteur der „Obergericht-Zeitung".

Lorenz, Gottlieb Friedrich, geb. 1750 zu Marienberg in Sachsen (Todesdatum unbekannt), war Schauspieler in Mannheim u. Warschau, seit 1784 Theaterdirektor in Hildesheim, Braunschweig u. a.

Lorenz, Hans s. Paulick, Margarete.

Lorenz (Lorenz-Lambrecht), Heinz, geb. 9. Juli 1888 zu Lambrecht in der Rheinpfalz, Kaufmannssohn, Major, 1915—18 in französ. Kriegsgefangenschaft, lebte seit 1927 als freier Schriftsteller in Berlin. Erzähler u. Dramatiker.
Eigene Werke: Rudlieb der Christ (Freilicht-Schauspiel) 1913; Das Huhn auf der Grenze (Schauspiel) 1933; Das Musikantendorf (Volksstück) 1934; Kupido u. Gelichter (Lustspiel) 1935; Der Kurfürst führt den Bock (Lustspiel) 1936; Die Stiftung (Komödie) 1937; Spätauslese (Volksstück) 1939.

Lorenz, Karl Adolf, geb. 13. Aug. 1837 zu Köslin, gest. 3. März 1923 zu Stettin, studierte in Berlin (Doktor der Philosophie), wirkte als Dirigent das. u. in Stralsund, wurde 1866 Musikdirektor in Stettin (als

Nachfolger Carl Loewes) u. 1885 Professor. Komponist u. a. von Oratorien u. Opern „Harald u. Theano" u. „Die Komödie der Irrungen".
Literatur: Riemann, K. A. Lorenz (Musik-Lexikon 11. Aufl.) 1929.

Lorenz, Margarete, geb. 27. Febr. 1890 zu Berchtesgaden, gest. 24. Jan. 1921 zu Mühlheim an der Ruhr, war Opernsängerin das., vorher u. a. in Memel. Hauptrollen: Madelaine („Der Postillon von Lonjumeau"), Helene („Ein Walzertraum"), Alice („Die Dollarprinzessin"), Gräfin („Wiener Blut"), Martha u. a.

Lorenz, Max, geb. 19. Mai 1901 (?) zu Düsseldorf, in Berlin gesanglich ausgebildet, wirkte an der Staatsoper in Dresden u. Berlin, an der Metropolitan-Oper in Neuyork, als Erster Heldentenor bei den Festspielen in Bayreuth, an der Staatsoper in Wien u. gastierte in Paris, Buenos Aires, Mailand u. a. Kammersänger. Hervorragend bes. als Wagnerinterpret, auch in darstellender Hinsicht. Hauptrollen: Tristan, Parsifal, Siegmund, Siegfried, Stolzing, Lohengrin, Tannhäuser, Erik, Florestan, Othello u. a.

Lorenz, Olga s. Otto-Lorenz, Olga.

Lorenz, Polly, geb. 21. Dez. 1908 zu Wien, studierte das. Gesang u. kam als Opernsoubrette an die Staatsoper in Berlin, der sie 1929—33 als Mitglied angehörte. Später wirkte sie als Gastsängerin u. lebte in Wien. In erster Ehe mit dem Filmproduzenten Ilia Salkind, in zweiter mit dem Konzertpianisten Ludwig Czaczkas verheiratet.

Lorenz, Rudolf, geb. 20. Juni 1866 zu Berlin, gest. 25. Okt. 1930 als Lektor für Vortragskunst an der Universität Göttingen, war Direktor des „Schiller-Lyzeums", einer Hochschule für dramat. Kunst in Rüschlikon bei Zürich. Dramatiker.
Eigene Werke: Sonnenleuchten (Drama) 1887; August Hermann Francke (Volksstück) 1898; Lichtenstein (Schauspiel) 1901; Unter der Reichssturmfahne (Hohentwielspiel) 1906; Heinrich der Löwe (Volksstück) 1906; Das Freilichttheater Hertenstein am Vierwaldstättersee (Monographie) 1910; Die Hussiten vor Bernau (Volksstück) 1911; Das Freilichttheater 1912; Im Wetterleuchten einer neuen Zeit (Jüterboger Spiel) 1914; Herr Walther von der Vogelweide (Schauspiel) 1923.

Lorenz, Tilly s. Kormann, August.

Lorenzen, Friedrich (Ps. August v. Friedlor), geb. 4. Mai 1863 zu Flensburg, gest. 1. März 1923 das. Bühnenschriftsteller. *Eigene Werke:* Der Liebe Fluch (Trauerspiel) 1887; Ein echter Rembrandt (Lustspiel) 1890; Unsere Stenographin (Lustspiel) 1913; Der falsche Doktor (Lustspiel) 1920; Der Hausschlüssel (Lustspiel) 1921; Der Holzdieb (Lustspiel) 1921.

Lorinser, Franz, geb. 12. März 1821 zu Berlin, gest. 12. Nov. 1893 zu Breslau als Domherr das. Er erwarb sich u. a. als Calderon-Übersetzer einen bedeutenden Namen. *Eigene Werke:* Calderons Geistl. Festspiele, deutsch 18 Bde. 1856—72; dess. Größte Dramen religiösen Inhalts, deutsch 7 Bde. 1875 f.; Aus meinem Leben (Wahrheit u. keine Dichtung) 2 Bde. 1891 u. a.

Loris s. Hofmannsthal, Hugo von.

Lork, Alban s. Siegel, Maria Anna.

Lorm, Sidonie s. Lustgarten, Sidonie.

Lorma, Grete s. Rabinowitz, Laura.

Lorme, Lola, geb. 23. Dez. 1883 zu Wien, lebte das. u. emigrierte 1938 nach Florenz, später nach Bern. Dramatikerin u. Übersetzerin Goldonis. Sie betrachtete im Gegensatz zu der weitverbreiteten Meinung ihn nicht als Vertreter der Commedia dell' arte, sondern als den Schöpfer von Charakterkomödien, zählte ihn demnach zu den Begründern des modernen Theaters. „Goldoni ist auch heute noch gültig. Er darf nur nicht durch Bearbeitungen u. Harlekinaden verwässert werden". *Eigene Werke:* Premiere (Schauspiel) 1912; Redoute (Szene) 1912; Glatteis (Lustspiel) 1913 u. a. *Literatur: Anonymus,* L. Lorme, Die Wiedererweckerin Goldonis (Österr. Rundschau 9. Heft) 1947.

Lornsen, Uwe Jens (1793—1838), schleswig-holsteinischer Patriot u. Freiheitsheld, endete tragisch durch Selbstmord. Bühnengestalt. *Behandlung: Emil Römer,* Jens Lornsen (Schauspiel) 1898.

Lorrmann, Reinhold (Geburtsdatum unbekannt), gest. 16. Okt. 1873 zu Graz, war Opernsänger in Linz u. a.

Lortzing, Albert, geb. 20. Okt. 1801 zu Berlin, gest. 21. Jan. 1851 das., Sohn des Schauspielers Johann Gottlieb L. u. seiner Ehefrau, der Soubrette Charlotte Sofie Seidel, trat bereits 1812 in Kinderrollen in Breslau auf u. zog mit seinen Eltern, die dort spielten, nach Coburg, Bamberg, Straßburg, Freiburg im Brsg. u. Baden-Baden, bis die Familie Anschluß an die Gesellschaft Derossi, später Ringelhardt fand. Diese bot ihm die Möglichkeit, seine Bühnenlaufbahn in Aachen, Bonn, Köln, Düsseldorf u. Elberfeld fortzusetzen. Hatte er in Breslau Beziehungen zu Ludwig Devrient u. Karl Töpfer (s. d.) angeknüpft, die für seine Entwicklung fruchtbar wurden, so ließ er sich in Baden-Baden auch schon mit einer Komposition zu Kotzebues Schauspiel „Der Schutzgeist" vernehmen. In Köln heiratete er die Schauspielerin Rosina Regina Ahles. 1826 bis 1833 wirkte er als Sänger (in Tenor-, Bariton- u. sogar Baßpartien) u. Schauspieler (in Liebhaber-, Bonvivant- u. Charakterrollen u. Chargen) am Hoftheater in Detmold, worüber sein Freund u. Kollege Philipp Düringer berichtet: „Ohne eigentliche ausgeprägte Stimme war er mit seinen musikalischen Kenntnissen u. Talenten stets in der Oper verwendbar, namentlich für Spielpartien. Sein liebenswürdiges, einnehmendes Äußeres kam ihm auf der Bühne sehr zu statten. Eine schlanke Mittelfigur mit dunkellockigem Haare, freundlich schönem Angesichte; seine hübschen dunklen Augen waren von gutmütigem, schelmischem Ausdruck, heiter lebendig; seine ganze Erscheinung, sein ganzes Wesen voll Frohsinn u. Laune, gewandt u. gefällig so auf der Bühne wie im Leben, verfehlte da wie dort niemals den angenehmsten Eindruck. Die Komödie war sein angewiesener Wirkungskreis als Schauspieler; während hier sein sprudelnder Humor mit seltenem Erfolge sich geltend machte, konnte er trotz allem Fleiße in der Tragödie niemals die wahre Wirkung hervorbringen u. nicht selten witzelte er selbst über seine ernsten Rollen." Da Lortzings Eltern mit Ringelhardt inzwischen nach Leipzig übergesiedelt waren, folgte er ihnen. 1844—45 wirkte er am dort. Theater, schrieb u. vertonte in dieser Zeit seine weltberühmt gewordenen Spielopern „Die beiden Schützen", „Zar u. Zimmermann", „Der Wildschütz", „Undine", „Der Waffenschmied". Diese konnten jedoch infolge der damals völlig ungeregelten Honorarverhältnisse seinen u. seiner Familie Lebensunterhalt keineswegs sichern, notdürftig mußte er auf Gastspielreisen das tägliche Brot verdienen. Auch das Theater an der Wien in Wien, dem er 1846—49 als Kapellmeister angehörte, nahm ihm die Last materieller Sorgen nicht ab, trotz der glanzvollen Aufführung des „Waffenschmieds" das. Daneben schuf er weitere Opern „Zum Großadmiral" (1847), „Regina" (1848) u. „Rolands Knappen" (1849), welches Stück er in Leipzig, wohin er nach dem Ende der Wiener Revolution für kurze Zeit zurückkehrte, auf die Bühne brachte. Neue Gastspielreisen, die nur geringe Einnahmen erzielten, trieben ihn von Ort zu Ort. Selbst als Kapellmeister am Friedrich-Wilhelmstädtischen Theater in Berlin seit 1850 fand er kein auskömmliches Dasein. Am Abend vor seinem Sterbetag wurde sein letztes Werk „Die Opernprobe" aufgeführt. Für die notleidenden Hinterbliebenen veranstalteten verschiedene Bühnen Wohltätigkeitsvorstellungen. Heute gehören seine Schöpfungen, reife Früchte der Spätromantik, zu den zugkräftigsten überhaupt. Von den Liedern sind „Auch ich war ein Jüngling" u. „Einst spielt' ich mit Zepter u. Krone" volkstümlich geworden. Der geistes- u. schicksalsverwandte Tonsetzer u. Dichter Peter Cornelius, selbst ein Meister der Komischen Oper, schrieb von ihm: „Lortzing ist einer von den Musensöhnen, die nicht im Lehnsessel groß geworden sind; aber der Tod streckt die Leute, und mancher, der im Leben eng u. gedrückt einherging, braucht einen großen Sarg. Lortzing wächst im Sarge". Als 1901 sein hundertster Geburtstag festlich begangen wurde, zog Emil Prinz von Schönaich-Carolath in der Dichtung „Lortzingfeier" die Summe seines Lebens u. Schaffens, die mit den Versen schließt: „Wir werden ewig Deinen Namen schreiben — Zu guten Sternen, die da sind u. bleiben". — Ein Lortzing-Archiv befindet sich in der Leipziger Landesbibliothek, Denkmäler in Pyrmont, Detmold u. Berlin (Tiergarten). Im Berliner Lortzing-Archiv, das während des Zweiten Weltkriegs nach Detmold verlagert wurde, fand man 1955 eine bisher unbekannte Ballettmusik „Der Löwe von Kurdistan", deren Entstehungszeit zwischen 1824 u. 1835 vermutet wird. *Eigene Werke:* Ali Pascha von Janina 1824; Der Pole u. sein Kind 1832; Szene aus Mozarts Leben 1832; Der Weihnachtsabend 1832; Andreas Hofer 1833; Yelva 1834; Die beiden Schützen 1835; Die Schatzkammer des Inka 1836; Zar u. Zimmer-

mann 1837; Caramo oder Das Fischermädchen 1839; Der Wildschütz 1842; Undine 1845; Der Waffenschmied 1846; Zum Großadmiral 1847; Regina 1848; Die Rolandsknappen 1849; Die Berliner Grisette 1850; Die Opernprobe 1850; Ges. Briefe, herausg. von G. R. Kruse 1902 (2. Aufl. Deutsche Musikbücherei 6. Bd. 1913).

Behandlung: Maximilian M. *Ströter,* Lortzing (Schauspiel) 1950.

Literatur: Philipp *Düringer,* A. Lortzing. Sein Leben u. Wirken 1851; Paul *Ertel,* L. u. seine Regina (Bühne u. Welt 1. Jahrg.) 1899; G. R. *Kruse,* Szenen aus Lortzings Leben (Ebda. 4. Jahrg.) 1904; K. M. *Klob,* Beiträge zur Geschichte der Deutschen Komischen Oper 1904; Alfons *Fritz,* Die Künstlerfamilie L. an rheinischen Bühnen (Archiv für Theatergeschichte 1. Bd.) 1904; G. R. *Kruse,* A. L. 1914; E. *Müller,* A. L. 1921; Willi *Schramm,* Lortzing-Feier der Stadt Detmold 1926; H. *Laue,* Die Operndichtung Lortzings 1932; H. *Killer,* A. L. 1938; O. *Schumann,* A. L. Sein Leben in Bildern 1941; G. *Kraft,* Lortzings Thüringer Ahnen (Das Thüringer Fähnlein 10. Jahrg.) 1941; A. *Straikher,* L. in Wien (Unsere Heimat, Wien Nr. 3/4) 1950; Ludwig *Schrott,* Stimme aus besseren Welten (Zeitschrift für Musik 112. Jahrg.) 1951; Otto *Ebel v. Losen,* A. L. in Pyrmont (Ebda. Nr. 10) 1951; W. *Schramm,* L. während seiner Zugehörigkeit zur Detmolder Hofgesellschaft (1826—33) 1951; E. W. *Böhme,* A. L. 1850 in Lüneburg. Beitrag zur Musik- u. Theatergeschichte der Stadt 1951; Werner *Oehlmann,* Ein komponierender Komödiant (Der Tagesspiegel, Berlin Nr. 1631) 1951; Philipp *Ruff,* Auch ich war ein Jüngling (Arbeiter-Zeitung, Wien Nr. 45) 1951.

Lortzing (geb. Elstermann, Ps. Elsermann), Beate, geb. 1787 zu Berlin, gest. 1831 zu Weimar, begann ihre Bühnenlaufbahn 1805 in Lauchstädt u. wirkte, von Goethe freundschaftlich aufgenommen u. gefördert, als Jugendliche Liebhaberin in Weimar. 1809 heiratete sie den Schauspieler Johann Friedrich L. 1817 verließ sie bei Goethes Rücktritt ihre bisherige Wirkungsstätte, ging auf Gastspielreisen u. kehrte erst 1820 nach Weimar zurück, mußte jedoch, zuletzt als Anstandsdame tätig, wegen ihres chronischen Kopfleidens 1825 der Bühne endgültig entsagen. Hauptrollen: Klärchen, Louise, Cordelia, Franziska („Minna von Barnhelm"), Marianne („Die Geschwister"), Marie („Clavigo") u. a.

Lortzing, Caroline, s. Röckel, Caroline.

Lortzing (geb. Seidel), Charlotte Sofie, geb. 1780 zu Berlin, gest. 8. Dez. 1846 zu Wien, Gattin von Johann Gottlieb L., war zuerst Soubrette, später Komische Alte im Singspiel u. Sprechstück an der Seite dess. u. soll nach A. W. v. Schlegel die vortrefflichste ihm bekannte Darstellerin der Amme in „Romeo u. Julia" gewesen sein. 1845 zog sie sich von der Bühne zurück. Mutter von Albert L.

Lortzing, Eduard, geb. 1847, gest. 23. März 1878 zu Berlin, war Held u. Liebhaber 1871 bis 1872 am Nationaltheater das., 1872—73 in Neustrelitz, 1873—74 am Stadttheater u. 1874—75 am Nationaltheater in Berlin, 1876 bis 1877 am Hoftheater in Oldenburg u. zuletzt Direktor des Thaliatheaters in Berlin.

Lortzing, Hans, geb. 15. März 1845 zu Leipzig, gest. 27. Nov. 1907 zu Berlin, Sohn von Albert L., wurde nach dem frühen Tod seiner Eltern von dem Klavierfabrikanten G. Willmanns in Berlin aufgezogen, trat als Lehrling in die Trautweinsche Musikhandlung ein, war seit 1867 Gehilfe bei der Firma Schott u. Söhne in Mainz, wandte sich 1869 der Bühne zu u. debütierte als Schüler im „Faust" in Meiningen. Am Deutsch-Französischen Krieg nahm er als Offizier teil, kehrte dann zur Bühne zurück u. wirkte als Liebhaber u. Held in Lübeck, Freiburg im Brsg., Brünn, Schwerin, Nürnberg, Stuttgart, Rostock, Breslau (Lobetheater), Reval, Sondershausen, 1881—84 in Sigmaringen u. seit 1890 in Väter- u. Repräsentationsrollen in Barmen, Düsseldorf, Stettin (Bellevue-Theater), als Oberspielleiter in Kiel, Paris u. seit 1901 am Kgl. Schauspielhaus in Berlin. Hauptrollen: Barnau („Die zärtlichen Verwandten"), Schiller („Die Karlsschüler"), Friedrich III. („Das Testament des großen Kurfürsten"), Othello, Jason u. a.

Lortzing, Johann Friedrich, geb. 1782 zu Berlin, gest. 31. Nov. 1851 das., Kaufmannssohn, besuchte die dort. Zeichen- u. Bauakademie, erwarb sich als Bildnismaler (Ifflands, Graffs u. a.) bald einen ausgezeichneten Ruf u. versuchte sich auch als Schauspieler auf Liebhabertheatern. 1805 erregte er in Lauchstädt die Aufmerksamkeit Goethes, der ihn ans Hoftheater in Weimar zog, wo er besonders als Darsteller feinkomischer Charaktere, aber auch in der

Oper Verwendung fand u. seit 1821 außerdem als Garderobeinspektor wirkte. 1831 nahm er seinen Bühnenabschied, fortan ausschließlich mit Porträts beschäftigt. Hauptrollen: Wirt („Die Mitschuldigen" u. „Minna von Barnhelm"), Wachtmeister („Wallensteins Lager") u. a. Gatte Beate Elsermanns, Oheim A. Lortzings.
Literatur: Eisenberg, F. Lortzing (Biogr. Lexikon) 1903.

Lortzing, Johann Gottlieb, geb. 1776 zu Berlin, gest. im Dez. 1841 zu Leipzig, zuerst Lederhändler, seit 1811 Mitglied des Liebhabertheaters Urania in Breslau, spielte 1816—32 in Aachen, Düsseldorf, Elberfeld, Köln u. Leipzig Intriganten, Komische Alte u. Väter. Hauptrollen: Jetter („Egmont"), Amtmann („Die Jäger") u. a. Vater von Albert L.

Lortzing (geb. Ahles), Rosina Regina, geb. 1799 bei Stuttgart, gest. 14. Juni 1854 zu Berlin, wirkte als Liebhaberin in Stuttgart, Düsseldorf u. Köln (1824—26), in Detmold (1826—33) u. Leipzig (1833—35). Seit 1824 mit Albert L. verheiratet, nahm sie 1835 ihren Bühnenabschied.

Losch, Liselotte s. Metternich, Josef.

Loschelder, Franz, geb. 11. Juli 1896 zu Neuß am Rhein, Kaufmannssohn, wirkte als Operettenkapellmeister in Basel. Auch Komponist. Gatte der Folgenden.
Eigene Werke: Musik zu Hofmannsthals Jedermann 1927; Ballettmusik zu Stefan Zweigs Volpone 1928; Musik zu Klabunds Kreidekreis 1928 u. a.

Loschelder-Mahler, Lisa, geb. 10. Jan. 1894 zu Basel, studierte in Zürich u. Basel Gesang, wirkte seit 1917 als Opernsängerin (Altistin) am Stadttheater das. u. seit 1921 als Konzertsängerin. Auch Gesangspädagogin. Gattin des Vorigen.

Lossen, Lina, geb. 7. Okt. 1878 zu Dresden, Schülerin von Wilhelm Schneider (s. d.) in München, war 1904—10 Mitglied des dort. Hofschauspiels, später des Lessingtheaters in Berlin. Hauptrollen: Orphelia, Cordelia, Klärchen, Thekla, Mirza, Esther, Solveig u. a. J. Bab schrieb über sie: „Die L. hat Wuchs u. Erscheinung einer schönen Königstochter aus dem Märchen. Sie hat ein Paar braune Augen, deren Gold unter den langen Wimpern mit der Kraft eines Sonnenaufgangs auftaucht. Sie hat ein starkes, fühlendes Herz u. einen sehr erheblichen, sehr kultivierten Verstand. Es ist selbstverständlich, daß sie bei einem starken Einsatz allgemein schauspielerischer Kraft, so ausgestattet, eine schnelle Karriere machte, daß sie an den ersten Bühnen das Gretchen u. das Klärchen spielte, daß sie später die Solveig u. Agnes Sorel gespielt hat. Alles Leistungen von Haltung, Kraft u. Schönheit . . . Aber es wäre doch durchaus falsch zu sagen, daß die Bedeutung der L. in solchen Leistungen wurzelt, daß sich hier das Wesentliche ihrer Eigenart ausspricht. Stärkere Naturkräfte, elementarere Gewalten haben wir auf der Bühne bei Gretchens Gebet, bei Klärchens Straßenaufruf sich entfalten gesehen. Die Grenze von L. L. spiegelt sich körperlich schon in ihrem Organ ab, das warm u. fest tönt, aber nicht Klangkraft, wohl auch nicht musikalische Schulung genug hat, um die größten, die monumentalen Wirkungen, die in solchen Rollen stecken, zu erreichen. Das Eigene, Unvergleichliche u. Unersetzliche der L. beginnt erst da, wo Kulturwerte ebenbürtig neben den Naturvorgang treten, wo, mit anderen Worten . . . sittliche Kraft beherrschend auftritt. Sie ist auf der Bühne eine ‚Dame‘ in einem sehr hohen Sinne dieses vielmißbrauchten Wortes. Und das ist es, was die L. am vollkommensten darstellt. Durch diese ganz besondere Färbung gab L. L. der Leidensmutter Frau Alving etwas unvergeßlich Eigenes, eine Prägung, die sich im Gedächtnis auch neben den großen Schöpfungen der Else Lehmann, der Dumont, der Sussin, der Bleibtreu u. der Agnes Sorma zu behaupten vermag. Mit dieser sanften u. energischen, gütigen, aber selbstbewußten Hoheit spielte die L. Ella Rentheim u. die ‚Dame‘, die bei Strindberg nur diesen Namen führt, u. die Sängerin, die sich voll melancholischer Größe über Hofmannsthals Abenteuer erhebt u. in Unruhs ‚Louis Ferdinand‘ voll unsentimentaler Kraft eine Königin Luise. Bei der L. liegt es so, daß sie gewiß den elementaren Urschrei der Kreatur nicht hat u. auf Wesen von einer gewissen geistigen Klarheit u. Festigkeit eingestellt ist. Sie hat Hebbels Mariamne gespielt, mit der von sittlicher Strenge tödlich geschlossenen Haltung, u. Kleists Alkmene, in der zarteste Wirrnis der Sinnlichkeit von einer großen Liebeskraft durchleuchtet ward. Und sie spielte in schönster Vollendung Shaws Candida u. Lady Cecily. In Schauspielern wie Theodor

Loos u. L. L. wird offenbar, daß . . . auch die sittliche Größe genug körperliche Wirksamkeit hat, um der Menschendarstellung eines Schauspielers ein eigenes Gepräge von höchstem Wert zu verleihen."

Literatur: Alfred Mayer, L. Lossen (Der Spiegel) 1908; Herbert Ihering, L. L. (Die Schaubühne 7. Jahrg.) 1911; Julius Bab, L. L. u. Th. Loos oder Die ethische Kraft (Schauspieler u. Schauspielkunst) 1926.

Lossoff, Tilly von, geb. 18. Okt. 1882 zu München, gest. 18. Jan. 1916 zu Berlin, war Schauspielerin u. zuletzt Salondame u. Charakterdarstellerin am Intimen Theater in Nürnberg.

Lossow, Rudolf von, geb. 22. Juli 1882 zu Wurzen, war Oberspielleiter in Leipzig, Lübeck, Düsseldorf, Berlin u. lebte später als Schriftsteller in Wiesbaden u. Berlin. Auch Bühnenautor.

Eigene Werke: Raimund (Drama) 1909; Franziskus von Assisi (Drama) 1923; Wallfahrt zu Gott (Drama) 1935; Der Schrey im Fegefeuer (Komödie) 1937.

Lotar, Peter, geb. 12. Febr. 1910 zu Prag, humanistisch gebildet, 1928—30 Schüler der Schauspielschule Reinhardts in Berlin, begann hier seine Bühnenlaufbahn, wirkte dann in Breslau, Prag, 1939—46 auch als Spielleiter am Städtebundtheater Biel-Solothurn, bis 1949 als Chefdramaturg des Theaterverlags Reiss in Basel u. hierauf als freier Schriftsteller in Untersee in der Schweiz. Bühnenautor.

Eigene Werke: Der ehrliche Lügner (Komödie) 1941; Die Wahrheit siegt (Drama) 1941; St. Urs u. St. Viktor (Solothurner Mysterienspiel) 1944; Wachtmeister Studer greift ein (Volksstück) 1948; Miguel (Mysterium) 1948; Johannisnacht (Komödie) 1949; Mary Rose (Spiel) 1951; Das Bild des Menschen (Requiem) 1952; Zurück zur Natur (Komödie) 1953.

Lothar (geb. Geßner), Adrienne, geb. 23. Juli 1896 zu Maria Schutz am Semmering, Gattin Ernst Lothars, begann ihre Bühnenlaufbahn in Brünn, kam 1919 ans Stadttheater in Wien, wirkte seit 1923 am Deutschen Volkstheater u. Josefstädtertheater das., emigrierte 1938 mit ihrem Gatten nach Amerika, wo sie auf der von diesem gegründeten Österr. Bühne spielte, ging auf Tourneen bis zum äußersten Norden u. Süden der Vereinigten Staaten, kehrte 1948 zum Josefstädtertheater zurück u. gastierte daneben in London. 1950 nahm sie an den Salzburger Festspielen teil. Bedeutende Charakterdarstellerin, am erfolgreichsten in humoristisch gefärbten Stücken. Hauptrollen: Marthe Schwerdtlein, Franziska („Minna von Barnhelm"), Toinette („Der Schwierige"), Schlager-Mizzi (Schnitzlers „Abschiedssouper"), Rosaura (Goldonis „Der Diener zweier Herren") u. a. O. M. Fontana charakterisierte sie in seinem Buch „Wiener Schauspieler" 1948: „Im Volk wie in der Gesellschaft — überall ist die G. zu Hause, findet sie den rechten Ton. Wie erheiterte sie mit dem angriffslustigen Schnattern einer aristokratischen Gans! Mit welch entzückendem Takt hielt sie dabei die künstlerische Mitte zwischen dem Antlitz eines Menschen u. der Fratze einer Karikatur! Wie höchst reizvoll u. ganz aus ihrer darstellerischen u. sprachlichen Phantasie kam die Bosheit, mit der sie den guten Ton der vornehmen Salons servierte u. zugleich persiflierte! Wie lustig u. dabei ergreifend gab sie die versorgte Mama von drei Kindern, aber mit eins wurde sie unter dem Anhauch des ersten Frühlingstages eine Träumende u. Sehnsüchtige, um dann, wenn es wieder Abend geworden war, schließlich doch gern die ihr aufgeladenen Bürden weiterzutragen."

Literatur: Dr. *Mll.,* Sie trägt den Reinhardt-Ring (Neue Wiener Tageszeitung Nr. 272) 1951; Ernst *Wurm,* A. Geßner (Ebda. Nr. 32) 1953.

Lothar, Curt, geb. 1890, gest. 27. Jan. 1925 zu Baden-Baden, war Schauspieler (Jugendlicher Held) in Augsburg, Hannover, Baden-Baden, Münster u. a. Hauptrollen: Steinkirch („Das Stiftungsfest"), Tranio („Der Widerspenstigen Zähmung"), Offenburg („Die zärtlichen Verwandten"), Bellmaus („Die Journalisten"), Wladimir („Anna Karenina") u. a.

Lothar (ursprünglich Müller), Ernst, geb. 25. Okt. 1890 zu Brünn in Mähren, studierte in Wien (Doktor der Rechte), war Staatsanwalt, später Hofrat im Handelsministerium u. nach seinem freiwilligen Rücktritt Theaterkritiker der „Neuen Freien Presse". 1933—35 Gastregisseur des Burgtheaters, 1935—38 Nachfolger M. Reinhardts als Direktor des Theaters in der Josefstadt in Wien, emigrierte dann nach den Vereinigten Staaten von Amerika, wurde Professor am Colorado-College u. kehrte schließlich nach Wien zurück. Außer zahlreichen Romanen, Gedichten u. Essays schrieb er das Drama „Ich?" (1921). Gatte der Schauspielerin Adrienne Geßner, Bruder von Hans Müller-Einigen (s. d.).

Literatur: Helmuth *Waldner,* Das Theater in der Josefstadt von Lothar bis Steinböck 1935—47 (Diss. Wien) 1950.

Lothar, Frank, geb. 7. Juni 1916 zu Berlin, Nachkomme von Adolf von Menzel, studierte zuerst die Rechte, wandte sich dann aber als Schauspieler der Bühne zu u. wirkte auch als Regisseur in Frankfurt an der Oder u. an der Tribüne in Berlin, zuletzt als deren Direktor.

Lothar, Friedrich Wilhelm, geb. 13. Juli 1885 zu Eppingen bei Heidelberg, Sohn eines Apothekers, studierte in Freiburg im Brsg. Philosophie u. Musik, 1907—09 an der Akademie der Tonkunst in München, 1909—10 am Konservatorium in Basel u. wirkte seit 1912 als Kapellmeister am Stadttheater in Heidelberg, 1915—16 in Düsseldorf, 1916—19 in Stralsund u. hierauf an den Vereinigten Stadttheatern in Hamburg-Altona.

Lothar, Mark, geb. 23. Mai 1902 zu Berlin, Sohn eines Geh. Rechnungsrats, studierte an der Hochschule für Musik das. (bei Ermanno Wolf-Ferrari), wurde 1934 Leiter der Musik am Staatsschauspiel in Berlin u. 1945 am Staatsschauspiel in München. Er schrieb auch Musik zu Goethes „Faust", Schillers „Wilhelm Tell", Tiecks „Blaubart", Strindbergs „Traumspiel", Nestroys „Theaterg'schichten" u. a. Opernkomponist. Sein „Schneider Wibbel", nach der Komödie von Hans Müller-Schlösser wurde zu den besten heiteren Werken der letzten Jahrzehnte gezählt.

Eigene Werke: Tyll 1928; Lord Spleen 1930; Die Welt auf dem Monde 1932 (nach Haydn); Der Glücksritter 1933; Schneider Wibbel 1938.

Literatur: Wilhelm *Zentner,* M. Lothar (Zeitschrift für Musik 113. Jahrg.) 1952.

Lothar, Ralph, geb. 29. Juli 1910 zu Berlin, war Schauspieler u. Regisseur das. (Neue Scala u. a.). Auch Lehrbeauftragter des dort. Theaterwissenschaftlichen Instituts.

Lothar (ursprünglich Spitzer), Rudolf, geb. 23. Febr. 1865 zu Budapest, gest. nach 1933 in der Emigration, studierte in Wien, Jena, Rostock u. Heidelberg (Doktor der Philosophie), war 1890—1907 ständiger Mitarbeiter der „Neuen Freien Presse" in Wien, gehörte dann bis 1912 der Redaktion des „Lokal-Anzeigers" in Berlin an, bereiste Frankreich, Italien u. die Schweiz u. kehrte 1920 nach Berlin zurück, wo er sich, von weiteren Reisen nach Amerika, Italien, Griechenland, Spanien, Palästina u. Ägypten abgesehen, bis zum Anbruch der Hitler-Herrschaft aufhielt. Vorwiegend Bühnenschriftsteller.

Eigene Werke: Lügen (Schauspiel) 1891; Der verschleierte König (Bühnenstück) 1891; Wert des Lebens (Mysterium) 1892; Cäsar Borgias Ende (Drama) 1893; Rausch (Drama) 1894; Der Wunsch (Versspiel) 1895; Frauenlob (Lustspiel) 1895; Ein Königsidyll (Lustspiel) 1896; Das hohe Lied (Dramat. Gedicht) 1896; Ritter Tod u. Teufel (Komödie) 1897; König Harlekin (Maskenspiel) 1900; Das Wiener Burgtheater 1900; H. Ibsen 1902; Herzdame (Drama) 1902; Glück in der Liebe (Lustspiel) 1903; Die Königin von Cypern (Lustspiel) 1903; Tiefland (Musikdrama) 1904; Tragaldabas (Musikdrama) 1904; Das deutsche Drama der Gegenwart 1905; Adolf Sonnenthal 1905; Die Rosentempler (Drama) 1905; Die große Gemeinde (Lustspiel) 1906 (mit Leopold Lipschütz); Das Fräulein in Schwarz (Lustspiel) 1907; Die drei Grazien (Lustspiel) 1910 (mit O. Blumenthal); Das Tal der Liebe (Operette) 1910; Ich liebe Dich (Drama) 1910; Izeyl (Musikdrama) 1910; Venus im Grünen (Operette) 1911; Der Gefangene der Zarin (Oper) 1911; Die verschenkte Frau (Oper) 1911; Liebesketten (Musikdrama) 1912; Frauenlist (Oper) 1916; Die Hofloge (Lustspiel) 1918; Das Morgenblatt (Komödie) 1919; Casanovas Sohn (Lustspiel) 1920; Die javanische Puppe (Lustspiel) 1921 (mit H. Bachwitz); Li-Tai-Pé (Oper) 1921; Die Metternichpastete (Lustspiel) 1921 (mit Lucien Besnard); Der Werwolf (Lustspiel) 1921; Das kritische Jahr (Lustspiel) 1922 (mit H. Bachwitz); Die Frau mit der Maske (Lustspiel) 1923; Die schwarze Messe (Komödie) 1923; Mexiko-Gold (Lustspiel) 1923 (mit H. Bachwitz); Don Guevara (Oper) 1923; Der sprechende Schuh (Lustspiel) 1924; Erotische Komödien 1924; Die schöne Melusine (Lustspiel) 1925; Die Herzogin von Elba (Lustspiel) 1926 (mit O. Ritter-Winterstein); Das Gespensterschiff (Lustspiel) 1926 (mit dems.); Die Republik befiehlt (Lustspiel) 1926 (mit F. Gottwald); Die Nacht der drei Frauen (Lustspiel) 1927 (mit W. Lichtenberg); Kikeriki! (Lustspiel) 1927 (mit Wodehouse);

Der gute Europäer (Lustspiel) 1927; Die Frau in der Wolke (Lustspiel) 1928; Carneval (Oper) 1929; Die Prinzessin auf der Erbse (Lustspiel) 1930 (mit F. Gottwald); Das Märchen vom Auto (Lustspiel) 1930 (mit dems.); Der Freikorporal (Oper) 1930; Die Maske (Oper) 1930; Friedemann Bach (Oper) 1931; Ist denn das so wichtig? (Lustspiel) 1931; Besuch aus dem Jenseits (Lustspiel) 1931; Die Tugendrose (Lustspiel) 1931 (mit F. Gottwald); Mein Friseur (Lustspiel) 1931; Der Papagei (Lustspiel) 1931.

Lotich, Johann Karl, geb. 1757 zu Leipzig, gest. 25. Dez. 1782 das. Übersetzer u. Dramatiker.

Eigene Werke: Wer war wohl mehr Jude? (Schauspiel) 1783; Der Apfel (Lustspiel nach Capacelli) 1783; Der glückliche Tausch (Lustspiel) o. J.

Lotz, Georg, geb. 4. Jan. 1784 zu Hamburg, gest. 28. Jan. 1844 das., war zuerst Kaufmann in Marseille, dann Agent, lebte seit 1814 in Berlin u. später wieder in seiner Vaterstadt. Trotz Erblindung eifrig literarisch tätig. Seit 1817 Herausgeber der Zeitschrift „Originalien", die u. a. Theaterkritiken brachte, ebenso Stücke von ihm selbst. Gatte der Schwester des Schauspielers u. Dramatikers Karl Töpfer (s. d.). Bühnenautor.

Eigene Werke: Die Freier 1817; Der Wechsel (Dramat. Schwank) 1824; Die Erbin (Schwank nach Scribe) 1824; Alles besetzt (Schwank nach Desforges) 1825; Die Brandruinen von Burnina (Drama) 1827; Der Spion wider Willen (Dramat. Scherz) 1834; Nach Sonnenuntergang (Lustspiel) 1835; Leben des berühmten britischen Mimen Edmund Kean 1836; Der junge Offizier (Lustspiel nach dem Englischen) 1838 (aufgeführt am Burgtheater); Friedrich Gottlieb Zimmermanns Dramaturgie, herausg. 1840 u. a.

Literatur: 1. u., H. G. Lotz (A. D. B. 19. Bd.) 1884.

Lotz, Hans, geb. 1888, gest. 2. Sept. 1931 zu Hamburg, war Schauspieler u. a. am Residenztheater in Hannover. Regisseur in Frankfurt a. M., Stuttgart, Mannheim, Altona u. zuletzt an den Kammerspielen in Hamburg. Zu den bedeutendsten Proben seiner Inszenierungskunst zählten Stücke Shakespeares wie „Cäsar" u. „Richard II." Hauptrollen: Hortensio („Der Widerspenstigen Zähmung"), Kosinsky („Die Schmet-

terlingsschlacht"), Stephan („Dorf u. Stadt")
u. a.

Lotz, Werner (Geburtsdatum unbekannt),
gest. im Juni 1915 (gefallen im Westen),
Eleve der Schauspielschule des Deutschen
Theaters in Berlin, Mitglied des Märkischen
Wandertheaters, Volkstheaters u. zuletzt
der Reinhardtbühnen das.

Loudon, Gideon Ernst Freiherr von s. Laudon Gideon Ernst Freiherr von.

Louin, Otto, geb. 13. Sept. 1857, gest. 5. Aug.
1926 zu Neustrelitz, wirkte seit 1882 als
Liebhaber u. Bonvivant in Magdeburg, Altenburg, Zwickau, Bremerhaven, Frankfurt
a. d. O., Sondershausen u. a., zuletzt
24 Jahre am Landestheater in Neustrelitz.
Hauptrollen: Bolz („Die Journalisten"),
Berndt („Der Veilchenfresser"), Michael
(„Die beiden Reichenmüller"), Hiller („Registrator auf Reisen"), Emile („Der grüne
Kakadu") u. a.

Louis Ferdinand Prinz von Preußen, geb.
18. Nov. 1777 zu Friedrichsfelde bei Berlin,
gest. 10. Okt. 1806 (im Gefecht) bei Saal-
feld, Neffe des Königs Friedrich II. Zwei
uneheliche Kinder von ihm wurden 1811 mit
dem Prädikat „von Wildenbruch" geadelt
(s. den Dramatiker Ernst v. Wildenbruch).
Sein feuriger Charakter u. sein bewegtes
Leben boten auch der Bühnendichtung ein
reizvolles Stoffgebiet.
Behandlung: F. W. *Hosäus,* Prinz Louis
Ferdinand (Schauspiel) 1865; J. *Jacobi,*
Prinz L. F. (Schauspiel) 1890; Rudolf *Bunge,*
Prinz L. F. (Schauspiel) 1894; Fritz v.
Unruh, L. F. von Preußen (Drama) 1912;
Hans *Schwarz,* Der Prinz von Preußen
(Drama) 1934.

Louis Philippe, König von Frankreich (1830
bis 1848), der sog. Bürgerkönig, auf der
Bühne.
Behandlung: Ralph *Benatzky,* Der König
mit dem Regenschirm (Operettenlustspiel)
1935.

Louis, Rudolf, geb. 30. Jan. 1870 zu Schwetzingen, gest. 15. Nov. 1914 zu München,
studierte in Genf u. Wien (Doktor der Philosophie), Schüler F. Mottls (s. d.) in Karlsruhe u. wirkte als Theaterkapellmeister in
Landshut u. Lübeck. Musikschriftsteller.
Eigene Werke: Die Weltanschauung R.
Wagners 1898; Hans Pfitzner 1909 u. a.

Louise, Amalie s. Liebhaber, Amalie Louise
von.

Lovric, Emil Nikolaus Edler von, geb 1887
zu Wien, gest. 1. Juni 1929 das., war Schauspieler in Innsbruck, Pilsen, Troppau, Karlsbad u. Wien (Bürgertheater), zuletzt kurze
Zeit in Berlin. Hauptrollen: Montschi („Ein
Walzertraum"), Wetter vom Strahl („Käthchen von Heilbronn"), Blind („Die Fledermaus"), Walter Lenz („Großstadtluft")
u. a.

Low, Hanns s. Tralow, Johannes.

Lowitz, Siegfried s. Wodolowitz, Siegfried.

Loy, Ingeborg, geb. 29. Juli 1925 zu Leipzig,
besuchte 1943—49 die Musikhochschule das.
u. wirkte seit 1949 als Opernsängerin
(Soubrette) am Landestheater in Halle an
der Saale.

Lozsek, Rudolf (Geburtsdatum unbekannt),
gest. 15. Nov. 1923 zu Bern, war Schauspieler u. Chorist das.

Lua, August, geb. 31. Juli 1819 zu Groß-
neuendorf bei Küstrin, gest. 26. Sept. 1876
zu Berlin, gehörte auf dem dort. Lehrerseminar zu den besten Schülern des Pädagogen M. Diesterweg, wurde Lehrer u. später
Redakteur in Elbing u. Danzig, von wo er
1872 nach Berlin zurückkehrte. Vorwiegend
Bühnendichter.
Eigene Werke: Lorenzo (Trauerspiel)
1845; Ein Heiratsgesuch (Posse) 1847; Der
Emissär (Lustspiel) 1851; Der Bürgerssohn
von Valencia (Trauerspiel) 1854; Thoma-
sine oder Ein Schwur (Trauerspiel) 1872;
Joseph in Ägypten (Musik-Drama) 1872.

Luba, Pia von, geb. 1893, gest. 15. April
1937 zu Wien, begann 1915 ihre Bühnenlaufbahn in Freiburg im Brsg. u. wirkte seit
1916 jahrelang in Schwerin als Opernsängerin. Hauptrollen: Zerlina („Fra Diavolo"),
Gretchen („Der Wildschütz"), Ganymed („Die
schöne Galathee"), Marzelline („Fidelio"),
Serpetta („Gärtnerin aus Liebe"), Undine
u. a.

Lubahn, Siegfried, geb. am Ende des
19. Jahrhunderts, begann in Frankfurt a. O.
seine Bühnenlaufbahn, wirkte dann in Hamburg, Coburg, Berlin u. seit 1930 jahrzehntelang in Kiel als Schauspieler. Hauptrollen: Hermann („Dantons Tod"), Kaiser

(„Der Drachenthron"), Orgon („Tartüffe"), Parris („Hexenjagd"), Egeus („Ein Sommernachtstraum") u. a.

Lube, Max, geb. 9. Nov. 1843 zu Berlin, gest. 16. Nov. 1903 zu Neuyork, wanderte 1864 nach Amerika aus, war zuerst als Mechaniker in Neuyork tätig, wandte sich dann der Bühne zu, wirkte als Komiker bei kleinen Theatertruppen in St. Louis, Chikago, Milwaukee u. San Franzisko, kehrte hierauf nach Deutschland zurück u. spielte bis 1889 in Stettin, Lübeck, Rostock u. Hamburg. Später wieder in den Vereinigten Staaten tätig, war er Mitglied des Amberg-Theaters, ging mit Josephine Gallmeyer u. Marie Geistinger auf Kunstreisen durch Amerika u. gehörte zuletzt dem Verband des Germaniatheaters in Neuyork an. 1900 mußte er nach einem Schlaganfall seinen Bühnenabschied nehmen. Hauptrollen: Piepenbrink („Die Journalisten"), Isaak Stern („Einer von uns're Leut") u. a.

Lubin, Maria s. Lubinskaja, Tatjana.

Lubinskaja, Tatjana (Ps. Maria Lubin, Geburtsdatum unbekannt), gest. 17. Nov. 1930 zu Linz an der Donau (durch Selbstmord), russische Emigrantin, wirkte zwei Jahre am Deutschen Volkstheater in Wien u. hierauf am Landestheater in Linz als Schauspielerin.

Lubitsch, Ernst, geb. 1892 zu Berlin, gest. 28. Nov. 1947 zu Bel Air bei Hollywood, war Komiker am Deutschen Theater in Berlin unter M. Reinhardt. Seit 1913 auch im Film tätig, wirkte er seit 1922 in Amerika. Hauptrollen: Tubal („Der Kaufmann von Venedig"), Simson („Romeo u. Julia"), Fabian („Was ihr wollt"), Schnauz („Ein Sommernachtstraum"), Totengräber („Hamlet") u. a.

Lubliner (Ps. Bürger), Hugo, geb. 22. April 1846 zu Breslau, gest. 19. Dez. 1911 zu Berlin, Kaufmannssohn, arbeitete in der Textilindustrie u. gelangte als Bühnendichter am Kgl. Schauspielhaus in Berlin zu großen Erfolgen.
Eigene Werke: Nur nicht romantisch werden (Lustspiel) 1873; Theater (Der Frauenadvokat, Lustspiel — Die Modelle des Sheridan) 1876; Die Florentiner (Trauerspiel) 1876; Die Adoptierten (Schauspiel) 1877; Dramatische Werke — (Auf der Brautfahrt, Lustspiel — Die Frau ohne Geist, Lustspiel — Gabriele, Schauspiel — Gold

u. Eisen, Schauspiel) 4 Bde. 1881—82; Aus der Großstadt (Schauspiel) 1883; Die Mitbürger (Lustspiel) 1884; Glück bei Frauen (Lustspiel) 1884; Frau Susanne (Schauspiel) 1885; Die armen Reichen (Lustspiel) 1886; Gräfin Lambach (Schauspiel) 1886; Der Name (Schauspiel) 1888; Im Spiegel (Lustspiel) 1890; Der kommende Tag (Schauspiel) 1891; Der Jourfix (Lustspiel) 1892; Der Riegnitzer Bote (Lustspiel) 1893; Das neue Stück (Lustspiel) 1894; Die junge Frau Arneck (Lustspiel) 1895; Andere Luft (Lustspiel) 1897; Das fünfte Rad (Schauspiel) 1898; Splitter u. Balken (Lustspiel) 1899; Die lieben Feinde (Lustspiel) 1901; Der blaue Montag (Lustspiel) 1902; Ein kritischer Tag (Lustspiel) 1904.

Lublinski, Samuel, geb. 18. Febr. 1868 zu Johannisburg in Ostpreußen, gest. 26. Dez. 1910 zu Weimar, war Buchhändler in Florenz u. Heidelberg, seit 1895 freier Schriftsteller in Berlin. Vorwiegend Dramatiker u. Kritiker (anti-naturalistisch).
Eigene Werke: Jüdische Charaktere bei Grillparzer, Hebbel u. Ludwig 1899; Der Imperator (Tragödie) 1901; Hannibal (Trauerspiel) 1902; Die Bilanz der Moderne (Essay) 1904; Peter von Rußland (Trauerspiel) 1906 (mit einer Einleitung: Der Weg zur Tragödie); Gunther u. Brunhild (Tragödie) 1908; Der Ausgang der Moderne 1909; Kaiser u. Kanzler (Tragödie) 1910; Nachgelassene Schriften 1914.
Literatur: Ernst Lissauer, S. Lublinski (Die Zukunft 19. Jahrg.) 1911; Alfons Hugle, S. L., Paul Ernst u. das moderne Drama 1913.

Lucae, Richard, geb. 1829 zu Berlin, gest. 26. Nov. 1877 das., wurde Baumeister u. 1872 Direktor der dort. Bauakademie. Von ihm stammen die Entwürfe für die Theatergebäude in Frankfurt a. M. u. Magdeburg.

Lucas, Andreas, lutherischer Prediger zu Neustadt in Sachsen, dichtete 1551 „Eine schöne u. tröstliche Comedia, wie Abraham seinen Sohn Isaac . . . opfern sollte" (in Versen).

Lucas, Eduard, geb. 13. Juni 1855 zu Elberfeld, gest. 11. Juli 1899 das., übernahm nach Ausbildung in Leipzig, London u. Paris 1879 die väterliche Verlagsbuchhandlung in Elberfeld u. wurde im gleichen Jahr Aufsichtsrat des dort. Stadttheaters. L. bearbeitete die in seinem Verlag erscheinende

Operntext-Bibliothek, schrieb eine „Geschichte des Elberfelder Stadttheaters" 1888 u. das Drama „Sühne" 1894.

Lucas (geb. Neumann), Emilie, geb. 1801, gest. 1872. Schauspielerin. Gattin von Karl Wilhelm L. (s. d.).

Lucas, Friedrich Wilhelm, geb. 28. März 1815 zu Hamburg, gest. 25. April 1898 das., wirkte als Theatermaler am dort. Thaliatheater.

Lucas, Karl Wilhelm, geb. 1803 zu Berlin, gest. 4. Dez. 1857 zu Wien, zuerst Buchdruckerlehrling, wandte sich jedoch bald der Bühne zu, die er 1826 in Linz an der Donau betrat. Von hier kam er als Schauspieler 1829 nach Preßburg, dann ans Theater an der Wien in Wien u. 1834 ans Burgtheater, dem er bis zuletzt, sowohl in klass. Stücken wie in Konversationsschauspielen erfolgreich angehörte. „Lucas war", äußert sich Laube in seinen Theaterkritiken, „wenn man in der Wahl der Rolle seine stärksten Eigenschaften traf, wohl geeignet ein Schauspiel zu tragen, u. zwar speziell ein leichteres Schauspiel oder ein solides Lustspiel, dessen Charakter nicht ohne ernsten Anflug war. Havelin zum Beispiel im ‚Fabrikant' war ihm ganz angemessen, u. im Lustspiel diejenige Gattung, welche eine leichte Mischung von Leichtsinn, flottem Mut, herzlicher, anständiger Gesinnung in sich vereinigt. Spielte er eine solche Rolle, so machte er einen vorteilhaften Eindruck, auch wenn es eine kleine Rolle war, u. genügte, auch wenn diese Rolle das ganze Stück zu führen hatte. In militärischen Rollen, in wortkargen Repräsentationsrollen trat er immer günstig hervor, auch wenn die Aufgaben unscheinbar waren; er war ein trefflicher Pfeiler des Ensembles u. ist als solcher vielleicht unersetzlich." Hauptrollen: Tellheim, Appiani, Don Manuel, Stauffacher, Terzky u. a. Gatte der Schauspielerin Emilie Neumann, die neben ihm in Preßburg u. am Theater an der Wien tätig war. Sein Enkel Moritz Lucas wurde Schauspieler am Raimundtheater in Wien.

Literatur: Roderich *Anschütz,* H. Anschütz, Erinnerungen aus dessen Leben u. Wirken 1866; *Wurzbach,* K. W. Lucas (Biogr. Lexikon 16. Bd.) 1867; Heinrich *Laube,* Drei Lustspiel-Väter (Theaterkritiken u. dramaturg. Aufsätze = Schriften der Gesellschaft für Theatergeschichte 8. Bd.) 1906.

Lucas, Moritz s. Lucas, Karl Wilhelm.

Lucca, Carl, geb. 2. Nov. 1819 zu Wien, gest. 31. Aug. 1892 das., war 1865—83 Mitglied der dort. Hofoper. Hauptrollen: Cossé („Die Hugenotten"), Gregorio („Romeo u. Julia"), Niklas („Hans Heiling"), Lorenzo („Die Stumme von Portici"), Giuseppe („La Traviata") u. a.

Lucca, Pauline s. Wallhofen, Pauline Freifrau von.

Lucka, Emil, geb. 11. Mai 1877 zu Wien, gest. 1941, studierte in seiner Vaterstadt, war zeitweilig Beamter u. dann freier Schriftsteller das. Vorwiegend Erzähler, aber auch Dramatiker.

Eigene Werke: Beethoven (Drama) 1906; Das Unwiderrufliche (Drama) o. J.; Die Verzauberten (Schauspiel) 1917; Die Mutter (Schauspiel) o. J.

Luckeneder, Paula, geb. 1859, gest. 1949 zu Gallspach in Oberösterreich, war lange Zeit (auch unter R. Wagner) als namhafte Harfenistin tätig. Ihr Haus bildete jahrzehntelang ein Zentrum des Wiener Kunstlebens.

Lucky, Gertrude, geb. 1876, gest. im Jan. 1916 zu Kassel, gehörte großen Opernbühnen, zuletzt der Hofoper in Berlin an u. zog sich nach ihrer Verheiratung mit dem Schauspieler Richard Hahn von der Bühne zurück. Hauptrollen: Eva („Die Meistersinger von Nürnberg"), Woglinde („Die Götterdämmerung"), Micaëla (Carmen), Regine („Der Rattenfänger von Hameln") u. a.

Lucretia s. Brutus u. Borgia.
Behandlung: Reinhard *Keiser,* Lucretia (Oper) 1705; Heinrich *Marschner,* L. (Oper) 1826.
Literatur: H. *Galinsky,* Der Lucretia-Stoff in der Weltliteratur (Diss. Breslau) 1932.

Ludassy, Julius von s. Gans von Ludassy, Julius.

Ludl, Josef, geb. 31. Jan. 1868 zu Neu-Erlau bei Wien, gest. 6. Jan. 1917 zu Berlin (durch Selbstmord), Sohn eines Gasthofbesitzers, besuchte die Handelsschule, nebenbei heimlich auch die Theaterschule Otto in Wien, bildete sich weiter bei C. A. Friese (s. d.) für die Bühne aus u. betrat diese erstmals 1889 im Döblinger Theater (Wien), war dann am Schloßtheater in Totis beschäftigt, kam 1899 nach Tätigkeit am Wiener Josefstädter-

theater als Erster Komiker an das Gärtnerplatztheater in München u. 1916 an das Metropoltheater in Berlin. Hauptrollen: Hausknecht Melchior („Einen Jux will er sich
machen"), Njegus („Die lustige Witwe"),
Fürst Flausenthurn („Ein Walzertraum"),
Basil Basilowitsch („Der Graf von Luxemburg"), Glasermeister Tschöll („Das Dreimäderlhaus") u. a.
Literatur: Eisenberg, J. Ludl (Biogr. Lexi-
kon) 1903; Hans *Wagner*, J. L. (Programmheft des Theaters am Gärtnerplatz Nr. 3)
1953/54.

Ludloff, Otto (Geburtsdatum unbekannt),
gest. 23. Sept. 1887 zu Königsberg, war
Theaterkapellmeister das. Auch Musik- u.
Opernreferent der „Ostpreußischen Zeitung".

Ludolphi, Heinrich, geb. 1811 zu Hamburg,
gest. 13. Okt. 1848 zu Itzehoe, war unter
dem Ps. Fedor Theaterrezensent von Karl
Töpfers (s. d.) „Thalia" u. schrieb auch verschiedene Bühnenstücke, von denen die
Possen „Die beiden Sängerinnen" u. „Krack,
der Gnomenfürst" aufgeführt wurden.

Ludovici, Auguste (Geburtsdatum unbekannt), gest. 16. April 1906 zu Graz. Braun-
schweigische Kammersängerin.

Ludus, zuerst vom geistl. Drama gebraucht,
in dem mit Vorliebe Kreuzigung, Begräb-
nis oder Auferstehung des Heilands dargestellt wurde, zu Beginn des 16. Jahrhunderts Bezeichnung für jedes Spiel, wobei
man durch Zusätze den Charakter desselben anzeigte, z. B. Ludus paschalis = Osterspiel, Ludus scenicus de nativitate Domini
= Weihnachtsspiel.

Ludus de Antichristo s. Antichrist. Letzte
Ausgabe von K. Schultze-Jahde 1932, übersetzt von J. Wedde 1878, W. Gundlach
(Heldenlieder der deutschen Kaiserzeit
3. Bd.) 1899, F. Vetter 1914 u. G. Hasenkamp
1932.
Literatur: Anton *Dörrer*, Ludus de Antichristo (Germanisch-Romanische Monatsschrift 33. Bd.) 1952.

**Ludwig (IV.) der Bayer Römisch-Deutscher
Kaiser** (1287—1347), schlug den deutschen
Gegenkönig Friedrich den Schönen (s. d.)
1322 bei Mühldorf in Bayern u. wurde 1328
in Rom zum Kaiser gekrönt. Seine Kämpfe
mit Friedrich dem Schönen u. dessen Treue-

verhältnis zu ihm wurden wiederholt dramatisiert. Die besten Bearbeitungen des
Stoffes sind die von Ludwig Uhland u. Martin Greif. Während jedoch das Drama Uhlands wegen der ihm persönlich entgegen-
gebrachten Mißgunst der Münchner Theaterleitung keinen rechten Erfolg erzielen
konnte, wurde für Greifs Vaterländisches
Schauspiel in Kraiburg am Inn nahe dem
Schlachtfeld von Ampfing, wo 1322 das bayrische Schicksal entschieden worden war,
1892 ein eigenes Festspielhaus errichtet, in
dem Bürger u. Bauern in gewissen sich wie-
derholenden Zeitabständen, im ganzen über
hundert Mal, das Stück zur Aufführung
brachten. Es wirkte in mancher Hinsicht geradezu bahnbrechend für die Volksbühnen-
bewegung überhaupt. Ein erfahrener Bühnenpraktiker wie Josza Savits (s. d.) urteilte darüber: „Man kann in jedem Betracht sagen: ein deutsches Werk! Nicht
nur der Stoff ist deutsch, auch die künstlerische Gestaltung, die der Dichter dem
Stoffe gegeben hat, ist deutsch im edelsten
Sinne. In der Darstellung der Charaktere,
in der Begründung der Willensbestätigung
der handelnden Personen, in der Sprache,
in der Verknüpfung u. Lösung der interessanten u. fesselnden Handlung offenbart
uns der Dichter in vollkommener äußerer
Schlichtheit einen inneren Reichtum, eine
Tiefe u. Innigkeit deutschen Geistes- u.
Gemütslebens auf dem gegebenen historischen Grunde, wie sie nur einem Dichter
aus der Seele fließen kann, der eben auch
im Geiste u. im Gemüte vollkommen
deutsch ist. Es fehlt den anderen Werken
des Dichters dieser starke u. tiefe Ausdruck
des edeln Deutschtums keineswegs, aber
da sich in dem vorliegenden Werke der Bogen der dramatischen Spannung nicht so
hoch wölbt wie in den anderen — es ist
dies schon in der Art des dramatischen Stoffes begründet — da sich der Gang der
Handlung mehr in den Bahnen der Milde
u. der Würde als in denen der wogenden
Leidenschaft bewegt, so wird in diesem
Werke, mehr als in den anderen, dem Leser u. Hörer neben dem dramatisch-künst-
lerischen Wert der vaterländisch-poetische
besonders eindrucksvoll fühlbar. Wollte
man einem Ausländer mit völliger Klarheit
sagen, was deutsches Wesen ist, — man
brauchte ihm nur dieses Werk Martin
Greifs in die Hand zu geben."
Behandlung: J. N. *Lengenfelder*, Ludwig IV. der Bayer (Schauspiel) 1782; Ludwig *Uhland*, L. der B. (Schauspiel) 1819; J.

C. A. M. *Aretin*, L. der B. (Schauspiel) 1821;
K. W. *Vogt*, L. der B. u. Friedrich der
Schöne (Schauspiel) 1837; Johann *Priem*, L.
der B. in Nürnberg (Schauspiel) 1840; Paul
Heyse, L. der B. (Schauspiel) 1859; H. *Rustige*, Kaiser L. der B. (Schauspiel) 1860;
Carl *Hugo* (= C. A. Bernstein), L. der B. u.
Friedrich der Schöne (Schauspiel) 1861; Rudolf *Kulemann*, L. der B. (Schauspiel) 1865;
Heinrich *Kruse*, L. der B. (Drama) 1865; Ferdinand *Wilferth*, Ein deutscher Kaiser
(Schauspiel) 1876; Carl *Nissel*, Um die
deutsche Krone (Trauerspiel) 1889; Martin
Greif, L. der B. oder Der Streit von Mühldorf (Schauspiel) 1891; Hans *Müller*, Könige (Drama) 1915.
Literatur: A. v. *Keller*, Uhland als Dramatiker 1877; O(tto) H(arnack), Greifs Ludwig der Bayer (Preuß. Jahrbücher 68. Bd.)
1891; J. *Savits*, M. Greifs Dramen 1911; L.
Lang, Uhlands Arbeitsweise in seinen Dramen u. Dramenentwürfen (Diss. Tübingen)
1914; M. *Simhart*, L. der B. u. Friedrich der
Schöne im Drama (Bayerland 25. Jahrg.)
1914; Eugen *Kilian*, Der Mühldorfer Streit
in deutscher Dichtung (Baden-Badener Bühnenblätter Nr. 110) 1922.

Ludwig I. König von Bayern (1786—1868),
regierte 1825—48, durch die Angelegenheit
mit Lola Montez (s. d.) zum Rücktritt veranlaßt. Dramenfigur, auch Bühnenschriftsteller.
Eigene Werke: Konradin (Trauerspielfragment) 1820; Schillers Don Carlos ins
Spanische übersetzt 1860; Rezept gegen
Schwiegermütter (Lustspiel nach dem Spanischen) 1866.
Behandlung: Eduard v. *Schenk*, Kaiser
Ludwigs Traum (Festspiel) 1826; Josef
Ruederer, Morgenröte (Komödie) 1904;
Maximilian *Böttcher*, Ludwig u. Lola
(Schauspiel) 1936.

Ludwig II. König von Bayern (1845—86),
Sohn des Königs Maximilian II. u. Enkel
des Königs Ludwig I., regierte seit 1864,
berief R. Wagner nach München, für den er
das Festspielhaus in Bayreuth errichten ließ
u. schätzte Kunst u. Künstler; er ist in jeder Hinsicht förderte, außerordentlich hoch.
So stand er auch mit dem Schauspieler
J. Kainz in naher persönlicher Beziehung.
1901 schrieb Ernst Possart ein Buch über
die „Separat-Vorstellungen von König Ludwig II.". Dramenfigur.
Behandlung: Ludwig *Klingner*, Ludwig II.
König von Bayern (Schauspiel) 1887; Otto

Müller, Ludwig II. (Festspiel) 1926; Friedrich
Lichtnecker, Bayerische Königstragödie
(Drama) 1927; J. M. *Becker*, L. II. (Drama)
1932, Julius *Becker*, Schlösser in den Bergen
(Drama) 1932; F. A. *Angermeyer*, Schloß
Berg (Drama) 1934; A. *Weinberger*, Pfleger
von Starnberg (Drama) 1936.
Literatur: E. *Fazy*, L. II. et R. Wagner 1893;
Sebastian *Röckl*, L. II. u. R. Wagner 1903
(2 Bde. 1913—20); Felix *Philippi*, L. II. u. J.
Kainz 1913; G. J. *Wolf*, L. II. u. seine Welt
1922; Gottfried v. *Böhm*, L. II. 1924; E. *Grein*,
Tagebuchaufzeichnungen Ludwigs II. 1925;
Guy de *Pourtalès*, Louis II. de Bavière ou
Hamlet roi 1929; O. *Strobel*, L. II. u. R.
Wagner (Briefwechsel) 5 Bde. 1936—39; W.
Richter, L. II. 1939; F. *Herzfeld*, Königsfreundschaft (L. II. u. R. Wagner) 1940;
Annette *Kolb*, König L. II. u. R. Wagner
1947.

Ludwig XIV. König von Frankreich (1638
bis 1715), regierte seit 1643, wegen seiner
Tatkraft u. Prunkliebe (Versailles) sowie
seiner äußeren Erfolge „Sonnenkönig" genannt, entwickelte den fürstl. Absolutismus
zur größten Machtentfaltung. Bühnenfigur.
Behandlung: Ed. *Volger*, Ludwigs XIV.
Jugendliebe (Schauspiel) 1876; Georg *Siegert*, Der Autokrat (Tragödie) 1905; Ernst
Lindenborn, Glaubenstreue (Hugenotten-Festspiel) 1935.

Ludwig XVI. König von Frankreich (1754
bis 1793), von den edelsten Absichten beseelt, fiel der Revolution zum Opfer u.
wurde durch die Guillotine hingerichtet.
Tragischer Held.
Behandlung: Ferdinand v. *Saar*, Ludwig XVI. (Drama) 1886; Herbert *Pollak*,
L. XVI. (Schauspiel) 1832.

Ludwig der Springer Landgraf von Thüringen (1042—1123), auf dem Giebichenstein
bei Halle gefangen gehalten, entkam der
Sage nach durch einen kühnen Sprung in
die Saale.
Behandlung: Gustav *Hagemann*, Ludwig
der Springer (Schauspiel) 1793.

Ludwig Ferdinand Prinz von Preußen s.
Louis Ferdinand Prinz von Preußen.

Ludwig, Albert, geb. 24. Dez. 1875 zu Berlin,
gest. 28. April 1934 das., studierte hier
(Doktor der Philosophie) u. trat dann in
den höheren Schuldienst. Zuletzt Ober-

studiendirektor. Als Literarhistoriker um
die Forschung von Dramen u. Dramatikern
verdient.
Eigene Werke: Lope de Vegas Dramen
aus dem karoling. Sagenkreise 1898; Schiller u. die deutsche Nachwelt (von der
Wiener Akademie der Wissenschaften
preisgekrönt) 1909; Schillers Leben u.
Werke 1912; Die dramat. Dichtung 1923
u. a.
Literatur: M. J. Wolff, A. Ludwig zum
Gedächtnis (Archiv 89. Jahrg.) 1934.

Ludwig (geb. Zipser), Anna, geb. 20. Aug.
1848 zu Berlin, gest. im Aug. 1926 das., von
der Hofschauspielerin Wilhelmine Werner
für die Bühne ausgebildet, begann ihre Laufbahn in Krefeld, kam 1865 nach Königsberg,
1866 nach Frankfurt a. M., dann nach Petersburg, wo sie besonders als Jugendliche
Tragödin u. Salondame wirkte, gastierte am
Carltheater in Wien u. am Wallner- u. Residenztheater in Berlin, zog sich jedoch nach
ihrer Heirat mit dem Schauspieler Maximilian L. von der Bühne zurück. Hauptrollen:
Waise von Lowood, Frou-Frou u. a. Auch
ihre Schwester Blanda Zipser gehörte als
Schauspielerin der Bühne an.

Ludwig, Anton, geb. 11. Juli 1888 zu Wien,
Sohn eines Ministerialinspektors, am Konservatorium das. ausgebildet, wirkte als
Opernsänger (zuerst Bariton) 1907—08 an
der dort. Volksoper, 1908—09 am Landestheater in Linz, 1909—10 an der Metropolitan-Oper in Neuyork, 1910—12 auch als
Regisseur in Elberfeld, als Tenor 1913—15
am Stadttheater in Zürich, 1915—16 am
Stadttheater in Breslau, 1917—19 an der
Hofoper in München, 1919—20 als Intendant am Landestheater in Coburg, 1920—22
als Operndirektor u. Oberregisseur am
Stadttheater in Aachen, 1922—23 als Künstlerischer Beirat wieder an der Volksoper
in Wien, später als Gast in Aachen u. a. u.
seit 1945 als Intendant in Gießen. Auch
Inhaber einer Opernschule. In zweiter
Ehe Gatte der Opernsängerin Eugenie Besalla. Hauptrollen: Oberpriester („Die Afrikanerin"), Escamillo („Carmen"), Moruccio („Tiefland"), Wolfram („Tannhäuser")
u. a.

Ludwig, August (Ps. August Rabe), geb.
9. Juli 1867 zu Hochdorf in Thüringen, studierte in Jena u. wirkte seit 1892 als Pfarrer, wurde 1910 Diakonus in Jena, später daneben Dozent für Bienenzucht an der

dort. Universität u. schrieb u. a. auch Bühnenstücke.
Eigene Werke: Daheim u. draußen (Volksstück) 1908; Die Cyprer (Schwank für Imkerfeste) 1909; Die Sanitätskolonne (Trag.
Schwank) 1909; Und in Jene lebt sichs bene
(Studenstück) 1909; Am Dreiherrenstein
(Volksstück) 1920.

Ludwig, Christian Gottlieb, geb. 1709 zu
Brieg in Preußisch-Schlesien, gest. 7. Mai
1773 zu Leipzig als Professor der Medizin
das., verfaßte ein Trauerspiel „Ulysses", das
um 1730 gespielt u. von Gottsched besonders hochgeschätzt wurde (gedruckt im
3. Bd. der „Wiener Schaubühne").

Ludwig, Cordelia (Ps. Ludwig Ecard), geb.
1858 zu Dresden, gest. 31. März 1909 das.,
einzige Tochter Otto Ludwigs, gab 1903 aus
dem dramatischen Nachlaß ihres Vaters
„Hans Frey", „Agnes Bernauer" u. „Das
Fräulein von Scudéry" heraus.

Ludwig (ursprünglich Cohn), Emil, geb.
25. Jan. 1881 zu Breslau, gest. 18. Sept.
1948 zu Moscio bei Ascona in der Schweiz,
Sohn des Augenarztes Hermann Cohn, der
1883 den Namen Ludwig annahm, studierte
in Breslau (Doktor der Rechte) u. ließ sich
nach weiten Reisen als freier Schriftsteller
in Ascona nieder. Er trat nicht nur als Erzähler u. Biograph, sondern auch als Dramatiker hervor.
Eigene Werke: Ein Friedloser (Drama)
1903; Napoleon (Drama) 1906; Der Spiegel
von Shalot (Drama) 1907; Atalanta —
Ariadne (Dramen) 1911; Wagner oder Die
Entzauberten 1913; Friedrich Kronprinz von
Preußen (Schauspiel) 1914; Bismarck
(Trilogie) 1922; Histor. Dramen 1931;
Dramat. Dichtungen 1932.

Ludwig, Emma, geb. 1901, gest. 22. März
1950 zu Ober-Ohmen bei Gießen, wirkte
seit 1921 als Sängerin u. Schauspielerin an
den Bühnen in Eger, Franzensbad, Marienbad, Aussig, Gablonz, Saaz u. a.

Ludwig, Ernst s. Merkel, Ludwig.

Ludwig, Eugen s. Müller, Eugen Ludwig.

Ludwig, Franz, geb. 1875, gest. 16. Nov.
1927 zu Neuenahr, Sohn von Maximilian L.,
kam als Schauspieler 1895 ans Hoftheater
in Berlin, von Max Grube gefördert (s. d.)
1896 nach Weimar, 1897 nach Halle, 1898

nach Basel, 1900 nach Königsberg, hierauf nach Lübeck u. Frankfurt a. M., wo er sich als Erster Held bewährte, übernahm später die Direktion des Theaters in Hagen, trat nochmals in Berlin u. a. erfolgreich auf u. war zuletzt Intendant des Nordmark-Landestheaters in Schleswig. Hauptrollen: Egmont, Hamlet, Karl Moor, Faust, Fiesko, Orestes, Coriolan u. a.

Ludwig, Franz, geb. 7. Juli 1889 zu Graslitz in Böhmen, Sohn eines Fachschuldirektors für Instrumentenbau, studierte in Prag u. Leipzig Musik, war 1911—20 Kapellmeister am fürstl. Theater in Sondershausen, Arnstadt, Rudolstadt u. später Klavierpädagoge. Als Komponist schuf er u. a. eine Bühnenmusik zu Schillers „Braut von Messina" 1912 u. eine Volksoper „Schlag zwölf" 1928.

Ludwig, Hans, geb. 22. Juni 1874, wirkte als Schauspieler 1900—01 am Deutschen Theater in Pilsen, 1901—02 am Stadttheater in Bielitz, dann als Sänger 1902—03 das., 1903—04 in Olmütz, 1904—05 in Klagenfurt, 1905—06 in Regensburg, 1906—07 in Graz, 1907—08 am Hoftheater in München, 1908 bis 1911 als Sänger u. Schauspieler am Raimundtheater in Wien, 1912—15 auf Gastspielreisen u. hierauf als Sänger u. Regisseur am Deutschen Landestheater in Prag. Hauptrollen: Ottokar („Der Freischütz"), Papageno („Die Zauberflöte"), Liebenau („Der Waffenschmied"), Wolfram („Tannhäuser") Sirieux („Fedora") u. a.

Ludwig, Hermann, geb. 31. Jan. 1896 zu Berlin, wurde am Sternschen Konservatorium das. ausgebildet, war Kapellmeister 1923—25 am Großen Schauspielhaus in Berlin, 1925—28 am Volkstheater in München, 1928—30 am dort. Ufa-Theater u. seit 1937 in Buenos Aires. Komponist von Bühnenmusiken zum „Kaufmann von Venedig", „Hauptmann von Köpenick" u. „Gesang im Feuerofen."

Ludwig, Hermann Emil (Geburtsdatum unbekannt), gest. 29. Febr. 1895 zu Limbach in Sachsen, war Gesangs- u. Charakterkomiker bei der Direktion Redlich in Posen u. Preuß.-Schlesien, zuletzt in Sachsen.

Ludwig, Jakob, geb. 1819 zu Frankfurt a. M., gest. 25. März 1883 das., wirkte als Charakterkomiker an vielen deutschen Bühnen. *Literatur:* J. *Ludwig,* Auch ein Wanderleben. Erinnerungen eines Schauspielers. 1879.

Ludwig, Leopold, geb. 12. Jan. 1908 zu Witkowitz bei Mährisch-Ostrau, an der Staatsakademie in Wien musikalisch ausgebildet, war 1933—38 Opernchef am Stadttheater in Troppau, kam über Oldenburg 1939 als Dirigent an die Staatsoper in Wien, 1943 an das Deutsche Opernhaus in Berlin u. 1948 an die dort. Städt. Oper. 1951 Generalmusikdirektor der Staatsoper in Hamburg. *Literatur:* H. W.-W., L. Ludwig (Hamburger Freie Presse Nr. 70) 1951.

Ludwig, Maximilian, geb. 1. Jan. 1847 zu Breslau, gest. 14. Dez. 1906 zu Berlin, sollte Kaufmann werden, ging aber nach kurzer Ausbildungszeit zur Bühne u. trat 1864 als Ferdinand in „Kabale u. Liebe" in Brandenburg an der Havel erstmals auf, kam über Potsdam, Görlitz, Breslau, Braunschweig, Dresden u. Petersburg 1872 ans Hoftheater in Berlin, wo er als Don Carlos debütierte u. 35 Jahre als bedeutender Charakterdarsteller, zuletzt im älteren Fach, tätig war. Karl Frenzel widmete ihm Worte hoher Anerkennung: „Mit reger Teilnahme habe ich seine Entwicklung bis zum Jahre 1893 verfolgt u. die immer reichere Ausbildung seines Talents bewundert. Im klassischen Drama, wie im modernen Schauspiel bewährte er sich auch in Rollen, die seinem Naturell weniger günstig lagen, erwies sich seine Tüchtigkeit, Gewandtheit. Er gehört nicht zu den im ersten Eindruck u. im Sturm der Leidenschaft die Zuschauer fortreißenden Künstlern, da eine gewisse Bedächtigkeit u. Mäßigung in seiner Darstellung vorherrscht. Er gewinnt sie sich durch die Sicherheit u. das Verständige seines Vortrags, durch den Adel u. die Vornehmheit seiner Haltung u. seiner Gebärde. Uneingeschränkt hat er durch viele Jahre das Fach der klassischen Heldenliebhaber im Schauspiel selbst inne gehabt; er ist immer gleich vortrefflich gewesen u. gleich unersetzlich geblieben. Wie Hermann Hendrichs war er von Natur mehr für den Helden oder für den Liebhaber bestimmt, in seinen Jünglingsjahren trat stets schon der kommende Mann hervor." Hauptrollen: Hamlet, Tasso, Coriolan, Fiesko, Othello, Tellheim, Leontes, Romeo, Max, Posa, Cassius, König Philipp, Uriel Acosta u. a. Gatte der Schauspielerin Anna Zipser, Vater des Schauspielers Franz L. *Literatur:* Josef *Lewinsky,* M. Ludwig

(Theatralische Carrièren) 1881; *Eisenberg,* M. L. (Biogr. Lexikon) 1903; Philipp *Stein,* M. L. (Bühne u. Welt 9. Jahrg.) 1907; Theodor *Fontane,* M. L. (Plaudereien über Theater) 1926.

Ludwig, Otto, geb. 12. Febr. 1813 zu Eisfeld an der Werra, gest. 25. Febr. 1865 zu Dresden, kränklicher Sohn eines Stadtsyndikus, ursprünglich für den Kaufmannsstand bestimmt, in der Jugend literarisch besonders von Tieck, E. T. A. Hoffmann, dessen „Fräulein von Scudéry" er dramatisierte, u. Shakespeare beeinflußt. Nachdem schwere Schicksalsschläge seine Familie heimgesucht hatten, studierte er bei Mendelssohn in Leipzig Musik. 1844—49 lebte er in Meißen, mit Dramen beschäftigt, u. später zurückgezogen, schwerleidend in Dresden, wo ihn E. Devrient eingeführt hatte. 1856 durch Geibels Vermittlung von König Max II. von Bayern mit einer Pension bedacht. 1860 mit dem Schillerpreis ausgezeichnet. Philosoph u. Naturkind in einer Person. Als Erzähler wie als Dramatiker entschiedener Realist. Ein Selbstbekenntnis lautet: „Die Poesie hätte zu zeigen, nicht allein, wie die Sünde, die böse Tat, die Übertretung der Pflicht, sondern auch wie Irrtum, falscher Schein, Unvorsicht, selbst die aufs Gute gerichtete Leidenschaft Würde u. Glück des Lebens stören können, daß der Mensch seines eigenen Loses Schmied, an dem er jeden Tag, jede Stunde schmiedet. Sie soll dem Menschen die Wahrheit des Lebens zeigen u. ihn dadurch zur Strenge gegen sich u. zur Nachsicht gegen andere führen. Sie soll eine Poesie der Wahrheit sein." Dagegen weist sein bibl. Trauerspiel in Jamben „Die Makkabäer" (s. d.) starke lyrisch-theatralische Elemente auf. Im Nachlaß fanden sich das Trauerspiel „Waldburg", das Lustspiel „Hans Frey", die Tragödien „Die Rechte des Herzens" u. die „Pfarr-Rose." Andere Stücke („Tiberius Gracchus", „Agnes Bernauer", „Wallenstein", „Genoveva", „Jud Süß" nach Hauffs Novelle, „Marino Falieri" nach Hoffmanns „Doge u. Dogaressa") kamen über Ansätze u. Entwürfe nicht hinaus. Das vollendete Vorspiel „Die Torgauer Heide" sollte einem Hohenzollernstück „Friedrich II." als Einführung dienen. Als Theoretiker war L. ein unbedingter Bewunderer Shakespeares u. der schärfste Gegner Schillers zugleich. Am Eingang seiner „Shakespeare-Studien" weist Ludwig auf den Hauptfehler der neueren Dramatiker hin, dem philosophischen Geist auf

Kosten der natürlichen Anschaulichkeit dienstbar zu sein. „Untersucht der philosophische Geist die poetische Erfordernisse, wie die des Erhabenen u. Tragischen, so wird der ihm eigene Gang der Untersuchung ihn von Stufe zu Stufe zum Geistigen, Abstrakten hinauftreiben, unbekümmert, ob die Poesie, wenn sie Poesie bleiben will, ihm folgen kann; wo ihr die Lebensluft ausgeht, da fängt der Philosoph erst kräftig zu atmen an; wie ihr wohl war, wo er sich beengt fühlen mußte. In der Tat ist das Aufsteigen im Philosophischen ein Absteigen im poetischen Genügen; je näher die Erde, den dunklen Mächten des Instinktes, die keine Frage tun nach ihrem Warum, desto gewaltiger wächst ihre wunderbare Gestalt, desto fester steht ihr Fuß; ihre Natur ist Gebundenheit, seine — Freiheit; je einträchtiger die gezwungene Ehe, desto entfremdeter sind die Gatten ihrer eigenen Natur. Die Philosophie hat das unzweifelhafte Recht, den philosophischen Inhalt jeder Wissenschaft u. Kunst u. so auch den der Poesie u. ihrer Erzeugnisse philosophisch zu erörtern; aber der junge Dichter, der sie bei diesem Geschäfte längere Zeit begleitet, kann leicht vergessen, daß sie die Poesie u. ihre Werke nur philosophisch betrachten, aber nicht k ü n s t - l e r i s c h beurteilen u. noch weit weniger selbst künstlerisch schaffen zu lehren vermag; u. je geringer sein poetisches Talent ist, desto stärker wird der Einfluß der gewohnten philosophischen Betrachtungsweise auf ihn wirken, auch beim poetischen Schaffen ihren Weg zu gehen, welcher der Richtung, die der Dichter einschlagen muß, geradezu entgegengesetzt ist. Er wird zum Zwecke machen, was ihm nur Mittel sein sollte; er wird sein Gedicht nicht als Dichter denken, sondern als Philosoph; nun wird seine Aufgabe so schwer als undankbar; er hat eine abstrakte Einheit in konkrete Mannigfaltigkeit, Gedanken in Anschauungen, in Gefühle u. Sinnesempfindungen, Ideen in Leidenschaften, einseitige Berechtigungen in geschlossene, ganze Menschencharaktere zu übersetzen, wobei im besten Falle immer ein ansehnlicher Bruch übrig bleiben wird. Es ist leicht, Gerste in Spiritus zu verwandeln, aber er soll nun Spiritus wieder auf Körner zurückführen; im besten Falle wird seine Arbeit eine dichterisch eingekleidete philosophische Absicht, aber kein Gedicht, im schlimmeren Fall ein lyrisch-rhetorisches Rechten zwischen Gesichtspunkten, ein dialektischer

Kampf von Schattengestalten; die Menschen werden philosophisch-abstrakte Gedanken, sie denken u. reden philosophisch-abstrakte Gedanken des Dichters. Von allen dem, was er wissen will, wird er wenig oder nichts von den ˙philosophischen Ästhetikern erfahren; ihre Werke werden dem schaffenden Künstler mehr schaden als nützen. Er muß von der unmittelbaren Anschauung der Wirklichkeit ausgehen." Wie L. den Einfluß der Philosophen aufs deutsche Drama ablehnt, so will er auch von der Nachahmung der Griechen u. Calderons nichts wissen. Die Not unserer Bildung, meint er ferner, sei nicht die Armut, sondern der Reichtum. Wir hätten überall genascht; es fehle uns nicht an Rat, es werde uns zuviel erteilt. Wir müßten eher vergessen als hinzulernen. Der Instinkt habe seine Unbefangenheit verloren. L. begnügt sich jedoch mit solchen mehr oder minder allgemein gehaltenen kritischen Ausstellungen nicht. Er behandelt Charakter u. Leidenschaft, Phantasie u. Technik, Schuld u. Sühne, Ökonomie, Entwicklung, Stil u. Tempo des Trauerspiels, dramatische u. lyrische Steigerung, Identität von Zeit u. Ort, Verbindung des Komischen u. Tragischen, das Theatralisch-Dramatisch-Tragische, das Unterhaltende, das Schauspielerische, Dialog u. Diktion, die künstlerische Objektivität u. Individualisierung des Tons nach den einzelnen Charakteren, den parenthetischen Ausdruck, die Retardation, Dichter, Schauspieler u. Publikum sowie alle möglichen anderen Einzelheiten der Dramaturgie; immer freilich im Hinblick auf Shakespeare, unter Ausfällen gegen Schiller. L. hält es für ganz ausgeschlossen, daß in einem richtigen Drama e i n g a n z e s V o l k d e r H e l d s e i n k ö n n e. Der Streit zwischen Völkern sei rein episch; auch der einzelner Parteien oder Stämme; in der Familie werde der Streit schon dramatisch, aber das Höchste sei erreicht, wenn der Kampfplatz zusammengepreßt würde auf den kleinen Raum der menschlichen Brust; wenn ihr selbst die Feinde erstehen, da zeige sich die lebhafte Bewegung. „Die Hauptsache ist, den Helden so zu stellen, daß er unser Interesse immer wach erhält; es darf daher so wenig wie möglich erzählt werden; wir müssen ihn so oft u. so lange als möglich vor uns sehen, in seinem Handeln, u. in seiner Entwicklung. Auch darf keine andere Figur unser Interesse so sehr in Anspruch nehmen, daß die Hauptfigur dadurch gedrückt

wird. So finden wir bei Shakespeare die weisesten Verhältnisse bezüglich der Nebenfiguren." L. bezeichnet als Grundzug u. Ziel Schillers u. Goethes die Tendenz, dem Drama etwas Pomphaftes, Opernartiges zu verleihen, für sie sei die Pracht der Sprache, der Klang des Verses die Hauptsache. Die Menschen in ihren Stücken halten Reden aneinander, sie sprechen zueinander, aber nicht miteinander. „Das wirkliche Gespräch ist allerdings auch unendlich schwer zu bilden; wir finden in unserer dramatischen Literatur oft geistvolle Reden, aber es ist kein Gespräch; oder wir finden ein Gespräch, aber ohne Geist." L. betont ferner scharf den üblen Einfluß, den Schiller u. Goethe überhaupt auf das Gebärdespiel des Schauspielers ausgeübt hätten; „da die Menschen fast immer pompöse Reden aneinander halten, so mußte notwendig eine Verirrung in diesem Teile unserer Kunst hervorgerufen, die Gebärde mußte opernhaft werden, wie die rhetorischen Glanzstellen selbst der Oper weit mehr angehören als dem Drama". In allem u. jedem folgt L. dem unerreichten Vorbild Shakespeares bis zu den Geistererscheinungen hinauf, womit nur die inneren Vorgänge im Gemüt des Menschen sichtbar gemacht würden; da es Visionen in der Wirklichkeit gebe, so sei dies poetische Mittel in dieser wundervollen Anwendung vollkommen gerechtfertigt. — Denkmäler in Eisfeld (Büste von Hildebrand) 1893 u. in Meiningen 1894. Der 1926 in Eisfeld gegründete Otto-Ludwig-Verein gab seit 1929 einen „Otto-Ludwig-Kalender" (später „O.-L.-Jahrbuch") heraus. Otto-Ludwig-Museum in Eisfeld, Otto-Ludwig-Zimmer in Dresden (Stadtmuseum). S. auch Ludwig, Cordelia.

Eigene Werke: Die Torgauer Heide 1843 f.; Der Erbförster 1850; Die Makkabäer 1854; Shakespeare-Studien 1871; Nachlaß-Schriften, herausg. von Moriz Heydrich 2 Bde. 1874; Die Rechte des Herzens (Trauerspiel) 1877; Studien, herausg. von A. Stern 2 Bde. 1891; Gesammelte Schriften, herausg. von dems. 6 Bde. 1891 (mit Erich Schmidt); Werke, herausg. von Adolf Bartels (Hesses Klassikerbibliothek) 6 Tle. 1900; Gedanken aus dem Nachlaß ausgewählt 1903; Sämtl. Werke (Histor.-krit. Ausgabe, unter Mitwirkung des Goethe-Schiller-Archivs), herausg. von P. Merker 18 Bde. 1912 (unvollendet, bis 1914 erschienen 6 Bde.); Tiberius Gracchus (Fragment), herausg. von Fritz Richter 1934.

Literatur: Felix *Bamberg,* O. Ludwig (A. D. B. 19. Bd.) 1884; Franz *Keim,* Das Kunstideal u. die Schillerkritik O. Ludwigs (Progr. St. Pölten) 1887; A. *Stern,* O. L. Ein Dichterleben 1891 (2. Aufl. mit Bibliographie 1906); H. *Eick,* O. Ludwigs Wallenstein-Plan 1900; H. *Kühnlein,* Ludwigs Kampf gegen Schiller, eine dramaturg. Kritik 1900; N. *Sevenig,* Schiller als dramat. Dichter im Urteil O. Ludwigs 1905; W. *Schmidt-Oberlößnitz,* Die Makkabäer, Untersuchung des Trauerspiels u. seiner ungedr. Vorarbeiten 1908; Josef *Lewinsky,* Gespräche mit O. L. 1862—64 (Kleine Schriften = Schriften der Gesellschaft für Theatergeschichte 14. Bd.) 1910; A. *Appelmann,* Der fünffüßige Jambus bei O. L. 1911; Hellmuth *Götze,* Ludwigs Makkabäerdichtung u. ihr Verhältnis zu Publikum u. Bühne (Der Neue Weg 40. Jahrg.) 1911; K. *Adams,* Ludwigs Theorie des Dramas (Diss. Greifswald) 1912; J. *Stöcker,* L. u. sein Stil im Erbförster (Diss. Marburg) 1912; L. *Falconnet,* Die Makkabäer d'O. L. (Paris) 1913; F. *Bruns,* L. u. Hebbel 1913; K. *Drescher,* L. u. Hebbel 1913; A. *Michaelis,* Die bibl. Dramen von Hebbel u. L. (Zeitschrift für die österr. Gymnasien) 1913; K. *Löhr,* O. Ludwigs Jugendwerke Die Rechte des Herzens u. Die Torgauer Heide (Diss. Münster) 1913; H. *Fresdorf,* Die Dramentechnik O. Ludwigs (Diss. Straßburg) 1915; B. *Fischer,* O. Ludwigs Trauerspielplan Der Sandwirt von Passeier u. sein Verhältnis zu den Shakespeare-Studien 1916; A. *Scotti,* O. L. in seiner Stellung zur italienischen Renaissance (Diss. Freiburg in der Schweiz) 1917; R. *Linder,* Das technische Problem von Ort u. Zeit in den Dramen u. dramat. Theorien von O. L. (Diss. Basel) 1918; Gaston *Raphael,* O. L., ses théories et ses oeuvres romanesques 1919; W. *Isch,* Ludwigs Erbförster (Diss. Bern) 1920; Kurt *Böhme,* O. Ludwigs Trauerspielplan Maria von Schottland (Diss. Jena) 1921; L. *Mis,* Les Etudes sur Shakespeare d'O. L. exposées dans un ordre méthodique et précédées d'une introduction littéraire 1921; ders., Les oeuvres dramatiques d'O. L. 2 Bde. 1922 f.; Alice *Greiselt,* O. Ludwigs König Alfred (Diss. Berlin) 1923; Ludwig *Weeber,* O. Ludwigs Kunst psycholog. Darstellung (Diss. Prag = Jahrbuch der philos. Fakultät) 1926; G. *Bertram,* L. u. die Bühne (Diss. Münster) 1926; H. *Rennert,* Die Behandlung des Todes in den Dramen Grillparzers u. O. Ludwigs (Diss. Gießen) 1929; Heinrich *Kraeger,* Entwürfe O. Ludwigs zu einem Hermannsdrama (German. Studien

79. Heft) 1929; E. *Tyroff,* Das Heimaterlebnis in den Werken O. Ludwigs (Ebda. 106. Heft) 1931; E. *Schröder,* Die Pfarrerstochter von Taubenhain (Diss. Kiel) 1933; F. *Richter,* O. Ludwigs Trauerspielplan Tiberius Gracchus u. sein Zusammenhang mit den Shakespeare-Studien 1935; R. *Adam,* Der Realismus O. Ludwigs (Diss. Münster) 1938; K. *Gemperle,* Das geschichtliche Drama bei O. L. (Diss. Freiburg in der Schweiz) 1941; H. *Steiner,* Der Begriff der Idee im Schaffen O. Ludwigs (Diss. Zürich) 1942; A. P. *Berkhout,* Biedermeier u. poet. Realismus (Diss. Amsterdam) 1942; Leonhard *Altes,* O. Ludwigs Shakespeare-Studien u. ihre Beziehungen zur romantisch-idealistischen Shakespeare-Kritik (Diss. Bonn) 1943.

Ludwig, Peter, geb. 1830, gest. 9. Juni 1916 zu Karlsruhe, war insgesamt 47 Jahre Mitglied des dort. Hoftheaters, zuerst als Chorist, bald darauf als Sänger u. Schauspieler, nahm 1896 seinen Abschied, wurde Requisiteninspektor u. trat mit 75 Jahren in den Ruhestand. Hauptrollen: Morales („Carmen"), Antonio („Figaros Hochzeit"), Bassi („Alessandro Stradella"), Daniel („Der Wasserträger") u. a.

Ludwig, Vinzenz Oskar (Ps. Fortunatus), geb. 18. Juni 1875 zu Nieder-Hillersdorf in Schlesien, studierte in Wien, wurde 1911 Professor der Theologie am Stift Klosterneuburg, 1915 für Geographie u. Geschichte am Akademischen Gymnasium in Wien u. war seit 1935 Rektor der Kirche auf dem Leopoldsberg das. Kulturhistoriker.

Eigene Werke: Das Wachau-Spiel 1927; Golgotha (Passionsspiel) 1933; Fata Morgana (Drama) 1935; Kaiser Karls V. Leopoldtag (Festspiel) 1936.

Ludwig, Walther, geb. 17. März 1905 zu Oeynhausen in Westfalen, studierte in Freiburg im Brsg., München, Münster u. Königsberg die Rechte, später Medizin, wandte sich jedoch der Bühne zu u. wurde Opernsänger 1930 in Königsberg, 1931 in Schwerin, wirkte als Lyrischer Tenor 1932 bis 1945 in Berlin (Städt. Oper u. Deutsches Opernhaus), seit 1945 in Hamburg u. München u. seit 1949 in Wien. Mit Vorliebe Mozartinterpret. Teilnehmer an den Salzburger Festspielen 1948—50. Kammersänger. Seit 1952 Professor an der Musikhochschule in Berlin-Charlottenburg. Hauptrollen: Fra Diavolo, Hoffmann („Hoffmanns Erzählungen"), Tamino („Die Zauberflöte") u. a.

Ludwig-Besalla, Eugenie s. Ludwig, Anton.

Ludwig-Zipser, Anna s. Ludwig, Anna.

Ludwigg, Heinz, geb. 8. Aug. 1904, lebte als Dramaturg in Berlin. Herausgeber der Theaterzeitschrift „Gesicht u. Maske" u. 1928 der Bücher „Fritz Kortner" u. „Richard Tauber."

Ludwigs, Ferdinand, geb. 26. Febr. 1847 zu Neuß, gest. 15. Juni 1923, seit 1872 Priester u. seit 1894 Pfarrer in Bonn. Vorwiegend Dramatiker u. Epiker.

Eigene Werke: Eustachius (Drama) 1878; Das Heiligtum von Antiochien (Drama) 1883; Die Bitte der Königin (Drama) 1883; Chlodwig (Drama) 1885; St. Michael (Melodrama) 1891.

Ludwigsburg, Oberamtsstadt in Württemberg, mit einem großartigen Barockschloß in Nachahmung von Versailles (1704—33 von Herzog Eberhard Ludwig erbaut), verfügte über ein eigenes Theater für Spektakelstücke. Die Rückwand ließ sich in ganzer Breite öffnen. Auf der dahinter befindlichen Wiese wurden Schlachten mit Soldaten aufgeführt.

Lübeck, die alte Hansestadt, besaß schon im 15. Jahrhundert Fastnachtsspiele, die hauptsächlich niederländischen Einfluß zeigen. Ihnen folgten Anfang des 17. Jahrhunderts Schuldramen, die bis zum 18. Jhdt. besondere Pflege erfuhren. In dieser Periode tauchten die ersten Wandertruppen auf, die dann für die Entwicklung des Theaters auch in L. maßgebend waren. Die bekanntesten Gesellschaften wie die Schuchsche, die Schönemannsche u. a. nahmen hier für längere oder kürzere Zeit Aufenthalt. Wiederholt spielte auch die Hamburgische Gesellschaft unter F. L. Schröders Leitung. 1779 traf Iffland zu einem längeren Gastspiel ein. Der Spielplan zeigte stets hohes Niveau. 1794 wurde erstmals „Die Zauberflöte" gegeben, daneben fanden Shakespeare, Schiller u. a. Klassiker beifällige Aufnahme. Die Franzosenzeit, während der das Theater teilweise geschlossen war, hemmte eine weitere günstige Entwicklung sehr. Zwar erfolgte unter der Direktion des „Theatergrafen" Karl Friedrich von Hahn (s. d.) neuerlich ein künstlerischer Aufschwung, aber ohne Dauerwirkung. 1857 erhielt L. endlich ein modernes zweckentsprechendes Theatergebäude, in dem sich verschiedene Bühnenleiter bemühten, den wachsenden Ansprüchen eines Großstadtpublikums zu genügen. Der bedeutendste war Friedrich Erdmann-Jeßnitzer, der 1886—98 an der Spitze des Theaters stand u. vor allem durch ausgezeichnete Darbietungen R. Wagners erfolgreich wirkte. 1906—08 errichtete die Stadt ein neues Großes Haus, das 1938—39 umgebaut wurde. Daneben entstand ein Kammerspielhaus als Ersatz für die im 19. Jahrhundert beliebten Sommerbühnen Tivoli- u. Wilhelmtheater, die Stücke leichteren Genres, kleine Singspiele u. Possen zur Aufführung gebracht hatten.

Behandlung: Heinrich *Kruse,* Der Teufel zu Lübeck (Fastnachtsspiel) 1847; Adolf *Calmberg,* Jürgen Wullenweber, Bürgermeister von Lübeck (Dramat. Gedicht) 1862.

Literatur: J. v. *Magius,* Bemerkungen über das Theater in Lübeck 1804; *Anonymus,* Unsere Bühne. Ein Versuch zur Beantwortung einer Tagesfrage 1857; Heinrich *Asmus,* Die dramatische Kunst u. das Theater zu L. 1862; Carl *Glabisch,* Das Stadttheater zu L. (1866—67) 1867; C. Th. *Gaedertz,* Archivalische Nachrichten über die Theaterzustände von Hildesheim, L., Lüneburg im 16. u. 17. Jahrhundert 1888; A. *Rey,* Verzeichnis der unter der Direktion Friedrich Erdmann-Jeßnitzer im Stadttheater zu L. gegebenen Vorstellungen 1898; C. *Walther,* Zu den Lübecker Fastnachtsspielen (Jahrbuch des Vereins für Niederdeutsche Sprachforschung 27. Jahrg.) 1901; Carl *Stiehl,* Geschichte des Theaters in L. 1902; W. F. *Schlodtmann,* Von der Lübeckischen Schauspielbühne (in den Jahren 1908—15) 1915; Fritz *Enders,* Das Lübecker Stadttheater unter der Leitung des Intendanten Dr. Georg Hartmann (Theaterwissenschaftl. Blätter 1. Jahrg.) 1925; E. H. *Fischer,* Lübecker Theater u. Theaterleben bis zur Mitte des 18. Jahrhunderts 1932; Hans *Hellwig,* Künstler der Lübecker Bühne 1946.

Lück, Wilhelm (Willi), geb. 1932 zu Bargteheide in Schleswig-Holstein, bildete sich in seiner Freizeit auf Rat eines Komponisten in Hamburg gesanglich aus u. wurde 1953 als Bassist an die Städt. Bühne nach Münster berufen. Hauptrollen: Graf von Liebenau („Der Waffenschmied"), Kaluma („Die Blume von Hawai") u. a.

Lücke, Emil, geb. 1878, gest. 25. Nov. 1935 zu Drossen (während einer Tournee), war Spielleiter u. Sänger in Breslau, Magdeburg

u. a., zuletzt an der Deutschen Landesbühne in Berlin.

Lüdemann, Wilhelm von, geb. 15. Mai 1796 zu Küstrin, gest. 11. April 1863 zu Liegnitz (ertrunken), machte 1813 als Berliner Student den Befreiungskrieg mit, weitgereist, wurde 1835 Polizeidirektor in Aachen, zuletzt Geh. Oberregierungsrat in Berlin u. Liegnitz. Erzähler, Dramatiker u. Übersetzer. *Eigene Werke:* Alfieris Trauerspiele, deutsch 1824—26; Der Mystiker oder Die Schuld (Lustspiel: Jahrbuch deutscher Bühnenspiele) 1833 (Parodie des Schicksalsdramas); Molières Sämtl. Werke, deutsch 1838 (mit L. Braunfels).

Lüder, Georg, geb. 1855, gest. 17. Mai 1904 zu Jena, war Opernsänger u. a. in Barmen u. Berlin, später Direktor der Hoftheater in Rudolstadt u. Sondershausen, zuletzt des Stadttheaters in Jena.

Lüders, Arnold, geb. 13. Juli 1851 zu Ehtebrügge, gest. 21. Nov. 1911 zu Borstel (Kreis Pinneberg), war seit 1872 Held u. Bonvivant in Sondershausen, Dortmund, Magdeburg, Elberfeld, Reval u. Riga. Hauptrollen: Hamlet, Faust, Essex u. a.

Lüders, Günther, geb. 5. März 1905 zu Lübeck, wirkte als Schauspieler u. Regisseur das., in Dessau, Frankfurt a. M., Berlin u. unter G. Gründgens (s. d.) am Schauspielhaus in Düsseldorf. Hauptrollen: Fisby („Das kleine Teehaus"), Karlstatt („Florian Geyer"), Preston („Meine beste Freundin"), Koch („Kirschen für Rom"), Higgins („Pygmalion") u. a.

Lüderwald (genannt Lange), George Ernst, geb. 13. Febr. 1765 zu Berlin, gest. im März 1835 zu Riga, trat 1783 in Königsberg dem Theater nahe u. alsbald unter dem Namen Lindheim in Greifswald u. a. Städten Pommerns als Schauspieler auf, beendete 1784 f. seine Universitätsstudien in Frankfurt an der Oder, ging 1786 nach Berlin, wurde 1787 Kommissionsrat beim Markgrafen von Schwedt, spielte seit 1789 unter dem Namen Lange am Hoftheater in Karlsruhe, dann in Düsseldorf u. seit 1792 in Riga. Ab 1824 als Privatmann in Petersburg lebend. Bühnenschriftsteller. *Eigene Werke:* Über den Zustand des Berliner Theaters 1786 f.; Der Freibrief (Singspiel) 1788; Die Gesetze des Theaters in Riga 1799; Die Geretteten (Vorspiel) 1802;

Nonna oder Die heilige Weihe (Schauspiel) 1806; Hermann Graf von Heidenstein, genannt Blaubart (Singspiel aus dem Französischen) o. J. (anonym); Die Kartoffeln (Singspiel) o. J. (anonym); Dank u. Liebe (Musik-Vorspiel) o. J. (anonym); Ruriks Segen (Lyr. Festspiel) 1827.

Lüdger, Conrad, geb. 6. Okt. 1748 zu Burtscheid bei Aachen, gest. nach 1834, war 1769 bis 1775 Kaufmann in Aachen, lebte später als Privatlehrer in London, Paris, Bremen u. seit 1819 in Dresden. Dramatiker. *Eigene Werke:* Das Präferenzrecht oder Die Kaufleute von Aachen (Lustspiel) 1788; Thalia Anglo - Germanica (Schauspiele) 2 Hefte 1814—17; Lancelot oder Die Weihe der Kunst 1821 u. a.

Lüdt, Rosa, geb. 21. Juli 1842 zu Stettin, gest. 1. Sept. 1912 zu Weimar, betrat 1865 in Berlin (Woltersdorfftheater) die Bühne, kam 1866 an das Hoftheater in Braunschweig u. im nächsten Jahr nach Weimar, wo sie bis zu ihrem Bühnenabschied 1909 wirkte. Sie vertrat im Laufe ihrer Bühnentätigkeit das Fach Tragischer Liebhaberinnen, Heldenmütter u. Komischer Alten. Hauptrollen: Daja („Nathan der Weise"), Susanne („Der letzte Brief"), Marie („Clavigo"), Bärble („Dorf u. Stadt"), Mathilde („Goldfische"), Adelheid („Die Journalisten"), Elisabeth („König Richard III."), Hedwig („Wilhelm Tell") u. a. Auch mit Gedichten trat sie hervor.

Lüdtke, Ernst Friedrich Franz, geb. 22. Nov. 1897 zu Grabow bei Stettin, studierte in Greifswald (Doktor der Philosophie), war zuerst im Lehrberuf, später als Publizist tätig, zuletzt als Chefredakteur des „Mittag" in Düsseldorf. Verfasser des Dramas „Hermann Nynkerken" 1932, das in Greifswald uraufgeführt wurde.

Lueger, Karl (1844—1910), volkstümlichster Bürgermeister von Wien, unter ihm wurde u. a. die große historisch-kritische Grillparzer-Ausgabe der Stadt Wien von August Sauer begonnen. Bühnenbild. *Behandlung:* Hans *Naderer,* Lueger (Volksstück) 1934.

Lühr (geb. Menz), Konstanze, geb. 1. April 1905 zu Gießen, wirkte als Schauspielerin an den Barnowskybühnen in Berlin, am Schauspielhaus in Frankfurt a. M., 1932 u. 1933 in Darmstadt u. München, 1934—1936 in Düsseldorf, trat unter Otto Falckenberg 1936 bis 1938 am Schauspielhaus u. in den Kammerspielen in München auf u. gab später nur mehr zeitweise Gastspiele. Gattin von Peter L.

Lühr, Peter, geb. 3. Mai 1906 zu Hamburg, war Schauspieler in Kiel, jahrelang in Kassel, 1934—38 in Düsseldorf, seit 1939 in Leipzig, seit 1946 Regisseur u. Darsteller am Schauspielhaus in München, später gleichzeitig auch am Schauspielhaus in Zürich. Hauptrollen: Oberst Eilers („Des Teufels General"), Don Juan d'Austria („Barbara Blomberg"), Graf Bodo („Die Ehe des Herrn Mississippi"), Desmoulins („Dantons Tod"), Der standhafte Prinz (Titelrolle) u. a. Gatte von Konstanze Menz. H. Ihering bezeichnet ihn in seinem Buch „Junge Schauspieler" o. J. als aus der Richtung einer narzissischen Schauspielkunst kommend: „In seinem Spiel stand das Ich manchmal noch vor der Gestalt. Aber L., geistig u. komödiantisch einfallsreich u. beweglich, besitzt so starke verwandelnde Kräfte, daß er immer wieder zur Rolle, zur Szene, zum Charakter u. zum Zusammenspiel zurückfindet."

Lündner, Max, geb. 4. Febr. 1846 zu Neubrück in der Mark Brandenburg, gest. 28. Febr. 1903 zu Straßburg im Elsaß als Redakteur der „Straßburger Post" (seit 1882). Bühnendichter.
Eigene Werke: Ditmar van Lewen (Trauerspiel) 1882; Die Brüder (Schauspiel) 1884; Unter der Maske (Lustspiel) 1891; Friedrich der Große (Festspiel) 1894.

Lüneburg in der Provinz Hannover hat am Beginn seiner Theatergeschichte Aufführungen von Schulkomödien zu verzeichnen. Anfang des 17. Jahrhunderts wurde die Stadt von „Englischen Komödianten" besucht, die beim Klerus heftige Gegnerschaft hervorriefen. Im 18. Jahrhundert spielten hier die Truppen von K. Elisabeth Veltin, 1708 Franz Elenson, 1711 Denner, der Prinzipal der braunschweigisch-lüneburgischen Hofkomödianten, später Schönemann, Schröder, Ackermann u. Seiler. 1822 erhielt die Stadt ein ständiges Theater, an dem Lortzing als Schauspieler u. Kapellmeister, Theodor Wachtel als Sänger u. a. wirkten. Das in den Neunzigerjahren vollständig erneuerte Gebäude fiel dem Zweiten Weltkrieg zum Opfer. 1946 wurde die Turnhalle als Behelfsbühne eingerichtet.
Literatur: Ernst *Riedel,* Theater in Lüne-

burg (Die Bühnengenossenschaft Nr. 29 11. Jahrg.) 1882; ders., Die Schulcomödien in L. (Ebda. 12. Jahrg. Nr. 18) 1883; C. Th. *Gaedertz,* Archivalische Nachrichten über die Theaterzustände von Hildesheim, Lübeck, L. im 16. u. 17. Jahrhundert 1888.

Lüpke, Gert, geb. 19. Mai 1920 zu Stettin, lebte als Schriftsteller in Varel in Oldenburg. Auch Dramatiker.
Eigene Werke: Mozart, Leben u. Werk 1948; Und dat Licht keem (Einakter) 1952; Der Trichinendichter (Lustspiel) 1952; Minschen (Niederdeutsches Spiel) 1952; . . . bis zur Neige (Trauerspiel) 1954.

Lüppertz, Wilhelm, geb. 28. Juli 1877 zu Krefeld, gest. 17. März 1911 zu Leipzig, wurde am Konservatorium in Köln ausgebildet u. wirkte als Baßbariton am Stadttheater in Leipzig.

Lüpschütz, Felix, geb. 19. Mai 1852 zu Gauten in Ostpreußen, gest. 2. März 1894 (Selbstmord durch Erschießen im Münchner Schnellzug vor Einfahrt nach Berlin), war Schauspieler u. Oberregisseur u. a. am Nationaltheater in Berlin, in Amsterdam, 1890 bis 1893 stellvertretender Direktor des Residenztheaters in Dresden u. zuletzt Direktor des Berliner Theaters in Berlin.

Lütge, Karl, geb. 21. Dez. 1895 zu Nordhausen im Harz, studierte in Leipzig, wurde 1924 Schriftleiter sowie Chefredakteur das. u. in Berlin. Seit 1945 Dozent an der Volkshochschule in Neustadt. Auch Bühnenschriftsteller (Ps. Luitpold).
Eigene Werke: Der Minutenkönig (Schauspiel) 1924; Die Fahrt aus dem Leben (Schauspiel) 1924; Die Fülle der Stunde (Komödie) 1926; Auktion der Tugend (Komödie) 1927; Phosgen (Komödie) 1929; Der Retter (Komödie) 1931; Zweimal Zabern (Schauspiel) 1932; Volk in der Schaukel (Drama) 1932 u. a.

Lüthge, Robert, geb. 12. Sept. 1891 zu Gleiwitz in Oberschlesien, studierte in Berlin Nationalökonomie u. Literaturgeschichte. Schriftleiter der Zeitschrift „Bühne u. Film" u. Verfasser der Lustspiele „Treu, fleißig, reinlich" (1940) — „So gut wie verlobt" — „Darf man, darf man nicht" u. der Operette „Chanel Nr. 5" (1946).

Lüthi, Hagen (Ps. Phaon Borel), geb. 20. Mai 1906 zu St. Gallen, kaufmännisch gebildet, wurde Direktor der Orell Füßli Annonncen AG. in Zürich. Bühnenschriftsteller.

Eigene Werke: Das unvollendete Bild (Schauspiel) 1940; Bretter, die die Welt bedeuten (Komödie) 1941; In einer Familie (Schauspiel) 1942; Seerosen (Schauspiel) 1944; Ruth u. Else (Spiel) 1944; König Drosselbart (Märchenspiel) 1946 u. a.

Lütjohann, Reinhold, geb. 3. Aug. 1881 zu Lübeck, betrat die Bühne am dort. Wilhelm-Theater, wirkte hierauf acht Jahre am Deutschen Schauspielhaus in Hamburg, am Staatsschauspiel in München, dann in Dresden, kehrte 1945 wieder nach Lübeck zurück u. war zuletzt vorwiegend in modernen Rollen an der „Jungen Bühne" in Hamburg tätig. Sein Repertoire reichte vom Jugendlichen Liebhaber (Strähler in „Kollege Crampton") u. Helden (Hamlet, Orest, Faust, Gyges, Posa, Prinz von Homburg) bis zum Väterdarsteller (Präsident in „Kabale u. Liebe").

Lüttichau, Wolf Adolf August von, geb. 15. Juni 1785 zu Ulbersdorf bei Schandau, gest. 16. Febr. 1863 zu Dresden, stand 1824 bis 1862 dem Hoftheater in Dresden als Generalintendant vor. Sofort nach Antritt seines Amtes gewann er Ludwig Tieck als Dramaturgen für das Schauspiel (1825—42) u. berief nach ihm Eduard Devrient u. Karl Gutzkow zur Oberregie u. Dramaturgie. Zur Entlastung C. M. von Webers stellte er Heinrich Marschner an. 1842 trat Richard Wagner an den hier wirkenden Künstlern. Wilhelmine Schröder-Devrient, Josef Tichatscheck, Emil u. Eduard Devrient, Anton Mitterwurzer, Franziska Berg, Jenny Bürde-Ney u. a. zählten zu den berühmten Kräften, die L. dauernd an Dresden band u. so das Hoftheater zu einmaliger Blüte führte. *Literatur:* Al. *Sincerus,* W. A. A. Lüttichau (Das Dresdner Hoftheater) 1852; Friedrich *Kummer,* Dresden u. seine Theaterwelt 1938.

Lütz, Maria s. Rott, Maria.

Lützenkirchen, Matthieu, geb. 17. Juli 1863 zu Köln, gest. 23. Aug. 1924 zu München, Kaufmannssohn, humanistisch gebildet, war Jugendlicher Charakterliebhaber 1884—86 in Heidelberg, 1886—87 in Halle, 1887—88 in Königsberg, 1888—95 am Deutschen Landestheater in Prag, seither Hofschauspieler u. Regisseur am Staatstheater in München. Hauptrollen: Clavigo, Tasso, Ferdinand,

Carlos, Mortimer, Demetrius, Hamlet, Rustan u. a. Mensi-Klarbach schilderte, wie der im Zuschauerraum sitzende Direktor Possart (s. d.) als L. zum ersten Mal in München seinen berühmten Röcknitz spielte, in Tränen ausbrach. Bis 1916 gab er immer wieder diese Rolle, dann ging er ins ältere Fach über u. trat zuletzt als Kaiser in „König Ottokars Glück u. Ende" auf. *Literatur:* Arthur *Roessler,* M. Lützenkirchen (Bühne u. Welt 3. Jahrg.) 1901; *Eisenberg,* M. L. (Biogr. Lexikon) 1903; A. v. *Mensi-Klarbach,* M. L. (Altmünchner Theatererinnerungen) 1924; Hermann *Sinsheimer,* Gelebt in Paradies 1953.

Lützkendorf, Felix, geb. 2. Febr. 1906 zu Leipzig, studierte in Leipzig (Doktor der Philosophie) u. war seit 1936 Chefdramaturg der Volksbühne in Berlin. Bühnenschriftsteller. *Eigene Werke:* Grenze (Schauspiel) 1932; Opfergang (Kammerspiel) 1934; Goldtopas (Nachtstück) 1937; Liebesbriefe (Lustspiel) 1939; Friedrich der Zweite (Schauspiel) 1944; Geliebte Söhne (Schauspiel) 1944; Wir armen Hunde (Schauspiel) 1944; Fuge in Moll (Kammerspiel) 1947.

Lützow, Adolf Freiherr von (1782—1834), in den Befreiungskriegen preuß. Freischarenführer, dessen Korps auch auf die Bühne kam. *Behandlung:* Elisabeth *Grube,* Die Lützower (Schauspiel) 1864; Wilhelm *Schröder,* Studenten u. L. (Schauspiel) 1874; Christian *Ney,* Die L. (Schauspiel) 1884; Hans *Meyer,* Die L. (Festspiel) 1889; F. v. *Jagwitz,* Die L. (Dramat. Zeitbild) 1891; G. *Burchard,* Lützows wilde Jagd (Dramat. Festspiel) 1891; Emil *Lange,* Die Lützower (Dramat. Zeitbild) 1892.

Luger, Angelina s. Totto, Angelika Gräfin.

Luise Königin von Preußen (1776—1810), Tochter des Prinzen Karl von Mecklenburg-Strelitz, wegen ihres liebenswürdigen Charakters u. tragischen Schicksals von Dichtern vielfach verherrlicht, auch auf der Bühne. *Behandlung:* Karl *Schulz,* Königin Luise (Schauspiel) 1873; Fritz *Volger,* Königin L. (Drama) 1883; Gustav *Körner,* L., Königin von Preußen (Schauspiel) 1888; Fritz *Schawaller,* Königin L. (Schauspiel) 1892; Bernhard *Liebermann,* Königin L. (Volksfestspiel) 1894; Rudolf *Fastenrath,* Königin L.

(Tragödie) 1913; Maria *Schade*, Königin L. (Drama) 1913; Hans *Schwarz*, Der Prinz von Preußen (Drama) 1934; W. G. *Klucke*, Verrat in Tilsit (Schauspiel) 1935.

Luithlen-Kalbeck, Flore (Geburtsdatum unbekannt), gest. im Juli 1948 zu Wien. Opernsängerin.
Literatur: Anonymus, F. Luithlen-Kalbeck (Die Presse 17. Juli) 1948.

Luitpold s. Lütge, Karl.

Luka-Kammerer, Paul, geb. im letzten Viertel des 19. Jahrhunderts, einer Schauspielerfamilie entstammend, begann seine Bühnenlaufbahn 1910 u. a. wirkte u. a. in Hamburg, Schleswig, Guben, Ingolstadt, Osnabrück, Zwickau, Bremen, Allenstein u. seit 1929 an vielen Bühnen Berlins. Hauptrollen: Krischan („Krach um Jolanthe") u. a.

Lukes, Johann, geb. 22. Nov. 1826 zu Wildenschwert in Böhmen (Todesdatum unbekannt), debütierte als Tenor 1853 in Prag u. sang 1857 am Thaliatheater in Wien den Tannhäuser.

Luks (geb. Rohrbeck), Johanna, geb. 1799, gest. 5. Mai 1869, wirkte als langjähriges Mitglied am Leopoldstädtertheater in Wien. Kollegin von Therese Krones (s. d.).

Lukschy, Wolfgang, geb. 19. Okt. 1905 zu Berlin, Sohn eines Wiener Ingenieurs u. einer Schauspielerin, war zuerst Kaufmannslehrling, Filmkopierer u. Chemigraph, nahm bei Paul Bildt (s. d.) Schauspielunterricht, kam hierauf über Königsberg, Stuttgart, Würzburg u. München 1939 ans Schillertheater in Berlin, dann ans Schloßtheater, an das Deutsche Theater u. a. dort. Bühnen, wandte sich später aber immer mehr dem Film zu. Hauptrollen: Peer Gynt, Nante u. a. Gatte der Bühnenbildnerin Victoria v. Schack.
Literatur: L. H. *Hajek,* Zwischen Spree u. Donau (Neue Wiener Tageszeitung Nr. 103) 1953.

Lukullus, Lucius Licinus (um 117—57 v. Chr.), römischer Feldherr, lebte luxuriös (Lukullische Gastmähler wurden sprichwörtlich) u. führte in Europa den Kirschbaum ein. Dramat. Figur.
Behandlung: Hans *Hömberg,* Kirschen für Rom (Schauspiel) 1940.

Lumpazivagabundus, Der böse Geist, oder

Das liederliche Kleeblatt, Zauberposse mit Gesang in drei Akten von Johann Nestroy. Die Uraufführung fand 1833 in Wien statt. Das Stück erreichte bis 1862 allein auf den Theatern an der Wien u. in der Leopoldstadt 239 Vorstellungen, die tausendste Aufführung 1881. Es blieb das am meisten gespielte Werk Nestroys auch in der Folgezeit. Der Stoff stammt aus Karl Weisflogs Novelle „Das große Los". Selbst die Charaktere bildete der Wiener Dichter seinem norddeutschen Vorbild nach, nur daß er aus dem philosophierenden Schlosser Weisflogs einen Schuster machte, vielleicht in Erinnerung an Hans Sachs u. Jakob Böhme. Über alles warf er dann den Mantel Alt-Wiener Grazie u. Heiterkeit, wenngleich er sich als realistischer Satiriker nicht scheute, seinem weltverachtenden, im Trunke Trost findenden Schuster Knierim Ausdrücke in den Mund zu legen, wie sie nur in gemeinen Kneipen üblich sind, darin ein früher Vorläufer des Naturalismus. Der zeitgenössische Kritiker der „Wiener Zeitschrift" vom 2. Mai 1833 urteilte richtig: „Natürlich hat der Zuschauer vor allem darauf zu sehen, mit wem er es hier zu tun hat, und ein Blick auf die handelnden Personen wird ihm genügen, seine Kunstforderungen zu der Sphäre herabzustimmen, in die er eingeführt wird. Ein Tischler-, ein Schneider-u. ein Schustergeselle sind hier die Repräsentanten der Welt, von der die Bühne ein Spiegel ist. Mehr zu verlangen als eben einen Tischler-, einen Schneider- u. einen Schustergesellen, wäre eine Forderung, die wenigstens der Spiegel nicht erfüllen könnte. Zeigt er sie in ihrer wahren, dabei aber belustigenden Gestalt, so tut er alles, was er tun kann, alles, was der Zuschauer erwarten darf. Wer etwas anderes, Höheres begehrt, der bleibe lieber weg! Kommt er aber, so ärgere er sich nicht, daß in der Dorfschenke keine Herzoginnen tanzen. Unter den drei Helden des Stückes ist der Schneider mit besonderer Vorliebe behandelt. Der Verfasser des Stückes muß sich den Darsteller der Rolle, Herrn Scholz, schon im vorhinein als das Ideal eines Bügeleisenhelden gedacht haben, so vollkommen hat er alle Züge diesem ergötzlichen Komiker angepaßt. Den Schuster stellt Herr Nestroy selbst dar. Die Farben zu diesem niederländischen Bilde sind wohl ein wenig dick aufgetragen. Allein sie wirken auch danach u. es wäre ungerecht, hier eine allzu haarscharfe Linie ziehen zu wollen. Die fixe Idee dieses Schustergesellen von der Astronomie u. dem Untergange der Welt durch den Kometen ist so komisch gebracht, u. gibt zu einem höchst wirksamen Liede Anlaß, welches an Witz u. Humor wohl die gelungenste Stelle des ganzen Stückes ist."

Lund, Elise, geb. 12. April 1832 zu Hamburg (Todesdatum unbekannt), wurde das. für die Bühne ausgebildet, wirkte als Tragische Liebhaberin u. in Charakterrollen in Hamburg, Breslau, Brünn, Petersburg, Wiesbaden, Köln u. als Gast an vielen Bühnen Deutschlands u. Amerikas. Im Ruhestand lebte sie in Warmbrunn. Hauptrollen: Maria Stuart, Thekla, Orsina, Emilia, Gretchen, Klärchen u. a.

Lunde, Sigurd, geb. 21. Febr. 1865 zu Christiania, Sohn eines Dekorationsmalers, ursprünglich für den Beruf des Vaters bestimmt, besuchte die Kunstakademie in Dresden, nahm jedoch hier bei August Götze, später auch bei Benno Stolzenberg (s. d.) Gesangsunterricht, begann in Magdeburg seine Bühnenlaufbahn u. wirkte dann in Danzig, Halle, Bremen, Basel u. Riga. Hauptrollen: Lyonel, Troubadour, Don José, Postillon u. a. Gatte der Sängerin Zerline Lunde.

Lunde (Ps. geb. Drucker), Zerline, geb. 8. Juni 1865 zu Hamburg, Tochter eines Kaufmanns namens Drucker, trat fünfzehnjährig als Choristin u. in kleinen Rollen am Friedrich - Wilhelmstädtischen Theater in Berlin auf, kam dann als Operettensängerin ans Theater an der Wien, später als Opernsängerin nach Darmstadt, wirkte 1899 bis 1900 in Riga u. unternahm zahlreiche Gastspielreisen. Hauptrollen: Rosalinde, Schöne Helena, Herzogin von Gerolstein, Selika u. a. Seit 1893 Gattin des Opernsängers Sigurd Lunde.

Lundt, Wilhelm, geb. 19. Dez. 1873 zu Ruhrort, gest. 20. Aug. 1943 zu Berlin, einer alten Theaterfamilie entstammend, war als Kapellmeister u. a. in Gelsenkirchen u. Bochum bühnentätig. Später führte er eine norddeutsche Schauspielergesellschaft.

Lunzer, Eduard, geb. 28. Sept. 1842 zu Karlburg bei Preßburg, gest. 20. Okt. 1913 zu Wien, Sohn eines Krämers, zuerst Wanderkomödiant, kam dann von Salzburg ans Josefstädtertheater in Wien, an die Stadttheater in Baden bei Wien u. Wiener-Neu-

stadt, 1872 nach Prag, 1885 wieder nach Wien (Theater an der Wien) u. war seit 1900 für die Operettenunternehmungen Gabor Steiners das. verpflichtet. Vorwiegend Komiker, in Posse, Volks- u. Bauernstück bewährt. 1912 nahm er seinen Abschied. Auch Possenautor. Hauptrollen: Tatlhuber ("Die verhängnisvolle Faschingsnacht"), Billy ("Der arme Jonathan"), Mohr ("Der verlorene Sohn"), Würmchen ("Der Vogelhändler") u. a.

Lurch, Käthe, geb. 9. Juni 1880, gest. 16. Febr. 1912 zu Wilmersdorf, war Opernsängerin in Sondershausen u. am Stadttheater in Rostock.

Lurgenstein, Bruno, geb. 9. Dez. 1854 zu Naumburg an der Saale, gest. 18. April 1905 zu Berlin, humanistisch gebildet, wurde Lehrer, studierte dann aber Musik, kam als Opernsänger 1884 nach Zürich, nach weiteren Studien nach Koblenz u. wirkte seit 1886 als erster Bassist am Hoftheater in Dresden, an der Krolloper in Berlin, an der Metropolitan-Oper in Neuyork, in Düsseldorf u. a. Zuletzt ließ er sich als Konzertsänger u. Gesangspädagoge in Berlin nieder. Hauptrollen: Eremit, Fasolt, Heerrufer u. a.

Luserke, Martin, geb. 3. Mai 1880 zu Berlin, schlesischer u. westfälischer Herkunft, wurde Lehrer, geriet im Ersten Weltkrieg in französ. Gefangenschaft, gab später den Lehrberuf auf, erwarb ein Küstenschiff, mit dem er die Nord- u. Ostsee befuhr u. ließ sich 1939 als freier Schriftsteller (vorwiegend Erzähler) in Meldorf (Holstein) nieder. Förderer der Laienspiel-Bewegung.

Eigene Werke: Shakespeare-Aufführungen als Bewegungsspiele 1921; Die zwei Wünsche — Brunhilde auf Irland — König Drosselbart (Laienbühnenspiele) 1923; Das unterste Gewölbe (Spiel) 1927; Der Brunnen (Spiel) 1927; Jugend- u. Laienbühne 1928 u. a.

Lußberger, Jakob (Hans), geb. 9. März 1813 zu Frankfurt a. M., gest. 16. Juli 1857 zu Puchberg (Niederösterreich), Sohn eines Theatermeisters, sollte anfangs Mechaniker werden, folgte jedoch seinem Drang zur Bühne, zuerst als Chorist, dann als Schauspieler in seiner Vaterstadt, wo er 1829—43 wirkte. Hierauf kam er nach Stuttgart, 1846 nach Wien, zuerst am Burgtheater, dann am Theater an der Wien, hier auch Regie führend, u. seit 1850 wieder am Burgtheater

tätig. Sein ausgesprochenes Talent als Zeichner kam seiner porträtähnlichen Darstellungskunst sehr zu statten. Heinrich Laube rühmte dem Frühverstorbenen in seiner Schrift „Das Burgtheater" nach: „L. war ein liebenswürdiger, solider Mann mit guter Schulbildung, mit unermüdlichem Bildungsstreben, mit eisernem Fleiße u. mit jener gesunden schauspielerischen Begabung, welche man Ifflandisch nennt, einfach, wahr u. reiflich erwogen. Frei vom Dialekttone, hatte er eine schöne Zukunft vor sich im Fache der Väter u. geschmeidigen Charakterspieler. Er beherrschte auf der Szene sein Material mit voller Sicherheit u. hatte dadurch einen großen Vorsprung vor so vielen begabten deutschen Schauspielern, welche die Abhängigkeit vom Souffleur nicht loswerden können, eine Sklaverei, die nie ein volles schauspielerisches Kunstwerk erreichen läßt. Darüber war L. auch mit sich ganz im Klaren, u. sein Streben war ein systematisch geregeltes. Ich erinnere mich einer Streitszene auf der Probe, welche dies deutlich an den Tag legte. Gereizt durch ein anderes Mitglied, welches den Souffleur absolut nicht entbehren konnte, entwarf er diesem ins Angesicht voll Zorn ein Bild vom Schauspieler, wie er sein müßte. Er führte dies Bild mit voller Beredsamkeit u. Kenntnis in raschem Redestrome binnen fünf Minuten dergestalt aus, daß es vom Stenographen sofort in die Druckerei geschickt werden konnte u. sich als ein erschöpfendes Vademecum für Schauspieler dargeboten hätte. Er besaß alle Eigenschaften für einen guten Regisseur." Sein Meisterwerk war die Bearbeitung von Gutzkows „Königsleutnant", der bisher nirgends Erfolg hatte, indem er die fünf Akte des Stückes in vier zusammenzog u. aus dem Grafen Thorane, bei Gutzkow ein Greis, einen Mann in den besten Jahren machte. L. spielte die Hauptrolle mit großartigem Erfolg u. das Stück gehörte seitdem zum eisernen Bestand der deutschen Bühne.
Literatur: Wurzbach, J. Lußberger (Biogr. Lexikon 16. Bd.) 1867; *Eisenberg*, J. L. (Biogr. Lexikon) 1903.

Lustgarten (Ps. Lorm), Sidonie, geb. 25. Nov. 1887 zu Friedeck, war Schauspielerin am Deutschen Theater in Berlin, 1911—16 an den Kammerspielen in München, hierauf bis 1933 wieder am Deutschen Theater u. später an den Kammerspielen in Wien.

Lustig, August, geb. 4. Nov. 1840 zu Hart-

mannsweiler im Elsaß, gest. 2. Jan. 1895 zu Mülhausen, war Regimentsmusiker u. später Photograph. Vorwiegend Bühnenschriftsteller, auch im Dialekt.
Eigene Werke: Drei schwarze Liebschafte (Lustspiel) 1879; Hans, dich hat's (Lustspiel) 1879; Im Gretele sine Künstler (Lustspiel) 1880; D' Milhüser in Paris (Lustspiel) 1880; Milhüserbilder (Drama) 1880; Dr Astronom (Lustspiel) 1881; D' Tante Domino (Lustspiel) 1881; Ne Hiroth dur d'Extrapost (Lustspiel) 1882; D' Hüslit vo de Frau Suppedunke (Lustspiel) 1882; Zwei Erfindunge (Drama mit Gesang) 1884.

Lustig-Prean, Karl (Ps. Erwin Janischfeld), geb. 20. Jan. 1892 zu Prachatitz im Böhmerwald, Sohn eines Generals, studierte an der k. k. Militär-Akademie in Wiener-Neustadt, wurde im Ersten Weltkrieg Oberleutnant, 1918 Chefredakteur des „Deutschen Volksblatts" in Wien, 1920 Direktor-Stellvertreter u. Regisseur der dort. Volksoper, 1922 Chefredakteur des „Egerlands", 1924 Direktor des Stadttheaters in Bozen, 1926 Intendant des Stadttheaters in Graz, 1929 in Augsburg, 1931 in Bern, 1934 Direktor u. Regisseur der Volksoper in Wien, 1935 Chefredakteur der „Deutschen Presse" in Prag, lebte 1937 bis 1948 in Brasilien u. wirkte seit 1949 als Direktor an der Musiklehranstalt der Stadt Wien. Regierungsrat. Er schrieb u. a. „Die Krise des deutschen Theaters" 1929. Gatte der Schauspielerin Marianne Merck, später der Opernsängerin Lotte Silbiger.

Lustige Person auf der Bühne s. Hanswurst, Harlekin, Kasperl.

Lustige Witwe, Die, Operette in drei Akten (mit Benutzung eines Prosastücks von Henri Meilhac) von Viktor Léon u. Leo Stein, Musik von Franz Lehár, Uraufführung 1905 in Wien. „Die l. W." stammt aus der Komödie „Der Attaché" von Meilhac, die seinerzeit Laube im Burgtheater zur Aufführung gebracht hat. Die ungemein melodiöse Walzeroperette, deren Handlung im Paris der Jahrhundertwende spielt, mit einer rassigen südslawischen Millionärin im Mittelpunkt, stellte den Komponisten mit einem Schlag in die erste Reihe neuzeitlicher Tonsetzer. Schlager wie „Da geh' ich ins Maxim", „Ja, das Studium der Weiber ist schwer" waren bald in aller Leute Mund. Und es gab, wie eine amerikanische Zeitung feststellte, so groß war die allgemeine Popularität, in kurzer Zeit Lustige-Witwen-Keks,

-Cremes, -Salate, -Hüte, -Schuhe, -Zigarren u. a. „Die l. W.", die erste große moderne Operette, behielt ihre Beliebtheit auch in der Folgezeit. Ursprünglich war der Text für den Komponisten Heuberger bestimmt, doch fand sich dieser mit dem slawischen Milieu nicht einverstanden u. so übernahm Lehár den Antrag. Revueartige Neufassungen gingen 1928 (durch Erik Carell im Berliner Großen Schauspielhaus) u. 1938 (durch Fritz Fischer in der Münchner Staatsoperette) über die Bretter. A. Bauer schrieb in seinem Buch „150 Jahre Theater an der Wien" 1952: „Die vornehme Orchestrierung wurde vorbildlich für das Operettengenre des nächsten Vierteljahrhunderts. Die hinreißende Musik u. die meisterhafte Darstellungskunst der beiden Hauptdarsteller: Louis Treumann als Graf Danilo u. Mizzi Günther als Hanna Glawari stempelten die neue Operette zu einem Sensationserfolg. Schon am 7. April 1906 erfolgte die 100. u. am 29. April, dem Tag des Saisonschlusses die 119. Aufführung. Die 400. Aufführung überhaupt fand schon am 24. April 1907 statt, das Theater an der Wien zählte bis 1931 483 Aufführungen. Bis 1910 gab es allein in San Franzisko 5000 Aufführungen, 50 Jahre nach der Uraufführung waren es auf allen Bühnen zusammen ungefähr eine Viertelmillion. *Literatur:* Edgar *Pierson*, Die lustige Witwe u. ihr Komponist (Bühne u. Welt 10. Jahrg.) 1908; Erwin *Mittag*, Die l. W. erobert die Welt. Die abenteuerliche Entstehungsgeschichte der erfolgreichsten Wiener Operette (Die Presse Nr. 430) 1950; A. *Lorenzoni*, Das Urbild der l. W. (Neue Wiener Tageszeitung Nr. 134) 1953; L. M. *Walzel*, 50 Jahre Lustige Witwe (Österr. Neue Tageszeitung Nr. 302) 1955; Hildegard *Weber*, Die quicklebendige Fünfzigerin (Frankfurter Allg. Zeitung Nr. 303) 1955; Stefan *Rechnitz*, Lippen schweigen, flüstern Geigen (Die Presse 1. Jan.) 1956.

Lustigen Musikanten, Die, Singspiel von Clemens Brentano, Musik von Peter Ritter, uraufgeführt in Düsseldorf 1803 (?), gedruckt im gleichen Jahr. E. Th. A. Hoffmann war von der Dichtung so begeistert, daß er selbst sie vertonte u. unter seiner Leitung 1805 am Deutschen Theater in Warschau zur Aufführung brachte. Leider mußte er bekennen: „Der Text mißfiel — es war Kaviar für das Volk, wie Hamlet sagt." Die Handlung spielt in Italien. Maskenfiguren der Commedia dell'arte verstärken das durch-

aus südländische Kolorit. Den von allerlei Schicksalen verfolgten Fürstenkindern stehen die Musikanten gegenüber, deren übermütige Heiterkeit das tiefe Herzweh nicht verdecken kann, daß sie doch nur zum fahrenden Volk gehören, dazu verdammt, die Welt zu unterhalten u. zu belustigen. Das wunderbare Lied „Da sind wir Musikanten wieder, die nächtlich durch die Straßen ziehn . . ." bildet gleichsam das Leitmotiv dieser schon im Wortlaut wahrhaft musikalischen Dichtung, die mehr als bloße Folie für ein loses Gerippe von Arien, Duetten u. Chören sein sollte (Neudruck in Brentanos Werken, herausg. von Max Preitz 3. Bd. 1914).

Lustigen Weiber von Windsor, Die, komisch-phantastische Oper in drei Aufzügen, Text nach Shakespeares gleichnamigem Schauspiel von Hermann Salomon Mosenthal, Musik von Otto Nicolai. Uraufführung 1849 in Berlin. Den Stoff der übermütigen Handlung mit dem trinkfesten Ritter Falstaff im Mittelpunkt, hatten auf der deutschen Bühne schon früher J. B. Pelzel („Die lustigen Abenteuer an der Wien" 1772), W. H. Brömel („Gideon von Bromberg" 1785), ein Anonymus („Die lustigen Weiber von Wien" 1794), Peter Ritter („L. W." 1794) u. Karl v. Dittersdorf („L. W." 1796) bearbeitet. Unter dem Einfluß Mozarts u. Webers schuf nun Nicolai eine Oper im Sinn der deutschen Romantik, deren Text der Kasseler Librettist Jakob Hoffmeister (1821—77) begonnen hatte u. von H. S. Mosenthal (s. d.) beendigt wurde. Ihre bezaubernden Szenen voll inniger Gemütstiefe u. köstlichem Humor verschafften dem Werk internationale Geltung u. Dauerwirkung über alle musikalisch zeitbedingten Opern hinweg.

Lustspiel oder Komödie (nach dem griech. komos = lustiges Gelage), komisches Drama, hauptsächlich von den Alten u. in den romanischen Literaturen sowie von Shakespeare gepflegt. In Deutschland fand die Komödie nicht solche Geltung wie andere Bühnenstücke. Zwar suchten schon Hans Sachs u. Ayrer ihr einen größeren Spielraum zu schaffen. Aber auch ihr bedeutendster Vertreter im 17. Jahrhundert, Andreas Gryphius (s. d.), konnte keine rechte Verbreitung für sie gewinnen. Im 18. Jahrhundert bot das harmlose Familienlustspiel von Gellert u. Weiße keine fördernden Ausblicke. Erst mit Lessings „Minna von

Barnhelm" erhielt das Theater ein klassisches Stück, das mit dem ernsten Schauspiel u. Trauerspiel in Wettbewerb treten konnte. Weitere Stadien der Entwicklung bedeuteten etwa Kotzebues „Deutsche Kleinstädter", Kleists „Der zerbrochene Krug", Grillparzers „Weh dem, der lügt", Bauernfelds „Bürgerlich u. romantisch", Eichendorffs „Die Freier", Freytags „Die Journalisten" u. Gerhart Hauptmanns „Der Biberpelz", während Benedix, Moser, Schönthan, Blumenthal, Kadelburg u. a. mit ihren Possen u. Schwänken bloß der Unterhaltung dienten. Neuerdings sucht man die Komödie vom L. scharf zu scheiden. Abarten sind Possen, Schwänke u. dgl.

Literatur: Jakob *Mähly*, Wesen u. Geschichte des Lustspiels 1862; Wilhelm *Creizenach*, Zur Entstehungsgeschichte des neuen deutschen Lustspiels 1879; C. *Reuling*, Die komische Figur in den wichtigsten Dramen bis zum Anfang des 17. Jahrhunderts 1890; Walter *Harlan*, Die Schule des Lustspiels 1902; Kurt *Hille*, Die deutsche Komödie unter der Einwirkung des Aristophanes (Breslauer Beiträge zur Literaturgeschichte) 1907; K. *Holl*, Zur Geschichte der Lustspieltheorie 1910; Fritz *Bouquet*, Das Problem der echten K. u. ihrer übertragischen Momente in der ästhetisch-dramaturgischen Reflexion von Schiller bis Hebbel (Diss. Freiburg im Brsg.) 1921; K. *Holl*, Geschichte des deutschen Lustspiels 1923; Alma *Rogge*, Das Problem der dramatischen Gestaltung im deutschen L. (Diss. Hamburg) 1926; K. *Holl*, L. (Reallexikon 2. Bd.) 1926 f.; Mary *Beare*, Die Theorie der K. von Gottsched bis Jean Paul (Diss. Bonn) 1927; Ernst *Beutler*, Forschungen u. Texte zur frühhumanistischen K. 1927; Paul *Malthan*, Das Junge Deutschland u. das L. (Beiträge zur neueren Literaturgeschichte, Neue Folge Nr. 14) 1930; H. *Kehl*, Stilarten des deutschen Lustspielalexandriners (Bausteine 31. Bd.) 1931; W. *Bardell*, Theorie des Lustspiels im 19. Jahrhundert (Diss. München) 1935; H. *Rempel*, Tragödie u. K. im dramatischen Schaffen Lessings 1935; R. *Habicht*, H. Bergson u. das deutsche Typenlustspiel 1936; F. *Güttinger*, Die romantische K. u. das deutsche L. (Diss. Zürich) 1939; H. *Oehler*, Zur Sprache des Lustspiels von Heute (Muttersprache Nr. 11) 1940; Betsy *Aitkin-Sneath*, Comedy in Germany 1940; Hildegard *Mahler*, Das Tragische in der K. (Diss. München) 1950; Wilhelm *Michel*, Geist der K. (Neue Literar. Welt Nr. 15) 1952; Heinz *Kindermann*, Meister der K. 1953; Erich *Hock*, Grillparzers

Lustspiel (Wirkendes Wort 4. Jahrg.) 1953 u. 1954.

Luther, Arthur, geb. 3. Mai 1876 zu Orel in Rußland, Sohn eines Gymnasialprofessors, Nachkomme eines Vetters von Martin Luther, war Professor für neuere Literaturgeschichte in Moskau, 1918—45 Bibliotheksrat an der Deutschen Bücherei in Leipzig u. Dozent an der Deutschen Buchhändler-Lehranstalt das. Auch um die Theaterwissenschaft verdient.

Eigene Werke: Franz Grillparzer 1907; Jesus u. Judas in der Dichtung 1910; Lessing u. seine besten Bühnenwerke 1922; Meisterwerke der russischen Bühne 1922; Franz Werfel u. seine besten Bühnenwerke 1923; Das Moskauer Künstlertheater 1946; Molières Tartuffe, deutsch 1947; Molières Der Menschenfeind, deutsch 1949 u. a.

Luther, Martin (1483—1546), Begründer der evangelischen Kirche, als Bühnenheld.

Behandlung: J. D. *Cochlaeus,* Bockspiel Martini Luthers (Schauspiel) 1531; Friedrich *Dedekind,* Der christl. Ritter (Schauspiel) 1576; Zacharias *Rivander,* Luther redivivus (Komödie) 1593; Andreas *Hartmann,* Curriculum vitae Lutheri in Komödien repräsentiert 1600 ff.; Martin *Rinckart,* Der Eislebisch-christl. Ritter (Geistl. Komödie) 1613; Henricus *Hirtzwigius,* Lutherus (Lat. Drama) 1617; J. W. *Goethe,* Götz von Berlichingen (Schauspiel) 1773; Zacharias *Werner,* M. L. oder Die Weihe der Kraft (Drama) 1806 (nach Werners Übertritt zum Katholozismus als: Die Weihe der Unkraft 1814); E. A. *Klingemann,* M. L. (Drama) 1809; Hans *Köster,* L. (Trauerspiel) 1847; August *Trümpelmann,* L. u. seine Zeit (Drama) 1869; Wilhelm *Henzen,* L. (Drama) 1883; R. *Prellwitz,* L. in Worms (Dramat. Gedicht) 1883; Otto *Devrient,* L. (Drama) 1883; Heinrich *Meyer,* Das Nünnlein (Katharina von Bora) von Nimtschen oder Dr. Luthers Brautfahrt (Dramat. Gedicht) 1883; Albert *Lindner,* Der Reformator (Schauspiel) 1883; Wilhelm *Köhler,* L. (Schauspiel) 1883; Karl *Lange,* L. u. Graf E. v. Erbach (Schauspiel) 1883; Hans *Georg,* L. (Drama) 1884; R. *Ortmann,* L. (Dramat. Charakterbild) 1884; S. *v. Gellert,* L. (Festspiel) 1885; M. *Besser,* L. im Augustinerkloster zu Erfurt (Festspiel) 1889; H. *Adelberg,* L. (Festspiel) 1889; Hugo *Kegel,* Lutherfestspiel um 1890; Viktor *Grüneberg* (= Grünberg), M. L. (Drama) 1890; J. *Kreft,* L. u. der Schwärmer (Festspiel) vor 1892;

F. v. *Hindersin*, L. (Drama) 1892; A. *Sturm*,
L. auf der Wartburg (Dramat. Szene) 1892;
Max *Hobrecht*, L. auf der Veste Koburg
(Drama) 1893; Rudolf *Holzer*, Hans Kohl-
hase (Schauspiel) 1896 (Neufassung: Ju-
stitia 1940); Eugen *Hertel*, Die Nachtigall
von Wittenberg (Drama) 1903; Adolf *Bar-
tels*, M. L. (Dramat. Trilogie) 1903; E. *Ege*,
L. auf Koburg (Drama) 1904; Julius *Riffert*,
Luthers Abschied von der Wartburg
(Drama) 1906; Fritz *Lienhard*, L. auf der
Wartburg (Drama) 1906; Pauline *Tiemann*,
Katharina von Bora (Drama) 1907; Wilhelm
Arminius, L. auf der Koburg (Drama) 1910;
Ernst *Lissauer*, L. u. Thomas Münzer
(Drama) 1929; E. E. *Pauls*, Vom Himmel
hoch (Weihnachtsspiel) 1933; E. W. *Möller*,
L. oder Die höllische Reise (Drama) 1933;
Otto *Bruder*, L., der Kämpfer (Feierspiel)
1933; Georg *Winter*, L. (Festspiel) 1933;
Walter *Best*, Und Wort ward Tat (Spiel)
1933; Franz *Kern*, Der Bergmann Gottes
(Festspiel bei der Feier in Eisleben) 1933;
Hans *Johst*, Propheten (Festspiel) 1933; K.
Windschild, Doktor Luthers Kantorei (Spiel)
1933; Kurt *Eggers*, Revolution um L. (Spiel)
1935; Friedrich *Freksa*, Stiefel muß sterben
(Komödie) 1935; Max *Dreyer*, Frührot
(Schauspiel) 1936; Josef *Buchhorn*, Wende
in Worms (Drama) 1937; G. *Kölli*, Luthers
Entscheidung (Spiel) 1938; Wilhelm *Herbst*,
L. u. Faust (Drama) 1950 u. a.
Literatur: Otto *Borngräber*, Das Problem
einer Luthertragödie A. Bartels (Bühne u.
Welt 8. Jahrg.) 1906; Walter *Kühlborn*,
Luther in der dramatischen Dichtung (Zeit-
schrift für deutschen Unterricht 31. Jahrg.)
1917; Günther *Herzfeld*, M. Luther im
Drama von vier Jahrhunderten (Diss.
Köln) 1922; Gustav *Hildebrandt*, Luther-
Dramen (1900—33) 1937 u. a.

Luther, Willi, geb. um 1903, gest. 25. Febr.
1944 zu Bremerhaven (Wesermünde), war
seit 1934 Schauspieler u. Dramaturg das.

Lutkat, Robert, geb. 26. Sept. 1846 zu Insterburg (Todesdatum unbekannt), war seit
1869 Schauspieler in Nürnberg, Hamburg,
Düsseldorf u. zehn Jahre in Königsberg u.
seit 1887 Rezitator seiner eigenen humoristischen Werke in Deutschland u. Rußland.

Lutter und Wegner, berühmtes Weinlokal
in Berlin an der Charlotten- u. Französischen Straße nächst dem Kgl. Schauspielhaus, spielte nicht bloß in der Literatur-,
sondern auch in der Theatergeschichte des

19. Jahrhunderts eine große Rolle. E. Th.
A. Hoffmann, L. Devrient, Th. Döring u. a.
Bühnengrößen waren dort Stammgäste.
Grillparzer berichtete in seiner Selbstbiographie über einen Besuch der Gaststätte: „Hoffmann selbst — auch eine mit
Unrecht vergessene Zelebrität — war damals vor kurzem gestorben, u. seine Zech-
brüder saßen stumm u. vereinzelt. Endlich
kam auch ihr Matador, der Schauspieler
Ludwig Devrient. Als man mich ihm vor-
stellte, benahm er sich wie ein im Geiste
Abwesender, u. auf meine spätere Frage,
wo er wohne? sah er mich an, als über die
Zumutung erstaunt, daß er selber wisse, wo
er selber wohne. Erst nach ein paar Gläsern Wein kam er aus seinem Stumpf-
sinne zurück."
Literatur: M. *Hoffmann*, Lutter u. Wegner (Goldener Anker u. Schwarzer Walfisch.
Ein Führer durch denkwürdige Gaststätten)
1940.

Lutterotti, Mathilde von, geb. 8. März 1850
zu Linz an der Donau (Todesdatum unbekannt), wirkte als Opernsängerin (Alt) in
Hannover u. jahrzehntelang in Stuttgart.
Hauptrollen: Fides, Ortrud, Azucena u. a.

Luttmann, Heinrich, geb. 1822, gest. im
März 1885 zu Berlin, war Schauspieler am
dort. Friedrich-Wilhelmstädtischen Theater
Als drastischer Episodist erreichte er im
kleinen Genre größte Virtuosität.

Lutz, Anton, geb. 1814, gest. im Dez. 1898
zu Weimar, war seit 1855 Chargenschauspieler u. Sänger am Hoftheater das.

Lutz, Josef (Daten unbekannt), wirkte als
Heldendarsteller u. Direktor einer reisen-
den Gesellschaft 1840—63 in Klagenfurt,
Karlsbad, Budweis, Marburg a. d. Drau,
Steyr u. Wiener-Neustadt. Gatte der Toch-
ter des Schauspielunternehmers Georg
Schantroch.

Lutz, Josef Maria, geb. 5. Mai 1893 zu
Pfaffenhofen an der Ilm, lebte in Prambach
bei Ilmmünster in Oberbayern, später in
München. Lyriker u. Dramatiker.
Eigene Werke: In Kleindlfing (Lustspiel)
1924; Et in terra pax (Drama) 1925; Feuer
im Haus (Bauerndrama) 1925; Der Himmelsstürmer (Volksschauspiel) 1930; Die Erlösung Kains (Drama) 1932; Der Zwischen-
fall (Lustspiel) 1932; Der Brandner Kaspar
schaut ins Paradies (Volksstück) 1934; Der

Geisterbräu (Lustspiel) 1937; Der fremde Kaiser (Drama) 1947; Die Nonne u. der Teufel (Mysterienspiel) 1950; Ein Heilig-Drei-Königspiel 1950; Birnbaum u. Hollerstauden (Volksstück) 1951 u. a.

Lutz, Karl s. Lutzenberger, Karl.

Lutz, Marie s. Rott, Marie.

Lutz, Siegfried, geb. 5. Juli 1886 zu Zwickau in Sachsen, lebte seit 1908 in Berlin u. führte mit seinen Bearbeitungen englische Melodramen in Deutschland ein, die in Köln, Hannover u. Nürnberg wiederholt auf die Bühne kamen.

Eigene Werke: Das Mädchen ohne Ehre 1907; Des Mädchens Lebenswege 1907; Der Weg ins Verderben 1907; Der Silberkönig 1908; Die goldene Schlange (Vier Akte aus dem Mittelalter) 1908 u. a.

Lutz, Walter, geb. 25. Okt. 1879 zu Besigheim in Württemberg, studierte in Tübingen (Doktor der Rechte), war bis 1914 Rechtsanwalt, redigierte seit 1926 die Zeitschrift „Das Wort", in Teinach (Württemberg) wohnhaft. Vorwiegend Dramatiker.

Eigene Werke: Thomas Münzer (Drama) 1909; Die Kraftgenies (Lustspiel) 1910; Andreas Hofer (Drama) 1912; Der Geiger von Gmünd (Operntext) 1918; Lichte Nacht (Schauspiel) 1919; Der Tag des Zorns (Schauspiel) 1920; Bauernblut (Schauspiel) 1920; Die Gottesbotschaft Jakob Lorbers (Schauspiel) 1920; König Saul (Drama) 1921; Junger Wein (Lustspiel) 1921; Trutz u. Treue (Volksschauspiel) 1930; Die Himmelsstürmer (Volksschauspiel) 1931; Drachenkampf (Paracelsus-Drama) 1938 u. a.

Lutz, Wilhelm, geb. 9. Aug. 1904 zu Augsburg, besuchte 1919—27 das Konservatorium das., 1929—32 die Akademie der Tonkunst in München (Schüler Hans Pfitzners u. a.), wurde Solorepetitor des bayr. Staatstheaters das., 1933 Kapellmeister an der Pfalzoper in Kaiserslautern, 1935 am Opernhaus in Königsberg u. 1941 Lektor bei B. Schott in Mainz.

Lutze, Arthur, geb. 1. Juni 1813 zu Berlin, gest. 11. April 1870 zu Köthen, Sohn eines Konsuls, studierte zuerst Theologie, wurde jedoch Postbeamter, dann Waisenhauslehrer u. führte seit 1854 eine große homöopathische Klinik in Köthen. Vorwiegend Bühnendichter.

Eigene Werke: Karl X. im Jahre 1832 in Schottland (Dramat. Szene) 1836; Das Galgenmännlein (Dramat. Gedicht) 1839; Macht der Mutterliebe (Drama) 1846; Emilie oder Das rote Kleid (Schauspiel) 1849; Herzog Heinrich u. Marie oder Der Triumph der Liebe (Schauspiel) 1864; Graf Evremont (Schauspiel) 1866; Der alte Fritz oder Eine Schuld u. ihre Sühnung (Drama) 1867.

Literatur: Brümmer, A. Lutze (Biogr. Lexikon 6. Aufl. 4. Bd.) 1913.

Lutze, Ernst Arthur (Ps. Edmund Alexander Läutner), geb. 13. Okt. 1848 zu Köthen (Todesdatum unbekannt), Sohn des Vorigen, studierte in Leipzig u. Halle Medizin, übernahm 1874 die Klinik seines Vaters, wirkte 1881—86 in Itzehoe, Altona u. ließ sich dann in Berlin nieder. Bühnenschriftsteller.

Eigene Werke: Othellos Erfolg (Schwank) 1887; Die Geräuschlosen (Schwank) 1888 (mit A. Wittmann); Flitterwochen in Italien (Lustspiel) 1889; Die arme Kreatur (Drama) 1899; O diese Schachspieler (Schwank) 1904 u. a.

Lutze (geb. Herrmann), Julie, geb. 19. Febr. 1823 zu Hamburg, gest. 25. Aug. 1889 daselbst, Tochter des Theaterdirektors u. Bühnenschriftstellers Bernhard Anton Herrmann (s. d.), wirkte als Soubrette u. Liebhaberin am Stadttheater in Hamburg u. 1843—49 an erster Stelle am dort. Thaliatheater. Seit 1849 mit dem Kaufmann H. A. Lutze verheiratet, zog sie sich von der Bühne zurück u. war als Schriftstellerin u. Komponistin in ihrer Vaterstadt tätig.

Lutze, Walter, geb. 22. Aug. 1891 zu Wittenberg an der Elbe, Sohn eines Justizobersekretärs, wirkte 1911—14 als Korrepetitor u. Kapellmeister am Stadttheater in Bremen, nach Kriegsteilnahme 1916 am Stadttheater in Bremerhaven, 1917 in Bad Oeynhausen, 1920—35 am Staatstheater in Schwerin, 1935 bis 1944 am Deutschen Opernhaus in Berlin u. 1951—52 in Dessau. Generalmusikdirektor. Zuletzt lebte L. wieder in Berlin.

Lutzenberger, Dora, geb. 26. Febr. 1911 zu Memmingen, von Carl Beines ausgebildet, betrat als Opernsängerin (Sopran) 1937 die Bühne in Guben, ging 1939 nach Zittau, 1941 nach Reichenberg, wirkte 1943—45 am Stadttheater in Plauen u. seither als Konzert- u. Gastsängerin an verschiedenen Orten. Gattin von Robert Glass. Nach dem Zweiten Weltkrieg lebte sie in München.

Lutzenberger (Ps. Lutz), Karl, geb. 16. Okt. 1864 zu Wien (Todesdatum unbekannt), nahm dramatischen Unterricht bei Leo Friedrich (s. Leo Hermann), betrat als Charakterkomiker die Bühne 1888, u. war seit 1892 Mitglied des Josefstädtertheaters in Wien u. bis 1913 des Concordiatheaters in Berlin.

Lutzer, Jenny s. Dingelstedt, Jenny Freifrau von.

Lux, Alfred, geb. 1858, gest. 29. Sept. 1918 zu Zwickau in Sachsen, war Schauspieler in Weimar, auch Regisseur der Posse u. Operette in Stettin (Bellevuetheater), Berlin u. a. Hauptrollen: Jonathan („Graf Essex"), Lörsch („Schwabenstreich"), Rancho („Farinelli") u. a.

Lux, Friedrich, geb. 24. Nov. 1820 zu Ruhla in Thüringen, gest. 9. Juli 1895 zu Mainz, wurde 1841 Musikdirektor am Hoftheater in Dessau u. war 1851—77 Kapellmeister am Stadttheater in Mainz. Komponist u. a. von Opern.
Eigene Werke: Käthchen von Heilbronn 1846; Der Schmied von Ruhla 1889; Die Fürstin von Athen 1896; Coriolan (Dramat. Szene) o. J.
Literatur: A. *Reißmann,* F. Lux 1888 (2. Aufl. 1895); *Riemann,* F. L. (Musik-Lexikon 11. Aufl.) 1929.

Lux, Josef August, geb. 8. April 1871 zu Wien, gest. 23. März 1947 zu Salzburg, einer rheinischen Familie entstammend, studierte in seiner Vaterstadt, in München, Paris u. London, lebte dann als freier Schriftsteller in Wien, kam unter Hitler nach Dachau u. ließ sich nach der Befreiung in Salzburg nieder. Vielseitig literarisch tätig, auch für die Bühne.
Eigene Werke: Das Fenster (Drama) 1918; Das Spiel von Satans Weltgericht 1930; Der Spielmann Gottes (Spiel) 1930; Gauklerspiel vor Unserer Lieben Frau 1931; Die Schwestern Fröhlich (Lustspiel) 1931.

Luxemburg führt sein Theater in Stadt u. Land bis ins Mittelalter zurück. Bekannt ist ein Emmausspiel, das alljährlich am Ostermontag vor der Sankt-Michaels-Kirche in L. aufgeführt wurde. Von diesem alten Spiel hat sich zur gleichen Zeit auf demselben alten Platz die Volkskomödie „E'maischen" bis heute erhalten. Das Stück begann mit der Anrufung des Hl. Geistes, das ganze Volk sang ein Heilig-Geistlied, dann fand die eigentliche Vorstellung statt, worauf das Volk entweder zu gemeinsamem Gottesdienst in die Kirche zog oder am Spielort selbst ein geistliches Lied intonierte. 1471 bis 1472 ist ein Mysterienspiel von Maria u. Joseph in der Stadt L. nachweisbar. Die Klöster des Landes waren die Hauptstätten solcher Mysterienspiele. Als sich fahrende Spielleute u. Gaukler des Theaters bemächtigten, änderte sich freilich der Charakter der dargestellten Stücke immer mehr, aber der Zusammenhang mit der Kirche ging niemals ganz verloren. Das Jesuitentheater bedeutete in dieser Hinsicht einen Höhepunkt der Entwicklung. Es blühte vom Anfang des 17. Jahrhunderts bis ins 18. herauf. Man spielte entweder lateinisch oder französisch, aber auch deutsch. Die in L. aufgeführten Stücke gehörten vor allem drei Stoffgebieten an, dem Alten Testament, der Kirchengeschichte u. der Weltgeschichte. Biblische Gestalten, Heilige, Märtyrer u. Helden waren die Träger der Hauptrollen. Wandernde Komödianten, die nach den Niederlanden u. nach Deutschland zogen, machten in L. bisweilen Halt. Auf dem Speicher des Stadthauses gaben sie ihre Vorstellungen. Von einem richtigen Theaterleben konnte jedoch nach Auflösung des Jesuitenordens u. Aufhören des Jesuitendramas in dem kleinen Land keine Rede mehr sein. Zur Zeit der Franzosenherrschaft verfiel es vollends. 1814 ließ der machthabende französische General das Holzwerk der Bühne, die sich seit 1802 im Kapuzinerkloster befand, verbrennen, trotzdem sie zahlreichen aus Frankreich kommenden Komödianten stets von neuem eine Heimstätte geboten hatte, denn das gebildete Publikum beherrschte die Sprache der Grande Nation. Ein Volkstheater in heimischer Mundart gelangte erst im 19. Jahrhundert zur Entfaltung u. bedurfte vorerst keines Hauses. Die sog. Amecht, eine Art ländlichen Volksschauspiels, den Kampf des Winters mit dem Sommer behandelnd, gab hauptsächlich der bäuerlichen Jugend Anlaß zu Aufführungen im Freien. Nach dem Ausgang der Befreiungskriege gab es wieder auch hochdeutsche Darbietungen. Eine Invasion jüdischer Flüchtlinge aus Rotterdam u. Amsterdam, die in L. als internationalem Verkehrsplatz gute Geschäfte zu machen hofften, führte zu heftiger Opposition u. so war 1816 Sessas (s. d.) „Unser Verkehr", das die Trierer Gesellschaft Anton Thomata spielte, ein großes Zugstück. 1818 brachten Bürger

83*

der Stadt u. Offiziere der Besatzung eine Gesellschaft zustande, die im Gesellenvereinshaus Platz fand. Ihr folgte 1821 eine Liebhabertheatergesellschaft, die in einem Tanzsaal Unterkunft erhielt. Daneben ließen sich Wandertruppen in Gasthäusern sehen. Kotzebue u. Scribe galten als beliebteste Bühnenautoren. Aber auch Iffland, Schiller, Mozart u. Weber, Auber und Rossini waren zu vernehmen. Die politischen Ereignisse des Jahres 1830 wirkten sich auf das Theaterwesen in L. sehr ungünstig aus. Immerhin suchten vor allem die Truppe Eisenhut u. a. Ensembles aus Trier das bisherige Niveau zu halten. Ebenso stellten sich fortwährend auch französische Künstler ein. In den folgenden Jahrzehnten, in denen ebenfalls Schauspieler u. Sänger aus den größeren Städten der Nachbarländer zu kürzerem oder längerem Aufenthalt in L. eintrafen, blieb der Spielplan in deutscher u. französischer Sprache erhalten. 1855 begann das bodenständige Heimattheater in der Mundart des Landes seine Entwicklung u. schuf sich eine selbständige Tradition, die bis zur Gegenwart zu verfolgen ist.
Literatur: Joseph *Hurt*, Theater in Luxemburg 1. Bd. 1938.

Luze, Franz, geb. 21. Juni 1900 zu Wien, Sohn eines Oberrevidenten, besuchte das. die Realschule, dann die Handelsakademie in Aussig, wandte sich aber bald der Bühne zu u. kam 1920 als Bassist nach Gablonz, wirkte seit 1922 in Troppau, 1924—27 in Teplitz-Schönau, 1927—28 in Reichenberg u. a. u. nach 1945 als Spielleiter u. Schauspieler am Neuen Schauspielhaus in Wien u. am Raimundtheater das.

Luzern, die Hauptstadt des Schweizer Kantons gleichen Namens, nimmt durch seine Passions- u. Osterspiele im 15. u. 16. Jahrhundert eine bedeutenden Platz in der Theatergeschichte ein. Um 1700 blühte das Jesuitentheater. Unter dem tatkräftigen Rektor des Kollegiums Leopold Städler entstand 1740 sogar ein eigenes Theater (Fassungsraum etwa 500 Personen) mit Unterstützung der Regierung, nach Aufhebung des Ordens 1723 ein Obrigkeitliches Komödienhaus. Im Schauspiel zeigte sich der Übergang der absterbenden barocken Theaterkunst zum deutschen, schweizergeschichtlichen Stück. Josef Ignaz Zimmermanns Dramen lösten sich vom französischen Klassizismus u. wandten sich heimatlichen Stoffen wie „Wilhelm Tell" u. „Petermann

von Gundoldingen oder Die Sempacherschlacht" zu. Der begabtere Franz Regis Crauer schuf bewußt das „Helvetische Nationaltrauerspiel". Auch im Bereich der Tonkunst war das Jesuitendrama der gegebene Mittelpunkt. Aus dem Bayrischen stammend, fand Konstantin Reindl in Luzern das Feld für seine vielseitige Begabung. Sein Vorgänger war hier „L'Abbé Bullinger", ein Freund der Familie Mozarts. Mit seinen Singspielen, Menuetten, Arien u. geistlichen Werken hatte Reindl schöpferischen Anteil am Musikschaffen seiner Zeit. Seine Arbeit stand ganz im Dienste der Schule; für sie sind seine Werke geschrieben. Seine Schüler setzten sein Werk fort u. gaben ihm den notwendigen äußeren Rahmen in der 1806 gegründeten Theater- u. Musikliebhabergesellschaft. 1839 erfolgte die Eröffnung des Stadttheaters in einem stattlichen Neubau, der 1924 einem Brand teilweise zum Opfer fiel. Schon das erste Spieljahr mit der Berner Truppe Julius Edele zeugte von dem hohen Niveau der Bühne: Mozarts „Don Juan", Goethes „Egmont", Bellinis „Norma", „Romeo u. Julia", „Die Nachtwandlerin", Meyerbeers „Robert der Teufel", Kreutzers „Nachtlager von Granada", Aubers „Die Stumme von Portici", „Fra Diavolo", Webers „Der Freischütz" u. a. gelangten zur Aufführung. 1840 übernahm Charlotte Birch-Pfeiffer die Leitung des Theaters mit Zürcher Kräften. Dann wurde die Bühne gemeinsam mit der von St. Gallen weitergeführt. Sehr wechselvoll gestalteten sich ihre Schicksale bis zum Theaterumbau von 1899 u. auch in der Folgezeit. Erst Direktor Hans Edmund seit 1915 u. Direktor Paul Eger seit 1942 verhalfen ihm zu einem neuen Aufschwung.

Behandlung: F. R. *Crauer*, Die Mordnacht in Luzern (Schauspiel) 1787; Ludwig *Piso* (= Kasimir *Pfyffer*), Doktor Steigers Flucht (Schauspiel) 1848.
Literatur: Renward *Brandstetter*, Zur Technik der Luzerner Osterspiele 1884; ders., Die Bühnenrodel (Germania) 1885 f.; ders., Die Regenz bei den Luzerner Osterspielen 1886; ders., Musik u. Gesang bei den Luzerner Osterspielen (Geschichtsfreund 40. Bd.) o. J.; ders., Aufführung eines Luzerner Osterspiels im 16./17. Jahrhundert (Ebda. 48. Bd.) o. J.; Oskar *Eberle*, Grundriß einer Luzerner Theatergeschichte (Das Theater, Sondernummer anläßlich der Ersten Luzerner Theaterausstellung) 1927; Sebastian *Huwyler*, Das Luzerner Schul-

theater (1579—1800) 1936 f.; Franz *Zelger*, Aus der Luzernischen Theatergeschichte (Luzerner Tagblatt) 1937; M. *Evans*, Zur Geschichte des Luzerner Passionsspiels (Innerschweiz. Jahrbuch für Heimatkunde 2. Bd.) 1937; M. *Blakemoure-Evans*, The Passion Play of Lucerne 1943; Paul *Schill*, Festschrift zur 100. Spielzeit im Luzerner Stadttheater 1946; Wilhelm *Jerger*, Zur Geschichte des Jesuitentheaters in L. (Heimatland Nr. 12, Beilage zum Vaterland) 1952.

Lynar, Otto Fürst zu, geb. 21. Febr. 1793, gest. 10. Nov. 1860 zu Dresden. Dramatiker u. Lyriker.
Eigene Werke: Die Ritter von Rhodus 1842; Die Mediceer 1842.

Lyrisches Drama, Drama mit lyrischer Grundstimmung oder mit lyrischen Einlagen. Im 18. Jahrhundert bezeichnete man viele Singspiele u. Opern als lyrische Dramen. S. auch Monodrama.
Literatur: A. *Köster*, Das lyr. Drama im 18. Jahrhundert (Preuß. Jahrbücher 68. Bd.)

1891; H. *Schauer*, Lyr. D. (Reallexikon 2. Bd.) 1926 f.

Lysarch-Königk (Ps. Königk-Tollert) Alexander Franz Napoleon von, geb. 9. Sept. 1811 zu Riga, gest. 30. Juli 1880 das., humanistisch gebildet, besuchte in Petersburg die Haupt-Ingenieurschule, wurde 1831 Feld-Ingenieur-Leutnant, quittierte den Militärdienst, wirkte dann bei einer ostpreußischen Wandertruppe (Gessausche Gesellschaft), verließ wieder die Bühne u. betätigte sich als Lehrer in Kurland, bis er 1842 abermals in Petersburg als Flottwell im „Verschwender" auftrat u. hier bis 1862 als Held u. Bonvivant blieb. 1863—78 Oberregisseur u. Direktor das. Sein Nachfolger wurde Anton Feltscher (s. d.). L.-K. war in den zwanzig Jahren seiner Schauspielertätigkeit in 1426 Vorstellungen beschäftigt gewesen u. hatte 616 Rollen gespielt. Außerdem schrieb er für das Petersburger Hoftheater 53 Bühnenstücke.

Lyser, Johann Peter s. Burmeister, Ludwig Peter August.

M

Maack, Alfred, geb. 5. April 1882 zu Hamburg, wirkte als Schauspieler seit 1902 das., Altona (Schillertheater), wieder in Hamburg, seit 1928 als Direktor des neueröffneten Theaters des Westens in Altona, später in Berlin (Lessingtheater, Theater am Nollendorfplatz) u. war nach dem Zweiten Weltkrieg Leiter der Residenz-Gastspiele das. Sein weites Rollenfach erstreckte sich von Faust über die moderne Gesellschaftskomödie bis zur Operette.

Maack, Martin (Ps. Paul German, Germano), geb. 16. Febr. 1863 zu Lübeck, Sohn eines Eisenbahnbeamten, studierte in Kiel u. Zürich (Doktor der Philosophie), war Lehrer in Rio de Janeiro, bereiste Brasilien, Nordafrika, Europa u. ließ sich zuletzt in Uetersen (Holstein) nieder. Erzähler u. Dramatiker, auch im Dialekt.
Eigene Werke: Hermann Treulieb (Schauspiel) 1887; Freisinnig (Schauspiel) 1887; Judas (Drama) 1888; Eine neue Zeit (Schauspiel) 1893; Der Messias (Drama) 1893; Flitterwochen (Lustspiel) 1896; Sigrun (Schauspiel) 1896; Die Unmündigen (Schau-

spiel) 1897; Leben (Schauspiel) 1904; Schiller (Festspiel) 1905; Heimaterde (Festspiel) 1910; Blut u. Eisen (Schauspiel) 1916; Roggenwolf (Heimatspiel) 1920; Unnern Maibohm (Heimatspiel) 1923; Mannslüd dörf küssen (Lustspiel) 1923; Der Totentanz (Mysterium) 1925.

Maack, Max, geb. 21. Okt. 1884 zu Halberstadt, war seit 1919 Schauspieler u. Sänger in Hamburg, Mühlhausen, Freiburg in Sachsen, Kiel, Memel, Plauen u. zuletzt auch Regisseur am Stadttheater in Krefeld.

Maal, Teo de, geb. 30. Nov. 1903 zu Amsterdam, Nachkomme von Prof. Hendrik de Maal, Operndirektor in Amsterdam, der R. Wagner in Holland einführte, humanistisch gebildet, war Schauspieler u. Regisseur bis 1937, dann Bauarbeiter in Berlin, seit 1941 wieder Schauspieler u. Regisseur, leitete seit 1945 ein eigenes Theater in Dachau (Theater im Schloß) u. wurde später Direktor u. Oberspielleiter der Volksoper in München.

Maasfeld, Leo s. Kalser, Leo.

Maass, Rudolf, geb. 6. Aug. 1893 zu Berlin, Enkel von Gustav Kadelburg (s. d.), studierte zunächst die Rechte, besuchte nach dem Ersten Weltkrieg, den er als Reserveleutnant der schweren Artillerie mitgemacht hatte, die Schauspielschule des Deutschen Theaters in Berlin u. wirkte 1919 bis 1921 am Lobetheater in Breslau, seither in Berlin (Rotter-Bühnen) als Komiker u. Chargenspieler.

Maass, Theo (Geburtsdatum unbekannt), gest. 24. Juli 1953 zu Darmstadt, war zuerst Chorist am Deutschen Opernhaus in Berlin, bis er 1945 als Opernsänger (Bariton) an das Landestheater in Darmstadt kam. Hauptrollen: Falke („Die Fledermaus"), Kruschina („Die verkaufte Braut"), Antonio („Die Hochzeit des Figaro"), Schtschelkalow („Boris Godunow") u. a.

Maass, Wilhelmine (Geburts- u. Todesdatum unbekannt), Schauspielerin, wirkte 1802—05 in Weimar, später unter Iffland in Berlin. Goethe war ihr, wie er in einem Brief an Zelter bekannte, „sehr gewogen wegen ihrer großen Ruhe u. ihrer allerliebsten klaren Rezitation." In den „Tag- u. Jahresheften" schrieb er außerdem: „Ihre niedliche Gestalt, ihr anmutig natürliches Wesen, ein wohlklingendes Organ, kurz das Ganze ihrer glücklichen Individualität gewann sogleich das Publikum." Zu ihren Hauptrollen zählten Die Jungfrau von Orleans u. Bertha (im „Tell").

Macasy, Gustav, geb. 25. April 1871 zu Liesing bei Wien, gest. 4. April 1905 zu Lainz (Wien), Benediktinerzögling in Kremsmünster, studierte in Wien u. a. Philosophie u. die Rechte u. lebte dann als freier Schriftsteller in Lainz. Dramatiker u. Erzähler.
Eigene Werke: Der Prophet (Drama) 1894; Die Unbekannten (Drama) 1895; Das zweite Reich (Drama) 1897; Das Unterirdische (Drama) 1904; Christine Reng (Drama) 1904; Der Brennerhof (Drama) 1904.

Macbeth, Feldherr des Schottenkönigs Duncan, besiegte u. tötete diesen 1040 bei Dunsinan, bestieg den Thron, wurde jedoch 1057 selbst im Kampf erschlagen. Shakespeare machte ihn zum Helden einer Tragödie, die Schiller 1801 bearbeitete u. für die er, weil er des Englischen nicht genug

mächtig war, vielfach Wielands Prosaübersetzung benutzte. Trotz ihrer Mängel bedeutete Schillers Verdeutschung eine tüchtige Vorarbeit für die Schlegel-Tiecksche Ausgabe. Richard Strauß schrieb eine Tondichtung „M." 1890.
Literatur: A. W. *Schlegel,* Epigramme auf Schillers Macbethbearbeitung (Deutscher Musenalmanach) 1832; G. v. *Vincke.* Zu Schillers M. (Shakespeare—Jahrbuch.) 1869; Karl *Werder,* Vorlesungen über Schillers M. (gehalten an der Universität Berlin 1860) 1885; Gebhard *Schatzmann,* Schillers M. nach dem engl. Original (Progr. Trautenau) 1889; Hubert *Beckhaus,* Shakespeares M. u. die Schillersche Bearbeitung (Progr. Ostrowo u. Leipzig) 1889; Hans *Landsberg,* Zur Bühnengeschichte des M. (Die Deutsche Bühne 2. Jahrg.) 1910; Eugen *Kilian,* Bürgers M.-Bearbeitung (Ebda. 8. Jahrg.) 1916.

Macha, Otto, geb. 31. Jan. 1895 zu Klagenfurt, studierte in Prag Musik, war bis 1920 als Filmschauspieler tätig u. kam dann als Erster Heldentenor an das Deutsche Landestheater in Prag u. 1927 ans Stadttheater in Saarbrücken. Zuletzt Souffleur.

Machacz-Martell, Karl, geb. um 1882, gest im Febr. 1951 zu Graz, war Opernsänger u. a. in Basel.

Macheiner, Lisel, geb. 23. Jan. 1914 zu Mährisch-Neustadt, wirkte als Sängerin u. Schauspielerin seit 1932 in Innsbruck, 1935 in Aussig, 1936 in Prag u. 1940—50 am Volkstheater in München, seither auch am Schauspielhaus das.

Machold, Karl, geb. 6. Mai 1871 zu Meiningen, gest. 15. Febr. 1937 zu Hannover, war 1889—91 Held u. Liebhaber des Hoftheaters in Meiningen, kam nach Gastspielreisen in Europa u. Amerika 1892 nach Erfurt, 1893 nach Reval, 1894 nach Hanau, 1896 nach Stettin, 1899 nach Brünn, 1901 nach Hannover, wirkte dann u. a. in Breslau (Lobetheater) u. nach Kriegseinsatz, aus dem er schwer verwundet 1916 zurückgekehrt war, seit 1918 wieder in Hannover, hier auch als Oberspielleiter u. Direktorstellvertreter. Hauptrollen: Karl Moor, Posa, Egmont, Orest, Essex, Siegfried u. a.

Machts, Karl, geb. 22. Jan. 1866 zu Erfurt, lebte das. als Lehrer, Erzähler, Lyriker u. Dramatiker.

Eigene Werke: Fröhliche, selige Weihnacht (Weihnachtsspiel) 1897; Die Weisen aus dem Morgenlande (Schauspiel) 1897; Kuriert (Schwank) 1897; Die Hirten von Bethlehem (Krippenspiel) 1898; Knecht Ruprecht (Lustspiel) 1907 u. a.

Mack, Eugen, geb. 29. Juli 1882 zu Saulgau in Württemberg, studierte in Tübingen (Doktor der Philosophie), widmete sich zuerst der Seelsorge, war 1912—17 Stadtarchivar in Rottweil am Neckar u. hierauf Geschichtsschreiber des Fürstl. Hauses Waldburg (seit 1923 Archivrat) in Wolfegg (Württemberg). Er verfaßte u. a. Bühnenstücke.

Eigene Werke: Wartburg-Weihnacht (Festspiel) 1908; Alt-Rotenburg (Festspiel) 1909; Die Waisenkinder von Wien (Weihnachtsspiel) 1909; Das Jubiläum im Chorstift des Hl. Mauritius (Drama) 1909; Albert Graf von Hohenberg, der Reichslandvogt (Schauspiel) 1909; Der Kelchdiebstahl in der Moritzkirche (Weihnachtsspiel) 1909; König Rudolf von Habsburg in Rottweil (Festspiel) 1910; Meinrad (Spiel) 1928 u. a.

Mack, Fritz, geb. 5. April 1882 zu Heidelberg, studierte das., war 1909—11 Dramaturg u. Regisseur am Stadttheater in Eisenach, dann Redakteur in Wiesbaden, Kottbus, Erfurt u. Leipzig. Erzähler u. Bühnendichter.

Eigene Werke: Einmal ist keinmal (Komödie) 1924; Der Musterknabe (Komödie) 1934; Eine glückliche Ehe (Komödie) 1936; Pauline das Kind (Komödie) 1939 u. a.

Mack, Georg, geb. 10.. Nov. 1880 zu Frankenberg in Sachsen, wurde in Dresden für die Bühne ausgebildet, begann seine Laufbahn als Schauspieler in Putbus auf Rügen, wirkte dann in Kolmar, jahrelang in Teplitz-Schönau u. auf verschiedenen anderen deutschen Bühnen.

Mackauer, Anton, geb. 8. Juli 1831, gest. im Okt. 1882 zu Villingen, war Schauspieler u. Regisseur in Iserlohn, Aschaffenburg u. Direktor des Volkstheaters in Mainz.

Mackeben, Theo, geb. 5. Jan. 1897 zu Stargard, gest. 10. Jan. 1953 zu Berlin, humanistisch gebildet, Komponist u. Dirigent (Kapellmeister des dort. Staatl. Schauspielhauses), schrieb 1932—52 die Musik zu

55 Tonfilmen, deren Schlager sehr populär wurden („Der Wind hat mir ein Lied erzählt", „Du hast Glück bei den Frau'n, Bel ami" u. a.) u. Operetten („Der goldene Käfig", „Dubarry", „Lady Fanny", „Die Versuchung der Antonia") u. einer Oper („Rubens"). Gatte der Schauspielerin Loni Heuser.

Mackowiak, Karl Max (Ps. Karl Max), geb. 7. Jan. 1889 zu Berlin, lebte das. als Bühnenschriftsteller.

Eigene Werke: Sein Herzenskind (Lustspiel) 1909; Ein Opfer des Ehrgeizes (Schauspiel) 1909; Das eigene Ich (Schauspiel) 1909; Sein Meisterstück (Singspiel) 1925; Bimm u. Bamm (Spiel für die Jugend) 1927; So gefällt es uns (Revue) 1930; Das kommt davon (Schwank) 1936; Der Versöhnungskuß (Schwank) 1937; Wenn zwei dasselbe tun . . . (Burleske) 1938; Landluft (Lustspiel) 1939; Liebe — nicht so einfach (Lustspiel) 1940; Ein Mädel ist dabei (Musikalisches Lustspiel) 1941.

Mader, Anton, geb. 24. Juni 1892, wirkte als Schauspieler seit 1912 am Burgtheater.

Mader, Friedrich Wilhelm, geb. 1. Sept. 1866 zu Nizza, Pfarrerssohn, folgte dem väterlichen Beruf u. lebte in Stuttgart. Auch Dramatiker.

Eigene Werke: Die Emanzipierten (Lustspiel) 1900; D'Frankfurtere (Schwank) 1911; D'Haushaltungsschul' (Schwank) 1912; Der Kronprinz von Dommlinge (Schwank) 1912; D'Waschweiber (Schwank) 1913; Die Friedensteller (Lustspiel) 1914; Kriemhild (Trauerspiel) 1924.

Mader, Raoul, geb. 23. Juni 1856 zu Preßburg (Todesdatum unbekannt), besuchte das Konservatorium in Wien, wurde Korrepetitor an der dort. Hofoper, Lehrer am Konservatorium u. 1895 Opernkapellmeister das., 1901 Direktor der Hofoper in Budapest, 1917 der Volksoper in Wien u. 1923 wieder der Hofoper in Budapest. Komponist.

Eigene Werke: Die Flüchtlinge (Oper) 1891; Coeur d'ange (Operette) 1895; Die roten Schuhe (Ballett) 1897; Das Garnisonsmädel (Operette) 1904; Der selige Vincenz (Operette) 1907; Der weiße Adler (Oper) 1917 (mit Benutzung Chopinscher Werke) u. a.

Literatur: Riemann, R. M. Mader (Musik-Lexikon 11. Aufl.) 1929.

Madin, Viktor s. Madincea, Viktor.

Madincea (Ps. Madin), Viktor, geb. 20. Dez. 1876, Sohn eines Staatsbeamten aus Siebenbürgen, war zuerst Oberleutnant u. Fechtlehrer an der Militärakademie in Wiener-Neustadt, betrat 1908 nach Ausbildung an der Musikakademie in Wien die dort. Hofbühne als Papageno in der „Zauberflöte" u. sang unter 17 Direktoren über 250 große u. mittlere Rollen an über 7000 Abenden in den fünf Jahrzehnten seiner Zugehörigkeit zur Wiener Staatsoper. Kammersänger.

Madjera, Wolfgang, geb. 29. Juni 1868 zu Wien, gest. 17. Dez. 1926 das., Sohn des aus Hamburg stammenden Führichschülers u. Historienmalers Carl M., studierte in Wien (Doktor der Rechte), wurde Gemeindebeamter das. u. trat 1919 als Obermagistratsrat in den Ruhestand. Vorwiegend Dramatiker, Erzähler u. Essayist.
Eigene Werke: Konrad Vorauf, Bürgermeister von Wien (Drama) 1899; Helden der Feder (Drama) 1902; Ahasver (Trauerspiel) 1903; Märtyrer der Krone (Schauspiel) 1906; Wie verrichten die Wiener Theater Kulturarbeit? 1907.
Literatur: M. M. *Rabenlechner,* W. Madjera (Scheffel-Jahrbuch) 1905—06.

Madlsperger, Ludmilla s. Röbe, Ludmilla.

Maeckel, Werner, geb. (Datum unbekannt) zu Leipzig, studierte zuerst einige Semester Medizin, ließ sich daneben in Leipzig u. Berlin zum Opernsänger ausbilden, debütierte 1929 in Liegnitz u. kam über Mannheim als Lyrischer- u. Spieltenor 1931 ans Stadttheater in Erfurt, 1934 nach Freiburg im Brsg., 1935 nach Schwerin, 1936 nach Stettin, 1939 nach Breslau, 1942 nach Oberhausen u. 1943 nach Kottbus. Hauptrollen: Postillon von Lonjumeau, Tamino, Fenton, Rudolf u. a.

Mädchen aus der Feenwelt, Das, oder Der Bauer als Millionär, romantisches Original-Zaubermärchen mit Gesang in drei Aufzügen von Ferdinand Raimund. Uraufführung am Theater in der Leopoldstadt in Wien 1826. Lotte, die Tochter der Fee Lacrimosa muß nach einem Fluch der Königin in Armut leben u. noch vor ihrem 18. Geburtstag einen armen Mann heiraten, soll sie vom Bann gelöst werden. Sie wächst beim Bauer Wurzel auf, dieser gelangt jedoch zu großem Reichtum, wird hoffärtig u.

will seine Pflegetochter nur einem reichen Mann zur Frau geben, nicht dem armen Fischer Karl, den sie liebt. Bei einem großen von Wurzel veranstalteten Fest erscheint die Jugend u. nimmt mit dem Lied „Brüderlein fein" Abschied von ihm, sein Körper verfällt. Alt u. schwach verwünscht er seinen Reichtum u. wird, in seine alte Hütte zurückverzaubert, zum „Aschenmann", der die Vergänglichkeit aller irdischen Güter erkennt u. Lotte nun gern dem einst abgelehnten Karl überlassen möchte. Doch dieser ist inzwischen selbst zu Reichtum gelangt u. will auf sein Geld nicht verzichten. Schließlich wird er jedoch durch ein Zaubermittel von seinem Wahn kuriert u. beide werden ein glückliches Paar. Das Stück stammt bereits aus der Reifezeit Raimunds u. zeigt alle Vorzüge seiner nun völlig entwickelten bodenständigen Eigenart. Der Zauberer Bustorius aus Warasdin u. der Magier Ajaxerle aus Schwaben reden in der Sprache ihrer Mundart. Allegorische Figuren spielen nunmehr eine größere Rolle als in seinen Jugendwerken. Schürzung u. Lösung des dramatischen Knotens erscheinen ihnen anvertraut. In der tiefsinnigen symbolischen Gestalt des in Wien volkstümlichen Aschenmanns trat der Dichter selber auf, bei den zahllosen Aufführungen von endlosem Beifall immer wieder hervorgerufen. Höchst wirkungsvoll waren auch die eingestreuten Lieder, deren Melodien er ebenfalls erfunden hatte. Keinem Dramatiker weder früher noch später ist die Durchdringung eines wahrhaft tragischen Stoffes mit lyrischen Elementen so gelungen wie Raimund. Die rasche Popularität des Stückes äußerte sich nicht zuletzt darin, daß es im Josefstädtertheater zur Pantomime „Columbine aus der Feenwelt" umgewandelt wurde u. der Pyrotechniker Anton Stuwer im Prater ein Feuerwerk veranstaltete unter dem Titel „Das Mädchen aus der Feenwelt." Neben Raimund trat Therese Krones (s. d.) als Jugend auf u. hinterließ einen unvergeßlichen Eindruck, für den Friedrich Schlögl später die Worte fand: „Ich selbst sah sie noch, da ich ein fünfjähriger Bube war u. ich kann heute noch — es ist länger als ein halbes Jahrhundert — den Ton ihrer Stimme u. das herzpackende, mit wehmütig schelmischem· Frohsinn gesungene Abschiedslied: ‚Brüderlein fein, es muß geschieden sein!' nicht vergessen. Das ganze Haus jubelte, lachte u. weinte, u. ich jubelte u. lachte u. weinte mit. Ach, wenn ich an jenen Abend denke u. die Kluft betrachte, die mich nun von ihm trennt, da beginnt es auch mich zu frösteln wie den armen Fortunatus Wurzel."

Literatur: R. *Prisching,* Raimunds Mädchen aus der Feenwelt (Progr. Mährisch-Ostrau) 1900/01 u. (Alt-Wiener Kalender) 1926; Oskar *Katann,* Der Bauer als Millionär (Gesetz im Wandel) 1932; Margarethe u. Eduard *Castle,* Zur Textgeschichte (Raimunds dramat. Dichtungen 1. Bd.) 1934.

Mädchen von Oberkirch, Das, Trauerspiel, das Goethe, die Handlung aus den Straßburger Revolutionswirren schöpfend, 1792 für das Weimarer Hoftheater auszuführen plante, doch blieb es Fragment. Es dürfte 1795—96 entstanden sein. Nach Roethe kann man die Handlung rekonstruieren: Marie, ein junges schönes Bauernmädchen in einem adligen Hause, wird von dem jungen Baron zur Ehe begehrt, der seine Familie damit zugleich vor den Sansculotten retten will; die „Gräfin" selbst 'wirbt für ihn, aber Marie liebt den bürgerlichen Geistlichen Manner. Von den Gewalthabern der Stadt wird sie gezwungen, im Münster zur Einführung des neuen Kultus die Göttin der Vernunft darzustellen. Marie fühlt, daß sie ihre Wohltäter vor den Jakobinern retten könne, aber ihr Herz schreckt zurück. Tiefen Widerwillens voll geht sie in den Münster, wie sie aber erfährt, wie sich der jakobinische Baron ihrer bemächtigen will, weigert sie sich, die Gotteslästerung zu vollziehen, sie bekennt ihre Gesinnung u. verfällt mit der adeligen Familie dem Kerker u. dem Tod. Darnach schrieb Jakob Baxa 1937 das gleichnamige Drama.

Literatur: Gustav *Roethe,* Über Goethes Mädchen aus Oberkirch. Datierung, Quellenuntersuchung, Rekonstruktion des Planes (Nachrichten von der Gesellschaft der Wissenschaften zu Göttingen) 1895; Erich *Schmidt,* Das M. von O. (Charakteristiken 2. Reihe) 1901; O. *Ritter,* Zu Goethes M. von O. (Archiv 111. Bd.) 1903; *Z(eitler),* Das M. von O. (Goethe-Handbuch 2. Bd.) 1917.

Maeder, Ludwig, geb. 28. Dez. 1854 zu Sondershausen, gest. 5. April 1936 zu Dresden, begann 1873 seine Bühnenlaufbahn in Annaberg-Mittweida u. kam über Lübeck, Bremen, Leipzig (Carola-Theater), Altenburg, Straßburg im Elsaß, Plauen, Gleiwitz u. abermals Leipzig (Schauspielhaus) 1917 an das Albert-Theater nach Dresden, wo er bis 1928 wirkte. Zuerst Jugendlicher Held

u. Liebhaber, vertrat er später das Väter-u. Charakterfach. Vor seinem Dresdner Engagement leitete er drei Jahre das Volkstheater in Erfurt.

Maeder, Marie, geb. 26. Febr. 1858 zu Bremen, gest. 24. Aug. 1932 zu Weimar (im Marie-Seebach-Stift), Schauspielerkind, trat 1873 bereits in Posen auf, dann in Bremen, Kassel, Essen, Kottbus, Bamberg als Schauspielerin u. Sängerin (insgesamt fünf Jahrzehnte). Hauptrollen: Irmentraut („Der Waffenschmied"), Marcelline („Der Barbier von Sevilla") u. a.

Maeder-Stegemann, Marie, geb. 1855, gest. 20. Sept. 1915 zu Breslau, war seit 1898 Schauspielerin der dort. Vereinigten Theater. Hauptrollen: Mutter Wolffen („Der Biberpelz"), Weßkalnene („Johannisfeuer"), Geheimrätin („Der Störenfried") u. a.

Mädisius, Otto, geb. im letzten Viertel des 19. Jahrhunderts, begann seine Bühnenlaufbahn als Sänger u. Schauspieler 1912 in Frankfurt a. M., wirkte seit 1914 in Sondershausen, seit 1918 in Heilbronn, seit 1920 in Osnabrück u. kam über mehrere deutsche u. schweizerische Bühnen 1939 nach Braunschweig, 1944 nach Wiesbaden, 1946 nach Oldenburg u. 1948 wieder nach Braunschweig.

Mädl aus der Vorstadt, Das, oder Ehrlich währt am längsten, Posse in drei Aufzügen von Johann Nestroy, bearbeitet nach einer französischen Vorlage von Paul de Kock. Uraufführung im Theater an der Wien 1841. Die Pariser Grisetten des Originals sind hier Wiener Näherinnen, im Vorstadtmilieu aufgewachsen. Die Stickerin Thekla, die fälschlich verdächtigt wird, Tochter eines Defraudanten zu sein, deren ehrbare Herkunft sich jedoch als zweifellos herausstellt, kann ihren vornehmen Verehrer heiraten, während die reiche Frau v. Erbsenstein mit einem Winkelagenten, der aber ein anständiger Mensch ist, zufrieden sein muß. Dieser zählt zu den liebenswürdigsten Gestalten Nestroys, ein typischer Urwiener, dem bei Kock keine Parallelfigur entspricht. Nestroy spielte diese Rolle selbst. Die Aufnahme des Stückes bei der Uraufführung war enthusiastisch. Im „Humoristen" vom 26. November 1841 besprach der Satiriker M. G. Saphir die Uraufführung: „Nestroy ist dramatisch das, was Paul de Kock episch ist. Wenn ich sage:

dramatisch, so verstehe ich darunter: er bringt nur in der Form das als Gegenwart, was Paul de Kock als Vergangenheit bringt; obschon übrigens bei Nestroy jenes Dramatische nicht da ist, welches verlangt, daß eine Handlung mit allen ihren Ursachen, Variationen, Gestaltungen vom Augenblick des Entschlusses bis zum Erlangen des Zweckes vor uns durchgeführt werde; sondern bloß die Form des Dramatischen, in welcher sich das, was episch erzählt wird, als vor uns geschehend darstellt. Paul de Kock steht hinter dem Rahmen seines Bildes, Nestroy steht mitten im Bilde, er ragt unten oder oben noch aus dem Bilde heraus. Paul de Kock ist Genremaler, der, wie Teniers, sein Künstlerzeichen stets nur en profil sehen läßt. Nestroy malt es en face hin. Aber muß eine Posse dramatisch in obenbezeichneten Sinne des Wortes sein? . . . Es mag sein, daß auch eine Art von Handlung in einer Posse sein sollte. Allein, da man sie bei Nestroys Possen nicht vermißt, so ist es so gut, als ob sie da wäre. Zugegeben, bei allen anderen Possen, welche weder Blüte, noch Blätter, noch Laubwerk haben, da muß man fragen: Wo ist die Frucht? Die absolute Kahlheit des ganzen Stammes nötigt dem Blick diesen Mangel auf; allein bei Nestroy, wo alles von Laubwerk, Blüte u. Blättern strotzt, da bemerken wir das Fehlende nicht. Wir leben in dem Wahn, hinter dieser Fülle hängt gewiß die Frucht. Und wir haben eben einen Genuß, als ob wir sie angebissen hätten. Man sagt, Nestroy erfindet nichts, es ist von Paul de Kock. Was, meine hochweisen Herren, was ist von Paul de Kock? Wenn man euch feines englisches, echtfärbiges herrliches Tuch gibt, werdet ihr sagen: Das Tuch ist von einem Schaf, weil das Schaf die rauhe Wolle hergegeben hat? Schaut die Wolle auf dem Schafe an, dann laßt sie waschen, kämmen, sortieren, krempeln, auf den Webstuhl bringen, feinweben, scheren, glätten, färben, Glanz geben u. tausend andere Dinge, die ich nicht kenne, weil ein Rezensent zwar oft ein grobes Tuch, aber doch kein Tuchmacher ist. Dann laßt euch aus diesem feinen, englisch appretierten Tuch einen Frack machen mit Samtkragen, mit blanken Knöpfen, u. dann sagt, der Frack ist auf einem Schafe gewachsen! Was geht vor in diesen drei Akten? So fragt man nicht ganz mit Unrecht. Allein warum fällt einem bei Nestroy diese Frage immer nach dem Theater u. nie im Theater ein? Weil er uns nicht

dazu kommen läßt, daran zu denken, weil er uns von diesem Gegenstande abzieht, mit tausend Dingen zerstreut u. mit tausend Jokositäten beschäftigt! Ein Possendichter ist aber nur für das verantwortlich, was den weisen Kritikern während seiner Posse auffällt! Nestroy ist, gottlob u. leider, aus jedem Maß u. Verhältnis hinaus- u. hinübergewachsen. Es ist alles übernaturgroß, sein Witz, seine Bilder, seine Sprache, seine Gesten, seine Figuren, alles, alles ist rasend hoch, überlebensgroß! Allein ich verzeihe Nestroy seine Regellosigkeit, seine Ungebundenheit, weil sie aus Gesundheit, u. seine Derbheit, weil sie aus Kraft entspringt. Auch in diesem ‚Mädel aus der Vorstadt' ist Nestroy ganz Nestroy. Er geht mit seinem Witz vor seinem Stück Schildwacht, weil er zu groß ist, um ins Schilderhaus hineinzugehen! Sein riesiger Spaß, der so lang ist, daß er oft selbst darüber stolpert, nimmt wie Mikromegas das ganze Ding auf den Nagel, um es näher zu betrachten. Der Inhalt ist für Nestroy nichts als ein Kleiderstock. Er hängt all seinen feinen u. groben Spaß, alle seine reichen Sonntagskleider, u. darunter ein unappetitliches Inexpressible, alle seine gallonierten, bebrämten, glänzenden Einfälle u. all seinen rohen Stoff darauf, u. es ist am Ende ein Berg von bunten Gewändern, von reichen, strotzenden Kleidern, mit denen man eine große Schar gewöhnlicher Possen ausstatten könnte. Nestroy hat eine eigene Manier, seine Gedanken u. Bilder wie die Luftpolster aufzublasen, sie stramm u. drall u. drastisch zu machen. Alle Ausdrücke scheinen ihm zu eng, u. er treibt sie noch auf den Leisten seiner Siebenmeilenworte aus. Einem jeden Bilde wird solange mit dem großen Phrasenblasebalg der Bauch aufgetrieben, bis es dick, stattlich, manchmal auch bloß fettwanstig, manchmal gar platzt. Ob diese Manie u. Manier, die Sätze u. Bilder alle zu einem Wortauflauf, zu einem Vol au vent u. Omelette soufflée auszukochen, nicht am Ende monoton, monoform, enfin, abgebraucht wird? Bei jedem anderen gewiß, bei Nestroy vielleicht, aber schwerlich. Bei Nestroy ist nichts Gemachtes, nichts Gezwungenes, es ist so u. es muß so sein. So ist sein Negligé, u. es gibt Geister u. Schönheiten, denen man es erlauben muß, ihr Negligé in die Gesellschaft mitzubringen, denn sie sind nur das, was sie sind, im Negligé. Und so ganz ‚Nestroy im Negligé' sehen wir ihn in diesem ‚Mädel aus der Vorstadt'. Je mehr er selbst im

Negligé ist, desto mehr zieht er das Publikum an. Nestroys Lokalmuse muß in Pantoffeln, Hemdärmeln u. langer Pfeife erscheinen; gebt ihr Schnallenschuhe, Chapeaubas u. Lorgnon in die Hand — u. ihr bringt sie u. euch um alle Wahrheit, um alle Natur, um allen Kernspaß u. Kernwitz. So viel im allgemeinen. Besonders läßt sich von diesem Stücke nichts sagen, als daß es ebenfalls strotzend u. quellend von Laune, Spaß, Witz, Drolligkeit u. Übermut ist. Es ist eine Kette von schlagenden, drastischen Szenen, Einfällen, Barockitäten u. jokosen Blitzschlägen. Die Couplets anziehend, frappant, neu, die Quodlibets von ungeheurer Wirkung — u. Nestroy selbst ist da in seinem Pracht-Negligé! Das ist alles u. genug gesagt! Wievielmal er applaudiert, gerufen, herausgejubelt wurde, kann kaum gezählt noch erzählt werden. Das übervolle Haus blieb in einer Extase, in einem fortwährenden Lach-Chor."

Mähl, Albert, geb. 5. Juni 1893 zu Kiel, studierte in Jena, Kiel u. München, war zuerst im Kommunaldienst u. als Lehrer tätig, seit 1913 als Journalist u. Korrespondent, u. lebte zuletzt als freier Schriftsteller in Hamburg. Auch Verfasser von Bühnenstücken u. Hörspielen.
Eigene Werke: Wieben Peters (Drama) 1941; De Pott is twei (Übertragung von Kleists Zerbrochenen Krug)1942; De verlaren Söhn (Drama) 1950.

Maehl, Otto, geb. 1825, gest. im Nov. 1901 zu San Franzisko, ließ sich 1850 in Neuyork nieder, gründete hier das erste deutsche Schauspielhaus u. brachte die deutsche Schauspielkunst in Amerika zur Geltung.

Mähly, Jakob, geb. 24. Dez. 1828 zu Basel, gest. 14. Juni 1902 das., Sohn eines Küfermeisters, studierte in seiner Vaterstadt u. Göttingen u. war seit 1864 Professor für klass. Philologie in Basel. Auch Bühnendichter u. Übersetzer antiker Dramen.
Eigene Werke: Die Zentralhochschule (Lustspiel) 1854; Wesen u. Geschichte des Lustspiels 1862; Sophokles' Ödipus, deutsch 1868; Die Belagerung von Basel (Drama) 1875; Dramen des Euripides, deutsch 1880; Aristophanes' Werke, deutsch 1885; Die Sonnenhelden der Mythologie (Sophokleisches) 1889.

Mährdel, Paul, geb. im letzten Viertel des

19. Jahrhunderts, seit 1908 bühnentätig, war Schauspieler u. Spielleiter u. a. in Berlin, Bremen, Bremerhaven, Brieg, Koblenz, Mainz, Schleswig u. Halberstadt. Hauptrollen: Schmitz („Kasernenluft"), Schöpfle („Hohe Politik"), Stephan („Dorf u. Stadt"), Fritz („Der Rosenmontag"), Loisl („Der Pfarrer von Kirchfeld"), Emmerich („Der dunkle Punkt") u. a.

Mährisch-Ostrau besaß ein deutsches Theater, das auch nach dem Umsturz 1919 bis zur Austreibung der Sudetendeutschen 1945 ständig spielte.
Literatur: Alois *Schwarz,* Das Stadttheater in Mährisch-Ostrau 1907; Wilhelm *Widdel,* Führer durch die Erste Theaterausstellung des deutschen Theaters in M.-O. 1940.

Mämpel, Arthur, geb. 6. Jan. 1906 zu Dortmund-Lindenhorst, studierte in Heidelberg, Münster u. Göttingen (Doktor der Philosophie), wurde nach Teilnahme an den „Göttinger Festspielen" u. Inszenierung für die Tagung der „Deutschen Shakespeare-Gesellschaft" in Weimar (1931) Musik- u. Theaterkritiker, widmete sich theaterkundlichen Archivstudien in Westfalen, im Vogtland, in der Saarpfalz u. in Mitteldeutschland, war dann Chefdramaturg u. Regisseur in Halberstadt, persönlicher Referent des Generalintendanten der Städt. Bühnen in Frankfurt a. M., Dozent an der dort. Hochschule für Theater u. für angewandte Theaterkunde an der Universität das. u. später Chefdramaturg der Städt. Bühnen in Dortmund.
Eigene Werke: Das Dortmunder Theater 2 Bde. 1935—36; Die Anfänge des Osnabrücker Theaters 1938; Das Dortmunder Theater von seinen Anfängen bis zur Gegenwart (Beiträge des Hist. Vereins für Dortmund 48. Bd.) 1948; Theater am Hiltropwall: 40 Jahre im Hause von Martin Dülfer (Dortmund 1904—44: Quellen der Heimat 2. Heft) 1955 u. a.

Männel, Minna, geb. 1. Jan. 1866 zu Oldenburg, Tochter des Künstlerpaares Wilhelm u. Fanny Land (s. d.), begann ihre Laufbahn unter ihrem Mädchennamen in Bremerhaven u. kam als Soubrette in Posse, Volksstück u. Lustspiel über Leipzig, Hamburg, Heidelberg, Kassel, Berlin, Prag, Teplitz, Innsbruck, Erfurt, Ulm u. a. als Komische Alte 1900 ans Theater an der Wien u. 1902 ans Carltheater in Wien. Gattin des Folgenden. Hauptrollen: Vilma („Leichte Cavallerie"),

Pulcinella („Prinz Methusalem"), Giroflé u. Girofla (Titelrollen), Adami („Cagliostro") u. a.

Männel, Theo, geb. 10. Sept. 1856 zu Olmütz (Todesdatum unbekannt), Sohn eines Arztes, zuerst Bautechniker, bildete sich gesanglich aus u. begann 1884 seine Bühnenlaufbahn, war bei einer Theatergruppe zunächst in zahlreichen Städten Italiens, dann als Charakterkomiker in Kassel, Prag, Berlin, Hamburg, Teplitz, Ulm u. a., seit 1900 am Theater an der Wien u. am Carltheater auch als Regisseur tätig. Gatte der Vorigen. Hauptrollen: Rappelkopf („Der Alpenkönig u. der Menschenfeind"), Rümpel („Pension Schöller"), Bastien („Cyprienne"), Hollbach („Narziß") u. a.

Männel, Wilhelm, geb. 28. Mai 1824 zu Kuttenberg in Böhmen, gest. 22. Dez. 1905 zu Leitmeritz, Sohn eines Schauspielerpaares, wirkte als Darsteller seit 1841 bei reisenden Gesellschaften in Böhmen u. 1869—1900 auch als Regisseur in Leitmeritz. Hauptrollen: Ferdinand, Mortimer, Don Carlos, Tell, Meineidbauer, Pfarrer von Kirchfeld u. a.
Literatur: Romanzero, W. Männel. Ein Schauspielerleben. Zu seinem 80. Geburtstag 1904.

Märchendrama.
Literatur: Käthe *Brodnitz,* Der junge Tieck u. seine Märchenkomödien 1912; Margarete *Kober,* Das Märchendrama 1925; W. S. *Denewa,* Das österr. M. in der Biedermeierzeit 1940.

Märchenoper kam in Deutschland durch ein Hänsel u. Gretelspiel von J. F. Reinhardt 1772 auf die Bühne. G. Benda behandelte in einem Singspiel das Märchen von den drei Wünschen 1778. Oberon, Undine u. Faust waren die Lieblingsfiguren weiterer Opern. Mozarts „Zauberflöte" eröffnete eine neue Entwicklungsperiode, die in Schöpfungen C. M. v. Webers u. Marschners sowie schließlich in den Mythenopern R. Wagners gipfelte. Zur ursprünglichen M. kehrten neuerdings Humperdinck u. Pfitzner zurück.
Literatur: L. *Schmidt,* Zur Geschichte der Märchenoper (Diss. Rostock) 1895.

Märcker, Friedrich Adolf, geb. 8. Nov. 1804 zu Eltville in Nassau, gest. 26. Juli 1889 zu Berlin, war zuerst Gymnasiallehrer, seit

1842 Professor u. Privatdozent an der dort. Universität. Auch Dramatiker.
Eigene Werke: Alexandrea (Tragische Trilogie: Philippos — Demosthenes — Alexander der Große) 1857; Karl Martell (Trauerspiel) 1858; Karl der Große (Trauerspiel) 1861.

Maerker, Edith, geb. 12. Dez. 1896 zu Magdeburg, wirkte als Opernsängerin seit 1921 am Stadttheater in Königsberg, später im Zwischenfach in Wiesbaden u. Mannheim u. seit 1947 das. als Gesangspädagogin.

Märker, Friedrich (Ps. Nikolaus Haug u. Alexander Stark), geb. 7. März 1893 zu Augsburg, studierte in Berlin, Kiel u. München Philosophie, Literatur- u. Kunstwissenschaft, wirkte als Dramaturg u. Regisseur in Augsburg, lebte seit 1921 in Ammerland u. später in Starnberg als Leiter der dort. Gastspielbühne. Kulturschriftsteller, Lyriker u. Dramatiker.
Eigene Werke: Die Heilung des Don Quixote (Komödie) 1940; Der Ackermann u. der Tod (Zwiegespräch) 1946; Schwert u. Kreuz (Drama) 1948; Die heilige Allianz (Schauspiel) 1950.
Literatur: E. *Heimeran,* Starnberger See-Stammbuch 1950.

Märker, Leonhard, geb. 1. Aug. 1912 zu Wien, studierte an der Musikakademie das. (1929—34 Schüler von Alban Berg s. d.) u. lebte später in Neuyork. Operettenkomponist.
Eigene Werke: Warum lügst du, Chérie? 1936; Der schiefe Hut (Musikal. Lustspiel) o. J.; Das Ministerium ist beleidigt (Musikal. Lustspiel) 1938.

Maertens, Albert s. Maertens, Marie.

Maertens (geb. Gebauer), Marie, geb. 24. Febr. 1832 zu Darmstadt, gest. 6. März 1892 zu Rendsburg, war Schauspielerin neben ihrem Gatten Albert M. in Glogau, Bremerhaven u. a. Hauptrollen: Frau von Berndt („Der Veilchenfresser"), Beata („Das Pfeffer-Rösel"), Tante („Einer von unsere Leut'"), Frau Schulz („Epidemisch"), Barbara („Die beiden Reichenmüller") u. a.

Maertens, Willy, geb. 30. Okt. 1893 zu Braunschweig, begann in Berlin seine Bühnentätigkeit, wirkte dann in Nürnberg (Intimes Theater), am Sommertheater Salzgitter, in Sondershausen, Rudolstadt, Am-

stadt, nach Kriegseinsatz 1918 in Wismar, Bromberg, Elbing, Salzbrunn, Hannover, Saarbrücken, Braunschweig u. seit 1927 am Thalia-Theater in Hamburg, seit 1939 hier auch Regisseur u. seit 1945 Intendant. Ehrenmitglied dess. Hauptrollen: Striese („Der Raub der Sabinerinnen"), Gabriel („Mein Sohn, der Herr Minister"), Beringer („Ich — erste Person Einzahl"), Orgon („Der Tartüff") u. a.
Literatur: R. D., Jubilar W. Maertens (Hamburger Anzeiger 29. Okt.) 1953.

Märzendorfer, Ernst, geb. 26. Mai 1921 zu Oberndorf bei Salzburg, Schüler des Mozarteums das., studierte in Wien u. Graz, wurde 1940 Kapellmeister am dort. Opernhaus u. 1951 Professor am Mozarteum. Auch Komponist („Dame Kobold" u. a.).

Märzroth, L. s. Barach, Moritz.

Mättig, Hugo, geb. 1877, gest. 23. Jan. 1931 zu Dresden, war als Schauspieler in Meißen, Gera u. a., später langjähriges Mitglied des Residenztheaters in Dresden, zuletzt Leiter des Naturtheaters das.

Magagna, Paul, geb. 3. März 1875 zu Sankt Pauls bei Eppan in Tirol, gest. 29. Mai 1952 zu Schlanders, wirkte als Seelsorger in Meran. Zuletzt Dekan in Schlanders. Dramatiker.
Eigene Werke: Der Fahnlbua (Schauspiel) 1906; Der Tharerwirt oder Ein Held der Kindesliebe (Schauspiel) 1907; Die zwei ungleichen Nachbarn oder Was man verredet, zu dem kommt man (Schauspiel) 1908; Für Gott, Kaiser u. Vaterland! (Festspiel) 1909; Auf des Kreuzes Pfaden (Festspiel) 1912; Unsere Königin (Festspiel) 1912.

Magdalena (Maria Magdalena, eigentlich von Magdala), heiligmäßige Büßerin des Neuen Testaments nach einer Jugend voll Verfehlungen, in der modernen Dichtung seit Hebbel oft symbolisch für den Typus „Gefallenes Mädchen" aufgefaßt. Die alte Streitfrage, ob Maria von Magdala mit Maria von Bethanien u. der namenlosen Sünderin des Neuen Testaments gleichzusetzen sei, ist für das Mittelalter belanglos, denn damals galt M. M. als Einheitsbild biblischer Frauen.
Behandlung: Petrus *Philicinus,* Magdalena Evangelica (Trauerspiel) 1544; Florian *Reichsiegel,* Die gereinigte Maria Magdalena (Singspiel) 1770; Friedrich *Hebbel,*

M. M. (Bürgerl. Tragödie) 1844; Bartholomäus *Ponholzer,* M. M. (Schauspiel) 1862; Wilhelm *Molitor,* M. M. (Drama) 1863; Luise v. *Plönnies,* M. M. (Drama) 1870; Paul *Lindau,* Maria u. M. (Schauspiel) 1872; F. K. *Schubert,* M. (Tragödie) 1875; F. A. *Löwe,* M. von Magdala (Drama) 1876; Paul *Heyse,* M. von Magdala (Drama) 1876; Ludwig *Thoma,* M. M. (Trauerspiel) 1912; Franz *Schaub,* Das Magdalenenspiel 1949.
Literatur: Maria Norberta *Hoffmann,* Die Magdalenenszenen im geistl. Spiel des deutschen Mittelalters (Diss. Münster) 1933; F. O. *Knoll,* Die Rolle der M. M. im geistl. Spiel des Mittelalters (Diss. Greifswald — Germanisch u. Deutsch 8. Heft) 1934.

Magdeburg, Hauptstadt der mittleren Elbelandschaft, kannte schon im ausgehenden Mittelalter Mysterien- u. Fastnachtsspiele. Komödien von Hans Sachs gingen hier in Druck. Im 16. Jahrhundert eine Hochburg der Reformation, pflegte sie hauptsächlich das Schuldrama. So gelangte das „Spiel vom Patriarchen Jakob u. seinen zwölf Söhnen" von Joachim Greff (s. d.) an der Stadtschule zur Aufführung. Unter dem Rektorat von Georg Rollenhagen spielte man Stücke lat. u. deutsch, darunter „Amantes amentes" mit einer Einlage von Pyramus u. Thisbe (gedruckt in M. 1614) u. ein „Spiel vom reichen u. armen Lazarus". Nach der Zerstörung der Stadt im Dreißigjährigen Krieg lag auch das Theaterleben bis ins 18. Jahrhundert darnieder. Ein Aufschwung erfolgte, als 1761—62 die Schuchsche, 1767—74 die Döbbelinsche u. 1781 die Wäsersche Gesellschaft in M. spielten. 1772 fand Joseph Gottlieb Schummels Schauspiel „Die Eroberung Magdeburgs" großen Beifall, später auch klassische Dramen wie „Hamlet", „Minna von Barnhelm" u. vor allem 1793 Mozarts Oper „Die Zauberflöte". 1796 wurde ein Nationaltheater unter der Direktion von Karl Döbbelin eröffnet. „Wallenstein", „Die Braut von Messina", „Wilhelm Tell", „Nathan der Weise", „Der Zerbrochene Krug" erschienen im Spielplan. Wegen der Wallenstein-Trilogie entspann sich ein Honorarstreit mit Schiller. Unter den Schauspielern finden wir Iffland, der fünfundzwanzigmal auftrat. 1827—28 leitete Eduard Genast, der von hier nach Weimar abging, das Theater. 1838 kam Richard Wagner als Musikdirektor nach M., schrieb hier seine Jugendoper „Das Liebesverbot" u. fand seine erste Frau, die Schauspielerin Minna Planer. 1845 bedeutete die

Erstaufführung von Lortzings „Undine"
einen weiteren Höhepunkt der Entwicklung.
Berühmte Gäste wie Wilhelmine Devrient,
Tichatschek, Ellmenreich, Seebach u. a.
stellten sich ein. 1876 wurde das neue
Stadttheater mit „Egmont" eröffnet, das
neben dem Wilhelmtheater als Operettenbühne der hohen Kunst diente, unterstützt
von ersten Kräften, die sich aus ganz
Deutschland zu Gastspielen bereit erklär-
ten. Mit dem starken Anwachsen der städt.
Bevölkerung gewann das Theaterleben
immer weiter an Boden. Doch wurden das
Stadttheatergebäude, das Wilhelm-Theater-
Gebäude u. das Zentraltheatergebäude im
Zweiten Weltkrieg vollständig vernichtet.
An ihre Stelle traten seither als Behelfsbühnen ein Stadttheater, ein kleines Theater, ein Operettentheater u. ein Volkstheater.

Behandlung: Johann Gottlieb *Schummel*,
Die Eroberung von Magdeburg (Schauspiel)
1776; F. L. *Schmidt*, Der Sturm von Magdeburg (Drama) 1866; A. B. *Türcke*, Stadt
Magdeburg (Volksschauspiel) 1866; Georg
Stöckert, Die Zerstörung Magdeburgs
(Trauerspiel) 1881; Hermann *Hoffmeister*,
Die Magdeburger Bluthochzeit (Psychodramat. Dichtung) 1902; W. *Arnim*, Magde-
burgisch Recht (Volksschauspiel) 1939; Gottfried *Hedler*, Das Magdeburger Jungfrauen-
spiel 1950.

Literatur: Anonymus, Noch ein wohl-
gemeintes Wort an die Herren Unternehmer des hiesigen Schauspiels 1797; August
Böhringer, Mein Glaubensbekenntnis über
das hiesige Theater 1829; Paul *Legband*,
Chr. H. Schmidts Chronologie des deutschen
Theaters (Schriften der Gesellschaft für
Theatergeschichte 1. Bd.) 1902; Otto *Weddigen*, M. (Geschichte der Theater Deutschlands 2. Bd.) 1904; W. *Widmann*, Magdeburger Theater (Montagsblatt der Magde-
burgischen Zeitung) 1925; Anonymus, Festschrift zum 50jährigen Jubiläum des
Magdeburger Stadttheaters (1876—1926)
1926; Die Deutsche Theaterausstellung im
Spiegel der Presse 1927; H. *Calm*, Briefe
des Hoftheaterdirektors Bossann an den
Erbprinzen Friedrich von Anhalt-Dessau
(Anhaltische Geschichtsblätter) 1930—31;
W. *Becker*, Die Döbbelinsche Theatergesellschaft in Halle u. M. (Montagsblatt
Nr. 14 der Magdeburgischen Zeitung) 1936;
S. A. *Wolf*, Das Magdeburger Wilhelm-
Theater (Ebda.) 1936; W. *Becker*, Theater-
wesen u. Schauspielertum in alter Zeit
(Ebda. Nr. 47) 1937.

Mag der Himmel euch vergeben, Quintett
mit Chor aus F. v. Flotows Oper „Martha"
(s. d.).

Magel, Hans, geb. 12. Dez. 1905 zu Darmstadt, begann seine Bühnenlaufbahn 1935
das. u. war seit 1949 Mitglied des Schauspielhauses in München. Hauptrollen:
Baron („Madame Aurelie"), Herr Gabor
(„Frühlings Erwachen") u. a.

Magelone, Die schöne, neapolitanische Prinzessin, Gemahlin Peters von Provence, in
einem franzos. Volksbuch von 1457 wegen
ihrer standhaft ertragenen Lebensschicksale
verherrlicht, scheint in der deutschen Dichtung wiederholt auf, auch im Drama.

Behandlung: Anonymus, Historia Mage-
lonä (Spiel in Reimen mit Einleitung von
Georg Spalatin) 1539 f.; Hans *Sachs*, Commedia von der schönen Magelone 1555; Sebastian *Wild*, Die schöne M. u. Ritter Peter
(Drama) 1586; K. H. *Schauenburg*, Die
schöne M. (Volksschauspiel) 1856; Moritz
Heydrich, Die schöne M. (Märchenschau-
spiel) 1861; Hans *Pöhnl*, Die schöne M.
(Volksschauspiel) 1887.

Magener, Karl, geb. 1857, gest. 2. Dez. 1930
zu Gotha, der Familie der Folgenden angehörig, war seit 1876 Schauspieler u. Regisseur in Schwedt, Budapest, Krefeld, Zürich, nahm 1902 seinen Bühnenabschied in
Straßburg u. wandte sich dann einem bürgerlichen Beruf zu. Hauptrollen: Max („Doktor Klaus"), Hugo („Zwei glückliche Tage"),
Starke („Mein Leopold"), Antypholus („Die
Komödie der Irrungen") u. a.

Magener, Ludwig, geb. 24. März 1832 (To-
desdatum unbekannt), wirkte in komischen
u. Charakterrollen in Görlitz, Stettin,
Aachen, Düsseldorf, Köln, 1883—84 als
Theaterdirektor in Göttingen, Stargard,
Landsberg, hierauf in Minden u. Bielefeld.

Magener (geb. Weiß), Marie (Geburtsdatum
unbekannt), gest. 3. Nov. 1889 zu Arnsburg,
Gattin des Vorigen, dem sie bei seiner
Direktionsführung half.

Magie in ihren Bindungen zum Theater.
Literatur: Eduard *Ronge*, Das magische
Theater (Diss. Wien) 1951.

Magierspiele, liturgische Vorführungen in
der Kirche am Dreikönigstag, ursprünglich
Pantomimen, die Anbetung der Drei Könige

darstellend, waren im Mittelalter beliebt. In Freiburg in der Schweiz erhielten sie sich in Prozessionsform bis 1798, im Wallis bis zur Gegenwart. S. auch Weihnachtsspiel.

Magnus (geb. Groll), Amalie Auguste, geb. im Dez. 1812 zu Jöhstadt in Sachsen, gest. 7. Juni 1881 zu Großhartmannsdorf bei Freiberg in Sachsen, Gattin des Schauspielunternehmers Johann Joseph M., der mit seiner Truppe in zahlreichen Orten Sachsens u. auch auf der Dresdner Vogelwiese häufig spielte. Zum umfangreichen Repertoire gehörten u. a. „Schneider Fips", „Die Räuber auf Maria Kulm", „Kunz von Kauffungen", „Fridolin oder Der Gang nach dem Eisenhammer", „Die Hussiten vor Naumburg", ja sogar der „Freischütz". Nach dessen Tod (4. Dez. 1849 zu Antonstadt) führte Amalie Auguste M. die Truppe weiter.
Literatur: Anonymus, Eine Volksfigur des alten Dresden (Deutsche Bühnengenossenschaft 10. Jahrg. Nr. 27) 1881.

Magnus, Gisela s. Grasell, Franz Josef.

Magnus, Hans Karl s. Rosenberg, Hans Karl.

Magnus, Johann Joseph s. Magnus, Amalie Auguste.

Magnus (geb. Weiße), Nina (Geburtsdatum unbekannt), gest. 7. März 1913 zu Berlin, war Schauspielerin am Stadttheater in Wien unter Laube, dann am Stadttheater in Frankfurt a. M. u. Köln, am Hoftheater in Hannover u. nahm nach ihrer Verheiratung mit dem Berliner Regierungsrat Dr. Ernst M. ihren Bühnenabschied. Hauptrollen: Eboli, Pompadour, Orsina, Geierwally u. a.

Magyar (Ps. Robert), Emmerich, geb. 21. Mai 1847 zu Pest, gest. 28. Mai 1899 zu Würzburg (auf der Durchreise vom Bad Kissingen), besuchte das Akademische Gymnasium, wandte sich jedoch, von J. Lewinsky (s. d.) aufgemuntert u. unterrichtet, der Bühne zu, begann als vielseitiger Künstler 1865 in Zürich seine Laufbahn, kam 1866 ans Hoftheater in Stuttgart, 1868 an das Kgl. Schauspielhaus in Berlin, dann ans Stadttheater in Wien zu Laube, unternahm hierauf zahlreiche Gastspielreisen in Deutschland, Österreich u. a. als Mitglied, später Ehrenmitglied des Meininger Hoftheaters, kehrte 1875, nachdem Laube wieder die Leitung des Stadttheaters in Wien übernommen hatte, zu ihm zurück u. gehörte seit 1878 dem Burgtheater an. Charakterdarsteller großen Stils. In einem Nekrolog von A. Lindner, der auch auf Laubes Verdienst um Robert Bezug nahm, heißt es: „Wie eine Statue aus Marmor u. Ebenholz stand er vor unsern Blicken, wie eine Königsstatue, die sich im Feuer der inneren, langsam erglühenden Leidenschaft mählich belebte, dann aber mit königlichen Bewegungen über die Bühne ging, die seine Rostra schien, u. schreckverzerrt, mit einer Stimme, die wie das Schicksal war, die gellsten Anklagen wider die Menschheit erhob. Bleich, düster, verstört, Verachtung stets auf den Lippen u. dennoch die Güte des Adelsmenschen in den Augen; von Unmut angekränkelt, schwerblütig bis in die letzte Faser seines Wesens, byronisch zweifelnd stets oder schwarz u. hager wie Dante inmitten flammenden Feuer u. glutäugiger Basilisken am Strande eines tiefen, blinden Wassers wandelnd; ewig beklemmt, finster, umflort, von dunklen Stimmen getrieben u. voll des feinsten Gefühls für all die Köstlichkeiten, der Melancholie, die ihm Rhythmus, Seele, Religion, Brot, alles war, — so sehen wir Robert im Alltag u. auf der Bühne! Der Adel seines Wortes ist nun für immer dahin. Uns aber ziemt es, Laubes in Verehrung zu gedenken, der seinen Paladinen die Weihen einer so königlichen Kultur zu erteilen gewußt." Hauptrollen: Romeo, Hamlet, Marc Anton, Leontes, Fiesko, Posa, Tasso, Essex, Gyges u. a.
Literatur: Eisenberg, E. Robert (Biogr. Lexikon) 1903.

Mahler, Emil, geb. 28. Mai 1866 zu Netschenitz in Böhmen, gest. 1915 als Eisenbahnbeamter in Prag-Karolinenthal. Bühnenautor.
Eigene Werke: Edelrot (Oper) 1906 (mit Hans Niederführ); Gettatore (Oper) 1908 (mit dems.); Erläuterungen zu Wallenstein, Faust, Minna von Barnhelm 1912; Pflicht u. Herz (Schauspiel) 1914.

Mahler, Fritz, geb. 16. Juli 1901 zu Wien, Sohn des Professors Ludwig M., Großneffe des Folgenden, in seiner Vaterstadt von Alban Berg (s. d.), Leopold Reichwein (s. d.) u. a. ausgebildet, wirkte als Kapellmeister 1924 in Bad Hall, 1925 am Stadttheater in St. Pölten in Niederösterreich, 1926 in Wiener-Neustadt u. Mannheim, 1926—33 als Leiter der Opernschule an der

Hochschule für Musik das. u. seit 1936 als Dirigent in den Vereinigten Staaten.

Mahler, Gustav, geb. 7.Juli 1860 zu Kalischt in Böhmen, gest. 18. Mai 1911 zu Wien, studierte hier an der Universität u. am Konservatorium (Schüler A. Bruckners), begann seine Laufbahn als Theaterkapellmeister in Bad Hall 1880, kam dann nach Laibach u. Olmütz, 1885 ans Deutsche Landestheater in Prag, 1887 ans Stadttheater in Leipzig, wo er 1887 C. M. v. Webers Oper „Die drei Pintos" vollendete u. aufführte. 1889—91 Direktor der Oper in Budapest, dann Kapellmeister in Hamburg, 1897—1907 Direktor der Hofoper in Wien, 1907—09 Kapellmeister der Metropolitan-Oper in Neuyork, 1909—10 Dirigent der der dort. Philharmoniker. Seine Symphonien, Lieder u. a. erhöhten den Weltruf, den seine Stabführung im Theater genoß. Seine Jugendoper „Die Argonauten" blieb Fragment. Den tiefen Zwiespalt dieses Meisters der Töne u. zugleich die Stellung des Judentums in der deutschen Musik überhaupt charakterisiert Max Brod in dem beim Zionist Education Department Tel Aviv 1951 erschienenen Buch „Die Musik Israels" u. a. folgendermaßen: „Vielleicht wird man G. Mahler gerechter, wenn man ihn im Zusammenhang einer jüdischen Seelenstimmung betrachtet, als wenn man immer nur von der Tatsache, daß er ‚Des Knaben Wunderhorn' vertont hat, sich hypnotisieren läßt. Ich glaube, die ungeheuren Widerstände, die seine Kunst beim Publikum u. auch bei ernster Kritik zu überwinden hatte, während die immerhin nicht viel leichter zu verstehenden Autoren Reger u. Strauß sich viel schneller durchsetzten — sie beruhen darauf, daß sein Werk zwar äußerlich sehr deutsch ausschaut, den Instinkt aber undeutsch (u. das mit Recht) anmutet. Von einem deutschen Blickpunkt aus erscheint dieses Werk daher inkohärent, stillos, unförmlich, ja bizarr, schneidend, zynisch, allzu weich, gemischt mit allzu Hartem. Es ergibt, deutsch betrachtet, keine Einheit. Man ändere die Perspektive, suche sich in Mahlers jüdische Seele einzufühlen — sofort ändert sich das Bild; Form u. Inhalt stimmen, nichts ist vorlaut, nichts übertrieben, nur die bekannte Situation des Golusjuden hat neben den urewigen Siegeln allgemeiner Schönheit ihren besonderen Stempel beigedrückt. Ebenso geht es, wenn man Heine nicht als deutschen Lyriker, Mendelssohn nicht als

Klassiker der deutschen Musik, Meyerbeer nicht als italienischen Opernkompositeur u. Offenbach nicht als Pariser Gamin auffaßt, sondern alle vier als große Söhne des jüdischen Volkes, deren Genius mit der spezifischen Judennot (nebst anderen Widerständen der Materie) zu ringen hatte. Wie so viele Juden seiner Epoche war M. in der Schule der deutschen Kultur erzogen worden. Er liebte die deutsche Musik, er glaubte, in den Zusammenhang der deutschen Musik, in ihre große Entwicklungslinie zu gehören. Das ist die Wahrheit, aber eine halbe. Ganz ähnlich wie bei Mendelssohn. Bei einem Teil ihres Wesens gehörten diese beiden zweifellos zur deutschen Musik, aber eben nur mit einem Teil, der bei Mendelssohn ruhiger, größer, bei M. betonter, heftiger, doch weniger zentral war. Nebst dem Universalen allmenschlichen Anteil, den die Musik so hoher Meister in sich birgt, wird aber auch die jüdische Grundkomponente fühlbar. Und das eben ist es, was den Anblick dieser Meister so unübersichtlich macht, das Urteil der Nachwelt verwirrt." A. Roller gab „Bildnisse G. Mahlers" 1922 heraus, Natalie Bauer-Lechner „Erinnerungen an G. M." 1923 u. Alma Maria Mahler „Briefe G. Mahlers" 1924. Im November 1955 wurde unter Vorsitz von Bruno Walter (s. d.) eine Gustav-Mahler-Gesellschaft in Wien gegründet, ein bleibendes Denkmal für seine unvergeßliche Tätigkeit an der dort. Oper.

Behandlung: Robert *Hohlbaum,* Der Zauberstab (Roman) 1954.

Literatur: Richard *Specht,* G. Mahler 1903; Robert *Hirschfeld,* M. u. Strauß in Wien (Österr. Rundschau 1. Bd.) 1905; Paul *Stefan,* G. Mahlers Erbe. Ein Beitrag zur Geschichte des deutschen Theaters u. des H. F. v. Weingartner 1908; ders., G. M. 1910; Friedrich *Adler,* Mahlers Schaffen (Deutsche Arbeit) 1910; G. M. u. die Bühne (Theater-Kalender, herausg. von H. Landsberg u. A. Rundt) 1912; A. *Neisser,* G. M. 1918; P. *Stefan,* M. für Jedermann 1923; Ludwig *Karpath,* G. M. (Begegnung mit dem Genius) 1934; Rudolf *Baldrian,* G. Mahlers erstes Engagement (Die Österr. Furche Nr. 42) 1954.

Mahler, Hans, geb. 15. Aug. 1900, war seit 1925 Schauspieler u. Spielleiter am Richard-Ohnsorgtheater in Hamburg u. seit 1950 auch dessen Direktor.

Mahler, Lisa s. Loschelder-Mahler, Lisa.

Mahler-Werfel, Alma Maria s. Werfel, Alma Maria.

Mahling, Gottfried, geb. 8. Jan. 1867 zu Prag, gest. 29. März 1931 zu Coburg, Sohn eines Fabrikanten, an der Deutschen Handelsakademie seiner Vaterstadt für den Kaufmannsberuf vorbereitet, dann aber in Wien von J. N. Fuchs (s. d.) u. in Italien als Sänger ausgebildet, wirkte 1888 in Zürich u. seitdem ununterbrochen in Coburg als Tenor, ein unverhältnismäßig reichhaltiges Repertoire umfassend. 1898 Oberregisseur das., 1915 Leiter des dort. Hoftheaters u. 1920 Intendant. Kammersänger. Gastspiele führten ihn u. a. bis London. Hauptrollen: Max, Bajazzo, Fra Diavolo, Turiddu, Zigeunerbaron, Eisenstein u. a.

Mahlknecht, Marie s. Payne, Marie.

Mahlmann, August, geb. 13. Mai 1771 zu Leipzig, gest. 16. Dez. 1826 das., Sohn eines Krämers, besuchte die Fürstenschule in Grimma, studierte in Leipzig, wurde Hauslehrer in Livland u. begleitete seinen Zögling u. a. nach Göttingen u. Berlin, Dänemark, Schweden u. Petersburg. Seit 1805 Herausgeber der „Zeitung für die elegante Welt", seit 1810 auch der „Leipziger Zeitung". Kgl. sächs. Hofrat. 1813 wurde er gefangen u. nach Frankfurt abgeführt. 1814 erwarb er das Rittergut Ober- u. Unter-Nitschka, 1815 das Brandvorwerk bei Leipzig. In erster Ehe mit einer Schwägerin Jean Pauls verheiratet. Lyriker, Dramatiker u. Erzähler.
Eigene Werke: Herodes vor Bethlehem oder Der triumphierende Viertelsmeister (Schau-, Trauer- u. Tränenspiel, Parodie auf Kotzebues weinerliche Hussiten vor Naumburg) 1803; Marionettentheater 1806; Der Hausbau (Lustspiel) 1806; Der Geburtstag (Lustspiel) 1810; Neue Original-Lustspiele 1810; Sämtl. Schriften 8 Bde. 1839 f.
Literatur: Franz Schnorr v. Carolsfeld, S. A. Mahlmann (A. D. B. 20. Bd.) 1884; E. *Richter,* S. A. M. (Diss. Leipzig) 1934.

Mahn, Elfriede, geb. 1. April 1881 zu Berlin, Tochter eines Gutsbesitzers, wandte sich, von der Hofschauspielerin Adele Wienrich (s. d.) ausgebildet, der Bühne zu u. wurde 1899 am Kgl. Schauspielhaus ihrer Vaterstadt als Sentimentale Liebhaberin engagiert. Hauptrollen: Gretchen, Marie, Thekla, Louise, Beatrice, Desdemona, Julia u. a.

Mahn, Paul, geb. 16. Okt. 1867 zu Malchin in Mecklenburg-Schwerin, gest. 3. Mai 1927 zu Berlin, war Theaterkritiker der „Täglichen Rundschau" u. schrieb u. a. ein Buch „Gerhart Hauptmann" 1894.

Mahncke, Gustav, geb. 7. Aug. 1886 zu Rostock, gest. 28. Jan. 1952 zu Berlin, war Spielleiter u. Schauspieler in Mannheim, Brandenburg, Koblenz, Litzmannstadt u. an verschiedenen Bühnen Berlins.

Mahner-Mons (Ps. Nuss), Emma, geb. 16. Mai 1879 zu Erlenbach in der Pfalz, lebte als freie Schriftstellerin in Donaueschingen. Auch Verfasserin von Bühnenstücken.
Eigene Werke: Schwarzarbeiter (Lustspiel) 1934; Um ein Hundehaar (Lustspiel) 1936; Mutter (Schauspiel) 1937; Das Ferienkind (Lustspiel) 1939; Dissonanzen (Schauspiel) 1943.

Mahnke, Hans, geb. 22. April 1905 zu Stralsund, war Schauspieler das., in Dessau, Osnabrück, Oeynhausen, Mainz, Stettin, Frankfurt am Main, Hamburg u. Stuttgart, gleichzeitig auch noch Gast am Residenztheater in München. Hauptrollen: Richter von Zalamea, Alte Moor u. a.

Mahomet, der Religionsstifter, Held von Goethes dramatischen Fragmenten, rückte frühzeitig in seinen Gesichtskreis. Das für den 4. Akt bestimmte Gedicht „Mahomets Gesang" erhielt Boie 1773 für den Göttinger „Musenalmanach". Über den Plan berichtete Goethe in „Dichtung u. Wahrheit". Er wollte in dem Drama des Propheten, der an seine Sendung glaubt, alles darstellen, was das Genie durch Charakter u. Geist über den Menschen vermag, u. wie es dabei gewinnt u. verliert. Er wollte zeigen, wie „der vorzügliche Mensch das Göttliche, das in ihm ist, auch außer sich verbreiten möchte. Dann aber trifft er auf die rohe Welt, und um auf sie zu wirken, muß er sich ihr gleichstellen; hierdurch aber vergibt er jenen hohen Vorzügen gar sehr; und am Ende begibt er sich ihrer gänzlich. Das Himmlische, Ewige wird in den Körper irdischer Absichten eingeschränkt u. zu vergänglichen Schicksalen mit fortgerissen". Der Schluß des Dramas sollte seine Vergiftung u. Läuterung behandeln. „Er reinigt seine Lehre, befestigt das Reich u. stirbt". Goethe beschäftigte sich mit dem Stoff immer wieder. 1799 übersetzte er

Voltaires andersgearteten „M." In der Zeit 1800—17 wurde dieses Stück dreizehnmal in Weimar aufgeführt. Vgl. auch Mohamed.
Literatur: Jakob *Minor*, Goethes Mahomet 1907.

Mahr, Ada (Geburtsdatum unbekannt), wurde in Leipzig für die Bühne ausgebildet u. wirkte als Charakterdarstellerin in Breslau, Bonn, Berlin u. seit 1930 auch im Mutterfach in Freiburg im Brsg. Hauptrollen: Frau John („Die Ratten"), Alice („Totentanz") u. a.

Mahr, Alfred (Geburtsdatum unbekannt), gest. 1. Dez. 1951 zu Wien, war viele Jahre Mitglied des Theaters in der Josefstadt unter Jarno das. u. spielte später auch an anderen Theatern in Wien.

Mahr, Josefine, geb. 6. Juni 1834 zu Teschen in Österr.Schlesien, gest. 20. Nov. 1903 zu Wien, wirkte als Schauspielerin in Brünn, Teplitz, Bielitz, Preßburg u. Klagenfurt.

Mai, Bruno s. Wasser, Hugo.

Maien, Carl s. Wolfsohn, Wilhelm.

Maier, Annie s. Stappler, Anna.

Maier (auch Mayer), Friedrich Sebastian, geb. 5. April 1773 zu Benediktbeuren in Bayern, gest. 9. Mai 1835 zu Wien, Sohn eines Gärtners, studierte in München u. Salzburg Theologie, wurde jedoch Musiker u. Sänger, trat 1792 als Bassist in Linz an der Donau auf, kam 1793 zu Schikaneder nach Wien, dem er auch als Regisseur behilflich war, vor allem seit 1801 am neuerbauten Theater an der Wien, ging später zum Hoftheater über u. zog sich alsbald ins Privatleben zurück. Zu seinen Glanzrollen gehörte Sarastro. Seine Bühnenstücke, stofflich aus der modischen Ritter-, Geister- u. Zauberromantik geschöpft, wurden aufgeführt, aber nicht gedruckt. Schwager Mozarts.
Eigene Werke: Friedrich der Letzte Graf von Toggenburg 1794; Mina u. Salo oder Die unterirdischen Geister 1795; Rosalinde oder Die Macht der Feen 1796; Otto mit dem Pfeile, Markgraf von Brandenburg 1799 u. a.
Literatur: Egon *v. Komorzynski*, F. S. Maier (A. D. B. 52. Bd.) 1906.

Maier, Jakob, geb. 1739 zu Mannheim, gest.

2. Okt. 1784 das. als Kammerrat, mit Goethe u. Schiller persönlich bekannt. Verfasser von Ritterdramen.
Eigene Werke: Der Sturm von Boxberg 1777; Fust von Stromberg 1782; Die Weinlese 1784.

Maierhofer, Ferdinand, geb. 9. April 1881 zu Graz, kam als siebzehnjähriger Buchbindergehilfe am Theater des Kath. Gesellenvereines seiner Vaterstadt erstmals auf die Bühne, wurde dann von Julius Grevenberg (s. d.) zum Schauspieler ausgebildet u. trat am Grazer Landestheater als Erster Held u. Liebhaber auf, kam über Steyr 1899, Leitmeritz u. Aussig 1900—03, Laibach u. Franzensbad 1904—06 unter Jarno 1907 ans Josefstädtertheater in Wien, 1913 wieder nach Graz, 1918 als Nachfolger Girardis ans Carl-Theater u. 1919 ans Burgtheater, wo er vor allem in realistischen Komikerrollen immer wieder großen Erfolg hatte u. in seiner Vielseitigkeit zu den verläßlichsten Stützen des Hauses zählte. Hauptrollen: Wurzel, Grutz, Krampus, Malvolio, Suitner, Habakuk, Eschenbacher u. a. O. M. Fontana rühmt ihm in seiner Sammlung „Wiener Schauspieler" (1948) ausdrücklich nach: „Bei ihm begegnet man lustigen u. listigen Gaunern, eingepackt in Gemüt u. Biederkeit, plumpen Bauern u. Hausknechten eines massiven Humors, die dem Glück ein wenig nachhelfen, u. schließlich Idyllikern einer spitzwegschen Einsamkeit u. Versponnenheit. Seine Stärke ist der falsche Gemütston, ist jenes unaufrichtige Süßreden, dem die Dümmsten aufsitzen."
Literatur: Erich *Nechradola*, F. Maierhofer (Funk u. Film 6. Febr.) 1948; Joseph *Handl*, F. M. (Schauspieler des Burgtheaters) 1955.

Maikl, Georg, geb. 4. April 1872 zu Hippach bei Zell am Ziller, gest. 22. Aug. 1951 zu Wien, Sohn eines Tiroler Sängers, von Anton Hromada (s. d.) für die Bühne ausgebildet, kam 1899 als Spieltenor nach Mannheim u. 1904 an die Wiener Hofoper, wo er zeitlebens blieb. Als er 1929 sein fünfundzwanzigjähriges Mitgliedsjubiläum feierte, konnte er auf über 100 Rollen u. 2160 Auftritte zurückblicken. Er beherrschte souverän alle Gesangspartien von Florestan in Beethovens „Fidelio" bis zum Adam im „Vogelhändler", wo er zuletzt seine Tochter Liselotte (ebenfalls Mitglied der Oper in Wien) als Briefchristl zur Partnerin bekam. Auch nachdem er 1942 als Kammersänger u. Ehrenmitglied der Staatsoper offiziell seinen Bühnenabschied genommen hatte, ließ er seine brillante Stimme immer wieder hören, auch im Konzertsaal. Alexander Witeschnik bezeichnet ihn in dem Buch „300 Jahre Wiener Operntheater" 1955 als den „Hochmusikalischen, Stetsverläßlichen, Totsicheren, der mit seinem unverwüstlichen, urpersönlichen Spieltenor der Wiener Oper durch mehrere Generationen unentbehrliche Dienste leistete."

Literatur: Paul Lorenz, Vom Vogelhändler zur Neunten (Arbeiter-Zeitung, Wien Nr. 194) 1951; *Anonymus*, G. Maikl gestorben (Wiener Zeitung Nr. 194) 1951; *Hr.*, G. M. (Die Presse 24. Aug.) 1951.

Maikl, Liselotte s. Maikl, Georg.

Mailhac, Pauline, geb. 4. Mai 1858 zu Wien, gest. 9. März 1946 zu Burghausen in Bayern, Kaufmannstochter, betrat 1879 als Dramatische Sängerin in Würzburg die Bühne, wirkte seit 1880 in Königsberg, 1882 in Mainz u. seit 1883 in Karlsruhe, wo sie blieb, Berufungen nach Berlin u. München ablehnend. Doch gab sie zahlreiche Gastspiele, die sie bis Holland u. Belgien führten u. nahm 1891—93 an den Festspielen in Bayreuth teil. Seit 1889 Kammersängerin, trat sie 1901 als Ehrenmitglied des badischen Hoftheaters von der Bühne zurück. Nicht nur im großen Musikdrama u. im einfachen Singspiel, sondern auch im Volksstück bewährte sie ihre vielseitige Begabung. Hauptrollen: Valentine, Aida, Gretchen, Recha, Mignon, Venus, Kundry, Senta, Ortrud, Isolde, Brünnhilde, Eva, Carmen, Fidelio, Nandl („Das Versprechen hinterm Herd"), Vroni (Der Meineidbauer") u. a.

Literatur: Eisenberg, P. Mailhac (Biogr. Lexikon) 1903.

Mailler, Hermann, geb. 28. Jan. 1901 zu Wien, gest. 29. Nov. 1954 das., lebte als Schriftleiter das. Erzähler u. Bühnenautor.

Eigene Werke: Der Bieresel (Schwank) 1924; Der Sekretär der Kaiserin (Lustspiel) 1926; Frau Schratt (Lebensbild) 1947.

Mailler, Karl, geb. 4. Nov. 1849 zu Wien, gest. 3. Juli 1899, war Opern- u. Operettenbariton, auch Schauspieler u. a. in Budweis, Olmütz, Teplitz, Ödenburg, Innsbruck, Preßburg u. seit 1894 am Stadttheater in

Baden bei Wien. Hauptrollen: Escamillo, Papageno u. a.

Mainau (eigentl. Werner), Anna, geb. 1868, gest. 29. Aug. 1889 zu Mödling bei Wien (durch Selbstmord) als Schauspielerin.

Mainz, die Hauptstadt von Rheinhessen, trat schon zur Zeit der Römer in die Theatergeschichte ein. Mogontiacum, wie M. damals hieß, besaß, wie Ausgrabungen ergaben, einen Bühnenbau, der jedenfalls den szenischen Anforderungen eines Terenz u. Plautus oder der Tragödien eines Seneca vollauf genügte. Deutsches Theaterleben freilich setzte erst im Mittelalter mit Passionsspielen ein. Ihnen folgten später Aufführungen der heimischen Meistersinger. 1510 gab es ein aktuelles „Spiel von vier Ketzern-Predigern zu Bern", seither auch noch andere, von Bürgern u. Schülern dargestellt. Im 17. Jahrhundert spielten verschiedene Truppen Stücke in der Art der commedia dell'arte, Opern, süddeutsche barocke Pantomimen u. Fastnachtsspiele rheinischer Prägung. 1680 ließ der Kurfürst Anselm Franz v. Ingelheim durch die Komödianten Johannes Veltens (s. d.) verschiedene Lustspiele Molières aufführen. Um die Mitte des 18. Jahrhunderts kam die Gesellschaft von Franz Schuch (s. d.) wiederholt nach M., später die von Konrad Ernst Ackermann (s. d.) mit Friedrich Ludwig Schröder u. die von Karl Theophil Döbbelin (s. d.). Joseph von Kurz (Bernardon) feierte in dem 1767 eröffneten Komödienhaus wahre Triumphe, worüber eine Broschüre „Briefe, die theatralische Gesellschaft des Herrn v. Kurz betreffend" weiteren Kreisen Kunde gab. Bedeutende Theaterleiter wie Theobald Marchand u. Abel Seyler, dem Maximilian Klinger (s. d.) als Dramaturg zur Seite stand, u. dessen Gattin Sophie Friederike Seyler die Hauptrollen spielte, setzten die Tradition fort. Es folgten Friedrich Wilhelm Großmann (s. d.), Stiefvater der hier tätigen Friederike Bethmann-Unzelmann (s. d.) u. Siegfried Gotthilf Ekkard. Gottfried Heinrich Koch (s. d.), der einen gemeinsamen Theaterbetrieb mit Mannheim durchführte, A. W. Iffland u. a. Bühnengrößen traten in M. als Gäste auf. 1789 fand die Erstaufführung von Mozarts „Don Juan" in deutscher Sprache (Text vom Mainzer Theaterdichter Johann Gottlieb Schmieder, Verfasser eines „Tagebuchs der Mainzer Schaubühne") statt.

Die politischen Wirren u. kriegerischen Ereignisse der Folgezeit — das Theatergebäude war 1793 vollständig abgebrannt — ließen kein rechtes Theaterleben aufkommen. Bis 1833 diente die Reitschule in der Mittleren Bleiche als Behelfsbühne. 1829—31 dauerte der von Johann Wetter nach Georg Mollers Plänen veranstaltete Neubau des Theaters am Gutenbergplatz, der, zwei Jahre später feierlich eröffnet, in ganz Deutschland Beachtung fand. Es hieß zuerst noch „Großherzogliche Nationalbühne", seit 1834 „Stadttheater" u. war bis 1839 mit dem Theater in Wiesbaden vereinigt. Der Spielplan wetteiferte mit dem der Bühnen Wiens, wie auch in der Folge österreichischer Einschlag erhalten blieb. Die Glanzzeit der Mainzer Oper, seitdem August Schumann, bisher Bariton, 1839 die Leitung übernahm, führte sogar zu Gastspielen im Ausland. Unter den Direktoren der nächsten Jahrzehnte ragte 1869—72 Eberhard Theodor L'Arronge (s. d.) hervor, unter dem u. a. E. Possart u. Clara Ziegler gastierten. 1881 wurde das Theater teilweise umgebaut. Franz Deutschinger (s. d.), einer der besten Regisseure seiner Zeit, stand an der Spitze des Hauses. 1877 bis 1904 wirkte Emil Steinbach (s. d.) als Kapellmeister (1899—1903 auch als Direktor), 1892—94 Georg Brandes als Bariton u. Direktor, 1893—95 Hans Pfitzner als Korrepetitor u. Otto Laubinger (s. d.) 1913 bis 1920 als Jugendlicher Held. Auch andere namhafte Kräfte sorgten für das Ansehen der Mainzer Bühne, das sie auch im neuen Jahrhundert genoß. 1927 leitete Richard Strauß eine glanzvolle Aufführung seines „Rosenkavaliers".
Literatur: Hermann *Maas,* Das Mainzer Theater vom Beginn der zweiten Franzosenherrschaft bis zur Einweihung des Neuen Schauspielhauses 1798—1833 (Diss. Gießen) 1928; P. A. *Merbach,* Festschrift zum hundertjährigen Bestehen des Mainzer Stadttheaters (1833—1933) 1933; A. B. *Gottron,* Mozart u. M. 1951 u. a.

Mainzer, Arthur, geb. 25. Nov. 1895, gest. 21. März 1954 zu Berlin, begann seine Laufbahn 1920 an der Schwäbischen Volksbühne in Stuttgart, wirkte als Schauspieler 1921—25 am dort. Neuen Theater, 1926 bis 1933 in Berlin (Lessingtheater, Volksbühne, Berliner Theater, Theater am Schiffbauerdamm, Deutsches Theater, Komödienhaus), emigrierte unter Hitler nach England, kehrte nach Kriegsschluß wieder nach Deutschland zurück u. war seit 1951 Mitglied des Schillertheaters in Berlin.

Mair, Alois Otto (Ps. Alois Weinberger), geb. 29. Juni 1887 zu Innsbruck-Wilten, Benediktiner, war seit 1912 in der Seelsorge tätig, seit 1926 als Vikar in Hohentauern. Lyriker u. Dramatiker.
Eigene Werke: Am Mooshof (Volksstück) 1924; Die Samariterin (Volksstück) 1926; Der Bartkönig (Lustspiel) 1932; Sein Ehrenwort (Volksstück) 1937.

Mai-Rodegg, Gustav, geb. 7. Okt. 1885 zu Berlin, Sohn eines Fabrikanten, in zweiter Ehe mit der Opernsängerin Maria Helene Stein verheiratet, wirkte seit 1904 als Schauspieler u. a. 1913—14 am Schauspielhaus in Düsseldorf u. 1914—22 am Kleinen Theater in Berlin. Später wandte er sich der Bühnen- u. Filmdichtung zu. Auch Skakespeare-Forscher („Hamletentdeckungen" 1916, „Hamlet", Bühnenbearbeitung 1923).

Maisch (geb. Moest), Gabriele, geb. um die Jahrhundertwende, gest. 17. Okt. 1934 zu Berlin, begann ihre Bühnenlaufbahn als Schauspielerin 1921 in Rostock, kam 1924 nach Zürich, 1925 an die Württembergische Volksbühne nach Stuttgart, 1926 an das Landestheater in Mannheim, 1927 nach Karlsruhe, 1928 nach Bremen, 1929 an das Neue Theater in Frankfurt a. M. u. war zuletzt Dozentin an der Volkshochschule in Mannheim. Gattin des Folgenden.

Maisch, Herbert, geb. 10. Dez. 1890 zu Nürtingen am Neckar, war ursprünglich Offizier u. verlor im Ersten Weltkrieg, mehrmals verwundet, seinen rechten Arm, kam 1918 als Volontär für Regie u. Dramaturgie ans Stadttheater in Ulm, ging 1919 ans Staatstheater nach Stuttgart, wurde 1920 Schauspielregisseur u. 1924 Intendant der Württembergischen Volksbühne, die als Wandertheater in 30 kleineren Städten spielte. 1926 kam er nach Mannheim, wurde 1933 von den Nationalsozialisten seines Postens enthoben, widmete sich seit 1933 dem Film, war nach 1945 Regisseur an der Komödie am Kurfürstendamm in Berlin u. seit 1947 Generalintendant in Köln. Gatte der Vorigen u. nach deren Tod der Sängerin Inge Maisch.
Literatur: Dr. *St.,* Ein Fachmann für Schiller u. Mozart (Köln. Rundschau Nr. 285) 1955.

Maisch, Rudolf, geb. 2. Febr. 1887 zu Schweina in Thüringen, Doktor der Philosophie, war Schauspieldirektor. Auch Verfasser einer „Geschichte der deutschen Musik" 1926 (3. Auflage 1949). Zuletzt lebte er in Berlin.

Mai und Herbst, kleines Drama aus dem 14. Jahrhundert, herausg. von S. Singer, Mittelhochdeutsches Lesebuch 1945.

Maiwald, Viktor, geb. (Datum unbekannt) zu Wien, gest. 19. Sept. 1947 das., begann nach Ausbildung am dort. Konservatorium seine Laufbahn als Opernsänger an deutschen Bühnen u. wurde 1924 Mitglied der Staatsoper in Wien. Tenor. Gatte der Wagnersängerin Johanna Perthold, die u. a. längere Zeit in Prag wirkte.

Maixdorff, Karl von, geb. 6. Mai 1864 zu Olmütz, gest. 16. Dez. 1928 zu Magdeburg, Sohn eines österr. Berghauptmanns, besuchte die Deutsche Technische Hochschule in Prag, wandte sich jedoch, von Edmund Sauer (s. d.) ausgebildet, bald der Bühne zu u. wirkte als Schauspieler in Bromberg, Hamburg, Stralsund, Frankfurt a. M., Budapest, Prag, Olmütz u. seit 1889 in Meiningen im Fach der Ersten Helden u. Bonvivants. Später Leiter des Stadttheaters in Meran, des Kurtheaters in Bad Nauheim, der Stadttheater in Brünn, Riga, Troppau u. 1922—25 des Friedrich-Theaters in Dessau. Hauptrollen: Tellheim („Minna von Barnhelm"), Naukleros („Des Meeres u. der Liebe Wellen"), Franz („Der Meineidbauer"), Fritz („Pension Schöller"), Robert („Der Erbförster"), Ruppert („'s Nullerl") u. a.

Majer (Ps. Gerwald), Hubert, geb. 26. März 1912 zu Wien, studierte an der dort. Universität Philosophie u. wurde Regieassistent am Burgtheater. Dramatiker.
Eigene Werke: Perikles u. die Athener (Drama) 1935; Das Opfer des Themistokles (Drama) 1936; Deutsche Brüder in Apoll (Drama) 1938.

Majetti, Antonie, geb. 12. Mai 1842 zu Bukarest, gest. 26. Juli 1900 zu Graz, war Schauspielerin in Preßburg, Graz, Brünn, Teplitz, wieder in Graz, Olmütz, Klagenfurt u. schließlich bis zu ihrem Tod an den Vereinigten Theatern in Graz. Hauptrollen: Fadet („Die Grille"), Vroni („Bruder Martin"), Ute („Die Nibelungen"), Albertine („Hasemanns Töchter") u. a.

Majewski, Bernhard, geb. 1847, gest. 8. Nov. 1939, wirkte als Schauspieler 1903—06 am Luisentheater in Berlin, 1907—12 in Stettin u. ab 1913 bis zu seinem Bühnenabschied 1927 in Köln. Hauptrollen: Schmock („Die Journalisten"), Mechelke („Die Ratten"), Tartüffe (Titelrolle), Pomuchelskopp („Onkel Bräsig") u. a.

Majkut, Erich, geb. 3. Febr. 1907 zu Wien, gehörte seit 1929 als Erster Tenor dem Chor der Wiener Staatsoper an, später auch Solist das.

Makart, Hans (1840—84), Wiener Maler, dessen in sinnlicher Farbenpracht schwelgende Gemälde Aufsehen erregten. Bühnenheld.
Behandlung: Richard *Duschinsky,* Makart (Schauspiel) 1933.

Makkabäer oder Hasmonäer, Priester-, Fürsten- u. Heldengeschlecht der Juden im Alten Testament, berühmt durch seinen Widerstand gegen Antiochus IV. Epiphanes, regierten in Judäa 167—37 v. Chr. Die Letzte ihres Geschlechts war Mariamne, die Frau des Herodes. Besonders gern verwerteten die Dramatiker den bibl. Stoff, vor allem den tragischen Ausgang Mariamnes, auch Grillparzer beschäftigte sich wiederholt damit. Die bedeutendste Dramatisierung stammt von Otto Ludwig, die endgültige Fassung des Trauerspiels in fünf Akten wurde 1851 begonnen, der Erstdruck erfolgte als Bühnenmanuskript 1852 in Dresden, die Uraufführung 1853 am dort. Hoftheater. Den überlieferten Stoff behandelt L. völlig frei. Laube, der das Stück auf dem Burgtheater zur Aufführung brachte, charakterisierte es u. sein Bühnenschicksal in seinen Aufzeichnungen „Das Burgtheater" (1868) ausgezeichnet: „Das Stück hat zunächst eine höchst gefährliche Eigenschaft: es hat zwei Helden, Lea u. Judah. Solche Fülle ist sehr mißlich. Wenn ein Mädchen zwei Liebhaber hat u. beide zu lieben meint, so wird sie wahrscheinlich eine unglückliche Ehe schließen, oder sie wird leer ausgehen. Lea, die berühmte biblische Mutter der Makkabäer, ist von Haus aus die Heldin des Stückes gewesen. Der älteste Sohn Judah wächst ihr aber im zweiten Akte hoch über die Schultern, u. dieser Akt gehört außerdem zu den Grandiosesten, was unsere Dramatik aufzuweisen hat. Die religiöse Begeisterung des jungen Juden für den einen Gott, unsere christliche Erbschaft aus dem Judentume, reißt unsere Herzen im Sturme mit sich fort. Wir sind alle aufgesäugt u. auferzogen in diesem Glauben: ‚Ich bin der Herr, dein Gott, u. du sollst keine anderen Götter haben neben mir'; wir nehmen alle Partei, wir nehmen fanatisch Partei gegen die Vielgötterei der Syrier, u. der Beifall für Judah, wenn er das Götzenbild in den Staub stürzt, ist der ungeheuerste, welchen ich im Burgtheater erlebt habe. Das Stück muß ihn bezahlen. Nun ist Judah unser Held, u. doch trachtet der Dichter in den drei folgenden Akten nur danach, das Interesse für Lea oben zu erhalten. Wir fangen also im dritten Akte wieder von vorne an. Das ist ein schwerer Übelstand. Und er wird noch erhöht durch die Einleitungsszene für Lea, in welcher sie wieder an den Gipfel des Stückes gestellt werden soll. Wie geistvoll ist sie gemacht, u. wie gefährlich ist sie doch auf der Bühne! Lea steht felsenfest unter den zerfahrenen Juden: sie empfängt alle Nachrichten, die guten wie die schlimmen, in derselben Überzeugungstreue, in der unwandelbaren Berufung auf das große Ziel. Mit schlagender Charakteristik sind die Juden neben ihr gezeichnet in ihrer sophistischen Manie, alle Grundsätze durch Erklärung zu zerfasern, ein deutliches Bild staatlichen Unterganges — sie allein haut jeden Knoten durch u. steht unerschütterlich auf ihrer Zuversicht. Wenn man die Szene liest, so nennt man sie meisterhaft, u. wenn man sie auf der Bühne sieht, so erschrickt man vor ihr. Das Theaterpublikum braucht zuerst u. zuletzt Einheit u. Einfachheit, denn es ist zusammengesetzt aus starken u. schwachen Kapazitäten. Was der Verständige würdigt, daß mißversteht der Unbegabte, u. der Unbegabte ist naiver als jener, er äußert sich leichter als jener, er hat die Masse für sich, welche ihm beistimmt, er hat die Neigung jedes großen Publikums für sich, die Spannung abzuschütteln u. sich durch Heiterkeit zu erholen von der Anstrengung des Zuhörens — er siegt im Theater, wenn die Auffassung der Szene schwierig wird, wenn die Einheit fehlt u. die Einfachheit. Solchergestalt kommt die Teilnahme für Lea nicht wieder in die Höhe, Judah aber ist in zweite Linie getreten — das Stück hat den Mittelpunkt des Interesses verloren u. lahmt dahin. Der vierte Akt gibt Lea die sinnigsten Akzente für Schmerz u. Leiden. Wir nehmen sie achtungsvoll auf, aber Lea ist noch immer

nicht unsere Heldin, u. wir meinen deshalb, nicht auf dem Hauptwege zu sein; wir bleiben kühl. Der letzte Akt endlich macht uns klar, daß der Lea unsere ganze Teilnahme gebührt. Das Opfer im feurigen Ofen, in welchen sie herzbrechend einen Sohn um den anderen stößt, damit dem einen, einzigen Gotte Gerechtigkeit widerfahre — dies erschütternde Opfer, trefflich vom Dichter ausgeführt, gewinnt unsere ganze Hingebung für Lea, u. wir scheiden voll Hochachtung von dem groß gedachten dichterischen Werke. Aber wir behalten einen Zweifel über. Er lautet: Könnte es nicht noch größer sein? Wir hatten uns nach dem zweiten Akte noch Gewaltigeres erwartet; in der Mitte sind wir gestört worden, u. erst zuletzt sind wir wieder ganz u. voll dabei gewesen. Dies ist das Ergebnis eines Stückes mit zwei Helden — eines Stückes, welches mit Recht Anspruch macht auf den Titel einer großen Tragödie. Welch Schicksal hatte nun die erste Aufführung? Wenn ich das Innere richtig gezeichnet, so ahnt es der Leser. Am Schlusse des zweiten Aktes, wie schon gesagt, ein unerhörter Erfolg, im dritten Akte eine völlige Niederlage. Die verwirrenden Nachrichten, das jüdische Markten am Worte, der fortwährende Widerspruch — wurden ausgelacht. Die letzten Akte hatten Mühe, dem Stücke notdürftig wieder aufzuhelfen von solchem Falle. Es war vorauszusehen: daheim erzählen sie vorzugsweise von der spektakelhaften Judenschule, die ausgelacht worden, u. der Besuch bleibt aus, das Stück ist nicht zu halten auf dem Repertoire. Da erkrankte am andern Morgen Wagner-Judah, u. das Stück konnte nicht sogleich wiederholt werden. Diese Zwischenzeit benützte ich, die große verwirrende Szene des dritten Aktes neu zu redigieren, das heißt zu vereinfachen u. diese Vereinfachung zweimal, dreimal, viermal zu probieren, bis sie wie ursprünglich gewachsen erscheinen konnte. Das bewährte sich bei der endlich erfolgenden zweiten Aufführung; man lachte nicht wieder. Aber der Erfolg stand noch weit aus; die erste Aufführung hatte das Stück diskreditiert. Mörderische Stichworte verfolgten es, wie: ‚Die Synagoge auf dem Burgtheater', u. wer ist denn glücklicher als der Schauerträger des Publikums, wenn er Unglück berichten kann, wer ist geschäftiger? Da half uns die Presse redlich. Sie klärte auf, sie würdigte, sie pries das Preiswerte. Namentlich Friedrich Uhl unterstützte das

Stück in nachdrücklicher Weise. So wurde es mühsam erhalten. Jeden Spätherbst brachte ich es nach sorgfältigen Proben wieder, u. mit jedem Jahre wurde die abfällige Stimme leiser, endlich verstummte sie, u. die ‚Makkabäer' wurden ein Feststück."

Behandlung: Hans *Sachs,* Die Machabeer (Trauerspiel) 1552; Matthäus *Scharschmid,* Tragödia von den sieben Märtyrern u. ihrer Mutter 1589; Johann *Riemer,* Beweinter Macabäus (Trauerspiel) 1689; Anton v. *Klein,* Der jüngste unter den sieben makkabäischen Helden (Trauerspiel) 1769; Zacharias *Werner,* Die Mutter der M. (Trauerspiel) 1822; Otto *Ludwig,* Die M. (Trauerspiel) 1852; Minna *Wauer,* Der Tod der M. (Dichtung) 1854; Leopold *Stein,* Die Hasmonäer (Schauspiel) 1859; Ph. H. *Wolff,* Makkabäus (Operntext) 1860; C. S. *Wiese,* Die Seleuciden u. die Hasmonäer (Trauerspiel) 1861; Seligmann *Heller,* Die letzten Hasmonäer (Schauspiel) 1865; Anton *Rubinstein,* Die M. (Oper) 1875.

Literatur: Gustav *Freytag,* Die Makkabäer von O. Ludwig (Die Grenzboten Nr. 1) 1853 (Gesammelte Werke 16. Bd. 1887); H. A. *Lier,* Zwei Briefe Ludwigs als Beiträge zur Theatergeschichte der M. (Deutsche Dramaturgie 3. Bd.) 1897; Rudolf *Petsch,* Ludwigs M. (Deutsche Dichter des 19. Jahrhunderts 2. Bd.) 1902; Isidor *Auerbach,* Die M. von O. Ludwig. Studie zur Technik des Dramas (Diss. Bern) 1906 (mit einem Anhang: Bibliographie des Makkabäerstoffes); Wilhelm *Schmidt-Oberlößnitz,* Die M. (O.-L.-Studien 1. Bd.) 1908; Alfred *Hertzka,* O. Ludwig. Die M. (Progr. Wien) 1908; Erich *Schmidt,* Ein Skizzenbuch O. Ludwigs (Sitzungsberichte der Preuß. Akademie der Wissenschaften) 1909 (darin die Urentwurf: Die Makkabäerin); Hellmuth *Götze,* Ludwigs Makkabäerdichtung u. ihr Verhältnis zu Publikum u. Bühne (Der Neue Weg 40. Jahrg.) 1911; L. *Mis,* Les oeuvres dramatiques d' O. Ludwig 2 Bde. 1922 f.; Lucien *Falconnet,* Les M. Essai de Renovation théâtrale 1913; A. *Michaelis,* Die biblischen Dramen Hebbels u. Ludwigs (Zeitschrift für die österr. Gymnasien 64. Jahrg.) 1913; O. *Ludwig,* Die Idee der M. (O.-L.-Kalender) 1932; Walter *Requardt,* Ludwigs Stellung zu den Kunstgattungen u. die Umarbeitung der M. zu einer Oper (Ebda.) 1934; ders., Rudolf *Beyer* u. seine M.-Musik (Ebda.) 1935.

Makowski, Ludwig, geb. 5. Nov. 1860 zu Danzig, gest. 1905 zu Berlin, wurde Kaufmann u. ließ sich später als freier Schriftsteller das. nieder. Verfasser von Lustspielen.

Eigene Werke: Madame Dutitre 1898; Zu Befehl, Herr Rittmeister 1900; Die zweite Ella 1900; Die Hausgeister 1901; Abschied 1904; Der Geburtstagshase 1904; Der Teufel auf Besuch 1904.

Malata, Oskar, geb. 15. Jan. 1875 zu Wien, besuchte das dort. Konservatorium (Schüler u. a. von J. Hellmesberger, R. u. J. N. Fuchs), wurde Opernkapellmeister in Belgrad, Elberfeld, Hamburg, Bremen u. Dresden, 1909 Opernleiter in Chemnitz u. 1919 hier Generalmusikdirektor. Opernkomponist (z. B. „Dornröschen"). Gatte der Folgenden.

Malata (geb. Eibenschütz), Riza, geb. 17. Februar 1873, gest. nach 1946 zu Perchtoldsdorf bei Wien, Kaufmannstochter, am Wiener Konservatorium ausgebildet, betrat zuerst in Leipzig als Opernsängerin die Bühne, war dann in Straßburg u. mit der Damrosch-Oper in 36 Städten Amerikas tätig, kehrte hierauf wieder nach Leipzig zurück u. wirkte seit 1902 am Hoftheater in Dresden. Hauptrollen: Brünnhilde, Senta, Regia, Recha u. a. Gattin des Vorigen.

Malberg, Hans Joachim, geb. 8. Juni 1896 zu Leipzig, Doktor der Philosophie, lebte als Lektor in Weimar. Erzähler u. Bühnendichter.

Eigene Werke: Knurks hat doch ein Herz (Märchenspiel) 1934; Jena (Heimatspiel) 1936; Dunnerlittchen hilft (Märchenspiel) 1936; Babett (Operette) 1950.

Malburg, Phillipp, geb. 1881 zu Saarbrücken, gest. 2. Mai 1936 zu Berlin, dramatisch u. gesanglich ausgebildet, wirkte in Kreuznach, Trier, Freiburg im Brsg., Hannover, Berlin, leitete erfolgreich die Bühnen in Kaiserslauten, Konstanz, Bochum, Herne u. gab große Ensemblegastspiele in vielen Städten Deutschlands. Nach Kriegseinsatz an der Westfront war er wieder Schauspieler in Berlin. Hauptrollen: Lutz („Alt-Heidelberg"), Robert („Robert u. Bertram"), Borso („Monna Vanna"), Benvolio („Romeo u. Julia"), Kellermann („Husarenliebe") u. a.

Malcher, Wilhelm (Willy) geb. 9. Jan. 1873 zu Olmütz, gest. 23. Sept. 1915 zu Wiesbaden, begann seine Laufbahn in Ingolstadt, trat als Schauspieler in Wiener-Neustadt, Linz an der Donau, Wien (Raimundtheater), Brünn u. seit 1901 am Hoftheater in Wiesbaden auf. Jugendlicher Held u. Liebhaber. Hauptrollen: Carlos, Mortimer, Rustan, Flemming („Flachsmann als Erzieher") u. a.

Malcolmi, Anna Amalie Christiane s. Wolff, Anna Amalie Christiane.

Malcolmi, Hermine Elisabeth, geb. 1761 zu Petersburg, gest. 6. Sept. 1798 zu Weimar, einer Künstlerfamilie entsprossen, ging schon als Kind zur Bühne u. war seit 1791 Schauspielerin in Weimar, wegen ihrer außerordentlichen Begabung u. Schönheit gefeiert. Sie war in erster Ehe mit dem Schauspieler Baranius, in zweiter mit einem Herrn v. Kloppmann u. in dritter mit dem Schauspieler K. Fr. Malcolmi verheiratet.

Malcolmi (Malkolmy), Karl Friedrich (Geburtsdatum unbekannt), gest. 1819 zu Jena, schon 1778 als Schauspieler der Wäserschen Gesellschaft anerkannt, wirkte 1780 bei Gatto in Leipzig, dann mit Huber in Dresden, 1786—88 bei Seconda das. u. hierauf mit Bellomo in Weimar, später am dort. Hoftheater. Goethe schätzte seine gutmütigen, humoristischen, polternden Väter besonders u. nannte ihn, der 1817 seinen Abschied nahm, den „Unvergeßlichen", er sagte von seinem Märten im „Bürgergeneral", daß man nichts Vollkommeneres habe sehen können. Drei Töchter seiner ersten Ehe mit der Vorigen wandten sich ebenfalls der Bühne zu, die beiden ältesten verließen sie jedoch schon in Weimar. Nur die jüngste Anna Amalie Christiane, in der dritten Ehe mit Pius Alexander Wolff (s. d.) verheiratet, spielte lange u. erwarb sich großen Ruf. Verwitwet heiratete M. zum zweiten Mal Hermine Elisabeth Schmahlfeld. Diese brachte ihm aus früherer Ehe zwei Töchter mit, die unter dem Namen ihres Stiefvaters auftraten.
Literatur: Eisenberg, F. Malcolmi (Biogr. Lexikon) 1903.

Malden, Hermann, geb. 2. Sept. 1872 zu Halle an der Saale, wurde von Bruno Heydrich (s. d.) ausgebildet, ging 1900 zur Bühne u. wirkte u. a. in Dortmund, Rudolstadt, Kaiserslautern u. Altenburg als Lyrischer Tenor. Hauptrollen: Lyonel, Stradella, Tamino, José, Max u. a.

Maler Müller s. Müller, Friedrich.

Maletzki, Paul, geb. 13. Febr. 1884, gest. 29. März 1955 zu Düsseldorf, begann 1902 in Cottbus seine Bühnenlaufbahn, die er an verschiedenen deutschen Bühnen fortsetzte, wirkte zehn Jahre am Landestheater in Darmstadt u. seit 1934 am Schauspielhaus in Düsseldorf, hier in Rollen wie Ljundholm („Ulla Winblad"), Milchverkäufer („Ein Engel kommt nach Babylon") u. a.

Malibran (geb. Garcia, später de Bériot), Maria Felicita, geb. 24. März 1808 zu Paris, gest. 1836 zu Manchester, Tochter des berühmten Tenors u. Komponisten Manuel Garcia (1775—1832), Schwester von Pauline Viardot (s. d.) u. Manuel Garcia des Jüngeren (1805—1906!), debütierte 1825 in London als Rosina im „Barbier von Sevilla", ging dann nach Amerika u. gab seit 1828 an allen großen europäischen Bühnen Gastspiele. Den Gipfel ihres künstlerischen Schaffens erreichte sie in Bellinis „Norma". Otto Nicolai (s. d.) schrieb als sein erstes Bühnenwerk eine Trauerkantate auf ihren Tod für das Theater in Bologna. Grillparzer hörte sie wiederholt u. meinte: „Sie ist eine wahrhaft große Sängerin" u. ein anderes Mal: „Sie ist eine hinreißende Frau".
Literatur: C. Droste, M. Malibran (Allg. Musikzeitung Nr. 12) 1908; *A. Kohut,* M. M. (Neue Musikzeitung) 1908; *H. Stümcke,* M. M. (Neues Wiener Tagblatt Nr. 152) 1908; *G. R. Kruse,* O. Nicolai u. die M. (Zeitschrift der Internationalen Musik-Gesellschaft 9. Jahrg.) 1908; Adolf *Weißmann,* Die Primadonna 1920; *Riemann,* M. F. M. (Musik-Lexikon 11. Aufl.) 1929; Franz *Farga,* M. M. (Die goldene Kehle, Meistergesang aus drei Jahrhunderten) 1948; Hans *Kühner,* M. F. M. (Große Sängerinnen der Klassik u. Romantik) 1954.

Malipiero, Luigi, geb. 1901, Maler, Zeichner, Illustrator u. Bühnenbildner, schuf in dem alten Torturm des unterfränkischen Städtchens Sommerhausen eine Miniatur-Kammerspiel-Bühne, auf der u. a. Hofmannsthals „Kleines Welttheater" inszenierte.
Literatur: A. M., Regisseur, Maler u. Bühnenbildner (Die Neue Zeitung, München 26. April) 1951.

Malkolmy, Friedrich s. Malcolmi, Friedrich.

Malkowsky, Emil Ferdinand, geb. 25. Juni

1880 zu Köln am Rhein, widmete sich der journalistischen Laufbahn u. lebte zuletzt in Leutkirch bei Wangen in Württemberg. Bühnenschriftsteller, Erzähler u. Humorist.

Eigene Werke: Ethelwold (Trauerspiel) 1908 (mit Karl Maria); Die Schwestern des Boccaccio (Komödie) 1908; Das heilige Grab (Schauspiel) 1910 (mit K. Maria); Kasperle als Freiersmann (Komödie) 1912; Ein Pechvogel (Lustspiel) 1913; Die Hexe vom Brokken (Märchen-Operette) 1914; Willys Hochzeitstag (Schwank) 1915; Die schöne Türkin (Schwank) 1915; Die große Stadt (3 Einakter) 1920 (mit Eberhard Frowein); Wer ist der Vater (Schwank) 1924; Frühling, Sommer, Herbst u. Winter (Lustspiel) 1931; Liebe im Dreiklang (Operette) 1951 (mit W. Goetze).

Mallachow, Karl, geb. 11. April 1851 zu Posen (Todesdatum unbekannt), war Zahnarzt das. Bühnenschriftsteller.

Eigene Werke: List gegen Vorurteil (Lustspiel) 1875; Der Chevalier de Liriac (Lustspiel) 1874; Der Geheimdelegat (Schauspiel) 1875 (mit O. Elsner); Wenn man im Dunkeln küßt (Schwank) 1876 (mit dems.); Gute Zeugnisse (Lustspiel) 1879 (mit dems.); Das Chamäleon (Lustspiel) 1885; Der erste Blick (Dramat. Gedicht) 1888; Der Herzogsmüller (Volksdrama) 1892 u. a.

Mallinckrodt (Ps. Wetter), Max von, geb. 13. Dez. 1873 zu Köln am Rhein, lebte als Gutsbesitzer in Broich bei Euskirchen im Rheinland. Lyriker u. Dramatiker.

Eigene Werke: Der Kurfürst (Schauspiel) 1901; Vittorio (Drama) 1903; Der Eroberer (Drama) 1904; Polyxena (Drama) 1905; Merlin (Trauerspiel) 1906; Peire Vidal (Schauspiel) 1910; Der Weg des Ahasver (Drama) 1920.

Mallinger, Marie, geb. 1877 zu Berlin, Tochter der Sängerin Mathilde M., begann ihre Bühnenlaufbahn 1897 am Kgl. Schauspielhaus in Berlin, kam dann als Naiv-Sentimentale an die Vereinigten Theater in Elberfeld u. Barmen, 1900 an die Secessionsbühne in Berlin, 1901 ans dort. Schillertheater u. 1910 ans Friedrich-Wilhelm-städtische Theater das. Hauptrollen: Annchen („Jugend"), Anna („Komödie der Liebe"), Das Mädchen („Der Tor u. der Tod") u. a.

Mallinger, Mathilde s. Schimmelpfennig, Mathilde Freifrau von.

Mally, Janez, geb. 1858, gest. 18. Mai 1903 zu Urach, wirkte 20 Jahre als Zwergkomiker an Provinzbühnen, besonders in seinen Lieblingsrollen als „Der verwunschene Prinz", Zwirn im „Lumpazivagabundus" u. Andreas in „Doktor Faust's Hauskäppchen".

Malo, Elisabeth, geb. 1855 zu Pratau, gest. 2. Mai 1930, lebte in Dessau u. schrieb vorwiegend Bühnenstücke.

Eigene Werke: Der Kossätensohn (Drama) 1910; Landflucht (Drama) 1912; Wartenburg im Jahre 1813 (Festspiel) 1913; Glücksucher (Drama) 1913; Die Dorfschneiderin (Drama) 1914; Die Erbtante (Lustspiel) 1916; Der geprellte Neidhammel (Lustspiel) 1916; Der 31. Oktober in Wittenberg (Festspiel) 1917; Erntefestspiel 1920; Deutscher Vorfrühling (Drama) 1921; Luthers Hochzeit 1525 (Festspiel) 1925.

Malß, Karl, geb. 2. Dez. 1792 zu Frankfurt a. M., gest. 3. Juni 1848 das., war zuerst Kaufmannslehrling (u. a. in Lyon), dann 1814—15 Offizier der Frankfurter Freiwilligen, studierte hierauf in Gießen, wurde 1819 Festungsarchitekt in Koblenz u. 1827 Theaterdirektor in Frankfurt a. M., wo er das Frankfurter Lokalstück begründete, stofflich zum Teil im Anschluß an die Franzosen.

Eigene Werke: Die Entführung oder Der alte Bürgerkapitän 1820 (Neudruck von C. Gebhardt 1921); Das Stelldichein im Tivoli (nach einer Berliner Posse von E. Devrient) 1832; Die Landpartie nach Königstein 1833; Herr Hampelmann im Eilwagen 1833; Herr Hampelmann sucht ein Logis 1834; Die Jungfern Köchinnen 1835; Volkstheater in Frankfurter Mundart 1849 (4. Aufl. 1897). *Literatur:* F. S. *Hassel,* Die Frankfurter Lokalstücke (1821—66) 1867; Wilhelm *Strikker,* K. Malß (A. D. B. 20. Bd.) 1884; Feodor v. *Zobeltitz,* Ein vergessenes Stück von K. M. (Das literar. Echo 19. Jahrg.) 1916—17; O. *Herborn,* K. M. (Diss. Münster) 1927.

Maltana, Elsa s. Scharschmidt, Elsa.

Malten, Alexandrine, geb. um 1870, war Muntere Liebhaberin 1888—90 in Graz, Tragödin u. Salondame 1891 in Hamburg, hierauf am Berliner Theater in Berlin, am Volkstheater in München u. a. Hauptrollen: Deborah, Fedora, Medea, Milford, Isabella, Marfa u. a.

Malten, Julius, geb. 11. Mai 1860 zu Paderborn, gest. 3. Juli 1915 zu Berlin, Sohn eines Mühlenbesitzers, hielt sich zur Ausbildung im väterlichen Beruf in St. Paul (Amerika) auf, ging jedoch bald als Geiger zu einem Orchester, nahm Gesangsunterricht u. trat 1886 an der Metropolitan-Oper in Neuyork erstmals als Lyrischer Tenor auf. 1887 kam er nach Basel, 1888 nach Lübeck, 1890 nach Bremen, 1891 nach Würzburg, 1893 nach Augsburg, 1894 nach Weimar, 1903 nach Lübeck, 1904 nach Chemnitz, 1905 nach Reichenberg, 1906 nach London, 1907 nach Laibach, 1908 nach Czernowitz u. nahm dann in Berlin seinen Wohnsitz. Hauptrollen: Faust, Lohengrin, Tamino, Raoul, José u. a.

Malten, Therese s. Müller, Therese.

Malteser oder Johanniter, geistl. Ritterorden, im 11. Jahrhundert für Samariterdienste u. zum Schutz der Palästinapilger gegründet, der bald zum Vorkämpfer gegen die Ungläubigen wurde. Nach dem Fall von Akkon übersiedelte er nach Zypern u. dann nach Rhodos, übernahm die Güter des aufgelösten Templerordens u. verlegte, nachdem er trotz heldenmütiger Verteidigung durch Sultan Soliman II. 1522 verdrängt worden war, 1530 den Hauptsitz nach Malta, das er bis 1798 behauptete. Der gewaltige Stoff wurde in der Folge wiederholt dramatisiert. Aber keines der bisherigen Stücke konnte die Bühne dauernd erobern. Stoff u. Probleme der Belagerung Maltas durch die Türken im 15. Jahrhundert gehört jedenfalls zu den ältesten Lieblingsplänen Schillers. Bis 1788, bis zu den „Briefen über Don Carlos" können wir Äußerungen darüber zurückverfolgen. Immer wieder, selbst noch in seinen letzten Lebensjahren, fesselte ihn die Heldengestalt des Großmeisters la Valette, des erfolgreichen Verteidigers der bedrohten Mittelmeerinsel. Aber immer wieder scheiterte die Ausführung. Der 1048 von Kaufleuten aus Amalfi gegründete Hospitaliterorden in Jerusalem gewann erst später durch Zutritt einiger, wie sich Schiller ausdrückt, „von der Schönheit des christlichen Gedankens besiegter Edelleute" den Charakter eines Ritterordens. Sie nannten sich Johanniter bzw. nach dem Hauptsitz ihrer souveränen Herrschaft Malta Malteser. 1798, also während Schiller sich mit der Abfassung eines Dramas „Die Malteser" beschäftigte, wurde die Insel vom französischen General Bonaparte, dem späteren Kaiser Napoleon, besetzt, 1800 bemächtigten sich

die Engländer des strategisch wichtigen Stützpunktes u. behielten ihn seither fest in Händen. Selbstverständlich regten die Zeitverhältnisse den Dichter erst recht mächtig an, sich mit dem Heldenschicksal des Ordens in seiner Blüteperiode zu beschäftigen, aber auch sie waren nicht imstande, einen Abschluß herbeizuführen. Zweifellos sind bei den vorhandenen Entwürfen Schillers zu den „Maltesern" verschiedene Stufenfolgen, gleich geologischen Erdschichten, zu unterscheiden. Sehr bemerkenswert schreibt er zum zweiten Entwurf: „Der Inhalt dieser Tragödie ist das Gesetz u. die Pflicht im Konflikt mit an sich edlen Gefühlen, so daß der Widerstand verzeihlich, ja liebenswürdig, die den Rittern vom Großmeister gestellte Aufgabe hart u. unerträglich erscheint. Diese Härte kann nur ins Erhabene aufgeklärt werden, welches freiwillig u. mit Neigung ausgeübt, das höchste Liebenswürdige ausmacht. Die Aufgabe des Dichters wäre also die Verwandlung einer strengen pflichtmäßigen Aufopferung in eine freiwillige, mit Liebe u. Begeisterung vollführte. Es ist also eine Stimmung hervorzubringen, welche dieser Empfindungsart Raum gibt, der Großmeister muß der Urheber sein, u. zwar durch seinen Charakter u. dadurch, daß er selbst ein solcher ist." Die Ritter stehen auf einem sozusagen verlorenen Posten. Der Feind ist übermächtig, die Verteidigung mit ungeheuern Blutopfern scheinbar zwecklos. Abgeschnitten von der Außenwelt, worauf warten sie als auf den Tod? Und doch erwächst aus diesem zuletzt der Sieg. Schillers ethisch-ästhetische Grundauffassung allein erklärt es, warum er sich stets von neuem mit dem Problem der „Malteser" auseinandersetzt. Geht er im „Wilhelm Tell" dem kollektivistischen Ideendrama des 19. Jahrhunderts voraus, so hätte er in jenen, wären sie ausgeführt worden, ein Problemdrama größten Stils geschaffen.

Behandlung: F. *Schiller,* Die Malteser (Dramenentwürfe) seit 1788; E. *Gehe,* Die M. (Drama) 1836; Chr. *Kuffner,* Die M. (Schauspiel) 1840; O. *Haupt,* Die M. (Drama) 1864; F. *Notter,* Die Johanniter (Schauspiel) 1865; G. Freih. v. *Meyern-Hohenberg,* Die M. (Drama) 1876; H. *Bulthaupt,* Die M. (Schauspiel) 1884; H. v. *Hülsen,* Die M. (Schauspiel) 1920; Jakob *Baxa,* Die M. (Schauspiel) 1935; Bernhard *Blume,* Die Schwertbrüder (Schauspiel) 1935 u. a.

Literatur: Michael *Bernays,* Schillers Malteser (Schriften zur Kritik u. Literaturgeschichte 3. Bd.) 1898 (Neuausgabe 1903); Max *Koch*, Schillers Malteserdichtungen u. ihre Bedeutung für die deutsche Gegenwart 1923; Hermann *Binder*, Malteser u. Schwertbrüder (Die schwäb. Dichter — Württemberger Sonderheft) 1935; *Anonymus*, Die M. von Schiller bis Baxa (Der Wächter 18. Jahrg.) 1936; Johannes *Majic*, Schillers Ordensdramen: Die M. (Diss. Freiburg im Brsg.) 1946.

Maltitz, Apollonius Freiherr von, geb. 11. Juni 1795 zu Gera, gest. 2. März 1870 zu Weimar, Bruder des Folgenden, begleitete seinen Vater (einen russischen Gesandten) auf vielen Reisen u. auch zum Wiener Kongreß u. wirkte selbst als Diplomat in Karlsruhe, Stuttgart, Berlin, Warschau, Rio de Janeiro, München u. Weimar (seit 1841), wo er seinen Lebensabend verbrachte. 1858 philos. Ehrendoktor von Jena. Lyriker, Epigrammatiker u. Dramatiker. *Eigene Werke:* Virginia (Trauerspiel) 1820 (entstanden, gedruckt 1838 u. 58); Dramatische Einfälle (Der Nachlaß — Friederike u. Gretchen — Sprung u. Ruf — Taube, Rabe, Geist) 2 Bde. 1838—43; Dramatische Szenen 1854; Anna Boleyn (Trauerspiel) 1860; Spartakus (Drama) 1861; Quelle u. Abgrund (Schauspiel) 1862; Die Gedächtniskur oder Die drei Knoten im Schnupftuch oder auch Das Weib wird durch Liebe nicht klüger (Lustspiel) 1862; Das unhistorische Fenster (Lustspiel) 1863; Die Selbstbiographie (Lustspiel) 1863; Photographie u. Vergeltung (Lustspiel) 1863 u. a. *Literatur:* C. v. *Beaulieu-Marconnay*, F. A. Freih. v. Maltitz (A. D. B. 20. Bd.) 1884; Paul Th. *Falck*, A. Baron M. (Baltische Monatsschrift 54. Jahrg.) 1912; ders., Goethe u. der Baron A. v. M. (Ebda. 55. Jahrg.) 1913.

Maltitz, Franz Freiherr von, geb. 6. Juni 1794 zu Nürnberg, gest. 25. April 1857 zu Boppard am Rhein, Bruder des Vorigen, wirkte seit 1811 an verschiedenen Orten in diplomat. Diensten (1821 in Washington, 1828 in Berlin, 1837 im Haag) u. übersetzte u. a. Racines „Athalie" metrisch 1817, Voltaires „Alzire" 1817 u. bearbeitete Schillers „Demetrius" 1817.

Maltitz, Gotthilf August Freiherr von, geb. 9. Juli 1794 zu Königsberg in Preußen, gest. 7. Juni 1837 zu Dresden, nahm als freiwilliger Husar am Krieg von 1813 teil, wurde Forstbeamter, verließ aber den Forstdienst

u. lebte als freier Schriftsteller in Berlin, von wo man ihn 1828 auswies, leitete 1829 bis 1830 den „Norddeutschen Courier" in Hamburg, reiste dann nach Paris, kam jedoch, von den Ergebnissen der Julirevolution enttäuscht, bald nach Deutschland zurück u. ließ sich in Dresden nieder. Lyriker, Dramatiker u. Feuilletonist. *Eigene Werke:* Schwur u. Rache (Trauerspiel) 1826; Hans Kohlhas (Drama) 1827; Der alte Student (Drama) 1828; Fürst, Minister u. Bürger oder Das Pasquill (Schauspiel) 1829; Jocko am Styx (Dram. Szene) 1829 (in Kotzebues Almanach dramatischer Spiele 27. Jahrg.); Oliver Cromwell (Drama) 1831; Die Leibrente (Schwank) 1838 (im Taschenbuch dram. Originalien 2. Jahrg.). *Literatur:* Franz *Schnorr v. Carolsfeld*, G. A. v. Maltitz (A. D. B. 20. Bd.) 1884.

Maltzahn, Hermann Freiherr von, geb. 18. Dez. 1843 zu Rothenmoor in Mecklenburg, gest. 19. Febr. 1891 zu Berlin, Sohn eines Landrates, studierte in Rostock u. unternahm weite Reisen. Sammler u. Naturforscher von großem Opfersinn. Gründer des Naturhistor. Museums für Mecklenburg. Reiseschriftsteller, Erzähler u. Dramatiker. *Eigene Werke:* Die Artenstein (Lustspiel) 1883; Der Adelskalender — Ein berühmter Mann — Die Kunstmegäre (Lustspiele) 1884; Freudenreich (Lustspiel) 1885; Der Verein (Zeitbild) 1885; Melidoni (Drama) 1885; Volk u. Schauspiel 1888; Die Errichtung deutscher Volksbühnen, eine nationale Aufgabe 1889; Der Lohnkampf (Volksschauspiel) 1890. *Literatur:* Viktor *Hantzsch*, H. Freih. v. Maltzan (A. D. B. 52. Bd.) 1906.

Maltzahn, Klara s. Niedt, Klara.

Maluschinsky, Moritz (Geburtsdatum unbekannt), gest. 4. Jan. 1930 zu Brünn als Schauspieler an den dort. Vereinigten Deutschen Theatern, wirkte vorher u. a. 1902 in Innsbruck, 1903—05 in Nürnberg, 1906 in Regensburg u. hierauf auch als Sänger in Brünn. Hauptrollen: Sepp („Der unsterbliche Lump"), Hauser („Moral"), Moralès („Carmen"), Lutter („Hoffmanns Erzählungen") u. a.

Maly, Anton, geb. 10. Mai 1884 zu Hadres in Niederösterreich, wurde Redakteur des „Deggendorfer Heimatboten" u. ließ sich später als freier Schriftsteller in München nieder. Dramatiker u. Erzähler.

Eigene Werke: Das heilige Dirndl (Lustspiel) 1929; Heiraten selbstverständlich (Lustspiel) 1929; Das Bankerl unterm Birnbaum (Lustspiel) 1931; Die vier Weiber vom Berghof (Komödie) 1931; Schneesturm (Komödie) 1931; Everls Brautfahrt (Volksstück) 1931; Das Notopfer (Volksstück) 1932; Die G'schicht vom Brandner Kaspar (Volksstück) 1936; Das blauseidene Strumpfband (Lustspiel) 1937; Drei von der Front (Volksstück) 1940; Heiratswirbel am Lindenhof (Schwank) 1941.

Malyoth, Ludwig, geb. 17. Juni 1860 zu Schwabmünchen, gest. 27. Dez. 1939 zu München, begann um 1885 als Schauspieler in Danzig seine Bühnenlaufbahn, war später in der Theaterverwaltung in Stettin, Bremen u. 1902—26 in München tätig. Theaterhistoriker, Sammler von Kostümbildern, Texten, Theaterzetteln u. a. Mitarbeiter der Programmhefte der Bayer. Staatstheater.

Malzacher, Karl, geb. 28. Nov. 1863 zu Tübingen, studierte das. (Doktor der Philosophie) u. widmete sich dem höheren Lehramte. Vorwiegend Bühnendichter.
Eigene Werke: Furchtlos u. treu (Festspiel) 1895; Barbarossas Erwachen (Festspiel) 1895; Siegfried (Weihnachtsmär) 1917.

Mamelok, Emil, geb. 12. Sept. 1882 zu Zürich, gest. Ende Mai 1954 zu Bern, sollte zuerst Arzt werden, wandte sich aber der Bühne zu, die er als Schauspieler 1902 erstmals betrat. Sein Weg führte ihn über Berlin, Düsseldorf, Wien 1918 wieder nach Berlin, wo er bis 1933 tätig war. Seither wirkte er in Luzern als Charakterdarsteller u. Regisseur in hervorragender Weise. Hauptrollen: Nathan („Nathan der Weise"), Der Tod („Der Tor u. der Tod") u. a.
Literatur: hb., E. Mamelok zum Gedenken (Vaterland, Luzern Nr. 122) 1954.

Mamero, Rolf, geb. 27. Sept. 1914 zu Lübeck, Kaufmannssohn, wurde vom Schauspieldirektor Friedrich Carlmayr in Augsburg für die Bühnenlaufbahn vorgebildet, spielte zuerst in Lübeck u. Stettin, kam als Jugendlicher Held u. Bonvivant 1938 nach Gotha, 1940 nach Würzburg, war 1941—45 Soldat u. wirkte seit 1945 als Erster Held in Kassel u. seit 1950 als Regisseur in Kleve. Hauptrollen: Ferdinand, Prinz von Homburg, Don Carlos, Clavigo, Tasso u. a. Auch Essayist u. Kritiker in Tageszeitungen.

Mampé, Emma, geb. 25. Febr. 1823 zu Pest, gest. 3. Mai 1904 zu Wien, Tochter des Kammersängers Anton Babnigg (s. d.), war seit 1843 Opern- u. Koloratursängerin in Dresden, seit 1846 in Hamburg, seit 1849 in Breslau, wo sie als „Schlesische Nachtigall" gefeiert wurde, u. seit 1852 in Hannover u. a. Nach ihrer Heirat mit Dr. Mampé (1855) trat sie von der Bühne zurück u. übersiedelte nach Wien, wo sie als Gesangspädagogin wirkte. Ihre Repertoire umfaßte über 230 Opern, deren Sopranpartien sie beherrschte. Hauptrollen: Rosine, Martha, Regimentstochter u. a.
Literatur: Eisenberg, E. Mampé-Babnigg (Biogr. Lexikon) 1903.

Mamroth, Fedor, geb. 21. Febr. 1851 zu Breslau, gest. 25. Juni 1907 zu Frankfurt a. M., arbeitete seit 1873 als Schriftleiter an der Wiener „Neuen Freien Presse" u. seit 1889 an der „Frankfurter Zeitung". Vorwiegend Theaterkritiker u. Feuilletonist.
Eigene Werke: Sehnsucht (Drama) 1902; Aus dem Leben eines fahrenden Journalisten (Feuilletons mit biogr. Einleitung, herausg. von seiner Witwe Johanna M.) 1907; Aus der Frankfurter Theaterchronik (1889—1907) 2 Bde. 1908.
Literatur: Viktor *Klemperer,* F. Mamroth (Biogr. Jahrbuch 13. Bd.) 1910; *Anonymus,* Zum Gedächtnis von F. M. (Frankfurter Zeitung Nr. 467—69) 1932.

Manazza, Bruno, geb. 16. April 1911 zu Turgi (Schweiz), Sohn eines Musikdirektors, begann seine Bühnenlaufbahn als Rudolf in der „Bohème" am Teatro Lirico in Mailand, dann folgten Engagements u. Gastspiele in Italien, Österreich u. Frankreich, wobei ihm seine Dreisprachigkeit sehr zustatten kam, bis er 1949 als Erster Tenor an das Gärtnerplatztheater in München u. 1952 an die Oper in Düsseldorf verpflichtet wurde. Hauptrollen: Paganini, Zigeunerbaron, Sou-Chong („Das Land des Lächelns"), Hoffmann („Hoffmanns Erzählungen") u. a.
Literatur: Anonymus, B. Manazza (Programm des Theaters am Gärtnerplatz) 1951.

Mancio, Felice, geb. 19. Dez. 1840 zu Turin, gest. 4. Febr. 1897 zu Wien. Opern- u. Konzertsänger.

Mancke Paula, geb. 1866 zu Wandsbek bei Hamburg, begann ihre Bühnenlaufbahn am dort. Thaliatheater, kam unter Pollini (s. d.) ans Stadttheater das., 1890 nach Magdeburg u. 1891 als Heroine nach Leipzig, wo sie bis 1902 besonders in tragischen Partien hinreißend wirkte. Nach ihrem Bühnenabschied erteilte sie dramatischen Unterricht. Hauptrollen: Louise, Helena, Iphigenie, Sappho, Isabella, Magda u. a. Wilhelm Henzen (Bühne u. Welt 1. Jahrg. 1898) rühmte ihr nach: „Eine ausgezeichnete Sprecherin mit weithin tönendem Organ, wirft sie ihre Charakterbilder in mächtigen, großen Zügen auf die Bühne u. führt sie mit hinreißendem Schwunge an uns vorüber."

Mand, J. E. s. Goldschmidt, Karl.

Mandel, Franz, geb. 10. Sept. 1885 zu Hannover, ging 1903 das. zur Bühne, wirkte als Schauspieler in Posen, Aar-Churau, Braunschweig, an der Schlesischen Landesbühne in Bunzlau, Flensburg u. a. Zuletzt lebte er in Goslar. Gatte der Folgenden. Hauptrollen: Just, Alter Moor, Didier u. a.

Mandel (geb. Liebscher), Margarete, geb. 5. Jan. 1878 zu Dresden, gest. 14. März 1937 zu Bunzlau, in ihrer Vaterstadt als Schauspielerin ausgebildet, kam über Glogau u. Potsdam 1911 nach Hannover u. 1918 nach Braunschweig. Gattin des Vorigen. Hauptrollen: Klara u. Hanna („Über unsere Kraft"), Malnitz („Der blinde Passagier") u. a.

Mandelartz, Carl, geb. 5. Nov. 1908 zu Duisburg-Ruhrort, seit 1950 Dramaturg - am Stadttheater Duisburg, trat außer mit Romanen u. Novellen auch mit Bühnenwerken hervor. M. war ein ausgesprochener Gegner des existenzialistischen Nihilismus, auf den er mit dem Einakter „Spiel an der Schranke" eine Satire schrieb. *Eigene Werke:* Freilichtfestspiel für Ruhrort 1937; Diokletian (Tragisches Schauspiel) 1939; Stadt im Glück (Komödie) 1947; Das Nachtmahl (Komödie) 1947; Der lebensmüde Pferdedieb (Lustspiel) 1947; Das Gericht (Tragödie) 1949; Spiel an der Schranke (Lustspiel) 1950. *Literatur:* Robert *Hohlbaum,* Der Dichter C. Mandelartz 1943; Erich *Bockemühl,* C. M., der Dichter der Traumlandstreicher 1953; C. A. *zur Nedden,* Begegnung mit C. M. (Der Fortschritt, Düsseldorf Juli/August) 1954.

Mandl, Alfons, geb. 1839, gest. im Juni 1918

zu Mannheim als langjähriges Mitglied des dort. Kolosseum-Theaters, vorher Erster Humoristischer Vater in Pforzheim u. Schweinfurt sowie am Volkstheater in Karlsruhe. Seine Gattin Amalie M. wirkte als Komische Alte an dens. Orten.

Mandl, Amalie s. Mandl, Alfons.

Mandl, Richard, geb. 9. Mai 1859 zu Proßnitz in Mähren, gest. 1. April 1918 zu Wien, bildete sich das. u. in Paris musikalisch aus u. komponierte in einem eigenartigen französisch-deutschen Mischstil u. a. auch Opern wie „Rencontre imprévue" („Nächtliche Werbung") u. „Parthenia" (nach Halms Drama „Der Sohn der Wildnis"). *Literatur: Riemann,* R. Mandl (Musik-Lexikon 11. Aufl.) 1929.

Maneck, Friedrich Hermann, geb. 30. Dez. 1828 zu Döbeln, gest. 15. Juni 1894 zu Bremen, begann seine Bühnenlaufbahn nach kurzem Besuch des Konservatoriums erst 1862 am Stadttheater in Bremen, wo er bis zu seinem Tod als Naturkomiker u. in Väter- u. Charakterrollen sowie als Opernsänger vielseitige Verwendung fand. Nur während der Winterspielzeit 1865—66 wirkte er in Oldenburg. Hauptrollen: Ambrosius („Das Nachtlager von Granada"), Musikus Miller, Just u. a. In plattdeutschen Stücken war M. besonders erfolgreich.

Manfred König von Sizilien (1231—66), natürlicher Sohn Kaiser Friedrichs II., regierte seit 1258 für Konradin in Sizilien u. fiel im Kampf gegen Karl von Anjou bei Benevent. Dramenfigur. S. auch Hohenstaufen. *Behandlung:* F. W. *Rogge,* Manfred (Tragödie) 1838; Philipp *Mainländer* (= Batz), M. (Dramat. Gedicht: Die letzten Hohenstaufen) 1876; Gustav *Kleinjung,* M. (Drama) 1897; Georg *Fuchs,* M. (Tragödie) 1903 u. a.

Manfred, Arthur (Geburtsdatum unbekannt), gest. 15. Mai 1920 zu Hettstedt im Südharz, wirkte als Schauspieler 1885—87 bei den Meiningern, an deren berühmten Kunstreisen er teilnahm, dann in München, Riga, Reval, Petersburg, Erfurt, Basel, Mülhausen im Elsaß, Kaiserslautern, Beuthen, Bamberg u. a., zuletzt auch als Spielleiter in Hettstedt.

Mang, Karl, geb. 7. April 1876 zu Ingolstadt, Sohn eines Regimentsschuhmachers, war zuerst Volksschullehrer u. bildete sich bei Bernhard Günzburger (s. d.) u. Robert Müller dem Älteren für die Bühne aus. Seit 1899 entwickelte er am Hoftheater in München, hierauf in Bremen u. am Nationaltheater in Mannheim (hier zuletzt Ehrenmitglied) eine hervorragende Tätigkeit. Hauptrollen: Sarastro, Rocco, Kardinal u. a. E. L. Stahl (Das Mannheimer Nationaltheater, 1929) bezeichnete ihn als begehrenswerten Vertreter des Baßbuffofaches, der über eine üppige u. doch nicht aufdringliche, naturgewachsene u. spezifisch süddeutsche Komik verfügte u. seine Stimmittel haushälterisch u. geschickt zu verwenden wußte.

Mangelsdorf, Frieda s. Labitzki, Paul.

Mangold, Johann Wilhelm, geb. 19. Nov. 1796 zu Darmstadt, gest. 23. Mai 1875 das., Sohn u. Schüler des dort. Hofmusikdirektors Georg M. (1767—1835), Bruder des Folgenden, von Abt Vogler u. Cherubini weiter ausgebildet, wurde Kammermusiker u. 1825 Hofkapellmeister in seiner Vaterstadt. Komponist von Opern, Schauspielmusiken u. Ouvertüren.
Eigene Werke: Merope (Trag. Oper) 1823; Die beiden Galeerensklaven oder Die Mühle von Saint-Aldervon (Melodrama nach dem Französischen von Hell) 1825; Die vergebliche Vorsicht (Singspiel nach dem Französischen von Dambmann) 1834; Graf Ory (Kom. Oper) o. J.
Literatur: Wilhelm *Mangold,* J. W. Mangold (Hessische Biographie 1. Bd.) 1918.

Mangold, Karl Wilhelm, geb. 8. Okt. 1813 zu Darmstadt, gest. 4. Aug. 1889 zu Oberstdorf im Allgäu, Bruder des Vorigen, humanistisch gebildet, trat 1831 in die von seinem Bruder geleitete Hofkapelle ein, bildete sich 1836—39 am Konservatorium in Paris unter Cherubini weiter aus, wurde später Direktor des Musikvereins seiner Vaterstadt, Korrepetitor am dort. Hoftheater u. 1848 Hofmusikdirektor das. Vielseitiger Komponist u. a. auch von Opern.
Eigene Werke: Das Köhlermädchen oder Das Turnier zu Linz 1843; Tannhäuser 1845; Dornröschen (Märchenoper mit Ballett) 1847; Die Fischerin (Singspiel von Goethe) 1848; Rübezahl (Fragment) 1848; Gudrun 1849 u. a.
Literatur: Wilhelm *Mangold,* C. W. Mangold (Hessische Biographie 2. Bd.) 1927.

Mangstl (geb. Hetznecker), Karoline von,

geb. 20. Nov. 1822 zu Freising, gest. 10. Aug. 1888 zu Haag bei München, von Leopold Lenz (s. d.) ausgebildet, debütierte 1839 am Hoftheater in München, ließ sich in Mailand weiter ausbilden u. wirkte 1841 bis 1849 am Hoftheater ihrer Vaterstadt, das sie nach ihrer Heirat mit dem Regierungsrat v. Mangstl verließ. Hauptrollen: Norma, Gretchen, Euryanthe, Lady Macbeth u. a.

Manke, Bruno, geb. 20. Nov. 1834 zu Breslau, gest. 17. Okt. 1899 zu Hamburg, war Komiker u. Väterdarsteller 1858—95 in Görlitz, Stettin, Danzig, Mainz, Posen u. a., zuletzt am Neuen Theater in Hamburg. Hervorragend besonders in Moserschen Lustspielen. Hauptrollen: Wilhelm („Die Ehre"), Hulaire („Der Pariser Taugenichts"), Lubowski („Doktor Klaus"), Jochen („Onkel Bräsig"), Christoph („Doktor Wespe"), Mahlmann („Monsieur Herkules") u. a.

Manker, Gustav von, geb. 29. März 1919, Sohn eines Ingenieurs, Benediktinerzögling in St. Paul (Kärnten), besuchte das Reinhardt-Seminar in Wien, war 1936—38 Schauspieler u. Bühnenbildner in Bielitz, kam dann ans Deutsche Volkstheater in Wien, wo er seit 1942 als Ausstattungsleiter wirkte, daneben seit 1945 auch an der Exl-Bühne u. a. Zu seinen besten Inszenierungen voll dramatischer Symbolik gehörten „Die Räuber", „Ein Sommernachtstraum", „König Ottokars Glück u. Ende", „Der Richter von Zalamea", „Der Meineidbauer", „Der zerbrochene Krug", „Der Zerrissene", „Hamlet", „Baumeister Solneß", „Im weißen Rößl", „Das Konzert" u. a.
Literatur: Helmuth *Schwarz,* Gestaltung u. Gestalter des modernen Bühnenbildes: Judtmann, Manker, Meinecke (Diss. Wien) 1950.

Mankowsky, Hermann (Ps. Doktor Justus), geb. 8. April 1854 zu Cabienen in Ostpreußen, gest. nach 1935, war bis 1888 Lehrer, dann Journalist, später freier Schriftsteller in Danzig. Erzähler, Folklorist u. Dramatiker.
Eigene Werke: Unter Nordlands Eichen (Schauspiel) 1896; Die Belagerung der Marienburg (Schauspiel) 1901; Die Jungfrau von Orleans (Trauerspiel) 1902; Der Nibelungen Heunenfahrt (Trauerspiel) 1907; Das Stiftungsfest (Schauspiel) 1907; Der Geburtstag des Veteranen (Drama) 1908; In der Handwerkskammer (Drama) 1908; Graf

Mielzynski (Drama) 1910; Kaja (Dramat. Gemälde) 1911; Undank ist der Welt Lohn (Drama) 1912; Erblich belastet (Drama) 1912; Ekkehard (Drama) 1918; Im Exil (Drama) 1921; Blauaugen (Volksstück) 1923; Um die Krone (Drama) 1923; Der Kuckucksruf (Drama) 1927; Pilatus (Drama) 1928; Die Friedenshütte (Drama) 1929.

Manlius, Titus, genannt Torquatus, römischer Feldherr, besiegte 340 v. Chr. am Vesuv u. bei Trifanum die Latiner u. ließ seinen Sohn, der gegen sein Verbot, sich an dem Kampf gegen die Latiner zu beteiligen, ins Feld gezogen war, ungeachtet des Sieges wegen Ungehorsams hinrichten. Tragischer Held.
Behandlung: Joseph *Passy,* Titus Manlius Torquatus (Trauerspiel) 1816; Alfred *Königsberg,* M. T. (Trauerspiel) 1864.

Mann, Carla, geb. 23. Sept. 1881 zu Lübeck, gest. 2. Aug. 1910 zu Polling in Oberbayern (durch Selbstmord), wirkte als Schauspielerin am Stadttheater in Mülhausen im Elsaß. Schwester von Thomas Mann.
Literatur: Viktor *Mann,* Wir waren fünf 1949.

Mann, Erika, geb. 9. Nov. 1905 zu München, Tochter von Thomas M., wirkte als Schauspielerin 1926 in Bremen, 1927 in Hamburg, 1928 kurze Zeit am Residenztheater in München in kleineren Rollen u. widmete sich später hauptsächlich literarischem Schaffen.

Mann, Friedrich, geb. 7. Jan. 1846 zu Bremen, gest. 15. Nov. 1914 das., wirkte als Opernsänger (Bariton) in Breslau, Preßburg, Olmütz, Wiesbaden, Darmstadt, Düsseldorf u. Magdeburg. Seinen Lebensabend verbrachte er in Bremen. Hauptrollen: Nelusko („Die Afrikanerin"), Jäger („Das Nachtlager in Granada"), Belami („Das Glöckchen des Eremiten"), Kurwenal („Tristan u. Isolde") u. a.

Mann, Josef, geb. 24. Febr. 1879 zu Lemberg, gest. 5. Sept. 1921 zu Berlin, war Heldentenor zuerst in seiner Vaterstadt, dann nach weiterer Ausbildung in Mailand 1912—16 an der Volksoper in Wien u. seither an der Berliner Staatsoper.
Literatur: Nora *Zeppler,* J. Mann (Sozialist. Monatshefte) 1921; Herbert *Stock,* J. M. (Der neue Weg, Deutsche Bühnen-Genossenschaft 50. Jahrg.) 1921.

Mann, Heinrich, geb. 27. März 1871 zu Lübeck, gest. 12. März 1950 zu Santa Monica bei Hollywood in Kalifornien, Bruder von Thomas M., lebte als freier Schriftsteller in München u. emigrierte unter Hitler nach Amerika. Seine kämpferische radikal linksgerichtete Gesinnung bewahrte er als Emigrant bis zum Tode. Vorwiegend Erzähler, aber auch Dramatiker.
Eigene Werke: Drei Einakter 1910; Die Schauspielerin (Drama) 1911; Die große Liebe (Drama) 1912; Madame Legros (Drama) 1913; Brabach (Drama) 1916; Der Weg zur Macht (Drama) 1918; Das gastliche Haus (Drama) 1923.

Mann, Klaus, geb. 18. Nov. 1906 zu München, gest. 22. Mai 1949 zu Cannes (durch Selbstmord), Sohn von Thomas Mann, verließ bald nach seinem Vater unter Hitler Deutschland u. lebte dann zunächst in Amsterdam, wo er die Emigrantenzeitschrift „Die Sammlung" herausgab. Später amerikanischer Berichterstatter. Vielseitiger Literat, auch Dramatiker.
Eigene Werke: Anja u. Esther (Romant. Bühnenstück) 1925; Revue zu Vieren (Komödie) 1926; Gegenüber von China (Komödie) 1929.

Mann, Theo Johannes, geb. 3. Juli 1878 zu Görlitz, lebte als Schriftleiter u. a. in Schweidnitz. Auch Bühnendichter.
Eigene Werke: Gebirgsmädel (Operette) 1922; Sankt Hedwig auf Lähnhaus (Histor. Spiel) 1925; Graf Peter, Schlesiens Statthalter (Spiel) 1926; Herzog Wladislaus u. Graf Peter (Schauspiel) 1927; Die Alraunwurzel (Volksstück) 1929; Der große König u. der Bauer (Volksstück) 1929.

Mann, Thomas, geb. 6. Juni 1875 zu Lübeck, gest. 12. Aug. 1955 zu Zürich, der bekannte Erzähler, bot in seiner Legende „Die vertauschten Köpfe" den Stoff für die von der aus Österreich stammenden amerikanischen Komponistin Peggy Glanville-Hicks verfaßte zweiaktige Oper, die durch die Kentucky Opera in Louisville 1954 aufgeführt wurde. Außerdem schrieb er das Schauspiel „Fiorenza" 1905.

Mann, Walter, geb. 1867, gest. 14. März 1927 zu Danzig, war zuerst Chorist in Berlin, 1914—16 Sänger in Lübeck, 1917—19 in Wilma, 1920 in Bamberg u. seit 1921 Tenorbuffo u. Spielleiter am Stadttheater in Danzig.

Mannagetta und Lerchenau, Johann Wilhelm Ritter von, geb. 14. Okt 1785 zu Prag, gest. 15. Okt. 1843 zu Wien, Sohn eines Regierungsrats, trat 1805 in den Staatsdienst in Olmütz ein, war eine Zeit lang Mitdirektor des Ständischen Theaters in Brünn, 1811 bis 1813 auch Redakteur der „Brünner Zeitung", kam 1816 als Sekretär an die Österr. Nationalbank in Wien u. wurde 1826 Generalsekretär ders. Dramatiker.

Eigene Werke: Hiltrude (Drama, Musik von Lindpaintner) 1818; Oscar — Saide — Leonore (3 Tragödien) 1818; Das Haus Mac-Alva (Ursprünglich unter dem Titel Ossian) 1818.

Literatur: Wurzbach, J. W. Ritter v. Mannagetta u. Lerchenau (Biogr. Lexikon 16. Bd.) 1867.

Mannersdorf bei Bruck an der Leitha war im 18. Jahrhundert eine Sommerfrische der Habsburger. Christian Heinrich Schmid berichtet in seiner „Chronologie des deutschen Theaters" (Neudruck von Paul Legband 1902), daß dort verschiedene Jahre hindurch seit 1737 die Siegmund-Hilverdingsche Gesellschaft im sog. Spanischen Saale ihre Vorstellungen gab.

Mannheim, die ehemal. kurpfälzische Residenzstadt, besaß schon unter dem Kurfürsten Karl Ludwig, dem Sohn des Winterkönigs u. Bruders der berühmten Liselotte von der Pfalz, einem leidenschaftlichen Theaterfreund, in der Friedensburg eine Bühne, die hauptsächlich Englischen Komödianten Gelegenheit bot, ihre Kunst zu zeigen. Besondere Beachtung fanden daneben die „Judenspielleut", eine Art Spezialität für M. u. Umgebung. Die älteste datierbare Aufführung in M. vom 1. Nov. 1679, veranstaltet von der Wandertruppe des Magisters Velten (s. d.), zählte hauptsächlich Studenten zu ihren Mitgliedern. Man spielte in der Folge vorwiegend Molière, aber auch Shakespeare u. Gryphius. Ein wahrer Theaternarr war Carl Ludwigs Nachfolger, sein Sohn Ludwig. 1683 erfolgte die Darstellung „Der über Mars triumphierenden Anmut Cephyri u. Floren", ein Festspiel in pompöser Aufmachung. Derartige Vorstellungen, von der Hofgesellschaft veranstaltet, fanden in verschiedenen Schlössern in der Umgebung Mannheims statt. Unmittelbar vor den Toren der Stadt in der Mühlau am Rhein kam damals auch das glänzendste Theaterfest des Jahrhunderts im Stil der großartigen Barockspiele zustande. Die

Raubkriege Ludwigs XIV., die nicht nur Heidelberg, sondern auch M. in Trümmerstätten verwandelten, machten bald alledem ein Ende. Wohl gab es in den Zwanzigerjahren des 18. Jahrhunderts ab u. zu italienische Opern zu hören, aber man mußte sich mit einem primitiven hölzernen Interimsbau begnügen. Erst das zwei Jahrzehnte später vollendete Schloß bot der Oper eine würdige Heimstatt, während für das Schauspiel 1743 im Erdgeschoß des Kaufhauses ein Saal eingerichtet wurde. Als Akteure spielten hier zunächst ausschließlich französische Komödianten. Das von Alessandro Bibiena, dem ausgezeichneten Baumeister, Bühnentechniker u. Szeniker, geschaffene Opernhaus im Schloß galt als das schönste auf deutschem Boden. Der Zuschauerraum soll 2000 Menschen aufgenommen haben. Für die damalige Zeit erschien es als ein Riesenbau, von außen allerdings schlicht gehalten, entsprechend dem ganzen Schloß, dem es in der Nachbarschaft des Ballhauses organisch eingegliedert war. 1795 ein Opfer des Krieges, bedeutete er einen unermeßlichen Verlust der deutschen Theaterbaukunst für alle Zeit. Das verschwenderisch ausgestattete Logenhaus besaß fünf Ränge, das Parterre durchwegs Sitzplätze, die Bühnenfläche hatte eine Tiefe von 32 Meter. Die Gala-Eröffnung fand anläßlich der Hochzeit des Thronfolgers Carl Theodor 1742 statt. Zur Aufführung gelangte die Oper „Meride" vom Hofkapellmeister Carlo Grua. Die Dekorationen stammten von Galli Bibiena. Der Spielplan zeigte eine stete Entwicklung. Der anfangs gepflegten Opera seria folgte die ebenfalls auch italienische komische Oper, das Ballett in seinen verschiedenen Variationen, verhältnismäßig früh, in den Siebzigerjahren, aber auch das deutsche Singspiel. Pietro Metastasio u. Nicolo Jomelli wurden mit ihren Schöpfungen vom Hofkapellmeister Ignaz Holzbauer abgelöst, der zuerst die Italiener nachahmte, aber 1777 mit seinem „Günther von Schwarzburg" (Text von Arthur Klein) der deutschen Opernreform Bahn brach. Die heitere Buffo-Oper beherrschte inzwischen den Spielplan. Johann Christian Bach, der jüngste Sohn Johann Sebastian Bachs, dessen von Fritz Tutenberg im 20. Jahrhundert meisterhaft bearbeiteter „Lucio Silla" 1776 in M. zur Uraufführung gelangte, schenkte der dort. Bühne auch noch andere Stücke. Den ersten, zunächst noch nicht durchschlagenden Vorstoß auf die nationaldeutsche Oper hatte 1773 Anton Schweitzer mit Christoph Martin Wielands „Alceste" unternommen, 1776 traten beide als Schöpfer eines freilich ebenfalls mißglückten Versuchs „Rosamunde" an die Öffentlichkeit. Aber das Eis war in M. für ganz Deutschland gebrochen. Ein einzigartiger Genius tauchte in diesem Zusammenhang jetzt hier auf, Mozart, der im Winter 1777 u. 1778 das. verweilend, obgleich sich sein Wunsch, eine dauernde Anstellung bei Hof zu erreichen, nicht erfüllte, zum Durchbruch seines Wesens gelangte u. in der Sängers- u. Souffleurstochter Aloysia Weber, deren jüngere Schwester Constanze später seine Frau wurde, seine große Liebe fand. 1778 verlegte Kurfürst Karl Theodor bei Antritt der bayrischen Erbschaft seine Residenz nach München, hinterließ M. jedoch das von ihm geschaffene, für ganz Deutschland vorbildliche neue „Nationaltheater". Das bisherige Schütthaus war zu diesem Zweck durch Lorenzo Quaglio umgebaut worden. Am 7. Okt. 1779 erfolgte die feierliche Eröffnung des Hauses, das berufen schien, für das deutsche Drama das zu werden, was die Oper auf musikalischem Gebiet geworden war. 24 Jahre lang leitete der bisherige Intendant des Hoftheaters Heribert Freiherr v. Dalberg das Unternehmen, das Schillers Mannheimer Wort vom Theater „als einer moralischen Anstalt" in die Tat umsetzte u. seine ersten Meisterwerke der Welt vor Augen führte. Unter Dalbergs Leitung entwickelte sich eine eigene Schule des Schauspiels u. trat damit an die Stelle der bisher führenden Hamburger. Als Schriftsteller u. Bühnenvorstand bemühte D. sich um die Veredlung der dramatischen Sprache u. setzte die Arbeit Lessings auch dadurch fort, daß er durch Bearbeitung Shakespearescher Stücke diesen größeren Erfolg auf der Bühne verschaffte. Er wurde in allen seinen idealen Bestrebungen von Schauspielern u. Regisseuren wie Heinrich Beck, Johann David u. August Wilhelm Iffland unterstützt. Auch später hörte der Zuzug bedeutender Kräfte nicht auf. So blieb z. B. Ferdinand Eßlair mehrere Jahre hindurch dem Ensemble erhalten. Das Nationaltheater in M. wurde in der Folge das Muster aller Stadttheater, die im 19. Jahrhundert bis 1839 auf eigene Rechnung u. Gefahr von der Stadt übernommen, entstanden. Namhafte Persönlichkeiten nahmen seither in M. ihren Aufstieg bis herauf zu Willy Birgel, Albert Bassermann, Erna Schlüter u. Wilhelm Furtwängler. Die Reihe

riß nie ab. Das erneut umgebaute Gebäude wurde 1943 unter Kriegseinwirkung ein Raub der Flammen. Als Behelfstheater mußte fortan das Lichtspielhaus Schauburg dienen, das mit „Jedermann" 1945 die Spielzeit begann. Daneben eröffnete man 1952 einen Kammerspielsaal im Rosengarten.

Literatur: A. *Pichler*, Chronik des Hof-u. Nationaltheaters in Mannheim 1879; Ernst *Hermann*, Wielands Abderiten u. die Mannheimer Theaterverhältnisse 1884; ders., Mannheimer Theater vor 100 Jahren 1886; Eugen *Kilian*, Mannheimer Bühnenbearbeitung des Götz von Berlichingen (1786) 1889; F. *Walther*, Geschichte des Theaters u. der Musik am kurpfälzischen Hofe 1893; Friedrich *Walter*, Die Entwicklung des Mannheimer Musik- u. Theaterlebens (Festschrift zur 33. Tonkünstler-Versammlung des Allg. Deutschen Musikvereines zu Mannheim) 1897; K. *Speyer*, Beiträge zur Geschichte des Theaters am kurpfälzischen Hofe zur Zeit Karl Ludwigs (Mannheimer Geschichtsblätter 23. Bd.) 1922; K. *Sommerfeld*, Die Bühneneinrichtung des Nationaltheaters unter Dalbergs Leitung 1778—1807 (Schriften der Gesellschaft für Theatergeschichte 36. Bd.) 1927; Hans *Knudsen*, Mannheimer Theaterausstellung (Das Nationaltheater 2. Jahrg.) 1929; E. L. *Stahl*, Das Mannheimer Nationaltheater (Jahrbuch) 1929 f.; A. St. *Fühler*, Das Schauspielrepertoire des Mannheimer Hof- u. Nationaltheaters im Geschmackswandel des 18. u. 19. Jahrhunderts (Diss. Heidelberg) 1935; E. L. *Stahl*, Die klass. Zeit des Mannheimer Theaters 1. Bd. 1940; Willi *Flemming*, Lessing u. M. (Genius 2. Bd.) 1948; Fritz *Feuling*, Jeder Mannheimer ist sein eigener Intendant (Deutsche Tagespost Nr. 57) 1954.

Mannheimer, Georg, geb. 10. Mai 1887 zu Wien, studierte das. (Doktor der Rechte) u. war Redakteur der „Bohemia" in Prag. Dramatiker.

Eigene Werke: Der Landstreicher aus Atlantis (Schauspiel) 1923; Palästina (Schauspiel) 1928; Der Mann, der durch den Traum lief (Lustspiel) 1929.

Manning, Philipp, geb. 23. Nov. 1869 zu Lewisham bei London, gest. 11. April 1951 zu Waldshut, Sohn eines Industriedirektors, studierte in Berlin u. Freiburg (Doktor der Rechte), betrat als Autodidakt in Straßburg die Bühne, wirkte dann in Krefeld, Erfurt, Bremen, Hamburg, Prag (hier auch Regisseur), wo er elf Jahre blieb, ging hierauf mit dem Deutschen Theater in Berlin auf Tournée, war 1912—15 Oberregisseur an den Kammerspielen in München, 1916—18 Oberregisseur in Chemnitz, 1918 bis 1921 Intendant des Stadttheaters in Stralsund, zuletzt wieder Schauspieler u. Regisseur am Staatstheater in Berlin. Seit 1900 Gatte der Sängerin Mia Nebraska (geb. Abbie Warendorph). Hauptrollen: Franz Moor, Philipp II., Richard III., Vansen, Fuhrmann Henschel u. a.

Mannreich, Robert s. Fauska, Robert.

Manns, Benno Ludwig, geb. 1. Juni 1883 zu Mehlis in Thüringen, Doktor der Philosophie, lebte in Osnabrück als Erster Syndikus der dort. Industrie- u. Handelskammer. Auch Bühnenschriftsteller.
Eigene Werke: Ernte (Schauspiel) 1921; Rufe vom Turm (Schauspiel) 1924; Chidr (Lustspiel) 1927; Die blaue Maske (Oper) 1927.

Mannstaedt, Franz, geb. 1852 zu Hagen in Westfalen, gest. 18. Jan. 1932 zu Wiesbaden, war 1887—93 Kapellmeister am dort. Hoftheater, dann in Berlin, kehrte wieder nach Wiesbaden zurück u. leitete 1924 die Oper das. Professor. Bruder des Folgenden.

Mannstaedt, Wilhelm, geb. 20. Mai 1837 zu Bielefeld, gest. 13. Sept. 1904 zu Berlin-Steglitz, Sohn eines Eisenbahnbaumeisters u. späteren kgl. Fabriksinspektors, besuchte die Gewerbeschule in Hagen, zog dann als kaufmännischer Angestellter nach England, wurde 1855 Buchhalter in einer Fabrik in Hagen u. widmete sich seit 1856 ohne eigentliche Vorbildung der Bühnenlaufbahn in verschiedenen Orten Nord- u. Ostdeutschlands. 1865 spielte er im Woltersdorff-Theater in Berlin, 1866 wirkte er als Kapellmeister am dort. Krollschen Theater, kehrte 1867 zum Woltersdorff-Theater zurück u. war 1870—72 Kapellmeister am Viktoria-Theater das. 1871 gründete M. die Monatsschrift „Der Kunstfreund". 1879 bis 1885 in der Redaktion der „Deutschen Bühnen-Genossenschaft" tätig. Verfasser von Possen u. Volksstücken, die auch im Ausland Beifall fanden. Bruder des Vorigen.
Eigene Werke: Alles mobil (Posse) 1866; Preußische Farben (Posse) 1866; Berliner Feuerwehr (Volksstück) 1866; Abenteuer eines Berliner Gesangvereins (Volksstück)

1866; So muß es kommen (Posse) 1867; Das Milchmädchen von Schöneberg (Posse) 1868; Krieg u. Frieden (Posse) 1870; Theaterfreiheit (Posse) 1870; Eine fromme Schwester (Posse) 1871; An den Ufern der Spree (Volksstück) 1873; Luftschlösser (Posse) 1875; Eine resolute Frau (Posse) 1876; Flamina (Posse) 1877; So sind sie alle (Posse) 1877; In harter Lehre (Volksstück) 1877; Traumbilder (Posse) 1878; Sein Meisterstück (Posse) 1879; Im Strudel (Posse) 1880; Der junge Leutnant (Posse) 1880; Die Kunstreiter (Posse) 1880; Unser Otto (Posse) 1881; Eine neue Welt (Posse) 1882; Der tolle Wenzel (Posse) 1882; Villa Sanssouci (Posse) 1883; Die schöne Ungarin (Posse) 1883; Vetter Brausewetter (Posse) 1884; Der Walzerkönig (Posse) 1884; Die wilde Katze (Posse) 1885; Die kleine Prinzessin (Oper) 1885; Der Waldteufel (Posse) 1886; Der Stabstrompeter (Posse mit Gesang) 1886; Spottvögel (Posse) 1887; Höhere Töchter (Posse) 1887; Rikiki (Oper) 1887; Der Glücksritter (Oper) 1887; Schmetterlinge (Posse mit Gesang) 1888; Die Himmelsleiter (Posse) 1888; Leuchtkugeln (Posse) 1889; Leichtes Blut (Schwank) 1889; Ein fideles Haus (Posse) 1890; Berliner Pflaster (Posse) 1891; Wein, Weib u. Gesang (Posse) 1891; Der Tanzteufel (Posse) 1892; Modernes Babylon (Posse) 1892; Goldlotte (Posse) 1893; Der Herzensdieb (Gebirgsabenteuer mit Gesang) 1894; Eine tolle Nacht (Posse) 1895; Eine wilde Sache (Posse) 1896; Abenteuer im Harem (Posse) 1897; Ein fideler Abend (Posse) 1897; Berliner Fahrten (Posse) 1897; Die Tugendfalle (Posse) 1898; Liebesdiplomatie (Lustspiel) 1898; Ein reizendes Füßchen (Lustspiel) 1898; Schiddebolds Engel (Posse), 1899; Silberne Pantoffel (Oper) o. J.
Literatur: Brümmer, W. Mannstaedt (Biogr. Jahrbuch 9. Bd.) 1906.

Mannstein, Elisabeth s. Kohut-Mannstein, Elisabeth.

Manoff, August von s. Cnobloch, August Freiherr von (s. Nachtrag).

Manowarda, Josef von, geb. 3. Juli 1890 zu Krakau, gest. 24. Dez. 1942 zu Berlin, Sohn eines Offiziers, einer alten österr. Adelsfamilie entstammend, bereitete sich zunächst für die diplomatische Laufbahn vor, studierte an der Theresianischen Akademie in Wr.-Neustadt, dann an der Universität in Wien Philosophie, nahm gleichzeitig aber

auch Sprech- u. Gesangsunterricht, wurde von Direktor Julius Grevenberg (s. d.) für die Oper in Prag engagiert, wirkte dann drei Jahre in Graz, weitere drei Jahre an der Volksoper in Wien, hierauf in Wiesbaden u. 1919—35 an der Staatsoper in Wien als Bassist u. Bariton. 1931—34 trat er wiederholt auch in Bayreuth, Salzburg u. München auf. Seit 1935 Mitglied der Berliner Staatsoper. Vor allem Wagner-Sänger von hoher musikalischer u. darstellender Kultur, aber auch mit Humor begabt. Daumer schrieb über ihn: „Man hat J. v. M., der seit Jahren in Berlin wirkte, auch in Wien sehr geliebt u. bewundert. Diese Stimme, ein samtartiger, voluminöser, besonders nach der Höhe zu weitausgreifender Baß, gehörte, im Gegensatz zu manchen polternden ungefügen Organen dieser Gattung, zu dem weit seltener vorkommenden Typ des weichen, geschmeidigen u. absolut schön singenden Basso cantate. In diesem glücklichen Besitz, aber durch eine kurze, stämmige Erscheinung auf ein bestimmtes Rollenfach hingewiesen, hat M. namentlich Partien, die seinem ruhigen Temperament, seinem gelassenen Auftreten entsprachen, mit starker u. tiefer Wirkung gesungen u. dargestellt. Unübertrefflich war er überall da, wo es galt, väterliche Milde zu betonen, auch gefestigte Männlichkeit (Barak) oder lächelnde Altersweisheit (Alphonso) u. finstere Absage (Hagen), ja seine wunderschöne Höhe erlaubte ihm, vom König Marke zum Kurwenal hinüberzuwechseln, für dessen unentwegte Vasallentreue er packende Töne fand." Hauptrollen: Wotan, Heinrich, Landgraf, Gurnemanz, Pogner, Osmin, König Marke, Rocco, Sarastro, Jago, Ochs von Lerchenau u. a. Gatte der Opernsängerin Nelly Pirchhoff.
Literatur: Karl *Daumer*, J. von Manowarda (Neues Wiener Tagblatt 28. Dez.) 1942; Fritz *Brust*, Abschied von J. v. M. (Ebda. 3. Jan.) 1943.

Mansfeld, Antonie s. Montag, Antonie.

Mansfeld, Ernst Graf von (1580—1626), Held des Dreißigjährigen Krieges, von Wallenstein bei Dessau 1626 besiegt, zog sich nach abenteuerlichen Streifzügen nach Südungarn zurück. Dramatische Figur.
Behandlung: Otto *Jacobi*, Mansfeld u. Tilly (Trauerspiel) 1846; E. *Herz*, Mansfelds Tod (Trauerspiel) 1866; Richard v. *Meerheimb*, Graf Mansfelds Ende (Psychodrama) 1890; Nikolaus *Welter*, M. (Schauspiel) 1912.

Mansfeldt, Arnold, geb. 29. Jan. 1838 zu Hamburg, gest. 6. Jan. 1897 das., anfangs Advokatenschreiber, schloß sich 1857 in Holstein einer wandernden Schauspielergesellschaft an, wurde 1885 Mitglied des Aktien-Theaters in Hamburg, kam dann nach Bielefeld u. Schleswig, hierauf wieder nach Hamburg, wo er u. a. am Walhalla-Theater u. seit 1864 am Carl-Schultze-Theater besonders im plattdeutschen Dialekt große Erfolge erzielte. Auch als Verfasser volkstümlicher Lokalstücke („Der letzte Hanseat", „Hamburger Leben", „Ein Hamburger Aschenbrödel", „Der politische Maurermeister", „Frau Methusalem" u. a.) trat er hervor.

Mansfeldt, Edgar s. Pierson, Heinrich Hugo.

Mansfield, Richard, geb. um 1857 auf Helgoland, gest. 1905 zu Neuyork, spielte das. Charakterrollen u. führte dann eine eigene Gesellschaft. Auch Bühnenschriftsteller.
Literatur: Heinrich *Loewenfeld*, R. Mansfield, der amerikanische Mitterwurzer (Masken 6. Jahrg.) 1911.

Mansfield - Rudersdorf, Hermine, geb. 12. Dez. 1822 zu Iwanowski in der Ukraine, gest. 25. Febr. 1882 zu Boston, Tochter des Konzertmeisters Johann Rudersdorf, wurde von Anna Maria Sessi (s. d.) zur Opernsängerin ausgebildet, betrat 1841 in Dublin die Bühne, wirkte 1842—44 in Frankfurt a. M., hierauf bis 1846 in Mannheim, 1848 in Breslau, gastierte dann in Hamburg, Königsberg, Magdeburg, Hannover u. a., war 1851—54 Mitglied des Friedrich-Wilhelmstädtischen Theaters in Berlin, ging 1859 als Konzertsängerin nach England u. später als Gesangslehrerin nach Neuyork. In erster Ehe Gattin des Mathematikers C. J. Küchenmeister. Hauptrollen: Valentine, Agathe, Regimentstochter, Donna Anna, Elvira u. a.

Mantel- und Degenstück, im spanischen Theater Comédia de capa y espada, ursprünglich als Bezeichnung für das weltliche Drama zum Unterschied vom geistlichen gebraucht, später nach dem Kostüm der handelnden Personen ausschließlich für ein in den höheren Ständen spielendes Schauspiel, das sich vom bloßen Spektakelstück abhob. In der Regel kommt dabei immer neben der ernsten Hauptfigur auch die komische Figur eines heiteren Gesellen in der Art Falstaffs oder

dgl. vor (wie etwa in Lope de Vegas Komödie „Der Ritter vom Mirakel", deutsch
von Franz Wellner, 1952 im Burgtheater oft
gespielt). In der deutschen Literatur fand
das M.-D. Nachahmung, z. B. in Martin
Greifs „Liebe über alles" (1877).

Mantius, Anna s. Westphal-Mantius, Anna.

Mantius, Eduard, geb. 18. Jan. 1806 zu
Schwerin, gest. 4. Juli 1874 zu Bad Ilmenau,
Sohn eines Fabrikanten, studierte zuerst in
Rostock die Rechte, bildete sich aber bald
in Leipzig gesanglich aus u. erhielt, nachdem König Friedrich Wilhelm III. von Preußen zufällig auf ihn aufmerksam geworden
war, 1830 eine Berufung an die Hofoper in
Berlin, der er als bewunderter Heldentenor
u. Kammersänger bis 1857 angehörte. Nach
seinem Bühnenabschied wirkte er als Gesangslehrer. Als besonderen Vorzug rühmte
man ihm ungewöhnliches schauspielerisches
Talent u. frischen Humor nach, der ihn namentlich Unübertreffliches als Postillon, Georg Brown, Nemorino leisten ließ. Andere
Hauptrollen: Tamino, Florestan, Raoul,
Melchthal, Adolar, Belmonte, Pylades u. a.
Literatur: H. M., E. Mantius (Deutscher
Bühnen-Almanach, herausg. von A. Entsch
30. Jahrg.) 1875; Joseph *Kürschner,* E. M.
(A. D. B. 20. Bd.) 1884.

Mantius, Ida, geb. 15. Juli 1833 zu Schwerin,
gest. im Sept. 1898, wirkte als Schauspielerin bis 1885 in Nürnberg, 1886 am
Residenztheater in Hannover, 1887 in Düsseldorf, 1888 in Chemnitz, 1890 in Aachen,
1891—94 in Görlitz, 1895 am Tivolitheater
in Kiel u. lebte seither im Ruhestand in
Lübeck. Hauptrollen: Marthe („Der zerbrochene Krug"), Frau Klinkert („Hasemanns
Töchter"), Gora („Medea") u. a.

Mantler, Drusilla (Geburtsdatum unbekannt), gest. 6. April 1909 zu Berlin, war
seit 1905 Opernsängerin an der dort. Komischen Oper. Gattin des Folgenden.

Mantler, Ludwig, geb. 21. März 1861 zu
Prag, Kaufmannssohn, ursprünglich für den
väterlichen Beruf bestimmt, wandte sich
jedoch, 1893 von Julius Stockhausen (s. d.)
gesanglich ausgebildet, der Bühne zu, die
er 1894 in Metz betrat, kam 1895 nach Olmütz, 1896 nach Straßburg, 1899 nach Frankfurt a. M., 1901 an die Hofoper in Wien,
1905 an die Komische Oper in Berlin u. war
seither abwechselnd an beiden Orten bis

1925. Als Baßbuffo u. vor allem als Gesangskomiker hervorragend. Hauptrollen:
Gasparo, Kezal, Beckmesser, Baculus, Zar,
Figaro, Mephisto, Bombardon, Bartolo, Alberich u. a. Gatte der Vorigen.

Manuel (genannt Deutsch), Niklas, geb.
1484 zu Bern, gest. 20. April 1530 das., war
Mitglied des Berner Großen Rats, 1524
Landvogt von Erlach, 1528 Mitglied des
Kleinen Berner Rats. Eifriger Protestant
in Wort u. Schrift. Bedeutender Maler u.
Graphiker. Tendenzdramatiker von starker
Eigenart, vor allem in seinen Fastnachts-
spielen.
Eigene Werke: Ein seltsamer u. wunder-
schöner Traum vom Papst u. seiner Prie-
sterschaft (wirkungsvolles Fastnachtsspiel,
in Bern aufgeführt) 1522; Von Papsts u.
Christi Gegensatz (Fastnachtsspiel) 1522;
Elsli Tragdenknaben oder Chorgericht (Fast-
nachtsspiel) 1529; Fastnachtsspiele 1540
(Neudruck von Max Schneckenburger
1836); Sämtl. Dichtungen, herausg. Jakob
Baechtold (Bibliothek älterer Schriftsteller
aus der deutschen Schweiz 2. Bd.) 1878;
Erste reformatische Dichtungen (Ein Traum
— Die Totenfresser — Von Papst u. Christi
Gegensatz. Hochdeutsch u. berndeutsch
herausg. von F. Vetter) 1917.
Literatur: C. *Grüneisen,* N. Manuel (Leben
u. Werke eines Malers u. Dichters, Kriegers,
Staatsmannes u. Reformators im 16. Jahr-
hundert) 1837; Jakob *Baechtold,* N. M. (A.
D. B. 20. Bd.) 1884; R. *Lössl,* Das Verhältnis
des Pamphilius Gengenbach u. N. M. zum
deutschen Fastnachtsspiel 1900; F. *Vetter,*
Über die zwei angeblich 1522 aufgeführten
Fastnachtsspiele N. Manuels (Braunes Beiträge 29. Bd.) 1904.

Manussi (geb. von Glotz), Emmy, geb.
20. Sept. 1843, gest. 23. Juli 1904 zu
St. Gallen als Schauspielerin das. Gattin
des Folgenden.

Manussi, Hans, geb. 20. Okt. 1850 zu Wien,
gest. 22. Nov. 1902 zu Trier, war Schauspieler in Straßburg, Zürich, Nürnberg u. a.
Seit 1897 Oberspielleiter am Residenztheater in Wiesbaden. 1901 übernahm er mit
August Mondel die Direktion des Stadttheaters in Trier. Hauptrollen: Klosterbruder, Kapuziner, Hasemann, Weigelt
u. a. Gatte der Vorigen.

Manz, Adolf, geb. 19. Okt. 1885 zu Meilen
am Zürichsee, gest. im April 1949 zu Basel,

Sohn eines Oberrichters, studierte zuerst in Zürich u. Berlin die Rechte, wandte sich jedoch bald der Bühne zu, die er als Jugendlicher Held 1909 in Koblenz betrat, kam 1910 nach Mainz, 1914 nach Frankfurt a. M., 1917 nach Stuttgart u. 1925 nach Basel, wirkte dann neben A. Bassermann (s. d.) am Volkstheater in Berlin, als Heldenvater in Köln u. seit 1941 wieder in Basel. Hauptrollen: Franz Moor, Peer Gynt, Tell, Faust, Wallenstein u. a.
Literatur: Kl., A. Manz (National-Zeitung, Basel 22. April) 1949.

Manz, Otto, geb. 3. April 1868 zu Freiburg im Brsg., gest. 21. Aug. 1925 das., studierte in seiner Vaterstadt (Doktor der Medizin) u. war hier zuerst als Arzt, dann als freier Schriftsteller tätig. Vorwiegend Dramatiker.
Eigene Werke: Römer (3 Einakter) 1907; Ermenrich (Drama) 1909; Die Berufung des Tiberius (Drama) 1914; Die Teestunde des Herren Kampmann (Drama) 1921; Die Schlacht (Vorspiel zu einer Themistokles-Tragödie) 1924.

Manz, Richard, geb. 20. Febr. 1858 zu München, gest. 13. Sept. 1936 zu Pasing, wirkte 1890—98 als Sänger u. Schauspieler am Gärtnerplatztheater in München u. dann als Regisseur am Schlierseer Bauerntheater. Auch Verfasser von Bauernstücken, Possen u. Schwänken (u. a. mit B. Rauchenegger „Der Amerikaseppl" 1898). Hauptrollen: Starke („Mein Leopold"), Hugo („Zwei glückliche Tage"), Popper („Kollege Crampton") u. a.

Mara, Gertrud Elisabeth, geb. 23. Febr. 1749 zu Kassel, gest. 20. Jan. 1833 zu Reval, Tochter eines armen Musikers namens Schmehling, infolge eines unglücklichen Falles körperlich etwas verwachsen, kam als Geigen-Wunderkind mit ihrem Vater frühzeitig nach Wien u. London, wo P. D. Paradisi ihre gesangliche Ausbildung übernahm. Ihr Stimmumfang war außerordentlich groß u. reichte vom kleinen G bis zum dreigestrichenen C. 1765 nach Kassel zurückgekehrt, fand sie die erwünschte Anstellung an der Hofoper nicht, wurde jedoch 1766 für das unter J. A. Hillers Leitung stehende Große Konzert in Leipzig neben Corona Schröter als Mitglied aufgenommen. Wiederholt sang sie auch an der Hofoper in Dresden. 1771 berief man sie mit 3000 Taler Gage auf Lebenszeit an die Hofoper in Berlin. 1773 heiratete sie den dort. Cellisten Johann Mara, was den Unwillen König Friedrichs II. hervorrief, worauf beide 1780 über Wien nach Paris flüchteten. Hier stand sie im Wettstreit mit der berühmtesten portugiesischen Sängerin L. R. Todi. 1784—1802 war M. in London hauptsächlich in Konzerten, 1786 auch an der dort. Hofoper tätig, zwischendurch in Turin u. Venedig, die Lorbeeren ihres Weltruhms erntend. Ihre Ehe war tragisch u. wurde 1799 getrennt. Mit ihrem Liebhaber, einem jungen Flötisten, zog die Fünfzigjährige, immer noch Beifallsstürme erregend, nach Paris, Frankfurt a. M., Weimar, Berlin, Wien u. Petersburg. Hierauf lebte sie in Moskau, verlor aber beim großen Brand der Stadt ihr gesamtes Hab u. Gut u. beschloß nach mißglückten Versuchen, im Ausland wieder zu einem Vermögen zu gelangen, in ärmlichen Verhältnissen als Gesangslehrerin in Reval ihr Dasein. Zu ihrem 83. Geburtstag widmete ihr Goethe ein Gedicht, in dem er den Jugendeindruck von der bewunderten Künstlerin wieder wachrief. Eugen Wolff vermutet in ihr das Urbild von Goethes Mignon. Ihre Selbstbiographie gab O. v. Riesemann in der „Allg. Musikal. Zeitung" 1875 heraus.
Behandlung: Oskar *Anwand,* Die Primadonna Friedrichs des Großen (Roman) 1930.
Literatur: G. C. *Grosheim,* Das Leben der Künstlerin Mara 1823; *Anonymus,* 23. Neujahrsstück der Allg. Musik-Gesellschaft in Zürich (Biographie der Sängerin M.) 1835; Joseph *Kürschner,* G. M. (A. D. B. 20. Bd.) 1884; Ludwig *Geiger,* Ein Brief der Sängerin Mara-Schmehling (Archiv für Theatergeschichte 2. Bd.) 1905; Eugen *Wolff,* Mignon 1909; *Riemann,* G. E. M. (Musik-Lexikon 11. Aufl.) 1929; Rosa *Kaulitz-Niedeck,* Die M. Das Leben einer berühmten Sängerin 1929; Hans *Kühner,* G. E. M. (Große Sängerinnen der Klassik u. Romantik) 1954.

Mara, Helene, geb. (Datum unbekannt) zu Neuyork, wirkte als Koloratursängerin seit 1927 auch in Europa u. trat u. a. in Wien, Berlin u. Dresden auf. Hauptrollen: Königin der Nacht, Konstanze, Fiordiligi, Leonore („Der Troubadour") u. a.

Marák, Ottokar, geb. 1872, gest. 2. Juli 1939 zu Prag, war Mitglied der Hofoper in Wien, feierte in Berlin, Hamburg, London, Paris, Chicago, Neuyork u. a. in Opern von Mozart, Beethoven, Wagner u. Verdi Triumphe, ging nach dem Weltkrieg an das Deutsche Landestheater in Prag u. 1934 nach Amerika, wo er zuletzt jedoch durch Krankheit in größte Not geriet. Durch eine Sammlung seiner tschechischen Landsleute wurde ihm 1938 die Rückkehr nach Prag ermöglicht. Lyrischer Tenor.

Maran, Gustav s. Dolezal, Gustav.

Marau, Otto s. Marauschek, Otto.

Marauschek (Ps. Marau), Otto, geb. 23. Okt. 1892 zu Müglitz, gehörte als Operettentenor u. a. dem Schauspielhaus in Breslau, 1928 dem Stadttheater in Mährisch-Ostrau, seit 1929 den Städt. Bühnen in Graz, seit 1931 den Marischka-Bühnen im Theater an der Wien u. dem Stadttheater in Wien, 1934 dem Plaza-Theater in Berlin, 1936 dem Stadttheater in Bern, 1937 dem Mellini-Theater in Hannover, seit 1938 wieder den städt. Bühnen in Graz, seit 1940 dem Raimundtheater in Wien, seit 1941 gleichzeitig während der Sommerspielzeit dem Schauspielhaus in Stuttgart u. schließlich seit 1950 wieder dem Stadttheater in Bern an, auch als Schauspieler. Hauptrollen: Dragomir („Gräfin Mariza"), Lebell („Die Dubarry"), Großfürst („Der Zarewitsch"), General („Ein Engel kommt nach Babylon"), Windwachel („Lumpazivagabundus") u. a.

Marauschek, Sophie, geb. 1886, gest. Ende Jan. 1953 zu Wien. Schauspielerin.

Marbach, Ernst s. Potier, Julius Baron.

Marbach, Hans, geb. 21. Jan. 1841 zu Leipzig, gest. 5. Nov. 1905 das. Doktor der Philosophie. Erzähler u. Bühnendichter.
Eigene Werke: Lorenzino von Medici (Drama) 1866; Timoleon (Drama) 1869; Marius in Minturnä (Drama) 1875; König u. Kaufmann (Drama) 1903.

Marbach, Oswald (Ps. Silesius Minor) geb. 13. April 1810 zu Jauer, gest. 28. Juli 1890 zu Leipzig, Predigerssohn, studierte in Breslau u. Halle, habilitierte sich 1833 in Leipzig u. wurde 1843 nebenbei Lehrer am dort. Nikolai-Gymnasium, 1845 mit dem Professortitel ausgezeichnet, Zensor für die gesamte politische, schöngeistige u. Tagesliteratur sowie Professor der Technologie u. Honorarprofessor der Philosophie, 1848 Leiter der amtlichen „Leipziger Zeitung", für die er die „Wissenschaftliche Bei-

lage" schuf. Seit 1844 Freimaurer u. später Ehrenmitglied von etwa 50 Logen. Gatte der Schauspielerin Rosalia Wagner, einer Schwester Richard Wagners. Erzähler, Übersetzer u. Dramatiker.
Eigene Werke: Antigone (Tragödie) 1839; Papst u. König oder Manfred der Hohenstaufe (Tragödie) 1843; Sophokles' Tragödien in deutscher Nachdichtung 1854 bis 1858; Hippolytos (Tragödie) 1858; Medeia (Tragödie) 1858; Ein Weltuntergang (Trag. Trilogie) 1860; Die Dramaturgie des Aristoteles 1861; Othello, der Mohr von Venedig (Tragödie nach Shakespeare) 1864; Proteus (Satirspiel) 1864; Coriolanus (Tragödie) 1865; Dramaturgische Blätter (2 Hefte) 1866; Herodes (Lustspiel) 1867; Romeo u. Julia (Tragödie nach Shakespeare) 1867; Die Oresteia des Äschylos (Nachdichtung u. Erklärung) 1874; Hamlet (Tragödie nach Shakespeare) 1874; Shakespeare — Prometheus (Satir. Zauberspiel) 1874.

Marbach, Otto, geb. 1. Dez. 1901 zu Wien, studierte das. (Doktor der Philosophie) u. lebte hier als freier Schriftsteller. Vorwiegend Dramatiker.
Eigene Werke: Die Gefesselten (Drama) 1930; Puppenballade (Drama) 1931; Josuas Gericht (Schauspiel) 1931; Die Grillen (Komödie) 1932; Das schlimme Seelchen (Märchenspiel) o. J.

Marberg, Julie, geb. (Datum unbekannt) zu Wien, gest. 17. April 1887 zu Berlin, war Schauspielerin seit 1878 am Carltheater in Wien, in Hamburg u. zuletzt am Deutschen Theater in Berlin. Hauptrollen: Marie („Einen Jux will er sich machen"), Kathi („Der Zerrissene"), Fanny („Zu ebener Erde u. erster Stock") u. a. Schwester von Marie Marberg.

Marberg, Lilli, geb. 9. März 1876 zu Grimma bei Leipzig, Tochter eines Oberlehrers, besuchte das Konservatorium in Dresden u. begann ihre Bühnenlaufbahn in Zwickau, wirkte 1898—1900 an den Vereinigten Theatern in Elberfeld u. Barmen, dann am Thaliatheater in Hamburg, seit 1901 am Neuen Schauspielhaus in München u. kam hierauf nach Wien, wo sie als Nachfolgerin Helene Odilons (s. d.) am Deutschen Volkstheater tätig war, 1911 unter A. Freih. v. Berger (s. d.) ans Burgtheater. Seit 1936 Ehrenmitglied dess. Kammerschauspielerin u. Professor. Charakterdarstellerin, vor allem in modernen Stücken hervorragend.

Hauptrollen: Desdemona, Elga, Hedda Gabler, Königin („Ein Glas Wasser"), Helene („Vor Sonnenaufgang"), Traute („Rosenmontag") u. a. Gattin des Innen-Architekten Hans Jaray, Stiefmutter von Hans Jaray (s. d.). Sie schrieb Erinnerungen „Es war so komisch" 1919. O. M. Fontana bemerkte: „Unvergleichlich u. meisterlich waren nun, wo ihre Gestalten sich immer mehr vom Geliebtwerden entfernten u. sich doch in den Eros festkrallten, ihre Königinnen, ob sie nun die Krone Rußlands oder Englands trugen. Sie reichten sogar bis ins Böse u. Nachtdunkle, was ihr früher versagt geblieben war. Verwirrung des ganzen Menschen spielte sie als russische Kaiserin, Ausgesetztsein in die Einsamkeit, Brand des Bluts, das Sichaufbäumen gegen das Schicksal, schrittweisen Verfall — aber noch immer die strenge u. harte Willensstärke gegen sich selber, auch im Sturz noch. Es hatte schauerliche Größe, wie sie da ein zerstörtes, von ihren Trieben gehetztes Weib vor uns aufbaute u. zugleich auch eine noch immer herrschende Dame . . . Die M., deren Königin Elisabeth bis ins Unheimliche, Tragikomische emporwuchs . . ., kann an anderen Abenden mit gleicher Kraft die nervöse Eindringlichkeit ihres Humors, der voll schauspielerischer Vielfalt u. saftiger Menschlichkeit wie in immer neuen Windstößen daherweht, uns erheitern u. lachen machen" u. J. Handl schrieb: „Diejenigen, die L. M. in den letzten zwei Jahrzehnten ihrer Burgtheaterwirksamkeit gesehen haben, etwa als Amme Ftatateta in Shaws ‚Cäsar u. Cleopatra', als Fräulein Blumenblatt in Nestroys ‚Jux' oder als irgendeine alte österreichische oder russische Fürstin, haben kaum eine Ahnung davon u. können sich kein Bild machen, wie sie vor etwa vierzig oder fünfzig Jahren gespielt hat. Die M. war in ihrem Alter keine Sandrock, gleichwohl aber in grotesken alten Damenrollen zum Schreien komisch, u. doch echt wie das Leben. Ihr dunkeltönendes Organ u. ihre hohe Sprechkunst sind ihr bis heute geblieben u. all dem Reichtum an Schönheit u. verführerischen Ausdrucksmöglichkeiten, mit denen sie die vorigen Generationen am Volkstheater wie am Burgtheater entzückt hat. Sie war u. a. in der Nachfolge Helene Odilons die erste Wiener Salome (Wilde) u. im ‚Weiten Land' von Schnitzler die Genia, die sie dann alternierend mit Else Wohlgemuth spielte."
Literatur: Oswald Brüll, Mademoiselle Marberg (Letztes Burgtheater) 1920; O. M.

Fontana, L. M. (Wiener Schauspieler) 1948; Joseph Handl, Schauspieler des Burgtheaters 1955.

Marberg, Marie s. Westphalen zu Fürstenberg, Gräfin Marie.

Marboe, Ernst, geb. 26. Jan. 1909 zu Wien, studierte an der dort. Hochschule für Welthandel (Diplom-Kaufmann) u. stand seit 1953 als Nachfolger von Egon Hilbert (s. d.) an der Spitze der Bundestheaterverwaltung in Wien.
Literatur: t. m., E. Marboe (Das Kleine Volksblatt, Wien Nr. 188) 1954.

Marburg an der Drau, wurde im 18. Jahrhundert von Wandertruppen aufgesucht, 1770 u. a. von der Kindertruppe F. Berners (s. d.). 1802 spielte die Gesellschaft Schantrochs hier, später auch Karschin, Hofmann, Maierhofer, Wahrhofzky u. a. Berühmte Schauspieler wie Scholz betraten hier erstmals die Bühne. 1852 übergab man Ferdinand Gruber, der mit seiner Gesellschaft ansprechende Vorstellungen in M. gegeben hatte, das neuerbaute Theater mit einem Fassungsraum für 850 Personen zur Direktion. Gleichzeitig war Gruber auch Leiter des Deutschen Theaters in Triest. Unter ihm wirkte Karl Blasel (s. d.) in komischen Gesangsrollen, Franz Deutschinger (s. d.) als Liebhaber u. als Gast Otto Lehfeld (s. d.) u. a. 1853 ging die Leitung an Josef Lutz (s. d.) über, der auch das Fach Seriöser u. Humoristischer Väter, Komischer Alter sowie auch das Charakterfach vertrat. 1860 wurde das Marburger Theater unter Hermann Sallmeyer mit dem Ständ. Theater in Klagenfurt vereinigt, 1862 leitete es Carl Lößl (s. d.), hierauf Johann von Radler, der zugleich auch Eigentümer des Sommertheaters in Vöslau bei Baden war. Unter ihm wirkte Ludwig Anzengruber als L. Gruber in feinkomischen u. chargierten Rollen. 1864 wurde hier sein seither verschollenes Stück „Der Versuchte" aufgeführt u. L. Anzengruber somit zum ersten Mal auch als Dramatiker auf der Bühne eingeführt. Als weitere Direktoren folgten in M. C. J. von Bertalan, Siegfried Rosenfeld u. a. Auch der berühmte Josef Kainz (s. d.) gehörte 1875 bis 1876 der Marburger Bühne als Mitglied an. Nach einem Brand, der das Theater aber nicht vernichtete, wurde es 1910 renoviert u. erhielt sich, abgesehen von zeitweiliger Schließung nach dem Ersten Weltkrieg, bis 1945.

Marburg an der Lahn, die hessische Universitätsstadt, besaß lange kein selbständiges Theater, doch spielten verschiedene reisende Gesellschaften, wie die von Josef Weiser, Carl Pötter u. a. teilweise hier u. in anderen hessischen Städten. Anfang des Jahrhunderts erhielt M. ein subventioniertes Stadttheater verbunden mit dem Stadttheater in Gießen. Nach dem Zweiten Weltkrieg wurde in dem 1908 erbauten Philippshaus ein Schauspieltheater eröffnet u. vom Staat u. der Stadt subventioniert. Die Bühne eroberte sich rasch ein großes Verbreitungsgebiet, sie stellte sich mit der Zahl der Vorstellungen in hessischen Städten u. angrenzenden Gebieten von allen dort. Theatern an die Spitze. Unter Intendant Heinrich Buchmann fanden Aufführungen in Berleburg, Fulda, Hanau, Homburg vor der Höhe, Treysa, Wetzlar u. a. statt. Der Spielplan bevorzugte den klassischen Bereich, auch den antik-klassischen, etwa mit der „Antigone" von Sophokles, der „Elektra" des Euripides (in Ernst Buschors Übertragung) u. a. Neben dem klassischen Drama war auch das moderne stark vertreten, landläufige Unterhaltungsstücke waren dagegen selten. Als Gäste traten Anna Damann, Marianne Hoppe, Lieselotte Schreiner, Paul Hartmann, Albrecht Schoenhals u. a. auf, als Gastregisseur inszenierte Erwin Piscator „Nathan den Weisen", „Dantons Tod" u. „Hexenjagd."

Marcell, Lucille s. Weingartner, Marcell.

March, Arthur, geb. 23. Nov. 1891, Physiker, o. Prof. in Innsbruck, verfaßte eine gegen den Materialismus des 20. Jahrhunderts gerichtete dramatische Satire „Das Experiment Guter Mensch" 1954.

Marchand (geb. Brochard), Magdalene, geb. um 1753, gest. um 1794, spielte in der Gesellschaft ihres Pflegevaters Sebastiani in Mainz 1765 Kinderrollen u. war später das. als Soubrette, auch in Mannheim u. München tätig. Gattin von Theobald M. u. Mutter von Margarete M.
Literatur: Joseph *Kürschner,* Th. Marchand (A. D. B. 20. Bd.) 1884.

Marchand, Margarete s. Danzi, Margarete.

Marchand, Theobald, geb. 1741 zu Straßburg im Elsaß, gest. 22. Nov. 1800 zu München, Sohn eines Wundarztes, trat frühzeitig bei Sebastiani in Mainz als Schauspieler in ernsten Rollen u. als Komiker auf, übernahm 1770 die Leitung der Truppe u. führte sie von hier als ihrem Standort nach Frankfurt a. M., Hanau, Straßburg, Mannheim, Pyrmont u. Köln. In Goethes „Dichtung u. Wahrheit", heißt es von ihm: „Marchand suchte durch seine Person das Mögliche zu leisten. Er war ein schöner, groß u. wohlgestalteter Mann in den besten Jahren, das Behagliche, Weichliche schien bei ihm vorwaltend; seine Gegenwart auf dem Theater war daher angenehm genug. Er mochte so viel Stimme haben als man damals zur Aufführung musikalischer Werke wohl allenfalls bedurfte, deshalb er denn die kleineren u. größeren herüberzunehmen bemüht war. Der Vater in der Gretryschen Oper ‚Die Schöne bei dem Ungeheuer' gelang ihm besonders wohl, wo er sich in der hinter deren Flor veranstalteten Vision gar ausdrücklich zu benehmen wußte". 1773 erhielt M. den Titel eines kurpfälzischen Hofschauspielers. 1777 trat er als Hoftheaterdirektor an die Spitze der Mannheimer Bühne. Als die Residenz des Kurfürsten nach München verlegt wurde, folgte er diesem dahin u. leitete das dort. Nationaltheater bis 1793. Als Schauspieler, nunmehr in Väterrollen tätig, wirkte er bis an sein Lebensende das. Gatte von Magdalene Brochard u. Vater von Margarete Danzi.
Literatur: Joseph *Kürschner,* Th. Marchand (A. D. B. 20. Bd.) 1884.

Marchesi de Castrone, Mathilde, geb. 24. März 1821 zu Frankfurt a. M., gest. 18. Nov. 1913 zu London, Tochter eines Kaufmannes namens Graumann, von Otto Nicolai in Wien ausgebildet, sang nach Empfehlung von F. Mendelssohn-Bartholdy beim Rheinischen Musikfest in Düsseldorf, studierte dann bei Garcia in Paris u. trat mit größtem Erfolg in Paris u. London auf, verließ aber nach ihrer Verheiratung mit dem Bariton Salvatore Marchesi de Castrone die Bühne u. übte mit ihrem Gatten in Wien, Köln u. seit 1881 in Paris eine bedeutende Lehrtätigkeit aus. Gastspielreisen führten sie u. a. nach Belgien, Holland, England u. Italien.
Literatur: Adolph *Kohut,* M. Marchesi (Bühne u. Welt 8. Jahrg.) 1906.

Marchion, Heinrich de, geb. 10. Okt. 1816 zu Hildesheim, gest. 16. Jan. 1890 zu Dresden, humanistisch gebildet, wirkte bereits mit zwölf Jahren in einem Konzert der be-

rühmten Sängerin Henriette Sontag (s. d.) mit, trat 1833 als Fiorillo im „Barbier von Sevilla" auf, kam über Flensburg an das Steinstraßentheater in Hamburg (hier hauptsächlich als Liederspielsänger u. Naturbursche tätig), dann nach Magdeburg u. Berlin, 1843 ans Carltheater in Wien, 1848 wieder nach Hamburg, unternahm Gastspielreisen im In- u. Ausland u. war seit 1855 als erstklassiger Tenorbuffo am Hoftheater in Dresden tätig. Kohut zählte ihn zu den Koryphäen seines Faches u. Karl Porth zu den „Halbgöttern" der Bühne. Hauptrollen: Johann von Paris, Spärlich („Die lustigen Weiber von Windsor"), Pedrillo („Die Entführung aus dem Serail"), Dikson („Die weiße Dame"), Nemorino („Der Liebestrank"), Postillon von Lonjumeau u. a.
Literatur: Adolph *Kohut,* H. Marchion (Das Dresdner Hoftheater in der Gegenwart) 1888; Alfred *Schönwald* u. Hermann *Peist,* Geschichte des Thaliatheaters in Hamburg 1893; *Eisenberg,* H. de M. (Biogr. Lexikon) 1903.

Marchland, Wilhelm s. Selinger, Engelbert.

Marcks, Albrecht, geb. 20. Nov. 1827 zu Berlin, gest. 4. März 1892 zu Dresden, zuerst für den Kaufmannsstand bestimmt, kam während seiner Militärdienstzeit in Posen mit dem dort. Theater in nähere Fühlung, indem er anfangs aushilfsweise, später in verschiedenen Rollenfächern des Gesang- u. Sprechstücks Verwendung fand, kam 1850 ans Stadttheater in Chemnitz, dann zu Kroll in Berlin, hierauf nach Stettin, 1853 ans Hoftheater in Hannover, wo er sich vom Jugendlichen Liebhaber zum glänzenden Charakterdarsteller entwickelte u. 1871 ans Hoftheater in Dresden, hier auch als Oberregisseur hervorragend tätig. Derbe, gemütliche Naturburschen gelangen ihm ebenso wie kalte Salonbösewichter. Besondere Verdienste erwarb er sich schließlich in der Heranbildung des Nachwuchses als Lehrer der Schauspielerschule am Kgl. Konservatorium das. Hauptrollen: Hamlet, Franz Moor, Marinelli, Didier („Die Grille"), Heuring („Hans Lange"), Herr von Roden („Eglantine") u. a.
Literatur: Adolph *Kohut,* A. Marcks (Das Dresdner Hoftheater in der Gegenwart) 1888; *Eisenberg,* A. M. (Biogr. Lexikon) 1903.

Marcks, Auguste, geb. 1866, gest. 10. Dez.

1940 zu Gießen, Tochter des Vorigen, begann 1893 ihre Bühnenlaufbahn am Hoftheater in Dresden, kam 1895 nach Schwerin, 1900 als Sentimentale Liebhaberin nach Köln u. zuletzt ans Stadttheater in Gießen. Hauptrollen: Thekla („Wallenstein"), Louise („Kabale u. Liebe"), Gertrud Stauffacher („Wilhelm Tell"), Gunhild („John Gabriel Borkman"), Matrjona („Macht der Finsternis"), Mutter der Rottin („Glaube u. Heimat") u. a.

Marconi, Marianne s. Schönberger, Marianne.

Marcus Aurelius (121—180), römischer Kaiser u. Weltweiser, Dramenheld.
Behandlung: Lorenz *Westenrieder,* Marc Aurel (Schauspiel) 1775; G. *Längin,* M. A. (Trauerspiel) 1883; Richard v. *Kralik,* Kaiser M. A. (Drama) 1897.

Marcus, Carl David, geb. 16. Mai 1879 zu Stockholm, wirkte als Dozent an der Universität Berlin. Auch Bühnenschriftsteller.
Eigene Werke: Das Maskenfest (Drama) 1914; Gabriel (Drama) 1918; Strindbergs Dramatik 1918 u. a.

Marcus, Eli (Ps. Natzohme), geb. 26. Jan. 1854 zu Münster in Westfalen (Todesdatum unbekannt), Kaufmannssohn, widmete sich dem väterlichen Beruf, nahm aber auch u. a. mit den Mitgliedern der Zoologischen Abendgesellschaft in Münster am Bühnenschaffen teil.
Eigene Werke: Jans Krax (Schwank) 1903; Niederdeutsche Volksbühne 1904; Was kraucht da in dem Busch herum? (Volksstück) 1905; He hät sienen Dag (Posse) 1909; De Suohn (Spiel) 1920; De guede Maondag (Volksstück) 1921; Graute Schlemm (Gesangsposse) 1921 u. a.

Marcuse, Ludwig, geb. 8. Febr. 1894 zu Berlin, studierte das. u. in Freiburg im Brsg. (Doktor der Philosophie), wurde Feuilletonredakteur des „Frankfurter Generalanzeigers", ließ sich später in Berlin nieder u. emigrierte unter Hitler nach Los Angeles, wo er als Professor tätig war. Auch Theaterkritiker.
Eigene Werke: Hauptmann u. sein Werk 1922; Strindbergs Das Leben der tragischen Seele, herausg. 1922; Die Welt der Tragödie 1923; Richard Wagner 1938.

Mardayn, Christl s. Mühlbacher, Christine.

Mardon, Nina, geb. 29. Okt. 1873 in England, Tochter eines Marineoffiziers, erlernte in einem Pensionat in Dresden die deutsche Sprache vollkommen u. wandte sich nach entsprechender Ausbildung der Bühne zu. 1893 trat sie als Porzia erstmals in Leipzig auf, wirkte dann als Jugendliche Liebhaberin in Altenburg, kam 1895 nach Meiningen, 1897 nach Mannheim, 1899 nach Dessau u. ließ sich 1904 in Paris-Neuilly nieder. Bedeutende Heroine u. Salondame. Hauptrollen: Maria Stuart, Orsina, Pompadour, Madame Sans Gêne u. a.

Mareck, Anna s. Schelper, Otto.

Mareczek, Fritz, geb. 3. Juli 1910 zu Brünn, musikalisch das. ausgebildet, wirkte 1939 bis 1944 als Kapellmeister am dort. Stadttheater u. seit 1947 am Lustspiel- u. Operettentheater in Stuttgart.

Marée, Emmy, geb. 19. Sept. 1889 zu Dux in Böhmen, gest. 19. Febr. 1949 zu München (durch Selbstmord), wirkte 1925—43 als Operettensängerin am dort. Gärtnerplatztheater.

Marée, Eva s. Wack, Eva.

Mareich, Helmi, geb. (Datum unbekannt) zu Graz, war Schauspielerin am Landestheater in Linz u. seit 1953 am Volkstheater in Wien. Hauptrollen: Solveig, Dorothea Angermann, Lady Windermere, Johnny Belinda u. a.
Literatur: f-r., H. Mareich (Wiener Tageszeitung 13. Nov.) 1952.

Marek, Hans Georg, geb. 26. Juni 1908 zu Brünn, studierte in Wien (Doktor der Philosophie u. der Rechte), u. erhielt 1945 als Lektor der dort. Universität einen Lehrauftrag für Sprechtechnik u. Theaterrecht.
Eigene Werke: Kleine Theatergeschichte 1950; Kleine Geschichte der dramat. Literatur 1950; Die gesellschaftliche u. rechtliche Stellung des Schauspielers im alten Rom 1953; Rhetorik 1953.

Marek, Berta, geb. um 1848, gest. im Nov. 1913 zu Landshut, war Schauspielerin in Wien, Passau, Linz, Basel u. a., seit 1906 in Landshut. Hauptrollen: Albertine („Hasemanns Töchter"), Lucia („Charleys Tante"), Generalin („Die Karlsschüler"), Marthe Schwerdtlein u. a.

Marell, Rudolf s. Martinelli, Johann.

Marenbach, Leni, geb. (Datum unbekannt) zu Essen, als Schauspielerin am dort. Stadttheater ausgebildet, begann ihre Bühnenlaufbahn 1926 das., ging 1929 nach Zürich, Darmstadt, wieder zurück nach Zürich, ans Josefstädtertheater in Wien, hierauf an die Kammerspiele nach München u. wandte sich dann hauptsächlich dem Film zu.

Maretzek, Max, geb. 28. Juni 1821 zu Brünn, gest. 14. Mai 1897 zu Pleasant Plains (Vereinigte Staaten von Amerika), kam 1848 nach Neuyork u. trug hier durch Opernvorstellungen viel zur musikalischen Entwicklung dieser Stadt bei. Komponist der Oper „Hamlet" 1843.

Marfeld-Neumann, Karl, geb. 19. März 1885 zu Wien, sollte den Kaufmannsberuf ergreifen, wandte sich aber der Bühne zu u. war an verschiedenen Wiener Theatern tätig. 1906 veröffentlichte er das Drama „Lumpen".

Margarete (Maultasch) Gräfin von Tirol (1318—69), seit 1330 mit dem damals achtjährigen Prinzen Johann, Bruder Kaiser Karls IV., unglücklich verheiratet, hierauf seit 1342 mit dem Sohn Ludwigs des Bayern, Ludwig von Brandenburg. Nach dessen u. ihres Sohnes Tod überließ sie Tirol Herzog Rudolf dem Stifter von Österreich. Dramenfigur.
Behandlung: Adolf *Anton,* M. Maultasch (Schauspiel) 1796; Arthur v. *Rodank* (= A. Graf Wolkenstein v. Rodenegg), Die M. (Lustspiel) 1877; Richard *Billinger,* Traube in der Kelter (Schauspiel) 1950.

Margarethe Königin von Frankreich aus dem Haus Valois (1553—1615), heiratete 1572 (in der Bartholomäusnacht s. d.) König Heinrich von Navarra (Heinrich IV. von Frankreich) u. wurde 1599 von diesem geschieden. Bühnenfigur. S. auch Hugenotten.
Behandlung: J. R. *Lenz-Kühne,* Margarethe von Valois u. die Mißvergnügten im Jahre 1579 (Schauspiel) 1835; Friedrich *Adami,* Königin Margot u. die Hugenotten (Drama) 1848.

Margaritella, Fritzi (Geburtsdatum unbekannt), gest. 20. Juni 1955 zu Wien, wirkte als Opernsängerin u. am Rundfunk das. Sopranistin.

Margendorff, Wolfgang, geb. 15. Aug. 1919 zu Berlin, gest. 4. Aug. 1943 (gefallen als Oberleutnant bei Orel), Sohn eines Bankdirektors, studierte Theaterwissenschaft in Jena u. war Assistent am dort. theaterwissenschaftl. Institut. Seine Doktor-Dissertation „Die Tragödie des Menschen" von Imre Madàch (1942) erreichte in kurzer Zeit drei Auflagen.
Literatur: O. C. A. zur *Nedden,* Nachruf in der 2. Aufl. der Diss. 1943; *ders.,* Dem Gedächtnis W. Margendorffs (Blätter zur Betreuung der im Felde stehenden Studierenden des Theaterwissenschaftl. Instituts der Universität Jena 13./14. Folge) 1943.

Marggraf, Hermann, geb. 14. Sept. 1809 zu Züllichau in der Neumark, gest. 11. Febr. 1864 zu Leipzig, Sohn eines Steuereinnehmers, studierte in Berlin, wurde Gymnasiallehrer u. später Journalist. Mitherausgeber des „Allg. Theaterlexikons" 7 Bde. 1839—1842. Um die Gründung der Schiller-Stiftung in Weimar verdient. Vielseitiger Literat, auch Dramatiker.
Eigene Werke: Kaiser Heinrich IV. (Tragödie) 1837; Christiern II. (Dramat. Gedicht) 1838; Die Maffeis (Tragödie) 1838; Das Täubchen von Amsterdam (Tragödie) 1839; Elfriede (Tragödie) 1841; Shakespeare als Lehrer der Menschheit 1864.
Literatur: Prim *Berland,* H. Marggraff 1942.

Margreiter, Pauline, geb. 1860, gest. 1. Okt. 1932 zu Hildesheim, war zuerst als Schauspielerin Mitglied kleinerer Bühnen, kam 1895 an das Kgl. Schauspielhaus in Potsdam u. 1915 an das Stadttheater in Hildesheim, wo sie bis 1928 das Fach Komischer Alten vertrat. Hauptrollen: Hanne („Wie die Alten sungen") u. a.

Marholm, Laura u. Leonhard s. Hansson, Laura.

Maria, Mutter des Heilands, bereits im frühen Mittelalter als „Unsere Liebe Frau" auch auf der Bühne verherrlicht. Bedeutend sind das Marienspiel des Nürnberger Antiphonars (aufgeführt 1936 bei Eröffnung der Internationalen Theaterausstellung in Wien) u. das älteste deutsche Weihnachtsspiel Mariä Verkündigung (aus einer Handschrift der Stiftsbibliothek St. Gallen in Schweizerdeutsch übertragen von Hans Reinhart 1944).
Behandlung: (neueste): Friedrich *Schrey-*

vogl, Das Mariazeller Muttergottesspiel (Volksstück) 1924; Marie *Fitschen,* Marienlegenden (Spiel in 7 Bildern) 1947.

Maria Antonia Walpurgis Kurfürstin von Sachsen, geb. 18. Juli 1724 zu München, gest. 23. April 1780 zu Dresden, Tochter des nachmaligen Kaisers Karl VII. Sie komponierte unter dem Ps. E. T. P. A. = Emerlinda Talea Postorella Arcada ital. Opern mit Beihilfe von Hasse u. Metastasio.
Literatur: K. v. *Weber,* M. A. W. 2 Bde. 1857; *Riemann,* M. A. W. (Musik-Lexikon 11. Aufl.) 1929.

Maria Magdalena s. Magdalena.

Maria Magdalene (ursprünglich Magdalena betitelt), bürgerliches Trauerspiel in drei Akten von Friedrich Hebbel, 1843 handschriftlich abgeschlossen, 1846 in Leipzig uraufgeführt. Weitere Aufführungen folgten seit 1848 im Burgtheater, später in München u. a. Hebbel liebte das Düstere, Peinliche, Entsetzenerregende. Der Vorläufer des Naturalismus errang daher in einer erschütternden Tragödie der kleinbürgerlichen Welt, freilich erst spät, großen Erfolg. Vollendet in Paris, wo Hebbel dank einer Unterstützung seines dänischen Landesherrn einige Zeit Aufenthalt nehmen konnte, erschien das Stück 1844 im Druck. Der größte Teil wurde jedoch in München gedichtet. Dort hatte Hebbel bei einem Tischlermeister gewohnt, der mit dem Vornamen wie sein Held Anton hieß: „Ich sah, wie das ganze ehrbare Bürgerhaus sich verfinsterte, als die Gendarmen den leichtsinnigen Sohn abführten. Es erschütterte mich tief, als ich die Tochter, die mich bediente, ordentlich wieder aufatmen sah, wie ich im alten Tone mit ihr scherzte u. wieder Possen trieb". Nicht mehr ist es der Standesgegensatz wie etwa in „Kabale u. Liebe" oder in der Gretchentragödie des „Faust", der in „Maria Magdalena" ausgetragen werden soll, nirgends verläßt der Dichter die bürgerliche Welt. Die adelige ist versunken u. vergessen. Aber der Eindruck, den wir empfangen, ist womöglich noch greller, noch schneidender, noch niederschmetternder als ehedem, da Schillers Jugendstück aufgeführt wurde. Geradezu trostlos erscheint alles, was wir schauen. Der ganze dritte Stand bricht in sich zusammen. Gibt es noch einen Glücklichen auf der Welt? Nein, sagt der Dichter, es gibt keinen. Mit den Worten Meister Antons: „Ich verstehe

die Welt nicht mehr" endigt das schaurig-
schöne Stück. „M. M." ist von allen Dramen Hebbels dasjenige, das mit seiner Le-
bens- u. Bildungsgeschichte am innigsten
verflochten erscheint, hat aber gleichwohl
wegen seiner schwierigen Deutung der bisherigen Forschung die meisten Probleme
aufgegeben, die auch heute noch nicht ein-
wandfrei gelöst sind. Beachtenswert bleibt
jedenfalls Otto Ludwigs Urteil in den
„Shakespeare Studien": „Die ‚Marie Magdalene' Hebbels, in mancher Hinsicht sehr
lobenswert, leidet daran, daß die Kälte des
rechnenden Dichters, dem die Persönlichkeiten nur Zahlen waren, auf seine Personen überging. Schiller gibt seinen Personen gern von seiner Wärme, Hebbel von
seiner Kälte. Der Dichter schließe menschlich mit dem Todesurteile, damit ist das
Reich des Tragischen aus; die vergeblichen
Windungen u. Krümmungen des gewissen
Opfers sind nicht mehr tragisch, sind gräß-
lich u. passen nicht für die edelste Gattung
der Poesie, sondern sind für die Leierorgel
der Bänkelsänger. Der Dichter ist der Richter, nicht der Henker." Einen ähnlichen
Eindruck empfing Heinrich Laube, worüber
seine kritische Rückschau „Das Burgtheater" berichtet: „Ich war . . . dabei, als mit
seiner ‚Maria Magdalena' ein erster Versuch der Aufführung gemacht wurde. Dies
geschah in Leipzig u. ist mir unvergeßlich
geblieben, weil es mir maßgebend wurde
für die Charakteristik des Dichters, inso-
fern er auf der Szene erscheint. Ich halte
dies bürgerliche Schauspiel von ihm für
seine beste dramatische Arbeit. Es hat wahres Leben, u. in seiner einfachen Form
kommt es von all seinen Stücken dem Bühnen-
gesetze am nächsten. Dies fand ich bestätigt, als die Aufführung an uns, die wir ein
kleines Publikum waren, vorüberging. Aber
unauslöschlich kam ein anderer Eindruck
über mich in jener Vorstellung, der Eindruck vernichtender Traurigkeit. Als der
Vorhang zum letzten Male gefallen war,
herrschte in dem kleinen Zuschauerkreise
helle Verzweiflung. Wir gingen von dannen
wie von einer Hinrichtung. Ist dies der
Zweck dramatischer Kunst? Ist dies ein Ziel
der Bühne? Und war dies Mißtönen zufällig
in dies eine Werk des Dichters gedrungen,
oder gehörte es zu seinem Wesen? Wir
waren aber Parteigänger für poetische
Neuerung u. trieben den leidenden Direktor
dahin, daß er eine Wiederholung des
Stückes ansetzte. Das Leipziger Publikum
bestand damals aus der Elite der Stadt,

hörte sehr aufmerksam u. war sehr ein-
genommen für höheres Schauspiel. Es wird
gehört haben, sagten wir, von diesem besonderen Stücke, es wird zahlreich kommen.
Der Direktor behielt recht zum Schaden
seiner Kasse. Nie hab' ich ein so leeres
Haus gesehen; es schien geradezu gar kein
Zuschauer vorhanden zu sein. Mein Nachbar sagte: Man kann mit Vogelschrot in
den Saal schießen, wie breit der auch
umherstreuen mag, man trifft keinen Menschen. Namentlich war nicht ein Frauenzimmer vorhanden. Der Fall ist noch gar
nicht dagewesen! stöhnte der Direktor. So
abschreckend hatte das Stück gewirkt. In
Wien war Hebbel während der stürmischen
Jahre 1848 u. 1849 auf das Burgtheater gekommen, u. zwar mit zahlreicheren Stükken als irgend ein Dichter. Dieselbe ‚Maria
Magdalena' war gegeben worden u. ‚Judith'
u. ‚Herodes u. Mariamne' u. ‚Der Rubin',
die letzten beiden mit entschiedenem Mißerfolge. Die meisten Vorstellungen hatte
‚Judith' erlebt. Ich setzte sie also ebenfalls
im ersten Jahre meiner Direktion aufs Repertoire. Wir spielten sie aber in der
besten Theaterzeit — November — vor
schwachem Hause. Ich gab sie deshalb nicht
auf u. wiederholte sie sechs Jahre lang,
fast immer mit geringem Ergebnis. Meine
Behörde schalt mich deshalb, u. ich mußte
sie aufgeben. Bei günstiger Gelegenheit
1859 im Dezember nahm ich sie nochmals
auf, um dem Dichter gerecht zu werden;
aber das Haus füllte sich auch da nicht hin-
länglich. Eben weil ich ihm sonst nichts
Freundliches antun konnte, hielt ich an
einem Stück fest, welches doch ein gewisses Bürgerrecht erlangt hatte u. welches
mit zwei guten Kräften für Judith u. Holofernes haltbar zu machen sei — wenn auch
nicht als ein richtiges Theaterstück, aber
doch als eine originelle Theaterskizze. Man
hatte bei der ersten Inszenesetzung zu viel
unnützes u. folgenloses darin gelassen; ich
redigierte mir's zu diesem Zwecke neu u.
wollte es in diesem Winter mit Fräulein
Wolter neu in Szene setzen. ‚Maria Magdalena' fand ich schon abgesetzt vom Repertoire, als ich eintrat, denn meine Behörde
war von entschlossenster Feindseligkeit gegen dies Stück. Sie hätte eher das politisch mißliebigste Stück erlaubt, als diesen
‚Greuel', so tief war der ‚Abscheu' vor demselben, wie mein Chef sich ausdrückte. —
Da dies eine ästhetische Bedeutung hatte,
wie ich aus Leipzig sehr wohl wußte, so
fand ich in mir selbst keine Veranlassung,

gegen eine uneinnehmbare Festung zu stürmen."

Literatur: P. *Zinke,* Die Entstehungsgeschichte von Hebbels Maria Magdalena (Prager Deutsche Studien 16. Bd.) 1910; R. *Stolze,* Die wissenschaftl. Grundlagen der Inszenierung von Hebbels M. M. (Hebbel-Forschungen 13. Bd.) 1924; H. *Sievers,* Hebbels M. M. auf der Bühne (Ebda. 23. Bd.) 1933; ders., M. M. in der vor- u. nachmärzlichen Tageskritik (Herrigs Archiv 165. Bd.) 1935; Klaus *Ziegler,* Mensch u. Welt in der Tragödie Hebbels (Diss. Göttingen) 1938; Kurt *May,* M. M. im Zusammenhang mit jüngsten Hebbel-Forschung (Dichtung u. Volkstum 43. Bd.) 1943; Paul *Hußfeldt,* Der Mythos in Hebbels Drama, erläutert an M. M. (Ebda.) 1943; J. D. *Wrigth,* Hebbels Klara: The Victim of a Division in Allegiance and Purpose (Monatshefte, Madison) 1946; Johannes *Klein,* Frauenbild u. Mannesschuld bei Hebbel (Das große Frauenbild) 1951.

Maria Paulowna Großherzogin von Sachsen-Weimar (1786—1859), Tochter des Zaren Paul I. von Rußland u. seiner Gemahlin Maria Feodorowna, geb. Prinzessin Sophie Dorothea von Württemberg. 1782 fanden zu Ehren des kaiserlichen Paares in Stuttgart u. auf der Solitude Feierlichkeiten statt, während deren Schiller entwich. Anläßlich der Heirat Maria Paulownas mit dem damaligen Erbprinzen Karl Friedrich von Sachsen-Weimar 1804 wurde das von Schiller gedichtete Festspiel „Die Huldigung der Künste" in Weimar aufgeführt. Nach Schillers Tod übernahm sie die Sorge für dessen Kinder.

Maria Stuart Königin von Schottland (1542 bis 1587), nach dem Tod ihres ersten Gemahls Franz II. von Frankreich mit ihrem Vetter Darnley u. dann mit dessen Mörder Bothwell verheiratet, 1568 aus Schottland verjagt u. in England wegen ihrer Thronansprüche von Königin Elisabeth I. gefangen u. zum Tode verurteilt. Dramenheldin. — Von allen Dramatisierungen ist Schillers „Maria Stuart", Trauerspiel in fünf Aufzügen, die bedeutendste. Der Dichter begann das Stück im Sommer 1799 u. vollendete es ein Jahr später. Am 14. Juni 1800 fand die Uraufführung in Weimar statt. 1801 erschien es bei Cotta in Druck, wurde bald ins Englische übersetzt u. ging 1801 unter Ifflands Leitung am Hoftheater in Berlin über die Bretter. Die berühmte Un-

zelmann spielte unter rauschendem Beifall die Titelrolle. Als Quellen dienten Schiller die großen englischen Geschichtswerke von Cambden, Buchanan u. Robertson u. a., doch benützte er die historischen Tatsachen mit großer poetischer Freiheit. Die königlichen Rivalinnen ließ er weitaus jünger erscheinen als sie wirklich waren. Unhistorisch sind die verspätete Liebe Leicesters zu Maria, die Gestalt des Mortimer u. das an ihm versuchte Attentat, die Begegnung u. der Streit der beiden Königinnen, Marias Beichte u. Absolution. In Wahrheit verweigerte man der politisch Verfolgten geistlichen Zuspruch sogar im Angesicht des Schafotts. Schiller wollte seine Heldin ausschließlich der rohen Gewalt zum Opfer fallen lassen. Die sühnende Maria sollte das Bild der sündigen in den Hintergrund drängen. Dabei gelang ihm die Einheitlichkeit der Handlung aufs vollständigste zu wahren. Frau von Staël hatte jedenfalls das Recht, das Drama als „das rührendste u. planmäßigste unter allen deutschen Trauerspielen" zu bezeichnen. Schiller selbst schrieb während seiner Arbeit an Goethe: „Meine Maria wird keine weiche Stimmung erregen, es ist meine Absicht nicht; ich will sie immer als ein physisches Wesen halten u. das Pathetische muß mehr eine allgemeine tiefe Rührung als ein persönliches u. individuelles Mitgefühl sein; sie empfindet u. erregt keine Zärtlichkeit, ihr Schicksal ist nur, heftige Passionen zu erfahren u. zu entzünden". Diese Absicht erreichte ihr Ziel sofort auch außerhalb Weimars. So schrieb Regisseur Becker nach der Aufführung in Lauchstädt, an der neben der vornehmen Hofgesellschaft Professoren aus Halle teilnahmen: „Das Stück hat so gefallen, daß ich mich einer solchen Sensation nicht erinnern kann. Das einstimmige Urteil von allen Zuhörern war: es ist das schönste Schauspiel, welches Deutschlands Bühne je dargestellt hat . . . Den Kassierer hat man gar nicht zur Kasse kommen lassen. Nachmittags um halb drei Uhr hatte man schon alle Billets aus seiner Wohnung abgeholt. Die Wut der Menschen über das kleine Haus war so groß, daß wir die Musici aus dem Orchester auf das Theater plazierten u. selbes mit Zuschauern vollpfropften. Sie boten einander selbst für ein Billet, welches acht Groschen kostet, drei Taler. Dennoch mußten über zweihundert Menschen zurückbleiben. Zur Beruhigung versprachen wir die Wiederholung der M. St." Immer u.

überall blieb dem Stück auch in der Folge die begeisterte Teilnahme des Publikums gesichert. Die größten Tragödinnen zählten die Verkörperung der Heldin zu ihren lohnendsten Aufgaben. Und selbst im 20. Jahrhundert nahm diese Tragödie im Spielplan aller größeren Bühnen Deutschlands neben „Wilhelm Tell" den ersten Platz unter Schillers Dramen ein.

Behandlung: J. *Riemer,* Der Staatseifer, das ist Maria Stuart (Tragödie) 1712; Adolf *v. Haugwitz,* M. Stuarda (Tragödie) 1783; Chr. H. *Spieß,* M. St. (Tragödie) 1787; Friedrich *Schiller,* M. St. (Tragödie) 1801; J. W. *Lembert,* M. St. (Tragödie) 1827; H. A. *Müller,* M. St. (Drama) 1840; Hans *Köster,* M. St. (Drama) 1842; Nicolai Graf *Rehbinder,* Rizzio (Tragödie) 1844; Ernst *Raupach,* M. Königin von Schottland (Tragödie) 1858; Marie *v. Ebner-Eschenbach,* M. St. in Schottland (Tragödie) 1867; O. H. *Beta,* Rizzio (Trauerspiel) 1867; Julius *Nordheim,* M. Stuart (Trauerspiel) 1867; Ludwig *Schneegans,* M. Königin von Schottland (Drama) 1868; Fritz *Dannemann,* M. von Schottland (Drama) 1880; H. *Cornelius,* M. St. (Trilogie) 1896—98; Hans *v. Basedow,* M. von Schottland (Trauerspiel) 1904; E. *Linz,* M. von Schottland (Drama) 1939; Johannes *Gobsch,* M. von Schottland (Drama) 1940.

Literatur: Karl *Kipka,* M. Stuart im Drama der Weltliteratur 1907; Aloysia *Cüppers,* Schillers M. St. in ihrem Verhältnis zur Geschichte 1907; Gotthold *Hildebrand,* Schillers M. St. im Verhältnis zu den histor. Quellen 1909; Wilhelm *Greiner,* O. Ludwigs Ausführungsskizze zu M. St. (Otto-Ludwig-Kalender) 1937; Eduard *Castle,* Mortimer in Rom. Zu Schillers M. St. (Anzeiger der Österr. Akademie der Wissenschaften) 1953.

Maria Theresia Römisch-Deutsche Kaiserin (1717—80) als Bühnenheldin.

Behandlung: Johann Ritter v. *Kalchberg,* Maria Theresia (Schauspiel) 1793; J. H. *Mirani,* M. Th. u. ihr Ofenheizer (Volksstück) 1868; J. *Held* (= Megerle), M. Th. (Volksstück) 1868; Anton *Langer,* Der letzte Jesuit (Volksstück) 1869; L. *v. Sacher-Masoch,* Der Mann ohne Vorurteil (Geschichtl. Lustspiel) um 1880; P. P. *Schraffl,* M. Th. (Schauspiel) 1884; Ferdinand *Kracher,* M. Th. u. der Pandurenoberst (Volksschauspiel) 1892; Stephan *Kamare,* Der junge Baron Neuhaus (Lustspiel) 1933; Hans *Saßmann,* M. Th. u. Friedrich II. (Drama) 1934; Friedrich *Schreyvogl,* Reiterattacke (Komödie) 1935; Fritz *Koselka,* Zum Goldenen Halbmond (Operette, Musik von Robert Stolz) 1936; Hermynia *v. Zur Mühlen,* M. Th. (Hörspiel) 1937; Hans *Rehberg,* Der Siebenjährige Krieg (Schauspiel) 1938; H. F. *Schell,* Auf Befehl der Kaiserin (Lustspiel) 1947; Ernst *Wurm,* Die Königin in Schrems (Szene: Neue Wiener Tageszeitung Nr. 250) 1951.

Marian (eigentlich Haschkowetz), Ferdinand, geb. 22. Mai 1859 zu Corona in Niederösterreich (Todesdatum unbekannt), Sohn eines Försters, humanistisch gebildet, besuchte das Konservatorium in Wien, kam über Olmütz, Temeschwar, Linz, Augsburg, Graz, Köln u. wieder Graz als vielseitig verwendbarer Baß 1893 an die Hofoper in Wien. Später gründete er mit seiner als Sängerin tätigen Frau eine Opernschule das. Vater von Ferdinand Haschkowetz (Ps. Marian s. d.). Hauptrollen: Blind („Die Fledermaus"), Wildenstein („Der Trompeter von Säckingen"), Richter („Dalibor") u. a.

Marian, Ferdinand s. Haschkowetz, Ferdinand.

Marie Antoinette Königin von Frankreich (1755—93), Tochter der Kaiserin Maria Theresia, heiratete 1770 König Ludwig XVI. von Frankreich, wurde 1792 von den Revolutionären unschuldig gefangengesetzt u. 1793 hingerichtet. Bühnenheldin.

Behandlung: L. *Meron* (= Hibeau), Marie Antoinette (Schauspiel) 1860; Fr. W. *Helle,* M. A. (Schauspiel) 1866; Christian *Noack,* M. (Drama) 1953.

Literatur: B. *v. Kospoth,* Marie Antoinette als Schauspielerin (Der neue Weg 38. Heft) 1928.

Mariechen von Nymwegen, altniederländische Legende, wurde auch deutsch dramatisiert, so von A. J. Lippl als „Mareiken von Nymwegen, das große Brabanter Mirakelspiel" 1926 u. Bruno Loets, „Mariechen von N." 1938.

Literatur: Wolfgang *Cordan,* Lanselot u. Sanderein, Mariechen von Nymwegen; altflämische Spiele, nach dem Urtext neu erstellt 1951.

Marienburg, befestigtes Schloß des Deutschen Ritterordens in Westpreußen, hervorragendes Denkmal weltlicher Baukunst im Mittelalter, 1410 durch Heinrich von Plauen (s. d.) gegen die Polen verteidigt, wurde jedoch 1457 ihre Beute. Die wechselvollen Vorgänge der mittelalterlichen Geschichte gelangten wiederholt im Drama zur Darstellung. Seit 1929 fanden vor dem Alten Rathaus u. der Marienburg vaterländische Festspiele statt. S. auch Heinrich von Plauen.

Behandlung: Franz *Kratter,* Das Mädchen von Marienburg (Drama) 1795; Joseph Freih. v. *Eichendorff,* Der letzte Held von M. (Trauerspiel) 1830; Georg *Günther,* Die Ritter von Marienburg (Schauspiel) 1888; E. H. *Wolff,* Der Hochmeister von M. (Trauerspiel) 1889; E. *Wichert,* M. (Schauspiel) 1895; Ernst *Hammer,* Das Marienburger Festspiel 1924; ders., Bartholomäus Blume (Drama) 1928; Ernst *Schliepe,* M. (Oper, Text u. Musik) 1942.

Marienburg, P. W. s. Nieborowsky, Paul Waldemar.

Marignano (Melegnano), Ort in der Provinz Mailand, hier besiegte Franz I. König von Frankreich 1515 die Schweizer des Herzogs von Mailand u. zwang sie zum Rückzug.

Behandlung: C. F. *Wiegand,* Marignano (Drama) 1911; Jakob *Bührer,* M. (Drama) 1918.

Marik, Franz, geb. 1877 zu Wien, gest. 26. April 1899 zu Wien, war Operettentenor u. Schauspieler in Heidelberg, Danzig u. zuletzt am Tivoli-Theater in Bremen. Hauptrollen: Leim („Lumpazivagabundus"), Martin („Der Obersteiger") u. a.

Marinelli, Elisabeth s. Siber, Elisabeth Freifrau von.

Marinelli, Josef von, geb. 1753 zu Wien, gest. 26. Sept. 1794 das., Sohn des Musikers u. Dom-Subkantors Josef v. M. (gest. 1780), Bruder des Folgenden, war seit 1774 Schauspieler bei der Menningerschen Truppe u. seit 1781 am Leopoldstädtertheater in Wien. Er gab vorwiegend Rollen von Pedanten.

Marinelli, Karl von, geb. 1745 zu Wien, gest. 28. Jan. 1803 das., einer altadeligen Familie entstammend, Sohn des Musikers u. Dom-Subkantors Josef v. M., Bruder des Vorigen, war zuerst Wanderkomödiant (bei M. Menninger s. d.) u. gründete 1781 die erste stehende Volksbühne in Wien (mit Kasperlstücken, unterstützt von den Dramatikern Hensler, Perinet u. vom Komponi-

sten Wenzel Müller), das spätere Leopoldstädtertheater. Als Dramatiker für die Entstehung der Wiener Lokalposse wichtig. Als Schauspieler gab er Erste Liebhaber, Petit-maîtres, Offiziere u. Komische Alte.

Eigene Werke: Der Ungar in Wien (Lustspiel) 1774; Der Schauspieler (Lustspiel) 1774; Der Geschmack in der Komödie ist unbestimmt (Lustspiel) 1774; Der Anfang muß empfehlen (Lustspiel) 1774; Aller Anfang ist schwer (Eröffnungsstück für Marinellis Theater) 1781; Don Juan oder Der steinerne Gast 1783.

Literatur: Wurzbach, K. Edler v. Marinelli (Biogr. Lexikon 16. Bd.) 1867; Egon v. *Komorzynski,* K. v. M. (A. D. B. 52. Bd.) 1906; Gustav *Gugitz,* Der weiland Kasperl 1920; H. *Grund,* Das Leopoldstädter Kasperltheater von seinem Entstehen bis zum Tode Marinellis (Diss. Wien) 1921; Franz *Hadamowsky,* Das Theater in der Wiener Leopoldstadt (1781—1860) 1934; Otto *Rommel,* Die Alt-Wiener-Volkskomödie 1952.

Marino Falieri s. Falieri, Marino.

Marion, Else, geb. 1901 zu Zwickau, gest. 29. März 1937 zu Bahn in Pommern, an der Schauspielschule König in München ausgebildet, begann 1921 am dort. Schauspielhaus ihre Bühnenlaufbahn, wirkte dann in Ingolstadt, 1925—28 in Basel, 1930 in Zwickau. 1935—37 an der Pommerschen Landesbühne in Stettin als Schauspielerin.

Marion, Georg (eigentl. Meyer), geb 4. Mai 1858 zu Burg-Lengenfeld (Todesdatum unbekannt), Sohn eines Brauereibesitzers, ursprünglich für den geistlichen Stand bestimmt, studierte aber zuerst die Rechte, entschloß sich dann auf Anraten des Freiherrn von Perfall die Bühnenlaufbahn zu betreten, debütierte 1880 nach Ausbildung am Konservatorium in München am Stadttheater in St. Gallen als Lyonel in „Martha", kam 1881 nach Stettin, 1882 nach Leipzig, 1884 nach Hannover u. 1885 wieder an das Stadttheater in Leipzig, wo er jahrzehntelang als Opernsänger u. Regisseur wirkte. Gastspiele führten ihn an alle großen deutschen Bühnen. Als Ehrenmitglied in Leipzig bis 1935 nachweisbar. Hauptrollen: David, Mime, Oktavio, Almaviva, Cassio u. a.

Marion, Oskar, geb. 4. Febr. 1894 zu Königsfeld, studierte in Wien Medizin, wurde

Hilfsarzt, wandte sich aber dann der Bühne zu, u. war Schauspieler in Wien, Prag u. a.

Marionette, plastische Figur des Puppentheaters. S. Puppenspiele.
Literatur: Arthur *Roessler,* Das Münchener Marionettentheater (Bühne u. Welt 3. Jahrg.) 1901; E. L. *Stahl,* Marionettentheater. Von der heutigen Puppenbühne u. ihrer Geschichte (Ebda. 9. Jahrg.) 1907; Heinrich *Merck,* Die Kunst der M. (Hamburger Theaterbücherei 7. Bd.) 1948; Herbert *Leisegang,* Die M. als weltanschauliches Symbol (Begegnung Nr. 4) 1950.

Marischka, Ernst, geb. 2. Jan. 1893 zu Wien, Sohn eines Antiquitäten-Sachverständigen, Bruder des Folgenden, besuchte das Realgymnasium, war im Ersten Weltkrieg Dragoneroberleutnant (verwundet) u. betätigte sich dann als Operettenlibrettist u. Regisseur.
Eigene Werke: Die Bacchusnacht 1923 (mit Bruno Granichstaedten); Der Orlow 1925 (mit dems.); Das Schwalbennest 1926 (mit dems.); Die Königin 1927 (mit dems.); Reklame 1930 (mit dems.); Sissy 1932 (mit Hubert M.); Glück muß man haben 1933 (mit H. Feiner); Der singende Traum 1934 (mit dems.).

Marischka, Hubert, geb. 27. Aug. 1882 zu Wien, Bruder des Vorigen, trat als Schauspieler u. Operettentenor 1904 in St. Pölten auf, seit 1908 am Theater an der Wien u. am Carltheater in Wien, wurde 1923 Direktor des Theaters an der Wien, 1926 Direktor des Stadttheaters in Wien u. gab inzwischen u. später Gastspiele in Mitteleuropa, Schweden u. England. Leiter der Operettenschule an der Akademie für Musik u. darstellende Kunst in Wien. Auch Librettist. In zweiter Ehe mit Lilian, der Tochter Wilhelm Karczags (s. d.) verheiratet, übernahm er nach dessen Tode die Leitung der Karczag-Bühnen u. des gleichnamigen Verlags, über die Werke österreichischer Operettenkomponisten herausbrachte. Die unter seiner Regie veranstalteten Premieren zählten zu den bedeutendsten Bühnenereignissen des Operettengenres. Zu seinem 70. Geburtstag hieß es in der Wiener Presse: „Jeder Wiener, der an die große Zeit der Operetten Falls, Lehárs, Eyslers u. an die Stars dieser Epoche, wie Betty Fischer, Louise Kartousch, Tautenhayn u. Glawatsch denkt, erinnert sich mit

Herzensfreude an jene Abende, wo er den ‚Marischka‘ als singenden Naturburschen oder später als soignierten Bonvivant bewundern konnte. M., der unwiderstehliche, sentimentale Liebhaber, der nach dem traditionellen Operettenlibretto gewöhnlich zu unrecht verkannt wurde u. trotzdem immer wieder am Schlusse des letzten Aktes unter phrenetischen Beifallsstürmen triumphierte, wurde zum Begriff jener weltberühmten Wiener Operettenzeit, die heute bereits sich dem Blick zurück als eine abgeschlossene Epoche offenbart."
Eigene Werke: Sissy 1932 (mit Ernst M.); Die Straußbuben 1946 (mit R. Weyß); Die Walzerkönigin (Marie Geistinger) 1948; Rendezvous am Wörther See 1948; Abschiedswalzer 1949 u. a.
Literatur: Rudolf *Holzer,* H. Marischka (Die Wiener Vorstadtbühnen) 1951; ders., Ein Großer der Wiener Operette (Die Presse Nr. 1170) 1952; Anton *Bauer,* 150 Jahre Theater an der Wien 1952; *N.,* Begriff einer Epoche (Neue Wiener Tageszeitung 28. Aug.) 1952; Kurt *Stimmer,* Der Vergolder unserer Operette (Der Abend 25. Aug.) 1952; *P.,* Marischka — ein Siebziger (Das Kleine Volksblatt 27. Aug.) 1952; *Eha,* Ein Leben für die Operette (Weltpresse 14. Nov.) 1953.

Marius, Gajus s. Sulla, Lucius Cornelius.

Marius und Sulla, unvollendete Tragödie von Christian Dietrich Grabbe 1827, war in der ersten bis zum Abschluß des dritten Akts gediehenen Fassung als Jambendrama gedacht, zeigte jedoch in der zweiten Vers u. Prosa bereits in buntem Nebeneinander, den späteren wuchtigen Prosastil des Historiendramatikers andeutend. In dieser zweiten Fassung sind nicht einmal die früher vollendeten Aufzüge durchgeführt, sowie teilweise wie der Rest des Ganzen bloß skizziert. Die Helden selbst kennen wir aus der römischen Geschichte. Aber wie der Dichter mit jenen u. mit dieser umspringt, kann man nur als höchst eigenwillig bezeichnen. „Der Sulla selbst wird ein höchst kurioser Kerl", schrieb er während der Niederschrift dem befreundeten Verleger. „Er soll das Ideal von mir werden." „Wir wollen schmettern, donnern, flüstern, lispeln u. alle zum Narren haben." Die Schlacht bei Chäronea, die der Dichter mit der von Orchomenos, seine volle poetische Freiheit gebrauchend, zu einer einzigen zusammenfügte, veranlaßte ihn zur ersten Schilderung einer großen Kampfhandlung. Riesige Volks- u. Lagerszenen hatte die moderne Bühne außer in „Wallensteins Lager" sonst kaum darzustellen versucht. Nun vermeinte der kühne Neuerer, Schiller überbietend, den dramatischen Nerv solcher Szenen bloßlegen zu können. Aus dem bisherigen Charakterdrama sollte sich eine realistische Geschichtstragödie entwickeln, die dem kollektivistischen Ideal Hegels ebenso gerecht wird wie der Adam-Müllerschen Lehre vom Gegensatz. Nicht die einzelnen Persönlichkeiten, sondern ihre gesamte Umwelt sollten fortan im Vordergrund stehen. Als historische Quellen benutzte Grabbe hauptsächlich Plutarch u. Appian. Dabei lehnte er wörtliche Geschichtstreue ab, denn des Dichters wahre Aufgabe bestehe darin, bloß „den wahren Geist der Geschichte zu enträtseln." So erfand er u. a. das effektvolle Ende des Helden Marius inmitten seiner Soldaten. Aber die großen Linien der tragischen Entwicklung hielt er fest. Im übrigen freilich bedeutete das 1890 von Erich Korn zu unzulänglichen „historischdramatischen Bildern" verarbeitete u. 1907 von Paul Friedrich eher wirksam vollendete Bruchstück nur einen Auftakt.

Mark, Josef, geb. 11. März 1850 zu Wien, gest. 5. Febr. 1916 zu Karlsruhe, bei C. A. Friese (s. d.) für die Bühne ausgebildet, betrat als Schauspieler in Innsbruck 1869 erstmals die Bühne, wirkte seit 1870 am Lobetheater in Breslau, seit 1872 am Friedrich-Wilhelmstädtischen Theater in Berlin, seit 1874 am Thalia-Theater in Hamburg u. seit 1878 am dort. Stadttheater. 1880 bis zu seinem Eintritt in den Ruhestand 1915 gehörte er dem Hoftheater in Karlsruhe an. Als Erster Held u. Heldenvater im Sprechstück, aber auch in der Oper u. Operette als Baß vielseitig beschäftigt. Hauptrollen: Berengar, Tell, Macbeth, Wallenstein, Götz, Präsident Walther, Loisl („Im weißen Rößl") u. a.

Mark, Paula s. Neusser, Paula.

Markan, Marianne, geb. 10. Okt. 1867 zu Wien, Tochter des Bergwerksbesitzers Kanitz, wurde u. a. von Marie Bischof (s. d.) für die Bühne ausgebildet u. betrat diese 1887 in Stettin, kam 1889 nach Bremen u. 1890 nach Dessau, wo sie (seit 1897 Kammersängerin) am Hoftheater bis 1900 wirkte. Hauptrollen: Acuzena, Fides, Amneris,

Orpheus, Adriano, Ortrud, Pamela, Mercedes, Nancy u. a.

Markloff, Franziska s. Sontag, Franziska.

Markovich, Franz Xaver s. Klagenfurt.

Markovics-Lettkow, Marie von, geb. 14. Dez. 1858 zu Rostock (Todesdatum unbekannt), Tochter des Berliner Opernregisseurs Ferdinand Richter (gest. 1903), wurde zur Sängerin u. Schauspielerin ausgebildet, debütierte 1874 am Stadttheater in Breslau, verließ aber nach verschiedenen Engagements bereits 1881 die Bühne, um den Rittmeister Demeter v. M.-L. zu heiraten. 1891 wurde die Ehe geschieden, worauf sie sich als Schriftstellerin zuerst in Wien, dann in Berlin niederließ.

Markow-Markwordt, Julius, geb. 8. Juli 1880, war 55 Jahre Schauspieler, seit 1911 in Riga u. seit 1914 in Berlin (Lessingtheater u. a.), zuletzt am dort. Schillertheater.

Markowsky, August Maria, geb 1880, gest. 29. Sept. 1939, war Opernsänger u. Oberspielleiter der Volksoper in Wien, auch Professor an der dort. Akademie für Musik u. darstellende Kunst, vorher Leiter der Kgl. Oper in Bukarest. Hauptrollen: Pedro („Die Afrikanerin"), Zuniga („Carmen"), Carnero („Der Zigeunerbaron"), Duphal („La Traviata") u. a.

Mark Roberts s. Schätzler-Perasini, Gebhard.

Marks, Eduard, geb. am Beginn des Jahrhunderts, war seit 1925 als Schauspieler bühnentätig (s. d.) unter Luise Dumont in Düsseldorf u. dann viele Jahre in Hamburg, wo er sich auch der Ausbildung des Nachwuchses widmete.

Markull, Friedrich Wilhelm, geb. 16. Febr. 1816 zu Reichenbach bei Elbing in Westpreußen, gest. 30. April 1887 zu Danzig, war seit 1836 Organist das. u. seit 1847 Musikdirektor, Musiklehrer u. Musikkritiker der „Danziger Zeitung". Auch Opernkomponist.

Eigene Werke: Maja u. Alpino (= Die bezauberte Rose, Text von E. Gehe, aufgeführt) 1843; Der König von Zion (Text von J. Frank, aufgeführt) 1849; Die Walpurgisnacht (Text von J. E. Hartmann, aufgeführt) 1855.

Markus, Bert, geb. 24. März 1906 zu Neu-Trebbin, wirkte als Journalist in Berlin, 1945—48 als Textdichter der Düsseldorfer Kom(m)ödchen, seither als Theater- u. Filmkritiker der „Düsseldorfer Nachrichten" u. lebte dann als freier Schriftsteller in Neuß am Rhein. Vorwiegend Bühnendichter.

Eigene Werke: Prothesen (Schauspiel) 1946; Die hellblaue Venus (Musik-Lustspiel) 1947; Kuß auf R 3 (Lustspiel) 1947 u. a.

Markus, Elisabeth, geb. 13. Dez. 1895 zu Baden bei Wien, kam als Schauspielerin frühzeitig ans Deutsche Volkstheater in Wien, dann ans Deutsche Theater in Berlin u. wirkte später wieder in Wien (Deutsches Volkstheater u. Raimundtheater, seit 1939 am Josefstädtertheater). Ihre Hauptrollen fand sie vornehmlich in Stücken Anzengrubers, Nestroys u. Ibsens. Schon als Zwanzigjährige vertrat sie auch das Mütterfach, spielte die Mutter Ragnhild in den „Kronprätendenten", Frau John in den „Ratten". Auf Gastspielen kam sie mit dem Reinhardt-Ensemble durch ganz Deutschland, später nach Rumänien, wo sie in Jassy als Lady Marcby in Wildes „Ein idealer Gatte" glänzte. In Berlin trugen ihr vor allem die Marthe Rull im „Zerbrochenen Krug" u. Brigitta im „Armen Heinrich" größten Beifall ein.

Literatur: Anonymus, Man spricht von E. Markus (Berliner Morgenpost, Ausgabe Steglitz u. Zehlendorf 25. April) 1954; Ernst *Wurm,* E. M. (Österr. Neue Tageszeitung 15. Jan.) 1956.

Markus, Hans, geb. 11. März 1907 zu Schäßburg in Siebenbürgen, war 1936—44 Erster Operettentenor am Gärtnerplatztheater in München, in Köln u. seit 1952 in Düsseldorf. Hauptrollen: Stefan Koltay („Viktoria u. ihr Husar"), Symon („Der Bettelstudent"), Dr. Siedler („Im weißen Rößl"), Mister X („Die Zirkusprinzessin") u. a.

Markus, Stefan, geb. 10. Juli 1884 zu Zürich, studierte das. (Doktor der Philosophie) u. lebte auch später hier. Vorwiegend Dramatiker.

Eigene Werke: Biblische Komödien 1917; Das Doppelbild (Lustspiel) 1917; Der Frauentausch (Drama) 1917; Cäcilie (Drama) 1917; Thomas Hildebrachts Modell (Drama) 1917; Lady Hamilton (Drama) 1917; Die Tragödie des Genies (Kleist-Tragödie) 1917; Semiramis (Trauerspiel) 1917; Casanova (Trilogie frecher Liebeskomödien) 1918; Zar

Peter III. (Trauerspiel) 1918; Madelones Erwachen (Drama) 1918; Biblische Tragödien 1919; Der Brand von Rom (Trauerspiel) 1919.

Markus, Winnie, geb. 16. Mai 1921 zu Prag, besuchte das dort. Englische Gymnasium, 1937—39 das Reinhardt-Seminar in Wien, begann 1939 das. am Josefstädtertheater ihre Bühnenlaufbahn u. wirkte seit 1945 als Schauspielerin in Berlin (Schloßpark-Theater, Komödie, Renaissance-Theater) u. München (Komödie). Später meistens im Film tätig. Ihre Hauptrollen gab sie in Stücken wie „Hokuspokus", „Adrienne Ambrossat", „Die Affäre Dreyfuß", „Der ideale Gatte" u. a. Geschiedene Gattin des Hoteliers Heinz Zellermayer.

Markwordt, August, geb. 16. Jan. 1832 zu Magdeburg, gest. 22. Juni 1900 zu Riga, zuerst Schriftsetzerlehrling, trat 1849 in einer kleinen Rolle am Stadttheater in Magdeburg auf, entwickelte sich jedoch bald in Strelitz, Posen, Hamburg (Aktientheater), Rostock, Stralsund, Leipzig (Sommertheater), Mainz u. seit 1858 in Prag (Deutsches Landestheater) zu einem ausgezeichneten Liebhaber u. Komiker. Hierauf spielte er am Carl-Theater in Wien u. seit 1864 am Stadttheater in Riga, hier auch in der Oper als Tenorbuffo tätig. 1900 nahm er, inzwischen zum Ehrenmitglied dess. ernannt, seinen Abschied. Hauptrollen: Valentin („Der Verschwender"), Alphonse („Die Stumme von Portici"), David („Meistersinger") u. a.

Markwordt, Clara, geb. 3. Dez. 1869 zu Riga, Tochter des Vorigen, begann am Wallner-Theater in Berlin ihre Bühnenlaufbahn, kam ans dort. Lessing-Theater, dann ans Stadttheater in Zürich u. war hierauf lange hauptsächlich als Salondame wieder in Berlin am Residenz-Theater tätig. 1899 zog sie nach Wien, wo sie am Carltheater auftrat. Hauptrollen: Clementine („Der Mustergatte"), Antonie („Großstadtluft") u. a.

Markwort, Adolf, geb. 1872, gest. 21. Sept. 1908 zu Hamburg, war Schauspieler in Bukarest, Dresden, Berlin u. seit 1907 am Deutschen Schauspielhaus in Hamburg.

Markwort, Johann Christian, geb. 13. Dez. 1778 zu Reißlingen bei Braunschweig (Todesdatum unbekannt), studierte in Helmstedt u. Leipzig, war später Schauspieler in Wien, Triest, Laibach, Venedig u. Magdeburg, wirkte nach der Schlacht bei Jena bei einer deutschen Theatergesellschaft in Straßburg, Basel, Mühlhausen, Freiburg im Brsg., Karlsruhe, seit 1809 als Sänger am dort. Hoftheater u. seit 1827 als Vokalmusik-Direktor das. Auch Bühnenschriftsteller.

Eigene Werke: Leonidas (Trauerspiel) o. J.; Haß u. Täuschung (Trauerspiel) 1799; Siaph u. Nitatis (Oper) 1812 u. a.

Marlé, Arnold, geb. 15. Sept. 1887 zu Prag, Schüler von Alexander Strakosch (s. d.), kam 1910 ans Volkstheater in München, wo er bald besonders in klassischen Rollen auffiel, 1914 an die alten Kammerspiele u. entwickelte sich unter Erich Ziegel (s. d.) u. Otto Falckenberg (s. d.) zum Charakterdarsteller ersten Ranges. Gemeinsam mit seiner Gattin Lili Freud, der Tochter des Psychologen Siegmund Freud, wirkte er hier bis 1921 u. ging dann nach Hamburg an die Kammerspiele. Hervorragend in Dramen Strindbergs u. Wedekinds. Hauptrollen: Oberst („Gespenstersonate"), Der Andere („Advent"), Tagliazoni („Und Pippa tanzt"), Napoleon („Der Schlachtenlenker") u. a.

Marlé, Otto, geb. 1878 zu Dresden, gest. 12. Juni 1943 das. war Opernsänger (Tenor) u. a. in Neuyork, Wien (Raimundtheater u. Theater an der Wien), Hamburg, Dresden (Centraltheater) u. zuletzt 1936 in Schweidnitz.

Marlitt, E. s. John, Eugenie.

Marlitz, Robert (Geburtsdatum unbekannt), gest. 23. Juli 1933 zu Breslau, gehörte als Schauspieler Theatern in Zürich, Breslau, Berlin, Wien, Brünn, Königsberg u. a. an. Hauptrollen: Antonio („Torquato Tasso"), Isaak („Die Jüdin von Toledo"), Bratt („Über unsere Kraft") u. a.

Marlow, Eugen, geb. 7. Febr. 1873, war jahrzehntelang Schauspieler u. Spielleiter u. a. am Landestheater in Braunschweig, zuletzt Ehrenmitglied dess. Hauptrollen: Max („Doktor Klaus"), Bernewitz („Das Leutnantsmündel"), Doktor Siedler („Im Weißen Rößl") u. a.

Marlow, F. s. Wolfram, Hermann Ludwig.

Marlow, Heinrich, geb. 1874, gest. 21. Jan.

1944 zu Berlin, wirkte als Schauspieler u. a. in Königsberg, Lübeck, Petersburg, Neuyork (hier auch als Oberspielleiter) u. lange am Deutschen Theater in Berlin.

Marlow, Klara s. Kimmel, Klara.

Marlow, Mathilde s. Homolatsch, Mathilde.

Marneschlacht, Sammelbezeichnung für die Kämpfe, die im Sept. 1914 am Ourcq, Petit-Marin, bei Fère Champenoise, an der Marne u. bei Vaubécourt-Fleury stattfanden, auf der Bühne.

Behandlung: Paul Jos. *Cremers,* Marneschlacht (Trauerspiel) 1933.

Marner, Franz, geb. 19. Dez. 1896 zu Graz, gest. 17. Jan. 1943 zu Obernzell an der Donau, war Schauspieler am Landestheater in Salzburg.

Marowski, Hermann, geb. 1886, gest. 3. März 1953 zu Hamburg, wirkte als Opernsänger hauptsächlich in Wagner-Rollen u. a. in Frankfurt a. M., Hamburg. Gast in England, Schweden, Spanien u. a. Kammersänger. Eines Kopfleidens wegen mußte er jedoch frühzeitig die Bühne verlassen.

Marpurg, Auguste s. Hagen, Auguste.

Marpurg, Friedrich, geb. 4. April 1825 zu Paderborn, gest. 2. Dez. 1884 zu Wiesbaden, namhafter Klavier- u. Geigenspieler, war Theaterkapellmeister in Königsberg u. Mainz, 1864 Hofkapellmeister in Sondershausen, 1868 Hofmusikdirektor in Darmstadt u. seit 1875 in Wiesbaden. Opernkomponist. Bruder von Auguste Hagen (s. d.).

Eigene Werke: Musa, der letzte Maurenkönig 1855; Agnes von Hohenstaufen 1874; Lichtenstein o. J.

Marquet (geb. Heinefetter), **Sabine,** geb. 19. Aug. 1805 zu Mainz, gest. 18. Nov. 1872 zu Illenau (in der Irrenanstalt), zuerst Harfensängerin, trat 1824 in Frankfurt a. M., 1825 in Kassel auf u. kam, nachdem L. Spohr sie weiter ausgebildet hatte, 1827 nach Berlin u. 1829 nach Paris, führte schließlich, berühmt geworden, ein Wanderleben in aller Welt, bis sie 1845 in Marseille einen Herrn Marquet heiratete u. 1852 von der Bühne Abschied nahm. Auch ihre Schwestern Clara Stöckl-Heinefetter (s. d.) u. Kathinka Heinefetter (s. d.) zeichneten sich als Sängerinnen aus.

Literatur: Riemann, S. Heinefetter (Musik-Lexikon 11. Aufl.) 1929.

Marquis von Keith, Der, Schauspiel in fünf Aufzügen von Frank Wedekind, 1900 verfaßt, 1901 in Berlin uraufgeführt. Das Stück spielt in München Ende 1899 in typisch degenerierten Gesellschaftskreisen der versinkenden Bourgeoisie. Titelheld ist ein Hochstapler, der die letzten moralischen Hemmungen abgestreift hat u. von dem wir das Bekenntnis hören: „Ich habe niemanden um meine Existenz gebeten u. entnehme daraus die Berechtigung, meine Existenz nach meinem Kopfe zu existieren". Sein Freund Scholz will sich mit seiner Hilfe zum Genußmenschen ausbilden, möchte jedoch „ein nützliches Glied der menschlichen Gesellschaft werden", weil man nur dann eine Existenzberechtigung habe. So trennen sich schließlich die Wege der beiden. Scholz zieht sich freiwillig in ein Irrenhaus zurück. Keith soll aus München verschwinden, hält schon den Revolver in der Hand, aber entschließt sich zynisch weiterzuleben mit den Worten: „Das Leben ist eine Rutschbahn". Wedekinds Drama erscheint als glänzendster Vorläufer des Existenzialismus. Der Bühnenerfolg war zunächst heftig umstritten. In Berlin u. München wurde das Stück bei den ersten Aufführungen mit wüstem Lärm ausgepfiffen, nur am Josefstädtertheater in Wien erzielte es bereits 1903 einen von Akt zu Akt sich steigernden, zuletzt brausenden u. tosenden Beifall, den es freilich vor allem der glänzenden Darstellung durch Josef Jarno (s. d.) zu verdanken hatte. Aber selbst ein so kritischer Rezensent wie Hermann Bahr begeisterte sich für das Stück: „Der Marquis ist der Sohn einer Zigeunerin u. eines Dorfschulmeisters in Oberschlesien. Er schildert uns seinen Vater als ‚einen geistig sehr hochstehenden Menschen', besonders in der Mathematik u. den exakten Dingen. Er wächst als Gefährte eines jungen Grafen von Trautenau auf, rennt dann in die Welt, treibt sich ‚halsbrecherisch' herum, brennt mit einem kleinen guten Mädchen durch, hat manches Abenteuer zu bestehen, soll einmal, wenn wir ihm glauben dürfen, auf Cuba mit zwölf Komplizen erschossen werden, hilft sich aber immer wieder davon: er ist nicht umzubringen. Fragen wir um das Motiv, das ihn eigentlich treibt, so hören wir ihn selbst über sich sagen: ‚Meine Begabung beschränkt sich auf die leidige Tatsache, daß ich in der bürgerlichen At-

mosphäre nicht atmen kann. Er irrt aber, wenn er glaubt, darin besonders zu sein: es geht anderen auch so, nämlich allen Künstlern, deren Wesen es ja ist, sich in der äußeren wirklichen Welt, die sie umgibt, so beklommen u. bedrängt zu fühlen, daß sie sie, um nicht daran zu ersticken, durch das Bild ihrer inneren imaginären überwinden müssen. Sein Irrtum ist nun, daß er sich falsch interpretiert: er legt seine Beklemmung in der ‚bürgerlichen Atmosphäre' aus, als sei sie ein Zeichen, daß er berufen ist, in eine höhere Klasse zu gelangen; u. das Phantom, das sich dem Künstler in den erhabenen Stunden der Visionen gewährt, will er in der Wirklichkeit erjagen. Da er nun von der Welt fordert, was der Künstler nur aus sich selbst haben kann, die Befriedigung seiner unsteten Phantasie, die nicht zu heilen ist, weil sie niemals natürlich, nämlich durch ein Werk, entladen wird, wird er unersättlich u. rennt ‚Tag u. Nacht wie ein ausgehungerter Wolf hinter dem Glücke her'. Immer schwebt es vor ihm, immer glaubt er es schon zu greifen u. bevor er entsagt, wie seine arme Molly fleht, u. sich bescheidet u. nach Bückeberg geht, ‚lieber suche ich Zigarrenstummel in den Cafés zusammen!' Leben, nur leben, endlich ein Mal, ein einziges Mal sich ausleben dürfen, das quält ihn: ‚Wenn ich stürbe, ohne gelebt zu haben, würde ich als Geist umgehen ... Ich bin als Krüppel zur Welt gekommen. So wenig wie ich mich deshalb zum Sklaven verdammt fühle, so wenig wird mich der Zufall, daß ich als Bettler geboren bin, je daran hindern, den allerergiebigsten Lebensgenuß als mein rechtmäßiges Erbe zu betrachten.' Worauf die törichte Molly, die doch eigentlich viel klüger ist, weil sie von keiner Phantasie geplagt wird, das tiefe Wort sagt, das sein ganzes Wesen enthält: ‚Betrachten dürfen wirst du ihn, solange du lebst.' Das ist, wie man es früher genannt haben würde: die tragische Schuld seiner Natur. Zum ‚Betrachten', zur Anschauung bestimmt wie es die Künstler sind, glaubt er, durch Genußsucht betrogen, ein Mann der Tat zu sein, der nur, weil er niedrig geboren ist, weil er hinkt u. diese roten, groben ‚Plebejerhände' hat, gezwungen sei, es als Hochstapler zu versuchen. Er ist aber eigentlich unschuldig wie ein Kind, er hat nur den Größenwahn, ein Betrüger zu sein, es gelingt ihm nie, er bleibt ein armer Phantast, u. die verzagte Molly hat wieder recht, wenn sie dem großen Faiseur, dem schon alle Leute mißtrauen, treuherzig sagt: ‚Wir beide sind eben nun einmal zu einfältig für die große Welt.' Er ist es wirklich; das ‚Ungeheuer von Gewissenlosigkeit', das der blinde Idealist Scholz in ihm sieht, weiß nicht einmal die Münchener Spießbür zu täuschen, er wendet die dümmsten Mittel an, u. indem er die ganze Welt auszubeuten glaubt, wird er es selbst von allen Seiten, weil er im Realen ratlos ist. Er hat gar keinen Sinn für die Mittel, er sieht immer nur das Ziel, das er sich, der echte Phantast, wunderbar auszuschmücken liebt. ‚Ich habe ein wechselvolles Leben hinter mir', sagt er einmal, ‚aber jetzt denke ich doch ernstlich daran, mir ein Haus zu bauen; ein Haus mit möglichst hohen Gemächern, mit Park u. Freitreppe. Die Bettler dürfen auch nicht fehlen, die die Auffahrt garnieren'. So berauscht er sich ewig an Träumen, u. wie vermessen er sich gebärden mag, er bleibt ein armer Dichter, der verderben muß, weil er sich verraten u. statt seinem inneren Leben still zu dienen, ans äußere geworfen hat. Um diese Figur ist nun mehr Geist aufgeschüttet, als unsere berühmten Autoren in zehn Jahren aufzubringen haben. Man bewundert immer die Franzosen. Hier ist ein Deutscher, der sich an Kenntnis der Welt u. bitterer Erfahrung im Menschlichen mit La Rochefoucauld messen kann."

Literatur: H. *Bahr,* Marquis von Keith (Glossen) 1907.

Marr (geb. Sangalli), Elisabeth (Ps. Sankt Galli), geb. in der ersten Hälfte des 19. Jahrhunderts, gest. 6. Mai 1901 zu Weimar, wirkte als Charakterdarstellerin am Thaliatheater in Hamburg, zog sich jedoch bald nach Weimar zurück, wo sie dramaturgische Arbeiten u. Bücher wie „Aus dem musikalischen Kunstgetriebe der fünfzig Jahre Weimar unter Liszt" u. das Drama „Macht der Vorurteile" schrieb. Gattin von Heinrich M.

Marr, Hans s. Richter, Johann Julius.

Marr, Heinrich, geb. 30. Aug. 1797 zu Hamburg, gest. 16. Sept. 1871 das., Sohn des Folgenden, besuchte das Johanneum in Hamburg, wurde 1813 als freiwilliger Legionär bei Lübeck verwundet, trat dann daheim 1815 als Schauspieler auf, machte den Feldzug der „Hanseaten" mit u. wirkte seit 1816 bis an sein Lebensende auf der Bühne (in Hamburg, Lübeck, Braunschweig, Kassel, Magdeburg, Hannover, Wien, Leip-

zig, Weimar u. seit 1857 wieder in Hamburg). Einzigartiger realistischer Charakterdarsteller u. Spielleiter. Erster Mephisto (1829 in Braunschweig). Fedor Wehl charakterisierte: „Marrs Leistungen werden mit den einfachsten u. natürlichsten Mitteln erreicht, er ist der Mann der artistischen Methode, der genau das Maß hält u. der sozusagen nach der Schnur spielt. In seiner Darstellung ist alles bemessen, eingerichtet, wohl überlegt u. in Schick gebracht, um in der Kunst das Handwerk nicht zu übersehen u. dasselbe durch vollkommene Beherrschung zu adeln u. mit einer Art Weihe zu umkleiden. Nicht auf Eingebungen, augenblickliche Stimmungen, auch nicht auf glänzende Einzelheiten, geistreiche Wendungen, Nuancen bauen sich die Leistungen dieser alten Schule auf, sondern auf weise Berechnung, richtige Erfassung des Grundtones, stichhaltige Verwendung des Materiales. In kleinen dramatischen Episoden hat er oft wahre Kabinettstücke geliefert. Die Art, wie er den polternden Alten, den ausgemergelten Lebemann, die verlegene Gutmütigkeit, den verschmitzten Schlaukopf zur Darstellung brachte, wurde von zeitgenössischen Kollegen kaum erreicht. Hier war jeder Zug, jedes Wort, jede Miene u. Bewegung von charakteristischem Wert, so daß kaum eine Linie zu viel oder zu wenig erschien. M. tat nie zuviel u. doch zugleich auch nie zu wenig. Er blieb nie unter seiner Aufgabe, aber ebensowenig überschritt er sie. In Marrs Darstellung ist nichts Zufälliges, Instinktives, vom Augenblick Gegebenes oder Gebotenes. Die momentane Stimmung ist in dem Wirken dieses Schauspielers in keiner Beziehung ein maßgebendes Element. Seine Leistungen sind durchaus fertige Schöpfungen, normal entwickelt u. gebildet, so fest vor dem Geist des Bildners, daß die Bühne ihnen nur die Beleuchtung, die passende Stellung geben, aber sie sonst in keiner Falte mehr formen oder modeln kann. Seine Rollen haben ihren vollen Austrag erhalten, sind bis auf die geringfügigste Wendung, die subtilste Nuance fertige Erscheinungen von Fleisch u. Blut geworden." Ebenso anerkennend analysiert Karl Dräxler-Manfred die Grundzüge von Marrs Schauspielkunst: „M. ist ein Schauspieler von seltenem Verstand u. eiserner Konsequenz. Seine Gestalten haben Halt u. markigen Kern, gehen nie auseinander, weil sie nie nach Willkür, sondern nach Gesetz zu Eins werden. Überall ein scharfes Studium, Takt u. eine gewisse Noblesse der

Intelligenz; überall ein reiches Kolorit feiner psychologischer Farbentöne in Wandlungen, Übergängen u. Verbindungen. Dabei hat jede Gestalt doch einen gewissen Hintergrund, auf dem in leisen, doch scharfen Zügen noch mancherlei für den Beschauer angedeutet wird, was man in einem Buche ,zwischen den Zeilen' nennt. Man wird nicht so leicht mit einer Gestalt von M. fertig; man muß sie ernst wägen u. genau studieren. Aber M. hat auch eine gewisse Herbheit u. Sprödigkeit; es fehlt ihm eines großen Künstlers ewig jugendliche Elastizität; es fehlt ihm echter, freier Humor u. die Tiefe unmittelbaren warmen Gefühls, ursprünglicher Empfindung. Dies soll denn oft ersetzt werden mit allen möglichen Surrogaten; da bleibt denn ein gewisses Komödienspielen, ein Verschnörkeln u. Verzieren nicht aus; das alles wird freilich von seinem feinen Wort u. scharfen Verstande ganz schön, ganz liebenswürdig, ganz interessant gemacht. Aber es kommt doch nicht über die Virtuosität hinaus. Namentlich wenn es die Achilles-Ferse der ihm eigentümlichen Kraft gilt: der Darstellung tiefgemütlicher, frisch-humoristischer, schwungvoll-phantasiereicher u. wild-dämonischer Charaktere, wird jene Virtuosität in Anspruch genommen; während er da, wo er den kühlen starren Bösewicht, den ruhig schleichenden Intriganten, den mit eisernem Verstande dominierenden Mann, den Ironiker u. Negierer, den alten feinkomischen Chevalier u. den vornehmen Dummkopf darstellt, fast immer wirklicher u. bedeutender Künstler ist, wenigstens es war, was wir seit Jahren nicht mehr beurteilen können. Er vereint also den Künstler u. den Virtuosen in sich; er ist der Repräsentant der künstlerischen Virtuosität oder der virtuosen Kunst." Hauptrollen: Wallenstein, Shylock, Herzog Alba, Der Klosterbruder, Oberst Berg u. a. Auch Übersetzer, Bearbeiter, Dramatiker u. Memoirenschreiber. Gatte von Elisabeth Sangalli.
Eigene Werke: Delavignes Die Söhne Eduards im Tower, deutsch 1833; Der Minister u. der Seidenhändler (nach Scribe) 1834; Ein Börsenspekulant (Charakterbild) 1852; Im Atelier (Dramat. Gemälde aus dem Künstlerleben) 1868; Der Letzte der alten Schule, hinterlassene Memoiren (Der Salon für Literatur usw.) 1876 f., Das Ende meiner Lehrlingszeit o. J. u. a.
Literatur: Wilhelm *Antony,* H. Marr (Schlesische Zeitung Nr. 21 ff.) 1871; F. *Hartmann,* H. M. u. der Diamantenherzog.

Eine Episode aus der braunschweig. Theatergeschichte (Braunschweig. Landeszeitung Nr. 247) 1904; Agnes *Cassel,* Erinnerungen an H. M. (Hamburger Nachrichten Nr. 102) 1909; P. A. *Merbach,* H. M. (Theatergeschichtl. Forschungen 35. Bd.) 1926.

Marr, Johann Wilhelm, geb. 13. Sept. 1771 (s. Merbach) auf dem Eisenhammer bei der Zwick unter der Tedenwarth nächst Meiningen, gest. 15. Dez. 1837 zu Hamburg, war hier Metzger, mußte jedoch als Teilnehmer an der Widerstandsbewegung 1813 flüchten, wurde Brigadekommissär im Hauptquartier der Deutsch-Russischen Legion u. führte nach seiner Heimkehr den Gasthof Zum König von England in Hamburg. Vorwiegend Dramatiker, von seinen Enkeln als „literarischer Blücher" charakterisiert.
Eigene Werke: Der Schlachter auf Reisen oder Das totgeglaubte Kind (Familienschauspiel) 1808; Die Vorfälle beim Fallissement oder Die Tugend siegt (Schauspiel) 1809; Die Wut, Bürgermeister zu werden oder Der Sergeant (Lustspiel, aufgeführt) 1830; Die Gewalt der Ehre (Trauerspiel, aufgeführt) 1830 u. a.
Literatur: P. A. *Merbach,* H. Marr (Theatergeschichtl. Forschungen 35. Bd.) 1926.

Marr (geb. Hruby), Margarete (Geburtsdatum unbekannt), gest. im Juli 1948 zu Berlin-Lichterfelde-West, war Schauspielerin, zuletzt am Burgtheater. Schwester von Elisabeth Klein (s. d.).

Marra-Hack, Marie, geb. 27. Febr. 1859, gest. 13. April 1912 zu Zürich, gehörte als Schauspielerin jahrzehntelang dem dort. Stadttheater an u. war zuletzt Theateragentin das.

Marra-Vollmer, Marie s. Vollmer, Marie.

Marsano, Wilhelm (seit 1855 Freiherr von), geb. 30. April 1797 zu Prag, gest. 11. April 1871 zu Görz, einer alten genuesischen Kaufmannsfamilie entstammend, studierte in Prag (Verkehr mit Ebert, Glaser u. a. Dichtern), wurde 1813 Offizier, kämpfte in zahlreichen Schlachten u. rückte nach dem italien. Feldzug unter Radetzky zum Feldmarschalleutnant auf. Dramatiker u. Erzähler der Spätromantik, als Mitarbeiter der Prager „Bohemia" schrieb er u. a. „Die Schauspieler."
Eigene Werke: Aurelio (Drama) 1824; Rübezahl (Romant. Oper) 1824; Der Phleg-

matiker (Posse) 1829; Isabella von Croye oder Des Sieges Preis (Romant. Schauspiel) 1826; Die Brüder (Trauerspiel) 1827; Der Spessart (Drama) 1828; Die Helden (Lustspiel) 1830; Das Spiegelbild (Lustspiel) 1831 u. a.
Literatur: Rudolf *Müller*, W. v. Marsano (A. D. B. 20. Bd.) 1884; E. *Horner*, W. v. M. (Mitteilungen des Vereins für Geschichte der Deutschen in Böhmen 36. Jahrg.) 1898; Josef *Pfitzner*, Das Erwachen der Sudetendeutschen im Spiegel ihres Schrifttums (bis 1848) 1926.

Marschalk, Max, geb. 7. April 1863 zu Berlin, Schwager von Gerhart Hauptmann, war seit 1895 Musikreferent der „Vossischen Zeitung", schrieb zu vielen Werken G. Hauptmanns die Bühnenmusik u. komponierte auch Opern. Als Gesangspädagoge war er u. a. der Lehrer von Margarete Klose (s. d.).
Eigene Werke: In Flammen (Oper) 1896; Lobetanz (Oper) o. J.; Der Abenteurer (Oper) o. J.; Hanneles Himmelfahrt (Bühnenmusik) 1893; Die versunkene Glocke (Bühnenmusik) o. J.; Und Pippa tanzt (Bühnenmusik) 1906; Aucassin u. Nicolette (Singspiel) 1907; Schluck u. Jau (Bühnenmusik) o. J.; Der weiße Heiland (Bühnenmusik) 1920 u. a.

Marschall, Edmund, geb. 1903 zu München, gest. 2. Jan. 1954 zu Augsburg, wirkte als Erster Operettenkomiker u. Spielleiter in Hannover, Magdeburg u. seit 1935 in Augsburg.

Marschall, Marianne (Geburtsdatum unbekannt), gest. 11. Febr. 1841, war 1815—40 Schauspielerin in Hamburg.

Marschall, Rudolf s. Ring, Lothar.

Marschall Vorwärts s. Blücher, Gebhardt Leberecht.
Behandlung: Axel *Delmar*, Marschall Vorwärts (Heimatspiel) 1913.

Marschitz, Kurt (Geburtsdatum unbekannt), gehörte als Schauspieler u. Theaterdirektor (u. a. der Breinößl-Bühne in Innsbruck) u. seit 1955 als Direktionssekretär am Innsbrucker Landestheater der Bühne an.
Literatur: G., K. Marschitz (Tiroler Tageszeitung 28. März) 1953.

Marschner, Carl Wilhelm, geb. 7. Juni 1864

zu Berlin, Sohn eines Hoftheater-Kastellans, gelernter Kaufmann, gab jedoch 1886 diesen Beruf auf u. war später Theaterleiter, Redakteur u. a. in Berlin. Vorwiegend Verfasser von Bühnenstücken.
Eigene Werke: Neros Tod (Dramat. Gedicht) 1885; Die Horatier (Trauerspiel) 1887; Ich hab's gewagt! (Hutten-Drama) 1889; Blaue Schuhe (Schauspiel) 1890; Mozart (Festspiel) 1891; Freya (Dialog) 1892; Konrad Freiwalt (Volks-Trauerspiel) 1892; Enoch Arden (Oper) 1893; Ruhm von Roßbach (Schauspiel) 1893; Der Maibaum (Oper) 1894; Der Nazarener (Oper) 1898; Berliner Foyer-Gespräche 1902; Domina Drago (Drama) 1908; Schillerfest 1909; Der deutsche Genius (Festspiel zur Goethe-Feier) 1931; Zu Straßburg auf dem Münster . . . (Spiel) 1932; Städtische Wagner-Volkstheater u. deren unentgeltlicher Besuch 1936 u. a.

Marschner, Eduard, geb. 4. Mai 1799 zu Pegau (Todesdatum unbekannt), Vetter von Heinrich M., lebte als Schriftsteller in Leipzig. Verfasser historischer Lesedramen.
Eigene Werke: Coligny, Admiral von Frankreich (Trauerspiel) 1820; König Heinrich der Achte u. Anna Boleyn (Trauerspiel) 1831.

Marschner, Heinrich, geb. 16. Aug. 1795 zu Zittau in Sachsen, gest. 14. Dez. 1861 zu Hannover, Sohn des aus Böhmen eingewanderten Horndrechslers Franz Anton M., humanistisch gebildet, lernte 1813 in Prag den Komponisten Wenzel Tomaschek (s. d.) kennen, der ihn stark förderte, studierte kurze Zeit in Leipzig die Rechte, wandte sich aber bald ausschließlich der Musik zu. 1816—21 Musiklehrer beim Grafen Johann Zichy in Preßburg, 1827 Kapellmeister in Leipzig u. 1830 Hofkapellmeister in Hannover. 1859 gegen seinen Willen mit dem Titel Generalmusikdirektor pensioniert. Urdeutsch in seinem Wesen u. Schaffen, schloß er sich als stimmungsreicher Opernkomponist in seiner Reifezeit dem Vorbild C. M. v. Webers an. Lortzing u. R. Wagner übernahmen manches von M. Nach dem Tod seiner beiden ersten Frauen war er mit der Sängerin Marianne Wohlbrück verheiratet u. nach deren Ableben seit 1855 in vierter Ehe mit der aus Wien stammenden Sängerin Therese Janda. Marschners Stellung in der Operngeschichte wird von Hans Volkmann scharf umrissen: „Wenn auch die Lebenskraft der meisten Werke

Marschners erloschen ist — das dämonische
Feuer seines ‚Vampyr' u. ‚Hans Heiling'
brennt in Wagners ‚Holländer' u. ‚Tannhäuser' weiter. Dramatische Motive aus dem
‚Templer' kamen erst im ‚Lohengrin' voll
zur Entfaltung. Aber nicht allein zum Musikdrama führt seine Kunst hinüber, sondern sie hilft auch eine Blüte der deutschen
komischen Oper heraufführen. Des Komponisten Humor, der am gegebenen Orte er-
frischend hervorsprudelt, u. — in formaler
Hinsicht — die Beibehaltung des gesprochenen Dialogs leiten auf Lortzing hin.
Marschners Bedeutung für die Entwicklung
der deutschen Oper darf nicht unterschätzt
werden." Bei ihm vollendet sich, wie Joseph
Gregor in seiner „Kulturgeschichte der
Oper" (1950) bemerkt, „die Sehnsucht der
älteren Romantik nach einer neuen der
Mythologie zustrebenden Bühne. Nur der
Umstand, übrigens mit einer Ausnahme,
daß diese Texte zweitrangig, in der Motivik
u. Ausführung vielfach noch wirr u. unter-
geordnet sind, verhindert Marschner, ein
bleibendes romantisches Kunstwerk schon
vor Wagner zu erreichen. Ja es ist sehr die
Frage, ob die von ihm gesuchte Romantik
im Grunde nicht ursprünglicher ist als die
Wagners, der bereits Anschluß an eine
feststehende Mythologie, also neuerdings
Klassizität sucht." Die drei Hauptwerke
Marschners „Hans Heiling", „Vampyr" u.
„Der Templer u. die Jüdin" brachte Hans
Pfitzner (s. d.) durch Neubearbeitungen wie-
der auf den Spielplan.
Eigene Werke: Die stolze Bäuerin (Bal-
lett) 1812; Der Kiffhäuser Berg (Text von
Kotzebue) 1816 (erste Aufführung 1822);
Heinrich IV. u. d'Aubigné 1817; Leidac u.
Zulima 1818; Der Holzdieb 1824; Lucretia
1826; Der Vampyr 1828; Der Templer u. die
Jüdin 1829; Des Falkners Braut 1832; Hans
Heiling (Text von Eduard Devrient) 1833;
Das Schloß am Ätna 1836; Der Bäbu 1838;
Kaiser Adolf von Nassau (uraufgeführt in
Dresden unter R. Wagners Leitung) 1845;
Austin 1852; Sangeskönig Hiarne 1858 u. a.
Literatur: L. v. *Alvensleben,* H. Marsch-
ner (Biogr. Taschenbuch deutscher Bühnen-
künstler u. Künstlerinnen 1. Jahrg.) 1836;
Julius *Rodenberg,* Erinnerungen 1893; M. E.
Wittmann, M. 1897; G. *Münzer,* H. M. 1901;
H. *Gaartz,* Die Opern Marschners 1912; Hans
Pfitzner, Marschners Vampyr (Zeitwende
1. Jahrg. 2. Hälfte) 1925; Hans *Volkmann,*
H. A. M. (Sächsische Lebensbilder 2. Bd.) 1938.

Marschulz, Cölestine, geb. 16. Juni 1857,

gest. 22. Jan. 1930 zu Krefeld, Tochter des
russischen Hofschauspielers Henry Huvart
u. der Hofschauspielerin Mathilde Basté,
betrat fünfzehnjährig die Bühne in Liegnitz,
kam über Görlitz, Zittau u. Braunschweig
an das Hoftheater in Dresden, wirkte dann
im Ausland (Lodz, Warschau, Reval, Prag),
nach Deutschland zurückgekehrt in Meiningen, hierauf in Prag, wo sie den Theaterdirektor Maximilian M. heiratete, nach
dessen Tod in Frankfurt a. M., Nürnberg,
Stuttgart, Wiesbaden u. spielte seit 1919 in
Krefeld Mütterrollen.

Marschulz, Maximilian s. Marschulz, Cölestine.

Marszalek, Franz, geb. 2. Aug. 1900 zu
Breslau, studierte zuerst Volkswirtschaft,
dann Musik das., war 1921—27 Kapellmeister am dort. Schauspielhaus, 1930 am
Theater des Westens u. am Admiralspalast
in Berlin, 1938 am Apollotheater in Köln,
1939 an der Staatsoperette in München u.
zuletzt am Rundfunk wieder in Köln. Bearbeiter von J. Strauss „Carneval in Rom"
1938.

Marszalek, Ursel Renate s. Hirt-Marszalek,
Ursel Renate.

Marte, Othmar, geb. 12. Aug. 1888, war
Passionsspielleiter in Rankweil u. hielt auf
weiten Reisen Vorträge über das Passionsspiel.

Marteau, Henri, geb. 31. März 1874 zu
Reims, gest. 4. Okt. 1934 zu Lichtenberg in
Oberfranken, war als Lehrer an der Musik-
hochschule in Berlin, Prag u. Dresden tätig.
Komponist der Oper „Meister Schwalbe"
1921.

Martens, Albert s. Wisheu, Albert.

Martens, Amandus, geb. 31. März 1888,
Kaufmannssohn, studierte in München
Literaturwissenschaft, wurde 1910 Redak-
teur u. lebte später als freier Schriftsteller
in Hannover.
Eigene Werke: Das Reich der Jugend
(Schauspiel) 1918; Schiebertanz (Schauspiel)
1919; Der Weg in die Ferne (Schauspiel)
1920; Mainachtszauber (Spiel) 1921; Der
Zaunkönig (Schauspiel) 1921; Alhambra, ein
Flug zur Höhe (Schauspiel) 1923; Rüber
über'n Ozean (Schwank) 1927; Der König
Wenzel (Schauspiel) 1929 u. a.

Martens, Ernst s. Mayr, Ernst.

Martens, Fritz (Geburtsdatum unbekannt), gest. 5. April 1919 zu Thorn (an den Folgen einer Kriegsverletzung), Schauspieler u. Regisseur in Bromberg.

Martens, Georg Friedrich, geb. 10. Dez. 1853, gest. 9. Okt. 1883 zu Moskau, war Schauspieler u. Inspizient, zuletzt am Deutschen Theater das. Sohn des dort. Obergarderobiers Albert M.

Martens, Johannes, geb. 11. Mai 1844 zu Oldesloe in Holstein, gest. 12. Mai 1892 zu Blasewitz bei Dresden, wirkte als bedeutender Heldentenor in Mainz, Mannheim, Prag, Zürich, Königsberg, Stuttgart, Rotterdam, Bremen, Düsseldorf u. zuletzt in Olmütz.

Martens, Kurt, geb. 21 Juli 1870 zu Leipzig, gest. 15. Febr. 1945 zu Dresden, Sohn eines Geh. Regierungsrates, studierte in Leipzig u. Berlin (Doktor der Rechte), wurde 1895 Referendar u. lebte seit 1898 als freier Schriftsteller in München, später in Dresden. Vorwiegend Erzähler, aber auch Dramatiker.
Eigene Werke: Wie ein Strahl verglimmt (Drama) 1895; Kaspar Hauser (Drama) 1902; Der Freudenmeister (Komödie) 1907; Vasantasena (Schauspiel), bearbeitet 1942.

Martens, P. C. W., geb. 1807, gest. 1. Sept. 1880 zu Hamburg, war Schauspieler, später Lokalsänger u. leitete einige Zeit ein Theater an der Alster in Hamburg. Als Lokalsänger unter dem Namen „König Wenzel" bekannt.

Martens, Rolf Wolfgang, geb. 11. Sept. 1868 zu Berlin, gest. 1928 (oder 1929), ging nach dramatischer Ausbildung 1890 zur Bühne, wirkte als Schauspieler u. a. in Danzig, nahm aber bereits 1904 seinen Abschied u. ließ sich in Berlin als freier Schriftsteller nieder. Vorwiegend Bühnendichter.
Eigene Werke: Karfreitagszauber (Drama) 1895; Störtebecker (Trauerspiel) 1903; Machiavelli (Trauerspiel) 1906; Dialog mit den Anarchisten 1912; Der falsche Woldemar (Schauspiel) 1913; Erik der Rote (Chorwerk) 1914; Im Schützengraben (Kriegsliederspiel) 1915; Ein vermeintlicher Held (Trauerspiel) 1917; Lukrezia Borgia (Schauspiel) 1918; Alt-Berlin (Schauspiel) 1920.

Martens, Valerie von s. Götz, Curt.

Martersteig, Eva s. Martersteig, Max.

Martersteig, Max, geb. 11. Febr. 1853 zu Weimar, gest. 3. Nov. 1926 zu Köln am Rhein, Sohn des Kochs Karl Friedrich Heinrich Martersteig u. Neffe des Historien- u. Porträtmalers F. Martersteig, zuerst Pharmazeut, dann von Otto Devrient (s. d.) dramatisch ausgebildet, begann seine Bühnenlaufbahn 1873 zu Döbeln in Sachsen, kam 1874 nach Rostock, 1875 nach Frankfurt an der Oder, 1876 als Charakterdarsteller an das Hoftheater seiner Vaterstadt, 1879 nach Mainz u., nachdem ihn Hülsen abgewiesen hatte, weil er als „Liebhaber zu häßlich u. als Charakterdarsteller zu dumm sei", nach einem glänzend aufgenommenen Hamlet-Gastspiel 1880 nach Aachen, wo er sein Fach zur vollen Entfaltung brachte u. auch als Regisseur u. Dramaturg wirkte. 1881 kehrte M. nach Weimar zurück, ging 1882 nach Kassel, leitete als Nachfolger von Jocza Savits (s. d.) 1885—90 das Theater in Mannheim, 1890—96 in Riga u. war seit 1898 in Berlin -tätig, 1905—11 als Intendant in Köln u. 1912—18 in Leipzig. 1909 Geh. Hofrat, 1921 Ehrendoktor der Philosophie. Als Theaterleiter setzte sich M. vor allem für Shakespeare, Hebbel, das neuromantische u. neuklassische Drama ein. Zu seinem nächsten Freundeskreis zählten Otto Lohse, Felix Weingartner, Martin Greif, Cäsar Flaischlen, Karl Scheffler u. a. Seit 1894 in zweiter Ehe mit Gertrud Eysoldt (s. Nachtrag: Bernais, Gertrud) verheiratet. Hauptrollen: Posa, Orest, Sickingen, Terzky, Friedrich Schiller (Lieblingsrolle) u. a. „Von grundlegender u. epochaler Bedeutung" sagt Greiner, „ist das umfangreiche Hauptwerk Martersteigs ‚Das Deutsche Theater im 19. Jahrhundert', die erste methodische Geschichtsschreibung des Theaters überhaupt u. klassisch zu nennen durch seine Totalitätsidee, durch die erstmalige Anwendung einer Methode umfassender Betrachtung: das Theater zu sehen als gewachsen auf dem Boden der gesamten sozialen Kultur, als ein ‚durchaus soziales Produkt'. Auf der Grundlage der Arbeiten von Taine, Spencer, Karl Lamprecht, der Völkerpsychologie W. Wundts versucht M. mit der Methode einer soziologischen Dramaturgie eine ‚Naturgeschichte, nicht eine Chronik u. nicht eine Kritik des Theaters' zu schreiben. Mit einer umfassenden Sachkenntnis u. ungewöhnlichen Belesenheit führt er diese Methode bis in alle Teile u. letzte Einzelerscheinungen durch. Allenthalben ist das Theater charakterisiert als Ergebnis der sozialen Struktur, als genährt von der Mode, der bildenden Kunst, des Krieges, der sozialen Gesetzgebung. Den einzelnen Theaterepochen sind umfangreiche, fesselnde kulturgeschichtliche Darstellungen der jeweiligen Epoche vorangestellt, u. zur Begründung seiner soziologischen Methode holt er weit aus u. gibt, mit dem indischen Theater beginnend, weit über das Thema hinaus nicht weniger als einen Überblick über die ganze bisherige Entwicklung der Schaubühne. Er zeigt, daß die Theaterkultur eines Volkes immer nur Symptom, nicht Ziel sein kann u. damit mußte er den Selbständigkeitsdünkel der Theaterschwärmer u. Theaterreformer zerstören. Für M. ist eine dramaturgische Ästhetik nicht denkbar ohne den innigsten Zusammenhang mit der sozialen Ethik einer Epoche oder eines Volkes, u. so ist das ganze Buch eine Untersuchung über die Bedeutung des Volkes in der Theaterkultur, über seine aktiv mitschaffende, oder passiv hemmende Einwirkung. Er bildet den glücklichen Begriff der sittlichen Produktivität u. weist als erster die objektive, gültige Erkenntnis auf, daß die sittliche Produktivität der Volkheit für Aufblühen oder Verfall einer Theaterkultur entscheide. „Die Frage der Schaubühne ist eine Frage des sittlichen Wollens — aber nicht des Einzelnen, sondern eines ganzen Volkes'." Vater der Schauspielerin Eva M., die schon in jungen Jahren durch die sichere u. intellektuelle Beherrschung ihrer Aufgaben als Darstellerin am Nationaltheater in Mannheim auffiel.

Eigene Werke: Im Pavillon (Lustspiel) 1877; Die Friedensfeier (Festspiel) 1878; P. A. Wolff (Biographie) 1879; Aus Hessens Vorzeit (Festspiel) 1884; Rückblick auf meine Tätigkeit unter der letzten Theaterverwaltung 1889; Die Protokolle des Mannheimer Nationaltheaters unter Dalberg aus den Jahren 1781—89, herausg. 1890; Hebbels Demetrius vollendet u. bearbeitet 1893; Der Schauspieler, ein künstlerisches Problem 1900; Das Deutsche Theater im 19. Jahrhundert 1904; Waldmeisters Brautfahrt (Ballettpantomine) 1907; Die ethische Aufgabe der Schaubühne 1912; Das Theater im neuen Staat 1920.

Literatur: E. L. *Stahl,* Das Mannheimer Nationaltheater 1929; W. *Greiner,* M. Martersteig (Die Schaubühne 24. Bd.) 1938.

Martha oder Der Markt zu Richmond, romantisch-komische Oper nach einem Plan von Saint Georges von W(ilhelm) Friedrich = Friedrich Wilhelm Riese, Musik von Friedrich v. Flotow, der die Oper in Sievering bei Wien komponierte u. 1882 seinen 70. Geburtstag mit der 500. Aufführung feiern konnte. Uraufführung 1847 am Kärntnertor-Theater in Wien. Die Handlung spielt zur Zeit der Königin Anna von England um 1700. Auf dem Markt von Richmond werden alljährlich nach altem Volksbrauch Mägde verdingt. Die gelangweilte Lady Harriet Durham u. ihre Vertraute Nancy mischen sich als Mädchen Martha u. Julia unbekannt unter das Volk, werden auch angeworben u. müssen ihrem Dienstherrn, dem reichen Pächter Plumkett folgen. Sein Pflegebruder verliebt sich in Martha, diese weist ihn jedoch im Hinblick auf ihren Stand zurück. Mit Hilfe des Lords Micklefort, eines Vetters, gelingt es der Lady u. ihrer Freundin zu entkommen. Bei einem ländlichen Jagdfest der Königin tauchen die beiden in deren Gefolge auf. Plumkett will sein Recht geltend machen. Lyonel nähert sich der Geliebten, wird jedoch auf Geheiß des Lords festgenommen. In der größten Not erweist es sich schließlich, daß er der Sohn eines unschuldig vom Hof verbannten Grafen Derby ist. Nachdem die letzten Schwierigkeiten beseitigt sind, werden am Ende auf dem Markt zu Richmond unter dem Jubel des Volkes Martha u. Lyonel, Plumkett u. Julia in Liebe fürs Leben vereinigt Nicht zuletzt durch die Einfügung des irischen Volkslieds „Letzte Rose" u. a. melodiöser Lieder wie „Mag der Himmel euch vergeben" wurde der bestrickende Zauber des reizvollen Werkes noch gesteigert. Seine sonnige Heiterkeit u. Jugendfrische sicherten ihm einen dauernden Erfolg in der ganzen Welt. Dies bewies die glänzende Neueinstudierung an der Wiener Staatsoper 1950 mit Wilma Lipp (s. d.) als Martha u. Anton Dermota (s. d.) als Lyonel. Den bei Flotow vorkommenden Mädchenmarkt finden wir auf der französischen Bühne bereits im 17. Jahrhundert in einem „Ballett des Chambrières à louer" u. später in einem Vaudeville „La Comtesse d'Egmont", in Deutschland in Singspielen von Dittersdorf, Dionys Weber, Erdmann von Kospoth u. a., in England fast gleichzeitig mit Flotows „Martha" in der komischen Oper „The maid of honour" (1847 in London) von M. W. Balfe.

Literatur: Alexander *Witeschnik,* In der

Staatsoper: Bezaubernde Martha (Neue Wiener Tageszeitung Nr. 59) 1950.

Marti, Walter, geb. 25. April 1896 zu Zürich, war seit 1922 evang. Pfarrer in Niederwenigen, 1928—34 Journalist in Brüssel, 1934—36 Pfarrer an der Schweizerkirche in Genua, 1936—41 in Yverdon u. lebte seither als freier Schriftsteller in Zürich. Dramatiker u. Erzähler.

Eigene Werke: Die Krise der Intelligenz (Drama) 1935; Der Diplomat — Wahn — Nachtfalter (3 Einakter) 1935; Weinlaune (Komödie) 1937; Einfaches Leben (Komödie) 1941; Die Serie der Berühmten (Kriminalschauspiel) 1941; Psyche AG. Lebensberatung (Komödie) 1941 (in Zürcher Mundart); Heil Tell (Drama) 1942; Sie schweigt (Drama) 1942; Der unverbesserliche Idealist (Schauspiel) 1944; Die zwei Varianten (Kammerspiel) 1950; Hyde Park (Groteske) 1952 u. a.

Martin, Bertha s. Richter, Bertha.

Martin, Carl, s. Martin, Elise.

Martin (geb. Baldamus), Elise (Geburtsdatum unbekannt), gest. 25. Febr. 1882 zu Detmold, ausgebildet am Konservatorium in Leipzig, begann ihre Bühnentätigkeit am dort. Stadttheater, wirkte als Opernsoubrette („Zerline" u. a.) in Königsberg, Danzig, Rotterdam, Nürnberg u. zuletzt in Wiesbaden. Gattin des Opernsängers Carl M.

Martin, Ernst, geb. 19. März 1891 zu Möckmühl (Württemberg), wirkte als Intendant des Stadttheaters in Krefeld, Saarbrücken u. a. Herausgeber der „Crefelder Blätter für Theater u. Kunst", „Blätter der Württembergischen (Schwäbischen) Volksbühne" (1.—3. Jahrg. 1919—22) u. der „Saarbrücker Blätter für Theater u. Kunst" (1. u. 2. Jahrg. 1922—24). Generalintendant, Regisseur u. Produktionsleiter der Ufa in Berlin. Nach dem Zweiten Weltkrieg lebte M. in Möckmühl. Bühnenschriftsteller.

Eigene Werke: Die Ausgestaltung des volkstümlichen Theaterwesens in Württemberg 1919; Der Schwank 1921; Bengalische Zukunft (Komödie) 1937 (mit Michael Gesell).

Martin, Jean, geb. 21. Sept. 1822 zu Berlin, gest. 16. Jan. 1892 zu Hannover, war Dekorationsmaler am Kgl. Theater das.

Martin, Karl-Heinz, geb. 6. Mai 1886 zu Freiburg im Brsg., gest. 13. Jan. 1948 zu Berlin, begann seine Bühnenlaufbahn in Mannheim, leitete aber schon mit 21 Jahren das Komödienhaus in Frankfurt a. M., war seit 1915 Regisseur am dort. Schauspielhaus, hierauf Oberspielleiter am Hamburger Thaliatheater, eröffnete 1919 in Berlin die Tribüne u. wirkte mit seinen neuartigen Inszenierungen richtunggebend für den damaligen expressionistischen Stil. Diese erfolgreiche Tätigkeit setzte er auch am Deutschen Theater u. am Großen Schauspielhaus das. fort. Anläßlich des 60. Geburtstages von Gerhart Hauptmann (s. d.) richtete er den „Florian Geyer" u. „Die Weber" ein. 1929 übernahm er das Theater der Volksbühne, war nach 1933 als Gastregisseur in Wien, dann am Schillertheater in Berlin beschäftigt, eröffnete nach dem Zweiten Weltkrieg das dort. Hebbeltheater, übernahm 1946 das Pratertheater das., das er unter dem Namen Volksbühne weiterführte u. gliederte dem Hebbeltheater eine Schauspielschule an. Inszenierungen: „Othello", „Hamlet", „Dantons Tod", „Macbeth", „Liliom", „Nachtasyl", Sartres „Fliegen" u. a. Über sein Frankfurter Komödienhaus bemerkte E. L. Stahl, daß sich M. schon damals als regsamer u. begabter Leiter erwiesen habe, der dort ein ausgezeichnetes kleines Ensemble mit Traute Carlsen, Theodor Loos, Paul Grätz, Hanns Merck u. seinem Freiburger Landsmann Ottomar Starcke als Maler-Regisseur u. a. versammelte u. später zu den anerkanntesten u. sensibelsten Regisseuren von Wien u. Berlin gehörte. Besonders Martins Inszenierung von Tollers „Wandlung" erregte Aufsehen. H. Ihering bezeichnete sie als außerordentlich. „Sie riß mit einem Schlage das Theater als dynamisches Ereignis auf. Die Gestalten waren geladen mit Energie. Sie barsten vor Spannug. Die Personen wurden, wie sie gegeneinander gekehrt waren, gemeinsam gegen eine Mauer des Widerstandes gekehrt, die außerhalb des Dramas zu liegen schien. Begleitendes, Illustrierendes fiel vom Schauspieler ab. Der gespannte Körper schleuderte den Ton hoch. Die Dichtigkeit, die Schärfe, der rhythmische Zwang der Darstellung hielten jede Möglichkeit des Zufalls fern." Dieser Meinung schloß sich auch R. Bernauer an: „Martins Inszenierung von Tollers ‚Wandlung' war meiner Überzeugung nach ein Meisterstück. Auch Martins futuristische oder meinetwegen expressionistische Auffassung von Wedekinds ‚Franziska', der er einige Jahre später zum Erfolg verhalf, war für dieses unreal-reale, phantastisch-naturalistische Werk die beste Lösung."

Literatur: E. L. *Stahl,* Das Mannheimer Nationaltheater 1929; H. *Ihring,* Die Zwanziger Jahre 1948; Hermann *Sinsheimer,* Gelebt im Paradies 1953; Rudolf *Bernauer,* Das Theater meines Lebens 1955.

Martin (geb. Glümer), **Marie,** geb. 3. Juli 1873 zu Wien, gest. 8. Nov. 1925 zu München, Tochter eines Ministerialbeamten, begann ihre Bühnenlaufbahn als Charakterdarstellerin u. Soubrette in Wien, kam von Salzburg über St. Gallen, Düsseldorf, Krefeld, Köln, Graz 1897 ans Carltheater in Wien u. 1900 ans Lessing-Theater in Berlin, später an das Neue Theater u. an die Reinhardtbühnen das., 1907 an das Schauspielhaus in München u. zuletzt an das dort. Bayerische Staatstheater. Seit 1902 mit dem Direktor des Neuen Theaters in Berlin Paul Martin verheiratet. Hauptrollen: Gudula („Die fünf Frankfurter"), Gretl („'s Nullerl"), Rosa („Komtesse Guckerl") Emmy („Goldfische" von F. Schönthan), Susanne („Der Maskenball" von L. Holberg) u. a.

Martin, Paul s. Martin, Marie.

Martin, Richard, geb. 1837 zu Wien, gest. 18. Aug. 1881 das., wirkte als Tenor 1869 bis 1870 an der dort. Hofoper u. später als Direktor einer Singspielhalle.

Martin-Andersen, Igo, geb. 13. Nov. 1902 zu Augsburg, studierte in München Kunst- u. Literaturgeschichte, war 1923—25 Regisseur u. Schauspieler in Berlin, 1925—36 Filmregisseur u. Komponist, wirkte dann im Rundfunk, 1946—48 als Intendant der Vereinigten Theater in Dresden u. seither als Intendant der Städt. Bühnen in Rudolstadt.

Martin von Kochem (1634—1712), berühmter Volksprediger am Rhein, Main u. an der Mosel, als Bühnenheld.

Behandlung: Alinda *Jacoby* (= Maria Krug), Martinus von Kochem (Schauspiel) 1912.

Martine, F. s. Maxse, Sir Henry Fitzhardinge Barkeley.

Martineck, Rosa s. Otto-Martineck, Rosa.

Martinée, Raoul s. Martinek, Raimund.

Martinek, Raimund (Ps. Raoul Martinée), geb. 23. März 1904 zu Brünn in Mähren, war Schauspieler u. Rundfunkleiter in Wien. Auch Erzähler u. Bühnenschriftsteller.

Eigene Werke: Junger Wein (Lustspiel) 1934; Ein König erwacht (Schauspiel) 1937; Glück über Nacht (Operette) 1950; Glücksrezept (Operette) o. J.

Martinelli, Anna s. Duniecki, Anna.

Martinelli, Jeannot s. Martinelli, Johann.

Martinelli, Johann (Ps. Rudolf Marell), geb. 26. Febr. 1865 zu Dünaburg, gest. im Mai 1951 zu Freiberg in Sachsen, Sohn eines Baumeisters, wurde nach Besuch des Gymnasiums Buchhandlungslehrling, folgte aber dann seiner Neigung zum Schauspielerberuf u. kehrte erst als er in diesem Schiffbruch erlitten, wieder zum Buchhandel zurück, arbeitete als Gehilfe in Berlin, Köln, Hamburg u. Petersburg, bildete sich trotzdem daneben weiter für die Bühne aus u. ging 1891 an das Deutsche Theater in Berlin, 1892 als artistischer Leiter nach Mitau, wirkte 1893 am Sommertheater Hagensberg in Riga u. a. am dort. Stadttheater, 1894—95 in Reval, dann mehrere Jahre bis 1901 neuerdings am Deutschen Theater in Berlin, ferner in Köln, Nürnberg, München u. dann wieder in Berlin. Noch als Achtzigjähriger spielte er Episodenrollen das. Auch Bühnenschriftsteller.

Eigene Werke: Der Dämon (Schauspiel nach Lermontow) 1894; Das Geld liegt auf der Straße (Schauspiel) 1895.

Martinelli (geb. Seeberger), **Louise,** geb. 9. Nov. 1850 zu Graz, gest. 23. Juli 1913 zu Lussin Piccolo, fand schon seit ihrem fünften Lebensjahr am Landestheater in Graz Beachtung, spielte dann als Naive u. Liebhaberin das., 1873—76 am Theater an der Wien, 1876—85 am Deutschen Landestheater in Prag, später am Carl-Theater u .seit 1889 am Deutschen Volkstheater in Wien im älteren, komischen Fach. Besonders in Volksstücken ausgezeichnet. Hauptrollen: Margot („Wildfeuer"), Antoinette („Der eingebildete Kranke"), Rosl („Der Verschwender"), Burgerlies („Der Meineidbauer"), Brigitte („Der Pfarrer von Kirchfeld"), Hofrätin („Komtesse Guckerl") u. a. Zweite Gattin von Ludwig M.

Martinelli, Ludwig, geb. 9. Aug. 1832 zu Linz an der Donau, gest. 13. Juni 1913 zu Gleichenberg, einer alten italienischen Adelsfamilie entstammend, Sohn des am Pester Theater tätigen Dekorationsmalers Lukas M. u. seiner Gattin Magdalena (geb. Höfer), bildete sich zunächst an der Akademie der bildenden Künste (u. a. bei Waldmüller) zum Maler aus, wirkte als solcher an verschiedenen Theatern, trat aber bald als Schauspieler in Innsbruck auf, kam 1857 ans Vorstadttheater in München, 1860 ans Deutsche Theater in Amsterdam, wo er 1861 auch Oberregisseur wurde, vollzog 1864 am Landestheater in Graz den Übergang ins Charakterfach u. ging 1873 ans Theater an der Wien, 1876 ans Deutsche Landestheater in Prag, 1886 ans Carl-Theater in Wien u. schließlich als Freund Anzengrubers ans neugegründete dort. Deutsche Volkstheater, dessen Hauptstütze er wurde. Durch seine Beweglichkeit u. Zungenfertigkeit, seine biegsame, schlanke Gestalt, sein glänzendes Mienenspiel erinnerte er an Nestroy, in dessen Stücken er wahre Triumphe feierte. Auch in Dramen Anzengrubers (z. B. als junger Schalanter im „Vierten Gebot") konnte sich niemand mit ihm vergleichen. H. Laube schätzte ihn hoch u. wollte ihn für das Burgtheater gewinnen. Sein Kollege R. Tyrolt rühmte ihm als Schauspieler wie als Regisseur geradezu pedantische Gewissenhaftigkeit nach: „Wer seine Regiebücher, seine Vorbereitungen u. Instruktionshefte für das technische Personal studiert hatte, bekam einen Begriff von seiner beispiellosen Arbeitskraft u. Genauigkeit. Bei all seiner Tüchtigkeit u. großen praktischen Bühnenerfahrung hat M. auch niemals mit seiner höchst nutzreichen Tätigkeit als Regisseur, als dramatischer Lehrer u. Erzieher auf Kosten der Schauspieler Reklame gemacht. Er hielt es so, wie man es früher beim Deutschen Theater gehalten hat, wie in der Werkstatt des Theaters gearbeitet wurde, blieb Geheimnis der Werkstätte". F. v. Saar widmete ihm ein Epigramm. M. war ein scharfer Charakteristiker, dessen hagere Gestalt u. dessen Piratengesicht mit dem durchdringenden Blick seine besten Helfer in der wundervoll geübten Kunst der Maske waren. Zur Würdigung seiner Art schrieb Anzengruber 1882 im Prager Familienblatt: „Das auch für den lässigsten Theaterbesucher Auffallendste an diesem Künstler ist dessen Vielseitigkeit. Sein Repertoire umfaßt Rollen wie Posert u. Titus Feuerfuchs,

Gaspard u. Steinklopferhans, Argan u. Rappelkopf usw. Und mit dieser seiner Vielseitigkeit hält sein Talent u. seine Kunst immer so weit Schritt, daß selbst noch seine schwächsten Leistungen jene der sehr ‚verwendbaren' Schauspieler, die ‚nie etwas verderben', hoch überragen. Diese überlegene Vielseitigkeit zeigt, daß wir es mit einem denkenden Schauspieler zu tun haben; das allein würde schon einen Erfolg in bescheidener Sphäre erklären, aber einen großen, einen nachhaltigen Erfolg erklärt es nicht, dieser liegt in der eigenartigen Begabung M. s; er hat ein sog. schneidiges Talent, er faßt stramm u. ehrlich zu, auch wo er fehlgreift, ist der Griff ein ehrlicher, u. was er erfaßt, damit befaßt er sich auch, er weiß, daß das Durchdringen, das Bewältigen der Aufgabe derselben vorangehen muß." Anzengrubers unbefangenes Urteil gilt für alle Leistungen Martinellis, im hochdeutschen Drama, im Singspiel, im Volksstück u. in der Posse; die Beherrschung der Schriftsprache fiel ihm nicht immer ganz leicht, so daß seine Dialektrollen ohne Vergleich gelungener waren. M. war in erster Ehe Gatte von Marie Neufeld u. nach deren Tode in zweiter Ehe von Louise Seeberger.

Literatur: Eisenberg, L. Martinelli (Biogr. Lexikon) 1903; Rudolf *Hawel,* L. M. (Die Zeit Nr. 1310) 1906; Leopold *Kramer,* Martinellis Rollenverzeichnis mit einem Vorworte Anzengrubers 1906; ders. Anton *Bettelheim,* Anzengruber u. M. (Österr. Rundschau 7. Bd.) 1906; ders. Martinellis Anfang u. Ende (Vossische Zeitung 22. Juni) 1913; Karl *Anzengruber,* Erinnerungen an L. M. (Neues Wiener Tagblatt 18. Juni) 1913; Paul *Tausig,* Eine Selbstbiographie Martinellis (Ebda. 12. April) 1914; A. *Bettelheim,* L. M. (Biogr. Jahrbuch 18. Bd.) 1917; Rudolf *Tyrolt,* L. M. (Theater u. Schauspieler) 1927.

Martinelli (geb. Höfer), Magdalena, geb. 1797 zu Preßburg, gest. 1892 zu Graz, war Schauspielerin u. a. in Graz u. Lemberg, später besonders in Mütterrollen anerkannt. Mutter von Ludwig M.

Martinelli, Marie (Geburtsdatum unbekannt), gest. 1882 zu Hildesheim, Tochter eines Theaterdirektors u. der Dramatischen Sängerin Flora Turbini, die in erster Ehe mit Franz Rosner (s. d.) verheiratet war, trat unter dem Namen Neufeld als Schauspielerin u. Sängerin in Graz, Amsterdam, München u. a. auf. Erste Gattin von Ludwig M.

Martini, Adolf (Geburtsdatum unbekannt), gest. 21. Jan. 1936 zu Aachen, wirkte vielseitig als Erster Heldenbariton 1916—18 in Kaiserslautern, 1918—22 an der Volksoper in Hamburg, 1922—32 am Stadttheater in Kiel u. dann am Stadttheater in Aachen. Hauptrollen: Hans Sachs, Fliegender Holländer, Sebastiano u. a.

Martini, Christian Leberecht, geb. 1727 oder 1728 zu Leipzig, gest. 13. oder 23. Nov. 1801 das., Sohn eines Buchhändlers, war seit 1750 Schauspieler der Schönemannschen, Kochschen u. Ackermannschen Truppe u. zeitweilig in Hamburg. Eine seiner Hauptrollen war der Wirt in „Minna von Barnhelm". Auch Dramatiker.
Eigene Werke: Die Heirat durchs Los (Lustspiel) 1752; Rhynsolt u. Sapphira (Tragödie) 1755; Lustspiele oder Teutsche Schauspiele (Der Vormund — Die ausgekaufte Lotterie — Die umgekehrte Komödie) 1765.

Martini, Ferdinand, geb. 1. Sept. 1870 zu München, gest. 23. Dez. 1930 zu Berlin, ging achtzehnjährig zum Theater, kam 1901 nach Prag, hierauf nach Nürnberg, Wien, Neuyork u. war später das 1930 Mitglied der Kammerspiele in München. Bedeutender Charakterspieler besonders in Stücken Anzengrubers u. Raimunds. Hauptrollen: Godunof („Demetrius"), Doolittle („Pygmalion"), Mittersteig („Komtesse Gukkerl"), Walther („Ein Tag im Paradies"), Hortensio („Die Regimentstochter") u. a.

Martini, Karl, geb. 25. Nov. 1866 zu Jägerndorf, gest. 21. Okt. 1918 zu Jena, debütierte 1892 zu Ansbach-Landshut als Jugendlicher Held u. Liebhaber, spielte hierauf mehrere Jahre vorwiegend an süddeutschen Bühnen, später in Bautzen, Essen u. a., seit 1904 das Fach Erster Helden u. Liebhaber vertretend. Seit 1910 war er als Charakterdarsteller u. Regisseur Mitglied des Stadttheaters in Jena.

Martini, Max, geb. 27. Sept. 1861 zu Berlin, gest. 23. Mai 1915 zu Breslau, wirkte als Tenorbuffo 1886 in Dresden, 1887 in Regensburg, 1889 in Metz, 1890 in Mainz u. seit 1892 am Stadttheater in Breslau bis zu seinem Bühnenabschied 1913. Hauptrollen: Eisenstein, Bettelstudent, Pedrillo, Iwanow, Mime u. a.

Martini, Willy, geb. 8. Febr. 1865 zu Berlin, Kaufmannssohn, begann seine Bühnenlaufbahn 1882 in Breslau, kam dann über Laibach, Franzensbad, Troppau, Marienbad, Odenburg, Czernowitz, Budapest, Baden bei Wien, Aachen u. Stettin 1892 ans Residenztheater in Wiesbaden, 1895 ans Stadttheater in Bremen, 1899 ans Residenztheater in Berlin, wo er 1902 auch die Regie übernahm. Später Direktor des Stadttheaters in Göttingen. Hervorragender Bonvivant u. Konversationsliebhaber. Hauptrollen: Bolz, Reif-Reiflingen, Helmer („Nora"), Bligny („Der Hüttenbesitzer") u. a.

Martini, Wolf, geb. 27. Febr. 1911 zu Kiel, bildete sich das. u. in Berlin für die Bühne aus u. wirkte seit 1933 als Schauspieler in Berlin, Glogau, Bautzen, Stendal, Gelsenkirchen, Stuttgart, Troppau, Nürnberg, Wien u. kam nach Wehrdienstleistung u. französischer Kriegsgefangenschaft ans Schauspielhaus in Hamburg.

Martinis, Carla Dragica geb. im ersten Viertel des 20. Jahrhunderts zu Agram, Tochter eines dort. Fabrikdirektors, begann ihre Bühnenlaufbahn als Opernsängerin in ihrer Vaterstadt, kam dann an die City Opera in Neuyork u. erhöhte durch den Umfang ihrer Stimme u. die Macht ihrer Darstellung sehr rasch ihren internationalen Ruf an der Scala in Mailand. Zahlreiche Gastspiele auf großen Bühnen u. in Konzertsälen Europas u. Amerikas folgten. Hauptrollen: Mimi, Butterfly, Margarethe, Turandot, Aida, Donna Anna, Desdemona u. v. a.
Literatur: Christl *Arnold-Schönfeldt,* Abschied von D. Martinis (Neue Wiener Tageszeitung Nr. 70) 1951; Ernst *Wurm,* C. M. (Ebda. Nr. 102) 1953.

Martinis, C. R. s. Cremer, Hans Martin.

Martins, Magnus, geb. 7. Juli 1860 zu Wien, gest. 16. März 1909 das., wirkte als Spielleiter, Operettentenor u. Schauspieler in Lübeck, Milwaukee, Dortmund, Zwickau u. a.

Martius, Viktor (Geburtsdatum unbekannt), gest. 16. März 1870 zu Verden, war Schauspieler u. Theaterdirektor in Goslar u. a.

Martorel, Anna, geb. 24. Okt. 1847, gest. 15. Dez. 1924 zu Berlin, war Sängerin u. Schauspielerin das. (Belle-Alliance-Theater), in Libau, Amsterdam, Augsburg, Stettin,

Weimar, wieder in Augsburg, Breslau, Nürnberg, abermals in Stettin u. Breslau, Freiburg im Brsg., Elberfeld u. Düsseldorf. Hauptrollen: Helene („Der Herr Senator"), Hanne („Wie die Alten sungen"), Frau Klinkert („Hasemanns Töchter"), Rosa („Der Raub der Sabinerinnen"), Beatrix („Rosenmüller u. Finke"), Ulrike („Die zärtlichen Verwandten"), Theudelinde („Doktor Wespe") u. a.

Martorel, Anton, geb. 6. Juni 1816 zu Przemysl (Galizien), gest. 19. März 1883 zu Potsdam, wurde bereits 17jährig Musikdirektor bei der Ruhleschen Theatergesellschaft, heiratete 1841 Minna Ruhle, führte nach dem Tode seines Schwiegervaters die Truppe weiter, spielte mit ihr in Greifswald, Stettin u. a. u. wirkte seit 1854 als Theaterdirektor in Potsdam, zunächst im Schilppschen Theatersaal, seit 1859 als Leiter des Kgl. Schauspielhauses das. Schwiegervater seines Direktionsnachfolgers Ferdinand Pochmann.

Martorel, Minna, geb. 22. Juni 1812 zu Oldenburg, gest. 25. Juni 1873 zu Potsdam, Tochter des Oldenburger Schauspielers Ruhle, betrat in ihrem zehnten Lebensjahr als Knabe Bizzichi in der Oper „Zauberzither" die Bühne des Hoftheaters in Gotha, war dann mit ihren Eltern als Jugendliche Liebhaberin bei einer Wandertruppe tätig, bekam mit ihrer Mutter eine Theaterkonzession für Brandenburg u. Preuß.-Schlesien, heiratete den Vorigen, kam nach Neustrelitz u. hierauf nach Potsdam, von wo aus sie auch am Kgl. Schauspielhaus in Berlin wiederholt gastierte, zuletzt in Mütterrollen.
Literatur: Anonymus, M. Martorel (Deutscher Bühnen-Almanach herausg. von A. Entsch 38. Jahrg.) 1874.

Marwitz, Roland, geb. 10. Febr. 1896 zu Stettin, war bis 1934 Dramaturg u. Spielleiter der Städt. Bühnen in Magdeburg, 1946 bis 1947 Chef-Dramaturg der Kammerspiele in Passau u. ließ sich schließlich als freier Schriftsteller in Rittsteig nächst Schalding bei Passau nieder. Dramatiker u. Erzähler.
Eigene Werke: Ewig Europa! (Paneuropäisches Schauspiel) 1929; Dänische Ballade (Drama) 1932; Scherben bringen Glück! (Komödie) 1935; Tanz im Thermidor (Komödie) 1940; Spiel um Stella (Komödie) 1940; Napoleon muß nach Nürnberg (Büh-

nenstück) 1946; Paradies ohne Schlange (Komödie) 1947.

Marx, Bernhard Wilhelm, geb. 23. April 1823 zu Nürnberg, gest. 24. Dez. 1887 das. als Opernsänger (Baß) am dort. Stadttheater. Hauptrollen: Bourdon („Der Postillon von Lonjumeau"), Richter („Martha"), Antonio („Figaros Hochzeit") u. a.

Marx, Friedrich, geb. 20. Sept. 1830 zu Steinfeld in Kärnten, gest. 19. Juni 1905 zu Oberdrauburg, wurde österr. Offizier (in Mailand mit W. Marsano befreundet) u. trat 1892 als Oberst in den Ruhestand. Während seines Grazer Aufenthaltes Mitglied des Dichterkreises um Hamerling, Rosegger u. a. Vorwiegend Dramatiker.
Eigene Werke: Olympias (Histor. Trauerspiel) 1863; Jakobäa von Bayern (Schauspiel) 1869; König Nal (Dramat. Gedicht nach Angelo de Gubernatis) 1870.
Literatur: Ugo *Chiurlo*, F. Marx 1911; Hermann *Kienzl*, F. M. (Österr. Rundschau 5. Bd.) 1906; ders., Ein italien. Buch über F. M. (Das literar. Echo 14. Jahrg.) 1911 bis 1912; *Makotschnigg*, F. M. (Grazer Volksblatt Nr. 139) 1930; Erika *Scholz*, F. M., sein Leben u. sein dichterisches Schaffen (Diss. Wien) 1948.

Marx, Hansi, geb. 1925, gest. im Nov. 1955 zu Graz als Schauspielerin.

Marx, Heinrich, geb. 30. August 1797 zu Hamburg, gest. 16. Sept. 1871 als Oberregisseur des dort. Thaliatheaters. Darsteller feinkomischer Rollen.

Marx, Karl (1818—1883) sozialistischer Theoretiker, zuerst von Hegel, später von Feuerbach beeinflußt, auf der Bühne.
Behandlung: A. *Dvorak*, Für die Jugend der Welt (Schauspiel über das Leben von K. Marx) 1956.

Marx, Karl, geb. 23. Juli 1861 zu Würzburg, gest. 8. Juli 1933 zu Mannheim, begann seine Bühnenlaufbahn 1887 in seiner Vaterstadt, setzte sie 1888 in Straßburg fort u. gehörte seit 1894 (mit Unterbrechung) jahrzehntelang dem Hoftheater in Mannheim als Opernsänger u. Spielleiter an. Ehrenmitglied dess. Hauptrollen: Hunding, Hagen, Van Bett, Falstaff, Leporello u. a.

Marx, Ludwig, geb. 23. März 1836 zu Fürth, gest. 2. Okt. 1901 zu München, war Schauspieler u. Regisseur in Zürich, Breslau, Aachen, Basel, Barmen, Kiel, Würzburg, Hannover, Heilbronn u. a. Hauptrollen: Klaus („Doktor Klaus"), Beischle („Die beiden Reichenmüller"), König („Zopf u. Schwert"), Henry („Die Waise von Lowood") u. a.

Marx, Max, geb. 23. Jan. 1874 zu Wien, gest. 12. Nov. 1939, Kaufmannssohn, kam als Charakterkomiker 1892 über Sarajewo ans Jantsch-Theater seiner Vaterstadt, dann nach Olmütz, Salzburg, Gmunden, Berlin (Deutsches Theater), Hannover u. Breslau. Hauptrollen: Chirurgus Schmidt („Die Weber"), Wun Hsi („Geisha"), Czupan („Der Zigeunerbaron"), Valentin („Der Verschwender"), Izzet Pascha („Fatinitza"), Lambertuccio („Boccaccio") u. a.

Marx, Paul, geb. um 1875 zu Wien, kam über das Lessingtheater in Berlin, Zürich u. Düsseldorf an die Kammerspiele in München, wo er besonders in Stücken von Strindberg, Ibsen u. Wedekind hervortrat. Hauptrollen: Hyazinth („Belinde"), Graf („Die Kinder"), Lope („Der Richter von Zalamea"), Attinghausen („Wilhelm Tell"), Gregers („Wildente") u. a.

Marx, Pauline s. Steiger, Pauline von.

Marx (Ps. Hildburg), **Stephanie,** geb. um 1862 zu Graz, gest. 21. März 1942 zu Oberdrauburg in Kärnten, Tochter von Friedrich M. (s. d.), begann 1886 als „Jungfrau von Orleans" in Innsbruck ihre Bühnenlaufbahn, kam 1888 nach Brünn, 1889 an die Vereinigten Stadttheater in Hamburg u. Altona, 1896 ans Deutsche Landestheater in Prag u. 1897 ans Hoftheater in Hannover, wo sie drei Jahrzehnte, zuerst als Liebhaberin, später als Heldin u. zuletzt als Heldenmutter wirkte. Ihren Lebensabend verbrachte sie in ihrer österr. Heimat. Hauptrollen: Klärchen, Gretchen, Thekla, Ophelia, Hero, Maria Stuart, Kriemhild u. a.

Marx Sittich Fürsterzbischof von Salzburg (1574—1619), durch seine großartigen Barockbauten berühmt, als dramatischer Held.
Behandlung: Hermann *Schell,* M. Sittich (Schauspiel) 1952.

Marz, Karl Robert, geb. 17. Dez. 1919 zu Wien, studierte das. (Schüler von Joseph Marx, Leopold Reichwein u. a.), war 1939

bis 1940 Opernkapellmeister in Gablonz, nach Kriegsteilnahme 1946—49 in Baden bei Wien, 1951 Gastdirigent am Landestheater in Salzburg u. seit 1952 Solorepetitor an der Staatsoper in Wien. Komponist einer Bühnenmusik zu Schillers „Don Carlos" 1940.
Literatur: A. *Orel,* K. R. Marz (Die Pause, März) 1939.

Marzani, Artur, geb. 1861, gest. 21. Febr. 1908 zu Berlin, wirkte das. als Opernsänger (Tenor) u. zuletzt als Gesangspädagoge.

Marzin, Elly, geb. 18. Nov. 1911 zu Wien, gest. 9. Okt. 1940 zu Baden bei Wien als Choristin u. Schauspielerin am Stadttheater das.

Masaniello, Tomaso s. Aniello, Thomas.

Masche, Fr. s. Kühne, Julie.

Maschek, Albert, geb. 1845, gest. 28. Sept. 1908 zu Baden bei Wien, war Schauspieler u. Oberspielleiter, zuletzt (1908) an der Hietzinger Operettenbühne in Wien. Neffe von Franz M.

Maschek, Franz, geb. 1814 zu Jaromeř in Böhmen, gest. 24. Mai 1895 zu Teplitz, entstammte einer alten Schauspielerfamilie, sein Vater selbst war auch Theaterdirektor, spielte zunächst bei dessen Truppe, später an verschiedenen Bühnen, bis er selbständiger Leiter wurde. Als solcher wirkte er in Reichenberg, Leitmeritz, Teplitz, Saaz u. Pilsen, zuletzt wieder in Teplitz. Onkel des Schauspielers Albert M.

Maschek, Lydia, geb. um 1900, wurde in Wien für die Bühne ausgebildet, begann das. ihre Laufbahn, kam dann an die Staatsoper in München u. über Leipzig 1927 nach Duisburg. Sie gastierte u. a. in Prag, Wien u. Dresden. Hauptrollen: Tosca, Aida, Carmen u. a.

Maschlanka (Ps. Krapp), **Annemarie,** geb. 3. Juni 1924 zu Neuenbürg, lebte in München-Pasing. Verfasserin vorwiegend von Laienspielen.
Eigene Werke: Der Teufelsspiegel (Handpuppenspiel) 1949; Fiddiwau (Volksstück) 1949; Ma-Liu, die Pfirsichblüte (Spiel) 1951; Die goldene Gans (Spiel) 1951; Die sieben Raben (Spiel) 1951; Drei mal schwarzer Kater (Spiel) 1951.

Masen (Masenius), Jakob, geb. 23. März 1606 zu Dahlen bei M. Gladbach, gest. 27. Sept. 1681 zu Köln am Rhein, war seit 1629 Jesuit, lehrte in Emmerich u. Köln Rhetorik u. Poetik, wirkte dann als Professor sowie als theologischer, historischer u. pädagogischer Schriftsteller in Köln, Paderborn u. Trier. Neben J. Bidermann (s. d.) u. J. Gretzer (s. d.) bedeutendster Dramatiker des Ordens. Alle seine handschriftlich erhaltenen, wiederholt gespielten Stücke („Bacchi schola eversa", „Mauritius", „Josaphat", „Ollaria", „Telesbius", „Orientis imperator", „Philippus bonus" usw.) gehören der Entstehung nach der Zeit vor 1650 an. Als Dramaturg war M. für das Schul- u. Jesuitentheater wegweisend.

Eigene Werke: Ars nova argutiarum 1649; Speculum imaginum veritatis occultae 1650; Dux viae vitam puram 1651; Palaestra eloquentiae ligatae 3 Bde. 1654 bis 1657; Palaestra styli romani 2 Bde. 1659; Palaestra oratoria 1659; Rusticus imperans (Histor. Lustspiel, deutsch von Josef Großer: Der Schmied als König 1947) u. a. *Literatur:* Nikolaus *Scheid*, J. Masen 1898; L. *Koch*, J. M. (Lexikon für Theologie u. Kirche 6. Bd.) 1934; Iso *Keller*, Von der Renaissance des barocken Jesuitentheaters (Vaterland, Luzern Nr. 191) 1949.

Maser, Fritz, geb. 4. Jan. 1861 zu Lagos in Westafrika, gest. 1924, Doktor der Philosophie, war Pressereferent im Ministerium des Innern in Berlin. Vorwiegend Dramatiker. *Eigene Werke:* Die Nordlandskönigin (Trauerspiel) 1889; Deponiert (Trauerspiel) 1892; Der Glücksträger (Trauerspiel) 1893; D'Schulteswahl (Lustspiel) 1906; Zeppelin u. Leutle vom See (Lustspiel) 1908; Die beiden Hugendubel (Lustspiel) 1910; Durch (Husaren-Lustspiel) 1911.

Masius-Braunhofer, Anna s. Brulliot, Karl.

Maske (mittellat. masca), auch Larve, Kopfverhüllung u. -verkleidung, beim Tanz u. im Kult verwendet, diente später auch dem Theater. Doch kam die dramatische Entwicklung (Fastnachtsspiel) im 16. Jahrhundert zum Stillstand. Lessing bedauerte die Entfernung der M. vom Theater im 56. Stück der „Hamburgischen Dramaturgie" sehr. Goethe ließ 1801 in Weimar die „Brüder" des Terenz in Masken spielen, doch setzte sich sein Versuch auf der Kunstbühne nicht durch. Nachhaltiger wirkten seine Maskenzüge am Weimarer Hof in der Tradition der

theatralisch angeordneten festlichen Aufzüge. In der Hauptsache blieb der Gebrauch der M. auf rein volkstümliche Vorführungen beschränkt.

Literatur: Taschenbuch der alten u. neuen Masken 1793; C. A. *Böttiger*, Die Furienmaske im Trauerspiel u. auf den Bildwerken der alten Griechen 1801; E. *Wallner*, Maskenzüge aus Weimars klass. Vorzeit (Deutsche Festspielhalle 23. Heft) 1894; H. *Reich*, Der Mimus 1903; Carl *Robert*, Die Masken der neueren attischen Komödie 1911; B. *Diebold*, Das Rollenfach im deutschen Theaterbetrieb des 18. Jahrhunderts 1913; H. *Doerry*, Das Rollenfach im deutschen Theaterbetrieb des 19. Jahrhunderts 1926; J. *Kohlbrugge*, Tier- u. Menschenantlitz im Abwehrzauber 1926; Hans *Rheinfelder*, Das Wort Persona (77. Beiheft der Zeitschrift für romanische Philologie) 1928; Fritz *Häusler*, 101 Charakterköpfe für Schminkkunst u. Charakterausdrücke 1928; F. *Krause*, M. u. Ahnenfigur 1931; R. *Stumpfl*, Schauspielmasken des Mittelalters u. der Renaissancezeit u. ihr Fortbestehen im Volksschauspiel (Neues Archiv für Theatergeschichte 5. Bd.) 1931; Karl *Meuli*, Die deutschen Masken (Handwörterbuch des deutschen Aberglaubens 5. Bd.) 1933; Ilse *Schneider-Lengyel*, Die Welt der M. 1934; Joseph *Gregor*, Die Masken der Erde 1936; Hilde *Emmel*, Masken in volkstümlichen deutschen Spielen (Deutsche Arbeiten der Universität Köln 10. Bd.) 1936; K. *Meuli*, Schweizer Masken u. Maskenbräuche 1943; Wilhelm *Hausenstein*, Die M. des Münchener Komikers Karl Valentin 1948; Emil *Pirchan*, Das Maskenmachen u. Schminken 1951; Andreas *Rumpf*, Einige komische Masken (Mimus u. Logos = Festgabe für Carl Niessen) 1952.

Maskenspiele s. Maske.

Maskenzüge (Goethes) s. Maske. *Literatur:* Z(eitler), Maskenzüge (Goethe-Handbuch 2. Bd.) 1917.

Massa (geb. Kotzbeck), Marie, geb. 17. Mai 1855 zu Graz, gest. 12. April 1887 das., wirkte als Operettensängerin in Prag, Hamburg, Wien (Theater an der Wien), Hannover, Olmütz, Preßburg, Laibach, Baden bei Wien u. a., zuletzt in Pest u. heiratete einen Grafen Blücher.

Massary (eigentlich Massaryk), Fritzi s. Pallenberg, Fritzi.

Massberg, Hermann, geb. 1849, gest. 16. Nov. 1932 zu Stettin, begann 1871 seine Theaterlaufbahn, wirkte an verschiedenen ersten Bühnen Deutschlands u. 1907—32 in Stettin als Schauspieler u. Regisseur. Zuletzt Ehrenmitglied des dort. Stadttheaters. Hauptrollen: Adam („Der zerbrochene Krug"), Moses („Onkel Bräsig"), Striese („Der Raub der Sabinerinnen"), Gobbo („Der Kaufmann von Venedig") u. a.

Massek, Paula s. Koschat, Thomas.

Massenszenen auf der Bühne suchte bereits das Jesuitentheater des 17. Jahrhunderts durch geschulte Kräfte zur Darstellung zu bringen. Goethe forderte die Entfernung der noch zu seiner Zeit vollständig ungeübten Statisten, doch erst die Meininger (s. d.) verliehen auch Massenszenen künstlerischen Ausdruck. Max Reinhardt gelangen bei seiner Erstaufführung des „Königs Ödipus" u. des „Mirakels" Meisterdarbietungen von Großraum. Im Kollektivdrama des Expressionismus (z. B. bei E. Toller) legte man auf deren Gestaltung besonderen Wert.
Literatur: Walther *Lohmeyer,* Die Massenscenen im älteren deutschen Drama (Diss. Heidelberg) 1912, ders., Dramaturgie der Massen 1913; Eugen *Kilian,* Schillers Massenszenen (Aus der Praxis der modernen Dramaturgie) 1914; *Neuweller,* Massenregie 1919; Egon *Harnapp,* Masse u. Persönlichkeit im Drama (Diss. München) 1933.

Massow (geb. Vio), Amalie, geb. 1795, gest. 25. Dez. 1877 zu Neustrelitz, wirkte seit Mitte der Dreißigerjahre in ernsten u. komischen Mütterrollen des Schau- u. Singspiels am dort. Hoftheater. 1848 nahm sie ihren Bühnenabschied.

Materna, Amalie s. Friedrich, Amalie.

Materna, Hedwig, geb. 4. Aug. 1871 zu Graz, Tochter eines Postbeamten, Nichte von Amalie Friedrich-Materna, Schwester des Kapellmeisters u. Komponisten Leopold M., wurde in ihrer Vaterstadt u. in Wien für die Bühne ausgebildet, betrat diese 1896 als Opernsängerin in Mainz, wo sie (ausgenommen 1900 in Zürich) dauernd blieb u. den Kunstkritiker Heinrich Hirsch heiratete. An den Bayreuther Festspielen nahm sie wiederholt teil. Über Wagners Frauengestalten, die ihr besonders lagen, veröffentlichte sie Aufsätze in Zeitschriften.

Hauptrollen: Senta, Isolde, Walküre, Brünnhilde, Ortrud, Elisabeth, Fidelio, Carmen, Aida, Donna Anna u. a.

Materna, Leopold, geb. 1872, gest. im Dez. 1948 zu Wien, Bruder von Hedwig Materna, war Kapellmeister u. Komponist.
Literatur: Anonymus, L. Materna (Wiener Zeitung 16. Dez.) 1948.

Mathern, Carl, geb. 2. Febr. 1887 zu Bad Homburg, lebte in Eppelsheim bei Worms. Bühnenschriftsteller (hauptsächlich mit Toni Impekoven s. d.).
Eigene Werke: Schach Matt (Schwank) 1910; Das Kind (Schwank) 1911; Die drei Zwillinge (Schwank) 1918; Peterle (Schwank) 1920; Robert u. Bertram (Posse) 1921; Ehezauber (Lustspiel) 1921; Meisterboxer (Schwank) 1922; Hamlet in Krähwinkel (Lustspiel) 1925; Otto der Treue (Schwank) 1925; Der doppelte Moritz (Schwank) 1925; Die neue Sachlichkeit (Schwank) 1927; Max der Prominente (Lustspiel) 1928; Der fröhliche Rapunzelplatz (Posse) 1932; Ein toller Fall (Posse) 1939; Angelika (Lustspiel) 1941; Die schwedische Heirat (Lustspiel) 1945; Die Privatsekretärin (Lustspiel) 1949; Die Verlobungsreise (Lustspiel) 1951 u. a.

Mathes, Eduard, geb. 9. Juni 1869 zu Wien, Sohn u. Schüler von Louisabeth Mathes-Roeckel (s. d.), trat 1891 als Dawison in „Maria Stuart" am Stadttheater in Troppau erstmals auf, kam als Jugendlicher Liebhaber 1892 nach Zürich, wirkte 1893—95 in Freiburg im Brsg., dann in Reichenberg, Augsburg, Kassel u. seit 1901 in Riga. Hauptrollen: Conti („Emilia Galotti"), Bellmaus („Die Journalisten"), Leopold („Im weißen Rößl"), Naukleros („Des Meeres u. der Liebe Wellen"), Wastl („Der G'wissenswurm") u. a.

Mathes, Emil, geb. 30. Juli 1837 zu Sebnitz in Sachsen, gest. 4. Jan. 1907 zu München, wirkte als Schauspieler in Stettin, Graz, 1882 in Posen, 1883 in Budapest, 1884 in Berlin (Deutsches Theater), 1885 in Brünn, 1886 in Moskau, 1887 wieder in Budapest, 1888 in Lübeck u. 1889—91 in Danzig. Hauptrollen: Götz, Heinrich IV., Brabantio u. a.

Mathes, Emma s. Meyer, Emma.

Mathes, Marie, geb. 25. April 1840 zu Auer-

bach in Hessen, gest. 20. Juli 1865 zu Wien, Tochter eines Theaterdirektors, trat zuerst in Kinderrollen in Leipzig auf, kam dann als Jugendliche Liebhaberin nach Bamberg, Frankfurt a. M., ans Viktoriatheater in Berlin u. wurde 1863 von Laube ans Burgtheater berufen, zu dessen verheißungsvollsten Kräften sie gehörte, dem sie jedoch durch ein schweres Leiden frühzeitig entrissen wurde. Zu ihren Hauptrollen zählte Perdita im „Wintermärchen" u. Margarete in „Erziehungs-Resultate" von C. Blum.
Literatur: Louis *von Selar,* M. Mathes (Deutscher Bühnen-Almanach, herausg. von A. Entsch, 30. Jahrg.) 1866.

Mathes, Robert, geb. 30. Juni 1843 zu Kreuscha, gest. 19. April 1905 zu Berlin, wirkte als Jugendlicher Held u. Bonvivant in Frankfurt a. M., Mainz (Volkstheater), Zürich u. Berlin (Friedrich-Wilhelmstädtisches- u. Belle-Alliance-Theater).

Mathes-Roeckel, Louisabeth, geb. 30. Okt. 1841 zu Weimar, gest. 21. April 1913 zu Kassel, Enkelin des Beethoven-Freundes, Tenors u. Musikers Josef August Roeckel (s. d.), Tochter von August R. (s. d.) u. seiner Gattin Karoline (geb. Lortzing), von Mitgliedern des Weimarer Hoftheaters wie Heinrich Franke, Emil Kaibel u. Fedor v. Milde (s. d.) für die Bühne ausgebildet, betrat diese das. 1858 als Käthchen von Heilbronn, wirkte auch bei Gastspielen in Prag, Leipzig, Berlin u. a., 1863—66 am Hoftheater in Schwerin u. 1866—71 am Burgtheater. Später trat sie in Petersburg, Hamburg, San Franzisko u. a. Orten Amerikas auf, 1879—96 wieder im Burgtheater. 1898—1900 spielte sie Mütterrollen am Schillertheater in Berlin. Dann zog sie sich endgültig ins Privatleben zurück. Ihren Lebensabend verbrachte sie in Kassel, nachdem sie noch in Wien den dort. Eisenbahn-Oberinspektor Heinrich Mathes geheiratet hatte. Mutter von Eduard M. Hauptrollen: Emilia Galotti, Maria Stuart, Sappho, Desdemona u. a. Ihre Glanzrolle jedoch fand sie in Halms „Wildfeuer", von der selbst ein so strenger Kritiker wie Ludwig Speidel (s. d.) begeistert war: „Sie erlebte damals im Burgtheater ihren großen Moment; es blitzte plötzlich in Halms ‚Wildfeuer' der Name Louisabeth Roeckel auf. Mädchen in Männerkleidern sind von jeher ein beliebtes Reizmittel auf der Bühne gewesen. R. — damals noch Mädchen — brachte ihrer Rolle eine hochgestreckte Gestalt u. eine frisch-

blühende Fülle, mit Schlankheit verbundene Schönheit, entgegen. Es war ein fesselndes Doppelschauspiel, wie aus dem knabenhaften Unband die weibliche Seele emporblühte u. die quellende Fülle des Körpers das männliche Gewand sprengte, um in der bequemeren Frauenkleidung den höchsten Triumph zu feiern. Der Dichter selbst war entzückt von der Darstellerin u. konnte sich an ihr kaum satt sehen. Damals war L. R. ein Wiener Name."
Literatur: Eisenberg, L. Roeckel (Biogr. Lexikon) 1903.

Mathieu, Edmund (Geburtsdatum unbekannt), gest. 7. Juni 1884 zu Saarbrücken, war Schauspieler u. a. 1880 in Rostock, 1881 in Stettin, 1882 in Köln, 1883 in Dortmund u. zuletzt wieder in Köln. Hauptrollen: Fedor („Lorbeerbaum u. Bettelstab"), Bernhard („Reif-Reiflingen"), Marsland („Der Bibliothekar"), Franz Moor u. a.

Mathieu, Max, geb. 15. Juli 1864 zu Köln, wirkte als Theaterkapellmeister 1886 das., 1887 in Koblenz, 1888—89 in Kiel, 1890 in Memel u. seit 1891 in Detmold.

Mathis der Maler, Oper in sieben Bildern, Text u. Musik von Paul Hindemith. Uraufführung in Zürich 1938. Im Vordergrund der teils geschichtlichen, teils legendären Handlung steht der Aschaffenburger Maler Mathis Neidhardt, den der Dichter mit dem von Geheimnissen umwitterten, historisch kaum zu fassenden Schöpfer des berühmten Isenheimer Altars Mathias Grünewald identifiziert. Sein tragisches Schicksal u. die Schrecken des Bauernkriegs von 1524/25 werden in erschütternden Episoden festgehalten. Altdeutsche Weisen, barocke Melismatik verbinden sich mit gregorianischen Klängen u. komplizierten polyphonen Gebilden zu einer höchst eigenartigen musikalischen Schöpfung.

Mathys, Fritz, geb. 1910 zu Basel, war an der „National-Zeitung", seit 1935 als freier Journalist u. seit 1945 als Konservator des Schweiz. Turn- u. Sportmuseums das. tätig. Bühnendichter.
Eigene Werke: Kleines Adventspiel (Ein Gespräch — ein Akt) 1937; Morgstraich (Astrologische Komödie) 1940 (mit W. Roettges); Sammet u. Syde (Geschichte in 5 Bildern) 1941; Kleines Hirtenspiel (Legendenspiel unter dem Ps. Paul Firma) 1949.

Matkowsky (eigentlich Matzkowsky), Adalbert, geb. 6. Dez. 1858 zu Königsberg in Preußen, gest. 16. März 1909 zu Berlin, unehelicher Sohn einer Näherin, brannte mit sieben Jahren von zu Hause durch, um sich einer Zirkusgesellschaft anzuschließen, besuchte dann eine Realschule, wandte sich aber bald der Bühne zu, die er nach Unterricht bei Heinrich Oberländer (s. d.) u. dessen Empfehlung 1877 am Hoftheater in Dresden betrat. Als hinreißend feuriger Jugendlicher Held begann er seine Laufbahn. 1886 kam er nach Hamburg, 1889 ans Kgl. Schauspielhaus in Berlin, wo er zu den großen Heldengestalten des klassischen Dramas heranreifte u. lebenslang blieb, freilich ohne sein leidenschaftliches Temperament zähmen zu können, frühzeitig sich verzehrend. Neben dem beherrschten modern realistischen Kainz, seinem Rivalen, stand er auf dem Boden einer älteren Überlieferung, Romantiker nach Anlage u. Neigung, Phantasiemensch durch u. durch. Ein zeitgenössischer Kritiker, Eugen Zabel, sagte von ihm: „In erster Linie ist aber Matkowsky eine volle, männliche Persönlichkeit, eine heldenhafte Natur, ein ganzer Kerl, der sich nur wohl fühlt, wenn sich der Sturm der Leidenschaft zusammenzieht u. feurige Blitze vor ihm in den Weg einschlagen. Dafür hat er die hohe Gestalt, die kräftigen Schultern, den entschlossenen Ton der Stimme, das feste Auftreten. Er ist von ungewöhnlicher physischer Kraft u. für den Harnisch u. die Handhabung des Schwertes wie geschaffen." Matkowskys Nachruhm erhielt sich lange. So äußert sich neuerdings Carl Hagemann: „Ein Rest vom Stegreifspieler steckte in ihm. Aus dem Vollen schöpfend u. mit Glut geladen, schien er seine Szene jedesmal in der Gunst genialischer Eingebung zu improvisieren u. sie damit zu packender Wirkung, manchmal aber auch hart bis an die Grenze des ästhetisch Möglichen zu führen. Maßlos wie im Leben, rieb er sich auch für die Bühne auf, wußte er auf Grund eines ganz u. gar unsentimentalen Temperaments u. im Zwange aufrichtigen Gefühls auch die zu erschüttern, deren kritisches Bewußtsein meist allerdings erst nachträglich mit all seinen Planlosigkeiten u. Übersteigerungen nicht immer einverstanden sein konnte ... Sein Karl Moor, Fiesko, Wilhelm Tell u. Marquis Posa, früher sein Max Piccolomini, Ferdinand u. Melchthal rissen auch Anspruchsvollste zu ihm hin." Julius Bab aber, der M. noch auf der Bühne sah, rühmte besonders seine Shakespeare-Gestalten: „Das Höchste seiner Shakespeare-Darstellung war wohl der Othello. Ganz ein großer Feldherr, adlig beim ersten Schritt u. Ton: ‚entsproßt von königlichem Stamm'; kindlich aufschmelzend in der Geschichte seiner Liebe: ‚rührend — seltsam rührend war's'. Und wenn dann die List tückischer Zwerge die Ehre, die Lebensader dieses kindlichen Riesen, durchschneidet — welch Schmerzenslaut kam dann von seinen Lippen: ‚Aber schade, Jago, schade —'. Ein nie zu vergessender, langgezogener Klang. Aber schließlich, aufrasend im Zorn — welch ein Bild, wenn er rückwärtsschreitend der vermeintlichen Kupplerin Geld hinstreut u. schreiend verschwindet wie ein verderbensäender Gott! — Ein Freund, mit dem ich aus dieser Othello-Darbietung ins Freie trat, nannte das ‚den Vesuv, an dessen Abhängen die Lacrimae Christi wachsen'. M. hatte keine Shakespeare-,Auffassungen', die man begrifflich festlegen kann. Seine Gestaltungen kamen aus jener Lebenstiefe, in der der Dichter seine Gestalten ‚gesehen', nicht bedacht hat. Ist Percy, der Heißsporn, ein pathologischer Stotterer oder nur ein ungezügelt - temperamentvoller Sprecher? Nun, Matkowskys Percy schleuderte die Worte in so überdrängter Fülle heraus, daß sie stolpern mußten. Das Stottern war kein Zungenfehler, sondern das Ergebnis seines Blutes. Und mit wie herrlicher Heiterkeit scherzt dieser urgesunde Mann dann mit seinem Käthchen. — Ist Marc Anton bei seiner berühmten Leichenrede ein arglistiger Betrüger oder ein wirklich Ergriffener? Auch diese gedachte Unterscheidung verflog beim Anblick von Matkowskys Darstellung. Wenn dieser Redner ausrief: ‚Dies war ein Cäsar, wann kommt seinesgleichen?', so hatte er Tränen im Auge, die zweifellos echt waren. Aber in der gleichen Sekunde ging schon sein Späherblick über die Volksmasse, ob diese Tränen auch ihre richtige Wirkung täten! — Im lebendigen Menschen sind mehr Kräfte ineinander geschlungen u. wirken auseinander, als der unterscheidende Verstand benennen kann. Diese Kräfte hat Shakespeare gestaltet u. M. gespielt". — Auch literarisch trat M. hervor.

Eigene Werke: Exotisches (Plaudereien) 1895; Eigenes, Fremdes 1895; Außer meinem König — keiner (Drama nach dem Spanischen des Don Franc. de Rojas) 1896.

Behandlung: Peter *Scher*, Glanz von oben (Erzählung: Frankfurter Zeitung Nr. 193) 1945.

Literatur: *Eisenberg,* A. Matkowsky (Biogr. Lexikon) 1903; Ph. *Stein,* A. M. 1904; M. Osborn, A. M. (Nationalzeitung, Berlin 7. März) 1909; Rudolf *Lothar,* A. M. (Münchner Allg. Zeitung Nr. 267) 1909; M. *Grube,* A M. (Die Woche 12. Jahrg.) 1909; Eugen *Zabel,* Erinnerungen an A. M. (Velhagen u. Klasings Monatshefte, Mai) 1909; H. F. *Octavio,* A. M. (Xenien Nr. 4) 1909; H. *Stümcke,* A. M. (Bühne u. Welt 11. Jahrg.) 1909; A. *Klaar,* A. M. (Jahrbuch der Deutschen Shakespeare-Gesellschaft 46. Bd.) 1909; M. *Grube,* A. M. (Lebensbild nach persönlichen Erinnerungen) 1909; Hermann *Kienzl,* A. M. (Blaubuch Nr. 13) 1909; B. *Wiegler,* A. M. (Neue Revue Nr. 13) 1909; O. F. *Gensichen,* A. M. (Neuer Theater-Almanach 21. Jahrg.) 1910; Maximilian *Harden,* A. M. (Köpfe) 1910; Adolph *Donat,* M. als Sammler (Die Deutsche Bühne 2. Jahrg.) 1910; Julius *Bab,* Kainz u. M. 1912; A. *Klaar,* A. M. (Biogr. Jahrbuch 15. Bd.) 1913; Hans *Lebede,* A. M. (Die Deutsche Bühne 22. Jahrg.) 1920; ders., A. M. (Das Theater 1. Heft) 1939; Carl *Hagemann,* A. M. (Deutsche Künstler um die Jahrhundertwende) 1940; Wolfgang *Drews,* A. M. (Die Großen des deutschen Schauspiels) 1941; J. *Bab,* A. M. (Kränze dem Mimen) 1954.

Matousek, Emil, geb. 24. Dez. 1908 zu München, gest. 11. April 1951 das., war seit 1930 Schauspieler am dort. Volkstheater u. leitete nach 1945 mehrere Jahre die Bayerische Volksbühne in Gmund am Tegernsee. Hauptrollen: Frosch, Graf Schorschi u. a.

Matras, Fanny, geb. 1828, gest. 13. Sept. 1878 zu Pötzleinsdorf bei Wien, wirkte schon als Kind seit 1834 am Burgtheater, dem sie bis zu ihrem Bühnenabschied 1859 angehörte. Liebhaberin u. Chargenspielerin. 1847 heiratete sie den Porträtmaler Aigner.

Matras, Josef, geb. 1. März 1832 zu Wien, gest. 30. Sept. 1887 das. (in der Irrenanstalt), Sohn eines Schneidermeisters, Piaristenzögling, erlernte das Kellnergewerbe, trat aber bald als Volkssänger auf, wurde Chorist u. Episodenspieler auf Wanderbühnen (wiederholt neben Anzengruber s. d.), kam 1857 an die Singspielhalle seines Freundes Johann Fürst (s. d.) im Prater u. 1862 ans Carltheater in Wien, wo er sowohl im Volksstück, als auch in der Posse u. später in der Operette so hinreißend spielte, daß er zum ausgesprochenen Liebling des Publikums

wurde. Sein natürlicher Wiener Humor (F. Schlögl bezeichnete ihn als „Vertreter des verschmitzt spaßigen Wieners") eroberte die Herzen aller, die ihn sahen. Hauptrollen: Gluthammer („Der Zerrissene"), Melchior („Einen Jux will er sich machen"), Schuster Weigl („Mein Leopold"), Hasemann („Hasemanns Töchter"), Griesinger („Doktor Klaus"), Izzet Pascha („Fatinitza") u. a. Laube schätzte M. sehr hoch, wie er nach dessen frühem Hinscheiden bekannte; „Ich habe ihn in Karlsbad gesehen, als er in Wien noch unbekannt war, und habe ihn damals für das Burgtheater engagieren wollen, wenn er ein Jahr noch nach Deutschland ginge, um fester im Hochdeutschen zu werden. Er ging, fühlte aber bei seiner Rückkehr, daß mit dem Verlust seines Lokal-Dialektes ihm ein Teil seines Talentes verloren ginge. Und er hatte Recht. Eine Rolle, wie die des M. in ‚Mein Leopold' gehört zum Besten, was ich auf deutscher Bühne gesehen habe". Auch die Kritik (Neue Freie Presse, 30. Sept. 1887) äußerte sich im selben Sinn: „Das Volkstheater verlor im Augenblicke, als ihm M. entrissen wurde, einen seiner populärsten u. charakteristischesten Vertreter, welcher den gemütvollen Wiener Humor in seiner liebenswürdigsten Form zum Ausdruck brachte. Wenn M. seine frohgelaunten oder sentimental angehauchten Volksgestalten auf die Scene stellte, so schöpfte er dabei aus der Tiefe eigener Lebenserfahrung, denn wenige Vorstadtkomiker mußten so wie er einen mühevollen Weg bald im Dunkel, bald im Lichte, vom regellosesten Harfenisten- u. Volkssängertume bis zur solid befestigten Künstlerschaft emporklimmen . . . Die vornehmste Eigenschaft in J. M. war eine außerordentliche Diskretion in der Anwendung komischer Mittel. Hierin übertraf er den einst berühmten Scholz (s. d.), in dessen behäbiger Manier er spielte, ohne die Übertreibungen nachzuahmen. Besonders im stummen Spiel war M. ein Meister; er konnte oft durch ein bloßes Augenzwinkern helle Lachstürme entfesseln; aber auch für rührende Momente standen ihm Empfindung u. Wahrheit zu Gebote. Die Rolle, mit welcher er . . . zum ersten Male Beachtung fand, war die Titelpartie in L'Arronges ‚Mein Leopold'. Hier entfaltete er den ganzen liebenswürdigen Zauber seiner Natürlichkeit u. in keiner späteren Rolle hat er wieder die Einfachheit der Linien, in denen er sich hier bewegte, erreicht. Im Verein mit Ascher, Tewele, Knaack u. Blasel repräsentierte er eine

Blütezeit der Komik des Wiener Volkstheaters."

Anläßlich einer Matras-Akademie sprach Eduard Mautner folgenden Prolog:

Wer zählt sie all, die wechselnden Gestalten,
Die er geschaffen u. die Euch ergötzt?
Doch nur von Einer will ich zu Euch sprechen,
Die Euch ergriffen bis ins Innerste:
Die Meisterleistung echtesten Humors,
Der lächelnd weint u. wieder weinend lacht.
Die eine nun, die muß ich nennen,
Die ganz uns ließ des Künstlers Wert erkennen,
Die uns so offen legte sein Gemüt,
Das warme Herz, daraus sein Scherz erblüht —
Der Vaterliebe echtes, reines Gold,
Aus seinem Rufe klangs: „Mein Leopold!"

M. war der Vater der Schauspielerin Pepi Glöckner-Kramer (s. d.). Die Stadt Wien stiftete ihm ein Ehrengrab auf dem Zentralfriedhof u. benannte auch eine Straße nach ihm.
Literatur: Eisenberg, J. Matras (Biogr. Lexikon) 1903; Eduard v. *Komorzynski*, J. M. (A. D. B. 52. Bd.) 1906; Josef *Keller*, J. M. (Neues Wiener Tagblatt, Sept.) 1937; Alfred *Huttig*, J. M. (Österr. Theater-Almanach) 1949.

Matray, Ernst, geb. 27. Mai 1891 zu Budapest, humanistisch gebildet, wirkte jahrelang als Schauspieler bei Max Reinhardt in Berlin, auch als Regisseur.

Mátray-Novák, Desider, geb. 28. Juli 1872 zu Hod-Mezö-Vásárhely, Sohn eines Oberinspektors der ungar. Staatsbahnen, zuerst Offizier, wurde jedoch wegen seiner starken gesanglichen Begabung von Adolf Robinson (s. d.) für die Bühne ausgebildet, die er in Budapest betrat, kam als Heldentenor 1899 ans Stadttheater in Leipzig, dann nach Düsseldorf u. ging später auf Gastspielreisen. Hauptrollen: Lohengrin, Tannhäuser, Raoul, Troubadour, Faust u. a.

Matscheg, Anton, geb. 5. Juni 1860 zu Wien, gest. 26. Dez. 1929 das., Sohn eines Maschinenfabrikanten, trat bereits als Kind im dort. Theater an der Wien auf u. wirkte herangewachsen an verschiedenen Bühnen seiner Vaterstadt, 1888—89 am dort. Carltheater, 1890—91 in Hannover, 1892 in Braunschweig, Dresden u. Bremen, 1893—94 am Lindentheater in Berlin, 1895—98 am

Landestheater in Graz, seither am Carl-Schultze-Theater in Hamburg, später am Josefstädtertheater, Raimundtheater, Stadttheater u. Theater an der Wien wieder in Wien. Hervorragender Komiker (vor allem Vertreter der bodenständigen Thaddädl-Tradition). Hauptrollen: Menelaus („Die schöne Helena"), Ollendorf („Der Bettelstudent"), Wenzel (Ein Böhm in Amerika"), Barnabas („Dem Ahn'l sein Geist") u. a.

Matscher, Hans, geb. 3. März 1878 zu Schwaz in Tirol, studierte in Innsbruck (Doktor der Medizin), wurde Arzt in Meran, später in Wels u. ließ sich als Chefarzt a. D. in Ried nieder. Erzähler u. Dramatiker.
Eigene Werke: Kuhhandel (Bauernkomödie) 1936; Das Spiel auf der Tenne (Tiroler Bauerntheater-Roman) 1936; Der erste Stein (Drama) 1949.

Matschura, Heinz, geb. 23. Aug. 1920 zu Berlin, wirkte als Dramaturg in Bremen u. Bremerhaven. Auch Verfasser von Bühnenstücken u. Hörspielen.

Matt, Regina, geb. 28. Juli 1888 zu Sursee in der Schweiz, wo sie eine Buchhandlung betrieb. Verfasserin von Lustspielen (im Dialekt).
Eigene Werke: D Pänsio 1931; Altjumpferelescht 1933; Wes ame Familiefästli cha goh 1934; De Chranz 1934; Was e frohmüetigs Meitschi vermag 1940.

Mattausch, Franz, geb. 1767 zu Prag, gest. 28. Juni 1833 zu Berlin, betrat mit 17 Jahren in Bayreuth die Bühne u. kam als Jugendlicher Liebhaber u. Held ans Kgl. Schauspielhaus in Berlin, wo er 1827 seinen Abschied nahm, vom Hof geehrt u. vom Publikum begeistert gefeiert. Seine schöne Gestalt u. sein klangvolles Organ steigerte seine Wirkung besonders in Ritterdramen wie „Götz von Berlichingen". Sein gemütvolles Spiel kam wieder Rollen im bürgerlichen Drama (z. B. Ifflands „Jägern") zugute. 1799 gab er bei der Berliner Erstaufführung von „Wallenstein" den Max Piccolomini. 1801 war er der erste Dunois in der „Jungfrau von Orleans". In den „Erlebnissen" von F. W. Gubitz heißt es über ihn: „Die Macht seiner Natürlichkeit u. ihres Erwärmens wirkte so innig zur Gefühlseinstimmung, daß die Wahrheit des beseelten Ausdrucks alle Makeln verscheuchte;

man empfand, er habe den Geist der Natur, das unbewußte Schaffen, oft ansprechend wie höhere Offenbarung. Man mußte sich zuweilen inbetreff gelehrter Bildung einen Verstoß gefallen lassen, es wurde leicht vergessen bei einem Schauspieler, der im Zeitengange vom ‚Naturburschen' bis zum ‚Wallenstein' einen so weiten Umfang von angeborener Begabung erwiesen hatte. Wenn ich seine Gestaltungen in dichterisch aufstrebender Richtung mir in Gedanken wieder nähere, ist darauf hinzudeuten, daß man im Anfang unseres Jahrhunderts die Schlichtheit, die Rede, wie man sie von ernst Gebildeten im Umgangsleben vernimmt, auf der Bühne für das Musterhafte hielt, demnach auch den Vers nicht vorherrschend abteilte, ihn mehr im Flüssigen des Ungebundenen sprach. Er gehörte nicht zu der Mehrheit von Schauspielern, die auch außerhalb des Theaters dem Schein dienen, sich um Gunst der Hochgestellten unterwürfigst bewerben. Er blieb fern von solchem Treiben, ließ sich hinsichtlich der ‚Gage' in seiner Bescheidenheit sogar zuweilen mehr gefallen, als er hätte tun sollen: Das ist aber bei denen, die sich nicht entwürdigen wollen, eine ehrenhafte Genügsamkeit". L. Tieck schrieb nach einer Aufführung des „Don Carlos" von ihm: „In allem Glanz der Jugend trat M. als Carlos auf, und obgleich sein Organ nicht vollkommen war u. die Kritik manches einzelne mit Recht tadelte, sah ich doch diesen Charakter nie in einer schöneren Begeisterung darstellen".
Literatur: Wurzbach, F. Mattausch (Biogr. Lexikon 17. Bd.) 1867; *Eisenberg,* F. M. (Biogr. Lexikon) 1903.

Mattausch, Hans Albert, geb. 18. Sept. 1882 zu Dresden, besuchte das dort. Konservatorium (Schüler Felix Draesekes u. Ernst v. Schuchs), wurde 1901 Kapellmeister in Lübeck, wirkte dann an Theatern in Magdeburg, Königsberg, Plauen, Wien u. gründete nach dem Zweiten Weltkrieg einen Orchesterverein in Dachau. Vorwiegend Opernkomponist.
Eigene Werke: Die Pusztanachtigall 1909; Esther 1921; Die Jessabraut 1921; Antwerpener Sage o. J.; Raffael o. J.

Matte, Franziska, geb. 1802, gest. im Mai 1881 zu Preßburg, wirkte als Schauspielerin an verschiedenen österr. Bühnen u. zuletzt mehrere Jahrzehnte in Preßburg. Gattin des Folgenden.

Matte, Heinrich (Geburtsdatum unbekannt), gest. 11. Febr. 1855 zu Marburg an der Drau, gehörte als Schauspieler verschiedenen österreichischen Bühnen an, zuletzt dem neueröffneten Theater in Marburg. Gatte der Vorigen.

Matter, Ludwig Ernst, geb. 26. Dez. 1881, war Schauspieler, u. a. 1911 in Metz, 1912 in Augsburg, 1913—14 in Kiel u. nach Einsatz im Ersten Weltkrieg 1918—19 in Saarbrücken, 1921 Leiter der Calderon-Gesellschaft in Berlin, später Spielleiter u. dramatischer Lehrer in Wien.

Mattern, Fred Friedrich, geb. 16. Jan. 1908 zu Worms, war 1933 Schauspieler u. Regisseur, leitete dann eine eigene Wanderbühne u. wurde 1946 Direktor der Volksbühne in Aschaffenburg.

Matthaes, Heinrich, geb. 25. Sept. 1859 zu Dresden, gest. 12. Febr. 1916 zu Neuyork, Kaufmannssohn, studierte in Leipzig Philosophie, wandte sich jedoch, von Emil Bauer (s. d.) entsprechend ausgebildet, der Bühne zu, war zuerst Mitglied wandernder Theatergesellschaften u. spielte dann in Zwickau, Frankfurt an der Oder, Neisse, Schweidnitz, Warmbrunn, 1887—95 in Leipzig, 1895—96 in Kassel, 1896—98 am Residenztheater in Berlin, 1898—1900 am Residenztheater in Hannover, hier auch als Regisseur tätig, seither am Deutschen Schauspielhaus in Hamburg u. schließlich am Irving Place-Theater in Neuyork. Anfangs Jugendlicher Liebhaber, später Charakterkomiker, zuletzt Humoristischer Vater. Hauptrollen: Melchthal, Percy, Lyonel, Patriarch, Falstaff, Piepenbrink, Dorfrichter Adam u. a.

Matthes, Otto, geb. 31. Aug. 1845 zu Sommerfeld in Brandenburg, gest. 23. Mai 1917 das., wo er als Kaufmann lebte. Verfasser zahlreicher Theaterstücke.
Eigene Werke: Musketier Spitz (Lustspiel) 1884; Ein Schützenfest (Lustspiel) 1885; Beim Justizrat (Lustspiel) 1886; Mobil! (Lustspiel) 1887; Doktor Schlau (Lustspiel) 1888; Strenger Dienst (Schwank) 1890; Spukmüller (Posse) 1890; Zwei Onkel (Lustspiel) 1892; Einquartierung (Posse) 1893; Beim Hauptmann Tourno (Lustspiel) 1903; Im Feindesland (Volksstück) 1904; Student Bummel (Schwank) 1904 u. a.

Matthes, Wilhelm, geb. 8. Juni 1889 zu Berlin, besuchte das dort. Sternsche Konservatorium, wirkte 1909—12 als Theaterkapellmeister, wurde 1919 Musikredakteur beim „Fränkischen Kurier" in Nürnberg u. schrieb u. a. ein „Simphonisches Lustspiel" für großes Orchester.

Matthesius, Siegmund Immanuel, geb. 2. Mai 1727 zu Klodra bei Weida in Sachsen, gest. 12. Febr. 1811 als Advokat zu Annaberg. Verfasser von Bühnenstücken.

Eigene Werke: Die zärtliche Tochter (Lustspiel) 1767; Die Herrschaft der Weiber (Nachspiel) 1768; Der Rangstreit (Operette) 1784; Die geprüfte Bruderliebe (Lustspiel) 1785; Vier Lustspiele 1785.

Mattheson, Johann, geb. 28. Sept. 1681 zu Hamburg, gest. 17. April 1764 das., wirkte als Sänger 1697 an der dort. Oper, die er 1703 verließ, u. seit 1715 als Musikdirektor am Dom das. Seit 1713 Herausgeber der Moralischen Zeitschrift „Der Vernünftler". Verfasser von Operntexten u. Musikschriftsteller.

Eigene Werke: Zenobia (Musik von Händel) 1721; Arsaces (Musik von Orlandini u. Amadei) 1772; Nero (Musik von Orlandini) 1723; Aesopus bei Hofe 1728; Die neueste Untersuchung der Singspiele 1744; Georg Friedrich Händels Lebensbeschreibung (Übersetzung des Werkes aus dem Englischen des Maywaring) 1761 u. a.

Literatur: Meinhardus, J. Mattheson 1879; Robert *Eitner,* J. M. (A. D. B. 20. Bd.) 1884.

Matthias Römisch-Deutscher Kaiser (1557 bis 1619), Sohn Kaiser Maximilians II., lebte mit seinem Bruder Rudolf II. im Widerstreit. Dramenfigur.

Behandlung: Franz *Grillparzer,* Ein Bruderzwist in Habsburg (Drama) nach 1855.

Matthias I. Corvinus König von Ungarn (1443—90), Sohn Johann Hunyadis, bestieg 1458 den Thron, eroberte Österreich u. 1485 Wien, wo er starb. Dramatischer Held.

Behandlung: F. A. *Wentzel,* Matthias Corvinus oder Die Belagerung von Breslau im Jahre 1474 (Schauspiel) 1810; Johann Ladislaus *Pyrker,* Die Corvinen (Trauerspiel) 1810; Karl *Hugo* (= K. H. Bernstein), Ein Ungarkönig (Schauspiel) 1847 u. a.

Literatur: B. v. *Szent-Iványi,* M. Corvinus in der deutschen Literatur (Ungar. Jahrbücher 20. Bd.) 1940.

Matthias, Carl, geb. 18. April 1838 zu Dan-

zig, gest. 23. Febr. 1903 zu Leipzig, Sohn eines Rechtsanwaltes, trat zuerst als Opernsänger, später als Schauspieler auf. Seine Wirkungsstätten waren Berlin (Friedrich-Wilhelmstädtisches Theater), Graz, Aachen, Köln u. hierauf wieder Berlin. 1899 nahm er seinen Bühnenabschied u. redigierte dann in Leipzig den „Veteran". Von seinen vielen Erzählungen spielt die Humoreske „Komödiantenliebe" (1898) in der Welt des Theaters. Hauptrollen: Lyonel, Don Octavio u. a.

Matthias, Edgar, geb. 26. Juni 1885 zu Frankfurt a. M., für die Bühne von Karl Porth (s. d.) ausgebildet, begann 1904 seine Bühnenlaufbahn in Konstanz, wirkte in Nordhausen, Iserlohn, Schaffhausen u. a. als Naturbursche, Liebhaber u. Jugendlicher Komiker. Hauptrollen: Bartsch („Hasemanns Töchter"), Franz („Rosenmontag"), Voss („Cornelius Voss") u. a.

Matthias, Hermann, geb. 26. Febr. 1849 zu Brandenburg, gest. 28. Nov. 1895 zu Frankfurt a. M., Lyrischer Tenor am Hoftheater in Dresden, kam 1875 an das Stadttheater in Hamburg, 1878 unter H. Devrient nach Frankfurt a. M., wo er eine Hauptstütze der Oper bildete, 1882 nach Hannover u. Gotha u. später wieder als Operettentenor nach Frankfurt, wo er 1888 seinen Bühnenabschied nahm: Hauptrollen: Oktavio, Tamino, Florestan, Almaviva, Faust u. a.

Matthias, Louise s. Grans, Louise.

Matthias, Robert, geb. 17. Nov. 1859 zu Magdeburg, gest. 24. Febr. 1919 das., entstammte einer dort. Predigerfamilie, wirkte als Schauspieler nach mehreren Wanderjahren in feinkomischen Rollen in Magdeburg, Königsberg, Riga, Kiel, Posen u. zuletzt acht Jahre in Dortmund. Hauptrollen: Bolz („Die Jounalisten"), Lutz („Alt-Heidelberg") u. a.

Matthiesen, Oskar, geb. 15. Jan. 1894 zu Brunsbüttelkoog in Holstein, lebte als Schriftsteller u. Komponist in Kiel. Seine Oper „De Regentrud" wurde 1926 in Flensburg uraufgeführt.

Mattis, Dominik s. Mattis, Pauline.

Mattis, Pauline, geb. 1811 zu Wien, gest. 9. Okt. 1844 das., Tochter von Philipp Hasenhut (s. d.), Nichte von Anton Hasenhut (s. d.), Erste Tänzerin an der Wiener Hofoper, trat mit ihrem Gatten, dem Tänzer Dominik M., erfolgreich auch in Frankreich u. Italien auf.

Literatur: Wurzbach, P. Mattis (Biogr. Lexikon 17. Bd.) 1867.

Mattoni, André, geb. 24. Febr. 1901 zu Karlsbad, Enkel des Besitzers des weltbekannten Mineralwassers „Mattonis Gießhübler", besuchte das Theresianum in Wien, war dann Schüler des Burgschauspielers Franz Herterich (s. d.), wurde zuerst Volontär am Burgtheater, 1922 Mitglied dess., unternahm mit Else Wohlgemuth (s. d.) große Tourneen in die Tschechoslowakei, nach Ungarn, in die Schweiz u. ging 1924 zu V. Barnowsky nach Berlin, wirkte hier u. a. an den Saltenburg-Bühnen u. am Metropoltheater u. nach dem Zweiten Weltkrieg am Josefstädtertheater in Wien u. in Salzburg.

Mattstedt (geb. Schulz), Anna Theresia, geb. um 1765 zu Linz an der Donau (Todesdatum unbekannt), Gattin des Folgenden, war neben diesem in Weimar bühnentätig.

Mattstedt, Johann Josef, geb. 1759 zu Dresden (Todesdatum unbekannt), Gatte der Vorigen, spielte in Pest, 1778—79 bei Brunian in Leipzig, dann u. a. 1785—89 in Strelitz, 1790 in Brünn, 1791—93 in Weimar, hierauf in Regensburg, Danzig, Reval, 1798 in Erfurt u. bis 1803 in Riga Intriganten- u. Chargenrollen.

Matulka, Karl, geb. 4. Nov. 1866 zu München, gest. 9. Aug. 1892 das., ausgebildet in seiner Vaterstadt, war Schauspieler 1886 bis 1887 in Wilhelmshaven, 1888—89 in Königsberg, 1889—90 in Altenburg u. zuletzt in Meiningen. Hauptrollen: Jaromir („Die Ahnfrau"), Brakenburg („Einer von unsere Leut"), Rupert („'s Nullerl") u. a.

Matull, Kurt, geb. 25. Febr. 1872 zu Treptow in Pommern, war seit 1902 in Neuyork Journalist, lernte das. Ferdinand Bonn (s. d.) kennen, der ihn 1905 als Dramaturgen nach Berlin an das von ihm geleitete „Berliner Theater" berief. Seit 1907 lebte M. das. als freier Schriftsteller. Bühnenautor.

Eigene Werke: Der Fürst der Bretter (Humoreske aus dem Berliner Theaterleben) 1907; Der rote Pfarrer (Drama) 1908; Anne Marie (Lustspiel) 1908; Der große Unbekannte (Lustspiel) 1908; Die arme Mieze (Lustspiel) 1908; Die falsche Hochzeit (Schauspiel) 1909.

Matuna-Wurm, Gisela (Gisa), geb. 8. Okt. 1885 zu Winzendorf in Niederösterreich, trat zuerst in Kinderrollen neben Girardi u. Niese auf, besuchte dann die Theaterschule Otto (Albert Heine) in Wien, kam nach Tätigkeit in der Provinz (mehrere Jahre in Reichenberg u. Karlsbad) 1911 ans Raimundtheater, 1912 an die neugegründete Volksbühne in Wien u. nach dem Ersten Weltkrieg mit Paul Barnay (s. d.) nach Kattowitz, Wiesbaden, Krefeld u. Breslau, war auch beim Kabarett u. seit 1925 wieder in Wien am Josefstädtertheater beschäftigt.

Matus, Herma, geb. 29. Okt. 1911 zu Wien, wirkte als Schauspielerin u. a. 1939—41 in Klagenfurt u. 1941—44 am Volkstheater in München.

Matuszewski, Sigmund, geb. 1889, gest. 27. Sept. 1954 zu Freiburg im Brsg., begann seine Bühnenlaufbahn 1897, wirkte im Jugendlichen Charakterfach in Döbeln, Elbing, Altenburg, Riga u. Pforzheim, wandte sich 1912 dem Gesangsstudium zu u. kam als Lyrischer Tenor nach Bielefeld, Danzig, Halle u. a. 1923 wurde er nach Freiburg verpflichtet, wo er bis zu seinem Tode blieb. Nach dem Zweiten Weltkrieg führte er drei Jahre die Intendanz der Städtischen Bühnen das. M. beherrschte über 120 Erste Rollen. Er gab Gastspiele in der Schweiz, im Elsaß u. an vielen deutschen Bühnen. Um die Uraufführung der Opern „Schwanenweiß" u. „Gespenstersonate" des Freiburger Komponisten Julius Weismann erwarb er sich besondere musikalische Verdienste.

Matz, Johanna, geb. 5. Okt. 1932 zu Wien, besuchte nach einigen Jahren Gymnasium die Tanzklasse der dort. Akademie, dann das Reinhardt-Seminar das. u. kam 1950 als Schauspielerin ans Burgtheater. Hauptrollen: Lori Saar („Der Unmensch"), Charmian („Cäsar u. Kleopatra"), Louison („Der eingebildete Kranke") u. a.

Literatur: Ernst *Wurm,* Verheißung der Jugend (Neue Wiener Tageszeitung Nr. 258) 1951; Peter *Rubel,* Ein Mädchen namens Maus (Mein Film Nr. 2) 1951; Ernst *Wurm,* Vom Tanz zur Schauspielkunst — Johanna M. in künftigen Rollen (Neue Wiener Tageszeitung 8. Nov.) 1951; *Stefan,* Beginn einer Karriere (Presse, Wochenausgabe 30. Aug.) 1952; L. H. *H.,* Bewährungsprobe Burgtheater (Neue Wiener Tageszeitung 18. Nov.) 1953.

Matz, Julius, geb. 26. Dez. 1846 zu Königsberg, gest. im Nov. 1881 zu Breslau, war Lehrer, später Redakteur der dort. „Schlesischen Ausstellungszeitung". Dramatiker. *Eigene Werke:* Tilly (Histor. Drama) 1869; Zwei Bräute (Trauerspiel) 1872; Im Namen des Königs (Festspiel) 1872; Geld u. Geist (Schauspiel) 1875.

Matzak, Franz, (Ps. Kurt Hildebrandt), geb. 1. Aug. 1896 zu Arnfels in der Steiermark, besuchte die Landeskunstschule in Graz, war Schauspieler in Marburg an der Drau, Laibach, Triest, Leoben, Bozen, Graz u. lebte später als freier Schriftsteller das. Erzähler u. Dramatiker. *Eigene Werke:* Prinz Eugen kämpft um den Frieden (Drama) 1935; Wolf Dietrich von Raitenau (Drama) 1939 (ungedruckt).

Matzenauer, Margarete, geb. 1. Juni 1881 zu Temeschwar, zuerst Altistin, später Sopranistin, begann ihre Bühnenlaufbahn 1901 in Straßburg, gehörte 1904—11 dem Hoftheater in München an u. kam hierauf an die Metropolitan-Oper in Neuyork. Berühmt war ihre Carmen. Weitere Hauptrollen: Venus, Ortrud, Brangäne, Fricka, Erda, Amneris, Dalila u. a. M. war in erster Ehe verheiratet mit dem Gesangspädagogen Ernst Preuse in München u. führte während ihrer dort. Tätigkeit den Namen Preuse-Matzenauer, in zweiter seit 1911 mit dem Opernsänger E. Ferrari-Fontana (gest. 1917) u. in dritter mit F. Glotzbach. Ihre Tochter Adrienne Ferrari-Fontana (geb. 20. Jan. 1914) wurde Operettensängerin. Nach ihrem Bühnenabschied lebte Margarete M. in Neuyork.

Matzerath, Otto, geb. 26. Okt. 1914 zu Düsseldorf, in Köln ausgebildet, war Kapellmeister in München-Gladbach, Krefeld, Würzburg u. seit 1940 in Karlsruhe, hier auch Opernleiter. Generalmusikdirektor. *Literatur:* C. Hessemer, O. Matzerath (Zeitschrift für Musik 10. H.) 1950.

Matzig, Richard, geb. 24. Juli 1904 zu Luzern, gest. 27. April 1951, studierte in Genf, Bern, Zürich, Wien, Heidelberg u. Freiburg (Doktor der Philosophie), erhielt 1934 einen Lehrauftrag in Rio de Janeiro, war dann Professor an der Kantonsschule in Sankt Gallen u. Privatdozent in Bern. Literar-

historiker, Lyriker, Erzähler, aber auch Dramatiker. *Eigene Werke:* Dreikönigsspiel u. Krippenspiel 1935; Notturno (Harlekinade) 1937 (Umarbeitung mit Musik von Max Haeflin 1949); Zwischenspiel zu Phädra (Drama) 1939.

Matzinger, Josef, geb. 1878 zu Wien, gest. 3. Juli 1927 zu München, gehörte mehr als zwei Jahrzehnte als Schauspieler verschiedenen Bühnen in Österreich u. Deutschland, seit 1924 dem Gärtnerplatztheater in München an. Auch Spielleiter.

Matzinger-Stastny, Helene, geb. um 1875, am Wiener Konservatorium ausgebildet, Schauspielerin seit 1898, betrat als Gretchen erstmals in Wiener-Neustadt die Bühne, kam über Innsbruck, Marienbad, Olmütz, Teplitz-Schönau, Brünn u. Linz nach Berlin (Walhalla- u. Apollotheater), wirkte mehrere Jahre in Hermannstadt, in Hamburg (unter ihrem ersten Frauennamen Boruttau), ging nach Kriegseinsatz als Pflegerin nach Reichenberg in Böhmen, dann als Erste Komische Alte nach München u. Lübeck, spielte zehn Jahre in Cottbus u. seit 1934 in Saarbrücken.

Matzner, Gustav, geb. 1876, gest. 26. Nov. 1952 zu Siebleben bei Gotha im Gustav-Freytag-Haus, war Operettentenor u. a. in Heidelberg, am Carl-Schultze-Theater in Hamburg u. am Metropoltheater in Berlin (der erste Danilo in der „Lustigen Witwe"), Gatte der Schauspielerin Katharina Freytag, jüngsten Tochter von Gustav Freytag (s. d.). Hauptrollen: Martin („Der Obersteiger"), Franz („Im weißen Rössl") u. a.

Maudrik, Lizzie, geb. 17. Aug. 1898, gest. 13. Jan. 1955 zu Berlin, in Paris für die Bühnenlaufbahn als Tänzerin vorbereitet, kam, nachdem sie als Elevin an der Mailänder Scala u. in Monte Carlo unter Michael Fokins Leitung tätig gewesen war, als Erste Solotänzerin nach Wiesbaden, Darmstadt, an die Charlottenburger Oper nach Berlin, wo sie große dramatische Ballette, wie „Coppelia" u. „Josephslegende", gestaltete. An der Berliner Staatsoper brachte sie eigene Werke wie „Barbarina", deren Stoff sie aus Archiven zusammengefügt hatte, den „Zerbrochenen Krug" nach Kleist u. „Joan von Zarissa" von Werner Egk zur Darstellung.

Mauer, Hans auf der s. Klob, Karl Maria.

Mauerhof, Emil, geb. 21. April 1845 zu Kunigehlen in Ostpreußen (Todesdatum unbekannt), lebte als freier Schriftsteller in Berlin, München, Darmstadt, Dresden, Rom, Paris u. a.
Eigene Werke: Messalina (Trauerspiel) 1882; Zur Idee des Faust 1884; Das Wesen des Tragischen in alter u. neuer Zeit 1897; Schiller u. Heinrich v. Kleist 1898; Götzendämmerung (Das naturalist. Drama — Ibsen, der Romantiker des Verstandes — Was also sprach Zarathustra?) 1907.

Mauermann, Siegfried, geb. 6. Nov. 1884 zu Berlin, lebte das., später in Salmünster bei Hanau. Doktor der Philosophie. Literarhistoriker u. Dramatiker.
Eigene Werke: Die Bühnenanweisungen im deutschen Drama 1911; Diogenes auf der Redoute (Lustspiel) 1914; Auf der dunklen Erde (3 Einakter) 1920; Eile mit Weile! (Bühnenspiel) 1951 u. a.

Mauke, Wilhelm, geb. 25. Febr. 1867 zu Hamburg, gest. 24. Aug. 1930 zu Wiesbaden, studierte zuerst Medizin, dann Musik in Basel, München u. wirkte bis 1919 als Opernkritiker bei der „Münchner Zeitung". Komponist von Opern u. Operetten.
Eigene Werke: Der Taugenichts (Oper) 1905 (nach Eichendorff); Der Tugendprinz (Operette) 1907; Die letzte Maske (Mimodrama) 1917; Laurins Rosengarten (Oper) o. J.; Thamar (Oper) 1922 u. a.
Literatur: W. *Nagel,.* W. Mauke 1919; *Riemann,* W. M. (Musik-Lexikon 11. Aufl.) 1929.

Mauler, Johann Georg (Geburts- u. Todesdatum unbekannt), war seit 1764 Prinzipal der Olmützer Komödianten, mit denen er u. a. auch in Hallein spielte.
Literatur: Das Halleiner Heimatbuch 1954.

Maultasch, Margarete s. Margarete (Maultasch) Gräfin von Tirol.

Maurach, Johannes, geb. 31. Mai 1883 zu Schareyken in Ostpreußen, gest. 23. Okt. 1951 zu München, humanistisch gebildet, studierte in Rostock (Doktor der Rechte), dann in München Musik- u. Literaturgeschichte, wurde hier u. in Berlin für die Bühne ausgebildet, worauf Georg Stollberg (s. d.) ihn als Dramaturg an das Schauspielhaus (die späteren Kammerspiele) nach München berief. 1909 erhielt M. die Leitung des Stadttheaters in Regensburg, wirkte seit

1912 als Intendant in Essen, Straßburg u. Dortmund, führte 1922—29 die Direktion der Städt. Bühnen in Nürnberg u. 1942—45 die Generalintendanz in Danzig. 1945 flüchtete er von hier nach Berlin, war 1947 in Hildesheim tätig u. ließ sich 1948 im Ruhestand in München nieder.

Mauren, Wilhelm s. Maurenbrecher, Wilhelm.

Maurenbrecher, Otto, geb. 28. Dez. 1872, zuerst Schauspieler u. Regisseur, leitete später die Städt. Bühnen in Elbing, Cottbus, Krefeld, Aachen, Wuppertal, Plauen u. 1935—41 das Theater des Volkes in Berlin. Hierauf betätigte er sich als Lektor u. Dramaturg im Bühnen-Verlagswesen.

Maurenbrecher (Ps. Mauren), Wilhelm, geb. 22. April 1870 zu Königsberg in Preußen, gest. 2. Nov. 1929 zu Dortmund, begann 1889 seine Bühnenlaufbahn in Altenburg, setzte sie 1890 in Stettin, Memel u. Tilsit fort u. wirkte auch als Regisseur in Meiningen, Düsseldorf, Zürich, Straßburg u. seit 1913 in Dortmund. Hauptrollen: Karl Moor, Dunois, Tempelherr, Graf Trast u. a.

Maurer, Adolf, geb. 4. Juni 1883 zu Zürich, war Pfarrer in Zell, Schwamendingen u. Wiedikon-Zürich. Im Ruhestand lebte er in Brüttisellen. Dramatiker.
Eigene Werke: Der alte Sigrist (Schauspiel) 1933; Es steht geschrieben (Spiel) 1939; Da, wo du stehst (Spiel) 1949.

Maurer, Alexander, geb. 17. Juli 1839 zu Kohlenberg bei Kempten, gest. 8. Juni 1891 zu München, gehörte seit 1856 als Schauspieler, Sänger u. Regisseur u. a. den Bühnen in Konstanz, Aschaffenburg, Friedberg in Hessen (hier auch als Direktor), Worms, Mainz, Suhl u. Ansbach in Gesang- u. Charakterrollen an. Seine Gattin Thekla wirkte neben ihm als Komische Alte u. im Mütterfach.

Maurer, August Wilhelm, geb. 24. Okt. 1792 zu Mannheim, gest. 12. Febr. 1864 zu Stuttgart, Sohn von Ifflands Sekretär, Patenkind u. Schüler dess., kam 1809 auf die Bühne, wirkte bald als Erster Liebhaber u. Jugendlicher Held am Kgl. Schauspielhaus in Berlin u. seit 1819 in Stuttgart, wo er blieb. Gastspiele führten ihn ans Burgtheater, nach Prag u. a. Auch in komischen Partien ausgezeichnet. 1828 übersetzte u. bearbeitete

er das französische Drama „Dreißig Jahre oder Das Leben eines Spielers". Seit 1820 Gatte der Schauspielerin Albertine Schaffner. Hauptrollen: Karl Moor, Don Cesar, Don Carlos, Mortimer, Wallenstein, Tell, Zriny u. a. Nach Paul Rüthling wußte Maurers „voller ungeschminkter Naturton zu rühren u. zu erheitern, seiner einfachen Rede folgte die Träne wie das herzliche Lachen gleich unausbleiblich u. die beweglichen ausdrucksvollen Gesichtszüge seines Hogarthschen Kopfes beherrschten im Verein mit seiner sicheren feinen Haltung die Mitspielenden sowie die Zuschauer im vollsten Maße."
Literatur: L. v. *Alvensleben,* A. W. Maurer (Biogr. Taschenbuch deutscher Bühnenkünstler u. Künstlerinnen 1. Jahrg.) 1836; R. *Wentzel,* A. W. M. (Deutscher Bühnen-Almanach, herausg. von L. Schneider, 24. Jahrg.) 1860; P. *Rüthling,* A. W. M. (Ebda. 30. Jahrg.) 1866; *Eisenberg,* A. W. M. (Biogr. Lexikon) 1903.

Maurer, Franz Anton, geb. 1777 zu St. Pölten in Niederösterreich, gest. 19. April 1803 zu München, wirkte als Knabe bei der Uraufführung der „Zauberflöte" mit, seit 1796 als Baß am Theater an der Wien in Wien (Glanzrolle Sarastro), 1800 in Frankfurt a. M. u. seit 1801 in München. Auch als Komponist trat M. hervor.
Eigene Werke: Ein Haus zu verkaufen (Oper nach Duval) 1802; David Teniers (Oper nach Bouilly) 1803.
Literatur: Wurzbach, F. A. Maurer (Biogr. Lexikon 17. Bd.) 1867.

Maurer, Friedrich, geb. 17. April 1901 zu Mannheim, gehörte als Schauspieler dem Schillertheater u. dem Deutschen Theater in Berlin an. Hauptrollen: Tyrrel („Richard III.), Mister Porter („Das Herrenhaus"), Pastor Parris („Hexenjagd") u. a. Auch Bühnenschriftsteller („Theatereinsichten" 1948 u. a.).

Maurer, Friedrich Christian, geb. 26. Jan. 1847 zu Agnetheln in Siebenbürgen, gest. 26. Nov. 1902 zu Landau in der Pfalz als Direktor der Höheren Töchterschule das. Dramatiker.
Eigene Werke: Harra (Trauerspiel) 1883; Ganna, die Seherin der Chatten (Trauerspiel) 1883; Ulfilas (Trauerspiel) 1884.

Maurer, Georg, geb. 24. Febr. 1830 zu Obritz, gest. 5. April 1908 zu Weimar, wirkte als Sänger (Baß) an der Hofoper in

Wien, in Linz, Straßburg, Amsterdam u. a. Gatte der Sängerin Marie Minghetti. Hauptrollen: de Retz („Die Hugenotten"), Obigny („La Traviata"), Escalus („Romeo u. Julia"), Borella („Die Stumme von Portici") u. a.

Maurer (Murer), Jos, geb. 1530 zu Zürich, gest. 16. Okt. 1580 das., war Glasmaler u. Dramatiker.
Eigene Werke: Die Belagerung der Stadt Babylon 1559; Junger Mannenspiegel 1560; Absolon 1565; Auferstehung des Herrn 1566; Zorobabel 1575; Hester 1576.
Literatur: J. *Baechtold,* J. Murer (A. D. B. 23. Bd.) 1886.

Maurer, Julius, geb. 10. April 1888 zu Pforzheim, studierte Musik in Karlsruhe, München (u. a. bei F. Mottl), Berlin, Halle u. war seit 1911 als Opernkapellmeister u. a. in Stuttgart, Wilhelmshaven u. Weimar tätig. Seine Doktor-Dissertation „A. Schweitzer als dramat. Komponist" erschien 1912.

Maurer, Louis Wilhelm, geb. 8. Febr. 1789 zu Potsdam, gest. 25. Okt. 1878 zu Petersburg, wirkte bereits als Knabe im Berliner Hoforchester mit, kam später als Kapellmeister nach Rußland, brachte als Konzertmeister in Hannover (1824—33) die Opern „Der neue Paris", „Aloise" u. „Die Runenschlacht" zur Aufführung u. leitete seit 1833 die französische Oper in Petersburg.
Literatur: Riemann, L. W. Maurer (Musik-Lexikon 11. Aufl.) 1929.

Maurer, Ludwig s. Hölken, Ludwig.

Maurer (geb. Minghetti), Marie, geb. 19. Sept. 1841 zu Wien, gest. 15. Febr. 1904 zu Brünn, wirkte als Sängerin u. Schauspielerin in Wien, Marburg, Essen u. a. Gattin von Georg M. Hauptrollen: Juno („Orpheus in der Unterwelt"), Sophie („Krieg im Frieden") u. a.

Maurer, Oskar, geb. 6. Nov. 1896 zu München, wirkte 1920—31 als Schauspieler am Gärtnerplatztheater in München, dann am Rundfunk.

Maurer, Thekla s. Maurer, Alexander.

Maurice, Alphons, geb. 14. April 1862 zu Hamburg, gest. 27. Jan. 1905 zu Dresden, Neffe des Folgenden, besuchte das Konservatorium in Wien u. komponierte u. a. Theaterstücke.

Eigene Werke: Das Stelldichein (Singspiel) 1903; Der Wundersteg (Volksoper) 1903.

Maurice, Charles (gen. Chéri), geb. 29. Mai 1805 zu Agen in Frankreich, gest. 27. Jan. 1896 zu Hamburg, Abkömmling einer jüdischen Familie namens Schwartzenberger. Sohn des Unternehmers Charles Sch., Besitzers einer Likörfabrik u. des Tivoligartens in Hamburg, übernahm 1829 die Leitung des dort. Sommertheaters, eröffnete 1843 das Thaliatheater das., das er zu größter Blüte brachte, unterstützt von glänzenden Kräften wie Karl Meixner, Emil Thomas, Heinrich Marr, Marie Seebach, Friederike Goßmann, Marie Geistinger, Zerline Gabillon, Hedwig Raabe, daneben leitete er seit 1847 das Stadttheater, teils allein, teils mit anderen. Nach seinem späten Eintritt in den Ruhestand übernahm M. mit 88 Jahren, nach dem Tod seines Sohnes Gustav, noch einmal die Direktion des Thaliatheaters. Einer der bedeutendsten deutschen Bühnenleiter in der 2. Hälfte des 19. Jahrhunderts. Fränkel schilderte M. als den Theatermann, der in doppelter Hinsicht den richtigen Blick hatte: „Einmal betreffs eines passenden Repertoires, das neben dem Kleinbürger-Publikum bald auch die besseren Stände heranzog u. rasch die bis dahin wenig beachtete Bühne in die Gunst der Bevölkerung hineinwachsen ließ. Und der empfindliche Wettbewerb für das bevorrechtete Stadttheater beruhte gutenteils mit in der unter des Franzosen M. Aegide erstehenden Blüte des plattdeutschen Lustspiels u. der Hamburger Lokalposse, indem neben Bärmanns langer Reihe gemütvoller ‚Burenspillen' die Parodien u. Dialektschwänke des geistreichen scharf-witzigen Hamburger Realisten J. H. David (1812—39) für M. die Quelle beispielloser Erfolge u. Einnahmen wurden . . . Andererseits besaß M. von Anfang an in ganz hervorragendem Maße die Kunst, theatralische Einzelkräfte zu erkennen, zu gewinnen u. sich entwickeln zu lassen, aber auch sie dem Ganzen der Truppe einzufügen u. deren Aufgaben dienstbar zu machen . . . Das Mauricesche Theater führte in Lustspiel, Schwank u. Posse nicht nur musterhafte Darstellungen, sondern auch hervorragende Individualitäten, andererseits ein vortreffliches Ensemble auch dem anspruchsvollsten Verlangen vor Augen. So hat M. schauspielerische Talente nicht nur herangezogen, sondern auch angezogen. So steht neben den kecken Spaßmachern der Posse, Nestroy, Scholz, Gern, eine lange Reihe aufstrebender Kräfte des ernsten Fachs, gegen welches M. keineswegs sein vorurteilfreies Herz verschloß. Nicht etwa bloß erstklassige Wandervögel wie der Originalneger Aldrige als Othello, Demoiselle Rachel als Phädra, die Ristori als Medea — jeder dieser drei in seiner Muttersprache — brachten den erhabenen Kothurn auf die Tagesordnung. Nein, gerade ziemlich viele der bei ihm debutierenden oder flügge werdenden Anfänger, die später anderwärts erste Posten u. Ruhm erreicht haben, durften sich am Thaliatheater in klassischen Rollen erproben: z. B. Lina Fuhr als Maria Stuart, Marie Seebach als Gretchen, Charlotte Wolter als Iphigenie, desgleichen der genialste, den er emporgebracht, Bogumil Dawison. Andernteils hat er freilich z. B. die Goßmann, die sich auf die tragischen Liebhaberinnen steifte, auf die muntere Naive verpflichtet, u. darin hat sie nachher ihre Triumphe gefeiert . . . Die bei ihm in die Höhe gekommenen Zerline Würzburg-Gabillon, Antonie Janisch, Marie Seebach, Helene Hartmann hat M. neben der Wolter u. Goßmann als ‚k. k. österreichischer Hofburgtheater-Lieferant wider Willen', wie er sich scherzweise bezeichnete, vom großartigen Wiener Schauspiel-Ensemble seines gleichaltrigen Widerparts Heinrich Laube, den er grollend den Rattenfänger von Hameln zu nennen pflegte, sich wegfischen sehen müssen. Maurices unbestreitbares großes Verdienst beruht in der sicheren Handhabung der Einsicht, daß die Bühne nicht die überragende Einzelleistung, sondern eine harmonisch abgetönte Gesamtleistung vorführen u. durch diese wirken soll. So stach denn bei ihm selbst bei sogenannten Paraderollen ein starker Gast vom Ensemble nicht wesentlich ab, wofern er sich nicht direkt auf Virtuosenmätzchen verlegte."

Literatur: Hermann *Uhde,* Das Stadttheater in Hamburg (1827—77) 1879; Reinhold *Ortmann,* Fünfzig Jahre eines deutschen Theaterdirektors 1881; Alfred *Schönwald,* Das Thaliatheater in Hamburg (1843—93) 1893; E. *Kühne,* Ch. Maurice (Hamburgischer Correspondent Nr. 270) 1905; Ludwig *Fränkel,* Ch. M. (A. D. B. 52. Bd.) 1906; Paul *Schlenther,* Ch. M. (Theater im 19. Jahrhundert. Schriften der Gesellschaft für Theatergeschichte 40. Bd.) 1930.

Maurice, Gustav, geb. 6. Dez. 1836 zu Hamburg, gest. 23. Okt. 1893 das., Sohn des

Vorigen, Kaufmann, übernahm 1885 die Leitung des dort. Thaliatheaters. Seine Gattin Hortense, geb. Hirschfeld, war Schauspielerin an den Maurice-Bühnen das.

Maurice, Hortense s. Maurice, Gustav.

Maurice, Pierre, geb. 13. Nov. 1868 zu Allamann im Kanton Waadt, besuchte die Konservatorien in Stuttgart u. Paris, lebte 1899 bis 1917 in München u. kehrte dann in seine Heimat zurück. Komponist u. a. von Opern.
Eigene Werke: Jephthas Tochter (Bibl. Drama) 1899; Kalif Storch 1901; Die weiße Flagge 1903; Lanval 1913; Andromeda 1914; Arambel (Mimodrama) 1920; Bei Nacht sind alle Katzen grau 1920 u. a.
Literatur: Riemann, P. Maurice (Musik-Lexikon 11. Aufl.) 1929.

Maurick, Ludwig, geb. 1869 in Holland, gest. 24. April 1910 zu Kassel, war nach beendetem Musik-Studium zuerst Musiklehrer in Dortrecht u. Amsterdam, trat dann als Konzertmeister auf, wandte sich 1893 der Bühne zu u. ging als Heldentenor nach Lübeck, Barmen, Danzig u. 1909 nach Kassel. Hauptsächlich Wagnersänger: Tristan, Siegfried, Siegmund, Tannhäuser, Erik, Lohengrin u. a. Vater des Folgenden.

Maurick, Ludwig Achilles, geb. 19. Juli 1898 zu Dortrecht in Holland, Sohn des Vorigen, wurde in Danzig u. Würzburg musikalisch ausgebildet, kam zuerst als Kapellmeister nach Kassel, 1938 als Mitdirektor des Deutschen Volkstheaters nach Wien u. wirkte seit 1945 als Gastdirigent wieder in Kassel. Komponist der Bühnenmusik zu Shakespeares „Der Widerspenstigen Zähmung", zu „Vasantasena" u. „Penthesilea", ferner der Operetten „Juanita", „Die Elixiere des Teufels", „Die Heimfahrt des Jörg Tilmann" 1935 u. einer Oper „Prosit Neujahr, Big Jan" o. J.

Mauritius der Ältere, Georg, geb. 13. Dez. 1539 zu Nürnberg, gest. 30. Dez. 1610 das. als Schulrektor, studierte in Wittenberg, wirkte zeitweilig in Steyr (Österreich) u. schrieb hier einen Teil seiner zehn deutschen Schuldramen: „Von dem Schulwesen", „Von allerlei Ständen", „Von Fall u. Wiederbringung des menschlichen Geschlechts", „Von Graf Walther von Salutz u. Grisolden", „Von den Weisen aus dem Morgenlande", „Von dem Josaphat, König in Juda",

„Von Nabal", „Von Haman", „Von David u. Goliath", „Von dem frommen Ezechia, König in Juda". Außerdem Verfasser lat. Gelegenheits- u. didaktischer Poesie. — Sein Sohn, Georg M. der Jüngere (1570 bis 1631), Professor in Altdorf, übersetzte „Damon u. Pythias" (1617) von F. Omichius (s. d.) u. obige „Grisoldis" (1621) ins Lateinische.
Literatur: W. Scherer, G. Mauritius der Ältere u. der Jüngere (A. D. B. 20. Bd.) 1884.

Maurus, Gerda s. Stemmle, Gerda.

Mauthner, Emmy s. Förster, Hans.

Mauthner, Eugen Moritz, geb. 6. Juli 1855 zu Brünn, gest. 13. Nov. 1917 zu Wiesbaden, Sohn eines Fabrikdirektors, betrat als Autodidakt 1876 in Leipzig (unter August Förster s. d.) erstmals die Bühne, spielte dann Bonvivants in Meiningen, Wien (Burgtheater), Berlin (Residenz- u. Wallnertheater) u. in Neuyork (Germania-Theater). Als Direktor eines seinen Namen führenden reisenden Ensembles wirkte er in Hamburg, Dresden, Köln, Liegnitz u. Halle. Gatte der Schauspielerin Helene Bensberg, Tochter eines Theaterdirektors, die als Schauspielerin in Berlin (Wallnertheater), Dresden (Residenztheater), Neuyork (Germania-Theater), Breslau, Petersburg u. a. hauptsächlich als Salondame tätig war.
Literatur: Eisenberg, E. M. Mauthner (Biogr. Lexikon) 1903.

Mauthner, Fritz, geb. 22. Nov. 1849 zu Hořitz bei Königgrätz, gest. 19. Juni 1923 zu Meersburg am Bodensee, Sohn eines Fabrikanten, studierte in Prag u. war dann literarisch vielseitig in Berlin tätig, u. a. als einflußreicher Theaterkritiker des „Berliner Tageblatts". Auch Bühnenschriftsteller.
Eigene Werke: Anna (Schauspiel) 1874; Zum Streit um die Berliner Bühne (Tagebuch) 1893.
Literatur: Julius Bab, F. Mauthners Dialoge (Die Schaubühne 2. Jahrg.) 1906; Alois *Rzach,* F. M. (Neue Österr. Biographie 3. Bd.) 1926.

Mauthner, Helene s. Mauthner, Eugen Moritz.

Mautner, Eduard, geb. 13. Nov. 1824 zu Pest, gest. 2. Juli 1889 zu Baden bei Wien,

Kaufmannssohn, studierte in Wien u. Leipzig, war liberaler Journalist, bereiste 1853 Deutschland, Belgien, Frankreich u. England, betätigte sich 1855 beim Generaldirektorat in Wien, seit 1865 in der Hofbibliothek u. zuletzt im Pressebüro das. Sein Stück „Das Preislustspiel" wurde vom Burgtheater 1851 preisgekrönt u. erfolgreich aufgeführt, trotz Grillparzers Kritik. Auch sonst zeichnete sich M. vor allem im Drama aus.

Eigene Werke: Lustspiele (Das Preislustspiel — Gräfin Aurora) 1852; Eglantine (Schauspiel) 1863; Während der Börse (Lustspiel) 1863; Die Sanduhr (Schauspiel) 1871; Eine Mutter vor Gericht (Schauspiel) 1872; Eine Kriegslist (Lustspiel) 1878; Im Augarten (Szen. Prolog) 1880; Von der Aar zur Donau (Festspiel) 1881. *Literatur:* A. *Müller-Guttenbrunn,* E. Mautner (Im Jahrhundert Grillparzers) 1893; Anton *Schlossar,* E. M. (A. D. B. 52. Bd.) 1906.

Mawick, Olga, geb. 1886, gest. 16. Nov. 1934 zu Köln, Schauspielerin das., in Detmold, Konstanz u. Guben, brachte vor allem komische u. stark betonte Kölner Typen zur Darstellung. Hauptrollen: Marie („Die spanische Fliege"), Simba („Der Marquis von Keith"), Sivi („Die Fledermaus"), Sabine („Großstadtluft") u. a.

Max s. Ballmann, Max.

Max, Hero s. Peter, Eva Hermine.

Max, Karl s. Mackowiak, Karl Max.

Max, Ludwig, geb. 5. Juni 1847 zu Berlin, gest. 6. Febr. 1930 zu Hamburg, Sohn eines Rendanten, sollte Theologie studieren, schloß sich jedoch 1867 einer wandernden Theatergesellschaft an u. erhielt dann ein Engagement in Elberfeld. Hierauf war er am Bellevuetheater in Stettin tätig, bis ihn Emil Thomas (s. d.), sein Vorbild, nach Berlin berief. 1876 kam er als volkstümlicher Komiker ans Thaliatheater in Hamburg, wo er in Operette, Posse u. Volksstück eine glänzende Wirksamkeit entfaltete. Hauptrollen: Schuster Weigelt („Mein Leopold"), Giesecke („Im weißen Rößl"), Lubowsky („Doktor Klaus") u. a. Die Zeitkritik rühmte in ihm den „Typus des Naturkomikers, des geborenen Humoristen, des selbstherrlichen Herrschers im Reiche des Witzes, des Komikers, der jeden Abend immer nur sich

selber spielte u. ohne jede andere Verpflichtung nur die Aufgabe hatte, die Leute zum Lachen zu bringen."

Literatur: Reinhold *Ortmann,* Fünfzig Jahre eines deutschen Theaterdirektors 1881; *Eisenberg,* L, Max (Biogr. Lexikon) 1903.

Maximilian I. **Römisch-Deutscher Kaiser** (1459—1519), verheiratet seit 1477 mit Maria, der Erbtochter Herzog Karls des Kühnen von Burgund, Regent seit 1493, beteiligte sich an der Abfassung der allegorischen, selbsterlebten Versdichtung „Teuerdank", die sein Kaplan, der Nürnberger Melchior Pfinzing (1483—1535) redigierte u. 1517 veröffentlichte (wiederholt aufgelegt, Neudruck von K. Haltaus 1836, K. Goedeke 1878 u. S. Laschitzer 1885) sowie an dem ähnlichen Werk „Weißkunig" aus dem Leben seines Vaters Friedrich III., geformt von seinem Geheimschreiber Marx Treitzsauerwein von Ehrentreitz (Prachtausgabe von Alwin Schultz 1888). Die abenteuerfrohe Gestalt des letzten Ritters kehrte in der Dichtung der Folgezeit häufig wieder.

Behandlung: J. W. *Goethe,* Götz von Berlichingen mit der eisernen Hand (Schauspiel) 1773; J. *Kollmann,* Maximilian I. (Drama) 1818; J. L. *Deinhardstein,* Erzherzog Maximilians Brautzug (Drama) 1832; Anton *Pannasch,* M. in Flandern (Drama) 1835; ders., Der König (Drama) 1835; Gustav *Freytag,* Kunz von Rosen oder Die Brautfahrt (Lustspiel) 1843; Hermann *Hersch,* Maria von Burgund (Tragödie) 1860; Richard v. *Kralik,* M. (Schauspiel) 1885.

Maximilian Kaiser von Mexiko (1832—67), jüngerer Bruder des Kaisers Franz Josef von Österreich, zuerst österr. Konteradmiral u. Statthalter in Mailand, seit 1857 mit Charlotte Prinzessin von Belgien vermählt, 1863 auf Betreiben Napoleons III. zur Annahme der mexikanischen Kaiserkrone bewogen, wurde von der französischen Schutzmacht treulos verlassen u. nach dreijähriger Regierung von den Aufständischen erschossen. Tragischer Held.

Behandlung: J. G. v. *Fischer,* Kaiser Maximilian von Mexiko (Trauerspiel) 1868; Franz *Größler,* M. von M. (Trauerspiel) 1882; Richard *Kettenacker,* M. (Trauerspiel) 1883; Ferdinand *Wildermann,* Kaiser M. (Trauerspiel) 1893; Laurenz *Kiesgen,* M. von M. (Trauerspiel) 1894; Eugen *Hertel,* Das Ende Maximilians von M. (Drama) 1899; Martin *Kreuser,* M. von M. (Trauerspiel) 1909; Karl *Weiser,* M. von M. (Trauerspiel)

1912; Franz *Werfel*, Juarez u. M. (Dramat. Historie) 1924; Fritz *Helke*, M. von M. (Drama) 1942.

Maximilian Herzog in Bayern (Ps. Phantasus), geb. 4. Dez. 1808 zu Bamberg, gest. 15. Nov. 1888 zu München, Sohn des Herzogs Pius, studierte in München, heiratete 1828 die Halbschwester König Ludwigs I., Prinzessin Ludovika (aus dieser Ehe stammen u. a. Kaiserin Elisabeth von Österreich s. d. u. Königin Maria Sophie von Neapel), bereiste den Orient u. lebte dann seinen literarischen u. wissenschaftlichen Neigungen. Vorwiegend Reiseschriftsteller u. Erzähler, aber auch Dramatiker.
Eigene Werke: Lukrezia Borgia (Drama nach V. Hugo) 1833; Der Fehlschuß (Drama) 1847.
Literatur: Alois *Dreyer*, Maximilian Herzog in Bayern (Lebensläufe in Franken 1. Bd.) 1919.

Maximilian II. Emanuel Kurfürst von Bayern (1662—1726), regierte seit 1679, kämpfte im Spanischen Erbfolgekrieg gegen Österreich u. verfiel der Reichsacht (1705 Aufstand der bayr. Bauern u. Mordweihnacht von Sendling). Bühnenheld.
Behandlung: C. M. *Heigel*, Max Emanuel oder die Klause in Tirol (Volksschauspiel) 1828. Andreas *May*, Die Gäste von Belle-Esperance (Lustspiel) 1855.

Maximowna, Ita, geb. (Datum unbekannt) in Rußland, in Berlin u. Paris ausgebildet, war seit 1945 in Berlin (Hebbel-, Renaissance-, Schiller- u. Schloßparktheater, Städtisches Opernhaus), Hamburg (Deutsches Schauspielhaus), Mailand (Scala), Wien (Akademietheater) u. Frankfurt a. M. (Oper) als Bühnenbildnerin tätig.

Maxschwarz, Johanna s. Schwartz, Johanna.

Maxse (geb. Rudloff), Auguste Lady, geb. 1836 zu Wien (Todesdatum unbekannt), trat, von Adele Glaßbrenner-Peroni unterrichtet, frühzeitig in Kinderrollen (z. B. Walter Tell) am Burgtheater auf, kam über Brünn ans Deutsche Landestheater in Prag, wo sie ebenso als Ophelia, Gretchen, Priska wie in Hosenrollen (Goethe im „Königsleutnant") Aufsehen erregte, u. 1858 nach dem Abgang Marie Seebachs in beherrschender Stellung ans Burgtheater zurück, dem sie allerdings nur bis zu ihrer Heirat mit dem englischen Lord Henry Maxse Fitzhardinge

Barkeley, dem nachmaligen Gouverneur der Insel Helgoland, angehörte. Sie war eine Tragische Liebhaberin großen Stils. Begeistert klingen die Worte, die ihr Laube in seinen Erinnerungen „Das Burgtheater" widmete: „Es stand plötzlich eine neue Hero, Julia, Louise, also eine neue tragische Liebhaberin vor uns. Hoch u. schlank von Wuchs, mit großen blauen Augen, mit weichem, schönem Organ. Sie spielte echt u. wahr; aus warmem, reinem Gefühl stieg alles ungetrübt empor. Woher kommt sie? Sie gemahnt uns ja wie eine längst bekannte Erscheinung? Das ist sie auch. Wir haben sie in Kinder- u. Knabenrollen gesehen, sie ist aufgewachsen am Burgtheater: es ist Auguste Rudloff. Einige Jahre ist sie ,draußen' gewesen u. hat sich so rein u. wohltuend ausgebildet. Aber so wie sie plötzlich erschien, gleich dem Mädchen aus der Fremde, so verschwand sie plötzlich wieder gleich dem Schillerschen Mädchen. Und wiederum die uns so gefährliche Liebe entzog sie uns. Ein englischer Lord hatte diesen deutschen Zauber verstanden u. führte sie als Gattin über die See. Jetzt ist er Statthalter auf unserer Insel Helgoland; unsere Insel u. unsere tragische Liebhaberin gehören leider ihm u. nicht uns. Aber die Insel u. die Lady bleiben wenigstens innerlich deutsch, u. die letztere folgt immer noch wie ein Kind des Hauses den Schicksalen des Burgtheaters, welches sie ihre Heimat nennt."
Literatur: Wurzbach, A. Rudloff (Biogr. Lexikon 27. Bd.) 1874.

Maxse, Henry Fitzhardinge Barkeley (Ps. F. Martine), geb. 4. April 1832 zu London, gest. 8. Sept. 1883 zu St. John auf Neufundland, war 1863—81 Gouverneur von Helgoland u. Begründer sowie Förderer des dort. Theaters. Seit 1860 Gatte der Vorigen. Auch Bühnenschriftsteller.
Eigene Werke: Elura (Drama) o. J.; Roger Dumenoir (Drama) 1882; Louise von la Vallière (Drama) o. J. (an vielen deutschen Bühnen aufgeführt).

May, Andreas, geb. 12. Nov. 1817 zu Bamberg, gest. 7. Jan. 1899 zu München, einer Bierbrauerfamilie entstammend, studierte in Würzburg u. München (Doktor der Rechte) u. war seit 1875 Rat am dort. Obersten Gerichtshof. Mitglied des Dichterbundes „Krokodil" (s. d.) Vorwiegend Dramatiker.
Eigene Werke: Der König der Steppe

(Drama) 1849; Zenobia, die letzte Heidin (Trauerspiel) 1853; Die Gäste von Belle-Esperance (Lustspiel) 1855; Dramen (Cinq-Mars — Die Jünger der Freiheit — Zenobia, die letzte Heldin — Der Kourier in der Pfalz — Witteborg — Die Amnestie) 2 Bde. 1867; Bruder Schulmeister (Schauspiel) 1873; Das Stammschloß (Schauspiel) 1881; Die Heimkehr (Schauspiel) 1881; Der Zögling von San Marco (Trauerspiel) 1883.
Literatur: Ludwig *Fränkel*, A. May (A. D. B. 52. Bd.) 1906; Alois *Dreyer*, Ein preisgekrönter bayr. Dramatiker (Das Bayerland 29. Jahrg.) 1917—18; ders., A. M. (Lebensläufe aus Franken 3. Bd.) 1927.

May, Ferdinand, geb. 16. Jan. 1896, war Inspektor am Carltheater in Wien dann Chefdramaturg der Städtischen Theater in Leipzig. Für die Bühne schrieb er ein Schauspiel aus der französischen Revolution „Der Aufstand des Babeuf", das 1953 in Halle uraufgeführt wurde.

May, Heinrich, geb. 1883, gest. 11. Febr. 1914 zu Wernigerode, war Jugendlicher Held u. Liebhaber, 1904 in Rudolstadt, 1905 in Forst in der Lausitz, 1906 in Flensburg, 1907 in Stralsund, 1908—09 in Ratibor, 1910 in Bautzen (seither auch Regisseur), 1911 in Glogau, 1912 in Brieg u. seit 1913 am Stadttheater in Bromberg. Hauptrollen: Reling („Die Wildente"), Vincentio („Der Widerspenstigen Zähmung"), Schröder („Kolberg"), Griesinger („Doktor Klaus") u. a.

May, Karl (1842—1912), der volkstümliche Verfasser von Reise- u. Abenteuerromanen, spielte auch auf der Bühne eine Rolle. 1949 fanden im Isartal bei München Karl-May-Freilichtaufführungen statt (Textgestaltung von Werner Holzhey). Im Felsen-Freilichttheater von Bad Segeberg wurde 1952 u. 1953 Mays „Winnetou" u. 1954 dessen „Schatz im Silbersee" (dramatisiert von Roland Schmid u. Wulf Leisner) in Fortsetzung der Tradition der ursprünglichen May-Festspiele von Radebeul zur Darstellung gebracht.
Literatur: H. R., Karl-May-Spiele in Bad Segeberg (Hamburger Anzeiger Nr. 175) 1954.

May, Richard, geb. 19. Mai 1886 zu Berlin, war Redakteur das. Dramatiker u. Erzähler.
Eigene Werke: Ketten (Drama) 1908; Herrin Helga (Drama) 1912; Das Bohnenfest (Lustspiel) 1928.

May, Rudolf (Daten unbekannt), Beamtenssohn, zuerst Kaufmannslehrling, wandte sich dann dem Theater zu, wurde Operettenbuffo, später Erster Geiger im Hamburger Konzertorchester u. fand schließlich zum Komikerfach, in dem er Hervorragendes leistete.
Literatur: Anonymus, Er weint, daß alle lachen (Der Abend, 21. Mai) 1952.

May, Viktor, geb. um 1870, betrat 1894 als Schauspieler die Bühne u. war dann in administrativen Stellungen in Olmütz, Reichenberg, Baden-Baden, Stuttgart, Salzburg, Karlsbad u. Klagenfurt tätig.

May-Mühe, Rosa, geb. 10. März 1886 zu Augsburg, Tochter des Postdirektors Johann Mühe, in München für die Bühne ausgebildet, wirkte als Operettensoubrette am Stadttheater in Augsburg, später als Gesangspädagogin in München.

May-Spinty, Leonore (Geburtsdatum unbekannt), gest. 1. Nov. 1933 zu Berlin, war als Schauspielerin u. Sängerin in Rheydt, Luzern, Ulm, Pforzheim, Stettin u. a. tätig.

Mayburg, Vilma von (Daten unbekannt), Tochter eines Gutsbesitzers zu Szakolcza in Ungarn, von Hofschauspieler Josef Altmann (s. d.) ausgebildet, trat 1891 erstmals am Wallnertheater in Berlin auf, wirkte dann am Deutschen Theater das., seit 1893 am Residenztheater, wo sie bei der Erstaufführung von Halbes „Jugend" das Annchen kreierte u. schließlich am dort. Schauspielhaus bis zu ihrem Bühnenabschied 1918. Ihren Lebensabend verbrachte sie in Berlin-Charlottenburg. Julius *Bab* bemerkte („Kränze dem Mimen" 1954), daß sie als Annchen zusammen mit Rudolf Rittner (s. d.) am Residenztheater durch ihre reine Naturkraft entzückte, am kgl. Schauspielhaus aber keine wesentliche Spur hinterließ. Hauptrollen: Ilka („Krieg im Frieden"), Marianne („Die Geschwister"), Käthchen von Heilbronn, Melisande („Pelleas u. Melisande" von Maeterlinck) u. a.

Mayen, Maria s. Reimers, Maria.

Mayer, Adelheid s. Godeck, Adelheid.

Mayer, Angioletta s. Hopfen, Angela.

Mayer, Carl, geb. 20. Febr. 1894 zu Graz, humanistisch gebildet, war Schauspielervolontär in seiner Vaterstadt u. hierauf Dramaturg u. Regisseur am Residenztheater in Berlin. 1920 wandte M. sich ausschließlich dem Film zu.

Mayer, Carl Josef, geb. 1769 zu Preßburg, gest. nach 1804, wirkte als Schauspieler u. a. in Stuttgart u. 1792—1804 am Burgtheater.

Mayer, Christian Friedrich, geb. 7. Mai 1823 zu Eßlingen, gest. 10. März 1888 zu Hamburg, war Schauspieler u. Sänger (Tenor), seit 1858 Mitglied des dort. Stadttheaters u. seit 1872 des Thaliatheaters das. Hauptrollen: Korporal („Kastor u. Pollux"), David („Der Präsident"), Brenken („Ebbe u. Flut"), Bernay („Fernande"), Cornwall („König Lear") u. a.

Mayer, Eduard, geb. 1878 zu Wien, gest. im Nov. 1947 das. Schauspieler.

Mayer, Friedrich, geb. 6. Dez. 1650 zu Leipzig, gest. 30. März 1712 zu Stettin, verteidigte als Hauptpastor in Hamburg u. Generalsuperintendent von Pommern u. a. das Hamburger Theater gegen die Angriffe des Pietismus.
Literatur: H. *Leube,* Die Reformideen in der deutschen lutherischen Kirche zur Zeit der Orthodoxie 1924; H. *Lother,* Pietistische Streitigkeiten in Greifswald 1925.

Mayer, Friedrich, geb. 1848, gest. 11. Aug. 1919 zu Kassel, wirkte als Sänger u. Schauspieler am dort. Hoftheater. Als Bassist u. Episodendarsteller besonders erfolgreich. Später Garderobe-Inspektor. Vater der Sängerin Mayr-Olbrich (s. d.). Hauptrollen: Jakobson („Die Stützen der Gesellschaft"), Diderot („Narziß"), Scholz („Der Registrator auf Reisen"), Alba („Don Carlos"), Solinus („Die Komödie der Irrungen"), Puff („Das Fest der Handwerker"), Alberti („Robert der Teufel"), Cajus („Die lustigen Weiber von Windsor") u. a.

Mayer, Friedrich Arnold, geb. 5. Nov. 1862 zu Wien, gest. 5. Sept. 1926 in Kassel, Doktor der Philosophie, Regierungsrat u. Oberbibliothekar der Wiener Universitätsbibliothek, lebte nach Eintritt in den Ruhestand (1917) seit 1920 in Kassel. Er veröffentlichte u. a. auch Schriften zur Theatergeschichte. Herausgeber der Deutschen Thalia 1902.
Eigene Werke: Wiener Bühnenunwesen (Ps. F. Scenicus) 1900; Kasperl als Bene-

fiziant 1910; Die Bibliotheken u. Archive der Theater Wiens 1. Bd. 1914.

Mayer, Friedrich Sebastian s. Maier, Friedrich Sebastian.

Mayer, Jenny, geb. 14. Mai 1860 zu Wien, begann ihre Laufbahn als Operettensoubrette 1883 in Temeschwar, kam dann nach Klagenfurt, Bromberg, Pilsen, Nürnberg, Pest, Breslau (Lobetheater), Troppau, Wiener-Neustadt, 1889 nach Graz, 1891 ans Theater an der Wien in Wien, 1893 ans Raimundtheater u. 1899 ans Kaiser-Jubiläumsstadttheater das., an den letztgenannten Bühnen hauptsächlich im Volksstück tätig. Hauptrollen: Bronislava („Der Bettelstudent"), Sora („Gasparone"), Rosl („Der Verschwender"), Else („Der lustige Krieg"), Boccaccio u. a.

Mayer, Johann Simon s. Mayr, Simon.

Mayer, Josef, geb. 11. Aug. 1827, gest. 21. Febr. 1882 zu Baden bei Wien, wo er als Regisseur u. Schauspieler an den Vereinigten Theatern Baden u. Wiener-Neustadt über drei Jahrzehnte wirkte. Hauptrollen: Friedrich der Große („Friedrich der Große u. sein Leibkutscher"), Kanzleirat Voss („Der Compagnon") u. a.

Mayer, Karl, geb. 1750, gest. 13. Mai 1830 zu Wien, Schauspieler u. Erster Direktor des von ihm erbauten Josefstädtertheaters das. I. F. Castelli (s. d.) ließ ihn zwar nicht als bedeutenden Schauspieler, wohl aber als eigenartigen Komiker gelten. Auch Verfasser von Lustspielen. Namhafter Hanswurst vor Laroche.
Eigene Werke: Der geizige Bräutigam o. J.; Die Insel Koromandel oder Mädchenrechtschaffenheit ist auch über See zu Hause 1799.
Literatur: Wurzbach, K. Mayer (Biogr. Lexikon 18. Bd.) 1868; Joseph *Gregor,* Das Theater in der Wiener Josefstadt 1924; Otto *Rommel,* Alt-Wiener Volkskomödie 1952.

Mayer, Karl, geb. 22. März 1852 zu Sondershausen, gest. 1939, Sohn des Kammervirtuosen Jacob M., erlernte zuerst den Buchhandel, arbeitete 1873 in einer amerikanischen Klavierfabrik, war dann Organist u. Solosänger in einem Kirchenchor von St. Bridgets, bildete sich, nach Europa zurückgekehrt, für die Bühne aus, die er 1874

in Mühlhausen erstmals betrat u. kam über
Sondershausen u. Altenburg 1878 nach Kassel, 1880 nach Köln, 1890 nach Stuttgart, 1892
nach Schwerin, das er 1897 als Kammersänger verließ, um sich auf Gastspielreisen
zu begeben. In Köln hieß es allgemein:
„Seine künstlerische Domäne sind die Dämonen", vermutlich unter dem Eindruck,
den M. in der Oper „Der Dämon" von Rubinstein erweckt hatte. Nicht nur durch die
geheimnisvolle Kraft seiner vokalen Mittel,
sondern auch durch die suggestive Kunst
seines Spiels erzielte er in andern Rollen
dämonischer Haltung wie als Holländer,
Hans Heiling, Vampyr, Don Juan, Wotan,
Mephisto u. a. faszinierende Wirkung. In
seinen „Erinnerungen" schreibt V. Schnitzler, daß sein Wotan in späteren Jahren nur
noch von Clarence Whitehill übertroffen
worden sei. Max Steinitzer hat in seinen
„Meistern des Gesangs" vor allem das Psychologische in Mayers Darstellung u. Deutung der dämonischen Bühnengestalten beobachtet. Der Ausdruck seiner Empfindungen sei mehr auf das Wollen u. Tun als
auf das Schmerzliche u. Leidende gerichtet
gewesen. Sein gewaltiger Holländer habe
mehr Trotz u. verzweifelte Entschlossenheit
als Seelenleid gehabt, sein Rattenfänger —
in der damals vielgespielten Volksoper von
Neßler — mehr Kraft als Wehmut. Seinen
Tell in Rossinis Oper traute man mehr die
kühnen Taten als die den Blick des Schützen verdunkelnde Träne zu. Auch seine Erscheinung kam dem Künstler zu Hilfe. Durch
seine übergroße Figur wirkte er ungewöhnlich u. unheimlich. Zu allen Partien habe
diese „Übergröße" allerdings nicht gepaßt,
bemerkte Steinitzer. Die Beine seiner weißen Trikots beim Festgewande Don Juans
schienen kein Ende zu nehmen; auch empfand man die Verführung Zerlines durch
einen solchen Riesen halb als Gewalt. Daß
M. recht eitel gewesen u. mit seiner schönen Gestalt wie mit seiner Gesangskunst
geradezu kokettiert habe, überliefert V.
Schnitzler an einem Wort des Künstlers
selbst: „Wenn man ein so schöner Mensch ist
wie ich u. dabei immer in den verführerischen Kostümen auf die Bühne tritt, so ist
es ganz klar, daß jede Frau u. jedes Mädchen sich in einen verliebt." Aber auch in
Partien weniger dämonischen Charakters
hat K. M. durch den Charme seiner Darstellung immer wieder die Herzen gewonnen. Sein Seneschall in Boildieus „Johann
von Paris" sei ein „Kabinettstück" gewesen.
Auch in Konzerten hervorragend tätig.

Hauptrollen: Luna, Don Juan, Hans Sachs,
Heiling, Fliegender Holländer, Trompeter
u. a. Zuletzt lebte er, nachdem er am Sternschen Konservatorium Lehrer gewesen war,
auf seinem Landgut in der Nähe Schwerins.
*Literatur: Eisenberg, K. Mayer (Biogr.
Lexikon) 1903; G., Die Dämonen waren seine
Domäne (Köln. Rundschau Nr. 300) 1954.*

Mayer, Karl August, geb. 1808, gest. 1894,
im höheren Schuldienst tätig, wurde Professor im Mannheim u. 1863 Direktor des
neugegründeten Gymnasiums in Karlsruhe.
Dramatiker.
Eigene Werke: Florian u. Hedwig (Schauspiel) 1847; Kaiser Heinrich IV. (Schauspiel)
1862 (mit Selbstbiographie).

Mayer, Karoline s. Tremler, Karoline.

Mayer, Karoline, geb. (Datum unbekannt)
zu Ödenburg, gest. 19. Jan. 1889 zu Leipzig,
Offizierstochter, Schülerin von Sophie
Schröder u. Josephine Fröhlich (s. d.), durch
die sie in nähere Beziehung zu Franz Grillparzer trat, gehörte der Hofoper in Wien u.
seit 1844 dem Stadttheater in Leipzig als
Mitglied an. Ihre Bedeutung als Opernsängerin war groß. In Leipzig wirkte sie in
einer Reihe von Erstaufführungen, so 1853
als Elisabeth in „Tannhäuser" u. 1854 als
Elsa in „Lohengrin". 1861 nahm sie ihren
Bühnenabschied, worauf sie sich als Gesangspädagogin betätigte. Weitere Hauptrollen: Donna Anna, Valentine, Leonore,
Alkeste u. a.

Mayer, Maria, geb. 7. Juli 1877 zu Salzburg,
kam als Schauspielerin nach Berlin, dann an
die Volksbühne in Wien u. schließlich ans
Burgtheater. Bedeutende Charakterdarstellerin. Kammerschauspielerin. Hauptrollen: Margarete von Parma („Egmont"),
Hanna Elias („Gabriel Schillings Flucht"),
Magdalena (in Ludwig Thomas gleichnamigen Volksstück) u. a. „Ihre Gestalten
gehen einen eigenen, manchmal abseitigen
Weg", wie Fontana bemerkt, „sie sind still
u. intensiv zugleich, sie ergreifen u. sind
dabei äußerst sparsam mit allen Gefühlsakzenten, sie sind aus dem Leben geholt u.
dabei ins Märchenhafte gehoben, sie sind
Opfer des Schicksals u. halten doch tapfer
u. zäh, mit aufrechter u. reiner Kraft ihr
Leben fest. Darum macht Maria M. mit
gleich gestalterischer Plastik Mägde u.
Herrinnen vor uns lebendig, die dem Sturm
der Zeit trotzende Regentin in ‚Egmont'

ebensogut wie eine sterbende Arbeiterfrau oder eine vertrackte Dorfkrämerin. Erschütternd, wenn sie so ein zugeschüttetes Schicksal in seinem Ende darstellt: ein hoffnungslos u. ruhelos wanderndes Auge, ins Irre greifende Finger, die immer wieder sinken u. fallen, u. eine Stimme, ganz schwach, ausgehend wie ein abgebranntes Licht, aber sie kämpft noch um das bißchen Leben, nicht für sich, sondern um es den anderen weiterzugeben. Dann wieder läßt sie in einer Hofdame ganze Generationen von ängstlichen u. hinterhältigen Hofdamen deutlich werden, ohne jede karikaturistische Unterstreichung oder Verzerrung. Auch ihr Witz ist sparsam, aber aus dem Lebendigen, dem Natürlichen heraus ungemein treffsicher. Bei ihren Frauen, die hoch oben stehen u. denen meist die Sorge um ein Haus, um ein Land, um einen Staat anvertraut ist, denkt man an die Frauen, die Holbein gemalt hat."

Literatur: H. *Ihering,* M. *Mayer* (Die Schaubühne 6. Jahrg.) 1910; O. M. *Fontana,* M. M. (Wiener Schauspieler) 1948; Käthe *Braun-Prager,* M. M. (Die Presse Nr. 1127) 1952. *M(aria) K(apsreiter)-M(ayr),* Gedenkschrift M. M. zum 75. Geburtstag 1952; Joseph *Handl,* M. M. (Schauspieler des Burgtheaters) 1955.

Mayer, Marie s. Bertram, Marie.

Mayer, Otto, s. Treßler, Otto.

Mayer, Peter, geb. 1831, gest. 23. Juni 1913 zu Lübeck, besuchte mit einem eigenen Hänneschen-Puppentheater die rheinisch-westfälischen Jahrmärkte u. war dann 20 Jahre Mitglied des Millowitsch-Theaters in Köln, einer plattdeutschen Volksbühne. Als beliebter Darsteller des „Bestevaders" trat er noch acht Tage vor seinem Tod während eines Gastspiels des Millowitsch-theaters in Düsseldorf auf.

Mayer, Sebastian, geb. 5. April 1773 zu Benediktbeuren, gest. 9. Mai 1835 zu Wien, Schauspieler u. Sänger bei Schikaneder (s. d.) das. Zweiter Gatte von Mozarts Schwägerin Josefa Hofer (geb. Weber), der ersten Königin der Nacht. Auch Verfasser von Bühnenstücken.

Eigene Werke: Friedrich, der letzte Graf von Toggenburg (Ritterschauspiel) 1794; Mina u. Salo oder Die unterirdischen Geister (Zauberspiel) 1795; Die Macht der Feen (Kom. Zauberoper) 1796; Otto mit dem

Pfeile, Markgraf von Brandenburg (Trauerspiel) 1799.

Mayer, Sophie s. Treßler, Sophie.

Mayer, Theodor, geb. 9. Nov. 1839 zu München, gest. 24. Sept. 1909 das., besuchte das Konservatorium seiner Vaterstadt, begann seine Bühnenlaufbahn in Ulm, stand 1866 u. 1870/71 im Felde, kam als Bariton 1871 ans Hoftheater in München u. ging später zum Baßbuffofach das. über. Hauptrollen: Bartolo, Masetto, Kellermeister u. a. Erster Münchner Alberich.

Mayer, Wilhelm, geb. 11. Dez. 1863 zu München, gest. 13. April 1925 das., Landesgerichtspräsident, Vorsitzender des Bühnenschiedsgerichts in München, verfaßte unter dem Ps. Wilhelm Herbert verschiedene Theaterstücke.

Mayer, Xaver, geb. 1803 zu München, gest. 29. Sept. 1842 das., war Liebhaber u. Naturbursche 1822—42 am dort. Hoftheater.

Mayer-Reinach, Albert, geb. 2. April 1876 zu Mannheim, Fabrikantenssohn, studierte in München u. Berlin Musik (Schüler von Friedrich Gernsheim u. a.), promovierte 1899 mit einer Dissertation über Karl Heinrich Graun als Opernkomponist das. zum Doktor der Philosophie, war seit 1900 Theaterkapellmeister an verschiedenen Orten, habilitierte sich 1904 als Dozent für Musikwissenschaft in Kiel, gründete 1908 das dort. Konservatorium u. leitete es bis 1924. Hierauf stand er dem Krüss-Färber-Konservatorium in Hamburg vor. Auch Redakteur der Zeitschrift der Internationalen Musikgeschichte. 1904 gab er K. H. Grauns Oper „Montezuma" heraus.

Mayerhofer, Elfi, geb. um 1920 zu Marburg an der Drau, Tochter eines Arztes, an der Musikhochschule in Berlin ausgebildet, wirkte als Schauspielerin u. Sängerin an verschiedenen Bühnen Deutschlands u. an der Volksoper in Wien.

Mayerhofer, Franz, geb. 16. April 1786 zu Wien, gest. 15. Juli 1871 das., gehörte 1826 bis 1850 als Schauspieler dem Burgtheater an, vorher dem Theater an der Wien. Vater des Bassisten Karl M.

Mayerhofer, Franz (Geburtsdatum unbekannt), gest. 2. Sept. 1862 zu Karlsruhe, war

seit 1837 Schauspieler, u. a. viele Jahre am
dort. Hoftheater. Er vertrat das ernste u.
komische Genre u. die verschiedensten
Fächer. Hauptrollen: Mumm („Sie schreibt
an sich selbst" von Holtei) u. a.
Literatur: Anonymus, F. Mayerhofer
(Deutscher Bühnen-Almanach herausg. von
A. Entsch 27. Jahrg.) 1863.

Mayerhofer, Franziska (Fanny), geb.
6. April 1878 zu München, Tochter eines
Bürstenfabrikanten, Sängerin u. Schauspielerin, betrat 1897 während eines Besuchs
bei ihrer in London engagierten Schwester
unvorbereitet als Briefchristl die Bühne des
Prince-of-Wales-Theaters das., bildete sich
dann am Münchner Konservatorium aus,
ging zum Tegernseer Bauerntheater, spielte
am Thaliatheater in Berlin, ferner in
Amerika u. a. am Germania-Theater in
Neuyork, nahm 1901 einen Ruf ans Raimundtheater in Wien an, wo sie im Volksstück u. in der Operette erfolgreich war, u.
wirkte zuletzt am dort. Carltheater. Hauptrollen: Boccaccio, Margarete, Cherubin,
Carmen, Millibäuerin von Tegernsee, Anna
Birkmeyer („Der Pfarrer von Kirchfeld"),
Rosl („Der Verschwender") u. a.
Literatur: Eisenberg, F. Mayerhofer
(Biogr. Lexikon) 1903.

Mayerhofer, Karl, geb. 13. März 1828 zu
Wien, gest. 2. Jan. 1913 das., Sohn des
Schauspielers Franz M., spielte schon früh
Kinderrollen, so 1836 am Burgtheater den
älteren Knaben in „Wilhelm Tell", studierte
zuerst an der Akademie der bildenden Künste
in seiner Vaterstadt Malerei, wurde dann,
von Josef Staudigl (s. d.) bewogen, sich der
Bühne zuzuwenden, von Manuel Garcia in
London als Baßbuffo ausgebildet, kam 1851
zu Liszt nach Weimar u. 1854 an die Hofoper in Wien, wo er 1895 seinen Bühnenabschied nahm. Gastspielreisen führten ihn
bis London. Auch als Konzertsänger hervorragend. Als R. Wagner 1863 in Wien
dirigierte, trug M. im Theater an der Wien
zum ersten Male die Anrede Pogners vor.
In der „Allg. Theater-Chronik" (2. April
1870) bezeichnete ihn Heinrich Ritter von
Seyfried als einen „Künstler-Proteus, dessen vielgestaltiges Talent sich jeder Aufgabe gewachsen zeigt, der immer gut macht
u. nie etwas verdirbt, der seine gewaltige
Baß-Stimme für die tragische Oper so gut
besitzt, wie einen zündenden Humor für die
komische Oper, wo er geradezu unübertrefflich ist; wir erinnern nur an seinen

elsässischen Bijou im ‚Postillon von Lonjumeau', an seinen charakteristischen Engländer in ‚Fra Diavolo', an seinen kostbaren Figaro in Mozarts ‚Hochzeit des
Figaro'. Aber auch in großen Opern wirkt
M. mit großem Verdienste. So ist sein Mephisto in Gounods ‚Faust', sein St. Bris in
den ‚Hugenotten', sein Landgraf in dramatischer Beziehung hervorragend." Im Nekrolog der „Neuen Freien Presse" wurde M.
als eine der glänzendsten Zierden der Wiener Oper u. als der beste Sprecher bezeichnet. Ehrenmitglied ders. Weitere Hauptrollen: Bartolo, Leporello, Rocco, Don
Pasquale u. a. Bekannt auch als Schach-
meister.
Literatur: Wurzbach, K. Mayerhofer
(Biogr. Lexikon 18. Bd.) 1868; *Eisenberg,* K.
Mayerhofer (Biogr. Lexikon) 1903; *Franz
Liharzik,* Ein Gedenkblatt für K. M. (Neue
Freie Presse Nr. 17.373) 1913; *Anonymus,*
K. M. (Ebda. Nr. 17.375) 1913.

Mayerhofer, Marie, geb. 24. April 1878 zu
Graz, gest. 19. Sept. 1950 zu München, ge-
hörte als Schauspielerin 1909—19 dem dort.
Volkstheater an. Gattin von Simon M.
Hauptrollen: Jette („Parkettsitz Nr. 10"),
Melanie („Zaza"), Liesbeth („Der Dorf-
pfarrer"), Salome („Schmuggler"), Minn-
chen („Polnische Wirtschaft") u. a.

Mayerhofer, Simon, geb. 17. Juni 1886 zu
München, wirkte u. a. 1910—16 als Tenor
am Gärtnerplatztheater in München, mußte
jedoch infolge einer schweren Kriegsverletzung im Ersten Weltkrieg der Bühne entsagen. Hauptrollen: Adam („Der Vogelhändler"), Jonel Boleska („Zigeunerliebe")
u. a. Gatte der Vorigen.

Mayler, Rita, geb. 27. Dez. 1876 zu Rosenheim, wirkte u. a. 1900—11 am Gärtnerplatztheater in München. Hauptrollen:
Hanna („Die lustige Witwe"), Helene („Ein
Walzertraum"), Komtesse („Der Obersteiger"), Ida („Frühlingsluft") u. a.

Maynusch, Richard (Geburtsdatum unbekannt), gest. 3. Febr. 1920 zu Gelsenkirchen,
war zuerst Lehrer, 1908 Chorist in Dresden (Residenztheater), 1910 Schauspieler
(unter dem Namen Maywald) in Breslau
(Schauspielhaus), 1912 wieder in Dresden,
später in Hamburg u. nach dem Krieg, an
dem er teilnahm, in Gelsenkirchen.

Mayr, Beda (Ps. Sebastian Leo), geb.

15. Jan. 1742 zu Taiting bei Augsburg, gest. 28. April 1794 zu Donauwörth als Prior, Bibliothekar u. Professor des dort. Benediktinerstiftes. M. schrieb außer geistl. Werken Satiren u. Dramen.
Eigene Werke: Ein seltener u. ein gewöhnlicher Narr (Lustspiel) 1779; Der Schatz u. die Rarität (Lustspiel) 1781; Die gebesserten Verschwender (Lustspiel) 1781; Ludwig der Strenge (Drama) 1782; Konradin (Drama) 1783; Die guten Söhne (Schauspiel) 1783; Ludwig der Höcker (Schauspiel) 1784; Der junge Freigeist (Schauspiel) 1785; Die belohnte Mildtätigkeit (Schauspiel) 1786; Der Lügner (Lustspiel) 1789; Durch Schaden wird man klug (Lustspiel) 1789; Der blinde Harfner (Schauspiel) 1790; Der Komödienfehler (Lustspiel) 1790; Die belohnte Ehrlichkeit (Lustspiel) 1792; Die Erde steht (Lustspiel) 1792; Alles und nichts tun (Lustspiel) 1793 u. a.
Literatur: August *Lindner,* B. Mayr (Die Schriftsteller des Benediktinerordens in Bayern 2. Bd.) 1880; *Reusch,* B. M. (A. D. B. 21. Bd.) 1885.

Mayr, Benedikt, geb. 21. Sept. 1834 zu Karlskron in Bayern, gest. 5. Dez. 1902 zu Darmstadt, Gatte der Kammersängerin Antonie Olbrich, Vater des Schauspielers Ludwig M., besuchte zuerst das Lehrerseminar in Lauingen, dann das Konservatorium in München, vollendete seine Gesangsstudien bei Manuel Garcia in London u. begann 1859 seine Bühnenlaufbahn in Regensburg, von wo er nach Braunschweig, Breslau, Bremen u. Riga kam. 1868—89 wirkte er als Heldentenor u. Opernregisseur am Hoftheater in Darmstadt. Hauptrollen: Rienzi, Prophet, Masaniello, Tannhäuser, Manrico, Eleazar, Lohengrin u. a. Nach der „Allg. Theater-Chronik" (3. Jan. 1872) gehörte M. „unstreitig zu den nur seltenen Sängern, welche mit den Vorzügen der Virtuosität eine künstlerische Eigentümlichkeit verbinden. Das Eigentümliche besteht in der Anmut der Erscheinung, der Natürlichkeit des Spiels u. der Vermeidung desjenigen, was an die gewöhnlichen Kunststücke u. Effekthaschereien der Bühne erinnert."

Mayr, Benitius (Philipp Benitius) s. Mayr, Joseph.

Mayr (Ps. Martens), Ernst, geb. 4. Okt. 1891 zu Landsberg am Lech, gest. 29. Mai 1952 zu Reichenhall, kam über Dresden u. Ber-

lin nach München, dessen Staatsschauspiel er zwei Jahrzehnte bis 1945 angehörte, zuerst als Jugendlicher Held, später als Vertreter des Väterfaches.

Mayr, Josef, geb. 25. März 1843 zu Oberammergau, gest. 1. Dez. 1903 zu München, war Holzschnitzer, Bürgermeister von Oberammergau u. Christus-Darsteller in den Passionsspielen von 1870/71, 1880 u. 1890.
Literatur: W. *Wyl,* Der Christus-Mayr 1890; H. *Roth,* J. Mayr (Münchner Neueste Nachrichten 4. Dez.) 1903.

Mayr, Joseph (mit Klosternamen Benitius, auch Philipp Benitius), geb. 15. Dez. 1760 zu Hall in Tirol, gest. 15. Juni 1826, Sohn eines Bergschaffers, studierte in Innsbruck, wurde 1777 Servit, seit 1796 Teilnehmer der Freiwilligen Akademischen Schützenkompagnie, 1800 Feldkaplan. Seit 1804 Professor der Religionsphilosophie in Innsbruck. 1809 hielt er im Auftrag Andreas Hofers patriot. Predigten u. Festreden. M. schrieb u. a. das Drama „Andreas Hofer" (um 1814), die Schauspiele „Ludwig der Bayer u. Friedrich der Schöne" u. „Theolinde u. Authari".
Literatur: *Wurzbach,* B. Mayr (Biogr. Lexikon 18. Bd.) 1868; *Nagl-Zeidler-Castle,* B. M. (Deutsch-österr. Literaturgeschichte 2. Bd.) 1914 .

Mayr, Lina, geb. um 1844 in Österreich, gest. 27. Dez. 1914 zu Kötzschenbroda bei Dresden, Gattin des Dresdner Weinhändlers Böttger, betrat 1861 in Linz an der Donau die Bühne als Possensoubrette, wirkte lange am Friedrich - Wilhelmstädtischen Theater in Berlin u. errang besonders in Wiener u. Berliner Lokalstücken große Erfolge. Auch in Amerika gefeiert. In der „Allg. Theater-Chronik" (vom 23. April 1870) wurde ihr nachgerühmt: „Sie gibt die Charaktere, welche sie darstellt, mit vielfarbigen Pinselstrichen, verteilt Schatten u. Licht gehörig u. mit Maß, sie wirkt durch ihre fast kindliche Naivität u. Schelmerei u. verletzt nie durch Übertreibung." Adolf Kohut bezeichnete sie in seinem Buch „Die größten u. berühmtesten deutschen Soubretten des 19. Jahrhunderts" 1890 als ein „an die Geistinger (s. d.) erinnerndes, mit Glücksgütern reich gesegnetes Talent". Allein in Berlin spielte sie über 300 mal „die feurige Offenbachantin, die klassische kleine Handschuhmacherin im Pariser Leben".

Mayr, Ludwig, geb. 24. Aug. 1876 zu Darmstadt, gest. 10. April 1948 zu Ballenstedt, Sohn von Benedikt M. u. Antonie M.-Olbrich, besuchte die Oberrealschule seiner Vaterstadt, kam als Eleve ans dort. Hoftheater, 1896 nach Nürnberg, 1898 nach Zürich, 1901 nach Freiburg im Brsg. als Erster Held u. wirkte später als Erster Heldenvater u. Oberspielleiter in Bremen, Dortmund, Düsseldorf u. Berlin. Zuletzt lebte er in Ballenstedt. Hauptrollen: Karl Moor, Fiesko, Tell, Der Meister von Palmyra u. a.

Mayr, Peter, geb. 15. Aug. 1767 zu Riffian bei Bozen, gest. 20. Febr. 1810 zu Bozen, der Wirt an der Mahr, Tiroler Held von 1809, Mitstreiter Andreas Hofers, am gleichen Tag mit diesem erschossen. Bühnenheld. *Behandlung:* Ferdinand v. *Scala,* P. Mayr (Drama) 1897; Gustav *Krauß,* P. M. (Drama) 1906; Ferdinand *Bronner* (= Adamus), Vaterland (Drama) 1910.

Mayr, Richard, geb. 18. Okt. 1877 zu Salzburg, gest. 1. Dez. 1935 zu Wien, Sohn des Besitzers des Salzburger Gablerbräus, studierte in Wien Medizin, betätigte sich aber hauptsächlich im Akademischen Gesangsverein u. hatte seinen ersten Erfolg als Bassist in einer Aufführung der Missa solemnis in Bozen, die ihm auch eine Einladung nach Wien eintrug, wo er im Musikverein bei Dvořáks Requiem mitwirkte, wurde von dem damaligen Konzertmeister der Wiener Oper gehört u. von diesem an Cosima Wagner empfohlen. 1902 sang er den Hagen bei den Bayreuther Festspielen. Kurz darauf von Gustav Mahler (s. d.) nach Wien verpflichtet u. nach dem Tode von Wilhelm Hesch (s. d.) Erster Bassist der dort. Oper, der er 33 Jahre angehörte. Eine seiner bedeutendsten Rollen war Gurnemanz, ebenso glänzend sein Landgraf, Fasolt, Hunding, König Heinrich, Hagen, Marke, Sachs, Leporello, Sarastro u. von niemandem erreicht sein Ochs von Lerchenau. Max Graf schrieb über ihn: „M. ist eine der größten Persönlichkeiten der deutschen Opernbühne überhaupt u. ich habe, wenn ich Vergleiche gesucht, um die künstlerische Persönlichkeit Richard Mayrs zu schildern, entweder an Girardi, den großen Volkskomiker, erinnern müssen, dem R. M. durch Lebensfülle, Wärme u. Humor gleichgekommen ist, oder an Bernhard Baumeister, dem M. durch die einfache Natürlichkeit einer saftigen Erscheinung nahe gestanden ist. Aber wie jeder ursprüngliche

Künstler ist R. M. im Grunde unvergleichbar. Er ist ein Mann eigenen Schlags von einer Originalität, die erdhaft gewachsen u. selbst ein Stück Natur ist . . . Er hat die Wärme, die Natürlichkeit, den unpathetischen Ernst, den fröhlichen Humor des österreichischen Menschen, er ist, wenn auch mit seinem Sarastro an das Edelste u. Höchste rührend, ein Dialektmensch u. seine größte Rolle, der Ochs von Lerchenau, ist eine Dialektrolle. Die Grundlage der Theaterbegabung Mayrs ist die alte Salzburger Komödienlust, er ist ein Nachfahre des Hanswurstes, . . . u. wie Girardi, der der Typus des österreichischen Künstlers war, umfaßt M. das Scherzhafte u. das Ernste, er erheitert u. rührt. Seine gestaltende Kraft umfaßt alle Bezirke des Lebens von der komischen Narrheit bis zur weihevollen Weisheit. Wenn wir es als das Höchste ansehen, als Schauspieler den Zuschauern den Eindruck von Güte u. Menschlichkeit zu vermitteln, so ist M. wohl der größte aller Opernsänger der letzten fünfzig Jahre; seit Sonnenthal hat niemand vermocht, auf der Bühne so gütig, edel u. weise zu sein, wie M., der ideale Gurnemanz u. Sarastro. Österreichisch darf man die Liebenswürdigkeit nennen, mit der M. auch seine derbste Rolle verklärt hat, u. herzlich war alle Komik Mayrs, ein warmes Mitgefühl mit der närrischen Kreatur, eine humorvolle kindliche Freude am Verschrobenen u. Albernen. Die Kunst Mayrs kommt aus dem Herzen u. in der warmen Stimme Mayrs hörte man immer das Herz schlagen . . . Dreiunddreißig Jahre sind eine lange Zeit u. während dieser Zeit hat M. die Opernbesucher erfreut, erhoben u. belustigt, ein Gestalter allerersten Ranges . . . u. in allen Gestalten seines Theaters kraftvoll lebendig, Menschliches formend, Edles u. Gütiges, Herzliches, Lustiges, Komisches u. Derbes mit gleicher Wärme gestaltend."

Literatur: Elsa *Bienenfeld,* R. Mayr (Neues Wiener Journal 3. April) 1921; H. J. *Holz,* R. M. 1923; Robert *Konta,* R. M. (Illustr. Wiener Extrablatt 15. Sept.) 1928; Otto *Kunz,* R. M. Werk, Herz u. Humor im Baßschlüssel (Vorwort von Lotte Lehmann) 1933; P(eter) *L(alite),* R. M. (Österr. Musikzeitschrift 1. Jahrg.) 1946; Gustav *Pichler,* In memoriam R. M. (Wiener Zeitung Nr. 250) 1952; *P.,* Der Mayr — unvergessen u. unerreicht (Das Kleine Volksblatt, Wien 18. Nov.) 1952; Maria *Mayr,* Erinnerung an R. M. (Salzburger Almanach) 1953; Max *Graf,* R. M. (Die Wiener Oper) 1955.

Mayr (auch **Mayer**), Simon (auch Johann Simon), geb. 14. Juni 1763 zu Mendorf in der Oberpfalz, gest. 2. Dez. 1845 zu Bergamo, Jesuitenzögling in Ingolstadt, studierte hier die Rechte, wirkte als Hauslehrer in Graubünden, bildete sich dann in Bergamo u. Venedig musikalisch aus, schrieb bald Messen, Oratorien u. a. Kirchenmusik sowie 1794—1814 siebenundsiebzig ital. Opern (z. B. „Ercole in Lidia", „Medea") u. wurde 1802 Kapellmeister, 1805 Musikdirektor in Bergamo. Berufungen nach Wien, Paris u. a. lehnte er ab. 1809 verfaßte er eine Biographie Haydns.

Literatur: Pleickhard *Stumpf,* J. S. Mayr (Denkwürdige Bayern) 1865; A. *Niggli,* J. S. M. (A. D. B. 21. Bd.) 1885; C. *Schmidt,* Cenni biografici su G. S. M. 1901; *Scotti,* J. S. M. 1903; H. *Kretzschmar,* Die musikgeschichtl. Bedeutung S. Mayrs (Peters-Jahrbuch) 1904; L. *Schiedermair,* S. M. 2 Bde. 1907—10; *Riemann,* S. M. (Musik-Lexikon 11. Aufl.) 1929.

Mayr-Olbrich, Antonie, geb. 3. Mai 1842 zu Breslau, gest. 10. März 1912 zu Würzburg, Tochter von Fr. Mayer (s. d.), begann ihre Bühnenlaufbahn in ihrer Vaterstadt, wirkte dann als Opernsängerin in Bremen, Riga u. Darmstadt (1868—95). Kammersängerin. Ihre Hauptrollen fand sie bei Meyerbeer, Verdi, später bei Wagner. Gattin von Benedikt M. Mutter von Ludwig M. Hauptrollen: Königin der Nacht, Eudoxia, Ines, Elvira („Die Stumme von Portici"), Lucia, Rosina, Frau Fluth, Martha, Constanze u. a.

Mayrberger, Carl, geb. 9. Juni 1828 zu Wien, gest. 23. Sept. 1881 zu Preßburg, war Musikprofessor an der dort. Lehrerbildungsanstalt. Verfasser eines Lehrbuches der Harmonik u. a. Auch Opernkomponist.

Eigene Werke: Die Entführung der Prinzessin Europa (Opernburleske) 1868; Melusina (Oper) 1876; Die Harmonik R. Wagners 1883.

Mayreder (geb. Obermayer), Rosa, geb. 30. Nov. 1858 zu Wien, gest. 19. Jan. 1938 das. Schriftstellerin, verfaßte u. a. den Text zu Hugo Wolfs Oper „Der Corregidor".

Literatur: Herta *Dworschak,* R. Obermayer-Mayreder (Diss. Wien) 1949.

Mayrhofer, Johann, geb. 3. Nov. 1787 zu Steyr in Oberösterreich, gest. 6. Febr. 1836 zu Wien (durch Selbstmord aus Melancholie), schloß als Student in Wien mit Franz Schubert, der zahlreiche Lieder von

ihm vertonte, innige Freundschaft. Er schrieb für diesen den Text zum Singspiel „Die Freunde von Salamanka" u. zur unvollendeten Oper „Adrast".

Literatur: J. M. *List,* J. Mayrhofer (Diss. München) 1921; *Riemann,* J. M. (Musik-Lexikon 11. Aufl.) 1929.

Mayrhofer, Johannes (Ps. Walther von Waldberg), geb. 3. Nov. 1877 zu Hamburg, gest. 16. Okt. 1949 zu Regensburg, humanistisch gebildet, lebte in Holland u. Dänemark, wirkte 1901—05 in der Nähe von Kopenhagen als Lehrer u. ließ sich 1906 als freier Schriftsteller in Hamburg nieder, studierte dann in Münster u. Berlin, wurde Redakteur der „Germania" u. der Wochenschrift „Die Welt" das., unternahm neuerdings große Studienreisen ins Ausland, war im Ersten Weltkrieg Soldat, unterrichtete 1918 am Luisenstädtischen Gymnasium in Berlin u. nahm 1919 seinen Wohnsitz in Regensburg. Vielseitiger Schriftsteller, Theaterkritiker, auch Bühnendichter.

Eigene Werke: Der König von Granada (Schauspiel) 1902; Der verpfändete Bauernjunge (Lustspiel nach Holberg) 1902; Galiläer, du hast gesiegt! (Schauspiel) 1902; Maiendämmerung (Lyr. Szene) 1902; Hakon Jarl oder Die untergehenden Götter (Tragödie nach Oehlenschläger) 1903; Gespensternächte (Lustspiel) 1903; Seleukus u. Stratonike (Schauspiel) 1904; Die Welt der Kulissen (Theaterstudien) 1907; Christ oder Antichrist! (Schauspiel) 1908; Henrik Ibsen 1911; Die Ideale des Schulmeisters (Lustspiel) 1920.

Mayring, Philipp Lothar, geb. 19. Sept. 1879 zu Würzburg, gest. 6. Juli 1948 zu Leipzig, war seit 1898 Schauspieler u. Oberspielleiter, zeitweise auch als Direktor in Heidelberg, Kaiserslautern, Görlitz, Augsburg, München, Hamburg, Petersburg, Berlin, Riga, Wien u. Nordamerika tätig. Zuletzt wirkte er am Sender in Leipzig. Auch Filmregisseur u. Drehbuch-Autor.

Maywald, Richard s. Maynusch, Richard.

Mazarin (eigentlich Mazarini) Herzog von Nevers, Jules (1602—61), Kardinal u. französischer Staatsmann, im Drama.

Behandlung: Michael *Beer,* Mazarin (Trauerspielentwurf) 1832; Charlotte *Birch-Pfeiffer,* M. (Schauspiel) 1852; Julius v. *Werther,* M. (Schauspiel) 1871; Carl *Faust,* M. (Oper, Text von Ludwig Hoffmann u. Emil Vanderstetten, aufgeführt) 1892.

Mazaroff, Theodor, geb. (Datum unbekannt) in Bulgarien, begann seine Bühnenlaufbahn als Chorist in Sofia u. kam 1937 als Solist (Tenor) an die Staatsoper nach Wien, wo man ihn als einen bulgarischen „Gigli" bezeichnete. Die Kritik lobte sein „durchschlagkräftiges Organ, mit seiner Vorliebe für den al-fresco-Stil u. naturhaften Klangentladungen", ebenso auch die „Spitzentöne, die Intensität u. den dramatischen Impuls" seines Gesanges. Hauptrollen: Radames, Turiddu, Dalibor u. a.

Mazeppa, Iwan Stefanowitsch (1640—1709), als polnischer Page zur Sühne eines Ehebruchs auf ein Pferd gebunden, das ihn nach der Ukraine brachte, wo er 1687 zum Kosakenhetman, 1698 zum Fürsten aufrückte u. zuletzt Gefolgsmann Karls XII. von Schweden wurde. Dramenheld, wohl unter Byrons Einfluß.
Behandlung: Rudolf *Gottschall,* Mazeppa (Drama) 1865; Karl *Kösting,* M. oder Die Nebenbuhler (Trauerspiel) 1886.
Literatur: W. *Lewickyj,* Mazeppa in der deutschen Literatur (Ruthenische Revue 2. Jahrg.) 1904.

Meaubert, Adolf, geb. 26. Jan. 1827 zu Braunschweig, gest. 22. Jan. 1890 zu Kolditz (in der Irrenanstalt), Sohn des Charakterdarstellers Eduard M. u. Gatte der Schauspielerin Henriette M. (geb. Scheller), wirkte als Darsteller u. Regisseur in Reval, Freiburg, Berlin (Hof- u. Wallnertheater) u. 1856—66 an amerikanischen Bühnen (Philadelphia, San Franzisko u. Baltimore), nach Deutschland zurückgekehrt 1867—68 wieder in Berlin (Kroll-Theater), 1868—70 in Stettin u. zuletzt 1870—73 in Mainz. Seit 1874 geistesgestört.

Meaubert, Eduard, geb. 1800 zu Hamburg, gest. 17. Mai 1863 zu Dresden, war Schauspieler am Hoftheater das. Vater der Vorigen. 1831 u. 1837 führten ihn Gastspiele an das Burgtheater. In Bäuerles „Allg. Theaterzeitung" vom 14. Juni 1831 heißt es in einer Rezension: „ . . . seine Charakterzeichnungen sind scharf u. originell, u. vorzüglich glücklich ist die Wahl seiner Masken. Der Künstler hat in Dresden ein sehr ausgedehntes Feld seiner Wirksamkeit, in dem er neben komischen Partien in feineren Konversationsstücken auch das karri-

kierter Partien u. sogar das komische Lokalfach spielt." Besonders gerühmt wurde sein alter Krack in Kurländers „Der Lügner u. sein Sohn": „Schon seine Maske war äußerst glücklich gewählt u. der karrikierte, etwas verwegene Anzug deutete gleichsam den gaskognischen Helden von der Zunge an, der nur durch eine Art selbstzufriedener u. selbstgefälliger Jovialität interessieren u. durch die lächerlichen Übertreibungen sich vor dem moralischen Unwillen schützen kann, den sonst seine Untugend erzeugen würde. M. trug seine Lügen à la Münchhausen mit einem sich dermaßen stets steigernden Heroismus vor, daß sie als eine wahre Parodie der Wahrscheinlichkeit erscheinen, daher komisch blieben u. da ihr Vater, ein zweiter Falstaff, ohne Glauben zu finden, u. noch dazu ohne Übles zu stiften, damit nur eine ihm gleichsam angeborene Passion ausübte, so blieb das Ganze von M. auch in diesem Sinne dargestellt, im Kreise echten, erheiternden Humors." Weitere Hauptrollen: Truffaldino („Der Diener zweier Herren" nach Goldoni von F. L. Schröder), Scholle („Der Schleichhändler" von Ernst Raupach), Arnulph („Die Schule der Frauen" nach Molière von A. v. Kotzebue) u. a.

Meaubert (geb. Scheller), Henriette, geb. 23. Jan. 1832 zu Hamburg, gest. 6. Nov. 1893 zu Hannover, wirkte als Soubrette u. Muntere Liebhaberin in Schleswig, 1856 bis 1867 mit ihrem Gatten Adolf M. in Amerika (Neuyork, Philadelphia u. a.), dann als Komische Alte in Stettin, Mainz, Hamburg u. seit 1875 in Hannover. Hauptrollen: Marianne („Doktor Klaus"), Christiane („Dienstboten"), Marthe Schwerdtlein, Rosine („Der Geizige"), Amme („Romeo u. Julia"), Daja („Nathan der Weise") u. a.

Mebus, Auguste Edle von (Ps. Auguste Burghauser), geb. 1802 zu Stettin, gest. 1839 zu Olmütz, Tochter eines Schauspielerehepaars Mahr, wurde von ihrem Stiefvater Franz Metzger für die Bühne ausgebildet, spielte bei reisenden Gesellschaften u. kam 1825 nach Troppau, wo sie sich mit Franz Karl v. M. verehelichte.

Mebus, Eduard, geb. 6. Dez. 1865 zu Brünn, gest. 10. Juni 1936 zu Wiesbaden, Sohn eines Beamten, sollte Lehrer werden, wandte sich jedoch der Bühne zu u. kam über Klagenfurt 1883 nach Innsbruck, 1885 nach Czernowitz, 1887 wieder nach Innsbruck,

1888 nach Augsburg, 1889 nach Würzburg, 1890 nach Graz u. 1903 als Charakterdarsteller nach Wiesbaden, wo er seit 1906 auch die Oberregie führte. Vor dem Ersten Weltkrieg Mitwirkender an den Wiesbadener Maifestspielen. 1932 nahm er seinen Bühnenabschied. Hauptrollen: Burleigh, Borotin, Don Carlos, Clavigo, Erbförster, Meister Anton u. a. Gatte von Maximiliane Bleibtreu.

Mebus, Franz Karl Edler von (Ps. Karl Burghauser), geb. 1800 zu Krakau, gest. 7. Dez. 1857 zu Brünn, war schon als Kind beim Theater, bereiste später als Direktor einer kleinen Schauspielergesellschaft Kaschau, Troppau u. a. u. übernahm 1833 die Direktion des Theaters in Olmütz, die er bis 1846 führte. Seit 1854 stand er an der Spitze des Stadttheaters in Brünn. M. schrieb auch Bühnenstücke (z. B. das Schauspiel „Ludwig XVI." u. „Ferdinand von Moll oder Die entlarvte Magie") u. übersetzte verschiedene Operetten. Gatte von Auguste Mahr.

Mebus (geb. Bleibtreu), Maximiliane, geb. 1. Aug. 1870 zu Preßburg, gest. 18. April 1923 zu Dresden, Tochter des Schauspielerpaares Sigmund u. Amalie Bleibtreu, besuchte das Konservatorium in Wien u. begann ihre Bühnenlaufbahn am dort. Theater an der Wien, kam dann über St. Pölten u. Linz wieder nach St. Pölten, 1897 nach Innsbruck, 1898 nach Graz u. später ans Hoftheater in Dresden u. Wiesbaden, wo sie besonders als Konversationsschauspielerin tätig war, zuletzt wieder in Dresden. „Ungemeine Beweglichkeit der Mimik, feiner Humor u. überzeugende Realistik" wurden ihr nachgerühmt. Hauptrollen: Marie („Der Müller u. sein Kind"), Carina („Mamsell Nitouche"), Beate („Es lebe das Leben"), Frau Wolff („Der Biberpelz") u. a. Gattin von Eduard M., Schwester von Hedwig Paulsen-Bleibtreu (s. d.).
Literatur: Eisenberg, M. Bleibtreu (Biogr. Lexikon) 1903.

Mechler, Fritz, geb. 12. Dez. 1880 zu Mannheim, Sohn des Kaufmanns Otto M., ausgebildet von Julius Stockhausen (s. d.) in Frankfurt am M. u. a., wirkte 1901—02 als Schauspieler am Stadttheater in Trier, hierauf als Heldenbariton 1902—03 am Stadttheater in Heidelberg, 1903—07 am Stadttheater in Brünn, 1910—18 am Hoftheater in Karlsruhe u. dann am Staatstheater in Wiesbaden. Gatte der Konzert-

sängerin Paula Tallar u. Vater der Sängerin Margarethe M. (geb. 4. Aug. 1907).

Mechler, Margarethe s. Mechler, Fritz.

Meck, Emilie s. Meck, Friederike.

Meck, Friederike, geb. 1798 zu Bremen, gest. 13. Jan. 1872 zu Konstanz, Tochter des Regensburger Schauspielers Karl Böttiger, begann 1811 ihre Bühnenlaufbahn in Erlangen, kam als Jugendliche Liebhaberin 1813 nach Nürnberg, 1818 nach Bremen, 1819 ans Hoftheater in Braunschweig (das sie nur deshalb verließ, weil Herzog Carl Blondinen nicht mochte), 1826 ans Aktientheater in Magdeburg u. wirkte seit 1830 in Frankfurt a. M. Ihre Glanzrolle war das Käthchen von Heilbronn. Gattin von Johann Leonhard M. u. Mutter von Emilie M., die als Jugendliche Liebhaberin in Wiesbaden u. Frankfurt a. M. tätig war, verheiratet mit dem Kapellmeister u. Komponisten Gustav Schmidt.

Meck, Johann Leonhard, geb. 7. Juli 1787 zu Fürth, gest. 19. Jan. 1861 zu Frankfurt a. M., war zuerst in einem Regensburger Handelshaus tätig, ging jedoch 1809 das. als Jugendlicher Liebhaber zur Bühne, war dabei ohne Erfolg u. entschloß sich daher sofort zu älteren Rollen überzugehen. In diesen wirkte er 1812 in Bamberg, 1813—17 in Nürnberg, 1818 am Apollotheater in Hamburg, 1819—26 in Braunschweig, 1826—30 als artistischer Leiter in Magdeburg u. seither in Frankfurt a. M., wo er 1839—53 auch dem Direktorium angehörte u. 1859 seinen Abschied nahm, nachdem er kurz vorher noch als Attinghausen aufgetreten war. Gastspiele an den Hoftheatern in Berlin u. Wien trugen ihm großen Erfolg ein. Ernste Väter u. Komische Alte brachte er gleich vorzüglich zur Darstellung. Gatte von Friederike M. u. Vater von Emilie M. Nach seinem Gastspiel am Burgtheater 1828 hieß es in Bäuerles „Allg. Theaterzeitung": „Der Journalruf hat uns noch wenig von diesem Schauspieler verkündet, wir wissen auch nicht, welcher Periode oder Schule er angehört, wie u. wo er in seiner Entwicklung vorgeschritten, aber das wissen wir, daß er ein ausgezeichneter Künstler sei, der zu den Wenigen gehört, die einen Charakter vom Anfang bis zum Ende einig u. konsequent fortzuführen verstehen, die keine zitternden Umrisse, sondern eine feste Zeichnung geben u. denen Wahrheit u. Treue der Dar-

stellung über die Seifenblasen eines augen-
blicklichen Eindruckes gehen . . ." Hauptrollen: Dorfrichter Adam, Vansen, Oberförster, Titelrolle in Kotzebues „Der arme
Poet", Benedix („Der Vetter"), Feldern
(„Hermann u. Dorothea") u. a.
Literatur: Georg *Wüstendörfer,* Biographie des Schauspielers u. langjährigen
Direktors des Stadttheaters zu Frankfurt
a. M. J. L. Meck 1887.

Meckauer, Walter, geb. 13. April 1889 zu
Breslau, studierte das. (Doktor der Philo-
sophie), Freund Carl Hauptmanns (s. d.),
lebte als freier Schriftsteller in Berlin,
emigrierte unter Hitler nach Neuyork u.
kehrte 1953 nach Berlin zurück. Vorwiegend
Erzähler u. Dramatiker.
Eigene Schriften: Genosse Fichte (Polit.
Komödie) 1913; Der blonde Mantel (Drama)
1920; Das glückhafte Schiff (Lustspiel) 1921;
Krieg der Frauen (Lustspiel) 1926; Schule
der Erotik (Komödie der Jüngsten) 1928;
Komplexe (Komödie) 1950; Detektivkomödie
1950.
Literatur: C. F. W. *Behl,* Besuch bei W.
Meckauer (Die Neue Zeitung Nr. 171) 1952;
Anonymus, W. M. (Deutsche Rundschau
Nr. 9) 1952.

Mecklenburg-Schwerin s. Schwerin.

Mecklenburg-Strelitz, Karl Herzog von, geb.
30. Nov. 1785 zu Hannover, gest. 23. Sept.
1837 zu Berlin, Halbbruder der Königin
Luise von Preußen, Kommandeur des Garde-
Corps, war seit 1827 Präsident des Staatsrats. Auch Dramatiker (unter dem Ps.
Weißhaupt) u. gelegentlich Schauspieler.
Friedrich Förster schrieb über eine Aufführung von Goethes „Faust" 1819 beim Fürsten Radziwill (s. d.): „Schwerlich dürfte
jemals auf der deutschen Bühne ein vor-
trefflicherer Mephisto auftreten, als wir ihn
von dem Herzog Karl dargestellt sahen.
Dieser wurde hierbei nicht nur durch sein
Naturell unterstützt: Überlegenheit durch
satanischen Humor, Verachtung des weiblichen Geschlechts wegen anderer Gelüste,
Freisein von jeder Verlegenheit durch Gei-
stesgegenwart, Schadenfreude, Heuchelei,
allerunterthänigster Sklavensinn nach oben,
rücksichtslose Tyrannenseele nach unten —
sondern auch das eingelernte u. eingeübte
feine Benehmen des vornehmen Hofmannes,
die Gewandtheit des Weltmannes . . . kamen
ihm in dieser Rolle zustatten. So großen
Beifall auch die berühmten Schauspieler

Seydelmann, Dessoir, Döring u. andere in
dieser Rolle gewonnen haben: keiner von
ihnen reichte auch nur im entferntesten an
die Virtuosität, mit welcher Herzog Karl
den Mephisto gab." Vermutlich Stägemann
war der Autor des damals von Mund zu
Mund gehenden Spottverses:

„Als Prinz, als General, als Präsident des
  Staatsrats schofel,
Unübertrefflich aber stets als Mephistophel."

Julius Bab („Kränze dem Mimen" 1954) bezeichnete Ludwig Devrient (s. d.), den seine
Fähigkeit zum bestmöglichsten Mephisto-
darsteller gemacht hätte, als für diese private Aufführung im Schloß Monbijou geeignet. „Radziwills Musik, Schinkels Dekorationen u. immerhin Pius Alexander Wolff
als Faust u. die erste weibliche Kraft des
Berliner Schauspiels, die Crelinger, als
Gretchen. Aber den Mephisto spielte nicht
der Alleinberufene. Der wildeinsame Devrient war der Hofgesellschaft verdächtig.
Den Mephisto spielte bei diesem ersten
Bühnenversuch ein Amateur . . ."

Mecour, Susanne, geb. 1738 zu Frankfurt
a. M., gest. 22. Febr. 1784 zu Berlin, Tochter
eines Bürgers namens Preißler, Gattin des
Ballettmeisters Louis M. (gest. 1777), begann
ihre Bühnenlaufbahn bei der Schuchschen
Gesellschaft 1754, wirkte 1756 bei Döbbelin
in Weimar, 1764 in Hildburghausen, dann
in Wien, München, Hannover u. seit 1767
in Hamburg, hier drei Jahre F. L. Schröders
intime Freundin, 1771 bei Seyler in Frankfurt a. M. u. Gotha, seit 1776 bei Ackermann u. seit 1778 bei Döbbelin in Berlin, wo
sie vor allem Erste Soubretten, Zärtliche
Mütter u. affektierte Rollen wie Betschwe-
stern mit Auszeichnung spielte. Ihre Ehe mit
Louis M. wurde bald wieder geschieden.
Berthold Litzmann schrieb über sie: „Ein
neidisches Schicksal hat diese Künstlerin,
eine der liebenswürdigsten u. anziehend-
sten Erscheinungen, welcher in dieser be-
deutungsvollen Epoche des deutschen Theaters eine Hauptrolle zugefallen war, nicht
nur ein Leben, nein bis ins Grab hinein verfolgt. Ihr Name ist so gut wie verschollen
(das Blum-Herloßsohnsche Theaterlexikon
gedenkt ihrer erst unter den Nach-
trägen, die Allgemeine Deutsche Biographie . . . hat sie nicht einmal der Aufnahme in die vierte Klasse wert erachtet).
Die Hamburgische Dramaturgie, die der
Hensel u. der Löwen Namen auf die Nachwelt gebracht hat, durchblättert man nach

dem ihren vergebens. Das ist kein Zufall, sie selber trägt Schuld daran. indem sie in einem unglücklichen Augenblick den Verfasser bat, ihrer in seiner Kritik weder mit Lob noch mit Tadel zu gedenken . . . So ist es gekommen, daß heute nur wenige, wenn sie den Namen Susanne Mecour hören oder lesen, damit etwas anzufangen wissen, u. daß auch für diese wenigen in der Regel der einzige Anhaltspunkt ist: aha, das ist eine Schauspielerin, die sich für Lessings Kritik zu gut hielt . . . Eigentlich schön kann sie nie gewesen sein. Die von ihr erhaltenen Portraits stammen allerdings aus späteren Jahren u. gereichen, besonders das eine, ihren Urhebern nicht zum Ruhme. Aber man erkennt daran deutlich, daß die Stirn zu hoch u. die Nase ein wenig zu stark hervortritt. Allein man vergißt diese kleinen Mängel über den schönen, großen Augen, die unter anmutig gewölbten Brauen klar u. klug hervorlugen, u. über dem sehr fein gezeichneten Mund, der auch jetzt, wo er fest geschlossen ist u. durch einen Zug des Leidens etwas Strenges bekommen hat, es begreiflich macht, wie sein Lächeln in Jugendtagen entzückte . . . Daß sie in (Soubretten-)Rollen in ihrer Blütezeit ihresgleichen nicht gehabt, bezeugen einmütig alle zeitgenössischen Stimmen. Auch die übrige, äußere Erscheinung, schlanker Wuchs, lebhaftes Mienenspiel, graziöse Haltung u. ein helles, wohlklingendes Organ, wiesen sie auf dies Gebiet hin. Eine Glanzrolle war die Franziska in Lessings Minna, die sie unter des Dichters Augen in Hamburg spielte. Viel Beifall fand sie auch als muntere u. sentimentale Liebhaberin, während man in tragischen Rollen, bei aller Anerkennung ihrer stets Geist u. Nachdenken verratenden Auffassung u. ihrer musterhaften Deklamation des Verses, Feuer u. Leidenschaft vermißte. In späteren Jahren gab sie komische Mütter mit Glück. Eine ihrer letzten Rollen war (1783) die Daja im Nathan." Besonders bemerkenswert war ihr Einfluß auf die Entwicklung Schröders. Friedrich Wilhelm Gotter, der die Künstlerin tief verehrte, setzte ihr die Grabinschrift.

Literatur: Berthold *Litzmann,* Schröder u. Gotter 1887; ders., F. L. Schröder 1894; G. *Weisstein,* Die erste deutsche Soubrette (National-Zeitung, Sonntagsbeilage 28. Dez.) 1902; Joh. Friedr. *Schink,* Gallerie von Teutschen Schauspielern u. Schauspielerinnen (Schriften der Gesellschaft für Theatergeschichte 13. Bd.) 1910.

Meddlhammer, Albin von, geb 26. Aug. 1777 zu Marburg an der Drau, gest. 8. Febr. 1838 zu Berlin, war seit 1792 österr. Offizier, von den Franzosen gefangen, ließ sich später neuerdings in der österr. Armee aktivieren, kämpfte in Italien, wurde 1800 Hauptmann, nahm 1804 endgültig seinen Abschied, bereiste dann Italien, Frankreich, Deutschland, die Schweiz u. Ungarn. Seit 1806 trat M. als Schauspieler Flot in Brünn u. Prag auf, zuletzt auch in Berlin. Hauptrollen: Franz Moor, Hofmarschall Kalb, Marinelli u. a. Seit 1820 wirkte er als Lehrer der italien. Sprache am Grauen Kloster in Berlin. Als Verfasser viel gespielter Theaterstücke nannte er sich Albini.

Eigene Werke: Fragt nur mich um Rat (Lustspiel: Jahrbuch deutscher Bühnenspiele 6. Bd.) 1827; Zu zahm u. zu wild (ebda.) 1827; Kunst u. Natur (Lustspiel, ebda. 7. Bd.) 1828; Spenden für Freunde des Scherzes (Die Bekehrten oder Der türkische Edukationsrat, Posse — Die Menagerie, Lustspiel — Der kleine Proteus, Lustspiel) 1828; Mylady Mann u. Lieutenant Frau (Posse) 1832; Seltsame Ehen (Posse im Almanach dramat. Spiele) 1832; Frauenliebe (Schauspiel, ebda.) 1832; Studentenabenteuer oder Die Helena im 19. Jahrhunderts (Posse) 1834; Das Crimen plagii oder Die Gleichen haben sich gefunden (Posse) 1835; Frau u. Freund oder Die Flucht nach Afrika (Lustspiel) 1836; Die gefährliche Tante (Lustspiel) 1836; Endlich hat er es doch gut gemacht (Lustspiel) 1836; Enzian (Burleske mit Gesang) 1837; Im Kleinen wie im Großen (Lustspiel) 1837; Der General-Hofschneider (Posse) 1837; Was den einen tötet, gibt dem andern Leben (Dramat. Scherz) 1839; Die Rosen (Dramat. Gemälde) 1839; Mir gelingt alles (Lustspiel) 1839; Der Familienkongreß (Familiengemälde) 1840; Louis François Germain Grasorgel (Posse) 1840; Die Weisheit in der Klemme (Lustspiel) 1843.

Behandlung: Heinrich *Laube,* Xenien auf Albinis Kunst u. Natur (Aurora Nr. 8) 1829.

Literatur: Wurzbach, A. v. Meddlhammer (Biogr. Lexikon 17. Bd.) 1867; Franz *Brümmer,* A. Albini (Lexikon der deutschen Dichter bis Ende des 18. Jahrhunderts) 1884.

Medea, in der griech. Sage Tochter des Königs Aietes in Kolchis, rettete den bedrohten Jason u. verhalf ihm zum Goldenen Vlies, wurde seine Gattin, aber später wegen Kreusa, der korinthischen Königstochter, verlassen, worauf sie aus Rache die eigenen Kinder ermordete. Tragische Heldin, Typus des leidenschaftlichen Weibes. — Die bedeutendste Gestaltung in deutscher Sprache bietet das Drama von Grillparzer s. Goldene Vlies, Das. H. Laube fand für die Heldin in Charlotte Wolter (s. d.) die glänzendste Darstellerin, die vorher u. nachher unerreicht blieb. J. Minor („Aus dem alten u. neuen Burgtheater" 1920) charakterisierte sie in der Rolle des dritten Stücks: „ . . . niemals hatte es die Wolter mit der Pflicht, vorzubereiten, zu motivieren u. zu steigern so streng genommen wie hier. Schon der zweite Akt enthält eine Skala von Tönen, über die damals nur die Wolter zu gebieten hatte. Wie sie voll von dem besten Willen mit der Leier kommt, das schöne Lied vergessen hat, von dem rauhen Gatten erst nicht beachtet u. dann zurückgewiesen wird, u. endlich in Tränen ausbricht; wie sich dann ihr Trotz wieder meldet u. in dem wilden Ausruf: ‚Ich lebe! lebe!‘ Luft macht; wie sie ihr Kleid zerreißend, den Bund mit dem Gatten trennt u. ihm u. dem König Rache verheißt — man müßte Vers für Vers mit einem langatmigen Kommentar umgeben, um von dieser Pracht eine Vorstellung zu geben. Und doch wußte sie diesen reichen Akt durch den folgenden noch zu überbieten, wo der Gedanke zum Kindermord in ihr reift u. wo sie endlich zur Tat schreitet. Eintönig u. wie entseelt klang dann ihre Stimme in der letzten Abrechnung mit dem Gatten u. man hatte das Gefühl, daß die Heldin, deren Schicksal der Dichter unbestimmt läßt, in den Kindern auch sich selbst gemordet habe."

Behandlung: Christian Heinrich *Postel,* Medea (Trauerspiel) 1700; F. W. *Gotter,* M. (Trauerspiel) 1775; Maximilian *Klinger,* M. in Corinth — M. im Kaukasus (2 Trauerspiele) 1787; Julius Graf *v. Soden,* M. (Trauerspiel) 1814; Franz *Grillparzer,* Das goldene Vlies (Trilogie) 1822—25; Oswald *Marbach,* Medeia (Trauerspiel) 1858; Georg *Prinz von Preußen,* M. (Trauerspiel) 1870; A. *v. Bernus,* Der Tod des Jason (Trauerspiel) 1912; H. H. *Jahnn,* M. (Schauspiel) 1925; H. *Razum,* M. in Korinth (Trauerspiel nach Klinger) 1939; F. *Forster,* Die Liebende (Drama) 1952; Frz. Th. *Csokor,* M. post-bellica 1955.

Literatur: L. *Schiller,* Medea im Drama alter u. neuer Zeit (Progr. Ansbach) 1865; Hermann *Purtscher,* Die M. des Euripides verglichen mit der von Grillparzer u. Klinger 1880; G. *Deile,* Klingers u. Grillparzers

M. miteinander u. mit den antiken Vorbildern des Euripides u. Seneca verglichen (Progr. Erfurt) 1901; R. *Ischer,* M. Vergleichung der Dramen von Euripides bis Grillparzer (Progr. Leipzig) 1910; R. *Backmann,* Die ersten Anfänge der Grillparzerschen M. 1910; Karl *Heinemann,* Die tragischen Gestalten der Weltliteratur 1920; A. *Brandl,* M. u. Brunhilde (Forschungen u. Charakteristiken) 1936; T. C. *Dunham,* M. in Athens and Vienna (Monatshefte, Madison) 1946; J. Th. *Spix,* M. Elisabeth Flickenschild gestaltet eine neue Deutung (Deutsche Tagespost Nr. 89) 1952; Johann *Keckeis,* Die neue dram. Bearbeitung des Medea-Stoffes (Schweizerische Theaterzeitung Nr. 14) 1955 (Csokor).

Medelsky, Hermine, geb. um 1880 zu Wien, gest. 1940, Schwester von Karoline M. (Lotte Medelsky s. Krauspe, Karoline), besuchte das Konservatorium ihrer Vaterstadt, begann ihre Laufbahn als Jugendliche Liebhaberin am Deutschen Theater in Berlin u. wirkte schließlich als Charakterspielerin am Deutschen Landestheater in Prag. Hauptrollen: Anna Birkmayer („Der Pfarrer von Kirchfeld"), Marina („Die Macht der Finsternis") u. a.

Medelsky (Ps. Werkmann), Josef, geb. 1858 zu Wien, gest. 19. Febr. 1924 zu Niederhart bei Linz an der Donau, war Tischler. Dramatiker.

Eigene Werke: Der Kreuzwegstürmer 1902; Liebessünden 1903; Justina Dunker 1903.

Medelsky, Liselotte s. Krauspe, Liselotte.

Medelsky, Lotte s. Krauspe, Caroline.

Medeotti, Josef, geb. 27. Febr. 1884 zu Prag, kam 1903 als Schauspieler nach Dresden, 1905 nach Krems, bildete sich gesanglich in Mailand aus u. wirkte seit 1907 als Sänger (Baß) u. Regisseur in Reichenberg, Magdeburg, Marburg, Salzburg, Darmstadt, Aussig, Hanau, Iglau, Hamburg u. Berlin.

Meder, Georg, geb. 2. Juli 1855 zu München, gest. im Sept. 1892 zu Murnau bei München, wirkte als Opernsänger in Breslau, Linz, München (Gärtnerplatztheater), Preßburg, St. Gallen u. Klagenfurt. Hauptrollen: Oktavio, Faust, Lohengrin, Tamino u. a. Auch Operettentenor (Eisenstein u. a.).

Meder, Paul, geb. 3. Sept. 1872 zu Stargard, war Pastor in Schartau nächst Burg bei Magdeburg u. später in Friedrichroda (Thüringen). Vorwiegend Dramatiker.

Eigene Werke: Die Jagdeinladung (Lustspiel) 1905; Der Retter (Lustspiel) 1906; Liebe macht erfinderisch (Lustspiel) 1912; Das heilige Muß (Schauspiel) 1913; Die Genesung (Schauspiel) 1913; Die Heimkehr (Schauspiel) 1914; Die Schmuggler (Schauspiel) 1914; Der Brandstifter (Schauspiel) 1914; Auf der Studentenbude (Lustspiel) 1914; Die Geburtstagsfreude (Lustspiel) 1914; Ohne Gott (Schauspiel) 1920; Hagel (Schauspiel) 1920; Gebrochener Starrsinn (Schauspiel) 1920; Des Vaters Schuld (Schauspiel) 1922; Kein Baum wächst in den Himmel (Volksstück) 1923; Konkurrenz (Schauspiel) 1923.

Mederitsch, Georg Anton Gallus, geb. 27. Dez. 1752 zu Wien, gest. 18. Dez. 1835 zu Lemberg, weilte 1778 in Prag, dann in Lemberg u. Wien, war Musikdirektor 1781—82 am Theater in Olmütz, 1794 bis 1796 in Ofen u. später wieder in Wien (Klavierlehrer Grillparzers). Komponist der Singspiele „Der redliche Verwalter" (1779), „Der Schlosser" (1781), „Die Rekruten", „Der letzte Rausch", „Die Pyramiden von Babylon" (1797, mit Peter Winter) u. der Musik zu „Macbeth".

Literatur: Gustav *Gugitz,* Der seltsame Herr Gallus Mederitsch (Österr. Musik 7. Jahrg.) 1952.

Mederow, Paul, geb. 30. Juni 1887, Doktor der Philosophie, wirkte als Schauspieler u. Regisseur u. a. seit 1914 in Pforzheim, Kottbus, jahrelang in Leipzig (Schauspielhaus), Wien, seit 1929 ständig in Berlin u. leitete seit 1952 den Veranstaltungsring für Westberlin. Hauptrollen: Faust u. a.

Mediceer, reiches Fürstengeschlecht in Florenz, Hauptvertreter Cosimo I. (1513—74), Herzog, dann Großherzog von Toskana. Der erste Mediceerfürst u. seine Nachfolger bis Cosimo III. (1670—1723) zeichneten sich als Förderer aller Künste u. Wissenschaften aus. Katharina von Medici wurde Königin von Frankreich (an der Bartholomäusnacht 1572 beteiligt) u. auch Maria von Medici bestieg 1600 den französischen Thron. Die wechselvollen Schicksale der M. boten vor allem Dramatikern dankbaren Stoff.

Behandlung: Friedrich *Schiller,* Kosmus von Medici (Jugenddrama, nicht erhalten) vor 1777; M. *Plate,* Lorenzino von Medici (Trauerspiel) 1836; J. L. *Klein,* Maria von Medici (Trauerspiel) 1841; Otto *Fürst von Lynar,* Die Mediceer (Drama) 1842; Georg *Köberle,* Die M. (Drama) 1849; Hans *Marbach,* Lorenzino von Medici (Trauerspiel) 1875; Georg *Prinz von Preußen,* Katharina Medici (Drama) 1884; Julius *von Werther,* Die Medici (Schauspiel) 1890; W. *Danz,* Anna von Medici (Geschichtl. Schauspiel) 1891; Wilhelm *Weigand,* Lorenzino (Trauerspiel) 1897; Herbert *Fuchs,* Katharina von Medici (Drama) 1912; Emma *Urban,* Katharina von Medici (Eine unheroische Tragödie) 1950.

Medori (geb. *Wilmot*), Josepha, geb. um 1825 zu Brüssel (Todesdatum unbekannt), trat als Opernsängerin 1845 in Neapel auf, später u. a. in Padua, Konstantinopel, Brüssel, Petersburg u. wurde 1853 Hofkammersängerin in Wien. Gastspielreisen führten sie in verschiedene Städte Europas u. Amerikas, wo sie überall als Star bewundert wurde. Hauptrollen: Norma, Lucrezia Borgia u. a.

Literatur: Wurzbach, J. Medori (Biogr. Lexikon 17. Bd.) 1867.

Meduna-Finger, Grete von, geb. 14. Aug. 1890 zu Prag, Offizierstochter, Enkelin Ludwig Spohrs, wurde in Prag u. Karlsruhe gesanglich ausgebildet, betrat 1908 die Bühne am Landestheater ihrer Vaterstadt, kam 1912 nach Aussig, 1914 ans Hoftheater in Karlsruhe, 1918 nach Brünn u. war seit 1921 nur mehr als Gastsängerin (Sopran) tätig. 1913 u. 1914 nahm die Künstlerin auch an den Festspielen in Bayreuth teil. Gattin von Edmund Ritter Meduna von Riedburg. Jugendlich-Dramatische Wagnerinterpretin. Weitere Hauptrollen: Myrtocle („Die toten Augen"), Komponist („Ariadne auf Naxos"), Rosenkavalier u. a.

Meer, Hugo vom s. Meerheimb, Richard von.

Meer, Max ter, geb. 11. Nov. 1874 zu München-Gladbach, gest. 6. Juli 1924 zu Augsburg, wirkte als Heldentenor u. Spielleiter vor dem Ersten Weltkrieg in Hannover u. nach Kriegsteilnahme seit 1920 in Augsburg. Hauptrollen: Tannhäuser, Raoul, Siegfried, Loge, Florestan u. a.

Meere, Wanda Gräfin van der (Ps. Wanda v. Bogdani), geb. 23. März 1851 zu Lemberg

(Todesdatum unbekannt), der altadeligen polnischen Familie von Kleczkowsky entstammend, wurde in Wien von Wilhelmine v. Hasselt-Barth (s. d.) gesanglich ausgebildet, begann als Opernsängerin ihre Laufbahn in München, kam dann nach Frankfurt a. M. u. nach weiterem Unterricht bei Lamperti in Mailand an die dort. Scala, später nach Turin, an die Oper in Paris u. an die Komische Oper in Wien. Hierauf war sie am Volkstheater Walhalla in Berlin tätig. Nach ihrem Bühnenabschied heiratete sie den Grafen Charles van der Meere. Ihre Glanzrolle fand sie als Rosine („Der Barbier von Sevilla"). *Literatur: Eisenberg,* W. v. Bogdani (Biogr. Lexikon) 1903.

Meeres und der Liebe Wellen, Des, Trauerspiel in fünf Aufzügen von Franz Grillparzer. Nur langsam u. mühselig wollte das Stück dem Dichter gelingen. Mißmutig schrieb er beim Abschluß am 25. Febr. 1829: „Ich fürchte eine verfehlte Arbeit gemacht zu haben. Es soll sich zeigen. Ich selbst habe kein Urteil mehr darüber. Ich ändere u. ändere, ohne daß das Geänderte besser wäre als das Vorige. Jetzt müssen fremde Augen urteilen. Hinaus damit!" Der Stoff der antiken Sage war ihm aus Ovid bekannt gewesen. „Hero u. Leander" sollte das Drama ursprünglich heißen (s. Hero). In der Sprache der deutschen Romantik gab er ihm jedoch den Titel „Des Meeres u. der Liebe Wellen." Er entsprach damit zugleich der märchenhaften Stimmung u. dem lyrischen Gehalt des Ganzen. Die alte, aus dem deutschen Volkslied bekannte Sage von den zwei Königskindern, die trotz ihrer Liebe nicht zueinander gelangen u. sterben müssen, ein Motiv, das Shakespeare in „Romeo u. Julia" verewigt hat, läßt Grillparzer in antiker Verhüllung abermals lebendig werden. In Hero verkörpert sich ihm die Blüte der eigenen Jugend. Reine Musik klingt aus dem Monolog der Hero wider, da sie die Lampe in das Fenster des Turms stellt u. voll heißer Liebessehnsucht in die Ferne späht:

„Wie ruhig ist die Nacht. Der Hellespont
Läßt, Kindern gleich, die frommen Wellen spielen,
Sie flüstern kaum, so still sind sie vergnügt.
Kein Laut, kein Schimmer rings; nur meine Lampe
Wirft bleiche Lichter durch die dunkle Luft;
Laß mich dich rücken hier an diese Stäbe.

Der späte Wanderer erquicke sich
An dem Gedanken, daß noch jemand wacht,
Und bis zu fernen Ufern jenseits hin
Sei du ein Stern und strahle durch die Nacht . . ."

Diese Lyrik hat man dem Dramatiker bisweilen zum Vorwurf gemacht, aber selbst ein so scharfer Theaterkritiker wie der norddeutsche Realist Fontane (s. u.) empfand sie als Vorzug. Seltsam muten in diesem antiken Stück die Anklänge an katholisches Wesen, an katholische Sitten u. Bräuche an. Hero erscheint fast wie eine Nonne. Ihr Tempeldienst gleicht einem klösterlichen Wirkungskreis. Die Feierlichkeit bei ihrer Einkleidung, die Prozessionen u. Aufzüge mit ihrem Schaugepränge, die strenge Klausur, ja selbst der Oberpriester, der an einen Bischof gemahnt, das „Glück mit uns!" des andächtigen Volkes, das mit der Litaneiformel „Bitt' für uns!" sprachlich u. klanglich verwandt ist, haben so viel Katholisches in sich, daß man dies nicht bloß auf ererbte u. in Wien alltägliche Vorstellungen zurückzuführen mag, sondern gern auch auf den verstärkten Einfluß der Spanier, wenn nicht Adam Müllers u. seiner Lehre vom Drama glauben will. Mit einem Hinweis auf die altösterreichische Barockbühne wäre da zu wenig erklärt. Grillparzers „Studien zum spanischen Theater", geben allein schon von einer eindringlichen Beschäftigung mit Lope de Vega, Calderon, Cervantes u. ihren Zeitgenossen beredtes Zeugnis. Sollte demnach, was kaum anzunehmen ist, Müllers Wiener Aufenthalt u. sein ästhetisch-kritisches Schaffen an Grillparzer spurlos vorübergegangen sein, so haben wir noch immer keine Ursache, geographisch-physischen Zusammenhängen zu Liebe den geistigen Zusammenhang des Dichters mit den Spaniern zu übersehen oder geringer anzuschlagen. Die Uraufführung im Burgtheater bereitete Schwierigkeiten. Die große tragische Liebhaberin Sophie Müller (s. d.), die die Hero spielen sollte, ging unerwartet dahin. Ihre Nachfolgerin Julie Gley (s. d.), nur für große heroische Gestalten geschaffen, war weder durch Liebreiz, noch durch jugendliche Wärme ausgezeichnet. Zwar übte Ludwig Löwe (s. d.) als glänzender Darsteller Leanders in den ersten Akten große Wirkung aus, aber da Hero gegen das Ende entscheidend in Szene trat, war der Mißerfolg besiegelt. Das Trauerspiel wurde vom Spielplan für lange Zeit abgesetzt.

Erst Heinrich Laube zog es aus der Versenkung hervor u. verschaffte ihm 1851 im Burgtheater einen durchschlagenden Erfolg. „Das Stück war 1831 neu gewesen u. war nach vier Vorstellungen ins Grab des Archivs gesunken" schrieb er in seinem „Burgtheater" 1868. „Ich hatte es 1849 in Wien zum ersten Male gelesen. Es hatte mich entzückt, u. ich hatte es wie eine Perle in meiner Erinnerung bewahrt. Dies teilte ich Frau Bayer (s. Falkenstein, Marie Gräfin von) nach Dresden mit, als wir Briefe wechselten über ihr zweites Gastspiel, u. ich forderte sie auf, es zu lesen u. mir zu sagen, ob sie nicht gerade so wie ich die Rolle der Hero für sich geeignet fände. Sie hatte ja! geschrieben, u. jetzt gingen wir bei ihrem Gastspiele an die neue Inszenesetzung des Stückes. Unter Achselzucken des älteren Schauspielergeschlechts. Mit den ersten drei Akten, hieß es, wird es gut gehen, mit den zwei letzten schlecht, wie damals! Das war uns ein lehrreicher Wink. Wir wendeten alle Kräfte der Phantasie auf die letzten Akte. Für den Schluß erbaute ich ein Treppenhaus im Tempel, um malerische Wirkung zu gewinnen für das Ende, eine auch äußerlich hilfreiche Wirkung für die Seele der Hero, welche aufwärts ringt nach Vereinigung mit der entflohenen Seele Leanders. Ich ließ mich nicht stören durch den Einwand, ob solch ein Treppenhaus anzubringen sei für ein altgriechisches Tempelgebäude — was wißt ihr denn von der Architektur jener ältesten, auch in Griechenland mythischen Zeit, u. da wir doch nichts Festes wissen, was brauche ich schüchtern zu sein, da die Idee des Kunstwerkes, welches ich versinnliche, maßgebend für mich ist, maßgebender gewiß als ein archäologischer Zweifel. Es bestätigte sich. Diese Szenierung kam der aufwärts drängenden Stimmung des Schlusses sehr zustatten; der Schluß wirkte erhebend, u. der Erfolg des Stückes war ungeteilt, war echt wie die Seele des Gedichtes. Frau Bayer trug wesentlich dazu bei. Die griechische Anmut u. Ruhe waren ihrem Körper u. ihrem Tone in seltenem Grade zu eigen, u. die schließliche Energie eines sinnlichen Mädchencharakters trat doch überzeugend zutage! Keine Konvention, kein Dogma macht diese Mädchennatur irre, sie fühlt die Berechtigung ihrer Liebe so bestimmt wie das Bedürfnis des Atemholens, sie weist mit schmerzlichem Lächeln alle Abschwächung ihres sogenannten Fehles zurück, sie weiß,

daß sie die Hälfte Leanders ist u. daß sie zu ihm muß ins Reich der Schatten oder des Lichtes, gleichviel! nur dahin, wo er sei. Dies ist allen Wienern unvergeßlich. Mir ist es unvergeßlich, daß durch diesen Triumph der Szene der dramatische Dichter Grillparzer für uns neu geboren wurde. Fünfundzwanzigmal ist diese Liebestragödie seitdem aufgeführt worden, und es liegt die Zukunft weit vor ihr offen. Die Anhänger Grillparzers bildeten damals eine sehr edle Gemeinde, aber nicht eine allzu große. Die besten Männer gehörten zu ihr, vorzugsweise Männer, u. zwar ältere Männer, welche mit dem Dichter aufgewachsen waren. Jetzt hatte der Dichter auch die Jugend entzündet, auch die Frauen; jetzt kam ein neues Geschlecht an die Kenntnis des vaterländischen Poeten, u. dies Geschlecht ist seit 1851 gewachsen u. gewachsen u. alle folgenden Aufführungen seiner Stücke haben eine wunderbare Propaganda gebildet. Was Grillparzer versäumt dadurch, daß er seine Schriften niemals gesammelt hat herausgeben lassen, dies hat das Burgtheater nachzuholen versucht. Freilich nur für Wien u. fremde Besucher. Dennoch darf man sich namentlich über dieses Stück nicht täuschen in betreff des Theater jenseits des Erzgebirges. Dies Stück ist gründlich süddeutsch. Es setzt eine Naivität der Sinnlichkeit voraus, welche dem deutschen Norden ziemlich fremd ist." Allein auch Norddeutschland schloß sich dem Siegeszug alsbald an. „Überlegen für meine Empfindung", schrieb Theodor Fontane (s. seine „Causerien über Theater") anläßlich der Berliner Aufführung 1874, „ist ihm nur die ‚Iphigenie'. ‚Tasso' ist undramatisch u. hat keinen Schluß; die ‚Braut von Messina', bei allem, was sie an gestaltender Kraft voraushaben mag, entbehrt jener lyrischen Vertiefung, die den unaussprechlichen Zauber dieser Grillparzerschen Dichtung bildet. Man hat freilich gerade aus dieser Vertiefung einen Vorwurf herleiten oder doch den Stoff als zu lyrisch verurteilen wollen, ohne Ahnung davon, daß das Lyrische auch innerhalb des Dramas immer der Wundervogel bleibt, der uns die goldenen Eier schenkt. Denn in der Tat: wenn es etwas gibt, was in einem allerhöchsten Sinne noch dramatischer wirkt als das schlechtweg Dramatische, so ist es jene Lyrik, die ein Dichtergenius oft durch eine scheinbar kleinste Zutat in das Dramatische zu erheben versteht. Und das tat Grillparzer hier. Den eigentlich tragischen Konflikt, an dem es dem Stoffe bis dahin fehlte, durch die von ihm ersonnene Priesterinnenschaft Heros in geschickter Weise vorbereitend wandelte er das bis dahin lyrische Motiv in ein dramatisches um. Das Ei des Columbus hier wie allerorten. Die Verdienste des Dichters sind aber durch dieses Kennzeichen des Genies, den glücklichen Einfall, von dem nachher jeder vorgibt, daß er ihn auch gehabt haben würde, nicht erschöpft. Was Grillparzer fähig machte, diesen Stoff so zu formen, wie er es tat, ist, daß ihm die Gestalt der Hero aus einer stillen Seele erblühte, die die Reinheit zur Voraussetzung hat. Denn unbeschreiblich schön u. wahr zugleich heißt es in der Dichtung selbst:

,Der Quell im Innern,
Ach, nur bewegt, ist er auch schon getrübt.

Das Zeichen, in dem dieses Stück siegt, ist seine Lauterkeit; u. ihr Modernen, die ihr den ,Zug des Herzens' als ein neues Evangelium predigt, lernt hier, daß es, um das wirklich Richtige zu treffen, auf das Herz ankommt, das die Berechtigung des Natürlichen auf Kosten des Gesetzes proklamiert. Wer das Gesetz, ohne es anzuzweifeln u. zu verhöhnen, einfach durchbricht u. die Konsequenzen seines ,Ich tat nur, was ich mußte' willfährig auf sich nimmt, dem jubeln immer die Herzen zu. Und von Rechts wegen. Denn beide Teile, das Ewige u. das Menschliche, gehen siegreich aus dem Kampfe hervor." Mit einiger Zurückhaltung stimmte ein anderer Berliner Kritiker, Karl Frenzel (in seiner „Berliner Dramaturgie"), der Wiedergeburt Grillparzers gerade nach dem Erfolg dieses Stückes bei: „ Die Begegnung Heros u. Leanders im Tempelhain, die nächtliche Zusammenkunft im Turm sind von einer Anmut u. Lieblichkeit, von so köstlicher Naivität u. so hoher poetischer Schönheit in Ausdruck u. Empfindung, daß man sich gerührt u. freudig diesem Zauber hingibt. Ist auch ,Romeo u. Julia' das Vorbild gewesen, auch diese Nach- u. Umbildung hat ihren Reiz u. Wert, ihre unvergängliche Schönheit. Nach dem Balkongespräch im Garten der Capulets ist das Liebesgeflüster im Turm zu Sestos das herrlichste Gedicht auf die große Göttin, die Lust der Menschen u. der Götter, u. auch jenes Schaurige, Bittersüße, das ,mitten aus der Anmut Fülle sich erhebt u. aus den Blumen hauchend uns ängstigt', weht durch das Fragen u. Gestehen, durch das Bitten, Verweigern u. Gewähren hin u. her. Dem Eindruck dieser Szenen wird sich Niemand, zu keiner Zeit entziehen können; sie bilden mit dem Anspruch Grillparzer's auf die Unsterblichkeit im Kreise unserer großen Dichter. Die großen Schönheiten der Grillparzer'schen Dichtung sind lyrischer Art, sie ist im Wesentlichen eine Musik in Worten; die Reden des Priesters im dritten Akt mit ihrem lehrhaften Inhalt sind von demselben lyrischen Schwunge beseelt, wie die Worte des Tempelhüters im vierten. Man merkt, wie der Dichter aus dem Griechisch-Statuarischen zu einer — ich kann doch nur sagen modernen Charakteristik strebt; jedes Mal, wo es sich um ein Bedeutenderes handelt, doch wieder zu dem alterprobten idealischen Schema greift, und nach dem der Tempelhüter u. Janthe gerade so poetisch reden, wie die Helden u. Heldinnen. So muß denn auch Janthe, die während des Stückes als eine leichtfertige Dirne, in untergeordneter Stellung, erscheint, die Schlußworte sprechen, u. zwar das entscheidendste von allen zur Bildsäule des Eros, vorwurfsvoll u. erschüttert zugleich: ,Versprichst Du viel u. hältst Du also Wort?' Indem die Hofbühne das Stück zum ersten Male — seit mehr als dreißig Jahren zum ersten Male! — aufführte, löste sie, ach! nur den Manen des Dichters gegenüber eine Ehrenschuld ein. So aber ist diese Welt, den Toten spendet sie Kränze, welche das Glück des Lebendigen u. der Antrieb zu neuen schöpferischen Taten für ihn gewesen wären." Und als im Zeitalter des mehr als nüchternen Naturalismus „Des Meeres u. der Liebe Wellen" dem deutschen Publikum neuerdings dargeboten wurde, stellte Fedor Mamroth („Aus einer Frankfurter Theaterchronik" 1900) fest, daß man selbst über die vollkommen naive Liebesszene im dritten Akt „weder lächelte noch gar lachte, sondern sie mit lautlosem Anteil hinnahm. Ja, man kann sagen, dieses Drama, das hier seit vielen Jahren nicht gegeben worden, überraschte durch seine Innigkeit u. schlichte Größe die unvorbereiteten Zuhörer in einer Weise, daß man allein schon von dieser sichtbaren Wirkung selber ergriffen werden konnte." Über alle Geistesströmungen hinweg hat sich Grillparzers Meisterwerk als unsterblich erwiesen.

Literatur: Eugen *Sierke,* Kritische Streifzüge 1881; H. *Braun,* Grillparzers Verhältnis zu Shakespeare 1916; Margarethe *Mühlberger,* Shakespeare u. Grillparzer (Diss.

Wien) 1945; Irmgard *Knauer*, Grillparzers Frauenzeichnung u. Frauenpsychologie (Diss. München) 1946; Dorothea *Kessler*, Die Rezeption Grillparzers durch die norddeutsche Bühne unter Führung Berlins (Diss. Berlin) 1951; Herbert *Seidler*, Zur Sprachkunst in Grillparzers Hero-Tragödie (Festschrift M. Enzinger) 1953; Arno *Mulet*, Grillparzers Hero (Wirkendes Wort 5. Jahrgang) 1954/55.

Meerheimb, Richard von (Ps. Hugo vom Meer), geb. 14. Jan. 1825 zu Großenhain in Sachsen, gest. 16. Jan. 1896 zu Loschwitz bei Dresden, Sohn eines Obersten, wurde Offizier, bereiste Italien u. Ungarn, machte die Kriege von 1864, 1866 u. 1870/71 mit, unternahm dazwischen u. später weitere Reisen, wobei er fast ganz Europa kennenlernte. Lyriker, Epiker u. Dramatiker (als solcher bekannt durch die Einführung der neuen Kunstform des Monodramas s. d.).
Eigene Werke: Das Hohelied vom deutschen Weibe (Festspiel) 1865; Die Liebesmär von Rimini 1876; Monodramen neuer Form (Psycho-Monodramen) 1882 (5. Aufl. als: Monodramenwelt 1886); Psychodramen (Material für den rhethorisch-deklamatorischen Vortrag) 1888.
Literatur: Franz *Brümmer*, R. v. Meerheimb (Biogr. Jahrbuch 1. Bd.) 1897.

Meerschweinchen ist als scherzhafte Bezeichnung für wandernde Komödiantentruppen überliefert. Ursprünglich vermutlich solche, deren Personal sich hauptsächlich aus Mitgliedern einer Familie zusammensetzte. Später gebrauchte man den Ausdruck allgemein für Banden der niedrigsten Art, sogenannte Schmieren. Er entstand wohl in Analogie zu den vielen umherziehenden Menagerien mit armseligem Tierbestand, etwa nur Meerschweinchen. So heißt es in den „Memoiren" Ludwig Wollrabes 1870: „Meerschweinchen, dramatische Barbierstube, auch wohl Schmiere, nennt man die ganz kleinen reisenden Gesellschaften, denen es gleich ist, ob Städtchen, ob Fleckchen oder Dörfer den Musenstall für kurze Zeit aufschlagen lassen." In der zweiten Hälfte des 19. Jahrhunderts war M. allgemein im ganzen deutschen Sprachgebiet bekannt, später verschwand die Bezeichnung immer mehr.
Behandlung: Walther *Schulte von Brühl* (= Johann Hennrichs), Meerschweinchen (Roman) 1902.

Literatur: Adolf *von Oppenheim*, Das Meerschweinchen (Bühne u. Welt 12. Jahrgang) 1910; Ursula *Rohr*, Der Theaterjargon (Schriften der Gesellschaft für Theatergeschichte 56. Bd.) 1952.

Meery, Hans, geb. 11. Mai 1851 zu Hannover, gest. 26. Nov. 1930 zu Gauting bei München, wollte Philologe werden, wandte sich aber schließlich seiner stärkeren Neigung folgend der Bühne zu, wirkte zuerst als Schauspieler in Amerika, kehrte nach Deutschland zurück u. spielte am Lessingtheater in Berlin, wo er die Erstaufführung von G. Hauptmanns „Vor Sonnenaufgang" leitete. Seit 1898 gehörte er dem Hoftheater in Stuttgart als Oberregisseur an u. nahm das. 1914 mit einer Aufführung von Sheridans „Lästerschule", die er übersetzt u. eingerichtet hatte, seinen Bühnenabschied. Seinen Lebensabend verbrachte er in Gauting.

Mees, Franz, geb. 13. April 1876, wirkte seit 1903 als Opernsänger in Koblenz u. viele Jahre in Detmold. Hauptrollen: Wotan, Wanderer, Kühleborn, Heiling, Mephisto u. a.

Meffert, August, geb. 22. Aug. 1820 in Hessen, gest. 13. April 1888 zu Augsburg, Lehrerssohn, zuerst in einem Handelshaus tätig, wurde wegen seiner schönen Tenorstimme von seinem Chef nach Paris geschickt, der ihn dort auf seine Kosten zum Opernsänger ausbilden ließ, u. kam über Ulm, Innsbruck u. Graz nach Posen, wo er den Tannhäuser kreierte u. R. Wagners besondere Anerkennung errang. Hierauf war er in Berlin u. 15 Jahre in Weimar tätig, dann in Rotterdam u. Mainz. Schließlich übernahm er die Direktion des Stadttheaters in Trier, zog sich jedoch 1886 von der Bühne zurück u. verbrachte seinen Lebensabend in Augsburg. Auch sein Sohn Moritz M. gehörte als Operettentenor der Bühne an u. wirkte u. a. in Riga u. Zürich. Hauptrollen: Eisenstein („Die Fledermaus"), Georg („Der Waffenschmied"), Johann („Der Prophet"), Dikson („Die weiße Dame"), Eleazar, Raoul u. a.

Meffert, Margot, geb. 4. März 1869 zu Weimar, wirkte als Naive in Lübeck, Köln, Berlin (Wallnertheater), Breslau u. Freiburg im Brsg. 1897 nahm sie ihren Bühnenabschied, um sich mit einem Herrn von Carben zu verheiraten. Hauptrollen: Franziska („Minna

von Barnhelm"), Puck („Ein Sommernachtstraum"), Lorchen („Die beiden Leonoren"),
Klärchen („Sodoms Ende") u. a.

Meffert, Moritz s. Meffert, August.

Meffert, Paul, geb. 13. Aug. 1880, war seit
1905 Schauspieler an verschiedenen Bühnen in Berlin, wo er auch seinen Lebensabend verbrachte.

Meffert, Robert, geb. 1849 zu Koblenz, gest.
16. März 1903 das., begann als Chorist am
Hoftheater in Dresden, kam dann als Heldentenor u. a. nach Mainz, Halle, Magdeburg, Chemnitz, Posen, wieder nach Halle,
Elberfeld, Bern u. Trier. Hauptrollen: Manrico („Der Troubadour"), Turiddu („Cavalleria rusticana"), Tybalt („Romeo u. Julia"), Hüon („Oberon") u. a.

Megerle von Mühlfeld, Alfred Johann, geb.
10. Jan. 1833 zu Wolfsthal in Niederösterreich (Todesdatum unbekannt), Sohn von
Georg Wilhelm u. Therese M. von M.,
wirkte 1853 als Theatersekretär bei seinem
Vater in Krakau, dann als Episodist u. Tänzer 1855 in Kaschau, 1856—57 in Salzburg,
1858 in Hamburg, 1859 in Danzig, 1860 am
Carltheater in Wien, 1861 in Wiener-Neustadt, 1862 in Klagenfurt, 1863 am Theater
an der Wien in Wien, 1867 in Lemberg u.
1873 in Pest. Gatte der Sängerin Magdalena
Anna Kleinert.

Megerle von Mühlfeld, Georg Wilhelm,
geb. 1802 zu Wien, gest. 1854 das., zuerst
Chirurg u. Zahnarzt in Preßburg, seit 1829
Gatte von Therese Pop von Popenburg,
wandte sich 1844 dem Theater zu u. übernahm als Nachfolger von Franz Pokorny die
Leitung der dort. Bühne, 1845 auch das
städt. Theater in Raab, 1850 das Josefstädtertheater u. die Hernalser Arena in
Wien, war aber bereits 1852 zahlungsunfähig
u. mußte den Konkurs erklären. Auch die
Eröffnung des Theaters in Krakau 1853
scheiterte finanziell.
Literatur: Elfriede *Müll,* Die Familie Megerle u. ihre Beziehungen zum Theater
(Diss. Wien) 1949.

Megerle von Mühlfeld, Julius, geb. 5. Jan.
1835 zu Preßburg, gest. 26. Mai 1890 zu
Kierling bei Wien, Sohn des Theaterdirektors Georg M. u. der Schriftstellerin Therese M. (geb. Pop v. Popenburg), war zuerst
Schauspieler u. verfaßte dann unter dem Ps.

Julius Feld zahlreiche nur handschriftlich
erhaltene Volksstücke u. Märchenspiele
(„Der Spion von Aspern" 1863, „Luzifer auf
der Oberwelt" 1863, „Schneewittchen" 1880
u. a.).
Literatur: Elfriede *Müll,* Die Familie Megerle u. ihre Beziehungen zum Theater
(Diss. Wien) 1949.

Megerle von Mühlfeld, Therese (Ps. Leo
Mai), geb. 12. Mai 1813 zu Preßburg, gest.
1. Juli 1865 zu Wien, Tochter des ungarischen Gutsbesitzers Pop v. Popenburg, heiratete 1829 G. W. Megerle v. Mühlfeld. Erzählerin u. überaus fruchtbare Dramatikerin
(die „österr. Birch-Pfeiffer" genannt). Den
größten Erfolg hatte ihr Stück „Die beiden
Grasel", das 1855 am Josefstädtertheater
in Wien erstaufgeführt wurde.
Eigene Werke: Ein entlassener Sträfling
(Drama) 1852; Eine Bauernfamilie (Lebensbild mit Gesang) 1852; Zwei Pistolen
(Volksdrama) 1853; Onkel Tom (Drama)
1853; Die Obsthändlerin des Königs (Drama)
1854; Ein Wiener Kind (Volksstück) 1858;
Im Dorf (Lustspiel) 1859; Ein weiblicher
Monte-Christo (Drama) 1859; Die Armen u.
Elenden (Dramat. Bilder aus dem Französi-
schen) 1864; Die Verlassene (Volksdrama)
1864; Der Waldmichel (Hist. Volksstück)
1881 u. v. a.
Literatur: Wurzbach, Th. Megerle von
Mühlfeld (Biogr. Lexikon 17. Bd.) 1867;
Elfriede *Müll,* Die Familie Megerle u. ihre
Beziehungen zum Theater (Diss. Wien) 1949.

Mehler, Eugen, geb. 20. Juli 1883 zu Fulda,
gest. (Datum unbekannt) das., Sohn eines
Fabriksbesitzers, studierte in Rostock, Jena,
Göttingen, Freiburg u. München, kam 1910
als Kapellmeister u. Dramaturg ans Stadttheater in Bern, 1911 ans Stadttheater in
Straßburg i. E., nahm am Ersten Weltkrieg
teil, ging 1919 nach Danzig, 1920 als Oberregisseur ans Nationaltheater in Weimar,
1923 ans Stadttheater in Graz u. wirkte seit
1925 als Gastregisseur an verschiedenen Orten. Verfasser von Opernregiebüchern.

Mehler, Julius, geb. 2. April 1869 zu Frankfurt a. M., Enkel des Komponisten Ignaz
Lachner (s. d.), gehörte kurze Zeit als Schauspieler der Bühne an, die er aber nach Engagements in Zittau u. Düsseldorf wieder
verließ, um sich dem kaufmännischen Beruf
zuzuwenden. Auch Bühnenschriftsteller.
Eigene Werke: Das erste Engagement
(Humorist. Roman) 1902; Weggeschnappt

(Schwank) 1903; Komödiantenstreiche
(Schwank) 1903; Theaterblut (Schwank) 1904;
Der Turmbau zu Babel (Schwank) 1907 (mit
Ernst Bertram).

Mehlhart (Ps. Menhart), Alfred, geb.
24. Febr. 1899 zu München, gest. 19. Okt.
1955 das., war zuerst Mitglied der Bayr.
Landesbühne u. seit 1935 des dort. Schauspielhauses, auch der Münchner Kammerspiele u. zuletzt Freischaffender an verschiedenen dort. Bühnen, im Film u. Rundfunk.
Vielseitiger Chargenspieler, der mit eigenen
kauzigen Wesenszügen seine scharf charak-
terisierten Gestalten ausstattete.

Mehlich, Ernst, geb. 9. Febr. 1888 zu Berlin,
Sohn des Kaufmanns Siegmund M., studierte
in Berlin Medizin, wandte sich aber dann
der Musik zu u. wirkte als Kapellmeister
1909—10 am Hoftheater in Detmold, 1910
bis 1911 am Stadttheater in Koblenz, 1911
bis 1912 in Barmen, 1912—14 in Osnabrück
u. Kiel, war 1914—18 Kriegsteilnehmer, 1919
bis 1920 Kapellmeister am Stadttheater in
Bautzen, 1920—21 in Hagen, 1921—22 in
Stettin, 1923—26 in Breslau, 1927—33 in
Baden-Baden u. emigrierte 1934 nach Sao
Paulo (Brasilien).

Mehner, Adolf, geb. im letzten Viertel des
19. Jahrhunderts, gest. 5. Juni 1925 zu Berlin, gehörte über zwei Jahrzehnte als Heldendarsteller u. Regisseur der Bühne an u.
a. in Deutschland, Rußland u. in der
Schweiz. Hauptrollen: Asterberg („Alt-Heidelberg"), Posa, Karl Moor, Lumpazivagabundus u. a.

Mehner, Karl, geb. 1893, gest. 31. Jan. 1955
zu Karlsruhe, war seit 1925 Mitglied des
Staatstheaters das. u. vertrat dort das komische Fach (besonders mit Lokalkolorit).

Mehner, Otto, geb. 6. März 1886 zu Dresden, gest. 22. Juli 1941 das. als Inspizient.

Mehnert, Lothar, geb. 21. Febr. 1875 zu Berlin, gest. 30. Nov. 1926 zu Dresden, einer
angesehenen Berliner Kaufmannsfamilie
entsprossen, begann, von Joseph Nesper
(s. d.) gefördert, 1894 seine Bühnenlaufbahn
in Göttingen, war 1895—96 in Meiningen,
1897—98 in Heidelberg, 1899 in Graz u.
hierauf in Leipzig tätig. Anfangs ohne rechten Erfolg, setzte er sich am Leipziger
Schauspielhaus als Bonvivant durch. 1905
kam er nach Dresden. Hier wandte er sich

dem Charakterfach zu, „doch erst mit den
Gestalten in den Wildeschen Salonstücken",
stellte Friedrich Kummer („Dresden u. seine
Theaterwelt" 1938) fest, „als Hyazinth in
Eulenbergs ‚Belinde' u. anderen Rollen begann seine Siegeslaufbahn. In satirischen,
ironisch-überlegenen Rollen war er am
größten; breit ausladend war sein Darstel-
lungsstil in klassischen Rollen; er war kein
Episodenschauspieler, er beherrschte die
Szene; sein König Philipp, sein Wallenstein, sein Präsident in ‚Kabale u. Liebe'
waren voll Wucht u. Eindringlichkeit, reiften aber erst allmählich; durch Konzentra-
tion des Willens kam er im Leben wie auf
der Bühne zur Höhe; einsam, fast unzu-
gänglich war er als Mensch; sein Haupt umgab ein Schatten; bittere Menschenverach-
tung war ihm in der letzten Zeit seines Lebens eigen; mit den Jahren verzehrte sich
seine Kraft; er war wie eine Kerze, die an
zwei Enden brennt . . ." Ähnlich schilderte
ihn auch Reichelt: „Ein früh Gebrochener,
der stahlharte Verneiner. Wie ein trotziges
Kind auf seinen Irrwegen. Aber hinter
aller Ironie u. allem grausigen Humor lugte
doch echte Menschlichkeit. Unvergeßlich,
wie er zur Uraufführung von Eulenbergs
‚Belinde' den Hyazinth spielte. Diese in-
karnierte Zwiespältigkeit aus Wirklichkeit
u. Traumwelt. Bizarr, u. doch mit dem Duft
der Sehnsucht erfüllt. Dieser Schmerzens-
schrei aus lächelndem Leiden . . . dieses
Ausströmen des Spottes, der doch aus den
Bezirken tiefster Gefühlsinnigkeit kam,
war vom ureigenen Wesen L. Mehnerts.
Zu dem Höchsten, was darstellende Kunst
erreichte, gehörte sein ‚Robert Guiskard'!
Eine berückend männliche, heroische Kunst.
So sterben Helden!" 1919 wurde er
Oberspielleiter u. stellvertretender Direktor
des Schauspielhauses (auf Lebenszeit enga-
giert). Seine in Bronze gegossene Toten-
maske schmückte den Wandelgang des
Schauspielhauses. Weitere Hauptrollen:
Richard III., Friedrich Wilhelm („Zopf u.
Schwert"), Konrad Bolz, Fuhrmann Hen-
schel, Trast, Rank u. a.
Literatur: Eisenberg, L. Mehnert (Biogr.
Lexikon) 1903; M. *Pierson,* L. M. (Bühne u.
Welt 10. Jahrg.) 1908; Johannes *Reichelt,*
Sehnsüchtige 1937.

Mehnert, Paul, geb. um 1885 zu Dessau, seit
1916 bühnentätig, wirkte als Schauspieler u.
Sänger in Jena, Bautzen, Dresden, Dortmund, Frankfurt a. M., seit 1931 in Stettin
u. später in Lübeck.

Mehring, Franz, geb. 27. Febr. 1846 zu Schlawe in Pommern, gest. 28. Jan. 1929 zu Berlin, namhafter sozialdemokratischer Redakteur, Kritiker u. Publizist, gründete 1892 die Monatsschrift „Die Volksbühne" als Vereinsorgan der Berliner „Freien Volksbühne" (s. Freie Bühne). Im Oktoberheft 1893/94 entwickelte er deren Programm, sie wolle ein proletarischer Verein sein, der „vom Klassenstandpunkte aus die Kunst fördert u. genießt". Mehr zu sein sei ihr gar nicht möglich; denn „eine revolutionäre Umwälzung der bürgerlichen Bühne in der bürgerlichen Welt" liege völlig außer ihrer Macht. Sie solle aber auch nichts anderes sein; „denn für ästhetische Spielereien, für ein aussichtsloses Experimentieren, für einen bloßen Vergnügungsverein sind die Zeiten viel zu ernst". M. war entschieden, wie er gleich nach Amtsantritt in einem Artikel über den „Naturalismus" ausführte, gegen „dramatisierte Parteiprogramme". „Politik u. Poesie sind getrennte Gebiete; ihre Grenzen dürfen nicht verwischt werden; gereimte Leitartikel sind noch widerlicher als ungereimte." Aber es könne nicht bloß die Aufgabe des Dichters sein, die Zustände von heute zu sehen, er müsse „die alte u. neue Welt" ins Auge fassen, er brauche die Kraft, neben dem Elend von heute auch die Hoffnung auf morgen zu entdecken. Auswüchse des Naturalismus bekämpfte M. scharf. Als in der „Frankfurter Volksstimme" das Überwiegen „pessimistisch-moderner Stücke" kritisiert wurde, erklärte er in seiner Entgegnung: „daß unser Unternehmen, seitdem es überwiegend von Arbeitern geleitet wird, durchaus auf dem von Ihnen vertretenen Standpunkt steht. Wir richten unser Augenmerk erstens auf klassische Dramen, zweitens auf ältere erprobte Stücke von sozialem Gehalt, drittens auf solche neueren Stücke, die mit grundsätzlicher Schärfe die sozialen Probleme der Zeit behandeln u. deshalb trotz ihres dramatischen Wertes nicht auf die bürgerliche Bühne gelangen."
Literatur: J. *Romein,* F. Mehring (Archiv für die Geschichte des Sozialismus u. die Arbeiterbewegung 13. Bd.) 1928; S. *Nestriepke,* Geschichte der Volksbühne Berlin 1. Bd. 1930.

Mehring, Franz, geb. 4. Mai 1894 zu Münster in Westfalen, gest. 30. Mai 1952 zu Wilkinghege. Plattdeutscher Bühnendichter.
Eigene Werke: Ohm Josep 1927; Tante Sefa 1928; De Katte 1929; De Kranke 1930;

De kaolle Schlag 1931; Franz Essink 1934; Kolon Dirk 1935; Drubbel 1936; Sisemännken 1938; De Brügge 1940; Knubben 1941; Knibberdollink 1947; Grinkenschmid 1951.

Mehring, Sigmar s. Mehring, Walter.

Mehring, Theodor, geb. 15. Aug. 1839 zu Haßfurt in Unterfranken, gest. 3. Jan. 1901 zu Niendorf bei Hamburg, studierte in Würzburg Theologie, wandte sich aber nach einigen Semestern dem Theater zu, spielte zuerst an verschiedenen Wanderbühnen, kam 1871 als Väterdarsteller an das Stadttheater in Bremen u. 1874 an das Stadttheater in Hamburg, wo er bis 1900 wirkte. Theaterreferent, Redakteur u. viele Jahre Bearbeiter der Jahreschronik u. Statistiken im Almanach der „Genossenschaft Deutscher Bühnen-Angehöriger". Hauptrollen: Schnock („Ein Sommernachtstraum"), Vansen („Egmont"), Seni („Wallenstein") u. a.

Mehring, Walter, geb. 29. April 1896 zu Berlin, Sohn des Dramaturgen Sigmar M. (1856—1915), war seit 1929 an der Piscatorbühne in Berlin tätig, emigrierte unter Hitler nach Amerika u. lebte in Neuyork. Verfasser des Dramas „Der Kaufmann von Berlin" 1929.

Mehrtens-Wittig, Kurt Georg (Geburtsdatum unbekannt), gest. 27. Nov. 1917 (gefallen), war Schauspieler in Königsberg.

Meichel, Joachim, aus Braunau, Dichter des 17. Jahrhunderts, besorgte 1625 eine deutsche Übersetzung des berühmten neulat. Dramas von Jakob Bidermann „Cenodoxus" (Ausgabe von W. Flemming, Deutsche Literatur, Barockdrama 1930).

Meier, Friedrich Sebastian s. Maier, Friedrich Sebastian.

Meier, Heinrich Christian, geb. 5. April 1905 zu Altona, war Dramaturg in Hamburg. Erzähler, Lyriker u. Dramatiker.
Eigene Werke: Amrie Delmar 1929 (Neubearbeitung: Der Fall Doberan 1947); Das Weib des Soldaten 1929; Der Sturz in Alhama 1947; Kevins Kompromiß 1947; Cenci wie Cenci 1947; Der Tod Heinrichs IV. 1948.

Meier Helmbrecht, Titelheld einer epischen Dichtung von Werner dem Gartenaere, wurde wiederholt auf die Bühne gebracht.
Behandlung: Karl *Felner,* Meier Helm-

brecht (Schauspiel) 1905; Ernst *Ege*, M. H.
(Volksstück) 1906; Ferdinand *Feldigl*, M. H.
(Drama) 1927; Eugen *Ortner*, M. H. (Drama)
1928; Robert *Walter*, M. H. (Schauspiel)
1934; Karl *Jacobs*, M. H. (Schauspiel) 1936;
Johannes *Würtz*, M. H. (Drama) 1937; Josef
Martin *Bauer*, Der M. H. (Schauspiel) 1939;
Karl *Bacher*, M. H. (Drama) 1940; Fritz
Hochwälder, M. H. (Schauspiel) 1947; Rudolf
Landa - Sonnenschein, Der M. H., Das
Braunauer Festspiel 1950.

Meier, Karl, geb. 16. März 1897 zu Salez-
Sennwald im Rheintal, war als Schauspieler
an verschiedenen Bühnen Deutschlands u.
der Schweiz tätig, wirkte 1935—47 am Cabaret „Cornichon" in Zürich u. lebte seither
als freier Schriftsteller das. Gründer u. Leiter einer Laienbühne in Kradolf, die Aufführungen wertvoller Volksstücke veranstaltete. Bühnenschriftsteller.
Eigene Werke: S Hagmattjümpferli
(Schauspiel, von Ernst Balzli in die thurgauische Mundart übertragen) o. J.; Der
Mann mit der Maske (Kriminalstück) 1938;
De Froschkönig (Märchenstück) 1943; Di
verchehrt Wält (Schauspiel, von Werner
Juker in thurgauische Mundart übertragen)
o. J.; S Prinzäßli uf dr Erbse (Märchen, von
Robert Bürkner in Ostschweizer Mundart
übertragen) 1944; De Fall Liechti (Schauspiel, von Rudolf Joho in thurgauische
Mundart übertragen) 1949 u. a.

Meier-Graefe, Julius, geb. 10. Juni 1867 zu
Resitza im Banat, gest. 5. Juni 1935 zu
Vivis in der Schweiz, Sohn eines Eisen-
bahningenieurs, studierte in München, Zürich, Lüttich, Berlin u. lebte dann als freier
Schriftsteller in Berlin u. an der Riviera.
Auch Dramatiker.
Eigene Werke: Adam u. Eva (Drama)
1908; Orlando u. Angelica (Puppenspiel)
1912; Heinrich der Beglücker (Lustspiel)
1918.

Meil, Carl s. Michel, Carl.

Meinardus, Ludwig, geb. 17. Sept. 1827 zu
Hooksiel in Oldenburg, gest. 10. Juli 1896
zu Bielefeld, humanistisch gebildet, kam
1850 nach Weimar zu Liszt, war dann Theaterkapellmeister in Erfurt u. Nordhausen,
wirkte seit 1853 als Dirigent in Glogau, seit
1865 als Lehrer am Konservatorium in Dresden, hierauf 1874—85 als Musikreferent des
„Hamburgischen Correspondenten" u. zuletzt als Chorleiter in Bielefeld. Komponist

von Oratorien, Opern u. a. Auch literarisch
tätig.
Eigene Werke: Bahnesa (Oper) o. J.;
Doktor Sassafras (Oper) o. J.; Rückblick
auf die Anfänge der deutschen Oper 1878;
Mozart, ein Künstlerleben 1883 u. a.
Literatur: Carl *Krebs*, L. Meinardus (A.
D. B. 52. Bd.) 1906; *Riemann*, L. M. (Musik-
Lexikon 11. Aufl.) 1929.

Meinau, Eulalia s. Schultz, Friedrich.

Meinberg, Willi, geb. um 1891 zu Dresden,
gest. im Febr. 1916 (gefallen im Westen),
begann als Zwanzigjähriger seine Bühnenlaufbahn, nachdem er die Senff-Georgi-
Schule in Dresden besucht hatte, am Schauspielhaus in Stuttgart, wo seine Begabung
für das Charakterfach erkannt u. gefördert
wurde. Gleichzeitig studierte M. Gesang u.
wollte 1914 ein Engagement als Baßbuffo in St. Gallen antreten, als der Krieg
ausbrach.

Meindl, Henriette s. Stengel, Henriette von.

Meine Schwester und ich, ein musikalisches
Spiel in zwei Akten u. einem Vor- u. Nachspiel von Berr u. Verneuil, deutsch von Robert Blum, Bühnenbearbeitung von Ralph
Benatzky. Uraufführung 1930 im Komödienhaus in Berlin. Die Handlung läßt eine Prinzessin in der Maske einer angeblichen
Schwester, die Schuhverkäuferin ist, um die
Liebe eines schüchternen Gelehrten wer-
ben. Er heiratet sie, stößt sich jedoch in der
Folge an den Eigenarten seiner Gattin u.
kommt erst beim Scheidungsprozeß darauf,
wie sehr er sie trotzdem liebt. Trotz des
primitiven Aufbaus u. des Mangels eigent-
licher musikalischer Situationen in der Vorlage schuf Benatzky hier das Musterbei-
spiel einer Musik-Komödie, indem er Handlung u. Musik harmonisch verknüpfte. Auch
im Film hatte das Stück großen Erfolg.

Meinecke, Carl, geb. 28. Febr. 1869 zu
Braunschweig, Sohn eines Maschinenmei-
sters, studierte in Leipzig Musik u. war
Kapellmeister am Stadttheater in Danzig,
am Luisentheater in Königsberg, an den
Vereinigten Theatern in Breslau u. a.

Meinecke, Gerhard, geb. 1891, gest. im Juni
1945 während einer Reise, begann seine
Bühnenlaufbahn als Schauspieler 1920 am
Stadttheater in Eisenach, kam 1921 nach
Breslau u. gehörte seit 1924 bis zu seinem

Tod den Städt. Bühnen in Duisburg-Bochum an.

Meinecke, Gustav, geb. 6. Okt. 1888 zu Hamburg, gest. 1945 zu Memel (durch Kriegseinwirkung), war Schauspieler u. Regisseur 1913 am Deutschen Theater in Hamburg, 1914 in St. Louis, seit 1915 in Glogau, 1918 in Zwickau, 1920 in Sondershausen, 1921 wieder in Glogau, hierauf in Schleswig, 1930 in Berlin, 1935 in Elbing u. zuletzt am Stadttheater in Memel.

Meinecke, Ludwig, geb. 25. Dez. 1879 zu Wiesbaden, studierte in Berlin (Doktor der Philosophie), begann als Theaterkapellmeister seine Bühnenlaufbahn 1904 in Koblenz, setzte sie in Mainz u. Stettin fort, übernahm 1910 die Leitung des dort. Stadttheaters u. pflegte besonders die Musikdramen Wagners. Daneben brachte er viele bedeutende Erstaufführungen heraus. Seit 1927 Leiter einer mittelrheinischen Opern-, Operetten- u. Schauspielbühne im Kreis Koblenz. 1949 nahm M. seinen Bühnenabschied. Gatte der Opernsängerin Elisabeth Petersen.
Literatur: Riemann, L. Meinecke (Musik-Lexikon 11. Aufl.) 1929.

Meinecke, Max, geb. 2. Nov. 1912 zu Düsseldorf, Kaufmannssohn, studierte an der Kunstakademie seiner Vaterstadt, dann bei Carl Niessen (s. d.) in Bonn, betätigte sich seit 1933 als Bühnenbildner in Düsseldorf, wo er u. a. Hilpert (s. d.) nahetrat u. durch ihn auch mit Göttingen in Verbindung kam. Studienreisen führten ihn nach Holland, Belgien, Frankreich, der Schweiz u. Italien. Seit 1939 arbeitete er am Deutschen Volkstheater in Wien. 1941 stand er im Wehrdienst, kehrte 1945 verwundet zurück, nahm jedoch bald seine Tätigkeit wieder auf, zeitweilig auch als Herausgeber der Theaterzeitschrift „Komödie" in Wien. 1951 Lektor des Instituts für Theatergeschichte das. 1952 folgte M. einem Ruf als künstlerischer Leiter des Stadttheaters in Istanbul, wo er 1954 auch einen Lehrauftrag am dort. Konservatorium erhielt. Von seinen zahlreichen Inszenierungen sind für seine deutende Milieuwiedergabe besonders charakteristisch „Lysistrata", „Der Zerrissene", „Hanneles Himmelfahrt", „John Gabriel Borkman", „Faust", „Pygmalion", „Cyprienne", „Der Barbier von Bagdad".
Literatur: Helmut *Schwarz,* Gestaltung u. Gestalter des modernen Bühnenbildes: Judt-

mann, Manker, Meinecke (Diss. Wien) 1950; *l-r.,* Der Weg nach Istanbul (Neue Wiener Tageszeitung 25. Juni) 1952; *Anonymus,* Kulturarbeit zwischen Donau u. Bosporus (Wiener Kurier 19. Juni) 1953; Franz von *Caucig,* Volle Häuser in Istanbul (Ebda. 7. Mai) 1953.

Meinecke, Richard, geb. 1904, gest. 30. Dez. 1941 (gefallen im Osten), betrat, nachdem er den Doktorgrad erworben hatte, 1933 in Göttingen die Bühne u. wirkte seit 1935 als Opernsänger in Magdeburg.

Meineidbauer, Der, Bauerntragödie mit Gesang in drei Akten von Ludwig Anzengruber 1874. Uraufführung im Theater an der Wien in Wien 1874. Der Titelheld dieses erschütternden Erbschleicherdramas lebt in einer Welt für sich. Bäuerlicher Trotz u. Eigensinn, bäuerliche List u. Verschlagenheit, bäuerliche Habsucht u. Rachgier, bäuerlicher Gewohnheitsglaube u. Egoismus, selbst unter dem Schutz des Meineids, sind vielleicht noch nie so lückenlos in einem einzigen Charakter aufgespeichert dem Publikum vor Augen getreten, wie im „M.". Aber auch nie so absichtslos die wahre „Unschuld vom Land" in den beiden unehelichen Kindern seines Bruders, die schließlich doch ihr gutes Recht erhalten. Zeitbedingte Nebentöne, aus den Auffassungen der Kulturkampfzeit erklärlich, verursachten freilich parteipolitische Mißdeutungen hüben und drüben, die dem Wesen dieses Volksstücks nicht entsprachen. Auch Rosegger, der das Stück noch über den „Pfarrer von Kirchfeld" stellte, fand den tendenziösen Beigeschmack heraus. Das Ganze begeisterte ihn, wie er Anzengruber schrieb: „O, wie Sie alles haben, was ein Dramatiker braucht, u. wie Sie die Menschencharaktere herauszuschälen verstehen aus dem Wuste der Wirklichkeit, aus der alltäglichen Spreu des Lebens. Alles in dem Schauspiele ist so natürlich u. begründet, nichts erscheint gesucht, gezwungen, u. der Psychologie wird ihr Recht im strengsten Sinne. Das ist wieder ein unvergängliches ‚Sensationsstück'! Sie herrlicher Mensch! Es wird viel über den ‚Meineidbauer' geschrieben werden, wenn aber die Ultramontanen wieder ihre Steine nach ihm schleudern, so wissen Sie warum . . ."
Literatur: P. *Sommer,* Erläuterungen zu Anzengrubers Meineidbauer 1929.

Meinen, Johannes s. Koch, Julius.

Meinert, Rudolf, geb. 28. Sept. 1882 zu Wien, zuerst Kaufmann, wirkte als Schauspieler u. Regisseur in Budweis, Pilsen, Jena, Wien, Berlin u. Neuyork.

Meingast, Erika s. Wieman, Erika.

Meinhard, Carl, geb. 1886, gest. im März 1949 zu Buenos Aires, Schauspieler am Lessingtheater in Berlin unter Otto Brahm (s. d.), leitete 1911—25 das dort. Theater in der Königgrätzer Straße (das spätere Hebbel-Theater), anfangs gemeinsam mit R. Bernauer (s. d.), u. emigrierte unter Hitler nach Amerika. Hermann Bahr bezeichnete ihn als „drastischen Darsteller, in Masken erfahren, manchmal ein bißchen an Reinhardt erinnernd" (Glossen 1907). Ensemble-Gastspiele an vielen Bühnen.
Literatur: Herbert *Ihering,* Regisseure u. Bühnenmaler 1921.

Meinhard-Jünger, Rudolf (Geburtsdatum unbekannt), gest. zwischen 1933 u. 1945 in Lublin, war Verwaltungsdirektor u. Schauspieler der Meinhard-Bernauer-Bühnen in Berlin.

Meinhardt, Frida s. Mühlwart - Gärtner, Frida.

Meinhardt, Helene s. Meinhardt, Hermann.

Meinhardt, Hermann (Geburtsdatum unbekannt), gest. 26. Jan. 1875 zu Liegnitz, war Theaterdirektor, zuletzt der Stadttheater in Glogau u. Liegnitz. Mit seiner Operngesellschaft spielte er oft im Wintergarten in Breslau. Auch seine Tochter Helene M. gehörte als Sängerin der Bühne an. Sie wirkte in Berlin (Friedrich-Wilhelmstädtisches Theater), Wien (Theater an der Wien), Petersburg, Hannover u. schließlich wieder in Berlin (Walhalla-Theater) als Fledermaus, Giroflé, Boccaccio, Fatinitza, Helena u. a., aber auch in Opernpartien als Cherubin, Azucena, Ännchen, Romeo, Rose Friquet, Zerline, Rosine u. a.

Meinhold, Carl Anton, geb. 1819 zu Neu-Salza (Todesdatum unbekannt), besuchte die Bergakademie in Freiberg, wo er mit einer reisenden Theatergesellschaft in Berührung kam u. für einen erkrankten Tenor als Léon in „Maurer u. Schlosser" so erfolgreich auftrat, daß er sich nun ganz der Bühne zuwandte u. 1840 bei der Weißenbornschen Gesellschaft als Alphonso in der

„Stummen von Portici" debütierte. Über die Direktion Lobe in Schlesien kam er an das Hoftheater in Sondershausen, 1846 nach Potsdam u. 1848 an das Friedrich-Wilhelmstädtische Theater in Berlin. Hierauf wirkte er in Frankfurt a. M., seit 1853 in Karlsruhe u. Riga u. seit 1858 in Breslau. Gatte der Operettensoubrette Henriette Schwabach. M. war nicht nur Tenorbuffo, sondern auch im Drama, Posse u. Konversationsstück tätig.
Literatur: G. *Weiße,* C. A. Meinhold (Deutscher Bühnenalmanach, herausg. von A. Entsch 31. Jahrg.) 1867.

Meinhold, Wilhelm, geb. 27. Febr. 1797 zu Netzelkow auf Usedom in Pommern, gest. 30. Nov. 1851 zu Charlottenburg, Sohn eines Pastors, war Pfarrer das. Verfasser des Trauerspiels „Herzog Bogislav", das Jean Pauls Anerkennung fand. Sein berühmter Roman „Maria Schweidler, die Bernsteinhexe" wurde von H. Laube 1843, August Nodnagel 1843 u. Max Geissler 1910 dramatisiert. In den Gesammelten Schriften (2. u. 9. Bd. 1846—58) finden sich die Schauspiele „Der alte deutsche Degenknopf oder Friedrich der Große als Kronprinz" u. „Wallenstein vor Stralsund".
Literatur: H. *Petrich,* W. Meinhold (A. D. B. 21. Bd.) 1885; H. *Kleene,* Meinholds Bernsteinhexe u. ihre dramatischen Bearbeitungen (Diss. Münster) 1912.

Meinicke, Bernhard, geb. 1846 zu Kremmen in Brandenburg (Todesdatum unbekannt), Kaufmann, ließ sich 1894 in der Schweiz nieder u. beschäftigte sich das. hauptsächlich mit dramatischen Arbeiten.
Eigene Werke: In der Klubhütte (Szene) 1904; 's Seemüllers Gritli oder 's Stöffels verunglückti Hüratsgschicht (Lustspiel mit Gesang) 1905; Im Hüratsbüro (Schwank) 1906; En chlyine-n-Irrtum (Lustspiel) 1907; En lustige-n-Abig (Schwank mit Gesang) 1908; Um e Viertelmillion (Schwank) 1910.

Meinicke, Bertha Emilie Minna, geb. 20. Nov. 1851 zu Leipzig, gest. 21. Okt. 1874 zu Wettin. Schauspielerin.

Meiningen s. Meininger.

Meininger hieß die Schauspielertruppe des Residenztheaters zu Meiningen, vom „Theaterherzog" Georg II. von Sachsen-Meiningen (1826—1914) zusammengestellt u. vom

Spielleiter Ludwig Chronegk (1837—91) ge-
schult. Sorgfältige szenische Darstellung
(besonders wirksam auch in Auftritten von
Massen), genaue Beachtung des historischen
Kostüms, gründliche Ausbildung der Sprach-
technik machte die M. auf ihren über
80 Gastspielfahrten in Europa u. Amerika
(1874—90) berühmt. Besonders gepflegt wurden die Klassiker, aber auch andere Dramatiker wie Anzengruber, Ibsen u. Björnson.
1955 wurde im Schloß Meiningen das dort
befindliche Theater-Museum neu eröffnet.
Die Festrede hielt Prof. L. Magon (Berlin)
über „M. in der Geschichte des deutschen
Theaters." S. auch Heldburg, Helene Freifrau von. Eingehend charakterisierte Karl
Weiser, der als Schauspieler, Regisseur u.
Dramatiker selbst zeitweilig der Gesellschaft angehörte, Eigenart u. Bedeutung der
„M." u. ihres genialen Führers, er setzte
sich damit auch mit zeitgenössischen Kritikern auseinander, die der bahnbrechenden
Leistung nicht gerecht werden wollten: „Die
weltberühmt gewordenen, nun schon der
Geschichte angehörenden Gastspiele der
‚M.' trugen das lebendige Evangelium dieser Reform in alle großen Städte des Vaterlandes u. sogar über seine Grenzen
hinaus. Sie haben trotz vieler Anfeindungen
u. Verleumdungen, trotz mancher Ver-
kennung u. Mißkennung doch ein neues Leben in die dramatische Kunst gebracht. Sie
haben bewiesen, daß unser Volk gerne
dichtgeschart u. begeistert den Werken
seiner Geistesheroen lauscht, wenn sie
würdig dargestellt werden. Sie haben gezeigt, daß Schillers Ideal erreichbar, daß die
Bühne wirklich die Kanzel des Volkes, die
Hochschule der Nation zu werden berufen
ist. Die Meininger-Gastspiele waren die
erste kühne Pionier-Arbeit zu diesem Ziel,
u. um dessentwillen verdient auch Meiningen den Namen eines Bethlehem der Bühnenkunst! — Es ist in der menschlichen Natur begründet, daß sich den Siegeszügen
der M. auch der Brotneid der meisten, im
Schlendrian verkommenen großen Theater
u. die Wut des eiteln Virtuosentums, das
im triumphierenden Ensemble seinen Tod-
feind erkannte, nörgelnd u. verketzernd
entgegenstellte . . . Man schrieb aus be-
wußter Bosheit oder mangelndem Kunst-
verständnis die gewaltigen Erfolge der ‚M.'
auf Rechnung ihrer großartigen, historisch-
echten Ausstattung; —man lobte damit in-
direkt den Herzog Georg (für dessen einziges Verdienst man diese Ausstattung
hielt) u. riß die Leistungen der Darsteller

herunter. Es wurde zu einem Schlagwort:
‚Die M. haben echte Dekorationen, Kostüme u. Requisiten, — aber keine echten Schauspieler!' Ein Mann wie Heinrich
Laube ließ sich zu dem Ausspruch hinreißen: ‚Ja, die M.! Das sind die Mes-
siasse! Die haben Fenster von Perlmutter u.
Türen von Perlvatter!' Als ich ihn darauf
fragte, welche Vorstellung er denn gesehen
habe, lachte er wütend u. schrie: ‚Das fehlte
noch! Ich habe noch keine gesehen! Gott
sei Dank!' — Der Laube'sche Witz sollte
andeuten, daß die Ausstattung bei den
Meiningern eine überladen pomphafte, die
Dichtung eine erdrückende sei. Und doch
war nie eine Bühne dem Opern-Prunk
feindlicher, als die Herzog Georgs! — Als
ich im Jahre 1879 die ‚M.' zum ersten Male
in Frankfurt am Main sah (ich war eigens
deshalb von Karlsruhe hingereist), betrat
ich mit ungünstigen Vorurteilen das alte
Schauspielhaus. Es wurde Kleists ‚Käthchen
von Heilbronn' gegeben, — u. ich verließ
das Theater in einem wahren Rausch von
Begeisterung. — Nein! hier war das Äußerliche entschieden nicht die Hauptsache! Die
Gesamtwirkung, die poetische Stimmung,
der der Dichtung eigentümliche Stil u. die
Herausarbeitung des ethischen Gehaltes
sprangen als die mit vollstem Zielbewußt-
sein gewollte u. mit eiserner Konsequenz
durchgeführte Hauptsache sofort für jeden
Unparteiischen u. Verständigen in die Augen! — Allerdings waren die Dekorationen,
Kostüme, Waffen, Requisiten streng historisch dargestellt — u. schufen einen stim-
mungsvollen Rahmen, so daß nirgends
etwas Falsches oder Widersinniges störte
u. den Genuß an dem Kunstwerk selbst
verkümmerte, wie man das bisher leider
sogar an den größten Bühnen oft in ärger-
lichster Weise erleben mußte. Allerdings
waren die Massen-Szenen (der Brand u. das
Tournier) von überwältigender Lebendigkeit u. Kraft, während solche Szenen selbst
an den größten Bühnen gewöhnlich dem
Fluch der Lächerlichkeit anheimfielen u. so
die Wirkung des Ganzen gefährdeten. Aber
das Herrlichste war doch allein in der Meininger
Wiedergabe war doch die unverfälschte,
unverballhornte Darbietung des Kleistschen Originals in einer von der Regie geschaffenen, geradezu genialen Darstellung!
Die Stimmung jeder, auch der kleinsten
Szene kam durch das abgetönte Ensemble
zu ihrem vollsten Recht! . . . Die Seele des
Ganzen war unstreitig Herzog Georg! Schon
als jugendlicher Erbprinz hatte er sich für

die höhere dramatische Literatur u. die Schauspielkunst interessiert, u. daß er zugleich ein bedeutendes malerisches Talent war, gab seiner Richtung ein gewisses Gepräge. Nicht etwa, daß er sich mit Vorliebe u. zum Nachteil der Dichtung mehr für den bildlichen u. plastischen, als den psychologischen Teil des Bühnen-Kunstwerks interessiert hätte; — o nein! er vernachlässigte in seiner Regie - Führung kein wichtiges Moment der Dichtung; aber er wandte als Maler auch seine (von vielen Regisseuren verabsäumte) Aufmerksamkeit ganz besonders dem sogenannten ‚stummen Spiel' u. der Mimik zu. Es gab deshalb auch für ihn keine Statisterie u. keine ‚kleinen' Rollen. ‚Sie müssen auch als stumme Figur eine handelnde Individualität darstellen', war eine seiner häufigsten Mahnungen. Ebenso: ‚Große Rollen tragen sich meistens selbst; — kleine müssen vom Schauspieler getragen werden!' . . . Die Teilnahmslosigkeit eines Schauspielers auf der Bühne war ihm ein Greuel. Ebenso verhaßt war ihm das sich auf Kosten der Gesamtwirkung eitel vordrängende Virtuosentum. ‚Jetzt ist Der da die Hauptsache, — nicht Sie!' rief er dann. Darin war er der würdige Schüler des Altmeisters Eduard Devrient, an dessen Regieführung er sich herangebildet hatte . . . Auch darin gab Herzog Georg ein ruhmwürdiges Beispiel, daß er von lebenden Dichtern Dramen, an welche sich keine andre Bühne wagte, aufführte. Freilich bei seiner Art einzustudieren, zu probieren u. zu inszenieren durfte er das auch, — u. ein jeder Autor konnte sich glücklich preisen, wenn Herzog Georg sein Musenkind aus der Feuertaufe hob . . .''

Behandlung: Ernst v. *Wildenbruch,* Schwesterseele (Roman) 1894; Walter *Bloem,* Komödiantinnen (Roman) 1914; Max *Grube,* Oh Theater! (Roman) 1921.

Literatur: Rudolph *Genée,* Das Gastspiel der Meininger u. die Klassikervorstellungen im Kgl. Schauspielhause zu Berlin (Deutsche Rundschau 4. Bd.) 1875; Karl *Frenzel,* Das Gastspiel des Meiningenschen Hoftheaters (Ebda. 8. Bd.) 1876; ders., Das Hoftheater zu Meiningen (Berliner Dramaturgie 2. Bd.) 1877; Hans *Herrig,* Die Meininger, ihre Gastspiele u. deren Bedeutung für das deutsche Theater 1878; R. *Prölss,* Das herzoglich Meiningensche Hoftheater, seine Entwicklung, seine Bestrebungen u. die Bedeutung seiner Gastspiele 1887; C. W. *Allers,* Die Meininger 1890; P. *Richard,* Chronik sämtl. Gastspiele des Sachsen-Meiningen-

schen Hoftheaters (1874—90) 1891; H. *Herrig,* Die M. u. ihre Gastspiele 1897; Paul *Lindau,* Herzog Georg von Meiningen als Regisseur (Die Deutsche Bühne 1. Jahrg.) 1901; Ludwig *Barnay,* Mit den Meiningern in London (Bühne u. Welt 5. Jahrg.) 1903; Karl *Weiser,* Zehn Jahre Meinigen (Archiv für Theatergeschichte 1. Bd.) 1904; Max *Grube,* Von Meininger Art u. Kunst (Bühne u. Welt 8. Jahrg.) 1906; L. *Barnay,* Mein Debut in Meiningen (Ebda.) 1906; Gotthilf *Weisstein,* Meininger Erinnerungen 1906; J. *Landau,* Meiningen (Die deutsche Bühne 1. Jahrg.) 1909; L. *Barnay,* Die M. in London (Ebda.) 1909; M. *Grube,* Meiningertum u. Meiningerei (Ebda.) 1909; Ludwig *Speidel,* Die Meininger in Wien — Zweites Gastspiel der Meininger (Schauspieler) 1911; Eugen *Kilian,* Georg von Meiningen u. seine Bühnenreform (Aus der Praxis der modernen Dramaturgie) 1914; H. *Klaar,* Herzog Georg von Meiningen (Jahrbuch der Deutschen Shakespeare-Gesellschaft 51. Bd.) 1915; M. *Grube,* Am Hofe der Kunst 1918; G. *Jeschke,* Die Bühnenbearbeitungen der M. während der Gastspielzeit (Diss. München) 1922; Herbert *Eulenberg,* Der Theaterherzog (Der Guckkasten) 1922; Friedrich *Rosenthal,* Herzog Georg von Meiningen (Unsterblichkeit des Theaters) 1924; E. *Wolff,* Georg II. Herzog von Sachsen-Meiningen (Deutsches Biogr. Jahrbuch 1. Bd.) 1925; M. *Grube,* Geschichte der M. 1926 (mit Bildern von des Herzogs Hand); H. *Knudsen,* M. Reallexikon 2. Bd.) 1927; A. *Kruchen,* Das Regieprinzip bei den Meiningern 1933; L. v. *Bessel,* Unveröffentlichte Briefe des Theaterherzogs (Köln. Zeitung 25./26. Mai) 1934; J. V. *Schäfer-Widmann,* J. V. Widmann u. der Herzog von Meiningen (Sonntagsblatt Nr. 23 der Basler Nachrichten) 1939; GFHe, Die M. (Köln. Zeitung Nr. 658) 1942 u. (Ebda. Nr. 4) 1943; Hedwig u. Erich H. *Mueller v. Asow,* Max Reger u. Georg II. von Sachsen-Meiningen: Briefwechsel 1949; Rolf *Prosch,* Festtage in Meiningen (Die Bühnengenossenschaft Nr. 6) 1955.

Meininger (verehelichte Niedermeyr), Ridi, geb. 10. Sept. 1866 zu München, gest. 11. März 1915 das., war 1886 Operettensängerin in Regensburg, 1887—1900 Erste Sängerin am Gärtnerplatztheater in München, 1900—03 in Klagenfurt, 1904 in Olmütz, 1905 in Bielitz, 1906—07 in Iglau u. zuletzt in Innsbruck, wo sie ihren Bühnenabschied nahm. Hauptrollen: Saffi, Rosalinde, Kurfürstin („Der Vogelhändler") u. a.

Meinke, Karl, geb. 26. Okt. 1836, gest. im letzten Viertel des Jahres 1903. Opernsänger.

Meinl, Carl, geb. 1899, gest. 15. März 1942 zu Leipzig, war Opernsänger in Troppau, Graz, Dessau u. Königsberg, Gastsänger in Berlin u. München. Hauptrollen: Beckmesser, Kaspar, Ochs von Lerchenau, Czupan u. a. Gatte der Folgenden.

Meinl-Weise (geb. Edelmann), Rita, geb. 14. Nov. 1905 zu Libau in Kurland, begann, in Berlin u. Paris musikalisch ausgebildet, ihre Bühnenlaufbahn als Opernsängerin (Sopran) 1932 am Stadttheater in Münster u. setzte sie 1934—38 in Königsberg, 1938 bis 1940 in Breslau u. 1940—51 am Opernhaus in Leipzig fort. Seit 1952 Dozentin an der Musikhochschule das. 1949 Kammersängerin. In zweiter Ehe mit dem Vorigen verheiratet.

Meinrad, Heiliger, Benediktiner des Stiftes Reichenau, seit 835 Klausner im „Finstern Walde" der Urschweiz, Gründer von Einsiedeln, wurde 861 von Räubern erschlagen. 1576 gelangte in Einsiedeln ein großes „Meinradspiel" zur Aufführung (Textausgabe in der Bibliothek des Literar. Vereins in Stuttgart 69. Bd. 1863).
Literatur: Rafael *Häne,* Das Einsiedler Meinradspiel von 1576 (Schriften der Gesellschaft für Schweizer Theaterkultur 2. Bd.) 1930.

Meinrad, Josef s. Moučka, Josef.

Meischner, Paul s. Meischner-Brand, Anita.

Meischner-Brand, Anita, geb. im letzten Viertel des 19. Jahrhunderts, seit 1898 bühnentätig, wirkte als Liebhaberin u. Charakterdarstellerin in Libau, München-Gladbach, Greifswald, Wilhelmshaven, Schneidemühl, Hannover, Memel, Düsseldorf, Glogau, Landsberg u. a. Gattin des Charakterkomikers u. Regisseurs Paul Meischner.

Meisel, Edmund, geb. 14. Aug. 1894 zu Wien, gest. 11. Nov. 1930 zu Berlin, Kaufmannssohn, studierte das. Musik u. wirkte als Theaterkapellmeister seit 1926 an den dort. Reinhardt-Bühnen, am Staats- u. am Nollendorftheater. Auch Bühnenkomponist.

Meisel, Kurt, geb. 18. Aug. 1912 zu Wien, war nach Besuch der Schauspielschule des dort. Deutschen Volkstheaters das. tätig,

wirkte 1933—45 an den Kammerspielen in München, am Stadttheater in Leipzig, am Staatstheater in Berlin u. seit 1945 am dort. Hebbel-Theater. Seit 1949 Filmregisseur. Hauptrollen: Lorenz Bucher („Goldene Pfennige"), Stanley Kowalski („Endstation Sehnsucht"), Christof Kolumbus („Die Eröffnung des russischen Zeitalters"), Der Vater („Sechs Personen suchen einen Autor"), Wolters („Das kalte Licht") u. a. Gatte von Ursula Lingen. Herbert Ihering („Junge Schauspieler", Neues Wiener Tagblatt 22. Febr. 1944) schrieb über ihn: „Der Wiener K. M. ist nicht nur ein Darsteller seines eigenen Typs, auf den man ihn immer wieder gern festlegen möchte, sondern ein Gestalter, der außer Strizzis auch das weitere reiche Menschenreservoir Nestroys u. Anzengrubers bis zum jungen Schalanter hin ausschöpfen könnte."

Meisel, Will, geb. 17. Sept. 1897 zu Berlin, Sohn des Ballettmeisters E. Meisel, gehörte frühzeitig dem Ballett der Hofoper das. an u. wurde später als Komponist u. Dirigent ausgebildet. Von seinen Operetten hatten „Drei Paar Schuhe" (Text von Walter F. Fichelscher) u. „Die Frau im Spiegel" bemerkenswerten Erfolg. Gatte der Opernsängerin Elise Illiard, die unter Richard Strauß die Fiakermilli in „Arabella", unter Clemens Krauß die Zerbinetta in „Ariadne auf Naxos" sang u. Hauptrollen in Operetten Lehárs u. Künnekes verkörperte.
Literatur: Friedrich Karl *Grimm,* W. Meisel, Der Komponist des musikalischen Volksstückes (Blätter des Rose-Theaters) 1940/41.

Meisel-Illiard, Elise s. Meisel, Will.

Meisel-Lingen, Ursula, geb. 9. Febr. 1929 zu Frankfurt a. M., Tochter von Theo Lingen, von ihrem Vater für die Bühne vorgebildet, betrat diese nach 1945 in Bad Ischl in „Charleys Tante" (neben Paul Kemp s. d.) u. kam später an das Neue Theater in der Scala in Wien u. 1951 ans Renaissancetheater in Berlin. Gattin von Kurt Meisel.
Literatur: H. *Grothe,* . . . Tochter sein dagegen sehr (Neue Wiener Tageszeitung Nr. 239) 1951.

Meiser, Viktoria s. Pohl-Meiser, Viktoria.

Meising, Max, geb. 9. Febr. 1884, gest. 5. Juli 1936 zu Hamburg. Sänger u. Schauspieler.

Meisinger, Georg, geb. um 1800 zu Regensburg (Todesdatum unbekannt), wirkte als Komiker seit 1818 in Bremen, Magdeburg, Braunschweig, Düsseldorf, Köln, Aachen, 1830 in Schwerin (seither auch als Regisseur), Köln, 1831—34 in Düsseldorf u. Wiesbaden, 1835—39 in Frankfurt a. M. u. 1839 bis 1846 wieder in Wiesbaden. Als Gast war er in Pyrmont, Lübeck, Coburg, Berlin, Mainz, Darmstadt u. a. tätig.

Meisl, Karl, geb. 30. Juni 1775 zu Laibach, gest. 8. Okt. 1853 zu Wien, war Militärbeamter, zuletzt Rechnungsrat in Wien. Witziger u. sarkastischer Volksdramatiker, schrieb gegen 200 (meist ungedruckte) Stücke. Neben Bäuerle u. Gleich Vorläufer Raimunds. Seinen zur Eröffnung des Theaters in der Josefstadt gedichteten Prolog vertonte Beethoven. Weniger wichtig sind seine Ritterdramen u. Gedichte.

Eigene Werke: Carolo Carolini oder Der Banditenhauptmann 1801; Der Freundschaftsbund 1802; Ehre um Liebe oder Versöhnung durchs Grab 1804; Wilhelm Grieskircher, der edle Wiener 1804; Der Flügelmann oder Er muß sie heiraten 1804; Wer's Glück hat, führt die Braut nach Haus 1805; Die Schlacht bei Pultawa 1810; Herr von Pfauenfuß oder Der Brief an sich selbst 1810; Der Sesselträger oder Die verliebte Familie 1810; Die kleine Bescherung 1810; Der Vetter aus Salzburg 1811; Der unruhige Abend 1811; Der Gürtel der Bescheidenheit 1811; Ein Tag in Wien 1812; Die Sicherheitswache 1812; Der Mann im Schwarzwalde 1812; Orpheus u. Eurydice oder So geht es im Olymp zu 1813; Die Verlegenheiten eines Bräutigams oder Die drei Schwestern in Wien 1813; Die Generalprobe auf dem Theater 1813; Der österreichische Grenadier 1813; Die Kosaken 1813; Der feindliche Sohn 1813; Die Charlottenringe 1813; Die treuen Gebirgsbewohner Böhmens 1814; Die Freunde in der feindlichen Festung 1814; Wiens froheste Erwartung 1814; Leiden u. Freuden 1814; Die Kroaten in Zara 1814; Die alte Ordnung kehrt zurück 1815; Die verkehrte Welt während der Badekur 1815; Der Bund der Dreien 1815; Der Barbier in Lanzendorf 1816; Rosalie 1816; Der diebische Affe 1816; Der ästhetische Narr 1816; Altdeutsch u. Neumodisch 1816; Er u. sie 1816; Die Heirat durch die Güterlotterie 1816; Arnold Struthan von Winkelried 1816; Der Versemacher u. der Notenschmied oder Der Vetter von Ybbs 1816; Er ist mein Mann 1816; Die Entführung der Prinzessin Europa oder

So geht's im Olymp zu (Seitenstück zu Orpheus u. Eurydice) 1816; Der Weber u. sein Weib 1816; Die Schreckensnacht in Spanien im Jahre 1546 1817; Odioso, der kleine Teufel 1817; Die Kaffeeschwestern 1817; Amors Triumph 1817; Die falschen Kosaken 1817; Maria Kevely oder Die seltsame Brautwerbung 1817; Frau Gertrud 1817; Amor u. Psyche 1817; Die Schwabenwanderung 1817; Die Totenglocke oder Zigeunerrache 1818; Die Damenhüte im Theater 1818; Der Hut u. die Haube 1818; Der lustige Fritz oder Schlaf, Traum u. Besserung 1818; Meine Frau ist ein Engel 1818; Meine Frau ist ein Satan 1818; Die travestierte Zauberflöte 1818; Diogenes u. Alexander 1818; Halb Fisch, halb Mensch oder Die modernen Zauberinnen 1818; Die Bergwerke in Schweden 1818; Axel u. Tugendreich 1818; Elisabeth, Landgräfin von Thüringen 1818; Die beiden Spadifankerln 1819; Die Zwillingsbrüder von Krems 1819; Die Stärke u. die Arbeiten des Herkules 1819; Die nach Norden reisende u. auf eine Insel durch Sturm verschlagene Schauspielergesellschaft 1819; Der Esel des Timon 1819; Der Kirchtag in Petersdorf 1819; Das Gespenst auf der Bastei 1819; Die Aloe im botanischen Garten zu Krähwinkel 1819; Die Buschmenschen in Krähwinkel 1819; Drei Häuser u. ein Backofen 1819; Die Abenteuer eines echten Shawls in Wien 1820; Der Nachtbefehl 1820; Das Gespenst in der Familie oder Sapphos u. Tobias' Vermählung im Reiche der Toten 1820; Die Dichter 1820; Die Rezensionen 1820; Die drei Schwestern in Wien 1820; Dienst u. Gegendienst 1820; Das Försterhaus im Spessart oder Die kühne Jägerdirne 1820; Das Gespenst im Prater 1820; Die Heirat durch einen Wochenmarkt 1820; Der Drache der langen Weile 1821; Das Schloß meines Onkels 1821; Die Fee aus Frankreich oder Liebesqualen eines Hagestolzen 1821; Die neue Medea 1822; Die Weihe des Hauses 1822; Das Bild des Fürsten 1822; Die Witwe aus Ungarn 1822; Die Wassernot 1822; Sechzig Minuten nach zwölf 1823; Die Liebes-Abenteuer zu Strümpelbach 1823; Überall ist's gut, doch zu Hause am besten oder Österreich, Frankreich, England u. die Türkei 1823; Die Wiener in Bagdad 1823; Die Verwechslung der Bindbänder am Annentage 1823; Der Schutzgeist guter Frauen oder Eifersuchtsstrafe 1823; Arsena, die Männerfeindin 1823; Die vierfüßigen Künstler 1823; Das Gespenst in Krähwinkel 1823; Arsenius, der Weiberfeind 1823; Der Löwe von Florenz oder Triumph der Mutterliebe

1824; Der Brief an sich selbst 1824; Die Fee u. der Ritter 1824; Das Sauertöpfchen oder Der Ritter mit der goldenen Gans 1824; Die Rettung durch die Sparkassa 1824; Alle sind getäuscht 1824; Die kurzen Mäntel 1824; Liebe u. Haß oder Arsena u. Arsenius 1824; Der Gatte aus der Luft 1824; Die Wölfin um Mitternacht 1825; Fortuna vor Gericht 1825; Die geraubten Haarzöpfe 1825; Armida, die Zauberin im Oriente 1825; Gisela von Bayern 1825; Joko, der Affe aus Brasilien oder Der Wildteufel 1825; Der Lügner u. sein Sohn 1825; Die Frauen Gevatterinnen in Wien 1826; Thespis', Serapions u. Jocus' Wanderung in die Leopoldstadt 1826; Oskar u. Tina oder Der Kampf um die Schönheit im Reiche der Lügen 1826; Das grüne Männchen oder Der Vater von dreizehn Töchtern 1826; Der Untergang des Feenreiches 1826; Elsbeth oder Die Brautschau auf Kronstein 1826; Die große Revue 1826; Rudolf von Habsburg vor Basel oder Die Sterner u. Psitticher 1826; Die schwarze Frau 1826; Der Wiener Schuster in Damask oder Wem der Zufall ein Amt gibt, dem gibt er auch Verstand 1826; Die Fahrt nach der Schlangenburg oder Das Ebenbild 1827; Oberon, König der Elfen 1827; Die Benefiz-Vorstellung 1827; Honcziczek Tolpatschs komische Abenteuer 1827; Fee Sanftmut u. Fee Gallsucht 1827; Sir Amand u. Miß Schönchen 1827; Moisasuras Hexenspruch oder Die Zerstörung des Kaffeetempels 1827; Semprebella, das Feenkind 1828; Die Heimat des Glückes 1828; Das Reimspiel von Landeck 1828; Der falsche Virtuose oder Das Konzert auf der G-Saite 1828; Der Bernsteinring 1828; Felix Immerfroh, Gerichtsdiener u. Dichter 1828; Siebenmal anders oder Langohrs Verwandlungen 1828; Der Stock im Eisen 1828; Der Barbier von Sievering 1828; Der Taschenspieler wider Willen oder Der durch die Physik enthauptete Klapperl 1828; Der Alpenkönig u. die Mutter 1828; Othellerl, der Mohr von Venedig oder Die geheilte Eifersucht 1828; Staberls Besserung 1828; Julerl, die Putzmacherin 1828; Urgandas Prüfung oder Der Wettstreit der Genien 1828; Der delikate Tyrann oder Der fünfjährige tapfere Stummerl oder Die verwechselten Bouteillen 1828; Adam Bünkerl u. Jungfer Katherl oder Fatalitäten eines Glückskindes 1828; Werthers Leiden 1830; Die Wassernot 1830; Die geschwätzige Stumme 1830; Julerls Entführung 1830; Die Dichterin 1830; Alle haben's faustdick hinter'n Ohren 1830; Der schwarze Bräutigam oder Alles à la Mohr 1830; Der Müller u.

sein Kind oder Die Thomasnacht 1830; Fra Diavolo oder Das Gasthaus auf der Straße 1830; Der Liebe Lohn 1831; Die Kathi von Hollabrunn 1831; Der österreichische Hausvater oder Die Kindstaufe auf dem Dorfe 1831; Christian Pummerl auf Reisen oder Wien, die Heimat des Glücks 1831; Das Schlüsselloch 1832; Palast u. Hütte 1832; Der Allerweltsbräutigam 1832; Der Karlstag 1832; Versöhnung, Wohltätigkeit u. Liebe 1834; Der Streichmacher 1834; Rossinis erste Ankunft in Paris 1835; Griselina 1836; Der Preis einer Lebensstunde 1836; Der Straßenjunge von Wien 1837; Czar Peter der Große in Paris 1840; Eine Landpartie nach Kaltenleutgeben oder Die Familie Krampelmaier 1841; Die blonden Locken 1842; Des Wanderers Ziel 1845 u. a.

Literatur: Franz *Ullmayer,* Ein literar. Sträußchen zur Erinnerung an C. Meisl nebst Biographie 1853; ders., Memoiren des patriotischen Volks- u. Theaterdichters C. M. 1868; Anton *Schlossar,* K. M. (A. D. B. 52. Bd.) 1906; Rudolf *Fürst,* Raimunds Vorgänger: Bäuerle, M., Gleich (Schriften der Gesellschaft für Theatergeschichte 10. Bd.) 1907; Rudolf *Gall,* K. M. (Diss. Wien) 1924; Otto *Rommel,* Die Alt-Wiener Volkskomödie 1952.

Meissel, Erich, geb. 26. Nov. 1899, gest. 1. April 1945 (gefallen), war Schauspieler 1926 in Harburg, 1927—30 in Remscheid, 1931—33 in Bielefeld, 1934—35 in Kiel, 1937 bis 1939 in Braunschweig, 1940—42 in Prag u. seit 1943 am Staatstheater in Karlsruhe.

Meisselbach, Minna s. Mosewius, Minna.

Meißen, Stadt in Sachsen, verzeichnet in seiner Geschichte am 14. Juni 1553 den ersten urkundlichen Nachweis für die städtische Förderung dramatischer Kunst. 1601 wird zum ersten Mal die Burg als Spielort erwähnt. Im Zeitalter des Humanismus gelangten u. a. lat. Stücke von Plautus u. Terenz zur Aufführung u. deutsche Komödien, von Bürgern dargestellt. 1617 u. später fanden sich Englische Komödianten in M. ein. Im 18. Jahrhundert begann der junge Lessing in der dort. Schule den „Jungen Gelehrten" zu schreiben, den später die Neuberin (s. d.) zur Aufführung brachte. Theater wurde im Gewandhaus gespielt, seit 1804 im Saal des Gasthauses „Zur Sonne", aber auch im Buschbad u. auf der Altenburg. Erst 1816 richtete der Zimmermeister Adam auf eigene Kosten wieder im

Gewandhaus eine Bühne ein, worauf 1817 ein Umbau stattfand. Neben dem „Freundschaftlichen Gesellschaftstheater" bemühte sich das „Freundschaftliche Sozietätstheater", ein zweites bürgerliches Konkurrenzunternehmen, Wandertruppen nach M. zu bringen. Auf dem Spielplan erschienen Kotzebue, die Klassiker, am meisten freilich Modestücke, in der Oper u. a. Auber mit „Fra Diavolo" u. „Die Stumme von Portici". 1851 wurde ein neuer Theaterbau im Gewandhaus durchgeführt, der 1859 Gasbeleuchtung, 1873 Luftheizung, 1900 Klappstühle im Zuschauerraum, 1907 elektrisches Licht erhielt u. der mit 300 Stehplätzen ungefähr 700 Personen aufnehmen konnte. Hans Chlodwig Gahsamas als Direktor seit 1921 u. seine Nachfolger führten das Stadttheater zur heutigen Blüte. 1951 erfolgte eine gründliche Erneuerung des alten Theaterbaus, der damit zu den schönsten Sachsens gehört.

Behandlung: Kurt *Eggers,* Die Bauern vor Meißen (Spiel) 1936.

Literatur: E. *Schwabe,* Ältere dramat. Aufführungen in Kursachsen, mit besonderer Berücksichtigung Meißens (Mitteilungen des Vereins für die Geschichte Meißens 7. Bd.) 1906; Guenter *Kaltofen,* Hundert Jahre Stadttheater im tausendjährigen M. 1951.

Meissinger, Karl Emanuel, geb. 1930 zu München, Sohn des Schriftstellers Karl August M., studierte Germanistik, trat 1953 mit einem in München uraufgeführten Schauspiel „Claudette u. Michael" hervor u. wurde 1954 beim Dramenwettbewerb des Münchner Stadtrats für sein Drama „Diokletian" preisgekrönt.

Meißner, Alfred (seit 1684) von, geb. 15. Okt. 1822 zu Teplitz, gest. 29. Mai 1885 zu Bregenz am Bodensee, Enkel von August Gottlieb M., Sohn eines Badearztes, studierte in Prag (Doktor der Medizin), zog 1846 nach Leipzig (Bekanntschaft u. a. mit Heinrich Laube), 1847 nach Paris (Beziehungen zu Heine), lebte 1848 neuerdings in Prag (Mitglied des dort. revolutionären National-Ausschusses), dann in Frankfurt a. M., weilte 1849 wieder in Paris, 1850 in London, kehrte hierauf in seine Heimat zurück u. übersiedelte 1869 nach Bregenz. Namhafter Erzähler u. Reiseschriftsteller. Auch Dramatiker.

Eigene Werke: Das Weib des Urias (Tragödie) 1851; Reginald Armstrong oder Die

Macht des Geldes (Trauerspiel) 1853; Der Prätendent von York (Trauerspiel) 1857; Dramat. Werke 3 Bde. 1859.

Literatur: Wurzbach, A. Meißner (Biogr. Lexikon 17. Bd.) 1867; Franz *Hedrich,* A. M. — Franz Hedrich. Briefwechsel 1890; H. Chr. *Ade,* Der junge A. M. (Diss. München) 1914; Theodor *Tupetz,* A. M. (Sudetendeutsche Lebensläufe 2. Bd.) 1930.

Meißner, Anna s. Guthery, Anna.

Meißner, Arthur, geb. 1853, gest. im Juli 1934, war jahrzehntelang Generalmusikdirektor am Stadttheater in Schwerin. Vater des Folgenden.

Meißner, Arthur, geb. 9. Febr. 1904 zu Schwerin, Sohn des Vorigen, wurde in Leipzig musikalisch ausgebildet u. war seit 1924 Kapellmeister am Stadttheater in Schwerin.

Meißner, August Gottlieb, geb. 3. Nov. 1753 zu Bautzen, gest. 18. Febr. 1807 zu Fulda, Sohn eines Regimentsquartiermeisters, studierte in Leipzig u. Wittenberg, wurde 1785 Professor der Ästhetik u. klass. Philologie in Prag (Beziehungen zu Mozart), 1805 protestant. Konsistorialrat u. Direktor des Lyzeums in Fulda. Aufklärer u. Freimaurer. Vorwiegend Erzähler, Dramatiker u. Übersetzer.

Eigene Werke: Das Grab des Mufti oder Die zwei Geizigen (Operette nach dem Französischen der Falbaire) 1776; Sophonisbe (Musikal. Drama) 1776; Arsene (Operette nach dem Französischen von Favart) 1777 (3. Aufl. als: Die schöne Arsene 1779); Der aufbrausende Liebhaber (Lustspiel nach Moevel) 1777; Komödien 1777 (Dyks Komisches Theater der Franzosen 4. u. 5. Bd.); Das dreißigjährige Mädchen (Lustspiel) 1778; Der Alchymist (Oper) 1778; Die wüste Insel (Singspiel nach Metastasio) 1778; Destouches für Deutsche 1779; Johann von Schwaben (Schauspiel) 1780; Molière für Deutsche 1780; Der Schachspieler (Lustspiel) 1782; Sämtl. Werke, herausg. von Christoph Kuffner 56 Bde. 1811 f.

Literatur: Rudolf *Fürst,* A. G. Meißner 1894; Stefan *Hock,* Zur Biographie A. G. Meißners (Euphorion 6. Bd.) 1899; Ferdinand *Mencik,* Meißners Briefe an den Freiherrn van Swieten u. einige Freunde (Mitteilungen des Vereines für Geschichte der Deutschen in Böhmen 44. Bd.) 1906.

Meißner, Bernhard, geb. 9. Dez. 1823 zu

Dresden, gest. 21. Febr. 1903 das., war Schauspieler u. später Souffleur.

Meißner, Carl, geb. 17. April 1836 zu Berlin, gest. 30. Dez. 1893 das., begann seine Laufbahn als Schauspieler (vor allem als Komiker) am dort. Friedrich-Wilhelmstädtischen Theater, wirkte dann in Chemnitz, Dresden, Posen, Bremen, Frankfurt a. d. O., Magdeburg, 1870—92 am Wallertheater in Berlin, später am Neuen Thalia- u. zuletzt am Zentraltheater das. Auch Verfasser beliebter Lokalstücke wie „Berliner Sonntagsschwärmer" (mit H. Wilken), „Berlin an allen Ecken" (mit G. Engels), „Vom hohen Olymp bis Berlin", „Berlin von heute u. gestern" u. a.

Meißner, Hans, geb. 10. Okt. 1877 zu Münster, gest. 29. Mai 1910 das., war Opernsänger in Kolmar, Hagen u. a.

Meißner, Henriette, geb. 25. Okt. 1824, gest. 1903 zu Hamburg, wirkte als Schauspielerin (Komische Alte) in Sondershausen, Potsdam u. Stettin.

Meißner, Joseph Nikolaus, geb. 1757 zu Salzburg, gest. 1790 (?) das., wirkte als Bassist an verschiedenen Bühnen in Italien, in Wien, München, Würzburg, Stuttgart, Lüttich, Köln, Augsburg u. Speyer.
Literatur: Wurzbach, J. N. Meißner (Biogr. Lexikon 17. Bd.) 1867.

Meißner, Leopold Florian, geb. 10. Juni 1835 zu Wien, gest. 29. April 1895 das., war zuerst Polizeibeamter, dann Advokat in seiner Vaterstadt. Seine aus dem wirklichen Leben geschöpften skizzenhaften Erzählungen „Aus den Papieren eines Polizeikommissärs" (1892—94) spiegeln Land u. Leute seiner Heimat getreulich wider. Aus ihnen stammt der „Evangelimann", bekannt durch die gleichnamige Oper von Wilhelm Kienzl.
Literatur: E. B., Der Vater des Evangelimanns (Neues Wiener Tagblatt Nr. 115) 1935.

Meißner, Lilli s. Natzler, Leopold.

Meißner, Werner, geb. 16. Okt. 1926 zu Lyk in Ostpreußen, besuchte die Musikhochschule in Weimar, war 1945—52 Kapellmeister am Staatstheater in Braunschweig, seit 1952 in Worms, wo er auch die musikal. Oberleitung der Kammerspiele innehatte. Komponist von Bühnenmusiken u. dreier

Ballettstücke „Von Morgen zu Morgen" 1946.

Meister, Wilhelm s. Wilhelm Meisters Theatralische Sendung.

Meister von Palmyra, Der, Dramatische Dichtung in fünf Aufzügen von Adolf v. Wilbrandt. Uraufführung in München 1889. Gedankendichtung großen Stils, dabei voll packender Bühneneffekte, die Tragödie des berühmten Künstlers Apelles von Palmyra. Das seinerzeit vielgespielte Stück, typisch für den Ausklang des idealistischen Zeitalters, erstand unter dem Einfluß der international berühmten „Tragödie des Menschen" von Emmerich Madách (aus dem Madjarischen für die Bühne bearbeitet von E. Paulay 1883, deutsch von A. Fischer 2. Aufl. 1886).
Literatur: E. Scharrer-Santen, A. Wilbrandt als Dramatiker 1912.

Meister, Carl, geb. um 1875 zu Frankfurt a. M., zuerst Küfergeselle, begann seine Bühnenlaufbahn als Chorist, wurde später Solosänger in Kiel, kam 1899 ans Operettentheater in Wien, debütierte 1900 als Bettelstudent am dort. Carltheater u. wirkte seit 1902 am Theater an der Wien das.

Meister, Fritz, geb. 29. Jan. 1856 zu Dresden (Todesdatum unbekannt), von Albrecht Marcks (s. d.) für die Bühne ausgebildet, die er in Flensburg betrat, war in Weimar, Zürich, Hanau u. seit 1886 in Dessau als Charakterdarsteller tätig. Hauptrollen: Franz Moor, Talbot, Mephisto, Alba, Narziß u. a.

Meister, Georg Anton (Geburtsdatum unbekannt), gest. 25. Dez. 1815 zu Lemberg (geistesumnachtet). Schauspieler, auch Bühnenschriftsteller.
Eigene Werke: Clara von Leuenstein (Schauspiel) 1802; Die Wanderschaft oder Thaddädl in der Fremd (Singspiel, Musik von Sigora von Eulenstein, aufgeführt) 1802; Nanette oder Hübsche Mädchen sind die besten Werber (Lustspiel, Musik von Ferdinand Kauer, aufgeführt) 1813; Judith oder Die Belagerung von Bethulien (Oper, Musik von Johann Fuß, aufgeführt) 1814.

Meister, Karl, geb. 6. Aug. 1818 zu Dresden, gest. 11. Dez. 1876 das., betrat frühzeitig die Bühne, war 1845—47 unter K. F. Cerf (s. d.) Mitglied des Königstädtischen Thea-

ters in Berlin u. kehrte nach Dresden zurück, wo er seit 1868 auch als Regisseur wirkte. Wegen seiner kleinen Gestalt u. seines schwachen Organs konnte M. keine Heldenrollen spielen, aber im Zweiten Charakterfach brachte er sein Talent voll zur Entfaltung.
Literatur: Al. *Sincerus*, K. Meister (Das Dresdener Hoftheater) 1852.

Meisterin, Die Gold'ne s. Gold'ne Meisterin, Die.

Meistergesang, handwerksmäßig erlernte u. geübte Poesie der bürgerlichen Zünfte in den Städten des ausgehenden Mittelalters, Fortsetzung des ritterlichen Minnesangs. Die älteste Schule bildete sich in Ulm 1450, die berühmteste (mit Muskatblüt, Behaim, Nunnenbeck, Sachs, Folz u. Rosenplüt) bestand in Nürnberg. Sie wurde u. a. durch Richard Wagner auf die Bühne gebracht. Die These, daß es auch eine eigene Meistersingerbühne gegeben habe, wurde bestritten. S. Hans Sachs.
Behandlung: Richard *Wagner*, Die Meistersinger von Nürnberg (Musikdrama) 1862; Ferdinand *Feldigl*, Der letzte Meistersinger (Drama) 1925.
Literatur: Albert *Köster*, Die Meistersingerbühne des 16. Jahrhunderts 1921; Max *Herrmann*, Die Bühne des Hans Sachs 1923; ders., Noch einmal: Die Bühne des H. S. 1924; Georg *Witkowski*, Hat es eine Meistersingerbühne gegeben? (Deutsche Vierteljahrsschrift 11. Bd.) 1933.

Meistersingerbühne s. Meistergesang.

Meistersinger von Nürnberg, Die, Große Komische Oper in drei Aufzügen von Richard Wagner, 1845 in Marienbad entworfen, 1861/62 in Wien u. Paris vollendet, 1862 gedruckt, 1868 in München uraufgeführt. Die Bezeichnung Oper wurde von Wagner nicht gebraucht. Vor allem L. F. Deinhardsteins dramatisches Gedicht „Hans Sachs" (1827) u. A. Lortzings Oper gleichen Namens, textlich von diesem, Ph. S. Reger u. Ph. J. Düringer hergestellt (1840), bot für den äußeren Verlauf der Handlung einige Anhaltspunkte, die aber sonst frei erfunden war. Ursprünglich als heiteres Nachspiel zum tragischen Sängerkrieg auf der Wartburg gedacht, entwickelte sich das Werk bei der Ausführung zu einer selbständigen Komödie, in der Hans Sachs als letzte Erscheinung des künstlerisch-schöpferischen Volks-

geistes der meistersingerlichen Spießbürgerschaft gegenüber gestellt wird, deren lächerliche tabulatur-poetische Pedanterie Beckmesser verkörpert. Hans Sachs, von der Lektüre des Heldenbuches u. der Minnesinger begeistert, hat für den eitlen Merker nichts übrig u. verhilft dem Ritter von Stolzing zu Eva, des Goldschmieds Pogner Tochter, als seiner Braut. Bei Ausarbeitung der letzten Fassung hatte Wagner neue Quellen über den Meistergesang herangezogen, nämlich J. Grimms Abhandlung über den altdeutschen Meistergesang (1811) u. J. Ch. Wagenseils Buch von der Meistersinger holdseliger Kunst (1697). Dadurch gewann seine Darstellung der Verhältnisse einen festen kulturhistorischen Hintergrund. Persönliche Erlebnisse wie Wagners Beziehungen zu Mathilde Wesendonk u. die Auseinandersetzung mit seinem kritischen Gegner Eduard Hanslick, der in Beckmesser, in einer früheren Fassung Hans Lich genannt wird, hinterließen ihre Spuren. Hans Sachs erscheint als Abbild seiner eigenen Persönlichkeit. Die Musik kehrt, um ein Urteil des Wagner-Biographen Wolfgang Golther zu wiederholen, zur Opernform zurück, sie beruht auf Marsch u. Lied, auf gebundener u. freier Form, deren Ausgleich angestrebt wird. „Dieser Gedanke tritt im Vorspiel deutlich hervor: Die Meistersinger sind durch Marschweisen geschildert, Walter durch das leidenschaftlich freie Lied. Zum Schluß vereinigen sich Lied u. Marsch aus überströmendem Ausdruckswillen zur festen Form u. aus strenger Gebundenheit zu freier Bewegung. Damit ist der Ausgleich gewonnen. Marsch u. Lied beherrschen auch hier die ganze Handlung, der sich Chöre u. mehrstimmige Sätze (Quintett) zwanglos u. doch kunstvoll (Fugato der Prügelszene) einfügen. In den Gesängen des Hans Sachs (Flieder- u. Wahnmonolog, Schusterlied u. seine musikalische Verarbeitung im Vorspiel zum dritten Akt) verbinden u. klären sich alle Gegensätze zu inkräftiger Einheit. Der Orchestersatz ist leicht u. durchsichtig, die Stimmführung u. Ablösung mühelos u. sanglich. Die Opernform erscheint als der stilgemäße Ausdruckswille der Handlung, deren tiefer Sinn die Meisterschaft über Leben u. Kunst gegenüber Leidenschaft u. Tabulatur ist." Dennoch erregten auch die „M." bei ihren Erstaufführungen heftige Opposition. Ferdinand Hiller (s. d.) nannte sie „das tollste Attentat auf Kunst, Geschmack, Musik u. Poesie, welches je dagewesen ist."

Der Musikhistoriker August Ambros behauptete: „In dem Tönecharivari der Meistersinger-Ouverture stehen wir eine wahre Pein aus." Am heftigsten kritisierte das Werk Eduard Hanslick (s. d.) anläßlich der von H. v. Bülow geleiteten Uraufführung: „Die zwei ersten Aufzüge mit dem Anfang des dritten machen den Eindruck einer trostlosen, nur selten von einem Blümchen erheiterten Sandsteppe, welche allerdings gegen das Ende zu einigen blühenden Oasen führt — denjenigen führt, der überhaupt nach solcher Überanstrengung noch gehen kann. Wenn Freund Cornelius . . . verkündigt, ‚man werde auch einmal fünf Stunden lang einer dramatischen Handlung beiwohnen können, ohne sich ermüdet oder erschöpft zu fühlen', so können wir ihn um so robuste Konstitution nur beneiden. Als wir, ein Häuflein Wiener u. Münchner Kunstfreunde, halbtot einem mildtätigen Bierwirt in die Arme stürzten, hielt man uns nicht für Leute, die aus einer komischen Oper, sondern aus einem unglücklichen Feldzug heimkehren . . . Als theatralische Vorstellung sind die ‚M.' eine Sehenswürdigkeit, vortrefflich im musikalischen Teil, unvergleichlich im scenischen. Bilder von blendender Farbenpracht u. Neuheit, Gruppen voll Leben u. Charakteristik entfalten sich vor den Augen des Zuschauers, der kaum zum Nachdenken kommt, wie viel oder wie wenig von diesem Effekte der eigentlichen musikalischen Schöpfung zuzuschreiben sei. Erzählen wir Jemandem die Handlung der ‚M.', was mit wenigen Worten getan ist, so wird er kaum begreifen, wie daraus eine Oper von größerem Umfange als der ‚Prophet' u. die ‚Hugenotten' entstehen konnte. Diese gewaltsame Dehnung u. Zerrung einer kleinen, ärmlichen Handlung, die ohne spannende Verwicklung u. Intrige fortwährend stillesteht u. kaum hinreichenden Stoff für ein bescheidenes, zweiaktiges Singspiel bietet, ist der größte praktische Fehler der ‚M.'. Von der zähen Weitschweifigkeit aller dieser Reden u. Gegenreden, häuslichen Gespräche u. trockenen Belehrungen, bei stetem Festsitzen der Handlung, läßt sich schwer eine Beschreibung geben. Dabei ist das Alles in derselben, bald näher zu bezeichnenden monotonen Ausdrucksweise u. in langsamem Tempo komponiert, da ja Wagner in seiner neuesten Flugschrift ‚Deutsche Kunst u. Politik' die Entdeckung gemacht hat, das spezifisch ‚deutsche Tempo' sei das Andante. Sollen die ‚M.'

irgendwo mit Erfolg gegeben werden, so ist dies — wie die erfahrensten Kapellmeister mit mir meinen — nur mittelst ungewöhnlich heroischer Amputationen möglich, welche etwa zwei Sechstel der Partitur beseitigen. In München waren Kürzungen, obwohl von berufenen u. einflußreichen Ratgebern beantragt, nicht durchzusetzen, da der Komponist keinen seiner Takte u. noch weniger seiner Verse opfern wollte . . . Ein erfreuliches Zeichen zu Wagners Rückkehr zu einer vernünftigen Theaterpraxis ist, daß die ‚M.' keiner besonderen scenischen Zurüstungen bedürfen. Wo man ein vortreffliches Orchester besitzt u. Sänger, deren Gedächtniskraft, Intonations- u. Taktfestigkeit mit der riesigen Aufgabe fertig werden, da ist die Oper aufführbar. Man kann, wie es hier geschehen, eine prachtvolle Ausstattung anbringen u. 50.000 bis 60.000 Gulden an die ‚M.' wenden, es ist dies auch dringend anzuraten, aber durch den Inhalt ist keinerlei Prunk bedingt. Der Regisseur kann, wenn es sein muß, für die ‚M.' mit den Dekorationen u. Kostümen aus Lortzings ‚Hanns Sachs' ausreichen, u. es wäre selbst kein Unglück, wenn etwas von Lortzings heiterer Melodien noch daran haftete . . . Es gilt jetzt den schwierigen Versuch, eine Oper zu schildern, in welcher unendlich wenig geschieht u. unendlich viel gesungen wird. Die Ouvertüre zu den ‚M.', die nacheinander alle ‚Leitmotive' der Oper brockenweise in eine Flut von chromatischen Gängen u. Sequenzen wirft, um sie schließlich in einem wahren Tonorkan über- u. durcheinander zu schleudern, muß in Uneingeweihten die Vermutung erregen, daß die Nürnberger Meistersinger sich hauptsächlich mit Zyankali beschäftigten. Dieses Orchesterstück für die unangenehmste Ouvertüre der Welt zu erklären, hindert mich lediglich die Rücksicht auf das noch entsetzlichere Vorspiel zu ‚Tristan u. Isolde' . . . Der Totaleindruck des ersten Aktes ist trotz der schönen- nur allzu rasch verschwindenden Einzelheiten, ein höchst ermüdender, niederdrückender. Die Gespräche der Meistersinger und die unersättliche Aufzählung ihrer Regeln u. Gepflogenheiten sind wahre Geduldproben für den Hörer. Der Stoff gäbe, rasch u. launig behandelt, eine wirksame Introduktion, zu einem ganzen, langen Akt ausgedehnt, wird er von unerträglicher prosaischer Schwere. Für die komische Oper — u. das sind die ‚M.' nach ihrer ganzen Anlage, Verwicklung u. Lösung, ganz abgesehen von den zwei ausgesprochenen Buffo-Figuren David u. Beckmesser — erscheint Wagners Talent in keiner Weise geschaffen. Der Konversationston, welcher doch fast ausschließlich in den zwei ersten Akten herrscht, klingt nicht einen Augenblick leicht u. fließend, sondern ist durch eine schwerfällige, gesuchte, fortwährend unruhige Musik wiedergegeben, deren Instrumentierung obendrein in kompliziertester u. lautester Weise bearbeitet ist. Die Sänger müssen einander die alltäglichsten, auf den gewöhnlichen Sprachton angewiesenen Fragen u. Antworten zuschreien, um den Schall des Orchesters zu übertönen. Schreiten wir von dieser ganz verfehlten Färbung des gewöhnlichen Gesprächs zu dem Ausdruck des eigentlich Komischen weiter, so wird das Unzureichende der Wagnerschen Musik noch auffallender. Wo sie, in den Rollen Davids u. Beckmessers, komisch wirken will, wird sie gespreizt, überladen, ja häßlich bis zur Unausstehlichkeit. Mit den grausen Dissonanzen, in welchen Beckmesser schimpft u. lamentiert, könnte man beinahe die Blendung Glosters in ‚König Lear' oder das Erwürgen der Desdemona begleiten. Wenn der Lehrjunge David vom ‚Knieriem' oder ‚eitel Brot u. Wasser' spricht, spielt das Orchester Mord u. Brandstiftung. Man höre den Chor, in welchem am Schlusse das Volk den schlechten Gesang Beckmessers verlacht, u. frage sich, ob er nicht von einem wütenden Pöbel bei einer gelungenen Lynchjustiz gesungen werden könnte . . . Wir erblicken in dieser Oper kein Werk von tiefer Ursprünglichkeit, von bleibender Wahrheit u. Schönheit, sondern ein interessantes Experiment, das durch die zähe Energie seiner Durchführung u. die unleugbare Neuheit, nicht sowohl des Erfundenen als der Methode des Erfindens, frappiert. Nicht die Schöpfung eines echten Musik-Genies haben wir kennen gelernt, sondern die Arbeit eines geistreichen Grüblers, welcher — ein schillerndes Amalgam von Halb-Poet u. Halb-Musiker — sich aus der Spezialität seines in der Hauptsache lückenhaften, in Nebendingen blendenden Talents ein neues System geschaffen hat, das in seinen Grundsätzen irrig, in seiner konsequenten Durchführung unschön u. unmusikalisch ist. Wir zählen die ‚M.' mit einem Worte zu den interessanten musikalischen Ausnahms- oder Krankheitserscheinungen. Als Regel gedacht, würden sie das Ende der

Kunst bedeuten, während sie als Spezialitäten uns immerhin bedeutender u. nachhaltiger anregen, als ein Dutzend Alltagsopern jener zahlreichen gesunden Komponisten, denen man um die Hälfte zu viel Ehre erweist, wenn man sie Halbtalente nennt." Während in München der Erfolg der „M." von vornherein gewiß war, da Freunde u. Anhänger Wagners aus aller Welt herbeiströmten u. der König selbst sie inauguriert hatte, hielt man in Wien die Vorstellung bis zu ihrem Beginn für fraglich, den Durchfall für unvermeidlich. Freiherr von Dingelstedt (s. d.) hatte schon vor der Münchener Uraufführung die „M." in Wien geplant, da er es „für seine heilige Plicht hielt, ein Werk, das in der Geschichte der Musik von epochemachender Bedeutung sei, dem Wiener Publikum vorzuführen" u. der Hofoper auch das ausschließliche Recht für Wien gesichert. Dennoch kam erst in Febr. 1870 die Aufführung zur Verwirklichung. Schon vorher verbreiteten Zeitungen die Nachricht, die Sänger seien den unerhörten Anforderungen nicht gewachsen. Als Militärkapellen Bruchstücke aus den „M." zum Besten gaben, kam es zu turbulenten Szenen. Bei der Aufführung selbst, war die Oper dicht gefüllt mit der „Wagner-Partei" u. ihren Gegnern. Schon lange vor Beginn war das ausverkaufte Opernhaus von Haufen Kampflustiger besetzt. „In dieser streitbaren Menge saßen fast alle namhaften Vertreter der Wiener Kunst u. der vornehmen Gesellschaft, sowie zahlreiche Freunde. Auf den Sitzplätzen aber, wo die künstlerischen Meinungsverschiedenheiten stets am rücksichtslosesten ausgefochten wurden, war die Erregung am stärksten. Dieser Zündstoff mußte sich entladen. Die Funken des Wagnerschen Geistes schlugen in ein Pulverfaß. Schon nach dem Vorspiel gab es stürmischen Jubel, der den Anfangschoral des sich anschließenden ersten Auftrittes, aber auch die vorsätzlichen Zischer beinahe unhörbar machte. Im weiteren Verlauf des ersten Aufzuges setzte immer wieder Beifall ein, der freilich nicht nach Wagners Sinn war, da die fortlaufende musikalische Entwicklung störte u. wichtige Übergangsstellen verdeckte. Doch diesmal sahen auch die kundigen Wagnerianer keinen anderen Ausweg, als sich der Gewöhnung der Zuschauer an die alte Nummernoper anzupassen u. bei jeder ‚effektvollen Kadenz' die merkbare Zustimmung der Unkundigen zur

Herbeiführung eines Erfolgs zu nutzen. Der erste Aufzug war denn auch ein unbestreitbarer Erfolg. Aber es fehlte nicht an ebenso kundigen u. wohlvorbereiteten Gegnern. Das Ständchen Beckmessers im zweiten Aufzug wurde der sichtlich erwartete u. geschickt gewählte Anlaß zu einem Toben ohne Beispiel. Zischen, Pfeifen, Brüllen ohne Ende verschlang die Musik, die Rufe der darob Empörten steigerten die Verwirrung. Beck, der Darsteller des Hans Sachs, verlor die Fassung, Herbeck am Dirigentenpult sang für ihn, was übrigens kaum jemand bemerkte. Die Sänger waren ohnehin fast unhörbar. Der Aufzug wurde zwar zu Ende gespielt, doch von dem zarten, verhauchenden Schlusse konnte niemand einen Begriff haben. Als der Vorhang gefallen war, ging der Lärm erst recht an. Jetzt aber hatten die Freunde das Wort; jetzt erhob sich ein ungeheurer Beifall, der die bereits erschöpften Zischer verstummen machte. Die nun große Pause war eine der bewegtesten, die es je bei einer Vorstellung gegeben hat . . . die Leute lagen einander fast buchstäblich in den Haaren, es schien als ob sich die Prügelei von der Bühne herab weiter verpflanzen wollte. Vom Vorspiel des dritten Aktes an schlug die Musik das atemlose Haus völlig in Bann. Von da ab gab es nur ein Staunen u. Entzücken. Der dritte Aufzug, der in Wien stets von den Verdammungsurteilen ausgenommen wurde u. noch viele Jahre später die unversöhnlichsten Hasser nach ihrem eigenen Zugeständnis für die erlittenen ,Unbilden' der ersten Akte zu entschädigen vermochte, hatte einmütigen Erfolg" (Max Morold, Wagners Kampf u. Sieg 1930). Der Streit der Meinungen setzte sich in der Presse fort. Hanslick griff auf seinen Münchner Bericht zurück, den er mit Auslassungen u. Abschwächungen wieder abdrucken ließ, wobei er die „M." immerhin ein „denkwürdiges Kunsterlebnis" nannte. Herbeck selbst telegrafierte am Tage nach der Aufführung an Wagner: „Enthusiastischer positiver Erfolg gestern Sonntag. Begeisterte Aufnahme des Vorspiels. Unterbrechung durch minutenlangen Applaus vor Auftritt der Meistersinger. Aktschluß heller Jubel. Freudigste Aufnahme des Flieders, Schusterliedes, dann heftiger Kampf der Opposition vom Beckmesser-Motiv an, schließlich glänzender Sieg mit fünfmaligem Hervorruf aller Beteiligten. Dritter Akt weihevollste Stimmung. Fortdauernder Enthusiasmus bis zum

Schluß. Unzählige Hervorrufe . . ." Trotz der größtenteils negativen Kritik, setzten sich die „M." durch u. verbreiteten sich rasch. Sie wurden die „Sonntagsoper" der Wiener, im ganzen deutschen Kulturbereich das „Festspiel" schlechthin.
Literatur: F. *Müller,* Die Meistersinger. Ein Versuch zur Einführung in Wagners Dichtung 1869; Charles *Joly,* Les Maitres-Chanteurs 1898; Maurice *Kufferath,* Les Maitres-Chanteurs 1898; Julien *Tiersot,* Etude sur les Maitres-Chanteurs 1899; Kurt *May,* Der Meistergesang in Geschichte u. Kunst 1901; Erich *Kloss,* R. Wagner über die Meistersinger von Nürnberg 1910; Wilhelm *Altmann,* Zur Geschichte der Entstehung u. Veröffentlichung von Wagners M. (Wagner-Jahrbuch 5. Bd.) 1913; Paul *Bülow,* Der deutsch-völkische Gehalt der M.-Dichtung Wagners 1917; Gustav *Roethe,* Zum dramat. Aufbau der M. (Sitzungsberichte der Preuß. Akademie der Wissenschaften 37. Bd.) 1918; Franz *Zademack,* Die M. von N. Wagners Dichtung u. ihre Quellen 1921; E. C. *Rödder,* Wagners M. and its literary Precursors (Transactions of the Wisconsin Academy 20. Bd.) 1922; J. M. *Stein,* Wagners Theory of Improvisation and Die M. (The Germanic Review Nr. 2) 1952.

Meitlinger, Karoline (Lina), geb. 2. Nov. 1857 zu München, gest. 10. Aug 1928 das., wollte Lehrerin werden, wandte sich aber, vom Direktor des dort. Hoftheaters auf ihr außergewöhnliches Talent für die Bühne hingewiesen dieser zu u. war dann von ihrem Debüt 1877 bis zu ihrem Tode, von zeitweiligen Unterbrechungen (Gastspielreisen mit den „Münchnern", Direktion u. Oberregie am Volkstheater das. 1900—01) abgesehen, Mitglied des Gärtnerplatztheaters in München, alle Fächer von der Naiven u. Liebhaberin bis zur Komischen Alten im Lauf der Zeit vertretend.
Literatur: Hans *Wagner,* L. Meittinger (Programmheft der Bayer. Staatsoperette) 1954.

Meixner, Heinrich s. Meixner, Karl.

Meixner, Julius, geb. 15. Juni 1850 zu Tarnow (Galizien), gest. 3. Jan. 1913 zu Vöslau bei Wien, Sohn eines Militärrechnungsrats, humanistisch gebildet, besuchte die Kierschnerische Theaterschule in Wien (unter Förster u. Lewinsky s. d.), debütierte 1872 als Hiob in „Demetrius" am dort.

Stadttheater, wirkte dann in Zürich, Brünn, Berlin, Breslau, Hamburg, Königsberg, Köln, Düsseldorf, Budapest u. a. Seit 1889 Mitglied des Deutschen Volkstheaters in Wien, zuletzt auch Lehrer an der dort. Akademie für Musik u. darstellende Kunst. Hauptrollen: Attinghausen, Krüger („Der Biberpelz"), Mortensgard („Rosmersholm"), Peter („Die Macht der Finsternis") u. a. Auch Verfasser von Theaterstücken („Der dritte Mai", „Stahl u. Stein", „Der Herr Gemeinderat", „Verdächtige Gäste", „Sein Wilhelm" u. a.).

Meixner, Karl, geb. 16. Nov. 1818 zu Königsberg in Preußen, gest 5. Nov. 1888 zu Wien, Sohn des besonders in Köln erfolgreichen Bassisten Heinrich M., humanistisch gebildet, sollte die Rechte studieren, entschloß sich aber zur Bühne zu gehen, wurde Mitglied der Wandertruppe des sog. „Franzosenmüllers", kam dann als Chargenspieler ans Hoftheater in Detmold, wo er sogar in der Oper Verwendung fand, hierauf ans Steinstraßentheater in Hamburg, wo er in jugendlich-komischen Rollen u. als Bonvivant Aufsehen erregte. Seit 1843 am dort. Thaliatheater tätig, seit 1845 in Leipzig u. seit 1847 in Stuttgart. 1850 wurde er von Laube ans Burgtheater berufen als einer der glänzendsten Charakterkomiker in dessen Blütezeit. Ludwig Speidel schrieb über ihn („Fünfzig Jahre Hoftheater") eingehend: „M. gehörte zu den Originalgestalten, zu den Charakterköpfen des Burgtheaters. Schon sein Äußeres schied ihn von den anderen, drückte ihm den Stempel des Besonderen u. Sonderbaren auf. Kaum mittelgroß, zur Fülle neigend, hielt er sich, nach Art kleiner Leute, fest u. stramm. Nicht hoch über den Schultern saß ein umfänglicher Kopf, die Haut tiefbraun, das Gesicht scharf geschnitten, unter buschigen dunklen Augenbrauen lebhafte Augen; die hohe Stirn, der es an Gedankenbuckeln nicht fehlte, von schwarzen Haaren gekrönt, die so hart u. trocken erschienen, als ob die Sonne des Morgenlandes sie angesengt hätte. Den festen Kern seines Gesichtes faßte ein Fettrahmen ein, den ein ganzes System von ineinandergeschobenen Falten bildete. Hier lauerten alle mimischen Dämonen einer scharfen Komik, vom schlauen Lächeln bis zum grinsenden Hohn. Meixners Auge wußte zu stechen, zu bohren u. zu blitzen, doch konnte es momentan im Ausdruck eines unendlichen Wohlwollens aufleuchten. M. war ein Charaktikerkomiker vom Scheitel bis zur Sohle.

Seine Komik lag weder für ihn, noch für den Zuschauer auf der flachen Hand. Die ursprüngliche komische Kraft war wohl vorhanden, aber sie mußte durch Gedankenarbeit gehoben werden. M. brauchte daher Zeit u. Raum, um komisch zu wirken; er überfiel uns nicht mit komischer Wirkung, er zog uns vielmehr nach u. nach in ihren Kreis hinein. Wenzel Scholz, Fritz Beckmann u. solche Naturkomiker wirkten unmittelbar durch ihr bloßes Dasein; M. dagegen, wie er in der Reflexion wurzelte, forderte die Reflexion zu seinem Verständnisse heraus. Seine Komik wollte verdient sein. Es hing mit Meixners Begabung aufs Engste zusammen, daß ihm verwickelte dramatische Aufgaben am glänzendsten gelangen, denn je komplizierter u. versteckter eine Rolle aufgelegt war, desto erfolgreicher konnte er seinen Spür- u. Scharfsinn walten lassen. Da er nun ein höchst bedeutender Schauspieler war, ein Künstler voll Geistes, ein Beherrscher des Wortes, ein Meister in jeder Art von Technik, kurz mit allen Finten u. Mitteln seines Faches vertraut, so ward es ihm leicht, jene auseinanderstrebenden Elemente künstlerisch zusammenzufassen. Aus Drähten schmiedete er eine blanke Klinge. Wir haben ihn nie an großen Arbeiten scheitern gesehen, wohl aber an kleinen u. einfachen, mit denen ein naiver Komiker spielend fertig geworden wäre, doch bezwang er mit der Zeit auch das Kleine, indem er es nach seinem Sinne wendete u. mit seinen Erfindungen bereicherte. Als er Rollen von Beckmann u. La Roche in sein Repertoire herübernahm, schien etwas von der Seele dieser Künstler in ihn überzugehen." Von den hunderten von Rollen, die M. souverän beherrschte, seien wenigstens einige hervorzuheben: Wurm, Vansen, Riccaut de la Marlinière, Dorfrichter Adam, Schmock. „Nie", so lesen wir bei seinem Kollegen Rudolf Tyrolt, „— selbst in derben Rollen — sank er zum Hanswurst; für ihn waren komische Menschen nicht immer dumme Menschen, wie das manche Komiker glauben. Wohl wissend, daß gerade der Komiker seine Wirkungen u. Erfolge nur mit dem treffsicheren Ausdruck der Rede erzielt, respektierte u. pflegte er pedantisch jedes Wort seiner Rolle. Er war der prägnanteste Sprecher, den ich je kennen gelernt habe. Bei Meixners Spiel ging nie ein Wort, nie ein Witz, nie eine Wirkung verloren, kein Scherz fiel unter den Tisch. Ein Gewaltiger vom Scheitel bis zur Sohle!"

Literatur: Wurzbach, K. W. Meixner
(Biogr. Lexikon 17. Bd.) 1867; Hermann
Bahr, K. Meixner (Wiener Theater) 1899;
Eisenberg, C. M. (Biogr. Lexikon) 1903; J.
Horowitz-Barnay, K. M. (Bühne u. Welt
9. Jahrg.) 1907; J. *Altmann,* Erinnerungen
an K. M. (Neue Freie Presse 6. Jan.) 1910;
Ludwig *Speidel,* K. M. - B. Baumeister (Schauspieler) 1911; Rudolf *Tyrolt,* K. M. (Theater
u. Schauspieler) 1927; Paul *Schlenther,* K.
M. (Theater im 19. Jahrhundert = Schriften
der Gesellschaft für Theatergeschichte
40. Bd.) 1930.

Meixner, Karl, geb. 1853 zu Frankfurt a. M.,
gest. 18. Dez. 1897 das., begann hier seine
Bühnenlaufbahn, wirkte dann als Heldendarsteller u. Bonvivant in Rostock, Augsburg, Sigmaringen, Neustrelitz, 1883—89 in
Hannover u. 1890—91 in Regensburg. Seit
1878 Gatte der Schauspielerin Gabriele
Schreiber.

Mejo, Anna s. Grobecker, Anna.

Mejo, Eduard (Geburtsdatum unbekannt),
gest. 5. April 1872 zu Berlin, war Mitglied
des Kroll-Theaters das.

Mejo, Elise, geb. 1. Mai 1834 zu Breslau,
gest. 27. April 1906 zu Althofen, Tochter
des Künstlerpaares Franz u. Rosa M.,
begann 1850 ihre Laufbahn als Soubrette
in Magdeburg, schloß sich dann Wandertruppen an, wirkte später in Riga, Hamburg (Thaliatheater), Breslau, 1863—78 bei
Kroll in Berlin, 1878 bis 1883 am dort.
Wallnertheater, ging hier zu älteren Rollen über u. verbrachte ihren Lebensabend
seit 1885 in Treibach-Althofen (Kärnten).
1855 gastierte sie am Burgtheater. Hauptrollen: Lisbeth („Eigensinn" von R. Benedix), Anna („Der Liebesbrief" von dems.),
Röschen („Rose u. Röschen" von Ch.
Birch-Pfeiffer) u. a.

Mejo, Emil, geb. 1826, gest. 22. Febr. 1883
zu Braunschweig als Mitglied des dort.
Hoftheaters.

Mejo, Fanny s. Höfler, Fanny.

Mejo, Franz, geb. 1798 zu Nossen in Sachsen, gest. 1855 zu Braunschweig, nahm als
Freiwilliger 1813 am Befreiungskrieg teil,
war dann als Musikdirigent bei der Leut-
nerischen Gesellschaft in Altenburg tätig,
kam als Tenor 1817 in Zeitz auf die Bühne,

wirkte 1820 in Hannover, 1821—26 in Bremen, wo er auch an der Theaterleitung teilnahm, 1826—38 in Breslau, hier in das komische Fach des Sprechstücks übergehend
u. später auf Gastspielreisen. Eine Glanzrolle war sein Knieriem. Coupleteinlagen
verfaßte er selbst. Außerdem komponierte
er die Musik zu verschiedenen Stücken wie
„Der Gang nach dem Eisenhammer" (Oper
nach Holbeins „Fridolin"). Gatte der Sängerin Rosa Straub. Aus dieser Ehe stammten die ebenfalls bühnentätigen Kinder Karoline, Fanny, Elise, Wilhelm, Jenny, Anna
u. Emil.

Mejo, Jenny, geb. 31. Okt. 1841 zu Braun-
schweig, gest. 25. April 1906 zu München,
Tochter des Künstlerpaares Franz u. Rosa
M., wirkte als Opernsoubrette seit 1860 in
Köln, Schwerin u. bis zu ihrer Verheiratung
1865 in Nürnberg. Ihre Glanzrollen fand sie
in Flotows „Martha" u. Lortzings „Undine".
Gattin des Freiherrn Karl Theodor v. Cetto,
Großmutter der Opernsängerin, späteren
Schauspielerin Moje Forbach (s. Moje
Staubwasser). Bei der von Eisenberg genannten Jenny Mejo liegt eine Verwechslung mit einer gleichnamigen vermut-
lichen Kusine der Künstlerin vor. Diese war
bis 1894 als Tragödin u. Vorleserin des Herzogs in Coburg tätig u. nach ihrem Bühnenabschied mit einem Fabrikanten Albin Prediger verheiratet.

Mejo, Karoline, geb. 1819 zu Köthen (Todesdatum unbekannt), Tochter des Künstlerpaares Franz u. Rosa M., von ihrem Vater
ausgebildet, wirkte seit 1836 als Liebhaberin
u. a. in Breslau u. Leipzig, heiratete den
Opernsänger (Bassist) Josef Bickert (gest.
1868 zu Arnstadt), Begründer des „Wintergartens" in Leipzig u. nahm 1850 ihren Bühnenabschied.

Mejo, Minna, geb. 9. Jan. 1855 zu Augsburg, gest. 27. Jan. 1893 zu Leitmeritz,
Tochter von Wilhelm M., gehörte als Soubrette, später als Opernalte der Bühne an.

Mejo (geb. Straub), Rosa, geb. 1798 zu Bamberg (Todesdatum unbekannt), war als Jugendliche Sängerin in Erfurt, Hannover,
Bremen tätig u. ging dann in Breslau (1826
bis 1839) ins Fach der Komischen Alten
über. Gattin von Franz M.

Mejo, Wilhelm, geb. zwischen 1821 u. 1831,
gest. 24. April 1888 zu Berlin, Sohn des

Künstlerpaares Franz u. Rosa M., war als Jugendlicher Komiker (auch Regisseur) in Berlin, Magdeburg, Hannover, Wien (Josefstädtertheater), Mannheim tätig u. trat auch als Übersetzer u. Bearbeiter von Bühnenstücken hervor. Vater von Minna M.

Melar, Alwine (Geburtsdatum unbekannt), gest. 27. Aug. 1890 zu Berlin, war Schauspielerin in Riga u. wurde kurz vor ihrem Tode Mitglied des Deutschen Theaters in Berlin.

Melcher, Otto, geb. 10. Juni 1890 zu Dresden, gest. 24. Nov. 1938 das., humanistisch gebildet, sollte Mathematik studieren, besuchte jedoch 1910—12 die Theaterschule Senff-Georgi u. wirkte dann als Sänger u. Schauspieler in St. Gallen, Potsdam, Stettin, Stralsund, Oldenburg, 1919—21 am Albert-Theater in Dresden u. nach fünfjähriger Tätigkeit bei der Sächsischen Landesbühne seit 1932 wieder am Albert-Theater, hierauf seit der Gründung am Theater des Volkes das.

Melchinger, Alfons, geb. 1872 zu Breslau, gest. 30. Jan. 1929 zu Essen, spielte auf den Bühnen in Regensburg, Nürnberg, Rostock, Magdeburg, Hildesheim, Basel, Erfurt, Altenburg, Königsberg u. seit 1921 in Essen urwüchsige, knorrige Charaktere mit überzeugender Gestaltungskraft.

Melchior, Lauritz, geb. 20. März 1890 zu Kopenhagen, Sohn eines Rektors, in seiner Vaterstadt, Berlin, London, München u. Bayreuth ausgebildet, Schüler u. a. von Ernst Grenzebach u. Anna Bahr-Mildenburg, wirkte als Bariton 1913—20 an der dort. Kgl. Oper, dann als Tenor u. a. in Bayreuth, 1924 in London, 1925 an der Städt. Oper in Berlin, seit 1926 an der Metropolitan-Oper in Neuyork u. 1927—29 an der Staatsoper in Berlin. Kammersänger. Lebte zuletzt in Kalifornien.

Literatur: Riemann, L. Melchior (Musik-Lexikon 11. Aufl.) 1929.

Melichar, Rudolf, geb. 1929 zu Berlin, einer Wiener Familie entstammend, Sohn des Kapellmeisters Alois M., besuchte das Reinhardt-Seminar in Wien, kam als Jugendlicher Liebhaber nach Kiel u. 1954 nach Essen. Hauptrollen: Megal („Ein Mann Gottes"), Vogt („Der Graf von Ratzeburg"), Rudolph („Die Heiratsvermittlerin"), Axel („David u. Goliath") u. a.

Melitz, Leo, geb. 5. Jan. 1855 zu Halle an der Saale, gest. 11. April 1927 zu Basel, Sohn eines Rentners, wurde von Karl Gustav Berndal (s. d.) u. Rosa Spitzeder-Heigl (s. d.) für die Bühne ausgebildet, debütierte 1875 am Stadttheater in Frankfurt a. M., kam als Charakterdarsteller über Heidelberg 1880 nach St. Gallen, 1881 nach Rostock, 1882 nach Jena, 1883 nach Stralsund, 1885 nach Bromberg, 1886 nach Frankfurt a. d. O., 1887 nach Barmen u. 1888 nach Basel. 1899 wurde er Oberregisseur u. Direktor des dort. Stadttheaters. 1919 trat M. in den Ruhestand. Hauptrollen: Jago, Nathan, Thorane, Philipp II. u. a. Auch literarisch trat M. erfolgreich hervor. Gatte der Schauspielerin Helene Krones, die neben ihm in Basel tätig war. Vater des Folgenden.

Eigene Werke: Dido (Trauerspiel) 1872; Semiramis (Schauspiel) 1872; Spanisch (Lustspiel) 1873; Schein u. Wahrheit (Lustspiel) 1874; Die Kuhmagd (Lustspiel) 1875; Der falsche Cäsar (Schwank) 1876; Die Stikkerinnen (Lustspiel) 1876; Dorothea (Schauspiel) 1877; Familie Knickebein (Posse) 1878; Ehre um Ehre (Schauspiel) 1879; König Drosselbart (Dramat. Märchen) 1880; Oberon (Dramat. Märchen) 1881; Constanze (Drama) 1884; Die Frau, wie sie sein soll (Schwank) 1885; Peterle u. Bärbele (Dramat. Märchen) 1890; Theaterstücke der Weltliteratur 1893 (wiederholt aufgelegt in 2 Bdn. als: Führer durch das Schauspiel. Die dramat. Werke der Weltliteratur von Sophokles bis zum Beginn der Neuzeit, ihrem Inhalt nach wiedergegeben u. Führer durch das Schauspiel der Gegenwart); Das Wunderhorn (Dramat. Märchen) 1893; Der Sündenbock (Lustspiel) 1895; Die Alpenfee (Dramat. Märchen) 1898; Führer durch die Opern 1909; Führer durch die Operetten 1910; Führer durch das Schauspiel der Gegenwart 1910 u. a.

Melitz, Leo, geb. 6. Okt. 1890 zu Basel, Sohn des Vorigen, wirkte seit 1918 als Kapellmeister am Stadttheater in Freiburg in Baden u. lebte als Komponist u. Musikpädagoge in Montreux.

Melk an der Donau, der alte Ort in Niederösterreich mit einem berühmten Benediktinerstift, besaß im 18. Jahrhundert ein Theater in einem großen, später zu einer Kornkammer umgewandelten Saal. Kurfürst Karl Albrecht von Bayern wohnte das. 1739 einer Aufführung von Racines „Athalie" bei.

Literatur: Robert M. *Prosl,* Zur Geschichte des Bühnenwesens in Niederdonau 1941.

Mell, Maria s. Goltz, Maria (gest. 29. Okt.. 1954 zu Wien).

Mell, Max, geb. 10. Nov. 1882 zu Marburg an der Drau, Sohn des um die österr. Blindenfürsorge hochverdienten Schulmanns Alexander M., Bruder der Schauspielerin Maria Mell, studierte in Wien (Doktor der Philosophie), stand 1916—18 an der Front u. lebte seither ständig in Wien. Epiker u. vor allem Dramatiker mit bodenständig volkstümlicher Bindung. Verfasser der Monographie „Alfred Roller" 1922.

Eigene Werke: Das Wiener Kripperl von 1919 1921; Das Apostelspiel 1922; Das Schutzengelspiel 1923; Das Nachfolge-Christi-Spiel 1927; Die Sieben gegen Theben (Trauerspiel) 1932; Das Spiel von den deutschen Ahnen (Drama) 1935; Der Nibelunge Not I u. II 1944—51.

Literatur: Hans *Bruneder,* M. Mell u. das Gegenwartsdrama (Lebendige Dichtung Nr. 4) 1935—36; Franz *Koch,* M. M. (Deutsches Volkstum Nr. 9) 1936; E. H. *Reinalter,* M. M. (Die Tat 28. Jahrg.) 1936—37; Marie *Herzfeld,* M. M. (Der Ackermann aus Böhmen Nr. 8) 1938; G. *Necco,* M. M. (Studii Germanici, Juni) 1938; Bernt *v. Heiseler,* M. M. (Ahnung u. Aussage) 1939; Zeno *v. Liebl,* Der Nibelunge Not (Neues Wiener Tagblatt Nr. 24) 1944; O. M. *Fontana,* Der Nibelunge Not (Köln. Zeitung Nr. 25) 1944; Gottfried *Fischer,* Das Wiener Kripperl (Neue Zürcher Nachrichten Nr. 290) 1946; J. K. *Mourek,* Das Spiel im dramat. Schaffen M. Mells (Diss. Wien) 1946; H. *v. Hofmannsthal,* Ein Brief über das Spiel im Grazer Landhaushof (Austria Nr. 11) 1947; Siegfried *Freiberg,* M. M. (Austria international Nr. 2) 1949; Otto *Haindl,* Das dramatische Schaffen M. Mells (Diss. Wien) 1949; Kurt *Eigl,* Begegnung mit M. M. (Neue Wiener Tageszeitung Nr. 276) 1950; Josef *Nadler,* M. M. (Der Hag Nr. 4) 1950; Franz *Spunda,* Besuch bei M. M. (Das literar. Deutschland Nr. 4) 1951; B. *v. Heiseler,* Bis zur Apotheose des menschlichen Herzens: M. Mells Nibelungen-Dichtung (Die Neue Zeitung Nr. 265) 1951; *Schr(eyvogl),* Kriemhilds Rache (Neue Wiener Tageszeitung Nr. 5) 1951; Edwin *Rollett,* Kriemhilds Rache (Wiener Zeitung Nr. 5) 1951; O. M. *Fontana,* Licht aus der Stille (Die Presse Nr. 1233) 1952; *Isk,* M. M. (Neue Zürcher Nachrichten Nr. 266) 1952; *Fs.,* Begegnung mit M. M. (Ebda.) 1952;

Ernst *Scheibelreiter,* M. M. (Neue Wiener Tageszeitung Nr. 262) 1952; Jakob *Baxa,* M. M. (Der Wächter 33. Jahrg.) 1952.

Meller (geb. Müller), Babette, geb. 30. Nov. 1833 zu München, gest. im Juli 1859 zu Prag (bei der Geburt ihres ersten Kindes), Tochter eines Bildhauers, in Frankfurt a. M. für die Bühne ausgebildet, begann ihre Laufbahn als Opernsoubrette am Hoftheater ihrer Vaterstadt u. kam über Mannheim, Posen, Breslau, Mainz, Frankfurt a. M. 1856 nach Köln als Erste Dramatische Sängerin. Gastspiele führten sie nach Königsberg, Hamburg u. Kopenhagen. 1857 wurde sie Mitglied des Hoftheaters in Braunschweig u. wirkte seit 1858 in Prag. Hauptrollen: Valentine („Die Hugenotten"), Fides („Der Prophet"), Lucrezia Borgia, Recha, Elisabeth u. a.

Literatur: Hugo *Gottschalk,* B. Meller (Deutscher Bühnenalmanach herausg. von L. Schneider 24. Jahrg.) 1860.

Meller, Erich, geb. 7. Okt. 1892 zu Wien, gest. im Okt. 1941 zu St. Veit in Oberösterreich, war 1914—18 Korrepetitor an der Hofoper in Wien, 1918—19 Kapellmeister am Stadttheater in Budweis u. hierauf wieder Mitglied der Wiener Staatsoper. Sohn des Direktors der Akkumulatoren-AG Alfred M.

Melles, Bertha s. Pook, Bertha.

Mellin, Franziska (Fanny), geb. 10. Nov. 1831 zu Marburg an der Drau, gest. 11. März 1895 zu Wien, war Schauspielerin 1846 in Villach, dann am Theater an der Wien in Wien, am Josefstädtertheater (1884—89) u. zuletzt Komische Alte am Carltheater das. Hauptrollen: Ludmilla („Der Lumpenball"), Frau Sicherl („Das Sängerfest in Wien"), Frau Monschippel („Annagasse Nr. 27"), Frau Leni („Die Hochzeit von der Leni") u. a.

Mellin, Harry (Geburtsdatum unbekannt), gest. 20. Febr. 1954 zu Berlin, wirkte als Schauspieler u. Inspizient am Metropoltheater das.

Melms, Hans, geb. 17. Juni 1869, gest. 28. Aug. 1941 zu Berlin, begann 1892 seine Laufbahn als Opernsänger in Altenburg, kam 1893 nach Würzburg, 1894 nach Olmütz, 1895 nach Chemnitz, 1897 nach Köln, 1898 nach Magdeburg u. 1902 nach Wien, wo er bis 1918 an der Hofoper eine glänzende Tätigkeit entfaltete. Seinen Lebensabend verbrachte er in Berlin. Hauptrollen: Telramund, Wolfram, Hans Sachs u. a.

Melodrama (vom griech. melos = Lied), im eigentlichen Sinn ein mit Musik verbundenes Schauspiel, in dem die sprechenden Stimmen musikalisch begleitet werden, in dem Schuldrama „Der blutschwitzende Jesus" des Salzburger Domkapellmeisters J. F. Eberlin um 1750 (Denkmäler der Tonkunst in Österreich 55. Bd. 1921) vorgebildet. G. Benda schrieb zu der von J. Ch. Brandes 1774 bearbeiteten „Ariadne auf Naxos" u. zu F. W. Gotters „Medea" 1775 die Musik. Beethoven übernahm in der Kerkerszene des „Fidelio" Stellen aus Goethes „Egmont". Später bezeichnete man auch nicht dramatische, gesprochene Dichtungen mit Musik ungehörigerweise als Melodramen.

Literatur: Edgar *Istel*, Die Entstehung des deutschen Melodramas 1906; Max *Steinitzer*, Zur Entwicklungsgeschichte des Melodramas u. Mimodramas 1919; H. *Martens*, Das M. 1930.

Melpomene (griech. = die Sinnende), Muse der Tragödie, wird mit ernster Maske dargestellt.

Mels, A. M. (bis 1869 Martin Cohn), geb. 15. April 1829 zu Berlin, gest. 22. Juli 1894 zu Summerdale bei Chikago, studierte in Berlin u. lebte nach wechselvollem Schicksal als freier Schriftsteller in Graz, Paris u. Italien. In Wien erschien 1871 sein dramatisches Erstlingswerk, das Lustspiel „Heines junge Leiden", das bald ein Repertoirestück sämtlicher deutschen Bühnen wurde, ihm folgten 1875 das Schauspiel „Der Staatsanwalt" u. das Lustspiel „Das letzte Manuskript".

Literatur: *Brümmer*, A. M. Mels (A. D. B. 52. Bd.) 1906.

Meltzer, Hermann, geb. 31. Dez. 1862 zu Leipzig, wirkte als Liebhaber u. Bonvivant in Meiningen, Zürich, Stettin, Düsseldorf u. Nürnberg. Gastspiele mit den Meiningern führten ihn nach London, Petersburg u. a. Hauptrollen: Karl („Die Jungfrau von Orleans"), Robert („Die Ehre"), Rudenz („Wilhelm Tell") u. a.

Melusine (Melusina), Meernixe, nach altfranzösischer (1456 von Thüring von Ringol-

tingen ins Deutsche übersetzter) Sage die Gemahlin des Grafen Raimon von Poitiers u. dadurch Ahnfrau des Hauses Lusignan, die sich bei der Heirat das Recht vorbehält, einmal wöchentlich unbelauscht in Verborgenheit verweilen zu dürfen, von ihrem neugierigen, sein Gelöbnis brechenden Gatten jedoch überrascht wird, wie sie in Fischgestalt badet u. deshalb wieder ins Meer zurückkehren muß. Bevor ihre Nachkommen ein Unglück trifft, erscheint sie fortan wehklagend auf dem Stammschloß. Die deutsche Bearbeitung wurde zuerst 1474 gedruckt (seither wiederholt aufgelegtes Volksbuch), nacherzählt von G. Schwab, oft dramatisiert u. für Opern verwendet. Der von Beethoven gewünschte Operntext von Grillparzer kam in einer' jenen befriedigenden Form nicht zustande. E. Castle bringt ihn mit Henslers „Donauweibchen" (1798), einem Zugstück des Leopoldstädter Theaters, in Zusammenhang u. meint, er ende ganz als Zauberoper, den Schluß von Goethes „Faust", wenn auch weit weniger grandios, vorwegnehmend u. auf die Apotheosen in Wagners „Fliegenden Holländer", aber noch mehr in R. Strauss Opern „Ariadne" u. „Die Frau ohne Schatten" hinweisend, für die der Textdichter Hofmannsthal Anregungen aus der Alt-Wiener Oper empfangen hat.

Behandlung: Hans *Sachs*, Die Melusine (Tragödie) 1556; Jakob *Ayrer*, M. (Trauerspiel) 1598; Franz *Grillparzer*, M. (Oper für K. Kreutzer) 1833; Ludwig *Schindelmeißer*, M. (Oper) 1861; Theodor *Hentschell*, Die Braut von Lusignan (Oper) 1875; Karl *Gramman*, M. (Oper) 1876; Karl v. *Perfall*, Raimondin (Oper) 1881; M. *Wohlrab*, M. (Tauerspiel) 1885; G. *Braun*, M. (Märchenposse mit Gesang u. Tanz) 1885; Christian v. *Ehrenfels*, M. (Oper) 1887; Hermann *Henrid*, M. (Oper) 1935; Richard *Billinger*, M. (Schauspiel) 1941 u. a.

Literatur: R. *Kohl*, Das Melusinenmotiv (Niederdeutsche Zeitschrift für Volkskunde 11. Jahrg.) 1933 u. (Schriften der Bremer Wissenschaftl. Gesellschaft Reihe E, 11. Bd.) 1934; E. *Schaffran*, Das Melusinenthema bei Schwind, Grillparzer u. Beethoven (Die Literatur) 1936; Eduard *Castle*, Melusina von Grillparzer (Jahrbuch der Gesellschaft für Wiener Theaterforschung) 1944.

Melzer, Carl, geb. 23. Juli 1880 zu Innsbruck, gest. 25. April 1955 zu Zürich, wollte zuerst Techniker werden, wandte sich jedoch, vom Kammersänger Fritz Feinhals (s. d.) unterrichtet, der Bühne zu, debütierte

in Halle, wirkte als Lyrischer Tenor in Lübeck, wo er zur Operette überging u. kam dann nach Kiel, Stettin, Königsberg, Linz, Wien u. 1921 nach Zürich, das er nicht mehr verließ. Hauptrollen: Tamino, Oktavio, Fra Diavolo, Eisenstein, Zigeunerbaron, Graf von Luxemburg u. a.
Literatur: trh., C. Melzer (Neue Zürcher Nachrichten Nr. 168) 1950; *Anonymus, K. M.* (Ebda. Nr. 99) 1955.

Memel, ehedem deutsche Stadt des Ostens, pflegte das Theater seit alter Zeit. So ist u. a. eine Schulkomödie aus dem Jahre 1700 nachgewiesen, die zu Auseinandersetzungen zwischen Staat u. Kirche Anlaß bot.
Literatur: E. Jenisch, Schultheater-Aufführungen in Ostpreußen im 16. u. 17. Jahrhundert (Altpreußische Forschungen 5. Jahrgang) 1931; *ders.,* Eine Memeler Schulkomödie aus dem Jahre 1700 (Dichtung u. Volkstum 37. Bd. des Euphorion) 1936.

Memmel, Ludwig (Geburtsdatum unbekannt), gest. 1872 zu Riga, war zuerst Chorist u. in der Folge Schauspieler, Inspizient u. Requisiteur 1856—70 am Stadttheater das.

Memmler, Karl Heinrich, geb. 14. Febr. 1847 zu Berlin (Todesdatum unbekannt), war seit 1879 Heldentenor in Dessau, Amsterdam, Mainz, am Stadttheater in Hamburg u. am Hoftheater in Weimar. Gastspiele führten ihn u. a. auch nach Norwegen. Hauptrollen: Lohengrin, Walter Stolzing, Siegmund, Siegfried, Tristan, Prophet u. a.

Menari, Paula s. Nutzer, Paula.

Mende, Adelheid s. Hündeberg, Adelheid (s. Nachtrag).

Mende, Annette, geb. 1768 (Todesdatum unbekannt), Tochter von Josef Anton Christ (s. d.), war seit ihrer Kindheit bühnentätig, spielte in Riga alle Fächer vom Jugendlichen Liebhaberin bis zur Heldenmutter durch u. wirkte auch in der Oper. Seit 1786 Gattin von Joachim Friedrich M. dem Jüngeren. 1821 feierte sie ihr fünfzigjähriges Bühnenjubiläum.

Mende, Gertrude s. Wiedemann, Gertrude.

Mende, Joachim Friedrich der Ältere, geb. um 1740, gest. (Datum unbekannt) zu Petersburg, gehörte 1760 der Schuchschen Ge-

sellschaft an, führte 1766—72 die Direktion der Scolarischen Truppe, u. spielte 1777 in Reval. Ihm ist die Gründung des alten Theaters am Paradeplatz in Riga zu verdanken. Seine Gattin Adelheid war in zweiter Ehe mit Nathanael Hündeberg verheiratet. Sein gleichnamiger Sohn (gest. vor 1821), wirkte in komischen Rollen seit 1776 in Riga, Reval, Petersburg u. Mainz u. war mit Annette Christ verheiratet.

Mende, Joachim Friedrich der Jüngere s. Mende, Joachim Friedrich der Ältere.

Mende (geb. Müller), Lotte (nach Taufschein Johanna Dorothea Luise), geb. 12. Okt. 1834 zu Hamburg, gest. 5. Dez. 1891 das., betrat 1850 als Muntere Liebhaberin in Verden erstmals die Bühne, war in Elberfeld, Bonn, Aachen, Köln, Düsseldorf, Altona u. a., dann am Carl-Schultze-Theater in Hamburg u. seit 1874 am Residenztheater in Berlin tätig, später auf Gastspielreisen. Virtuosin im holsteinischen, mecklenburgischen u. hamburgischen Platt. Ausgezeichnete Charakterkomikerin. Klaus Groth rühmte sie als die vortrefflichste Mitstreiterin für die Ehre der plattdeutschen Sprache u. des plattdeutschen Stammes. Fritz Mauthner aber schrieb von ihr: „Man weiß nicht, soll man mehr die Einfachheit ihrer Mittel oder die Sicherheit ihres Erfolges bewundern. Der eigentliche Zauber ihres Plattdeutsch fessel allmählich auch den hochdeutschesten Bildungsphilister. Der Lokalton ihrer Schöpfungen wäre der einzige Grund sie ihrer süddeutschen Kollegin, der genialen Gallmeyer, vergleichend an die Seite zu stellen. Die Künstlerin Lotte M. würde dabei nur gewinnen. Ist die Gallmeyer die reicher angelegte Natur, eine sprühendere Improvisatorin, eine interessantere Persönlichkeit, so sind dafür die Gestalten der Lotte M. erfreulicher durch objektivere Schönheiten, sie sind vertiefter u. bei aller Sauberkeit der Ausführung natürlicher. Ob Lotte M. als Bauersfrau derbe Späße ausführt, ob sie eine behäbige Hamburgerin mit der Feinheit einer Fried-Blumauer darstellt, immer zeichnet sie sich durch den Grundzug einer ehrlichen, niemals um bloßen Effekt bekümmerten Charakterisierung aus." L. M. war seit 1872 mit dem früheren Heldendarsteller Louis M. verheiratet.
Literatur: Karl Theodor *Gaedertz,* Die plattdeutsche Komödie im 19. Jahrhundert 1884; Adolph *Kohut,* L. Mende (Die größten u. berühmtesten deutschen Soubretten

des 19. Jahrhunderts) 1890; *Eisenberg*, L. M. (Biogr. Lexikon) 1903.

Mende, Louis (Geburtsdatum unbekannt), gest. 18. Mai 1881 zu Hamburg, 1837—43 Jugendlicher Liebhaber u. Spielbariton in Riga, später in Prag, war dann Heldendarsteller in Hamburg u. seit 1856 in Wiesbaden. Gatte der Vorigen.

Mendel, Franz, geb. 1. Juli 1807 zu Mannheim, gest. 9. Dez. 1876 das., Theatermaler.

Mendel, Henriette s. Wallersee, Henriette Freifrau von.

Mendel, Hermann, geb. 6. Aug. 1834 zu Halle an der Saale, gest. 26. Okt. 1876 zu Berlin, in seiner Vaterstadt u. Leipzig musikalisch ausgebildet, Gründer der „Deutschen Musikzeitung" (1870 f.), Herausgeber des „Musikalischen Konversationslexikons", das er 1870 begann u. das A. Reißmann nach seinem Tode 1883 beendete. M. lieferte auch die deutsche Bearbeitung des Textes zur Oper „Johann von Paris" u. war als Musikschriftsteller tätig.
Eigene Werke: I. Nicolai 1866; G. Meyerbeer, eine Biographie 1868; G. Meyerbeer, sein Leben u. seine Werke 1869.

Mendelssohn, Arnold, geb. 26. Dez. 1855 zu Ratibor in Oberschlesien, gest. 18. Febr. 1933 zu Darmstadt, Großneffe von Felix Mendelssohn-Bartholdy (s. d.), wurde 1880 Universitätsorganist in Bonn, 1883 Musikdirektor in Bielefeld, 1885 Lehrer am Konservatorium in Köln, 1890 Gymnasialmusiklehrer u. Kirchenmusikmeister in Darmstadt u. komponierte außer Liedern u. Chorwerken auch Opern.
Eigene Werke: Elsi, die seltsame Magd 1896; Der Bärenhäuter 1900.
Literatur: H. *Hering*, A. Mendelssohn (Diss. Marburg) 1927.

Mendelssohn, Eleonore von, geb. 1900, gest. 24. Jan. 1951 zu Neuyork, Großnichte des berühmten Komponisten, war Schauspielerin in Berlin. 1933 emigrierte sie nach Amerika. Ihre letzte Rolle spielte sie in dem Stück „Die Irre von Chaillot".
Literatur: Anonymus, E. v. Mendelssohn. Tragisches Ende einer bekannten Schauspielerin (Die Presse 27. Jan.) 1951.

Mendelssohn, Moses (1729—86), Freund Lessings, dessen „Nathan den Weisen" er

anregen half. Popularphilosoph. Bühnenfigur.
Behandlung: Otto *Girndt*, Lessing u. Mendelssohn (Schauspiel) um 1860; Nikolaus *Stieglitz*, M. M. (Schauspiel) 1874.
Literatur: Friedrich Albrecht, M. Mendelssohn als Urbild von Lessings Nathan dem Weisen 1866.

Mendelssohn-Bartholdy, Felix, geb. 3. Febr. 1809 zu Hamburg, gest. 4. Nov. 1847 zu Leipzig, Enkel von Moses M., Sohn des Bankiers Abraham M., musikalisches Wunderkind, Schüler K. F. Zelters, der ihn mit Goethe bekannt machte, wurde 1834 Musikdirektor u. Kapellmeister des von K. L. Immermann (s. d.) eröffneten Theaters in Düsseldorf, 1835 Dirigent der Gewandhauskonzerte in Leipzig, gründete hier das Konservatorium der Musik u. erhielt 1842 einen Ruf als Generalmusikdirektor nach Berlin. Seine Bühnenstücke u. Ouvertüren bilden nur einen kleinen Teil seines vielseitigen, vor allem unter dem Einfluß der Romantik stehenden Schaffens.
Eigene Werke: Die beiden Neffen (Singspiel) 1824; Ouvertüre zum Sommernachtstraum 1826; Terenz' Das Mädchen von Andros, deutsch im Versmaß des Originals (gedruckt) 1826; Die Hochzeit des Camacho (Oper) 1827 u. a.
Literatur: E. *Devrient*, Meine Erinnerungen an F. Mendelssohn-Bartholdy 1869; K. *Mendelssohn*, Goethe u. F. M. 1871; Julius *Urgiß*, F. M.-B. u. das Theater (Theater-Courier Nr. 790) 1909; J. C. *Lusztig*, F. M.-B. (Bühne u. Welt 11. Jahrg.) 1909; *Eberwein* u. *Lobe*, F. M.-B. (Goethes Schauspieler u. Musiker) 1912; *Riemann*, F. M.-B. (Musik-Lexikon 11. Aufl.) 1929.

Mendheim, Max, geb. 11. Jan. 1862 zu Leipzig, gest. 16. Aug. 1939 das., studierte in Leipzig u. München (Doktor der Philosophie) u. arbeitete als Redakteur am Konversationslexikon von Brockhaus. Lyriker, Kritiker u. Bühnenschriftsteller.
Eigene Werke: Retter Tod (Schauspiel) 1903; Im Tod vereint (Trauerspiel) 1903; Der Eindringling (Schwank) 1905.

Mendthal, Siegfried, geb. 30. Sept. 1827 zu Königsberg in Preußen, gest. 8. Nov. 1905 zu Memel, war Amtsgerichtsrat das. Dramatiker.
Eigene Werke: Kaiser Friedrich III. (Histor. Trauerspiel) 1890; Die Schönste von allen — Tante Hannchen (2 Lustspiele) 1890;

Rat Mangolf (Lustspiel) 1897; Schauspiel-haus u. Gerichtshof (Juristische Dramatur-gie) 1902.

Menelaus (Menelaos), griech. Held, rächte die Entführung seiner schönen Gattin Helena (s. d.) durch Entfesselung des Trojaner-kriegs. Als Bühnenfigur vor allem durch Jacques Offenbachs „Die schöne Helena" (1860) bekannt.

Menge, Josefine, geb. 6. März 1875 zu Mün-chen, gest. 8. April 1947 zu Grünwald bei München, war 1898—1901 am Gärtnerplatz-theater u. 1901 bis zu ihrem Bühnenabschied 1933 am Staatsschauspiel in München tätig. Hauptrollen: Selma („Das Konzert"), Bar-bara („Magdalena") u. a.

Menge, Wilhelm, geb. 26. Okt. 1819 zu Eckartsberge in Thüringen, gest. 4. April 1890 zu Berlin, zuerst Porzellanmaler, dann Schauspieler, seit 1854 Dekorationsmaler am Hoftheater in Ballenstedt u. bis 1886 am Wallner-Theater in Berlin.

Menger, Rudolf, geb. 26. Mai 1824 zu Drie-sen in der Neumark, gest. 23. Okt. 1896, Schriftleiter verschiedener Zeitungen u. a. des „Berliner Tageblattes", schrieb eine Tra-gödie „Otto III." u. das Trauerspiel „Jo-sephe" 1857.

Mengershausen, Johann Andreas von, geb. 1760 zu Hildesheim (Todesdatum unbekannt), kam als Schauspieler über Magdeburg, Dan-zig, Elbing u. Königsberg nach Riga, Väter-rollen bevorzugend, sang aber auch Baß-partien u. wirkte seit 1813 als Regisseur das.

Menhart, Alfred s. Mehlhart, Alfred.

Menhart-Ortmeyer, Christl s. Ortmeyer, Christl.

Menke, Conrad, geb. 9. Febr. 1869 zu Kü-strin, gest. 17. Aug. 1936 zu Berlin, war lang-jähriges Mitglied des dort. Schillertheaters, später Bühneninspektor das., vorher in Prag.

Menner, Joseph Stephan von, geb. 26. Dez. 1774 zu Brünn, gest. 3. Febr. 1823 zu Wien, war Offiziant beim dort. Wasserbauamt, 1814—22 Theaterdichter des Leopoldstädter-theaters u. 1818—19 auch Theatersekretär das. Dramatiker.
Eigene Werke: Marie, Tochter Karls des Kühnen (Schauspiel) 1807; Der König von

Leon (Schauspiel) 1807; Asiens Edelster (Schauspiel) 1807; Das Strafgericht (Dich-tung mit Gesang) 1809; Die beiden Briten auf Malabar oder Ehrsucht u. Liebe (Schau-spiel, aufgeführt) 1812; Antonia della Roc-cini, die Seeräuberkönigin (Schauspiel, unge-druckt) 1812; Die Familie Eselbank (Posse, aufgeführt) 1812; Lauretta Kampano (Schau-spiel, aufgeführt) 1812; Die kuriose Frau im Walde (Musikal. Quodlibet, aufgeführt) 1813; Herr von Schabel, der Nagelfabrikant aus Leitomischl (Lustspiel, aufgeführt) 1813; Blanka von Treufels oder Das Strafgericht (Schauspiel, aufgeführt) 1813; Herr von Rut-scherl u. sein Sohn oder Liebesabenteuer in Wien (Lustspiel nach K. Wiedemann, aufgeführt) 1813; Das Rezept (Lustspiel, auf-geführt) 1813; Die deutsche Sache siegt (Schauspiel, aufgeführt) 1814; Baden u. Schönau (Lokales Gemälde, aufgeführt) 1814; Die Ziehtöchter oder Der Kolatschen-mann (Lustspiel, aufgeführt) 1814; Der Eiss-stoß im Wiener Donaukanal (Posse, auf-geführt) 1814; Austria (Prolog) 1815; Der Weltfriede (Schauspiel, ungedruckt) 1815; Barbarossa (Schauspiel, aufgeführt) 1815; Die Kaiserrose (Oper, Musik von Kienlen, aufgeführt) 1816; Der süße Most (Posse, aufgeführt)) 1816; Der Donau-Eisstoß bei Wien oder Der Pudelnegoziant (Lustspiel) 1817; Die Familie Lombay (Charakter-Ge-mälde, aufgeführt) 1817; Ist's gefällig? (Dra-mat. Kleinigkeit im Taschenbuch vom k. k. Theater im Leopoldstadt 6. Jahrg. 1819, aufgeführt) 1817; Das Fischerhaus am Teiche oder Die Marodeurs (Militär. Schauspiel, aufgeführt) 1817; Die Teufelsgrube in Bayern (Volksmärchen mit Gesang, Musik von F. Volkert, aufgeführt) 1817; Frühling u. Herbst (Lustspiel nach Julius Voss, auf-geführt) 1817; Der Blinde oder Der Pacht-hof im Gebirge (Schauspiel, aufgeführt) 1818; Der Brillenmacher Glaserl (Lustspiel, aufgeführt) 1818; Der Kurstreit in Baden (Operette, Musik von Wenzel Müller, auf-geführt) 1818; Zur goldenen Katze (Posse nach Costenoble, aufgeführt) 1821.
Literatur: Wurzbach, J. St. v. Menner (Biogr. Lexikon 17. Bd.) 1867; F. K. Rych-nowsky, J. St. v. M. (Diss. Wien) 1944.

Menner, Karoline s. Ernst, Karoline.

Menner, Moritz s. Ernst, Moritz.

Mennicke, Karl, geb. 12. Mai 1880 zu Rei-chenbach im Vogtland, gest. Ende Juni 1917 auf dem östlichen Kriegsschauplatz (als Leutnant), studierte in Leipzig (Doktor der Philosophie), besuchte zeitweilig auch das dort. Konservatorium, wurde Volontärkapellmeister am Stadttheater das., später Opernkapellmeister in Trier u. Operndirigent in Helsingfors.

Eigene Werke: Über Richard Strauss' Elektra (Riemann-Festschrift) 1900; J. A. Hasse 1904; Hasse u. die Brüder Graun als Symphoniker nebst Biographien (Diss. Leipzig) 1906.

Literatur: Riemann, K. Mennicke (Musik-Lexikon 11. Aufl.) 1929.

Menninger, Johann Matthias, geb. um 1733 wahrscheinlich in Bayern, gest. 15. Jan. 1793 zu Wien, Schauspieler, heiratete 1766 in Baden bei Wien die Witwe des Prinzipals Johann Schulz u. übernahm die Leitung ihrer Truppe, die er durch die von Johann La Roche (s. d.) verkörperte Figur des Kasperls bald sehr beliebt machte. In Wien trat er 1769 erstmals in der Leopoldstadt auf. 1775 erbaute ihm die Stadt Baden ein eigenes Theater. 1777 gewann er in Wien Karl Marinelli (s. d.) als Kompagnon, der 1781 das Leopoldstädtertheater eröffnete. 1786 zog er sich von der Bühne zurück. Haupterbe wurde sein Bruder Philipp M., ebenfalls Schauspieler.

Literatur: Gustav *Gugitz,* Der Weiland Kasperl 1920; ders. u. E. K. *Blümml,* Alt-Wiener Thespiskarren 1925; N. M. *Prosl,* Zur Geschichte des Bühnenwesens in Niederdonau 1941.

Menninger (geb. Rabenau), Josefa, geb. um 1732 in Bayern, gest. 3. Dez. 1786 zu Wien, zuerst mit dem Prinzipal Johann Schulz verheiratet, nach dessen Tod seit 1766 Gattin von Johann Matthias M. (s. d.), wirkte als Schauspielerin nicht nur mit diesem in Baden u. Wien, sondern auch in Brünn (1766 bis 1767), Preßburg (1768—72) u. a.

Menninger, Philipp s. Menninger, Johann Matthias.

Mensch, Ella, geb. 5. März 1859 zu Lübben, gest. 5. Mai 1935 zu Berlin, Tochter eines Realgymnasiallehrers, studierte in Zürich (Doktor der Philosophie) u. lebte als Theaterreferentin lange Jahre in Darmstadt, dann als Privatgelehrte in Berlin. Erzählerin, Dramatikerin u. Biographin.

Eigene Werke: R. Wagners Frauengestalten 1886; Der neue Kurs. Literatur, Theater, Kunst, Journalismus der Gegenwart 1894;

Das Heldenmädchen von Lüneburg (Volksstück) 1913; An der Grenze (Vaterländ. Schauspiel) 1914; Der Weg zum Gral (Bekenntnis zu R. Wagner)1934.

Menschenbild im Drama.

Literatur: Bernt von *Heiseler,* Das Menschenbild in der heutigen Dichtung 1951; Margret *Dietrich,* Europäische Dramaturgie, Wandel ihres Menschenbildes von der Antike bis zur Goethezeit 1952; Heinrich *Weinstock,* Die Tragödie des Humanismus. Wahrheit u. Trug im abendländischen M. 1954.

Menschenfeind als Typus wurde am großartigsten verkörpert von Rappelkopf, dem Helden in Ferdinand Raimunds „Der Alpenkönig und der Menschenfeind" (s. d.).

Literatur: Heinz *Politzer,* Raimunds Menschenfeind (Die Neue Rundschau 66. Jahrg.) 1955.

Menschenhaß und Reue, Schauspiel in fünf Aufzügen von August v. Kotzebue 1789, behandelt das rührselige Schicksal einer reuigen Ehebrecherin u. verschaffte, ins Französische, Englische, Spanische, Italienische, Holländische, Schwedische u. Neugriechische übersetzt, dem Verfasser Weltruf. Friedrich Mosengeil schrieb 1809 als Fortsetzung das zweiaktige Schauspiel „Die Wiederkehr".

Menschick, Rosemarie, geb. 12. Sept. 1895 zu Regen in Niederbayern lebte in Regensburg, seit 1937 als Direktionssekretärin bei der dort. Handelsgesellschaft (Lebensmittelgroßhandel). Verfasserin von Märchen- u. Laienspielen.

Eigene Werke: Judith 1924; Agnes-Bernauer-Spiel 1925; Jephthas Tochter 1929; Gezeichnet (Jedermannspiel) 1933; Die Purpurhändlerin 1949 u. a.

Menschl, Laurent, geb. 18. April 1879 in Mähren, gest. 1. Nov. 1940 zu Wien. Theatermaler.

Mensi-Klarbach, Alfred Freiherr von, geb. 16. Dez. 1854 zu Innsbruck, gest. 13. März 1933 zu München, war zuerst im Verwaltungsdienst tätig, hierauf 1887 Theaterkritiker der Münchner „Allg. Zeitung" u. später deren Hauptleiter. Nach Eingehen dieses einst weltberühmten Blattes Theaterkritiker der „Bayer. Staatszeitung". Kultur- u. Theaterhistoriker.

Eigene Werke: Alt-Münchner Theatererinnerungen (24 Bildnisse aus der Glanzzeit
der Münchner Hofbühne) 1923 (2. stark vermehrte Aufl. mit einem Anhang: Die Gegenwart 1924); Vor u. hinter den Kulissen
der Welt- u. Kulturgeschichte 1925.
Literatur: H. *Saekel,* A. v. Mensi-Klarbach (Köln. Zeitung Nr. 151) 1933.

Mensick, Paul, geb. 15. Juni 1866 zu Königsberg in Preußen, gehörte als Schauspieler
seit 1888 den Bühnen in Freiburg im Brsg.,
Krefeld, Elberfeld, Dresden u. Bremerhaven
an. Hauptrollen: Bellmaus, Narr („König
Lear") u. a.

Mensing, Otto, geb. 28. Juli 1868 zu Lüt-
jenburg in Holstein, namhafter Germanist
(Dialektforscher), wurde 1918 Professor in
Kiel u. gründete 1921 die dort. Niederdeutsche Bühne, an der er als Leiter u. Regisseur tätig war. Außerdem galt M. als bester plattdeutscher Schauspieler seiner Zeit.

Mensler, Hanns, geb. 3. Aug. 1901 zu Straßburg im Elsaß, lebte als Hauptschriftleiter
in Kissingen. Lyriker, Erzähler u. Dramatiker.
Eigene Werke: Die Wende (Schauspiel)
1940; Der Spielmann (Drama) 1949; Wilhelm Konrad Röntgen (Hörspiel) o. J. u. a.

Mentzel (geb. Schippel), **Elisabeth,** geb.
1848 zu Marburg an der Lahn, gest. 18. Februar 1914 zu Frankfurt a. M. Erzählerin,
Dramatikerin u. Theaterhistorikerin.
Eigene Werke: Geschichte der Schauspielkunst in Frankfurt 1882; Der Räuber (Volksstück) 1894; Das Puppenspiel vom Erz-
zauberer Dr. Johann Faust (Trauerspiel,
nach alten Mustern bearbeitet) 1900; Das
alte Frankfurter Schauspielhaus u. seine
Vorgeschichte 1902; Das Urteil Salomonis
(Schauspiel) 1906; Kinder der Sünde (Drama) 1911 u. a.

Mentzl, Kathi, geb. um 1859, gest. 6. Juli
1931 zu Nürnberg, war Schauspielerin am
dort. Stadttheater bis zu ihrem Tode. In der
Glanzzeit der Operette vertrat sie den Typ
der Wiener Soubrette.

Menz, Konstanze s. Lühr, Konstanze.

Menzar, Alfred, geb. 15. Juni 1864 zu Wien,
gest. 26. Jan. 1926 das., wirkte seit 1885
als Schauspieler am dort. Fürsttheater, seit
1888 am Josefstädter-, seit 1890 am

Carltheater u. 1897 am Volkstheater in Ru-
dolfsheim (Wien). Komiker.
Literatur: Anonymus, A. Menzar (Ill.
Wiener Extrablatt 2. Mai) 1914.

Menzel, Arthur, geb. 13. Jan. 1881, gest.
24. März 1937 zu Berlin, zuerst Kunstmaler,
ging dann in Freiberg in Sachsen als Schauspieler zur Bühne, kam über Aschaffenburg,
Bonn, Hannover an das Schillertheater in
Berlin, wo er zehn Jahre als Komiker erfolgreich wirkte, u. gehörte hierauf bis zu
seinem Tode dem Staatstheater das. an.
Hauptrollen: Flachsmann, Klosterbruder,
Zunder („Das Hofkonzert") u. a.

Menzel, Gerhard, geb. 29. Sept. 1894 zu
Waldenburg in Preußisch-Schlesien, Kaufmannssohn, nahm am Ersten Weltkrieg teil,
war 1922—25 Juwelier in Waldenburg, 1925
bis 1928 Kinobesitzer in Gottesberg u. lebte
seither als freier Schriftsteller in Berlin,
später in Wien u. schließlich in Bad Reichenhall. Erzähler u. Dramatiker.
Eigene Werke: Toboggan (Drama) 1928;
Fernost (Schauspiel) 1929; Bork (Schau
spiel) 1930; Liebhabertheater (Lustspiel)
1932; Scharnhorst (Schauspiel) 1935; Der
Unsterbliche (Schauspiel) 1938; Apassionata
(Schauspiel) 1939 u. a.
Literatur: Franz *Lennartz,* G. Menzel (Die
Dichter unserer Zeit 4. Aufl.) 1941.

Menzel, Gerhard W., geb. 1922, einer Ar-
beiterfamilie entstammend, war in einem
Buchverlag u. seit 1949 als Dramaturg am
Sender in Leipzig tätig. Verfasser verschie-
dener Originalhörspiele, Bearbeiter klassi-
scher u. moderner Bühnenstücke für den
Funk. 1952 trat er mit einem Volksstück
„Marek im Westen", das in Rostock urauf-
geführt wurde, hervor. Marek ist ein neuer
Soldat Schwejk, ein ostdeutscher Schuster,
ähnlich im Wesen, aber kämpferischer als
sein tschechischer Vater.
Literatur: Bert *Brunn,* Wie steht der
Künstler zu dem Stück Marek im Westen
(Blick in Dein Theater, Volks-Theater Ro-
stock, Vierteljährl. Zeitschrift 1. H.) 1952;
G. W. *Menzel,* Über sich selbst (Volkstheater
Rostock 5. Programmheft) 1952/53; Peter A.
Stiege, Marek hüben u. . . . drüben? (Ebda.)
1952/53.

Menzel, Hans, geb. 7. Febr. 1903 zu Wien,
studierte hier (Doktor der Tierheilkunde) u.
wurde Tierarzt das. Erzähler u. Bühnendichter.

Eigene Werke: Aphrodite ist meine Frau (Komödie) 1940; Spitzbuben (Komödie) 1941; Fräulein Pauline (Komödie) 1942.

Menzel, Ludwig, geb. 11. Nov. 1821 zu Berlin, gest. 27. April 1900 das., Sohn eines Steuerinspektors, zuerst Apotheker, wandte sich jedoch der Bühne zu u. begann seine Laufbahn am Stadttheater in Stettin, kam 1848 als Jugendlicher Komiker nach Prag, 1849 nach Potsdam, 1850 nach Leipzig, 1855 nach Danzig, 1856 nach Nürnberg, hierauf nach Berlin, Breslau u. wieder Berlin (Friedrich-Wilhelmstädtisches- u. Wallnertheater), dann nach Karlsruhe, 1861 nach Meiningen (daneben teilweise Regie u. Direktion des Hoftheaters in Liebenstein führend), wirkte seit 1872 nochmals in Berlin (National-, Viktoria- u. Ostendtheater) u. seit 1883—98 am dort. Deutschen Theater. Unter dem Titel „Die Kunst des Schminkens" bearbeitete er Friedrich Altmanns „Die Maske des Schauspielers". Auch sonst trat er literarisch hervor, so mit einer bekannten humorist. Arbeit „Ein Schulexamen". Hauptrollen: Falstaff, Malvolio, Polonius, Meister Anton, Dorfrichter Adam, Rappelkopf, Valentin u. a.

Menzel, Wolfgang, geb. 21. Juni 1798 zu Waldenburg in Preuß.-Schlesien, gest. 23. April 1873 zu Stuttgart, Sohn eines Arztes, Jenenser u. Bonner Burschenschafter. 1825 ließ er sich dauernd in Stuttgart nieder. Anfangs Schriftleiter am Cottaschen „Literaturblatt", dann freier Literat. Einer der hervorragendsten Kritiker seiner Zeit, scharfer Verurteiler der Goethe-Verhimmelung. Auch Dramatiker. Sein „Rübezahl" fand Tiecks Beifall: „Der Spott trifft, wohin er zielt, u. ein feiner Geist gibt das anmutige u. erfreuliche Kolorit". Nach der Lektüre von „Narcissus", den sichtlich die Wiener Barock-Komödie beeinflußt hat, urteilte Grillparzer über M.: „Dieser Mann ist wirklich ein Dichter, wenn nicht ein wirklich ganzer."

Eigene Werke: Moosrosen (Taschenbuch, darin ein satirisches Lustspiel Der Popanz) 1826; Rübezahl (Dramat. Märchen) 1829; Narcissus (Dramat. Märchen) 1830.

Literatur: Heinrich *Laube,* Moderne Charakteristiken 2 Bde. 1835; E. *Harsing,* W. Menzel u. das Junge Deutschland (Diss. München) 1909; E. *Jenai,* W. M. als Dichter, Literarhistoriker u. Kritiker (Neue Deutsche Forschungen 133. Bd.) 1937.

Menzel-Longoni, Helena (Ps. Andreas u.

Helena Longoni), geb. 11. Sept. 1913 zu Herisau im Kanton Appenzell in der Schweiz, war Schauspielerin u. Bühnenschriftstellerin.

Eigene Werke: Orpheus ist an allem schuld (Komödie) 1946; Dreiundvierzig u. ein Mörder (Komödie) 1951.

Menzinger, Anton, geb. 31. Juni 1830 zu Steyr in Oberösterreich, gest. 3. Aug. 1906 zu Bad Nenndorf, betrat 1848 als Schauspieler die Bühne, war seit 1852 in Olmütz, Troppau, Budweis, Marienbad, Karlsbad u. Teplitz tätig u. führte seit 1877 eine eigene Truppe, mit der er u. a. in Ballenstedt, Quedlinburg, Eulenberg, Luckenwalde, an den Vereinigten Stadttheatern von Güsten u. Aken in Sachsen, in Zahna, Jeßnitz u. Jessen wirkte. M. selbst vertrat das Komische Charakter- u. Humoristische Väterfach, seine Gattin Emilie M. gab Komische u. Singende Alte, sein Sohn Max M., dem er 1898 die Direktion übertrug, spielte Jugendliche Liebhaber u. Bonvivants. Auch dessen Gattin Marie, geb. Reichardt, gehörte als Liebhaberin dem Ensemble an.

Menzinger, Emilie s. Menzinger, Anton.

Menzinger, Marie s. Menzinger, Anton.

Menzinger, Max s. Menzinger, Anton.

Menzinsky, Modest, geb. 29. April 1875 zu Nowosiolki in der Ukraine, gest. 11. Dez. 1935 zu Stockholm, studierte zunächst in Lemberg Theologie, seit 1901 Musik bei J. Stockhausen (s. d.) u. erhielt als Tenor sein erstes Engagement in Elberfeld, sang 1904 bis 1910 an der Hofoper in Stockholm u. 1910—26 an verschiedenen großen Bühnen Deutschlands, hauptsächlich aber in Wien. Hervorragender Wagnerinterpret (Lohengrin, Tannhäuser u. a.), auch bei den Festspielen in Bayreuth (Siegfried u. Tristan) mitwirkend. Ebenso großartig war M. als Florestan u. in den Heldenrollen der französischen u. italienischen Opern, als Faust, Manrico, José, Canio, Eleazar, Masaniello, Othello u. a. 1926 kehrte er wieder nach Stockholm zurück. Kammersänger.

Literatur: Robert *Adami,* M. Menzinsky (Bühne u. Welt 15. Jahrg.) 1913; G., M. — ein Sänger u. Künstler ohnegleichen (Köln. Rundschau Nr. 79) 1953.

Meran, Stadt in Südtirol, erhielt 1900 ein Stadttheater, das unter Leitung von Karl

Maixdorff (s. d.) eröffnet wurde, 1906 folgte Carl Wallner als Direktor, 1910 Julius Laska, 1913 Robert Laube-Scharf. 1916 wurde das Theater geschlossen. Als Gäste wirkten u. a. Willi Thaller, Mathieu Lützenkirchen, Alexander Girardi, Hermine Bosetti, Hansi Niese, Max Pallenberg, Ida Roland.
Literatur: S. *Langenberger,* Das neue Stadttheater in Meran (Der Baumeister 1. Jahrg.) 1903.

Meran, Albert s. Meran-Linzer, Frieda.

Meran, Ludwig, geb. 1910, gefallen im Osten 26. Okt. 1943. Schauspieler.

Meran-Linzer, Frieda (Geburtsdatum unbekannt), gest. 6. Febr. 1939 zu Leitmeritz, war Schauspielerin u. Gattin des gleichfalls das. wirkenden Darstellers Albert Meran.

Meraner Volksschauspiele entstanden aus dem Bedürfnis, auf historischem Boden patriotischer Begeisterung Raum zu geben. Karl Wolf (s. d.) rief sie 1892 ins Leben u. leitete sie bis 1914. Für sie schrieb er auch Stücke, vor allem seinen „Andreas Hofer" u. wirkte auch als Regisseur. Als Darsteller fungierten ausschließlich Meraner. Der eigentliche Aufführungsort der Volksspiele war Gratsch, ein kleines, Meran eingemeindetes Dorf. Nach Art Wolfs versuchte J. Gatternig in Villach 1898 Volksschauspiele mit ländlichen Stücken u. Volksbräuchen ins Leben zu rufen, allerdings mehr für die Fremden als für die einheimische Bevölkerung.
Literatur: Hugo *Herrnheiser,* Meraner Volksschauspiele (Bühne u. Welt 2. Jahrg.) 1900; H. *B.,* Meraner Volksschauspiele (Vossische Zeitung Nr. 139) 1902; A. *Elmenreich,* K. Wolf u. die M. V. (Bergland-Kalender) 1929.

Merbach, Paul Alfred, geb. 14. Sept. 1880 zu Dresden, gest. im Okt. 1951 zu Gandersheim, einem alten sächsischen Bauerngeschlecht entstammend, studierte in Leipzig (bei Albert Köster) u. Berlin Geschichte, insbesondere Literatur- u. Theatergeschichte, war 1904—08 Regisseur in Nürnberg, Graudenz u. Berlin, seitdem Schriftsteller u. Redakteur das. Auch Theaterhistoriker.
Eigene Werke: Aus den Briefschaften Gottlob Wiederbeins. Ein Beitrag zur Braunschweigischen Theatergeschichte im 19. Jahrhundert 1912; Hermann Hettners

Das moderne Drama, herausg. (Deutsche Literatur-Denkmale des 18. u. 19. Jahrhunderts Nr. 151) 1924; Heinrich Marr (Theatergeschichtl. Forschungen 35. Bd.) 1926; H. Stümkes Corona Schröder, herausg. 2. Aufl. 1926; Lessing-Buch 1926 (mit J. Jellinek); Festschrift zum hundertjährigem Bestehen des Mainzer Stadttheaters 1933; Barocktheater 1935.

Merbitz, Johann Valentin, geb. 1650, gest. 1704, war Konrektor in Dresden. Dramatiker.
Eigene Werke: Themistokles 1683; Orpheus (Lustspiel) 1696.

Merbitz, Julie s. Basté, Julie.

Merbitz, Viktor, geb. 12. März 1824, gest. 18. Nov. 1883 zu Meissen, wirkte als Komiker u. Regisseur u. a. in Reval u. Görlitz, führte 1882 die Oberregie u. artistische Leitung am Johannisbergtheater in Elberfeld, vertrat hier das Charakter- u. Humoristische Väterfach, während seine Frau, geb. Roeder, als Erste Soubrette u. Liebhaberin demselben Ensemble angehörte. Zuletzt spielte er in Rudolstadt u. an den Vereinigten Stadttheatern von Meissen u. Zittau. Bruder der Vorigen.

Merbt (Ps. Selber), Martin, geb. 27. Febr. 1924 zu Dresden, lebte als freier Schriftsteller in Domersleben bei Magdeburg. Verfasser von Laienspielen.
Eigene Werke: Hänsel u. Gretel 1948; Die Weihnachtsanne 1948; Der Freibeuter 1949; Rauhreif 1949; Das Werk 1949; Julchen (Schwank) 1949.

Mercatorius, Nicolaus, Verfasser des mittelniederdeutschen Fastnachtsspieles „Van dem Dode ende van dem Levende" 1484, eines Zwiegespräches zwischen dem Leben u. dem Tode, herausg. von W. Seelmann (Mittelniederdeutsche Fastnachtspiele) 1885 (2. Aufl. 1931).

Mercatorspiel s. Salbenkrämerspiel.
Literatur: Konrad *Dürre,* Die Mercatorscene im lateinisch-liturgischen, altdeutschen u. altfranzösischen religiösen Drama (Diss. Göttingen) 1915.

Merck, Hanns, geb. 15. Aug. 1890 (oder 1885) zu Bremen, studierte Literatur- u. Kunstgeschichte, wandte sich dann der Bühne zu, war Schauspieler, Dramaturg u.

Regisseur am Komödienhaus in Frankfurt a. M., in Bonn, Krefeld, Breslau, Bremerhaven, Wien u. Berlin. Mitbegründer der Kammerspiele in München, Tourneenleiter an der Westfront im Ersten Weltkrieg, übernahm 1919 die Führung des Intimen Theaters in Nürnberg u. ging dann während des Zweiten Weltkriegs als Chefdramaturg, Schauspieler u. Regisseur an die Städtischen Bühnen in Lodz. Seit 1945 leitete er wieder das Intime Theater in Nürnberg. Auch Verfasser von Drehbüchern, Hörspielen u. Romanen.

Merck, Johann Konrad, geb. 2. Juli 1583 zu Ulm, gest. 3. Juli 1653 das., studierte in Tübingen u. Straßburg, wurde 1606 Präzeptor, 1622 Professor u. 1628 Rektor des Gymnasiums in Ulm. Dramatiker.
Eigene Werke: Beel (Geistl. Comico-Tragoedia in deutschen Reimen nach Xystus Betulcius) 1615; Rebecca (Geistl. Comoedia in deutschen Reimen nach Nikodemus Frischlin) 1616; Conflagratio Sodomae (Erschröckliche Tragoedia in deutschen Reimen nach Andreas Saurius) 1617; Moyses oder Tragico-Comoedia von dem Leben u. Geschichten Moyses nach Kaspar Brulovius) 1641.
Literatur: Wilhelm *Scherer,* J. K. Merck (A. D. B. 21. Bd.) 1885.

Merelli, Emilie, geb. 1834, gest. 12. Nov. 1901 zu Wien, Tochter von Julie Rettich, war Opernsängerin in Italien (Koloratursopran). Gattin des Impresarios Eugenio M., mit dem sie u. a. auch in Wien unter Marie Strampfer gastierte.

Mergelkamp, Johannes (Jan), geb. 1869, gest. 9. April 1934 zu Berlin-Steglitz, war zuerst Schauspieler in Breslau, 1903 Sänger in Karlsruhe, seit 1904 in Leipzig, seit 1908 in Königsberg, seit 1913 in Riga u. a., zuletzt am Stadttheater in Stettin. Heldenbariton. Hauptrollen: Wanderer („Siegfried"), Gunther („Götterdämmerung"), Kurwenal („Tristan u. Isolde"), Sebastiano („Tiefland") Amonasro („Aida"), Onegin („Eugen Onegin") u. a.

Merian, Hans, geb. 18. Febr. 1857 zu Basel, gest. 28. Mai 1902 zu Leipzig, war Musikschriftsteller, Kritiker u. Schriftleiter der dort. „Gesellschaft".
Eigene Werke: Bleibtreu als Dramatiker 1892; Die Varusschlacht (Satir. Drama) 1894; Wo fehlt es unserm Stadttheater? 1899;

Kommentar zu Siegfried Wagners Bärenhäuter 1900; Mozarts Meisteropern 1900; Ill. Geschichte der Musik im 19. Jahrhundert 1901.

Merkel, Ludwig (Ps. Ernst Ludwig), geb. 1862, gest. 20. Jan. 1912 zu Hannover, war seit 1907 Schauspieler am dort. Residenztheater.

Merkel, Richard, geb. 27. April 1864 zu Niederrabenstein bei Chemnitz, gest. 27. April 1935, Sohn eines Handschuhfabrikanten, Bruder von Willy M. (s. d.) ließ sich in Wiesbaden u. Frankfurt (u. a. von J. Stockhausen s. d.) gesanglich ausbilden, debütierte in Köln, fand sein erstes Engagement in Chemnitz, wo er seit 1887 wirkte, war hierauf 14 Jahre Mitglied des Stadttheaters in Leipzig u. ging dann wieder nach Chemnitz. Hauptrollen: Manrico („Der Troubadour"), Fra Diavolo, Lyonel, Turiddu, Bajazzo u. a.

Merkel, Richard, geb. 3. Dez. 1868 zu Plauen, gest. 9. März 1915 zu München, studierte protest. Theologie u. wurde Religionslehrer in Leipzig. Herausgeber der „Vogtländischen Monatsblätter" 1902—06. Dramatiker.
Eigene Werke: Der Väter Glaube (Volksstück) 1898; Pechsieders Weihnacht (Volksstück) 1899; Im Weihnachtsglanze (3 Weihnachtsspiele) 1900.

Merkel, Salomon Friedrich (Ps. Adolf Emmerich Kroneisler), geb. 13. Febr. 1760 zu Schmalkalden, gest. 21. Febr. 1823 zu Kassel, Sohn eines Arztes, studierte in Halle, Rinteln u. Göttingen, wurde Advokat in Kassel u. trat u. a. auch als Dramatiker hervor.
Eigene Werke: Der Brieftag (Lustspiel, auf Goethes Preisaufgabe in den Propyläen an diese eingesandt) 1800; Fürstlicher Ernst u. Scherz (Zaubereien beim Tonfeste, Lustspiel — Das öffentliche Gericht, Schau- u. Redespiel) 1810.

Merkel, Willy, geb. 17. Aug. 1869 zu Niederrabenstein bei Chemnitz, gest. im April 1915 zu Berlin, Bruder von Richard M. (s. d.), wurde in Frankfurt a. M. ausgebildet, betrat in Ausburg die Bühne, war Bariton in Düsseldorf, Freiburg, Mannheim u. Hamburg, wechselte hier zum Heldentenor über u. erzielte in Aachen großen Beifall. 1901 auch Teilnehmer an den Bayreuther

Festspielen. In Berlin sang er an der Komischen Oper, an der Kurfürsten-Oper u. am Deutschen Opernhaus in Charlottenburg. Leidenschaftlichkeit, Nervosität u. Lebendigkeit waren seinen Leistungen eigen, besonders rühmte die Kritik die glanzvolle Höhe seiner prächtigen Stimme.

Merker, Rose, geb. 22. Aug. 1886 zu Wien, gest. 9. Juni 1948 das., studierte an der dort. Staatsakademie, begann am Stadttheater in Reichenberg ihre Bühnenlaufbahn u. kam 1929 nach Wien, wo sie sich in hochdramatischen Partien, vor allem als Wagnersängerin an der Staatsoper auszeichnete. Nach ihrem Bühnenabschied war sie als Gesangspädagogin tätig. Hauptrollen: Brünnhilde, Isolde, Venus, Marschallin u. a.

Merkewitz, Anna (Geburtsdatum unbekannt), gest. im Aug. 1888 (im Eisenbahnwagen auf der Rückreise von Bad Ragaz nach Wien), wirkte als Schauspielerin am Carltheater in Wien.

Merle, Heinrich Wilhelm, geb. 24. Sept. 1840 zu Homburg vor der Höhe, gest. 18. Dez. 1911 zu Straßburg, war 45 Jahre bühnentätig, u. a. in München, Breslau, Graz, Ischl, Heidelberg, Stralsund, Hamburg, u. wirkte mit den Meiningern (s. d.) auf Tourneen in Rußland u. a. Seit 1890 Theatersekretär in Straßburg.

Merleck, Christiane Henriette s. Koch, Christiane Henriette.

Merlin, Zauberer u. Wahrsager der walisisch-bretonischen Sage (hier Myrddhin), später in der Artus- u. Gralsage, von Geoffrey v. Monmouth (gest. 1154) in seiner „Historia regum Brittonum" (nach 1135, deutsch von San Marte 1854) erstmals bekanntgegeben. Von den deutschen Dichtern des 19. Jahrhunderts (vor allem Dramatikern wie Immermann) symbolisch aufgefaßt. Die uralte Geschichte von dem Zauberer Merlin stammt aus dem Kreis der Artusromane u. ist in der neueren deutschen Literatur von den Klassikern bis auf Eduard Stucken, Gustav Renner u. Max Pulver herauf immer wieder vorgetragen worden. Immermann kannte den Stoff von Dorothea bzw. Friedrich v. Schlegel (1804). Bereits 1818 schrieb er ein Gedicht „Merlins Grab". 1831 begann er das Werk im großen u. teilte Beer mit: „Denken Sie aber nicht an ein christliches Schuld- u. Bußdrama. Im

Gegenteil, es wird recht heidnisch frech u. dabei heilig sein." Im folgenden Jahr lag die schwerblütige, moderne Gedankentragödie vollendet vor. Der Zustand, in dem sich Immermann damals befand, wurde von Uechtritz als „träumerisch-prophetisch" bezeichnet. „Er rang umsonst danach, seine Freunde über Plan u. Sinn des Gedichtes aufzuklären. Man sah, daß eine Macht in ihm arbeitete u. dichtete, zu der er sich gewissermaßen als dienendes Organ verhielt, deren pythische Aussprüche er, ohne sie deuten zu können, verkündete." In späterer Zeit bekannte Immermann von sich selbst: „Ich bin ganz irreligiös erzogen worden u. ward dennoch auf meine Weise fromm." Aus dem Unglauben der Jugend u. der starken Sympathie für den Katholizismus in der Periode seiner innigsten Freundschaft mit Schadow zog er die Resultierende, zwischen dem freigeistigen Sensualismus der Saint-Simonisten in der französischen u. jungdeutschen Philosophie einerseits u. dem mystisch angehauchten Spiritualismus der deutschen Romantik anderseits suchte er eine Brücke zu schlagen. Des alten Johann Lorenz v. Mosheim „Geschichte der Schlangenbrüder der ersten Kirche" u. die erst 1825 herausgekommene „Allg. Geschichte der christl. Religion u. Kirche" von August Neander machten ihn zudem mit den Gnostikern des christlichen Altertums bekannt. Aus allen diesen Strömungen u. Bestrebungen des ringenden u. suchenden Geistes erwuchs Merlin. In der gereimten „Zueignung" lesen wir die Namen der drei vorbildlichen Dichter: Wolfram, Dante, Novalis. Ihre Dunkelheit u. Tiefe ahmte Immermann nach, ohne freilich auch ihre melodische Fülle zu erreichen. In „Merlin" haben wir es mit keiner Charaktertragödie zu tun, im Gegenteil, der sog. Held bedeutet nur ein Sinnbild für das Grundleiden der ganzen menschlichen Gesellschaft, die Unerlöstheit, das ewige u. dabei eigentlich hoffnungslose Sehnen nach letzter u. höchster Erkenntnis, letzter u. höchster Selbstbefriedung. Die Verwandtschaft mit dem ersten Teil von Goethes „Faust" leuchtet sofort ein. Merlin scheitert wie Faust, er muß scheitern, weil er ein Zwiespältiger ist, der gesuchte Gral aber das Symbol für eine völlige Harmonie u. Einheit mit sich selbst. Der zweite Teil von Goethes „Faust" blieb deshalb unwirksam, weil er zur Zeit der Erstehung von Immermanns „Merlin" noch nicht erschienen war. Das Drama mag trotz seiner Eigenheit der Romantik zugezählt werden, denn es steht im ausgesprochenen Gegensatz zum Rationalismus. Auch die Form ist echt romantisch. Alle möglichen Versmaße wechseln mit einfacher Prosa. Die metrische Buntheit entspricht dem gedanklichen Vielerlei. Eine These löst die andere ab. Dabei ist aus der Zeit soviel hineingeheimnist, daß ohne gründlichen Kommentar ein richtiges Verständnis gänzlich ausgeschlossen erscheint. Immermanns bereits 1828 entstandenen „Chiliastischen Sonette" schlugen den Ton an, der hier weiterklang. Aber gerade diese esoterische Mystik war schuld daran, daß sich kein rechter Erfolg einstellen wollte. David Friedrich Strauß nannte die Dichtung ein „unverdauliches Gebäck aus abgestandenen Sagen u. gnostischen Träumereien". Fast ein Jahrhundert brauchte das Theater, für das „Merlin" allerdings nicht geschrieben war, um ihm zu einer Aufführung zu verhelfen. Friedrich Kayßler wagte 1918 auf der Berliner Volksbühne einen Versuch u. seiner glänzenden Spielleitung glückte der Sprung auf die Bühne. Trotzdem wird man ihn nur in einer Millionenstadt, wo die nötigen literarischen Feinschmecker vorhanden sind, wiederholen dürfen. Schon die Analyse des Inhalts ergibt, daß „Merlin" auf vollstes Verständnis nur als Lesedrama rechnen darf.

Behandlung: Karl *Immermann,* Merlin (Eine Mythe) 1832; Max *Kirchstein,* M. (Drama) 1901; Gustav *Renner,* M. (Trauerspiel) 1905; Felix *Draeschke,* M. (Mysterium) 1913; Eduard *Stucken,* Merlins Geburt (Drama) 1913; Richard v. *Kralik,* M. (Drama) 1913; Ruth *Waldstetter* (= Martha Geering), Merlins Geburt (Drama) 1935; Arnold *Masarey,* M. (Oper) 1936 u. a.

Literatur: Ottokar *Fischer,* Zu Immermanns Merlin 1909; Karl *Schultze-Jahde,* Zu Immermanns M. (Zeitschrift für Deutschkunde Heft 8) 1925; Erwin *Schiprowski,* Der Zauberer M. in der deutschen Dichtung (Diss. Breslau) 1933.

Merlitschek (geb. Michaleck), Margarete (Rita), geb. 5. Mai 1875 zu Wien, gest. 20. Juli 1944 das., Tochter eines Ingenieurs u. Eisenbahninspektors, besuchte das Konservatorium in Wien u. kam 1897 als Soubrette an die dort. Hofoper, wo sie bis 1910 wirkte. Hauptrollen: Zerline, Nedda, Papagena u. a.

Meroni, Maria, geb. 4. Aug. 1751 zu Mailand, gest. 6. Dez. 1838 zu Charlottenburg, wurde 1775 auf Wunsch Friedrichs des Gro-

ßen als Tänzerin an die Oper in Berlin engagiert, wo sie bis zu ihrem Bühnenabschied (1798) blieb.

Merope, in der griech. Sage Gattin des Kresphontes, wurde von dessen Mörder Polyphontes gezwungen, diesen zu heiraten, hielt ihren jüngsten Sohn bei einem Gastfreund verborgen, so daß er später Rache nehmen konnte. Bühnenfigur.

Behandlung: Paul *Weidmann,* Merope (Trauerspiel) 1772; F. W. *Gotter,* M. (Trauerspiel nach Voltaire) 1774; Hermann *Hersch,* M. (Trauerspiel) 1858; Max *Remy,* M. (Trauerspiel) 1860.

Literatur: Rudolf *Schlösser,* Zur Geschichte u. Kritik von Gotters Merope 1890.

Merowinger, fränkisches Herrschergeschlecht des frühen Mittelalters, im Drama.

Behandlung: Detlev v. *Liliencron,* Die Merowinger (Trauerspiel) 1887.

Mersmann, Hans, geb. 6. Okt. 1891 zu Potsdam, studierte in München, Leipzig u. Berlin Musik, Philosophie u. Kunstgeschichte (Doktor der Philosophie) u. war seit 1947 Direktor der Staatl. Hochschule für Musik in Köln. Auch Verfasser von Dramen („Die Sinflut", „Das Haus" u. a.) u. Spielen (teilweise mit Musik).

Merstallinger, Rudolf (wegen seiner Gestalt „der kleine Rudi" genannt), geb. 1900, gest. 20. April 1949 zu Wien, begann in Kinderrollen seine Laufbahn am Theater an der Wien, wirkte dann als Komiker am Raimund- u. Carltheater u. war im Theater „Zum Auge Gottes" in Wien auch als Regisseur hervorragend tätig. Besonders seine Inszenierung der Operette „Im Weißen Rößl" auf der kleinen Bühne wurde von der Fachwelt als ein Meisterstück anerkannt. Auch Verfasser verschiedener Bühnenstücke wie „Die Herzen im Glück" u. a.

Literatur: A. M., Der kleinste Schauspieler jubiliert (Volkszeitung, Wien 4. Febr.) 1942; *Anonymus,* Vom ausgeborgten Piccolo zum Bühnenliebling (Ebda. 20. Febr.) 1944.

Merten, Claudius, geb. 15. Mai 1840 zu Roden, gest. 5. Sept. 1912 zu Berlin, Sohn eines Lazarettinspektors, betrat als Autodidakt 1859 in Saarbrücken die Bühne u. entwickelte sich in Krefeld, Koblenz, Köln u. a. zum vorzüglichen Charakterkomiker, war 1872—76 in Neuyork tätig, hierauf am Hoftheater in Kassel, von wo aus er 1880 wieder nach Neuyork zurückkehrte. 1882 bis 1883 spielte er in Petersburg, 1884—94 am Deutschen Theater in Berlin, dann vier Jahre am Lessingtheater u. fünf Jahre am Neuen Theater das. Darsteller feinkomischer Rollen, die er mit scharfer Charakteristik, Natürlichkeit u. größter Lebenswahrheit wiedergab. Hauptrollen: Klosterbruder, Vansen, Valentin, Piepenbrink, Hasemann, Onkel Bräsig u. a.

Merten (Ps. Becker), Ida, geb. 5. Mai 1850 zu Rawitsch, gest. 15. Dez. 1917 zu Jena, Hofschauspielerin in Weimar. Langjähriges Mitglied des Residenz-Theaters u. Lustspielhauses in Berlin. Hauptrollen: Friederike („Die böse Stiefmutter"), Emma („Doktor Klaus"), Paula („Gräfin Lea") u. a.

Mertens, Hanne, geb. 13. April 1909 zu Hamburg, gest. 21. April 1945 im Konzentrationslager Neuengamme, war Schauspielerin in Düsseldorf, Hamburg u. an Münchener Bühnen (1936—42 unter O. Falkenberg am dort. Schauspielhaus). Hauptrollen: Lady Milford u. a.

Mertens, Hermann, geb. um 1820 zu Charlottenburg (Todesdatum unbekannt), wirkte als Opernsänger seit 1840 in Riga, dann in Königsberg, Breslau, Wien, Hannover, Hamburg u. gastierte 1857 wieder in Riga. Hauptrollen: Tamino, Stradella, Max, Almaviva, Lyonel, Melchthal, Nemorino („Der Liebestrank") u. a.
Literatur: Anonymus, H. Mertens (Allg. Theater-Chronik Nr. 7—9) 1854.

Mertens, Hubert, geb. 11. Juli 1887 zu Köln am Rhein, gest. 15. Mai 1944 das. (beim Bombardement des Opernhauses), besuchte die Opernschule von Richard Schulz-Dornburg in seiner Vaterstadt, wirkte als Baßbuffo seit 1912 in Düsseldorf u. seit 1916 am Opernhaus in Köln, wo er sich vor allem als Charakterkomiker volkstümlicher Beliebtheit erfreute. Hauptrollen: Figaro, Leporello, Osmin, Kezal, Ochs von Lerchenau, Alberich, Don Pasquale, Van Bett, Stadinger u. a.
Literatur: G., H. Mertens u. die Kölner Opernspielzeit 1943/44 (Köln. Rundschau Nr. 107) 1954.

Mertens, Ludwig, geb. 1869, gest. 22. Febr. 1941 zu Berlin. Theaterdirektor.

Mertens-Schumann, Elli, geb. 18. Aug. 1887,

gest. 28. Dez. 1951 zu Berlin-Charlottenburg. Schauspielerin, u. a. viele Jahre am Albert-Theater in Dresden.

Mertz, Bernd Arnulf, geb. 10. Juli 1924 zu Berlin, das. für die Bühne ausgebildet, wirkte als Spielleiter u. Dramaturg 1946 in Potsdam, 1947 am Stadttheater in Sonneberg, hierauf in Berlin (an der Schauspielakademie Der Kreis u. a.), 1952 in Greiz u. 1953 als Schauspieler am Intimen Theater in Göttingen. Bearbeiter von Kotzebues „Die deutschen Kleinstädter" u. Bearbeiter u. Verfasser von Hörspielen.

Mertz, Franz, geb. 1897 zu Köln, an der Kunstakademie in Düsseldorf ausgebildet, war Bühnenbildner u. Ausstattungsleiter u. a. in Darmstadt, Berlin, Bochum, München.

Mertz, Wolfram Heinrich, geb. 8. Nov. 1927 zu Düsseldorf, an der Akademie für darstellende Kunst in Wien ausgebildet, gehörte seit 1954 dem Opernhaus in Graz als Lyrischer Bariton an. Hauptrollen: Melot („Tristan u. Isolde"), Moralès („Carmen"), Silvio („Der Bajazzo") u. a.

Meruéll, E. s. Müller, Elisabeth.

Merz, Hermann, geb. 1875, gest. 6. Dez. 1944 zu Zoppot, Generalintendant, leitete die Vereinigten Städtischen Bühnen Zoppot-Gotenhafen bei Danzig u. begründete die dort. Waldbühne.

Merz, Nelly, geb. 25. Febr. 1887 zu Frankfurt a. M., war 1918—28 Mitglied der Staatsoper in München. Kammersängerin. Hauptrollen: Pamina, Eva, Aida, Chrysothemis („Elektra") u. a.

Merzbach (geb. Illing), Meta, geb. 27. Febr. 1872 zu Berlin, gest. 26. Dez. 1909 zu Frankfurt a. M., Schülerin der Stuttgarter Hofschauspielerin Luise Wentzel (s. d.), kam 1891 zur Bühne, debütierte in Ulm, wirkte in Königsberg u. Stettin, seit 1894 am Schillertheater in Berlin, nach 1896 am dort. Lessingtheater (wo sie als Magda in Sudermanns „Heimat" debütierte u. als Nachfolgerin Maria Reisenhofers das Fach der Liebhaberinnen u. Salondamen übernahm), 1898 bis 1900 am Thaliatheater in Hamburg u. gastierte seither an zahlreichen Bühnen im In- u. Ausland. Zuletzt befaßte sie sich mit der Errichtung eines englischen Theaters in Deutschland u. spielte mit ihrer

Gesellschaft in Berlin. Gattin des Berliner Arztes Dr. Merzbach, der die Stiftung „Ärztliche Hilfe" für Bühnenmitglieder ins Leben rief. Hauptrollen: Klärchen, Amalie, Kameliendame, Madame Sans-Gêne, Cyprienne u. a.
Literatur: Gedenkworte für M. Merzbach-Illing 1910.

Meschendörfer, Adolf, geb. 8. Mai 1877 zu Kronstadt in Siebenbürgen, wirkte als Gymnasiallehrer, später als Direktor das. Erzähler u. Dramatiker. Herausgeber der Monatsschrift für Kultur und Leben „Die Karpathen" 1907 ff.
Eigene Werke: Michael Weiß, Stadtrichter von Kronstadt (Histor. Schauspiel) 1919; Der Abt von Kerz (Histor. Drama) 1931; Vogel Phönix (Schauspiel) 1931.
Literatur: Hellmuth *Langenbucher,* A. Meschendörfer (Deutsches Volkstum) 1932; Heinz *Schullerus,* A. Meschendörfers Siebenbürgische Zeitschrift Die Karpathen 1936.

Mesmer, Franz (1734—1815), Arzt, Begründer der Lehre vom sog. tierischen Magnetismus (Mesmerismus), war ein großer Musikliebhaber u. besaß in Wien eine Privatbühne, auf der u. a. 1768 Mozart sein Singspiel „Bastien u. Bastienne" zur Aufführung brachte. Er selbst sang Tenorpartien u. erfreute den Komponisten Gluck während seines Pariser Aufenthaltes wiederholt durch seine Stimme. Er verstand es auch als einziger in Wien, eine Glasharmonika, die er von einer Engländerin gekauft hatte, zu spielen. Durch Pedale wurden Glasschalen u. Glasglocken in Rotation gebracht u. mit befeuchteten Fingern gestrichen. Für diese Glasharmonika hatte M. bei dem damals 12jährigen W. A. Mozart die Musik zu „Bastien u. Bastienne" bestellt, sie fand jedoch bei der Aufführung keine Verwendung. Auch Dramenfigur.
Behandlung: Walter *Gilbricht,* Der große Helfer (Drama) 1942.

Mesmer, Hermann, geb. 3. Okt. 1869 zu Weimar, Schüler des Oberspielleiters Max Brock, kam als Charakterkomiker 1894 zur Bühne, wirkte in Merseburg, Goslar, Jena, Bunzlau, Bautzen, Glogau, Zwickau, Görlitz, Bremen, Brandenburg, Breslau, Bamberg u. seit 1907 in Braunschweig (Ehrenmitglied das.). Auch Regisseur. Hauptrollen: Striese („Der Raub der Sabinerinnen"), Lubowski („Doktor Klaus") u. a. 1938 nahm er seinen Bühnenabschied.

Messalina, Valeria (gest. 48), dritte Gemahlin des nachmaligen römischen Kaisers Claudius, Mutter des Britannicus, wegen ihrer ungezügelten Sinnlichkeit berüchtigt u. deshalb hingerichtet. Bühnenfigur.
Behandlung: Adolf *Wilbrandt,* Arria u. Messalina (Trauerspiel) 1874; E. *Mauerhof,* M. (Trauerspiel) vor 1884.
Literatur: H. *Stadelmann,* Messalina 1924.

Messchaert, Johannes, geb. 22. Aug. 1857 zu Hoorn in Holland, gest. 9. Sept. 1922 zu Zürich, wirkte als Bariton in Holland, seit 1911 als Lehrer an der Musikhochschule in Berlin u. seit 1920 am Konservatorium in Zürich.
Literatur: Julius *Korngold,* J. Messchaert (Neue Freie Presse 16. Sept.) 1922; Hans *Liebstöckl,* J. M. (Illustr. Wiener Extrablatt 17. Sept.) 1922; Franziska *Martienssen,* J. M. (3. Aufl.) 1927.

Messemer, Hans, geb. 1. Mai 1924 zu Dillingen in Bayern, war bis 1950 Schauspieler am Landestheater in Hannover, seither am Schauspielhaus in Bochum tätig. 1953 nahm er an den Ruhrfestspielen in Recklinghausen teil, 1957 gastierte er an den Kammerspielen in München. Hervorragender Charakterdarsteller. Gatte der Schauspielerin Rosel Schäfer.

Messemer (Ps. Schäfer), Rosel, geb. 10. Juni 1926 zu Wuppertal, begann ihre Bühnenlaufbahn 1949 am Landestheater in Solingen, kam noch im selben Jahr nach Bochum u. gehörte seit 1956 den Münchener Kammerspielen an. Gattin des Vorigen.

Messenhauser, Cäsar Wenzel (Ps. Wenzeslaus March), geb. 4. Jan. 1811 zu Proßnitz in Mähren, gest. 16. Nov. 1848 zu Wien, wurde 1833 österr. Offizier u. nach seinem Abschied von der Armee 1848 vorläufiger Kommandant der Wiener Nationalgarde. Nach dem Einzug des siegreichen Heeres kriegsgerichtlich verurteilt u. erschossen. Vorwiegend Erzähler, aber auch Dramatiker u. Bühnenfigur.
Eigene Werke: Demosthenes (Trauerspiel) 1841; Sieben Uhr (Drama aus dem Französischen, aufgeführt) 1843; Gold wiegt schwer (Drama) 1849.
Behandlung: Heinrich *Bolze,* Messenhauser (Trauerspiel) 1875; Eduard *Kaan* (= E. Dorn), M. (Drama) 1876; Fritz *Telmann,* M. (Drama) 1905; Ferdinand *Matras,* Die Studentenschwester (Romant. Volksschauspiel) 1905 (teilweise gedruckt in der Prager Deutschen Arbeit u. eingeführt von August Sauer 1906).

Literatur: Jakob *Nitschner,* W. Messenhauser. Sein Leben, Wirken u. sein Ende 1849; M. *Ehnl,* W. C. M. 1948.

Messias s. Jesus Christus.

Behandlung: Hanns v. *Gumppenberg,* Der Messias (Trauerspiel) 1891; Martin *Maack,* Der M. (Schauspiel) 1893.

Messiner, Otto, geb. 17. April 1893 zu Klagenfurt, studierte die Rechte u. lebte als Rechtsanwalt in Klagenfurt. Bühnenautor.

Eigene Werke: Die Garage (Schauspiel) 1952; Die u. keine andere (Lustspiel) 1954.

Literatur: Anonymus, O. Messiner (Kleine Zeitung, Klagenfurt 15. Jan.) 1954.

Messner, Franz, geb. 19. Juli 1926 zu Wien, am Reinhardtseminar das. ausgebildet, debütierte 1949 am dort. Josefstädtertheater, dem er seither als Charakterdarsteller u. Komiker angehörte. Hauptrollen: Atalus („Weh dem, der lügt"), Neugebauer ("Der Schwierige"), Fernando („Mariana Pineda" von Lorca) u. a.

Literatur: í—r., F. Messner (Neue Wiener Tageszeitung 12. Febr.) 1952.

Meßner, Josef, geb. 27. Febr. 1893 zu Schwaz in Tirol, Sohn eines Bergarbeiters, studierte in Innsbruck u. München, wurde 1922 Domorganist in Salzburg, später Domkapellmeister u. Professor das. Seit 1926 Dirigent der Domkonzerte der Salzburger Festspiele. Er komponierte außer Messen, Symphonien u. Chorwerken auch Opern u. schrieb die Bühnenmusik zu H. v. Hofmannsthals „Jedermann".

Eigene Werke: Deutsches Recht (nach E. v. Handel-Mazzetti) 1922; Hadassa 1925; Ines (nach Th. Körner) 1933; Agnes Bernauer (nach F. Hebbel) 1939 u. a.

Literatur: Neumayr, J. Meßner (Zeitschrift für Musik 100. Jahrg. 8. Heft) 1933; L. H. *Bachmann,* Das Bild eines Österreichers (Warte, Beilage zur Furche 2. Juli) 1946.

Meßner, Max, geb. 11. März 1860 zu Berlin, gest. 24. März 1906 das., Kaufmannssohn, folgte dem väterlichen Beruf, widmete sich aber seit 1890 ausschließlich literarischen Arbeiten. Dramatiker.

Eigene Werke: Michael Servet (Drama) 1884; Joachim von Brandenburg (Schauspiel) 1893; Korpsgeist (Schauspiel) 1897; Das steinerne Herz (Märchendrama) 1902; Fehrbellin (Schauspiel) 1906.

Mestel, Marie, geb. 24. April 1956 zu Wien, gest. 21. Nov. 1914 zu Berlin, Schauspielerin, wirkte u. a. in Heilbronn, Sondershausen, Glogau, Heidelberg, Saarbrücken, Metz, Essen u. Berlin. Hauptrollen: Katharina („Der Widerspenstigen Zähmung"), Clara („Mein Leopold"), Bertha („Zwei glückliche Tage"), Kennedy („Maria Stuart") u. a.

Meßthaler, Emil, geb. 20. Juni 1869 zu Landshut, gest. 7. Jan. 1927 zu München, Sohn eines Hotelbesitzers, begann seine Bühnenlaufbahn 1891 am Gärtnerplatztheater in München, kam 1893 als Jugendlicher Held u. Liebhaber nach Dresden, leitete seit 1894 ein eigenes Schauspielerensemble in München („Theater der Moderne"), mit dem er in Leipzig, Halle, Hannover, Bremen, Aachen, Wiesbaden u. auch in Städten Hollands gastierte, eröffnete 1896 das Deutsche Theater in München u. gründete nach seinem Rücktritt das. 1900 das Intime Theater in Nürnberg. Er spielte hier vorzugsweise dekadente, pathologische Charaktere. Als Kuriosum brachte er u. a. die Schlußakte aus Zolas „Therese Raquin", Ibsens „Gespenster", Sudermanns „Sodoms Ende" u. des „Proletariers" von Maximilian Krauß, in denen er die Hauptrolle in den vier Sterbeszenen mit größter unterschiedlicher Virtuosität spielte. Seinem Wandertrieb folgend, verpachtete er bald das Intime Theater in Nürnberg, ließ in München ein Kabarett „Bonbonnière" bauen u. einrichten, zog sich aber auch hier rasch zurück. Durch seine Propaganda für Wedekind (der Dichter spielte in Nürnberg selbst die Titelrolle in seinem „Marquis von Keith") u. a. moderne Autoren erregte er Beifall u. Widerspruch. Hauptrollen: Kurt („Die Ehre"), Kießling („Pension Schöller"), Oswald („Gespenster") u. a.

Literatur: H., Erinnerungen an E. Meßthaler (Frankenspiegel Nr. 1) 1951; Hermann *Sinsheimer,* E. M. (Gelebt im Paradies) 1954.

Mestrozi, Paul, geb. 26. Aug. 1851 zu Wien, gest. 23. Jan. 1928 das., am dort. Konservatorium ausgebildet, wirkte als Kapellmeister am Burg- u. Josefstädtertheater u. war hierauf Eigentümer u. Direktor des Fürst-Theaters in Wien u. Leiter des Theaters in Wiener-Neustadt. Später unter Adam Müller-Guttenbrunn (s. d.) Dirigent am Kaiser-Jubiläums-Stadttheater in seiner Vaterstadt. Auch Bühnenmusiker („Die Türken vor Wien", Volksstück mit Gesang, Text von Carl Costa u. a.).

Literatur: Anonymus, P. Mestrozi (Neues Wiener Tagblatt 27. Jan.) 1928.

Meta, Johanna s. Hieber, Meta.

Metapher (griech. metaphora = Ubertragung), bildlicher, d. h. anschaulicher Ausdruck für einen abstrakten, wurde auch im Drama verwendet.
Literatur: Karl *Filzek,* Metaphorische Bildungen im älteren deutschen Fastnachtsspiel (Diss. Köln) 1933; Herta *Umek,* Die Kunst der M. bei Ferdinand Raimund (Diss. Wien) 1936.

Metastasio (eigentlich Trapassi), Pietro, geb. 3. Jan. 1698 zu Rom, gest. 12. April 1782 zu Wien, wurde 1729 von Kaiser Karl VI. als Hofdichter dahin berufen. Seine Operntexte fanden zahlreiche Komponisten wie Hasse, Cimarosa, Wagenseil, Gluck u. a. Sein Denkmal wurde 1855 in der Wiener Minoritenkirche aufgestellt.
Behandlung: Karl Ludwig *Blum,* Pietro Metastasio (Schauspiel) 1835.
Literatur: Wurzbach, P. M. (Biogr. Lexikon 18. Bd.) 1868; Benjamin *Bargetzi,* Die Didodramen Metastasios, Lefrancs u. J. E. Schlegels (Diss. Wien) 1897; Romain *Rolland,* M. als Vorläufer Glucks (Musikal. Reise ins Land der Vergangenheit, deutsch) 1922; Elsa *Bienfeldt,* P. M. Ein Librettist (Neues Wiener Journal 16. Juli) 1922; dies., P. M. (Ebda. 3. Mai) 1931.

Metelmann, Diedrich, geb. 26. April 1879 zu Kiel, studierte die Rechte, später Geschichte u. Germanistik in Genf, Berlin, Kiel u. Leipzig, war seit 1901 Redakteur der „Kieler Neuesten Nachrichten" u. zwei Jahre Dramaturg am Schillertheater das. Zusammen mit Max Wiese verfaßte er die Oper „Die Liebe des Bersagliere" 1914.

Meth, Josef, geb. 1869, gest. 20. Juni 1944 zu Reichenhall, anfangs Metzger, wurde von F. X. Terofal (s. d.) entdeckt, betrat in München erstmals die Bühne, kam dann an das Schlierseer Bauerntheater, an das Deutsche Volkstheater in Wien u. gründete 1911 sein „Oberbayrisches Bauerntheater", das seit 1912 seinen Sitz in Reichenhall hatte. Hervorragender Charakterdarsteller u. Regisseur. Unter ihm entwickelten sich namhafte Volksschauspieler wie Wastl Witt, Michl Lang, Pauli März u. a. Gatte der Folgenden.

Meth, Leni, geb. 1882, gest. 23. Jan. 1955 zu Reichenhall, war Volksschauspielerin u. Leiterin mit ihrem Gatten, dem Vorigen, des „Oberbayrischen Bauerntheaters" u. trat auch wiederholt in Salzburg auf.

Methfessel, Albert Gottlieb, geb. 6. Okt. 1785 zu Stadtilm in Thüringen, gest. 23. März 1869 zu Heckenbeck, war 1824 Musikdirektor in Hamburg u. 1832—42 Hofkapellmeister in Braunschweig. Komponist u. a. der Oper „Der Prinz von Basra". Gatte der Folgenden.

Methfessel (geb. Lehmann), Louise, geb. 1818 zu Braunschweig (Todesdatum unbekannt), sang dramatische Partien das., in Schwerin, Breslau u. wieder in Braunschweig. Gattin des Vorigen.

Methun, Guido (Geburtsdatum unbekannt), gest. 3. Sept. 1878 zu Vicksburg (im nordamerikanischen Staat Mississippi am gelben Fieber), war Theatermaler. Seine Gattin, die Schauspielerin Marie Scheller, starb ebenfalls im Sept. 1878 an derselben Krankheit.

Methun, Marie s. Methun, Guido.

Metropolitan-Oper in Neuyork wurde 1833 unter Henry Abbey mit einer Aufführung von Gounods „Faust" (mit Christine Nilsson als Margarethe) eröffnet. Leopold Damrosch (s. d.), Moritz Grau, Heinrich Conried (s. d.), Andreas Dippel (s. d.) u. a. waren zeitweilig mit ihrer Leitung betraut. Die bedeutendsten Dirigenten wie Felix Mottl, Franz Schalk, Arturo Toscanini, Gustav Mahler (seit 1907) u. Alfred Hertz, der hier 1903 bis 1904 die ersten Parsifalaufführungen außerhalb Bayreuths dirigierte, teilten sich in die musikalische Leitung. Die namhaftesten Künstler traten das. in Gastspielen auf, so Lilli Lehmann, Maria Jeritza, Albert Niemann, Amalia Materna, Marianne Brandt, Johanna Gadski, Bertha Morena, Alois Burgstaller, Heinrich Knote u. v. a. Bis zur Gegenwart erhielt sich die M.-O. den Ruf als eine der ersten Kunststätten der Welt u. Kräfte wie Maria Müller (s. d.) gehörten jahrzehntelang zu ihren dauernden Mitgliedern.
Literatur: Clara *Ruge,* New Yorker Oper (Bühne u. Welt 10. Jahrg.) 1908; Irving *Kolodin,* The Story of the Metropolitan Opera (1883—1950) 1953.

Mettenleiter, Adolf, geb. 24. Nov. 1851 zu München, gest. 7. März 1918 das., einer alten Künstlerfamilie entstammend, Nachfolger Quaglios (s. d.) als Theatermaler des dort. Hoftheaters, erwarb sich durch die Sondervorstellungen König Ludwigs II. großen Ruf.

Metternich, Grete s. Potenberg, Grete.

Metternich, Josef, geb. 2. Juli 1915 zu Hermülheim bei Köln, Beamtenssohn, humanistisch gebildet, zuerst Hilfschorsänger in Köln u. Bonn, bildete sich seit 1938 in Berlin weiter aus, während er sich seinen Lebensunterhalt als Verkäufer in einem Schuhladen verdiente, wirkte seit 1945 unter Michael Bohnen als Solist am Opernhaus in Berlin, später in München, Hamburg, Mailand, Edinburg, London, seit 1950 auch an der Staatsoper in Wien, an der Metropolitan-Oper in Neuyork u. a. Die Kritik rühmte seine „Stimme von außerordentlichem Volumen, ungewöhnlicher Schönheit, einen Bariton mit eigenartig faszinierendem Timbre, purpurdurchleuchteten Spitzentönen, geführt von virtuosem Können". Hauptrollen: Macbeth, Rigoletto, Posa, Jago, Don Carlos, Figaro, Scarpia, Amonasro u. a. Seit 1954 Gatte der Kammersängerin Liselotte Losch, die als Koloratursopran am Deutschen Opernhaus in Berlin tätig war.

Literatur: Fritzi *Beruth,* Eine Stimme erobert die Welt (Wiener Zeitung 21. April) 1954; *Melitta,* Wie schaut er aus (Radio-Revue, Wien Nr. 20) 1954.

Metternich, Klemens Fürst von (1773—1859), der große Staatsmann der napoleonischen Zeit u. des Vormärz, als Bühnenfigur.

Behandlung: Arthur *Müller,* Napoleon u. Metternich (Drama) 1869; Hanns *Saßmann,* M. (Drama) 1929; Rudolf *Presber* u. Leo *Lenz,* Hofjagd in Steineich (Lustspiel) 1935; W. E. *Schäfer,* Theres u. die Hoheit (Lustspiel) 1940; Rudolf *Kremser,* Spiel mit dem Feuer (Komödie) 1940; Anton *Strambowski,* Herzensprobe (Lustspiel) 1941 u. a.

Mettin, Christian, geb. 25. Nov. 1910 zu Berlin, studierte das., in Paris u. Heidelberg (Doktor der Philosophie), wirkte als Schauspieler, Dramaturg u. Regisseur an den Staatstheatern in Kassel u. Berlin, am Burgtheater, in Wiesbaden, an den Kammerspielen in Hamburg u. später als Intendant in Lübeck. Gatte der Schauspielerin Hildegard Franzmann.

Eigene Werke: Die Bedeutung des Staates in Schillers Leben, Weltanschauung u. Dramen 1934; Grillparzer (Dramat. Essays) 1940; Die Situation des Theaters 1942 u. a.

Metz, die Hauptstadt Lothringens, stand mit dem Theater besonders der deutschen Nachbarschaft vor allem seit 1871 in reger Verbindung. Schon im 15. Jahrhundert sah die Stadt Mysterienspiele, 1437 ein Passionsspiel, das vier Tage dauerte u. 53 Akte hatte. Diese Riesenschauspiele wiederholten sich bis in die Mitte des 16. Jahrhunderts. M. wurde auch von verschiedenen Wandertruppen besucht, aber erst 1738 ein Theaterbau beschlossen u. 1751 beendet. Teilweise unter französischer u. deutscher Führung wurden Stücke in beiden Sprachen aufgeführt, Opern den Klassikern vorgezogen. Ende des 19. Jahrhunderts gab vor allem Straßburg Seriengastspiele in M., aber erst seinem Leiter Adolphi gelang es seit 1889 wieder normale Verhältnisse herbeizuführen u. als 1896 der Weimarer Schauspieler Dagobert Neuffer (s. d.) die Bühne übernahm, kam es zu einer gewissen Blüte. Große Künstler, wie Klara Ziegler, August Junkermann, Konrad Dreher, Marie Gutheil-Schoder, traten als Gäste auf, ein umfangreiches Repertoire brachte klassische u. moderne Sprechstücke, Opern u. Singspiele. Seit 1903 leitete Otto Brucks (s. d.) das Theater, nach dessen Tod übernahm der Magistrat der Stadt die Führung.

Behandlung: Karl *Gutzkow,* Der Gefangene von Metz (Vaterländ. Lustspiel) 1870; F. *Volger,* Im Lager vor M. oder Ein Kurmärker von 1870 (Schwank) 1886.

Literatur: Felix *Normann,* Das Metzer Stadttheater (Bühne u. Welt 4. Jahrg.) 1902; D. u. H. *Neuffer,* Das Metzer Stadttheater 1871—1918 (Wissenschaft, Kunst u. Literatur in Elsaß-Lothringen) 1934.

Metz, Heinrich (Geburtsdatum unbekannt), gest. 28. Sept. 1878 zu Berlin, wirkte als Komiker in Düsseldorf, Danzig, Zürich, Berlin (Krolltheater), Thorn, Memel, Lübeck, Görlitz, Frankfurt an der Oder, Freiburg im Brsg., wieder in Berlin u. zuletzt 1877—78 am Wilhelmtheater in Magdeburg als Regisseur.

Metz, Hermann, geb. 1851, gest. 11. Aug. 1938 zu Bad Harzburg, Kriegsfreiwilliger von 1870/71, ging nach einigen Jahren Universitätsstudiums als Schauspieler u. Regisseur zur Bühne u. wirkte u. a. in Beuthen u. 1915 bis 1928 in Hildesheim, wo er das Fach Humoristischer Väter vertrat. Seinen Lebensabend verbrachte er in Bad Harzburg.

Metz, Karl Adolf, geb. 9. April 1880 zu Gießen, gest. 22. Sept. 1925 zu Stuttgart als Rechtsanwalt. Er schrieb für die Bühne die Dramen „Vier Menschen" 1912 u. „Wahrheit" 1914.

Metz, Wanda, geb. 11. Juni 1874 zu Krakau, gest. 10. Sept. 1952, einer Künstlerfamilie entstammend, kam frühzeitig zur Bühne u. war als Opernsängerin, später als Gesangslehrerin viele Jahre tätig.

Metzel, Wilhelm, geb. 1837, gest. 13. Dez. 1873 zu Weißenfels. Komiker.

Metzger, Franz s. Mebus, Auguste Edle von.

Metzger, Ottilie s. Lattermann, Ottilie.

Metzger, Waltraut, geb. 31. März 1933 zu Sagan, in Leipzig für die Bühne ausgebildet, begann ihre Laufbahn 1951 als Norina in „Don Pasquale" in Wittenberg u. kam nach dreijährigem Engagement das. 1954 an die Städt. Bühnen nach Magdeburg. Opern- u. Operettensoubrette. Hauptrollen: Bastien („Bastien u. Bastienne"), Bärbele („Schwarzwaldmädel"), Arsena („Der Zigeunerbaron") u. a.

Metzger-Froitzheim, Ottilie s. Lattermann, Ottilie.

Metzgersprung, ein bis ins 20. Jahrhundert geübter Münchner Fastnachtsbrauch, bei dem die Metzgergesellen zum Fischbrunnen vor das Rathaus zogen, wo die Lehrlinge nach ihrer Freisprechung in den Brunnen springen mußten.
Behandlung: C. M. *Heigel,* Der Metzgersprung zu München (Schauspiel) 1829.
Literatur: Anton *Mayr,* Der Schäfflertanz u. der Metzgersprung (Münchner Sonntagsblatt Jahrg. 1865) 1865.

Metzl, Ottilie s. Salten, Ottilie.

Metzler, Johann Georg s. Giesecke, Karl Ludwig.

Metzler (ab der Hub), Josef Maria, geb. 11. Jan. 1890 zu Arco in Südtirol, väterlicherseits einem alten alemannischen Geschlecht aus Vorarlberg, mütterlicherseits

einem tirolischen entstammend, studierte in Innsbruck (Doktor der Rechte), trat in den Staatsdienst der Post- u. Telegraphendirektion für Tirol u. Vorarlberg ein u. wurde Post-Oberkommissär das. Vorwiegend Dramatiker.
Eigene Werke: Peterl als Vogelfänger (Puppenspiel) 1920; Frau Hütt (Puppenspiel) 1922; Tiroler Ortsübernamen u. Volksschwänke 1926; Ein Tiroler Krippenspiel 1930; Der Geist des Gesetzes (Schwank) 1930; Gloria! (Krippenspiel) 1932 u. a.

Metzler-Löwy, Pauline, geb. 31. Aug. 1853 zu Theresienstadt in Böhmen, gest. 28. Juni 1921 zu Roda in Sachsen-Anhalt, Tochter eines Arztes, wurde von Adolf Vogel (s. d.) u. am Konservatorium in Prag ausgebildet, wirkte als Altistin 1873—75 am Hoftheater in Altenburg, wo sie als Orpheus in Glucks Oper debütierte, u. 1875—91 am Stadttheater in Leipzig. Nach ihrem Bühnenabschied war sie als Konzert- u. Oratoriensängerin sowie als Gesangspädagogin tätig. Seit 1889 sächsisch-altenburgische Kammersängerin. Seit 1881 mit dem Leipziger Klavierpädagogen Josef Metzler verheiratet. Hauptrollen: Cherubin, Siebel, Carmen, Magdalena, Marzelline, Benjamin u. a.

Metzner, Gerhard, geb. 24. Febr. 1914 zu Beuthen in Oberschlesien, studierte einige Semester Theaterwissenschaft, wandte sich dann als Regisseur u. Dramaturg der Bühne zu u. gründete die Kleine Komödie in München, die er mit Max Christian Feilers „Kleopatra die Zweite" 1946 eröffnete u. die sich in München als einzige Neugründung seit dem Kriegsende als lebensfähig erwies. Gatte von Isebil Sturm.
Eigene Werke: Titus macht Karriere (Spiel mit Musik von Edmund Nick nach Nestroy) 1937; Majestät schläft (Komödie) 1938; Eva springt durchs Fenster (Lustspiel) 1940; Das Glück im Hemd (Komödie) 1941.
Literatur: Jürgen v. *Hollander,* G. Metzner (Süddeutsche Zeitung im Bild Nr. 2) 1951; Festschrift der Kleinen Komödie 1951; Heinz *Rode,* Münchens Kleine Komödie zehn Jahre alt (Stuttgarter Nachrichten Nr. 30) 1956.

Metzner, Heinz, geb. 26. Jan. 1917 zu Weimar, kam als Regieassistent 1945 ans Nationaltheater das. u. 1954 als Oberspielleiter der Oper ans Landestheater nach Altenburg.

Metzner (geb. Sturm), Isebil, geb. 16. Nov.

1910 zu Köln, wirkte als Schauspielerin u. Dramaturgin an der Kleinen Komödie in München. Gattin von Gerhard M.

Metzner (geb. Voigt), Johanna Christine, geb. 1758 zu Weimar (Todesdatum unbekannt), war 1785—91 als Schauspielerin bei der Bellomoschen Gesellschaft das. tätig. Gattin von Sigismund M.

Metzner, Karl, geb. 15. Jan. 1907, studierte in Berlin u. wirkte das. seit 1928 als Regisseur, hauptsächlich im Film.

Metzner, Leonhard, geb. 16. Juli 1902 zu Troppau in Österr.-Schlesien, studierte in Wien u. Prag (Doktor der Medizin). Komponist zahlreicher Bühnenmusiken (u. a. zu Rothackers „Stefan Fadinger" 1937, Lessings „Philotas" 1938, Shakespeares „Wintermärchen" 1940, Schillers „Jungfrau von Orleans" 1940).

Metzner, Sigismund, geb. 1750 zu Dresden (Todesdatum unbekannt), war 1777 bei Wandertruppen tätig u. spielte 1782 bei Rosner, 1784—91 in Weimar, 1792 in Hamburg u. 1801 in Salzburg. Er stellte vorwiegend Juden, Bediente, Greise u. Komische Väter dar. Hauptrollen: Eheprokurator, Doktor Flappert, Musiker Miller, Lusignan („Zaire") u. a. Gatte von Johanna Christine M.
Literatur: Ephemeriden der Literatur u. des Theaters 1. Bd. 1785.

Meudtner, Ilse, geb. 1. Nov. 1916 zu Berlin, begann ihre Bühnenlaufbahn als Tänzerin 1935 in Essen, wirkte 1936—41 an der Staatsoper in Berlin u. als Ballettmeisterin 1950—53 an der dort. Komischen Oper. Gastspielreisen führten sie nach Finnland, Spanien, Rumänien, Schweden, Holland, Frankreich u. in verschiedene Städte Deutschlands. 1944 veröffentlichte sie „Welt meiner Tänze".

Meunier (Ps. Müller), Amalie, geb. 1799, gest. 2. Nov. 1885 zu Bremen. Schauspielerin. Mutter von Minna Wollrabe (s. d.). Gattin des Folgenden.

Meunier, Carl Theodor, geb. 25. Sept. 1792 zu Paris, gest. 7. März 1859 zu Schwerin, wirkte, unter dem Namen „Franzosen-Müller" bekannt, als Baßbuffo u. Theaterdirektor in Deutschland. Gatte der Vorigen, Vater von Minna Wollrabe (s. d.).

Meunier, Willi (Ps. Hans Körner, Geburtsdatum unbekannt), gest. 7. Aug. 1916 zu Leipzig (kurz vor Beginn der Vorstellung an Herzschlag), war Schauspieler am dort. Battenbergtheater, gehörte vorher jahrelang zusammen mit seiner Gattin Clara Rothé dem Stadttheater in Meißen an u. wirkte auch als Regisseur in Freiberg in Sachsen u. a. Hauptrollen: Zinnow („Hasemanns Töchter"), Max („Heimat"), Neipperg („Madame Sans-Gêne"), Rosen („Ännchen von Tharau") u. a.

Meunier-Rothé, Clara, geb. 1855, gest. 1. Nov. 1913, war Schauspielerin u. Soubrette in Nürnberg, Leipzig (Karola-Theater), Halle an der Saale (Viktoria-Theater), Meißen u. a. Gattin des Vorigen. Hauptrollen: Emilie („Hasemanns Töchter"), Martha („Am Tage des Gerichts"), Elise („Madame Sans-Gêne") u. a.

Meurer, Manfred, geb. 11. Dez. 1908 zu Duisburg, wurde 1931—33 an der Dumont-Lindemann-Schule in Düsseldorf für die Bühne ausgebildet, wirkte als Charakterliebhaber 1933—34 in Oberhausen, 1934—35 in Eisenach, 1935—36 in Beuthen, 1936—37 in Memel, 1940—41 in Posen, 1941—43 in Kattowitz u. nach Kriegsteilnahme seit 1946 in Berlin (Komödie, Metropoltheater, Bühne der Jugend, Kurfürstendammtheater u. a.). Hauptrollen: Oswald („Gespenster"), Peter („Der Strom"), Georg („Johannisfeuer"), Gottwald („Hanneles Himmelfahrt"), Geßler („Wilhelm Tell") u. a.

Meurer-Eichrodt, Otto, geb. 2. Mai 1886 zu Lahr in Baden, gest. 30. Jan. 1933 zu Flensburg, zuerst Apotheker, wandte sich dann der Bühne zu u. war Schauspieler, Spielleiter u. Dramaturg in Memel, Saarbrücken, Bielefeld, Mühlhausen i. Th., Trier u. nach Einsatz im Ersten Weltkrieg am Stadttheater in Flensburg. Hauptrollen: Napoleon („Napoleon u. seine Frauen"), Born („Relegierte Studenten"), Flemming („Flachsmann als Erzieher") u. a.

Meusburger, Alois, geb. 26. Mai 1881 zu Bizau in Vorarlberg, war Priester u. Professor am bischöfl. Gymnasium in Brixen. Dramatiker.
Eigene Werke: Tiberius Gracchus (Trauerspiel) 1913; Professor Pendel in Vertretung (Lustspiel) 1924.

Mewes, Anna (Anni), geb. um 1896 zu Wien,

betrat die Bühne 1915 als Schauspielerin an Arthur Rundts Volksbühne das., kam 1916 an die Kammerspiele in München u. 1919 an die Kammerspiele in Hamburg. Sie stand im Verkehr mit P. Altenberg u. R. M. Rilke, der jede Première, in der sie auftrat, besuchte. Edwin Scharff schuf 1917 ihre Büste für die Münchner Staatsgalerie, die 1937 als „entartete Kunst" entfernt wurde u. seither verschollen ist. Hauptrollen: Celia (,Wie es euch gefällt"), Else (,H. Sonnenstößers Himmelfahrt") u. a. Schwester von Ernst M.

Literatur: F. Th. *Csokor,* Eine Frau u. zwei Dichter (Die Presse 24. Mai) 1951.

Mewes, Ernst, geb. 9. März 1884 zu Berlin, gest. 15. Okt. 1918 (Kriegsfolge), Sohn des Bürochefs der Brahmschen Bühnen, begann seine Laufbahn bei Max Reinhardt am Neuen Theater in Berlin, kam über verschiedene Bühnen Deutschlands (u. a. auch Karlsruhe) ans Deutsche Theater in Köln u. hierauf nach Mannheim, wo er unter Alfred Bernau (s. A. Breidbach) das Fach Jugendlicher Liebhaber u. Helden vertrat. Während des Ersten Weltkrieges rief er in Baranowitschi eines der allerersten Fronttheater ins Leben. Bruder der Vorigen. E. L. Stahl („Das Mannheimer Nationaltheater" 1929) schrieb über ihn: „Als er (aus dem Krieg) wiederkam, spielte er dieselbe Rolle wie zuletzt 1914, eine der besten seiner kurzen Mannheimer Verpflichtung, den Katte Hermann Burtes, u. man konnte feststellen, daß dem inzwischen körperlich sehr kräftig gewordenen Mann auch schauspielerisch das Soldatentum wohl bekommen war. Er neigte früher in seinen Darstellungen gelegentlich noch zur Weichlichkeit in Ton u. Auffassung. Seine Helden hatten zuweilen noch Damentaschenformat. Jetzt war auch aus dem Garnisonsoldaten Katte ein Feldoffizier geworden. Alle Neigung zur Süßlichkeit war verschwunden, die dem figürlich fast brutal wirkenden Mann nicht angeboren, sondern höchstens angeschminkt war. Die moderne Komödie war vorläufig seine Stärke. Von Natur war M. Bonvivant, von Neigung jugendlicher Held, von künstlerischer Artung u. Bemittlung ein Mittelding zwischen beiden, Kavalierheld sozusagen, u. auf dem besten Wege, sich auf diesem Gebiet zu einem Spezialisten zu entwickeln. M. wäre nie ein guter Karl Moor, aber wahrscheinlich der überzeugendste Prinz von Homburg der deutschen Bühne geworden. Seine Grenze als Spieler war dort, wo der Heroismus kräftiger ist, als die Lust am Leben."

Mewes, Gustav (Geburtsdatum unbekannt), gest. 7. Juni 1865 zu Bochum, leitete ein Theaterunternehmen in Westfalen u. übernahm 1850 die Direktion in Münster, die er bis 1865 innehatte. Durch Mißerfolge verstimmt, lehnte er hierauf die ihm angebotene Leitung des Theaters in Rostock ab u. bereiste noch im gleichen Jahr Bielefeld, Herford, Dortmund, Essen, Iserlohn, Witten u. Bochum.

Literatur: Hans *Schorer,* Das Theaterleben in Münster in der zweiten Hälfte des 19. Jahrhunderts (Die Schaubühne herausg. von Carl Niessen 10. Bd.) 1935.

Mewes, Ingund, geb. 5. Mai 1934 zu Hannover, das. für die Bühne ausgebildet, war seit 1954 Schauspielerin am dort. Landestheater.

Mewes, Marianne, geb. 1897, gest. 29. Dez. 1947 zu Aachen als Opernsängerin am dort. Stadttheater.

Mewes (auch Meves), **Wilhelm,** geb. 6. Juni 1846 zu Braunschweig, gest. 26. Aug. 1908 das., Sohn eines Mechanikers, sollte Theologie studieren, nahm jedoch dramatischen Unterricht u. ging 1866 am Tivolitheater in Lübeck zur Bühne. In ernsten u. humoristischen Charakterpartien bewährt, kam er dann über Elberfeld 1867 nach Freiburg im Brsg., 1869 nach Königsberg, 1871 nach Halle u. 1872 ans Hoftheater seiner Vaterstadt, wo er lebenslang blieb. Hauptrollen: Jago, Falstaff, Friedrich der Große u. a. Auch als Verfasser von Operntexten („Des großen Königs Rekrut", „Ilse" u. a.) sowie von Bühnenbearbeitungen u. Liedern trat er hervor. Fritz Hartmann („Bühne u. Welt" 5. Jahrg. 1903) schrieb über ihn: „Seine Stärke liegt weniger in der feinen Charakteristik, weshalb seine Intriganten des klassischen Dramas gewöhnlich zu holzschnittmäßig ausfallen, als in den bürgerlichen u. bäuerlichen Studienköpfen. Der behagliche Bourgeois, der beschränkte Philister, das dummschlaue Bäuerlein finden in ihm prachtvolle Verkörperung, sein Piepenbrink kann auch den vergrilltesten Hypochonder zu fröhlichem Gelächter reißen. Ein großes mimisches Talent befähigt ihn zu vorzüglichen Charaktermasken von physiognomischer Treffsicherheit, sein Nathan, sein Shylock sind in dieser Hinsicht mustergebend."

Mey, Heiner, geb. 23. Mai 1915 zu Berlin, humanistisch gebildet, besuchte die Schauspielschule des dort. Deutschen Theaters u. war seit 1937 Schauspieler u. Dramaturg am Rosetheater in Berlin, Schauspieler u. Regie-Assistent unter Fehling (s. d.), Legal (s. d.) u. Martin (s. d.) am Schiller-Theater das., wirkte hierauf auch als Regisseur in Amberg u. seit 1947 am Städte-Theater in Tübingen u. Reutlingen. Auch Bühnenautor.

Eigene Werke: Armer Peter (Lustspiel) 1946; Des Kaisers neue Kleider (Märchenspiel) 1946; Frau Holle (Märchenspiel) 1951 u. a.

Mey, Heinz, geb. 22. Juli 1919 zu Berlin, das. ausgebildet, betrat 1950 als Charakterdarsteller die Bühne (Ensemblemitglied der „Stachelschweine") in Berlin- u. gehörte seit 1953 dem Theater im Maison de France das. an.

Meybert, Dago, geb. um die Jahrhundertwende zu Köln, zuerst kaufmännisch ausgebildet, studierte das. Gesang, betrat in Koblenz erstmals die Bühne u. wirkte als Lyrischer Tenor seit 1930 in Freiburg im Brsg. Hauptrollen: Faust, André Chenier, Lohengrin u. a.

Meyenberg, Alois, geb. 9. Dez. 1908 zu Luzern, gründete eine eigene Spielschar, die sich später mit den „Luzerner Spielleuten" vereinigte, u. schrieb Bühnenstücke.

Eigene Werke: De Roß-Schelm vo Mumpiz (Spiel nach Hans Sachs' Roßdieb zu Fünsing) o. J.; Der Kurpfuscher (Lustspiel mit F. H. Achermann) 1937; Arbeitslos (Schauspiel nach Josef Maria Heinens Gleichnis vom barmherzigen Samariter) 1937; E Wienachtsobe uf Gränzwach (Soldaten-Weihnachtsspiel) 1943; Bundesfeuerspiel für die Verfassungsfeier 1948.

Meyenberg, Gustav, geb. 22. Juni 1865 zu Hannover, wurde hier für die Bühne ausgebildet u. wirkte das. 1888 als Bariton, 1889 in Magdeburg, hierauf in Detmold, Lübeck, Braunschweig, Stettin u. a.

Meyendorff (geb. Puls), Marie Baronin von, geb. um 1833, gest. 19. Mai 1871 zu Riga, begann 1853 ihre Bühnenlaufbahn als Schauspielerin in Augsburg u. kam über Halle u. Danzig an das Kgl. Schauspielhaus in Berlin, dann ans Hoftheater in Kassel u. 1864 nach Riga, wo sie 1866 ihren Bühnenabschied nahm, um sich mit dem Baron

Friedrich v. M., dem späteren Landmarschall von Kurland, zu verheiraten. Erste Tragische Liebhaberin, Salondame u. Jugendliche Heldin. Ludwig Barnay („Erinnerungen" 1903) bezeichnete sie „als weder besonders hübsch, noch verfügte sie über eine imponierende Erscheinung, aber sie entfaltete auf der Bühne eine solche sanfte Lieblichkeit u. große Klugheit, daß sie bald der ausgesprochene Liebling der Rigaer wurde." Hauptrollen: Iphigenie, Hermione, Porzia, Donna Diana u. a.

Meyer, Adolf (Geburtsdatum unbekannt), gest. 30. Jan. 1878 zu Wittenberg. Schauspieler u. Regisseur.

Meyer, Adolf, geb. 16. März 1840 zu Leipzig, gest. 9. Jan. 1890 zu Berlin, Bruder von Clara u. Hedwig M., betrat 1857 die Bühne u. wirkte 1863—81 als Erster Held am Hoftheater in Dessau u. dann in Köln, Leipzig, Düsseldorf u. a. Auch Regisseur. Hauptrollen: Tell, Götz, Faust, Wallenstein u. a.

Meyer (Ps. Fröden), Adolf, geb. 19. März 1861 zu Wien, gest. 1. Febr. 1932 das., Sohn eines Seidenwarenfabrikanten, zuerst Elektrotechniker, begann seine Bühnenlaufbahn als volkstümlicher Komiker in Warasdin, kam von Iglau (1880) über Esseg, Ödenburg, Innsbruck, Troppau u. Graz ans Theater an der Wien u. dann ans Lindentheater in Berlin, wirkte 1893—97 am Raimundtheater in Wien u. seit 1898 am dort. Kaiser-Jubiläums-Stadttheater. Seine intensivste Schauspielerzeit fiel mit der Eröffnung des Raimundtheaters zusammen. Vor allem brillierte er als Walzl in Karlweis' „Kleinem Mann". Seine Haupt- u. Glanzrolle fand er im „Bruder Martin" von Karl Costa. Er spielte sie viele hunderte Male u. zählte zu den populärsten Schauspielern der Wiener Vorstadt. Hansi Niese (s. d.), die gleichzeitig mit ihm am Raimundtheater engagiert war, äußerte: „F. spielte bei der Eröffnungsvorstellung (‚Die gefesselte Phantasie') die große Raimundrolle, während mir nur in zweiter Besetzung die weibliche Hauptrolle zugefallen war. F. galt damals als eine der größten Hoffnungen unter den Wiener Komikern u. Adam Müller-Guttenbrunn (s. d.), der erste Direktor des Raimundtheaters, stand nicht an, ihn mit Girardi in eine Reihe zu stellen. F. hatte denn auch einen Erfolg nach dem anderen, er spielte die Hauptrollen in den Stücken von Costa u. Karlweis, hatte besonders als

Kommerzialrat Müller in ‚Gebildete Menschen' einen ganz außerordentlichen Erfolg. Als Mensch war F., wie so viele Komiker, eine sehr zurückgezogene, schweigsame u. wenig mitteilsame Natur. Über seinem Wesen lag immer eine leichte Melancholie u. es gab wenige, die sich rühmen konnten, diesen schwerblütigen Menschen einmal wirklich zum Lachen gebracht zu haben." Auch Nestroy-Darsteller, Coupletdichter u. Feuilletonist. Nach seinem frühen Bühnenabschied gründete er ein Plakatierungsunternehmen.

Literatur: Eisenberg, A. Fröden (Biogr. Lexikon) 1903; *Anonymus,* Bruder Martin wird am 100. Todestag Karl Costas begraben (Neues Wiener Journal 4. Febr.) 1932; Hansi *Niese,* Mein Kollege A. F. (Ebda. 4. Febr.) 1932.

Meyer (Ps. Meyersieden), Adolf, geb. 1882, gest. 17. Oktober 1939 zu Brandenburg an der Havel, war seit 1922 Theaterleiter, später Kapellmeister in Brandenburg, wo auch seine Gattin Lina (geb. Genesius) als Komische Alte wirkte.

Meyer, Albert, geb. 1853, gest. im Mai 1933 zu St. Gallen. Theaterkapellmeister.

Meyer, Alfred, geb. 27. Juli 1877 zu Danzig, gest. 29. Aug. 1929 zu Dresden, Sohn eines Spediteurs, ging seiner Neigung folgend zur Bühne u. kam über Hamburg, Zwickau, Danzig, Magdeburg, Königsberg u. Bremen an das Hoftheater in Dresden. Bedeutender Charakterdarsteller. Sein umfangreiches Rollenfach erstreckte sich über Shakespeare, Lessing, Schiller, Goethe, Freytag, Strindberg, Ibsen, G. Hauptmann bis zu den jüngsten Dramatikern. Hauptrollen: Falstaff, Shylock, Nathan, Kollege Crampton, Jau u. a. Auch seine Tochter Lotte M. gehörte als Schauspielerin der Bühne an. Sie spielte seit 1928 Naiv-Sentimentale in Chemnitz, seit 1930 am Staatstheater in Dresden. Hauptrollen: Viola, Puck u. a.

Meyer, Amalie, geb. 16. Febr. 1829 zu Darmstadt, gest. 2. März 1902 das., war Opernsängerin am dort. Hoftheater.

Meyer, Anton Johann Heinrich, geb. 1. Sept. 1788 zu Hamburg, gest. 31. März 1859 das., Sohn eines Hauptmanns, lebte als freier Schriftsteller in Hamburg. Dramatiker.

Eigene Werke: Theater (Ein Abenteuer des Königs Stanislaus, Lustspiel — Der Brief u. das Armband, Lustspiel — Die beiden Schwiegersöhne, Familiengemälde) 1820; Die Mädchen als Soldaten oder Die schlecht verteidigte Zitadelle (Posse) 1826; Dramatische Spiele (Eine Stunde im Vorzimmer, Lustspiel — Der Mann von vier Frauen, Lustspiel — Der Karneval zu Schöpsendorf, Posse — Philipp, Drama — Der Liebe Zorn, Lustspiel nach Giraud — Zwei Körbe u. doch eine Heirat, nach Petracchi — Der Brief ohne Unterschrift, Lustspiel — Der Herr Gevatter, Lustspiel) 2 Bde. 1834; Das Schloß von Saint Germain (Drama nach Halévy u. Cornu) 1848; Nordöstlicher Erzähler u. allg. Theaterchronik (Wochenblatt für Wissenschaft, Kunst u. öffentliches Leben 1. Jahrg.) 1856.

Literatur: Hans *Schröder,* A. J. H. Meyer (Lexikon der Hamburger Schriftsteller) 1851 f.

Meyer, Arthur, geb. 22. Okt. 1856 zu Leipzig, gest. 23. April 1915 zu Frankfurt a. M., Bruder von Hedwig, Adolf u. Clara M., war u. a. Mitglied der Bühnen in Bromberg, Danzig, Bremen, Breslau u. seit 1888 des Deutschen Schauspielhauses in Frankfurt a. M., das er nach 25jähriger Tätigkeit verließ. Hauptrollen: Don Carlos, Ferdinand, Franz Moor u. a.

Meyer (Ps. Manuel), **Arthur,** geb. 5. Mai 1894 zu Thalwil (Schweiz), bereiste nach theologischem Staatsexamen Frankreich, Italien, Deutschland, studierte in London, Liverpool u. Berlin, wurde 1920 evangel. Pfarrer u. Universitätslektor in Liverpool (Doktor der Philosophie), später Journalist u. Kurdirektor in Pontresina. Hierauf wirkte M. als Regieassistent am Deutschen Theater in Berlin, als freier Schriftsteller auf der Insel Sylt u. kehrte 1932 in die Schweiz zurück, wo er als Pfarrvikar, seit 1935 als Pfarrer in Russikon tätig war. 1949 Gründer der „Geistlichen Spiele". Nicht nur Erzähler, auch Dramatiker.

Eigene Werke: Zündschnüre (Schauspiel) 1948; Der verlorene Sohn (Spiel) 1949; Hiob (Spiel) 1949; Feuer vom Himmel (Spiel) 1950; Der arme Lazarus (Spiel) 1950; Der Bräutigam kommt (Spiel) 1950 u. a.

Meyer, Auguste, geb. 1861, gest. 10. Febr. 1929 zu Oberammergau, wirkte an den Hoftheatern in Kassel, Mannheim u. Gotha, vor allem als Wagnersängerin. Später ließ sie sich als Gesangspädagogin in Berlin nieder.

Meyer (Ps. Morena), Bertha, geb. 27. Jan. 1877 zu Mannheim, gest. 6. Okt. 1952 zu Rottach-Egern am Tegernsee, Kaufmannstochter, wurde in München gesanglich ausgebildet, betrat 1898 als Agathe („Freischütz") das dort. Hoftheater u. blieb hier bis 1923 bühnentätig. Auch auf Gastspielen in Amerika, Rußland, Dänemark, England, Italien, Frankreich u. in der Schweiz feierte sie Triumphe. Mensi-Klarbach schildert die Künstlerin als eine „hochdramatische Sängerin ersten Ranges, der man alle Gestalten, die sie schuf, um so eher glaubte, als sie von einer überaus günstigen, rassigen Erscheinung unterstützt wurden. B. M. hat alle großen Wagner-Rollen: die Elisabeth, Elsa, Isolde, Kundry, Sieglinde u. die Brünnhilde gesungen, ja von ihr kann man sagen, sie hat sie erlebt, denn sie singt immer auch mit dem Herzen. Natürlich fielen ihr auch die führenden hochdramatischen Rollen der außerwagnerischen Oper zu, u. ebenso selbstverständlich wurde sie bald ein in beiden Hemisphären gesuchter Star."
Literatur: Oskar *Geller*, B. Morena (Bühne u. Welt 11. Jahrg.) 1909; A. v. *Mensi-Klarbach*, B. M. (Alt-Münchner Theater-Erinnerungen) 1924.

Meyer, Carl Walter, geb. 1. Febr. 1898 zu Dresden, studierte in Göttingen ein Jahr Medizin, nahm dann bei Erich Ponto (s. d.) Schauspielunterricht, betrat 1922 erstmals die Bühne in Gotha u. ging hierauf an das Staatstheater in München, lebte das. ständig u. wandte sich später hauptsächlich dem Film zu. Hauptrollen: August Keil („Rose Bernd"), Titus („Alles um Geld" von Eulenberg) u. a.

Meyer (geb. Preißler), Christine Henriette s. Meyer, Wilhelm Christian Dietrich.

Meyer, Clara s. Schmidt, Clara.

Meyer, Conrad Ferdinand, geb. 11. Okt. 1825 zu Zürich, gest. 28. Nov. 1898 zu Kilchberg, der große Schweizer Erzähler u. Lyriker, beschäftigte sich, allerdings erfolglos, gern mit dramatischen Versuchen. Seine Novelle „Die Versuchung des Pescara" 1887 wurde von Wilfried Proskowetz 1943 dramatisiert.
Literatur: Hans *Corrodi*, C. F. Meyer u. sein Verhältnis zum Drama 1923; Franziska *Arnold*, C. F. Meyers Entwürfe zu einer Dichtung Petrus de Vinea (Diss. Frankfurt) 1941.

Meyer, Emma (Ps. E. Wiese, Geburtsdatum unbekannt), gest. 10. Sept. 1882 zu Neuyork, Tochter des Theaterdirektors Mathes, Gattin des Theaterarztes M., wirkte als Liebhaberin in Köln, Düsseldorf, Elberfeld, Berlin (Viktoriatheater) u. Neuyork.

Meyer (Ps. Meyer-Detmold), Ernst, geb. 4. März 1832 zu Detmold, gest. 26. Sept. 1897 das., war als Kaufmann, später als Leiter der dort. Landesbrandversicherungsgesellschaft tätig. Bühnenautor.
Eigene Werke: Galileo Galilei (Trauerspiel) 1862; Widukind (Schauspiel) 1870; Thankmar (Trauerspiel) 1879; Bernhard II., Edelherr zu Lippe (Festspiel) 1883.
Literatur: Alfred *Kellermann*, Dramatiker E. Detmold u. seine Schöpfungen 1901.

Meyer, Ernst, geb. 8. Dez. 1905 zu Berlin, studierte das., wirkte zuerst als Musikkritiker, ging 1933 nach England u. wurde, zurückgekehrt, 1948 Prof. an der Humboldt-Universität in Berlin. Auch Komponist.

Meyer, Franz Anton von, geb. 7. Febr. 1744 zu Ehrenbreitstein, gest. 1805 zu Prag, bereiste Holland, Frankreich u. England, studierte in Wien u. wurde dann Hofsekretär u. Zensurrevisor. Vorwiegend Dramatiker.
Eigene Werke: Kandace (Äthiopisches Trauerspiel) 1772; Nuht, die Gottheit von Nehestät (Schäferspiel) 1773; Swatopluk, die Gottheit an der March (Schäferspiel) 1774; Diana u. Endymion (Ballett) 1775; Julchen oder Väter sehet nach euren Kindern! (Schauspiel) 1784; Die Dichterin oder Wissenschaft ist schön, Vernunft ist noch schöner (Lustspiel) 1785 u. a.
Literatur: Wurzbach, F. A. v. Meyer (Biogr. Lexikon 18. Bd.) 1868.

Meyer (Ps. Meyer v. Waldeck), Friedrich, geb. 15. Mai 1824 zu Arolsen, gest. 17. Mai 1899 zu Heidelberg, studierte in Berlin (Doktor der Philosophie), wurde Erzieher, später Redakteur der „St. Petersburger Deutschen Zeitung" u. Lektor an der Petersburger Universität, 1880 Privatdozent in Heidelberg, 1883 ao. Professor für Germanistik das. Auch Dramatiker. Vater von Wolfgang Alexander M.
Eigene Werke: Der Feind von Odessa (Schauspiel) 1854; Der Pate des Kardinals (Drama) 1855; Ganz was Aparts (Lustspiel) 1856; Die Erbin von Glengary (Schauspiel) 1866; Childerich (Drama) 1869.
Literatur: Franz *Brümmer*, Cl. F. Meyer

(Biogr. Jahrbuch 4. Bd.) 1900; L. *Stieda*, Cl. F. M. (A. D. B. 52. Bd.) 1906.

Meyer (Ps. Basil), Friedrich, geb. 16. Mai 1862 zu Frankfurt an der Oder, gest. 31. März 1938 zu München, Pfarrerssohn, Bruder von Hans M. (s. d.), studierte in München, Tübingen u. Berlin Philosophie, wandte sich aber frühzeitig der Bühne zu, nahm bei Heinrich Oberländer (s. d.) dramatischen Unterricht, erhielt 1886 am Stadttheater in Lübeck sein erstes festes Engagement, kam 1887 nach Oldenburg, 1889 ans Berliner Theater, 1891 ans Deutsche Theater in Berlin u. 1894 ans Hoftheater in München, wo er anfangs vor allem als Jugendlicher Liebhaber u. Bonvivant, später als bedeutender Charakterdarsteller in älteren Rollen klassischer und moderner Stücke u. sogar als Sänger (Gefängnisdirektor Frank) eine glänzende Tätigkeit entfaltete. Seit 1896 auch Regisseur das. Hauptrollen: Marquis Posa, Brander, Klosterbruder, Illo, Egmont, Erbförster u. a.
Literatur: Eisenberg, F. Basil (Biogr. Lexikon) 1903.

Meyer, Friedrich Albrecht Anton, geb. 29. Juni 1768 zu Hamburg, gest. 29. Nov. 1795 zu Göttingen, studierte das. u. war zuletzt Unteraufseher am Museum der dort. Universität. Vorwiegend Dramatiker.
Eigene Werke: Das Portefeuille (Lustspiel aus dem Französischen) 1789; Dramen, kleine Romane u. prosaische Rhapsodien 1790 u. a.

Meyer, Friedrich Ludwig, geb. 28. Jan. 1759 zu Harburg, gest. 1. Sept. 1840 zu Bramstedt in Holstein, wurde 1785 auf Veranlassung des Professors Christian Gottlob Heyne Bibliothekar in Göttingen, bereiste England, Frankreich u. Italien, wirkte 1795 bis 1797 als Mitredakteur an dem „Berlinischen Archiv der Zeit u. ihres Geschmacks" u. erwarb 1797 das Gut Bramstedt. Vorwiegend Bühnenschriftsteller (Erster Schauspieler-Biograph).
Eigene Werke: Beiträge, der vaterländ. Bühne gewidmet (Der Schutzgeist — Wie gewonnen, so zerronnen — Der Schriftsteller — Die Prüfung) 1793; Schauspiele (Der Abend des Morgenländers — Spiel bringt Gefahr — Vertrauen — Der Glückswechsel — Der Verstorbene) 1817; Friedrich Ludwig Schröder 2 Bde. 1819.
Literatur: Elisabeth *Campe*, Professor Meyer aus Bramstedt 1841; dies., Zur Er-

innerung an F. L. W. M. (Lebensskizze nebst Briefen von Bürger, Herder, Schröder u. a.) 1847; Joseph *Kürschner*, F. L. W. M. (A. D. B. 21. Bd.) 1885; Curt *Zimmermann*, F. L. W. M. (Diss. Halle) 1890.

Meyer, Georg s. Marion, Georg.

Meyer, Gerhard (Geburtsdatum unbekannt), wirkte seit 1926 als Sänger u. Schauspieler u. seit 1933 jahrzehntelang als Operninspizient am Staatstheater in Braunschweig.

Meyer, Grete, geb. 20. Mai 1878 zu Dessau, begann ihre Bühnenlaufbahn 1894 am Lessingtheater in Berlin, ging 1895 ans dort. Schillertheater, war 1900—01 unter Stollberg (s. d.) am Schauspielhaus in München tätig, hierauf in Berlin (Lessingtheater), Güstrow, Libau, Metz u. a. Hauptrollen: Gertrud („Rosenmontag"), Annchen („Jugend") Marikke („Johannisfeuer") u. a.

Meyer, Günter Otto, geb. 2. Okt. 1919 zu Klostermannsfeld bei Eisleben, studierte Kunstgeschichte u. Germanistik in Halle, Leipzig u. Köln, kam als Dramaturg u. Schauspieler 1949 zum Theater u. als Chefdramaturg 1950 an die Städt. Bühnen nach Gelsenkirchen.
Eigene Werke: Universität gegen Theater. Theater in Halle im 18. Jahrhundert 1950.

Meyer, Hanna, geb. 20. April 1907 zu Breslau, wirkte als Salondame, in Mütter- u. Charakterrollen das., in Ulm, Coburg, Mannheim u. Bonn.

Meyer, Hannes, geb. 16. Febr. 1923 zu Arbon in der Schweiz, zuerst Maschinenschlosser, besuchte die Schauspielschule in Zürich, wurde Bühnenbildassistent von Teo Otto u. gehörte als Bühnenbildner seit 1950 dem Schauspielhaus das. an.

Meyer (Ps. Basil), Hans, geb. 19. Mai 1872 bei Halberstadt, Bruder von Friedrich M., von Benno Stolzenberg u. a. gesanglich ausgebildet, debütierte 1895 in Elberfeld, kam als Opernsänger 1896 nach Halle, 1897 nach Wiesbaden, 1898 nach Darmstadt, 1899 nach Stettin u. 1900 nach Zürich, später nach Mannheim, Aachen u. a., zuletzt nach Schwerin, wo er auch als Schauspieler auftrat. 1914 nahm er seinen Bühnenabschied. Hauptrollen: Wolfram, Telramund, Wotan, Fliegender Holländer, Falstaff, Don Juan, Almaviva u. a.

Literatur: Eisenberg, H. Basil (Biogr. Lexikon) 1903.

Meyer, Harry (Geburtsdatum unbekannt), gest. im Juni 1879 zu Berlin, war Charakterdarsteller in Prag, Köln, Nürnberg, 1855 bis 1856 auch im Fach der Väter in Riga u. a. Zuletzt lebte er als Schauspieler u. Journalist in Berlin.

Meyer, Heinrich, geb. 29. Sept. 1766 zu Kulmbach, gest. nach 1823, wurde 1796 Kriminalrat in Bayreuth u. 1797 Justizrat das. Dramatiker.
Eigene Werke: Albrecht der Krieger Markgraf zu Brandenburg (Histor. Gemälde) 1792; Hartmut u. Hager oder Männerehre u. Weibestreue (Trauerspiel) 1794; Die Engländer in Deutschland (Lustspiel) 1795.

Meyer, Heinrich, geb. 14. März 1869 zu Liebenburg (Kreis Goslar), gest. 29. Dez. 1945 zu Hamburg, mit seinem Schriftstellernamen Meyer-Benfey nach seiner ersten Gattin Flora, geb. Benfey, genannt, studierte in Göttingen u. habilitierte sich 1911 an der neugegründeten Universität in Hamburg, wo er später Professor wurde. Als Literarhistoriker beschäftigte er sich hauptsächlich mit Dramen u. Dramatikern.
Eigene Werke: Kleists Leben u. Werke 1911; Das Drama H. v. Kleists: 1. Bd. Kleists Ringen an einer neuen Form des Dramas, 2. Bd. Kleist als vaterländ. Dichter 1911 u. 1913; Hebbels Dramen: Judith 1913; Klass. Dramen: Minna von Barnhelm 1915; Sophokles' Antigone 1920; Kleist 1923; Goethes Dramen 1929 ff.; Lessing u. Hamburg 1929; Hebbels Agnes Bernauer 1931 u. a.

Meyer, Hugo, geb. 1842, gest. im Jan. 1921, war drei Jahrzehnte Besitzer des Wilhelmtheaters in Danzig.

Meyer, Jean, geb. 1819 zu Altona, gest. 21. Juli 1887 das., wirkte als Liebhaber u. Bonvivant 1853—60 u. 1865—68 in Bremen. 1874 mußte er wegen eines Augenleidens frühzeitig seinen Bühnenabschied nehmen. Hauptrollen: Kean, Rochester, Ramiro ("Schule des Lebens") u. a.

Meyer, Johann, geb. 5. Jan. 1829 zu Wilster in Holstein, gest. 16. Okt. 1904 zu Kiel, Sohn eines Zimmermeisters, in dessen Geschäft er eintrat, Autodidakt, studierte dann in Kiel, war Lehrer u. 1859—62 Schriftleiter der "Itzehoer Nachrichten". 1862 grün-

dete er eine Heilanstalt für Schwachsinnige, der er als Direktor vorstand. Lyriker, Erzähler u. Dramatiker (auch im Dialekt). Denkmal in Wilster.
Eigene Werke: Op'n Amtsgericht (Schwank) 1880 (2. Aufl. als: To Termin 1890); Uns' ole Modersprak (Schwank) 1880; Sangesbrüder (Schwank) 1881; Theodor Preußer (Drama) 1888; Laetitia (Festspiel) 1889; Duchter un Buern oder Im Rektoratsgarten zu Otterndorf (Volksstück) 1892; En lütt Waisenkind (Volksstück) 1892; Rinaldo Rinaldini (Volksstück) 1892; Ein goldener Ring ist gefunden (Schwank) 1893; Ich hatt' einen Kameraden (Melodrama) 1893; Hau mutt he hemm (Volksstück) 1896; In de Arn' (Schauspiel) 1904; Sämtl. Werke 8 Bde. 1906.
Literatur: Johann Heinemann, J. Meyer 3 Bde. 1899 f.; K. Th. Gaedertz, J. M. (Biogr. Jahrbuch 10. Bd.) 1907.

Meyer, Johann Friedrich, geb. 1728 zu Dresden, gest. um 1789 zu Potsdam (?), Schüler des Theaterdekorateurs Giuseppe Bibiena in Dresden, war Theatermaler am Hoftheater in Potsdam.

Meyer, Johann Friedrich, geb. 12. Sept. 1772 zu Frankfurt a. M., gest. 27. Jan. 1849 das., der sogenannte "Bibel-Meyer", wirkte als Rechtsanwalt, Schöffe, Gerichtsschultheiß u. Bürgermeister in seiner Vaterstadt. 1802 erschienen von ihm verfaßte "Dramatische Spiele". 1803 übernahm er die Leitung des Frankfurter Theaters.
Literatur: J. Hamberger, J. F. Meyer (A. D. B. 21. Bd.) 1885.

Meyer, Johann Friedrich, geb. 7. März 1804 zu Hamburg, gest. 6. Dez. 1857 zu Mannheim, studierte in Göttingen (Doktor der Rechte), ließ sich als Advokat in Hamburg nieder, gab jedoch seiner Bühnenleidenschaft nach, trat als Sänger (Baß) 1834 in Mannheim, dann in Mainz u. Wiesbaden auf, ging hier zum Schauspiel über, 1840 auch mit der Leitung des dort. Hoftheaters betraut, kam 1851 ans Burgtheater, kehrte 1852 nach Wiesbaden zurück u. übernahm 1853 die Oberregie in Mannheim. Hervorragend als Gesetzter Held u. Heldenvater sowie als Komischer Alter. "Im Fache der Gesetzten Helden u. Heldenväter leistete er Ausgezeichnetes, welches ebenfalls von seinen humoristischen u. biderben Rollen, von seinen gutmütigen u. polternden Alten gilt . . . Jegliche Effekthascherei vermeidend, gelang es ihm, Natur u. Wahrheit seinem Spiel zu verleihen . . ." (Nekrolog im Deutschen Bühnen-Almanach, herausg. von A. Heinrich 23. Jahrg. 1859). Hauptrollen (im Drama): Musikus Miller, Götz, Nathan, Oberförster ("Die Jäger"), Tell, König Lear, Michael Kohlhaas, Zriny u. a., (in der Oper): Wasserträger, Figaro, Kaspar, Marcel u. a.

Literatur: Eisenberg, J. F. Meyer (Biogr. Lexikon) 1903.

Meyer, Johann Gottfried (Ps. John Meyer), geb. 6. Nov. 1846 zu Danzig, gest. 8. April 1907 zu Leipzig, humanistisch gebildet, wurde Kaufmann, gab 1877 seinen Beruf auf u. wirkte dann als Redakteur der "Danziger Allg. Zeitung" (1881—82) u. des "Amtlichen Quedlinburger Kreisblattes" (1896—98). Festspieldichter.

Eigene Werke: Pyramus u. Thisbe in der Geisterstunde 1881; Hans von Sagan 1888; Arions Rettung 1890; Themis auf der Flucht 1890; Ixion, König der Lapithen 1891.

Meyer, Johann Ludwig s. Münster.

Meyer, Johanna, geb. 21. Sept. 1845 zu Hannover, gest. 22. Mai 1874 zu München, Beamtenstochter, bei Bauersleuten in Braunschweig erzogen, betrat ohne jede Vorbereitung mit 16 Jahren die Bühne in Königsberg u. riß, ohne daß sie den Text ihrer Rolle im Druck ordentlich lesen konnte, durch ihr Talent das Publikum zur Begeisterung hin. Nachdem sie sich ihrer geistigen Ausbildung in ihrer zweijährigen Königsberger Tätigkeit weiter gewidmet hatte, debütierte sie 1864 als Anna-Liese in München u. war sechs Jahre lang Naive am dort. Hoftheater. Ihr Biograph berichtet: "Johanna M. war von der Natur nicht gerade verschwenderisch ausgestattet, die Gestalt schlank, aber fast mager, beinahe eckig zu nennen, die Züge frisch, doch mehr interessant als regelmäßig, das Organ mäßig stark u. von Natur nicht gerade umfangreich u. doch besaß diese Gestalt Geschmeidigkeit, doch zeigten diese Bewegungen Elastizität u. Grazie, doch besaß dieses Gesicht ein Augenpaar, das die Affekte der Seele, sei es Liebe, Haß, Schmerz oder Wehmut, gleich mächtig u. überzeugend ausdrückte, doch sprach dieser Ton der Stimme so lebenswarm, so voll u. wahr zum Herzen, daß die Gesamtheit des Eindruckes, den die Darstellerin mit jeder ihrer Rollen hinterließ, ein allseitig überzeugender u. hin-

reißender genannt werden mußte". 1870 war sie in München die erste Klara in Hebbels "Maria Magdalena". Weitere Hauptrollen: Luise, Thekla, Prinzessin Leonore u. a.

Literatur: E. P—t., J. Meyer (Deutscher Bühnen-Almanach, herausg. von A. Entsch 40. Jahrg.) 1876.

Meyer, John s. Meyer, Johann Gottfried.

Meyer, Josefine s. Pfadisch-Oberti, Josefine.

Meyer, Karl, geb. 14. Okt. 1820 zu München, gest. 19. Juni 1893 das., wirkte als Bariton 1850—80 in München u. an a. Bühnen Deutschlands u. lebte dann als Gesangslehrer in seiner Vaterstadt. Hauptrollen: Plumkett ("Martha"), Figaro ("Der Barbier von Sevilla") u. a.

Meyer, Lina s. Meyer (Meyersieden), Adolf.

Meyer, Lotte s. Meyer, Alfred.

Meyer, Louis, geb. 8. Jan. 1864 zu Hannover, besuchte das Konservatorium in Prag, war dann Violinspieler, hierauf Solokorrepetitor, Chor- u. Musikdirektor. Von Fedor v. Milde für die Bühne ausgebildet, die er 1883 in Görlitz betrat, kam er 1884 nach Eisenach u. 1885 nach Hannover, wo er als Tenor-Buffo viele Jahre tätig war, aber auch im Schauspiel Verwendung fand. Hauptrollen: Mime, Veit, Peter Iwanoff u. a.

Meyer (geb. Schink), Louise, geb. 1798 zu Mannheim (Todesdatum unbekannt), spielte seit 1813 in Altona, Schleswig u. 1825—46 im Fach der Anstandsdamen u. Mütter in Bremen. Hauptrollen: Claudia Galotti, Oberhofmeisterin ("Elise von Valberg") u. a.

Meyer, Louise s. Dustmann-Meyer, Louise.

Meyer, Ludwig, geb. 4. Jan. 1802 (oder 1800) zu Templin in der Mark Brandenburg, gest. im April 1862 zu Breslau, sollte Kaufmann werden, entschloß sich jedoch für die Bühnenlaufbahn, die er in Schwerin u. Königsberg begann, kam 1824 ans Königstädtische Theater in Berlin, wo er als erster Darsteller des Wilhelm in Holteis "Leonore" viel zu dem außerordentlichen Erfolg dieses Zugstückes beitrug, war dann in Karlsruhe, Frankfurt, Bremen, Köln, Hamburg, seit 1838 wieder in Berlin, hierauf in Riga u. Leipzig u. 1845—50 neuerdings in Hamburg auch als Regisseur tätig, zuletzt in Breslau, außerdem als Redakteur das. Vor allem waren es feinkomische Rollen u. Chevaliers, die seinen bedeutenden Ruf sicherten. M. trat ferner als Erzähler u. Bühnenschriftsteller bzw. Bearbeiter französischer Stücke hervor. *Literatur: Anonymus, L. Meyer (Deutscher Bühnen-Almanach, herausg. von A. Entsch 27. Jahrg.) 1863.*

Meyer, Maidy (Ps. Maidy Koch), geb. 12. Juni 1875 zu Freiburg im Brsg., lebte das. Gattin des Brauereibesitzers Robert M. in Riegel am Kaiserstuhl. Dramatikerin. *Eigene Werke:* Die Magd von Sydow (Drama) 1900; Ein Totentanz (Drama) 1901; Das Evangelium Lukä (Drama) 1912; Vergangenheit (Drama) 1921, Folge 2 u. 3 1922.

Meyer, Marie, geb. 1840 in Schlesien, gest. 16. Juli 1908 zu Berlin, Schwester der Opernsängerin L. Dustmann-Meyer (s. d.), begann ihre Bühnenlaufbahn am Wallnertheater in Berlin, absolvierte ein Gastspiel am Hoftheater in Stuttgart (1865) u. wirkte 1869 bis 1880 als Liebhaberin u. Salondame am Hoftheater in München, 1880—82 am Stadttheater in Hamburg, 1883—85 am Deutschen Theater in Prag, wo sie vor allem in französischen Salonstücken spielte, 1885—91 am Hoftheater in Petersburg u. 1891—92 am Lessingtheater in Berlin, wo sie zuletzt das Mütterfach vertrat. 1902 zog sie sich von der Bühne zurück. Hauptrollen: Franziska („Minna von Barnhelm"), Katharina („Der Widerspenstigen Zähmung"), Beatrice („Viel Lärm um nichts"), Brigitte („Der Pfarrer von Kirchfeld") u. a. Mutter des Schriftstellers Gustav Meyrink. Im Nekrolog der Deutschen Bühnen-Genossenschaft (37. Jahrg. 1908) wurde sie als eine „künstlerisch hochstehende, scharf charakterisierende" Schauspielerin bezeichnet: „Heute spielte sie die alte Heinecke im echten Berliner Jargon, morgen die Brigitt im ‚Pfarrer von Kirchfeld', als hätte sie stets in den österreichischen Bergen gelebt, dann wieder die Frau Vogelreuter in ‚Johannisfeuer' in unverfälschtem, ostpreußischem Dialekt. Ein Stück, in dem M. Meyers köstlich trockener Humor sich entfalten konnte, dem sie ihre scharfe Charakterisierungskunst in den Dienst stellte — konnte niemals ganz unbefriedigt lassen. Und wo eine Rolle, eine Figur ihrem Wesen nahe kam, ihrer Kunst

ein volles Betätigungsfeld erschloß, da gab es immer einen hohen Genuß." *Literatur: Eisenberg, M. Meyer (Biogr. Lexikon) 1903.*

Meyer, Minna s. Richter, Minna.

Meyer, Nikolaus (Ps. Corti, N. Langbein u. a.), geb. 29. Dez. 1775 zu Bremen, gest. 24. Febr. 1855 zu Minden, studierte in Jena, war seit 1805 Arzt in Bremen, seit 1809 in Minden, 1816 Stadt- u. Landphysikus das., 1854 Geh. Regierungs- u. Medizinalrat. Mit Goethe im Briefwechsel. Lyriker, Erzähler u. Dramatiker. *Eigene Werke:* Kalloterpe (Polem. Drama) 1804; Schillers Totenfeier auf dem Theater 1806; Szenen aus der Überraschung (Lustspiel) 1815; Die drey Nebenbuhler (Lustspiel) 1830.

Meyer, Olga s. Weidt, Olga.

Meyer, Pierre de, geb. 22. Jan. 1866 zu Gent, Sohn eines Rentners, wirkte zuerst als Violinlehrer am Konservatorium seiner Vaterstadt, bildete sich in Paris gesanglich aus, trat 1900 als Heldentenor in Köln auf, kam 1901 nach Zürich u. unternahm in der Folge Gastspielreisen. Hauptrollen: Othello, Eleazar, Prophet, Lohengrin, Tannhäuser u. a.

Meyer, Ralph, geb. 10. April 1889 zu Magdeburg, Pfarrerssohn, studierte in Genf, Jena, Berlin, Halle (Doktor der Philosophie), war 1917—20 Assistent bei Otto Lohse (s. d.) am Neuen Theater in Leipzig u. hierauf Musikalischer Oberleiter des Reuss. Theaters in Gera.

Meyer, Rudolf, geb. 14. Nov. 1904 zu Frankfurt a. M., studierte in München (Doktor der Philosophie), wirkte 1932—35 als Spielleiter u. Dramaturg am Schauspielhaus seiner Vaterstadt, 1935—44 als Intendant in Regensburg (mit Unterbrechung 1939 in Graz), nach Kriegseinsatz 1946—48 als Oberspielleiter u. stellvertretender Intendant in Ulm u. hierauf als Intendant in Heidelberg. An den Orten seiner Tätigkeit inszenierte er zahlreiche Opern u. Schauspiele. Verfasser der theatergeschichtlichen Untersuchung „Hekken- u. Gartentheater in Deutschland im 17. u. 18. Jahrhundert" (Die Schaubühne, herausg. von Carl Niessen, 6. Bd.) 1933. Zuletzt wurde er zum Intendanten der Städtischen Bühne in Kiel gewählt.

Meyer, Wilhelm Christian Dietrich, geb. 1749 zu Mannheim, gest. 2. Sept. 1783, begann seine Bühnenlaufbahn in seiner Vaterstadt, kam 1769 zur Seylerschen Gesellschaft in Hannover u. Gotha, 1771 nach Weimar u. 1779 nach Mannheim, wo er sich auch als Regisseur auszeichnete. Bei der Uraufführung der „Räuber" spielte er den Hermann. Schiller auf seiner Flucht wurde von ihm freundlich aufgenommen. In seiner Wohnung las jener seinen „Fiesko" vor Mannheimer Schauspielern vor, enttäuschte jedoch nach Meyers Meinung wegen seiner schwäbischen Aussprache u. der allzu pathetischen Art seines Vortrags. Nach Meyers frühem Tod schrieb Schiller von ihm als einem „Freund, dem ich viel schuldig war". Er hinterließ ein Singspiel „Die Weinlese" 1784. M. war mit der Schauspielerin Christine Henriette Preißler verheiratet, die bei Seyler in Gotha bis 1779 u. dann in Mannheim wirkte.

Literatur: Friedrich Wilhelm *Gotter,* W. Chr. D. Meyer (Literatur- u. Theaterzeitung) 1783; Johann Friedrich *Schink,* Gallerie von Teutschen Schauspielern u. Schauspielerinnen (Schriften der Gesellschaft für Theatergeschichte 13. Bd.) 1910.

Meyer (genannt Meyer-Waldeck), Wolfgang Alexander, geb. 31. Mai 1862 zu Petersburg, gest. 1914 zu Dresden, Sohn von Friedrich Meyer, studierte in Heidelberg (Doktor der Philosophie), war Dramaturg 1893 am Hoftheater in Mannheim, 1895 am Berliner Theater in Berlin u. 1896—1908 am Hoftheater in Dresden. Vorwiegend Dramatiker.

Eigene Werke: Trotzköpfchen (Lustspiel) 1888; Einer muß es doch sein (Lustspiel) 1889; Das Recht des Liebenden (Trauerspiel) 1891; Die Partei (Schauspiel) 1893.

Literatur: Bodo *Wildberg,* W. A. Meyer (Das Dresdner Hoftheater in der Gegenwart) 1902.

Meyer-Benfey, Heinrich s. Meyer, Heinrich.

Meyer-Brink, Friedrich Wilhelm, geb. 7. Sept. 1912 zu Hamburg, war Spielleiter u. Dramaturg das. Auch Bühnenschriftsteller.

Eigene Werke: Die Proleten (Drama) 1932; Der Friedhof der Seelen (Drama) 1932; Konkurs (Schauspiel) 1932; Der Mann in Deutschland (Schauspiel) 1932; Horizont (Schauspiel) 1933; Russenstiefel (Komödie) 1934; Kunewamber (Drama) 1935; Kasper mit

der Wundertüte (Märchenspiel) 1939; Die Flaschenpost (Kleinkunstspiel) 1941; Die Unbekannte (Monodrama) 1943; Queste, das Hochzeitsgericht (Drama) 1944; Queen Evelyn (Komödie) 1946; Benefiz bei Mattler (Volkskomödie) 1948; Unverzagt u. Wohlgemuth (Volkskomödie) 1948 u. a.

Meyer-Dustmann, Louise s. Dustmann-Meyer, Louise.

Meyer-Eigen, August, geb. 12. Sept. 1863 zu Ratingen bei Düsseldorf, Sohn eines Landwirts, begann seine Laufbahn als Charakterdarsteller am Hoftheater in Sondershausen, wirkte dann in Krefeld, Magdeburg, Königsberg, Berlin (Residenztheater), seit 1888 in Freiburg im Brsg., 1893 in Breslau, 1894 in Nürnberg, 1895—97 in Graz, 1898 in Wien (Carltheater), 1899 wieder in Graz, hierauf am Irving-Place-Theater in Neuyork u. an den Vereinigten Deutschen Theatern in Milwaukee u. Chikago, auch als Regisseur. Hauptrollen: Lear, Richard III., Shylock, Mephisto, Oberst Berg („Die Journalisten") u. a.

Meyer-Förster, Elsbeth, geb. 5. Jan. 1868 zu Breslau, gest. 17. Mai 1902 zu Bozen, Tochter eines Staatsbeamten Blasche, Gattin des Folgenden. Erzählerin u. Dramatikerin.

Eigene Werke: Heimkehr (Drama) 1894; Käthe (Schauspiel) 1896; Der neue Herr (Drama) 1901; Theatermädeln u. a. Novellen 1902.

Literatur: Arthur *Eloesser,* E. Meyer-Förster (Biogr. Jahrbuch 7. Bd.) 1905.

Meyer-Förster, Wilhelm, geb. 12. Juni 1862 zu Hannover, gest. 17. März 1934 zu Berlin, studierte in Leipzig, Wien, Berlin u. München Jura, dann Kunstgeschichte. Schon frühzeitig trat er als Erzähler hervor. Seine Broschüre „Das Zehn-Pfennig-Theater" wurde in den Neunzigerjahren viel besprochen. Das Burgtheater führte unter Max Burckhardt den Gedanken zur Tat aus, indem es billige Sonntagnachmittagsvorstellungen nach dem Zehn-Kreuzer-Tarif veranstaltete. Von seinen Dramen erzielte nur „Alt-Heidelberg" (nach seinem Studentenroman „Karl Heinrich") einen Dauererfolg.

Eigene Werke: Unsichtbare Ketten (Drama) 1890; Kriemhild (Drama) 1891; Eine böse Nacht (Lustspiel) 1893; Der Vielgeprüfte (Lustspiel) 1898; Alt-Heidelberg (Schauspiel) 1901.

Literatur: Anonymus, Der Sänger Alt-Heidelbergs (Köln. Zeitung Nr. 143) 1934.

Meyer-Fürst, Willy, geb. 14. Febr. 1902 zu München, studierte das. (Doktor der Philosophie), wurde für die Bühne von M. Lützenkirchen (s. d.) ausgebildet, wirkte 1925—40 als Schauspieler u. Regisseur am Bayr. Staatsschauspiel, übernahm 1941 als Nachfolger von Gustav Bartelmus (s. d.) die Leitung des Stadttheaters in Klagenfurt u. kam nach Schließung dess. als Oberspielleiter nach Flensburg, Trier, Würzburg u. Bremerhaven. Hauptrollen: Crespo („Der Richter von Zalamea") u. a.

Meyer-Giesow, Walther Hermann, geb. 16. März 1899 zu Leipzig, studierte das. u. in Kiel Musik, wurde 1923 Korrepetitor am dort. Stadttheater, 1924 Musikdirektor zu Oberhaus im Rheinland, hierauf 1931 Leiter der Oper in Krefeld u. 1948 Opernkapellmeister in Hagen. Auch Komponist (Bühnenmusik zu „Faust", „Hermannsschlacht" u. a.).

Meyer-Harding, Louise, geb. 6. Febr. 1854, gest. nach 1934, wirkte unter ihrem Mädchennamen Lulu Dann an verschiedenen großen deutschen Bühnen, u. a. am Nationaltheater in Mannheim als Schauspielerin.

Meyer-Helmund, Erik, geb. 25. April 1861 zu Petersburg, Sohn des Musikkritikers Ernst M.-H., in Deutschland u. Italien musikalisch ausgebildet, lebte bis 1911 in seiner Vaterstadt u. seither in Berlin. Komponist von Bühnenstücken.

Eigene Werke: Margitta 1889; Der Liebeskampf (Oper) 1892; Trischka (Burleske) 1894; Lucullus (Burleske) 1905; Heines Traumbilder (Oper) 1912; Taglioni (Singspiel) 1912; Die schöne Frau Marlies (Spieloper) 1916.

Literatur: Riemann, E. Meyer-Helmund (Musik-Lexikon 11. Aufl.) 1929.

Meyer-Merian, Theodor, geb. 14. Jan. 1818 zu Basel, gest. 5. Dez. 1867 das., studierte hier, in Freiburg im Brsg. u. Berlin, wurde Arzt, Privatdozent u. Spitalsdirektor in seiner Vaterstadt. Erzähler u. Dramatiker.

Eigene Werke: Adelbert Meyer (Drama) 1846; Die Lichtfreunde (Tierkomödie) 1856; Alte Komödien auf neuen Brettern (2 Lustspiele: Hanswurst im 19. Jahrhundert — Die Laterne von Lalenburg) 1858; Arnold von Winkelried (Drama) 1861; Alte u. neue Liebe oder Die Mühle von Stanzstaad (Drama) 1862; Samuel Henzi (Tragödie) 1867.

Literatur: Friedrich Oser, Th. Meyer-Merian 1868; J. J. Oeri, Th. M.-M. 1870; A. E. Biedermann, Th. M.-M. (A. D. B. 21. Bd.) 1885.

Meyer-Obersleben, Albrecht, geb. 25. Dez. 1924 zu Hofheim, Sohn des Folgenden, wirkte seit 1952 als Opernsänger am Landestheater in Hannover (Baß-Bariton). Hauptrollen: Fasolt („Das Rheingold"), König („Aida"), Schlemihl („Hoffmanns Erzählungen") u. a.

Meyer-Obersleben, Ernst Ludwig, geb. 30. Okt. 1884 zu Würzburg, von seinem Vater (dem Folgenden) u. in München musikalisch ausgebildet, wurde 1919 Korrepetitor u. Kapellmeister am Stadttheater in Würzburg, hierauf am Bayr. Landestheater in München, wirkte 1923—29 als Opernsänger an der Staatsoper in Dresden, 1930—40 als Theorielehrer am dort. Konservatorium, 1940—45 als Direktor der Musikhochschule in Weimar u. seit 1953 als Lektor an der Humboldt-Universität in Berlin. In zweiter Ehe Gatte der Sängerin Ursula Seiderer (Ps. Urla Dorcas), Vater des Vorigen. Komponist.

Eigene Werke: Schauspielmusik zu Wilhelm Tell 1920; Schauspielmusik zu Peterchens Mondfahrt 1920; Die Geschwister (Oper nach Goethe) 1932; Irrwisch (Oper nach O. Brugger) 1938; Schauspielmusik zur Hermannsschlacht 1943; Schneekönigin (Schattenspielmusik) 1948; Die Frau mit dem Dolch (Oper nach Schnitzler) o. J.; Kleopatra (Oper nach von der Gabelentz) o. J.; Wettbewerb der Herzen (Operette nach Heinemann) o. J. u. a.

Meyer-Obersleben, Max, geb. 5. April 1850 zu Obersleben bei Weimar, gest. 31. Dez. 1927 zu Würzburg, bildete sich in Weimar u. München (bei P. Cornelius, Rheinberger u. Wüllner) musikalisch aus u. wurde Lehrer an der Musikschule in Würzburg, später Hofrat das. Komponist u. a. von Opern („Clare Dettin" u. „Der Haubenkrieg zu Würzburg", aufgeführt in München 1902). Vater des Vorigen.

Meyer-Rasch, Carla Cäcilie Hedwig, geb. 22. Nov. 1885 zu Celle, besuchte die Kunstgewerbeschule in München u. schuf die Celler Modenspiele (Aufführungen im Celler

Schloßtheater mit immer wechselnden Themen unter eigener Regie).

Meyer-Rotermund, Kurt, geb. 16. März 1884 zu Wolfenbüttel, war Hauptschriftleiter der „Wolfenbüttler Zeitung" u. ließ sich später in Stadenhausen (Lippe) nieder. Erzähler, Essayist u. Dramatiker.

Eigene Werke: Lessingspiele 1904; Die heilige Sünderin (Einakter) 1910; Der Rausch der Jugend (Schauspiel) 1913; Schatten der Vergangenheit (Einakter) 1917.

Meyer-Stolzenau, Wilhelm, geb. 2. Sept. 1868 zu Bückeburg, besuchte die Musikschule in Weimar u. wirkte als Dirigent in Hannover. Komponist.

Eigene Werke: Mein Romeo (Operette) 1896; Der Nachtwächter (Oper) 1900; Großpapa (Operette) 1906; Klein-Däumling (Märchenoper) 1906; Die indische Prinzessin (Operette) 1921.

Meyer von Schauensee, Franz Joseph, geb. 10. Aug. 1720 zu Luzern, gest. 2. Jan. 1789 das., einer alten Luzerner Aristokratenfamilie entstammend, bildete sich in Mailand musikalisch aus, wurde Offizier in Savoyen, 1748 Unterzeugherr, 1752 Priester u. Organist zu St. Leodegar in Luzern, später musikalischer Leiter das. Gründer eines „Collegium musicum" u. der „Helvetischen Concordiagesellschaft" (1775). Er galt zu seinen Lebzeiten als der bedeutendste schweizerische Komponist.

Eigene Werke: Hans Hüttenstock (Spieloper) 1769; Musikalisches Quodlibet 1780; Musikalischer Ehrenstreit 1780; Die Engelbergische Talhochzeit (Spieloper) 1781 u. a.

Literatur: Eugen *Koller,* F. J. L. Meyer v. Schauensee 1922; *Riemann,* F. J. L. M. v. Sch. (Musik-Lexikon 11. Aufl.) 1929.

Meyer von Waldeck, Friedrich s. Meyer, Friedrich.

Meyer-Welfing, Hugo, geb. 25. März 1905 zu Hannover, wirkte als Opernsänger (Tenor) in Osnabrück, Aachen, Königsberg, an der Volksoper in Wien u. seit 1945 an der dort. Staatsoper. Auch Prof. am Städt. Konservatorium das.

Meyerbeer, Giacomo (eigentlich Jakob Liebmann Beer), geb. 5. Sept. 1791 zu Berlin, gest. 2. Mai 1864 zu Paris, Bruder Michael Beers (s. d.), bildete sich im Hause Georg Joseph Voglers (s. d.) in Darmstadt

zugleich mit Carl Maria v. Weber musikalisch aus, hielt sich dann in München u. Stuttgart, 1814—15 in Wien, Paris u. London auf, schrieb 1816—24 in Italien unter dem Einfluß Rossinis eine Reihe erfolgreicher Opern, übersiedelte 1826 nach Paris u. kehrte 1842 als Generalmusikdirektor Friedrich Wilhelms IV. nach Berlin zurück, immer jedoch mit Paris in Fühlung bleibend, wo man den Weltruhm seiner effektvollen, von Schumann, Weber u. Wagner kritisch abgelehnten theatralischen Schöpfungen womöglich noch steigerte. In der Entwicklung der Oper, die er trotz dem oft rein dekorativen Pomp der Aufmachung mit starkem, dramatischem Impuls erfüllte, bildete Meyerbeers Lebenswerk immerhin eine Vorstufe zu Verdi u. Wagner. Grillparzer war mit ihm befreundet u. nannte sich selbst einen der größten Verehrer Meyerbeers.

Eigene Werke: Der Prozeß 1810 (mit C. M. v. Weber); Das Gelübde des Jephtha 1811; Abimelek, Wirt u. Gast oder Scherz u. Ernst 1812; Romilda e Constanza 1818; Emma di Resburgo 1819; Margareta d' Angiu 1821; L'Esule di Granata 1822; Il Crociato in Egitto 1824; Robert le diable 1831; Die Hugenotten 1836; Das Feldlager in Schlesien 1845 (mit Jenny Lind in der Hauptrolle, umgearbeitet unter dem Titel „Der Nordstern" 1854); Bühnenmusik zu M. Beers Struensee 1846; Der Prophet 1848; Dinorah 1859; Die Afrikanerin 1863 u. a.

Literatur: J. P. *Lyser,* Meyerbeer u. seine Gegner 1838; E. O. *Lindner,* Meyerbeers Prophet als Kunstwerk beurteilt 1850; J. P. *Lyser,* M. u. Jenny Lind 1854; J. *Schucht,* Meyerbeers Leben u. Bildungsgang 1869; Hermann *Mendel,* G. M. 1869; A. *Niggli,* G. M. (A. D. B. 21. Bd.) 1885; W. *Altmann,* Meyerbeer-Forschungen (Sammelband der Internationalen Musik-Gesellschaft 4. Bd.) 1903; C. *Preiß,* M.-Studien 1904—17; ders., M. in Graz 1908; ders., Die Hugenotten 1908; H. *Starcke,* Meyerbeers Afrikanerin in der Pariser Uraufführung (Wissenschaftl. Beilage der Leipziger Zeitung Nr. 47) 1908; Wilhelm *Altmann,* Zu Meyerbeers Hugenotten (Die Deutsche Bühne 11. Jahrg.) 1919; ders., Meyerbeers Nordstern, eine mit Unrecht vergessene Oper (Ebda.) 1919; Julius *Kapp,* M. 1920; Georg Richard *Kruse,* G. M. 1921; E. *Istel,* Meyerbeers Weg zur Meisterschaft (Music-Quarterly) 1926.

Meyerer, Anna, geb. 11. Juni 1860, gest. 10. Jan. 1953 zu Altona, entstammte der

Schauspielerfamilie Schaufuß, war seit ihrem 10. Jahr bühnentätig, wirkte zuerst bei Wanderbühnen (spielte u. a. den Hamlet) u. dann jahrzehntelang am Stadttheater in Altona. Komische Alte (bis zu ihrem 85. Lebensjahr) in klassischen wie in naturalistischen Stücken u. selbst in Grotesken. Als „Mutter des Theaters" hochgeschätzt, als „Tante Anna" von allen Künstlern geliebt. Hauptrollen: Marthe Schwerdtlein, Frau Brigitte („Der zerbrochene Krug") u. a. *Literatur:* —ser, Tante Anna (Hamburger Anzeiger Nr. 9) 1953.

Meyerer (geb. Bartelmann), Helene, geb. 5. Mai 1829 zu Frankfurt a. M. (Todesdatum unbekannt), wirkte in ihrer Vaterstadt schon als Kind auf der Bühne u. später als Komische Alte vor allem in Volksstücken der Frankfurter Mundart wie „Die Landpartie nach Königstein", „Ein Glas Apfelwein", „Jungfern Köchinnen" u. a. 1895 nahm sie ihren Bühnenabschied. Gattin des Schauspielers Jakob M. (gest. 5. Juli 1873).

Meyerer, Jakob s. Meyerer, Helene.

Meyerhof, Leonie, geb. 2. März 1858 zu Hildesheim, gest. 15. Aug. 1933 zu Frankfurt a. M., lebte als Kritikerin u. Schriftstellerin das. u. in München. Auch Bühnenautorin. *Eigene Werke:* Ungleiche Pole (Lustspiel) 1887; Sie hat Talent (Lustspiel) 1888; Feuertaufe (Lustspiel) 1889; Abendsturm (Schauspiel) 1898; Zuerst komm' ich (4 Einakter) 1913.

Meyerhoff, Hermine s. Tatischeff, Hermine.

Meyerinck, Hubert von, geb. 23. Aug. 1896 zu Potsdam, von Rudolf Lettinger (s. d.) ausgebildet, debütierte 1917 am Kgl. Schauspielhaus in Berlin, kam 1918 als Jugendlicher Komiker an die Kammerspiele nach Hamburg, 1920 ans Deutsche Theater nach Berlin, hier spielte er auch am Lessingtheater, an den Rotter-Bühnen u. am Schillertheater (bis 1945), hierauf in Hamburg, München, Göttingen, Wuppertal u. a. Hauptrollen: Mephisto, Mackie Messer („Die Dreigroschenoper"), Marinelli („Emilia Galotti") u. a.

Meyern-Hohenberg, Busso von, geb. 10. Aug. 1864 zu Coburg, gest. 19. März 1910 zu Gotha, war Indandant des dort. Hoftheaters.

Meyern-Hohenberg, Gustav von, geb. 10. Sept. 1826 zu Kalvörde, gest. 1. März 1878 zu Konstanz, studierte in Göttingen u. Berlin, war Geh. Kabinettsrat in Coburg u. 1860—68 Intendant des dort. Hoftheaters. Vorwiegend Dramatiker. *Eigene Werke:* Ein Kaiser 1857; Heinrich von Schwerin 1859; Ein Kind des Elsaß 1873; Das Ehrenwort 1873; Das Haus der Posa 1874; Die Cavaliere 1874 (nach V. Hugos Cromwell); Die Malteser 1876; Moderne Rivalen 1876. *Literatur:* Joseph *Kürschner*, G. v. Meyern-Hohenberg (A. D. B. 21. Bd.) 1885.

Meyerolbersleben s. Meyer-Olbersleben.

Meyersieden, Adolf s. Meyer, Adolf.

Meyersieden, Lina s. Meyer, Adolf.

Meyn, Robert, geb. 16. Jan. 1896 zu Hamburg, war Schauspieler u. Regisseur in München, Breslau, Berlin, Leipzig, Hamburg, 1942—45 Intendant am Thaliatheater u. den Kammerspielen das. u. seit 1945 wieder Mitglied des dort. Deutschen Schauspielhauses. 1956 Gast am Hebbeltheater in Berlin. Besonders erfolgreich als Darsteller der Titelrolle in Zuckmayers Schauspiel „Des Teufels General". Weitere Hauptrollen: Faust, Purdy („Das kleine Teehaus"), Riccaut („Minna von Barnhelm"), Mackie Messer („Die Dreigroschenoper"), Alba („Don Carlos") u. a. Gatte der Kammersängerin Ilse Kögel.

Meyr, Melchior, geb. 28. Juni 1810 zu Ehringen bei Nördlingen, gest. 22. April 1871 zu München, Bauernsohn, studierte in München u. Heidelberg (Doktor der Philosophie) u. lebte als freier Schriftsteller abwechselnd in Berlin u. München. Auch Dramatiker u. Kritiker. *Eigene Werke:* Franz von Sickingen (Histor. Drama) 1851; Herzog Albrecht (Dramat. Dichtung) 1862; Karl der Kühne (Trauerspiel) 1862; Dramatische Werke (Die Gefahr u. das Heil des deutschen Drama — Mechthilde — Wer soll Minister sein) 1868. *Literatur: Eisenhart,* M. Meyer (A. D. B. 21. Bd.) 1885; B. *Gramse,* M. M., Leben u. dramatische Werke (Diss. Danzig) 1935.

Meyrer, Johann, geb. 1749 zu Weimar, gest. 1810 zu Mitau, begann 1769 seine Bühnenlaufbahn, wirkte als Baßbuffo u. als Komiker im Schauspiel seit 1776 in Riga u.

trat 1783 in die Direktion des dort. Theaters ein, das er seit 1788 allein führte. Gatte der Folgenden.

Meyrer, Rosina, geb. 1761 zu Frankfurt an der Oder, gest. nach 1817, Tochter des Schauspielers Anton Gantner, gehörte schon als Kind der Bühne an u. war seit 1772 Mitglied des Theaters in Riga, wo sie als Sanfte u. Naive Liebhaberin im Schauspiel wirkte. Seit 1778 Gattin des Vorigen.

Meyrink (ursprünglich Meyer), Gustav, geb. 19. Jan. 1868 zu Wien, gest. 4. Dez. 1932 zu Starnberg, Sohn des württemberg. Ministers Carl Freih. v. Varnbüler u. der Bayr. Hofschauspielerin Marie Meyer (s. d.), seit 1917 berechtigt, den Namen Meyrink zu führen, verfaßte zusammen mit Roda-Roda (s. S. Fr. Rosenfeld) Bühnenstücke, die teilweise in München zur Aufführung kamen („Der Albino" 1910 — „Der Sanitätsrat", Komödie 1911 — „Bubi", Lustspiel 1912 — „Die Sklavin aus Terenz", Lustspiel 1912 — „Die Uhr", Spiel 1913).
Literatur: Hans *Sperber*, Motiv u. Wort bei G. Meyrink 1918; Hermann *Sinsheimer*, G. M. (Gelebt im Paradies) 1953.

Meyrowitz, Selmar, geb. 10. April 1875 zu Bartenstein in Ostpreußen, gest. 1941 zu Paris, studierte in Leipzig u. Berlin Musik u. kam durch F. Mottl (s. d.) nach Karlsruhe u. später an die Metropolitan-Oper in Neuyork. Seit 1905 war er Kapellmeister am Deutschen Landestheater in Prag u. an der Komischen Oper in Berlin, 1911—13 am Hoftheater in München, 1913—17 am Stadttheater in Hamburg u. seit 1924 an der Staatsoper in Berlin.

Meysel, Eduard, geb. 1815, gest. 1892 zu Berlin, begann seine Bühnentätigkeit 1838 an der dort. Urania, spielte dann in Posen u. Frankfurt an der Oder, gründete das Meysel-Theater (später Friedrich-Wilhelmstädtisches Theater) in Berlin, war 1866 bis 1868 Direktor in Stralsund, 1868—73 in Neustrelitz, in Baltimore u. zuletzt am Thaliatheater in Aachen. 1881 trat M. zum letzten Mal auf. Hauptrollen: Aktienbudiker (Titelrolle im Stück von David Kalisch) u. a. Gatte der Schauspielerin Georgine Galster.

Meysel, (geb. Galster), Georgine, geb. 27. Nov. 1841 zu Hamburg, gest. 27. Okt. 1917 zu Berlin-Halensee, Tochter des Schauspielers Carl Galster, wurde von

Adele Glaßbrenner-Peroni (s. d.) ausgebildet u. wirkte als Anstandsdame u. in Mütterrollen am Stadttheater in Wien u. am dort. Carltheater, später in Königsberg, Neuyork, Brünn u. seit 1886 am Deutschen Landestheater in Prag, wo sie 1898 ihren Bühnenabschied nahm. H. Laube rühmte ihr Spiel. Hauptrollen: Sophie („Clavigo"), Eudoxia („Rose u. Röschen"), Adele („Die Hochzeit von Valeni" von L. Ganghofer), Judith („Das arme Ding" von P. Blumenreich) u. a. Gattin des Vorigen.

Meysel, Inge, geb. um 1905 zu Berlin, am dort. Margareten-Oberlyzeum u. Theaterstudio Grüning ausgebildet, war Schauspielerin 1930 in Zwickau, 1931—33 am Schauspielhaus in Leipzig, seit 1945 am Thaliatheater in Hamburg, seit 1955 gleichzeitig auch an der Komödie in Berlin. Zu ihren Hauptrollen zählten Madame Sans-Gêne, Ulla Winblad, Julia („Coctail Party" von Eliot) u. a.

Meysenbug (Ps. Schwarz-Meysenbug), Marie Freiin von, geb. 26. Febr. 1859 zu Pest, gest. 2. Febr. 1910 zu Wien, betrat in Kinderrollen in Pest frühzeitig die Bühne u. wirkte zwei Jahrzehnte in Schwank, Posse u. Operette. In Berlin spielte u. sang sie am Viktoriatheater, wurde 1877 Mitglied des dort. Wallnertheaters als Nachfolgerin von Ernestine Wegner (s. d.), trat in Wien seit 1885 auf, 1888—89 neuerlich am Wallnertheater, kehrte wieder nach Wien zurück u. nahm hier 1896 ihren Bühnenabschied. Gastspiele führten sie nach Dresden, Leipzig, Amsterdam u. a. Hauptrollen: Nandl („Das Versprechen hinter'm Herd"), Ilka („Krieg u. Frieden"), Therese Krones u. a. Gattin des Schriftstellers Freiherrn v. Meysenbug, einem Neffen der Schriftstellerin Malwida v. M.
Literatur: Eisenberg, M. Schwarz (Biogr. Lexikon) 1903.

Meysenheim (Meysenheym), Cornelie, geb. 29. März 1853 im Haag, gest. 31. Dez. 1923 zu Long Island (Nord-Amerika), Tochter eines in holländischen Diensten stehenden Deutschen, kam mit ihren Eltern nach Java, wo sie zwölfjährig in einem Konzert als Solistin so großen Beifall fand, daß man sich entschloß, sie in Europa weiter ausbilden zu lassen. In Brüssel, Haag u. Paris fortgebildet (u. a. von Pauline Viardot-Garcia), trat sie 1877 am Hoftheater in München auf, wo sie 1885—96 wirkte, dann als

Gast in Wien, Dresden, Leipzig, Amsterdam, Brüssel, London, Wiesbaden u. Amerika. Kgl. Niederländische Kammersängerin. Hauptrollen: Gretchen, Senta, Cherubin, Eva u. a. Über ihre Carmen schrieb Mensi-Klarbach: „Diese schwarze Holländerin mit den großen Glutaugen hatte den Teufel im Leibe. Sie hat die Carmen nicht gespielt, sie war sie, während ich selbst bei einer Lucca, Bellincioni u. Prevosti immer mehr den Eindruck eines wenn auch genialen Spiels, nicht des Erlebnisses hatte". Geschiedene Gattin des Karlsruher Cellisten Heinrich Schübel. 1880—85 war C. M. Mitglied der Oper in Karlsruhe. Josef Siebenrock („Die Karlsruher Oper" 1889) bezeichnete sie als „eine der interessantesten u. temperamentvollsten Bühnenkünstlerinnen, in der sich natürliche dramat. Begabung mit bedeutendem gesanglichem Können u. großer Routine vereinte. Ihre Gesangskunst war von Manieriertheit nicht frei zu sprechen, gleichwohl fesselte jede ihrer Leistungen durch bestimmte Eigenart, durch den Zug lebensfreudigen Realismus".

Literatur: Eisenberg, C. Meysenheim (Biogr. Lexikon) 1903; A. v. *Mensi-Klarbach,* (Alt-Münchner Theater-Erinnerungen) 1924.

Mezger, Klara s. Vespermann, Klara.

Michael, Heiliger, Erzengel, Überwinder des Satans, als Beschirmer christlicher Heere u. Ritterorden verehrt, vor allem in Deutschland. Wahrscheinlich Vorbild der symbolischen Gestalt des Deutschen Michels. Auch Satire und Drama bemächtigten sich später der als Urbild des deutschen Volkes geltenden Gestalt, die im 19. Jahrhundert gern als Bauernbursche mit Zipfelmütze u. Kniehosen in Erscheinung trat.

Behandlung: Adolf *Mohr,* Der deutsche Michel (Oper) o. J.; Leopold *Feldmann,* Der d. M. (Lustspiel) 1880; Louis *Nötel,* Der d. M. (Komödie) 1880; Fritz *Stavenhagen,* De dütsche M. (Komödie) 1905 (bearb. von Hans Franck 1936); Richard *Dehmel,* Michel Michael (Komödie) 1911.

Literatur: Adolf *Hauffen,* Geschichte des Deutschen Michels 1918.

Michael, Anna s. Niemann, Anna.

Michael, Erich, geb. 9. Juli 1871 zu Leipzig, Sohn eines Oberpostsekretärs, studierte in Leipzig (Doktor der Philosophie), widmete sich dem höheren Lehramt u. war

zuletzt Oberstudiendirektor das. Bühnenautor u. Erzähler.

Eigene Werke: Martin Rinckhart als Dramatiker 1894; Der Pfarrer von Grünhain (Trauerspiel) 1901; In Klein-Byzanz (Komödie) 1910.

Michael, Friedrich, geb. 30. Okt. 1892 zu Ilmenau, Doktor der Philosophie, war Herausgeber der Zeitschrift „Das deutsche Buch" in Leipzig, seit 1942 Prokurist des Insel-Verlages das. u. seit 1945 Leiter der Zweigstelle dess. in Wiesbaden. Theaterkritiker, Dramatiker u. Erzähler.

Eigene Werke: Die Anfänge der Theaterkritik in Deutschland 1918; Deutsches Theater 1923; Das deutsche Drama 1925 (mit R. F. Arnold u. a.); Der blaue Strohhut (Lustspiel) 1942; Große Welt (Komödie) 1943; Ausflug mit Damen (Komödie) 1944 u. a.

Michael, Wolfgang, geb. 23. Febr. 1909 zu Freiburg im Brsg., wurde 1946 Professor für deutsche Sprache u. Literatur in Austin (Texas). Theaterhistoriker.

Eigene Werke: Die Anfänge des Theaters zu Freiburg im Breisgau 1934; Die geistl. Prozessionsspiele in Deutschland (Hesperia 22. Bd.) 1947.

Michael Gaismayer s. Gaismay(e)r, Michael.

Michael Kohlhaas s. Kohlhase, Hans.

Michael Kramer, Drama von Gerhart Hauptmann (1900, Uraufführung am Berliner Lessingtheater im gleichen Jahr). Nach des Dichters „Kollegen Crampton" sein zweites Künstlerdrama, äußerlich wieder der schlesischen Heimat verhaftet, will nicht nur das Vater-Sohn-Motiv in dem Gegensatz zwischen einem biederen, rechtlichen, im Stil der alten Zeit lebenden u. schaffenden Maler u. seinem genialen, aber verlotterten, daher an der Kunst u. sich u. allem verzweifelnden, zum Schluß durch Selbstmord in der Oder sein verpfuschtes Dasein endenden Sohn behandeln, sondern auch eine Tragödie von tiefem weltanschaulichen Gehalt sein. In der Tat entspricht das Stück dem verworrenen Geist des das kommende hoffnungslose Chaos vorempfindenden Zeitalters um die Jahrhundertwende. Michael Kramer deutet es an der Bahre seines Sohnes an: „Wo sollen wir landen, wo treiben wir hin? Warum jauchzen wir manchmal ins Ungewisse? Wir Kleinen, im Ungeheuren verlassen? Als wenn wir wüßten, wohin es geht . . . Von irdischen Festen ist es nichts! — Der Himmel der Pfaffen ist es nicht! Das ist es nicht, u. jen's ist es nicht, aber was (mit gen Himmel erhobenen Händen), was wird es wohl sein am Ende?" Mit diesem Aufschrei eines enttäuschten morbiden Menschenherzens, dem Widerhall einer nur im Tod „die mildeste Form des Lebens: Der ewigen Liebe Meisterstück" erblickenden Weltanschauung klingt die Tragödie aus. Die weiblichen Gestalten sind blasse Nebenfiguren. Die Handlungsträger Vater u. Sohn behalten ihre Szenen für sich. Der Schlußmonolog des alten Kramer, im Angesicht einer Beethoven-Maske, klingt wortreich unmännlich lyrisch. Der dramatische Aufbau erscheint mangelhaft konstruiert. Daß der Lieblingsdichter der unmittelbaren Folgezeit Rainer Maria Rilke sich für Hauptmanns Werk so sehr begeisterte, daß er ihm aus Dankbarkeit dafür eines seiner Versbücher widmete, ist bezeichnend. Wie anders hat einst noch Hebbel seinen Meister Anton von einer gleichfalls trostlos erschauernden Welt Abschied nehmen lassen! Für das Wesen Hauptmanns ist jedoch keines seiner Stücke so bedeutsam wie „Michael Kramer", wo die Grundlage seiner materialistisch-deterministischen Weltanschauung u. damit seines ausgesprochenen Pessimismus offenbar wird, was Ernst Lemke nachweist: „Denn in keinem anderen Drama zeigt sich die lähmende Ohnmacht des Menschen gegenüber Naturgesetz u. Schicksal so greifbar wie in diesem Drama des als Erzieher scheiternden Vaters, der am Ende sich mit vergebenden u. erhaben erscheinenden Worten darüber hinwegzuhelfen, um nicht zu sagen, hinwegzutäuschen versucht, daß er dem Nichts gegenübersteht, aus dem heraus das Leben sinnlos erscheint . . . Diese Nirvanastimmung, wie sie ein Hauptmann-Biograph nennt, ist zweifellos zwingend getroffen. Aber deshalb gerade ist sie so gefährlich wie ein Rauschgift, das uns an die Nerven greift, sie schwächt u. damit unseren Willen tötet. Freilich, wer das Drama aufmerksam liest, erkennt, daß M. K., der Vater Arnolds, denn doch nicht ganz so schuldlos an diesem Ausgang ist; er hat in seinen Erziehungsmitteln offenbar fehlgegriffen. So deuten wirs. Er wälzt die größere Hälfte der Schuld den unglückseligen Gestirnen zu, d. h. dem väterlichen Charakter, den häuslichen Umständen, unter denen Vater u. Sohn gleich stark leiden, u. den wissenschaftlichen Theorien,

die ihm genügen, das vielgestaltige Menschenwesen zu erklären, der Entwicklungsu. Vererbungslehre Darwins u. allen daraus abgeleiteten materialistischen Psychologien, Lehren der Pathologie u. Psychiatrie usw. . . . Wenn M. K. der Typus des Künstlers ist, der, mit einigen künstlerischen Fähigkeiten begabt, alles durch eiserne Arbeit, durch strengstes Pflichtgefühl u. fast übertriebene Sittenstrenge erreicht hat, was er als Künstler u. Mensch bedeutet, so ist sein Sohn das geborene Genie, das nichts leistet, weil ihm jene Eigenschaften fehlen. Gerade hierin lag die Möglichkeit zu einer im höchsten Grade dramatischen Handlung. Hauptmann begnügt sich, diesen Gegensatz einfach materialistisch in Form einer peinlich genauen Charakteristik zu schildern, statt ihn als Voraussetzung zu benutzen." Auch bei der Berliner Erstaufführung zeigte sich die Problematik des Dramas. Der zeitgenössische Kritiker Paul Goldmann folgerte aus der Polemik, die das Stück hervorrief, daß man, hätte es sich um einen anderen Autor gehandelt, einfach gesagt hätte, das Stück sei durchgefallen. „Wenn aber ein Stück von Gerhart Hauptmann durchfällt . . . so heißt es, daß das Publikum nur für die innere Wirkung des Dramas (von der Pflicht, eine äußere Wirkung hervorzubringen, ist G. Hauptmann natürlich längst entbunden) unempfänglich geblieben ist. Man kann es so drehen oder so. Aber es war ein Durchfall. Wer nicht zu Hauptmanns Freunden, noch zu den Priestern seiner Mysterien, noch zu seiner gläubigen Gemeinde gehörte u. mit kühlem Kopf im Theater saß, mußte vom Premièrenabend folgenden Eindruck haben: Erster Akt — eine schleppende Exposition von tödlicher Langweile. Zweiter Akt — allerlei Äußerungen über Kunst u. am Schluß eine gute Scene. Dritter Akt — Beginn u. Ende der Handlung, erstaunliche technische Ungewandtheit, peinliche Vorgänge. Als der Vorhang niederfiel, blieb das Publikum lautlos, wie verdutzt über die Minderwertigkeit des Gebotenen. Einige Hände, die sich trotzdem regen wollten, wurden rasch u. energisch zum Schweigen gebracht. Vierter Akt — die Qualen des martervollen Abends auf ihrem Gipfel, ein offener Sarg auf der Bühne, keine Spur mehr von einer dramatischen Aktion, aber Reden, Reden u. Reden, zum Teil verständlich, jedoch nicht tief, zum Teil sehr tief vielleicht, jedoch nicht verständlich. Man saß da u. blickte sehnsuchtsvoll nach der Höhe hinauf, aus welcher der Vorhang herabzugehen pflegt. Aber der Vorhang, der rettende Vorhang rührte sich nicht u. der alte Herr auf der Bühne sprach über den Tod, u. als er mit dem Tode fertig war, äußerte er sich über das Leben, welches ihn wieder zum Tode zurückführte, von dem aus er dann neue Gesichtspunkte über das Leben eröffnete. Das Publikum half sich mit Husten. Selten ist während einer Première so viel gehustet worden. Vielleicht war es die von einem Kritiker bemerkte innere Poesie, welche diese Reizung des Kehlkopfes hervorbrachte. Als der Akt endlich zum Schlusse gekommen war, applaudierten die Freunde des Dichters mit Feuer. Die Hauptmann-Gemeinde verfügt über kräftige Hände. Trotzdem ließ sich durch das Beifallklatschen hindurch die Opposition mit scharfem Zischen vernehmen." Einen entgegengesetzten Standpunkt vertritt Joseph Gregor, für den „Michael Kramer" ein „herrliches Werk" ist. *Literatur:* Paul *Goldmann,* Die neue Richtung 1903; Ernst *Lemke,* G. Hauptmann 1922; Joseph *Gregor,* G. H. 1951.

Michael-Niemann, Anna s. Niemann, Anna.

Michaeli, Dinah s. Hinz, Dinah.

Michaelis, Eugen, geb. 1862, gest. 8. Jan. 1887 zu Berlin, war Operettensänger, zuletzt Mitglied des dort. Walhalla-Theaters.

Michaelis, Gustav, geb. 23. Jan. 1828 zu Ballenstedt, gest. 20. April 1887 zu Berlin, war Kapellmeister des dort. Wallnertheaters u. Bühnenkomponist („Ännchen vom Hofe", „500.500 Teufel", „In Saus und Braus", „Moderne Vagabunden", „Subhastiert", „Otto Bellmann" u. a.). Bruder von Theodor M.

Michaelis, Johann Benjamin, geb. 31. Dez. 1746 zu Zittau, gest. 30. Sept. 1772 zu Halberstadt, studierte in Leipzig, wurde von Gellert u. Weisse gefördert, von Lessing an den „Hamburgischen Correspondenten" empfohlen u. ging dann als Theaterdichter zur Seylerschen Gesellschaft, nach Lübeck u. Hannover u. zog zuletzt zu seinem väterlichen Freund Gleim nach Halberstadt. *Eigene Werke:* Die Schatten (Nachspiel zum Codrus) 1770; Der Einspruch (Oper) 1772; Amors Guckkasten (Oper) 1772; Herkules auf dem Oeta (Oper) 1772; Sämtl. poetische Werke 1791.

Literatur: Erich *Schmidt,* J. B. Michaelis (A. D. B. 21. Bd.) 1885; F. G. *Wilisch,* Zur Charakteristik von J. B. M. 1886; Ernst *Reclam,* J. B. M., Leben u. Werke (Diss. Leipzig) 1904.

Michaelis, Karl, geb. 7. April 1868 zu Herzberg a. d. Schwarzen Elster in Sachsen, war seit 1894 Buchhändler in Neu-Ruppin u. lebte das. später als freier Schriftsteller. Erzähler u. Bühnenautor. *Eigene Werke:* Der Graf von Rüdesheim (Scherzoper) 1893; Faust (Der Tragödie gemütlichster Teil. Dramat. Scherzspiel) 1902; Der Große Kurfürst (Festspiel für die Volksbühne) 1902.

Michaelis, Otto s. Michaelis-Nimbs, Eugenie.

Michaelis, Paul, geb. 8. März 1863 zu Libbesdorf in Anhalt, gest. 24. Jan. 1934 zu Naumburg a. d. Saale, Lehrerssohn, studierte in Halle, Berlin u. Leipzig (Doktor der Philosophie). Dramatiker u. Publizist. *Eigene Werke:* Der neue Professor (Lustspiel) 1898; Der Zweite (Schauspiel) 1900; Sein erster Patient (Lustspiel) 1901.

Michaelis, Paul, geb. 24. Jan. 1903 zu Günnigfeld in Westfalen, lebte als Journalist in Wiesneck bei Freiburg im Brsg. Bühnenschriftsteller. *Eigene Werke:* Demetrius (Tragödie) 1942; Der heilige Frühling (Drama) 1944; Empedokles (Drama) 1945; Im Schatten der Wölfin (Drama) 1947; Entweder — Oder (Tragödie) 1947; Der attische Herbst (Tragödie) 1948.

Michaelis, Ruth, geb. 27. Febr. 1909 zu Posen, in Berlin musikalisch ausgebildet u. von Anna Bahr-Mildenburg (s. d.) dramatisch unterrichtet, wirkte als Opernsängerin in Halberstadt, Kottbus, Augsburg, Stuttgart u. seit 1939 an der Staatsoper in München. Zwischen 1942 u. 1947 nahm sie mehrmals auch an den Salzburger Festspielen teil. Hauptrollen: Marzelline („Figaros Hochzeit"), Dryade („Ariadne auf Naxos"), Annina („Der Rosenkavalier"), Mutter („Der Konsul" von Menotti), Gräfin Eberbach („Der Wildschütz") u. a. Gastspiele führten sie nach Bordeaux, Lissabon, Rom, London u. a.

Michaelis, Theodor, geb. 15. März 1831 zu Ballenstedt, gest. 17. Nov. 1887 zu Hamburg, Bruder von Gustav M., Dirigent des dort.

Stadttheaters u. Komponist („Schaarwache", „Schmiede im Walde" u. a.).

Michaelis-Nimbs (geb. Fischer), Eugenie, geb. 1833, gest. 11. Mai 1903 zu Darmstadt, war Primadonna in Breslau, Hannover, Mannheim (1861—67), Königsberg u. Darmstadt. Bianka Bianchi bezeichnete sie als hervorragende dramatische Sängerin, die großartig sang u. spielte. Gattin des Schauspielers Otto Michaelis, der als Heldendarsteller am Carltheater in Wien, in Hannover u. Mannheim wirkte u. zuletzt in Darmstadt lebte.
Literatur: W. Henzen, E. Michaelis-Nimbs (Leipziger Tageblatt 14. Dez.) 1903.

Michaelson, Hermann (Heymann), geb. 21. März 1800 zu Breslau (Todesdatum unbekannt), war seit 1831 Redakteur der „Breslauer Theaterzeitung" u. leitete später (nach 1851 nachweisbar) eine Theater-Agentur in Berlin (mit A. Heinrich, Souffleur der dort. Kgl. Schauspiele). Dramatiker u. Erzähler. Vermutlich auch Verfasser des Lustspiels „Die beiden Britten" 1841, eines Seitenstücks zu C. Blums gleichnamigem Stück.
Eigene Werke: Cyrus (Histor.-romant. Gemälde mit einem Vorspiel: Der Traum des Astyages) 1823; Theater-Novellen 3 Bde. 1839; Der Theaterhorizont (1. bis 17. Jahrg.) 1846—62.

Michal, Robert, geb. 22. Juli 1903 zu München, begann seine Bühnenlaufbahn 1923 an der dort. Bayer. Landesbühne, wirkte 1924 in Ingolstadt, seit 1926 an den Kammerspielen wieder in München, daneben seit 1929 in Augsburg, 1930 am Landestheater in Coburg, seit 1931 in Dessau, hier auch als Regisseur, seit 1934 in Dortmund, 1937 in Münster, 1938 am Alten Theater in Leipzig, seit 1939 am Schauspielhaus in Frankfurt a. M., seit 1943 am Schauspielhaus in Hamburg, 1945 am Jungen Theater das. u. seit 1949 zum dritten Mal in München am Residenztheater. Hauptrollen: Ventura („Rivalin ihrer selbst"), Cauchon („Die hl. Johanna" von Shaw), Mönch („Die Bernauerin" von C. Orff) u. a.

Michalek, Rita s. Merlitschek, Margarete.

Michalesi, Aloysia s. Krebs-Michalesi, Aloysia.

Michalesi, Josefine, geb. 1. Sept. 1826 zu Brünn, gest. 13. Okt. 1892 zu Leipzig, Tochter des Folgenden, Schwester von Aloysia Krebs-Michalesi, ausgebildet von ihrer Mutter Josephine M., wirkte in hochdramatischen Partien u. als Koloratursängerin 1847 in Brünn, 1849—50 in Hamburg, hierauf in Freiburg im Brsg., Detmold, Dessau, Meiningen, Düsseldorf, Rostock, Altenburg, Regensburg, Basel, Zürich u. a., 1874 bis 1882 als Opernmutter u. Schauspielerin am Stadttheater in Königsberg u. zuletzt als Garderobe-Inspektorin in Leipzig. Hauptrollen: Königin der Nacht, Donna Anna, Konstanze, Lucia u. a.

Michalesi, Wenzel (Geburtsdatum unbekannt), gest. 18. Dez. 1836 zu Mainz, war zusammen mit seiner Gattin Josephine M. Mitglied der Oper in Prag u. kam 1829 als Erster Bassist nach Mainz. Vater von Aloysia u. Josefine M.

Michalski, Carl, geb. 18. Jan. 1911 zu Bochum, Schüler von Leopold Reichwein (s. d.), war als Kapellmeister 1932—34 am Stadttheater seiner Vaterstadt tätig, 1934—38 am Reichssender in München, 1934—44 am dort. Gärtnerplatztheater u. hatte hier seit 1952 die musikalische Oberleitung inne.

Michalsky, Aenne, geb. 19. Juli 1908 zu Prag, an der Musikakademie in Wien ausgebildet, debütierte als Micaela in „Carmen" an der dort. Staatsoper u. war seit 1928 Mitglied ders. Gastspiele führten die Künstlerin u. a. nach Paris, Barcelona, Dresden, Stuttgart u. nach Salzburg. Außer in Opern (Cherubin in der „Hochzeit des Figaro", Leonore im „Troubadour" u. a.) sang sie auch in Operetten. Gattin des Chefdramaturgen der Wiener Staatsoper Dr. Wilhelm Jarosch.

Michel (Ps. Meil), Carl, geb. um 1870 zu Stolberg im Rheinland, wirkte seit 1891 als Erster Charakterkomiker in Brünn, St. Gallen, Dortmund, Magdeburg, Berlin, Putbus u. a. Bühnen. Hauptrollen: Striese, Frosch, Schmock, Knieriem, Zettel, Kapuziner, Riccaut, Vansen, Weigelt, Klapproth, Ambrosius u. a. Auch Bühnenschriftsteller.

Michel, Deutscher s. Michael, Heiliger.

Michèl, Gustav s. Michell, Gustav.

Michel Michael, Komödie in fünf Akten von Richard Dehmel 1911, stellt einen Bergarbeiter, in dem das Feuer des Hl. Erzengels Michael lodert, einen lyrischen Deutschen in den Vordergrund der allegorischen Handlung. Der schwarze Karl u. der rote Karl, Klerikalismus u. Sozialismus ringen um seine Seele. Eulenspiegel, Kaiser Rotbart u. der getreue Eckehard gesellen sich zu ihm, als er seinen ländlichen, zwischen Hörselberg u. Kyffhäuser gelegenen, Besitz in der Stadt verkaufen will. Sie retten ihn, aber bald hat er schon wieder ein neues Ideal von einer Landsiedlung. Obwohl Dehmel früher die übervölkische Art seines Schaffens betont hatte, so zeigte er hier seine tiefe Verwurzelung mit dem Urgrund deutschen Wesens. Der alte deutsche Burschenschafter hatte sich noch nicht vergessen.

Literatur: Julius *Bab*, R. Dehmel 1926; Helmut Albert *Redemacher*, R. Dehmels Drama u. seine Bühne (Diss. München) 1933; Edith *Dietz*, R. Dehmels dramatisches Werk (Diss. Wien) 1937; Helene *Wingelmayer*, R. D. als Dramatiker (Diss. Wien) 1948.

Michel, Robert, geb. 24. Febr. 1876 zu Chabeřic in Böhmen, gest. 11. Febr. 1957 zu Wien, Sohn eines Hofökonomiebeamten, mütterlicherseits von tschechischer Herkunft, war zuerst Offizier, 1900—08 Lehrer an der Kadettenschule in Innsbruck, hierauf 1911 Bibliothekar am Kriegsarchiv in Wien, im Ersten Weltkrieg teils an der Front, teils im Auftrag des Außenministeriums in den besetzten Gebieten tätig u. 1918 mit H. Bahr u. M. Devrient Leiter des Burgtheaters. Nicht nur Erzähler, sondern auch Dramatiker.

Eigene Werke: Mejrima (Drama) 1910; Der weiße u. der schwarze Beg (Lustspiel) 1917; Der heilige Candidus (Drama) 1919; Die geliebte Stimme (Operntext, Musik von J. Weinberger) 1930 u. a.

Literatur: Josef *Mühlberger*, R. Michel (Die Literatur 32. Jahrg.) 1930; Robert *Michel*, Sechzig Jahre (Die Zeit 22. Febr.) 1936; Johann *Ortner*, R. M., ein österr. Dichteroffizier (Diss. Wien) 1945; Oskar *Regele*, R. M. (Wiener Zeitung Nr. 45) 1951.

Michelangelo Buonarotti (1475—1564), berühmtester italienischer Bildhauer, Baumeister u. Maler, wurde wiederholt im Drama verherrlicht. F. Hebbels zweiaktiges Künstlerdrama „Michel Angelo", eine bescheidenstolze Spiegelung des Dichters selbst, hat nicht bloß Wert für die Erkenntnis seiner Natur, sondern weist auch sonst in szeni-

schen Einzelheiten u. in der Charakteristik etwa Rafaels poetische Schönheiten auf, wie sie ihm sonst nicht immer gelungen sind. In Italien hatte er so starke Eindrücke empfangen, daß er das Volk wahr u. lebensfrisch schildern konnte. Er bekannte nach der Niederschrift 1851 freimütig: „Ich habe mir durch das kleine Stück Manches vom Halse geschafft, was mich quälte u. was ich jetzt los bin. Denn so miserabel der Mensch auch ist, das ist löblich an ihm, daß er sich der Notwendigkeit beugt, sobald er sie erkennt. Zu dieser Erkenntnis hat er's freilich erst dann gebracht, wenn er einsieht, daß für ihn selbst oder die Welt beim Spießrutenlaufen etwas herauskommt." Das Drama beruht auf der Anekdote, daß M. einmal eine seiner Statuen begrub, um sie dann als antike wieder in Erscheinung treten zu lassen u. seine Feinde so zu beschämen. Zu einer Aufführung des Stückes kam es nicht. Doch las es K. v. Holtei (s. d.) im Wiener Schubertsaal mit größtem Erfolg vor. Und Th. Mundt (s. d.) bezeichnete es als „einen Kristall, den die Sonne selbst erzeugt hätte".

Behandlung: J. B. *Rousseau*, Michelangelo (Trauerspiel) 1825; Friedrich *Hebbel*, M. (Trauerspiel) 1855; Wilhelm *Dunker*, M. (Drama) 1859; Artur *Fitger*, M. (Festspiel) 1875; Otto *von den Pfordten*, M. (Genrebild) 1898; H. K. *Abel*, M. (Drama) 1908; Gustav *Eberlein*, M. (Drama) 1938.

Michell (Ps. Michèl), Gustav, geb. 22. März 1842 zu Stolberg bei Aachen (Todesdatum unbekannt), studierte in Bonn, Berlin u. München Naturwissenschaften, bereiste Europa, Amerika u. Afrika u. widmete sich nach Studien in Düsseldorf, München u. Dresden der Malerei. 1885 lebte er in München, seit 1889 in Frankfurt a. M. Auch Dramatiker.

Eigene Werke: Du sollst nicht lügen (Lustspiel nach dem Englischen) 1877; Herr Schwebe (Lustspiel) 1877; Therese (Drama) 1878; Melitta u. Elisabeth (Schauspiel) 1880; Er ist kein Mädchen (Lustspiel) 1880; Irrwege (Schauspiel) 1881.

Michels, Herbert, geb. 16. Okt. 1895, begann schon als Kind seine Bühnenlaufbahn, kam über Gleiwitz u. a. Orte 1921 nach Mannheim, 1934 nach Karlsruhe, wo er als Leiter der Staatl. Theaterakademie u. 1945—46 als Intendant wesentlich hervortrat. 1948—49 Direktor in Baden-Baden u. hierauf Spielleiter u. Schauspieler in Karlsruhe. E. L. Stahl („Das Mannheimer Nationaltheater"

1929) bezeichnete ihn als einen „sehr variablen Charakteristiker" u. hob besonders die „groteske Linienführung" seines Doktors in Georg Büchners „Woyzeck" hervor. Weitere Hauptrollen: Don Lope („Der Richter von Zalamea"), Wehrhahn („Der Biberpelz"), Lord Caversham („Ein idealer Gatte"), Krakauer („Der Hauptmann von Köpenick"), Major Mühlstein („Gesang im Feuerofen") u. a.

Michl, Josef, geb. 9. März 1893 zu Eger in Böhmen, gest. 12. Mai 1951 zu Erlangen, begann seine Bühnenlaufbahn 1919 als Chargenspieler in seiner Vaterstadt, wo er, abgesehen von Sommerengagements in Franzens-, Marien- u. Karlsbad sowie in Brüx, Saaz u. Trautenau, bis zur Vertreibung der Sudetendeutschen nach dem Zweiten Weltkrieg blieb. Nach 1945 Mitglied des Markgrafentheaters in Erlangen.

Michl, Rudolf, geb. 25. Juli 1906 zu Peiperz in Böhmen, studierte in Prag (Doktor der Rechte), besuchte das. die Hochschule für Musik, wurde Kapellmeister am Staatstheater in Kassel, Opernchef in Aussig, 1940 Dirigent in Saarbrücken u. wirkte seit 1945 am Saarländischen Rundfunk als Chefdramaturg. Gatte der Solotänzerin Ursula Michl-Lampert.

Michler, Wilhelm, geb. 12. Mai 1863 zu Mollwitz in Preuß.-Schlesien, gest. 9. April 1932 zu Brieg, Sohn eines Gutsbesitzers, war seit 1884 Lehrer an verschiedenen Orten, seit 1905 in Brieg. Vorwiegend Verfasser von Volksstücken u. Schwänken.
Eigene Werke: O diese Rangen (Schwank) 1894; Eine lustige Instruktionsstunde (Schwank) 1894; Flickstunde (Schwank) 1896; Die Schlacht bei Mollwitz (Volksstück) 1896; Zweierlei Helden (Volksstück) 1913.

Mickler, August, geb. 1800, gest. 30. Jan. 1876 zu Berlin, wirkte als Sänger u. Schauspieler am dort. Hoftheater u. nahm 1874 seinen Bühnenabschied.

Mickler, Wilhelm, geb. 21. Sept. 1853 zu Berlin, gest. 24. Febr. 1909 zu Darmstadt, Sohn u. Schüler des Vorigen, war zuerst Kaufmannslehrling, ging 1876 in Rudolstadt zur Bühne, wirkte 1877 in Gera, 1878 in Weimar, seit 1879 am Hoftheater in Darmstadt, wo er in der Tragödie, im Schau- u. Lustspiel, aber auch in Oper, Operette u. Posse vielseitige Verwendung fand. Un-

übertrefflich stellte M. Unteroffiziere in Militärlustspielen dar. Hauptrollen: Julius Cäsar, Illo, Walter Fürst, Roller, Sickingen, Patriarch, Alba, Oranien, Kent, Arkas u. a.

Micraelius, Johann, geb. 1. Sept. 1597 zu Köslin, gest. 3. Dez. 1658, studierte in Königsberg, Greifswald u. Leipzig, wurde Professor am Gymnasium in Stettin u. später Rektor das. Dramatiker.
Eigene Werke: Pomeris 1631; Parthenia 1632; Agathander 1633 u. a.

Miedel, Klaus, geb. 4. Juli 1915 zu Berlin, besuchte 1933—35 die Schauspielschule in Köln, debütierte 1935 am Stadttheater in Trier als Lucentio in „Der Widerspenstigen Zähmung", kam 1936 nach Krefeld, 1938 nach Frankfurt a. M., nach Kriegseinsatz 1946 an das Schiffbauerdammtheater nach Berlin u. wirkte seit 1951 am Schiller- u. Schloßparktheater das. Hauptrollen: Hamlet, Fiesko (bei den Römerberg-Festspielen), Romeo, Lucius Septimus („Cäsar u. Cleopatra" von Shaw) u. a. Gatte der Schauspielerin Hannelore Koblendt.

Mieding, Johann Martin, geb. 3. Dez. 1725 zu Erfurt, gest. 27. Jan. 1782 zu Weimar, Tischlermeister, versah in Weimar das Amt eines Theatermeisters am Liebhaber-Theater. Goethe widmete ihm eines seiner schönsten Gedichte. Eduard Devrient bemerkt in seiner „Geschichte der deutschen Schauspielkunst" (2. Bd. 1905): „Ein seltenes Genie für Dekoration, Mieding, den Goethes Wort verewigt hat, machte alle, auch die abenteuerlichsten Unternehmungen, auf die anmutigste Weise möglich."
Literatur: Julius *Zeitler,* Auf Miedings Tod (Goethe-Handbuch 2. Bd.) 1917.

Miedke, Carl (Geburts- u. Todesdatum unbekannt), wirkte 1792 bei der Döbbelinschen, hierauf bei der Quandtschen u. Mihuleschen Gesellschaft, von der er aber aus Eifersucht auf J. F. Gley (s. d.) heimlich entwich u. zu Quandt nach Erlangen zurückkehrte, kam dann nach Nürnberg u. 1805 ans Hoftheater in Stuttgart. Hier führte er seit 1808 auch die Regie, bis F. Eßlair (s. d.) 1815 an seine Stelle trat. Nach dessen Abgang fiel sie bis 1829 wieder Miedke zu. 1832 nahm er seinen Bühnenabschied. Costenoble („Tagebücher" 1912) bezeichnete ihn als einen Schauspieler „glühend für die Kunst". Als eine seiner besten Leistungen galt der Alte Fritz in Karl Töpfers Lustspiel „Des Königs

Befehl". Weitere Hauptrollen: Wallenstein, Macbeth, Götz von Berlichingen u. a. In erster Ehe Gatte der Folgenden, in zweiter mit Wilhelmine Aschenbrenner verheiratet, die als Liebhaberin bis 1820 in Stuttgart auftrat. Im gleichen Jahr wurde auch ihre Ehe getrennt. Costenoble, der ihre Medea von Gotter sah, lobte ihre Mittel, ihre schöne Gestalt, das klangvolle Organ u. ihr hübsches Gesicht. M. trat auch als Dramatiker hervor.

Eigene Werke: Manuel, der falsche Freund (Trauerspiel) 1789; Adolph, der Kühne, Raugraf von Dassel (Drama) 1798.

Literatur: Ludwig *Krauss,* Das Stuttgarter Hoftheater 1908; Carl Ludwig *Costenoble,* Tagebücher (Schriften der Gesellschaft für Theatergeschichte 18. u. 19. Bd.) 1912.

Miedke, Charlotte (Geburtsdatum unbekannt), gest. 22. Okt. 1806 zu Stuttgart, kam 1805 als Dame ans dort. Hoftheater als Schauspielerin. Erste Gattin des Vorigen. Mutter von Friedrich Georg Leonhard M.

Miedke, Friedrich Georg Leonhard, geb. 1803 zu Nürnberg (Todesdatum unbekannt), Sohn von Charlotte u. Karl M., war Opernsänger (Bariton) u. a. in Regensburg, zog sich jedoch schon 1836 von der Bühne zurück.

Miedke, Wilhelmine s. Miedke, Carl.

Miehe (geb. Stich), Bertha, geb. 1818 zu Berlin, gest. 15. Aug. 1876 zu Hamburg, Tochter von Auguste Crelinger (s. d.), von ihr für die Bühne ausgebildet, betrat diese erstmals 1834 am Königstädtischen Theater in Berlin in Gesellschaft ihrer Mutter u. ihrer Schwester (Clara Liedtke s. d.) als Eucharis in „Sappho" u. gehörte bis 1842 der dort. Hofbühne an. Hierauf kam sie als Erste Liebhaberin nach Hamburg u. nahm, als sie sich 1844 mit dem Arzt Ferdinand M. verehelichte, ihren Bühnenabschied. Hauptrollen: Luise, Julia u. a.

Literatur: Gerhard *Wahnrau,* Frau A. Crelinger verbot ihren Töchtern (Theater der Zeit Nr. 7) 1956.

Mieksch, Johann Aloys s. Miksch, Johann Aloys.

Mielke, Antonia, geb. 14. April 1856 zu Berlin, gest. 15. Nov. 1907 das., Tochter eines Staatsbeamten, ausgebildet bei Eduard Mantius (s. d.) in Berlin, begann ihre Bühnenlaufbahn 1876 am Hoftheater in Dessau

u. wurde von Würzburg aus 1878 an die Wiener Hofoper als Nachfolgerin von Marie Wilt (s. d.) verpflichtet. Hier schied sie jedoch schon 1879 nach ihrer Heirat mit dem Tenor Wilhelm Grüning (s. d.) wieder aus. Nach Gastspielen in Petersburg, München, Berlin u. a. wirkte sie dann in Rotterdam, Köln u. folgte hierauf einem Ruf an die Metropolitan-Oper in Neuyork als Ersatz für Lilli Lehmann (s. d.). Nach Deutschland zurückgekehrt, war sie bis 1895 in Breslau tätig, 1899 in Köln u. 1900 in Bremen, später nur in Gastspielen. 1902 ließ sie sich als Gesangspädagogin in Berlin nieder. Zuerst Koloratursängerin, wandte sie sich bald dem hochdramatischen Fach zu u. schuf als Leonore, Elsa, Senta, Freya, Elisabeth, Brünnhilde, Isolde, Donna Anna, Fidelio, Norma u. a. Spitzenleistungen, die allgemein Bewunderung fanden. Otto Neitzel („Bühne u. Welt" 5. Jahrg. 1903) schrieb über sie: „Frau Mielke, etwas ungleich, aber streckenweise genial, brachte die Primadonnenpartien der großen Opern, eine Valentine, Bertha, eine Aida zu glänzender Geltung. Ein Haupttrumpf von ihr bestand in dem hohen Es, mit welchem sie im Schlußakkord des zweiten Aktes der ,Aida' die ganzen Chor- u. Orchestermassen übertönte."

Literatur: Eisenberg, A. Mielke (Biogr. Lexikon) 1903.

Mielke, Georg, geb. 7. April 1879 zu Kiel, lebte in Hamburg. Komponist u. Bühnenautor.

Eigene Werke: Winzerliesel (Operette) 1920; Verliebte Leute (Operette) 1921; Frühling der Liebe (Operette) 1922; Der lange Jim (Komödie) 1922; Waldvöglein (Operette) 1923; Heimatliebe (Operette) 1923; Hannelore u. der blinde Geiger (Singspiel) 1924; Was die alte Linde sang (Operette) 1925; Wäscherprinzeßchen (Operette) 1926; Fräulein Hochmut (Operette) 1927; Amor in Uniform (Operette) 1927; Zaungäste der Liebe (Operette) 1927; Ein Mädel vom Rhein (Operette) 1930; Sein Sohn (Lustspiel) 1931; Der rote Hannis (Komödie) 1931; Wenn man zu hoch hinaus will (Komödie) 1932; Der Sterngucker (Lustspiel) 1949; Der Filmstar (Posse) 1950; Oh diese Männer (Posse) 1950; Lolott (Operette) 1951; Cowboyliebe (Operette) 1951; Skandal im Isartal (Posse) 1951; Die Tante aus Amerika (Posse) 1951; Glück am Rhein (Operette) 1951 u. a.

Mielke, Hellmuth, geb. 25. Aug. 1859 zu

Stettin, gest. 12. Juli 1918 zu Barmen, Doktor der Philosophie, war Chefredakteur der „Barmer Zeitung". Erzähler u. Dramatiker.
Eigene Werke: Hl. Elisabeth (Schauspiel) 1891; O heilige Cäcilie (Lustspiel) 1910 (mit Ollendorff); Wenn zwei sich wiederfinden (Einakter-Trio) 1912.

Mierendorff, Hans, geb. 30. Juni 1882 zu Rostock, Großneffe von Ernst Moritz Arndt (s. d.), besuchte das Gymnasium in Rostock, erlernte den Buchhandel, ging dann aber zur Bühne, war Eleve am Hoftheater in Schwerin u. wirkte als Schauspieler in Wernigerode, Konstanz, Sondershausen, Mainz, Bromberg, Hamburg, Halle, Breslau u. Berlin (Residenz-, Lessing-, Deutsches Künstlertheater, Meinhard-Bernauer-Bühnen, hier in zahlreichen Hauptmann-Premièren auftretend). 1919 gründete er die Lucifer-Film GmbH. Gatte der Sängerin Hertha Katsch.

Mierisch, August Walter, geb. 1897 zu Naumburg an der Saale, kaufmännischer Angestellter, lebte seit 1922 in Halle u. seit 1948 als freier Schriftsteller das. Laienspieldichter.
Eigene Werke: Pyramus u. Thisbe (Laienspiel nach Gryphius' Peter Squenz) 1949; Hopp hopp hopp! (Laienspiel) 1950; Jutta u. drei Jungen (Laienspiel) 1951.

Miersch, Karl Gottfried (Geburtsdatum unbekannt), gest. 1801, war 1798 Schauspieler in Altona. Dramatiker.
Eigene Werke: Amalie von Glücksburg oder Es erhält jeder seinen Lohn (Schauspiel) 1784; Versprechen macht Schuld oder Was tut die Liebe nicht (Lustspiel) 1793; Jaffieri u. Blanka oder Die Verschwörung wider Venedig (Schauspiel) 1793; Die Ordensbrüder oder Der Stein der Weisen (Lustspiel) 1793; Sammlung von Lust- u. Schauspielen 1. Bd. 1793; Künstlerglück (Lustspiel) 1794; Das Urteil (Lustspiel) 1795.

Mierzwinski(y), Ladislaus, geb. 21. Okt. 1850 zu Warschau, gest. 15. Juli 1909 zu Paris, wirkte bei Kroll u. am Opernhaus in Berlin, auch in Wien u. in allen großen Städten Europas als höchstbezahlter Tenor. Durch Spiel verlor er jedoch sein ganzes Vermögen, auch seine Stimme ließ nach u. schließlich trat er nur mehr auf verschiedenen Provinzbühnen auf. Hauptrollen: Arnold („Wilhelm Tell"), Manrico („Troubadour"), Raoul („Hugenotten"), Robert

(„Robert der Teufel"), Eleazar („Die Jüdin") u. a.

Mietens, Pia, geb. 18. März 1907 zu Elberfeld, das. ausgebildet, war Schauspielerin in Bremen, Nürnberg, Stuttgart, Braunschweig, Karlsruhe, Dortmund, Aachen, Stettin, Nürnberg, Bielefeld, Gera, Essen, München, Tübingen u. Kiel, im Laufe der Zeit von der Naiven bis zur Heldenmutter alle Fächer vertretend.

Miethke, Otto, geb. um 1868, gest. 26. Aug. 1938 zu Stuttgart, war Schauspieler u. a. am Residenztheater in Berlin, am Hoftheater in Dessau u. kam 1902 nach Stuttgart, wo er als Komiker ebenbürtig seinen besten Vorgängern wirkte. Staatsschauspieler.

Mietzner, Helga, geb. 8. März 1927 zu Stettin, wurde in Darmstadt für die Bühne ausgebildet, wirkte 1943—44 in Göttingen, 1946 bis 1950 als Schauspielerin u. Soubrette in Kassel, 1950—51 an den Städt. Bühnen in Bonn, 1951—52 an den Städt. Bühnen in Krefeld, seither am Staatstheater in Braunschweig. Hauptrollen: Yvette („Mutter Courage"), Piperkarcka („Die Ratten"), Pützchen („Des Teufels General") u. a.

Mignon, in Goethes Roman „Wilhelm Meisters Lehrjahre" der Name eines darin vorkommenden rätselhaften Mädchens. Mehrfacher Deutung ausgesetzt ist auch ihr Lied „Kennst Du das Land, wo die Zitronen blüh'n". Mit Benutzung des Goetheschen Romans schrieben Michael Carré u. Jules Barbier die Oper „Mignon", deutsch von Ferdinand Gumbert (s. d.), Musik von Ambroise Thomas (Uraufführung in Paris 1866).
Literatur: Fritz *Lachmann,* Goethes Mignon (Germanisch - Romanische Monatsschrift 15. Jahrg.) 1927; Dorothea *Flasher,* Bedeutung, Entwicklung u. literar. Nachwirkung von Goethes M.-Gestalt 1929.

Mihacsek, Felice s. Hüni, Felice.

Mihule, Wenzeslaus (Geburts- u. Todesdatum unbekannt), als Schauspieldirektor 1792 in Prag, 1794 in Augsburg, 1795—96 in Nürnberg, 1797 in Stuttgart (von Goethe abfällig beurteilt) u. 1800—02 in Olmütz wirkend. Costenoble schrieb über ihn: „M. selbst war ein nicht eben mannigfaltiger Darsteller, aber wo er seine Individualität geltend machen konnte, befriedigte er ungemein. Er war ein großer Direktor oder ein

treuherziger, je nachdem er seine Leute vor
sich hatte. Gley z. B. setzte ihm stets
festen Sinn entgegen u. stand sich gut mit
ihm. Ich gewann sein Wohlwollen, soweit
er dessen fähig war, durch Fleiß u. Schlichtheit meines Betragens. Mit den untergeord-
neten Darstellern machte er wenig Umstände. Eine sonderbare Eigenheit dieses
Direktors war es, daß er am gröbsten
wurde, wenn die Einnahmen am reichhal-
tigsten ausfielen; fand er sich aber in seinen Erwartungen getäuscht, so überkam ihn
ein wunderbarer Humor.*
Literatur: Carl Ludwig *Costenoble,* Tagebücher 1. Bd. (Schriften der Gesellschaft für
Theatergeschichte 18. Bd.) 1912.

Mika, Maria Anna s. Stephanie, Maria
Anna.

Miklosich, Dora s. Nüchtern, Dora.

Mikola, Josefine, geb. 18. März 1858 zu
Fünfkirchen (Todesdatum unbekannt),
Schauspielerin u. Sängerin, wirkte 1873 in
Leitmeritz, hierauf in Ödenburg, Laibach,
Wien (Fürsttheater), Iglau, Znaim, Meran,
1891 in Wiener Neustadt, dann in Budweis,
Pilsen, Troppau, Linz, wieder in Wien (Dan-
zers Orpheum) u. 1904—06 in Prag als Lei-
terin eines Theatervereins. Schon früh ver-
trat sie das Fach Komischer u. Singender
Alten. Gattin des Oberregisseurs Wilhelm
Hopp (s. d.).

Mikorey, Anny (Ps. Anny Coty), geb.
3. April 1912 zu Wien, Tochter eines Thea-
ter-Schuhmachers, am Neuen Konservatorium ihrer Vaterstadt ausgebildet, fand ihr
erstes Engagement 1930 am dort. Bürgertheater, kam 1931 ans Theater an der Wien,
wurde 1932 hier erste Operettensängerin,
gastierte dann in Hamburg, Prag (mit Richard Tauber), Abazzia u. ging 1938 an die
Städt. Bühnen in Nürnberg. Die Kritik
rühmte ihr besonders musikalische Sicherheit, überschäumenden Schwung, beseelte
Wärme u. unverbildetes urwüchsiges
Wienertum nach. Gattin des Tenors Karl M.
Hauptrollen vor allem in den Schöpfungen
von J. Strauß u. F. Lehár. Andere Rollen:
Palmatica („Der Bettelstudent"), Rosa („Die
keusche Susanne"), Ilonka („Abschiedswalzer"), Olga Rex („Saison in Salzburg")
u. a.

Mikorey, Franz, geb. 3. Juni 1873 zu München, gest. im Oktober 1947 das., Sohn des

dortigen Kammersängers Max M., studierte
in München (bei Thuille, Schwartz u.
Levi) u. Berlin (bei Herzogenberg), wurde
1894 assistierender Dirigent in Bayreuth u.
München, dann Theaterkapellmeister in
Prag, Regensburg, Elberfeld, Wien (Hofoper), 1902 Hofkapellmeister in Dessau, 1912
Generalmusikdirektor u. 1917 Professor das.,
dann Opernkapellmeister in Helsingfors u.
1924 Opernleiter in Braunschweig. Komponist u. a. der Opern „Der König von
Samarkand" (1910), „Phryne" u. „Das Echo
von Wilhelmstal".
Literatur: Max v. *Millenkovich-Morold,* F.
Mikorey (Völkischer Beobachter 3. Juni)
1943.

Mikorey, Karl, geb. 10. Jan. 1903 zu Berlin, zuerst Ingenieur, wandte sich als Lyrischer Tenor der Bühne zu u. wirkte seit
1929 in Brünn, seit 1932 in Magdeburg u.
seit 1933 jahrzehntelang am Opernhaus in
Nürnberg. Hauptrollen: Duménil („Der
Opernball"), Großfürst („Der Zarewitsch"),
Feri Bacsi („Die Czardasfürstin"), Orpheus
(„Orpheus in der Unterwelt"), Stanislaus
(„Der Vogelhändler"), Hofer („Zwei Herzen
im Dreivierteltakt"), Strauss („Walzer-
zauber") u. a.

Mikorey, Max, geb. 15. Sept. 1850 zu Weih-
michl bei Landshut, gest. 29. Nov. 1907 zu
Dessau, Sohn eines niederbayerischen
Bauern, humanistisch gebildet, in München
von Martin Härtinger (s. d.) ausgebildet,
ging zuerst als Chorsänger nach Zürich u.
Augsburg, dann an das Gärtnerplatztheater
in München, wo er nach kurzen Unterbrechung (Teilnahme am Deutsch-französischen Feldzug 1870/71) u. a. den Eisenstein
in der „Fledermaus" kreierte. Heinrich Vogl
(s. d.), der ihn in dieser Rolle hörte, bildete
ihn weiter aus u. vermittelte ihm 1878 ein
Engagement an der dort. Hofoper, der er
bis zu seinem Bühnenabschied 1905 angehörte. Er vertrat das lyrische Fach der klassischen u. modernen Oper, sang aber auch
Heldenpartien. Kammersänger. „Sein insbesondere nach der Höhe sehr umfang-
reicher u. ausgiebiger Tenor befähigte ihn",
schrieb A. v. Mensi-Klarbach, „weich u. biegsam wie er war, besonders für das lyrische
Fach, er alternierte aber auch mit Vogl
(s. d.) im heroischen, als Tannhäuser u. in
anderen Rollen. Von weit günstigerer Erscheinung als sein berühmter Kollege
erreichte er diesen aber nicht in der großen Auffassung u. Darstellung. Mikoreys

Spiel kam selten über das Konventionelle weit hinaus. Eher war ihm der Humor zugänglich. Fleißig u. verläßlich war er aber wie kein zweiter. Er lernte leicht u. sicher, u. so hörten wir ihn in den zahllosen Tenorrollen des klassischen u. modernen Opernrepertoires. Versprach eine schwierige Novität wenig dauernden Erfolg, so war es gewiß M., der mit der Hauptrolle, die niemand singen mochte, betraut wurde. Wohl sechzigmal hat er den traurigen König Arindal in Richard Wagners Jugendoper ‚Die Feen' gesungen, die eine Zeit lang ständig auf dem Spielplan der Münchner Oper u. auf dieser allein stand: ebenso oft den David u. den Walther Stolzing in den Meistersingern, siebzigmal den Turiddu in der Cavalleria rusticana Mascagnis u. sechzigmal den Don José in Bizets Carmen". Weitere Hauptrollen: Erik, Florestan, Almaviva, Raoul, Stradella, Fra Diavolo, Hüon, Radames u. a.
Literatur: Alfred Freih. v. *Mensi-Klarbach,* M. Mikorey (Biogr. Jahrbuch 12. Bd.) 1909.

Miksch, Alexander, geb. 1777 zu Georgenthal in Böhmen, gest. 16. April 1814 zu Dresden, Bruder des Folgenden, gehörte der Dresdener Hofkapelle an. Gatte der Sängerin Maria Angiolini (geb. 18. Juni 1789 zu Dresden, gest. 25. Juni 1824 das.), die als Opernsängerin ebenfalls hier wirkte.

Miksch (Mieksch), Johann Aloys, geb. 19. Juli 1765 zu Georgenthal in Böhmen, gest. 24. Sept. 1845 zu Dresden, Bruder des Vorigen, war seit 1797 Opernsänger, seit 1820 Chordirektor der Hofoper das. Zu seinen Schülern gehörten u. a. W. Schröder-Devrient u. A. Mitterwurzer.
Literatur: A. *Kohut,* J. A. Miksch 1890.

Miksch, Maria s. Miksch, Alexander.

Mikulicz, Hilde Freiin von s. Trojan, Hilde.

Milan (Ps. Doré), Adele, geb. 9. April 1869 zu Wien, gest. im Febr. 1918 zu Berlin, Tochter eines Musikers der Wiener Hofoper, ausgebildet an der Theaterschule von Max Otto das., begann mit kleinen Rollen 1882 ihre Bühnenlaufbahn in Amsterdam, trat dann in Salzburg als Lady Milford ins Fach der Tragischen Liebhaberinnen ein, ging 1889 nach Regensburg, wirkte 1890—97 in Köln u. war nach dreijähriger Tätigkeit am Thalia-Theater in Hamburg seit 1901 am dort. Deutschen Schauspielhaus als Charak-

terdarstellerin beschäftigt. Adolf Wilbrandt („Neue Freie Presse" 1903) lobte besonders ihre Medea: „Ich habe große Medeen gesehen, die Janauschek, die Wolter, die Jaszai; Adele D. schien aber wirklich die Medea selbst zu sein, das wilde Barbarenkind, das unter den Hellenen nicht leben kann; das sich wohl nach ihrer Sonne, ihrer Liebe sehnt, aber, wenn zurückgestoßen, ausbrechen muß, wie ein Vulkan u. Flammen der Vernichtung speien. Diese Kraft überstürzte sich; maßhalten, um auszuhalten, hatte sie noch nie gelernt. Bis zum letzten Gipfel der Steigerung mußte sie die feste Hand eines wegkundigen Führers leiten; dann traf sie aber wie die Blitze des Zeus." Im selben Sinne äußerte sich Anton von Perfall anläßlich eines Gastspiels von Adele D. in der „Kölnischen Zeitung": „Wenn Wilbrandt dazu kommt, zu sagen, er habe noch nie eine solche Medea gesehen, so dürfen wir dasselbe behaupten. Alle die großen Medeen, die wir bisher gekannt haben, erscheinen neben Frau D. selbst bei verhältnismäßig realistischer Darstellung abgeschwächt in dem Ausdruck menschlicher Leidenschaft. Das rührt davon her, daß Frau D. niemals die Zeit mit Posieren verliert, sondern von Anfang bis Ende immer in vollster dramatischer Bewegung sich befindet, gewissermaßen jedes Wort mit psychologischem Gehalt durchtränkt u. dabei ebenso hohe Intelligenz wie Empfindungstiefe einsetzt. Es gibt keine leeren Stellen in ihrer Darstellung, u. in den Hauptszenen erreicht sie eine Farbigkeit der Charakteristik, von der wir bei diesem Stück bisher keine Ahnung hatten. Die Hauptmomente sind die Auseinandersetzung mit Jason nach dem Bannfluche, die Trennung von den Kindern u. der wahrhaft grausige Augenblick, in dem Medea auf den Gedanken gerät, die Kinder zu morden." Hauptrollen: Hero, Klara („Maria Magdalene"), Magda („Heimat"), Christine („Liebelei"), Rebekka West („Rosmersholm"), Elektra, Maria Stuart, Nora u. a. Gattin des Folgenden.
Literatur: Paul *Raché,* A. Doré (Bühne u. Welt 5. Jahrg.) 1903; *Eisenberg,* A. D. (Biogr. Lexikon) 1903.

Milan, Emil, geb. 12. April 1859 zu Frankfurt a. M., gest. 13. März 1917 zu Berlin, war zeitweilig in Köln u. Meiningen als Schauspieler u. Spielleiter tätig u. später als Lektor der Vortragskunst an der Universität Berlin. Professor. Auch Dramatiker.

Eigene Werke: Heimat (Schauspiel) 1893; Wintersonnenwende (Lustspiel) 1899 (mit L. Teller).
Literatur: Cäsar *Flaischlen,* E. Milan als Künstler 1917; B. B.-C., E. M. (Deutsches Bühnen-Jahrbuch 29. Jahrg.) 1918.

Milani, Ada, geb. 3. März 1878 (?) zu Prag, debütierte 1895 in Pilsen als Operettensängerin, kam dann ans Thaliatheater nach Berlin u. setzte ihre Laufbahn auf europäischen Tourneen u. deutschen Gastspielen fort. Wegen ihrer zierlichen Gestalt u. ihren graziösen Bewegungen erhielt sie den Beinamen „Operettenkobold". Hauptrollen: Adele („Die Fledermaus"), Briefchristl („Der Vogelhändler"), Sataninchen („Don Juan in der Hölle"), Molli („Amor von heute") u. a.

Milarta, Maria s. Mills-Milarta, Maria von.

Milbitz, Paul (Geburtsdatum unbekannt), gest. 3. Mai 1908 zu Berlin, war Schauspieler, Oberregisseur u. Bühnenleiter das.

Milbradt, Paul, geb. 1882, gest. 5. Sept. 1945 zu Chemnitz, gehörte als Schauspieler u. a. den Bühnen in Riga, Bernburg u. zuletzt in Essen an.

Milde, Franz von, geb. 4. März 1855 zu Weimar, gest. 6. Dez. 1929 zu München, Sohn des Künstlerpaares Hans Fedor v. M. u. Rosa v. M., gesanglich von diesen ausgebildet, debütierte 1876 als Bariton in Weimar u. wirkte seit 1878—1906 auch als Gesangslehrer in Hannover, seit 1906—26 an der Akademie der Tonkunst in München. Hauptrollen: Zar Peter, Wolfram, Hans Heiling, Almaviva, Valentin, Werner Kirchhofer u. a.

Milde, Hans Fedor von, geb. 13. April 1821 zu Petronell, gest. 10. Dez. 1899 zu Weimar, Sohn eines Administrators des Fürsten Batthyány, studierte in Wien zuerst die Rechte, wandte sich jedoch bald der Bühne zu, die er 1846 als Bariton in Potsdam betrat. Von Liszt gefördert, kam er 1848 nach Weimar, wo ihn Wagner kennen u. schätzen lernte. Er kreierte hier den Fliegenden Holländer, Hans Sachs u. Tristan. Als in der Zeit vom 19. bis 29. Juni 1870 in Weimar der erste Versuch einer zyklischen Darstellung von Wagners Werken unternommen wurde, nahm er tätigsten Anteil. 1884 trat er mit dem Titel eines Kammersängers in den

Ruhestand. Im Nekrolog, den die „Vossische Zeitung" in Berlin brachte, heißt es: „M. war einer der vornehmsten geschmackvollsten u. gediegensten Künstler der deutschen Bühne, dessen Repertoire die gesamten Partien seines Faches umfaßte u. von Glucks Agamemnon bis zum Wotan reichte. In den Traditionen des klassischen Gesangs groß geworden, wurde er von Franz Liszt der neueren Richtung zugeführt, u. wie er seit 1850 der erste Telramund gewesen, so hat er später Hans Sachs u. Wotan zu seinen Hauptpartien gewählt." Gatte von Rosa v. M. seit 1851.
Literatur: Eisenberg, H. F. v. Milde (Biogr. Lexikon) 1903; Franz v. *Milde,* Ein ideales Künstlerpaar. R. u. F. M. Ihre Kunst u. ihre Zeit 1918.

Milde, Isolde, geb. 16. Aug. 1887 zu Wien, gest. 22. Nov. 1950 zu Bern, Tochter von Angelo Neumann (s. d.), war Schauspielerin, zuletzt am Städtebundtheater Solothurn-Biel in der Schweiz.

Milde, Rosa von, geb. 25. Juni 1825 zu Weimar, gest. 25. Jan. 1906 das., Tochter des dort. großherzogl. Kammermusikers Agthe, von ihrem Vater unterrichtet, dann von Professor Franz Götze (s. d.) weiter ausgebildet, betrat 1845 die Hofbühne ihrer Vaterstadt. Gleich ihrem Gatten Hans Fedor v. M. trug sie wesentlich zu den Triumphen Wagners bei. 1888 schrieb Ernst v. Pasqué (s. d.): „Woher der nachhaltige, in Deutschland einzige Erfolg der Werke Wagners? Woher die stets sich steigernde Wirkung, das stets klarer sich gestaltende Erfassen u. Erkennen des Kunstschaffens des Meisters? In erster Linie ist hier Liszt zu bezeichnen, sodann noch ein junges Mädchen, das, nur wenige Jahre bei der Bühne, sich bereits als Elisabeth im ‚Tannhäuser', nun aber in der Rolle der Elsa als ein Talent ersten Ranges, als eine echte ‚Wagnersängerin' erwiesen hatte. Diese seltene Elsa war Rosa v. Milde. Es ist nicht zu viel gesagt, wenn ich ihr — u. ich rede hier als mehrjähriger Ohren- u. Augenzeuge — einen großen Anteil an den ersten so nachhaltigen Erfolgen der drei Wagnerschen Opern ‚Tannhäuser', ‚Der fliegende Holländer' u. ‚Lohengrin' zuschreibe. Ihre Darstellung, ihr Gesang hatten einen gleich bestrickenden Reiz: dem Zauber des seelenvollen Blickes ihrer schönen Augen konnte sich niemand entziehen, er hielt im Verein mit der süßen Stimme die Zuhörer gefangen, bis der letzte Ton verklungen war. Nie ist wohl der Auftritt, die Vision Elsas im ersten Akt, ihr Gruß an die Lüfte inniger, die Brautscene des dritten Aktes so keusch u. rein u. dennoch so voller berauschender Liebessehnsucht u. dabei so verständnisvoll erklungen, als durch Frau v. Milde! Sie war die erste u. echte Verkörperung der drei herrlichen Wagnerschen Frauengestalten: Senta, Elisabeth u. Elsa! Wer sie jemals in einer dieser Rollen gesehen u. gehört hat, von ihrem seelenvollen Blick getroffen wurde, vergißt sie nie!" Auch Liszt äußerte sich begeistert über ihre Elsa ("Leipziger Ill. Zeitung", 12. April 1851): "Fräulein Agthe, von Natur vollkommen für die Darstellung der Elsa geeignet, hat ihre seraphischen Gesänge mit dem reinsten Verständnis der poetischen u. musikalischen Intentionen, mit jenem silbernen u. verschleierten Klang der Stimme, den man an ihr kennt, u. dem leidenschaftlichen u. edlen Akzent ausgeführt, den sie schon als Elisabeth in ‚Tannhäuser' so rühmlich entwickelt hatte." Andere ihrer Glanzrollen waren Lucia, Martha, Pamina, Iphigenie, Fidelio u. a. Als Kammersängerin blieb sie lebenslang dem Weimarer Hoftheater verbunden, zog sich aber schon 1867 ins Privatleben zurück u. widmete sich ihrer Lehrtätigkeit. Mutter von Franz u. Rudolf M.

Behandlung: Peter *Cornelius,* Zwölf Sonette an R. v. Milde 1859.

Literatur: Eisenberg, R. v. Milde (Biogr. Lexikon) 1903; Carlos *Droste,* Die Familie v. M. (Bühne u. Welt 9. Jahrg.) 1907; Franz v. *Milde,* Ein ideales Künstlerpaar. R. u. F. M. Ihre Kunst u. ihre Zeit 1918.

Milde, Rudolf von, geb. 29. Nov. 1859 zu Weimar, gest. 8. Juli 1927 zu Berlin, Sohn von Hans Fedor u. Rosa v. M., von seinen Eltern u. auf der Musikschule seiner Vaterstadt für die Oper ausgebildet, begann seine Laufbahn als Tenorbariton 1882 in Weimar, wirkte 1886—88 an der Deutschen Oper in Neuyork, dann als Lehrer am Sternschen Konservatorium in Berlin u. an der Musikschule in Weimar, worauf er 1894 in Dessau zur Bühne selbst zurückkehrte. Als gefeierter Wagnersänger nahm er 1896 an den Bayreuther Festspielen teil. 1897 führte ihn ein Gastspiel ans Coventgardentheater in London. 1899 wurde M. herzogl. anhaltischer Kammersänger. C. Droste ("Bühne u. Welt", 9. Jahrg. 1907) schrieb über ihn: "Sein machtvoller Baßbariton, der von echt

heldenhaftem Timbre u. Klangcharakter ist, seine hervorragende musikalische u. schauspielerische Begabung, sein auf der Tradition des Elternhauses beruhendes, fein ausgeprägtes Stilgefühl u. sein auserlesener künstlerischer Geschmack, wie sein bedeutendes technisches Können, stempeln ihn zu einem der intelligentesten Bühnendarsteller . . .". Hauptrollen: Hans Sachs, Wotan, Kurwenal, Gunther, Barbier von Bagdad u. a.

Mildenburg, Anna s. Bahr-Mildenburg, Anna.

Milder (Hauptmann-Milder), Anna, geb. 13. Dez. 1785 zu Konstantinopel, gest. 25. Mai 1838 zu Berlin, Tochter eines diplomatischen Dolmetschers namens Milder, wurde in Wien gesanglich ausgebildet, von Schikaneder entdeckt, von Josef Haydn beachtet u. nach neuerlichem Studium bei Salieri 1803 am Theater an der Wien u. 1805 an der Wiener Hofoper angestellt. Ihre Stimme hatte solches Ansehen, daß Beethoven im "Fidelio" u. Cherubini in "Faniska" für sie die Hauptrollen komponierten. 1809 sang sie vor Napoleon in Schönbrunn u. die Pariser Hofoper wollte sie als Kammersängerin gewinnen, doch sie lehnte ab. Anläßlich ihres fünfundzwanzigjährigen Bühnenjubiläums 1828 sandte ihr Goethe ein Widmungsexemplar der "Iphigenie" mit den Versen: "Dies unschuldvolle fromme Spiel, — Das edlen Beifall sich errungen, — Erreichte doch noch höheres Ziel, Vertont von Gluck, von Dir gesungen". Während des Wiener Kongresses feierte sie ihre größten Triumphe. 1816—29 gehörte sie der Hofoper in Berlin als Mitglied an, wo sie jedoch mit Salieri in Widerstreit geriet. Gastspielreisen führten sie durch ganz Europa. Seit 1810 Gattin des Wiener Hofjuweliers Peter Hauptmann, legte aber nach getrennter Ehe den Namen Hauptmann ab. Hauptrollen: Iphigenie, Alceste, Armida u. a.

Literatur: Anonymus, A. Milder (Almanach für Freunde der Schauspielkunst 3. Jahrg.) 1839; *Wurzbach,* M.-Hauptmann (Biogr. Lexikon 8. Bd.) 1862 u. (Ebda. 18. Bd.) 1868; *Eisenberg,* A. M.-H. (Biogr. Lexikon) 1903; Paul *Kaufmann,* Beethovens erste Leonore (Neue Freie Presse 8. April) 1927.

Milena, Emilie, geb. 6. Mai 1868(?) zu Karlstadt in Kroatien, Tochter des ungarischen Oberfinanzgerichtspräsidenten Simon

Hrzic-Topuska, wurde in Wien u. Paris ausgebildet, begann als Jugendlich-Dramatische Sängerin ihre Bühnenlaufbahn in Mannheim 1889 u. kam hierauf nach Darmstadt, wo sie aber bereits 1892 ihren Bühnenabschied nahm, um sich als Freifrau von Dornberg mit Prinz Heinrich von Hessen zu verheiraten. Hauptrollen: Elsa, Pamina, Agathe, Mignon, Santuzza u. a.

Milenz, Robert, geb. 11. Febr. 1856 zu Danzig, gest. 6. Mai 1908 zu Münster, zuerst Kaufmann, dann von Edmund Glomme (s. d.) für die Bühne ausgebildet, wirkte als Tenor in Danzig, Halle, Posen, Nürnberg, Riga (1885—87), Königsberg, Augsburg, Stettin, Leipzig u. a. Hauptrollen: Walter Stolzing, Siegfried, Prophet, Raoul u. a.

Miler, Bozo, geb. 1882, gest. 7. Dez. 1944 zu Lodz als Oberspielleiter an den dort. Städt. Bühnen.

Milewski, Willi (Ps. Paul Garden), geb. 10. Febr. 1902 zu Berlin, war Schauspieler u. Bühnenautor. Zuletzt lebte M. in Chemnitz.
Eigene Werke: Die Sache mit Cordy (Schwank) 1941; Die Seufzerbank (Lustspiel) 1942.

Mill, Edith, geb. 16. Aug. 1925 zu Wien, ausgebildet am Reinhardtseminar, wirkte als Schauspielerin in klassischen u. modernen Rollen zuerst in Nürnberg, Graz, 1950—53 am Burgtheater u. wandte sich dann hauptsächlich dem Film zu.
Literatur: Elg, E. Mill (Die Weltpresse 20. Okt.) 1952.

Millenet, Johann Heinrich (Ps. M. Tenelli), geb. 4. Sept. 1785 zu Berlin, gest. 27. Jan. 1859 zu Gotha als Hofrat das., Sohn eines Organisten französ. Abkunft, war Lehrer am Kadettenkorps in Berlin, dann Privatsekretär des Prinzen von Preußen u. seit 1825 Professor in Gotha. Hier kam er mit dem Theater in enge Verbindung. Seit 1829 schrieb er Jahr für Jahr Bühnenstücke, die alle zur Aufführung gelangten u. ihm 1840 den Titel eines Hoftheaterdichters eintrugen. Sie erschienen teils einzeln, teils gesammelt in den „Jährlichen Beiträgen für die deutsche Bühne (1837 ff.). Auch sonst trat er literarisch hervor.
Eigene Werke: Thalia (Beitrag für deutsche Bühnen: Rochus Pumpernickel auf eine

andere Manier, Posse — Der Prinz von ungefähr, Lustspiel — Das Duell am Fenster, Lustspiel — Graf Ory, Kom. Oper) 1819; Die Hottentottin (Oper) 1820 (Musik von G. A. Schneider); Das verborgene Fenster oder Ein Abend in Madrid (Oper) 1824 (Musik von J. P. Schmidt); Beaumarchais' sämtl. Schauspiele, deutsch (Der Barbier von Sevilla oder Die unnütze Vorsicht, Lustspiel — Eugenie) 2 Bde. 1826; Scribes Vormund u. Mündel, deutsch 1830; Zwei Jahre nachher oder Wer trägt die Schuld (Lustspiel nach Scribe) 1830; Der Übel größtes ist die Schuld (Drama) 1831; Die Scheidung (Lustspiel) 1832; V. Hugos Maria Tudor u. Marion de Lorme, deutsch 1834 u. 1836; Jährliche Beiträge für die deutsche Bühne (Die Marschallin von Ancre, Drama nach A. de Vigny — Die Damen unter sich, Lustspiel nach Dupaty — Rückwirkungen oder Wer regiert?, Lustspiel nach Zschokkes Novelle: Colas oder Wer regiert denn?) 1837; Die Kinder Eduards von England (Trauerspiel nach Delavigne) 1838; Die Mönche (Lustspiel) 1838; Papchen (Lustspiel, aufgeführt) 1838; Mademoiselle (Lustspiel, aufgeführt) 1839; Madelon oder Die Magd am Herrschaftstisch (Lustspiel, aufgeführt) 1839; Der Verstorbene (Posse, aufgeführt) 1839; Prolog zur Eröffnung des Herzogl. Hoftheaters in Gotha 1840; Nanon, Ninon u. Maintenon (Kom. Oper) 1841 (Musik von Ernst Lampert); Dichter u. Komponist (Kom. Oper) 1841 (Musik von dems.); Er u. Sie (Posse, aufgeführt) 1846; Zayre (Operntext für Herzog Ernst II. von Sachsen-Coburg) 1847; Er muß nach Magdeburg (Lustspiel) 1850; Casilda (Romant. Oper mit Ballett, Musik von Herzog Ernst II.) 1851; Ein vornehmer Schwiegersohn (Lustspiel nach Augier u. Sandeau) 1854 u. a.
Literatur: Anonymus, J. H. Millenet (Programm des Gymnasiums Gotha) 1853; *F. W. v. Kawazcynski,* Das herzogl. Hoftheater zu Coburg-Gotha 1877; *Schumann,* J. H. M. (A. D. B. 21. Bd.) 1885.

Millenkovich (sprich Millenkowitsch), Max von (Ps. Max Morold), geb. 2. März 1866 zu Wien, gest. 5. Febr. 1945 zu Baden bei Wien, Sohn des Folgenden, studierte in Wien Rechts- u. Staatswissenschaft, war 1888—98 bei der polit. Verwaltung in Kärnten tätig u. kam dann ins Unterrichtsministerium nach Wien. 1917 als Hof- und Ministerialrat zum Burgtheaterdirektor ernannt. Seit 1918 im Ruhestand. Kunst-, Musik- u. Theaterkritiker, Dramaturg u. Bühnendichter.

Eigene Werke: Klopstock in Zürich (Oper von J. Reiter) 1893; Der Bundschuh (Oper von dems.) 1895; Der Totentanz (Oper von dems.) 1903; Josef Reiter 1904; Ich aber preise die Liebe (Oper von J. Reiter) 1911; Der Tell (Oper von dems.) 1917; Cosima Wagner 1937; Dorothea (Oper von J. Reiter) 1942.

Literatur: Roderich v. *Mojsisovics*, M. Morold (Zeitschrift für Musik 3. Heft) 1936; Hugo *Greinz*, M. v. Millenkovich-Morold (Neues Wiener Tagblatt 12. Jan.) 1941; M. v. *Millenkovich-Morold*, Vom Abend zum Morgen (Lebenserinnerungen) 1942.

Millenkovich, Stephan von (Ps. Stephan Milow), geb. 8. oder 9. März 1836 zu Orsova an der alten südöstlichen österr. Grenze, gest. 13. März 1915 zu Mödling bei Wien, Sohn eines österr. Obersten, wurde Offizier u. lebte zehn Jahre in Görz, seit 1870 im Ruhestand in Mödling. Freund Ferdinand v. Saars (s. d.). Lyriker, Erzähler u. Dramatiker.

Eigene Werke: König Erich (Trauerspiel) 1879; Drei Dramen (Getilgte Schuld — Bedrängte Herzen — Die ungefährliche Frau) 1888; Jenseits der Liebe (Schauspiel) 1906.

Literatur: Max *Morold*, St. Milow 1897; K. J. *Hentschl*, St. M. 1907; J. K. *Ratislav*, St. M. 1912; F. *Wettel*, St. M. 1914; J. *Stein*, St. M. 1916.

Miller, Arthur Maximilian, geb. 16. Juni 1901 zu Mindelheim in Bayrisch-Schwaben, Kaufmannssohn, war Lehrer an verschiedenen Orten, 1924—38 in Immenstadt u. zog sich dann als freier Schriftsteller nach Kornau bei Oberstdorf zurück. Erzähler u. Dramatiker.

Eigene Werke: Ein Spiel von Christi Geburt 1932; Das Mindelheimer Weihnachtsspiel 1936; Agath (Volksstück) 1950; Gevatter Tod (Trauerspiel) 1953.

Miller, Elise, geb. 15. März 1870 zu Ochsenhausen, Kameralverwaltersgattin, lebte in Pullach bei München. Haupts. Erzählerin, verfaßte sie für die Bühne das Singspiel „Der Geiger von Gmünd" 1902 u. das Schauspiel „Die Wanderwaise" 1907.

Miller, Eugen, geb. 1855, gest. 12. Juni 1929 zu München. Inspizient.

Miller, Josef, geb. 7. Mai 1838, gest. nach 1918, wirkte als Opernsänger u. Spielleiter am Stadttheater in Leipzig, an der Krolloper in Berlin u. a. Bassist.

Miller, Julius, geb. 1772 oder 1774 zu Dresden, gest. 7. April 1851 zu Berlin-Charlottenburg, debütierte als Tamino in der „Zauberflöte" 1799 in Amsterdam, war seit 1800 Erster Tenor in Flensburg u. Schleswig, wo er seine erste Oper „Der Familienbrief" 1802 erfolgreich zur Aufführung brachte. 1803 wirkte er als Gast in Hamburg, hierauf in Breslau, wo er sich mit C. M. v. Weber befreundete, dessen Einfluß in seiner zweiten Oper „Die Verwandlung" spürbar wurde. Nach weiteren Gastspielen kam er 1808 nach Wien, dann nach Dessau u. Leipzig (hier gelangte seine Oper „Der Kosakenoffizier" zur Aufführung), 1810 zur Secondaschen Gesellschaft, folgte 1813 einem Rufe Kotzebues an das Stadttheater in Königsberg, wo dieser ihm die Texte für die Operetten „Die Alpenhütte" u. „Hermann u. Thusnelda" schrieb. 1816 gastierte M. in Berlin, sang dann in Frankfurt a. M., 1818 in Darmstadt u. 1819—22 in Amsterdam, reiste aber mehrmals nach Deutschland, um seine Oper „Merope", die Spohr günstig beurteilt hatte, aufzuführen. Nachdem er 1823 die Deutsche Oper in Amsterdam als Regisseur geleitet hatte, lebte er abwechselnd in Kassel u. Hannover als Gesanglehrer, ließ sich nach Gastspielreisen in Belgien, Rußland u. Norddeutschland 1831 in Berlin nieder, übersiedelte dann nach Dresden, wo er 1846 seine letzte Oper „Perücke u. Musik oder Die Tabakskantate" auf die Bühne brachte, lebte 1847 in Leipzig u. zuletzt wieder in Berlin. Weitere Bühnenkompositionen: „Julie oder Der Blumentopf", „Das erwiderte Gastmahl" u. „Michel u. Hannchen" (Intermezzo). Wilhelm Bennecke („Das Hoftheater in Kassel" 1906) bezeichnete ihn als einen „Heldentenor, an dem alles heldenhaft war, Gestalt wie Stimme." Hauptrollen: Titus, Belmonte, Octavio, Cortez, Pylades u. a.

Literatur: Fürstenau, J. Miller (A. D. B. 21. Bd.) 1885.

Miller, Richard, geb. 28. Dez. 1832 zu Ulm, gest. 7. März 1901 zu Dortmund, einer alten bayr. Künstlerfamilie entstammend, begann seine Bühnenlaufbahn 1847 am Hoftheater in München, wirkte dann als Sänger u. Schauspieler seit 1859 in Wiesbaden, München, Straßburg, Metz u. Leipzig (hier inszenierte er den Nibelungenring für die Richard-Wagner-Tournee unter Angelo

Neumann 1881—82), Bremen, Hamburg u. a. Zuletzt war er Lehrer für Bühnenkunst in Dortmund.

Miller (Müller), Sigismund, Buchhändler, Verleger u. Bearbeiter des Bozener Fronleichnamsspieles, stammte aus dem Uberetscher Gericht Altenburg, machte sich 1584 als Buchhändler in Bozen seßhaft u. ließ als solcher das aus dem Mittelalter stammende Fronleichnamsspiel 1590 nach seiner Umarbeitung in Innsbruck oder Brixen unter seinem Namen drucken. Seiner Neufassung des Bozener Fronleichnamsspiels kommt innerhalb der Prozessionsspiele eine besondere Bedeutung zu. Bald nach ihm überarbeitete u. erweiterte der aus Weidelbach (Mittelfranken) stammende Rechen- u. Schulmeister Elias Baurschmidt das Bozener Fronleichnamsspiel u. gab es 1611 in Innsbruck heraus. *Literatur:* Anton *Dörrer,* S. Miller u. E. Baurschmidt, zwei Ausgestalter der Bozener Fronleichnamsspiele aus der Zeit der kirchl. Restauration (Der Schlern 12. Bd.) 1931.

Miller, William, geb. 1880, gest. im Juli 1925 zu Pittsburg in den Vereinigten Staaten, gebürtiger Amerikaner, weilte schon in früher Jugend in Europa, besuchte das Konservatorium in Wien, nahm auf Veranlassung Gustav Mahlers (s. d.) ein Engagement an u. kam, von Felix Weingartner (s. d.) berufen, an die Hofoper in Wien. Hier wirkte er 1910—17 als Tenor, verließ, nachdem er noch kurze Zeit an der Budapester Oper tätig gewesen war, die Bühne u. kehrte in seine Heimat zurück. *Literatur:* C. M., Erinnerungen an W. Miller (Neues Wiener Journal 11. Aug.) 1925.

Millesi, Johann Matthias Edler von (Ps. Hans v. Werthenau), geb. 22. Dez. 1842 zu Völkendorf bei Villach in Kärnten, gest. 19. Juli 1929 zu Villach, war Großkaufmann u. Reichsratsabgeordneter. Dramatiker (auch im Dialekt). *Eigene Werke:* Roxane 1898; Arnulf von Kärnten 1899; Der Hauptmann des Kaisers (Volksstück) 1900; Gudrun 1907; Der neue Dokta (Volksstück) o. J.; Der Gmoandeaner (Volksstück) o. J.; Friedrich II. von Hohenstaufen (Drama) 1920 u. a.

Millinkovic, Georgine von, geb. 7. Juli 1913 zu Prag, war Mitglied der Staatsoper in Wien u. gab zahlreiche Gastspiele an deut-

schen Bühnen (München u. a.). Hauptrollen: Carmen, Amneris, Herodias ("Salome"), Oktavian ("Der Rosenkavalier") u. a.

Millöcker, Carl, geb. 29. April 1842 zu Wien, gest. 31. Dez. 1899 zu Baden bei Wien (nach wiederholten Schlaganfällen), Sohn eines Goldschmiedes, besuchte als Flötist das Konservatorium in Wien, kam 1858 ins Orchester des dort. Theaters in der Josefstadt u. 1864 auf Empfehlung seines Freundes F. v. Suppé (s. d.) als Kapellmeister ans Thaliatheater in Graz, wo seine ersten Singspiele "Der tote Gast" u. "Die lustigen Binder" zur Uraufführung gelangten. 1866 wurde M. Kapellmeister am Theater an der Wien unter der Direktion Strampfer, mußte jedoch, wegen Unverwendbarkeit entlassen, bald zum Harmonietheater, dem späteren Orpheum, hinüberwechseln, wo er Ludwig Anzengruber (s. d.) kennen lernte u. zu dessen ersten Stücken die Musik schrieb. Mit der damals entstandenen einaktigen Operette "Die keusche Diana" folgte er den Spuren Offenbachs. Seit 1868 Kapellmeister am Deutschen Theater in Budapest. Von den hier komponierten Operetten verdient "Der Dieb" hervorgehoben zu werden, weil er einen Walzer enthält, der, später im "Bettelstudenten" übernommen, Weltberühmtheit erlangte: "Ach ich hab' sie ja nur auf die Schulter geküßt". Seit 1869 führte er, jetzt die Höhe seines Schaffens erklimmend u. trotz mannigfachen Widerständen immer mehr sich durchsetzend, den Dirigentenstab im Theater an der Wien. Seine Melodien in Anzengruber-Stücken vom "himmelblauen See" u. "A bißl a Lieb u. a bißl a Treu" wurden volkstümlich. Girardi u. Gallmeyer fanden in seinen Schöpfungen Glanzrollen. Seither widmete er sich ausschließlich kompositorischer Tätigkeit, Baden bei Wien zu seinem Lieblingsaufenthalt wählend. Neben dem "Bettelstudenten" (s. d.) zählt man "Gasparone" (s. d.) zu den bedeutendsten der klassischen Operetten. Im ganzen hinterließ er deren 18, ferner 70 Possen u. zahlreiche Lieder. Zu O. F. Bergs "Die schlimmen Töchter" 1876, Carl Costas "Blitzmädel" 1877 u. "Die Näherin" 1878 u. a. schrieb er die Musik. Die Kritik gab ihm den Titel "Meister des Couplets". Die Stadt Wien widmete ihm ein Ehrengrab auf dem Zentralfriedhof u. benannte die Straße beim Theater an der Wien, in der er jahrelang wohnte, Millöckergasse. Einen großen Teil seines

300.000 Gulden betragenden Vermögens vermachte M. wohltätigen Einrichtungen, so den Barmherzigen Brüdern, den Wiener Wärmestuben, dem Asyl der Obdachlosen u. vor allem der Krankenkasse des Musikfonds, damit sein gutes Herz u. seine soziale Gesinnung in menschlich vorbildlicher Weise offenbarend.

Eigene Werke: Der tote Gast (Burleske, aufgeführt) 1864; Die lustigen Binder 1865; Die keusche Diana 1867; Die Fraueninsel 1868; Die Tochter des Wucherers 1873; Die Musik des Teufels 1875; Das verwunschene Schloß 1878; Die Trutzige 1878; Die umkehrte Freit 1879; Gräfin Dubarry 1879; Aus'm g'wohnten Gleis (Posse) 1879; Apajune, der Wassermann 1880; Die Jungfrau von Belleville 1881; Der Bettelstudent 1882; Gasparone 1884; Der Feldprediger 1884; Der Vizeadmiral 1886; Die sieben Schwaben 1887; Der arme Jonathan 1890; Das Sonntagskind 1892; Der Probekuß 1894; Das Nordlicht 1896 u. a.

Behandlung: Lorenz *Mager*, Geschichten über Carl Millöcker (Brünner Tagesbote Nr. 601) 1934.

Literatur: F. J. *Brakl*, C. Millöcker (Die moderne Spieloper) 1886; Richard *Heuberger*, C. M. (Biogr. Jahrbuch 4. Bd.) 1900; Eusebius *Mandyczewski*, K. M. (A. D. B. 53. Bd.) 1906; Erwin *Riegler*, Offenbach u. seine Wiener Schule 1920; Otto *Keller*, C. M. (Die Operette) 1926; Ferdinand *Scherber*, C. M. (Neue Österr. Biographie 8. Bd.) 1935; Carl *Lafite*, K. M. (Frankfurter Zeitung Nr. 216/17) 1942; Philipp *Ruff*, C. M. (Arbeiter-Zeitung, Wien Nr. 305) 1949; K. B. *Jindracek*, K. Millökers Leben u. Werk (Neue Zürcher Nachrichten Nr. 303) 1949; *Anonymus*, Rund um den Bettelstudent (Salzburger Nachrichten Nr. 4) 1950; Heinz *Hakemeyer*, M. sollte Goldschmied werden (Köln. Rundschau Nr. 302) 1955.

Millowitsch, Emma (Geburtsdatum unbekannt), gest. im Okt. 1930 zu Köln, Gattin des Leiters der in Westdeutschland spielenden „Millowitschbühne" Wilhelm M. des Älteren, der 1896 im Reichshallentheater in Köln unter Direktor Schipanowski die Umstellung von der Puppenbühne zum Theater veranlaßte. Emma M. führte nach dessen Tod die Bühne mit Erfolg weiter.

Millowitsch, Karl, geb. 1880, gest. 11. Aug. 1952 zu Bonn, Bruder von Wilhelm M. d. J., wirkte jahrzehntelang als Schauspieler u.

Regisseur an der von seinem Vater Wilhelm Millowitsch dem Älteren begründeten Rheinischen Heimatbühne in Köln.

Literatur: F. P. *Kürten,* K. Millowitsch (Köln. Rundschau Nr. 185) 1952.

Millowitsch, Lucy s. Millowitsch, Wilhelm (der Jüngere).

Millowitsch, Peter s. Millowitsch, Wilhelm (der Jüngere).

Millowitsch, Wilhelm (der Ältere) s. Millowitsch, Emma.

Millowitsch, Wilhelm (der Jüngere), geb. 16. Juni 1891 zu Saarbrücken, gest. 4. Febr. 1954 das., jüngster Sohn von Wilhelm M. des Älteren, der auch eine Puppenbühne besaß, nahm zunächst an dem väterlichen Unternehmen teil. 1926—33 leitete er das damals bekannte Hartstein-Theater, das mit dem „Stolz der 3. Kompanie" große Erfolge erzielte, kehrte dann jedoch zum Kölner Haus zurück, das sich zu dieser Zeit in der Apostelstraße befand. Während des Zweiten Weltkrieges, als sein Bruder Peter die Theaterleitung an seinen Sohn Willy abgetreten hatte, ging er mit der ganzen Truppe auf Fronttournee nach Holland, Belgien u. Frankreich. In zahlreichen Rollen, darunter in den Stücken „D'r Fronthahn", „Familjeklüngel", „Wenn der Hahn kräht", „D'r Etappenhas" u. „Der verkaufte Großvater" erwies er sich als ein tüchtiger Komiker, der seine köstlich angelegten Chargen mit echt kölnischem Leben zu erfüllen wußte. Auch seine Nichte Lucy M. gehörte der Heimatbühne an.

Literatur: B., W. Millowitsch (Köln. Rundschau Nr. 31) 1954.

Millowitsch, Willy s. Millowitsch, Wilhelm (der Jüngere).

Mills-Milarta (Ps. Milarta), Maria von, geb. 19. Okt. 1832 zu München, gest. 17. Febr. 1908 zu Straßburg, Tochter eines Steuerbeamten Stiglmayr, von der Hofschauspielerin Marie Denker (s. d.) für die Bühne ausgebildet, kam 1854 als Erste Liebhaberin ans dort. Max-Schweiger-Volkstheater, 1855 ans Stadttheater in Bern, 1856 ans Stadttheater in Hamburg, 1857 ans Deutsche Theater in Pest, unterbrach wegen ihrer Heirat mit einem Herrn v. Mills 1859 ihre Bühnentätigkeit, spielte seit 1860 am Viktoriatheater in Berlin u. 1862—1905 am Hof-

theater in Kassel als Heldenmutter. Wilhelm Bennecke berichtet in seinem Buch „Das Hoftheater in Kassel" (1906) über die Künstlerin: „Als Herzogin von Marlborough im ‚Glas Wasser', als Monica im ‚Sonnwendhof' u. in einigen Salonstücken legte sie Zeugnis von ihrer großen Befähigung ab. Sie gefiel sowohl dem Publikum wie der Kritik, der letzteren besonders als Sonnwendbäuerin, in deren Besprechung betont wurde, daß Frau von M. dem richtigen Prinzip huldige, auf der Bühne nicht sowohl reine Naturwahrheit darstellen zu wollen, womit das Gebiet der Kunst verlassen u. an die Unmittelbarkeit des Lebens herangetreten werde, als vielmehr in die Wahrheit der Darstellung das Moment der Idealität aufzunehmen." Hauptrollen: Parthenia, Griseldis, Gretchen, Klärchen, Ophelia, Barfüßele, Isabella, Kennedy, Elisabeth, Medea, Lady Macbeth, Herzogin von Neville („Die Welt, in der man sich langweilt"), Generalin Rieger („Die Karlsschüler") u. a.
Literatur: Eisenberg, M. v. Millis(?)-Milarta (Biogr. Lexikon) 1903; C. A. Z., M. v. M.-M. (Deutsche Bühnen-Genossenschaft 37. Jahrg.) 1908.

Millradt, Fränzi, geb. 21. Sept. 1911 zu Kiel, wirkte 1940—48 als Erste Operettensängerin am Gärtnerplatztheater in München u. seither in Kiel. Hauptrollen: Demoiselle Cagliari („Wiener Blut"), Evelyne Valera („Maske in Blau"), Sonja („Der Zarewitsch"), Marie-Luise („Königin einer Nacht"), Mariza („Gräfin Mariza"), Luna („Frau Luna") u. a.

Milow, Stephan s. Millenkovich, Stephan von.

Milrad, Otto (Geburtsdatum unbekannt), gest. 26. Nov. 1905 zu Salzburg, war Leiter des Kurtheaters in Bad Reichenhall u. stellvertretender Direktor am Intimen Theater in Nürnberg.

Miltiades, Feldherr Athens, Sieger von Marathon (490 v. Chr.). Dramatischer Held.
Behandlung: J. G. Seume, Miltiades (Trauerspiel) 1808.

Miltitz, Karl Borromäus von, geb. 9. Nov. 1780 zu Dresden, gest. 19. Jan. 1845 das. als Wirkl. Geh. Rat, Sohn eines Hofmarschalls, wurde Offizier, machte die Befreiungskriege mit, bereiste Italien u. über-

nahm 1824 die Stelle eines Oberhofmeisters beim Prinzen Johann von Sachsen in Dresden, wo er den Kreis der Romantiker verstärken half. Vorwiegend Erzähler. Auch Komponist u. Textdichter von Opern sowie von Bühnenmusik zu Calderon u. Shakespeare.
Eigene Werke: Maria von Brabant (Trauerspiel) 1818; Die Felsenmühle von Etalières (Musik von Reißiger, aufgeführt) 1831; Der türkische Arzt (aufgeführt) 1832; Saul, König von Israel (Text von Johann Prinz von Sachsen, aufgeführt) 1833; Alboin u. Rosamunde 1835; Der Condottiere (Text von Amalie Prinzessin von Sachsen, aufgeführt) 1836; Czerny Georg (aufgeführt) 1839.
Literatur: Fürstenau, K. B. Miltitz (A. D. B. 21. Bd.) 1885; O. E. *Schmidt,* Fouqué, Apel, M. 1908 (mit Briefen); *Riemann,* K. B. v. M. (Musik-Lexikon 11. Aufl. 2. Bd.) 1929.

Miltner, Karl Eduard, geb. 29. Dez. 1905 zu Wien, gest. 17. Juli 1941 zu Ratibor, war Schauspieler u. Regisseur in Köln, Heilbronn, Kaiserslautern, zuletzt am Stadttheater in Ratibor.

Miltner, Rudolf, geb. 1874 zu Karlsruhe, gest. 21. Mai 1935 zu Hagen in Westfalen, studierte in seiner Vaterstadt Malerei, ging jedoch nach dramatischer Ausbildung zur Bühne, wirkte viele Jahre in Wiesbaden u. Koblenz u. kam 1926 an das Stadttheater in Hagen. Auch Dramaturg u. Vorstand des künstlerischen Büros das.

Milton, John (1608—74), dichtete 1658—65 das bedeutendste englische Epos „Das verlorene Paradies". Auch im Drama verherrlicht.
Behandlung: Josef Michl, Elmire u. Milton (Oper) 1777; G. H. *Liebenau,* Miltons Muse (Drama) 1847; Viktor *Herzenskron,* M. (Drama) o. J.

Milton, Mary s. Hopfen, Mary von.

Miltschinoff, Alexander, geb. 22. April 1907 in Bulgarien, an der Akademie für Musik u. darstellende Kunst in Wien für die Bühnenlaufbahn vorbereitet, begann diese 1940 in Nürnberg u. wirkte bis 1955 als Erster Heldentenor an der Staatsoper in Dresden. Hauptrollen: Don Carlos, Tannhäuser, Alvaro („Die Macht des Schicksals") u. a.

Miltschinoff, Henriette (Ps. Maria Alexander), geb. 27. Mai 1936 zu Wien, war seit 1955 Opernsängerin an der Staatsoper in Dresden, wo sie als Xenia in „Boris Godunow" debütiert hatte.

Mime s. Mimus.

Mimik s. Gebärde.
Literatur: Wilhelm *Jerwitz,* Handbuch der Mimik 1878; Wilhelm *Henke,* Vorträge über Plastik, M. u. Drama 1892; Theodor *Piderit,* Grundsätze der M. u. Physiognomik 1925; Martin *Löpelmann,* Menschliche M. 1941; Ph. *Lersch,* Gesicht u. Seele. Grundlinien einer mimischen Diagnostik 1943; Charlotte *Blauensteiner,* Die M. als künstlerisches Gestaltungsmittel des Bühnenschauspielers (Diss. Wien) 1949; Oskar *Eberle,* Die drei Formen der M. (Schweizer Theater-Jahrbuch 32. u. 33. Bd.) 1954.

Mimus (griech. Mimos, Nachahmer), ursprünglich Possenreißer im alten Griechenland u. in Sizilien bei Volksfesten auftretend, wie die wahrheitsgetreue Szene des täglichen Lebens überhaupt, wurde frühzeitig nach Rom verpflanzt, galt lange als anstößig, fand jedoch später auch im geistl. Schauspiel des Mittelalters Eingang u. bildete schließlich den Keim der Commedia dell'arte u. des dramatischen Volkstheaters. Die Bezeichnung Mime wurde seit Mitte des 18. Jahrhunderts allgemein für Schauspieler (nach J. Trier, s. unten, heißt M. Zäuner-Darsteller im Zaun, im Ring) gebraucht.
Literatur: Hermann *Reich,* Der Mimus 2 Bde. 1903—05; Walther *Janell,* Lob des Schauspielers oder Mime u. M. 1922; Jost *Trier,* Spiel (Braunes Beiträge zur Geschichte der deutschen Sprache u. Literatur 69. Bd.) 1947; Ria *Malms* u. H. G. *Auch,* M. u. Logos 1952.

Minato, Nicolaus Graf, aus Bergamo stammend, Mitglied der von Kaiser Ferdinand III. in Wien gegründeten Italienischen Akademie u. 1667—97 als Poet am kaiserl. Hof das. angestellt, war Librettist der Barockoper. Er ließ bereits seine Helden unverfälschte Wiener Couplets singen u. verwandelte antike Stoffe in lokal-possenhafte. Zu seinen beliebtesten Opern zählte „Die Geduld des Socrates mit zweyen Ehewirthinnen".
Eigene Werke: Aristomene 1670; Leonida in Tegea 1670; Gundeberga 1672; La laterna di Diogene 1674; Enea in Italia 1678;

Monarchia Latina trionfante 1678; Temistocle in Persia 1681; La forza dell'amicizia 1681; Adalberto 1697; L'Esopo 1703; Alboino 1707 u. v. a.
Literatur: Otto *Rommel,* Die Alt-Wiener Volkskomödie 1952.

Minckwitz, Johannes, geb. 21. Jan. 1812 zu Lückersdorf bei Kamenz in der Lausitz, gest. 29. Dez. 1885 im Bad Neuenheim bei Heidelberg, Sohn eines Dorfrichters u. Bauerngutsbesitzers, studierte in Leipzig u. wurde 1861 a. o. Professor für klass. Philologie das. Dramatiker u. Übersetzer.
Eigene Werke: Der Prinzenraub (Schauspiel) 1839; Aristophanes' Lustspiele, deutsch 1856.
Literatur: Ludwig *Fränkel,* J. Minckwitz (A. D. B. 52. Bd.) 1906.

Minden, Stadt in Westfalen, im Siebenjährigen Krieg von den Franzosen besetzt, 1759 nach dem Sieg der verbündeten Engländer, Hannoveraner u. Braunschweiger befreit, als dramatischer Schauplatz.
Behandlung: Hjalmar *Kutzleb,* Die Schlacht bei Minden (Drama) 1936.

Minden, Berte-Eve s. Thoß, Elke.

Minden (Ps. Able), Elisabeth, geb. 17. Nov. 1921 zu Aschaffenburg, Tochter eines Großkaufmannes Able, durch Lotte Grüner vom Schauspielhaus in Dresden für die Bühne ausgebildet, betrat diese in Döbeln, kam über Paderborn, Kamenz u. Erfurt als Jugendliche Salondame u. Charakterspielerin nach Dresden (Kammerspiele u. Volksbühne) u. Burg, heiratete Heinrich Alfred M. (s. d.), wirkte später in Remscheid-Kaiserslautern u. zog sich dann von der Bühne zurück. Hauptrollen: Maria Stuart, Salome, Fräulein Julie, Katharina Knie u. a.

Minden, F. s. Gumtau, Friedrich.

Minden, Heinrich Alfred, geb. 19. Aug. 1915 zu Dresden, studierte in Köln (Universität), war Schauspieler in Dresden, Erfurt, Köln u. Kamenz, 1947—48 Oberspielleiter in Erfurt, 1948—49 Intendant des Stadttheaters Burg bei Magdeburg, 1949—51 Leiter des Zimmertheaters in Köln u. Lehrer am Theaterwissenschaftl. Institut das., 1951—52 Oberspielleiter in Remscheid u. hierauf in Kaiserslautern. M. trat auch mit Bühnenstücken hervor. Gatte von Elisabeth M., später mit der Schauspielerin Charlotte

Mohr verheiratet. Hauptrollen: Wehrhahn („Der Biberpelz"), Malvolio („Was ihr wollt"), Leonhard („Maria Magdalene" von Hebbel) u. a.
Eigene Werke: König Drosselbart 1946; Kalif Storch 1949; Cyprianus 1951.

Mindszenty, Maria, geb. 21. Mai 1898 zu Wien, spielte frühzeitig schon in Kindervorstellungen, wurde Elevin der Ballettschule an der dort. Hofoper, 1913 Solotänzerin, unternahm Gastspielreisen nach Ägypten, Holland, Belgien, Italien, England, wirkte bei der Haller-Revue am Metropoltheater in Berlin, bei den Rotter-Bühnen in Leipzig u. a., vielfach auch im Film. Hauptrollen in „Die Puppenfee", „Eine Nacht in Venedig", „Giuditta", „Das Land des Lächelns" u. a.

Minetti, Bernhard Theodor Henry, geb. 26. Jan. 1905 zu Kiel, studierte in München u. Berlin (Universität) u. an der dort. Schauspielschule, begann seine Bühnenlaufbahn 1927 in Gera, kam 1928 nach Darmstadt, 1930 ans Staatstheater in Berlin, 1946 nach Kiel, 1947 an das Deutsche Schauspielhaus in Hamburg u. war seit 1951 am Schauspielhaus in Frankfurt a. M. tätig. Gastspiele führten ihn 1949—51 nach Hannover, Bochum, Essen, Aachen u. Bonn. Hauptrollen: Faust, Franz Moor, Wallenstein, Geßler, Hamlet, Macbeth, Brutus, Robespierre, König Ottokar u. a.
Literatur: H. E. *Weinschenk,* B. Minetti (Wir von Bühne u. Film) 1939; K. H. *Ruppel,* Berliner Schauspiel 1943; R. *Biedrzynski,* Schauspieler, Regisseure, Intendanten 1944.

Minetti, Hans Peter, geb. 21. April 1926 zu Berlin, studierte in Kiel, Hamburg u. Berlin Philosophie, wurde in Weimar für die Bühne ausgebildet, debütierte 1949 das. u. gehörte dann als Schauspieler dem Staatstheater in Schwerin u. dem Maxim-Gorki-Theater in Berlin an. Hauptrollen: Antipholus von Ephesus („Komödie der Irrungen"), Franz Moor („Die Räuber"), Beckett-Rein („Der Feigling" von Brodwin) u. a.

Minghetti, Marie s. Maurer, Marie.

Mingotti, Angelo s. Mingotti, Pietro.

Mingotti, Pietro (Geburtsdatum unbekannt), gest. 28. April 1759 zu Kopenhagen, führte teilweise zusammen mit seinem Bruder Angelo 1732—56 in Österreich, Mitteldeutschland, Hamburg u. Kopenhagen ein Opernunternehmen, welchem u. a. auch Gluck als Komponist u. Dirigent angehörte. Gatte der Folgenden.
Literatur: Erich Hermann *Mueller* von *Asow,* Die Mingottischen Opernunternehmungen (Diss. Leipzig) 1916; ders., Angelo u. Pietro M. 1917.

Mingotti, Regina, geb. 6. Febr. 1722 zu Neapel, gest. 1. Okt. 1808 zu Neuburg a. d. Donau, Tochter eines österr. Offiziers Valentin, in einem schlesischen Ursulinenkloster erzogen, Gattin des Impresario Pietro M., der an der Spitze italienischer Operisten 1732 in Leipzig, dann bis 1736 in Brünn u. seit 1746 in Dresden tätig war, wurde 1747 Hofopernsängerin das., trat nach 1752 in Madrid, London u. verschiedenen italienischen Städten auf, nahm 1763 von der Bühne Abschied u. lebte dann in München, zuletzt bei ihrem Sohne, dem Forstinspektor Samuel v. Bukinghem in Neuburg. Man rühmte ihr eine besonders umfangreiche Stimme, hinreißenden Vortrag u. schönes Äußeres nach.
Literatur: Joseph *Kürschner,* R. Mingotti (A. D. B. 21. Bd.) 1885; A. J. *Hey,* R. M. (Aus dem Musikleben des Steirerlands) 1924.

Mink (geb. Schweidtzer), Therese, geb. 1812 zu Wien, gest. im Sept. 1881 das., Schauspielerin u. Sängerin an verschiedenen Bühnen, genannt die „ungarische Nachtigall", kam 1836 als Gast nach München, sang hier die Norma, Agathe, Donna Anna, Julia u. Desdemona u. nahm 1838 das. ein festes Engagement an. 1841 verließ sie wegen Finanzkontroversen mit der Intendanz München u. wirkte bis 1849 in Pest. Franz Lachner schrieb für sie die Titelrolle von „Catharina Cornaro". K. Th. von Küstner führte ihre äußerste Beliebtheit beim Publikum auf ihre „klangvolle Stimme u. gefühlvollen Vortrag" zurück. Weitere Hauptrollen: Valentine („Die Hugenotten"), Alice („Robert der Teufel"), Gräfin („Die Hochzeit des Figaro"), Iphigenie, Alceste u. a.

Minna von Barnhelm oder Das Soldatenglück, Lustspiel in fünf Aufzügen von Gotthold Ephraim Lessing, konzipiert nach Beendigung des Siebenjährigen Krieges in Breslau 1765, wo er als Sekretär des Generalleutnants v. Tauentzien wirkte, ausgearbeitet im Winter 1766/67, gedruckt im 1. Band der „Lustspiele" 1767, uraufgeführt in Hamburg, infolge ungünstiger Besetzung jedoch nur mit geringem Erfolg, trat erst nach den folgenden Aufführungen in Leipzig seinen Siegeszug über alle deutschen Bühnen an, zu deren eisernem Bestand es als erstes Stück seiner Art heute noch gehört. Die Illustrationen von Chodowiecki trugen auch zum Bucherfolg wesentlich bei. Goethe, der als Leipziger Student einer Aufführung beiwohnte, würdigte es im 7. Buch von „Dichtung u. Wahrheit": „Der erste wahre u. höhere eigentliche Lebensgehalt kam durch Friedrich den Großen u. die Taten des Siebenjährigen Krieges in die deutsche Poesie . . . Eines Werkes aber, der wahrsten Ausgeburt des Siebenjährigen Krieges, von vollkommenem, norddeutschem Nationalgehalt, muß ich hier vor allen ehrenvoll erwähnen; es ist die erste, aus dem bedeutenden Leben gegriffene Theaterproduktion von spezifisch temporärem (d. h. zeitgenössischem) Gehalt, die deswegen auch eine nie zu berechnende Wirkung tat: Minna von Barnhelm . . . Man erkennt leicht, wie genanntes Stück zwischen Krieg u. Frieden, Haß u. Neigung erzeugt ist. Diese Produktion war es, die den Blick in eine höhere bedeutendere Welt aus dem literarischen u. bürgerlichen, in welcher sich die Dichtkunst bisher bewegt hatte, glücklich eröffnete. Die gehässige Spannung, in welcher Preußen u. Sachsen sich während dieses Krieges gegeneinander befanden, konnte durch die Beendigung desselben nicht aufgehoben werden . . . Dieses aber sollte gedachtes Schauspiel im Bilde bewirken. Die Anmut u. Liebenswürdigkeit der Sächsinnen überwindet den Wert, die Würde, den Starrsinn der Preußen." Und noch im Alter bekannte Goethe zu Eckermann: „Sie mögen denken, wie das Stück auf uns junge Leute wirkte, als es in jener dunkeln Zeit hervortrat. Es war wirklich ein glühendes Meteor." Literarische Vorbildung benutzte Lessing für sein Lustspiel nicht, auch im Hinblick auf die Technik nicht. Die beiden ersten Akte nannte Goethe „wirklich ein Meisterstück von Exposition", „ein unerreichbares Muster". Die Handlung spielt, um die Einheit der Zeit u. des Ortes zu wahren, an einem Tag, dem 22. August 1763, vom frühen Morgen bis zum späten Abend, in Berlin unmittelbar nach dem Siebenjährigen Krieg. Der preußische Major von Tellheim, der Züge des Dichter-Offiziers Ewald v. Kleist u. Lessings selbst aufweist, kämpft,

verabschiedet u. verarmt, um sein Recht u. seine Ehre. Er hält sich nicht mehr für wert, seine Braut Minna von Barnhelm, die reiche Gutserbin, heimzuführen. Aber sie, die Idealgestalt einer deutschen Frau, gibt ihm sein Selbstvertrauen wieder. Auch die Nebengestalten des technisch meisterhaft gebauten Intrigenstücks erscheinen glänzend charakterisiert, vom humorvollen biederen Wachtmeister Werner, dem treuherzigen Bedienten Just des Majors, dem urwüchsigen Gastwirt, bei dem er einlogiert ist, bis zum Kauderwelsch redenden Renommisten Riccaut, mit dem der Dichter eine Satire auf die Nachäfferei der Franzosen in Deutschland verbindet. Der nationale Charakter des Dramas tritt auch sonst, allerdings ohne jede peinliche Tendenz, hervor. Lessing meinte zu F. Nicolai, er sei zu Leipzig für einen Erzpreußen u. in Berlin für einen Erzsachsen gehalten worden, weil er keins von beiden war u. keins von beiden sein durfte, um seine Minna zu machen. Die Idee eines gemeinsamen deutschen Vaterlandes, wie er sie auffaßte, lehnte jeglichen unnatürlichen Partikularismus ab. Der Erfolg war international. 1771 wurde das Stück ins Französische, 1772 ins Dänische übersetzt, 1774 erschien eine französische Bearbeitung von Rochon de Chabannes unter dem Titel „Les amants généreux", 1786 eine englische von Johnstone als „The disbanded officer", 1780 gab es eine holländische Übertragung, 1792 eine italienische, 1793 eine schwedische. Im 19. Jahrhundert folgten Bearbeitungen in russischer, madjarischer u. a. Sprachen. Größte Anerkennung fand das Stück bei Grillparzer („Studien zur Literatur" 1822): „Gelesen: Minna von Barnhelm zum zweitenmal. Was für ein vortreffliches Stück! Offenbar das beste deutsche Lustspiel. Lustspiel? Nu ja, Lustspiel; warum nicht? So echt deutsch in allen seinen Charakteren, u. gerade darin einzig in der deutschen Literatur. Da ist kein französischer Windbeutel von Bedienten der Vertraute seines Herrn; sondern der derbe, grobe, deutsche Just. Der Wirt freilich ganz im allgemeinen Wirtscharakter; aber dagegen wieder Franziska! Wie redselig u. schnippisch u. doch so seelengut u. wacker u. bescheiden. Kein Zug vom französischen Kammermädchen, der doch die deutschen im Leben u. auf dem Theater ihren Ursprung verdanken. Minna von vornherein herrlich. Wenn man diesen Charakter zergliedern wollte, so käme durchaus kein Bestandteil heraus, von dem

man sich irgend Wirkung versprechen könnte, u. doch, demungeachtet, oder wohl eben gerade darum, in seinem Ganzen so vortrefflich. Ganz aus einer Anschauung entstanden, ohne Begriff. Ihre Verstellung gegen das Ende zu möchte zwar etwas über ihren Charakter hinausgehen, aber in der Hitze der Ver- u. Entwicklung, u. über der Notwendigkeit zu schließen, ist ja selbst Molièren oft derlei Menschliches begegnet. Tellheim wohl am meisten aus einem Begriff entstanden, aber begreiflich, weil er nach einem Begriff handelnd eingeführt wird. Der Wachtmeister herrlich, sein Verhältnis zu Franziska, so wie der Schluß, göttlich! In der Behandlung des Ganzen vielleicht zu viele Spuren des Uberdachten, Vorbereiteten, aber auch so viel wahre, glückliche Naturzüge! Die Sprache unübertrefflich! deutsch, schlicht und ehrlich. Man sollte das Stück durchaus in einem Kostüm spielen, das sich dem der Zeit des Siebenjährigen Krieges annäherte: nicht ganz dasselbe, um nicht lächerlich zu sein; aber auch nicht ganz modern, denn die Gesinnungen des Stückes stechen zu sehr von den heutigen ab."
Literatur: G. *Kettner,* Uber Lessings Minna von Barnhelm 1896; K. H. v. *Stockmayr,* Das deutsche Soldatenstück seit Lessings Minna 1898; G. *Brose,* Eine der Quellen für Lessings Minna 1902; J. *Wihan,* Lessings Minna u. Goldonis Lustspiel Un curioso accidente 1903; H. *Meyer-Benfey,* Lessings Minna von Barnhelm 1915; Lotte *Labus,* Lessings M. v. B. auf der deutschen Bühne (Diss. Berlin) 1936; H. *Stolte,* M. v. B. (Zeitschrift für deutsche Bildung Nr. 3/4) 1941; E. *Staiger,* Lessings M. v. B. (German Life and Letters, Neue Folge 1. Bd.) 1948; J. *Brosy,* Das Bild der Frau im Werk Lessings (Diss. Zürich) 1951.

Minnesota, der nordamerikanische Staat, besaß in der 2. Hälfte des 19. Jahrhunderts nicht nur in St. Paul, sondern auch in anderen Städten des Landes deutschsprachige Bühnen, an denen klassische Dramen, aber auch Volksstücke z. B. von Bäuerle aufgeführt wurden.
Literatur: H. E. *Rothfuß,* Criticism of the German-American Theater in Minnesota (The German Review Nr. 2) 1952.

Minnich, Hans, geb. 1889, gest. im Febr. 1940 zu Berlin, war Schauspieler u. Sänger 1906 in Bonn, 1907 in Halberstadt, 1908 in Altona (Schillertheater), 1909 in Pforzheim,

1910—11 in Hagen in Westfalen, 1912 in Brandenburg an der Havel, 1913—14 in Guben, 1915—17 in Metz, 1918 in Kattowitz, 1919 in Rostock, 1920 in Naumburg a. d. Saale, später an verschiedenen Bühnen in Berlin, auch Dramaturg. Hauptrollen: Wirt ("Minna von Barnhelm"), Schwerin ("Zopf u. Schwert"), Zacharias ("Bartel Turaser") u. a.

Minor, Jakob (Ps. Junius u. J. Löw, nach seiner Mutter), geb. 15. April 1855 zu Wien, gest. 7. Okt 1912 das., studierte in Wien (bei Heinzel u. Tomaschek) u. Berlin (bei Müllenhoff u. Scherer), habilitierte sich 1880 in Wien, wurde 1882 Professor in Mailand u. 1884 in Wien. Führender Literarhistoriker seiner Zeit, besonders um Drama u. Theater bemüht, auch Theaterkritiker.
Eigene Werke: Chr. Weiße u. seine Beziehungen zur deutschen Literatur des 18. Jahrhunderts 1880; Brentanos Gustav Wasa, herausg. 1883 (Deutsche Literaturdenkmale); Die Schicksalstragödie in ihren Hauptvertretern 1883; Das Schicksalsdrama 1884; Das neue Burgtheater 1888; Speculum vitae humanae des Erzherzogs Ferdinand von Tirol, herausg. 1889; Schiller 2 Bde. 1890 (unvollendet); Die Ahnfrau u. die Schicksalstragödie 1898; Zur Geschichte der deutschen Schicksalstragödie u. Grillparzers Ahnfrau 1899; J. N. Bachmayr 1900; Goethes Faust I. 1901; Arnims Ariels Offenbarungen, herausg. 1912; Aus dem alten u. neuen Burgtheater. Mit einem Geleitwort von Hugo Thimig 1920.
Literatur: August *Sauer,* J. Minor (Biogr. Jahrbuch 17. Bd.) 1915; R. F. *Arnold,* J. M. (Neue Österr. Biographie 6. Bd.) 1929; ders., J. M. (Reden u. Studien) 1932; A. *Sauer,* J. M. (Probleme u. Gestalten) 1933.

Minor, Minna s. Alken-Minor, Minna.

Minor, Nora, geb. 7. Dez. 1910 zu Wien, war seit 1937 Mitglied des Residenztheaters in München. Darstellerin kleiner Charakterrollen (Frau Henschel in "Fuhrmann Henschel" von G. Hauptmann, Jungfer Zipfersaat in "Die Soldaten" von J. M. R. Lenz, Miß Grove in "Kolportage" von G. Kaiser u. a.).

Mint, Pepper s. Oerthel, Kurt Leopold Alexander von.

Mio da Minotto, Agnes Gräfin von (Ps. Agnes Sorma), geb. 17. Mai 1862 zu Breslau, gest. 10. Febr. 1927 zu Crownking (Arizona), Tochter einer Werkführerswitwe Anna Hentschel (verh. Saremba), kam als Jugendliche Liebhaberin 1880 nach Görlitz, 1881 nach Weimar, 1882 nach Posen u. 1883 durch L. Barnays (s. d.) Vermittlung ans Deutsche Theater in Berlin, ging 1890, kurz nachdem sie einen jungen venezianischen Patrizier Mio da Minotto geheiratet hatte, mit Barnay an dessen Berliner Theater, wirkte dann bei O. Brahm (s. d.) wieder am dort. Deutschen Theater u. unternahm seit 1898 umfangreiche Gastspiele bis nach Frankreich, Italien u. dem Orient. Von ihrem inzwischen entwickelten Stardasein unbefriedigt, kehrte sie jedoch alsbald nach Berlin zurück u. erreichte nach einem kurzen Engagement am Lessingtheater seit 1904 bei M. Reinhardt (s. d.) am Neuen Theater ihre künstlerische Vollendung. 1908 bis 1914 war sie an verschiedenen Bühnen bei A. Halm (s. d.) u. V. Barnowsky (s. Nachtrag) mit größtem Erfolg tätig. Während des Ersten Weltkrieges Krankenschwester, folgte sie nach dessen unglücklichem Ausgang ihrem Sohn James (ihr Gatte war längst gestorben) nach Chikago u. schließlich auf ein in Arizona erworbenes Landgut. Sie erlag einem Herzschlag u. wurde an der Seite ihres Gatten in Wannsee begraben. Carl Hagemann rühmte ihr („Deutsche Bühnenkünstler um die Jahrhundertwende" 1940) nach: „Ein mädchenhafter Charme sondergleichen, eine liebenswürdige Natürlichkeit u. Anmut durften sich bei diesem begnadeten Menschenwesen der ansprechendsten Mittel bedienen: einer süßen, immer ein wenig vibrierenden sich auch in verschlossenste Herzen einschmeichelnde Stimme, eines großen strahlenden Auges, das jede Regung zartester Empfindung zu verraten wußte, u. eines Körpers von vollendeter Harmonie u. Ausdrucksfähigkeit. Und all das bei lebhaftem u. doch maßvollem Temperament u. der seltenen Gabe eines reichen Innenlebens. Das sonnige Leuchten einer glückhaften Seele, das diese Frau u. Künstlerin selbst noch durch den Schmerz der Tragik durchschimmern lassen konnte, hat eine ganze Generation beglückt u. in ihrem Lebensgefühl erhöht." In ihrer ersten Bühnenzeit war sie nur die „Naive" der Lustspiele u. Gustav Kadelburg (s. d.) ihr häufiger Partner. Am Deutschen Theater spielte sie zusammen mit Josef Kainz (s. d.). Hier war sie, wie Julius Bab schreibt, „die wirkliche Erfüllerin der Ibsenschen Gestalt (Nora); schon in frühen Szenen des

‚Singvögelchens' lag so viel Leidenschaft, daß der Durchbruch zu tragischem Erlebnis u. hoher Entschlossenheit nicht mehr unnatürlich schien. Und da waren schon die großen, ganz unvergeßlichen Augenblicke von A. Sormas Kunst: Nora am zweiten Aktschluß — Todesangst im Herzen, hat sie die Tarantella heruntergerast. Nun steht sie da, allein, u. zählt die Stunden, die sie noch zu leben haben wird. Im Maskenkostüm — denn morgen abend soll sie tanzen. — Leise klirrt das Tamburin, das sie bewußtlos noch hält. — ‚Vierundzwanzig Stunden u. sieben — dann ist sie aus, die Tarantella.' Die Stimme erblaßt, friert ein. — Riesengroß geweitet starren die Augen — wie Höhlen, in die die Nacht einzieht — mit einer Ausdruckslosigkeit, die furchtbarster Ausdruck ist." Als Max Reinhardt (s. d.) mit ihr in der Titelrolle „Minna von Barnhelm" am Neuen Theater in Berlin herausbrachte u. Adolf von Menzel die historische Korrektheit der Inszenierung überprüfte, zeigte auch er sich berührt von dieser Darstellung der Minna. A. S., der die „große Reisehaube des sächsischen Fräuleins wie ein Heiligenschein" stand, gab eine „unbeschreibliche Mischung von fraulichen, jungfräulichen, mütterlichen, kindlichen, menschlichen Kräften" (Wolfgang Götz). Die letzte künstlerische Phase bei Reinhardt zeigte ein Wachstum der Sorma „an Kraft, Haltung, Größe, das weit über das bürgerlich Liebliche hinausging, das sie sonst zu umgrenzen schien. Sie war noch einmal Porzia . . . Dann war sie Hermione, die Königin in Shakespeares ‚Wintermärchen' — in voller Anmut die freundliche Wirtin des Böhmenkönigs — dann vom Eifersuchtswahnsinn des Gatten angeklagt, voll Gram u. voll stolzer Hoheit, u. am Ende die schönste aller Statuen u. unendlich ergreifend, wie sie auftaut zum Leben mit dem vergebenden Lächeln für den Mann u. dem tiefbewegten Liebeswort zur Tochter. Das war schon gar nicht mehr ‚bürgerlich'. — Und dann kam (eine von Reinhardts schönsten Inszenierungen!) Hofmannsthals ‚Ödipus u. die Sphinx', — etwa als erster Teil zu ‚König Ödipus' gedacht. Es war der Abend, an dem Alexander Moissi (s. d.) endlich von ganz Berlin begriffen u. jäh bejubelt wurde, wie er, ein Hochbild hinschmelzender Dekadenz, als Kreon auf der Szene stand. A. S. aber war Jokaste — nun trug sie das Griechengewand einer Königin u. war eine Leidende von heroischer Kraft. Am Ende aber stan-

den Kayßler (s. d.) als der unerkannte Sohn
Ödipus u. die S. als Jokaste — auf einer
Höhe, allein, vor funkelndem Sternenhimmel — u. seine schwere Mannesstimme
u. ihr sehnsüchtiges silbernes Singen schmolzen zusammen in einen Klang, der unmittelbar aus den Sternen niederzukommen
schien" (Bab). Als Reinhardt neben dem
Deutschen Theater die Kammerspiele eröffnete, spielte die S., die zwanzig Jahre
vorher die Regine dargestellt hatte, die
Frau Alving. „. . . nun war die S. die Frau
Alving, die Schmerzensmutter. Und es war
vielleicht die vollkommenste Verkörperung,
die diese Gestalt je gefunden hat. Unter er-
grauenden Haaren starrten diese großen
Augen u. weinten lautlos u. herzzerreißend.
Ihr Lächeln, das berühmte Lächeln der S.,
nahm hier, wie Hofmannsthal schrieb, ‚die
seltsamste Form an, die man sehen kann:
das Lächeln der Verzweiflung.' Das war A.
Sormas Kunst auf ihrer letzten Höhe" (Bab).
Weitere Hauptrollen: Esther, Edrita, Jüdin
von Toledo, Käthchen von Heilbronn, Katharina („Der Widerspenstigen Zähmung"),
Lady Cecil („Kapitän Brassbounds Bekehrung") u. a.
Literatur: Ludwig *Barnay,* Erinnerungen
1903; Bernhard *Hermann,* A. Sorma (Die
Bühne 6. Jahrg.) 1904; Julius *Bab,* Gedenkbuch für A. S. 1927; Erich *Freund,* A. S.
(Schlesische Lebensbilder 3. Bd.) 1928 (mit
quellenmäßigen Feststellungen); Wolfgang
Drews, A. S. (Die großen Zauberer) 1950;
J. *Bab,* A. S. (Kränze dem Mimen) 1954.

Mirabeau, Gabriel Honoré Riquetti Graf
(1749—91), der Staatsmann der französischen
Revolution, als Bühnenheld.
Behandlung: Ernst *Raupach,* Mirabeau
(Trauerspiel) 1850; Gotthold *Häbler,* Graf
M. (Schauspiel) 1866; Franz *v.* *Werner,* M.
(Trauerspiel) 1875; Ernst *Strüfing,* M.
(Drama) 1896; Hartmann Freih. *v. Richt-
hofen,* M. (Drama) 1930; Herbert *Denk,* M.
(Trauerspiel) 1937.

Mirakelspiele (nach dem lat. miraculum =
Wunder), besonders im Mittelalter beliebte
dramatisierte Legenden aus der Heiligen-
geschichte, vor allem der Mutter Gottes, im
20. Jahrhundert wieder aufgenommen, z. B.
„Das Mirakel" von Karl Vollmoeller als
eine von Max Reinhardt großartig inszenierte Zirkuspantomime (vor dem Ersten
Weltkrieg eine Sensation). Vgl. auch Mysterienspiele.
Literatur: Otto *Weydig,* Beiträge zur Ge-

schichte des Mirakelspiels in Frankreich.
Das Nikolausmirakel (Diss. Jena) 1910; David *Strumpf,* Die Juden in der mittelalterlichen Mysterien-, Mirakel- u. Moralitäten-
dichtung Frankreichs (Diss. Heidelberg)
1919.

Mirani, Johann Heinrich, geb. 25. April
1802 zu Prag, gest. 20. Sept. 1873 zu Wien,
Sohn eines Seifensieders, humanistisch ge-
bildet, wurde 1833 Buchhalter in Wien, 1843
Sekretär des Theaters in Preßburg, 1844
Sekretär des Josefstädter Theaters in Wien
u. 1845 des dort. Theaters an der Wien.
Vor allem Dramatiker.
Eigene Werke: Die Gefälligen (Einakter)
1840; Die Zebrahaut (Genrebild) 1840; Der
Bettler vom Hohen Markt in Wien (Histor.
Drama) 1844; Tambour der Garde (Schau-
spiel) 1846; Der Lohn des Geächteten
(Schauspiel) 1847; Hier ein Schmidt, da ein
Schmidt u. wieder ein Schmidt (Posse) 1847;
Das Herz hat recht (Volksstück) 1865; Ein
Lehrer zur Zeit Josephs II. (Sittengemälde)
1867 u. a.
Literatur: Wurzbach, J. H. Mirani (Biogr.
Lexikon 18. Bd.) 1868.

Mirbt, Rudolf, geb. 24. Febr. 1896 zu Marburg an der Lahn, Sohn des Kirchenhisto-
rikers Carl M., studierte in Göttingen u.
Gießen, wurde Buchhändler, 1927 Geschäftsführer des evangel. Volksbildungsausschus-
ses in Breslau, 1932 Leiter der Literar. Abteilung das. u. 1934 der Mittelstelle für das
deutsche Auslandbüchereiwesen in Berlin,
später freier Schriftsteller u. seit 1955 Leiter der Bundesarbeitsgemeinschaft für Laienspiele u. -theater in Kiel. Herausgeber der
Zeitschrift „Die Laienspielgemeinde" (seit
1948). Otto Bruder charakterisierte M. in
„Begegnungen u. Wirkungen": „Er war Spieler, Regisseur u. Dichter in einem. Ein
Feuergeist, der das Gebilde schuf, das heute
eben den Zwitternamen ‚Laienspiel' trägt,
womit aber im Grunde nur Oberflächliches
gesagt ist. Auch er knüpfte zunächst am
Mittelalter an (Ackermann von Böhmen,
Verlorener Sohn von. Burckhard Waldis).
Aber auch diese alten Spiele wurden sofort
‚expressionistisch' umgeprägt. Und dann
kam sein Vorstoß ins Moderne. Vielleicht
kann man es an der Negation am besten
klar machen, was R. Mirbts Laienspiel war
u. heute noch ist: kein Berufstheater, kein
Volksschauspiel, keine Vereinsbühne, kein
Dilletantismus — aber ein Kunstwerk mit
eigenen Gesetzen, u. wie jedes künstleri-

sche Phänomen: Einklang von Innen u. Außen, von Sinn u. Gestalt. Man muß ihn erlebt haben, den Magier R. M. im ersten Aufbruch in München, wie er ‚Klötze' in bewegliche, atmende Darsteller verwandelte, wie er aus Nichts eine Atmosphäre hervorzauberte, der Sprache ihren Wert zurückgab, dem Körper seinen natürlichen Ausdruck. Man muß ihn erlebt haben bei den Proben, im Kreise seiner Spielschar, im Tumult der Debatten, im Jugendring u. bei persönlichen Gesprächen: Ein gebändigter Vulkan, geistvoll u. witzig, voller Impulse, die ganze folgende Laienspielepoche bis zum heutigen Tage befruchtend."

Eigene Werke: Münchener Laienspiele 1923—39; Die Bürger von Calais 1924; Das Urner Spiel von Wilhelm Tell 1924; Das deutsche Volksspiel 1928—31 (mit J. Gentges); Der Laienspielberater 1929—31; Münchener Laienspielführer 1932; Passion 1932; Reportage des Todes 1932; Das Feiertagsspiel 1932; Die Judasspiele (Lehrspiel) 1946; Bärenreiter-Laienspiele herausg. 1947 bis 1955; Von der eigenen Gebärde (Laienspielbuch) 1951 u. a.

Literatur: Hermann *Kaiser,* Begegnungen u. Wirkungen. Festgabe für R. Mirbt 1956.

Miris, Franz von s. Bonn, Franz.

Mirkow, Elly, geb. 28. Febr. 1895 zu Breslau, gest. 23. Okt. 1935 zu Berlin, Sängerin der Wuppertaler Bühnen, vorher wirkte sie in Breslau (1924—26) u. Saarbrücken (1928 bis 1929).

Mirowna, Maria (Geburtsdatum unbekannt), gest. 26. Jan. 1942 zu Hamburg, war 20 Jahre Erste Opern- u. Operettensängerin in Essen, an den Städtischen Bühnen in Düsseldorf, Remscheid u. am Landestheater in Oldenburg. Hauptrollen: Amneris („Aida") u. a.

Mirsalis, Hans, geb. 16. Febr. 1870 zu Wolfenbüttel, gest. 25. Dez. 1940 zu Braunschweig, war Opernsänger u. a. in Zürich, Riga, viele Jahre in Bremen u. Magdeburg, zog sich nach dem Ersten Weltkrieg von der Bühne zurück u. wurde Leiter der Vereinigten Färbereien in Braunschweig. Hauptrollen: Iwanow („Zar u. Zimmermann"), Kilian („Der Freischütz"), Beppo („Der Bajazzo") u. a.

Mirsalis, Otto, geb. 4. Febr. 1868 zu Wolfenbüttel, wurde in Weimar von F. v. Milde für die Bühne ausgebildet u. wirkte in Det-

mold, Neustrelitz, Metz, Bern, Chemnitz u. a. als Tenorbuffo. Seit 1906 lebte er in Neuyork. Hauptrollen: Steuermann, David, Basilio, Pedrillo u. a.

Mirsch-Riccius, Erich, geb. 1884 zu Bautzen, Sohn eines Hamburger Musikschriftstellers u. einer Sängerin, die mit Bülow u. Brahms befreundet waren, studierte in Leipzig (u. a. bei Nikisch, Pembaur u. Riemann), wirkte dann als Kapellmeister in Memel, Zwickau, Leipzig, Groningen u. schließlich am Theater des Westens in Berlin. Komponist u. a. von Opern, für die er die Texte meist selber schrieb.

Eigene Werke: Frasquita 1910; Das weiße Haar der Königin 1912; Der Student von Prag 1935; Watteau o. J.; Belsazar o. J.; Die verzauberte Kerze (Märchenspiel) o. J.

Literatur: Werner *Schwarz,* E. Mirsch-Riccius (Zeitschrift für Musik Nr. 12) 1953.

Mirus, Eduard, geb. 12. Mai 1856 zu Laibach, gest. 14. Dez. 1914 zu Wien, betrat 1885 in Mainz als Graf Liebenau im „Waffenschmied" erstmals die Bühne, kam 1888 ans Carl-Theater nach Wien, studierte hier bei E. Hanslick Musikwissenschaft, wirkte dann 1890—95 als Bariton am Stadttheater in Budweis u. ließ sich schließlich als Gesangslehrer in Wien nieder.

Misch, Robert, geb. 6. Febr. 1860 auf Schloß Zarczyn bei Bromberg, gest. 27. Nov. 1929 zu Berlin, Sohn eines Rittergutsbesitzers, sollte Ingenieur werden, wandte sich aber nach seinem ersten literarischen Versuch, einem Trauerspiel „Tarquinius Superbus", der Bühne zu, wirkte als Schauspieler in Halberstadt, Rudolstadt, Potsdam, St. Gallen u. mit dem Ensemble des Berliner Residenztheaters in Amsterdam, studierte hierauf in München Geschichte, Philosophie u. Literatur, wurde 1887 Kunstkritiker des „Wiesbadener Tageblatts" u. ließ sich nach einem Konflikt mit der Wiesbadener Hofbühne 1890 in Berlin nieder, wo er sich als Dramatiker u. Erzähler betätigte.

Eigene Werke: Leda (Lustspiel) 1885; Die Liebesleugnerin (Schauspiel) 1886; Die Junggesellen (Schwank) 1887; Das Schützenfest (Schauspiel) 1888 (mit Jacoby); Die Strohwitwe (Schwank) 1889 (mit dems.); Baronin Ruth (Schauspiel) 1891; Fräulein Frau (Lustspiel) 1891; Karriere (Schwank) 1892; Der sechste Sinn (Schwank) 1893 (mit G. v. Moser); Die Massagekur (Schwank) 1893; Der Phönix (Lustspiel) 1893 (mit E. v. Wolzogen); Nachruhm (Komödie) 1897; Das Ewig-Weibliche (Heiteres Phantasiespiel) 1902; Krieg im Haus (Verslustspiel) 1903; Schauspielerehe (Novelle) 1904; Biederleute (Satir. Komödie) 1904; Übermenschen (Tiger Borgia — Schicksalswende — Der Prophet, Einakter) 1905; Kinder (Gymnasiastenkomödie) 1907; Komödianten (Schauspiel) 1907; Der Jockeyklub (Operette) 1909; Das Prinzchen (Liebeskomödie) 1911; Die Marketenderin (Oper) 1914; Gaudeamus (Oper) 1919; Das Kuckucks-Ei (Komödie) 1920.

Mischke, Hans, geb. 25. Okt. 1869 zu Breslau, gest. 24. Jan. 1907 zu Hannover, nach Besuch eines Gymnasiums von G. Th. Fischer (s. d.) dramatisch ausgebildet, begann seine Bühnenlaufbahn in Breslau, kam 1889 nach Hanau, 1892 nach Weimar, dann über Erfurt 1899 nach Bremen u. 1902 nach Berlin (Berliner Theater) u. a., zuletzt ans Hoftheater in Hannover. Hauptrollen: Hamlet, Faust, Antonius, Posa, Fuhrmann Henschel u. a.

Mischler, Werner Ernst, geb. 22. Juni 1894 zu Czernowitz in der Bukowina, lebte in Wien. Erzähler u. Dramatiker.
Eigene Werke: Richtet nicht (Schauspiel) 1934; Tomas schnitzt die Gerechtigkeit (Schauspiel) 1938; Erpresser (Komödie) 1939.

Misliweczek (auch Mysliweczek), Joseph, geb. 9. März 1737 zu Nusle bei Prag, gest. 4. Febr. 1781 zu Rom, Sohn eines Müllers u. Oberaufsehers der Wasserleitungen in Böhmen, studierte in seiner Vaterstadt, nahm bei F. J. Habermann u. Joseph Seger musikalischen Unterricht, fand für seine Symphonien bald öffentlichen Beifall, ging zur weiteren Ausbildung 1763 nach Venedig u. schrieb in der Nähe von Parma seine erste Oper. Eine weitere „Bellerofonte" wurde am Hof von Neapel erfolgreich aufgeführt. Unter dem Ps. Venatorini erlangte er bald in ganz Italien allgemeine Popularität. 1777 bis 1778 am Hof in München tätig, dann wieder in Italien, jetzt aber von Mißgeschick verfolgt. Über seine letzten Lebensverhältnisse ist nichts Genaues bekannt. Sein Schüler, der Engländer Barry, ließ ihm auf dem Friedhof der Kirche von San Lorenzo in Lucina bei Rom ein Denkmal errichten. M. war ein Freund u. Helfer des jungen Mozart.
Eigene Werke: Hypermnestra 1769; Romulus 1770; Ersile 1771; Antigone 1772;

Demetrius 1773; Attide 1774; Artaserse 1774; Enzio 1775; Demafonte 1775; Olimpiada 1778 u. a.
Literatur: Wurzbach, J. Misliweczek (Biogr. Lexikon 18. Bd.) 1868; Rudolf *Müller,* J. M. (A. D. B. 22. Bd.) 1885; Richard *Stolz,* J. M. (Zeitschrift für Musik Nr. 6) 1938.

Miß Sara Sampson, Trauerspiel in fünf Aufzügen von Gotthold Ephraim Lessing, verfaßt 1755, gedruckt 1755 in Lessings „Schriften", 1764 ins Französische, später auch ins Englische (Amerikanische Ausgabe in Philadelphia 1789) übersetzt. Lillos Drama „Der Kaufmann von London" u. Richardsons Roman „Clarissa" waren seine Vorbilder. Ein leichtsinniger Liebhaber wird seiner Geliebten untreu, entführt eine zweite, ohne sie jedoch heiraten zu wollen. Die erste verfolgt ihn, droht ihr Kind zu töten u. schafft ihre Nebenbuhlerin durch Gift aus dem Wege. Der Ungetreue erdolcht sich. Diese in rührender, redseliger Prosa vorgetragene, aber technisch wirkungsvoll verknüpfte Szenenfolge bildet den Anfang des modernen bürgerlichen Dramas in Deutschland. Schillers „Kabale u. Liebe" stand deutlich unter Lessings Einfluß. Nicht mehr sind Könige u. Fürsten Träger der Handlung. Das Allgemeinmenschliche hat das herkömmliche Element des traditionellen Schauspiels verdrängt. Uber die Uraufführung durch die Ackermannsche Truppe in Frankfurt an der Oder 1755 berichtet Ramler an Gleim: „ . . . die Zuschauer haben dreieinhalb Stunden zugehört, stille gesessen wie Statuen u. geweint". Auf dem Theaterzettel stand die kritische Ankündigung: „Von diesem Trauerspiel kann man mit Wahrheit sagen, daß es das einzige in seiner Art ist, welches der deutschen Schaubühne zur Zierde gereichen muß. Der Verfasser hat es nach dem Geschmack der Engländer eingerichtet, aber weiter nichts als die Namen von ihnen geborgt. Die Charaktere sind darinnen so prächtig geschildert, daß dieses Trauerspiel selbst auf der englischen Bühne für ein Meisterstück könnte gehalten werden. Es weicht wenig von den Regeln der Zeit ab u. die Einheit des Orts ist, wo nicht ganz, doch wahrscheinlich beobachtet. Die Personen stehen in der vollkommensten Verbindung miteinander, so sehr sie auch gegeneinander abstechen u. ihre Handlungen u. Unglücksfälle werden bei den Zuschauern alle möglichen Leidenschaften rege machen. Es würde zu weitläufig sein, den ganzen Inhalt dieses schönen Trauerspiels hierherzusetzten. Wer es gelesen hat u. wem die Verdienste des Herrn Verfassers für die Schaubühne bekannt sind, derselbe wird die Vorstellung mit ebensoviel Vergnügen ansehen, als ein Vergnügen für uns ist, die Bühne mit einem so fürtrefflichen Muster deutscher Dichtkunst bereichert zu haben . . . ." Diese Aufführung der „M.S.S." hatte großen Erfolg, aber eine andauernde Wirkung war dem Drama nicht beschieden. Die Milford u. die Louise verdrängten bald ihre Vorläuferinnen Marwood u. Sara von der Bühne. Schon 1755 hieß es in einem Brief Johann Martin Millers an Voß: „Heute wurde Sara, das an sich schon mittelmäßige u. langweilige Stück, gar langweilig u. schlecht aufgeführt. Ich hätte wirklich die Sara noch für besser gehalten, aber auf dem Theater ennuyiert u. beleidigt sie schrecklich. Lessing lief selber bald wieder weg!" Auch in der folgenden Zeit änderte sich das Urteil nicht wesentlich: „In den letzten Jahrzehnten", meint Lessings Biograph Erich Schmidt, „sind auf verschiedenen deutschen Bühnen mit ‚M.S.S‘, wie es scheint, mehr einzelnen Schauspielerinnen als Lessing u. dem nur szenenweise befriedigten Publikum zuliebe, Belebungsversuche angestellt worden, doch keiner von nachhaltigem Erfolg." Fedor Mamroth (in der „Frankfurter Theaterchronik" 1908) jedoch stellte fest: „Wir sind längst nicht mehr so empfindlich wie Lessings Zeitgenossen . . . es wird uns durchaus nicht schwer, der Handlung mit ernstlicher Teilnahme zu folgen, dem hier schon hell durchleuchteten Dialog Lessings achtsam zu lauschen, über schwache Szenen hinweg die starken zu erwarten, — u. wo sich dennoch Längen zeigen oder Mängel der Komposition zu deutlich hervortreten, hilft die Ehrfurcht, die wir in höherem Grade als das Mitgeschlecht dem Dichter zollen, leicht über diese Widerstände hinaus."

Literatur: K. G. *Berndal,* Miß Sara Sampson (Allg. Theater-Chronik Nr. 1—3) 1859; August *Sauer,* J. W. v. Brawe, ein Schüler Lessings (Quellen u. Forschungen 30. Bd.) 1878; Arthur *Eloesser,* Das bürgerliche Drama 1899; Oskar *Walzel,* Das bürgerliche Drama 1911; Kurt *Brombacher,* Der deutsche Bürger im Literaturspiegel von Lessing bis Sternheim 1920; F. *Brüggemann,* Der Kampf um die bürgerliche Lebensanschauung in der Literatur des 18. Jahrhunderts 1925; J.

Clivio, Lessing u. das Problem der Tragödie 1928; H. *Selver,* Die Auffassung des Bürgers im deutschen bürgerlichen Drama des 18. Jahrhunderts (Diss. Leipzig) 1931; Elise *Dosenheimer,* Das deutsche soziale Drama von Lessing bis Sternheim 1949; Heinrich *Schneider,* Lessings Interesse an Amerika u. die amerikanische Miß S. S. (Lessing) 1950.

Missenharter, Hermann, geb. 5. Juni 1886 zu Stuttgart, studierte in Tübingen, Leipzig, Paris u. London, wurde Journalist u. Verlagslektor u. war seit 1947 ständiger Theaterkritiker der „Stuttgarter Nachrichten". Herausgeber u. a. von Schillers Werken. *Literatur:* Kurt *Homolka,* Geist erhält jung (Stuttgarter Nachrichten Nr. 126) 1956.

Mißner, Rudolf Werner, geb. 21. Juli 1929 zu Dresden, 1947—53 an der dort. Hochschule für Musik zum Spielbariton ausgebildet, gehörte seither der Landesbühne das. als Mitglied an. Hauptrollen: Papageno, Marcel u. a.

Mitau, Stadt in Kurland, besaß seit 1806 ein ständiges Theater, das vor allem Operetten u. Possen zur Aufführung brachte. Daneben wurde noch ein Sommertheater betrieben.

Mithridates der Große (132—63 v. Chr.), König von Pontus, kämpfte in drei Kriegen gegen die Römer, tötete sich jedoch selbst, als ihn sein Sohn verraten hatte. Tragischer Held. Auch Grillparzer beschäftigte sich mit der Gestalt. *Behandlung:* K. H. *Graun,* Mithridates (Oper) 1750; W. A. *Mozart,* M. (Oper) 1770; K. L. *Stever,* M. (Trauerspiel) 1820; F. K. *Weidmann,* M. (Trauerspiel) 1821.

Mitius, Philomene s. Hartl-Mitius, Philomene.

Mitleid als Motiv im Drama. *Literatur:* Francis Waldemar *Kracher,* Dramatisches Mitleidsmittel im modernen deutschen Drama (Diss. Chicago) 1913; Joachim Hans *Marschan,* Das Mitleid bei Gerhart Hauptmann (Diss. Greifswald) 1919.

Mitmensch, Der, Tragikomödie in fünf Akten von Richard Dehmel, in zweiter Fassung (Gesammelte Werke 9. Bd. 1907) also betitelt, wurde in Urfassung 1895 vollendet, konnte sich trotz mehrfach angestellter Versuche keinen Platz erobern, obwohl der

Dichter sie rechtfertigte: „Alles reinste Handlung! Nichts von bloßem Stimmungsquark oder Problemreiterei!" Dehmel hat in einer Abhandlung „Tragik u. Drama", die sich im gleichen Bande findet, sein eigenartiges Verhältnis zum Schauspiel dargelegt. Er glaubt nicht mehr an das Tragische als höchsten Allgemeinwert. Die tragische Welt „beschaut gar nicht die Welt, sondern nur die irdische Schattenseite eines menschlich beleuchteten Teilchens der Welt." Er fordert: „Statt nach alter Gewohnheit nur immer zu fragen: Was ist das Leben wert, nämlich u n s wert? lautet heute die Frage geziemender stolzer sowohl wie bescheidener: Was sind w i r dem Leben wert?" Ernst Wächter, der Held des Stückes „Der Mitmensch", genießt sich selbst, er besitzt nur Scharfsinn, aber keine Schaffenskraft. Als seinem Bruder, dem genialen Schöpfermenschen, der Verlust der Freiheit droht, begeht er, um diesen zu retten, an einem Überflüssigen kaltblütig einen Mord u. bringt sich am Ende selber um. Julius Bab legt die Gründe dar, warum das für die Geschichte des naturalistischen Dramas symptomatische Werk nicht befriedigen kann. Auch die Aufführung des „Mitmenschen" im Herbst 1909 am Kleinen Theater in Berlin bedeutete einen Mißerfolg.
Literatur: Trust, Der Mitmensch (Das Theater 1. Jahrg.) 1910; Walter *Teich,* Die dramatische Technik in R. Dehmels Mitmensch (Diss. Hamburg) 1922; Rudolf *Pamperren,* Das direkte soziale Handeln in Dehmels Werk (Diss. Freiburg im Brsg. 1923, in Buchform: Das Problem der menschlichen Gemeinschaft in Dehmels Werk) 1924; Julius *Bab,* R. Dehmel 1926; Helene *Wingelmayer,* R. Dehmel als Dramatiker u. Erzähler (Diss. Wien) 1948.

Mitscherling (geb. Cossary), Hedwig, geb. 6. Jan. 1829 zu Unhorst, gest. 6. März 1900, war Schauspielerin (Komische Alte) u. a. in Saaz, Leitmeritz, Straßburg, Franzensbad u. Aachen.

Mitscherling, Josef (Geburtsdatum unbekannt), gest. 13. Juli 1881 zu Gablonz in Böhmen. Charakterkomiker.

Mitschinér, Alexandra s. Gura, Alexandra.

Mitschuldigen, Die, Lustspiel in drei Aufzügen von Johann Wolfgang Goethe, in erster Fassung in Frankfurt a. M. 1769 entstanden u. von zwei weiteren abgelöst.

Die dritte erschien gedruckt in den „Schriften" von 1797. Eine Faksimile-Ausgabe des ersten Druckes (1769) veranstaltete Georg Witkowski für die Gesellschaft der Bibliophilen 1899. Eine Prosabearbeitung des Originals in Alexandrinern besorgte J. F. E. Albrecht 1795. Die Aufführung auf dem Weimarer Hoftheater erfolgte zwischen 1805 u. 1816 siebenundzwanzigmal. Stofflich eine Ehebruchskomödie ohne tiefere Bedeutung, von Goethe als burlesk bezeichnet oder auch als Farce, dem Formtypus des Schäferspiels entsprechend, zeugt es doch von der bühnensicheren Hand des zwanzigjährigen Goethe, an dem er „immer mit besonderer Liebe hing".
Literatur: Erich *Schmidt,* Die Mitschuldigen (Neue Freie Presse 23. Nov.) 1881; Alfred *Döll,* Die M. (Bausteine 3. Bd.) 1909.

Mittelalter, Drama u. Theater im. S. auch Drama, Moralitäten u. a.
Literatur: Eduard *Hartl,* Das Drama des Mittelalters 1908; Hans *Knudsen,* Theater des M. 1937.

Mittelhauser, Albert, geb. 21. Juni 1863 zu Rudolstadt, gest. Mitte Okt. 1892 zu Mannheim, ausgebildet am Konservatorium in Sondershausen, wirkte als Opernsänger 1880—90 in Neuyork u. anschließend am Hoftheater in Mannheim. Hauptrollen: Lohengrin, Tannhäuser, Siegmund u. a.

Mittell (geb. Weißbach), Amalie (Geburtsdatum unbekannt), gest. 6. Okt. 1885 zu Hannover, war Schauspielerin am Stadttheater in Hamburg, in Prag, seit 1846 am Theater an der Wien u. am Carltheater in Wien, 1856 in Riga, 1857 in Pest, 1859 in Schwerin u. seit 1860 in Hannover, wo 1880 ihren Bühnenabschied nahm. In Wien kreierte sie Mosenthals „Deborah". Weitere Hauptrollen: Elisabeth („Maria Stuart"), Königin („Hamlet"), Claudia („Emilia Galotti"), Donna Clara („Preziosa"), Fürstin („Anna-Liese"), Adelgunde („Die zärtlichen Verwandten") u. a. Erste Gattin von Karl Josef Mittell. Die Kritik rühmte ihre Sprechtechnik u. das Feuer ihrer Darstellung, besonders im Trauerspiel.

Mittell, Betty, geb. 1827 zu Wien, gest. 13. Dez. 1889 das., Tochter von Karl M., trat schon in Kinderrollen am Burgtheater auf, debütierte das. 1845 als Baronin Haken in J. Franul von Weißenthurns

„Pauline" u. nahm 1859 ihren Bühnenabschied als verehelichte Possinger.

Mittell, Elisabeth s. Mittell, Karl Josef.

Mittell, Karl, geb. 4. Okt. 1800 zu Mannheim, gest. 26. Dez. 1873 zu Wien, Sohn
von Peter M., war 1825—50 Mitglied des
Burgtheaters.

Mittell, Karl Josef, geb. 26. Okt. 1824 zu
Wien, gest. 1. März 1889 zu Dresden, Sohn
von Karl M., Enkel von Peter M., Piaristenzögling, trat schon frühzeitig in Kinderrollen am Burgtheater auf, wurde vom Burgschauspieler Karl Fichtner (s. d.) ausgebildet u. kam über kleine Provinzbühnen als
Jugendlicher Liebhaber 1846 ans Theater
an der Wien, wirkte 1854—57 in Riga, 1857
bis 1866 in Berlin (Wallner-, Friedrich-Wilhelmstädtisches u. Viktoriatheater), dann
ein Jahr in Dresden (Hoftheater), 1867—76
in Leipzig (Stadttheater), 1877—84 in Hamburg (Thaliatheater), doch mußte er wegen
eines schweren Augenleidens seine Bühnentätigkeit einschränken u. ihr 1888 endgültig entsagen. In erster Ehe mit Amalie
M. (geb. Weißbach), in zweiter mit Elisabeth M. (Ps. Wallenberg), Schauspielerin
am Berliner Wallnertheater 1854—64, später in Hamburg u. Prag, verheiratet. Heinrich Laube („Das norddeutsche Theater")
bezeichnete ihn als „bemerkenswerte Kraft,
namentlich für Bonvivants u. feinere Charakterrollen im Lust- u. Schauspiel". Emil
Thomas („40 Jahre Schauspieler" 1895) charakterisierte ihn als „ausgezeichneten, vortrefflichen Darsteller, der mit seinen warmen, fast unerreichten Herzenstönen u. seinem übersprudelnden Humor die wärmste
Anerkennung fand." Hauptrollen: Schiller
(„Die Karlsschüler"), Joseph („Deborah"),
König Ludwig XIV. („Das Urbild des Tartüffe"), Tellheim, Berndt („Der Veilchenfresser") u. a.
Literatur: Wilhelm *Harder,* K. J. Mittell
(Silhouetten Leipziger Bühnenkünstler)
1875; H. A. *Lier,* K. J. M. (A. D. B. 52. Bd.)
1906.

Mittell, Katharina (Geburtsdatum unbekannt), gest. 23. Mai 1872 zu Baden-Baden,
aus der Familie der Vorigen, war Hochdramatische Sängerin 1803—11 in Mannheim, später in Karlsruhe.

Mittell, Peter, geb. 1769 zu Mannheim, gest.
1824 zu Karlsruhe, Sohn eines Buchbinders,

verließ das elterliche Haus, wurde Schauspieler bei Wandertruppen, kam zur Bossannschen Gesellschaft, heiratete in die Familie des Direktors ein u. folgte diesem
1797 ans Hoftheater in Dessau, wo er auch
Regie führte. Seit 1810 Mitglied des Hoftheaters in Karlsruhe, hier ebenfalls auch
Spielleiter. Vater von Karl u. Betty M.

Mittelmeier, Wilhelm, geb. 1867, gest.
12. Juli 1930 zu Zwickau, war fast 25 Jahre
Oberspielleiter u. Charakterkomiker am
dort. Stadttheater. Seit 1929 im Ruhestand.
Zeitweilig auch Theaterdirektor. Hauptrollen: Beermann („Moral"), Knickebein
(„Frühlingsluft"), Jüttner („Alt-Heidelberg")
u. a.

Mittenentzwei (Ps. Erdmann), Otto, geb.
2. April 1858 zu Leipzig, gest. 21. April 1911
zu Berlin, Beamtenssohn, wurde Kaufmann,
ging aber später zur Bühne u. wirkte als
Charakterkomiker viele Jahre in Heidelberg, vorher in Magdeburg. Zuletzt Beamter der Genossenschaft Deutscher Bühnen-
Angehörigen. Hauptrollen: Pfarrer („Die
Geier-Wally"), von der Flühe („Das Käthchen von Heilbronn"), Krümel („Mein Leopold") u. a.

Mitterer, Julius s. Swoboda, Julius.

Mitterlein, Hermann, geb. 5. Febr. 1858 zu
Kamenz in Sachsen, gest. 5. Febr. 1939 zu
Trier, war seit 1889 Baßbuffo in Elberfeld-
Barmen, Altenburg, Straßburg, Kiel, Zürich,
Berlin, Mainz, Chemnitz, Regensburg, Stet-
tin, Kolmar u. Trier, wo er über 25 Jahre
bis 1931 blieb. Hauptrollen: Frosch, Ollen-
dorf, Kellermeister u. a.

Mittermayr, Carl, geb. 1880 zu Schliersee,
gest. 8. Febr. 1941 (an der Kriegsfront in
Frankreich), Schwiegersohn von Xaver
Terofal (s. d.), führte mit diesem gemein-
sam u. später allein die Direktion des
Schlierseer Bauerntheaters. M. trat auch als
Verfasser von Bauernstücken hervor, die
von den „Schlierseern" gespielt wurden
(„Der Preisochs", „Der Fürst kommt"
u. a.).

Mittermayr, Franziska (Fanny), geb. 24. November 1884 zu Dorfen in Oberbayern,
Tochter von Xaver Terofal (s. d.), Gattin
des Vorigen, nach dessen Tod sie die Leitung des Schlierseer Bauerntheaters übernahm. Das Theater, das 1947 durch Brand

zerstört wurde, konnte noch im gleichen Jahr wieder aufgebaut werden.

Mittermayr, Georg, geb. 1783 zu München, gest. 17. Jan. 1858 das., 1807—34 Bassist an der dort. Hofoper, war der erste Pizarro im „Fidelio" u. der erste Ottokar im „Freischütz" (1822) das. Weitere Hauptrollen: Scherasmin („Oberon"), Figaro, Don Juan u. a. M. half aber auch als Bariton u. Tenorbuffo aus u. sang nicht nur den Max in „Freischütz", sondern sogar den Florestan in „Fidelio". Er galt als eine der Hauptstützen der Münchner Oper u. war als Künstler beim Publikum ungemein beliebt. Wegen Verlust seiner Stimme mußte er jedoch schon 28 Jahre vor seinem Tode die Bühne verlassen. Auch seine Tochter Maria, verheiratete Viala, Kammersängerin in Meiningen, trat 1849 u. 50 als Gast in München auf. Hauptrollen: Valentine, Rezia, Fides u. a.

Mittermayr, Maria s. Mittermayr, Georg.

Mittermühlner, Hans, geb. um 1875, gest. im Jan. 1951, war Komiker des Landestheaters in Linz an der Donau.

Mitternacht, Johann Sebastian, geb. 1613 zu Hardesleben in Thüringen, gest. 25. Juli 1679, studierte in Wittenberg, von 1638 bis 1641 Pfarrer in Teutleben, dann Rektor in Gera, Bautzen u. Plauen, 1667 Superintendent in Neustadt an der Orla u. im gleichen Jahr Oberhofprediger u. Superintendent in Zeitz. Als Dichter vorwiegend Dramatiker.

Eigene Werke: Trauerspiel, der unglückselige Soldat u. vorwitzige Barbierer genannt 1662; Politica Dramatica d. i. Die edle Regimentskunst in der Form der Gestalt einer Comödien, in hohen Standes u. vornehmer Personen Gegenwart vorgestellet 1667 u. a.

Literatur: F. *Wirth,* J. S. Mitternacht (Zeitschrift des Vereins für Kirchengeschichte der Provinz Sachsen 28. Jahrg.) 1932.

Mittersteiner, Louis (Geburtsdatum unbekannt), gest. 27. April 1951 (durch Verkehrsunfall) in Graz als Schauspieler, war an den dort. Vereinigten Bühnen mehrere Jahrzehnte tätig.

Mitterwurzer, Anna s. Mitterwurzer, Anton.

Mitterwurzer, Anton, geb. 12. April 1818

zu Sterzing in Tirol, gest. 2. April 1876 zu Wien-Döbling, kam frühzeitig zu seinem Oheim, dem Domkapellmeister u. Komponisten Johann Baptist Gänsbacher nach Wien, der ihn musikalisch ausbildete u. das Konservatorium besuchen ließ, trat 1836 als Sänger am Stadttheater in Innsbruck auf, schloß sich dann einer Wandertruppe an u. erhielt, von Franz v. Holbein (s. d.) entdeckt, 1839 einen Ruf ans Hoftheater in Hannover, dem er jedoch ein Engagement am Hoftheater in Dresden vorzog, wo er bis 1870 blieb. Den Ruhestand verbrachte er in Wien. Seine bedeutendsten Hauptrollen fand er in Werken Mozarts („Don Juan"), Marschners („Hans Heiling") u. des mit ihm befreundeten R. Wagner (Wolfram von Eschenbach, Telramund, Hans Sachs, Holländer, Kurwenal). Seit 1841 Gatte der aus Basel stammenden Dresdner Hofschauspielerin Anna Herold, einer Schülerin L. Tiecks.

Literatur: Wurzbach, A. Mitterwurzer (Biogr. Lexikon 18. Bd.) 1868; Joseph *Kürschner,* A. M. (A. D. B. 23. Bd.) 1885; *Eisenberg,* A. M. (Biogr. Lexikon) 1903.

Mitterwurzer, Friedrich, geb. 16. Okt. 1844 zu Dresden, gest. 13. Febr. 1897 zu Wien, Sohn des Künstlerpaares Anton u. Anna M., von der Mutter für das Theater unterrichtet, trat mit achtzehn Jahren als Liebhaber u. Naturbursche zuerst in Meißen, dann an anderen kleinen Bühnen wie Liegnitz u. Plauen auf, spielte hierauf in Breslau u. Hamburg (unter Maurice, der ihm erstmals eine ernste Charakterrolle überließ), 1866 in Graz bereits als Helden- u. Charakterliebhaber u. gastierte 1867 (unter Laube) an der Burg in Wien. Zunächst kam es noch nicht zu einem Engagement das., doch berief ihn Laube, der bald darauf die Direktion des Leipziger Stadttheaters übernahm, dahin. 1871 engagierte ihn Dingelstedt an das Burgtheater, dem er mit kurzer Unterbrechung bis 1880 angehörte. Hierauf war er am Wiener Stadttheater, Ringtheater u. wieder am Stadttheater tätig, übernahm 1884 die Leitung des Carltheaters, dem er vergeblich mit einem ernsten Spielplan aufzuhelfen suchte, unternahm 1886—94 Gastspielreisen durch Deutschland, Holland, Amerika u. wirkte seither abermals am Burgtheater. Sein frühes Lebensende gestaltete sich geheimnisvoll, wie auch sein ganzes Persönlichkeit — Laube erkannte frühzeitig sein besonderes Talent für „brüchige Charaktere" — etwas Zwiespältiges, Pathologisches,

Dämonisches anhaftete. Der Leichenbefund ergab bei seinem plötzlich erfolgten rätselhaften Hinscheiden wahrscheinlich Vergiftung durch ein Medikament. Manche vermuteten Selbstmord, wogegen jedoch seine tiefreligiöse Weltanschauung sprach, anderseits konnte ein Wahnsinnsanfall ihn dazu verführt — Vater, Großmutter u. seine Tante endeten im Wahnsinn u. er selbst fühlte sich häufig schwerster Melancholie ausgesetzt — oder ein Irrtum beim Gebrauch des Gurgelwassers dazu geführt haben, denn er stand bis zuletzt auf der Bühne. Seine Erscheinung schildert sein Biograph E. Guglia, der ihn auch persönlich gut gekannt hat: „Er war ein großer stattlicher Mann, die linke Schulter etwas in die Höhe gezogen, der Gang häufig etwas vorwärts geneigt, wie zum Sprung ausholend, doch konnte er sich auch kerzengerade u. steif halten. Seine Stimme war in der Mittellage nicht ganz voll u. rein, sie trug aber weit u. war vortrefflich für scharfe Auseinandersetzungen, eindringliche Rede, Spott u. Sarkasmus. Starke Wirkungen brachte er im Affekt durch Stammeln u. Lallen, ein unheimliches Flüstern, ein zitterndes Hervorpressen u. Herausringen der Worte hervor. Aber die Stimme konnte auch zum Donner anschwellen, einzelne Worte grell wie Blitze sich entladen. Nur rein rhetorische u. lyrische Wirkung war ihr versagt. Entschieden war der Mimiker dem Redner bei ihm überlegen, sein machtvollstes Mittel war das Auge" . . . „In der ersten Hälfte seiner Laufbahn erregte er durch seine Verwandlungsfähigkeit Aufsehen; in der Kunst der Maske war er virtuos. In seinen letzten Jahren legte er hierauf keinen großen Werth; er ließ fast immer sein wirkliches Gesicht sehen, nur mit leisen, feinen Strichen deutete er die Verschiedenheiten an. Gemeinsam war allen seinen größeren Partien ein gewisser nervöser Grundton." Guglia charakterisiert auch Mitterwurzers Rollengebiet im Burgtheater. Anfangs spielte er hauptsächlich Episodenrollen: „Alte Väter wie den Attinghausen, den Borotin in der ‚Ahnfrau', den hundertjährigen Laroque im ‚Verarmten Edelmann', Lebemänner u. Wüstlinge wie den Gianettino Doria, den Rosen in Mosenthals ‚Deutschen Komödianten', ernste u. heitere Liebhaber wie den Grafen Appiani, den Heinrich Frank in Bauernfelds ‚Leichtsinn aus Liebe', den Fabrice in den ‚Geschwistern', den Professor Oldendorf in den ‚Journalisten', den Gustav Theodor u.

den Fritz in Töpfers ‚Rosenmüller u. Finke', Tyrannen wie den Geßler, Intriganten u. Bösewichter aller Art, so den Zawisch in ‚König Ottokars Glück u. Ende', den Leonhard in Hebbels ‚Maria Magdalena', den König im ‚Hamlet', den Cardinal von Winchester im ‚Heinrich VI.', den Don Juan in ‚Viel Lärm um Nichts', den Jacob in Sheridans ‚Lästerschule', den Livius Drusus in Wilbrandts ‚Gracchus', Fanatiker wie den De Santo im ‚Uriel Acosta' oder den Erzherzog Ferdinand im ‚Bruderzwist', Kraftmenschen wie den Caesar, den Etzel in den Nibelungen, den Gunar in Ibsens ‚Nordischer Heerfahrt', komische Chargen wie den Malvolio in ‚Was ihr wollt', den Prinzen von Mauretanien im ‚Kaufmann von Venedig', den Baron Flichting in Töpfers ‚Reichem Mann', verlotterte Gesellen u. verlorene Existenzen wie den Buchjäger im ‚Erbförster', den Ramsdorf im ‚Gefangenen' von Benedict, eifersüchtige Ehemänner, die ihre Ehre rächen wie den Herzog in Mosenthals ‚Parisina' oder den Grafen Angerolles in dem französischen Schauspiel ‚Umkehr', feine Diplomaten wie den Macchiavell im ‚Egmont', schwankende Charaktere wie den König Eduard im ‚Richard III.', den Leicester in der ‚Maria Stuart', Menschen von einer tief verhaltenen Empfindung, die nur einmal übermächtig hervorbricht, wie den Kammerdiener in ‚Kabale u. Liebe', den Lieutnant Stahl in den ‚Beiden Klingsberg', einfache, edle Menschen wie den Sultan im ‚Nathan', den Burgund in der ‚Jungfrau', reine Repräsentations- u. Sprecherrollen wie den Questenberg im ‚Wallenstein', den Fürsten in ‚Romeo u. Julia', den Bischof in ‚Demetrius'" . . . „auch in großen Zwischenräumen den Shylock, den Franz Moor, den Jago, den Richard III., den Marinelli, den Wurm, den Carlos in ‚Clavigo', den König Philipp im ‚Don Carlos', den Macbeth, den Mephistopheles, den Narziß, den Lord Rochester in der ‚Waise von Lowood' den Caliban in ‚Sturm' creirte er." Wenn M. von J. Minor gelegentlich vorgeworfen wurde, daß er nie einen echten Herzenston von ihm gehört habe, so wurde dies durch seine Kollegin Maria Mayer (s. d.), wie J. Bab mitteilt, kräftig widerlegt: „Sie (Maria Mayer) war ein Theaterkind u. stand als Tellknabe auf den Brettern, als M. in Salzburg gastierte! ‚Apfelschußszene. Geßler ist abgegangen. Plötzlich ergriff mich M. fast wild mit beiden Händen an meinen Oberarmen, hob mich mit waagrecht durchgedrückten Armen bis in seine Augenhöhe, starrte mich mit unsäglich traurigen Augen an u. sagte, nachdem er mich eine ganze Weile so gehalten, in ganz wunderbarem Tonfall: Der Knab' ist unverletzt. Mir wird Gott helfen. Dann setzte er mich ebenso plötzlich zu Boden u. ging weg. — Wie der Vorhang fiel, überhaupt was noch geschah, weiß ich nicht. Ich weiß nur, daß ich im Augenblick, wo Tell mich losließ, laut zu schluchzen anfing. Ich wußte nichts mehr vom Theater u. von M. Ich war im Innersten meines Kinderherzens aufgewühlt. Das Gefühl unendlicher Liebe, die dort von mir ging, hatte ich ganz klar; u. das weiß ich, daß ich, die nie einen Vater gekannt hatte, in jenem Moment deutlich empfand, was Vaterliebe u. Vaterschutz sein muß.' — Es scheint doch, daß F. M. — auch als Tell — einen Herzenston hatte . . . Vielleicht war doch Minor zu lange, zu ausschließlich gewöhnt, die Stimme des Herzens in der Melodie des Hofburgtheaters zu vernehmen, so daß er sie in der anderen rauheren Tonart nicht vernehmen konnte . . . Es war wohl auch nicht möglich, daß die ungeheure ,Gewalt des Lebens', die von M. ausströmte, gerade das, was wir ,das Herz' des Menschen nennen, sollte unbewegt gelassen haben. Von dieser fast bedrohlichen Kraft des Lebens noch ein Beispiel: M. spielte 1888 am Berliner Hoftheater den Dietrich von Quitzow in Wildenbruchs Stück, u. den jüngeren Bruder Conrad gab Adalbert Matkowsky, der eben in seine Periode voll aufblühender Heldenkraft eintrat. Als ihm jemand ein Kompliment machte, er habe an diesem Abend mit M. so gut gespielt, sagte Matkowsky mit seinem leise grollenden Ton: ,Gespielt? Ich habe mich meines Lebens gewehrt!' Und M. war der einzige Schauspieler, dem zuliebe Matkowsky je ins Theater — das heißt in den Zuschauerraum gegangen ist. — Und auch Albert Bassermann hat M. seinen eigentlichen künstlerischen Erwecker, sein großes Vorbild genannt." Auf seinen ausgedehnten Gastspielreisen u. in seiner letzten Burgtheaterzeit entwickelte sich Mitterwurzer, obwohl er die moderne Tragödie nicht liebte, sondern das klassisch-romantische Schauspiel unbedingt vorzog u. dabei soweit ging z. B. Benedix lieber zu spielen als Ibsen u. selber humoristische Stücke schrieb, wie er denn überhaupt das harmlos-heitere Element gleichsam als Ergänzung seines Wesens, ja zur Überwindung des grauen Alltags, wo immer er es fand, freudig begrüßte,

zum vollkommenen Interpreten des wirklichen Lebens, indem er sogar selbst den jambischen Vers realistisch sprach. Und so jubelte ihm die Jugend zu im Publikum wie in der Schauspielerwelt. Hugo v. Hofmannsthal bekannte in seiner Begeisterung: „Sein ganzer Leib war wie ein Zauberschleier,

in dessen Falten alle Dinge wohnen:
er holte Tiere aus sich selbst hervor:
das Schaf, den Löwen, einen dummen Teufel
und einen schrecklichen, und den und jenen,
und dich und mich. Sein ganzer Leib war glühend
von innerlichem Schicksal durch und durch,
wie Kohle glühend, und er lebte drin,
und sah auf uns, die wir in Häusern wohnen
mit jenem undurchdringlich fremden Blick
des Salamanders, der im Feuer wohnt".

Eigene Werke: Ein Sieg der Geschichte (Lustspiel, aufgeführt im Burgtheater) 1874; Strohfeuer o. J.; Ein Hausmittel o. J.; Der liebe Cousin o. J.; Edgars Kammermädchen (nach einem französischen Original) o. J.

Behandlung: Felix *Dörmann,* F. Mitterwurzer (Gedicht: Neue Freie Presse 14. Febr.) 1897; Hugo v. *Hofmannsthal,* F. M. (Gedicht: Ebda. 1. Mai) 1898.

Literatur: Eugen *Guglia,* F. Mitterwurzer 1896; Ludwig *Speidel,* F. M. (Neue Freie Presse 21. Febr.) 1897; E. *Guglia,* F. M. (Biogr. Jahrbuch 2. Bd.) 1898; Hermann *Bahr,* M. (Wiener Theater) 1899; *Eisenberg,* F. M. (Biogr. Lexikon) 1903; J. J. *David,* M. (Das Theater 13. Bd.) 1905; Max *Burckhard,* A. F. M. 1906; E. *Guglia,* A. F. M. (A. D. B. 52. Bd.) 1906; Anton *Lindner,* F. M. (Bühne u. Welt 9. Jahrg.) 1907; L. *Speidel,* F. M. (Schauspieler) 1911; P. *Landau,* Mimen 1912; Friedrich *Rosenthal,* F. M. (Schauspieler der deutscher Vergangenheit) 1935; Wolfgang *Drews,* F. M. (Die Großen des deutschen Schauspiels) 1941; Bertha *Niederle,* F. M. (Verklungene Namen) 1942; O. M. *Fontana,* F. M. (Wiener Schauspieler) 1948; W. *Drews,* Der moderne Mensch: F. M. (Die großen Zauberer. Bildnisse deutscher Schauspieler aus zwei Jahrhunderten) 1953; Julius *Bab,* F. M. (Kränze dem Mimen) 1954; Hilde D. *Cohn,* Hofmannsthals Gedichte für Schauspieler (Monatshefte, Wisconsin Nr. 2) 1954.

Mitterwurzer, Wilhelmine, geb. 27. März 1848 zu Freiburg im Brsg., gest. 3. Aug. 1909 zu Wien, Tochter des Schauspielerehepaares Heinrich u. Katharina Rennert, debütierte vierzehnjährig am Wallnertheater in Berlin, ging dann als Naive ans Deutsche Theater in Pest u. ans Landestheater in Graz, wo sie mit sechzehn Jahren ihren Kollegen Friedrich M. heiratete u. mit diesem 1869 einem Ruf Laubes nach Leipzig u. 1871 einem solchen Dingelstedts ans Burgtheater folgte, wo sie lebenslang blieb, als Salonsoubrette, Charakterdarstellerin im Konversationsstück u. zuletzt im Fach der Alten sehr geschätzt. H. Laube spendete ihr in seinem „Norddeutschen Theater", als sie noch in Leipzig spielte, besonderes Lob: „Unbedenklich freute ich mich über Frau Mitterwurzer, in welcher ich ganz ohne mein Verdienst ein wirkliches Talent gefunden. Sie erinnerte mich ein klein wenig an Louise Neumann. In ihrer Schalkhaftigkeit nämlich, welche erfrischende Tropfen oft mitten ins Ensemble mutwillig hineinsprengt. Das kann man nur, wenn eine Grundlage von allerliebster Laune vorhanden ist. Die war vorhanden, und außerdem ein durchaus echter, wahrhaftiger Ton, der ohne Umweg unmittelbar auftritt u. eintritt, u. der auch bereits ganz wirksam für die Szene ausgebildet war. Kurz, es war eine Schauspielerin. Ein feines, anmutiges Naturell, zwar nur mit kleinen Mitteln des Organs ausgerüstet, aber diese kleinen Mittel sehr geschickt benützend. Für meine Zwecke eine Perle. Da brauchte es nicht der ewigen Einwendungen: Einfach, natürlich, geradeaus sprechen; mein Fräulein! Den Zuhörer nicht im Unklaren lassen über die Endsilben oder gar über das Ende des Satzes! Dem entscheidenden Worte Raum verschaffen, daß es voll ans Verständnis kommt! Das Antlitz in Übereinstimmung setzen mit dem Inhalte Ihrer Rede, u. selbst Leib, Hände u. Füße davon wissen lassen! Ein Ganzes darstellen, klar u. deutlich, nicht verschwommen, u. sprechen, auch wenn man schweigt! Nichts von alledem brauchte Frau Mitterwurzer zu hören; sie verstand mich, wenn ich nur einen Finger bewegte; sie war durchwegs in künstlerischer Fassung, nur über Mehr oder Minder war mitunter zu sprechen, u. wenn man eine Ritze zeigte, die zu öffnen wäre für neue oder verstärkte Wirkung, da wußte sie gleich, wie das zu bewerkstelligen sei. Man atmet auf u. segnet die meist so unersprießliche Dramaturgie, wenn man an ein echtes Talent

kommt." Von ihren späteren Leistungen heißt es dann bei J. Minor: „Wie aber im alten Burgtheater ein jeder Gelegenheit fand, seine Kräfte nach allen Seiten auszubilden, so hat auch die Mitterwurzer ihr eigentliches Rollenfach erst gefunden, als sie aus dem Fach der Naiven in das der Soubretten überging. Anlaß dazu bot ihr die Wiederbelebung einiger Molièrescher Lustspiele durch Dingelstedt. Diese französischen Soubretten im Rokokokostüme, die Toinette im ‚Eingebildeten Kranken' u. die Dorine im ‚Tartuffe' waren ihre eigentliche Spezialität; hier ging sie auch in der Richtung des Derben u. Drastischen so weit, als ihre Eigenart u. ihre Mittel zu gehen erlaubten. Und auf dem gleichen Boden hat sie auch als Maria in Shakespeares ‚Was ihr wollt' das große u. befreiende Lachen gefunden, welches das Publikum mit sich fortriß, ohne daß sich die Darstellerin nach der Sitte ihrer modernen Nachfolgerinnen auf dem Boden zu wälzen brauchte. Wenn ihr Partner dann sagte: ‚Die hat den Teufel im Leib', durfte er immer auf beistimmendes Gemurmel im Publikum rechnen. Wieder einen Schritt weiter wagte sie sich, als ihr seit dem Tode der Frau Gabillon die scharfen u. zungenfertigen Damen im modernen Salonstücke zufielen, wie die Lady Marlborough im ‚Glas Wasser' u. die Lady Tartuffe. Von ihrer großen Vorgängerin, die in erotischen Dingen immer kühl u. vornehm war, unterschied sie sich, manchmal zu ihrem Vorteil, öfter zu ihrem Nachteil, durch die sinnliche Atmosphäre, die von ihr u. ihren Gestalten unzertrennlich war. Ihre Leonore Sanvitale im ‚Tasso' z. B. erhielt dadurch einen ganz besonderen Reiz, u. der Gegensatz zu der übersinnlichen u. unsinnlichen Prinzessin kam besser als sonst heraus. Die Gabillon war ganz Geist, die Mitterwurzer zwar eine geistreiche, aber auch eine sinnliche Frau. Die Zunge der Gabillon war scharf u. schneidig wie ein Dolch, die der Mitterwurzer spitz u. stechend wie eine Nadel. Es konnte nicht fehlen, daß eine Künstlerin, die die Technik des Wortes u. der Gebärde vollkommen beherrschte u. mit feinen Strichen zu charakterisieren verstand, auch im Drama der Moderne am Platze war. Ihre Rattenmamsell in Ibsens ‚Klein Eyolf' u. die Frau des Baumeisters Solneß durften sich sehen lassen; namentlich zu der in Kindheitserinnerungen u. in Puppengeschichten stecken gebliebenen Frau Solneß stimmte ihr immer noch kindlich dünnes Organ u. ihre zarte Figur.

Der fröhliche Übermut freilich machte allmählich einem leisen elegischen Zug Platz; was sie aber an Frische verlor, das gewann sie an Tiefe u. Seele, bis sie zuletzt, an einem schweren Frauenleiden dahinsiechend, fast ganz auf eine einzige Rolle beschränkt blieb, auf die der alten Jungfer in ‚Quality Street'."

Literatur: *Eisenberg,* W. Mitterwurzer (Biogr. Lexikon) 1903; Anton *Bettelheim,* W. M. (Münchner Allg. Zeitung Nr. 112) 1909; W. *Handl,* W. M. (Die Schaubühne Nr. 34 f.) 1909; Ludwig *Hevesi,* W. M. (Ebda. Nr. 10) 1909; A. v. *Weilen,* W. M. (Bühne u. Welt 11. Jahrg.) 1909; Jakob *Minor,* W. M. (Biogr. Jahrbuch 14. Bd.) 1909; ders., W. M. (Aus dem alten u. neuen Burgtheater) 1920.

Mittler, Leo, geb. 18. Dez. 1893 zu Wien, verheiratet mit der Tochter des Schauspielerpaares Massary u. Pallenberg, begann frühzeitig seine Bühnenlaufbahn in der Provinz, kam dann nach Wien u. Coburg, war Bonvivant u. Spielleiter in Breslau, Dresden, Frankfurt a. M., Berlin (u. a. an den Reinhardt-Bühnen), arbeitete beim Film in Frankreich, England, Amerika u. wirkte nach seiner Heimkehr 1952 als Regisseur in Hamburg, München, Frankfurt a. M. u. Berlin (Schloßtheater).

Mittler, Therese s. Wald, Therese.

Mittrowsky, Antonia Maria Gräfin, geb. 29. Jan. 1927 zu Wien, ging gegen den Willen ihrer Eltern mit 17 Jahren zur Bühne, debütierte in Prag u. 1945 in Innsbruck, wechselte vom Löwinger-Ensemble zu einer Wandertruppe über, mit der sie Österreich bereiste, spielte aber auch sehr bald am Burgtheater wie am Landestheater in Linz, gastierte in Zürich, wirkte am Landestheater in Salzburg u. kehrte 1954 ans Burgtheater zurück. Hauptrollen: Bertha (‚Die Ahnfrau"), Beline (‚Der eingebildete Kranke"), Julie (‚Dantons Tod") u. a.

Literatur: Th. *F.,* Hilfe, ich werde Salondame (Neue Wiener Tageszeitung Nr. 214) 1953.

Mizsey, Marie s. Tasnady, Marie.

Mochmann, Paul, geb. 1887, gest. 23. Juni 1956 zu Berlin, war zuerst Mitarbeiter an der „Jugend", am „Simplizissimus" u. am „Berliner Tageblatt", dann Kulturredakteur der sozialistischen „Volkszeitung" in Dresden, kam unter Hitler auf die Festung Hohnstein, war nach seiner Freilassung beim Film tätig, seit 1945 in der Redaktion der „Täglichen Rundschau" in Berlin u. zuletzt Senior-Lektor des Henschelverlags das. Molière-Übersetzer u. Verfasser des Schauspiels „Robinson" 1933.

Literatur: Fritz R. *Schulz,* P. Mochmann (Theaterdienst Nr. 27) 1956.

Moderau, Susanne, geb. um 1930, wirkte schon als Kind in Erfurt in Weihnachtsmärchen mit, kam nach ihrer künstlerischen Ausbildung in Stuttgart u. Krefeld 1953 an die Freilichtbühne in Rheydt, trat dann als Operettensoubrette in Oldenburg auf u. ging 1955 als Naiv-Sentimentale ans Saarländische Landestheater in Saarbrücken. Hauptrollen: Luise (‚Kabale u. Liebe"), Adelheid (‚Der Biberpelz") u. a.

Modes, Theo, geb. 19. Febr. 1888 zu Brünn, Doktor der Philosophie, war seit 1908 bühnentätig, zunächst als Schauspieler u. Regisseur, später als Dramaturg u. Oberregisseur u. a. an den städt. Bühnen in Reichenberg, Zürich, Bremen, Nürnberg, Hamburg-Altona, Halle an der Saale, wurde hierauf Direktor in St. Gallen, Brünn u. Reichenberg, Intendant in Thorn, übernahm 1923 die Leitung der städt. Bühnen in Graz, wirkte als Intendant 1926—30 in Köln, 1932 erneut als Direktor am Stadttheater in St. Gallen, hier zugleich auch als Lektor der Handelshochschule u. a. Durch seine Schiller-Festspiele in Eger für die Geschichte des Freilichttheaters (s. d.) bedeutend. Auch Bühnenwissenschaftler.

Eigene Werke: Zum Kunst- u. Idealtheater! 1917 (2. Aufl. 1926); Goethes Fausttragödie für jede Bühne 1925; Die Urfassung u. einteilige Bühnenbearbeitung von Schillers Wallenstein. 1931.

Modespiele, Celler s. Meyer-Rasch, Carla Cäcilie Hedwig.

Modl-Tomann, Gabriele (Geburtsdatum unbekannt), gest. 1948 zu Wien. Operettensängerin.

Möbius, Eugen s. Möbius-Kuhn, Marie.

Möbius-Kuhn, Marie, geb. 26. Febr. 1855 zu Eppendorf bei Hamburg, gest. 28. Juni 1932, Tochter des Theaterdirektors J. Wülffken, trat als Schauspielerin an der väterlichen Bühne in St. Pauli auf, später in

Lübeck, Königsberg, Nürnberg, Riga, Schwerin, Gera, Basel, Darmstadt, London, u. Hamburg (Stadttheater u. Niederdeutsche Bühne). Zuletzt vertrat sie das Fach der Heldenmütter u. Anstandsdamen. Gattin des Schauspielers Eugen Möbius.

Möcke (Ps. Raven), Hans, geb. 6. Sept. 1866 zu Nieder-Lubie bei Lemgo, gest. 31. Juli 1908 zu Buch, Operettentenor in Frankfurt a. M., Königshütte, Libau u. a.

Möckel, Hermann Alexander, geb. 20. April 1873 zu Dresden, lebte das. als Operettentenor u. Singspielkomponist.

Mödl, Martha, geb. 25. März 1920(?) zu Nürnberg, von ursprünglich sudetendeutscher Herkunft, wurde nach Besuch des Gymnasiums Buchhalterin, übte diesen Beruf einige Jahre aus, studierte dann am Konservatorium ihrer Vaterstadt, erhielt, nach letzter Ausbildung durch Fritz Windgassen (s. d.) u. Paula Kapper in Stuttgart, ihr erstes Engagement in Remscheid, kam unter Hollreiser nach Düsseldorf u., von Günther Rennert verpflichtet, 1948 nach Hamburg. Dann gastierte sie in Wien als Carmen u. Rosenkavalier, hierauf in Berlin u. London, wo sie 1949 als Carmen wahre Triumphe feierte. 1952 wirkte sie auch bei den Bayreuther Festspielen mit. Die Hauptstädte des In- u. Auslandes bedeuteten weitere Stationen in ihrer Laufbahn, vor allem als Wagnersängerin. „Sie verkörperte prägnant den Typ einer modernen Opersängerin", hieß es in der Kritik (Kleines Volksblatt, Wien 26. April 1953), „ihr sind Spiel u. Gesang gleich wesentliche Komponenten für die erschöpfende Interpretation einer Rolle. Mit ungeheurer Intensität vermag sie sich in das vorgezeichnete Schicksal einzuleben, deutet mit ausdrucksreichem Spiel jede Einzelheit aus u. gliedert auch den Gesangspart unablässig nach den Bedürfnissen einer psychologisch erklärbaren u. verständlichen Gestaltungsweise aus. Die dunkelgetönte, voluminöse Stimme spricht in allen Lagen sicher u. ergiebig an, ihre vollendete technische Beherrschung erlaubt eine interessante Nuancierung u. Phrasierung, die stets von einem starken künstlerischen Intellekt geformt wird." Hauptrollen: Isolde, Brünnhilde, Else, Kundry, Carmen, Lady Macbeth, Eboli u. a.
Literatur: d. h., Eine große Sängerin (Der Abend 28. April) 1953; Fritzi *Beruth,* M. Mödl als Brun(!)hilde (Wiener Zeitung 28. Okt.) 1953; E. *W.,* Florestan kehrt wieder (Neue Wiener Tageszeitung 20. Juni) 1953; Ernst *Wurm,* Ans Unerschöpfliche glauben (Ebda. 24. April) 1953; ders., M. M. (Ebda. Nr. 152) 1954.

Mödlinger, Anton, geb. 16. Juni 1854 (Todesdatum unbekannt), Sohn eines Kürschnermeisters, Bruder von Josef M., trat als Schauspieler erstmals in Graz auf, wirkte 1888—89 am Josefstädter- u. 1889—91 am Carltheater in Wien, nahm an der Gastspieltournee Leopold Müllers u. dem Wiener Ensemblegastspiel Franz Josef Grasellis (s. d.) teil, war dann in Reichenberg u. seit 1894 dauernd in Graz tätig, vor allem als Charakterkomiker in Posse u. Volksstück sowie als Regisseur. Hauptrollen: Knieriem, Weigel, Striese u. a.

Mödlinger, Elisabeth, geb. 1. Dez. 1888, gest. 4. Sept. 1912 zu Dresden, Tochter des Berliner Opernregisseurs M., war Schauspielerin seit 1907 in Dresden, Forst in der Lausitz u. Wiesbaden.

Mödlinger, Josef, geb. 3. Febr. 1848 zu Leoben, gest. 14. April 1927 zu Berlin, Bruder von Anton u. Ludwig M., zuerst Chorsänger im Benediktinerkloster St. Lambrecht in der Steiermark, studierte in Graz Philologie, wandte sich aber, nachdem er bei Louise Weinlich-Töpka gesanglich ausgebildet worden war, der Bühne zu, debütierte in Zürich, wurde Mitglied des Hoftheaters in Mannheim u. kam hierauf nach Berlin, wo er zwei Jahrzehnte am Kgl. Opernhaus als Baß schon wegen seiner umfangreichen Stimme hervorragende Leistungen erzielte, nicht nur in ernsten Partien, sondern auch als Vertreter des heiteren Genres wie als Basilio u. Osmin u. in der Verkörperung dämonischer Figuren wie Mephisto u. Bertram. Weitere Hauptrollen: König Heinrich, Sarastro, Kaspar, Marcel, Hunding, Hagen, Rocco, Landgraf, Marke u. a.
Literatur: Eisenberg, J. Mödlinger (Biogr. Lexikon) 1903.

Mödlinger, Ludwig, geb. 15. Aug. 1843 zu Judenburg in der Steiermark, gest. 29. April 1912 zu Dresden, Bruder von Anton u. Josef M., zuerst als Schauspieler u. Sänger, später auch als Regisseur u. ausgesprochen in der Oper tätig, wirkte 1871—74 in Altenburg, 1875 in Zürich, 1876 in Graz, 1877 in Freiburg im Brsg., 1878 in Aachen, 1879 bis

1881 in Dessau, 1882—84 in Köln, 1885—86 in Augsburg, 1887—88 in Basel, 1889 in Gent, 1890—93 in Straßburg, 1894 in Königsberg, 1895—96 wieder in Altenburg u. 1896—1908 am Hoftheater in Dresden. Zuletzt lebte er im Ruhestand als dramatischer Lehrer das.

Mögele, Franz, geb. 24. Mai 1834 zu Wien, gest. 16. Febr. 1907 das., Musiker u. Komponist von Bühnenwerken („Loreley", „Das Wasserweib", „Ritter Toggenburg", „Die Azteken", „Syrita") u. Opernparodien („Friedrich der Heizbare", „Genovefa", „Leonardo u. Blondine"), die alle gedruckt wurden.

Möhl, Friedrich Karl, geb. 10. Okt. 1875 zu München, Sohn des dort. Hofgartendirektors, studierte in München (Doktor der Rechte), war 1904—44 Chefredakteur der „München-Augsburger Abendzeitung", der „Bayer. Staatszeitung" u. des „Neuen Münchner Tagblattes". Für die Bühne verfaßte er das Lustspiel „Das Bildnis der Eva" (1926) u. das Volksstück „Der bayrische Donysl" (1927).

Möhrenschlager, Theo, geb. 16. März 1917 zu Wiesbaden, studierte an der Akademie für Tonkunst in München, war 1947—50 Kapellmeister am Stadttheater in Landshut u. seit 1952 in Passau. Auch Komponist.
Eigene Werke: Beatrice (Tanzlegende) 1946; Der Froschkönig (Ballett) o. J.; Der Zigeunerprimas (Ballett) o. J.

Möhring, Paul, geb. 26. Sept. 1890 zu Hamburg, war Redakteur das. Bühnenautor u. Theaterhistoriker.
Eigene Werke: 100 Jahre Ernst-Drucker-Theater 1941; Zitronenjette (Volksstück) 1942; Vorhang hoch! Hamburger Theatererinnerungen 1947; Es war eine köstliche Zeit! (Max Lohfing u. die Hamburger Oper) 1950.

Mölich, Theo, geb. 29. Aug. 1910 zu Köln am Rhein, an der Musikhochschule in Frankfurt a. M. ausgebildet, wirkte als Theaterkapellmeister 1934 das., in Mainz (1935—44), nach Kriegseinsatz u. Gefangenschaft 1948—49 wieder in Frankfurt a. M., 1949—50 am Stadttheater in Bonn u. hierauf als Erster Kapellmeister an den Städt. Bühnen in Gelsenkirchen.

Möllendorff, Kurt von, geb. 13. Juni 1885,

Schauspieler 1909—10 am Burgtheater, dann in Berlin, München u. nach dem Ersten Weltkrieg wieder in Berlin (u. a. Direktor des Friedrich-Wilhelmstädtischen Theaters u. Oberspielleiter am Metropoltheater). Hauptrollen: Rosenkranz („Hamlet"), Mopsus („Ein Wintermärchen"), Lorenzo („Der Kaufmann von Venedig"), Horace („Die Schule der Frauen") u. a.

Möllendorff, Willi von, geb. 28. Febr. 1869 zu Berlin, gest. im April 1934, Sohn eines Opernkapellmeisters u. seiner Gattin, der Schauspielerin Mathilde Buchwald (s. d.), studierte in seiner Vaterstadt an der Universität u. Hochschule für Musik, wirkte zuerst als Theaterkapellmeister u. Pianist, bis ihn ein Gehörleiden zwang sich zurückzuziehen u. lebte dann in Gießen u. Stettin als Komponist. Von ihm stammen u. a. die Opern „Die Kapelle von Roslin" (1897), „Das Opfer" u. „Renata". Gatte der Schauspielerin Margarethe Skorzewska.
Literatur: Riemann, W. v. Möllendorff (Musik-Lexikon 11. Aufl.) 1929.

Möller (Ps. Hollms), Alfred, geb. 22. Jan. 1877 zu Cilli in der südlichen Steiermark (später Südslawien), einer alten Offiziersfamilie entstammend, studierte nach kurzer Bühnenlaufbahn in Wien u. Graz (Doktor der Philosophie), war zeitweilig Journalist, dann wieder Schauspieler u. Regisseur. Seit 1911 Feuilletonredakteur u. Kunstreferent der Grazer „Tagespost". Bühnenschriftsteller u. Essayist.
Eigene Werke: Die Tragödie der Liebe 1901; Künstler u. Publikum (Essay) 1901; H. L. Wagners Die Kindesmörderin, herausg. 1914; Die Fahrt ins Wunderland (Spiel) 1921; Durch den Hexenwald ins Mohrenland (Zauberspiel) 1922; Ferdinand Raimund (Bilder von seinem Lebensweg) 1923; Prinzessin Herzensgut u. Hexe Bitterbös (Spiel) 1924; Humor u. Komik 1925; Der Schauspieler 1926; F. Raimund u. die Frauen (Schauspiel) 1926 u. a.

Möller (auch Moller oder Müller), Andreas, geb. 22. März 1598 zu Freiberg in Sachsen, gest. 21. Jan. 1660 das. Sohn eines luth. Predigers, studierte in Leipzig, wurde 1627 Konrektor in Freiberg, später Arzt. Verfasser von lat. u. deutschen Schuldramen.
Eigene Werke: De Anabosei Jebusitarum (Drama gegen die Jesuiten) 1628; Areteugenia (Deutsches Lustspiel) 1628; Querulo-Euclio (Lat. Nachbildung der Aulularia des

Plautus) 1628; Clearet (Deutsches Satyrspiel mit Bauernrollen in erzgebirg. Dialekt) 1628; Theatrum Freibergense Chronicum 1653.
Literatur: Viktor *Hantzsch,* A. Möller (A. D. B. 52. Bd.) 1906.

Moeller, Carl, geb. 12. Aug. 1855 zu Berlin, gest. 24. Jan. 1917 das., war Schauspieler u. Spielleiter an verschiedenen dort. Bühnen. Auch Mitbegründer der „Genossenschaft Deutscher Bühnen-Angehöriger".

Möller, Carl, geb. 20. Juni 1905 in Westfalen, zuerst Elektroingenieur, wandte sich dann der Bühne zu u. sang lyrische Tenorpartien in der Oper. Uber Konstanz, Gotha, Münster, Frankfurt a. M. u. Oldenburg kam er 1952 als Operettentenor ans Stadttheater in Klagenfurt. Hauptrollen: Bettelstudent, Zigeunerbaron u. a.
Literatur: —*per.,* C. Möller (Volkszeitung Klagenfurt, 19. Sept.) 1952.

Möller (geb. Amberg), Caroline (Geburts- u. Todesdatum unbekannt), war Mitglied der Schuchschen u. Seylerschen Gesellschaft, kam 1780 nach Riga u. wirkte seit 1784 wieder in Deutschland als Tragödin. Gattin von Heinrich Ferdinand Möller.

Möller, Christian F. s. Bornschein, Johann Ernst Daniel.

Möller, Christian, geb. 2. Jan. 1913 zu Hamburg, war Schauspieler u. a. am Josefstädtertheater in Wien.
Literatur: Bruno *Runte,* Ch. Möller (Volkszeitung 5. März) 1941; *nic.,* Ch. M. (Wiener Presse 8. Okt.) 1946.

Möller, Eberhard Wolfgang, geb. 6. Jan. 1906 zu Berlin, Sohn eines Bildhauers bäuerlicher Herkunft, studierte in Berlin, wurde Dramaturg in Königsberg u. unter Hitler Referent der Theaterabteilung des Reichsministeriums für Volksaufklärung u. Propaganda in Berlin. Vorwiegend Dramatiker.
Eigene Werke: Aufbruch in Kärnten (Drama) 1928; Douaumont oder Die Heimkehr des Soldaten Odysseus (Drama) 1929; Kalifornische Tragödie (Drama) 1929; Panamaskandal (Drama) 1930; Luther oder Die höllische Reise (Drama) 1933; Rothschild siegt bei Waterloo (Drama) 1934; Das Frankenburger Würfelspiel (Drama) 1936; Der Sturz des Ministers (Drama) 1937; Der Untergang Karthagos (Drama) 1938; Der

Reiterzug. Schicksalsminuten der deutschen Geschichte (Dramat. Szenen) 1939; Das Opfer (Spiel) 1941 u. a.
Literatur: Siegbert *Stehmann,* E. W. Möller als Versdichter (Eckart 11. Jahrg.) 1934 bis 1935; *Pg.,* E. W. M. (Völkische Kultur) 1935; Carl *Watzinger,* E. W. M. (Ostdeutsche Monatshefte 17. Jahrg.) 1936—37; Heinz *Grothe,* E. W. M. (Deutsches Volkstum) 1937; H. A. *Frenzel,* E. W. M. 1938.

Möller, Erna, geb. 13. Nov. 1927 zu Neuyork, in Hamburg zur Schauspielerin ausgebildet, wirkte 1947—48 an den Kammerspielen das., 1948—52 am Schauspielhaus in Düsseldorf, hierauf am Stadttheater in Aachen, 1953 in Santiago de Chile u. seit 1954 in Kiel. Hauptrollen: Luise („Kabale u. Liebe"), Abigail („Die Hexenjagd" von Miller), Lucile („Dantons Tod") u. a.

Möller, Gunnar, geb. 1. Juli 1928 zu Berlin, das. für die Bühne ausgebildet, wirkte 1945 bis 1946 in Kassel, hierauf in Berlin u. seit 1949 als Schauspieler in München, zuerst in der Kleinen Komödie, seit 1953 im Schauspielhaus. Hauptrollen: Jack Hunter („Die tätowierte Rose"), Lopez („Die Kraft u. die Herrlichkeit"), Junius Urban („Meuterei auf der Caine"), Captain Fisby („Das Kleine Teehaus") u. a. Gatte der Schauspielerin Brigitte Rau.

Möller, Heinrich, geb. 1. Juni 1876 zu Breslau, Schüler Riemanns, Friedlaenders u. a., war Korrespondent in Paris u. Neuyork u. lebte als Musikschriftsteller in Naumburg a. d. Saale. Übersetzer russischer Opern („Boris Godunow", Mussorgskys „Jahrmarkt von Sorotschinzy" u. a.).

Möller, Heinrich Ferdinand, geb. 1745 zu Olbersdorf in Schlesien, gest. 27. Febr. 1798 zu Fehrbellin, betrat 1770 als Schauspieler bei Schröder die Bühne, wo er bis 1772 blieb, gehörte dann der Seylerschen Truppe an u. wirkte später als Regisseur u. Direktor des Hoftheaters in Schwedt. Gatte von Caroline M. Dramatiker. Sein „Graf von Waltron" gehörte lange Zeit zu den beliebtesten Spektakelstücken der deutschen Bühne. Hauptrollen: Romeo, Barnwell u. a.
Eigene Werke: Luise 1775; Ferdinand u. Wilhelmine 1775; Ernst u. Gabriele 1776; Der Graf von Waltron oder Die Subordination 1776; Die Zigeuner 1777; Heinrich u. Henriette 1778; Emanuel u. Elmire 1778; Wilkinson u. Wandrop 1779; Wladislaus II. 1791.

Literatur: M. v. *Schröter,* H. F. Möller (Diss. Rostock) 1890.

Möller, Kai, geb. 15. Mai 1903 zu Altona, in Hamburg, Berlin u. Dänemark für die Bühne ausgebildet, debütierte 1920 am Stadttheater in Harburg, wirkte dann in Altona u. Kiel, 1921—25 in Frankfurt a. d. Oder, 1932—35 in Koblenz, Stuttgart u. Frankfurt a. M., 1935—38 an verschiedenen Bühnen in Berlin u. auf Tourneen mit Paul Wegener (s. d.), 1938—44 am Schillertheater das., 1945—46 als Direktorstellvertreter u. Regieassistent am dort. Deutschen Theater u. seit 1947 an den Bühnen der Stadt Köln, hier auch persönlicher Referent des Generalintendanten Herbert Maisch (s. d.). Charakterdarsteller.

Möller, Mia, geb. 29. Aug. 1903 zu Hannover, war Leiterin der Kleinen Schauspielbühne u. der Berliner Künstler-Puppenspiele in Berlin. Gattin des Schauspielers Werner Kessel.

Möller, Richard Alfred, geb. 1. Mai 1876 zu Naumburg an der Saale, gest. 26. Sept. 1952 zu Berlin, war jahrzehntelang Schauspieler am Thaliatheater in Hamburg u. schrieb später mit seiner Schwester Margarete Paulick (Ps. Hans Lorenz) u. a. zahlreiche Bühnenstücke.

Eigene Werke: Unter der blühenden Linde (Operette) 1915 (mit seiner Schwester); Meine Frau, die Hofschauspielerin (Lustspiel) 1917 (mit Lothar Sachs); Die Kleine vom Variété (Lustspiel) 1919; Das Strumpfband der Herzogin (Operette) 1922 (mit seiner Schwester); Das silberne Kaninchen (Lustspiel) 1923; Uschi (Operette) 1925 (mit L. Kastner); Lebenskünstler (Operette) 1927 (mit dems.); Der Herr mit dem Fragezeichen (Lustspiel) 1930 (mit seiner Schwester); Die große Chance (Lustspiel) 1933 (mit ders.); Die Freundin eines großen Mannes (Lustspiel) 1933 (mit ders.); Christa, ich erwarte Dich (Lustspiel) 1935 (mit ders.); Rätsel um Beate (Lustspiel) 1936 (mit ders.); Die Liebe lacht dazu (Operette) 1936 (mit ders.); Eine Frau wie Jutta (Lustspiel) 1937 (mit ders.); Zwei Nächte (Lustspiel) 1938 (mit ders.); Intermezzo am Abend (Lustspiel) 1939 (mit ders.); Die Stunde mit Alexa (Lustspiel) 1940 (mit ders.); Die vier Optimisten (Lustspiel-Operette) 1942 (mit ders.); Sperrstunden der Ehe (Lustspiel) 1946 (mit ders.); Die gestohlene Schönheit (Lustspiel) 1947 (mit ders.).

Möller, Rudolf, geb. 18. Aug. 1914 zu Elmshorn, wurde 1948—50 in Hamburg ausgebildet, 1951 Charakterspieler am Schauspielstudio Der Vorstoß u. kam 1952 nach Cuxhaven. Hauptrollen: Carlos ("Clavigo"), Wirt ("Minna von Barnhelm"), Almady ("Spiel im Schloß" von Molnar) u. a.

Möller, Wilhelm, geb. 30. Aug. 1843 zu Lübeck, gest. 18. März 1903 zu Lahr, gehörte 40 Jahre der Bühne an, davon 12 Jahre als Bühnenleiter, u. a. in Torgau, wo er das Charakter- u. Intrigantenfach vertrat u. auch komische Gesangsrollen gab, in Rüti in der Schweiz, in Zürich (Volkstheater), Kiel (Tivolitheater), Mannheim (Sommertheater) u. zuletzt als Direktor des Stadttheaters in Lahr. Hauptrollen: Salanio ("Der Kaufmann von Venedig"), Gil Perez ("Farinelli"), Prunelles ("Cyprienne") u. a.

Möller, Wilhelmine s. Blaß, Wilhelmine.

Möller-Siepermann, Käthe, geb. nach dem Ersten Weltkrieg zu Lübeck, begann ihre Bühnenlaufbahn als Sopranistin in Kiel, wirkte dann drei Jahre an der Staatsoper in Hamburg, ein Jahr in Danzig, 1945—52 in ihrer Vaterstadt u. ging 1954 nach Köln. Hauptrollen: Fiordiligi ("Cosi fan tutte"), Tatjana ("Eugen Onegin"), Drusilla ("Die Krönung der Poppäa"), Gräfin ("Figaros Hochzeit") u. a.

Mönch (Klosterbruder) im Drama.

Behandlung: Hans *Sachs,* Der Mönch mit dem Kapaun (Schwank) 1558; Jakob *Ayrer,* Der M. im Käskorb (Singspiel) 1598; J. G. *Pfranger,* Der M. vom Libanon (Schauspiel) 1782; W. H. v. *Dalberg,* Der M. von Carmel (Schauspiel) 1787; Friedrich de *la Motte Fouqué,* Der Ritter u. der M. (Dramatische Szene) 1803; Friedrich *Kaiser,* M. u. Soldat (Charakterbild mit Gesang) 1850; Anton *Ohorn,* Die Brüder von St. Bernhard (Schauspiel) 1905; ders., Der Abt von St. Bernhard (Schauspiel) 1906; ders., Pater Jucundus (Komödie) 1908 u. a. *Literatur:* Olga *Rietschel,* Der Mönch in der Dichtung des 18. Jahrhunderts (Diss. Leipzig) 1934.

Mönch (geb. Hofmeister), **Emma,** geb. 7. Okt. 1863 zu Mainz, gest. 6. April 1915 das., war Sängerin u. Schauspielerin, zuletzt bis 1913 Opernsouffleuse am dort. Stadttheater. Gattin des Folgenden.

Mönch, Ludwig, geb. 1863, gest. 28. Febr. 1932 zu Altenburg, wirkte als Väterdarsteller in Barmen, Bocholt, München-Gladbach u. a., hierauf viele Jahre als Inspizient in Mainz u. zuletzt in Altenburg. Gatte der Vorigen.

Mönch, Wilmar (Ps. Bert Klostermann), geb. 7. Aug. 1902 zu Gotha. Vorwiegend Dramatiker.

Eigene Werke: Der Wala Sang (Schauspiel) 1925; Mittsommernachtszauber (Schauspiel) 1926; Der Graf von Gleichen (Schauspiel) 1926; Immo der Thüring (Schauspiel) 1928.

Moenius, Georg, geb. 19. Okt. 1890 zu Adelsdorf in Oberfranken, gest. 1953 zu München, studierte in Würzburg (Doktor der Philosophie), wurde 1915 Priester u. wirkte dann in der Seelsorge. Seit 1924 beurlaubt. Herausgeber der 1933 verbotenen „Allg. Rundschau". Später lebte er in Rom u. wanderte schließlich nach den Vereinigten Staaten von Amerika aus. Vielseitig literarisch tätig. Auch Bühnendichter.

Eigene Werke: Die Kreuzfahrer (Spiel) 1920; Die Madonna des Memling (Mirakel) 1921; Die Stigmatisierte (Schauspiel) 1941.

Literatur: Albert *Winter,* Zur Dramaturgie der Resl von Konnersreuth. Ein Briefwechsel mit Max Reinhardt (Vaterland, Luzern Nr. 255—56) 1953.

Moerbitz, Fridolin, geb. 10. März 1896 zu Dresden, debütierte 1914 am Residenztheater das. u. war dann Charakterkomiker an vielen deutschen Bühnen, in der Schweiz, in Rußland u. in Amerika.

Moerbitz, Hans, geb. 28. Juni 1892 zu Dresden, gest. 21. Nov. 1954 zu Kassel, Sohn des Variétékomikers Bernhard M., war Operettenbuffo in Dortmund, Mannheim, Hagen u. seit 1939 Oberspielleiter u. Operettensänger in Kassel, zuletzt auch im Sprechstück tätig. Hauptrollen: Frosch („Die Fledermaus"), Syndikus („Bruckner") u. a.

Moerdes, Emma s. Kirch-Moerdes, Emma.

Mörike, Eduard, geb. 8. Sept. 1804 zu Ludwigsburg, gest. 4. Juni 1875 zu Stuttgart, Sohn eines Oberamtsarztes, studierte in Tübingen evangel. Theologie, wirkte in der Seelsorge u. war seit 1851 Lehrer am Katharinenstift in Stuttgart. Als Lyriker u.

Erzähler berühmt, schenkte er auch dem Theater seine Aufmerksamkeit. Sein von Goethes „Wilhelm Meister" inspirierter Künstlerroman „Maler Nolten" enthält das dramatische Märchen „Der letzte König von Orplid". Wiederholt versuchte er sich als Librettist, so schrieb er für Ignaz Lachner (s. d.) den Text zu einer Zauberoper Raimundscher Art „Die Regenbrüder" (veröffentlicht im Sammelband „Iris" 1839). Im Nachlaß fand sich ein dramatisches Bruchstück (vom Herausgeber der Werke Mörikes 3. Bd. 1909 nach der Hauptperson „Spillner" betitelt) aus des Dichters Studentenzeit, an die Farcen Goethes u. Komödien Tiecks erinnernd, das den szenischen Prolog zu einem geplanten Stück, aber auch nur fragmentarischen Stück „Die umworbene Musa" bildet. Nach Mörikes Meisternovelle entstand das heitere Spiel „Mozart auf der Reise nach Prag" (mit Musik, Gesang u. Tanz) von Heinrich Wolf 1954 u. a.

Literatur: Rudolf *Krauß,* E. Mörike in seinem Verhältnis zur deutschen Bühne (Bühne u. Welt 6. Jahrg.) 1903; H. W. *Rath,* Neue Mitteilungen über Mörikes Oper (Zeitschrift für Bücherfreunde, Neue Folge 10. Jahrg. 1. Hälfte) 1918; Werner *v. Nordheim,* Mörikes dramat. Jugendwerke Spillner u. Die umworbene Musa — eine Einheit (Euphorion 48. Bd.) 1954.

Mörike, Eduard, geb. 16. Aug. 1877 zu Stuttgart, gest. 14. März 1929 zu Berlin, Großneffe des Vorigen, studierte in Leipzig, war Theaterkapellmeister in Amerika, Rostock, Kiel, Stettin, Halle, Bayreuth, Paris („Salome" 1907) u. Halberstadt, am Deutschen Opernhaus in Charlottenburg u. zuletzt Leiter der Singakademie in Dresden.

Mörike, Oskar, geb. 10. Aug. 1839 zu Coburg, gest. im Okt. 1911 zu Berlin, war 1856—66 am Hoftheater seiner Vaterstadt Fagottist, 1878—82 Lehrer u. Korrepetitor in München u. lebte zuletzt in Berlin. Komponist u. a. von Bühnenmusik.

Mörs, Andreas, geb. 27. Sept. 1868 zu Köln, gest. 21. Febr. 1930 zu Düsseldorf, Sohn eines Bierbrauereibesitzers, besuchte das Konservatorium seiner Vaterstadt, trat 1891 das. erstmals auf, kam im gleichen Jahr nach Dortmund, 1892 zu Kroll nach Berlin, 1893 nach Düsseldorf, 1895 nach Leipzig u. war 1906—19 Gastsänger an verschiedenen Bühnen. Auslandstourneen führten ihn nach Holland, Schweden, Rußland, Belgien u. in die Schweiz. 1895 wirkte er auch bei den Bayreuther Festspielen mit (Siegmund, Siegfried). Als Gesangslehrer ließ er sich zuletzt in Düsseldorf nieder. Hervorragender Heldentenor. Kammersänger. Die zeitgenössische Kritik rühmte die „Leichtigkeit, mit der ihm alles von den Lippen quoll u. sein besonders zart ausgebildetes Mezzavoce". Hauptrollen: Hüon, Prophet, Fra Diavolo, Faust, Tannhäuser u. a.

Mörtl, Theodor, geb. 13. Dez. 1801 zu München (Todesdatum unbekannt), studierte in Landshut u. wurde Studienlehrer in München. Dramatiker, Lyriker u. Erzähler.
Eigene Werke: Graf Robertin (Trauerspiel) 1823; Der Vierzehnender (Drama) 1829.

Moesch, Karl, geb. 22. Nov. 1925, gest. 24. Aug. 1955 zu Bielefeld, als Tenor an den dort. Städtischen Bühnen.

Moeschke, Rudolf (Geburtsdatum unbekannt), gest. 20. März 1943, war Bühnenbildner am Harburger Theater in Hamburg, vorher Leiter des Ausstattungswesens in Coburg.

Moeschlin, Felix, geb. 31. Juli 1881 zu Basel, Lehrerssohn, weitgereist (u. a. in Amerika), war Journalist u. freier Schriftsteller. Ehrendoktor der Philosophie von Zürich. Vorwiegend Erzähler, aber auch Dramatiker.
Eigene Werke: Die Revolution des Herzens (Drama) 1925; Die zehnte Frau (Lustspiel) 1931.

Möser, Justus, geb. 14. Dez. 1720 zu Osnabrück, gest. 8. Jan. 1794 das., Sohn eines Konsistorialpräsidenten, studierte in Jena u. Göttingen. Advokat, Regierungsassessor u. seit 1783 Geh. Justizrat. Auch Dramatiker.
Eigene Werke: Arminius (Trauerspiel) 1747; Harlekin oder Verteidigung des Grotesk-Komischen 1761; Die Tugend auf der Schaubühne oder Harlekins Heirat (Nachspiel in einem Aufzug) 1798; Sämtliche Werke. Historisch-kritische Ausgabe in 14 Bdn., herausg. von der Akademie der Wissenschaften in Göttingen 1943 ff.
Literatur: Franz v. *Wegele,* J. Möser (A. D. B. 22. Bd.) 1885; Karl *Brandi,* J. M. (Westfälische Lebensbilder 5. Bd.) 1935.

Moesgen, Hugo, geb. 11. Mai 1885 zu Berlin, gest. 27. Sept. 1940 zu Düsseldorf, wirkte als Theaterkapellmeister u. a. am Metropoltheater, Großen Schauspielhaus u. Theater des Westens in Berlin u. seit 1928 an den Städtischen Bühnen in Düsseldorf. Komponist verschiedener Bühnenmusiken.

Möslein, Eduard, geb. 13. Jan. 1891 zu Wien, gest. 31. Jan. 1947 das. Schauspieler u. Inspizient in Klagenfurt, Gablonz u. a.

Mößl, Alois, geb. 1866 zu Adelholzen bei München, gest. 4. Dez. 1910 zu Meiningen, Sohn eines Gastwirts, ausgebildet bei Wilhelm Schneider (s. d.) in München, betrat in Lübeck 1889 die Bühne u. kam über Koblenz, Bern u. Konstanz 1892 an das Hoftheater in Meiningen, zuerst in kleinen Rollen, aber schon 1897 begann die Glanzzeit seiner Bühnenlaufbahn als Charakterdarsteller. Hauptrollen: Odoardo Galotti, Alba, Egmont, Meineidbauer, Wurzelsepp u. a.

Mößner, Philipp, geb. 23. Okt. 1890, gest. 21. April 1953 zu München. Spielleiter u. Inspizient in Leipzig.

Moest, Friedrich, geb. 28. Jan. 1866, gest. 25. Jan. 1948 zu Berlin, war Schauspieler u. Spielleiter der dort. Freien Volksbühne, seit 1899 Lehrer u. später Leiter der Reicherschen Schauspielschule das. Gatte der Sängerin Elsa Moest-Schoch.

Moest, Hermann, geb. 5. Dez. 1868 zu Karlsruhe, Sohn des Bildhauers Friedrich M., lebte als Maler in Berlin. Dramatiker.
Eigene Werke: Die Herrin zu Closa 1910; Swanhildens Ring (Sagenspiel) 1911.

Moest, Hubert, geb. 2. oder 3. Dez. 1877 zu Köln am Rhein, gest. 5. Dez. 1954 zu Berlin, war zuerst Kunstmaler, ging dann als Schauspieler u. Operettensänger zur Bühne u. wirkte im Rheinland u. am Nollendorftheater in Berlin. Gatte der Schauspielerin Heda Vernon.

Moest, Rudolf, geb. 22. April 1871 zu Karlsruhe, gest. 28. April 1919 zu Wien, Sohn des Bildhauers Friedrich M., als Sänger Schüler u. a. von Franz Krükl (s. d.), betrat 1892 in Straßburg die Bühne als Ruggiero in Halévys „Jüdin", wechselte 1896 zum Hoftheater in Hannover über, wo er 18 Jahre mittels seiner außerordentlich

umfangreichen Stimme als hoher u. tiefer Baß, als Baßbuffo u. Bariton hervorragend wirkte. Fürstl. Lippescher u. Kgl. Preuß. Kammersänger. Gast in Wien, Berlin, Stuttgart, München, Weimar u. a. sowie seit 1909 bei den Bayreuther Festspielen (König Heinrich, Titurel). 1914—19 war M. Mitglied der Hofoper in Wien, wo er sich in der Rolle des Hans Sachs glänzend eingeführt hatte. Noch an seinem Todestag sang er den Lothario in „Mignon", dann am Nachhauseweg brach er vom Schlage getroffen zusammen. Seine umfangreiche Stimme erlaubte ihm neben Caspar u. König Heinrich sowohl die hohen Baßpartien wie Wotan, als auch die sogenannten Spielbaßpartien, wie Figaro u. Leporello zu singen. Carlos Droste („Bühne u. Welt", 11. Jahrg. 1909) schrieb über M.: „ . . . er gebietet über ein prächtiges, voluminöses Baßorgan von trefflicher Schulung, über eine bedeutende Charakterisierungsgabe u. eine vielseitige Kunst des Vortrages u. der Darstellung, welche es ihm ermöglichte, die Aufgaben des seriösen wie des komischen Faches gleichermaßen vortrefflich u. interessant zu gestalten." Anders hingegen wurde er in Wien beurteilt. Hier hatte er neben Richard Mayr (s. d.) einen schweren Stand. „Was er bot, war immer korrekt u. vortrefflich", heißt es in einem Nekrolog (Neue Freie Presse 29. April 1919), „aber seiner Stimme fehlte doch Glanz u. sinnliche Wärme, seiner Darstellung die Ausdrucksmöglichkeiten einer starken Persönlichkeit, seinem Vortrag die letzte technische Feile." Hauptrollen: Escamillo, Mephisto, Falstaff, Kühleborn, Stadinger, Marke, Pogner, Wolfram u. a.
Literatur: Anonymus, R. Moest (Neues Wiener Tagblatt 29. u. 30. April) 1919.

Moest-Schoch, Elsa, geb. 1870, gest. 5. Nov. 1954 zu Berlin-Halensee, zuerst Jugendlich-Dramatische Sängerin in Mainz, Breslau u. a., leitete später zusammen mit ihrem Gatten Friedrich Moest jahrzehntelang eine eigene Schauspielschule in Berlin u. bildete u. a. Grete Mosheim, Wilhelm Borchert, Erich Dunskus u. Paul Bildt aus.

Möth, Grita s. Schürmann, Grita.

Möwes, Caroline s. Hahn, Caroline.

Mohammed (oder Mahomet, 570—632), Stifter des Islams, wurde als heldenhafte Persönlichkeit wiederholt in der Dichtung

vorgeführt. Besonders seine Abenteuer (Flucht nach Medina 622 u. Eroberung Mekkas 630) boten Dramatikern dankbare Motive. Um 1800 wirkte auch Voltaires „Mahomet" ein, den Goethe damals verdeutschte.
Behandlung: L. F. Lenz, Mahomet der Andere (Trauerspiel) 1751; J. W. Goethe, Mahomet (Fragment) 1773 f.; Karoline v. Günderode, M. (Bruchstück) 1805; J. Chr. Braun, Mahomets Tod (Trauerspiel) 1810; J. v. Hammer-Purgstall, Mohammed oder Die Eroberung von Mekka (Drama) 1823; Ph. H. Wolff, M. (Drama) 1860; Franz Nissel, M. (Dramenfragment) um 1880 (gedruckt in den Dramat. Werken 2. Bd. 1896); Adolf Schafheitlin, M. (Drama) 1892; Hermann Brandau, M. (Drama) 1904; Ferdinand v. Hornstein, M. (Drama) 1906; Franz Kaibel, M. (Drama) 1907; Margarete v. Stein, M. (Schauspiel) 1912.
Literatur: F. Warnecke, Goethes Mahometproblem (Diss. Halle) 1907; Jakob Minor, Goethes Mahomet 1907; P. A. Merbach, Mohammed in der Dichtung (Moslemische Revue 11. Jahrg.) 1935.

Mohaupt, Richard, geb. 14. Sept. 1904 zu Breslau, wurde hier musikalisch ausgebildet, begann seine Theatertätigkeit als Korrepetitor in Aachen, setzte sie in Breslau u. Weimar fort, unternahm seit 1922 Konzertreisen als Pianist u. Dirigent u. lebte seit 1939 als Komponist in Neuyork.
Eigene Werke: Die Gaunerstreiche der Courasche (Ballett) 1935; Die Wirtin von Pinsk (Oper) 1938; Lysistrata ((Ballett) 1941; Die Bremer Stadtmusikanten (Oper) 1944; Max u. Moritz (Ballett) 1945; The legend of the Charlatan (Pantomime) 1949; Zwillingskomödie (Einakter) o. J. u. a.

Mohor-Ravenstein, Cäcilie, geb. 30. Sept. 1855 zu Marburg an der Drau, gest. 26. April 1929 zu Baden-Baden, Tochter eines Großkaufmanns, wurde gelegentlich eines Ferienaufenthaltes von Anton Bruckner gehört u. auf seine Veranlassung ausgebildet, machte nach einem mißlungenen Debüt in Frankfurt a. M. u. nochmaligem Studium bei J. Stockhausen als Elisabeth ihren ersten erfolgreichen Versuch auf der Bühne 1886 in Mannheim, erwarb sich als Wagnersängerin (eine der besten Isolden ihrer Zeit) einen großen Ruf, sang in Frankfurt, Leipzig, Hamburg, Köln, Karlsruhe u. auch in Amerika (neben Lilli Lehmann gefeiert). Ihr „stählerner, über mehr als zwei Oktaven vollkommen ausgeglichener Sopran" begeisterte Felix Weingartner (s. d.). Ihre Heirat mit dem Frankfurter Architekten Simon Ravenstein beendete ihre Bühnenlaufbahn. Sie führte ein gastfreundliches Haus, in dem H. Thoma, F. Weingartner, E. Humperdinck, H. Pfitzner u. a. Größen verkehrten.

Mohr, Adolf, geb. 23. Sept. 1841 zu München (Todesdatum unbekannt), zuerst Mediziner, ließ sich dann musikal. ausbilden (u. a. Schüler Bülows), wurde Opernkapellmeister in Riga, Düsseldorf, Hamburg u. a. u. widmete sich zuletzt hauptsächlich der Opernkomposition („Loreley", „Der Vetter aus Bremen" u. „Der deutsche Michel").

Mohr, Charlotte s. Minden, Heinrich Alfred.

Mohr, Eduard, geb. 30. Okt. 1808 bei Kreuznach, gest. 24. Febr. 1892 zu Kreuznach, Sohn eines Salinenbeamten, humanistisch gebildet, war Kaufmann in Amsterdam, widmete sich später seinen literarischen Neigungen u. trat als Dramatiker, von Shakespeare, Lessing, Schiller u. Johannes von Müller, beeinflußt, in die Öffentlichkeit. Vater von Marie M.
Eigene Werke: Coligny (Trauerspiel) 1857; Francesco dei Pazzi (Trauerspiel) 1862; Die Launen der Grazien (Festspiel) 1862; Die entzweiten Musen (Festspiel zur Shakespeare-Feier) 1863; Capitolin (Trauerspiel) 1872; Schwert u. Palme (Lustspiel) 1874; König Saul (Trauerspiel) 1881; Das Bildnis der Thersandra (Trauerspiel) 1883; Das Opfer der Mardachai (Trauerspiel) 1887; Eveline (Trauerspiel) 1891.

Mohr, Georg, geb. 21. Aug. 1870 zu Kassel, gest. 5. Febr. 1928 das. Dramatiker u. Erzähler.
Eigene Werke: Unsere Helden (Volksstück) 1913; Die Hexe von Ludwigstein (Schauspiel) 1927.

Mohr, Heinz, geb. 7. Aug. 1885 zu Lübeck, lebte das. als Rektor. Außer Gedichten u. Novellen verfaßte er auch Dramen.
Eigene Werke: Die Schneerose (Märchenspiel) 1927; Viole (Märchenspiel) 1928; Der Mohr der Dubarry (Drama) 1929.

Mohr, Laura s. Hansson, Laura.

Mohr, Marie, geb. 20. April 1850 zu Amsterdam (Todesdatum unbekannt), Tochter von

Eduard M., war Redakteurin der Zeitschrift „Auf der Höhe" in Leipzig, zuletzt lebte sie in Stuttgart u. München. Dramatikerin.
Eigene Werke: Die Unverantwortlichen (Trauerspiel) 1875; Natur u. Gesellschaft (Schauspiel) 1878; Leonora Malaspina (Trauerspiel) 1881; Die Kommandantentochter von Mannheim (Hist. Trauerspiel) 1892.

Mohr, Max, geb. 17. Okt. 1891 zu Würzburg, gest. 1944 zu Schanghai in China, Doktor der Medizin, wurde Arzt in der Wolfsgrube ob Rottach am Tegernsee. Vorwiegend Dramatiker.
Eigene Werke: Tarras (Komödie) 1919; Gregor Rosso (Tragödie) 1920; Dadakratie (Komödie) 1920; Improvisationen im Juni (Komödie) 1920; Das gelbe Zelt (Drama) 1921; Sirill am Wrack (Komödie) 1922; Der Arbeiter Esau (Komödie) 1923; Die Karawane (Komödie) 1924; Ramper (Drama) 1925; Platingruben in Tulpin (Komödie) 1926; Pimpus and Caxa (Komödie) 1927; Die Welt der Enkel (Komödie) 1930.
Literatur: Heinrich *Zerkaulen,* M. Mohr (Der Gral 6. Jahrg.) 1931—32; Paul *Wittko,* M. Mohrs Haß u. Liebe (Frankenspiegel Nr. 6) 1951.

Mohwinkel, Hans, geb. 16. Mai 1858 zu Frankfurt a. M. (Todesdatum unbekannt), Sohn eines Fabrikanten, humanistisch gebildet, wollte zuerst Offizier werden, wandte sich aber bald der Bühne zu, die er 1889 in Regensburg betrat, bildete sich bei Alberto Selva in Mailand gesanglich weiter aus, wirkte dann als Heldenbariton in Köln, Breslau, Riga, Königsberg, Mannheim u. seit 1902 in Hamburg. Nach seinem Bühnenabschied hier als Gesangslehrer tätig. Vor allem Mozart- und Wagnersänger. Seine Interpretationen zeichneten sich durch außerordentliche Stimmittel u. dramatisch belebten Vortrag aus. Ernst Leopold Stahl kennzeichnet ihn („Das Mannheimer Nationaltheater" 1929) „als eine Sängerpotenz", einen Heldenbariton, „der mit seiner herrlich schönen, mächtigen Stimme als Wotan wie ein Fels im Meer der wildesten Orchesterbrandungen Herr wurde. Das Organ konnte im Mozartgesang trotz seiner natürlichen Schwere fast tänzerisch leicht werden, zudem durfte es sich selbst in die Tiefen des Sarastros gelegentlich hinabtrauen, ganz war er ein Darsteller von ungewöhnlicher Delikatesse." Kammersänger. Hauptrollen: Don Juan, Almaviva, Telramund, Wotan, Hans

Sachs, Wolfram, Tell, Rigoletto, Tonio, Turiddu u. a.

Moisasurs Zauberfluch, Zauberspiel in zwei Aufzügen von Ferdinand Raimund, Musik von Philipp Jakob Riotte, verfaßt u. uraufgeführt am Theater an der Wien 1827. Stofflich hängt die Handlung mit der antiken Alkestefabel u. Orpheussage zusammen, der Grundgedanke bedeutet eine Verherrlichung der ehelichen Liebe u. Treue bis über das Grab hinaus. Alzinde, die Gemahlin des Königs im indischen Diamantenland, will nicht mehr leben, da sie ihn tot glaubt. Der Dämon Moisasur verwandelt sie in ein altes Weib. Dann läßt er sie nach Europa schaffen u. auf einer Alm aussetzen. Hier soll sie das Opfer von Habgier werden. Aber Ariel der Tugendgeist rettet sie. Auch ihren Gatten findet sie nach neuen Prüfungen wieder. Besonders ergreifend erscheint der Genius der Vergänglichkeit gestaltet, charakteristisch für die tiefsinnige Melancholie des Dichters. Doch der Tod behält nicht das letzte Wort, denn die Liebe siegt über alles. — Nach einem zeitgenössischen Bericht fand die Uraufführung unter ungeheurem Zulauf statt. Raimund wurde fünfmal gerufen. Direktor Carl spielte die männliche Hauptrolle, die erst 1830 Raimund selbst übernahm (Vgl. F. Hadamowsky, F. Raimund als Schauspieler, Raimunds Sämtl. Werke, Histor.-kritische Ausgabe 5. Bd. 1925). E. v. Feuchtersleben äußerte sich: „ . . . ist der Titel etwas burlesk, so ist das Werk umso erhabener. Die Allegorie des Stückes rührt an die geheimsten Töne des Daseins, und es erklingen welche, d i e n o c h n i e g e h ö r t w o r d e n s i n d. Die tragische Wirkung, auch aufs nichtdenkende Publikum, ist wunderbar. Nach Shakespearischer Art ist dem Stück auch eine komische Person (doch im tragischen Sinn) beigegeben." F. C. Weidmann widmete Raimund nach der Aufführung ein begeistertes Gedicht. Heinrich Börnstein verfaßte mit Heinrich Adami für das Leopoldstädter Theater eine Parodie „Moisasuras Hexenspruch", Musik von Wenzel Müller. Die berühmte Therese Krones spielte darin die Hauptrolle. Neubearbeitung von Joseph Gregor 1940.

Moissi, Alexander, geb. 2. April 1879 zu Triest, gest. 22. März 1935 zu Wien, Sohn eines albanischen Kaufmanns u. einer italienischen Mutter, kam 1898 nach Wien, wo er sich zuerst als Italienisch-Lehrer durchbrachte, dann mit der verfehlten Absicht, als Bariton aufzutreten, das Konservatorium besuchte, wirkte als Statist am Burgtheater, bis er von Kainz u. Schlenther entdeckt wurde u. ging dann zu Angelo Neumann nach Prag. Hier spielte er alle möglichen Rollen. Seine glänzende Begabung als Charakterdarsteller zeigte sich jedoch erst an den Reinhardt-Bühnen in Berlin. Während des Ersten Weltkriegs kam er das erste Mal in die Schweiz. Als Fliegerleutnant gefangengenommen, wurde er krankheitshalber in das Internierungslager nach Arosa geschickt, wo er bald an Veranstaltungen zugunsten der Mitgefangenen teilnahm. In der Folgezeit spielte er — immer noch als Internierungsgefangener — in Zürich, Bern, Basel u. a. Figaro, Oedipus, Orest, Oberon, Danton, teils als Gast in Schweizer Ensembles, teils im Rahmen der Reinhardt-Gastspiele, bis er 1917 als Austauschgefangener aus der Internierung entlassen wurde. Nach dem Krieg gab er viele Gastspiele u. Vortragsabende, mit Vorliebe u. a. in der Schweiz u. allein oder zusammen mit dem Reinhardt-Ensemble in Wien (Neue Wiener Bühne, Carl- u. Josefstädtertheater, Deutsches Volks- u. Raimundtheater, Volksbühne, Zirkus Busch). Hauptrollen: Hamlet, Franz Moor, Romeo, Kreon, Tasso, Jedermann (der berühmteste der Salzburger Festspiele). Besonders gut gelangen ihm krankhaft brüchige Charaktere wie Oswald in Ibsens „Gespenster" u. Fedja in Tolstojs „Lebender Leichnam". In einer Kritik hieß es: „Die Rolle (Oswald) liegt ihm wie keine frühere, das Morbide, Seltsame, Dekadente, das er in seiner Erscheinung u. Sprache in anderen Aufgaben oft störend an den Tag legte, fügte sich hier zu einem Gesamtbild ergreifender Lebensechtheit. Die Wahnsinnsszene am Schluß haben wir seit Zacconi so realistisch nicht gesehen." Julius Bab berichtet über seine Darstellung klassischer Rollen: „Er zwang siegreich den Franz Moor, in den Farben Moissischer Natur zu wandeln; schuf einen degenerierten Edelmann von vergifteten Instinkten u. überkultiviertem Hirn mit einem solchen Übermaß genialer Züge, so unvergeßlicher Gewalt in Wort u. Todesangst, daß ich trotz Max Pohl u. Josef Kainz den Franz kaum noch anders zu denken vermag als in Moissis Farben. Wie er den Traum vom Jüngsten Gericht erzählte, mit Worten u. Gebärden greifbar bauend, wie ein irrsinniger Pfaffe mit seinem Mund die Posaunen des Gerichts formend u. plötzlich bricht der hohldröhnende Schall zusammen, wie ein zersprungenes Schwert klirrt das letzte Wort zu Boden, dünn, frierend, erstarrend, und die Gestalt sinkt zusammen wie ausgelöscht: das gehört wohl zum Stärksten, was ich von Menschendarstellern je erlebte . . ." Im Wiener Cottage-Sanatorium erlag er frühzeitig einer tückischen Krankheit. Seine Leiche wurde eingeäschert. Während der Trauerfeier übergab A. Bassermann (s. d.) den Iffland-Ring symbolisch an M. Die Urne wurde in die Schweiz überführt, in Morcote nahe dem Luganersee bestattet u. ihm daselbst ein Denkstein gesetzt. Oskar Maurus Fontana charakterisierte das Wesen seiner Kunst: „Ein Schauspieler aus der Lyrik heraus, aus der Lyrik des Hymnischen, des Elegischen, des Liedhaften, des Überschwangs des Herzens, des Aufbruchs des Geistes, des Fließenden u. Schwebenden der Gefühle, des Sphärenhaften u. Begeisternden, aber auch des Stillen u. Zarten. Dieses Lyrische, das er mit vollen Händen um sich streuen konnte, machte ihn zum Prinzen seiner Zeit u. er verschwendete sich, wie das alle Prinzen gerne tun. Er erlebte dann nicht mehr den Menschen, sondern nur den Klang u. ließ sich von ihm tragen. Er wuchs dann nicht mehr in ein Schicksal hinein, sondern es genügte ihm, süßeste Arien des Mitleids zu singen. Ein Gondolieri des Schmerzes wurde er. Die prunkvoll schwarze Barke seiner Sprache lenkte er durch alle großen u. kleinen Kanäle mit kunstvollen Stößen hin u. her u. sang dazu schmachtende Melodien. Aber immer wieder kam aus ihnen bezwingend u. mitreißend das Urelement Moissis: Musik". Rudolf Bernauer („Das Theater meines Lebens" 1955) wies darauf hin, daß M., so interessant er als Persönlichkeit war, nicht als vollwertiger Ersatz für Matkowsky oder Kainz angesehen werden konnte. „Zwar wurde er mit letzterem viel verglichen, hatte auch dessen knabenhafte Gestalt, wenn auch ohne die vornehme Eleganz, u. eine von ihm adoptierte Art der Deklamation; aber weder in geistiger Beziehung noch an Innerlichkeit kam er ihm nahe. Nicht nur die Sprache Moissis, deren italienischer Singsang auf viele so faszinierend wirkte, auch sein Wesen hatte etwas Fremdländisches, das alle, die jene im besten Sinne deutschen Schauspieler Kainz u. Matkowsky gekannt u. gewürdigt hatten, oft Wesentliches bei ihm vermissen ließ." Auch als

Verfasser eines Napoleon-Dramas „Der Gefangene" (1932) trat M. hervor. In erster Ehe seit 1910 mit Maria Urfus, in zweiter seit 1919 mit Johanna Terwin verheiratet. *Literatur:* Julius *Bab,* A. Moissi (Deutsche Schauspieler) 1908 (mit Willi Handl); Herbert *Ihering,* A. M. (Theaterkalender auf das Jahr 1912) 1912; Heinrich *Stümcke,* Vor der Rampe 1915; Emil *Faktor,* A. M. 1920; Fritz *Kreuzig,* Ein Moissi-Brevier 1921; Ludwig *Ullmann,* M. 1922; Max *Brod,* Sternenhimmel 1923; Hans *Böhm,* A. M. Der Mensch u. der Künstler, in Worten u. Bildern 1927; Arthur *Kahane,* A. M. (Berliner Börsencourier 8. April) 1930; O. M. *Fontana,* A. M. (Wiener Schauspieler) 1948; Irmgard *Rohracher,* Leben u. Wirken des Schauspielers A. M. (Diss. Wien) 1951; dies., A. M. (Neue Zürcher Nachrichten Nr. 80) 1952; Tilla *Durieux,* Eine Tür steht offen (Erinnerungen) 1954; J. *Bab,* Kränze dem Mimen 1954; O. M. *Fontana,* Prinz der Bühne — Wanderer des Lebens (Die Presse 20. März) 1955.

Moissi, Beata s. Moissi-Urfus, Marie.

Moissi (Ps. Terwin), Johanna, geb. 18. März 1884 zu Kaiserslautern, Tochter eines Gymnasialprofessors Winter, fand als Schauspielerin ihr erstes Engagement in Passau u. kam über Zürich nach München, wo sie dem Hofschauspiel als eine seiner bedeutendsten Kräfte (neben Albert Steinrück) von 1909 bis 1911 angehörte. Seit 1913 wirkte sie an den Reinhardtbühnen in Berlin u. Wien, nach dem Zweiten Weltkrieg 1950—52 am Deutschen Theater in Göttingen, hierauf an den Städt. Bühnen Wuppertal-Solingen u. zuletzt als Gast am Volkstheater in Wien. Vor allem spielte sie in Stücken von Ibsen, Strindberg, Wedekind, Shaw, aber auch in klassischen Dramen. Eine ihrer Glanzrollen war die Marja Alexandrowna in „Onkelchen hat geträumt" von Karl Vollmöller, die sie mehr als hundertmal spielte. Weitere Rollen: Julia, Minna von Barnhelm, Jüdin von Toledo, Ophelia, Viola u. a. *Literatur:* Karl *Marilaun,* Gespräch mit J. Moissi-Terwin (Neues Wiener Journal 18. Juli) 1924; o(skar) m(aurus) f(ontana), Abschied von der Terwin-Moissi? (Die Presse, 30. Okt.) 1956.

Moissi-Urfus, Marie, geb. 12. März 1877 zu Wien, Tochter eines österreichischen Finanzrates, betrat ohne dramatischen Unterricht die Bühne erstmals in Prag, kam dann

95

ans Kaiser-Jubiläums-Stadttheater nach Wien u. war 1901—02 Mitglied des Burgtheaters. 1910 heiratete sie Alexander Moissi u. gründete 1913 in Berlin eine Schauspielschule, an der auch ihr Gatte unterrichtete. Mutter der Tänzerin Beate M. (geb. 1911), die in erster Ehe den Sohn des Schriftstellers Walter Kollo, den Regisseur u. Textdichter Willi Kollo (s. d.), u. in zweiter den Filmproduzenten Conrad von Molo heiratete. Hauptrollen: Fee Cheristane, Rautendelein, Luise, Edrita u. a.

Moja, Hella, geb. 18. Jan. 1896, ausgebildet von Emanuel Reicher (s. d.) u. Frieda Richard (s. d.), begann ihre Bühnenlaufbahn als Schauspielerin am Lessingtheater in Berlin, ging aber schon nach zweijähriger Bühnentätigkeit zum Film u. gründete eine eigene Filmgesellschaft.

Mojsisovics, Edgar von, geb. 26. Mai 1881 zu Graz, studierte in Rom, Berlin, Wien u. Graz (Doktor der Philosophie), besuchte auch das Sternsche Konservatorium in Berlin (u. a. Schüler H. Pfitzners), wurde Mittelschullehrer in Iglau, Wien, Pola, Triest u. lebte seit 1936 als freier Schriftsteller in Wien. Erzähler u. Dramatiker.
Eigene Werke: Der Virtuose (Drama) 1929; Die Untersuchung (Drama) 1929; Die Katze (Drama) 1930 u. a.

Mojsisovics-Mojsvar, Roderich von, geb. 10. Mai 1877 zu Graz, gest. 30. März 1953 zu Bruck an der Mur, studierte in Graz (Doktor der Rechte), besuchte das Konservatorium in Köln u. die Akademie der Tonkunst in München, wurde Dirigent in Graz, Brünn, Leipzig u. Pettau, hierauf Direktor des Konservatoriums in Graz (1911—31) sowie Universitätslektor das. u. wirkte nach pädagogischer Tätigkeit in Mannheim u. Heidelberg seit 1941 als Dramaturgie-Lehrer wieder am Konservatorium seiner Vaterstadt. Komponist, Musik- u. Bühnenschriftsteller.
Eigene Werke: Tantchen Rosmarin (Oper) 1914; Merlin (Märchendrama) 1921; Der Zauberer (Oper) 1926; König Mensch (Marionettenspiel) 1927; Die Locke (Oper) 1927 u. a.

Molander, Helga, geb. 19. März 1899(?) zu Königshütte in Oberschlesien, Tochter eines Arztes, ausgebildet in der Schauspielschule des Deutschen Theaters in Berlin, wirkte als Schauspielerin in Köln, Elberfeld u.

Berlin. Später wandte sie sich dem Film zu.

Molander, Wolfgang, geb. 25. Nov. 1917 zu Frankfurt a. M., war 1951—53 am Staatsschauspiel (ehem. Residenztheater) in München u. seither in Gelsenkirchen tätig. Hauptrollen: Bevan („Die leichten Herzens sind"), Dietrich („Die Nibelungen"), Galomir („Weh dem, der lügt"), Turin („Die kluge Närrin"), Romano („Fiesko") u. a.

Molden, Sascha, geb. um 1875, wirkte seit 1896 als Jugendlicher Liebhaber u. Bonvivant in Gotha, Zwickau, Colmar, Flensburg u. Aachen, als Charakterdarsteller u. Regisseur am Stadttheater in Ulm, ging dann allmählich ins Komische Fach über u. vertrat dieses seit 1919 in Rostock, später in Stralsund.

Moldt, Hermann, geb. 22. Juli 1900, gest. 3. Mai 1950 zu Hamburg als Schauspieler am dort. St.-Pauli-Theater.

Moleen, Albert, geb. 5. Jan. 1910 zu Bredeney im Kreis Essen, war 1930—39 Operettenkomiker u. Buffo in Tilsit, Koblenz u. Hildesheim u. wandte sich seit 1945 dem Fache des Komikers zu. Auch Spielleiter. Hauptrollen: Schneck („Der Vogelhändler"), Bordolo („Der Zarewitsch"), Geislinger („Monika") u. a. Gatte der Schauspielerin Marianne Wedemeyer.

Molenar, Georg s. Müller, Georg.

Molenar, Grete s. Müller, Grete.

Molière, eigentlich Jean Baptiste Poquelin (1622—73), Schauspieler u. Lustspieldichter in Paris, wurde vermutlich durch die Truppe Veltheims, der ihn im „Histro-Gallicus, Comi-Satyricus" 1694 f. auch übersetzte, in Deutschland eingeführt. Neuere Verdeutschungen von Adolf Laun (in Alexandrinern) 1865 u. (in gereimten Jamben) 1880, Wolf Graf Baudissin (in Jamben) 1865 ff. (Neudruck von Ph. A. Becker, Hesses Klassiker-Ausgaben 4 Bde. 1912) u. Ludwig Fulda (in Versen) 1892 (4. Aufl. 1904). M. war schon dem jungen Goethe vertraut u. beeinflußte dessen „Mitschuldigen", „Scherz, List u. Rache". Sein Einfluß auf die deutsche Komödie war groß, auch in jüngster Zeit z. B. bei Hofmannsthal. Begeistert äußerte sich auch der alte Grillparzer (1861) in seinen „Studien zur französischen Literatur" über M.: „Ein Dichter im eigentlichen Sinne des Wortes, auf das Edle u. Große hinstrebend, wie er denn von der Darstellung ernster Charaktere nur durch wiederholtes Verunglücken auf der Bühne zurückgeschreckt wurde, u. nun genötigt, den Lustigmacher, den Hans Narren zu spielen, mitten im Jubel des Beifalls sich wahrscheinlich selbst verachtend über die Versündigung an seinem besseren Innern. In der Gesellschaft tief unter denjenigen stehend, die er nicht einmal als seinesgleichen anerkennen konnte. Selbst der Misanthrop fiel durch, als nicht pudelnärrisch genug. Mußte sich da nicht eine Feindseligkeit gegen die gesellschaftlichen Zustände ansetzen? Ich denke hier an Raimund, der, obgleich tief unter „M. stehend, doch hierin eine Ähnlichkeit mit ihm hatte."

Behandlung: Karl *Lebrun,* Ninon, Molière u. Tartüffe (Lustspiel) 1822; Paul *Lindau,* Der Komödiant (Schauspiel) 1892; Hans Kyser, Molière spielt (Komödie) 1940 u. a.

Literatur: Arthur . *Eloesser,* Die älteste Übersetzung Molièrescher Lustspiele 1893; P. *Wohlfeil,* Die deutschen M.-Übersetzungen (Progr. Frankfurt a. M.) Paul *Peisert,* Molières Leben in Bühnenbearbeitung (Diss. Halle) 1905; Karl *Zeller,* Die Bearbeitungen von Molières Tartuffe im Deutschen (Diss. Wien) 1908; Hermann *Hartmann,* Die literarische Satire bei M. (Diss. Tübingen) 1910; Rudolf *Hausjell,* Ludwig Fuldas Übertragungen der Meisterwerke Molières ins Deutsche (Diss. Wien) 1912; Eduard *Populorum,* Die deutschen Bearbeitungen des Avare im 18. u. 19. Jahrhundert (Diss. Wien) 1913; Wilhelm *Fischmann,* Molières Misanthrop in deutscher u. französischer Nachdichtung (Diss. Leipzig) 1930; Karin *Leipoldt,* M. u. Holberg. Eine psychologisch-kulturgeschichtl. Betrachtung ihrer Komödien (Diss. Leipzig) 1947; Carl *Spitteler,* M. (Ästhetische Schriften) 1947; V. A. *Oswald,* Hofmannsthals Collaboration with M. (The Germanic Review Nr. 1) 1954.

Molineus, Hertha, geb. 25. Mai 1889, lebte in Bigge bei Brilon (Westfalen), später in Andernach. Vorwiegend Dramatikerin.

Eigene Werke: Galeere (Drama) 1921; Gurre (Drama) 1925; Ranun (Dramat. Gedicht) 1940.

Molique (geb. Wanney), Marie (Geburtsdatum unbekannt), gest. 26. Okt. 1882 zu Cannstadt, Gattin des Violinvirtuosen Bern-

hard M., wirkte als Schauspielerin in München u. Stuttgart.

Molitor, Wilhelm (Ps. Ulrich *Riesler* u. Benno *Bronner*), geb. 24. Aug. 1819 zu Zweibrücken, gest. 11. Jan. 1880 zu Speyer, studierte in Heidelberg u. München, empfing 1851 die Priesterweihe, worauf er 1857 zum Domvikar u. Domkapitular aufrückte u. schließlich eine Professur für Kunstgeschichte u. Homiletik in Speyer erhielt. Literarisch vielseitig tätig, auch Dramatiker.

Eigene Werke: Kynast (Schauspiel) 1844; Der Jungfernsprung (Drama) 1845; Maria Magdalena (Dramat. Gedicht) 1863; Das alte deutsche Handwerk (Dramat. Gemälde) 1864; Die Freigelassene Neros (Dramat. Gedicht) 1865; Das Theater in seiner Bedeutung u. in seiner gegenwärtigen Stellung 1866; Julian, der Apostat (Dramat. Gedicht) 1867; Claudia Procula (Dramat. Gedicht) 1867; Weihnachtstraum (Festspiel) 1867; Über Goethes Faust 1869; Das Haus zu Nazareth (Festspiel) 1873; Des Kaisers Günstling (Trauerspiel) 1874; Die Weisen des Morgenlandes (Festspiel) 1877; Dramatische Spiele (Sankt Ursulas Rheinfahrt — Die Villa bei Amalfi — Schön Gundel) 1878; Die Blume von Sizilien (Drama) 1880.

Literatur: Franz *Brümmer,* W. Molitor (A. D. B. 52. Bd.) 1906; J. *Schwind,* W. M. (Unterhaltungsblatt zum Pfälz. Volksboten) 1919; H. *Culmann;* Pfälzer Dichterköpfe (Pfälz. Land 30. Jan.) 1922.

Moll, Christian Hieronymus, geb. 21. Okt. 1750 zu Wien (Todesdatum unbekannt), leitete das deutsche Theater in Preßburg, später das in Triest. Herausgeber der Wochenschrift „Historisch-kritische Theater-Chronik von Wien" (1774). Verfasser von Bühnenstücken.

Eigene Werke: Donna Inez (Trauerspiel) 1772; Die ländlichen Hochzeitsfeste (Schauspiel) 1773; Leben u. Tod des Königs Makbeth (Pantomime) 1777 u. a.

Literatur: **Wurzbach,** Chr. H. Moll (Biogr. Lexikon 19. Bd.) 1868.

Moll, Ida, geb. 8. Juli 1870 zu Wien, gest. 26. Sept. 1901 zu Baden bei Wien, war Schauspielerin u. Sängerin am dort. Stadttheater.

Moll, Willy, geb. 24. Juni 1904, wirkte als Schauspieler u. Spielleiter u. a. in Berlin (Metropoltheater), Bonn, Bremen, Frankfurt a. M., Karlsruhe, Hannover, Darmstadt u.

am Schloßtheater in Celle. Acht Jahre war er Intendant in Landsberg a. d. Warthe. Hauptrollen: Peachum („Die Dreigroschenoper"), Vincent („Eurydike"), Flamm („Rose Bernd"), Walsingham („Elisabeth von England"), Hokaida („Das kleine Teehaus"), Bolz („Die Journalisten") u. a.

Mollenhauer, Hans (Geburtsdatum unbekannt), gest. 5. Febr. 1892 zu Berlin, war Erster Held u. Liebhaber am Stadttheater in Landshut in Bayern, in Krems u. a.

Moller, Josefine s. Tauber, Josefine.

Molnar, Anatol (Geburtsdatum unbekannt), gest. im Okt. 1947 zu Berlin, Reinhardt-Schüler, war seit 1912 Schauspieler u. Spielleiter, u. a. in Hildesheim, später auch Dramaturg u. Bürochef. Hauptrollen: Lorenz („Preziosa"), Bogdanowitsch („Die lustige Witwe"), Stephan („Fritzchen") u. a.

Molnar, August, geb. 17. Aug. 1840 zu Weißkirchen, gest. 3. Dez. 1912 zu Altenburg, wurde in Krems u. Linz (Schüler Anton Bruckners) ausgebildet u. wirkte als Theaterkapellmeister u. a. in Königsberg, Aachen, Brünn, Rotterdam u. 1890—1903 am Hoftheater in Altenburg. 1907 trat er in den Ruhestand.

Molnar, Erna, geb. 5. Aug. 1894, Schülerin von Adele Sandrock (s. d.), war seit 1917 Schauspielerin in Greifswald, Thorn, Bremerhaven, Oldenburg, Berlin, Bayreuth, Solothurn, Reval, Görlitz, Meiningen, Eisenach u. zuletzt am Mecklenburg. Staatstheater in Schwerin. Charakter- u. Mütterdarstellerin.

Molnar-Darvas, Lilli, geb. 10. April 1902 zu Budapest, wirkte seit 1925 am Josefstädtertheater in Wien, emigrierte 1938 nach Amerika u. gründete 1943 mit Grete Mosheim, Hans Jaray, Oskar Karlweis u. Felix Großmann eine deutschsprachige Theatergesellschaft in Neuyork, die sich 1947 zum klassischen deutschen Theater in den Vereinigten Staaten entwickelte. Seit 1926 Gattin des Dichters Franz Molnar. Ihre Art der Darstellung glich der von Maria Bard (s. Nachtrag). Fontana bezeichnete sie als erste „Damenspielerin, die wagte, ihre Gescheitheit offen zu zeigen, u. die in jeder neuen Rolle immer wieder neu bewies, daß sich Gescheitheit sehr wohl mit Lieblichkeit, Scharm u. sogar mit

Erotik paare. Bis zu ihr hatte man die gescheiten Frauen auf der Bühne nur als lächerlichen Blaustrumpf oder als eingetrocknete Pedantin mit Brillen gesehen, die Verführerinnen dagegen waren mit einem Spatzenhirn ausgekommen. Die D. machte damit endgültig Schluß, sie fegte alle diese überalterten Vorurteile von der Bühne, sie erbrachte mit jeder ihrer Gestalten den lebensvollen Beweis, daß auch die Gescheitheit, wenn sie von einer Frau Besitz ergriffen hat, Frou-Frou sein könne, daß Eva im Paradies nicht aus Dummheit nach dem Apfel gegriffen habe, sondern um auch ein Wort mitzureden in der Diskussion zwischen Himmel u. Hölle. L. D. hatte für die Frau das Flirrende u. Gefährliche, das selig Leuchtende u. tänzerhaft· Beschwingte . . . Sie spielte die Frau, die bald im Abenteuer, bald in der seelischen Liebe zu Hause ist, mit einer faszinierenden Vielheit an Tönen, mit einer bezwingenden Nixenhaftigkeit . . . aber sie war in ihren Gestalten auch durchaus eine Tochter ihres Jahrhunderts in den fordernden Bewegungen, in der Unbedingtheit ihres leidenschaftlichen Willens, in der Wachheit ihrer umwertenden Gedanken. Sie war eine träumerisch lachende, sich bald versagende, bald hingebende Kolumbine. Sie war eine vom Luxus verwöhnte Dame verschwenderischer Salons u. sie war eine mit List u. Verwegenheit angreifende, sich verteidigende Kämpferin um ihr Glück u. ihren Lebensinhalt . . . Wie sie hinter den Worten das eigentliche Sein einer Frauengestalt verbarg u. immer ja meinte, wenn sie nein sagte, das spielte die D. delikat u. mitreißend. Welche allerbeste damenhafte Konversation konnte sie machen, graziös, boshaft, elegant u. erotisch parfümiert, als wäre Live d'Epinay oder Julie de Lespinasse oder Ninon de Lenclos in ihr wiedergeboren . . . Zusammenfassung ihrer Schauspielkunst, in einen einzigen Theaterabend gepreßt, bot sie, als sie einmal in einem durch mehrere Generationen gehenden Stück die Frau in allen Altersstufen zu spielen hatte. Wieviel Geist war darin, wieviel Beobachtung u. auch wieviel Melancholie, die sich ins Lachen flüchtet! Schonungslos enthüllte sie in dieser durch alle Altersstufen geführten Frau alle kleinen Schliche u. Listen im Kampf um den Mann, persiflierte sie u. bat für sie gleichzeitig um Verzeihung, denn im Sieg spielte sie auch schon die Niederlage." Hauptrollen: Julia, Charlotte Corday („Danton"), Lady Milford, Ninon de Lenclos, Gute Werke („Jeder-

mann"), Glaube ("Der gläserne Pantoffel"
von Molnar) u. a.
Literatur: O. M. *Fontana,* L. Darvas
(Wiener Schauspieler) 1948.

Molo, Walter Reichsritter von, geb. 14. Juni
1880 zu Sternberg in Mähren, von bayrischen Eltern abstammend, studierte in
Wien u. München an den Technischen Hoch-
schulen Maschinenbau u. Elektrotechnik,
wurde Werkstätteningenieur bei Siemens u.
Halske, dann Oberingenieur im Patentamt
des Ministeriums für öffentliche Arbeiten
bis 1913. Hierauf übersiedelte er als freier
Schriftsteller nach Berlin, zuletzt nach
Murnau in Oberbayern (Molohof). Erzähler
u. Dramatiker.
Eigene Werke: Das gelebte Leben
(Drama) 1911; Die Mutter (Drama) 1912; Der
Infant der Menschheit (Drama) 1912; Der
Schiller-Roman (Ums Menschentum — Im
Titanenkampf — Die Freiheit — Den
Sternen zu) 4 Bde. 1912—16 (Volksausgabe
2 Bde. 1918); Friedrich Staps (Volksstück)
1918; Die helle Nacht (Schauspiel) 1919; Till
Lausebums (Drama) 1921; Die Lebensbal-
lade (Drama) 1924; Ordnung im Chaos
(Drama) 1929; Friedrich List (Drama) 1932
u. a.
Literatur: Paul *Wedenwaldt,* W. v. Molos
dramatisches Schaffen (Ostdeutsche Monats-
hefte 11. Jahrg.) 1930/31.

Moloch, dramatisches Fragment von Fr.
Hebbel, erster Akt in der Urfassung gedruckt in Gustav Kühnes „Europa" 1847, abgeschlossen 1849, zweiter Akt abgeschlossen
1850. Die erste Anregung empfing der Dichter vermutlich aus Zacharias Werners
Drama „Das Kreuz an der Ostsee". Er
wollte in seinem Schauspiel den Untergang
Karthagos behandeln u. beschäftigte sich
lange damit. „Moloch", schreibt er 1845,
„ist nicht das Werk eines Jahres, sondern
eines Menschenlebens". Aber es kam zu
keinem Ende. 1861 äußerte er sich: „Der
Ton ist zu hoch genommen, ich müßte von
vorn wieder anfangen." Emil Gerhäuser
schrieb nach Hebbel das Textbuch zur
gleichnamigen musikalischen Tragödie in
drei Akten von Max von Schillings, die
1906 in Dresden uraufgeführt wurde u. mit
einem umgearbeiteten Schluß 1934 in Berlin
zur Aufführung gelangte. Hier bringt der
Molochpriester Hiram dem Nordland Thule
einen neuen Glauben, um es geschwächt
den Feinden gefügig zu machen. Der alte
König will zwar dem alten Glauben treu

bleiben, aber sein Sohn opfert den neuen
Götzen u. sühnt in der Folge seinen Abfall
mit dem Tode. In der letzten Fassung erkennt er seinen Fehler u. wird geläutert.
Musikalisch wirkungsvolle Chöre sind in
das Stück eingebaut.
Literatur: Heinrich *Saedler,* Die Entstehungsgeschichte von Hebbels Moloch 1914.

Molsheim, Stadt im Unter-Elsaß, besaß seit
1580 ein großes Jesuitenkolleg, seit 1618
eine Universität, 1701 nach Straßburg verlegt. Sein Theater hatte mehr als lokale
Bedeutung.
Literatur: M. *Barth,* Das Schultheater
im Jesuitenkolleg zu Molsheim 1581—1765
(Archiv für elsäß. Kirchengeschichte 8. Jahrgang) 1933.

Molter, Eva, geb. 1900 zu München, gest.
1. Mai 1926 zu Bozen, war 1918—23 Mitglied des Schauspielhauses in ihrer Vaterstadt.

Molter, Georg, geb. 1860, gest. 24. Febr.
1920 zu Nürnberg, war Maler u. Schauspieler, zuletzt viele Jahre am Stadttheater in
Nürnberg.

Moltkau, Hans, geb. 30. Juli 1911 zu Magdeburg, humanistisch gebildet, studierte in
Berlin u. Köln Musik, wirkte 1934—37 als
Kapellmeister am Stadttheater in Saarbrücken, 1937—38 am Landestheater in Oldenburg, 1938—40 am Stadttheater in
Plauen, 1941—43 am Landestheater in Innsbruck u. seit 1945 am Rundfunk in Vorarlberg. Auch Operettenkomponist („Amor auf
Reisen" o. J., „Korsika" 1937, „Sensation
auf dem Ozean" 1939).

Moltke, Gustav Carl, geb. 23. Aug. 1806 zu
Braunschweig, gest. 13. Juli 1887 zu Oldenburg, Sohn von Karl Melchior Jakob M.,
verkehrte im Hause Goethes, debütierte
1824 in Weimar als Melchthal in „Wilhelm
Tell", wirkte dann einige Jahre in Magde-
burg, spielte in Leipzig, Düsseldorf, Köln,
Aachen, Lübeck u. seit 1833 in Oldenburg,
wo er alle Fächer vom Jugendlichen Lieb-
haber bis zum Heldenvater im Laufe der
Zeit betreute. Seit 1856 stand er als Direk-
tor der Bühne vor. Hauptrollen: Posa, Tell,
Wallenstein, Macbeth, Othello, Hamlet,
Coriolan, Tempelherr („Nathan der Weise"),
Ferdinand („Kabale u. Liebe"), Faust u. a.
In erster Ehe mit der Schauspielerin Louise
Oldenburg (geb. Drechsler), in zweiter mit

Lina Lay, später verehelichten Bellosa (s. d.) verheiratet.

Moltke, Helmuth Graf von (1800—91), seit 1858 Chef des Großen Generalstabs in Berlin u. seit 1871 Generalfeldmarschall, als Bühnenheld.
Behandlung: Felix *Dahn,* Moltke (Festspiel) 1890; Albert *Steffen,* Der Chef des Generalstabes (Drama) 1937.

Moltke (Ps. bis 1805 Molke), Karl Melchior Jakob, geb. 3. Juli 1783 zu Germsen bei Hildesheim, gest. 9. Aug. 1831, von seinem Vater musikalisch unterrichtet, kam als Sänger 1806 ans Hoftheater in Braunschweig, wurde von Goethe nach Weimar berufen, wo er 1809 als Tamino debütierte, u. seither als Erster Tenor neben der Jagemann (s. d.) zu den Stars der Bühne gehörte u. bis zu seinem Lebensende tätig war. In den „Erinnerungen der Karoline Jagemann" heißt es über ihn: „Von gefälligem Äußeren, war er gleichwohl kein guter Schauspieler u. erwarb sich erst nach u. nach die nötigen Handgriffe in komischen Rollen, zu denen er Anlage besaß, sogar eine ungewöhnliche Charakteristik; dagegen zeichnete er sich durch jugendlich frische, silberhelle Stimme vom ungestrichenen bis zweimal gestrichenen C aus, zart, weich u. rein, mit gleichmäßiger Tonleiter u. ausgebildetem Falsett, dazu durch musikalische Durchbildung, wenn auch ohne Koloratur." 1815 wurde er zum Kammersänger ernannt. Hauptrollen: Max („Der Freischütz"), Almaviva („Der Barbier von Sevilla"), Achilles („Iphigenie in Aulis"), Georg („Johann von Paris"), Maurer („Maurer u. Schlosser"), Cortez u. a.
Literatur: Eduard *v. Bamberg,* Die Erinnerungen der Karoline Jagemann 1926.

Moltke (geb. Drechsler), Louise, geb. 1803 zu Kassel, gest. 26. Nov. 1839 zu Oldenburg, fand 1826 ihr erstes Engagement in Frankfurt an der Oder, ging dann nach Rendsburg, Kiel, Altona u. 1828 an das Stadttheater in Hamburg. 1830 wurde sie nach Düsseldorf engagiert, wo sie den Schauspieler Gustav M. heiratete. 1833 kam sie mit diesem nach kurzem Engagement in Lübeck an das Hoftheater in Oldenburg, wo sie bis zu ihrem Tode im Fache Erster Liebhaberinnen u. Jugendlicher Anstandsdamen wirkte.

Moltz, Käthe s. Lieber, Käthe.

Momber, August, geb. 16. Mai 1886 zu Danzig, war seit 1907 Schauspieler am Deutschen Theater in Berlin, 1910 in Bamberg, 1911 am Neuen Theater wieder in Berlin, seit 1913 abermals am dort. Deutschen Theater u. nach Kriegsteilnahme 1919—22 an den Kammerspielen in München, 1922 bis 1938 am Staatstheater in Wiesbaden, hierauf auch Spielleiter in Karlsruhe u. 1945 bis 1949 Mitglied des Nationaltheaters in Weimar. Hauptrollen: Löwe („Androklus u. der Löwe" von Shaw), Meinrad Luckner („Schloß Wetterstein" von Wedekind), Thibaut („Die Jungfrau von Orleans") u. a.

Mona Lisa, Oper in zwei Aufzügen von Max Schillings, Text von Beatrice Dovsky 1915. Das Stück, das im Florenz der Gegenwart spielt, besteht aus einer Rahmenhandlung u. läßt ein fremdes hier zu Gast weilendes Hochzeitspaar das tragische Schicksal der von Leonardo da Vinci gemalten Renaissance-Schönheit nacherleben, wie es in der folgenden Haupthandlung vor sich gegangen ist. Dem hochdramatischen Text entspricht eine leidenschaftlich wilde Musik. Die Uraufführung in Stuttgart 1915 leitete einen Welterfolg ein.
Literatur: Felix *v. Lepel,* M. v. Schillings u. seine Oper Mona Lisa. Ein Ruhmesblatt für die städt. Oper in Berlin-Charlottenburg 1954.

Monaldeschi, Tragödie in fünf Akten von Heinrich Laube, Uraufführung am Hoftheater in Stuttgart 1841, gedruckt in der Zeitschrift „Die Grenzboten" 1842. Die Bühnengeschichte ist typisch für das Schicksal, das damals einem neuen historischen Drama beschieden war, da die Zensurverhältnisse des Vormärz dergleichen Stücken die größten Schwierigkeiten bereiteten. Fürst Pückler-Muskau (s. d.), der Protektor des jungen Laube, hatte dem Jugendwerk des schlesischen Dichters große Aufmerksamkeit geschenkt, ihn bei der Abfassung beraten u. es dem Kgl. Schauspielhaus in Berlin zur Aufführung empfohlen. Aber man konnte sich aus politischen Gründen, einem Einspruch des schwedischen u. französischen Gesandten vorbeugend, zu einer solchen nicht entschließen. In München wieder befürchtete K. Th. von Küstner (s. d.) religiös-kirchliche Auseinandersetzungen. Doch kam es bei der gelungenen Uraufführung in Stuttgart zu keinen Zwischenfällen. Einen vollen Sieg brachte Dresden, wo Emil Devrient (s. d.), der den Titelhelden spielte, die Aufnahme durchgesetzt hatte. Laube selbst empfing von der Vorstellung einen unvergeßlichen Eindruck u. berichtete dem Fürsten Pückler-Muskau: „Devrient war in der Rolle brillant, u. es war in der stillen Stadt ein förmlicher Enthusiasmus für unsern Taugenichts; ich saß wie die Rose im Klee an der Spitze des Amphitheaters, wohin mich von Lüttichau postiert hatte, um Hof u. sonstiger Herrlichkeit bequemes Lorgnettenfeuer auf mein schönes Antlitz spielen zu lassen. Ich war ganz beschämt. Es konnte übrigens in dem schönen Hause kein Apfel zur Erde fallen, so voll war's, u. Schiff u. Haus zusammen boten einen süperben Anblick. Das Königreich Sachsen hätten wir nun u. Württemberg — komisch genug wurde es an ein u. demselben Abend auch gerade in Leipzig zum dritten Male gegeben, also in der ganzen Monarchie herrschte an diesem Abend ein Abenteuer! in dieser so ordentlichen Monarchie!" In Berlin gab Eduard Devrient (s. d.) die Hauptrolle u. Charlotte von Hagn (s. d.) die Königin Christine. Auch König Friedrich Wilhelm IV. wohnte der Premiere bei. An etwa 50 Theatern gelangte M. zur Darstellung, nur in Österreich war es zunächst nicht durchzusetzen. Erst nachdem die Fürstin Metternich der Fürsprache Pückler-Muskaus Gehör schenkte u. in Wien für die Komödie eintrat, gelangte diese 1843 auf die Bretter des Burgtheaters, wo Ludwig Löwe (s. d.) u. Julie Rettich (s. d.) schon durch ihr glänzendes Spiel ihm zahlreiche Wiederholungen verschafften. Zur Ausgabe in Buchform (1845) schrieb Laube eine bemerkenswerte sehr ausführliche Einleitung (vgl. den Neudruck in Laubes „Gesammelten Werken", herausg. von H. H. Houben 23. Bd. 1909). Der Dichter widmete das Stück dem Stuttgarter Schauspieler u. Regisseur Heinrich Moritz (s. d.).

Monaldeschi (Monaldesco), Giovanni Marquis (gest. 1657), Oberstallmeister u. Vertrauter der Königin Christine von Schweden, wegen Hochverrats hingerichtet. Tragischer Held.
Behandlung: Heinrich *Zschokke,* Graf Monaldeschi oder Männerbund u. Weiberwut (Trauerspiel) 1790; A. W. *Griesel* (= Renat Münster), M. (Trauerspiel) 1826; Heinrich *Laube,* M. (Drama) 1845.

Monato, Max, geb. 13. Juli 1879, lebte in Wuppertal-Elberfeld. Bühnenautor.
Eigene Werke: Langemarck (Schauspiel)

1933 (mit Edgar Kahn); Michael Bangs Versuchung (Schauspiel) 1936; Sonntag des Lebens (Volksstück) 1936; Wetterleuchten um Rastatt (Schauspiel) 1936; Das Herz befiehlt (Lustspiel) 1936.

Monbelli, Maria, geb. 15. Febr. 1843 zu Cadix (Todesdatum unbekannt), wurde auf Rossinis Veranlassung bei Eugenia Garcia in Paris ausgebildet, erregte durch ihren Bravourgesang bedeutendes Aufsehen u. wirkte seit 1869 als Primadonna am Covent-Garden in London u. seit 1873 als Gastsängerin in Deutschland.

Moncza, Hermann, geb. 26. Jan. 1868 zu Wien, gest. 1927, war 1897—1926 Chargenschauspieler am Burgtheater. Hauptrollen: Michael („Der G'wissenswurm") u. a.

Mondel, August s. Manussi, Hans.

Mondseer Jedermann, Inszenierung des Spiels vom Jedermann durch den Stuttgarter Hofschauspieler Josef Bunk (s. d.), das in dem Salzburger Marktflecken M. alljährlich aufgeführt wurde.

Mondthal (verw. Rittner), Camilla, geb. 7. Sept. 1860 zu Wien, gest. 1. Juni 1923 zu Frankfurt a. M., Tochter eines Spediteurs namens Sockl, von Alexander Strakosch (s. d.) u. Adolf v. Sonnenthal (s. d.), zu dessen Ehren sie sich Mondthal nannte, für die Bühne ausgebildet, kam 1877 ans Josefstädtertheater in Wien, 1878 ans dort. Carltheater, 1879 ans Stadttheater in Hamburg, gastierte später, nahm 1885 ein Engagement in Moskau an, wirkte seit 1887 in Petersburg, seit 1890 in Breslau, 1893—95 in Meiningen, 1895—1900 in Hannover u. seit 1901 am Burgtheater (als Nachfolgerin Olga Lewinskys). Tragödin. Gattin des 1901 verstorbenen Schauspieldirektors Julius Rittner (s. d.). Hauptrollen: Louise, Eboli, Isabella, Elisabeth, Marfa, Iphigenie, Lady Macbeth, Brunhilde u. a.

Mone, Franz Joseph, geb. 12. Mai 1796 zu Mingolsheim bei Bruchsal, gest. 12. März 1871 zu Karlsruhe, studierte in Heidelberg, wurde hier Professor der Geschichte, 1827 Professor in Löwen u. 1838 Direktor des General-Landesarchivs in Karlsruhe. Literar- u. Kulturhistoriker, auch um die Erforschung des Dramas im Mittelalter bemüht.
Eigene Werke: Altdeutsche Schauspiele,

herausg. 1841; Schauspiele des Mittelalters, herausg. 2 Bde. 1846 (2. Aufl. 1852). *Literatur:* F. *v.* Weech, F. J. Mone (Badische Biographien 2. Bd.) 1871; ders., F. J. M. (A. D. B. 22. Bd.) 1885; A. *Schnütgen,* F. J. M. (Lexikon für Theologie u. Kirche 7. Bd.) 1935.

Monhaupt, Adolfine s. Monhaupt, Amalie.

Monhaupt (geb. Schramm), **Amalie,** geb. 26. Okt. 1815 zu Magdeburg, gest. 16. Sept. 1891 zu Hannover, Schauspielerin. Gattin des Schauspielers Nikolaus M. (gest. 1863 zu Hamburg), Mutter der Naiven Adolfine M. (Nachfolgerin der Friederike Goßmann am Thaliatheater in Hamburg), der Schauspielerin Luise M., der Sängerin Clara M. (Gattin des Komponisten Richard Kleinmichel), Anna M. (Gattin des Schauspielers August Scholz in Breslau), der Sängerin u. Schauspielerin Julie M. u. der Kammermusiker Friedrich u. Karl M.

Monhaupt, Anna s. Monhaupt, Amalie.

Monhaupt, Clara s. Kleinmichel, Richard.

Monhaupt, Julie s. Monhaupt, Amalie.

Monhaupt, Luise, geb. 23. Dez. 1836 zu Magdeburg, gest. 3. Jan. 1918 zu Hamburg, Tochter von Nikolaus u. Amalie M., betrat schon als Kind die Bühne, spielte zuerst in Zürich, dann als Jugendliche u. Naive Liebhaberin 1857—58 am Thaliatheater in Hamburg, 1858—61 in Oldenburg, seit 1862 in Prag, Stettin, Danzig, Freiburg, Köln, Breslau, Moskau, ging 1888 am Residenztheater in Hannover ins Müttterfach über u. war seit 1900 am Deutschen Schauspielhaus in Hamburg tätig. A. Steffter schrieb über sie (Die Bühnengenossenschaft 29. Jahrg. 1900): „Ihr Rollengebiet (in Hannover) war kein sehr umfassendes, sie war nicht eigentlich komische Alte, auch nicht vornehme Anstandsdame, aber auf dem Gebiet der bürgerlichen Mutter war sie unübertrefflich u. unübertroffene Meisterin. Einfache Frauen, deren Herz u. Sinn ebenso schlicht u. faltenlos sind, wie das Gewand, welches sie tragen, welche die Worte nicht klüglich zu stellen wissen, aber mit dem, was sie sagen, stets das Herz treffen, die über keine große Schulbildung, aber eine um so reichere Herzensbildung verfügen u. mit ihrem Mutterwitz u. ihrer Welterfahrung weiter blicken als manche berühmte

Frau, solche einfache Frauen fanden in Frau M. stets eine unübertreffliche Interpretin."

Monhaupt, Marie, geb. 1839, gest. 7. Aug. 1861 zu Breslau, wirkte als Schauspielerin am dort. Sommertheater.

Monhaupt, Nikolaus s. Monhaupt, Amalie.

Monheimer (Ps. Raff), **Max,** geb. (Datum unbekannt) zu München, gest. 2. Sept. 1914 (gefallen in Frankreich), war Tenorbuffo u. Opernspielleiter in Saaz, Reichenhall, zuletzt am Stadttheater in Bern.

Monnard (geb. Gieseke), **Bertha,** geb. 24. Juli 1875 zu Braunschweig, spielte als Schauspielerkind schon frühzeitig Kinderrollen, begann ihre eigentliche Bühnenlaufbahn als Muntere u. Naive Liebhaberin am Stadttheater in Nürnberg, kam 1894 ans Stadttheater in Frankfurt a. M., 1897 ans Hoftheater in München u. später nach Berlin, wo sie 1932 ihren Abschied nahm. Hauptrollen: Franziska („Minna von Barnhelm"), Ännchen („Jugend") u. a. Gattin des Folgenden.

Monnard, Heinz, geb. 31. Dez. 1873 zu Frankfurt a. M., gest. 10. Juli 1912 zu Berlin, Sohn eines hohen Beamten, war zuerst Wanderkomödiant, seit 1892 Mitglied des Stadttheaters in Darmstadt, seit 1895 des Stadttheaters in Köln, von wo er 1898 an das Berliner Theater in Berlin ging, kam 1899 an das Hoftheater in München u. kehrte nach einem Jahrzehnt als Nachfolger von Rudolf Rittner (s. d.) u. Albert Bassermann (s. d.) nach Berlin zurück. Vielseitiger Charakterdarsteller (vom Jugendlichen Helden in klassischen Stücken bis zum Muntern Liebhaber). Bezeichnend für seine Art war, daß er gerade als Konrad Bolz („Die Journalisten") zu den besten Vertretern dieser Rolle zählte. Weitere Hauptrollen: Mortimer, Don Carlos, Max Piccolomini, Naukleros, Hamlet, Erbprinz Heinrich („Alt Heidelberg"), Rott („Glaube u. Heimat") u. a. Gatte von Bertha Gieseke.

Monnard, Isa, geb. 4. Dez. 1877 zu Mecklenburg-Strelitz, gest. 18. Juni 1911 zu Riga, war bis zu ihrem Tode Schauspielerin am dort. Stadttheater. Hauptrollen: Amorosa („Lumpazivagabundus"), Maria Stuart, Lucrezia („Don Juans letztes Abenteuer"), Gräfin („Thermidor"), Fernande („Buridans Esel"), Marie („Das Konzert"), Isot („Tantris der Narr"), Anna ("Einsame Menschen") u. a.

Monnard, Phoebe, geb. 25. Febr. 1910 zu München, von Ilka Grüning (s. d.) ausgebildet, begann 1930 ihre Bühnenlaufbahn am Deutschen Theater in Berlin, wirkte dann in Köln, Hannover, Heidelberg, Hamburg u. zuletzt am Deutschen Theater in Göttingen. Gattin des Schauspielers Oscar Dimroth.

Monodrama (nach dem griech. monos = einzeln, einzig), Schauspiel, meist durch Instrumentalmusik unterstützt, in dem nur eine Person spielt, z. B. J. Chr. Brandes' „Ariadne auf Naxos" (mit der Musik von G. Benda), das Proserpina-Stück in Goethes „Triumph der Empfindsamkeit", zum Unterschied vom Duodrama (s. d.). Jüngste Wiederbelebung durch A. Bronnen („Ostpolzug" 1925), wobei expressionistische Stilmittel u. filmartige Regiekünste zur Geltung kommen. 1957 wurde in Bremen das dreiaktige Schauspiel mit einer einzigen Rolle „Langusten" von Fred Denger uraufgeführt. Die Schauspielerin stellt eine Putzfrau dar, die in Selbstgesprächen u. „Dialogen" mit ihrem Wellensittich das Bild eines von Schicksalsschlägen u. Enttäuschungen erfüllten arbeitsreichen Lebens gibt.
Literatur: H. *Schauer,* Monodrama (Reallexikon 2. Bd.) 1926—28; *Riemann,* Monodrama (Musik-Lexikon 11. Aufl.) 1929.

Monolog (nach dem griech. monos = einzeln, einzig u. logos = Rede), Gespräch mit sich selbst, besonders im Drama der Klassiker beliebt, damit eine einzelne Person ihre Seelenzustände darlegen kann, zum Unterschied von Dialog.
Literatur: F. *Düsel,* Der dramat. Monolog in der Poetik des 17. u. 18. Jahrhunderts u. in den Dramen Lessings (Theatergeschichtl. Forschungen 14. Bd.) 1897; L. *Flatau-Dahlberg,* Der Wert des Monologs im realistisch-naturalist. Drama der Gegenwart (Diss. Bern) 1907; F. *Leo,* Der M. im Drama (Abhandlungen der Gesellschaft der Wissenschaften zu Göttingen, Neue Folge 10. Bd.) 1908; P. *Knüppelholz,* Der M. in den Dramen des A. Gryphius (Diss. Greifswald) 1911; A. *Busse,* Der M. in Schillers Trauerspielen (Zeitschrift für deutschen Unterricht 26. Bd.) 1912; H. *Grussendorf,* Der M. im Drama des Sturms u. Drangs (Diss. München) 1914; W. *Bamberg,* Die Verwendung des Monologs in Goethes Dramen (Theater-

geschichtl. Forschungen 26. Bd.) 1914; W. *Sprink,* Die Monologe in den Dramen Hebbels (Progr. Nakel) 1914; E. *Roessler,* The Soliloquy in German Drama 1915; H. *Fernau,* Der M. bei Hans Sachs 1923; H. *Schauer,* M. (Reallexikon 2. Bd.) 1926—28; F. H. *Fischer,* Die Frauenmonologe der deutschen Lyrik (Diss. Marburg) 1934; Irmgard *Hürsch,* Der M. im deutschen Drama von Lessing bis Hebbel (Diss. Zürich) 1947.

Mons, Karl, geb. 9. Nov. 1810 zu Berlin, gest. 14. Mai 1890 zu Kassel, betrat 1829 unter Wilhelm Fischer (Schauspieler, Regisseur u. Sänger, gest. 3. Nov. 1848) als Chorsänger die Bühne, ging 1832 als Jugendlicher Liebhaber nach Magdeburg, debütierte 1833 in Kassel u. blieb hier bis zu seinem Bühnenabschied 1879. Allmählich ging er hier ins ältere Fach über. Auch zu Gesangspartien wurde M. immer wieder herangezogen. 1862 übernahm er die Regie des Schauspiels. Hauptrollen: Mortimer, Kosinsky, der alte Moor, Alpenkönig, Masetto („Don Juan"), Beppo („Fra Diavolo") u. a.

Monsterberg (geb. Senger), Sidonie von (Geburtsdatum unbekannt), gest. 1860, war Schauspielerin an norddeutschen Bühnen, u. a. in Stettin.

Montag (Ps. Mansfeld), Antonie, geb. 1836 zu Wien, gest. 22. Okt. 1875 das. Lokal- u. Operettensängerin u. a. 1862 in Kronstadt u. 1863 in Fünfkirchen, später in Wien, wo sie 1868 in Schreindorfers Etablissement debütierte. Nach ihrem dort. Lebensgefährten nannte sie sich Mansfeld. Bedeutende Volkssängerin.

Montanus, Martin(us), geb. nach 1530 zu Straßburg (Todesdatum unbekannt), schrieb Satiren, Fabeln u. Schwänke sowie Dramen mit Stoffen aus Boccaccio, doch nicht so zotenhaft wie seine Zeitgenossen Lindener u. a.
Eigene Werke: Spiel von der Königin von Frankreich o. J.; Spiel von einem Grauen (Drama) o. J.; Der untreu Knecht (Drama) o. J.; Titus u. Gisippus (Drama) o. J.
Literatur: Erich *Schmidt,* M. Montanus (A. D. B. 22. Bd.) 1885.

Monte, Rico, geb. 19. Nov. 1915 zu Hamburg, wurde das. zum Sänger ausgebildet u. wirkte in Opern- u. Operettenrollen seit

1937 in Berlin (Nollendorfplatztheater), Heilbronn, Lübeck, dann wieder in Berlin (Staatsoper), in Rheydt u. zuletzt am Operettenhaus in Hamburg. Tenor.

Montenglaut, Henriette von, geb. 25. Febr. 1768 zu Böhme bei Hannover, gest. 5. Dez. 1838 zu Prag, Tochter eines Offiziers v. Cronstain, in Holland erzogen, lebte am Hofe der Markgräfin-Äbtissin in Herford, war in dritter Ehe mit dem Emigranten Baron Pidoux de Montenglaut verheiratet, ging nach dessen Tod 1810 als Schauspielerin zu Bühne (unter dem Ps. Emilie Willer u. Villiers), wirkte dann als Sprachlehrerin in Darmstadt, auch als Sängerin u. Schriftstellerin, begleitete 1828/29 Henriette Sontag (s. d.) auf deren Reisen durch England u. Frankreich u. lebte schließlich in Böhmen. M. bearbeitete das englische Trauerspiel „Conscience" von James Hayne u. übersetzte Voltaires „Merope" u. a. Stücke, die gesammelt als „Dramatische Werke" 1830 erschienen.
Literatur: Helmine v. *Chézy,* Erinnerungen (Morgenblatt Nr. 306) 1839.

Montez, Lola, eigentlich Rosanna Gilbert (1820—61), Tänzerin u. Geliebte König Ludwigs I. von Bayern, von diesem geadelt (Gräfin v. Landsfeld), 1848 vom Volke verjagt, worauf der König abdankte. Ihr abenteuerliches Schicksal wurde wiederholt dramatisch gestaltet.
Behandlung: Joseph *Ruederer,* Morgenröte (Drama) 1904; Adolf *Paul,* Lola Montez (Schauspiel) 1917; Wolfgang *Goetz,* Kavaliere (Komödie um Ludwig I. von Bayern u. L. M.) o. J.; Maximilian *Bötticher,* Ludwig u. Lola (Schauspiel) 1936; Siegmund *Graff* u. A. *Brieger,* Zauberin Lola (Musikal. Komödie) 1937; Heinrich *Bitsch,* L. M.: Ein Märchen aus Bayern (Komödie) 1949 u. a.
Literatur: E. *Fuchs,* Ein vormärzliches Tanzidyll 1905; Um Lola Montez (Blätter aus den Kieler Theatermuseum) 1930; Erich *Rottendorf,* L. M. (Berühmte Frauen der Weltgeschichte 9. Bd.) 1955.

Montezuma (1480—1520), Herrscher des Aztekenreiches, von dem spanischen Eroberer Cortez (s. d.) zur Anerkennung der spanischen Oberhoheit gezwungen, fiel im folgenden Aufstand der Mexikaner. Bühnenheld.
Behandlung: Karl Heinrich *Graun,* Montezuma (Oper) 1755; C. O. v. *Schönaich,* M. (Trauerspiel) 1763; Ignaz von *Seyfried,* M.

(Drama) 1804; Friedrich *Schnake,* M. (Schauspiel) 1870; Gerhart *Hauptmann,* Der weiße Heiland (Drama) 1920.

Montgomery, Karoline Gräfin von (s. Broel-Plater, Karoline Gräfin), lebte nach ihrer Ehe mit dem Prinzen Leopold von Coburg unter diesem Namen in London, Frankreich u. auf ihrem Landsitz in England.

Monti, Max, geb. 11. April 1858 zu Szt.-Miklos in Ungarn, gest. 14. Jan. 1929 zu Wien, Kaufmannssohn, trat als Operettentenor erstmals 1884 in Preßburg auf, kam dann ans Theater an der Wien, 1886 ans Deutsche Theater in Budapest, 1888 ans Carltheater in Wien, 1890 ans Friedrich-Wilhelmstädtische Theater in Berlin, hierauf nach Reichenberg, Linz u. Brünn, 1893 ans Carl-Schultze-Theater in Hamburg, unternahm eine Tournee nach Nordamerika, leitete 1897—99 das Tivolitheater in Dresden, dann das Carl-Schultze-Theater, hier auch die Gesamtregie führend, u. war 1908—17 in Berlin als Theaterleiter auf dem Gebiete der Operette hervorragend tätig. Ihm verdankt Berlin die Erstaufführung von Werken Lehárs, Strauß', Falls u. a. Von Montis Operettentheater (später Theater am Schiffbauerdamm) aus setzten sich „Die lustige Witwe", „Der Walzertraum", „Die geschiedene Frau", „Der fidele Bauer" u. a. erfolgreich durch. 1893 u. 1894 führten ihn Gastspiele nach Nordamerika. Nach dem Ersten Weltkrieg, infolge der Inflation verarmt, lebte M. zuletzt bei seiner Schwester in Wien.

Monti, Rosa, geb. 1871, gest. 12. Febr. 1929 zu Prag, kam über Berlin u. Wien nach Prag, wo sie sich seit 1911 als Frauen- u. Mütterdarstellerin bewährte.

Montin, Dora s. Müller, Dora.

Montor, Max, geb. 21. Juni 1872 zu Wien, gest. 24. Mai 1934 zu Neuyork, Kaufmannssohn, am Konservatorium in Wien ausgebildet, begann seine Bühnenlaufbahn 1893 in Troppau, kam 1894 nach Wiener-Neustadt (hier wie auch später Regie führend), 1896 nach Augsburg, 1897 nach Mainz, 1898 nach Zürich u. 1900 ans Deutsche Schauspielhaus in Hamburg, dem er bis 1920 angehörte. Er arbeitete sich das. bald vom Jugendlichen Liebhaber zum hervorragenden Charakterdarsteller empor u. war neben A. Freiherr v. Berger (s. d.) auch als

Regisseur erfolgreich. Großartiger Rezitator, der selbst im Konzertsaal ganze Dramen ohne theatralischen Apparat zum Leben zu erwecken wußte. Nach dem Ersten Weltkrieg ging M. nach Amerika, wo er zunächst als Filmschauspieler u. nach völliger Aneignung der englischen Sprache an Universitäten, in literarischen Vereinen u. a. als Vortragender tätig war. Hauptrollen: Pylades, Carlos, Eleazer, Wurm, Rhamnes, Buttler, Meister Anton u. a.

Monts de Mazin, Boris Adolphe Graf von (Ps. Boris v. Borresholm), geb. 15. Dez. 1911 zu Essen, studierte in Frankfurt a. M., Heidelberg, Paris Literatur- u. Zeitungswissenschaft, wurde Journalist, war 1943—46 Produktionsleiter der Ufa, hierauf Chefdramaturg bei Jürgen Fehling (s. d.), Kritiker des „Berliner Kuriers" u. seit 1950 Chefredakteur der „Fox-Tönenden-Wochenschau". Auch Verfasser von Bühnenstücken u. Träger des Lustspielpreises 1935 (für die Komödie „Rondo für Verliebte").

Montua, Otto, geb. (Datum unbekannt) in Ostpreußen, gest. 4. Nov. 1915 (gefallen im Westen), Reinhardtschüler, war zwei Jahre Mitglied des Märkischen Wandertheaters, dann Heldendarsteller in St. Gallen in der Schweiz u. schließlich an verschiedenen Bühnen in Berlin tätig. (Neue Freie Volksbühne u. a.) Hauptrollen: Tell, Tellheim, Hans („Mutter Landstraße"), Hellmer („Nora") u. a.

Moog, Heinz, geb. 28. Juni 1908 zu Frankfurt a. M., absolvierte die Oberrealschule, nahm dann dramatischen Unterricht, wirkte hierauf als Schauspieler am Frankfurter Künstlertheater für Rhein u. Main 1927 bis 1928, bei den Marburger Festspielen 1928, am Kleinen Theater in Kassel 1928—33, am Stadttheater in Plauen 1933—35, am Nationaltheater in Weimar 1935—39, an den Städt. Bühnen in Bochum u. an der Volksbühne in Berlin 1939—43, seither am Burgtheater u. auch bei den Salzburger Festspielen, ebenso im Film. Handl schrieb über ihn: „Er ist in den Charakterrollen am besten, wo Zwielichtiges u. Doppelbödiges im Wesen oder in der Sprache zum Ausdruck gebracht werden soll. Auch düstere, verschlossene Charaktere, die als Vollstrecker eines Schicksalspruches die Handlung bestimmen u. die letzte Entscheidung herbeiführen, wie der Butler in ‚Wallenstein' u. der Juarez in ‚Maximilian von Me-

xiko' liegen ihm besonders gut. Vielleicht am besten ist er in jenen Rollen, wo er das Komödiantische, das ihm im Blut liegt, frei ausspielen darf. In diese Reihe gehören der Riccaut, der Spiegelberg, der Prinz von Marokko im ‚Kaufmann von Venedig' u. im gewissen Sinne auch der Wurm in ‚Kabale u. Liebe'. Auch mehr repräsentativ wirkende, großangelegte Charaktere, wie der Talbot u. der Kreon in ‚Medea' u. der Thoas in der ‚Iphigenie', gelingen ihm dank seiner männlich würdigen Haltung u. seiner klaren, scharf akzentuierenden Sprechkunst." Weitere Hauptrollen: Mephisto, Heink („Das Konzert"), Crampton („Kollege Crampton"), Berdoa („Herzog von Gothland"), Faust („Don Juan u. Faust"), Varus („Die Hermannsschlacht") u. a.

Literatur: Herbert *Ihering,* Von Josef Kainz bis Paula Wessely 1942; Axel *Kaun,* Berliner Theater-Almanach 1942; M. A., H. Moog (Die Presse, Wien, 14. März) 1951; Ernst *Wurm,* H. M. (Neue Wiener Tageszeitung 30. Jan.) 1955; Joseph *Handl,* H. M. (Schauspieler des Burgtheaters) 1955.

Moor, Oskar, geb. 16. März 1858 zu Danzig (Todesdatum unbekannt), begann 1883 seine Bühnenlaufbahn als Erster Bariton am Stadttheater in Ulm, wirkte in Trier, Mainz, Zürich, Halle an der Saale, Chemnitz, Düsseldorf, Stettin, Königsberg u. a. im gleichen Fach. Seit 1900 Baßbuffo in Aachen, Stettin u. Würzburg, Halle u. Kiel. Hauptrollen: Zar, Rigoletto, Wolfram, Don Juan, Alberich u. a. Gatte der Folgenden.

Moor-Schletterer, Anna, geb. 27. März 1862 zu Heidelberg, gest. 17. Juni 1919 zu Bamberg, Tochter des Musikschriftstellers u. Komponisten Hans Michel Schletterer, Gattin des Baßbuffos Oskar Moor, war unter ihrem Mädchennamen seit 1886 Opernsoubrette in Köln, Riga, Zürich, Königsberg u. Schwerin, später auch Komische Alte der Oper u. Operette in Aachen, Stettin, Würzburg, Altenburg u. Colmar. Hauptrollen: Carmen, Rose Friquet, Donna Juanita, Irmentraud u. a. Mutter des Sängers u. späteren Schauspielers Hannes M.-Sch.

Moor-Schletterer, Hannes s. Moor-Schletterer, Anna.

Moosburg, Pia von, geb. 21. Jan. 1898 zu Bregenz, wollte Medizin studieren, wandte sich aber bald dem Theater zu u. wirkte als Operettensängerin in Linz an der Donau, München (Gärtnerplatztheater), Wien (Johann-Strauß-Theater), Berlin (Metropol-, Berliner Theater u. a.), Stockholm u. a.

Mooser, Anton, geb. 6. Febr. 1912 zu Patting in Oberbayern, in München musikalisch ausgebildet, war seit 1938 Kapellmeister in Plauen, 1940—42 am Stadttheater in Heidelberg, 1942—45 am Opernhaus in Königsberg u. seit 1946 in Augsburg.

Mooser, Karl Eberhard, geb. 4. Okt. 1888 zu Neumarkt bei Salzburg, gest. 25. Sept. 1928 zu Plauen, Schüler des Mozarteums in Salzburg, war Heldenbariton das., in Innsbruck u. fünf Jahre in Plauen. Max Reinhardt zog ihn auch zu den Salzburger Festspielen heran.

Mora, Alois, geb. 24. Jan. 1872 zu Baden bei Wien, gest. 1947 zu Salzburg, wirkte 1905 bis 1906 als Schauspieler am Stadttheater in Heidelberg, 1906—07 am Deutschen Volkstheater in Wien, 1907—09 als Gastspieler, 1909—10 als Regisseur wieder in Heidelberg, 1910—11 in Augsburg, 1912 bis 1914 in Freiburg im Brsg., 1919—21 als Oberregisseur in Bremen, 1921—23 am Nationaltheater in Weimar u. 1924—26 an der Staatsoper in Dresden. Seinen Lebensabend verbrachte M. in Salzburg.

Moral, Komödie in drei Akten von Ludwig Thoma 1909, ist eine boshafte Satire auf die damalige Gesellschaft u. ihrer verlogenen Moral. Auf Grund einer anonymen Anzeige wird eine Dame, die ein allzu gastfreies Haus geführt hat, von der Polizei festgenommen. Ein vorgefundenes Verzeichnis der Besucher enthält die Namen prominenter Mitglieder eines Sittlichkeitsvereins, ja sogar des Erbprinzen u. seines Adjutanten. Die Angelegenheit muß daher vertuscht werden, u. so verschafft man der Angeklagten die Möglichkeit, nach Freilassung aus der Untersuchungshaft durch Zahlung einer Kaution, die aber von den heimlichen Sündern bezahlt wird, zu entfliehen. Am Ende gibt es noch einen Orden Herzogs Emil des Gütigen u. die Moral der höheren Stände ist gerettet. Die gegen Thron u. Bourgeoisie gerichtete Tendenz sicherte dem Stück einen weitreichenden Erfolg, der auch den Bestrebungen der Linksparteien zugute kam. Doch treten die technischen u. psychologischen Mängel des Stückes trotz markanter Aktschlüsse u. wirkungsvoller Situationskomik so stark

hervor, daß man ihm eine größere literarische Bedeutung nicht zusprechen kann. Das Stück wurde lange häufig gespielt.
Literatur: Eva *Cornelius,* Das epische u. dramatische Schaffen L. Thomas (Diss. Breslau) 1939.

Moralitäten, religiös oder moralisch lehrhafte Stücke, waren im Mittelalter nicht nur in England, Frankreich, Italien u. den Niederlanden beliebt, sondern auch in Deutschland. Hier wurden sie durch die Schulkomödien (s. d.) verdrängt.
Literatur: Wilhelm *Creizenach,* Geschichte des neueren Dramas 1911—23; Joseph *Gregor,* Weltgeschichte des Theaters 1933.

Moralt, Otto, geb. 10. März 1855 zu München, gest. 25. Juli 1913 das., Sohn eines Landgerichtsdirektors, war zuerst Kaufmann in Zürich u. München, dann Journalist. Herausgeber der allwöchentlichen „Münchener Spaziergänge" in der „München-Augsburger Abendzeitung". Auch Bühnenschriftsteller.
Eigene Werke: Schwester Clarissa (Drama) 1895; Irrwege (Lustspiel) 1896; Fremdes Blut (Drama) 1899; Der Herr Amtsrichter (Lustspiel) 1899; Schwestern (Drama) 1900; Frauenherzen (Drama) 1905; Der Schmied von Kochel (Volksschauspiel) 1906.
Literatur: Alois *Dreyer,* O. Moralt (Biogr. Jahrbuch 18. Bd.) 1915.

Moralt, Rudolf, geb. 26. Febr. 1902 zu München, studierte an der dort. Universität u. Akademie der Tonkunst, wurde 1919 Korrepetitor der Staatsoper das., dann Theaterkapellmeister 1923 in Kaiserslautern, 1929 in Brünn, 1932 Musikalischer Oberleiter wieder in Kaiserslautern, 1934 in Braunschweig, 1937 Operndirektor in Graz, wirkte 1938—40 als Gastdirigent vielfach im Ausland u. seit 1940 als Dirigent der Staatsoper in Wien. Neffe von Richard Strauß (s. d.).

Moran, Carl, geb. 22. Jan. 1882, wirkte seit 1920 an den Städt. Bühnen in Lübeck, vorher in Bonn, Leipzig u. Hannover.

Moran, Coloman, geb. 7. Aug. 1845 zu Temeschwar, gest. 27. Juni 1940 zu Oldenburg, zuerst Apotheker, ging 1874 zur Bühne u. wirkte als Opernsänger (Heldentenor) in Altenburg, Posen, Mainz, Frankfurt a. M., Karlsruhe, Dessau u. a., später auf Gastspielreisen bis nach Amerika. Kammersänger. Hauptrollen: Fra Diavolo, Florestan, Walter Stolzing, Eleazar, Joseph, Tannhäuser u. a.

Moran-Olden, Fanny s. Bertram, Fanny.

Moraw (= Carangeot), Adele (Geburtsdatum unbekannt), gest. 6. Febr. 1942. Soubrette.
Literatur: Anonymus, A. M. (Neues Wiener Tagblatt 8. Febr.) 1942.

Moraw, Franz, geb. 1881, gest. im Juni 1949. Ballettmeister.

Morawizky, Johann Heinrich Theodor Graf von, geb. 21. Okt. 1735 zu München, gest. 14. Aug. 1810, studierte in Ingolstadt, wurde 1799 bayr. Staatsminister u. leitete 1810 das Departement des Auswärtigen, des Inneren u. der Finanzen. Dramatiker.
Eigene Werke: Die alte Bekanntschaft (Nachspiel) 1773; Die Hausfreunde (Lustspiel) 1774.

Mordo, Peter, geb. 26. März 1923 zu Oldenburg, ausgebildet am Konservatorium in Athen, war Programmreferent am Stuttgarter Rundfunk u. Komponist. Seine musikalische Komödie „Pfeffer u. Salz" wurde 1941 . am Cotopulitheater in Athen uraufgeführt.

Mordo, Renato, geb. 3. Aug. 1894 zu Wien, gest. 5. Nov. 1955 das., Sohn eines in Korfu tätig gewesenen Arztes, studierte in Wien an der Universität u. Akademie für Musik u. darstellende Kunst, war 1918—23 Regisseur (bzw. Intendant oder Direktor) in Oldenburg, Holland, 1923—24 u. 1947 in Wien, 1924—25 in Breslau, 1925—28 in Dresden, 1928—32 in Darmstadt u. Frankfurt a. M., 1932—39 in Prag, 1939—46 u. 1951—52 in Athen, 1947—51 in Ankara u. 1952 bis 1954 in Mainz. M. veranstaltete über 500 Inszenierungen, darunter auch solche in Italien, Holland, der Schweiz u. in Israel. Bühnenautor. Gatte der Schauspielerin Trude Wessely.
Eigene Werke: Dreimal Offenbach 1923; Hoch klingt das Lied vom braven Mann 1935; Salzburg ausverkauft! 1937; Pfeffer u. Salz 1942; Die Kameliendame (Neufassung) 1943; Phantom u. Metropol 1943; Chaidari 1944; Kleines Abenteuer 1944; Adam II. 1947; Erlebt, erlauscht, erlogen (Theateranekdoten) 1951.

More, Thomas s. Morus, Thomas.

Moreau, Hermann von, geb. 10. Aug. 1912 zu München, studierte das. u. in Köln Musik, kam 1934 als Solorepetitor nach Lübeck, 1935 als Kapellmeister an das Centraltheater nach Chemnitz, 1937 an das Stadttheater Annaberg im Erzgebirge. u. nach Kriegseinsatz u. Gefangenschaft 1950 als musikal. Oberleiter an das Städtetheater Landshut-Passau.

Moreau, Joseph, geb. 1778 zu Wien, gest. 19. März 1856 das., wirkte als Schauspieler 1802—05 u. 1813—50 am Burgtheater. Hauptrollen: Wirt („Minna von Barnhelm"), Pandolfo („Der Diener zweier Herren"), Frießhardt („Wilhelm Tell"), Tubal („Der Kaufmann von Venedig") u. a. Heinrich Anschütz (s. d.) nannte ihn in seinen „Erinnerungen" den „groben Gerichtsdiener, den Schwätzer par excellence". Auch seine Gattin Juliane Schlögel war 1813—32 Mitglied des Burgtheaters. Hauptrollen: Ursula („Familie Schroffenstein"), Margarethe („Die Hagestolzen") u. a.

Moreau, Juliane s. Moreau, Joseph.

Morel, Sybill, geb. 16. Febr. 1899 zu Mannheim, am dort. Hoftheater u. von Emil Milan (s. d.) ausgebildet, war Schauspielerin in Chemnitz u. Berlin (Barnowskybühnen) u. wandte sich dann dem Film zu. Gattin von Alfred Abel (s. Nachtrag).

Morena, Bertha s. Meyer, Bertha.

Morena, Erna, geb. 24. April 1892 zu Aschaffenburg, besuchte zuerst eine Kunstgewerbeschule, war dann Krankenpflegerin u. ging schließlich an die Reinhardtschule in Berlin, wo sie später als Schauspielerin wirkte. Seit 1920 Gattin des Schriftstellers Wilhelm Herzog.

Moreno, Gabriel Garcia (1821—75), Präsident der Republik Ecuador, als tatkräftiger Verteidiger des christl. Staatsgedankens ermordet. Tragischer Held.
Behandlung: Adolf Freih. v. *Berlichingen,* Garcia Morenos Tod 1881; Albert *Haegeli,* Morenos Tod 1896.

Moreto y Cabana, Augustin (1618—69), spanischer Dramatiker, mit seinem klassischen Lustspiel „El desdén con el desdén" von Joseph Schreyvogel (C. A. West) als

„Donna Diana" 1818 kongenial übersetzt u. auf der deutschen Bühne eingeführt, übte auf Grillparzer Einfluß aus. Großen Erfolg hatte auch das von L. Fulda verdeutschte Lustspiel „Die Unwiderstehliche" (im 2. Bd. der „Meisterlustspiele der Spanier" 1922). E. M. Reznicek komponierte nach der Westschen Übersetzung seine Oper „D. D." 1894.

Moretto, Minka, geb. 1881, gest. im Juli 1911 zu Wien, war Schauspielerin, klassische Rollen bevorzugend, am Stadttheater in Brünn.

Morf, Werner, geb. 11. Aug. 1902 zu Zürich, lebte hier als Typograph u. Tiefdruckzeichner. Bühnenautor u. Lyriker.
Eigene Werke: De Hannes (Weihnachtsspiel) 1937; Bruder Räuber (Legendenspiel) 1938; De Puur im Paradiis (Schwank, Bearbeitung eines Hans-Sachs-Spieles in Zürcher Mundart) 1939; Di häilig Hütte (Weihnachtsspiel) 1941; Im Staal (Krippenspiel) 1945; De Wirt i der Chlämmi (Schwank, Bearbeitung eines Hans-Sachs-Spieles in Zürcher Mundart) 1951.

Morgan, Camillo, geb. 28. Okt. 1860 zu Wien, gest. 20. Dez. 1928 das. als Chefredakteur. Vorwiegend Erzähler u. Bühnenschriftsteller.
Eigene Werke: Das Waldveilchen (Schauspiel) 1885; Totis u. sein Theater (Studie) 1889; Die Glücksgodl (Posse) 1891 (mit G. A. Ressel); Im Redaktionsbüro (Posse) 1897; Chantecler im Walde (Drama) 1910; Byblis (Dramat. Dichtung) 1923 u. a.

Morgan, Paul s. Morgenstern, Paul.

Morgenlich leuchtend im rosigen Schein, Preislied Walthers von Stolzing in R. Wagners Musikdrama „Die Meistersinger von Nürnberg" (1862).

Morgenstern betitelte sich die im Ostseebad Grönitz (Holstein) 1954 mit dem alten „Paradeisspiel aus Oberufer" eröffnete Wanderbühne.
Literatur: C. H. *Bachmann,* Quellen des Theaters (Deutsche Tagespost Nr. 116) 1955; J. J. *Cordes,* Männer vom Morgenstern (Jahrbuch) 1956.

Morgenstern (Ps. Schubert), Hans, geb. 17. Febr. 1905 zu Wien, lebte das. Dramatiker.

Eigene Werke: Vorstadtkomödie 1934; Krach im Hinterhaus 1936.

Morgenstern (Ps. Morgan), Paul, geb. 1. Okt. 1886 zu Wien, gest. zwischen 1939 u. 1945 im Konzentrationslager Auschwitz, Sohn des Rechtsanwalts Dr. Gustav Christian M., humanistisch gebildet, sollte dem Beruf seines Vaters folgen, wurde aber Schüler Ferdinand Gregoris (s. d.), fand sein erstes Engagement am Josefstädtertheater in Wien unter Josef Jarno (s. d.), kam dann über Czernowitz u. a. als bedeutender Charakterspieler (Komiker) nach München, hierauf wieder nach Wien u. 1918 nach Berlin. Hauptrollen: Der eingebildete Kranke u. a.

Morgenstern, Werner, geb. 21. März 1917, studierte in Jena Sozialwissenschaften u. Kunstgeschichte, war seit 1936 als Journalist tätig u. seit 1952 als Direktor der Kammerschauspiele in Essen. Als solcher gab er auch deren Programmhefte heraus.

Morgenweg, Ludwig, geb. 27. Juni 1827 zu Karlsruhe, gest. 19. März 1910 das., seit 1838 Tanzeleve am dort. Hoftheater, trat 1841 zum Schauspiel über u. war bis 1891 ununterbrochen Mitglied des Hoftheaters. 1853 kreierte er in Karlsruhe den Bellmaus in den „Journalisten", später ging er zu gesetzteren Rollen über. Auch im klass. Drama gut verwendbar, im Lustspiel hervorragend. Weitere Rollen: Lanzelot, Gobbo u. a. Wilhelm Harder („Das Karlsruher Hoftheater" 1889) lobte vor allem seinen Wirt in „Minna von Barnhelm" als eine vortreffliche Figur: „Die Doppelzüngigkeit des geschäftigen Wirts, seine Neugier u. Habsucht wird von M. in die richtige Beleuchtung gesetzt u. zugleich so drollig dargestellt, daß man über den Kerl lacht, statt sich zu ärgern."

Moris, Laurian, geb. 1824 in der Pfalz (Todesdatum unbekannt), an der Revolution von 1848 beteiligt, lebte dann in Paris, in der Schweiz u. a. Vater von Maximilian M. Erzähler u. Lyriker, auch Bühnendichter.
Eigene Werke: Bruder u. Schwester (Tragisches Zeitgemälde) 1870; Wie man Herzog wird (Charakterbild) 1871.

Moris, Maximilian (Max), geb. 2. Febr. 1864 zu Moskau, gest. 27. März 1946 zu Berlin, Sohn des Vorigen, humanistisch gebildet, wirkte nach dramatischer u. gesanglicher Ausbildung an deutschen, schweizerischen.

u. österreichischen Bühnen, wandte sich dann der Regie zu, war Oberspielleiter in Brünn, am Hoftheater in Dresden, 1905 Mitdirektor u. Oberregisseur an der Komischen Oper in Berlin, Leiter der Kurfürsten-Oper, deren Erbauung er veranlaßt hatte, u. 1912 Direktor der Volksoper in Hamburg. 1921 führte er eine Wagner-Tournee nach Amerika. Außerdem gab er Gastspiele in London, Paris u. Warschau, beteiligte sich wesentlich an der Errichtung der Staatsoper in Bukarest, leitete während des Ersten Weltkriegs die Kriegstheater in Gent, Brüssel u. Antwerpen, dirigierte 1918 die Operngastspiele an der Berliner Volksbühne, war 1923—28 Oberspielleiter am Nationaltheater in Weimar, 1933—34 am dort. Theater der Jugend u. zuletzt am Deutschen Opernhaus in Berlin. Erfolgreich auch als Opernbearbeiter u. Übersetzer. Verfasser der komischen Oper „Robins Ende" mit Musik von E. Künneke (s. d.), die zahlreiche Aufführungen erzielte.
Literatur: Bodo *Wildberg*, M. Moris (Das Dresdner Hoftheater in der Gegenwart) 1902.

Moriton (geb. von Mellenthin), Bath, geb. 27. Sept. 1874 zu Saargemünd, gest. 25. Jan. 1914 zu Kassel. Erzählerin u. Dramatikerin.
Eigene Werke: Aschermittwoch (Einakter) 1908; Araspas (Trauerspiel) 1909; Barbara Blomberg (Trauerspiel) 1909; Die vom Wendhof (Schauspiel) 1910; Mater dolorosa (Trauerspiel) 1913; Das Weib, das man nicht hat (Schauspiel) 1913.

Morituri, drei Einakter von Hermann Sudermann 1896: Teja — Fritzchen — Das ewig Männliche. Das erste Stück behandelt einen historischen Stoff, den Untergang des letzten Gotenkönigs Teja am Vesuv (552 n. Chr.), doch gelingt es dem Dichter trotz Anlehnung an Hebbel u. Halm hier auch sprachlich nicht, über deklamatorische Kraftausbrüche sich zu einer wirklichen Tragödie zu erheben. Auch die beiden andern Einakter, das moderne „Fritzchen" u. das Rokoko-Versspiel „Das ewig Männliche" wurden von Kritikern wie Adolf Stern (nach der Aufführung am Kgl. Schauspielhaus in Dresden) u. Fedor Mamroth auf der Rundreise der „Morituri" in ganz Deutschland (nach der Aufführung in Frankfurt a. M.) abgelehnt. Immerhin machte „Fritzchen", das Trauerspiel vom leichtlebigen Offizier, der am Ende keinen Ausweg findet, als im Zweikampf zu fallen,

einer typischen, glänzend gezeichneten Charakterfigur der Verfallszeit, im Schaffen der jungen Dramatiker Schule. Selbst in Amerika erregte es Aufsehen.

Moritz Herzog von Sachsen (1521—53), zuerst Gönner Luthers, dann Anhänger Karls V., der ihm 1547 den Kurhut verlieh, ohne ihn jedoch dauernd zu gewinnen. M. schlug sich wieder zur Gegenseite u. zwang den kath. Kaiser zum Frieden in Passau. Bühnenheld.
Behandlung: Gustav *Herrmann*, Kurfürst Moritz von Sachsen (Vaterländ. Schauspiel) 1831; Robert *Prutz*, M. von S. (Trauerspiel) 1845; Robert *v. Giseke*, M. von S. (Trauerspiel) 1860; Th. *Schlemm*, Karl V. (Trauerspiel) 1862; Heinrich *Kruse*, M. von S. (Trauerspiel) 1872; Ernst *Wichert*, M. von S. (Trauerspiel) 1873; Hermann *Hölty*, M. von S. (Trauerspiel) 1886; Otto *Krauß*, M. von S. (Trauerspiel) 1922; Fritz *Wichmann*, M. von S. (Drama) 1938; R. *Kremser*, Der Komet (Drama) 1939; Karl *Zuchardt*, Held im Zwielicht (Drama) 1941.
Literatur: Theodor *Distel*, Kurfürst Moritz von Sachsen auf der Bühne (Zeitschrift für vergleichende Literaturgeschichte N. F. 14.) 1901; Paul Alfred *Merbach*, M. v. S. im deutschen Drama (Zwinger Nr. 5) 1921.

Moritz Landgraf von Hessen, genannt der Gelehrte (1572—1632), regierte seit 1592, verfaßte mehrere (verloren gegangene) Theaterstücke, hielt eine Truppe Englischer Komödianten u. erbaute eine eigene Bühne, das erste Hoftheater in Deutschland.
Literatur: Edward *Schröder*, Ein dramatischer Entwurf des Landgrafen Moritz von Hessen 1894; Johannes *Bolte*, Schauspiele am Hofe Moritz von H. (Sitzungsberichte der Preuß. Akademie der Wissenschaften) 1931; H. *Hartleb*, Deutschlands erster Theaterbau: Geschichte des Theaterlebens u. der Englischen Komödianten unter M. von H. (Diss. München) 1936.

Moritz, Curt, geb. 17. Okt. 1892 zu Olbernhau in Sachsen, ausgebildet in Weimar u. Sondershausen, wirkte als Kapellmeister 1915—16 am Stadttheater in Cottbus, 1916 bis 1917 in Hildesheim, 1917—18 wieder in Cottbus, 1918—19 in Erfurt, 1919—22 in Plauen, 1923—25 in Meißen, 1925—26 in Herford-Minden u. 1926—27 in Mühlhausen. Auch Komponist.
Eigene Werke: Der Heidelbeerprinz (Musik. Märchen) 1918; Alpenröschen,

(Musik. Märchen) 1923; Musik zu Dietzenschmidts Regiswindis 1923; Musik zu Klabunds Kreidekreis 1925; Die Tanten aus Rußland (Operette, Text von P. Larska) o. J.; Der Vetter (Operette, Text von Th. Körner) o. J. u. a.

Moritz (eigentlich Mürrenberg oder Mürenberg), Heinrich, geb. 2. Dez. 1800 zu Lösnig bei Leipzig, gest. 5. Mai 1868 zu Wien, Bauernsohn, studierte zuerst die Rechte u. dann Medizin in Leipzig, mußte jedoch als Burschenschafter zur Zeit der Demagogenverfolgung fliehen, betrat 1819 als Raoul in Schillers „Jungfrau von Orleans" die Bühne in Leipzig, schloß sich wandernden Theatergesellschaften an, wirkte 1821—23 als Liebhaber am Stadttheater in Brünn, hierauf am Isartortheater in München, kam 1824 als Erster Held u. Liebhaber ans dort. Hoftheater, 1826 nach Prag als Nachfolger des an das Burgtheater berufenen Ludwig Löwe (s. d.) u. 1833 an das Hoftheater in Stuttgart, wo er auch die Regie führte. M. brachte u. a. Laubes „Monaldeschi", den dieser ihm dann widmete, u. „Rokoko" heraus, wie er sich überhaupt für die jungen Dramatiker einsetzte. Mit den Dichtern Gutzkow u. Hackländer war er befreundet. Seit 1846 ging er auf Gastspielreisen u. ließ sich zuletzt in Wien nieder. Besonders rühmte die Kritik an seinem Spiel die Natürlichkeit u. das Hervortreten jeder auch kleinsten Nuance, die der Charakterisierung galt. Aber auch rein komische Partien spielte er mit größter Routine. Rudolf Krauß („Das Stuttgarter Hoftheater" 1908) schrieb über ihn: „Seine vornehme Erscheinung, edle Gesichtsbildung, jugendliche Frische verhalfen ihm von vornherein zu leichten Siegen. Im Konversationsstück war er einer der ersten, wenn nicht der erste deutsche Schauspieler seiner Zeit u. auch auswärts als solcher anerkannt. Auch außerhalb der Bühne ein raffinierter Lebenskünstler, erschien er auf den Brettern als das Ideal eines eleganten u. blendenden Plauderers, der den Dialog mit der größten Leichtigkeit u. Anmut zu behandeln wußte. Im Versdrama wirkte mitunter sein jugendlich hohes Organ etwas eintönig. Überhaupt stand er als Tragödienheld zwar auf einer ansehnlichen, doch nicht unübersteigbaren Höhe. Er brachte das Innige, Zarte, Schmelzende, Glühende, Schwärmerische zu schönem Ausdruck, aber den tieferen Gehalt ließen mitunter seine Leistungen vermissen". Hauptrollen: Don Carlos, Max Piccolomini, Mortimer, Romeo, Karl Moor, Fiesko, Egmont, Hamlet, Othello u. a.
Literatur: Anonymus, H. Moritz (Illustr. Theaterzeitung, Leipzig Nr. 29) 1846; *Wurzbach*, H. M. (Biogr. Lexikon 19. Bd.) 1868; Karl *Gutzkow*, Rückblicke auf mein Leben 1875; *Eisenberg*, H. M. (Biogr. Lexikon) 1903; H. A. *Lier*, H. M. (A. D. B. 52. Bd.) 1906.

Moritz, Karl Philipp, geb. 15. Sept. 1757 zu Hameln, gest. 26. Juni 1793 zu Berlin, zuerst Hutmacherlehrling, studierte nach dem vergeblichen Versuch bei K. Ekhof (s. d.) als Schauspieler unterzukommen in Erfurt, wurde 1784 Professor am Köllnischen Gymnasium in Berlin, außerdem Schriftsteller der „Vossischen Zeitung", bereiste Italien, wo er Goethe kennen lernte u. erhielt 1789 eine Professur für Altertumskunde an der Akademie der Künste in Berlin. 1781 schrieb er das Schauspiel „Blunt oder Der Gast" u. 1785—90 seinen autobiographischen Roman „Anton Reiser". Dieser ist kein Theaterroman im eigentlichen Sinne, sondern die Geschichte eines von der Theaterleidenschaft besessenen Mannes. Allein schon der Titel weist auf die von Pastor Anton Reiser 1681 erschienene Schrift „Theatromania oder Die Werke der Finsternis in den öffentlichen Schauspielen, von den alten Kirchenlehrern u. etlichen heidnischen Skribenten verdammt" hin u. auch die Durchführung des Romans zeugt vom Primat des Theatermotivs.
Literatur: Eckehard *Catholy*, K. Ph. Moritz, ein Beitrag zur Theatromanie der Goethezeit (Euphorion 45. Bd.) 1950; ders., Die lebensmäßige Funktion des Theaters bei K. Ph. M. (Diss. Göttingen) 1950.

Moritz, Marie s. Richter-Moritz, Marie.

Moritz (geb. Schulze), Marie Wilhelmine, geb. 1810, gest. 6. Nov. 1886, wirkte als Soubrette u. Schauspielerin in Oldenburg, Weimar, Leipzig u. a. Gattin des Inspektors am Festspielhaus in Bayreuth J. Moritz.

Moritz, Viktor, geb. 29. April 1812 zu Dresden (Todesdatum unbekannt), war seit 1832 Schauspieler in Bremen u. wirkte seit 1842 am Leopoldstädtertheater in Wien.

Morocz, Karl von, Prinzipal, aus Bayern stammend, spielte mit seiner Truppe 1782 in Troppau, 1783 in Olmütz, 1784—85 in Nürnberg, 1786 in Prag, nachdem er kurz vorher in Dornbach bei Wien auf dem

Privattheater des Grafen Franz Moriz Lacy Vorstellungen gegeben hatte, u. ist 1791 in Augsburg nachzuweisen.

Morold, Max s. Millenkovich, Max von.

Morré, Karl, geb. 8. Nov. 1832 zu Klagenfurt, gest. 20. Febr. 1897 zu Graz, war 1855 bis 1883 Staatsbeamter u. seit 1886 liberaler Parlamentarier (im steir. Landtag, später auch im österr. Reichsrat). Verfasser von Volksstücken im Stil Anzengrubers. Denkmal in Bruck an der Mur.

Eigene Werke: Der Statthalter von Hochanger (Singspiel) 1860; Schorl (Schwank) 1878; Die Familie Schneck (Volksstück) 1881; Drei Drittel (Posse) 1882; Die Frau Rätin (Charakterbild) 1884; 's Nullerl (Volksstück) 1885; Durch die Presse (Posse) 1885; Silberpappel u. Korkstoppel oder Die Statuten der Ehe (Charakterbild) 1885; Der Glückselige (Posse) 1886; Ein Regimentsarzt (Volksstück) 1887; Der ganze Papa (Posse) 1890; A Räuscherl (Ländl. Gemälde) 1890; Vor'm Suppenessen (Ländl. Gemälde) 1890; Peter Jakob (Volksstück mit Gesang, vollendet von Leo Harand) 1901. *Literatur:* Alfred *Gödel,* Dem Andenken K. Morrés (Festschrift) 1905; Franz *Ilwof,* K. M. (A. D. B. 52. Bd.) 1906; Anton *Schlossar,* Ein steiermärkischer Volksdramatiker (Bühne u. Welt 10. Jahrg.) 1908; Karl *Hubatschek,* K. M., der Dichter u. Volksfreund 1932; M. *Sch.,* K. M. (Grazer Volksblatt Nr. 258) 1932; Leo *Klingenböck,* Das Schaffen K. Morrés mit besonderer Berücksichtigung seiner Volksstücke, Charakterbilder u. Possen (Diss. Wien) 1948; dr. *f.,* Dichter u. Menschenfreund (Kleine Zeitung, Graz 8. Nov.) 1952.

Morren, Theophil s. Hofmannsthal, Hugo von.

Morstadt, Amalie s. Haizinger, Amalie.

Mortier (Ps. Börner), Bernhard (Geburtsdatum unbekannt), gest. im April 1854 zu Hamburg, wirkte seit 1827 als Bassist u. Komiker in Hannover, Wien, Hamburg u. Petersburg. Berühmt wurde er in der Rolle des Kluck im „Fest der Handwerker" von Louis Angely (s. d.), mit der er an bedeutenden Bühnen gastierte, u. a. 70mal hintereinander in Wien. Auch als Knieriem in „Lumpazivagabundus" hatte M. außerordentlichen Erfolg, seiner Neigung entsprechend, hätte er aber viel lieber tragische

Rollen gespielt. Er versuchte auf den verschiedensten Bühnen sein Glück, kehrte aber immer wieder enttäuscht nach Hamburg zurück, wo er in Maurice (s. d.) stets einen verständnisvollen Helfer fand. *Literatur:* H. *R., B.* Mortier (Deutscher Bühnen-Almanach, herausg. von A. Heinrich 19. Jahrg.) 1855; Ferdinand Ritter v. *Seyfried,* Börner (Rückblicke in das Theaterleben Wiens) 1864.

Morus (eigentlich More), Thomas (1478 bis 1535), bekleidete hohe öffentliche Ämter u. schrieb den englischen Staatsroman „Utopia" 1516. Aus politischen Gründen erfolgte seine Hinrichtung. Wegen seiner Glaubenstreue galt er den Katholiken als Märtyrer u. wurde 1935 heiliggesprochen. Bühnenheld.

Behandlung: J. F. *Knüppeln,* Th. Morus (Trauerspiel) 1785; J. G. *Dyk,* Th. More (Trauerspiel) 1786; F. W. *Ebeling,* Th. M. (Trauerspiel) 1851; Oskar v. *Redwitz,* Th. M. (Trauerspiel) 1856; Chr. *Ney,* Th. M. (Trauerspiel) vor 1893; Oskar *Eberle,* Th. More (Volksspiel) 1935; Maximilian *Langenschwarz,* Th. M. (Schauspiel) 1950; Thomas *Regau,* Th. M. (Schauspiel) 1951.

Morway, Jacques, geb. 1843 zu Szegedin in Ungarn, gest. 6. Mai 1914 zu Berlin, kämpfte 1866 auf österreichischer Seite, begann danach seine Bühnenlaufbahn, war seit 1870 Schauspieler in Raab, Graz, Wien (unter Laube am Stadttheater), Salzburg, Linz, Berlin (Residenztheater), Neuyork (Irving-Place-Theater), Hamburg, Dresden, Wiesbaden u. wieder in Berlin. Episodist u. Charakterdarsteller. Er galt als Spezialist für ältere jüdische Rollen. Für die Bühne schrieb M. das Schauspiel „Apostel der Nächstenliebe" 1900.

Morwitz, Heinrich, geb. 1837, gest. 4. Okt. 1909 zu Berlin, ursprünglich Bankbeamter, stand aber bald durch seine Gattin (der Folgenden) dem Theater nahe, dem er dann als Impresario, Rendant u. Bühnenleiter in Breslau, Liegnitz, Bremen, Leipzig, Reichenberg u. Basel angehörte. 1894 gründete er die sogenannte Morwitz-Oper, die im Belle-Alliance-Theater, später im Theater des Westens, im Metropoltheater, im Schillertheater u. zuletzt im Friedrich-Wilhelmstädtischen Theater in Berlin spielte. Diese Einrichtung, als Oper des kleinen Mannes geplant, brachte klassische u. Spielopern zu billigen Preisen, mitunter auch mit berühmten Gästen wie Heinrich Bötel, Theodor Bertram u. a.

Morwitz (geb. Cottrelly), Mathilde, geb. um 1850, gest. 15. Juni 1933 zu White Plains (Neuyork), kam 1875 ans Deutsche Thalia-Theater in Neuyork, 1878 nach Francisco (zu Ottilie Genée), übernahm 1879 die Direktion des Deutschen Theaters in Neuyork, wo u. a. Mitterwurzer, Sonnenthal u. die Geistinger gastierten, führte die damals neuen Wiener Operetten in Amerika ein, wurde 1884 Primadonna u. künstlerische Leiterin der englischen McCaul Opera Company u. gastierte an allen deutschen Theatern der Vereinigten Staaten. Zuletzt auch als Komische Alte erfolgreich. Sie war bis zum 80. Lebensjahr künstlerisch tätig. Gattin des Vorigen.

Morwitz-Oper s. Morwitz, Heinrich.

Mosa, Paula, geb. 1895, gest. 9. Nov. 1955 zu Wien. Schauspielerin.

Mosbacher (Ps. Schneider), Edith, geb. 16. Juli 1923 zu Bochum, besuchte Realschule u. Folkwangschule in Essen, begann ihre Bühnenlaufbahn in Düsseldorf u. wirkte als Liebhaberin u. Charakterdarstellerin am Deutschen Theater in Berlin, seit 1945 am Thaliatheater in Hamburg, seit 1950 am Schloßparktheater u. Schillertheater in Berlin u. seit 1955 in Düsseldorf. Hauptrollen: Klärchen, Prinzessin Eboli, Rhodope u. a. Gattin des Folgenden.

Mosbacher, Peter, geb. 17. Febr. 1914 zu Mannheim, humanistisch gebildet, besuchte die Schauspielschule des Konservatoriums in Mannheim u. wirkte dann als Charakterdarsteller seit 1936 in Darmstadt, Düsseldorf, Berlin (Deutsches Theater), Hamburg (Thaliatheater) u. seit 1949 wieder in Berlin (Schloßpark- u. Schillertheater). Hauptrollen: Don Carlos, Prinz von Homburg, Jago, Mephisto u. a. Herbert Ihering bezeichnete ihn („Junge Schauspieler" o. J.) nicht als feurigen u. strahlenden Liebhaber, sondern als interessanten jugendlichen Charakterdarsteller, sogar mit einem Einschlag ins Volkstümliche.

Mosbrugger, Franz Freiherr von, geb. 31. Jan. 1834 auf Schloß Seregelyes in Ungarn, gest. 20. Dez. 1902 zu Wien, besuchte das. das Konservatorium, wurde zuerst Chorist, später Orchestermitglied der dort.

Hofoper, ging dann zur Bahnverwaltung u. war gleichzeitig für zahlreiche Wiener Blätter literarisch tätig.

Eigene Werke: Cölestine (Schauspiel) 1876; Erbschaftshyänen (Lustspiel) 1877; Der Überzieher (Volksstück) 1879; Die Sommerfrischler (Lustspiel) 1879; Kondukteur u. Dorfkokette (Volksstück) 1892; Das Duellmotiv (Lustspiel) 1893.

Moscow, Moritz, geb. 18. Nov. 1853 zu Konstantinopel (Todesdatum unbekannt), ausgebildet am Konservatorium in Wien, begann seine Bühnenlaufbahn als Helden- u. Spieltenor 1873 in Stralsund, wo er bis 1875 wirkte, kam über Bozen (1876), St. Gallen (1877), Aachen (1878—80), Lübeck (1881), Basel, Dessau (1881—87), Zürich u. Metz (1888—89) nach Coburg u. war dann bis 1900 in Aachen tätig. Hauptrollen: Lohengrin, Tannhäuser, Siegmund, Achilles, Belmonte, Pylades, Tamino, Oktavio u. a.

Mosel, Ignaz Franz (seit 1818) Edler von, geb. 2. April 1772 zu Wien, gest. 8. April 1844 das., Sohn eines Hofbuchhaltungsbeamten, trat 1788 in den Staatsdienst, bildete sich daneben als Maler u. Musiker aus, reichte eine Jugendoper bei Schikaneder (s. d.) zur Aufführung ein, wurde jedoch abgewiesen, was ihn nicht abhielt, seine Bemühungen um das Theater fortzusetzen. Seit 1818 Hofrat u. 1821 Vizedirektor der beiden Hoftheater in Wien u. seit 1829 Erster Kustos der dort. Hofbibliothek. M. war einer der ersten, die mit dem Stäbchen dirigierten u. nahm in seiner „Ästhetik des dramatischen Tonsatzes", auf Glucks Bahnen fortschreitend, schon Gedanken Richard Wagners vorweg. Führer der deutschen Opernpartei im Kampf gegen die italienische in Wien. Musikschriftsteller, Komponist u. Dirigent. Richard Wallaschek („Die Theater Wiens" 1909) schrieb über ihn: „Er setzte seinen besonderen Ehrgeiz darein, als Komponist zu gelten. Die Opern, die er schrieb, waren ein ganz merkwürdiger Beweis für die Vereinigung eines bescheidenen musikalischen Talents mit starker, kritischer Begabung. Schon als 1813 Mosels Oper ‚Salem' aufgeführt wurde, mußte dem Publikum der eigentümliche Stil des Werkes auffallen. Wir würden heute sagen, daß M. die letzten Konsequenzen Glucks gezogen hat u. in einem Stil schrieb, den wir heute entschieden wagnerisch nennen würden . . ."

Eigene Werke: Die Feuerprobe (Singspiel) 1811; Hermes u. Flora (Singspiel von

I. F. Castelli) 1813; Versuch einer Ästhetik des dramatischen Tonsatzes 1813; Cyrus u. Astyages (Oper von M. v. Collin) 1818; C. Delavignes Der Paria (Trauerspiel), deutsch 1823; dess., Die Schule der Alten (Lustspiel), deutsch 1824; Die Benefizvorstellung (aufgeführt) 1825; Erziehung (Familiengemälde, aufgeführt) 1826; Über das Leben u. die Werke des A. Salieri 1827; Bianca u. Enrico (Trauerspiel nach dem Englischen des J. Thomson, aufgeführt) 1828; Dramatische Miscellen (von Berling, I. F. Mosel u. a.) 1830; Der verehelichte Philosoph oder Der Mann, der sich schämt einer zu sein (Lustspiel nach dem Französischen des Destouches, aufgeführt) 1832.
Literatur: F. C. *Weidmann,* I. F. v. Mosel (Almanach für Freunde der deutschen Schauspielkunst, herausg. von L. Wolff 9. Jahrg.) 1845; August *Schmidt,* I. F. v. M. (Denksteine) 1848; *Wurzbach,* I. F. v. M. (Biogr. Lexikon 19. Bd.) 1868; *Riemann,* I. F. v. M. (Musik-Lexikon 11. Aufl.) 1929.

Mosel, Max, geb. 14. Juli 1864 zu Braunschweig, gest. 15. Febr. 1914 zu Karlsruhe, zuerst Standesbeamter, ließ dann jedoch durch Hofopernsänger Otto Wolters in seiner Vaterstadt u. Alberto Selva in Venedig seine Stimme ausbilden, debütierte 1890 am Stadttheater in Hamburg u. kam über Regensburg 1891 als Erster Baß nach Köln. 1894 nahm er an den Bayreuther Festspielen teil, gehörte hierauf dem Stadttheater in Bremen u. seit 1898 dem Hoftheater in Mannheim als Mitglied an. Ein Gehörleiden erzwang seinen frühzeitigen Bühnenabschied. Hauptrollen: Osmin, Landgraf Heinrich, Fafner, Hunding, Hagen u. a. Gatte von Marie Tomschik.

Mosel-Tomschik, Marie, geb. 23. Febr. 1871 zu Wien, gest. 1. Jan. 1930 zu Karlsruhe, Tochter eines Briefträgers, in ihrer Vaterstadt für die Bühne ausgebildet, die sie 1889 erstmals als Azucena in Bielitz betrat, war Opernsängerin in Bremen, Berlin (Krolloper), seit 1896 am Hoftheater in Karlsruhe, seit 1902 in Wiesbaden, Riga, Darmstadt, Prag u. Hamburg u. seit 1913 abermals in Karlsruhe, wo sie 1924 ihren Bühnenabschied nahm. Gattin von Max Mosel. Hauptrollen: Ortrud, Orpheus, Selica, Fides u. a.

Mosen, Julius, geb. 8. Juli 1803 zu Marieney im Vogtland, gest. 10. Okt. 1867 zu Oldenburg, Lehrerssohn, studierte in Jena,

bereiste Italien, setzte dann seine Studien in Leipzig fort, wurde 1831 Aktuar in Kohren u. 1834 Advokat in Dresden (Verkehr mit L. Tieck, A. Förster u. a.). 1840 Doktor der Philosophie in Jena. Durch A. Stahrs Vermittlung 1844 Dramaturg am Oldenburger Hoftheater. Hofrat. Vorwiegend Erzähler u. Dramatiker.
Eigene Werke: Heinrich der Finkler (Schauspiel) 1836; Die Wette (Lustspiel) 1837; Theater (Kaiser Otto III., Tragödie — Cola Rienzi, Tragödie — Die Bräute von Florenz, Tragödie — Wendelin u. Helene, Tragödie) 1842; Herzog Bernhard von Weimar (Tragödie) 1855; Der Sohn des Fürsten (Tragödie) 1855; Sämtl. Werke 8 Bde. (darin 3. Bd. Heinrich der Finkler — Theater, 4. Bd. Theater: Johann von Österreich — Herzog Bernhard von Weimar — Der Sohn des Fürsten — Cromwell) 1863 (Vermehrte Neuausgabe von seinem Sohn Reinhold M. 6 Bde. 1880 ff.); Ausgew. Werke, herausg. von Max Zschommler 4 Bde. 1899.
Literatur: A. *Schwartz,* J. Mosen (A. D. B. 22. Bd.) 1885; P. *Heuß,* Beiträge zur Kenntnis von Mosens Jugendentwicklung (Diss. München) 1903; Ludwig *Geiger,* J. M. als Dramatiker (Bühne u. Welt 5. Jahrg.) 1903; Johann *Hajek,* J. M. als Dramatiker (Diss. Wien) 1914; A. *Fehn,* Die Geschichtsphilosophie in den histor. Dramen Mosens 1915; K. *Besse,* Mosens Theorie der Tragödie (Diss. Münster) 1915; Theodor *Hoorns,* J. M. als dramatischer Dichter (Diss. Greifswald) 1919; Johann *Schmidt,* J. Mosens Ahasver (Diss. Wien) 1923.

Mosenthal, Salomon (Ps. Friedrich Lechner) Ritter von (seit 1871), geb. 14. Jan. 1821 zu Kassel, gest. 17. Febr. 1877 zu Wien, Kaufmannssohn, besuchte das Gymnasium seiner Vaterstadt (Schüler Dingelstedts), studierte an der Technischen Hochschule in Karlsruhe (Bekanntschaft mit J. Kerner u. G. Schwab), promovierte 1842 in Marburg, trat 1850 in den österr. Staatsdienst u. wurde hier 1867 Bibliothekar u. Regierungsrat. Vorwiegend Dramatiker, bekannt durch seine sentimentale „Deborah" (in London allein 500mal aufgeführt). Auch Dichter von etwa 20 Operntexten für Nicolai, Flotow, Marschner u. a.
Eigene Werke: Der Holländer Michel (Schauspiel nach Hauffs Märchen) 1846; Die Sklavin (Drama) 1847; Ein deutsches Dichterleben (Drama) 1850; Deborah (Volksschauspiel) 1850; Cäcilie von Albano (Dramat. Gedicht) 1851 (Deborah u. Cäcilie,

vereint als Dramen 1. Folge 1853); Der Dorflehrer (Drama) 1852; Gabriele von Precy (Drama) 1853; Lambertine von Méricourt (Trauerspiel) 1853; Der Sonnwendhof (Volksschauspiel) 1857; Das gefangene Bild (Dramat. Phantasie) 1858; Düweke (Drama) 1860; Die deutschen Komödianten (Trauerspiel) 1863; Pietra (Trauerspiel) 1865; Der Schulz von Altenbüren (Schauspiel) 1868; Isabella Orsini (Drama) 1870; Maryna (Drama) 1871; Die Sirene (Komödie) 1874; Gesammelte Werke 6 Bde. 1878 (darin das 1872 unter dem Ps. F. Lechner aufgeführte vaterländ. Schauspiel: Konrad Vorlauf, Bürgermeister von Wien), Auf'm Sunnwendhof (Volksschauspiel mit Dialektübertragung von A. Schaefer) 1892.
Literatur: A. E. *Schönbach,* S. Mosenthal (A. D. B. 22. Bd.) 1885; Eugen *Isolani,* Der Dichter der Deborah (Die Deutsche Bühne 13. Jahrg.) 1921; Franz *Kostjak,* S. M. als Dramatiker (Diss. Wien) 1928.

Moser, Alfred (Geburtsdatum unbekannt), gest. 7. Sept. 1877 zu Wien, war Dekorationsmaler (Schüler von Gropius), wirkte seit 1866 in Wien u. errichtete 1874 ein Atelier für Dekorationsmalerei, das die Neuheiten des Stadttheaters ausstattete.

Moser, Anton, geb. 13. Aug. 1872 zu Reinsdorf, gest. 29. Nov. 1909 zu Wien, Lehrerssohn, war zuerst Kaufmann, begann nach gesanglicher Ausbildung durch den Karlsruher Hofopernsänger Wilhelm v. Willem 1895 seine Bühnenlaufbahn als Bariton in Heidelberg, kam 1896 nach Aachen, 1897 nach Zürich u. 1903 über Bremen an die Hofoper in Wien, wo er bis zu seinem Tode wirkte. Hauptrollen: Belamy ("Das Glöckchen des Eremiten"), Silvio ("Der Bajazzo"), Jäger ("Das Nachtlager von Granada"), Heiling, Liebenau, Figaro, Papageno, Alberich, Heerrufer u. a. Carlos Droste ("Bühne u. Welt" 13. Jahrg. 1911) hob den vorzüglichen Beckmesser Mosers hervor: "Er nuanciert manches seiner Partie um ein Beträchtliches feiner (als Alexander Haydter, s. d.) u. bietet mit seiner sorgfältig ausgefeilten Wiedergabe der Rolle intime Wirkungen." Die Wiener Kritik lobte seine leicht in die Höhe strebende Baritonstimme u. sein lebensvolles natürliches Spiel.
Literatur: Eisenberg, A. Moser (Biogr. Lexikon) 1903; Anonymus, A. M. (Der neue Weg, herausg. von der Genossenschaft Deutscher Bühnen-Angehöriger 49. H.) 1909.

Moser, Barbara s. Moser, Franz Joseph.

Moser, Bernhard, geb. 26. März 1897 zu Wangen bei Olten (Schweiz), war Beamter der Gotthardbahn, dann Redakteur u. seit 1927 Sekretär der Universitätsbibliothek in Basel. Außer mit Gedichten trat er als Dramatiker hervor.
Eigene Werke: Im Spiel der Morgenröte (Festspiel) 1923; Adam Zeltner (Schauspiel) 1924; Heimat (Schauspiel) 1930; Schweizer Turner (Festspiel) 1932; Schweizer Jodler (Festspiel) 1933.

Moser, Carl, geb. 9. Febr. 1825 zu Brixen in Südtirol, gest. 26. April 1883 zu Marienbad, Sohn eines Kammachers, begann seine Bühnenlaufbahn 1846 als Chorsänger am Nationaltheater in Innsbruck, kam zwei Jahre später als Solist (Bariton) an das Stadttheater in Temeschwar, dann nach Breslau u. Brünn. Hier kreierte er den Grafen Luna im "Troubadour" u. wirkte so erfolgreich, daß er nach Wien an das Theater an der Wien berufen wurde. C. E. Conradin komponierte für ihn eine Oper "Der Drachenstein", die auf Grund Mosers einmaliger Leistung zahlreiche Aufführungen erzielte. Als Opernregisseur war M. mehrere Jahre in Lemberg tätig, ging 1862 als Direktor nach Innsbruck, 1863 nach Iglau u. Budweis u. eröffnete 1868 seine Direktion in Marienbad mit Offenbachs "Zaubergeige", in der er die Rolle des alten Geigers Mathieu gab. Nach seinem Tode führte seine Gattin Ottilie M. (s. d.) die Direktion weiter.

Moser, Eduard von s. Moser, Gustav von.

Moser (geb. Doser), Else, geb. 6. Okt. 1886 zu Berlin, gest. 11. März 1919 zu Brünn. Naive u. Muntere Liebhaberin. Gattin des Brünner Schauspielers Franz Moser.

Moser, Ernst, geb. 9. Jan. 1863 zu Königsberg in Preußen, gest. 11. Juni 1927 das., war Buchhändler, redigierte 1904—07 die "Theater- u. Musikzeitung" u. verfaßte außer Romanen auch Bühnenstücke.
Eigene Werke: Der Neffe (Schwank) 1888; Königsberger Theatergeschichte 1902; Aus einer kleinen Garnison (Schwank) 1903; Der Glückspilz (Schwank) 1907; Wetterwolken (Drama) 1907; Auf wankendem Grund (Schauspiel) 1907; Eine verrückte Idee (Schwank) 1907; Meerfahrt (Drama) 1907; Flieder im Schnee (Komödie) 1915; In Sonnennähe (Drama) 1915; Das Kreuz

(Drama) 1916; Kriegsgetraut (Drama) 1917; Die Abenteurerin (Drama) 1918; Erbschleicher (Lustspiel) 1919; Unter Wölfen (Drama) 1920; Heimattreue (Drama) 1921; Ernte (Drama) 1924.

Moser, Franz s. Moser, Else.

Moser, Franz Joseph, geb. 1717, gest. 7. April 1792 zu Wien, war 1750—78 Prinzipal einer Truppe, mit der er in Böhmen, Mähren, Österreich u. Süddeutschland spielte. Nach dem Tod seiner Frau Barbara M. (gest. 18. Jan. 1778 zu Augsburg) übernahm Schikaneder (s. d.) seine „churbairisch privilegierte Gesellschaft", der dieser zusammen mit seiner Frau seit 1777 als Hauptstützen des Ensembles angehörte u. auch dessen Spielplan deutlich beeinflußte. Die Menge moderner Stücke u. die Vorherrschaft Shakespeares, Lessings u. des deutschen Singspiels zeigten, daß Moser zuletzt nur mehr dem Namen nach der eigentliche Theaterleiter war.

Moser, Friederike, Louise, geb. 22. Febr. 1826 zu Nürnberg, gest. 21. Sept. 1906 zu Weimar (im Marie-Seebach-Stift). Schauspielerin.

Moser, Gustav von, geb. 11. Mai 1825 zu Spandau, gest. 23. Okt. 1903 zu Görlitz, war 1843—56 preuß. Jägeroffizier, bewirtschaftete dann das Gut Holzkirch, bekam 1881 den Hofratstitel u. lebte seit 1889 in Görlitz. M. schrieb allein u. mit anderen (L'Arronge, Heider, Kalisch, Misch, Schönthan, Trotha) vielgespielte, wirkungsvolle Lustspiele, Possen u. Schwänke. Einige Charakterrollen wie „Der Bibliothekar" wurden volkstümlich. Bruder von Eduard von Moser, der 1864—65 die Theater in Pyrmont u. Detmold leitete.

Eigene Werke: Wie denken Sie über Rußland? (Lustspiel) 1861; Ein moderner Barbar (Lustspiel) 1861; Ich werde mir den Major einladen (Lustspiel) 1862; Jedem das Seine (Lustspiel) 1862; Moritz Schnörche (Schwank) 1862; Wenn man Whist spielt (Lustspiel) 1866; Eine Frau, die in Paris war (Lustspiel) 1866; Vernachlässigt die Frauen nicht (Lustspiel) 1867; Er soll dein Herr sein (Lustspiel) 1867; Leiden junger Frauen (Lustspiel) 1867; Kleine Mondfinsternis (Lustspiel) 1869; Der Bojar oder Wie denken Sie über Rumänien? (Schwank) 1872; Splitter u. Balken (Lustspiel) 1872; Die Gouvernante (Lustspiel) 1872; Hypotheken-

not (Lustspiel) 1872; Aus Liebe zur Kunst (Schauspiel) 1873; Stiftungsfest (Lustspiel) 1873; Ultimo (Lustspiel) 1873; Papa hats erlaubt (Lustspiel) 1873 (mit L'Arronge); Ein amerikanisches Duell (Lustspiel) 1874; Kaudels Gardinenpredigten (Lustspiel) 1874; Die Versucherin (Lustspiel) 1876; Ein Stoff von Gerson (Lustspiel) 1876; Sonntagsjäger (Posse) 1876 (mit D. Kalisch); Der Veilchenfresser (Lustspiel) 1876; Mädchenschwüre (Lustspiel) 1877; Hektor (Schwank) 1877; Der Schimmel (Lustspiel) 1877; Die Raben (Lustspiel) 1877; Reflexe (Lustspiel) 1877; Onkel Grog (Lustspiel) 1878; Der Hausarzt (Lustspiel) 1878; Hypochonder (Lustspiel) 1878; Der Bibliothekar (Lustspiel) 1878; Der Registrator auf Reisen (Posse) 1879; Krieg im Frieden (Lustspiel) 1880 (mit F. v. Schönthan); Der Zugvogel (Schwank) 1881 (mit dems.); Unsere Frauen (Lustspiel) 1882 (mit dems.); Glück bei Frauen (Lustspiel) 1885; Die Sünderin (Lustspiel) 1888; Die Amazone (Schwank) 1888; Die neue Gouvernante (Lustspiel) 1891; Fräulein Frau (Lustspiel) 1891 (mit R. Misch); Fünf Dichter (Lustspiel) 1893; Der sechste Sinn (Schwank) 1893 (mit R. Misch); Militärfromm (Genrebild) 1893 (mit Th. v. Trotha); Der Lebemann (Lustspiel) 1894; Schulden (Lustspiel) 1894 (mit Th. v. Trotha); Frau Müller (Lustspiel) 1895; Die Generalin (Lustspiel) 1895; Der Militärstaat (Lustspiel) 1896; Auf Strafurlaub (Lustspiel) 1898 (mit Th. v. Trotha); Der Schiffskapitän (Lustspiel) 1899; Most (Lustspiel) 1899; Der wilde Reutlingen (Lustspiel) 1900 (mit Th. v. Trotha); Kind der Secession 1900 (mit dems.); Ohne Consens (Lustspiel) 1900; Der tolle Hofjunker (Lustspiel) 1900; Der Nimrod (Lustspiel) 1901; Sein Fehltritt (Lustspiel) 1901 (mit P. R. Lehnhard); Unsere Pauline (Schwank) 1901 (mit dems.); Im Riesengebirge (Lustspiel) 1901 (mit dems.); Der Parlamentarier (Lustspiel) 1902 (mit dems.); Die schlanke Lina (Schwank) 1902 (mit dems.); , Direktor Buchholz (Schwank) 1902 (mit dems.); Frau Ella (Lustspiel) 1902 (mit dems.); Der Schäferhund (Lustspiel) 1902 (mit dems.); Die Heiratsfalle (Lustspiel) 1903 (mit dems.); Wie soll er heißen? (Genrebild) 1903 (mit dems.); Der Laubfrosch (Lustspiel) 1904 (mit dems.); Klug wie die Schlange (Lustspiel) 1904 (mit dems.); Das Kind (Lustspiel) 1904 (mit dems.) u. a.

Literatur: Paul *Lindenberg,* G. v. Moser (Nord u. Süd 40. Bd.) 1887; Hans v. *Moser,* Vom Leutnant zum Lustspieldichter 1908; Paul *Lindau,* Nur Erinnerungen 2 Bde. 1916;

Karl *Holl*, Das deutsche Lustspiel 1921; P. *Lindenberg*, G. v. M. (Es lohnte sich gelebt zu haben) 1941.

Moser (eigentlich Juliet), Hans, geb. 6. Aug. 1880 zu Wien, Sohn des Bildhauers Juliet von französischer Herkunft, sollte zuerst Kaufmann werden, begann nach dem Ersten Weltkrieg als Schmierenkomödiant seine Bühnenlaufbahn, die ihn jedoch bald zu allgemein anerkannten Theatern in Laibach, Czernowitz, Cilli u. Reichenberg führte, wo er als Naturbursche u. Schüchterner Liebhaber seine ersten Erfolge erzielte, bis er schließlich im komischen Fach in Wien, besonders am Josefstädtertheater, berühmt wurde u. durch Teilnahme an den Gastspielen des Burgtheaters in Deutschland, Frankreich u. a. zu Weltruf gelangte. Hauptrollen fand er in Stücken Raimunds u. Nestroys, aber auch als Charakterdarsteller in modernen Stücken (z. B. Vater Weinrich in Schnitzlers „Liebelei"). O. M. Fontana rühmt ihm mit Recht nach: „Österreichisch sind alle seine Gestalten. Ihre Galerie könnte man geradezu ein österreichisches Panoptikum nennen. Aber so bitter auch Moser in seinem Lachen sein kann (u. immer frei von der Schablone), was er allen seinen Gestalten als Versöhnendes mitgibt, ist das Volk, das in ihnen lebt. Für das Volk steht er immer wieder da. Hinter ihm marschieren sie alle, die ewig sprechenden Besserwisser, die aufgebrachten Dienstboten, die müden Kellner, die sich die Kunden genau anschauenden Handwerker, die in die Jahre gekommenen alten Dienstmänner, die unausgeschlafenen Hausmeister, die schmutzigen Ofenheizer, die Lichtanzünder u. die Lichtauslöscher". Besonders gerühmt wurde sein Fortunatus Wurzel am Deutschen Theater in Berlin. „Diese Rolle gehörte zu den einmaligen Begegnungen mit einem Schauspieler", schrieb R. Biedrzynski („Schauspieler, Regisseure, Intendanten" 1944), „der sonst auf ein krätziges, raunzerisches, von Minderwertigkeitskomplexen geplagtes Wienertum u. auf eine fahrige, nuschelnde Polterkomik festgelegt ist. Nichts von alledem hat sich in diesen rührenden u. einfachen Fortunatus Hans Mosers eingeschlichen. Die tröstliche Gegenkraft seines tragischen Irrtums ist der Humor eines Weisen. Sein Wesen ist nicht Resignation, sondern mutige Einsicht, nicht Verdrießlichkeit, sondern stille Einkehr. Die Figur ist so geraten, wie sie Raimund vorgelebt hat. Es bleibt kein Tropfen Gall-sucht, keine Faser Skepsis im Herzen dieses durch Leid geläuterten Menschen." Das Kleinbürgertum der vielsprachigen Donaumonarchie fand in ihm seinen letzten großen Vertreter, der auch auf der Revuebühne, im Kabarett u. Film eine führende Stellung innehatte.

Literatur: Fritz *Ahrensfeldt*, Der jüngste Wiener Hanswurst (Neue Freie Presse 20. Aug.) 1925; Stephan *Fingal*, H. Moser geht ins Theater (Neues Wiener Journal 11. Juli) 1929; Manfred *Jasser*, Wienerischer Steckbrief (Neues Wiener Tagblatt 27. Febr.) 1941; Ernst *Wurm*, H. M. (Völkischer Beobachter 18. Juni) 1943; Theodor *Ottawa*, H. M. (Wiener Presse 3. Aug.) 1950; O. M. *F(ontana)*, H. M. (Die Presse Nr. 2061) 1955; Fritz *Koselka*, Ein Festtag für H. die Wiener (Wiener Zeitung Nr. 181) 1955; Fritz *Schwiefert*, H. M. (Der Tagesspiegel Nr. 3011) 1955.

Moser, Hans Albrecht, geb. 7. Sept. 1882 zu Görz, Sohn eines Fabrikanten, kam fünfzehnjährig nach Bern, studierte in Basel, Köln u. Berlin Musik u. war seit 1911 Klavierlehrer in Bern. Erzähler u. Dramatiker.

Eigene Werke: Wartende Schwestern (Schauspiel) 1938 (Uraufführung am Stadttheater in St. Gallen 1952); Die Staatsvisite (Posse) 1951; Die Promenade (Schauspiel) 1951; Maß u. Wert (Einakter) o. J.

Moser, Hans Joachim, geb. 25. Mai 1889 zu Berlin, Sohn des Violinhistorikers Andreas M., studierte in Berlin, Marburg, Leipzig u. Rostock, habilitierte sich für Musikwissenschaft in Halle, wurde hier 1919 Professor, 1925 Direktor des Musikwissenschaftl. Instituts an der Universität Heidelberg, war 1927—34 Direktor der Staatl. Akademie für Kirchen- u. Schulmusik, seit 1947 Professor in Jena u. Weimar u. seit 1949 Direktor des Städt. Konservatoriums in Charlottenburg. Mitherausgeber von „Kürschners Biographischem Theater-Handbuch" (seit 1956). Erzähler u. Bühnenautor.

Eigene Werke: Die Liebe der Rosemarei (Märchendrama) 1912; Die sieben Raben (Operndichtung zu Webers Euryanthe) 1915; Händels Orlandos Liebeswahn, bearbeitet 1922; Ein Bachscher Familientag (Schauspiel) 1930; Händels Arminius u. Thusnelda 1935; Chr. W. Gluck 1940; C. M. v. Weber 1941; Bittersüßer Ehespiegel (2 Lustspiele) 1944 u. a.

Literatur: Festgabe zum 65. Geburtstag 1955.

Moser, Ida von (Geburtsdatum unbekannt), gest. 10. Dez. 1906 zu Hannover, war Schauspielerin am Residenztheater in Berlin. In Frankfurt a. d. Oder trat sie vor allem als Komische Alte u. Bürgerliche Mutter auf.

Moser (eigentlich Slonitz), Josef, geb. 3. Aug. 1864 zu Prag, gest. 18./19. Juli 1936 zu Ischl, Kaufmannssohn, begann nach Ausbildung in seiner Vaterstadt seine Bühnenlaufbahn 1881 u. kam über Sigmaringen (1881—83), Aachen (1884), Augsburg (1885), Innsbruck (1886), Ischl (1887) u. Preßburg (1888—89) 1890 als Naturbursche u. Schüchterner Liebhaber ans Carltheater in Wien u. 1891 als Episodist ans Burgtheater, wo er bis 1932 wirkte. Ehrenmitglied dess. Hauptrollen: Bellmaus („Die Journalisten"), Offiziersdiener („Das Heiratsnest"), Mopsus („Ein Wintermärchen"), Alceste („Der Misanthrop"), Lanzelot („Der Kaufmann von Venedig"), Bleichenwang („Was ihr wollt"), Schlehwein („Viel Lärm um nichts") u. a.

Moser, Julius, geb. 1841, gest. 31. Aug. 1905 zu München, war ursprünglich Kaufmann, ging mit 27 Jahren zur Bühne, wirkte als Schauspieler in Wien, Budapest, Hannover u. a., seit 1891 am Volkstheater in München, hier auch als Regisseur. Nach 1901 gastierte er an kleinen Bühnen, bis ihn die Direktion des Volkstheaters wieder engagierte. Besonders bewährte sich M. in Bauernrollen.

Moser, Koloman, geb. 30. März 1868 zu Wien, gest. 18. Okt. 1918 das., Kunstgewerbler, schuf u. a. für das 1901 eröffnete Jung-Wiener Theater zum lieben Augustin eine Stilbühne.

Moser, Marie s. Kneidinger, Marie.

Moser, Marie s. Steinitz, Marie von.

Moser, Ottilie, geb. 8. Juli 1837 zu Barmen, gest. 20. Febr. 1908 zu Linz an der Donau, Tochter eines Mainzer Musikdirektors, wirkte als Koloratursängerin in Köln, Mainz, Stuttgart, Düsseldorf, heiratete den Theaterdirektor Carl M. u. leitete mit ihm 1863 bis 1864 das Theater in Innsbruck, später das Theater in Budweis, das sie 1867 mit der Leitung des Stadttheaters in Marienbad vereinigten. Nach dem Tode ihres Gatten führte Ottilie M. noch bis 1889 das Kurtheater in Marienbad. Mutter der Burgschauspielerin Gusti Wittels (s. d.).

Moser, Rudolf, geb. 7. Jan. 1892 zu Niederuzwyl im Kanton St. Gallen (Schweiz), studierte in Basel zuerst Theologie u. dann Musikwissenschaft, besuchte 1912—14 das Konservatorium in Leipzig (Schüler Max Regers), kehrte nach Basel zurück u. wirkte als Dirigent u. Lehrer am dort. Konservatorium. Einer der bedeutendsten Schweizer Komponisten.

Eigene Werke: Die Fischerin (Singspiel von Goethe) 1935; Periander u. Lykophron (Bühnenmusik zu G. Arnold-Schmidt) 1937; Der Gaukler Unserer Lieben Frau (Mysterienspiel von Santa Maria) 1939; Der Rattenfänger (Tanzspiel) o. J.

Literatur: Hans *Ehinger,* R. Moser (Basler Nachrichten 21. Jan.) 1928; *Riemann,* R. M. (Musik-Lexikon 11. Aufl.) 1929; Walter *Haacke,* R. M. (Zeitschrift für Musik Nr. 1) 1952.

Moser-Kneidinger, Marie s. Kneidinger, Marie.

Moser-Sperner, Marie von, geb. um 1845, gest. 18. Juli 1912 zu Friedrichsroda, begann als Autodidaktin ihre Bühnenlaufbahn am Thaliatheater in Hamburg, kam dann zu H. Laube (s. d.) ans Stadttheater in Leipzig, 1882 ans Ostendtheater in Berlin, 1883 nach Bremen, 1886 nach Köln, 1887 wieder nach Bremen, 1889 abermals ans Stadttheater in Leipzig, 1891 nach Neuyork, nahm dann an einem deutschen Ensemblegastspiel in Rußland teil, wirkte 1892 am Residenztheater in Berlin, 1893 am Deutschen Volkstheater in Wien u. trat hierauf nur noch als Gast auf. Zuerst Jugendliche Heroine u. Salondame, später im älteren Charakterfach tätig. Nach vierzigjähriger Bühnenangehörigkeit dramatische Lehrerin in Berlin. Karl Weiser (Archiv für Theatergeschichte 1. Bd. 1904) bezeichnete sie als „naturalistisches Talent ersten Ranges". Als Maria in Björnsons „Maria von Schottland" war sie „eine von bezaubernder Weichheit, Anmut u. Poesie verklärte Frauengestalt. In allen leidenschaftlichen Momenten tat sie jedoch zuviel, ihre persönliche Wesenheit schlug durch. Sie blieb dann nicht Stuarts Maria, sondern wurde Mosers Mariechen. Eine Königin schlägt sich nicht auf die Schenkel, hatte ihr der Herzog (von Meiningen) auf der Probe zugerufen. Sie unterließ es denn auch körperlich; aber seelisch schlug sie noch sehr oft darauf! — Eine geniale Schöpfung von ihr war vor allem in Julius Cäsars der Knabe des Octavius in der kleinen Szene an Cäsars Leiche". Weitere Hauptrollen: Herzogin ("Ein Glas Wasser"), Orsina, Eboli, Maria Stuart u. a.

Moser-Steinitz, Marie von s. Steinitz, Marie von.

Moses, alttestamentlicher Held u. Prophet, der die Juden um 1500 v. Chr. aus der ägyptischen Gefangenschaft in die Wüste führte u. ihnen das „gelobte Land" Kanaan als künftigen Wohnsitz anwies, ohne es selbst zu betreten, sowie ihnen die Zehn Gebote Gottes übermittelte. Im 18. Jahrhundert zog die urmenschliche Gestalt besonders Herder u. Goethe an. Im 19. Jahrhundert wurde sie vor allem dramatisch verwertet.

Behandlung: E. A. F. *Klingemann,* Moses (Drama) 1812; J. v. *Plötz,* Moses' Errettung (Melodrama) 1817; C. S. *Wiese,* M. (Drama) 1847; Harro *Harring,* M. zu Tanis (Trauerspiel) 1859; Henriette *Rausch,* Der Erretter des M. (Drama) 1867; Karl *Kösting,* Das gelobte Land (Drama) 1890; Adolf *Gelber,* M. (Schauspiel) 1905; Karl *Hauptmann,* M. (Drama) 1906; Paul *Friedrich,* Das gelobte Land (Trauerspiel) 1907; Viktor *Hahn,* M. (Trauerspiel) 1907; Georg *Lange,* M. (Drama) 1915; Ernst *Lissauer,* Der Weg des Gewaltigen (Drama) 1931; Ernst *Barlach,* Der Graf von Ratzeburg (Drama aus dem Nachlaß) 1952 u. a.

Mosewius, Johann Theodor, geb. 25. Sept. 1788 zu Königsberg in Preußen, gest. 15. Sept. 1858 zu Schaffhausen, trat frühzeitig als Opern-Buffo u. Schauspieler am Theater seiner Vaterstadt auf, heiratete 1810 die Sängerin Wilhelmine Müller (s. d.), lernte auf einer Gastspielreise in Berlin K. F. Zelter (s. d.) kennen, wurde 1814, nachdem A. v. Kotzebue (s. d.) die Leitung der Königsberger Bühne übernommen hatte, Operndirektor, bis ihn der Zusammenbruch derselben veranlaßte, einem durch H. Anschütz (s. d.) vermittelten Ruf nach Breslau zu folgen. Gerühmt wurde seine Kunst als Darsteller zu individualisieren: „Wenn er an einem Abend durch seinen alles mit sich fortreißenden Humor das Publikum als Figaro entzückt oder als Kaspar im ‚Freischütz' in die entgegengesetzte Stimmung versetzt hatte, so spielte er am andern Tage den treuherzigen Kottwitz im ‚Prinzen von Homburg' oder den Pater Lorenzo in Shakespeares ‚Romeo u. Julia' mit gleicher Vollendung, mit gleicher Wirkung, mit

gleicher Hingabe u. mit gleicher Achtung vor der Kunst, ohne je nach dem Beifall der Menge zu ringen". Durch die Gründung der Breslauer Singakademie erwarb er sich große Verdienste, weshalb ihm die Universität das Ehrendoktorat der Philosophie verlieh.

Literatur: (Anna *Kempe),* Erinnerungen an J. Th. Mosewius 1859; Friedrich *Andreae,* J. Th. M. (Schles. Lebensbilder 1. Bd.) 1922.

Mosewius (geb. Meisselbach), Minna, geb. 1832 zu Erfurt, gest. 29. Dez. 1905 zu Berlin, Tochter eines Kapellmeisters, wirkte 48 Jahre als Opernsoubrette u. Komische Alte in Bremen, Posen, Lübeck, Chemnitz u. a.

Mosheim, Grete, geb. 8. Jan. 1905 zu Berlin, wirkte hier als Schauspielerin (1922—31 Deutsches Theater, 1931—32 Lessingtheater u. Tribüne, 1932—33 Metropoltheater, 1933 bis 1934 Komödienhaus u. Volksbühne) u. ging 1934 an das Deutsche Theater in Neuyork. Hauptrollen: Gretchen, Saay Bowles („Ich bin eine Kamera" von van Druten), Catharine Sloper („Die Erbin" von R. u. A. Goetz), Mutter Wolffen („Der Biberpelz") u. a. Hans Knudsen (Preuß. Jahrbücher 202. Bd. 1925) bezeichnete ihre Darstellung der Dolly in „Man kann nie wissen" von B. Shaw als „eine Leistung allerersten Ranges voll toller Komik". Aber auch als Operettenspielerin trat sie manchmals auf, so u. a. in dem musikalischen Schwank „Jim u. Jill". Bei Alfred Polgar („Ja u. Nein" 1956) heißt es: „Man lernt da den wunderlichen Reiz kennen, den grade das Dilettantische ausübt, wenn ein Mensch von Begabung u. Geschmack sich zu ihm bekennt, Frau M. ist weder Sängerin noch Tänzerin. Aus diesem Mangel macht sie durch den vollendeten Takt, mit dem sie ihn weder verhehlt noch sich auf ihn etwas zugute tut, einen Vorzug. In ihren Duos mit Harald Paulsen zeigt sie eine Delikatesse im Setzen von komischen Lichtern, eine Geschicklichkeit im Mischen von kleinem Spaß u. kleiner Rührung, eine Anmut im Übermut, die jede echtbürtige Operettenlady, gerüstet mit allen Techniken des Neckischen u. Verführerischen, beschämen könnten. Zu hübsch auch, wenn sie, umhüpft von Boys u. Girls, die Paralleles aus den Gelenken schütteln, im Gruppentanz mittut, keineswegs als Erste u. Führerin, sondern nur wie erfaßt u. mitgenommen von der Welle rhythmisch bewegter Arme u. Beine."

Mosing (Ps. Guido Conrad), Konrad, geb. 23. Febr. 1824 zu Wien, gest. 1. Nov. 1907 das., Sohn eines Advokaten, studierte in seiner Vaterstadt die Rechte, war Parlamentarier in Frankfurt a. M. u. trat später in Wien in den Staatsdienst. Bühnenautor. *Eigene Werke:* Die letzten Messenier (Trauerspiel) 1855; Das Fräulein von Lanvy (Drama) 1871; Atho, der Priesterkönig (Trauerspiel) 1877.

Moske, Johannes, geb. 15. Okt. 1871 zu Posen, studierte in Leipzig, Halle, Heidelberg u. Straßburg Philosophie u. wandte sich schon früh dramatischem Schaffen zu. *Eigene Werke:* Karl (Schauspiel aus der Zeit der Freiheitskriege) 1893; Alcibiades (Trauerspiel) 1896; Odenwälder Kirchweih (Trauerspiel) 1897.

Mossi, Viktor, geb. 1. Aug. 1884 zu Przewos in Preuß.-Schlesien, sollte Jurist werden, bereitete sich aber heimlich in Breslau u. Wien für die Bühne vor, die er erstmals als Heerrufer im „Lohengrin" 1913 in Teplitz-Schönau betrat, kam 1917 nach Lübeck, sang 1918—19 am Deutschen Theater in Riga u. ging 1920 als Helden- u. Charakterbariton nach Kassel, wo er jahrzehntelang blieb. Kammersänger, seit 1954 dort. Ehrenmitglied. Hauptrollen: Beckmesser, Pedrillo u. a.

Mostar, Gerhart Herrmann s. Herrmann, Gerhart.

Mosthav, Franz, geb. 13. Juni 1916 zu Heilbronn, in München ausgebildet, begann 1938 seine Bühnenlaufbahn als Regieassistent am dort. Staatstheater, studierte daneben Theaterwissenschaft, debütierte als Schauspieler 1940, gehörte dann bis 1942 dem Münchener Staatstheater als Jugendlicher Charakterspieler an, hierauf der Bayer. Landesbühne das., 1943—45 dem Grenzlandtheater in Klagenfurt, 1945—46 als Erster Charakterdarsteller u. Spielleiter den Städt. Bühnen in Graz, 1946—48 dem Nationaltheater in Mannheim, 1948—49 den Kammerspielen in Bonn, 1949—54 auch als Direktor der Unterländer Volksbühne u. Landesbühne in Bruchsal u. war seit 1954 Intendant das. Hauptrollen: Kaplan („Jugend"), Wurm („Kabale u. Liebe"), Patriarch („Nathan der Weise"), Jago („Othello"), Mephisto u. a.

Moszkowski, Alexander, geb. 15. Jan. 1851

zu Pilica in Polen, gest. 26. Sept. 1934 zu Berlin, Bruder des Folgenden, wirkte als Journalist u. Musikkritiker an verschiedenen Zeitschriften u. seit 1886 als Chefredakteur der „Lustigen Blätter" das. Für die Bühne schrieb er 1886 das Schauspiel „Schweigegeld" u. 1901 drei Komödien „Die lustigen Musikanten".

Moszkowski, Moritz, geb. 23. Aug. 1854 zu Breslau, gest. 4. März 1925 zu Paris, in Dresden u. Berlin musikalisch ausgebildet, war Lehrer am dort. Kullakschen Konservatorium, konzertierte dann in Paris, Warschau u. a. u. ließ sich 1897 in Paris nieder. Seit 1899 Mitglied der Berliner Akademie. Komponist der Oper „Boabdil" (1892), die das Schicksal des letzten Maurenfürsten in Spanien behandelt, in deren Melodienführung u. Harmonisierung sich M. an Richard Wagner anlehnt, sowie eines dreiaktigen Balletts „Laurin" (1896). Bruder des Vorigen.

Mothes, Max, geb. 10. Febr. 1872 zu Leipzig, gest. 24. Nov. 1938 zu Berlin, war Schauspieler u. Spielleiter u. a. in Plauen, Zittau, Libau, Bremen, Luzern, Basel, Lüneburg, Liegnitz u. Riga, zuletzt am Lessingtheater in Berlin. Hauptrollen: Wurm („Kabale u. Liebe"), Philipp („Don Carlos"), Prior („Der Abt von St. Bernhard"), Martinelli („Emilia Galotti"), Hinzelmann („Im weißen Rößl") u. a.

Motschach, Hermann, geb. 16. Febr. 1926 zu Bamberg, 1947—49 in München ausgebildet, betrat in Tübingen als Jugendlicher Charakterdarsteller erstmals die Bühne, kam 1950 ans Staatstheater in Kassel, 1951 ans Stadttheater in Koblenz u. wirkte seit 1953 am Deutschen Theater in Göttingen. Hauptrollen: Sebastian („Der Alpenkönig u. der Menschenfeind"), Schmock („Die Journalisten"), Olpides („Der trojanische Krieg findet nicht statt" von Giraudoux) u. a.

Motte-Fouqué, Friedrich Freiherr de la s. Fouqué, Friedrich Freiherr de la Motte.

Mottl, Felix, geb. 24. Aug. 1856 zu Unter-Sankt-Veit bei Wien, gest. 2. Juli 1911 zu München, Sohn eines Hausverwalters der Fürstin Palm, zuerst Sängerknabe in der k. k. Hofkapelle, besuchte das Konservatorium in Wien (Schüler A. Bruckners), half den dort. Richard-Wagner-Verein begründen u. wurde Dirigent des Vereins-

Orchesters. Nach persönlicher Bekanntschaft mit dem Meister bekannte er: „Seine ganze Art mit uns jungen Leuten, die wir anbetend zu ihm hinaufsahen, zu verkehren, war so entzückend u. freundlich, daß sich bei uns zu der Begeisterung für den Künstler auch noch die größte Liebe für den Menschen Wagner gesellte". Nach kurzer Tätigkeit als Korrepetitor an der Hofoper kam M. nach Bayreuth, 1878 als Kapellmeister ans Ringtheater in Wien u. 1881 als Hofkapellmeister nach Karlsruhe. 1886 wirkte er mit ungeheurem Erfolg als Hauptdirigent in Bayreuth. Eine Berufung an die Berliner Hofoper lehnte er ab. In Karlsruhe zum Generalmusikdirektor ernannt, ging er in gleicher Eigenschaft 1904 nach München, wo er sich auch in der Direktion der Akademie der Tonkunst betätigte. Seit 1907 Direktor der Hofoper das. Bedeutendster Wagner-Dirigent, aber auch als Berlioz- u. Mozart-Interpret hervorragend. Opernkomponist. Bearbeiter von P. Cornelius' „Der Barbier von Bagdad" u. „Cid". Nach Scheidung seiner Ehe mit Henriette Standthartner (s. Mottl-Standthartner) auf seinem Sterbebett mit Zdenka Hanfstaengl (s. d.) vermählt.

Eigene Werke: Agnes Bernauer (Oper) 1880; Graf Eberstein (Festspiel von G. v. Putlitz) 1881; Fürst u. Sänger (Oper, Text von J. W. Widmann) 1881; Pan im Busch (Tanzspiel von O. J. Bierbaum) 1900; Bayreuther Erinnerungen (Wagner-Jahrbuch) 1912.

Literatur: Erich *Kloß*, F. Mottl (Monographien moderner Musiker) 1909; Georg *Schaumberg*, F. M. (Bühne u. Welt 13. Jahrg.) 1911; Hermann Freih. v. *Pfordten*, F. M. (Österr. Rundschau 28. Bd.) 1911; H. v. *Wolzogen*, F. M. (Bayreuther Blätter 34. Jahrg.) 1911; A. *Höfler*, Erinnerungen an F. Mottls erstes Wirken im Wiener Akad. Wagner-Verein (Ebda.) 1911; W. *Braunfels*, F. M. (Süddeutsche Monatshefte, Aug.) 1911; E. *Kilian*, F. M. (Ebda. Jan.) 1912; A. *Ettlinger*, F. M. (Biogr. Jahrbuch 16. Bd.) 1914; Hans *Paulig*, Peter Cornelius u. sein Barbier von Bagdad. Ein kritischer Vergleich mit der Bearbeitung von Felix Mottl (Diss. Köln) 1923; Alfred v. *Mensi-Klarbach*, F. M. (Alt-Münchner Theater-Erinnerungen) 1924; Max *Graf*, Die Wiener Oper 1955.

Mottl-Standthartner, Henriette, geb. 6. Dez. 1866 zu Wien, gest. im April 1933 zu München, Tochter eines fürstl. Liechtensteini-

schen Gutsverwalters, trat 1889 in der Hofoper ihrer Vaterstadt als Page in den „Hugenotten" erstmals auf, wirkte in jugendlichen Jahren als international anerkannte Kraft in London, Paris u. a., später in Coburg u. München. Als bedeutende Wagnersängerin u. Darstellerin nahm sie auch an den Bayreuther Festspielen teil. Seit 1893 erste Gattin von Felix M., nach dessen Tod sie von der Bühne zurücktrat, um sich nur mehr als Gesangspädagogin zu betätigen. Hauptrollen: Ännchen, Agathe, Elisabeth, Elsa, Eva, Senta, Sieglinde, Fidelio, Carmen, Mignon, Pamina, Donna Anna u. a.

Motz, Maria, geb. 5. Febr. 1909 zu Mainz, wirkte 1934—36 am Schauspielhaus in München, 1939 als Schauspielerin in Düsseldorf u. 1943 in Danzig.

Motz (Ps. Harnier), Oswald, geb. 3. Okt. 1859 zu Kassel, gest. 1945 (auf der Flucht aus Marienwerder), war Liebhaber u. Bonvivant in Helmstedt (1881), Halle (1882—83), Marburg, Wittenberg, seit 1890 Theaterdirektor in Insterburg, Culm, Briesen in Westpreußen, Graudenz u. nach dem Ersten Weltkrieg in Marienwerder.

Moučka (Ps. Meinrad), Josef, geb. 21. April 1913 zu Wien, aus einfachen Verhältnissen stammend, sollte zuerst Geistlicher werden, verließ das Juvenat der Redemptoristen in Katzelsdorf, fand als kaufmännischer Angestellter in Wien einen Posten, bildete sich in Abendkursen (bei Leopold Jeßner u. a.) zum Schauspieler aus, trat, von Leon Epp gefördert, zunächst im Wiener Kabarett ABC auf, dann in der Insel am Parkring in Wien u. an der dort. Komödie, kam hierauf ans Stadttheater in Metz, wieder an die Komödie u. schließlich ans Burgtheater. 1950 nahm er an den Salzburger Festspielen teil. Handl schrieb über ihn: „Die charakterliche Geradheit (wohl ein Erbteil seiner bäuerlichen Ahnen), das Klare u. Unverbildete seiner Gestalten, seine bezaubernde Art, das rein Menschliche u. Gemüthafte darzustellen, findet oft ihren unmittelbaren Ausdruck in einem unnachahmlichen Ton von Aufrichtigkeit u. Wahrheitsliebe, der uns die untrügliche Empfindung schenkt, daß alles, Sprache, Mimik, Gestik, nicht einstudiert, sondern die unmittelbare Wesensäußerung eines arglosen u. gläubigen Herzens ist. In den meisten Rollen kann M. deshalb auf Maske u. komödiantische Mittel verzichten. Nicht bloß weil er mehr gutherzige als schlechte Charaktere spielt, die er freilich ebenso glaubhaft darzustellen weiß, da ihm nichts an der menschlichen Natur fremd ist, auch nicht die Schattenseiten, das Negative. Sein klarer Sinn durchschaut nämlich alles Unechte, all das Konventionelle, hinter dem sich oft genug Gedanken- u. Herzensträgheit verbirgt. Und mit feinem Spürsinn entdeckt er die Lüge u. die Gemeinheit, auch wenn sie sich noch so gut tarnen. Dieses Wissen um das Menschliche im umfassendsten Sinne kommt besonders jenen Charakteren zugute, die seiner Natur gerade entgegengesetzt sind. Er ist ein Wahrheitsschauspieler u. scheut deshalb nicht davor zurück, auch die dunklen u. abgründigen Seiten der menschlichen Seele realistisch darzustellen, die Menschen so zu zeichnen, wie sie sind, Gestalten, mitten aus dem Leben gegriffen, denen wir jederzeit auch außerhalb des Theaters begegnen können. M. ist eigentlich kein komischer Charakterdarsteller, wie es wohl Nestroy gewesen ist — trotz seiner nur ihm eigentümlichen Dämonie — oder wie Moser u. Hörbiger. So ist es ihm möglich, neben Nestroyschen Spitzbuben auch die gemüthaften Gestalten Raimunds zu vollem Leben zu erwecken. Er spielt den habgierigen Kammerdiener Johann ebensogut wie den grundehrlichen Valentin. Die Doppelrolle des Kilian u. Hermann Blau in Nestroys ‚Der Färber u. sein Zwillingsbruder' gibt ihm Gelegenheit, die Spannweite seiner Begabung u. die besondere Art seiner Charakterisierungskunst zu zeigen. Staunenswert, mit welch einfachen Mitteln u. welcher Natürlichkeit ihm dies gelingt. M. ist einer von den seltenen Künstlern, denen man auch den Beruf glaubt, den ihre Bühnengestalten im Rahmen des Handlungsgeschehens vermeintlich* ausüben. Er, der selbst, bevor er zum Theater ging, sich in den verschiedensten Berufen sein Brot verdient hat, weiß aus eigener Erfahrung, wie sich Handwerker, Arbeiter usw. mimisch u. gestisch in ihrem Alltag verhalten. Er hat auch ein feines Ohr für die subtilen Klangunterschiede des heimischen Dialekts u. nicht minder für fremde, idiomatische Besonderheiten; sein Wienerisch ist darum ebenso echt wie die Klangführung seines kroatischen Generals Isolani im ‚Wallenstein'. Daß er ein großer Komiker mit parodistischem Talent ist, das auch das Groteske mit einbezieht, hat er zum großen Vergnügen der Zuschauer als Thisbe im ‚Sommernachtstraum' u. als Junker Bleichenwang in

‚Was ihr wollt' zeigen dürfen. Am nachhaltigsten ist seine schauspielerische Wirkung wohl in den Rollen, wo er ein wahrhaft hundertprozentiger Mensch (an Herzensgüte) sein darf, der sich gegen die Tücke u. Gemeinheit des Schicksals wehren muß . . .". Weitere Hauptrollen: Wurm („Kabale u. Liebe"), Lumpazivagabundus, Johann („Zu ebener Erde u. erster Stock"), Fabian („Die beiden Nachtwandler"), Ottavio („Der Lügner" von Goldoni), Guter Gesell („Jedermann"), Adhemar („Cyprienne"), Funker („Gesang im Feuerofen") u. a.
Literatur: Anonymus, Ein Missionar wird engagiert (Welt am Montag 10. Febr.) 1947; Michael *Alexander*, Raoul Aslan u. J. Meinrad ins menschliche Antlitz geschaut (Wiener Presse 4. Jan.) 1951; Anonymus, J. M. (Mein Film Nr. 16) 1951; K. W., J. M. erobert das Paradies (Neue Wiener Tageszeitung 4. Juli) 1951; Ernst *Wurm*, J. M. (Ebda. 16. März) 1952; ders., J. M. (Große Illustrierte 26. April) 1952; *Hgn.*, Portrait eines liebenswerten Schauspielers (Weltpresse 2. März) 1953; T. L., Einen Augenblick mit J. M. (Wiener Samstag 10. Jan.) 1953; Anonymus, J. M. (Saarbrücker Zeitung 6. Juli) 1954; L. G., Wenn einer eine Reise tut . . . J. M. entdeckt Amerika (Neue Wiener Tageszeitung Nr. 295) 1954; Joseph *Handl*, J. M. (Schauspieler des Burgtheaters) 1955.

Moys des Sons, Karl (seit 1868) Graf, geb. 22. Juli 1827 zu München, gest. 5. Nov. 1894 zu Gardone (Riviera), Sohn des Rechtsgelehrten Ernst Freih. v. M., war bayr. Oberzeremonienmeister u. später Gesandter am italienischen Königshof. Dramatiker.
Eigene Werke: Ein deutscher Standesherr (Schauspiel, aufgeführt in München) 1879; Die Spinne (Lustspiel, aufgeführt das.) 1881 (neubearbeitet 1884) u. a.

Mozart, Leopold (1719—87), Hofkomponist des Fürsterzbischofs von Salzburg. Vater des Folgenden.
Behandlung: Hans *Demel* (= Seebach), L. Mozart (Schauspiel) 1919.

Mozart, Wolfgang Amadeus (eigentlich Johannes Chrysostomus Wolfgang Theophilus, er selbst schrieb sich Amadé), geb. 27. Jan. 1756 zu Salzburg, gest. 5. Dez. 1791 zu Wien, Sohn des Vorigen, frühzeitig als Wunderkind, das bereits mit fünf Jahren seine ersten Vertonungsversuche machte, allgemein bestaunt. 1762 unternahm er mit seinen Eltern eine Kunstreise nach

München, 1763 nach Wien, ferner über Frankfurt a. M. nach Paris, London u. Amsterdam. In diesem Jahre erschienen seine beiden ersten Werke (Klaviersonaten). 1764 u. 1765 weilte er wieder in London, schrieb die erste Symphonie in Es-Dur u. sechs Violinsonaten. 1766 kehrte er über Paris u. die Schweiz nach Salzburg zurück, weilte 1767—69 in Wien, wo seine Oper „La finta semplice" („Die verstellte Einfalt"), von Kaiser Joseph II. angeregt, u. das Liederspiel „Bastien u. Bastienne" entstanden. 1769—71 Konzertmeister des Fürsterzbischofs von Salzburg. Eine Kunstreise führte ihn durch Italien bis Rom, wo er vom Papst zum Ritter vom Goldnen Sporn ernannt wurde. Im Dez. 1770 fand in Mailand die Uraufführung seiner Oper „Mithridate, rè di Ponto" („König von Pontus") statt, im Okt. 1771 folgte die Uraufführung seines Festspiels „Ascanio in Alba" das. 1772 schrieb M. das in Salzburg aufgeführte Festspiel „Il sogno di Scipione" („Scipios Traum"). Im Okt. 1772 weilte er zum letzten Mal in Italien. Ein Versuch, als Hofkapellmeister in Wien unterzukommen, scheiterte zunächst. 1775 brachte München seine Oper „La finta giardiniera" („Die schlaue Gärtnerin"), Salzburg das Festspiel „Il rè pastore" („Der Hirtenkönig") heraus. Nach seinem Austritt aus dem fürsterzbischöflichen Dienst (Aug. 1777) fuhr M., um eine neue Anstellung zu finden, nach München u. über Augsburg nach Mannheim. 1778 weilte er, Musikstunden erteilend, mit seiner Mutter in Paris. Der Tod derselben veranlaßte seine rasche Abreise. 1779 wieder in Salzburg, erhielt er die Ernennung zum Hoforganisten. 1780 vollendete er in München seine erste Meisteroper „Idomeneo". 1781, nach seinem endgültigen Bruch mit dem Fürsterzbischof Hieronymus Grafen Colloredo, ließ er sich dauernd in Wien nieder. Hier vollendete er seine erste deutsche Oper „Die Entführung aus dem Serail", wurde von Kaiser Josef II. empfangen u. vermählte sich 1782 mit Konstanze Weber, konnte jedoch erst 1787 als kais. Kammerkomponist mit 800 Gulden sein äußeres Dasein notdürftig sicherstellen. Jetzt komponierte er die Opern „Die Hochzeit des Figaro" (1785) u. „Don Giovanni" („Don Juan"), die er in Prag niederschrieb, hier Triumphe erlebend (1787). 1789 reiste er über Prag, Dresden (Hofkonzert) u. Leipzig (Konzert in der Thomaskirche) nach Berlin, wo ihn König Friedrich Wilhelm II. vergeblich als Kapellmeister zu gewinnen

suchte. Leider entschädigte ihn Wien für seine Heimatliebe nicht, er sah sich vielmehr wachsender Not ausgesetzt. 1790 gelangte die Oper „Cosi fan tutte" („So machen es alle Frauen") zur Uraufführung. Dann entstanden die Krönungsoper „La clemenza di Tito" („Die Güte des Titus") für die Festlichkeiten zu Ehren Leopolds II. in Prag u. „Die Zauberflöte". Von den wechselnden Schicksalen erschüttert, von körperlichen Leiden geschwächt, dazu von häuslichem Unglück verfolgt, kam M. im Herbst 1791 von Prag nach Wien zurück u. hinterließ nach kurzem Krankenlager (wahrscheinlich Brustwassersucht u. Gehirnhautentzündung) sein großartiges „Requiem" als Bruchstück. Er wurde wie ein Armer in einer „allgemeinen Grube" bestattet, so daß die Grabstelle nicht mehr festzustellen ist. 1792 errichtete ihm Graz ein Denkmal, 1799 Weimar, 1841 Salzburg (von Schwanthaler), 1859 Wien auf dem Friedhof zu St. Marx u. 1896 auf dem Albrechtsplatz (von Tilgner), nach dem Zweiten Weltkrieg im Burggarten aufgestellt. Außerdem Riesen-Büste von Hellmer auf dem Kapuzinerberg bei Salzburg (1881). Mozart-Museum in seinem Geburtshaus in Salzburg (seit 1842). Das dort. Konservatorium führt den Namen Mozarteum (Jahresberichte seit 1880). Die internationale Mozart-Gemeinde besteht in Berlin seit 1888 (Mitteilungen seit 1895). Von zahlreichen Dichtern gefeiert, von Tischbein u. a. gemalt. „Mozarts Bedeutung als Komponist ist eine universelle. Sein Persönlichkeitsstil ist die Angleichung, Synthese einer großen Zahl von Stilelementen seiner Zeit, mit dem Ergebnis eines unvergleichlichen melodischen Reichtums u. Geschmacks, einer musikalisch-geistigen Beweglichkeit, einer formalen Sicherheit u. Abklärung ohnegleichen. Diese Abklärung durchdringt nicht bloß den Aufbau seiner instrumentalen u. Opernform, sondern auch die innere Struktur seiner musikalischen Sprache: bei keinem andern Meister ist der natürliche Zwiespalt zwischen Homophonie u. Polyphonie, zwischen Melodie u. Kontrapunkt auf eine vollkommenere Art gelöst worden, wie ihm auch kein anderer Meister an feinstem Klangsinn nahekommt. Die Harmonie im Geistigen u. Formalen, die Mozarts Instrumentalmusik auszeichnet, wiederholt sich auf einer noch höheren Stufe in seinen Buffo-Opern, in denen, vielleicht das einzige Mal in der ganzen Operngeschichte, der Ausgleich zwischen tiefster dramatischer Wahrheit mit der reinsten musikalischen

Form geglückt ist. Und wenn es M. nicht beschieden war, das Glucksche Opernideal in der ernsten Oper auf seine Weise zu erneuern, so hat er dafür in seinem letzten Singspiel, der ‚Zauberflöte', den Ausgangspunkt für die ganze romantische u. überromantische deutsche Oper gefunden" (Riemann). Ein „Chronologisch-thematisches Verzeichnis sämtl. Tonwerke von M." gab L. Ritter v. Köchel 1862 heraus (2. Aufl. von P. Graf Waldersee 1905, Neubearbeitung von K. F. Müller 1951). Eine kritische Gesamtausgabe der Werke veranstaltete der Leipziger Verlag Breitkopf u. Härtel in 60 Bdn. u. einem Ergänzungsband 1876 bis 1886. Eine kritische Gesamtausgabe der Briefe Mozarts u. seiner Familie besorgte L. Schiedermair 4 Bde. 1914, 5. Bd. Ikonographie 1915. Weitere Gesamtausgabe von Erich H. Müller v. Asow 1943 ff. Mozart-Jahrbuch, herausg. von Hermann Abert 1923 ff. Neues M.-Jahrbuch, herausg. von E. Valentin 1941—43; M.-Jahrbuch von der Stiftung Mozarteum 1950 ff.

Mozarts Stellung in der Geschichte der Oper u. seine Bedeutung für die ganze Folgezeit beleuchtet R. Wagner in seinen Ausführungen über deutsches Musikwesen (R. Wagners Ges. Schriften, herausg. von W. Golther 1. Bd. Bongs Klassiker-Bibliothek), indem er rühmend hervorhob, „daß es doch ein Deutscher war, der die italienische Schule in der Oper zum vollkommensten Ideal erhob u. sie, auf diese Art zur Universalität erweitert u. veredelt, seinen Landsleuten zuführte. Dieser Deutsche, dieses größte u. göttlichste Genie war M. In der Geschichte der Erziehung, der Bildung u. des Lebens dieses einzigen Deutschen, kann man die Geschichte aller deutschen Kunst, aller deutschen Künstler lesen. Sein Vater war Musiker; er wurde somit auch zur Musik erzogen, wahrscheinlich selbst nur in der Absicht, aus ihm eben nur einen ehrlichen Musikanten zu machen, der mit dem Erlernten sein Brot verdienen sollte. In zartester Kindheit mußte er schon selbst das Schwierigste des wissenschaftlichen Teiles seiner Kunst erlernen; natürlich ward er so schon als Knabe ihrer vollkommen Meister; ein weiches, kindliches Gemüt u. überaus zarte Sinneswerkzeuge ließen ihn zu gleicher Zeit seine Kunst auf das innigste sich aneignen; das ungeheuerste Genie aber erhob ihn über alle Meister aller Künste u. aller Jahrhunderte. Zeit seines Lebens arm und bis zur Dürftigkeit, Prunk u. vorteilhafte Anerbieten schüchtern

verschmähend, trägt er schon in diesen äußeren Zügen den Typus seiner Nation. Bescheiden bis zur Verschämtheit, uneigensüchtig bis zum Selbstvergessen, leistet er das Erstaunlichste, hinterläßt er der Nachwelt die unermeßlichsten Schätze, ohne zu wissen, daß er gerade etwas anderes tat, als seinem Schöpfungsdrange nachzugeben. Eine rührendere u. erhebendere Erscheinung hat keine Kunstgeschichte aufzuweisen. M. eben vollbrachte das in der höchsten Potenz, dessen die Universalität des deutschen Genius fähig ist. Er machte sich die ausländische Kunst zu eigen, um sie zur allgemeinen zu erheben. Auch seine Opern waren in italienischer Sprache geschrieben, weil diese damals die einzig für den Gesang zulässige Sprache war. Er riß sie aber so ganz aus allen Schwächen der italienischen Manier heraus, veredelte ihr Vorzüge in einem solchen Grade, verschmolz sie mit der ihr innewohnenden deutschen Gediegenheit u. Kraft so innig, daß er endlich etwas vollkommen Neues u. vorher noch nie Dagewesenes erschuf. Diese seine neue Schöpfung war die schönste, idealste Blüte der dramatischen Kunst, u. von hier an kann man erst rechnen, daß die Oper in Deutschland heimisch ward. Von nun an öffneten sich die Nationaltheater, u. man schrieb Opern in deutscher Sprache. Während sich jedoch diese große Epoche vorbereitete, während M. u. dessen Vorgänger aus der italienischen Musik selbst diesen neuen Genre herausarbeiteten, bildete sich von der anderen Seite eine volkstümliche Bühnenmusik heraus, durch deren Verschmelzung mit jener endlich die wahre deutsche Oper entstand. Es war dies der Genre des deutschen Singspieles, wie er, fern vom Glanze der Höfe, mitten unter dem Volke entstand u. aus dessen Sitten u. Wesen hervorging. Dieses deutsche Singspiel oder Operette hat eine unverkennbare Ähnlichkeit mit der älteren französischen Opéra comique. Die Sujets der Texte waren aus dem Volksleben genommen u. schilderten die Sitten meist der unteren Klassen. Sie waren meist komischen Inhaltes, voll derben u. natürlichen Witzes. Als vorzüglichste Heimat dieses Genres muß Wien betrachtet werden. Überhaupt hat sich in dieser Kaiserstadt von jeher die meiste Volkstümlichkeit erhalten; dem unschuldigen heiteren Sinne ihrer Einwohner sagte stets das am meisten zu, was ihrem natürlichen Witz u. ihrer fröhlichen Einbildungskraft am faßlichsten war. In Wien, wo alle Volksstücke ihren Ursprung hatten, gedieh auch das volkstümliche Singspiel am besten. Der Komponist beschränkte sich dabei zwar meistens nur auf Lieder u. Arietten; dennoch traf man darunter schon manches charakteristische Musikstück, wie z. B. in dem vortrefflichen ,Dorfbarbier', das wohl geeignet war, bei größerer Ausdehnung mit der Zeit den Genre bedeutender zu machen, während er bei seiner Verschmelzung mit der größeren Opernmusik endlich völlig untergehen mußte. Nichtsdestoweniger hatte er schon eine gewisse selbständige Höhe erreicht, u. man sieht mit Verwunderung, daß zu derselben Zeit, wo Mozarts italienische Opern sogleich nach ihrem Erscheinen in das Deutsche übersetzt u. dem gesamten vaterländischen Publikum vorgelegt wurden, auch jene Operette eine immer üppigere Form annahm, indem sie Volkssagen u. Zaubermärchen zu Sujets nahm, die den phantasievollen Deutschen am lebhaftesten ansprachen. Das Entscheidendste geschah denn endlich: M. selbst schloß sich dieser volkstümlichen Richtung der deutschen Operette an u. komponierte auf deren Grundlage die erste große deutsche Oper: ,Die Zauberflöte'. Der Deutsche kann die Erscheinung dieses Werkes gar nicht erschöpfend genug würdigen . . . Welcher göttliche Zauber weht vom populärsten Liede bis zum erhabensten Hymnus in diesem Werke! Welche Vielseitigkeit, welche Mannigfaltigkeit! Die Quintessenz aller edelsten ·Blüten der Kunst scheint hier zu einer einzigen Blume vereint u. verschmolzen zu sein. Welche ungezwungene u. zugleich edle Popularität in jeder Melodie, von der einfachsten bis zur gewaltigsten! In der Tat, das Genie tat hier fast einen Riesenschritt, denn, indem es die deutsche Oper erschuf, stellte es zugleich das vollendetste Meisterstück derselben hin, das unmöglich übertroffen, in dessen Genre nicht einmal mehr erweitert u. fortgesetzt werden konnte."

Eigene Werke: La finta semplice 1768; Bastien u. Bastienne 1768; Mithridate, rè di Ponto 1770; Ascanio in Alba 1771; La finta giardiniera 1775; Il rè pastore 1775; Musik zu Thamos, König in Ägypten 1779; Idomeneo, rè di Creta 1781; Die Entführung aus dem Serail 1782; Le nozze di Figaro 1786; Der Schauspieldirektor 1786; Don Giovanni 1787; Cosi fan tutte 1790; La clemenza di Tito 1791; Die Zauberflöte 1791.

Behandlung: J. *Perinet*, Mozart u. Schika-

neder (Theatral. Gespräch) 1801; Josef *Holfbauer*, M. (Drama) 1824; Adolph v. *Schaden*, Mozarts Tod (Trauerspiel) 1825; Albert *Lortzing*, Szenen aus Mozarts Leben (Singspiel) 1832 (Neudruck 1932); L. *Wohlmuth*, M., ein Künstler-Lebensbild (Schauspiel) 1854; Carl *Elmar*, Die Mozart-Geige oder Der Dorfmusikant u. sein Kind (Charaktergemälde, Musik von Franz v. Suppé) 1858; Eduard *Ille*, Kunst u. Leben (Schauspiel) 1863; Maria *Arndts*, M. als Ehestifter (Lustspiel) 1864; *Weil*, Apotheose Mozarts (Melodrama, Musik von F. v. Suppé) 1868; F. v. *Suppé*, M. u. Constanze 1873; J. *Weilen*, Salzburgs größter Sohn (Dramat. Epilog) 1880; L. *Schneider*, M. u. Schikaneder (Komische Operette) 1880; Franz *Bonn*, M. (Lebensbild) 1883; C. W. *Marschner*, M. (Festspiel) 1891; W. *Wartenegg*, M. (Festspiel) 1893; Rudolph *Genée*, Der Kapellmeister (Singspiel) 1896; A. S. *Puschkin*, Mozart u. Salieri (Dramat. Szenen) 1899 (deutsch von A. Bernhard); Hugo *Schöppl*, M. (Drama) 1903; Karl *Söhle*, M. (Drama) 1907 (Umarbeitung 1931); Ingo *Krauß* u. O. *Schwartz*, Die Hochzeit des M. (Volksstück) 1912; Malwine *Weiß*, An Mozarts Wiege (Festspiel) 1914; Leo *Kalser*, Der Tod eines Unsterblichen (Szenen) 1916; Ingo *Krauß*, M. u. Constanze (Volksstück) 1916; Anton *Rudolph*, M. in Prag (Singspiel) 1917; Max *Pirker*, Rund um die Zauberflöte 1920; A. *Friedmann*, M. auf der Reise nach Prag (Singspiel, Musik von Ary van Leeuwen) 1921; Hans *Duhan*, M. (Singspiel) 1923; Hans *Seebach*, Wolfgang u. der Selchermeister (Spiel) 1925; Heinz *Thieß*, M. (Lebensbild) 1926; J. *Hartmann*, M. auf der Reise nach Prag (Heiteres Spiel nach Mörikes Novelle) 1927; Ernst *Decsey* u. *Steinberg-Frank*, Das Kaiserliebchen (Singspiel, Musik von Emil Berté) 1930; Hedy *Grabscheid*, M. auf der Reise nach Prag (Singspiel, Musik von Robert Gingold) 1932; Richard *Franz*, D' Webermädln (Spiel) 1934; Bruno *Brehm*, Der König von Rücken oder Der kleine M. ist krank (Dramat. Scherz: Der Ackermann aus Böhmen 3. Jahrg.) 1935; Renato *Mordo*, Salzburg ausverkauft (Revue) 1936; Hans *Watzlik*, Die Krönungsoper (Roman) 1936; Margarete *Girardi*, Don Giovanni (Reichspost, Wien, Nr. 25) 1936; P. *Knudsen*, Don Juan u. Prag (Spiel um Mörike, bearbeitet von E. Reesen) 1937; Marianne *Westerlind*, Die göttliche Melodie (Schauspiel) 1938; Heinrich *Gerland*, Das Requiem von M. (Drama) 1938; Ernst *Bükken*, Don Juan oder Das Genie der Sinnlichkeit (Roman) 1950; Bruno *Brehm*, Der kleine M. ist krank (Laienspiel) 1953; H. *Wolf*, M. auf der Reise nach Prag (Singspiel) 1954; O. *Janetschek*, Die Primadonna (Roman) 1956; W. *Pültz*, Premiere in Prag (Novelle) 1956 u. a. *Literatur:* Friedrich *Schlichtegroll*, J. Chr. W. Mozart (Nekrolog) 1791 (Neuausgaben 1924 u. 25); Franz *Nimetschek*, Leben des k. k. Kapellmeisters M. 1798; Josef Freih. *v. Hormayr*, W. A. M. (Österr. Plutarch 8. Bdchn.) 1807; J. E. *Großer*, Lebensbeschreibung des W. A. M. 1826; Johann Alois *Schlosser*, W. A. M. 1828; Georg Nikolaus *v. Nissen*, W. A. M. 1828; Otto *Jahn*, W. A. M., 4 Bde. 1856—59 (5. Aufl. 1919); J. *Goschler*, Vie d'un artiste chrétien 1857; C. *v. Wurzbach*, M.-Buch 1869; Emil *Naumann*, M. 1879; Ludwig *Nohl*, M. nach den Schilderungen seiner Zeitgenossen 1880; Franz *Weller*, M. 1880; Otto *Gumprecht*, M. 1883; Ludwig *Meinardus*, M. 1883; J. E. *Engl*, W. A. M. in der Schilderung seiner Biographien 1887; A. D. *Ulybyšev*, Novaja Biografija Mocarta 3 Bde. 1890—92; Hermann *Ritter*, Hadyn, M., Beethoven 1891; A. *Buff*, Mozarts Augsburger Vorfahren (Zeitschrift des histor. Vereins für Schwaben 18. Jahrg.) 1891; Ch. *Gounod*, Mozarts Don Juan 1891; Gustav *Schubert*, M. u. die Freimaurerei 1891; A. J. *Weltner*, Mozarts Werke u. die Wiener Hoftheater 1896; Oskar *Fleischer*, M. 1900; Hans *Merian*, Mozarts Meisteropern 1900; F. *v. Hausegger*, Unsere deutschen Meister 1901; L. *Mirow*, Mozarts letzte Lebensjahre 1904; Carola *Belmonte*, Die Frauen im Leben Mozarts 1905 (2. Aufl. 1924); Carl *Krebs*, Haydn, M., Beethoven 1906 (2. Aufl. 1913); E. *v. Komorzynski*, Mozarts Kunst der Instrumentation 1906; Richard *Beer-Hofmann*, Gedenkrede auf M. 1906; D. F. *Scheurleer*, Portretten van M. 1906; Camille *Bellaigue*, M. 1906; Hermann *von der Pfordten*, M. 1908; Karl *Storck*, W. A. M. 1908; E. J. M. *Lert*, M. auf dem Theater 1908 (4. Aufl. 1921); T. de *Wyzewa*, W. A. M. 1912; Leopold *Schmidt*, W. A. M. 1912; Arthur *Schurig*, W. A. M., 2 Bde. 1913; E. J. *Dent*, Mozarts Operas 1913 (London, deutsch 1922); Albert *Leitzmann*, Mozarts Persönlichkeit 1914; Ludwig *Schiedermair*, W.-A.-M.-Ikonographie 1914; H. de *Curzon*, M. 1914; Hermann *Cohen*, Die dramatische Idee in Mozarts Operntexten 1916; Adolf *Hillmann*, M. 1917; H. *Abert*, J. Chr. Bachs italienische Oper u. ihr Einfluß auf M. (Zeitschrift für Musikwissenschaft 1. Jahrg.) 1919; ders., Paisillos Buffokunst u. ihre Beziehun-

gen zu M. (Archiv für Neue Musikwissenschaft 1. Jahrg.) 1919; Josef *Kreitmaier*, W. A. M. 1919; Eugen *Schmitz*, M.-Forschung (Hochland 17. Jahrg.) 1919—20; Fritz *Gysi*, M. in seinen Briefen 1919—21; J. E. *Engl*, Katalog des M.-Häuschens 1920; Wilhelm *Meyer*, M. 1921; Richard *Smekal*, Die schönsten M.-Anekdoten 1921; *Anonymus*, M. Seine Persönlichkeit in den Aufzeichnungen u. Briefen seiner Zeitgenossen u. seinen eigenen Briefen (Bibliothek wertvoller Denkwürdigkeiten 6. Bd.) 1922; E. K. *Blümml*, Aus Mozarts Freundes- u. Familienkreis 1923; Hans *Mersmann*, M. 1925; Georg *Finke*, M. 1925; Otto *Keller*, W. A. M. Bibliographie u. Ikonographie 1926—27; Bernhard *Paumgartner*, M. 1927; Wilhelm *Zentner*, Der junge M. 1927; Viktor *Zuckerkandl*, Prinzipien u. Methoden der Instrumentation in Mozarts dramat. Werken (Diss. Wien) 1927; H. *von der Pfordten*, M. 1928; Dynnley *Hussey*, W. A. M. 1928; H. *Riemann*, W. A. M. (Musik-Lexikon 11. Aufl.) 1929; Kurt *Pahlen*, Das Rezitativ bei M. (Diss. Wien) 1929; E. *Buenzod*, M. 1930; Roland *Tenschert*, M. 1930; Edgar *Istel*, Die Freimaurerei in Mozarts Zauberflöte 1930; Max *Morold*, M. 1930; Heinrich *Damisch*, M.-Almanach 1931; Viktor *Heinrich*, Komik u. Humor in der Musik, nebst einer Untersuchung der von M. für komische u. humoristische Wirkung verwendeten Mittel (Diss. Wien) 1931; Felix *v. Lepel*, Auf Mozarts Spuren in Dresden 1932; Otto *Beer*, M. u. das Wiener Singspiel (Diss. Wien) 1932; P. *Nettl*, M. u. die königl. Kunst; die freimaurische Grundlage der Zauberflöte 1932; E. W. *Böhme*, M. in der schönen Literatur 1932 (mit Bibliographie); O. E. *Deutsch*, M. u. die Wiener Logen 1932; Henri *Ghéon*, Promenades avec M. 1932; Hellmuth *Schnakenburg*, Mozarts Zauberflöte (Der Kath. Gedanke 6. Jahrg.) 1933; Robert *Haas*, W. A. M. 1933; F. *Bruckner*, Die Zauberflöte. Unbekannte Handschriften u. seltene Drucke 1934; André de *Hevesy*, M. u. Da Ponte oder Die Geburt der Romantik 1936; H. *Georges*, Das Klangsymbol des Todes im dramat. Werk Mozarts 1937; P. *Mies*, Mozarts Variationenwerke u. ihre Formungen (Archiv für Musikforschung 2. Jahrg.) 1937; S. *Anheißer*, Für den deutschen M. 1938; H. *Ghéon*, Wanderung mit M., übertragen von der Wehd 1938; H. *Holz*, Mozarts Krankheiten u. Tod (Diss. Jena) 1940; K. *Pfeiffer*, Von Mozarts göttlichem Genius 1940; W. *Goetz*, M., sein Leben in Selbstzeugnissen usw. 1941; Alfred

Orel, Mozarts deutscher Weg 1941; R. *Tenschert,* M. Ein Leben für die Oper 1941; W. *Spohr,* M. Leben u. Werk 1941; Hermine *Cloeter,* Die Grabstätte Mozarts auf dem St. Marxer Friedhof in Wien 1941; G. *Schünemann,* M. von seiner Schwester gezeichnet 1941; E. v. *Komorzynski,* M. 1941; E. *Valentin,* Wege zu M. 1941; M. *Fehr,* Die Familie M. in Zürich 1941; E. L. *Stahl,* M. am Oberrhein 1942; Walther *Rauschenberger,* Mozarts Abstammung u. Ahnenerbe (Archiv für Rassen- u. Gesellschaftsbiologie 36. Bd.) 1943; E. E. *Schmidt,* M. u. das geistliche Augsburg, insonderheit das Chorherrenstift Heilig Kreuz (Augsburger Mozartbuch) 1943; Leopold *Conrad,* Mozarts Dramaturgie der Oper 1943; A. *Orel,* M. in Wien 1944; Irma *Hoesli,* Briefstil eines Musikgenies (Diss. Zürich) 1946; C. W. *Schmidt,* M. Sein Leben u. Schaffen in Briefen u. Berichten 1946; Annette *Kolb,* M. 1947; Herbert *Decker,* Dramaturgie u. Szene in Mozarts Zauberflöte (Diss. München) 1947 (in Buchform 1949); H. *Wolfgang,* Die Urform der Zauberflöte 1949; Wilhelm *Wodnansky,* Die deutschen Übersetzungen der Mozart-Da-Ponte-Opern Le Nozze di Figaro, Don Giovanni, Cosi fan tutte im Lichte text- u. musikkritischer Betrachtung (Diss. Wien) 1949; Wolfram *Skalicki,* Das Bühnenbild der Zauberflöte (Diss. Wien) 1950; M.-Heft der Zeitschrift für Musik Nr. 12, 1951; Hans *Schurich,* Das Vermächtnis des Menschen u. Genius M. (Privatdruck) 1951; Alfred *Einstein,* M. Sein Charakter, sein Werk 1953 (Vom Verfasser geänderte u. ergänzte deutschsprachige Ausgabe); Erich *Valentin,* M. Wesen u. Wandlung 1953; Otto *Schneider,* M. in Wirklichkeit 1953; Erich *Schenk,* M. (Biographie) 1955 (grundlegend); P. *Nettl,* M. 1955; H. E. *Jacob,* M. oder Geist, Musik u. Schicksal 1955; Adolf *Goldschmitt,* M. Genius u. Mensch 1955; Stefan *Wildau,* M. Lebensstufen im Bild der Handschrift (Westermanns Monatshefte 97. Jahrg.) 1956; Werner *Oehlmann,* M. u. das moderne Theater (Der Tagesspiegel Nr. 3158) 1956; Bruno *Walter,* Vom M. der Zauberflöte 1956; Aloys *Greither,* Die sieben großen Opern Mozarts. Versuche über das Verhältnis der Texte zur Musik 1956; Gustav *Gugitz,* Unbekannte Mozartiana aus Graf Zinzendorfs Tagebüchern u. a. Dokumenten (Wiener Geschichtsblätter Nr. 1) 1956; Erich *Forneberg,* Mozart. Lebens- u. Werkstil. Synaesthetisch-typologischer Vergleich mit Bach - Beethoven u. Goethe - Schiller 1956; Hermann *Beck,* Über Mozarts klass. Stil

(Vortrag) 1956; E. *Valentin,* Der früheste M. 1956; ders., M. u. die Feuerglocke 1956; Géza *Rech,* W. A. M. 1956; Ludwig *Kusche,* 200 Jahre Liebe zu M. 1956; Marcel *Brion,* Mozarts Meisteropern 1956; A. Hyatt *King,* M. im Spiegel der Geschichte 1756 bis 1956. Kritische u. bibliogr. Studie 1956.

Mozarteum, ursprünglich Salzburger Lokalverein zur Pflege des Lebenswerkes von Mozart, wurde 1880 zur Internationalen Stiftung Mozarteum ausgestaltet, später mit einer Musikschule, nach dem Zweiten Weltkrieg mit einer Musikhochschule verbunden. Seit 1880 erschienen Jahresberichte des Mozarteums, 1918—21 Mozarteums-Mitteilungen.
Literatur: W. *Hummel,* Marksteine der Geschichte der Internationalen Stiftung Mozarteum 1910—35; Jahresberichte der Stiftung u. der Akademie M. (seit 1880).

Mozart-Gemeinde in Berlin gab seit 1895 „Mitteilungen" heraus.

Mozart-Museum, Geburtshaus Mozarts in Salzburg 1842 vom Verein Mozarteum eingerichtet.
Literatur: Das Mozart-Museum zu Salzburg 1926.

Mraczek, Joseph Gustav, geb. 12. März 1878 zu Brünn, Sohn eines Solo-Cellisten u. Musiklehrers, bildete sich in Brünn u. Wien (bei Hellmesberger u. Löwe) musikalisch aus, war 1897—1902 Konzertmeister am Stadttheater in Brünn, seit 1919 Dirigent der Philharmonie in Dresden, seit 1928 der Dreißigschen Singakademie u. des Kammerorchesters das. Vorwiegend Opernkomponist.
Eigene Werke: Der gläserne Pantoffel 1902; Der Traum 1912; Aebelö 1916; Ikdar 1921; Madonna am Wiesenzaun (Herrn Dürers Bild) 1927.
Literatur: E. H. *Müller,* J. G. Mraczek 1918; *Riemann,* J. G. M. (Musik-Lexikon 11. Aufl.) 1929.

Muck, Alois Jakob, geb. 16. Aug. 1824 zu Würzburg, gest. 15. Jan. 1891 das., Vater des Kapellmeisters Carl M., studierte die Rechte u. wirkte nach Abschluß seines Studiums als Gesangslehrer u. Kapellmeister in Brünn, Freiburg im Brsg. u. Königsberg. Komponist der Oper „Die Nazarener in Pompeji", Text von Karl Gollmick u. Ludwig Bauer 1867.

Muck, Carl, geb. 20. Okt. 1859 zu Darmstadt, gest. 4. März 1940 zu Stuttgart, Sohn eines bayr. Ministerialrats, studierte in Heidelberg u. Leipzig (Doktor der Philosophie), wurde Pianist im dort. Gewandhaus, dann Theaterkapellmeister in Zürich, Salzburg, Brünn, Graz, 1886 in Prag, dirigierte 1889 in Petersburg u. Moskau den „Ring der Nibelungen", 1892 an der Oper in Berlin, später in London, Boston u. a. Als Gastdirigent war er daneben in Bayreuth („Parsifal" 1901), Wien, Madrid, Paris, Brüssel u. Kopenhagen tätig. Während des Ersten Weltkriegs in Amerika interniert. Seit 1919 wieder in Europa.
Literatur: Riemann, C. Muck (Musik-Lexikon 11. Aufl.) 1929.

Müchler, Karl Friedrich, geb. 2. Sept. 1763 zu Stargard in Pommern, gest. 12. Jan. 1857 zu Berlin, studierte in Halle, trat 1785 beim dort. Generalauditoriat in den Staatsdienst, wurde 1794 Kriegsrat, leitete nach 1814 die Kriegs- u. höhere Sicherheitspolizei in Dresden u. erhielt, da seine Lebensumstände dürftig waren, vom russ. Kaiser ein Gnadengehalt. Außer zahlreichen Schriften erzählender Art schrieb er auch Bühnenstücke.
Eigene Werke: Psyche (Singspiel) 1789; Dramatische Bagatellen (Der Scharlachmantel — Der Bildhauer — Nr. 13 — Was kümmerts mich — Hier ist das mittelste Stockwerk zu vermieten — Das Geheimnis — Das verauktionierte Serail — Zamenide) 1794—96; Juliane von Allern oder So bessert man Koketten (Lustspiel) 1796; Kleine Bühnenspiele (Das zerbrochene Bein — Der Kranke im Hospital — Der Selbstmord — Der Langweilige — Die Gelegenheitsgedichte — Husarenlied oder Die Heirat auf dem Husche) 1822; Polterabendszenen 1830; Der Hausfreund (Redenspiele u. Szenen) 1830.
Literatur: Franz Brümmer, K. F. Müchler (A. D. B. 22. Bd.) 1885.

Mücke, Leo s. Wauer, Hugo.

Mügge, Anna Helena, geb. 1819 zu Berlin (Todesdatum unbekannt), ausgebildet u. a. von Auguste Crelinger (s. d.), betrat 1835 als Schauspielerin die Hofbühne ihrer Vaterstadt u. wurde noch im gleichen Jahr nach Schwerin engagiert, wo sie bis 1837 blieb. Nach Gastspielen in Köln, Prag u. Aachen ging sie 1839 ans Hoftheater in Coburg u. Gotha, wo sie bis 1850 als Erste Jugendliche, Tragische u. Muntere Lieb-

haberin wirkte. Hauptrollen: Sabine („Die Einfalt vom Lande" von Töpfer), Thekla („Wallenstein") u. a. Stieftochter des Novellisten M. u. Nichte von Carl Blum (s. d.).

Mügge, Ernst Alexander, geb. 28. Dez. 1855 zu Berlin, gest. 19. Nov. 1887 das., begann seine Bühnenlaufbahn neunzehnjährig am dort. Uraniatheater, wirkte dann in Stettin, Coburg, 1874 in Augsburg, 1875 in Straßburg, in Graz, Breslau u. Nürnberg, 1879 bis 1880 in Barmen, 1881 in Potsdam u. seit 1882 am Residenztheater in Berlin, wo er sich in komischen Charakterrollen so auszeichnete, daß ihn Anton Anno (s. d.) für das Wallnertheater engagierte. 1883 nahm er an einer Lustspieltournee in Dänemark teil. Auch Bühnenschriftsteller, dessen Stücke wiederholt aufgeführt wurden.
Eigene Werke: Ohne Namen u. Rang (Schauspiel) 1877; Barbarina (Lustspiel) 1880; Tante Lottchen (Lustspiel) o. J.; Steeple-Chase (Lustspiel) o. J.; Alte Herren (Lustspiel) o. J. u. a.

Mühe, Karl, geb. 26. Febr. 1836 zu Braunschweig, gest. 6. April 1896 zu Magdeburg, war Bassist in Würzburg, Danzig, Stettin, Bremen, Augsburg, Magdeburg, Wien (Komische Oper), Neuyork u. a. Hauptrollen: Sarastro („Die Zauberflöte"), Raimond („Lucia von Lammermoor"), Giacomo („Fra Diavolo"), Zacharias („Der Prophet"), Oberpriester („Die Afrikanerin") u. a.

Mühl, Louise Sofie s. Schröck, Louise Sofie.

Mühlbacher (Ps. Christl Mardayn), Christine, geb. 8. Dez. 1896 zu Wien, begann als musikalisches Wunderkind ihre Laufbahn, kam als Soubrette an die Volksoper in Wien, wirkte am dort. Raimund- u. Volkstheater, dann am Theater an der Wien u. am Künstlertheater in Berlin, unternahm große Gastspielreisen, lernte in Hannover Hans Thimig (s. d.), ihren ersten Gatten, kennen u. war später wieder in Wien (Stadttheater, Renaissancebühne, Theater in der Josefstadt, Deutsches Volkstheater, Volksoper) tätig als Sängerin u. Schauspielerin in den verschiedensten Rollen, Salondame, Volkskind, Naïve, Mondäne usw. vom Blondchen in der „Entführung aus dem Serail" u. dem Hirtenknaben im „Tannhäuser" bis zur „Madame Sans-Gêne" u. „Mirandolina" u. bewährte sich neben Bassermann u. Moissi im Sprechstück ebenso wie in Oper u. Operette. Ihre Vielseitigkeit rühmt auch Fontana: „Frau Welt u. Gnädige Frau, Geliebte u. Liebende, Gattin u. ‚Gesponsin', Mondäne u. Rösselwirtin, wildernde Raubtierkatze u. sanftes, die Krallen versteckendes Kätzchen, Schatz u. Schmetterling, Egoistin u. sich ganz Verschenkende, Rechnerin u. Träumerin, Wahrheitssagerin u. Komödiantin — das alles vermag die M. u. vermag es mühelos, mitreißend u. oft sogar bezaubernd. Sie ist Naturkind u. Weltdame in einem, so spielt sie Verwirrung des Gefühls u. Zuversicht eines Herzens, das sich gefunden hat. Ihr schauspielerischer Anstieg aus liebenswürdigen Anfängen zu einem eigenen, persönlichen Komödienstil ist ganz erstaunlich u. höchster Achtung wert, denn ihre im Ernsten zarten pastellenen Töne reichen zuweilen sogar ins Tragische . . . Sehr reizvoll u. kapriziös spielt sie Frauen, die gerne ein Vamp sein möchten u. dabei nur eine abenteuernde Bürgerin sind, oder Frauen, die sich u. einem geliebten ‚ihm' mit allen Mitteln einen Schwan vorspiegeln u. vorspielen u. sich dabei immer rettungsloser als Gans enthüllen. Aber auch in der Ironie steht die M. immer positiv zum Leben u. zum Menschen, wie sie auch dort, wo sie Angst u. Not eines bedrängten, suchenden Herzens darstellt, aus dem Nächtigen immer ein Zipfelchen Licht noch rettet . . . Wie rassig ist sie aber auch, wenn sie innere Kultur oder musikalische Heiterkeit vor uns lebt! Nie ist sie dann vor lauter ‚Feinheit' blaß, nein, immer hat sie Blut u. Kraft u. funkensprühende Intensität." Gattin des Kaufmanns Paul Mühlbacher.

Literatur: O. M. *Fontana,* Chr. Mardayn (Wiener Schauspieler) 1948; Dr. *Mll.,* Chr. M. (Neue Wiener Tageszeitung 31. Okt.) 1951; Ernst *Wurm,* Chr. M. (Ebda. Nr. 67) 1954.

Mühlbauer, Esther, geb. 29. Aug. 1913 zu München, am Tappschen Konservatorium für die Bühne ausgebildet, begann ihre Laufbahn als Opern- u. Operettensängerin 1939 in Hanau, wirkte 1941—44 in Mühlhausen, dann an der Staatsoper in Dresden, war am Ende des Zweiten Weltkrieges Krankenpflegerin in Wasserburg am Inn u. kam 1945 an die Staatsoper in München. Gastspiele führten sie nach Lissabon, Zürich, Lübeck u. Wiesbaden. Seit 1951 war sie in Würzburg tätig. Hauptrollen: Fidelio, Butterfly, Hexe („Hänsel u. Gretel"), Desdemona („Othello") u. a.

Literatur: —er, E. Mühlbauer (Fränkisches Volksblatt Nr. 19) 1953.

Mühlbauer, Herbert, geb. 29. Sept. 1910 zu Wien, studierte das. (Doktor der Philosophie) u. war Theaterkritiker u. Kulturredakteur des „Wiener Kurier". Auch Übersetzer ausländischer Dramen („Die Höllenmaschine" von Cocteau, „Ein Mädchen träumt" von Elmer Rice u. a.).

Mühlberg, Herbert, geb. 9. April 1881, gest. 2. Aug. 1952 zu Prag, war seit 1901 Schauspieler u. Spielleiter an den Städtischen Bühnen in Augsburg, am Nationaltheater in Weimar u. a. u. seit 1940 Direktor des Stadttheaters in Memmingen.

Mühlberger, Elisabeth, geb. 17. Mai 1856 zu Stuttgart, gest. im Jan. 1934 das., Tochter von Bertha Leisinger (geb. Würst), besuchte das Konservatorium in Stuttgart, bildete sich bei Pauline Viardot-Garcia in Paris gesanglich weiter aus, debütierte 1884 als Rosine im „Barbier von Sevilla" am Hoftheater in Berlin, schloß 1886 ihre Studien in Paris ab u. trat dann endgültig in den Verband der Berliner Hofbühne ein, dem sie bis zu ihrer Pensionierung 1894 angehörte. Kammersängerin. Vertreterin des klass. Stils, zuerst vorwiegend dem Koloraturfach zugewandt, später auf dem Gebiet des lyrisch-dramatischen Faches hervorragend. Hauptrollen: Agathe, Pamina, Elvira, Margarethe, Eva, Elisabeth u. a.

Literatur: Eisenberg, E. Leisinger (Biogr. Lexikon) 1903.

Mühlberger, Fanny, geb. 1843, gest. 15. Nov. 1916 zu Berlin. Schauspielerin. Gattin des Theaterdirektors Josef M.

Mühlberger, Josef, geb. 3. April 1903 zu Trautenau in Böhmen, Arbeiterssohn, studierte in Prag (Doktor der Philosophie), wurde Gymnasialprofessor in seiner Vaterstadt u. ließ nach dem Zweiten Weltkrieg in Göppingen-Holzheim (Württemberg) nieder. Nicht nur Lyriker u. Erzähler, sondern auch Dramatiker.

Eigene Werke: Wallenstein (Schauspiel) 1934; Der goldene Klang (Märchen-Schauspiel) 1935; Schelm im Weinberg (Lustspiel) 1936; Requiem (Drama) 1951; Der Friedenstag (Festl. Spiel) 1955; Das verlorene Dorf (Schauspiel) 1955; Echnaton (Schauspiel) 1955.

Literatur: Franz *Spunda,* J. Mühlberger (Wiener Neueste Nachrichten Nr. 3352) 1934; J. *Mühlberger,* Leben an Grenzen. Selbstporträt (Welt u. Wort, Jan.) 1948.

Mühldorfer, Josef, geb. 10. April 1800 zu Meersburg, gest. 9. April 1863 zu Mannheim, war seit 1832 Bühnenarchitekt u. Theatermaler das. Schon mit 16 Jahren richtete er in München das Sommertheater in der Isarvorstadt ein u. baute 1818—19 das Markgräfliche Bühnenhaus in Bayreuth um. Als Dekorateur schuf er in Würzburg, Bamberg u. Nürnberg neue Bühneneinrichtungen, wurde dann nach Aachen berufen u. erwarb sich hier 1826—31 seinen Weltruf als „Begründer der neuzeitlichen Theatermaschinerie". 1832 erhielt M. eine lebenslängliche Verpflichtung nach Mannheim. Seine Inszenierungen zeigten eine bis dahin für unmöglich gehaltene maschinelle Beherrschung der Szene mit zeichnerischem Können, einen starken Farbensinn, Raumgefühl u. eine Perspektivkunst, die an Galli Bibiena erinnerte. Lortzing besprach 1844 den szenischen Entwurf seiner „Undine" in Mannheim mit ihm durch u. auch in Richard Wagner fand M. einen begeisterten Anhänger. Noch vor der kompositorischen Vollendung des „Rings" übersandte er ihm das Buch u. ersuchte um ein Gutachten über die maschinellen Anforderungen, die er darin stellte u. die dieser für ausführbar erklärte.
Literatur: E. L. *Stahl,* Das Mannheimer Nationaltheater 1929.

Mühldorfer, Karolina, geb. 26. Nov. 1845 zu Wien, gest. 17. Aug. 1876 zu Leipzig, Tochter von Minona Frieb-Blumauer (s. d.), trat unter ihrem Mädchennamen Lina Frieb als Soubrette seit 1864 am Hoftheater in Hannover, seit 1866 an der Hofoper in Berlin u. am Stadttheater in Leipzig auf. Seit 1872 Gattin des Folgenden. Hauptrollen: Zerline, Ännchen u. a.

Mühldorfer, Wilhelm, geb. 18. Okt. 1803 zu München, gest. 22. April 1897 zu Mannheim, Bruder von Josef M., Vater von Wilhelm Carl M., war Hoftheaterinspektor das.

Mühldorfer, Wilhelm Carl, geb. 6. März 1836 zu Graz, gest. 10. März 1919 zu Köln am Rhein, Sohn des Vorigen, Neffe von Josef M., spielte bereits mit sieben Jahren in Graz einen Knaben in Knauers Singspiel „Das Donauweibchen" u. begann seine Laufbahn als Chorist u. Darsteller kleinerer Rollen in Saarbrücken u. Saarlouis, Tenor u. Baßpartien beherrschend, wurde 1855 Theaterkapellmeister in Ulm, kam dann über verschiedene Bühnen 1867 nach Leipzig u. wirkte 1881—1906 als Opernkapellmeister in Köln. Bis 1913 widmete er sich an der Schule von Richard Schulz-Dornburg pädagogischer Tätigkeit. Gatte von Karolina M.
Eigene Werke: Im Kyffhäuser (Romant. Oper) 1868; Waldeinsamkeit (Ballett) 1869; Aschenbrödel (Ballett) 1870; Der Alpenstrauß (Ein Traumleben am Nonnensee, Ballett) 1871; Prinzessin Rebenblüte (Oper) 1879; Der Goldmacher von Straßburg (Oper) 1886; Jolanthe (Oper) 1890 u. a.
Literatur: Anonymus, W. C. Mühldorfer (Deutscher Bühnen-Almanach, herausg. von A. Entsch 44. Jahrg.) 1880; *G.,* Vom Choristen zum Opernkapellmeister (Köln. Rundschau Nr. 90 a) 1954.

Mühlenau, Franz von (Geburtsdatum unbekannt), gest. 20. Febr. 1871 zu Wien, wirkte unter Nestroys Direktion als Schauspieler am Carltheater das. u. war später Sekretär am dort. Josefstädtertheater.

Mühlenbeck, Margarete, geb. um 1918 zu Schwerin in Mecklenburg, wurde an der Hochschule für Musik in Berlin ausgebildet, debütierte als Gilda in „Rigoletto" 1943 am Staatstheater ihrer Vaterstadt, kam 1947 ans Stadttheater in Augsburg, 1949 nach Kiel, 1951 nach Aachen u. gehörte seit 1953 den Städt. Bühnen in Dortmund an. Hauptrollen: Konstanze, Rosina, Zerbinetta, Musette, Königin der Nacht, Frau Fluth, Adele („Die Fledermaus") u. a.

Mühlenbruch, Heinrich, geb. 1803, gest. im Juli 1887 zu Wismar, war Musikdirektor am Hoftheater zu Schwerin. Gatte von Katharina Eunicke.

Mühlenbruch, Katharina (Geburtsdatum unbekannt), gest. 1842 zu Schwerin, Tochter des Künstlerpaares Friedrich u. Therese Eunicke (s. d.), seit 1824 Sängerin am Königstädtischen Theater in Berlin. Gattin des Vorigen, mit dem sie 1830 nach Bremen, später nach Schwerin ging.

Mühler, Peter, geb. 17. Jan. 1925 zu Dresden, an der Kunst-Hochschule das. ausgebildet, wirkte als Bühnenbildner 1942 bis 1947 in Braunau am Inn (mit Unterbrechung 1944—46 als Soldat) u. seit 1948 am Landestheater in Innsbruck.

Mühlfeld, Julius s. Rösler, Robert.

Mühlhan, William, geb. 3. Sept. 1877 zu Gandersheim, gest. 12. Aug. 1937 zu Plauen, humanistisch gebildet, erhielt in Braunschweig bei Wilhelm Meves (s. d.) dramatischen Unterricht, betrat, von diesem gefördert, erstmals die Bühne am dort. Hoftheater als Georg in „Anna-Liese", blieb hier zwei Jahre u. wirkte dann, ins Fach Jugendlicher Helden übergehend, in Barmen, Halle, Kiel, Hannover, Erfurt, Oldenburg, Dessau, Krefeld, Aachen, Hamburg (Thaliatheater) u. seit 1926 als Charakterdarsteller am Stadttheater in Plauen. Gastspiele führten ihn auch nach Amerika (Philadelphia, Milwaukee u. a.).

Mühlhofer, Alfons, geb. 27. Sept. 1907 zu Dresden, gest. 1. Okt. 1952 das., begann mit 15 Jahren seine Bühnenlaufbahn in seiner Vaterstadt, wirkte dann in Meißen, Helmstedt, in Böhmen (Prag, Pilsen, Eger) u. seit 1936 wieder in Dresden als Schauspieler u. Spielleiter.

Mühlhofer, Hans, geb. 18. Febr. 1878 zu Berlin, gest. 22. Juli 1932 das., war seit 1897 Schauspieler in Berlin (Belle-Alliance- u. Berliner Theater), nahm 1899 an der Junkermann-Tournee nach London teil, wirkte dann in Görlitz, Stettin, Magdeburg u. 1912—20 am Kgl. Schauspielhaus in Berlin. Seither Rezitator, Gastdarsteller u. Lehrer. Hauptrollen: Hamlet, Egmont, Siegfried, Posa, Tell, Karl Moor, Richard II., Peer Gynt, Götz, Wallenstein u. a.

Mühling, Julius, geb. 1793 zu Peine in Braunschweig, gest. 7. Febr. 1874 zu Berlin, Sohn eines jüdischen Kaufmanns, anfangs herzogl. Bergfaktor, begann seine Bühnentätigkeit als Sänger (Tenor) in Braunschweig, wirkte aber auch als Schauspieler in Düsseldorf, Aachen, Magdeburg, leitete 1830—37 die Bühnen in Köln u. Aachen, 1837—47 das Stadttheater in Hamburg, zuerst mit F. L. Schmidt, dann mit Julius Cornet. Zuletzt Theaterdirektor in Frankfurt a. M. Er bearbeitete aus dem Französischen die Posse „Der junge Werther oder Qualen eines gefühllosen Herzens", die unter dem Titel „Der junge Werther oder Die Macht der Liebe" 1830 in Aachen u. später auch an anderen Bühnen aufgeführt wurde. Gatte der Schriftstellerin u. Übersetzerin Henriette Olfers (1796—1895).
Literatur: F. L. *Schmidt,* Denkwürdigkeiten 2. Bd. 1875; Adolf *Schwarz,* J. Mühling (Almanach der Genossenschaft Deutscher

Bühnen-Angehöriger 3. Jahrg.) 1875; H. A. *Lier,* J. M. (A. D. B. 52. Bd.) 1906.

Mühlwart-Gärtner (Ps. Meinhardt), Frieda Baronin, geb. 1883, gest. 28. März 1955 zu Wien, Großnichte der Dichterin Marie v. Ebner-Eschenbach, war Schauspielerin an verschiedenen Theatern, u. a. von Baron Alfred Berger (s. d.) ans Burgtheater berufen, widmete sich jedoch später ausschließlich der Vortragskunst, besonders in Arbeiterbildungsvereinen.
Literatur: Käthe *Braun-Prager,* Zum Gedächtnis F. Meinhardts (Arbeiter-Zeitung, Wien Nr. 71) 1955.

Mühr, Alfred, geb. 16. Jan. 1903 zu Berlin, war 1924—34 Theater- u. Kunstkritiker der „Deutschen Zeitung" in Berlin, 1934—45 Schauspieldirektor u. stellvertretender Generalintendant der dort. Preuß. Staatstheater u. Lehrer der Schauspielschule das. Um die Bühne auch durch Schauspielermonographien verdient.
Eigene Werke: Die Welt des Schauspielers Werner Krauß 1926; Das Schicksal der Bühne 1933; Gustaf Gründgens 1943; Großes Theater 1950.

Mühsam Erich, geb. 6. April 1878 zu Berlin, gest. 11. Juli 1934 das. (im Gefängnis), zuerst Apotheker und dann freier Schriftsteller, betätigte er sich im Sinne einer kommunistisch-anarchistischen Weltanschauung und trat auch mit Theaterstücken hervor.
Eigene Werke: Die Hochstapler (Lustspiel) 1906; Die Freivermählten (Polemisches Schauspiel, geschrieben) 1909; Judas (Arbeiterdrama) 1921; Staatsräson (Drama) 1928.

Mühsam Kurt, geb. 3. Mai 1882 zu Graz, gest. 17. Nov. 1931, Mitbegründer des Hebbeltheaters in Berlin, war Dramaturg bei Meinhard u. Bernauer. Auch Dramatiker.
Eigene Werke: Der Sonnenbursch (Schauspiel) 1911; Salonmenschen (Vier Einakter) 1911; Hippolyt (Trauerspiel) 1913; Germania u. Austria (Festspiel) 1913.

Müllegger-Weiss, Liane s. Weiss, Liane.

Müller (seit 1826) **Ritter von Nitterdorf,** Adam, geb. 30. Juni 1779 zu Berlin, gest. 17. Januar 1829 zu Wien, studierte in Göttingen, wurde 1802 Referendar bei der Kurmärkischen Kammer in Berlin, bereiste Schweden, Dänemark u. Polen, folgte 1805 einem Ruf seines Freundes Fr. v. Gentz nach Österreich. 1806 — 1809 lebte er in Dresden als Privatgelehrter u. hielt vor einem erlesenen Publikum Vorlesungen, die später in Druck erschienen, weilte 1809 bis 1810 in Berlin, gab mit H. v. Kleist eine Zeitschrift für Kunst „Phöbus" heraus, arbeitete an dessen „Berliner Abendblättern" mit, zog 1811 wieder nach Wien, war 1813 bis 1814 Kaiserl. Landeskommissär u. Schützenmajor in Tirol, begleitete Kaiser Franz 1814 nach Paris und übernahm hierauf das Österr. Generalkonsulat in Leipzig. Seit 1827 abermals in Wien. Bedeutendster Volkswirt der Romantik. Vielbeachtet auch als Ästhetiker u. durch seine Bemühungen um das Drama. In den „Vorlesungen über die dramatische Kunst" hat M. eine eigene, soziologische Theorie des Dramas niedergelegt. Er unterscheidet in der Gesellschaft monologische Naturen, das sind schwerblütige, finstere Einsamgänger, die sich selbst genug sind und an nichts Anteil nehmen, u. dialogische Naturen, ein leichtblütiges, lockeres Geschlecht, vielfragende, wißbegierige Wesen, aber oberflächlich und flüchtig. Daneben kennt M. noch eine dritte Art, die dramatischen Naturen, welche die Vorzüge der beiden ersten in sich vereinigen und ihre Schwächen vermeiden, sie sind das Ideal des gesellschaftlichen Menschen. Demzufolge kennt er auch ein monologisches Gespräch, wo es nur auf das Rechthaben ankommt, und ein dialogisches, wo das Resultat gänzlich gleichgültig bleibt und die bloße Lust am Sprechen vorherrscht, die dritte Art, das echt dramatische Gespräch erzeugt demgegenüber eine den beiden Streitteilen gemeinsame Idee, die aus ihrem Streit hervorgeht, sie aber gleichzeitig auch versöhnt. Demnach hat das Drama nach A. M. zwei notwendige Bestandteile, den Monolog und den Dialog: Eine Handlung, ein Held erscheint in mannigfaltigen Situationen. Der wahre, dramatische Zuschauer hat immer ein Auge für beides und beschäftigt sich mit dem ganzen Kunstwerk. In der Tragödie unterscheidet A. M. drei Punkte: 1. Das Auferstehungsmoment, den Anfangspunkt oder Eingang (erregendes Moment), wo die ganze Handlung in Fluß gerät; 2. die Katastrophe, das höhere Todesmoment, den Wendepunkt (Peripetie), wo sich die Handlung zum Guten oder Schlechten wendet, und 3. das Himmel-

fahrtsmoment oder den Endpunkt, in dem der Held unterliegt (heute Katastrophe genannt). Durch die Wahl der Ausdrücke „Auferstehung", „Tod" und „Himmelfahrt", die dem christlichen Mysterium entnommen sind, will M. den religiösen Charakter der Tragödie andeuten. In echt philosophischer Auffassung erblickt er im Drama auch den ewigen Kampf zwischen Notwendigkeit und Freiheit. Nach diesen theoretischen Ausführungen folgen die „Fragmente über William Shakespeare", in denen er von den Komödien „Sommernachtstraum" und „Wintermärchen", von den Tragödien „Hamlet" und „König Lear" und von dem historischen Königsdrama als große Einheit, als Tragödie vom Untergange der Ritterzeit spricht. Bei Darstellung der griechischen Bühne hebt er ihren religiösen Charakter hervor und behandelt bei Schilderung des Lustspieles von Aristophanes das Problem der romantischen Ironie. Es folgen noch Ausführungen über die spanische Dramatik, das französische klassische Drama, das italienische Theater u. das deutsche bürgerliche Familiengemälde. Ein von M. geplantes Drama „Julianus der Abtrünnige" ist nicht erhalten. M. gab 1807 Kleists „Amphitryon" mit einer Vorrede heraus u. vermittelte 1808 die Aufführung des „Zerbrochenen Krugs" bei Goethe in Weimar. Sein Urteil über Kleists „Amphitryon", den er als Drama von der unbefleckten Empfängnis der heiligen Jungfrau, also als christliches Mysterium deutet, und über die „Penthesilea" sind in seinem Briefwechsel mit Gentz enthalten. Er wandte Kleists Sinn von der Antike auf die Romantik an, wovon noch das „Käthchen von Heilbronn" zeugt. Im „Prinzen Friedrich von Homburg" ist die Staatsauffassung A. Müllers deutlich erkennbar. Nach Kleists Tod veröffentlichte M. im „Österr. Beobachter" vom 24. Dezember 1811 einen tiefempfundenen Nachruf auf ihn. Er war der erste Literarhistoriker, der das Genie in Kleist erkannte.

Literatur: Phöbus. Ein Journal für die Kunst. Herausgegeben von Heinrich v. Kleist und Adam H. Müller 1808 (Faksimileausgabe 1924); Müllers vermischte Schriften über Staat, Philosophie und Kunst 1812; Briefwechsel zwischen Gentz und A. H. Müller 1857; *Biedermann,* Heinrich v. Kleists Gespräche 1912; Jakob *Baxa,* Müllers Philosophie, Ästhetik und Staatswissenschaft 1929; ders., A. M., ein Lebensbild 1930; Ernst *Latzke,* A. Müllers Theorie des

Dramas (Diss. Wien) 1931; Oskar *Walzel*, Romantisches 1934 (darin A. Müllers Ästhetik).

Müller, Adelaide, geb. 1806 zu Krefeld, gest. 7. April 1844 zu Petersburg (an Scharlach, zusammen mit mehreren ihrer Kinder), Tochter des Wiener Patriziers und späteren Schauspielers Carl von Annoni, dessen Mutter eine kaiserl. Kammerfrau war, u. der Schauspielerin Marie Eisenmann, wandte sich zunächst der Oper (Agathe im „Freischütz" u. a. Rollen) u. später dem Schauspiel zu, in dem sie als Gesetzte Liebhaberin wirkte. 1830 wurde sie die Gattin des Schauspielers Carl Adolph Müller (s. d.), mit dem sie 1830 bis 1832 in Königsberg, seit 1832 in Riga u. seit 1835 in Petersburg tätig war. In der Kritik hob man hervor, daß sie jeden Charakter in seine kleinsten Teile zu zerlegen vermochte u. dann wieder „durch eine nicht eben sehr häufige Kunst zu einem Ganzen verband u. zu selbständigem Dasein belebte, daß mithin ihre Darstellung immer als ein streng konsequentes Ganzes die höchste Achtung u. Anerkennung verdiente." Ihre tragischen Darstellungen waren weit erfolgreicher als die im Lustspiel. Hauptrollen: Luise, Ophelia u. a. Mutter von Alexis M.
Literatur: Anonymus, A. Müller (Almanach für Freunde der Schauspielkunst, herausg. von L. Wolff, 9. Jahrg.) 1845.

Müller (urspr. Schmid), Adolf, geb. 7. Okt. 1801 zu Tolna in Ungarn, gest. 29. Juli 1886 zu Wien, vom Brünner Domorganisten Joseph Rieger musikalisch ausgebildet, wirkte als Sänger u. Schauspieler in Prag, Lemberg u. Brünn, kam 1823 nach Wien, gelangte hier mit seiner ersten komischen Operette „Wer andern eine Grube gräbt, fällt selbst hinein" 1825 am Josefstädter Theater zu einem durchschlagenden Erfolg, wurde 1826 an der Hofoper das. engagiert u. nach seinem Rücktritt von der Bühne 1828 Kapellmeister und Kompositeur des Theaters an der Wien. Hier trat er mit Nestroy in Verbindung, dem er für 48 Stücke mit seiner volkstümlich heiteren Tonkunst unentbehrlicher Kompagnon war. Im Ganzen schrieb M. die Musik zu 640 Theaterstücken, 214 Ouvertüren u. Zwischenaktmusiken, dazu Lieder, Chöre u. ä. *Eigene Werke* (gedruckte): Die erste Zusammenkunft (Operette) 1826; Othellerl, der Mohr von Wien (Parodie von Meisl)

1829; Julerl, die Putzmacherin (Parodie von dems.) 1829; Fortunats Abenteuer (Singspiel von Lembert) 1829; Die elegante Bräumeisterin (Singspiel von Schickh) 1830; Die Zauberrüthchen (Singspiel von Frei) 1831; Tivoli (Singspiel von Dräger) 1831; Nagerl u. Handschuh (musikal. Posse von Nestroy) 1832; Karl von Österreich (Oper von Kollmann) 1832; Die Zauberhöhle (Zauberposse von J. Krones) 1832; Robert der Teuxel (Parodie von Nestroy) 1833; Die Familien Zwirn, Knieriem und Leim (Posse von dems.) 1834; Die Gleichheit der Jahre (Spiel von dems.) 1834; Weder Lorbeerbaum noch Bettelstab (Parodie von dems.) 1835; Die Entführung vom Maskenball (Singspiel von Schickh) 1835; Eulenspiegel (Posse von Nestroy) 1835; Zu ebener Erde und erster Stock (Posse von dems.) 1835; Die beiden Nachtwandler (Parodie von dems.) 1836; Das Haus der Temperamente (Spiel von dems.) 1837; Cachucha oder Er ist sie und sie ist er (Operette von Grois) 1837; Hutmacher und Strumpfwirker (Posse von Hopp) 1837; Das Geheimnis des grauen Hauses (Posse von Nestroy) 1838; Die verhängnisvolle Faschingsnacht (Posse von dems.) 1839; Der Färber und sein Zwillingsbruder (Posse von dems.) 1840; Der Erbschleicher (Posse von dems.) 1840; Der Talisman (Posse von dems.) 1840; Das Preisstück (Posse von Kaiser) 1840; Wer wird Amtmann? (Drama von dems.) 1840; Die Perlenschnur (Liederposse von Holtei) 1840; Der Seiltänzer aus Liebe (Posse von Brabée) 1840; Die beiden Rauchfangkehrer (Posse von Schickh) 1841; Der Zigeuner (Posse von Kaiser) 1841; Das Mädl aus der Vorstadt (Posse von Nestroy) 1841; Einen Jux will er sich machen (Posse von dems.) 1842; Der alte Musiker (Singspiel von Kaiser) 1842; Chonchon (Operette von Blum) 1842; Vier und zwanzig Stunden Königin (Spiel von C. W. Koch) 1842; Unverhofft (Posse von Nestroy) 1845; Der Unbedeutende (Posse von dems.) 1846; Die Musketiere der Viertelmeisterin (Posse von Schickh) 1848; Ferdinand Raimund (Lebensbild von Elmar) 1851; Das Mädchen von der Spule (Spiel von dems.) 1852; Therese Krones (Lebensbild von Haffner) 1854; Ein Wiener Freiwilliger (Volksstück von A. Langer) 1855; Das erste Kind (Volksstück von dems.) 1856; Ein ehemaliger Trottel (Volksstück von dems.) 1857; Zaunschlupferl (Lustspiel von Berla) 1857; Ein Praterwurstel (Volksstück von Langer) 1858; Fanni, die schieche Nuß (Lustspiel von

Findeisen) 1859; Eine neue Welt (Schauspiel von Kaiser) 1860; Wiener Geschichten (Operette von Blank) 1863 u. v. a. *Literatur: Wurzbach,* A. Müller (Biogr. Lexikon 19. Bd.) 1868; Anton *Bauer,* Die Musik A. Müllers in den Theaterstücken Johann Nestroys (Diss. Wien) 1935; *P.,* Der emsige Leibkomponist Nestroys (Das Kleine Volksblatt, Wien, 7. Okt.) 1951.

Müller, Adolf, geb. 16. Jan. 1821 zu Friedberg in Hessen, gest. 28. Jan. 1910 zu Darmstadt, Sohn eines Rektors, studierte in Gießen Natur- u. Forstwirtschaft u. wurde Forstmann in Gladenbach, später in Krofdorf bei Gießen. Nach seinem Eintritt in den Ruhestand 1891 ließ er sich in Darmstadt nieder. Bühnenautor.
Eigene Werke: Die Gebrüder Haas im Jahre 1848 oder das Los Nummer 7777 (Jüd. Posse) 1853; Die letzten Tage von Pompeji (Oper) 1855; Die Griesgrämigen (Lustspiel) 1855; Faust (Tragödie) 1869; Thusnelda (Trauerspiel) 1888; Die bekehrten Emanzipierten (Lustspiel) o. J.; Hermann der Cherusker (Schauspiel) 1906.

Müller, Adolf, geb. 15. Okt. 1839 in Wien, gest. 14. Dez. 1901 zu Wien, Sohn und Schüler von Adolf M. (1801—1886), wurde Opernkapellmeister 1864 in Posen, 1865 in Magdeburg, 1867 in Düsseldorf, 1869 in Stettin, 1870 in Wien (Theater an der Wien), 1871 in Hamburg, 1873 wieder in Wien, wirkte 1875—81 u. 1883—84 an der Deutschen Oper in Rotterdam u. 1881—83 u. 1884—86 auch als Opernkomponist am Theater an der Wien.
Eigene Werke: Heinrich der Goldschmied (Oper) 1867; Das Gespenst in der Spinnstube (Operette) 1870; Waldmeisters Brautfahrt (Oper) 1873; Van Dyk (Oper) 1877; Der kleine Prinz (Operette) 1882; Der Liebeshof (Operette) o. J.; Des Teufels Weib (Operette) o. J.; Der Hofnarr (Operette) 1886; Der Millionenonkel (Operette) 1892; Lady Charlatan (Operette) 1894; General Goggo (Operette) 1896; Der Pfiffikus (Operette) 1896; Der Blondin von Namur (Operette) 1898.
Literatur: Wurzbach, A. Müller (Biogr. Lexikon 19. Bd.) 1868.

Müller, Adolf, geb. 9. August 1862 zu Hamburg, gest. 14. Dez. 1945 zu Dresden, Sohn eines Arztes, erhielt von K. A. Görner in Hamburg dram. Unterricht, trat erstmals 1880 als Franz Moor in Altona auf, war

dann in Detmold, Basel u. Wildbad, 1886 bis 1888 in Halle, 1888—91 in Leipzig, 1891 bis 1894 am Thaliatheater in Hamburg und seither am Hoftheater in Dresden als Charakterdarsteller tätig. Seine Zeitgenossen schätzten längst, ehe er durch seinen „Nickelmann" in der „Versunkenen Glocke" ungeteilte Bewunderung erweckt hatte, in ihm den trefflichen Attinghausen, den derben Buttler, den pretiösen Riccaut, den immer prächtigen Episodenspieler, den denkenden, illusionskräftigen Künstler, wie L. Lier berichtet. Weitere Hauptrollen: Marinelli, Mephisto, Carlos, Malvolio, Dorfrichter Adam, Wurm, Nathan, u. a.
Literatur: Ernst *Roeder,* A. Müller (Das Dresdener Hoftheater, Neue Folge) 1895; Leonhard *Lier,* A. M. (Bühne u. Welt 1. Jahrg.) 1899; Ernst Edgar *Reimérdes,* A. M. (Die Deutsche Bühne 3. Jahrg.) 1911.

Müller, Albert Wilhelm, geb. 22. Dez. 1908 zu Gelsenkirchen, studierte in Köln an der Universität u. Musikhochschule, dann in Exeter (England), war zuerst Studienassessor in Magdeburg, Stendal u. Erfurt, wirkte 1933—34 als Konzertsänger (Tenor), 1937 bis 1940 als Kapellmeister am Nationaltheater in Weimar u. Dozent an der Musikhochschule das., 1940 als Operndirektor in Gotha, 1945 als musik. Oberleiter des Stadttheaters in Jena, 1949 als Operndirektor in Plauen, 1951 als musik. Leiter der Komischen Oper in Berlin (Felsenstein) u. 1953 als Erster Kapellmeister in Darmstadt. Gatte der Opernsängerin Ruth Müller-Inden, geb. Weber. Generalmusikdirektor.

Müller, Alexis, geb. 25. Nov. 1833 zu Riga, gest. 27. Dez. 1919 zu Frankfurt a. M., ältester Sohn der Schauspielerin Adelaide Annoni u. von Carl Adolph M., von J. R. von Lenz (s. d.) für die Bühne ausgebildet, begann seine Laufbahn 1854 in seiner Vaterstadt als Franz in Körners „Vetter aus Bremen", wirkte dann in Parchim, Neustrelitz, Hamburg, Elberfeld, Hannover, Zürich u. seit 1856 am Stadttheater Frankfurt a. M., wo er als August Sanders in „Einen Jux will er sich machen" debütierte u. dem er fünf Jahrzehnte als Schauspieler und Sänger angehörte. Ehrenmitglied. Besonders gelangen ihm Gestalten in Frankfurter Mundart. Hauptrollen: Griesinger („Doktor Klaus"), Oranien („Egmont"), Attinghausen, Spiegelberg, Kalb, Muffel („Alt-Frankfurt") u. a.

Müller, Alwine, geb. um 1870 zu Ellingerode im Harz, gest. im Juni 1925 zu Biebrich am Rhein, Tochter eines Kaufmannes, von Paul Dehnicke (s. d.) für die Bühne ausgebildet, trat als Elevin am Deutschen Theater in Berlin auf, kam 1892 nach Neiße, 1895 nach Magdeburg, 1896 nach Leipzig, 1899 ans Thaliatheater in Hamburg u. 1900 als Naive u. Muntere Liebhaberin ans Hoftheater in Karlsruhe, wo sie bis 1923 wirkte. Hauptrollen: Cilli („Comtesse Guckerl"), Emma („Doktor Klaus"), Rautendelein („Die versunkene Glocke") u. a.

Müller, Amalie s. Meunier, Amalie.

Müller, Amalie, s. Nötel, Amalie.

Müller (geb. Trautmann), Anna (Geburtsdatum unbekannt), gest. 21. Dez. 1812 zu Prag, Schauspielerin, zweite Gattin von Wenzel Müller (s. d.) seit 1803.

Müller, Anna s. Landvogt, Anna.

Müller, Anna s. Müller-Lincke, Anna.

Müller, Arthur, geb. 1826 zu Neumarkt in Schlesien (oder 1830 zu Breslau), gest. 10. April 1873 zu München (durch Selbstmord, studierte in Breslau, wo er relegiert wurde, dann in Jena u. ergab sich schließlich dem Leben eines fahrenden Literaten. In seinen Tragödien mitunter an Grabbe erinnernd. Auch Lustspieldichter.
Eigene Werke: Goethe-Tasso (Dramat. Gedicht) 1853; Timoleon (Trauerspiel) 1854; Der Teufel ist los (Lustspiel) 1859; Der schwarze Wilhelm (Charakterbild) 1860; Großbeeren u. Dennewitz (Volksstück) 1861; Ein feste Burg ist unser Gott (Volksstück) 1861; Der letzte König der Juden (Trauerspiel) 1862; Der verhängnisvolle Feldwebel (Lustspiel) 1864; Gute Nacht, Hänschen! (Lustspiel) 1865; Das Wichtel oder Ein guter Hausgeist (Volksstück) 1866; Ein Haberfeldtreiben (Volksschauspiel) 1866; Johannisfeuer oder Der Gemskönig (Volksstück) 1867; Der Kuckuck (Lustspiel) 1867; Der Fluch des Galilei (Trauerspiel) 1867; Geächtet oder Otto der Große u. sein Haus (Trauerspiel) 1867; Ein Ritt ins Deutsche Reich (Lustspiel) 1867; Eine ländliche Verlobungsanzeige (Liederspiel) 1868; Wie gehts dem Könige? (Lustspiel) 1868; Unter der Kritik — Vier Wochen Arrest — Von jenseits der Berge (Lustspiele) 1868;

Die Verschwörung der Frauen oder die Preußen in Breslau (Lustspiel) 1875 (Neuausgabe mit Bühneneinrichtung 1905) u. a.

Müller (Ps. Kraußneck), Arthur, geb. 9. April 1856 zu Ballethen in Ostpreußen, gest. 21. April 1941 zu Berlin, Sohn des Gutsbesitzers Gustav Müller u. dessen Gattin Kraußneck, humanistisch gebildet, schloß sich frühzeitig einer Wandertruppe an, mit der er in Pommern u. Mecklenburg spielte, kam 1875 nach Stettin, 1877 als Jugendlicher Held ans Belle-Alliance-Theater in Berlin, 1878 als Erster Liebhaber nach Königsberg, 1880 nach Meiningen, 1881 nach Karlsruhe, 1884 als Heldendarsteller ans Deutsche Theater in Berlin, 1888 ans Berliner Theater u. 1897 an die Kgl. Schauspiele das. Bei der Gründung der dort. „Freien Bühne" kreierte er den Pastor Manders in Ibsens „Gespenstern". Sowohl in klassischen wie in modernen Stücken, auch als Komiker (mit ostpreußisch gefärbter Aussprache) fand er allgemeinen Beifall. Wilhelm Harder schrieb über ihn: „K. gehört zu den Schauspielern, die auf der Bühne fast immer interessieren, sein ausdrucksvolles Spiel u. die schöne Gliederung der Rede, die ihn im Verein mit einem außerordentlich metallreichen u. doch weichen Organ namentlich auch für vorwiegend rhetorische Rollen als sehr geeigneten Vertreter erscheinen ließen, fesselten; seinen Gestalten war ein kräftiger, feuriger Pulsschlag eigen, sie erfreuten durch ihre kernige, warmblütige Männlichkeit." E. Zabel aber bemerkte: „Was ihn am besten kleidete, war der Ausdruck männlicher Gesundheit u. Kraft, das Drauflosgehen einer frischen Leidenschaft, an der kein langes Grübeln haftete, u. dann wieder das Breite u. Behagliche im Schau- u. Lustspiel, so daß er als sehr verwendbarer Schauspieler erschien, der mit der modernen Entwicklung seiner Kunst im Natürlichen gleichen Schritt hielt ... Die letzte Stufe der Tragik ist ihm wohl versagt, aber er wirkt immer erwärmend u. natürlich in seinem eigentlichen Fach u. dieses ist so groß, daß sich darin seine Individualität von verschiedenen Seiten spiegelt." Hauptrollen: Cassio, Brutus, Tell, Karl Moor, Wallenstein, Nathan, Götz u. a. 1930 nahm er seinen Bühnenabschied am Staatsschauspiel in Berlin als Großer Kurfürst in Kleists „Prinz von Homburg".
Literatur: Wilhelm *Harder,* Das Karls-

ruher Hoftheater 1889; Eugen *Zabel*, A. Kraußneck (Bühne u. Welt 3. Jahrg.) 1901; *Eisenberg*, A. K. (Biogr. Lexikon) 1903.

Müller, Arthur, geb. 2. Oktober 1916 zu Luzern, war seit 1940 Beamter des Kriminalgerichtes in Luzern. Leiter der dort. Spielschar St. Paul u. Verfasser von Bühnenstücken.

Eigene Werke: Föhn i de Ländere (Schauspiel) 1945; Schiffmeister Balz (Volksstück) 1946; Frieden ist allerwegen in Gott (Spiel) 1947; En Helgenacht-Legände (Legendenspiel) 1947; Lumpazivagabundus oder De Flick, de Holzme u. de Lederach (Lustspiel mit Couplets, Musik von Josef Hügi) 1948; Zwee Meischter u. ei Chnächt (Lustspiel) 1951.

Müller, Artur (Ps. Arnold Brecht), geb. 26. Oktober 1909 zu München, zuerst Buchhändler, kam 1933 zeitweilig ins Konzentrationslager, war 1950—52 Mitarbeiter des Theaterverlages Kurt Desch in München, dann Dramaturg im Bayer. Staatsschauspiel das. u. seit 1953 Chefdramaturg des Rundfunks in Frankfurt a. M. Vorwiegend Dramatiker.

Eigene Werke: Fessel u. Schwinge (Ges. Dramen: König u. Gott — Oliver Cromwell — Didos Tod — Demetrius — Fessel u. Schwinge) 1942; Im Namen der Freiheit (Schauspiel) 1949; Wacht auf, Verdammte dieser Erde (Schauspiel) 1950; Der Admiral (Drama) 1951; Dramen der Zeit, herausg. 1953 ff.; Cenodoxus oder Der Doktor von Paris (Neufassung) 1954; Der Renegat (Drama) 1954.

Literatur: Fr. *Lennartz*, Die Dichter unserer Zeit (6. Aufl.) 1954.

Müller, August, geb. 10. Dez. 1833 zu Hannover, gest. 4. Sept. 1912 das., Sohn eines Garderobeinspektors, begann als Schauspieler, ließ dann seine Stimme ausbilden u. debütierte als Opernsänger in Innsbruck, ging 1860 nach Hannover, wirkte in Leipzig u. Riga u. seit 1864 am Stadttheater in Hamburg. Gerühmt wurde die klangvolle Höhe seiner Stimme, sowie eine große Darstellungsgabe. Nach seinem Bühnenabschied lebte er in Hannover.

Müller, August (Ps. Hans Müller u. A. Weller), geb. 12. Dez. 1838 zu Kakeldüt in Mecklenburg-Strelitz, gest. 9. April 1900 zu Berlin, studierte das. u. wurde hier Gymnasiallehrer, zuletzt Professor. Drama-

tiker, auch Mitarbeiter an Possen von W. Mannstaedt (s. d.) u. a.

Eigene Werke: Adressen (Lustspiel) 1866; Die Herren Inspektoren (Lustspiel) 1867; Gebrüder Spalding (Schauspiel nach Golo Raimund) 1869; Quintus Horatius Flaccus (Lustspiel) 1889 (2. Auflage als: Wodurch bereiten wir anderen eine Freude? 1902); Das Hemdenknöpfchen (Lustspiel) 1890; Wenn man seine Töchter verborgt (Lustspiel) 1892.

Müller (Ps. Kormann), **August**, geb. 28. Sept. 1850 zu Graz, gest. 20. Nov. 1930 zu Heidelberg-Schlierbach, war Schauspieler in Brünn, Frankfurt a. M., Budapest, Dresden u. kam 1881 als Nachfolger A. Bassermanns an das Theater an der Wien nach Wien, wo er über zwei Jahrzehnte auch Regie führte. Besondere Erfolge erzielte er in Anzengruber-Stücken, doch spielte er in jüngeren Jahren auch klassische Rollen, Liebhaber u. Bonvivants in der Operette. Wiederholte Gastspielreisen führten ihn in versch. Städte bis nach Rußland. Seit 1905 wirkte er in München, seit 1913 als Filmregisseur in Heidelberg-Schlierbach. M. war 1877—81 mit Marie Geistinger (s. d.) u. in zweiter Ehe mit der Schauspielerin Tilly Lorenz verheiratet.

Müller, August Walter (Geburtsdatum unbekannt), gest. 29. Aug. 1944 zu Mährisch-Ostrau (durch Kriegseinwirkung), war Bühnenbildner am Stadttheater das.

Müller, Babette s. Meller, Babette.

Müller, Benedikt, geb. 10. Dez. 1829 zu Näfels im Kanton Glarus in der Schweiz, gest. 5. April 1878 das., war Lehrer in Schwyz, Näfels u. Benken in St. Gallen. Dramatiker.

Eigene Werke: Der Hörige (Schauspiel) 1863; Uli Rotach (Volksschauspiel) 1875.

Müller (Ps. Müllner), **Bernhard**, geb. 20. Feb. 1842 zu Nimptsch, gest. 8. Sept. 1901 zu Halle an der Saale, zuerst Hilfsprediger, wechselte aber zur Bühne über u. wirkte als Schauspieler in Berlin (Ostend-, Stadt- u. National-Theater). Zuletzt war er 13 Jahre Sekretär am Walhallatheater in Halle.

Müller (Ps. Müller-Rastatt), **Carl**, geb. 29. Juli 1861 zu Rastatt in Baden, gest. 13. Nov. 1931 zu Hamburg, studierte in

Würzburg, Freiburg im Brsg., Berlin u. Göttingen (Doktor der Philosophie), wurde Journalist in Bremen, Stuttgart, Augsburg, Halle u. Hamburg. Zuletzt Feuilletonredakteur des „Hamburger Correspondenten". Vorwiegend Kritiker, Erzähler u. Dramatiker.

Eigene Werke: Heidelerche (Lustspiel) 1888; Heimkehr (Schauspiel) 1891; Der Weg zum Glück (Schauspiel) 1893; In Treue fest (Drama) 1895; Die Glücksritter (Operntext) 1896; Hermann u. Dorothea (Operntext) 1897; Der Übermensch (Lustspiel) 1902 (mit H. David); Die Redaktrice (Lustspiel) 1903; Das Land der Jugend (Lustspiel) 1904; Herzoginnen (Lustspiel) 1909; Paul (Lustspiel) 1911; Der Renegat (Drama) 1912.

Müller, Carl, geb. 1863 zu Frankfurt a. M., gest. 7. März 1942 zu Hannover, einer alten Schauspielerfamilie entstammend, wirkte als Komiker in Heilbronn, Elbing, Gera, Frankfurt a. M., nach längerer Spielzeit in Amerika in Göttingen, Hamburg u. seit 1894 in Hannover. 1930 nahm er das. seinen Bühnenabschied. Hauptrollen: Leopold („Im weißen Rößl") u. a.

Müller, Carl Adolph, geb. 5. Okt. 1805 zu Berlin, gest. 5. Juli 1882 zu Mannheim, war als Kind Eleve der Kgl. Tanzschule in Berlin, trat, vom Grafen Brühl (s. d.) gefördert, in Nebenrollen auch am Kgl. Schauspielhaus auf, debütierte 1827 in Mannheim, unternahm seit 1829 Gastspiele in Freiburg, Ulm und Königsberg, spielte bis 1835 in Riga, gastierte als Don Carlos, Ferdinand, König Enzio u. a. in Berlin u. ging dann nach Petersburg. Hier wurde er seit 1838 auch als Regisseur verwendet, trat als Gast jährlich in Riga, Reval, Wiburg u. Helsingfors auf, kehrte 1847 abermals nach Mannheim zurück u. blieb hier bis zu seinem Bühnenabschied 1880. E. L. Stahl schrieb über ihn („Das Mannheimer Nationaltheater" 1929): „Aus dem schlanken feinen Bauernfeld-Schwadroneur wurde mit der Zeit ein gleich aristokratisch wirkender père noble, aus dem gediegenen Posa ein packender Attinghausen, ein Künstler, der in der Zeit lärmendster Theaterpathetik nie die Schlichtheit u. Innerlichkeit verlor; so war er noch als hoher Sechziger in den Königsdramen als Heinrich IV. u. Gloster neben Jacobi, (s. Jacobi, Hermann) der beste Charakteristiker. Man darf ihn sich als einen der Nachfahren jener Stil-Schule

denken, die man im 18. Jahrhundert die „Mannheimer' nannte mit ihrem Heinrich Beckschen Leitsatz: zwei Finger breit über das Natürliche." Sein Bruder Julius M. war 1837—39 Jugendlicher Liebhaber u. a. in Riga, entsagte aber früh der Bühne. Hauptrollen: Fridolin („Der Gang nach dem Eisenhammer"), Oktavio („Corregio"), Weislingen („Götz von Berlichingen"), Ringelstern („Bürgerlich u. Romantisch"), Posa („Don Carlos"), Hamlet u. a.

Müller, Carl Friedrich August, geb. 30. Juni 1777 zu Hannover, gest. 26. Juli 1837 zu München, studierte in Göttingen u. Erlangen (Doktor der Rechte), war seit 1816 Beamter der Staatsbibliothek in München, begründete 1825 den „Bayrischen Landboten" u. gab 1830 die „Bayerische Landbötin" heraus. Dramatiker.

Eigene Werke: Die Zwerge oder Das Feuermahl (Schauspiel) 1818; Der Schneider in der Fremde oder Wer das Glück hat, führt die Braut heim (Lustspiel) 1818. *Literatur: Jultus,* Leben des C. F. A. Müller 1838.

Müller, Carl Theodor s. Meunier, Carl Theodor.

Müller, Caroline s. Lindemann, Caroline.

Müller, Curt Carl Friedrich, geb. 16. März 1865 zu Zwickau, gest. 10. März 1933 zu Offenbach, Sohn eines Bergdirektors, war Chefredakteur der „Offenbacher Zeitung". Vorwiegend Dramatiker.

Eigene Schriften: Savello (Trauerspiel) 1885; Gundelbauers Lore (Volksstück) 1890; Der Geiger von Deuben (Dramat. Weihnachts-Märchen) 1904; Märchendramen 1904; Sancta Justitia (Schauspiel) 1906; Um Napoleon (Schauspiel) 1907; Die Macht der Liebe oder Die Reise durch Jahrhunderte (Märchendrama) 1907 u. a.

Müller, Detlef Götz, geb. 1. Mai 1929 zu Halberstadt, studierte Theater- u. Zeitungswissenschaft an der Freien Universität in Berlin u. verfaßte ein Schauspiel „Moral im Gehäuse", das 1955 durch den Theater-Club in der Komödie das. eine Aufführung erfuhr.

Müller (Ps. Montin), Dora, geb. 31. Aug. 1859 zu Thesdorf in Schleswig-Holstein, gest. 30. März 1898 zu Frankfurt a. M., wirkte als Operettensängerin 1885—90 am

Carl-Schultze-Theater in Hamburg, 1893—94 am Residenztheater in Dresden, nach weiteren Gesangsstudien bei Gustav Gunz (s. d.) 1895—96 am Stadttheater in Mainz u. zuletzt an der Oper in Frankfurt. Hauptrollen: Königin („Hugenotten") u. a.

Müller, Eduard, geb. 17. März 1851 zu Ellenhausen in Hessen-Nassau (Todesdatum unbekannt), war Lehrer in Hildescheidt u. a., später Zeichenlehrer in Frankfurt a. M. Erzähler u. Dramatiker.
Eigene Werke: Der Weihnachtsabend oder Ehrliche Arbeit segnet Gott (Schauspiel) 1898; Es lebe die Kunst (Lustspiel) 1901; Die Berjergard (Schwank) 1901; Hans Winkelsee, der Schütze des Neuners in der Wetterfahne des Eschenheimer Turmes in Frankfurt a. M. (Schauspiel) 1909.

Müller (Ps. Meruéll), **Elisabeth,** geb. 1827, gest. 6. März 1898 zu Stuttgart, Kaufmannstochter, war Lehrerin u. lebte später als freie Schriftstellerin in Freiburg im Brsg. u. seit 1895 in Stuttgart. Dramatikerin.
Eigene Werke: Anna von Kleve (Drama) 1881; Otto der Große (Drama) 1881; Ein Haar am Handschuhknopf (Lustspiel) 1887.

Müller, Elisabeth, geb. um 1925 zu Basel, Tochter eines Professors, studierte in ihrer Vaterstadt, begann ihre Bühnenlaufbahn am Schauspielhaus in Zürich, wirkte dann unter Hilpert in Konstanz u. folgte ihm nach Göttingen. Auch im Film hervorragend tätig. Hauptrollen: Stella, Rosalinde, Maria Stuart u. a.
Literatur: lpk., E: Müller — Die jugendliche Dame (Stuttgarter Nachrichten, Sept.) 1954.

Müller, Elsa s. Rochel-Müller, Elsa.

Müller (Ps. Müller-Walsdorf), **Else,** geb. 11. Mai 1876 zu Weimar, gest. im April 1941 das., Verfasserin zahlreicher Märchenspiele.
Eigene Werke: Anemone 1906; Rapunzel 1934; Der Weihnachtsengel 1934; Schneeweißchen u. Rosenrot 1935; Das tapfere Schneiderlein 1935; Der Froschkönig 1936; Im Weihnachtswald 1936; Die gute Hexe 1937.

Müller, Emil, geb. um 1890, seit 1915 bühnentätig, wirkte als Komiker, zuletzt als Leiter des künstlerischen Betriebsbüros der Städt. Bühnen in Münster. Hauptrollen: Bä-

tes („Der Maulkorb"), Penizek („Gräfin Mariza"), Gastwirt („Das Schwarzwaldmädel") u. a.

Müller, Emilie, geb. 1805, gest. 20. Okt. 1894 zu Graz, Schauspielerin, wirkte zuletzt als Komische Alte bis 1890 das.

Müller, Emilie, geb. 15. Nov. 1831 zu Berlin, gest. 10. Juni 1854 das., Tochter des Hofschauspielers Adolf Müller (s. d.), von diesem für die Bühne ausgebildet, spielte 1848—49 am Urania-Theater das., kam 1849 nach Darmstadt, kehrte 1850 wieder nach Berlin zurück, ging aber bald über Weimar 1851 an das Stadttheater in Stettin, wo sie das Fach Jugendlicher Liebhaberinnen bis 1854 vertrat.
Literatur: Moritz *Gumbinnen,* E. Müller (Deutscher Bühnen-Almanach, herausg. von A. Heinrich 19. Jahrg.) 1855.

Müller, Erich s. Müller, Leopold.

Müller, Erich Siegfried, geb. 17. Feb. 1902 zu Kirkel-Neuhäusel, gest. 7. August 1931 zu Winterbach in der Rheinpfalz, war Pfarrer daselbst. Auch Dramatiker.
Eigene Werke: Der Geiger von Gmünd (Drama) 1925; Flut (Mysterium) 1926; Der eiserne Mensch (Schauspiel) 1929; Todbezwinger (Drama) 1931.

Müller, Ernst, geb. 24. Juli 1848 zu Hannover (bis 1922 nachweisbar), Sohn des Oberinspektors am Hoftheater in Hannover Heinrich M., trat als Schauspieler 1865 in Münster auf, kam dann nach Chemnitz, Neu-Strelitz, Görlitz, Sondershausen, Aachen, Freiburg im Brsg., Nürnberg, Danzig, Hamburg, Braunschweig, Breslau u. 1882 ans Viktoriatheater in Berlin, von wo er ans Stadttheater in Leipzig u. ans Hoftheater in Berlin kam, als Charakterdarsteller, vor allem im feinkomischen Typen des Sprechstücks u. der Operette ausgezeichnet. Die zeitgenössische Kritik lobte ihn als einen Schauspieler, der „durch wohlüberlegtes, nirgends aufdringliches Gebärdenspiel u. eine wahrhaft ergötzliche Mimik" fesselte. Hauptrollen: Patriarch („Nathan der Weise"), Piepenbrink („Die Journalisten"), Bertram („Robert u. Bertram"), Frosch („Die Fledermaus"), Jupiter („Orpheus in der Unterwelt") u. a.

Müller, Ernst, geb. 10. Mai 1849 zu Bern, gest. 27. März 1927 zu Langnau im Emmental, Sohn eines Apothekers, studierte in Bern, Leipzig, Tübingen und war 1874—84 evang. Pfarrer in Reichenbach im Berner Oberland und hierauf in Langnau. Ehrendoktor der Universität Jena. Dramatiker.

Eigene Werke: Der Liebe Kraft (Volksschauspiel) 1897; Heimkehr (Volksschauspiel) 1900; Und alles war wieder gut (Singspiel) o. J. u. a.

Müller, Ernst, geb. 5. September 1900 zu Friedberg in Hessen, Sohn des Musikdirektors Heinrich M., studierte in Gießen, Frankfurt a. M. u. Darmstadt (Doktor der Rechte), 1925—28 Musik am Konservatorium Frankfurt a. M. u. war seit 1928 Kapellmeister am Stadttheater in Heilbronn, wo er seit 1941 auch die musikal. Oberleitung führte, Komponist von Bühnenmusiken („Des Meeres u. der Liebe Wellen" 1952, „Lumpazivagabundus" 1952 u. a.).

Müller, Eugen, geb. 12. Feb. 1857 zu Mannheim, gest. 16. Feb. 1917 zu Frankfurt a. M., Sohn des Mannheimer Hofschauspielers Carl Müller, humanistisch gebildet, wurde von diesem, Friedrich Dettmar (s. d.) u. K. G. Berndal (s. d.) für die Bühnenlaufbahn vorbereitet, debütierte 1878 in Freiburg im Brsg., wirkte dann als Charakterdarsteller in Lübeck u. Danzig u. seit 1880 am Hoftheater in Berlin. 1893 nahm er das. seinen Bühnenabschied. Hauptrollen: Don Carlos, Max Piccolomini, Ferdinand, Romeo, Clavigo, Mortimer u. a.

Müller, Eugen, geb. 1. Juli 1859 zu München, gest. 2. Dez. 1931 das., besuchte hier die Musikschule, begann in Ulm, kam dann an die Oper in Amsterdam u. über Brünn und Nürnberg an das Stadttheater in Bremen, wo er als Lyrischer Tenor wirkte. Seit 1886 vertrat er am Gärtnerplatztheater in München nur mehr das Fach des Operettentenors. Hauptrollen: Stradella, Faust, Tamino, Erik, Eleazar, Zsupán u. a.

Müller, Eugen Ludwig (Ps. Eugen Ludwig), geb. 13. Feb. 1862 zu Köln, gest. 6. Juni 1896 zu Braunschweig, einer angesehenen Kaufmannsfamilie entstammend, wurde durch ein Gastspiel der Meininger für das Theater begeistert, betrat nach Ausbildung durch Max Door (s. d.) 1881 am Ostend-Theater in Berlin erstmals die Bühne u. kam 1884 nach Gera u. von hier nach Hannover, Halle, Barmen-Elberfeld, 1891 nach

New York u. zuletzt wieder nach Barmen. Hauptrollen: Trast, Jago, Shylock u. a.

Literatur: Helmuth *Mielke,* E. L. Müller (Neuer Theater-Almanach, herausg. von der Genossenschaft Deutscher Bühnen-Angehöriger 8. Jahrg.) 1897.

Müller, Ewald, geb. 21. Jänner 1862 zu Drebkau bei Cottbus, gest. 24. Mai 1932 zu Cottbus, wirkte als Lehrer das. Erzähler u. Bühnenschriftsteller.

Eigene Werke: Der kranke Sultan (Operette) 1898; Cottbus (Festspiel) 1900 (mit M. Birkenfeld); Unter dem Halbmond (Operette) 1912; Der heimliche König (Heimatspiel) 1914; Die Ansiedler (Heimatspiel) 1927.

Müller, Florentine s. Schmitt, Florentine.

Müller, Franz, geb. 30. Nov. 1806 zu Weimar, gest. 2. Nov. 1876 das. als Regierungsrat. Theaterschriftsteller.

Eigene Werke: Tannhäuser 1853; R. Wagner u. das Musikdrama 1861; Der Ring des Nibelungen 1862; Tristan u. Isolde 1865; Lohengrin 1867; Im Foyer (Skizzen aus der Weimarer Theaterwelt) 1868; Die Meistersinger 1869.

Müller, Franz, geb. 8. Feb. 1850 zu Wien (bis 1914 nachweisbar), betrat 1868 die Bühne in Temeschwar, kam dann über Graz, Hamburg u. New York ans Josefstädtertheater in Wien, wo er als Gesangs- u. Charakterkomiker tätig war, nahm regieführend an Grasellis Wiener Ensemble-Gastspielen in Berlin, Leipzig, Köln, Moskau u. a. teil u. war später Theaterdirektor in St. Pölten u. a.

Müller, Friedrich (Maler Müller, auch Teufelsmüller genannt), geb. 13. Jänner 1749 zu Kreuznach, gest. 23. April 1825 zu Rom, kam zu einem Hofmaler in Zweibrücken in die Lehre, wurde vom Hof anfangs begünstigt, fiel jedoch bald in Ungnade, wandte sich nach Mannheim, wo er mit Gemmingen u. Dalberg (s. d.) verkehrte u. mit dem Nationaltheater in Verbindung stand (Blütezeit seiner Poesie). 1777 wurde M. kurfürstl. Hofmaler, 1778 zog er nach Rom. In seinen Dichtungen der Romantik nahestehend. Als Dramatiker trotz technischer Mängel u. kraftgenialer Stilverwilderung in der „Pfalzgräfin Genoveva" u. in der „Situation aus Fausts Leben" voll großartiger Gestaltungskraft.

Eigene Werke: Der Riese Rodan (Musik. Drama) 1776; Situation aus Fausts Leben (Dram. Szenen) 1776; Niobe (Lyrisches Drama) 1778; Golo und Genoveva (Schauspiel, verfaßt 1775—81, fragmentarisch veröffentlicht in Trösteinsamkeit, vollständig gedruckt im 3. Bd. der Werke) 1811; Adonis — Die klagende Venus — Venus Urania (Trilogie) 1825; Werke, herausg. von Max Oeser 2 Bde. 1916.
Literatur: Ludwig *Fränkel*, M. Müllers Auferstehung (Beiträge zur Literatur- u. Theatergeschichte = Festgabe L. Geiger) 1918; K. *Storck*, M. M. u. die Heidelberger Romantik (Der Türmer 21. Jahrg.) 1919; W. *Falk*, Maler Müllers Golo u. Genoveva (Diss. Tübingen) 1919; H. *Seyboth*, Dramat. Technik u. Weltanschauung in Tiecks Genoveva u. M. Müllers Golo u. Genoveva (Diss. Erlangen) 1928; Ferdinand *Denk*, M. M. u. Goethe (Pfälz. Museum 9. u. 10. Heft) 1929; ders; F. M. 1931; W. *Oeser*, M. M., ein Vorläufer R. Wagners (Köln. Volkszeitung Nr. 126) 1934; F. A. *Schmidt*, M. Müllers dramat. Schaffen unter bes. Berücksichtigung seiner Faust-Dichtungen (Diss. Göttingen) 1936; A. *Beck*, Goethes Iphigenie u. M. Müllers Niobe (Dichtung und Volkstum 40. Bd.) 1939; F. A. *Schmidt*, M. Müllers Stellung in der Entwicklung des musikalischen Dramas (Germanisch-Romanische Monatsschrift 20. Jahrg.) 1940; Albert *Schneider*, Le motif de Genoveva chez le peintre M., etc. (Diss. Sorbonne) 1950.

Müller, Friedrich, geb. 19. Dez. 1768 zu Wien, gest. 9. Sept. 1834 das., Sohn von Johann Friedrich M. (s. d.), war 1785 als Zweiter Liebhaber am Burgtheater tätig. Zuletzt Hofbeamter.

Müller, Fritz, geb. 5. April 1866 zu Wien, gest. 3. Mai 1937 das., gehörte 1909—36 dem Burgtheater als Schauspieler u. Regisseur an. Hauptrollen: Monford („Der ideale Gatte") u. a.

Müller, Fritz s. Erdmann-Jesnitzer, Friedrich.

Müller, Gabriel (Geburts- u. Todesdaten unbekannt), war Prinzipal der Sächsisch-Weimarischen, Brandenburgischen u. Bayreuthischen Hofkomödianten 1693—1721.

Müller, Georg, geb. 13. Jan. 1840 zu Freiburg im Brsg., gest. 13. April 1909 zu Ba-

den bei Wien, Sohn eines Hotelbesitzers, ursprünglich Architekt, begann seine Bühnenlaufbahn in Bremen, sang 1862 in seiner Vaterstadt, 1863—67 in Frankfurt a. M., 1867—68 in Kassel u. seit 1868 an der Hofoper in Wien, wo er 1897 seinen Bühnenabschied nahm. Ehrenmitglied ders. u. Kammersänger. Besonders hervorragend in Schöpfungen Mozarts, Meyerbeers u. Wagners. Lohengrin studierte er mit diesem persönlich ein. Aber auch in modernen Partien fand er größten Beifall. Der tonangebende Kritiker seiner Zeit, Eduard Hanslick, rühmte ihm nach, daß schon sein Äußeres ihn zum Heldendarsteller geeignet machte. „Groß, schlank, brünett, unterschied er sich von den meist blond u. klein geratenen deutschen Tenoristen. Am glücklichsten erschien er in der Darstellung einfacher Charaktere, bei denen auch der leidenschaftliche Affekt auf dem Grunde ernsten, schlichten Gemütes ruht. Jeder Schein von eitler Selbstbespiegelung war ihm fremd. An seinen Liebhaberrollen konnte niemand einen Zug von Geckenhaftigkeit oder Gefallsucht wahrnehmen, wie er sonst manchen Sängern eignet. Ihn berauschten nie die materiellen Effekte seiner schönen Stimme, jene mühelos hervorgeschmetterten hohen B u. C, die im Publikum stürmisch applaudiert wurden. Ernst u. Wahrhaftigkeit kennzeichneten jede seiner Partien wie seine ganze Künstlerlaufbahn." Richard Wallaschek („Die Theater Wiens" 1909) charakterisierte ihn: „Er war der Typus des Tenors der alten Schule. Den größten Erfolg verdankte er seiner Stimme, einem ersten Tenor, der mühelos das hohe C u. Cis erreichte. M. war fast dreißig Jahre hindurch eines der beliebtesten u. verwendbarsten Mitglieder. Alle großen Tenorpartien hat er gesungen, lyrische Rollen u. Helden; er ist in der Spieloper aufgetreten, in den alten italienischen Opern, den großen Opern Meyerbeers u. sogar in Lohengrin u. den Meistersingern, obwohl der Stil Wagners seiner Kunst fernlag. M. war in erster Linie Sänger, nicht Darsteller. Wer ihn als Lyonel in ‚Martha' gehört oder als Stradella, als Edgardo (‚Lucia'), Faust, Ernani, Troubadour, Radames, der weiß von seinen Vorzügen zu erzählen. Auch als Prophet, Robert, insbesondere Raoul hat er Triumphe gefeiert, u. es gab eine Zeit, in der man sich keine neue Oper denken konnte, ohne daß M. darin die Hauptpartie übernommen hätte. Überall hat er ·den rein musikali-

schen Teil glänzend durchgeführt... Wenn man ihm eine Rolle gab, die eine starke, interessante Persönlichkeit erforderte, oder wenn er aus einem nichtssagenden, schablonenhaften Charakter erst durch die Darstellung eine markante Figur hätte schaffen sollen, da versagte gewöhnlich seine Kunst. Trotzdem ermöglichte ihm auch die neuere Opernliteratur manchen überraschenden Erfolg, so namentlich ‚Carmen'. Der Don José war auch schauspielerisch eine seiner besten Rollen. Das Unbeholfene, Treuherzige, Redliche, Anständige seines Wesens kam hier zum entsprechenden Ausdruck." Weitere Hauptrollen: Manrico, Almaviva, Postillon, Walter Stolzing, Turiddu u. a.
Literatur: Eisenberg, G. Müller (Biogr. Lexikon) 1903.

Müller (Ps. Molenar), Georg, geb. 22. Febr. 1864 zu Breslau, gest. 2. Dez. 1924 zu Warmbrunn, Sohn eines Kaufmannes, studierte zuerst in Berlin u. Breslau die Rechte, nahm dann bei Wilhelm Hellmuth-Braem (s. d.) dramat. Unterricht, begann 1883 in Putbus seine Bühnenlaufbahn, kam im gleichen Jahr nach Göttingen, 1884 nach Köthen, 1885 nach Zittau, 1886 nach Breslau, 1888 nach Dresden, 1890 ans Lessingtheater in Berlin und 1893 ans Hoftheater ein. Vor allem in heroischen u. tragischen Partien klass. Stücke hervorragend. Anläßlich der 1900 in Düsseldorf stattgefundenen Schillerfestspiele wurden seine Leistungen besonders hervorgehoben. Johann v. Wildenradt schrieb („Bühne u. Welt", 2. Jahrg. 1900): „Mit diesem Künstler trat uns eine scharf umrissene Persönlichkeit entgegen, welche Publikum und Kritik in gleichem Maße interessierte, u. zwar sowohl als Wallenstein, wie als Präsident v. Walter — und kaum minder als Berengar u. Verrina. Die kraftvolle Gestalt, der sonore Klang des dunkel gefärbten Organs, die Großzügigkeit in Haltung u. Gebärden, die Kunst der Rede —, das sind Vorzüge, gegen welche einzelne Mängel kaum ins Gewicht fallen. Der Künstler schien mit seiner Rolle auf das engste verwachsen zu sein, ja, man konnte auf Momente vergessen, nur den Schatten Wallensteins vor Augen zu haben." Die zeitgenössische Kritik stellte M. wegen seiner künstlerischen Eigenart gleich neben Matkowsky (s. d.), mit dem er die Charakterisierungskunst u. das machtvolle Temperament teilte. Stein rühmte ihn vor allem als Darsteller alter

Militärs: „Eine echte Herzensvornehmheit zeichnete die Gestalten Molenars aus u. der liebenswürdige, aus einer Kraft u. Vollnatur kommende Humor, der all die Rauheiten des Temperaments glättet — eine volkstümliche Gesundheit steckt in diesen Darstellungen, in seinem Großen Kurfürsten, seinem König in ‚Zopf u. Schwert', seinem alten Dessauer in Niemanns ‚Wie die Alten sungen'. Diese Schöpfungen lassen sich mit der Art August Försters (s. d.) vergleichen, nur daß in Molenars Gestalten immer noch etwas Eruptives steckt u. eine Art verhaltener, oft aber ungezügelt hervorbrechender Dämonie." Als seine grandioseste Schöpfung wurde sein Hagen Tronje in Hebbels „Nibelungen" bezeichnet. Weitere Hauptrollen: Brutus, Alba, General Yorck, Odoardo, König Lear u. a.
Literatur: Philipp Stein, G. Molenar (Bühne u. Welt 4. Jahrg.) 1902; Eisenberg, G. M. (Biogr. Lexikon) 1903.

Müller, Georg Hermann, geb. 14. Nov. 1823 zu Ummerstadt (Meiningen), gest. 15. März 1894 zu Berka an der Ilm, Pfarrerssohn, Bruder des Dichters Konrad Müller von der Werra, war Hausinspektor des Neuen Stadttheaters in Leipzig u. machte sich mit seinem Buch „Das Stadttheater zu Leipzig 1862—87", dem ein Band Statistik 1817—91 folgte, um die Theatergeschichte verdient.

Müller, Gerda s. Lohmeyer, Gerda.

Müller, Gottfried, geb. 12. Febr. 1903 zu Wien, gest. 10. Nov. 1953 zu Mailand, Sohn eines Buchhändlers, studierte in seiner Vaterstadt, Florenz u. Paris Kunstgeschichte (Doktor der Philosophie), war 1933—38 Reporter im Ausland, dann Filmdramaturg. 1941 erschien seine „Dramaturgie des Theaters u. des Films" (in der Schriftenreihe des Theaterwissenschaftlichen Instituts der Universität Jena wiederholt aufgelegt). Im Nachlaß fand sich eine „Theorie der Komik".
Literatur: Otto C. A. zur Nedden. In Memoriam G. Müller (Nachruf in der 6. Aufl. der Dramaturgie) 1954.

Müller, Gustav (Geburtsdatum unbekannt), gest. 2. Juli 1878 zu Oybin (wo er sich u. seine fünf Kinder, die gerettet werden konnten, vergiftete), war Schauspieler am Hoftheater in Wiesbaden.

Müller, Gustav Adolf, geb. 24. Mai 1866 zu Buch in Baden, gest. 1. Sept. 1928, studierte in Tübingen (Doktor der Philosophie) u. war Lehrer u. Direktor an Privatlehranstalten in Crailsheim, Leutkirch u. Breitkulen. Erzähler, auch Dramatiker.

Eigene Werke: Nausikaa (Schauspiel) 1890 (neue Bearbeitung 1899); Nornagest (Drama) 1892; Der Schmied von Kochel (Drama); 1892; Die Schlacht bei Sendling (Schauspiel) 1892.

Müller, Hans s. Müller, August.

Müller, Hans (Geburtsdatum unbekannt), gest. 15. April 1927 zu Stuttgart (durch Selbstmord), ausgebildet an der Musikhochschule das., begann als Theaterkapellmeister am Kurtheater Bad Mergentheim seine Laufbahn u. kam über Freiberg in Sachsen, Bautzen u. Stolp in Pommern nach Stuttgart.

Müller (Ps. Müller-Einigen), Hans, geb. 25. Okt. 1882 zu Brünn, gest. 8. März 1950 zu Einigen am Thuner See, Bruder von Ernst Lothar (s. d.), studierte in Wien·(Doktor der Rechte u. der Philosophie), unternahm weite Reisen in alle Welt, war zeitweilig Chefdramaturg in Hollywood u. ließ sich zuletzt in Einigen am Thurner See nieder. Vorwiegend Dramatiker u. Erzähler. Sein Schauspiel „Könige" (mit Else Wohlgemuth, Harry Walden u. Hans Marr) brachte dem Burgtheater einen so durchschlagenden Erfolg, daß ihm das Kgl. Schauspielhaus in Berlin (mit Helene Thimig) u. kurz darauf alle deutschsprachigen Bühnen folgten.

Eigene Werke: Das andere Leben (Einakterzyklus) 1900; Die Puppenschule (Schauspiel) 1907; Das Wunder des Beatus (Drama) 1910; Gesinnung (Komödienzyklus) 1912; Der reizende Adrian (Lustspiel) 1913; Die blaue Küste (Lustspiel) 1914; Könige (Drama) 1915; Violanta (Oper) 1916; Der Schöpfer (Schauspiel) 1918; Die Sterne (Drama) 1919; Flamme (Schauspiel) 1920; Der Vampir (Schauspiel) 1922; Der Tokaier (Komödie) 1924; Veronika (Drama) 1926; Die goldene Galeere (Schauspiel) 1926; Das Wunder der Heliane (Oper) 1927; Große Woche in Baden-Baden (Komödie) 1929; Im Weißen Rößl (Singspiel) 1930; Kleiner Walzer in A-Moll (Komödie) 1935; Der reichste Mann der Welt (Musikal. Lustspiel) 1936; Eugenie (Dramat. Historie) 1938; Der Kampf ums Licht (Schauspiel) 1942; Der Helfer Gottes (Drama) 1947; Eugenie (Drama) 1947; Märchen vom Glück (Lustspiel) 1948.

Literatur: O. Kl(eiber), H. Müller-Einigen (National-Zeitung, Basel Nr. 114) 1950; Siegfried *Trebitsch,* Erinnerungen an H. M. E. (Ebda. Nr. 119) 1950; Rudolf *Holzer,* H. M. (Die Presse Nr. 425) 1950; Friedrich *Schreyvogl,* H. M.-E. (Neue Wiener Tageszeitung Nr. 48) 1951; R. *H(olzer)* H. M. (Neues Österreich 25. Okt.) 1952; Ernst *Lothar,* In memoriam H. M. (Die Presse 26. Okt.) 1952.

Müller, Hans Carl, geb. 5. Nov. 1889 zu Göttingen, studierte in Berlin, München u. Göttingen u. war dann Schauspieler in Berlin, München, Köln, Buenos Aires u. Montevideo, später Oberspielleiter am Neuen Schauspielhaus in Königsberg, seit 1933 am Nationaltheater in Mannheim, seit 1938 am Staatstheater in Kassel u. seit 1945 Intendant das. Gatte der Schauspielerin Martha Maria Newes. Hauptrollen: Erzbischof („Die Lerche" von Anouilh), Erzbischof von London („Elisabeth von England" von Bruckner) u. a.

Müller, Hans Georg, geb. 28. Juli 1844 zu Köln, gest. 21. April 1917 zu Breslau, besuchte seit 1863 das Konservatorium in Dresden, betrat 1867 in Görlitz die Bühne, wirkte als Jugendlicher-, später als Charakterkomiker in Halle, Zürich, Rostock, Aachen, Magdeburg, Posen, Stettin, Kiel u. a. u. nahm wegen eines Gehörleidens 1904 seinen Bühnenabschied.

Müller, Hans Reinhard, geb. 15. Jan. 1922 zu Nürnberg, humanistisch gebildet, Schüler Friedrich Kaysslers (s. d.), studierte später in München u. debütierte 1941 als Lin-Po in Lehárs „Land des Lächelns" am Stadttheater in Klagenfurt, wo er als Jugendlicher Liebhaber bis 1942 blieb. Nach Kriegsdienst wirkte er 1945—48 als Held u. Liebhaber am Jungen Theater in München, 1946—48 zugleich an den dortigen Kammerspielen, hierauf als Charakterdarsteller u. Charakterliebhaber am Bayer. Staatsschauspiel. Stellvertr. Intendant u. Leiter der Verwaltung seit 1954 das. Hauptrollen: Ferdinand („Kabale u. Liebe"), Tempelherr („Nathan der Weise"), Don Manuel („Die Braut von Messina"), Orest („Iphigenie") u. a.

Müller, Hans Udo, geb. 17. Febr. 1905 zu Berlin, gest. 24. Aug. 1943 das. (Opfer eines Fliegerangriffes), Sohn einer dortigen alten

Offiziersfamilie, wurde 1927 Korrepetitor am Deutschen Opernhaus in Berlin, 1929 Dirigent u. 1935 Erster Kapellmeister an der Volksoper das. Gastdirigent in Riga u. a.

Müller, Hedi (Geburtsdatum unbekannt), gest. im Mai 1934 zu Köln, war Sängerin am Opernhaus das.

Müller, Heinrich, geb. 13. April 1870 zu Brünn, lebte als Redakteur in Wien. Theaterpublizist u. Erzähler.

Eigene Werke: Müllers Einakter u. heitere Szenen 1900; Die Verstaatlichung der Theater 1903; Der Schauspieler u. Komiker 1904; Das Wiener Theaterelend 1910; Kritisches über das Wiener Theater 1911.

Müller (Ps. Götz), Heinrich, geb. 18. Sept. 1872 zu Berlin, gest. 1. Jan. 1940 zu Wiesbaden, Sohn eines Sanitätsrats, zuerst Kaufmann, von Heinrich Kreuzkamp (s. d.) für die Bühne ausgebildet, war Schauspieler (Charakterspieler) in Gera (1894), Halle (1895), Hanau (1896), Kiel (1898) u. Mannheim (seit 1899). L. Stahl charakterisierte in seinem „Mannheimer Nationaltheater" (1929) den Nachfolger von Willy Porth (s. d.): „H. Götz stand dem psychologischen Theater näher u. war wandlungsfähiger: eine gute, schlanke Erscheinung mit modulationsreichem Organ, verfeinerte der anfänglich noch recht robuste u. gern posierende Draufgänger seine Mittel zusehends u. wurde zu einem klug aufbauenden Gestalter, den sich Hagemann 1908 zurückholte." Hauptrollen: Karl Moor, Egmont, Hamlet, Fuhrmann Henschel u. a.

Literatur: Eisenberg, H. Götz (Biogr. Lexikon) 1903.

Müller, Helmut, geb. 10. Dez. 1922 zu Nossen in Sachsen, wurde am Landestheater in Dessau 1947—49 für die Bühne ausgebildet, debütierte als Orest in „Iphigenie" am Stadttheater in Meißen, wo er bis 1950 wirkte, ging hierauf an das Stadttheater in Staßfurt, gehörte 1951—53 den Städtischen Bühnen in Magdeburg an u. war auch als Bühnenbildner seit 1953 am Kleisttheater in Frankfurt a. d. Oder tätig.

Müller, Hermann, geb. 3. Febr. 1860 zu Hannover, gest. 15. März 1899 zu Grunewald (durch Selbstmord), Sohn von Hermann Christian Friedrich M., zuerst Maler, widmete sich jedoch bald der Bühne, nachdem er bei einem Fest, das von der Kunst-

akademie veranstaltet worden war, sein dramatisches Talent entdeckt hatte. Von seinem Vater ausgebildet, wirkte er in Lübeck, Halle, 1881 am Viktoriatheater in Berlin, wieder in Lübeck u. wurde schließlich von Generalintendant v. Hülsen an die Kgl. Schauspiele in Berlin verpflichtet, wo er bis 1889 blieb. Hierauf war er zwei Jahre in Breslau tätig, debütierte 1890 am Burgtheater u. wurde 1891 Mitglied das. 1894 trat er in den Verband des Deutschen Theaters in Berlin, wo er als humoristischer Charakterdarsteller zu den besten Berliner Schauspielern gezählt wurde. Gatte der Schauspielerin u. späteren Opernsängerin Minna Müller, Bruder von Richard M. Ein zeitgenössischer Kritiker (Kahlenberg) sagte von ihm, daß er es wie so leicht kein anderer verstand, dem Charakter, den er verkörpern sollte, schon im Äußerlichen Ausdruck u. Physiognomie zu verleihen: „Er hat seine Züge bewundernswert in der Gewalt u. selbst die Stammgäste der Premièren fragen oft erstaunt, wenn er in einer neuen Rolle auftritt: Ist das Hermann Müller? ... Mag er als Falstaff oder Mephisto, als Hofmarschall Kalb oder als Dorfrichter Adam erscheinen, mag er ... Laskowski in Halbes ‚Mutter Erde' oder den Tischler Engstrand in Ibsens ‚Gespenstern' darstellen, den Anzengruberschen Dusterer oder die Episodenrolle des Amasai in Sudermanns ‚Johannes' geben, er findet sich auf jedem Boden zurecht u. ist jedesmal ein völlig anderer." Julius Bab („Kränze dem Mimen" 1954) stellte fest, daß sich M. mit Recht einen Schüler Mitterwurzers (s. d.) nannte, „denn wenn nicht seinen dämonisch hohen Wuchs, so hatte er doch viel von seiner irdisch sinnlichen Gewalt. Er hatte auch von Mitterwurzers grenzenloser Verwandlungskunst etwas — sein Feld reichte vom Klassischen ins Modernste: er war Mephisto u. König Philipp u. er war (seine berühmteste Rolle) der ‚Nickelmann', der Wassergeist mit seinem traurigen ‚Brecke-kecks' in der ‚Versunkenen Glocke'. — Aber er war auch voll praller Lebendigkeit als Pferdehändler in ‚Fuhrmann Henschel'. Daß er die Größe des Mitterwurzer-Genies nicht erreichte, ist wohl tragisch ausgedrückt darin, daß er nicht wie jener den eigenen Dämon immer wieder bändigte, daß er ihm zuletzt durch Selbstmord auswich."

Literatur: Max Kahlenberg, Wie Hermann Müller als Mime entdeckt wurde (Bühne u. Welt 1. Jahrg.) 1899.

Müller, Hermann Christian Friedrich, geb. 18. Juni 1834 zu Berlin, gest. 18. Mai 1889 zu Hannover, trat, von Ludwig Tieck gefördert, erstmals 1850 auf der Übungsbühne des Uraniatheaters in seiner Vaterstadt als Baron Amsel in „Lorbeerbaum u. Bettelstab" auf u. begann nach Erfüllung seiner dreijährigen Militärdienstpflicht 1853 seine eigentliche Laufbahn am Stadttheater in Görlitz, setzte sie 1854 in Düsseldorf unter L'Arronge fort u. kam 1855 ans Hoftheater nach Hannover, wo er als Lorenzo in „Romeo u. Julia" debütierte. 1858 spielte er zum ersten Mal die Rolle des Mephisto u. besetzte bald das Fach des Ersten Charakterdarstellers. 1867 Hilfsregisseur, übernahm er 1871 die gesamte Schauspielregie nach Abgang von Albrecht Marcks (s. d.). Seine Inszenierung des „Faust" für vier Abende u. seine Shakespeare-Einrichtungen wurden anerkannt. Weitere Hauptrollen: Nathan, Attinghausen, Jago, Shylock, Dorfrichter Adam, Falstaff, Striese, Hasemann, Piepenbrink u. a. Daneben Theaterhistoriker u. Bühnenschriftsteller.

Eigene Werke: Deutschlands Siegesfeier (Festspiel) 1871; Ein weiblicher Advokat (Lustspiel) 1873; Scherz u. Ernst (Plaudereien eines alten Komödianten) 1878; Shakespeares sieben Königsdramen, für die Bühne bearbeitet 1879; Chronik des Kgl. Hoftheaters zu Hannover (1876—84) 1884.

Müller, Hugo, geb. 30. Okt. 1830 zu Posen, gest. 21. Juli 1881 zu Niederwalluf am Rhein, Sohn eines Schulrats u. Professors, studierte in Berlin, Jena u. Breslau (Doktor der Rechte), war zuerst Referendar, dann Schauspieler (Jugendlicher Liebhaber) in Breslau, Hannover, Pest u. Berlin (Viktoriatheater), gastierte an verschiedenen Bühnen in Österreich, wirkte 1861—62 in Würzburg u. Mannheim, hierauf wieder in Österreich (u. a. in Triest) u. kam später als Regisseur nach Riga, wo er zusammen mit Lebrun (s. d.) eine Glanzperiode der dort. Bühne herbeiführte. Nach Abgang Lebruns hatte er ein Jahr selbständig die Leitung des Theaters inne, folgte aber 1869 diesem als Dramaturg u. Regisseur ans Wallner-Theater in Berlin. 1873 übernahm M. die Direktion des Residenztheaters in Dresden u. 1878 der Bühne in Frankfurt a. M. 1871 leitete er die Gründungsversammlung der Genossenschaft Deutscher Bühnenangehöriger, deren Präsident u. Ehrenpräsident er wurde. Ludwig Barnay schrieb in seinen

„Erinnerungen" 1903 u. a. über ihn: „... er war ein außerordentlich gewandter Schauspieler, der aber leider für sein allerdings reiches Talent keine Begrenzung kannte. Sein Gedächtnis erschien geradezu erstaunlich, denn seine besten Freunde u. nächsten Bekannten erinnerten sich nicht, ihn jemals eine Rolle memorieren gesehen zu haben, u. da er ein Kneipgenie ersten Ranges war, selten vor drei, vier Uhr morgens nach Hause ging u. dabei häufig sehr bedeutende Rollen spielte, so war es höchst erstaunlich, daß er trotzalledem nie um ein Wort auf der Bühne verlegen war. Es genügte ihm, daß er eine viele Bogen starke Rolle einmal durchlas, dann auf der ersten u. zweiten Probe sich da u. dort vom Souffleur den Text einzelner Stellen vorsprechen ließ, um die ganze Rolle gut u. sicher auswendig zu wissen. Er war ein schöner Mann mit langen goldblonden Haaren, trug stets einen koketten Schnurrbart, der ihn gut kleidete, u. verstand es ausgezeichnet, sich in modernen Stücken sehr schick zu bewegen u. stets à la mode zu kleiden. Im historischen Kostüm freilich erschien er immer ein wenig geckenhaft u. geziert. Seine Sprache war nicht ganz frei von dem sogenannten Gardeleutnantston, u. seine Augen hatten nur wenig Wirkung, weil er auf der Straße unausgesetzt ein goldenes, sehr scharfes Pincenez trug, welches er natürlicherweise auf der Bühne ablegen mußte. Seine außerordentliche Gewandtheit u. große Bühnenerfahrung verschaffte ihm eine durchaus dominierende Stellung ... Wer ihn nur im modernen Konversationsstück sah, mußte ihn sehr hoch schätzen; seine durchaus vornehmen Manieren, sein flotter Humor, die Gewandtheit seines Spiels mußten für ihn einnehmen; außerdem erkannte man hinter jeder seiner Rollen den geistigen Hintergrund, das klare Wollen des literarisch gebildeten u. bühnenerfahrenen Künstlers. Aber H. M. kannte, wie gesagt, für sein Bühnentalent keine Grenzen; er spielte auch Montjoye, Karl Moor, Marcus Antonius u. schreckte selbst vor Richard dem Dritten nicht zurück, wenn es nur eine große u. dankbare Aufgabe galt ... Als Regisseur war er geschickt, erfahren, hatte Blick u. Geschmack, war aber durchaus parteiisch u. behandelte die Mitglieder bei der Besetzung der Rollen, wie bei der Leitung der Proben je nachdem sie es verstanden hatten, sich in seine Gunst zu setzen." Gatte der Schauspielerin Klara Schunke, die als Naive

Liebhaberin 1861—62 in Würzburg, dann am Hoftheater in München u. später am Deutschen Theater in Berlin tätig war. Auch als Dramatiker trat M. hervor.

Eigene Werke: Im Wartesalon erster Klasse (Lustspiel) 1865; Der Diplomat der alten Schule (Lustspiel) 1867; Anno 66 (Volksstück) 1867; Fürst Emil (Schauspiel) 1868; Adelaide (Genrebild) 1869; Bei Stadtrats (Schwank) 1869; An der Spree u. am Rhein (Zeitbild) 1870; Die Arbeiter (Drama, frei nach dem Französischen) 1870; Berliner in Kairo (Burleske) 1870; Christkindchen (Weihnachtsbild) 1870; Vernagelt (Posse) 1870; Mein Wechsel (Posse nach dem Französischen) 1871; Die Duellfrage (Charakterbild nach dem Italienischen) 1871; Welcher? (Lustspiel) 1871; Onkel Moses (Charakterbild) 1872; Im Stubenarrest (Lustspiel) 1872; Die Spitzenkönigin (Lebensbild) 1872 (mit A. L'Arronge); Duft (Lustspiel) 1872; Der König von Rom (Histor. Drama nach dem Italienischen) 1873; Gewonnene Herzen (Volksstück) 1875; An die Luft gesetzt (Posse) 1878; Von Stufe zu Stufe (Lebensbild) 1881; Heidemann u. Sohn (Lebensbild) 1888 (mit Emil Pohl); Rousseau (Drama) 1910.

Literatur: Anonymus, H. Müller (Deutscher Bühnen-Almanach, herausg. von A. Entsch 46. Jahrg.) 1882; Josef *Kürschner,* H. M. (A. D. B. 22. Bd.) 1885; *Eisenberg,* H. M. (Biogr. Lexikon) 1903; Horst *Klausnitzer,* H. M. (Die Bühnengenossenschaft Nr. 4) 1956.

Müller, Ida s. Bardou-Müller, Ida.

Müller (Ps. Abeling), Ingeborg, geb. 4. Mai 1923 zu Hamburg, Tochter des Kaufmanns u. späteren Journalisten Hans Wilhelm Müller u. seiner Ehefrau Abeling, humanistisch gebildet, von dem Schauspieler, nachmaligen Harburger Intendanten Hans Fitze für die Bühne unterrichtet, begann ihre Laufbahn 1944 bei der Landesbühne in Güstrow, war 1945—47 in Harburg, seitdem in Flensburg u. dann wieder in Harburg als Charakterdarstellerin (z. B. Rose Bernd) tätig.

Müller (geb. Karwehl), Ingvelde, geb. um 1922 zu Berlin, studierte 1940—45 in Berlin u. Rom (Doktor der Philosophie), war 1945 bis 1946 Dramaturgin am Hebbeltheater in Berlin, 1948—49 Kritikerin der Zeitschrift „Die Welt", seit 1951 Kulturredakteurin der Deutschen Presse-Agentur, Deutschlandkor-

respondentin von „Le Théâtre dans le monde", „World Theatre" u. a. Auch Übersetzerin.

Eigene Werke: Der Theaterdekorateur Bartolomeo Verona (Diss. Berlin) 1945; De Montherlants Ordensmeister (Drama), deutsch 1949; Pirandellos Liolà (Lustspiel), deutsch 1953; dess. Heiraten — aber nicht im Ernst (Lustspiel) deutsch 1954.

Müller, Isidor, geb. 4. April 1827 zu Landeck in Tirol, gest. 20. Juli 1900 zu Innsbruck, studierte in Wien, wandte sich nach mehrjährigem Dienst am dort. Landgericht u. bei der Statthalterei in Innsbruck journalistischer Tätigkeit zu, gründete die Zeitschrift „Die österr. Akademie in der Dichtung, Forschung u. Kritik", war dann Porträt- und Landschaftsphotograph, leitete nebenbei im Gasthof seiner Schwester in Imst ein Haustheater, trat, als in Tirol 1871 das Notariat eingeführt wurde, 1872 wieder in den Staatsdienst, mußte aber später wegen unheilbarer Trunksucht seines Amtes enthoben werden. Erzähler, auch Volksdramatiker.

Eigene Werke: Friedrich mit der leeren Tasche (Drama) 1855; Die Tanzlektion auf der Alm (Schwank) 1859; Der Schatzgräber (Schwank) 1859; Der Vogelhändler (Schwank) 1859; Lorbeer u. Leder (Dramat. Zeitdichtungen) 1875; Poetische Werke 1895 ff. u. a.

Literatur: Franz *Brümmer,* J. Müller (Biogr. Jahrbuch 5. Bd.) 1903.

Müller, Jakob, geb. 1845 zu Frankfurt am Main, gest. 4. März 1901 zu San Franzisko, wirkte als Opernsänger an verschiedenen deutschen u. amerikanischen Bühnen. Bariton, der über große Stimmittel u. schwungvollen Vortrag verfügte.

Müller, Jakob, geb. 28. Mai 1908 zu Puttlingen (Saar), nahm in Saarbrücken Gesangsunterricht, seit 1942 Kriegsteilnehmer, wirkte 1946—47 als Lyrischer Bariton am Stadttheater in Saarbrücken. Später Konzertsänger.

Müller, Johann, geb. 1787 (Todesdatum unbekannt), war um 1820 Subrektor des Progymnasiums in Landau in der Pfalz. Dramatiker.

Eigene Werke: Chriemhilds Rache (Trauerspiel in 3 Abtgn. mit Chor: 1. Der Schwur, 2. Rüdiger, 3. Chriemhilds Rache) 1822; Aërope (Trauerspiel) 1824

Müller (Edmüller), Johann Eduard, geb. 16. März 1810 zu Berlin, gest. 6. Dez. 1856 das., Sohn eines Goldschmieds, folgte zuerst dem väterlichen Beruf, wurde jedoch von L. Angely wegen seines schönen Tenors ermuntert, die Bühnenlaufbahn zu ergreifen u. trat 1830 als Eleve dem Königstädtischen Theater in Berlin bei. Seit 1832 spielte er in Salzburg, Mainz, Freiburg im Breisgau, Breslau, Bremen, Altona, Riga u. Königsberg, vorwiegend in komischen Rollen erfolgreich. Später wirkte er wieder am Königstädtischen Theater u. bei Kroll. Nach seinem Rücktritt von der Bühne widmete er sich seinen naturwissenschaftlichen Lieblingsneigungen.
Literatur: Eisenberg, J. E. Edmüller (Biogr. Lexikon) 1903.

Müller (urspr. Schröter), Johann Heinrich, geb. 20. Febr. 1738 bei Halberstadt, gest. 8. Aug. 1815 zu Wien, studierte in Halle, kam als Hauslehrer in die Familie des Theaterprinzipals Franziskus- Schuch u. wurde Schauspieler. 1755 schloß er sich der Schönemannschen Gesellschaft an, war dann Spielleiter beim Grafen Hoditz in Roßwald in Oberschlesien, trat unter Sebastian in Linz an der Donau auf, wirkte seit 1763 am Burgtheater (hier Vertrauter des theaterfreudigen Kaisers Joseph II., in dessen Auftrag er Beziehungen zu Lessing u. bedeutenden Persönlichkeiten des Theaters anknüpfte) u. bemühte sich um dessen Nachwuchs, die künftige großartige Entwicklung anbahnend. Die Gewinnung von Schauspielern wie Brockmann, Borchers u. Nouseul für das Burgtheater waren ihm zu verdanken. Zuletzt Leiter des Sommertheaters des Fürsten Alois von Liechtenstein in Penzing (Wien). Vorwiegend Lustspieldichter. Verdient auch um die Herausgabe verschiedener Theateralmanache u. dramaturgischer Schriften. Sein Bild schmückt die Ehrengalerie des Burgtheaters. H. Laube schrieb von ihm im „Burgtheater": „M. war ein feinkomischer Schauspieler voller Einsicht u. treffender Darstellungsgabe, nur sprach er, teils aus Gewöhnung, teils aus Gedächtnismangel, zu langsam u. gedehnt. Sonst hätten Glücksritter u. Gecken vornehmen Standes· u. reifer Jahre schwerlich vollkommener dargestellt werden können." Strenger kritisierte ihn I. F. Castelli („Memoiren meines Lebens" 1861): „Wie Herr M. zu dieser Kunstanstalt (Hofbühne) kam u. was noch mehr, wie er sich den Ruf eines guten Schauspielers erringen konnte,

das hab' ich niemals begreifen können. Der Mann war ein wahrer Kunstpedant, jeder Schritt ein abgemessener, sein Ton hatte einen Klang wie ein zerbrochener Tonkrug u. er hing an jedes Wort ein ‚e' an. So deklamierte er z. B. im ‚König Lear' Jonerille! Jonerille! Tigere, nicht Tochtere! Der Mann wollte auch gar nicht aufhören Komödie zu spielen, in seinem hohen Alter hab ich selbst noch mit ihm u. einer Dilettantengesellschaft im Schloßtheater zu Schönbrunn gespielt." Vater von Friedrich u. Josefine Hortensia M. (s. d.).
Eigene Werke: Stirbt der Fuchs, so gilt der Balg (aufgeführt) 1770; Vier Narren in einer Person (Parodie auf Kurz-Bernardon) 1770; Der Ball 1771; Die unähnlichen Brüder 1771; Gräfin Tarnow (Drama) 1772; Genaue Nachrichten von den beiden k. k. Schaubühnen u. anderen Ergötzlichkeiten in Wien 1772 ff.; Die Insel der Liebe 1773; Ehrlich währt am längsten 1774; Tagebuch von beiden k. k. Theatern in Wien 1775; Präsentiert das Gewehr! 1776 (wiederholt aufgelegt); Der Graf von Waltron oder die Subordination (Trauerspiel) 1776 (mit großem Erfolg am Burgtheater aufgeführt); Der Ausgang oder die Genesung 1778; Die Neugierige 1783; Wind für Wind 1786; Der Heuchler (Lustspiel nach Molière) 1788; Nina oder Wahnwitz aus Liebe 1788; Der Optimist oder Der Mann, dem alles behagt 1788; Abschied von der k. k. Hof- u. Nationalbühne 1802 (mit Autobiographie).
Literatur: Wurzbach, J. H. Fr. Müller (Biogr. Lexikon 19. Bd.) 1868; J. F. Schink, J. F. M. Schriften der Gesellschaft für Theatergeschichte 13. Bd.) 1910; Maria Murland, J. H. F. M., ein Star des ältesten Burgtheaters (Wiener Zeitung 5. Okt.) 1929; J. H. Fr. Müller, Theatererinnerungen eines alten Burgschauspielers, herausg. von R. Daunicht 1958.

Müller, Johann Samuel, geb. 24. Febr. 1701 zu Braunschweig, gest. 7. Mai 1773, studierte in Helmstedt u. wurde Rektor in Ulzen, später in Hamburg, Operntextdichter.
Eigene Werke: Don Quixote (Musik von Conti) 1722; Mestevojus (Musik von Keiser) 1726; Pharao u. Joseph (Musik von Caldara) 1728 u. a.

Müller, Johannes, geb. 13. oder 23. Juli 1893, gehörte 1915—17 dem Friedrich-Wilhelmstädtischen Theater in Berlin an, wo er über 200mal die Rolle des Franz Schubert im „Dreimäderlhaus" sang. Gleich erfolgreich war M. im Theater am Nollendorfplatz. Später hauptsächlich Dirigent u. Komponist.

Müller, Johannes, geb. 5. Juni 1901 zu Saarlautern, lebte das. als Schriftsteller. Verfasser von Volksspielen.

Eigene Werke: Donatus (Trauerspiel) 1931; Ein Mann sagt die Wahrheit 1932; Der Kragenknopp 1933; Der Schwed im Land (Freilichtspiel nach der Erzählung von H. Prümm) 1938; Bauernsturm 1525 1939.

Müller, Josef, geb. 1903, gest. 22. Nov. 1939 zu Nürnberg, war Schauspieler an den Städt. Bühnen das.

Müller (Ps. Müller-Fleißen), Josef, geb. 28. März 1904 zu Fleißen bei Eger (Doktor der Philosophie), lebte als Studienrat in Bischhausen in Hessen. Dramatiker.

Eigene Werke: Das Jesuskind im Egerlande (Weihnachtsspiel) 1930; Das Mortimer Krippenspiel 1949.

Müller, Josef Albin, s. Lemberg.

Müller, Josef Ferdinand (Geburts- u. Todesdatum unbekannt), Prinzipal der Polnischen u. Chursächsisch privilegierten Hofkomödianten, führte seine Truppe 1730—1751, spielte mit ihr u. a. 1732 in Nürnberg u. war zuerst Schauspieler bei der Gesellschaft von Sophie Julie Elenson (s. d.).

Müller, Josef Ferdinand s. Nesmüller, Josef Ferdinand.

Müller, Josepha Hortensia, geb. 31. März 1766 zu Wien, gest. 1808 das. Tochter von Johann Heinrich M., Gattin des Malers Heinrich Füger, war 1781—99 Mitglied des Burgtheaters. Sie kreierte das. in Le Mièrres „Lanossa" (deutsch von Plümicke) die Palmira, in Molières „Tartuffe" (unter dem Titel „Der Heuchler", deutsch von J. H. Müller) die Marianne u. in Schillers „Verschwörung des Fiesko zu Genua" die Bertha. Ihr Vater schrieb in seinen Theatererinnerungen: „Den 15. (Jan. 1799) erhielt meine Tochter Josepha Füger ihr Pensionsdekret in den huldvollsten Ausdrücken." Sie bezog die beachtliche Pension in Höhe von rund 800 Gulden.

Müller, Julius s. Müller, Carl Adolph.

Müller, Julius, geb. 6. Nov. 1860 zu Frankfurt a. M., gest. 7. Sept. 1907 zu Wiesbaden, wurde von Georg Brandes (s. d.) gesanglich u. am Konservatorium seiner Vaterstadt bei Karl Herrmann (s. Grünvalszky, Karl) dramatisch ausgebildet, kam 1883 an das Stadttheater nach Breslau, 1884 nach Stettin u. an das Hoftheater in Neustrelitz u. 1886 als Erster Bariton an das Hoftheater in Wiesbaden, dem er bis zu seinem Tode angehörte. Seit 1896 Kammersänger. Hauptrollen: Hans Sachs, Holländer, Wolfram, Kurwenal, Wotan, Don Juan, Papageno, Almaviva, Hans Heiling, Kühleborn, Jago, Tell, Tonio u. a.

Müller, Karl, geb. 1763 zu Mannheim, gest. 9. Jan. 1837 zu Wien, betrat schon als Kind die Bühne, war Waldhornbläser in versch. Orchestern, spielte seit 1787 alle möglichen Rollen auf dem Theater seiner Vaterstadt, zog jedoch, als seine Tochter Sophie M. (s. d.) 1822 ans Burgtheater berufen wurde, mit dieser nach Wien, wo er seinen Lebensabend verbrachte.

Literatur: Carl Ludwig *Costenoble,* Aus dem Burgtheater 1818—37 (Tagebuchblätter) 1889; Hans *Knudsen,* Selbstbiographisches vom Schauspieler K. Müller (Mannheimer Geschichtsblätter 16. Jahrg.) 1915.

Müller, Karl Christian, geb. 17. Jan. 1900 zu Saarlouis, studierte in Tübingen, München, Bonn u. Köln (Doktor der Philosophie), wurde Studienrat in Saarbrücken u. verfaßte außer Gedichten u. Erzählungen Bühnenstücke.

Eigene Werke: Die beiden Diebe (Schelmenspiel) 1932; Der Waffenstillstand (Spiel) 1933; Bauer, Dieb, dann Herrscher (Schelmenspiel) 1935.

Müller, Karoline s. Bercht, Julius.

Müller, Klara s. Müller, Hugo.

Müller, Leo, geb. 19. Sept. 1906 zu Wien, studierte 1921—26 an der Staatsakademie das. (u. a. Schüler von Joseph Marx), wirkte als Kapellmeister 1926—27 an der Volksoper in Wien, 1927—33 am Deutschen Theater in Prag, hierauf als Gastdirigent u. Konzertbegleiter in den Vereinigten Staaten u. 1945—49 an der Metropolitan-Oper in Neuyork. Gatte der Sängerin Tomiko Kanazawa.

Müller, Leonardi (Geburtsdatum unbekannt), gest. 27. April 1871 zu Darmstadt, war Sänger u. Schauspieler das. Gatte von Friederike M.-Fabricius u. Vater von Viktor M.-F.

Müller, Leopold, geb. 1844 zu Neuleiningen in der Rheinpfalz, gest. 25. Mai 1912 zu Fürth, studierte zuerst Mathematik in Würzburg, wandte sich aber bald der Bühne zu u. trat 1869 als Bariton das. auf. Weitere Stationen seiner Laufbahn waren Weimar (hier von Liszt gefördert), seit 1873 Wien (Komische Oper), 1874 Salzburg u. 1877—78 Berlin (Woltersdorfftheater). 1879 übernahm er die Leitung des Theaters in Salzburg, 1886 die einer Theateragentur in Wien, seit 1896 gehörte er dem dort. Deutschen Volkstheater als Direktionssekretär an, dann ging er an das Carltheater das., dessen Direktion er seit 1900 mit Andreas Aman (s. d.) führte. 1908 gründete er das Johann-Strauß-Theater in Wien. Nach seinem Tode übernahm sein Sohn Erich (1901 bis 1904 Direktionssekretär des Carltheaters u. 1908 Mitdirektor des Ischler Sommertheaters) den Theaterbetrieb u. führte ihn bis 1931. Hauptrollen: Wolfram, Telramund, Hans Heiling, Holländer u. a. *Literatur: Eisenberg,* L. Müller (Biogr. Lexikon) 1903.

Müller (geb. Helwig), **Lisa,** geb. 9. Mai 1898 zu Hamburg, wirkte 1937—45 am Schauspielhaus das., später auch an der dort. Kleinen Komödie.

Müller (geb. Spieß), **Ludovika,** geb. 1763 zu Wetzlar, gest. 6. Juli 1837 zu Wien, war 1802—06 Schauspielerin am Theater an der Wien u. seit 1806 Mitglied des Leopoldstädtertheaters das. Mutter der Folgenden.

Müller, Ludovika, geb. um 1779 zu Frankfurt am Main, gest. nach 1837, Tochter der Vorigen, trat schon 1798 am Kärntnertortheater in Wien als Sängerin auf, debütierte 1803 am Theater an der Wien u. gehörte dems. bis 1809 an. 1811 ging sie als Geliebte eines russischen Fürsten nach Petersburg u. heiratete dort einen Musiker Bender. I. F. Castelli schrieb ein Stück für sie, das ihren Namen als Titel trug u. aufgeführt wurde. *Literatur: G. Gugitz,* Der weiland Kasperl 1920.

Müller, Ludwig, geb. 28. Nov. 1843 zu Hannover, gest. 3. Dez. 1899 zu Neustadt an der Haardt. Opernsänger.

Müller (geb. Reiningsthal), **Magdalena,** geb. 1770, gest. 19. Juli 1794 zu Döbling bei Wien, Sängerin am Leopoldstädtertheater in Wien seit 1787, erste Gattin von Wenzel M. u. Mutter von Therese Grünbaum (s. d.).

Müller (Ps. Edmüller), **Margarethe** (Geburtsdatum unbekannt), gest. 19. Mai 1887 zu Berlin als Opernsängerin das. Seit 1838 Gattin von Johann Eduard M.

Müller, Maria, geb. 29. Jan. 1898 zu Leitmeritz in Böhmen, gest. 13. März 1958 zu Bayreuth, debütierte 1919 in Linz, kam von hier nach Prag u. 1922 an die Staatsoper in München. Seit 1924 gehörte sie als Mitglied der Metropolitan-Oper in Neuyork an. Später sang sie in Berlin, Bayreuth u. Salzburg. Bei der Berliner Erstaufführung kreierte sie die Ägyptische Helena. Seit 1934 Kammersängerin. In der Kritik hieß es von ihr: „Einem Wunder der Natur u. der verkörperten Vollendung stehen wir da gegenüber. Der Adel dieses Soprans, die Lauterkeit u. der Charme des Vortrages, der Reichtum an Nuancen, die Tiefe der Empfindung u. die Vollkommenheit ihrer Kunst sind einzig dastehend, sind geradezu ein Rätsel." Hauptrollen: Agathe, Desdemona, Elisabeth, Eva, Euryanthe, Margarete, Marie („Die verkaufte Braut"), Mimi, Sieglinde, Tosca, Aida, Donna Elvira, Butterfly u. a. *Literatur:* Waldemar *Wendland,* Unsere M. Müller (Das Theater 12. Jahrg. 7. H.) 1931; Kurt *Honolka,* Wenn die Stimme verklungen ist (Stuttgarter Nachrichten Nr. 64) 1958; E. *M.,* Die unsichtbare Krone. Zum Tode M. Müllers (Der Tagesspiegel 18. März) 1958.

Müller (geb. Hellmuth), **Marianne,** geb. 1772 zu Mainz, gest. 31. Mai 1851 zu Berlin, betrat schon als Kind die Bühne, wurde 1787 Schauspielerin am Hoftheater in Schwerin u. wirkte 1789—1816 zuerst ebenfalls im Sprechstück, dann in der Oper am Hoftheater in Berlin. Bei der Erstaufführung der „Zauberflöte" das. 1794 sang sie die Königin der Nacht.

Müller, Marie s. Friese, Carl Adolf.

Müller, Marie s. Winkelmann, Marie.

Müller, Marie (genannt Marlene), geb. (Datum unbekannt) zu Chemnitz, begann ihre Bühnenlaufbahn 1924 in ihrer Vaterstadt als Agathe. Auch Operettenfiguren brachte sie mit starker Darstellungskraft auf die Bühne. Seit 1930 Erste Sängerin am Staatstheater in Braunschweig. Hauptrollen: Elsa, Evchen, Elisabeth, Sieglinde, Desdemona, Ariadne, Leonore („Die Macht des Schicksals") u. a.

Müller (geb. Steck), Marie von, geb. 25. Mai 1818 zu Regensburg, gest. 21. Febr. 1895 zu Braunschweig, Tochter des Hofschauspielers Georg Steck, betrat erstmals 1823 in Darmstadt als Fritz in Goethes „Geschwistern" die Bühne u. kam nach Ausbildung durch Karoline Lindner an das Hoftheater das., wo sie 1837—82 Rollen von Jugendlichen Liebhaberinnen bis zu Tragischen Müttern spielte. Ehrenmitglied. Gattin eines Zollbeamten Alexander v. M.
Literatur: Hermann *Knispel*, Marie von Müller (Deutsche Bühnengenossenschaft 24. Jahrg.) 1895.

Müller (geb. Newes), Martha Maria, geb. 18. März 1894 zu Graz, Schwester von Tilly Wedekind (s. d.), wirkte als Schauspielerin u. a. 1913—19 an den Kammerspielen in München. Seit 1916 Gattin des Schauspielers Hans Carl M. (s. d.). Hauptrollen: Isabel Coeurne („Der Kammersänger" von Wedekind), Wendla („Frühlings Erwachen") u. a.

Müller, Mary s. Hopfen, Mary von.

Müller, Methusalem, geb. 16. Juni 1771 zu Schkeuditz in Sachsen, gest. 15. Okt. 1837 zu Leipzig, leitete 1816—32 die dort. „Zeitung für die elegante Welt". Unterhaltungs- u. Bühnenschriftsteller.
Eigene Werke: Mirza, die Afrikanerin (Trauerspielszenen, gedruckt im Freimüthigen) 1808; Die Königseiche (Festspiel) 1818; Liebe u. Großmut (Familiengemälde, aufgeführt) 1820; Gleiche Schuld, gleiche Strafe (Lustspiel, aus dem Französischen übersetzt) 1833.

Müller, Minna, geb. 22. Juli 1865, gest. 15. Aug. 1930 zu Schwerin, war Schauspielerin u. a. in Darmstadt, zuletzt seit 1917 in Schwerin. Komische Alte in Operetten, Singspielen u. Opern, mit ungewöhnlichem Erfolg besonders in niederdeutschen Volksstücken auftretend. Gattin von Hermann M.

Müller, Minna s. Wollrabe, Minna.

Müller, Nikolaus, geb. 14. Mai 1770 zu Mainz, gest. 14. Juni 1851 das., wirkte als Lehrer des Zeichnens in seiner Vaterstadt u. seit 1805 als Konservator der dort. Gemäldegalerie. M. war nicht nur Maler, Lyriker, Epiker, sondern auch Bühnenschriftsteller.
Eigene Werke: Die Aristokraten in der Klemme. Die Aristokraten auf dem Lande (2 Lustspiele) 1794; Die Opfer des Fanatismus u. Gabieu, der Räuberhauptmann (2 Dramen) 1794; Der Freiheitsbaum (Lustspiel) 1796; Übersicht über das Theater von Mainz in seinen heutigen Verhältnissen u. seinem zu erwartenden Zustande 1823; Das Mainzer Theater mit Berücksichtigung jenes von Wiesbaden unter der jetzigen Verwaltung des Hrn. Haake 1831; Einiges über das Votum in Betreff des Mainzer Theaters 1832; Vollständige Theaterberichte der Mainzer Bühne 1834.
Literatur: *Leser,* N. Müller (A. D. B. 22. Bd.) 1885; *Thieme-Becker,* N. M. (Allg. Lexikon der bild. Künstler 25. Bd) 1931.

Müller (Ps. Collin), Ottilie, geb. 19. Mai 1863 zu Wien, trat 1881 am Stadttheater in Teplitz als schöne Galathee erstmals auf, kam 1883 an das Friedrich-Wilhelmstädtische Theater in Berlin, wirkte 1884—91 am Theater an der Wien, wo sie Hauptrollen in zahlreichen Operetten kreierte u. war 1891—96 wieder am Friedrich-Wilhelmstädtischen Theater tätig, seither auf Gastspielreisen, 1900 am Gärtnerplatztheater in München.
Literatur: Eisenberg, O. Collin (Biogr. Lexikon) 1903.

Müller, Otto, geb. 1. Juni 1816 zu Schotten am Vogelsberg in Hessen, gest. 6. Aug. 1894 zu Frankfurt a. M., wurde Bibliothekar in Darmstadt u. war seit 1843 Redakteur in Frankfurt a. M. Erzähler u. Bühnenautor.
Eigene Schriften: Rienzi (Drama) 1839; Charlotte Ackermann (Hamburger Theaterroman) 1854; Eckhof u. seine Schüler (Roman) 2 Bde. 1863.
Literatur: F. *Brümmer,* O. Müller (A. D. B. 52. Bd.) 1906.

Müller (Ps. Sommerstorff, nach der Mutter einer geb. Edlen von S.), Otto, geb. 29. Mai 1859 zu Krieglach in Steiermark, gest. 3. Febr. 1934 zu Spital am Semmering, Sohn eines Bergbeamten, Urenkel des Kup-

ferstechers Johann G. v. Müller, studierte in Wien an der Universität u. am Konservatorium bei B. Baumeister u. F. Mitterwurzer, begann seine Bühnenlaufbahn 1879 am Stadttheater in Leipzig, wirkte seit 1883 in Berlin, zuerst am Deutschen Theater u. seit 1907—21 am Kgl. Schauspielhaus als Tragischer Held. Auch als Charakterdarsteller in Stücken moderner Autoren bedeutend, zwischen Idealismus u. Naturalismus die Mitte haltend. Gastspiele führten ihn in Amerika bis nach Kalifornien. Jugendfreund des Dichters Peter Rosegger. Darüber berichtet dieser selbst: „Alles im Dorfe war verliebt in den artigen Burschen, ich nicht am wenigsten. Wir ließen zusammen unserer Bummelwitzigkeit den freiesten Lauf u. merkwürdig war, daß fast jeder unserer Ulke in eine dramatische Darstellung überging, bei der sich Otto stets als der Meister zeigte. Am häufigsten stellten wir ohne jede Vorbereitung u. ohne alle Ausstattungsmittel Volksgestalten dramatisch dar. Hermann (des Künstlers Bruder) u. ich ergingen uns gerne in der Karikatur, die Gestalten Ottos hingegen waren naturwahr u. eigentümlich herausgearbeitet. Er war ein ‚denkender Schauspieler‘, wir waren schwätzende. So spielten wir im Dorfwirtshaus, in der Bauernscheune, so spielten wir im Walde." Schon 1876 trat der junge Künstler in einer Schillerfeier Wiener Studenten unter Leitung Heinrich Laubes als Karl Moor auf. Die Kritik rühmte später an M. die „eindrucksvolle Erscheinung u. hohe Sprechkunst, die durchgeistigte Auffassung seines Rollengebietes, die jede Äußerlichkeit ablehnte, auch wenn sie eine darstellerische Augenblickswirkung versprach, u. seine in jeder Aufgabe stete Bewährung." Der Literatur blieb M. lebenslang verbunden. Auch Lyriker, Reiseschriftsteller u. Feuilletonist. Mitarbeiter der Münchner „Fliegenden Blätter" unter dem Ps. O. Storff. Hauptrollen: Faust, Tasso, Clavigo, Posa, Hamlet, Egmont, Othello, Cyrano, Grillhofer u. a.
Eigene Schriften: Wo ich war u. was ich sah (Skizzen) 1896; Scherzgedichte 1899; Aus meinem Reimstübl 1908; Ins Wunderland der Neuen Welt 1914; Lottchen oder des Säuglings Tagebuch 1925.
Literatur: Leopold *Renzlav*, O. Sommerstorff (Bühne u. Welt 1. Jahrg.) 1899; J. *Landau*, O. S. (Ebda. 5. Jahrg.) 1903; *Eisenberg*, O. S. (Biogr. Lexikon) 1903.

Müller, Otto, geb. 15. Jan. 1878 auf Beaten-

berg in der Schweiz, studierte die Rechte in Bern, Leipzig u. Montpellier u. übte seinen Beruf seit 1905 in Langenthal aus. Dramatiker.
Eigene Werke: Die Bürde (Weihnachtsspiel) 1932; Jakob Geiser (Spiel) 1933; Der Weg empor! (Festspiel) 1935; Dürsrütti (Festspiel) 1943; Ds Ofesprüchli (Lustspiel) 1948; Der Schuß von der Kanzel (Lustspiel) 1948.

Müller, Otto, geb. 30. Nov. 1878 zu Frankfurt a. M., Studienrat in Heiligenstadt. Lyriker, Epiker u. Dramatiker.
Eigene Werke: Judas (Bibl. Trauerspiel) 1924; Stille Nacht, heilige Nacht (Weihnachtsspiel) 1924; Friede auf Erden (Weihnachtsspiel) 1925; Gudrun (Schauspiel) 1925; König Ludwig II. (Festspiel) 1925; Götterdämmerung (Drama) 1926; Die Locke der Berenike (Trauerspiel) 1926; Werner von Hanstein (Schauspiel) 1926; Am Brunnen vor dem Tore (Schauspiel) 1926; Der Mönch von Halberstadt (Schauspiel) 1926; Berlt Karl (Festspiel) 1929; Das Komtesserl (Singspiel) 1931; Das Rosenwunder (Dram. Legende) 1931; Deutschlands Auferstehung (Festspiel) o. J.

Müller, Otto, geb. 1896 zu Königshofen, war Professor in Bruchsal. Dramatiker.
Eigene Werke: Bauernsturm (1525) 1929; Galgen auf Manhattan (Tragödie des Jakob Leisler) 1932; Burschen heraus! 1939.

Müller, Paul, geb. 18. Juli 1876 zu Hannover, von Carl Peppler (s. d.) für die Bühne ausgebildet, debütierte 1903 am Kurtheater in Bad Harzburg, wirkte 1903—06 als Jugendlicher Liebhaber u. Naturbursche am Stadttheater in Eisenach, 1906—07 in Stettin, 1907—08 auch als Oberspielleiter am Schauspielhaus in Iserlohn, 1908—13 als Jugendlicher Bonvivant u. Charakterdarsteller am Deutschen Theater in Hannover, 1913—15 in komischen Rollen am Kleinen Theater in Berlin u. 1915—45 als Erster Charakterkomiker am Staatstheater in Karlsruhe. Gatte der Schauspielerin Rose Röhle. Hauptrollen: Rudenz, Wurm, Franz Moor, Schmock, Striese, Flachsmann, Nikkelmann, Schluck u. a. Staatsschauspieler u. Ehrenmitglied des Staatstheaters in Karlsruhe.

Müller, Paul, geb. 19. Juni 1898 zu Zürich, studierte am Konservatorium das. u. in Paris u. war seit 1927 Lehrer am Konservatorium seiner Vaterstadt. Auch Komponist.

Eigene Werke: Die Simulanten (Singspiel) 1922; Musik zum Puppenspiel Dr. Faust für das Schweizer Marionettentheater 1923; Musik zu Schillers Wilhelm Tell 1926; Das Eidgenössische Wettspiel (Festspiel) 1939.

Müller, Paula, geb. 13. Juni 1882 zu Dresden, Tochter eines Beamten, von Hofschauspieler Gustav Starke (s. d.) u. Clara Salbach (s. d.) für die Bühne ausgebildet, betrat diese als Schauspielerin 1901 am dort. Hoftheater u. kam 1902 nach Darmstadt, Berlin, Wien u. a. Hauptrollen: Käthchen von Heilbronn, Aschenbrödel u. a.

Müller, Peter, geb. 28. Juli 1791 zu Kesselstadt bei Hanau, gest. 29. Sept. 1877 zu Langen, war Lehrer u. Pfarrer. Komponist der Opern „Die letzten Tage von Pompeji" 1853 nach dem Roman von Bulwer u. „Claudine von Villa bella" nach Goethe. *Literatur:* H. *Müller,* P. Müller 1917; Karl *Schmidt,* P. M. (Hessische Biographien) 1919.

Müller, Peter, geb. 26. Mai 1863 zu Koblenz, gest. 7. März 1914 zu Stuttgart, Sohn eines Requisiteurs am Stadttheater in Koblenz, zuerst Chorsänger das. u. in Zürich, seit 1885 am Hoftheater in Stuttgart, dessen Intendanz ihn zum Solisten ausbilden ließ u. ihn auf Lebenszeit anstellte. Seit 1890 Kammersänger das. M. vertrat fast das ganze Fach des Lyrischen Tenors. Mascagni bezeichnete ihn als den besten deutschen Turiddu, aber M. glänzte auch als Lyonel, Wilhelm Meister, Postillon von Lonjumeau, George Brown u. in anderen Partien.

Müller, Renate, geb. 24. April 1904 zu München, gest. 7. Okt. 1937 zu Berlin, Tochter eines Chefredakteurs, betrat als Helena im „Sommernachtstraum" die Bühne am Harzer Bergtheater in Thale, spielte dann in Berlin an verschiedenen Bühnen u. kam 1929 ans dort. Staatstheater. Später wandte sie sich hauptsächlich dem Film zu.

Müller, Richard, geb. 3. Juni 1858 zu Hannover, gest. 5. Jan. 1893 zu Eisenach, Bruder von Hermann M., von seinem Vater Hermann Christian Friedrich M. für das Theater ausgebildet, begann seine Bühnenlaufbahn 1876 in Hannover, war 1878—91 Mitglied des Hoftheaters in Kassel, 1891—

1892 des Lobetheaters in Breslau u. trat zuletzt in Görlitz auf. W. Bennecke schrieb über ihn: „Er legte die meisten seiner Rollen vielversprechend an u. führte sie anfangs auch wirkungsvoll aus, bei Wiederholungen aber blieb er nicht auf derselben Höhe. In hervorragender Weise gab er Bräsig, Berent in ‚Fallissement', Zanga in ‚Der Traum ein Leben', Illo in ‚Die Piccolomini'. 1886 betrat er die Kasseler Bühne als Angelo in ‚Emilia Galotti' zum 1000. Mal."

Literatur: Wilhelm *Bennecke,* Das Hoftheater in Kassel 1906.

Müller, Richard, geb. 17. Juli 1861 zu Obermoschel in der Rheinpfalz, gest. 5. August 1924 das. Dialektdichter, auch Dramatiker.

Eigene Werke: Die Borjemeeschterwahl (Schwank) 1913; 's große Los (Volksstück) 1924; Des Wassermüllers Lottche (Schwank) 1925; Meister Wollmaus oder Die Feschtredel (Schwank) 1926.

Müller, Ricklef, geb. 11. Sept. 1922 zu Wesermünde, in Bremen 1938—40 für das Theater ausgebildet, begann seine Bühnenlaufbahn 1945 in Flensburg, wirkte 1946—1949 am Künstlertheater in Bremen, 1949—1952 am Staatstheater in Oldenburg, 1952 bis 1954 am Schauspielhaus in Zürich, 1954 bis 1955 am Theater in der Josefstadt in Wien u. seit 1955 am Schauspielhaus in Düsseldorf. Hauptrollen: Werner („Minna von Barnhelm"), Melchtal („Wilhelm Tell"), Essex („Elisabeth von England") u. a.

Müller, Robert, geb. 1832, gest. im Febr. 1895 zu München, war Heldendarsteller u. Theaterdirektor in Graz, Budapest, Olmütz u. a. Gastspiele führten ihn in die Schweiz u. nach Südamerika. Vater des gleichnamigen Berliner Schauspielers.

Müller, Robert, geb. 11. Juni 1840 zu Leipzig, gest. 16. Juli 1904 zu München, Sohn eines Buchhändlers, wurde 1860 Schauspieler in Greifswald u. trat seit 1862 auch als Baßbuffo auf, u. a. in Basel, Augsburg, Köln, Dresden, Leipzig, Wien u. schließlich in Stuttgart, wo er seit 1885 auch als Regisseur u. Deklamationslehrer am Konservatorium wirkte. Später führte er die Spielleitung in Prag u. Bremen u. seit 1892 die der Oper am Hoftheater in München, als Nachfolger von Karl Brulliot (s. d.), nebenbei als Lehrer an der Akademie der Tonkunst das. tätig. Hauptrollen:

Masetto, Van Bett, Bartolo, Leporello, Beckmesser u. a.
Literatur: Alfred Freiherr *von Mensi,* R. Müller (Biogr. Jahrbuch 9. Bd.) 1906.

Müller, Robert, geb. 29. März 1879 zu Wien, Sohn des Grazer Theaterdirektors Robert M. Berlin, Nürnberg, Hannover, Breslau, Berlin, Weimar, Dresden, Königsberg u. wieder Berlin waren die Stationen seiner Bühnenlaufbahn. M. spielte bei Jeßner, Reinhardt u. Barnowsky, gehörte von 1946 bis 1951 dem Ensemble des Hebbel-Theaters an u. zuletzt wieder dem Schiller-Theater. Hauptrollen: Fuhrmann Henschel, Julius Caesar, Wurzelsepp u. a.

Müller (geb. Dillenthaler), Rosa Karoline, (Geburts- u. Todesdatum unbekannt), Sängerin u. Schauspielerin des Leopoldstädtertheaters, seit 1830 dritte Gattin von Wenzel M. Nach dem Ableben desselben lebte sie in den dürftigsten Verhältnissen.

Müller, Sophie, geb. 19. Jan. 1803 zu Mannheim, gest. 20. Juni 1830 zu Hietzing (Wien), Tochter des badischen Hofschauspielers Karl M. u. der Sängerin Manon, geb. Boudet, Schwester der Schauspielerin Sophie Boudet (s. d), kam bereits als Kind auf die Bühne u. gehörte als Tragische 'Liebhaberin 1820—22 dem Hoftheater in Mannheim u. seither vielbewundert dem Burgtheater an. Nebenbei war sie Vorleserin am kais. Hof. Porträt in der Ehrengalerie des Burgtheaters. Hauptrollen: Julia, Ophelia, Beatrice, Lady Milford, Berta u. a. Heinrich Anschütz schrieb in seinen „Erinnerungen" von ihr: „Sophie Müller gehörte jenen genialen Schauspielernaturen an, die wie Ludwig Devrient, unwillkürlich Wunderbares schaffen müssen, die niemals fehlgreifen innerhalb der Grenzen ihres unerschöpflichen Naturells. Sie werfen in fast kindlicher Unbefangenheit ihre kostbaren Perlen aus u. wissen selbst nicht, welche Schätze sie der Welt zu Füßen legen. Aber das Genie hat sein besonderes Schicksal. Der Götterfunke, dem Sterblichen im Übermaße verliehen, wird zum flüssigen Feuer, das statt Blutes die Adern durchströmt. Entweder schlagen diese Flammen in die Außenwelt u. der Götterliebling sucht sich an den Genüssen der Sinnenwelt zu betäuben, oder das überirdische Feuer, ein anderes Brautgeschenk Kreusas, zerfrißt das Innere des sterblichen Gefäßes, bis der zerstörte Organismus zerfällt u. zerstäubt.

Es erfüllte sich bei S. M. Sie hatte in wenigen Jahren eine Stufe erstiegen, die ihr in der Kunstgeschichte eine Stelle neben den ersten Größen deutscher Bühnenwelt sicherte. Aber diese Siegeslaufbahn sollte nur kurz sein, vielleicht weil sie zu stürmisch war. In hastig schaffender Ungeduld hatte sie ihre triumphierenden Fahnen nach dem Norden getragen; das ruhig überlegende Berlin, das kunstsinnige Dresden hatte ihr im feurigsten Enthusiasmus gehuldigt. Aber Sophie ward zur Semele, die Glorie, womit ihre Göttin sie umgab, verzehrte sie. Bald nach diesem Triumphzuge stellten sich die Vorboten eines körperlichen Leidens ein. Periodische Heiserkeiten, Hustenanfälle begannen ihre künstlerischen Eingebungen zu beirren. Das Hindernis zu besiegen, wollte sie, was ihr an innerlichem Ausdruck versagte, durch äußere Zutat ersetzen. Sie wollte gewaltig erscheinen u. übernahm sich, sie wollte liebenswürdig sein u. die herrliche Naivität bekam einen Beigeschmack von Geziertheit. Das sah ihre vorsorgende Mutter, die Natur. Um ihr geliebtes Kind vor einer unfreiwilligen Verirrung zu bewahren, um ihre herrliche Erscheinung den Zeitgenossen nicht durch Alter u. Siechtum zu verkümmern, nahm sie das liebliche Geschöpf ihrer zärtlichsten Laune zu sich, ehe es von der Zeit angehaucht war." Richard Wallaschek („Die Theater Wiens" 1909) verglich sie mit Anna Krüger (s. d.): „In ihrer Begabung, die mit genialem Griffe ihre Aufgabe erfaßte, wie in ihrer elementaren Leidenschaft erinnerte sie ebenso an A. Krüger, wie in ihrem traurigen Schicksal; denn auch ihr zarter Körper hielt den gewaltigen, seelischen Erregungen nicht stand. Aber in kurzer Zeit war ihr beschieden, eine Stufe zu erreichen, die wenigen ihrer Kunstgenossen beschieden war. Nicht nur Wien, wo man sie bald zu vergöttern begann, auch Berlin u. Dresden lagen ihr zu Füßen." Costenoble, der sie nie für eine große Künstlerin gehalten hatte, rechnete ihre Erfolge hauptsächl. ihrer Erscheinung u. Deklamation zu. Nach ihrem Auftreten 1821 als Kathinka im „Mädchen von Marienburg" schrieb er in sein Tagebuch: „Schöne Gestalt — klangloses Sprachorgan — wenig Tiefe des Gemütes; dafür ein brillanter Redevortrag, der die Menge besticht. Ein Theatergesicht, das sich gut macht — großes Auge von schönem Schnitt, nur zu gläsern, tot." Als S. M. die Rutland im „Graf von Essex" spielte, heißt es im Tagebuch weiter: „M. gab die Rutland u. gefiel außerordentlich. Was könnte aus dem Mädchen werden, wenn es durch unzeitigen Beifall nicht auf die verderbliche Bahn der Manier geleitet würde, wohin sie sich von Natur oder vom Lehrmeister aus zu neigen scheint. Sie wird ihr Glück bei jeder Bühne machen, aber das Rechte u. Wahre wird ihr fern bleiben. Sie wird berühmt werden, ungefähr wie eine Lange, eine Opitz u. dergleichen Hochgefeierte u. dennoch Verirrte. Nimmermehr aber wird sie in die Tiefen des menschlichen Herzens dringen, wie eine Bethmann — nicht einmal wie eine Sophie Schröder." Dennoch empfand auch er ihren Verlust als unersetzlich.

Behandlung: Georg *Millert* u. Traute *Steinberg,* Melodie aus Wien (Operette von Emil Berté) 1955 (Uraufführung in Linz).

Literatur: Franz *Wallishauser,* Blätter der Erinnerung an S. Müller 1830; J. N. v. *Mailáth,* Leben der S. M. 1832; E. *Gans,* S. M. (Vermischte Schriften) 1834; *Wurzbach,* S. M. (Biogr. Lexikon 19. Bd.) 1868; J. *Kürschner,* S. M. (A. D. B. 22. Bd.) 1885; Carl *Costenoble,* Aus dem Burgtheater 1818—37 (Tagebuchblätter) 1889; *Eisenberg,* S. M. (Biogr. Lexikon) 1903; H. *Schmidkunz,* Das Stammbuch der Schauspielerin S. M. (Neue Freie Presse 25. Sept.) 1904; Otto Erich *Deutsch,* Die k. k. Hofschauspielerin S. M. in Graz (Zeitschrift des Hist. Vereins für Steiermark) 1906.

Müller (Ps. Geßner), Theresina, geb. 5. Juni 1865 zu Vicenza (bis 1921 nachweisbar). Tochter eines österreichischen Hauptmannes u. einer Italienerin, kam mit zehn Jahren nach Wien, wo sie Deutsch lernte u. später am Konservatorium, von B. Baumeister u. Fr. Mitterwurzer gefördert, für die Bühne ausgebildet wurde. Ihre Laufbahn als Liebhaberin u. Tragödin begann sie 1884 in Innsbruck, kam dann nach Graz, 1886 ans Deutsche Theater in Berlin, übersiedelte 1894 ins Berliner Theater, kehrte aber 1899 wieder zum Deutschen Theater zurück, an dem sie bis 1905 tätig war. Gattin von Otto Müller (Ps. Sommerstorff). Hauptrollen: Emilia Galotti, Klärchen, Iphigenie, Käthchen von Heilbronn, Julia, Hero, Desdemona, Ophelia, Maria Stuart u. a. Otto Brahm (s. d.) rühmte besonders ihr Gretchen: „Sie versuchte weder sich die blonde Gretchenperücke aufzusetzen, noch ihren Fuß auf die ellenhohen Socken zu stellen, sondern trat in ihrer braunen

Lieblichkeit, schlicht u. natürlich vor die Hörer. Niemals ist mir die Keusche dieser Sünderin überzeugender, gewinnender entgegengetreten, u. ob sie vor der Kirchentür mit der ganzen Vornehmheit einer reinen Natur u. doch im innersten getroffen, den Ansturm des Faust ablehnt, ob ihr in dem Wahnsinn der Kerkerszene tiefsinnige Worte von den Lippen fallen — immer ergreift uns die Künstlerin mit den einfachsten Mitteln, u. die Gestalt Gretchens steht vor uns, wie sie der Dichter gesehn: in der Fülle lieblicher Wahrheit, in träumerisch-unbewußter Anmut, umstrahlt von dem Zauber unvergänglicher Poesie." Auch Ph. Stein charakterisierte sie lobend. „T. G. hat von jeher etwas Sieghaftes auf der Bühne gehabt — ihr bloßes Erscheinen, die Eigenart ihres Wesens, der Klang ihres Organs, dessen Tonfärbung so leicht rühren u. ergreifen kann, genügt oft schon, um ihre Gestalten glaubhaft u. überzeugend zu machen . . . Ihr Gretchen, das sie 1900 zum ersten Male wieder im Deutschen Theater spielte, war treuherzig, lieb u. schlicht, aber die Tragik war echter, ergreifender, mitunter erschütternder geworden. Sie spielte dort das Gretchen, nachdem Agnes Sorma (s. d.) ihre Vorgängerin gewesen war, u. sie hat dort noch in mehreren Rollen gegen die Erinnerung an jene Künstlerin kämpfen müssen, besonders im ‚Meister von Palmyra', in der ‚Versunkenen Glocke'. Und es ergab sich das Unerwartete, Überraschende: beidemale hatte sie Szenen, in denen sie ihre Vorgängerin übertraf. In Wilbrandts ‚Meister von Palmyra', der lehrhaften Dichtung von der Seelenwanderung, hatte Agnes Sorma vielfach, besonders in den hochdramatischen Aufgaben versagt. Die Phoebe der Frau Geßner hätte freilich etwas stärkere Nuancierungen antiken Hetärentums vertragen; diese Gestalt kam nicht so unmittelbar u. echt heraus wie die anderen Wandlungen dieser Rolle. All diese anderen Gestalten aber, die Zoe im Laufe der Jahrhunderte annimmt, gewannen in ihrer Darstellung an Kraft u. dramatischem Temperament, zumal als Nymphas gab sie eine harmonische Einheit von Anmut, Schwärmerei u. Jugendlichkeitsbewußtsein. Im ‚Cyrano von Bergerac' traf ihre Verkörperung der Roxane im Schlußakt glücklich die Wehmut u. die Weihe des letzten Abschiedes. Dann aber hatte sie das Rautendelein gespielt . . . ein poetisch duftiges Rautendelein ist sie, lockend u. schön wie eine Märchenelfe, wundervoll in der Anmut des Ringelreigenflüsterkranzes, schelmisch u. frisch in all den Neckereien mit Waldschratt u. Nickelmann, ergreifend im Erwachen frauenhaften Sehnens, in dem ahnenden Staunen über die ersten Tränen."

Literatur: Leopold *Renzlav*, T. Geßner (Bühne u. Welt 1. Jahrg.) 1898; *Eisenberg*, T. G. (Biogr. Lexikon) 1903; Philipp *Stein* T. G. (Bühne u. Welt 5. Jahrg.) 1903; Fr. *Engel*, T. G. (Berliner Tageblatt Nr. 277) 1905.

Müller, Theodor, geb. 1. Jan. 1832 zu Stargard, gest. 7. Sept. 1896 zu Berlin, soll urspr. Zuckerbäcker gewesen sein u. war dann als Komiker in Nürnberg, Bremen, Hamburg, Breslau u. Berlin (Wallner-, Residenz- u. Centraltheater) tätig. In der Art Nestroys durch seine Mimik berühmt, wie P. Schlenther hervorhob: „Seine Komik lag hauptsächlich im Gesichtsausdruck. Es war erstaunlich, wohin seine Unterlippe überall geraten konnte, wie sie scheinbar bald über der Nase, bald unter dem Kinn saß, wie lawinenartig sie anschwellen konnte. Dazu grinsten die kleinen, versteckten Augen verschmitzt u. listig in den Possenunfug hinein, u. auch der kurze, knollige Körper bog u. krümmte sich wie ein dikker, entstachelter Igel. Dieser groteske Komik fehlte jede äußerliche Verzerrung. Es waren Naturgesichter, kein Gesichterschneiden! Diese Komik vermochte auch zu ergreifen. Bei den Vorstellungen des Berliner Vereins ‚Freie Bühne‘ hat M. das als alter Kopelke in Holz u. Schlafs ‚Familie Selicke‘, als Hausknecht Friebe in Hauptmanns ‚Friedensfest‘ u. als Lumpensammler Hornig in den ‚Webern‘ bewiesen. Hier zeigte sich, daß seine Komik nicht bloß wirken, sondern auch gestalten konnte. Im eigenen Naturell fand er volkstümliches Leben. Sogar sein körperliches Leiden, seine Atemnot, die ihm zuletzt nur noch den Flüsterlaut gestattete, wußte er zu künstlerischen Wirkungen zu verwerten."

Literatur: Paul *Schlenther*, Th. Müller (Biogr. Jahrbuch 1. Bd.) 1897.

Müller, Therese s. Grünbaum, Therese.

Müller, Therese, geb. 27. Sept. 1833 zu Oravitza, gest. 11. Aug. 1903 zu Brandenburg an der Havel, betrat sechzehnjährig als Regimentstochter die Bühne, wirkte in Salzburg, Linz u. Pest in Oper, Posse, Vaudeville u. Lustspiel, kam unter Nestroy ans Carltheater in Wien, dann an das Landestheater in Prag, nach Riga, Köln, Breslau, Freiburg, Zürich, Posen u. spielte 1869—73 wieder in Riga, wo sie später als Gesangslehrerin lebte. 1893 ließ sie sich in Brandenburg nieder. Hauptrollen: Rose Friquet, Galathee, Elsa, Philine u. a.

Müller (Ps. Malten), Therese, geb. 21. Juni 1855 zu Insterburg in Ostpreußen, gest. 2. Jan. 1930 zu Neu-Zschieren bei Dresden, Tochter eines Regierungsrates, wurde wegen ihrer Stimme schon mit vier Jahren als Wunderkind angestaunt, später vom Hofopernsänger Anton Woworsky (s. d.) in die musikalische Welt Berlins eingeführt, von Gustav Engel gesanglich u. von Hofschauspieler Richard Kahle (s. d.) dramatisch ausgebildet u. trat 1873 als Pamina am Hoftheater in Dresden erstmals auf. Seit 1880 Kammersängerin das. 1881 lud sie R. Wagner ein, die Kundry in Bayreuth zu übernehmen. In England, Holland u. Rußland, wo immer sie auch gastierte, erregte ihre heldenhafte Erscheinung u. der bezaubernde Wohllaut ihres Soprans Aufsehen. Man nannte sie die Wagnersängerin ihrer Zeit schlechthin. R. Wagner selbst äußerte sich, daß Th. M. ihn immer wieder an Wilhelmine Schröder-Devrient erinnere. Droste rühmte ihr Stimmvermögen, das auch den größten u. anspruchsvollsten Aufgaben gerecht wurde. Dazu war sie „im Besitze eines außerordentlichen technischen Könnens, von starkem Temperament u. ungewöhnlicher Darstellungsgabe u. der seltenen Fähigkeit, sich jederzeit in den Geist auch der verschiedenartigsten Partien völlig einleben zu können. Das dunkeläugige, strahlende Wotanskind der ‚Walküre‘ in kriegerischer Wehr oder das wissend gewordene Weib in der ‚Götterdämmerung‘, die königliche Zauberin Armide oder Irlands stolze Fürstenbraut, die Herrscherin Isolde . . ." sie alle seien Aufgaben gewesen, denen sie sich mit Vorliebe widmete. „Ihr feines, künstlerisches Empfinden, ihre hohe Intelligenz u. ihre in das Wesen einer jeden der von ihr dargestellten Bühnengestalten sich versenkende schöpferische Natur lassen sie selbst in den heterogensten Rollen stets auf der Stufe gleicher Abrundung u. Vollendung, originell u. im besten Sinne vorbildlich erscheinen. In ihr bestätigt sich, was R. Wagner über Schnorr von Carolsfeld gesagt hatte: nicht nur den genialen Sänger u. Darsteller, sondern den ‚singenden wirklichen Musiker u. Dramatiker' habe er endlich gefunden." Hauptrollen: Elisabeth, Elsa, Brünnhilde, Venus, Isolde, Senta, Agathe, Fidelio, Santuzza, Armida u. a.

Literatur: Carlos *Droste,* Th. Malten (Bühne u. Welt 2. Jahrg.) 1900; Bodo *Wildberg,* Th. M. (Das Dresdner Hoftheater in der Gegenwart) 1902; *Eisenberg,* Th. M. (Biogr. Lexikon) 1903; L. *Hartmann,* Th. M. (Neuer Theater-Almanach, herausg. von der Genossenschaft Deutscher Bühnenangehöriger 15. Jahrg.) 1904; *Anonymus,* Th. M. (Die Bühnengenossenschaft Nr. 3) 1955.

Müller, Thomas, geb. 1619 zu Zug, gest. 1697 zu Konstanz, 1643 Kaplan, war 1650 bis 1658 Chorregent in Zug u. schrieb das hier 1655 aufgeführte Drama „Der ägyptische Josef."

Müller, Traugott, geb. 1895, gest. 29. Febr. 1944 zu Berlin, war Bühnenbildner am Staatstheater das.

Müller (Ps. Müller-Eberhart), Waldemar, geb. 3. Juni 1871 zu Bromberg, Sohn eines Geh. Regierungsrats, studierte in Berlin, war 1900—09 Kriminalkommissär u. ließ sich als freier Schriftsteller später in Schreiberhau, zuletzt in Alfeld an der Leine, nieder. Erzähler u. Dramatiker.

Eigene Werke: Lokomotivführer Claußen (Schauspiel) 1906; Das Kind (Drama) 1906; Dr. Volkner (Drama) 1906; Die Turbine (Drama) 1909; Bühnen-Not 1910; Eines Königs Tragödie (Drama) 1913; Märkische Erde (Volksstück) 1918; Lillys Liebe (Lustspiel) 1918; Kunigunde (Kynastvolksstück) 1920; Die Legende der hl. Hedwig (Volksstück) 1921; Michael Holtenbeen, der Seifensieder, das Spiel vom deutschen Michel (Volksstück) 1923; Aus der schönen alten Zeit, Eichendorff-Erinnerungen (Volksstück) 1923; Oberschreiberhauer Mysterienspiel Maria v. Gitschina 1924; Tausend Jahre wie ein Tag (Volksstück) 1925; Luther, der Lebendige (Drama) 1927; Hans Ulrich Schaffgotsch (Trauerspiel) 1927 (Neudruck als: Hans Ulrich Schaffgotsch-General Wallensteins 1939); Der Sturm auf die Groditzburg (Volksspiel) 1933; Wenn der Vater August kommt (Volksspiel) 1934; Fridericus Immortalis, der wahre Geist von Potsdam (Roman. Drama) 1935 (Neudruck als: Ein König. Fridericus Rex 1939) u. a.

Literatur: H. *Herwig,* W. Müller-Eberhart u. sein Werk (Schles. Monatshefte Nr. 9) 1936.

Müller (von Kulm), Walter, geb. 31. Aug. 1899 zu Basel, bis 1928 Volksschullehrer, wurde, nach Ausbildung an den Konservatorien in Basel u. Zürich, Lehrer für Theorie am Konservatorium das. Auch Komponist.

Eigene Werke: Mutterland (Festspiel) 1935; Die blaue Blume (Ballett) 1935; Der Erfinder (Oper, Text von O. Wälterlin) 1937.

Müller, Walter, geb. 6. Mai 1911 zu Prag, Sohn eines Offiziers, wirkte als Komischer Liebhaber u. Operettenbuffo in Karlsbad, Mährisch-Ostrau, 1937 am Deutschen Theater in Prag, 1938 an der Volksoper in Wien, 1940—44 am Metropoltheater in Berlin u. seit 1946 wieder in Wien (Bürger- u. Stadttheater). Seine Rollen fand er vor allem in Operetten wie „Die Dubarry", „Die Czardasfürstin", „Im weißen Rößl", „Das Land des Lächelns" u. a.

Müller, Walter, geb. 1884 zu St. Gallen, Sohn eines Architekten, Doktor der Philosophie, besuchte 1904—07 das Konservatorium in Leipzig, wirkte 1910—11 als Theaterkapellmeister in Nürnberg, 1911 bis 1912 in St. Gallen, 1912—19 als Musikdirektor in Emden u. seit 1920 wieder als Kapellmeister in St. Gallen.

Müller, Wenzel, geb. 26. Sept. 1767 zu Markt-Türnau bei Mährisch-Trübau, gest. 3. Aug. 1835 zu Baden bei Wien, Sohn eines Gutspächters, beherrschte schon als Knabe fast alle Instrumente, komponierte zwölfjährig zur Primizfeier seines geistl. Bruders eine Messe, kam zu den Benediktinern in Reigern bei Brünn, wo seine musikalische Begabung Aufsehen erregte u. gefördert wurde, u. von da in die Musikkapelle des Fürstbischofs von Breslau Grafen Schaffgotsch in Johannisberg, deren Dirigent, der Komponist Ditters von Dittersdorf, ihn mächtig beeinflußte. In Brünn 1783 als Theaterkapellmeister angestellt, brachte er seine erste Operette „Das verfehlte Rendezvous oder Die weiblichen Jäger" zu erfolgreicher Uraufführung. Seit 1786 Kapellmeister an Marinellis Leopoldstädter Theater in Wien. Dieses wurde durch seine volkstümlich tonkünstlerische Mitarbeit eine Hauptpflegestätte urwüchsiger Volksdramatik, im Zeitalter Napoleons u. des Wiener Kongresses zur „Apotheke des Humors". 1808—13 weilte M. als Operndirektor in Prag. Er komponierte außer vielen Kantaten, Symphonien u. Messen über 200 Singspiele u. musikalische Zauberstücke sowie Gesangspossen. Als der „größte Bänkelsänger" des deutschen Volkes, der die „Wiener Possen in jedes deutsche Ohr geheftet, daß niemand sich derselben erwehren konnte", gehört er zu den Tondichtern ersten Ranges. Selbst Mozart erkannte ihn liebenswürdig übertreibend als „Erfinder des musikalischen Humors" an. Haydn sagte von M., daß er „unnachahmlich, in seinem Genre ihm keiner gleich war u. wohl schwerlich jemand gleichen würde." Beethoven war von dem Lied „Ich bin der Schneider Kakadu" (aus dem Singspiel „Die Schwestern von Prag") so entzückt, daß er darüber die Variationen Op. 121 a für Klavier, Geige u. Cello schrieb. Vielgesungen wurden auch weitere volkstümliche Lieder Müllers, so „Kommt ein Vogerl geflogen", „Wer niemals einen Rausch gehabt", „So leb denn wohl, Du stilles Haus" u. a. Seit 1787 Gatte der Sängerin Magdalena Reiningsthal, in zweiter Ehe seit 1809 mit der Schauspielerin Anna Trautmann u. in dritter seit 1830 mit der Sängerin u. Schauspielerin Rosa Karoline Dillenthaler verheiratet. Vater der berühmten Sängerin Therese Grünbaum (s. d.) u. Großvater von Karoline Grünbaum, verehel. Bercht (s. d.).

Eigene Werke: Das verfehlte Rendezvous oder die Jäger (Singspiel, Text von Zehenmark) 1783; Die Reisenden von Salamanka (Singspiel, Text von dems.) 1783; Dr. Faust (Parodie) 1784; Die stolze Operistin (Singspiel) 1784; Der adelige Pächter (Singspiel) 1785; Gandolin (Pantomime) 1785; Horna u. Kloska (Pantomime) 1785; Je größer der Schelm, desto größer das Glück (Singspiel) 1786; Der Invalide (Lustspiel) 1786; Arlequins Neckereien (Pantomime) 1786; Der Wäschkasten (Ballett) 1787; Der lebende Sack (Singspiel) 1787; Gandolin u. Roxalano (Ballett) 1788; Das Glück ist kugelrund (Maschinenlustspiel von Hensler) 1789; Zemire u. Azor (Singspiel, Tanzmusik von W. Müller) 1790; Harlekin auf dem Paradebett (Pantomime) 1790; Hans Tommerl beim Essen (Ballett) 1790; Der Großvater oder Die 50jährige Hochzeitsfeier (Lustspiel) 1790; Kaspar, der glückliche Vogelkrämer (Singspiel, Text von Hensler) 1791; Kaspar, der Fagottist oder Die Zauberzither (Singspiel, Text von J. Perinet) 1791; Der Orang-Utang (Lustspiel, Text von Hensler) 1791; Das Glück der Untertanen (Singspiel von Perinet) 1792; Die Verschwörung der Oda-

lisken oder Die Löwenjagd (Singspiel von Hensler) 1792; Die Schneider (Singspiel von Perinet) 1793; Das neue Sonntagskind (Singspiel von dems.) 1793; Die Schwestern von Prag (Singspiel von dems.) 1794; Johannes Zauberhorn (Singspiel von dems.) 1795; Caro oder Mägerens Söhne (Singspiel von dems.) 1795; Der Alte überall u. nirgends (Singspiel von Hensler) 1795; Der lustig Lebendig (Singspiel von Perinet) 1796; Nanette oder Die schöne Wienerin (Singspiel von dems.) 1796; Eugen der Zweite, der Held unserer Zeit (Singspiel von dems.) 1796; Das Schlangenfest in Sangora (Singspiel von Hensler) 1796; Der unruhige Wanderer (Singspiel von dems.) 1796; Der österreichische Soldat in Kehl (Lustspiel von dems.) 1797; Die zwölf schlafenden Jungfrauen (Schauspiel von dems.) 1797; Die getreuen Österreicher oder Das Aufgebot (Lustspiel von Perinet) 1797; Das lustige Beilager (Singspiel von dems.) 1797; Wer den Schaden hat, darf für den Spott nicht sorgen (Komische Oper von Hensler) 1798; Ritter Benno von Ettingen (Schauspiel von dems.) 1798; Der Sturm oder Die Zauberinsel (Heroisch-komische Oper von dems., nach Shakespeare) 1798; Der unruhige Wanderer oder Kasperls letzter Tag (Harlekinade von dems.) 1799; Thaddädl oder Der dreißigjährige ABC-Schütz (Singspiel von dems.) 1799; Die Teufelsmühle am Wienerberg (Volksmärchen von dems.) 1799; Der Liebhaber in der Klemme (Operette von Perinet) 1799; Die Zigeuner (Singspiel von Richter) 1800; Heroine oder Die schöne Griechin von Alexandria (Schauspiel von Hensler) 1800; Der Bettelstudent (Singspiel von dems.) 1800; Der Teufelsstein in Mödling (Lustspiel von dems.) 1800; Der eiserne Mann oder Die Drudenhöhle (Volksmärchen von dems.) 1801; Der Schuster Feierabend (Bürgerl. Singspiel von Perinet) 1801; Ritter Don Quixote (Romantisch-komische Oper von Hensler) 1802; Die unruhige Nachbarschaft (Singspiel von dems.) 1803; Das Bergfest (Singspiel von dems.) 1803; Orions Rückkehr zur friedlichen Insel (Singspiel von Perinet) 1803; Das neu errichtete Kaffeehaus (Komische Oper von dems.) 1803; Die schwarze Redoute (Oper von Kriegsteiner) 1804; Der Bäckeraufzug in Wien (Oper von Ziegelhauser) 1804; Evakathl u. Schnudi (Posse von Perinet) 1804; Die kleinen Milchschwestern von Petersdorf (Volksmärchen von Hensler) 1804; Die Bewohner der Türkenschanze (Romantisch-komische Oper von Gleich)

1804; Die Geister im Wäschkasten (Pantomime von Hasenhut) 1804; Der rote Turm (Singspiel von L. Huber) 1804; Die Braut in der Klemme (Singspiel von Kriegsteiner) 1804; Der Lumpenkrämer (Singspiel) 1805; Die Göttin der Gestirne oder Der goldene Schlüssel (Zauberoper von Gleich) 1805; Der Desparationsball (Oper von Kriegsteiner) 1805; Der Dorfbarbier (Pantomime von Kees) 1805; Marlborough (Pantomime von Kübler) 1805; Das Sommerlager (Oper von Perinet) 1805; Martin Mocks (Singspiel von Huber) 1805; Die Berggeister (Singspiel) 1805; Hildegund u. Sigbertiky (Rittermärchen von Gleich) 1806; Arlequin auf der Insel Liliput (Pantomime von Kees) 1806; Die Mondkönigin oder Die bezauberte Schneiderwerkstatt (Pantomime von dems.) 1806; Die neue Alceste (Karikaturoper von Perinet) 1806; Bellino Rosaura (Oper von Gleich) 1807; Goda oder Männersinn u. Weibermut (Oper von dems.) 1807; Javina u. Laskina (Oper) 1807; Samson (Melodrama von J. Schuster) 1808; Die Wunderlampe (Zauberoper) 1810; Simon Plattkopf (Singspiel) 1811; Schloßgärtner u. Windmüller (Operette) 1813; Der österreichische Grenadier (Singspiel) 1813; Die Jungfrau von Wien (Parodie auf die Jungfrau von Orleans) 1813; Der Kosak in London (Singspiel) 1813; Fee Zenobia oder Die Zauberruinen (Pantomime) 1814; Der Riese Molochus (Pantomime) 1814; Hugo der Siebente (Schauspiel von Bäuerle) 1814; Der Vater ist wieder da oder Ehrlich währt am längsten (Gemälde von dems.) 1814; Hans Max Giesebrecht von der Humpenburg (Schauspiel von Kotzebue) 1814; Die Prinzessin von Cacambo (Komische Oper von Perinet) 1814; Herr von Schabel (Posse) 1815; Die Bekanntschaft im Leopoldstädter Theater (Singspiel) 1815; Die Katze der Frau von Zichori (Singspiel) 1815; Das Badhaus bei Wien (Singspiel von Bäuerle) 1815; Dragon, der Hund des Aubry (Parodie von Perinet) 1816; Thaddädl auf der Zwergeninsel (Singspiel) 1816; Die Eipeldauer Zeitung (Singspiel von Bäuerle) 1816; Die Schmauswaberl (Singspiel von dems.) 1816; Die unvermutete Hochzeit (Operette von Schikaneder) 1816; Die Prellerei in der Narrengasse (Posse von Schikaneder) 1816; Die Entführung der Prinzessin Europa (Singspiel) 1816; Das Tal der Gnomen (Singspiel) 1816; Vitzliputzli (Singspiel) 1817; Tancredi (Operntravestie) 1817; Die Frau Gertrud (Parodie von Meisl) 1817; Doktor Fausts Mantel (Zauberspiel von Bäuerle) 1817; Der ver-

wunschene Prinz (Parodie von dems.) 1818; Der Schatten von Fausts Weib (von dems.) 1818; Die travestierte Zauberflöte (Parodie von Meisl) 1818; Halb Fisch, halb Mensch (Singspiel von Raimund) 1818; Der Hölle Zaubergraben (Allegorisches Genrebild) 1819; Die alte u. die neue Schlagbrücke (Lustspiel von Gleich) 1819; Die Brüder Liederlich (Singspiel) 1820; Die bezauberte Braut (Singspiel) 1820; Moderne Wirtschaft u. Don Juans Streiche (Singspiel) 1821; Die Fee aus Frankreich (Märchen von Meisl) 1821; Nina, Nanni, Nannerl u. Nanette (Singspiel) 1822; Aline oder Wien in einem anderen Weltteil (Zauberoper von Bäuerle) 1822; Der Barometermacher auf der Zauberinsel (Zauberposse von Ferd. Raimund) 1823; Der schwarze See oder Der Blasebalgmacher u. der Geist (Zauberspiel von Lenz) 1825; Die musikalische Schneiderfamilie oder Die Heirat durch Gesang (Posse von Bäuerle) 1825; Herr Josef u. Frau Waberl (Posse von Gleich) 1826; Fido Savant, der Wunderhund (Posse von Gleich) 1826; Glück in Wien (Posse von Bäuerle) 1826; Harlekin als Taschenspieler (Pantomime) 1827; Die gefesselte Phantasie (Zauberspiel von Ferd. Raimund) 1828; Der Alpenkönig u. der Menschenfeind (Märchen von dems.) 1828; Die Marokkaner in Dummhausen (Posse von Gleich) 1829; Der schwarze Bräutigam oder Alles à la Mohr (Posse von Meisl) 1830; Werthers Leiden (Parodie von dems.) 1830 u. a.

Literatur: Wurzbach, W. Müller (Biogr. Lexikon 19. Bd.) 1868; C. F. *P.*, W. M. (A. D. B. 22. Bd.) 1885; W. *Krone*, W. M. (Diss. Berlin) 1906; *Nagl-Zeidler-Castle*, Deutschösterr. Literaturgeschichte 2. Bd. 1. Abt. 1914; Leopold *Raab*, W. M. 1928; H. *Riemann*, W. M. (Musik-Lexikon 11. Aufl. 2. Bd.) 1929; A. *Patzak* u. a., Beiträge zu W. M. (Der Ackermann aus Böhmen 2. Jahrg.) 1934; C. L. *Heidenreich*, W. M. (Tagesbote, Brünn Nr. 344) 1935 (mit lokalhistorischen Ergänzungen).

Müller, Werner Burkhard, geb. 29. Aug. 1899 zu Elgersburg in Thüringen, studierte in München u. Leipzig (Doktor der Philosophie), wurde in Weimar musik. ausgebildet u. wirkte als Opernregisseur 1925 bis 1929 in Gotha, 1929—32 in Kiel, 1933—36 am Landestheater in Beuthen, 1936—39 an den Städt. Bühnen in Lübeck, 1939—42 am Opernhaus in Breslau, 1942—44 wieder in Lübeck, 1946—50 in Solingen u. 1950—52 an der Staatsoper in München.

Müller, Wilhelm, geb. 24. März 1780 zu Petersburg (?), gest. 20. April 1862 zu Berlin-Charlottenburg, Sohn eines Baurats (oder Stallmeisters?), wirkte als Schauspieler in Riga u. Reval, erwarb eine Spielerlaubnis für Köslin u. Stettin, verkaufte aber nach dem Tode seiner zweiten Frau seine Theatereinrichtung u. zog nach Berlin, wo er seit 1847 den „Preußischen Volksfreund" leitete. Herausgeber des Taschenbuchs „Des Bettlers Gabe" 1835 bis 1848. Außer Romanen, Volks- u. Jugendschriften soll er auch Dramen geschrieben haben.
Literatur: L. *Stieda,* W. Müller (A. D. B. 52. Bd.) 1906.

Müller, Wilhelm, geb. 28. Juli 1889 zu Krefeld, gest. 25. Nov. 1955 zu Stuttgart, gehörte als Opernsänger seit 1915 dem Württemberg. Staatstheater an, trat 1919 in den Verwaltungsrat der „Genossenschaft Deutscher Bühnen-Angehöriger" ein, war kommissarischer Leiter des Landestheaters in Stuttgart u. als Landesobmann von Württemberg-Baden an der Schaffung des Normal- u. Tarifvertrages maßgebend beteiligt. Ehrenmitglied des Staatstheaters in Stuttgart. Abgeordneter im Württemberg. Landtag.

Müller, Wilhelmine s. Mosewius, Johann Theodor.

Müller, Wilhelmine, geb. 9. April 1828 zu Wien, gest. 13. Aug. 1866 das., Tochter Adolf Müllers (1801—86), begann ihre Laufbahn als Schauspielerin 1845 am Leopoldstädter Theater in Wien, wirkte dann zwei Jahre in Riga, gab Gastspiele in Berlin, Köln, Breslau, Posen, Magdeburg, Danzig u. Stettin u. kehrte zuletzt nach Wien zurück.
Literatur: Wurzbach, W. Müller (Biogr. Lexikon 19. Bd.) 1868.

Müller, William, geb. 4. Febr. 1844 zu Hannover, gest. 21. Juli 1905 das., Sohn eines Schuhmachers, zuerst Dachdecker, wurde, nachdem seine glänzende Stimme entdeckt worden war, in Hannover vom Hofkapellmeister Karl Ludwig Fischer ausgebildet u. trat 1868 in seiner Vaterstadt erstmals auf. 1877—84 wirkte er als Heldentenor an der Hofoper in Berlin, dann wieder in Hannover u. nahm 1893 seinen Bühnenabschied. Hauptrollen: Raoul, Max, Prophet, Lohengrin u. a. Carl Sontag schrieb über ihn in seinen „Bühnenerlebnissen" 1878: „Ein Glück für unser Theater war, daß einstens auf dem Dache des Klosters Wienhausen ein armer Handwerker entdeckt wurde, der sich bei seiner Arbeit durch Lieder anzufeuern suchte, die er mit melodischer Stimme vor sich hinsang. König Georg V. ließ ihn durch den Gesangslehrer Lindhuld ausbilden, der ihn aber bald aufgab, weil er an seiner Zukunft zweifelte. „Den Wegwurf heb ich auf!', sagte unser Kapellmeister Fischer, u. letzterem dankt die Hannoversche Bühne in W. M. einen Tenoristen, der es wagen konnte, als ersten theatralischen Versuch eine Glanzrolle Niemanns: ,Joseph' in ,Jakob u. seine Söhne' zu wählen, der durch Fleiß schnell alles Störende der Anfängerschaft von sich warf, in kurzer Zeit sich zu den Lieblingen des Publikums emporschwang, u. jetzt an den Stufen einer glänzenden Laufbahn stand."
Literatur: J. *Lewinsky,* W. Müller (Theatralische Carrieren) 1881; *Eisenberg,* W. M. (Biogr. Lexikon) 1903.

Müller, Willy, geb. 7. April 1883 zu Gelsenkirchen, Sohn eines Hüttendirektors, studierte in Darmstadt u. Berlin, wurde 1914 Privatdozent in Braunschweig, 1919 Professor für Baustoff- u. Metallkunde in Darmstadt u. später in Berlin. Kulturphilosoph u. Dramatiker.
Eigene Werke: Von höheren Menschen (3 Dramen) 1932; Friedrich von Hohenzollern (2 Dramen) 1932; Der Doge von Venedig (Trauerspiel) 1934; Judas (Passionsdrama) 1934.

Müller (Ps. Müller von Königswinter), Wolfgang, geb. 15. März 1816 zu Königswinter, gest. 29. Juni 1873 zu Neuenahr, Arztsohn, studierte in Bonn u. Berlin, lernte in Dresden Tieck kennen u. wurde dann Arzt in Düsseldorf. Seit 1853 lebte er in Köln a. Rh. Vorwiegend Erzähler in Vers u. Prosa, aber auch Bühnendichter.
Eigene Werke: Karl Immermann u. sein Kreis 1863; Der Einsiedler von Sanssouci (Histor. Lustspiel) 1865; Die Rose von Jericho (Trauerspiel) o. J.; Dramatische Werke (Sie hat ihr Herz entdeckt — In der Kur — Der Supernumerar — Die Frau Kommerzienrat — Sie macht alle glücklich — Wie das Stück, so das Glück — Dornröschen — Um des Kaisers Bart — Über den Parteien — Inkognito — Amor u. Psyche — In Acht u. Bann) 6 Bde. 1872.

Literatur: Franz *Brümmer,* W. Müller von Königswinter (A. D. B. 22. Bd.) 1885; P. L. *Jäger,* W. M. v. K. (Diss. Köln) 1923; Hilde *Becker,* W. M. v. K. (Diss. Münster) 1924; Tony *Metternich,* W. M. v. K. 1933.

Müller, Wolfgang, geb. 24. Mai 1890 zu Rostock, trat als Schauspieler erstmals in Posen auf, wirkte dann in Potsdam, Dortmund (hier 1917—20 auch als Spielleiter), Berlin (Rose-Theater), Oberhausen, Hamburg, mehrere Jahre wieder in Berlin, dann in Cottbus, Neiße, Landsberg, Zwickau u. Werdau.

Müller, Wolfgang, geb. 21. Okt. 1907 zu Hongkong, war 1944—47 Dramaturg u. Theaterintendant. Auch Schriftsteller. Verfasser des Lustspiels „Die glückliche Ehe" 1939.

Müller, Wolfgang Werner, geb. 14. Dez. 1922 zu Berlin, wirkte als Schauspieler u. Regisseur am Landestheater in Salzburg, am Kurfürstendamm in Berlin, auf Tourneen in Österreich u. in der Schweiz u. als Kabarettist an zahlreichen Kleinbühnen in Berlin, Wien, Stuttgart u. a.

Müller-Anschütz (geb. Kette), Josefine, geb. 1793 zu Bamberg (Todesdatum unbekannt), heiratete 1810 Heinrich Anschütz (s. d.), 1811—20 als Sängerin in Breslau tätig, trat nach ihrer zweiten Heirat mit dem dort. Schauspieler Müller seit 1822 unter dem Namen Müller-Anschütz auf, u. a. in Königsberg u. Leipzig. Eine ihrer Hauptrollen war Elvira in „Don Juan". Auch als Schauspielerin hatte sie einen guten Ruf. Zuletzt lebte sie in Halle a. d. S.
Literatur: Eisenberg, H. Anschütz (Biogr. Lexikon) 1903.

Mueller von Asow, Erich Hermann, geb. 31. Aug. 1892 zu Dresden, studierte in Leipzig bei Hugo Riemann (Doktor der Philosophie), kam 1917 ans Neue Theater das. als Regievolontär, 1918 als Opernregisseur an das Wernow-Operntheater an die Ostfront, hierauf als Musikschriftsteller nach Dresden, 1920 als Chefredakteur der Zeitschrift „Maske u. Palette" nach Berlin u. 1921 wieder nach Dresden, wo er seit 1926 als Dozent für Musikwissenschaft tätig war, 1933—45 weilte er im Ausland u. stand seither dem Internationalen Musiker-Brief-Archiv in Berlin als Leiter vor. Herausgeber von Briefsammlungen Glucks,

Haydns, Mozarts, Bachs, Regers, des Simrock-Jahrbuchs 1928 f. u. a. Bearbeiter von Glucks Oper „Corona".
Eigene Werke: Die Mingottischen Opernunternehmungen (Diss. Leipzig) 1915; Angelo u. Pietro Mingotti 1917; Deutsches Musiklexikon 1929 (2. Aufl. 1954) u. a.

Müller-Beimerstetten, Hans, geb. 1902, gest. 10. Aug. 1942 (gefallen im Osten), Verfasser von Bühnenwerken, die er am Ulmer u. Heilbronner Stadttheater zur Uraufführung brachte (wie „Lederwams u. Schürzenband", ein Spiel um die treuen Weiber von Weinsberg u. a).

Müller-Bernhardy, Johanna (Geburtsdatum unbekannt), gest. 26. Jan. 1873 zu Mannheim, war Schauspielerin das.

Müller-Birkholz, Therese, geb. 12. Dez. 1845 zu Berlin, gest. 4. April 1907 das., gehörte dem dort. Hoftheater als Tänzerin an.

Müller-Borchert, Henriette, geb. 27. Jan. 1835 zu Tilsit, gest. 31. Jan. 1905 zu Weimar, Schauspielerin (Muntere u. Sentimentale Liebhaberin).

Müller-Bütow, Hedwig (Geburtsdatum unbekannt), gehörte als Sopranistin dem Staatstheater in Berlin u. dem Nationaltheater in Mannheim (1955) an. Kammersängerin (seit 1953). Hauptrollen: Leonore („Fidelio"), Senta („Der Fliegende Holländer"), Martha („Tiefland"), Arabella (Titelrolle), Elektra („Idomeneo") Marie („Wozzek") u. a.

Müller-Cramer, Klara, geb. 30. Jan. 1855 zu Leipzig, gest. 18. Sept. 1941 zu Freiburg im Br., Schauspielerin, stellte Komische Alte u. Mütter dar, zuletzt in Freiburg.

Müller-Crusius, Jenny, geb. 1901, gest. 16. Mai 1935 zu Dresden. Schauspielerin.

Müller-Eberhart, Waldemar s. Müller, Waldemar.

Müller-Einigen, Hans s. Müller, Hans.

Müller-Elmau, Eberhard, geb. 9. Okt. 1905 zu Mainberg in Unterfranken, besuchte die Max-Reinhardt-Schule in Berlin, begann seine Bühnenlaufbahn in Osnabrück u. wirkte als Schauspieler u. Spielleiter in München, Prag, Bremen, Gera, Braunschweig, Dortmund, Mainz u. seit 1953 in Göttingen. Hauptrollen: Shrewsbury („Maria Stuart"), Gloster („König Lear"), Berg („Die Journalisten") u. a.

Müller-Fabricius, Friederike, geb. 3. Juni 1823 zu Aachen, gest. 12. April 1904 zu Königsberg in Preußen, wirkte als Feinkomische Alte u. a. 1876—80 unter Max Staegemann (s. d.) am dort. Stadttheater. 1887 nahm sie ihren Bühnenabschied. Gattin von Leonardi M. u. Mutter des Folgenden.

Müller-Fabricius, Viktor, geb. 11. Aug. 1850 zu Hildesheim (Todesdatum unbekannt), Sohn des Sängers (Baßbuffo) Leonardi Müller (s. d.) u. der Vorigen, an der Kunstakademie in Kassel zum Maler ausgebildet, wandte sich jedoch in München der Bühne zu, debütierte als Schauspieler 1876 in Rügenwalde, kam über Danzig, Breslau, Gera, Chemnitz, Amsterdam, Wien (Carltheater), Mainz (Residenztheater), Hannover u. Lübeck 1891 nach Amerika, wo er in Neuyork, Cincinnati u. a. auftrat. Vor allem Charakterkomiker. Hauptrollen: Hasemann, Weigelt, Piepenbrink, Striese u. a.

Müller-Fleißen, Josef s. Müller, Josef.

Müller-Graf, Kurt (Geburtsdatum unbekannt), war 1947—48 Schauspieler am Jungen Theater in München, 1950—53 am Staatstheater in Karlsruhe, 1953 in Baden-Baden u. seit 1954 an den Städt. Bühnen in Nürnberg u. Fürth. Hauptrollen: Sigismund („Das Leben — ein Traum"), Tellheim („Minna von Barnhelm"), Viktor („Der lebende Leichnam"), Proctor („Hexenjagd") u. a. Seit 1952 Staatsschauspieler.

Müller-Grassmann, Heinz, geb. 10. März 1921 zu Berlin, am dort. Konservatorium ausgebildet, wirkte als Kapellmeister u. Chordirektor der Operetten-Gastspiele das.

Müller-Guttenbrunn, Adam (Ps. Ignotus), geb. 22. Okt. 1852 zu Guttenbrunn in Ungarn (Banat), gest. 5. Jan. 1923 zu Wien, bäuerlicher Abkunft, empfing seine Gymnasialausbildung in Temeschwar u. Hermannstadt, besuchte 1870 die Wiener Handelsakademie u. trat 1873 in den Dienst des Telegraphenamtes. M.-G. wurde von Laube in seinen dramat. Anfängen aufgemuntert, leitete seit 1886 das Feuilleton der Wiener „Deutschen Zeitung", seit 1892 das Raimundtheater u. seit 1898 das Kaiser-

Jubiläums-Stadttheater in Wien. Nach dem Umsturz großdeutscher Abgeordneter im österr. Parlament. Um die Erneuerung der Wiener Bühne in nationalem Geist bemüht. Hervorragender Heimaterzähler, auch Dramatiker.

Eigene Werke: Gräfin Judith (Drama) 1877; Im Banne der Pflicht (Schauspiel) 1880; Des Hauses Fourchambault Ende (Schauspiel) 1881 (mit einem Vorwort von H. Laube); Wien war eine Theaterstadt 1885; Das Wiener Theaterleben 1890; Irma (Schauspiel) 1891; Dramaturgische Gänge (Aufsätze) 1892; Im Jahrhundert Grillparzers (Literatur- u. Lebensbilder) 1892; Der suspendierte Theaterdirektor 1896; Das Raimundtheater 1897; F. Grillparzer 1898; Verbotene Bühnenstücke (V. Kriloffs u. S. Litronis Söhne Israels — R. Bozikowskis Harte Hände), herausg. 1902; Zwischen zwei Theaterfeldzügen 1902; Aus Polenkreisen oder Streber u. Co. (Schauspiel) 1906; Der Herr Gevatter (Einakter, bearbeitet nach Anton Langer) 1911; Arme Komödianten (Geschichtenbuch) 1912; Österreichs Literatur- u. Theaterleben 1918; Das häusliche Glück (Familienbild) 1919; Erinnerungen eines Theaterdirektors 1924; Der Roman meines Lebens, aus dem Nachlaß herausgeg. von seinem Sohn Roderich M. G. 1927.

Literatur: Felix *Milleker*, A. Müller-Guttenbrunn 1921; Josef *Bindtner*, A. M.-G. (Deutsches Biogr. Jahrbuch 5. Bd.) 1930; Anna *Gerstner*, A. Müller-Guttenbrunns Bemühungen als Theaterdirektor (Diss. Wien) 1946; R. *H.*, A. M.-G. (Die Presse 24. Okt.) 1952; *Anonymus*, A. M.-G. (Festnummer der Südostdeutschen Heimatblätter 1. Jahrg.) 1953.

Müller-Guttenbrunn, Roderich, geb. 3. Febr. 1892 zu Wien, gest. Anfang Febr. 1956 zu Linz an der Donau, Sohn des Vorigen, war Redakteur in Wien, lebte nach dem Zweiten Weltkrieg auf Schloß Wildberg bei Linz, schrieb das Drama „Untergang" 1924 u. Romane, darunter den Schlüssel-Roman um Maria Jeritza (s. d.) „Bagage" 1930.

Müller-Hanno, Hermann s. Müller, Hermann.

Müller-Hanno, Minna s. Müller, Minna.

Müller-Hanno, Otto, geb. 10. Mai 1883, gest. Mitte Aug. 1950 zu Straubing, wirkte als Schauspieler in Bromberg, Hanau, Gera, am Hoftheater in Dresden, Chemnitz, Altona, Krakau u. nach dem Zweiten Weltkrieg am Stadttheater in Straubing. Zeitweise war er auch Spielleiter, Dramaturg u. Verwaltungsdirektor.

Müller-Hausen, Carl, geb. 23. Juli 1853 zu Eberswalde in Brandenburg, gest. nach 1927, wirkte bis 1886 als Jugendlicher Liebhaber u. Charakterdarsteller an verschiedenen deutschen Bühnen, als Regisseur in Straßburg, 1890—92 in Väterrollen in Wien (Theater an der Wien), hierauf in Elberfeld, Basel, Zürich u. war zuletzt Dozent an der Humboldt-Akademie in Berlin. Gatte der Folgenden.

Müller-Hausen, Charlotte, geb. 5. Sept. 1858 zu Kronstadt in Siebenbürgen, gest. 3. Juli 1944 zu Weimar (im Marie-Seebach-Stift), gehörte als Sängerin u. Schauspielerin der Bühne an, wirkte u. a. an der Seite ihres Gatten (des Vorigen) seit 1890 am Theater an der Wien in Wien u. lebte später als Konzertsängerin u. Gesangspädagogin in Berlin.

Müller-Inden, Ruth s. Müller, Albert Wilhelm.

Müller-Landvogt, Anna s. Landvogt, Anna.

Müller-Lincke, Anna, geb. 8. April 1869 zu Berlin, gest. 24. Jan. 1935 das., Tochter eines Tischlermeisters, Schwester von Ida Bardou-M. (s. d.), von Mathilde Mallinger (s. d.) ausgebildet, betrat als Kind (Knabe Tells) die Bühne des Nationaltheaters in Berlin, kam 1882 als Possensoubrette ans Luisenstädter-, dann ans Belle-Alliance- u. Central-Theater, später ans Lessing- u. 1902 ans Metropoltheater das. Frühzeitig ging sie zum Fach der Komischen Alten über. Ihr urwüchsiger Humor brachte die Darstellung Berliner Typen zu volkstümlicher Wirkung. In erster Ehe war sie mit dem Komponisten Paul Lincke (s. d.), in zweiter mit Willy Gräfe verheiratet.

Müller-Lincke, Antoinette s. Ries, Antoinette.

Müller-Manger, Philipp, geb. um 1880, einer Theaterfamilie entstammend, seit 1902 bühnentätig, wirkte als Jugendlicher Held, Bonvivant, später als Charakterdarsteller an verschiedenen Orten u. gründete 1927 die Deutsche Bühne für Volks-

hygiene in Kassel, eine Kampfbühne, die der vorbeugenden Gesundheitspflege diente.

Müller-Marion, Henriette, geb. 5. Febr. 1845 zu Wiesbaden, gest. 11. Juli 1921 zu München, herzoglich-sächsische Kammersängerin, war Mitglied des Hoftheaters das. u. sang 1869 in der Uraufführung von R. Wagners „Rheingold" die Rolle der Freia.

Müller-Multa, Ernst, geb. 1878 zu Berlin, studierte zuerst die Rechte, wandte sich dann aber der Bühne zu, wirkte in Leipzig, Würzburg, Elbing, Hannover, Cottbus u. Königsberg, nach Kriegseinsatz als Oberregisseur in Altenburg, 1921—31 als Intendant in Remscheid, seit 1932 in Bonn.

Müller-Palm, Adolf, geb. 10. März 1840 zu Stuttgart, gest. 21. Mai 1904 das., lebte hier als Journalist u. Romanschriftsteller. Seine „Briefe aus der Bretterwelt" (1881) gewähren Einblick in die Geschichte des · Stuttgarter Hoftheaters.

Müller-Rastatt, Carl s. Müller, Carl.

Müller-Reichel, Therese (Geburtsdatum unbekannt), gest. im März 1955 zu Göttingen, gehörte als Opernsoubrette fast zwei Jahrzehnte dem Staatstheater in Wiesbaden an.

Müller-Renée, Elly, geb. 2. Febr. 1881, gest. im Jan. 1958 zu Berlin-Treptow, war als Sängerin viele Jahre an Berliner Bühnen tätig u. widmete sich seit 1914 neben ihrer künstlerischen Arbeit der Frauen-Wohlfahrt. Mitbegründerin u. Leiterin der Künstler-Altershilfe in Berlin.

Müller-Reuter, Theodor, geb. 1. Sept. 1858 zu Dresden, gest. 11. Aug. 1919 das., war Dirigent u. seit 1902 Leiter des Konservatoriums in Krefeld. Auch Komponist der Opern „Ondolina" 1882 u. „Der tolle Graf" 1887.

Müller-Scheld, Wilhelm, geb. 31. Juli 1895 zu Grebenroth im Taunus, Lehrerssohn, als Freiwilliger 1916 Offizier, studierte später Zeitungs- u. Theaterwissenschaft, leitete 1932 die Gaupropaganda für Hessen-Nassau u. wurde 1938 Präsident der Deutschen Filmakademie in Berlin. Dramatiker. *Eigene Werke:* Anna Maria (Trauerspiel) 1935; Ein Deutscher namens Stein (Schauspiel) 1936; Eduard Keim (Komödie) 1938;

Novemberballade 1632 (Trauerspiel) 1939; Tanais (Schauspiel) 1942.
Literatur: Franz *Lennartz,* W. Müller-Scheld (Die Dichter unserer Zeit 4. Aufl.) 1941.

Müller-Schlösser, Hans, geb. 14. Juni 1884 zu Düsseldorf, gest. 21. März 1956 das., lebte dort als freier Schriftsteller u. war 1945—48 künstlerischer Leiter des Kleinen Theaters in Düsseldorf. Vorwiegend Erzähler u. Dramatiker des heiteren Genres.

Eigene Werke: Schneider Wibbel (Komödie) 1913; Das Geschenk des Himmels (Komödie) 1914; Die Zinnkanne (Komödie) 1917; Der Glückskandidat (Komödie) 1919; Eau de Cologne (Schwank) 1920; Der Rangierbahnhof (Volksstück) 1921; Das Loch in der Hecke (Komödie) 1921; Der Barbier von Pempelfort (Komödie) 1925; Der Schutzmann (Komödie) 1926; Wibbels Auferstehung (Komödie) 1926; Tausend Dollars (Volksstück) 1930; Die Laus im Pelz (Komödie) 1932; Wenn es der Teufel will (Volksstück) 1940; Der gecke Pitter (Komödie) 1940; Der Sündenbock (Komödie) 1944; Tinte u. Schminke 1956.

Mueller-Stahl, Armin, geb. um 1925, besuchte die Staatl. Schauspielschule in Berlin, begann 1950 seine Bühnenlaufbahn u. wirkte seither an der Volksbühne am Luxemburgplatz das. Hauptrollen: Bourgognino („Die Verschwörung des Fiesko zu Genua"), Bruder Martin („Die heilige Johanna"), Lucentio („Der Widerspenstigen Zähmung") u. a.
Literatur: Heinrich *Goertz* u. Roman *Weyl,* A. Mueller-Stahl (Komödiantisches Theater) 1957.

Mueller-Stahl (Ps. Stahl-Wisten), **Eva,** geb. 30. April 1930 zu Stuttgart, studierte an der Humboldt-Universität in Berlin Germanistik u. Theaterwissenschaft, wurde wissenschaftliche Mitarbeiterin für Theatergeschichte an der Akademie der Künste u. gab Monty Jacobs „Deutsche Schauspielkunst" 1954 neu bearbeitet heraus. Gattin des Folgenden.

Mueller-Stahl, Hagen, geb. 21. Sept. 1926 zu Tilsit in Ostpreußen, studierte Germanistik u. Theaterwissenschaft an der Humboldt-Universität in Berlin u. wirkte als Dramaturg 1952—54 am Theater am Schiffbauerdamm das., seither an der dort. Volksbühne

am Rosa-Luxemburg-Platz. Gatte der Vorigen.

Müller-Stein, Roland, geb. um 1890, begann nach dem Ersten Weltkrieg seine Bühnenlaufbahn in Metz u. kam über Heilbronn, Zwickau, Dresden, Krefeld, Berlin 1923 als Intendant an die Vereinigten Stadttheater Oberhausen-Gladbeck, hierauf nach Braunschweig, ging 1926 als Direktor einer Operngesellschaft auf eine Afrika-Tournee, nahm dann eine Dozentur für deutsche Theatergeschichte an den Universitäten Pretoria u. Stellenbosch an, gründete mit deutschen Künstlern eine Afrika-Wanderbühne u. setzte seine Auslandstätigkeit in Java fort, mußte aber wegen einer Tropenkrankheit nach Deutschland zurückkehren u. konnte sich erst 1939 als Schauspieler u. Regisseur in Neuß wieder seinem Beruf widmen.

Müller und sein Kind, Der, Volksdrama in fünf Aufzügen von Ernst Raupach, Uraufführung in Berlin 1830, am Burgtheater 1830, gedruckt 1835. Der Prolog von Schreyvogel zur Aufführung im Burgtheater erschien in der „Wiener Zeitschrift" (Nr. 39) 1830. Der Inhalt beruht auf einer alten Volkssage, wonach man am Christfest zur Mitternachtsstunde alle Personen sehen kann, die im Ort im nächsten Jahr sterben müssen, wie sie über den Friedhof zur Kirche gehen, wenn man sich Erde von einem frischen Grabe holt und auf den zwölften Glockenschlag wartet. Ein geiziger Müller will seine Tochter zwingen, einen reichen Bewerber zu heiraten und weist ihren Geliebten, einen armen Müllerburschen, aus dem Hause. Der Unglückliche begibt sich in seiner Verzweiflung in der Christnacht auf den Friedhof, um zu erfahren, wie es um das Leben des Müllers steht, und sieht im Traum unter den Todgeweihten diesen, aber auch dessen Tochter. Unter dramatischen Umständen vollzieht sich das Schicksal der drei Personen, aber nicht im Sinne einer abergläubischen Tradition, sondern ganz natürlich. Den Müller trifft ein Herzschlag, seine Tochter erliegt in der Folge einer schleichenden Krankheit, der Geliebte aber fühlt sich schuldig, durch die Erzählung seines Traumes den tragischen Ausgang herbeigeführt zu haben. Der Erfolg des auch in verschiedene Fremdsprachen übersetzten Stücks war jahrzehntelang unvergleichlich. Große Schauspieler wie L. Löwe u. Fr. Mitterwurzer fanden im Müller eine Glanzrolle. Der literarische Einfluß reichte bis zu L. Anzengrubers „Meineidbauer" u. darüber hinaus. Die folgenden Urteile beleuchten den einzigartigen Triumphzug dieses echten Volksschauspiels durch ein volles Jahrhundert. H. Anschütz schrieb in seinen „Erinnerungen" unter dem Eindruck der miterlebten ersten Aufführungen: „In Wien ist ‚Der Müller u. sein Kind' im Laufe der Jahre zu einem Teile des Gräberkultus am Allerseelentage geworden u. die jährliche Vorstellung des Stücks an dem bestimmten Tage wird vom Publikum als eine Art Buß- u. Fastenpredigt besucht u. genossen. Die Leute wollen sich an dem Tage ausweinen u. dazu scheint ihnen ‚Der Müller u. sein Kind' vortrefflich geeignet. Die Kassenrapporte am Allerseelentage nehmen von Jahr zu Jahr riesenhaftere Ziffern an, ein ganz ungewöhnliches Publikum ist an diesem Tage anzutreffen u. Hunderte Tränenbedürftiger müssen abziehen, ohne Plätze zu erhalten. ‚Der Müller u. sein Kind' ist Wiens bedeutendstes Volksstück geworden u. es liegt doch auch darin ein Beweis, daß wirklich ein Hauch echten Volkstones darin herrschen muß. Schreyvogel, ein Mann, ‚der nicht von Stroh war', schrieb einen Prolog zu dem Stück, den ich zu sprechen hatte u. der mit dem kategorischen Verse begann: ‚Dem unbefangenen Sinn muß es gefallen'. Und der Mann hatte, wie so häufig, recht gehabt." Später bemerkte H. Laube in seinen „Erinnerungen": „Die nicht vorzugsweise ästhetisch gebildeten Menschen wurden allmählich inne, daß da in der Burg ein Stück gegeben würde, welches sich eingehend u. rührend mit dem Tode beschäftigte, u. bei dessen Anschauen man sich unter wohltuendem Weinen mit seinen geliebten Toten beschäftigen könnte — ein Stück für den Tag, welcher den Toten gewidmet ist, ein Stück für den Allerseelentag. Dies entdeckte denn auch die Direktion, gab es alljährlich am Allerseelentage u. gewann ein Volksstück. Wunderlich genug zu immerwährendem Ärger der Gebildeten u. der Kritiker. Ich habe immer gemeint, es sei nicht zu unterschätzen, wenn das Theater in irgendeinem intimen Zusammenhange bleibt mit den Gefühlsbedürfnissen des Volkes. Im Zusammenhange mit den religiösen Gefühlen des Volkes ist das Theater bei den Griechen u. auch bei uns entstanden, u. jeden solchen Zusammenhang muß man pflegen,

wenn das Theater lebendig u. mächtig bleiben soll." Nachdem „Der Müller u. sein Kind" für Wien im Burgtheater nicht mehr das alleinige Aufführungsrecht hatte, ging das Stück auf andere dort. Bühnen über, die es zu Allerheiligen u. Allerseelen gleichzeitig spielten. Weder Schillers noch Grillparzers Dramen drangen so erfolgreich in die weitesten Kreise des Publikums ein. Ein so guter Kenner des volkstümlichen Elements wie P. Rosegger äußerte sich, daß er dieses Drama immer hochgehalten habe, weil es so recht die Volksseele zum Ausdruck bringt u. weil es nicht den Aberglauben fördert, wie seine Gegner sagen, sondern das Unheil des Aberglaubens drastisch darstellt. Ihm schloß sich F. v. Saar mit anderen Zeitgenossen um die Jahrhundertwende in rückhaltloser Anerkennung des Stückes an. Kein Geringerer als der berühmte Burgschauspieler J. Lewinsky trat, wie E. Soffé bemerkt, mit begeistertem Lob zur Verteidigung des von modernen Rezensenten abgelehnten Werkes auf u. bekannte: „Ein gesundes altes Stück ist mir eben lieber als ein ganz neues, das krank ist. Nicht nur Gedanken haben oft eine lange Geschichte — auch Gedankenlosigkeiten. Zu diesen gehört die geistig so traurige Gepflogenheit deutscher Literarhistoriker u. ästhetischer Journalisten seit sechzig Jahren, von den geistigen Fähigkeiten eines Wiener Publikums höchst geringschätzig zu denken. Der Ursprung dieser Meinung ist in der Zeit nach dem Wiener Kongreß zu suchen, als die Regierung Österreichs aus Angst vor der neuen Gedankenwelt uns von der geistigen Entwicklung im ‚Reich' trennte u. das Volk im Genuß, nicht im Denken leben sehen wollte. Von dieser Zeit an entwickelte sich die Meinung, dieses Volk sei überhaupt eines richtigen Urteils unfähig. In diese Mißachtung fällt auch der Beifall, den die Wiener durch Dezennien dem Raupachschen Rührstück gezollt haben. Auch in Wien haben sich Kunstrichter des 19. Jahrhunderts geschämt, dem Stück ein gutes Wort nachzureden. Wie oft sich dieses Publikum bedeutenden Dichtungen gegenüber auch geirrt haben mag, der Schauer u. die Rührung, in welchen es bei diesem Stücke schwelgte, war gesund u. echt u. hielten demnach durch Dezennien fest. Vom schauspielerischen Standpunkte muß ich ihm Lob spenden, denn es sind Menschen, die der Autor geformt hat, sie sind einfach u. wahr im Ausdruck u. dadurch ergreifen sie den unliterarischen Hörer. Aber auch der Literarische muß, wenn er wirklich etwas vom Bau eines Dramas versteht, zugestehen, daß es technisch vortrefflich gebaut ist. Unsere reale Zeit sollte anerkennen, daß sich das Stück vor vielen anderen seiner Zeit schon dadurch auszeichnet, daß die Personen niemals den Kreis ihrer natürlichen Gedanken u. Empfindungen verlassen oder künstlich ausdrücken; aber sie schämt sich wegen des Motivs des Aberglaubens. O, diese gelehrten Toren! Das ist ein sehr reales Motiv, u. Shakespeare macht ausgiebigen Gebrauch davon. Ich schließe mich der Ansicht Laubes an, daß das Stück vortrefflich ist u. würde den alten Müller mit größtem Vergnügen wieder spielen." Die Bedeutung des Stückes für die Theatergeschichte geht aus der auch volkskundlich bedeutenden Schilderung „Der Müller u. sein Kind Fex" von F. Schlögl (Wiener Luft 1876) hervor. Reichen Beifall fand auch F. Hillers Oper „Der Traum in der Christnacht" nach Raupach (Uraufführung in Dresden 1845). Eine Parodie „Der Müller und sein Kind oder die Thomasnacht", Posse mit Gesang, schrieb Franz Gläser, den Text zu einer gleichnamigen Oper von Bela Uyj nach Raupach 1907 R. M. Prosl.

Literatur: Emil *Soffé,* Der Müller u. sein Kind (Essay: Aus meiner Studienmappe) 1907; Richard *Smekal,* Ein kurioses Wiener Allerseelenstück (Wiener Tageszeitung Nr. 255) 1948; Gustav *Gugitz,* Das Wiener Allerseelenspiel (Das Jahr u. seine Feste 2. Bd.) 1950; Christian *Ferber,* Der Herr von Raupach (Die Neue Zeitung Nr. 66) 1952.

Müller von Friedberg, Karl, geb. 24. Febr. 1755 zu Näfels, gest. 22. Juli 1836 zu Konstanz, Schweizer Staatsmann, versuchte sich auch als Dramatiker in deutscher u. französ. Sprache.

Eigene Werke: Das gerettete Helvetien oder Orgetorix 1779; Morgarten oder Der erste Sieg für die Freiheit 1781; Die Helvetier zu Caesars Zeiten 1782.

Literatur: Johannes *Dierauer,* K. Müller-Friedberg 1884.

Müller von Königswinter, Wolfgang s. Müller, Wolfgang.

Müller von der Ocker, Fritz, geb. 21. Febr. 1868 zu Braunschweig, studierte das. u. wurde Dirigent in Magdeburg. Komponist.

Eigene Werke: Die Nixe (Oper) 1907; Ohne Männer geht es nicht (Operette) 1911; Lurley (Oper) 1912; Jung Joseph (Oper) 1913; Die Nilbraut (Oper) o. J.; Das Gastmal des Nero (Oper) o. J.

Literatur: Riemann, F. Müller von der Ocker (Musik-Lexikon 11. Aufl.) 1929.

Müller-Walsdorf, Else s. Müller, Else.

Müller-Welten, Richard, geb. 1. Okt. 1894 zu Franzensfeste, 1908—12 an der Musikschule in Graz ausgebildet, debütierte als Theaterkapellmeister am Puschkin-Theater in Krasnojarsk (Rußland), wirkte 1922—26 am Orpheum in Graz, gleichzeitig 1922—32 am Friedrichsbautheater in Stuttgart. Auch Kunstkritiker u. Komponist von Operetten-Musik sowie der Bühnenmusik zu L. Hupfaufs „Das letzte Aufgebot" (1937 in Innsbruck aufgeführt).

Müllerhartung, Carl, geb. 19. Mai 1834 zu Stadtsulza, gest. 11. Juni 1908 zu Charlottenburg, Freund Liszts u. Bülows, Gründer u. Leiter der Musik- u. Theaterschule in Weimar, war Kapellmeister an der Hofoper das. u. in Dresden.

Müllner, Adolf, geb. 18. Okt. 1774 zu Langendorf bei Weißenfels, gest. 11. Juni 1829 zu Weißenfels, Sohn eines Amtsprokurators, mütterlicherseits Neffe von G. A. Bürger, besuchte Schulpforta, studierte in Leipzig, wurde 1798 Rechtsanwalt in Weißenfels, wo er 1810 ein Privattheater gründete, auch als Schauspieler u. Regisseur bis 1819 das. tätig war u. 1817 den Hofratstitel erhielt. 1820—25 leitete er das Tübingische Literaturblatt zu Cottas „Morgenblatt" u. 1826—27 die „Mitternachtszeitung". Haupt der Schicksalsdramatiker. Seine „Schuld" hielt sich lange auf der Bühne. Goethe ließ seine Stücke in Weimar aufführen. Grillparzer aber schrieb nach der Aufführung seiner „Ahnfrau" u. einer Kritik derselben durch M. an diesen: „Sie haben mir gerettet, was mir auf dieser Erde das Liebste ist, was meinen einzigen Trost, mein einziges Glück ausmacht: Vertrauen auf mich selbst, der allein seligmachende Glaube, ich könne etwas bilden in mir u. hinstellen außer mich, mehr wert als das, was mich umgibt, als diese Außenwelt, die mich anekelt, obwohl mit Unrecht vielleicht. — Von Natur schüchtern u. unbeholfen, durch frühes Unglück zur Schwermut u. Selbstpeinigung gestimmt, hatte ich früh dem Glauben an

meine Dichtergabe u. mit ihm der Lust des
Lebens entsagt. Schwer ward mir's aus dem
dumpfig warmen Medium, das meine Phantasie brütend um mich geschaffen hatte,
hervorzutreten in den erkältenden, aber
zugleich erstarkenden Tag. Herrn Schreyvogels väterlicher Sorge gelang's, mein
Widerstreben zu beseitigen. Als nun endlich Herrn Schreyvogels Hand jenes be-
schriebene, in jeder Hinsicht zu früh geborene Wesen aus mir hervorgezogen
hatte, u. von allen Seiten die Hunde des
kritischen Donners heulend darüber her-
stürzten, da kehrten alle Qualbilder früherer Tage zurück, da war ich verloren,
vielleicht nicht ganz vor der Welt, aber
vor mir, in mir selber verloren — wenn
nicht Sie, wenn nicht Ihr Wort mich auf-
gerichtet hätte. Schon der Gedanke, daß
der Stammhalter der deutschen Tragödie
seit Schillers physischem u. Goethes literarischem Tode, daß der Verfasser der
‚Schuld' nicht verschmähe, über meinen
Versuch zu sprechen, erhob mich, u. nun
erst, wie er es tat! Sie tadelten, was zu
tadeln; das war recht. Sie milderten des
Richters Strenge durch die Schonung des
Kunstfreundes, durch die Milde des Menschen; das war schön, u. so lange ich lebe,
werde ich das nie vergessen." Müllners in
den Jahren 1816—18 in der „Zeitung für
die elegante Welt" anonym erschienenen
„Korrespondenznachrichten aus Berlin"
wurden, weil sie jeweils am 24. des Monats
herauskamen, von der Berliner Theaterwelt
„Vierundzwanzigpfünder" genannt. In die-
sen u. den folgenden, mit Namen gezeich-
neten Kritiken in weiteren Organen, er-
wies er sich als bedeutender Dramaturg.
Eigene Werke: Der 29. Februar 1812;
Spiele für die Bühne 1815; Die Schuld 1816;
Schauspiele 4 Bde. 1816 f.; Almanach für
Privatbühnen 1817; König Yngurd 1817; Der
Wahn 1818; Spiele für die Bühne 2 Bde.
1818—20; Die Albaneserin 1820; Kotzebues
Literaturbriefe aus der Unterwelt 1826;
Meine Lämmer u. ihre Hirten (Histor.
Drama) 1828; Dramatische Werke 8 Bde.
(Der neun u. zwanzigste Februar, Trauer-
spiel — Die Schuld, Trauerspiel — König
Yngurd, Trauerspiel — Die Albaneserin,
Trauerspiel — Der angolische Kater, Lust-
spiel — Die Zurückkunft aus Surinam,
Lustspiel — Die Vertrauten, Lustspiel —
Die Zweiflerin, Drama — Die großen Kin-
der, Lustspiel — Der Wahn, Drama — Der
Blitz, Lustspiel — Die Onkelei oder Das
französische Lustspiel, Lustspiel — Meine

Lämmer u. ihre Hirten, Drama) 1828, Supp-
lementband 1—4 1830.
Literatur: F. K. J. *Schütz*, Müllners Le-
ben, Charakter u. Geist 1830; C. *Höhne*, Zur
Biographie u. Charakteristik A. Müllners
1875; Jakob *Minor*, Die Schicksalstragödie
in ihren Hauptvertretern 1883; Franz
Muncker, A. M. (A. D. B. 26. Bd.) 1886;
Ludwig *Geiger*, Müllners Beziehungen zu
Berlin (Archiv der Gesellschaft für Theater-
geschichte 2 Bde.) 1905; ders., Müllner u.
Raupach (Bühne u. Welt 7. Jahrg.) 1905;
Rudolf *Treichler*, A. M. u. das Wiener Hof-
burgtheater (Diss. Wien) 1906; Otto *Repp*,
A. Müllners Lustspiele u. ihre Quellen
(Diss. Wien) 1908; R. F. *Hugle*, Zur Bühnen-
technik A. Müllners (Diss. Münster) 1922;
Oskar *Weller*, M. als Dramatiker (Diss.
Würzburg) 1922; Hans *Paulmann*, Müllners
Schuld u. ihre Wirkungen (Diss. Münster)
1926; Anton *Kolbabek*, A. M. als Kritiker
(Diss. Wien) 1926; Kurt *Mauerböck*, A. M.
als Dramatiker. Ein Beitrag zur Geschichte
der Schicksalstragödie (Diss. Wien) 1926;
Walter *Ullmann*, M. u. das Liebhaberthea-
ter in Weißenfels (Schriften der Gesell-
schaft für Theatergeschichte 46. Bd.) 1934;
Gustav *Koch*, A. M. als Theaterkritiker,
Journalist u. Organisator (Diss. Köln —
Die Schaubühne 28. Bd.) 1939; Ernst *No-
votny*, Gerechtigkeit im Drama (Diss. Wien)
1939.

Müllner, Bernhard s. Müller, Bernhard.

Müllner, Wolfgang, geb. 16. Juni 1922 zu
Essen, studierte in Köln Theaterwissen-
schaft (bei Carl Niessen), begann seine
Bühnentätigkeit als Regieassistent am
Opernhaus in Essen u. war das. seit 1951
Opernspielleiter.

Münch, Armin, geb. 1904, gest. 1957 zu Berlin, war Schauspieler das.

Münch, Bernhard, geb. im letzten Viertel
des 19. Jahrhunderts, ausgebildet an der
Schauspielschule des Deutschen Theaters
in Berlin, war seit 1912 bühnentätig u.
kam als Erster Charakterkomiker u. Spielleiter über Berlin, Hagen in Westfalen, Görlitz, Potsdam, Rumänien (Fronttheater),
Annaberg im Erzgebirge, Eisenach, Memel,
Bonn, Köln u. Königsberg später wieder
nach Berlin.

Münch, Hans, geb. 9. März 1893 zu Mühlhausen im Elsaß, 1912—14 am Konser-

vatorium in Basel ausgebildet, war 1918 bis 1927 als Lehrer, zeitweise auch als Direktor das. tätig, seit 1937 als Oberleiter des dort. Stadttheaters. Gastkonzerte führten ihn in viele europäische Hauptstädte.

Münch, Paul Georg, geb. 16. Febr. 1877 zu Leipzig, Kaufmannssohn, wirkte seit 1900 als Lehrer in seiner Vaterstadt. Erzähler u. Dramatiker.

Eigene Werke: Liese Lustig (Lustspiel) 1915; Professor Kauz (Lustspiel) 1942.

Münch, Richard, geb. 10. Jan. 1916 zu Gießen, besuchte eine Schauspielschule, debütierte in G. Hauptmanns „Hamlet in Wittenberg" 1937 in Frankfurt a. M., wirkte dann am dort. Schauspielhaus, am Jungen Theater in München, an den Kammerspielen in Hamburg, bis 1955 am Schauspielhaus in Düsseldorf u. seither am Deutschen Schauspielhaus in Hamburg. Hauptrollen: Giordano Bruno („Heroische Leidenschaften" von Kolbenheyer), Hektor („Der trojanische Krieg findet nicht statt" von Giraudoux), Feldprediger („Mutter Courage" von Brecht), Graf Bodo („Die Ehe des Herrn Mississippi" von Dürrenmatt), Northon („Das kalte Licht" von Zuckmayer) u. a.

Münch, Theo Paul, geb. 1893 zu Wiesbaden, begann seine Bühnenlaufbahn als Schüchterner Liebhaber am Residenztheater in Wiesbaden, wirkte später als Bonvivant u. Held an verschiedenen Bühnen Deutschlands (Kiel, Hamburg, Dresden u. a.), gründete 1945 in München „Die Komödie" u. war zuletzt Schauspieler u. Spielleiter in Augsburg. Hauptrollen: Herzog („Der Bettelstudent"), Adam („Maria Magdalene"), Corvino („Volpone") u. a.

Münch-Bellinghausen, Eligius Franz Joseph Reichsfreiherr von (Ps. Friedrich Halm), geb. 2. April 1806 zu Krakau, gest. 22. Mai 1871 zu Wien, Sohn des nachmaligen Staats- u. Konferenzrates Kajetan Michael Joseph v. M.-B., besuchte das Stiftsgymnasium in Melk, wo Enk von der Burg sein Lehrer war, studierte in Wien (Verkehr mit Bauernfeld, Lenau, Seidl u. a. zeitgenössischen Dichtern in Neuners „Silbernem Kaffeehaus"), trat 1826 in den Staatsdienst, wurde 1840 Regierungsrat, 1845 Kustos an der Hofbibliothek, 1861 Mitglied des Herrenhauses (mit Grün u. Grillparzer), 1866 Wirkl. Geh. Rat u. 1868 als Nachfolger Laubes Direktor des Burgthea-

ters. Seine wirkungsvollen, von den Spaniern, daneben auch von Shakespeare, Goethe, Schiller u. Gozzi beeinflußten Dramen legen den Hauptwert auf Stimmung u. Gemüt, denn M.-B. war ein typischer Ausläufer der Romantik. Der um die Urheberschaft eines seiner Hauptwerke „Der Fechter von Ravenna" (s. d.) von dem bayrischen Dorfschullehrer Franz Bacherl u. seinem Anhang geführte Streit konnte der Originalität Halms nicht den geringsten Abbruch tun. Die Hauptdarstellerin seiner Dramen im Burgtheater war die Schauspielerin Julie Rettich (s. d.). Heinrich Laube, sein Rivale, berichtete in einem persönlich gehaltenen Nachruf von dem „großen stark gebauten Mann", der einem Gallensteinleiden zum Opfer fiel, was er als Mensch, Dichter u. Bühnenleiter war. Einige besonders charakteristische Sätze lauten: „Im ganzen muß man Halms dramatische Tätigkeit dahin bezeichnen, daß er durchgängig ein Problem wählte zum Ausgangs-, Mittel- u. Endpunkt seiner Stücke. Nicht ein Charakter, nicht Charaktere veranlaßten u. führten ihn. Denn auch der Hauptcharakter, welchen er für ein Stück schuf, wurde zum Dienste des Problems geschaffen. Griseldis für die Ehefrage, Parthenia u. Ingomar für die Bildungsfrage, Thusnelda u. Tumelicus für die Vaterlandsfrage. Diese Bemerkung trifft den Kern dessen, was an ihm lobenswert u. tadelnswert . . . Seine Kompositionen sind meisterhaft. Es ist bewundernswert, wie er aus einem scheinbar geringen, aus einem schmächtigen Reise einen Baum entwickelt, welcher in breiter Verästung auftreibt u. sich mit reichstem Blätterschmucke bedeckt. Da hat jeder kleine Teil einen künstlerischen Zweck für das Ganze. Alles ist vorbedacht, ist fein geleitet, u. die Ausführung der Einzelheiten ist geradezu vollendet, den Sieg erzwingend. Diese ausgebildete Technik, gewonnen durch emsiges Studium u. die ausgedehnteste Lektüre, gewonnen für ein ursprüngliches Talent, war in seinen Händen eine unwiderstehliche Waffe . . . Er war im persönlichen Verkehr fein u. verbindlich, immer bereit, den Fragen auf den Grund zu gehen, welche man in Rede brachte. Er sprach fließend, u. alles, was er sprach, war wohl erwogen. Alles verriet einen Mann, der stets beschäftigt war mit dem Zusammenhang aller Dinge. Sein Verlust ist für die dramatische Literatur ein wesentlicher, für Österreich ein großer. Hier entsteht mit seinem Verschwinden eine weit klaffende Lücke. Und das deutsche Theater hat alle Ursache, tiefe Trauer anzulegen um einen Dichter, welcher es mächtig gefördert hat. Gerade seine Richtung, vollendete Form bei starker dramatischer Kraft, ist unter uns von erschreckender Seltenheit. Vom Dilettantismus leidet das deutsche Theater viel mehr als das Theater irgend einer anderen Nation, u. Halm gerade war das direkte Gegenteil eines halben Dilettantismus. Man wird seine feste Meisterhand schmerzlich vermissen."

Elgene Werke: Werke 1.—8. Bd. 1856 bis 1864, 9.—12. Bd. als Nachlaß herausg. von Faust Pachler u. Emil Kuh 1872 (Griseldis — Der Adept — Camoëns — Imelda Lambertazzi — König Wamba — Ein mildes Urteil — Die Pflegetochter — König u. Bauer — Der Sohn der Wildnis — Sampiero — Eine Königin — Verbot und Befehl — Der Fechter von Ravenna — Neue Gedichte — Karfreitag — Iphigenie in Delphi — Vor 100 Jahren — Wildfeuer — Begum Somru — Der Abend zu Titchfield — John Brown); Ausgew. Werke, herausg. 4 Bde. von Anton Schlossar 1904 (mit Bio- u. Bibliographie); Ausgew. Werke, herausg. von Otto Rommel 1909 ff.

Literatur: J. G. *Seidl*, F. Halm (Album österr. Dichter) 1850; M. *Benedikt*, F. H. (Österr. Blätter für Literatur u. Kunst Nr. 26, 27, 29) 1857; Karl v. *Holtei*, Zwei Briefe Halms an L. Tieck 1864; *Wurzbach*, E. F. J. Freih. v. Münch-Bellinghausen (Biogr. Lexikon 19. Bd.) 1868; Jürg *Simani*, Gedenkblätter an F. H. 1871; Rudolf v. *Gottschall*, F. H. (Unsere Zeit, Neue Folge 7. Jahrg.) 1871; H. *Laube*, F. H. (Neue Freie Presse Nr. 2476) 1871; C. *Cotta*, F. H. (Deutscher Bühnen-Almanach 36. Jahrg.) 1872; Karl *Tomaschek*, F. H. (Almanach der Akademie der Wissenschaften) 1872; Gustav *zu Putlitz*, Theatererinnerungen 1. Bd. 1874; Faust *Pachler*, F. H. (F. Stamms Österr. Jahrbuch) 1877; A. E. *Schönbach*, E. F. J. v. M.-B. (A. D. B. 22. Bd.) 1885; Friedrich v. *Westenholz*, Die Griselissage in der Literaturgeschichte 1888; Rudolf *Schachinger*, Briefwechsel zwischen M. Enk von der Burg u. E. v. M.-B. 1890; F. *Poppenberg*, Wildfeuers Ursprung (Vierteljahrsschrift für Literaturgeschichte 5. Jahrg.) 1892; Anton *Schlossar*, F. H. (Bühne u. Welt 7. Jahrg.) 1905; Alexander v. *Weilen*, Halms Wildfeuer (Zeitschrift für die österr. Gymnasien 57. Bd.) 1906; H. *Laube*, F. Halm (Theaterkritiken u. dramaturgische Aufsätze, gesammelt von A.

v. Weilen: Schriften der Gesellschaft für Theatergeschichte 8. Bd.) 1906; G. *Widmann*, Griseldis in der deutschen Literatur des 19. Jahrhunderts (Euphorion 14. Bd.) 1907; Hermann *Schneider*, H. u. das spanische Drama 1909; Anton *Draxler*, F. Halms Imelda Lambertazzi (Diss. Wien) 1909; Hermann *Petersen*, Halms Fechter von Ravenna (Diss. Marburg) 1910; Gerhard *Boden*, Der Stil in den Dramen F. Halms (Diss. Greifswald) 1911; Otto *Rommel*, Halms letztes Trauerspiel Begum Somru (Zeitschrift für die österr. Gymnasien 63. Jahrg.) 1912; Paul *Lambertz*, Der fünffüßige Jambus in den Dramen F. Halms (Diss. Münster) 1914; Leopold *Husinsky*, Die historischen u. antiken Fragmente F. Halms (Diss. Wien) 1914; M. *Menke*, Über ein handschriftliches Jugenddrama F. Halms (Progr. Brüx) 1916; Rudolf *Peltz*, H. u. die Bühne (Diss. Münster) 1925; K. *Laserstein*, Der Griseldisstoff in der Weltliteratur (Munkers Forschungen zur neueren Literaturgeschichte 58. Heft) 1926; Walter *Medweth*, Michael Enk von der Burg u. F. Halms dramatische Anfänge (Diss. Innsbruck) 1926; Kurt *Vancsa*, Neue Beiträge zur Würdigung F. Halms (Diss. Wien) 1927; ders., Der Streit um die Urheberschaft des Fechters von Ravenna (Archiv 83. Jahrg.) 1929; A. v. *Morzé*, M. Enk u. F. H. (Zeitschrift für deutsche Philologie 63. Bd.) 1938; Charlotte *Münster*, Münch-Bellinghausen als Intendant der Wiener Burgtheaters (Diss. Wien) 1943; Karl *Nahlik*, H. u. das Burgtheater (Diss. Wien) 1948.

Münch-Harris, Joe, geb. im letzten Viertel des 19. Jahrhunderts, begann 1912 seine Bühnentätigkeit, wirkte als Regisseur u. Schauspieler in Mainz, Frankfurt a. M., Wiesbaden, seit 1918 in Elberfeld-Barmen, als Oberspielleiter u. stellvertretender Intendant in Düsseldorf, gleichzeitig als Leiter der dort. Freilichtbühne, hierauf als Oberspielleiter am Wallner-Theater in Berlin, dann als Leiter des Non-stop-Theaters in London, nach seiner Rückkehr aus England am Albert-Theater in Dresden u. seit 1935 am Metropoltheater in Berlin.

Münchberg, Franz von s. Bonn, Franz.

München. In der Hauptstadt Bayerns als einem der kulturellen Zentren Deutschlands war das Theater zu allen Zeiten Sache des Volkes u. damit Gegenstand allgemeiner Teilnahme. Soweit es sich geschichtlich zurückverfolgen läßt, sind auch hier die Keime des Theaterwesens in den mittelalterlichen Mysterienspielen der Kirche zu suchen, die der Schaulust der Menge Nahrung boten. Aber schon früh erkennen wir den Einfluß des Hofes, der die Spielfreudigkeit in jeder Weise unterstützt u. an öffentlichen Schaustellungen starken Anteil nimmt. So eng ist die Theaterkultur der Stadt mit der höfischen Kunstpflege u. dem Mäzenatentum der Wittelsbacher Fürsten verbunden, daß man sie nur im Zusammenhang mit dieser Bindung recht zu würdigen vermag. Die Fürsten waren es, die das gesellschaftliche Leben der Stadt nicht selten zu prunkvoller Entfaltung führten. Ihrer Kunstbegeisterung vor allem ist es zu danken, wenn Münchens Ruf als eine der wichtigsten Stätten der Theaterkultur sich durch die Jahrhunderte herauf gefestigt hat. Gewerbefleiß u. Handel brachten um 1500 eine Blütezeit der Zünfte. Damals wurden die geistlichen Spiele der Kirche von Bürgern und Handwerkern übernommen und auf den Marktplätzen und in den Zunfthäusern aufgeführt. Zunftbräuche mimischen Charakters wie Metzgersprung (s. d.), Schäfflertanz (s. d.) gehen auf jene Zeit zurück. Unter Albrecht V. prägten die Jesuiten das geistige Antlitz der Stadt. Sie wurden zur ältesten Schauspielergesellschaft der bayerischen Fürsten. Ihre Aufführungen deutscher und lateinischer Dramen bilden den Ansatz zur bayerischen Bühnenkunst des Barock, in der eine Kultur von einmaliger Geschlossenheit Gestalt gewann. Die barocke Vorstellung eines irdischen Vergnügens in Gott entsprach dem Naturell einer Bevölkerung, deren echt bayerische Katholizität sich den Freuden des Diesseits nicht verschloß. Man darf im Münchner Jesuitentheater einen Höhepunkt europäischer Bühnengeschichte erblicken. Sein Glanz erregte allgemeine Bewunderung. Selbst die Fronleichnamsprozession wurde zu einem Triumphzug mit lebenden Bildern, mit Trompetern und Trabanten. Die Hochzeit Wilhelms V. mit Renate v. Lothringen 1568 war mit Jesuitentheater, Stegreifkomödie u. der Musik Orlando di Lassos eines der glänzendsten Feste, die München je gesehen hat. Tanz u. Maskeraden wechselten mit Jagden und Schlittenfahrten u. die zahlreich abgehaltenen Turniere erscheinen uns hier wie ein Ausklang der Ritterzeit. Unter Maximilian I. beeinträchtigen kriegerische Zeitläufte den Glanz solcher Feste u. Spiele. Ihren Gipfel erreicht

die altbayerische Barockliteratur im Cenodoxus des Jakob Bidermann, der 1609 bei seiner ersten Aufführung in München eine fast unvorstellbare Wirkung auf die Menge übt. Joseph Gregor (s. d.) bezeichnete ihn als das stärkste Werk des Jesuitentheaters. Das Passionsspiel, ein Privileg der Stadtmusikanten, wurde 1650 zuerst aufgeführt. Bis zur Mitte des 17. Jahrh. fehlt jeder urkundliche Nachweis für das Vorhandensein eines eigenen Theatergebäudes. Die Wende bringt das bedeutsame Ereignis des Jahres 1652, der Einzug der schönen u. kunstbegabten Adelheid von Savoyen, der Gemahlin des jungen Kurfürsten Ferdinand Maria. Es ist die Geburtsstunde der Münchner Oper. Die erste Bühne wurde im August 1653 im Herkulessaal der Residenz errichtet u. mit Marcionis dramatischer Kantate L'Arpa festante eröffnet. Gleichzeitig wurde der Bau des kurfürstlichen Opernhauses am Salvatorplatz in Angriff genommen, die Eröffnung erfolgte 1657. Hier fand die italienische Oper, die Opera seria, für die nächsten hundert Jahre eine ideale Pflegestätte. Johann Kaspar Kerll, Ercole Bernabei u. Agostino Steffani sind die Namen der wichtigsten Dirigenten, die auch als Komponisten von Prunkopern hervortraten. Wiederholt erschienen in München schon damals italienische, französische und deutsche Wanderkomödianten, die neben einheimischen Stadtmusikanten u. Volksschauspielern ihre Kunst zeigten. Während der kriegerischen Wirren, die die Regierungszeit Max Emanuels begleiten, drohte das Theaterwesen in der Landeshauptstadt zu erlahmen, bis mit dem Tode Karl Albrechts die Musen vollends verscheucht wurden. Erst seinem Nachfolger, dem Kurfürsten Max III. Joseph, gelang es, der ungeheuren Schuldenlast des Landes zum Trotz eine kulturelle Großtat zu vollbringen. Seiner Leidenschaft für Kunst u. Musik verdanken wir den Bau des Residenztheaters. François Cuvilliés schuf 1751—1753 dieses Juwel des Rokoko für die große Oper, wohl der kostbarste historische Theaterraum auf deutschem Boden. Am 12. Oktober 1753 wurde die Bühne eröffnet, für die nächsten Jahrzehnte der Schauplatz wichtiger Ereignisse. 1762 erschien Glucks „Orpheus und Eurydike" u. mit seiner ersten Oper „Die Gärtnerin aus Liebe" hat sich 1775 der 19jährige Mozart im kurfürstlichen München eingeführt. Wichtiger ist die Uraufführung des „Idomeneo" unter seiner

Leitung im Karneval 1781, der eigens für München komponiert ist. So war dieses Theater schon zu Lebzeiten Mozarts durch die künstlerische Persönlichkeit des Meisters geheiligt u. nur ein widriges Geschick verhinderte damals, daß Mozart beim Kurfürsten als Komponist und Dirigent eine Lebensstellung fand. 1785 erschien die bereits in Wien aufgeführte „Entführung aus dem Serail" als erstes deutsches Singspiel im Residenztheater. Schon 1765 wurde der erste Versuch des Hofes gemacht, dem Sprechstück eine stehende Bühne zu errichten. Unter dem Intendanten Graf Seeau kam endlich das deutsche Schauspiel zu seinem Recht. Die erste Heimstätte fand es im Faberbräu in der Sendlingergasse. Hier spielte die Truppe Franz Nießners, der Graf Seeau die kurfürstliche Erlaubnis erwirkte, ihre Kunst im alten Opernhaus auszuüben. Damit war eine Nationalschaubühne ins Leben gerufen. Mit dem Antritt des Kurfürsten Karl Theodor machte sich auf dem Theater und bei der Hofkapelle die Mannheimer Art fühlbar. Die italienische Prunkoper wurde abgebaut, im Schauspiel herrschte das bayrische Ritterdrama vor. Den Auftakt gab Josef August von Törring mit seiner vielbewunderten „Agnes Bernauer" 1780, an Fleiß wurde er übertroffen von Franz Marius Babo, dessen „Otto von Wittelsbach" über alle deutschen Bühnen ging. Einen neuen Umschwung im Theaterwesen brachte das Ende des Jahrhunderts. Kurfürst und Intendant folgten sich rasch im Tode, im März 1799 bestieg Max Joseph den Thron. Seit der Erhebung Bayerns zum Königreich (1806) hat München ein Königliches Hof- u. Nationaltheater. 1811 wurde mit dem Bau des neuen Opernhauses begonnen, die Eröffnung erfolgte 1818. „Fidelio" u. „Freischütz" waren bereits über die Bühne gegangen, als das Theater 1823 durch einen Brand vernichtet wurde. Schon nach zwei Jahren war das Haus wieder erstellt. Wichtig ist, daß eines der Frühwerke Carl Maria von Webers, sein „Abu Hassan", 1811 hier seine erste Aufführung erlebte, wie auch Meyerbeers erste Oper „Jephthas Gelübde". 1830 ging Goethes „Faust" in Szene, 1831 Ferdinand Raimunds „Bauer als Millionär", zugleich das erste Gastspiel des Dichters in der Titelrolle. Unter den Intendanten ragt Karl Theodor von Küstner hervor (1833—42) und Franz von Dingelstedt (1851—57), dessen Wirken weit

mehr als ortsgeschichtliche Bedeutung besitzt. Das Jahr 1854 brachte die Veranstaltung der Mustergastspiele, in der sich bereits die Keime der Festspielidee offenbaren. Im Schauspiel fand die Uraufführung der „Agnes Bernauer" von Hebbel statt, sowie der frühen Stücke Martin Schleichs, „Bürger und Junker" und „Die letzte Hexe". Als erste Wagner-Oper ging 1855 der „Tannhäuser" über die Bühne, 1858 folgte „Lohengrin", 1864 der „Fliegende Holländer". Mit dem Regierungsantritt König Ludwigs II., des eigentlichen Theaterfürsten unter den kunstverständigen Wittelsbachern, beginnt die Glanzzeit der Münchener Hofbühne, die sie mit einem Schlag an die Spitze aller deutschen Theater stellt. Die Uraufführung des „Tristan" 1865 und der „Meistersinger" 1868 unter Hans von Bülow sind die wichtigsten Theaterereignisse dieses Jahrhunderts. Auch „Rheingold" und „Walküre" haben lange vor Bayreuth ihre erste Aufführung hier erlebt. Kam auch zunächst nur die Hälfte des Ringes auf die Bühne, so war München doch die erste Stadt nach Bayreuth, die eine geschlossene Aufführung der Tetralogie bieten konnte. Mit der „Nordischen Heerfahrt" bringt das Hofschauspiel 1876 als erste deutsche Bühne ein Stück von Ibsen heraus, dem in kurzen Abständen noch weitere Uraufführungen des nordischen Dichters im Residenztheater folgen: „Die Stützen der Gesellschaft" 1878, „Nora" 1880 und „Hedda Gabler" 1891. Mit der Veranstaltung der „Gesamtgastspiele" im Jahre 1880 hat Ernst Possart (s. d.) wieder den Gedanken Franz Dingelstedts (s. d.) aufgegriffen. Das gleiche Jahr führt den jungen Josef Kainz nach München und an die Seite des Königs, wenn auch nur für drei Jahre. 1893 schied der Intendant Karl von Perfall (s. d.) nach 25jähriger Tätigkeit aus seinem Amt und fand in E. Possart einen Nachfolger, dem für alle Zeiten ein Ehrenplatz in der Geschichte des Münchner Theaters gebührt. Sein Verdienst ist der Bau des Prinzregententheaters, sein Werk die Gründung der Wagner- und Mozartfestspiele, die neben Bayreuth internationale Geltung erlangt haben. Neben einem Stab von Künstlern ersten Ranges, die Possart für München gewann, standen ihm Kräfte zur Seite, die sein Streben unterstützten, wie Lautenschläger, der Erfinder der Drehbühne oder der Regisseur Jocza Savits mit seiner Shakespeare-Bühne. Von den großen

Dirigenten der Oper sind Hermann Levi, Franz Fischer, Hermann Zumpe u. Felix Mottl zu nennen. Neben ihnen hat auch Richard Strauss einige Jahre an der Opernbühne seiner Vaterstadt gewirkt, die heute in der klassischen Wiedergabe seiner Schöpfungen eine besondere Aufgabe erblickt. Noch ist die Eröffnung eines würdigen Volkstheaters im Jahre 1865 nachzutragen, das Theater am Gärtnerplatz, längst die traditionelle Operettenbühne im süddeutschen Kulturraum. Dem modernen Drama hat erst J. G. Stollberg (s. d.) 1898 durch die Eröffnung des Schauspielhauses eine würdige Pflegestätte geschaffen. Als sein Vorläufer suchte Emil Meßthaler (s. d.) schon seit 1893 dem Naturalismus den Boden zu bereiten. Den gleichen Bestrebungen dienten die Dramatische Gesellschaft und seit 1890 besonders der Akademisch-Dramatische Verein, der sich durch viele Jahre zum Sachwalter der Moderne erhob. Werke von Gerhart Hauptmann, Halbe u. Sudermann wurden hier in geschlossenen, wenn auch unzulänglichen Aufführungen zuerst geboten, Hugo von Hofmannsthals „Tor und der Tod" erlebte seine Uraufführung. Mit den Genannten fanden die Münchner Dichter Josef Ruederer und Frank Wedekind in Stollberg einen Anwalt, die dramatischen Schöpfungen Ludwig Thomas gingen im Residenztheater über die Bühne. Im neuen Jahrhundert war Ernst Schrumpfs Volkstheater die erste Gründung. Das im Ausstellungsjahr 1908 eröffnete Künstlertheater unter Leitung von Georg Fuchs erlangte durch seine Reliefbühne (s. d.) stilgeschichtliche Bedeutung. Zu starker künstlerischer Entwicklung gedieh das Lustspielhaus (1911) Eugen Roberts (s. d.), das 1915 in Otto Falckenbergs (s. d.) Kammerspielen aufging. An der Hofoper ging die musikalische Führung nach dem plötzlichen Tode Mottls an Bruno Walter über, der nach zehnjährigem Wirken durch Hans Knappertsbusch abgelöst wurde. Unter Walter kam der „Parsifal" heraus, sowie Werke von Schreker, Hans Pfitzner und Richard Strauss. Die Uraufführung von Pfitzners „Palestrina" (1917) darf als das wichtigste Theaterereignis angesprochen werden, das Deutschland im ersten Weltkrieg sah. Von Strauss' Bühnenwerken haben „Friedenstag" und „Capriccio" ihre Uraufführung in München erlebt. Mehrere Bühnen wurden im Zweiten Weltkrieg vollständig zerstört, das Nationaltheater, das Residenztheater, das Künstlertheater u. das Volkstheater, die übrigen erlitten zumeist schwere Beschädigungen. Der Neubau des Residenztheaters wurde 1951 eröffnet, die Oper spielte seit 1946 im Prinzregententheater, die Operette konnte nach einem Provisorium ihr altes Heim 1948 wieder beziehen. Von den Neugründungen nach 1945 hat sich einzig die Kleine Komödie als lebensfähig erwiesen. Als Theaterstadt hat München seit der Reichsgründung in steigendem Maße gegen die Konkurrenz der Metropole Berlin zu kämpfen gehabt. Sie hat diesen Kampf mit bemerkenswerter Kraft durchgestanden.

Behandlung: Jakob *Neukäufler,* Die Lohnkutscher in München (Posse) 1820; C. M. *Heigel,* Der Metzgersprung zu M. (Schauspiel) 1829; Martin *Schleich,* Bürger u. Junker (Lustspiel) 1855; ders., Die letzte Hexe (Volksstück) 1856; Ulrich *v. Destouches,* Der Gang nach dem Bierkeller (Volksstück) 1856; ders., Der Schäfflertanz in München (Volksstück) 1857; M. *Schleich,* Eine falsche Münchnerin (Lustspiel) 1864; K. *v. Perfall,* Münchner Bilderbogen 1878; Julius *Schaumberger,* Ein pietätloser Mensch (Drama) 1893; O. *Blumenthal* u. M. *Bernstein,* Mathias Gollinger (Schwank) 1898; Ph. *Hartl-Mitlus,* Bühnengeschichten 1900; Ludwig *Thoma,* Witwen (Lustspiel) 1901; Frank *Wedekind,* Der Marquis von Keith (Schauspiel) 1901; Ernst *Rosmer,* Johannes Herkner (Schauspiel) 1904; Willy *Agoston,* München auf Stelzen (Schwank) 1904; Alois *Wohlmuth,* Großstadtkehricht (Volksschauspiel) 1905; Josef *Ruederer,* Die Morgenröte (Komödie) 1905; Georg *Hirschfeld,* Der Unverbesserliche (Komödie) 1908; G. Freiherr *v. Ompteda,* Die Tochter des großen Georgi (Theaterroman) 1911; Harry *Seek,* Münchner Kind'ln (Operette, bearb. von Viktor *Horwitz)* 1914; Adolf *Paul,* Lola Montez (Schauspiel) 1917; Oskar *Gluth,* Der verhexte Spitzweg (dramatisiert) 1931; Richard *Billinger,* Das Spiel von Erasmus Grasser (Drama) 1942; ders., Der Galgenvogel (Komödie) 1948; Hans *Fitz,* Madame Hohenester (Komödie) 1948 u. a.

Literatur: Unparteiische Beurteilung der Münchner Hof- und Nationalbühnen . . . 1784; F. L. *Reichel,* Dramatischer Briefwechsel, das Münchner Theater betreffend 1797; Katharina *Radnitzky,* Theater-Journal aller auf dem hiesigen (Münchner) Kgl. Nationaltheater unter der Direktion des Herrn Anton Ferrari aufgeführten Trauer-, Schau-, Lustspiele u. Opern 1816; Christian *Müller,* München unter König Maximilian Joseph I. 1816—17; Anton *Baumgartner*, Schilderungen bei Gelegenheit der feierlichen Eröffnung des großen neuen Kgl. Bayrischen Hoftheaters in M. 1818; *Anonymus*, Ideen über zweckmäßige Leitung eines deutschen Hoftheaters nebst Anhang: Ist der Fortbestand des Theaters am Isartor der Kunst in M. nützlich oder schädlich? 1820; Anton *Baumgartner*, Beschreibung des Brandes im Kgl. bayrischen großen Hof- u. Nationaltheater 1823; Friedrich *Holzapfel*, Neuer Almanach, den Freunden der Kunst gewidmet 1823 (fortgesetzt u. d. T. 1824: Theater-Taschenbuch 1825: Münchener Theater-Almanach); *Stich*, Über die Administration des Kgl. Hoftheater-Intendanten Stich zur Beleuchtung der Gründe seiner Dienstlassung 1824; *Delamotte* (?), Prüfung der von dem vormaligen Intendanten des Kgl. Hoftheaters Herrn Stich verteilten Schrift: Über die Administration des Kgl. Hoftheater-Intendanten Stich zur Beleuchtung der Gründe seiner Dienstentlassung 1824; Fr. *v. L.*, Einige freimütige Worte über das Theater von M. 1827; F. W. *Schleicher*, Theaterjournal oder Übersicht über alle im Jahre 1830 aufgeführten Schauspiele u. Opern 1830; August *Lewald*, Panorama von München 1835; F. *Meiser*, Das Kgl. neue Hof- u. Nationaltheater-Gebäude zu M. 1840; Karl Theodor v. *Küstner*, 34 Jahre meiner Theaterleitung 1853; Fr. M. *Rudhart*, Geschichte der Oper am Hofe zu M. 1865; Almanach des Hoftheaters 1869 ff.; *Franz Müller*, Im Foyer. Kleine Bühnenbriefe 1870; Richard *Gadermann*, Ferd. Lang 1877; Franz *Grandaur*, Chronik des K. Hof- u. Nationaltheaters in M. 1878; F. *Dingelstedt*, Münchener Bilderbogen 1879;' Heinrich *Bulthaupt*, Das Münchener Gesamtgastspiel 1880; Carl *Fiedler*, Die Gesamt-Gastspiele in M. u. ihre nationale Bedeutung für die dramatische Kunst 1880; O. *Kaffers*, Das Kgl. Hof- u. Nationaltheater in M. u. sein Untergang 1882; Paul *Warneck*, Ungeschminkte Briefe über das Münchner Hoftheater 1882; Felix *Philippi*, Das Münchener Hofschauspiel 1884; Ludwig *Krieger*, Kurze Skizzen zum Gastspiel der Münchener 1885; Hans v. *Basedow*, Münchner Dramaturgie 1887; August *Krieger*, Die Götterdämmerung des Münchner Hoftheaters 1887; Johannes *Mayerhofer*, Clara Ziegler 1887; *Possart-Album*, herausg. von Leo von Raven 1887; Münchner Kunst- u. Theateranzeiger 1887 bis 1918; *Anonymus*, Die idealen Grundsätze der Münchner Hofbühne 1888; Rudolf *Genée*, Die Entwicklung des szenischen

Theaters u. die Bühnenrefom in M. 1889; Karl v. *Reinhardstöttner*, Zur Geschichte des Jesuitendramas in M. (Jahrbuch für Münchner Geschichte 3. Bd.) 1889; Franz Josef *Brakl*, Gedenkschrift anläßlich des 25jährigen Bestehens des Gärtnerplatztheaters 1890; K. v. *Perfall*, Die Einrichtung der neuen Schauspielbühne des Münchner Hoftheaters 1890; Aloys *Wohlmuth*, Ungeschminkt 1890; F. *Dingelstedt*, Blätter aus seinem Nachlaß 2. Bd. 1891; Felix *Dahn*, Erinnerungen 2. u. 3. Bd. 1891—92; Otto Julius *Bierbaum*, 25 Jahre Münchner Hoftheatergeschichte 1892; Max *Leythäuser*, Die Scheinwelt u. ihre Schicksale 1893; K. v. *Perfall*, Ein Beitrag zur Geschichte der kgl. Theater in M. (1867—92) 1894; Heinrich *Keppler*, Lebenserinnerungen eines Frühvollendeten 1895; E. *Kilian*, Goethes Götz u. die neueingerichtete Münchner Hofbühne 1895; E. v. *Possart*, Über die Gesamtaufführung des Goetheschen Faust an der Münchner Hofbühne 1895; Karl *Lautenschläger*, Die Münchner Drehbühne im kgl. Residenztheater 1896; Friedrich *Haase*, Was ich erlebte 1898; A. *Rest*, Eine Maulwurfsarbeit oder Wie man Direktor wird. Klärende Rückblicke in die Vergangenheit des Theaters am Gärtnerplatz 1898; *Almanach* für das Münchner Schauspielhaus 1900 ff.; Alexander *Braun* (= Braunschild), Das Prinzregententheater in München 1901 (8. Aufl. 1908); Paul *Legband*, Münchener Bühne u. Literatur im 18. Jahrhundert (Diss. München) 1901; M. *Littmann*, Das Prinzregententheater 1901; Das Münchner Schauspielhaus. Denkschrift zur Eröffnung 1901; E. v. *Possart*, Die Separat-Vorstellungen vor König Ludwig II. 1901; Michael *Bernays*, Schiller auf dem Münchner Hoftheater (Schriften zur Literatur- u. Kulturgeschichte, aus dem Nachlaß, herausg. von Georg Witkowski 4. Bd.) 1903; Theodor *Göring*, 30 Jahre M. 1904; P. *Legband*, Münchner Bühne u. Literatur im 18. Jahrhundert (Oberbayerisches Archiv 51. Bd.) 1904; Gustav *Erlanger* u. Martin *Feuchtwanger*, Münchner Schauspielpremièren des ersten Halbjahres (1905) 1905; Max *Bernklau*, Eine Münchener Theaterrevolution vor fünfzig Jahren (Das Bayerland 18. Jahrg.) 1907; Münchener Künstlertheater. Ausstellung 1908; Max *Littmann*, Das Münchener Künstler-Theater 1908; Josef *Ruederer*, M. 1908; Jocza *Savits*, Von der Absicht des Dramas. Dramaturgische Betrachtungen über die Reform der Szene, namentl. im Hinblick auf die Shakespeare-Bühne in M. 1908; Otto

Liebscher, Franz Dingelstedt. Seine dramaturgische Entwicklung u. Tätigkeit bis 1857 u. seine Bühnenleitung in M. (Diss. München) 1909; Theodor *Alt*, Das Künstlertheater 1909; G. *Fuchs*, Die Revolution des Theaters. Ergebnisse aus dem Münchner Künstlertheater 1909; Hans *Oberländer*, Bühne u. bildende Kunst. Epilog zur Faust-Aufführung am Münchener Künstler-Theater 1909; Josef *Kirchner*, Eine Geschichte der Münchener Volkstheater 1910; Viktor *Schwanneke*, Das erste Theatermuseum (Das Bayerland 22. Jahrg.) 1911; Erich *Reipschläger*, Schubaur, Danzi u. Poißl als Opernkomponisten. Ein Beitrag zur Entwicklungsgeschichte der deutschen Oper auf Münchener Boden (Diss. Rostock) 1911; Otto *Liebscher*, Münchener Theatergeschichte 1913; Ludwig *Pfeuffer*, Joseph Maria Babo als Leiter des Kgl. Hof- u. Nationaltheaters in M. 1799—1810 (Diss. München) 1913; Georg *Hartmann*, Küstner u. das Münchener Hofschauspiel 1833—42 (Diss. München) 1914; Max *Zenger*, Die erste Tannhäuser-Aufführung in München (Das Bayerland 30. Jahrg.) 1918—19; Georg *Schaumberg*, Das Kgl. Theater an dem Isartore in München (Festgabe für Ludwig Geiger) 1918; Ludwig *Malyoth*, Gründung u. Aufbau des Hof- u. Nationaltheaters in München (Das Bayerland 30. Jahrg.) 1918—19; G. *Schaumberg*, Raimund in M. (Das Bayerland 31. Jahrg.) 1920—21; *Theaterzeitung* der Staatl. Bühnen Münchens 1920—22; Alois *Dreyer*, R. Wagner u. das schöngeistige M. (Deutsche Revue 46. Bd.) 1921; Herbert *Franzelin*, Geschichte der Münchener Vorstadttheater zu Beginn des 19. Jahrhunderts u. das Kgl. Theater am Isartor (Diss. München) 1922; Max · *Zenger*, Geschichte der Münchener Oper 1923; Paul *Busse*, Geschichte des Gärtnerplatztheaters in M. 1924; A. v. *Mensi-Klarbach*, Altmünchner Theatererinnerungen 1924; Eugen *Müller*, Das Theater in M. in den verflossenen vier Jahrhunderten (1534—1927) 1927; Otto *Ursprung*, Münchens musikal. Vergangenheit von der Frühzeit bis zu Richard Wagner 1927; 150 Jahre Bayrisches National-Theater. Herausg. von der Generaldirektion der Bayr. Staatstheater 1928; Hans *Horn*, Die Geschichte der Münchener Faustaufführungen (Diss. München) 1928; Max *See*, Der Volksdichter Franz Prüller u. die Münchener Vorstadtbühnen (Diss. München) 1932 (Kultur u. Geschichte 7. Bd.); Rolf *Grashey*, Die Familie Dahn u. das Münchener Hofschauspiel 1833—1899 (Diss. München) 1932 (Thea-

tergeschichtliche Forschungen 42. Bd.); Rolf *Wünnenberg*, Georg Stollberg u. das neuere Drama in M. (Diss. München) 1933; Walter *Grohmann*, Das Münchener Künstlertheater in der Bewegung der Szenen- u. Theaterreformen (Diss. München) 1935 (= Schriften der Gesellschaft für Theatergeschichte 47. Bd.); Georg *Fuchs*, Sturm u. Drang in M. um die Jahrhundertwende 1936; Paul *Bekkers*, Die nachwagnersche Oper bis zum Ausgang des 19. Jahrhunderts im Spiegel der Münchener Presse (Diss. München) 1936; Hans *Durlan*, Jocza Savits u. die Münchener Shakespearebühne (Diss. München) 1937 (= Die Schaubühne 19. Bd.); Irmgard *Müller*, Saphir in M. (Diss. München) 1940; Hans Karl *Otto*, Presse als Kulturspiegel. Beitrag zu Münchener Kulturgeschichte (Zeitung u. Leben 87. Bd.) 1940 (behandelt auch Theaterkritik); Margarete *Franke*, Die Münchener Laienspiele (Diss. Wien) 1942; Ernestine *Merbeck*, Die Münchener Theaterzeitschriften im 18. Jahrhundert (Diss. München) 1942; Josef Michael *Rubner*, Chronik der neuen Münchener Theatergeschichte 1946; K. H. *Ruppel*, Münchens neues Residenztheater eröffnet (Die Presse, Wochenausgabe Nr. 6) 1951; Werner *Bergold*, 50 Jahre Schauspielhaus, 25 Jahre Kammerspiele im Schauspielhaus 1951; 50 Jahre Schauspielhaus (Ein Almanach) 1951; 200 Jahre Residenztheater in Wort u. Bild 1951; *Festschrift* der Kleinen Komödie 1952; 300 Jahre Münchner Oper (Ein Bilderalmanach) 1953; Lili *Leder*, Ein paar Züge Münchner Theaterluft (Theater der Zeit 11. Jahrg.) 1956.

München-Gladbach, Stadt im Rheinland, erhielt erst im 20. Jahrhundert (1903 eröffnet) ein stadteigenes Theater, das mit dem Schauspielhaus in Rheydt vereinigt wurde. Intendanten der beiden Institute waren u. a. Paul Legband, Rolf Ziegler, Erich Alexander Winds. Nach dem Zweiten Weltkrieg leitete Fritz Kranz die Bühnen, 1950 wurde M.-G. mit Krefeld verbunden unter der Intendanz von Erich Schumacher (s. d.). Seit 1950 in Mönchen-Gladbach umbenannt.

Literatur: Friedrich Carl *Kobbe*, Die Städtischen Bühnen M.-Gladbach u. Rheydt (Theater am Rhein, herausg. von Carl Niessen) 1938.

Münchhausen, Hieronymus Freiherr von (1720—97), Urbild des Aufschneiders im Drama.
Behandlung: David *Kalisch*, Münchhausen

(Schauspiel) 1871; Martin *Fließ* u. Manuel *Schnitzer*, M. (Lustspiel) 1897; Franz *Keim*, Münchhausens letzte Lüge (Lustspiel) 1899; Fritz *Lienhard*, M. (Lustspiel) 1901; Hans v. *Gumppenberg*, Münchhausens Antwort (Lustspiel) 1901; Ernst *Böttger*, Münchhausens Liebeswunder (Komödie) 1905; Herbert *Eulenberg*, M. (Trauerspiel) 1908; Rudolf *Presber*, M. (Komödie) 1928; H. H. *Dransmann*, Münchhausens letzte Lüge (Heitere Oper) 1934; Walter *Hasenclever*, M. (Schauspiel) 1938.

Münchheim, Ernestine, geb. 1874, gest. 25. Febr. 1934 zu Berlin. Schauspielerin. Rezitatorin.

Münich, Kurt, geb. 1897, gest. 5. Juli 1940 zu Wiesbaden, Schauspieler u. Sänger am Residenztheater das.

Münster, die Hauptstadt Westfalens, trat im 15. Jahrhundert mit Schuldramen in die Geschichte des Theaters ein. 1485 versuchten sich Schüler der Domschule mit einer Komödie „Codrus" von Johann Kerckmeister. 1534 ließ der Wiedertäuferkönig Jan von Leyden im Dom zu M. ein Spiel vom armen Lazarus u. dem reichen Prasser aufführen. Das Gymnasium der Jesuiten bot seit 1588 der Spielfreude eine neue Heimstatt. Auch die Bürger stellten sich mit Volksschauspielen ein. Englische Komödianten (seit 1601 wiederholt nachweisbar) brachten das weltl. Theaterspiel in Fluß. Deutsche Berufsschauspieler (Julius Frz. Elenson, Johann Gottl. Förster) folgten ein Jahrhundert später. Ihnen war jedoch kein längerer Erfolg beschieden. Erst nach dem Siebenjährigen Krieg tauchten fast alljährlich Theatergesellschaften in M. auf. Johann Ludwig Meyer (s. d.) führte hauptsächlich deutsche Komödien auf, nach ihm Peter Florenz Ilgener (s. d) u. a. Prinzipale. Hervorragend wirkten Karl Josephi (s. d.) u. Karl August Dobler mit seiner Gattin Christiane D. (s. d.). 1775 wurde auf Veranlassung des kunstfreundlichen Generalvikars Frz. Freih. v. Fürstenberg gegen den Willen der verzopften Bürgerschaft ein stehendes Theater errichtet, am Bau selbst 1778 abgeschlossen. Bühnenfreundliche Adelige übernahmen die Obsorge, so daß auch Opernvorstellungen gegeben werden konnten. Zu den Lieblingen des Publikums zählten u. a. Karl Friedrich Abt (s. d.) u. seine Gattin Felizitas A. (s. d.), die in Gotha als erste

Frau in der Rolle des Hamlet auftrat. Besondere Verdienste erwarben sich der Charakterdarsteller Friedrich Gensicke (s. d.) u. Friedrich Wilhelm Großmann (s. d.), der Freund Lessings. Die folgenden Jahrzehnte bedeuteten schon infolge der politischen Verhältnisse u. späteren Kriegswirren eine Verfallszeit des Theaters auch für M. Eine Wiedergeburt auf den Bühnen Westfalens erfolgte erst, als seit 1813 die Truppe des Wieners August Pichler (s. d.) in allen bedeutenden Orten, vor allem in der Hauptstadt, ihre ausgezeichnete Tätigkeit entfaltete. 1828 fand der nachmals berühmte Lortzing freundliche Aufnahme. 1829 gab es sogar ein eigenes Theaterjournal in M. Das Repertoire stand mit Goethe, Schiller, Kleist, Raimund, Nestroy, Halm, Mozart, Rossini auf der Höhe der Zeit. 1850—65 leitete Gustav Mewes (s. d.) das Theater. 1865 übernahm der berühmte Moritz Alexander Krüger (s. d.) die Bühne. 1867 stellte er durch die bereits früher gewesene Union mit dem Theater in Detmold auch eine gesunde wirtschaftliche Lage her. Sein Nachfolger Paul Borsdorff (s. d.) 1875, in der Tradition der Meininger (s. d.) groß geworden, sorgte für weiteren Fortschritt. Das Theatergebäude verfiel freilich immer mehr. 1890 kam es zur endgültigen Schließung, so daß M. sich jahrelang mit seinem Sommertheater begnügen mußte. 1895 wurde der Adelshof der Familie von Romberg durch einen Theateranbau erweitert u. als Lortzing-Theater eröffnet. Zuerst gab es nur Schauspielvorstellungen. Unter Leopold Sachse (1909—14) fand auch die Oper wieder Eingang. Während des ersten Weltkriegs blieb das Theater bis 1916 geschlossen. Aber die 1919 gegründete Niederdeutsche Bühne brachte einen neuen Aufschwung. Seit 1922 führte sie die Stadt in eigener Regie. Für besondere Anlässe stand seit 1926 auch die Halle Münsterland als Festspieltheater zur Verfügung. 1942 fiel das Lortzing-Theater einem Bombardement zum Opfer, später auch die Stadthalle u. 1945 das im Haus des Adeligen Damenklubs seit 1930 bestehende Kammertheater. Der große Neubau des Stadttheaters konnte erst am 4. Febr. 1956 mit Mozarts „Zauberflöte" eingeweiht werden.

Behandlung: Heinrich *Brinckmann*, Die Wiedertäufer in Münster (Schauspiel) 1855; Ernst *Mevert*, Der König von M. (Trauerspiel) 1869; Viktor *Hardung*, Die Wiedertäufer in M. (Trauerspiel) 1895.

Literatur: W. *Sauer,* Das Theater zu Münster zur Zeit der letzten Fürstbischöfe (Zeitschrift für die Kulturgeschichte) 1873; Julius *Schwering,* Das Theater zu M. (Münsterischer Anzeiger Nr. 11, 27, 45, 62, 89, 108, 125) 1907; Heinrich *Stolz,* Die Entwicklung der Bühnenverhältnisse Westfalens von 1700—1850 (Diss. München) 1909; Berta *Müller,* Der Friede von Osnabrück u. M. im Lichte der dramat. Literatur im 17. Jahrhundert (Diss. Frankfurt) 1922; Hans *Schorer,* Das Theaterleben in M. in der zweiten Hälfte des 19. Jahrhunderts (Die Schaubühne, herausg. von Carl Niessen 10. Bd.) 1935; Wilhelm *Vernekohl,* M., 1953 (2. Aufl. 1956); *Anonymus,* Münsters neues Theater glanzvoll eröffnet (Die Bühnengenossenschaft 7. Jahrg. Nr. 12) 1956; Joseph *Prinz,* Die Geschichte des Münsterischen Theaters bis 1945 (in der von W. Vernekohl herausg. Festschrift: Das neue Theater in M.) 1956; Anton *Henzl* u. Hans G. *Sperlich,* Das neue Stadttheater in M. (Sonderdruck aus Baukunst u. Werksform, Die neue Stadt Nr. 5) 1956.

Münster, Hans Hinrich, geb. 19. Sept. 1921 zu Glückstadt, lebte das. Verfasser von Dramen u. Hörspielen.

Eigene Werke: Korl Piper sien Kniper (Lustspiel) 1947; Spektakel um Kassen Dutt (Lustspiel nach Julius Pohl) 1948; De dröge Hinnerk (Komödie) 1949; Snieder Wibbel (Komödie nach Hans Müller-Schlösser) 1949; Stint maakt Wind (Lustspiel) 1949; De söte Deern (Lustspiel) 1951; De Peperkur (Lustspiel) 1951.

Münster, Renat s. Griesel, August Wenzel.

Münster, Renatus s. Schießler, Sebastian Willibald.

Münster, Siegfried (Geburtsdatum unbekannt), gest. im Febr. 1915 (gefallen im Westen), wirkte als seriöser Baß in Heilbronn u. Plauen. Hauptrollen: König Heinrich („Lohengrin"), Hagen u. a.

Münter, Ferdinand, geb. 12. Nov. 1877 zu Halle a. d. S., Sohn der Schriftstellerin Camilla M., gehörte zuerst als Schauspieler der Bühne an, studierte dann 1898—1904 in Halle u. Basel (Doktor der Philosophie) u. lebte als Direktor der Agrikulturchemischen Versuchsanstalt dauernd in Halle. Auch Bühnenschriftsteller.

Eigene Werke: Selbstbetrug (Schauspiel)

1905; Cilly (Trauerspiel) o. J.; Alte Schuld (Drama) 1911; Henning Strobart (Trauerspiel) 1912; Cesare Monti (Trauerspiel) 1912; Die Varusschlacht (Schauspiel) 1915; Lukretia Garaschin (Drama) 1916; Pfänner u. Werker (Schauspiel) 1933; Theodemir, der Gote (Trauerspiel) 1933; Kinder (Drama) 1933; Thoringer (Trauerspiel) 1934; Die Stedinger (Trauerspiel) 1936; Um die Macht (Trauerspiel) 1938.

Münter, Friedrich, geb. 1869 zu Hannover, gest. Anfang Aug. 1893 das., war als Jugendlicher Held in Wismar, Münster, Hanau u. Dresden (Residenztheater) auch im komischen Fach mit Auszeichnung tätig. Zeitweise trat er unter dem Ps. Max Kaßmann auf.

Münz, Erwin Karl, geb. 6. Dez. 1912 zu Mannheim, zuerst an der Bühne tätig, studierte in Heidelberg u. München (Assistent bei Karl Voßler), lebte während des Krieges als Dolmetscher in Frankreich u. wurde Studienrat in Bad Mergentheim. Er trat nicht nur als Erzähler, sondern auch als Bühnenautor hervor.

Eigene Schriften: Der Meister (Drama) 1947; Clara (Laienspiel) 1948 u. a.

Literatur: E. M. *Münz,* Autobiographie (Deutsche Tagespost Nr. 1) 1956.

Münzberg (geb. Seitler), Karoline, geb. um 1847, gest. 21. Sept. 1905 zu Tetschen in Böhmen, spielte als Naive am Deutschen Landestheater in Prag bis zu ihrer Heirat mit einem Hauptmann M.

Münzenberg, Carl Eduard, geb. 25. April 1895 zu Gotha, gest. nach 1945 zu Kassel, lebte als Schriftsteller das. Dramatiker.

Eigene Werke: Weihnachtsglocken (Schauspiel) 1919; Heilige Sünde (Drama) 1922; Ein Sommerabend unter der Dorflinde (Singspiel) 1924; Pflichtbewußt (Schauspiel) 1926; Na also (Lustspiel) 1927; Der Bergwirt (Volksschauspiel) 1929; Der göttliche Zufall (Drama) 1930; Der Durst nach Freiheit (Drama) 1931; Unsterblichkeit (Drama) 1931; Der Feind (Drama) 1932; Die Schwälmer Gräfin (Singspiel) 1933; Erbhofbauern (Drama) 1933; Teja (Drama) 1935; Natürliche Sünde (Drama) 1937; Der Bauer (Volksschauspiel) 1937; Bürgerkrieg (Drama) 1938; Tillmann Riemenschneider (Schauspiel) 1938; Maifeier (Volksschauspiel) 1938.

Münzer, Friedl, geb. (Datum unbekannt) zu

Wien, wirkte seit 1930 mehrere Jahrzehnte in Köln. Hauptrollen: Braut („Gespenstersonate" von Strindberg), Meropa („Wölfe u. Schafe" von Ostrowski), Frau des Straßensängers („Galileo Galilei" von Brecht), Jennifer („Arzt am Scheideweg"), Frau Übertrieb („Maß für Maß"), Anny („Spiel im Schloß") u. a.

Münzer, Thomas (1489—1525), Prediger u. Agitator der Wiedertäufer, leitete den Bauernaufstand in Thüringen, wurde gefangengenommen u. enthauptet. Tragischer Held. *Behandlung:* Hermann *Rollett,* Th. Münzer (Drama) 1851; Robert *Rößler,* Th. M. (Trauerspiel) 1863; Walter *Lutz,* Th. M. (Drama) 1910; Paul *Gurk,* Th. M. (Drama) 1921; Paul *Kurzbach,* Th. M. (Oper) 1951. *Literatur:* P. A. *Merbach,* Th. Münzer in Drama u. Roman (Mühlhäuser Geschichtsblätter 31. Jahrg.) 1932.

Mürich, Paul, geb. 1862, gest. 19. Jan. 1930 zu Berlin, gehörte als Solotänzer u. Ballettmeister der Bühne an u. war zuletzt Lehrer an der Reinhardtschule das. Vorsitzender der Genossenschaft deutscher Tanzlehrer.

Mürrenberg, Heinrich s. Moritz, Heinrich.

Müthel, Lola, geb. um 1918 zu Darmstadt, Tochter von Lothar M., fiel schon früh am Staatstheater in Berlin als Fanchette in Beaumarchais' „Der tolle Tag" auf, wirkte als Schauspielerin 1936—44 am Staatstheater in Berlin, 1946—49 am dort. Deutschen Theater, 1950 in Salzburg u. Luzern, seit 1951 am Staatstheater in Stuttgart, seit 1952 in Frankfurt a. M. u. später auch gleichzeitig in Düsseldorf u. Berlin (Schiller- und Schloßparktheater). Ausgezeichnete Rhetorikerin. „Bei der durch Temperament u. Technik ausgeprägten Sprechbegabung L. Müthels bestand die Möglichkeit", schrieb H. Ihering („Junge Schauspieler", Neues Wiener Tagblatt, Nr. 15, 1944), „daß sie sich an eine Überbetonung des Sprachlichen auf Kosten des Mimischen u. Gestischen verlor. Darum war es gut, daß diese Schauspielerin . . . früh auch eine mimische Regie kennen lernte u. sich in Hans Rehbergs ,Heinrich u. Anna' an Lässigkeit u. lockere Haltung gewöhnte. Es mag für manche sprachliche Begabung leichter sein, große Perioden zu steigern u. Verse zu türmen, als locker über die Bühne zu gehen, eine Tür zu öffnen, ungespannt einen Brief zu lesen oder ein Glas entgegenzu-

nehmen. Wie die ausgezeichnete Sprecherin L. M. als Heinrich des Achten Geliebte durch eine Tür trat, sich wie selbstverständlich an eine Wand lehnte u. gelöst sprach, da wußte man, daß hier eine Schauspielerin den Durchbruch vollzogen hatte, die die Heftigkeit ihrer intensiven Begabung auch mimisch lockern konnte. L. Müthels dunkles u. südliches Temperament bleibt dennoch von allem Spielerischen u. Improvisatorischen entfernt. Sie ist eine tragische Schauspielerin. Als sie in Calderons ,Das Leben ist Traum' die Rosaura gab, erfüllte sie sich ganz. Sie sprach wie gestochen die kurzen Einzelverse, treibend, anfeuernd, steigernd u. doch gegliedert, genau u. doch mimisch frei. L. M., in Darmstadt geboren, ist Berlinerin. Aber es war in diesem leidenschaftlichen Furioso etwas von der Glut u. Haltung des spanischen Theaters, von einer Besessenheit, die über alles Maß zu gehen scheint, aber eben für diese Wildheit sich wieder eine Form schafft." Weitere Hauptrollen: Lukretia („Ein Bruderzwist in Habsburg"), Gräfin Werdenfels („Der Marquis von Keith"), Dona Isabel („Der seidene Schuh"), Marion („Dantons Tod"), Buhlschaft („Jedermann") u. a.

Müthel (eigentlich Lütcke), Lothar, geb. 18. Febr. 1896 zu Stettin, besuchte eine Realschule, seit 1912 die Schauspielschule des Deutschen Theaters in Berlin, begann 1913 seine Bühnentätigkeit als Don Carlos am Deutschen Theater das., ging mit ihm auf Gastspielreisen nach Holland, Norwegen u. Schweden, trat während des Ersten Weltkriegs zehn Monate am Nationaltheater in Bukarest auf, war 1918—19 Mitglied des Landestheaters in Darmstadt, 1919 u. 1926 des Schauspielhauses u. Staatstheaters in München, 1920—23 des Staatstheaters in Berlin, hierauf verschiedener dort. Bühnen (Deutsches Theater, Lessingtheater, Tribüne), gab dazwischen Gastspiele in Wien, Holland (mit Berthold Viertel, s. d.) u. Salzburg, wirkte seit 1927 wieder am Staatstheater in Berlin u. 1935 als Regisseur bei den Heidelberger Festspielen. Auch leitete er die Schauspielschule des Deutschen Theaters in Berlin, war 1939—45 Direktor des Burgtheaters, nach dem Zweiten Weltkrieg Schauspieler u. Regisseur am Deutschen Nationaltheater in Weimar bis 1950, hierauf am Schloßparktheater in Berlin u. am Theater am Schiffbauerdamm das. u. seit 1951 Direktor der Städt. Bühnen in

Frankfurt a. M. Hauptrollen: Don Carlos, Clavigo, Wilhelm von Oranien, Tasso, Oberon, Marc Anton u. a.
Literatur: J. *Günther,* L. Müthel 1934; Franz *Herterich,* L. M. (Das Burgtheater u. seine Sendung) o. J.

Muff, Jakob, geb. 27. Okt. 1896 zu Willisau, lebte seit 1919 als Lehrer in Roggliswil. Dramatiker.
Eigene Werke: Auge um Auge (Drama) 1926; De Schtausee (Spiel in einem Akt) 1927; Menschenwege u. Wasserwogen (Volksstück) 1928; Der Verschollene (Volksstück) 1929; Der Wasserhüter von St. Veit (Volksstück) 1930; Der Freiheitsschmied (Bühnendichtung) 1934; Das Lawinendorf (Volksstück) 1934; Der Ring von Hallwil (Schauspiel) 1935; Gottes Mühlen (Schauspiel) 1937; Die Glocken von Plurs (Drama) 1937; Bärgkamerade (Volksstück) 1942; Füsilier Muheim (Spiel) 1942; Zwei Sicheln (Erntespiel) 1943; Das Wunder (Weihnachtsspiel) 1943; Das steinerne Herz (Legendenspiel) 1945; Sturm über de Bärge (Volksstück) 1946; S Muetterguet (Sagenspiel) 1948; Der Spielmann u. sein Kind (Volksstück) 1950; De Giiger vo Gersau (Sagenspiel) 1951.

Mugrauer, Johanna, geb. 28. März 1869 zu Grindschedel, gest. 29. Nov. 1940 zu Prachatitz, sang Koloraturpartien in Linz a. D., am Landestheater in Prag u. a.

Mulack, Georg, geb. 17. Nov. 1889 zu Berlin, gest. 21. Jan. 1941 das., Kapellmeister.

Mulder, Ines (eigentl. Agnes Schmidt, Künstlername: Ines Fabbri-Mulder), geb. um 1835, gest. 19. Juni 1873 zu San Franzisko, Fabrikantentochter, debütierte in Kaschau, sang vier Jahre an verschiedenen kleinen Bühnen, dann in Königsberg u. seit 1859 in Hamburg, später in Chile, von wo sie 1863 wieder nach Europa zurückkehrte, trat später an der Hofoper in Berlin auf, ging 1864 an das Stadttheater in Frankfurt a. M. u. begab sich 1871 abermals nach Amerika, wo sie mit der Operngesellschaft ihres Gatten, Richard M., gastierte.

Mulder, Louise, geb. 8. Febr. 1870 zu Utrecht, Tochter eines Privatiers, bildete sich, von Cosima Wagner gefördert, für die Bühne aus, die sie als Eva in den „Meistersingern" am Stadttheater in Nürnberg

betrat, kam dann nach Stuttgart, wirkte 1891 bei den Festspielen in Bayreuth mit, war in Bremen, Amerika u. Riga erfolgreich tätig u. folgte hierauf einem Ruf ans Hoftheater in Coburg. Hauptrollen: Nedda, Frau Fluth, Fidelio, Elsa, Senta, Elisabeth, Isolde u. a.

Mulder, Richard, geb. 31. Dez. 1822 zu Amsterdam, gest. 22. Dez. 1874 zu San Franzisko, in Wien ausgebildet, wirkte als Dirigent das., in Köln, Frankfurt am Main u. Paris, später als Lehrer u. Theaterdirektor in Chile. In erster Ehe Gatte der Sängerin Lila Dubois, in zweiter von Ines Fabbri.

Mund, Gertrud (Ps. Blanca Blacha), geb. um 1914 in Preußisch-Schlesien, als Lehrerin ausgebildet, besuchte 1928—30 die Theaterschule in Breslau u. wirkte als Heldin u. Charakterdarstellerin in Landsberg, Greifswald, Liegnitz, Heilbronn, Marburg (Festspiele), Gießen, Aachen, Köln (Kleines Theater), Düsseldorf, Cuxhaven u. Remscheid. Auch Spielleiterin u. Bühnenlehrerin. Gattin des Folgenden. Hauptrollen: Isabella („Die Braut von Messina"), Elisabeth („Maria Stuart"), Hekuba („Die Troerinnen" von F. Werfel), Anna Caducci („Die Straße nach Cavarcere" von H. Zusanek) u. a.

Mund, Wilhelm Michael, geb. 6. Okt. 1910 zu Köln am Rhein, studierte in Frankfurt a. M. an der Universität u. bildete sich in Wiesbaden zum Schauspiel aus. Seit 1930 Theaterkritiker, 1935—40 Schauspieler, Regisseur u. Dramaturg in Heilbronn, Saarbrücken, Liegnitz u. Halle, dann Oberspielleiter in Greifswald u. Gießen, während der Kriegsgefangenschaft nach 1939 Leiter der Soldatenbühne im Lager Mailly le Camp, 1946 Regisseur in Baden-Baden u. Aachen, seit 1948 Schauspieldirektor in Cuxhaven (nach der Währungsreform Begründer des Schauspiels Cuxhaven, bekannt als Theater auf Fischkisten) u. seit 1950 Intendant in Remscheid. Hauptrollen: Mephisto, Franz Moor, Tartuffe, Malvolio u. a. Gatte der Vorigen. Auch Dramatiker.
Eigene Schriften: Das Reich (Chorspiel) 1933; Der singende Weg (Spiel) 1936; Piraten (Schauspiel) 1941; Der purpurne Turm (Schauspiel) 1944; Der silberne Segen (Spiel) 1944; Sieben auf einen Streich! (Bühnenmärchen) 1947; Der Tod Julius des Zweiten (Schauspiel) o. J. u. a.

Munding, Friedrich, geb. 10. Mai 1887 zu

Basel, war Feuilletonredakteur am „Südkurier" in Konstanz. Erzähler u. Dramatiker.
Eigene Werke: Zinnober (Komödie) 1938; Das Kanapee (Komödie) 1939.

Mundorf, Paul, geb. 10. Sept. 1903 zu Essen, an der Dumont-Schule in Düsseldorf ausgebildet, begann seine Bühnentätigkeit am Schauspielhaus in Hamburg, war 1934 bis 1942 Direktor des Thaliatheaters das. u. hierauf Generalintendant des Stadttheaters u. der Kammerspiele in Aachen. Gatte der Folgenden.

Mundorf, Rosemarie (Ps. Romy Lennartz), geb. 12. Mai 1925 zu Aachen, an der Hochschule für Musik in Köln 1947—48 u. hierauf bei Hilde Eidens in Aachen für die Bühne ausgebildet, war Operettensängerin das., in Wiesbaden, Nürnberg, München, Hamburg, Berlin u. Aachen. Gattin des Vorigen. Hauptrollen: Rößlwirtin („Im weißen Rößl"), O Mimosa San („Die Geisha"), Kurfürstin („Der Vogelhändler"), Helena („Polenblut") u. a.

Mundt, Theodor, geb. 19. Sept. 1808 zu Potsdam, gest. 30. Nov. 1861 zu Berlin, Sohn eines Beamten, studierte das., wurde 1848 Professor in Breslau u. 1850 Universitätsbibliothekar in Berlin. Eines der Häupter der „Jungdeutschen", literarisch vielseitig tätig, Verfasser u. a. einer zweibändigen „Dramaturgie" 1849.
Literatur: Hans *Knudsen,* Mundt u. Gutzkow (Euphorion 24. Bd.) 1922.

Munk, Peter s. Levy, Walter.

Munkwitz, Adolf, geb. 31. Okt. 1857 zu Berlin, gest. 7. April 1920 zu Münster in Westfalen, wirkte als Heldenvater u. in feinkomischen Rollen in Magdeburg, Gera, Barmen, Aachen, Augsburg, Bremen, Chemnitz u. Kassel, seit 1905 auch als Oberregisseur das. Hauptrollen: König Lear, König Philipp, Wallenstein, Trast u. a. Seine Gattin Sophie M. spielte neben ihm Anstandsdamen u. Mütter.

Munkwitz, Sophie, s. Munkwitz, Adolf.

Munninger, Eduard, geb. 8. Dez. 1901 zu Gallspach in Oberösterreich, wurde Fachlehrer u. lebte auf Schloß Krämpelstein in Oberösterreich nächst Passau. Erzähler u. Dramatiker.

Eigene Werke: Haß u. Liebe (Schauspiel) 1928; Der Schärffenberger (Freilicht-, Ritter-u. Bauernspiel) 1936; Der Igel (Drama) 1950; Ulrich der Rinkheimer (Schauspiel) 1950.

Murad Effendi (urspr. Franz v. Werner), geb. 30. Mai 1836 zu Wien, gest. 12. Sept. 1881 zu Den Haag, Sohn eines kroatischen Gutsbesitzers, diente zuerst im österreichischen, dann (seit 1853) im türkischen Heer, wurde osmanischer Staatsbürger u. vertrat die Pforte als Diplomat in Temeschwar, Dresden, Paris u. Den Haag. Seine Dramen wurden wiederholt aufgeführt.
Eigene Werke: Selim III. (Trauerspiel) 1872; Ein Roman (Lustspiel) 1874; Dramatische Werke (Selim III. — Marino Falieri — Auf dem Kreuzhof — Ines de Castro — Mirabeau — Johanna Gray — Durch die Vase — Bogadil — Professors Brautfahrt — Mit dem Strom) 3 Bde. 1881.
Literatur: Heinrich *Ziegler,* Murad Efendi (Diss. Münster) 1917; Wilhelm *Kosch,* Ein österr. Dichter u. türkischer Diplomat in Holland (Der Wächter 22. Jahrg.) 1940.

Muratori, Georg, geb. 24. April 1875 zu Wien, gest. 14. März 1921 das., zuerst Bankbeamter, ging 1897 als Schauspieler in Laibach zur Bühne u. kam 1898 vom Hoftheater in Weimar als Jugendlicher Held ans Burgtheater, dem er bis zu seinem Tode angehörte. Hauptrollen: Grumio („Der Widerspenstigen Zähmung"), Bielsky („Demetrius"), Roller („Die Räuber"), Appiani („Emilia Galotti"), Buenco („Clavigo"), Karl („Die fünf Frankfurter"), Mowbray („König Richard II.) u. a.

Murawski, Werner Ilja, geb. 20. Okt. 1927 zu Küstrin, studierte in Frankfurt a. M. u. Wiesbaden u. wirkte seit 1954 als Schauspieler u. Dramaturg am Theater am Roßmarkt in Frankfurt a. M. u. an der Christlichen Landesbühne Mittelrhein in Darmstadt. Zu seinen Hauptrollen zählte La Roche in Schillers „Parasit".

Murjahn, Carl, geb. 12. Mai 1848 (Todesdatum unbekannt), war seit 1868 Schauspieler, u. a. Darsteller plattdeutscher Rollen am Ernst-Drucker-Theater in Hamburg. Später Direktor des Deutschen Theaters in Davenport.

Murjahn, Magdalena s. Koelle, Magdalene.

Murke (Ps. Alsen), Herbert, geb. 10. Okt.

1906 zu Hildesheim, studierte in Berlin an
der Universität u. Hochschule für Musik,
kam als Baß 1932 an das Stadttheater in
Hagen, 1933 an das Landestheater in Dessau, 1934 an das Staatstheater in Wiesbaden, 1936 an die Staatsoper in Wien (unter Toscanini u. Walter auch für die Salzburger Festspiele verpflichtet) u. 1938 an
die Metropolitan-Oper in Neuyork, blieb
aber als Kammersänger im Verband mit
der Wiener Staatsoper. Hauptrollen: König
Heinrich, Fasolt, Hunding, Hagen, Pogner,
König Marke, Gurnemanz, Sarastro, Osmin,
Basilio, König Philipp, Barbier von Bagdad u. a.

Murnau, Friedrich Wilhelm, geb. 1889 in
Westfalen, gest. 11. März 1931 zu Santa
Barbara in Kalifornien (durch Autounfall),
studierte Kunstgeschichte, wandte sich dann
als Regisseur der Bühne zu u. wirkte u. a.
bei M. Reinhardt, später im Film.

Murr, Johann Bonaventura, geb. 1741 zu
Donaueschingen, gest. Ende Mai 1782 zu
Münster, Schauspieler u. Sänger, kam 1775
mit K. Th. Döbbelin (s. d.) nach Berlin u.
wirkte 1777/78 in Münster, 1779 in Hamburg, dann wieder in Münster. Seine
Hauptrollen waren Komische Alte. Gatte
der Folgenden.

Murr, Maria Elisabeth, geb. 1745 zu Dresden, gest. 1778 zu Münster als Schauspielerin das. Gattin des Vorigen.

Murska, Ilma von, geb. 5. Febr. 1834 zu
Agram, gest. 13. Jan. 1889 zu München
(durch Selbstmord), Tochter eines österr.
Offiziers, besuchte das Konservatorium in
Wien, Schülerin der Marchesi (s. d.), debütierte als Sängerin 1862 in Florenz, trat
dann höchst erfolgreich in verschiedenen
Städten Italiens u. Spaniens auf, kam 1863
nach Pest, 1864 nach Berlin u. wirkte seit
1865 in Wien (an der Hofoper), dann in
Amerika, kehrte jedoch am Ende finanziell,
körperlich u. geistig ruiniert 1888 nach
Europa zurück. Sie war mit einem Militär-
Auditor Eder von der Militärgrenze verheiratet, später eine verehel. Anderson,
zuletzt Vill. Heinrich Ritter von Seyfried
bezeichnete sie (Allgemeine Theater-
chronik Nr. 39, 1871) als eine vollendete
Künstlerin: „. . . ihr gelingt alles, ihr wird
nichts unmöglich . . ., sie dominiert die
größten Ensembles, mit einem anscheinend
nicht großen Organ, . . . ihre Energie macht

sie auch zu einer dramatischen Künstlerin
u. erweitert den engen Kreis einer Koloratursängerin. Und das ist eine Rarität, die
sich der Bewunderung nicht entziehen
kann. Man glaubt, ihr kann nichts gelingen
u. es gelingt ihr alles, man fürchtet, sie
zerreißt sich das Kehlensystem u. sie zerreißt sich kaum den Mund, dem man gar
nicht ansieht, welch maßlose Schwierigkeiten er durch seine Lippen ausspeit . . .
selbst die Artôt ist gegen die M. eine
schüchterne Anfängerin." Nach ihrem Ableben schilderte sie ein Zeitungsbericht:
„Eine schlanke verführerische Erscheinung,
von eleganter Leichtigkeit der Bewegung,
schwärmerische Augen, aus welchen Sinnlichkeit u. Leidenschaft sprühten, eine feen-
hafte reiche Haarfülle von rötlichem
Blond, welche die ganze Gestalt einhüllen
konnte, dazu die Kaprizen u. das Temperament der leicht erregbaren Künstlerin."
Hauptrollen: Dinorah, Constanze, Lucia,
Königin der Nacht, Elvira u. a.
Literatur: Wurzbach, I. v. Murska (Biogr.
Lexikon 19. Bd.) 1868.

Musäus, Hans, geb. 1851 zu Aalesund, gest.
10. Mai 1921 zu Merseburg, Nachkomme des
Märchendichters M., wirkte als Schauspieler u. a. in Halle, Zürich, Düsseldorf u.
gründete später eine eigene Gesellschaft,
mit der er Mitteldeutschland bereiste. Als
Gast weilte er in Ungarn u. a.

Musäus, Hans, geb. 28. Nov. 1910 zu Bielefeld, einer Künstlerfamilie entstammend,
wurde in Hamburg für die Bühne ausgebildet, begann seine Theaterlaufbahn als
Charakterheld u. Spielleiter in Königsberg
in Preußen, kam nach seiner Entlassung
aus jugoslawischer Kriegsgefangenschaft
nach Salzburg u. kurz darauf an das Landestheater nach Innsbruck, dem er 1950 bis
1953 als Mitglied angehörte. Seither wirkte
er in Tübingen. Die Kritik bezeichnete ihn
als einen Vollblutschauspieler, der keine
Schablone kennt u. auch die kleinste Rolle
mit Leben erfüllte. Besonders fiel M. in
Zuckmayers „Des Teufels General" auf.
Weitere Hauptrollen: Quilling („Sturm im
Wasserglas"), Kreon („König Oedipus"),
Proctor („Hexenjagd"), Alba („Don Carlos")
u. a. Gatte der Schauspielerin Maria Singer.
Literatur: Remo, Künstlerporträt: H. Musäus (Tiroler Tageszeitung 22. Nov.) 1952.

Musäus (Ps. Singer), Maria, geb. 1. Febr.

1914, am Reinhardtseminar in Wien ausgebildet, war Schauspielerin am Landestheater in Innsbruck u. seit 1954 in Tübingen. Gattin des Vorigen.

Musäus, Tilly, geb. 1883, begann ihre Laufbahn 1900, spielte in Gera u. a. u. wirkte seit 1934 als Mütterspielerin jahrzehntelang in Lübeck. Hauptrollen: Mutter („Jedermann"), Mutter („Schuld u. Sühne"), Mrs. Rinder-Sparrow („Die Liebe der vier Obersten"), Anne Marie („Leuchtfeuer"), Frau Hassenreuter („Die Ratten") u. a.

Muschi, Jean Bernard, geb. 17. Jan. 1847 zu München (Todesdatum unbekannt), Sohn eines Hofsekretärs König Ottos von Griechenland, studierte die Rechte u. Philosophie, wandte sich der Journalistik zu, war mehrere Jahre Redakteur des „Anhalt. Staatsanzeigers" u. lebte seit 1892 als freier Schriftsteller in Gotha, Berlin u. a. Erzähler u. Dramatiker.
Eigene Werke: Jovan u. Margot (Drama) 1887; Die wendische Krone (Vaterl. Schauspiel) 1890; Die Rivalen (Drama) 1890; Weltuntergang (Tragikomödie) 1911; Jugendliebe (Schauspiel) 1911; Frauenehre 1912.

Muschler, Conrad, geb. 1841, gest. 24. Sept. 1907 zu Steglitz bei Berlin, war Hofopernsänger in München u. nach seinem Bühnenabschied Gesangspädagoge. Gatte der Hofopernsängerin Eveline Solbrig.

Musik, Spiel in vier Akten von Carl Hauptmann, gehört als dritter Teil zur Trilogie „Die goldenen Straßen" (1916—19). Ein genialer Domorganist, hinter dessen Maske der Dichter den Komponisten Max Reger verbirgt, lebt in höheren Spären, die seine einfache Braut nicht begreift, sie ringt um ihn, während er seinen Weg weiter geht, von seinen Idealen berauscht, u. erst am Ende auch die „Heimat der Wärme" verspürt, die sie ihm bieten will. Man hat „M." als das typisch große Drama des Expressionismus bezeichnet. Ein zeitgenössischer Kritiker, Hans Teßmer, deutet das Stück als reines Weltanschauungsdrama: „Nicht Genuß, nicht törichte Vorspiegelung bringen letzte Erkenntnis, sondern Schaffen, Gebären aus der bewegenden Kraft des Gemüts. Die formale Bewältigung solcher Schau trägt in diesem letzten Bühnenwerk Carl Hauptmanns strindbergische Züge, wie denn vor allem die Figur des Vagabunden von dem Strindberg der letz-

ten Dramen geschaffen sein könnte. — Grandios in der rhythmischen Anlage wie in der Kunst der Worte ist vor allem im letzten Akt die große Szene, die das Mysterium des visionär schaffenden Künstlers zu enthüllen versucht. Carl Hauptmann unternimmt auf dem Gebiete des Dramas den ersten Versuch, dieses Mysterium darzustellen, zur gleichen Zeit, zu der Hans Pfitzner im ersten Akt seines ‚Palestrina' dasselbe Problem mit den reichen Mitteln tönender Musik zu lösen unternahm".
Literatur: H. Teßmer, C. Hauptmann u. seine besten Bühnenwerke 1922.

Musik, Sittengemälde in vier Bildern von Frank Wedekind, geschrieben 1906, ist eine Szenenfolge, aber kein eigentliches Drama. Entsprechend der von L. Thoma (s. dessen „Moral") u. a. literarischen Zeitgenossen gepflegten Tendenz, die bürgerliche Gesellschaft in ihrer Zerfallserscheinung bloßzustellen, behandelt das Stück die Verführung einer jungen Sängerin u. deren Folgen. Sensationen versprechen die Überschriften der einzelnen Bilder „Bei Nacht u. Nebel", „Hinter schwedischen Gardinen", „Vom Regen in die Traufe", „Der Fluch der Lächerlichkeit". Ihm verfällt auch der Paragraph des Strafgesetzbuches, der sich mit dem Verbrechen gegen das keimende Leben beschäftigt. Gleich bei der Uraufführung (1908) erkannte die Kritik die großen Mängel des tendenziös konstruierten Werkes, dem „wirklichen Menschen von Fleisch und Blut" fehlen. So schreibt J. Kapp: „Die Sprache u. Ausdrucksweise ist in dem ganzen Stück ungemein schwulstig u. geschraubt. Die Stimmungen schlagen von einem Extrem in das andere um. Es scheint manchmal wirklich, als ob jede Natürlichkeit ängstlich mit Absicht gemieden werde u. als ob Launen sich ablösten . . . Die Zeichnung der Charaktere ist . . . sehr anfechtbar."
Literatur: Julius Kapp, F. Wedekind, seine Eigenart u. seine Werke 1909; Arthur Kutscher, F. W., sein Leben u. seine Werke, 2 Bde 1927.

Musik auf der Sprechbühne s. auch Bühnenmusik.
Literatur: Carl Robert Papst, Die Verbindung der Künste auf der dramatischen Bühne 1870; Franz Liszt, Keine Zwischenmusik (Gesammelte Schriften, herausg. von L. Ramann 3. Bd. 1. Abt.) 1881; W. Golther,

Die Musik im Schauspiel unserer Klassiker 1906—07; H. *Knudsen*, Schiller u. die Musik (Diss. Greifswald) 1908; Annemarie *Deditus*, Theorien über die Verbindung von Poesie u. Musik (Diss. München) 1918; Ernst v. *Waldthausen*, Die Funktionen der Musik im klassischen deutschen Schauspiel (Diss. Heidelberg) 1921; A. *Aber*, Die Musik im Schauspiel 1926; Nikolaus *Aeschbacher*, Die Gestaltung der Musikbühne. Ein Gespräch mit dem musikalischen Leiter des Berner Stadttheaters N. Aeschbacher (Berner Student 22. Jahrg. 2. H.) 1951; Ernst August *Schuler*, Die Musik der Osterfeiern, Osterspiele u. Passionen des Mittelalters (Diss. Basel) 1951; H. *Gollob*, Musik u. Bühneninszenierung 1956.

Musikanten am Hohen Markt, Die, lokale Posse mit Gesang in drei Aufzügen von Josef Alois Gleich, Musik von Ferdinand Kauer, Erstaufführung in Wien (Leopoldstädter Theater) 1815. Der Erfolg des technisch in der Tradition der Commedia dell'arte entstandenen Stückes war schon infolge der von Raimund gespielten Hauptrolle so groß, daß der Verfasser vier Fortsetzungen folgen ließ. Musikus Adam Kratzerl quält seine Frau durch grundlose Eifersucht, wird jedoch, nachdem er jene zwar in eine Reihe verdächtiger Situationen verwickelt sieht, die in Wirklichkeit aber immer harmlos auslaufen, glücklich kuriert. Er fällt von einer Aufregung in die andere u. muß am Ende klein beigeben.

Musikantenmädel, Das, Operette in drei Akten von Bernhard Buchbinder, Uraufführung 1910 in Wien. Die Handlung spielt in Rohrau (Niederösterreich) u. Eisenstadt (Burgenland), der Residenz der Fürsten Esterhazy, wo Haydn als Hofkapellmeister wirkt u. in der am Ende Resel, die Heldin des Stücks, als Tochter einer Jugendgeliebten des Komponisten erkannt wird. Die Musik stammt von Georg Jarno.

Musikdrama, musikalisches Bühnenwerk, das wie R. Wagners Schöpfungen auch den dramatischen Nerv stark empfinden läßt, zum Unterschied von der älteren Oper, der sogenannten Nummernoper, der Aneinanderreihung in sich geschlossener Musikstücke. Wagner selbst jedoch lehnte die Bezeichnung „Musikdrama" ab. Der Ausdruck „M." findet sich bereits in den „Kritischen Wäldern" von Theodor Mundt (s. d.) 1833.

Literatur: R. *Wagner*, Über die Benennung Musikdrama (Musikalisches Wochenblatt, Nov.) 1872 (auch in den Gesammelten Schriften, herausg. von Julius Kapp 13. Bd. 1914 u. a.); A. *Lorenz*, Das Geheimnis der Form bei R. Wagner 4 Bde. 1924—33; K. *Burdach*, Schillers Chordramen u. die Geburt des tragischen Stils aus der Musik (= Vorspiel 2. Bd) 1926; F. A. *Schmidt*, Maler Müllers Stellung in der Entwicklung des musikal. Dramas (Germanisch-Romanische Monatsschrift 28. Jahrg.) 1940; Joseph *Gregor*, Kulturgeschichte der Oper 1941.

Musil, Erich, geb. 29. Okt. 1906 zu Olmütz, in Wien ausgebildet, debütierte als Rustan in Grillparzers „Der Traum ein Leben" am dort. Deutschen Volkstheater u. spielte dann in Mannheim, Berlin, München, Düsseldorf, Frankfurt a. M., Hannover u. am Nationaltheater in Mannheim. Hauptrollen: Karl Moor, Faust, Mephisto, Rappelkopf, Bolingbroke, Präsident („Kabale u. Liebe") u. a.

Musil (Ps. Reuter), Franz, geb. 9. März 1899 zu Wien, studierte in Wien Musikwissenschaft u. Gesang, wirkte 1925—28 als Baß-Bariton am Stadttheater in Augsburg, kurze Zeit am Gärtnerplatztheater in München, 1928—30 am Stadttheater in Trier, 1931 bis 1933 als Assistent an der Staatsakademie in Wien u. 1933—46 an der Staatsoper in München. Gastspiele führten ihn an bedeutende Bühnen des In- u. Auslandes, auch nahm er an den Salzburger Festspielen teil. Nach seinem Bühnenabschied lebte M. als Gesangslehrer in München. Hauptrollen: Papageno, Figaro („Der Barbier von Sevilla") u. a.

Musil, Robert Edler von, geb. 6. Nov. 1880 zu Klagenfurt, gest. 15. April 1942 zu Genf. Sohn eines Hochschulprofessors, einer ursprünglich tschechischen Beamtenfamilie entstammend, besuchte die Kadettenschule in Mährisch-Weißkirchen, studierte in Brünn Maschinenbau, wurde hier Ingenieur, 1902 Volontärassistent an der Technischen Hochschule in Stuttgart, setzte seine Studien an der Universität Berlin fort (Doktor der Philosophie), arbeitete 1913 an Franz Bleis Zeitschrift „Der lose Vogel" mit, 1914 in der Redaktion der „Neuen Rundschau", nahm als Reserveoffizier am Ersten Weltkrieg teil, war später Theaterkritiker der „Prager Presse" u. des Wiener „Morgen" u. lebte seit 1936 in Zürich u. zuletzt in Genf. Essayist, Erzähler u. Dramatiker.

Eigene Werke: Die Schwärmer (Drama) 1921; Vinzenz oder die Freunde bedeutender Männer (Komödie) 1923.

Literatur: Robert *Lejeune,* R. Musil 1942; Karl *Riskamm,* R. Musils Leben u. Werk (Diss. Wien) 1948; Fr. Th. *Csokor,* Theater des Lebens (Wiener Zeitung 25. Dez.) 1949; ders., R. M. (Der Monat Nr. 3) 1950; Gerhard *Baumann,* R. M. (Germanisch-Romanische Monatsschrift 34. Bd.) 1953; W. *Braun,* Musils Erdensekretariat der Genauigkeit u. Seele (Monatshefte, Madison Nr. 6) 1954; Heinz *Friedrich,* Der Romancier auf der Bühne (Deutsche Zeitung Nr. 49) 1955.

Muß, Fritz, geb. 1. Nov. 1920 zu Chemnitz, für die Bühne 1948—50 ausgebildet, debütierte 1951 als Zuniga in „Carmen" an den Landesbühnen Sachsen in Dresden u. gehörte diesen seither als Baß-Buffo u. Seriöser Baß (mit Unterbrechung 1954 in Rostock) an. Weitere Hauptrollen: Don Pasquale, Alberich, Kezal („Die verkaufte Braut") u. a. Gatte der Opernsängerin Margot Teich.

Muszély, Melitta, geb. um 1930 zu Wien, das. ausgebildet, kam über Regensburg u. Kiel als Opernsängerin 1954 an die Staatsoper in Hamburg.

Muth, Anni s. Soldern-Muth, Anni.

Mutter im deutschen Drama.

Literatur: Heinz Hubert *Saddeler,* Die Muttergestalt im Drama des Sturmes u. Dranges (Diss. Münster) 1938.

Mutter Courage und ihre Kinder. Eine Chronik aus dem Dreißigjährigen Kriege von Berthold Brecht, entstanden in Schweden vor Ausbruch des Zweiten Weltkrieges u. 1941 in Zürich uraufgeführt, ist eigentlich ein episches Drama (Szenenfolge). Die Figur der M. C. stammt aus Grimmelshausens Roman. „Die Uraufführung", schreibt Brecht selbst, „ermöglichte es trotz der antifaschistischen u. pazifistischen Einstellung des hauptsächlich von deutschen Emigranten besetzten Zürcher Schauspielhauses der bürgerlichen Presse, von einer Niobe-Tragödie u. von der erschütternden Lebenskraft des Muttertiers zu sprechen." Infolgedessen arbeitete B. das Stück für die Berliner Urauf-

führung 1948 um, da er unzweideutig die Kennzeichnung des Krieges als eines Kampfmittels der Unterdrückerklasse gegen die Unterdrückten herausstellen wollte, nicht eine Schilderung der M. C. Das Beste freilich verdankt das erfolgreiche Stück Grimmelshausens „Trutz-Simplex oder Lebensbeschreibung der Erzbetrügerin u. Landstörzerin Courasche" (1669).

Literatur: Fritz *Erpenbeck,* Mutter Courage u. ihre Kinder (Lebendiges Theater) 1949.

Mutzenbecher, Hans Esdras, geb. 4. Okt. 1897, Sohn des Geheimrats Matthias M., kam 1919 als Dramaturg ans Nationaltheater in Weimar, 1920 ans Reussische Theater in Gera, 1921 als Oberregisseur ans Landestheater in Oldenburg, 1922 nach Barmen-Elberfeld, 1925 als Gastregisseur an die Staatsopern in Wien u. Köln, 1926 ans Landestheater in Darmstadt u. 1928 als Oberregisseur u. Dramaturg an die Oper in Frankfurt a. M.

Mutzenbecher, Kurt von, geb. 18. Nov. 1866 zu Hamburg, gest. 7. Okt. 1938 zu Berlin, einer Patrizierfamilie entstammend, studierte in Bonn (Doktor der Rechte), schied nach mehrjährigem Dienst aus dem Heer, wurde 1903 von Georg Graf Hülsen-Häseler in den Hoftheaterdienst übernommen u. 1904 kommissarisch mit der Intendanz des Hoftheaters in Wiesbaden betraut. 1918 trat M. zurück u. nahm schließlich seinen Wohnsitz in Berlin.

Literatur: Ernst *Legal,* K. v. Mutzenbecher (Die Bühne 5. Jahrg. 1. Heft) 1939; G. S., K. v. M. (Deutsches Bühnen-Jahrbuch 51. Jahrg.) 1940.

Muxeneder, Franz, geb. 19. Okt. 1920 zu Salzburg, zuerst Mechaniker u. Finanzbeamter, war mehrere Jahre Schauspieler am Landestheater in Salzburg, wandte sich aber seit 1950 hauptsächlich dem Film zu.

Muzell, Marie, geb. 28. April 1848 zu Regensburg, gest. 1891 zu Wiesbaden, war Opernsängerin u. Soubrette in Basel, Schwerin, Braunschweig, Bremen, Berlin (Kgl. Theater) u. Wiesbaden. Die Kritik rühmte ihr belebten Gesang u. gewandtes Spiel nach.

Muzzarelli, Adele s. Beckmann, Adele.

Muzzarelli, Alfred, geb. 27. Febr. 1890 zu

Wiener-Neustadt, gest. 14. Mai 1958 zu Schruns, Sohn eines Prokuristen, in Wien ausgebildet, wirkte seit 1919 als Opernsänger (Baß) an der Staatsoper in Wien.

Mylius, Adolf s. Laban, Adolf.

Mylius, Christine, geb. 24. Nov. 1913 zu München, das. ausgebildet, begann ihre Bühnenlaufbahn als Schauspielerin 1937 am dort. Staatstheater u. gehörte dann den Bühnen in Hamburg (Harburger Theater), Danzig, Freiburg im Brsg., Stuttgart, Lübeck u. wieder Hamburg (Theater im Zimmer u. Junges Theater) an. Hauptrollen: Gretchen („Faust"), Dona Proeza („Der seidene Schuh"), Rhodope („Gyges" u. sein Ring"), Elisabeth („Don Carlos"), Gwendolen Fairflex („Bunbury") u. a.

Mylius, Christlob, geb. 11. Nov. 1722 zu Reichenbach an der Pulsnitz, gest. 6./7. März 1754 zu London, Sohn eines Pastors, Vetter von G. E. Lessing, studierte in Leipzig (anfangs Gottschedianer), übersiedelte 1748 nach Berlin u. leitete dort die „Rüdigersche", später „Vossische Zeitung" (Verkehr mit Lessing). M. wollte Amerika bereisen, fand jedoch auf der Fahrt dahin den Tod. Hervorragender Journalist, auch Dramatiker. Die auf Anraten von Karoline Neuber (s. d.) entstandene „Schäferinsel" nannte Lessing ein pseudopastoralisch-musikalisches Lustspiel, dessen Gattung Gellert u. a. zu ähnlichen Stücken veranlaßte. *Eigene Schriften:* Die Ärzte (Lustspiel) 1745; Der Unerträgliche (Lustspiel) 1746; Der Kuß (Schäferspiel) 1748; Die Schäferinsel (Lustspiel in der Wiener Schaubühne) 1749; Vermischte Schriften, herausg. von Lessing 1754. *Literatur:* Ernst *Consentius,* Der Wahrsager. Zur Charakteristik von M. u. Lessing 1900; ders., Ch. M. (A. D. B. 52. Bd.) 1906.

Mylius, Karl (Geburtsdatum unbekannt), gest. 12. Nov. 1763, studierte in Leipzig, ging 1750 zur Schönemannschen Truppe in Breslau, dann zur Neuberin u. 1751 zur Kochschen Truppe in Leipzig. Seit 1756 war er bei der Ackermannschen Gesellschaft tätig. Er spielte Liebhaber, vor allem erste Rollen des Lustspiels.

Mylius, Otto, geb. 1840, gest. 10. Febr. 1906 zu Berlin, ursprünglich Mediziner, dann Schauspieler, wirkte mehrere Jahre an ver-

schiedenen deutschen Bühnen u. zuletzt in Berlin. Hausdichter des Luisenstädtischen Theaters.

Mylius-Rutland, Elisabeth, geb. 25. April 1835 zu Eger, gest. 4. Febr. 1897 zu Wien, war Koloratursängerin in Graz, Frankfurt a. M., Nürnberg, Würzburg u. a. Gattin des Charakterdarstellers Adolf M. (s. Laban, Adolf).

Mynner, Bartlmä, humanistisch gebildeter Schulmeister aus der Mitte des 16. Jahrhunderts. Er gehörte zu einem Tiroler Geschlecht, welches Spiele in Tirol neugestaltete. Die Wirksamkeit solcher Schulmeister hat A. Dörrer eingehend beschrieben. *Literatur:* A. *Dörrer,* B. Mynner (Verfasserlexikon 3. Bd.) 1943.

Mysliweczek, Joseph s. Misliweczek, Joseph.

Mysterienbühne heißt die Bühne, die im Mittelalter der Aufführung geistl. Dramen (Passions-, Weihnachts- u. Heiligenspiele u. ä.) diente. Eduard Devrient in seiner „Geschichte der Deutschen Schauspielkunst" (1848) vertrat die Ansicht, sie sei dreiteilig (für die Schauplätze Himmel, Erde u. Hölle) gewesen, die jedoch längst als unhaltbar nachgewiesen ist. Doch ging sie durch Otto Devrients Weimarer Faustaufführung (1876) als Mysterium in zwei Tagewerken nach jenem Schema auch wirklich in die Theatergeschichte ein. *Literatur:* H. *Knudsen,* Mysterienbühne (Reallexikon 2. Bd.) 1926—28.

Mysterienspiele (Mysterienspiele, nach lat. Ministerium = richtig vollführte Handlung), religiöse dramatische Vorführungen (hauptsächlich im ausgehenden Mittelalter, aber auch noch später bis in unsere Zeit) von Christus, seinen Aposteln u. Heiligen. Die Spieldauer erstreckte sich mitunter auf Tage u. Wochen. Kleriker, geistliche Bruderschaften u. Laienspielgesellschaften stellten die Akteure. Bisweilen nahm das Volk eines bestimmten Ortes an der Darstellung teil, z. B. Oberammergauer Passionsspiel (s. d.). Vgl. auch Geistliche Spiele, Osterspiele, Passionsspiele usw. *Literatur* (neuere): Oskar *Eberle,* Theatergeschichte der inneren Schweiz 1929; Karl *Boskowitz,* Der Mysterienstil im Drama der Gegenwart 1930; A. *Brinkmann,* Liturgie

u. volkstüml. Formen im geistl. Spiel des deutschen Mittelalters (Forschungen zur deutschen Sprache u. Dichtung) 1932; Adolfine *Straka*, Das moderne, religiöse Festspiel in Österreich u. seine Zusammenhänge mit den altdeutschen Mysterienspielen (Diss. Wien) 1932; Anton *Dörrer*, Mittelalterliche Mysterienspiele in Tirol (Archiv 83. Jahrg. f.) 1933 f.; O. *Eberle*, M. in Salzburg u. Einsiedeln (Schweiz. Rundschau 37. Jahrg.) 1937—38; M. *Clauss*, Hinwendung zum M. bei neueren deutschen Dichtern (Diss. Leipzig) 1938; Alexander *v. Andreevsky*, Mysterienspiele u. Komödientempel (Theater der Zeit Nr. 5) 1956; Ernst *Grube*, Frühmittelalterliche Architekturdarstellung u. die Mansiones der Mysterienspiele (Kleine Schriften der Gesellschaft für Theatergeschichte Nr. 14) 1956.

Mysz-Gmeiner, Lulu, geb. 16. Aug. 1873 zu Kronstadt in Siebenbürgen, gest. 7. Aug. 1948 zu Schwerin, trat schon achtzehnjährig erfolgreich in Wien als Opernsängerin auf, ging auf Anraten Johannes Brahms nach Berlin, wo sie sich bei Lili Lehmann (s. Kalisch, Lili) weiter ausbilden ließ u. reiste dann als Konzertsängerin durch viele große Städte Europas u. Amerikas. 1920—24 wirkte sie als Lehrerin an der Staatlichen Hochschule für Musik in Berlin, zuletzt am Konservatorium in Schwerin, nachdem sie in Berlin durch Kriegseinwirkung ihr Heim verloren hatte. 1905 österr. Kammersängerin. Gattin des Kapitänleutnants Ernst M.
Literatur: Joseph *Marx*, Aus der Musikwelt (Wiener Zeitung 1. Sept.) 1948.

Mythos im deutschen Drama.
Literatur: Erich *Ruprecht*, Das Problem des Mythos bei Wagner u. Nietzsche (Diss. Freiburg) 1938 (Neue deutsche Forschungen, Abt. Philosophie 28. Bd.); Helga *Ries*, Die Rückwendung zum Mythos in Gerhart Hauptmanns Atridentetralogie (Diss. Frankfurt) 1951; Herbert *Reichhart*, Der griechische Mythos im modernen deutschen u. österreichischen Drama (Diss. Wien) 1952.

N

Nabl, Franz, geb. 16. Juli 1883 zu Lautschin im Böhmerwald, Sohn eines Land- u. Forstwirts, studierte in Wien die Rechte u. Germanistik, lebte lange in Baden bei Wien, war 1924—27 Redakteur in Graz u. ließ sich dort endgültig 1934 als freier Schriftsteller nieder. Vorwiegend Erzähler, aber auch Bühnenautor.
Eigene Werke: Die Weihe (Drama) 1905; Noch einmal (Drama) 1905; Geschwister Hagelbauer (Komödie) 1906; Trieschübel (Tragische Begebenheit) 1925 (Uraufführung in Berlin); Schichtwechsel (Drama) 1929 (Uraufführung in Halle); Kleine Freilichtbühne 1943.
Literatur: Ernst *Alker*, F. Nabl (Die schöne Literatur 29. Jahrg.) 1921—22; Erwin *Ackerknecht*, F. N. Der Weg eines deutschen Dichters 1938.

Nachbaur (der Ältere), Franz, geb. 25. März 1830 im Weiler Gießen am Bodensee, gest. 21. März 1902 zu München. Sohn eines Landwirts, sollte Ingenieurwissenschaften studieren, wandte sich jedoch der Oper zu u. begann, von Heinrich Sontheim (s. d.) ausgebildet, 1856 als Chorsänger in Basel seine Bühnenlaufbahn. Von einem Bankier Alfons Passavant gefördert, setzte er seine Studien in Mailand fort, kam 1858 nach Meiningen, 1859 nach Hannover, 1860 nach Prag, wo er sich rasch einen weiten Wirkungsbereich schuf u. gehörte 1863—68 der Darmstädter Bühne an. 1867 gastierte er in Berlin u. München u. kreierte 1868 in der Uraufführung der „Meistersinger" Walter Stolzing, vollste Anerkennung R. Wagners erringend, gestaltete 1871 den ersten Rienzi u. blieb, abgesehen von Gastspielen in Hamburg, Rom u. a. bis zu einem Bühnenabschied (als Postillon von Lonjumeau, seiner Lieblingsrolle) 1890 an der Hofoper in München tätig. Kammersänger. Von König Ludwig II. besaß er für Lohengrin eine silberne Rüstung, wie er denn auch für jede neue Rolle fürstlich belohnt wurde (daher sein Spitzname „Brillanten-Nazi"). Nach A. v. Mensi-Klarbach war N. „eigentlich weder ein besonders musikalischer noch intelligenter Sänger, aber er übertraf seine jüngeren Kollegen durch eine glänzende Erscheinung u. den echteren Tenorklang seiner Stimme . . . Fast bis zu seinem Tode war es ihm vergönnt, der herkömmlich schöne erste Tenor der alten Oper bleiben zu dürfen, in wie außer der Oper.

Es hat wenige Künstler gegeben, die den Ruhm so bis zur Neige geschlürft haben wie N. . . . Persönlich war N. ein guter u. liebenswürdiger Mensch, hilfsbereit, wo er konnte, u. bei aller Eitelkeit nicht ohne gutmütige Anerkennung fremder Verdienste." Hauptrollen: Lyonel, Raoul, Lohengrin, Tannhäuser, Stolzing, Siegmund, Erik, Rienzi, Stradella, Fra Diavolo u. a.
Literatur: Fr. *Katt,* F. Nachbaur (Deutsche Bühnengenossenschaft 31. Jahrg.) 1902; A. *Hagen,* Almanach des Kgl. Hoftheaters in München für 1902; *Hartmann,* F. N. (Württemberg. Jahrbücher für Statistik u. Landeskunde) 1902; Alfred Freih. v. *Mensi,* F. N. (Biogr. Jahrbuch 7. Bd.) 1905.

Nachbaur (der Jüngere), Franz, geb. 15. April 1873 zu München, gest. 5. Dez. 1926 zu Meiningen, Sohn des Vorigen, von diesem zum Kaufmannsberuf bestimmt, ging jedoch, von Jocza Savits (s. d.) ausgebildet, zur Bühne, wirkte zunächst in Gera, dann in Berlin (Berliner Theater) als Jugendlicher Held u. Liebhaber, in Meiningen auch als Spielleiter u. Charakterdarsteller u. seit 1925 das. als Intendant. Hauptrollen: Romeo, Ferdinand, Mortimer, Rustan, Max Piccolomini, Egmont, Karl Moor, Oswald u. a.

Nachbaur, Jenny, geb. um 1870 zu Wien, Tochter eines Kaufmannes Leefeld, von Professor Leo Hermann das. für die Bühne ausgebildet, begann ihre Laufbahn 1891 in Olmütz, kam über Kronstadt in Siebenbürgen 1896 ans Hoftheater in Meiningen, im Soubrettenfach wie auch in ernsten Rollen tätig. Gattin von Franz Nachbaur d. J. Hauptrollen: Franziska ("Minna von Barnhelm"), Beatrice ("Viel Lärm um Nichts"), Nerissa ("Der Kaufmann von Venedig"), Anna Birkmeyer ("Der Pfarrer von Kirchfeld"), Jüdin von Toledo, Komtesse Gukkerl u. a.

Nachly (geb. Koppe), Marianne, geb. 12. Nov. 1798 zu Tilsit, gest. 10. Febr. 1885 zu Zörbig, spielte 1807 (Tilsiter Friede) vor der Königin Louise, später in Schwerin, Darmstadt u. Frankfurt a. M. Zuletzt wirkte sie bei reisenden Gesellschaften.

Nachmann, Kurt, geb. (Datum unbekannt) in Österreich, war Schauspieler, Regisseur u. Bühnenautor (Die Retorte — Die schöne Galathee, musikalisches Lustspiel nach F. v. Suppé). Seit 1947 befand er sich auf

Gastspielreisen, gehörte 1949—51 dem Stadttheater in Basel u. seit 1954 als Oberregisseur dem Stadttheater in Wiesbaden an. Die Kritik bezeichnete ihn als den heutigen Pallenberg. Hauptrollen: Schpigelski ("Ein Monat auf dem Lande" von Turgenieff), Higgs ("Die Retorte" von K. Nachmann), Davis ("O Wildnis!" von O'Neill) u. a.
Literatur: Elg, Ein Schauspieler-Autor macht Karriere (Weltpresse Wien, 13. Jan.) 1954.

Nachreiner, Hans, geb. 1886 zu München, gest. 16. Dez. 1934 zu Berlin, leitete seit 1933 das Komödienhaus das.

Nachreiner, Heinrich, geb. im Jan. 1846 zu München, gest. nach 1926, gehörte dem Hoftheater in München seit 1868 an u. lebte seit 1905 im Ruhestand.

Nachtigall, Anna s. Wihrler, Anna.

Nachtlager von Granada, Das, Romantische Oper von Konradin Kreutzer, nach Fr. Kinds (s. d.) gleichnamigem Schauspiel von Karl Johann Braun Ritter von Braunthal (s. d.), Uraufführung 1834 in Wien. Der Stoff der in Spanien um 1550 spielenden Handlung beruht auf einer geschichtlichen Begebenheit, einer Episode aus dem Leben des späteren Kaisers Maximilian II., damals Statthalter in Spanien. Der Prinzregent lernt, als Jäger unerkannt, in einem Tal von Granada Gabriele, die liebliche Tochter eines Hirten, kennen. Dabei wird er, als sie auf die Stirne küßt, von einem ihr widerwärtigen Brautwerber ertappt. Das rachsüchtige Hirtenvolk beschließt, ihn nächtlicherweile zu ermorden. Doch Gabriele warnt den fremden Jäger u. führt so seine Rettung herbei. Am Ende gibt es ein glückliches Paar, denn der Prinz vereint sich mit dem von ihr wirklich Geliebten, nachdem dessen Nebenbuhler erledigt ist. Dem reizvollen Text voll Ritter- u. Jagdromantik, der in seinen Liedern u. Chören an die deutsche Volkspoesie erinnert, entspricht der melodische Zauber der Musik. Weltberühmt wurde u. a. das Abendlied „Schon die Abendglocken klangen." Webers „Freischütz" hat im „N. v. G." ein eigenartiges Seitenstück erhalten. Mit Recht rühmt dieser Oper daher Wilhelm Heinrich Riehl in seinen „Musikalischen Charakterköpfe" (1853) nach: „In seinem ‚N. v. G.' hat Kreutzer das große Kunststück geliefert, eine Oper fast ohne Handlung durch lauter lyrische Situationen anziehend zu erhalten u. den Mangel des dramatischen Lebens durch die Überfülle des lyrischen trefflich zu verhüllen. Man möge dies bewundern, aber man hüte sich es nachzuahmen! Es erscheint fast wie mehr als eine bloße Mißgunst äußerer Verhältnisse, daß es Kreutzer so schwer gehalten hat, sein ‚N.‘ in Paris zur Aufführung zu bringen, ja daß der Künstler auf dem Wege Rechtens die Advokaten zu Hilfe rufen mußte, um der französischen Theaterdirektion das Gedächtnis für eine deutsche Oper wieder etwas aufzufrischen. Denn diese lyrische Oper verträgt sich mit den französischen Begriffen von dramatischer Musik wie Wasser mit Feuer. Und doch wird man diese Oper noch nennen, wenn man sie schon längst nicht mehr aufführen mag, als ein Werk, das vor anderen dazu beitrug, dem deutschen Männergesang in der Fremde Respekt zu erwecken."

Literatur: Richard *Roßmayer,* K. Kreutzer als dramatischer Komponist (Diss. Wien) 1928.

Nachtigall, Carl Joseph, geb. um 1694 zu Preßburg, gest. 8. Jan. 1762 zu Wien, wirkte als Schauspieler 1727—28 in Graz, 1733—34 in Brünn u. gab 1736 in Linz „Hauptactionen". 1743 ist er bei der Truppe von Felix Kurz (s. d.) in Prag nachzuweisen, 1746 in Krems, 1749 in Preßburg, 1756 u. 1757 wieder in Krems.

Nadel, Arno, geb. 7. Sept. 1877 zu Wilna, gest. 1943 zu Auschwitz (als Opfer der Judenverfolgung), war Lehrer, Pastellmaler u. Musiker in Berlin. N. schrieb außer Gedichten u. Aphorismen Bühnenwerke, ferner ein Oratorium „Der Ton" (für großes Orchester, Chor u. Soli komponiert von Karl Salomon 1934).

Eigene Werke: Cagliostro u. die Halsbandgeschichte (Drama) 1913; Adam (Drama) 1917; Siegfried u. Brünhilde (Drama) 1918; Der Sündenfall (biblische Szenen: Adam — Abraham oder die Entdeckung Gottes — Rahels Tod — Moses' Berufung — Samuel oder die Königswahl — Ruth — Jonas) 1921; Orpheus (Mysterium mit Chören in 9 Szenen) 1928; Carmen (Drama nach P. Mérimée) 1928; Die Pest (Drama nach Fragmenten von An-Ski, Bühnenmusik von Willy Groß) 1928; Ein ganzer Mann (Drama nach Unamuno) 1930; Die Andere (Drama nach dems.) 1930; Drit-

ter Hof links (Drama nach dem Roman von Günther Birkenfeld) 1931 u. a.

Literatur: Stefan *Großmann,* Nadels Cagliostro (Vossische Zeitung 27. März) 1916; Fritz *Engel,* Nadels Adam (Berliner Tageblatt 27. März) 1916; H. M. *Elster,* Nadels Drama (Köln. Zeitung 30. Sept.) 1928.

Naderer Hans, geb. 10. Jan. 1891 zu Unterstinkenbrunn in Niederösterreich, einer Weinhauerfamilie entstammend, studierte in Wien (Doktor der Rechte), wurde 1914 schwer verwundet, gründete das erste Kriegsgefangenentheater in Krasnojarsk (Sibirien) u. kam 1918 auf abenteuerlicher Flucht nach Wien, wo er als Kammerstenograph u. später als Chefredakteur-Stellvertreter der Parlamentskorrespondenz tätig war. Verfasser erfolgreicher Theaterstücke.

Eigene Werke: Er will eine moderne Frau (Lustspiel) 1924; Er braucht eine Frau (Schwank) 1924; Der lachende Dritte (Volksstück) 1930; Die Roßkur (Lustspiel) 1931; Beim scharfen Eck (Lustspiel) 1931; Frau Ravag (Schwank) 1932; Lueger (Volksstück) 1935; Der Nationalheld (Komödie) 1936; Fremdes Land 1938; Die zerrissene Venus (Schwank) 1943; Familie Rannsdorf (Schauspiel) 1946; Das unheilige Haus (Schauspiel) 1946; Eine Frau mit Grundsätzen (Lustspiel) 1948; Volk am Kreuz (Volksstück) 1949; Der verlorene Sohn (Drama) 1950; Im Schatten der Krone (Drama) 1951; Vater Johannes (Schauspiel) 1953 u. a.

Literatur: R. *H(olzer),* H. Naderer (Neue Freie Presse Nr. 674) 1951; Dr. *S.,* Einen Augenblick mit Hans Naderer (Wiener Samstag 5. Sept.) 1953.

Nadherny, Ernst, geb. 28. Dez. 1885 zu Wien, Sänger, Schauspieler u. Direktor, Vorstand er öst. Bühnengenossenschaft.

Nadler, Gustav Adolf, geb. 22. März 1834 zu Czernowitz, gest. 19. Okt. 1912 zu Passau, studierte seit 1853 zuerst Medizin, dann Ingenieurwissenschaften, wandte sich jedoch dann der Bühne zu, wirkte u. a. als Schauspieler u. Regisseur in Prag, 1877 in Pilsen u. 1879 in Hermannstadt in Siebenbürgen. 1884 wurde N. in Wien Chefredakteur der „Illustrierten Familienblätter", betätigte sich seit 1886 wieder als Schauspieler u. Rezitator, bis er sich 1897 schließlich als freier Schriftsteller in Passau niederließ. Auch Verfasser von Bühnenstücken.

Eigene Werke: Das Geheimnis unter Joseph II. (Schauspiel) 1872; Beethoven in der Heimat (Lustspiel) 1872; Im Boudoir der Pompadour (Lustspiel) 1873; Ein Ukas Pauls I. (Schauspiel) 1873; Der Grobian (Lustspiel) 1880; Deutsche Ehr u. Wehr (Schauspiel) o. J.; Stephan Lasontzky (Hist. Schauspiel) o. J.; Die Tochter des Defraudanten (Schauspiel) o. J.; Im Lande der Philister (Schauspiel) o. J.

Nadler, Max, geb. 11. Okt. 1875 zu München, gest. 3. Okt. 1932 das., begann seine Bühnenlaufbahn 1894 in Ingolstadt, kam 1897 ans Hoftheater in München u. gehörte siesem 35 Jahre als Schauspieler in komischen u. ernsten Chargen an. Meisterhafter Darsteller in Volksstücken von Anzengruber, Thoma u. a. Auch Regisseur.

Nadolowitsch, Jean, geb. 6. Sept. 1875 zu Zvorestea in Rumänien, Landwirtssohn, studierte in Bologna, Paris u. Wien, war 1904—05 Opernsänger am Stadttheater in Graz, 1905—11 an der Komischen Oper in Berlin u. seit 1912 Leiter des von ihm begründeten Instituts für angewandte Gesangs-Physiologie u. Pädagogik das. Dozent an der Lessinghochschule. 1910 Kammersänger, 1915 Doktor der Medizin. Gastspiele führten N. nach London, Prag, Wien u. a. Hauptrollen: Don José („Carmen"), Bajazzo, Radames („Aida"), Rudolf („Die Bohème"), Ernesto („Don Pasquale") u. a.

Naef, Irene, geb. 6. Dez. 1922, in Berlin u. Zürich für die Bühne ausgebildet, debütierte das. am Schauspielhaus u. wirkte dann u. a. in München (Kammerspiele) u. seit 1950 in Frankfurt a. M. Hauptrollen: Anna („Wassa Schelesnowa" von Gorki), Nancy („Frauen in Neuyork" von Boothe), Helene („Räderwerk" von Sartre), Julie („Dantons Tod" von Büchner) u. a.

Naefe, Jester Helen, geb. 12. Sept. 1927 zu Wien, ausgebildet in Breslau, wirkte als Liebhaberin u. Salondame seit 1948 in Hamburg. Sie spielte in Stücken wie „Das Bekenntnis der Ina Kahr", „Die spanische Fliege", „Das Kreuz am Jägersteig" u. a.

Näser, Carl Friedrich (Ps. Friedrich Carlén), geb. 8. Febr. 1867 zu Luckenwalde, gest. 24. Mai 1907 zu Sand bei Baden-Baden, Sohn eines Organisten, von Rudolf Otto an der Hochschule für Musik in Berlin gesanglich ausgebildet, trat seit 1891 zunächst als Konzertsänger (Tenor) in amerikanischen Städten auf, ging dann zur Bühne über, 1896 am Hoftheater in Dresden, 1897 in Düsseldorf, seit 1898 in Bremen verpflichtet, seit 1903 am Nationaltheater in Mannheim. Hauptrollen: Faust, Max, Tamino, Rienzi, Tannhäuser, Lohengrin, Tristan u. a. *Literatur: Eisenberg,* F. Carlén (Biogr. Lexikon) 1903.

Nästlberger, Robert, geb. um 1887 zu Graz, gest. 9. Juni 1942 zu Hannover, zuerst Berufsoffizier, ging dann zur Bühne u. wirkte als erfolgreicher Operettentenor in Wien, Berlin u. an vielen anderen Orten Deutschlands u. Österreichs, später als Spielleiter wieder in Wien (Raimundtheater) u. seit 1941 als Intendant des Mellini-Theaters in Hannover. N. schrieb das Textbuch zur Operette „Der Reiter der Kaiserin" u. drehte auch einige Operettenfilme.

Nätsch, Johanna Sophie s. Löhrs, Johanna Sophie.

Nagel, Alfred, geb. 5. Mai 1874 zu Tübingen, war Chefredakteur der „Kieler Zeitung" u. des „Hamburgischen Korrespondenten". Expressionistischer Dramatiker. *Eigene Werke:* Thamar (Schauspiel) 1918; Karfreitag (Kammerspiel) 1921; Königskind (Schauspiel) 1923 u. a.

Nagel, Anton, geb. 6. Mai 1742 zu Moosburg in Oberbayern, gest. 20. Juli 1812 das., war seit 1768 Priester, später Pfarrer u. Schulinspektor. Mitglied der Bayer. Akademie der Wissenschaften, Geschichtsschreiber u. Dramatiker. *Eigene Werke:* Die Schule der Handwerker (Schauspiel) 1779; Argula von Stauf (Schauspiel) 1782; Ludwig, der Kellheimer (Schauspiel) 1782; Der Bürgeraufruhr in Landshut (Schauspiel) 1782.

Nagel, Carl Wilhelm, geb. 1. Nov. 1905 zu Karlsruhe, das. ausgebildet, debütierte 1925 als Schlemihl in „Hoffmanns Erzählungen" in Barmen-Elberfeld, wo er bis 1927 blieb, kam hierauf nach Heidelberg, 1930 nach Rudolstadt u. war seit 1931 als Sprecher am Rundfunk in Leipzig, Berlin u. Bremen tätig.

Nagel, Robert, geb. 29. Aug. 1875 zu Wien, Kaufmannssohn, studierte das. (Doktor der Philosophie), war 1899—1916 Gymnasiallehrer u. seither freier Schriftsteller. Literarhistoriker, Erzähler u. Dramatiker.

Eigene Werke: Die schöne Helena in der Sage u. Dichtung von Doktor Faust 1899; Der tote Punkt (Volksstück) 1901; Homo (Schauspiel) 1910; Der neue Mensch (Schauspiel) 1911; Vater Engelbert (Volksstück) 1918; Lassalle u. Helene (Volksstück) 1922; Ach wärest du mein (Drama) 1928; Raub im Postamt (Volksstück) 1931.

Nagel, Wilhelm (Ps. Wilhelm Angelstern), geb. 14. Dez. 1805 zu Halle a. d. Saale, gest. 26. Okt. 1864 zu Bremen als Prediger, Sohn eines Arztes. Freisinniger Kanzelredner, auch Dramatiker.
Eigene Werke: Paulus (Tragödie) 1837; Tabor 1838; Angelika (Tragödie) 1839; Michael Servet (Drama) 1849.

Nagelmüller, Carli (Geburtsdatum unbekannt), gest. 18. Febr. 1930 zu Wien, wirkte als Sängerin das. u. in Berlin, u. a. auch in Rudolf Nelsons (s. d.) „Chat noir".

Nagiller, Mathäus, geb. 24. Okt. 1815 zu Münster in Tirol, gest. 8. Juli 1874 zu Innsbruck, war seit 1866 Musikdirigent das. u. komponierte u. a. eine Oper „Friedrich mit der leeren Tasche" 1859 (aufgeführt in Wiesbaden 1860 als „Herzog Friedrich von Tirol").
Literatur: Riemann, M. Nagiller (Musik-Lexikon 11. Aufl.) 1929.

Nagl, Eleonore (Ps. Laura Rudini), geb. 1826, gest. 2. April 1907 zu Wien, wirkte unter Pokorny am Theater an der Wien das. als hervorragende Soubrette.

Nagler, Alois, geb. 14. Sept. 1907 zu Graz, Sohn eines Korrektors, studierte das. u. in Wien (Doktor der Philosophie), lebte bis 1932 als freier Schriftsteller in Berlin, dann in Wien als Theaterkritiker der „Wiener Neuesten Nachrichten", emigrierte 1938 nach den Vereinigten Staaten, war seit 1940 Assistent u. seit 1946 Prof. für Literatur- u. Theatergeschichte an der Yale Universität in New Haven. Verfasser der Monographie „Hebbel u. die Musik" 1929.

Nagler, Franciscus Johannes, geb. 22. Juli 1873 zu Prausitz in Sachsen, besuchte das Konservatorium in Leipzig, war Lehrer in Dresden u. lebte zuletzt in Leisnig in Sachsen. Außer Kantaten, Motetten u. a. komponierte er auch Singspiele u. Operetten.

Nagy, Richard (Geburtsdatum unbekannt),

wirkte als Schauspieler u. Sänger bis 1949 in München-Gladbach u. Rheydt, hierauf auch als Spielleiter ein Jahr in Hagen, 1950 bis 1951 in Konstanz, 1951—52 in Karlsruhe (Die Insel) u. seit 1954 am Theater der Freien Hansestadt Bremen. Hauptrollen: Petkoff („Helden" von B. Shaw), Bernick („Stützen der Gesellschaft" von H. Ibsen), Kottwitz („Der Prinz von Homburg") u. a.

Nahmer, Wolfgang von der, geb. 14. April 1906 zu Remscheid, am Hochschen Konservatorium in Frankfurt a. M. ausgebildet, kam 1932 als Assistent von Fritz Busch an die Staatsoper nach Dresden, 1933 als Kapellmeister nach Schwerin, 1937 an das Opernhaus in Düsseldorf, 1944 als Städt. Musikdirektor nach Saarbrücken u. 1946 an das Opernhaus in Köln. Auch Leiter der Opernklasse an der Musikhochschule das.

Naive auf der Bühne.
Literatur: Heinrich *Schüchterer,* Der Typus der Naiven im deutschen Drama des 18. Jahrhunderts (Diss. Heidelberg) 1910.

Najmájer, Marie von, geb. 3. Febr. 1844 zu Ofen-Pest, gest. 25. Aug. 1904 zu Aussee in der Steiermark, Tochter eines ungarischen Hofrates, wurde erst in Wien, wo sie den größten Teil ihres Lebens verbrachte, mit der deutschen Sprache völlig vertraut. Außer lyrischen u. epischen Dichtungen schrieb sie auch Bühnenwerke.
Eigene Werke: Johannisfeuer (Drama) 1888; Hildegund (Bürgerliches Trauerspiel) 1899; Kaiser Julian (Tragödie) 1904; Dramatischer Nachlaß (Ännchen von Tharau — Der Goldschuh) 1907.

Nanitz, Minna, geb. 8. Okt. 1842 zu Seehausen in der Altmark, gest. 19. Juli 1903 zu Dresden, wirkte als Opernsängerin in Hannover u. als Nachfolgerin von A. Krebs-Michalesi (s. d.) in Dresden. 1885 nahm sie ihren Bühnenabschied. Hauptrollen: Ortrud („Lohengrin"), Amneris („Aida"), Orpheus („Orpheus u. Eurydike"), Frau Reich („Die lustigen Weiber von Windsor") u. a.

Nansen, Margarete (Daten unbekannt), seit 1898 zweite Gattin von Josef Kainz, dem zuliebe sie als Schauspielerin der Bühne entsagte.

Nante s. Eckensteher Nante.

Naogeorgus, Thomas s. Kirchmair, Thomas.

Literatur: Paul Heinrich *Diehl,* Die Dramen Th. Naogeorgus' in ihrem Verhältnis zur Bibel u. zu Luther (Diss. München) 1915; Georg *Hauser,* Th. N. als Kampfdramatiker (Diss. Wien) 1926.

Napoleon I., Bonaparte (1769—1821), 1785 Artillerieleutnant, 1792 Hauptmann, 1794 General, 1800 Erster Konsul Frankreichs, 1804—15 Kaiser der Franzosen, vom Wiener Kongreß auf das Fürstentum Elba verwiesen, wurde 1815, nachdem er noch einmal hundert Tage versucht hatte, Frankreich zu regieren, von den Verbündeten nach der Insel St. Helena verbannt. In der deutschen Literatur vor 1813 mit Haß u. Spott bedacht, nachher wegen seiner tragischen Größe bewundert, blieb er auch später eine Lieblingsfigur vor allem der Dramatiker u. Epiker. Ebenso erregte sein Sohn, der Herzog von Reichstadt, Teilnahme, desgleichen Louis Napoleon u. Jérôme Napoleon („König Lustik") von Westfalen, auch einzelne Generale wie Ney, Napoleons I. Liebling.
Behandlung: F. *Rückert* (= F. Reimar), N. u. der Drache, N. u. seine Fortuna (Komödie) 1815—18; Christian *Brentano,* Der unglückliche Franzose oder Der deutschen Freiheit Himmelfahrt (Schattenspiel mit Bildern) 1816 (gedr. 1850, Neudruck 1923); Adalbert v. *Chamisso,* Der Tod Napoleons (Dramat. Fragment) o. J.; Ch. D. *Grabbe,* N. oder Die hundert Tage (Trauerspiel) 1831; Ernst *Gelpke,* N. (Dramat. Epos) 1854; Arthur *Müller,* N. u. Metternich (Drama) 1869; Elise *Schmidt,* Stein u. N. (Drama) 1870; Luise *Gutbier,* N. I. (Drama) 1870; Franz *Bicking,* N. I. (Drama) 1873; Otto *Harnack,* N. (Trauerspiel) 1880; Ludwig *Dreyer,* N. (Drama) 1882; F. K. *Schubert,* N. I. (Drama) 1882; Eduard *Gervais,* N. I. (Trauerspiel) 1883; Bertha *Hoffmann,* Bonaparte (Drama) 1884; Karl *Bleibtreu,* N. bei Leipzig (Drama) 1888; H. *Unbescheid,* Bonapartes Tod (Trauerspiel) 1888; ders., N. (Drama) 1888; F. O. *Gensichen,* Ney (Drama) 1892; Max *Halpern,* N. (Drama) 1897; Hermann *Bahr,* Josephine (Drama) 1898; M. *Nordheim,* Der Herzog von Enghien (Trauerspiel) 1898; Otto *von der Pfordten,* Der König von Rom (Drama) 1900; Paul *Friedrich,* N. (Trilogie) 1902; Emil *Ludwig,* N. (Drama) 1906; K. F. *Wiegand,* Der Korse (Drama) 1909; Moritz *de Jong,* N. (Trilogie) 1909; Hans *Franck,* Der Herzog von Reichstadt (Drama) 1910; E. *Mara,* N. (Drama) 1910; B. *Blume,* Bonaparte (Drama)

1926; Walter *Hasenclever,* N. greift ein (Komödie) 1930; Alexander *Moissi,* Der Gefangene (Drama) 1931; Hanns *Gobsch,* Josephine (Drama) 1934; Arnold *Zweig,* Bonaparte in Jaffa (Schauspiel) 1935; Walter *Marschall,* Des Kaisers Schatten (Drama) 1936; Paul *Pawel,* Immer nur Dich, Victoire (Drama) 1936; Ferdinand *Bruckner,* N. I. (Drama) 1936; Felix *Dhünen,* Trauerspiel um St. Helena (Drama) 1937; Hermann *Kesser,* Talleyrand u. N. (Drama) 1938; Edwin *Wieser,* Das Reich ist nicht von dieser Welt (Drama) 1938; Walter *Gilbricht,* Letizia (Schauspiel) 1938; M. *Retschy,* Anschlag auf Bonaparte (Komödie) 1939; W. *Schäferdick,* Komödie einer Republik (Drama) 1939; Edmund v. *Bork,* N. (Operntextbearbeitung nach Grabbe) 1942; Arnolt *Bronnen,* N. (Drama) 1951; Jakob *Baxa,* Bonaparte vor Malta (Schauspiel) 1956 u. a.
Literatur: Hermann *Gaethgens* zu Ysentorff, Napoleon im Drama 1903; Paul *Holzhausen,* N. im deutschen Epos u. Drama (Zeiten u. Völker)) 1911; Karl *Lelbach,* N. in der Auffassung u. in den Versuchen künstlerischer Gestaltung im Drama bei Grillparzer, Grabbe u. Hebbel (Diss. Bonn) 1914; Friedrich *Mansfeld,* N. im hist. Drama (Diss. Wien) 1920; Milan *Schömann,* N. in der deutschen Literatur (Stoff u. Motivgeschichte der deutschen Literatur 8. Heft) 1930; Margaretha Maria *Cizek,* Grillparzers Napoleonbild (Diss. Wien) 1944; Herbert *Decker,* Ein Vermächtnis für die Musikbühne: Edmund von Borcks Napoleon (Zeitschrift für Musik Nr. 3) 1950.

Napoleon II. Franz Joseph Karl (seit 1818) Herzog von Reichstadt (1811—31), Sohn Napoleons I., Enkel des Kaisers Franz von Österreich, im Drama.
Behandlung: Robert *Rösler,* Der Herzog von Reichstadt 1866; Hans *Frank,* Der Herzog von Reichstadt 1910.

Napoleon III. Bonaparte (1808—73), Neffe Napoleons I., seit 1852 Kaiser der Franzosen. Bühnenfigur.
Behandlung: Just *Scheu* u. Ernst *Nebhut,* Der Mann mit dem Zylinder (Komödie) 1950.

Napoleon oder Die hundert Tage, Drama in fünf Aufzügen von Christian Dietrich Grabbe, gedruckt 1831, aufgeführt in Berlin 1898. Als Quellen benützte der Dichter vorwiegend Las Cases Tagebuch über Napoleons Leben seit seiner Abdankung

(1813/14), nebst einem Nachtrag zu Chaboulons „Denkwürdigkeiten" (2. Aufl. 1821), Bredows u. Venturinis „Chronik" (1814 ff.) u. das historisch-politische Journal „Minerva" (1815—20). Schillers „Wallenstein" gab ihm viel. Hegels Lehre von der Weltseele beeindruckte ihn tief. In der Schlußszene bekannte der Held von sich selbst: „Statt eines großen Tyrannen, wie sie mich zu nennen belieben, werden sie bald lauter kleine besitzen — bis der Weltgeist ersteht, an die Schleusen rührt, hinter denen die Wogen der Revolution u. meines Kaisertums lauern, u. sie vor ihnen aufbrechen läßt, daß die Lücke gefüllt werde, welche nach meinem Austritt zurückbleibt." In dem glänzenden, überwältigenden dramatischen Zeitbild wirken besonders die Massenszenen äußerst gelungen. Immermann war von dem Stück begeistert. Sehr scharf dagegen lehnte es Gutzkow ab. Jahrzehnte mußten vergehen, bis es Adolf Stolze 1895 u. a. für die Bühne bearbeiteten u. ihm zu einem Erfolg im Theater verhalfen.

Literatur: Karl *Lelbach,* Napoleon in der Auffassung u. in den Versuchen künstlerischer Gestaltung bei Grillparzer, Grabbe u. Hebbel (Diss. Bonn) 1914; Hellmuth *Becker,* Napoleon oder Die hundert Tage (Diss. Marburg) 1921; Martin *Schiller,* Grabbes Napoleon u. die Bühne (Diss. Leipzig) 1921; Fritz *Gaupp,* Grabbes Heldentypus im Verhältnis zu dem Charakter des Dichters u. den liter. Vorbildern (Diss. Breslau) 1923; H. *Pieper,* Volk u. Masse im Regiebild Grabbes (Diss. Danzig) 1939; R. *Kaprolat,* Grabbes Napoleon (Diss. Münster) 1939.

Napp, Carl, geb. 1890 im Rheinland, gest. 21. März 1957 zu Berlin, wirkte jahrzehntelang an der dort. Scala u. an verschiedenen Variétés seiner Heimat. Regisseur u. Darsteller von Revuen („Napp-Kuchen mit viel Rosinen") u. Sketches („Zacharias Zündloch", „Heinrich VIII." u. a.).

Narbeshuber, Maximilian, geb. 9. Febr. 1896 zu Gmunden, war an verschiedenen Orten Deutschlands Ingenieur u. ließ sich schließlich in seiner Vaterstadt, zuletzt in Linz nieder. Vorwiegend Dramatiker.

Eigene Werke: Drei Abschiede (Lebensbild in drei Bildern) 1922; Mammon (Drama) 1923; Großmutter (Drama) 1923; Trauntraute (Märchendrama) 1925; Edgar (Drama) 1925; Der verschlossene Schrank (Schwank)

1927; Die Wirtin zur Seilbahn (Lustspiel) 1927; Camachos Hochzeit (Komödie) 1942; Don Juan (Drama) 1942.

Narbonne oder Die Kinder des Hauses, Fragment von Friedrich Schiller, 1805 in Angriff genommen, als Kriminaldrama gedacht, stofflich mit dem „Tableau de Paris" von Mercier u. mit eigenen Entwürfen unter dem Titel „Die Polizei" 1799 zusammenhängend. S. Schillers dramatischer Nachlaß, herausg. von Gustav Kettner 1899 u. die Einleitung zum 9. Bd. von Schillers Sämtl. Werken, historisch-kritische Ausgabe von Otto Günther u. Georg Witkowski 1910.

Narhamer, Johann, geb. zu „Hofe Regnitz" (nach eigener Angabe), war Schulmeister zu Pulsnitz in Sachsen u. später Prediger in Seifersdorf, veröffentlichte 1546 ein volkstümliches Drama „Historia Jobs".

Narr s. Hanswurst u. Komische Person.

Narziß, Trauerspiel in fünf Akten von Albert Emil Brachvogel 1856. Im Mittelpunkt der aufregenden Handlung steht ein Unglücklicher, den einst seine Gattin, jetzt Marquise von Pompadour, Geliebte des Königs Ludwig XV., verlassen hat, ihr aber plötzlich entgegentritt u. so eine Katastrophe herbeiführt, der er wie sie zum Opfer fallen. Die Uraufführung fand 1856 am Kgl. Schauspielhaus in Berlin statt u. hatte einen beispiellosen Erfolg. Ludwig Dessoir (s. d.) spielte die Titelrolle, neben ihm glänzten Lina Fuhr (s. d.), Gustav Berndal (s. d.) als Choiseul. Die gefeierte Tragödin Hermine Körner (s. Stader, Hermine) verschaffte als Marquise von Pompadour dem Werk noch im 20. Jahrhundert einen Platz auf der Bühne. Otto Ludwig kritisierte das Stück im 1. Bd. seiner „Studien u. kritischen Schriften": „Habe nun den N. von Brachvogel gelesen u. weiß nicht, was ich von unserm deutschen Publikum sagen soll. Das ganze Stück ist wie ein Traumgespinst; das sieht zuweilen fast aus, wie wenn Menschen da vor uns empfänden, dächten, begehrten, handelten. Man nimmt eine Bewegung wahr; über etwas, das wie ein menschlich Angesicht aussieht, fahren wie Wolkenschatten allerlei Krämpfe; es scheint fast das Mienenspiel eines durchsichtigen, beweglichen Menschenangesichts, aber sowie dies seltsame Spiel aus, ist alles fort. Es ist Bewegung ohne

Existenz, Mienenspiel ohne Antlitz, abstrakte Bewegung. Da ist keine Gestalt, die uns von ihrer Wahrhaftigkeit überzeugt; nichts als die Konvenienz des Dichters belebt diese Schatten. Da ist keine Entwicklung nach innern Gesetzen, bloß eine Reihe von äußerlichen Kombinationen. Die oberflächlichste Behandlung der Figuren in der Situation, daher die Vorschriften für den Schauspieler: ,Groß, versinkt in sich' usw., so willkürlich wie nur in Stücken alter Schauspieler, wie Ziegler u. Genossen, u. ebenso wenig mit den Worten selber stimmend, die der Schauspieler ,groß' usw. sprechen soll. Entsetzliche Beifallsbuhlerei, Spekulation auf alle Schwächen des Publikums. Was irgendeinmal das deutsche Publikum hingerissen, davon ist eine Dosis in diesem Stück. Da ist George Sand, Balzac, Shakespeare, Schiller u. wer weiß wer noch, aber von keinem die Seele. Die Idealistik Schillers hätte nie die Macht geübt, kam sie nicht aus einem begeisterten Gemüte, das mit voller Seele an seine Träume wirklich glaubte, aus einem Kopfe voll Ideen, einem Herzen voller Liebe. Hier wird sie zur Grimasse. Dann die wunderliche u. so vergebliche Anstrengung, seine Gestalten zu Riesen zu machen, durch das wohlfeile Mittel, daß andern Personen betreffende Reden in den Mund gelegt werden, über die der unbefangene Leser oder Hörer erstaunen muß. So begreift man nicht, wie N. zu den Lobessprüchen der Quinault kommt, u. will man sie aus ihrer entstehenden Liebe zu N. motivieren (Liebe verblendet, verkleinert des Geliebten Fehler, wenn sie dieselben nicht wegräsonieren kann, u. vergrößert dessen Vollkommenheiten u. dichtet ihm die an, die ihm fehlen!), so müßte man diese Liebe erst begreifen. Anstatt daß N. dadurch, daß ihn die Quinault liebt, in unsrer Schätzung wächst, verliert sie. Ja wenn dieses Ding, diese ekelhafte Gallerte, nur etwas besäße, was für sie gewinnen könnte, nur Witz! Ja wenn sie nur ein Bösewicht wäre, in welchem, wenn auch übelangewandte Kraft! Das Ganze, was für ihn spricht, ist seine völlige Hilflosigkeit. Aber diese, die an einem Kinde so rührend, ist an einem Manne das Erbärmlichste u. Verächtlichste, was die Welt kennt. Diese Ehrlosigkeit erregt moralischen Ekel, aber keine Teilnahme in einem gesunden Gemüte. Das Kombinationstalent des Autors ist bedeutend, aber es sind eben nur Kombinationen, abstrakte Verhältnisse; das Vergnügen, welches es bewirkt, rangiert mit dem, was wir bei einem glücklich gelösten Rechnungsexempel suchen. Hier haben wir ein Stück, das bloß der Geschicklichkeit seines Autors sein Dasein verdankt. Der Essex von Laube, im Grunde in dieselbe Rubrik gehörig, wie anders doch durch die Spur des Charakters, den der Autor ihm unabsichtlich aufgedrückt! Essex ist auch mehr Kunststück als Kunstwerk, aber das Kunststück eines Mannes. Der Charakter des N. verrückt jedes sittliche Verhältnis in dem Stück. Hatte die Pompadour nicht recht, einem solchen Gallert davonzulaufen? Aber, daß sie ihn noch liebt, daß sie ihn je hat lieben können, das begreift sie nicht! Dennoch kann man aus dem Stücke lernen. Es ist wieder ein Beweis, was Geschlossenheit vermag. Das Ganze ist ein großer schauspielerischer Effekt u. dessen Vorbereitung." 1879 schrieb Theodor Fontane („Causerien über Theater" 1905): „Brachvogels ,N.' u. Gutzkows ,Uriel Acosta' sind wohl die gefeiertsten, jedenfalls die volkstümlichsten unter den Dramen, die die deutsche Dichtung seit Anfang der vierziger Jahre hervorgebracht hat. Sie halten sich, weil sie das Publikum immer wieder hinreißen. Gegen beide heg' ich dieselben starken Bedenken: in ,Uriel Acosta' feiert die Phrase, in ,Narziß' die Unnatur wahre Triumphe; nichtsdestoweniger söhn' ich mich, ohne meine Bedenken aufzugeben, mit beiden Stücken aus, je häufiger ich sie sehe. Ich finde mehr u. mehr den Grund, warum sie wirken, u. tout comprendre, c'est tout pardonner. Objektiv haben sie gar keine Berechtigung. Was im ,Acosta' nach der Charakterseite hin gesündigt wird, das sündigt ,Narziß' in einer Fülle der unmöglichsten Vorstellungen u. Situationen; aber das Recht u. die Kraft beider Stücke liegt in ihrem Subjektivismus . . . Was dabei zur Erscheinung kommt, widerstreitet mir, aber wie sich's gibt, das imponiert mir an mehr als einer Stelle. Beide Stücke haben den Ton der Leidenschaft, in beiden pulst das Herz, u. das ist es, was ihnen eine das große Publikum hinreißende Gewalt leiht." Anläßlich der Frankfurter Aufführung 1902 hat Fedor Mamroth („Aus der Frankfurter Theaterchronik" 2. Bd. 1908) Quelle u. Charakter des effektvollen Stückes ausführlich behandelt: „Die durchdringendste u. sprühendste Spottschrift der Weltliteratur, ,Rameaus Neffe', hat A. E. Brachvogel, wie man weiß, zu seinem Drama ,Narziß' hingeführt. Der Breslauer Poet, dessen ganze literarische Laufbahn unter dem Druck der Tatsache litt, daß sein erster Erfolg auch sein größter geblieben — mitunter ist es ein Unglück, Glück zu haben — hat die spärlichen Daten, die Diderot zur Kennzeichnung des jüngeren Rameau in den Dialog einfließen läßt u. die Goethe durch emsige Nachforschungen zu vermehren trachtete, nicht ohne Geschick für das Bild seines Helden verwendet. Bei Diderot ist zweimal von Rameaus Frau die Rede. Das erste Mal erwähnt ‚Er‘, der Neffe: wie er es verstanden habe, seiner Frau gegenüber der Herr im Hause zu bleiben. Dann folgt zum Schluß die unvergleichliche Schilderung, wie er diese wunderbar schöne Frau verloren — auf welche Weise verloren, wird nicht ganz klar . . . Die Fabel des Dramas, die diese wenigen Angaben in die Handlung eines fünfaktigen Trauerspiels verspinnt, ist gut erfunden. Rameaus Gattin ist ihrem Mann entlaufen u. hat sich bis zum Rang einer Königin in partibus hinaufgeliebt. Rameau selbst ist ein Lump geworden, gewissermaßen aus getäuschter Liebe. In der Art, wie das Stück diese beiden Menschen aufeinander zuführt, ohne daß sie sich früher als im Schlußakt zu Gesicht bekommen, liegt ein wenig die Aufforderung, das Wesen der dramatischen Spannung ins Auge zu fassen. Diese wird auf zweierlei Weise hervorgebracht. Die edlere u. allein geltende beruht darauf, daß der Dichter für die Menschen u. Schicksale, die er darstellt, das Gemüt seines Zuhörers zu gewinnen sucht. Und je nachdem er die Kunst besitzt, Charaktere zu veranschaulichen, eine fesselnde Handlung zu erfinden u. diese zu steigern, wird er die verschiedenen Grade froher oder sorgender Anteilnahme seinem Werk sichern. Die andere Art begnügt sich, die Neugierde des Zuhörers rege zu machen . . . Brachvogels ‚Narziß‘ beruht auf der Wirkung einer solchen geschickt angefachten Neugierde. Es ist eine rein äußerliche, theatralische Spannung, die es ausübt, u. der große Erfolg, den das Drama einstmals erzielte, erklärt sich aus der Anspruchslosigkeit der Zeit, in der es erschienen ist. Die fahrenden Virtuosen, die den ‚Narziß‘ mit Vorliebe spielten, erhielten dann das Stück noch auf der Bühne, als seine innere Leere bereits offenkundig geworden . . . So klug Brachvogel bei der Konstruierung der Hauptperson der Handlung auf seine Quelle Bedacht genommen,

eines vermochte er beim besten Bemühen nicht in sein Stück hineinzubringen: den Geist Diderots. "

Literatur: Fritz *Mittelmann*, Brachvogels Trauerspiel Narziß (Diss. Marburg) 1907; Hans *Devrient*, Brachvogels N. u. Eduard Devrient (Beiträge zur Literatur- u. Theatergeschichte, Festgabe Ludwig Geiger) 1918.

Naso, Eckart von, geb. 2. Juni 1888 zu Darmstadt, Sohn des Generalleutnants Ludwig v. N., nach seiner Mutter Marie v. Hülsen Nachkomme des Generalintendanten der Kgl. Schauspiele in Berlin Botho v. Hülsen u. Georgs Graf v. Hülsen-Häseler, studierte in Göttingen, Berlin, Halle u. Breslau (Doktor der Rechte), war nach Kriegsteilnahme 1916—44 Regisseur u. Dramaturg am Staatl. Schauspielhaus in Berlin u: lebte zuletzt in Eschersheim bei Frankfurt a. M. Für die Bühne schrieb er zwei Schauspiele, „Die Insel" 1918 u. „Die Frau im Garten" 1921. Seine Autobiographie „Ich liebe das Leben" erschien 1953. Auch schrieb er die Biographie „Heinrich Schlusnus" 1957.

Nassée, Hansi, geb. (Datum unbekannt) zu Graz, wirkte als Naive u. Muntere Liebhaberin, später als Salondame in Karlsruhe, Hannover, Leipzig, Braunschweig, Lübeck, Wien (Kammerspiele) u. seit 1945 an den Städt. Bühnen in Münster. Gattin des Staatsschauspielers u. Intendanten Robert Bürkner (s. d.). Hauptrollen: Hannele („Hanneles Himmelfahrt"), Franziska u. Minna („Minna von Barnhelm"), Viola („Was ihr wollt"), Rosalinde („Wie es euch gefällt"), Marie („Das Konzert"), Alma („König Nicolo" von F. Wedekind) u. a.

Nast, Minnie, geb. 10. Okt. 1874 zu Karlsruhe, gest. 20. Juni 1956 zu Füssen im Allgäu als Witwe des Konsuls Karl von Frenckell, begann ihre Bühnenlaufbahn als Opernsängerin 1887 in Aachen u. debütierte als Ännchen am Hoftheater in Dresden, wo sie lange blieb. Kammersängerin. Als Mozart-Interpretin genoß sie europäischen Ruf. 1911 kreierte sie bei der Uraufführung von Richard Strauss' „Rosenkavalier" die Sophie. 1944 verließ sie nach einem Bombardement, dem ihr Haus zum Opfer fiel, Dresden. Weitere Hauptrollen: Pamina, Cherubin, Eva, Margarete, Mimi, Madame Butterfly u. a.

Literatur: Bodo *Wildberg*, M. Nast (Das

Dresdner Hoftheater in der Gegenwart) 1902.

Nathan der Weise, Dramatisches Gedicht in fünf Aufzügen von Gotthold Ephraim Lessing, 1778 mit der Ausarbeitung in Versen begonnen, 1779 gedruckt. Aus einem theologischen Konflikt mit dem Hamburger Hauptpastor Goeze erwachsen, führt es die literarischen Auseinandersetzungen poetisch zu Ende. Die von L. behandelte Parabel von den drei Ringen, die dem Stück ideell zugrundeliegt, findet sich schon in den „Gesta Romanorum" u. Boccaccios „Decamerone". Träger der Handlung sind Angehörige der drei Hauptreligionen (Christen, Mohammedaner u. Juden). Vorbild für den Titelhelden ist Lessings Freund, der Philosoph Moses Mendelssohn. Im Historischen (Zeit der Kreuzzüge, Ort der Szene Jerusalem) hat sich Lessing über alle Chronologie hinweggesetzt. Anspielungen auf wirkliche Begebenheiten sollten bloß den Gang seines Stückes motivieren. Die Darstellung des dogmenfreien Humanitätsideals bleibt Hauptsache. „Nathans Gesinnung gegen alle positive Religion ist von jeher die m e i n i g e gewesen" sagt Lessing selbst. Dabei werden Licht u. Schatten ungleich verteilt. Mohammedaner u. Juden stehen im Licht, Christen im Schatten. Dem erbärmlichen, ränkevollen Patriarchen von Jerusalem, der die Erziehung eines Christenkindes sofort mit der Verurteilung zum Tod auf dem Scheiterhaufen bestraft wissen will, stehen der edle Sultan u. der hilfreiche, menschenfreundliche N. gegenüber, der die Geschicke eines jungen christlichen Paares bewacht u. entwirrt. Der brave einfältige Klosterbruder bildet im Hinblick auf jene nur eine Nebenfigur. Die Technik des Dramas ist wahrhaft klassisch, die Sprache von kristallklarer Schönheit, die Charakterzeichnung als solche verdient gleichfalls unbedingtes Lob. Durch die Verwendung des von den Engländern gebrauchten fünffüßigen Jambus (Blankvers), der sich bisher auf der deutschen Bühne noch nicht durchsetzen konnte, schuf L. dem Drama der Folgezeit das maßgebende Metrum. Die Aufnahme des Stückes entsprach den Zeitumständen. Von den großen Schauspielern seiner Zeit schenkte ihm Fr. L. Schröder sofort größte Beachtung. „Der Held war", sagt dessen Biograph F. L. W. Meyer, „aus Schröders Seele geschrieben, u. blieb lange in mannigfachen künst-

lerischen u. philosophischen Beziehungen der Gegenstand seiner Unterhaltung. Damals wäre wohl nicht die Zeit gewesen, ihn auf die Bühne zu bringen; aber sie kam. Dennoch hat sich Schröder dessen wie seines geliebten Shakespeareschen ‚Julius Caesar' u. einiger anderen Meisterwerke aus der Vorzeit immer enthalten, weil er sich nie getraute, ihm die vollkommene Besetzung zu gewähren, die er für das Heiligtum seines Herzens begehrte. Auch trat er der Meinung Lichtenbergs, u., wenn ich nicht irre, Engels bei, das Stück werde für die Menge keinen Reiz haben. Dies Vorurteil einsichtsvoller Richter ist durch die Tat widerlegt. Gelesen hat er es jedoch vor einem auserwählten Kreise u. durch Mitleser unterstützt, wie sie schwerlich eine öffentliche Bühne aufzubieten vermag. Seinen N. bewunderten die Zuhörer, aber sie waren auf ihn gefaßt. Den Patriarchen, den er gleichfalls übernahm, bewunderten sie nicht weniger u. wurden durch ihn überrascht. So rein von Ziererei u. Auffahren, so vornehm sanft mit ruhiger Salbung flossen die Äußerungen der Unduldsamkeit von seinen Lippen, als hätte Lainez sich mit dem Kardinal von Lothringen vor den Augen des französischen Hofes unterredet." Als 1783 Döbbelin den N. in Berlin erstmals zur Aufführung brachte, hatte er geringen Erfolg. Erst F. L. Schmidt fand mit ihm 1801 in Magdeburg ungetrübten Beifall. Goethe veranstaltete eine Aufführung im gleichen Jahr in Weimar. Schiller tadelte mangelnde Herzenswärme, ließ sich jedoch für seinen „Don Carlos" beeinflussen, wie später Gutzkow in „Uriel Acosta". Ein anderer Jungdeutscher, H. Laube, würdigte u. inszenierte N. wiederholt. In seiner Schrift „Das Wiener Stadttheater" heißt es: „Er lebt heute noch in erster Linie von seiner Tendenz; sein sonstiger dramatischer Wert wäre kaum groß genug. Dennoch ist er nicht im gewöhnlichen Sinne ein Tendenzstück, oder ist es doch nur im edelsten Sinne. Er predigt Toleranz, das ist Liebe. Nun, dies ist eine Tendenz, vor welcher man sich beugt, weil Liebe jeder Kunstform wohltut. Er verteilt ferner seine tendenziöse Aufgabe weislich an verschiedene Personen mit verschiedenem Inhalte, u. macht die Personen zu wirklichen Trägern. So ist jegliche Abstraktion vermieden, wir gelangen wirklich ins Fahrwasser eines Kunstwerks." Begeistert aber äußert sich A. Graf von Platen in einem Epigramm 1832: „Deutsche

Tragödien hab' ich in Masse gelesen, die beste schien mir diese, wiewohl ohne Gespenster u. Spuk: Hier ist alles, Charakter u. Geist u. der edelsten Menschheit Bild, u. die Götter vergehn vor dem alleinigen Gott." Die Toleranzidee hatte zwar im Lauf der Jahrzehnte ihre Werbekraft verloren, wann immer aber sie aufflammte, so nach dem Zweiten Weltkrieg, übte das Stück schon wegen seiner Tendenz eine starke Anziehungskraft aus, besonders wenn bedeutende Schauspieler wie Bassermann den Titelhelden auf die Bühne brachten. Nachahmungen u. Travestien bemächtigten sich des Stoffes. Bereits 1782 schrieb Johann Georg Pfranger einen „Mönch von Libanon". Auf derselben Linie bewegte sich Julius von Voss mit einer vielbeachteten Posse. Besonders in Frankreich, England u. Amerika war die Nachwirkung groß, aber auch in Deutschland. Es entstanden Bühnenstücke wie „Wer war wohl mehr Jude?" von Karl Lotich (1783), „Nathan der Deutsche" von Heinrich Reinicke (1784), „Menschen u. Menschen-Situationen" von Carl Steinberg (1786), „Der travestierte Nathan" von Julius von Voss (1804), ein anonymer „Nathan der Weise" (1804) u. „Dina Nathan oder Liebe u. Rache" von Karl Philippi (1815).

Literatur: David Friedrich *Strauß*, Lessings Nathan 1860 (Gesammelte Schriften 2. Bd. 1876); Friedrich *Albrecht*, Moses Mendelssohn als Urbild von Lessings Nathan dem Weisen 1866; Fr. *Naumann*, Literatur über N. 1867; Jakob *Caro*, Lessing u. Swift 1869; Karl *Werder*, Vorlesungen über Lessings Nathan 1882; *Anonymus*, Zur Bühnengeschichte des Lessingschen N. d. W. (Almanach der Genossenschaft deutscher Bühnenangehöriger, herausg. von E. Gettke 12. Jahrg.) 1884; Ed. *Belling*, Die Metrik Lessings 1887; Gustav *Kettner*, Über den religiösen Gehalt von Lessings Nathan 1898; Heinrich *Stümcke*, Die Fortsetzungen, Nachahmungen u. Travestien von Lessings N. d. W. (Schriften der Gesellschaft für Theatergeschichte 4. Bd.) 1904; Wolfgang *Liepe*, Das Religionsproblem im neueren Drama von Lessing bis zur Romantik 1914; Wilhelm *Wackernagel*, Lessings Nathan (Kleine Schriften 2. Bd.) 1914; Adolf *Bartels*, Lessing u. die Juden 1918 (Neubearbeitung 1934); G. *Fittbogen*, Die Religion Lessings (Palaestra 141. Bd.) 1923; H. *Leisegang*, Lessings Weltanschauung 1931; J. A. *Brizet*, La sagesse de Nathan (Études Germaniques 10. Jahrg.) 1955; F. W. *Kaufmann*,

N. Crisis (Monatshefte, Madison 48. Bd.) 1956.

Nationaltheater nennt man eine Bühne, die alles für das Wesen der Nation Bezeichnende zur Darstellung bringen will. Solange der Begriff Nation nicht feststand u. kein nationales Drama vorhanden war, konnte es auch kein N. geben. Gottsched u. später Lessing (in der „Hamburgischen Dramaturgie" 1767) machten, jeder auf seine Weise, den Versuch, ein Theater der Deutschen zu ermöglichen. Die ersten Pflegestätten typisch deutscher Bühnenkunst entwickelten sich nach den tastenden Versuchen der Neuberin in Hamburg, Wien, Mannheim, München u. Berlin. Zu hervorragender Blüte gelangte das von Kaiser Joseph II. 1776 als Nationaltheater geschaffene Theater nächst der Hofburg in Wien. Es sollte, so hieß es in seinem Programm, „zur Verbreitung des guten Geschmacks, zur Veredlung der Sitten" beitragen, der sog. Burgtheaterstil war in der Folgezeit vorbildlich. Ein richtunggebendes N. wie in Paris ließ sich jedoch in Deutschland nie durchsetzen. Auch der unternommene Versuch, 1918 das Weimarer Theater als Deutsches Nationaltheater zur Geltung zu bringen, mißlang.

Literatur: Eduard *Devrient*, Das Nationaltheater des neuen Deutschlands 1848 (Neudruck 1919); R. *Wagner*, Entwurf zur Organisation eines deutschen Nationaltheaters für das Königreich Sachsen 1849; Rudolf *Schlösser*, Vom Hamburger Nationaltheater zur Gothaer Hofbühne 1767—79 (Diss. Jena) 1895; J. *Petersen*, Das deutsche N. 1919; H. *Kittenberg*, Die Idee des deutschen Nationaltheaters u. ihre Verwirklichung (Diss. München) 1925; H. *Knudsen*, N. (Reallexikon 2. Bd.) 1926—28; Gerhard *Born*, Die Gründung des Berliner Nationaltheaters u. die Geschichte seines Personals, seines Spielplans u. seiner Verwaltung bis zu Döbbelins Abgang 1786—89 (Diss. Erlangen) 1934; Ernst Leopold *Stahl*, Die Wege zum deutschen Nationaltheater (Die klassische Zeit des Mannheimer Theaters 2. Bd.) 1940; Georg Gustav *Wieszner*, R. Wagner der Theaterreformer. Vom Werden des deutschen Nationaltheaters im Geiste des Jahres 1848 1951; Reinhard *Buchwald*, Herzog Karl Eugen gründet ein Nationaltheater (Gestaltung, Umgestaltung = Festschrift H. A. Korff) 1957.

Nationaltheater, Das, war eine von Rudolf Roeßler in Berlin seit 1928 herausgegebene Zeitschrift des Bühnenvolksbundes (mit Rezensionen u. Beiträgen zur Theaterwissenschaft). Unter diesem Titel erschien auch eine Schriftenreihe, herausg. von Otto C. A. zur Nedden, 10 Bde. 1936—44.

Natorp, Imperatrice Freifrau von s. Natorp, Maria Anna Freifrau von.

Natorp (Natorp-Sessi), Maria Anna Freifrau von, geb. 1770 zu Rom, gest. 10. März 1847 zu Wien, kam mit ihrem Vater Sessi 1793 nach Österreich, heiratete hier den später baronisierten Kaufmann Franz Wilhelm Natorp, von dem sie sich jedoch 1805 trennte. Nachdem sie von ihrem Vater den ersten musikalischen Unterricht empfangen hatte u. in Wien als Opernsängerin aufgetreten war, sang sie in Neapel, London, Dresden, Berlin, Kopenhagen, Stockholm u. a., in Koloraturpartien u. als darstellende Künstlerin bewundert. 1836 nahm sie in Hamburg von der Bühne Abschied u. lebte dann als Gesangslehrerin in Berlin, zuletzt in Wien. Von ihren Schwestern zeichneten sich Anna Maria, verheiratete Neumann, u. Imperatrice, Gattin ihres Schwagers Major von Natorp, ebenfalls als Sängerinnen aus.
Literatur: Wurzbach, M. A. Natorp (Biogr. Lexikon 20. Bd.) 1869.

Natürliche Tochter, Die, Trauerspiel in fünf Aufzügen von J. W. v. Goethe. Bereits 1799 nach Kenntnis der „Mémoires historiques de Stephanie-Louise de Bourbon-Conti" (Paris 1798) geplant, 1803 vollendet, in Weimar u. in Cottas „Taschenbuch auf das Jahr 1804" erstmals gedruckt. „In dem Plane", teilt Goethe 1823 aus seinen „Tagu. Jahresheften" 1799 mit, „bereitete ich mir ein Gefäß, worin ich alles, was ich so manches Jahr über die Französische Revolution u. deren Folgen gesehen u. gedacht, mit geziemendem Ernste niederzulegen hoffte." Das Stück empfand er nur als Exposition zu einer Trilogie, die allerdings nicht zur Ausführung gelangte, zumal Bühnenpublikum u. Zeitgenossen sich sehr kühl, wenn nicht ablehnend verhielten. Der geschichtliche Vorgang, das Schicksal der natürlichen Tochter des Prinzen Louis-François de Bourbon-Conti u. der Herzogin von Mazarin, die in ein Kloster gesteckt u., mit einem Prokurator verheiratet, in einen hoffnungslosen Kampf um ihre Anerkennung geriet. In der Behandlung des Stoffes hielt sich Goethe wesentlich an die Memoiren, ohne freilich die historischen Namen beizubehalten, der Inhalt der Quelle wurde gedanklich u. formal geadelt u. verklärt. Sprachlich gehört das Stück zu seinen schönsten Schöpfungen neben „Iphigenie" u. „Tasso". Fichte erklärte es als das höchste Meisterwerk des Dichters. Und Schiller äußerte sich: „Des Theatralischen hat er sich zwar noch nicht bemächtigt, ist zu viel Rede u. zu wenig Tat, aber die hohe Symbolik, mit der Goethe den Stoff behandelt hat, so daß alles Stoffartige vertilgt u. alles nur Glied eines idealen Ganzen ist, das ist wirklich bewundernswert. Es ist ganz Kunst u. ergreift dabei die innerste Natur durch die Kraft der Wahrheit."
Literatur: Veit Valentin, Zur Aufführung von Goethes N. Tochter in Weimar (Deutsches Wochenblatt 6. Bd.) 1893; E. *Kroll,* Französische Forschungen über die Quellen zu Goethes Natürlicher Tochter 1899; Hermann *Bahr,* Die Natürliche Tochter (Glossen zum Wiener Theater) 1907 (Aufführung in Wien); Gustav *Kettner,* Goethes Drama (Die Natürliche Tochter) 1912; Albert *Fries,* Goethes Natürliche Tochter. Studien zu Goethes Stil u. Metrik 1. Teil 1912; August *Sauer,* Die Natürliche Tochter u. die Helenadichtung (Festgabe für J. Wahle) 1921; Melitta *Gerhard,* Goethes Erlebnis der Französischen Revolution im Spiegel der Natürlichen Tochter (Deutsche Vierteljahrsschrift 1. Bd.) 1923; Fr. *Schnapp,* Die Berliner Handschrift der Natürlichen Tochter (Jahrbuch der Goethe-Gesellschaft 11. Bd.) 1925; Eduard *Castle,* Die Natürliche Tochter. Ein Rekonstruktionsversuch (In Goethes Geist. Vorträge u. Aufsätze) 1926; Adolf *Grabowsky,* Goethes Natürliche Tochter als politisches Bekenntnis (Zeitschrift für Politik 22. Jahrg.) 1932; R. A. *Schröder,* Goethes Natürliche Tochter (Goethe-Kalender) 1938; Kurt *May,* Goethes Natürliche Tochter (Goethe, Viermonatsschrift der Goethe-Gesellschaft 4. Bd.) 1939; Heinz *Moenkemeyer,* Das Politische als Bereich der Sorge in Goethes Drama Die Natürliche Tochter (Monatshefte, Madison Nr. 3) 1956; Verena *Bänninger,* Goethes N. T. Bühnenstil u. Gehalt (Zürcher Beiträge, 2. Bd.) 1957.

Naturalismus, kulturelle Verfallserscheinung, entwickelte sich literarisch, besonders im Drama, in den achtziger Jahren des 19. Jahrhunderts, im Gegensatz zu den idealisierenden Grundsätzen der Ästhetik seit der Antike bis zum klassisch-romantischen Zeitalter durch schonungslose Wiedergabe der „furchtbaren Tragödie menschlicher Verfäulnis" (Arno Holz). Auch technisch vollzog sich ein Umsturz der bestehenden Gesetze. Jambendrama u. Monolog in Versen galten als verpönt. Die naturalistische Ethik erklärte die Sittlichkeitsbegriffe als bloße Naturanlagen, leitete sie aus Instinkten, Trieben u. dem materialistischen Kampf ums Dasein ab. Das Diktat der Masse trat an die Stelle des freien Willens der Persönlichkeit. Schmutz, Schande u. Elend wurden beliebte Motive der Darstellung in möglichst photographischer Wiedergabe. Bahnbrecher auf der deutschen Bühne war der junge G. Hauptmann, der mit seinem großen künstlerischen Können außerordentliche Wirkungen erreichte, sich jedoch später vom nackten N. abwandte, wie der N. auch sonst in der Folge manche Läuterung erfuhr.

Literatur: V. *Valentin,* Der Naturalismus u. seine Stellung in der Kunstentwicklung 1891; A. R. *Schlismann,* Beiträge zur Geschichte u. Kritik des N. (Diss. Zürich) 1903; L. *Benoist-Hanappier,* Le drame naturaliste en Allemagne 1905; L. *Flatau-Dahlberg,* Der Wert des Monologs im realistisch-naturalist. Drama der Gegenwart (Diss. Bern) 1907; Hans Ernst *Gronow,* Anzengrubers Verhältnis zum Naturalismus (Diss. Chikago) 1908; O. *Doell,* Die Entwicklung der naturalist. Form im jüngstdeutschen Drama 1880—90 (Diss. Halle) 1910; M. *Günther,* Die soziolog. Grundlagen des naturalist. Dramas der jüngsten deutschen Vergangenheit (Diss. Leipzig) 1912; A. *Kerr,* Das neue Drama 1912; Georg *Hermann,* Der tote N. (Das literar. Echo 15. Jahrg.) 1912—13; B. *Manns,* Das Proletariat u. die Arbeiterfrage im deutschen Drama (Diss. Rostock) 1913; Fritz *Lehner,* Die Szenenanmerkungen in den Dramen Ibsens u. ihr Einfluß auf das deutsche natural. Drama (Diss. Wien) 1919; Friedrich *Neumann,* Die Einwirkung des N. auf das Theater im Anschluß an die szenischen Bemerkungen (Diss. Wien) 1919; Walter *Lang,* Lenz u. Hauptmann. Ein Beitrag zur Theorie u. Geschichte des N. im Drama (Diss. Frankfurt a. M.) 1922; Friedrich *Hedler,* Die Heilsbringer- u. Erlöseridee in Roman u. Drama des N. (Diss. Köln) 1922; Ernst *Sander,* Joh. Schlaf u. das naturalist. Drama (Diss. Rostock) 1922; Karl *Neuscheler,* G. Hauptmann u. L. Tolstoi. Das Ideal des Wirklichkeitserfassens. Ein lite-

rarhist. Beitrag zur Kritik des N. (Diss. München) 1923; Kurt *Berendt,* Der deutsche N. (G. Hauptmann) in seinem Verhältnis zur klass. Dichtung (Diss. Rostock) 1924; J. *Bab,* Der N. (in Arnolds Das deutsche Drama) 1925; R. *Leppla,* N. (Reallexikon 2. Bd.) 1926—28; Karl Wilhelm *Ermisch,* Anzengruber u. der N. (Diss. Minnesota) 1927; Otto *Maleczek,* Die Dramaturgie des naturalist. Trauerspiels (Diss. Wien) 1928; Wilhelm *Meincke,* Die Szenenanweisungen im deutschen natural. Drama (Diss. Rostock) 1929; L. *Fischer,* Der Kampf um den N. (Diss. Rostock) 1930; René *Hartogs,* Die Theorie des Dramas im deutschen N. (Diss. Frankfurt a. M.) 1931; Josef *Hundt,* Das Proletariat u. die soziale Frage im Spiegel der natural. Dichtung (Diss. Rostock) 1931; H. *Klaus,* Studien zur Geschichte des deutschen Frühnaturalismus (Diss. Greifswald) 1932; W. *Kauermann,* Das Vererbungsproblem im Drama des N. (Diss. Kiel) 1933; D. *Dibelius,* Die Exposition im naturalist. Drama (Diss. Heidelberg) 1935; E. H. *Bleich,* Der Bote aus der Fremde als formbedingender Kompositionsfaktor im Drama des deutschen N. (Diss. Greifswald) 1936; W. R. *Gaede,* Zur geistesgeschichtl. Deutung des Frühnaturalismus (The Germanic Review) 1936; H. *Thielmann,* Stil u. Technik des Dialogs im neueren Drama: Vom N. bis zum Expressionismus (Diss. Heidelberg) 1937; Werner *Kleine,* Max Halbes Stellung zum N. innerhalb der beiden ersten Dezennien seines dramatischen Schaffens (Diss. München) 1937; H. *Kasten,* Die Idee der Dichtung u. des Dichters in den literar. Theorien des sog. N. (Diss. Königsberg) 1938; E. *Brendle,* Die Tragik im deutschen Drama vom N. bis zur Gegenwart (Diss. Tübingen) 1940; Albrecht *Bürkle,* Die Zeitschrift Freie Bühne u. ihr Verhältnis zur literar. Bewegung des deutschen N. (Diss. Heidelberg) 1945; Hans *Miehle,* Der Münchner Pseudonaturalismus der achtziger Jahre (Diss. München) 1947; W. H. *Root,* German Naturalism and its Literary Predecessors (The Germanic Review Nr. 2) 1948; Maurice *Ravier,* Strindberg et le théâtre naturaliste allemand (Études Germaniques 3. u. 4. Jahrg.) 1948—49; Erna *Silzer,* Max Halbes naturalistische Dramen (Diss. Wien) 1949; Joachim *Weno,* Der Theaterstil des N. (Diss. Berlin) 1951; Karl *Faber,* Der schauspielerische Sprechteil des Naturalismus (Diss. Köln) 1951; Wolfgang *Kayser,* Zur Dramaturgie des naturalist. Dramas (Monatshefte, Madison Nr. 4) 1956.

Naturtheater, Theater unter freiem Himmel, war schon im Mittelalter besonders in der Schweiz beliebt. Bis ins 16. Jahrhundert bildete z. B. der Luzerner Weinmarkt mit seinen regelmäßig dargebotenen Osterspielen ein Zentrum europäischer Theaterkultur u. -bedeutung. Waren es hier Regierung, Geistlichkeit u. Bürgersleute, die am Zustandekommen u. Gelingen der Aufführungen maßgebend beteiligt waren, zogen zur gleichen Zeit andernorts wandernde Truppen von Berufsschauspielern von Ort zu Ort, um ihre Kunst bei Festen u. Feiern auf Plätzen u. in Gassen darzubieten. S. auch Freilichttheater.

Literatur: Jocza *Savits*, Das Naturtheater 1910; Egon *Schmid*, Zur Geschichte des Freilichttheaters (Das Nationaltheater 1. Jahrg.) 1928—29; Ernst *Fellmann*, Theater im Freien (Schweizerische Theaterzeitung Nr. 9) 1954.

Natzler, Leopold, geb. 17. Juni 1860 zu Wien, gest. 3. Jan. 1926 das., Sohn eines Herrenschneiders, zuerst Bankbeamter, wirkte, ohne eine besondere Ausbildung genossen zu haben, als Schauspieler u. Operettensänger seit 1879 am Wiener Thaliatheater u. in Marburg, 1881—83 am Friedrich-Wilhelmstädtischen Theater in Berlin, 1884—86 in Graz, 1886—88 in Brünn, 1888—91 am Theater an der Wien, 1891—93 am Josefstädter Theater u. 1893—1901 am Raimundtheater das. Später trat er immer wieder als Gast an versch. Bühnen auf. Hervorragender Gesangskomiker. Hauptrollen: Christofferl („Einen Jux will er sich machen") Benozzo („Gasparone"), Valentin („Der Verschwender"), Czupan („Der Zigeunerbaron"). Großen Beifall fanden seine Couplets u. Lieder wie „Einmal hin, einmal her" (mit Benützung des Kehrreims in „Hänsel u. Gretel"), „Kaiser-Jägermarsch", „Ablösung" (ein in den Spielplan des Raimundtheaters aufgenommenes Stück), „Johann-Strauß-Quodlibet" u. a. In erster Ehe war er mit der Koloratursängerin Toni Rudolf, in zweiter mit der am Raimundtheater, Theater an der Wien u. a. tätigen Schauspielerin Lilli Meißner verheiratet.

Natzler, Regine, geb. 24. Nov. 1866 zu Wien, Schwester des Vorigen, begann ihre Laufbahn als Soubrette 1887 am dort. Josefstädter Theater, war 1890—96 am Carltheater das. tätig u. nahm wiederholt an der russischen Tournee des Wiener Operettenensembles in zweiten Soubrettenrollen teil.

Natzler, Siegmund, geb. 8. Sept. 1865 zu Wien, gest. 12. Aug. 1913 das. Bruder der Vorigen, zuerst Buchhalter u. Korrespondent in einem dort. Großhandelshaus, debütierte 1883 im Greytheater das., kam 1884 nach Znaim, dann nach Laibach, Troppau, Augsburg, Graz, wirkte 1889—93 in Brünn, 1894—1900 am Carltheater in Wien u. seither am Theater an der Wien in Posse, Lustspiel, Schauspiel u. Operette. Gastspiele führten ihn nach Petersburg, Moskau, Kiew, Odessa, Berlin, Dresden u. a. Hauptrollen: Mungo („Der Seekadett"), Florival („Das Sonntagskind"), Bum-Bum („Die Großherzogin von Gerolstein"), Josef („Wiener Blut") u. a. Mitdirektor des Wiener Kabaretts „Die Hölle".

Natzohme, Eli s. Marcus, Eli.

Nauckhoff, Rolf von, geb. 15. Mai 1909 zu Stockholm, Bruder des Folgenden, war in der Hauptsache beim Film tätig, trat aber auch auf der Bühne als Schauspieler auf, u. a. in den Kammerspielen in München.

Nauckhoff, Stig von, geb. 13. Dez. 1912 zu Stockholm, gest. 20. Aug. 1956 zu München (durch Selbstmord), wirkte als Schauspieler 1935—38 an den Kammerspielen das., in Zürich u. a. Hauptrollen: Don Carlos, Troilus („Troilus u. Cressida") u. a. Bruder des Vorigen.

Nauhart, Gunther, geb. 3. Juli 1897 zu Dresden, gest. 6. Juni 1940 zu Berlin, war Spielleiter u. Schauspieler u. a. am Schillertheater u. am Theater der Jugend das.

Naumann (Ps. Willnau), Carl, geb. 11. Okt. 1886 zu Leipzig, studierte das. (Doktor der Philosophie) u. lebte als Gärungschemiker in seiner Vaterstadt. Vorwiegend Bühnenschriftsteller.

Eigene Werke: Johannes Leyser (Schauspiel) 1925; Belcanto (Oper) 1926; Der Dreispitz (Oper) 1927; Der Meister von Tanagra (Oper nach A. Wilbrandt) 1943; Zwischen Lorenz u. Sebaldus (Lustspiel) 1935; Onkel Sippenwart (Lustspiel) 1937.

Naumann, Dieter, geb. 24. Jan. 1920 zu Nienburg a. d. Weser, besuchte 1942—44 die Schauspielschule in Kassel, debütierte

1945 am Staatstheater das. als Pylades in „Iphigenie", war hier bis 1948 als Jugendlicher Charakterdarsteller tätig, kam dann an die Kammerspiele nach Passau, 1949 nach Gütersloh, 1951 nach Gastspielen an das Theater der Freien Hansestadt Bremen u. 1954 ans Staatstheater nach Oldenburg. Hauptrollen: Laertes („Hamlet"), Hans Brettschneider („Das Abgründige in Herrn Gerstenberg" von A. Ambesser), St. Just („Dantons Tod" von G. Büchner), Hartmann („Des Teufels General" von C. Zuckmayer), Johannes („Das Apostelspiel" von M. Mell), Arnold („Michael Kramer" von G. Hauptmann) u. a.

Naumann, Emil, geb. 8. Sept. 1827 zu Berlin, gest. 23. Juni 1888 zu Dresden, Schüler von F. Mendelssohn-Bartholdy in Leipzig, seit 1856 Hofkirchenmusikdirektor in Berlin, seit 1873 Professor am Konservatorium, komponierte außer Kirchenmusik, Oratorien usw. die Opern „Judith" 1858, „Lorelei" aufgeführt 1889 u. schrieb u. a. „Musikdrama oder Oper" 1876 (gegen R. Wagner).
Literatur: Riemann, E. Naumann (Musik. Lexikon 11. Aufl.) 1929.

Naumann, Friedrich Lebrecht (Geburtsdatum unbekannt), gest. 24. Okt. 1883 zu Zittau. Schauspieler.

Naumann, Harry William, geb. 25. April 1914 zu Chemnitz, das. an der Theaterschule von A. Richter-Anschütz ausgebildet, debütierte 1934 an den Städt. Bühnen seiner Vaterstadt als Gottfried von Say in „Heinrich der Hohenstaufe" von Dietrich Eckart, wo er bis 1939 blieb, kam hierauf als Erster Held u. Liebhaber nach Nordhausen, 1940 ans Stadttheater in Heidelberg, 1942 als Erster Charakterheld nach Göttingen, 1943 ans Staatstheater nach München, nach verschiedenen Gastspielen 1947 an die Städt. Bühnen nach Hannover u. wirkte seit 1949 am Stadttheater in Saarbrücken. Hauptrollen: Petruchio („Der Widerspenstigen Zähmung"), Orest („Iphigenie"), Macduff („Macbeth"), Bolingbroke („Das Glas Wasser") u. a.

Naumann, Johann Gottlieb, geb. 17. April 1741 zu Blasewitz bei Dresden, gest. 23. Okt. 1801 zu Dresden, Bauernsohn, besuchte die Kreuzschule das., ging als Reisebegleiter des schwedischen Musikers Weeström 1757 nach Italien, trennte sich

von diesem u. debütierte als Opernkomponist erfolgreich in Venedig 1763 u. 1764. 1765 sächs. Kammerkomponist, bildete er sich in Italien weiter in der Opernkomposition aus u. wurde 1777 nach Stockholm berufen zur Hebung der schwedischen Nationaloper. 1782 u. 1783 ging er erneut nach Stockholm, 1785 in ähnlicher Mission nach Kopenhagen u. hierauf wieder nach Deutschland zurück. N. komponierte außer Oratorien, Kantaten, Symphonien u. a. 23 Opern, die seinen internationalen Ruf begründeten. Vertreter der musikalischen Frühromantik.
Eigene Werke: Il tesoro insidiato 1763; Li creduti spiriti 1764; Achille in Sciro 1767; La clemenza di Tito 1769; Il villana geloso 1772; L'ipocondriaco 1774; Solimano o. J.; Le nozze disturbate o. J.; L'isola disabitata o. J.; L'Ipermnestra o. J.; Armida o. J.; Amphion 1777; Cora 1782; Gustav Wasa 1786; Orpheus o. J.; Medea 1788; Protesilao 1789 (zusammen mit G. Fr. Reichardt s. d.) u. a.
Literatur: A. G. Meißner, Bruchstücke zur Biographie J. G. Naumanns 1814; Emil *Naumann,* J. G. N. (A. D. B. 23. Bd.) 1886; Richard *Engländer,* J. G. N. als Opernkomponist (Diss. Berlin) 1922.

Naumann, Paula, geb. 22. April 1892 zu Wien, gest. 16. März 1912 das. (durch Selbstmord), ausgebildet am dort. Konservatorium, war seit 1909 in Gera Naive u. Muntere Liebhaberin.

Naumann, Viktor, geb. 8. Mai 1865 zu Berlin, gest. 10. Nov. 1923 zu München, studierte die Rechte, unternahm große Reisen u. wurde 1917 Direktor der Nachrichtenabteilung im Berliner Auswärtigen Amt. Publizist u. Erzähler, auch Dramatiker.
Eigene Werke: Recht auf Sitte (Drama) 1893; Ikarus (Drama) 1894; Tote Liebe (Schauspiel) 1895; Aus der Jugendzeit (Lustspiel) 1897; Theater u. Mädchenhandel 1904; Tod u. Überwindung (Drama) 1904.

Naumann-Gungl, Virginie, geb. 31. Dez. 1848 zu Neuyork, gest. im Aug. 1915 zu Frankfurt am Main, Tochter des Komponisten Josef Gungl, begann, von Hans Bülow gefördert, ihre Laufbahn als Opernsängerin 1868, bildete sich gesanglich in Wien weiter aus, kam 1872 nach Köln, 1874 nach Schwerin u. wirkte seit 1876 in Frankfurt a. M., Bremen, Kassel u. Weimar, wo sie 1892 als Elisabeth u. Isolde ihren Abschied nahm. Weitere Hauptrollen: Fidelio, Donna Anna, Rezia, Iphigenie, Euryanthe, Jüdin, Aida, Carmen u. a. Ihren Ruhestand verbrachte sie in Bremen u. Frankfurt a. M. *Literatur:* L. *Fränkel,* V. Naumann-Gungl (Der Neue Weg 44. Jahrg.) 1915.

Naumburg, Gertrude s. Nemec-Schulze, Gertrude.

Naurath, Werner, geb. 2. Juni 1905 zu Wuppertal-Elberfeld, in Elberfeld, Stuttgart, Leipzig u. Sondershausen musikalisch ausgebildet, wirkte 1927 als Kapellmeister am Viktoriatheater in Bernburg, 1928 am Sauerländischen Städtetheater u. 1943—44 als Lehrer an der Städt. Musikschule in Mülhausen.

Nausikaa s. Odysseus.

Naval, Franz s. Pogačnik, Franz.

Nawiasky, Eduard, geb. 15. Jan. 1854 zu Kowno, gest. 26. Nov. 1925 zu Wien, studierte am Konservatorium das., wurde Chorist am dort. Stadttheater, debütierte als Heerrufer im „Lohengrin" an der Wiener Hofoper, wo er 1876—82 verblieb, ging dann nach Graz, wirkte bis 1885 am Hoftheater in Stuttgart, hierauf bis 1892 in Frankfurt a. M. u. schließlich in Braunschweig. Hauptrollen: Wolfram, Telramund, Alberich, Don Juan, Heiling, Belisar, Tell, Rigoletto u. a. Auch namhafter Konzertsänger. *Literatur: Eisenberg,* E. Nawiasky (Biogr. Lexikon) 1903.

Neal, Max, geb. 26. März 1865 zu München, gest. 1. Jan. 1941 das., Sohn eines Kunstmalers, besuchte Kadettenkorps u. Universität seiner Vaterstadt u. hielt sich dort lebenslang auf. Bühnenschriftsteller. *Eigene Werke:* Der Hochtourist (Schwank) 1904 (mit Kraatz); Der hl. Florian (Schwank) 1908 (mit Weichand); Der müde Theodor (Schwank) 1913 (mit Ferner); Auch ich war ein Jüngling (Schwank) 1915 (mit dems.); Die Hamburger Filiale (Schwank) 1922 (mit Kraatz); Die türkischen Gurken (Schwank) 1925 (mit Ferner); Bubiköpfe (Schwank) 1926 (mit Kraatz); Die drei Dorfheiligen (Schwank) 1928 (mit Ferner); Das sündige Dorf (Schwank) 1929; Die Wunder des Herrn Spiekermann (Schwank) 1930; Ein Amtsschimmel wird scheu (Komödie) 1931 u. a.

Nebauer, Josefine, geb. 14. Juni 1870 zu München, gest. 24. Jan. 1917 zu Hannover, Schülerin von Heinrich Richter, war lange Zeit Mitglied der Gastspieltruppe „Die Münchener". Am Schauspielhaus in München spielte sie Salondamen, Lustspielsoubretten u. Dialektrollen. Seit 1894 Gattin des Schauspielers Karl Sick (s. d.). Hauptrollen: Regine („Gespenster"), Vroni („Meineidbauer") u. a.

Nebe, Eduard, geb. 9. März 1820 zu Berlin, gest. 6. Okt. 1888 zu Karlsruhe, zuerst Chorist am Königstädtischen Theater in Berlin, kam bald als Schauspieler nach Hannover, wirkte als Jugendlicher Bonvivant, Naturbursche u. Buffosänger in Detmold, Augsburg u. Königsberg, 1849—57 in Mannheim, dann in Braunschweig u. 1862—81 in Karlsruhe in ernsten u. komischen Charakterrollen u. auch als Regisseur. Hauptrollen: Attinghausen, Piepenbrink, Valentin u. a. Vater des Folgenden. *Literatur: Eisenberg,* E. Nebe (Biogr. Lexikon) 1903.

Nebe, Karl, geb. 3. Jan. 1858 zu Braunschweig, gest. 7. Febr. 1908 zu Berlin, Sohn des Vorigen, kam, von Josef Staudigl (s. d.) u. Felix Mottl (s. d.) unterrichtet, kaum zwanzigjährig ans Hoftheater in Wiesbaden, 1881 nach Dessau, wo er bis 1890 (mit Unterbrechung an der Krolloper in Berlin) wirkte, 1890 ans Hoftheater in Karlsruhe (1897 das. Kammersänger) u. zuletzt an das Opernhaus in Berlin, wo er 1908 seinen Bühnenabschied nahm. Gastspiele führten ihn nach München, London, Amsterdam u. a. Mitwirkender bei den Bayreuther Festspielen. E. Kilian bezeichnete seine Leistungen als „tüchtige, vollsaftige . . .", in denen sich eine vortreffliche Technik, gute stimmliche Mittel, erstaunliche musikalische Sicherheit u. ein gewiegtes schauspielerisches Können zu einem harmonischen Ganzen verbanden. Auch in Rollen, die außerhalb seines Faches lagen, wie Alberich u. manchen seriösen Baßpartien, bewährte er sich als sehr verwendbare Kraft." Weitere Hauptrollen: Beckmesser, Van Bett, Bartolo, Stadinger, Baculus u. a. *Literatur:* Eugen *Kilian,* K. Nebe (Biogr. Jahrbuch 13. Bd.) 1910.

Nebell (geb. Albiny), Maria Luise von, geb. 2. April 1820 zu Köthen, gest. 14. Jan. 1898 zu Dessau, Gattin des Schauspielers

Louis von N. (gest. 18. Febr. 1850), wirkte zuerst als Jugendliche u. Muntere Liebhaberin mit diesem am Stadttheater in Wiesbaden, lange Zeit in der Schweiz, hauptsächlich in Zürich, u. kam 1871 als Komische Alte nach Dessau, wo sie 1896 ihren Bühnenabschied nahm.

Nebell, Louis von s. Nebell, Marie Luise.

Nebelthau, Otto, geb. 10. April 1894 zu Bremen, gest. 16. Dez. 1943 zu Novi in Bosnien (gefallen), Sohn eines Bremer Bürgermeisters, leitete u. a. 1920—23 zusammen mit Hermine Körner (s. Stader, Hermine) das Schauspielhaus in München, trat aber auch als Schauspieler auf.

Nebenrollen sind solche Rollen, die für die Entwicklung eines Dramas notwendig sind, die aber nicht selbständig die Aufmerksamkeit des Publikums in Anspruch nehmen, z. B. Väter, Mütter, Bediente u. a. J. Bab nimmt mit der Behauptung, es gäbe im großen Drama keine N., einen gegenteiligen Standpunkt ein.
Literatur: Julius *Bab,* Nebenrollen. Ein dramaturgischer Mikrokosmos 1913.

Nebhut, Ernst, geb. 26. Juni 1890 zu Grünberg in Oberhessen, lebte in Frankfurt a. M. Dramatiker.
Eigene Werke: 13 Hufeisen (Lustspiel) 1942 (mit Just Scheu); Der kleine Herr Niemand (Lustspiel) 1942 (mit dems.); Ein guter Jahrgang (Volksstück) 1943 (mit dems.); Der Teufel stellt Monsieur Darcy ein Bein (Tragikomödie) 1947; Der Stundenhändler (Drama) 1948; Die Vergessenen (Drama) 1950; Der Mann mit dem Zylinder (Komödie) 1950 (mit J. Scheu); Die schöne Lügnerin (musik. Komödie) o. J. (mit J. Scheu).

Nebraska, Mia s. Manning, Philipp.

Nebukadnezar, König von Babylon, im Drama.
Behandlung: Kaspar *Brülow,* Nebukadnezar (Drama) 1616; C. F. *Hunold,* N. (Oper) 1704.

Nebuschka, Franz Josef, geb. 12. Dez. 1857 zu Wien, gest. 2. Okt. 1917 zu Klotzsche bei Dresden, zuerst Eisenbahnbeamter, bildete sich am Wiener Konservatorium aus, debütierte in Dresden 1882 als Sarastro, wirkte in Dortmund, Lodz, 1888 in Bremen,

Berlin (Kroll), kehrte 1887 nach Dresden zurück u. war 1888—1917 das. als Bassist tätig. Gatte der Schauspielerin Auguste Kampf, Vater des Folgenden. Hauptrollen: Landgraf, Marcel, Mephisto, Pogner, Leporello, Figaro, Kaspar, Abul Hassan ("Der Barbier von Bagdad") u. a.
Literatur: Ernst *Roeder,* F. Nebuschka (Das Dresdner Hoftheater, Neue Folge) 1896.

Nebuschka, Günther Reinhard (Ps. Günther Reinhardt), geb. 1. März 1891 zu Dresden, Sohn des Vorigen, wirkte als Verlagslektor, Regisseur, Schauspieler, Bühnenleiter (eigene Bühne, Mainfränk. Gautheater), bis 1945 als stellvertr. Leiter einer Berliner Gastspieldirektion u. als Dramaturg u. ließ sich schließlich in Schallfeld bei Gerolzhofen in Unterfranken nieder. Bühnenautor u. Erzähler.
Eigene Werke: Schwarzacher Passion 1915; Esther (Mysterium) 1930; Teufelsgott u. Teufelschristin (Schauspiel) 1950.

Neckamm, Heinrich, geb. 1890, war Kapellmeister, später Schauspieler an versch. Bühnen in Wien u. seit 1945 Mitglied der Städt. Bühnen in Nürnberg-Fürth. Hauptrollen: Bruchsall ("Minna von Barnhelm"), Abreskow ("Der lebende Leichnam" von Tolstoi), Johannesson ("Kolportage" von C. Kaiser), Nurse ("Hexenjagd" von Miller) u. a.

Nedbal, Oskar, geb. 26. März 1870 zu Tabor (Böhmen), gest. 24. März 1930 zu Agram, war 1906—19 Dirigent des Tonkünstler-Orchesters in Wien, später Kapellmeister der Volksoper das. Seit 1918 Gastdirigent. Vorwiegend Bühnenkomponist.
Eigene Werke: Der faule Hans (Ballett) 1903; Großmütterchens Märchenschätze (Ballett) 1908; Die keusche Barbara (Operette) 1910; Des Teufels Großmutter (Ballett) 1912; Polenblut (Operette) 1913; Die schöne Saskia (Operette) 1917; Eriwan (Operette) 1918; Bauer Jakob (Oper) 1922 u. a.
Literatur: *Riemann,* O. Nedbal (Musik-Lexikon 11. Aufl.) 1929.

Nedden, Otto C. A. zur, geb. 18. April 1902 zu Trier, mütterlicherseits Nachkomme von August v. Kotzebue, studierte in Tübingen, München u. Marburg u. war 1930—33 Assistent am musikwissenschaftl. Seminar der Universität Tübingen, wo er sich 1933 habilitierte, 1934—44 Chefdramaturg für Oper u. Schauspiel am Deutschen Nationaltheater in Weimar, daneben auch seit 1936 Direktor des Dramaturgischen Seminars (später Theaterwissenschaftl. Instituts) in Jena, 1944 ao. Professor das., 1946—48 Generalsekretär der Deutschen Shakespeare-Gesellschaft. Seitdem freier Schriftsteller in Duisburg-Hamborn. Bühnendichter. Aufsehen erregte vor allem seine Neubearbeitung des „Jew of Malta" von Christopher Marlowe u. das Kammerspiel „Stärker als der Tod", das bereits 1942 die dekorationslose Bühne der Nachkriegszeit zum Stilprinzip erhob u. von Saladin Schmitt in Bochum zur Uraufführung gebracht wurde. Herausgeber der „Beiträge zur Duisburger Theatergeschichte" 1953 ff.

Eigene Werke: Die Opern u. Oratorien Felix Draesekes u. ihre geschichtliche Stellung 1925; Quellen u. Studien zur oberrhein. Musikgeschichte im 15. u. 16. Jahrhundert 1931; Der konzertierende Stil 1933; Vanina Vanini (Schauspiel nach Stendhal) 1934; Ephialtes (Drama des Zweiten Perserkrieges) 1934; Der Stier geht los (Komödie) 1938; Der Jude von Malta (Schauspiel nach Marlowe) 1939; Drama u. Dramaturgie im 20. Jahrhundert 1940; Das Strohkehren (Lustspiel) 1941; Stärker als der Tod (Kammerspiel) 1942; Manuel u. Mario (Kammerspiel) 1943; Das andere Urteil (Schauspiel) 1949; Phaethon (Monodrama) 1949; Michelangelo (Einakter) 1950; Die Stunde der Entscheidung (Drama) 1951; Das Testament des Friedens (Schauspiel um Alfred Nobel) 1951; Reclams Schauspielführer 1953; Klassiker des Theaters 1954; T. E. Lawrence (Lawrence von Arabien) 1954.

Literatur: Eduard *Wiemuth*, Regisseur u. Kritik (Theatertageblatt, Berlin, April) 1934; Richard *Schmädicke*, Zur Neddens Stärker als der Tod (Thüring. Zeitung, Erfurt 10. Dez.) 1942; J. M. *Wehner*, Vom Glanz u. Leben deutscher Bühne 1944.

Nedelko, Ernst s. Nedelkowitsch, Ernst.

Nedelkowitsch (Ps. Nedelko), Ernst, geb. 10. Juli 1846 zu Temeschwar, gest. 10. Jan. 1896 zu Budapest, begann ohne vorherige Ausbildung seine Bühnenlaufbahn 1862 in seiner Vaterstadt u. wirkte als Charakterkomiker u. Baßbuffo, später als Humoristischer Vater in Krakau, Olmütz, Pest, Innsbruck, wieder in Temeschwar, Wien (1869 bis 1870 am Josefstädtertheater), Belgrad, Agram, Wien (1872—73 am Theater an der Wien), Wiener Neustadt, Laibach, Triest, Bukarest, Preßburg, Sarajewo, Lodz, Bres-

lau (1887), Teschen, Memel, Danzig u. Demmin. Hauptrollen: Mephisto, Wurm, Franz Moor, Jago, Valentin, Wurzelsepp u. a. Auch Bühnenschriftsteller („Ein Diener zweier Herren", „List u. Dummheit" u. a.).

Neeb, Heinrich, geb. 1807 zu Lich in Hessen, gest. 18. Jan. 1878 zu Frankfurt a. M., war Musiklehrer in Frankfurt a. M., komponierte mehrere Opern, von denen „Domenico Baldi", „Der Cid" u. „Die schwarzen Jäger" zur Aufführung gelangten. Unaufgeführt blieb „Rudolf von Habsburg".
Literatur: Riemann, H. Neeb (Musik. Lexikon 11. Aufl.) 1929.

Neefe, Christian Gottlob, geb. 5. Febr. 1748 zu Chemnitz, gest. 26. Jan. 1798 zu Dessau, studierte in Leipzig die Rechte u. bei J. A. Hiller Musik, wurde Dirigent in Leipzig u. Dresden, dann bei der Oper der Seylerschen u. seit 1779 bei der Großmann-Hellmuthschen Theatergesellschaft in Bonn. 1782 Hofmusikdirektor das. (Lehrer Beethovens). Nach der Wiedereröffnung des dort. Hoftheaters 1788—94 abermals Dirigent dess. u. nach endgültiger Schließung infolge der französischen Invasion bei der Bossannschen Gesellschaft. Vorwiegend Bühnen- und Liederkomponist. Seine Gattin (geb. S. M. Zinck) zeichnete sich als Opernsängerin aus. Eine Tochter des Ehepaars sang bei Bossann in Dessau.

Eigene Werke: Die Apotheke (Operette) 1772; Amors Guckkasten (Operette) 1772; Die Einsprüche (Operette) 1773; Heinrich u. Lyda (Operette) 1777; Zemire u. Azor (Oper) o. J.; Adelheit von Veltheim (Oper) 1781; Sophonisbe (Monodrama) 1782; Der neue Gutsherr (Singspiel) 1783; Der dumme Gärtner oder Die beiden Antone (Singspiel) o. J.; Biographie der Frau Großmann, geb. Hartmann 1784.

Literatur: Heinrich Lewy, Ch. G. Neefe (Diss. Rostock) 1902; *Riemann,* Ch. G. N. (Musik-Lexikon 11. Aufl.) 1929.

Neescholl, Nikolaus s. Looschen, Walter.

Neese, Wilhelm (Ps. Horst Klausner), geb. 10. März 1879 zu Waren bei Müritz, studierte in Rostock (Doktor der Rechte) u. war zuletzt Oberregierungsrat in Schwerin. Dramatiker, Lyriker u. Erzähler (meist in Mundart).
Eigene Werke: Verspielt (Drama) 1922; Die beiden Babendieks (Volksstück) 1924; Dei Herr (Drama) 1940 u. a.

Nef, Albert, geb. 30. Okt. 1882 zu St. Gallen, studierte Musik in Leipzig u. Berlin, war 1907—08 Kapellmeister am Stadttheater in Rostock, 1913—35 am Stadttheater in Bern u. seit 1935 stellvertretender Direktor u. Dramaturg das. Komponist u. a. des Singspiels „Graf Strapinski" 1928. Gatte der Opernsängerin Tilly Kremer. Herausgeber der „Berner Theaterzeitung" 1935—43.

Nef, Johannes, geb. 1. Aug. 1897 zu Urnäsch in der Schweiz, war Fahrdienstarbeiter in Herisau, leitete jahrelang den Dramatischen Verein das. u. schrieb Theaterstücke in der Mundart.
Eigene Werke: Landsgmeend - Sonntig 1929; Im Sedel z'Herisau 1932; Am Dorfbronne 1933; Hannjokel als Götti 1933; Nur nüd ufrege 1936; Rufst du mein Vaterland 1942.

Neff, Dorothea, geb. 21. Febr. 1903 zu München, das. für die Bühne ausgebildet (Schülerin von Magda Lena, s. d.), debütierte 1924 als Haidrun in Wolzogens „Maibraut" in München-Hellabrunn, begann als Jugendliche Heldin u. Liebhaberin am Stadttheater in Regensburg ihre Bühnenlaufbahn, kam 1925 nach Gera, 1928 nach Aachen, 1931 als Heldin u. Charakterdarstellerin ans Staatstheater in München, 1933 nach Köln, 1936 nach Königsberg in Preußen u. gehörte seit 1939 dem Volkstheater in Wien an. Hauptrollen: Annemarie Most („Der fröhliche Weinberg" von Zuckmayer), Penthesilea, Medea, Elisabeth, Marfa u. a.
Literatur: Candida *Kraus,* D. Neff (Radio Wien, 27. Okt.) 1951; *Anonymus,* D. N. führt Regie (Bildtelegraf, Wien 18. Sept.) 1954.

Neff, Eugen, geb. 29. Dez. 1891 zu Frankfurt a. M., Sohn eines Maschinisten, begann nach musikalischer Ausbildung 1909 als Chorist am Stadttheater in Kaiserslautern seine Bühnenlaufbahn, war 1911—12 Schauspieler am Stadttheater in Aussig, 1912 bis 1913 Sänger in Teplitz-Schönau, 1913—14 Kapellmeister in Graslitz, 1915—16 in Glogau, 1918—19 in Insterburg, 1919—21 in Frankfurt a. d. O., 1925—26 in Offenbach a. M., 1926—28 in Frankfurt a. M. (Sander-Gräf-Bühnen), 1929 am Staatstheater in Stuttgart, 1929—31 am Gärtnerplatztheater in München, 1931 wieder in Frankfurt a. M. (Neues Theater), 1932—33 in Hanau, 1933 bis 1934 in Ulm, 1934—37 in Aachen

(Operettentheater), 1937—43 in Hannover, 1943—45 in Karlsbad, 1945—46 am Nollendorftheater in Berlin u. seit 1946 Musikdirektor am Landestheater in Güstrow. Auch Komponist.
Eigene Werke: Musik zu Frau Holle 1919; Musik zum Gestiefelten Kater 1920; Silvesterspuk (Musikal. Sketch) 1921; Eine Reise durch München in 40 Tagen 1930; Vier Kinder u. ein Pferd 1945; Der kleine Muck (Märchenmusik) 1947.

Neff, Wolfgang, geb. 8. Sept. 1875 zu Prag, ausgebildet von G. Pettera (s. d.), wirkte als Heldenvater u. Regisseur in Lüneburg, Köln, Thorn, Bernburg, Stralsund u. a. Hauptrollen: Nathan, Lear, Macbeth, Erbförster, Stauffacher, Präsident („Kabale u. Liebe") u. a.

Neffendorf, Heinrich, geb. 1. Aug. 1889, gest. 13. März 1955 zu Flensburg, wo er seit 1925 an den Städt. Bühnen als Chefmaskenbildner wirkte.

Negelein, Carl Gustav, geb. 29. Jan. 1877 zu Neu-Ruppin, lebte als Lustspieldichter in Berlin.
Eigene Werke: Der Alarmvogel 1911 (mit C. Schüler); Der Oberst wünscht es 1911 (mit dems.); Der Austauschleutnant 1911 (mit K. Wilde); Baronin Diva (Operette) 1912; Der Regimentsbefehl 1912; Die falsche Gondel 1913; Der Musterknabe 1919; Der Ziegenbock, das Rizinusöl u. die Marienbader Kur 1919; Der Herr im Schlafwagen 1919.

Negelein, Christoph Adam, geb. 1656, gest. 1701, Kaufmann in Nürnberg, bereiste Frankreich, Italien u. England, war seit 1679 als Celadon Mitglied des Pegnesischen Blumenordens u. wurde 1700 kaiserlicher Hofpoet in Wien. Dramatiker u. Lyriker.
Eigene Werke: Abraham der Großgläubige u. Isaak der Wundergehorsame (Singspiel) 1682; Arminius, der deutsche Erzheld (Oper) 1687.

Negendank, Otto, geb. 31. Okt. 1835 zu Brandenburg, gest. 7. Jan. 1903 zu Belgard, Sohn eines Mühlenbesitzers, zuerst Kaufmannsgehilfe, wandte sich aber der Bühne zu, wirkte als Schauspieler am Woltersdorfftheater in Berlin, nach 1871 in Dresden, Posen, Danzig, Basel, Strelitz, u. nahm, nachdem sein Versuch, sich als

Theaterleiter selbstständig zu machen, gescheitert war, 1877 seinen Bühnenabschied. Textdichter der Operette „Der Slowak".
Literatur: Franz *v. Schönthan,* O. Negendank (Neuer Theater-Almanach, herausgegeben von der Genossenschaft Deutscher Bühnenangehöriger 15. Jahrg.) 1904.

Negri, Pola (eigentlich Apollonia Chalupek), geb. 1897 zu Lipno in Polen, war Schauspielerin in Warschau, Berlin u. später hauptsächlich im Film tätig.

Negro, Ernestine s. Dingelstedt-Negro, Ernestine.

Neher, Carola s. Henschke, Carola.

Neher, Caspar, geb. 11. April 1897 zu Augsburg, an der Kunstgewerbeschule in München ausgebildet, begann seine Tätigkeit als Bühnenbildner 1923 am Staatstheater in Berlin, wirkte 1924—26 am dort. Deutschen Theater, 1926—28 wieder am Staatstheater, hierauf an der Krolloper das., 1934—41 an den Städt. Bühnen in Frankfurt a. M., gleichzeitig auch in Berlin, 1944 bis 1945 an der Staatsoper in Hamburg, nach dem Zweiten Weltkrieg am Schauspielhaus in Zürich u. an anderen Bühnen, seit 1947 auch bei den Salzburger Festspielen. O. F. Schuh charakterisierte die Eigenart u. bühnengeschichtlich wegweisende Leistung Nehers: „Es gibt in den letzten dreißig Jahren der Theaterentwicklung kaum eine Bühnenform, die Neher nicht erfunden u. durchgesetzt hätte. Die Projektion ist durch ihn zum stilbildenden dekorativen Mittel geworden. Die Bühne ohne Guckkasten im architektonisch gegliederten freien oder abgeschlossenen Raum wurde durch seine zielbetonten Arbeiten im Wiener Redoutensaal (,Figaro' u. ,Cosi fan tutte'), in der Salzburger Felsenreitschule (,Orpheus', ,Zauberflöte' u. ,Antigone') u. im Hof der Residenz (,Cosi fan tutte') in ein neues Stadium der Entwicklung gebracht. Er hat nie auf den glatten u. schnellen Erfolg hingearbeitet. Er forderte den Widerspruch heraus u. ist auch heute noch in Opposition gegen alles Modische u. Äußerliche. Betrachtet man seine Aquarelle, diese herrlich durchgearbeiteten Blätter, die über die zweckgebundene Bühnenskizze hinaus Kunstwerke an sich sind, so ergibt sich eine einzige Kontinuität, die durch kein Zugeständnis an eine Mode oder an eine Zeitströmung unterbrochen

wurde . . . Die Farbe ist für ihn kein Reizwert, sondern ein Symbolwert. Heute, wo die große Masse der Bühnenbildner sich nicht genug tun kann in Buntheit u. Grellheit, hat einer noch den Mut, die Farbe so einzusetzen, wie sie die alten Meister eingesetzt haben: sparsam, mit Sinn, sozusagen gleichnishaft. Über Geschmack war in seinen Arbeiten nie zu diskutieren. Er war für ihn immer nur die notwendige Voraussetzung für die spirituelle Transposition eines Handlungsvorgangs ins Optische. Nicht umsonst hat er dem 19. Jahrhundert u. seinen wichtigsten Kreationen skeptisch gegenübergestanden u. hat sich dem 17. u. 18. Jahrhundert verbunden gefühlt. So ist er in Wahrheit zum Galli-Bibiena unserer Epoche geworden." Nicht minder bedeutend war N. als Autor u. Librettist („Der Günstling", „Die Bürger von Calais"; „Johanna Balk", Musik von Rudolf Wagner-Regény, u. zu Kurt Weills „Bürgschaft"). Vom letztgenannten Werke heißt es bei O. F. Schuh, es sei „eines der großartigsten u. erregendsten Textbücher, die es in der deutschen Opernliteratur gibt."
Literatur: Manfred *Georg,* R. C. Neher oder die Erfüllung des Bühnenbildes (Die Scene 21. Jahrg.) 1931; Oscar Fritz *Schuh,* Visionen bildhafter Realität (Der Tagesspiegel Nr. 3526) 1957.

Neide, Karl, geb. 17. Juni 1839 zu Rastenburg in Ostpreußen, gest. 30. Sept. 1912 zu Weimar (Insasse des Marie-Seebach-Stifts), begann seine Bühnenlaufbahn in Königsberg, wirkte als Charakter- u. Gesangskomiker u. a. in Bromberg, Danzig, wieder in Königsberg u. in Berlin. Auch Regisseur.

Neidhardt, Emil, geb. 1880, gest. 15. Okt. 1942 zu Stuttgart, rief mehrere Kleinkunstbühnen ins Leben, u. a. die Bonbonnière in München u. das Excelsior in Stuttgart u. war 1933 mit Willy Reichert Leiter des Friedrichsbautheaters das., dem er zu hohem Niveau verhalf u. dessen Aufgabenbereich er auch auf Lustspiel u. Operette erweiterte.

Neidhart, August, geb. 12. Mai 1867 zu Wien, gest. 25. Nov. 1934 zu Berlin, lebte als Schauspieler, Souffleur am Burgtheater u. später als Dramaturg in Berlin. Bühnenschriftsteller.
Eigene Werke: Die Liebesinsel (Lustspiel) 1916; Das Dorf ohne Glocke (Singspiel) 1917; Das Schwarzwaldmädel 1917;

Die Strohwitwe 1920; Die Postmeisterin 1921; Das Dedektivmädel 1921; Straßensängerin 1922; Süße Susi 1922; Die Frau ohne Schleier 1922; Die Abenteurerin 1923; Der unsterbliche Kuß 1923; Prinzessin Husch 1923; Yvonne 1923; Ninon am Scheidewege 1923; Der Trompeter vom Rhein 1926; Prosit, Gibsy! 1929; Die Männer der Manon 1929; Luxuskabine 1930; Junger Wein 1933.

Neidhart, Marianne, geb. 25. Juni 1882, gest. 30. April 1957 zu Wolfenbüttel als Schauspielerin.

Neidhartspiel, eine Fastnachtskomödie des ausgehenden Mittelalters, in der die Bauern dem Minnesänger Neidhart von Reuental in seinem höfischen Verkehr mit der Herzogin einen ebenso groben wie übelriechenden Possen spielen. Eine unvollständige Fassung aus der Zeit um 1350 stammt aus dem Benediktinerstift St. Paul in Kärnten. Nachweisbar ist ferner für 1516 eine Aufführung des großen (Tiroler) Neidhartspiels in Eger. Hans Sachs schrieb ein N. 1557.
Literatur: Florian *Hintner,* Beiträge zur Kritik der deutschen Neidhartspiele (Progr. Wels) 1904—07; Hilde *v. Anacker,* Zur Geschichte einiger Neidhartschwänke (Publications of the Modern Language Association of America 48. Bd.) 1933.

Neidl, Eleonore s. Neidl, Franz.

Neidl, Franz, geb. 17. Dez. 1855 zu Wien, gest. 17. April 1926 das., Sohn eines Kaffeehausbesitzers, debütierte 1885 als Valentin im „Faust" in Reichenberg, kam dann nach Königsberg, 1887 nach Köln, 1888 nach Mannheim u. 1889 an die Hofoper in Wien, wo er 1904 seinen Bühnenabschied nahm. Hauptrollen: Luna, Petruchio, Holländer, Nelusko, Wotan, Tristan, Flut u. a. Seine Tochter Eleonore (geb. 4. Juni 1879) gehörte jahrzehntelang dem Burgtheater als Choristin an.

Neidl, Margarete, geb. 12. April 1892 zu Wien, war Lehrerin u. Hauptschuldirektorin das. Erzählerin u. Bühnenschriftstellerin.
Eigene Werke: Bolke der Bär (Kinder-Märchen-Operette) 1946; Pepi Kramer-Glöckner (Erinnerungen aus ihrem Theaterleben) 1947; Die verzauberte Schultasche (Märchenspiel) 1950 u. a.

Neidlinger, Gustav, geb. 21. März 1910 zu Mainz, in Frankfurt a. M. musikalisch ausgebildet, war Opernsänger (Bariton) 1931 bis 1934 am Stadttheater in Mainz, 1934 bis 1936 in Plauen, 1936—50 an der Staatsoper in Hamburg u. seit 1950 an der Staatsoper in Stuttgart. Seit 1952 württemberg. Kammersänger. Gastspiele führten N. nach Lissabon, an die Mailänder Scala, an die große Oper nach Paris u. nach Neapel. Auch Teilnehmer der Bayreuther Festspiele (Alberich im „Ring des Nibelungen"). Weitere Hauptrollen: Amfortas („Parsifal"), Kaspar („Die Zaubergeige" von W. Egk), Pizarro („Fidelio"), Faninal („Der Rosenkavalier"), Barak („Die Frau ohne Schatten") u. a.
Literatur: Ernst *Wurm,* Die schwarzen u. die hellen Bässe (Österr. Neue Tageszeitung 26. Jan.) 1958.

Neiendorff, Emmy, geb. 18. März 1893 zu Berlin, 1911—14 am Sternschen Konservatorium ausgebildet, Schülerin von Mathilde Mallinger (s. Schimmelpfennig, Mathilde Freifrau von), wirkte als Opernsängerin (Altistin) 1914—15 am Stadttheater in Breslau, 1915—19 in Straßburg, 1919 bis 1920 in Freiburg im Brsg. u. seit 1920 in Dessau (1924 Kammersängerin das.), 1938—39 befand sie sich auf einer Amerika-Tournee. Teilnehmerin der Wagner-Festspiele in Paris u. der Internationalen Musikwochen in Bad Pyrmont.

Neisch, Marga, geb. um 1876, gest. 22. Jan. 1936 zu Breslau, war Dramatische Altistin des dort. Opernhauses.

Neisser, Arthur, geb. 6. April 1875 zu Berlin, studierte in München, Berlin u. Heidelberg Musikwissenschaft (Doktor der Philosophie), wirkte als Korrespondent deutscher Zeitungen in Paris, verfaßte zahlreiche Biographien (Verdi, Massenet, Mahler, Puccini) u. übersetzte Cileas Oper „Gloria" ins Deutsche.
Eigene Werke: Ag. Steffanis Oper Servio Tullio 1900; Entwicklungsgeschichte der deutschen Musik seit 60 Jahren 1911; Kleiner Opernführer (Breitkopf u. Härtel) o. J.; Vom Wesen u. Wert der Operette 1923.

Neisser, Carl, geb. 2. Juli 1882, gest. 28. Aug. 1933 zu Berlin, wirkte zwei Jahrzehnte an verschiedenen Bühnen als Schauspieler u. Operettenregisseur. Seine Inszenierungen galten zu seiner Zeit als tonangebend.

Neitzel, Otto, geb. 6. Juli 1852 zu Falkenberg in Pommern, gest. 10. März 1920 zu Köln, Lehrerssohn, studierte in Berlin (Doktor der Philosophie), war hierauf Schüler Franz Liszts, Begleiter von Pauline Lucca (s. Wallhofen, Pauline Freifrau von), 1879—81 Musikdirektor am Stadttheater in Straßburg, dann Lehrer am Konservatorium in Moskau, 1885 in gleicher Eigenschaft in Köln u. seit 1887 Musikreferent der „Kölnischen Zeitung". Auch Komponist u. Übersetzer von Operntexten.
Eigene Werke: Angela (Oper) 1887; Dido (Oper) 1888; Der alte Dessauer (Oper) 1889; Barbarina (Oper) 1904; Walhall in Not (Satyrspiel) 1905; Führer durch die Oper der Gegenwart 3 Bde. 1908; Aus meiner Musikantenmappe 1913; Der Richter von Kaschau (Oper) 1916.
Literatur: A. *Dette,* Die Barbarina (mit Biographie Neitzels) 1913; *Riemann,* O. Neitzel (Musik-Lexikon 11. Aufl.) 1929.

Nekola, Tassilo, geb. 25. Aug. 1913 zu Salzburg, studierte in Wien (Doktor der Rechte), war Generalsekretär der Salzburger Festspiele u. Leiter des künstlerischen Betriebsbüros.

Nekut, Agnes s. Pauly-Fischer, Ines.

Neldel, Carl, geb. 22. Mai 1863 zu Hannover, gest. 10. Juni 1911 zu Köln, begann seine Bühnenlaufbahn 1887 in Aachen u. kam als Baßbuffo über Magdeburg (1888), Leipzig (1891), Riga (1900), Metz u. Bremen 1908 nach Köln, wo er als Bürgermeister in „Zar u. Zimmermann" debütierte. Weitere Hauptrollen: Beckmesser, Bacculus, Bartolo, Mephisto u. a.
Literatur: Eisenberg, C. Neldel (Biogr. Lexikon) 1903.

Nelle, William Robert, geb. 1. März 1896, war Lektor in Leipzig, Bühnenschriftsteller.
Eigene Werke: Nachtvisite (Sketch) 1929; Die Anderen (Drama) 1931; Spiel mit Marylin (Komödie) 1936; Der Herr aus Amsterdam (Komödie) 1942 u. a.

Nellen, Genia, geb. 8. April 1901, gest. im Jan. 1929 zu Berlin, war Schauspielerin, zuletzt in Bromberg.

Nellesen, Hermann Josef, geb. 29. April

1923 zu Aachen, 1939—41 an der Musikhochschule in Köln ausgebildet, 1941—46 Kriegsteilnehmer, wirkte 1947—50 als Kapellmeister am Stadttheater in Aachen, seit 1950 als Opernkapellmeister das. u. seit 1954 in Mühlhausen.

Nelly, Fred, geb. 4. Febr. 1892 zu Graz, gest. 20. Juni 1941 zu Leonberg. Schauspieler.

Nelson, Ella, geb. um 1880, seit 1902 bühnentätig, wirkte als Schauspielerin in Bremerhaven, Mülheim an der Ruhr, Glogau u. a. Hauptrollen: Laura („Die Karlsschüler"), Trude „(Johannisfeuer"), Alma („Ehre"), Regine („Gespenster"), Rautendelein („Die versunkene Glocke") u. a.

Nelson (eigentlich Lewysohn), Rudolf, geb. 8. April 1878 (oder 1876) zu Berlin, an der dort. Musikhochschule ausgebildet, begann seine Laufbahn als Klavierbegleiter bei einer skandinavischen Überbrettl-Tournee, gründete 1914 das Nelson-Theater in Berlin, wo er als Direktor, Komponist, Pianist u. Textdichter tätig war, eröffnete 1932 ein kleines Revue-Theater, emigrierte 1933 zuerst nach Zürich, wo er ein internationales Kabarett leitete, u. hierauf nach Amsterdam. Nach dem Zweiten Weltkrieg nach Berlin zurückgekehrt, brachte er das 1950 eine Revue „Rudolf Nelson spielt" mit Günter Neumann (s. d.) im Theater am Kurfürstendamm heraus.
Literatur: h. p., Wenn du meine Tante siehst . . . (Der Tagesspiegel 5. April) 1953.

Nelten, Ludwig, geb. 15. Sept. 1868 zu Schneidemühl in Posen, betätigte sich nach Reisen in Rußland, Skandinavien u. Holland seit 1889 als Journalist in Halle an der Saale, wo er 1890—92 Dramaturg am Stadttheater war. Auch Bühnenautor.
Eigene Werke: Die Vergnügungsreise (Schwank) 1888; Moderne Theaterzustände 1888; Im Dienste der Musen (Dramat. Plauderei) 1891; Helene Lang (Schauspiel) 1891; Dramaturgie der Neuzeit 1893; Pro et contra (Dramat. Studien) 1895; Goethes Urfaust 1897; Bühnen-Faust 1913 u. a.

Nemec-Schulze (Ps. Naumburg), Gertrude, geb. 9. Dez. 1920 zu Naumburg an der Saale, studierte Germanistik in Leipzig, ließ sich hier gleichzeitig gesanglich ausbilden u. debütierte als Dramatische Altistin 1946 in „Hoffmanns Erzählungen" an der Staatsoper in Berlin, wo sie bis 1948 wirkte, ging dann nach Halle u. war seit 1950 Mitglied der Staatsoper in Dresden. Hauptrollen: Orpheus, Fricka u. a.

Nemeskei, Emma s. Nemeskei, Franz.

Nemeskei, Franz, geb. 4. Jan. 1897 zu Augsburg, Sohn des Opernsängerpaares Josef N. u. Emma, geb. Soucek (gest. 1947), war Musikleiter der Brannschen Marionettenbühne in München u. Holland.

Nemeskei, Josef, geb. 1866, gest. 12. Juni 1916 zu Nürnberg, wirkte als Tenorbuffo u. Regisseur an namhaften deutschen u. Schweizer Bühnen u. gehörte als langjähriges Mitglied dem Stadttheater in Nürnberg an, 1908—13 dem Stadttheater in Stettin. Sein Charakterisierungsvermögen u. launiges Spiel fanden beim Publikum viel Beifall. Vater des Vorigen.

Nemeth, Emma s. Strantz, Emma von.

Neméth, Maria, geb. 13. März 1897 zu Körmend in Ungarn, war 1923—24 Mitglied des Opernhauses in Budapest u. beherrschte hierauf 25 Jahre das ital. Repertoire an der Staatsoper in Wien. 1932 Kammersängerin. Gastspiele führten sie in alle Weltstädte des Auslandes. Als Großgrundbesitzerin u. Schloßherrin an der österr.-ungar. Grenze verlor sie 1945 ihr ganzes Vermögen, auch ihre sehr wertvolle Kostümsammlung u. lebte schließlich verarmt als Gesangspädagogin in Wien. J. Wenzel-Traunfels schrieb über sie: „Sie besaß nicht nur einen strahlenden, glänzend über jedes Ensemble siegenden Sopran, ihre repräsentative, schöne Bühnenerscheinung war außerordentlich fesselnd u. durch einen seltsam herben Zug ihres Mundes, durch ihren Ernst überaus interessant. Eine Art Schicksalsschwere gab ihrem Antlitz etwas von tiefgründigen Geheimnissen. Dies alles vereinigte sich mit einer raffiniert durchdachten Darstellungsdramatik." A. Witeschnik („100 Jahre Wiener Operntheater" 1953) bezeichnete sie als eine „königliche Turandot, mit ihrem stählernen Sopran, der jedes Orchester herrlich überstrahlte." Hauptrollen: Aida, Tosca, Turandot, Constanze, Königin der Nacht, Santuzza, Recha, Donna Anna, Ariadne, Margarethe u. a. Ehrenmitglied der Wiener Staatsoper.
Literatur: Josef *Wenzel-Traunfels,* Schick-

salstragödie einer großen Sängerin (Wiener Samstag 13. Okt.) 1953.

Nemetz, Max, geb. 19. oder 20. Okt. 1884, begann seine Bühnenlaufbahn als Schauspieler 1925 am Landestheater in Darmstadt, kam 1927 an das Schauspielhaus in Bremen, 1929 an die Städt. Bühnen in Köln, 1930 nach Leipzig, 1935 an das Landestheater in Darmstadt, 1939 nach Dortmund, 1941 wieder nach Darmstadt, 1946 nach Lüneburg, 1949 nach Lübeck, 1950 nach Oberhausen, 1951 nach Bochum u. war seit 1953 Mitglied des Staatstheaters in Wiesbaden. Hauptrollen: Herakles (Titelrolle im Schauspiel von Wedekind), Tümpel („Der zerbrochene Krug"), Krüger („Der Biberpelz"), Hobelmann („Lumpazivagabundus"), Abneos („Der trojanische Krieg findet nicht statt" von Giraudoux) u. a.

Nendorf, Johann, geb. 26. Jan. 1575 zu Verden, gest. 23. Febr. 1647 zu Goslar als Rektor der lat. Schule das. Verfasser einer bedeutenden „Comoedia vom verlorenen Sohn Asotus" (1608).
Literatur: J. M. *Heineccius,* Antiquitates Goslarienses 1707; H. *Holstein,* Das Drama vom verlorenen Sohn (Progr. Geestemünde) 1880; F. *Spengler,* J. Nendorf (A. D. B. 23. Bd.) 1886.

Nenke, Karl Christoph, geb. 1750, gest. 28. Aug. 1811 zu Breslau, war Auditor in Berlin u. seit 1798 Zweiter Direktor der Kriegs- u. Domänenkammer in Petrikau. Dramatiker u. Erzähler.
Eigene Werke: Carvallo oder Fluch der Eltern (Schauspiel) 1784; Julchen Grünthal oder Die Folgen der Pensionsanstalten (Schauspiel) 1784.

Nennstiel, J. W., geb. 1841, gest. 17. Dez. 1906 zu Augsburg, Direktor verschiedener Sommertheater, seit 1874 Inhaber einer Theateragentur in Süddeutschland. Auch seine Gattin Mathilde (geb. 31. Dez. 1839, Todesdatum unbekannt) gehörte als Schauspielerin der Bühne an.

Nennstiel, Mathilde s. Nennstiel, J. W.

Nentwich, Max (Ps. Maximilian Münsterberg), geb. 15. März 1868 zu Münsterberg in Preußisch-Schlesien, Gutsbesitzerssohn, studierte in Genf, Berlin u. Paris, war 1906 bis 1909 Redakteur in Berlin (Kunst- u.

Theaterkritiker) u. ließ sich nach weiten Reisen in Europa u. Afrika in Berlin nieder. Außer Romanen u. Reiseerzählungen schrieb er die Komödien „Glatte Rechnung" 1910 mit P. Bliss u. „Lebenskünstler" 1920.

Nentwig, Käthe s. Schmitt, Käthe.

Nepo, Ernst s. Nepomucky, Ernst.

Nepomucky (Ps. Nepo), Ernst, geb. 17. Okt. 1895 zu Dauba in Böhmen, Sohn eines Fachlehrers, besuchte die Staatsgewerbeschule in Teplitz-Schönau u. die Kunstgewerbeschule in Wien, lebte als Portrait- u. Kirchenmaler in Innsbruck u. war seit 1933 auch Bühnenbildner am dort. Stadttheater, bei der Exlbühne u. in Thiersee.

Nepomuk, Johann von s. Johann von Nepomuk.

Nepos, Franz s. Pocci, Franz Graf von.

Nerad, Hubert (Ps. Peter Paul-Prag), geb. 29. Sept. 1889 zu Bergersdorf in Böhmen, war Sekretär des Deutschen Kulturverbandes in Prag u. ließ sich später als Landmann in Hjorlundegaard bei Hangerup in Dänemark nieder. Vorwiegend Dramatiker. *Eigene Werke:* Der schlafende Bergmann (Lustspiel) 1924; Samuel Osterling (Schauspiel) 1928; Wer mir im Kleinen dient (Spiel) 1930; Das Puppenspiel 1932 u. a.

Nerges (geb. Cissig), Bertha, geb. 22. März 1833 zu Amsterdam, gest. 23. Nov. 1901 zu Berlin. Opernsängerin.

Nerking, Hans, geb. 10. Dez. 1888 zu Darmstadt, nahm das. 1908—10 Schauspielunterricht, debütierte am Theater Mühlhausen in Thüringen, wirkte als Schauspieler u. Regisseur in Wilhelmshaven, 1911 in Aschaffenburg, 1912—14 am Stadttheater in Bonn, nach Kriegseinsatz 1918—30 am Schauspielhaus in Frankfurt a. M. (Mitbegründer der Frankfurter Schauspielschule), kam 1933 als Leiter des Staatl. Bühnennachweises nach Berlin, unternahm 1933—45 Gastspiele in ganz Deutschland u. war 1946—52 Leiter der Neuen Scala in Berlin. Gatte der Schauspielerin Lene Obermeyer.

Nerking (geb. Obermeyer), Lene, geb. 18. Febr. 1891 zu Frankfurt a. M., gehörte das. 1909—11 dem Rhein-Main-Theater an, wo sie als Franziska in „Minna von Barnhelm" debütierte, wirkte 1912 in Aschaffenburg, 1913 in Düsseldorf, unternahm 1914—21 Gastspiele, ging 1931 wieder nach Frankfurt a. M. u. war seit 1933 in Berlin (Lessingtheater, Deutsches Theater, Schillertheater) tätig. Gattin von Hans Nerking.

Nerlich, Herbert, geb. 23. März 1892 zu Dresden, Sohn eines Eisenbahnbeamten das., am Konservatorium seiner Vaterstadt ausgebildet, wirkte als Kapellmeister 1919 bis 1920 am Stadttheater in Zwickau, 1920 bis 1922 als Opernkapellmeister in Minden-Herford u. Oeynhausen, 1922—27 am Landestheater in Gotha, seit 1927 als Gastdirigent in Dresden, 1935—45 als städt. Musikdirektor in Meißen u. seit 1945 wieder in Dresden (Volksoper).

Nero (37—68), seit 54 Römischer Kaiser, berüchtigt durch seine Christenverfolgung beim Brande Roms 64, die Ermordung seiner Mutter Agrippina u. seine Wollust, endete im Wahnsinn. Tragische Figur. *Behandlung:* Kaspar v. Lohenstein, Agrippina (Trauerspiel) 1665; ders., Epicharis 1665; F. Chr. Feustking, Nero (Musik. Trauerspiel) 1705; G. C. Braun, N. (Trauerspiel) 1824; Karl Gutzkow, N. (Trauerspiel) 1835; M. E. Schleich, N. (Trauerspiel) 1852; L. Goldhann, Der Günstling des Kaisers (Trauerspiel) 1862; Wilhelm Molitor, Die Freigelassene Neros (Drama) 1865; Adolf Wilbrandt, Arria u. Messalina (Trauerspiel) 1874; ders. N. (Trauerspiel) 1875; R. Bunge, N. (Trauerspiel) 1875; August Schmitz, N. (Trauerspiel) 1877; Martin Greif, N. (Trauerspiel) 1877; K. Weiser, N. (Trauerspiel) vor 1883; Hans Herrig, N. (Trauerspiel) 1883; Friedrich Fiedler, N. (Trauerspiel) 1883; Carl Wilhelm Marschner, Neros Tod (Dram. Gedicht) 1885; Friedrich v. Hindersin, N. (Trauerspiel) 1886; Julius Hillebrand, N. (Drama) 1890; Heinrich Kruse, N. (Trauerspiel) 1895; Oskar Panizza, N. (Trauerspiel) 1898; F. K. Franchy, N. (Spiel) 1922; Georg Schmückle, N. u. Agrippina (Tragödie) 1941; E. v. Schenk, N. (Tragödie) 1943; Hermann Gressieker, Die goldenen Jahre (Schauspiel) 1951. *Literatur:* Josef Korzeniowski, Kaiser Nero im Drama (Diss. Wien) 1911; J. F. F. Fluch, Die Nerodarstellungen insbes. in der deutschen Literatur (Diss. Gießen) 1924.

Nero, Trauerspiel in fünf Akten von Martin Greif. Uraufführung im Wiener Stadttheater 1876 (unter H. Laube), Buchausgabe 1877. Von Laube wurde G. für den Schillerpreis vorgeschlagen. Der Held ist ein Stück von König Richard III. u. König Lear zugleich. Als Sohn einer verkommenen Mutter (Agrippina), der Geliebte eines ehrsüchtigen, listigen Weibes (Poppäa), das ihn mit Hilfe eines teuflischen Genossen (Tigellin) in seine Netze lockt, gebietet Nero absolut allmächtig über ein unermeßliches Weltreich. Alles liegt ihm zu Füßen, alles schmeichelt ihm. Das Zeitalter selbst hat den Gipfelpunkt seelischer Barbarei erreicht. Indem nun der Dichter nach dieser Seite das Kausalitätsband in lückenloser Folge vor unseren Augen entrollt, dem Gesetz der Notwendigkeit, der Natur vollkommen Rechnung trägt, läßt er Nero nach der andern Seite genügend Freiheit, uns menschlich nahezukommen. Die ärgsten Verbrechen, die er begeht, lasten ja eigentlich auf seinen Vorfahren, seiner Umgebung, seiner Zeit. So wird ihm vieles abgenommen, was an sich unbegreiflich u. unverzeihlich wäre. Unser Mitleid wächst, je mehr wir ihn als Produkt seiner Verhältnisse betrachten. Freilich darf er das nicht ganz sein. Darum bewahrt ihm der Dichter die Freiheit, beim Erwachen aus dem Taumel seiner Seele sich zu erheben u. innerlich zu reinigen. Darum bleibt ihm auch nach dem tiefsten Fall die Menschenwürde, die uns immer wieder an ihn fesselt u. unsere Teilnahme an seinem Schicksal wach erhält. Unter den Versuchen, das Neroproblem zu lösen, ist Greifs Werk allen anderen überlegen. Max Koch meinte bald nach Erscheinen des Stückes, es dürfe den besten Dramen, welche die letzten zwanzig Jahre hervorgebracht hätten, zugezählt werden: „Im ‚Nero' sehen wir den Dichter auf dem Gipfel seiner Kunst." In der Wiener „Neuen Freien Presse" bezeichnete Hugo Wittmann nach der erfolgreichen Uraufführung Greifs „Nero" als „die bedeutendste literarische Novität der laufenden Saison". Die Hauptrolle spielte Emmerich Robert (s. Magyar, Robert).

Literatur: Max *Koch,* Dramatische Dichtungen von M. Greif (Beilage zur Allg. Zeitung 23. Jan.) 1883; Karl *von Rozycki,* M. Greifs Nero. Eine dramaturgische Betrachtung (Über den Wassern 3. Jahrg.) 1910; Jocza *Savits,* N. (M. Greifs Dramen) 1911; Albert *van Geelen,* M. Greif in seinen Beziehungen zu Laube usw. (Deutsche Quellen u. Studien 11. Bd.) 1935.

Nerson, Josephine, geb. um 1870, war Schauspielerin 1890 in Kassel, 1891 in Berlin (Hoftheater), 1892 in Meiningen, 1893 in Karlsruhe, 1895 in Oldenburg u. seither in Braunschweig. Hauptrollen: Luise, Klärchen, Jungfrau von Orleans u. a.

Neruda, Oskar (Geburtsdatum unbekannt), gest. 7. Febr. 1953 zu London, wirkte als Operettentenor in Hamburg, Berlin u. Wien u. wandte sich seit 1930 dem Bühnenverlag zu.

Nerz, Gisa, geb. 19. Mai 1910 zu München, das. u. in Berlin ausgebildet, gehörte als Opernsängerin (Altistin) der Staatsoper in München, dem Stadttheater in Barmen-Elberfeld u. der Bayerischen Landesbühne in München an.

Nerz, Ludwig (Louis), geb. 30. Jan. 1867 zu Niemes in Böhmen, gest. 20. Jan. 1938 zu Wien, Bauernsohn, wandte sich zuerst dem Eisenbahndienst zu, um dann als Achtzehnjähriger, ohne irgend eine dramatische Ausbildung genossen zu haben, zur Bühne zu gehen. Nach kurzer Tätigkeit bei einem Wandertheater gelangte er bald in feste Provinzengagements (Budweis, Pilsen, Marienbad, Reichenberg, Olmütz, Troppau) u. kam, als das Raimundtheater begründet wurde, nach Wien. 1894 wirkte er in Prag am Deutschen Landestheater, 1896 in Brünn, 1898 in Hamburg, 1899 berief ihn Jarno an das Theater in der Josefstadt, wo er während der ganzen Direktionszeit Jarnos neben ihm u. Gustav Maran (s. d.) an erster Stelle tätig war, sowohl in den galanten französischen Komödien wie im ernsten Drama, besonders als geistvoller Strindberg-Darsteller, geschätzt. Auch Bühnenschriftsteller. 1924 nahm er seinen Abschied.

Nerz, Otto, geb. 1891 zu Dortmund, gest. 11. Dez. 1954 zu Berlin, begann 1916 seine Bühnenlaufbahn als Operntenor in seiner Vaterstadt, wirkte in Cottbus, Duisburg u. Halle u. übernahm dann die Direktion in Solingen, Bernburg u. a. Nach 1945 machte sich N. um den Wiederaufbau der Berliner Theater verdient u. baute aus eigenen Mitteln die Aula der Schule in der Witzlebenstraße zu einem Berufstheater aus. 1946 eröffnete er bereits eine zweite Schulaulabühne in Friedenau.

Nerz, Willy (Geburtsdatum unbekannt),

gest. 15. Mai 1909 zu Wesel, war Schauspieler u. Chorist u. a. in Danzig, Breslau u. Düsseldorf.

Nesbeda, Joseph, geb. 16. Jan. 1861 zu Wien, gest. 23. Aug. 1892 das., war das. frühzeitig als Mitarbeiter verschiedener belletristischer Zeitschriften tätig u. gründete 1890 den Wiener Volkstheater-Verein zur Erbauung des Raimund-Theaters, dessen Eröffnung er aber nicht mehr erlebte. 1891 schrieb er den Schwank „Eine resolute Frau".
Literatur: Eduard *Castle,* Deutsch-Österr. Literaturgeschichte 4. Bd. 1937.

Nesmüller (urspr. Müller), Josef Ferdinand, geb. 9. März 1818 zu Mährisch-Trübau, gest. 9. Mai 1895 zu Hamburg, Sohn eines Schuhmachers, besuchte das Gymnasium, mußte aber nach seiner Mutter Tod 1831 das Studium abbrechen u. kam zu seinem Vater in die Lehre. Mit 17 Jahren trat er in das Lehrerseminar in Olmütz ein, wurde Hilfslehrer das. u. gleichzeitig auch Hilfsmusiker am dort. Theater. Hier entschloß er sich, Schauspieler zu werden, spielte zuerst in Olmütz, dann in Proßnitz, schloß sich der Gesellschaft seines späteren Schwiegervaters Eduard von Leuchert an, mit dem er ein jahrelanges Wanderleben führte, kam 1845 als Ersatz für Albert Köckert (s. d.) an das Stadttheater nach Breslau u. wirkte hierauf drei Jahre als Jugendlicher Komiker am Thaliatheater in Hamburg, wo sein beliebtes Liederspiel „Die Zillertaler" entstand. 1854 erhielt er die Erlaubnis, ein zweites Theater in Dresden zu eröffnen, das er bis 1882 leitete. Von da an war er nur mehr schriftstellerisch tätig. 1887 siedelte er nach Altona u. lebte teilweise das., teils in Elmsbüttel u. Hamburg. In der Allgem. Theater-Chronik vom 23. April 1870 wurde N. als genialer Künstler bezeichnet: „In jeder Rolle, in der er erschien, trat einem eine Naturwahrheit entgegen. Man begegnete in seiner Darstellung keinen Fratzen, nicht jenem gefälligen sich selbst Belächeln, nicht jenen Zerrbildern u. haarsträubenden Hanswurstiaden, mit welchen sich so manche, oft renommierte Komiker abschwitzen müssen, bevor der Zuschauer in ein mitleidiges oder verzweiflungsvolles Lächeln ausbricht." Man rühmte ihm auch nach, daß er imstande sei, „die köstlichen, von dem alten, reinen Volkshumor belebten Gestalten Raimunds bis in die feinsten

Schattierungen harmonisch wiederzugeben. Edle Komik u. Sentimentalität verbinden sich bei ihm u. erklären auch die gleichzeitige Befähigung für das Tragische." Hauptrollen: Sebastian Hochfeld („Der Viehhändler aus Oberösterreich"), Hätschler („Eine leichte Person"), Ferdinand Raimund („Therese Krones"), Knieriem („Lumpazivagabundus"), Silberfranzl („Die Zillertaler") u. a.
Eigene Werke: Der schwarze Christoph (Lustspiel) 1842; Die Talmühle (Posse) 1851; Ein armer Teufel (Lustspiel) 1852; Ein Theaterskandal (Posse) 1859; Theater (Eine Soldatenfamilie, Genrebild — Die Pflegekinder, Lustspiel — Die Frau Tante, Lustspiel — Der Gnome u. sein Narr oder Die Brautfahrt auf die Oberwelt, Zaubermärchen — Die Zillertaler, Liederspiel 1862; Der Marienhof (Lustspiel) 1872; Sechs Stunden Durchlaucht (Schwank) 1873; Alle täuschen sich (Lustspiel) 1873; Sandwirts Pate (Lustspiel) 1877; Schach der Lüge (Schwank) 1878; Der wilde Toni (Liederspiel) 1882; Gräfin Flavia (Drama) 1882; Der Dorfteufel (Komödie mit Gesang) 1882; Freigesprochen (Schwank) 1883; Die Plattmönche (Lustspiel) 1883; Ruhelos (Lustspiel) 1884; Die Trotzköpfe (Schwank) 1884; Das Geheimnis (Lustspiel) 1885; Der schöne Emil (Lustspiel) 1885; Lotte vom Kaiserhof (Schwank) 1887; Die schöne Leni (Posse) 1887; Moses Salomon (Genrebild) 1888; Des Achmüllers Recht (Volksstück) 1888; Der Schutzgeist von Oberammergau (Volksstück) 1891; Station Siegersdorf (Drama) 1892; Tante Buchholz (Drama) 1892; Der wilde Feldwebel (Liederspiel) 1893; Die schöne Hexe von Vierlanden (Lustspiel) 1893; Mein Schwiegervater (Lustspiel) 1894; Drückende Zustände (Schwank) 1894.
Literatur: Wurzbach, J. F. Nesmüller (Biogr. Lexikon 20. Bd.) 1869; Johannes *Deubner,* J. F. N. (Deutscher Bühnen-Almanach, herausg. von A. Entsch 44. Jahrg.) 1880; *Leimbach,* Die deutschen Dichter der Neuzeit u. Gegenwart 7. Bd. 1897; F. *Brümmer,* J. F. N. (A. D. B. 52. Bd.) 1906.

Nesper, Joseph, geb. 2. Juli 1844 zu Wien, gest. 25. April 1929 zu Berlin, Sohn des Arztes Professor Eugen N., gab 1867 seine militärische Laufbahn auf, wurde für die Bühne ausgebildet von Julius Conradi (s. d.) u. Freifrau von Heldburg (s. d.), debütierte als Kosinski in Brünn u. war seit 1868 Heldendarsteller am Theater an der Wien in Wien, 1869 in Halle, dann in Leipzig, Mannheim, Köln, seit 1874 in Meiningen u. seit 1884 am Kgl. Schauspielhaus in Berlin, wo er 1917 seinen Bühnenabschied nahm. 1924 brachte das „Neue Wiener Journal" (1. Juli) seine „Anekdoten aus einem Schauspielerleben". Anläßlich seines 80. Geburtstages hieß es in der „Deutschen Bühne in Wort u. Bild" 1924: „Eine imposante, ritterliche Erscheinung, sein klangvolles, melodisches, allen Affekten willig gehorchendes Organ, volle Meisterschaft in der Zeichnung u. Darstellung der Charaktere, psychologischer Scharfblick u. unbedingtes Aufgehen in der jeweiligen Rolle zeichneten ihn aus. Nichts Gemachtes, nichts Gekünsteltes ist in seinem Auftreten; er zwingt lediglich durch seine Persönlichkeit u. die in einer ausgezeichneten Schule u. durch mühsame Beobachtungen u. Erfahrungen gewonnenen Studien-Ergebnisse die Zuschauer u. Zuhörer zur Bewunderung." Gatte von Helene Behr, der Tochter des Theaterdirektors Heinrich Behr (s. d.). Hauptrollen: Julius Cäsar, Fiesko, Wetter vom Strahl, Leontes, Wallenstein u. a.

Nespital, Robert, geb. 13. Jan. 1881 zu Strelitz, lebte als Redakteur in Rostock. Dramatiker.

Eigene Werke: Tutenhusen 1910; Verflucht sei der Acker 1912; Häusler Grothmann 1914; Das tausendjährige Reich 1915; Der ewige Wanderer 1917; Willem Marten 1918; Der Lehmpastor 1922.

Nesselträger, Hermann, geb. 15. Dez. 1870 zu Hanau, gest. 21. Febr. 1932 zu München (durch Selbstmord), wirkte als Schauspieler an verschiedenen deutschen Bühnen, gehörte 1916—21 den Kammerspielen in München an, 1921—25 dem dort. Schauspielhaus, konnte aber in den letzten Jahren kein Engagement mehr finden. Hauptrollen: Kreon („Antigone"), König Nicolo (Titelrolle von F. Wedekind) u. a.

Neßl, Erik s. Kneisser, Hippolyt.

Neßler, Ernst, geb. 6. April 1873 zu Leipzig, gest. 30. Nov. 1934 zu Berlin, Sohn des Komponisten V. Neßler (s. d.), humanistisch gebildet, studierte kurze Zeit Chemie, wandte sich dann der Bühne zu u. begann neunzehnjährig am Sommertheater Baden-Baden seine Bühnenlaufbahn, ging später nach Mannheim, 1896 nach Berlin (Berliner Theater) u. kehrte über Halle 1905 wieder

dahin zurück, spielte auch am Friedrich-Wilhelmstädtischen Theater das. u. seit 1910 am dort. Lessingtheater. Hauptrollen: Doolittle („Pygmalion"), Pastor Manders („Gespenster"), Professor Spiter („Dr. med. Hiob Praetorius") u. a.

Nessler, Nikolaus, geb. 19. Aug. 1867 zu Brand in Vorarlberg, studierte in Innsbruck (Doktor der Philosophie) u. wurde Gymnasialprofessor in Bregenz. Literaturhistoriker, auch um die Theaterwissenschaft verdient.

Eigene Werke: Dramaturgie des Pontanus, Donatus u. Masenius (Progr. Bregenz) 1905; Das Jesuitendrama in Tirol (Ebda.) 1906—07.

Neßler, Viktor, geb. 28. Jan. 1841 zu Baldenheim bei Schlettstadt im Elsaß, gest. 28. Mai 1890 zu Straßburg, Sohn eines Pfarrers, studierte das. Theologie, bildete sich aber hier auch musikalisch aus u. wurde Chordirektor am Stadttheater in Leipzig. Komponist spätromantischer volkstümlicher Opern u. Operetten.

Eigene Werke: Fleurette (Oper) 1864; Dornröschens Brautfahrt (Zauberoper) 1867; Nachtwächter u. Student (Einakter) 1868; Am Alexandertag (Einakter) 1869; Irmingard (Oper) 1876; Der Rattenfänger von Hameln (Oper) 1876; Der Wilde Jäger (Oper) 1879; Der Trompeter von Säkkingen (Oper) 1884; Otto der Schütz (Oper) 1886; Die Rose von Straßburg (Oper) 1890.

Literatur: Carl *Krebs,* V. E. Neßler (A. D. B. 52. Bd) 1906; *Riemann,* V. E. N. (Musik. Lexikon 11. Aufl.) 1929.

Nestriepke, Siegfried, geb. 17. Dez. 1885 zu Bartenstein in Ostpreußen, Sohn eines Vermessungsbeamten, studierte in Berlin u. Marburg (Doktor der Philosophie), war zuerst Redakteur, seit 1920 Generalsekretär der Volksbühne in Berlin, schied jedoch 1933 aus seinem Amte aus, wirkte 1945 kurze Zeit als Direktor des neuen Schloßparktheaters das., 1946 als ao. Professor in Halle, 1947 als Stadtrat für Volksbildung in Berlin, war 1949—55 Intendant des Theaters am Kurfürstendamm u. seither Mitdirektor das. Theaterhistoriker.

Eigene Werke: Die Theaterorganisation der Zukunft 1921; Volksbühnengemeinden 1922; Die Bärenhochzeit (Drama nach Lunatscharsij) 1925; Die Forderungen der Volksbühnen an das Reichsbühnengesetz 1927; Das wandernde Theater 1928; Wachsen u.

Wirken der Deutschen Volksbühnenbewegung 1928; Das Theater im Wandel der Zeiten 1928; Der moderne Theaterbetrieb 1929; Geschichte der Volksbühne Berlin 1930; Der Weg zur Volksbühne 1948. *Literatur:* W. G. *Oschilewski,* S. Nestriepke. Leben u. Leistung 1955.

Nestroy, Johann, geb. 7. Dez. 1801 zu Wien, gest. 25. Mai 1862 zu Graz, Sohn eines Wiener Advokaten von bäuerlicher u. böhmischer Herkunft, studierte in Wien die Rechte, ging jedoch bald zur Bühne über u. sang mit 21 Jahren in der Wiener Hofoper den Sarastro in der „Zauberflöte". 1823—25 spielte N. am Deutschen Theater in Amsterdam, dann in Brünn u. seit 1827 in Graz. Neben ernsten Opernrollen gab er hier bereits komische in Volksstücken, z. B. in denen Raimunds. 1831 schloß er mit Carl (s. Bernbrunn, Carl), dem Direktor des Theaters an der Wien, einen Vertrag ab u. blieb auch dessen Stütze am Leopoldstädter Theater, bis er 1854 selbst die Leitung dieser später Carl-Theater genannten Bühne übernahm. Die letzten Jahre verbrachte er im Ruhestand in Ischl u. Graz. Vertreter des österr. Volksstückes im Übergang vom romantischen, unpolitischen Raimund zum realistischen, tendenziösen Anzengruber. Weltanschaulich von der Diesseits-Philosophie seiner Zeit abhängig. In seinen politischen Komödien geißelte er den Zeitgeist nach 1848. Scharfer Satiriker u. urkomischer Possenreißer. Das französische Vaudeville bot ihm die meisten Stoffe für seine weit über 60 Stücke. Glänzender Charakterschilderer, auch als Spieler. Daher ebenso für die literar. Entwicklung wie für die Theatergeschichte wichtig. Den größten Erfolg hatte sein „Lumpazivagabundus", eine dreiaktige Zauberposse, nach einer Novelle Karl Weisflogs, typisch für Wien u. das Wienertum. Gelungen waren seine Parodien auf Holtei u. Hebbel, mißlungen dagegen die auf R. Wagner. Hinreißend wirkte N. immer, sowohl als Volksdichter wie als Schauspieler, wie als Mensch. Wir besitzen einige Charakteristiken aus der Feder von Zeitgenossen. So schreibt Hermann Günther Meynert, ein Hauptmitarbeiter an Adolf Bäuerles „Theaterzeitung", von ihm: „Erst durch Beobachtung u. Erfahrung gelangte N. dahin, aus seiner widerstrebenden Persönlichkeit Kapital zu schlagen u. gerade die Hindernisse, die sich ihm selbst entgegenstellten, zuletzt in ebensoviele neue wirksame Hilfsmittel zu verwandeln. Durch seine lange Gestalt, die er nach Belieben bald verlängerte, bald einknickte, durch seine schlotternden Bewegungen u. mittels frappantem Wechsel zwischen Schwerfälligkeit u. Elastizität überraschte u. elektrisierte er sein Publikum. Großen Vorteil zog er aus seiner eminenten Zungenfertigkeit, u. in Rollen seiner eigenen Stücke überschüttete er die Hörer gleichzeitig mit einem Schwall von Worten u. mit einem Feuerregen glänzender Einfälle. Aber beinahe beredter noch als seine Dialektik war sein stummes Spiel, mit welchem er alle Voraussetzungen des Zensors durchkreuzte. Durch ein Aufzucken der Stirne u. der Augenbrauen, verbunden mit einem Niederzucken der Oberlippe u. des Kinnes — ein Mienenspiel, das sich nicht schildern läßt — gab er seiner Rolle einen Zusatz von allerlei Gedankenstrichen, aus welchem sich noch ganz anderes heraushören ließ, als was wirklich gesprochen wurde, u. da, wo die Darsteller der einstigen italienischen Kunstkomödie mit Worten improvisiert hatten, improvisierte er noch weit drastischer durch Schweigen." Ludwig Speidel aber, der vielleicht bedeutendste Wiener Kritiker seiner Zeit, schildert Nestroys Wesen, seine Licht- u. Schattenseiten ins Auge fassend: „N., ein weitläufiger, unbeholfener Mann, steckte in einem altmodischen langen Rocke mit Kummetkragen, trug eine weit herabfallende geblümte Weste mit großen Taschen, in die er beim Gespräch die Hände tauchte, u. eine bunte Halsbinde mit einem kräftigen roten Stich vollendete den kleinbürgerlichen Anzug. Das Gesicht stark gerötet, mit deutlich eingedrückten Spuren des Lebens u. der Bühne, kein schöner Zug, aber alles gescheit, u. unter den fliegenden dunklen Augenbrauen stachen u. lärmten ein Paar kluger u. dreister Augen. Sprache: die Wiener Mundart, welche sich der Schrift anzunähern suchte u. dadurch doppelt dem Dialekt verfiel . . . Nestroys parodistische Kraft war in der Tat einzig. Für alles Nichtige u. Lächerliche besaß er ein scharfes Auge. Nicht nur Hebbel hat diese Kraft an sich erfahren, sondern auch die Schicksalsdichter Friedrich Halm, Meyerbeer u. Richard Wagner. Freilich auch nach dem Höchsten hat N. seine unfromme Hand ausgestreckt, u. das Reine war nicht sicher vor seinem Griff. Das ist oft einseitig betont worden u. hat das Urteil über N. getrübt. Man kann sogar hören, N. habe den Wienern ihre Ideale zerstört. Dieses Urteil ist

102*

zu scharf, zu unbedingt. N. ist nicht als ein Fremder nach Wien gekommen u. hat den Wienern das Joch seines Geistes nicht gewaltsam aufgelegt; im Gegenteil, er ist aus dem Schoße Wiens aufgestiegen u. hat sich nur vorhandener Richtung bemächtigt, vorhandene Neigungen gesteigert. Als er heraufkam, war in Österreich kein großes öffentliches Interesse vorhanden. Alles wurde von oben besorgt, der Staat war dem Österreicher eine verbotene Sache. Erwerb u. Genuß — ein Drittes gab es nicht. Und wie leicht war der Erwerb, wie billig der Genuß! Mit einem Silberzwanziger konnte damals ein einzelner Mann einen ganzen Tag flott leben. Der Dunstkreis von Wien war erfüllt von dem Dufte gebratener Hühner, von der Blume des Gumpoldskirchener Gewächses, u. dazwischen hörte man den bezaubernden Dreischlag der Walzer von Strauß u. Lanner. Der Frühling hatte seine Blumen, der Sommer seine Ausflüge, der Winter seinen Tanz, u. das ganze Jahr seine schönen Frauen. Gegen die Übergriffe der Großen wehrte man sich durch einen Witz, der die angeborene Lachlust befriedigte ... Die Form seines Zornes war der Witz, der Sarkasmus u. manchmal jene schamlose Entrüstung, der Zynismus. Er stieg die ganze Leiter des Spottes auf u. ab, u. sein vernichtender Hohn konnte sich momentan bis zu Swiftscher Größe steigern. Wie es eine halbstumme Zeit mit sich brachte, verlegte er seine halbe Kraft in sein stummes Spiel. Was das Wort unausgesprochen ließ u. lassen mußte, gab sein Spiel kund. Er hatte witzige Gebärden, spöttische Mienen, ja das Spiel seiner Augen u. Augenbrauen war dämonisch u. konnte sich bis zum Teuflischen verzerren. Wenn er nur durch seinen Witz nicht selten wahrhaft befreiend wirkte u. oft die Besten ihm für ein keck hingeworfenes Wort dankbar waren, so hielt er es doch nicht immer die Grenzen des Wohlanständigen ein. Witz ist eine Macht, die sich schwer handhabt; der Witz strebt nach Souveränität u. macht häufig den, der ihn besitzt, zu seinem Sklaven. Leicht opfert dann der Witzige alles dem Spaße u. fällt der Gesinnungslosigkeit anheim. Von dieser Sucht, alles zu bewitzeln, ist auch N. nicht freizusprechen. Die weitverbreitete Manier, sich mit der ernstesten Sache durch einen schlechten Witz abzufinden, hat er zwar nicht erfunden, aber durch sein Vorgehen befestigt". Über seine Wirkung als Schauspieler berichtete Ludwig August Frankl (Neue Freie Presse 31. Jan. 1869):

„N. war hoch, schlank, etwas vorgebeugt, eckig in jeder Bewegung; er hatte runde, große, schwarzglänzende, von starken Brauen beschattete Augen mit dem Ausdruck des neugierigen Verwundertseins. Eine merkwürdige Beweglichkeit der Sprachwerkzeuge mit einer noch von Sängerzeiten her stammenden geläufigen Modulation der Stimme, die sich jedem Gedanken gleichzeitig mit der überaus beweglichen Physiognomie anschmiegte, waren ihm in jedem Momente zur Verfügung. Die Rollen, die er in seinen Possen für sich schrieb, spielte er, wie keiner es nach ihm trifft ... Jene Charaktere aber in Stücken, die von anderen Verfassern herrührten, suchte er seiner Persönlichkeit so mächtig anzupassen, daß sie niemals sie selbst, sondern immer er waren. Wenn er z. B. einen Dummkopf darzustellen hatte, spielte er ihn so, daß er sich über ihn fort u. fort lustig machte u. der Zuschauer merken mußte, daß ein eigentlich durchaus pfiffiger Mensch nur tue, als ob er dumm wäre ... Es gab Viele, die N. niemals zum Lachen bewegen konnte, die ihn bodenlos gemein fanden. Gewiß ist, daß er nur höchst selten unmittelbar komisch wirkte. Seine Darstellung war immer in das reflektierte Licht seines Geistes getaucht, das, wie bekannt, dem Auge wehe tut ... Was aber zwei Jahrzehnte hindurch eine unzählbar große Menge fesselte, erheiterte, zu einem Berserker-Beifall hinreißen konnte, lag neben der unbestreitbar genial komischen Kraft in seinen Volksstücken darin, daß N. der kühnste Karikaturenzeichner als Schriftsteller u. Schauspieler war, dem die Gewalt eines unbarmherzigen Satirikers zu Gebote stand. Seine robuste, scharfkantige u., wie die Wiener sagen, ,hantige' Weise war eine unwiderstehliche Macht. Die ihm eigene Betonung eines oft unscheinbaren Satzes konnte häufig demselben einen diabolischen Sinn einblasen, die Gebärde seines Gesichtes u. seiner ganzen Gestalt, wie die der Hand, der Achsel, des Fußes vermochte Gedanken auszusprechen, die den härtest gesottenen Zuschauer noch überrumpeln, dem tugendhaftesten Ausspruche eine ungeahnte Niedertracht unterschieben konnte ... Was keinem Schauspieler vor ihm gelang, er drang mit seinen Grimassen u. Betonungen in die Gesellschaft. Auch seine Sprüche wurden, bei der immer mehr realistischen Anschauung, ,Fliegende Worte', wie es die von Goethe u. Schiller waren."

Eigene Werke: Der Zettelträger Papp 1827; Die Verbannung aus dem Zauberreiche oder Dreißig Jahre aus dem Leben eines Lumpen 1828; Der Tod am Hochzeitstag 1829; Der gefühlvolle Kerkermeister 1832; Nagerl u. Handschuh oder die Schicksale der Familie Maxenpfutsch 1832; Humoristische Eilwagenreise 1832; Zampa der Tagdieb 1832; Der konfuse Zauberer oder Treue u. Flatterhaftigkeit 1832; Der Feenball 1832; Genius, Schuster u. Markör oder Die Pyramiden der Verzauberung 1832; Der böse Geist Lumpazivagabundus oder Das liederliche Kleeblatt 1833; Robert der Teuxel 1833; Tritschtratsch 1833; Müller, Kohlenbrenner u. Sesseltrager oder Die Träume von Schale u. Kern 1834; Das Verlobungsfest im Feenreiche 1834; Die Gleichheit der Jahre 1834; Die Fahrt mit dem Dampfwagen 1834; Die Familien Zwirn, Knieriem u. Leim oder Der Weltuntergangstag 1834; Weder Lorbeerbaum noch Bettelstab 1835; Eulenspiegel oder Schabernack über Schabernack 1835; Zu ebener Erde u. erster Stock 1835; Der Treulose 1836; Die beiden Nachtwandler oder Das Notwendige u. das Überflüssige 1836; Der Affe u. der Bräutigam 1836; Moppels Abenteuer im Viertel unter dem Wienerwald 1837; Das Haus der Temperamente 1837; Glück, Mißbrauch u. Rückkehr oder Die Geheimnisse des grauen Hauses 1838; Der Kobold 1838; Gegen Torheit gibt es kein Mittel 1838; Die verhängnisvolle Faschingsnacht 1839; Der Färber u. sein Zwillingsbruder 1840; Der Erbschleicher 1840; Der Talisman 1840; Das Mädl aus der Vorstadt 1841; Friedrich Prinz von Korsika 1841; Einen Jux will er sich machen 1842; Die Papiere des Teufels 1842; Das Quodlibet verschiedener Jahrhunderte 1843; Nur Ruhe! 1843; Liebesgeschichten u. Heiratssachen 1843; Eisenbahnheiraten oder Wien, Neustadt, Brünn 1844; Hinüber-Herüber 1844; Der Zerrissene 1844; Die beiden Herren Söhne 1845; Das Gewürzkrämerkleeblatt oder Die unschuldigen Schuldigen 1845; Unverhofft 1845; Zwei ewige Juden für einen 1846; Der Unbedeutende 1846; Der Schützling 1847; Die schlimmen Buben in der Schule 1847; Martha 1848; Die Anverwandten 1848; Freiheit im Krähwinkel 1848; Lady u. Schneider 1849; Höllenangst 1849; Der alte Mann mit der jungen Frau 1849; Judith u. Holofernes 1849; Sie sollen ihn nicht haben 1850; Karikaturen-Charivari mit Heiratszweck 1850; Alles will den Propheten sehen 1850; Verwickelte Geschichte 1850; Mein Freund 1851; Der gutmütige Teufel oder Die Geschichte vom Bauer u. der Bäuerin 1851; Kampl oder Das Mädchen mit Millionen u. die Näherin 1852; Heimliches Geld, heimliche Liebe 1853; Theaterg'schichten 1854; Nur keck! 1854; Umsonst! 1857; Tannhäuser 1857; Zeitvertreib 1857; Lohengrin 1859; Frühere Verhältnisse 1862; Häuptling Abendwind 1862; Gesammelte Werke, herausg. von V. Chiavacci u. L. Ganghofer 12 Bde. 1890—91 (mit Biographie von Moritz Necker); Ausgewählte Werke, herausg. von Otto Rommel (Bongs Goldene Klassiker Bibliothek) 2 Bde. 1908; Sämtl. Werke, histor.-kritische Ausgabe (mit zeitgenöss. Illustrationsmaterial), herausg. von Fritz Brukner u. O. Rommel 15 Bde. 1924 bis 1927 (mit Biographie von O. Rommel); Gesammelte Briefe, herausg. von F. Brukner 1938; Gesammelte Werke, herausg. von O. Rommel 6 Bde. 1948 f; Unbekannte Couplets (Jahrbuch der Gesellschaft für Theaterforschung) 1951/52.

Behandlung: Karl *Haffner,* Therese Krones (Genrebild) 1862; ders., Scholz u. Nestroy (Roman) 1864—66; Bruno *Zappert,* J. N. (Volksstück) 1888; Alfred Maria *Willner* u. Rudolf *Österreicher,* N. (Singspiel) 1910; Ernst *Reiterer,* J. N. (Operette) 1920; Fritz *Kosolka,* Zum Goldenen Halbmond (Operette, Musik v. R. Stolz) 1935; Rudolf Hans *Bartsch,* Lumpazivagabundus. J. Nestroys Sprünge u. Seitensprünge 1936; Walter H. *Kotas,* Das Opfer (Begegnung zwischen Grillparzer u. N. in: Die Schicksalskette) 1941.

Literatur: Wurzbach, J. Nestroy (Biogr. Lexikon 20. Bd.) 1869; F. *Schlögl,* Vom Wiener Volkstheater 1884; R. M. *Werner,* J. Nestroy (A. D. B. 23. Bd.) 1886; Heinrich *Sittenberger,* N. (Jahrbuch der Grillparzer-Gesellschaft 11. Bd.) 1902; L. *Langer,* N. als Satiriker (Progr. Wien) 1908; Ludwig *Speidel,* J. N. (Schriften 1. Bd.) 1910; Karl *Kraus,* N. u. die Nachwelt 1912; Franz *Hadamowsky,* Das Carltheater unter der Direktion J. Nestroys (Jahrbuch der Österr. Leo-Gesellschaft) 1926; Bruno *Lampel,* Die Familie N. u. die Sippe der Gattin des Dichters (Monatsschrift der Heraldischen Gesellschaft Adler) 1928; Richard v. *Schaukal,* N., der Österreicher (Allg. Rundschau 27. Jahrg.) 1930; Otto *Forst De Battaglia,* J. N. 1932; O. E. *Deutsch,* Der junge N. als Sänger (Neues Wiener Tagblatt Nr. 17) 1932; Oskar *Katann,* Nestroys Posse Der Zerrissene (Gesetz des Wandels) 1932; M. *Bührmann,* Nestroys Parodien (Diss. Kiel) 1933; Heinrich *Schwarz* u. Alois *Trost,* N.

in Bildnissen 1934; Benno *Fleischmann*. J. N. u. sein Wienerisches Welttheater (Monatsschrift für Kultur u. Politik 1. Jahrg.) 1936; F. H. *Mauthner*, J. N. u. seine Kunst 1937; Anton *Bauer*, N. u. die Musik (Reichspost, Wien Nr. 15) 1938; J. *Spengler*, N.: Geist u. Stil (Hochland, März) 1940; Anton *Wallner*, Die Quellen zweier Komödien (Liebesgeschichten u. Heiratssachen — Nur keck!) Nestroys (Dichtung u. Volkstum 41. Bd.) 1941; Charlotte *Lang*, Die Tanzeinlagen in Nestroys Spielen (Diss. Wien) 1941; A. *Trost*, Salatärain — Ein mißverstandenes Wort bei N. (Zeitschrift für deutsche Philologie 67. Jahrg.) 1942; Anton *Bauer*, Die Musik in den Theaterstücken Nestroys (Jahrbuch der Gesellschaft für Wiener Theaterforschung) 1944; Alphons *Hämmerle*, Komik, Satire u. Humor bei N. (Diss. Freiburg, Schweiz) 1947; Hilde *Laible*, Erziehung, Schule, Bildung in den Stücken von J. N. (Diss. Wien) 1948; Egon *Friedell*, N. (Aus dem Nachlaß mitgeteilt von Walther Schneider, Wiener Tageszeitung Nr. 217) 1948; G. F. *Hering*, J. N. (Porträts u. Deutungen) 1948; Liselotte *Bujak*, Nestroys Beziehungen zum Biedermeier 1948; Walter *Marinovic*, Der Witz bei N. *(Diss. Wien)* 1951; B. E. *Werner*, Ein wiederentdeckter N. (Müller, Kohlenbrenner u. Sesseltrager bei den Salzburger Festspielen) 1952; Herbert W. *Reichert*, Some Causes of the N. Renaissance in Vienna (Monatshefte, Madison Nr. 4/5) 1955; O. *Rommel*, J. N. (Neue Österreich. Biographie 9. Bd.) 1956.

Nesvadba, Joseph, geb. 19. Jan. 1824 zu Wisker in Böhmen, gest. 20. Mai 1876 zu Darmstadt, studierte in Prag, debütierte hier 1844 als Komponist der Oper „Blaubart", wirkte dann als Theaterkapellmeister 1848 in Karlsbad, Olmütz, Graz, 1857 am Tschechischen Theater wieder in Prag, 1859 an der Italienischen Oper in Berlin, 1861—63 am Stadttheater in Hamburg u. seit 1864 in Darmstadt.

Nettelbeck, Joachim Christian (1738—1824), preuß. Schiffskapitän, seit 1806 Gneisenaus eifrigster Helfer bei der Verteidigung der Feste Kolberg, wurde vielfach episch, aber auch dramatisch behandelt.
Behandlung: Paul *Wendt*, Kolberg (Drama) 1863; Paul *Heyse*, Kolberg (Drama) 1865; Heinrich *Römer*, J. Nettelbeck (Schauspiel, Freilicht-Uraufführung in Kolberg) 1932; Heinrich *Stünkel*, J. N. (Heimatspiel) 1935.

Netto, Hadrian, geb. 6. Juni 1885 zu Leipzig, lebte als Rittmeister im Ruhestand in Potsdam u. Berlin. Dramatiker.
Eigene Werke: Lili, Leda u. der Handschuh (Komödie) 1922; Leska (Schauspiel) 1922; Adele (Komödie) 1923; Der Selbstmörder (Komödie) 1923; Räuber u. Soldaten (Komödie) 1926; Fuge cis-moll (Schauspiel) 1927; Ein Lämmchen, weiß wie Schnee (Komödie) 1928; Troja (Tragödie) 1935; Abenteuer mit Fippi (Lustspiel) 1935; Heiraten u. nicht verzweifeln! (Lustspiel) 1936; Die fromme Lüge (Theaterstück) 1936 (mit Hertha v. Puttkammer); Herbstliche Elegie (Schauspiel) 1938 (mit ders.) u. a.

Nettstraeter, Klaus, geb. im Rheinland, studierte am Sternschen Konservatorium in Berlin, außerdem bei Prof. Münch in Straßburg, begann seine Bühnenlaufbahn als Kapellmeister in Koblenz, nahm 1914—18 am Weltkrieg teil, wirkte dann am deutschen Theater in Brüssel, in Regensburg, Altenburg, Königsberg, als Gast in Amerika, wieder nach Deutschland zurückgekehrt in Frankfurt a. M. u. seit 1928 als Generalmusikdirektor in Braunschweig. Beethoven- u. Wagnerinterpret, aber auch Förderer moderner Musik.

Netz(e)l, Alexander, geb. 17. Nov. 1874, Schauspieler u. Operettensänger, wirkte unter Wilhelm Karczag (s. d.) u. Hubert Marischka (s. d.) jahrzehntelang am Theater an der Wien in Wien u. später am dort. Raimundtheater. Als sehr geschätzter Volksschauspieler blieb sein Schuster Weigl in „Mein Leopold" u. der Rappelkopf in Raimunds „Alpenkönig u. Menschenfeind" unvergeßlich.

Netzer, Joseph, geb. 18. März 1808 zu Imst in Tirol, gest. 28. Mai 1864 zu Graz, Lehrerssohn, studierte in Innsbruck u. Wien Philosophie u. gab gleichzeitig Klavierunterricht, trat 1828 in ein enges Freundschaftsverhältnis zu Franz Schubert, wurde Schüler Simon Sechters, komponierte 1839 seine erste Oper „Die Belagerung von Gothenburg" u. unternahm noch im gleichen Jahr eine längere Reise nach Italien, wo er seine erste komische Oper „Die seltsame Hochzeit" schrieb (aufgeführt 1846 in Wien). 1841 folgte „Mara", deren Libretto Otto Prechtler lieferte. 1842 trat N. eine Kunstreise nach Deutschland an, ging über Prag nach Dresden u. Leipzig, wo er neben A. Lortzing als Kapellmeister wirkte. 1845

kehrte er nach Wien zurück, konnte hier jedoch die Aufführung seiner neuen Oper „Königin von Castilien", Text von O. Prechtler, nicht erwirken u. vertauschte seine Stelle am Theater an der Wien bald wieder mit seiner früheren in Leipzig. Seit 1853 war er Kapellmeister am Ständischen Theater in Graz.
Literatur: Joseph *Keßler*, J. Netzer 1864; *Wurzbach*, J. N. (Biogr. Lexikon 20. Bd.) 1869.

Neuausstattung, Wiederaufnahme eines Werkes in den Spielplan einer Bühne mit neuen Dekorationen u. Kostümen. Sie ist meist gleichzeitig mit einer Neueinstudierung u. Neuinszenierung verbunden.

Neubach, Ernst, geb. 3. Jan. 1900 zu Wien, wirkte an verschiedenen Variétés in der Schweiz, in Österreich u. Deutschland u. seit 1945 als Filmregisseur u. Produzent in Deutschland. Verfasser zahlreicher Schlagertexte, u. a. „Ich hab' mein Herz in Heidelberg verloren" u. „In einer kleinen Konditorei".

Neubauer, Friedrich, geb. 15. Mai 1886 zu Wien, humanistisch gebildet, war seit 1904 Schauspieler in St. Gallen, Berlin (Neues Schauspielhaus), Wien (Volksbühne), nahm mit Agnes Sorma an einer Tournee nach Belgien, Holland u. Moskau teil, wirkte seit 1915 als Dramaturg u. Regisseur, 1921—23 am Staatstheater in München, 1923—24 an der Oper in Graz, 1924—27 am Staatstheater in Berlin u. an der Volksoper in Wien, hierauf am Schauspielhaus in Köln u. Leipzig, Burgtheater u. Akademietheater in Wien, an den Kammerspielen in München, seit 1930 als Opernregisseur in Graz u. seit 1948 als Schauspieler u. Regisseur des Neuen Theaters in der Scala in Wien bis zu dessen Schließung 1956. Lyriker, Erzähler u. Dramatiker.
Eigene Werke: Der Hühnerhof (Komödie) 1914; Die Heimkehr der Lena Lenz (auch für die Bühne bearb.) 1935; Die feurige Metten (Komödie) 1941; Die Töchter des Anakreon (Komödie) 1941.

Neubauer, Peter, geb. (Datum unbekannt) zu Wien, Sohn eines Kaufmannes, am Reinhardtseminar das. ausgebildet, begann bei der Österr. Länderbühne seine Laufbahn als Schauspieler, kam 1949 nach Innsbruck, 1953 nach Saarbrücken u. 1955 nach Baden-Baden.

Literatur: Remo, Künstlerportrait: P. Neubauer (Tiroler Tageszeitung 7. Febr.) 1953.

Neubeck, Ludwig, geb. 7. Juli 1882 zu Schwerin, gest. 10. Aug. 1933 zu Leipzig, Sohn eines Kammermusikers, Schüler u. a. von E. Humperdinck in Berlin, begann als Kapellmeister 1904 am Hoftheater in Schwerin, kam 1905 nach Luzern, 1908 nach Görlitz, 1909 als Hilfsdirigent nach Bayreuth, hierauf ans Prinzregententheater in München, war 1915—18 Operndirektor in Kiel, seit 1918 Leiter des Rostocker Stadttheaters u. seit 1925 Intendant des Landestheaters in Braunschweig.

Neuber, Gustav, geb. 1844 zu Wien, gest. 12. Febr. 1909 das., war Spielleiter verschiedener dort. Bühnen.

Neuber, Gustav, geb. 11. Juli 1885 zu Graz, kam schon in frühester Jugend in das Ballettkorps der Hofoper in Wien, wurde vor dem Ersten Weltkrieg Solotänzer u. Assistent des damaligen Opernballettchefs Josef Haßreiter u. war dann, von Felix v. Weingartner (s. d.) berufen, Ballettmeister an der dort. Volksoper. Hierauf gehörte er dem Deutschen Theater in München an u. kehrte 1945 als Lehrer am Konservatorium zurück nach Wien.

Neuber, Johann, geb. 22. Jan. 1697 zu Reinsdorf (nicht Zwickau), gest. 1756 zu Dresden, Gatte von Karoline Neuber, wirkte als Schauspieler an ihrer Seite. Über seine Bedeutung sind die Ansichten geteilt. Devrient bezeichnete ihn als mittelmäßigen Darsteller, aber als treuen u. verläßlichen Geschäftsgehilfen der Neuberin. Reden-Esbeck, Fürstenau u. Mentzel bewerten ihn höher. Danzel hingegen liest aus Neubers Briefen heraus, daß er u. nicht seine Frau die erste Rolle gespielt habe.
Literatur: E. *Devrient,* Geschichte der deutschen Schauspielkunst 1846—74; Theodor *Danzel,* Gottsched u. seine Zeit 1848; M. *Fürstenau,* Zur Geschichte der Musik u. des Theaters am Hofe zu Dresden 1861; J. F. von *Reden-Esbeck,* Karoline Neuber u. ihre Zeitgenossen 1881.

Neuber(in), Karoline, geb. 9. März 1697 zu Reichenbach im Vogtland, gest. 30. Nov. 1760 zu Laubegast bei Dresden, „die berühmteste Schauspielerin ihrer Zeit, Urheberin des guten Geschmacks auf der deutschen Bühne", wie die Inschrift ihres

Laubegaster Denkmals mit Recht rühmt, Tochter des Advokaten Weißenborn, mit dem Schauspieler Johann N. verheiratet (1718), trat 1727 als privileg. „Hofkomödiantin" mit ihrer Truppe in Leipzig auf, von Gottsched, später auch von J. U. v. König (s. d.) unterstützt, bekämpfte den Hanswurst, zog durch ganz Deutschland, selbst nach Petersburg, in Leipzig 1741 mit Gottsched jedoch zerfallen, nachdem sie ihn in der Burleske „Der allerkostbarste Schatz" als „Tadler" mit Fledermausflügeln u. einer Blendlaterne in der Hand hatte verspotten lassen. Seit 1743 verfolgte N. das Mißgeschick, doch gelang ihr noch 1748 die Uraufführung „Des jungen Gelehrten" von Lessing in Leipzig. Sie starb im Elend. Vorbild der Madame Nelly in Goethes „Wilhelm Meister". Ein Jahrhundert später würdigte H. Laube in seiner Schrift „Das Burgtheater" die unvergeßlichen Verdienste der Neuberin: „Vom Jahre 1730 etwa datiert der Begriff des gebildeten deutschen Theaters. Da blühte die Direktion der Neuberin auf in Leipzig unter der Ägide Gottscheds. 1737 wurde der Hanswurst verbannt. Man hat Gottsched mit Recht ‚gottschädlich' genannt, weil er ein Pedant war u. den Gott der Kunst wirklich nicht kannte. Aber der streng beginnenden Form war er förderlich. Die Entwicklungen gehen stufenweise, u. die erste nötige Stufe war: eine enge, knappe Form hinein zu bauen in die wüste Wirtschaft des extemporierenden Bandenspieles, welches herrschte. Aber auch dies Bandenspiel war schon dem deutschen Theater in Wien voraus. Staatsaktiones, englische Komödie, plumpe Posse bildeten das Repertoire. Jedes war schätzbar als fruchtbares Korn, u. jedes ist auch später entwickelt worden: die Staatsaktion zum historischen Schauspiel, die englische Komödie zum bürgerlichen Schauspiele u. die Posse zum Lustspiele. So wie dies Repertoire damals wucherte, war es Unkraut, welches schonungslos gejätet werden mußte. Es war ungetümer Stoff; eine Form tat not, auch wenn diese Form zunächst verarmen sollte. Diese Grundaufgabe löste die Neuberin mit bewundernswerter Energie. Sie ist die Mutter des deutschen Schauspiels, vielmehr, sie ist Gottsched Vater war. Sie besaß den Instinkt der Schöpfung, welcher etwas ganz anderes war u. wurde, als der bloß formalistische Sinn Gottscheds ahnte. Sie war produktiv u. hatte den Kern u. Saft der bis dahin wüsten Komödie ganz u. gar in sich, während Gottsched davon

nichts besaß. Er war vom Humor verlassen, sie war reich daran. Sie erfand, sie extemporierte sogar ebenfalls, wenn's augenblicklich nötig war, kurz, sie war eine lebensvolle Natur u. ein künstlerischer Charakter. Daß sie dabei auch ein stark bürgerlicher Charakter war, welcher Ordnung hielt, welcher streng einen Strich segelte, welcher Opfer brachte mit Bewußtsein u. Tapferkeit, das war entscheidend. Man respektierte das, u. dies moralische Ansehen war dem verachteten Komödiantenleben unschätzbar. Das moralische Moment stützte das literarische. Sie konnte aber natürlich mit aller Kraft nur einen Anfang bereiten. Sie konnte nicht auch die Stücke schaffen, sie mußte froh sein, wenn sie verschafft wurden. Diese Verschaffung geschah mit Hilfe des französischen Theaters. Die dramaturgische Literatur aus der Epoche Ludwigs XIV. bildete die Grundlage zu dem entstehenden regelmäßigen Schauspiel in Deutschland. Von Seiten Gottscheds in pedantischer Überschätzung der entlehnten Form, von Seiten der Neuberin in deutlicher Einsicht, daß dies nicht genüge u. daß Kräfte erwachsen müßten in Deutschland, welche mit eigener Schöpfungskraft den Inhalt brächten für die Reform. In der Tat wuchs auch der wahre Führer neben ihr auf in Leipzig, u. der junge Lessing fing neben ihr an, es mit kleinen Stücken zu versuchen."

Eigene Werke: Ein deutsches Vorspiel 1734 (Neudruck, herausg. von A. Richter, Deutsche Literaturdenkmale 63. Bd. 1897); Die von der Tugend getröstete u. von dem Heldenmut beschützte Guelphia (Vorspiel) 1735; Die dankbaren Schäfer (Vorspiel) 1735; Die Umstände der Schauspielkunst in allen vier Jahreszeiten (Vorspiel) 1735; Die von der Weisheit wider die Unwissenheit beschützte Schauspielkunst (Vorspiel) 1736; Die größte Glückseligkeit in der Welt (Vorspiel) 1737; Vorspiel, die Verbannung des Harlekin vom Theater behandelnd 1737; Der Ursprung der Schauspiele (Vorspiel zu Corneilles Polyeuktes) 1738; Der alte u. der neue Geschmack (Vorspiel zu Racines Mithridates) 1738; Der Tempel der Vorsehung (Vorspiel zu Racines Iphigenie) 1741; Die Liebe des Untertanen (Vorspiel) 1741; Der allerkostbarste Schatz 1741; Die närrischen Grillen (Vorspiel) 1746; Das Schäferfest oder Die Herbstfreude (Lustspiel) 1753 (Neudruck von W. Flemming, Deutsche Literatur: Barockdrama 3. Bd. 1935).

Behandlung: F. S. *Meyer,* Probe eines Heldengedichts in acht Büchern, welches künftig alle vierzehn Tage gesangweise herausgegeben werden soll u. welches den Titel führt: Leben u. Taten der weltberüchtigten u. besten Komödiantin unserer Zeit, nämlich der . . . Frauen Friederica Carolina Neuberin 1743, 2. Bd. 1744 (Pamphlet); Louis *Schneider,* Die Neuberin (Schauspieler-Novellen) 1839; Emilie *Binzer* (= Ernst Ritter), Die N. (Schauspiel) 1846; Elise *Polko,* Vor hundertfünfzehn Jahren (Neue Novellen) 1861; Salomon *Mosenthal,* Die deutschen Komödianten (Schauspiel) 1863; P. H. *Hartwig,* Die N. (Drama) o. J.; Marie von *Nájmájer,* Prolog zur Karoline-Neuber-Feier 1900; Robert *Hohlbaum,* Der sterbende Cato (Erzählung; Der ewige Lenzkampf) 1912; Paul *Burg* (= P. Schaumburg), Welche war nun die Königin? (Erzählung: Könige u. Komödianten) 1918; Fritz *Droop,* Wie die N. den Hanswurst begrub (Novelle) 1927; Frido *Grelle,* Die N. (Drama) 1934; E. *Foerster-Munk,* Die N. (Schauspiel) 1935; Heinrich *Welcker,* Frau Caroline N. (Roman) 1935; Olly *Boehelm,* Philine (Roman) 1935 (später unter dem Titel Komödianten); Adolf *Borstendorfer,* Die N. (Drama) 1937; Martin *Weise,* Der Tod der Caroline N. (Erzählung: Tagesbote für Mähren u. Schlesien, Ostern) 1937; Detlev *von Sparrenberg,* Der Weg der K. N. (Roman) 1938; Elly *Schmidt-Graubner,* Die N. (Roman) 1938; Günther *Weisenborn,* Die N. (Schauspiel) 1950 (Urfassung anonym); Hilde *Wendland,* Komödiantin ohne Maske (Erzählung) 1957.

Literatur: Eduard *Devrient,* Geschichte der deutschen Schauspielkunst 1846—74; Theodor *Danzel,* Gottsched u. seine Zeit 1848; M. *Fürstenau,* Zur Geschichte der Musik u. des Theaters am Hofe zu Dresden 1861; J. F. v. *Reden-Esbeck,* K. Neuber u. ihre Zeitgenossen 1881; Joseph *Kürschner,* F. K. N. (A. D. B. 23. Bd.) 1886; Wilhelm *Fabricius,* Eine Glanzrolle der Neuberin (Bühne u. Welt 6. Jahrg.) 1904; Hans *Landsberg,* Die N. (Die Deutsche Bühne 2. Jahrgang) 1910; G. *Wustmann,* Eine Episode aus dem Leben der N. (Bühne u. Welt 13. Jahrg.) 1911; Friedrich *Ege,* C. N. (Die Scene 21. Jahrg.) 1931; J. *Hofmann,* Unbekanntes Material zur Geschichte der Neuberin aus dem Jahre 1749 (Schriften des Vereins für die Geschichte Leipzigs 16. Bd.) 1933; Hanna *Sasse,* K. N. (Diss. Freiburg im Brsg.) 1937; W. *Becker,* C. N. u. das Theaterleben in der Provinz Sachsen im 18. Jahr-

hundert (Montagsblatt Nr. 11 der Magdeburger Zeitung) 1941; Wolfgang *Drews,* Die Großen des deutschen Schauspiels 1941; Heinz *Kindermann,* Theatergeschichte der Goethezeit 1948.

Neuber, Wilhelm Ferdinand, geb. 6. Febr. 1823 zu Berlin, gest. 4. Okt. 1887 das., war seit 1858 Mitglied des Wallnertheaters. Darsteller derbkomischer Charaktere.

Neuberger, Joseph Maria s. Weißegger von Weißeneck, Joseph Maria.

Neubert, Arthur, geb. 8. Okt. 1919 zu Berlin, wirkte als Schauspieler seit 1945 das. (Volkstheater Pankow, Schwankbühne Kurt Seifert, Theater in der Kastanienallee u. a.).

Neubert, Gerda Frieda, geb. 21. Dez. 1924 zu Dresden, wurde das. 1944—50 gesanglich ausgebildet, debütierte 1951 als Mercedes in „Carmen" an der dort. Landesoper Sachsen u. gehörte seither als Altistin deren Ensemble an. Hauptrollen: Irmentraut („Der Waffenschmied"), Frau Reich („Die lustigen Weiber von Windsor"), Niklas („Hoffmanns Erzählungen"), Katharina („Der Trunkenbold" von Gluck), Volpino („Der Apotheker" von Haydn) u. a.

Neubert, Heinz s. Schulze, Albert.

Neubert (eigentlich Stritzl), Karl, geb. 17. April 1866 zu Würzburg, gest. 10. Okt. 1937 zu München (durch Selbstmord), wirkte 1888 in Ingolstadt, 1889 in Innsbruck, 1890 in Ulm u. gehörte dem Münchner Volkstheater seit dessen Eröffnung (1903) dauernd an. Schauspieler u. Regisseur. Hauptrollen: Gollwitz („Der Raub der Sabinerinnen"), Schünzl („Arm wie eine Kirchenmaus"), Schönemann („Polnische Wirtschaft") u. a.

Neubert-Drobisch, Walther, geb. 30. Juni 1865 zu Bogoiawlenskij Sawod in Rußland, gest. 7. Dez. 1909 zu Wiegersdorf bei Ilfeld am Harz, Nachkomme des Philosophen u. Mathematikers Moritz Wilhelm Drobisch, war Doktor der Rechte. Dramatiker u. Lyriker.
Eigene Werke: Saul (Trauerspiel) 1907; Verschuldet (Drama) 1909.

Neubürger, Ferdinand, geb. 10. Mai 1835 zu Dessau, gest. Mitte Juli 1911 das. Erzähler u. Bühnenautor.

Eigene Werke: In einer Stunde (Lustspiel) 1893; Der Meister in Wien (Richard-Wagner-Drama) 1903.

Neubürger, Ferdinand Ludwig, geb. 28. Sept. 1836 zu Düsseldorf, gest. 28. Okt. 1895 zu Frankfurt a. M. als Lehrer das. Dramatiker.
Eigene Werke: Die Marquise von Pommeray (Trauerspiel) 1875; Laroche (Trauerspiel) 1882; Das Gastmahl des Pontius (Trauerspiel) 1887; Gesammelte Werke 2 Bde. 1887; Der kleine Kadi (Lustspiel) 1896.

Neubruck, Karl s. Zahlhas Karl, Ritter von.

Neudeck, Herma (Geburtsdatum unbekannt), gest. 10. Okt. 1928 zu Mühlhausen in Thüringen, wirkte als Schauspielerin das., in Wildungen u. Heidelberg.

Neudeck, Leopoldine (Poldi), geb. 8. Sept. 1874 zu Neutitschein, Tochter des dort. Tuchfabrikanten Eduard Schimitschek, heiratete den Gerichtsbeamten Friedrich N., mit dem sie in Troppau lebte, verfaßte zahlreiche Unterhaltungsromane u. gegen 200 Stücke für Dilettantenbühnen.
Literatur: Poldi *Neudeck,* Im Spiegel (Deutschmährische Blätter Nr. 68, Beilage zum Tagesboten für Mähren u. Schlesien Nr. 45) 1935.

Neudecker, Lucie, geb. um 1930, war seit 1954 Mitglied des Josefstädter Theaters in Wien. Hauptrollen: Marianne Gassin ("Glückliche Tage" von Puget), Agathe ("Der Schwierige" von Hofmannsthal), Elsie Lester ("Der erste Frühlingstag" von Smith) u. a.

Neudhart, Heinrich Ludwig, geb. 19. Juni 1910 zu Wien, das. musikalisch ausgebildet (Schüler von Joseph Marx, Franz Schmidt u. Felix von Weingartner), begann als Repetitor an der Volksoper in seiner Vaterstadt seine Bühnenlaufbahn, wirkte als Kapellmeister am Stadttheater in Troppau, in Teplitz-Schönau, Reichenberg u. als musikalischer Oberleiter am Stadttheater in Neisse, wo die Oper zu seinem eigentlichen Arbeitsfeld gehörte, während er sich nach Rückkehr aus der russischen Gefangenschaft nach dem Zweiten Weltkrieg u. nachdem er als Opernkapellmeister u. Lehrer am Brucknerkonservatorium in Linz tätig gewesen war, in München hauptsäch-

lich der Operette zuwandte. Ihm verdankte die Bayerische Staatsoperette Premieren wie "Viktoria u. ihr Husar", "Gräfin Mariza", "Das Land des Lächelns", "Der Vogelhändler", "Paganini", "Der Zigeunerbaron", "Wiener Blut" u. a.

Neudörffer (Neudörffer-Opitz), Julius, geb. 22. Juli 1869 zu Braunsbach in Württemberg, gest. 2. Aug. 1942 zu Stuttgart, Sohn eines evangelischen Pfarrers, von Julius Stockhausen (s. d.) gesanglich ausgebildet, debütierte als Valentin im "Faust" 1895 in Stettin, wirkte als Erster Heldenbariton hierauf in Rostock, 1896 in Augsburg, 1897 in Königsberg, 1898 in Posen u. seit 1899 in Stuttgart. Nach dem Ersten Weltkrieg war er als Konzertsänger u. Lehrer tätig. Hauptrollen: Wolfram, Holländer, Wotan, Hans Sachs, Telramund, Don Juan, Rigoletto u. a. Kammersänger.

Neuendorff, Adolf, geb. 13. Juni 1843 zu Hamburg, gest. 5. Dez. 1897 zu Neuyork, wohin er 1855 mit seinen Eltern gekommen war, betätigte sich zuerst als Kapellmeister am Deutschen Theater das. u. 1872—86 als Direktor des dort. Germaniatheaters. Zeitweilig in Wien u. Berlin lebend, kehrte er immer wieder nach Neuyork zurück, wo unter seiner Leitung die ersten Aufführungen von Wagners "Lohengrin" u. "Walküre" stattfanden. Auch Opern- u. Operettenkomponist ("Kadettenlaunen", "Der Rattenfänger von Hameln", "Don Quixote", "Waldmeisters Brautfahrt" 1887 u. a.).
Literatur: Riemann, A. Neuendorff (Musik. Lexikon 11. Auflage) 1929.

Neueröffnetes moralisch-politisches Puppenspiel, Sammlung vier kleiner dramatischer Dichtungen Goethes, 1774 erschienen, enthält einen Prolog, das Drama "Künstlers Erdewallen", das "Jahrmarktsfest zu Plundersweilern", ein Schönbartspiel u. das Fastnachtspiel vom Pater Brey. 1787 schloß sich an das Jahrmarktsfest noch "Das Neueste von Plundersweilern" an.

Neuert, Ferdinand, geb. 11. Dez. 1885, wirkte als Schauspieler u. a. in Danzig, Gotha, Nürnberg u. München.

Neuert (eigentl. Reitinger), Hans, geb. 16. März 1838 zu München, gest. 27. Juni 1912 zu Zürich, Sohn eines kgl. Bergbeamten, betrat bereits 1857 die Bühne, spielte zuerst in Schongau die Titelrolle in Prüllers (s. d.) Volksstück „Der Toni u. sein Burgei", dann an verschiedenen österr. u. bayr. Theatern (1848—60 in Lindau u. Passau, 1860—61 in Regensburg), bis er am Vorstadttheater in München ein Engagement erhielt, wo er täglich zweimal auftrat. Als diese Bühne 1865 geschlossen wurde, kam er über Ingolstadt, Tübingen, Heilbronn u. Bozen 1870 an das Stadttheater in Regensburg u. 1872 ans Gärtnerplatztheater in München. Bei den Gastspielreisen dieses Ensembles erzielte N. 1879—93 u. a. in Leipzig, Hamburg, Breslau u. Wien großen Erfolg. 1897 zum Hofschauspieler ernannt, blieb er noch bis 1908 bühnentätig. Oberbayrische Gestalten stellte N. mit kraftvoller Realistik, großer Natürlichkeit u. scharfer Charakteristik auf die Bühne u. war darin unübertrefflich. Hauptrollen: Wurzelsepp („Der Pfarrer von Kirchfeld"), Beischle („Die beiden Reichenmüller"), Crusius („Großstadtluft"), Alfred („Die Fledermaus"), Pluto („Orpheus in der Unterwelt"), Lahndorfer („Der Prozeßhansl") u. a. Vater von Ludwig N. Auch Verfasser von oft aufgeführten Volksstücken.

Eigene Werke: Das Schwalberl 1877; Der Herrgottschnitzer von Ammergau 1880 (mit Ludwig Ganghofer); Der Prozeßhansl 1881 (mit dems.); Der Schlagring 1882; Der Georgitaler 1883; Der Geigenmacher von Mittenwald (m. L. Ganghofer) 1884; Der Loder von Boarisch-Zell 1884; Im Austragsstübl 1885 (mit Max Schmidt); 's Christl vom Staffelberg 1885; Almenrausch und Edelweiß 1886; 's Lieserl von Schliersee 1892; Der Tiroler Franzl 1901; D' Edelweiß-Vroni von Tegernsee 1902; Die Sennerin von der Grindelalm 1911 (mit M. Schmidt).
Literatur: A. Freih. *von Mensi-Klarbach,* H. Neuert (Biogr. Jahrbuch 17. Bd.) 1915.

Neuert, Ludwig, geb. 26. April 1873 zu München, gest. 1. April 1904 zu Halberstadt, Sohn von Hans N., absolvierte zunächst eine Handelsschule, betrat 1894 die Bühne in Sigmaringen, spielte dann in Augsburg, Berlin (Residenz-, Schiller- u. Neues Theater) u. kam über Meran als Charakterdarsteller u. Regisseur zuletzt nach Reichenberg.

Neueste von Pundersweilern, Das, Satire von Goethe, in der er das Bänkelsängermotiv aus dem Jahrmarktsfest (s. d.) ausgestaltete, gedruckt 1817.
Literatur: Julius *Zeitler,* Das Neueste

von Plundersweilern (Goethe-Handbuch 3. Bd.) 1918.

Neufeld, Amalie s. Stelzer, Amalie u. Weißenborn, Amalie.

Neufeld, Eduard s. Weißenborn, Johann.

Neufeld, Johann Baptist s. Zahlhas, Johann Baptist Ritter von.

Neufeld, Marie s. Martinelli, Marie.

Neuffer, Christian Ludwig, geb. 26. Jan. 1769 zu Stuttgart, gest. 29. Juli 1839 zu Ulm als Stadtpfarrer u. Schulinspektor das., schrieb außer Gedichten den Text zur Oper „Der Elfenkönig" 1818 u. nach Kotzebue zum Singspiel „Die Wünsche" 1832 (beide komponiert von Konrad Kocher).
Literatur: Hermann *Fischer,* Ch. L. Neuffer (A. D. B. 26. Bd.) 1883.

Neuffer, Dagobert, geb. 17. Mai 1851 zu Groß-Bescherek (in Ungarn), gest. nach 1926, in Wien in der Kirschnerschen Theaterschule u. von Alexander Strakosch (s. d.) ausgebildet, begann seine Bühnenlaufbahn 1871 in Regensburg u. kam dann als Jugendlicher Liebhaber u. Heldendarsteller über Preßburg, Graz, Hamburg (Thaliatheater), Berlin (Hoftheater) u. Stuttgart 1882 nach Prag u. 1884 nach Weimar. 1895 übernahm er die Direktion des Stadttheaters Metz, wo er gleichzeitig Regie führte u. das dort. Sommertheater leitete. Außerdem war er Direktor des Thaliatheaters in Saarbrücken. Hauptrollen: Schiller („Die Karlsschüler"), Posa, Ferdinand, Mortimer, Melchthal, Clavigo, Richard II., Marc Anton, Hamlet u. a.
Literatur: *Eisenberg,* D. Neuffer (Biogr. Lexikon) 1903.

Neuffert, Ernst (Geburtsdatum unbekannt), gest. 30. Mai 1924 zu Berlin. Schauspieler u. Sänger.

Neugebauer, Alfred, geb. 27. Dez. 1888 zu Wien, gest. 14. Sept. 1957 das., Sohn eines Administrationsbeamten im Palais Liechtenstein, besuchte das dort. Schottengymnasium, studierte die Rechte, ging aber 1913 zum Theater, 1914 mit dem Ensemble der dort. Renaissancebühne nach Riga, nahm am Ersten Weltkrieg teil (verwundet), lebte 1915—20 als Gefangener in Turkestan, war nach seiner Heimkehr Erster Liebhaber, dann Charakterspieler am Raimundtheater u. später am Volkstheater in Wien, wirkte am Lessingtheater in Berlin, spielte weiter unter Max Reinhardt u. zwei Jahrzehnte am Josefstädter Theater in Wien. Seit 1946 Mitglied des Burgtheaters. Seit 1935 auch Lehrer am Reinhardt-Seminar, später an der Staatsakademie, 1947 Professor. Hauptrollen: Tellheim („Minna von Barnhelm"), Minister („Leinen von Irland"), Premierminister („Kaiser von Amerika"), Detektiv („Gaslicht"), Kanzler („König Ottokars Glück u. Ende"), Bürgermeister („Der Revisor"), Klugheim „(Der Verschwender") u. a. Gatte der Schauspielerin Margarete Witzmann-Plessing. „Er ist ein Gourmand der Episode u. spielt gerne für Feinschmecker", stellte O. M. Fontana fest. „Er macht zuerst einen etwas blasierten Eindruck, als hätte er schon vom Leben u. den Menschen genug, aber das ist nur scheinbar, das ist nur die Maske der Distanz, um von den Eindrücken u. Begegnungen des Daseins nicht überrannt zu werden, denn in Wirklichkeit macht ihm alles einen großen Spaß: die Verwirrungen u. Narreteien, freiwillige u. unfreiwillige, die sich im Menschenland begeben. Er möchte dabei sein, ganz in der Nähe, u. sie festhalten, damit keine ungesehen u. unbemerkt als eine der Tausende von Wellen ins Meer des Vergessens rollt. So strichelt er denn die Irrungen - Wirrungen, die entwaffnenden Dummheiten u. die überraschenden Pointen des Menschendaseins exakt u. lebensnah u. dabei satirisch überlegen hin. Seine Lieblingsfiguren sind die Menschen, die ständig auf den Zehenspitzen stehen, die über ihre geistigen Verhältnisse leben, die sich maskieren u. dabei gleichzeitig demaskieren: Talmiwürde, gemischt mit schlechtem Gewissen — ein dauernd beleidigter u. sich erregt gegen wirkliche u. eingebildete Gegner verteidigender Aristokrat — einer der falschen Biedermänner, die zwischen guter Laune u. Gelangweiltheit nur an ihr gänzlich unliebes Ich denken — das Gesetz, das keinen Spaß versteht, zu stiernackiger Rechthaberei aufgedunsen — die Gattenzärtlichkeit, bequem u. zerstreut, an tausend andere Dinge denkend, sich sehr geborgen fühlend u. nichts von dem merkend, was rings um ihn vorgeht — die Süffisanz eines Domestiken, der herrscht, indem er dient. Mit fast wissenschaftlicher Akribie hält N. alle diese Züge fest, er verändert sie kaum, wenn er sie auf die Bühne

bringt . . . Seine Gestalten haben den Schein, den sie sich geben oder den ihnen die Welt gibt, u. damit unlösbar verbunden, aber nur für uns Zuschauer sichtbar gemacht, das Sein, das zu ihnen wirklich gehört, das, was sie vor dem lieben Gott sind."

Literatur: O. M. *Fontana*, Wiener Schauspieler 1948; Joseph *Handl*, Schauspieler des Burgtheaters 1955; Ernst *Wurm*, A. Neugebauer (Österreichische Neue Tageszeitung Nr. 247) 1955; Anton *Bauer*, Das Theater in der Josefstadt 1957. *Thg.*, A. Neugebauer (Neuer Kurier 16. Sept.) 1957; o. m. *f.*, A. N. (Die Presse 17. Sept.) 1957; Dr. *J.*, A. N. (Das Kleine Volksblatt 17. Sept.) 1957; F. *Langer*, A. N. (Österr. Neue Tageszeitung 17. Sept.) 1957; *stf.*, A. N. (Wiener Wochenausgabe 23. Sept.) 1957; Gertrud *Srncik*, Die letzte Rolle schrieb der Tod (Wiener Samstag 28. Sept.) 1957.

Neugebauer Hans Edgar, geb. 17. Nov. 1916 zu Karlsruhe, wurde nach dem Abitur 1936—39 an der Kunstakademie in Mannheim zum Bühnenbildner ausgebildet, 1945 bis 1948 von Kammersänger Josef Degler (s. d.) gesanglich unterrichtet, debütierte als van Bett in „Zar u. Zimmermann" 1946 in Karlsruhe u. wirkte hier bis 1951 als Baßbuffo, kam dann an die Städt. Bühnen in Frankfurt a. M. u. war seit 1955 auch Regieassistent das. Teilnehmer an den Festspielen in Schwetzingen 1948. Weitere Hauptrollen: Figaro, König („Aida") u. a.

Neugebauer (Ps. Förster), Oskar, geb. 6. Febr. 1867 zu Mainz, gest. 4. März 1919 zu Hamburg, war Opernsänger in Danzig, Dresden u. a. Hauptrollen: König Heinrich, König Marke, Basilio, Falstaff, Pedro u. a.

Neugebauer, Willy, geb. 9. Dez. 1889 zu Frankenstein in Preuß. - Schlesien, gest. 14. Dez. 1939 zu Berlin, war Schauspieler, u. a. in Neiße u. Naumburg, wo er auch die Leitung führte. Nach dem Ersten Weltkrieg wirkte er am Stadttheater in Neurode u. lebte später als Schriftsteller (auch Bühnenautor) in Berlin.

Neuhaus (geb. Gestring), Charlotte Amalie, geb. 1763 zu Wetzlar, gest. 1788 zu Hannover (bei der Geburt ihres Kindes Margaretha Inez), debütierte als Schauspielerin 1783 u. wirkte als angesehenes Mitglied bei der Großmannschen Gesellschaft.

Literatur: Joh. Friedrich *Schink*, Gallerie

von Teutschen Schauspielern u. Schauspielerinnen 1910 (= Schriften der Gesellschaft für Theatergeschichte 13. Bd.).

Neuhaus, Christian Ludwig, geb. 1749 zu Weimar, gest. 1798 zu Preußisch-Minden, debütierte als Schauspieler u. Sänger 1770 bei Marchand, ist 1775 bei Abt in Holland nachweisbar, später in Münster, 1776 in Gotha, gründete 1778 mit seinem Schwager Hartmann eine eigene Gesellschaft, mit der er in Hanau, Frankfurt am Main u. a. spielte, wurde 1779 Hofschauspieler in Hanau, wirkte noch im gleichen Jahr in Ansbach u., nachdem er neuerlich eine eigene Theatertruppe zusammengestellt hatte, in Gießen, 1780 wieder in Hanau, 1785 in Wetzlar u. Trier. 1798 ließ er sich schließlich in Preußisch-Minden nieder. In erster Ehe war N. mit Regine Piloti, in zweiter mit der Vorigen verheiratet.

Literatur: J. F. *Schink,* Chr. L. Neuhaus (Gallerie von Teutschen Schauspielern u. Schauspielerinnen) 1910 (= Schriften der Gesellschaft für Theatergeschichte 13. Bd.).

Neuhaus, Julie, geb. 15. Okt. 1863 zu Berlin, gest. 18. Dez. 1937 zu Chemnitz, wirkte als Sängerin in Mannheim u. jahrzehntelang am Stadttheater in Chemnitz. Hauptrollen: Azucena („Der Troubadour"), Giovanna („Rigoletto"), Agnes („Die verkaufte Braut") u. a.

Neuhaus, Lutz, geb. 25. Mai 1911 zu Duisburg, wurde Dramaturg u. ließ sich in Ebenhausen bei München nieder. Dramatiker.

Eigene Werke: Bettina (Kammerspiel) 1942; Ebbe u. Flut (Komödie) 1943; Zweimal ein Mensch (Komödie) 1944; Illusion (Improvisationen mit Musik u. tieferer Bedeutung) 1946; Brot der Armen (Schauspiel) o. J. u. a.

Neuhaus, Margret (Geburtsdatum unbekannt), wirkte als Schauspielerin 1952—55 am Schauspielhaus in Hamburg, gleichzeitig 1953—54 am Jungen Theater das. Seither am Stadttheater in Bern. Hauptrollen: Varinka („Die große Katharina" von Shaw), Poly („Napoleon in New Orleans" von G. Kaiser), Tofva („Schwanenweiß" von Strindberg), Agnes („Die Lerche" von Anouilh) u. a.

Neuhaus, Paul, geb. 10. Juni 1898 zu Köln a. Rh., studierte in Münster, Hamburg u. Heidelberg, wurde von Ludwig Wüllner

(s. d.) für die Bühne ausgebildet, wirkte seit 1925 als Rundfunksprecher, Spielleiter u. Direktor der Theaterschule u. des Kreiskonservatoriums in Kamenz in Sachsen u. lebte später in Köln-Klettenberg. Lyriker u. Bühnenschriftsteller.

Eigene Werke: Jorinde u. Joringel (Märchenoper, Musik von Kurt Striegler, aufgeführt) 1944; Das Abenteuer im Walde (Bühnenmärchen) 1946; Herr Mock u. Frau Tock (Bühnenmärchen) 1946; Hans u. Liese auf der Weihnachtswiese (Märchenspiel) 1947; Firlefänzchen u. Mückedänzchen (Märchenspiel) 1948; Peter Hampelmanns Abenteuer (Bühnenmärchen) 1948; Der Spielmann (Oper) 1949.

Neuhaus, Regine, geb. 1757, gest. 1791 zu München, Schwester von Max Piloti (s. d.), debütierte als Schauspielerin 1764 u. spielte an der Seite ihres Gatten Christian Ludwig N. Nach ihrer Scheidung von diesem kam sie nach München zum Hoftheater, mußte aber wegen eines Gehörleidens 1788 ihren Bühnenabschied nehmen.

Literatur: J. F. *Schink,* R. Neuhaus (Gallerie von Teutschen Schauspielern u. Schauspielerinnen) 1910 (= Schriften der Gesellschaft für Theatergeschichte 13. Bd.).

Neuhaus, Reinhard (Ps. G. Reinhart), geb. 24. Dez. 1823 zu Barmen, gest. 12. Jan. 1892 zu Kleve, Kaufmann, Freund von E. Rittershaus, Dramatiker.

Eigene Werke: Diana u. Renata (Drama) 1884; Mary Morton (Trauerspiel) 1890.

Neuhof(f) (Vorname unbekannt), geb. 1733 zu Danzig (Todesdatum unbekannt), Tochter von Karl Ferdinand Elenson, betrat 1750 erstmals die Bühne, heiratete einen Schauspieler N., der 1763 starb u. wirkte in der Folgezeit bei Schuch in Berlin, hauptsächlich in Hosenrollen. Später Mütterdarstellerin.

Literatur: J. *Kürschner,* Neuhof (A. D. B. 23. Bd.) 1886.

Neuhof, Leopold s. Lazansky von Bukowa, Leopold Graf.

Neuhoff, Berta, geb. 1. April 1879 zu Landsberg am Lech, kam über Köln 1908 an das Kgl. Schauspielhaus in München, wo sie jahrzehntelang als Sentimentale Liebhaberin u. in älteren Rollen wirkte. Hauptrollen: Gretchen, Käthchen von Heilbronn, Nora, Ophelia u. a.

Neukäufler, Ferdinand, geb. 10. Okt. 1785 zu Straßburg, gest. 18. Febr. 1860 zu Darmstadt, Sohn v. Jakob N., kam fünfjährig mit seinen Eltern nach Wien, nahm das. bei Ludwig van Beethoven Klavierunterricht, sang bereits achtjährig einen der Genien in Mozarts „Zauberflöte" u. 1803 den Prinzen in Teibers „Alexander in Indien" am Theater an der Wien. Über Augsburg u. Würzburg ging er 1811 nach Darmstadt, wo er seit der Gründung des dort. Hoftheaters Schauspieler, Sänger u. Chordirektor war.

Neukäufler, Jakob, geb. 18. Juli 1753 zu Neustift bei Freising, gest. 20. April 1835 zu Darmstadt, Schuhmacherssohn, von Benediktinern erzogen, Novize der Jesuiten in Landsberg, wurde nach Aufhebung des Ordens Schauspieler. N. betrat die Bühne erstmals 1774 am Hoftheater in München u. wirkte hier bis 1777, schloß sich dann Wandergesellschaften an, kam zu Franz Josef Moser nach Nürnberg, u., als nach dessen Tod die Bühne auf Schikaneder überging, unternahm er mit diesem Gastspielreisen nach Österreich, spielte 1780 in Linz bei Franz Heinrich Bulla, dann wiederholt in Wien, Straßburg, 1782 in Kolmar, Basel u. Freiburg, 1783 in Ulm, Memmingen u. Kempten, 1784 in Basel, Solothurn u. Luzern, 1785 in Bern, Luzern u. Freiburg, 1786 in Ulm, Augsburg u. Donaueschingen, 1787 in Kolmar, Basel u. Solothurn, 1788 in Frankfurt a. M., 1789 in Hanau u. Bern, 1791 in Regensburg bei Veltolini, 1793 wieder bei Schikaneder, 1806 in Augsburg, dann in Darmstadt, Wien, Klagenfurt u. München. Zuletzt lebte er bei seinem Sohn Ferdinand N. in Darmstadt. Väterdarsteller. Seine Selbstbiographie gab Konrad Schiffmann („Aus dem Leben eines Schauspielers") 1930 heraus. Vater des Vorigen. Verfasser der Lokalposse „Die Lohnkutscher in München" 1820.
Literatur: A. *Mayr,* Vom Landsberger Jesuitennovizen zum Schauspieler (Landsberger Geschichtsblätter 41. Jahrg.) 1956.

Neukäufler, Marie, geb. 1816, gest. 27. Nov. 1898, zuerst Koloratursängerin in Mannheim, wirkte 1844—70 als Opernsängerin in Darmstadt.

Neukirch, Melchior, geb. um 1540 zu Braunschweig, gest. 1597 das. als Prediger, Pfarrerssohn, studierte in Rostock u. war zeitweilig Rektor in Husum. N. schrieb außer Predigten u. lat. Dichtungen die sechsaktige Tragödie „Stephanus" mit 75 Personen, darunter Hofteufel u. Klaus Narr 1592.

Neukircher, Curt, geb. 29. April 1884 zu Cottbus, ausgebildet von Eduard v. Winterstein (s. d.), debütierte 1904 bei M. Reinhardt, nahm 1905 an der Lindemann-Tournee teil, wirkte in Neiße u. jahrelang in Straßburg im Elsaß. Hauptrollen: Rank („Nora"), Maximilian („Die Räuber"), Engstrand („Die Gespenster"), Alte Ekdal („Die Wildente") u. a.

Neukomm, Sigismund, geb. 10. Juli 1778 zu Salzburg, gest. 3. April 1858 in Paris, Schüler von Michael u. Joseph Haydn, wurde Kapellmeister am Deutschen Theater in Petersburg, dann Pianist Talleyrands in Paris, 1816 Hofkapellmeister des Kaisers von Brasilien, kehrte 1821 nach Europa zurück, ging wieder zu Talleyrand u. lebte nach zahlreichen Reisen zuletzt abwechselnd in London u. Paris. Fruchtbarer Komponist, u. a. von zehn deutschen Opern, eines Oratoriums „Christi Grablegung" nach Klopstock u. einer Bühnenmusik zu Schillers „Braut von Messina". 1859 erschien seine Selbstbiographie „Esquisses biographiques".
Literatur: Riemann, S. Neukomm (Musik-Lexikon 11. Aufl.) 1929.

Neulateiner, vorwiegend Dichter u. Schriftsteller des 16. Jahrhunderts, die im Anschluß an den Humanismus die Poesie zu befruchten suchten. Mit Wimpfeling u. Reuchlin gewann das Schuldrama in neulat. Sprache Boden. Bei Naogeorg trat die protest. Tendenz scharf hervor. Frischlin u. Brülow auf evang. Seite, Greiser, Pontan, Avancini, Bidermann u. Rettenbacher auf kath. Seite waren Hauptvertreter, Jesuiten u. Benediktiner wetteiferten in der Pflege des neulat. Dramas.
Literatur: Georg *Ellinger,* Geschichte der neulat. Dichtung Deutschlands 3 Bde. 1929—1933; J. *Müller,* Das Jesuitendrama in den Ländern deutscher Zunge vom Anfang 1555 bis zum Hochbarock 1665 2 Bde. 1930; K. *Michel,* Das Wesen des Reformationsdramas, entwickelt am Stoff des Verlorenen Sohnes (Diss. Gießen) 1934.

Neuling, Erich, geb. um 1890, war seit 1911 bühnentätig u. gehörte 1934—57 dem Stadttheater in Trier als Schauspieler u. Inspizient an.

Neumair, Josef, geb. 9. April 1877 zu Bruneck in Südtirol, von bäuerlicher Herkunft, studierte in Innsbruck u. Wien, stand als Offizier im Ersten Weltkrieg an der Front, war Direktor des Pädagogiums in Wien u. 1934—38 Präsident des Österr. Bundesverlages das. Bühnenautor, Theaterkritiker u. Erzähler.

Eigene Werke: Festspiel für die Leipziger Feier 1913; Weihnachtsspiel 1921 (4. Aufl. mundartfrei 1931); Veilchenfestspiel 1924; Die Armensünderbank (Mysterienspiel) 1928; Passionsspiel 1932.

Neumann, Adolphine, geb. 5. Febr. 1822 zu Karlsruhe, gest. 8. April 1844 das., jüngste Tochter von Amalie Haizinger u. Karl Neumann (s. d.), betrat 1838 die Bühne ihrer Vaterstadt, spielte noch im gleichen Jahr am Burgtheater u. am Stadttheater in Hamburg, kam 1839 nach Kassel, nach Gastspielen in Wien, Budapest, Berlin u. Hannover 1842 wieder nach Karlsruhe, 1843 an das Hoftheater in Berlin u. zuletzt abermals nach Karlsruhe. Fr. W. Gubitz charakterisierte sie in der „Monatsschrift für Dramatik, Theater, Musik" 1844: „Sie war weder berufen zur Individualisierung idealer, dichterischer Charaktere, noch zu hochtragischen u. leidenschaftlichen Darstellungen; ihr eigentliches Feld lag im Kreise unbefangener Gemütlichkeit, anspruchsloser Naivität. In Rollen dieser Gattung aber entwickelte sie eine solche Tiefe u. Wahrheit des Gefühls, oft eine so ungesucht kindliche, heitere Laune, daß sie bei aller Einfachheit ihres Spiels zu fesseln u. zu ergreifen wußte". Hauptrollen: Käthchen von Heilbronn, Königin Anna („Ein Glas Wasser"), Marie Schweidler („Die Bernsteinhexe"), Kunigunde („Hans Sachs"), Pauline („Das geteilte Herz"), Karoline („Welche von beiden") u. a.

Literatur: Anonymus, A. Neumann (Almanach für Freunde der deutschen Schauspielkunst, herausg. von L. Wolff 9. Jahrg.) 1845.

Neumann, Alfred, geb. 15. Okt. 1895 zu Lautenburg in Westpreußen, gest. Anfang Okt. 1952 zu Lugano, Sohn eines Holzindustriellen, verbrachte die Jugend in Berlin u. der französ. Schweiz, studierte in München, wurde Verlagslektor das., nahm am Ersten Weltkrieg teil, war 1918—20

Dramaturg der Kammerspiele in München, lebte dann bis 1938 zumeist in Fiesole bei Florenz u. in Frankreich, schließlich in Los Angeles u. Beverly-Hills (Kalifornien), zuletzt in Lugano. Erzähler u. Bühnenautor.

Eigene Werke: Der Patriot (Drama) 1926; Königsmaske (Drama) 1927; Frauenschuh (Tragikomödie) 1929; Haus Danieli (Schauspiel) 1930; Abel, mein Bruder (Drama) o. J.

Neumann (geb. von Lettow-Vorbeck), Aline, geb. 14. Okt. 1858, gest. 1902, lebte auf Schloß Leontinenhof bei Görlitz u. schrieb hauptsächlich Bühnenstücke.

Eigene Werke: Vor dem Fest (Lustspiel) 1889; Ein heißer Tag (Schwank) 1889; Immer bereit (Lustspiel) 1890; Blauaugen (Schwank) 1891; Im Durchgangszimmer (Lustspiel) 1891.

Neumann, Angelo, geb. 18. Aug. 1838 zu Wien, gest. 20. Dez. 1910 zu Prag, sollte Mediziner werden, wandte sich jedoch der Bühne zu, die er 1859 in Krakau zum ersten Male betrat. Über Preßburg u. Danzig kam er 1862 an die Hofoper in Wien, der er bis 1876 als Bariton angehörte. Als ihn ein Halsleiden zwang, die Sängerlaufbahn aufzugeben, engagierte ihn August Förster (s. d.) als Operndirektor u. administrativen Leiter nach Leipzig. Hier führte N. unter der Aufmerksamkeit ganz Deutschlands den „Ring des Nibelungen" von R. Wagner mit solchem Erfolg auf, daß er sich entschloß, ihn auch in Berlin herauszubringen. Wagner selbst kam zu den Vorbereitungen nach Berlin, der preuß. Hof nahm regen Anteil, Botho von Hülsen (s. d.) ermöglichte auch noch eine Aufführung des „Lohengrin" durch das Neumannsche Ensemble am Hoftheater. Als Wegbahner R. Wagners u. Apostel des Bayreuther Kunstgedankens gründete N. 1881 ein Richard-Wagner-Gastspieltheater, mit dem er ganz Deutschland, Belgien, Holland, die Schweiz, Oberitalien u. einzelne Städte der österreichisch-ungarischen Monarchie durchzog. Zu seinem Ensemble zählten erstklassige Kräfte wie Hedwig Reicher-Kindermann, Heinrich u. Therese Vogl, Auguste Seidl-Knaus, Katharina Klafsky, Julius Lieban, zeitweilig auch Emil Scaria, Anton Schott, Amalie Friedrich-Materna u. Marianne Brandt. Einen besonderen Erfolg erzielte er 1882 in London. 1883 übernahm N. die Direktion des Stadttheaters in Bremen, 1885 die des Deutschen Landestheaters in Prag. Von hier aus führte er abermals eine große

Gastspielreise durch, diesmal nach Rußland, wo er in Moskau, Petersburg u. Kiew den „Ring" zur Aufführung brachte. Auch in Prag gelang es N., eine hervorragende Künstlerschar um sich zu sammeln. Als Dirigenten wirkten hier Anton Seidl, Gustav Mahler, Karl Muck, Rudolf Kryzanowski, Franz Schalk u. Leo Blech. Gertrud Förstel, Margarete Siems u. a. Namhafte Kräfte verdankten N. ihre künstlerische Entwicklung. Das Kennzeichen des Neumannschen Spielrepertoires waren zyklische Aufführungen von Dramatikern (Schiller-, Shakespeare-, Goethe-, Grillparzer-, Anzengruber-, Hebbel- u. Ibsen-Zyklus) u. Komponisten (Wagner-, Mozart-, Gluck-, Weber-, Meyerbeer- u. Verdi-Zyklus). Initiator der „Maifestspiele", die nicht nur in Prag, sondern an vielen deutschen Stadttheatern zur ständigen Einrichtung wurden. In erster Ehe Gatte von Paula von Mihalovic, in zweiter mit der Schauspielerin Johanna Buska verheiratet. N.'s langjähriger Dramaturg am Neuen Deutschen Theater in Prag, Heinrich Teweles, schrieb über ihn: „Wenn jemand, der ihn nie gesehen, mich auffordern würde, sein äußeres Bild zu zeichnen, so würde ich auf jene Gestalt hinweisen, die in Venedig an der Kirche S. Giovanni e Paolo zu Pferde sitzt, auf jenen Reitergeneral Colleoni, der so streng u. trotzig, so weltverachtend u. kampfbereit, so unüberwindlich schier in den Bügeln steht. N. wirkte so. Er war ein großgewachsener, allerdings nicht übergroßer Mann. Aber sein Körper war von so wundervollen Proportionen u. die ihm innewohnende Lebensenergie sprach sich derartig in seiner Haltung u. Erscheinung aus, daß er immer größer schien als alle anderen, gar wenn es galt, seinen Willen zu behaupten, wenn er, wie es im Theater zu geschehen pflegt, einer größeren Masse oder auch nur einem einzelnen Empörer gegenüber stand. Dann wuchs er förmlich, u. aus seiner Stimme sprach Entschiedenheit, aus seiner Gebärde sprach ein Entschluß, der jeden weiteren Widerspruch abschnitt . . . Energie, das Inslebentreten, das Inszenesetzen, war das Charakteristikum seiner Bühnenleitung. Als ein Schüler u. Anhänger Franz Dingelstedts (s. d.) legte er großen Wert auf den Schmuck der Szene, auf den augenfälligen Reiz der Kostüme. Die Inszenierung von ‚Cavalleria rusticana' war ein Meisterstück Neumannscher Kunst. Vom ersten Moment bis zum letzten war N. dabei, überall die szenische Wirkung herausarbeitend u. insbesondere die zwei großen Massenszenen im Gebet vor der Kirche u. am Schluß zu nervenaufwühlender Wirkung gestaltend." 1907 erschienen seine „Erinnerungen an Richard Wagner".

Literatur: Eisenberg, A. Neumann (Biogr. Lexikon) 1903; H. Teweles, A. N. (Neue Freie Presse 21. Dez.) 1910; R. Batka, A. N. (Allg. Musikzeitung Nr. 32 u. Der Kunstwart 24. Jahrg.) 1910; Peter Riedl, A. N. (Bühne u. Welt 13. Jahrg.) 1911; Felix Adler, A. Neumann (Die Schaubühne 7. Jahrg.) 1911; Friedrich Schulze, A. Förster u. A. N. (Hundert Jahre Leipziger Stadttheater) 1917; N. O. Scarpi, A. N. Ein Vorkämpfer Wagners (Die Tat, Zürich 5. Juni) 1952.

Neumann (geb. Sessi), Anna Maria, geb. 1790 zu Rom, gest. 1864 zu Wien, Schwester von Maria Anna Freifrau von Natorp (s. d.), betrat 1805 erstmals die Bühne, wirkte als Primadonna u. a. in Bologna, Florenz, Neapel. 1811 nach Wien, wo sich ihr Vater schon 1793 niedergelassen hatte, zurückgekehrt, heiratete sie 1813 den Kaufmann Neumann das. u. feierte während des Wiener Kongresses wahre Triumphe. 1816 bis 1820 sang sie in Leipzig. Den Lebensabend verbrachte sie in Wien. Hauptrollen: Julie („Die Vestalin"), Donna Elvira („Don Juan"), Amenaïde („Tancred") u. a.

Literatur: Wurzbach, A. M. Neumann (Biogr. Lexikon 20. Bd.) 1869

Neumann, August, geb. 27. Sept. 1824 zu Dresden, gest. 28. Okt. 1894 zu Sondershausen, betrat die Bühne 1841 in Chemnitz als Baßbuffo u. Charakterkomiker, wirkte in Nürnberg, Bamberg, Regensburg, Dresden, Riga, Reval, Danzig, 1854—57 in Bremen, Leipzig, Altona u. Rostock, war 1859 bis 1866 Mitglied des Wallnertheaters in Berlin, 1866—75 des dort. Friedrich-Wilhelmstädtischen Theaters. 1881 nahm er während eines Gastspiels am Lobetheater in Breslau von der Bühne Abschied. Vorwiegend in Possen u. Volksstücken wie „Einer von unsre Leut", „Monsieur Herkules", „Der Goldonkel", „Berliner Sonntagsjäger" u. a. erzielte er Beifallsstürme des Publikums. Seinen Lebensabend verbrachte er in Sondershausen. Gatte der Soubrette Therese Gelbke (geb. 29. Juni 1829, gest. 19. Okt. 1892).

Literatur: Eisenberg, A. Neumann (Biogr. Lexikon) 1903.

Neumann (geb. Ulbrich), Blandine, geb. 7. Jan. 1823 zu Wittenberg, gest. im Nov. 1893 zu Dresden, gehörte bis 1880 als Schauspielerin der Bühne an.

Neumann, Carl, geb. 16. Febr. 1833 zu Pest, gest. 12. Sept. 1903 zu Sondershausen, Bruder des Schauspielers Julius N., Mitglied u. a. des Hofopernorchesters in Wien, wirkte unter Laube als Kapellmeister am Stadttheater das.

Neumann, Christiane s. Becker-Neumann, Christiane.

Neumann, Daniel, geb. 25. Dez. 1717 zu Haynwalde bei Zittau, gest. 1. Aug. 1783 als Prediger. Odendichter u. Dramatiker.
Eigene Werke: Die verlorene u. gerettete Tugend oder Die lustwandelnde Dina u. die badende Susanna (Drama) 1764; Amalia (Trauerspiel) 1765.

Neumann, Elisabeth s. Viertel, Elisabeth.

Neumann, Emil, geb. um 1840, gest. im März 1916 zu Stettin, war Direktor des Friedrich-Wilhelmstädtischen Theaters in Berlin sowie des Deutschen u. Residenz-Theaters das., später des Kurtheaters in Ems, lebte dann bis 1914 in Frankreich als Übersetzer u. übersiedelte hierauf nach Stettin.

Neumann, Emilie s. Lucas, Karl Wilhelm.

Neumann, Eri, geb. um die Jahrhundertwende, war seit 1922 Mitglied des Ohnsorgtheaters in Hamburg. Zuerst Liebhaberin, später Charakterdarstellerin.

Neumann, Ernst Ferdinand, geb. 3. Okt. 1858 zu Spitzkunnersdorf bei Zittau, gest. 1. Dezember 1928 zu Dresden. Vorwiegend Dramatiker.
Eigene Werke: Ernte (Drama) 1917; Das wahre Gesicht (Schauspiel) 1918; Losgesprochen (Schauspiel) 1918; Gott u. Mensch (Schöpfungs-Mysterium) 1925; Irren (Schauspiel) 1926.

Neumann, Felix, geb. 7. Okt. 1875 zu Berlin, Sohn eines Oberstleutnants, folgte dem Beruf seines Vaters, nahm nach mehrjähriger Dienstzeit als Hauptmann seinen Abschied, wurde Journalist, später Chefredakteur u. ließ sich zuletzt in Freiburg im Brsg. nieder. Erzähler u. Bühnenautor.

Eigene Werke: Prinzessin Fliegenpilz (Bühnenmärchen) 1935; Ordo u. Esi (Schauspiel) 1937; Märchendichters Weihestunde (Schauspiel) 1947 u. a.

Neumann, Franz, geb. 16. Juni 1874 zu Prerau in Mähren, gest. 25. März 1929 zu Brünn, wirkte als Kapellmeister in Regensburg, Linz, Reichenberg, Frankfurt a. M., nach 1918 in Brünn. Opernkomponist.
Eigene Werke: Die Brautwerbung 1901; Liebelei (Text von Arthur Schnitzler) 1910; Herbststurm 1919; Beatrice Caracci 1922.
Literatur: Riemann, F. Neumann (Musik-Lexikon 11. Aufl.) 1929.

Neumann, Günter, geb. 19. März 1913 zu Berlin, an der Musikhochschule das. ausgebildet, Komponist u. Textdichter der Katakombe u. des Kabaretts der Komiker in Berlin, auch Verfasser von Revue-Texten („Gib ihm!" 1937, „Alles Theater" 1947, „Schwarzer Jahrmarkt" 1948) u. der Groteske „Ich war Hitlers Schnurrbart" 1949. Herausgeber der Zeitschrift „Der Insulaner" seit 1948. Gatte der Schauspielerin u. Kabarettistin Tatjana Sais.

Neumann, Hanna, geb. 15. Jan. 1888 zu Bern, zuerst Lehrerin, studierte dann Literatur, Philosophie u. Kunstgeschichte das., in Zürich Naturwissenschaften, wandte sich der Theaterkritik zu u. wirkte als Schauspielerin an der von ihr mitbegründeten „Zytglogge-Gesellschaft". Auch Bühnenautorin.
Eigene Werke: Es Glas Bier (Lustspiel) o. J.; Der Herr Ochsebel (Spiel) o. J.; Der Bubichopf (Lustspiel) 1930; Wär isch riicher? (Lustspiel unter dem Ps. Rolf Schwarzmann) 1931.

Neumann, Hellmuth, geb. 8. Juli 1884 zu Berlin, Sohn eines Steuererhebers, war Lehrer in Steinfurth bei Eberswalde u. seit 1910 in Berlin. Bühnenautor.
Eigene Werke: Fridericus Rex (Preußenspiel) 1911; Märkische Treue (Heimatspiel) 1911; Hans Pechvogels Glücksfahrt (Märchenspiel) 1913; In großer Zeit (Volksstück) 1914; Glück ab! (Fliegerspiel) 1914; Spreewaldtreue (Heimatspiel) 1919; Fritz Reuters Lustspiele 1919; Das Haustheater (Sammlung von 27 Stücken) 1921; Hans der Hasenhirt (Märchenspiel) 1922; Annemies Himmelfahrt (Märchenspiel) 1927.

Neumann, Hermann Kunibert, geb. 12. Nov. 1808 zu Marienwerder, gest. 8. Nov. 1875 zu

Neiße, Sohn eines Regierungsrates, war das. Militärbeamter. Epiker u. Dramatiker.

Eigene Werke: Dichtungen (Die Frühlingsfeier der Elfen, Dramat. Märchen — Althäa u. Aithone, Trauerspiel) 1838; Das letzte Menschenpaar (Drama) 1845; Die Auferstenung (Dramatische Szene) 1870; Robert Bruce (Drama) 1870.

Literatur: Arthur *Dobsky,* H. K. Neumann (Der Oberschlesier 7. Jahrg.) 1925; Maximilian *Langer,* Kuniberts Leben, Selbstbiographie H. K. Neumanns (Ebda. 9. Jahrg.) 1927.

Neumann, Hugo (Ps. Hugo Alphonse Revel), geb. 6. Nov. 1867 zu Wien, studierte das. u. in Göttingen die Rechte, zuerst Offizier, kam 1893 nach Berlin, übernahm hier kurze Zeit die Redaktion der „Berliner Neuesten Nachrichten" u. widmete sich dann literarischer u. gesangspädagogischer Tätigkeit das. Erzähler u. Dramatiker.

Eigene Werke: Der Muezzin (Lyrisches Drama) 1892; Thanatos (Tragödie) 1896; Um eine Station weiter (Lustspiel) 1899; Die Viper (Drama) 1902; Witwe Dalila (Drama) 1903; Lätitia Bonaparte (Drama) 1907.

Neumann, Johann Walter, geb. 17. Jan. 1875 zu Köln a. Rh., ließ sich nach langen Reisen in Frankreich u. England als Redakteur in seiner Vaterstadt nieder. Erzähler u. Bühnenautor.

Eigene Werke: Der bekehrte Dichter (Lustspiel) 1900; Zweier Freunde Zwist (Trauerspiel) 1911; Jakobe von Jülich (Trauerspiel) 1913; Zwei Drachen (Biblisches Trauerspiel) 1913; Die Tochter des Königs von Ys (Trauerspiel) 1917; Schön Margit von Stollberg (Schauspiel) 1923; Der Löwe von Jülich (Schauspiel) 1923; Die Hexe von Linnich (Schauspiel) 1924; Die Liebesmär von Nideggen (Schauspiel) 1925; Der Schöffe von Erkelenz (Schauspiel) 1926.

Neumann, Johanna, geb. 1836, gest. im Dez. 1898 zu Aachen. Sängerin u. Schauspielerin.

Neumann (geb. Buska), Johanna, geb. 1848 zu Königsberg in Preußen, gest. 16. Mai 1922 zu Dresden, spielte frühzeitig Kinderrollen, betrat dann erstmals als Käthchen von Heilbronn die Bühne ihrer Vaterstadt, kam 1865 ans Kgl. Schauspielhaus in Berlin, 1867 ans Hoftheater in Wiesbaden u. 1868 wieder nach Berlin, u. zw. als Erste Liebhaberin (Gretchen, Klärchen, Luise usw.). Später spielte sie hauptsächlich in modernen Stücken. 1871 folgte sie einem

Ruf nach Petersburg, 1874 einem solchen an das Burgtheater. 1880 heiratete sie den k. u. k. Generalmajor Török u. hielt sich eine Zeitlang von der Bühne fern. Nach dem Tod ihres ersten Gatten mit Angelo Neumann (s. d.) vermählt, trat sie seit 1886 als Salondame am Deutschen Landestheater in Prag wieder auf.

Literatur: O. E. *Gensichen,* Berliner Hofschauspieler-Silhouetten 1872; *Eisenberg,* J. Buska (Biogr. Lexikon) 1903; Theodor *Fontane,* Causerien über Theater 1905.

Neumann, Julius, geb. 4. Juni 1827 zu Alt-Ofen in Ungarn, gest. 7. Aug. 1911 zu Wiesbaden, Nachkomme von Volkssängern, studierte in Wien, nahm an der Revolution von 1848 als Legionär teil, gab später das akademische Studium auf u. betrat 1854 unter der Direktion Fr. Strampfer in Temesvár als Robert im „Erbförster" die Bühne, spielte sogar den „Don Carlos" unter H. Laube im Burgtheater, wo er sich freilich wegen seiner Jugend noch nicht dauernd behaupten konnte. Von Franz Wild (s. d.) zum Sänger ausgebildet, kam er 1858 als Heldentenor ans Stadttheater in Hamburg, 1862 als erster Held u. Liebhaber nach Düsseldorf, 1863 nach Königsberg, 1864 ans Thaliatheater in Hamburg, 1867 nach Riga u. nach Posen, 1869 nach Mainz, 1870 nach Bremen, 1871 nach Leipzig, 1876 wieder nach Königsberg, 1880 nach Mannheim u. blieb daselbst, zuletzt als Heldenvater, bis zu seinem Bühnenabschied 1897. Den Lebensabend verbrachte er in Wiesbaden. Hauptrollen: Stradella, Wallenstein, Othello, Paul Werner u. a.

Literatur: Eisenberg, J. Neumann (Biogr. Lexikon) 1903.

Neumann (Ps. Nilburg), Käthe, geb. (Datum unbekannt) zu Wien, ausgebildet das., wirkte seit 1896 als Opern- u. Operettensängerin in Lübeck, Dortmund, Koblenz, Detmold u. a. Hauptrollen: Agathe, Mignon, Margarete, Frau Fluth, Rosalinde, Galathee, Laura u. a.

Neumann, Karl (Geburtsdatum unbekannt), gest. 1823 zu Karlsruhe. Schauspieler, war seit 1816 Gatte von Amalie Haizinger (s. d.). N. trat u. a. auch als Gast am Burgtheater auf. Hauptrollen: Cäsar („Die Braut von Messina"), Fürst („Elise von Valberg"), Eduard („Das Mädchen von Marienburg") u. a.

Neumann, Karl August, geb. um 1897, gest.

18. Sept. 1947 zu Berlin, war Opernsänger u. lange auch Spielleiter an der Staatsoper in Berlin.

Neumann, Klaus-Günter, geb. 30. Juni 1920 zu Berlin, 1939-45 Kriegsteilnehmer, wirkte seither am Kabarett der Komiker in Berlin u. als Operettenbuffo an der Städt. Oper das. Komponist von Kabarettrevuen („Die Luftbrücke") u. a. Gatte der Schauspielerin Ilse Kiewiet.

Neumann, Leopold, geb. 1748 zu Dresden, gest. 2. Dez. 1813 als Oberkriegskommissar das. Bühnenautor.
Eigene Werke: Cora u. Amphion (Oper, Beiträge zur Pfälzischen Schaubühne) 1780; Kleopatra (Melodrama, Musik von Danzi, Ebda.) 1780.

Neumann, Luise s. Schönfeld, Luise Gräfin von.

Neumann, Max (Geburtsdatum unbekannt), gest. 21. März 1908 zu Freiburg in Sachsen, Doktor der Philosophie, war langjähriger Direktor des Stadttheaters das.

Neumann, Paul, geb. 20. Jan. 1858 zu Danzig, gest. 26. Okt. 1923, Sohn eines Korvettenkapitäns, Versicherungsbeamter, in Hamburg für die Bühne ausgebildet, seit 1875 Schauspieler, debütierte 1875 in Luzern, wirkte dann in Stuttgart (Volkstheater), Franzensbad, Innsbruck, Gmunden, Linz, Wien (Ringtheater), Stettin, 1881—1900 am Hoftheater in Wiesbaden u. zuletzt am Hoftheater in Dresden. Anfangs Jugendlicher Liebhaber, dann Bonvivant, schließlich Charakterkomiker. Hauptrollen: Isolani, Piepenbrink, Patriarch, Valentin, Dorfrichter Adam, Falstaff, Bräsig, Crampton u. a. Auch literarisch trat N. hervor.
Literatur: Bodo *Wildberg,* P. Neumann (Das Dresdener Hoftheater in der Gegenwart) 1902; *Eisenberg,* P. N. (Biogr. Lexikon) 1903.

Neumann, Richard, geb. 1891 zu Zala-Egerszeg in Ungarn, Sohn eines Kaffeesieders jüd. Herkunft, studierte an der Musikakademie in Wien, wurde 1919 Korrepetitor an der Oper in Budapest u. wirkte seit 1920 jahrzehntelang als Opern- u. Operetten-Kapellmeister am Stadttheater in St. Gallen. Auch Komponist von Bühnenmusiken.

Neumann, Sigmund, geb. 1. März 1886 zu

Fürth in Bayern, war Redakteur in Nürnberg. Bühnenautor.
Eigene Werke: Familienfehler (Schwank) 1908; Operette (Lustspiel) 1914; Das badende Mädchen (Lustspiel) 1915; Aber Hoheit (Lustspiel) 1919; Die Legende von Aschau (Lustspiel) 1920; Der Sprung ins Paradies (Lustspiel) 1921; Der Held des Palace-Hotels (Lustspiel) 1923; Dollarmillionäre (Schwank) 1924; Gruschke (Lustspiel) 1926; Die Liebesleiter (Lustspiel) 1927 u. a.

Neumann-Gungl, Virginia, geb. 1849, gest., im August 1915 zu Frankfurt a. M., Tochter des Komponisten Joseph Gungl, wirkte als dramatische Sängerin seit 1871 in Berlin u. Frankfurt, später als Gesangspädagogin. Hauptrollen: Elsa, Senta u. a.

Neumann-Hoditz, Karl, geb. 28. April 1863 zu Naumburg, gest. 6. Jan. 1939 das., Sohn eines Tischlermeisters, zuerst kaufmännisch tätig, begann seine Bühnenlaufbahn 1887 in Breslau u. wirkte als vielseitig verwendbarer Schauspieler 1888 in Bern, 1889 in Zürich, 1890 in Petersburg, 1891 in Mainz, 1892 in Wiesbaden (Residenztheater), 1893 bis 1896 wieder in Mainz, 1896—1903 in Köln u. 1903—28 am Nationaltheater in Mannheim. Auch Spielleiter. E. L. Stahl („Das Mannheimer Nationaltheater" 1929) kennzeichnete ihn als Nachfolger von Hans Godeck (s. d.), dessen Gegenteil er war, „. . . ein in die Breite wirkender, behutsam gestaltender Charakter- u. Chargenkomiker von vorzüglicher Metierbeherrschung u. bald schon ein Spezialist für die Darstellung von Gemütlichkeit u. Behaglichkeit." Hauptrollen: Doktor Klaus, Tell, Attinghausen, Gutsbesitzer Vogelreuther („Johannisfeuer") u. a.
Literatur: Eisenberg, K. Neumann-Hoditz (Biogr. Lexikon) 1903.

Neumann-Hofer (geb. Bock), Annie, geb. 20 März 1867 zu Neuyork, in Stuttgart u. Berlin musikalisch ausgebildet, unternahm weite Konzertreisen, heiratete 1891 den Folgenden, von dem sie 1905 geschieden wurde u. lebte in Berlin. Vorwiegend Erzählerin u. Dramatikerin.
Eigene Werke: Kollegen! (Komödie) 1895; Marie Antoinette (Schauspiel) 1904; Das Wunderkind (Schauspiel) 1905; Dora Peters (Schauspiel) 1906; Ein Erntefest (Einakter) 1907; Ein vornehmes Hotel (Schwank) 1907; Der Herrscher (Einakter) 1907; Wotans Abschied (Komödie) 1911; Spießgesellen (Dra-

ma) 1911; Das Versöhnungsfest (Schwank) 1923; Hortensens Amme (Lustspiel) 1924; Die große Amalia (Komödie) 1924; Julius Cäsar (Drama) 1938 u. a.

Neumann-Hofer (Ps. Otto Gilbert, Diplomaticus, Diotima), Gilbert Otto, geb. 4. Febr. 1857 zu Lappienen in Ostpreußen, gest. 14. April 1941 zu Dresden, Gutsbesitzerssohn, studierte in Berlin, Straßburg u. Zürich (Doktor der Philosophie), war seit 1883 Redakteur u. Theaterkritiker in Berlin ("Berliner Tageblatt" u. "Deutsches Montagsblatt"), 1897—1905 Direktor des dort. Lessingtheaters, 1912 Mitbegründer des Deutschen Opernhauses in Charlottenburg u. auch dessen Leiter, schließlich langjähriger Direktor des Landestheaters in Detmold. Gatte der Schauspielerin Marie Eisenhut.

Neumann-Hofer (geb. Eisenhut), Maria, geb. 8. Dez. 1873 zu Weimar, gest. 17. Aug. 1941 zu Detmold, wirkte als Salondame das. Gattin des Vorigen.

Neumann-Jödemann, Ernst, geb. 9. Febr. 1862 zu Berlin, lebte das. als Lektor u. Geschäftsleiter des "Lektorats deutscher Dramaturgen" u. Redakteur der "Deutschen Bühne" u. des "Deutschen Bühnenspielplans". Auch Verfasser von Bühnenstücken. *Eigene Werke:* Bowlen-Spuk (Schwank) 1923; Mutterrecht (Schauspiel) 1924; Münchhausens Höllenfahrt (Komödie) 1925; Der Wunderdoktor (Komödie) 1926 (mit A. Kraemer); Zar u. Zarewitsch (freie Bearbeitung von Immermanns Alexis) 1927; O diese Kniffkes (Komödie) 1928 (mit H. Bagerl); Münchhausens Höllenfahrt (Komödie) 1936 u. a.

Neumann-Jüttner, Alfred, geb. 1883, gest. 26. März 1951 zu Schledehausen bei Osnabrück (im Altersheim). Opernsänger.

Neumann-Spallart, Gottfried, geb. 29. März 1915 zu Wien, studierte das. Architektur u. debütierte als Bühnenbildner 1938 am Burgtheater mit der Inszenierung von Jelusichs "Cromwell". In der Folge wirkte er in Bregenz, Graz, Bad Hersfeld, im Teatro di San Carlo in Neapel, am Teatro dell'Opera in Rom, am Schillertheater in Berlin u. a. In Bad Hersfeld inszenierte er 1954 Stefan Zweigs "Jeremias" u. Goethes "Faust I." Die Presse hob sein hohes künstlerisches Einfühlungsvermögen hervor u. bezeichnete seine Simultanbühne für "Faust" als einen

großen Wurf u. eine schlechthin vollkommene Lösung. N. war auch Dozent an der Techn. Hochschule in Wien u. Professor an der Akademie für Musik das.

Neumayr, Franz, geb. 17. oder 7. Jan. 1697 zu München, gest. 1. Mai 1775 zu Augsburg, seit 1712 Mitglied der Gesellschaft Jesu, war zuerst Lehrer der Humaniora u. Rhetorik, dann Missionar, Kongregationsleiter in München u. 1752—63 Domprediger in Augsburg. Dramatiker u. polemischer Schriftsteller. *Eigene Werke:* Theatrum asceticum 1747; Geistl. Schauspiele 1758—68; Theatrum politicum 1760. *Literatur:* Karl Werner, F. Neumayr (A. D. B. 23. Bd.) 1886.

Neumeister, Auguste, geb. 6. Juni 1866 zu Schandau, gest. 4. Juni 1937 zu Waltersdorf in Sachsen. Schauspielerin.

Neumeister, Rudolf, geb. 10. Mai 1822 zu Sonnefeld in Sachsen-Koburg, gest. 7. Sept. 1909 zu Groß-Salze, war Pfarrer u. Professor. Dramatiker u. Lyriker. *Eigene Werke:* Herodes der Große (Trauerspiel) 1853; Herodes der Große u. Mariamne (Trauerspiel) 1856; Der Baumeister (Musikdrama) o. J.; Andreas Hofer (Musikdrama) 1897.

Neumeister, Wolfgang, geb. 10. Mai 1897 zu Dresden, studierte in Dresden u. Hamburg, wirkte als Regisseur, Dramaturg u. Schauspieler am Albertheater in Dresden, am Thaliatheater in Hamburg, am Stadttheater in Bamberg, als Mitbegründer u. Oberspielleiter 1925—26 am Rhein. Städtebundtheater in Neuß, 1926—27 am Stadttheater in Koblenz, hierauf in Ulm, Stralsund, Stuttgart (Schauspielhaus), München (Volkstheater), Berlin (Schiller- und Berliner Theater, Theater am Schiffbauerdamm) u. bis 1933 am Staatstheater in Oldenburg. Seither lebte er als Filmautor, gastweise auch als Regisseur u. Schauspieler in München.

Neumeyer, Johanna, geb. 2. Nov. 1859 zu Offenbach, gest. 22. Mai 1929 zu Darmstadt, besuchte das Hochschule Konservatorium in Franfurt a. M., wirkte als Altistin 1883 in Aachen, 1884 in Riga, 1885 in Stettin, 1886 bis 1887 in Mainz, 1888—92 in Düsseldorf, 1893—99 in Darmstadt u. später am Stadttheater in Hamburg, zuletzt wieder in Darmstadt. 1902 nahm sie auch an den Bayreuther Festspielen teil. Hauptrollen: Ortrud, Brangäne, Fides, Pamela, Azucena u. a. *Literatur: Eisenberg, J. Neumeyer (Biogr. Lexikon) 1903.*

Neumüller (geb. Siebert), Marie (Geburtsdatum unbekannt), gest. 6. Juni 1905 zu Steglitz, Opernsängerin (Koloratur), Gattin des 1881 verstorbenen Bassisten Wilhelm N., wirkte in Magdeburg, Mainz, Linz, Danzig, Nürnberg, Bremen u. 1873-94 als Gesangslehrerin in Sondershausen.

Neumüller, Wilhelm s. Neumüller, Marie.

Neunert, Hans, geb. 29. Jan. 1875 zu Glashütte Baruth in der Mark. Erzähler u. Dramatiker.
Eigene Werke: Der kurierte Poet (Posse) 1896; Unter dem Pantoffel (Posse) 1897; Überlistet (Lustspiel) 1898; Liebe (Trauerspiel) 1900; Pudels Kern (Schwank) 1900; Gründlich geheilt (Schwank) 1913; Kriegs-Weihnachten (Festspiel) 1915; Heimgefunden (Trauerspiel) 1925.

Neunundzwanzigste Februar, Der, Drama von Adolf Müllner 1812. Angeregt von Zacharias Werners Schicksalsdrama „Der Vierundzwanzigste Februar" spielt die Handlung auch dieses effektvollen, seinerzeit höchst erfolgreichen Einakters an einem Tag. Ort der Handlung ist ein weltabgelegenes Forsthaus, diese selbst mit schaurigen Motiven (blutschänderische Ehe, Kindesmord u. dgl.) ausgestattet. Die rührselige Pseudo-Romantik entsprach dem Geschmack der Zeit.
Literatur: R. F. Hugler, Zur Bühnentechnik A. Müllners (Diss. Münster) 1921; *O. Weller,* M. als Dramatiker (Diss. Würzburg) 1922.

Neupert, Fritz, geb. 1894, gest. 13. Febr. 1943 zu Reichenberg, war Theaterkapellmeister das.

Neupert, Hellmuth (Geburtsdatum unbekannt), gest. 31. Okt. 1914 (gefallen als Kriegsfreiwilliger beim Sturm auf Keiyberg), wirkte als Schauspieler am Residenztheater in Dresden.

Neurath, Karl, geb. 11. April 1883 zu Mainz, Doktor der Philosophie, war 1908—14 Feuilletonredakteur u. Theaterkritiker beim „Gießener Anzeiger", dann Offizier im Ersten Weltkrieg, 1917 bis 1930 Redakteur bei der

„Weser-Zeitung" u. „Kasseler Post", u. ließ sich zuletzt als freier Schriftsteller in Döngesmühle bei Schlüchtern nieder. Lyriker, Erzähler u. Dramatiker.
Eigene Werke: Der Bundschuh (Bauernkrieg-Drama) 1920; Die goldene Gazelle (Lustspiel) 1923; Freiheitssturm (Drama) 1932; Gespensterkomödie 1939.

Neuromantiker, Dichter, vor allem Dramatiker um die letzte Jahrhundertwende, die zum Unterschied von den Neuklassikern ideell u. formell an die Frühromantik anknüpften, z. B. Hugo v. Hofmannsthal u. Eduard Stucken.
Literatur: K. Hilzheimer, Das Drama der Neuromantik (Diss. Jena) 1938; *Gisela v. Remis,* Lebensgefühl, Liebe u. Frauen im Drama der deutschen Neuromantik (Diss. Halle) 1948.

Neuse, Günther, geb. 6. Nov. 1829 zu Sondershausen, gest. 11. Febr. 1882 zu Leipzig, erlernte den Buchhandel, siedelte 1854 nach Leipzig über, wo er in verschiedenen Verlagen u. seit 1874 als Redakteur des „Leipziger Theater- und Intelligenzblattes" tätig war. Bühnenautor.
Eigene Werke: Leipzig während dreier Jahrhunderte (Lustspiel) 1872; Humoristischer Theaterfreund (Posse) 1873; Mit Vorsicht (Lustspiel) 1873; Der falsche Eduard (Schwank) 1876; Eine Herzensfrage (Lustspiel) 1879; Ein Gimpel (Lustspiel) 1879; Haus- u. Gesellschaftstheater 1880; Kinder-u. Haustheater 1881; Polterabend-Theater 1881; Der erste Jahrestag der Hochzeit (Lustspiel) 1895; Das erste Mittagessen (Schwank) 1900; Versuchsweise (Lustspiel) 1904.

Neuß, Aldina (Geburtsdatum unbekannt), gest. im Jan. 1901 zu Brunshaupten in Mecklenburg, war Schauspielerin, zuletzt am Stadttheater in Breslau.

Neuß, Alwin, geb. 17. Juni 1879 zu Köln, gest. 30. Okt. 1935 zu Berlin, trat 1895 erstmals an einer Sommerbühne auf, war seit 1903 Charakterdarsteller in Berlin (Theater in der Behrensstraße, Deutsches Theater u. a.), seit 1906 auch filmtätig. Gründer der Neuß-Filmgesellschaft. Hauptrollen: Major („Meine Tante — Deine Tante") u. a.

Neusser (geb. Mark), Paula, geb. 1. März 1869 zu Wien, gest. in Wien 1956 zu Bad Fischau, besuchte das Konservatorium in

Wien, begann 1890 als Sängerin ihre Bühnenlaufbahn in Leipzig u. gehörte seit 1893 als hervorragende Kraft der Hofoper in Wien an. Nach ihrer Heirat mit dem Mediziner Hofrat Prof. Edmund Neusser 1899 trat sie jedoch öffentlich nicht mehr auf. Kammersängerin. Seit 1924 Professor an der Staatsakademie für Musik in Wien. Mit Johann Strauß, Hans Richter, S. Wagner u. a. befreundet. Hauptrollen: Nedda (bei der Wiener Erstaufführung von „Bajazzo" 1893, von Leoncavallo als seine beste Nedda bezeichnet), Rosalinde (bei der ersten Aufführung der „Fledermaus" in der Oper 1895), Zerline, Eva, Carmen, Ännchen, Anna, Cherubin, Undine, Gretel, Marie („Die verkaufte Braut") u. a.
Literatur: P. Mark als Gesangspädagogin (Neues Wiener Tagblatt 27. Sept.) 1922; Siegfried *Löwy,* Die erste Rosalinde der Hofoper (Neues Wiener Tagblatt 23. Mai) 1924; Fritz *Skorzeny,* P. Neusser-Mark erzählt (Neue Wiener Tageszeitung Nr. 199) 1952.

Neusser, Peter von, geb. 30. Juni 1932 zu Wien, besuchte nach der Reifeprüfung das Reinhardtseminar das., debütierte 1954 als Laertes in „Hamlet" in Lübeck u. war seither das. als Jugendlicher Held u. Naturbursche tätig. Hauptrollen: Sam Craig („Unsere kleine Stadt" von Wilder), Herrick („Hexenjagd" von Miller), Sekretär („Spiel im Schloß" von Molnar), Ruprecht („Der zerbrochene Krug") u. a.

Neustädt, Bernhard, geb. 16. Okt. 1796 zu Berlin (Todesdatum unbekannt), Sohn eines Steuerbeamten, Schüler Ifflands, wirkte als Charakterdarsteller u. Liebhaber in Schleswig, Stettin, Danzig u. Königsberg. Nach einem längeren Gastspiel in Berlin kam er nach Mainz u. war 1829—39 in Breslau auch als Regisseur tätig. Vater von Henriette Neustädt. Dramatiker.
Eigene Werke: Ben David, der Knabenräuber (Schauspiel) 1832; Flachshannchen (Schauspiel) 1833; Die Söhne der Nacht oder Der Königsmörder (Schauspiel) 1834; Schauspiele 1. Bd. (Der Bravo — Süd u. Nord) 1836; Durch Unglück zum Glück (Lustspiel) 1851 u. a.

Neustädt, Henriette, geb. 1822 zu Prag (Todesdatum unbekannt), wirkte als Sentimentale Liebhaberin 1839—40 in Breslau, 1840 bis 1841 in Detmold, 1841—42 am Hoftheater in Meiningen, 1842—46 in Frankfurt

a. M. u. a. Hauptrollen: Griseldis, Donna Diana, Leonore („Die Verschwörung des Fiesko zu Genua") u. a. Tochter des Vorigen.

Neustädter, Ellen s. Geyer, Ellen.

Neustein, Rudolf s. Könnemann, Arthur.

Neutert, Olga, geb. 1851, gest 20. Nov. 1900 zu Berlin, war Schauspielerin in Potsdam, Insterburg, Eisleben, Sondershausen u. zuletzt Mutter u. Komische Alte am Gebrüder-Herrnfeld-Theater das.

Neuyork, Theater der Stadt.
Literatur: Almanach der deutschen Bühnen in Amerika (1. Jahrg., herausg. von Heinrich Schmidt) 1860; Gustav *Kadelburg,* Das deutsche Theater in New-York 1876; *Wohlmuth,* New-Yorker Kunst- u. Straßenbilder 1883; Edwin Hermann *Zeydel,* The german theatre in New-York (Hist. Abhandlungen) 1915; Fritz *Leuchs,* The early german theatre in N.-Y. (1840—72) 1928.

Nève, Paul de, geb. 24. Jan. 1881 zu Steglitz bei Berlin, Schüler des Klindworth-Scharwenka-Konservatoriums in Berlin, begann seine Laufbahn 1901 in Wiesbaden, wirkte als Kapellmeister in Aschersleben, Hirschberg, Insterburg, Hamburg, München, Danzig, Halle, 1912—14 am Krolltheater in Berlin (hier auch Direktor) u. seit 1920 als Leiter eines eigenen Konservatoriums u. einer Opernschule das. Auch Komponist („Das Seejungfräulein", lyrisches Märchen — „Herald der Taucher", romantische Oper — „Inge", Melodrama u. a.). Gatte der Koloratursängerin Emmi Braun, die, bei Ludwig Fränkel (s. d.) ausgebildet, am Neuen Operntheater in Berlin in Rollen wie: Rosalinde („Die Fledermaus"), Kurfürstin („Der Vogelhändler"), die schöne Galathee u. a. wirkte.

Nève-Braun, Emmi de s. Nève, Paul de.

New York s. Neuyork.

Newes, Martha Maria s. Müller, Martha Maria.

Newes, Mathilde s. Wedekind, Tilly.

Newsky, Paul Wasily s. Weiser, Karl.

Ney, Christian Friedrich, geb. 27. Febr. 1823

zu Erfurt, gest. 12. Mai 1893 das. als Lehrer. Vorwiegend Bühnenautor.

Eigene Werke: Fall u. Rettung (Drama) 1860; Hurrah! Viktoria! (Dramatische Szene) 1866; Sammlung leicht aufführbarer Theaterstücke, 35 Hefte, 1866—91.

Ney, Hans (Geburtsdatum unbekannt), gest. 15. Mai 1945 zu Hagen, war Spielleiter u. Opernsänger in Stuttgart, Darmstadt, Nürnberg, Würzburg, Heidelberg (hier auch Teilnehmer an den Festspielen) u. zuletzt am Stadttheater in Hagen.

Ney, Hermine, geb. 1875 in Ungarn, Tochter eines Opernsängers, von Bertha Pollini (s. d.) ausgebildet, wirkte als hochdramatische Sängerin 1896 in Troppau, 1897—98 in Dresden u. schließlich bis 1902 am Deutschen Landestheater in Prag. Hauptrollen: Valentin, Fidelio, Donna Anna, Brünnhilde, Aida u. a.

Ney, Jenny s. Bürde-Ney, Jenny.
Literatur: Wurzbach, J. Nev (Biogr. Lexikon, 20. Bd.) 1869.

Neydhart, Josef, geb. 4. März 1853 zu Wien (Todesdatum unbekannt), Sohn eines Eisenbahnbeamten, besuchte das Konservatorium das. (u. a. Schüler Fr. Günsbachers) u. wurde, nachdem er 1882 seinen Posten bei der Nordbahn aufgegeben u. probeweise an der Hofoper Verwendung gefunden hatte, am Stadttheater in Brünn engagiert, kam 1883 zur Kroll-Oper in Berlin, 1885 ans Hoftheater in München, 1886 ans Deutsche Landestheater in Prag, hierauf nach Danzig, mußte jedoch infolge eines Nervenleidens 1893 der Bühnenlaufbahn entsagen u. ließ sich schließlich als Gesangslehrer u. Fachschriftsteller in Wien nieder. Hauptrollen: Lyonel, Faust, Raoul, Stradella, Postillion, Don José, Tamino, Zampa, Lohengrin, Stolzing u. a.
Literatur: Eisenberg, J. Neydhart (Biogr. Lexikon) 1903.

Neyss (Ps. Reuss), Joseph Maria, geb. 10. Okt. 1863 zu Trier, gest. 30. Jan. 1887 zu Berlin, war Schauspieler am Ostendtheater das. Hauptrollen: Aubespine („Maria Stuart"), Oranien („Egmont") u. a.

Nezadal, Maria, geb. 21. Febr. 1897 zu Pardubitz in Böhmen, gehörte 1927—33 als Sängerin der Staatsoper in München an. Gattin des Intendanten Clemens Freiherr von Fran-

kenstein (s. d.) seit 1934. Hauptrollen: Elisabeth, Elsa, Aida, Desdemona, Tosca, Mimi, Oktavian u. a.

Nhil, Robert s. Steegmüller, Reinhold.

Nibelunge Not, Der, dramatische Dichtung von Max Mell, in der Form einer antiken Tragödie ohne Akteinteilung. 1. Teil vollendet 1943, aufgeführt im Burgtheater 1943; 2. Teil, Kriemhilds Rache, vollendet 1949, aufgeführt im Burgtheater 1951. Zum Unterschied vom Nibelungenlied, das den Inhalt des Doppel-Dramas bildet, erscheint im ersten Teil die Handlung auf die Beziehungen zwischen Siegfried u. Brunhild konzentriert. Brunhild entscheidet Siegfrieds Schicksal u. erst als sie erkennt, daß er, gleich ihr ursprünglich überirdischer Herkunft, zu sehr dem menschlichen Getriebe verfällt, wünscht sie seinen Untergang. Im Zweiten Teil wird Dietrich von Bern als Vertreter einer neuen Ordnung, der Vertreter einer christlich-abendländischen Weltanpassung, zur Hauptgestalt. Er spricht die wegweisenden Worte am Ausgang: „Ordnung über uns, gegrüßt! O Mensch, ihr Gesetz geht mitten durch Dein Herz." Der Dichter äußert sich selbst (Wirkendes Wort 3. Jahrg. 1953) über die Quelle u. Aufgabe seiner Tragödie. „Meine Quelle ist das Nibelungenlied. Ich meinte das Volksgut geben zu sollen, wie es uns in unserer Jugend entgegentritt, wie wir es bewahren u. wie es das Volk bewahrt. Das heißt also Darstellung, keine ‚Deutung'. Ist Darstellung wirklich lebenserfüllt, so wohnt ihr, als einem Bild des Lebens, schon die Deutung ein. Was also da als Besonderheit meiner Handlungsführung gegenüber der Vorlage gelten muß, hat sich notwendig aus der Kunstform entwickelt. Ich sah, wie schon manche vor mir, den Stoff des Nibelungenliedes als wirklich tragischen. So mußte ich mich an die Gesetze des Tragischen halten. Das dramatische Werk hat andere Gesetze als das epische, die Vorführung auf der Bühne andere als die der Einbildungskraft. So ergaben sich mir, gerade weil ich ebensowohl der Vorlage als der Form zu dienen hatte, Änderungen in den Ereignissen, die mir unerläßlich schienen: wie die eine, daß von Siegfrieds Hilfeleistung bei Gunthers Werbekampf nur Gunther u. niemand anderer wissen durfte; oder die, daß sich Siegfried u. Brunhild gegenübertreten mußten. Im ersten Fall: Brunhilds Stellung in einem Hause wäre, wenn ihre ganze Umgebung von der Überlistung weiß, auch für Gunther gefährdet, weil am Ende peinvoll. Es erwuchs mir aus dieser Änderung der dramatische Gewinn, daß ich die Vorgeschichte nicht in erzählenden Berichten zu bringen brauchte, sondern sie in Affekthandlungen (zwischen Gunther u. Hagen), also den Gesetzen des Dramas u. der Bühne gemäß, darstellen konnte. Über eine Aussprache zwischen Brunhild u. Siegfried mögen die Bilder, die der Erzähler zeigt, hinwegspringen; fehlte sie im Drama, wäre dies dem Zuschauer unverständlich. Ich habe in dieser Szene anklingen lassen, was in den fernen alten Sagenerzählungen erklingt. Es war im Wissen des Sängers des Nibelungenliedes zurückgetreten, ich unternahm es an dieser Stelle, diesen Sagen-Zug aus eigener Anschauung zu verstärken." Der Stoff des Nibelungenliedes „ist nicht erlöst, aber er ist im eigentlichen Maße tragisch, daher drängt er zur Transzendenz. In der Tragödie allein vermag er sich zu ihr hinaufzuläutern u. den Kristall zu bilden. So mußten die immer wiederholten Versuche erscheinen, ihn dahin zu bringen u. die Tragödie zu formen. Zu denen habe ich mein Teil beigetragen."

Literatur: Anonymus, M. Mell, Der Nibelunge Not (Neues Wiener Tagblatt Nr. 24) 1944; O. M. *Fontana*, M. Mell, Der N. N. (Köln. Zeitung Nr. 25) 1944; B. v. *Heiseler*, Bis zur Apotheose des menschlichen Herzens; M. Mells Nibelungen-Dichtung (Die Neue Zeitung Nr. 265) 1951; Fr. *Schreyvogl*, Kriemhilds Rache (Neue Wiener Tageszeitung Nr. 5) 1951; Edwin *Rolett*, Kriemhilds Rache (Wiener Zeitung Nr. 5) 1951; Hennig *Brinkmann*, Das Nibelungenlied als Tragödie (Wirkendes Wort 3. Jahrg.) 1953.

Nibelungen heißen in der deutschen Sage die Angehörigen eines Zwergengeschlechts, dem ein Goldschatz (Nibelungenhort) aus dem Besitz zweier Könige, Schilbung u. Nibelung, gehört. Nachdem sich Siegfried des Schatzes bemächtigt hat, geht der Name auf ihn u. seine Mannen über. Nach seinem Tod bekommen die Burgundenkönige den Hort u. mit ihm den Namen Nibelungen. Der Stoff wurde nicht nur im Nibelungenlied, sondern auch von zahlreichen Dichtern, darunter Dramatikern, verwertet. S. ferner Brunhild, Kriemhild u. Siegfried.

Behandlung: F. R. *Hermann*, Die Nibelungen (Schauspiel in 3 Teilen) 1819; Ernst *Raupach*, Der Nibelungen Hort (Trauerspiel) 1834; Friedrich *Hebbel*, Die N. (Trauerspiel

in 3 Teilen) 1862; Richard *Wagner*, Der Ring des Nibelungen (Musikdrama in 4 Teilen) 1853—74 (dazu die Parodie von Franz Bonn, 's Nibelungenringerl 1879); Gerhart *Hauptmann*, Entwürfe zu einer Nibelungen-Trilogie 1899; Max *Mell*, Der Nibelunge Not (Dram. Dichtung in 2 Teilen) 1944—51; W. M. *Schäfer*, Die Nibelungen (Tragödie) 1948.

Literatur: J. *Stammhammer*, Die Nibelungendramen (seit 1850) 1878; R. v. *Gottschall*, Nibelungen u. andere Dramen (Studien zur neueren deutschen Literatur) 1892; C. *Weitbrecht*, Die N. in modernen Dramen (Antrittsvorlesung Zürich) 1892; E. *Meinck*, Hebbels u. Wagners Nibelungen-Trilogie 1905; Fr. *Panzer*, R. Wagner u. Fouqué (Jahrbuch der Freien Deutschen Hochstifts) 1907; G. *Fricke*, Die Tragödie der N. bei F. Hebbel u. P. Ernst (Hebbel-Jahrbuch) 1940.

Nibelungen, Der Ring des s. Ring des Nibelungen, der.

Nibelungen, Die, Deutsches Trauerspiel in drei Abteilungen von Friedrich Hebbel, verfaßt 1855—60, uraufgeführt in Weimar unter Franz Dingelstedt 1861. Mit dem Schillerpreis gekrönt. Die Trilogie umfaßt das Vorspiel „Der gehörnte Siegfried" u. die beiden Tragödien „Siegfrieds Tod" u. „Kriemhildens Rache". Zwar gelang es Hebbel nicht ganz, die epischen Klippen dieses uns aus der deutschen Heldensage vertrauten Stoffes zu umschiffen. Auch war es seine, an andere bei ihm beliebte Geschichtskonstruktionen gemahnende Vorliebe für kollektivistische Ideen, die ihn in dieser seiner letzten vollendeten Schöpfung das untergehende Zeitalter der alten Heiden dem siegreich aufkommenden christlichen Mittelalter gegenüberstellen läßt. Wir kennen eine heidnische Fassung der Sage u. eine christliche. Beide vermischt nun die Hebbelsche Trilogie. Das gibt natürlich allerlei Widersprüche, verschiedene, von der herkömmlichen Auffassung nicht immer glücklich empfundene Auswege, Stelzen u. Krücken. Auch die naiven Züge z. B. Siegfrieds treten bei Hebbel nirgends in Erscheinung. Die rachebrütende Kriemhild gerät ihm besser. Und doch in allem u. in jedem ein großer Wurf! Auf der Bühne hatten Hebbels „Nibelungen" nicht immer u. überall Erfolg, obwohl sie immer wieder zur Aufführung gelangten. Schon Heinrich Laube bemerkte, daß Raupachs „Nibelungenhort" mit seinen

theaterwirksamen Liebesszenen der Anerkennung des Hebbelschen Werkes beim großen Publikum im Wege gestanden sei. Und
Karl Frenzel urteilte nach der Berliner Erstaufführung 1862 in eingehender Kritik über
das Werk: „Absichtlich scheint der Dichter
uns seine Helden menschlich entfremden zu
wollen. Welche Teilnahme kann man für
diesen prahlerischen Siegfried empfinden,
der im ersten Akte sich so bei König Gunther einführt:
,Ich grüß' Dich, König Gunther von Bur-
    gund!
Du staunst, daß Du den Siegfried bei Dir
    siehst?
Er kommt, mit Dir zu kämpfen um Dein
    Reich —'
u. nachher des Breiteren seine Heldentaten
erzählt? Der Zuschauer lächelt; wenn wir
den Balmung so leicht wie Herr Siegfried
gewinnen könnten, wir wollten auch schon
große Taten verrichten. Großtaten? Wie
sagt der wackere Ritter in Uhlands Ballade?
,Man nennt sie halt nur Schwabenstreiche.'
Die einzig tragische Gestalt der ersten
Hälfte, Brunhild, wird eben so unserm Mitleid entrückt; wie Siegfried prahlt auch sie,
ihre absonderlichen Visionen im zweiten
Akt weisen sie aus der Reihe der vernünf-
tig denkenden u. empfindenden Wesen nach
der Hölle oder nach Walhalla, hienieden ist
kein Platz für sie, u. so schön u. poetisch
ihr erster Eintritt in Worms geschildert wird,
wir können kein Herz zu ihr fassen. Kleists
Penthesilea hat auch einen Zug des Wahn-
witzes, aber der Wahnsinn entsteht u.
wächst vor unseren Augen, die Natur rächt
die Unnatur ihres Amazonentums, bei
Brunhild ist u. bleibt alles Zauberei. Ist sie
die Tochter eines Sterblichen, ist sie Odins
Kind? Eine Walküre? Und wenn das Letzte,
streift es nicht an das Komische, wenn ihre
alte Amme erzählt, daß sie getauft, christlich getauft ist? Eine ,getaufte' Walküre!
Tassos Clorinde wird doch erst sterbend
von ihrem Besieger Tancred getauft. Was
liegt nun zwischen ihr u. Siegfried? Es ist
nicht Haß, nicht Liebe, Hagen sagt es uns:
,Ein Zauber ist's,
Durch den sich ihr Geschlecht erhalten will
Und der die letzte Riesin ohne Lust,
Wie ohne Wahl zum letzten Riesen treibt.
Und nun halte man gegen diesen unumwun-
denen Ausdruck die Feinheit u. Keuschheit,
mit der das alte Lied all dies Verfängliche
weit in die Schatten des Mythos zurücktre-
ten läßt. Da Siegfried widerwillig, von Gunther u. Hagen fast gewaltsam in Brunhilds

Brautgemach gestoßen wird, begeht er eine
Schuld? Nein: die Mörder erklären selbst:
,Er ist nicht schuld daran,
Daß dieser Gürtel sich, wie eine Schlange,
Ihm anhing, nein, es ist ein bloßes Unglück,
Allein dies Unglück tötet.'
  Bisher hielt man es für ein Gesetz des
Dramas, daß die Schuld tötet, nicht das Un-
glück. Hebbels Werk ist im Wesentlichen
nur ein Inszenesetzen des Gedichts, die
Auflösung des Dramas in das Epos wird in
dem dritten Teil ,Kriemhilds Rache' jedem
anschaulich. Nicht ein Ereignis aus den
Kämpfen der Burgunden u. Hunnen wird
hier dem Zuschauer erspart u. das Ganze
artet zuletzt in ein schreckliches Gefecht u.
Gemetzel aus, das bei dem Mangel eines
tragischen Interesses, in der vernichtenden
Beleuchtung der Bühne, an jene unsterbliche Schilderung des Cervantes erinnert,
wo der edle Don Quijote die Puppen des
Meisters Peter zerschlägt. Wenn sich so gegen das Ganze die verschiedensten Einwendungen erheben, so ist billig die Vortreff-
lichkeit einzelner Vorgänge anzuerkennen.
Hier ist vor allem die Schlußszene von
,Siegfrieds Tod' im Münster original, großartig u. ergreifend, hüben Hagens Trotz, drüben Kriemhild, die Rache ruft, zwischen
beiden der Kaplan, der ihnen umsonst mit
der Erinnerung an Christus Vergebung predigt. An dieser Stelle ist die Gegenüber-
stellung des Christentums u. der elementaren heidnischen Leidenschaft von großer
Wirkung u. Schönheit; leider durchdringt
sie nicht die Handlung des ganzen Werkes;
der wahr u. tief empfundene Gedanke hat
auch nicht entfernt den Ausdruck u. Ausklang erhalten, der ihm gebührte, durch
diese Schlußszene aber geht er volltönig
wie ein mächtiger Orgelakkord. Sieht man
einmal von den Grundmängeln des Stoffes
ab, so gehören dieser Auftritt, der dritte u.
vierte Akt von ,Siegfrieds Tod', zu dem Vorzüglichsten, das Hebbel geschaffen. In ge-
waltigster Bewegung entrollt sich das
Drama: Der Einzug Brunhildens in Worms,
das Brautfest, die Entdeckung, die allmählich die alte Amme macht, daß die Tochter
Odins getäuscht sei, Kriemhilds Freude,
Siegfrieds Entsetzen bei dem Anblick des
Gürtels, das Gespräch der beiden Königinnen: hart aneinander drängt sich alles, ein
Schwung im Ganzen, es stürzt hinunter, rasend, unaufhaltsam, wie die Lawine, wie der
Stein des Sisyphus . . . Die Sprache ist mit
großer Meisterschaft behandelt; klangvoll
u. gewichtig; in Schilderungen u. Erzählun-

gen, die nicht zur Beschleunigung des Verlaufs fast ein Drittel des Dramas einnehmen, von malerischer Schönheit; dazwischen bedeutsame, bald tiefsinnige, bald kräftige u. großherzige Gedanken. Überall begegnen wir hervorragenden Schönheiten im Einzelnen, überall sind die Spuren eines eigentümlichen dichterischen Genius; aber in Mitleidenschaft vermögen uns seine Gestalten nicht zu versetzen. So steht man vor einem gigantischen uralten Mauerwerk; wie mächtig! sagt man u. wendet sich in kühler Bewunderung ab."

Literatur: K. *Rehorn,* Die Nibelungen in der deutschen Poesie 1876; E. *Meinck,* Hebbels u. Wagners Nibelungentrilogie (Breslauer Beiträge zur Literaturgeschichte 5. Bd.) 1905; A. *Periam,* Hebbels Nibelungen, in Sources, Method and Style (Columbia University Germanic Studies 8. Bd.) 1906; Eugen *Dannenbaum,* Die Elemente der Inszenierung in Hebbels Drama 1914; W. *Landgrebe,* Hebbels N. auf der Bühne (Forschungen zur Literatur — Theater- u. Zeitungswissenschaft 1. Bd.) 1927; Kurt *May,* Hebbels N. im Wandel des neueren Hebbelbildes (Dichtung u. Volkstum 41. Bd.) 1941.

Niblein (Ps. Stein), Karl, geb. 21. Jan. 1807 zu Mistelbach in Niederösterreich, gest. 26. Jan. 1866 zu Wien, studierte das. Musik u. kam nach Reisen durch Deutschland, Frankreich u. der Schweiz als Hofschauspieler ans Burgtheater. Gleichzeitig war er Mitglied der Hofkapelle (Baß). Repräsentant urwüchsiger österreichischer Volkscharaktere. Für ihn schrieb Alexander Baumann (s. d.) die Rolle des Quantners im „Versprechen hinterm Herd". Auch Komponist von Singspielen, Operetten u. einer Oper „Der Astrolog".

Niccolai, Marianne, geb. um 1860, gest. 26. Jan. 1940, begann 1881 als Opernsängerin ihre Laufbahn in Olmütz, wirkte in Hamburg, Lübeck, Rotterdam, Magdeburg u. Posen, seit 1893 in Freiburg i. B. u. trat 1916 in den Ruhestand. Hauptrollen: Elisabeth, Elsa, Senta, Leonore („Troubadour" u. „Fidelio"), Aida, Agathe, Mignon u. a.

Nicephorus, Hermann, geb. um 1550, gest. 1625 zu Soest als Gymnasialrektor das., verdeutschte Buchananas lat. Tragödie „Jephtes" 1604.

Nichterlein, Kurt, geb. 14. Mai 1909 zu Düsseldorf, besuchte das Gymnasium das.

u. hierauf die dort. Opernschule u. das Musik-Lehrerseminar, debütierte als Dirigent mit einer Freischütz-Aufführung 1935 am Stadttheater in Hagen in Westfalen, wirkte dann am Apollotheater u. an den Städt. Bühnen in seiner Vaterstadt, am Stadttheater in Bonn, am Staatstheater in Kassel, in Meißen u. als Musikdirektor in Quedlinburg. Als Gast dirigierte er am Harzer Bergtheater Thale.

Nichthonius, Petrus, schwäbischer Dramatiker, schrieb 1614 ein Trauerspiel „Weinsbergische Belägerung vor etlich hundert Jahren, von ehelicher Weiber Trew".

Nick, Edmund, geb. 22. Sept. 1891 zu Reichenberg, Kaufmannssohn, studierte in Wien u. Graz (Doktor der Rechte), in Wien u. Dresden Musik, war 1919—33 Musikkritiker in Breslau, Kapellmeister an den Vereinigten Theatern das., 1933—35 am Kabarett Katakombe in Berlin, 1936—40 musik. Leiter am Theater des Volkes das., 1945—47 Musikkritiker in München, 1947—1949 musik. Leiter der Bayr. Staatsoperette das., 1949—52 Professor der Musikhochschule u. seither Leiter der Musikabteilung am Sender in Köln. Komponist zahlreicher Bühnenmusiken sowie von Singspielen. Bearbeiter vor Lortzings „Die beiden Schützen". Gatte der Konzertsängerin Kaethe Jaenicke.

Eigene Werke: Das kleine Hofkonzert (Musikal. Lustspiel) 1935; Xanthippe 1938; Über alles siegt die Liebe (nach Gutzkow) 1939; Dreimal die Eine (Musikal. Lustspiel) 1942; Das Halsband der Königin 1948; Paul Lincke (Bibliographie) 1953; Vom Wiener Walzer zur Wiener Operette 1954.

Literatur: E., Ein vielseitiger Musiker (Kölnische Rundschau 21. Sept.) 1956.

Nickel, Horst, geb. 1912 zu Danzig, gest. 18. Nov. 1940 das., Schüler von Cesar Klein (s. d.), war Bühnenbildner am Staatstheater das.

Nickisch, Heinz, gest. 5. Dez. 1923 zu Breslau, ausgebildet an der Hochschule für Musik in Leipzig 1945—48, wirkte als Kapellmeister für Oper u. Operette 1949—50 am Stadttheater in Altenburg u. seit 1951 am Stadttheater in Koblenz. Gatte der Tänzerin Ursel Sauer.

Nicklas, Arthur, geb. 14. Juli 1886, gest. 5. April 1945 zu Leipzig (durch Kriegseinwirkung), war Schauspieler u. a. am Metropoltheater in Berlin u. 1918—45 am Alten Theater in Leipzig.

Nicklas, Katharina, geb. 19. Nov. 1887 zu Ludwigshafen, gest. 12. Juni 1940 zu Nekkargmünd, begann ihre Bühnenlaufbahn 1912 am Stadttheater in Saarbrücken, kam 1917 als Erste Sopranistin an das Deutsche Theater in Riga, 1918 wieder nach Saarbrücken u. widmete sich seit 1919 dem Konzertgesang u. der Lehrtätigkeit.

Nicklass-Kempner, Selma, geb. 2. April 1850 zu Breslau, gest. nach 1925, am Sternschen Konservatorium ausgebildet, wirkte als Koloratursängerin am Krollschen Theater in Berlin, 1871 in Augsburg, 1872 in Aachen, 1873 in Leipzig, hierauf bis 1883 in Rotterdam u. zuletzt in Wien, wo sie sich mit dem Fabriksdirektor Georg Nicklass verheiratete. Seit 1895 war sie Lehrerin am Sternschen Konservatorium in Berlin. Frieda Hempel, ihre Schülerin, gab folgende Schilderung: „S. Nicklas-Kempner war von auffallend kleiner Statur . . . Man konnte sie, vor allem bei der Größe ihrer Nase, durchaus nicht hübsch nennen. Bedeckte sie diese mit der Hand, um uns zu zeigen, wo sich der Sitz des Tones befand, erschien mir ihre Hand sehr klein. An anderen Tagen sah ich nur ihre Augen. Wenn sie, immer gepflegt u. juwelengeschmückt, das Klassenzimmer betrat, erfüllte sie es sofort mit einem besonderen Fluidum. Wenn sie sang, traten einem unwillkürlich die Tränen in die Augen. Kein anderer Lehrer konnte Mozart mit solcher Feinheit u. einem so vornehmen Geschmack wiedergeben wie sie. Sie war Schülerin von Jenny Meyer, die fünf Jahre nach Sterns Tod das Konservatorium übernahm."
Literatur: F. Hempel, Mein Leben dem Gesang 1955.

Nicklisch, Franz, geb. 8. März 1906 zu Hesserode im Harz, Sohn von Professor Heinrich N., wurde nach Besuch der Oberrealschule u. einer Höheren Handelslehranstalt an der Theaterschule des Deutschen Theaters 1926—27 ausgebildet, debütierte 1928 als Gyges in Hebbels „Gyges u. sein Ring" am Landestheater in Halle, wirkte das. als Jugendlicher Held u. Charakterliebhaber, 1930—33 am Deutschen Theater in Berlin, 1934—45 am Staatstheater das., 1945—47 am dort. Hebbeltheater, hierauf am Schloßparktheater u. seit 1952 auch am Schiller-

theater in Berlin. Hauptrollen: Wetter vom Strahl („Käthchen von Heilbronn"), Golo („Genoveva"), Wachtmeister („Minna von Barnhelm"), Michel Hellriegel („Und Pippa tanzt" vo G. Hauptmann), Most („Der fröhliche Weinberg" von Zuckmayer), Ferdinand („Barbara Blomberg" von dems.), Rufio („Cäsar u. Kleopatra" von Shaw) u. a. Gatte von Ursula Meißner (1955 geschieden).

Nicklisch, Maria, geb. 26. Jan. 1904 zu Luckenwalde, kam 1934 aus Berlin ans Residenztheater in München u. 1935 ans dort. Schauspielhaus (unter Otto Falckenberg, s. d.), wo sie jahrzehntelang als sehr bedeutende u. eigenwillige Künstlerin wirkte. Zwischendurch trat sie auch am Deutschen Theater in Berlin u. 1941—44 am Josefstädtertheater in Wien auf. Hauptrollen: Abigail („Hexenjagd"), Anastasia („Die Ehe des Herrn Mississippi"), Cleopatra („Cäsar u. Cleopatra"), Elisabeth von England (Titelrolle in Bruckners Stück) u. a.

Nicklisch (Ps. Meißner), Ursula, geb. 30. Sept. 1925 zu Berlin, von Agnes Straub (s. d.) 1940—41 für die Bühne ausgebildet, debütierte 1942 am Staatstheater das. als Clara (in Shaws „Pygmalion"), wirkte hier bis 1945, dann bis 1954 am Theater am Schiffbauerdamm u. seither an der Volksbühne am Luxemburgerplatz in Berlin. Gattin (bis 1955) von Franz N. Hauptrollen: Beatrice („Viel Lärm um Nichts"), Rosalinde („Wie es euch gefällt"), Katharina („Der Widerspenstigen Zähmung"), Adelheid („Götz von Berlichingen"), Madame Belilotte („Bonaparte in Jaffa" von A. Zweig) u. a.

Nickmann, Hans, geb. 1865 zu Römerstadt in Mähren, gest. 29. April 1899 zu München (durch Selbstmord), wirkte als Schauspieler in Marburg an der Drau, Troppau, Würzburg, am Volks- u. Gärtnerplatztheater in München u. 1898—99 in Würzburg. Hauptrollen: Neumeister („Pension Schöller"), Robert („Ehre"), Lumpazivagabundus u. a.

Niclas, Valentin s. Niklas, Valentin.

Nicolai, Carl, geb. 17. Okt. 1785 zu Königsberg in Preußen, gest. 21. März 1857 zu Berlin, Vater von Otto N., war Tenorist an verschiedenen Bühnen, u. a. 1819—20 am Stadttheater in Riga u. lebte später als Klavier- u. Gesangslehrer in Berlin.

Nicolai, Friedrich (1733—1811), Verleger, spielte die Rolle eines Literaturpapstes der Aufklärung u. machte sich durch seine Rücksichtslosigkeit zahlreiche Gegner. Goethe charakterisierte ihn im zweiten Teil von „Faust" (Walpurgisnacht): „Sagt, wie heißt der steife Mann? — Er geht mit stolzen Schritten. Er schnopert, was er schnopern kann — Er spürt nach Jesuiten." Auch L. Tieck verspottete ihn in seinem Spiel „Prinz Zerbino oder Die Reise nach dem guten Geschmack" 1799. Bühnenheld. *Behandlung:* A. Kanne, Blepsidemus oder Nicolais literarischer Liebesbrief (Schauspiel) 1803.

Nicolai, Otto, geb. 9. Juni 1810 zu Königsberg in Preußen, gest. 11. Mai 1849 zu Berlin, kam nach harter Jugend sechzehnjährig zu Karl Friedrich Zelter u. Bernhard Klein (s. d.), die ihn musikalisch ausbildeten. Als beide Lehrer 1832 kurz nacheinander starben, nahm N. die Organistenstelle der Preußischen Gesandtschaft in Rom an, wurde 1837 als Kapellmeister ans Kärntnerthortheater nach Wien berufen, ging aber wegen Intrigen schon nach einem Jahr wieder nach Rom zurück, wo er sich dem Opernschaffen zuwandte. 1840 erfolgte in Turin die Aufführung seiner Oper „Il Templario" nach Scotts „Ivanhoe", kurz darauf kam die nächste „Il Proscritto" auf die Bühne, wurde aber durch die Primadonna Erminia Frezzolini, mit der N. kurze Zeit verlobt gewesen war, absichtlich zu Fall gebracht. Noch im gleichen Jahr folgte er einem Ruf an die Hofoper in Wien, wo er auf Anregung des Dichters Siegfried Kapper „Die lustigen Weiber von Windsor" komponierte. 1847 ging er als Domkapellmeister nach Berlin. Begründer der Konzerte der Wiener Philharmoniker 1841, die ihn alljährlich durch das traditionelle „Nicolai-Konzert" bis in die Gegenwart feiern. Tagebuch im Besitz der Handschriftensammlung der Österreichischen Nationalbibliothek.

Eigene Werke: Rosmonda d'Inghilterra 1838; Il templario (in Wien auch als „Der Templer" aufgeführt) 1840; Odoardo e Gildippe 1841; Il proscritto 1841 (in Wien als Die Heimkehr des Verbannten 1844 aufgeführt); Die lustigen Weiber von Windsor 1849; Tagebücher 1892 (mit biogr. Einleitung von B. Schröder); Briefwechsel (1832 bis 1848) 1897; Musikalische Aufsätze (Musik-Bücherei 10. Bd.) o. J.; Briefe an seinen Vater, herausg. von W. Altmann 1924.

Literatur: Schlotterer, K. O. E. Nicolai (A. D. B. 23. Bd.) 1886; G. R. *Kruse,* O. Nicolais italienische Opern (Sammelband der Internationalen Musikgesellschaft 12) 1911; Erich *Gülzow,* O. N. in Stralsund (Menschen u. Bilder aus Pommerns Vergangenheit) 1928; *Riemann,* O. N. (Musik-Lexikon 11. Aufl.) 1929; Georg Richard *Kruse,* Die drei Opernmeister von Königsberg (Zeitschrift für Musik 100. Jahrg. 11. H.) 1933; Max *Bührmann,* Zu O. Nicolais Lustigen Weibern von Windsor (Die Bühne) 1937; Kurt *Reiber,* Volk u. Oper. Das Volkstümliche in der deutschen romantischen Oper 1944; Leopold *Nowak,* O. Nicolais Reise nach Salzburg (Die Österr. Furche Nr. 19) 1949.

Nicolas, Anna, geb. 24. Aug. 1827 zu Berlin, gest. 6. Sept. 1848 das., machte ihre ersten theatralischen Versuche am dortigen Uraniatheater u. kam 1844, nach Ausbildung durch L. Tieck, an die Berliner Hofbühne, wirkte hierauf als Jugendliche Liebhaberin in Riga, gastierte in Danzig u. nach einem Engagement in Stettin zusammen mit Ch. Birch-Pfeiffer (s. d.) u. Clara Stich (s. d.) am Theater an der Wien. Baden bei Wien, Chemnitz u. Kiel waren die letzten Stationen ihrer kurzen Bühnenlaufbahn.

Nicolas, Franziska, geb. 1862, gest. 7. März 1887 zu Hamburg, Tochter von Paul N., war Schauspielerin u. a. am Lobetheater in Breslau, in späteren Jahren Souffleuse.

Nicolas, Jeanette, geb. 4. Aug. 1837 zu Droyssig bei Zeitz, gest. 12. Jan. 1902 zu Speyer. Schauspielerin.

Nicolas, Paul, geb. 1825, gest. 3. Juli 1883 zu Berlin, sollte wie sein Vater Philologe werden, ging aber zur Bühne, die er 1842 in Magdeburg betrat, kam dann ans Königstädtische Theater nach Berlin, hierauf nach Danzig, 1845 nach Kiel, nach Stettin, Hamburg, Dessau, Sondershausen, 1852 nach Aachen, 1855 nach Pyrmont-Detmold, wo er sich mit der Soubrette Johanna Lehmann (s. Frenzel-Nicolas, Johanna) verheiratete, 1848 wieder nach Berlin (Wallnertheater) u. 1859 nach Magdeburg, wo er ins Charakter- u. Väterfach überging u. bis 1865 blieb. 1869 setzte er seine Bühnenlaufbahn in Kiel fort, wurde von L'Arronge (s. d.) nach Mainz berufen, nahm 1872 seinen Abschied als Schauspieler, blieb aber der Bühne als Sekretär des Friedrich-Wilhelmstädtischen

Theaters weiterhin angehörig. Hauptrollen: Don Carlos, Mortimer, Laertes u. a.

Nicolas, Waltraut (s. Irene Cordes), geb. 5. Jan. 1897 zu Barkhausen, lebte als Sekretärin in Nürnberg. Verfasserin von Laienspielen.
Eigene Werke: Mascha u. der Krüppel 1952; Jungfrau Maleen 1952.

Nicolay, Heinrich Freiherr von, geb. 27. Dez. 1737 zu Straßburg, gest. 28. Nov. 1820 auf Schloß Monrepos in Finnland, war zuerst Gesandtschaftssekretär, dann Professor in Straßburg, Erzieher u. Lehrer des Großfürsten Paul von Rußland u. seit 1801 Mitglied des kais. Kabinetts in Petersburg. Vorwiegend Epiker, aber auch Dramatiker.
Eigene Werke: Theatralische Werke (Johanna — Dion — Familienneckereien — Der Klub 2 Bde.) 1811.
Literatur: Wilhelm *Bode,* H. v. Nicolay (A. D. B. 23. Bd.) 1886.

Nicoletti, Ella (Consuela), geb. 14. Okt. 1881 zu Wiener Neustadt, gehörte 1911—17 unter Stollberg (s. d.) dem Schauspielhaus in München an. Hierauf ging sie nach Wien, wo sie sich 1918 verheiratete. Mutter von Susi Nicoletti, Halbschwester der Schauspielerin Anna Leonardi (s. d.).

Nicoletti - Häussermann (geb. Habersack), Susi, geb. 3. Nov. 1918 zu München, Tochter von Ella Nicoletti, trat fünfzehnjährig als Tänzerin auf, wurde Erste Solotänzerin an der Hofoper in München, dann Schauspielerin an der bayer. Landesbühne das., 1936—40 wirkte sie in Nürnberg u. seither am Burgtheater. Seit 1954 Gattin von Ernst Häussermann, Direktor des Josefstädtertheaters in Wien. Kammerschauspielerin. Hauptrollen: Katharina („Der Widerspenstigen Zähmung"), Cleopatra („Cäsar u. Cleopatra" von Shaw), Käthchen von Heilbronn, Marianne („Die Geschwister"), Annchen („Jugend"), Melitta, Regine („Gespenster"), Rosalie („Ein Mädchen aus der Vorstadt"), Lottchen („Der Bauer als Millionär") u. a.
Literatur: stf., Marke Susi Nicoletti (Wiener Wochenausgabe 3. Juni) 1954; Ernst *Wurm,* S. N. (Österreichische Neue Tageszeitung Nr. 89) 1955; J. *L.,* Einen Augenblick mit S. N. (Wiener Samstag 7. Febr.) 1955; Joseph *Handl,* S. N. (Schauspieler des Burgtheaters) 1955; Friedrich *Langer,* Die attraktiven Damen der Wiener Bühne (Österreichische Neue Tageszeitung 30. März) 1958.

Nicolini (geb. Berger), Caroline, geb. 20. Dez. 1843, gest. 9. Dez. 1890 zu Bern, Gattin des Theaterdirektors Julius N. das., wirkte als Operettensängerin an österreichischen Bühnen, wo man sie als eine zweite Geistinger bezeichnete.

Nicolini, Julius, geb. 1839 zu Bern, gest. 3. Sept. 1894 zu Hilterfingen, Direktor des Stadttheaters in Bern.

Nicolini, Philipp, Theaterprinzipal des 18. Jahrhunderts, erhielt 1745 anläßlich der Krönung Kaiser Franz I. in Frankfurt a. M. die Erlaubnis, das. mit seiner Truppe Pantomimen aufführen zu dürfen, die wegen ihrer prächtigen Darstellung berühmt waren. 1745 spielte er in Frankfurt a. M., 1746 in Wien, 1747 in Prag, 1748 in Hamburg, dann in Leipzig, Dresden u. Braunschweig. Lessing lehnte die Aufführungen trotz dem großen Zulauf des Publikums ab. N. erhielt vom Herzog den Titel eines Directeur des Spectacles u. ein eigenes Haus in der Burg. Hier traten unter seiner Ägyde auch deutsche Wandertruppen auf, so die Ackermannsche Gesellschaft. 1771 mußte er infolge unglücklicher Umstände Braunschweig verlassen. Er war dann noch in Hamburg tätig. Bei Fr. L. Schröder (s. d.) stand er in hohem Ansehen. Die von N. herbeigeführte Hebung der Dekorationsmalerei bedeutet jedenfalls ein Verdienst, das ihm in der Theatergeschichte einen besonderen Platz anweist. Seine Tochter Anna galt als vorzügliche Sängerin u. ist vermutlich dieselbe kleine N., von der Lessing sagt: „Sie hat ihren Mund in den Augen". S. auch Kindertheater.
Literatur: Johann Gottlieb *Benzin,* Versuch einer Beurtheilung der pantomimischen Oper des Herrn Nicolini 1751; H. A. *Lier,* N. (A. D. B. 23. Bd.) 1886.

Niderberger, Franz (Ps. Franz Hostetter), geb. 23. April 1876 zu Stans in der Schweiz, war Doktor der Rechte u. Rechtsanwalt in Sarnen (Obwalden). Folklorist, Lyriker u. Dramatiker.
Eigene Werke: Fortunatus, der fahrende Schüler (Schauspiel) 1926; Der Emir von Akkon (Trauerspiel) 1928.

Nidetzky, Friedrich, geb. 25. Mai 1920 zu Wien, besuchte die Lehrerbildungsanstalt u. 1938—40 die Staatsakademie für Musik das., gehörte 1945—48 dem Opernstudio des Wiener Senders an, wirkte seit 1949 als Opernsänger (Bariton) am Städtebundtheater Solothurn-Biel u. seit 1956 in Linz.

Niebelschütz, Wolf von, geb. 24. Jan. 1913 zu Berlin, lebte in Hösel bei Düsseldorf, Träger des Immermann-Preises 1953, verfaßte 1956 das Lustspiel „Auswärtige Angelegenheiten".

Nieberg-Wagner, Mathilde, geb. 4. Jan. 1839 zu Hamburg (Todesdatum unbekannt), Tochter des Klavierfabriksbesitzers Johann Jakob Wagner, lebte mit ihrem Gatten Friedr. Wilh. N. seit 1907 in Neuyork. Bühnenschriftstellerin.

Eigene Werke: Es lebe der Geist (Schwank) 1893; Frauenliebe (Drama) 1894; Die erste Probe (Lustspiel) 1894; Im Freundeskreise (Dramatische Festspiele) 1902; Klas Avenstaken oder Der Pfannkuchenberg (Dramatisches Märchen) 1906; Pensionat für In- u. Ausländer (Lustspiel) 1906; Das Hoftheater (Lustspiel) 1907; Perlen bedeuten Tränen (Dramatisches Volksmärchen) 1909; Zur Kurzweil (4 Einakter) 1909.

Niebergall, Ernst Elias (Ps. E. Streff), geb. 13. Jan. 1815 zu Darmstadt, gest. 19. April 1843 das., Sohn eines großherzoglichen Kammermusikers, studierte in Gießen (befreundet mit Karl Vogt u. Georg Büchner, wo er ein richtiges Kneipenleben führte, jedoch ein theolog. Fachexamen abschloß u. sich dem Lehrberuf in Dieburg u. Darmstadt widmete. Wirkungsvoller Komödiendichter in Darmstädter Mundart, auch Erzähler.

Eigene Werke: Des Burschen Heimkehr oder Der tolle Hund (Lustspiel) 1837; Datterich (Lustspiel) 1841; Dramatische Werke, herausg. von Georg Fuchs 1894 (mit Biographie).

Literatur: Franz *Brümmer,* E. E. Niebergall (A. D. B. 52. Bd.) 1906; Karl *Esselborn,* E. E. N., Sein Leben u. seine Werke 1922; ders., E. E. N. (Hessische Biographie 2. Bd.) 1927; M. *Zobel v. Zobeltitz,* Zu Niebergalls Lustspielen (Zeitschrift für deutsche Philologie 62. Jahrg.) 1937; K. H. *Ruppel,* N. u. das Darmstädter Volksstück (Köln. Zeitung Nr. 200) 1843; ders., Niebergalls Gedächtnis in Darmstadt (Ebda. Nr. 226/27) 1943.

Nieblich, Werner, geb. 11. Sept. 1907 zu Dresden, war bis 1933 Leiter des Kurorchesters in Bad Lagow, dann Musikkritiker der „Dresdner Neuesten Nachrichten", 1946 bis 1947 Leiter des Kulturamtes der Stadt Dresden u. Kritiker der „Sächsischen Zeitung",

seit 1949 freier Musikschriftsteller u. Dozent für Musikgeschichte an der Chorfachschule das.

Eigene Werke: Meister der Musik 1950; 5000 Jahre Musik 1950; Operette einst u. jetzt 1957 u. a.

Nieborowski, Paul Waldemar (Ps. P. W. v. Marienburg), geb. 9. Febr. 1873 zu Ornontowitz bei Pleß, wo sein Vater ein Eisenwerk besaß, einer alten oberschlesisch-mährischen Familie entstammend, studierte in Breslau (Doktor der Philosophie) u. wirkte nach der Priesterweihe (1897) in der Seelsorge, seit 1905 als Pfarrer in Reichthal, später Direktor des von ihm 1921 gegründeten Wahlstatt-Verlags in Breslau. Publizist u. Bühnenautor.

Eigene Werke: Damian, der Mohrenknabe (Weihnachtsdrama) 1903; Die Revolution von Rummelsburg (Schwank) 1903; Weihnachten im Himmel (Weihnachtsdrama) 1904; Des Bettelkindes Weihnachtstraum (Weihnachtsdrama) 1904; Alexander (Trauerspiel) 1904; Die Wahnsinnige von Ajin-Musa (Drama) 1906; Der alte Küster (Weihnachtsdrama) 1906; Weihnachten in Südwest-Afrika (Drama) 1907; Die Liebe siegt (Drama) 1909; Trotzkopfs heilige Nacht (Märchendrama) 1913; Zacharias (Trauerspiel) 1922; Milli, die Heldenjungfrau (Lustspiel) 1923; Das verlorene Schäfchen (Singspiel) 1923; König Brummbär (Märchenspiel) 1923; Frau Herzogin näht (Historisches Lustspiel) 1924; Die Perle (Mysterienspiel) 1928.

Niebour, Minna (Ps. Adolf Wahn), geb. 14. Okt. 1863 zu Varel, gest. 21. Mai 1930 zu Schwabing, lebte als Studienrätin in Frankfurt a. M. Dramatikerin.

Eigene Werke: Die Tragödie vom Sterben (Drama) 1911; Staufenblut (Drama) 1911; Zagen u. Wagen (Drama) 1913; Deutscher Boden (Drama) 1916; Die Rose von Altena (Drama) 1927.

Niedecken - Gebhard, Hans Ludwig, geb. 4. Sept. 1889 zu Oberingelheim, gest. 7. März 1954 zu Michelstadt im Odenwald, Kaufmannssohn, studierte in Lausanne, Leipzig u. Halle (Doktor der Philosophie), war 1919 bis 1920 Volontär am Neuen Theater in Frankfurt a. M., 1920—21 am dortigen Opernhaus, 1921—22 Oberregisseur am Stadttheater in Münster, 1922—24 in Hannover, 1924—27 Intendant des Stadttheaters in Münster, 1927 Regisseur der Staatsoperette in Berlin, 1931—33 Oberregisseur an der Metropolitan-Oper in Neuyork, 1941 bis 1945 Professor an der Musikhochschule in Leipzig u. seit 1947 Professor der Theaterwissenschaft in Göttingen.

Literatur: R. M., Der letzte Gentleman (Hamburger Anzeiger 8. März) 1954.

Niederführ, Hans, geb. 19. Juli 1902 zu Znaim in Mähren, studierte in Wien (Doktor der Philosophie), besuchte auch die Hochschule für Musik u. darstellende Kunst das. u. das Reinhardt-Seminar, dessen Direktor er später wurde, wirkte als Regisseur bei den Salzburger Festspielen mit u. war zuletzt Professor der Theaterwissenschaft in Wien. Verfasser theaterwissenschaftl. Arbeiten („Alt-Wiener Theater", „Hundert Jahre Wiener Theaterschule").

Niederhof, Wilhelm, geb. 8. Aug. 1866, gest. 21. Nov. 1899 zu Darmstadt, war Musikdirektor am Hoftheater das.

Niederhofer (Ps. Nordi), Hans, geb. 1902, gest. 20. März 1936 zu München, wirkte als Sänger u. Schauspieler in Heidelberg u. am Landestheater in Neustrelitz.

Niederle, Bertha, geb. 14. Aug. 1887 zu Hohenmauth in Böhmen, Tochter des Obersten M. v. Victorin, Witwe nach Rittmeister Othmar Niederle, Bibliothekarin der Österr. Nationalbibliothek (Theatersammlung), seit 1953 im Ruhestand. Vorwiegend Theaterhistorikerin u. Erzählerin.

Eigene Werke: Der Nachlaß Josef Kainz (Veröffentlichungen der Nationalbibliothek. Kataloge der Theater-Abteilung 4. Bd.) 1942; Tragische Geschicke im Wiener Bühnenleben 1947; Charlotte Wolter. Leben, Werden u. Briefe der großen Tragödin. 1949.

Niederlein (Ps. Derley), Marga (Geburtsdatum unbekannt), gest. 22. Mai 1898 zu München, war Schauspielerin in Neiße u. a., zuletzt in Zwickau. Hauptrollen: Generalin („Kinder der Exzellenz"), Wittichen („Die versunkene Glocke"), Brigitte („Der Pfarrer von Kirchfeld"), Olivarez („Don Carlos") u. a.

Niedermann, Wilhelm, geb. 1841 zu Zürich, gest. 26. Jan. 1906 das., studierte zuerst Theologie, gab aber in Basel das Studium auf, ging als Schauspieler zur Bühne, die er nach zwanzig Jahren verließ, um sich journalistisch zu betätigen, u. gründete in Zürich den „Merkur", ein Organ für Geschäfts-

reisende, das er bis 1905 leitete. Auch Bühnenschriftsteller.

Eigene Werke: Züritüütsch (Dramatisches Lebensbild) 1902; Vereins- u. Haustheater (Einaktige Lustspiele: Ferieversorgig — Terzett mit Hindernisse — Us em Welschland — Züritüütsch) 1905.

Niedermeyer, Felix, geb. 1847, gest. 6. Juni 1880 zu Breslau, wirkte als Jugendlicher Held u. Liebhaber am Residenztheater in Berlin, in Dresden u. seit 1878 am Lobetheater in Breslau. Auch als Dichter schlesischer Mundartlieder war N. bekannt.

Niedermeyr, Ridi s. Meininger, Ridi.

Niedermoser, Otto Wilhelm, geb. 5. Mai 1903 zu Wien, besuchte die Akademie der bildenden Künste das. u. debütierte als Bühnenbildner 1924 am dort. Josefstädtertheater, dessen langjähriger Ausstattungschef er wurde. Daneben arbeitete er aber auch für das Burg-, Akademie- u. Volkstheater, für die Volksoper u. a. Bühnen der Stadt, für das Deutsche Theater u. die Kammerspiele in Berlin u. für das St. James Theatre in London. Prof. u. Leiter der Klasse für Bühnen- u. Filmgestaltung, Dozent am Reinhardt-Seminar in Wien.

Literatur: Anonymus, Gesuchter Spezialist für Interieurs, Dreimal: Bühnenbild Niedermoser (Neuer Kurier, Wien 25. Mai) 1955.

Niedlich (Ps. Frederigk), Hans, geb. 17. Jan. 1845 zu Berlin, gest. 1920 zu Braunschweig, Sohn eines Hofrates, humanistisch gebildet, von Philipp Düringer (s. d.) für die Bühne vorbereitet, begann seine Laufbahn in Bremen 1863, kam dann über Hamburg, Dessau, Graz u. Stuttgart ans Josefstädtertheater u. Theater an der Wien in Wien, wirkte als Charakterspieler 1873—86 am Residenztheater in Dresden, hierauf am Walhalla-Operettentheater in Berlin, seit 1882 ausschließlich als Regisseur, u. nahm 1888 ein lebenslängliches Engagement am Hoftheater in Braunschweig an, dessen Intendant er wurde. Hauptrollen: Franz Moor, Narziß, Mephisto, Doktor Klaus, Jago u. a.

Niedlich (Ps. Jörg Joachim), Joachim Kurd, geb. 5. Juli 1884 zu Baudach bei Sorau in der Niederlausitz, gest. 27. Nov. 1928 zu Berlin, studierte in Straßburg u. Greifswald (Doktor der Philosophie), war wissenschaftl. Hilfslehrer in Oberstein u. seit 1913 in Berlin. Teilnehmer am Ersten Weltkrieg als

Offizier. 1921 gründete er den „Bund für Deutsche Kirche" u. leitete seither die Zeitschrift „Die Deutschkirche". Vorwiegend Dramatiker.

Eigene Werke: König Saul (Drama) 1908; Und deine Seele wird ein Schwert durchdringen (Drama) 1908; Des Wölsung Weib (Drama) 1910; Ragnarok (Drama) 1921; Der Heiland (Deutsches Weihespiel in 4 Abenden) 1923—24.

Niedt, Ernst, geb. 23. Okt. 1844 zu Berlin, gest. 21. Mai 1902 zu Wien, Sohn von Konrad N. u. Bruder von Julius N., wirkte erstmals in einer Knabenrolle am Wallnertheater in Berlin, war dann bei einer Wandertruppe in Brandenburg tätig, hierauf in Chemnitz, Weimar, Köln, Oldenburg u. 1878 bis 1886 wieder am Wallnertheater in Berlin, später am Belle-Alliance- u. Ostend-Theater, 1890—91 am Bürgerl. Schauspielhaus das. u. ging 1891 nach Wien, wo er am Carltheater u. seit 1895 auch am Josefstädtertheater auftrat. Von seinen zahlreichen Schwänken u. Volksstücken wurde „Jung Deutschland zur See" in Berlin 150mal aufgeführt. Direktor der „Österr. Bühnengenossenschaft".

Eigene Werke: Von Schrot u. Korn (Volksstück) 1889 (mit L. Ely); Die Gefreitenknöpfe (Schwank) 1894; Schlauberger (Schwank) o. J. u. a.

Niedt, Fritzi, geb. 12. Nov. 1877 zu Iglau in Mähren, Tochter von Julius N., trat schon als Klosterzögling auf der Bühne des Hauses auf, bekam von Louisabeth Mathes-Roeckel (s. d.) dramatischen Unterricht, begann ihre Laufbahn als Naive u. Jugendlich-Sentimentale 1894 in Marburg (Steiermark), kam dann nach St. Pölten, Klagenfurt, Breslau, Graz, Halle u. 1900 ans Deutsche Landestheater in Prag. Hauptrollen: Käthchen von Heilbronn, Melitta, Cordelia, Anna Birkmaier, Rautendelein u. a.

Niedt, Julius, geb. 1853, gest. 12. Sept. 1905 zu Prag (durch Selbstmord), Bruder von Ernst N., leitete die Theater in St. Pölten u. Gleichenberg, war Schauspieler u. a. in Innsbruck u. Troppau, 1896—1903 Oberspielleiter am Stadttheater in Breslau, hierauf am Deutschen Theater in Milwaukee u. zuletzt dramatischer Lehrer in Prag. Vater von Fritzi N.

Niedt (geb. von Maltzahn), Klara, geb. 1823 zu Berlin, gest. 9. März 1894 zu Neuruppin,

Schauspielerin, Gattin des Regisseurs Konrad Niedt, Mutter des Oberregisseurs Ernst u. von Julius N.

Niedt, Konrad, geb. 12. Jan. 1825 zu Schwerin, gest. 2. Aug. 1890 zu Neuruppin, war Erster Liebhaber u. Charakterdarsteller an verschiedenen Provinzbühnen, bis er 1856 ans Wallnertheater in Berlin kam, wo er ins humoristische Fach überging. 1859 wirkte er am neueröffneten Viktoriatheater das., 1861—69 in Riga, hierauf am Thaliatheater in Frankfurt a. M., Graz, Brünn u. Lübeck. 1886 nahm er seinen Bühnenabschied. Gatte von Klara N., Vater von Ernst u. Julius N.

Niedt, Konrad, geb. 1869, gest. 9. Aug. 1934 zu Berlin, aus der Familie der Vorigen, gehörte als Schauspieler u. Regisseur auch der Bühne an, u. a. in Stendal.

Niedt, Sylvia, geb. 1862, gest. 2. Sept. 1932 zu Berlin, wirkte als Soubrette in Reval, Kiel, Oeynhausen, an verschiedenen österreichischen Bühnen, später als Komische Alte in Bautzen, Schaffhausen, Solothurn, Bochum, Stolp u. Hamborn. 1925 nahm sie ihren Bühnenabschied.

Niehaus, Ruth, geb. 11. Juli 1928 zu Krefeld, an der Schauspielschule in Düsseldorf für die Bühnenlaufbahn vorbereitet, die sie 1947 am Stadttheater in Krefeld begann, 1948 am Deutschen Schauspielhaus in Hamburg u. 1949 am Staatstheater in Oldenburg fortsetzte, kam 1952 ans Schauspielhaus in Düsseldorf u. 1955 wieder zurück nach Hamburg an die Kammerspiele. Hauptrollen: Luise („Kabale u. Liebe"), Ophelia („Hamlet"), Johanna („Die heilige Johanna" von Shaw), Kreusa („Medea"), Lucile („Dantons Tod"), Pippa („Und Pippa tanzt"), Johanna („Prozeß der Jeanne" von Maulnier u. „Johanna u. ihre Richter" von dems.) u. a. Ihre Jeanne d'Arc bei den Europa-Festspielen in Echternach 1954 erregte Aufsehen.

Literatur: Wilhelm *Mogge,* Der Prozeß der J. d'Arc (Köln. Rundschau Nr. 188 a) 1954.

Niehoff, August (Geburtsdatum unbekannt), gest. im Aug. 1956 zu Rheydt, wirkte als Schauspieler u. Spielleiter seit 1911 in Frankfurt a. M. (Rhein-Mainisches Verbandstheater), Düsseldorf, u. kam nach Kriegsdienst 1919 nach Rheydt. Mitbegründer des dort. Stadttheaters.

Niehr, Gustav, geb. 5. Juli 1867 zu Neu-

Strelitz, gest. 17. Juli 1899 zu Dessau, wirkte als Musikdirektor am Hoftheater das.

Niehr-Bingenheimer, Wilhelmine, geb. 9. Mai 1859 zu Mindelheim, gest. 17. Juli 1909 zu Dessau, war Kammersängerin, zuletzt Gesangslehrerin das. u. wirkte 1880 bis 1894 in St. Gallen, Dessau, Köln u. a. Hauptrollen: Elsa, Senta, Elisabeth, Brünnhilde, Agathe u. a.

Niehus, Rolf (Geburtsdatum unbekannt), war 1946—48 Schauspieler in Kreuznach u. Westerland, 1951—52 am Theater am Roßmarkt in Frankfurt a. M., 1953—55 in Osnabrück u. seit 1955 an den Städt. Bühnen in Gelsenkirchen. Hauptrollen: Theobald („Agnes Bernauer"), Dr. Kegel („Die Ratten"), Mölfes („Schneider Wibbel") u. a.

Nielsen, Asta, geb. 11. Sept. 1881 zu Kopenhagen, wurde von Filmregisseur Urban Gad, ihrem Gatten, entdeckt u. spielte in der Glanzzeit des Stummfilms eine große Rolle. Seit 1925 trat sie aber auch auf deutschen Bühnen auf, u. a. 1928 in München.
Literatur: E. M. *Mungenast,* A. Nielsen 1928.

Nielsen, Eduard, geb. 2. Febr. 1906 zu Arbon im Thurgau, gelernter Kaufmann, arbeitete 1924—31 als Hotelangestellter in der Schweiz, in Belgien u. Dänemark u. kehrte dann zu seinem ursprünglichen Beruf zurück, den er seit 1941 in Zürich ausübte. Bühnenschriftsteller (Verfasser vorwiegend von Schwänken).
Eigene Werke: Durenand bis Städelis 1945; S Rundstrecke - Meitli 1946; De Schlagge-Fritz hät Päch 1947; Chloote-Neuyork 1948; De Millionegraf (Lustspiel) 1950; E räntabli Chranket (zusammen mit Ernst Gassmann) 1950; Wer isch verruckt? (mit dems.) 1950; Drü gueti Nummere 1951 (mit dems.); De verliebt Großvater 1951 (mit dems.); Dryssg Jahr bi de Mänschefrässer 1952 (mit dems.); Im Wirtshus zum Waldrand 1952 (mit dems.).

Nielsen, Hans, geb. 30. Nov. 1911 zu Hamburg, zuerst Kaufmannslehrling, nahm bei Albrecht Schoenhals u. Erich Ziegel Schauspielunterricht, debütierte 1932 an den Kammerspielen in seiner Vaterstadt, wirkte 1934 in Augsburg, 1935 in Kiel, 1936—38 am Alten Theater in Leipzig, 1938 in Berlin u. seit 1945 in München, Düsseldorf u. Berlin. Hauptrollen: Ferdinand („Kabale u. Liebe"),

Higgins („Pygmalion"), Baron Neuhoff („Der Schwierige"), Morell („Candida") u. a.

Niemann, Albert, geb. 15. Jan. 1831 zu Erxleben, gest. 13. Jan. 1917 zu Berlin, Sohn eines Gastwirtes, sollte Techniker werden, ging jedoch achtzehnjährig als Statist u. Chorist, im Stephaneum in Aschersleben vorgebildet, zum Theater, spielte bei der Truppe Martini in Dessau u. Helmstedt zunächst kleine Rollen, ebenso an verschiedenen Bühnen in Stettin, Worms, Halle, Darmstadt, Berlin, Königsberg, bis ihn der Intendant Botho von Hülsen (s. d.) für die Oper ausbilden ließ. 1854 sang er in Insterburg den Tannhäuser, 1855 in Hannover den Max im „Freischütz". Bald war er auf zahlreichen Gastspielen erster Wagner-Sänger. 1858 traf er in Zürich mit R. Wagner erstmals zusammen. 1860, als er in Wiesbaden auftrat, suchte ihn Meyerbeer für sich zu gewinnen. Im gleichen Jahr sang er u. a. vor Napoleon III. in Baden-Baden, der ihn bald auch in Paris zu hören wünschte. 1864 begeisterte sich Ludwig II. von Bayern in München für ihn. 1866 wurde er Mitglied des Hoftheaters in Berlin, nach Lilli Lehmann „der führende Geist, nach dem sich alles richtete." 1872, bei der Begründung des Bayreuther Festspielhauses, entwickelte sich sein zwischendurch infolge verschiedener Umstände getrübtes persönliches Verhältnis zu Wagner zu einem wahrhaften Freundschaftsbund. Eine großartige Leistung bot N. als Siegmund bei der Aufführung der Tetralogie in Bayreuth. Wagner selbst schrieb 1877 rückschauend auf die festlichen Tage: „Gewiß hat nie einer künstlerischen Genossenschaft ein so wahrhaft nur für die Gesamtaufgabe eingenommener u. ihre Lösung mit vollendeter Hingabe zugewideter Geist innegewohnt, als er hier sich kundgab . . . Beseelten diese Gefühle uns alle, so will ich doch, u. wenn auch nur zur Freude seiner Genossen, A. Niemann in diesem Sinne als das eigentliche Enthusiasmus treibende Element unseres Vereins mit Namen nennen. Alle würden eine Lähmung empfunden haben, wenn seine Mitwirkung in Zweifel hätte gezogen werden sollen." Niemanns Biograph R. Sternfeld faßte in einer Gesamtwürdigung die Vorzüge zusammen, die den Ruhm des großen Sängers für alle Zeiten verbürgen: „Eine alles bezwingende Persönlichkeit war N. Seine Erscheinung hatte etwas Altgermanisches: als wenn sich aus grauer Vorzeit durch das Geheimnis des Blutes ein Sproß in eine kleine Gegenwart verirrt hätte, die ihn furchtsam bewundert, so steht er da mit dieser unverwüstlichen Körperkraft. Auf der Bühne ist eine solche Gestalt etwas ganz Seltenes. N. brauchte nicht erst den Kothurn zu besteigen, er war der geborene Held. Sein herrlicher Wuchs, seine hohe Gestalt lenkten sofort auf ihn die Blicke; um Haupteslänge überragte er alles Bühnenvolk u. trat damit von selbst in den Mittelpunkt, ohne es darauf anzulegen. Unnachahmlich schön war sein Gesang, hoheitsvoll u. elastisch zugleich; seine Schritte waren umso bedeutender, je sparsamer sie waren, denn N. besaß die schwere Gabe des ruhigen Stehens in hohem Maße. Seine Gebärde war groß u. eindrucksvoll; aber nicht von konventionellen Gesten, sondern alles natürlich, wie vom Augenblick eingegeben, so durchdacht es auch sein mochte. Überhaupt: wer N. etwa einen großen Naturalisten nennen wollte, in dem Sinne, daß ihn sein Genie der künstlerischen Arbeit überhoben hätte, der würde fehlgehen. Im Gegenteil, er selbst hat betont, wie sehr er sich von den Naturalisten unterschied: ,Wer von den heutigen Darstellern lernt noch, wie man einen Dolch oder ein Schwert herauszieht? Ich habe es bei Duprez methodisch gelernt.' Hier also hatte ,Natur mit Kunst gehandelt.' Nie kam eine Bewegung wie einstudiert heraus, sondern immer wie aus dem dramatischen Motiv des Moments entstanden, eigentümlich u. charakteristisch, durch Kürze u. Prägnanz überraschend oder durch Größe u. männliche Kraft berückend. Wenn N. meistens eine andere Gebärde machte, als man es von seinen Kollegen an dieser Stelle gewöhnt war, so wirkte das nicht nur interessant, sondern auch überzeugend. Er lehrte so recht das Unnatürliche des althergebrachten Spiels der stereotypen Operngesten erkennen u. belächeln. Er wandte sich nie zum Publikum, das für ihn nicht vorhanden war, drängte sich nie vor; keine Spur von gefallsüchtigen Schönheitsposen, aber auch nichts von Kraftmeierei u. heldischem Getue. Er spielte nicht in dem Sinne wagnerisch, daß jede Gebärde genau einem Motiv oder einer orchestralen Figur entsprechen müsse; mit kleinen Dingen gab er sich nicht ab, sondern wirkte durch große Züge, er bot meist nur das Notwendigste, aber mit einer Plastik, die alles hinriß u. in seinem Banne festhielt. Dazu kam etwas ganz Seltenes: der Blick. Dieses Requisit findet sich gewöhnlich nicht in der Garderobe unserer Schauspieler; andererseits wird keinem

Kenner des Wagnerschen Kunstwerkes entgehen, welche Mitwirkung dem Blicke darin zukommt. Man denke nur an den ersten Akt der ,Walküre' oder des ,Tristan', wo in der Tat der Augen-Blick dem Augenblicke seine dauernde dramatische Bedeutung verleiht. Hier muß das Auge mit den Instrumenten im Sprechen wetteifern. Mit dem guten Willen ist es dabei aber nicht getan; die Natur muß vorgesorgt haben, damit die richtigen Intentionen auch in den großen Räumen der Opernhäuser wahrgenommen werden. In dieser Hinsicht war nun N. wunderbar begabt; aus großen, runden, etwas hervortretenden Augen strahlte ein mächtiger, ernster, tragischer Blick, der sich tief in die Augen des Gegenspielers zu versenken schien u. dem stummen Spiel erst die rechte Beredheit gab. Am schwierigsten ist Niemanns Stimme zu charakterisieren, schon deshalb, weil sie so sehr verschieden sich vernehmen ließ. Der Sänger war oft indisponiert; der Kampf mit dem Objekt wurde ihm schwerer gemacht als so vielen weniger bedeutenden Kollegen. Von einer gleichmäßigen Schönheit konnte dann kaum die Rede sein; die Kantilene war oft zerhackt u. kurzatmig; die Vokalisation nicht immer edel; die Töne drangen nicht frei, sondern nasal gehemmt hervor. Dies machte sich aber doch erst in späteren Jahren geltend, wo dann auch die Höhe nicht mühelos ansprach. In seinen besten Jahren war das Organ ein prachtvoller Tenor mit baritonaler Färbung. N. war kein Ritter vom hohen C, dafür aber besaß er eine kräftige Mittellage; er prunkte nicht mit süßlichen Falsettönen, wußte aber sehr geschickt die Register zu verbinden. Dazu die gewaltige Stärke u. die Deutlichkeit der Aussprache, damals noch eine Seltenheit. Doch all diese Dinge, die bei den Tenören sonst die Hauptsache sind, waren bei diesem Sänger wirklich nur Nebensächliches. Denn die unerhörte Kraft des Ausdrucks ließ die Frage, ob diese oder jene Stelle mehr oder weniger schön gesungen worden, gar nicht aufkommen. Wer N. nicht gehört hat, kann sich eigentlich nicht vorstellen, wie weit die Fähigkeit zu gehen vermag, durch die Modulation des Sprach-Gesanges jeden möglichen Effekt hervorzubringen. Ihm standen alle Färbungen zu Gebote, nicht nur für Liebe u. Haß, Trauer u. Jubel, Schmerz u. Freude, sondern auch für Zorn, Verzweiflung, Hohn, Spott, Verachtung. N. hatte eine Anzahl ihm ganz eigentümlicher Mittel, die Drastik des Ausdrucks zu steigern u.

die Leidenschaften ganz zu entfesseln, wobei er bis an die Grenzen des Schönen ging. Er gab z. B. dem stark ausgehaltenen Vokal a eine gewisse sinnliche Vibration, die eine unfehlbare Wirkung hervorbrachte. Seine Wucht, sein Temperament warfen alles nieder; es war oft eine Manier al fresco: er ließ wohl zehn Takte, die ihm nicht lagen, unter den Tisch fallen u. hob den elften zu einem so grandiosen Effekt empor, daß sich die Hörer doch diesem angeborenen Genie, dieser vulkanischen Gewalt beugten." 1876 trat N. als Tristan auf. Die Darstellung war, wie Wagner selbst bemerkte, „eine fabelhafte Tat." In dieser Rolle nahm N. 1888 von der Bühne Abschied. Seit 1859 Gatte der Schauspielerin Marie Seebach u. nach Trennung seit 1870 von Hedwig Raabe.

Literatur: Leopold *Schmidt*, Aus der Berliner Bühnenwelt (Bühne u. Welt, 3. Jahrg.) 1901; *Eisenberg*, A. Niemann (Biogr. Lexikon) 1903; R. *Sternfeld*, A. N. 1904; ders., A. N. (Das Theater 4. Bd.) 1905; Carlos *Droste*, A. N. (Die Deutsche Bühne 8. Jahrg.) 1906; Theodor *Lessing*, Aus der großen Zeit (Die Schaubühne 7. Jahrg.) 1911; E. *Vely*, Aus dem Leben von A. N. (Die Deutsche Bühne 13. Jahrg.) 1911; G. *Zepler*, A. N. (Sozialistische Monatshefte 114. Bd.) 1917; H. v. *Wolzogen*, A. N. (Neue Musikzeitung 38. Jahrg.) 1917; J. *Korngold*, A. N. (Neue Freie Presse 14. u. 16. Jan.) 1917; E. *Zabel*, A. N. (Tägl. Rundschau 15. Jan.) 1917; Edgar *Reinèrdes*, A. N. (Deutsches Bühnenjahrbuch 29. Jahrg.) 1918; W. *Altmann*, R. Wagner u. A. N. (Gedenkbuch, nebst einer Charakteristik Niemanns von seinem Sohn Gottfried N.) 1924 (darin auch Niemanns Tagebuch 1849—55); W. *Golther*, A. N. (Deutsches Biogr. Jahrbuch 2. Bd.) 1928; O. *Ritzau*, A. N. (Lebensbilder großer Stephaner) 1930.

Niemann (geb. Michaeli), **Anna**, geb. (Datum unbekannt) zu Essen, gest. 7. Nov. 1951 zu Heppenheim an der Bergstraße (bei der Geburt ihres ersten Kindes), Tochter eines Arztes, studierte in Prag (Doktor der Philosophie) u. war Schauspielerin am Stadttheater in Regensburg. Hauptrollen: Georg („Götz von Berlichingen"), Ophelia („Hamlet"), Putzchen („Des Teufels General") u. a. Gattin von Harry Niemann.

Niemann, **Clarissa** s. Heidmann, Karl.

Niemann, **Harry**, geb. 4. Okt. 1920 zu Berlin, studierte das. Theatergeschichte, nahm bei Willy Maertens (s. d.) u. Helmuth Gmelin (s. d.) Schauspielunterricht, debütierte 1946 an den Kammerspielen in Hamburg, war 1947—50 Jugendlicher Liebhaber u. Bonvivant am Stadttheater in Regensburg, hierauf bis 1954 in Bremerhaven u. seither an den Städt. Bühnen in Bielefeld. 1947—49 Herausgeber der Blätter des Stadttheaters in Regensburg, 1950—51 der Programmhefte der Städt. Bühnen Bremerhaven. Hauptrollen: Wilhelm (Die Geschwister*), Schluck („Schluck u. Jau"), Dr. Jura („Das Konzert"), Knuzius („Der fröhliche Weinberg") u. a. Gatte von Anna Michaeli (s. Niemann, Anna).

Niemann, **Karl**, geb. 18. Juni 1817 zu Helmstedt, gest. 8. Mai 1895 zu Warmbrunn, wirkte als Schauspieler u. Regisseur seit 1870 bei der Direktion Georgi in Neiße, Schweidnitz u. Warmbrunn. 1885 nahm er seinen Bühnenabschied.

Niemann, **Karl**, geb. 25. Mai 1854 zu Dessau, gest. 22. Okt. 1917 zu Potsdam, studierte in Leipzig, Göttingen u. Berlin, war Lehrer in Ballenstedt u. Köthen, lebte später als freier Schriftsteller in Potsdam u. Berlin. Vorwiegend Bühnenautor. Seine historische Komödie „Wie die Alten sungen" erzielte in vier Jahren am Kgl. Schauspielhaus in Berlin allein 100 Aufführungen.

Eigene Werke: Gudrun (Operntext) 1882; Eingeschlossen (Lustspiel) 1894; Wie die Alten sungen (Lustspiel) 1895.

Niemann, **Oscar**, geb. um 1860, gest. 17. Aug. 1893 zu Nervi an der ital. Riviera, Sohn von Albert N. u. seiner ersten Gattin Marie Seebach, humanistisch gebildet, studierte Gesang bei Lamperti in Mailand u. wirkte als Baßbuffo (Mime in „Rheingold" u. „Siegfried") 1889 bei der Nibelungen-Aufführung Angelo Neumanns (s. d.) in Petersburg mit. Auch Komponist u. Porträtmaler.

Niemann-Raabe, **Hedwig**, geb. 3. Dez. 1844 zu Magdeburg, gest. 20. April 1905 zu Berlin, Tochter eines Theaterdekorationsmalers Raabe, betrat schon als Kind während eines Gastspiels Emil Devrients (s. d.) am Stadttheater ihrer Vaterstadt als Infantin Clara Eugenia im „Don Carlos" die Bühne, spielte mit 12 Jahren in Magdeburg die Titania im „Sommernachtstraum", begann ihre eigentliche Laufbahn 1859 am Thaliatheater in Hamburg unter Chéri Maurice (s. d.), wirkte dann am Stadttheater in Stettin, kam 1860 ans Wallnertheater nach Berlin, bildete sich bei M. Frieb-Blumauer (s. d.) weiter für die Bühne aus, ging 1862 nach Mainz, als Gast im gleichen Jahr ans Burgtheater, 1863 nach Prag, 1864 nach Petersburg, wo sie als geniale Naive u. Muntere Liebhaberin großen Erfolg hatte, steigerte ihren Ruf auf zahlreichen Gastspielreisen, u. wurde 1883 Mitglied des Deutschen Theaters in Berlin, vorwiegend im Fach der Salondame tätig. Seither gab sie bis 1890 hauptsächlich weitere Gastspiele. Zweite Gattin von Albert Niemann (s. d.), Schwester von Marie Raabe, die 1865—88 als Schauspielerin in Magdeburg, Berlin, Petersburg, Stettin, Bremen, Amsterdam u. Graz wirkte u. mit dem Schauspieler Hans v. Pindo verheiratet war. Nach der Erstaufführung der „Minna von Barnhelm" am Deutschen Theater in Berlin schrieb Otto Brahm in der Vossischen Zeitung über ihre Franziska: „Gesund u. wahr u. reich, wie das Leben selbst, von tausend humoristischen Lichtern umspielt, stand diese Figur vor uns da: von Lessingschem Geiste erfüllt. Nichts Drolligeres als die stockende Naivität, mit der diese Franziska die erfundene Geschichte von der Enterbung ihres Fräuleins vorträgt; nichts Treuherzigeres als der entrüstete Eifer, mit dem sie dem Spitzbuben Riccaut nachschilt. Mit einem Worte, mit einer Handbewegung reißt die begnadete Künstlerin alle hin". Ludwig Barnay, der sie u. a. „die entzückende Naive" nannte, hob besonders ihre selbstverständliche Einordnung in das Ensemble hervor: „H. N., die herrliche Künstlerin, deren Leistungen unvergessen bleiben werden, war in ihrem Bestreben, sich dem Ganzen unterzuordnen, geradezu rührend; mit gespannter Aufmerksamkeit horchte sie auf jede belehrende Bemerkung des Regisseurs, auf jedes tadelnde Wort eines Kollegen u. war mit fügsamer Liebenswürdigkeit unausgesetzt bemüht, das Höchste u. Vollendetste in der Verkörperung ihrer schauspielerischen Aufgaben anzustreben. Gar manche junge Anfängerin, die auf der Bühne weder gehen noch stehen, weder sprechen noch denken kann, hätte von dieser großen Künstlerin lernen können, mit welcher Bescheidenheit u. Ängstlichkeit, mit welcher heiligen Scheu u. ernsten Gewissenhaftigkeit der Künstler an seine Aufgaben herantreten soll u. muß, will er dem Kenner u. vor allem Dingen sich selbst genügen." Aber auch die Kolleginnen anerkannten ihre Einmaligkeit. Helene Odilon (s. d.) äußerte („Lebenserinnerungen" 1909): „Das war eine Künstlerin non plus ultra. Bei ihr hat man gelacht, geweint — himmelhoch jauchzend u. zu Tode betrübt. Alles konnte sie mit dem Publikum machen. Sie wußte jede Rolle zu spielen. Sie hat selbst ein paar Sätzen noch eine künstlerische Seite abgewonnen. Die H. N. brauchte einfach nur zu erzählen — traurig oder lustig — schon war das Publikum gerührt oder in die heiterste Laune versetzt . . . Ob die Rolle nun eine Aristokratin oder ein einfaches Mädel vom Lande war — was sie auch gespielt hat, das war sie bis in die Fingerspitzen hinein". Hauptrollen: Lorle, Cyprienne, Marianne, Nora u. a. *Literatur:* Dora *Duncker,* H. Niemann-Raabe (Bühne u. Welt 4. Jahrg.) 1902; *Eisenberg,* H. N.-R. (Biogr. Lexikon) 1903; Ludwig *Barnay,* Erinnerungen 2 Bde. 1903; M. G. *Sarneck,* H. N.-R. (Die Bühnengenossenschaft 7. Jahrg. Nr. 1) 1955.

Niemann-Seebach, Marie s. Seebach, Marie.

Niemar, Gerd, geb. 15. Juli 1906 zu Braunschweig, wurde von 1925—28 zum Operettentenor ausgebildet, debütierte in Dortmund, wirkte 1930 in Gera, 1933—36 in Berlin u. Augsburg, 1936—37 in Magdeburg, 1937—38 in Chemnitz, 1938—39 in Innsbruck, 1939—44 in Danzig, nach dem Zweiten Weltkrieg in Braunschweig u. Hamburg, 1950 am Operettentheater in Leipzig, 1951 in Dresden u. seit 1952 am Metropoltheater in Berlin. Hauptrollen: Zarewitsch, Paris („Die schöne Helena") u. a. Gatte der Tänzerin Maria N.

Niembsch von Strehlenau (Ps. Lenau), Nikolaus, geb. 13. Aug. 1802 zu Csatad bei Temeschwar in Ungarn, gest. 22. Aug. 1850 zu Ober-Döbling (Irrenanstalt) bei Wien, Abkömmling einer alten Patrizierfamilie aus Preuß.-Schlesien (daher das Adelsprädikat), Sohn eines ehemal. Offiziers, späteren Kameralherrschaftsbeamten u. einer deutschungarischen Mutter, studierte in Wien, wo er mit Grillparzer, Raimund u. Bauernfeld verkehrte, lebte in Stuttgart u. Heidelberg, dann abwechselnd wieder in Württemberg u. Österreich, zuletzt dem Wahnsinn verfallen. Als Erzähler den Klassikern zugerechnet. Auf dem Gebiet des Dramas kam er über Versuche nicht hinaus. 1835 beendete er einen „Faust". Im dramatischen Gedicht „Don Juan" (1843) wandelte er den teuflischen Dämon früherer Bearbeiter des Stoffes zu einem Menschen voll Liebe u. Leid (sein Ebenbild). Das Bruchstück

„Helma" veröffentlichte A. X. Schurz im „Album österr. Dichter" (1850). Auf der Bühne fand er persönlich Gestalt. *Behandlung:* Friedrich *Reiß*, N. Lenau (Drama) o. J.; Josef *Hanisch*, L. (Singspiel, Musik von A. L. Schwan) 1931. *Literatur:* Ferdinand *Gregori*, Lenau u. Sophie von Löwenthal (Österr. Rundschau 10. Bd.) 1907; E. *Schönburg*, Lenaus Faust (Diss. Greifswald) 1921; Rudolf *Schröder*, Lenaus Faust (Diss. Marburg) 1923; J. S. *Stamm*, Lenaus Faust (Germanic Review Nr. 1) 1951.

Niemeck, Hermann (Geburtsdatum unbekannt), gest. 17. Okt. 1947 zu Berlin-Neukölln, war bis 1914 Schauspieler u. Spielleiter in Petersburg an der „Palme", kehrte aber kurz vor Ausbruch des Ersten Weltkriegs nach Deutschland zurück. Mitglied namhafter Bühnen (Chargendarsteller u. Regisseur). Auch Filmschauspieler.

Niemeier, Carl Friedrich (Geburtsdatum unbekannt), gest. 24. Juni 1918 zu Bochum, war Schauspieler u. Spielleiter in Saarbrücken.

Niemetz, Hermann, geb. 1847, gest. im Febr. 1934 zu Dresden, wirkte lange Zeit als Opersänger das. u. lebte hier auch nach seinem Bühnenabschied (1912).

Niemeyer, Anton, geb. 28. Dez. 1783 zu Halle a. d. Saale, war Hofrat u. Professor am Kadetteninstitut in Kassel. Erzähler u. Dramatiker.
Eigene Werke: Die Betrogenen (Lustspiel nach dem Französischen) 1808; Der Cid (Tragödie nach Corneille) 1810; Der Jahrestag des Einzuges in Paris (Schauspiel) 1814.

Niendorf, Horst, geb. 31. Aug. 1926 zu Piesteritz bei Wittenberg, erhielt seine Ausbildung an der Deutschen Schauspielschule für Bühne u. Film in Berlin, debütierte 1948 am Stadttheater in Bad Godesberg als Leander in „Des Meeres u. der Liebe Wellen" u. wirkte seit 1949 in Berlin (Tribüne, Hebbeltheater, Theater am Kurfürstendamm, Komödie, Schillertheater). Hauptrollen: Tschang-Ling („Kreidekreis" von Klabund), Yank („Heißes Herz" von Patrick), Alvaro („Die tätowierte Rose" von Williams) u. a.

Nienstädt, Wilhelm, geb. 16. Okt. 1784 zu Braunschweig (Todesdatum unbekannt), lebte in Brandenburg, Sachsen, Italien u.

Mecklenburg u. war 1815—23 Erzieher des Prinzen Albrecht von Brandenburg in Berlin, mit dem Titel eines Hofrats ausgezeichnet. Dramatiker.
Eigene Werke: Ein Zaubertag (Romant. Komödie) 1816; Karl der Fünfte (Tragödie) 1826; Die Hohenstaufen (Zykl. Drama in 7 Abteilungen) 7 Bde. 1827.

Nieratzky, Georg, geb. 1879 zu Erbach, studierte in Frankfurt a. M. u. in Tübingen Gesang, war zuerst nur in Konzerten tätig, später aber auch Bühnensänger (Bassist), u. a. an der Volksoper in Wien, in Linz, Dessau u. seit 1909 in Mannheim. Teilnehmer an den Bayreuther Festspielen.

Niering, Joseph, geb. 22. Nov. 1835 zu Köln, gest. 27. Juni 1891 zu Frankfurt a. M., zuerst Lehrer, betrat 1860 an der neugegründeten Oper in Rotterdam als Antonio in der „Hochzeit des Figaro" die Bühne, wirkte hierauf in Danzig, 1873—77 in Darmstadt, 1877—78 in Bremen u. kam dann nach Frankfurt, wo er als Seriöser Baß sich einen solchen Ruf erwarb, daß ihn Richard Wagner aufforderte, bei den ersten Aufführungen des „Nibelungenringes" (1876) den Hunding in der „Walküre" zu singen. 1889 nahm er seinen Bühnenabschied.

Nies, Konrad, geb. 17. Okt. 1862 zu Alzey in Rheinhessen, gest. im Sept. 1921 zu San Francisco (Vereinigte Staaten), humanistisch gebildet, besuchte in Leipzig eine Theaterschule, bildete sich in Dresden weiter aus u. wirkte als Schauspieler in Chemnitz, Speyer, Dortmund, Aachen, Kaiserslautern u. Mülhausen im Elsaß. 1883 brachte er im Deutschen Theater in Cincinnati sein Monodrama „Konradin von Hohenstaufen" zur Aufführung, später in Buffalo, Milwaukee u. Omaha, wo er auch als Schauspieler auftrat. Nach seinem Bühnenabschied war er Hochschullehrer in Ohio bis 1892, errichtete nach längeren Reisen in St. Louis das „Viktoria-Institut" für Töchter, kam 1905 wieder nach Deutschland u. ließ sich schließlich in Neuyork ständig nieder. Gründer des „Vereins für deutsche Literatur u. Kunst in Amerika" u. seit 1888 Herausgeber der Monatsschrift „Deutsch-Amerikanische Dichtung". Auch Dramatiker.
Eigene Werke: Konradin von Hohenstaufen (Drama) 1883; Rosen im Schnee (Weihnachtsspiel) 1900; Die herrlichen Drei (Festspiel) 1904.
Literatur: Anonymus, Ein deutsch-ameri-

kanischer Dichter (Der Türmer 24. Jahrg.) 1921.

Niese, Gerhard, geb. 20. Mai 1906 zu Rostock, wurde hier an der Opernschule ausgebildet, wirkte als Konzert- u. Opernsänger 1930—43, hierauf an der Frontbühne 1943—45, debütierte als Tommaso in „Tiefland" 1945 am Stadttheater in Rostock, wo er bis 1948 tätig war, ging 1948 an die Komische Oper nach Berlin u. wechselte von dieser 1954 an die dort. Staatsoper. Charakterbariton. Seit 1953 Kammersänger. Hauptrollen: Almaviva („Die Hochzeit des Figaro"), Jago („Othello"), Marcel („Der Mantel"), Ford („Falstaff") u. a.

Niese, Hansi, s. Jarno, Hansi.
Literatur: Theodor *Antropp,* Josefine Gallmeyer u. H. Niese (Österr. Rundschau 4. Bd.) 1905; Rudolf *Herzer,* Unbekanntes über H. N. (Wiener Zeitung) 1952; Gerda *Doublier,* H. N. (Frauenbilder aus Österreich) 1955.

Niese, Karl Friedrich, geb. 25. Febr. 1821 zu Strehla, gest. 2. Nov. 1891 zu Dresden, Rechtsanwalt, schrieb Theater- u. Musikkritiken u. bearbeitete Operntexte („Idomeneus", „Titus", „Gioconda", „Mephistopheles", „Simon Boccanegra").

Niessen, Bruno Alexander Ernst von, geb. 5. März 1902 zu Wiesbaden, Sohn eines Arztes, in München u. Wiesbaden ausgebildet, war 1924—26 Korrepetitor u. Regieassistent an der Staatsoper in Dresden, 1926 bis 1933 Dramaturg u. Regisseur in Hannover (Redakteur der „Blätter des Opernhauses" das.), 1933—37 Regisseur der Volksoper u. Staatsoper in Berlin, 1937—38 Intendant der Pfalzoper in Kaiserslautern, 1938—45 Intendant des Stadttheaters in Saarbrücken u. hierauf Leiter des Betriebsbüros am Stadttheater, seit 1955 Intendant in Münster.

Niessen, Carl, geb. 7. Dez. 1890 zu Köln, Sohn eines Rentmeisters, studierte in Heidelberg, Bonn, München, Berlin u. Rostock, machte den Ersten Weltkrieg als Frontoffizier mit, habilitierte sich nach praktischer Bühnentätigkeit 1919 für deutsche Literatur- u. Theatergeschichte in Köln u. wurde 1929 ao. Professor das. Um die Erhaltung bzw. Wiederbelebung des rhein. Puppenspiels verdient. Auf Auslandsreisen brachte er die größte Privatsammlung der Geschichte des Theaters zustande, die er nach dem Zweiten Weltkrieg zuerst der Stadt Zürich überließ, später jedoch durch Widerruf der Schenkung in Köln zurückbehielt. Herausgeber der Reihe „Die Schaubühne. Quellen u. Forschungen zur Theatergeschichte" u. der Zeitschrift „Theater der Welt" (1937—38).
Eigene Werke: Schul- u. Bürgeraufführungen in Köln bis zum Jahre 1700 (Diss.) 1914; Dramatische Darstellungen in Köln (1526—1700) 1917; Das Bühnenbild 1924 ff.; Das rheinische Puppenspiel 1928; Faust auf der Bühne u. Faust in der bildenden Kunst (Katalog der Braunschweiger Ausstellungen) 1929; Der Film, eine unabhängige deutsche Erfindung 1934; Deutsches Theater u. Immermanns Vermächtnis 1940; Frau Magister Velten verteidigt die Schaubühne 1940; Die deutsche Oper der Gegenwart 1940; Handbuch der Theaterwissenschaft 1949 ff. u. a.
Literatur: Gerhard *Stumme,* Meine Begegnung mit C. Niessen (Mimus u. Logus = Festschrift Niessen) 1952; Hans *Wildermann,* Das Invokavit in Niessens Lebenswerk (Ebda.) 1952; *Anonymus,* Der Gemeinderat läßt Zürich die Theatersammlung N. schenken (Neue Zürcher Nachrichten Nr. 238) 1955; ders., Kölner Widerstand gegen die Übergabe der Theatersammlung N. an Zürich (Ebda. Nr. 250) 1955; z., Affäre N. im Spiegel der Presse (Ebda. Nr. 274) 1955; *Anonymus,* Die Theatersammlung N. u. die Schweiz (Schweizerische Theaterzeitung Nr. 13) 1955; r. r., Neues von Professor N. (Zürcher Woche) 1955; *Anonymus,* Der Leidensweg der Sammlung N. (Neue Zürcher Nachrichten Nr. 15) 1956; G. *Thürer,* R. *Stamm* u. O. *Eberle,* Theatersammlung N. u. die Schweiz. Gesellschaft für Theaterkultur (Mitteilungen der Schweiz. Gesellschaft für Theaterkultur Nr. 2) 1956.

Nießen, Paul von (van), geb. 11. Sept. 1857 zu Stettin (Todesdatum unbekannt), studierte in Berlin (Doktor der Philosophie) u. wurde 1885 Gymnasiallehrer in Stettin. Dramatiker.
Eigene Werke: Jürgen Brunsberg (Festspiel zur Sechshundertjahrfeier der Stadt Dramburg) 1897; Das Land am Meer wird deutsch (Schauspiel) 1914; Otto von Bamberg (Schauspiel) 1924.

Nietan, Hans, geb. 1882, gest. im Dez. 1950 zu Dessau, wirkte seit 1955 als Lyrischer Tenor, später als Opernregisseur das. Gastspielreisen führten ihn u. a. bis nach Südamerika.

Nietan, Karl, geb. 16. Juli 1885 zu Lissberg in Hessen, gest. 2. Okt. 1914 (gefallen), begann seine Bühnenlaufbahn als Schauspieler in Halberstadt 1906, wirkte dann in Oldenburg, studierte hierauf bei Alex Anthes in Dresden Gesang u. debütierte unter dem Ps. Tannei in Graudenz als Opernsänger.

Nieter, Karl, geb. 6. Nov. 1829 zu Hakenberg, gest. 19. Okt. 1911 zu Sonneberg. Opernsänger.

Nietzsche, Friedrich, geb. 15. Okt. 1844 zu Röcken bei Lützen, gest. 15. Aug. 1900 zu Weimar, Pfarrerssohn, studierte in Bonn u. Leipzig, wo er 1868 Richard Wagner kennen lernte, der ihn 1869 u. dann noch wiederholt bis 1876 nach Tribschen in der Schweiz zu Gast einlud. Nietzsche, seit 1869 Professor in Basel, verehrte ihn anfangs leidenschaftlich, wurde aber später, kurz vor seiner geistigen Umnachtung, sein schärfster Gegner. Seither sah er in ihm einen „Romantiker" u. eine Dekandenzerscheinung. Vgl. auch Nietzsches Briefwechsel mit Peter Gast (Gesammelte Briefe 4. Bd.) 1908.
Eigene Werke: Die Geburt der Tragödie aus dem Geiste der Musik 1872; R. Wagner in Bayreuth 1876; Der Fall Wagner 1888; Nietzsche contra Wagner 1889.
Behandlung: Paul *Friedrich,* Das Dritte Reich (Drama) 1910.
Literatur: E. *Kulke,* R. Wagner u. Nietzsche 1890; H. *Bélart,* N. u. R. W. 1907; L. *Griesser,* N. u. W. 1923; Kurt *Hildebrandt,* W. u. N. — Ihr Kampf gegen das 19. Jahrhundert 1924; Carl *Spitteler,* Der Fall W. (Aus der Werkstatt, 9. Bd. der Gesammelten Werke) 1950; Curt v. *Westernhagen,* Neues zum Fall W.-N. Über die pathologische Seite des historischen Konflikts zwischen den beiden Genies (Die Welt Nr. 71) 1958.

Nietzsche, Karl Willy, geb. 15. Okt. 1887 zu Leipzig, lebte in Stadt-Wehlen. Dramatiker.
Eigene Werke: Häslein hüpf! (Oster-Märchenspiel) 1945; Die Glückspuppe (Weihnachtsmärchen) 1946; Die Wundernadel (Märchenspiel) 1946; Hau ruck! (Laienspiel) 1947; Der Laubfrosch (Lustspiel) 1947; Die Schatzgräber (Lustspiel) 1948; Die Spinatwachtel (Laienspiel) 1948; Nun schlägt's 13! (Operette) 1950; Chronos (Märchenspiel) 1952.

Nigg, Sepp, geb. 1902 zu Innsbruck, gest.

im März 1954 zu München-Nymphenburg, begann seine Bühnenlaufbahn als volkstümlicher Charakterdarsteller bei der Klingenschmidbühne in Tirol, der er zwölf Jahre lang angehörte, wirkte dann bei der Exl-Bühne, wurde 1936 nach München verpflichtet u. spielte das. auch in den Kammerspielen. Otto Falckenberg (s. d.) entdeckte Niggs Fähigkeiten für das große Schauspiel, in dem er u. a. als Sir Patrick in Shaws „Arzt am Scheideweg" erfolgreich auftrat.

Niggemeier, Heinrich, geb. 1887, gest. 21. Mai 1958 zu Halle, wirkte als Heldentenor am Landestheater in Halle.

Niggl, Elly, geb. 13. März 1880 zu München, gest. 1944 zu Mainburg in Oberbayern, gehörte u. a. dem Gärtnerplatztheater in München als Operettensängerin an. Hauptrollen: Ann („Die Landstreicher" von Ziehrer) u. a.

Niggl, Joseph Michael, geb. 28. Aug. 1904 zu Freising in Oberbayern, wurde 1930—34 am Sternschen Konservatorium in Berlin musikalisch ausgebildet, kam zuerst als Kapellmeister ans Landestheater in Allenstein, wo er dann bis 1943 musikalischer Oberleiter war, wirkte 1943—45 in Greifswald u. seit 1950 auch als stellvertretender Intendant am Operettentheater in Dresden.

Nikel, Georg, geb. 10. Jan. 1928 zu Gießen, besuchte das. die Theaterschule, debütierte als Vincenz im „Fidelen Bauer" 1947 am Stadttheater in Gießen u. war mit Unterbrechungen bis 1954 als Operettenbuffo hier tätig. Seit 1954 Erster Operettenbuffo am Landestheater in Detmold.

Nikisch, Amélie s. Nikisch, Arthur.

Nikisch, Arthur, geb. 12. Okt. 1855 zu Szent in Ungarn, gest. 23. Jan. 1922 zu Leipzig, Sohn eines Fürstl. Liechtensteinischen Oberbuchhalters, studierte in Wien, zuerst Violonist an der dort. Hofoper, wurde 1878 von Angelo Neumann (s. d.) als Kapellmeister an das Stadttheater in Leipzig berufen, war 1889—93 Direktor der Symphoniekonzerte in Boston, 1893—95 Direktor der Pester Oper u. leitete hierauf die Gewandhauskonzerte in Leipzig. Ferdinand Pfohl schrieb über ihn: „Sein Dirigieren hat nichts gemein mit der effektvollen u. in ihrer Art unnachahmlichen Manier Hans von Bülows. Indes letzterer beweglich, unruhig, in der manchmal sehr augenfälligen Manier seines

Dirigierens effektvoll war, ist N. ruhig, sparsam mit überflüssigen Bewegungen, aber dabei außerordentlich gebieterisch, mächtig u. voller Selbstbeherrschung. N. ist Poet, Bülow war Philosoph. N. ist Kolorist, Bülow war mehr Zeichner als Maler". Siegfried Scheffler rühmte ihm nach: „Unfehlbar war sein Gehör. Noch in den achtziger Jahren fand er als Kapellmeister der Leipziger Oper Druckfehler in Wagners ‚Ring‘, Unrichtigkeiten, die dem Meister wie seiner Bayreuther Assistenz entgangen sein mochten. Aber auch Schumanns d-moll-Symphonie, eine ‚Euryanthen‘- oder ‚Oberon‘-Ouvertüre, die ‚Meistersinger‘ in einer geradezu ‚dramaturgischen‘ Wiedergabe zu hören, war Offenbarung u. bleibt unvergessen". Seine Gattin Amélie, geb. Heussner, von deutschen, in Brüssel lebenden Eltern abstammend, war Opernsoubrette in Kassel u. Leipzig, erteilte später Unterricht in Gesang u. dramatischem Vortrag, komponierte die Musik zu zwei Weihnachtsmärchen, die Operette „Meine Tante, Deine Tante" 1911, die komische Oper „Daniel in der Löwengrube" 1914 u. schrieb den Text zu J. G. Mraczeks „Aebelo" 1914.
Literatur: Ferdinand *Pfohl*, A. Nikisch 1900; H. *Chevalley* u. a., A. N. Leben u. Wirken 1922 (2. Aufl. 1925); A. *Dette*, N. 1922; E. *Segnitz*, A. N. 1926; Joseph *Marx*, A. N. (Neues Wiener Journal 24. Jan.) 1932; Werner *Oehlmann*, Magier u. Weltmann (Der Tagesspiegel Nr. 3069) 1955; Siegfried *Scheffler*, Ein unvergängliches Vorbild (Hamburger Anzeiger 11. Okt.) 1955.

Nikl, Peter, geb. 1896 zu Heidelberg, gest. 1943 zu Gollnow (im Zuchthaus), humanistisch gebildet, studierte an der Kunstakademie in Dresden Malerei, bereiste Holland, Dalmatien u. den Balkan, wurde im Ersten Weltkrieg zweimal verwundet, schloß sich, heimgekehrt, der linksradikalen Arbeiterbewegung an u. wanderte 1934 aus. Nach der Besetzung von Paris verhaftet u. zu 15 Jahren Zuchthaus verurteilt. Vorwiegend Dramatiker.
Eigene Werke: Die Verrätergasse (Lustspiel) 1934; Weinsberg (Drama) 1936 (Teilveröffentlichung in der Moskauer Zeitschrift Internationale Literatur); Berggeist — Die Lehre von Mariastern (Einakter) 1936; Bessie Bosch (Drama: in der Zeitschrift Das Wort) 1936; Die Grenze (Dramat. Studie) 1937.

Niklas (auch Niclas), Valentin, geb. 28. Okt.

1806 zu Wien, gest. 18. April 1883 zu Wien, war seit 1840 Schauspieler am dort. Josefstädtertheater, wo er als Valentin im „Verschwender" debütierte. 1859 wurde er Komparseriedirektor u. Inspizient am Burgtheater. Zuletzt seit 1861 Leiter der Übungsbühne im Sulkowsky-Theater, dem sog. Niklas-Theater, das er auch an Dilettanten-Gesellschaften vermietete.
Literatur: H. *Prechtler*, Bis ins Burgtheater 1914.

Niklaus von Flüe (1417—87), Eremit in der Ranftschlucht im Melchtal (Schweiz), überaus volkstümlich (Bruder Klaus), stiftete 1481 Frieden zwischen den streitenden Eidgenossen, den drohenden Zerfall des Bundes verhütend. 1947 heilig gesprochen, wurde auch auf der Bühne gefeiert.
Behandlung: Jakob *Grether*, Das Bruder-Klausen-Spiel (lat. in Luzern aufgeführt) 1587 (neuherausg. von Emanuel Scherer, Schriften der Gesellschaft für innerschweiz. Theaterkultur 1. Bd. 1928); Johann *Zurflüe*, Bruder-Klausen-Spiel 1601; Jakob *Lüthy*, Bruder-Klausen-Spiel 1650; Johann *Mahler*, Das wunderbare Leben des Einsiedlers Bruder Klausen von Flüe (Drama) 1674; J. I. *Zimmermann*, Nikolaus von Flüe (Drama) 1781; Aloys *Businger*, Imgrund oder Die wiederversöhnte Eidgenossenschaft (Schauspiel) 1845; P. K. v. *Planta*, Niklaus von der Flüe auf dem Tag zu Stans (Einakter) 1863; Friedrich *Neßler*, N. von der Flüe (Dramat. Gedicht) 1872; J. I. v. *Ah*, Der Tag zu Stans (Festspiel) 1881; C. W. *Heer*, N. von der Flüe (Dramat. Gedicht) 1884; Hermann *Stegemann*, N. v. Flüe (Schauspiel) 1901; Gaudenz v. *Planta*, N. v. Flügi (Drama) 1910; Paul *Schoeck*, N. von der Flüe (Fragment im Nachlaß) o. J.; Hans *Reinhart*, N. von Flüe (Dramat. Legende, Musik von Arthur Honegger) o. J.; Oskar *Eberle*, Bruder-Klausen-Spiel (Dialektstück) 1929; Cäsar v. *Arx*, Der heilige Held (Drama) 1936; O. *Eberle*, Claus von Flüe (Drama) 1944; Pius *Rickmann*, Heiliger Eidgenoß (Volksschauspiel) 1947; Hans *Naderer*, Bruder Klaus (Drama) 1947; Engelbert *Ming*, Das Teufelsspiel 1947; Jakob *Lüthy*, Bruder-Klausen-Spiel 1950.
Literatur: M., Niklaus von Flüe u. seine dramatische Gestaltung (Vaterland, Luzern Nr. 113) 1947; Wilhelm *Zimmermann*, Bruder Klaus im Drama (Ebda. Nr. 287) 1947.

Nikola, Josef (Ps. N. I. Kola), geb. 14. Jan. 1816 zu Wien, gest. 9. Okt. 1892 das., Kaf-

feehausbesitzer, war 1848 Hauptmann der Nationalgarde, seit 1861 Gemeinderat u. seit 1871 Landtagsabgeordneter für Wien (Innere Stadt). Liberaler Kommunalpolitiker. Verfasser vielgespielter Volksstücke. „Der letzte Zwanziger", war 1850—53 Haupt- u. Kassenstück des Josefstädtertheaters.
Literatur: Ludwig *Fränkel,* J. Nikola (A. D. B. 52. Bd.) 1906.

Nikolai, Else, geb. 1884, gest. 23. Juni 1910 zu Berlin, wirkte als Operettensängerin am Neuen Operettentheater das.

Nikolaus, volkstümliche Heiligengestalt, in zahlreichen Legenden überliefert, knüpft an zwei historische Persönlichkeiten dieses Namens an, einerseits an Bischof N. von Myra in Kleinasien (4. Jahrhundert) u. anderseits an Abt N. von Sion, Bischof von Pinara (gest. 564). Der Nikolaustag (6. Dez.) bedeutet in den Ländern deutscher Sprache ein Kinderfest mit Umzügen u. Bescherung. Aus dem Nikolausbrauch entwickelte sich im Gebiet der Alpen das Nikolausvolksschauspiel, z. B. das Nikolospiel von Donnersbach im steirischen Ennstal (1861).
Literatur: Adalbert *Depinyi,* Nikolausspiele aus Tirol (Progr. Görz) 1912—13; Karl *Meisen,* Nikolausbrauch u. Nikolauskult im Abendland 1931; L. *Schmidt,* Adventspiel u. Nikolausspiel (Wiener Zeitschrift für Volkskunde 40. Bd.) 1935. ,

Nikolaus von der Flühe s. Nikolaus von Flüe.

Nikolowsky, Anton (Ps. F. Antony), geb. 7. April 1855 zu Wien, gest. 17. Nov. 1916 das. Verfasser von Possen u. Singspielen, wie „Aprilnarr", „Ein alter Hallodri", „Ein Wiener in Amerika", „Der Stabstrompeter", „Wien bleibt Wien" u. a.

Nikolsburg, südmährische Stadt, in der 1866 der Frieden zwischen Preußen u. Österreich vereinbart wurde. Seit dem 17. Jahrhundert fand das Schultheater am dort. Piaristengymnasium eifrige Pflege.
Behandlung: Walther *Heller,* Gewitter über Nikolsburg (Schauspiel) 1938; Alfred *Herzog,* Karneval von N. (Drama) 1950.
Literatur: Tribus saeculis peractis 1631 bis 1931 (Festschrift) 1931 (mit Gedichten auf Nikolsburg).

Nikowitz, Erich, geb. 20. Febr. 1906 zu Wien, einer alten Wiener Familie entstam-

mend, wollte ursprünglich Dirigent werden, nahm aber dann bei Ernst Arndt (s. d.) Schauspielunterricht, gab 1928 anläßlich der Wiener Festspiele an Stelle des erkrankten Paul Hartmann (s. d.), von Reinhardt entdeckt, die Titelrolle in „Dantons Tod" von Büchner, erhielt in Neustrelitz ein Engagement, setzte seine Schauspieltätigkeit 1929 bis 1932 am Deutschen Theater in Berlin fort u. wirkte seither am Volkstheater u. dann am Josefstädtertheater in Wien. Hauptrollen: Camillo („Ein Wintermärchen"), Bischof („Glastüren" von Lernet-Holenia), Blakely („Meuterei auf der Caine" von Wouk), Filotti („Don Camillo u. Peppone" von Guareschi), Prinz Albert („Der Schwan" von Molnar), Marhold („Rendezvous in Wien" von Eckhardt) u. a.
Literatur: Ernst *Wurm,* Von Reinhardt entdeckt (Neue Wiener Tageszeitung 16. Sept.) 1953.

Nilanova, Nika s. Sanftleben, Nika.

Nilasson, Eliza, geb. um 1870, begann ihre Bühnenlaufbahn als Schauspielerin 1889 in Frankfurt a. O., kam 1890 nach Kiel, 1891 nach Milwaukee, 1893 nach St. Paul, 1894 wieder nach Milwaukee, 1895 nach Hannover (Residenztheater), 1897 nach Berlin (Thaliatheater u. Belle-Alliance-Theater), 1899 neuerdings nach Hannover (Residenztheater), Wiesbaden, 1901 nach Braunschweig (Hoftheater) u. 1902 nach Krefeld. 1897 trat sie auch am Carltheater in Wien auf.

Nilburg, Käthe s. Neumann, Käthe.

Niles, Carl Heinrich, geb. 1904, gest. 23. März 1935 zu Oberhausen, wohin er als Dramaturg u. Spielleiter über Mainz u. Mannheim gekommen war.

Nilson, Einar, geb. 21. Febr. 1881 zu Kristianstad, studierte an der Hochschule für Musik in Berlin, wurde 1907 Kapellmeister an den Reinhardtbühnen das. u. schrieb zahlreiche Bühnenmusiken für die Reinhardtschen Inszenierungen.

Nilsson, Birgit, geb. 17. Aug. 1918 zu Karup in Südschweden, Bauerntochter, verrichtete bis zu ihrem 20. Lebensjahr Bauernarbeit, wurde an der Akademie in Stockholm 1941—44 gesanglich ausgebildet, begann als Agathe im „Freischütz" 1946 ihre Bühnenlaufbahn an der dort. Oper, wo

Fritz Busch (s. d.) sie hörte u. ihr die Einstudierung der Lady Macbeth übertrug. Bald ging ihr Ruf weit über die Grenzen ihrer Heimat hinaus, in zahlreichen europäischen Städten (Glainbourgh, Berlin, Florenz, Brüssel, Hamburg, München, Wien u. a.) gab sie Gastspiele. Hauptsächlich Wagnersängerin, Teilnehmerin an den Bayreuther Festspielen. Hauptrollen: Isolde, Elsa, Senta, Brünnhilde, Salome u. a.

Literatur: Ernst *Wurm,* Von der Bauerntochter zur Sopranistin (Neue Wiener Tageszeitung 28. April) 1954.

Nilsson, Christine, geb. 20. Aug. 1843 zu Wederslöf in Schweden, gest. 22. Nov. 1921 zu Stockholm, wirkte 1864—70 als Opernsängerin in Paris, bereiste mit A. Strakosch (s. d.) Amerika, gastierte als Traviata, Ophelia, Martha, Königin der Nacht, Lucia u. in anderen Rollen an großen europäischen Bühnen, u. a. 1878 in München (Zerline in „Don Juan") u. lebte dann in Paris. In erster Ehe mit einem Franzosen Cazaud, in zweiter mit einem Comte de Miranda verheiratet.

Nimbs, Eugenie s. Michaelis-Nimbs, Eugenie.

Nimbs, Joseph, geb. 19. März 1805 zu Ober-Langenau bei Habelschwerdt in Preuß.-Schlesien, gest. 26. Juli 1856 zu Breslau, studierte zuerst die Rechte, promovierte aber später zum Doktor der Philosophie in Jena, wirkte dann als Dramaturg am Stadttheater in Breslau u. 1841—44 u. 1847—51 auch als Theaterdirektor das. Erster Gatte von Eugenie Fischer (s. Michaelis-Nimbs, Eugenie).

Ninon de Lenclos (eigentlich Anne Lenclos, 1620—1705), vornehme Kurtisane, deren Salon im Paris des „Sonnenkönigs" berühmt war. Ihre Briefe an den Marquis de Sévigné erschienen in die deutsche Sprache übertragen 1908, 1913 u. 1922. Bühnenfigur.

Behandlung: Franz *Leibing,* N. de Lenclos 1860; Ernst *Hardt,* N. de L. 1905; Friedrich *Freksa,* N. de L. 1907; Paul *Ernst,* N. de L. 1910.

Literatur: Hans *Giebisch,* Ninon de Lenclos im deutschen Drama (Diss. Wien) 1913.

Niobe, in der griech. Sage, auch von Ovid in den „Metamorphosen" besungen, die unglückliche Tochter des Tantalos. Ihre Kinder wurden alle von Apollo u. Artemis getötet, weil sie den Zorn der Leto erregt

hatte. Zeus verwandelte sie hierauf in einen Stein. Tragische Heldin.

Behandlung: Hans *Sachs,* Niobe 1557; Friedrich (Maler) *Müller,* N. (Lyr. Nachspiel) 1758; Wilhelm v. *Schütz,* N. (Tragödie) 1807; K. J. *Körner,* N. (Tragödie) 1819; Karl v. *Weichselbaumer,* N. (Tragödie) 1821; Peter *Sutermeister,* N. (Text zur Oper von Heinrich Sutermeister) 1945.

Literatur: F. *Schopper,* Der Niobe-Mythos in der deutschen Literatur (Progr. Landskron) 1914.

Nippen, Werner, geb. 30. April 1911 zu Düsseldorf, besuchte zuerst eine kaufmännische Berufsschule, bildete sich dann an der Immermann-Schauspielschule in seiner Vaterstadt für die Bühne aus, debütierte 1934 als Juan in Calderons „Der Richter von Zalamea" am Landestheater in Paderborn, wo er als Liebhaber u. Held ein Jahr wirkte, kam 1935 nach Hildesheim, 1936 nach Kolberg, 1938 nach Ingolstadt, gehörte 1939 bis 1945 dem Bayer. Staatstheater in München an, trat 1945—48 als Charakterdarsteller, Bonvivant u. Kabarettist an verschiedenen Bühnen auf (Schaubude u. Kleine Komödie in München, Stadttheater in Regensburg u. Heidelberg, Landestheater in Darmstadt) u. spielte seit 1948 als Mitglied des Staatstheaters in Karlsruhe. Hauptrollen: Albrecht („Agnes Bernauer"), Pylades („Iphigenie"), Tempelherr („Nathan der Weise"), Werle („Die Wildente"), Doktor Jura („Das Konzert"), Higgins („Pygmalion") u. a.

Nippold, Wilhelm, geb. 22. Juni 1874 zu Bern, studierte das. (Doktor der Philosophie), unternahm große Reisen nach Holland, Siebenbürgen, Rumänien u. ließ sich 1906 in Siebenbürgen nieder. Dramatiker.

Eigene Werke: Herzog Bernhards Mission (Dramat. Szene) 1892; Die Heimkehr (Drama) 1893; Ein Opfer (Drama) 1893; Sonnenuntergang (Drama) 1894; Die Studentin (Lustspiel) 1897; Freiheit (Drama) 1897; Ein Alpenmärchen (Dramat. Dichtung) 1898; Der Zeiten Wende (Drama mit einem Vorspiel) 1902 u. a.

Nischer, Herbert, geb. 12. April 1892 zu Zwickau in Sachsen, studierte Germanistik u. Philosophie, wurde Dramaturg u. Bibliothekar u. lebte in Holzhausen-Monarchenhügel bei Leipzig, später in Leipzig selbst. Seit 1947 Leiter der liturgischen Darstellungen an der dort. Universitätskirche St. Pauli u. Nikolaikirche. Vorwiegend Bühnenautor.

Eigene Werke: Die Josephslegende (Bühnenspiel) 1917; Die Altmutter (Drama) 1918; Homer (Oper) 1920; Bühnenmärchen 1929 bis 1930; Als das Christuskind all' die Lichtel fand (Weihnachts-Bühnenspiel) 1936 u. a.

Nissel, Franz, geb. 13./14. März 1831 zu Wien, gest. 20. Juli 1893 zu Gleichenberg, Sohn des Folgenden, führte mit seinen Eltern zunächst ein unstetes Wanderleben, bis sein Vater 1844 an das Burgtheater berufen wurde, besuchte das Schottengymnasium in Wien, errang später mit dem Volksstück „Das Beispiel" 1852 den ersten Bühnenerfolg in seiner Vaterstadt, verfing sich jedoch immer mehr in politisch-philosophischen Spekulationen, haltlos von Ort zu Ort umherziehend, hauptsächlich auf Staatsstipendien u. die Schiller-Stiftung angewiesen. Für seine „Agnes von Meran" erhielt er 1878 den Schillerpreis. Von den übrigen Stücken setzte sich „Die Zauberin am Stein" 1882 vorübergehend am Burgtheater und an anderen Bühnen durch.

Eigene Werke: Das Beispiel (Volksstück) 1852; Ein Wohltäter (Drama) 1854; Heinrich der Löwe (Schauspiel) 1858; Die Jakobiten (Trauerspiel) 1860; Perseus von Makedonien (Trauerspiel) 1862; Dido (Trauerspiel) 1862; Die Zauberin am Stein (Volksstück) 1864; Agnes von Meran (Trauerspiel) 1877; Ein Nachtlager Corvins (Drama) 1887; Dramat. Werke 3 Bde. 1894; Mein Leben (Autobiographie, Tagebücher u. Briefe, herausg. von seiner Schwester Karoline N.) 1894; Briefe an seine Braut 1897.

Literatur: O. v. *Schissel,* F. Nissel (A. D. B. 52. Bd.) 1906; Eugenie *Bausch,* F. N. als tragischer Dichter (Diss.) 1923—24; J. K. *Ratislav,* N. als Dramatiker (Jahrbuch der Grillparzer-Gesellschaft 27. Bd.) 1924.

Nissel (Ps. Korner), Joseph, geb. 1796 zu Preßburg, gest. 24. Okt. 1866 zu Wien, Vater des Dramatikers Franz. N. u. der Sängerin Karoline N., die 1863—65 an der Hofoper in München wirkte, war Heldendarsteller in Graz, Linz, Lemberg u. seit 1844 am Burgtheater. Seine „Denkwürdigkeiten" schrieb er 1854 nieder, gedruckt wurden sie erstmals in der „Münchner Allg. Zeitung" im Sept. 1894.

Literatur: Anton *Bettelheim,* Aus den Denkwürdigkeiten von J. Korner (Biogr. Gänge) 1895; J. K. *Ratislav,* Denkwürdigkeiten eines altösterreichischen Schauspielers (Der Merker 18. Heft) 1915.

Nissel, Karl, geb. 25. Nov. 1817 zu Neumarkt in Preuß.-Schlesien, gest. 6. April 1900 zu Liegnitz, war Journalist, wandte sich aber nach Bekanntschaft mit dem Hoftheater-Intendanten H. von Bequinolles (s. d.) ganz dem Drama zu. Freund des Dichters Emil Palleske (s. d.). Autodidakt. Vorwiegend Dramatiker.

Eigene Werke: Der Tag von Ivry (Drama) 1847; Des Meisters Lohn (Drama) 1858; Die Söhne des Kaisers (Trauerspiel) 1859; Ulrich von Hutten (Trauerspiel) 1861; Rahel Russel (Trauerspiel) 1871; Riego (Histor Trauerspiel) 1871; Die Florentiner (Trauerspiel) 1872; Hohenzoller u. Piast (Lustspiel) 1873; Dame Lucifer (Lustspiel) 1874; Ein schöner Wahn (Lustspiel) 1876; Das Wörterbuch des Diderot (Lustspiel) 1882; Um hohen Preis (Schauspiel) 1887; Um die deutsche Krone (Trauerspiel) 1889; Der Wettrunk (Lustiges Junkerstücklein) 1889; Am Roggenhause (Histor. Trauerspiel) 1891.

Nissel, Karoline s. Nissel, Joseph.

Nissel (Ps. Lambois), Luise Leonore, geb. 4. April 1860 zu Wien (Todesdatum unbekannt), wirkte als Heroine u. Salondame u. Heldenmutter in Würzburg, München (Hofu. Gärtnerplatztheater), Berlin (Wallnertheater), Lübeck, Stettin, Nürnberg, Chemnitz, Dresden (Residenztheater), Bromberg, Regensburg, San Franzisko, Neuyork, Memel, Insterburg, Nordhausen, Baden, St. Gallen u. a. Hauptrollen: Klärchen, Iphigenie, Eboli, Donna Diana, Sappho u. a.

Nissen, August, geb. 12. März 1839 zu Frankfurt a. M., gest. 22. Mai 1898 zu Saarburg, Sohn des Tenoristen Nikolaus N., der in Weimar u. a. tätig war u. später Hofphotograph des Prinzen Karl von Preußen wurde u. in Potsdam lebte, gehörte der Bühne als Schauspieler, später als Souffleur an.

Nissen, Hans Heinz, geb. 21. Mai 1905 zu Hamburg-Bergedorf, wurde gesanglich von Hugo Strelitzer in Los Angeles u. an der Hochschule für Musik in Berlin ausgebildet, debütierte 1932 am Stadttheater in Breslau als Ottokar im „Freischütz", wo er ein Jahr als Lyrischer Bariton wirkte, kam 1934 als Charakter- u. Heldenbariton an das Deutsche Opernhaus in Berlin u. gehörte seit 1945 der Städt. Oper das. als Mitglied an. Hauptrollen: Amonasro („Aida"), Columbus (Titelrolle in der Oper von Egk), Zar („Zar u. Zimmermann") Jochanaan, Pizarro u. a.

Nissen, Henriette s. Salomon, Henriette.

Nissen, Hermann, geb. 17. Juli 1853 zu Dassow in Mecklenburg, gest. 15. Febr. 1914 zu Berlin, Sohn eines Geh. Hofrats, studierte in Jena die Rechte, ging jedoch bald zur Bühne, betrat diese erstmals 1875 am Nationaltheater in Berlin, wirkte als Tragischer Held u. Bonvivant seit 1876 in Metz u. Würzburg, 1878 in Meiningen, gastierte mit den Meiningern (s. d.) im In- und Ausland, war dann Mitglied des Stadt- u. Thaliatheaters in Hamburg, des Hoftheaters in Petersburg, des Deutschen Landestheaters in Prag, seit 1887, von L'Arronge (s. d.) berufen, des Deutschen Theaters in Berlin, seit 1901 des Burgtheaters u. zuletzt des Hebbeltheaters u. des Deutschen Schauspielhauses in Berlin. Seit 1884 Vorstandsmitglied der Genossenschaft Deutscher Bühnen-Angehöriger, seit 1892 Vize- und seit 1895 Präsident derselben. Hauptrollen: Karl Moor, Leontes, Fiesko, Jaromir, John Gabriel Borkmann, Helmer („Nora"), Kroll („Rosmersholm"), Tesman („Hedda Gabler"), Präsident („Kabale u. Liebe") u. a. Über ihn hieß es im Nekrolog von Emil Lind: „Seine besten Gestalten waren stets männliche Männer. Männer, wie der mit sich selbst tändelnde Bolz, der grimmige Petrucchio, der doppelköstliche, weil spaßhafte u. zugleich parodierende Tyggesen in Björnsons ‚Geographie der Liebe', der Sir Crafton in Shaws ‚Frau Warrens Gewerbe' oder der feine Tesman, der Aufschluß über eine oft mit Unrecht belächelte Spezies Mensch gab. Dann ruhige würdige Männer mit verhaltener, nur manchmal ausbrechender Kraft, wie der Major Drosse in ‚Fritzchen' oder der Herr in ‚Liebelei', kurz alle Spielarten der Männlichkeit gab seine Kunst wieder bis zu jener Rolle, deren Darstellung seine inneren Beziehungen zu Welt, Weib, Wirken am unmittelbarsten zu enthüllen schien: John Gabriel Borkmann. Die Reinheit seines Wollens, die Größe des in ihm rotierenden Gedankens schützte ihn vor dem Schicksal Borkmanns: gerade im kühnsten Wollen Schiffbruch zu leiden." In seiner Tätigkeit als Genossenschafts-Präsident zeigte er sich als „eine Herrennatur, die sicher ein gutes Stück Autokratie in sich hatte, welche aber stets von sachlichen Momenten, Bedürfnissen, Notwendigkeiten bestimmt war. Eine außerordentliche politische Intelligenz." Gatte der Schauspielerin Gisela Schneider, die zuerst in Salzburg, dann am Berliner Theater, seit 1884 am

Deutschen Theater in Berlin als Naive Liebhaberin u. Lustspielsoubrette tätig war u. seit 1901 Gastspiele gab (Hauptrollen: Franziska in „Minna von Barnhelm", Isabell in „Dame Kobold", Nerissa in „Kaufmann von Venedig" u. a.).

Literatur: Alexander *Otto,* H. Nissen 1912; Paul *Schlenther,* H. N. (Berliner Tageblatt 16. Febr.) 1914; Wilhelm *Kiefer,* H. N. (Bühne u. Welt 16. Jahrg.) 1?.4; Emil *Lind,* H. N. (Deutsches Bühnenjahrbuch 26. Jahrg.) 1915; *Anonymus,* H. N. zum 25. Todestag (Ebda. 48 Jahrg.) 1940; *Anonymus,* H. N. (Die Bühnengenossenschaft 5. Jahrg.) 1953.

Nissen, Hermann, geb. 25. Juni 1892, begann in Bremerhaven 1911 seine Bühnenlaufbahn, kam dann nach Flensburg, Magdeburg, Oldenburg, Kiel, Baden-Baden u. Schwerin, war 1918—24 Intendant-Stellvertreter in Oldenburg, 1934—37 Intendant des Stadttheaters in Flensburg, 1937—40 in Görlitz, bis 1945 in Ratibor u. nach der Flucht aus Oberschlesien Gast an verschiedenen Bühnen. Zuletzt lebte er in Delmenhorst.

Nissen, Nikolaus s. Nissen, August.

Nithack-Stahn, Walther, geb. 23. Okt. 1866 zu Berlin, Sohn eines Oberpfarrers, Nachkomme des Architekten Georg v. Knobelsdorff, Erbauers von Sanssouci, studierte in Berlin, Tübingen, Leipzig, Greifswald u. Halle, weilte 1888 in Rom, wurde Erzieher am Johannesstift Plötzensee, Oberlehrer u. Hilfsprediger am Militärwaisenhaus in Potsdam u. war seit 1906 Pfarrer an der Kaiser-Wilhelms-Gedächtniskirche in Berlin. Vorwiegend Dramatiker.

Eigene Werke: Brutus (Trauerspiel 1892; Deutsche Weihnacht (Spiel) 1896; J. Böhme (Volksschauspiel) 1898; Die Christen (Schauspiel) 1907; Ahasver (Dramat. Gedicht) 1910; Das Christusdrama 1912.

Nitsch, Alma (Geburtsdatum unbekannt), gest. im Mai 1890, war viele Jahre Operettensängerin am Stadttheater in Leipzig u. am Carl-Schultze-Theater in Hamburg.

Nitsch, Emil, geb. 1878, gest. 26. Mai 1941 zu Berlin, zuerst Lehrer in Allenstein, führte 1911 seinen Plan, zur Bühne zu gehen, durch u. wirkte 23 Jahre als Sänger an der Städt. Oper (später Deutsches Opernhaus) in Berlin.

Nitsch, Gustav, geb. 1876, gest. 15. Juni

1913 zu Oderan in Sachsen, war Schauspieler u. Regisseur u. a. in Pforzheim, Döbeln, Harburg, Hagen, Memel, Pirna und zuletzt Mitglied des Berliner Gastspielensembles.

Nitschner, Jakob, geb. 8. Sept. 1819 zu Wien, gest. 26. Juni 1878 zu Neuwaldegg bei Wien, war Offizier (1848 gemaßregelt), später Journalist u. Publizist u. a. in Hamburg. Auch Dramatiker.
Eigene Werke: Ikjalfa (Trauerspiel) 1849; Charlotte Corday (Drama, ungedruckt) o. J.
Literatur: Wurzbach, J. Nitschner (Biogr. Lexikon 20. Bd.) 1869.

Nitzelberger (Ps. West), Moritz, geb. 1840, gest. 12. Juli 1904 zu Aigenschlögl in Oberösterreich, war Operettenlibrettist („Afrikareise", „Vogelhändler", „Obersteiger", „Bruder Straubinger" u. a.) zusammen mit R. Genée, L. Held u. a.

Nitzgen, Fritz, geb. 25. März 1873 zu Köln, gest. 27. Febr. 1941 das., war seit 1906 Schauspieler an den dort. Städt. Bühnen.

Nitzscher, Fritz, geb. 1890 zu Hamburg, kam mit einer starken Gaumenspaltung zur Welt, konnte bis zu seinem 10. Lebensjahr nur unartikulierte Laute von sich geben, 15jährig sich nur mit Hilfe der Schiefertafel verständigen, bis er nach mehreren vergeblichen Operationen in einer Taubstummenanstalt in Berlin einen Zahntechniker fand, dem es gelang, ihm einen künstlichen Gaumen einzufügen. Nachdem N. sprechen gelernt hatte, folgte er seiner künstlerischen Neigung, begann als Tamino an der Volksoper in Hamburg seine Bühnenlaufbahn, sang in Händels „Rodelinde" die Rolle des Grimaldo, später aber hauptsächlich in Konzerten.
Literatur: Ferdinand Pfohl, F. Nitzscher (Das Theater 9. Jahrg. 15. Heft) 1928.

Nivelli, Max, geb. 1878 in Rußland, gest. 27. Febr. 1926 zu Berlin, bereiste als Opernsänger die ganze Welt und ließ sich als Gesangspädagoge später in Berlin nieder. Auch Filmproduzent.

Noack, Karl, geb. 30. März 1883, betrat 1903 die Bühne am Deutschen Theater in Berlin, wirkte dann in Bromberg, Heidelberg, Bielefeld, Augsburg, Berlin (Deutsches Theater), Chemnitz, wieder in Berlin (Theater in der Königgrätzer Straße), Nürnberg, Barmen, Elberfeld u. zuletzt in Bonn. Hauptrollen: Bernick („Die Stützen der Gesellschaft") u. a.

Noack, Walter, geb. 12. Juni 1900 zu Berlin, lebte das. als Kapellmeister, Schriftsteller u. Komponist.
Eigene Werke: Inderrache (Oper) 1921; Das letzte Lied (Singspiel) 1921; Waltraut (Märchenoper) 1922; Die Gewalten — Die Legende (Ballettfantasien) 1924.

Noah, nach biblischem Bericht Urvater der heutigen Menschheit, da er sich u. seine Familie in der Arche vor der Sintflut rettete. Dramenfigur.
Behandlung: L. F. Hudemann, Das Schicksal der Tochter Jephtas (Trauerspiel) 1767; August *Eckschläger,* Noah (Drama) 1815.

Noak, Christian, geb. 17. Juni 1927, lebte als Bühnenschriftsteller in Wiesbaden. Sein Schauspiel „Marie Antoinette" wurde 1953 am Landestheater in Tübingen u. a. „Hafen der Dämmerung" 1954 am Staatstheater Braunschweig uraufgeführt.

Nobbe, Ernst, geb. 1894 zu Wuppertal-Elberfeld, gest. 7. Nov. 1938 zu Altenburg, studierte in Leipzig (Doktor der Philosophie), begann seine Bühnenlaufbahn als Theaterkapellmeister 1919 in Freiburg im Breisgau, kam über Nordhausen, Braunschweig u. Weimar nach Schwerin, 1933 als Generalintendant u. Generalmusikdirektor nach Weimar u. war seit 1937 Leiter des Landestheaters in Altenburg.

Nobel, Alfred (1833—96), schwedischer Ingenieur. Erfinder des Dynamits, Begründer der Nobel-Stiftung, im Drama.
Behandlung: Otto zur Nedden, Das Testament des Friedens (Schauspiel) 1951.

Noboda, Alexander, geb. 19. Aug. 1905 zu Köln, lebte das. als Dramatiker.
Eigene Werke: Schmerzopal (Trauerspiel) 1924; König Ludwig (Drama) 1925; Su (Tragikomödie) 1926.

Nocker, Hilde, geb. 5. Okt. 1924 zu Rödgen bei Gießen, 1941—43 in Frankfurt a. M. für die Bühne ausgebildet, debütierte 1945 am Landestheater in Darmstadt, wirkte 1946 bis 1947 an den Städt. Bühnen in Freiburg im Breisgau, 1947—48 in Baden-Baden u. seit 1948 in Frankfurt a. M.

Nodari, Helmut s. Novacek, Helmut.

Nodnagel, August, geb. 17. Mai 1803 zu Darmstadt, gest. 29. Jan. 1853 das., studierte in Gießen u. war Hauslehrer, Prediger u. Gymnasiallehrer in seiner Vaterstadt. Literarhistoriker u. Dramatiker.
Eigene Werke: Lessings Dramen u. dramat. Entwürfe, erläutert 1842; Ritter Rodenstein, der wilde Jäger (Drama) 1843; Marie Schweidler, die Bernsteinhexe (Drama) 1845.
Literatur: Otfried *Praetorius,* A. Nodnagel (Hessische Biographien 2. Bd.) 1927.

Noé, Günther von, geb. 1. Juni 1926 zu Klagenfurt, studierte 1943—48 an der Musikakademie in Wien u. Graz (Doktor der Philosophie), wirkte 1948—52 als Korrepetitor u. Kapellmeister an den Vereinigten Bühnen das. u. seit 1952 am Stadttheater in Luzern.

Noeldechen, Bernhard, geb. 8. Aug. 1843 zu Hammerstein, gest. 12. Febr. 1919 zu Braunschweig, Sohn eines Kriegsgerichtsdirektors, studierte in Leipzig, Greifswald, Göttingen u. Breslau Medizin, ging dann aber, von J. B. Pischek (s. d.) u. Lamperti in Mailand gesanglich ausgebildet, zur Bühne u. gehörte als Opernsänger u. Schauspieler 1869 dem Stadttheater in Ulm als Mitglied an, machte den Deutsch-Französischen Krieg mit, kam 1872 nach Lübeck, 1874 nach Stettin u. 1875 nach Braunschweig. 1882—84 gastierte er in London. Die Kritik rühmte nicht nur seinen prachtvollen Baß, sondern auch seine schauspielerischen Fähigkeiten: „Seines Basses Grundgewalt könnte Mauern erschüttern u. nicht umsonst ist N. in Mailand durch Lampertis Schule gegangen. Mit der Stimme einen sich musikalische Begabung u. Begeisterung für die Kunst zu schönem Dreibund. Dabei ist er — eine rara vis — ein ebenso tüchtiger Schauspieler. In seiner ersten Bühnenzeit hat er mutig den Mortimer wie andere Liebhaber gemimt u. die damaligen Studien machen, weitergebildet, seine Rollen heute noch auch darstellerisch hochinteressant." Hauptrollen: Bertram („Robert der Teufel"), Figaro, Marcel, Kaspar, Falstaff, Sarastro, Komtur, Wotan u. a.
Literatur: Eisenberg, B. Noeldechen (Biogr. Lexikon) 1903.

Noeldechen, Ernst, geb. 26. Juni 1890 zu Braunschweig, Sohn des Vorigen, begann 1909 seine Bühnenlaufbahn als Jugendlicher Held in Detmold, wurde im Ersten Weltkrieg verwundet, zog sich später vom Theater zurück u. ließ sich 1924 als Rezitator u. Schriftsteller in Kaiserslautern nieder.

Noeldechen, Wilhelm, geb. 11. Mai 1839 zu Wolmirstedt bei Magdeburg, gest. 18. Dez. 1916 zu Naumburg a. d. Saale, Doktor der Medizin u. Sanitätsrat. Erzähler u. Dramatiker.
Eigene Werke: Konrad u. Lindolf (Histor. Trauerspiel) 1885; Steckenpferde (Lustspiel) 1888; Die Belagerung Leipzigs (Histor. Schauspiel) 1889; Ausstand (Trauerspiel) 1892.

Noelte, Rudolf, geb. 20. März 1921, Sohn eines Architekten, studierte in Berlin Germanistik u. Kunstgeschichte, wandte sich dann der Bühne zu u. wirkte als Schauspieler u. Regisseur an verschiedenen Bühnen das. (u. a. Schillertheater) u. am Deutschen Schauspielhaus in Hamburg.

Nömaier, Joseph, geb. 5. Aug. 1831 zu Halbach in Bayern, gest. 1913 zu Kößlarn, Sohn eines Landesschullehrers, studierte Theologie u. war seit 1878 Pfarrer in Kößlarn in Niederbayern. Verfasser von Lustspielen u. dramatischen Schwänken, die er in einer eigenen Bühne durch geeignete Dorfbewohner zur Aufführung bringen ließ.
Eigene Werke: Der Fuhrmann von Haunreuth (Drama) 1891; Der Fischer an der Salzach (Schauspiel) 1892; Der Britzlwirt (Schauspiel) 1892; Die beiden Siegmoar oder Das Testament der Tiroler (Schauspiel) 1908; Heitere Stunden (6 Lustspiele in ländlichem Stil) 1908; Cura, der Kaminfeger von Burghausen (Vaterländ. Spiel) 1908.

Noerden, Joseph, geb. 31. März 1927 zu Esch-Alzette in Luxemburg, 1945—48 am Bühnenstudio in Zürich ausgebildet, spielte 1949 bei den Ruhrfestspielen in Recklinghausen den Schüler im „Faust", gehörte 1949—53 dem Berliner Ensemble (Bert Brecht) u. seit 1953 dem Schillertheater in Berlin als Schauspieler an. Hauptrollen: Gustav („Der rote Hahn" von G. Hauptmann), Schweizerkas („Mutter Courage" von B. Brecht), Ruprecht („Der zerbrochene Krug"), Frosch („Urfaust") u. a.

Noerr, Friedrich s. Schmid-Noerr, Friedrich Albert.

Nötel (geb. Müller), Amalie, geb. 18. Okt. 1842 zu König in Hessen, gest. 31. Juli 1911 zu Ligist in der Steiermark, war seit 1859 bühnentätig, wirkte 1889—90 am Deutschen Volkstheater in Wien u. 1892—99 in Graz als Schauspielerin. Gattin von Louis N.

Nötel, Edwina s. Nötel, Louis.

Nötel, Louis, geb. 25. Jan. 1837 zu Darmstadt, gest. 21. März 1889 zu Wien, Sohn des Schauspielers Philipp N., zuerst Kaufmannslehrling, betrat 1853 bei der reisenden Gesellschaft Friedrich Kaiser in Merseburg als Linarius in Raimunds Stück „Der Alpenkönig u. der Menschenfeind" die Bühne, kam unter L'Arronge ans Stadttheater in Aachen, wo er aber schon nach wenigen Wochen wegen gänzlicher Unbrauchbarkeit gekündigt wurde, begab sich wieder auf Wanderschaft u. wirkte in 80 europäischen Städten unter 47 Direktoren. 1865—67 war N. Regisseur in Rostock u. spielte Ernste u. Humoristische Väter, wirkte hierauf in Danzig, Lübeck, Riga, Königsberg u. seit 1873 als Oberregisseur in Dessau. 1876 gastierte er am Burgtheater, dann in Metz, Düsseldorf, Kiel u. gehörte seit 1878 als Mitglied dem Burgtheater an. 1881 kam er als Oberregisseur u. Dramaturg ans Wiener Ringtheater u. nach dessen Brand wieder ans Burgtheater. Gatte der Schauspielerin Amalie Müller. Der beiden Tochter Edwina N. gehörte gleichfalls der Bühne an (1889 in Hanau u. seit 1898 am Kaiser-Jubiläums-Stadttheater in Wien). Auch Dramatiker.
Eigene Werke: Sternschnuppe (Drama) 1879; Der flammende Stern (Dramat. Dichtung) 1879; Vom Theater (Humorist. Erzählungen) 1879—83; Eine Frau vom Theater (Schauspiel) 1879; Karl der Große (Drama) 1880; Der deutsche Michel (Komödie) 1880; Das Panzerschiff (Schwank) 1880; Moses I, 2, 18 (Lustspiel) 1881; Im Banne des Vorurteils (Schwank) 1882; Der Herr Hofschauspieler (Schwank), 1883; Ein Schuß ins Schwarze (Lustspiel) 1883; Die Kohlenprinzessin (Schwank) 1885; Es stand geschrieben (Operette) 1886; Es war einmal (Drama) 1888.

Nötel, Philipp, geb. 5. Aug. 1808 zu Darmstadt, gest. 23. Juli 1884 das., Sohn des Theatergarderobiers Wilhelm N., wirkte seit 1832 als Schauspieler am Hoftheater seiner Vaterstadt, trat 1833 unter dem Ps. Lateon als Robert in „Fridolin" zugleich mit Karl Wolfgang Unzelmann (s. d.) bei einer reisenden, in Darmstadt spielenden Gesellschaft auf, ging 1834 als Garderobier an die deutsche Oper nach London, kehrte 1839 nach Darmstadt zurück, wo er das chargierte Rollenfach übernahm u. blieb das. mit Ausnahme der Jahre 1852 u. 1853, als er am St.-James-Theater in London spielte. 1879 nahm er seinen Bühnenabschied. Vater von Louis N.

Nötzl, Carl Philipp, geb. 24. April 1789 zu Wien, gest. 16. Nov. 1848 zu Temeschwar, betrat 1813 in Kaschau erstmals die Bühne, ging dann nach Karlsbad, Dessau, Magdeburg u. als Erster Held u. Liebhaber an das Hoftheater in Kassel. Über Nürnberg, Linz u. Ofen kam er 1839 als Direktor nach Hermannstadt, übernahm auch eine Zeitlang die Leitung des Stadttheaters in Ofen, kehrte wieder nach Hermannstadt zurück, wo er auch Väterrollen spielte, u. wirkte zuletzt in Arad u. Temeschwar.

Nötzl, Johann, geb. 1791 zu Wien (Todesdatum unbekannt), Schauspieler, zwischen 1834—40 meist auf ungarischen Bühnen tätig (Temeschwar, Ofen).
Literatur: H. *Börnstein,* Fünfundsiebzig Jahre 1881.

Nötzli, Jean, geb. 22. April 1844 zu Höngg bei Zürich, gest. 21. April 1900 zu Küßnacht bei Zürich, gründete 1875 das weitverbreitete Schweizer Witzblatt „Nebelspalier". Dramatiker.
Eigene Werke: D'r Abigschluß vum Schlußabig (E lustigs Truurspiel) 1876; Das Posaunensolo (Lustspiel) 1880; Aus Liebe (Schauspiel) 1885.

Nötzoldt, Fritz Otto, geb. 7. Jan. 1903 zu Nöschenrode im Harz, war Buchhändler, Bibliothekar, Journalist, Schauspieler, Dramaturg, Conférencier, Lektor u. Schriftsteller. Gatte der Kabarettistin Elsbeth Janda.

Nohl, Ludwig, geb. 5. Dez. 1837 zu Iserlohn, gest. 15. Dez. 1885 zu Heidelberg, zuerst Jurist, später ausschließlich Musikschriftsteller, von R. Wagner gefördert, von König Ludwig II. mit dem Professortitel ausgezeichnet.
Eigene Werke: Beethovens Leben 3 Bde. 1864—77; Briefe Beethovens, herausg. 1865; Mozarts Briefe, herausg. 1865; Musiker-Briefe 1867; Gluck u. R. Wagner 1869; R. Wagners Leben u. Schaffen 1870; Beethovens Brevier 1870; Reisebriefe 1874; Beethoven, Liszt u. Wagner 1874; Eine stille Liebe zu Beethoven (Nach dem Tagebuch einer jungen Dame) 1875; Beethoven nach

den Schilderungen seiner Zeitgenossen 1877; Mozart nach den Schilderungen seiner Zeitgenossen 1880; R. Wagners Bedeutung für die nationale Kunst 1883; Das moderne Musikdrama 1884 u. a.
Literatur: Robert *Eitner,* L. Nohl (A. D. B. 23. Bd.) 1886.

Nohl, Peter, geb. 11. Okt. 1906 im Rheinland, wurde in Köln zum Opernsänger ausgebildet u. gehörte seit 1936 (mit Unterbrechung 1944—45) den Städt. Bühnen das. als Charakter- u. Heldenbariton an. Er kreierte 1942 den Ritter in Graeners „Schwanhild", 1950 Kolumbus in Milhauds Oper u. 1952 die Titelrolle in F. Schmidtmanns „Kain".

Nohr, Christian Friedrich, geb. 7. Okt. 1798 oder 1800 zu Langensalza, gest. 5. Okt. 1875 zu Meiningen, nahm an den Befreiungskriegen teil, Schüler L. Spohrs, wirkte seit 1830 als Konzertmeister in Gotha u. an der Meininger Kapelle. Komponist u. a. von Opern.
Eigene Werke: Der Alpenhirt 1831; Die wunderbaren Lichter 1833; Liebeszauber 1837; Der vierjährige Posten 1851; Der Graf von Gleichen 1862.
Literatur: Riemann, Ch. F. Nohr (Musik-Lexikon 11. Aufl.) 1929.

Nolden, Edmund (Ps. Paul Strüpp), geb. 16. Juni 1856 zu Elberfeld (Todesdatum unbekannt), Bildhauer u. Modelleur. Lyriker u. Dramatiker.
Eigene Werke: Festspiel zu Ehren Kneipps 1906; Dichter u. Wickel (Lustspiel) 1908; Eine soziale Tat (Bühnendichtung) 1909; Zeppelin kommt (Lustspiel) 1910 u. a.

Nolden, Peter Richard Hubert, geb. 11. Juni 1811 zu Düren, gest. 25. März 1895 zu Hamburg-Eilbeck, humanistisch gebildet, betrat 1834 die Bühne in Halberstadt, war dann Wanderkomödiant, wandte sich später der Oper zu u. debütierte 1844 in Koblenz als Inka im „Opferfest", gastierte im selben Jahr, von Sabine Heinefetter (s. d.) empfohlen, als Belisar in Gotha u. war neun Jahre Erster Bassist das., kam hierauf nach Frankfurt a. M., Berlin (Krolloper), Pest, Krakau, Brünn u. Posen, 1858 als Opernregisseur ans Stadttheater in Hamburg, sang 1864—73 nur in Konzerten u. nahm hierauf wieder ein Engagement in Hamburg (Wilhelm- u. Tivolitheater) an. Gothaischer Kammersänger. Herzog Ernst komponierte in seiner Oper „Santa Chiari" den Alexis für ihn. Diese Rolle, die durch seine mächtige, kaum von

Mitterwurzer (s. d.) überbotenen Stimmittel, voll zur Geltung gekommen wäre, hat er nie gesungen. Gastspiele in Dresden, Karlsruhe, Detmold, Leipzig, Köln, Mainz u. a. bewährten seinen Ruf.
Literatur: Carl Friedrich *Wittmann,* P. Nolden (Deutsche Bühnengenossenschaft 24. Jahrg. Nr. 14) 1895.

Nolewska, Anna s. Pfund, Anna.

Noll, Wilhelm, geb. 1907 zu Hagen in Westfalen, gest. 29. Sept. 1957 zu Regensburg, zuerst Chorsänger am Stadttheater in Hagen, dann an der Staatsoper in Hamburg, hierauf Solist am Stadttheater in Regensburg, sang alle großen Baßpartien in Wagneropern u. wirkte als Gast u. a. in München, Wiesbaden u. Frankfurt a. M. Seit 1955 Mitglied des Stadttheaters in Bielefeld.

Noller, Alfred, geb. 14. März 1898 zu Pforzheim, humanistisch gebildet, studierte in Heidelberg, Tübingen u. München, wo er 1918—20 auch die Schauspielschule besuchte, kam 1920 als Schauspieler, Dramaturg, Spielleiter u. Direktorstellvertreter ans Schauspielhaus in München, 1925 als Oberspielleiter ans Alberttheater in Dresden, wirkte 1926—27 als Schauspieler u. Spielleiter am Neuen Theater u. an den Städt. Bühnen in Frankfurt a. M., 1927—31 am Staatstheater in Oldenburg, 1931—40 als Intendant in Essen, 1940—45 als Generalintendant an der Staatsoper in Hamburg, 1947 bis 1948 als Spielleiter am Schauspielhaus das., 1948—49 als Gastregisseur in Hannover u. Hamburg, 1949—50 als Oberspielleiter in Hannover u. 1950—55 als Generalintendant an den Bühnen der Landeshauptstadt Kiel. N. inszenierte u. a. die Uraufführung von H. Essigs „Weiber von Weinsberg" u. „Des Kaisers Soldaten", die Kieler Erstaufführung von H. Zusaneks „Straße nach Cavarcere" u. die Hamburger Erstaufführung von O'Neills „Trauer muß Elektra tragen".

Nollet, Emma s. Johnmeyer-Nollet, Emma.

Nollet, Georg, geb. 29. Okt. 1842 zu Hannover, gest. 9. Aug. 1915 das., Bruder von Emma, Julius u. Paul N., bei Karl Ludwig Fischer (s. d.) ausgebildet, debütierte in Mainz als Jäger im „Nachtlager von Granada", kam über Schwerin, Leipzig, Pest u. Hannover, wo er neben Max Stägemann

(s. d.) wirkte, an die Komische Oper in Wien, unternahm mit Etelka Gerster (s. Gardini) eine Tournée nach Oberitalien, folgte dann einem Ruf an die Hofoper in Wien, wo er unter R. Wagners Führung den Wolfram u. Telramund einstudierte, u. kehrte schließlich nach Hannover zurück, wo er über 20 Jahre das Baritonfach vertrat. 1894 mußte N. jedoch wegen eines Nervenleidens die Bühne verlassen. Hauptrollen: Templer, Don Juan, Holländer, Wotan, Barbier, Nelusko, Heiling u. a.

Nollet, Julius, geb. 29. März 1861 zu Hannover, gest. 1. Juni 1908 zu Berlin, Bruder von Emma, Georg u. Paul N., wurde von seinem Schwager Friedrich Holthaus (s. d.) unterrichtet, fand sein erstes Engagement bei den Meiningern, an deren Gastspielen er teilnahm, kam unter L. Barnay (s. d.) an das Berliner Theater u. über Krefeld, Mainz u. a. wieder nach Berlin (Neues u. Kleines Theater) zurück. Hauptrollen: Florizel („Das Wintermärchen"), Odowalsky („Demetrius") u. a.

Nollet, Paul, geb. 13. Mai 1856 zu Hannover, gest. 31. Jan. 1899 zu Berlin, Bruder von Emma, Georg u. Julius N., sollte Kaufmann werden, wandte sich aber der Bühne zu, wirkte 1877—79 in Schwerin als Sänger (Bariton) u. Schauspieler, 1880—81 in Magdeburg, 1881—83 in Mainz, hier im Fach Erster Helden, u. seit 1882 in Berlin (Deutsches Lessing- u. Berliner Theater). Ludwig Barnay bezeichnete ihn in seinen „Erinnerungen" (1903) als einen „sehr tüchtigen u. verwendbaren Künstler". Hauptrollen: Kuno („Der Freischütz"), Minister („Fidelio"), Stauffacher, Lerse, Lerma, Herzog Karl, Odoardo, König Philipp, Wallenstein, Alba, Burleigh, Verrina, Paul Werner u. a.

Nolte, Adolf de, geb. 29. Okt. 1841, gest. 28. Okt. 1911 zu Arnstadt, war Leiter der Theater in Stolp, Halberstadt, Nordhausen, zuletzt 25 Jahre in Arnstadt.

Nolte, Hans Friedrich, geb. 20. März 1906 zu Minden in Westfalen, erhielt seine musikalische Ausbildung in Dortmund u. war seit 1930 Korrepetitor u. Kapellmeister an den Städt. Bühnen in Oberhausen, 1935—40 am Landestheater in Coburg.

Nolte, Heino de, geb. 1916, gest. 18. Jan. 1942 (gefallen), war Schauspieler an der Niedersächsischen Landesbühne in Hannover. Sohn des Theaterdirektors Otto de N. in Berlin-Spandau.

Nolte, Josefine de, geb. 6. Febr. 1858 zu Corbach (Waldeck), gest. 9. Mai 1938 zu Berlin. Theaterleiterin.

Nolte, Karl Friedrich, geb. 1802, gest. 1. Dez. 1884 zu Wien, wirkte als Liebhaber u. Held in Berlin, Stettin, Karlsruhe, Prag u. seit 1854 am Burgtheater in Wien. Hauptrollen: Flottwell („Der Verschwender"), Silva („Egmont") u. a.

Nolte, Otto de, geb. 16. Okt. 1877, Erbauer u. Leiter der Freilichtbühne Spandau. Dozent an der Volkshochschule Spandau. Vater von Heino de N.

Noltsch, Ottokar, geb. 14. Juni 1887 zu Detmold, lebte als Kunstmaler u. Dramatiker das.

Eigene Werke: Kreuz u. Halbmond (Drama) 1913; Baron Mucki (Operette) 1914; Saat u. Ernte (Schauspiel) 1915; Die feine Familie (Schwank) 1920; Der falsche Fürst (Schwank) 1923; Irrlichter (Drama) 1929.

Nominikat, Max, geb. 1881, gest. 3. Dez. 1904 zu Aschersleben, war Schauspieler am dort. Stadttheater.

Nomis-Baur, Bia (Blanka), geb. 15. Aug. 1878, war Schauspielerin u. langjähriges Mitglied des Carl-Schultze-Theaters in Hamburg.

Nonne, Ernst (Geburtsdatum unbekannt), gest. 15. Nov. 1869 zu Wien, Schauspieler an verschiedenen deutschen Hofbühnen, u. a. am Stadttheater in Hamburg, war eine Zeitlang als Direktor einer deutschen Schauspielergesellschaft in Odessa u. zuletzt als Kassier am Josefstädtertheater in Wien tätig.

Noormann, Else, geb. um 1890, gest. im Okt. 1952 zu Karlsruhe, kam als Schauspielerin 1909 vom Residenztheater in Wiesbaden nach Karlsruhe, wo sie bis 1926 zunächst Salondamen, später Charakterrollen, spielte. Die Kritik rühmte ihren „sprühenden Humor, ihre meisterhafte Charakterisierungsgabe u. ihre geistige Beherrschtheit." Hauptrollen: Mutter Wolffen („Der Biberpelz"), Liselotte von der Pfalz u. a. Nach ihrem Bühnenabschied Gattin des Großindustriellen Dyckerhoff in Wiesbaden.

Nora, Benno, geb. 1868, gest. 1. Juni 1933 zu Augsburg, seit 1888 bühnentätig, zuerst in Esseg, war Komiker in Prag, Berlin (Wallnertheater), Saarbrücken, Basel, Heilbronn, Stuttgart, Augsburg, Bonn (Operettentheater) u. wieder in Augsburg. Auch Regisseur.

Nora-Steuer, Johanna, geb. 1868, gest. 21. Febr. 1955 zu Augsburg, wirkte als Schauspielerin an zahlreichen Bühnen Deutschlands.

Norbert, Karl, geb. 1893, gest. 6. Aug. 1936 zu Wien, wirkte seit 1920 als Seriöser Baß u. Baßbuffo an der Staatsoper das. Wiederholt gastierte er im Ausland. Ebenso glänzend wie die Gestalt des Sarastro in der „Zauberflöte" verkörperte er die possenhafte Figur des Heiratsvermittlers Kezal in der „Verkauften Braut".

Norbert, Walter, geb. 20. Aug. 1890 zu Osnabrück, kam nach dem Ersten Weltkrieg zu Max Reinhardt an das Deutsche Theater in Berlin, wo er als Charakterdarsteller wirkte. Später studierte er Germanistik u. Theaterwissenschaft (Schüler von Max Herrmann, s. d.).

Norbert-Trumler, Viktor (Geburtsdatum unbekannt), gest. 27. Febr. 1952 zu Wien, wirkte 27 Jahre als Operettensänger das. (Johann-Strauß- u. Raimundtheater, Theater an der Wien), kreierte hier viele Rollen in neuen Operetten u. pflegte in den letzten Lebensjahren vor allem das Wiener Lied.

Nord, Karl s. Schöne, Karl.

Nordau (urspr. Südfeld), Max, geb. 29. Juli 1849 zu Budapest, gest. 22. Jan. 1923 zu Paris, Doktor der Medizin, unternahm weite Reisen u. ließ sich 1880 dauernd in Paris nieder. Publizist u. Feuilletonist, Erzähler u. Dramatiker.
Eigene Werke: Die neuen Journalisten (Lustspiel) 1880 (mit Ferd. Groß); Der Krieg der Millionen (Trauerspiel) 1881; Das Recht zu lieben (Drama) 1894; Die Kugel (Drama) 1894; Doktor Kohn (Trauerspiel) 1898.
Literatur: Karl *Bleibtreu,* Paradoxe der konventionellen Lügen 1888; Samuel *Meisels,* M. Nordau (Judenköpfe) 1926; Anna u. Maxa *Nordau,* M. N. 1948.

Nordeck, Karl von, geb. 1793, gest. 1853, lebte in Düsseldorf. Epiker u. Dramatiker.

Eigene Werke: Tancred u. Clorinde (Trauerspiel) 1819; Bianka Lionati (uraufgeführt) 1821; Kassandra (Trauerspiel mit Chören) 1823; Jacobe von Baden (Schauspiel) 1838.
Literatur: —e—, Über des Herrn v. Nordeck Kassandra (Rhein. Unterhaltungsblatt Nr. 19) 1823.

Nordegg, Hans Ludwig, geb. 6. Febr. 1858 zu Myslowitz, gest. 1. Okt. 1902 zu Berlin. Schauspieler u. Leiter des deutschen Theaters „Palme" in Petersburg.

Nordegg, Sepp, geb. 12. Aug. 1913 zu Salzburg, studierte in Wien u. Breslau, kam 1937 als Bühnenbildner-Assistent an die Volksoper in Wien, wirkte 1938—41 am Stadttheater in Münster, 1941—44 als stellvertretender technischer Direktor an der Staatsoper in München, 1944—45 als Maschineriedirektor am Staatstheater in Weimar, 1945—47 am Volkstheater in München, 1947—48 als Ausstattungschef an den Städt. Bühnen in Graz u. seit 1948 als technischer Direktor am Burgtheater, übernahm die Oberleitung der Bregenzer Festspiele, entwarf die Bühnenbilder zu Einems „Prozeß" für das Teatro San Carlo in Neapel u. inszenierte in Wien „Orfeo" u. a. Dozent an der Akademie der bildenden Künste. Die Kritik bezeichnet ihn als „Revolutionär des Bühnenbilds". Bei der Neugestaltung des Burgtheaters nahm er die Planung der bühnentechnischen Anlagen u. Beleuchtung vor.

Norden, Hans Otto, geb. 1885, gest. 3. Nov. 1957 zu Baden, war Operettenkomiker u. Regisseur.

Norden, Hermann (Geburtsdatum unbekannt), gest. 15. Nov. 1927 zu Berlin (durch Selbstmord), seit 1899 bühnentätig, war Spielleiter, Schauspieler u. Sänger in Frankfurt a. O. u. a., zuletzt am Landestheater in Rudolstadt.

Norden, Julius s. Hasselblat, Julius.

Nordenswan, Maj Gunnel von s. Kenter, Maj Gunnel.

Nordheim, Hertha, geb. 1897, gest. 28. Nov. 1923 zu Berlin, wirkte als Sängerin am Neuen Operetten-Theater das.

Nordheim, Rudolfine, geb. 17. Okt. 1839 zu München, gest. 16. April 1918 zu Eglfing bei

München, gehörte dem Ensemble des Gärtnerplatztheaters 1871—1914 an.

Nordi, Hans s. Niederhofer, Hans.

Nordica, Lilian s. Norton, Lilian.

Nordländer, Henny, geb. um 1879, gest. 14. April 1947 zu Berlin, begann ihre Bühnenlaufbahn 1898 am Berliner Theater das. u. kam über Bautzen, Graudenz, Libau, Konstanz, Wilhelmshaven, Dresden (Residenztheater) u. Gotha zuletzt wieder nach Berlin, wo sie an fast allen Bühnen mit großem Erfolg spielte.

Nordmann (urspr. Rumpelmayer bis 1866), Johann, geb. 13. März 1820 zu Landersdorf bei Krems (Niederösterreich), gest. 20. Aug. 1887 zu Wien, wurde frühzeitig Mitarbeiter der Wiener vormärzlichen Theaterblätter u. lebte als Journalist im Ausland u. in Wien. Dramatiker, von Schiller beeinflußt. *Eigene Werke:* Ein Marschall von Frankreich (Tragödie) 1857; Meister William (Drama) 1880.

Nordmann, Richard s. Langkammer, Margarete.

Nordt, Adolf s. Dibbern, Adolf.

Norfolk, Felix, geb. 1887, gest. 19. Sept. 1933 zu Berlin (an den Folgen einer Veronalvergiftung), war Schauspieler u. a. in Salzburg, Wien ((Stadttheater, Josefstädtertheater), München (Schauspielhaus), Gießen, Köln (Operettentheater) u. in Berlin (Deutsches Künstlertheater) u. a.

Norfolk-Huber, geb. 25. Juli 1920 zu Wien, Schüler von Leopold Reichwein (s. d.), wirkte seit 1946 als Kapellmeister am Stadttheater in Baden. Komponist der Märchenoper „Teufelchens Himmelfahrt" 1949.

Norini, Emil, geb. 22. Okt. 1859 zu Schwerin, gest. 3. Febr. 1918 zu Wien, von Armand Pohler (s. d.) für die Bühne ausgebildet, betrat diese 1886 in St. Pölten, wirkte dann als Jugendlicher Held u. Liebhaber in Klagenfurt, Hermannstadt, Reichenberg, Königsberg, Moskau u. Graz, später ausschließlich im Heldenfach in Bromberg, Wien (Carltheater), Dresden, Altenburg, Innsbruck, Bielitz, Linz, Teplitz u. seit 1900 am Kaiser-Jubiläums-Stadttheater in Wien. Eine seiner Hauptrollen war Tellheim.

Noris, Louise (Geburtsdatum unbekannt), gest. im Aug. 1916 zu München, entstammte einer Nürnberger Beamtenfamilie, trat um 1870 unter ihrem Mädchennamen Seuffert in München erstmals auf, spielte Soubretten u. Liebhaberinnen in Volksstücken u. Possen, bis sie 1873 an das dort. Gärtnerplatztheater kam. Unter dem Namen Noris wirkte sie dann am Thaliatheater das., kreierte hier eine Reihe von Rollen (Wladimir in „Fatinitza", Pedro in „Giroflé-Girofla", Prinz Methusalem) u. spielte hierauf bis 1898 am Gärtnerplatztheater. Weitere Rollen: Czipra („Der Zigeunerbaron"), Frau Rat („Königsleutnant") u. a. Bald nach ihrer Verheiratung nahm sie ihren Bühnenabschied.

Normann, Helene, geb. (Datum unbekannt) zu Berlin, gest. im Dez. 1916 zu Wiener Neustadt, war seit 1896 Schauspielerin, zuerst in Halle a. d. S., später in Kiel, Aachen, Riga, Magdeburg, Bromberg, Dresden u. a. Hauptrollen: Klärchen, Gretchen, Salome, Magda, Maria Stuart u. a. Gattin des Theaterdirektors Viktor Eckhardt.

Normann, Julia, geb. um 1880, begann ihre Bühnenlaufbahn 1896 in Krefeld, kam 1897 als Heldin u. Salondame nach Nürnberg u. 1899 nach Riga. Hauptrollen: Jungfrau von Orleans, Minna von Barnhelm, Lady Milford, Porzia, Maria Stuart, Madame Sans Gêne u. a.

Normann, Otto, geb. 1884, gest. 30. Aug. 1941 zu Danzig, Operettenkomiker u. Spielleiter am Danziger Stadttheater, leitete viele Jahre das Kurtheater in Zoppot, wo er neben der Operette auch das Schauspiel pflegte.

Normann, Rudolf von, geb. 1806 zu Stettin, gest. 18. Juni 1882 zu Dessau, Sohn eines preuß. Offiziers, wählte zuerst die militärische Laufbahn, verließ sie aber als Leutnant u. besuchte in Düsseldorf die Malerakademie. Hier kam er mit Immermann in Berührung, für den er auch Dekorationen malte. 1866 wurde N. Hoftheaterintendant in Dessau. Durch Spielplan, Ausstattung u. Inszenierung hob er das Niveau des Hoftheaters dauernd.

Normann-Dibbern, Gisa, geb. 22. Sept. 1887 zu Dresden, einer Theaterfamilie entstammend, betrat schon als Kind am Residenztheater das. die Bühne, kam als Erste Naive nach Buckow in der Märkischen Schweiz, unternahm mit 21 Jahren eine Tournee nach Holland, Frankreich, Südamerika u. Rußland, ging bereits mit 23 Jahren ins Fach der Komischen Alten über u. wirkte als solche in Bromberg, Königsberg, Kiel, schließlich in Berlin (Theater des Westens, Rose- u. Thalia-Theater u. a.). 1949 nahm sie ihren Bühnenabschied.

Norneck, Marie s. Ronneck, Marie.

Norrenberg, Franz, geb. 14. April 1846, gest. 30. Dez. 1932 zu Köln a. Rh., betrat das. die Bühne, kam über Hamburg (Stadttheater) als Erster Held u. Liebhaber nach Dresden (Vorgänger A. Matkowskys, s. d.) u. ging später zum Charakterfach über. Nach seinem Bühnenabschied widmete er sich der Ausbildung des Nachwuchses. Zuletzt Mitglied des Stadttheaters in Köln.

Norrenberg, Peter, geb. 1. Dez. 1847 zu Köln a. Rh., gest. 29. Mai 1894 zu Rhöndorf a. Rh., studierte in Bonn, wurde 1871 Lehrer, später Kaplan in Viersen u. 1891 Pfarrer in Süchteln. Literaturhistoriker, Übersetzer u. Dramatiker.
Eigene Werke: In der Kur (Lustspiel) 1873; Die Walpurgisnacht (Festspiel) 1877; Dilettantenbühne 7 Bde. 1877 ff.; Dramen u. Deklamationen für Jünglingsvereine 3 Bde. 1878.
Literatur: F. *Wienstein,* P. Norrenberg (Lexikon kath. deutscher Dichter) 1889.

Norton (Ps. Nordica), Lilian, geb. 12. Dez. 1859 zu Farmington im Staate Neuyork, gest. 10. Mai 1914 zu Batavia auf Java, in Boston u. Mailand ausgebildet, war Opernsängerin in Moskau, Petersburg, London, Neuyork u. a., trat seit 1891 auch in Deutschland auf, sang 1894 bei den Bayreuther Festspielen die Elsa in „Lohengrin" u. wirkte später wiederholt das. mit. 1911 gastierte sie am Opernhaus in Berlin als Isolde. N. war besonders um die Verbreitung des Werkes R. Wagners in England bemüht. Weitere Hauptrollen: Violetta, Aida, Traviata, Mignon, Königin von Saba u. a. In erster Ehe mit F. A. Gower, später mit dem ungarischen Sänger Zoltan Döhme u. zuletzt mit Kapitän de la Mar verheiratet.

Norweg, Karl Heinz, geb. 16. Sept. 1901 zu Wien, war bis 1945 Pressereferent der Stadt Berlin. Lyriker, Erzähler, Dramatiker u. Publizist.
Eigene Werke: Westlich u. östlich von Greenwich (Drama) 1930; Brand im Glaspalast (Drama) 1931.

Noséda, Emmerich, geb. 9. März 1875 zu Budapest, gest. 28. Dez. 1937 zu Heidelberg, wirkte als Schauspieler, Sänger u. Spielleiter u. a. in Konstanz, Flensburg, Schleswig, Mühlhausen/Thüringen, Nordhausen u. zuletzt am Stadttheater in Heidelberg.

Nossack, Hans Erich, geb. 30. Jan. 1901 zu Hamburg, Sohn eines dort. Importeurs, studierte in Jena Rechtswissenschaft u. Philologie, gab aber 1922 das Studium auf u. wurde Kaufmann. Lyriker, Erzähler u. Dramatiker.
Eigene Werke: Die Rotte Kain (Schauspiel) 1950 (Uraufführung 1951 in Wiesbaden); Die Hauptprobe (Schauspiel) 1953 (Uraufführung das.).

Nossig, Alfred, geb. 18. April 1864 zu Lemberg, lebte als Bildhauer u. Dramatiker in Berlin u. Zürich.
Eigene Werke: Die Tragödie des Gedankens (Drama) 1885; Der König von Zion (Drama) 1887; Manru (Oper) 1901; Göttliche Liebe (Drama) 1901; Die Hochstapler (Drama) 1902; Die Erneuerung des Dramas 1905; Abarbanell (Drama) 1907; Die Retterin (Drama) 1909; Die Legionäre (Drama) 1911.

Nossing, Elfriede Marie, geb. 7. Nov. 1890 zu Hannover, bei Max Reinhardt in Berlin für die Bühne ausgebildet, debütierte 1916 als Selma Knobbe in G. Hauptmanns „Die Ratten" an der Volksbühne das., wirkte dann an den Reinhardt-Bühnen in Berlin, am Hoftheater in Wiesbaden, in Dessau, wieder in Berlin (Schillertheater), Schwerin, nach 1945 am Stadttheater in Stralsund u. abermals in Berlin (Theater in der Nürnbergerstraße, Theaterclub im British Centre u. a.). Hauptrollen: Pelagea Wlassowa („Die Mutter" von B. Brecht), Elsbeth Treu („Die Kassette" von Sternheim), Martha Brewster („Das Spitzenhäubchen u. Arsenik" von Kesselring) u. a.

Noster, Wilhelm, geb. 19. Juni 1859 zu Friedeberg, gest. 6. Aug. 1920 zu Berlin, begann hier seine Bühnenlaufbahn 1876 u. kam unter L'Arronge (s. d.) als Schauspieler ans Deutsche Theater das., dem er 34 Jahre, zuletzt als Inspizient, angehörte.

Nothoff-Nordau, Elise, geb. 1864, gest. 23. Febr. 1931 zu Berlin-Zehlendorf, war

Schauspielerin, u. a. in Greifswald, Görlitz, Frankfurt a. d. Oder u. Berlin.

Nottebohm, Gustav, geb. 12. Nov. 1817 zu Lüdenscheid in Westfalen, gest. 29. Okt. 1882 zu Graz, Fabrikantenssohn, Schüler von Mendelssohn u. Schumann, wirkte als Musiklehrer in Wien. Mozart- u. Beethoven-Forscher.
Eigene Werke: Thematisches Verzeichnis der im Druck erschienenen Werke von Beethoven 1864 (2. Aufl. 1868, Neudruck 1913); Ein Skizzenbuch von Beethoven 1865; Beethoveniana 2 Bde. 1872—76; Beethovens Studien 1873; Mozartiana 1880; Ein Skizzenbuch von Beethoven aus dem Jahre 1803 1880 u. a.
Literatur: C. F. P., G. Nottebohm (A. D. B. 24. Bd.) 1887.

Notthafft, Gabriele, geb. um 1930 zu Regensburg, besuchte die Hochschule für Musik in München, debütierte als Gilda in „Rigoletto" 1951 in Passau, war 1952-54 Elevin an der Staatsoper in München u. kam nach Gastspielen in Ulm, Bern u. Stuttgart 1955 als Vertreterin des Koloraturfaches ans Landestheater in Linz. Hauptrollen: Mimi, Martha, Donna Diana, Traviata, Cherubin, Rosina, Juno („Die schöne Helena") u. a.

Nouseul (auch Nousseul), Johann, geb. 1742, gest. 9. Dez. 1821 zu Wien, gehörte bis 1774 der Marchandschen Theatergesellschaft in Frankfurt a. M. als Schauspieler an, ging hierauf nach München u. an das Hoftheater in Rastatt, wo er die Folgende heiratete, trat 1778 zusammen mit ihr in Cronegks „Codrus" bei Döbellin in Berlin auf, errichtete in Hannover eine eigene Gesellschaft, kam aber bald als Direktor des Kärntnertortheaters nach Wien u. gehörte dann 1780—1814 dem Burgtheater als Mitglied an. Schinks „Zusätze u. Berichtigungen" zur „Gallerie von Teutschen Schauspielern u. Schauspielerinnen" enthalten eine Charakteristik des Künstlers: „Ich habe N. neun Jahre beobachtet u. studiert, ich habe ihn in den verschiedentlichsten Rollen gesehen, u. fast mit jeder neuen Rolle dieses mein Urteil von ihm bestätigt gefunden. Alles was Konversationsstück ist, alles was Charakter, unmittelbar aus der menschlichen Gesellschaft genommen, heißt: ist seine Sphäre. In diesen Rollen von ihm seh ich Ekhof (s. d.) wieder aufleben, u. erinnere mich dieses großen

Mannes mit neuer Wärme. Ganz gewiß hat er hier eine Menge Rollen, die er mit unseren besten Schauspielern um die Wette spielen darf; ja er hat hier eine Menge Rollen, die ihm vielleicht keiner nachspielen dürfte." Hauptrollen: Albanien („König Lear"), Rota („Emilia Galotti"), Wärling („Die Lästerschule") u. a.
Literatur: J. F. *Schink*, Joseph (!) Nouseul (Gallerie von Teutschen Schauspielern u. Schauspielerinnen = Schriften der Gesellschaft für Theatergeschichte 13. Bd.) 1910.

Nouseul (auch Nousseul, geb. Lefebre), Rosalia, geb. 5. Mai 1750 zu Wien, gest. 24. Jan. 1804 zu Wien, trat zuerst am Theater in Rastatt auf, wirkte in München, Berlin, Mannheim, Hannover u. gehörte, von Lessing empfohlen, von 1799 bis zu ihrem Tode dem Burgtheater an. Johann Friedrich Schink sprach sich wiederholt in seinen „Dramaturgischen Fragmenten" sowie in den „Zusätzen" begeistert über sie aus. Er nannte sie „eins der glücklichsten Theatergenien; hat die vorteilhafteste Bildung, das ausdrucksfähigste Gesicht u. ist ganz für Rollen gebaut, deren Charakter Stolz, Herrschsucht, Würde u. Majestät ist. Sie hat die biegsamste, geschmeidigste, der mannigfachen Abänderungen des Tons fähigste Stimme. Ihre Aktion ist, wenn sie nicht anderer Eigensinn folgen muß, edel, gemäßigt, simpel u. doch groß, bedeutend ohne Kontorsionen. Immer ihres Charakters vollkommen mächtig, bezeichnet sie die feinsten Nüanzen u. hebt jede Feinheit heraus. Ihre richtigen, leidenschaftlichen Übergänge beweisen, daß sie mit dem Innern ihrer Kunst sehr vertraut ist" . . . „Madame N. ist dazu geboren, zu sein, was sie ist. Würde u. Hoheit, Adel u. Majestät, sind eine Art von zweiter Natur von ihr, die sie durch alle tragischen Rollen äußert, die einen, ohne vorher von dem Charakter unterrichtet zu sein, den sie spielt, mit Händen greifen lassen, daß eine Königin redet, daß eine Königin mit Unfällen des Lebens u. der Qual der Leidenschaften zu kämpfen hat. Und wie diese Majestät, diesen Adel äußerst anziehend für unser Herz macht, ist die Menschlichkeit, die überall durchschimmert, u. nirgends Theaterfirlefanz u. Komödiantenflitter sehen läßt. Wenn sie als Elisinde in Cronegks Codrus, bei Artanders Prahlereien kalt u. majestätisch dasteht, wenn sie auf sein übermütiges: Was kannst du? mit dem kältesten, verächtlichsten Ton, in dem jemals Kälte u. Verachtung gesprochen haben, ihr: Dich verachten! hinwirft: so ist das ganz Ton u. Wahrheit, daß man die N. darüber vergißt, u. nur Elisinden sieht. Wenn sie als Königin, in Richard III., wenn der Tyrann vor ihr mit seinen gestohlenen Kronen prahlt, u. ihr droht, mit dem ganzen königlichen Stolz, vereint mit der mütterlichen Wut, ausbricht; wenn sie dann mit der Stimme einer rachebegeisterten Prophetin die rächenden Strafgerichte Gottes, die ihn treffen werden, schildert; wenn sie von den Stimmen der von ihm Erschlagenen redet, die zu Gott aufschreien; u. dann nach einer großen, seelvollen Pause, mit aufgehobenem, bedeutendem Finger, mit warnendem Blick das: Gott, Gott höret sie! ausspricht: so hat der Ton ihrer Stimme eine so erhabene, erschütternde Feierlichkeit: daß jedes Herz schaudernd aufschreit: weil jeder diese furchtbare Rache Gottes schon über Richards Haupt herabschweben zu sehen glaubt" . . . „Ihr Spiel (ist) immer Spiegel des Lebens, Bild der Sitten, Wahrheit u. Natur . . . Sie scheint manchen kalt, weil sie fast zu wenig Komödiantin ist, zuwenig auf das Theater denkt, das etwas starke Zeichnung verlangt; weil sie fast zuviel menschliches Leben ist. Aber im Grunde, für die eigentliche Wahrheit, ist sie nicht kälter, als wie sie sein muß. Feuer zu seinen Rollen zu haben, heißt überall die Wahrheit zeigen, aber nicht die Farben faustdick auftragen u. Konvulsionen kriegen. Ihr Spiel ist voller Feinheiten, voller Charakteristik, u. ihr Raffinement breitet oft durch die kleinsten Kleinigkeiten Licht u. Leben über ihre Rolle. Der Neid . . . heißt das überstudiert. Aber man kann mir glauben, es sähe um die Kunst in Deutschland vortrefflich aus, wenn dies Überstudieren dieser Schauspielerin auf unsern Theatern mehr Mode wäre." Weitere Hauptrollen: Claudia („Emilia Galotti"), Julia („Die Verschwörung des Fiesko zu Genua"), Vetusia („Coriolanus"), Generalsfrau („Menschenhaß u. Reue") u. a. Gattin des Vorigen. Ihr Porträt von D. Chodowiecki als Lady Macbeth befindet sich in der Ehrengalerie des Burgtheaters.

Literatur: Wurzbach; R. Nouseul (Biogr. Lexikon 20. Bd.) 1869; J. F. *Schink*, R. N. (Gallerie von Teutschen Schauspielern u. Schauspielerinnen = Schriften der Gesellschaft der Theatergeschichte 13. Bd.) 1910.

Nova, Adele s. Novacek, Adele.

Novacek (Ps. Nova), Adele, geb. 31. Jan.

1885 zu Wien, besuchte hier die Schauspielschule Otto, ging 1902 zur Bühne, wirkte am Josefstädtertheater u. Jantschtheater in ihrer Vaterstadt, in Reichenhall, Salzburg u. a. als Charakterdarstellerin u. Soubrette. Hauptrollen: Regine („Die Gespenster"), Magelone („Die Büchse der Pandora") u. a.

Novacek (Ps. Nodari), Helmut, geb. 18. Sept. 1919, zuerst Textilkaufmann, ließ sich nach dem Zweiten Weltkrieg nach Rückkehr aus der Kriegsgefangenschaft in Wien gesanglich ausbilden, debütierte 1946 am Stadttheater in St. Pölten als Barinkay im „Zigeunerbaron", kam 1947 nach Wien, 1948 ans Stadttheater in Steyr, 1949 abermals nach Wien (Bürger- u. Stadttheater), wirkte 1950—54 am Landestheater in Salzburg u. hierauf am Städtebundtheater Biel-Solothurn als Operettentenor.

Novak, Therese, geb. 15. Nov. 1821 zu Kaschau, gest. 13. Aug. 1888 zu Waldenburg in Preuß.-Schlesien. Schauspielerin.

Novelli, Ernesti, geb. 1856, gest. im Jan. 1919 zu Neapel, italienischer Schauspieler, gastierte an vielen deutschen Bühnen.

Noverre, Jean Georges, geb. 27. April 1727 zu Paris, gest. 19. Okt. 1810 zu St. Germain-Laye, trat 1743 erstmals in Paris auf, war seit 1752 Ballettmeister an der Komischen Oper das., 1760—67 am Hofe des Herzogs Karl August von Württemberg, kam nach Aufenthalten in Wien, Mailand, Neapel u. Lissabon 1776 auf Veranlassung Marie Antoinettes an die Große Oper in Paris, wurde aber schon 1780 hier verabschiedet. N. schuf zahlreiche Ballette, u. a. zu den Opern Glucks u. Jommellis.

Literatur: C. H. v. *Ayrenhoff*, Über die theatralischen Tänze u. die Ballettmeister Noverre, Muzzarelli u. Vigano 1794; J. Th. *Foisset*, Notice sur J. G. N., reformateur des ballets 1822; H. *Niedecken*, J. G. N. (Diss. Halle) 1914; Maximilian *Schulz*, J. G. N. in Wien 1767—74 (Diss. Wien) 1927; Riki *Raab*, Ballettreformator J. G. N. in Wien (Jahrbuch des Vereines für Geschichte der Stadt Wien 13. Bd.) 1957.

Novy, Erich, geb. 26. Juni 1903 zu Königstein an der Elbe, lebte als Stenograph in München-Feldmoching. Bühnenautor.

Eigene Werke: Im Märchenschloß (Operette) 1936; Treffen in Schliersee (Lustspiel)

1940; Der Herr Gepäckträger (Lustspiel) 1943; Ehebruch vor der Ehe (Komödie) 1947.

Nowa-Whitehill, Alice Dorothee (Geburtsdatum unbekannt), gest. 5. Juli 1931 zu Berlin, wirkte als bedeutende Soubrette in Colmar, Lübeck, Elbersfeld u. a. Gastspiele führten sie auch in das Ausland. Die letzten Jahre verbrachte sie als Private in Berlin.

Nowack (geb. Uterwedden), Anna (Geburtsdatum unbekannt), gest. 17. Nov. 1886 zu Moskau, leitete nach dem Tode ihres Gatten Otto N. das Viktoriatheater in Magdeburg u. starb zwei Tage nach ihrer Wiederverehelichung mit Sascha Hänseler (s. d.) an Herzschlag.

Nowack, Otto, geb. 1829, gest. 18. Juli 1883 zu Berlin, wirkte als Bariton in Reval, Magdeburg, Posen, Danzig, Bremen, 1859—69 als Direktor des Stadttheaters in Magdeburg, gründete 1861 das. das Viktoriatheater u. später das Nowack-Theater in Berlin. Gatte von **Anna** Uterwedden, Vater des Folgenden.

Nowack, Otto, geb. 30. Sept. 1874 zu Magdeburg, gest. 11. Jan. 1916 zu Darmstadt, Sohn des Vorigen, debütierte 1890 als Fritz Kleinmichel in Freytags „Journalisten", kam als Jugendlicher Komiker 1892 nach Kiel u. 1893 nach Aachen, 1894 als Tenorbuffo nach Königsberg, dann nach Görlitz, Mainz, Basel, Berlin u. Breslau. Allmählich wandte er sich ausschließlich der Regie zu, so am Covent Garden in London u. am Stadttheater in Hamburg. Seit 1913 gehörte er dem Hoftheater in Darmstadt an, wo er sich besonders durch eine Parsifal-Inszenierung verdient machte. Hauptrollen: Zar Peter, Pedrillo, David, Mime, Jacquino, Beppo, Eisenstein u. a.
Literatur: Eisenberg, O. Nowak (ohne c) (Biogr. Lexikon) 1903.

Nowak, Bruno (Ps. Gottfried Rothacker), geb. 23. Juni 1901 zu Troppau in Österr.-Schlesien, gest. 22. März 1940 zu Berlin, studierte an der Deutschen Universität Prag, lebte bis 1931 in Troppau, bis 1933 in Tabor bei Troppau u. seither als freier Schriftsteller in Berlin. Erzähler u. Bühnenautor.
Eigene Werke: Die Entwicklung der Faustgestalt bis Goethe (Diss. Prag) 1926; Der Bauer (Spiel) 1933; Roderich (Königs-

drama) 1933; Die Stedinger (Bauerndrama) 1934; Das Opfer der Notburga (Spiel) 1935.

Nowak, Josef, geb. 14. Nov. 1901 zu Stuttgart, studierte in Freiburg im Breisgau (Doktor der Philosophie) u. lebte als Journalist in Hildesheim. Dramatiker.
Eigene Werke: Menschwerdung (Schauspiel) 1931; Eine Frau u. drei Mädchen (Schauspiel) 1941; Spuren im Schnee (Komödie) 1942; Die Dame mit dem Weißfuchspelz (Schauspiel) 1944; Felix der Unglückliche (Komödie) 1946; Johanna in Rouen (Schauspiel) 1947; Die Freifrau von Ithaka (Komödie) 1948; Nacht an der Newa (Schauspiel) 1950; Herren in den besten Jahren (Komödie) 1951.

Nowak, Leopold, geb. 17. Mai 1856 zu Brünn (bis nach dem Ersten Weltkrieg nachweisbar), Sohn eines Staatsbeamten, begann seine Bühnenlaufbahn als Schauspieler in Gera u. kam über Hanau, Lübeck, Liegnitz, Görlitz, Posen, Königsberg, Zürich, Nürnberg, Graz u. Oldenburg 1898 ans Kaiser-Jubiläums-Stadttheater in Wien, später ans Raimundtheater das. (hier auch als Regisseur tätig).

Nowakowsky, Paul, geb. 1. April 1889 zu Leipzig, gest. 25. Nov. 1940 zu Bad Ems, begann seine Bühnenlaufbahn 1908 als Schauspieler am Stadttheater in Allenstein, wirkte in Bamberg, Flensburg, Rostock, Bern u. Basel, war dann Theaterleiter in Solothurn, Wismar-Güstrow u. zuletzt Vortragskünstler.

Nowinski, Alfred, geb. 18. Aug. 1881 zu Oppeln in Oberschlesien, gest. 19. Jan. 1933, war Lehrer in Oppeln. Erzähler, Lyriker u. Dramatiker.
Eigene Werke: Das grüne Zelt (Preisgekröntes Eichendorffspiel) 1925; Frisch, froh, fromm, frei (Turnerspiel) 1925; Weihnachten bei den Zwergen (Vers-Märchenspiel) 1925; Meister Friedemann (Spiel) 1928.
Literatur: Ernst *Dlugosch*, A. Nowinski (Der Oberschlesier 15. Jahrg.) 1933; K(arl) *S(zodrok)*, A. N. (Ebda. 16. Jahrg.) 1934.

Nowotny, Aurel, geb. 18. Juli 1881 zu Sissek in Kroatien, gest. 17. Nov. 1947 zu Wien, war Schauspieler, Regisseur u. Dramaturg u. a. in Berlin (Neues Volkstheater, Residenztheater), Wien (unter Alfred Bernau an den Kammerspielen), nach dem

Ersten Weltkrieg in Wiener Neustadt u. hierauf wieder in Wien (Volkstheater, Raimundtheater u. a.). Präsident der Sektion Bühnenangehörige in der österr. Bühnengewerkschaft.

Nowotny, Richard Karl, geb. 27. April 1872 zu Frankfurt a. M., gest. 27. Jan. 1906 zu Iglau. Schauspieler

Nube, Gertrud, geb. 8. Nov. 1881 zu Berlin, gest. 22. März 1958 das., Schauspielerin, Rezitatorin u. Schriftstellerin, machte sich schon vor dem Ersten Weltkrieg als Märchenerzählerin u. beim Rundfunk einen Namen.

Nüchtern (geb. Miklosich), Dora, geb. 10. Juli 1899 zu Kritzendorf bei Wien, wirkte als Schauspielerin u. a. in Salzburg und in Wien. Gattin des Folgenden.

Nüchtern, Hans, geb. 25. Dez. 1896 zu Wien, Sohn eines dort. Magistratsdirektors, studierte in Wien u. Lund in Schweden (Doktor der Philosophie), wurde Verlagssekretär, Dramaturg u. Redakteur in Wien, 1924 Professor an der dort. Staatsakademie, Lehrer am Reinhardt-Seminar u. schließlich Leiter der Literar. Abteilung am Wiener Rundfunk. Sein „Spiel von den vier Rittern u. der Jungfrau" gelangte 1936 im Burgtheater zur Aufführung. Gatte der Vorigen.

Nüdling, Ludwig, geb. 26. Febr. 1874 zu Poppenhausen in der Rhön, gest. nach 1933, war Pfarrer in Auffenau u. später in Kleinsassen bei Fulda. Bühnenautor.
Eigene Werke: Märchenkönigin (Drama) 1912; Ein neuer Engel (Drama) 1912; Weihnachten bei Schlichtemanns (Drama) 1913; Eva (Trauerspiel) 1917; Der Zwergenkrieg (Kinderschauspiel) 1920; Franziskus (Drama) 1921; Das Opfer (Mysterienspiel) 1924; Die geheimnisvolle Rose (Schauspiel) 1924; Canisius (Schauspiel) 1925; Kiliani Frankenfahrt (Legendenspiel) 1926; Die Schutzfrau von Münnerstadt (Schauspiel) 1927; Die Mutter der Schmerzen (Drama) 1927; Montabaur in Glück u. Ehre (Westerwälder Heimatspiel) 1930 u. a.

Nürnberg, die alte freie Reichsstadt, besaß seit den Fastnachtsspielen von Rosenblut u. Holz sowie den Handwerkeraufführungen des Hans Sachs eine alte Tradition. Diese wirkten auch in den meisten seiner Stücke als Schauspieler mit. Am Ende des 16. Jahr-

hunderts agierten hier Englische Komödianten (s. d.). Das erste Theatergebäude, abgesehen von der den Meistersingern als Schauplatz dienenden Marthakirche, war das sog. Fechthaus auf der Insel Schütt, daneben gab es seit 1667 im sog. Materialhaus die Möglichkeit, auch in der Nacht Vorstellungen zu veranstalten (daher Nachtkomödienhaus). Später erhielt es die Bezeichnung Opernhaus. 1668 trat die Truppe Veltheim (s. d.) in N. auf. Andere folgten, so 1728 u. 1729 das Ehepaar Neuber (s. d.), 1740 die Gesellschaft Schuch (s. d.), 1764 bis 1766 die Kurzische Gesellschaft, in der J. v. Kurz-Bernardon (s. d.) mit eigenen Stücken u. persönlich zu Worte kam. 1779 eröffnete Schikaneder (s. d.) die Saison. 1782 spielte Berners (s. d.) Kindertheater u. a. eine Oper von Goldoni, 1785 die Gesellschaft Ludwig Schmidts (s. d.) Mozarts „Entführung aus dem Serail". 1793 erschienen theatergeschichtlich bedeutsame „Briefe über das Theater in N. u. das deutsche Komödienwesen überhaupt". Frühzeitig fand vor allem Mozart mit seinen Schöpfungen freundliche Aufnahme. Da das alte Opernhaus inzwischen baufällig geworden war, schuf der Reichsadlerwirt Aurnheimer eine neue Bühne, die 1801 mit Kotzebues „Bayard" ihre Pforten aufschloß. Goethe u. Schiller u. a. tauchten freilich selten im Spielplan auf, wohl aber Iffland u. a. Modedramatiker. Schauspieler vom Rang eines Iffland u. Eßlair, dieser zeitweilig sogar als Komiker, stellten sich ein. Webers „Freischütz" erregte 1822 rauschenden Beifall. Freischützbier, Freischützwesten u. -halsbinden, Freischütz-Rauch- u. -Schnupftabak u. dgl. zeugten von der allgemeinen Begeisterung. Unter der Direktion der Frau von Trentimaglia (s. d.) erfolgte 1827 die Übersiedlung der Bühne in ein Interimstheater auf der Insel Schütt u. 1833 in das neuerbaute Stadttheater, in dem volkstümliche Stücke von Raimund u. Nestroy Eingang fanden, aber den Spielplan nicht wesentlich zu heben vermochten, ebensowenig wie berühmte Gäste von der Art einer Schröder, eines Devrient, Costenoble u. Laroche. Im Jahr 1858 verzeichnete man allerdings Erstaufführungen von Verdi u. Wagner. Schillers 100. Geburtstag wurde mit einer Wallenstein-Aufführung gefeiert. Seit 1868 stand das Stadttheater nicht mehr allein. An seine Seite traten ein Sommer- oder Saisontheater, abgelöst vom Apollotheater u. später noch das Intime Theater, das zu Beginn des 20. Jahrhunderts mit bedeuten-

den Kräften eine führende Stellung in Deutschland einnehmen sollte. Den Aufschwung des Stadttheaters selbst führte seit 1868 die Direktion Maximilian Reck herbei. Unter ihr wirkten die großen Sänger Theodor Formes, Lorenzo Riese u. Heinrich Berg. Im Schauspiel sah man erste Kräfte aus München u. Berlin, wiederholt auch die Meininger. Der Spielplan entsprach dem der namhaftesten Bühnen überhaupt. 1905 wurde das alte Theater geschlossen u. durch ein neues ersetzt. Der erste Direktor des Hauses am Frauentorgraben war der aus Riga kommende Richard Balder, 1919 erfolgte die Übernahme in städtische Regie. Unter dem Generalintendanten der Vereinigten Bühnen von Nürnberg u. dem benachbarten Fürth, J. Maurach, unterzog man 1924 das alte Stadttheater einer Restaurierung u. stellte es ausschließlich dem Schauspiel zur Verfügung, während das neue Haus am Ring der Oper vorbehalten blieb. Im Zweiten Weltkrieg teilweise beschädigt, wurde es 1945 wieder aufgebaut. Das Stadttheater Fürth (s. d.) besteht seit 1902. Das neue Lessing-Theater in Nürnberg führte man 1948—49 als Privattheater u. übernahm es dann ebenfalls in städtische Regie.
Literatur: G. A. *Will*, Geschichte der Nürnbergischen Schaubühne (Historisch-Diplomatisches Magazin für das Vaterland) 1781; (Ignaz *Schwarz*), Eine Abhandlung über die Schauspiele. Nebst dem Nürnbergischen Theater-Journal vom 1sten Jenner 1796 bis zum Schluß desselben Jahres 1797; Theatralisches Wochenblatt 1802 ff.; Fr. *Mayer*, Chancen des Nürnberger Theaters von seiner frühesten Entstehung bis zur Gegenwart 1843; F. E. *Hysel*, Das Theater in N. von 1812—63, nebst einem Anhang über das Theater in Fürth 1863; ders., Ende des 35jährigen Theater-Privilegiums der Stadt N. 1868; K. *Traubmann*, Die Englischen Komödianten in N. (Schnorrs Archiv für Literaturgeschichte 11. Bd.) 1886; L. *Lier*, Studien zur Geschichte des Nürnberger Fastnachtsspiels (Diss. Leipzig) 1889; Theodor *Hampe*, Die Entwicklung des Theaterwesens in N. (bis 1806) 1900; A. M. *Wagner*, Das Theater in N. 1925; E. L. *Stahl*, 25 Jahre Neues Stadttheater in N. 1930; Hermann *Weniger*, Das alte Stadttheater in N. (Diss. München) 1932; Hundert Jahre Nürnberger Schauspielhaus 1932; H. *Kl.*, 50 Jahre Opernhaus N. (Die Bühnen-Genossenschaft 7. Jahrg. Nr. 9) 1955.

Nuernberg (geb. Bärwinkel), Cornelie, geb.

10. Febr. 1874 zu Erfurt, lebte als Arztenswitwe das. Dramatikerin.
Eigene Werke: Der Kronprinz (Schauspiel) 1911; Heilig ist das Leben (Drama) 1913; Im Banne der Götter (German. Trauerspiel) 1917.

Nürnberger, Siegfried, geb. 6. Febr. 1901 zu Frankfurt a. M., an der Schauspielschule des Deutschen Theaters in Berlin 1918—19 ausgebildet, wirkte das. am Lessingtheater, am Landestheater in Darmstadt, am Staatstheater in Karlsruhe, am Neuen Schauspielhaus in Bremen, in Königsberg, an den Kammerspielen in München u. an den Städt. Bühnen in Frankfurt a. M., leitete bis 1955 die Landesbühne Rhein-Main u. war seither Intendant des Städt. Theaters in Mainz. Hauptrollen: Präsident („Alain u. Elise" von Kaiser), Herman („Dantons Tod" von Büchner), Bodajeff („Der Wald" von Ostrowski) u. a.

's Nullerl, Volksstück von Karl Morré (1885), hatte wegen seines sozialen Gehalts im Zeitalter der aufkommenden Arbeitnehmerklasse großen Bühnenerfolg. Es ist das ergreifende Lebensbild des nach einem langen harten Kampf ums nackte Dasein der mitleidlosen „Wohltätigkeit" des Grundherrn ausgelieferten bäuerlichen „Einlegers" in der Steiermark.
Literatur: K. *Hubatschek*, K. Morré 1932.

Nuth, Franz, geb. 1753 zu Mellingen in der Schweiz (Todesdatum unbekannt), trat zuerst in der Pantomime als Pierrot erfolgreich auf, debütierte 1778 aus Brünn kommend in Berlin, verließ aber schon 1779 die Döbellinsche Gesellschaft, zusammen mit dem Ehepaar Nouseul (s. d.) u. Rosine Dafing, seiner späteren Frau, ging dann zur neuen Nouseulschen Truppe nach Hannover, später nach Brünn, Lübeck u. a. Er spielte Liebhaber, Stutzer, Könige, Zärtliche Väter u. a. Rollen. J. F. Schink (Gallerie von Teutschen Schauspielern u. Schauspielerinnen = Schriften der Gesellschaft für Theatergeschichte, 13. Bd. 1910) lobte seine gute Figur u. guten Anstand, bekrittelte aber den Mangel an Abwechslung in der Stimme: „ . . . zuviel Kälte, um in Liebhabern u. leidenschaftlichen Rollen ganz zu gefallen. Kalte u. räsonierende Charaktere, auch einige Alte glücken ihm besser."

Nuth, Franz Anton, geb. 1698, gest. nach

1782 zu Wien, Schauspieler u. Prinzipal, Gatte von Maria Anna Viertel, wirkte seit 1726 in Wien im italienischen u. Wiener Stegreif-Ensemble mit Unterbrechungen (u. a. während der Landestrauer nach dem Tode Karls VI. bei Wallerotti in Frankfurt a. M.). N. soll als Schauspieler nur mittelmäßig gewesen sein, ein zweitrangiger Harlekin, der aber zusammen mit seiner Frau viel zur Popularität der italienischen Spielweise beitrug u. sich um die Stegreifbühne durch Herbeischaffung u. Bearbeitung von italienischen Szenen verdient machte. Verfasser des Singspiels „Die Gouvernante" 1763. Ihm wird auch das Trauerspiel „Johann von Nepomuk" zugeschrieben, das mit der Stranitzkyschen Haupt- u. Staatsaktion vom hl. Nepomuk in Verbindung gebracht werden kann.
Literatur: J. *Kürschner,* F. A. Nuth (A. D. B. 24. Bd.) 1887.

Nuth, Maria Anna, geb. um 1708 in Italien, gest. 11. Juli 1751 zu Wien, Tochter eines Wachtmeisterleutnants Viertel, kam mit ihren Eltern zuerst nach Holland, dann nach Böhmen, wo sie in Prag zum Theater ging u. den Schauspieler u. Prinzipal Franz Anton N. heiratete. 1726 wurde sie von F. Stranitzky (s. d.) nach Wien berufen, wo sie, der italienischen u. der deutschen Sprache gleich mächtig, in Burlesken die Rolle der Kolombine übernahm u. später auch tragische Rollen (Klytämnestra u. a.) spielte. Über sie berichtet der Theater-Kalender auf 1775: „Sie war beim Publikum so geschätzt, daß viele ihr Eintrittsgeld bei der Kasse zurücknahmen, wenn sie hörten, daß sie nicht spiele, ob sie gleich in der Burleske einen wichtigen Platz behauptete, war sie doch die geneigteste, zum Regelmäßigen überzugehen . . . die Klytämnestra in der Iphigenie u. die Rolle der Elisabeth im Essex spielte sie mit aller gehörigen Würde, Freude u. Empfindung."
Literatur: Chr. H. *Schmid,* Chronologie des deutschen Theaters, herausg. von P. Legband (Schriften der Gesellschaft für Theatergeschichte 1. Bd.) 1902; J. F. *Schink,* Gallerie von Teutschen Schauspielern u. Schauspielerinnen (Schriften der Gesellschaft für Theatergeschichte 13. Bd.) 1910.

Nuth (geb. Dafing oder Dafinger), Rosine, geb. 1763 zu München, (Todesdatum unbekannt), Gattin von Franz N., Schülerin von Rosalia Nouseul (s. d.), war Schauspielerin u. Sängerin seit 1777. Sie betrat die Bühne

erstmals in Berlin, ging dann nach Hannover, spielte 1780 in Brünn, 1783 bei der Großmannschen Gesellschaft u. a. J. F. Schink schrieb in seiner „Gallerie von Teutschen Schauspielern u. Schauspielerinnen" (Schriften der Gesellschaft für Theatergeschichte, 13. Bd. 1910) über sie: „Ihr Spiel ist Leben u. Munterkeit, u. das Feuer, mit dem sie spielt, unterhält den Zuschauer auf das Angenehmste; vorzüglich verdient die Mannigfaltigkeit ihres Theaterspiels gelobt zu werden, mit der sie ihre Aktion u. ihren Gesang unterstützt."

Nutzer (Ps. Menari), Paula, geb. 13. Jan. 1887 zu Wien, Tochter eines Schuldirektors, von Adolf Brakl (s. d.) ausgebildet, war Mitglied des Deutschen Theaters in Milwaukee u. 1913—30 des Gärtnerplatztheaters in München. Hans Wagner rühmte ihr nach: „Mit den Jahren des Wirkens wuchs ihre Kunst, von echter Heiterkeit der Seele getragen, wie sie aus der inneren Ausgeglichenheit u. aus der Reife menschlicher Erfahrung strömt. Uns war sie nicht nur eine Sängerin von Format, sondern auch eine prächtige Volksschauspielerin, der das Gottesgeschenk eigener Frohnatur zu einem beglückenden Quell des Schenkens wurde." Hauptrollen: Laura („Der Bettelstudent"), Rosalinde („Die Fledermaus"), Saffi („Der Zigeunerbaron"), Försterchristl u. a.
Literatur: H. *Wagner,* P. Menari (Programmhefte der Bayer. Staatstheater) 1954.

Nutzinger, Richard, geb. 1896 zu Gutach in Baden, studierte in Heidelberg evangelische Theologie u. wurde 1922 Pfarrer in Lörrach, 1924 in Freiburg im Brsg. Dramatiker.
Eigene Werke: Der Hanspeter (Spiel aus J. P. Hebels Leben) 1926; Die Heimatsprache (Spiel) 1928; Der Lautsprecher (Heiteres Spiel) 1929.

Nydhart, Hans, Verfasser der ersten Terenz-Verdeutschung in Prosa („Der Eunuch") 1486.

Nyffeler, Friedrich, geb. 8. Sept. 1902 zu Huttwil in der Schweiz, wurde Maler, eignete sich die Technik der Theatermalerei im Selbststudium seit 1935 im Atelier Buchner u. Widmann in München an u. lebt seit 1939 in Lotzwill. Dramatiker.
Eigene Werke: Die schwarze Spinne (Schauspiel) 1949; Der Bräntedechel (Lustspiel) 1951; S Chüehjerlied (Schauspiel)

1951; S Zeiche (Schauspiel) 1952; S stalder Rösi (Volksstück) 1952; Der Tochterma (Volksstück) 1953.

Nyss (Ps. Kutscherra), Elise de, geb. 10. Juni 1867 zu Berlin, von tschechisch-polnischer Herkunft, begann ihre Bühnen-laufbahn als Sängerin 1888 an der Krolloper in Berlin, kam 1889 ans Hoftheater in Altenburg, wurde 1894 Kammersängerin das., unternahm Gastspielreisen nach Brüssel, London, Wien u. Amerika u. kreierte 1896 in Paris die Kriemhild. Gattin d. Direktors des Niederländischen Lloyd Maximilian de N.

Obal, Max (Geburtsdatum unbekannt), gest. 17. Mai 1949 zu Berlin, gehörte um die Jahrhundertwende dem Carl-Schultze-Theater in Hamburg als Charakterspieler an u. wurde später durch seine Inszenierungen großer Stummfilme mit Asta Nielsen (s. d.) bekannt.

Obenaus, Thea, geb. 8. Dez. 1912 zu Leipzig, besuchte die Ballettschule des dort. Opernhauses, kam als Gruppentänzerin 1933 nach Essen, 1935 als Solotänzerin nach Braunschweig u. wirkte seit 1939 als Erste Solotänzerin in Zürich. Gattin des Ballettmeisters u. Regisseurs Hans Macke (s. Nachtrag).

Ober, Meta, geb. 7. März 1919, studierte in Mannheim, wirkte 1942—44 als Opernsängerin (Alt) am Stadttheater in Oldenburg, 1944—53 als Konzertsängerin u. seither als Bühnensängerin in Gelsenkirchen.

Oberammergau, Ort in Oberbayern, wo seit fast drei Jahrhunderten von den Bewohnern jedes zehnte Jahr zur Erfüllung eines religiösen Gelübdes (seit 1634) die berühmteste Darstellung des Lebens u. Leidens Christi (s. Passionsspiele) gegeben wird. Ältester vorhandener Text von 1662, zusammengesetzt aus den Passionsspielen von St. Ulrich u. St Afra (15 Jahrhundert) u. dem des Augsburger Meistersängers Sebastian Wild (1566), beide herausg. von A. Hartmann 1880, vermehrt 1680 um Zusätze aus der Weilheimer Passion von Älbl (gest. 1621), 1750 von Ferdinand Rosner, 1780 von Magnuns Knipfelberger, 1811 von Otmar Weiß umgedichtet (sämtl. im Kloster Ettal), neuere Fassung von J. A. Daisenberger (gest. 1883), Musik von Rochus Dedler, bearbeitet von F. Feldigl 1890.

Behandlung: R. Feldigl, Das erste Spiel von Oberammergau (Drama) 1924; J. A. Daisenberger, Das Passionsspiel in O. (Geistl. Festspiel) 1930; Leo Weismantel, Das Gelübdespiel (Drama) 1938.

Literatur: Eduard Devrient, Das Passionsspiel im Dorfe Oberammergau 1851 (3. Aufl. 1880); Martin v. Deutinger, Das P. zu O. 1851 (neuherausg. von J. Fellerer 1934); Ludwig Clarus (= W. G. W. Volk), Das P. zu O. 1857; Hyacinth Holland, Die Entwicklung des deutschen Theaters im Mittelalter u. das Ammergauer P. 1861; ders., Das Ammergauer P. (im Jahre 1870) 1870; Sebastian Brunner, Das P. in O. (in den Jahren 1860 u. 1870) 1870; E. Knorr, Entstehung u. Entwicklung der geistlichen Schauspiele in Deutschland u. das P. in O. 1872; Karl Bartsch, Das P. in O. (Unsere Zeit, 8. Jahrg.) 1872; A. Hartmann, Das Oberammergauer P. in seiner ältesten Gestalt 1880; J. T. de Belloc, Le Drame de la Passion à O. 1890; Alban v. Hahn, Nach O. 1890; Franz Trautmann, O. u. sein P. 1899; H. Diemer, O. u. sein P. 1900 (2. Aufl. 1910); Corbinian Ettmayr, Das Oberammergauer P. 1900; G. Blondel, Le Drame de la Passion à O. 1900; Josef Schröder, O. u. sein P. 1900; O. v. Schaching (= M. O. Denk), O. 1900; Heinrich Stümcke, Das Oberammergauer P. (Bühne u. Welt 2. Jahrg.) 1900; A. C. Hay, O. and its Great Passion 1902; S. W. Howe, O. (1900) 1902; O. Mausser, Text des Oberammergauer P. (Histor.-krit. Ausgabe) 1910; G. Queri, Der älteste Text des Oberammergauer P. 1910; Ferdinand Feldigl, Erste Ausgabe des Oberammergauer Passionstextes von 1811 nach der erst 1919 aufgefundenen Handschrift des Paters Otmar Weiß (u. genaue Feststellung des Wortlautes des ebenfalls damals aufgefundenen Originaltextes von 1815) 1929; Das Oberammergauer P. im Urteil bedeutender Männer der Vergangenheit (Das Bayerland 41. Jahrg.) 1930; Hermine Diemer (geb. v. Hillern), O. u. seine P., neubearbeitet von F. X. Bogenrieder 1930; Alois Dreyer, O., das Passionsdorf, das P. 1930; O. Mausser, F. Rosmers Bitteres Leiden, Oberammergauer P., Text von 1750 (Bibliothek des Literar. Vereins Stuttgart Nr. 282) 1934; Elisabeth *Schwerdt*, O. 1934; Leo *Weismantel*, Der geschichtl. Roman Oberammergaus 1938; Josef Julius *Schätz*, Das goldene Buch von O. 1948; Karl *Isper*, O. 1950; Otto *Günzler* u. Alfred *Zink*, O., berühmtes Dorf — berühmte Gäste 1950; Gustav *Barthel*, Der Ammergauer Herrgottswinkel (Kulturmonographie) 1950; Heinz *Rode*, O. am Scheidewege (Die Neue Zeitung München Nr. 165) 1950; B. E. *Werner*, Das P. 1950 (Ebda. Almanach) 1950; Stephan *Schaller*, Das P. von O. (1634—1950) 1950.

Oberdieck, Marie, geb. 7. Dez. 1867 zu Breslau, gest. 20. Aug. 1944 zu Bayernaumberg bei Sangershausen, war Privatlehrerin in ihrer Vaterstadt u. kam nach Austreibung der Sudetendeutschen ins Altersheim zu Bayernaumberg bei Sangershausen. Lyrikerin, Erzählerin u. Dramatikerin (vorwiegend im Dialekt).
Eigene Werke: Schlesische Spinnstube (Einakter) 1908; Der Verdacht (Einakter) 1911.

Oberer, Walter, geb. 18. Juni 1911 zu Basel, war zuerst nach Besuch des dort. Realgymnasiums u. der Musikschule das. in der basellandschaftlichen Verwaltung tätig, übernahm die Leitung der Baseler Kammerspiele, arbeitete als Theater- u. Musikkritiker u. trat 1946 in das Direktorium des Stadttheaters in Basel ein. 1948 wurde er Direktor des Schauspielhauses in Zürich, 1957 Direktor des Stadttheaters in Luzern. Auch Hörspielautor („Phantastische Fahrt" — „Karl Kunz sucht Julia").

Oberhausen, Stadt im Rheinland, eröffnete an Stelle seines im Zweiten Weltkrieg völlig zerstörten Stadttheaters 1949 das von Friedrich Hetzelt erbaute Neue Haus u. 1950 die Kammerspiele. Das zuerst unter Paul Smolny (s. d.) u. nach dessen Tod seit 1951 unter Intendant Alfred Kruchen (s. d.) stehende Ensemble spielte auch in Nachbarorten wie Remscheid, Bocholt, Duisburg, Mülheim, Marl in Westfalen u. a. Als Gäste traten u. a. Erich Ponto, Will Quadflieg, Werner Krauss, Rudolf Schock u. Helge Roswaenge auf.
Literatur: Carl *Niessen*, Theater am Rhein 1934.

Oberhauser, Rudolf, geb. 15. April 1852 zu Wien (Todesdatum unbekannt), begann seine Bühnenlaufbahn als Bariton 1870 in Breslau, wirkte 1873—1891 am Hoftheater in Berlin u. ging dann auf Gastspielreisen. Hauptrollen: Don Juan, Nelusko, Luna, Barbier, Pizarro, Jäger, Rigoletto u. a.

Oberhoffer, Karl, geb. 3. Juni 1811 zu Wien, gest. 24. Febr. 1885 zu Karlsruhe, wirkte als Opernsänger in Wien, am Königstädtischen Theater in Berlin, seit 1841 an der Hofbühne in Karlsruhe, trat 1876 in den Ruhestand, gehörte aber als Garderobeinspektor u. Kostümzeichner weiterhin der Bühne an. Oldenburgischer Kammersänger. Vertreter heterogenster Rollen, wie z. B. des Jägers im „Nachtlager von Granada" u. des Bertram in „Robert u. Bertram". Nach einem Gastspiel in England mußte er seiner Stimme wegen ins Buffofach übergehen.
Literatur: A. *Prasch*, K. Oberhoffer (Almanach der Genossenschaft deutscher Bühnen-Angehöriger 14. Jahrg.) 1886.

Oberländer, Alfred, geb. 25. Dez. 1850 zu Nachod in Böhmen, gest. 22. April 1906 zu Berlin-Charlottenburg, Kaufmannssohn, zuerst technischer Beamter bei der Eisenbahn, wurde von der Kammersängerin Marie Wild aufgefordert, die Bühnenlaufbahn zu betreten, begann diese nach Ausbildung bei Gänsbacher am Konservatorium in Wien, 1881 am Landestheater in Linz, gastierte 1883 bei Kroll in Berlin, wirkte dann bis 1895 am Hoftheater in Karlsruhe (Kammersänger) u. gastierte seither an fast allen großen Bühnen Deutschlands, auch am Covergardentheater in London. Bedeutend vor allem als Wagnersänger. Hauptrollen: Stolzing, Tristan, Loge, Siegmund, Siegfried, Erik, Florestan, Raoul, Masaniello, Othello, Fra Diavolo u. a.
Literatur: Eisenberg, A. Oberländer (Biogr. Lexikon) 1903.

Oberländer, Anita, geb. 7. Jan. 1902 zu Berlin, Tochter von Alfred O., wurde u. a. bei Lulu Mysz-Gmeiner ausgebildet, wirkte als Opernsängerin (Sopran) 1919—20 an der Staatsoper in Berlin, 1920—21 am Stadttheater in Freiburg im Brsg. u. seit 1921 am Landestheater in Stuttgart.

Oberländer, August, geb. 28. Aug. 1822 zu Greifswald, gest. 11. April 1900 zu Schwerin, war Schauspieler u. zuletzt Requisiteur am Stadttheater in Rostock.

Oberländer, Heinrich, geb. 22. April 1834 zu Landshut in Preußisch-Schlesien, gest.

30. Jan. 1911 zu Berlin, Sohn eines Apothekers, betrat 1856 ohne jede Vorbildung in Breslau als Schauspieler die Bühne, kam über Oldenburg, Görlitz, wieder Breslau u. Königsberg, 1860 ans Deutsche Landestheater in Prag, 1863 wirkte er in Weimar, kehrte nochmals nach Prag zurück als Nachfolger Theodor Dörings (s. Häring, Theodor) in der leichten Komik des Parvenus u. wurde 1871 Mitglied des Hoftheaters in Berlin. Daneben auch Lehrer der dramatischen Kunst, mit dem Professortitel ausgezeichnet. Zu seinen Schülern zählten u. a. A. Matkowsky, A. Bassermann, G. Droescher. Er veröffentlichte „Übungen zum Erlernen einer dialektfreien Aussprache" in drei Teilen sowie „Dramatische Szenen für den Unterricht" u. Theaterstücke. Hervorragend war O. als humoristischer Vater im bürgerlichen Lustspiel u. als Charakterdarsteller. Hauptrollen: Just, Wirt, Musikus Miller, Piepenbrink, Polonius, Patriarch u. a. Seine Gattin Laura Laufer gehörte als Opernsängerin der Bühne an.

Eigene Werke: Fünf einaktige Bühnenspiele (Ein Mann hilft dem andern, Lustspiel — Leni, Lustspiel — Der Selbstmörder, Schwank — Der Herr Regierungsrat, Schauspiel — Gerichtet, Dramolett) 1899.

Literatur: Eisenberg, H. Oberländer (Biogr. Lexikon) 1903; H. St(ümke), H. O. (Bühne u. Welt 13. Jahrg.) 1911.

Oberländer, Horst, geb. 23. Juli 1925, besuchte die Schule des Hebbeltheaters in Berlin, debütierte als Domingo in „Don Carlos" am Rheingautheater das., wirkte dann an versch. dort. Bühnen (Renaissancetheater, Komödie, Tribüne, Hebbeltheater), am Staatstheater in Schwerin, am Landestheater in Potsdam, 1954—55 am Deutschen Theater in Berlin u. seit 1955 am Maxim-Gorki-Theater das. Auch Regisseur. Hauptrollen: Balthasar („Viel Lärm um nichts"), John („Maria Tudor" von Hugo u. Büchner) u. a. Gatte der Schauspielerin Maria Dohna.

Oberländer, Laura s. Oberländer, Heinrich.

Oberle, Peter, geb. 17. Aug. 1918, gest. 3. März 1952 zu Graz, war seit 1950 Schauspieler an den Städt. Bühnen in Graz, vorher am Landestheater in Innsbruck.

Oberleiter, Ignaz s. Oberparleiter, Ignaz.

Oberleithner, Max, geb. 11. Juli 1868 zu Mährisch-Schönberg, gest. 5. Dez. 1935 das.,

studierte in Wien (Doktor der Rechte), 1890 bis 1895 Privatschüler Anton Bruckners, wurde zuerst Theaterkapellmeister in Teplitz, kam 1896 nach Düsseldorf u. lebte seit 1897 hauptsächlich in Wien. Opernkomponist.

Eigene Werke: Erlöst 1899; Ghitana 1901; Abbé Mouret 1908; Aphrodite 1912; La Vallière 1914; Der eiserne Heiland 1916; Cäcilie 1919; Die silberne Flöte o. J.

Oberleitner, Karl, geb. 2. Mai 1821 zu Wien, gest. Ende März 1898 das., studierte hier, wurde 1858 von Grillparzer in das Hofkammerarchiv berufen, 1866 dessen Leiter u. trat 1867 in den Ruhestand. Dramatiker, Übersetzer u. Historiker.

Eigene Werke: Lebensweisheit in den attischen Tragikern 1857; Perikles (Drama) 1868; Alexanders Zug nach Persien (Drama) 1876; Govinda (Schauspiel) 1878; Behram (Drama) 1881; Arminius (Trauerspiel) 1882; Johanna Plantagenet (Trauerspiel) 1883; Donna Maria de Pacheco (Trauerspiel) 1884; Albin Hamad (Trauerspiel) 1889; Atalanta (Drama) 1891; Dichterische Werke 4 Bde. 1899 u. a.

Literatur: Wurzbach, K. Oberleitner (Biogr. Lexikon 20. Bd.) 1869.

Obermayer, Theodor, geb. 7. März 1872 zu Stuttgart, gest. 4. Mai 1900 zu Zürich, war Schauspieler am Stadttheater in Luzern.

Obermeyer-Nerking, Lene s. Nerking, Lene.

Obermüller (geb. Scheidt), Josefine, geb. 27. Jan. 1834 zu Karlsruhe, gest. 31. Juli 1891 das., war Schauspielerin am dort. Hoftheater.

Oberösterreich, Theater in. S. auch Linz u. a.

Literatur: Konrad Schiffmann, Drama u. Theater in Österreich ob der Enns bis zum Jahre 1803 1905; Heinrich Wimmer, Geschichte des Dramas in O. 1885 bis zur Gegenwart (Diss. Wien) 1925; Maria Aitzetmüller, Wechselwirkung zwischen Predigt u. Drama in O. (Diss. Wien) 1930.

Oberon (im altfranzösischen Epos Auberon genannt), Elfenkönig, Gemahl der Feenkönigin Titania, Freund u. Helfer der Menschen, fand frühzeitig schon auf der Bühne Eingang, so in Shakespeares „Sommernachtstraum".

Behandlung: J. G. K. Giesecke, Oberon, König der Elfen (Oper, Musik von Paul

Wranitzky) 1781; Friedrich *Schiller*, O. (Dramat. Entwurf) 1787; Franz *Grillparzer*, Der Zauberwald (Kom. Oper, Fragment) 1808; Karl *Giesebrecht*, O. (Romant. Oper nach Chr. M. Wielands Epos) um 1820; P. A. *Wolff*, O. (Oper nach Th. Hell) 1820; Franz v. *Pocci*, O. (Oper) um 1860.

Oberon, König der Elfen, Romantische Oper in drei Akten, komponiert im Winter 1824 bis 1825 von Carl Maria v. Weber, Text von J. R. Planché, deutsch von Theodor Hell. Neue Bühneneinrichtung mit den von Gustav Brecher neu übersetzten Gesangstexten von Gustav Mahler. Uraufführung 1826 in London, deutsche Erstaufführung im gleichen Jahr in Leipzig. Erstaufführung der Mahlerschen Bühneneinrichtung 1913 in Köln. Der französische Verfasser benutzte für sein Libretto Wielands Epos „Oberon" (1780) in der englischen Übersetzung von Lothebey u. Motive aus Shakespeares „Sturm" u. „Sommernachtstraum". Der Elfenkönig Oberon u. seine Gemahlin Titania streiten darüber, wer treuer sei: Mann oder Weib, u. wollen sich erst dann wieder versöhnen, bis ein Menschenpaar den höchsten Beweis der Treue erbringt. Puck, Oberons dienender Geist, berichtet von einem Frankenritter Hüon von Bordeaux, den Kaiser Karl zur Sühne einer Bluttat nach Bagdad schickt, um Harun al Raschids Tochter als Braut heimzuführen. Das Abenteuer gelingt. Hüon u. Rezia wollen, in Liebe vereint, sich niemals trennen. Doch müssen sie eine schwere Prüfung bestehen. Rezia wird von Seeräubern fortgeschleppt u. an den Emir von Tunis verkauft. Die Frau des Emirs wieder will eine Liebschaft mit Hüon beginnen. Aber beide bleiben standhaft u. werden für ihre Treue belohnt. Der Kaiser segnet ihren Bund, nachdem auch Oberon u. Titania zueinander gefunden haben. Die Kritik bemängelte den phantastischen Text, bewunderte jedoch die musikalischen Zauber des Ganzen, dessen wunderbare Ouvertüre mit den geheimnisvoll lockenden Klängen des Zauberhorns einzig in ihrer Art u. unvergleichlich bleibt. Die Instrumentation der Weberschen Musik ist so glänzend, daß Berlioz sie nicht genug rühmen konnte u. auch R. Wagner des Lobes voll war.

Oberparleiter (Ps. Oberleiter), Ignaz, geb. 3. April 1846 zu Kaplitz im Böhmerwald, gest. 3. Jan. 1922, war Bürgerschullehrer. Vorwiegend Dramatiker.
Eigene Schriften: Der Zankapfel (Volks-

stück) 1899; Die Scheinheiligen (Volksstück) 1900; Der Irrlichthof (Volksstück) 1903.

Oberreich, Edith (Ps. als Schriftstellerin Ernst Richard Dreyer), geb. 27. Nov. 1883 zu Kempen in Posen, Tochter des Rechtsanwaltes Richard Beinert, Gattin des Theaterdirektors Hans Oberreich, in Berlin für die Bühne ausgebildet, wirkte als Schauspielerin in München, Lübeck, Wiesbaden, Kassel, Berlin, mit eigener Direktion in Barmen u. auf Gastspielen. Auch Bühnenschriftstellerin.
Eigene Werke: Wenn Frauen lieben (Schauspiel) 1912; Das Märchen vom Glück (Schauspiel) 1913; Deutschland über Alles (Vaterländ. Schauspiel) 1914; Schwarz-weiß-rot (Vaterl. Schauspiel) 1915; Triumph des Weibes (Drama) 1919; Jung-Heidelberg (Lustspiel) 1920; Frauenschicksal (Drama) 1926.

Oberstädter, Hans s. Reiselt, Karl Hermann.

Obersteiger, Der, Operette in drei Akten von M. West u. L. Held, Musik von Karl Zeller, Uraufführung 1894 am Theater an der Wien in Wien. Die Handlung dieses neben dem „Vogelhändler" volkstümlichsten der Stücke Zellers spielt in der Biedermeierzeit an der deutsch-österreichischen Grenze. Ein fideler Obersteiger des Bergwerks u. sein dort als Volontär tätiger Freund, in Wirklichkeit der unerkannte fürstliche Besitzer der Zeche, stehen im Vordergrund verschiedener Liebesgeschichten, die am Ende glücklich gelöst werden, als alles enthüllt ist. Bekannt wurden verschiedene Lieder wie „Sei nicht bös, es kann ja nicht sein".
Literatur: Franz *Hadamowsky* u. Heinz *Otte*, Die Wiener Operette 1947.

Oberstetter (auch Oberstoetter), Hans Edgar, geb. 6. Mai 1867 zu Freising in Oberbayern, gest. 3. März 1933 zu Rio de Janeiro, humanistisch gebildet, studierte Musik, kam als Ballettmeister ans Kaiserl. Theater in Moskau, dann an die Volksoper in Wien, wo man seine Stimme entdeckte, u. nach deren Ausbildung als Heldenbariton 1899 an die Hofoper in München. Bis 1905 trat er als Gast im In- u. Ausland auf, u. a. in London, Neuyork, Mailand u. Paris. Bei den Wagner-Festspielen in München sang er den Landgrafen im „Tannhäuser", Fafner im „Rheingold" u. „Siegfried". Seit 1926 lebte er in Chile (Santiago) als Lehrer u. Direktor einer Singakademie u. ließ sich später dauernd in Rio de Janeiro nieder. Bayr. Kammersänger.

Oberstoetter, Hans Edgar s. Oberstetter, Hans Edgar.

Obertimpfler (Ps. Forest), Karl, geb. 12. Nov. 1874 zu Wien, gest. 3. Juni 1944 das., Sohn eines Kaffeesieders, betrat siebzehnjährig als Schauspieler erstmals die Bühne, kam über Ingolstadt, Czernowitz, Reichenberg, München u. Hamburg 1898 zu Otto Brahm (s. d.) ans Deutsche Theater in Berlin, wo er vor allem als Charakterdarsteller in Stükken G. Hauptmanns, Ibsens, Strindbergs, Wedekinds, Sternheims, Kaisers u. a. moderner Autoren hervortrat, aber auch klassische Rollen, wie den Kaiser Rudolf in Grillparzers „Bruderzwist in Habsburg", spielte. 1917 kehrte er nach Wien zurück u. wirkte hier am Deutschen Volkstheater, Burgtheater, Raimund- u. am Josefstädter-theater. „In Berlin war er", wie O. M. Fontana sagt, „ein Ibsenspieler von scharf umrissener Charakteristik gewesen. Aber mit der Art, wie er etwa den alten Ekdal aus seiner kümmerlichen Senilität zu einem wilden Jäger legendärer Art grotesk steigerte oder den Schleicher Aslaksen im ‚Volksfeind' bei aller komischen Konturierung zum Inbegriff des feig Gemeinen u. dabei der satten Selbstzufriedenheit machte, mit dieser Art schon brachte er in Brahms ganz aus dem Realen kommenden Ibsenstil etwas Fremdes, nämlich Phantastik. Und ein Episodist des Phantastischen, des Skurrilen im Menschen, eines spukhaften Humors — der war K. F., dabei von einer so stark zeichnerischen Kraft der Linienführung, die den Menschen u. seinen schicksalhaften Hintergrund unvermittelt ineinander übergehen ließ, daß man oft bei seinen Gestalten an Kubin denken mußte. Deshalb auch führte Forests schauspielerischer Weg von Ibsen u. Hauptmann zu Strindberg u. Wedekind u. Sternheim u. Kaiser, vom Realismus zum Expressionismus, von der sozialen Anklage, die seine Gestalten bei Brahm noch oft hatten, zum gleichnishaften, vulkanisch herausgeschleuderten Ausdruck des Schicksals, der für seine reife u. späte Zeit kennzeichnend ist."
Literatur: F. Th. *Csokor,* K. Forest (Die Volksbühne 5. Jahrg.) 1925; *Anonymus,* K. F. (Volkszeitung, Wien, 4. Juni) 1944; Oskar Maurus *Fontana,* K. F. (Wiener Schauspieler) 1948.

Obertimpfler (Ps. Carlsen), Traute, geb. 16. Febr. 1887 zu Dresden, erhielt ihre Ausbildung am Reinhardt-Seminar in Berlin, begann ihre Bühnenlaufbahn in Mannheim, wo sie ihren ersten Gatten, den Regisseur Karl Heinz Martin (s. d.), kennen lernte, kam als Jugendliche Salondame über Frankfurt a. M. u. Berlin (Lessingtheater) nach Wien, wo sie am Deutschen Volkstheater u. Burgtheater wirkte; zuletzt am Schauspielhaus in Zürich in Charakter- u. Mütterrollen hervorragend. Hauptrollen: Jüdin von Toledo (Partnerin von Josef Kainz), Rautendelein, Priesterin (in Kleists „Penthesilea"), Eliza (in Shaws „Pygmalion") u. a. In zweiter Ehe Gattin des Vorigen.
Literatur: W. *Zimmermann,* Glückwunsch an T. Carlsen (Neue Zürcher Nachrichten Nr. 40) 1937.

Oberufer, ehemalige deutsche Siedlung in Ungarn, besaß ein altes Weihnachtsspiel, das mit der in Pamhagen (heutiges Burgenland) gespielten „Vorstellung von Christi Geburt" große Ähnlichkeit aufweist (s. Pamhagen). Wenn auch der Wortlaut bis auf einige Stellen verschieden ist, so bleiben doch Art u. Aufbau der beiden Spiele gleich. Beide sind in vier große Abschnitte gegliedert, u. zw. in die „Verkündigung", das „Hirtenspiel", das „Königspiel" u. den „Kindermord", die wieder durch Lieder in kleine Szenen geteilt sind.
Literatur: Viktor *Stegemann,* Der Stern von Bethlehem im Oberuferer Weihnachtsspiel (Germanisch-Romanische Monatsschrift 30. Jahrg.) 1942; ders., Das Oberuferer Christgeburt- u. Hirtenspiel mit einem Überblick über die Geschichte der Oberuferer Spiele 1950; ders., Das Oberuferer Dreikönigsspiel 1950.

Obholzer-Schneider, Berta, geb. 7. Dez. 1901 zu Innsbruck, besuchte 1920—26 die Staatl. Hochschule für Musik in Wien, debütierte 1926 als Pamina in der „Zauberflöte" an der Staatsoper in Dresden, kam 1927 an die Volksoper in Wien, 1931 an das Deutsche Stadttheater in Brünn, 1932 an die Städt. Bühnen in Essen, 1933 an das Landestheater in Darmstadt, 1934 ans Staatstheater in Wiesbaden, 1937 ans Opernhaus in Nürnberg, sang 1938—39 auch an der Staatsoper in München, wirkte bis 1945 am Landestheater in Linz u. seither als Gastsängerin an der Staatsoper in Wien, Graz, Innsbruck u. a. Hochdramatischer Sopran. Hauptrollen: Brünnhilde, Senta, Ortrud, Venus, Kundry, Elektra, Marschallin, Santuzza u. a.

Obinger, Johann Georg (Geburtsdatum unbekannt), gest. Mitte Okt. 1778 zu Prag, Theaterprinzipal, leitete 1763—64 das Theater in Znaim, war auch Marionettenschauspieler in Prag.
Literatur: A. *Vrebka,* Gedenkbuch der Stadt Znaim 1927.

Obrist, Aloys, geb. 30. März 1867 zu San Remo, gest. 29. Juni 1910 zu Stuttgart, studierte in Berlin (Doktor der Philosophie), kam 1893 als Theaterkapellmeister nach Rostock u. über Brünn u. Augsburg 1895 nach Stuttgart. Seit 1900 lebte er hauptsächlich in Weimar. Gatte der Folgenden. O. tötete sich u. die Opernsängerin Anna Sutter aus Eifersucht.

Obrist (geb. Jenicke), Hildegard, geb. 6. April 1856 zu Oettern bei Weimar (Todesdatum unbekannt), Tochter eines evang. Pfarrers, wurde von der Hofschauspielerin Louise Hettstedt (s. d.) für die Bühne ausgebildet, die sie als Luise in „Kabale u. Liebe" 1874 in Sondershausen erstmals betrat, wirkte 1875—76 in Magdeburg, 1876 bis 1878 in Straßburg u. 1878—93 in Weimar als Tragödin von internationalem, durch Gastspiele im Ausland bestätigtem Ruf, zuletzt Ehrenmitglied des dort. Hoftheaters. Hauptrollen: Julia, Gretchen, Klärchen, Sappho, Beatrice, Iphigenie, Hero, Adelheid, Maria Stuart, Emilia Galotti, Medea, Vroni („Der Meineidbauer") u. a. Gattin des Vorigen.
Literatur: Eisenberg, H. Jenicke (Biogr. Lexikon) 1903.

Obsieger Eduard, geb. 15. Nov., 1899 zu Lundenburg, studierte einige Semester Philosophie, besuchte dann die Theaterschule Arnau in Wien, debütierte 1922 das. am Komödienhaus u. wirkte dann am Stadttheater in Bamberg, Erfurt, Hagen, 1933—39 am Deutschen Schauspielhaus in Riga, hierauf in Bromberg, Wien (Josefstädtertheater u. Kammerspiele), am Stadttheater in Bonn, Krefeld u. schließlich in Basel, vorwiegend im Fache des eleganten Komikers, Vornehmer Väter, u. als Charakterkomiker. Auch Regisseur.

Obst, Lucie Lore, geb. 29. Dez. 1905 zu Posen, lebte als Journalistin in München u. machte sich durch Übersetzungen zahlrei-

cher französischer u. spanischer Bühnenstücke, wie etwa André Lems Der Purpurstreifen (1949), A. Birabeaus Don Juans Sohn u. a. verdient.

Ochernal, Heinrich, geb. 23. Febr. 1839, gest. 17. Mai 1929 zu Lindau am Bodensee, war Schauspieler u. Spielleiter.

Ochernal, Marie, geb. 1853, gest. 6. Juni 1898 zu Aschersleben, Schauspielerin, Gattin des Theaterdirektors Jucundus O.

Ochmann, Ernst, geb. 1891, gest. 12. Aug. 1930 zu St. Gallen, wirkte als Spielleiter am dort. Stadttheater u. während der Sommerspielzeit in Baden-Baden.

Ochs, Ella, geb. 1863 (?), gest. 1. Okt. 1951, debütierte 1883 an der Hofoper in Berlin, erzielte als Koloratursängerin an der Oper Unter den Linden u. a. große Erfolge, ebenso als Gesangspädagogin u. Autorin von Filmstoffen.

Ochs, Erich, geb. 7. Juni 1883 zu Wismar, gest. 8. Nov. 1951 zu Berlin, war Kapellmeister am Theater des Westens das. Gastspiele führten ihn nach Nord- u. Südamerika. Sohn des Begründers des „Ochs-Konservatoriums" Traugott O.

Ochs, Karl Wilhelm, geb. 29. Febr. 1896 zu Frankfurt am Main, absolvierte die Technische Hochschule in Stuttgart u. war seither Architekt, später Professor in Dresden u. Berlin-Charlottenburg. Erbauer des Chemnitzer Opernhauses 1950 u. Bühnenausstatter.

Ochs, Siegfried, geb. 19. April 1858 zu Frankfurt a. M., gest. 6. Febr. 1929 zu Berlin, studierte zuerst Chemie, später Musik, wurde als Leiter des Philharmonischen Chors in Berlin bekannt u. komponierte u. a. auch die Komische Oper „Im Namen des Gesetzes" 1888.
Literatur: S. *Ochs,* Geschehenes, Gesehenes (Autobiographie) 1922.

Ochsenbein, Wilhelm, geb. 1878 zu Sydenham in der Schweiz, Enkel des Berner Obergerichtspräsidenten K. O. Dramatiker.
Eigene Werke: Rosamunde (Trauerspiel) 1908; Taten der Lieben (Drama) o. J.

Ochsenheimer, Ferdinand (Ps. Th. Unklar), geb. 17. März 1765 zu Mainz, gest. 1. Nov.

1822 zu Wien, studierte in Mainz (Doktor der Philosophie), wandte sich jedoch bald der Bühne zu u. wurde Mitglied der Quandtschen, später der Bossannschen u. der Secondaschen Truppe in Dresden u. Leipzig. Seit 1807 bedeutender Charakterdarsteller am Burgtheater. F. Gleich schilderte O.: „Seine Gestalt war schmächtig, seine Haltung nachlässig, den Kopf hielt er seitwärts nach vorn geneigt. Sein Organ war schwach u. hatte einen etwas hohlen Klang. Für die großen heroischen Rollen der Tragödie reichten diese äußern Mittel nicht ganz aus u. Aufgaben dieser Art konnte er deshalb nicht immer so zur Geltung bringen, wie er selbst sie dachte — aber stets hatte er sie in höchster Feinheit ausgearbeitet, mit einem außerordentlichen Aufwand von Geist u. Poesie ausgestattet. Von seinen hochtragischen Rollen war namentlich der Talbot in der ,Jungfrau von Orleans' berühmt. Seine schönsten u. vollendetsten Darstellungen waren die Intriganten des bürgerlichen Schau- u. Trauerspiels u. seine Lustspielcharaktere. Die schleichenden Bösewichte in Ifflands Schauspielen haben selten wieder eine so vollendete Darstellung gefunden als durch O." Weltberühmt aber war sein Wurm in „Kabale u. Liebe", über den H. Eulenberg schrieb: „Die sogenannte Briefszene war der Gipfel in der Leistung Ochsenheimers als Wurm. Die Eiseskälte, die in dieser Unterredung mit seiner geliebten, ihm untreu gewordenen Luise von dem Darsteller ausging, war von Mannheim bis Königsberg bekannt u. berühmt. Besonders das stumme Spiel des ,Herrn Sekertare', wie ihn die Mutter Miller, die Dummheit selbst, anspricht, bei dem Diktieren des Briefes war von O. erfunden u. seitdem überall im Schwange. Wie er zuerst als Wurm sich eine rote Perücke aufgesetzt hatte, so war er auch der erste, der dies teuflische stumme Spielen ersonnen hatte: dies ableiernde Aufziehen der Taschenuhr, dies Abfasern des Rockes, das gleichgültige Behauchen u. Putzen der Brille u. das nachlässige Drehen seines Spazierstockes. Alles dies treibt diese entmenschte Kreatur, während sich Luise das Herz zerschindet u. zerreißt. Und dabei wußte O. noch, was fast keinem mehr nach ihm so recht geglückt ist, seine sinnliche Verliebtheit in dies schönste Exemplar einer Blondine auszudrücken, mit der er wie die Katze mit einem Mäuschen spielte. Das etwas Anklebrige, um nicht zu sagen, Schmierige seiner rheinischen Mundart, die er bei solcher Ge-

legenheit gern anwendete, kam ihm für diese Auffassung noch besonders zustatten". Seine Gattin Magdalene war seit 1797 Sängerin in Leipzig u. Dresden, debütierte 1807 am Burgtheater u. war hier bis zu ihrer Pensionierung 1822 tätig. Auch Entomolog, Erzähler u. Dramatiker.

Eigene Werke: Das Manuskript (Schauspiel) 1791; Er soll sich schlagen (Lustspiel) 1792; Die Einquartierung (Schauspiel) 1794; Der Brautschatz (Lustspiel) 1807 u. a.

Literatur: Ferdinand *Gleich,* F. Ochsenheimer (Aus der Bühnenwelt) 1866; *Wurzbach,* F. O. (Biogr. Lexikon 20. Bd.) 1869; Josef *Kürschner,* F. O. (A. D. B. 24. Bd.) 1887; Herbert *Eulenberg,* F. O. (Der Guckkasten) 1948.

Ochsenheimer, Magdalena s. Ochsenheimer, Ferdinand.

Ochß (Ps. Ernst), Heinrich, geb. 16. Sept. 1859 zu Dresden, gest. 5. Febr. 1906 zu Gera, war Spielleiter am fürstl. Theater das.

Ockel, Reinhold Wilhelm, geb. 24. Febr. 1899 zu Mannheim, Sohn eines Industriellen, Enkel des Tier- u. Landschaftsmalers Eduard O., studierte Kunst- u. Literaturgeschichte u. Musikwissenschaft in Bonn, besuchte hier auch die Bühnenhochschule, debütierte 1921 am Stadttheater das. mit der Inszenierung des „Geizigen" von Molière, kam als Schauspieler, Regisseur u. Bühnenbildner, nachdem er bis 1923 in Bonn tätig gewesen war, an die Bayer. Landesbühne, gehörte 1924—35 dem Stadttheater in Aachen an, war hierauf Intendant in Ulm bis 1945 u. seit 1951 stellvertretender Intendant, Oberspielleiter der Oper u. Leiter des Betriebsbüros an den Städt. Bühnen in Münster. 1935—44 gab O. die Blätter des Ulmer Stadttheaters heraus.

Ockel, Viktor (Ps. Kurt Olfers), geb. 12. Nov. 1860 zu Frankfurt a. M., gest. 17. Sept. 1937 zu München, leitete in den zwanziger Jahren in München „Kurt Olfers Operettentheater" (im Hotel Union), eine starke Konkurrenz für das Gärtnerplatztheater. O. brachte alte u. neue Operetten, u. a. als erster in München H. Marischkas (s. d.) „Gräfin Mariza", heraus.

Ockert, Louis, geb. 2. Aug. 1843 zu Leipzig, gest. 26. Juni 1900 zu Essen, war Schauspieler u. Sänger an den Stadttheatern in Hamburg u. Köln, hier seit 1881 auch Oberregisseur der Oper, u. übernahm 1894 die Lei-

tung des Stadttheaters in Essen u. die Sommerdirektion der Colberger Bühne.
Literatur: Anonymus, L. Ockert (Essener Neueste Nachrichten 27. Juni) 1900.

Ode, Erik s. Odemar, Erik.

Odemann, Robert, geb. 30. Nov. 1914 zu Hamburg, wurde von A. Schoenhals (s. d.) u. a. für das Theater ausgebildet, trat vor allem auf deutschen Kleinkunstbühnen auf u. brachte in Kabaretts eigene Texte. Auch Verfasser von Hörspielen (Aufgang nur für Herrschaften — Von Uhren, Amouren u. anderen Touren — Rund um die Schminke — Es hat geklingelt — Wenn ich das gewußt hätte — Das Brett vor dem Kopf u. a.).

Odemar (Ps. Ode), Erik, geb. 6. Nov. 1910 zu Pankow, Sohn von Fritz O. dem Jüngeren, wirkte 1939—42 am Residenztheater in München, besonders in Komischen Rollen, als Spielleiter u. Schauspieler 1946—48 in Hamburg, 1947—48 auch an der Komödie u. am Theater am Kurfürstendamm in Berlin, 1950—51 am Kabarett der Komiker das. u. seit 1952 am dort. Renaissancetheater, daneben auch an der Komödie u. am Hebbel-Theater. Gatte der Schauspielerin Hilde Volk, die bis 1949 am Deutschen Schauspielhaus in Hamburg, dann an der Komödie in Berlin, 1952—53 am Renaissancetheater das. u. seither in Gastspielen auftrat.

Odemar, Fritz, geb. 11. Okt. 1858 zu Magdeburg, gest. 9. Dez. 1926 zu Frankfurt a. M., Kaufmannssohn, fand sein erstes Engament 1880 bei einer reisenden Gesellschaft, kam dann nach Rudolstadt, Mainz, Hamburg, Breslau, Bremen, Hannover, Köln, Frankfurt a. M., wo er vorwiegend Komische Väter spielte. Zum Teil brachte er auch seine eigenen Werke („Adam u. Eva", „In Pyrmont", „Überlistet") zur Darstellung. Zuletzt war O. als dramatischer Lehrer tätig. Hauptrollen: Weigelt („Mein Leopold"), Just u. Wirt („Minna von Barnhelm"), Adam („Der zerbrochene Krug") u. a. Als seine glänzendste u. eigenste Schöpfung bezeichnete die Kritik seinen Falstaff.
Literatur: Eisenberg, F. Odemar (Biogr. Lexikon) 1903.

Odemar, Fritz, geb. 31. Jan. 1890 zu Hannover, gest. 6. Mai 1955 zu München, Sohn des Vorigen, fand sein erstes Engagement als Schauspieler in Koblenz, ging nach Bremen u. Mannheim, wo er 1914—21

spielte, hierauf nach Frankfurt a. M., Berlin u. nach dem Zweiten Weltkrieg nach München an die Kleine Komödie. Anfangs Jugendlicher, später Tragischer Held. Ernst Leopold Stahl schrieb über ihn („Das Mannheimer Nationaltheater" 1929): „Sein (Max Grünbergs) Gegenstück war Fritz Odemar — der begabte Sohn eines anders begabten Vaters, der hier 1913 Gerhart Hauptmanns Michel Hellriegl in ‚Pippa' mit einer auf der deutschen Bühne selten gesehenen jungenhaften Anmut u. Frische u. einer mit der Gestalt der Dichtung sich weitgehend deckenden Märchen-Deutschheit spielte . . . Er brachte einen neuen, sehr willkommenen Ton einer klaren, kargen Frische ins männliche Ensemble . . . " Weitere Hauptrollen: Romeo, Carlos, Hamlet u. a.

Oden, Franz, geb. (Datum unbekannt) zu Berlin, gest. 5. Sept. 1885 zu Koswig (in der Irrenanstalt), begann um 1860 seine Bühnenlaufbahn als Schauspieler am Vorstadt-Theater in Berlin („Hendrichs der Vorstadt" genannt) u. kam dann ans Hoftheater in Dresden. Besonders als Heldendarsteller in Schillerstücken erfolgreich.

Oderwald, Hermann s. Thielscher, Hermann.

Odilia, Heilige, geb. 720, elsässische Herzogstochter, angeblich blind zur Welt gekommen, deshalb von ihrem Vater verstoßen, bei der Taufe jedoch mit dem Augenlicht begnadet, gründete auf ihrem väterlichen Schloß Hohenburg ein Kloster u. am Fuße des Berges (nach ihr Odilienberg genannt) ein anderes. Als Schutzpatronin des Landes in der Legende verherrlicht. Bühnengestalt.
Behandlung: A. Halka, Die hl. Odilia (Schauspiel) 1885; F. *Lienhard,* O. (Dramat. Legende) 1898; Oskar *Schumm,* Die hl. O. (Singspiel) 1910.

Odilon, Helene s. Pecic, Helene von.

Odysseus, in der griech. Heldensage König von Ithaka, Gemahl der treuen Penelope, Vater Telemachs, half durch seine klugen Ratschläge dem Belagerungsheer vor Troja am erfolgreichsten, kehrte dann nach abenteuerreicher Irrfahrt, aus dem Netz der Kirke befreit, auf die Insel Ogygia von der Nymphe Kalypso sieben Jahre festgehalten, schiffbrüchig, von der lieblichen Nausikaa, Tochter des Königs Alkinoos, mitleidig verpflegt, als Bettler heim, wo er mit Hilfe seines Sohnes die zudringlichen Freier seiner Gattin beseitigte u. wieder zur Herrschaft gelangte. Sein von Homer in der Odyssee berichtetes Schicksal regte zahlreiche Dichter an. Goethe beabsichtigte 1787 den Stoff der Nausikaa zu dramatisieren, nach ihm versuchten sich daran Heinrich Viehoff 1787 u. Hermann Schreyer 1884. Ebenso plante Stifter eine Bühnengestaltung. S. auch Nausikaa.

Behandlung: R. *Keiser*, Ulysses (Oper) 1702; J. C. *Vogler*, Ulysses (Oper) 1721; J. Ph. *Praetorius*, Calypso (Oper) 1728; J. W. *Goethe*, Nausikaa (Fragment) 1787—88; Marie Anna *Löhn*, Odysseus auf Ogygia (Drama) 1845; Adolf *Glaser*, Penelope (Drama) 1854; A. *Fischer*, Nausikaa (Tragödie) 1854; Adolf *Widmann*, Nausikaa (Tragödie) 1855; Rudolf *Sperling*, Nausikaa (Dramat. Gedicht) 1866; W. P. *Gräff* (= W. Paul), O. 1873; Mathilde *Wesendonk*, O. (Dramat. Gedicht) 1878; H. *Schreyer*, Nausikaa (Drama), 1884; G. A. *Müller*, Nausikaa (Drama) 1890; Ernst *Hardt*, Odysseus' Heimkehr (Drama) 1893; Karl *Weiser*, Penelope (Drama) 1896; Hermann *Hango*, Nausikaa (Tragödie) 1897; August *Bungert*, Die Odyssee (Tetralogie) 1897 bis 1900; Siegfried *Anger*, Nausikaa (Drama) 1900; Elsa *Bernstein* (= E. Rosmer), Nausikaa (Drama) 1906; H. *Helge*, O. auf Scheria (Tragödie) 1907; K. M. v. *Levetzow*, Kirke (Komödie) 1909; R. J. *Sorge*, O. (Drama) 1909; O. *Weddigen*, Nausikaa (Drama) 1909; Fritz *Lienhard*, O. auf Ithaka (Komödie) 1911; R. *Eichhacker*, O. (Drama) 1911; Robert *Faesi*, O. u. Nausikaa (Tragödie) 1912; Gerhart *Hauptmann*, Der Bogen des O. (Drama) 1913; H. J. *Rehfisch*, Die goldenen Waffen (Schauspiel) 1913; Bruno *Eelbo*, Odysseus' Heimkehr (Drama) 1914; G. *Terramare*, Des Odysseus Erbe (Drama) 1914; V. K. *Habicht*, O. u. die Sirenen (Dramat. Dichtung) 1920; F. *Hübel*, Ulysses u. Kirke (Drama) 1922; H. *Langenhagen*, Nausikaa (Drama) 1929; Hermann *Günther*, Kirke (Satyrspiel) 1934; H. *Trantow*, O. bei Circe (Oper) 1938; Wilhelm *Becker*, Nausikaa (Drama) 1939; Walter *Gilbricht*, Ulysses daheim (Komödie) 1940; Rudolf *Bach*, O. (Text zur Oper Hermann Reutters) 1942; Eckart *Peterich*, Nausikaa (Schauspiel) 1943; F. Th. *Csokor*, Kalypso (Drama) 1945; H. J. *Haecker*, Der Tod des O. (Tragödie) 1948.

Literatur: Gustav *Kettner*, Goethes Nausikaa 1912; Paul *Gaude*, Das Odysseusthema in der neueren deutschen Literatur, besonders bei Hauptmann u. Lienhard (Diss.

Greifswald) 1916; Heinrich *Höllriegel*, O. u. Nausikaa im deutschen Drama der Jahrhundertwende (Diss. Wien) 1936; H. *Augustin*, Goethes u. Stifters Nausikaa-Tragödie 1941; Fred *Neumeyer*, Nausikaa: Versuch einer Mythen-Deutung (Die Neue Rundschau Nr. 7) 1947; R. M. *Matzig*, O. Studie zu antiken Stoffen in der modernen Literatur 1949; Werner *Kohlschmidt*, Goethes Nausikaa u. Homer (Wirkendes Wort Nr. 4) 1951 bis 1952.

Oechelhäuser, Wilhelm (seit 1833 von), geb. 26. Aug. 1820 zu Siegen, gest. 25. Sept. 1902 zu Niederwalluf im Rheinland, Großindustrieller, 1878—93 Mitglied des Deutschen Reichstags, begründete 1864 die „Deutsche Shakespeare-Gesellschaft", deren Vorstand er 1890—1902 war. Ehrendoktor der Philosophie.

Eigene Werke: Shakespeares Dramen, für die Bühne bearbeitet 7 Bde. 1870—78; Einführung in Shakespeares Dramen 2 Bde. 1878; Volksausgabe der Schlegel-Tieckschen Übersetzung von Shakespeare 1891; Shakespeare-Jahrbuch, herausg. 1903.

Literatur: Wilhelm *Klebe*, W. Oechelhäuser (Biogr. Jahrbuch 7. Bd.) 1905.

Oeckler, Adolf Bernhard, geb. 13. Juni 1884 zu Nürnberg, Sohn des Bildhauers Valentin Oe., studierte in Leipzig Psychologie, in Nürnberg u. Mailand Gesang, wirkte 1905 bis 1906 als Chorsänger (Tenor) am Stadttheater in Rostock, 1906—07 als Opernsänger in Hamburg u. lebte nach Kriegsteilnahme als Gesangsmeister in seiner Vaterstadt. Schwiegervater des Operettenregisseurs Felix Dahn.

Odenburg (Sopron), ungarische Stadt an der österr. Grenze, hatte bis 1905 ein deutschsprachiges Theater, dem nach 1867 u. a. Alfred Cavar (s. d.) u. Paul Blasel (s. d.) vorstanden. Zur Deckung des Aufwands wurde 1873 ein Städt. Theaterausschuß u. 1885 der „Verein der Theaterfreunde" gebildet. Der Spielplan brachte vorwiegend Operetten, aber auch Opern, an Sprechstücken zog man u. a. Halm, Nestroy u. Grillparzer vor. Höhepunkte des Theaterlebens bildeten auch hier Gastspiele prominenter Künstler, wie von B. Baumeister (s. d.), Marie Norneck (s. Ronneck, Marie) u. a. Nach 1905 konnten deutsche Schauspielertruppen nur im kleinsten Rahmen ihre Tätigkeit fortsetzen.

Literatur: Ilona *Vatter,* Geschichte des
deutschen Theaters in Ödenburg bis 1841
(Madjarisch mit deutschem Auszug) 1929;
Nagl-Zeidler-Castle, Deutsch-Österreichische
Literaturgeschichte 4. Bd. 1937.

Oedipus (griech. Oidipus = Schwellfuß), in
der Heldensage König von Theben, Sohn
des Laios u. der Jokaste, Vater der Antigone, einem verhängnisvollen Orakelspruch
gemäß ausgesetzt, aber gerettet, erschlug,
herangewachsen, auf der Suche nach seinen Eltern unwissentlich den eigenen Vater, befreite Theben von der Sphinx, wurde
König das. u. heiratete ebenfalls in Un-
kenntnis des Sachverhalts seine Mutter.
Nach Aufhellung des Verbrechens er-
hängte sich Jokaste, während Oe. sein Augenlicht zerstörte, mit der unglücklichen
Antigone auswanderte u. im Eumeniden-
hain zu Kolonos seine letzte Ruhestätte
fand. Die im Altertum vielfach u. von Sophokles am ergreifendsten gestaltete Oedi-
pussage wurde auch von neueren Dichtern
dramatisiert.

Behandlung: Hans *Sachs,* Die unglückliche
Königin Jokaste (Tragödie) 1550; A. *Neville,* Oedipus rex (Tragödie) 1581; J. J.
Bodmer, Oe. (Trauerspiel) 1761; E. A.
v. *Klingemann,* Oe. u. Jokaste (Tragödie)
1809; August Graf v. *Platen,* Der roman-
tische Oe. (Aristophanisches Lustspiel in
Versen, Immermann verspottend) 1828; Os-
wald *Merbach,* Antigone (Tragödie) 1839;
Eugen *Reichel,* Antigone (Tragödie) 1877;
Ernst *Dohm,* König Oe. (Melodrama) 1879;
Alfons *Steinberger,* Senecas Oedipustra-
gödie, deutsch 1889; Gertrud *Prellwitz,* Oe.
oder Das Rätsel des Lebens (Tragödie) 1898;
Hugo v. *Hofmannsthal,* Oe. u. die Sphinx
(Tragödie) 1905; ders., König Oe. (Drama
nach Sophokles) 1909; Hermann *Schlag,* Oe.
(Trilogie) 1909; R. *Pannwitz,* Die Befreiung
des Oe. (Tragödie) 1913; L. *Bennighoff,*
Oedipus' Tochter (Trauerspiel) 1926; Rudolf
Bayr, Oidipus auf Kolonos (Drama nach
Sophokles) 1946.

Oedipus und die Sphinx, Tragödie in drei
Aufzügen von Hugo v. Hofmannsthal, Uraufführung im Deutschen Theater in Berlin 1905, Buchausgabe 1906. Die Handlung
versucht das tragische zwischen dem El-
ternpaar (Thebanerkönig Laios u. Gemahlin Jokaste) u. dessen Sohn Oe. waltende
Schicksal neu zu motivieren. Der Dichter,
von der modernen Psychoanalyse beeindruckt, sucht jedoch das Mystische nicht
im Licht der antiken Religiosität, sondern
orientalisch, von Blutbeziehungen, Träumen, Ahnenverbindungen, Trieben u. Leidenschaften umwuchert. Die barocke
Sprache, der schwülstige Stil lassen keinen
klaren u. reinen Eindruck aufkommen. So
war denn auch die Aufnahme beim Publikum zwiespältig. Fedor Mamroth bemerkte
in seinem Bericht „Aus der Frankfurter
Theaterchronik" (2. Bd. 1908) sehr richtig:
„Hat man sich nach den ersten Auftritten
an das Halbdunkel, das darüber gebreitet
ist u. an die schwüle Temperatur gewöhnt,
so wird die Impression des Mystisch-
Fremdartigen bald von nüchternen Eindrücken abgelöst. Man merkt, ein Masken-
zug bewegt sich durch das Drama. In den
griechischen Kostümen stecken Gegen-
wartsmenschen, die sich u. das Ungeheuer-
liche, in das sie durch eine Mythologie
verstrickt sind, die sie im Grunde gar-
nichts angeht, mit ansehlichem psychologischen Scharfsinn ins rechte Licht zu
setzen trachten: Oedipus, die Königinnen,
Kreon, das Hofgesinde u. sogar das Volk.
Dabei bleibt das Greuliche greulich u. was
noch schlimmer ist: es langweilt gründlich.
Die moderne Art, zu denken, schlägt überall durch, u. dem dritten Aufzug fehlen
zum Musikdrama im Wagnerstil nur die
Klänge des Feuerzaubers. Da fragt man
sich schließlich: was soll das Ganze?, u.
weiß keine Antwort drauf. Ist das Werk
des Sophokles schon so sehr Ruine geworden, daß unsere restaurierungssüchtige
Zeit es ausbauen muß? Die Dramatiker von
heute haben ein unabweisliches Bedürfnis,
sich an andere Dichter ‚anzulehnen'. Neben
einen Großen aber wie den alten Griechen
sich hinstellen, heißt sich mit ihm messen
— ob man will oder nicht. Und da darf
sich der Junge auch nicht beklagen, wenn
der Zuhörer, der sich ein wenig gemartert
fühlt, zu dem billigen Einfall gelangt, es
wäre besser gewesen, Sophokles hätte zu
Hofmannsthal etwas hinzugedichtet, als
Hofmannsthal zu Sophokles."

Literatur: Eduard *Lachmann,* Hofmannsthals Drama Ödipus u. die Sphinx (Festschrift M. Enzinger) 1953.

Oeftering, Wilhelm, geb. 8. Febr. 1879 zu
Engen im Hegau, gest. 3. März 1940 zu
Rüppur bei Karlsruhe, Sohn eines Rech-
nungsrates, studierte in Heidelberg, München u. Freiburg im Brsg. (Doktor der Philosophie) u. wurde nach weiten Reisen
1904 Bibliothekar in Karlsruhe. Seit 1917

Professor, seit 1925 Oberbibliothekar das. Literarhistoriker u. Festspieldichter. *Eigene Werke:* Badische Landsleut 1924 (mit A. Sexauer); Heimat u. Handwerk 1928; Heimat u. Fremde 1930 (mit F. Kopp).

Oeggl, Georg, geb. 2. Aug. 1900 zu Innsbruck, gest. 17. Dez. 1954 zu Wien, Sohn eines Theaterportiers, wurde von Cairone in Mailand ausgebildet, begann seine Bühnenlaufbahn bei Exl (s. d.) in Innsbruck u. kam über München, Zürich, Coburg u. Würzburg 1934 an die Volksoper in Wien, daneben seit 1945 an der Wiener Staatsoper u. auf Gastspielreisen als bedeutender Bariton tätig. Kammersänger. Hauptrollen: Tonio, Luna, Rigoletto, Figaro, Wolfram, Beckmesser, Papageno, Amonasro, Zar u. a. *Literatur:* Anonymus, Das Herz versagte (Neue Wiener Tageszeitung Nr. 294) 1954; F. *B.,* G. Oeggl (Wiener Zeitung Nr. 294) 1954.

Oehlenschläger, Adam, geb. 14. Nov. 1779 zu Vesterbro bei Kopenhagen, gest. 20. Jan. 1850 zu Kopenhagen, Sohn eines Organisten aus Schleswig, wurde 1797 Schauspieler, 1800 Student der Rechte, bereiste 1805—09 mit einem kgl. Stipendium Deutschland, Frankreich, Italien u. die Schweiz (Besuch der Klassiker in Weimar), 1817—18 nochmals Deutschland (Verkehr mit L. Tieck) u. Italien, 1829 Schweden (Bekanntschaft mit Tegnér, der ihn in Lund zum Dichter krönte), 1833 Norwegen u. 1844 die Niederlande. Seit 1810 Professor an der Universität Kopenhagen, seit 1839 Etatsrat, seit 1847 Konferenzrat. Vorwiegend Dramatiker, der bedeutendste des klassisch-romantischen Zeitalters in Dänemark, schrieb verschiedene Werke, z. B. sein vielbeachtetes Künstlerdrama „Correggio", zuerst deutsch u. übersetzte andere dänisch verfaßte selbst ins Deutsche. Gönner Hebbels. *Eigene Werke:* Aladin oder Die Wunderlampe (Dramat. Gedicht) 1807 (Neuausgabe von Erwin Magnus 1920); Hagbarth u. Signe (Trauerspiel) 1808; Hakon Jarl (Trauerspiel) 1810; Axel u. Walburg (Trauerspiel) 1810; Correggio (Trauerspiel) 1816; Ludlamshöhle (Dramat. Märchen) 1818; Hugo von Rheinberg (Trauerspiel) 1818; Freyas Altar (Lustspiel) 1818; Palnatoke (Trauerspiel) 1819; Robinson in England (Lustspiel) 1821; Der Hirtenknabe (Dramat. Idyll) 1821; Die Räuberburg (Singspiel) 1821; Sterkoder (Trauer-

spiel) 1821; Erich u. Abel (Trauerspiel) 1821; Ludwig v. Holbergs Lustspiele, deutsch, 4 Bde. 1850 f. u. 1925; Die Wäringer in Konstantinopel (Trauerspiel) 1828; Sokrates (Trauerspiel) 1836; Werke 21 Bde. 1839; Lieb' ohne Strümpfe (Tragikomödie) 1844; Neue dramat. Dichtungen 2 Bde. (Das Land gefunden u. verschwunden — Amleth — Dina — Garrick in Frankreich) 1850; Meine Lebenserinnerungen (Nachlaß) 4 Bde. 1850 f. (Neuausgabe 1925). *Literatur:* Albert *Sergel,* Oehlenschläger in seinen persönlichen Beziehungen zu Goethe, Tieck u. Hebbel 1907 (mit Oe. Bibliographie); Robert *Heller,* Der Einfluß von Ludwig Tiecks Kaiser Octavianus auf A. Oehlenschlägers dramat. Märchen Aladin oder Die Wunderlampe (Diss. Wien) 1912; Wilhelm *Dietrich,* Oehlenschlägers Sankt Hansanftenspil im Abhängigkeitsverhältnis zur deutschen Literatur (Diss. Münster) 1916; Ernst *Heilborn,* Die Wunderlampe (Das literar. Echo 23. Jahrg.) 1920—21; Gerda *Placzek,* Studien zu Oehlenschlägers literar. Beziehungen zu Deutschland (Diss. München) 1924; W. *Dietrich,* Hebbel u. seine Kopenhagener Wohltäter (Der Wächter 8. Jahrg.) 1925; ders., Oe. u. das deutsche Geistesleben (Ebda. 9. Jahrg.) 1926; Pierre *Brachin,* Le sens de l'Aladin d'Oe. (Etudes Germaniques Nr. 4) 1949; Anglade *Jaques,* A. Oe., sa vie et ses oeuvres jusqu'en 1810 (Diss. Sorbonne) 1950.

Oehlmann, Werner, geb. 15. Febr. 1901 zu Schöppenstedt bei Braunschweig, besuchte die Musikhochschule in Weimar, studierte in Berlin, begann seine Bühnenlaufbahn 1930 als Dramaturg u. Spielleiter in Bamberg, war 1939—44 Musikkritiker der „Allgemeinen Zeitung" u. des „Reichs", 1945 bis 1947 Leiter der Städt. Musikschule in Braunschweig, 1947—49 Redakteur der Nachtprogramme am Hamburger Rundfunk u. dann wieder Musikkritiker des „Tagesspiegels". Für die Bühne bearbeitete er Händels „Xerxes" u. Keisers „Croesus". Verfasser einer „Musikgeschichte des 19. Jahrhunderts" 1951.

Oehlschläger, Anni (Geburtsdatum unbekannt), gest. 26. Okt. 1950 zu Berlin, war Schauspielerin am Hebbeltheater das.

Ühlschläger (Ps. Ohlsen), Fred, geb. 16. Sept. 1899 zu Berlin, gest. 23. Mai 1940 das., wirkte als Schauspieler in Riga, Guben, 1934—35 in Frankfurt an der Oder, in

Stolp u. seit 1936 in Berlin, zuletzt als Schauspieler u. Sänger am Theater am Nollendorfplatz das.

Ohlschläger (Ps. Ohlsen), Heinz, geb. 12. Nov. 1922 zu Berlin, ausgebildet am Schillertheater das., betrat schon 1930 in Kinderrollen die Bühne u. wirkte in Berlin, Guben, Bad Warmbrunn, Stolp, Putbus, debütierte als Jugendlicher Liebhaber 1940 am Schillertheater in Berlin, war hier bis 1943 engagiert, kam 1944 als Jugendlicher Charakterspieler nach Göttingen, 1946 an die Komödie in Hannover, 1947 an die Kammerspiele u. 1948 an die Landesbühne das., war 1951—53 wieder als Liebhaber u. Charakterdarsteller am Schillertheater tätig u. seither in Film u. Rundfunk. Hauptrollen: Jakob („Der Strom" von M. Halbe), Romeo („Romeo u. Julia"), Narr („Was ihr wollt"), Cherubin („Der tolle Tag" von Beaumarchais), Atalus („Weh' dem, der lügt") u. a. Gatte der Schauspielerin u. Tänzerin Elfi Ursus.

Oehmichen, Alfred, geb. 21. Febr. 1920 zu Leipzig, Dramaturg u. Schauspieler in Berlin, verfaßte 1949 das Schauspiel „Der Generalmusikdirektor" u. das Hörspiel „Der erste Preis".

Oehmichen, Walter, geb. 30. Juli 1901 zu Magdeburg, war Leiter des Augsburger Marionettentheaters, für das er die Schattenspiele „Die Bremer Stadtmusikanten" 1951 u. „Frau Holle" 1953 schuf.

Oekander, Gustav H. s. Hausmann, Ludwig Gustav.

Oellers, Paul (Geburtsdatum unbekannt), gest. 20. März 1935 zu Nürnberg, Schauspieler u. Spielleiter u. a. in Köln, seit 1927 am Städt. Theater in Nürnberg.

Ölperl, Ferdinand, geb. zu Ingolstadt, Theaterprinzipal, spielte mit seiner Truppe 1759, 1760 u. 1763 in Nürnberg u. ist 1785 noch in Wien (Landstraße) u. ebenso 1786 nachweisbar.

Oels, Friedrich, geb. 20. April 1864 zu Breslau, Sohn eines Wagenbaumeisters, studierte in Breslau Theologie u. wurde 1888 Pfarrer im Kreis Bolkenhain, Preuß.-Schlesien. Dramatiker.
Eigene Werke: Bauernblut (Volksstück mit Gesang) 1908; Paulus, der Apostel der

Deutschen (Evang. Volksschauspiel) 1908; Lützows Lager (Schauspiel) 1912.

Oels, Karl Ludwig, geb. 3. Okt. 1750 zu Berlin, gest. 7. Dez. 1833 zu Weimar, debütierte 1803 das. u. blieb, von Goethe gefördert, als Heldendarsteller lebenslang hier tätig. Schiller hob sein gutes Gedächtnis u. seinen Fleiß beim Lernen hervor, Goethe äußerte gegenüber Eckermann, daß Oels' Bildung der besten Gesellschaft Ehre machen könnte. „Die äußere Erscheinung begünstigte Oe. in hohem Grade. Sein männlich schöner Körper, sein prachtvoller Lockenkopf u. sein lebendiges Auge nahmen die Zuschauer von vornherein für ihn ein. Am meisten wirkte aber sein herrliches Organ, welches für die in Weimar hauptsächlich betonte Kunst des Deklamierens wie geschaffen war" (H. A. Lier). 1817 wirkte Oe. auch als Regisseur. Seine ausgezeichnete Kenntnis des Französischen ermöglichte ihm, Personen wie Riccaut in „Minna von Barnhelm" drastisch auf die Bühnen zu stellen. Das Publikum sah ihn besonders gern in komischen Partien. Weitere Hauptrollen: Don Carlos, Orest, Egmont, Clavigo, Mortimer, Max Piccolomini u. a.
Literatur: E. *Genast,* Aus dem Tagebuch eines alten Schauspielers 1862—65; H. A. *Lier,* K. L. Oels (A. D. B. 24. Bd.) 1887.

Ölschlegel, Alfred, geb. 25. Febr. 1847 zu Auschwa in Böhmen, gest. 19. Juni 1915 zu Leipzig, war Theaterkapellmeister in Hamburg, Teplitz, Würzburg, Karlsbad u. Wien (Carltheater), seit 1890 am Residenztheater in Dresden. Operettenkomponist.
Eigene Werke: Prinz u. Maurer 1884; Der Schelm von Bergen 1888; Der Landstreicher 1893; Kynast (Oper) 1898.

Oelschlegel, Gerd, geb. 28. Okt. 1926 zu Leipzig, besuchte die Akademie für bildende Kunst in seiner Vaterstadt u. lebte als Bühnenbildner u. Dramatiker in Hamburg.
Eigene Werke: Romeo u. Julia 1952; Zum guten Nachbarn 1954; Die tödliche Lüge 1955; Staub auf dem Paradies 1957.
Literatur: Johannes *Jacobi,* Uraufführung bei Gründgens: Staub auf dem Paradies (Neues Österreich 13. Nov.) 1957.

Oelsen, Werner Ole s. Olsen, Werner Ole.

Oemisch, Walter, geb. 10. Juni 1878 zu

Halle a. d. S., gest. 3. Jan. 1903 das. Lyriker, Erzähler u. Dramatiker.
Eigene Werke: Im Atelier (Lustspiel) 1900; Die Sehnsüchtigen (Drama) 1902; Ein Leben (Gesammelter Nachlaß), herausg. von Martha Fahr 1904.

Oenicke, Christa, geb. 2. Dez. 1934 zu Königsberg, ausgebildet an der Max-Reinhardt-Schule in Berlin, debütierte an der dort. Tribüne 1954 als Pernette (in „Die glücklichen Tage" von Puget), kam hierauf ans Landestheater in Schleswig, 1955 nach Hannover u. 1957 ans Schloßtheater in Celle. Hauptrollen: Gottliebchen („Scherz, Satire, Ironie u. tiefere Bedeutung"), Lotosblüte („Das kleine Teehaus" von Patrick), Maud („Robinson soll nicht sterben" von Forster) u. a.

Oenone, in der griech. Sage eine Nymphe, Gattin des Paris (s. d.), als Bühnengestalt.
Behandlung: C. *Weichselbaumer,* Oenone 1821; A. *Berger,* Oe. 1873; J. V. *Widmann,* Oe. 1880.

Oenophilus s. Biltz, Karl.

Oepffelbach, Johannes (Geburtsdatum unbekannt), gest. 28. Okt. 1636 als Pfarrer in Lößnig bei Leipzig, gab 1616 ein Schauspiel mit Chören „Adam, der Irdische" nach dem „Adamus lapsus" des J. Avianus heraus.
Literatur: Johannes *Bolte,* J. Oepffelbach (A. D. B. 24. Bd.) 1887.

Oeribauer, Matthias, geb. 14. Febr. 1839 zu Wien, gest. Anfang Okt. 1909 zu Innsbruck, Doktor der Philosophie, war Journalist. Verfasser von Theaterstücken.
Eigene Werke: Reine Hände (Lustspiel) 1876; Auf der Spur (Schwank) 1878; Karnevalsabenteuer (Schwank) 1878; Auf zum Harem (Posse) 1879; Der gute Zweck (Lustspiel) 1888.

Orindur, Gestalt aus Adolfs Müllners (s. d.) Schicksalstragödie „Die Schuld" (1816). Auf sie beziehen sich zwei im 2. Akt, 5. Szene, vorkommende Verse in der volkstümlichen Fassung: „Erklärt mir, Graf Orindur, diesen Zwiespalt der Natur."

Oertel, Eveline, geb. 1850, gest. 18. Mai 1902 zu New Haven (Connecticut), berühmte Opernsängerin von europäischem Ruf, war lange Mitglied der Hofoper in Dresden. Witwe eines preuß. Offiziers.

Oertel, Otto, geb. 30. Okt. 1872 zu Röhrsdorf, studierte in Leipzig (Doktor der Philosophie), widmete sich dem höheren Lehramt u. war zuletzt Oberstudienrat u. Professor. Lyriker, Erzähler u. Dramatiker.
Eigene Werke: Das große Drama 1901; Der Volksgraf (Drama) 1902; Henze Heintzen (Ein Stück niederdeutsches Bauernleben) 1905; Im Feuer (Lustspiel) 1922.

Oertel, P., geb. 1859, gest. 5. Aug. 1897 zu Kassel, war seit 1886 Theatermaler das. Seinen Dekorationen (Tannhäuser, Meistersinger, Ring des Nibelungen u. a.) rühmte man Phantasie, Geschmack u. ausgezeichnete Technik nach.

Oertel, Rudolf (Ps. Franz Beron), geb. 12. Sept. 1902 zu Wiener-Neustadt, studierte in Wien (Doktor der Philosophie) u. lebte das. Dramatiker u. Erzähler.
Eigene Werke: Catilian (Drama) 1926; Österreichische Tragödie 1934; Die Liebe der Anna Nikolajewna (Schauspiel) 1937; Angela (Schauspiel) 1943; Der gute Kaiser Nero (Drama) 1950; Der rätselhafte Tod (Drama) o. J.; Mayerling (Drama) 1953.

Oerthel, Kurt von, geb. 6. Juli 1888 zu Breslau (Doktor der Philosophie), lebte als Schriftsteller in Berlin, später in Starnberg am See. Drehbuchautor, Lyriker u. Dramatiker.
Eigene Werke: Das Naturtheater 1909; Das rote Gespenst (Drama) 1910; Fata morgana (Drama) 1913.

Oertl, Josef, geb. 9. März 1828 zu Wien, gest. nach 1898, seit 1848 Schauspieler, gehörte lange Zeit als Mitglied dem Stadttheater in Teplitz (Böhmen) an.

Oertzen, Jaspar von, geb. 2. Jan. 1912 zu Schwerin, war seit 1954 Schauspieler an den Kammerspielen in München. Hauptrollen: Cayacoa („Eröffnung des indischen Zeitalters" von Hacks), La Tremouille („Die Lerche" von Anouilh), Walsingham („Elisabeth von England" von Bruckner) u. a.

Oesau, Ferdinand, geb. 24. Sept. 1866 zu Glückstadt, gest. 30. Juni 1955 das., Verfasser zahlreicher Märchen- u. Lustspiele.
Eigene Werke: Vater Bargmanns Weihnachten (Märchenspiel) 1903; Der Waisenkinder Märchenfahrt (Märchenspiel) 1904; Großvaters Liebling (Märchenspiel) 1919;

Der Bühne Scherz u. Ernst (Märchenspiel) 1921; Hein Butendörp sin Bestmann (Lustspiel) 1921; Klas Störtebeker (Drama) o. J. u. a.

Oesch, Ditta, geb. 1. Juli 1914 zu Bern, an der Schauspielschule des Deutschen Theaters in Berlin ausgebildet, war Jugendliche Liebhaberin am Stadttheater in Bern (1939 bis 1942) u. hierauf am Deutschen Theater in Berlin.

Oesch, Hannes, geb. 26. Mai 1901 zu Spiez, zuerst Land- u. Fabrikarbeiter, dann ein Jahrzehnt Redakteur von Zeitungen in Bern, gründete eigene Zeitschriften (»Der Jungschweizer«, »Wir Jungen« u. a.) u. verfaßte auch kleinere Bühnenstücke. *Eigene Werke:* Täll (Vaterländ. Schauspiel) 1938; Dr Rütlischwur (Szene zu Täll) 1939.

Oeser, Anna Christine, geb. 1803, gest. 13. April 1879 zu Berlin, war Mütterdarstellerin an den Hoftheatern in Schwerin u. Wiesbaden. Gattin des Folgenden.

Oeser, Gustav (Geburtsdatum unbekannt), gest. 4. Mai 1859 zu Bayreuth, gehörte als Baßbuffo dem Hoftheater in Coburg-Gotha an. Gatte der Vorigen.

Oeser, Gustav, geb. 25. März 1839 zu Magdeburg, gest. 3. Jan. 1921 zu Eisenach, wirkte als Bassist in Halle, Magdeburg, Elberfeld, Mainz, Kassel, Stettin, Freiburg, Breslau u. a. u. ließ sich nach seinem Bühnenabschied als Gesangslehrer in Eisenach nieder.

Oeser, Helmut, geb. 17. Mai 1929 zu Reichenberg in Böhmen, studierte zuerst in München, besuchte die Otto-Falckenberg-Schule das. u. wandte sich nach anfänglichem Hochschulstudium ausschließlich der Bühne zu, debütierte an der dort. Kammerspielen 1953 als Page in „Der Widerspenstigen Zähmung", kam dann ans Landestheater in Tübingen u. 1957 ans Schloßtheater in Celle. Hauptrollen: Eric Bratt („Kolportage" von G. Kaiser), Slick („Schmutzige Hände" von Sartre), Herr Mollfels („Scherz, Satire, Ironie u. tiefere Bedeutung"), Napoleon („Napoleon greift ein") u. a.

Oestéren, Friedrich Werner van, geb. 18. Sept. 1874 zu Berlin, gest. nach 1952 zu Weimar, studierte in Prag u. Innsbruck, war

dann österreichischer Offizier in Galizien, später freier Schriftsteller in München, Wien u. Berlin. Vorwiegend Erzähler, aber auch Bühnenautor. *Eigene Werke:* Domitian (Trauerspiel) 1901; Um eine Seele (Schauspiel) 1911; Die k. u. k. Hose (Schwank) 1923.

Oesterheld, Erich, geb. 6. Jan. 1883 zu Berlin, gest. 8. Nov. 1920 das., gründete 1906 einen Buchverlag mit namhaften Autoren (Dietzenschmidt, Carl Hauptmann, Strindberg u. a.), gab die „Deutsche Bühne", den „Deutschen Bühnenspielplan", „Die Szene", Blätter für Bühnenkunst, heraus u. trat auch als Theaterdichter hervor. *Eigene Werke:* Friedrichs des Großen Die Schule der Welt, bearbeitet 1912; Die einsamen Brüder (Drama) 1914 u. a.

Oesterheld, Heinrich (Geburtsdatum unbekannt), gest. 14. Juli 1931, war Komiker in Guben, Oldenburg, Hamburg (Thaliatheater), Libau, trat aber zuletzt nur noch als Gast auf.

Oesterlein, Nikolaus, geb. 4. Mai 1841 zu Wien, gest. 7. Okt. 1898 das., Sohn eines Waffenfabrikanten, studierte Montanwissenschaften, konnte jedoch die Eisenwerke seines Vaters nicht behalten u. trat in die Nußdorfer Bierbrauerei ein. Seine ganze Lebensarbeit widmete er dem Werke R. Wagners. 1881 erschien der 1. Bd. seines „Katalogs einer Wagner-Bibliothek", 1886 der 2., 1891 der 3. u. 1895 der 4. Bd. Gleichzeitig betrieb er die Schaffung eines „Wagner-Museums", das schließlich 1895 in Eisenach zustande kam. *Literatur:* Moritz Wirth, N. Oesterlein (A. D. B. 52. Bd.) 1906.

Oesterling, Bertha s. Fricker, Bertha.

Oesterreich, Axel von (Ps. Axel v. Ambesser), geb. 22. Juni 1910 zu Hamburg, Sohn eines Großkaufmanns u. einer preuß. Offizierstochter, kam 1930 zur Bühne (Hamburger Kammerspiele), wirke 1932—34 in Augsburg, 1934—36 in München (Kammerspiele), 1936—43 in Berlin (Deutsches Theater) u. Wien (Theater an der Josefstadt), 1943—45 in Berlin (Staatstheater) u. seit 1946 in München. Immer mehr wandte er sich jedoch dem Film zu. Auch Dramatiker. *Eigene Werke:* Die Globus A. G. zeigt: Ein Künstlerleben (Komödie) 1940; Der Hut (Lustspiel) 1940; Wie führe ich eine Ehe?

(Komödie) 1940; Lebensmut zu hohen Preisen (Komödie) 1942; Das Abgründige in Herrn Gerstenberg (Komödie) 1946 u. a.
Literatur: Anonymus, A. v. Ambesser (Filmwelt 10. Jan.) 1941.

Österreicher, Ambrosius, Meistersinger aus der Mitte des 16. Jahrhunderts, Schüler des Hans Sachs, war Berufsschauspieler u. selbständiger Theaterunternehmer bis 1569.

Österreicher, Anni, geb. 5. Dez. 1899 zu Wien, gest. 11. Juli 1951 zu München, Operettensängerin, wirkte u. a. 1920—25 am Gärtnerplatztheater in München. Hauptrollen: Schwarzwaldmädel u. a.

Oesterreicher, Karl, geb. 1863, gest. 15. Dez. 1923 zu München, Sänger.

Oesterreicher, Marie (Geburtsdatum unbekannt), gest. 27. Febr. 1928 zu München, Schauspielerin u. Sängerin, gehörte zuletzt dem Stadttheater in Regensburg als Mitglied an.

Österreicher, Rudolf, geb. 19. Juli 1889 zu Wien, Sohn eines Arztes, studierte die Rechte das., wurde dann aber Schauspieler u. Kabarettkünstler. 1945—48 Direktor des Stadttheaters in Wien. Verfasser von Theaterstücken.
Eigene Werke: Gummiradler (Wiener Volksstück) 1907; Das Bett Napoleons (Lustspiel) 1912; Der Herr ohne Wohnung (Schwank) 1913; Die Faschingsfee (Operette) 1917; Katja, die Tänzerin (Operette) 1923; Das Weib im Purpur (Operette) 1924; Der Garten Eden (Schauspiel) 1926; Die Sacher-Torte (Lustspiel) 1929; Das Geld auf der Straße (Lustspiel) 1929; Konto X (Schauspiel) 1931 u. a.

Östreicher, Ernst, geb. 2. Nov. 1889 zu Brünn, war Theaterdirektor in Wien. Bühnenautor.
Eigene Werke: Eine gefährliche Gattin (Spiel) 1913; Ehrenrettung (Komödie) 1914; Eheleute (Einakter) 1915; Der letzte Wunsch (Einakter) 1918; Ein Abschied (Einakter) 1918; Berenice (Histor. Schauspiel) 1921; Assicurazioni in flagranti (Schwank) 1926; Wurmstichig (Volksstück) 1932; Sarasine (Dramolett) 1933.

Oestvig, Karl Aagard, geb. 17. Mai 1889 zu Christiania, debütierte 1914 in Köln, wirkte hier bis 1919 u dann an der Staatsoper in

Wien bis 1927. Tenor, der besonders durch seine darstellerische Kraft sich auszeichnete. Später Operetten- u. Konzertsänger. 1915 kreierte er in der Uraufführung von Schillings „Mona Lisa" den Laienbruder. Seit 1919 gastierte er öfters an der Staatsoper in München, 1928 sang er hier bei der Erstaufführung von Kreneks Oper „Jonny spielt auf" die Tenorpartie neben Alfred Jerger (s. d.), der die Titelrolle verkörperte. Sein Fach reichte vom Tamino u. Don José bis zu Wagners Lohengrin u. Parsifal. Auch in neueren Opern hatte er Erfolg, besonders in Korngolds „Toter Stadt" als Partner von Maria Jeritza u. im Opern von Richard Strauß, wie „Frau ohne Schatten" u. „Ariadne". In zweiter Ehe mit der Wiener Opernsängerin Maria Raidl vermählt. Aus der Wiener Oper schied er wegen eines Konfliktes, der entstand, als er in einer Operette im Carltheater auftreten wollte.

Oetigheim im Schwarzwald besitzt seit 1905 eine von Pfarrer Josef Saier (geb. 1873 zu Kirchgarten bei Freiburg im Brsg.) begründete Freilichtbühne, die alljährlich Aufführungen eines volkstümlichen Schauspiels (z. B. „Wilhelm Tell", „Andreas Hofer") veranstaltete u. schließlich auch ein von Saier verfaßtes Passionsspiel zur Darstellung brachte.
Literatur: Karl *Gutmann,* Das Volksschauspiel in Oetigheim (Der Gral 16. Jahrg.) 1921—22; H. L. *Mayer,* Das Volksschauspiel in Oe. 1922; Robert *Volz,* Die Oetigheimer Spiele (Die Neue Zeitung Nr. 73) 1948; A. A., Wie einst Gottfried Keller, das ganze Dorf steht auf der Bühne (Deutsche Tagespost Nr. 73) 1952; H. F. *Berger,* Ein Theaterpfarrer verläßt die Bühne (Ebda. Nr. 135/6) 1953; W. *Zimmermann,* Oe., Das Theaterdorf im Badischen (Neue Zürcher Nachrichten Nr. 198) 1955.

Oettinger, Eduard Maria, geb. 19. Nov. 1808 zu Breslau, gest. 26. Juni 1872 zu Blasewitz, vielseitiger Unterhaltungsschriftsteller u. Journalist, arbeitete u. a. an Bäuerles „Theater-Zeitung" in Wien mit u. schrieb 2 Bde. „Dramatische Desserts" 1836 f. (darin: Der Regenschirm, Schwank — Der Journalist, Lustspiel — Die Getäuschten, Lustspiel) u. verfaßte auch die komischen Romane „Rossini" 1847 u. „Meister Johann Strauß u. seine Zeitgenossen" 1862 sowie den „Moniteur des Dates" 1866 f. u. die „Bibliographie biographique universelle" 1854 f.
Literatur: Wurzbach, E. M. Oettinger

(Biogr. Lexikon 21. Bd.) 1870; F. *Schnorr v. Carolsfeld*, E. M. Oe. (A. D. B. 24. Bd.) 1887.

Offenbach, Jakob (nach seiner Ankunft in Frankreich Jacques), geb. 20./21. Juni 1819 zu Köln a. Rh., gest. 5. Okt. 1880 zu Paris, Sohn des Juda O. (eigentlich Ebersdht), Vorsängers der Kölner Judengemeinde u. Schriftstellers, besuchte das Konservatorium in Paris, wurde 1849 Kapellmeister am Théâtre Français, brachte auf seiner eigenen Kleinbühne 1855—66 Singspiele zur Aufführung u. eroberte in den folgenden Jahren bis 1870 mit großen parodistischen Operetten zahlreiche Bühnen, erlitt jedoch später infolge der Wandlung im Geschmack des Publikums u. Hinwendung zur Ausstattungsoperette einen wirtschaftlichen Zusammenbruch; es gelang ihm aber trotz Vereinsamung, Krankheit u. Not noch die großartige Oper „Hoffmanns Erzählungen". Von seinen über hundert Bühnenschöpfungen fanden die meisten Eingang auch in Deutschland. Vor allem stand die klassische Wiener Operette unter seinem Einfluß.

Eigene Werke: Marietta (Einakter) 1849; Pepito (Einakter) 1853; Die Verlobung bei der Laterne 1857; Orpheus in der Unterwelt 1858; Fortunios Lied 1861; Die schöne Helena 1864; Blaubart 1866; Pariser Leben 1866; Die Großherzogin von Gerolstein 1867; Die Insel Tulipatan 1869; Die Prinzessin von Trapezunt 1870; Hoffmanns Erzählungen 1880 u. v. a.

Literatur: A. *Martinet*, J. Offenbach 1887; H. M. *Schletterer*, J. O. (A. D. B. 24. Bd.) 1887; Max *Garr*, Offenbachiana (Bühne u. Welt 1. Jahrg.) 1899; P. *Bekker*, J. O. 1909; Erwin *Rieger*, O. u. seine Wiener Schule 1920; Kurt *Soldan*, J. O. 1924; Anton *Henseler*, J. O. 1930; Joachim *Moser*, J. O. (Musikgeschichte in hundert Lebensbildern) 1952.

Offenbach, Joseph s. Ziegler, Joseph.

Offenburg in Baden besaß in der Barockzeit ein blühendes Schuldrama. Das älteste behandelte 1664 im Anschluß an den schwäbischen Humanisten Nikodemus Frischlin die Gemahlin Karls des Großen („Hildegard"), das letzte 1773 die Bekehrung des Sachsen Widukind („Die siegende Religion").

Literatur: E. *Batzer*, Die Schulaufführungen der Minoriten in Offenburg 1906.

Offeney, Erwin, geb. 2. Juni 1889 zu Stet-

tin, in Berlin musikalisch ausgebildet, war Pianist u. Komponist.

Eigene Werke: Liebe um Mitternacht (Operette) 1921; Miss Kolibri (Operette) 1921; Audienz in Sanssouci (Singspiel) 1924; Das kleine Hexenlied (Melodrama) 1925.

Offergeld, Gerhard, geb. um 1900 zu Aachen, war Opterntenor des Stadttheaters in Köln seit 1933, nahm auch an den Bayreuther Festspielen teil (1951).

Literatur: ben., Bloß nicht Leberkäs u. Knödel (Köln. Rundschau Nr. 170 a) 1952.

Offermann, Alfred Freiherr von, geb. 15. Juli 1851 zu Brünn, gest. nach 1929, war Fabrikant in Brünn.

Eigene Werke: Des Zufalls u. der Liebe Spiel (Lustspiel) 1875; Ariadne (Tragödie) 1875; Lukretia (Tragödie) 1876; Der Dämon (Oper von A. v. Rubinstein) 1876; Sicut cadaver estote 1909; Das Referendum (Schauspiel) 1911 u. a.

Offermann, Sabine, geb. 29. Nov. 1894 zu Köln, in Berlin für die Bühne ausgebildet, begann 1925 ihre Laufbahn als Opernsängerin in Münster, wirkte dann in Chemnitz, Düsseldorf, 1930—33 an der Staatsoper in München u. zuletzt in Wiesbaden. Hauptrollen: Senta, Marschallin, Turandot, Elisabeth, Santuzza, Sieglinde u. a.

Offermanns, Peter, geb. 5. Aug. 1910, als Lehrer ausgebildet, studierte Gesang, debütierte 1949 als Lyrischer Tenor an den Städt. Bühnen in Essen u. blieb hier bis 1953. Hauptrollen: David („Die Meistersinger von Nürnberg"), Pelleas („Pelleas u. Melisande" von Debussy), Max („Freischütz") u. a.

Oha, Karl Otto s. Orlishausen, Otto.

Ohler, Philipp (Ps. Conrad Gießner), geb. 6. Mai 1867 zu Cognac in Frankreich, kam 18jährig nach Deutschland (Danzig), wurde Kaufmann in Küstrin, lebte dann in Berlin u. seit 1909 in Leipzig. Herausgeber der „Allgemeinen Korrespondenz" das. u. von „Ohlers Theater der Jugend". Vorwiegend Dramatiker.

Eigene Werke: Im feindlichen Lager (Histor. Drama) 1895; Vor Zorndorf (Histor. Schauspiel) 1897; Markgraf Hans (Festspiel) 1898; Der Fernemüller (Schauspiel) 1900; Schweigen (Familienschauspiel) 1905; Schicksal (Drama) 1905; Nach dem Handwerkerball (Schwank) 1906; Im Wirtshaus zur Post

(Schwank) 1906 (mit P. Dahms); Der fremde Gast (Schauspiel) 1927; Gutenberg (Schauspiel) 1927 u. a.

Ohlin, Anna Christina, geb. 1720 zu Königsberg in Preußen, gest. 1751, war Schauspielerin bei der Hilverdingschen Gesellschaft, später führte sie eine eigene Truppe, mit der sie 1748—49 in Königsberg u. Tilsit spielte. Devrient bezeichnete sie in seiner „Geschichte der Schauspielkunst" als „schöne u. galante Schauspielerin", die den Aufführungen Anziehungskraft gab u. zu großem Erfolg verhalf.
Literatur: J. F. *Schink,* Gallerie von Teutschen Schauspielern u. Schauspielerinnen (Schriften der Gesellschaft für Theatergeschichte 13. Bd.) 1910.

Ohlischlaeger, Eugen (Geno), geb. 4. Nov. 1898 zu Viersen im Rheinland, Doktor der Rechte, lebte als freier Schriftsteller in Berlin. Auch Verfasser von Hörspielen u. Bühnenstücken („Das Wasser steigt", „Aller Mütter Sohn", „Der Tag, bevor der Monsun kam" u. a.).

Ohlsen, Fred s. Ühlschläger, Fred.

Ohlsen, Heinz s. Ühlschläger, Heinz.

Ohlsen, Irmgard, geb. 9. Aug. 1898, gest. 22. Jan. 1958, war bis nach dem Zweiten Weltkrieg Sängerin in Berlin.

Ohlsen, Jörg s. Blumenreich, Paul.

Ohm, Will s. Röderscheidt, Wilhelm.

Ohmann, Johann Georg, geb. 1786, gest. 28. Juli 1853 zu Riga, Sohn eines Kapellmeisters, Bruder des Folgenden, begann seine Laufbahn als Schauspieler in Reval, kam 1803 nach Riga, kehrte 1809 nach Reval zurück, wo er auch als Regisseur u. Dekorateur Verwendung fand, gastierte 1817 wieder in Riga u. wurde hier für das Fach Seriöser u. Humoristischer Väter engagiert, bis er 1820 die Führung des Hauses übernahm. 1827 ging er als Leiter des Deutschen Theaters nach Moskau u. nach dessen Zusammenbruch 1835 zum dritten Mal nach Riga, nunmehr als Lustspielregisseur, bis er 1851 seinen Bühnenabschied nahm. Auch Dramatiker.
Eigene Werke: Der alte Schauspieler oder Das Gastspiel 1846; Der Großvater oder So bessert man Toren 1848; Die Frauen 1848.

Ohmann, Ludwig, geb. 1. Febr. 1775 zu Hamburg, gest. 30. Sept. 1833 zu Riga, Bruder von Johann Georg O., zuerst Violonist in Hamburg, kam 1795 als Konzertmeister nach Reval, 1797 ans Burgtheater als Schauspieler u. 1799 als Sänger (Baß) nach Breslau. 1801 nahm er ein mehrere Jahre dauerndes Engagement als Sänger u. Väterdarsteller in Riga an, ging 1809 abermals nach Reval u. wurde 1820 als Musikdirektor nach Riga zurückgerufen. Zuletzt war er hier auch Kantor der Stadtkirchen u. Gesangslehrer. Komponist einer Oper „Die Prinzessin von Cacambo" u. verschiedener Bühnenmusiken. Gatte der bedeutenden Liebhaberin Marie Koch, die gleichfalls in Riga spielte.

Ohms, Elisabeth, geb. 17. Mai 1888 zu Arnheim in Holland, zuerst Violinistin, studierte 1916—19 am Konservatorium in Amsterdam Gesang, debütierte 1921 in Mainz u. gehörte seit 1922 der Staatsoper in München an. Unter der Leitung von Hans Knappertsbusch sang sie u. a. die Isolde, Brünnhilde, Kundry u. vor allem Fidelio, eine Rolle, die sie auch unter Arturo Toscanini in Mailand verkörperte. 1930 wurde sie an die Metropolitan-Oper engagiert. Zuletzt widmete sie sich dem Lehrberuf.

Ohnesorg, Karl, geb. 29. Juni 1867 zu Mannheim, gest. 15. Nov. 1919 zu Hannover, war Theaterkapellmeister u. a. in Köln, Lübeck, Riga (1900—10) u. Halle. Komponist.
Eigene Werke: Die Bettlerin von Pont des Arts (Oper) 1899; Die Gauklerin (Oper) 1905; Der gelbe Prinz (Operette) 1911; Lady Luftikus (Operette) 1911; Jonge Meisje (Operette) 1912.

Ohnsorg, Richard, geb. 1876, gest. 10. Mai 1947 zu Hamburg, Doktor der Philosophie, gründete 1902 die „Dramatische Gesellschaft Hamburg", die das Niederdeutsche Volkstheater das. schuf, u. war dessen Leiter u. bedeutendster Charakterdarsteller. Mit Paul Schureks (s. d.) „Straßenmusikanten" eroberte die plattdeutsche Bühne nach Übertragung des Stückes ins Hochdeutsche das ganze deutsche Sprachgebiet.
Literatur: Bernhard *Meyer-Marwitz,* Niederdeutsches Theaterspiel (Hamburger Anzeiger 6./7. Sept.) 1952.

Ohorn, Anton, geb. 22. Juli 1846 zu Theresienstadt, gest. 1. Juli 1924 zu Chemnitz, wurde 1865 Prämonstratensermönch in Böhmisch-Leipa, studierte in Prag Theologie u. Philosophie, trat 1872 in Gotha zum Protestantismus über, war dann Lehrer an verschiedenen höheren Schulen in Mühlhausen u. Chemnitz, zuletzt mit dem Coburgischen Professor- u. Hofratstitel ausgezeichnet. Vorwiegend Erzähler u. Bühnenautor.

Eigene Werke: Der fliegende Holländer (Drama) 1873; Der Uhrmacher von Straßburg (Dramat. Gedicht) 1876; Komm den Frauen zart entgegen (Lustspiel) 1880; Fürst u. Bürger (Schauspiel) 1888; Ein Märchen (Lustspiel) 1891; Der Kommandant vom Königsstein (Lustspiel) 1892; Sedania (Festspiel) 1895; Albrecht der Beherzte (Festspiel) 1898; Die Weihe des Bundes (Festspiel) 1898; Philister über dir (Lustspiel) 1902; Die Brüder von St. Bernhard (Schauspiel) 1906; Unlösbar (Schauspiel) 1906; Der Abt von St. Bernhard (Schauspiel) 1906; Der Wasunger Krieg (Komödie) 1906; Pater Jukundus (Komödie) 1908; Der Streber (Schauspiel) 1909; Der Siebenbürger (Spiel) 1910; Vorwärts mit Gott (Festspiel) 1914; Kotzebues Rache (Komödie) 1916; Die drei Ruhelosen (Komödie) 1917; Geld u. Ehre (Schauspiel) 1918; Konradin (Schauspiel) 1918; Unter deutscher Flagge (Festspiel) 1918 u. a.

Literatur: Julius *Reinwarth*, A. Ohorn 1902; B. *Rost*, A. O. 1913.

O Isis und Osiris, Arie des Sarastro u. Chor der Priester in W. A. Mozarts „Zauberflöte", Text von Emanuel Schikaneder (1791).

Okonkowski, Georg, geb. 11. Febr. 1863 zu Hohensalza, gest. 24. März 1926 zu Berlin. Bühnenschriftsteller u. Erzähler.

Eigene Werke: Um Thron u. Ehre (Schauspiel) 1889; Eine von den vielen (Drama) 1894; Der Heiratsmarkt (Schwank) 1897; Der Rettungsengel (Schwank) 1899; Die Venus aus der Markthalle (Posse), 1899; Berlin nach Elf (Posse) 1900; Die Insulanerin (Schwank) 1900; Das Ehegebot (Lustspiel) 1900; Der Herr Hofmarschall (Schwank) 1900; Die Erbin (Lustspiel) 1905; Der Schlüsselroman (Lustspiel) 1906; Die kleine Diplomatin (Lustspiel) 1906; Die Frau des Attachés (Drama) 1907; Leutnant Goethe (Lustspiel) 1907; Die Waffen der Frau (Lustspiel) 1908; Das ist der Gipfel (Schwank) 1908; Polnische Wirtschaft (Schwank) 1909; Die keusche Susanne (Operette) 1910; Die moderne Eva (Operette) 1911; Luxusweib-

chen (Operette) 1911; Farmermädchen (Operette) 1912; Die Kinokönigin (Operette) 1912; Zwischen Zwölf u. Eins (Operette) 1912; Manizelle Tralala (Operette) 1913; Die schöne Cubanerin (Operette) 1913; Wenn der Frühling kommt (Operette) 1914; Der brave Fridolin (Operette) 1915; Das Fräulein vom Amt (Operette) 1915; Die stolze Thea (Operette) 1915; Die blonden Mädels von Lindenhof (Schwank) 1916; Der verliebte Herzog (Operette) 1917; Die Schönste von allen (Operette) 1918; Der Großstadtkavalier (Schwank) 1918; Eine Nacht im Paradies (Operette) 1919; Mascottchen (Operette) 1920; Schäm dich, Lotte (Operette) 1921; Madame Flirt (Operette) 1921; Die schöne Rivalin (Operette) 1922; Die Tugendprinzessin (Operette) 1923; Casino-Girls (Operette) 1923; Charlie (Operette) 1923.

Oktavianus, Kaiser, sagenhafter Held eines alten deutschen Volksbuchs, das berichtet, wie seine ungerecht verleumdete Gattin, mit den von ihm getrennten Kindern verstoßen, erst nach vielen Abenteuern gerechtfertigt wird. Der Stoff wurde von L. Tieck 1804 dramatisiert.

Literatur: Werner *Ewald,* Der Lovell-Typ bei Tieck bis zum Oktavian (Diss. Halle) 1924; J. J. *Dekker,* Tiecks Kaiser Oktavianus (Diss. Wien) 1925; Anneliese *Bodensohn,* Tiecks Kaiser O. als romantische Dichtung 1937.

Olbertz, Josef, geb. 1. Dez. 1906 zu Eilendorf bei Aachen, besuchte das Konservatorium in Köln, studierte dann noch in Berlin u. Wien, debütierte 1935 als Fliegender Holländer am Stadttheater in Ulm, wo er bis 1937 sang, kam als Helden- u. Charakterbariton hierauf nach Plauen, gehörte 1938—40 dem Landestheater in Beuthen an, wirkte 1940—41 am Landestheater in Altenburg, 1941—45 am Opernhaus in Leipzig u. seither am Deutschen Nationaltheater in Weimar. Hauptrollen: Rigoletto, Scarpia, Jago, Amonasro, Telramund, Hans Sachs, Wotan u. a.

Olbrich, Irmgard, geb. um 1870, gest. 5. Sept. 1903 zu Dresden, begann ihre Bühnenlaufbahn 1888 in Oldenburg, schloß sich 1898 der Türkschen Schauspielgesellschaft in Berlin an, war 1900 in der Junkermann-Tournee die Hauptinterpretin Fritz Reuters u. spielte 1901 Komische Alte u. Bürgerliche Mütter im deutschen Comedytheater

in London, seit 1902 am Residenztheater in Dresden.
Literatur: Eisenberg, I. Olbrich (Biogr. Lexikon) 1903.

Olbrück, Robert, geb. 19. Febr. 1916 zu Essen, an der Folkwangschule das. ausgebildet, debütierte 1934 am dort. Schauspielhaus, kam 1935 als Jugendlicher Liebhaber u. Naturbursche ans Stadttheater in Stettin, 1937 nach Dortmund (hier auch Charakterdarsteller), 1940 nach Lille u. 1949 nach seiner Rückkehr aus der Kriegsgefangenschaft wieder ans Stadttheater in Dortmund. Hauptrollen: Truffaldino („Der Diener zweier Herren" von Goldoni), Figaro („Ein toller Tag" von Beaumarchais), König Ferdinand („Isabella von Spanien" von Ortner) u. a.

Olczewska, Maria, geb. 12. Aug. 1892 in Bayern, hervorragende Sängerin, war u. a. am Covent Garden in London, an der Metropolitanoper in Neu York, in Südamerika u. vielen Orten Europas, in Hamburg, dann unter der Leitung von Richard Strauß u. Franz Schalk an der Staatsoper in Wien tätig. A. Witeschnik („300 Jahre Wiener Operntheater" 1953) nannte sie eine leidenschaftliche, rassige Künstlerin, „deren schöner Mezzosopran u. deren rasantes Temperament das weite Rollenfach von der Carmen bis zur Brangäne, vom Rosenkavalier bis zur Klytämnestra mit Leben erfüllte." Weitere Hauptrollen: Ortrud, Erda, Fricka, Dalila, Selisa, Amneris u. a. Gattin des Opernsängers Emil Schipper (s. d.).
Literatur: F. B., M. Olczewska (Wiener Zeitung Nr. 187) 1952.

Olden, Arno Willy, geb. 4. Juni 1874, gest. 1. April 1917 zu Berlin, war Regisseur am Neuen Theater in Halle, wirkte lange Zeit in Amerika u. nach seiner Rückkehr auch als Schauspieler am Neuen Theater in Hamburg. 1913—17 Erster Vortragender am wissenschaftlichen Theater der Urania in Berlin.

Olden, Balder, geb. 26. März 1882 zu Zwickau, gest. 24. Okt. 1949 zu Montevideo (Uruguay), Sohn von Hans O., studierte Philosophie, wurde dann Hauslehrer, Journalist an kleinen Provinzblättern u. gelegentlich Wanderkomödiant, erhielt 1904 einen Ruf als Redakteur des „General-Anzeigers" nach Hamburg, wurde 1906 Chefredakteur der „Hamburger Woche", bereiste als Be-

richterstatter der „Kölnischen Zeitung" viele Länder der Erde, lebte, 1914 vom Krieg in Ostafrika überrascht, 1916—20 gefangen in Indien, seither in Berlin, emigrierte 1933 zuerst nach Zürich, dann nach Frankreich u. 1941 nach Argentinien, wo er beim „Argentinischen Tageblatt" tätig war. Für die Bühne verfaßte er den Schwank „Die Apotheke zum Haifisch" 1910 (mit Erich Mühsam) u. das Schauspiel „Die Letzten" 1921.

Olden, Elfriede (Geburtsdatum unbekannt), gest. 14. Dez. 1908 zu Düsseldorf, war Schauspielerin am Lustspielhaus das.

Olden (urspr. bis 1891 Oppenheim), Hans, geb. 5. Juni 1859 zu Frankfurt a. M., gest. 25. Mai 1932 zu Wiesbaden, studierte in Stuttgart Chemie u. Naturwissenschaften, wirkte einige Jahre als Heldendarsteller u. a. 1883—84 am Deutschen Theater in Berlin u. lebte dann als dramatischer Schriftsteller in Weimar, München, wieder in Berlin u. Wiesbaden. Vater von Balder O.
Eigene Werke: Ilse (Schauspiel) 1888; Gewittersegen (Schauspiel) 1889; Die Geigenfee (Lustspiel) 1890 (mit Paul v. Schönthan); Der Glückstifter (Drama) 1892; Thielemanns (Lustspiel) 1894; Die kluge Käthe (Lustspiel) 1894; Meine offizielle Frau (Schauspiel) 1896; Nellys Millionen (Lustspiel) 1898 (mit Wilhelm Hegeler); Finale (Drama) 1899; Gastspiel (Komödie) 1899 (mit Ernst v. Wolzogen); Wiederkunft (Schauspiel) 1905; Der Kaiser (Tragödie) 1908 (mit Hans v. Kahlenberg); Der letzte Trumpf (Schauspiel) 1923; Die Marquise von Ormond (Schauspiel) 1929.

Olden, Hans s. Brandl, Josef.

Olden, Julian (eigentl. Harry Hügel), geb. 7. Sept. 1838 zu Stettin (Todesdatum unbekannt), studierte in Halle Philosophie, wurde 1885 Eisenbahnbeamter in Böhmen, später in Wien. Verfasser heiterer Stücke.
Eigene Werke: Der Verlobungsfrack (Schwank) 1867; Sie will ausgehen (Lustspiel) 1867; Die letzte Nacht vor der Hochzeit (Lustspiel) 1868; Erträumt (Schwank) 1885; Dos à dos (Lustspiel) 1885; Wenn Frauen lachen (Lustspiel) 1886; Der Gesandte des Königs (Lustspiel) 1890 u. a.

Olden, Melanie, geb. 1878, gest. 31. Juli 1943 zu Remscheid (Opfer eines Fliegerangriffs), war Schauspielerin am Stadttheater das.

Oldenbarneveldt, Jan van (1547—1619), niederländischer Staatsmann, half die Republik Holland u. die Niederländisch-Ostindische Kompagnie begründen, führte 1619 den Waffenstillstand mit Spanien herbei, wurde jedoch in den Religionsstreit der Arminianer verwickelt, mit Unrecht des Hochverrats bezichtigt u. enthauptet. Tragischer Held.
Behandlung: Franz *Dingelstedt,* Das Haus des Barneveldt (Drama) 1850; Georg *Helm,* Oldenbarneveldt (Drama) 1868.

Oldenbürger, Hans, geb. 26. Juni 1912 zu Mannheim, besuchte die Musikschule das. 1928—32, wirkte als Kapellmeister am Stadttheater in Pforzheim 1933—45 u. später als Spielleiter für Oper u. Operette das.

Oldenburg, Elimar Herzog von s. Elimar Herzog von Oldenburg.

Oldenburg, die Hauptstadt des gleichnamigen Landes, sah am Beginn seiner Theatergeschichte Aufführungen protestantischer Schuldramen, die den Jesuitendramen gleichkamen. Bis ins 18. Jahrhundert eine dänische Provinzstadt, wurde O. vorübergehend von deutschen Theatergesellschaften besucht. Die durch die Aufklärung herbeigeführten freieren Ansichten erlaubten sogar, Komödien aus der „Leipziger Schaubühne" von Gottsched u. Lessing aufzuführen. Die Theaterbegeisterung, in die weitesten Kreise der Bevölkerung gedrungen, führte zur Bildung einer Laienbühne, deren Leiter der Perückenmacher P. Paulsen war u. der Schillers „Schaubühne als moralische Anstalt" verwirklichen wollte. Seine Schrift „Über die Möglichkeit der stehenden Bühnen in kleinen Städten in Rücksicht auf die Stadt O.", 1786, wurde übergangen. Während der napoleonischen Fremdherrschaft wirkte hier öfter die Pichlersche Truppe, mußte aber ihren Spielplan einer strengen Zensur unterwerfen. Erst nach den Befreiungskriegen setzte sich die theaterfreundliche Strömung in O. immer mehr durch u. 1833 konnte das erste stehende Theater eröffnet werden, allerdings zuerst nur ein kleiner Holzbau unter Leitung von Ludwig Starklof (s. d.), der 1836 erweitert wurde u. bis zu seinem Abbruch 1881 seinen Zweck erfüllte. 1844 war Julius Mosen (s. d.) hier

Dramaturg. Die Eröffnung des neuen Hauses 1881 erfolgte mit Goethes „Iphigenie" u. Emanuel Reicher (s. d.) in der Titelrolle. An bedeutenden Kräften wirkten außerdem der jüngere Devrient, Sophie Schröder u. ihr Sohn, der spätere Schillerbiograph Emil Palleske (s. d.) u. a., besonders seitdem die Bühne als „Großherzogliches Hoftheater" geführt wurde. Nach einem Brand 1891 stellte man das Haus vollständig wieder her, seit 1918 hieß es Landestheater O., seit 1938 Oldenburgisches Staatstheater u. überdauerte selbst den Zweiten Weltkrieg. 1943 erhielt die Stadt im Schloßtheater eine zweite Bühne. 1953 fand im Oldenburger Landesmuseum die Ausstellung „120 Jahre Theater in O." statt.
Literatur: Adolf *Stahr,* Oldenburgische Theaterschau 1845; Richard Freih. v. *Dalwigk,* Chronik des alten Theaters in O. 1883; A. *Löhm-Siegel,* Vom Oldenburger Theater 1885; Gedenkschrift Oldenburger Landestheater (1833—1933) 1933; M. *Kamprath,* 125 Jahre Theater in O. (Die Bühnengenossenschaft 9. Jahrg.) 1958.

Oldenburg, Ferdinand August, geb. 25. Nov. 1799 zu Braunschweig, gest. 10. Okt. 1868 zu Wiesbaden, Sohn eines herzogl. Kammermusikus, verbrachte seine frühe Jugend in Kassel, wo sein Vater bei der Hofkapelle König Jerômes wirkte, wurde 1819 Schauspieler in Magdeburg u. unternahm seit 1821 Gastspielreisen (Hauptrollen: Phaon, Graf Wetter vom Strahl u. a.), promovierte 1838 zum Doktor der Philosophie in Erlangen, hierauf auf wirtschaftlichem, sozialem u. politischem Gebiet in Rostock, in der Schweiz u. in Augsburg tätig, später Schauspieler u. Dramaturg am Hoftheater in Karlsruhe, kehrte 1854 nach Braunschweig zurück u. betätigte sich dann als Lithograph, Photograph u. wissenschaftlicher Wanderredner. Zuletzt lebte O. in Neuenheim am Neckar u. Wiesbaden. Vorwiegend Bühnendichter u. Erzähler.
Eigene Werke: Nützliches Theaterrequisit, besonders für mittlere u. kleine Bühnen, herausg. 1826 (mit E. Wehrmann); Untertanentreue oder Die Belagerung Rendsburgs im Jahre 1645 (Histor. Schauspiel) 1827; Scribes Ein Glas Wasser, deutsch 1841; Zum Tor hinaus (Lustspiel) 1846; Der Rheinübergang (Lustspiel) 1846; Die beiden Tabakpfeifen (Lustspiel) 1846; Ein Mädchen-Institut (Lustspiel) 1846; Die deutschen Auswanderer u. die Sklavin (Lustspiel) 1846; Apollo, der Musenbräuti-

gam (Lustspiel) 1846; Germania (Festspiel) 1849; Die Freiheit (Festspiel) 1849.
Literatur: Wilhelm *Vogeley,* Mitteilungen über F. A. Oldenburg aus Braunschweig (Braunschweigisches Magazin 13. Bd.) 1907 (mit Bibliographie).

Oldenburg, Luise s. Moltke, Luise.

Olfer, August s. Leo, Friedrich August.

Olfers, Kurt s. Ockel, Viktor.

Olias, Lothar, geb. 23. Dez. 1913 zu Königsberg in Preußen, lebte als Komponist in Hamburg. Außer der Musik zu zahlreichen Filmen komponierte er die Operette „Heimweh nach St. Pauli", die 1954 in Hamburg u. Berlin uraufgeführt wurde.

Olitzka, Rosa, geb. 6. Sept. 1873 zu Berlin, kam als Altistin über Brünn ans Stadttheater in Hamburg u. wirkte erfolgreich auch im Ausland (London, New York, Italien, Frankreich u. Rußland).
Literatur: Eisenberg, R. Olitzka (Biogr. Lexikon) 1903.

Oliven, Fritz (Ps. Rideamus), geb. 10. Mai 1874 zu Breslau, gest. 1956 zu Porto Alegre, lebte seit seinem 12. Lebensjahr in Berlin, studierte das. u. in München (Doktor der Rechte), ließ sich als Rechtsanwalt in Berlin nieder u. lebte später in Porto Alegre in Brasilien. Lyriker, vorwiegend Operettenlibrettist, Revuedichter.
Eigene Werke: Der falsche Prinz (Versspiel) 1911; Der Schatz des Rhampsinit (Versspiel) 1911; Drei alte Schachteln (Operette) 1917; Vielgeliebte (Operette) 1919; Wenn Liebe erwacht (Operette) 1920; Der Vetter aus Dingsda (Operette) 1921; Die Ehe im Kreise (Operette) 1922; Verliebte Leute (Operette) 1923; Drunter u. Drüber (Revue) 1923; Noch u. Noch (Revue) 1924; Majestät läßt bitten (Operette) 1931; Rideamus — von ihm selber 1951 u. a.

Olmühl, Paul, geb. 6. Nov. 1886, war Schauspieler u. Regisseur in Wien.

Olmütz, bis ins 20. Jahrhundert deutschsprachige, früher auch Haupt- u. Universitätsstadt Mährens, besaß ein bedeutendes Theater.
Literatur: Th. A. *Modes,* C. Seydelmann, die ehrwürdigste Gestalt in der Geschichte des Olmützer Theaters (Nordmährerland)

1942; H. *Suchanek,* Olmützer Theater (Ebda.) 1942; Herbert *Schlusche,* Schuldrama u. Volksspiele im 16. Jahrhundert 1942.

Olschewsky, Hugo, geb. 3. Okt. 1881 zu Elbing, gest. 1. Sept. 1940 zu Dresden, war Schauspieler u. Inspizient an der Landesbühne das.

Olschinski, Mathias, geb. 1874 zu Wien, gest. 9. August 1945 zu Zlin in Böhmen, wirkte an verschiedenen deutschen Bühnen, bis er 1917 als Nachfolger von Josef Ludl (s. d.) als Erster Charakterkomiker der Operette ans Gärtnerplatztheater nach München kam, wo er bis 1930 das gesamte einschlägige Fach vertrat. Hauptrollen: Zsupan („Der Zigeunerbaron") u. a.

Olsen, Hans, geb. 19. Nov. 1882, wirkte als Schauspieler u. Spielleiter an den Städt. Bühnen in Essen.

Olsen, Ole, geb. 22. Aug. 1890 zu Leeuwarden in Holland, war Dramaturg der Deutschen Kultur-Bühne in Köln u. Theaterschriftsteller. Herausgeber des Almanachs der Vereinigten Stadttheater Oberhausen-Gladbach.
Eigene Werke: Die Reformation der Mysterienbühne 1923; Gleichheit (Kammerspiel) 1924; Jugendspiele der Gemeinschaftsbühne 2 Bde. 1924—26; Unbekannt (Kammerspiel) 1925; Der Sonne entgegen (Kammerspiel) 1927; SOS (Melodram) 1928 u. a.

Olsen (Ps. Oelsen), Werner Ole, geb. 16. Febr. 1923 zu Hannover, das. ausgebildet, debütierte als Operetten- u. Tenorbuffo 1940 am dort. Mellini-Theater, wirkte als singender Chargenspieler u. Zweiter Buffo 1941—42 am Stadttheater in Brandenburg, kam nach Kriegseinsatz u. Gefangenschaft als Erster Tenor-Buffo nach Hannover zurück (Neues Operetten- und Thaliatheater), dann nach Oldenburg, 1949 ans Stadttheater in Oberhausen, 1950 nach Bonn u. war seit 1952 an den Städt. Bühnen in Wuppertal tätig. Hauptrollen: Leopold („Im weißen Rößl"), Josef („Wiener Blut"), Henry („Der Opernball"), Georg („Der Waffenschmied") u. a.

Olszewska, Alexia von (Geburtsdatum unbekannt), gest. 5. Juli 1926 im Bad Salzungen, war zuletzt Schauspielerin am Kurtheater das.

Olszewski (Ps. Denzler), Sylvia, geb. 3. Sept. 1919 zu Zürich, besuchte die Staatl. Schauspielschule in München, wirkte am Schauspielhaus in Zürich, am Stadttheater in Basel u. an den Kammerspielen in Santiago de Chile.

Olszewski-Reinl, Josefine, geb. 5. Dez. 1865 zu Prag, gest. 22. Juli 1945 zu Templin (Uckermark), Tochter eines Beamten, trat bereits mit 15 Jahren als Gretchen im „Wildschütz" am Nationaltheater in Prag auf, ging dann nach Würzburg, Königsberg u. Düsseldorf u. kam 1894 als Hochdramatischer Sopran u. Mezzosopran an die Hofoper nach Berlin, wo sie bis zu ihrem Bühnenabschied wirkte. Hervorragende Wagnersängerin. Zu ihren Hauptrollen zählten: Brünnhilde, Isolde, Venus, Fidelio, Santuzza u. a.
Literatur: Eisenberg, J. Reinl (Biogr. Lexikon) 1903.

Olympias, Gattin des makedonischen Königs Philipp II., Mutter Alexander des Großen, in Mordanschläge verwickelt u. 316 v. Chr. hingerichtet. Bühnengestalt.
Behandlung: Friedrich Marx, Olympias (Trauerspiel) 1863.

Omansen, Willibald, geb. 24. März 1886 zu Danzig, akademisch gebildet, war seit 1912 Theater- und Musikkritiker, u. a. der „Danziger Zeitung" u. des „Berliner Tageblatts". Seit 1953 Kulturreferent in Berlin.

Ominger (auch Ohminger), Agathe s. Lanz, Agathe.

Ommerborn, Karl, geb. 24. Jan. 1860 zu Elberfeld (Todesdatum unbekannt), wurde Lehrer, kam 1889 als Rektor der kath. Stadtschulen nach Charlottenburg u. verfaßte außer pädagogischen Broschüren Lustspiele.
Eigene Werke: Die Wahrsagerin (Lustspiel) 1894; Die Weltausstellung in Chikago oder Kuriert 1894; Eine Kneippsche Kur 1895; Der Brautführer 1898.

Ondra, Anny, geb. 15. Mai 1908 zu Tarnow, in Prag für die Bühne ausgebildet, begann ihre Bühnenlaufbahn am Schwanda-Theater das. als Kadidja in F. Wedekinds „Büchse der Pandora", wandte sich aber schon 1927 fast ausschließlich dem Film zu. Gattin des Meisterboxers Max Schmeling. Hauptrollen: Adele, Mamsell Nitouche u. a.

Onégin, Eugen, geb. 10. Okt. 1883 zu Petersburg, gest. 12. Nov. 1919 zu Stuttgart, lebte als Komponist und Begleiter (seit 1912) seiner Frau Sigrid O., geb. Hoffmann, in Paris, Wiesbaden u. zuletzt in Stuttgart. Außer Liedern schuf er ein Ballett „Die Schneekönigin" nach Andersen u. einige Opern („Icarus", Marie Antoinette", „Germelshausen").

Onégin, Sigrid s. Penzoldt, Sigrid.

Ongyerth, Gustav, geb. 1. März 1897 zu Hermannstadt in Siebenbürgen, studierte in Wien zuerst Kunstgeschichte, dann Welthandel, inszenierte 1933 am Deutschen Landestheater in Hermannstadt, dessen Gründer er war, „Wilhelm Tell", leitete diese Bühne bis 1944, hierauf das Landestheater in Innsbruck, war seit 1949 Geschäftsführer der Exl-Bühne (s. d.) u. seit 1957 Leiter eines vom Renaissance-Theater in Wien gegründeten Tournee-Ensembles, das Gastspiele an österreichischen u. schweizerischen Bühnen gab. Bearbeiter zahlreicher älterer Bühnenwerke, Übersetzer versch. Werke aus dem Rumänischen u. Herausgeber der Programmhefte des Deutschen Landestheaters Rumänien sowie seit 1949 der Exlbühne. 1952 verfaßte er die Gedenkschrift „50 Jahre Exl-Bühne".
Literatur: Anonymus, Ein Theaterleben zwischen Siebenbürgen u. Tirol (Tiroler Tageszeitung 1. März) 1957.

Onno, Ferdinand s. Onowotschek, Ferdinand.

Onoldino, Carlo s. Schultes, Karl.

Onowotschek (Ps. Onno), Ferdinand, geb. 2. April 1879 (nach andern 19. Okt. 1881) zu Czernowitz in der Bukowina, kam als Darsteller über Köthen, Schweidnitz u. Kiel in kleinen Rollen ans Burgtheater, 1903 ans Schiller-Theater nach Berlin, 1904 an die dort. Reinhardt-Bühnen, 1906 ans Deutsche Landestheater in Prag, wo Kainz ihn als Jugendlichen Liebhaber sah u. meinte, er könne ihn einmal fortsetzen, 1910 ans Deutsche Volkstheater in Wien u. 1930 unter A. Wildgans (s. d.), dessen Gottfried er in „Armut" kreierte, wieder ans Burgtheater, dem er nunmehr zeitlebens angehörte. „Er war der intensivste Jünglingsspieler voll vibrierender Spannung u. einer zukkend nach außen gekehrten Innerlichkeit. Er spielte sozusagen mit offenen Nerven,

mit nichts als Nerven. Alles war bei ihm auf den Gefühlston gestellt, alles war bei ihm Bekenntnis, . . . alle seine Gestalten . . . verbrannten in einem inneren Feuer des Dienens für eine große Sache. Seine leidenschaftliche Ekstase flackerte mit schöner, steil sich aufreckender Flamme . . . Es war die Tragik, daß er über dieses Jünglingstum mit seinen Gestalten nicht hinauskam, daß er in ihnen erstarrte u. fixiert wurde" (O. M. Fontana). Hauptrollen: Dawison („Maria Stuart"), Eduard („Richard III."), Kaiser („Götz von Berlichingen"), Gloster („König Lear"), Posa („Don Carlos") u. a.
Literatur: O. M. *Fontana,* F. Onno (Wiener Schauspieler) 1948; *omf.,* F. O. (Die Presse Nr. 2428) 1956.

Opel, Adolf, geb. 12. Juni 1935 zu Wien, studierte das. Dramatiker.
Eigene Werke: Durst vor dem Kampf (Drama) 1955; Hochzeit in Chicago (Drama) 1956; Auf dem Wege der Besserung (Drama) 1956.

Opel, Rudolf, geb. 4. Dez. 1868 zu Wien, war Schauspieler an versch. Bühnen Deutschlands, u. a. 1897 am Gärtnerplatztheater in München, wo er in der dort. Erstaufführung der „Versunkenen Glocke" von G. Hauptmann den Glockengießer spielte.

Oper (lat. opera = Kunstwerk), Musikwerk mit dramatischem Text, um 1600 von Edelleuten, Gelehrten u. Künstlern in Florenz zur Wiederbelebung des antiken Theaters eingeführt, „Dramma per musica", fand bald weite Verbreitung. In Venedig entstand 1637 eine öffentliche Opernbühne. Der dramatische Sprachgesang trat allmählich zurück. Solisten verdrängten den Chor. Als erste O. in Deutschland wurde 1627 die von Opitz aus dem Italienischen verdeutschte u. von Schütz vertonte „Daphne" gegeben. In Wien, Paris, London, Hamburg u. München entstanden Hauptpflegestätten der O. Die fürstlichen Höfe mit meist italienischen Operngesellschaften trugen zur Blüte derselben wesentlich bei. Die erste O. (Opera seria) mit vorwiegend heroischer Handlung u. bombastischer Aufmachung fand im Barockzeitalter ihr Gegenstück an der komischen O. (Opera buffa). Gluck, Mozart u. Beethoven entwickelten die O. weiter. Ihre nationalen Grundlagen schuf C. M. v. Weber im „Freischütz". Andere Romantiker wie Lortzing u. Nicolai, traten ihm mit liedhaften volkstümlichen Schöpfungen zur

Seite, wobei das Singspiel daneben den Spielplan beherrschte. Zum Musikdrama steigerte sie R. Wagner, indem er dem Text u. dem dramatischen Gehalt wieder zu stärkerer Geltung verhalf, obgleich er selbst als Tondichter über dem Wortdichter stand. Nach seinem Vorbild schufen andere Komponisten wie Kienzl im „Evangelimann" ebenfalls nicht nur die Musik, sondern auch die Textdichtung. Pfitzner u. Strauß führten die Entwicklung, von Wagner ausgehend, weiter, während die jüngste O. vielfach Mischformen (mit Oratorium u. Ballett) bevorzugte (Orff u. Egk).
Literatur: Leopold *Schmidt,* Zur Geschichte der Märchenoper (Diss. Rostock) 1895; Heinrich *Schall,* Beiträge zur Entwicklungsgeschichte der Oper mit bes. Berücksichtigung der deutschen in neuerer Zeit 1898; K. M. *Klob,* Beiträge zur Geschichte der deutschen komischen O. 1904; ders., Die komische O. nach Lortzing 1904; ders., Musik u. O. (Kritische Gänge) 1909; Ludwig *Schiedermair,* Beiträge zur Geschichte der O. um die Wende des 18. u. 19. Jahrhunderts 1910; K. M. *Klob,* Die O. von Gluck bis Wagner 1912; Edgar *Istel,* Zum Problem der deutschen komischen Oper (Österr. Rundschau 37. Bd.) 1913; Lothar *Jansen,* Studien zur Entwicklungsgeschichte der O. in Italien, Frankreich u. Deutschland (Diss. Bonn) 1914; H. *Kretschmar,* Geschichte der O. 1919; Eberhardt *Schott,* Zur Soziologie der Bühne. Die O. im Jahrzehnt 1901—02 u. 1910—11 (Diss. Heidelberg) 1921; Martin *Kunath,* Die O. als literarische Form (Diss. Leipzig) 1925; H. W. *Seligmann,* Beiträge zur Geschichte der Bühne der Opera seria (Jahrbuch der Phil. Fakultät Bonn) 1925; Th. W. *Werner,* O. (Reallexikon 2. Bd.) 1926—28; L. *Schiedermair,* Die deutsche O. 1930 (2. Aufl. 1940); Werner *Bitter,* Die deutsche Komische O. der Gegenwart. Studien zu ihrer Entwicklung 1932; Karl *Wörner,* Beiträge zur Geschichte des Zeitmotivs in der O. (Diss. Berlin) 1932; Fritz *Tutenberg,* Munteres Handbüchlein des Opernregisseurs 1933 (2. Aufl. 1951); Georg *Lengl,* Die Genesis der O. (Diss. München) 1936; Joseph *Gregor,* Kulturgeschichte der O. 1941 (2. Aufl. 1950); Carl *Niessen,* Die deutsche O. der Gegenwart 1944; M. *Conrad,* Neuer Führer durch O. u. Operette 1945; Franz *Farga,* Die Wiener O. (von ihren Anfängen bis 1938) 1947; Wilhelm *Beetz,* Das Wiener Opernhaus (1869—1945) 1949; L. K. *Mayer,* Operndramaturgie (Die österr. Furche Nr. 43) 1949; Willy *Brandl,*

Der Weg der O. 1949; Ernst *Krause*, Briefe über die O. Die Erneuerung der Musikbühne 1950; Günter *Hausswald*, Die O. der Gegenwart (Zeitschrift für Musik Nr. 3) 1950; ders., Das neue Opernbuch 1951; A. R. *Neumann*, Gottsched versus the Opera (Monatshefte, Madison Nr. 5) 1953; Rudolf *Bauer*, Die O. 1955; Anton *Bauer*, Opern u. Operetten in Wien. Verzeichnis ihrer Erstaufführungen in der Zeit von 1629 bis zur Gegenwart 1955 (mit Literaturverzeichnis); Werner *Egk*, Zur Situation der O. (Berichte u. Informationen des Österr. Forschungsinstituts für Wirtschaft u. Politik 10. Jahrg.) 1955; Alexander *v. Andreevsky*, Von der O. zum musikalischen Schauspiel (Theater der Zeit Nr. 8) 1957.

Operette, Verkleinerungsform, aus der Oper hervorgegangen (ital. operetta = kleines Singspiel), seit der Mitte des 19. Jahrhunderts in Paris in der Nachfolge der Opéra comique mit meist parodistisch-satirischer Textvorlage (s. Offenbach). Der Walzerkönig Strauß brachte im Wiener Theater an der Wien mit den weltberühmten Operetten „Die Fledermaus" u. „Der Zigeunerbaron" die leichtgeschürzte Muse zu neuen Ehren. Wien wurde zur Hauptpflegestätte der hier aus der bodenständigen Lokalposse unter Einbeziehung des Walzers u. Couplets erwachsenen Kunstform (Suppé, Millöcker, Zeller u. a.). Um die Jahrhundertwende folgte der klassischen O. die moderne Tanz- und Schlager-, auch Revue-O. (Lehár, Kálmán, Strauß, Künnecke, Dostal u. a.).
Literatur: Max *Morold*, Die Wiener Operette (Österr. Rundschau 1. Bd.) 1905; E. *Rieger*, Offenbach u. seine Wiener Schule 1921; A. *Neisser*, Vom Wesen u. Wert der Operette 1923; O. *Keller*, Die O. in ihrer geschichtlichen Entwicklung 1926; Th. W. *Werner*, O. (Reallexikon 2. Bd.) 1926—28; K. *Westermeyer*, Die O. im Wandel des Zeitgeistes von Offenbach bis zur Gegenwart 1931; Charlotte *Altmann*, Der französische Einfluß auf die Textbücher der klassischen Wiener O. (Diss. Wien) 1935; K. E. *Heyne*, Die O. Ein Wort für eine Kunstgattung (National - Zeitung, Basel Nr. 466) 1949; Maria *Kellner*, Die O. in ihrer Entwicklung u. Darstellung (Diss. Wien) 1951; *Pem* (= Paul Markus), Und der Himmel hängt voller Geigen. Glanz u. Zauber der O. 1955; Hermann *Kaubisch*, O. 1955; G. W., Die Operettendiva (Theaterdienst, Berlin, Ost, Nr. 53) 1956; Eberhard

Schmidt, Die O. u. ihr Publikum (Theater der Zeit Nr. 8) 1957.

Opernprobe, Die komische Oper in einem Akt nach Johann Friedrich Jüngers Text, frei bearbeitet von Albert Lortzing (dessen letzte Oper). Uraufführung in Frankfurt a. M. 1851. Auf dem Schloß eines kunstliebenden Mäzens, der eine liebenswürdige Tochter u. eine eigene Musikkapelle hat, schleicht sich ein Freier mit einem Bedienten als Musiker ein. Bald gibt es zwei Liebespaare, denn die junge Gräfin verliebt sich in ihn u. ihre Kammerzofe findet am Begleiter Gefallen. Am Ende gibt es zwei Brautpaare. Vielleicht wurde Lortzing durch Eichendorffs Lustspiel „Die Freier" zur Bearbeitung des Stoffes angeregt, wie anderseits dieses Stück mit Jüngers Lustspiel verwandte Züge aufweist.

Opfermann, Hans Karl, geb. 26. April 1907 zu Altdorf bei Nürnberg, besuchte die Akademie für angewandte Technik in Nürnberg 1927—29, studierte dann in Erlangen 1929—1933 u. inszenierte hier am Studententheater 1933 Freytags „Journalisten" u. Thomas „Lottchens Geburtstag". 1946—47 leitete er das Landestheater in Kaiserslautern. u. war dann Verlags-Chefredakteur, Filmregisseur u. Dramaturg, zuletzt Produktionsleiter in München.

Ophuels, Max, geb. 6. Mai 1902 zu Saarbrücken, gest. 26. März 1957 zu Hamburg, einer Kaufmannsfamilie entstammend, begann mit geringem Erfolg 1921 als Schauspieler, debütierte jedoch 1923 als Regisseur am Burgtheater, wo er sofort Anerkenung fand. Hierauf wandte er sich dem Film zu u. wurde durch seine Regietätigkeit rasch weltberühmt. Gatte der Schauspielerin Hilde Wall.
Literatur: Karena *Niehoff*, Ironie ohne Bitterkeit (Der Tagesspiegel Nr. 3514) 1957; F. A. Z., M. Ophuels (Frankfurter Allg. Zeitung Nr. 73) 1957; Horst *Klausnitzer*, M. O. (Die Bühnengenossenschaft 9. Jahrg.) 1957.

Opitz, Christian Wilhelm, geb. 1756 (oder 1750) zu Berlin, gest. 1810 (nach anderen 1813) zu Dresden, gab sein Studium in Halle auf, um sich der Bühne zuzuwenden, kam 1775 zur Seylerschen Gesellschaft in Leipzig, ging 1780 zu Bondini u. 1789 zu Seconda, der ihm die Leitung seines Unternehmens übertrug. Als Theaterdirektor entsprach er dem Geschmack der Mode, vermied das Versdrama u. brachte vor allem Kotzebue. Als Schauspieler rühmte man ihm trotz seiner geringen künstlerischen Innerlichkeit Begabung nach. 1807 führte ihn ein Gastspiel ans Burgtheater. Hauptrollen: Hamlet, Klingsberg u. a. Seine Gattin Kathi Schirmer, verwitwete Courter, debütierte 1760 bei Ackermann u. wirkte vor allem als Tänzerin. *Literatur:* J. *Kürschner,* Chr. W. Opitz (A. D. B. 24. Bd.) 1887; J. F. *Schink,* Gallerie von Teutschen Schauspielern u. Schauspielerinnen (Schriften der Gesellschaft für Theatergeschichte 13. Bd.) 1910

Opitz (seit 1627 von Boberfeld), Martin, geb. 23. Dez. 1597 zu Bunzlau in Preuß.-Schlesien, gest. 20. Aug. 1639 zu Danzig (an der Pest) als Hofhistoriograph des Königs Wladislaw IV. von Polen, bahnbrechend durch sein „Buch von der Deutschen Poeterey", erwarb sich auch in der Theatergeschichte einen Ehrenplatz. Er schrieb den Text zur ersten deutschsprachigen Oper „Daphne" von Heinrich Schütz u. trat als Bühnenautor hervor. *Eigene Werke:* Senecas Trojanerinnen, deutsch 1625 (neuherausg. von W. Flemming, Deutsche Literatur: Barockdrama 1. Bd. 1930); Judith (Tragödie) 1615 (neuherausg. von M. Sonnenfeld 1933); Daphne 627; Sophokles' Antigone, deutsch 1636. *Literatur:* O. *Taubert,* Das erste deutsche Operntextbuch (Progr. Torgau) 1879; Richard *Alewyn,* Vorbarocker Klassizismus u. griechische Tragödie (Analyse der Antigone-Übersetzung von Opitz) 1926; Marian Szyrocki, M. Opitz (Neue Beiträge zur Literaturwissenschaft 4. Bd.) 1956.

Oppel Alfred, geb. 1879, gest. 23. März 1929 zu Halle, gehörte dem Stadttheater das. als technischer Leiter u. Bühnenbildner an.

Oppel, Georg, geb. 1867, gest. 28. März 1935 zu Meiningen, wo er seit 1913 Charakterkomiker war.

Oppelberg, Christian, geb. 30. Nov. 1908 zu Köln, wirkte seit 1946 als Vertreter des kleinen, komischen Charakterfaches (Buffo) am Gärtnerplatztheater in München.

Oppen, Dietrich von, geb. 1890, gest. 10. Aug. 1936 zu Leipzig als Charakterdarsteller an den dort. Städt. Bühnen.

Oppenheim, Adolf (Ps. F. Jordan, S. Mosen,

O. v. Poszony), geb. 28. Juli 1843 zu Preßburg, gest. 15. Nov. 1916 zu München, war Theaterdirektor u. Oberregisseur in Glogau u. Konstanz, führte zeitweilig das Landestheater in Laibach (verbunden mit Cilli) u. lebte später als Redakteur u. Schriftsteller in München. Außer Romanen verfaßte er auch Bühnenstücke. Mit Ernst Gettke (s. d.) Herausgeber des „Deutschen Theater-Lexikons" 1889. *Eigene Werke:* Süßes Gift (Posse mit Gesang) 1860; Die Veilchenprinzessin (Charakterbild) 1870; Aus dem Boudoir einer Künstlerin (Lebensbild in einem Akt) 1870; Albert Lortzing (Genrebild mit Gesang) 1873; Im Dienst (Schwank) o. J.; Der Sündenbock (Lustspiel) 1876 (mit C. Laufs); Der ewige Premier (Lustspiel) 1883 (mit Konrad Dreher); Der Ehemann meiner Frau (Lustspiel) 1904 (mit Max Neal); Wir Japaner (Lustspiel) 1904 (mit dems.); 's greane Revier (Volksstück) 1904 (mit dems.); Was eine Frau kann (Lustspiel) 1908 (mit Chr. Flüggen) u. a.

Oppenheimer, Süß s. Jud Süß.

Oppermann, Heinrich, geb. 20. Okt. 1864 zu Hemmendorf, gest. 25. Nov. 1941 zu Braunschweig, wo er 1889—1930 am Hof- bzw. Staatstheater als Charakterdarsteller tätig war u. über 10.000mal auf der Bühne stand. Ehrenmitglied das.

Oppermann, Karl, geb. 4. Jan. 1881 zu Hannover, studierte das. Diplomingenieur u. wurde Regierungsbaurat in Waldenburg (Preuß.-Schlesien). Erzähler, Lyriker u. Dramatiker. *Eigene Werke:* Die silizianische Vesper (Drama) 1902; Schillerfestspiel 1905.

Oppmar, Max, geb. 15. Juni 1851 zu Mannheim, gest. 27. März 1904 zu Hanau, Sohn eines Kaufmanns, begann seine Bühnenlaufbahn am Stadttheater in Freiburg im Brsg., wirkte dann als Charakterdarsteller in Hamburg, Dessau, Nürnberg, Augsburg u. Bremen, gastierte in Karlsruhe u. München, ging 1883 auf Gastspielreisen nach Rußland u. wurde 1885 Mitglied des Hoftheaters in Kassel, wo sein eigentliches Talent für humoristische Väter zur vollen Entfaltung kam. Seit 1895 Direktor des Stadttheaters in Hanau. Hauptrollen: Shylock, Muley Hassan, Attinghausen u. a.

Oprecht, Emil, geb. 23. Sept. 1895, gest.

9. Okt. 1952 zu Zürich, Verleger, war seit 1935 Leiter des Schauspielhauses das. Gründer des Internationalen Theaterinstituts, dessen Kongreß 1949 erstmalig in Zürich abgehalten wurde.
Literatur: Oskar *Wälterlin*, E. Oprecht (21. Schweizer Theater-Jahrbuch) 1953.

Opsopaeus, Johannes (eigentl. Kock), geb. 1583 zu Hamburg, gest. 1666 zu Marschacht, studierte in Rostock, wurde 1608 protestantischer Pfarrer in Geesthacht u. trat 1656 in den Ruhestand. Seine 1630 in lateinischer u. niederdeutscher Gestalt abgefaßte Komödie „Elias" erschien 1633.
Literatur: K. Th. *Gaedertz*, Das niederdeutsche Schauspiel 1884; J. *Bolte*, J. Opsopaeus (A. D. B. 24. Bd.) 1887.

Oranien, ehemaliges französisches Fürstentum, 1530 an das Haus Nassau-Dillenburg, 1544 an Wilhelm I., Statthalter der Niederlande, vererbt u. 1702 erloschen, im Drama.
Behandlung: J. W. v. *Goethe*, Egmont (Trauerspiel) 1787; G. *Callenius*, Der Prinz von Oranien (Schauspiel) 1836; Gustav zu *Putlitz*, Wilhelm von Oranien in Whitehall (Schauspiel) 1864; H. F. *von Zwehl*, Aufruhr in Flandern (Schauspiel) 1925.

Oratorium (vom lat. orare = beten u. ital. oratorio = Betsaal, der Stätte seines Entstehens), opernartige Komposition mit untergelegtem lyrisch - episch - hochdramatischem Text, zuerst rein religiösen, später auch weltlichen Inhalts. Das erste Beispiel gab Cavalieris Mysterium „Rappresentazione sacra di anima e di corpo" 1600. In Deutschland gelangte das O. im 18. Jahrhundert zur Blüte, Bachs „Matthäuspassion" 1729, Händels „Messias" 1741 u. Haydns „Schöpfung" 1800.
Literatur: Fr. *Chrysander*, Über das Oratorium 1853; Fr. M. *Böhme*, Geschichte des O. 1861; R. *Schwartz*, Das erste deutsche O. (Jahrbuch Peters) 1898; A. *Schering*, Geschichte des Oratoriums 1911; Th. W. *Werner*, O. (Reallexikon 2. Bd.) 1926—28; Hertha *Vogel*, Zur Geschichte des Oratoriums in Wien von 1725—40 (Adlers Studien) 1927.

Oravez, Edith, geb. 21. März 1920 zu Budapest, wirkte seit 1947 als Opernsoubrette am Stadttheater in Zürich. 1949 u. 1951—53 nahm sie auch an den Festspielen in Salzburg teil.

Ordensdrama s. Jesuitendrama. Darüber hinaus gibt W. Flemming, Ordensdrama (Deutsche Literatur, Barockdrama 2. Bd.) einen Abriß über das Drama aller geistl. Orden, nicht nur der Jesuiten.
Literatur: Jakob *Zeidler*, Studien u. Beiträge zur Geschichte der Jesuitenkomödie u. des Klosterdramas (Theatergeschichtliche Forschungen 4. Bd.) 1891; F. *Endl*, Über die Schuldramen u. -komödien der Piaristen (Jahrbuch der Leogesellschaft) 1895; Karl *Kipka*, Maria Stuart im Drama der Weltliteratur (darin: Ordensschuldrama des 17. Jahrhunderts) 1905 (Breslauer Beiträge zur Literaturgeschichte 9. Bd.).

Ordensritter, Angehörige des Deutschen Ritterordens, der es sich zur Aufgabe gemacht hatte, das Heilige Land u. die Pilger zu schützen, Verwundete zu pflegen u. gegen Ungläubige zu kämpfen, im Drama. S. auch Heinrich von Plauen.
Behandlung: Adolf *Meschendörfer*, Der Abt von Kerz (Hist. Drama) 1931; Agnes *Miegel*, Die Schlacht von Rudau (Schauspiel) 1934; Rolf *Lauckner*, Der letzte Preuße (Trauerspiel um den Kampf des Ritterordens 1270) 1938; Friedrich *Bethge*, Anke von Skoepen (Fortsetzung des Schauspiels: Rebellion um Preußen) 1939.

Orel, Alfred, geb. 3. Juli 1889 zu Wien, studierte das. (Doktor der Rechte), war 1912—1918 im österr. Finanzdienst tätig, besuchte 1917—19 abermals die Universität u. studierte Musikwissenschaft u. Geschichte (1919 Doktor der Philosophie), wurde 1922 Privatdozent für Musikgeschichte in Wien u. 1929 a. o. Prof. das. Von seinen zahlreichen Veröffentlichungen dienen einige auch der Theaterwissenschaft.
Eigene Werke: Grillparzer u. Beethoven 1940; Mozarts deutscher Weg 1941; Mozart in Wien 1943; Goethe als Operndirektor 1950.

Orest, in der griech. Sage Sohn des Agamemnon, Königs von Mykene, u. der Klytaemnestra, Bruder von Elektra, Iphigenie u. Chrysothemis. Bühnenfigur.
Behandlung: J. E. *Schlegel*, Die Geschwister in Taurus 1747; C. F. *Derschau*, Pylades u. O. 1747; K. *Kreutzer*, O. 1817; F. *Weingartner*, Oresteia 1902; E. *Křenek*, Das Leben des O. 1930.

Orf, Jenny s. Leibelt, Hans.

Orff, Carl, geb. 10. Juli 1895 zu München,

Nachkomme von Gelehrten u. eines Lisztschülers u. Jugendfreundes von Richard Strauß (s. d.), studierte an der Akademie der Tonkunst in München, Komposition bei Heinrich Kaminski, war 1915—19 Korrepetitor u. Theaterkapellmeister in München, Mannheim u. Darmstadt, seit 1920 freischaffender Künstler, 1924 Mitbegründer der Günther-Schule für Gymnastik u. Tanz in München u. seit 1950 Professor an der staatl. Hochschule für Musik das. Ehrendoktor der Philosophie von Tübingen. Musikdramatiker u. Theoretiker. Sein „Schulwerk" zeigt den Aufbau einer neuen Musikpädagogik u. eines neuartigen Instrumentariums u. strebt ein abendländisches Theater an, das Meisterwerke der antiken u. christlichen Dichtung mit musikalischen Mitteln der modernen Welt nahezubringen sucht, von Strawinsky, Monteverdi u. früherer Musik bis zum Mittelalter zurück angeregt, stark mit dem alten Kulturboden seiner bayr. Heimat verwurzelt. Gatte der Schriftstellerin Luise Rinser.

Eigene Werke: Monteverdis Orfeo 1923 (neu umgearbeitet 1950); Schulwerk 1931 (Neuausgabe 1950 ff.); Carmina Burana 1937; Der Mond 1939; Die Kluge 1943; Catulli Carmina 1943; Die Bernauerin 1947; Antigonae 1949; Sommernachtstraum 1953; Trionfo di Afrodite 1953; Astutuli 1953; Comedia de Christi Resurrectione 1957; Ödipus (nach Hölderlin) 1958; Bairisches Welttheater (Zusammenfassung von: Die Bernauerin — Astutuli — Comedia de Christi Resurrectione) 1958. *Literatur:* Walter *Eichner*, C. Orffs kultisches Theater (Schwäb. Landeszeitung Nr. 99) 1949; Otto *Oster*, Wesen, Werk-Wirkung (Augsburger Tagespost Nr. 95) 1949; H. J. *Moser*, C. O. (Musikgeschichte in 100 Lebensbildern) 1952; Klaus *Colberg*, C. Orffs elementares Welttheater (Deutsche Tagespost Nr. 137) 1952; ders., C. Orffs Wagnis (Neues Abendland Nr. 5) 1953; Andreas *Ließ*, C. O., Idee u. Werk 1955; G. R. *Sellner* u. Werner *Thomas*, C. O. Ein Bericht in Wort u. Bild 1956; Hans *Lehmann*, Er ist in erster Linie Bayer (Salzburger Nachrichten, 4. Jan.) 1958.

Orff, Godela, geb. 21. Febr. 1921 zu München, Tochter des Komponisten Carl O., wirkte seit 1940 am Staatsschauspiel in München. In der Oper ihres Vaters „Die Bernauerin" verkörperte sie die Titelrolle. Weitere Hauptrollen: Agnes („Agnes Bernauer" von F. Hebbel), Melitta („Sappho"),

Edrita (Weh dem, der lügt"), Jenny Lind („Gastspiel in Kopenhagen" von F. Foerster), Emilia Galotti u. a.

Orgéni, Aglaja (eigentlich von Görger St. Jörgen), geb. 17. Dez. 1841 zu Rima Szombath in Ungarn, gest. 15. März 1926 zu Wien, Tochter eines österr. Offiziers, von Pauline Viardot Garcia in Baden-Baden ausgebildet, zuerst Konzertsängerin, begann ihre Bühnenlaufbahn 1865 als „Nachtwandlerin" an der Hofoper in Berlin, ging seit 1866 jedoch auf Gastspielreisen u. war seit 1886 Gesanglehrerin am Konservatorium in Dresden. Hauptrollen: Leonore, Agathe, Lucia, Rosine, Margarethe, Martha, Traviata u. a. *Literatur: Wurzbach*, A. Orgéni (Biogr. Lexikon 21. Bd.) 1870; Erna *Brand*, A. O. 1931.

Orgetorix, vornehmer Helvetier aus der Zeit Julius Cäsars, ein Opfer seiner antirömischen Politik. Dramatischer Held. *Behandlung:* J. V. *Widmann*, Orgetorix 1867; Karl *Müller v. Friedberg*, Das gerettete Helvetien oder O. 1879; E. v. *Salburg-Falkenstein*, O. 1885.

Oridge (Drill-Oridge), Thea, geb. 1876, Opernsängerin in Wien 1907—16, kam von hier nach Hamburg, wo sie die erste Kundry in R. Wagners „Parsifal" sang, später die erste Ariadne in R. Strauss' Oper u. die Mona Lisa in der gleichnamigen Oper von Max von Schillings. Wagnersängerin von Weltruf.

Originerus s. Krüginger, Johann.

Orla, Helene, geb. 1854, gest. im Jan. 1937 zu Weimar (Marie-Seebach-Stift), Schauspielerin, u. a. seit 1890 in Meiningen.

Orla, Karl von der s. Koch, Wilhelm.

Orla, Resel, geb. 1889, gest. 23. Juli 1931 zu Berlin, war Salondame am Residenztheater in Berlin, bis sie eine glänzende Laufbahn als Filmschauspielerin begann.

Orléans, Johanna von s. Jungfrau von Orléans.

Orléans, Liselotte von s. Elisabeth (Liselotte) Charlotte Herzogin von Orléans.

Orlet, Eduard (Geburtsdatum unbekannt),

gest. 15. Aug. 1951 zu Wien, war Schauspieler an verschiedenen dort. Bühnen.

Orlikowsky, Wazlaw s. Podlesny, Georg.

Orlishausen, Otto (Ps. Karl Otto Oha), geb. 18. Mai 1882 zu Zeitz, gest. 22. Jan. 1956 zu Braunschweig, lebte das. Lyriker, Epiker u. Dramatiker.
Eigene Werke: Der Sumpf (Schauspiel) 1919; Die Katze (Schwank) 1927.

Orlop, Hermann, geb. 25. März 1855 zu Roßa im Harz, gest. 19. März 1938 zu Kassel, humanistisch gebildet, von Heinrich Oberländer (s. d.) für die Bühne vorbereitet, wirkte u. a. in Aachen, Stettin, Freiburg im Brsg. u. in Amerika. Hauptrollen: Mephisto, Shylock, Friedrich der Große (bei den Potsdamer Heimatspielen 1911) u. a.

Orlowsky (geb. Werner), Amalie, geb. 10. Okt. 1816 zu Berlin, gest. 3. April 1875 zu Kassel, Tochter eines Polizeikommissars, begann am Liebhabertheater „Concordia" in Berlin mit ihren ersten theatralischen Versuchen, übernahm am dort. Hoftheater wegen Erkrankung eines Mitglieds die Rolle der Cheristane im „Verschwender", erhielt ein Engagement in Danzig, wo sie den Schauspieler Julius Gustav O. heiratete, ging mit ihm ans Hoftheater nach Dessau, kehrte wieder nach Berlin zurück, wirkte dann fünf Jahre in Sondershausen, hierauf in Stettin, Detmold u. jahrelang in Petersburg, wo sie in das Fach der Heldenmütter überging. Nachdem ihre zwei Söhne in Petersburg gestorben waren, kehrte sie nach Deutschland zurück, wurde Mitglied des Hoftheaters in Kassel u. verließ die Bühne, als auch ihre einzige Tochter starb. Hauptrollen: Königin Elisabeth, Kurfürstin Dorothea u. a.

Orlowsky, Julius Gustav, geb. 17. Juni 1815 zu Berlin, gest. 8. Febr. 1876 zu Kassel, Sohn des Gelbgießers Gottlieb Daniel O., war 1839 in Danzig engagiert, folgte zunächst dem väterlichen Gewerbe, wandte sich dann der Bühne zu u. wirkte u. a. 1845 in Sondershausen, 1847 in Detmold, 1848 in Petersburg als Erster Liebhaber, kehrte 1859 nach Deutschland zurück u. nahm 1860 in Kassel seinen Bühnenabschied. Gatte der Schauspielerin Amalia Maria Werner seit 1840.
Literatur: Ernst *Gettke,* J. G. Orlowsky (Almanach der Genossenschaft deutscher Bühnen-Angehöriger 5. Jahrg.) 1877.

Orpheus, berühmtester Sänger des griech. Heldenzeitalters, suchte der Sage nach die geliebte, ihm durch den Tod entrissene Gattin Eurydike, ohne sie jedoch heimholen zu können, u. wurde am Ende von den Mänaden zerrissen. Tragische Figur, auch travestiert.
Behandlung: August *Buchner,* Orpheus (Oper) 1638; J. J. *Fux,* Orfeo ed Euridice (Oper) 1715; Chr. W. *Gluck,* O. u. Eurydike (Oper) 1762; F. A. V. *Werthes,* O. (Singspiel) 1775; J. F. *Schuck,* O. u. Eurydice (Schauspiel) 1777; Joseph *Haydn,* O. u. Eurydike (Oper) o. J. (entdeckt 1950); Jacques *Offenbach,* O. in der Unterwelt (Burleske Oper von Hector Cremieux, deutsch von Ludwig Kalisch) 1858; Oskar *Kokoschka,* O. u. Eurydike (Schauspiel, Musik von Franz Křenek) 1920; R. *Liedemann,* O. u. Eurydike (Schauspiel) 1941.

Orska, Daisy (nannte sich später Maria), geb. 16. März 1893 (?) zu Nikolajeff in Südrußland, gest. 15. Mai 1930 zu Wien (durch Selbstmord), Tochter eines ostjüdischen Rechtsanwalts. Von Ferdinand Gregori (s. d.) entdeckt, kam sie 1909 zum Studium nach Wien u. ging 1910 mit ihrem Lehrer Gregori als Partnerin Fritz Kortners (s. d.) nach Mannheim, hierauf nach Hamburg, Berlin u. schließlich nach Wien. Zwischen 1914—20 namhafteste Darstellerin Wildes u. Wedekinds. Gastspiele führten sie an viele deutsche Bühnen sowie nach Paris, Oslo, Stockholm u. a. Julius Bab bezeichnete sie als ein „nicht unbeträchtliches Talent der schwachen Nerven mit morbiden Reizen." Alfred Kerr schätzte sie hoch. Carl Hagemann schilderte sie als seine „interessanteste" Schauspielerin in Hamburg: „Als Daisy nach Hamburg kam, befand sie sich körperlich in keiner guten Verfassung. Sie war zu dick u. zu unsoigniert, immer ein wenig ‚schmuddelig', vernachlässigte sie über ihrer Arbeit u. über ihren künstlerischen Zielen die äußere Erscheinung . . . Was sie allerdings nie zu pflegen außer acht gelassen hat, waren die Augen u. die Hände . . . Gewiß ist D. O. keine Schauspielerin gewesen, wie zum Beispiel die Duse eine Menschendarstellerin war. Aber ebensowenig hat sie fehl am Ort auf der Bühne gestanden. Sie hat vielmehr einige Rollen gehabt, nur wenige gewiß, in denen sie ausgezeichnet, d. h. objektiv gut u. einmalig zugleich war. Und zwar sind das Rollen gewesen, die sich mit ihrer Erscheinung u. Eigenart deckten, so daß die Kraft ihrer

faszinierenden äußeren Mittel, ihres überlegenen Intellekts u. ihres Fleißes jedesmal
zu einer glaubhaften u. wirksamen Gestaltung vordringen konnte . . . eine Wand-
lungskünstlerin u. Nachschöpferin dichterischer Visionen ist sie nie gewesen. Sie hat
immer nur einen Typ oder eine Variation
dieses Typs gespielt, des Typs nämlich, den
ihr Dichter, Direktoren u. Publikum immer
wieder abverlangten. Und da sie eine Persönlichkeit war u. eine schöne, zumindest
eine sehr aparte Frau, hat sie ihrer Erscheinung u. Eigenart entsprechenden Figuren
eines naturgemäß sehr engen Rollenkreises
auf der Bühne zu großer, gewiß nicht immer
erschütternder, aber virtuosenhaft-brillanter
Wirkung gebracht, hat sie, nach Meinung
vieler, als geborener Vamp mit Hilfe ihrer
starken Menschlichkeit eben doch nur den
Vamp gespielt — die Lulu in Wedekinds
‚Erdgeist' zum Beispiel u. allerlei Strind-
berg-Rollen, auch wurmstichige Figuren in
Gesellschaftskomödien. Selbst ist sie aber
niemals ein Vamp gewesen. Daß viele es
damals fest glaubten u. nicht anstanden, sie
entsprechend abzustempeln, hat ihr Leid u.
Kummer genug gebracht. Keinem Menschen
u. keiner Frau ist in der Öffentlichkeit je
größeres Unrecht geschehen — niemand es
fälschlicher als eine zwar interessante, aber
im Grunde verworfene, das heißt betont
sexual-pathologische Frau gezeichnet u. an-
geprangert worden als sie . . . Gewiß hat sie
gelegentlich Männer ruiniert, aber nicht,
weil sie mußte u. für diese wenig sympathische Aufgabe von Natur aus bestimmt
war, sondern weil sie gelegentlich wollte.
Sie spielte alsdann, was man von ihr erwartete. Allerdings war es für die Außenste-
henden nicht immer leicht, hier Spiel u.
Wahrheit zu unterscheiden . . . Aber all das
kann die Erkenntnis nicht verhindern, daß
sie ein sehr menschlicher Mensch u. eine
sehr menschliche Frau — daß sie auf keinen Fall eine Diva, wenn auch noch so großen Formats, sondern ein armseliges, nach
Geborgenheit u. dem bißchen Glück im Winkel verlangendes Geschöpf war." A. Polgar
faßte sein Urteil über sie in die Worte zusammen: „Wenn sie gequälte Kreatur spielt,
ist sie ergreifend. Wenn sie neckisch tut,
ist sie unerträglich." Ottomar Starke
schrieb: „Wer sie bei Reinhardt in maka-
bren Rollen sah u. miterlebte, wie sie gegen
Ende des Aktes zusammensackte u. erst
wieder aufflackerte, wenn sie eine Mor-
phiumspritze genommen hatte, wird mir
nicht glauben, daß das einmal ein gesundes,

ein wenig pummeliges Mädchen war, ein
drolliges Kind, ein sehr begabtes Kind, eine
kleine dunkelhaarige Person mit riesigen
Augen . . . Sie war krankhaft ehrgeizig u.
hatte ein selbst bei Schauspielern ungewöhnliches Geltungsbedürfnis . . . Sie
brauchte nur aufzutreten, ein paar Schritte
zu machen, zu lächeln, sich in den Hüften
zu wiegen, ihren stark anklingenden russischen Akzent hören zu lassen, u. sie löste
eine merkwürdige Unruhe aus, jeder begehrte sie u. glaubte an Möglichkeiten. Sie
wirkte wie Zolas ‚Nana', die ohne einen
Ton in der Kehle ihr Publikum hinriß, wenn
sie vorn an die Rampe trat. Sie war ein
Aphrodisiakum u. wußte künstlerisch nichts
damit anzufangen. Diese Rampe, die sie von
dem einzelnen trennte, überlieferte sie der
Masse. Sie begriff nicht, daß man Schauspieler nicht spielen kann, daß man Schauspieler sein muß. Sie zerstörte durch Mätz-
chen u. Äußerlichkeiten eine reiche u. seltene Anlage." Friedrich Rosenthal hob hervor, daß O. in Mannheim ein noch stark na-
turhaftes Temperament war, „das erst später so stark intellektuell gezügelt u. hy-
perästhetisch verfärbt wurde." Hauptrollen:
Jüdin von Toledo, Salome, Königin Christine, Bianca („Episode" von A. Schnitzler)
u. a. Zeitweilig Gattin eines Barons Bleich-
röder, später geschieden.

Literatur: Ernst Leopold *Stahl,* Das Mannheimer Nationaltheater 1929; Carl *Hage-*
mann, Bühne u. Welt 1948; Alfred *Polgar,*
Ja u. Nein 1956; Ottomar *Starke,* Was mein
Leben anlangt 1956.

Orska, Maria s. Orska, Daisy.

Orssich de Slavetich (geb. Abel), Katharina
Gräfin, geb. 22. Febr. 1856 zu Wien, gest.
6. März 1904 zu Baden bei Wien, war 1880
bis 1892 Solotänzerin u. Erste Mimikerin
an der Hofoper in Wien.

Orsy-Bellmer, Odette, geb. 4. Nov. 1896 zu
Breslau, von F. Gregori u. E. v. Winterstein
für die Bühne ausgebildet, debütierte 1919
als Iduna in den „Zärtlichen Verwandten"
am Friedrich-Wilhelmstädtischen Theater in
Berlin, wirkte an den dort. Rotter-Bühnen,
dann als Erste Salondame seit 1921 am Intimen Theater in Nürnberg, seit 1925 am
Rundfunk, später als Gast an verschiedenen
deutschen Orten, zuletzt einige Jahre am
Westfälischen Landestheater in Castrop-
Rauxel. Hauptrollen: Madame Sans-Gêne,
Cyprienne, Magda („Heimat" von Suder-

mann), Priorin („Begnadete Angst" von Bernanos) u. a.

Orth, Johann (eigentlich Johann Nepomuk Salvator Erzherzog von Österreich u. Prinz von Toskana), geb. 25. Nov. 1852 zu Florenz, gest. 1891, Generalmajor im bosnischen Feldzug 1878, wegen seiner Schrift „Drill oder Erziehung" (1883) gemaßregelt, nahm dann seinen Abschied, verzichtete 1889 auf alle Rechte seiner Geburt, nach dem Schloß Orth bei Gmunden seinen bürgerlichen Namen wählend u. fand 1891 als Kauffahrer an der Südspitze Amerikas beim Untergang eines Schiffes den Tod. O. schrieb u. a. ein Ballett „Die Assasinen". Tragischer Held.
Behandlung: Friedrich *Schreyvogl,* Johann Orth (Schauspiel) 1928.

Orth, Oskar, geb. 26. Sept. 1881, war viele Jahre Oberspielleiter der Operette u. Sänger in Freiburg im Brsg.

Orth, Walter Arthur, geb. 14. Sept. 1917 zu Oldenburg, ausgebildet an der Staatlichen Schauspielschule in Hamburg bei K. Wüstenhagen (s. d.) u. a., debütierte 1936 als Brackenburg in Goethes „Egmont" am Staatstheater in Oldenburg u. wirkte seither das., in Düsseldorf, Salzburg, Hamburg, am Deutschen Theater in Berlin u. an den Städt. Bühnen in Münster. Hauptrollen: Widersacher (Das große Welttheater"), Panagiotis („Philemon u. Baucis"), Tellheim („Minna von Barnhelm") u. a.

Ortlepp, Ernst, geb. 1. Aug. 1800 zu Droyssig bei Zeitz, gest. 14. Juni 1864 im Mühlgraben-Kleine Saale beim Dorf Almrich, besuchte Schulpforta, studierte in Leipzig, lebte hier 1825—36 als freier Schriftsteller, mußte aus politischen Gründen Leipzig verlassen, zog nach Stuttgart, kehrte aber in Not u. Elend bald wieder nach Leipzig zurück, wo er körperlich u. geistig immer mehr verfiel. Lyriker u. Erzähler, aber auch Dramatiker. Er schrieb eine Tragödie „Der Cid" 1828, verdeutschte Stücke von Byron u. Shakespeare u. übertrug Goethes „Iphigenie" ins Altgriechische.
Literatur: Siegfried *Hübschmann,* E. Ortlepp (Mitteldeutsche Lebensbilder 3. Bd.) 1930.

Ortmann, Erich, geb. 17. Aug. 1894 zu Ohligs bei Köln, Arztenssohn, am Konservatorium in Köln ausgebildet, wurde 1914

als Erster Kapellmeister ans Stadttheater in Barmen berufen, rückte aber als Kriegsfreiwilliger ein u. nahm die Stelle erst nach schwerer Verletzung an, ging 1919 nach Stettin, wo er gemeinsam mit Clemens Krauß (s. d.) die Oberleitung der Oper übernahm, hierauf nach Aachen u. 1924 nach Düsseldorf, 1926 als Generalmusikdirektor ans Nationaltheater in Mannheim, 1932 als Erster Staatskapellmeister nach Danzig, wo er 1933 Generalintendant des dort. Stadttheaters wurde, u. kam 1935 an die Volksoper in Berlin.

Ortmann, Reinhold (Ps. Gerhard v. Falkenried, Lothar Brenkendorf), geb. 28. Juni 1859 zu Berlin, gest. 17. Mai 1929 zu München, studierte in seiner Vaterstadt, war 1882 bis 1884 Dramaturg am Thaliatheater in Hamburg u. lebte seither als freier Schriftsteller in Berlin. Erzähler u. Dramatiker.
Eigene Werke: 50 Jahre eines deutschen Theaterdirektors (Erinnerungen, Skizzen u. Biographien aus der Geschichte des Hamburger Thaliatheaters) 1881; Nach 60 Jahren (Lustspiel) 1882; Lindows Kinder (Schauspiel) 1882; Italienische Flitterwochen (Singspiel) 1882; Hinter dem Vorhang (Schwank) 1883; Der arme Hugo (Lustspiel) 1884 (mit Anton Günther); Sein Jugendwerk (Lustspiel) 1884; Der Mutter Abschiedsgruß (Drama) 1884; Eine Unterrichtsstunde Ludwig Devrients (Drama) 1884; Meine Bühnenerlebnisse (Roman) 1885; Komödianten (Roman) 3 Bde. 1893; Theaterblut (Roman) 1903.

Ortmann, Wilfried, geb. 10. April 1924 zu Kalbe an der Milde, nahm in seiner Vaterstadt Schauspielunterricht, debütierte in Schleswig als Juranitsch in Th. Körners „Zriny", wirkte in Magdeburg, Chemnitz, Erfurt, Dresden, 1952—54 in Berlin (Deutsches Theater) u. seither an der Volksbühne am Luxemburgplatz das. Hauptrollen: Karl Moor, Romeo, Gyges, Tasso, Posa, Fiesko u. a.

Ortmayr, Heinz, geb. 10. Jan. 1901 zu Baden, war Schauspieler in Münster in Westfalen, Düsseldorf, Opernregisseur in Troppau, dann in Linz, Wien (Volks- und Josefstädtertheater), bis 1955 am Landestheater in Salzburg u. seither am Schauspielhaus in Düsseldorf. Hauptrollen: Hamlet, Mephisto, Tasso u. a.

Ortner, Engelbert, geb. 1864, gest. 2. Juli 1940. Theatermaler.

Ortner, Eugen, geb. 26. Nov. 1890 zu Glaishammer bei Nürnberg, gest. 19. März 1947 zu Traunstein, Sohn eines Oberlehrers, studierte in München, Leipzig u. Paris, nahm am Ersten Weltkrieg teil, war dann Mittelschullehrer, später Journalist u. lebte seit 1928 als freier Schriftsteller in München. Vorwiegend Dramatiker.
Eigene Werke: Die Komödie hinter Gipfeln (Drama) 1920; Uhula (Drama) 1921; Das ungelebte Leben (Drama) 1921; Der Marquis u. sein Sohn (Drama) 1921; Der Fall Landru (Drama) 1921; Die Häßlichen (Drama) 1922; Gott Stinnes (Drama) 1922; Schutt (Drama) 1923; Michael Hundertpfund (Drama) 1924; Jean braucht ein Milieu (Lustspiel) 1925; Paris erwacht oder Madeleine Lepont (Schauspiel) 1926; Meier Helmbrecht (Trauerspiel) 1927; Insulinde (Schauspiel) 1928; Aufbruch aus Österreich (Trauerspiel) 1929; Peter u. Alexei (Trauerspiel) 1931; Das Recht der Anna Glaser (Volksstück) 1931; Sturz der Fassaden (Schauspiel) 1932; Jud Süß (Volksstück) 1933; Moor (Volksstück) 1934; Das Wasserburger Bürgerspiel (Volksstück) 1938 u. a.
Literatur: Paul *Baumann,* Das dramatische Werk E. Ortners 1903; W. *Kunze,* Der Dramatiker E. O. (Fränkische Monatshefte 10. Jahrg.) 1931.

Ortner, Hannes, geb. 1891 zu Graz, Volksschauspieler, seit 1918 bühnentätig, wirkte an der Alpenländischen Volksbühne (später Franklbühne), 1939—42 an der Steirischen Volksbühne in Graz u. hierauf an den dort. Städt. Bühnen. Gastspielreisen führten ihn in die Schweiz, Tschechoslowakei u. nach Deutschland. Hauptrollen: Bruder Martin, Schalanter, Knieriem, Grillhofer, Pfarrer von Kirchfeld u. a.
Literatur: hf., Ein Schauspieler des Volkes (Wahrheit 1. März) 1953; Th. *H.,* Jubiläum eines Volksschauspielers (Kleine Zeitung, Graz 6. März) 1953.

Ortner, Hermann Heinz, geb. 14. Nov. 1895 zu Kreuzen in Oberösterreich, gest. 18. Aug. 1956 zu Salzburg, Kaufmannssohn, humanistisch u. kaufmännisch gebildet, wurde 1914 Eleve am Landestheater in Linz a. D., absolvierte 1916 die Akademie für Musik in Wien, leitete 1920 die Festspiele in Reichenberg, studierte dann an der Universität Wien, wirkte seit 1927 als Dramaturg an der Neuen Wiener Bühne, bereiste 1930—32 den Balkan, Südfrankreich, Nord

italien u. lebte längere Zeit in Baden bei Wien, später in Aigen bei Salzburg. 1930 erster Gatte der Schauspielerin Elisabeth Kallina. Vorwiegend Dramatiker.
Eigene Werke: Mater dolorosa (Drama) 1922; Tobias Wunderlich (Dramat. Legende) 1928; Sebastianlegende (Drama) 1929; Literatur G. m. b. H. (Schauspiel) 1930; Schuster Anton Hitt (Drama) 1933; Beethoven (Schauspiel) 1934; Stefan Fadinger (Schauspiel) 1935; Isabella von Spanien (Schauspiel) 1937; Das Paradiesgärtlein (Komödie) 1939; Veit Stoß (Drama) 1941; Maria u. Giordano (Schauspiel) 1941; Himmeltau (Komödie) 1942; Alles für Amai (Drama) 1944 u. a.

Ortner, Matthias (Ps. Hias Ortner u. Hidigeigei), geb. 8. Febr. 1877 zu Söll in Tirol, als Feldgeistlicher im Ersten Weltkrieg zweimal verwundet, war seit 1926 Pfarrer in Ebbs, wo er die dort. Theatertradition der Ritterschauspiele erneuerte, die das Volk für Glaube u. Heimatliebe neu begeistern sollten. Epiker u. Dramatiker.
Eigene Werke: Alexius (Drama) 1913; Ramo Rodil (Drama) 1913; Eva u. Maria (Oratoriumtext) 1925.

Ortnit, sagenhafter König zu Garda in der Lombardei, Sohn des Zwergen Alberich, Oheim Siegfrieds, Held einer epischen Spielmannsdichtung, entführt einem Syrerkönig die Tochter u. fällt einem Drachen zum Opfer, den schließlich Wolfdietrich erschlägt. Bühnenfigur.
Behandlung: Jakob *Ayrer,* Von dem Kaiser Ortnit (Tragödie) um 1600.

Ortwin, Maria s. Winter, Maria.

Osborn, Max, geb. 10. Febr. 1870 zu Köln am Rhein, gest. 24. Sept. 1946 zu Neuyork, war Redakteur u. freier Schriftsteller in Berlin, Theaterkritiker u. a. der „Berliner Morgenpost" u. emigrierte unter Hitler nach Amerika. Seine Erinnerungen „Der bunte Spiegel" (1890—1933) 1945 enthalten bemerkenswerte Ausblicke auf die deutsche Bühne seiner Zeit.

Osborne, Adrienne s. Kraus-Osborne, Adrienne von.

Oschilewski, Walther, geb. 22. Juli 1904 zu Berlin, besuchte die Deutsche Hochschule für Politik das., war seit 1933 freier Schriftsteller u. Redakteur politischer u. literarischer Zeitschriften, Vorstandsmitglied der

Freien Volksbühne das., veröffentlichte u.
a. auch Schriften zur Theatergeschichte.
Eigene Werke: Goethe in Berlin 1942 (mit
anderen); Siegfried Nestriepke, Leben u.
Leistung 1955.
Literatur: A. *Scholz*, W. G. Oschilewski
(mit Bibliographie) 1954.

Oschinin, Sergius s. Geisler, Karl Oskar.

Oschwald (Ps. Wedekind), Erika, geb.
13. Nov. 1868 zu Hannover, gest. 10. Okt.
1944 zu Zürich, Arztenstochter, wurde Lehrerin, wandte sich aber, ehe sie ihren Beruf
noch ausübte, der Bühne zu, studierte am
Konservatorium in Dresden bei Aglaja Orgéni (s. d.) u. begann ihre Bühnenlaufbahn
als Koloratursoubrette 1894 an der Hofoper
in Dresden, der sie bis 1909 als hervorragende Kraft angehörte. Zahlreiche Gastspiele führten sie ins In- u. Ausland. Kammersängerin. Nach ihrem Bühnenabschied
lebte sie in Dresden als Gesangspädagogin.
Gattin des Regierungsrates Walther O.
Die Kritik bezeichnete sie als eine zweite
Adelina Patti. Über ihr Rollenfach äußerte
sich L. Hartmann: „Sie sang jene Musik, die
durch Anmut entzückt, sang mit schalk-
haftem Humor u. lyrischem Empfinden die
Rosine im ‚Barbier‘, die Frau Fluth, die
‚Nürnberger Puppe‘ nach Adam, den Pagen
Oskar in Verdis ‚Maskenball‘, die sogenannten Prinzessinnenrollen, die Gilda in
‚Rigoletto‘, Nora in ‚Don Pasquale‘, auch
das Blondchen in der ‚Entführung‘ u. den
Benjamin in ‚Josef von Ägypten‘! Das alles
waren Meisterleistungen von Akkuratesse
u. Reiz".
Literatur: Eisenberg, E. Wedekind (Biogr.
Lexikon) 1903; Ludwig *Hartmann,* E. Wede-
kind-Oschwald (Bühne u. Welt 5. Jahrg.)
1903.

Oschwald-Ringier, Fanny, geb. 30. Nov.
1840 zu Lenzburg, gest. 24. Aug. 1918 zu
Basel. Verfasserin von Theaterstücken u.
Erzählerin.
Eigene Werke: Volksschauspiel in Lenz-
burg 1895; Laßt hören aus alter Zeit
(Dramat. Bilder aus der Schweizer Ge-
schichte) 1895; E gförlichi Chranket
(Schwank) 1900; Guter Wille (Spiel) 1902;
De Hanogg uf Freiersfüesse (Schwank)
1905 u. a.

Osmarr, Lili, geb. 21 Febr. 1876 zu Wien,
Tochter eines Fabrikanten Klug, unter welchem Namen sie seit 1895 in Meiningen

spielte, gastierte am Hoftheater in Berlin u.
folgte dann ihrem Gatten (s. den Folgenden) nach Meiningen. Hauptrollen: Königin
Anna („Ein Glas Wasser"), Adelheid („Der
Biberpelz"), Beate („Zwei Eisen im Feuer")
u. a.

Osmarr, Otto, geb. 15. Juni 1858 zu Stettin,
gest. 20. März 1940 zu Hamburg, Sohn eines Rechtsanwaltes, humanistisch gebildet,
begann, für die Bühne unterrichtet, von seiner Pflegemutter Elisabeth Marr (s. d.) u.
von Anton Hiltl (s. d.) gefördert seine Laufbahn als Schauspieler am Hoftheater in
Braunschweig, kam über Leipzig, Augsburg,
Graz, Mainz, Pest u. Coburg-Gotha 1892
ans Hoftheater in Meiningen, wo er außer
durch Charakterdarstellungen auch in der
Regie hervorragend wirkte. Seit 1918 lebte
er im Ruhestand in Hamburg. Gatte der
Schauspielerin Lili Klug (s. die Vorige).
Hauptrollen: Liebenau, Wurm, Franz Moor,
Hamlet, Narziß, Richard III., Crampton,
Bolingbroke, Borkmann, Hjalmar, Solneß,
Giesecke u. a.

Osnabrück, Stadt in Niedersachsen, besitzt
eine alte Bühnentradition. Schüler spielten
bereits im 14. Jahrhundert in öffentlichem
Umgang durch die Stadt. Auch geistliche
Spiele fanden statt. Um 1400 gab es ein
sakral-großartiges kultisch-strenges Osterspiel in niederdeutscher Sprache. Handwerker wurden Träger der Theaterkultur.
Aufgeführt wurden in der Folge Stücke
biblischen Inhalts. Protestanten u. Jesuiten
wetteiferten um den Vorrang auf der Bühne,
teils im Ratsgymnasium, teils im Carolinum.
Daneben zogen auch schon die Englischen
u. Hamburger Komödianten auf. Die Sey-
lersche Theatergesellschaft u. a. Truppen
sind seit 1771 nachweisbar. Seit 1780 diente
ein ehemaliger Pferdestall an der Großen
Gildwart als Theater, das aber trotzdem
eine Stätte der Kunst war, besonders seit
der Verbindung mit dem Hoftheater in Detmold. Erste Künstler wirkten hier, von Albert Lortzing (s. d.) an, der sieben Jahre in
O. als Schauspieler u. Sänger tätig war, bis
zu Devrient, Döring, Niemann, Marie Seebach, Max Grube u. a. 1909 wurde das
Neue Stadttheater unter der Direktion von
Carl Ulrichs mit Shakespeares „Julius Caesar" eröffnet. 1945 stark zerstört, wurde es
wieder aufgebaut unter seinem Intendanten
Erich Pabst u. 1950 mit Calderons „Über
allen Zauber Liebe" eröffnet.
Literatur: H. *Schröder,* Theater in Alt-

Osnabrück 1922; Ludwig *Bäte*, Osnabrücker Theater 2 Bde. 1930—32; A. *Mämpel*, Die Anfänge des Osnabrücker Theaters 1938; H. H. *Breuer*, Das mittelniederdeutsche Osnabrücker Osterspiel 1939.

Ossenbach, Eduard, geb. 1868, gest. 21. Jan. 1901 zu Chemnitz, war Opernsänger 1895—1897 am Stadttheater in Essen, 1897—98 am Hoftheater in Altenburg, 1898—99 am Hoftheater in Darmstadt u. 1899—1901 am Stadttheater in Chemnitz.

Ossenbach, Robert, geb. 4. Aug. 1836 zu Vingst, gest. 17. Febr. 1893 zu Frankfurt a. M., wirkte als Bassist das. 1864—78, dann in Rotterdam u. Köln u. lebte seit 1881 im Ruhestand in Frankfurt a. M.

Ossowski, Gerhard, geb. 9. Sept. 1915 zu Stolp, war Dramaturg in Berlin. Bühnendichter.

Eigene Werke: Nur das Leben (Schauspiel) 1945; Station· 6 (Schauspiel) 1946; Die Stadt der Wünsche (Oper) 1947; Die Drei um Charlott (Lustspiel) 1948; Der Knoten (Komödie) 1948; Das wäre reizend von Ihnen (Lustspiel) 1949.

Ost, Karoline (Geburtsdatum unbekannt), gest. 10. Febr. 1888 zu Stuttgart, war das. 1841—47 Ballettänzerin u. wirkte als Gast in Berlin u. Wien. Verehel. Gräfin Henckel von Donnersmarck.

Osten, Emil von der, geb. 12. Febr. 1847 zu Fürstenwalde, gest. 13. April 1905 zu Oskarshamm in Schweden, Sohn des gleichnamigen Theaterdirektors, der mit seiner Gesellschaft Orte wie Delitsch, Torgau, Zeitz, Artern u. a. bereiste, war zuerst schwedischer Marineoffizier u. nahm an drei Weltumsegelungen teil, trat als Schauspieler in Amerika auf u. konnte viele Rollen in englischer, deutscher u. schwedischer Sprache spielen. Heimgekehrt spielte er in Dresden, Hannover (Residenztheater) u. Hamburg (Stadttheater). 1880 kam er als Nachfolger Friedrich Dettmars (s. d.) ans Hoftheater in Dresden, wo er Charakterrollen in Trauer- u. Lustspielen gab. Seine Talente, unterstützt von seiner heldenhaften Gestalt, entfaltete er in diesen, besonders in Rollen von Benedix u. Moser, in viel größerem Maße als im Heldenfach neben Pauline Ulrich (s. d.). Ludwig Barnay bezeichnete ihn in seinen „Erinnerungen", 2 Bde. 1903, als einen Schauspieler, mit der

Gestalt eines Heldenspielers u. dem Talente eines Lustschauspielers, „dessen äußere Erscheinung in schnurgeradem Widerspruche zu seinem schauspielerischen Talente stand. Ein hübscher, wenn auch etwas zu kleiner Kopf mit großen, sprechenden Augen saß auf einem mächtig großen, gutgebauten Körper; so schien er für die Rollen eines Heldendarstellers, eines Dunois, Hermann, Essex usw. geradezu geschaffen zu sein. Dieser fast übergroße Mann besaß aber nur ein, allerdings sehr beachtenswertes, Talent für heitere Lustspielgestalten; den leichten Konversationston beherrschte er ganz ausgezeichnet, er war voll Humor u. Laune auf der Bühne, während ihm jede Gattung von tragischem Tone versagt blieb." Hauptrollen: Marc Anton, Uriel Acosta, Othello, Percy, Tell, Bolz, Hamlet, Narziß u. a. Gatte von Rosa Hildebrandt (s. Osten-Hildebrandt, Rosa) u. Vater von Eva von der O. (verehelichte Plaschke).

Literatur: *Eisenberg,* E. von der Osten (Biogr. Lexikon) 1903; Friedrich *Kummer,* Dresden u. seine Theaterwelt 1938.

Osten, Eva von der s. Plaschke, Eva.

Osten, Gerd von der, geb. 10. Mai 1905 zu Darmstadt, studierte in Leipzig u. Berlin Musik u. wirkte als Kapellmeister u. Chefrepetitor 1933—38 am Staatstheater in Karlsruhe u. seit 1939 am Deutschen Nationaltheater in Weimar.

Osten, Gerda von der (Geburtsdatum unbekannt), gest. 5. März 1946 zu Berlin als Schauspielerin.

Osten, Heinrich s. Ostersetzer, Siegfried.

Osten, Horst Rudolf von der s. Volkmann, Horst Rolf.

Osten, Susanne s. Seydelmann, Susanne.

Osten-Hildebrandt, Rosa von der, geb. 27. Okt. 1850 zu Braunschweig, gest. 8. Juli 1911 zu Dresden, vom Regisseur Karl Schultes (s. d.) für die Bühne ausgebildet, betrat diese schon 1866 am Hoftheater in Berlin u. wirkte seit 1868 in Lübeck, Elberfeld, Hannover, Berlin (Deutsches Theater) u. Dresden (Hoftheater) zuerst als Heroine, später als Heldenmutter u. Ältere Salondame. Hauptrollen: Jungfrau von Orleans, Deborah, Eboli, Orsina, Milford, Iphigenie, Brunhilde u. a. Gattin von Emil von der O.

Osten-Sacken (geb. Kaltenbach), Johanne Florentine, geb. 1766 zu Danzig (Todesdatum unbekannt), Schauspielerin u. Sängerin, gab die Friederike in Ifflands „Jägern", sang mit gleicher Anmut die Rosalie in Ditterdorfs „Apotheker u. Doktor" u. tat sich in Mozarts Oper als vortreffliche Pamina hervor. 1794 heiratete sie Baron Christoph von der Osten-Sacken, 1798 ging sie als „Madame Osten" zur Dresdner Gesellschaft, 1798—99 spielte sie in Hamburg, 1801 in Breslau Anstandsdamen.

Osterberg (Ps. Verakoff), Max Ernst, geb. 7. Juni 1865 zu Fürth in Bayern, Bankierssohn, schon früh literarisch tätig, Kritiker des Münchner Hoftheaters, lebte seit 1890 in Stuttgart, wo auf seine Veranlassung 1906 die „Freie Bühne", deren Vorsitzender er war u. die im Kunstleben der Stadt eine führende Stellung einnahm, gegründet wurde. Dramatiker.
Eigene Werke: Eine Verschwörung (Lustspiel) 1886; Kunst u. Leben (Schauspiel) 1886; Betrogene Betrüger (Lustspiel) 1892 (mit Louis Gottschalk); Weihnachtszauber (Spiel) 1912.

Osterfeier, lateinische Vorstufe des Osterspiels (s. d.) mit gelegentlichem Abschluß eines deutschen Liedes.
Literatur: Carl *Lange,* Die lat. Osterfeiern 1887; E. *Schröder,* Frau Eva u. die O. (Zeitschrift für deutsches Altertum 50. Bd.) 1908; Othmar *Wonisch,* Osterfeiern u. dramatische Zeremonien der Palmweihe 1928; Ph. *Huppert,* Mittelalterliche Osterfeiern u. Osterspiele in Deutschland (Religiöse Quellenschriften 56. Heft) 1929; Eduard *Hartl,* Das Drama des Mittelalters 1. Bd. (Deutsche Literatur in Entwicklungsreihen) 1937; *Smits van Waesberghe,* Muziek en drama in de Middeleeuwen (Ceciliareeks 9. Bd.) o. J. (enthält eine stark entwickelte Maastrichter O. mit Noten); Helmut *de Boor,* Die lat. Grundlage der deutschen Osterspiele (Hessische Blätter für Volkskunde 41. Bd.) 1950; Leopold *Kretzenbacher,* Passionsbrauch u. Christi-Leiden-Spiel 1952.

Osterkamp, Ernst (Geburtsdatum unbekannt), gest. 30. März 1957 zu München. Kammersänger, besonders um den Bühnennachwuchs verdient.

Ostermann, Rolf (Geburtsdatum unbekannt), gest. im Juli 1934 zu Berlin als Sänger an der Komischen Oper das.

Ostermeyer, Ruth, geb. 26. Aug. 1924 zu Hamburg-Wilhelmsburg, 1946—50 an der Hochschule für Musik das. ausgebildet, debütierte als Senta im „Fliegenden Holländer" 1950 in Lübeck, wo sie bis 1952 im Zwischenfach wirkte, kam hierauf ans Landestheater in Detmold u. 1954 ans Stadttheater in Saarbrücken. Hauptrollen: Elisabeth, Aida. Marta (.Tiefland") u. a.

Osterrieth, Armin, geb. 17. Dez. 1873 zu Köln, Kaufmannssohn, studierte in Tübingen, Leipzig, Berlin u. Göttingen (Doktor der Rechte), war 1909—11 Generalsekretär der Deutschen Bühnengenossenschaft u. Redakteur des „Neuen Wegs", seit 1912 Rechtsanwalt u. Syndikus des Verbandes konzertierender Künstler. O. veröffentlichte zahlreiche Artikel zum Reichstheatergesetz, Bühnen- u. Theaterrecht, über das Theater als Zweig der städt. Verwaltung u. a.

Ostersetzer, Siegfried (Ps. Heinrich Osten), geb. 15. Aug. 1856 zu Wien (Todesdatum unbekannt), war Redakteur der „Presse" u. Theaterreferent der „Wiener Allgemeinen Zeitung", lebte 1900—22 in England u. Amerika als Korrespondent verschiedener deutscher u. österreichischer Zeitungen u. kehrte hierauf wieder nach Wien an die „Neue Freie Presse" zurück. Verfasser von Singspielen u. Schwänken (u. a. des „Strohmann" 1889 mit Gustav Davis s. d.).

Osterspiele, mittelalterliche Darstellung der österlichen Testaments-Berichte in dramatischer Form. Im 10. Jahrhundert Bestandteil der kirchl. Liturgie (s. Osterfeier), seit dem 11. selbständig, gehörten sie zu den ältesten u. wertvollsten geistl. Schauspielen (Mysterien). Aus dem Osterspiel gingen die Passionsspiele (s. d.) hervor, die sich auf das Leiden Christi beschränkten. Die O., anfangs lat. u. streng kirchlich, später deutsch u. verweltlicht (Muri in der Schweiz, vermutlich das älteste deutsche Drama zwischen 1240 u. 1260 von Walter von Rheinau verfaßt u. in Bremgarten entstanden, Textausgabe mit hd. Übertragung von F. Ranke, 71. Jahrbuch des Vereins Schweiz. Gymnasiallehrer 1943), daher zuletzt in der Kirche verboten, wurden durch Hinzufügung possenhafter Elemente am Ende des Mittelalters Volksschauspiele, deren Aufführung im Freien wegen der Länge (Tausende von Versen) oft einige Tage währte u. mitunter Hunderte von Kräften benötigte, wie das Redentiner O.

aus dem 15. Jahrhundert (herausg. von C. Schröder 1893, W. Stammler 1925, in neues Mecklenburger Platt übertragen von E. Boldt 1928). S. auch: Wolfenbütteler Marienklang un Osterspill, übertragen von H. Schacht 1927 (Sammlung Deutsche Literatur) 1937. Ausgaben: Maastrichter von J. Zacher (Zeitschrift für deutsches Altertum 2. Bd.) 1842; Sterzinger von Adolf Pichler (Über das Drama des Mittelalters in Tirol) 1850; Wolfenbüttler von Otto Schönemann (Der Sündenfall u. Marienklage) 1855; H. E. Moltzer, De Middelnederlandsche Dramatische Poesie (bedarf einer Neuausgabe, besonders wegen der alten Margaretenlieder) 1875; Augsburger von A. Hartmann (Das Oberammergauer Passionsspiel) 1880; Luzerner von R. Brandstetter (Germania 30. Bd.) 1885; Benediktiner von W. Meyer (Fragmenta Burana) 1901; Rheinisches von Hans Rueff 1925; Engelberger, Erlauer III, Innsbrucker, Klosterneuburger, Prager XVII, Trierer u. Wiener von Eduard Hartl (Das Drama des Mittelalters 2. Bd.) 1937; Redentiner von W. Krogmann 1937 u. A. E Zukper 1941; Osnabrücker von H. H. Breuer (Beiträge zur Geschichte u. Kulturgeschichte des Bistums O.) 1939; Muri von F. Ranke 1944. — Die wichtigsten O. werden einzeln verzeichnet. *Literatur:* G. *Milchsack*, Oster- u. Passionsspiele 2 Bde. 1880; K. *Lange*, Lat. Osterfeiern 1887; L. *Wirth*, Oster- u. Passionsspiele bis zum 16. Jahrhundert 1889; Jakob *Bächtold*, Das O. von Muri 1890; Karl *Schroeder*, O. 1893; H. *Pfeiffer*, Klosterneuburger Osterfeier u. O. (Jahrbuch des Stiftes Klosterneuburg 1. Bd.) 1908; H. *Niedner*, Die deutschen u. französischen O. bis zum 15. Jahrhundert (German. Studien 119) 1932; E. *Krüger*, Eine Eigentümlichkeit des komischen Gehaltes in den niederdeutschen geistl. Spielen des Mittelalters, insbes. im Redentiner O. (Korrespondenzblatt des Vereins für niederdeutsche Sprachforschung 45. Jahrg.) 1932; Eduard *Hartl*, Anmerkungen zum Wiener O. (Lebendiges Erbe) 1936; ders., Textkritisches zum Innsbrucker O. (Zeitschrift für deutsches Altertum 74. Jahrg.) 1937; ders., Das Drama des Mittelalters 1. Bd. (umfassende Beschreibung) 1937; H. H. *Breuer*, Das mittelniederdeutsche Osnabrücker O. (Diss. Münster) 1939; Anton *Dörrer*, Forschungswende des mittelalterlichen Schauspiels (Zeitschrift für deutsche Philologie 68. Bd.) 1943 (mit vollständigen bibliographischen Angaben); E. *Hartl*, Das Regensburger O. u. seine Beziehungen zum

Freiburger Fronleichnamsspiel (Zeitschrift für deutsches Altertum 78. Bd.) 1944; G. *Schieb*, Zum Redentiner O. (Beiträge 70. Bd.) 1948; Eva *Mason-Vest*, Prolog, Epilog u. Zwischenrede im deutschen Schauspiel des Mittelalters (Diss. Basel) 1949; Helmut *de Boor*, Die lat. Grundlage der deutschen O. (Hessische Blätter für Volkskunde 41. Bd.) 1950; David *Brett-Evans*, Höfischritterliche Elemente im deutschen geistl. Spiel des Mittelalters (Diss. Basel) 1952; H. *Rosenfeld*, Das Redentiner O. — ein Lübecker O.? (Beiträge 74. Bd.) 1952; E. M. *Landau*, Das O. von Muri (Neue Zürcher Nachrichten 1. April) 1958; Georg *Thürer*, Die großen Luzerner O. (Mimos 10. Jahrg.) 1958.

Ostertag, Karl, geb. 1. Nov. 1903 zu Ulm, Schüler von Anna Henneberg (s. d.), wirkte als Opernsänger (Tenor) seit 1936 an der Staatsoper in München, 1948 an den Städt. Bühnen in Düsseldorf u. hierauf wieder in München. Hauptrollen: Richard („Der Maskenball"), Tambourmajor („Wozzek" von A. Berg), Hämon („Antigone" von C. Orff), Fangauf („Die Zaubergeige" von W. Egk) u. a.

Osterwald, Wilhelm, geb. 23. Febr. 1820 zu Bretsch bei Osterburg in der Altmark, gest. 25. März 1887 zu Mühlhausen in Thüringen als Schuldirektor das. Pädagoge, Lyriker, Epiker u. Bühnenautor. *Eigene Werke:* Rüdiger von Bechlaren (Drama) 1849; Walther u. Hildegunde (Drama) 1867. *Literatur:* Werner *Baumgarten*, K. W. Osterwald (Mitteldeutsche Lebensbilder 1. Bd.) 1926.

Osthaus, Emmy (Geburtsdatum unbekannt), gest. 21. Juli 1912 zu Wilhelmshagen bei Erkner, Schauspielerin, zuletzt am Märkischen Wandertheater (Berlin).

Ostheim, Minna, geb. 1. Juli 1870 zu Linz an der Donau, gest. 22. Dez. 1955 zu Grieskirchen in Oberösterreich, Tochter des Schneidermeisters Franz Schuster, besuchte in Wien die Schauspielschule Max Otto, trat in Venedig u. in Wien auf u. wirkte dann in Olmütz, Eger, Pilsen, Innsbruck, Reichenberg, 1902 in Linz, 1904 unter Paul Lindau am Deutschen Theater in Berlin, 1905 am neuerbauten Stadttheater in Czernowitz u. kam 1906 wieder zurück nach Linz. Jugendliche Liebhaberin u. Salondame. Vor ihrer

Vermählung mit dem späteren oberösterreichischen Landesbaudirektor Anton Kuchinka nahm sie 1909 ihren Bühnenabschied, trat aber noch 1922 gelegentlich als Gast auf. Hauptrollen: Annie („Abschiedssouper" von A. Schnitzler), Eva („Die goldene Eva" von F. Koppel-Ellfeld), Comtesse Guckerl (Titelrolle), Hanne Schäl („Fuhrmann Henschel"), Lotterlena („Um Haus u. Hof" von Kranewitter), Gelbhofbäuerin („Die Kreuzelschreiber"), Nora u. a.

Ostheim, Rolf von, geb. 24. April 1925, studierte in Wien u. war seit 1954 Kapellmeister am Stadttheater in Baden bei Wien.

Osthoff, Otto, geb. 6. März 1906 zu Wuppertal, gest. 1. April 1957 zu Frankfurt a. M., wirkte als Schauspieler in Hannover, Breslau u. Wien, 1941—48 an den Kammerspielen in München. Mitbegründer der Münchner Schaubude, auch Schriftsteller.

Ostland, J. P. s. Perl, Jakob.

Ostpreußen im Drama.
Behandlung: Richard *Skowronek,* Im Forsthause (Schauspiel) 1893; E. J. *Groth,* Tilsit 1807 (Schauspiel) 1907; Paul *Enderling,* Ostpreußen (Schauspiel) 1915; Rolf *Lauckner,* Predigt in Litauen (Drama) 1919; Maximilian *Böttcher,* Yorck u. seine Offiziere (Drama) 1934; Willy *Kramp,* Konopka (Komödie) 1941.

Ostwald, Frank, geb. 1882 in Österr.-Schlesien, betrat 1901 erstmals die Bühne am Deutschen Volkstheater in Wien, wirkte dann als Schauspieler in St. Pölten, Meran, Olmütz, Reichenberg, Zittau, Frankfurt a. M. u. seit 1916 am Hof- bzw. Staatstheater in Dresden, wo er 1956 seine vierzigjährige Zugehörigkeit zu demselben feierte.

Ostwald, Hans, geb. 31. Juli 1873 zu Berlin, gest. 8. Febr. 1940 das., war zuerst Goldschmied u. viel auf Wanderschaft, später Herausgeber des „Neuen Reichs" u. der „Diskussion". Kulturschriftsteller, Erzähler u. Dramatiker.
Eigene Werke: Die Tippelschickse (Brettlszene) 1901; Der Kaiserjäger (Volksstück) 1904 (mit Hans Brennert); Eisen (Drama) 1913; Die Siegerin (Schauspiel) 1914.

Ostwald, Karl, geb. 14. Nov. 1855 zu Hameln, gest. 16. April 1912 zu Leipzig, humanistisch gebildet, wandte sich zuerst dem

Bankfach, später durch Robert Garrison angeregt, der Bühne zu u. begann als Jugendlicher Held am Stadttheater in Konstanz seine Laufbahn, spielte an den Stadttheatern in Göttingen u. Mülhausen Erste Helden u. Bonvivants u. kam 1909 an das Stadttheater in Leipzig, wo er sich zu einem durchaus modernen Schauspieler entwickelte. Hauptrollen: Holofernes, Othello, Wachtmeister Werner („Minna von Barnhelm"), Maurer Mattern („Hanneles Himmelfahrt"), Tokoramo („Taifun"), Schön („Erdgeist"), Galomir („Weh dem, der lügt") u. a.

O'Sullivan de Grass (geb. Wolter), Charlotte Gräfin, geb. 1. März 1833 (irrtümlich 1834) zu Köln am Rhein, gest. 14. Juni 1897 zu Wien (Hietzing), stammte aus kleinen Verhältnissen, ihre Mutter war Ankleiderin am Kölner Theater. Schon 1849 betrat Ch. W. als Schlittschuhläuferin in Meyerbeers „Propheten" die Bühne, verließ mit 16 Jahren das Elternhaus, wurde Choristin am Vaudevilletheater in Köln, später am Stadttheater in Düsseldorf, debütierte 1857 als Waise von Lowood in Pest u. kam nach weiteren Irrfahrten 1859 unter J. Nestroy (s. d.) ans Carltheater in Wien. Hier spielte sie Anmelde- u. Zofenrollen. Über ihr Kammermädchen in der „Liebschaft in Briefen" äußerte sich ihre Kollegin Anna Grobecker (s. d.): „Ich gehörte zu jenen Personen, die Charlotte W. gar kein Talent zutrauten. Ich sah sie zum erstenmal . . . u. fällte trotz ihrer bestechenden Erscheinung ein abfälliges Urteil. Daß sie dort nicht am Platze war, ahnte meine Weisheit damals nicht u. so konnte ich es nicht lassen, sie nach Herzenslust zu bekritteln. Sie trat meiner Meinung nach zu vornehm ein, geruhte einen Brief abzugeben, warf einen gelangweilten Blick ins Publikum u. ging gravitätisch ab, als ob sie zwei Schleppträger hinter sich hätte. Mein Gott dachte ich, der fehlt aber auch alles zur Kammerzofe". Ein paar Jahre später saß Anna Grobecker bei der Vorstellung der „Waise von Lowood" sprachlos staunend im Burgtheater u. glaubte aus einem Traum zu erwachen, als ihre Nachbarinnen sie nach beendeter Vorstellung zur Heimkehr bewogen. Auch Nestroy ließ nur Ch. Wolters Schönheit gelten. Zu den wenigen, die schon damals ihr Talent erkannten, gehörte der Kritiker Rudolf Valdek: „Ein Kopf, dessen Profil die schönste Kamee würde abgegeben haben, eine mittelgroße Gestalt von bestem Gefüge, eine wohllautende Stimme u. dabei die Schönheit wie verschleiert durch einen gleichsam unbeweglichen Ausdruck, der Gang vernachlässigt, Laut- u. Satzbildung in hohem Grade mangelhaft. Was Wunder, wenn eine Erscheinung, wo die Natur so viel versprach u. der Geist so wenig zu halten schien, mit Befremden bemerkt u. ihr Name in nicht beneidenswerter Weise bekannt wurde. Dabei war dieses Frl. W. nicht mehr in der ersten Jugendblüte, denn sie stand in der Mitte der Zwanziger. Sie war auch keine Anfängerin, denn seit wohl zehn Jahren gehörte sie der Bühne an. Im Carltheater trat sie nur selten u. stets nur in unbedeutenden Rollen auf. Dagegen war sie jeden Abend im Zuschauerraum zu sehen. In der ersten Galerie, in der Mitte derselben, saß sie da u. sah aufmerksam ihren Kollegen zu, die drunten Komödie spielten, wobei manchmal ein Zug von leisem Spott über ihre Lippen glitt." Erst Emil Devrient (s. d.) entdeckte in ihr anläßlich eines Aufenthaltes in Wien die künftige große Tragödin. Aber auch Laube, ein bühnenkundiger Meister, verhielt sich zurückhaltend. In seiner „Geschichte des Burgtheaters" schrieb er über ihre Anfänge: „Einige Jahre vor 1862 war ich eines Abends im Carltheater, um ein kleines Stück zu sehen, das ich nicht kannte. Da tritt ein Mädchen in grauem Seidenkleide auf die Szene u. frappiert mich . . . Ich hatte den Eindruck vornehmer Schönheit von dem Mädchen, u. daß hinter dem, was da zeigte, eine Kraft liegen könne, irgend eine seltene Kraft. Sie sprach abscheulich mit einem fast verborgen bleibenden guten Organe. Die Töne sonderten sich nicht klar zu Worten. Aber der griechische Kopf sprach für mich. Sie war steif; aber ihre geringen Bewegungen waren edel — ich blieb dabei: dahinter liegt eine Kraft!" Laube empfahl die vielversprechende Schauspielerin nach Brünn zu weiterer Entwicklung ihrer künstlerischen Eigenart. Sie spielte hier mit Erfolg 1859 bis 1860, dann am Viktoriatheater in Berlin, hierauf in Hamburg u. erschien endlich 1862 als Iphigenie auf dem Burgtheater, um mit einem Schlage von begeistertem Publikum in die erste Reihe der dort wirkenden Künstler aufgenommen zu werden. Hier entfaltete sie ihre glänzenden Fähigkeiten, die ihr rasch zu Weltruhm verhalfen. Beseelte Schönheit, hinreißende Leidenschaft u. eine geradezu musikalische Sprache, die sie bis zu dem unerreichbaren sogenannten „Wolterschrei" steigern konnte, zeichneten sie aus. Ihre Darstellung etwa der Lady

Macbeth, Kleopatra, Sappho, Kriemhild, Messalina u. a. Hauptrollen konnte niemand vergessen, der sie auf der Bühne sah. Dafür gibt als jüngerer Zeitgenosse der bedeutende Literarhistoriker Jakob Minor in seinen „Erinnerungen aus dem alten u. neuen Burgtheater" lebhaftes Zeugnis ab: „Sie war als Künstlerin von sehr mäßiger Intelligenz u. Bildung. Schon ihre Schrift weist unbeholfene Züge auf, wie von einem, der sich mit dem Schreiben nicht viel abgibt. Aber sie war ein starkes Naturell: ganz Rasse, Blut u. Leidenschaft. Die unmittelbare u. elementare Naturkraft war es zunächst, der niemand widerstehen konnte, die sich die Herzen des Publikums u. die Stimme der Kritik widerstandslos unterwarf. Dadurch erschien sie im alten Burgtheater, wo damals Anschütz u. die Rettich im höheren Schauspiel u. im Trauerspiel im Ton angaben, als eine naturalistische Kraft, von der dem traditionellen, klassischen Stil Gefahr drohte. Obwohl sie selber vom Anfang an mit allen Kräften nach dem Stil strebte, den jene besaßen, u. das Burgtheater verlangte u. obgleich sie sich mit dem kunstvoll gegliederten Wort u. mit der plastisch abgerundeten Gebärde die redlichste Mühe gab, blieb sie doch immer eine andere: jene gingen von der Form aus, die sie mit innerer Leidenschaft ausfüllten; sie suchte umgekehrt für die überströmende Leidenschaft die Form. Aber Tag für Tag zeigte es sich deutlicher, daß das, was man vermißte, nicht bloß äußerlich in sie hineingetragen wurde, daß ein ungewöhnlich feines Gefühl für Form u. Gestalt in ihr selber steckte u. stark genug war, auch der mächtigsten Instinkte Herr zu werden. Und auf diesem Wege ereignete sich dann das Wunderbare, daß das wilde Naturkind, ohne seine Art zu verleugnen, die vollkommenste Darstellerin antiker Heroinen wurde, die einzige deutsche Schauspielerin, welche den Iphigenien u. Elektren eine moderne Seele einzuhauchen verstand. Mit Recht hat man sie auf ihren Wunsch im Kostüm der Iphigenie begraben: denn es war das Kleid der Hohenpriesterin ihrer eigensten Kunst u. das tiefste Symbol ihres ganzen Lebens u. Strebens. Es stellt uns sinnbildlich vor Augen, wie viel diese begnadete Frau durch Willensstärke in ihrer Kunst zu erreichen imstande war. Denn ihr Wille u. ihre Energie waren so stark u. so mächtig, als ihr Blut; u. auf der Mischung dieser beiden Elemente beruht zu nicht geringem Teil der Reichtum ihrer Kunst. Mit ihrem

Blut hat sie die weichen u. innigen Frauengestalten ihrer Jugend wie die lieberasenden ihrer reifen Zeit genährt u. erwärmt; von ihrer Energie erhielten die dämonischen Frauen den großen Zug. Es war etwas Bezwingendes, Niederwerfendes in ihrem Wesen, dem nicht bloß die Zuschauer, sondern auch die Mitspielenden unterlagen u. ihre männlichen Partner hatten jederzeit Mühe, sich nicht bloß als Künstler, sondern auch als Männer neben ihr zu behaupten. Man muß sie nur gehört haben, wenn sie als Messalina die Worte sprach: ,Mich u. ihn, den Erdkreis unter meine Füße treten!' Bei dem Worte ,Erdkreis' hob sie den rechten Arm in weitem Bogen hoch empor u. während sie, wie wir in der wildesten Energie pflegen, in den Worten: ,Unter meine Füße treten', jede Silbe gleich stark u. gedehnt aussprach, ließ sie den kleinen Zeigefinger der rechten Hand langsam u. tief heruntersinken, bis sie ihn endlich mit einem gebieterischen Rucke fest u. steif nach unten streckte. Ihre Gestalt erschien in solchen Augenblicken noch einmal so groß u. man sah wirklich den Erdkreis unter ihren Füßen liegen. Die W. war, was den Kopf betrifft, eine der schönsten Frauen, die je auf der Bühne erschienen sind. Schon die ältesten Kritiken heben ihre Schönheit hervor. Damals aber besaß sie noch nicht das schöne Oval u. das wohlabgerundete klassische Profil, das wie die Seele der Iphigenie erst später bei ihr hervortrat . . . Ihre Schönheit lag nicht in den Muskeln, sondern in einem sehr kräftigen Knochenbau; sie war darum unverwüstlich u. hatte, wie die Juliens, die Kraft, selbst den Tod zu überwinden. Sie war darum auch keine zarte oder zierliche Schönheit; namentlich in der kräftig hervortretenden Unterlippe verriet sich die Energie ihres ganzen Wesens. Nicht leicht wird man auf der Bühne wiederum weibliche Züge finden, die jeder ernsten Regung einen so bedeutenden, weithin sichtbaren u. doch stets edlen Ausdruck zu geben vermögen! Im Weinen wie im Lachen verloren sie nichts von ihrer Regelmäßigkeit, blieben sie unentstellt . . . Ihre Gestalt war nicht so klein wie die der Schröder, aber nicht über Mittelgröße, u. den Eindruck des Schlanken u. Hohen kann sie nur in ihrer Frühzeit gemacht haben. Voller geworden, erschien sie eher klein als groß, u. es ist nicht zu leugnen, daß man namentlich in den späteren Jahren leise jene Störung empfand, die ein ungewöhnlich schöner Frauenkopf auf einem

nicht ganz entsprechenden Körper zu erregen pflegt. Sie verstand aber sehr geschickt vorzubeugen durch die Wahl ihrer Kostüme u. durch ihre Bewegungen . . . Wie sie es aber verstand, ihre Figur künstlich zu vergrößern, davon gibt uns ein schönes Beispiel die Stelle aus der ,Sappho': ,Dort oben ist dein Platz, dort an den Wolken!' — wo sie mit dem lang ausgestreckten rechten Arm nach der Wolke zeigte, während sie zugleich den linken Fuß weit nach rückwärts streckte u. den Kopf nach links ausbeugte: der rechte Arm u. der linke Fuß bildeten von der äußersten Fingerspitze bis zu den Zehen eine mächtig lange Linie u. die kleine Gestalt wuchs vor unseren Augen riesenhaft in die Höhe. Das Organ der Wolter war ein Mezzosopran von dunkler Färbung, wie Sammet oder wie Bronze, biegsam u. scharf zugleich wie Stahl. Das Ergreifende . . . lag wohl hauptsächlich in dem leisen Vibrieren ihres immer seelisch bewegten Tones, der in der Leidenschaft zu einem Umfange u. zu einer Höhe anschwellen konnte, die mit der Macht des schrillsten Naturlautes ans Herz griffen. Das war der berühmte Wolterschrei — kein virtuoses Kunststück, sondern so notwendig, wie der Blitz aus der dunklen Wolke. Aber diese weiche Stimme besaß auch eine unglaubliche Energie u. Ausdauer u. konnte sich . . . an Kraft u. Schneidigkeit mit Lewinsky messen." Hauptrollen: Hermione („Ein Wintermärchen"), Sappho, Phädra, Lady Macbeth, Judith, Margarete von Anjou („König Heinrich VI."), Cleopatra, Helena („Faust"), Marquise von Pompadour („Narziß"), Thusnelda („Der Fechter von Ravenna"), Gräfin Orsina („Emilia Galotti"), Jane Eyre („Die Waise von Lowood"), Klara („Maria Magdalene"), Lady Carlington („Georgette") u. a. Als Gast wirkte Ch. W. während ihres Engagements am Burgtheater in den größten Städten Deutschlands u. Österreichs, trat fast vor allen Monarchen des Kontinents auf, lehnte aber eine Übersee-Tournee ab. Ehrenmitglied des Sächs. Hoftheaters. Portrait als Maria Stuart, gemalt von Gustav Gaul, in der Ehrengalerie des Burgtheaters. Grillparzer, dessen „Medea" (s. d.) sie hervorragend verkörperte, widmete ihr folgendes Epigramm („Einfälle u. Inschriften" 2. Bd. der Werke, Bongs Klassiker-Ausgabe):

„Dramatisch.
Der Weg ist schlecht, der Karren schwach,
Es geht so ziemlich holter-polter.

Da hilft am besten Vorspann nach, Am allerbesten: Fräulein Wolter.″ Seit 1874 war sie mit dem Grafen Karl O'Sullivan de Grass verheiratet.
Behandlung: Hermann *Bahr,* Die Rahl (Roman) 1909.
Literatur: Konstantin *Czartoyski,* Rezensionen über Theater, Musik u. bildende Kunst 1859—65; K. v. *Thaler,* Ch. Wolter (Die deutsche Schaubühne 8. Jahrg.) 1867; Franz *Gaul,* Tagebücher 1867; Heinrich *Laube,* Das Burgtheater 1868; Feodor *Wehl,* Frau M. Seebach u. Frl. Ch. W. als Adrienne Lecouvreur (Die Tagespresse Nr. 39) 1869; Alex. *Rosen,* Ch. W. (Die Heimat, Wiener illustr. Blatt) 1880; Jenny *Neumann,* Bei Ch. W. (Über Land u. Meer 58. Bd) 1886—87; V(incenti), Wolter-Jubiläum (Allg. Münchner Zeitung 22. Mai) 1887; *Anonymus,* Ch. W. Ein Festblatt zu dem Jubiläum ihrer 25jährigen Wirksamkeit am K. K. Hofburgtheater 1887; Joseph *Altmann,* Chronol. Verzeichnis der von Ch. W. während 25 Jahren im Burgtheater gespielten Rollen 1887; Ludwig *Speidel,* Ch. W. (Neue Freie Presse 15. Mai) 1887; M. *Ehrenfeld,* Ch. W. 1887; Jakob *Minor,* Ch. W. (Aus dem alten u. neuen Burgtheater) 1888; *Wurzbach,* Ch. W. (Biogr. Lexikon 58. Bd.) 1889; Hermann *Bahr,* Zur Kritik der Moderne 1890; Emil M. *Engel,* Ch. W. in ihren Glanzrollen dargestellt in 40 Bildern nach Photographien von Dr. Székely 1897; Leo *Hirschfeld,* Ch. W. 1897; Maximilian *Harden,* Die Wolter (Die Zukunft 5. Jahrg. Nr. 38) 1897; Alexander *von Weilen,* Ch. W. (A. D. B. 44. Bd.) 1898; Katalog des Nachlasses . . . von Ch. W. 1898; Rudolf *Lothar,* Das Wiener Burg-Theater 1899; *Eisenberg,* Ch. W. (Biogr. Lexikon) 1903; Friedrich *Uhl,* Aus meinem Leben 1908; Helene *Richter,* Ch. W. (Schauspielercharakteristiken) 1912; Anton *Bettelheim,* Ch. W. (Biographenwege) 1913; Richard *Smekal,* Ch. W. (Das alte Burgtheater) 1916; Hermann *Bahr,* Ch. W. (Das Burgtheater) 1920; Gertrud *Doublier,* Ch. W. u. ihr Einfluß auf das Drama ihrer Zeit (Diss. Wien) 1935; Paul *Schlenther,* Ch. W. (Ausgewählte theatergeschichtl. Aufsätze, herausg. von Hans Knudsen = Schriften der Gesellschaft für Theatergeschichte 40. Bd.) 1930; E. *Seeliger,* Abendsonne über Habsburgs Reich 1935; O. M. *Fontana,* Ch. W. (Wiener Schauspieler) 1948; Berta *Niederle,* Ch. W. 1948; Wolfgang *Drews,* Ch. W. (Die großen Zauberer) 1953; Julius *Bab,* Ch. W. (Kränze dem Mimen) 1954; Monty *Jacobs,* Deutsche Schauspielkunst 1954; Joseph *Handl,* Ch. W. (Schauspieler des Burgtheaters) 1955; Otto *Borgfeldt,* Ch. W. (Genies der Bühne) o. J.

Oswald von Wolkenstein, geb. 2. Mai 1367 vermutlich auf Schloß Trostburg in Tirol, gest. 2. Aug. 1445 auf Burg Hauenstein, kam in seinem vielbewegten ritterlichen Leben nicht nur nach Preußen u. Litauen, sondern auch ins Hl. Land, wurde schiffbrüchig im Schwarzen Meer, war dann Koch, Ruderer, Roßknecht u. Spielmann im Orient, besuchte als Vertrauensmann des Kaisers Sigismund Paris, Italien, das Kostnitzer Konzil, Perpignan u. Portugal. Minnesänger. Bühnenheld.
Behandlung: E. v. *Badenfeld,* O. v. Wolkenstein (Schauspiel) 1842 (Grillparzer gewidmet); Artur Graf *Wolkenstein-Rodenegg,* Sabina Jäger (Drama) 1885; Rudolf *Jenny,* O. v. W. (Drama) 1891.

Oswald, Heinrich (Geburtsdatum unbekannt), gest. 27. März 1884 zu Bremerhaven. Schauspieler u. Theaterdirektor.

Othegraven, August von, geb. 2. Juni 1864 zu Köln, gest. 11. März 1946 zu Wermelskirchen, besuchte das Konservatorium in Köln, war seit 1889 hier Lehrer, 1914 Kgl. Professor, 1925 Professor an der Hochschule für Musik das. 1926 Ehrendoktor der Universität Bonn. Komponist des Märchenspiels „Die schlafende Prinzessin" 1907 u. der Operette „Poldis Hochzeit" 1912.
Literatur: Rieman, A. v. Othegraven (Musik-Lexikon 11. Aufl.) 1929; Heinrich *Lemacher,* A. v. O. (Zeitschrift für Musik 98. Jahrg.) 1931.

Othegraven, Heinrich von, geb. 21. Mai 1821 zu Aachen (Todesdatum unbekannt), begann seine Bühnenlaufbahn 1837 als Schauspieler, wirkte in Aachen, Köln, Berlin, Magdeburg, Rostock, Danzig, Mainz, Würzburg, Breslau, Hamburg, Wien (Theater an der Wien), war 1871—80 Direktor in Innsbruck, 1883—84 am Stadttheater in Magdeburg u. nahm 1886 am Stadttheater in Leipzig seinen Bühnenabschied. Hauptrollen: Richard Wanderer (im gleichnamigen Stück von Kettel), Mephisto, Kean, Narziß, Othello, Abendstern, Hagen, Hamlet, Alba u. a.

Ott, Arnold, geb. 6. Dez. 1840 zu Vevey, gest. 30. Sept. 1910 zu Luzern, studierte in Tübingen, Zürich, Wien u. Paris, wurde

1867 Arzt in Schaffhausen u. 1870 Mitglied einer schweizerischen Ärztedelegation zur Verwundetenpflege in Karlsruhe, wirkte 1871 als Sanitätshauptmann bei der Kontrolle anläßlich des Übertritts der Bourbaki-Armee u. ließ sich 1876 in Luzern nieder. Vorwiegend Dramatiker.

Eigene Werke: Konradin (Trauerspiel) 1887; Agnes Bernauer (Volksschauspiel) 1889; Rosamunde (Tragödie) 1892; Festakt zur Enthüllung des Telldenkmals in Altdorf 1895; Die Frangipani (Trauerspiel) 1897; Karl der Kühne u. die Eidgenossen (Volksschauspiel) 1897; Untergang (Soziales Drama) 1898; Festdrama zur Vierhundertjahrfeier des Eintritts Schaffhausens in den Bund der Eidgenossen 1901; Helena (Schauspiel) 1903; Hans Waldmann (Schauspiel) 1904; Dichtungen. Gesamtausgabe, besorgt von K. E. Hoffmann 6 Bde. 1945—49.
Literatur: Heinrich *Federer,* Aus. A. Otts Leben u. Dichten (Neue Zürcher Nachrichten Nr. 274—281) 1910; Alfred *Schaer,* A. O. (Biogr. Jahrbuch 15. Bd.) 1913; Charles *Brütsch,* A. O. als Tagesschriftsteller (Diss. Freiburg, Schweiz) 1949 (behandelt auch den Theaterkritiker); Otto *Huber-Hohenmuth,* Karl der Kühne u. die Eidgenossen (Erstaufführung in Dießenhofen 1900) 1950.

Ott, August, geb. 3. April 1888 zu Mannheim, Schlosserssohn, früh verwaist, besuchte in Berlin verschiedene Abendschulen, u. a. auch eine Mimikschule, um Schauspieler zu werden, war später aber als Schriftsteller u. in anderen Berufen tätig. Zuletzt in Edingen bei Mannheim wohnhaft. Dramatiker.

Eigene Werke: Hellmut (Schauspiel) 1919; Siegfried (Schauspiel) 1921; Trilogie (Siegfried — Der Messias der Juden — Der Prophet u. sein Volk) 1923; Der Weg in das gelobte Land (Schauspiel) 1957; Das Vermächtnis (Schauspiel) 1957.

Ott, Charlotte, geb. 12. Okt. 1852, gest. 2. Febr. 1883 zu Basel, in München ausgebildet, wirkte als Ballettmeisterin das., in Stettin, Bremen, Amsterdam, Zürich u. zuletzt in Basel.

Ott, Elfriede, geb. 11. Juni 1928 (?) zu Wien, Tochter eines Uhrmachers, Schülerin von Lotte Medelsky (s. Krauspe, Charlotte), kam 1944 ans Burgtheater, 1950 ans Landestheater in Graz, gastierte im Kabarett u. in der Operette u. kehrte über Hamburg 1957 wieder nach Wien zurück. Hauptrollen:

Jutta („Die goldene Harfe" von G. Hauptmann), Hermia („Ein Sommernachtstraum"), Recha („Nathan der Weise"), Smeraldina („Der Diener zweier Herren"), Melitta („Sappho"), Atala („Häuptling Abendwind"), Malchen („Der Alpenkönig u. der Menschenfeind") u. a. Gattin des Schauspielers Ernst Waldbrunn.

Ott, George, geb. 1803 zu Graz, gest. 18. Aug. 1860 zu Riga, studierte zuerst die Rechte, dann Musik u. kam, nachdem er am Theater in der Josefstadt in Wien gewirkt hatte, 1853 als Kapellmeister nach Riga. Übersetzer zahlreicher ital. Opern u. Komponist von Bühnenmusiken.

Ott, Justus, geb. um 1880, seit 1904 bühnentätig, wirkte zuerst in Schauspiel, Operette, Komödie u. Schwank als Sänger, Tänzer, Chorist u. Statist, war seit 1909 Mitglied des Opernhauses in Bremen u. seit 1920 des Schauspielhauses das. O. spielte in fünf Jahrzehnten etwa 200 Rollen. Ehrenmitglied.

Ott, Karl, geb. 1843 zu Preßburg, gest. 30. Aug. 1903 zu Brünn, begann 1860 seine Bühnenlaufbahn in seiner Vaterstadt, wirkte dann in Ischl, Salzburg, Temeschwar, Hermannstadt, Linz u. Baden u. seit 1876 wieder in Brünn in allen Fächern.

Ott, Maria, geb. 17. Juli 1922 zu Wien, ausgebildet das. von Julius Karsten (s. d.), gehörte als Heldin u. Charakterdarstellerin 1941—45 dem Stadttheater in Liegnitz an u. war seit 1948 Externistin des Burgtheaters. 1951 wirkte sie bei den Salzburger Festspielen mit u. spielte dann an verschiedenen Wiener Avantgardebühnen. Hauptrollen: Ella Rentheim („John Gabriel Borkmann"), Emilia („Othello"), Frau Alving („Gespenster"), Jungfrau von Orleans u. a.

Ott, Rudolf, geb. 1900 zu Graz, Sohn eines Theatermusikers u. einer Garderobiere, begann 1917 seine Bühnentätigkeit in Znaim, wirkte als Operettenkomiker u. Regisseur u. a. in Villach, Bern, Linz u. Gablonz, u. war seit 1938 wieder Mitglied des Landestheaters in Linz. Hauptrollen: Barinkay („Der Zigeunerbaron"), Ollendorf („Der Bettelstudent"), Vogelhändler, Mackie Messer („Die Dreigroschenoper"), Leutnant Gustl („Das Land des Lächelns") u. a.
Literatur: Rafael *Hualla,* 35 Jahre — immer nur lachen-machen (Linzer Volksblatt 9. Mai) 1953.

Ott-Le Bret, Gisa, geb. 1. Mai 1882 zu Brünn, betrat als Schauspielerin in Marburg a. d. Drau erstmals die Bühne, kam 1902 nach Innsbruck, dann ans Landestheater in Linz, 1917 wieder zurück nach Innsbruck, wo sie zusammen mit ihrem Gatten G. Le Bret (gest. im Juni 1927) an der Exl-Bühne (s. d.) wirkte, der sie bis 1944 angehörte. Nach dem Zweiten Weltkrieg, in dem ihr Heim in Innsbruck durch Bomben zerstört wurde, lebte sie in Wien. Hauptrollen: Elisabeth („Maria Stuart"), Gräfin Terzky („Wallenstein"), Sappho, Medea, Rhodope („Gyges u. sein Ring"), Rebekka West („Rosmersholm"), Ase („Peer Gynt"), Hanne Schäl („Fuhrmann Henschel") u. a. *Literatur:* K. P., Ein Frauenleben für die Bühnenkunst (Tiroler Tageszeitung 2. Mai) 1957.

Ottbert-Neisch, Otto, geb. 1852, gest. 12. April 1933 zu Dresden, begann seine Bühnenlaufbahn als Schauspieler in Kottbus, kam 1874 nach Rostock, 1875 nach Schwerin, 1878 nach Hamburg (Thaliatheater), 1879 nach Petersburg, 1880 nach Leipzig, 1884 nach Berlin (Wallnertheater), 1889 nach Neuyork (Ambergtheater), 1891 wieder ans Wallnertheater u. über Brünn 1894 ans Hoftheater in Darmstadt. Nach 1901 wirkte er hauptsächlich als Gast an verschiedenen Bühnen. Zuletzt gehörte er lange Zeit der Komödie in Dresden an.

Otte, Viktor, geb. 2. Juli 1887 zu Dzieditz in Österr.-Schlesien, lebte als freier Schriftsteller in Wien u. Graz. Herausgeber der kulturpolit. Zeitschrift „Der Beobachter" (1924—29). Dramatiker, Erzähler u. Essayist. *Eigene Werke:* Frühlingsstürme (Schauspiel) 1913; Familie Schützendorf (Schauspiel) 1913; Apollos Sorgenkinder (Lustspiel) 1914; Im Erholungsheim der Seele (Komödie) 1916; Der Pimpf (Lustspiel) 1927; Die politische Familie (Schauspiel) 1932; Dita (Komödie) 1932; Und der Wille vermag alles (Komödie) 1933; Mimose (Schauspiel) 1934 u. a.

Otten, Peter, geb. (Datum unbekannt) zu Krefeld, war Heldendarsteller in Danzig, Magdeburg, Bielefeld, 1941—45 an den Städt. Bühnen in Graz, 1945—49 in Frankfurt a. M. u. seither Lektor für Vortragskunst an der Universität in Münster, Leiter des dort. Studententheaters u. Rezitator. Hauptrollen: Mephisto, Tasso, Michael Kramer u. a.

Literatur: HTS., P. Otten (Kleine Zeitung, Graz, 10. Jan.) 1954; Th. *H.,* P. O. sprach Homer (Kleine Zeitung, Graz, 17. Okt.) 1954; bgt., P. O. (Neue Zeit, Graz, 12. Jan.) 1954.

Ottenburg, Dora, geb. um 1890, gest. 10. März 1944 zu Danzig, seit 1909 bühnentätig, kam 1918 über Erfurt, Stettin u. Breslau ans Stadttheater in Bremen, später nach Danzig. Sie zeichnete sich in Hauptrollen aus, wie: Frau John („Die Ratten"), Mutter Wolffen („Der Biberpelz") u. a.

Ottenheimer, Paul, geb. 1. März 1873 zu Stuttgart, am dort. Konservatorium ausgebildet, war Kapellmeister in Augsburg, Trier, Linz, Graz, Nürnberg u. seit 1913 Erster Kapellmeister an der Hofoper in Darmstadt. Operettenkomponist. *Eigene Werke:* Heimliche Liebe 1911; Der arme Millionär 1913; Hans im Glück 1914; Musik zu Niebergalls Des Burschen Heimkehr 1916.

Ottenwalter, Emil, geb. 1901, gest. 13. Sept. 1956 zu Wien, gehörte als Schauspieler u. Inspizient dem Volkstheater das. an.

Ottermann, Luise, geb. 28. Febr. 1858, gest. 23. Sept. 1925 zu Dresden, war Opernsängerin, zuletzt Gesangslehrerin das.

Otterwolf, Franz Freih. von (Geburts- u. Todesdatum unbekannt), war in der 2. Hälfte des 18. Jahrhunderts Regierungsrat in Wien. Herausgeber der Wiener Wochenschrift „Empfindungen eines Frauenzimmers im Theater". Bühnenautor. *Eigene Werke:* Der Freund der ganzen Welt 1772; Die Grafen Hohenwald 1772; Die Osmonde oder Die beiden Statthalter 1772; Sophie oder Großmut u. Reue 1772; Das Gespenst auf dem Lande 1773 (in der Folge nachgeahmt).

Ottiker, Ottilie (Geburtsdatum unbekannt), gest. 16. April 1921 zu Zürich, wirkte als Opernsängerin 1871—73 in München, 1873 bis 1879 am Nationaltheater in Mannheim, hierauf gemeinsam mit Minna Peschka-Leutner (s. d.), Meta Kalmann (s. d.), Emil Götze (s. d.) u. Karl Meyer (s. d.) in den 80er Jahren in Köln u. leitete nach ihrem Bühnenabschied in Zürich eine Gesangsschule.

Ottmann, Marie s. Stefanides, Marie.

Otto I. der Große, Römisch-Deutscher Kaiser s. Ottonen.

Otto II. Römisch-Deutscher Kaiser s. Ottonen.

Otto III. Römisch Deutscher Kaiser s. Ottonen.

Otto IV. Römisch-Deutscher Kaiser s. Ottonen.

Otto von Wittelsbach Pfalzgraf von Bayern s. Wittelsbacher.

Otto der Schütz, Sohn des Landgrafen Heinrich von Hessen (gest. 1377), hielt sich nach der um 1500 nachweisbaren, u. a. von den Brüdern Grimm mitgeteilten Sage als Bogenschütze zu Kleve auf u. kehrte erst, nachdem er den Tod seines älteren Bruders erfahren, in die Heimat zurück, wo er den hessischen Thron bestieg u. die Tochter seines ehemaligen Dienstherrn zur Gattin nahm. Dramatischer Held.
Behandlung: F. Chr. G. *Schneider,* Otto der Schütz (Schauspiel) 1779; F. G. *Schlicht,* O. der Sch. 1782; F. Chr. *Hagemann,* O. der Sch. 1799; Achim *v. Arnim,* Der Auerhahn (Schauspiel) 1813; J. Ph. *Simon,* O., der hessische Schütze (Romant. Oper) 1849; Elise *Schmezer,* O. der Sch. (Oper) 1853; Ernst *Pasqué,* O. der Sch. (Oper, Musik von Carl Reiß) 1856; C. H. Th. *Woerle,* O. der Sch. (Oper, Musik von Friedrich Netz) 1869; Karl *Volkmer,* O. der Sch. (Romant. Schauspiel) 1886; Adolf *Volger,* O. der Sch. (Oper) 1886; Rudolf *Bunge,* O. der Sch. (Oper, Musik von F. E. Neßler) 1887 u. a.
Literatur: Gustav *Noll,* Otto der Schütz in der Literatur 1906.

Otto, Alexander, geb. 17. Febr. 1861 zu Mainz, gest. 29. Nov. 1936 zu Hamburg, Sohn von Wilhelm Otto (s. d.) u. Rosa Otto-Martineck (s. d.), studierte zuerst Medizin, ging dann aber, von seinem Vater unterrichtet, zur Bühne, bereiste mit Wandertruppen Schleswig-Holstein, West- u. Ostpreußen, wirkte 1882—88 in Meiningen, dann in Lübeck u. Hamburg, seit 1917 in Gera, hier auch Regie führend u. schließlich wieder in Hamburg, wo er lebenslang blieb, die stärkste Stütze des Schauspielhauses. Ehrenmitglied das. Hauptrollen: Tell, Faust, Karl Moor, Jaromir, Othello, Holofernes, Fuhrmann Henschel u. a.
Literatur: Eisenberg, A. Otto (Biogr. Lexikon) 1903; Hans *Sommerhäuser,* A. O. wäre neunzig (Hamburger Anzeiger 17./ 18. Febr.) 1951.

Otto, Anton, geb. 12. Mai 1852 zu Stettin, gest. 1930, letzter Schüler von Heinrich Marr (s. d.), wirkte als Schauspieler in Lübeck, Leipzig, Rostock, Mainz, Neuyork, Augsburg, Düsseldorf, später als Theaterdirektor in Krefeld u. a. Namhafter Charakterdarsteller u. Regisseur. Hauptrollen: Mephistopheles, Marinelli, Shylock, Jago, König Lear, Doktor Klaus u. a. Auch Übersetzer u. Bearbeiter verschiedener Bühnenwerke. Gatte der Schauspielerin Helene Kuhse.

Otto, Brigitte, geb. 25. Jan. 1927 zu Stuttgart, am Heinrich-Koch-Studio in München ausgebildet, debütierte 1952 am Deutschen Theater in Göttingen als Amal in R. Tagores „Postamt", blieb hier bis 1955 u. spielte hierauf in Darmstadt. Hauptrollen: Perdita („Ein Wintermärchen"), Celia („Wie es euch gefällt") u. a.

Otto (geb. Klinder), Charlotte (Geburtsdatum unbekannt), gest. 25. Nov. 1943 zu Berlin (durch Selbstmord), war Schauspielerin. Gattin von Paul O.

Otto, Elli s. Rothenburg, Elli.

Otto, Erich, geb. 19. Febr. 1883 zu Berlin, wirkte als Schauspieler in Liegnitz, Harburg, Stettin, Straßburg, Metz u. Nürnberg, seither an verschiedenen Bühnen in Berlin. Vizepräsident der „Genossenschaft Deutscher Bühnenangehörigen", 1932—50 deren Präsident.
Literatur: Anonymus, Erich Otto 75 Jahre alt (Die Bühnengenossenschaft 9. Jahrg. Nr. 12) 1958.

Otto, Ernst Julius, geb. 1. Sept. 1804 zu Königstein in Sachsen, gest. 5. März 1877 zu Dresden, Apothekerssohn, 1814—22 Zögling der Kreuzschule das., studierte in Leipzig Musik, begann früh zu komponieren u. war 1830—75 Leiter der Kreuzschule in Dresden. Außer zahlreichen Liedern u. Chören schrieb er die Oper „Das Schloß am Rhein" (1838 am Hoftheater in Dresden aufgeführt) u. als Erster eine komische Oper für Liedertafeln „Die Mordgrundbruck bei Dresden".
Literatur: Fürstenau, E. J. Otto (A. D. B. 24. Bd.) 1887.

Otto, Felix s. Fischer, Felix Otto.

Otto, Franz, geb. 3. Juni 1809 zu Königstein, gest. 30. April 1842 zu Mainz, Bruder von Ernst Julius O. (s. d.), besuchte die Thomasschule in Leipzig, bildete sich zum Sänger aus, ging 1833 mit drei Kollegen nach London, um dort den Männergesang bekannt zu machen u. gastierte nach seiner Rückkehr an verschiedenen deutschen Bühnen, u. a. 1841 in Dresden u. zuletzt in Mainz.
Literatur: Fürstenau, F. Otto (A. D. B. 24. Bd.) 1887.

Otto, Hannskarl, geb. 24. Sept. 1918 zu Duisburg, studierte in Köln u. München (Doktor der Philosophie), war bis 1952 als Schriftleiter in Duisburg, Essen, Düsseldorf u. München tätig, 1952—53 als Dramaturg in Osnabrück, seither als Chefdramaturg an den Städt. Bühnen in Augsburg. Ständiger Mitarbeiter u. Theaterkritiker der „Berliner Börsenzeitung", der „Leipziger Neuesten Nachrichten" u. a. Herausgeber der „Bühne u. Film von heute" 1946—47, Redakteur der „Blätter des Osnabrücker Theaters am Domhof" 1952—53 u. der „Blätter der Städt. Bühnen Augsburg" 1953 .ff.

Otto, Hans, geb. 10. Aug. 1900 zu Dresden, gest. 24. Nov. 1933 zu Berlin (als Opfer des Nazi-Regimes), Beamtenssohn, sollte Kaufmann werden, ging aber gegen den Willen seines Vaters zur Bühne, nahm bei Eduard Plate in Dresden Schauspielunterricht u. begann seine Bühnenlaufbahn als Jugendlicher Held am Frankfurter Künstler-Theater, wo er vom Anfang an tragende Rollen spielte. 1924 kam er an die Kammerspiele nach Hamburg, 1925 ans Russische Theater nach Gera, 1927 wieder nach Hamburg u. 1929 nach Berlin, wo er zuerst bei Barnowsky wirkte u. seit 1930 am Staatl. Schauspielhaus. Hauptrollen: Ferdinand („Kabale u. Liebe"), Eduard II. (Titelrolle von Bert Brecht), Egmont, Posa, Amphitryon, Hannibal u. a. Nach dem Zweiten Weltkrieg wurde eine Hans-Otto-Stiftung unter dem Vorsitz von Wolfgang Langhoff (s. d.) gegründet, mit dem Zweck, jungen mittellosen Menschen die Ausbildung zum Künstler zu ermöglichen.
Literatur: A.-G. Kuckhoff, Hans Otto 1948.

Otto (geb. Kuhse), Helene, geb. 17. Jan. 1859 zu Berlin (Todesdatum unbekannt), war Schauspielerin in Berlin (Viktoriatheater u.

Nollendorftheater), Leipzig (Carolatheater), Neuyork, Augsburg, Düsseldorf u. Krefeld, hier vor allem in komischen Charakterrollen tätig. Gattin von Anton O. Hauptrollen: Rosl („Der Verschwender") Leni („Drei Paar Schuhe"), Wladimir („Fatinitza") u. a.

Otto, Johann Karl Theodor, geb. 10. April 1830 zu Rudolstadt, gest. 3. Aug. 1898 zu Hamburg, wirkte als Erster Bariton in Schwerin, Dessau, Königsberg, Rotterdam, Magdeburg u. a.

Otto, Johannes s. Jacobi, Johannes Otto.

Otto, Johannes, geb. 30. Aug. 1870, Schauspieler u. Sänger, war 45 Jahre bühnentätig. Seinen Lebensabend verbrachte er in Bischofswerda bei Dresden.

Otto, Julius, geb. 29. Jan. 1863 zu Schwerin, gest. 20. Dez. 1924 zu München auf einer Dienstreise, Sohn des Schauspielers Wilhelm O., zuerst Kaufmann, dann Hofschauspieler in Meiningen, kam 1889 nach Brünn, 1890 nach Breslau u. St. Louis, 1891 nach Hamburg, 1892 nach Riga, 1896 nach Leipzig u. wurde 1902 Direktor des Stadttheaters in Zwickau, hierauf in Elberfeld u. 1910 in Bremen, dann mit dem Hofratstitel ausgezeichnet. Held u. Konversationsliebhaber. Hauptrollen: Karl Moor, Max Piccolomini, Romeo, Pylades, Franz („Der Meineidbauer") u. a.

Otto, Karl s. Dessart, Otto.

Otto, Karl, geb. 25. Juni 1904 zu Frankfurt a. M., Sohn eines Kantors, 1922—26 am Hochschen Konservatorium das. ausgebildet, begann nach weiterem Studium bei A. Fischer in Berlin (1926—30) seine Bühnentätigkeit als Baß in Pforzheim u. kam über Freiburg im Brsg. u. Hannover 1943 an die Staatsoper in Hamburg. Auch Teilnehmer der Festspiele in Lissabon, Berlin u. Edinburgh. Hauptrollen: Fléville („André Chénier") Saurin („Pique Dame") u. a.

Otto, Lisa, geb. 14. Nov. 1919 zu Dresden, Tochter des Konzertsängers Carl O., an der Hochschule für Musik in ihrer Vaterstadt ausgebildet, debütierte 1941 am Landestheater in Beuthen als Sophie im „Rosenkavalier", blieb hier bis 1944, wirkte dann bis 1947 in Nürnberg, 1947—50 in der Staatsoper in Dresden, seither auch an der Städt. Oper in Berlin. 1953 u. 1954 war sie bei den

Salzburger Festspielen tätig. Hauptrollen: Despina („Cosi fan tutte"), Gilda („Rigoletto"), Cherubin („Die Hochzeit des Figaro"), Zerline („Don Giovanni"), Echo („Ariadne auf Naxos") u. a. Gattin des Zahnarztes Albert Bind.

Otto (Otto-Peters), Luise (Ps. Otto Stern) s. Peters, Luise.

Otto, Mathilde, geb. 18. Mai 1843 zu Stettin, gest. 30. Mai 1920 zu Köslin, Schauspielerin.

Otto (Ps. Ahlers), Martha, geb. 1. Mai 1860, gest. 5. Nov. 1909 zu Hamburg, war Schauspielerin am dort. Ernst-Drucker-Theater. Darstellerin plattdeutscher Typen.

Otto, Max s. Gottlob-Otto, Max.

Otto, Olga, geb. (Datum unbekannt) zu Riga, gest. 22. März 1920 zu Hamburg, Tochter des Kammermusikers Wilhelm Lorenz u. der Choristin Luise, geb. Schneider, fand als Schauspielerin ihr erstes Engagement in Reval, kam 1874 als Jugendliche Liebhaberin nach Riga, 1882 nach Berlin u. 1887 ans Hoftheater in Meiningen, wo sie sich mit Alexander O. verheiratete. Nach der Geburt ihres ersten Kindes lebte sie drei Jahrzehnte bis zu ihrem Tod geistesumnachtet in Hamburg. Hauptrollen: Jungfrau von Orleans, Thekla, Porzia u. a.

Otto, Oskar s. Kubitzky, Otto.

Otto, Otto, geb. 22. Jan. 1865 zu Schwerin, gest. 2. April 1887 zu Berlin, war Schauspieler am Hoftheater in Meiningen. Sohn von Wilhelm O.

Otto, Paul (Geburtsdatum unbekannt), gest. 25. Nov. 1943 zu Berlin, wirkte als Schauspieler u. Spielleiter am Deutschen Theater das. J. Bab schrieb über ihn: „Die Art, wie er die unwiderstehliche Nonchalance der Shawschen Plauderer gibt, wie er unter liebenswürdigem Lächeln die Bosheiten u. Verlogenheiten der gesellschaftlichen Konvention mit seinen scheinbar phlegmatischen Paradoxen ans Licht holt, mag sich als eine Verschärfung u. Intellektualisierung der Waldenschen (s. Walden, Max) Plauderart präsentieren. Aber es steckt eine geistige Energie, eine kritische Schärfe hinter der leichteleganten Art dieses jungen Mannes, die Walden doch fremd ist . . .

O. spielt auch preußische Bürokraten mit der brutalen Schärfe, aber auch mit der tadellosen Haltung der klaren, intelligenten Wegsicherheit, die diesem vielgeschmähten Menschenschlag seine geschichtliche Bedeutung gibt. Er hat dann in der heiseren Energie seines Tons u. der disziplinierten Straffheit seiner Bewegungen ein Etwas, das uns den Punkt fühlen läßt, wo die korrekte Vernünftigkeit Größe, die nüchterne Sachlichkeit Heroismus wird."
Literatur: Julius Bab, Deutsche Schauspieler 1908.

Otto, Reinhard s. Otto-Thate, Karoline u. Otto-Wernthal, Auguste.

Otto, Theo, geb. 4. Febr. 1904 zu Remscheid, studierte zuerst Maschinenbau, ging dann aber zur Malerei über, wurde Meisterschüler an der Kunstakademie in Kassel, kam als Assistent an die Bauhochschule nach Weimar, mit 23 Jahren als Bühnenbildner an die Krolloper nach Berlin, gehörte seit 1931 den Berliner Staatstheatern als Ausstattungschef an und wirkte zusammen mit Otto Währlin, Leopold Lindtberg, Berthold Viertel u. a. Seit 1933 am Schauspielhaus in Zürich tätig, arbeitete er nach 1945 auch für das Burgtheater, die Kammerspiele in München, das Schauspielhaus in Düsseldorf, das Staatstheater in München u. für die Städt. Bühnen in Frankfurt a. M. Die Aufgabe des Bühnenbildners u. damit der Bühnenbildkunst überhaupt umschrieb er selbst (wichtig für eine Theorie derselben) mit den Worten: „Die Voraussetzung für den Bühnenbildner ist die vollendete Beherrschung der handwerklichen Mittel. Die Kenntnis der üblichen Anwendungs- u. Kombinationsmöglichkeiten von Farbe, Linie, Fläche, Raum, Körper, hell, dunkel, Licht u. Schatten. Die Beherrschung all dieser Mittel gehört zum reizvollsten der künstlerischen Arbeit u. hängt innigst zusammen mit dem Entstehen des Bühnenbildes überhaupt. Den Materialien hat die besondere Liebe des Bühnenbildners zu gehören. Mit Neugier soll man immer wieder suchen u. entdecken. Nicht nur die dekorativen Möglichkeiten des Materials muß man genau kennen, man muß ihren sensitiven Werten (hart, grob, spröde, leicht, duftig, transparent) nachspüren u. immer wieder ausprobieren. Auf diesem Gebiet hat der Bühnenbildner Entdecker zu sein. Die Technik muß zwar völlig beherrscht, darf aber nicht überschätzt werden. Eine Maschine, die Produkte herstellt, ist nützlich u. sie ist ausprobiert u. durchdacht. Für die Bühnenmaschinerie ist das gleiche leider nicht zu sagen. Sie ist wenig durchdacht u. wird noch überschätzt. Der Bühnenbildner muß gute Aufführungen mit primitivster Technik zustande bringen. In den neuerbauten Theatern, vor allem in Deutschland, überbordet die Technik u. steht im Mißverhältnis zu Darstellung u. Darstellern. Sie erweist sich als ökonomische Belastung, u. sie verrät, daß ihre Konstruktion nicht im praktischen, lebendigen Kontakt mit der Bühne u. ihren Möglichkeiten steht. Sie kennt offensichtlich die moderne dramatische Literatur nicht, denn diese bedarf nicht der Technik solchen Ausmaßes. Die dramatische Literatur einer Epoche allein bestimmt das Gesicht des Theaters vom Stil der Darstellung bis zur Theatertechnik. So überschätzt die Bühnenmaschinerie vielfach ist u. so sinnlos sie angewendet wird, so armselig ist die Entwicklung auf dem Gebiete der Beleuchtung, auf dem noch viel Arbeit zu leisten ist. Da er sich ein Bild machen muß, ist entscheidend für den Bühnenbildner seine Fähigkeit zur Konzeption u. das Projizieren der Gegebenheiten in die geistige Vorstellung. Der Bühnenbildner muß offen bleiben für alle ihm gegebenen Möglichkeiten, vom Eindruck der Natur bis zur reinsten Abstraktion. Naturalismus als Mittel kann so gut sein, wie er als Programm schlecht ist. Abstraktion als Mittel kann eben so gut sein, wie sie als Programm tödlich wirken kann. Die Welt des Theaters besteht aus Brettern. Sie sind ein Tablett, auf dem Bewegung, Körper, Bild, also das Darstellende, serviert werden sollen. Um den Menschen im Zuschauerraum u. um den auf der Bühne geht es. Mitzuhelfen, ihn richtig ins Bild zu stellen, das ist die große Aufgabe."

Literatur: Kurt *Hirschfeld*, Der Bühnenbildner Th. Otto (Neue Zürcher Zeitung, Fernausgabe Nr. 249) 1953.

Otto, Werner, geb. 1. März 1922 zu Seifhennersdorf bei Berlin, 1945—47 in Dresden für das Theater ausgebildet, begann hier an der Volksbühne seine Bühnenlaufbahn, kam 1950 als Dramaturg an die Landesoper von Sachsen, 1952 an die Komische Oper in Berlin u. wirkte seit 1954 an der Staatsoper das.

Otto, Wilfried, geb. 28. Jan. 1901 zu Ludwigshafen, besuchte Kunstschulen 1919 bis 1924 in Karlsruhe u. 1924—27 in Berlin-Charlottenburg, vollendete seine Ausbildung 1928 in Paris, begann seine Laufbahn als Bühnenbildner 1941 in Gera, ging 1942 nach Würzburg u. war seit 1945 am Staatstheater in Karlsruhe tätig, hier auch als Vorstand des Malersaales.

Otto, Wilhelm, geb. 1763, gest. 1849 zu Trier, wirkte als Schauspieler 1798—1834 am Stadttheater in Frankfurt a. M.

Otto, Wilhelm, geb. 16. April 1907 zu Münster in Westfalen, wurde 1928—33 an der Hochschule für Musik in Köln ausgebildet, debütierte 1933 in Ulm als Lohengrin, wirkte 1934—36 in Lübeck, 1936—38 in Schwerin, 1938—43 am Staatstheater in Stuttgart, 1943 bis 1944 am Deutschen Theater in Den Haag u. seit 1945 an den Städt. Bühnen in Köln. Hauptrollen: Siegfried, Stolzing, Parsifal, Palaestrina, Bajazzo u. a.

Otto, Wilhelm (Geburtsdatum unbekannt), gest. 2. September 1932 zu Berlin, gehörte der Bühne als Heldentenor an u. war zuletzt Gesangslehrer das.

Otto, Wilhelm s. Burmeister, Ludwig P. A.

Otto (eigentlich Pfennigwerth), **Wilhelm,** geb. 4. Okt. 1825 zu Bautzen, gest. 14. Febr. 1918 zu Lübeck, begann 1845 seine Bühnenlaufbahn in Altenburg, spielte dann in Königsberg, Bremen, Köln u. kam 1862 als Liebhaber u. Charakterdarsteller nach Schwerin, wo er bis zu seinem Eintritt in den Ruhestand 1887 wirkte. Mitbegründer der Genossenschaft Deutscher Bühnen-Angehöriger. Gatte von Rosa Martineck. Vater von Alexander u. Julius O.

Otto-Alvsleben, Melitta von, geb. 6. Dez. 1841 (nach andern 16. Dez. 1842) zu Dresden, gest. 13. Jan. 1893 das., Schülerin des Kammermusikers Thiele am dort. Konservatorium, begann ihre Bühnenlaufbahn 1860 als Julia (in Bellinis Oper) am Hoftheater in Dresden, wo sie bis 1873 blieb, gastierte wiederholt in Schottland, Irland u. England, gehörte 1875—77 als Mitglied dem Stadttheater in Hamburg an, seit 1877 wieder dem Hoftheater in Dresden. Ehrenmitglied das. u. Kammersängerin. Gattin des Oberzollrats Max Otto, Hauptrollen: Donna Anna, Aida, Agathe, Leonore, Frau Fluth, Martha, Alice, Königin der Nacht, Rosine, Lucia, Susanne, Konstanze, Evchen u. a.

Literatur: Adolf *Kohut,* M. Otto-Alvsleben (Das Dresdner Hoftheater in der Gegenwart) 1888; *Eisenberg* M. O.-A. (Biogr.
Lexikon) 1903.

Otto-Körner, Margarethe, geb. 27. Juli 1868
zu Hamburg, gest. 21. Juni 1937 das., Tochter des Schauspielers Theodor Körner, von
ihrem Pflegevater, dem Schauspieler Bruno
Manke, für die Bühne ausgebildet, fand ihr
erstes Engagement als Choristin in Lübeck,
war dann in Küstrin Possen-Soubrettistin,
hierauf in Berlin u. Hannover, verlor jedoch ihre Stimme u. betrat das Fach der
Salondamen. Über Leipzig u. Brünn kam sie
u. a. nach München u. Wien, 1891 ans Stadttheater in Hamburg u. 1906 ans dort. Schauspielhaus, wo sie bis 1932 wirkte. Ehrenmitglied des. Gattin von Alexander Otto.
Hauptrollen: Cyprienne, Haubenlerche,
Francillon, Magda, Frau Wolff, Herzogin
(„Die Welt, in der man sich langweilt")
u. a.
Literatur: Eisenberg, M. Otto-Körner
(Biogr. Lexikon) 1903.

Otto-Lorenz, Olga s. Otto, Olga.

Otto-Martineck, Rosa, geb. 10. Mai 1836 zu
Magdeburg, gest. 27. Febr. 1928 zu Schwerin, war 1856—57 Erste Liebhaberin in Linz,
1857—59 unter Woltersdorff in Königsberg,
1859—61 in Mannheim u. hierauf in Schwerin. Ehrenmitglied des dort. Hoftheaters.
Ihr Ruf bewährte sich auch bei den Sondervorstellungen in München vor Ludwig II.
1896 trat sie in den Ruhestand. Hauptrollen:
Maria Stuart, Minna von Barnhelm,
Adrienne Lecouvreur u. a. Gattin von Wilhelm Otto, Mutter von Alexander u. Julius O. (s. d.).

Otto-Thate, Karoline, geb. 1. März 1822 zu
Braunschweig, gest. 19. März 1897 zu Stuttgart, Tochter eines Sattlermeisters Thate,
ausgebildet von ihrem Onkel Friedrich
Lemcke (Erster Väter- u. Charakterdarsteller in Bremen, gest. 1855 das.), debütierte
als Toni in Th. Körners gleichnamigem
Stück 1842 in Bremen, kam dann als Jugendliche u. Tragische Liebhaberin nach
Elberfeld, 1845 nach Düsseldorf, gastierte
1847 in Kassel u. blieb das. bis 1851. Nach
einem kurzen Engagement in Hannover gehörte sie 1852—79 dem Hoftheater in
Braunschweig als Jugendliche Heldin u.
Salondame an. Später spielte sie auch feinkomische Rollen u. Chargen im Konver-

sationsstück. Gattin des Schauspielers Rein-
hard Otto (gest. 1885), der in erster Ehe
mit Auguste Otto-Wernthal verheiratet war
u. für die Bühne Dramen schrieb („Ein Morgen Peter des Großen", „Eine Perle", „Bren-
nende Liebe" u. a.), Tante des Tenors Chri-
stian Thate u. der Schauspielerin Mathilde
Thate, die u. a. am Deutschen Theater in
Berlin wirkte. Im Ruhestand lebte die
Künstlerin bei ihrem Pflegesohn, dem
Schauspieler Egmont Richter, in Stuttgart.
Hauptrollen: Maria Stuart, Gretchen,
Deborah, Jungfrau von Orleans, Isabella,
Katharina von Medici, Lady Macbeth, Grä-
fin Orsina u. a.
Literatur: F. *Spehr,* K. Otto-Thate (Deut-
scher Bühnen-Almanach, herausg. von A.
Entsch 43. Jahrg.) 1879; P. *Zimmermann,* K.
O.-T. (Biogr. Jahrbuch 2. Bd.) 1898.

Otto-Wernthal, Auguste, geb. 17. Sept. 1833
zu Braunschweig, gest. 12. Aug. 1856 das.,
Tochter des Komponisten u. Kammermusikers Wernthal, kam als Jugendliche Sängerin ans Hoftheater ihrer Vaterstadt u.
1854 nach Bremen, wo sie auch im Schauspiel wirkte. Sie gab Gastspiele am Stadttheater in Hamburg, spielte 1855 in Köln
u. zuletzt am Hoftheater in Hannover. Seit
1854 erste Gattin des Schauspielers u. späteren Redakteurs der „Deutschen Reichs-
zeitung" Reinhard Otto.
Literatur: Eisenberg, A. Otto-Wernthal
(Biogr. Lexikon) 1903.

Otto-Wilke, Elisabeth, geb. (Datum unbekannt) zu Berlin, gest. 26. Juli 1934 das.,
in ihrer Vaterstadt für die Bühne ausgebildet, wirkte als Schauspielerin bis zu ihrem
Abschied 1919.

Otto von Ravensberg, Otto s. Jacobi, Otto.

Ottobeuren, bayr. Landgemeinde mit reichs-
unmittelbarem Benediktinerstift, das das
Barocktheater pflegte.
Literatur: Walther *Klemm,* Benediktini-
sches Barocktheater in Südbayern, insbe-
sonders des Reichsstiftes Ottobeuren (Diss.
München) 1938.

Ottokar (Přemysl) **König von Böhmen,** geb.
um 1230, verlor am 26. Aug. 1278 auf dem
Marchfeld im Kampf mit Rudolf von Habsburg Schlacht u. Leben. S. auch König Ottokars Glück u. Ende u. Rudolf von Habsburg.
Behandlung: K. H. *Hemmerde,* Ottokar,
König von Böhmen (Trauerspiel) 1790; F.

Ochs, O. von B. (Trauerspiel) 1791; Matthäus v. *Collin*, O. (Trauerspiel-Fragment) 1818; Franz *Grillparzer*, König Ottokars Glück u. Ende (Trauerspiel) 1825; Uffo *Horn*, König O. (Trauerspiel) 1846; Ludwig *Ritter* v. *Mertens*, König O. (Trauerspiel) 1862.

Literatur: Maria *Halmschlager*, Ottokar II. in der deutschen Dichtung (Diss. Wien) 1935.

Ottomeyer, Leonhard, geb. 1839 zu Köln, gest. 21. Nov. 1912 zu Berlin, erzielte auf den deutschen Bühnen in Amerika u. England große Erfolge als Schauspieler. 1868 bis 1872 gehört er dem Aktien-Volkstheater in München an u. war 1871 hier der erste „Pfarrer von Kirchfeld" zwei Monate nach der Uraufführung in Wien. Auch in Berlin wirkte er an verschiedenen Bühnen (u. a. Luisen- u. Viktoriatheater), zuletzt am kgl. Schauspielhaus das. Dramaturg. Viele Aufführungen erlebte seine Dramatisierung von Bulwers „Die letzten Tage von Pompeji".

Ottonen, die Nachfolger König Heinrichs I. (gest. 936), Otto I. des Großen (912—73), Otto II. (955—83), Otto III. (980—1002), Otto IV. (1174—1218). Dramenhelden.

Behandlung: Hrosvith *von Gandersheim*, Otto I. (lat.) um 970; Jakob *Ayrer*, Von Kaiser Otto III. u. seiner Gemahlin Sterben u. Ende (Tragödie) um 1600; F. M. v. *Klinger*, Otto (Trauerspiel) 1775; W. v. *Ramdohr*, O. III. (Trauerspiel) 1783; G. A. v. *Seckendorf*, O. III. (Tragödie) 1805; Friedrich v. *Uechtritz*, O. III. (Tragödie) 1823; F. *Metellus*, O. der Große (Drama) 1830; Heinrich *König*, Die Bußfahrt (Tragödie) 1836; Julius *Mosen*, Kaiser O. III. (Tragödie) 1839; J. L. *Klein*, Maria (Tragödie) 1860; Arthur *Müller*, König O. u. sein Haus (Schauspiel) 1860; F. K. *Biedermann*, Kaiser O. III. (Tragödie) 1863; K. F. *Flemming*, O. I. (Drama) 1865; ders., O. II. (Tragödie) 1865; Johann *Fercher* v. *Steinwand*, Dankmar (Tragödie) 1867; Luise *Zeller* (= Pichler), Heinrichs I. Söhne (Drama) 1873; Georg *Günther*, O. III. (Tragödie) 1874; L. Th. *Grün*, O. III. (Trauerspiel) 1874; Heinrich *Lucius*, O. der Große (Schauspiel) 1876; Ernst *Meyer-Detmold*, Thankmar (Tragödie) 1879; Hugo *Krebs*, Kaiser O. III. (Lustspiel) 1880; Theodor *Fischer*, Herzog Liudolf (Tragödie) 1880; Elise *Müller*, O. der Große (Drama) 1881; Friedrich v. *Hindersin*, Kaiser O. III. (Schauspiel) 1887; Alberta v. *Puttkamer*, Kaiser O. III. (Trauerspiel) 1890; A. F. *Furchau*, Kaiser

O. III. (Trauerspiel) 1890; Julius *Hillebrand*, Kaiser O. III. (Trauerspiel) 1891; G. *Schönemann*, König O. (Schauspiel) 1892; O. *Reissert*, O. mit dem Barte (Schauspiel) 1892; Johann *Dorn*, Der letzte Ottone (Drama) 1894; Friedrich *Brombacher*, O. der Große (Drama) 1896; Eberhard *König*, O. der Sachse (Schauspiel) um 1900; Wilhelm v. *Scholz*, Die Frankfurter Weihnacht (Drama) 1938; Friedrich *Hedler*, Der goldene Reiter (Drama) 1942.

Literatur: Albert *Morgenroth*, Kaiser Otto III. in der deutschen Dichtung (Diss. Breslau) 1922.

Ottweiler, Margaretha Reichsgräfin von, urspr. eine Bauerntochter namens Kest, zweite Gemahlin Ludwigs, des letzten Herzogs von Nassau-Saarbrücken (1768—93), deren Schönheit berühmt war u. die vom Kaiser 1783 geadelt wurde. Bühnenheldin.

Behandlung: Ph. W. *Kramer*, Gänsegretel (Lustspiel) 1862.

Overhof, Otto, geb. 30. Aug. 1880 zu Wanne in Westfalen, war 1905—06 evang. Vikar in Hilchenbach, wirkte 1907—08 im Lehramt in Berlin u. lebte seit 1911 als freier Schriftsteller (mit Unterbrechungen) in Rom. Erzähler, Dramatiker u. Lyriker.

Eigene Werke: Am Abhang (Drama) 1915; Baldr (Trauerspiel) 1927; Der Spielmann des Todes (Trauerspiel) 1929; Fositesland (Drama) 1929.

Overhoff, Kurt, geb. 20. Okt. 1902 zu Wien, Sohn eines Ingenieurs, in seiner Vaterstadt musikalisch ausgebildet, war als Erster Kapellmeister 1925—26 am Stadttheater in Ulm, 1826—28 in Münster u. 1928—29 an der Staatsoper in Wien tätig. Komponist der Opern „Myra" 1925 u. „Shiwas Tod" 1926.

Overstolz, rheinisches Patriziergeschlecht des Mittelalters, dessen Schicksal von Johannes Kreuser 1833 in dem Trauerspiel „Die Overstolzen" dramatisch gestaltet wurde.

Overweg, Robert, geb. 18. Nov. 1877 zu Soest in Westfalen, gest. 13. April 1942 zu Leipzig, war seit 1900 Direktor des Neuen Theaters in Bonn u. lebte seit 1908 in Leipzig. Dramatiker.

Eigene Werke: Brüderchen (Drama) 1906; Hubertus (Schauspiel) 1907; Ave Maria (Schauspiel) 1907; Der Befehl des Fürsten

(Lustspiel) 1908; Pierres Liebe (Schauspiel) 1911; Der Frosch von Seeburg (Lustspiel) 1911 (mit Henry F. Urban); Kümmelblättchen (Lustspiel) 1912; Gelina (Musikdrama) 1912 (mit Artur Wulffius); Durchs Schlüsselloch (Schwank) 1913; Generalpardon (Lustspiel) 1914; Eingeschneit (Lustspiel) 1915; Der Schrittmacher (Komödie) 1917; Der Charlatan (Schauspiel) 1922; Der Glückspilz

(Schauspiel) 1923; Füchse im Hühnerstall (Lustspiel) 1928; Das Duell um Frieda (Lustspiel) 1929; Ein falscher Fuffziger (Lustspiel) 1935; Zwei in der Dunkelkammer (Lustspiel) 1936; Der Herr aus Übersee (Komödie) 1937; Die Frühglocke (Musikdrama nach Adolf Schmitthenner, Musik von Hermann Ambrosius) 1937; Grüße aus Schottland (Lustspiel) 1938 (mit Hans Wagner).

P

Paalen, Bella, geb. 9. Dez. 1881 zu Pasztho in Ungarn, Tochter des Fabriksdirektors Ernst Pollak, studierte am Konservatorium in Wien, Schülerin von Rosa Papier-Paumgartner (s. d.), debütierte 1904 am Stadttheater in Düsseldorf als Fides, sang 1905 bis 1907 in Graz, wo Gustav Mahler, als sie das berühmte Altsolo in seiner dritten Symphonie sang, ihr einen Vertrag an die Staatsoper in Wien anbot. Seit 1907 war sie ständiges Mitglied ders. Kammersängerin. 1938 übersiedelte sie als Gesangslehrerin nach Neuyork. Gastspiele führten sie nach Holland, Spanien, England u. in die Tschechoslowakei. Auch Lieder- u. Oratoriensängerin. Hauptrollen: Amneris, Acuzena, Ortrud, Fricka, Erda, Venus, Klythemnestra, Herodias, Annina u. a.

Paar, Mathilde, geb. 6. April 1849 zu Kassel, gest. 23. Juni 1899 zu Leipzig, Tochter eines hessischen Regierungsbeamten, war zeitweilig Lehrerin. Vorwiegend Dramatikerin.
Eigene Werke: Die Wahrheit (Lustspiel) 1875; Der Champagnerpfropfen (Lustspiel) 1877; Chambre garnie (Lustspiel) 1879; Ein Roman (Lustspiel) 1879; Der Brautkranz (Lustspiel) 1879; Helene (Schauspiel) 1882; Verirrungen (Schauspiel) 1886; Isolina Janson (Schauspiel) 1890; Die Geschwister (Schauspiel) 1891; Desirée (Schauspiel) 1895; Der Buchstabe des Gesetzes (Schauspiel) 1898.

Paasch, Richard, geb. 29. Sept. 1854 zu Berlin, gest. 31. Jan. 1941 zu Potsdam, lebte als Arzt u. Geh. Medizinalrat in seiner Vaterstadt. Vorwiegend Dramatiker.
Eigene Werke: Michael Servetus (Trauerspiel) 1902; Sabine von Steinbach (Trauerspiel) 1902; Pyrrhon von Elis oder Die Tempelweihe (Drama) 1938.

Pabst, Erich, geb. 23. Nov. 1890 zu Elberfeld, gest. 8. Sept. 1955 zu Osnabrück, begann seine Laufbahn als Schauspieler 1920 in Berlin, wurde Regisseur u. Mitglied des Direktionsstabes bei Max Reinhardt das. u. leitete die Bühnen in Thale 1926—28, Osnabrück 1929—30, Augsburg 1931—36, Berlin 1936—38, Münster 1936—44 u. 1950—55 wieder in Osnabrück.

Pabst, Eugen, geb. 24. Dez. 1886 zu Oberammergau, gest. 3. Jan. 1956 das., Schüler von Felix Mottl (s. d.), war Dirigent an den Bühnen in Allenstein, Bern, Hamburg, Münster, Köln u. führte zahlreiche Gastspielreisen in Westeuropa durch. Generalmusikdirektor. Im Ruhestand ließ sich P. in seinem Heimatort nieder.

Pabst, Friedrich August, geb. 30. Mai 1811 zu Elberfeld, gest. 17. Juli 1885 zu Wien, Bruder des Dramaturgen Julius P. (s. d.). Opernkomponist.
Eigene Werke: Der Kastellan von Krakau 1846; Unser Johann 1848; Die letzten Tage Pompejis (Text von Julius P.) 1851; Die Langobarden o. J.

Pabst, Georg Wilhelm, geb. 14. (nach anderen 27.) Aug. 1885 zu Raudnitz in Böhmen, Sohn eines österreichischen Eisenbahnbeamten, in Wien ausgebildet, begann seine Laufbahn als Schauspieler in Zürich u. St. Gallen, spielte dann in Salzburg, Berlin, am Deutschen Theater in Neuyork, wo er auch Regie führte, kehrte nach dem Ersten Weltkrieg aus einem französischen Internierungslager nach Wien zurück (Neue Wiener Bühne) u. war seit 1921 als Filmregisseur tätig.

Pabst, Heinz, Geburtsdatum u. -ort unbekannt, gest. 27. Juli 1952, Direktor u. Gründer der Dresdner Komödie, lehrte seit 1949 in Cincinnati Sprachkunst u. Literatur.

Pabst, Julius, geb. 18. Okt. 1817 zu Wilhelmsruhe bei Eitorf an der Sieb, gest. 22. Okt. 1881 zu Dresden, Sohn des Philosophen u. Pädagogen Karl Leopold P., studierte in Breslau u. Halle, war dann Erzieher in Berlin, Neumark u. Dresden, wirkte 1855—81 als Dramaturg des dort. Hoftheaters u. seit 1860 Hofrat das. Auch Regisseur. Vorwiegend Bühnenschriftsteller. Gatte der Schauspielerin Agnes Schmidt.
Eigene Werke: Armus u. Albina (Festspiel) 1850; Blüh ewig fort, du Haus Wettin (Festspiel) 1859; Ein Götterwettstreit (Festspiel) 1860; An Körners Grabe (Drama) 1863; Die letzten Tage von Pompeji (Oper) 1863; Die Trauer u. der Nachruhm (Vorspiel) 1866; Festliche Glocken (Dichtungen zum Gedächtnis festlicher Stunden) 1872 u. a.

Pácal, Franz, geb. 24. Dez. 1866 zu Leitomischl in Böhmen, besuchte das Konservatorium in Prag, nahm u. a. bei Gustav Walter (s. d.) Gesangsunterricht, wirkte 1887—92 im Orchester des tschechischen Nationaltheaters, war dann Chorist in Köln, Bremen, Graz u. an der Hofoper in Wien, wo er seit 1897 als Heldentenor auftrat. Hauptrollen: Turiddu, Bajazzo, Faust, Lorenzo u. a.
Literatur: Eisenberg, F. Pácal (Biogr. Lexikon) 1903.

Pachert, Mila (Geburtsdatum unbekannt), gest. 5. März 1877 zu Lübeck, wirkte als Schauspielerin 1872 am Residenztheater in Berlin, 1873 in Augsburg, 1874 wieder in Berlin am Wallnertheater, 1875 in Lübeck u. 1876—77 als Erste Possensoubrette am Tivolitheater das.

Pachler, Faust (Ps. C. Paul), geb. 18. Dez. 1819 zu Graz, gest. 6. Sept. 1892 auf dem Panoramahof bei Graz, Sohn des Advokaten Karl P. u. der von Beethoven hochgeschätzten Künstlerin Marie P., studierte in Graz, wurde Kustos an der Wiener Hofbibliothek u. trat 1889 als Regierungsrat in den Ruhestand. Seit 1850 leitete er zeitweilig das „Familienbuch des Österr. Lloyd in Triest". Von seinem Vorgesetzten Bibliotheksdirektor Baron Münch-Bellinghausen (= Friedrich Halm) gefördert, trat er frühzeitig als fruchtbarer Dramatiker hervor. Auch Erzähler, Lyriker, Memoirenschreiber u. Publizist. Mit Grillparzer, Grün, Halm, Heyse u. a.

stand er in freundschaftlichem Verhältnis. Sein reicher handschriftlicher Nachlaß befindet sich in der Universitätsbibliothek in Graz.
Eigene Werke: Jaroslaw u. Wassa (Drama) 1848; Begum Sumro (Drama) 1849 (später von Halm überarbeitet u. 1863 in Berlin aufgeführt); Der falsche Bacherl (Parodie) o. J. (Manuskript); Kaiser Max u. sein Lieblingstraum (Festspiel) 1853; Beethoven u. Marie Pachler-Koschak 1866; Er weiß alles (Lustspiel) 1876; Loge Nr. 2 (Lustspiel) 1876.
Literatur: Wurzbach, F. Pachler (Biogr. Lexikon 21. Bd.) 1870; Anton *Schlossar,* J. P. (A. D. B. 53. Bd.) 1907.

Pachler, Richard, geb. 23. Mai 1914 zu Wien, Schauspieler, war Mitglied der Exl-Bühne (s. d.).

Paderborn, Theater der westfälischen Kreisstadt.
Literatur: Pörting, Geschichte des Theaters Paderborn 1897; F. *Rediger,* Zur dramatischen Literatur der Paderborner Jesuiten (Diss. Münster) 1935.

Padilla y Ramos, geb. 1842 zu Murcia in Spanien, gest. 15. Nov. 1906 zu Auteuil (in der Irrenanstalt), berühmter Heldenbariton, Preuß. Kammersänger, seit 1869 mit Desirée Artôt (s. Artôt de Padilla, Lola) verheiratet, mit der er seit 1889 in Paris lebte u. sich mit ihr gemeinsam der Lehrtätigkeit widmete.

Pädagogik bedient sich auch des Theaters als Erziehungsmittel.
Literatur: Paul *Dittrich,* Plautus u. Terenz in Pädagogik u. Schulwesen der deutschen Humanisten (Diss. Leipzig) 1915; Rudolf *Wegmann,* Die szenisch-dramatische Darstellung des Hilfsmittel in der Schule (Diss. Leipzig) 1933; Gerhard *Riesen,* Die Erziehungsfunktion der Theaterkritik (Diss. Heidelberg) 1935 (= Neue deutsche Forschungen, Abt. deutsche Literaturgeschichte 5. Bd.); Kurt *Meißner,* Das Laienspiel u. seine Bedeutung für die Erziehung (Diss. Kiel) 1950.

Päglow, Martha, geb. 23. Juni 1893 zu Hamburg, gest. 29. März 1937 zu Bremen als Opernsängerin am dort. Staatstheater.

Päpstin Johanna s. Johanna, Päpstin.

Paeschke, Georg, geb. 17. März 1878 zu

Sandmühle, gest. 25. April 1929 zu Berlin, wurde nach Abschluß einer Oberrealschule von Heinrich Oberländer für die Bühne ausgebildet u. betrat diese als Schauspielerin am Schillertheater in Berlin. Hauptrollen: Pylades, Leander, Mortimer, Romeo, Hans („Jugend") u. a.

Paetel, Erich, geb. 30. Juni 1875 zu Berlin, Sohn des Kommerzienrats u. Verlagsbuchhändlers Hermann P., studierte die Rechte, bereiste England, Frankreich u. Italien, wurde 1899 Dramaturg u. Regisseur des Vereinigten Stadttheaters in Graz, kehrte jedoch 1900 nach Berlin zurück u. begründete 1903 die „Neue Shakespeare-Bühne", deren Publikationen er seitdem herausgab. Erzähler u. Bühnenautor. *Eigene Werke: Aus vier Jahrhunderten* (Sat. Festspiel) 1896; Das Irrlicht (Drama) 1900; Dramaturgische Plaudereien 1900 ff.; Aus meinem Theaterleben 1931.

Paetel, Otto, geb. 22. Dez. 1838 zu Schöneberg, gest. 7. Mai 1884 zu Berlin, war bis 1861 im Bankfach tätig, begann 1860 seine Bühnenlaufbahn am Uraniatheater in Berlin u. entwickelte sich durch seine Begabung für feinkomische Rollen, durch die urwüchsige Natürlichkeit seiner Rede u. die Schlagfertigkeit seines Witzes zu einem hervorragenden Vertreter seines Faches. 1861 kam er nach Glogau, wo er bis 1874 blieb, hierauf spielte er in Görlitz, Erfurt, Pyrmont, Halle, Lüneburg, Hannover, Detmold, Braunschweig, Aachen u. Berlin. Bonvivant u. Naturbursche (auch Regisseur). Hauptrollen: Doktor Wespe, Kalb, Cäsar, Stritzow u. a. Auch Bühnenschriftsteller („Der Berliner Taugenichts", „Schlau Liserl", „Das Geheimnis eines Ministers", „Berliner Sonntagsleben", „Not bricht Eisen", „Reicher Leute Kind"), dessen Stücke nicht nur in Berlin, sondern auch auf anderen deutschen Bühnen zur Aufführung gelangten.

Päts, Fritz, geb. 18. Dez. 1859 zu Celle, gest. 4. Nov. 1900 zu Lodz, war Operettentenor am Stadttheater in Heidelberg, am Carl-Schultze-Theater in Hamburg, am Wilhelm-Theater in Magdeburg u. zuletzt Oberregisseur am Thalia-Theater in Lodz.

Pätsch, August Ferdinand, geb. 19. Jan. 1817 zu Berlin, gest. 1885 das., wirkte als Schauspieler über fünf Jahrzehnte in Berlin u. a., zuerst als Jugendlicher Held u. Bon-

vivant 1841—45 am Stadttheater in Hamburg, kam 1845 nach Frankfurt a. M., 1846 nach Prag, 1847 nach Breslau, 1848 nach Schwerin, hierauf nach Weimar u. wieder nach Prag, 1858 nach Coburg, ferner nach Nürnberg, Königsberg, Bremen, Breslau u. a., spielte später Helden- u. Vornehme Väter in Tilsit, Memel u. Insterburg. Hauptrollen: Ringelstern („Bürgerlich u. romantisch"), Baron („Krisen"), Bolz („Journalisten") u. a. Gatte der Schauspielerin Auguste Uetz (s. Pätsch-Uetz, Auguste).

Paetsch, Clementine, geb. 1. Juli 1853 zu Weimar, gest. 1913 (oder Jan. 1914) zu Straßburg, kam frühzeitig zur Bühne, der auch ihre Mutter angehört hatte, wurde 1866 für Lustspiel u. Posse nach Straßburg verpflichtet u. gehörte bis zu ihrem Lebensende demselben an. Als Bürgerliche Mutter u. Komische Alte fand sie in klassischen u. modernen Stücken Verwendung. Hauptrollen: Mutter Meinecke („Ehre" von Sudermann), Nerine („Scarpins Schelmenstreiche" von Molière) u. a.

Paetsch, Hans, geb. 7. Dez. 1909 zu Montreux-Vieux im Elsaß, studierte in Freiburg, Berlin u. Marburg, debütierte als Schauspieler 1931 am Stadttheater in Gießen, wirkte 1932—35 in Heidelberg, 1935—38 in Lübeck, 1938—39 in Saarbrücken, 1939—44 am Deutschen Theater in Prag, war dann kurze Zeit Soldat, 1945—46 Mitglied des Staatstheaters in Braunschweig, spielte 1946—47 in Frankfurt a. M. u. seither am Thaliatheater in Hamburg. Charakterbonvivant. Hauptrollen: Tellheim („Minna von Barnhelm"), Saladin („Nathan der Weise"), Heink („Das Konzert" von H. Bahr), Alpenkönig („Der Alpenkönig u. der Menschenfeind"), Kardinal („Der Lügner u. die Nonne" von C. Götz), Edward („Cocktail Party" von Elliot) u. a. Als Spielleiter inszenierte er u. a. „Rausch" von Strindberg, die Uraufführung von Mateo Lettunichs „Über meine Verhältnisse" (1955) u. a. Gatte der ausgezeichneten Schauspielerin Trude Wagenknecht.

Pätsch-Uetz, Auguste, geb. 13. Aug. 1830 zu Karlsruhe, gest. 21. Juli 1885 zu Pyrmont, Tochter des Baritonisten Franz Uetz, war zuerst als Opernsängerin, später als Schauspielerin (Komische Alte) in Frankfurt a. M., Hamburg, Königsberg, Mainz, Straßburg u. a. tätig. Gattin des Schauspielers August Ferdinand P.

Paetzold, Elisabeth, geb. 1902, gest., Todesdatum unbekannt, zu Lübeck. Opernsängerin.

Paganini, Niccolo (1782—1840), berühmter ital. Geiger, dessen Kunst u. abenteuerreiches Leben auch die Bühne anzog. *Behandlung:* Heinrich *Laube,* Zaganini (Farce gegen den Paganini-Rummel) 1828; Elise *Schmidt,* Paganini (Melodrama) 1846; Bela *Jenbach,* P. (Operette von Franz Lehár) 1925.

Pagay, Hans, geb. 11. Nov. 1843 zu Wien, gest. 21. Jan. 1915 zu Berlin, Sohn eines Börsensensals, begann als Chorsänger seine Bühnenlaufbahn, fand sein erstes Engagement in Linz, ging bald zur Operette über, nahm 1871 an einer Operettentournée in Rußland teil, kam dann an das Strampfer-Theater in Wien, wo er zusammen mit A. Girardi (s. d.) u. J. Gallmeyer (s. d.) wirkte, 1874 nach Berlin u. war hier seit 1886 Charakterdarsteller am Deutschen Theater. Ehrenmitglied dess. Besonders lagen ihm Stücke von Ibsen u. Hauptmann. Gipfelpunkt seiner Spielkunst war der Hauderer im „Doppelselbstmord" von L. Anzengruber. In seinen älteren Jahren spielte P. vorwiegend in französischen Schwänken, zuletzt ein heiserer, zahnloser Sprecher, als Darsteller greiser Männer von oft unheimlichem Pathos. Hauptrollen: Schmock („Die Journalisten"), Valentin („Der Verschwender"), Klosterbruder („Nathan der Weise") u. a. Gatte von Sofie Pagay. *Literatur:* A. *Klaar,* H. Pagay (Vossische Zeitung 21. Jan.) 1915; Julius *Bab,* H. P. (Die Gegenwart Nr. 5) 1915.

Pagay, Josefine, geb. zu Wien, gest. 18. Nov. 1892 zu Berlin, trat vierzehnjährig als Cupido in „Orpheus in der Unterwelt" am Wiener Quaitheater auf u. zeichnete sich bald als Operetten- u. Possensoubrette aus. Hauptrollen: Therese Krones, Leni („Drei Paar Schuhe"), Nandl („Das Versprechen hinterm Herd") u. a. A. Kohut schrieb über sie: „Ohne die Gallmeyer (s. d.) zu kopieren, erinnerte sie doch ganz außerordentlich an diese Königin des Possen-Soubrettentums. Mit einer schönen u. pikanten Erscheinung vereinigte sie eine glänzende Darstellungsgabe u. war in der Operette wie in der Posse gleich ausgezeichnet, von hinreißender Liebenswürdigkeit u. Genialität . . . Ihr Humor hatte nichts Erkünsteltes, er war keck, frisch u. übersprudelnd. Namentlich excillierte sie als Offenbachantin u. in den Operetten von Suppé, Lecoque, Millöcker, Strauß u. Genée". *Literatur:* Adolf *Kohut,* J. Pagay (Die größten u. berühmtesten Soubretten des 19. Jahrhunderts) 1890; *Eisenberg,* J. P. (Biogr. Lexikon) 1903.

Pagay, Sofie, geb. 22. April 1857 zu Brünn, gest. 23. Jan. 1937 zu Berlin, Tochter eines Postbeamten Berg, spielte zuerst Kinderrollen in ihrer Vaterstadt, trat dann hier als Schauspielerin auf u. kam über Reval, Kiel, Görlitz, Breslau, Augsburg u. Hannover 1887 nach Berlin, wo sie zuerst am Residenztheater, hierauf am Lessingtheater, seit 1899 am Hoftheater u. zuletzt am Deutschen Theater das. tätig war. Hauptrollen: Martha Schwerdtlein, Gina („Wildente"), Amme („Romeo u. Julia") u. a. Gattin von Hans Pagay (s. d.).

Page, Laura, geb. 1874, gest. im März 1951 zu Wien. Burgschauspielerin.

Pagel, Wilhelm, geb. 1837, gest. 4. Febr. 1877 zu Fulda, Theaterdirektor bei der Truppe seines Vaters, 1866—70 Leiter einer eigenen Gesellschaft in den Rheinlanden u. in Westfalen, seit 1874 Regisseur u. Charakterkomiker am Variététheater in Hamburg.

Pagin, Ferdinand, geb. 27. Aug. 1863 zu Wien, besuchte das Konservatorium das. (Schüler F. Mitterwurzers), begann seine Bühnenlaufbahn in Meiningen, wechselte 1874 am Carltheater in Wien zur Operette über, wirkte 1855 in Heidelberg u. Nürnberg, 1892 in Dresden u. hierauf als Schauspieler u. Sänger am Theater an der Wien in Wien. Zeitweilig trat er in der Oper, am Josefstädtertheater u. Kaiserjubiläums-Stadttheater das. auf. 1900 nahm er an einer Tournée des Wiener Operetten-Ensembles in Rußland u. Rumänien teil. Komponist des Singspiels „Im siebenten Himmel".

Pagin, Luise (Daten unbekannt), Schwester des Vorigen, Opernsängerin in Zürich 1888, Würzburg (1889), Mainz (1890—91), Nürnberg (1892), Bremen (1894) u. Prag am Deutschen Landestheater (1895—98). Hauptrollen: Margarethe, Recha, Valentine, Leonore, Donna Diana, Elsa u. a.

Pahl, Georg, geb. 17. Nov. 1893, gest.

14. Dez. 1957 zu Hamburg, war Schauspieler am Ohnsorg-Theater das.

Pahl, Maria, geb. 12. Dez. 1907, gest. 11. Okt. 1939 zu Duisburg, kam über Sondershausen, Rostock u. Stettin nach Duisburg, wo sie als Opernaltistin bis zu ihrem Tode tätig war. Hauptrollen: Rosenkavalier, Azucena, Amneris, Brangäne, Fricka u. a.

Pahlau, Otto, geb. 15. Aug. 1859 zu Berlin, gest. 27. Dez. 1929 zu Berlin-Rudow, einer alten Hutmacherfamilie entstammend, trat schon als Kind am Kgl. Opernhaus in Berlin auf, besuchte dann eine Handelsschule, entlief aber 17jährig dem elterlichen Hause, begann seine Bühnenlaufbahn als Bonvivant in Warmbrunn (Preuß.-Schlesien) u. kam dann über Schweidnitz, Frankfurt a. O., Breslau, Moskau, Nürnberg u. Köln ans Deutsche Volkstheater in Wien, wirkte 1892—93 mit der August-Junckermann-Tournee in Amerika, 1894 am Hoftheater in Hannover, 1895—1900 am Schillertheater in Berlin, hierauf am Neuen Theater das. u. seit 1901 in Milwaukee. Bonvivant, Komiker u. Väterdarsteller. Gatte der Folgenden.

Pahlau (geb. Levermann), Paula, geb. 4. März 1870 zu Hamburg, gest. 23. März 1942 zu Berlin, trat erstmals als Naive Liebhaberin 1889 in Rostock auf, ging nach Lübeck, Hannover, Köln u. war 1895—1901 am Schillertheater in Berlin, später an verschiedenen anderen Bühnen das. (Sezessionsbühne, Residenztheater, Berliner Theater, Neues Theater, Lustspielhaus, Trianontheater) tätig u. zog sich nach dem Ersten Weltkrieg ins Privatleben zurück. Hauptrollen: Lorle, Grille, Käthchen von Heilbronn, Anna-Liese u. a. Gattin des Vorigen.

Pahlen, Gisela, geb. 24. Jan. 1874 zu Wien, Kaufmannstochter, von Carl Hermann (s. d.) für die Bühne ausgebildet, betrat diese 1893 in Köln, kam 1895 ans Deutsche Theater in Berlin, 1896 ans Carltheater in Wien, 1898 ans Thaliatheater in Hamburg, 1899 ans Berliner Theater u. trat daneben auch am Deutschen Theater in Berlin auf. Vielseitige Schauspielerin. Hauptrollen: Jüdin von Toledo, Julia, Fanny („Das Tschaperl"), Fanchon („Die Grille") u. a.
Literatur: Eisenberg, G. Pahlen (Biogr. Lexikon) 1903.

Pahlen, Kurt, geb. 1907 zu Wien (Doktor der Philosophie), zuerst Dirigent an der

Volksoper das., ging in gleicher Eigenschaft 1939 nach Buenos Aires, wurde Prof. für Musikwissenschaft in Montevideo u. 1957 Leiter des Opernhauses in Buenos Aires. Auch Musikschriftsteller. Seine „Musikgeschichte der Welt" wurde in zwölf Sprachen übersetzt.
Literatur: Anonymus, K. Pahlen — Direktor des Teatro Colon (Die Presse 9. Juli) 1957.

Pahlke, Hans, geb. um 1833, gest. 10. Jan. 1895 zu Zürich, wirkte als Regisseur u. Schauspieler u. a. 1892—93 in Rostock, zuletzt am Volkstheater in Zürich.

Pahren, Caroline, geb. 6. Juni 1860, gest. 22. April 1931 zu Schwerin, Schauspielerin, 1875—1925 Mitglied des Landestheaters das.

Pahren, Emil, geb. 1867 zu Schwerin, gest. 11. Sept. 1925 das., zuerst Chorist, dann Opernsänger u. Schauspieler am dort. Hoftheater (späteren Landestheater) seit 1885. Hauptrollen: Julius Cäsar, Götz, Wallenstein, aber auch Beckmesser, Alberich, der Komthur („Don Juan").

Paichl, Luise, geb. 27. Juli 1901 zu Salzburg, am Konservatorium das. ausgebildet, Schülerin von Bianca Bianchi (s. Pollini, Bertha), debütierte am dort. Stadttheater 1918 u. kam über Kaiserslautern 1924 nach Bern. 1927 wirkte sie auch an den Festspielen in Salzburg mit. Spielaltistin für Oper u. Operette, im Schauspiel Komische Alte. Hauptrollen: Portschunkula („Die gold'ne Meisterin"), Friederike von Insterburg („Ein Walzertraum"), Hattie („Kiss me, Kate!"), Anhilte („Csárdásfürstin"), Wilhelmine („Der Vetter aus Dingsda") u. a.

Pailler, Wilhelm, geb. 23. März 1838 zu Linz a. d. Donau, gest. 17. März 1895 zu St. Peter am Windberg, regul. Chorherr des Stiftes St. Florian (seit 1858), wurde 1863 Priester, 1868 Professor u. Kustos der Kunstsammlung in St. Florian u. 1878 Pfarrer in Goldwörth, zuletzt in St. Peter. Vorwiegend Dramatiker für Dilettantenbühnen.
Eigene Werke: Das Passionsspiel zu Brixlegg 1868; Schauspiele für Jungfrauenvereine u. weibliche Bildungsanstalten 3 Bde. 1871; Heitere Dramen für Damen 1873; Volkstüml. Krippenspiele 1875; Weihnachtsspiele für Mädchen 1875; Festspiel zur silbernen Hochzeit des Kaisers Franz Joseph 1879; Neue heitere Dramen 1879; Fromm u.

froh (6 Dramen) 1881; Weihnachtslieder u. Krippenspiele aus Oberösterreich u. Tirol 2 Bde. 1881—83; Neue religiöse Schauspiele für Mädchen 1895; Im Hirtental (Weihnachtsspiel aus dem Nachlaß) 1905. *Literatur: Krackowizer-Berger,* W. Pailler (Biogr. Lexikon des Landes Österreich ob der Enns) 1931.

Pajovits, Asa, geb. 16. März 1876 zu Dresden, gest. 19. März 1904 im Harz. Schauspieler.

Palen, Anna von, geb. 26. Mai 1875 zu Perleberg, gest. 27. Jan. 1939 zu Berlin, begann unter dem Ps. Paulsen in Bautzen ihre Bühnenlaufbahn als Schauspielerin u. wirkte in Bielefeld, Gleiwitz, Heidelberg u. Riga, kam dann nach Berlin, wo sie an verschiedenen Bühnen (Friedrich-Wilhelmstädtisches Theater, Lessing- u. Deutsches Theater u. a.) wirkte, nahm 1924 u. 1929 an Gastspielreisen in Südamerika teil, wo sie mit Paul Wegener (s. d.) die Margarete in Strindbergs „Vater", Anna Pawlowna im „Lebenden Leichnam", Anna Christine u. a. Rollen spielte.

Palestrina, Giovanni (1525—94), Tonsetzer der altklassischen ital. Musik als Bühnengestalt. *Behandlung:* C. S. *Schier,* Palestrina (Schauspiel) 1824; Hans *Pfitzner,* P. (Musikal. Legende) 1917.

Palestrina, Musikalische Legende in drei Akten, Text vom Komponisten Hans Pfitzner. Uraufführung 1917 am Prinzregententheater in München. Die Handlung spielt im November u. Dezember 1563, im Jahr der Beendigung des Tridentinischen Konzils, der 1. u. 3. Aufzug in Rom, der 2. in Trient. In der dramatisch gesteigerten Szenenfolge, die zu den lebendigsten u. seelisch gewaltigsten Schöpfungen der Opernbühne gehört, schauen wir den genialen Meister, wie er vereinsamt inmitten einer sich neu aufbauenden Welt, die auch musikalisch seine alten Ideale preisgeben will, den Auftrag des Papstes Pius IV., eine stilistisch für alle Zeiten gültige Messe zu schreiben, glaubt ablehnen zu müssen, dann aber in begnadeter Stunde doch das große Werk schafft. Die stürmischen Ereignisse, hervorgerufen von den gegensätzlichen Interessensphären des Konzils, können ihn nicht verwirren u. ihm nichts anhaben. Er hat die schöpferische Seligkeit in Gott gefunden.

Auch der Jubel des begeisterten Volkes nach der Erstaufführung rauscht vorüber. Voll Demut beugt er sich vor dem Höchsten: „Nun schmiede mich, den letzten Stein, an einem Deiner tausend Ringe, Du Gott! Und ich will guter Dinge u. friedvoll sein". Franz Schultz hat gemeint, seit Wagners „Meistersingern" fange die Kunst sich selber hier zum ersten Male in einem Spiegelbilde wieder auf, von dem alle Erdenreste abgefallen seien. *Literatur:* Franz *Schultz,* Pfitzners Palestrina (Hochland 13. Jahrg. 1. Bd.) 1915—16; Eugen *Schmitz,* Pfitzners P. als musikal. Kunstwerk (Ebda. 14. Jahrg. 2. Bd.) 1917; W. *Riezler,* P. u. die deutsche Bühne 1917; D. J. *Bach,* Pfitzners P. (Österr. Rundschau 58. Bd.) 1919.

Pálffy, Ferdinand Graf von Erdöd, geb. 1. Febr. 1774 zu Wien, gest. 4. Febr. 1840 das., war Mitglied der Theaterunternehmungsgesellschaft (Kavaliersgesellschaft), die 1806 das Theater an der Wien übernahm u. wurde 1813 dessen alleiniger Besitzer. Unter seiner Führung entfaltete sich das Theater wie niemals zuvor. Zu seinen Mitgliedern zählten Heurteur, Küstner, Haitzinger, Wild, Horschelt, Neefe u. v. a. 1811 war P. Hoftheaterdirektor, 1814—17 Pächter des Hoftheaters. *Literatur:* F. Ritter v. *Seyfried,* Rückschau in das Theaterleben Wiens seit den letzten 50 Jahren 1864; *Wurzbach,* F. Pálffy v. Erdöd (Biogr. Lexikon 21. Bd.) 1870; Karl *Glossy,* Josef Schreyvogels Tagebücher 1903; Heinz *Kindermann,* Theater der Goethezeit 1948; Anton *Bauer,* 150 Jahre Theater an der Wien 1952.

Palitzsch, Peter Hermann, geb. 11. Sept. 1918 zu Deutmannsdorf in Preuß.-Schlesien, war zuerst an der Volksbühne in Dresden u. später als Dramaturg am Theater am Schiffbauerdamm in Berlin tätig.

Pallenberg (Ps. Massary), Fritzi, geb. 21. März 1882 als Massaryk in Wien, begann ihre Bühnenlaufbahn das. bei Gabor Steiner (s. d.) in Venedig in Wien, kam hierauf nach Prag u. 1904 nach Berlin, wo sie sich zur gefeierten Operettensängerin das. entwickelte u. eine Reihe von Titelrollen in Stücken von Lehar, Strauß u. a. kreierte, aber 1929 zur Sprechbühne überging. Ihre geschmeidige graziöse Gestalt, das Gesicht von tiefschwarzen Locken umrahmt, ermöglichte der tänzerischen Erscheinung eine faszinierende Wirkung. Sie kannte keine

bevorzugten Hauptrollen, sie trat in hunderten auf. Julius Bab ("Kränze dem Mimen", 1954) bezeichnete sie als großartige Operettendiva, die "zwei Jahrzehnte lang etwas wie die Stadtgöttin von Berlin war: sie hatte all die schwebende Leichtigkeit, die vollkommene Präzision in Ton u. Bewegung, die unfehlbare Sicherheit, zwischen dem Dreistesten u. dem Diskreten hindurchzusteuern, die typische Berliner nicht haben — u. deshalb so sehr bewundern!" Charakteristische Worte schrieb Alfred Polgar über sie: "Taschenspielerin! Aus Händen, Blick, Lächeln kann sie's aufflattern machen. Ein geflügelter Schwarm, heiter den Plan belebend. Wie sie ein Tuch um die Schulter legt, ein Kleid rafft, traurig ist, toll ist, frech ist, zart ist, das sind auch Chiffren einer Musik, einer persönlichen Musik, die sich in's Herz schmeichelt . . ." Aber auch im Sprechstück war sie unübertrefflich: "Mit einem Mindestmaß an schauspielerischem Aufwand erzielt sie ein Höchstmaß an Effekt. Sie spart mit Ausdruck u. Bewegung, aber was sie der bescheidenen Rolle gibt, ist Gefühl von ihrem eigensten Gefühl, Wärme von ihrer eigensten Wärme. Die menschliche Substanz der Spielerin, Figur u. Text ätherfein durchdringend, ist es, die den Zauber übt . . . Der Partner redet ein paar Minuten lang gleichgültige Rede: aber diese wird aufschluß- u. beziehungsreich, spaßig, lächerlich, Unbewußtes des Redners verratend . . . durch das Zuhören der M. Eine Fingerbewegung, ein eiliger Schatten über die Stirne, ein Auf- oder Abblenden in den Mienen: damit übt sie schöpferische Kritik an dem Gesprochenen. Auch im Schweigen offenbart sich da Persönlichkeit; die allem, das an sie rührt, zu stärkerer Geltung verhilft, wie der Spiegel dem Licht zu stärkerem Leuchten. Ein Novum für die deutsche Bühne ist das Parlando der M. durch seinen stillen Reichtum an Zwischen- u. Obertönen, die dem Wort Farbe geben, zum Text gleichsam die stützende u. füllende Harmonie hinzutun. Alles selbstverständlich, ohne Mühe u. Mache. Was für eine genialische Musikerin, auch ohne Musik!" Seit 1918 Gattin des Schauspielers Max Pallenberg. Unter Hitler ging sie nach London, dann nach Amerika, wo sie sich schließlich im Haus ihres Schwiegersohnes, des Schriftstellers Bruno Frank in Beverley Hills (Kalifornien) zur Ruhe setzte.
Literatur: Oskar *Bie*, F. Massary 1920; O. M. *Fontana*, F. M. (Wiener Schauspieler) 1948; Manfred *George*, F. M. (Die Neue Zei-

tung Nr. 68) 1952; Rudolf *Weys*, Zauberin der Operette (Die Presse Nr. 2558) 1957; Hermann *Missenharter*, Königin der Operette (Stuttgarter Nachrichten Nr. 67) 1957; *Oe.*, Blick in die große Vergangenheit (Der Tagesspiegel Nr. 3507) 1957; Walther *Kiaulehn*, Hymne vor einem leeren Thron. Zum 75. Geburtstag der Operettenkönigin F. M. (Münchner Merkur 21. März) 1957; Herbert *Pfeiffer*, Die M. wird fünfundsiebzig (Frankfurter Allgemeine Zeitung 21. März) 1957.

Pallenberg, Max, geb. 18. Dez. 1877 zu Wien, gest. 20. Juni 1934 zu Prag (bei einem Flugzeugunglück), begann seine Bühnenlaufbahn als Schauspieler 1895, wirkte seit 1904 an verschiedenen Theatern seiner Vaterstadt, seit 1911 am Künstlertheater in München, seit 1914 am Deutschen Theater in Berlin u. unternahm zahlreiche Gastspielreisen im In- u. Ausland. Charakterkomiker von starker Eigenart, der mit improvisierten Wortspielen u. geistreichem Witz große Wirkungen erzielte. Seine Hauptrollen fand er in den Komödien Molières, aber auch in modernen Stücken wie Molnars "Liliom", der Posse "Familie Schimek" u. dem "Braven Soldaten Schweyk". Alfred Polgar schrieb über ihn: "P. spielt in dem neuen Riesen-Einakter von Molnar einen Finanzautokraten, der, seine Macht u. seine Mittel zweckvoll gebrauchend, aus einem armen Teufel — ,eins, zwei drei!' (so heißt das Stück) — einen großen Herrn macht. Und zwar innerhalb einer Stunde. Länger hat Bankier P. nicht Zeit. Achtzig Minuten steht er auf der Bühne, achtzig Minuten redet er, mit geringen Unterbrechungen, in einem Tempo allegro bis molto allegro, das durchzuhalten schon eine ganz erstaunliche Leistung ist, physisch wie geistig. In hunderterlei Reflexen spiegelt der Redestrom, der, von nichts aufgehalten als vom Gelächter der Zuhörer, die vielen kleinen Mühlen der Handlung treibt, den Humor Pallenbergs wider, den überlegenen, den herzlichen, den scharfen, den kindisch - verdrösselten, den burlesken Witz dieses unvergleichlichen Schauspielers, dem Situationen, Figuren, Wörter u. Worte — er zwingt sie dazu — auch ihre verborgenste Lächerlichkeit beichten. Aus dem Erfahrenen macht er kein Geheimnis. In der neuen Rolle trägt P. eine weiße, ihr Haar nach allen Seiten gemütlich sträubende, eine sozusagen sanguinische Perücke, dazu ein Naturgesicht. Ein alter junger Herr."